Um Roteiro para a Seleção de um Método Estatístico

Tarefa da Análise de Dados	Para Variáveis Numéricas	Para Variáveis Categóricas
Descrevendo um grupo ou vários grupos	Disposição ordenada, disposição ramo e folha, distribuição de frequências, distribuição de frequências relativas, distribuição de percentagens, distribuição de percentagens acumuladas, histograma, polígono de percentagens acumuladas **(Seções 2.2, 2.4)** Média aritmética, mediana, moda, média geométrica, quartis, amplitude, amplitude interquartil, desvio-padrão, variância, coeficiente de variação, assimetria, curtose, box-plot, gráfico da probabilidade normal **(Seções 3.1, 3.2, 3.3, 6.3)** Números-índice **(Seção 16.8 – Bônus do Livro Eletrônico)**	Tabela resumida, gráfico de barras, gráfico de pizza, diagrama de Pareto **(Seções 2.1, 2.3)**
Inferências sobre um grupo	Estimativa do intervalo de confiança para a média aritmética **(Seções 8.1 e 8.2)** Teste t para a média aritmética **(Seção 9.2)** Teste qui-quadrado para a variância ou desvio-padrão **(Seção 12.7 – Bônus do Livro Eletrônico)**	Estimativa do intervalo de confiança para a proporção **(Seção 8.3)** Teste Z para a proporção **(Seção 9.4)**
Comparando dois grupos	Testes para a diferença nas médias aritméticas de duas populações independentes **(Seção 10.1)** Teste da soma das classificações de Wilcoxon **(Seção 12.5)** Teste t em pares **(Seção 10.2)** Teste F para a diferença entre duas variâncias **(Seção 10.4)**	Teste Z para a diferença entre duas proporções **(Seção 10.3)** Teste qui-quadrado para a diferença entre duas proporções **(Seção 12.1)** Teste de McNemar para duas amostras relacionadas **(Seção 12.6 – Bônus do Livro Eletrônico)**
Comparando mais de dois grupos	Análise da variância de fator único para comparar várias médias aritméticas **(Seção 11.1)** Teste de Kruskal-Wallis **(Seção 12.6)** Análise da variância de dois fatores **(Seção 11.2)** Modelo do bloco aleatório **(Seção 11.3 – Bônus do Livro Eletrônico)**	Teste qui-quadrado para diferenças entre mais de duas proporções **(Seção 12.2)**
Analisando a relação entre duas variáveis	Gráfico de dispersão, gráfico de séries temporais **(Seção 2.5)** Covariância, coeficiente de correlação **(Seção 3.5)** Regressão linear simples **(Capítulo 13)** Teste t de correlação **(Seção 13.7)** Previsão de séries temporais **(Capítulo 16)**	Tabela de contingência, gráfico de barras paralelas, tabelas dinâmicas **(Seções 2.1, 2.3 e 2.8)** Teste qui-quadrado para independência **(Seção 12.3)**
Analisando a relação entre duas ou mais variáveis	Regressão múltipla **(Capítulos 14 e 15)**	Tabelas de contingência multidimensionais **(Seção 2.7)** Tabelas dinâmicas e análises de negócios **(Seção 2.8)** Regressão logística **(Seção 14.7)** Análise preditiva e mineração de dados **(Seção 15.6)**

CB043409

Estatística – Teoria e Aplicações

Usando o Microsoft® Excel em Português

SÉTIMA EDIÇÃO

O GEN | Grupo Editorial Nacional – maior plataforma editorial brasileira no segmento científico, técnico e profissional – publica conteúdos nas áreas de ciências exatas, humanas, jurídicas, da saúde e sociais aplicadas, além de prover serviços direcionados à educação continuada e à preparação para concursos.

As editoras que integram o GEN, das mais respeitadas no mercado editorial, construíram catálogos inigualáveis, com obras decisivas para a formação acadêmica e o aperfeiçoamento de várias gerações de profissionais e estudantes, tendo se tornado sinônimo de qualidade e seriedade.

A missão do GEN e dos núcleos de conteúdo que o compõem é prover a melhor informação científica e distribuí-la de maneira flexível e conveniente, a preços justos, gerando benefícios e servindo a autores, docentes, livreiros, funcionários, colaboradores e acionistas.

Nosso comportamento ético incondicional e nossa responsabilidade social e ambiental são reforçados pela natureza educacional de nossa atividade e dão sustentabilidade ao crescimento contínuo e à rentabilidade do grupo.

Estatística – Teoria e Aplicações

Usando o Microsoft® Excel em Português

SÉTIMA EDIÇÃO

David M. Levine
Department of Statistics and Computer Information Systems
Zicklin School of Business, Baruch College, City University of New York

David F. Stephan
Two Bridges Instructional Technology

Kathryn A. Szabat
Department of Business Systems and Analytics
School of Business, La Salle University

Tradução e Revisão Técnica

Teresa Cristina Padilha de Souza
Graduada em Ciências Econômicas pela UFRJ
Pós-Graduada em Administração Pública pela FGV
Mestre em Gestão Empresarial pela FGV

Os autores e a editora empenharam-se para citar adequadamente e dar o devido crédito a todos os detentores dos direitos autorais de qualquer material utilizado neste livro, dispondo-se a possíveis acertos caso, inadvertidamente, a identificação de algum deles tenha sido omitida.

Não é responsabilidade da editora nem dos autores a ocorrência de eventuais perdas ou danos a pessoas ou bens que tenham origem no uso desta publicação.

Apesar dos melhores esforços dos autores, da tradutora, do editor e dos revisores, é inevitável que surjam erros no texto. Assim, são bem-vindas as comunicações de usuários sobre correções ou sugestões referentes ao conteúdo ou ao nível pedagógico que auxiliem o aprimoramento de edições futuras. Os comentários dos leitores podem ser encaminhados à **LTC — Livros Técnicos e Científicos Editora** pelo e-mail faleconosco@grupogen.com.br.

Authorized translation from the English language edition, entitled STATISTICS FOR MANAGERS USING MICROSOFT EXCEL, 7th Edition by DAVID LEVINE; DAVID STEPHAN; KATHRYN SZABAT, published by Pearson Education, Inc., publishing as Pearson, Copyright © 2014 by Pearson Education, Inc.
All rights reserved. No part of this book may be reproduced or transmitted in any form or by any means, electronic or mechanical, including photocopying, recording or by any information storage retrieval system, without permission from Pearson Education, Inc.

PORTUGUESE language edition published by LTC — LIVROS TÉCNICOS E CIENTÍFICOS EDITORA LTDA., Copyright © 2016.
Tradução autorizada da edição de língua inglesa intitulada STATISTICS FOR MANAGERS USING MICROSOFT EXCEL, 7th Edition by DAVID LEVINE; DAVID STEPHAN; KATHRYN SZABAT, publicada pela Pearson Education, Inc., publicando como Pearson, Copyright © 2014 by Pearson Education, Inc.
Edição em língua PORTUGUESA publicada por LTC — LIVROS TÉCNICOS E CIENTÍFICOS EDITORA LTDA., Copyright © 2016.

Reservados todos os direitos. Nenhuma parte deste livro pode ser reproduzida ou transmitida sob quaisquer formas ou por quaisquer meios, eletrônico ou mecânico, incluindo fotocópia, gravação, ou por qualquer sistema de armazenagem e recuperação de informações sem permissão da Pearson Education, Inc.

Direitos exclusivos para a língua portuguesa
Copyright © 2016 by
LTC — Livros Técnicos e Científicos Editora Ltda.
Uma editora integrante do GEN | Grupo Editorial Nacional

Reservados todos os direitos. É proibida a duplicação ou reprodução deste volume, no todo ou em parte, sob quaisquer formas ou por quaisquer meios (eletrônico, mecânico, gravação, fotocópia, distribuição na internet ou outros), sem permissão expressa da editora.

Travessa do Ouvidor, 11
Rio de Janeiro, RJ — CEP 20040-040
Tels.: 21-3543-0770 / 11-5080-0770
Fax: 21-3543-0896
faleconosco@grupogen.com.br
www.grupogen.com.br

Designer de Capa: Black Horse Designs
Imagem de Capa: 3DDock/Shutterstock

Editoração Eletrônica: Hera

CIP-BRASIL. CATALOGAÇÃO NA PUBLICAÇÃO
SINDICATO NACIONAL DOS EDITORES DE LIVROS, RJ

E82
7. ed.

Estatística – teoria e aplicações usando o Microsoft® Excel em português/ David M.
Levine, David F. Stephan, Kathryn A. Szabat ; tradução e revisão técnica Teresa
Cristina Padilha de Souza. - 7. ed. - [Reimpr.]. - Rio de Janeiro : LTC, 2019.
il. ; 28 cm.

Tradução de: Statistics for managers using Microsoft Excel
Apêndice
Inclui bibliografia e índice
ISBN 978-85-216-3067-8

1. Estatística comercial - Programas de computador. 2. Administração - Métodos
estatísticos - Programas de computador. 3. Excel (Programa de computador).
4. Planilhas eletrônicas. I. Levine, David M., 1946-. II. Stephan, David F.
III. Szabat, Kathryn A.

16-29543	CDD: 519.5
	CDU: 519.2

Aos nossos cônjuges e filhos,
Marilyn, Mary, Sharyn e Mark,

e a nossos pais,
em carinhosa memória, Lee, Reuben, Ruth, Francis e William,
em homenagem, Mary

Sobre os Autores

Os autores deste livro: Kathryn Szabat, David Levine e David Stephan em um encontro no Decision Sciences Institute.

David M. Levine é Professor Emérito de Estatística e Sistemas de Informação na Baruch College (City University of New York). Conquistou titulação em B.B.A. e M.B.A. em Estatística pela City College of New York e obteve grau de Ph.D. pela New York University em Engenharia Industrial e Pesquisa Operacional. É nacionalmente reconhecido como um dos mais importantes inovadores no ensino da estatística e tem a coautoria de 14 livros, incluindo livros que figuram entre os mais vendidos, como é o caso de *Statistics for Managers Using Microsoft Excel*,* *Basic Business Statistics: Concepts and Applications*, *Business Statistics: A First Course*, e *Applied Statistics for Engineers and Scientists Using Microsoft Excel and Minitab*.

    Dr. Levine é também coautor de *Even You Can Learn Statistics: A Guide for Everyone Who Has Ever Been Afraid of Statistics*, atualmente em sua segunda edição, *Six Sigma for Green Belts and Champions* e *Design for Six Sigma for Green Belts and Champions*, e autor de *Statistics for Six Sigma Green Belts*, todos publicados pela FT Press, uma submarca da Pearson, e *Quality Management*, terceira edição, McGraw-Hill/Irwin. É também o autor de *Video Review of Statistics* e de *Video Review of Probability*, ambas publicadas pela Video Aided Instruction, e do módulo de estatística do Manual do MBA publicado pela Cengage Learning. Publicou artigos em vários periódicos, incluindo *Psychometrika*, *The American Statistician*, *Communications in Statistics*, *Decision Sciences Journal of Innovative Education*, *Multivariate Behavioral Research*, *Journal of Systems Management*, *Quality Progress* e *The American Anthropologist*, e proferiu inúmeras palestras em conferências realizadas para Decision Sciences Institute (DSI), American Statistical Association (ASA), e Making Statistics More Effective in Schools and Business (MSMESB). Dr. Levine recebeu várias premiações por notoriedade no ensino e no desenvolvimento de currículos escolares na Baruch College.

David F. Stephan é tecnologista-instrutor autônomo. Foi Professor/Conferencista de Sistemas de Informação na Baruch College (City University of New York) por mais de 20 anos, atuando também como Assistente do Reitor e do Decano da School of Business & Public Administration na área da informática. Foi pioneiro no uso de planilhas eletrônicas para alunos de escolas de negócios, disponibilizou ferramentas multimídia interdisciplinares e criou técnicas para ensinar aplicações de planilhas eletrônicas para alunos de escolas de negócios. Conduziu, também, o primeiro experimento controlado de grande escala para demonstrar o benefício decorrente de ensinar o Microsoft Excel em um contexto de estudos de casos nos negócios para alunos do nível de graduação.

---

*Primeira, terceira, quinta e sétima edições com tradução para o português, publicadas pela LTC — Livros Técnicos e Científicos Editora Ltda., 2000, 2005, 2009 e 2016, respectivamente. (N.T.)

Ávido desenvolvedor, criou material didático enquanto atuava como Diretor Assistente de um projeto para o Fundo para a Melhoria do Ensino Pós-Secundário (FIPSE – Fund for the Improvement of Postsecondary Education) na Baruch College. Stephan é também o criador do PHStat, o sistema informatizado de aplicação estatística, de propriedade da Pearson Education, elaborado como suplemento para o Microsoft Excel. É coautor de *Even You Can Learn Statistics*: *A Guide for Everyone Who Has Ever Been Afraid of Statistics* e de *Practical Statistics by Example Using Microsoft Excel and Minitab*. Está atualmente desenvolvendo meios para estender para dispositivos móveis e plataformas de sistemas de nuvens o material didático que ele e seus coautores estão incrementando, e também para criar meios facilitados em redes sociais para dar suporte ao aprendizado em cursos introdutórios de estatística empresarial.

Stephan foi agraciado com um título de Bachelor of Arts (B.A.), em geologia, na Franklin and Marshall College e com um título de Master of Science (M.S.) em Metodologia de Informática, na Baruch College (City University of New York).

Kathryn A. Szabat é Professora-Associada e Membro do Conselho de Sistemas

Empresariais e Análises na LaSalle University. Leciona em cursos de graduação e pós-graduação em Estatística Empresarial e Gerenciamento de Operações. Leciona, também, como Professora Visitante na Ecole Superieure de Commerce et de Management (ESCEM) na França.

As pesquisas realizadas por Szabat foram publicadas nos periódicos *International Journal of Applied Decision Sciences*, *Accounting Education*, *Journal of Applied Business and Economics*, *Journal of Healthcare Management*, e no *Journal of Management Studies*. Capítulos bem mais elaborados foram apresentados em *Managing Adaptability, Intervention, and People in Enterprise Information Systems*; *Managing, Trade, Economies and International Business*; *Encyclopedia of Statistics in Behavioral Science* e *Statistical Methods in Longitudinal Research*.

Szabat forneceu consultoria estatística a inúmeras empresas e comunidades não empresariais e acadêmicas. Seu envolvimento mais recente se deu nas áreas da educação, da medicina e da construção de competências para negócios com fins não lucrativos.

Szabat conquistou um título de Bachelor of Science (B.S.) em Matemática pela State University of New York em Albany, e graus de Master of Science (M.S.) e Ph.D em Estatística, com uma especialização em pesquisa operacional na Wharton School of the University of Pennsylvania.

Sumário Geral

Prefácio   xxi

Mãos à Obra: Grandes Coisas para Aprender Primeiro   2

1 Definindo e Coletando Dados   16

2 Organizando e Visualizando Dados   38

3 Medidas Numéricas Descritivas   104

4 Probabilidade Básica   154

5 Distribuições de Probabilidades Discretas   184

6 A Distribuição Normal e Outras Distribuições Contínuas   218

7 Distribuições de Amostragens   248

8 Estimativa do Intervalo de Confiança   268

9 Fundamentos dos Testes de Hipóteses: Testes para Uma Amostra   306

10 Testes para Duas Amostras   344

11 Análise da Variância   390

12 Testes Qui-Quadrados e Testes Não Paramétricos   430

13 Regressão Linear Simples   472

14 Introdução à Regressão Múltipla   526

15 Construção do Modelo de Regressão Múltipla   574

16 Previsão de Séries Temporais   610

17 Um Roteiro para Analisar Dados   656

18 Aplicações da Estatística na Gestão pela Qualidade
(Disponível no Site da LTC Editora)

19 Tomada de Decisão (Disponível no Site da LTC Editora)

Apêndices A–G   667

Soluções para Testes de Autoavaliação e Respostas para Problemas Selecionados com Numeração Par   720

Índice   753

Sumário

Prefácio xxi

Mãos à Obra: Grandes Coisas para Aprender Primeiro   2

UTILIZANDO A ESTATÍSTICA: "Você Não Tem Como Escapar dos Dados" 3

MAO.1   Uma Maneira de Raciocinar 4

MAO.2   Defina Seus Termos! 5

MAO.3   Análise de Negócios: A Mudança de Cara da Estatística 6
      "Megadados" 7
      Estatística: Uma Importante Parte de Sua Formação em Gestão Empresarial 7

MAO.4   Como Utilizar Este Livro 8
      REFERÊNCIAS 9
      TERMOS-CHAVE 9

GUIA DO EXCEL 10
    GE.1 O que É o Microsoft Excel? 10
    GE.2 De que Maneira Posso Utilizar o Excel com Este Livro? 10
    GE.3 Que Tipo de Habilidade no Uso do Excel Este Livro Requer? 10
    GE.4 Preparando-se para Utilizar o Excel com Este Livro 12
    GE.5 Inserindo Dados 13
    GE.6 Abrindo e Salvando Pastas de Trabalho 13
    GE.7 Criando e Copiando Planilhas de Cálculo 14
    GE.8 Imprimindo Planilhas de Cálculo 15

1 Definindo e Coletando Dados   16

UTILIZANDO A ESTATÍSTICA: Começo do Fim ... ou o Fim do Começo? 17

1.1   Estabelecendo o Tipo da Variável 18

1.2   Escalas de Mensuração para Variáveis 19
    Escala Nominal e Escala Ordinal 19
    Escala Intervalar e Escala de Proporcionalidade 20

1.3   Coletando Dados 22
    Fontes de Dados 22
    Populações e Amostras 23
    Limpeza nos Dados 23
    Variáveis Recodificadas 23

1.4   Tipos de Métodos de Amostragem 24
    Amostra Aleatória Simples 25
    Amostra Sistemática 26
    Amostra Estratificada 26
    Amostra por Conglomerados 26

1.5   Tipos de Erros em Pesquisas 28
    Erro de Cobertura 28
    Erro por Falta de Resposta 28
    Erro de Amostragem 28
    Erro de Medição 29
    Questões Éticas sobre Pesquisas 29

PENSE NISSO: Pesquisas com Novas Tecnologias/Antigos Problemas de Amostragem 29

UTILIZANDO A ESTATÍSTICA: Começo... Revisitado 31
    RESUMO 31
    REFERÊNCIAS 31
    TERMOS-CHAVE 32
    AVALIANDO O SEU ENTENDIMENTO 32
    PROBLEMAS DE REVISÃO DO CAPÍTULO 32

CASOS PARA O CAPÍTULO 1
    Administrando a Ashland MultiComm Services 33
    CardioGood Fitness 34
    Pesquisas Realizadas Junto a Estudantes de Clear Mountain State 34
    Aprendendo com os Casos Digitais 35

GUIA DO EXCEL PARA O CAPÍTULO 1   36
    GE1.1 Estabelecendo o Tipo da Variável 36
    GE1.2 Escalas de Medição para Variáveis 36
    GE1.3 Coletando Dados 36
    GE1.4 Tipos de Métodos de Amostragem 36
    GE1.5 Tipos de Erros em Pesquisas 37

2 Organizando e Visualizando Dados   38

UTILIZANDO A ESTATÍSTICA: A Empresa Choice *Is* Yours (A Escolha *É* Sua) 39
    Como Proceder com Este Capítulo 40

2.1   Organizando Dados Categóricos 41
    A Tabela Resumida 41
    A Tabela de Contingência 42

2.2   Organizando Dados Numéricos 45
    Dados Empilhados e Dados Não Empilhados 45
    A Disposição Ordenada 45
    A Distribuição de Frequências 46
    Classes e Blocos do Excel 48
    A Distribuição de Frequências Relativas e a Distribuição de Percentagens 49
    A Distribuição Acumulada 51

2.3   Visualizando Dados Categóricos 55
    O Gráfico de Barras 55
    O Gráfico de Pizza 56
    O Diagrama de Pareto 57
    O Gráfico de Barras Paralelas 59

2.4   Visualizando Dados Numéricos 62
    A Disposição Ramo e Folha 62
    O Histograma 63
    O Polígono de Percentagens 64
    O Polígono de Percentagens Acumuladas (Ogiva) 66

2.5   Visualizando Duas Variáveis Numéricas 69
    O Gráfico de Dispersão 69
    O Gráfico de Séries Temporais 71

xi

xii Sumário

2.6 Desafios na Visualização de Dados 73
    Firula no Gráfico 74
    Diretrizes para Desenvolver Visualizações 76

2.7 Organizando e Visualizando Muitas Variáveis 78
    Tabelas de Contingência Multidimensionais 78
    Acrescentando Variáveis Numéricas 79
    Drill-Down — Revelando os Registros de Base 79

2.8 Tabelas Dinâmicas e Análises de Negócios 80
    Análises de Negócios no Mundo Real e o
    Microsoft Excel 82

UTILIZANDO A ESTATÍSTICA: Choice *Is* Yours (A Escolha *É* Sua) Revisitada 83
    RESUMO 83
    REFERÊNCIAS 84
    EQUAÇÕES-CHAVE 84
    TERMOS-CHAVE 85
    AVALIANDO O SEU ENTENDIMENTO 85
    PROBLEMAS DE REVISÃO DO CAPÍTULO 85

CASOS PARA O CAPÍTULO 2
    Administrando a Ashland Multicomm Services 90
    Caso Digital 91
    CardioGood Fitness 91
    Choice *Is* Yours – Continuação 91
    Pesquisas Realizadas com Estudantes de Clear
    Mountain State 91

GUIA DO EXCEL PARA O CAPÍTULO 2   92
    GE2.1 Organizando Dados Categóricos 92
    GE2.2 Organizando Dados Numéricos 94
    GE2.3 Visualizando Dados Categóricos 96
    GE2.4 Visualizando Dados Numéricos 98
    GE2.5 Visualizando Duas Variáveis Numéricas 101
    GE2.6 Desafios na Visualização de Dados 102
    GE2.7 Organizando e Visualizando Muitas Variáveis 102
    GE2.8 Tabelas Dinâmicas e Análises de Negócios 103

3 Medidas Numéricas Descritivas 104

UTILIZANDO A ESTATÍSTICA: Mais Escolhas Descritivas 105

3.1 Medidas de Tendência Central 106
    A Média Aritmética 106
    A Mediana 108
    A Moda 109
    A Média Geométrica 110

3.2 Variação e Formato 111
    A Amplitude 111
    A Variância e o Desvio-Padrão 112
    O Coeficiente de Variação 116
    Escores Z 117
    Formato: Assimetria e Curtose 118

EXPLORAÇÕES VISUAIS: Explorando Estatísticas Descritivas 120

3.3 Explorando Dados Numéricos 124
    Quartis 124
    A Amplitude Interquartil 125
    O Resumo de Cinco Números 126
    O Box-Plot 128

3.4 Medidas Numéricas Descritivas para uma
População 130
    A Média Aritmética da População 131
    A Variância da População e o Desvio-Padrão
    da População 132

    A Regra Empírica 133
    A Regra de Chebyshev 134

3.5 A Covariância e o Coeficiente de Correlação 136
    A Covariância 136
    O Coeficiente de Correlação 137

3.6 Estatísticas Descritivas: Armadilhas e
Questões Éticas 142

UTILIZANDO A ESTATÍSTICA: Mais Escolhas Descritivas, Revisitado 142
    RESUMO 143
    REFERÊNCIAS 143
    EQUAÇÕES-CHAVE 144
    TERMOS-CHAVE 144
    AVALIANDO O SEU ENTENDIMENTO 145
    PROBLEMAS DE REVISÃO DO CAPÍTULO 145

CASOS PARA O CAPÍTULO 3
    Administrando a Ashland Multicomm Services 148
    Caso de Internet 148
    CardioGood Fitness 149
    Mais Escolhas Descritivas, Continuação 149
    Pesquisas Realizadas Junto a Estudantes de Clear
    Mountain State 149

GUIA DO EXCEL PARA O CAPÍTULO 3   150
    GE3.1 Medidas de Tendência Central 150
    GE3.2 Variação e Formato 150
    GE3.3 Explorando Dados Numéricos 151
    GE3.4 Medidas Numéricas Descritivas para uma
        População 152
    GE3.5 A Covariância e o Coeficiente de Correlação 152

4 Probabilidade Básica 154

UTILIZANDO A ESTATÍSTICA: Possibilidades na M&R Electronics World 155

4.1 Conceitos Básicos de Probabilidade 156
    Eventos e Espaços Amostrais 157
    Tabelas de Contingência 158
    Probabilidade Simples 158
    Probabilidade Combinada 159
    Probabilidade Marginal 160
    Regra Geral de Adição 161

4.2 Probabilidade Condicional 164
    Calculando Probabilidades Condicionais 164
    Árvores de Decisão 166
    Independência 167
    Regras de Multiplicação 168
    Probabilidade Marginal Utilizando a Regra Geral de
    Multiplicação 169

4.3 Teorema de Bayes 172

PENSE NISSO: Divina Providência e Spam 175

4.4 Questões Éticas e Probabilidade 177

4.5 Regras de Contagem (*on-line*) 177

UTILIZANDO A ESTATÍSTICA: Possibilidades na M&R Electronics World, Revisitado 177
    RESUMO 178
    REFERÊNCIAS 178
    EQUAÇÕES-CHAVE 179
    TERMOS-CHAVE 179
    AVALIANDO O SEU ENTENDIMENTO 179
    PROBLEMAS DE REVISÃO DO CAPÍTULO 180

Sumário **xiii**

CASOS PARA O CAPÍTULO 4
Caso Digital 181
CardioGood Fitness 181
Cenário The Choice *Is* Yours, Continuação 182
Pesquisas Realizadas Junto a Estudantes de Clear Mountain State 182

GUIA DO EXCEL PARA O CAPÍTULO 4   183
GE4.1 Conceitos Básicos de Probabilidade 183
GE4.2 Probabilidade Condicional 183
GE4.3 Teorema de Bayes 183

5 Distribuições de Probabilidades Discretas 184

UTILIZANDO A ESTATÍSTICA: Eventos de Interesse na Ricknel Home Centers 185

5.1 A Distribuição de Probabilidades para uma Variável Discreta 186
Valor Esperado de uma Variável Aleatória Discreta 186
Variância e Desvio-Padrão de uma Variável Discreta 187

5.2 Covariância de uma Distribuição de Probabilidades e Suas Aplicações nas Finanças 189
Covariância 189
Valor Esperado, Variância e Desvio-Padrão da Soma entre Duas Variáveis 191
Retorno Esperado para a Carteira de Títulos e o Risco da Carteira de Títulos 191

5.3 Distribuição Binomial 195

5.4 Distribuição de Poisson 202

5.5 Distribuição Hipergeométrica 206

UTILIZANDO A ESTATÍSTICA: Eventos de Interesse na Ricknel Home Centers, Revisitado 209

RESUMO 209
REFERÊNCIAS 209
EQUAÇÕES-CHAVE 210
TERMOS-CHAVE 210
AVALIANDO O SEU ENTENDIMENTO 211
PROBLEMAS DE REVISÃO DO CAPÍTULO 211

CASOS PARA O CAPÍTULO 5
Administrando a Ashland MultiComm Services 213
Caso Digital 214

GUIA DO EXCEL PARA O CAPÍTULO 5   215
GE5.1 A Distribuição de Probabilidades para uma Variável Discreta 215
GE5.2 Covariância de uma Distribuição de Probabilidades e suas Aplicações em Finanças 215
GE5.3 Distribuição Binomial 215
GE5.4 Distribuição de Poisson 216
GE5.5 Distribuição Hipergeométrica 216

6 A Distribuição Normal e Outras Distribuições Contínuas 218

UTILIZANDO A ESTATÍSTICA: Baixando Arquivos Normalmente na MyTVLab 219

6.1 Distribuições de Probabilidades Contínuas 220

6.2 A Distribuição Normal 220
Calculando Probabilidades Normais 222
Encontrando Valores de X 227

EXPLORAÇÕES VISUAIS: Explorando a Distribuição Normal 230

PENSE NISSO: O que É Normal? 231

6.3 Avaliando a Normalidade 233
Comparando Características dos Dados com Propriedades Teóricas 233
Construindo o Gráfico da Probabilidade Normal 234

6.4 A Distribuição Uniforme 236

6.5 A Distribuição Exponencial 238

6.6 A Aproximação da Normal para a Distribuição Binomial (*on-line*) 240

UTILIZANDO A ESTATÍSTICA: Baixando Arquivos Normalmente na MyTVLab, Revisitada 241

RESUMO 241
REFERÊNCIAS 241
EQUAÇÕES-CHAVE 242
TERMOS-CHAVE 242
AVALIANDO O SEU ENTENDIMENTO 242
PROBLEMAS DE REVISÃO DO CAPÍTULO 242

CASOS PARA O CAPÍTULO 6
Administrando a Ashland MultiComm Services 244
Caso Digital 245
CardioGood Fitness 245
Mais Escolhas Descritivas, Continuação 245
Pesquisas Realizadas Junto a Estudantes de Clear Mountain State 245

GUIA DO EXCEL PARA O CAPÍTULO 6   246
GE6.1 Distribuições de Probabilidades Contínuas 246
GE6.2 A Distribuição Normal 246
GE6.3 Avaliando a Normalidade 246
GE6.4 A Distribuição Uniforme 247
GE6.5 A Distribuição Exponencial 247

7 Distribuições de Amostragens 248

UTILIZANDO A ESTATÍSTICA: Amostragem na Oxford Cereals 249

7.1 Distribuições de Amostragens 250

7.2 Distribuição de Amostragens da Média Aritmética 250
A Propriedade da Ausência de Viés para a Média Aritmética da Amostra 250
Erro-Padrão da Média Aritmética 252
Amostragem a Partir de Populações Distribuídas nos Moldes da Distribuição Normal 253
Amostragem a Partir de Populações Cuja Distribuição Não É Normal — O Teorema do Limite Central 256

EXPLORAÇÕES VISUAIS: Explorando Distribuições de Amostragem 258

7.3 Distribuição de Amostragens da Proporção 259

7.4 Amostragem a Partir de Populações Finitas (*on-line*) 262

UTILIZANDO A ESTATÍSTICA: Amostragem na Oxford Cereals, Revisitado 262

RESUMO 263
REFERÊNCIAS 263
EQUAÇÕES-CHAVE 263
TERMOS-CHAVE 263

xiv Sumário

AVALIANDO O SEU ENTENDIMENTO 264
PROBLEMAS DE REVISÃO DO CAPÍTULO 264

CASOS PARA O CAPÍTULO 7
Administrando a Ashland MultiComm Services 266
Caso Digital 266

GUIA DO EXCEL PARA O CAPÍTULO 7   267
GE7.1 Distribuição de Amostragens 267
GE7.2 Distribuição de Amostragens da Média Aritmética 267
GE7.3 Distribuição de Amostragens da Proporção 267

8 Estimativa do Intervalo de Confiança   268

UTILIZANDO A ESTATÍSTICA: Obtendo Estimativas na Ricknel Home Centers 269

8.1 Estimativa do Intervalo de Confiança da Média Aritmética (σ Conhecido) 270
Será que É Possível Conhecer o Desvio-Padrão da População? 275

8.2 Estimativa do Intervalo de Confiança para a Média Aritmética (σ Desconhecido) 276
A Distribuição t de Student 276
Propriedades da Distribuição t 277
O Conceito de Graus de Liberdade 278
A Declaração do Intervalo de Confiança 279

8.3 Estimativa do Intervalo de Confiança para a Proporção 284

8.4 Determinando o Tamanho da Amostra 287
Determinação do Tamanho da Amostra para a Média Aritmética 287
Determinação do Tamanho da Amostra para a Proporção 289

8.5 Estimativa do Intervalo de Confiança e Questões Éticas 293

8.6 Aplicação da Estimativa para o Intervalo de Confiança em Auditoria (*on-line*) 294

8.7 Estimativa e Determinação de Tamanhos de Amostras para Populações Finitas (*on-line*) 294

UTILIZANDO A ESTATÍSTICA: Obtendo Estimativas na Ricknel Home Centers, Revisitado 294
RESUMO 295
REFERÊNCIAS 295
EQUAÇÕES-CHAVE 295
TERMOS-CHAVE 296
AVALIANDO O SEU ENTENDIMENTO 296
PROBLEMAS DE REVISÃO DO CAPÍTULO 296

CASOS PARA O CAPÍTULO 8
Administrando a Ashland MultiComm Services 299
Caso Digital 301
Lojas de Conveniência Valor Certo 301
CardioGood Fitness 301
Mais Escolhas Descritivas, Continuação 302
Pesquisas Realizadas Junto a Estudantes de Clear Mountain State 302

GUIA DO EXCEL PARA O CAPÍTULO 8   303
GE8.1 Estimativa do Intervalo de Confiança para a Média Aritmética (σ Conhecido) 303
GE8.2 Estimativa do Intervalo de Confiança para a Média Aritmética (σ Desconhecido) 303

GE8.3 Estimativa do Intervalo de Confiança para a Proporção 304
GE8.4 Determinando o Tamanho da Amostra 304

9 Fundamentos dos Testes de Hipóteses: Testes para Uma Amostra   306

UTILIZANDO A ESTATÍSTICA: Testes Significativos na Oxford Cereals 307

9.1 Fundamentos da Metodologia para Testes de Hipóteses 308
A Hipótese Nula e a Hipótese Alternativa 308
O Valor Crítico da Estatística do Teste 309
Regiões de Rejeição e Regiões de Não Rejeição 310
Riscos na Tomada de Decisão ao Utilizar a Metodologia para Testes de Hipóteses 310
Teste Z para a Média Aritmética (α Conhecido) 312
Testes de Hipóteses Utilizando a Abordagem do Valor Crítico 313
Testes de Hipóteses Utilizando a Abordagem do Valor-p 316
Uma Ligação entre a Estimativa do Intervalo de Confiança e o Teste de Hipóteses 318
É Realmente Possível Conhecer o Desvio-Padrão da População? 318

9.2 Teste t de Hipóteses para a Média Aritmética (σ Desconhecido) 320
A Abordagem do Valor Crítico 320
A Abordagem do Valor-p 322
Verificando o Pressuposto da Normalidade 322

9.3 Testes Unicaudais 326
A Abordagem do Valor Crítico 326
A Abordagem do Valor-p 327

9.4 Teste Z de Hipóteses para a Proporção 330
A Abordagem do Valor Crítico 331
A Abordagem do Valor-p 332

9.5 Armadilhas Potenciais dos Testes de Hipóteses e Questões Éticas 334
Significância Estatística *versus* Significância Prática 334
Insignificância Estatística *versus* Importância 335
Informando as Descobertas 335
Questões Éticas 335

9.6 A Eficácia de um Teste (*on-line*) 335

UTILIZANDO A ESTATÍSTICA: Testes Significativos na Oxford Cereals, Revisitado 336
RESUMO 336
REFERÊNCIAS 337
EQUAÇÕES-CHAVE 337
TERMOS-CHAVE 337
AVALIANDO O SEU ENTENDIMENTO 337
PROBLEMAS DE REVISÃO DO CAPÍTULO 337

CASOS PARA O CAPÍTULO 9
Administrando a Ashland MultiComm Services 340
Caso Digital 340
Lojas de Conveniência Valor Certo 340

GUIA DO EXCEL PARA O CAPÍTULO 9   341
GE9.1 Fundamentos da Metodologia para Testes de Hipóteses 341

Sumário **XV**

GE9.2 Teste T de Hipóteses para a Média Aritmética
(σ Desconhecido) 341
GE9.3 Testes Unicaudais 342
GE9.4 O Teste Z de Hipóteses para a Proporção 342

10 Testes para Duas Amostras 344

UTILIZANDO A ESTATÍSTICA: Para a North Fork, Existem Diferentes Médias para as Pontas? 345

10.1 Comparando as Médias Aritméticas de Duas Populações Independentes 346
Teste t de Variâncias Agrupadas para a Diferença entre Duas Médias Aritméticas 346
Estimativa do Intervalo de Confiança para a Diferença entre Duas Médias Aritméticas 351
Teste t para a Diferença entre Duas Médias Aritméticas, Pressupondo Variâncias Diferentes 352

PENSE NISSO: "Essa Chamada Pode Ser Monitorada…" 354

10.2 Comparando as Médias Aritméticas de Duas Populações Relacionadas entre Si 357
Teste t em Pares 358
Estimativa do Intervalo de Confiança para a Média Aritmética da Diferença 363

10.3 Comparando as Proporções de Duas Populações Independentes 365
Teste Z para a Diferença entre Duas Proporções 365
Estimativa do Intervalo de Confiança para a Diferença entre Duas Proporções 369

10.4 Teste F para a Proporcionalidade entre Duas Variâncias 371

UTILIZANDO A ESTATÍSTICA: Para a North Fork, Existem Diferentes Médias para as Pontas? Revisitado 376

RESUMO 376
REFERÊNCIAS 378
EQUAÇÕES-CHAVE 378
TERMOS-CHAVE 378
AVALIANDO O SEU ENTENDIMENTO 379
PROBLEMAS DE REVISÃO DO CAPÍTULO 379

CASOS PARA O CAPÍTULO 10
Administrando a Ashland MultiComm Services 381
Caso Digital 382
Lojas de Conveniência Valor Certo 382
CardioGood Fitness 382
Mais Escolhas Descritivas, Continuação 383
Pesquisas Realizadas Junto a Estudantes de Clear Mountain State 383

GUIA DO EXCEL PARA O CAPÍTULO 10 384
GE10.1 Comparando as Médias Aritméticas de Duas Populações Independentes 384
GE10.2 Comparando as Médias Aritméticas de Duas Populações Relacionadas entre SI 386
GE10.3 Comparando as Proporções de Duas Populações Independentes 387
GE10.4 Teste F para a Proporcionalidade entre Duas Variâncias 388

11 Análise da Variância 390

UTILIZANDO A ESTATÍSTICA: Existem Diferenças de Resistência nos Teares da Perfect Parachutes? 391

11.1 O Modelo Completamente Aleatório: Análise da Variância de Fator Único 392
Teste F de ANOVA de Fator Único para Diferenças entre Mais de Duas Médias Aritméticas 392
Múltiplas Comparações: O Procedimento de Tukey-Kramer 398
A Análise das Médias Aritméticas (ANOM) (on-line) 400
Pressupostos para ANOVA 400
O Teste de Levene para Homogeneidade de Variâncias 401

11.2 O Modelo Fatorial: Análise da Variância de Dois Fatores 406
Efeitos dos Fatores e Efeitos da Interação 406
Testando os Efeitos dos Fatores e os Efeitos da Interação 408
Múltiplas Comparações: O Procedimento de Tukey 411
Visualizando Efeitos da Interação: O Gráfico para Médias Aritméticas das Células 412
Interpretando Efeitos da Interação 413

11.3 O Modelo do Bloco Aleatório (on-line) 417

11.4 O Modelo dos Efeitos Fixos, o Modelo dos Efeitos Aleatórios e o Modelo dos Efeitos Mistos (on-line) 418

UTILIZANDO A ESTATÍSTICA: Existem Diferenças de Resistência nos Teares da Perfect Parachutes? Revisitado 418

RESUMO 418
REFERÊNCIAS 419
EQUAÇÕES-CHAVE 419
TERMOS-CHAVE 420
AVALIANDO O SEU ENTENDIMENTO 420
PROBLEMAS DE REVISÃO DO CAPÍTULO 420

CASOS PARA O CAPÍTULO 11
Administrando a Ashland MultiComm Services 423
Caso Digital 424
Lojas de Conveniência Valor Certo 424
CardioGood Fitness 425
Mais Escolhas Descritivas, Continuação 425
Pesquisas Realizadas Junto a Estudantes de Clear Mountain State 425

GUIA DO EXCEL PARA O CAPÍTULO 11 426
GE11.1 O Modelo Completamente Aleatório: Análise da Variância de Fator Único 426
GE11.2 O Modelo Fatorial: Análise da Variância de Dois Fatores 428

12 Testes Qui-Quadrados e Testes Não Paramétricos 430

UTILIZANDO A ESTATÍSTICA: Não Aposte na Sorte com os Hóspedes em Resortes 431

12.1 Teste Qui-Quadrado para a Diferença entre Duas Proporções 432

12.2 Teste Qui-Quadrado para Diferenças entre Mais de Duas Proporções 439
O Procedimento de Marascuilo 442
A Análise de Proporções (ANOP) (on-line) 444

12.3 Teste Qui-Quadrado para Independência 445

12.4 Teste da Soma das Classificações de Wilcoxon: Um Método Não Paramétrico para Duas Populações Independentes 450

xvi Sumário

12.5 Teste das Classificações de Kruskal-Wallis: Um Método Não Paramétrico para ANOVA de Fator Único 456
    Pressupostos 459

12.6 Teste de McNemar para a Diferença entre Duas Proporções (Amostras Relacionadas entre Si) (*on-line*) 461

12.7 Teste Qui-Quadrado para Variância ou Desvio-Padrão (*on-line*) 461

UTILIZANDO A ESTATÍSTICA: Não Aposte na Sorte com os Hóspedes em Resortes, Revisitado 461

    RESUMO 462
    REFERÊNCIAS 463
    EQUAÇÕES-CHAVE 463
    TERMOS-CHAVE 463
    AVALIANDO O SEU ENTENDIMENTO 463
    PROBLEMAS DE REVISÃO DO CAPÍTULO 464

CASOS PARA O CAPÍTULO 12
    Administrando a Ashland MultiComm Services 465
    Caso Digital 466
    Lojas de Conveniência Valor Certo 467
    CardioGood Fitness 467
    Mais Escolhas Descritivas, Continuação 467
    Pesquisas Realizadas Junto a Estudantes de Clear Mountain State 468

GUIA DO EXCEL PARA O CAPÍTULO 12   469
    GE12.1 Teste Qui-Quadrado para a Diferença entre Duas Proporções 469
    GE12.2 Teste Qui-Quadrado para Diferenças entre Mais de Duas Proporções 469
    GE12.3 Teste Qui-Quadrado para Independência 470
    GE12.4 Teste da Soma das Classificações de Wilcoxon: Um Método Não Paramétrico para Duas Populações Independentes 470
    GE12.5 Teste das Classificações de Kruskal-Wallis: Um Método Não Paramétrico para Anova de Fator Único 471

13 Regressão Linear Simples   472

UTILIZANDO A ESTATÍSTICA: Conhecendo os Consumidores na Sunflowers Roupas 473

13.1 Tipos de Modelos de Regressão 474

13.2 Determinando a Equação da Regressão Linear Simples 476
    O Método dos Mínimos Quadrados 477
    Previsões na Análise da Regressão: Interpolação *versus* Extrapolação 479
    Calculando o Intercepto de Y, b_0, e a Inclinação, b_1 480

EXPLORAÇÕES VISUAIS: Explorando Coeficientes da Regressão Linear Simples 482

13.3 Medidas de Variação 485
    Calculando a Soma dos Quadrados 485
    O Coeficiente de Determinação 486
    Erro-Padrão da Estimativa 488

13.4 Pressupostos da Regressão 490

13.5 Análise de Resíduos 490
    Avaliando os Pressupostos 490

13.6 Medindo a Autocorrelação: A Estatística de Durbin-Watson 493
    Gráficos de Resíduos para Detectar Autocorrelação 494
    A Estatística de Durbin-Watson 495

13.7 Inferências sobre a Inclinação e o Coeficiente de Correlação 498
    Teste t para a Inclinação 498
    Teste F para a Inclinação 499
    Estimativa do Intervalo de Confiança para a Inclinação 501
    Teste t para o Coeficiente de Correlação 501

13.8 Estimativa da Média Aritmética dos Valores e Previsão de Valores Individuais 505
    A Estimativa do Intervalo de Confiança para a Média Aritmética da Resposta 505
    O Intervalo de Previsão para uma Resposta Individual 507

13.9 Armadilhas na Regressão 509
    Estratégia para Evitar as Armadilhas 511

PENSE NISSO: Com Qualquer Outro Nome 512

UTILIZANDO A ESTATÍSTICA: Conhecendo os Consumidores na Sunflowers Roupas, Revisitado 512

    RESUMO 513
    REFERÊNCIAS 514
    EQUAÇÕES-CHAVE 514
    TERMOS-CHAVE 515
    AVALIANDO O SEU ENTENDIMENTO 515
    PROBLEMAS DE REVISÃO DO CAPÍTULO 516

CASOS PARA O CAPÍTULO 13
    Administrando a Ashland MultiComm Services 520
    Caso Digital 520
    Brynne Packaging 521

GUIA DO EXCEL PARA O CAPÍTULO 13   522
    GE13.1 Tipos de Modelos de Regressão 522
    GE13.2 Determinando a Equação da Regressão Linear Simples 522
    GE13.3 Medidas de Variação 523
    GE13.4 Pressupostos da Regressão 523
    GE13.5 Análise de Resíduos 523
    GE13.6 Medindo a Autocorrelação: a Estatística de Durbin-Watson 524
    GE13.7 Inferências Sobre Inclinação e Coeficiente de Correlação 524
    GE13.8 Estimativa da Média Aritmética dos Valores e Previsão de Valores Individuais 524

14 Introdução à Regressão Múltipla   526

UTILIZANDO A ESTATÍSTICA: Os Múltiplos Efeitos das Barras OmniPower 527

14.1 Desenvolvendo um Modelo de Regressão Múltipla 528
    Interpretando os Coeficientes da Regressão 528
    Prevendo a Variável Dependente Y 531

14.2 r^2, r^2 Ajustado e o Teste F Geral 533
    Coeficiente de Determinação Múltipla 533
    r^2 Ajustado 534
    Teste para a Significância do Modelo de Regressão Múltipla Geral 534

14.3 Análise de Resíduos para o Modelo de Regressão Múltipla 537

14.4 Inferências Relacionadas com os Coeficientes da Regressão para a População 539
    Testes de Hipóteses 539
    Estimativa do Intervalo de Confiança 540

Sumário **xvii**

14.5 Testando Partes do Modelo de Regressão Múltipla 542
    Coeficientes de Determinação Parcial 546

14.6 Utilizando Variáveis Binárias (*Dummy*) e Termos de Interação em Modelos de Regressão 548
    Variáveis Binárias (*Dummy*) 548
    Interações 550

14.7 Regressão Logística 558

UTILIZANDO A ESTATÍSTICA: Os Múltiplos Efeitos das Barras OmniPower, Revisitado 562

RESUMO 563
REFERÊNCIAS 564
EQUAÇÕES-CHAVE 564
TERMOS-CHAVE 565
AVALIANDO O SEU ENTENDIMENTO 565
PROBLEMAS DE REVISÃO DO CAPÍTULO 565

CASOS PARA O CAPÍTULO 14
    Administrando a Ashland MultiComm Services 568
    Caso Digital 569

GUIA DO EXCEL PARA O CAPÍTULO 14   570
    GE14.1 Desenvolvendo um Modelo de Regressão Múltipla 570
    GE14.2 r^2, r^2 Ajustado e o Teste F Geral 571
    GE14.3 Análise de Resíduos para o Modelo de Regressão Múltipla 571
    GE14.4 Inferências Relacionadas aos Coeficientes da Regressão para a População 572
    GE14.5 Testando Partes do Modelo de Regressão Múltipla 572
    GE14.6 Utilizando Variáveis Binárias (*Dummy*) e Termos de Interação em Modelos de Regressão 572
    GE14.7 Regressão Logística 573

15 Construção do Modelo de Regressão Múltipla   574

UTILIZANDO A ESTATÍSTICA: Valorizando a Parcimônia na WHIT-DT 575

15.1 O Modelo de Regressão Quadrático 576
    Encontrando os Coeficientes da Regressão e Prevendo Y 576
    Testando a Significância do Modelo Quadrático 579
    Testando o Efeito Quadrático 579
    O Coeficiente de Determinação Múltipla 581

15.2 Utilizando Transformações em Modelos de Regressão 584
    A Transformação da Raiz Quadrada 584
    A Transformação do Logaritmo 585

15.3 Colinearidade 587

15.4 Construção de Modelos 588
    O Método da Regressão Passo a Passo para a Construção de Modelos 590
    O Método dos Melhores Subconjuntos para a Construção de Modelos 591
    Validação do Modelo 595

15.5 Armadilhas na Regressão Múltipla e Questões Éticas 596
    Armadilhas na Regressão Múltipla 596
    Questões Éticas 597

15.6 Análise Preditiva e Mineração de Dados (*Data Mining*) 597
    Mineração de Dados (*Data Mining*) 597
    Exemplos de Mineração de Dados 598
    Métodos Estatísticos na Análise de Negócios 598

Mineração de Dados Utilizando Suplementos do Excel 599

UTILIZANDO A ESTATÍSTICA: Valorizando a Parcimônia na WHIT-DT, Revisitada 600

RESUMO 600
REFERÊNCIAS 602
EQUAÇÕES-CHAVE 602
TERMOS-CHAVE 602
AVALIANDO O SEU ENTENDIMENTO 603
PROBLEMAS DE REVISÃO DO CAPÍTULO 603

CASOS PARA O CAPÍTULO 15
    A Mountain States Potato Company 605
    Lojas de Conveniência Valor Certo 605
    Caso Digital 606
    O Caso da Craybill Instrumentation Company 606
    Mais Escolhas Descritivas, Continuação 607

GUIA DO EXCEL PARA O CAPÍTULO 15   608
    GE15.1 O Modelo de Regressão Quadrático 608
    GE15.2 Utilizando Transformações em Modelos de Regressão 608
    GE15.3 Colinearidade 608
    GE15.4 Construção de Modelos 609

16 Previsão de Séries Temporais   610

UTILIZANDO A ESTATÍSTICA: Projeções na Principled 611

16.1 A Importância da Previsão nos Negócios 612

16.2 Fatores Componentes dos Modelos de Séries Temporais 612

16.3 Ajustando uma Série Temporal Anual 613
    Médias Móveis 614
    Ajuste Exponencial 616

16.4 Previsão e Ajuste da Tendência dos Mínimos Quadrados 619
    O Modelo de Tendência Linear 619
    O Modelo de Tendência Quadrática 621
    O Modelo de Tendência Exponencial 622
    Seleção de Modelos Utilizando a Primeira Diferença, a Segunda Diferença e Diferenças Percentuais 624

16.5 Modelagem Autorregressiva para Ajustes de Tendências e Previsões 629
    Selecionando um Modelo Autorregressivo Apropriado 630
    Determinando a Adequabilidade de um Modelo Selecionado 632

16.6 Escolhendo um Modelo de Previsão Apropriado 637
    Realizando uma Análise de Resíduos 637
    Medindo a Magnitude do Erro Residual por Meio das Diferenças ao Quadrado ou das Diferenças Absolutas 638
    Utilizando o Princípio da Parcimônia 638
    Uma Comparação entre Quatro Métodos de Previsão 638

16.7 Previsão de Séries Temporais para Dados Sazonais 640
    Previsão dos Mínimos Quadrados com Dados Mensais ou Trimestrais 641

16.8 Números-Índice (*on-line*) 646

PENSE NISSO: Alertas para o Usuário de Modelos 647

UTILIZANDO A ESTATÍSTICA: Projeções na Principled, Revisitado 647

RESUMO 647
REFERÊNCIAS 648
EQUAÇÕES-CHAVE 648
TERMOS-CHAVE 649

xviii Sumário

AVALIANDO O SEU ENTENDIMENTO 649
PROBLEMAS DE REVISÃO DO CAPÍTULO 650

CASOS PARA O CAPÍTULO 16
Administrando a Ashland MultiComm Services 651
Caso Digital 651

GUIA DO EXCEL PARA O CAPÍTULO 16   652
GE16.1 A Importância da Previsão nos Negócios 652
GE16.2 Fatores Componentes dos Modelos de Séries
Temporais 652
GE16.3 Ajustando uma Série Temporal Anual 652
GE16.4 Previsão e Ajuste da Tendência dos Mínimos
Quadrados 653
GE16.5 Modelagem Autorregressiva para Ajustes de Tendência
e Previsões 654
GE16.6 Escolhendo um Modelo de Previsão Apropriado 654
GE16.7 Previsão de Séries Temporais para Dados
Sazonais 655

17 Um Roteiro para Analisar Dados 656

UTILIZANDO A ESTATÍSTICA: Escalando Análises Futuras 657

17.1 Analisando Variáveis Numéricas 660
Descrevendo as Características de uma Variável
Numérica 660
Tirando Conclusões sobre a Média Aritmética ou sobre o
Desvio-Padrão da População 660
Determinando se a Média Aritmética e/ou o
Desvio-Padrão Diferem Dependendo do Grupo 660
Determinando os Fatores que Afetam o Valor de uma
Determinada Variável 661
Prevendo o Valor de uma Variável com Base no Valor de
Outras Variáveis 661
Determinando se os Valores de uma Variável Se Mantêm
Estáveis ao Longo do Tempo 661

17.2 Analisando Variáveis Categóricas 662
Descrevendo a Proporção de Itens de Interesse em Cada
uma das Categorias 662
Tirando Conclusões sobre a Proporção de Itens de
Interesse 662
Determinando se a Proporção de Itens de Interesse Difere
Dependendo do Grupo 662
Prevendo a Proporção de Itens de Interesse com Base no
Valor de Outras Variáveis 663
Determinando se a Proporção de Itens de Interesse se
Mantém Estável ao Longo do Tempo 663

**UTILIZANDO A ESTATÍSTICA: Escalando Análises Futuras,
Revisitado 663**

PROBLEMAS DE REVISÃO DO CAPÍTULO 664

18 Aplicações da Estatística na Gestão pela Qualidade (Disponível no Site da LTC Editora) 1

UTILIZANDO A ESTATÍSTICA: Beachcomber Hotel 2
18.1 A Teoria de Gráficos de Controle 3
18.2 Gráfico de Controle para a Proporção: O Gráfico p 5

18.3 O Experimento das Contas Vermelhas: Compreendendo
a Variabilidade do Processo 11
18.4 Gráfico de Controle para uma Área de Oportunidades:
O Gráfico c 13
18.5 Gráficos de Controle para a Amplitude e para a Média
Aritmética 17
O Gráfico R 17
O Gráfico $\bar{X}$ 19
18.6 Eficácia do Processo 22
Satisfação do Cliente e Limites de Especificação 23
Índices de Eficácia 24
CPI, CPS e C_{pk} 25
18.7 Gestão pela Qualidade Total 28
18.8 Seis Sigma 29
O Modelo DMAIC 30
Definição de Funções em uma Organização Seis Sigma 31

**UTILIZANDO A ESTATÍSTICA: Beachcomber Hotel
Revisitado 32**

RESUMO 32
REFERÊNCIAS 32
EQUAÇÕES-CHAVE 33
TERMOS-CHAVE 34
PROBLEMAS DE REVISÃO DO CAPÍTULO 34

CASOS PARA O CAPÍTULO 18
O CASO DA COMPANHIA DE MÁQUINAS DE COSTURA
HARNSWELL 37
ADMINISTRANDO A ASHLAND MULTICOMM SERVICES 39

GUIA DO EXCEL PARA O CAPÍTULO 18   40
GE18.1 A Teoria de Gráficos de Controle 40
GE18.2 Gráfico de Controle para a Proporção: o Gráfico p 40
GE18.3 O Experimento das Contas Vermelhas: Compreendendo
a Variabilidade do Processo 41
GE18.4 Gráfico de Controle para uma Área de Oportunidades:
o Gráfico c 41
GE18.5 Gráficos de Controle para a Amplitude e para a Média
Aritmética 42
GE18.6 Eficácia do Processo 43
GE18.7 Gestão pela Qualidade Total 43
GE18.8 Seis Sigma 43

19 Tomada de Decisão (Disponível no Site da LTC Editora) 1

UTILIZANDO A ESTATÍSTICA: O Fundo de Ações Reliable 2
19.1 Tabelas de Retorno ou Remuneração e Árvores de
Decisão 3
19.2 Critérios para Tomada de Decisão 7
O Retorno Maximax 8
O Retorno Maximin 8
Valor Monetário Esperado 9
Perda de Oportunidade Esperada 11
Proporção entre Retorno e Risco 13
19.3 Tomada de Decisão com Informações Extraídas de
Amostras 18
19.4 Utilidade 23

PENSE NISSO: Negócio Arriscado 25
**UTILIZANDO A ESTATÍSTICA: O Fundo de Ações Reliable
Revisitado 25**

RESUMO 25
REFERÊNCIAS 25

EQUAÇÕES-CHAVE 26
TERMOS-CHAVE 26
PROBLEMAS DE REVISÃO DO CAPÍTULO 26
CASO DIGITAL 29

GUIA DO EXCEL PARA O CAPÍTULO 19 30
GE19.1 Tabelas de Retorno ou Remuneração e Árvores de Decisão 30
GE19.2 Critérios para Tomada de Decisão 30

Apêndices 667

A. Conceitos Básicos e Símbolos da Matemática 668

A.1 Regras para Operações Aritméticas 668

A.2 Regras para Álgebra: Expoentes e Raízes Quadradas 668

A.3 Regras para Logaritmos 669

A.4 Notação do Somatório 670

A.5 Símbolos Estatísticos 673

A.6 Alfabeto Grego 673

B. Habilidades Necessárias para Uso do Excel 674

B.1 Entradas e Referências em Planilhas 674

B.2 Referências Absolutas e Referências Relativas a Células 675

B.3 Inserindo Fórmulas em Planilhas 675

B.4 Colando com Colar Especial 676

B.5 Formatação Básica de Planilhas 677

B.6 Formatação de Gráficos 678

B.7 Selecionando Intervalos de Células para Gráficos 679

B.8 Excluindo a Barra "Excedente" de um Histograma 680

B.9 Criando Histogramas para Distribuições de Probabilidades Discretas 680

C. Recursos Disponíveis no Site da LTC Editora para o Material On-line Deste Livro 681

C.1 Sobre os Recursos Disponíveis no Site da LTC Editora para o Material On-line Deste Livro 681

C.2 Detalhes dos Arquivos a Serem Baixados 681

D. Configurando o *Software* 690

D.1 Tornando o Microsoft Excel Pronto para Ser Utilizado (TODOS) 690

D.2 Tornando o PHStat Pronto para Ser Utilizado (TODOS) 691

D.3 Configurando a Segurança do Excel para Uso de Suplementos (WIN) 692

D.4 Abrindo o PHStat (TODOS) 693

D.5 Utilizando a Pasta de Trabalho com o Suplemento Visual Explorations (Explorações Visuais) 693

D.6 Verificando a Presença dos Suplementos do Pacote Ferramentas de Análise ou Solver (TODOS) 693

E. Tabelas 695

E.1 Tabela de Números Aleatórios 695

E.2 A Distribuição Normal Padronizada Acumulada 697

E.3 Valores Críticos de t 699

E.4 Valores Críticos de χ^2 701

E.5 Valores Críticos de F 702

E.6 Valores Críticos Inferior e Superior, T_1, do Teste da Soma das Classificações de Wilcoxon 706

E.7 Valores Críticos da Amplitude de Student, Q 707

E.8 Valores Críticos de d_I e d_S da Estatística de Durbin-Watson, D 709

E.9 Fatores de Gráficos de Controle 710

E.10 A Distribuição Normal Padronizada 711

F. Conhecimentos Úteis do Excel 712

F.1 Atalhos Úteis no Teclado 712

F.2 Verificando Fórmulas e Planilhas 713

F.3 Novos Nomes de Funções 713

F.4 Compreendendo as Funções Não Estatísticas 715

G. Perguntas Frequentes sobre o Phstat e o Microsoft Excel 717

G.1 Perguntas Frequentes sobre o PHStat 717

G.2 Perguntas Frequentes sobre o Microsoft Excel 718

G.3 Perguntas Frequentes para Novos Usuários do Microsoft Excel 2013 719

Soluções para Testes de Autoavaliação e Respostas para Problemas Selecionados com Numeração Par 720

Índice 753

Prefácio

Mais de uma geração no passado, progressos no "processamento de dados" acarretaram novas oportunidades no mundo dos negócios, inicialmente informatizados de maneira centralizada e posteriormente proliferadas por meio dos computadores de uso pessoal. Nasceu a Era da Informação. A Ciência da Computação passou a ser mais do que um mero complemento para um currículo na área da Matemática, e emergiram novos campos inteiros de estudos, tal como o Sistema de Informação.

Mais recentemente, outros avanços no campo da Tecnologia da Informação foram combinados com técnicas de análises de dados de modo a criar novas oportunidades naquilo que está mais próximo de *ciência* de dados do que *processamento* de dados ou ciência da *computação*. O mundo da estatística empresarial cresceu ainda mais, esbarrando em outras disciplinas. E, em uma reprise de algo que ocorreu uma geração no passado, emergiram novos campos de estudo, desta vez com nomes, como informática, análise de dados e ciência da tomada de decisão.

Essa era de mudanças faz com que seja ainda mais crítico aquilo que é ensinado na estatística empresarial e o modo como é ensinado. Esses novos campos de estudo compartilham, conjuntamente, a estatística como uma base para futuros ensinamentos. Estamos acostumados a raciocinar em termos de mudanças, do mesmo modo que a busca de meios para melhorar continuamente o ensino da estatística empresarial tem sempre norteado nossos esforços. Participamos diligentemente das conferências do Decision Sciences Institute (DSI), da American Statistical Association (ASA) e do Making Statistics More Effective in Schools and Business (MSMESB). Utilizamos os relatórios GAISE (Guidelines for Assessment and Instruction (GAISE) da ASA e combinamos esses relatórios com nossas experiências no ensino da estatística empresarial para um corpo diversificado de estudantes em várias universidades de grande porte.

O que ensinar e como ensinar são perguntas particularmente significativas que se fazem durante o período de mudanças. Como uma equipe de autores, trazemos uma coletânea singular de experiências que acreditamos que nos ajude a encontrar a perspectiva apropriada para equilibrar o velho e o novo. Nosso principal autor, David M. Levine, foi o primeiro educador, juntamente com Mark L. Berenson, a criar um livro didático sobre estatística empresarial, que discutia o uso de *softwares* de estatística, e incorporou "resultados sob a forma de planilhas e gráficos" como ilustrações — apenas o primeiro de muitas inovações em termos de ensino e currículo ao longo de seus muitos anos de ensino da estatística empresarial. Nosso segundo autor, David F. Stephan, desenvolveu cursos e métodos de ensino em sistemas informatizados e mídia digital durante a revolução das informações, criando, e depois lecionando, em uma das primeiras *salas de aula* com computadores de uso pessoal em uma grande escola de administração em seu caminho. Bem cedo em sua carreira, ele introduziu aplicações com planilhas de cálculo para uma audiência formada pelo corpo docente de uma faculdade de estatística empresarial que incluía David Levine, uma apresentação que veio a resultar na primeira edição deste livro. Nossa mais nova coautora, Kathryn A. Szabat, ofereceu consultoria a várias comunidades empresariais e não empresariais. Sua formação em estatística e pesquisa operacional, bem como suas experiências interagindo com profissionais na prática, serviram para orientá-la, como chefe de departamento, no desenvolvimento de um novo departamento acadêmico interdisciplinar, Sistemas e Análises Empresariais, em resposta às atuais mudanças tecnológicas e orientadas para dados.

Nós três nos beneficiamos dos nossos muitos anos de magistério em cursos de graduação e matérias relacionadas à administração de empresas, e da diversidade de interesses e esforços dos nossos antigos coautores, Mark Berenson e Timothy Krehbiel. Estamos satisfeitos em oferecer as inovações e o novo conteúdo que estão relacionados, item a item, na próxima seção. Do mesmo modo que em edições anteriores, nos orientamos nos seguintes preceitos fundamentais de aprendizado:

- Ajudar os alunos a ver a relevância da estatística para suas respectivas carreiras, proporcionando exemplos extraídos das áreas funcionais em que possam estar se especializando.
- Enfatizar a interpretação de resultados estatísticos em detrimento de cálculos matemáticos.
- Proporcionar aos alunos ampla prática no entendimento sobre como aplicar a estatística no mundo dos negócios.

xxii Prefácio

- Familiarizar os alunos com o modo de utilizar *softwares* de estatística para auxiliar na tomada de decisões no âmbito empresarial.
- Proporcionar aos alunos instruções claras no que se refere ao uso de aplicações estatísticas.

Leia mais sobre esses preceitos na Seção "Sobre Nossa Filosofia Educacional", neste Prefácio.

O que Há de Novo e Inovador Nesta Edição?

Esta sétima edição de *Estatística — Teoria e Aplicações* contém funcionalidades e conteúdo novos e inovadores, ao mesmo tempo em que refina e estende o uso da estrutura DCOVA (**D**efinir, **C**oletar, **O**rganizar, **V**isualizar e **A**nalisar), inicialmente apresentada na sexta edição* como uma abordagem integrada, com o objetivo de aplicar a estatística para ajudar a solucionar problemas no âmbito das empresas e dos negócios.

Inovações

Mãos à Obra: Grandes Coisas para Aprender Primeiro – Em uma era de mudanças, você nunca consegue saber exatamente que tipo de conhecimento e formação educacional os alunos trazem para uma sala de aulas de introdução à estatística empresarial. Some-se isso à necessidade de contornar o fator relacionado ao medo de aprender estatística que tantos alunos têm no começo, e existe muita coisa a ser abordada.

Criamos "Mãos à Obra: Grandes Coisas para Aprender Primeiro" para enfrentar esse desafio. Essa unidade estabelece o contexto para explicar o que é a estatística (e não o que os alunos possam pensar que seja!) ao mesmo tempo em que garante que todos os alunos compartilhem um entendimento sobre as forças que fazem com que o aprendizado da estatística empresarial seja crucialmente nos dias de hoje. Especialmente projetado para professores que estejam ensinando com o uso de ferramentas para administração de cursos, incluindo aqueles que estejam lecionando em cursos híbridos ou *on-line*. "Mãos à Obra" foi desenvolvido no intuito de ser postado por meio virtual ou, de outro modo, distribuído antes do início da primeira seção de aulas, e está disponível a partir da página a ser baixada para este livro, que está discutida na Seção C.1 do Apêndice C.

Soluções Completas Baseadas no Excel para Microsoft Windows e OS X para Aprender Estatística Empresarial – Expandindo o conteúdo de edições anteriores, este livro apresenta Guias do Excel revisados que abordam as diferenças em versões atuais e apresenta uma nova versão do PHStat, o suplemento estatístico da Pearson Education, que é mais simples de configurar e é compatível tanto com a versão Windows da Microsoft® quanto da versão OS X para o Excel da Microsoft. O uso do PHStat ou do conjunto expandido de pastas de trabalho do Guia do Excel, que servem como modelos e grades para soluções, fornece aos alunos dois meios distintos de incorporar o Excel ao estudo da estatística. (Veja a Seção GE.2, no Guia do Excel no final da Seção Mãos à Obra: Grandes Coisas para Aprender Primeiro, para detalhes completos.)

Dicas para o Leitor – Em notas de margem, reforçam conceitos difíceis de gravar e proporcionam dicas para um estudo rápido direcionado para aprender detalhes importantes.

Discussão sobre Análises de Negócios – "Mãos à Obra: Grandes Coisas para Aprender Primeiro" define rapidamente *análises de negócios* e *grandes conjuntos de dados* e explica o modo como essas coisas estão mudando a cara da estatística. A Seção 2.8, "Tabelas Dinâmicas e Análises de Negócios", utiliza funcionalidades padronizadas do Excel da Microsoft® para explicar e ilustrar técnicas de análise descritiva; a Seção 14.7, "Regressão Logística", e a Seção 15.6, "Análise Preditiva e Mineração de Dados (*Data Mining*)", explicam e ilustram conceitos e técnicas de análise preditiva.

Casos Digitais – Nos Casos Digitais, os leitores devem examinar documentos interativos, no formato PDF, para analisar minuciosamente várias declarações e informações, com o objetivo de descobrir os dados mais relevantes para um determinado cenário relacionado com o mundo dos negócios. Os leitores, então, determinam se as conclusões e declarações são respaldadas pelos dados. Ao fazer isso, os leitores descobrem e aprendem a identificar usos indevidos habituais de informações estatísticas. Muitos Casos Digitais estendem o cenário Utilizando a Estatística do respectivo capítulo, colocando perguntas adicionais e levantando questões relacionadas com o cenário.

---

*Não traduzida para o português. (N.T.)

Os Casos Digitais aparecem no final de todos os capítulos e são os sucessores dos casos da Internet encontrados nas edições anteriores. (Dicas de Ensino para utilizar os Casos Digitais e as soluções para os Casos Digitais estão incluídas no Manual de Soluções para o Professor.)

Breves Destaques – Capítulo Documentos eletrônicos virtuais que estão disponíveis para visualizar ou baixar material adicional para raciocínio e avaliação, ou explicações para conceitos estatísticos importantes ou detalhes sobre as soluções baseadas em planilhas apresentadas neste livro.

Conteúdo Revisado e Realçado

Novos Casos Continuados de Final de Capítulo – Esta sétima edição apresenta vários casos novos de final de capítulo. Administrando a Ashland MultiComm Services é um novo caso integrado que trata de um provedor de telecomunicações orientadas para o consumidor, que aparece ao longo de todo o livro, substituindo o caso *Springville Herald*, na edição anterior. Novo e recorrente ao longo de todo o livro está um caso que diz respeito a análises de vendas e a comercialização de dados para equipamentos ergométricos de uso domiciliar (CardioGood Fitness), um caso que diz respeito a decisões sobre atribuição de preços tomadas por uma empresa de vendas no varejo (Sure Value Convenience Stores) e o caso continuado Mais Escolhas Descritivas, Continuação, que estende o uso da amostra de fundos de aposentadoria, inicialmente apresentada no Capítulo 2. Também recorrente é o caso das Pesquisas Realizadas Junto a Estudantes de Clear Mountain State, que utiliza dados coletados a partir de pesquisas realizadas junto a estudantes do nível de graduação e de pós-graduação, no intuito de praticar e reforçar métodos estatísticos estudados em diversos capítulos. Esse caso substitui as perguntas de final de capítulo relacionadas ao banco de dados de pesquisas realizadas junto a estudantes, apresentado na edição anterior. Somando-se ao caso da regressão da Mountain States Potato Company, da edição anterior, estão novos casos sobre regressão linear simples (Brynne Packaging) e sobre regressão múltipla (The Craybill Instrumentation Company).

Muitos Novos Exemplos e Problemas Aplicados – Muitos dos exemplos aplicados ao longo de todo este livro utilizam novos problemas e dados revisados. Os conjuntos de problemas de final de seção e de final de capítulo contêm muitos novos problemas e utilizam dados extraídos de *The Wall Street Journal*, do *USA Today* e de outras fontes.

Lista de Verificação para Mãos à Obra no Uso do Microsoft® Excel com Este Livro – Parte do Guia do Excel em "Mãos à Obra: Grandes Coisas para Aprender Primeiro", a lista de verificação, e material relacionado explicam aos estudantes quais competências do Excel serão necessárias e em que lugar no livro esses estudantes encontrarão informações sobre tais competências.

Apêndices Revisados Vinculados à Lista de Verificação para Mãos à Obra no Uso do Microsoft® Excel – O Apêndice B revisado discute as competências do Excel de que os leitores precisam para fazerem o melhor uso das instruções para o *Excel Avançado* neste livro. O Apêndice F, totalmente renovado, apresenta conhecimentos úteis sobre o Excel, incluindo uma discussão sobre os novos nomes de funções de planilhas que foram apresentados no Excel 2010.

Apêndice Enfatizado dos Recursos *On-line* – O Apêndice C apresenta um resumo completo de todos os recursos colocados no portal da Grande Rede para este livro, que estão disponíveis para serem baixados. Esse apêndice expande e substitui o Apêndice F da sexta edição.

Apêndice Enfatizado para Configurar *Software* – Inicialmente projetado para leitores que mantêm seus próprios sistemas informatizados, o Apêndice D ajuda os leitores a eliminar os tipos comuns de problemas técnicos que poderiam complicar o uso deles do Microsoft® Excel, à medida que vão aprendendo estatística empresarial com este livro.

Funcionalidades de Destaque

Demos continuidade a muitas das tradições de edições passadas e enfatizamos algumas destas funcionalidades a seguir:

Cenários Utilizando a Estatística para a Gestão Empresarial – Cada um dos capítulos começa com um exemplo de cenário Utilizando a Estatística, que mostra como a estatística é utilizada nas áreas funcionais da gestão de empresas – contabilidade, finanças, sistemas de informação, administração e marketing. Cada um dos cenários é utilizado ao longo de todo o capítulo de modo a proporcionar um contexto aplicado para os conceitos. O capítulo é concluído com uma seção Utilizando a Estatística, Revisitado, que reforça os métodos e as aplicações da estatística discutidos em cada um dos capítulos.

Ênfase na Análise de Dados e Interpretação dos Resultados de Planilhas do Excel – Acreditamos que o uso de *softwares* informatizados é parte integrante do aprendizado da estatística. Nosso foco enfatiza a análise de dados interpretando resultados ao mesmo tempo em que reduz a ênfase na realização de cálculos manuais. Por exemplo, na abordagem de tabelas e gráficos no Capítulo 2, o foco se dá na interpretação de vários gráficos e em quando utilizar cada um desses gráficos. Em nossa abordagem sobre testes de hipóteses nos Capítulos 9 a 11, e na regressão simples e regressão múltipla, nos Capítulos 12 e 13, foram incluídos resultados abrangentes com o uso da informática, de modo tal que o método do valor-p possa ser enfatizado.

Ajuda Pedagógica – É utilizado um estilo interativo de escrita, com equações numeradas inseridas em boxes, exemplos argumentados para proporcionar um reforço para os conceitos do aprendizado, dicas para o leitor, problemas divididos entre "Aprendendo o Básico" e "Aplicando os Conceitos", equações-chave e termos-chave.

Respostas – A maior parte das respostas para os exercícios com numeração par está incluída na parte final do livro.

Flexibilidade no Uso do Excel – Para quase todos os métodos estatísticos discutidos, este livro apresenta mais de um meio de utilizar o Excel. Os alunos podem utilizar as instruções do *Excel Avançado* para trabalhar diretamente com os detalhes das soluções por meio de planilhas, *ou* podem utilizar as instruções do *PHStat ou* das instruções no suplemento *Ferramentas de Análise* para automatizar a criação dessas soluções por meio de planilhas.

Explorações Visuais (*Visual Explorations*) – A pasta de trabalho com o suplemento do Excel permite que o leitor explore, de maneira interativa, conceitos estatísticos importantes na estatística descritiva, a distribuição normal, distribuições de amostragens, e análise da regressão. Por exemplo, na estatística descritiva, o leitor observa o efeito decorrente de alterações nos dados sobre média aritmética, mediana, quartis e desvio-padrão. No que diz respeito à distribuição normal, o leitor visualiza o efeito decorrente de modificações na média aritmética e no desvio-padrão causado nas áreas abaixo da curva normal. Nas distribuições de amostragens, o leitor utiliza simulações para explorar o efeito decorrente do tamanho da amostra sobre uma distribuição de amostragens. Na análise da regressão, o leitor tem a oportunidade de ajustar uma reta e observar como alterações na inclinação e no intercepto afetam a qualidade do ajuste da reta.

Modificações, Capítulo por Capítulo, Feitas para Esta Edição

Além do conteúdo renovado e inovador descrito em "O que Há de Novo e Inovador Nesta Edição?", a sétima edição de *Estatística – Teoria e Aplicações: Usando o Microsoft® Excel em Português* contém as seguintes alterações específicas para cada um dos capítulos. Os destaques correspondentes às modificações referentes aos capítulos individualizados são descritos a seguir.

Mãos à Obra: Grandes Coisas para Aprender Primeiro – Este capítulo inteiramente novo contém material sobre análises de negócios e apresenta a estrutura DCOVA e um vocabulário da estatística, que foram apresentados no Capítulo 1 da sexta edição.

Capítulo 1 – Escalas de medição foram realocadas da Seção 2.1 para este capítulo. Coleta de dados, métodos de amostragem e erros decorrentes de pesquisas foram realocados das Seções 7.1 e 7.2. Existe uma nova subseção sobre mineração de dados. Foram incluídos os estudos de caso da CardioGood Fitness e de Pesquisas Realizadas em Clear Mountain State.

Capítulo 2 – A Seção 2.1, "Coleta de Dados", foi transferida para o Capítulo 1. O capítulo utiliza um novo conjunto de dados que contém uma amostra de 318 fundos mútuos. Existe uma nova seção sobre tabelas dinâmicas e análises de negócios que apresentam a segmentação de dados do Excel. Foram incluídos os estudos de caso da CardioGood Fitness, Mais Escolhas Descritivas, Continuação, e de Pesquisas Realizadas em Clear Mountain State.

Capítulo 3 – Para muitos exemplos, este capítulo utiliza o novo conjunto de dados com fundos mútuos, que foi apresentado no Capítulo 2. Existe uma cobertura mais abrangente sobre assimetria e curtose. Existe um novo exemplo sobre cálculo de medidas descritivas de uma população utilizando os estudos de caso "Dogs of the Dow", CardioGood Fitness, Mais Escolhas Descritivas, Continuação, e de Pesquisas Realizadas em Clear Mountain State.

Capítulo 4 – O exemplo correspondente ao capítulo foi atualizado. Existem novos problemas ao longo de todo o livro. Foram incluídos os estudos de caso para CardioGood Fitness, Mais Escolhas Descritivas, Continuação, e de Pesquisas Realizadas em Clear Mountain State.

Capítulo 5 – Existe um novo exemplo sobre a aplicação de distribuições de probabilidades na área das finanças, e existem inúmeros problemas novos ao longo de todo o capítulo.

Capítulo 6 – O capítulo apresenta um cenário atualizado para Utilizando a Estatística e alguns novos problemas. Estão incluídos os estudos de caso para CardioGood Fitness, Mais Escolhas Descritivas, Continuação, e de Pesquisas Realizadas em Clear Mountain State.

Capítulo 7 – As Seções 7.1 e 7.2 foram transferidas para o Capítulo 1.

Capítulo 8 – O capítulo apresenta um cenário atualizado para Utilizando a Estatística, alguns novos problemas que se referem a sigma conhecido, na Seção 8.1, e exemplos e exercícios novos, ao longo de todo o capítulo. Estão incluídos os estudos de caso correspondentes às Lojas de Conveniência Valor Certo, CardioGood Fitness, Mais Escolhas Descritivas, Continuação, e de Pesquisas Realizadas em Clear Mountain State. A seção "Aplicações de Intervalos de Confiança e Estimativas em Auditoria" foi transferida para o portal dedicado a este livro e está disponíveis *on-line*, no *site* da LTC Editora.

Capítulo 9 – O capítulo inclui novas abordagens para as armadilhas inerentes aos testes de hipóteses. O estudo de caso que trata das Lojas de Conveniência Valor Certo está incluído.

Capítulo 10 – O capítulo apresenta um cenário atualizado para a seção Utilizando a Estatística, maior cobertura para o teste para a diferença entre duas médias aritméticas pressupondo variâncias desiguais, e um novo exemplo sobre o teste *t* em pares, que trata dos preços de livros didáticos. Estão incluídos os estudos de caso correspondentes às Lojas de Conveniência Valor Certo, CardioGood Fitness, Mais Escolhas Descritivas, Continuação, e de Pesquisas Realizadas em Clear Mountain State.

Capítulo 11 – Esse capítulo inclui os estudos de caso correspondentes às Lojas de Conveniência Valor Certo, CardioGood Fitness, Mais Escolhas Descritivas, Continuação, e de Pesquisas Realizadas em Clear Mountain State. Inclui, agora, uma seção disponível *on-line*, no *site* da LTC Editora, que trata de modelos de efeitos fixos, efeitos aleatórios e efeitos mistos.

Capítulo 12 – O capítulo inclui muitos novos problemas. Inclui também os estudos de caso das Lojas de Conveniência Valor Certo, CardioGood Fitness, Mais Escolhas Descritivas, Continuação, e de Pesquisas Realizadas em Clear Mountain State. O teste de McNemar está agora disponível na seção apresentada no portal dedicado a este livro.

Capítulo 13 – O cenário para a seção Utilizando a Estatística foi atualizado e modificado, com novos dados utilizados ao longo de todo o capítulo. Estão incluídos os estudos de caso das Lojas de Conveniência Valor Certo, CardioGood Fitness, Mais Escolhas Descritivas, Continuação, e de Pesquisas Realizadas em Clear Mountain State.

Capítulo 14 – Esse capítulo inclui, agora, uma seção que abrange a regressão logística.

Capítulo 15 – Nesse capítulo está incluída, agora, uma seção que abrange a análise preditiva e a mineração de dados. O capítulo inclui, também, os estudos de caso das Lojas de Conveniência Valor Certo, Craybill Instrumentation e Mais Escolhas Descritivas, Continuação.

Capítulo 16 – Esse capítulo inclui, na Seção 16.3, novos dados envolvendo a quantidade de pessoas que frequentaram cinemas, bem como dados atualizados sobre The Coca-Cola Company, nas Seções 16.4 a 16.6, e sobre a Wal-Mart Stores, Inc., na Seção 16.7. Além disso, a maior parte dos problemas é nova ou foi atualizada.

Capítulo 17 – Esse capítulo inclui, agora, alguns novos problemas.

Sobre Nossa Filosofia Educacional

Em *Nosso Ponto de Partida*, apresentado no início deste prefácio, afirmamos que estamos orientados com base nos seguintes princípios primordiais para o aprendizado:

- Ajudar o leitor a perceber a relevância da estatística para suas próprias carreiras, proporcionando exemplos extraídos das áreas funcionais nas quais possam estar se especializando.
- Enfatizar a interpretação de resultados estatísticos em detrimento de cálculos matemáticos.
- Proporcionar ao leitor uma ampla prática no entendimento de como aplicar a estatística ao mundo dos negócios.
- Familiarizar o leitor com o modo de utilizar *softwares* de estatística para auxiliar na tomada de decisões nas empresas no âmbito empresarial.
- Fornecer instruções claras ao leitor com relação ao uso de aplicações estatísticas.

A seguir, damos a explicação desses princípios:

1. **Ajudar o leitor a perceber a relevância da estatística para suas próprias carreiras, proporcionando exemplos extraídos das áreas funcionais nas quais possam estar se especializando.** Os alunos precisam de uma grade de referência quando estão aprendendo a estatística, especialmente quando a estatística não é a disciplina na qual estão se especializando. Essa grade de referência para alunos em escolas de negócios deve corresponder às áreas funcionais das empresas, tais como contabilidade, finanças, sistemas de informação, administração e marketing. Cada um dos tópicos da estatística precisa ser apresentado em um contexto aplicado relacionado a pelo menos uma dessas áreas funcionais. O foco no ensino de cada um dos tópicos deve se concentrar em sua aplicação no âmbito empresarial, na interpretação dos resultados, na avaliação dos pressupostos e na discussão sobre o que deve ser feito, se os pressupostos forem violados.

2. **Enfatizar a interpretação de resultados estatísticos em detrimento de cálculos matemáticos.** Cursos de introdução à estatística empresarial devem reconhecer a crescente necessidade de *interpretar* os resultados criados pelos processos informatizados. Isso faz com que a interpretação de resultados seja mais importante do que os entediantes cálculos feitos a mão, necessários para produzir esses resultados.

3. **Proporcionar ao leitor uma ampla prática no entendimento de como aplicar a estatística no mundo dos negócios.** Tanto os exemplos em sala de aula quanto os exercícios utilizados a título de dever de casa devem envolver, tanto quanto possível, dados verdadeiros ou realistas. O leitor deve trabalhar com conjuntos de dados, pequenos ou grandes, e deve ser incentivado a enxergar além do escopo da análise estatística de dados, objetivando a interpretação dos resultados em um contexto gerencial.

4. **Familiarizar o leitor com o modo de utilizar *softwares* de estatística para auxiliar na tomada de decisões nas empresas no âmbito empresarial.** Cursos de introdução à estatística empresarial devem reconhecer que programas contendo funções estatísticas são habitualmente encontrados no computador de mesa do responsável pela tomada de decisões no âmbito empresarial. A integração de *softwares* de estatística em todos os aspectos de um curso de introdução à estatística permite que o curso concentre seu foco na interpretação de resultados, e não nos cálculos (veja o ponto 2).

5. **Fornecer instruções claras ao leitor com relação ao uso de aplicações estatísticas.** Livros didáticos devem explicar claramente o modo de utilizar programas, tais como o Microsoft® Excel com o estudo da estatística, sem fazer com que as instruções sejam a parte predominante do livro ou desvie o foco do aprendizado dos conceitos estatísticos.

Agradecimentos

Somos extremamente gratos à RAND Corporation, à American Society for Testing and Materials, por sua gentil permissão para a publicação de várias tabelas no Apêndice E e à American Statistical Association, por sua permissão para publicar diagramas extraídos do *American Statistician*.

Uma Nota de Agradecimento

Gostaríamos de agradecer a William Borders, Troy University; Ozgun C. Demirag, Pennsylvania State University; Annette Gourgey, Baruch College; Hyokyoung Hong, Baruch College; Min Li, California State University; Robert Loomis, Florida Institute of Technology; Mahmood Shandiz, Oklahoma City University; Joe Sullivan, Mississippi State University; Rene Villano, University of New England; e Rongning Wu, Baruch College, por seus comentários que fizeram com que este livro fosse ainda melhor.

Gostaríamos de agradecer especialmente a Chuck Synovec, Mary Kate Murray, Ashlee Bradbury, Donna Battista, Judy Leale, Anne Fahlgren, e Jane Bonnell das equipes de editorial, marketing e produção da Pearson Education. Gostaríamos de agradecer à nossa revisora de texto e precisão estatística, Annie Puciloski, por sua diligência na verificação de nosso trabalho; a Kitty Wilson, por sua edição de texto; a Martha Ghent, por sua revisão de provas; e a Tammy Haskins, da PreMediaGlobal, por seu extraordinário trabalho na produção deste livro.

Por fim, gostaríamos de agradecer a nossas famílias por sua paciência, compreensão, carinho e auxílio em fazer deste livro uma realidade. É a elas que dedicamos este livro.

Considerações Finais

Por favor, escreva-nos uma mensagem de correio eletrônico, em inglês, no endereço **authors@ davidlevinestatistics.com**, caso você tenha alguma pergunta ou deseje esclarecimentos sobre algum assunto abordado neste livro. Gostaríamos, também, de convidá-lo a apresentar quaisquer sugestões que você possa ter com relação a uma futura edição deste livro. E, embora tenhamos envidado esforços para tornar este livro pedagogicamente sólido e isento de equívocos, incentivamos você a entrar em contato conosco, se encontrar algum erro. Ao entrar em contato conosco por meio eletrônico, por favor inclua "SMUME edition 7" na linha para o assunto ou título de sua mensagem.

Você pode, também, visitar o endereço eletrônico **davidlevinestatistics.com**, no qual encontrará um formulário de contato via *e-mail* e *links* para outras informações a respeito deste livro. Para assistência técnica sobre o uso do Excel da Microsoft® ou de qualquer um dos suplementos que você possa vir a utilizar juntamente com este livro, incluindo o PHStat, examine os Apêndices D e G, e siga os endereços interligados de suporte técnico discutidos na Seção G.1 do Apêndice G, caso necessário.

David M. Levine
David F. Stephan
Kathryn A. Szabat

Material Suplementar

Este livro conta com os seguintes materiais suplementares:

- Ajuda para Visual Explorations: arquivo em (.pdf) (acesso livre);
- Breves Destaques para o Capítulo Mãos à Obra: arquivo em (.pdf) (acesso livre);
- Capítulos 18 e 19: arquivos em (.pdf) (acesso livre);
- Casos Digitais: arquivo em (.pdf) (acesso livre);
- Elaboração de Gráficos no Excel 2013 com Instruções: arquivo em (.pdf) (acesso livre);
- Habilidades Básicas de Computação: arquivo em (.pdf) (acesso livre);
- Ilustrações da obra em formato de apresentação (restrito a docentes);
- Instructor's Solutions Manual: arquivos em (.pdf), em inglês, contendo manual de soluções (restrito a docentes);
- Não Entre em Pânico! Você Pode Rapidamente Aprender a Usar o Excel da Microsoft: arquivo em (.pdf) (acesso livre);
- Pasta de Trabalho de Dados do Excel (acesso livre);
- Pasta de Trabalho de Dados para Seções de Bônus do Livro Eletrônico (acesso livre);
- Pastas de Trabalho do Guia do Excel (acesso livre);
- PHStat 4.00: Aplicativo de Estatística (acesso livre);
- PHStat Versão 4.00 - Leia-me: arquivo em (.pdf) (acesso livre);
- PowerPoint Presentations: arquivos em (.ppt), em inglês, contendo apresentações em inglês para uso em sala de aula (restrito a docentes);
- Seções de Bônus do Livro Eletrônico: arquivo em (.pdf) (acesso livre);
- Telas do PHStat4 Traduzidas (acesso livre);
- Telas do Visual Explorations Traduzidas (acesso livre);
- TestBank: arquivos em (.pdf), em inglês, contendo banco de questões (restrito a docentes);
- Visual Explorations: Aplicativo que, quando instalado, incorpora novas funções ao Microsoft-Excel, em inglês (restrito a docentes).

O acesso ao material suplementar é gratuito. Basta que o leitor se cadastre em nosso *site* (www.grupogen.com.br), faça seu *login* e clique em GEN-IO, no menu superior do lado direito. É rápido e fácil.

Caso haja alguma mudança no sistema ou dificuldade de acesso, entre em contato conosco (gendigital@grupogen.com.br).

GEN-IO (GEN | Informação Online) é o ambiente virtual de aprendizagem do GEN | Grupo Editorial Nacional, maior conglomerado brasileiro de editoras do ramo científico-técnico-profissional, composto por Guanabara Koogan, Santos, Roca, AC Farmacêutica, Forense, Método, Atlas, LTC, E.P.U. e Forense Universitária. Os materiais suplementares ficam disponíveis para acesso durante a vigência das edições atuais dos livros a que eles correspondem.

Estatística – Teoria e Aplicações

Usando o Microsoft® Excel em Português

SÉTIMA EDIÇÃO

MÃOS À OBRA

Grandes Coisas para Aprender Primeiro

UTILIZANDO A ESTATÍSTICA: "Você Não Tem Como Escapar dos Dados"

MAO.1 Uma Maneira de Raciocinar

MAO.2 Defina Seus Termos!

MAO.3 Análise de Negócios: A Mudança de Cara da Estatística
"Megadados"
Estatística: Uma Importante Parte de Sua Formação em Gestão Empresarial

MAO.4 Como Utilizar Este Livro

GUIA DO EXCEL

GE.1 O que É o Microsoft Excel?

GE.2 De que Maneira Posso Utilizar o Excel com Este Livro?

GE.3 Que Tipo de Habilidade no Uso do Excel Este Livro Requer?

GE.4 Preparando-se para Utilizar o Excel com Este Livro

GE.5 Inserindo Dados

GE.6 Abrindo e Salvando Pastas de Trabalho

GE.7 Criando e Copiando Planilhas de Cálculo

GE.8 Imprimindo Planilhas de Cálculo

Objetivos do Aprendizado

Neste capítulo, você aprenderá:

- Que o volume de dados que existem no mundo faz com que o aprendizado da estatística se torne crucialmente importante
- Que a estatística é um modo de raciocinar que pode ajudar você a tomar decisões mais bem fundamentadas
- O que é a análise de negócios e como estas técnicas representam uma oportunidade para você
- Como a estrutura DCOVA para aplicar a estatística pode ajudar você a solucionar problemas relacionados com os negócios
- Como fazer o melhor uso possível deste livro
- Como se preparar para utilizar o Microsoft Excel com este livro

UTILIZANDO A ESTATÍSTICA

"Você Não Tem Como Escapar dos Dados"

Não muito tempo atrás, alunos do campo de estudos de gestão empresarial não estavam familiarizados com a palavra *dados* e tinham pouca experiência no tocante a lidar com dados. Hoje em dia, todas as vezes que você visita um portal com mecanismo de busca ou faz uma "pergunta" em seu dispositivo móvel, você está lidando com dados. E se você "ingressa" em algum local, isso indica que você "curtiu" alguma coisa, ou, ainda, se você compartilha suas preferências e opiniões, você também está criando dados.

Você aceita como praticamente verdadeiras as premissas por trás dos filmes, séries de TV ou novelas, de que personagens coletam "megadados" para desvendar conspirações, antever desastres ou prender um determinado criminoso. Você ouve falar de preocupações em relação a como o governo ou as empresas podem ser capazes de "espionar" você de alguma maneira, ou sobre como grandes empresas nos portais de redes sociais "mineram" os seus dados pessoais para fins lucrativos.

Você escuta a palavra *dados* em todos os lugares e pode até mesmo ser que tenha adquirido um "plano de dados" para o seu *smartphone*. Você sabe, de um modo geral, que dados constituem fatos sobre o mundo e que a maior parte dos dados aparenta ser, em última instância, um conjunto de números — que 49 % dos estudantes recentemente entrevistados tinham pavor de ter que se submeter a um curso de estatística empresarial, ou que 50 % dos cidadãos norte-americanos acreditam que o país está na direção certa, ou que o desemprego baixou em 3 %, ou que a conta no portal de rede social de seu melhor amigo totaliza 835 amigos e 202 postagens recentes que você não leu.

Você não tem como escapar dos dados neste mundo digital. O que, então, você deve fazer? Você poderia tentar ignorar os dados e conduzir empresas baseando-se em palpites ou na sua própria intuição. Embora palpites possam, algumas vezes, mostrar resultados positivos, trata-se de um processo bastante diferente do processo racional que os cursos de gestão empresarial que você faz estão tentando lhe ensinar, de modo tal que você possa vir a se tornar um melhor tomador de decisões. Caso você deseje simplesmente utilizar a sua intuição, então você provavelmente não deveria estar lendo este livro, ou até mesmo cursando gestão empresarial, para começo de história.

Você poderia observar que existe uma quantidade tão grande de dados no mundo — ou simplesmente em sua pequena parcela do mundo, que você jamais seria capaz de lidar com eles. Você poderia evitar raciocinar em relação a essa quantidade tão grande de dados ou utilizar os resumos de dados de outras pessoas, em vez de ter que analisar os dados. Por exemplo, você poderia entregar seu dinheiro para uma empresa de investimentos e prestar atenção apenas em quão "mais rico" você está se tornando em decorrência das taxas de retorno maravilhosas e consistentes que seu dinheiro está gerando a cada ano. (Leia as Pequenas Chamadas correspondentes a Mãos à Obra, para aprender uma razão pela qual evitar esse tipo de escolha.)

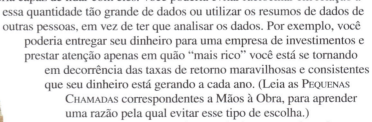

Ou, ainda, você poderia fazer as coisas da maneira apropriada, e perceber que não tem como escapar de aprender os métodos da estatística, o assunto-tema deste livro ...

4 Mãos à Obra

Você provavelmente já lidou com algum campo da estatística no passado. Você já criou um gráfico para resumir dados, ou calculou valores tais como médias para resumir dados? Existem mais coisas ligadas à estatística do que essas técnicas habitualmente ensinadas, como revela a tabela detalhada que apresenta o conteúdo deste livro.

Ainda que tenha completado um curso inteiro de estatística em um passado recente, você está adequadamente preparado para o futuro? Você está consciente de que como os avanços contínuos da tecnologia da informação modelaram a estatística na era moderna? Você está familiarizado com os meios mais modernos de visualizar dados que ou não existiam antes, não eram práticos ou não eram disseminadamente conhecidos até tempos recentes? Você compreende que a estatística no mundo de hoje pode ser utilizada para "escutar" aquilo que os dados possam estar dizendo a você, em vez de ser simplesmente um meio de provar alguma coisa em relação ao que você deseja que os dados digam?

E, talvez ainda mais importante, você tem experiência em trabalhar com novas técnicas que combinam a estatística com outras disciplinas da área de gestão empresarial, para reforçar uma boa tomada de decisão? Em particular, você está familiarizado com a **análise de negócios**? Este campo de estudos emergente faz "extenso uso de dados, análises estatísticas e quantitativas, modelos explanatórios e de previsão, e a administração baseada em fatos, para direcionar decisões e ações" (veja a Referência 2).

Uma vez que você não tem como escapar dessas mudanças, você não tem como escapar do uso de softwares que tornem possíveis essas mudanças. Este livro utiliza o Microsoft Excel para demonstrar como as pessoas no mundo dos negócios aplicam a estatística para tomar decisões mais bem fundamentadas. Você aprenderá rapidamente que não precisa se preocupar em fazer uma grande quantidade de cálculos matemáticos quando está aprendendo estatística. O software faz os cálculos para você e geralmente faz isso melhor do que você jamais poderia esperar fazer. Portanto, se você "imaginava" que a estatística era simplesmente um tipo de matemática, você já aprendeu que está enganado. Então, o que é a estatística? Continue lendo.

MAO.1 Uma Maneira de Raciocinar

A estatística é uma maneira de raciocinar que pode ajudar você a tomar decisões mais bem fundamentadas. A estatística ajuda você a solucionar problemas que envolvem decisões que estão baseadas em dados que tenham sido coletados. Para aplicar a estatística de maneira apropriada, você precisa seguir uma estrutura, ou um plano, para minimizar possíveis erros de raciocínio e análise. A **estrutura DCOVA** constitui esse tipo de estrutura.

A ESTRUTURA DCOVA

A estrutura DCOVA consiste nas seguintes tarefas:

- **Definir** os dados que você deseja estudar, no intuito de solucionar um problema ou atender a um objetivo.
- **Coletar** os dados a partir das fontes apropriadas.
- **Organizar** os dados coletados por meio do desenvolvimento de tabelas.
- **Visualizar** os dados por meio do desenvolvimento de gráficos.
- **Analisar** os dados coletados de modo a tirar conclusões e apresentar os respectivos resultados.

A estrutura DCOVA utiliza as cinco tarefas: **D**efinir, **C**oletar, **O**rganizar, **V**isualizar e **A**nalisar, no intuito de ajudar a aplicar a estatística ao processo de tomada de decisões empresariais. Geralmente, você realiza as tarefas na ordem aqui apresentada. Você deve sempre fazer as duas primeiras tarefas para obter resultados significativos, mas, na prática, a ordem das outras três tarefas pode se modificar, ou pode ser que elas pareçam inseparáveis. Certos meios de visualizar dados ajudam você a organizar seus dados, ao mesmo tempo que realizam também análises preliminares. Em qualquer um dos casos, quando você aplica a estatística ao processo de tomada de decisões, você deve ser capaz de identificar todas as cinco tarefas, e deve verificar se fez as primeiras duas tarefas antes das outras três.

Utilizar a estrutura DCOVA ajuda você a aplicar a estatística a estas quatro categorias abrangentes nas atividades empresariais:

- Resumir e visualizar dados relacionados com os negócios
- Tirar conclusões a partir desses dados
- Fazer prognósticos confiáveis em relação às atividades relacionadas com o mundo dos negócios
- Melhorar os processos ligados aos negócios

Ao longo de todo este livro, e especialmente nos cenários Utilizando a Estatística, que dão início aos capítulos, você descobrirá exemplos específicos de como DCOVA ajuda você a aplicar a estatística. Por exemplo, em um determinado capítulo, você aprenderá a demonstrar se uma campanha de marketing fez com que crescessem as vendas de um determinado produto; ao mesmo tempo, em outro capítulo, você aprenderá como uma emissora de televisão pode reduzir despesas desnecessárias com mão de obra.

MAO.2 Defina Seus Termos!

A tarefa **D** na estrutura DCOVA — **Definir** os dados que você deseja estudar, no intuito de solucionar um problema ou atender a um objetivo — inicialmente soa fácil. Mas definir significa comunicar um significado a outras pessoas, e muitas análises têm sido arruinadas pelo fato de não ter todas as pessoas envolvidas compartilhando o mesmo entendimento da definição. Por exemplo, a palavra *dados* já foi definida informalmente como "fatos sobre o mundo" — e, embora essa definição seja verdadeira, ela carece de clareza. A palavra *dados* precisa de uma **definição operacional**, uma declaração clara e precisa que proporcione um entendimento comum sobre o seu significado.

Por exemplo, uma definição operacional para **dados** poderia ser "os valores associados a um determinado traço ou propriedade que ajuda a distinguir as ocorrências de alguma coisa". Por exemplo, os nomes "David Levine" e "Kathryn Szabat" são *dados*, uma vez que ambos são valores que ajudam a distinguir os autores deste livro. Neste livro, *dados* está sempre no plural para lembrar a você que dados constituem uma coleção ou conjunto de valores. Embora se pudesse afirmar que um único valor, tal como "David Levine", é um *dado*, as expressões *ponto de dados*, *observação de dados*, *resposta de dados* e *valor único para dados* são mais habitualmente encontradas.

Algumas vezes, a criação de uma definição operacional requer raciocínio e considerações em relação a conceitos relacionados entre si, e acarreta refinamentos ainda maiores sobre a definição original. A definição de *dados* fala sobre "um traço ou propriedade". Sendo assim, poderíamos perguntar: "Que palavra pode ser utilizada para descrever 'um traço ou propriedade de alguma coisa'?" Neste livro, a palavra é **variável**. Substituindo a frase "traço ou propriedade que ajuda a distinguir" pela palavra *característica* e substituindo a expressão *alguma coisa* por "um item ou indivíduo" produz as definições operacionais de variável e dados utilizadas neste livro.

> **☞ Dica para o Leitor**
>
> A convenção no mundo dos negócios posiciona os dados, o conjunto de valores, para uma variável em uma coluna, ao utilizar uma planilha ou objeto semelhante. As planilhas de dados do Excel utilizadas como exemplos neste livro seguem esta convenção (veja a Seção GE.5 no final da Seção Guia do Excel). Em razão dessa convenção, as pessoas algumas vezes utilizam a palavra *coluna* como substituta para o termo *variável*.

VARIÁVEL

Uma característica de um item ou indivíduo.

DADOS

O conjunto de valores individuais associados a uma determinada variável.

Raciocine em termos das características que distinguem os indivíduos em uma população de seres humanos. Nome, estatura, peso, cor dos olhos, estado civil, renda bruta ajustada e local de residência são, indistintamente, características de um determinado indivíduo. Todos esses traços são possíveis *variáveis* que descrevem pessoas.

Definir uma variável chamada nome do autor como o primeiro e o último nome dos autores deste livro torna claro que os valores válidos seriam "David Levine", "David Stephan" e "Kathryn Szabat" e não, digamos, "Levine", "Stephan", e "Szabat". Tenha cuidado com pressupostos culturais e de outros tipos nas definições — por exemplo, o "sobrenome" é um nome de família, como é habitual na América do Norte e em outros países ocidentais, ou o nome próprio único de um indivíduo, como é a prática habitual na maioria dos países asiáticos?

Tendo definido *dados* e *variável*, você pode criar uma definição operacional para o assunto-tema deste livro, a **estatística**.

ESTATÍSTICA

Os métodos que ajudam a transformar dados em informações úteis para tomadores de decisões.

A estatística permite que você determine se seus dados representam informações que possam ser utilizadas na tomada de decisões mais bem fundamentadas. Por conseguinte, a estatística ajuda você a determinar se diferenças nos números são significativas de um modo considerável ou se são meramente decorrentes do acaso. Para ilustrar, considere os seguintes relatórios recentes sobre várias descobertas em dados:

- **Tempo Aceitável para Duração de Propaganda *On-line* Antes de Visualizar Conteúdo Grátis — "Acceptable *On-line* Ad Length Before Seeing Free Content" (*USA Today*, 16 de fevereiro de 2012, p. 1B)** Uma pesquisa realizada junto a 1.179 adultos com 18 ou mais anos de idade relatou que 54 % deles consideravam que 15 segundos era uma duração aceitável para propaganda *on-line* antes de visualizar o conteúdo grátis.
- **Primeiros Dois Anos da Faculdade Desperdiçados — "First Two Years of College Wasted" (M. Marklein, *USA Today*, 18 de janeiro de 2011, p. 3A)** Uma pesquisa realizada junto a mais de 3.000 estudantes com idade regular e com horário de estudo integral descobriu que os estudantes passavam 51 % de seu tempo em atividades sociais, recreação e outras atividades; 9 % do tempo deles era gasto em sala de aula/laboratório; e 7 % do tempo era gasto com estudos.
- **Siga os Tweets — "Follow the Tweets" (H. Rui, A. Whinston e E. Winkler, *The Wall Street Journal*, 30 de novembro de 2009, p. R4)** Nesse estudo, os autores descobriram que o número de vezes que um produto específico foi mencionado em comentários no serviço de troca de mensagens sociais do Twitter poderia ser utilizado para fazer prognósticos precisos sobre tendências de vendas para aquele produto.

Sem a estatística, você não seria capaz de determinar se os "números" constantes dessas histórias representam, ou não, informações. Sem a estatística, você não consegue validar afirmativas, tais como a declaração de que o número de acessos no Twitter pode ser utilizado para prever as vendas de certos produtos. E sem a estatística, você não consegue enxergar padrões revelados por megadados.

Ao conversar sobre estatística, você utiliza o termo **estatística descritiva** para se referir a métodos que primordialmente ajudam a resumir e apresentar dados. Contar objetos físicos, em uma classe de jardim de infância, pode ter sido a primeira vez que você utilizou um método *descritivo*. Você utiliza o termo **estatística inferencial** para se referir a métodos que utilizam dados coletados a partir de um pequeno grupo, para tirar conclusões sobre um grupo maior. Caso você tenha cursado formalmente a estatística em alguma série que cursou, você provavelmente aprendeu primordialmente métodos descritivos, o foco dos primeiros capítulos deste livro, e você possivelmente não está familiarizado com muitos dos métodos inferenciais discutidos nos capítulos posteriores.

MAO.3 Análise de Negócios: A Mudança de Cara da Estatística

Conforme observamos no cenário Utilizando a Estatística que abre este capítulo, a estatística tem testemunhado o uso crescente de novas técnicas que ou não existiam, ou não eram práticas de conduzir, ou não eram disseminadamente conhecidas no passado. Entre todas essas técnicas, as análises de negócios são o que melhor representa a mudança de cara da estatística. Esses métodos combinam métodos estatísticos "tradicionais" com métodos e técnicas oriundas da ciência da administração e sistemas de informação para formar uma ferramenta interdisciplinar que dá suporte ao processo de tomada de decisões gerenciais baseadas em fatos. A análise de negócios permite que você

- Utilize métodos estatísticos para analisar e explorar dados no intuito de descobrir relações não antes previstas.
- Utilize métodos da ciência da administração para desenvolver modelos de otimização que impactam a estratégia, o planejamento e as operações de uma organização.
- Utilize métodos de sistemas de informações para coletar e processar conjuntos de dados de todos os tamanhos, incluindo conjuntos de dados muito grandes, que, caso contrário, seriam difíceis de examinar com eficiência.

A análise de negócios permite que você interprete os dados, tire conclusões e tome decisões e, enquanto faz isso, combina muitas das tarefas inerentes à estrutura DCOVA em um único processo integrado. E ainda, uma vez que você aplica a análise de negócios no contexto da tomada de decisões e da resolução de problemas em âmbito *organizacional* (veja a Referência 9), a aplicação bem-sucedida da análise de negócios requer um entendimento em relação a um negócio e a suas respectivas operações.

A análise de negócios já foi aplicada em muitos contextos de tomada de decisões nos negócios. Gerentes de Recursos Humanos (RH) utilizam análises para compreender as relações entre direcionadores de Recursos Humanos e resultados importantes nos negócios, e para compreender como a competência, habilidades e motivação dos empregados impactam esses resultados. Analistas financeiros utilizam análises para determinar a razão pela qual certas tendências ocorrem, para que possam prever como serão os ambientes financeiros no futuro. Especialistas de marketing utilizam análises e a inteligência do consumidor para direcionar programas de fidelidade e decisões sobre marketing para o consumidor. Gerentes de cadeias de suprimentos utilizam análises para planejar e fazer previsões com base na distribuição de produtos e para otimizar a distribuição de vendas com base em medidas essenciais de gestão de estoques.

Em prosseguimento, a análise de negócios continuará sendo utilizada no intuito de ajudar a responder as questões básicas que ajudam a estruturar o processo de tomada de decisões: O que aconteceu? Quantas vezes, com que frequência, e onde? Qual é exatamente o problema? Que ações são necessárias? O que poderia ocorrer? E se essas tendências continuarem? O que acontecerá depois disso? De que modo podemos alcançar o melhor resultado, incluindo os efeitos da variabilidade? (Veja a Referência 5.)

"Megadados"

Avanços relativamente recentes na tecnologia da informação permitem que as empresas coletem, processem e analisem volumes significativamente grandes de dados. Uma vez que a definição operacional de "muito grande" pode ser parcialmente dependente do contexto de uma empresa ou de um negócio — o que poderia ser "muito grande" para uma empresa com um único proprietário poderá ser mais do que habitual para uma empresa multinacional — muitos usam a expressão **megadados**.

Megadados é um conceito mais difuso do que um termo com uma definição operacional precisa, mas implica dados que estão sendo coletados em grandes volumes e em taxas bastante rápidas (geralmente em tempo real) e dados que chegam em uma variedade de formas, organizados e não organizados. Esses atributos de "volume, velocidade e variedade", primeiramente identificados em 2001 (veja a Referência 7), fazem com que os megadados sejam diferentes de quaisquer dos conjuntos de dados utilizados neste livro.

Os megadados estimulam o uso de análises de negócios, uma vez que o mero tamanho desses conjuntos de dados extremamente grandes faz com que se torne impraticável a exploração preliminar dos dados utilizando-se as técnicas mais antigas. Embora exemplos de análises de negócios frequentemente façam uso de megadados, como é o caso de uma grande loja de vendas no varejo tentando imaginar quais, entre as suas compradoras, têm maior possibilidade de estar grávidas (veja a Referência 4), você deve ter em mente que as técnicas de análise de negócios também podem ser utilizadas em pequenos conjuntos de dados, conforme demonstra a Seção 2.8.

Estatística: Uma Importante Parte de Sua Formação em Gestão Empresarial

Uma vez que a análise de negócios vem se tornando cada vez mais importante na gestão de negócios, e especialmente na medida em que cresce o uso de megadados, a estatística, uma componente essencial da análise de negócios, passa a ser cada vez mais importante para a sua formação em gestão empresarial. No atual ambiente dos negócios, orientado por dados, você necessita de competências analíticas gerais que permitam que você trabalhe com os dados, interprete resultados analíticos e incorpore resultados em uma variedade de aplicações da tomada de decisão, como contabilidade, finanças, gestão de RH, marketing, planejamento estratégico, e gestão de cadeia de suprimentos.

As decisões que você toma serão cada vez mais baseadas em dados e não em pressentimentos ou intuições fundadas na experiência pessoal. A prática orientada por dados está provando ser bem-sucedida; estudos têm mostrado um crescimento na produtividade, inovação e competição para organizações que abarcam a análise de negócios. O uso de dados e da análise de dados para direcionar as decisões empresariais não pode ser ignorado. Ter uma mistura bem equilibrada de competências técnicas — e competências gerenciais — tais como a perspicácia nos negócios, capacidade para resolução de problemas e capacidade de comunicação — preparará você melhor para o ambiente de trabalho de hoje e de amanhã (veja a Referência 1).

Se você imaginasse que poderia artificialmente separar a estatística de outras matérias do campo da administração de empresas, fazer um curso de estatística, e depois esquecer a estatística, você menosprezou a mudança de cara da estatística. A mudança de cara da estatística é a razão pela qual Hal Varian, economista-chefe da Google, Inc., fez a seguinte observação, já no ano de 2009: "a profissão mais atraente nos próximos 10 anos será a dos estatísticos. E eu não estou brincando" (veja as Referências 10 e 11).

MAO.4 Como Utilizar Este Livro

Este livro ajuda você a desenvolver as competências necessárias para utilizar a estrutura DCOVA de modo a aplicar a estatística às quatro categorias abrangentes das atividades de gestão empresarial listadas na Seção MAO.1. O Capítulo 1 discute sobre as tarefas **D**efinir e **C**oletar da estrutura DCOVA, o ponto de partida necessário para todas as atividades estatísticas. As tarefas **O**rganizar, **V**isualizar e **A**nalisar são abordadas ao longo dos outros capítulos remanescentes do livro. Os Capítulos 2 e 3 apresentam métodos que sintetizam dados relacionados ao mundo dos negócios (a primeira atividade listada na Seção MAO.1). Os Capítulos 4 a 12 abordam métodos que utilizam dados amostrais no intuito de tirar conclusões sobre populações (a segunda atividade listada na Seção MAO.1). Os Capítulos 13 a 16 reexaminam métodos para a realização de prognósticos fidedignos (a terceira atividade). O Capítulo 18, presente no material suplementar deste livro (disponível no *site* da LTC Editora), introduz métodos que você pode utilizar para aperfeiçoar os seus processos de trabalho (a quarta atividade).

Cada um dos capítulos tem início com um cenário Utilizando a Estatística, que posiciona você em uma situação realista do mundo dos negócios. Você enfrentará problemas que os conceitos e métodos estatísticos específicos introduzidos no capítulo ajudarão você a solucionar. Posteriormente, próximo ao final de cada capítulo, uma seção Utilizando a Estatística — Revisitada, recapitula o modo como os métodos discutidos no capítulo podem ser aplicados de forma a ajudar a solucionar os problemas que você enfrentou.

Cada um dos capítulos termina com uma variedade de pequenas seções que ajudam você a recapitular o que aprendeu por toda a extensão do texto. Resumo, Termos-Chave e Equações-Chave apresentam concisamente os pontos importantes do capítulo estudado.

Ao longo de todo este livro, você encontrará planilhas do Excel que mostram soluções para exemplos de problemas que estão disponíveis para serem baixados e utilizados como gabaritos ou modelos para outros problemas. Você também encontrará muitas *Dicas para o Leitor*, notas de margem que ajudam a esclarecer e reforçar detalhes significativos sobre conceitos estatísticos específicos. Capítulos selecionados incluem os quadros Explorações Visuais (Visual Explorations) que permitem que você interativamente explore conceitos estatísticos. E muitos capítulos incluem um quadro com o título Pense Sobre Isso, que explica, com mais detalhes, conceitos estatísticos importantes.

Este livro contém uma série de estudos de caso, solicitando que você aplique aquilo que aprendeu em um determinado capítulo, ao mesmo tempo que proporciona a você a oportunidade de enfatizar as suas habilidades de análise e de comunicação. Em cada um dos capítulos, aparece o estudo de caso continuado, *Administrando a Ashland MultiComm Service*s, que detalha problemas que os gerentes de um provedor de telecomunicações residenciais enfrenta, e um Caso Digital, que solicita que você examine uma variedade de documentos eletrônicos e, depois disso, aplique o seu conhecimento estatístico de modo a solucionar problemas ou abordar questões levantadas por esses casos. Além desses, você encontrará uma série de outros casos, incluindo alguns que ocorrem novamente em vários capítulos do livro.

Guias do Excel

Imediatamente após cada um dos capítulos, encontra-se um Guia do Excel. No que se refere a tal capítulo, um Guia do Excel especial explica o modo como os guias foram projetados com o objetivo de dar suporte a seu aprendizado pessoal, de duas maneiras distintas, porém complementares, e ajuda a preparar você para o uso do Microsoft Excel em conjunto com este livro. Você deve recapitular integralmente este Guia do Excel, ainda que seja um usuário experiente do Excel, a fim de garantir que você tenha um entendimento sobre o modo como este livro ensina e utiliza o Excel.

Nos capítulos posteriores, os Guias do Excel estão vinculados à numeração das seções internas do referido capítulo, e apresentam instruções detalhadas do Excel para realizar os métodos estatísticos discutidos nas seções do capítulo. A maior parte das seções de Guia do Excel tem início com a identificação da técnica fundamental do Excel a ser utilizada para um determinado método estatístico e, depois disso, especifica um exemplo que é utilizado como a base para as instruções detalhadas.

Não se preocupe, caso o seu professor não aborde cada uma das seções de todos os capítulos. Cursos introdutórios de estatística empresarial variam em termos de escopo, extensão e número de créditos atribuídos à disciplina depois do curso. A área funcional de especialização por você escolhida (contabilidade, administração, finanças, marketing, etc.) poderá também afetar aquilo que você aprendeu em sala de aula ou aquilo que foi designado a você em termos de leitura no contexto deste livro.

REFERÊNCIAS

1. Advani, D. "Preparing Students for the Jobs of the Future", *University Business* (2011), **www.universitybusiness.com/article/preparing-students-jobs-future**.
2. Davenport, T., e J. Harris. *Competing on Analytics*: *The New Science of Winning*. Boston: Harvard Business School Press, 2007.
3. Davenport, T., J. Harris e R. Morison. *Analytics at Work*. Boston: Harvard Business School Press, 2010.
4. Duhigg, C. "How Companies Learn Your Secrets". *The New York Times*, 16 de fevereiro de 2012, **www.nytimes.com/2012/02/19/magazine/shopping-habits.html**.
5. Greenland, A. "The Analytics Landscape", Apresentação de slides do PowerPoint apresentado em "Leveraging Analytics in Government", Washington DC, 16 de setembro de 2010.
6. Keeling, K. e R. Pavur. "Statistical Accuracy of Spreadsheet Software". *The American Statistician* 65 (2011): 265-273.
7. Laney, D. *3D Data Management*: *Controlling Data Volume, Velocity, and Variety*. Stamford, CT: META Group, 6 de fevereiro de 2001.
8. Levine, D. e D. Stephan. "Teaching Introductory Business Statistics Using the DCOVA Framework". *Decision Sciences Journal of Innovative Education* 9 (setembro de 2011): 393-398.
9. Liberatore, M. e W. Luo. "The Analytics Movement". *Interfaces* 40, nº 4 (2010): 313-324.
10. Varian, H. "For Today's Graduate: Just One Word: Statistics". *The New York Times*, 6 de agosto de 2009, recuperado de **www.nytimes.com/2009/08/06/technology/06stats.html**.
11. Varian, H. "Hal Varian and the Sexy Profession", *Significance*, março de 2011.

TERMOS-CHAVE

análise de negócios
células
dados
definição operacional
estatística

estatística descritiva
estatística inferencial
estrutura DCOVA
gabarito
megadados

pasta de trabalho
planilha de cálculo
variável

GUIA DO EXCEL

GE.1 O QUE É o MICROSOFT EXCEL?

O Microsoft Excel é o principal aplicativo de análise de dados do pacote de programas Microsoft Office. O Excel evoluiu a partir das primeiras planilhas de cálculo eletrônicas que foram inicialmente aplicadas em tarefas contábeis e financeiras. O Excel utiliza planilhas (também chamadas de planilhas de cálculos) com as finalidades de armazenar dados e apresentar os resultados de análises. Uma **planilha** é um arranjo tabular de dados em que as interseções entre linhas e colunas formam **células**, caixas nas quais você faz as entradas. Conforme apresentamos anteriormente, os dados correspondentes a cada uma das variáveis são posicionados em colunas separadas, seguindo a prática padronizada de negócios. De modo geral, para realizar análises estatísticas, você utiliza uma ou mais colunas de dados e, depois, aplica os comandos apropriados.

O Excel salva arquivos que ele chama de pastas de trabalho. Uma **pasta de trabalho** é uma coletânea de planilhas de cálculo e planilhas de gráficos, assim chamadas porque apresentam gráficos separadamente dos dados da planilha em que se basearam. Você salva uma pasta de trabalho quando salva um "arquivo do Excel" geralmente utilizando o formato **.xlsx** ou **.xls**.

GE.2 De QUE MANEIRA POSSO UTILIZAR o EXCEL com ESTE LIVRO?

As instruções para o Excel Avançado e as pastas de trabalho do Guia do Excel foram desenvolvidas de maneira a funcionar melhor com as versões mais recentes do Microsoft Excel, incluindo o Excel 2010 e o Excel 2013 (Microsoft Windows) e o Excel 2011 (OS X). No caso de surgirem incompatibilidades com versões mais antigas, como o Excel 2007, essas incompatibilidades são apresentadas nas instruções e planilhas alternativas que são fornecidas para uso, conforme discutido na Seção F.3 do Apêndice.

Você utiliza o Excel para aprender e aplicar os métodos estatísticos discutidos neste livro e como uma ajuda na resolução de problemas de final de seção e de final de capítulo. O modo como você utiliza o Excel fica a seu critério (ou talvez a critério do professor); os Guias do Excel oferecem a você as maneiras complementares para utilizar o Excel.

Caso você esteja mais focado nos resultados do que nas técnicas do Excel para obter esses resultados, caso esteja com pressa de obter os resultados do Excel, ou caso deseje evitar a tarefa demorada de inserir e editar todas as entradas de células individuais para uma planilha, considere a possibilidade de utilizar o PHStat. O PHStat, disponível gratuitamente para os usuários deste livro, é um exemplo de um suplemento, uma aplicação que estende a funcionalidade do Microsoft Excel. O PHStat simplifica a tarefa de operar o Excel ao mesmo tempo que cria planilhas *reais* do Excel que utilizam cálculos internos das planilhas. Com o PHStat, você pode criar planilhas que são idênticas às apresentadas neste livro, ao mesmo tempo que se livra do tédio de ter que criar entradas para todas as células em uma planilha, e ainda evita os erros potenciais associados ao procedimento. Em contrapartida, a maior parte dos outros suplementos cria resultados que são, em sua grande maioria, colados sob a forma de textos em uma planilha vazia. (Para aprender mais sobre o PHStat, veja os Apêndices D e G.)

Os Guias do Excel contêm instruções para uso do suplemento Ferramentas de Análise, incluído junto a algumas versões do Microsoft Excel. Uma vez que você pode utilizar o pacote Ferramentas de Análise para apenas alguns poucos métodos estatísticos, essas instruções aparecem com pouca frequência ao longo de todos os Guias do Excel.

Em muitos tópicos, você pode optar pelo *Excel Avançado* para utilizar o Excel. Grande parte das instruções para o *Excel Avançado* utilizam planilhas pré-construídas como modelos ou **gabaritos** para uma solução estatística. Você aprende a fazer modificações sutis nos dados ou na estrutura de uma planilha para construir suas próprias soluções. Muitas dessas seções apresentam uma *pasta de trabalho* específica no *Guia do Excel* que contém planilhas que são, em sua maioria, *idênticas* às planilhas criadas pelo PHStat. Caso você deseje imitar a prática habitual das empresas em abrir e utilizar soluções de planilhas predefinidas, você deve adotar este modo avançado.

Uma vez que esses dois modos criam os mesmos resultados e as mesmas planilhas, você pode utilizar uma combinação entre ambos os modos, à medida que passa a ler todo este livro. Você pode examinar o Excel avançado quando desejar (ou quando o professor mandar!). Também pode criar resultados rapidamente durante o período do semestre em que seu tempo livre está disponível.

GE.3 QUE TIPO de HABILIDADE no USO DO EXCEL ESTE LIVRO REQUER?

Conforme sugere o título deste livro, você pode deduzir que estará "usando o Microsoft Excel" enquanto estuda estatística, e, para fazer isso, você não precisará ser um "especialista" no Microsoft Excel. Este livro contém inúmeros exemplos, a partir dos quais você conseguirá aprender (e copiar), e uma grande quantidade de soluções completadas do Excel, que você pode utilizar como base para o seu próprio trabalho. (Modificar uma solução existente é bem mais fácil do que construir uma solução a partir do zero; você também pode imitar o uso do Excel em situações do mundo real.)

Existem algumas habilidades básicas que você precisará dominar para poder utilizar as instruções do Excel, e elas estão apresentadas na Tabela GE.A. Caso você não domine as "habilidades básicas de computação" da tabela, leia então a seção "Habilidades Básicas de Computação" do material suplementar disponível no *site* da LTC Editora, oferecido como bônus. (O Apêndice C explica como você pode baixar uma cópia desta seção e de outras seções no material suplementar.) Para aprender ou recapitular as habilidades básicas do Microsoft Office apresentadas na tabela, leia as seções apresentadas posteriormente neste Guia do Excel.

TABELA GE.A
Habilidades Básicas Exigidas

Habilidades Básicas de Computação	Específicas
Identificação dos objetos das janelas da aplicação do Excel	Barra de títulos, botões minimizar/redimensionar/fechar, barras de rolagem, barra de fórmulas, área da pasta de trabalho, ponteiro de célula, menu de atalhos, e as seguintes partes das faixas de opções: guia de planilha, grupo, galeria e botão Iniciar do Office.
Conhecimento das operações do mouse	Clique (também chamada de selecionar), marcar e limpar, clique duplo, clique à direita, arrastar/arrastar e soltar.
Identificação dos objetos das caixas de diálogo	Botão de comando, caixa com lista de opções, caixa de edição, botão de opções, caixa de verificação.

Habilidades Básicas do Microsoft Office	Específicas
Entrada de dados no Excel	Organizar dados de planilhas em colunas, inserir dados numéricos e categóricos
Operações de arquivos	Abrir, salvar e imprimir
Operações de planilhas	Criar, copiar

É recomendável que você tenha domínio das habilidades básicas da Tabela GE.A, antes de iniciar o uso do Excel, para ser capaz de compreender os conceitos estatísticos e solucionar problemas. O fato de você precisar, ou não, aprender mais sobre essas habilidades básicas depende de você estar, ou não, planejando utilizar as instruções do *Excel Avançado* ou do *PHStat*, os dois diferentes modos de utilizar o Microsoft Excel em conjunto com este livro (veja a Seção GE.2). Caso esteja planejando utilizar as instruções do *Excel Avançado*, você precisará, também, dominar as habilidades listadas na Tabela GE.B. Embora não necessariamente você precise dessas habilidades se tiver planos de utilizar o PHStat, conhecê-las poderá ser útil, caso você espere personalizar as planilhas do Excel que o PHStat cria, ou no caso de você imaginar utilizar o Excel futuramente em cursos ou no ambiente de trabalho.

TABELA GE.B
Habilidades Exigidas para Utilizar as Instruções do *Excel Avançado*

Habilidade	Específica
Habilidades com fórmulas	Conceito de uma fórmula, referências de células, referências absolutas e relativas para células, como inserir uma fórmula, como inserir uma fórmula em disposição de arranjo
Apresentação de pastas de trabalho	Como aplicar alterações de formatação que afetam a exibição de conteúdos de células de planilha de cálculo
Correção de formatação para gráficos	Como corrigir a formatação de gráficos que o Excel cria inadequadamente
Criação de histograma discreto	Como criar um histograma apropriadamente formatado para uma distribuição de probabilidades discretas

O Apêndice B ensina você as habilidades listadas na Tabela GE.B. Se você começar estudando as Seções B.1 a B.4 do referido apêndice, você desenvolverá as habilidades necessárias para fazer uso eficaz das instruções do *Excel Avançado* quando se deparar com elas, pela primeira vez, no Capítulo 1. (Você pode ler outras seções do Apêndice B, conforme necessário.)

Caso não tenha, definitivamente, qualquer experiência quanto ao uso do Microsoft Excel, ou caso tenha cursado alguma disciplina como pré-requisito, que tenha lhe ensinado pouca coisa sobre o Excel, ou tenha deixado você confuso, *não entre em pânico*! Você pode ler o texto

12 Mãos à Obra

Não Entre em Pânico: *Você Pode Aprender o Microsoft Excel Rapidamente*. Esta seção, oferecida como um bônus no material suplementar (disponível no *site* da LTC Editora), dos mesmos autores da série *Even You Can Learn Statistics* (*Até Você Pode Aprender Estatística*), ajuda você a começar a aprender as habilidades apresentadas na Tabela GE.A. (O Apêndice C explica como você pode baixar uma cópia dessa seção de bônus.)

Caso deseje aprender ainda outras habilidades que podem vir a ser úteis quando você estiver utilizando o Microsoft Excel, leia as Seções F.1 e F.2 do Apêndice F. Esse apêndice também explica as diferenças entre os nomes mais antigos e mais recentes para as funções de planilhas e descreve as funções não estatísticas utilizadas neste livro.

GE.4 PREPARANDO-SE para UTILIZAR o EXCEL com ESTE LIVRO

Para minimizar eventuais problemas com os quais você possa vir a se deparar posteriormente, recapitule e complete a lista de verificação da Tabela GE.C, como sua primeira etapa para se preparar para utilizar o Microsoft Excel em conjunto com este livro.

TABELA GE.C
Lista de Verificação para a Seção "Preparando-se para Utilizar o Excel com Este Livro"

❑ Determine como você irá utilizar o Microsoft Excel, juntamente com este livro (veja a Seção GE.2).
❑ Verifique seu conhecimento sobre as habilidades básicas requeridas. Se precisar, leia e recapitule qualquer material necessário discutido na Seção GE.3.
❑ Leia o Apêndice C para aprender sobre os recursos disponibilizados no Portal da Editora, na Grande Rede, dedicado a este livro. O Apêndice C inclui uma lista completa das pastas de trabalho de dados do Excel, utilizadas nos exemplos e problemas encontrados neste livro. Os nomes de pastas de trabalho de dados do Excel aparecem, em todo este livro, em um formato de texto que as identifica — **Fundos de Aposentadoria**, por exemplo.
❑ Baixe os recursos disponíveis na Grande Rede, pois você vai precisar deles para utilizar este livro, conforme as instruções no Apêndice C.
❑ Utilize as instruções contidas na Seção D.1 do Apêndice D, para atualizar o Microsoft Excel.
❑ Caso você planeje utilizar as pastas de trabalho dos suplementos PHStat, Visual Explorations (Explorações Visuais) ou Ferramentas de Análise, e manter seu próprio sistema de computação, leia as instruções especiais no Apêndice D.
❑ Examine o Apêndice G para aprender as respostas para perguntas frequentes (FAQs).

Convenções para Computadores Utilizadas Neste Livro

As instruções do Excel neste livro utilizam as convenções apresentadas na Tabela GE.D, para descrever operações comuns com o uso do teclado e do ponteiro do mouse.

TABELA GE.D
Convenções para Computadores Utilizadas Neste Livro

Operação e Exemplos	Observações
Teclas no teclado **Enter Ctrl Shift**	Nomes de teclas são sempre o objeto do verbo *pressionar*, como em "pressionar **Enter**".
Combinações no uso de teclas **Ctrl+C** **Ctrl+Shift+Enter** **Command+Enter**	Ações de teclado que requerem que você pressione mais de uma única tecla ao mesmo tempo. **Ctrl+C** significa pressionar C enquanto mantém pressionada a tecla **Ctrl**. **Ctrl+Shift+Enter** significa pressionar **Enter** enquanto mantém pressionadas as teclas **Ctrl** e **Shift**.
Operações de clicar ou selecionar Clicar em **OK** Selecionar o primeiro item **Barra 2-D** na galeria	Ações com o ponteiro do mouse, que requerem que você clique uma única vez em um objeto na tela. O livro utiliza o verbo *selecionar* quando o objeto é uma célula de planilha ou um item em uma galeria, menu, lista, ou faixa de opções.
Seleção de menu ou faixa de opções **Arquivo → Novo** **Layout da Página → Legenda → Nenhuma**	Uma sequência de seleções a partir da faixa de opções ou do menu. **Arquivo → Novo** significa primeiramente selecionar a guia **Arquivo** e, em seguida, selecionar **Novo** a partir da lista que aparece.
Objeto para marcação de posição ***intervalo de células da variável 1 intervalo de células de bloco***	Uma frase em itálico e negrito representa um marcador de posição para uma referência de objeto. Ao realizar entradas, você insere a referência, por exemplo, **A1:A10**, e não o marcador de posição.

GE.5 INSERINDO DADOS

Conforme inicialmente observamos na nota de margem *Dica para o Leitor*, da Seção MAO.2, você insere na coluna de uma planilha os dados correspondentes a uma determinada variável. Por convenção, e seguindo o estilo adotado neste livro, quando você insere os dados referentes a um conjunto de variáveis, você insere o nome de cada uma das variáveis nas células da primeira linha, iniciando pela coluna A. Em seguida, você insere, nas linhas subsequentes, os dados correspondentes à variável, para criar uma planilha de cálculo DADOS, semelhante à mostrada na Figura GE.1.

	A	B	C	D	E	F	G	H	I	J	K	L
1	Fund Number	Market Cap	Type	Assets	Turnover Ratio	Beta	SD	Risk	1YrReturn%	3YrReturn%	5YrReturn%	10YrReturn%
2	RF001	Large	Growth	15.00	0.00	2.17	42.42	High	13.88	62.91	-3.12	-2.30
3	RF002	Large	Growth	106.50	34.00	2.05	39.98	High	10.49	54.79	3.25	-0.73
4	RF003	Large	Growth	144.50	76.00	2.05	40.09	High	10.10	54.75	3.33	-0.61
5	RF004	Large	Growth	73.60	11.49	1.10	21.81	Average	13.72	38.84	1.73	6.71

FIGURA GE.1 Um exemplo de uma planilha de dados

Para inserir dados em uma célula específica, você pode utilizar as teclas do cursor para movimentar o ponteiro até a célula ou utilizar o seu mouse para selecionar diretamente a célula. À medida que você vai digitando, aquilo que está sendo digitado aparece na barra de fórmulas. Complete a entrada de seus dados pressionando **Tab** ou **Enter**, ou clicando no botão com a marca de verificação na barra de fórmulas.

Quando você inserir os dados, jamais pule qualquer linha em uma coluna, e, como regra geral, evite também pular qualquer coluna. Evite também utilizar valores numéricos nos cabeçalhos das variáveis na linha 1, que possam ser confundidos com dados numéricos; caso não possa evitar o uso deles, preceda esses valores com aspas. Preste atenção nas instruções especiais que ocorrem ao longo de todo o livro, que tratam da ordem de entrada de seus dados. No que se refere a alguns métodos estatísticos, inserir seus dados em uma ordem que o Excel não espere acarretará resultados incorretos.

A maior parte das pastas de trabalho de dados do Excel que você pode baixar e utilizar juntamente com este livro (veja o Apêndice C) contém uma planilha com o nome DADOS, que segue as regras desta seção. Você pode consultar qualquer uma dessas planilhas como um modelo adicional para o modo de inserir dados em uma planilha do Excel.

GE.6 ABRINDO e SALVANDO PASTAS de TRABALHO

Você abre e salva uma pasta de trabalho inicialmente selecionando a pasta onde está guardada a pasta de trabalho e, depois disso, especificando o nome da pasta de trabalho. Na maior parte das versões do Excel, selecione **Arquivo → Abrir** para abrir uma pasta de trabalho e **Arquivo → Salvar Como** para salvar uma pasta de trabalho. No Excel 2007, você seleciona **Botão do Office → Abrir** para abrir uma pasta de trabalho e **Botão do Office → Salvar Como** para salvar uma pasta de trabalho. **Abrir** e **Salvar Como** exibem caixas de diálogo praticamente idênticas, que variam ligeiramente entre as diferentes versões do Excel. A Figura GE.2 mostra as caixas de diálogo Abrir e Salvar Como no Excel 2010. (Para visualizar essas caixas de diálogo no Excel 2013, faça um clique duplo em **Computador** nos painéis Abrir e Salvar como.)

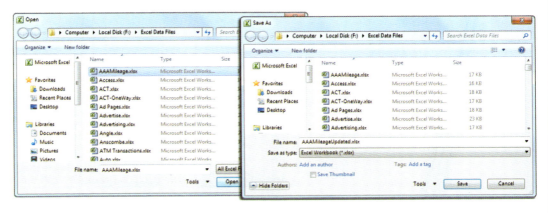

FIGURA GE.2 Caixas de diálogo Abrir e Salvar Como no Excel 2010

Você seleciona a pasta onde está a pasta de trabalho utilizando a caixa com a lista de opções com barra de rolagem, no topo de qualquer uma dessas caixas de diálogo. Você insere, ou seleciona, a partir da caixa com a lista, um nome de arquivo para a pasta de trabalho na caixa **Nome do arquivo**. Você clica em **Abrir** ou **Salvar** para completar a tarefa. Algumas vezes, quando salva arquivos, pode ser que você deseje alterar o tipo de arquivo antes de clicar em **Salvar**.

Nas versões do Excel para o Windows da Microsoft, para salvar sua pasta de trabalho no formato utilizado por versões anteriores ao Excel 2007, selecione **Pasta de trabalho do Excel 97-2003 (*.xls)** a partir da caixa de lista com barra de rolagem (ilustrada na Figura GE.2) antes de clicar em **Salvar**.

Para salvar dados em um formato que possa ser aberto por programas que não sejam capazes de abrir pastas de trabalho do Excel, você seleciona **Texto (separado por tabulações) (*.txt)** ou **CSV (separado por vírgulas) (*.csv)** na caixa de opções com barra de rolagem salvar como tipo. Nas versões do Excel OS X, as seleções equivalentes correspondem a selecionar **Pasta de Trabalho do Excel 97-2004 (.xls), Texto Separado por Tabulações (.txt),** ou **Windows Separado por Vírgulas (.csv)** a partir da lista de opções com barra de rolagem **Formatar**, antes de clicar em **Salvar**.

Quando você desejar abrir um arquivo e não conseguir encontrar o respectivo nome na caixa com a lista de opções, faça uma nova verificação no intuito de identificar se o arquivo atual que está sendo buscado se encontra na pasta apropriada. Caso esteja, altere o tipo de arquivo para **Todos os Arquivos (*.*)** (**Todos os Arquivos** no Excel OS X) para visualizar todos os arquivos na pasta atual. Esta técnica pode ajudar você a descobrir erros de digitação involuntários no nome do arquivo, ou a falta da extensão apropriada do arquivo. No caso de não serem detectados impediriam que o arquivo fosse exibido.

Embora todas as versões do Microsoft Excel incluam um comando **Salvar**, você deve evitar essa opção, até você adquirir experiência. O uso do comando Salvar faz com que seja demasiadamente fácil inadvertidamente sobrescrever seu trabalho. E também, você não pode utilizar o comando Salvar para qualquer pasta de trabalho aberta que o Excel tenha marcado como Somente Leitura. (Utilize Salvar Como para salvar essas pastas de trabalho.)

GE.7 CRIANDO e COPIANDO PLANILHAS de CÁLCULO

Você cria novas planilhas de cálculo criando uma nova pasta de trabalho ou inserindo uma nova planilha de cálculo em uma pasta de trabalho aberta. Nas versões do Excel para o Windows da Microsoft, selecione **Arquivo → Novo** (**Botão do Office → Novo** no Excel 2007) e, no painel que aparece, faça um clique duplo no ícone pasta de trabalho em branco. Nas versões do Excel para OS X, selecione **Arquivo → Nova Pasta de Trabalho**.

Novas pastas de trabalho são criadas com um número fixo de planilhas. Para excluir planilhas excedentes ou inserir mais planilhas, clique com o botão direito do mouse em cima de uma aba de planilha, e clique em **Excluir** ou **Inserir** (veja a Figura GE.3). Como padrão, o Excel dá nome às planilhas de forma sequencial, no formato Plan1, Plan2, e assim sucessivamente. Você deve alterar esses nomes de modo a refletir melhor o conteúdo de suas planilhas. Para dar um novo nome a uma planilha, faça um clique duplo com o mouse em cima da aba da planilha, digite o novo nome, e pressione **Enter**.

Você pode também fazer uma cópia de uma planilha ou mover uma planilha para outra posição na mesma pasta de trabalho ou para uma segunda pasta de trabalho. Clique com o botão da direita do mouse sobre a guia da planilha e selecione **Mover ou Copiar** a partir do menu de atalhos que aparece. Na caixa com a lista de opções com o nome **Para pasta** que aparece na caixa de diálogo Mover ou Copiar (veja a Figura GE.3), selecione inicialmente (**nova pasta**) (ou o nome da pasta de trabalho de destino preexistente), marque **Criar uma cópia** e, então, clique em **OK**.

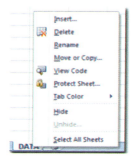

FIGURA GE.3 Menu de atalhos para guia da planilha (esquerda) e caixa de diálogo Mover ou Copiar (direita)

GE.8 IMPRIMINDO PLANILHAS de CÁLCULO

Para imprimir uma planilha de cálculo (ou uma planilha de gráfico), abra primeiramente a planilha de cálculo clicando em sua respectiva guia de planilha. Depois disso, em todas as versões do Excel, exceto o Excel 2007, selecione **Arquivo → Imprimir**. Caso a visualização de impressão (parcialmente ocultada na Figura GE.4) seja aceitável para você, clique no botão **Imprimir**. Para fazer alterações na planilha, retorne para a planilha clicando em **Arquivo** (na maior parte das versões do Excel para o Windows da Microsoft) ou em **Cancelar** (versões do Excel OS X — Macintosh).

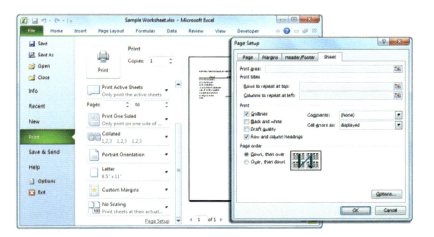

FIGURA GE.4
Caixas de diálogo Visualizar Impressão e Configurar Página (inserção) do Excel 2010

No Excel 2007, o mesmo processo requer maior quantidade de cliques do mouse. Primeiramente, clique no **Botão do Office** e, depois disso, movimente o ponteiro do mouse (mas não clique) sobre a opção Imprimir. Na galeria Visualizar Impressão e Imprimir, clique em **Visualizar Impressão**. Caso a visualização prévia contenha erros ou exiba a planilha de maneira não desejada, clique em **Fechar Visualização de Impressão**, faça as modificações necessárias e selecione novamente a visualização da impressão. Depois de completar todas as correções e ajustes, clique em **Imprimir** na janela Visualizar Impressão, para que seja exibida a caixa de diálogo Imprimir. Selecione a impressora a ser utilizada a partir da lista de rolagem com o título **Nome**, clique em **Tudo** e **Planilha(s) Selecionada(s)**, ajuste o **Número de cópias** e clique em **OK**.

Se for necessário, você pode ajustar a formatação de planilhas enquanto está na etapa de visualização da impressão, clicando em **Layout da Página**, para que seja exibida a caixa de diálogo Configurar Página (veja a inserção feita na Figura GE.4). Por exemplo, para imprimir sua planilha com linhas de grade, cabeçalhos com números de linhas numeradas e letras para as colunas (semelhantemente à aparência da planilha na tela), clique na guia **Opções de Planilha**, na caixa de diálogo Configurar Página, marque **Linhas de grade** e **Títulos de linhas e colunas**, e clique em **OK**.

Embora todas as versões do Excel ofereçam opções (de impressão) para a Pasta de trabalho inteira, você obterá os melhores resultados se imprimir cada uma das planilhas separadamente, quando precisar imprimir mais de uma planilha de cálculo (ou planilha de gráfico).

Imprimindo em Versões mais Antigas do Excel

Versões do Excel mais antigas do que o Excel 2007 exibem uma caixa de diálogo Imprimir, em vez de um painel ou janela que contenha uma visualização prévia quando você seleciona **Arquivo → Imprimir**. Clique em **OK** na caixa de diálogo Imprimir, para que seja impressa a planilha. Para visualizar previamente a impressão, selecione **Arquivo → Visualização de Impressão** e, depois disso, clique em **Imprimir** para imprimir uma planilha.

CAPÍTULO

1 Definindo e Coletando Dados

UTILIZANDO A ESTATÍSTICA: Começo do Fim... ou o Fim do Começo?

1.1 Estabelecendo o Tipo da Variável

1.2 Escalas de Mensuração para Variáveis
Escala Nominal e Escala Ordinal
Escala Intervalar e Escala de Proporcionalidade

1.3 Coletando Dados
Fontes de Dados
Populações e Amostras
Limpeza nos Dados
Variáveis Recodificadas

1.4 Tipos de Métodos de Amostragem
Amostra Aleatória Simples
Amostra Sistemática
Amostra Estratificada
Amostra por Conglomerado

1.5 Tipos de Erros em Pesquisas
Erro de Cobertura
Erro por Falta de Resposta
Erro de Amostragem
Erro de Medição
Questões Éticas sobre Pesquisas

PENSE NISSO: Pesquisas com Novas Tecnologias/Antigos Problemas de Amostragem

UTILIZANDO A ESTATÍSTICA: Começo... Revisitado

GUIA DO EXCEL PARA O CAPÍTULO 1

Objetivos do Aprendizado

Neste capítulo, você aprenderá:

- Os tipos de variáveis utilizados na estatística
- As escalas de mensuração de variáveis
- Como coletar dados
- Os diferentes modos de coletar uma amostra
- Sobre os tipos de erros em pesquisas

UTILIZANDO A ESTATÍSTICA

Começo do Fim ... ou o Fim do Começo?

Os últimos anos não têm sido generosos com a Good Tunes & More (GT&M), uma empresa que tem suas raízes na Good Tunes, uma loja de música que vende CDs e discos de vinil.

Inicialmente, a GT&M expandiu seu mercado de modo a incluir entretenimento doméstico e sistemas informatizados de uso domiciliar (o "More"), e se submeteu a um processo de expansão no intuito de obter vantagens a partir de imóveis de primeira locação que ficaram vazios em razão de antigos concorrentes que sofreram falência. Atualmente, a GT&M está no meio de uma encruzilhada. Crescimentos esperados em termos de receitas que deixaram de ocorrer e margens de lucro decrescentes causadas por pressões competitivas de empresas com vendas na Internet e de grandes atacadistas têm feito com que alta administração reconsidere o futuro da empresa.

Embora alguns investidores da empresa tenham sugerido uma retirada estratégica, fechando lojas e limitando a variedade de mercadorias, a executiva-chefe da GT&M, Emma Levia, decidiu, em um momento de incertezas, "fazer uma dobrada" e aceitar o risco de expandir o negócio comprando a Whitney Wireless, uma cadeia de três lojas bem-sucedidas que vende *smartphones* e outros dispositivos móveis de comunicação.

Levia antevê a criação de uma nova loja de varejo com produtos eletrônicos "de A a Z"; mas, antes disso, deve estabelecer um preço justo e razoável para a empresa de propriedade privada, Whitney Wireless. Para fazer isso, Levia pediu que um grupo de análise identificasse, definisse e coletasse os dados que seriam necessários para estabelecer um preço para a empresa de dispositivos de rede sem fio. Como parte desse grupo, você rapidamente percebe que precisa dos dados que ajudariam a verificar o conteúdo dos registros financeiros básicos da empresa de dispositivos de rede sem fio.

Você se concentra em dados associados aos registros contábeis dos lucros e prejuízos da empresa, e rapidamente percebe a necessidade das variáveis relacionadas a vendas e despesas. Você começa a pensar em como deveriam se apresentar os dados relativos a essas variáveis e em como coletar esses dados. Você percebe que está começando a aplicar a estrutura DCOVA, com o objetivo de ajudar Levia a adquirir a Whitney Wireless.

Definir um objetivo de negócio é somente o início do processo de tomada de decisão empresarial. No cenário da GT&M, o objetivo é estabelecer um preço justo e razoável para a empresa a ser adquirida. Estabelecer um objetivo de negócios sempre precede a aplicação de estatística para a tomada de decisão do negócio. Objetivos de negócios podem surgir de qualquer nível da administração da empresa, e podem ser variados, como mostramos a seguir:

- Um analista de marketing precisa avaliar a eficácia de uma nova propaganda de televisão.
- Uma empresa de produtos farmacêuticos precisa determinar se um novo medicamento é mais eficaz do que aqueles atualmente em uso.
- Um gerente operacional deseja aperfeiçoar um processo de produção ou de prestação de serviços.
- Um auditor deseja rever as transações financeiras da empresa no intuito de determinar se a empresa está cumprindo com os preceitos contábeis regularmente estabelecidos.

Estabelecer um objetivo é o final daquilo que algumas pessoas poderiam rotular como a definição do *problema*, o início formal de qualquer processo de tomada de decisão relacionada aos negócios. No entanto, estabelecer o objetivo também determina um início — o início da aplicação da estrutura DCOVA à tarefa com a qual nos deparamos.

Lembre-se, com base na Seção MAO.1, de que a estrutura DCOVA utiliza as cinco tarefas: **D**efinir, **C**oletar, **O**rganizar, **V**isualizar e **A**nalisar, para ajudar a aplicar a estatística ao processo de tomada de decisões empresariais. Reformulada, utilizando-se a definição de uma variável na Seção MAO.2, a estrutura DCOVA consiste nas seguintes tarefas:

- **Definir** as *variáveis* que você deseja estudar, no intuito de solucionar um problema ou atender a um objetivo.
- **Coletar** os dados *correspondentes às referidas variáveis*, a partir das fontes apropriadas.
- **Organizar** os dados coletados por meio do desenvolvimento de tabelas.
- **Visualizar** os dados por meio do desenvolvimento de gráficos.
- **Analisar** os dados coletados de modo a tirar conclusões e apresentar os referidos resultados.

Neste capítulo, você aprenderá mais sobre as tarefas **D**efinir e **C**oletar.

1.1 Estabelecendo o Tipo da Variável

A Seção MAO.2 introduziu a importância de estabelecer definições operacionais para as variáveis que você decide estudar. Para completar a tarefa **D**efinir, você estabelece o tipo de valores que as suas variáveis operacionalmente definidas virão a ter.

Conhecer o *tipo da variável* é importante porque os métodos estatísticos que você pode utilizar em sua análise variam de acordo com o tipo. A natureza dos valores correspondentes aos dados associados à variável determina o seu respectivo tipo. Existem dois tipos principais para variáveis:

- **Variáveis categóricas** (também conhecidas como **variáveis qualitativas**) apresentam valores que podem somente ser posicionados em categorias tais como sim e não. "Você tem um perfil no Facebook?" (sim ou não) e que ano está cursando na faculdade (Primeiro Ano, Segundo Ano, Terceiro Ano ou Quarto Ano) são exemplos de variáveis categóricas.
- **Variáveis numéricas** (também conhecidas como **variáveis quantitativas**) apresentam valores que representam quantidades.

Variáveis numéricas podem ser, ainda, identificadas como variáveis *discretas* ou variáveis *contínuas*.

Variáveis discretas apresentam valores numéricos que surgem a partir de um processo de contagem. "A quantidade de canais de TV a Cabo Premium que você assina" é um exemplo de uma variável numérica discreta, uma vez que a resposta corresponde a um entre uma quantidade finita de números inteiros. Você assina zero, um, dois ou mais canais. "A quantidade de itens que um consumidor adquire" também corresponde a uma variável numérica discreta, uma vez que você está contando o número de itens comprados.

Variáveis contínuas produzem respostas numéricas que surgem a partir de um processo de *medição*. O tempo que você espera pelo atendimento de um caixa no banco é um exemplo de variável numérica contínua, uma vez que a resposta pode assumir qualquer valor dentro dos limites de um *continuum*, ou de um intervalo, dependendo da precisão do instrumento de medição. Por exemplo, o seu tempo de espera poderia ser 1 minuto 1,1 minuto, 1,11 minuto ou 1,113 minuto, dependendo da precisão do dispositivo de medição utilizado. (Teoricamente, dois valores contínuos jamais poderiam ser absolutamente idênticos. No entanto, uma vez que nenhum dispositivo de medição é perfeitamente preciso, podem ocorrer valores contínuos idênticos para dois ou mais itens ou indivíduos.)

Definindo e Coletando Dados **19**

APRENDA MAIS

Leia as PEQUENAS CHAMADAS para o Capítulo 1, para aprender mais sobre como determinar o tipo da variável.

Em uma primeira análise, identificar o tipo da variável pode parecer fácil, embora algumas variáveis que você poderia desejar estudar possam ser categóricas ou numéricas, dependendo do modo como você as define. Por exemplo, "idade" aparentaria ser uma variável numérica evidente, mas o que acontece se você estiver interessado em comparar os hábitos de compra de crianças, adolescentes, pessoas de meia-idade e pessoas com idade para aposentadoria? Nesse caso, definir "idade" como uma variável categórica faria mais sentido. Mais uma vez, isso ilustra o ponto anterior de que, sem definições operacionais, as variáveis não têm nenhum significado.

Fazer perguntas sobre as variáveis que você identificou para fins de estudo pode, de um modo geral, ser de grande ajuda ao determinar o tipo de variável que você tem. A Tabela 1.1 ilustra o processo.

TABELA 1.1
Identificando Tipos de Variáveis

Pergunta	Respostas	Tipo de Dado
Você atualmente tem um perfil no Facebook?	❏ Sim ❏ Não →	Categórico
Quantas mensagens de texto você enviou nos últimos três dias?	_____ →	Numérico (discreto)
Quanto tempo foi necessário para que você baixasse a atualização para o aplicativo mais recente de seu aparelho de telefonia móvel?	_____ segundos →	Numérico (contínuo)

1.2 Escalas de Mensuração para Variáveis

Variáveis podem ser, ainda, identificadas com base no nível de mensuração, ou **escala de mensuração.** Os estatísticos utilizam os termos *escala nominal* e *escala ordinal* para descrever os valores correspondentes a uma variável categórica e também os termos *escala intervalar* e *escala de proporcionalidade* para descrever os valores correspondentes a uma variável numérica.

Escala Nominal e Escala Ordinal

Os valores correspondentes a uma variável categórica são mensurados em uma escala nominal ou em uma escala ordinal. Uma **escala nominal** (veja a Tabela 1.2) classifica os dados em categorias distintas nas quais não está implícito nenhum tipo de classificação. O seu refrigerante favorito, o partido político ao qual você é afiliado e o seu gênero são exemplos de uma variável com escala nominal. A escala nominal é a forma mais precária de mensuração, uma vez que você não consegue nenhum tipo de classificação entre as diversas categorias.

TABELA 1.2
Exemplos de Escalas Nominais

Variável Categórica	Categorias
Você tem um Perfil no Facebook?	❏ Sim ❏ Não
Tipo de investimento	❏ Moeda ❏ Fundos mútuos ❏ Outro
Provedor de celular	❏ AT&T ❏ Sprint ❏ Verizon ❏ Outro ❏ Nenhum

---

APRENDA MAIS

Leia as PEQUENAS CHAMADAS para o Capítulo 1, para mais exemplos sobre escala nominal e escala ordinal.

Uma **escala ordinal** classifica os valores em categorias distintas, nas quais está implícito um tipo de classificação. Por exemplo, suponha que a Good Tunes & More tenha conduzido uma pesquisa junto aos consumidores que tenham realizado uma compra e feito a seguinte pergunta: "De que modo você classificaria a prestação de serviços geral proporcionada pela Good Tunes & More, durante a sua compra mais recente?" à qual as respostas eram "excelente", "muito boa", "boa" e "precária". As respostas para essa pergunta representam uma escala ordinal, uma vez que as respostas "excelente", "muito boa", "boa" e "precária" estão classificadas na ordem do grau de satisfação. A Tabela 1.3 apresenta outros exemplos de variáveis com escala ordinal.

TABELA 1.3
Exemplos de Escalas Ordinais

Variável Categórica	Categorias Ordenadas
Designação da classe do aluno	Primeiro Ano Segundo Ano Terceiro Ano Quarto Ano
Satisfação em relação ao produto	Muito insatisfeito Relativamente insatisfeito Neutro Relativamente satisfeito Muito satisfeito
Classificação do professor	Professor Pleno Professor Associado Professor Assistente Instrutor
Nota de avaliação do investimento pela Standard & Poor's	AAA AA+ AA AA− A+ A BBB
Nota de avaliação do curso	A B C D F

A escala ordinal é uma forma mais robusta de mensuração do que a escala nominal, porque um valor observado classificado em uma determinada categoria possui maior quantidade de uma determinada propriedade do que um valor observado classificado em alguma outra categoria. No entanto, a escala ordinal constitui, ainda assim, uma forma relativamente precária de mensuração, uma vez que a escala não leva em conta a quantidade de diferenças entre as categorias. O ordenamento implica tão somente qual categoria é "maior", "melhor" ou "preferida" — embora não especifique o montante dessa diferença.

Escala Intervalar e Escala de Proporcionalidade

Valores correspondentes a uma variável numérica são mensurados em uma escala intervalar ou em uma escala de proporcionalidade. Uma **escala intervalar** (veja a Tabela 1.4) constitui uma escala ordenada na qual a diferença entre mensurações é uma quantidade significativa, embora não envolva um verdadeiro ponto zero. Por exemplo, uma leitura de temperatura realizada ao meio-dia, correspondente a 67 graus Fahrenheit, é 2 graus mais quente que uma leitura de 65 graus realizada ao meio-dia. Além disso, a diferença de 2 graus Fahrenheit nas leituras de temperatura feitas ao meio-dia é a mesma que no caso de as duas temperaturas ao meio-dia corresponderem a 74 e 76 graus Fahrenheit, já que a diferença possui o mesmo significado em qualquer posição na escala.

TABELA 1.4
Exemplos de Escala Intervalar e Escala de Proporcionalidade

Variável Numérica	Nível de Mensuração
Temperatura (em graus Celsius ou Fahrenheit)	Intervalar
Resultado do exame ACT ou SAT padronizado	Intervalar
Tempo para baixar o arquivo (em segundos)	Proporcionalidade
Idade (em anos ou dias)	Proporcionalidade
Custo de um sistema informatizado (em dólares norte-americanos)	Proporcionalidade

Uma **escala de proporcionalidade** é uma escala ordenada na qual a diferença entre as mensurações envolve um ponto zero verdadeiro, como é o caso na mensuração da altura, do peso, da idade ou de salários. Caso a Good Tunes & More conduzisse uma pesquisa e perguntasse quanto em dinheiro você esperava gastar com equipamentos de áudio no próximo ano, as respostas para esse tipo de pergunta seriam um exemplo de uma variável com escala de proporcionalidade. Uma pessoa que espera gastar $1.000 em equipamentos de áudio espera gastar duas vezes mais dinheiro do que alguém que espera gastar $500. Como outro exemplo, uma pessoa que pese 240 libras (108 kg) é duas vezes mais pesada que alguém que pese 120 libras (54 kg). Temperatura é um caso mais traiçoeiro: as escalas Fahrenheit e Celsius (centígrados) são intervalares, mas não são escalas de proporcionalidade; o valor "zero" é arbitrado, e não real. Não se pode afirmar que uma leitura de temperatura correspondente a 4 graus Fahrenheit feita ao meio-dia é duas vezes mais

APRENDA MAIS

Leia as PEQUENAS CHAMADAS para o Capítulo 1, para aprender mais sobre escala intervalar e escala e proporcionalidade.

quente do que uma temperatura de 2 graus Fahrenheit. No entanto, uma leitura de temperatura na escala Kelvin, na qual zero grau significa ausência de movimento molecular, se dá em uma escala de proporcionalidade. Em contrapartida, as escalas Fahrenheit e Celsius fazem uso de pontos de partida com o valor de zero grau arbitrariamente selecionado.

Dados mensurados em uma escala intervalar ou em uma escala de proporcionalidade constituem os níveis mais elevados de mensuração. São formas mais robustas de mensuração do que uma escala ordinal, uma vez que se consegue determinar não somente qual entre os valores observados é o maior, mas também o quão maior ele é.

Problemas para as Seções 1.1 e 1.2

APRENDENDO O BÁSICO

1.1 Quatro diferentes tipos de bebidas são vendidos em uma lanchonete: refrigerantes, chá, café e água mineral.
a. Explique a razão pela qual o tipo de bebida vendida é um exemplo de uma variável categórica.
b. Explique a razão pela qual o tipo de bebida vendida é um exemplo de uma variável de escala nominal.

1.2 As empresas norte-americanas estão listadas por tamanho: pequena, média e grande. Explique a razão pela qual o tamanho da empresa é um exemplo de uma variável de escala ordinal.

1.3 Suponha que você meça o tempo necessário para baixar um arquivo de vídeo da Internet.
a. Explique a razão pela qual o tempo necessário para baixar o arquivo é uma variável numérica contínua.
b. Explique a razão pela qual o tempo necessário para baixar o arquivo é uma variável de escala de proporcionalidade.

APLICANDO OS CONCEITOS

 1.4 Para cada uma das variáveis a seguir, determine se a variável é categórica ou numérica. Se a variável for numérica, determine se a variável é discreta ou contínua. Em acréscimo, determine a escala de mensuração para cada um dos seguintes itens:
a. Número de telefones celulares em um domicílio
b. Consumo de dados mensal (em MB)
c. Número de mensagens de texto trocadas por mês
d. Se o telefone celular é, ou não, usado para troca de mensagens de correio eletrônico

1.5 As informações a seguir são coletadas dos alunos, no momento em que eles deixam a livraria existente no campus universitário, ao longo da primeira semana de aulas:
a. Quantidade de tempo gasto fazendo compras na livraria
b. Número de livros didáticos comprados
c. Área de especialização do aluno
d. Gênero do aluno

Classifique cada uma dessas variáveis como categórica ou numérica. Se a variável for numérica, determine se é discreta ou contínua. Além disso, determine a escala de mensuração para cada uma dessas variáveis.

1.6 No que se refere a cada uma das variáveis a seguir, determine se a variável é categórica ou numérica. Se a variável for numérica, determine se é discreta ou contínua. Além disso, determine a escala de mensuração para cada uma dessas variáveis.
a. Nome do provedor de serviços de Internet
b. Quantidade de tempo gasto, em horas, a cada semana, navegando pela Internet
c. Se o indivíduo utiliza, ou não, um telefone móvel para se conectar com a Internet
d. Número de compras realizadas pela Internet em um mês
e. Se o indivíduo utiliza, ou não, redes sociais para encontrar informações que deseja buscar

1.7 No que se refere a cada uma das variáveis a seguir, determine se a variável é categórica ou numérica. Se a variável for numérica, determine se é discreta ou contínua. Além disso, determine a escala de mensuração para cada uma dessas variáveis.
a. Quantia em dinheiro gasta com vestuário, no mês passado
b. Loja de departamentos preferida
c. Período mais provável em que ocorre a compra de peças de vestuário (dia útil durante o dia, dia útil à noite, ou final de semana)
d. Número de pares de sapatos que uma pessoa possui

1.8 Suponha que as informações a seguir sejam coletadas de Robert Keeler, em seu formulário de solicitação de empréstimo para o financiamento hipotecário da casa própria na Metro County Savings and Loan Association.
a. Pagamentos mensais: $2.227
b. Quantidade de empregos nos últimos 10 anos: 1
c. Renda familiar anual: $96.000
d. Estado civil: Casado

Classifique cada uma das respostas em termos do tipo de dado e da escala de mensuração.

1.9 Uma entre as variáveis mais frequentemente incluídas nas pesquisas é a renda. Algumas vezes, a pergunta é assim formulada: "Qual é a sua renda (em milhares de dólares)?" Em outras pesquisas, solicita-se ao entrevistado que "Coloque um X no círculo correspondente ao seu nível de renda", e são fornecidas várias faixas de rendas para que ele opte por uma delas.
a. No primeiro formato, explique a razão pela qual a renda pode ser considerada tanto discreta como contínua.
b. Qual desses dois formatos você preferiria utilizar caso estivesse conduzindo uma pesquisa? Por quê?

1.10 Se dois alunos obtêm 90 pontos como resultado, na mesma prova, que argumentos poderiam ser utilizados para mostrar que a variável aleatória subjacente — resultado do teste — é contínua?

1.11 O diretor de pesquisas de mercado de uma grande cadeia de lojas de departamentos deseja conduzir uma pesquisa com a abrangência de toda uma área metropolitana, no intuito de determinar a quantidade de tempo que mulheres que trabalham fora gastam com a compra de artigos de vestuário, ao longo de um mês típico.
a. Descreva a população e a amostra de interesse, e indique o tipo de dados que o diretor desejaria coletar.
b. Desenvolva um primeiro esboço para o questionário necessário em (a), redigindo três perguntas categóricas e três perguntas numéricas, que você imagina apropriadas para essa pesquisa.

22   Capítulo 1

1.3 Coletando Dados

Depois de definir as variáveis que deseja estudar, você pode prosseguir com a tarefa da coleta de dados. Coletar dados é uma tarefa crítica porque, caso você colete dados que sejam distorcidos por vieses, ambiguidades, ou outros tipos de erro, os resultados que você obterá a partir do uso desses dados, ainda que seja com os métodos estatísticos mais sofisticados, serão suspeitos ou errôneos. (Para um exemplo famoso da coleta de dados distorcidos acarretando resultados incorretos, leia o texto no boxe PENSE NISSO, no final da Seção 1.5.)

A coleta de dados consiste em identificar as fontes de dados, decidir se os dados a serem coletados são oriundos de uma população ou de uma amostra, da limpeza dos dados, e, algumas vezes, recodificar variáveis. O restante desta seção explica esses aspectos da coleta de dados.

Fontes de Dados

Você coleta dados de uma fonte de dados primária ou de uma fonte de dados secundária. Você está utilizando uma **fonte de dados primária**, caso esteja coletando seus próprios dados para fins de análise. Você está utilizando uma **fonte de dados secundária**, caso os dados para sua análise tenham sido coletados por uma outra pessoa.

Você coleta dados utilizando qualquer um entre os seguintes itens:

- Dados distribuídos por uma organização ou um indivíduo
- Os resultados de um experimento projetado
- Os resultados de uma pesquisa
- Os resultados da condução de um estudo observacional
- Dados coletados por atividades contínuas de uma empresa

Empresas que realizam pesquisas de mercado e associações de comércio também distribuem dados pertinentes a setores ou mercados específicos. Empresas prestadoras de serviços da área de investimentos, como a Mergent, Inc., fornecem dados financeiros e de negócios, com base em empresas publicamente elencadas. Prestadores de serviços para grupos econômicos, como a Nielsen Company, fornecem dados de pesquisas realizadas junto a consumidores a empresas de telecomunicação e de serviços de comunicação móvel. Empresas de comunicação impressa e *on-line* também distribuem dados que podem ter sido coletados por elas mesmas ou que podem estar sendo republicados de outras fontes

Os resultados da condução de um experimento projetado constituem uma segunda fonte de dados. Por exemplo, uma empresa que vende bens de consumo pode vir a conduzir um experimento que compare a capacidade de remoção de manchas de vários detergentes para lavar roupas. Observe que o desenvolvimento de projetos apropriados para experimentos constitui uma matéria que está muito além do escopo deste livro, mas os Capítulos 10 e 11 discutem alguns dos conceitos fundamentais para projetos de experimentos.

As respostas para pesquisas representam um terceiro tipo de fonte de dados. As pessoas que estão sendo entrevistadas são instadas a responder sobre suas crenças, atitudes, comportamentos e outras características. Por exemplo, as pessoas podem ser indagadas sobre suas respectivas opiniões em relação a qual detergente para lavar roupas remove com mais eficácia um determinado tipo de mancha. (Esse tipo de pesquisa pode acarretar dados que venham a ser diferentes dos dados coletados a partir dos resultados do experimento projetado apresentado no parágrafo anterior.) Pesquisas podem ser afetadas por qualquer um dos quatro tipos de erros discutidos na Seção 1.5.

Resultados de um estudo baseado em observações constituem a quarta fonte de dados. Um pesquisador coleta dados ao observar diretamente um determinado comportamento, geralmente em um cenário natural ou neutro. Estudos baseados em observações constituem uma ferramenta habitual para a coleta de dados nas empresas. Por exemplo, pesquisadores de mercado utilizam grupos de foco no intuito de induzir respostas não estruturadas para perguntas abertas formuladas por um moderador para uma audiência-alvo. Estudos baseados em observação também são habitualmente utilizados para enfatizar o trabalho em equipe ou para aperfeiçoar a qualidade de produtos e serviços.

Dados coletados por atividades contínuas de empresas constituem uma quinta fonte de dados. Esses tipos de dados podem ser coletados a partir de sistemas operacionais e transacionais que existem tanto nas empresas de "cimento e tijolo" como em ambientes virtuais, mas podem também ser coletados a partir de fontes secundárias, tais como redes sociais de terceiros e aplicativos virtuais e serviços de portais na Grande Rede que coletam dados de rastreamento e uso de serviços. Por exemplo, um banco pode analisar dados correspondentes a uma década sobre transações financeiras, no intuito de identificar padrões de fraudes; e um especialista em pesquisas de mercado pode usar dados sobre rastreamento para determinar a eficácia de um portal na Grande Rede.

Fontes para "megadados" (veja a Seção MAO.3) tendem a ser uma combinação entre fontes primárias e secundárias deste último tipo. Por exemplo, um vendedor de varejo, interessado em

---

APRENDA MAIS

Leia as PEQUENAS CHAMADAS para o Capítulo 1, para uma discussão mais aprofundada sobre fontes de dados.

fazer crescer as vendas, pode investigar contas do Facebook e do Twitter no intuito de identificar o sentimento em relação a certos produtos, ou para identificar os principais fatores de influência e, depois disso, combinar esses dados com os próprios dados por ele coletados durante as transações com consumidores.

Populações e Amostras

Você coleta seus dados a partir de uma *população* ou de uma *amostra*. Uma **população** consiste em todos os itens ou indivíduos em relação aos quais você deseja tirar uma conclusão. Todas as transações da Good Tunes & More em relação a um ano específico, todos os consumidores que realizaram compras na Good Tunes & More neste final de semana, e todos os alunos matriculados em regime de tempo integral em uma determinada faculdade, e todos os eleitores registrados em Ohio são exemplos de populações.

Uma **amostra** corresponde a uma parcela da população selecionada para fins de análise. Os resultados da análise de uma amostra são utilizados para estimar características da população inteira. Com base nos quatro exemplos de populações que acabamos de apresentar, você pode selecionar uma amostra de 200 transações de vendas da Good Tunes & More, aleatoriamente selecionadas por um auditor para fins de estudo, uma amostra de 30 consumidores da Good Tunes & More instados a completar uma pesquisa de satisfação do consumidor, uma amostra de 50 alunos de período integral para um estudo de mercado, e uma amostra de 500 eleitores registrados em Ohio contatados por telefone para uma pesquisa de opinião com fins políticos. Em cada um desses exemplos, as transações ou as pessoas na amostra representam uma parcela dos itens ou indivíduos que compõem uma determinada população.

A coleta de dados envolverá a coleta de dados a partir de uma amostra, quando qualquer uma das seguintes condições se mostrar verdadeira:

- Selecionar uma amostra consome menos tempo do que selecionar todos os itens na população.
- Selecionar uma amostra custa menos do que selecionar todos os itens na população.
- Analisar uma amostra é menos enfadonho e mais prático do que analisar a população inteira.

> **Dica para o Leitor**
>
> Por convenção, a letra *s* representa uma amostra, e a letra *p* representa uma população. Para ajudar você a lembrar sobre a diferença entre uma amostra e uma população, imagine uma pizza. A pizza inteira representa a população, enquanto o segmento (fatia) da pizza que você seleciona é a amostra.

Limpeza nos Dados

Seja qual for o meio que você venha a escolher para coletar dados, pode ser que encontre irregularidades nos dados que você coleta. Essas irregularidades podem ser erros tipográficos ou erros na entrada de dados, valores que sejam impossíveis ou indefinidos, ou valores que estejam "faltando", como é o caso em uma resposta que esteja faltando em uma pergunta de uma pesquisa. No que se refere a variáveis numéricas, você pode vir também a encontrar **valores extremos** (**outliers**), valores que parecem ser excessivamente diferentes da maioria do restante dos valores. Esses valores podem, ou não, ser erros, mas eles demandam uma segunda revisão. Caso você descubra valores que estejam ausentes, você deve saber que, embora programas mais sofisticados de estatística tenham dispositivos para processar dados que contenham ocasionais valores ausentes, o Microsoft Excel não dispõe dessa funcionalidade.

Quando você se depara com uma irregularidade, pode ser que você tenha que "limpar" os dados que coletou. Embora uma plena discussão sobre limpeza de dados esteja além do escopo deste livro (veja a referência 8), você pode aprender mais sobre os modos pelos quais você pode utilizar o Excel para a limpeza de dados nas PEQUENAS CHAMADAS para o Capítulo 1. Caso venha a utilizar somente as pastas de trabalho de dados do Excel elaborados para uso com este livro e disponíveis no portal da editora dedicado ao livro (veja o Apêndice C), você não precisará se preocupar com a limpeza de dados, uma vez que nenhum desses arquivos de dados contém qualquer tipo de irregularidade.

Variáveis Recodificadas

Depois de ter coletado os dados, pode ser que você descubra que precisa reconsiderar as categorias que você definiu para uma variável categórica, ou que precisa transformar uma variável numérica em uma variável categórica, atribuindo os valores de dados numéricos individuais a vários grupos. Em qualquer um desses casos, você pode definir uma **variável recodificada** que suplemente ou substitua a variável original em sua análise.

Por exemplo, tendo definido a variável de designação da classe do aluno como uma entre as quatro categorias apresentadas na Tabela 1.3 na Seção 1.2, você percebe que está mais interessado em investigar as diferenças entre os alunos das classes inferiores (Primeiro Ano ou Segundo Ano) e alunos das classes superiores (Terceiro Ano ou Quarto Ano). Você pode criar uma nova variável SuperiorInferior e atribuir o valor Superior caso um determinado aluno esteja no Terceiro ou no Quarto Ano e atribuir o valor Inferior caso um determinado aluno esteja no Primeiro ou no Segundo Ano.

24 Capítulo 1

A planilha RECODIFICADAS da pasta de trabalho Recodificadas demonstra as recodificações de uma variável categórica e de uma variável numérica. Veja a Seção GE1.3 para uma discussão sobre como essas recodificações foram feitas no Microsoft Excel.

Ao recodificar variáveis, esteja seguro de que as definições da categoria façam com que cada um dos valores de dados seja colocado em uma e somente uma categoria, uma propriedade conhecida como **mutuamente excludente**. Do mesmo modo, garanta que o conjunto de categorias que você cria para as variáveis novas, recodificadas, incluem todos os valores de dados que estão sendo recodificados, uma propriedade conhecida como **coletivamente exaustivas**. Caso esteja recodificando uma variável categórica, você pode preservar uma ou mais das categorias originais, contanto que suas recodificações sejam tanto mutuamente excludentes quanto coletivamente exaustivas.

Quando estiver recodificando variáveis numéricas, preste atenção especial nas definições operacionais para as categorias que você cria para a variável recodificada, especialmente se as categorias não caracterizarem intervalos autodefinidos. Por exemplo, embora as categorias recodificadas Abaixo de 12, 12-20, 21-34, 35-54, 55 ou Mais estejam autodefinidas para caracterizar idade, as categorias Criança, Jovem, Jovem Adulto, Meia-Idade e Idoso precisam de suas próprias definições operacionais.

Problemas para a Seção 1.3

APLICANDO OS CONCEITOS

1.12 A Data and Story Library (DASL) é uma biblioteca virtual de arquivos de dados e histórias que ilustra o uso de métodos estatísticos básicos. Visite **lib.stat.cmu.edu/índex.php**, clique em DASL e explore um conjunto de dados de interesse para você. Qual, entre as cinco fontes de dados, melhor descreve as fontes de dados do conjunto que você selecionou?

1.13 Visite o portal da organização Gallup no endereço eletrônico **www.gallup.com.br**. Leia o tópico mais importante do dia de sua visita. Em que tipo de fonte de dados esse tópico se baseia?

1.14 Visite o portal da organização Pew Research no endereço eletrônico **www.pewresearch.com**. Leia o tópico mais importante do dia de sua visita. Em que tipo de fonte de dados esse tópico se baseia?

1.15 Engenheiros e planejadores da área de transportes desejam abordar as propriedades dinâmicas do comportamento dos viajantes, descrevendo, em detalhes, as características de direção dos motoristas ao longo do período de um mês. Que tipo de fonte de coleta de dados você imagina que os engenheiros e planejadores da área de transportes deveriam utilizar?

1.16 Visite a página "Longitudinal Employer-Household Dynamics" (Dinâmica Longitudinal Empregador-Domicílio) no portal do U.S. Census Bureau, **lehd.did.census.gov/led/**. Examine o painel "Did You Know" (Você Sabia?) na página em questão. Em que tipo de fonte de dados estão baseadas as informações apresentadas na página?

1.4 Tipos de Métodos de Amostragem

Quando coleta dados por meio da seleção de uma amostra, você começa com a definição de **grade**. A grade é uma lista completa ou parcial dos itens que compõem a população a partir da qual a amostra será selecionada. Resultados imprecisos ou com vieses podem ocorrer, caso uma grade exclua determinados grupos ou parcelas da população. A utilização de diferentes grades para a coleta de dados pode acarretar conclusões diferentes, ou até mesmo antagônicas.

Utilizando a sua grade, você seleciona uma amostra não probabilística ou uma amostra probabilística. Em uma **amostra não probabilística,** você seleciona os itens ou os indivíduos, sem que tenha um conhecimento prévio a respeito de suas respectivas probabilidades de seleção. Em uma **amostra probabilística**, você seleciona os itens com base em probabilidades previamente conhecidas. Sempre que possível, você deve utilizar uma amostra probabilística, uma vez que esse tipo de amostra permite que você realize inferências sobre a população que está sendo analisada.

Amostras não probabilísticas podem ter certas vantagens, tais como conveniência, velocidade e baixo custo. Tais amostras são, de modo geral, utilizadas para obter aproximações informais ou como análises iniciais de pequena escala ou análises-piloto. No entanto, uma vez que a teoria da inferência estatística depende da amostragem probabilística, amostras não probabilísticas *não podem ser utilizadas* para inferências estatísticas, e isso mais do que contrabalança as vantagens em análises mais formais.

A Figura 1.1 mostra as categorias dos dois tipos de amostras. Uma amostra não probabilística pode ser uma amostra por conveniência ou uma amostra por julgamento. Para coletar uma **amostragem por conveniência**, você seleciona itens que são fáceis, não dispendiosos ou convenientes para fins de amostragem. Por exemplo, em um depósito com itens arrumados em pilhas, selecionar somente os itens nas partes superiores de cada uma das pilhas e dentro de uma área de fácil alcance criaria uma amostra por conveniência. Do mesmo modo, também seriam as respostas para pesquisas que os portais de muitas empresas oferecem a seus visitantes. Embora esses tipos

FIGURA 1.1 Exemplos de amostras

de pesquisas possam oferecer megadados de maneira rápida e não dispendiosa, as amostras por conveniência selecionadas a partir dessas respostas consistirão dos visitantes dos portais, que selecionam a si mesmos. (Leia a seção PENSE NISSO, no final da Seção 1.5 para uma história relacionada a esse exemplo.)

Para coletar uma **amostra por julgamento**, você coleta as opiniões de pessoas especializadas, pré-selecionadas, em relação ao assunto que seja o objeto da pesquisa. Embora esses especialistas sejam pessoas bastante versadas no assunto, você não pode generalizar os resultados obtidos por meio deles para a população como um todo.

Os tipos de amostras probabilísticas mais habitualmente utilizados incluem amostras simples, amostras sistemáticas, amostras estratificadas e amostras por conglomerado. Esses métodos de amostragem variam em termos de seus respectivos custos, sua precisão e sua complexidade, e constituem a matéria a ser abordada no restante desta seção.

Amostra Aleatória Simples

Em uma **amostra aleatória simples**, cada um dos itens de uma grade tem a mesma chance de vir a ser selecionado ao se comparar com cada um dos outros itens, e cada uma das amostras de um tamanho fixo apresenta a mesma chance de seleção em comparação com cada uma das outras amostras de mesmo tamanho. A amostragem aleatória simples é a técnica mais elementar de amostragem aleatória. Ela constitui a base para as outras técnicas de amostragem aleatória.

Quando se trata da amostragem aleatória simples, você utiliza n para representar o tamanho da amostra e N para representar o tamanho da grade. Você enumera todos os itens existentes na grade, começando com 1 até N. A chance de que você venha a selecionar qualquer um dos membros específicos da grade, na primeira seleção, é $1/N$.

Você seleciona amostras com reposição ou sem reposição. **Amostragem com reposição** significa que, depois de selecionar um determinado item, você devolve esse item para a grade, onde ele passa a ter a mesma probabilidade de vir a ser novamente selecionado. Imagine que você tenha uma cesta de sorteio contendo N cartões de visita. Na primeira seleção, você seleciona o cartão de Judy Craven. Você registra as informações pertinentes e recoloca o cartão de visita dentro da cesta. Em seguida, você embaralha bem os cartões na cesta e seleciona um segundo cartão. Na segunda seleção, Judy Craven tem a mesma probabilidade, $1/N$, de vir a ser novamente selecionada. Você repete esse processo até que tenha selecionado o tamanho desejado para a amostra, n.

De modo geral, você não deseja que o mesmo item, ou indivíduo, venha a ser novamente selecionado em uma amostra. **Amostragem sem reposição** significa que, uma vez tendo selecionado um determinado item, você não consegue selecioná-lo novamente. A chance de que você venha a selecionar qualquer item, em particular, dentro da grade — por exemplo, o cartão de visitas de Grace Kim — na primeira retirada, corresponde a $1/N$. A chance de que você venha a selecionar, na segunda retirada, qualquer cartão não selecionado anteriormente, passa a ser, agora, de 1 em $N - 1$. O processo continua até que você tenha selecionado a amostra desejada, com tamanho n.

Ao criar uma amostra aleatória simples, você deve evitar o método da "cesta de sorteio" para selecionar uma amostra, uma vez que esse método carece da capacidade de embaralhar bem os cartões e, aleatoriamente, selecionar a amostra. Você precisa utilizar métodos de seleção mais cientificamente rigorosos.

Um desses métodos faz uso de uma **tabela de números aleatórios**, como é o caso da Tabela E.1 no Apêndice E, para seleção da amostra. Uma tabela de números aleatórios consiste em uma série de dígitos listados em uma sequência aleatoriamente gerada (veja a Referência 9). Para utilizar uma tabela de números aleatórios para selecionar uma amostra, você primeiramente precisa atribuir números de código para os itens individuais da grade. Depois disso, você gera a amostra aleatória por meio da leitura da tabela de números aleatórios e da seleção daqueles indivíduos da grade cujos números de código combinem com os dígitos encontrados na tabela. Uma vez que o sistema de números utiliza 10 dígitos (0, 1, 2, ..., 9), a chance de que você venha a gerar aleatoriamente qualquer dígito específico é igual à probabilidade de vir a gerar qualquer

APRENDA MAIS

Aprenda a utilizar uma tabela de números aleatórios para selecionar uma amostra aleatória simples, em uma seção oferecida como bônus no Capítulo I do material suplementar, disponível no *site* da LTC Editora.

outro dígito. Essa probabilidade é de 1 em 10. Consequentemente, caso você gere uma sequência de 800 dígitos, deve esperar que cerca de 80 deles correspondam ao dígito 0; 80 correspondam ao dígito 1; e assim sucessivamente. Uma vez que todos os dígitos, ou sequências de dígitos, na tabela, são aleatórios, a tabela pode ser lida tanto de modo horizontal quanto de modo vertical. As margens da tabela especificam os números para as linhas e os números para as colunas. Os dígitos propriamente ditos são agrupados em sequências de cinco, para tornar mais fácil a leitura da tabela.

Amostra Sistemática

Em uma **amostra sistemática**, você divide os N itens na grade em n grupos de k itens, em que

$$k = \frac{N}{n}$$

Você arredonda k para o número inteiro mais próximo. Para selecionar uma amostra sistemática, você escolhe o primeiro item a ser aleatoriamente selecionado, a partir dos k primeiros itens na grade. A partir de então, vcocê seleciona os $n - 1$ itens remanescentes, retirando, a partir desse ponto, cada k-ésimo item da grade como um todo.

Caso a grade consista em uma lista de cheques, recibos de vendas ou faturas, previamente numerados, uma amostra sistemática é mais rápida e mais fácil de ser extraída do que uma amostra aleatória simples. Uma amostra sistemática constitui, também, um mecanismo conveniente para coletar dados a partir de listas telefônicas, listas de chamadas em salas de aula e itens consecutivos oriundos de uma linha de montagem.

Para extrair uma amostra sistemática com $n = 40$ a partir de uma população de $N = 800$ empregados com regime de trabalho integral, você fraciona a população de 800 em 40 grupos, cada um dos quais contendo 20 empregados. Depois disso, você seleciona um número aleatório a partir dos 20 primeiros indivíduos e inclui na amostra cada vigésimo indivíduo posterior à primeira seleção. Por exemplo, se o primeiro número aleatório selecionado for 008, suas seleções subsequentes serão 028, 048, 068, 088, 108, ..., 768 e 788.

A amostragem aleatória simples e a amostragem sistemática são mais simples do que outros métodos mais sofisticados de amostragem probabilística; de modo geral, requerem um maior tamanho para a amostra. Além disso, a amostragem sistemática é propensa a vieses de seleção que podem ocorrer quando existe um padrão na grade. Para superar a ineficiência da amostragem aleatória simples e o potencial viés de seleção envolvido na amostragem sistemática, você pode utilizar tanto o método de amostragem estratificada quanto o método de amostragem por conglomerado.

> ### APRENDA MAIS
>
> Aprenda a selecionar uma amostra estratificada, em uma seção oferecida como bônus no Capítulo 1 do material suplementar, disponível no *site* da LTC Editora.

Amostra Estratificada

Em uma **amostra estratificada**, você inicialmente subdivide os N itens na grade em subpopulações separadas, ou **estratos**. Um estrato é definido com base em alguma característica em comum, tal como o gênero do indivíduo ou o ano escolar. Você seleciona uma amostra aleatória simples dentro dos limites de cada um dos estratos, e combina os resultados a partir das amostras aleatórias simples. A amostragem estratificada se mostra mais eficiente do que a amostragem aleatória simples ou a amostragem sistemática, uma vez que fica assegurada a representatividade de itens ao longo da população como um todo. A homogeneidade dos itens no âmbito de cada um dos estratos proporciona maior precisão nas estimativas dos parâmetros da população subjacente.

Amostra por Conglomerados

Em uma **amostra por conglomerados**, você divide os N itens na grade em conglomerados que contenham diversos itens. **Conglomerados** são, de modo geral, designações que ocorrem de maneira natural, tais como municípios, distritos eleitorais, regiões administrativas ou bairros, domicílios ou territórios de vendas. Depois disso, você extrai uma amostra aleatória a partir de um ou mais conglomerados, e estuda todos os itens existentes em cada um dos conglomerados selecionados.

A amostragem por conglomerados é, em geral, mais eficiente em termos de custos do que a amostragem aleatória simples, particularmente se a população estiver dispersa ao longo de uma extensa área geográfica. Entretanto, a amostragem por conglomerados habitualmente demanda uma amostra de maior tamanho para que possam ser produzidos resultados tão precisos quanto aqueles que seriam obtidos partindo-se da amostragem aleatória simples ou da amostragem estratificada. Uma análise detalhada dos procedimentos relacionados à amostragem sistemática, à amostragem estratificada e à amostragem por conglomerado pode ser encontrada na Referência 2.

Definindo e Coletando Dados **27**

Problemas para a Seção 1.4

APRENDENDO O BÁSICO

1.17 Para uma população contendo $N = 902$ indivíduos, que número de código você atribuiria para
a. a primeira pessoa na lista?
b. a quadragésima pessoa na lista?
c. a última pessoa na lista?

1.18 Para uma população de $N = 902$, verifique que, iniciando na linha 05, coluna 01, da tabela de números aleatórios (Tabela E.1), você precisa somente de seis linhas para selecionar uma amostra de tamanho $N = 60$, *sem* reposição.

1.19 Dada uma população de $N = 93$, iniciando na linha 29, coluna 01, da tabela de números aleatórios (Tabela E.1), e lendo ao longo da linha, retire uma amostra de tamanho $N = 15$
a. *sem* reposição.
b. *com* reposição.

APLICANDO OS CONCEITOS

1.20 No que se refere a um estudo que consiste em entrevistas face a face (em vez de pesquisas pelo correio ou pelo telefone), explique a razão pela qual a amostragem aleatória simples poderia vir a ser menos prática do que outros métodos de amostragem.

1.21 Você deseja selecionar uma amostra aleatória de tamanho $n = 1$ a partir de uma população com três itens (que chamamos de A, B e C). A regra para selecionar a amostra é a seguinte: Jogue uma moeda para o alto; caso o resultado da queda seja cara, pegue o item A; caso seja coroa, jogue a moeda novamente para o alto; dessa vez, se o resultado da queda for cara, escolha B; se for coroa, escolha C. Explique a razão pela qual essa é uma amostra probabilística, mas não uma amostra aleatória simples.

1.22 Uma população possui quatro membros (chamados A, B, C e D). Você gostaria de selecionar uma amostra aleatória de tamanho $n = 2$, e você decide fazer do seguinte modo: Jogue uma moeda para o alto; se o resultado da queda for cara, a amostra será composta dos itens A e B; se for coroa, a amostra será composta dos itens C e D. Embora essa seja uma amostra aleatória, não se trata de uma amostra aleatória simples. Explique por quê. (Compare o procedimento descrito no Problema 1.21 com o procedimento descrito neste problema.)

1.23 O diretor de uma faculdade com uma população de $N = 4.000$ alunos de período integral solicitou ao secretário da faculdade que realizasse uma pesquisa para medir a satisfação em relação à qualidade de vida no campus universitário. A tabela a seguir contém um detalhamento dos 4.000 alunos matriculados em regime integral, por gênero e série cursada:

Designação da Classe					
Gênero	Primeiro Ano	Segundo Ano	Terceiro Ano	Quarto Ano	Total
Feminino	700	520	500	480	2,200
Masculino	560	460	400	380	1,800
Total	1,260	980	900	860	4,000

O secretário pretende extrair uma amostra probabilística de $n = 200$ alunos e projetar os resultados obtidos a partir da amostra para a população inteira dos alunos em período integral.

a. Caso a grade disponível a partir dos arquivos da secretaria seja uma lista em ordem alfabética, contendo os nomes de todos os $N = 4.000$ alunos matriculados em período integral, que tipo de amostra você poderia extrair? Argumente.
b. Qual é a vantagem de que seja selecionada uma amostra aleatória simples no item (a)?
c. Qual é a vantagem de que venha a ser selecionada uma amostra sistemática no item (a)?
d. Caso a grade disponível a partir dos arquivos da secretaria seja uma lista com os nomes de todos os $N = 4.000$ alunos matriculados em período integral, compilada a partir de oito listas individuais, em ordem alfabética, com base no desmembramento por gênero do aluno e por série cursada, apresentado na tabela, que tipo de amostra você deve extrair? Discuta.
e. Suponha que cada um entre os $N = 4.000$ alunos matriculados em período integral resida em 1 dos 10 dormitórios do campus. Cada um dos dormitórios acomoda 400 alunos. É política da faculdade integrar totalmente os alunos, em cada dormitório, com base no gênero e na série cursada. Se o secretário for capaz de compilar uma lista com todos os alunos, por dormitório, explique como você poderia extrair uma amostra por conglomerado.

✓ AUTO-teste **1.24** Faturas de vendas pré-numeradas são mantidas em um diário de vendas. As faturas são numeradas de 0001 a 5000.
a. Iniciando na linha 16, coluna 1, e prosseguindo horizontalmente ao longo da tabela de números aleatórios (Tabela E.1), selecione uma amostra aleatória simples composta de 50 números de faturas.
b. Selecione uma amostra sistemática composta de 50 números de faturas. Utilize os números aleatórios na linha 20, colunas 05-07, como ponto de partida para a sua seleção.
c. As faturas selecionadas em (a) são as mesmas que aquelas selecionadas em (b)? Por que sim ou por que não?

1.25 Suponha que 5.000 faturas de vendas sejam separadas em quatro estratos. O estrato 1 contém 50 faturas; o estrato 2 contém 500 faturas; o estrato 3 contém 1.000 faturas, e o estrato 4 contém 3.450 faturas. É necessária uma amostra com 500 faturas de vendas.
a. Que tipo de amostragem você deveria realizar? Por quê?
b. Explique o modo como você conduziria a amostragem, de acordo com o método enunciado em (a).
c. Por que razão o tipo de amostragem apresentado em (a) não é uma amostra aleatória simples?

28 Capítulo 1

1.5 Tipos de Erros em Pesquisas

Como você aprendeu na Seção 1.3, as respostas para uma pesquisa representam uma fonte de dados. Praticamente todos os dias, você lê ou ouve falar de resultados de pesquisas científicas ou de pesquisas de opinião, nos jornais, na Internet, no rádio ou na televisão. Para identificar pesquisas que careçam de objetividade ou de credibilidade, você deve avaliar criticamente aquilo que lê e escuta, por meio do exame da validade dos resultados de pesquisas. Em primeiro lugar, você deve avaliar o propósito da pesquisa, a razão pela qual ela foi conduzida e para quem ela foi conduzida.

A segunda etapa na avaliação da validade de uma pesquisa diz respeito a determinar se ela se baseou em uma amostra probabilística ou não probabilística (como discutimos na Seção 1.4). Você precisa ter em mente que a única maneira de realizar inferências estatísticas válidas a partir de uma amostra para uma população é por meio do uso de uma amostra probabilística. Pesquisas que utilizam métodos de amostragem não probabilística estão sujeitas a sérios vieses que podem tornar sem significado os resultados.

Mesmo quando utilizam métodos de amostragem probabilística, as pesquisas estão sujeitas a quatro tipos de erros potenciais:

- Erro de cobertura
- Erro por falta de resposta
- Erro de amostragem
- Erro de medição

Uma boa modelagem de pesquisas reduz ou minimiza esses quatro tipos de erros inerentes a pesquisas, frequentemente a um custo considerável.

Erro de Cobertura

A chave para uma seleção de amostra apropriada é ter uma grade adequada. Um **erro de cobertura** ocorre, caso certos grupos de sujeitos sejam excluídos dessa grade, de modo tal que não tenham nenhuma chance de vir a ser selecionados na amostra. Erros de cobertura resultam em um **viés de seleção**. Caso a grade seja inadequada em razão de certos grupos de itens na população não terem sido incluídos de maneira apropriada, qualquer amostra probabilística aleatória selecionada irá fornecer tão somente uma estimativa para as características da grade, e não para a *verdadeira* população.

Erro por Falta de Resposta

Nem todas as pessoas estão dispostas a responder a uma pesquisa. Um **erro por falta de resposta** surge a partir de falhas na coleta de dados de todos os itens na amostra e resultam em um **viés por falta de resposta**. Uma vez que você não pode sempre pressupor que as pessoas que não respondem a pesquisas tenham características similares àquelas que o fazem, você precisa continuar tentando, nos casos de falta de resposta, depois de um período de tempo específico. Você deve fazer várias tentativas de convencer esses indivíduos a responder aos questionários de pesquisa. As respostas conseguidas em um segundo momento são, então, comparadas às respostas iniciais, para que possam ser feitas inferências válidas baseadas na pesquisa (Referência 1). O modo de resposta que você utiliza, como entrevistas feitas em caráter pessoal, entrevistas por telefone, questionários em papel ou questionários informatizados, afeta a taxa de resposta. Entrevistas realizadas em caráter pessoal e entrevistas feitas por telefone geralmente acarretam uma taxa de resposta mais alta do que pesquisas realizadas pelo correio — porém a um custo mais alto.

Erro de Amostragem

Quando se está coletando uma amostra probabilística, o acaso dita quais indivíduos ou itens serão, ou não serão, incluídos na amostra. Um **erro de amostragem** reflete a variação, ou "diferenças decorrentes do acaso", de amostra para amostra, com base na probabilidade de determinados indivíduos ou itens virem a ser selecionados em amostras específicas.

Quando você lê em jornais ou na Internet sobre resultados de investigações ou pesquisas de intenção de votos, existe, frequentemente, um comentário com respeito à margem de erro, por exemplo, "espera-se que os resultados dessa pesquisa estejam entre ±4 pontos percentuais em relação ao valor verdadeiro". Essa **margem de erro** constitui o erro de amostragem. Você pode reduzir o erro de amostragem adotando tamanhos de amostra maiores. Evidentemente, isso faz com que cresça o custo inerente à condução de uma pesquisa.

Erro de Medição

Na prática de um bom estudo de pesquisa, você elabora um questionário com a intenção de coletar informações significativas e precisas. Infelizmente, os resultados que se obtém para a pesquisa são, de modo geral, apenas aproximações dos resultados que você realmente deseja. Diferentemente de estatura ou peso, certas informações sobre comportamentos e estados psicológicos são impossíveis ou impraticáveis de obter diretamente.

Quando as pesquisas se baseiam em informações autorrelatadas, o modo de coleta, a pessoa que está respondendo à pesquisa e/ou a pesquisa propriamente dita podem ser possíveis fontes de **erro de medição**. Satisfação, desejo social, capacidade de leitura e/ou efeitos do entrevistador podem ser fatores dependentes do modo de pesquisa. O viés do desejo social ou limitações cognitivas ou de memória de um entrevistado podem afetar os resultados. E perguntas vagas, perguntas com mais de uma resposta, que tratam de várias questões mas requerem uma única resposta, ou perguntas que pedem ao entrevistado que relate alguma coisa que ocorre ao longo do tempo, mas falha em definir claramente a extensão de tempo em relação à qual está sendo feita a pergunta (o período de referência) são algumas das falhas em pesquisas que podem acarretar erros.

Para minimizar o erro de medição, você precisa padronizar a administração da pesquisa e o entendimento do entrevistado sobre as perguntas, embora existam muitas barreiras para isso (veja as Referências 1, 3 e 11).

Questões Éticas sobre Pesquisas

Considerações éticas surgem com relação aos quatro tipos de erros de pesquisas. O erro de cobertura pode resultar em um viés de seleção, caso grupos ou indivíduos específicos sejam propositadamente excluídos da grade, de tal modo que os resultados da pesquisa venham a ser mais favoráveis para quem está patrocinando a pesquisa. O erro por falta de resposta pode acarretar um viés por falta de resposta e passa a ser uma questão ética, caso o patrocinador da pesquisa reconhecidamente projete a pesquisa de modo tal que grupos ou indivíduos específicos venham a estar menos propensos a responder do que outros grupos ou indivíduos. O erro de amostragem passa a ser uma questão ética se as descobertas forem intencionalmente apresentadas sem que sejam feitas referências ao tamanho da amostra e à margem de erro, de modo tal que o patrocinador possa defender um ponto de vista que, de outra maneira, poderia ser inapropriado. O erro de medição passa a ser uma questão ética em uma entre três situações: (1) um patrocinador de uma pesquisa escolhe perguntas indutivas que orientam as respostas em uma direção específica; (2) um entrevistador, por meio de maneirismos e da entonação de voz, propositadamente faz com que o entrevistado se sinta obrigado a agradar o entrevistador, ou, de outro modo, orienta o entrevistado em uma direção específica; ou (3) um respondente intencionalmente fornece informações falsas.

Questões éticas surgem também quando os resultados de amostras não probabilísticas são utilizados para formar conclusões sobre a população inteira. Quando utiliza um método de amostragem não probabilística, você precisa explicitar os procedimentos de amostragem e declarar que os resultados não podem ser generalizados além do âmbito da amostra.

PENSE NISSO

Pesquisas com Novas Tecnologias/ Antigos Problemas de Amostragem

Imagine que você trabalhe para um distribuidor de *software* que tenha decidido criar um "programa de melhoria com base na experiência do consumidor" para registrar o modo como os clientes estão utilizando os produtos de uma determinada empresa, com o objetivo de utilizar os dados coletados para fazer aperfeiçoamentos no produto. Digamos, por exemplo, que você seja o editor de um portal de notícias *on-line*, que decida criar uma pesquisa de opinião instantânea para perguntar aos visitantes do portal sobre importantes questões políticas. Ou digamos, ainda, que você seja um comerciante de produtos direcionados para um segmento demográfico específico e decida utilizar um portal de rede social com o objetivo de coletar respostas de avaliação por parte dos consumidores. O que você poderia vir a ter em comum com uma publicação há muito tempo extinta, que deixou de ser publicada há mais de 70 anos?

Em 1932, antes sequer de existir uma Internet — ou até mesmo a televisão comercial — uma pesquisa de opinião com resultados não vinculantes, feita para obter uma indicação de uma tendência geral de opinião sobre determinada questão, conduzida pela revista *Literary Digest*, havia previsto, com sucesso, cinco eleições presidenciais norte-americanas consecutivas. No que diz respeito à eleição de 1936, a revista prometeu sua maior pesquisa de opinião de todos os tempos e enviou cerca de 10 milhões de cédulas com intenção de voto para pessoas ao longo de todo o país. Depois de receber e tabular mais de 2,5 milhões de cédulas, a *Digest* confidencialmente proclamou que Alf Landon seria um vencedor fácil sobre Franklin D. Roosevelt. Como se mostraram os fatos, FDR venceu esmagadoramente, com Landon recebendo a menor quantidade de votos eleitorais em toda a história dos EUA. A reputação da *Literary Digest* foi arruinada; a revista deixou de ser publicada menos de dois anos depois.

O fracasso da pesquisa de opinião da *Literary Digest* foi um evento devastador na história das pesquisas por amostragem e das pesquisas

30 Capítulo 1

de opinião. Esse fracasso refutou a noção de quanto maior for a amostra, melhor. (Lembre-se disso na próxima vez que alguém reclamar sobre o "pequeno" tamanho de amostra de uma pesquisa política.) O fracasso abriu às portas para métodos de amostragem novos e mais modernos, discutidos neste capítulo. As pesquisas de opinião de natureza política do Gallup de hoje em dia (**www.gallup.com**) ou da GFK Roper Reports sobre comportamento do consumidor (**www.gfkamerica.com/practice_areas/roper_consulting**) surgem, em parte, como consequência desse fracasso. George Gallup, o "Gallup" das pesquisas, e Elmo Roper, dos relatórios de mesmo nome, conquistaram, ambos, disseminado reconhecimento por parte do público em razão de seus prognósticos "científicos" corretos para a eleição de 1936.

A pesquisa de opinião fracassada da *Literary digest* se transformou em material de estudo para várias autópsias, e a razão para o fracasso passou a ser quase uma lenda urbana. De um modo geral, a explicação se fundamenta em um erro de cobertura. As cédulas foram enviadas, em sua maior parte, para "pessoas ricas", e isso criou uma grade que excluiu os cidadãos mais pobres (presumivelmente mais inclinados a votar no Democrata Roosevelt do que no Re-

publicano Landon). No entanto, análises posteriores sugerem que esta não foi a verdadeira razão. Em vez disso, baixas taxas de resposta (2,3 bilhões de cédulas representavam menos de 25 % das cédulas distribuídas) e/ou erro por falta de resposta (os eleitores de Roosevelt se mostraram menos propensos a postar no correio uma cédula com intenção de voto do que os eleitores de Landon) foram razões significativas para o fracasso (veja a Referência 10).

Quando a Microsoft revelou a nova Interface de Faixas para o usuário, para o Office 2007, um gerente de programa explicou como a Microsoft havia aplicado dados coletados de seu "Programa de Melhoria com Base na Experiência do Consumidor" na remodelagem da interface do usuário. Isso fez com que outras pessoas especulassem que os dados apresentavam um viés na direção de principiantes — que poderiam se mostrar menos propensos a declinar da participação no programa — e que, por sua vez, tinham feito com que a Microsoft criasse uma interface de usuário que acabou deixando perplexos os usuários mais experientes. Isto foi outro caso de erro por falta de resposta!

A pesquisa de opinião instantânea anteriormente mencionada é direcionada para os visitantes do portal de notícias *on-line*, e a pes-

quisa baseada em redes sociais é direcionada a "amigos" de um determinado produto; esses tipos de pesquisas de opinião podem também sofrer de erros por falta de resposta, e esse fato é frequentemente negligenciado por usuários desses novos meios de comunicação. Frequentemente, os profissionais de marketing exaltam o quanto eles "conhecem" sobre os respondentes de pesquisas, graças aos dados que podem ser coletados a partir de uma comunidade de rede social. Mas nenhuma quantidade de informação sobre os respondentes pode dizer aos profissionais de marketing quem são os não respondentes. Portanto, pesquisas realizadas com novas tecnologias de comunicação acabam sendo vítimas do mesmo velho tipo de erro que pode ter sido fatal para a *Literary Digest*, naquele passado remoto.

Hoje em dia, as empresas estabelecem pesquisas formais baseadas em amostras probabilísticas e envidam grandes esforços — e gastam grandes somas em dinheiro — para lidar com erros de cobertura, erros por falta de resposta, erro de amostragem e erro de medição. Pesquisas de opinião instantâneas e pesquisas do tipo "chame um amigo" podem ser interessantes e divertidas, mas não são substitutos para os métodos discutidos neste capítulo.

Problemas para a Seção 1.5

APLICANDO OS CONCEITOS

1.26 Uma pesquisa indica que a grande maioria dos alunos de universidades possui seus próprios computadores de uso pessoal. Que tipo de informação você gostaria de conhecer antes de aceitar os resultados dessa pesquisa?

1.27 Uma amostra aleatória simples de $n = 300$ empregados que trabalham em regime de expediente integral é selecionada a partir da lista de empregados de uma empresa que contém os nomes de todos os $N = 5.000$ empregados que trabalham em regime de expediente integral, com o intuito de avaliar a satisfação dos empregados em relação ao trabalho.

a. Forneça um exemplo de um possível erro de cobertura.
b. Forneça um exemplo de um possível erro por falta de resposta.
c. Forneça um exemplo de um possível erro de amostragem.
d. Forneça um exemplo de um possível erro de medição.

> ✓**AUTO-teste** **1.28** Resultados de uma Pesquisa de Opinião Tecnológica junto a Pequenas Empresas da AT&T indicam que 60 % das pequenas empresas entrevistadas planejaram gastar em 2012 o mesmo montante, ou mais, do que gastaram com marketing na Internet (**bit.ly/Oq5n26**). Três em cada quatro (75 %) pequenas empresas possuem portais na Grande Rede, com praticamente um terço (31 %) delas tendo portais para dispositivos móveis de comunicação, que são projetados para serem vistos em *smartphones*. Foi observado que as preferências por vários tipos de marketing *on-line* variam em termos de gênero. Proprietários de pequenas empresas pertencentes ao sexo mas-

culino se mostram mais propensos do que proprietários do sexo feminino a se basear nos portais de suas empresas na Internet para seu marketing (65 % *versus* 58 %), enquanto proprietários de pequenas empresas pertencentes ao sexo feminino estão mais propensos do que seus pares do sexo masculino a empregar mídia social para fazer o marketing de suas empresas (48 % *versus* 34 %). Esses resultados são baseados em uma pesquisa na Internet, conduzida em novembro de 2011, junto a 1.232 proprietários de pequenas empresas e/ou empregados responsáveis pela Tecnologia da Informação (TI). Identifique problemas *potenciais* relacionados a erro de cobertura, erro por falta de resposta, erro de amostragem e erro de medição.

1.29 Uma pesquisa recente indicou que 29 % dos norte-americanos gastaram mais dinheiro nos últimos meses do que costumavam gastar no passado. No entanto, a maioria (58 %) continuou a afirmar que *gosta* mais de poupar dinheiro do que de gastar dinheiro. (Dados extraídos de E. Mendes, "More Americans Say Their Spending Is Up", **www.gallup.com**, 3 de maio de 2012.) Que tipo de informação adicional você gostaria de conhecer antes de aceitar os resultados decorrentes do estudo?

1.30 Uma pesquisa recente aponta um colapso generalizado na audiência da TV tradicional. O estudo descobriu que o percentual de consumidores que assistem TV aberta ou a cabo em uma semana típica despencou de 71 % em 2009 para 48 % em 2011 (**onforbes/zgdZKo**). Que tipo de informação adicional você gostaria de conhecer antes de aceitar os resultados decorrentes do estudo?

UTILIZANDO A ESTATÍSTICA

Tyler Olson / Shutterstock

Começo... Revisitado

Os analistas designados pela executiva-chefe da GT&M, Emma Levia, para identificar, definir e coletar os dados que seriam úteis para estabelecer um preço para Whitney Wireless completaram a tarefa a eles destinada. O grupo identificou uma série de variáveis para analisar. No decorrer da realização de seu trabalho, o grupo percebeu que a maior parte das variáveis a serem estudadas seriam variáveis numéricas discretas baseadas em dados que são responsáveis pelos resultados financeiros da empresa. Esses dados seriam, em sua maior parte, gerados pela fonte primária da empresa propriamente dita, mas algumas variáveis suplementares sobre condições econômicas e outros fatores que poderiam afetar as perspectivas de longo prazo da empresa podem ser oriundas de uma fonte de dados secundária, tal como uma agência de previsões econômicas.

O grupo anteviu que seria necessário examinar diversas variáveis categóricas relacionadas aos clientes da GT&M e da Whitney Wireless. O grupo descobriu que programas de fidelidade ("cartão de comprador") de ambas as empresas já haviam coletado dados demográficos de interesse, no momento em que os consumidores aderiram a esses programas. Aquela fonte primária, quando combinada com dados secundários recolhidos das redes de comunicação social às quais pertencem as empresas, poderia se mostrar útil em obter uma estimativa aproximada do perfil de um consumidor típico que pudesse estar interessado em fazer negócio com uma loja de varejo de produtos eletrônicos "de A a Z".

RESUMO

Neste capítulo, você aprendeu sobre os vários tipos de variáveis utilizadas em empresas e suas respectivas escalas de mensuração. Além disso, você aprendeu sobre diferentes métodos de coletar dados, vários métodos de amostragem estatística e

questões envolvidas em extrair amostras. Nos próximos dois capítulos, você estudará uma variedade de tabelas e gráficos, e medidas descritivas que são utilizadas para apresentar e analisar dados.

REFERÊNCIAS

1. Biemer, P. B., R. M. Graves, L. E. Lyberg, A. Mathiowetz, e S. Sudman. *Measurement Errors in Surveys*. Nova York: Wiley Interscience, 2004.
2. Cochran, W. G. *Sampling Techniques*. 3ª edição. Nova York: Wiley, 1977.
3. Fowler, F. J. *Improving Survey Questions*: *Design and Evaluation*, *Applied Special Research Methods Series*, Vol. 38, Thousand Oaks, CA: Sage Publications, 1995.
4. Keeling, K., R. Pavur. "Statistical Accuracy of Spreadsheet Software", *The American Statistician* 65 (2011): 265-273.
5. McCullough, B. D., e D. Heiser, "On the Accuracy of Statistical Procedures in Microsoft Excel 2007". *Computational Statistics and Data Analysis*, 52 (2008): 4568-4606.
6. *Microsoft Excel 2010*. Redmond, WA: Microsoft Corporation, 2010.
7. Nash, J. C., "Spreadsheets in Statistical Practice – Another Look". *The American Statistician*, 60 (2006): 287-289.
8. Osbourne, J. *Best Practices in Data Cleaning*: Thousand Oaks, CA: Sage Publications, 2012.
9. Rand Corporation *A Million Random Digits with 100.000 Normal Deviates*. Glencoe, IL: The Free Press, 1955.
10. Squire, P. "Why the 1936 *Literary Digest* Poll Failed". *Public Opinion Quarterly* 52 (1988): 125-133.
11. Sudman, S. N., M. Bradburn, e N. Schwarz. *Thinking About Answers*: *The Applications of Cognitive Processes to Survey Methodology*. San Francisco, CA: Jossey-Bass, 1993.

TERMOS-CHAVE

amostra
amostra aleatória simples
amostra estratificada
amostra não probabilística
amostra por conglomerados
amostra por conveniência
amostra por julgamento
amostra probabilística
amostra sistemática
amostragem com reposição
amostragem sem reposição
coletivamente exaustivos
conglomerado
erro de amostragem

erro de cobertura
erro de medição
erro por falta de resposta
escala de mensuração
escala de proporcionalidade
escala intervalar
escala nominal
escala ordinal
estratos
fonte de dados primária
fonte de dados secundária
grade
margem de erro
mutuamente excludentes

população
tabela de números aleatórios
valor extremo (outlier)
variável categórica
variável contínua
variável discreta
variável numérica
variável qualitativa
variável quantitativa
variável recodificada
viés de seleção
viés por falta de resposta

AVALIANDO O SEU ENTENDIMENTO

1.31 Qual é a diferença entre uma amostra e uma população?

1.32 Qual é a diferença entre uma variável categórica e uma variável numérica?

1.33 Qual é a diferença entre uma variável numérica discreta e uma variável numérica contínua?

1.34 Qual é a diferença entre uma variável de escala nominal e uma variável de escala ordinal?

1.35 Qual é a diferença entre uma variável de escala intervalar e uma variável de escala de proporcionalidade?

PROBLEMAS DE REVISÃO DO CAPÍTULO

1.36 Visite o portal oficial do Excel na Grande Rede, **www.office.microsoft.com/excel**. Leia sobre o programa e, depois disso, raciocine sobre os meios pelos quais o programa poderia ser útil para a análise estatística.

1.37 Resultados de uma Pesquisa de Opinião Técnica de Pequenas Empresas da AT&T (Small Business Tech Poll) indicam que 60% das pequenas empresas entrevistadas planejaramm gastar pelo menos o mesmo montante em 2012 que gastaram em 2011 no marketing *on-line* (**bit.ly/Oq5n26**). Três entre quatro (75%) pequenas empresas possuem portais na Grande Rede, e praticamente um terço (31%) possuem portais para dispositivos móveis que foram projetados para serem vistos em um *smartphone*. Foi descoberto que as preferências pelos vários tipos de marketing *on-line* variam em razão do gênero da pessoa. Proprietários de pequenas empresas que pertencem ao sexo masculino estão mais propensos do que as proprietárias do sexo feminino a confiar no portal de suas próprias empresas para fazer o marketing de suas empresas (65% *versus* 58%), enquanto proprietárias de pequenas empresas pertencentes ao sexo feminino estão mais propensas do que seus pares do sexo masculino a empregar a comunicação em redes sociais para fazer o marketing de suas empresas (48% *versus* 34%). Esses resultados estão baseados em uma pesquisa realizada por meio virtual, conduzida em novembro de 2011, junto a 1.232 proprietários de pequenas empresas e/ou empregados responsáveis pela Tecnologia da Informação (TI). A amostra de pequenas empresas participantes, possuindo entre 2 e 99 empregados, foi extraída do painel corporativo virtual das empresas da e-Rewards.

a. Descreva a população de interesse.
b. Descreva a amostra que foi coletada.

1.38 O Instituto de Pesquisas Gallup no Brasil divulga os resultados de pesquisas de opinião pública recentemente realizadas, por meio de seu endereço eletrônico na Grande Rede, **www.gallup.com.br**. Visite o portal ora mencionado e leia algum artigo de seu interesse.
a. Descreva a população de interesse.
b. Descreva a amostra que foi coletada.

1.39 Uma pesquisa de opinião realizada pela organização Gallup indicou que 29% dos norte-americanos gastaram mais dinheiro nos últimos meses do que costumavam gastar. No entanto, a maioria deles (58%) ainda assim afirmaram que *gostam* mais de poupar dinheiro do que de gastá-lo. (Dados extraídos de E. Mendes, "More Americans Say Their Spending Is Up", **www.gallup.com**, 3 de maio de 2012.) Os resultados foram baseados em entrevistas realizadas por telefone, conduzidas no período entre 9 e 12 de abril de 2012, com uma amostra aleatória de 1.016 adultos, com 18 anos de idade ou mais, residentes em todos os estados norte-americanos e no Distrito de Columbia.
a. Descreva a população de interesse.
b. Descreva a amostra que foi coletada.

1.40 A Data and Story Library (DASL) é uma biblioteca virtual com arquivos de dados e histórias que ilustram o uso de métodos estatísticos básicos. Visite o portal **lib.stat.cmu.edu/índex.php**, clique em DASL, e explore um conjunto de dados de interesse para você.

a. Descreva uma variável no conjunto de dados que você selecionou.

b. A variável de seu interesse é categórica ou numérica?

c. A variável de interesse é numérica, discreta ou contínua?

1.41 Baixe para seu computador e examine a *Business and Professional Classification Survey* (Pesquisa de Classificação Profissional e de Empresas — SQ-Class) do Departamento de Censos dos EUA (U.S. Census Bureau), disponível em **bit.ly/OdmpnP**, ou por meio do link **Get Help with Your Form**, no endereço **www.census.gov/econ/**.

a. Forneça um exemplo de uma variável categórica incluída na pesquisa.

b. Forneça um exemplo de uma variável numérica incluída na pesquisa.

1.42 Três professores examinaram o grau de conscientização em relação a quatro regras de aposentadoria amplamente disseminadas entre empregados na Universidade de Utah. Essas regras proporcionam respostas simples para perguntas sobre o planejamento para a aposentadoria (R. N. Mayer, C. D. Zick, e M. Glaittle, "Public Awareness of Retirement Planning Rules of Thumb", *Journal of Personal Finance*, 2011, 10(1), 12-35). À época da investigação, havia aproximadamente 10.000 empregados beneficiados, e 3.095 participaram do estudo. Os dados demográficos coletados sobre esses 3.095 empregados incluíram gênero, idade (anos), nível educacional (anos completados), estado civil, renda domiciliar ($) e categoria de emprego.

a. Descreva a população de interesse.

b. Descreva a amostra que foi coletada.

c. Indique se cada uma das variáveis demográficas mencionadas é categórica ou numérica.

1.43 Um fabricante de alimentos para gatos está planejando pesquisar domicílios nos Estados Unidos para determinar os hábitos de compra de proprietários de gatos. Entre as variáveis a serem coletadas, encontram-se as seguintes:

i. O principal local de compra para alimentos para gatos.

ii. Se é comprado alimento seco ou alimento úmido para gatos.

iii. A quantidade de gatos que vivem no domicílio.

iv. Se qualquer um dos gatos que vivem no domicílio tem pedigree.

  a. Para cada um dos quatro itens listados, indique se a variável é categórica ou numérica. Caso seja numérica, ela é discreta ou contínua?

  b. Desenvolva cinco perguntas categóricas para a pesquisa.

  c. Desenvolva cinco perguntas numéricas para a pesquisa.

CASOS PARA O CAPÍTULO 1

Administrando a Ashland MultiComm Services

A Ashland MultiComm Services (AMS) oferece serviços de comunicação em rede de alta qualidade na área metropolitana conhecida como Greater Ashland. A AMS tem suas raízes na Ashland Community Access Television (ACATV), uma pequena empresa que redistribuía sinais de televisão aberta a partir de áreas metropolitanas mais importantes nas proximidades, mas que evoluiu para um provedor de uma ampla gama de serviços de transmissão de sinais de comunicação de rede para consumidores residenciais.

A AMS oferece serviços baseados em assinaturas para programação de vídeo a cabo digital, serviços de telefonia local e de longa distância, e acesso à Internet com alta velocidade. Recentemente, a AMS enfrentou a concorrência de outros provedores de rede que se expandiram para a área de Ashland. A AMS também passou por decréscimos no número de novas instalações a cabo digitais, e na taxa de renovações de assinaturas de transmissões a cabo digitais.

A administração da AMS acredita que uma combinação entre gastos crescentes com promoções, ajustes nas tarifas de assinaturas e melhorias nos serviços de atendimento ao cliente permitirão que a AMS enfrente com sucesso a concorrência por parte de outros provedores de rede. No entanto, a administração da AMS está preocupada com os possíveis efeitos que novos métodos de transmissão de programas baseados na Internet possam ter causado com relação ao seu negócio de transmissão de sinais a cabo digitais. Eles decidem que precisam conduzir algumas pesquisas e organizar uma equipe de especialistas em pesquisas para examinar a situação atual do negócio e o mercado no qual ele está concorrendo.

Os gerentes sugerem que a equipe de pesquisas examine os dados históricos da própria empresa em relação ao número de assinaturas, receitas e taxas de renovação de assinaturas ao longo dos últimos anos. Eles direcionam a equipe para que examine também os dados acumulados no ano corrente, uma vez que os gerentes suspeitam de que algumas das mudanças que eles visualizaram foram um fenômeno relativamente recente.

1. De que tipo de fonte de dados se originariam os dados históricos da própria empresa? Identifique outras possíveis fontes de dados que a equipe de pesquisas poderia utilizar para examinar o mercado atual para serviços de banda larga residencial em uma cidade assim como Ashland.

2. Que tipo de técnicas para coleta de dados a equipe empregaria?

3. Em suas sugestões e direcionamentos, os gerentes da AMS nominaram uma série de variáveis possíveis a serem estudadas, embora não tenham oferecido nenhum tipo de definição operacional (veja a Seção MAO.2) para essas variáveis. Que tipos de possíveis mal-entendidos poderiam surgir caso a equipe e os gerentes não definam apropriadamente, antes de qualquer coisa, cada uma das variáveis citadas?

CardioGood Fitness

A CardioGood Fitness é uma empresa de desenvolvimento de equipamentos para exercícios cardiovasculares de alta qualidade. Seus produtos incluem esteiras ergométricas, bicicletas ergométricas, equipamentos elípticos e simuladores de caminhadas e de escaladas. A CardioGood Fitness busca aumentar as vendas de seus produtos ergométricos e contratou a AdRight Agency, uma pequena empresa de publicidade, para criar e implementar um programa de publicidade. A AdRight Agency planeja identificar segmentos de mercado específicos que estejam mais propensos a comprar os bens e serviços de seus clientes e, depois, busca locais para a instalação de painéis de propaganda externos para alcançar aquele segmento de mercado. Essa atividade inclui a coleta de dados sobre as vendas atuais de clientes e sobre os consumidores que fizeram as compras, com o objetivo de determinar se existe um perfil distinto para o cliente típico de um determinado produto ou serviço. Caso venha à tona um perfil distinto, são realizados esforços no sentido de combinar esse tal perfil com as propagandas externas, de modo que elas venham a refletir o referido perfil, consequentemente direcionando precisamente a propaganda para consumidores de alto potencial.

A CardioGood Fitness vende três diferentes linhas de esteiras ergométricas. A TM195 é uma esteira ergométrica para principiantes. É tão segura e confiável quanto outros modelos oferecidos pela CardioGood Fitness, mas com menor quantidade de programas e funções. É adequada para indivíduos que buscam o mínimo de programação, e almejam simplicidade para iniciar sua caminhada ou corrida. O modelo TM195 é vendido por $1.500.

A linha intermediária, TM498 acrescenta às funções do modelo para principiantes dois programas para o usuário e até 15% de elevação na esteira. A TM498 é adequada para indivíduos que são adeptos a caminhadas em um estágio transacional, de caminhada a corrida, ou corredores de nível intermediário. O TM498 é vendida por $1.750.

O modelo de linha superior, TM798, é estruturalmente maior e mais pesado, e apresenta mais funcionalidades do que os outros modelos. Suas características específicas incluem um console de LCD azul reluzente, com iluminação de fundo, teclas rápidas para velocidade e inclinação, um monitor sem fio para medição de batimentos cardíacos, com uma fita telemétrica para ser colocada no peito, controles remotos para velocidade e inclinação, além de uma figura anatômica que especifica quais músculos estão sendo ativados no nível mínimo e no nível máximo. Esse modelo apresenta uma base com uma plataforma não dobrável que é projetada de modo a resistir a corridas rigorosas e frequentes; o modelo TM798 é, por conseguinte, atraente para alguém que seja um vigoroso adepto de caminhadas ou corridas. O preço de venda é $2.500.

Como uma primeira etapa, é atribuída à equipe responsável pelas pesquisas de mercado na AdRight a tarefa de identificar o perfil do consumidor típico em relação a cada um dos produtos ergométricos oferecidos pela CardioGood Fitness. A equipe de pesquisas de mercado decide investigar se existem diferenças por entre as linhas de produto, no que diz respeito às características dos consumidores. A equipe decide coletar dados sobre indivíduos que adquiriram uma esteira ergométrica em uma loja de varejo da CardioGood Fitness ao longo dos três meses mais recentes.

A equipe decide utilizar tanto os dados de transações comerciais da empresa quanto os resultados de uma pesquisa sobre perfil pessoal, que o comprador preenche como fonte de dados para a empresa. A equipe identifica as seguintes variáveis relacionadas ao consumidor, para serem estudadas: produto adquirido — TM195, TM498 ou TM798; gênero; idade, em anos; nível educacional, em anos; estado civil, solteiro ou casado; renda domiciliar anual ($); número médio de vezes que o consumidor planeja utilizar a esteira ergométrica a cada semana; número médio de milhas que o consumidor espera andar/correr a cada semana; e autoavaliação para condição física em uma escala ordinal de 1 a 5, em que 1 representa condição física precária e 5 representa excelente condição física. No que se refere ao conjunto de variáveis:

1. Quais variáveis na pesquisa são categóricas?
2. Quais variáveis na pesquisa são numéricas?
3. Quais variáveis são variáveis numéricas discretas?

Pesquisas Realizadas Junto a Estudantes de Clear Mountain State

1. O Serviço de Noticiário para Estudantes na Universidade do Estado de Clear Mountain (CMSU — Clear State Mountain University) decidiu coletar dados sobre os alunos no nível de graduação que frequentam a CMSU. Eles criam e distribuem uma pesquisa com 14 perguntas e recebem respostas de 62 alunos do nível de graduação (contidas no arquivo `PesquisaGrad`). Baixe para seu computador (veja o Apêndice C) e examine o documento relacionado à pesquisa **PesquisaGradCM.pdf**. Para cada uma das perguntas feitas na pesquisa, determine se a variável é categórica ou numérica. Caso você determine que a variável é numérica, identifique se é discreta ou contínua.

2. A decana dos alunos na CMSU tomou conhecimento sobre a pesquisa conduzida junto aos alunos da graduação e decidiu conduzir uma pesquisa semelhante para alunos da pós-graduação na CMSU. Ela cria e distribui uma pesquisa contendo 14 perguntas e recebe respostas de 44 alunos da pós-graduação, as quais estão contidas no arquivo `PesquisaPósGrad`. Baixe para seu computador (veja o Apêndice C) e examine o documento relacionado à pesquisa, **PesquisaPósGradCM.pdf**. Para cada uma das perguntas feitas na pesquisa, determine se a variável é categórica ou numérica. Caso você determine que a variável é numérica, identifique se é discreta ou contínua.

APRENDENDO COM OS CASOS DIGITAIS

Como você já aprendeu neste livro, os responsáveis pela tomada de decisão utilizam métodos estatísticos para ajudar a analisar dados e comunicar resultados. Todos os dias, em algum lugar, alguém faz mau uso dessas técnicas, seja por acidente, seja por opção intencional. Identificar e evitar esses maus usos da estatística é uma importante responsabilidade para todos os gerentes. Os Casos Digitais proporcionam a prática de que você precisa para ajudar a desenvolver as competências necessárias para essa importante tarefa.

O Caso Digital de cada capítulo testa o seu entendimento sobre como aplicar um conceito estatístico importante ensinado no capítulo. No que se refere a cada um dos casos, você examina o conteúdo de um ou mais documentos eletrônicos, que podem conter informações internas e confidenciais para uma organização, assim como fatos publicamente declarados, buscando identificar e corrigir usos indevidos da estatística. Diferentemente do que ocorre em um estudo de caso tradicional, mas semelhantemente a muitas situações no mundo dos negócios, nem todas as informações que você encontra serão relevantes para a sua tarefa, e pode ser que você, ocasionalmente, encontre informações conflitantes, que você precisará solucionar de modo a completar o caso.

Para auxiliar no seu aprendizado, cada um dos Casos Digitais começa com um objetivo do aprendizado e um resumo do problema, ou questão, que está sendo abordado. Cada um dos casos direciona você até as informações necessárias para chegar às suas próprias conclusões e responder às perguntas correspondentes ao caso. Muitos casos, como o caso da amostra apresentado a seguir, constitui uma extensão para o cenário Utilizando a Estatística de um determinado capítulo. Você pode baixar para seu computador os arquivos com os casos digitais para posterior utilização.

CASO DIGITAL DA AMOSTRA

Para ilustrar o aprendizado com um Caso Digital, abra o arquivo com o Caso Digital **WhitneyWireless.pdf** que contém informações resumidas sobre a empresa Whitney Wireless. Lembre-se, com base no cenário Utilizando a Estatística para este capítulo, de que a Good Tunes & More (GT&M) é uma loja de vendas no varejo que busca uma expansão por meio da compra da Whitney Wireless, uma pequena cadeia que vende dispositivos móveis de comunicação. Aparentemente, a partir da declaração na página principal com o título, essa empresa está comemorando seu "melhor ano de vendas de todos os tempos".

Examine as seções **Quem Somos**, **O Que Fazemos** e **O Que Planejamos Fazer** na segunda página. Essas seções contêm informações úteis? Quais *perguntas* essa passagem faz surgir? Você reparou que, embora sejam apresentados muitos fatos, não é apresentado qualquer tipo de dado que possa respaldar a declaração de "melhor ano de vendas de todos os tempos"? E os tais dispositivos móveis "mobilemobiles" são utilizados tão somente para propósitos promocionais? Ou será que eles geram qualquer tipo de venda? Você acredita que um evento do tipo "discussão regada a comida", embora inusitado, seria um sucesso?

Prossiga para a terceira página com a seção **Melhor Ano de Vendas de Todos os Tempos**. De que maneira você respaldaria esse tipo de declaração? Com uma tabela de números? Observações atribuídas a uma fonte reconhecidamente confiável? A Whitney Wireless utilizou um gráfico para representar dados relacionados a vendas de "dois anos atrás" e dos "últimos doze meses", por categoria. Existe algum problema com relação ao que a empresa fez? *Sob todos os aspectos!*

Em primeiro lugar, observe que não existem escalas para os símbolos utilizados, de modo tal que você não consegue saber quais são os verdadeiros volumes de vendas. Na realidade, conforme você aprenderá na Seção 2.6, gráficos que incorporam ícones, conforme ilustrado na terceira página, são considerados exemplos de *firulas nos gráficos* e jamais seriam utilizados por pessoas que buscam visualizar dados de maneira apropriada. O uso de símbolos como firulas nos gráficos cria a impressão de que estão sendo apresentados dados sobre vendas unitárias. Se os dados correspondem a vendas unitárias, esses dados dão um melhor respaldo à declaração que está sendo feita, ou será que alguma outra coisa, como volumes em dólares, seria um melhor indicador para vendas no varejo?

Por enquanto, vamos assumir que estão sendo visualizadas vendas unitárias. O que você deve fazer com a segunda linha, na qual os três ícones ao lado direito são muito mais largos do que os ícones à esquerda? Essa linha representa um modelo novo (mais largo) que está sendo vendido ou um maior volume de vendas? Examine a quarta linha. Essa linha representa um declínio em termos de vendas ou um crescimento? (Dois ícones parciais representam mais do que um ícone inteiro?) No que se refere à quinta linha, o que devemos pensar? Um ícone preto vale mais do que um ícone vermelho, ou será o contrário?

Pelo menos a terceira linha parece estar relatando alguma coisa sobre crescimento nas vendas, enquanto a sexta linha conta alguma coisa sobre vendas constantes. Mas qual é a "história" por trás da sétima linha? Ali, o ícone parcial é tão pequeno que não podemos ter qualquer tipo de ideia sobre qual categoria de produto o ícone representa.

Uma questão talvez ainda mais séria diz respeito àquelas curiosas legendas no gráfico. "Últimos doze meses" é ambíguo. Poderia incluir meses do corrente ano, bem como meses de um ano atrás e, por conseguinte, pode não ser um período de tempo equivalente a "dois anos atrás". Mas, se a empresa foi estabelecida em 2001, e a declaração que está sendo feita é "melhor ano de vendas de todos os tempos", por que razão a administração da empresa não incluiu dados sobre vendas para *todos os anos*?

Será que os administradores da Whitney Wireless estão escondendo alguma coisa, ou será que eles simplesmente não têm conhecimento sobre o uso apropriado da estatística? Qualquer que seja a resposta, eles falharam em organizar e visualizar apropriadamente seus dados e, portanto, falharam em comunicar um aspecto vital de seu histórico.

Nos Casos Digitais subsequentes, será solicitado que você forneça esse tipo de análise, utilizando, a título de orientação, as perguntas abertas apresentadas no caso. Nem todos os casos são tão simples e diretos como este exemplo, e alguns incluem aplicações perfeitamente apropriadas de métodos estatísticos.

GUIA DO EXCEL PARA O CAPÍTULO 1

GE1.1 ESTABELECENDO o TIPO da VARIÁVEL

O Excel infere o tipo de variável a partir dos dados que você insere em uma determinada coluna. Por exemplo, se descobre uma coluna que contenha números, o Excel tratará a coluna como uma variável numérica. Se descobre uma coluna contendo palavras ou entradas alfanuméricas, o Excel tratará a coluna como uma variável não numérica (categórica).

Esse método imperfeito funciona na maior parte do tempo, especialmente se você se certificar de que as categorias para as suas variáveis categóricas sejam palavras ou frases tais como "sim" e "não" e não sejam valores codificados que possam vir a ser confundidos com valores numéricos, tais como "1", "2", e "3". No entanto, uma vez que você não consegue definir explicitamente o tipo da variável, o Excel ocasionalmente cometerá equívocos pelo fato de oferecer ou permitir que você faça coisas sem sentido, como utilizar em variáveis categóricas um método estatístico projetado para variáveis numéricas. Caso você precise utilizar valores codificados, tais como 1, 2 ou 3, insira esses valores precedidos por um apóstrofo, uma vez que o Excel trata como dados não numéricos todos os valores que começam com um apóstrofo. (Você pode verificar se uma entrada de célula inclui um apóstrofo na frente, selecionando uma célula e visualizando o conteúdo da célula na barra de fórmulas. O Excel não exibirá o apóstrofo precedente dentro da célula propriamente dita.)

GE1.2 ESCALAS DE MEDIÇÃO para VARIÁVEIS

Não existem instruções no Guia do Excel para esta seção.

GE1.3 COLETANDO DADOS

Variável Recodificada

Técnica Principal Para recodificar uma variável categórica, você inicialmente copia a coluna de dados da variável original e, depois disso, utiliza a função localizar e substituir nos dados copiados. Para recodificar uma variável numérica, insira uma fórmula que retorne um valor recodificado em uma nova coluna.

Exemplo Utilizando a planilha DADOS da pasta de trabalho Recodificadas, crie a variável recodificada SuperiorInferior a partir da variável categórica Classe e crie a variável recodificada Lista da Decana, a partir da variável numérica GPA.

Excel Avançado Utilize como modelo a **planilha RECODI-FICADAS** da **pasta de trabalho Recodificadas**.

A planilha já contém SuperiorInferior, uma versão recodificada de Classe, que utiliza as definições operacionais apresentadas na Seção MAO.2, e Lista da Decana, uma versão recodificada de GPA, na qual o valor NÃO recodifica todos os valores referentes a GPA inferiores a 3,3 e SIM recodifica todos os valores iguais ou superiores a 3,3. A **planilha FÓRMULAS_RECODIFI-CADAS** na mesma pasta de trabalho mostra como as fórmulas na coluna I utilizam a função **SE** para recodificar GPA como a variável Lista da Decana.

Essas variáveis recodificadas foram criadas abrindo-se, inicialmente, a **planilha DADOS** da mesma pasta de trabalho e, depois disso, percorrendo as seguintes etapas:

1. Clique à direita na coluna **D** (clicar à direita acima do "D" sombreado no topo da coluna D) e clique em **Copiar** no menu de atalhos.
2. Clique à direita na coluna **H** e clique na **primeira opção** na galeria **Colar Especial**.
3. Digite **SuperiorInferior** na célula **H1**.
4. Selecione a coluna **H**. Com a coluna **H** selecionada, clique em **Início → Localizar & Selecionar → Substituir**.

Na guia Substituir da caixa de diálogo Localizar e Substituir:

5. Digite **Quartanista** em **Localizar**, **Superior** em **Substituir por**, e, depois disso, clique em **Substituir tudo.**
6. Clique em **OK** para fechar a caixa de diálogo que relata os resultados do comando de substituição.
7. Ainda na caixa de diálogo Localizar e Substituir, digite **Terceiranista** em **Localizar** (substituindo **Quartanista**), e, depois disso, clique em **Substituir tudo.**
8. Clique em **OK** para fechar a caixa de diálogo que relata os resultados do comando de substituição.
9. Ainda na caixa de diálogo Localizar e Substituir, digite **Segundanista** em **Localizar**, **Inferior** em **Substituir por**, e, depois disso, clique em **Substituir tudo.**
10. Clique em **OK** para fechar a caixa de diálogo que relata os resultados do comando de substituição.
11. Ainda na caixa de diálogo Localizar e Substituir, digite **Primeiranista** em **Localizar**, e, depois disso, clique em **Substituir tudo.**
12. Clique em **OK** para fechar a caixa de diálogo que relata os resultados do comando de substituição.

(Isto cria a variável recodificada SuperiorInferior na coluna H)

13. Digite **Lista da Decana** na célula **I1**.
14. Digite a fórmula **=SE(G2<33, "Não, "Sim")** na célula **I2**.
15. Copie esta fórmula para baixo na coluna até a última linha que contenha dados de estudantes (linha 63).

(Isto cria a variável recodificada Lista da Decana na coluna I)

A planilha RECODIFICADAS utiliza a função **SE** para recodificar a variável numérica em duas categorias (veja a Seção F.4 do Apêndice F). Variáveis numéricas podem também ser recodificadas utilizando-se uma fórmula mais complicada, que combina uma série de condicionais do tipo SE, ou pelo uso da função **PROCV**. A **planilha AVANÇADA**, da mesma pasta de trabalho, ilustra a utilização da função PROCV, que pode recodificar uma variável numérica em qualquer número de categorias. Leia as PEQUENAS CHAMADAS correspondentes ao Capítulo 1, para aprender mais sobre esta técnica avançada de recodificação.

GE1.4 TIPOS de MÉTODOS de AMOSTRAGEM

Amostra Aleatória Simples

Técnica Principal Utilize a função **ALEATÓRIOENTRE** (*menor inteiro, maior número inteiro*) para gerar um número aleatório inteiro que pode, então, ser utilizado para selecionar um item a partir de uma grade.

Exemplo Crie uma amostra aleatória simples com reposição, de tamanho 40, a partir de uma população de 800 itens.

Excel Avançado Insira uma fórmula que utilize esta função e, depois disso, copie a fórmula para baixo na coluna, ao longo de tantas linhas quantas forem necessárias. Por exemplo, para criar uma amostra aleatória simples com reposição de tamanho 40, a partir de uma população de 800 itens, abra uma nova planilha. Insira **Amostra** na célula **A1** e insira a fórmula **=ALEATÓRIOENTRE(1, 800)** na célula **A2**. Depois disso, copie a fórmula para baixo na coluna até a célula **A41**.

O Excel contém as funções para selecionar uma amostra aleatória *sem* reposição. Esses tipos de amostra são mais facilmente criados utilizando-se um suplemento do Excel tal como o PHStat ou o pacote de Ferramentas de Análise, conforme descrevemos nos próximos parágrafos.

Ferramentas de Análise Utilize **Amostragem** para criar uma amostra aleatória simples *com reposição*.

Para o exemplo, abra a planilha que contém a população de 800 itens na coluna A e que contém um cabeçalho de coluna na célula A1. Selecione **Dados → Análise de Dados**. Na caixa de diálogo Análise de Dados, selecione **Amostragem** a partir da lista de **Ferramentas de Análise**, e, depois disso, clique em **OK**. Na caixa de diálogo do procedimento (veja a seguir):

1. Digite **A1:A801** como sendo o **Intervalo de Entrada** e marque a caixa **Rótulos**.
2. Clique em **Aleatório** e digite **40** na caixa ao lado de **Número de Amostras**.
3. Clique em **Nova Planilha**, e, depois disso, clique em **OK**.

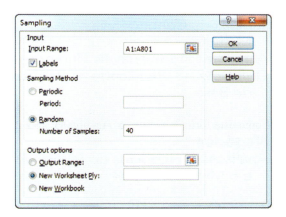

Exemplo Crie uma amostra aleatória simples sem reposição, de tamanho 40, a partir de uma população de 800 itens.

PHStat Utilize **Random Sample Generation (Geração de Amostra Aleatória)**.

Para o exemplo, selecione **PHStat → Sampling → Random Sample Generation (PHStat →Amostragem → Geração de Amostra Aleatória).** Na caixa de diálogo do procedimento (veja a seguir):

1. Digite **40** na caixa ao lado de **Sample Size (Tamanho da Amostra)**.
2. Clique em **Generate list of random numbers (Gerar lista de números aleatórios)** e digite **800** na caixa ao lado de **Population Size (Tamanho da População)**.
3. Insira um título na caixa ao lado de **Title**, e clique em **OK**.

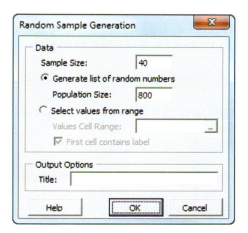

Diferentemente da maior parte das planilhas de resultados do PHStat, a planilha criada não contém qualquer fórmula.

Excel Avançado Utilize a **planilha CÁLCULO** da **pasta de trabalho Aleatória** como modelo.

A planilha já contém 40 cópias da fórmula **=ALEATÓRIOENTRE(1, 800)** na coluna B. Uma vez que a função ALEATÓRIOENTRE faz amostragens *com* reposição, conforme discutimos no início desta seção, pode ser que você precise acrescentar cópias adicionais da fórmula em novas linhas da coluna B até que tenha 40 valores únicos.

Se o tamanho de amostra que você deseja é grande, pode ser difícil identificar duplicatas. A **planilha AVANÇADA**, na mesma pasta de trabalho, acrescenta uma fórmula às células na coluna C, para identificar se o número inteiro na coluna B é único. Leia as PEQUENAS CHAMADAS correspondentes ao Capítulo 1, para aprender mais sobre esta técnica avançada.

GE 1.5 TIPOS de ERROS em PESQUISAS

Não existem instruções do Guia do Excel para esta seção.

CAPÍTULO

2 Organizando e Visualizando Dados

UTILIZANDO A ESTATÍSTICA: A Empresa Choice *Is* Yours (A Escolha *É* Sua)

Como Proceder com Este Capítulo

2.1 Organizando Dados Categóricos
A Tabela Resumida
A Tabela de Contingência

2.2 Organizando Dados Numéricos
Dados Empilhados e Dados Não Empilhados
A Disposição Ordenada
A Distribuição de Frequências
Classes e Blocos do Excel
A Distribuição de Frequências Relativas e a Distribuição de Percentagens
A Distribuição Acumulada

2.3 Visualizando Dados Categóricos
O Gráfico de Barras
O Gráfico de Pizza
O Diagrama de Pareto
O Gráfico de Barras Paralelas

2.4 Visualizando Dados Numéricos
A Disposição Ramo e Folha
O Histograma
O Polígono de Percentagens

O Polígono de Percentagens Acumuladas (Ogiva)

2.5 Visualizando Duas Variáveis Numéricas
O Gráfico de Dispersão
O Gráfico de Séries Temporais

2.6 Desafios na Visualização de Dados
Firula no Gráfico
Diretrizes para Desenvolver Visualizações

2.7 Organizando e Visualizando Muitas Variáveis
Tabelas de Contingência Multidimensionais
Acrescentando Variáveis Numéricas
Drill-Down — Revelando os Registros de Base

2.8 Tabelas Dinâmicas e Análises de Negócios
Análises de Negócios do Mundo Real e o Microsoft Excel

UTILIZANDO A ESTATÍSTICA: A Empresa Choice *Is* Yours (A Escolha *É* Sua) Revisitada

GUIA DO EXCEL PARA O CAPÍTULO 2

Objetivos do Aprendizado

Neste capítulo, você aprenderá:

- A construir tabelas e gráficos para dados categóricos
- A construir tabelas e gráficos para dados numéricos
- Os princípios para a apresentação apropriada de gráficos
- A organizar e analisar muitas variáveis

UTILIZANDO A ESTATÍSTICA

A Empresa Choice *Is* Yours (A Escolha *É* Sua)

Embora esteja ainda na faixa de seus 20 anos de idade, Tom Sanchez percebe que precisa começar a colocar recursos no seu plano de aposentadoria 401 (k) desde agora, uma vez que nunca é demasiadamente cedo para começar a poupar para a aposentadoria. Sanchez deseja fazer uma escolha de investimento bem ponderada, e acredita que colocar seu dinheiro em fundos de aposentadoria será uma boa escolha para a sua situação financeira atual. Ele decide entrar em contato com a empresa prestadora de serviços financeiros Choice *Is* Yours (A Escolha *É* Sua) que um professor de gestão empresarial havia afirmado, certa vez, ser uma empresa bem conceituada por sua conduta ética e senso de justiça para com seus investidores mais jovens.

O que Sanchez não sabia era que a Choice *Is* Yours já vem pensando em estudar uma ampla variedade de fundos de aposentadoria, com o objetivo estratégico de ser capaz de sugerir fundos apropriados para seus investidores mais jovens. Uma força-tarefa da empresa já selecionou 318 fundos de aposentadoria que podem provar serem apropriados para investidores mais jovens. Foi solicitado a você que definisse, coletasse, organizasse e visualizasse dados sobre esses fundos, de maneira tal que fosse possível assessorar potenciais clientes a tomar decisões sobre os fundos nos quais eles irão investir. Que fatos em relação a cada um dos fundos você coletaria de modo a ajudar os clientes a comparar e fazer uma contraposição entre os inúmeros fundos?

Você decide que um bom ponto de partida seria definir as variáveis correspondentes às características-chave de cada um dos fundos, incluindo o desempenho de cada um dos fundos no passado. Você também decide definir variáveis tais como a quantidade de ativos que um fundo administra e se o objetivo de um fundo é investir em empresas cujos rendimentos se espera que cresçam substancialmente nos anos futuros (um fundo de "crescimento") ou investir em empresas cujos preços das ações negociadas em bolsa estão abaixo do valor real, com preços baixos em relação a seu potencial de rendimento (um fundo de "valorização").

Você coleta dados a partir de fontes apropriadas e utiliza a convenção adotada no mundo dos negócios, que corresponde a posicionar os dados relacionados a cada uma das variáveis em sua própria coluna em uma planilha de cálculo. À medida que passa a raciocinar mais sobre a sua tarefa, você percebe que 318 linhas de dados, uma para cada um dos fundos na amostra, seria uma quantidade demasiadamente grande para que qualquer pessoa viesse a analisar. Potenciais clientes, tais como Tom Sanchez, serão forçados a rolar diversas telas para baixo, para poder visualizar todos os dados, e enfrentarão o desafio de se lembrar de todos os dados que não estejam mais visíveis na tela. Existe algo mais que você possa fazer? Você seria capaz de organizar e apresentar esses dados a potenciais clientes, de uma maneira mais útil e compreensível?

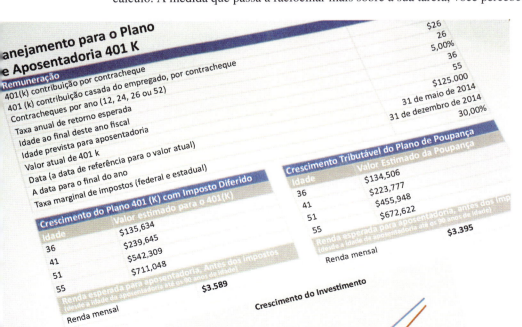

40 Capítulo 2

Organizar dados em colunas marca o princípio da terceira tarefa da estrutura DCOVA. **O**rganizar os dados coletados em tabelas. Embora uma planilha cheia de colunas de dados seja uma tabela em seu sentido mais simples, você precisa fazer mais pelas razões apresentadas no cenário.

Os analistas de projeto responsáveis pelos primeiros sistemas informatizados para empresas enfrentaram um problema semelhante. Trabalhando sob o pressuposto de que quanto maior a quantidade de dados mostrada aos tomadores de decisão, melhor, eles criaram programas que listavam todos os dados coletados, uma linha de cada vez, em relatórios extremamente extensos que consumiam uma quantidade demasiadamente grande de papel e podiam vir a pesar muitos quilogramas. Esses relatórios geralmente deixavam a desejar no que se refere a facilitar a tomada de decisões, uma vez que a maior parte dos tomadores de decisões não tinha tempo suficiente para ler integralmente um relatório que poderia conter dezenas ou centenas de páginas.

O que os tomadores de decisão precisavam era de informações nas quais fossem *resumidos* os dados detalhados. Do mesmo modo, você precisa lançar mão dos dados detalhados da planilha e organizar tabelas *resumidas*. Tabelas resumidas ajudam a proporcionar um meio eficaz para compreender os dados. Uma vez que o conteúdo da maior parte das tabelas resumidas pode ser visualizado por meio de gráficos, você pode considerar a quarta tarefa da estrutura DCOVA — **V**isualizar os dados coletados — por meio do desenvolvimento de gráficos baseados nas tabelas resumidas que você venha a construir.

Recentemente, progressos na tecnologia da computação permitiram que analistas de sistemas, estatísticos e outros profissionais reciclassem a premissa do passado de que quanto maior a quantidade de dados apresentada aos tomadores de decisão, melhor. Em vez de repetir os equívocos do passado, métodos do campo interdisciplinar da análise de negócios possibilitam que você combine as tarefas de organizar e visualizar com a quinta tarefa de DCOVA — **A**nalisar os dados coletados para tirar conclusões e apresentar os respectivos resultados. Por esta razão, este capítulo inclui uma seção que utiliza dados de planilhas e funções padronizadas do Microsoft Excel para demonstrar os princípios da análise de negócios. (Aplicações típicas da análise de negócios utilizam muitos conjuntos de dados grandes ao mesmo tempo, e programas muito mais poderosos do que o Microsoft Excel, mas os princípios permanecem os mesmos.)

Antes de aprender a organizar e visualizar os seus dados, lembre-se, com base na Seção 1.3, de que você coleta os seus dados a partir de uma população ou a partir de uma amostra. Como parte das tarefas **O**rganizar, **V**isualizar e **A**nalisar, você frequentemente criará medidas que o ajudarão a descrever os dados coletados em relação a uma determinada variável. Caso você tenha coletado dados a partir de uma população, cada medida que descreve uma variável é chamada de **parâmetro**. Caso tenha coletado dados a partir de uma amostra, cada medida que descreve uma variável é chamada de **estatística**. No cenário *Choice Is Yours*, no qual você está trabalhando com uma *amostra* de 318 fundos, você precisaria identificar as *estatísticas* relevantes que você poderia apresentar à força-tarefa, para que eles levassem em consideração.

Para ilustrar seus respectivos exemplos, este capítulo faz uso extensivo de **Fundos de Aposentadoria**, uma pasta de trabalho do Excel que contém uma amostra de 318 fundos mencionados no cenário. (Este arquivo é um entre os muitos que você pode utilizar juntamente com este livro, conforme explicado nas Seções GE.4 e GE.5 do Capítulo Inicial, Mãos à Obra e no Apêndice C.) É recomendável que você abra a planilha DADOS dessa pasta de trabalho, e examine também as variáveis que ela contém antes de trabalhar com os exemplos dos capítulos. Aprenda mais sobre fundos de aposentadoria em geral, assim como as variáveis encontradas na pasta de trabalho Fundos de Aposentadoria, em uma seção oferecida como bônus para o Capítulo 2, no material suplementar disponível no *site* da LTC Editora.

> **Dica para o Leitor**
> Para evitar confundir esses dois termos, lembre-se de que um *p*arâmetro corresponde a uma *p*opulação (duas letras *p*), enquanto uma estatística corresponde a uma amostra.

Como Proceder com Este Capítulo

A Tabela 2.1 apresenta os métodos utilizados para organizar e visualizar dados que serão discutidos neste livro. Essa tabela inclui métodos que alguns professores preferem agrupar com os métodos deste capítulo, mas que este livro discute em outros capítulos.

Quando está organizando os seus dados, em algumas situações, você começa a descobrir padrões ou relações nos dados, conforme ilustram os exemplos apresentados nas Seções 2.1 e 2.2. Para melhor explorar e descobrir padrões e relações, você pode visualizar seus dados criando vários gráficos e telas de visualização especiais.

Uma vez que os métodos utilizados para organizar e visualizar os dados coletados, no que se refere a variáveis categóricas, diferem dos métodos utilizados para organizar e visualizar os dados coletados, no que se refere a variáveis numéricas, este capítulo discute cada uma delas em seções separadas. Você precisará sempre determinar, antes de qualquer outra coisa, o tipo da variável, numérica ou categórica, que você está buscando organizar e visualizar, para que possa escolher métodos apropriados.

TABELA 2.1
Métodos para Organizar e Visualizar Dados

Para Variáveis Categóricas:

Tabela resumida, tabela de contingência (na Seção 2.1)

Gráfico de barras, gráfico de pizza, diagrama de Pareto, gráfico de barras paralelas (na Seção 2.3)

Para Variáveis Numéricas:

Disposição ordenada, distribuição de frequências, distribuição de frequências relativas, distribuição de percentagens, distribuição de percentagens acumuladas (na Seção 2.2)

Disposição ramo e folha, histograma, polígono, polígono de percentagens acumuladas (na Seção 2.4)

Box-plot (na Seção 3.3)

Gráfico da probabilidade normal (na Seção 6.3)

Média aritmética, mediana, moda, quartis, média geométrica, amplitude, amplitude interquartil, desvio-padrão, variância, coeficiente de variação, assimetria, curtose (nas Seções 3.1, 3.2 e 3.3)

Números-Índice (na Seção 16.8)

Para *Duas* Variáveis Numéricas:

Gráfico de dispersão, gráfico de séries temporais (na Seção 2.5)

Para Variáveis Categóricas e Variáveis Numéricas Consideradas Conjuntamente:

Tabelas de contingência multidimensionais (na Seção 2.7)

Tabelas Dinâmicas e análises de negócios (na Seção 2.8)

Este capítulo também contém uma seção sobre erros comuns que as pessoas cometem ao visualizar dados. Ao aprender métodos para visualizar dados, você deve estar atento para esses possíveis erros, em razão do potencial desses erros em induzir a erros os tomadores de decisões, e fornecer informações equivocadas no que se refere aos dados que você coletou.

2.1 Organizando Dados Categóricos

Você organiza dados categóricos tabulando os valores de uma determinada variável com base nas categorias e posicionando os resultados em tabelas. De um modo geral, você constrói uma tabela resumida para organizar os dados para uma única variável categórica e constrói uma tabela de contingência para organizar os dados de duas ou mais variáveis categóricas.

A Tabela Resumida

Uma **tabela resumida** tabula os valores sob a forma de frequências ou percentuais, no que se refere a cada uma das categorias. Uma tabela resumida ajuda você a verificar as diferenças por entre as categorias exibindo, em colunas separadas, a frequência, a quantidade ou a percentagem de itens em um determinado conjunto de categorias. A Tabela 2.2 ilustra uma tabela resumida que tabula respostas para uma pesquisa recente que indagou aos adultos sobre as demandas que seus patrões impõem a eles durante o período de férias de cada um deles. Com base nessa tabela, armazenada em **Período de Férias**, você consegue concluir que 31 % desses adultos precisavam estar disponíveis ou eram instados a trabalhar parte do tempo, e que 65 % não se deparam com qualquer tipo de demanda de seus patrões.

TABELA 2.2 O que os Patrões Demandam Durante o Período de Férias

Demanda	Percentagem (%)
Nenhuma demanda	65
Estar disponível	18
Trabalhar durante parte do tempo	13
Outra	4

Fonte: Dados extraídos e adaptados de "How Does Their Boss Treat Vacation Time?" *USA Today*, 28 de julho de 2011, p. 1B.

42 Capítulo 2

EXEMPLO 2.1
Tabela Resumida para Níveis de Risco dos Fundos de Aposentadoria

A amostra composta por 318 fundos de aposentadoria correspondente ao cenário Choice *I*s Yours (veja a seção no início do capítulo) inclui a variável risco, que apresenta as categorias definidas como baixo, médio e alto. Construa uma tabela resumida correspondente aos fundos de aposentadoria, categorizados com base no risco.

SOLUÇÃO Tomando como base a Tabela 2.3, você pode ver que quase metade dos fundos têm um nível de risco médio. Uma maior quantidade de fundos apresenta um baixo risco em vez de um alto nível de risco.

TABELA 2.3
Tabela Resumida para Frequências e Percentagens Referentes ao Nível de Risco para 318 Fundos de Aposentadoria

Nível de Risco do Fundo	Número de Fundos	Percentagem de Fundos (%)
Baixo	99	31,13 %
Médio	145	45,60 %
Alto	74	23,27 %
Total	318	100,00 %

A Tabela de Contingência

Tal qual ocorre com células de planilhas, as células da tabela de contingência correspondem a interseções entre linhas e colunas; mas, diferentemente do caso da planilha, tanto as linhas quanto as colunas representam variáveis. Para identificar o posicionamento, os termos variável da linha e variável da coluna são frequentemente utilizados.

Uma **tabela de contingência** faz uma tabulação cruzada, ou agrega de modo combinado, as respostas para as variáveis categóricas, permitindo que você estude padrões que possam existir entre as variáveis. As combinações podem ser mostradas sob a forma de uma frequência, de uma percentagem do total geral, uma percentagem do total da linha ou uma percentagem do total da coluna, dependendo do tipo de tabela de contingência que você utilize. Cada uma das combinações aparece em sua própria **célula**, e existe uma célula para cada **resposta combinada**, uma combinação única de valores para as variáveis que estão sendo cruzadas. Na tabela de contingência mais simples, uma tabela que contenha somente duas variáveis categóricas, as respostas combinadas aparecem em uma tabela tal que as combinações de uma variável estejam localizadas nas linhas e as combinações da outra variável estejam localizadas nas colunas.

No que se refere à amostra de 318 fundos de aposentadoria no cenário da *Choice Is Yours*, você deveria criar uma tabela de contingência no intuito de examinar se existe algum padrão entre a variável *tipo do fundo* e a variável *nível de risco*. Uma vez que o tipo de fundo corresponde a um entre dois valores (Crescimento ou Valorização) e o nível de risco corresponde a um entre três valores possíveis (Baixo, Médio ou Alto), existiriam seis respostas combinadas possíveis para essa tabela. Você poderia criar a tabela manualmente tabulando as respostas combinadas para cada um dos fundos de aposentadoria na amostra. Por exemplo, no que se refere ao primeiro fundo listado na amostra, você insere essa resposta combinada na célula que corresponde à interseção entre a linha Crescimento e a coluna Alto, uma vez que o primeiro fundo é do tipo Crescimento e o nível de risco é Alto. No entanto, uma opção melhor seria utilizar uma das duas maneiras descritas no Guia do Excel para o Capítulo 2, de modo a automatizar esse processo.

> **Dica para o Leitor**
> Lembre-se de que cada uma das respostas combinadas fica agregada em uma única célula.

A Tabela 2.4 apresenta a tabela de contingência completa, depois de terem sido inseridos todos os 318 fundos. Nessa tabela, você pode verificar que existem 62 fundos de aposentadoria que possuem o valor Crescimento para a variável tipo de fundo e o valor Baixo para a variável nível de risco, e que a resposta combinada Crescimento e Médio foi a mais frequente no que se refere às variáveis tipo de fundo e nível de risco.

Tabelas de contingência que exibem valores de células sob a forma de percentagem do total podem ajudar a mostrar padrões entre as variáveis. A Tabela 2.5 mostra uma tabela de contingência que exibe valores sob a forma de percentagem do total geral (318) da Tabela 2.4. A Tabela 2.6

TABELA 2.4
Tabela de Contingência Exibindo o Tipo de Fundo e o Nível de Risco

TIPO DE FUNDO	NÍVEL DE RISCO			
	Baixo	Médio	Alto	Total
Crescimento	62	113	48	223
Valorização	37	32	26	95
Total	99	145	74	318

TABELA 2.5
Tabela de Contingência Exibindo o Tipo de Fundo e o Nível de Risco, com Base no Percentual do Total Geral

TIPO DE FUNDO	NÍVEL DE RISCO			
	Baixo	Médio	Alto	Total
Crescimento	19,50 %	35,53 %	15,09 %	70,13 %
Valorização	11,64 %	10,06 %	8,18 %	29,87 %
Total	31,13 %	45,60 %	23,27 %	100,00 %

TABELA 2.6
Tabela de Contingência Exibindo o Tipo de Fundo e o Nível de Risco, com Base no Percentual do Total de Linha

TIPO DE FUNDO	NÍVEL DE RISCO			
	Baixo	Médio	Alto	Total
Crescimento	27,80 %	50,67 %	21,52 %	100,00 %
Valorização	38,95 %	33,68 %	27,37 %	100,00 %
Total	31,13 %	45,60 %	23,27 %	100,00 %

TABELA 2.7
Tabela de Contingência Exibindo o Tipo de Fundo e o Nível de Risco, com Base no Percentual do Total de Coluna

TIPO DE FUNDO	NÍVEL DE RISCO			
	Baixo	Médio	Alto	Total
Crescimento	62,63 %	77,93 %	64,86 %	70,13 %
Valorização	37,37 %	22,07 %	35,14 %	29,87 %
Total	100,00 %	100,00 %	100,00 %	100,00 %

mostra uma tabela de contingência que exibe valores sob a forma de percentagem dos totais de linha da Tabela 2.4 (223 e 95), enquanto a Tabela 2.7 mostra uma tabela de contingência que exibe valores sob a forma de percentagem dos totais de colunas da Tabela 2.4 (99, 145 e 74).

A Tabela 2.5 demonstra que 70,13 % dos fundos que fazem parte da amostra são fundos de crescimento; 29,87 % são fundos de valorização e 19,50 % são fundos de crescimento que apresentam baixo risco. A Tabela 2.6 mostra que 27,80 % dos fundos de crescimento apresentam baixo risco, enquanto 38,95 % dos fundos de valorização apresentam baixo risco. A Tabela 2.7 mostra que, entre os fundos que apresentam baixo risco, 62,63 % são fundos de crescimento. Com base nas tabelas, você verifica que os fundos de crescimento são mais propensos a apresentar baixo risco do que os fundos de valorização a cobrar uma tarifa.

Problemas para a Seção 2.1

APRENDENDO O BÁSICO

2.1 Uma variável categórica apresenta três categorias, com as seguintes frequências de ocorrência:

Categoria	Frequência
A	13
B	28
C	9

a. Calcule a percentagem dos valores em relação a cada uma das categorias.
b. Que conclusões você consegue tirar no que se refere a essas categorias?

2.2 Os dados a seguir representam as respostas para duas perguntas formuladas em uma pesquisa realizada junto a 40 estudantes de faculdade que se especializavam em gestão de negócios: Qual o seu gênero? (M = masculino; F = feminino) e Qual é a sua área de especialização? (A = Análise Contábil; C = Computação e Sistemas de Informação; M = Marketing):

Gênero:	M	M	M	F	M	F	F	M	F	M	F	M	M	M	M	F	F	M	F	F
Especialização:	A	C	C	M	A	C	A	A	C	C	A	A	A	M	C	M	A	A	A	C

Gênero:	M	M	M	M	F	M	F	F	M	M	F	M	M	M	M	F	M	F	M	M
Especialização:	C	C	A	A	M	M	C	A	A	A	C	C	A	A	A	A	C	C	A	C

44 Capítulo 2

a. Insira os dados em uma tabela de contingência na qual as duas linhas representam as categorias relacionadas a gênero e as três colunas representam as principais categorias relacionadas a especialização acadêmica.

b. Construa tabelas de contingência baseadas em percentagens de todas as 40 respostas dos estudantes, baseadas nas percentagens de linha e baseadas nas percentagens de colunas.

APLICANDO OS CONCEITOS

2.3 A Gallup Organization libera os resultados de pesquisas de opinião recentes em seu portal da Grande Rede, **www.gallup.com**. Visite o portal e leia um artigo de interesse.

a. Descreva um parâmetro de interesse.

b. Descreva a estatística utilizada para estimar o parâmetro em (a).

2.4 Uma pesquisa realizada pelo Gallup, baseada em entrevistas por telefone, e conduzida no período entre 9 e 12 de abril de 2012, utilizando uma amostra com a participação de 1016 adultos com 18 anos de idade ou mais, residentes nos 50 estados norte-americanos e no Distrito de Columbia, indicou que 29 % dos norte-americanos gastaram mais dinheiro ao longo dos últimos meses do que haviam gasto nos meses anteriores. No entanto, a maioria deles (58 %) continuou a afirmar que *gostava mais* de economizar dinheiro do que de gastá-lo. (Dados extraídos de E. Mendes. "More Americans Say Their Spending Is Up". **www.gallup.com**, 3 de maio de 2012.)

a. O valor 29 % é uma estatística ou um parâmetro? Explique.

b. O valor 58 % é uma estatística ou um parâmetro? Explique.

2.5 O Relatório de Investigações sobre Violação de Dados (Data Breach Investigations Report — DBIR) é um relato das muitas facetas do furto de dados corporativos. Nesse documento, a Equipe RISK da Verizon relatou que houve 855 violações de dados em 2011; vários agentes externos foram responsáveis por 840 delas, resumidas da seguinte maneira:

Categoria do Agente Externo	Frequência
Grupo criminoso organizado	697
Desconhecido	84
Pessoa(s) não afiliada(s)	34
Grupo ativista	17
Ex-empregado	8
Parente ou conhecido do empregado	0

Fonte: Dados extraídos de "The Data Breach Investigations Report", **www.verizonbusiness.com**, março de 2012, p. 20.

a. Calcule a percentagem de valores em cada uma das categorias.

b. A que conclusões você consegue chegar, no que diz respeito às violações de dados?

✓ AUTO-teste **2.6** A tabela a seguir representa a produção mundial de petróleo, em milhões de barris por dia, no terceiro trimestre de 2011:

Região	Produção de Petróleo (milhões de barris por dia)
Irã	3,53
Arábia Saudita	9,34
Outros países da OPEP	22,87
Países fora da OPEP	52,52

Fonte: International Energy Agency, 2012.

a. Calcule a percentagem de valores em cada uma das categorias.

b. Que conclusões você consegue tirar no que diz respeito à produção mundial de petróleo, no terceiro trimestre de 2011?

2.7 Uma pesquisa feita com a geração do milênio, chamada pelos norte-americanos de Millennials (pessoas nascidas entre 1982 e o início de 2004) cujas idades se estendem de 18 a 30, explorou os hábitos de compra daquele grupo. Foi solicitado aos integrantes dessa geração do milênio, que foram identificados como estando propensos a adquirir um computador durante os próximos seis meses, que indicassem a marca do computador que estavam propensos a comprar. As respostas foram:

Marca	Frequência
Apple	161
HP	77
Dell	81
Toshiba	22
Sony	10
Outra	49

Fonte: Dados extraídos de "Exclusive Survey: The Hottest Brands Among Millennials", *The Fiscal Times*, 15 de maio de 2012.

a. Calcule a percentagem de valores em cada uma das marcas.

b. Que conclusões você consegue tirar no que diz respeito às marcas mais demandadas por entre os integrantes da geração do milênio?

2.8 Uma pesquisa realizada junto a 1085 adultos perguntou: "Você gosta de comprar roupas para você mesmo?" Os resultados indicaram que 51 % dos adultos do sexo feminino gostam de comprar roupas para elas mesmas, em comparação com 44 % dos adultos do sexo masculino. (Dados extraídos de "Split Decision on Clothes Shopping", *USA Today*, 28 de janeiro de 2011, p. 1B.) O tamanho de amostras para homens e mulheres não foi fornecido. Suponha que os resultados tenham se dado conforme demonstra a tabela a seguir:

	GÊNERO		
GOSTA DE COMPRAR	Masculino	Feminino	Total
Sim	238	276	514
Não	304	267	571
Total	542	543	1.085

a. Construa tabelas de contingência baseadas nas percentagens totais, nas percentagens das linhas e nas percentagens das colunas.

b. Que conclusões você tira no que diz respeito a essas análises?

2.9 A cada dia, em um grande hospital, são realizadas centenas de exames laboratoriais. A proporção na qual os testes são realizados de maneira inapropriada (e que, por conseguinte, precisam ser refeitos) parece estável, em torno de 4 %. Em um esforço para chegar à causa fundamental dessas não conformidades, testes que precisam ser refeitos, o diretor do laboratório decidiu estudar os resultados correspondentes a um único dia.

Os testes do laboratório foram subdivididos com base no turno de funcionários que realizaram os testes de laboratório. Os resultados são os seguintes:

TESTES REALIZADOS EM LABORATÓRIO	TURNO		
	Dia	Noite	Total
Fora dos padrões de conformidade	16	24	40
Dentro dos padrões de conformidade	654	306	960
Total	670	330	1.000

a. Construa tabelas de contingência baseadas nas percentagens totais, nas percentagens das linhas e nas percentagens das colunas.
b. Que tipo de percentagem — de linha, de coluna ou total — você acredita que seja mais informativa em relação a esses dados? Explique.
c. A que conclusões, com relação ao padrão de testes de laboratório não conformes, o diretor do laboratório pode chegar?

2.10 Será que recomendações em redes sociais fazem crescer a eficácia de propagandas? Um estudo realizado junto a pessoas que assistem a vídeos na Internet comparou pessoas que assistem a vídeos e que chegaram a um vídeo de propaganda de uma determinada marca, seguindo um link de recomendação de uma mídia social com pessoas que assistem a vídeos e que chegaram ao mesmo vídeo por meio de buscas na Grande Rede. Foram coletados dados sobre o fato de o espectador ser capaz de lembrar corretamente a marca que estava sendo anunciada, depois de assistir ao vídeo. Os resultados foram:

MÉTODO DE CHEGADA	LEMBRAVA CORRETAMENTE DA MARCA	
	Sim	Não
Recomendação	407	150
Buscas na Grande Rede	193	91

Fonte: Dados extraídos de "Social Ad Effectiveness: An Unruly White Paper", **www.unrulymedia.com**, janeiro de 2012, p. 3.

O que esses resultados nos informam sobre as recomendações nos meios de comunicação social?

2.2 Organizando Dados Numéricos

Você organiza dados numéricos criando disposições ordenadas ou distribuições. Para preparar os dados coletados para fins de organização, você deve primeiramente decidir se precisará analisar suas variáveis numéricas com base em grupos que sejam definidos pelos valores de uma segunda variável categórica. Sua decisão afeta o modo como você prepara seus dados.

Dados Empilhados e Dados Não Empilhados

Caso decida que precisará analisar suas variáveis numéricas em grupos que sejam definidos pelos valores de uma segunda variável categórica, você deve, então, decidir se utilizará um formato empilhado ou não empilhado. Em um formato **empilhado**, todos os valores de uma variável numérica aparecem em uma única coluna, enquanto uma segunda coluna, em separado, contém os valores categorizados que identificam a qual subgrupo pertence cada um dos valores numéricos. Em um formato **não empilhado**, os valores de uma variável numérica são divididos por subgrupo e colocados em colunas separadas.

Por exemplo, no que se refere a um estudo sobre custos de alimentação em restaurantes, você poderia decidir comparar os custos em restaurantes localizados na cidade com os custos em restaurantes localizados nos subúrbios. Para preparar esses dados em um formato empilhado, você criaria uma coluna para a variável custo de alimentação e uma coluna para a variável localização, uma variável categoria com os valores Cidade e Subúrbio. Para preparar esses dados em um formato não empilhado, você criaria duas colunas, uma que contivesse os custos de alimentação para restaurantes da cidade e uma outra que contivesse os custos de alimentação para restaurantes do subúrbio.

Embora os formatos empilhado e não empilhado sejam equivalentes, algumas vezes um determinado comando ou função em um programa de análise de dados requer que seus dados estejam em um determinado formato. (As instruções nos Guias do Excel chamam a atenção para essa necessidade, quando ela surge.) Embora você possa sempre empilhar ou desempilhar manualmente seus dados de modo a atender a essa necessidade, a Seção GE2.2 no Guia do Excel discute um método que pode simplificar essa tarefa.

A Disposição Ordenada

Uma **disposição ordenada** organiza os valores de uma variável em ordem de classificação, partindo do menor valor para o maior. Uma disposição ordenada ajuda você a obter **um melhor** entendimento sobre a amplitude dos valores em seus dados, e é particularmente útil quando você

46 Capítulo 2

tem mais do que alguns poucos valores. Por exemplo, analistas financeiros que estejam analisando custos de viagens e entretenimento podem ter o objetivo estratégico de determinar se os custos de refeições em restaurantes localizados no centro da cidade diferem dos custos de alimentação nos restaurantes localizados nos subúrbios dessa mesma cidade. Eles coletam dados de uma amostra de 50 restaurantes localizados no centro da cidade e de uma amostra de 50 restaurantes localizados no subúrbio, no que se refere ao custo de uma refeição (em $). A Tabela 2.8A mostra os dados não ordenados (armazenados em **Restaurantes**). A falta de ordenamento evita que você chegue a qualquer conclusão rápida sobre os custos de refeições.

TABELA 2.8A
Custo por Refeição para 50 Restaurantes do Centro da Cidade e de 50 Restaurantes do Subúrbio

Custos de Refeições em Restaurantes do Centro da Cidade

27 53 53 65 47 46 47 51 81 57 63 53 30 63 68 29 44 48 57 29 34 42 76 42 53 30
64 88 57 82 51 38 41 32 69 45 55 38 54 57 31 62 44 44 43 53 45 55 92 92

Custos de Refeições em Restaurantes do Subúrbio

35 33 48 52 58 51 48 40 48 36 43 42 39 49 38 48 48 56 41 41 47 30 32 54 32 44
48 45 43 36 48 50 48 61 35 30 37 53 36 46 56 44 29 32 46 47 48 35 31 28

Em contrapartida, a Tabela 2.8B, que corresponde à versão com uma disposição ordenada para os mesmos dados, possibilita que você rapidamente verifique que o custo de uma refeição nos restaurantes do centro da cidade está entre $27 e $92, ao passo que o custo de uma refeição nos restaurantes do subúrbio está entre $28 e $61.

TABELA 2.8B
Arranjos Ordenados para o Custo por Refeição para 50 Restaurantes do Centro da Cidade e de 50 Restaurantes do Subúrbio

Custos de Refeições em Restaurantes do Centro da Cidade

27	29	29	30	30	31	32	34	38	38	41	42	42	43
44	44	44	45	45	46	47	47	48	51	51	53	53	53
53	53	54	55	55	57	57	57	57	62	63	63	64	65
68	69	76	81	82	88	92	92						

Custos de Refeições em Restaurantes do Subúrbio

28	29	30	30	31	32	32	32	33	35	35	35	36	36
36	37	38	39	40	41	41	42	43	43	44	44	45	46
46	47	47	48	48	48	48	48	48	48	48	49	50	
51	52	53	54	56	56	58	61						

Quando os dados coletados por você contêm uma grande quantidade de valores, chegar a algum tipo de conclusão tendo como base uma disposição ordenada pode ser difícil. Nessas circunstâncias, criar uma das distribuições discutidas nas seções a seguir seria uma opção melhor.

A Distribuição de Frequências

Uma **distribuição de frequências** dispõe, de modo tabular, os valores de uma variável numérica em um conjunto de **classes** numericamente ordenadas. Cada uma das classes agrupa um intervalo de valores mutuamente excludentes, conhecido como **intervalo de classe**. Cada um dos valores pode ser atribuído a uma, e somente uma, única classe, e todos os valores devem necessariamente estar contidos em um dos intervalos de classes.

Para criar uma distribuição de frequências que seja útil, você deve considerar a quantidade de classes que seria apropriada para os seus dados e, do mesmo modo, determinar uma *amplitude* adequada para cada um dos intervalos de classe. De modo geral, uma distribuição de frequências deve conter pelo menos 5, e não mais do que 15 classes, uma vez que o fato de ter uma quantidade demasiadamente pequena ou demasiadamente grande de classes não agrega nenhum tipo de nova informação com relação aos dados. Para determinar a **amplitude do intervalo de classe** (veja a Equação 2.1), você subtrai o valor mais baixo do valor mais alto, e divide esse resultado pela quantidade de classes que você deseja que a sua distribuição de frequências tenha.

DETERMINANDO A AMPLITUDE DE UM INTERVALO DE CLASSE

$$\text{Amplitude do intervalo} = \frac{\text{valor mais alto} - \text{valor mais baixo}}{\text{número de classes}} \qquad \text{(2.1)}$$

No que se refere aos dados sobre os custos de refeições em restaurantes no centro da cidade ilustrados nas Tabelas 2.8A e 2.8B, entre 5 e 10 classes constitui uma quantidade aceitável, considerando-se o tamanho (50) da referida amostra. Com base na disposição ordenada para os custos de refeições no centro da cidade apresentada na Tabela 2.8B, a diferença entre o valor mais alto de $92 e o valor mais baixo de $27 é $65. Utilizando a Equação (2.1), você faz a aproximação para a amplitude do intervalo de classe do seguinte modo:

$$\frac{65}{10} = 6,5$$

Esse resultado sugere que você deve escolher uma amplitude de intervalo de $6,50. Entretanto, sua amplitude deve sempre corresponder a um valor que simplifique a leitura e a interpretação da distribuição de frequências. Nesse exemplo, uma amplitude de intervalo correspondente a $10 seria bem melhor do que uma amplitude de intervalo de $6,50.

Uma vez que cada um dos valores pode aparecer somente em uma única classe, você deve estabelecer **limites de classe** apropriados e claramente definidos para cada uma das classes. Por exemplo, se você escolher $10 como o intervalo de classe para os dados sobre os restaurantes, você precisa estabelecer limites que venham a incluir todos os valores e que simplifiquem a leitura e a interpretação da distribuição de frequências. Uma vez que o custo de uma refeição em um restaurante do centro da cidade varia desde $27 até $92, estabelecer o primeiro intervalo de classe como desde $20 até menos de $30, o segundo como desde $30 até menos de $40, e assim sucessivamente, até que o último intervalo de classe venha a corresponder a desde $90 até menos de $100, atenderia aos pré-requisitos. A Tabela 2.9 contém distribuições de frequências para o custo por refeição relativo aos 50 restaurantes do centro da cidade e aos 50 restaurantes do subúrbio, que utilizam esses intervalos de classes.

TABELA 2.9
Distribuições de Frequências para os Custos por Refeição Relativos a 50 Restaurantes do Centro da Cidade e 50 Restaurantes do Subúrbio

Custo da Refeição ($)	Frequência para Centro da Cidade	Frequência para Subúrbio
20 porém menos do que 30	3	2
30 porém menos do que 40	7	16
40 porém menos do que 50	13	23
50 porém menos do que 60	14	8
60 porém menos do que 70	7	1
70 porém menos do que 80	1	0
80 porém menos do que 90	3	0
90 porém menos do que 100	2	0
Total	50	50

> **Dica para o Leitor**
> O total correspondente à coluna das frequências deve sempre ser igual ao número total de valores.

A distribuição de frequências permite que se chegue a algumas conclusões preliminares sobre os dados. Por exemplo, a Tabela 2.9 mostra que o custo de refeições nos restaurantes do centro da cidade está concentrado entre $40 e $60, ao passo que o custo das refeições nos restaurantes do subúrbio está concentrado entre $30 e $50.

No que se refere a alguns gráficos discutidos posteriormente neste capítulo, intervalos de classe são identificados por meio de seus **pontos médios da classe**, os valores que estão posicionados a meio caminho entre o limite inferior e o limite superior de cada uma das classes. Para as distribuições de frequências ilustradas na Tabela 2.9, os pontos médios são $25, $35, $45, $55, $65, $75, $85 e $95. Observe que intervalos de classe bem escolhidos geram pontos médios de classes que são simples de ler e interpretar, como é o caso no presente exemplo.

Se os dados que você coletou não contiverem uma grande quantidade de valores, diferentes conjuntos de intervalos de classe podem criar diferentes impressões sobre os dados. Esses tipos de variações percebidas passarão a diminuir à medida que se passa a coletar maior quantidade de dados. De modo semelhante, escolher diferentes limites para a classe superior e para a classe inferior também pode afetar as impressões.

48 Capítulo 2

EXEMPLO 2.2

Distribuições de Frequências para os Percentuais de Retorno para Três Anos, para Fundos de Crescimento e Fundos de Valorização

Como membro da força-tarefa da empresa no cenário Choice *Is* Yours (no início do capítulo), você está examinando uma amostra de 318 fundos de aposentadoria em **Fundos de Aposentadoria**. Você deseja comparar a variável numérica %Retorno3Anos, o percentual de retorno correspondente a 3 anos, para um determinado fundo, no que se refere aos dois subgrupos que são definidos com base na variável categórica Tipo (Crescimento e Valorização). Você constrói distribuições de frequências separadas para os fundos de crescimento e para os fundos de valorização.

SOLUÇÃO Os retornos percentuais correspondentes a três anos, no que se refere aos fundos baseados no crescimento, estão concentrados entre 15 e 30, enquanto os fundos baseados na valorização estão concentrados entre 15 e 25 (veja a Tabela 2.10).

TABELA 2.10 Distribuições de Frequências para os Percentuais de Retorno para Três Anos, para Fundos de Crescimento e Fundos Baseados na Valorização

Percentual de Retorno para Três Anos	Frequência para Crescimento	Frequência para Valorização
0 porém menos do que 5	1	0
5 porém menos do que 10	2	1
10 porém menos do que 15	16	12
15 porém menos do que 20	52	35
20 porém menos do que 25	101	29
25 porém menos do que 30	33	9
30 porém menos do que 35	13	7
35 porém menos do que 40	2	2
40 porém menos do que 45	0	0
45 porém menos do que 50	0	0
50 porém menos do que 55	2	0
55 porém menos do que 60	0	0
60 porém menos do que 65	1	0
Total	223	95

Na solução para o Exemplo 2.2, a frequência total é diferente no que se refere a cada um dos grupos (223 e 95). Quando esses totais diferem por entre os grupos que estão sendo comparados, você não pode comparar as distribuições diretamente como foi feito na Tabela 2.9, em razão da eventualidade de que a tabela venha a ser mal interpretada. Por exemplo, as frequências para o intervalo de classe "10 porém menos do que 15" *parecem* semelhantes 16 e 12, mas representam duas partes bastante diferentes de um todo: 16 entre 223 e 12 entre 95, ou aproximadamente 7 % e 13 %, respectivamente. Quando a frequência total difere por entre os grupos que estão sendo comparados, você constrói uma distribuição de frequências ou uma distribuição de percentagens.

Classes e Blocos do Excel

Para fazer uso das funções do Microsoft Excel que podem ajudar você a construir uma distribuição de frequências, ou qualquer um dos outros tipos de distribuições discutidas ao longo deste capítulo, você deve, em primeiro lugar, transformar seu conjunto de classes em um conjunto de **blocos** do Excel. Embora blocos e classes, indistintamente, correspondam a intervalos de valores, blocos não possuem intervalos explicitamente identificados.

Você estabelece blocos criando uma coluna que contenha uma lista de números de blocos, dispostos em ordem ascendente. Cada um dos números de bloco, por sua vez, define explicitamente o limite superior de seu respectivo bloco. Os limites inferiores de um bloco são definidos implicitamente. O limite inferior de um bloco corresponde ao primeiro valor maior do que o número de seu bloco anterior. No que se refere à coluna dos números de bloco 4,99, 9,99 e 15,99, o segundo bloco tem o limite superior explícito de 9,99 e possui o limite inferior implícito de "valores maiores do que 4,99". Compare isso com um intervalo de classe, que define tanto o limite inferior quanto o limite superior da classe, como é o caso em "*0* (inferior) porém *menos do que* 5 (superior)".

Organizando e Visualizando Dados **49**

Uma vez que o primeiro número de bloco não possui um número de bloco "anterior", o primeiro bloco sempre tem o infinito negativo como seu limite inferior, ao passo que uma primeira classe sempre tem. Uma medida paliativa para esse problema, utilizada nos exemplos ao longo deste livro (e também o PHStat), corresponde a definir um bloco adicional, utilizando um número de bloco que seja ligeiramente inferior ao valor para o limite inferior da primeira classe. Esse número de bloco adicional, aparecendo em primeiro lugar, permitirá que o atual segundo número de bloco se aproxime mais da primeira classe, não obstante o ônus de se acrescentar aos resultados um bloco não desejado.

Neste capítulo, as Tabelas 2.9 a 2.13 utilizam grupamentos de classes sob a forma "*valorA*, porém menos do que *valorB*". Você pode transformar grupamentos de classe nesse formato em blocos praticamente equivalentes, criando uma lista de números de blocos que sejam ligeiramente inferiores a cada um dos *valoresB* que aparecem no grupamento de classe. Por exemplo, as classes na Tabela 2.10, no Exemplo 2.2, poderiam ser transformadas em blocos praticamente equivalentes utilizando-se a seguinte lista de números de blocos: 0,01 (o número do bloco adicional é ligeiramente inferior ao primeiro valor correspondente ao limite inferior de 0), 4,99 ("ligeiramente menos" do que 5); 9,99; 14,99; 19,99; 24,99; 29,99; 34,99; 39,99. 44,99; 49,99; 54,99; 59.99 e 64,99.

Para grupamentos de classes sob a forma "todos os valores desde *valorA* até *valorB*", como é o caso do conjunto 0,0 até 4,9, 5,0 até 9,9, 10,0 até 14,9, e 15,0 até 19,9, você pode aproximar cada grupamento de classe escolhendo um número de bloco ligeiramente maior do que cada *valorB*, como é o caso desta lista de números de blocos −0,01 (o número do bloco adicional); 4,99 (ligeiramente maior do que 4,9); 9,99; 14,99 e 19,99.

Para utilizar os seus números de blocos, insira esses números em uma coluna em branco na planilha que contenha os seus dados ainda não organizados em categorias. Digite **Blocos** na célula da linha 1 dessa coluna como título para a coluna e, começando com a linha 2, insira os seus respectivos números de blocos (em ordem ascendente).

A Distribuição de Frequências Relativas e a Distribuição de Percentagens

Distribuições de frequências relativas e distribuição de percentagens são organizadas de maneira diferente de frequências. Uma **distribuição de frequências relativas** apresenta a frequência relativa, ou proporção, do total correspondente a cada um dos grupos que cada uma das classes representa. Uma **distribuição de percentagens** apresenta a percentagem do total correspondente a cada um dos grupos que cada uma das classes representa. Quando você compara dois ou mais grupos, conhecer a proporção (ou a percentagem) do total correspondente a cada um dos grupos é mais útil do que conhecer a frequência correspondente a cada um dos grupos, conforme demonstra a Tabela 2.11. Compare essa tabela com a Tabela 2.9, que exibe as frequências. A Tabela 2.11 organiza os dados correspondentes a custos de refeições de uma maneira que facilita comparações.

TABELA 2.11
Distribuições de Frequências Relativas e Distribuições de Percentagens para o Custo de Refeições em Restaurantes do Centro da Cidade e Restaurantes do Subúrbio

	Cidade		Subúrbio	
Custo da Refeição ($)	**Frequência Relativa**	**Percentagem (%)**	**Frequência Relativa**	**Percentagem (%)**
20 porém menos do que 30	0,06	6,0	0,04	4,0
30 porém menos do que 40	0,14	14,0	0,32	32,0
40 porém menos do que 50	0,26	26,0	0,46	46,0
50 porém menos do que 60	0,28	28,0	0,16	16,0
60 porém menos do que 70	0,14	14,0	0,02	2,0
70 porém menos do que 80	0,02	2,0	0,00	0,0
80 porém menos do que 90	0,06	6,0	0,00	0,0
90 porém menos do que 100	0,04	4,0	0,00	0,0
Total	1,00	100,0	1,00	100,0

A **proporção,** ou **frequência relativa**, em cada um dos grupos é igual à quantidade de *valores* em cada uma das classes dividida pela quantidade total de valores. A percentagem em cada grupo corresponde à sua respectiva proporção multiplicada por 100 %.

CALCULANDO A PROPORÇÃO OU FREQUÊNCIA RELATIVA

A proporção, ou frequência relativa, corresponde à quantidade de *valores* em cada uma das classes dividida pela quantidade total de valores.

$$\text{Proporção} = \text{frequência relativa} = \frac{\text{número de valores em cada classe}}{\text{número total de valores}} \quad (2.2)$$

Caso existam 80 valores e a frequência em uma determinada classe seja 20, a proporção de valores naquela classe é

$$\frac{20}{80} = 0{,}25$$

e a percentagem é

$$0{,}25 \times 100\% = 25\%$$

Você constrói uma distribuição de frequências relativas determinando, primeiramente, a frequência relativa em cada uma das classes. Por exemplo, na Tabela 2.9, existem 50 restaurantes no centro da cidade e o custo por refeição em 14 desses restaurantes está entre $50 e $60. Portanto, conforme ilustrado na Tabela 2.11, a proporção (ou frequência relativa) de refeições que custam entre $50 e $60 em restaurantes localizados no centro da cidade é

$$\frac{14}{50} = 0{,}28$$

Você forma uma distribuição de percentagens multiplicando cada uma das proporções (ou frequências relativas) por 100 %. Por conseguinte, a proporção de refeições em restaurantes do centro da cidade que custam entre $50 e $60 é igual a 14 dividido por 50, ou 0,28, enquanto a percentagem é igual a 28 %. A Tabela 2.11 apresenta a distribuição de frequências relativas e a distribuição de percentagens para o custo de refeições em restaurantes no centro da cidade e em restaurantes no subúrbio.

Com base na Tabela 2.11, você conclui que o custo das refeições é ligeiramente mais alto no que se refere aos restaurantes do centro da cidade do que nos restaurantes do subúrbio. Você observa que 14 % das refeições nos restaurantes do centro da cidade custam entre $60 e $70, comparados a 2 % das refeições nos restaurantes localizados no subúrbio, ao passo que 14 % das refeições nos restaurantes do centro da cidade custam entre $30 e $40, comparados a 32 % das refeições nos restaurantes do subúrbio.

> **Dica para o Leitor**
> O total correspondente à coluna da frequência relativa deve necessariamente ser sempre igual a 1,00. O total correspondente à coluna da percentagem deve necessariamente ser sempre igual a 100.

EXEMPLO 2.3
Distribuições de Frequências Relativas e Distribuições de Percentagens para o Percentual de Retorno para Três Anos, para Fundos de Crescimento e Fundos de Valorização

Como membro da força-tarefa da empresa no cenário Choice *Is* Yours (no início do capítulo), você deseja comparar apropriadamente os percentuais de retorno para três anos, para os fundos de aposentadoria do tipo crescimento e do tipo valorização. Você constrói distribuições de frequências relativas e distribuições de percentagens para esses fundos.

SOLUÇÃO Com base na Tabela 2.12, você conclui que o percentual de retorno para três anos para os fundos de crescimento é mais alto do que o percentual de retorno de três anos para os fundos de valorização. Por exemplo, 7,17 % dos fundos de crescimento apresentam retornos entre 10 e 15, enquanto 12,63 % dos fundos de valorização apresentam retornos entre 10 e 15. Entre os fundos de crescimento, 45,29 % apresentam retornos entre 20 e 25, em comparação com 30,53 % dos fundos de valorização.

Organizando e Visualizando Dados **51**

TABELA 2.12
Distribuições de Frequências Relativas e Distribuições de Percentagens para o Percentual de Retorno para Três Anos, para Fundos de Crescimento e Fundos de Valorização

Percentual de Retorno para Três Anos	Crescimento		Valorização	
	Frequência Relativa	Percentagem	Frequência Relativa	Percentagem
0 porém menos do que 5	0,0045	0,45	0,0000	0,00
5 porém menos do que 10	0,0090	0,90	0,0105	1,05
10 porém menos do que 15	0,0717	7,17	0,1263	12,63
15 porém menos do que 20	0,2332	23,32	0,3684	36,84
20 porém menos do que 25	0,4529	45,29	0,3053	30,53
25 porém menos do que 30	0,1480	14,80	0,0947	9,47
30 porém menos do que 35	0,0583	5,83	0,0737	7,37
35 porém menos do que 40	0,0090	0,90	0,0211	2,11
40 porém menos do que 45	0,0000	0,00	0,0000	0,00
45 porém menos do que 50	0,0000	0,00	0,0000	0,00
50 porém menos do que 55	0,0090	0,90	0,0000	0,00
55 porém menos do que 60	0,0000	0,00	0,0000	0,00
60 porém menos do que 65	0,0045	0,45	0,0000	0,00
Total	1,0000	100,00	1,0000	100,00

A Distribuição Acumulada

A **distribuição de percentagens acumuladas** proporciona um modo de apresentar informações sobre a percentagem de valores que se encontram abaixo de um determinado montante. Você utiliza a distribuição de percentagens como a base para construir uma distribuição de percentagens acumuladas.

Por exemplo, pode ser que você deseje conhecer qual percentagem das refeições nos restaurantes do centro da cidade custa menos de $40 ou qual percentagem custa menos de $50. Iniciando com a Tabela 2.11, a distribuição de percentagens para o custo de refeições no que se refere ao custo de refeições nos restaurantes do centro da cidade, você combina as percentagens dos intervalos de classes individuais, no intuito de formar a distribuição de percentagens acumuladas. A Tabela 2.13 apresenta os cálculos necessários. Com base nessa tabela, você verifica que nenhuma (0 %) das refeições custa menos de $20; 6 % das refeições custam menos de $30; 20 % das refeições custam menos de $40 (uma vez que 14 % das refeições custam entre $30 e $40); e assim sucessivamente, até todos os 100 % das refeições custarem menos de $100.

TABELA 2.13
Desenvolvendo a Distribuição de Percentagens Acumuladas para Custos de Refeições nos Restaurantes do Centro da Cidade

A partir da Tabela 2.11:		Percentual (%) dos Custos de Refeições que São Mais Baixos que o Limite Inferior do Intervalo de Classe
Intervalo de Classe	Percentual (%)	
20 porém menos que 30	6	0 (não existem refeições que custem menos do que 20)
30 porém menos que 40	14	6 = 0 + 6
40 porém menos que 50	26	20 = 6 + 14
50 porém menos que 60	28	46 = 6 + 14 + 26
60 porém menos que 70	14	74 = 6 + 14 + 26 + 28
70 porém menos que 80	2	88 = 6 + 14 + 26 + 28 + 14
80 porém menos que 90	6	90 = 6 + 14 + 26 + 28 + 14 + 2
90 porém menos que 100	4	96 = 6 + 14 + 26 + 28 + 14 + 2 + 6
100 porém menos que 110	0	100 = 6 + 14 + 26 + 28 + 14 + 2 + 6 + 4

A Tabela 2.14 é a distribuição de percentagens acumuladas para os custos de refeições que utiliza cálculos acumulados para os restaurantes do centro da cidade (ilustrado na Tabela 2.13) assim como cálculos acumulados para os restaurantes do subúrbio (que não são mostrados). A distribuição acumulada mostra que o custo de refeições nos restaurantes do subúrbio é mais baixo do que o custo de refeições nos restaurantes do centro da cidade. Essa distribuição mostra que 36 % das refeições nos restaurantes do subúrbio custam menos de $40, em comparação com 20 %

52 Capítulo 2

TABELA 2.14
Distribuições de Percentagens Acumuladas para Custos de Refeições nos Restaurantes do Centro da Cidade e nos Restaurantes do Subúrbio

Custo da Refeição ($)	Percentual dos Custos de Refeições no Centro da Cidade que Custam Menos do que uma Quantia Indicada	Percentual dos Custos de Refeições no Subúrbio que Custam Menos do que uma Quantia Indicada
20	0	0
30	6	4
40	20	36
50	46	82
60	74	98
70	88	100
80	90	100
90	96	100
100	100	100

das refeições em restaurantes no centro da cidade; 82 % das refeições nos restaurantes do subúrbio custam menos de $50, enquanto apenas 46 % das refeições nos restaurantes do centro da cidade custam menos de $50; e 98 % das refeições nos restaurantes do subúrbio custam menos de $60, em comparação com 74 % das refeições nos restaurantes do centro da cidade.

Diferentemente de outras distribuições, as linhas de uma distribuição acumulada não correspondem a intervalos de classes. (Lembre-se de que intervalos de classe são mutuamente *excludentes*. As linhas das distribuições acumuladas não são mutuamente excludentes: a linha subsequente abaixo inclui todas as linhas acima dela.) Para identificar uma linha, você utiliza os limites de classe inferiores a partir dos intervalos de classe da distribuição de percentagens, como é feito na Tabela 2.14.

EXEMPLO 2.4

Distribuição de Percentagens Acumuladas para o Percentual de Retorno para Três Anos para Fundos de Crescimento e Fundos de Valorização

Como membro da força-tarefa no cenário *The Choice Is Yours* (veja o início do capítulo), você deseja continuar comparando os percentuais de retorno para três anos, para os fundos de aposentadoria baseados no crescimento e os fundos de aposentadoria baseados na valorização. Você constrói distribuições de percentagens acumuladas para os fundos baseados no crescimento e para os fundos baseados na valorização.

SOLUÇÃO A distribuição acumulada apresentada na Tabela 2.15 indica que os retornos são bem mais altos para os fundos baseados no crescimento do que para os fundos baseados na valorização. A tabela mostra que 8,52 % dos fundos de crescimento e 13,68 % dos fundos de valorização apresentam retornos abaixo de 15 %. A tabela revela também que 31,84 % dos fundos de crescimento apresentam retornos abaixo de 20, comparados a 50,53 % dos fundos de valorização.

TABELA 2.15
Distribuições de Percentagens Acumuladas para os Percentuais de Retorno para Três Anos, para os Fundos de Crescimento e para os Fundos de Valorização

Percentuais de Retorno para Três Anos	Percentual para Fundos de Crescimento Inferior a um Valor Indicado	Percentual para Fundos de Valorização Inferior a um Valor Indicado
0	0,00	0,00
5	0,45	0,00
10	1,35	1,05
15	8,52	13,68
20	31,84	50,53
25	77,13	81,05
30	91,93	90,53
35	97,76	97,89
40	98,65	100,00
45	98,65	100,00
50	98,65	100,00
55	99,55	100,00
60	99,55	100,00
65	100,00	100,00

Organizando e Visualizando Dados **53**

Problemas para a Seção 2.2

APRENDENDO O BÁSICO

2.11 Construa uma disposição ordenada, sendo conhecidos os seguintes dados oriundos de uma amostra com $n = 7$ resultados para provas de final de semestre de contabilidade:

68 94 63 75 71 88 64

2.12 Construa uma disposição ordenada, sendo conhecidos os seguintes dados oriundos de uma amostra contendo resultados de provas de final de semestre de marketing:

88 78 78 73 91 78 85

2.13 No final de 2011 e no início de 2012, a fundação para cuidados com a saúde de Connecticut (Universal Health Care Foudation) entrevistou proprietários de pequenas empresas, ao longo de todo o estado norte-americano, que empregavam 50 funcionários, ou menos. O propósito do estudo era ter uma ideia sobre o ambiente de assistência à saúde no âmbito das pequenas empresas. Proprietários de pequenas empresas foram questionados sobre o fato de oferecerem, ou não, planos de assistência à saúde a seus empregados e, em caso afirmativo, qual parcela do prêmio mensal do empregado a empresa pagava. A distribuição de frequências a seguir foi construída de modo a resumir a *parcela do prêmio paga* correspondente a 89 (entre 311) pequenas empresas que oferecem planos de assistência à saúde a seus empregados.

Percentual do Prêmio Pago (%)	Frequência
menos de 1 %	2
1 % porém menos do que 26 %	4
26 % porém menos do que 51 %	16
51 % porém menos do que 76 %	21
76 % porém menos do que 100 %	23
100 %	23

Fonte: Dados extraídos de "Small Business Owners Need Affordable Health Care: A Small Business Care Survey", Universal Health Care Foundation of Connecticut, abril de 2012, p. 15.

a. Que percentual das pequenas empresas paga menos de 26 % do prêmio mensal pago pelo empregado a título de assistência à saúde?
b. Que percentual das pequenas empresas paga entre 26 % e 75 % do prêmio mensal pago pelo empregado a título de assistência à saúde?
c. Que percentual das pequenas empresas paga mais de 75 % do prêmio mensal pago pelo empregado a título de assistência à saúde?

2.14 Foram coletados dados no portal do Facebook sobre as marcas mais admiradas de alimentos do tipo *fast food*. Os valores de dados (o número de pessoas que clicaram em "Curtir" no que se refere a cada uma das marcas de alimentos do tipo *fast food*) para as marcas apresentadas se estenderam de 1,0 milhão até 29,2 milhões.
a. Caso esses valores sejam agrupados em seis intervalos de classes, indique os limites das classes.

b. Qual amplitude para o intervalo de classe você escolheu?
c. Quais são os seis pontos médios de classe?

APLICANDO OS CONCEITOS

2.15 O arquivo `CustoBB2011` contém o custo total ($) correspondente a quatro ingressos, duas cervejas, quatro refrigerantes, quatro cachorros-quentes, dois programas de jogo, dois bonés de beisebol e estacionamento para um veículo em cada um dos 30 estádios de beisebol que compõem a Major League Baseball durante a temporada de 2011. Esses custos se apresentaram como

174 339 259 171 207 160 130 213 338 178 184 140
159 212 121 169 306 162 161 160 221 226 160 242
241 128 223 126 208 196

Fonte: Dados extraídos de **seamheads.com/2012/01/29/mlb-fan-cost-index/**.

a. Organize esses custos em uma disposição ordenada.
b. Construa uma distribuição de frequências e uma distribuição de percentagens para esses custos.
c. Em torno de que grupamento de classe, se é que há algum, estão concentrados os custos inerentes a frequentar partidas de beisebol? Explique.

✓AUTO-teste **2.16** O arquivo `Serviços` contém os seguintes dados correspondentes ao custo do fornecimento de energia elétrica (em $), durante o mês de julho de 2012, para uma amostra aleatória de 50 apartamentos com um quarto, em uma cidade grande.

96 171 202 178 147 102 153 197 127 82
157 185 90 116 172 111 148 213 130 165
141 149 206 175 123 128 144 168 109 167
95 163 150 154 130 143 187 166 139 149
108 119 183 151 114 135 191 137 129 158

a. Construa uma distribuição de frequências e uma distribuição de percentagens que apresentam intervalos de classe com os limites superiores de classe iguais a $99, $119, e assim sucessivamente.
b. Construa uma distribuição de frequências acumuladas.
c. Em torno de que montante o custo mensal com energia elétrica parece estar concentrado?

2.17 Uma operação de uma usina diz respeito a cortar fragmentos de aço em pedaços que serão posteriormente utilizados como estrutura para assentos dianteiros em automóveis. O aço é cortado com uma serra de diamantes e requer que as peças resultantes estejam entre ±0,005 polegada em relação ao comprimento especificado pela empresa montadora de automóveis. Os dados são coletados a partir de uma amostra de 100 peças de aço e armazenados no arquivo `Aço`. A medição apresentada corresponde à diferença, em polegadas, entre o comprimento verdadeiro do pedaço de aço, conforme medição feita por um dispositivo de mensuração a laser, e o comprimento especificado para a peça de aço. Por exemplo, o primeiro valor, −0,002, representa um pedaço de aço que é 0,002 polegada mais curto do que o comprimento especificado.
a. Construa uma distribuição de frequências e uma distribuição de percentagens.

54   Capítulo 2

b. Construa uma distribuição de percentagens acumuladas.

c. A usina de aço está realizando um bom trabalho no que diz respeito a atender aos requisitos estabelecidos pela montadora de automóveis? Explique.

2.18 Uma indústria produz suportes de aço para equipamentos elétricos. O principal componente do suporte é uma placa de aço, em baixo-relevo, obtida de uma bobina de aço de calibre 14. Ela é produzida por meio de uma punção progressiva de uma prensa de 250 toneladas, com uma operação de limpeza que posiciona duas formas de 90 graus no aço plano, de maneira a fabricar o baixo-relevo. A distância de um lado da forma até o outro é crítica, em razão da necessidade de o suporte ser à prova d'água quando utilizado em ambientes externos. A empresa exige que a largura do baixo-relevo esteja entre 8,31 polegadas e 8,61 polegadas. As amplitudes dos baixos-relevos, coletados a partir de uma amostra contendo 49 baixos-relevos e armazenados no arquivo `BaixoRelevo`, que contém as larguras, em polegadas, relativas aos baixos-relevos.

8,312	8,343	8,317	8,383	8,348	8,410	8,351	8,373
8,481	8,422	8,476	8,382	8,484	8,403	8,414	8,419
8,385	8,465	8,498	8,447	8,436	8,413	8,489	8,414
8,481	8,415	8,479	8,429	8,458	8,462	8,460	8,444
8,429	8,460	8,412	8,420	8,410	8,405	8,323	8,420
8,396	8,447	8,405	8,439	8,411	8,427	8,420	8,498
8,409							

a. Construa uma distribuição de frequências e uma distribuição de percentagens.

b. Construa uma distribuição de percentagens acumuladas.

c. O que você pode concluir em relação ao número de placas de baixo-relevo que atenderão aos requisitos da empresa, no que se refere a estar entre 8,31 polegadas e 8,61 polegadas de largura?

2.19 A indústria apresentada no Problema 2.18 também produz isoladores elétricos. Caso os isoladores se rompam quando em uso, existe a possibilidade de ocorrência de um curto-circuito. Para testar a resistência dos isoladores, são conduzidos testes de destruição, em laboratórios de alta potência, com o objetivo de determinar o montante de *força* necessário para quebrar os isoladores. A força é medida com base na observação da quantidade de libras que precisam ser aplicadas sobre o isolador antes que ele venha a se romper. As medições correspondentes a força, coletadas a partir de uma amostra de 30 isoladores e armazenadas no arquivo `Força` se apresentam como segue:

1,870	1,728	1,656	1,610	1,634	1,784	1,522	1,696
1,592	1,662	1,866	1,764	1,734	1,662	1,734	1,774
1,550	1,756	1,762	1,866	1,820	1,744	1,788	1,688
1,810	1,752	1,680	1,810	1,652	1,736		

a. Construa uma distribuição de frequências e uma distribuição de percentagens.

b. Construa uma distribuição de percentagens acumuladas.

c. O que você consegue concluir sobre a resistência dos isoladores, caso a empresa requeira uma medição de força de pelo menos 1.500 libras antes de o isolador se romper?

2.20 O arquivo `Lâmpadas` contém a vida útil (em horas) de uma amostra de 40 lâmpadas de 100 watts, produzidas pelo Fabricante A, e uma amostra de 40 lâmpadas de 100 watts, produzidas pelo Fabricante B. A tabela a seguir mostra esses dados sob a forma de um par de disposições ordenadas:

Fabricante A					Fabricante B				
684	697	720	773	821	819	836	888	897	903
831	835	848	852	852	907	912	918	942	943
859	860	868	870	876	952	959	962	986	992
893	899	905	909	911	994	1.004	1.005	1.007	1.015
922	924	926	926	938	1.016	1.018	1.020	1.022	1.034
939	943	946	954	971	1.038	1.072	1.077	1.077	1.082
972	977	984	1.005	1.014	1.096	1.100	1.113	1.113	1.116
1.016	1.041	1.052	1.080	1.093	1.153	1.154	1.174	1.188	1.230

a. Construa uma distribuição de frequências e uma distribuição de percentagens para cada um dos fabricantes, utilizando as seguintes amplitudes de intervalo de classe para cada uma das distribuições:
Fabricante A: 650, porém menos do que 750; 750, porém menos do que 850, e assim sucessivamente.
Fabricante B: 750, porém menos do que 850; 850, porém menos do que 950, e assim sucessivamente.

b. Construa distribuições de percentagens acumuladas.

c. Quais lâmpadas apresentam maior vida útil — as do Fabricante A ou as do Fabricante B? Explique.

2.21 O arquivo `Refrigerante` contém os dados a seguir, no que se refere à quantidade de refrigerante (em litros) contida em uma amostra com 50 garrafas com capacidade de 2 litros:

2,109	2,086	2,066	2,075	2,065	2,057	2,052	2,044	2,036	2,038
2,031	2,029	2,025	2,029	2,023	2,020	2,015	2,014	2,013	2,014
2,012	2,012	2,012	2,010	2,005	2,003	1,999	1,996	1,997	1,992
1,994	1,986	1,984	1,981	1,973	1,975	1,971	1,969	1,966	1,967
1,963	1,957	1,951	1,951	1,947	1,941	1,941	1,938	1,908	1,894

a. Construa uma distribuição de percentagens acumuladas.

b. Com base nos resultados de (a), a quantidade de refrigerante abastecido nas garrafas se concentra em torno de valores específicos?

2.3 Visualizando Dados Categóricos

O gráfico que você escolhe para visualizar os dados para uma única variável categórica dependem do fato de você estar buscando enfatizar o modo como as categorias se comparam diretamente uma à outra (gráfico de barras), ou o modo como as categorias formam partes de um todo (gráfico de pizza), ou se você tem dados que estejam concentrados em algumas poucas entre as suas categorias (diagrama de Pareto). Para visualizar os dados para duas variáveis categóricas, você utiliza um gráfico de barras paralelas.

O Gráfico de Barras

Um **gráfico de barras** visualiza uma variável categórica como uma série de barras, com cada uma das barras representando a identificação de cada uma das categorias. Em um gráfico de barras, o comprimento de cada uma das barras representa a frequência ou a percentagem de valores que se posicionam em uma determinada categoria, e cada uma das barras é separada por um espaço conhecido como uma lacuna.

A ilustração à esquerda na Figura 2.1 exibe o gráfico de barras para a tabela resumida da Tabela 2.1, apresentada no início da Seção 2.1, que tabula as respostas para uma pesquisa recente que indagava aos adultos sobre as demandas que seus patrões impunham a eles durante o período de férias. Reexaminando a Figura 2.1, você verifica que os entrevistados estão mais propensos a afirmar que seus patrões não impõem a eles quaisquer demandas em seus respectivos períodos de férias, seguidos pela demanda de estarem disponíveis. Muito poucos entrevistados mencionaram a resposta Outros.

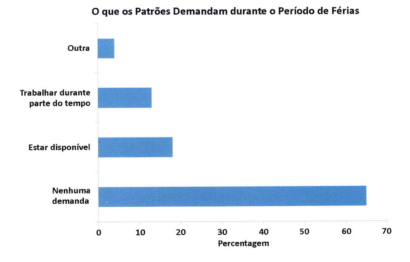

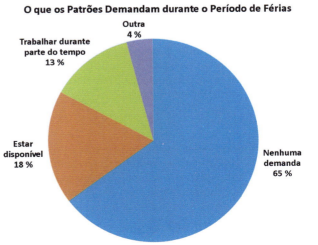

FIGURA 2.1 Gráfico de barras (em cima) e gráfico de pizza (embaixo) para o que os patrões demandam durante o período de férias

EXEMPLO 2.5
Gráfico de Barras para Níveis de Risco para Fundos de Aposentadoria

No papel de membro da força-tarefa da empresa no cenário *The Choice is Yours* (veja o início do capítulo), você está interessado em inicialmente construir um gráfico de barras para o risco dos fundos, com base na Tabela 2.3 no Exemplo 2.1, Seção 2.1) e, depois disso, interpretar os resultados.

SOLUÇÃO Analisando a Figura 2.2, você verifica que médio risco é a maior categoria, seguida por baixo risco e alto risco.

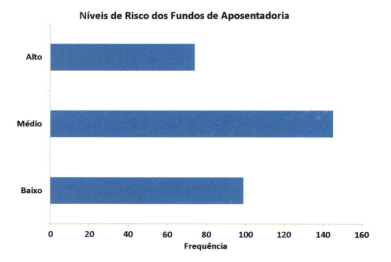

FIGURA 2.2 Gráfico de barras para os níveis de risco correspondentes aos fundos de aposentadoria

O Gráfico de Pizza

Um **gráfico de pizza** utiliza partes de um círculo que representam o detalhamento de cada uma das categorias. O tamanho de cada uma das partes, ou fatia da pizza, varia de acordo com a porcentagem em cada uma das categorias. Por exemplo, na Tabela 2.2, no início da Seção 2.1, 65 % dos entrevistados afirmaram que conseguem se desligar completamente do trabalho. Para representar essa categoria sob a forma de uma fatia de pizza, você multiplica 65 % pelos 360 graus que compõem um círculo, de modo a obter uma fatia de pizza que ocupe 234 graus dos 360 graus do círculo, conforme ilustra a Figura 2.1 no início desta seção. Com base na Figura 2.1, você consegue verificar que a segunda maior fatia corresponde a estar disponível, que contém 18 % da pizza.

Atualmente, algumas pessoas afirmam que gráficos de pizza jamais deveriam ser utilizados. Outras argumentam que eles oferecem um meio facilmente compreensível de visualizar partes de um todo. Todos os comentários concordam no sentido de que variações tais como gráficos de pizza em perspectiva 3D e "explodidos", nos quais uma ou mais fatias são puxadas para fora do centro de uma pizza, não devem ser utilizadas em decorrência das distorções visuais que tais variações introduzem.

EXEMPLO 2.6
Gráfico de Pizza para os Níveis de Risco dos Fundos de Aposentadoria Compostos por Títulos

No papel de membro da força-tarefa da empresa no cenário *The Choice is Yours* (veja o início do capítulo), você está interessado em visualizar o nível de risco correspondente aos fundos, construindo um gráfico de pizza baseado na Tabela 2.3 (veja o Exemplo 2.1 na Seção 2.1) para a variável risco e, depois disso, interpretando os resultados.

SOLUÇÃO Analisando a Figura 2.3, você verifica que aproximadamente metade dos fundos é de médio risco, aproximadamente um terço é de baixo risco e menos de um quarto é de alto risco.

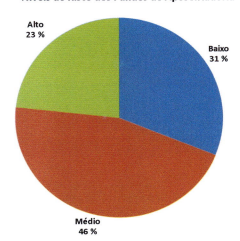

FIGURA 2.3
Gráfico de pizza para o risco dos fundos de aposentadoria

O Diagrama de Pareto

Em um **diagrama de Pareto**, os resultados correspondentes a cada uma das categorias são inseridos em um gráfico sob a forma de barras verticais, em ordem descendente, de acordo com suas respectivas frequências, e são combinados com uma linha de percentagens acumuladas no mesmo gráfico. Os gráficos de Pareto conquistaram seu nome com base no **princípio de Pareto**, a observação de que, em muitos conjuntos de dados, uma quantidade pequena de categorias de uma determinada variável categórica representa a maioria dos dados, ao passo que muitas outras categorias representam uma quantidade relativamente pequena, ou trivial, de dados.

Gráficos de Pareto ajudam você a visualmente separar as categorias consideradas "poucas categorias vitais" daquelas consideradas "muitas categorias triviais", possibilitando que você se concentre nas categorias importantes. Gráficos de Pareto são, também, ferramentas poderosas para priorizar esforços de melhoria, como é o caso quando são coletados dados que identificam itens defeituosos ou fora dos padrões de conformidade.

Um diagrama de Pareto apresenta as barras verticalmente, juntamente com uma linha da percentagem acumulada. A linha da percentagem acumulada está desenhada no ponto médio de cada uma das categorias, a uma altura igual à percentagem acumulada. Para que um diagrama de Pareto inclua todas as categorias, até mesmo aquelas com poucas incidências, em algumas situações, você precisa incluir uma categoria com a legenda Outros ou Miscelânea. Caso inclua um desses tipos de categoria, você coloca a barra que representa essas categorias ao final (na extremidade direita) do eixo X.

O uso de gráficos de Pareto pode ser um meio eficaz de visualizar dados para muitos estudos que buscam causas para um fenômeno observado. Por exemplo, considere uma equipe de estudos em um banco que deseje enfatizar a experiência dos usuários de terminais de autoatendimento — TAA). Durante o estudo, a equipe identifica as transações incompletas em terminais de autoatendimento como uma questão significativa e decide coletar dados sobre as causas para esses tipos de transações. Utilizando o sistema de processamento do próprio banco como a fonte primária de dados, causas de transações incompletas são coletadas, e armazenadas no arquivo Transações TAA, e, depois disso, organizados na tabela resumida apresentada na Tabela 2.16.

A regra informal "80/20", que afirma que frequentemente 80 % dos resultados decorrem de 20 % de alguma coisa, como é o caso de "80 % do trabalho é feito por 20 % dos empregados", deriva do princípio de Pareto.

TABELA 2.16
Tabela Resumida das Causas para Transações Incompletas em Terminais de Autoatendimento — TAA

Causa	Frequência	Percentagem (%)
Mau funcionamento do Terminal	32	4,42
Ausência de dinheiro no Terminal	28	3,87
Quantia inválida solicitada	23	3,18
Falta de fundos na conta	19	2,62
Erro na leitura do cartão	234	32,32
Obstrução por cartão empenado	365	50,41
Tecla errada pressionada	23	3,18
Total	724	100,00

Fonte: Dados extraídos de A. Bhalla, "Don't Misuse the Pareto Principle", *Six Sigma Forum Magazine*, maio de 2009, pp. 15-18.

Para separar as "poucas causas vitais" das "muitas causas triviais", a equipe de estudos do banco cria a tabela resumida da Tabela 2.17, na qual as causas para transações incompletas aparecem em ordem descendente em termos de frequência, conforme se faz necessário para construir um diagrama de Pareto. A tabela inclui as percentagens e as percentagens acumuladas para as causas reordenadas, que a equipe então utiliza para construir o diagrama de Pareto ilustrado na Figura 2.4. Na Figura 2.4, o eixo vertical à esquerda representa a percentagem decorrente de cada uma das causas, ao passo que o eixo vertical à direita representa a percentagem acumulada.

TABELA 2.17
Tabela Resumida Ordenada das Causas de Transações Incompletas em Terminais de Autoatendimento — TAA

Causa	Frequência	Percentagem (%)	Percentagem Acumulada (%)
Obstrução por cartão empenado	365	50,41 %	50,41 %
Erro na leitura do cartão	234	32,32 %	82,73 %
Mau funcionamento do terminal	32	4,42 %	87,15 %
Ausência de dinheiro no terminal	28	3,87 %	91,02 %
Quantia inválida solicitada	23	3,18 %	94,20 %
Tecla errada pressionada	23	3,18 %	97,38 %
Falta de fundos na conta	19	2,62 %	100,00 %
Total	724	100,00 %	

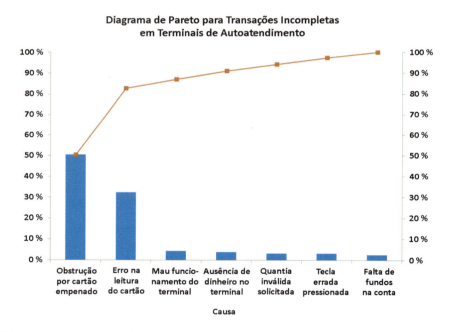

FIGURA 2.4 Diagrama de Pareto para transações incompletas em terminais de autoatendimento — TAA

Uma vez que as categorias em um diagrama de Pareto são ordenadas com base na frequência descendente de ocorrência, a equipe consegue rapidamente verificar quais causas contribuem para a maior parte do problema referente a transações incompletas. (Essas seriam as "poucas causas vitais", e pensar em termos de meios para evitar essas causas seria, presumivelmente, um ponto de partida para melhorar a experiência de usuários de terminais de autoatendimento — TAA.) Ao seguir a linha da percentagem acumulada na Figura 2.4, você verifica que as duas primeiras categorias, obstrução por cartão empenado (50,41 %) e erro na leitura do cartão (32,32 %), são responsáveis por 82,73 % das transações incompletas. Tentativas no sentido de reduzir transações incompletas em terminais de autoatendimento — TAA — decorrentes de obstrução por cartão empenado e erro na leitura do cartão produziriam a maior relação custo-benefício.

Organizando e Visualizando Dados 59

EXEMPLO 2.7

Diagrama de Pareto para o que os Patrões Demandam durante o Período de Férias

Construa um diagrama de Pareto a partir da Tabela 2.2 (Seção 2.1), que resuma o que os patrões demandam durante o período de férias.

SOLUÇÃO Em primeiro lugar, crie uma tabela a partir da Tabela 2.2, na qual as categorias estejam ordenadas por frequência descendente e estejam incluídas colunas para percentagens e percentagens acumuladas para as categorias ordenadas (não ilustrado). Com base nessa tabela, crie o diagrama de Pareto na Figura 2.5. Com base na Figura 2.5, você verifica que ser capaz de se desligar completamente do trabalho foi responsável por 65 % das respostas, e ser capaz de se desligar completamente do trabalho, estar disponível e ser esperado que trabalhe até certo ponto foram responsáveis por 96 % das respostas.

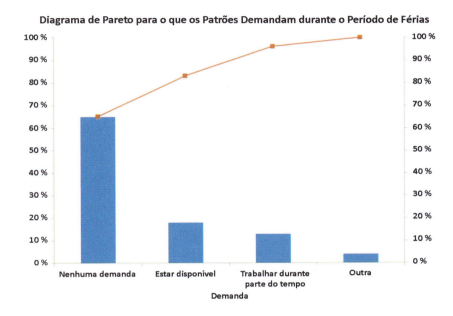

FIGURA 2.5
Diagrama de Pareto para o que os patrões demandam durante o período de férias

O Gráfico de Barras Paralelas

Um **gráfico de barras paralelas** utiliza conjuntos de barras para ilustrar as respostas combinadas a partir de duas variáveis categóricas. Por exemplo, o gráfico de barras paralelas da Figura 2.6 visualiza os dados da Tabela 2.4, Seção 2.1, para os níveis de risco correspondentes a fundos baseados no crescimento e fundos baseados na valorização.

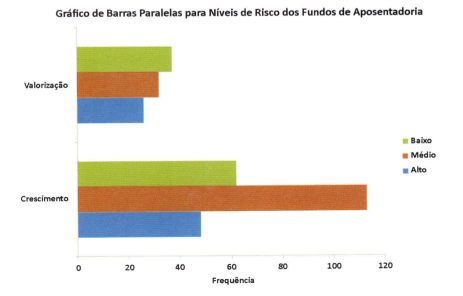

FIGURA 2.6
Gráfico de barras paralelas para tipo de fundo e nível de risco

60 Capítulo 2

Ao examinar a Figura 2.6, você verifica que uma quantidade bem maior de fundos baseados no crescimento são de médio risco, em comparação com o baixo e o alto risco, ao passo que o nível de risco correspondente aos fundos baseados na valorização é dividido de maneira aproximadamente equivalente, por entre as três categorias de risco.

Problemas para a Seção 2.3

APLICANDO OS CONCEITOS

AUTO-teste **2.22** Uma pesquisa realizada junto a 1264 mulheres indagou quem seriam seus conselheiros de compras mais confiáveis. Os resultados da pesquisa se deram do seguinte modo:

Conselheiros para Fins de Compras	Percentagem (%)
Propaganda	7
Amigos/família	45
Portal eletrônico do fabricante	5
Noticiários nos meios de comunicação	11
Avaliações de usuários na Internet	13
Portais eletrônicos de vendedores	4
Vendedores	1
Outros	14

Fonte: Dados extraídos de "Snapshots", *USA Today*, 19 de outubro 2006, p. 1B.

a. Construa um gráfico de barras, um gráfico de pizza e um diagrama de Pareto.
b. Que método gráfico você imagina que poderia ser o melhor para retratar esses dados?
c. A que conclusões você consegue chegar, no que concerne aos conselheiros de compras mais confiáveis para as mulheres?

2.23 O que estudantes de faculdades fazem com o tempo deles? Foi realizada uma pesquisa junto a 3.000 estudantes com idades dentro do padrão, e os resultados se deram como segue:

Atividade	Percentagem (%)
Frequentar aulas/laboratório	9
Dormir	24
Socialização, recreação, outra	51
Estudar	7
Trabalho, voluntariado, clubes de estudantes	9

Fonte: Dados extraídos de M. Marklein, "First Two Years of College Wasted?" *USA Today*, 18 de janeiro de 2011, p. 3A.

a. Construa um gráfico de barras, um gráfico de pizza e um diagrama de Pareto.
b. Qual método gráfico você imagina que poderia ser o melhor para retratar esses dados?

c. A que conclusões você consegue chegar, no que concerne ao que estudantes de faculdades fazem com o seu tempo?

2.24 A Energy Information Administration (Departamento de Energia dos EUA) relatou as seguintes fontes de energia elétrica nos Estados Unidos em 2011:

Fonte de Energia Elétrica	Percentagem (%)
Carvão	42
Hidroeletricidade e fontes renováveis	13
Gás natural	25
Nuclear	19
Outra	1

Fonte: Energy Information Administration, 2011.

a. Construa um diagrama de Pareto.
b. Que percentual da energia é derivado do carvão, da energia nuclear e do gás natural?
c. Construa um gráfico de pizza.
d. No que diz respeito a esses dados, você prefere utilizar um diagrama de Pareto ou o gráfico de pizza? Por quê?

2.25 Um determinado artigo discutiu sobre terapia com uso de radiação e novas curas decorrentes dessa terapia, juntamente com os danos que podem ser causados caso sejam cometidos enganos. A tabela a seguir representa os resultados para os tipos de enganos cometidos e as causas dos enganos relatados ao Departamento de Saúde do Estado de Nova York, de 2001 a 2009:

Enganos Cometidos com a Radiação	Número
Não alcançar o total ou parte da meta pretendida	284
Erro na dosagem administrada	255
Tratamento feito ao paciente errado	50
Outro	32

a. Construa um gráfico de barras e um gráfico de pizza para os tipos de enganos cometidos com o uso de radiação.
b. Que método gráfico você imagina que poderia ser o melhor para retratar esses dados?

Causas dos Enganos	Número
Falhas no controle de qualidade	355
Erros na entrada de dados ou nos cálculos por parte do pessoal	252
Erros na identificação do paciente ou localização do tratamento	174
Mau uso dos blocos, cunhas e colimadores	133
Erro no posicionamento físico do paciente	96
Erro no planejamento do tratamento	77
Mau funcionamento do *hardware*	60
Distribuição da equipe	52
Mau funcionamento do *software* ou do *hardware*	24
Dados do computador involuntariamente apagados por empregados	19
Erros de comunicação	14
Erros não esclarecidos/outros	8

Fonte: Dados extraídos de W. Bogdanich, "A Lifesaving Tool Turned Deadly", *The New York Times*, 24 de janeiro de 2010, pp. 1, 15, 16.

c. Construa um gráfico de Pareto para as causas do engano.
d. Discuta sobre as razões "poucas vitais" e "muitas triviais" para as causas dos enganos.

2.26 A tabela a seguir indica os percentuais de consumo de energia elétrica residencial nos Estados Unidos, em um ano recente, organizados por tipo de aparelho eletrodoméstico.

Tipo de Eletrodoméstico	Percentagem (%)
Condicionadores de ar	18
Secadores de roupas	5
Máquinas de lavar/outras	24
Computadores	1
Forno elétrico	2
Lava-Louças	2
Freezers	2
Iluminação	16
Refrigeradores	9
Aquecedores de ambiente	7
Aquecedores de água	8
Televisores e decodificadores	6

Fonte: Dados extraídos de J. Mouawad e K. Galbraith, "Plugged-in Age Feeds a Hunger for Electricity", *The New York Times*, 20 de setembro de 2009, pp. 1, 28.

a. Construa um gráfico de barras, um gráfico de pizza e um diagrama de Pareto.
b. Que método gráfico você imagina que poderia ser o melhor para retratar esses dados?
c. A que conclusões você consegue chegar, no que concerne ao consumo de energia elétrica residencial nos Estados Unidos?

2.27 As receitas da IBM correspondente ao primeiro trimestre de 2012 foi de $24,7 bilhões. A receita categorizada por segmento de negócio se apresentou do seguinte modo:

Segmento	Receita por Segmento (bilhões de $)
Serviços de tecnologia globalizados	10,1
Serviços de negócios globalizados	4,6
Software	5,6
Sistemas e tecnologia	3,7
Financiamento Global	0,5
Outro	0,2

Fonte: Dados extraídos de "IBM Beats Earnings Target Despite Stalling Revenue", Statista.com, 17 de abril de 2012.

a. Construa um gráfico de barras e um gráfico de pizza.
b. A que conclusões você consegue chegar com respeito às receitas da IBM durante o primeiro trimestre de 2012?

2.28 Uma pesquisa realizada junto a 1085 adultos perguntou: "Você gosta de comprar roupas para si mesmo?" Os resultados indicaram que 51 % das mulheres gostavam de comprar roupas para si mesmas, comparadas com 44 % dos homens. (Dados extraídos de "Split Decision on Clothes Shopping", *USA Today*, 28 de janeiro de 2011, p. 1B.) Os tamanhos das amostras correspondentes aos homens e às mulheres não foram fornecidos. Suponha que os resultados tenham se dado conforme mostra a tabela a seguir:

Gosta de Comprar Roupas	Gênero		Total
	Masculino	Feminino	
Sim	238	276	514
Não	304	267	571
Total	542	543	1.085

a. Construa um gráfico de barras paralelas para o fato de gostar, ou não, de comprar roupas para si mesmo e para o gênero.
b. A que conclusões você consegue chegar a partir desse gráfico?

2.29 A cada dia, em um grande hospital, são realizadas centenas de exames laboratoriais. A taxa de não conformidade, testes que foram realizados de maneira inapropriada (e que, por conseguinte, precisam ser refeitos), parece ser estável, em torno de 4 %. Em um esforço para chegar à causa básica para essas não conformidades, o diretor do laboratório decidiu estudar os resultados correspondentes a um único dia. Os testes do laboratório foram subdivididos com base no turno de funcionários que realizaram os testes de laboratório. Os resultados se deram do seguinte modo:

Testes Realizados em Laboratório	Turno		Total
	Dia	Noite	
Fora dos padrões de conformidade	16	24	40
Dentro dos padrões de conformidade	654	306	960
Total	670	330	1.000

62 Capítulo 2

a. Construa um gráfico de barras paralelas com relação às não conformidades e ao turno.

b. A que conclusões, no que concerne ao padrão para testes de laboratório não conformes, o diretor do laboratório consegue chegar?

2.30 Recomendações em redes sociais fazem com que cresça a eficácia da publicidade? Um estudo realizado junto a pessoas que assistem a vídeos comparou pessoas que chegaram a um vídeo de publicidade de uma determinada marca pelo fato de seguirem um link de recomendação de uma rede social com pessoas que chegaram a esse mesmo vídeo pelo fato de navegarem pela Grande Rede. Foram coletados dados sobre o fato de a pessoa ser capaz de se lembrar corretamente da marca que estava sendo objeto da publicidade, depois de assistir ao vídeo. Os resultados se deram da seguinte forma:

	Lembrava Corretamente da Marca	
Método de Chegada	**Sim**	**Não**
Recomendação	407	150
Buscas na Grande Rede	193	91

Fonte: Dados extraídos de "Social Ad Effectiveness: An Unruly White Paper", **www.unrulymedia.com**, janeiro de 2012, p. 3.

a. Construa um gráfico de barras paralelas para o método de chegada e para o fato de a marca ter sido prontamente lembrada.

b. O que esses resultados informa sobre para o método de chegada e sobre o fato de a marca ser lembrada?

2.4 Visualizando Dados Numéricos

Você visualiza os dados de uma variável numérica por meio de uma variedade de técnicas que mostram a distribuição de valores. Essas técnicas incluem a disposição ramo e folha, o histograma, o polígono de percentagens e o polígono de percentagens acumuladas (ogiva), todos eles discutidos nesta seção, assim como o box-plot, que requer medidas descritivas resumidas, conforme explicamos na Seção 3.3.

A Disposição Ramo e Folha

Uma **disposição ramo e folha** visualiza dados ao apresentar os dados como um ou mais *ramos* sob a forma de linhas que representam um intervalo de valores. Por sua vez, cada um dos ramos possui uma ou mais folhas que se espalham para a direita de seus ramos e representam os valores encontrados naquele ramo. Para ramos com mais de uma folha, as folhas são organizadas em ordem ascendente.

Disposições ramo e folha permitem que você verifique como os dados estão distribuídos e os locais onde existem concentrações de dados. As folhas geralmente apresentam o único dígito significativo de cada um dos valores, mas, algumas vezes, você arredonda os valores. Por exemplo, suponha que você colete os seguintes custos de refeições (em $) correspondentes a 15 colegas de classe que almoçaram em uma lanchonete com alimento do tipo *fast food* (dados armazenados em **Lanchonete**):

7,42 6,29 5,83 6,50 8,34 9,51 7,10 6,80 5,90 4,89 6,50 5,52 7,90 8,30 9,60

Para construir uma disposição ramo e folha, você utiliza as unidades monetárias inteiras, como os ramos, e arredonda os centavos para a casa decimal mais próxima para que sejam as folhas. No que se refere ao primeiro valor, 7,42, o ramo seria 7, e sua respectiva folha seria 4. No que se refere ao segundo valor, 6,29, o ramo seria 6, e sua respectiva folha seria 3. A disposição ramo e folha completa para esses dados corresponde a:

4	9
5	589
6	3558
7	149
8	33
9	56

> 👉 **Dica para o Leitor**
> Se você virar de lado uma disposição ramo e folha, a figura se assemelhará a um histograma.

EXEMPLO 2.8

Disposição Ramo e Folha para o Percentual de Retorno para Três Anos de Fundos de Valorização

FIGURA 2.7
Disposição ramo e folha para o percentual de retorno para três anos dos fundos de valorização

No papel de membro da força-tarefa da empresa no cenário Choice *Is* Yours (veja o início do capítulo), você está interessado em estudar o desempenho passado dos fundos de valorização. Um dos indicadores do desempenho no passado é a variável numérica %Retorno3Anos, o percentual de retorno para três anos. Utilizando os dados oriundos dos 95 fundos baseados na valorização, você deseja visualizar essa variável sob o formato de uma disposição ramo e folha para o retorno em 2008.

SOLUÇÃO A Figura 2.7 ilustra a disposição ramo e folha para o percentual de retorno para três anos dos fundos de valorização.

Disposição Ramo e Folha para o Percentual de Retorno para Três Anos dos Fundos Baseados na Valorização
Unidade Ramo
1 | 01123444455555555566666666667777778888888999999
2 | 000001111112222222222233344445555557789
3 | 0011123357

A Figura 2.7 permite que você conclua:

- O retorno para 3 anos mais baixo foi de aproximadamente 10.
- O retorno para 3 anos mais alto foi 37.
- Os retornos para 3 anos se concentraram entre 10 e 30.
- Muito poucos entre os retornos para 3 anos foram de 90 ou mais.

O Histograma

Os histogramas na Figura 2.8 e ao longo de todo o restante deste livro foram modificados utilizando-se as instruções da Seção 8.8 do Apêndice, no intuito de eliminar a barra adicional, de comprimento zero, que, de outro modo, seria criado em razão da peculiaridade do Excel que é explicada na seção "Classes e Blocos do Excel", na Seção 2.2 deste capítulo.

Um **histograma** visualiza os dados sob a forma de um gráfico de barras verticais, no qual cada uma das barras representa um intervalo de classe, a partir de uma distribuição de frequências ou de uma distribuição de percentagens. Em um histograma, você apresenta a variável numérica ao longo do eixo horizontal (X) e utiliza o eixo vertical (Y) de modo a representar a frequência ou a percentagem dos valores, para cada um dos intervalos de classe. Jamais existem quaisquer tipos de lacunas entre as barras adjacentes em um histograma.

A Figura 2.8 visualiza os dados da Tabela 2.9, na Seção 2.2, custos de refeições em restaurantes no centro da cidade e em restaurantes no subúrbio, sob a forma de um par de histogramas de frequências. O histograma para restaurantes no centro da cidade mostra que o custo das refeições está concentrado entre aproximadamente $40 e $60. Uma quantidade significativamente pequena de refeições custa mais de $70. O histograma para restaurantes no subúrbio mostra que o custo das refeições está concentrado entre $30 e $50. Uma quantidade muito pequena de refeições nos restaurantes do subúrbio custa mais de $60.

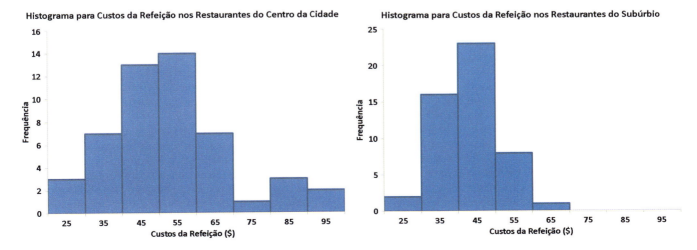

FIGURA 2.8 Histogramas para o custo de refeições em restaurantes do centro da cidade e restaurantes do subúrbio

EXEMPLO 2.9

Histogramas para os Percentuais de Retorno para Três Anos para Fundos Baseados no Crescimento e Fundos Baseados na Valorização

No papel de membro da força-tarefa da empresa no cenário Choice *Is* Yours (veja o início do capítulo), você está interessado em comparar o desempenho no passado para os fundos baseados no crescimento e fundos baseados na valorização, utilizando a variável percentual de retorno para três anos. Utilizando os dados extraídos de uma amostra composta por 318 fundos, você constrói histogramas para os fundos baseados no crescimento e para os fundos baseados na valorização, de modo a criar uma comparação visual.

SOLUÇÃO A Figura 2.9 exibe os histogramas de frequências para os percentuais de retorno para três anos para os fundos baseados no crescimento e para os fundos baseados na valorização.

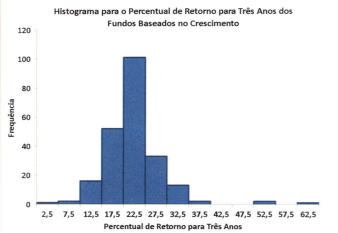
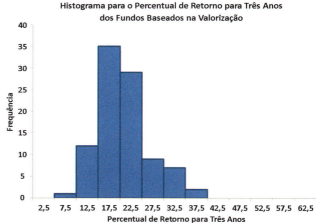

FIGURA 2.9 Histogramas de frequências para os percentuais de retorno referentes a três anos, para os fundos baseados no crescimento e para os fundos baseados na valorização

Uma análise dos histogramas na Figura 2.9 faz com que você chegue à conclusão de que os retornos foram mais altos para os fundos baseados no crescimento do que para os fundos baseados na valorização. O retorno para fundos baseados no crescimento está concentrado entre 15 e 30, enquanto o retorno para os fundos baseados na valorização está concentrado entre 15 e 25.

O Polígono de Percentagens

Ao utilizar uma variável categórica para dividir os dados de uma variável numérica em dois ou mais grupos, você visualiza os dados construindo um **polígono de percentagens**. Esse gráfico utiliza os pontos médios de cada um dos intervalos de classe para representar os dados de cada uma das classes e, depois disso, aponta no gráfico os pontos médios, em suas respectivas percentagens de classe, sob a forma de pontos em uma linha ao longo do eixo *X*. Embora você possa construir dois ou mais histogramas, como foi feito nas Figuras 2.8 e 2.9, um polígono de percentagens permite que você faça uma comparação direta, que é mais fácil de interpretar. (Você não pode, evidentemente, combinar dois histogramas em um único gráfico, uma vez que as barras oriundas dos dois grupos se sobreporiam e, consequentemente, ocultariam os dados.)

A Figura 2.10 exibe polígonos de percentagem para o custo de refeições em restaurantes no centro da cidade e em restaurantes no subúrbio. Compare essa figura com o par de histogramas na Figura 2.8, no início desta subseção. Um reexame dos polígonos da Figura 2.10 permite que você faça as mesmas observações que foram feitas ao examinar a Figura 2.8, incluindo o fato de que, enquanto os custos de refeições nos restaurantes do centro da cidade estão concentrados entre $40 e $60, os custos de refeições nos restaurantes do subúrbio estão concentrados entre $30 e $50. No entanto, diferentemente do par de histogramas, os polígonos permitem que você identifique mais facilmente quais intervalos de classe apresentam percentagens similares para os dois grupos, e quais não apresentam.

Os polígonos na Figura 2.10 apresentam pontos cujos valores no eixo *X* representam o ponto médio do intervalo de classe. Por exemplo, dê uma olhada nos pontos desenhados no eixo *X* = 65 ($55). O ponto correspondente aos restaurantes do centro da cidade (o mais alto) mostra que 28 %

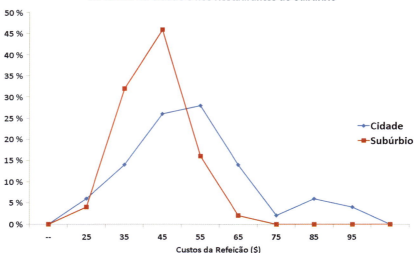

FIGURA 2.10
Polígonos de percentagens para os custos de refeições correspondentes aos restaurantes do centro da cidade e aos restaurantes do subúrbio

das refeições custam entre $50 e $60, ao passo que o ponto correspondente ao custo de refeições nos restaurantes do subúrbio (o mais baixo) mostra que 16 % das refeições nesses restaurantes custam entre $50 e $60.

Quando você constrói polígonos ou histogramas, o eixo vertical (Y) deve incluir zero, de modo a não distorcer o caráter dos dados. O eixo horizontal (X) não precisa mostrar o ponto zero para a variável de interesse, embora uma parcela significativa do eixo deva ser dedicada ao intervalo inteiro dos valores correspondentes à variável.

EXEMPLO 2.10

Polígonos de Percentagens para o Percentual de Retorno de Três Anos para Fundos Baseados no Crescimento e Fundos Baseados na Valorização

No papel de membro da força-tarefa da empresa no cenário Choice *Is* Yours (veja o início do capítulo), você está interessado em comparar o desempenho no passado para os fundos baseados no crescimento e para os fundos baseados na valorização, utilizando a variável percentual de retorno para três anos. Utilizando os dados extraídos de uma amostra composta por 318 fundos, você constrói polígonos de percentagens para os fundos baseados no crescimento e para os fundos baseados na valorização, de modo a criar uma comparação visual.

SOLUÇÃO A Figura 2.11 ilustra os polígonos de percentagens para os percentuais de retornos de três anos para os fundos baseados no crescimento e para os fundos baseados na valorização.

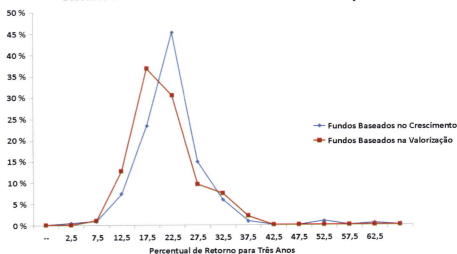

FIGURA 2.11
Polígonos de percentagens para os percentuais de retornos referentes a três anos, para os fundos baseados no crescimento e para os fundos baseados na valorização

A Figura 2.11 mostra que o polígono para os fundos baseados no crescimento está à direita do polígono para os fundos baseados na valorização. Isso permite que você conclua que o percentual de retorno para três anos é mais alto para os fundos baseados no crescimento do que para os fundos baseados na valorização. Os polígonos também mostram que o retorno para os fundos baseados na valorização está concentrado entre 15 e 25, enquanto o retorno para os fundos baseados no crescimento está concentrado entre 15 e 30.

O Polígono de Percentagens Acumuladas (Ogiva)

No Microsoft Excel, você aproxima o limite inferior utilizando o limite superior do bloco anterior.

O **polígono de percentagens acumuladas**, ou **ogiva**, utiliza a distribuição de percentagens acumuladas discutida na Seção 2.2, para exibir as percentagens acumuladas ao longo do eixo Y. Diferentemente do polígono de percentagens, os limites inferiores do intervalo de classe para a variável numérica aparecem no gráfico, em suas respectivas percentagens de classe, como pontos em uma linha ao longo do eixo X.

A Figura 2.12 ilustra os polígonos de percentagens acumuladas correspondentes ao custo de refeições em restaurantes no centro da cidade e em restaurantes no subúrbio. No gráfico em questão, os limites inferiores para os intervalos de classe (20, 30, 40, etc.) foram aproximados tomando-se por base os limites superiores dos blocos anteriores (19,99; 29,99; 39,99; etc.). Uma análise nas curvas faz com que você conclua que a curva correspondente ao custo de refeições nos restaurantes do centro da cidade está localizada à direita da curva correspondente ao custo das refeições nos restaurantes do subúrbio. Isso indica que os restaurantes do centro da cidade apresentam uma quantidade menor de refeições que custam menos do que um determinado valor. Por exemplo, 46 % das refeições nos restaurantes no centro da cidade custam menos de $50, em comparação com 82 % das refeições nos restaurantes do subúrbio.

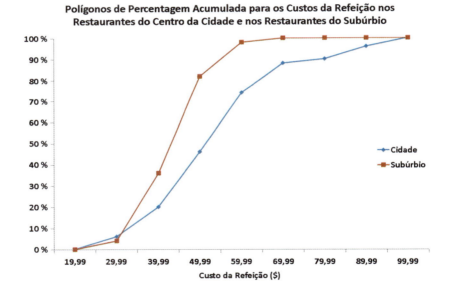

FIGURA 2.12 Polígonos de percentagens acumuladas para os custos de refeições em restaurantes no centro da cidade e restaurantes no subúrbio

EXEMPLO 2.11

Polígonos de Percentagens Acumuladas para os Percentuais de Retorno para Três Anos para Fundos Baseados no Crescimento e Fundos Baseados na Valorização

No papel de membro da força-tarefa da empresa no cenário *The Choice is Yours* (veja o início do capítulo), você está interessado em comparar o desempenho no passado para os fundos baseados no crescimento e fundos baseados na valorização, utilizando a variável percentual de retorno para três anos. Utilizando os dados extraídos de uma amostra composta por 318 fundos, você constrói polígonos de percentagens acumuladas para os fundos baseados no crescimento e para os fundos baseados na valorização.

SOLUÇÃO A Figura 2.13 ilustra os polígonos de percentagens acumuladas para os percentuais de retorno para três anos para os fundos baseados no crescimento e para os fundos baseados na valorização.

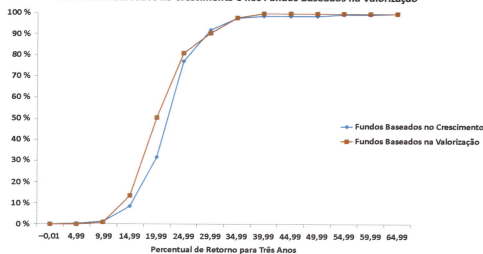

FIGURA 2.13
Polígonos de percentagens acumuladas para os percentuais de retorno para três anos para os fundos baseados no crescimento e para os fundos baseados na valorização

O polígono de percentagens acumuladas da Figura 2.13 mostra que a curva para o retorno de três anos para os fundos baseados no crescimento está localizada ligeiramente à direita da curva para os fundos baseados na valorização. Isso permite que você conclua que os fundos baseados no crescimento apresentam uma menor quantidade de retornos para três anos que sejam mais baixos do que um determinado valor. Por exemplo, 31,84 % dos fundos baseados no crescimento apresentaram percentuais de retorno para três anos inferiores a 20, em comparação com 50,53 % dos fundos baseados na valorização. Também, 8,52 % dos fundos baseados no crescimento apresentaram percentuais de retorno para três anos inferiores a 15, em comparação com 13,68 % dos fundos baseados na valorização. Você pode concluir que, de modo geral, os fundos baseados no crescimento apresentaram melhor desempenho do que os fundos baseados na valorização, no que se refere a seus respectivos percentuais de retorno para três anos.

Problemas para a Seção 2.4

APRENDENDO O BÁSICO

2.31 Construa uma disposição ramo e folha, considerando os seguintes dados correspondentes aos resultados de provas de meio de semestre na disciplina de finanças.

54 69 98 93 53 74

2.32 Elabore uma disposição ordenada, considerando a disposição ramo e folha apresentada a seguir, a partir de uma amostra com $n = 7$ para resultados de provas de meio de semestre na disciplina de sistemas de informações.

5	0
6	
7	446
8	19
9	2

APLICANDO OS CONCEITOS

2.33 Apresentamos a seguir uma disposição ordenada representando a quantidade de gasolina adquirida, em galões (com as folhas expressas em décimos de galões), para uma amostra de 25 carros que utilizam um determinado posto de gasolina na Rodovia de Nova Jersey:

9	147
10	02238
11	125566777
12	223489
13	02

a. Construa uma disposição ordenada.
b. Qual dessas duas disposições parece proporcionar a maior quantidade de informações? Comente.
c. Que quantidade de gasolina (em galões) apresenta maior possibilidade de vir a ser adquirida?
d. Existe uma concentração no centro da distribuição, em termos das quantidades adquiridas?

2.34 O arquivo CustoBB2011 contém o custo total ($) correspondente a quatro ingressos, duas cervejas, quatro refrigerantes, quatro cachorros-quentes, dois programas de jogo, dois bonés de beisebol e estacionamento para um veículo em cada um dos 30 estádios de beisebol que compõem a Major League Baseball durante a temporada de 2011.
Fonte: Dados extraídos de **seamheads.com/2012/01/29/mlb-fancost-index/**.

a. Construa uma disposição ramo e folha para esses dados.
b. Em torno de que valor, se é que há algum, estão concentrados os custos inerentes a frequentar partidas de beisebol? Explique.

2.35 O arquivo BiscoitoChocolate contém o custo (em $) por porção de 30 gramas, para uma amostra de 18 biscoitos de chocolate:

0,76 1,75 0,33 0,44 1,14 0,37 0,13 0,17 0,21
0,39 0,19 0,29 0,26 0,35 0,29 0,35 0,33 0,38

Fonte: Dados extraídos de "How the Cookie Crumbles", *Consumer Reports*, dezembro de 2011, pp. 8-9.

a. Construa uma disposição ordenada.
b. Construa uma disposição ramo e folha.
c. Entre a disposição ordenada e a disposição ramo e folha, qual delas proporciona a maior quantidade de informação? Comente.
d. Em torno de que valor, se é que há algum, está concentrado o custo de biscoitos de chocolate? Explique.

2.36 O arquivo Serviços contém os seguintes dados para o custo de energia elétrica durante o mês de julho de 2012, para uma amostra aleatória de 50 apartamentos de um quarto em uma cidade grande:

96	171	202	178	147	102	153	197	127	82
157	185	90	116	172	111	148	213	130	165
141	149	206	175	123	128	144	168	109	167
95	163	150	154	130	143	187	166	139	149
108	119	183	151	114	135	191	137	129	158

a. Construa um histograma e um polígono de percentagens.
b. Construa um polígono de percentagens acumuladas.
c. Em torno de que montante parece estar concentrado o custo mensal com serviços de energia elétrica?

2.37 À medida que vêm crescendo os salários dos jogadores, o custo inerente para frequentar partidas de beisebol tem aumentado drasticamente. O histograma e o polígono de percentagens acumuladas a seguir visualizam os dados correspondentes ao custo total (em $) relativo a quatro ingressos, duas cervejas, quatro refrigerantes, quatro cachorros-quentes, dois programas de jogo, dois bonés de beisebol e estacionamento para um veículo, em cada um dos 30 estádios de beisebol que compõem a Major League Baseball, durante a temporada de 2011, e que estão armazenados no arquivo CustoBB2011.

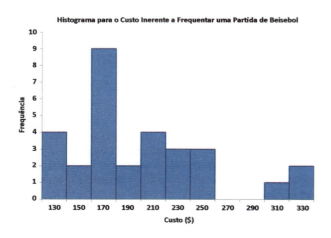

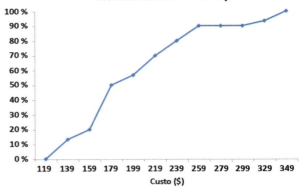

A que conclusões você consegue chegar em relação ao custo inerente a frequentar partidas de beisebol em diferentes estádios?

2.38 O histograma apresentado a seguir visualiza os dados correspondentes a impostos cobrados sobre propriedades, *per capita*, relativos aos 50 estados americanos e o Distrito de Columbia, encontrados em ImpostosPropriedade:

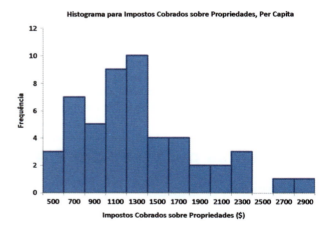

A que conclusões você consegue chegar, com relação a impostos sobre propriedades, *per capita*?

2.39 Uma operação de uma usina corresponde a cortar fragmentos de aço em pedaços que serão posteriormente utilizados como estrutura para assentos dianteiros em automóveis. O aço é cortado com uma serra de diamantes e requer que os pedaços resultantes estejam entre ± 0,005 polegada em relação ao comprimento especificado pela montadora de automóveis. Os dados são coletados a partir de uma amostra composta por 100 pedaços de aço, e armazenados no arquivo Aço. A medição apresentada corresponde à diferença, em polegadas, entre o verdadeiro comprimento do pedaço de aço, conforme medição feita por meio de um dispositivo de mensuração a laser, e o comprimento especificado para o pedaço de aço. Por exemplo, o primeiro valor, −0,002, representa um pedaço de aço que é 0,002 polegada mais curto do que o comprimento especificado.

a. Construa um histograma de percentagens.
b. A usina de aço está realizando um bom trabalho no que diz respeito a atender aos requisitos estabelecidos pela montadora de automóveis? Explique.

Organizando e Visualizando Dados **69**

2.40 Uma indústria produz suportes de aço para equipamentos elétricos. O principal componente do suporte é uma placa de aço, em baixo-relevo, obtida a partir de uma bobina de aço com calibre 14. Ela é produzida por meio de uma punção progressiva de uma prensa de 250 toneladas, com uma operação de limpeza que posiciona duas formas de 90 graus no aço plano, de maneira a fabricar o baixo-relevo. A distância medida de um lado da forma até o outro é crítica, em razão da necessidade de o suporte ser à prova d'água quando utilizado em ambientes externos. A empresa exige que a largura do baixo-relevo esteja entre 8,31 polegadas e 8,61 polegadas. As larguras correspondentes aos baixos-relevos, em polegadas, coletados a partir de uma amostra contendo 49 baixos-relevos estão armazenados no arquivo **BaixoRelevo**.
a. Construa um histograma de percentagens e um polígono de percentagens.
b. Construa um polígono de percentagens acumuladas.
c. O que você pode concluir no que se refere ao número de placas de baixo-relevo que irão atender aos requisitos da empresa, no que diz respeito a estar entre 8,31 polegadas e 8,61 polegadas de largura?

2.41 A indústria apresentada no Problema 2.40 também produz isoladores elétricos. Caso os isoladores se rompam quando em uso, existe a possibilidade de ocorrência de um curto-circuito. Para testar a resistência dos isoladores, são conduzidos testes de destruição em laboratórios de alta potência, no intuito de determinar o montante de *força* necessário para quebrar os isoladores. A força é medida com base na observação da quantidade de libras que precisam ser aplicadas sobre o isolador antes que ele se rompa. As medições sobre a intensidade de força, coletadas a partir de uma amostra contendo 30 isoladores, estão armazenadas no arquivo **Força**.
a. Construa um histograma de percentagens e um polígono de percentagens.
b. Construa um polígono de percentagens acumuladas.
c. O que você consegue concluir no que diz respeito à resistência dos isoladores, caso a empresa requeira uma medição de força de pelo menos 1.500 libras antes que o isolador venha a se romper?

2.42 O arquivo **Lâmpadas** apresenta a vida útil (em horas) de uma amostra de 40 lâmpadas de 100 watts, produzidas pelo Fabricante A, e uma amostra de 40 lâmpadas de 100 watts, produzidas pelo Fabricante B. A tabela a seguir mostra esses dados sob a forma de um par de disposições ordenadas.

Fabricante A					Fabricante B				
684	697	720	773	821	819	836	888	897	903
831	835	848	852	852	907	912	918	942	943
859	860	868	870	876	952	959	962	986	992
893	899	905	909	911	994	1.004	1.005	1.007	1.015
922	924	926	926	938	1.016	1.018	1.020	1.022	1.034
939	943	946	954	971	1.038	1.072	1.077	1.077	1.082
972	977	984	1.005	1.014	1.096	1.100	1.113	1.113	1.116
1.016	1.041	1.052	1.080	1.093	1.153	1.154	1.174	1.188	1.230

Utilize as seguintes amplitudes de intervalos de classe para cada uma das distribuições:
Fabricante A: 650, porém menos do que 750; 750, porém menos do que 850, e assim sucessivamente.
Fabricante B: 750, porém menos do que 850; 850, porém menos do que 950, e assim sucessivamente.

a. Construa histogramas de percentagens, em gráficos separados, e construa os polígonos de percentagens em um único gráfico.
b. Construa polígonos de percentagens acumuladas em um único gráfico.
c. Qual fabricante apresenta lâmpadas com maior vida útil o Fabricante A ou o Fabricante B? Explique.

2.43 O arquivo **Refrigerante** contém a quantidade de refrigerante em uma amostra de 50 garrafas de 2 litros.
a. Construa um histograma e um polígono de percentagens.
b. Construa um polígono de percentagens acumuladas.
c. Com base nos resultados de (a) e (b), a quantidade de refrigerante abastecido nas garrafas se concentra em torno de valores específicos?

2.5 Visualizando Duas Variáveis Numéricas

Visualizar duas variáveis numéricas conjuntamente pode revelar possíveis relações entre duas variáveis e serve como base para aplicar os métodos discutidos nos Capítulo 13 a 16. Para visualizar duas variáveis numéricas, você constrói um gráfico de dispersão. No que se refere ao caso especial em que uma das variáveis que você tem em mãos representa a passagem de tempo, você utiliza um gráfico de séries temporais.

O Gráfico de Dispersão

Um **gráfico de dispersão** explora a possível relação entre duas variáveis numéricas, ao inserir no gráfico os valores correspondentes a uma variável numérica no eixo horizontal, ou X, e os valores correspondentes a uma segunda variável numérica no eixo vertical, ou Y. Por exemplo, um analista de marketing poderia estudar a eficácia de uma propaganda comparando os gastos com propaganda e as receitas decorrentes das vendas para 50 estabelecimentos comerciais, utilizando o eixo X para representar os gastos com propaganda e o eixo Y para representar as receitas decorrentes das vendas.

EXEMPLO 2.12
Gráfico de Dispersão para Análises de Investimentos da NBA

Suponha que você seja um analista de investimentos a quem tenha sido solicitado examinar a avaliação das 30 equipes de basquete profissional da NBA. Você procura saber se o valor de uma equipe reflete as suas respectivas receitas. Você coleta dados sobre receita e avaliação (ambas em milhões de dólares) para todas as 30 equipes da NBA, organiza os dados na forma da Tabela 2.18 e armazena os dados em ValoresNBA.

Para visualizar rapidamente uma possível relação existente entre as receitas da equipe e as suas respectivas avaliações, você constrói um gráfico de dispersão, conforme ilustrado na Figura 2.14, no qual você insere as receitas no eixo X e o valor da equipe no eixo Y.

TABELA 2.18 Receitas e Valores para Equipes da NBA

Código do Time	Receita (milhões de $)	Valor (milhões de $)	Código do Time	Receita (milhões de $)	Valor (milhões de $)	Código do Time	Receita (milhões de $)	Valor (milhões de $)
ATL	105	295	IND	95	269	OKC	118	329
BOS	151	452	LAC	102	305	ORL	108	385
CHA	98	281	LAL	214	643	PHI	110	330
CHI	169	511	MEM	92	266	PHX	147	411
CLE	161	355	MIA	124	425	POR	127	356
DAL	146	438	MIL	92	258	SAC	103	293
DEN	113	316	MIN	95	264	SAS	135	404
DET	147	360	NJN	89	312	TOR	138	399
GSW	119	363	NOH	100	280	UTA	121	343
HOU	153	443	NYK	226	655	WAS	107	322

Dados extraídos de **www.forbes.com/lists/2011/32/basketball-valuations-11_land.html**.

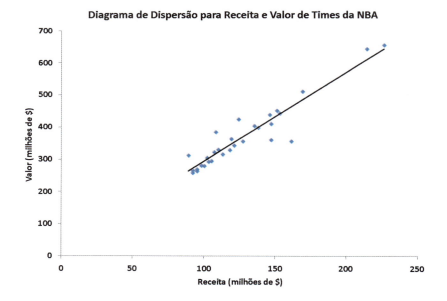

FIGURA 2.14 Gráfico de dispersão para receitas e valores para equipes da NBA

SOLUÇÃO Com base na Figura 2.14, você verifica que parece haver uma forte relação crescente (positiva) entre receitas e o valor de uma equipe. Em outras palavras, equipes que geram uma menor quantidade de receitas apresentam um valor mais baixo, enquanto equipes que geram receitas mais altas apresentam um valor mais alto. Essa relação foi destacada por meio da adição de uma linha de previsão linear que será discutida no Capítulo 13.

Organizando e Visualizando Dados 71

APRENDA MAIS

Leia os Breves Destaques para o Capítulo 2, para um exemplo que ilustra uma relação negativa.

Outros pares de variáveis podem ter uma relação decrescente (negativa) na qual uma das variáveis decresce à medida que a outra cresce. Em outras situações, pode haver uma relação fraca ou nenhuma relação entre as variáveis.

O Gráfico de Séries Temporais

Um **gráfico de séries temporais** insere os valores de uma variável no eixo Y e insere no eixo X o período de tempo associado a cada um dos valores numéricos. Um gráfico de séries temporais pode ajudar a visualizar tendências nos dados, que ocorrem ao longo do tempo.

EXEMPLO 2.13

Gráfico de Séries Temporais para Receitas Geradas por Filmes de Cinema

No papel de analista de investimentos, especialista no setor de entretenimento, você está interessado em descobrir quaisquer tendências de longo prazo nas receitas geradas por filmes de cinema. Você coleta as receitas anuais (em bilhões de dólares) para filmes lançados entre 1995 e 2011, e organiza os dados no formato da Tabela 2.19, e armazena os dados no arquivo Receitas Cinema.

Para verificar se existe uma tendência ao longo do tempo, você constrói o gráfico de séries temporais ilustrado na Figura 2.15.

TABELA 2.19
Receitas Geradas por Filmes de Cinema (em bilhões de dólares) de 1995 a 2011

Ano	Receita (bilhões de $)	Ano	Receita (bilhões de $)
1995	5,29	2004	9,27
1996	5,59	2005	8,95
1997	6,51	2006	9,25
1998	6,77	2007	9,63
1999	7,30	2008	9,85
2000	7,48	2009	10,65
2001	8,13	2010	10,47
2002	9,19	2011	10,20
2003	9,35		

Fonte: Dados extraídos de **www.the-numbers.com/market**, 3 de abril de 2012.

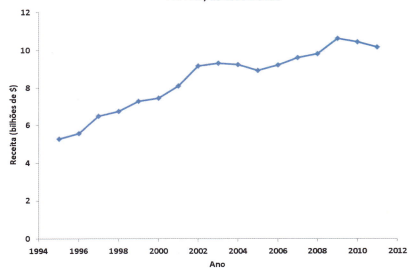

FIGURA 2.15
Gráfico de séries temporais para receitas geradas por filmes de cinema, por ano, de 1995 a 2011

SOLUÇÃO Com base na Figura 2.15, você verifica que existe um crescimento estável na receita decorrente de filmes de cinema, no período entre 1995 e 2009, com um nivelamento no período de 2010 e 2011. Durante o referido período, a receita cresce partindo de menos de $6 bilhões em 1995, até mais de $10 bilhões em 2009 a 2011.

72 Capítulo 2

Problemas para a Seção 2.5

APRENDENDO O BÁSICO

2.44 A tabela a seguir representa um conjunto de dados de uma amostra com $n = 11$ itens:

X:	7	5	8	3	6	0	2	4	9	5	8
Y:	1	5	4	9	8	0	6	2	7	5	4

a. Desenhe um gráfico de dispersão.
b. Existe alguma relação entre X e Y? Explique.

2.45 Os dados a seguir representam uma série de vendas anuais reais (em milhões de dólares), ao longo de um período de 11 anos (2001 a 2011):

Anos: 2001 2002 2003 2004 2005 2006 2007 2008 2009 2010 2011

Vendas: 13,0 17,0 19,0 20,0 20,5 20,5 20,5 20,0 19,0 17,0 13,0

a. Construa um gráfico de séries temporais.
b. Parece existir algum tipo de alteração nas vendas anuais ao longo do tempo? Explique.

APLICANDO OS CONCEITOS

AUTO-teste **2.46** Empresas produtoras de filmes de cinema precisam prever as receitas brutas de filmes individuais, assim que o filme tenha sido lançado. Os resultados a seguir, contidos no arquivo FilmesPotter, correspondem à receita bruta para o primeiro final de semana, a receita bruta nos EUA e a receita bruta mundial (em milhões de dólares) para os oito filmes da série Harry Potter:

Título	Primeiro Final de Semana (milhões de $)	Receita Bruta dos EUA (milhões de $)	Receita Bruta Mundial (milhões de $)
Harry Potter e a Pedra Filosofal	90,295	317,558	976,458
Harry Potter e a Câmara Secreta	88,357	261,988	878,988
Harry Potter e o Prisioneiro de Azkaban	93,687	249,539	795,539
Harry Potter e o Cálice de Fogo	102,335	290,013	896,013
Harry Potter e a Ordem da Fênix	77,108	292,005	938,469
Harry Potter e o Enigma do Príncipe	77,836	301,460	934,601
Harry Potter e as Relíquias da Morte Parte I	125,017	295,001	955,417
Harry Potter e as Relíquias da Morte Parte II	169,189	381,011	1.328,111

Fonte: Dados extraídos de **www.the-numbers.com/interactive/comp-HarryPotter.php.**

a. Construa um gráfico de dispersão com receita bruta para o primeiro final de semana no eixo X e receita bruta nos EUA no eixo Y.

b. Construa um gráfico de dispersão com receita bruta para o primeiro final de semana no eixo X e receita bruta mundial no eixo Y.

c. O que você consegue afirmar sobre a relação entre receita bruta para o primeiro final de semana e receita bruta nos EUA e receita bruta para o primeiro final de semana e receita bruta mundial?

2.47 Foram coletados dados sobre o custo típico inerente a jantar em restaurantes de cozinha norte-americana, dentro do perímetro de 1 milha de distância a pé, de um hotel localizado em uma grande cidade. O arquivo Cotação contém o custo típico (o custo para cada transação, em $) , bem como um resultado para Cotação, uma medida para a popularidade geral e fidelidade dos clientes, para cada um dos 40 restaurantes selecionados. (Dados extraídos de **www.bundle.com** através do link **on.msn.com/MnIBxo.**)

a. Construa um gráfico de dispersão com o resultado para Cotação no eixo X e custo típico no eixo Y.

b. A que conclusões você consegue chegar sobre a relação entre resultado para Cotação e o custo típico?

2.48 O basquete no âmbito das faculdades é um grande negócio, com salários de treinadores, receitas e despesas na casa dos milhões de dólares. O arquivo de dados Basquete-Faculdades contém o salário dos treinadores e a receita para o basquete de faculdades em 60 entre as 65 escolas que participaram do torneio de basquete masculino da NCAA em 2009. (Dados extraídos de "Compensation for Division I Men's Basketball Coaches", *USA Today*, 2 de abril de 2010, p. 8C e C. Isadore, "Nothing but Net: Basketball Dollars by School", **money.cnn.com/2010/03/18/news/companies/basketball_profits/.**)

a. Você imagina que escolas com receitas mais altas também tenham salários mais altos para treinadores?

b. Construa um gráfico de dispersão com receitas no eixo X e salários de treinadores no eixo Y.

c. O gráfico de dispersão confirma ou contradiz a sua resposta para o item (a)?

2.49 Uma pesquisa realizada pela Pew Research Company descobriu que a comunicação por meio de portais de redes sociais é popular em muitas nações em todo o mundo. O arquivo MídiaSocialGlobal contém o nível de comunicação em portais de redes sociais (medido como a percentagem dos indivíduos entrevistados que utilizam portais de redes sociais) e o PIB na paridade do poder de compra (PPP) *per capita*, para cada um entre 25 países selecionados. (Dados extraídos a partir do Pew Research Center, "Global Digital Communication: Texting, Social Networking Popular Worldwide", atualizado em 29 de fevereiro de 2012, através do link **bit.ly/sNjsmq.**)

a. Construa um gráfico de dispersão, com o PIB (PPC) *per capita* no eixo X e utilização de comunicação em redes sociais no eixo Y.

b. A que conclusões você consegue chegar sobre a relação entre o PIB e a utilização de comunicação em redes sociais?

2.50 Como têm desempenhado as ações em bolsa no passado? A tabela a seguir apresenta os dados contidos no arquivo Desempenho Ações, e mostra o desempenho de uma ampla gama de ações em bolsa (em percentuais) para cada uma as décadas desde 1830 até a década de 2000.

Década	Desempenho (%)
1830s	2,8
1840s	12,8
1850s	6,6
1860s	12,5
1870s	7,5
1880s	6,0
1890s	5,5
1900s	10,9
1910s	2,2
1920s	13,3
1930s	−2,2
1940s	9,6
1950s	18,2
1960s	8,3
1970s	6,6
1980s	16,6
1990s	17,6
2000s*	−0,5

*Até 15 de dezembro de 2009.

Fonte: Dados extraídos de T. Lauricella, "Investors Hope the '10s Beat the '00s", *The Wall Street Journal*, 21 de dezembro de 2009, pp. C1, C2.

a. Construa um gráfico de séries temporais para o desempenho de ações em bolsa, desde a década de 1830 até a década de 2000.
b. Parece existir algum padrão nos dados?

2.51 Os dados em Vendas Casas Novas representam o número e a mediana do preço de venda de imóveis residenciais novos, unifamiliares, vendidos nos Estados Unidos, registrados no final de cada um dos meses de janeiro de 2000 a abril de 2012. (Dados extraídos de www.census.gov, 1º de junho de 2012.)

a. Construa um gráfico de séries temporais para os preços de venda de imóveis residenciais novos.
b. Que padrão, se é que há algum, está presente nos dados?

2.52 O arquivo Frequência Cinema contém os dados sobre frequência do público em cinemas (em bilhões), de 2001 a 2011.

Ano	Frequência do Público (bilhões)
2001	1,44
2002	1,60
2003	1,52
2004	1,48
2005	1,38
2006	1,40
2007	1,40
2008	1,36
2009	1,42
2010	1,35
2011	1,30

Fonte: Dados extraídos da Motion Picture Association of America, **www.mpaa.org**, e S. Bowles, "Tickets Sales Slump at 2010 Box Office", *USA Today*, 3 de janeiro de 2011, p. 1D.

a. Construa um gráfico de séries temporais para a frequência do público em cinemas (em bilhões).
b. Que padrão, se é que há algum, está presente nos dados?

2.53 O arquivo de dados Auditorias contém o número de auditorias de corporações com ativos com mais de 250 milhões de dólares, conduzidas pelo Serviço de Receita Interna dos EUA (Internal Revenue Service) entre 2001 e 2011. (Dados extraídos de **www.irs.gov**.)
a. Construa um gráfico de séries temporais.
b. Que padrão, se é que há algum, está presente nos dados?

2.6 Desafios na Visualização de Dados

A visualização de dados pode proporcionar muitos benefícios para um tomador de decisões nos negócios. Métodos visuais podem ajudar um tomador de decisões a tirar conclusões preliminares sobre dados, visualizar padrões nos dados que, de outro modo, ficariam ocultos e começar o processo de entendimento das razões para os valores de dados que foram coletados. No entanto, esses pontos fortes da visualização também podem constituir seus respectivos pontos fracos.

A Figura 2.16 ilustra dois gráficos de pizza correspondendo à participação no mercado para dois setores, criados no Excel com o uso do estilo padronizado de gráficos do Excel. Utilize esses gráficos para comparar os dois setores. A empresa com a tonalidade azul-escuro, no gráfico à esquerda, apresenta uma maior participação no mercado do que a empresa em vermelho-escuro no gráfico à direita? A combinação entre as empresas em vermelho e em laranja, no gráfico à esquerda, apresenta uma maior participação no mercado do que a combinação entre as empresas em verde-água e em roxo no gráfico à direita?

Sejam quais forem as suas respostas, você percebeu que os dois gráficos de pizza visualizam dados idênticos? A resposta para ambas as perguntas é "Não", uma vez que essas perguntas pedem que você compare quantidades *iguais*. Ainda que tenha respondido corretamente as perguntas, muito provavelmente você teve uma reação inicial diferente em relação aos dois gráficos de pizza (equivalentes). Esses pontos ilustram que o arranjo das fatias da pizza e o colorido das fatias da pizza podem impor seus próprios padrões aos dados coletados, confundindo análise do tomador de decisões.

*Caso esteja tendo dificuldades em acreditar que a fatia azul-escuro no gráfico de pizza à esquerda seja igual à fatia em vermelho-escuro no gráfico à direita, abra a **planilha DuasPizzas** na **pasta de trabalho Desafios**, e verifique os dados subjacentes.*

FIGURA 2.16
Participação no mercado para empresas em "dois" setores

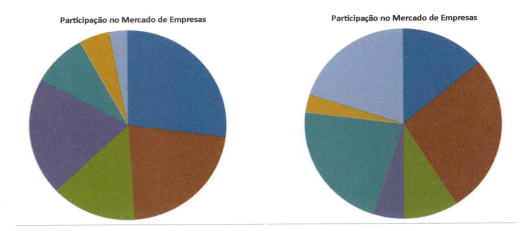

A Figura 2.17 apresenta um par de gráficos de séries temporais que visualizam as receitas brutas de um filme de cinema, no que se refere às três primeiras semanas em uma pequena sala de cinema. O gráfico de linha à direita visualiza os mesmos dados, mas reflete as correções feitas no gráfico de linha que o Excel constrói. (Essas correções são discutidas na Seção B.6 do Apêndice B.) Somente o gráfico corrigido reflete precisamente que a receita bruta para as três semanas — 11.984; 11.972 e 11.974 — varia em somente 1 %, ou, em outras palavras, foi constante no que se refere aos propósitos da análise preliminar.

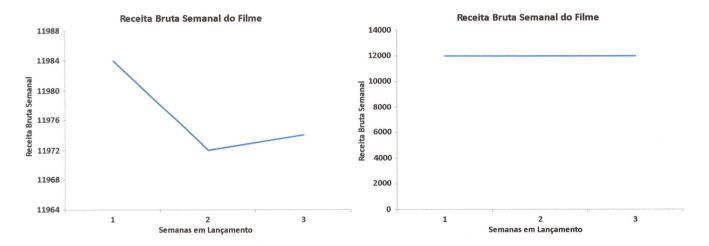

FIGURA 2.17 Receita bruta semanal do filme, em uma pequena sala de cinema

Firula no Gráfico

A exposição gráfica de dados tenta muitas pessoas a acrescentar elementos visuais outros que não os dados propriamente ditos, na tentativa de realçar a visualização. Embora o uso criterioso de elementos visuais possa criar uma visualização mais fácil de ser memorizada, ou que mais rapidamente traga à tona um ponto importante sobre os dados (veja a Referência 1), muitas pessoas acrescentam elementos que deixam de trazer à tona informações úteis ou que ocultam pontos importantes sobre os dados. Elementos que fazem o que acabamos de mencionar são conhecidos como **firula no gráfico**.

A Figura 2.18 mostra uma visualização das exportações de vinhos da Austrália para os Estados Unidos e é semelhante a um gráfico incluído em um artigo de uma revista sobre a indústria do vinho.

Nesta figura, a firula no gráfico corresponde aos cálices de vinho sendo utilizados no lugar de um gráfico de séries temporais apropriado. Embora os cálices de vinho rapidamente tragam à tona a ideia de que "estamos bebendo mais" vinho australiano, os cálices introduzem distorções nos dados coletados. O cálice de vinho que representa os 6,77 milhões de galões para 1997 não aparenta ser quase duas vezes o tamanho da imagem do cálice de vinho representando os 3,67 milhões de galões para 1995; nem tampouco a imagem do tamanho do cálice de vinho representando os 2,25 milhões

Organizando e Visualizando Dados **75**

Estamos bebendo mais...
Exportações de vinho australiano para os EUA em milhões de galões

FIGURA 2.18 Exibição "imprópria" das exportações de vinho australiano para os Estados Unidos, em milhões de galões

Fonte: *Baseada em S. Watterson, "Liquid Gold — Australians Are Changing the World of Wine. Even the French Seem Grateful"*, Time, 22 novembro 1999, p. 68.

de galões para 1992 aparenta ser duas vezes o tamanho da imagem do tamanho do cálice de vinho que representa 1,04 milhão de galões para 1989. Essas distorções surgem a partir do problema de utilizar um objeto tridimensional desenhado em perspectiva, o volume de um cálice de vinho, para representar os dados, o número de galões exportados, que, por si só, não corresponde a um volume tridimensional.

A Figura 2.19 apresenta outra representação visual utilizada na mesma revista. Nessa representação visual, as folhas da parreira e os cachos de uvas não trazem à tona qualquer informação significativa e, de fato, desviam a atenção em relação aos dados.

A Figura 2.20 visualiza a participação no mercado para produtos selecionados no setor de bebidas carbonadas (refrigerantes). O efeito "borbulhante" que aparece como firula no gráfico ocupa um espaço excessivo no gráfico, e não consegue mostrar qualquer coisa a mais do que mostraria um simples gráfico de barras ou um gráfico de pizza.

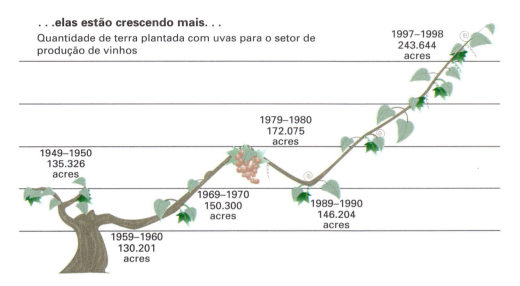

FIGURA 2.19 Exibição "inadequada" da quantidade de terra cultivada com videiras para a indústria de vinhos

Fonte: *Baseada em S. Watterson, "Liquid Gold – Australians Are Changing the World of Wine. Even the French Seem Grateful"*, Time, 22 novembro 1999, p. 68-69.

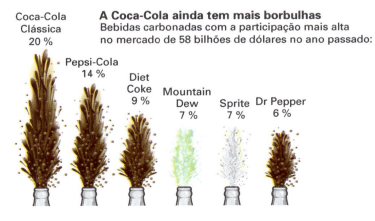

FIGURA 2.20 Gráfico "inadequado" da participação no mercado de refrigerantes

Fonte: *Baseada em Anne B. Carey e Sam Ward, "Coke Still Has Most Fizz"*, USA Today, 10 de maio de 2000, p. 1B.

76   Capítulo 2

Embora os exemplos de firula no gráfico ilustrados nas Figuras 2.18 a 2.20 derivem da mídia impressa, ela também existe na mídia eletrônica. Notadamente, alguns canais de noticiário e informações na TV a cabo competem no sentido de apresentar dados que esses canais coletam utilizando técnicas inovadoras de visualização que frequentemente são exemplos dispendiosos de firula no gráfico. Algumas vezes, a firula no gráfico demonstra ser um exagero até mesmo para os comentaristas que estão no ar, como é o caso no vídeo que pode ser visto no endereço **www.mefeedia.com/watch/48082929**.

Diretrizes para Desenvolver Visualizações

Quando visualiza seus dados, você deve sempre estar orientado pelo objetivo de não distorcer seus dados. Para evitar essas distorções, e para criar uma visualização que melhor traga à tona o significado de seus dados, você deve sempre

- Evitar firula no gráfico
- Utilizar a visualização mais simples possível
- Incluir um título
- Colocar uma legenda em todos os eixos
- Incluir uma escala para cada um dos eixos, caso o gráfico contenha eixos
- Começar a escala para um eixo vertical em zero
- Utilizar uma escala constante

A Figura 2.19 viola várias dessas diretrizes, além de não evitar o uso de firula no gráfico. Não existem eixos presentes no gráfico, e não existe um ponto zero claro no eixo vertical. A quantidade de acres correspondente a 135.326 para o período 1949-1950 está posicionada, no gráfico, acima do *valor mais alto de* 150.300 acres relativos a 1969-1970. O eixo horizontal (tempo) não contém uma escala constante como se vê no valor para 1989-1990 que aparenta muito mais próximo do valor para 1979-1980 (uma diferença de 10 anos) do que do valor para 1997-1998 (uma diferença *menor*, de 9 anos). O eixo vertical tampouco contém uma escala constante e isso distorce a diferença da quantidade de acres entre 1979-1980 e 1997-1998 (71.569) em relação à diferença em acres entre 1979-1980 e 1969-1970 (21.775). Esses comentários partem do pressuposto de que o eixo vertical representa a quantidade de terra plantada, em acres, e o eixo horizontal representa o tempo, em anos, mas evidentemente você não sabe que é este o caso, uma vez que o gráfico coloca legendas em qualquer um dos eixos!

Ao utilizar o Microsoft Excel, esteja atento para esses tipos de distorção. Em particular, o Excel frequentemente cria gráficos em que o eixo vertical não começa no zero, como ilustra o gráfico à esquerda mostrado na Figura 2.17. O Excel também oferece a você tentação de remodelar gráficos simples; por exemplo, oferecendo uma opção de converter um gráfico de pizza em um gráfico de pizza em 3D com fatias "explodidas", e oferece opções de gráfico pouco comuns, tais como gráficos de rosca, de radar, de superfície, de bolha, de cone e de pirâmide. Você deve resistir à tentação de remodelar um gráfico simples ou utilizar um tipo de gráfico pouco comum, uma vez que, na maioria dos casos, suas escolhas distorcerão ou tornarão obscuros os seus dados.

Problemas para a Seção 2.6

APLICANDO OS CONCEITOS

2.54 (Projeto para o Estudante) Traga para a sala de aula um gráfico extraído de um portal da Grande Rede, um jornal, ou uma revista, publicado no corrente mês, e que você acredite ser uma representação inadequadamente desenhada para alguma variável numérica. Esteja preparado para submeter o gráfico ao professor, com comentários sobre a razão pela qual você acredita não ser ele apropriado? Você imagina que a intenção do gráfico seja propositadamente enganar o leitor? Esteja também preparado para fazer uma apresentação e comentários sobre isso em sala de aula.

2.55 (Projeto para o Estudante) Traga para a sala de aula um gráfico extraído de um portal da Grande Rede, um jornal, ou uma revista, publicado no corrente mês, e que você acredite ser uma representação inadequadamente desenhada para alguma variável categórica. Esteja preparado para submeter o gráfico ao professor, com comentários sobre a razão pela qual você

acredita não ser ele apropriado? Você imagina que a intenção do gráfico seja propositadamente enganar o leitor? Esteja também preparado para fazer uma apresentação e comentários sobre isso em sala de aula.

2.56 (Projeto para o Estudante) A Data and Story Library (DASL) é um biblioteca virtual com arquivos de dados e histórias que ilustram o uso de métodos estatísticos básicos. Dirija-se ao portal **libstat.cmu.edu/index.php**, clique em DASL e explore algumas das várias ilustrações gráficas.

a. Selecione uma ilustração gráfica que você acredita que tenha sido eficaz em revelar aquilo que os dados estão apresentando. Argumente sobre a razão pela qual você acredita que seja uma boa ilustração gráfica.

b. Selecione uma ilustração gráfica que você acredita que careça de um grande reforço de melhorias. Argumente sobre a razão pela qual você acredita que seja uma ilustração gráfica elaborada de modo ineficaz.

2.57 Examine a apresentação visual a seguir, adaptada de uma apresentação que apareceu no *World Happiness Report* (Relatório sobre Felicidade Mundial), distribuído pelas Nações Unidas, em abril de 2012, como relatado por **flowingdata.com**.

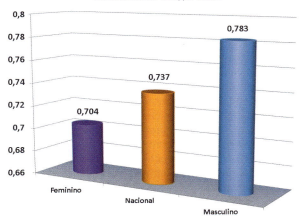

a. Descreva pelo menos uma característica favorável no que se refere a essa apresentação visual.
b. Descreva pelo menos uma característica desfavorável no que se refere a essa apresentação visual.
c. Redesenhe o gráfico, utilizando as diretrizes que foram fornecidas no final desta seção.

2.58 Examine a apresentação visual a seguir, adaptada de uma apresentação que apareceu durante um noticiário do Canal Fox News, em 2011, como relatado por **flowingdata.com**.

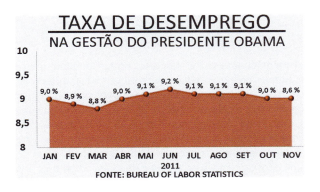

a. Descreva pelo menos uma característica favorável no que se refere a essa apresentação visual.
b. Descreva pelo menos uma característica desfavorável no que se refere a essa apresentação visual.
c. Redesenhe o gráfico, utilizando as diretrizes que foram fornecidas no final desta seção.

2.59 Examine a apresentação visual a seguir, adaptada de uma apresentação que apareceu em "Statistics of international development blogs and new plans for Kariobangi in 2012", no blog de kariobangi, **kariobangi.wordpress.com**, em 3 de janeiro de 2012.

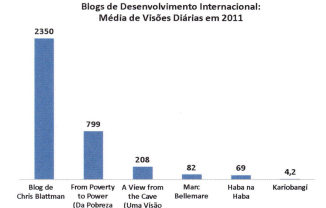

a. Descreva pelo menos uma característica favorável, no que se refere a essa apresentação visual.
b. Descreva pelo menos uma característica desfavorável, no que se refere a essa apresentação visual.
c. Redesenhe o gráfico, utilizando as diretrizes que foram fornecidas no final desta seção.

2.60 A Professora Deanna Oxender Burgess, da Universidade da Costa do Golfo da Flórida, conduziu pesquisas sobre relatórios anuais de empresas (veja D. Rosato, "Worried About the Numbers? How About the Charts?" *The New York Times*, 15 de setembro de 2002, p. B7). Burgess descobriu que até mesmo ligeiras distorções em um gráfico modificavam a percepção dos leitores quanto às respectivas informações. Utilizando recursos na Grande Rede, ou em fontes bibliográficas, selecione uma empresa e estude seu relatório anual mais recente. Encontre pelo menos um gráfico no relatório que você imagine que careça de aperfeiçoamentos e desenvolva uma versão aprimorada para o gráfico em questão. Explique a razão pela qual você acredita que o gráfico aperfeiçoado seja melhor do que aquele incluído no relatório anual.

2.61 A Figura 2.1 mostra um gráfico de barras e um gráfico de pizza correspondentes àquilo que os patrões demandam de seus empregados durante o período de férias (veja o início da Seção 2.3).
a. Crie um gráfico de pizza explodido, um gráfico de rosca, um gráfico de cone e um gráfico de pirâmide que ilustrem aquilo que os patrões demandam de seus empregados durante o período de férias.
b. Que gráficos você prefere — o gráfico de barras, o gráfico de pizza, o gráfico de pizza explodido, o gráfico de rosca, o gráfico de cone ou o gráfico de pirâmide? Explique.

2.62 As Figuras 2.2 e 2.3 consistem em um gráfico de barras e um gráfico de pizza para os dados sobre o nível de risco para os fundos de aposentadoria (veja os Exemplos 2.5 e 2.6)
a. Crie um gráfico de pizza explodido, um gráfico de rosca, um gráfico de cone e um gráfico de pirâmide, que ilustrem o nível de risco correspondente aos fundos de aposentadoria.
b. Que gráficos você prefere — o gráfico de barras, o gráfico de pizza, o gráfico de pizza explodido, o gráfico de rosca, o gráfico de cone ou o gráfico de pirâmide? Explique.

2.7 Organizando e Visualizando Muitas Variáveis

Tabelas Dinâmicas são tecnicamente limitadas tanto pela memória do computador (um limite que você jamais alcançará enquanto estiver utilizando este livro) quanto pelo número de linhas que uma planilha pode ter (que é aproximadamente 1 milhão para as versões atuais do Excel — novamente, não é um limite que você alcançará com o uso deste livro).

Conforme discutimos na seção Grandes Coisas para se Aprender Primeiro, do capítulo introdutório Mãos à Obra, estimulada pelas transformações no âmbito da Tecnologia da Informação, a estatística tem assistido ao uso crescente de novas técnicas que existiam ou não; ou não eram práticas para fins de uso; ou não eram disseminadamente conhecidas no passado. Recentemente, organizar e visualizar muitas variáveis ao mesmo tempo, até mesmo variáveis que representam "megadados" (veja a Seção MAO.3), passou a ser tarefa prática para os tomadores de decisões.

Quando trabalha com muitas variáveis, você deve ter em mente os limites da Tecnologia da Informação que está sendo utilizada para coletar, armazenar e analisar dados, bem como os limites das outras pessoas em termos de serem capazes de perceber e compreender os resultados que você apresenta. Muitas pessoas cometem o equívoco de ficar demasiadamente preocupadas com os limites ora citados — em relação aos quais, no ambiente de uma empresa típica, elas não têm qualquer controle — esquecendo-se, ou sendo demasiadamente inexperientes, em relação às questões inerentes à apresentação, que são frequentemente bem mais críticas.

No Microsoft Excel, você utiliza Tabelas Dinâmicas para organizar muitas variáveis ao mesmo tempo. Uma **Tabela Dinâmica** resume as variáveis na forma de uma tabela resumida multidimensional e permite que você, interativamente, altere o nível de sumarização e o arranjo e formatação das variáveis. Tabela Dinâmica também permite que você interativamente "corte em fatias" os seus dados para resumir subconjuntos de dados de modo a atender a critérios especificados (veja a Seção 2.8)

Tabelas Dinâmicas permitem que você descubra possíveis padrões e relações que tabelas mais simples podem deixar passar despercebidos. Embora qualquer número de variáveis possa ser utilizado, sujeito a limites, exemplos de mais de três ou quatro variáveis Excel, é mais aconselhável deixá-los a cargo de suplementos mais especializados do Excel ou *softwares* de estatística mais sofisticados, como, por exemplo, o JMP do SAS Institute.

Para cada Tabela Dinâmica que você cria, o Excel cria automaticamente um Gráfico Dinâmico em paralelo, no qual você pode manipular diretamente o conteúdo e a apresentação de um gráfico, de maneira tal que interativamente modifique a Tabela Dinâmica que está sendo utilizada como origem do gráfico. Infelizmente, o recurso para Tabela Dinâmica nas versões do Excel anteriores a 2010 são implementadas de maneira inconsistente, tornando as Tabelas Dinâmicas menos úteis nessas versões mais antigas. E ainda, conforme explica o Guia do Excel para o Capítulo 2, o tipo de gráfico que o recurso Tabela Dinâmica utiliza, até mesmo em versões mais recentes, é frequentemente o tipo errado, e você precisará alterá-lo manualmente.

Tabelas de Contingência Multidimensionais

Uma **tabela de contingência multidimensional** tabula as respostas correspondentes a três ou mais variáveis categóricas. No caso mais simples de três variáveis categóricas, cada uma das células na tabela contém os cruzamentos da terceira variável, organizados pelos subgrupos representados pela variável da linha e a variável da coluna.

Considere a tabela de contingência, Tabela 2.5, no final da Seção 2.1, que tabula, conjuntamente, as variáveis tipo e risco para a amostra de 318 fundos de aposentadoria, na forma de percentuais do total geral. Por questões de conveniência, essa tabela é ilustrada como uma Tabela Dinâmica bidimensional na ilustração esquerda da Figura 2.21. A tabela demonstra, entre outras coisas, que existe uma quantidade bem mais alta de fundos baseados no crescimento com médio risco do que com baixo e alto risco.

Acrescentar uma terceira variável categórica, a capitalização de mercado do fundo, cria uma tabela de contingência multidimensional ilustrada à direita na Figura 2.21. Esta nova Tabela Dinâmica revela os seguintes padrões que não podem ser vistos na tabela de contingência original da Tabela 2.5.

- **No que se refere aos fundos baseados no crescimento, o padrão de risco difere dependendo da capitalização de mercado do fundo.** Fundos com baixa capitalização são mais propensos a apresentar alto risco e são muito pouco propensos a apresentar baixo risco. Fundos com média capitalização são mais propensos a apresentar risco médio. Fundos com alta capitalização são mais propensos a apresentar baixo risco ou médio risco e não são muito propensos a apresentar alto risco.

	A	B	C	D	E
1	Tabela de Contingência para Tipo de Fundo e Risco				
2					
3		RISCO			
4	TIPO	Baixo	Médio	Alto	Total Geral
5	⊞Crescimento	19,50%	35,53%	15,09%	70,13%
6	⊞Valorização	11,64%	10,06%	8,18%	29,87%
7	Total Geral	31,13%	45,60%	23,27%	100,00%

	A	B	C	D	E
1	Tabela de Contingência para Tipo de Fundo, Capitalização de Mercado e Risco				
2					
3		RISCO			
4	TIPO	Baixo	Médio	Alto	Total Geral
5	⊟Crescimento	19,50%	35,53%	15,09%	70,13%
6	Alta	15,09%	14,78%	2,52%	32,39%
7	Média Cap	3,77%	13,84%	3,14%	20,75%
8	Baixa	0,63%	6,92%	9,43%	16,98%
9	⊟Valorização	11,64%	10,06%	8,18%	29,87%
10	Alta	9,43%	7,86%	0,00%	17,30%
11	Média Cap	1,57%	1,57%	2,83%	5,97%
12	Baixa	0,63%	0,63%	5,35%	6,60%
13	Total Geral	31,13%	45,60%	23,27%	100,00%

FIGURA 2.21 Tabela Dinâmica mostrando percentuais do total geral para tipo de fundo e risco (esquerda) e para tipo de fundo, capitalização no mercado, e risco (direita) para a amostra de fundos de aposentadoria

Organizando e Visualizando Dados **79**

- **Os fundos baseados na valorização demonstram um padrão de risco que é diferente do padrão verificado nos fundos baseados no crescimento.** Fundos com média capitalização são mais propensos a apresentar alto risco. Praticamente dois terços dos fundos com alta capitalização são de baixo risco, ao passo que nenhum dos fundos baseados na valorização, e com alta capitalização, apresentou alto risco.

Acrescentando Variáveis Numéricas

Tabelas de contingência multidimensionais podem incluir variáveis numéricas. Quando você acrescenta uma variável numérica a uma análise multidimensional, você utiliza variáveis categóricas ou variáveis que representam unidades de tempo como as variáveis de linha e de coluna que formam os grupos pelos quais os dados da variável numérica serão apresentados.

Quando você inclui uma variável numérica, você habitualmente calcula uma das estatísticas descritivas numéricas discutidas nas Seções 3.1 e 3.2. Por exemplo, a tabela de contingência multidimensional que calcula a média aritmética, ou média, do percentual de retorno para 10 anos em relação a cada um dos grupos formados pelas variáveis categóricas tipo, risco e capitalização de mercado, é apresentada de dois modos diferentes na Figura 2.22.

A tabela à esquerda na Figura 2.22 apresenta as categorias de capitalização de mercado *recolhidas* ou ocultadas da visão. Essa tabela enfatiza que os fundos baseados na valorização com baixo ou alto risco apresentam uma média aritmética mais alta para o percentual de retorno para 10 anos do que seus respectivos fundos baseados no crescimento com esses mesmos níveis de risco. A tabela à direita, com as categorias de capitalização de mercado *expandidas*, revela um padrão mais complicado incluindo que os fundos baseados no crescimento com alta capitalização de mercado são os de desempenho mais fraco e puxam significativamente para baixo a média aritmética correspondente à categoria dos fundos baseados no crescimento. (Uma vez que não existem fundos baseados na valorização com alta capitalização e alto risco, conforme ilustrado na Figura 2.22, nenhuma média aritmética pode ser calculada para esse grupo e, por conseguinte, a célula que representa esse grupo está em branco.)

Tabela de Contingência para Tipo de Fundo, Capitalização de Mercado e Risco

Média para %Retorno10Anos	RISCO			
TIPO	Baixo	Médio	Alto	Total Geral
Crescimento	4,50	4,99	5,484848	5,95
Valorização	4,12	5,07	4,727272	4,73
Total Geral	5,14	4,71	6,878787	5,47

Tabela de Contingência para Tipo de Fundo, Capitalização de Mercado e Risco

Média para %Retorno10Anos	RISCO			
TIPO	Baixo	Médio	Alto	Total Geral
Crescimento	4,12	5,07	4,72	4,73
Alta	3,69	3,65	1,26	3,48
Média Cap	5,62	6,04	5,77	5,92
Baixa	5,38	6,15	5,30	5,65
Valorização	5,14	4,71	6,87	5,47
Alta	4,52	4,13		4,34
Média Cap	6,62	6,27	5,52	6,01
Baixa	10,77	8,12	7,58	7,94
Total Geral	4,50	4,99	5,48	4,95

FIGURA 2.22 Tabela de contingência para tipo do fundo, risco do fundo e capitalização de mercado para o fundo, mostrando a média aritmética correspondente ao percentual de retorno para 10 anos

Drill-Down — Revelando os Registros de Base

Clicar duas vezes em uma célula em uma Tabela Dinâmica faz com que o Excel adote o procedimento que mostra ou oculta os dados detalhados de uma célula, e revela os registros de base (dados subjacentes) em uma nova planilha. As novas planilhas que esse processo cria podem ser utilizadas do mesmo modo que quaisquer outras planilhas, e você pode aplicar métodos estatísticos a essas planilhas sem afetar a Tabela Dinâmica de origem.

Por exemplo, na Tabela Dinâmica que apresenta o percentual do total geral para tipo de fundo e risco (mostrada na ilustração na Figura 2.21), clicar duas vezes na célula D6, que tabula a resposta combinada "fundo baseado em valorização e alto risco" cria a nova planilha parcialmente ilustrada na Figura 2.23. Nessa nova planilha, você visualiza os detalhes correspondentes aos 26 fundos de aposentadoria com aquela resposta combinada. (E, em consonância com observações anteriores, você pode observar que não existem fundos com alta capitalização de mercado nesse grupo.)

	Número do Fundo	Capitalização de Mercado	Tipo	Ativos	Taxa de Rotatividade	Beta	DP	Risco	%Retorno 1Ano	%Retorno 3Anos	%Retorno 5Anos	%Retorno 10Anos	Proporção de Despesas	Classificação por Estrelas
2	RF318	Baixa	Valorização	83,6	124	0,85	23,62	Alto	-3,77	19,06	2,16	9,13	1,6	Três
3	RF316	Baixa	Valorização	9	131	0,85	25,14	Alto	-1,34	20,13	-0,94	6,45	1,87	Dois
4	RF315	Baixa	Valorização	22,3	127	0,68	24,86	Alto	4,63	20,9	-0,92	4,44	1,96	Cinco
5	RF314	Baixa	Valorização	9	123	0,95	22,68	Alto	5,64	21,74	1,35	8,43	1,26	Três
24	RF228	Média Cap	Valorização	22,3	95	1,38	25,91	Alto	-3,26	25,33	-1,41	6,41	0,6	Cinco
25	RF227	Média Cap	Valorização	1352,3	38	1,44	28,42	Alto	0,57	29,83	4,82	10,09	1,29	Quatro
26	RF226	Média Cap	Valorização	28	381	1,57	32,05	Alto	0,44	30,04	-2,87	2,03	1,54	Cinco
27	RF225	Média Cap	Valorização	18,3	26	1,46	28,97	Alto	0,81	35,01	2,73	4,46	2,07	Três

FIGURA 2.23 Planilha mostrando os registros de base das células

Problemas para a Seção 2.7

APLICANDO OS CONCEITOS

2.63 Utilizando a amostra de fundos de aposentadoria armazenada em **Fundos de Aposentadoria**:

a. Construa uma tabela que calcule a média do retorno para três anos, para cada tipo de fundo, capitalização de mercado e risco.

b. Utilize o recurso do Excel para mostrar dados subjacentes nas células para examinar os fundos baseados no crescimento com alta capitalização e alto risco. Quantos fundos existem? A que conclusões você consegue chegar com relação a esses fundos?

2.64 Utilizando a amostra de fundos de aposentadoria armazenada em **Fundos de Aposentadoria**:

a. Construa uma tabela que tabule o tipo, a capitalização de mercado e a classificação.

b. A que conclusões você consegue chegar, no que se refere às diferenças entre os tipos de fundos de aposentadoria (crescimento e valorização) com base na capitalização de mercado (baixa, média e alta) e a classificação (um, dois, três , quatro e cinco)?

c. Construa uma tabela que calcule a média do retorno para três anos para cada tipo, capitalização de mercado e classificação.

d. Utilize o recurso do Excel para mostrar dados subjacentes nas células para examinar os fundos baseados no crescimento com alta capitalização e com classificação igual a três. Quantos fundos existem? A que conclusões você consegue chegar com relação a esses fundos?

2.65 Utilizando a amostra de fundos de aposentadoria contida no arquivo **Fundos de Aposentadoria**:

a. Construa uma tabela que tabule a capitalização de mercado, o risco e a classificação.

b. A que conclusões você consegue chegar, no que se refere às diferenças entre os tipos de fundos com base na capitalização de mercado (baixa, média e alta) e a classificação (um, dois, três, quatro e cinco)?

c. Construa uma tabela que calcule a média do retorno de três anos para cada capitalização de mercado, risco e classificação.

d. Utilize o recurso do Excel para mostrar dados subjacentes nas células para examinar os fundos com alta capitalização e alto risco, e com classificação igual a três. Quantos fundos existem? A que conclusões você consegue chegar com relação a esses fundos?

2.66 Utilizando a amostra de fundos de aposentadoria contida no arquivo **Fundos de Aposentadoria**:

a. Construa uma tabela que tabule tipo, risco e classificação.

b. A que conclusões você consegue chegar, no que se refere às diferenças entre os tipos de fundos de aposentadoria (crescimento e valorização) tomando como base o risco (baixo, médio e alto) e a classificação por estrelas (um, dois, três, quatro e cinco)?

c. Construa uma tabela que calcule a média de retorno de três anos para cada tipo, risco e classificação.

d. Utilize o recurso do Excel para mostrar dados subjacentes nas células para examinar os fundos baseados no crescimento com alto risco, com alta capitalização e com uma classificação igual a três. Quantos fundos existem? A que conclusões você consegue chegar com relação a esses fundos?

2.67 Utilizando a amostra de fundos de aposentadoria contida no arquivo **Fundos de Aposentadoria**:

a. Construa uma tabela que tabule tipo, capitalização de mercado, risco e classificação.

b. A que conclusões você consegue chegar, no que se refere às diferenças entre os tipos de fundo tomando como base a capitalização de mercado (baixa, média e alta), com base no tipo de fundo (crescimento e valorização), no risco (baixo, médio e alto) e na classificação (um, dois, três , quatro e cinco)?

c. Que tabela você acredita que seja mais fácil de interpretar, a tabela deste problema ou aquelas nos Problemas 2.64-2.66? Explique.

d. Compare os resultados desta tabela com as tabelas da Figura 2.21 e dos Problemas 2.64-2.66. Que diferenças você consegue observar?

2.8 Tabelas Dinâmicas e Análises de Negócios

Funcionalidades do Excel utilizadas com Tabelas Dinâmicas multidimensionais podem ilustrar alguns dos princípios subjacentes da análise de negócios, embora essas funcionalidades não se caracterizem como *softwares* de análises de negócios no senso mais estrito. Lembre-se, com base na Seção MAO.3, de que análises de negócios permitem que você explore os dados de modo a descobrir relações não antes previstas. Nos vários exemplos na Seção 2.7, já foram descobertas algumas relações não antes previstas na amostra de 318 fundos de aposentadoria, por meio da adição de uma terceira ou uma quarta variável a uma tabela de contingência multidimensional.

Alguns processos de análise funcionam do seguinte modo: Você acrescenta variáveis e verifica se relações não antes previstas são descobertas. No entanto, outros processos de análise começam com muitas variáveis, e permitem que você *filtre* os dados explorando combinações específicas entre valores categóricos ou intervalos numéricos. No Excel, utilizar o mecanismo de segmentação de dados (*slicer*) é um dos meios de imitar esse processo de filtragem.

O mecanismo de segmentação de dados não está disponível no Excel 2011 (OS X) e no Excel 2007 (Microsoft Windows).

Em sua forma mais simples, o mecanismo de **segmentação de dados** é um painel de botões nos quais se pode clicar, e que aparecem superpostos acima de uma planilha. Cada um dos painéis de segmentação de dados corresponde a uma das variáveis que está sendo estudada, e cada um dos botões em um painel de segmentação de dados em uma variável representa um valor exclusivo da variável que é encontrado nos dados que estão sendo estudados. Você pode criar uma segmentação de dados para qualquer variável que tenha sido *associada* a uma Tabela Dinâmica e não simplesmente para as variáveis que você tenha inserido fisicamente em uma Tabela Dinâmica. Isto permite que você trabalhe com mais de três ou quatro variáveis, ao mesmo tempo, de maneira tal que evite a criação de uma tabela de contingência multidimensional demasiadamente complexa que seria difícil de ser lida.

Ao clicar em botões nos painéis de segmentação de dados, você pode fazer perguntas sobre os dados que coletou, um dos métodos básicos da análise de negócios. Isso se contrapõe aos métodos de organizar dados descritos anteriormente neste capítulo, que permitem que você observe relações nos dados, mas não indague sobre a presença ou ausência de relações específicas. Uma vez que um conjunto de segmentações de dados pode proporcionar a você uma percepção antecipada sobre os dados que você coletou, a utilização de um conjunto de segmentações de dados imita a função de um painel de instrumentos para a análise de negócios. Muito semelhante a um painel de instrumentos em um automóvel, um **painel de instrumentos** para análise de negócios sintetiza o estado atual de seus dados e permite que você visualize as excepcionalidades nos dados, no modo pelo qual elas ocorrem frequentemente com visualizações de dados que utilizam tipos de gráficos discutidos neste capítulo, assim como é o caso com visualizações mais recentes que podem imitar um painel de instrumentos de um automóvel.

A planilha na Figura 2.24 mostra uma Tabela Dinâmica que foi associada às variáveis encontradas na planilha DADOS da pasta de trabalho Fundos de Aposentadoria. Na Tabela Dinâmica, as variáveis tipo e risco foram inseridas como as variáveis de linha e de coluna, e foram acrescentadas à planilha segmentações de dados para as variáveis Tipo, Cap Mercado, Classificação por Estrelas e Proporção de Despesas.

FIGURA 2.24 Tabela Dinâmica para tipo de fundo e risco, com segmentações de dados associadas

Com base nessas quatro segmentações, você consegue fazer perguntas como:

1. Quais são os atributos dos fundos que apresentam a proporção de despesas mais baixa?
2. Quais são as proporções de despesas associadas aos fundos com baixa capitalização de mercado, que tenham uma classificação financeira correspondente a cinco estrelas?
3. Qual (ou quais) fundo(s) na amostra apresenta(m) as proporções de despesas mais altas?
4. Qual é o tipo e a capitalização de mercado para os fundos de cinco estrelas com as proporções de despesas mais baixas?

Estão ilustradas na Figura 2.25 as segmentações de dados que respondem às Perguntas 1 e 4. Observe que o Excel ofuscou, ou desabilitou, os botões que representam os valores das variáveis que a filtragem atual de dados exclui. Isso permite que você visualmente verifique as respostas para as

FIGURA 2.25 Ilustrações das segmentações para a resposta da Pergunta 1 (esquerda) e para a resposta da Pergunta 4 (direita)

FIGURA 2.26 Uma ilustração mais complexa, com segmentações, que identifica fundos de aposentadoria com as cinco taxas mais altas de rotatividade na carteira

perguntas. Por exemplo, a resposta para a Pergunta 1 é que um fundo baseado no **crescimento** com **alta** capitalização de mercado e uma classificação de **quatro** estrelas possui a proporção de despesas mais baixa, **0,59**. (Com base nas Tabelas Dinâmicas não ilustradas na Figura 2.25, você pode deduzir que existe somente um único fundo.) A resposta para a Pergunta 4 é que um fundo com cinco estrelas e com a proporção de despesas mais baixa (0,60 %) é um fundo de aposentadoria baseado na valorização e com média capitalização. (As respostas para todas as quatro perguntas podem ser vistas na pasta de trabalho Segmentação.)

São possíveis ilustrações mais complicadas com segmentações. Na Figura 2.26, os cinco valores mais altos para taxa de rotatividade foram clicados para que se pudesse ver quais fundos estão associados a essas proporções. Entre outras coisas, você pode ver que os fundos associados a essas proporções (RF070, RF135, RF177, RF242 e RF272) são classificados como de duas ou de cinco estrelas. Clicar no painel Classificação por Estrelas (não ilustrado) leva à descoberta de que todos, exceto o fundo RF135, são fundos de cinco estrelas. Isso pode levantar outras perguntas sobre o que torna o RF135 de duas estrelas tão singular na amostra de fundos de aposentadoria.

Análises de Negócios no Mundo Real e o Microsoft Excel

Os exemplos nesta seção servem como uma introdução para a análise de negócios, mas existem diferenças significativas entre os exemplos e a análise de negócios no mundo real. Os exemplos nesta seção utilizam Tabelas Dinâmicas que recuperam dados oriundos de uma única planilha. A análise de negócios no mundo real utiliza conjuntos de dados consideravelmente grandes, e recuperam dados a partir de bancos de dados das empresas. Os exemplos nesta seção utilizam a filtragem simples baseada em valores específicos de variáveis. A análise de negócios no mundo real faz isso também, e é capaz de filtrar de maneira mais significativa os dados baseados em relações condicionais complexas, ou fórmulas que calculam valores (fórmulas semelhantes, conceitualmente, às fórmulas de planilhas discutidas na Seção B.1 do Apêndice B).

Não obstante as diferenças, aprender sobre Tabelas Dinâmicas pode preparar você para as ferramentas da análise de negócios "real". Uma dessas ferramentas é o suplemento PowerPivot no Excel 2010 e no Excel 2013, que a Microsoft oferece para ser baixado gratuitamente. Como sugere o nome do suplemento, esse suplemento estende as funcionalidades básicas da Tabela Dinâmica, de maneira tal que elimina as diferenças apontadas no parágrafo anterior. Embora o PowerPivot requeira um banco de dados corporativo como a fonte para os dados, o que está além do escopo deste livro, o suplemento opera de maneira tal que será familiar para qualquer usuário de Tabelas Dinâmicas.

Problemas para a Seção 2.8

APLICANDO OS CONCEITOS

2.68 Utilizando a amostra de fundos de aposentadoria contida no arquivo Fundos de Aposentadoria, quais são os atributos do fundo com o retorno de cinco anos mais alto?

2.69 Utilizando a amostra de fundos de aposentadoria contida no arquivo Fundos de Aposentadoria, quais retornos de cinco anos estão associados aos fundos com baixa capitalização de mercado que possuem uma classificação de cinco estrelas?

2.70 Utilizando a amostra de fundos de aposentadoria contida no arquivo Fundos de Aposentadoria, quais fundos na amostra apresentam o retorno de cinco anos mais baixo?

2.71 Utilizando a amostra de fundos de aposentadoria contida no arquivo Fundos de Aposentadoria, qual é o tipo e qual a capitalização de mercado do fundo de cinco estrelas com o retorno de cinco anos mais alto?

2.72 Utilizando a amostra de fundos de aposentadoria contida no arquivo Fundos de Aposentadoria, que características estão associadas aos fundos que apresentam o retorno de cinco anos mais baixo?

UTILIZANDO A ESTATÍSTICA

Choice *Is* Yours (A Escolha *É* Sua) Revisitada

No cenário Utilizando a Estatística, você foi contratado pela prestadora de serviços de investimentos Choice *Is* Yours (A Escolha É Sua) com o objetivo de prestar assessoria a clientes que buscam investir em fundos de aposentadoria. Foi selecionada uma amostra de 318 fundos compostos por títulos e registrado o histórico sobre o desempenho no passado. Para cada um dos 318 fundos, foram coletados dados sobre 13 variáveis. Com uma quantidade assim tão grande de informações, a visualização de todos esses números exigia o uso de apresentações gráficas apropriadamente selecionadas.

A partir de gráficos de barras e gráficos de pizza, você foi capaz de visualizar que aproximadamente metade dos fundos foi classificada como tendo risco médio; aproximadamente um terço tinha baixo risco; e menos de um quarto tinha alto risco. Tabelas de contingência para o tipo de fundo e o risco do fundo revelaram que uma quantidade bem maior de fundos baseados no crescimento apresentava médio risco, em comparação com alto e baixo risco, ao passo que o nível de risco dos fundos baseados na valorização é dividido de maneira aproximadamente equitativa entre as três categorias de risco. Depois de construir histogramas e polígonos de percentagens para o retorno de três anos, você conseguiu concluir que os retornos de três anos foram bem mais altos para os fundos baseados no crescimento do que para os fundos baseados na valorização. O retorno para fundos baseados no crescimento está concentrado entre 15 e 30, enquanto o retorno para fundos baseados na valorização está concentrado entre 15 e 25.

Com base em uma tabela de contingência multidimensional, você descobriu relações mais complexas: por exemplo, no que se refere aos fundos baseados no crescimento, o padrão de risco difere, dependendo da capitalização de mercado do fundo. Com base no uso de segmentações de dados e técnicas correlatas a partir de análises de negócios, você começa a identificar fundos de aposentadoria que possuem conjuntos singulares de atributos que podem representar oportunidades de investimento excepcionais para clientes da empresa de investimentos.

De posse desses novos esclarecimentos, você consegue informar a seus clientes sobre como eles desempenharam os diferentes fundos. Evidentemente, o histórico sobre o desempenho passado de um determinado fundo não garante o seu respectivo desempenho no futuro. É também aconselhável que você analise as diferenças, em termos do retorno, no ano mais recente, e também nos últimos 5 anos e nos últimos 10 anos, para que possa ver o desempenho dos fundos baseados no crescimento, dos fundos baseados na valorização e dos fundos com baixa, média e alta capitalização de mercado.

Dmitriy Shironosov / Shutterstock

RESUMO

Organizar e visualizar dados representa a terceira e a quarta tarefas da estrutura DCOVA. O modo como você realiza essas tarefas varia em razão do tipo de variável, categórica ou numérica, bem como o número de variáveis que você pretende organizar e visualizar ao mesmo tempo. A Tabela 2.20, a seguir, resume os métodos apropriados para realizar essas tarefas.

Utilizar os métodos apropriados para organizar e visualizar os seus dados permite que você chegue a conclusões preliminares sobre esses dados. Em diversos exemplos diferentes ao longo do capítulo, tabelas e gráficos ajudaram você a tirar conclusões sobre as demandas que os patrões das pessoas impõem a elas durante o período de férias, e sobre o custo de refeições em restaurantes de uma determinada cidade e em seus respectivos subúrbios; eles também forneceram informações sobre a amostra de fundos de aposentadoria no cenário da Choice *Is* Yours.

Utilizar os métodos apropriados para visualizar seus dados pode ajudar você a tirar conclusões preliminares, e também fazer com que você faça diferentes perguntas sobre seus dados, que podem acarretar outras análises, em um momento posterior. Caso utilizados de maneira inapropriada, os métodos para visualizar dados podem acrescentar ambiguidades ou distorções aos seus dados, conforme discute a Seção 2.6. E também, ao utilizar o Microsoft Excel, você deve saber sobre as correções que pode fazer para os erros comuns que o Excel algumas vezes comete ao visualizar dados. (O Guia do Excel para o Capítulo 2 discute, com detalhes, essas correções.)

Métodos para organizar e visualizar dados ajudam a resumir os dados. No que se refere a variáveis numéricas, existem inúmeros outros meios para resumir dados, que envolvem calcular estatísticas de amostras ou parâmetros da população. Os exemplos mais comuns para essas *medidas numéricas descritivas* são objeto do Capítulo 3.

TABELA 2.20
Organizando e
Visualizando Dados

Tipo de Variável	Métodos
Variáveis categóricas	
Organizar	Tabela resumida, tabela de contingência (Seção 2.1)
Visualizar uma variável	Gráfico de barras, gráfico de pizza, diagrama de Pareto (Seção 2.3)
Visualizar duas variáveis	Gráfico de barras paralelas (Seção 2.3)
Variáveis numéricas	
Organizar	Disposição ordenada, distribuição de frequências, distribuição de frequências relativas, distribuição de percentagens, distribuição de percentagens acumuladas (Seção 2.2)
Visualizar uma variável	Disposição ramo e folha, histograma, polígono de percentagens, polígono de percentagens acumuladas (ogiva) (Seção 2.4)
Visualizar duas variáveis	Diagrama de dispersão, gráfico de séries temporais (Seção 2.5)
Muitas variáveis juntas	
Organizar	Tabelas multidimensionais (Seção 2.7)
Visualizar uma variável	Segmentadores do Excel, métodos adaptados da análise de negócios (Seção 2.8)

REFERÊNCIAS

1. Batemen, S., R. Mandryk, C. Gutwin, A. Genest, D. McDine, e C. Brooks, "Useful Junk? The Effects of Visual Embelishment on Comprehension and Memorability of Charts", 10 de abril 2010, **www.bci.usask.ca/uploads/173-pap0297-bateman.pdf**.
2. Huff, D. *How to Lie with Statistics*, Nova York: Norton, 1954.
3. *Microsoft Excel 2010*. Redmond. WA: Microsoft Corporation, 2010.
4. Tufte, E. R. *Beautiful Evidence.* Cheshire, CT: Graphics Press, 2006.
5. Tufte, E. R. *Envisioning Information.* Cheshire, CT: Graphics Press, 1990.
6. Tufte, E. R. *The Visual Display of Quantitative Information*, 2nd ed. Cheshire, CT: Graphics Press, 2002.
7. Tufte, E. R. *Visual Explanations.* Cheshire, CT: Graphics Press, 1997.
8. Wainer, H. *Visual Revelations*: *Graphical Tales of Fate and Deception from Napoleon Bonaparte to Ross Perot.* Nova York, Copernicus/Springer-Verlag, 1997.

EQUAÇÕES-CHAVE

Determinando a Amplitude do Intervalo de Classe

$$\text{Amplitude do intervalo} = \frac{\text{valor mais alto} - \text{valor mais baixo}}{\text{número de classes}} \qquad (2.1)$$

Calculando a Proporção ou Frequência Relativa

$$\text{Proporção} = \text{frequência relativa} = \frac{\text{número de valores em cada classe}}{\text{número total de valores}} \qquad (2.2)$$

TERMOS-CHAVE

amplitude do intervalo de classe
blocos
célula
classes
diagrama de Pareto
disposição ordenada
disposição ramo e folha
distribuição de frequências
distribuição de frequências relativas
distribuição de percentagens
distribuição de percentagens acumuladas
empilhados
estatística
firula no gráfico

frequência relativa
gráfico de barras
gráfico de barras paralelas
gráfico de dispersão
gráfico de pizza
histograma
intervalo de classe
limites de classe
mostrando os dados detalhados de uma célula
não empilhados
ogiva (polígono de percentagens acumuladas)
painel de instrumentos

parâmetro
polígono de percentagens
polígono de percentagens acumuladas (ogiva)
pontos médios da classe
princípio de Pareto
proporção
registro de base
resposta combinada
segmentação de dados
tabela de contingência
tabela de contingência multidimensional
Tabela Dinâmica
tabela resumida

AVALIANDO O SEU ENTENDIMENTO

2.73 Qual é a diferença entre estatística e parâmetro?

2.74 De que modo histogramas e polígonos diferem entre si, em termos de construção e uso?

2.75 Por que você construiria uma tabela resumida?

2.76 Quais são as vantagens e/ou desvantagens da utilização de um gráfico de barras, um gráfico de pizza ou um diagrama de Pareto?

2.77 Compare e faça o contraponto entre o gráfico de barras para dados categóricos e o histograma para dados numéricos.

2.78 Qual é a diferença entre um gráfico de séries temporais e um gráfico de dispersão?

2.79 Por que razão se afirma que a principal característica de um diagrama de Pareto é a sua capacidade de separar os "poucos dados vitais" dos "muitos dados triviais"? Discuta.

2.80 Quais são os três diferentes modos de desmembrar as percentagens em uma tabela de contingência?

2.81 De que modo uma tabela multidimensional difere de uma tabela de contingência de duas variáveis?

2.82 Que tipo de conhecimento prévio você consegue obter a partir de uma tabela de contingência que contenha três variáveis, que você não consegue obter a partir de uma tabela de contingência que contenha duas variáveis?

2.83 Qual é a diferença entre mostrar dados subjacentes nas células e segmentar dados?

PROBLEMAS DE REVISÃO DO CAPÍTULO

2.84 A tabela resumida a seguir apresenta o desmembramento do preço de um novo livro didático para faculdades:

Categoria da Receita	Percentagem (%)	
Editor	64,8	
Custos de produção		32,3
Marketing e promoções		15,4
Custos administrativos e taxas administrativas		10,0
Lucros depois dos impostos		7,1
Livraria	22,4	
Salários e benefícios de empregados		11,3
Operações		6,6
Lucros antes dos impostos		4,5
Autor	11,6	
Frete	1,2	

Fonte: Dados extraídos de T. Lewin, "When Books Break the Bank", *The New York Times*, 16 de setembro de 2003, pp. B1, B4.

a. Utilizando as quatro categorias para editor, livraria, autor e frete, construa um gráfico de barras, um gráfico de pizza e um diagrama de Pareto.
b. Utilizando as quatro subcategorias relativas a editor e as três subcategorias relativas a livraria, juntamente com as categorias relativas a autor e frete, construa um diagrama de Pareto.
c. Com base nos resultados correspondentes a (a) e (b), a que conclusões você consegue chegar, no que concerne a quem fica com a receita decorrente da venda dos novos livros didáticos para faculdades? Algum desses resultados surpreende você? Explique.

2.85 Os dados a seguir representam a parcela de mercado (em número de salas de cinema, receitas brutas em milhões de dólares e milhões de ingressos vendidos) para cada um dos tipos de cinema em 2011:

86 Capítulo 2

Tipo	Número	Receita Bruta (milhões de $)	Ingressos (milhões)
Baseado em um livro/história curta	80	2.146,6	270,7
Baseado em revista em quadrinhos/ fotonovela	12	803,8	101,4
Baseado em revista/artigo	19	427,3	53,9
Baseado em jogos	1	6,9	0,9
Baseado em musical/ópera	1	0,005	0,0006
Baseado em peça de teatro	14	201,4	25,4
Baseado em eventos da vida real	180	418,1	52,7
Filme da Disney	1	241,1	30,4
Baseado na TV	8	821,7	103,6
Compilação	2	1,4	0,2
Roteiro original	350	4.221,9	532,4
Refilmagem	17	396,7	50,0
Tradicional/lenda/ conto de fadas	6	271,6	34,3
Nova versão de um antigo sucesso	1	145,7	18,4
Filme com grupo musical	1	0,1	0,01

Fonte: Dados extraídos de **www.the-numbers.com/market/ Sources2011.php.**

a. Construa um gráfico de barras, um gráfico de pizza e um diagrama de Pareto para o número de filmes, receita (em milhões de dólares) e número de ingressos vendidos (em milhões).

b. A que conclusões você consegue chegar, com base na participação no mercado dos diferentes tipos de filmes em 2011?

2.86 Foi conduzida uma pesquisa com 665 revistas sobre as práticas em seus portais na Grande Rede. Os resultados estão resumidos em uma tabela de edição de texto e uma tabela de verificação dos fatos

Edição de Texto Comparada com Conteúdo Impresso	Percentagem (%)
Tão rigorosa quanto	41
Menos rigorosa	48
Mais rigorosa	11

Fonte: Dados extraídos de S. Clifford, "Columbia Survey Finds a Slack Editing Process of Magazine Web Sites", *The New York Times*, 1º de março de 2010, p. B6.

a. No que se refere à edição de texto, construa um gráfico de barras, um gráfico de pizza e um gráfico para retratar diagrama de Pareto.

b. Qual método gráfico você acredita que seria o melhor para retratar os dados em questão?

Verificação dos Fatos Comparada com Conteúdo Impresso	Percentagem (%)
A mesma	57
Menos rigorosa	27
Não existe verificação de fatos na versão *on-line*	8
Sem verificação de fatos tanto na versão *on-line* quanto na impressa	8

Fonte: Dados extraídos de S. Clifford, "Columbia Survey Finds a Slack Editing Process of Magazine Web Sites", *The New York Times*, 1º de março de 2010, p. B6.

c. No que se refere à verificação dos fatos, construa um gráfico de barras, um gráfico de pizza e um gráfico para retratar diagrama de Pareto.

d. Qual método gráfico você acredita que seria o melhor para retratar os dados sobre verificação dos fatos?

e. A que conclusões você consegue chegar, com relação à edição de texto e verificação dos fatos no que se refere às edições impressas e às edições *on-line* das revistas?

2.87 A proprietária de um restaurante que serve pratos principais no estilo continental tem como objetivo estratégico comercial aprender mais sobre os padrões de demanda de seus clientes, para o período correspondente a finais de semana, desde sexta-feira até domingo. Foram coletados dados junto a 630 clientes sobre o tipo de prato principal pedido, e esses dados foram organizados na tabela a seguir:

Tipo de Prato Principal	Número de Porções Servidas
Carne	187
Frango	103
Misto	30
Pato	25
Peixe	122
Massa	63
Crustáceos	74
Vitela	26
Total	630

a. Construa uma tabela resumida com as percentagens para os tipos de prato principal solicitados.

b. Construa um gráfico de barras, um gráfico de pizza e um diagrama de Pareto para os tipos de prato principal solicitados.

c. Você prefere o diagrama de Pareto ou o gráfico de pizza para esses dados? Por quê?

d. Que conclusões a proprietária do restaurante pode tirar no que concerne à demanda por diferentes tipos de prato principal?

2.88 Suponha que a proprietária do restaurante mencionado no Problema 2.87 esteja também interessada em estudar a demanda por sobremesas, ao longo do mesmo período de tempo. Ela decidiu que, além de estudar o fato de uma sobremesa ser ou não solicitada, ela também deveria estudar o gênero do indivíduo e o fato de ser ou não demandada carne como prato principal. Foram coletados dados junto a 600 clientes, e esses dados foram organizados dentro das seguintes tabelas de contingência:

SOBREMESA SOLICITADA	GÊNERO		
	Masculino	Feminino	Total
Sim	40	96	136
Não	240	224	464
Total	280	320	600

SOBREMESA SOLICITADA	PRATO PRINCIPAL DE CARNE		
	Sim	Não	Total
Yes	71	65	136
No	116	348	464
Total	187	413	600

a. Para cada uma das duas tabelas de contingência, construa tabelas de contingência para percentagens de linha, para percentagens de coluna e para o total de percentagens.

b. Qual tipo de percentagem (de linha, de coluna ou total) você acredita que seria mais informativo para cada um dos gêneros? E para carne como prato principal? Explique.

c. A que conclusões a proprietária do restaurante pode chegar, no que concerne ao padrão de pedido de sobremesa?

2.89 Os dados a seguir representam as libras *per capita* de alimentos frescos e alimentos pré-embalados, consumidos nos Estados Unidos, Japão e Rússia, em um ano recente:

	PAÍS		
ALIMENTOS FRESCOS	Estados Unidos	Japão	Rússia
Ovos, castanhas e grãos	88	94	88
Frutas	124	126	88
Carne vermelha e frutos do mar	197	146	125
Vegetais	194	278	335
ALIMENTOS EMBALADOS			
Produtos de padaria	108	53	144
Derivados do leite	298	147	127
Massa	12	32	16
Alimentos processados, congelados, secos e congelados, assim como refeições prontas	183	251	70
Molhos, temperos e condimentos	63	75	49
Petiscos e doces	47	19	24
Sopa e comida enlatada	77	17	25

Fonte: Dados extraídos de H. Fairfield, "Factory Food", *The New York Times*, 4 de abril de 2010, p. BU5.

a. No que se refere aos Estados Unidos, Japão e Rússia, construa um gráfico de barras, um gráfico de pizza e um diagrama de Pareto para os diferentes tipos de alimentos frescos consumidos.

b. No que se refere aos Estados Unidos, Japão e Rússia, construa um gráfico de barras, um gráfico de pizza e um diagrama de Pareto para os diferentes tipos de alimentos pré-embalados consumidos.

c. A que conclusões você consegue chegar, com relação às diferenças entre Estados Unidos, Japão e Rússia, quanto a alimentos frescos e alimentos pré-embalados consumidos?

2.90 Alguns anos no passado, uma quantidade cada vez maior de reclamações dentro da garantia em relação a pneus Firestone vendidos para veículos utilitários esportivos da Ford fez com que a Firestone e a Ford fizessem uma convocação (*recall*) maciça de clientes para fins de recolha e reposição de produtos defeituosos. Uma análise nos dados sobre reclamações dentro do período da garantia ajudou a identificar os modelos que seriam objeto do *recall*. Um desmembramento de 2.504 reclamações dentro do período da garantia, com base nas dimensões do pneu, é fornecido na tabela a seguir:

Dimensões do Pneu	Quantidade de Reivindicações dentro da Garantia
23575R15	2.030
311050R15	137
30950R15	82
23570R16	81
331250R15	58
25570R16	54
Outros	62

Fonte: Dados extraídos de Robert L. Simison, "Ford Steps Up Recall Without Firestone", *The Wall Street Journal*, 14 de agosto de 2000, p. A3.

As 2.030 reclamações dentro de garantia para os pneus 23575R15 podem ser categorizadas entre modelos ATX e modelos Wilderness. O tipo de incidente que acarretou reclamações dentro do período da garantia, por tipo de modelo, está resumido na tabela a seguir:

Tipo de Incidente	Reivindicações de Garantia do Modelo ATX	Reivindicações de Garantia do Modelo Wilderness
Descolamento da banda de rodagem	1.365	59
Explosão	77	41
Outro/desconhecido	422	66
Total	1.864	166

Fonte: Dados extraídos de Robert L. Simison, "Ford Steps Up Recall Without Firestone", *The Wall Street Journal*, 14 de agosto de 2000, p. A3.

a. Construa um diagrama de Pareto para o número de reclamações dentro do período da garantia, por dimensão de pneu. Que tamanho de pneu é responsável pela maior parte das reclamações?

b. Construa um diagrama de pizza para ilustrar a percentagem do número total de reclamações dentro do período da garantia, no que se refere aos pneus 23575R15, que tiveram como origem o modelo ATX e o modelo Wilderness. Interprete o gráfico construído.

c. Construa um diagrama de Pareto para o tipo de incidente que gera a reclamação dentro do período da garantia, em relação ao pneu do modelo ATX. Um tipo específico de incidente é o responsável pela maior parte das reclamações?

88 Capítulo 2

d. Construa um diagrama de Pareto para o tipo de incidente que causa a reclamação dentro da garantia em relação ao pneu do modelo Wilderness. Um tipo específico de incidente é o responsável pela maior parte das reclamações?

2.91 Um dos principais indicadores para a qualidade dos serviços oferecidos por qualquer organização diz respeito à velocidade com que a organização responde às reclamações feitas pelos clientes. Uma grande loja de departamentos, de propriedade familiar, que comercializa mobiliário e coberturas para pisos, incluindo tapetes, passou por uma grande expansão ao longo dos últimos anos. Em particular, o departamento de coberturas para pisos se expandiu, partindo de dois especialistas em instalação para um supervisor de instalações, um responsável pela medição e 15 especialistas em instalação. Um objetivo estratégico da empresa corresponde a reduzir o tempo entre o momento em que a reclamação é recebida e o momento em que o problema objeto da reclamação é solucionado. Durante um ano recente, a empresa recebeu 50 reclamações com relação à instalação de carpetes. O número de dias entre o recebimento da reclamação e a solução do problema relacionado à reclamação, no que se refere às 50 reclamações, contidos no arquivo de dados **Mobiliário**, são:

54	5	35	137	31	27	152	2	123	81	74	27
11	19	126	110	110	29	61	35	94	31	26	5
12	4	165	32	29	28	29	26	25	1	14	13
13	10	5	27	4	52	30	22	36	26	20	23
33	68										

a. Construa uma distribuição de frequências e uma distribuição de percentagens.
b. Construa um histograma e um polígono de percentagens.
c. Construa uma distribuição de percentagens acumuladas e desenhe um polígono de percentagens acumuladas (ogiva).
d. Com base nos resultados de (a) até (c), se você tivesse que informar ao presidente da empresa o montante de tempo que um cliente deve esperar para ter solucionada uma reclamação, o que você diria? Explique.

2.92 O arquivo **Cerveja Artesanal** contém a percentagem de álcool, a quantidade de calorias para cada 12 onças fluidas e a quantidade de carboidratos (em gramas) para cada 12 onças, no que se refere a 150 entre as cervejas mais vendidas nos Estados Unidos.

Fonte: Dados extraídos de **www.beer100.com/beercalories.htm**, 1º de junho de 2012.

a. Construa um histograma de percentagens para a percentagem de álcool, a quantidade de calorias para cada 12 onças e a quantidade de carboidratos (em gramas) para cada 12 onças.
b. Construa três gráficos de dispersão: percentagem de álcool *versus* calorias; percentagem de álcool *versus* carboidratos; e calorias *versus* carboidratos.
c. Argumente sobre o que você aprendeu a partir do estudo dos gráficos apresentados em (a) e (b).

2.93 O arquivo **ImpostoCigarro** contém o imposto estadual cobrado sobre cigarros, em dólares, para cada um dos 50 estados norte-americanos, tendo como base os dados de 1º de janeiro de 2012.
a. Desenvolva uma disposição ordenada.
b. Construa um histograma de percentagens.

c. A que conclusões você consegue chegar com relação às diferenças, em termos do imposto cobrado sobre cigarros, entre os estados norte-americanos?

2.94 O arquivo **TaxaCD** contém os rendimentos para um certificado de depósito com vencimento em 1 ano (CD) e um CD com vencimento em 5 anos, para 24 bancos nos Estados Unidos, com posição em 21 de junho de 2012.

Fonte: Dados extraídos e compilados a partir de **www.Bankrate.com**, 21 de junho de 2012.

a. Construa uma disposição ramo e folha para cada uma das variáveis.
b. Construa um gráfico de dispersão para CD com vencimento em 1 ano *versus* CD com vencimento em 5 anos.
c. Qual é a relação entre a taxa relativa ao CD com vencimento em 1 ano e a taxa relativa ao CD com vencimento em 5 anos.

2.95 Os dados no arquivo **Remuneração CEO** incluem a remuneração total (em milhões de dólares) correspondente aos executivos-chefes (CEO) de 194 grandes empresas do setor público e o retorno para o investimento em 2011. (Dados extraídos de **nytimes.com/2012/06/17/business/executive-pay-still-climbing-despite-a- -shareholder-din.html**.)
a. Construa uma distribuição de frequências e uma distribuição de percentagens.
b. Construa um histograma e um polígono de percentagens.
c. Construa uma distribuição de percentagens acumuladas e desenhe um polígono de percentagens acumuladas (ogiva).
d. Com base nos resultados de (a) até (c), a que conclusões você chega, no que concerne à remuneração dos executivos em 2011?
e. Construa um gráfico de dispersão para o total da remuneração e retorno do investimento em 2011.
f. Qual é a relação entre o total da remuneração e o retorno do investimento para 2011?

2.96 Estudos conduzidos por um fabricante de placas de asfalto das marcas "Boston" e "Vermont" demonstraram que o peso do produto é um fator importante na percepção de qualidade pelo cliente. Além disso, o peso representa a quantidade de matéria-prima que está sendo utilizada, sendo, portanto, um fator muito importante para a empresa, do ponto de vista de custos. O último estágio da linha de montagem embala as placas antes que essas embalagens sejam colocadas em paletes de madeira. A variável de interesse é o peso, em libras, do palete, que, para a maioria das marcas, tem como medida 16 pés (4,88 metros) de placas. A empresa espera que os paletes de placas com a marca "Boston" pesem pelo menos 3.050 libras, porém menos de 3.260 libras. No que diz respeito às placas com a marca "Vermont", os paletes devem pesar pelo menos 3.600 libras, porém menos de 3.800 libras. Os dados, coletados a partir de uma amostra de 368 paletes de placas da marca "Boston" e 330 paletes de placas da marca "Vermont", estão contidos no arquivo **Palete**.
a. Para as placas "Boston", construa uma distribuição de frequências e uma distribuição de percentagens que contenham oito intervalos de classe, utilizando 3.015, 3.050, 3.085, 3.120, 3.155, 3.190, 3.225, 3.260 e 3.295 como os limites de classe.
b. Para as placas "Vermont", construa uma distribuição de frequências e uma distribuição de percentagens que contenham sete intervalos de classe, utilizando os valores 3.550, 3.600, 3.650, 3.700, 3.750, 3.800, 3.850 e 3.900 como os limites de classe.
c. Construa histogramas de percentagens para as placas da marca "Boston" e para as placas da marca "Vermont".

d. Comente sobre a distribuição de pesos de paletes para as placas "Boston" e "Vermont". Não deixe de identificar a percentagem de paletes que estão abaixo do peso e acima do peso.

2.97 Qual o preço médio de um quarto em hotéis de duas estrelas, três estrelas e quatro estrelas, em cidades de todo o mundo em 2011? O arquivo `PreçosHotel` contém os preços, em libras esterlinas (aproximadamente 1,56 dólar norte-americano na cotação de janeiro de 2012). (Os dados foram extraídos de **press.hotels.com/en-gb/files/2012/03/HPI_2011_UK.pdf**.) Complete os seguintes itens, no que se refere aos hotéis com duas estrelas, com três estrelas e com quatro estrelas.

a. Construa uma distribuição de frequências e uma distribuição de percentagens.

b. Construa um histograma e um polígono de percentagens.

c. Construa uma distribuição de percentagens acumuladas e desenhe um polígono de percentagens acumuladas (ogiva).

d. A que conclusões você consegue chegar, no que diz respeito ao custo de hotéis duas estrelas, três estrelas e quatro estrelas?

e. Construa gráficos de dispersão separados para o custo de hotéis com duas estrelas *versus* hotéis com três estrelas, hotéis com duas estrelas *versus* hotéis com quatro estrelas, e hotéis com três estrelas *versus* hotéis com quatro estrelas.

f. A que conclusões você consegue chegar, no que diz respeito ao preço de hotéis com duas estrelas, com três estrelas e com quatro estrelas?

2.98 O arquivo `Proteína` contém as informações relacionadas a calorias e colesterol, para alimentos populares ricos em proteínas (carnes vermelhas frescas, aves e peixes).

Fonte: U.S. Department of Agriculture.

a. Construa um histograma de percentagens para a quantidade de calorias.

b. Construa um histograma de percentagens para a quantidade de colesterol.

c. A que conclusões você consegue chegar, a partir de suas análises nos itens (a) e (b)?

2.99 O arquivo `Gás Natural` contém o preço médio mensal para o gás natural e para o gás residencial (dólares para cada mil pés cúbicos) nos Estados Unidos, de 1º de janeiro de 2008 a 1º de janeiro de 2012. (Dados extraídos de "U.S. Natural Gas Prices", **www.eia.gov/dnav/ng/ng_pri_sum_dcu_nus_m.htm**, 20 de junho de 2012. No que se refere ao gás natural e ao gás residencial:

a. Construa um gráfico de séries temporais.

b. Que padrão, se é que há algum, está presente nos dados?

c. Construa um gráfico de dispersão para o preço do gás natural e o preço do gás residencial.

d. A que conclusões você consegue chegar sobre a relação entre o preço do gás natural e o preço do gás residencial?

2.100 Os dados a seguir (armazenados em `Refrigerante`) representam a quantidade de refrigerante abastecida em uma amostra com 50 garrafas consecutivas de 2 litros. Os resultados são apresentados horizontalmente, com base na ordem em que foram abastecidas as garrafas.

2,109 2,086 2,066 2,075 2,065 2,057 2,052 2,044 2,036 2,038
2,031 2,029 2,025 2,029 2,023 2,020 2,015 2,014 2,013 2,014
2,012 2,012 2,012 2,010 2,005 2,003 1,999 1,996 1,997 1,992
1,994 1,986 1,984 1,981 1,973 1,975 1,971 1,969 1,966 1,967
1,963 1,957 1,951 1,951 1,947 1,941 1,941 1,938 1,908 1,894

a. Construa um gráfico de séries temporais com a quantidade de refrigerante abastecida no eixo *Y* e o número da garrafa (prosseguindo, consecutivamente, desde 1 até 50) no eixo *X*.

b. Que padrão, se é que há algum, está presente nos dados?

c. Caso você tivesse que fazer uma previsão em relação à quantidade de refrigerante abastecida na próxima garrafa, qual seria ela?

d. Com base nos resultados de (a) a (c), explique a razão pela qual é importante construir um gráfico de séries temporais e não simplesmente um histograma, como foi feito no Problema 2.43, Seção 2.4.

2.101 O arquivo `Moeda` contém a taxa de câmbio para o dólar canadense, o iene japonês e a libra esterlina, de 1980 a 2011, em que o dólar canadense, o iene japonês e a libra esterlina estão expressos em unidades para cada unidade de dólar norte-americano.

a. Construa um gráfico de séries temporais para os valores de fechamento anual do dólar canadense, do iene japonês e da libra esterlina.

b. Explique quaisquer padrões presentes nos gráficos.

c. Escreva um breve resumo sobre suas descobertas.

d. Construa gráficos de dispersão separados para o valor do dólar canadense *versus* o valor do iene japonês; para o dólar canadense *versus* a libra esterlina, e para o iene japonês *versus* a libra esterlina.

e. A que conclusões você consegue chegar com relação ao valor do dólar canadense, do iene japonês e da libra esterlina, em termos do dólar norte-americano?

2.102 (**Projeto para Sala de Aula**) Faça com que cada um dos alunos em sala de aula responda à pergunta "Que tipo de refrigerante é o seu preferido?", de modo a que o professor possa posicionar os resultados em uma tabela resumida.

a. Converta os dados em percentagens e construa um diagrama de Pareto.

b. Analise as descobertas.

2.103 (**Projeto para Sala de Aula**) Faça com que cada um dos estudantes na sala de aula seja classificado de forma cruzada, com base no gênero (masculino, feminino) e na situação atual de emprego (sim, não), de modo a que o professor possa posicionar os resultados em uma tabela.

a. Construa uma tabela com percentagens de linhas ou de colunas, dependendo de qual delas você ache mais informativa.

b. O que você concluiria a partir desse estudo?

c. Que outras variáveis você desejaria conhecer, no que concerne a emprego, para dar maior ênfase a suas descobertas?

EXERCÍCIOS DE REDAÇÃO DE RELATÓRIOS

2.104 Com referência aos resultados que você obteve no Problema 2.96, no que concerne ao peso das placas com as marcas "Boston" e "Vermont", redija um relatório que avalie se o peso dos paletes relativos aos dois tipos de placas corresponde àquele que a empresa espera. Não deixe de incorporar tabelas e gráficos ao relatório.

2.105 Com referência aos resultados que você obteve no Problema 2.90, no que concerne às reivindicações de garantia dos pneus Firestone, redija um relatório que avalie as reclamações dentro do período da garantia, para os pneus Firestone vendidos em veículos utilitários esportivos (SUV) da Ford. Não deixe de incorporar tabelas e gráficos ao relatório.

90 Capítulo 2

CASOS PARA O CAPÍTULO 2

Administrando a Ashland Multicomm Services

Recentemente, a Ashland Multicomm Services foi criticada em razão de sua prestação inadequada de serviços para o consumidor em resposta a questionamentos e problemas relacionados a seus telefones, televisão a cabo e serviços de internet. A administração superior da empresa estabeleceu uma força-tarefa com o objetivo estratégico de melhorar a prestação de serviços ao consumidor. Em resposta a esse encargo, a força-tarefa coletou dados sobre os tipos de erros nos serviços prestados ao consumidor, o custo inerente aos erros nos serviços prestados ao consumidor e o custo de erros relacionados a equívocos no faturamento.

Tipos de Erros no Serviço de Atendimento ao Cliente

Tipos de Erros	Frequência
Acessórios incorretos	27
Endereço incorreto	42
Telefone de contato incorreto	31
Cabeamento inválido	9
Erro de programação no momento da demanda	14
Assinatura não contratada	8
Erro na suspensão do contrato	15
Erro no encerramento do contrato	22
Erro no acesso ao Portal da Empresa na Internet	30
Erro no faturamento	137
Erro na data de vencimento	17
Erro no número de conexões	19
Erro na cotação de preços	20
Erro na data de início da vigência do contrato	24
Erro no tipo de assinatura	33
Total	448

Custo Decorrente dos Erros no Serviço de Atendimento ao Cliente no Ano Passado

Tipos de Erros	Custo (milhares de $)
Acessórios incorretos	17,3
Endereço incorreto	62,4
Telefone de contato incorreto	21,3
Cabeamento inválido	40,8
Erro de programação no momento da demanda	38,8
Assinatura não contratada	20,3
Erro na suspensão do contrato	46,8
Erro no encerramento do contrato	50,9
Erro no acesso ao Portal da Empresa na Internet	60,7
Erro no faturamento	121,7
Erro na data de vencimento	40,9
Erro no número de conexões	28,1
Erro na cotação de preços	50,3
Erro na data de início da vigência do contrato	40,8
Erro no tipo de assinatura	60,1
Total	701,2

Tipo e Custo dos Erros por Faturamento Incorreto

Tipo de Erro por Faturamento Incorreto	Custo (milhares de $)
Transações não completadas ou recusadas	7,6
Número incorreto da conta	104,3
Verificação inválida	9,8
Total	121,7

1. Reexamine esses dados (contidos no arquivo **AMS2-1**). Identifique as variáveis que são importantes para descrever os problemas relacionados à prestação de serviços ao consumidor. Para cada uma das variáveis que você identificar, construa a representação gráfica que você imagina que seria mais apropriada e explique a sua escolha. Também sugira quais outras informações com relação aos diferentes tipos de erros seriam úteis para serem examinadas. Ofereça cursos de ação possíveis a serem adotados tanto pela força-tarefa quanto pela administração da empresa, tais que possam dar suporte ao objetivo de melhorar a prestação de serviços para o consumidor.

2. Como atividade de prosseguimento, a força-tarefa decide coletar dados para estudar o padrão de chamadas à recepção (contidos no arquivo **AMS2-2**). Analise esses dados e apresente suas conclusões em um relatório.

Caso Digital

No cenário Utilizando a Estatística, foi solicitado a você que coletasse informações para ajudar a realizar opções bem fundamentadas em termos de investimentos. Fontes para tais tipos de informação incluem corretoras, assessorias de investimentos e outras empresas de serviços financeiros. Aplique seus conhecimentos sobre o uso apropriado de tabelas e gráficos neste Caso Digital sobre as declarações de poder de previsão e excelência por parte de uma empresa de serviços financeiros na área de Ashland.

Abra o arquivo **EndRunGuide.pdf**, que contém o "Guia para Investir" da EndRun Financial Services. Examine o guia, prestando minuciosa atenção às declarações da empresa sobre investimentos, e os dados que dão respaldo a essas declarações, e depois disso, responda às seguintes questões:

1. De que modo a apresentação das informações gerais sobre a EndRun, neste guia, afeta a sua percepção sobre a empresa?

2. A declaração da EndRun, no que diz respeito ao fato de ter um maior número de vencedores do que de perdedores, é um reflexo fidedigno e preciso da qualidade da prestação de seus serviços de investimentos? Se você não acredita que a alegação é fidedigna e precisa, forneça uma apresentação alternativa que você acredite ser fidedigna e precisa.

3. Examine a discussão sobre "A Diferença dos Oito Grandes" e, depois disso, abra e examine o arquivo anexo. Existe qualquer outro dado relevante, oriundo desse arquivo, que pudesse ter sido incluído na tabela dos Oito Grandes? De que modo esses novos dados poderiam alterar a sua percepção sobre as alegações da EndRun?

4. A EndRun está orgulhosa pelo fato de todos os fundos integrantes do grupo Oito Grandes terem obtido ganhos, em termos de valor, nos últimos cinco anos. Você concorda com o fato de que a EndRun deva estar orgulhosa de suas seleções? Por que sim ou por que não?

CardioGood Fitness

Foi atribuída à equipe responsável pelas pesquisas de mercado na AdRight a tarefa de identificar o perfil do consumidor típico em relação a cada um dos produtos ergométricos oferecidos pela CardioGood Fitness. A equipe de pesquisas de mercado decide investigar se existem diferenças entre as linhas de produto, no que diz respeito às características dos consumidores. A equipe decide coletar dados sobre indivíduos que adquiriram uma esteira ergométrica na loja de varejo chamada Universal Fitness ao longo dos três meses mais recentes. Os dados estão contidos no arquivo **CardioGood Fitness**. A equipe identifica as seguintes variáveis relacionadas ao consumidor, para serem estudadas: produto adquirido – TM195, TM498, ou TM798;

gênero; idade, em anos; nível educacional, em anos; estado civil, solteiro ou casado; renda domiciliar anual ($); número médio de vezes que o consumidor planeja utilizar a esteira ergométrica a cada semana; número médio de milhas que o consumidor espera andar/correr a cada semana; e autoavaliação para condição física em uma escala ordinal de 1 a 5, em que 1 representa condição física precária e 5 representa excelente condição física.

1. Crie um perfil do consumidor, para cada uma das linhas de produtos ergométricos da CardioGood Fitness, desenvolvendo tabelas e gráficos apropriados.

2. Escreva um relatório a ser apresentado à administração da CardioGood Fitness detalhando suas descobertas.

Choice *Is* Yours – Continuação

Dê prosseguimento à seção Utilizando a Estatística – Revisitado, no final da Seção 2.8, analisando as diferenças nos percentuais de retorno para 1 ano, percentuais de retorno para 5 anos, e percentuais de retorno para 10 anos, para a amostra de 318 fundos de aposentadoria armazenados no arquivo **Fundos de**

Aposentadoria. Em sua análise, examine as diferenças entre os fundos baseados no crescimento e os fundos baseados na valorização, bem como as diferenças entre os fundos com baixa, média e alta capitalização de mercado.

Pesquisas Realizadas com Estudantes de Clear Mountain State

1. O Serviço de Noticiário para Estudantes na Universidade do Estado de Clear Mountain (CMSU – Clear State Mountain University) decidiu coletar dados sobre os alunos no nível de graduação que frequentam a CMSU. Eles criam e distribuem uma pesquisa com 14 perguntas e recebem respostas de 62 alunos do nível de graduação (contidas no arquivo **PesquisaGrad**). Para cada uma das perguntas feitas na pesquisa, construa todas as tabelas e gráficos apropriados e redija um relatório resumindo suas conclusões.

2. A decana dos alunos na CMSU tomou conhecimento sobre a pesquisa conduzida junto aos alunos da graduação e decidiu conduzir uma pesquisa semelhante para alunos da pós-graduação na CMSU. Ela cria e distribui uma pesquisa contendo 14 perguntas e recebe respostas de 44 alunos da pós-graduação. Essas respostas estão contidas no arquivo **PesquisaPósGrad**. Para cada uma das perguntas feitas na pesquisa, construa todas as tabelas e gráficos apropriados e redija um relatório resumindo suas conclusões.

GUIA DO EXCEL PARA O CAPÍTULO 2

GE2.1 ORGANIZANDO DADOS CATEGÓRICOS

A Tabela Resumida

Técnica Principal Utilize a função Tabela Dinâmica para criar uma tabela resumida para dados não organizados.

Exemplo Crie uma tabela resumida para frequências e percentagens, semelhante à Tabela 2.3, no Exemplo 2.1.

PHStat Utilize o procedimento **One-Way Tables & Charts (Tabelas & Gráficos de Fator Único)**.

Para o exemplo, abra a **planilha DADOS** da **pasta de trabalho Fundos de Aposentadoria**. Selecione **PHStat → Descriptive Statistics → One-Way Tables & Charts** (**PHStat → Estatística Descritiva → Tabelas & Gráficos de Fator Único**). Na caixa de diálogo do procedimento (ilustrada a seguir):

1. Clique em **Raw Categorical Data (Dados Brutos Categóricos)** (uma vez que a **planilha DADOS** contém dados não resumidos).
2. Insira **H1:H319** no campo referente a **Raw Data Cell Range (Intervalo de Células com Dados Brutos)** e marque o campo com a opção **First cell contains label (Primeira célula contém rótulo)**.
3. Insira um título no campo **Title**, marque o campo com a opção **Percentage Column (Coluna de Percentagens)** e clique em **OK**.

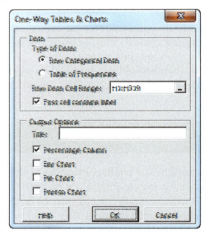

O PHStat cria uma tabela resumida em uma nova planilha. Para dados que já tenham sido organizados em categorias, clique em **Table of Frequencies (Tabela de Frequências)**, na etapa 1.

Na Tabela Resumida, categorias de risco aparecem em ordem alfabética, e não na ordem baixo, médio e alto, como seria normalmente esperado. Para mudar para a ordem esperada, utilize as etapas 14 e 15 nas instruções do *Excel Avançado*, mas mude todas as referências da célula A6 para a célula A7, e coloque a legenda Baixo na célula A5, e não na célula A4.

Excel Avançado (dados não resumidos) Utilize a **pasta de trabalho Tabela Resumida**, como um modelo para criar uma tabela resumida.

Para o exemplo, abra a **planilha DADOS** da **pasta de trabalho Fundos de Aposentadoria** e selecione **Inserir → Tabela Dinâmica**. Na caixa de diálogo Criar Tabela Dinâmica (ilustrada a seguir):

1. Clique em **Selecionar uma tabela ou intervalo** e insira **H1:H319** no intervalo de células para **Tabela/Intervalo**.
2. Selecione a opção **Nova Planilha** e clique em **OK**.

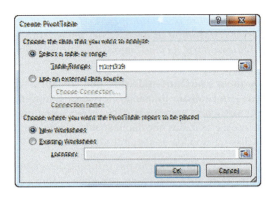

No painel de tarefas Lista de Campos da Tabela Dinâmica (ilustrado a seguir) ou no painel de tarefas semelhante com o nome Campos da Tabela Dinâmica, no Excel 2013:

3. Arraste **Risco** na caixa **Escolha os campos para adicionar ao relatório** e libere na caixa **Rótulos de Linha** (**Linhas** no Excel 2013).
4. Arraste **Risco** na caixa **Escolha os campos para adicionar ao relatório** uma segunda vez, e libere na caixa Σ **Valores**. Essa segunda legenda se modifica para **Soma do Risco**, de modo a indicar que uma contagem, ou detalhamento por categoria, das ocorrências em cada uma das categorias de risco será exibida na Tabela Dinâmica.

Na Tabela Dinâmica que está sendo criada:

5. Insira **Risco** na célula **A3**, para substituir o cabeçalho Rótulos de Linhas, e insira um título na célula **A1**.
6. Clique à direita na Tabela Dinâmica e, em seguida, clique em **Opções da Tabela Dinâmica** no menu de atalhos que aparece.

Na caixa de diálogo Opções da Tabela Dinâmica (ilustrada a seguir):

7. Clique na guia **Layout & Formato**.
8. Marque a caixa **Para células vazias, mostrar**, e insira **0** como seu valor. Deixe todas as outras marcações inalteradas.
9. Clique em **OK** para completar a Tabela Dinâmica.

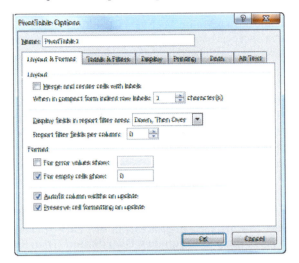

Para acrescentar uma coluna para a frequência de percentagens:

10. Insira **Percentagem** na célula **C3**. Insira a fórmula **=B4/B$7** na célula **C4** e copie essa fórmula para baixo, até a linha 7.
11. Selecione o intervalo de células **C4:C7**, clique à direita e selecione **Formatar Células** no menu de atalhos.
12. Na guia **Número**, da caixa de diálogo Formatar Células, selecione **Porcentagem** como opção para a **Categoria** e clique em **OK**.
13. Ajuste a formatação da planilha, caso seja apropriado (veja o Apêndice B).

Na Tabela Dinâmica, as categorias de risco aparecem em ordem alfabética, e não na ordem baixo, médio e alto, como seria normalmente esperado. Para alterar a ordem esperada:

14. Clique na legenda **Baixo** na célula **A6**, para destacar a célula A6. Movimente o ponteiro do mouse até a extremidade superior da célula, até que o ponteiro do mouse se modifique para uma seta com quatro extremidades.
15. Clique na legenda **Baixo** e libere a legenda acima da célula A4. As categorias de risco aparecem agora na ordem Baixo, Médio e Alto, na tabela resumida.

Excel Avançado (dados agrupados em categorias) Utilize a **planilha RESUMIDA_SIMPLES** da **pasta de trabalho Tabela Resumida** como modelo para criar uma tabela resumida.

A Tabela de Contingência

Técnica Principal Utilize a função Tabela Dinâmica para criar uma tabela de contingência para dados não organizados em categorias.

Exemplo Construa uma tabela de contingência exibindo tipo de fundo e nível de risco, semelhante à Tabela 2.4, Seção 2.1.

PHStat (dados não organizados em categorias) Utilize o procedimento **Two-Way Tables & Charts** (**Tabelas & Gráficos de Fator Duplo**). Para o exemplo, abra a **planilha DADOS** na **pasta de trabalho Fundos de Títulos**. Selecione **PHStat → Descriptive Statistics → Two-Way Tables & Charts** (**PHStat → Estatística Descritiva → Tabelas & Gráficos de Fator Duplo**).

Na caixa de diálogo para esse procedimento (ilustrada a seguir):

1. Insira **C1:C319** na caixa para **Row Variable Cell Range** (**Intervalo de Células da Variável da Linha**).
2. Insira **H1:H319** como **Column Variable Cell Range** (**Intervalo de Células da Variável da Coluna**).
3. Marque a opção **First cell in each range contains label** (**Primeira célula em cada intervalo contém rótulo**).
4. Insira um título no espaço correspondente a **Title** e clique em **OK**.

Na tabela de contingência, as categorias de risco aparecem em ordem alfabética, e não na ordem correspondente a baixo, médio e alto, como seria normalmente esperado. Para mudar para a ordem esperada, utilize as etapas 6 e 7 nas instruções do *Excel Avançado*.

Excel Avançado (dados não organizados em categorias) Utilize a **pasta de trabalho Tabela de Contingência** como modelo.

Para o exemplo, abra a **planilha DADOS** da **pasta de trabalho Fundos de Aposentadoria**. Selecione **Inserir → Tabela Dinâmica**. Na caixa de diálogo Criar Tabela Dinâmica:

1. Clique em **Selecionar uma tabela ou intervalo** e insira **A1:N319** no intervalo de células para **Tabela/Intervalo**.
2. Selecione a opção **Nova Planilha** e, depois disso, clique em **OK**.

No painel de tarefas Lista de Campos da Tabela Dinâmica (Campos da Tabela Dinâmica no Excel 2013):

3. Arraste a legenda **Tipo** da caixa **Escolha os campos para adicionar ao relatório** e libere essa legenda na caixa correspondente a **Rótulos de Linha** (**LINHAS** no Excel 2013).
4. Arraste a legenda **Risco** da caixa **Escolha os campos para adicionar ao relatório** e libere essa legenda na caixa correspondente a **Rótulos de Coluna** (**COLUNAS** no Excel 2013).
5. Arraste a legenda **Tipo** da caixa **Escolha os campos para adicionar ao relatório** uma segunda vez e libere essa legenda na caixa correspondente a **Σ Valores**. (**Tipo** se modifica para **Soma de Tipo**.) Depois disso, arraste a legenda marcada **Tarifas** e libere na área **Rótulos de Coluna**.

Na Tabela Dinâmica que está sendo criada:

6. Clique na legenda **Baixo**, na célula **D4**, para destacar a célula D4. Movimente o ponteiro do mouse até a extremidade esquerda da célula, até que o ponteiro do mouse se modifique para uma seta com quatro pontas.
7. Arraste a legenda **Baixo** para a esquerda e libere a legenda quando uma barra em forma de I aparecer entre as colunas A e B. A legenda Baixo aparece em B4 e a coluna B agora contém os dados organizados para baixo risco.

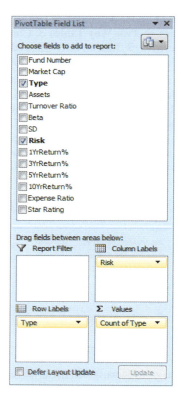

8. Clique à direita acima da Tabela Dinâmica e, em seguida, clique em **Opções da Tabela Dinâmica** no menu de atalhos que aparece.

Na caixa de diálogo Opções da Tabela Dinâmica:

9. Clique na guia **Layout & Formato**.
10. Marque a caixa **Para células vazias, mostrar**, e insira **0** como seu valor. Deixe todas as outras marcações inalteradas.
11. Clique na guia **Totais & Filtros**.
12. Marque as opções **Mostrar totais gerais das colunas** e **Mostrar totais gerais das linhas**.
13. Clique em **OK** para completar a Tabela Dinâmica.

Excel Avançado (dados agrupados em categorias) Utilize a **planilha CONTINGÊNCIA_SIMPLES** da **pasta de trabalho Tabela de Contingência** como modelo para criar uma tabela de contingência.

GE2.2 ORGANIZANDO DADOS NUMÉRICOS

Dados Empilhados e Dados Não Empilhados

PHStat Utilize **Stack Data (Empilhar Dados)** ou **Unstack Data (Desempilhar Dados)**

Por exemplo, para desempilhar os dados para a variável Retorno%3Anos com base na variável Tipo, na amostra de fundos de aposentadoria, abra a **planilha DADOS** da **pasta de trabalho Fundos de Aposentadoria**. Selecione **Data Preparation → Unstack Data (Preparação de dados → Desempilhar Dados)**. Na caixa de diálogo do procedimento, insira **C1:C319** (o intervalo de células da variável Tipo) na caixa para **Grouping Variable Cell Range (Intervalo de Células de Grupamento da Variável)** e insira **J1:J319** (o intervalo de células para a variável Retorno%3Anos) na caixa para **Stacked Data Cell Range (Intervalo de Células para Dados Empilhados)**. Marque a caixa **First cells in both ranges contain label (Primeiras células em ambos os intervalos contêm rótulo)** e clique em **OK**. Os dados desempilhados aparecem em uma nova planilha.

A Disposição Ordenada

Excel Avançado Para criar uma disposição ordenada, inicialmente selecione os dados a serem classificados. Depois disso, selecione **Início → Classificar & Filtrar** (no grupo Editar) e, no menu de opções com barra de rolagem, clique em **Classificar do Menor para o Maior**. Você verá **Classificar de A a Z** como primeira opção na barra de rolagem, caso não tenha selecionado um intervalo de células com dados *numéricos*.)

A Distribuição de Frequências

Técnica Principal Estabeleça blocos (veja a Seção 2.2) e, depois disso, utilize a função para sequências **FREQUÊNCIA** (*intervalo de células dos dados não organizados em categorias, intervalo de células do bloco*) para organizar os seus dados.

Exemplo Crie uma distribuição de frequências, uma distribuição de percentagens e uma distribuição de percentagens acumuladas para os dados sobre custos de refeições em restaurantes, que contém as informações encontradas nas Tabelas 2.9, 2.11 e 2.14, na Seção 2.2.

PHStat (dados não organizados em categorias) Utilize o procedimento **Frequency Distribution (Distribuição de Frequências)**. Para o exemplo, para criar a distribuição de frequências da Tabela 2.9, na Seção 2.4, abra a **planilha DADOS** na **pasta de trabalho Restaurantes**. Essa planilha contém os dados sobre custos de refeições em formato empilhado na coluna G e um conjunto de números de bloco apropriados para esses dados na coluna H. Selecione **PHStat → Descriptive Statistics → Frequency Distribution (PHStat → Estatística Descritiva → Distribuição de Frequências)**. Na caixa de diálogo do procedimento (ilustrada a seguir):

1. Insira **G1:G101** como **Variable Cell Range (Intervalo de Células da Variável)**; insira **H1:H10** como **Bins Cell Range (Bins Cell Range)** e marque a opção **First cell in each range contains label (Primeira célula em cada intervalo contém rótulo)**.
2. Clique em **Multiple Groups – Stacked (Grupos Múltiplos – Empilhados)** e insira **A1:A101** como **Grouping Variable Cell Range (Intervalo de Células de Grupamento da Variável)**. (O intervalo de células A1:A101 contém a variável Localização.)
3. Insira um título em **Title** e clique em **OK**.

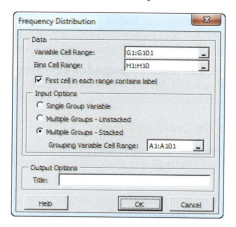

Clique em **Single Group Variable (Variável de Grupo Único)** na etapa 2, caso esteja construindo uma distribuição a partir de um grupo único de dados não organizados em categorias.

Clique em **Multiple Groups — Unstacked (Múltiplos Grupos — Desempilhados)** na etapa 2, caso **Variable Cell Range (Intervalo de Células da Variável)** contenha duas ou mais colunas de dados desempilhados e não organizados em categorias. Caso planeje construir um histograma ou um polígono, utilize **Histogram & Polygons (Histograma & Polígonos)**, discutidos na Seção GE2.4, em vez de **Frequency Distribution (Distribuição de Frequências)**.

Distribuições de frequências para os dois grupos aparecem em planilhas separadas. Para exibir as informações para os dois grupos em uma única planilha, selecione o intervalo de células **B3:D12** em uma das planilhas. Clique à direita naquele intervalo e clique em **Copiar** no menu de atalhos. Abra a outra planilha. Nessa outra planilha, clique à direita na célula **E3** e clique em **Colar Especial** no menu de atalhos. Na caixa de diálogo Colar Especial, clique em **Valores e formato de números** e clique em **OK**. Ajuste o título da planilha, conforme necessário. (A Seção B4 do Apêndice B discute com mais detalhes o comando colar especial.)

Excel Avançado (dados não organizados em categorias) Utilize a **pasta de trabalho Distribuições** como um modelo.

Para o exemplo, abra a **planilha DESEMPILHADOS** da **pasta de trabalho Restaurantes**. Essa planilha contém os dados sobre custos de refeições, não empilhados, nas colunas A e B, e um conjunto de números de blocos apropriados para esses dados na coluna D. Então:

1. Clique à direita na guia da **planilha DESEMPILHADOS** e clique em **Inserir**, no menu de atalhos.
2. Na guia **Geral** da caixa de diálogo Inserir, clique em **Planilha** e, depois, clique em **OK**.

Na nova planilha:

3. Insira um título para a planilha na célula **A1**, digite **Blocos** na célula **A3** e **Frequência** na célula **B3**.
4. Copie a lista com o número do bloco que está contida no intervalo de células **D2:D10** da **planilha DESEMPILHADOS** e copie essa lista para a célula **A4** da nova planilha.
5. Selecione o intervalo de células **B4:B12**, que passará a conter a fórmula para a sequência.
6. Digite, mas não pressione as teclas **Enter** ou **Tab**, a fórmula **=FREQUÊNCIA(DESEMPILHADOS!$A$1:$A$51, $A$4:$A$12)**. Depois disso, mantendo pressionadas as teclas **Ctrl** e **Shift** (ou a tecla **Comando** em um Mac), pressione a tecla **Enter** para inserir como fórmula sequencial, no intervalo de células **B4:B12**. (Veja a Seção B3 do Apêndice B para uma explicação mais detalhada sobre inserir fórmulas sequenciais em planilhas.)
7. Ajuste a formatação da planilha conforme necessário.

Observe que, na etapa 6, você insere o intervalo de células **DESEMPILHADOS!$A$1:$A$51** e não o intervalo de células **A1:A51**, uma vez que os dados não organizados em categorias estão localizados em outra planilha (a planilha DESEMPILHADOS). (A Seção B1 do Apêndice B explica com mais detalhes esse tipo de referência de célula.)

As etapas de 1 a 7 constroem a distribuição de frequências para custos de refeições em restaurantes do centro da cidade. Para construir uma distribuição de frequências para o custo de refeições em restaurantes do subúrbio, repita as etapas de 1 a 7, e, na etapa 6, digite **=FREQUÊNCIA(DESEMPILHADOS!$B$1:$B$51,$A$4:$A$12)** como a fórmula para a sequência.

Para exibir as distribuições para os dois grupos em uma única planilha, selecione o intervalo de células **B3:B12** em uma das planilhas. Clique à direita naquele intervalo, e clique em **Copiar** no menu de atalhos. Abra a outra planilha. Nessa outra planilha, clique à direita na célula **C3** e clique em **Colar Especial** no menu de atalhos. Na caixa de diálogo Colar Especial, clique em **Valores e formatos de número** e clique em **OK**. Ajuste o título da planilha, conforme necessário. (A Seção B4 do Apêndice B discute o comando colar especial em maiores detalhes.)

Ferramentas de Análise (dados não organizados em categorias) Utilize o procedimento **Histograma**.

Para o exemplo, abra a **planilha DESEMPILHADOS** da **pasta de trabalho Restaurantes**. Essa planilha contém os dados correspondentes aos custos de refeições, desempilhados, nas colunas A e B, bem como um conjunto de números de blocos apropriados para os referidos dados na coluna D. Depois disso:

1. Selecione **Dados → Análise de Dados**. Na caixa de diálogo Análise de Dados, selecione **Histograma** a partir da lista **Ferramentas de Análise** e, depois, clique em **OK**.

Na caixa de diálogo Histograma (veja a seguir):

2. Insira **A1:A51** como o **Intervalo de Entrada** e insira **D1:D10** como **Intervalo do Bloco**. (Caso você deixe em branco **Intervalo do Bloco**, o procedimento cria um conjunto de blocos que não será tão bem formado como aqueles que você consegue especificar.)
3. Marque a opção **Rótulos** e clique no botão para **Nova Planilha**.
4. Clique em **OK** para criar a distribuição de frequências (e o histograma) em uma nova planilha.

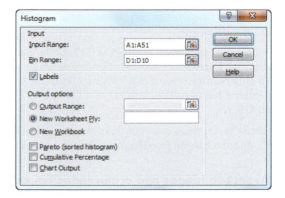

Na nova planilha:

5. Selecione a linha 1. Clique à direita na linha 1 e clique no menu de atalhos **Inserir**. Repita. (Isso cria duas linhas em branco no topo da planilha.)
6. Insira um título para a distribuição de frequências na célula A1.

O suplemento Ferramentas de Análise cria uma distribuição de frequências que contém um bloco impróprio, com a legenda **Mais**. Corrija esse erro utilizando estas instruções gerais:

7. Acrescente, manualmente, a soma de frequências da linha **Mais** à soma das frequências correspondentes à linha anterior. (No que se refere ao exemplo, a linha Mais contém um zero para a frequência, de modo que a frequência da linha anterior não se modifica.)
8. Selecione a linha da planilha (para este exemplo, a linha 11) que contém a linha **Mais**.
9. Clique à direita nessa linha e clique em **Excluir** no menu de atalhos.

96 Capítulo 2

As etapas de 1 a 9 constroem a distribuição de frequências correspondente aos custos de refeições nos restaurantes do centro da cidade. Para construir uma distribuição de frequências para o custo de refeições nos restaurantes do subúrbio, repita essas nove etapas; na etapa 6, digite **B1:B51** na caixa referente ao **Intervalo de Entrada**.

A Distribuição de Frequências Relativas, a Distribuição de Percentagens e a Distribuição de Percentagens Acumuladas

Técnica Principal Acrescente a uma distribuição de frequências previamente construída colunas que contenham fórmulas para a frequência relativa ou para a percentagem e percentagem acumulada.

Exemplo Crie uma distribuição que inclua a frequência relativa ou percentagem, assim como as informações sobre percentagens acumuladas encontradas nas Tabelas 2.11 (frequência relativa e percentagem) e 2.14 (percentagem acumulada) na Seção 2.2, para os dados sobre os custos de refeições em restaurantes.

PHStat (dados não organizados em categorias) Utilize a função **Frequency Distribution (Distribuição de Frequências)**. Para o exemplo, utilize as instruções do *PHStat* em "A Distribuição de Frequências" para construir uma distribuição de frequências. Observe que a distribuição de frequências construída pelo PHStat também inclui colunas para as percentagens e percentagens acumuladas. Para mudar a coluna de percentagens para uma coluna de frequências relativas, reformate a coluna em questão. Para o exemplo, abra a nova planilha que contém a distribuição de frequências correspondente aos restaurantes do centro da cidade, e:

1. Selecione o intervalo de células **C4:C12**, clique à direita, e selecione **Formatar Células** a partir do menu de atalhos.
2. Na guia **Número** da caixa de diálogo Formatar Células, selecione **Número** como opção para **Categoria** e clique em **OK**.

Depois disso, repita essas duas etapas para a nova planilha que contém a distribuição de frequências para os restaurantes do subúrbio.

Excel Avançado (dados não organizados em categorias) Utilize a **pasta de trabalho Distribuições** como modelo. Para o exemplo, inicialmente construa uma distribuição de frequências criada utilizando as instruções do *Excel Avançado* em "A Distribuição de Frequências". Abra a nova planilha que contém a distribuição de frequências para os restaurantes do centro da cidade e:

1. Insira **Percentagem** na célula **C3** e **Percentagem Acumulada** na célula **D3**.
2. Insira **=B4/SOMA($B$4:$B$12)** na célula **C4** e copie essa fórmula para baixo até a linha **12**.
3. Insira **=C4** na célula **D4**.
4. Insira **=C5 + D4** na célula **D5** e copie essa fórmula para baixo ao longo de todas as linhas até a linha **12**.
5. Selecione o intervalo de células **C4:D13**, clique à direita e clique em **Formatar Células** no menu de atalhos.
6. Na guia **Número** da caixa de diálogo Formatar Células, selecione **Porcentagem** na lista de opções para **Categoria** e clique em **OK.**

Depois disso, abra a planilha que contém a distribuição de frequências para os restaurantes do subúrbio e repita as etapas de 1 a 6.

Caso você deseje que a coluna **C** exiba frequências relativas em vez de percentagens, digite **Frequências Relativas** na célula C3. Depois disso, selecione o intervalo de células **C4:C12**, clique à direita e clique em **Formatar Células** no menu de atalhos. Na guia **Número** da caixa de diálogo Formatar Células, selecione **Número** na lista de opções para **Categoria** e clique em **OK**.

Ferramentas de Análise Utilize **Histograma**, e, então, modifique a planilha criada.

Para o exemplo, construa primeiramente as distribuições de frequências utilizando as instruções do pacote *Ferramentas de Análise* para "A Distribuição de Frequências". Depois disso, utilize as instruções do *Excel Avançado* para modificar essas distribuições.

GE2.3 VISUALIZANDO DADOS CATEGÓRICOS

O Gráfico de Barras e o Gráfico de Pizza

Técnica Principal Utilize a função de gráfico de barra ou gráfico de pizza do Excel. Caso os dados a serem visualizados não estejam organizados em categorias, primeiramente construa uma tabela resumida (veja as instruções na Seção GE2.1 "A Tabela Resumida").

Exemplo Construa um gráfico de barras ou gráfico de pizza a partir de uma tabela resumida semelhante à Tabela 2.3, no Exemplo 2.1.

PHStat Utilize o procedimento **One-Way Tables & Charts (Tabelas e Gráficos de Fator Único)**.
Para o exemplo, utilize as instruções para o *PHStat*, apresentadas na Seção GE2.1, "A Tabela Resumida", e, na etapa 3, marque a opção **Bar Chart (Gráfico de Barras)** ou **Pie Chart (Gráfico de Pizza)** (ou ambas) além de inserir um **Título** na caixa para **Title**, marque a opção **Percentage Column (Coluna de Percentagens)** e clique **OK**.

Excel Avançado Utilize a **pasta de trabalho Tabela Resumida** como modelo.
Para o exemplo, abra a **planilha TabelaFatorÚnico da pasta de trabalho Tabela Resumida**. (A planilha contém uma Tabela Dinâmica que foi criada no término da Seção GE2.1. "A Tabela Resumida" nas instruções para o *Excel Avançado*.) Depois disso:

1. Selecione o intervalo de células **A4:B6**. (Inicie sua seleção na célula B6, e não na célula A4, como você faria habitualmente.)
2. Clique em **Inserir**. Para um gráfico de barras, clique em **Barras no grupo Gráficos** e, depois, selecione o primeiro item na galeria, **Barra 2-D (Barras Agrupadas)**. Para um gráfico de pizza, clique em **Pizza no grupo Gráficos** e, depois disso, selecione a primeira opção na galeria **Pizza 2-D (Pizza)**.
3. Clique à direita no botão com opções em barra de rolagem no gráfico e clique em **Ocultar Botões de Campos de Gráfico Dinâmico.**
4. Para um gráfico de barras, selecione **Layout → Títulos do Eixo Principal Horizontal → Título Abaixo do Eixo (Design → Adicionar Elemento no Gráfico → Eixo de Títulos → Horizontal Principal** no Excel 2013). Selecione as palavras "Título do Eixo" no gráfico e insira o título **Frequência**.

   Para um gráfico de pizza, selecione **Layout → Rótulos de Dados → Mais Opções de Rótulos de Dados**. Na caixa de diálogo Formatar Rótulos de Dados, clique em **Opções de Rótulo** no painel esquerdo. No painel direito de Opções de Rótulo, marque as opções **Nome da Categoria** e **Porcentagem**, e desmarque as outras caixas de verificação para Conteúdo do Rótulo. Clique em **Extre-**

midade Externa e, depois disso, clique em **Fechar**. No Excel 2013, selecione **Design → Adicionar Elemento no Gráfico → Rótulos de Dados → Mais Opções de Rótulos de Dados**. No painel de tarefas Formatar Rótulos de Dados, marque **Nome da Categoria** e **Porcentagem**, desmarque as outras caixas de verificação para Conteúdo do Rótulo, e clique em **Extremidade Externa**.

5. Reposicione o gráfico em uma planilha de gráfico e desative a legenda de gráfico e as linhas de grade (somente no gráfico de barras) utilizando as instruções na Seção B.6 do Apêndice B.

Embora não seja o caso com a amostra, algumas vezes a escala do eixo horizontal de um gráfico de barras não iniciará no 0 (zero). Caso isso ocorra, clique à direita no eixo horizontal (valor) e clique em **Formatar Eixo** no menu de atalhos. Na caixa de diálogo Formatar Eixo, clique na guia **Opções de Eixo** no painel esquerdo. No painel direito de **Opções de Eixo**, clique no primeiro botão com a opção **Fixo** (para Mínimo) e insira **0** (zero) em sua respectiva caixa, e depois disso, clique em **Fechar**. No Excel 2010, você ajusta esse valor no painel de tarefas Formatar Eixo substituindo o valor na caixa **Mínimo**. (Não existe um botão de opções para ser selecionado.)

O Diagrama de Pareto

Técnica Principal Utilize a função de gráfico do Excel com a tabela resumida modificada.

Exemplo Construa um diagrama de Pareto para as transações incompletas em terminais de autoatendimento, semelhante à Figura 2.4, na Seção 2.3.

PHStat Utilize o procedimento **One-Way Tables & Charts (Tabelas e Gráficos de Fator Único)**.
Para o exemplo, abra a **planilha DADOS** da **pasta de trabalho Transações TAA**. Selecione Phstat → **Descriptive Statistics → One-Way Tables & Charts (Phstat → Estatística Descritiva → Tabelas & Gráficos de Fator Único)**. Na caixa de diálogo do procedimento:

1. Clique em **Table of Frequencies (Tabela de Frequências)** (uma vez que a planilha contém dados organizados em categorias).
2. Insira **A1:B8** no campo referente a **Freq. Table Cell Range (Intervalo de Células da Tabela de Frequências)** e marque o campo com a opção **First cell contains label (Primeira célula contém rótulo)**.
3. **Insira** um título no campo **Title**, marque o campo com a opção **Pareto Chart (Diagrama de Pareto)** e clique em **OK**.

Excel Avançado Utilize a **pasta de trabalho Pareto** como modelo.
Para o exemplo, abra a **planilha TabelaTAA** da **pasta de trabalho Transações TAA**. Inicie classificando a tabela modificada, em ordem decrescente das frequências:

1. Selecione a linha **11** (a linha com Total), clique à direita e clique em **Ocultar** no menu de atalhos. (Isso evita que a linha com o total seja considerada na classificação.)
2. Selecione a célula **B4** (a primeira frequência), clique à direita e selecione **Classificar e Filtrar** e, na lista de opções com barra de rolagem, clique em **Classificar do Maior para o Menor**.
3. Selecione as linhas **10** e **12** (não existe uma linha **11** visível), clique à direita e clique em **Reexibir** no menu de atalhos para restaurar a linha 11.

Depois disso, acrescente uma coluna para percentagens acumuladas:

4. Insira **Percentagem Acumulada** na Célula **D3**. Digite **=C4** na célula **D4**. Insira **=D4 + C5** na célula **D5** e copie essa fórmula para baixo em todas as linhas, até a linha **10**.
5. Ajuste a formatação na coluna D, conforme necessário.

Depois disso, crie o diagrama de Pareto:

6. Selecione o intervalo de células **A3:A10**, e enquanto mantém pressionada a tecla Ctrl, pressione também o intervalo de células **C3:D10**.
7. Selecione **Inserir → Coluna** (no grupo Gráficos) e selecione o **primeiro item** da galeria, **Coluna 2-D (Colunas Agrupadas)**.
8. Selecione **Formatar** (sob a legenda **Ferramentas de Gráfico**). No grupo **Seleção Atual**, selecione a entrada para a série percentagens acumuladas, a partir da lista de rolagem, e, depois, clique em **Formatar Seleção**.
9. Na caixa de diálogo Formatar Séries de Dados, clique em **Opções de Série** no painel esquerdo e, no painel direito de **Opções de Série**, clique em **Eixo Secundário**. Clique em **Fechar**.
10. Com a série de percentagens acumuladas ainda selecionada no grupo Seleção Atual, selecione **Design → Alterar Tipo de Gráfico** e, na galeria **Alterar Tipo de Gráfico**, selecione o **quarto** item na galeria **Linha (Linha com Marcadores)**. Clique em **OK**.

Em seguida, estabeleça 100 % como o valor máximo para as escalas correspondentes aos eixos Y primário e secundário (esquerdo e direito). No que se refere a cada um dos eixos Y:

11. Clique à direita no eixo e clique em **Formatar Eixo** no menu de atalhos.
12. Na caixa de dialogo Formatar Eixo, clique em **Opções de Eixo** no painel esquerdo e no painel direto de **Opções de Eixo** clique no segundo botão com a opção **Fixo** (para Máximo) e insira **1** na caixa ao lado correspondente. Clique em **Fechar**.
13. Reposicione o gráfico para uma planilha de gráfico e desative a legenda e as linhas de grade do gráfico, e acrescente títulos para o gráfico e para os eixos utilizando as instruções da Seção B.6 do Apêndice B.

Caso você utilize uma Tabela Dinâmica como uma tabela resumida, substitua as etapas de 1 a 3 e a etapa 6 pelas seguintes:

1. Acrescente uma coluna para a frequência das percentagens. (Veja as instruções para "A Tabela Resumida" na Seção GE.2.1, etapas 10 a 13.) Selecione a linha para o total, clique à direita, e clique em **Ocultar** no menu de atalhos. (Isso evita que o total da linha entre na ordem da classificação.)
2. Clique à direita na célula que contém a primeira frequência (geralmente será a célula **B4**).
3. Clique à direita e selecione **Classificar → Classificar do Maior para o Menor**.
4. Selecione o intervalo de células que contém somente as colunas de percentagens e percentagens acumuladas (o equivalente para o intervalo de células C3:D10 no exemplo).

O diagrama de Pareto construído a partir de uma Tabela Dinâmica utilizando essas etapas modificadas não terá as legendas apropriadas para as categorias. Para acrescentar as legendas corretas, clique à direita em cima do gráfico e clique em **Selecionar Dados** no menu de atalhos. Na caixa de diálogo Selecionar Fonte de Dados, clique em **Editar** que aparece abaixo de **Rótulos do Eixo Horizontal (Categorias)**. Quando aparecer a caixa de diálogo Rótulos do Eixo, arraste o mouse para *selecionar* o intervalo de células **A4:A10** (as categorias) para inserir o referido intervalo de células. *Não* digite o intervalo de células na caixa **Intervalo do rótulo do eixo**, conforme você faria em outras situações, pelas razões explicadas na Seção B.7 do Apêndice B. Clique em **OK** nessa caixa de diálogo, e, depois disso, clique em **OK** na caixa de diálogo original.

O Gráfico de Barras Paralelas

Técnica Principal Utilize um gráfico de barras do Excel que esteja baseado em uma tabela de contingência.

Exemplo Construa um gráfico de barras paralelas que exiba o tipo de fundo e o nível de risco, semelhante à Figura 2.6, no final da Seção 2.3.

PHStat Utilize o procedimento **Two-Way Tables & Charts (Tabelas e Gráficos de Dois Fatores)**
Para o exemplo, utilize as instruções para o *PHStat* na Seção GE2.1, "A Tabela de Contingência", mas na etapa 4 marque a opção **Side-by-Side Bar Chart (Gráfico de Barras Paralelas)**, além de inserir um título na caixa ao lado de **Title** e clique **OK**.

Excel Avançado Utilize a **pasta de trabalho Tabela de Contingência** como modelo.
Para o exemplo, utilize a **planilha Tabela de Dois Fatores** da **pasta de trabalho Tabela de Contingência** e:

1. Selecione **A3** (ou qualquer outra célula dentro da Tabela Dinâmica).
2. Selecione **Inserir → Barra** e clique no **primeiro** item da galeria, **Barra 2D (Barras Agrupadas)**.
3. Clique à direita no botão correspondente à lista com barra de rolagem no gráfico e clique em **Ocultar Todos os Botões de Campo no Gráfico**.
4. Reposicione o gráfico em uma planilha de gráfico, desative as linhas de grade, e acrescente títulos para o gráfico e para os eixos utilizando as instruções na Seção B.6 do Apêndice B.

Ao criar um gráfico a partir de uma tabela de contingência que não seja uma Tabela Dinâmica, selecione o intervalo de células da tabela de contingência, incluindo cabeçalhos de linha e de coluna, mas excluindo o total de linha e o total de coluna, como sendo a etapa 1.

Caso precise alternar as variáveis de linha e de coluna, em um gráfico de barras paralelas, clique à direita no gráfico e clique em **Selecionar Dados** no menu de atalhos. Na caixa de diálogo Selecionar Dados (veja a seguir), clique em **Alternar entre Linha/Coluna** e, em seguida, clique em **OK**. (No Excel 2007, caso o gráfico esteja baseado em uma Tabela de Contingência, você não conseguirá clicar em **Alternar entre Linha/Coluna**, uma vez que esse botão estará desabilitado. Nesse caso, você precisará fazer modificações na Tabela Dinâmica de modo a alterar o gráfico.)

GE2.4 VISUALIZANDO DADOS NUMÉRICOS

A Disposição Ramo e Folha

Técnica Principal Insira as folhas sob a forma de uma linha contínua de dígitos, que iniciam com o caractere ' (apóstrofo).

Exemplo Construa uma disposição ramo e folha para o percentual de retorno de três anos, para os fundos de aposentadoria baseados na valorização, de modo semelhante à Figura 2.7, no Exemplo 2.8.

PHStat Utilize o procedimento **Stem-and-Leaf Display (Disposição Ramo e Folha)**.

Para o exemplo, abra a **planilha DESEMPILHADOS** da **pasta de trabalho Fundos de Aposentadoria**. Selecione **PHStat → Descriptive Statistics → Stem-and-Leaf Display (PHStat → Estatística Descritiva → Disposição Ramo e Folha)**. Na caixa de diálogo do procedimento (ilustrada a seguir):

1. Insira **B1:B96** na caixa ao lado de **Variable Cell Range (Intervalo de Células da Variável)** e marque a opção **First cell contains label (Primeira célula contém rótulo)**.
2. Clique em **Set Stem Unit as (Ajustar a Unidade Ramo como)** e digite **10** na respectiva caixa.
3. Insira um título em **Title**, e clique em **OK**.

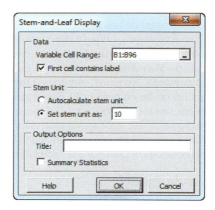

Ao criar outras ilustrações gráficas, utilize a opção **Set Stem Unit as (Ajustar a Unidade Ramo como)** em situações excepcionais e somente se a opção **Autocalculate stem unit (Autocalcular a unidade ramo)** criar uma figura que tenha uma quantidade demasiadamente grande ou demasiadamente pequena de ramos. (Qualquer unidade de ramo que você especifica precisa corresponder a uma potência de 10.)

Excel Avançado Utilize a **pasta de trabalho Ramo e Folha** como modelo.

Manualmente, construa os ramos e as folhas em uma nova planilha para criar uma disposição ramo e folha. Ajuste a amplitude de coluna para as colunas que seguram as folhas, caso necessário.

O Histograma

Técnica Principal Modifique um gráfico de colunas do Excel,

Exemplo Construa histogramas para o percentual de retorno para três anos, no que se refere aos fundos de aposentadoria baseados no crescimento e aos fundos de aposentadoria baseados na valorização, de modo semelhante à Figura 2.9, no Exemplo 2.9.

PHStat Utilize o procedimento **Histogram & Polygons (Histogramas & Polígonos)**.

Para o exemplo, abra a **planilha DADOS** da **pasta de trabalho Fundos de Aposentadoria**. Selecione **PHStat → Descriptive Statistics → Histogram & Polygons (PHStat → Estatística Descritiva → Histograma & Polígonos)**. Na caixa de diálogo do procedimento (ilustrada a seguir):

1. Insira **J1:J319** como **Variable Cell Range (Intervalo de Células da Variável)**, **P1:P15** como **Bins Cell Range (Intervalo de Células dos Blocos)**, **Q1:Q14** como **Midpoints Cell Range (Intervalo de Células dos Pontos Médios)**, e marque a opção **First cell in each range contains label (Primeira célula em cada intervalo contém rótulo)**.
2. Clique em **Multiple Groups — Stacked (Múltiplos Grupos — Empilhados)** e insira **C1:C319** como **Grouping Variable Cell Range (Intervalo de Células de Grupa-**

Organizando e Visualizando Dados 99

mento da Variável). (Na planilha DADOS, os percentuais de retorno para três anos, para ambos os tipos de fundos de aposentadoria estão empilhados, ou posicionados em uma única coluna. Os valores da coluna C permitem que o PHStat separe os retornos dos fundos de aposentadoria baseados no crescimento dos fundos de aposentadoria baseados na valorização.)

3. Insira um título na caixa para **Title**, marque a opção **Histogram (Histograma)** e clique em **OK**.

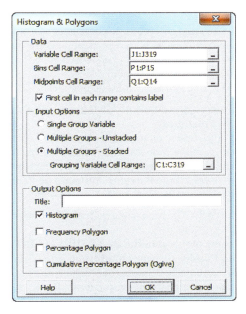

O PHStat insere duas novas planilhas, cada uma das quais contendo uma distribuição de frequências e um histograma. Para reposicionar os histogramas em suas próprias planilhas de gráfico, utilize as instruções na Seção B.6 do Apêndice B.

Conforme explicamos na Seção 2.2, você não consegue definir um limite inferior explícito para o primeiro bloco; sendo assim, o primeiro bloco jamais pode ter um ponto médio. Portanto, o intervalo que você insere em **Midpoints Cell Range (Intervalo de Células dos Pontos Médios)** deve ser uma célula a menos em tamanho do que o intervalo correspondente a **Bins Cell Range (Intervalo de Células dos Blocos)**. O PHStat associa o primeiro ponto médio ao segundo bloco e utiliza -- como legenda para o primeiro bloco.

O exemplo utiliza o método alternativo discutido na Seção 2.2, "Classes e Blocos do Excel", na Seção 2.2, logo depois do Exemplo 2.2. Quando você utiliza esse modo alternativo, a barra do histograma com a legenda -- sempre corresponderá a uma barra zero. A Seção B.8 do Apêndice B explica como você pode excluir do histograma essa barra desnecessária, conforme foi feito para os exemplos ilustrados na Seção 2.4.

Excel Avançado Utilize a **pasta de trabalho Histograma** como modelo. Para o exemplo, primeiramente construa distribuições de frequência para os fundos de aposentadoria baseados na valorização e para os fundos de aposentadoria baseados na valorização. Abra a **planilha DESEMPILHADOS** da **pasta de trabalho Fundos de Aposentadoria**. Essa planilha contém os dados correspondentes aos fundos de aposentadoria, desempilhados nas colunas A e B, e um conjunto de números de blocos e pontos médios apropriados para esses dados nas colunas D e E. Depois disso:

1. Clique à direita na aba da planilha **DESEMPILHADOS** e clique em **Inserir** no menu de atalhos.

2. Na guia **Geral** da caixa de diálogo Inserir, clique em **Planilha** e, em seguida, clique em **OK**.

Na nova planilha:

3. Insira um título na célula **A1**; **Blocos** na célula **A3**; **Frequência** na célula **B3** e **Pontos Médios** na célula **C3**.
4. Copie a lista de números de bloco no intervalo de células **D2:D15** da **planilha DESEMPILHADOS** e cole essa lista na célula **A4** da nova planilha.
5. Digite '-- na célula **C4**. Copie a lista de pontos médios no intervalo de células **E2:E14** da **planilha DESEMPILHADOS** e cole essa lista na célula **C5** da nova planilha.
6. Selecione o intervalo de células **B4:B17** que conterá a fórmula específica da sequência.
7. Digite, mas não pressione a tecla **Enter** ou **Tab**, a fórmula **=FREQUÊNCIA(DESEMPILHADOS!$A$2:$A$224, $A$4:$A$17)**. Depois disso, enquanto mantém pressionada as teclas **Ctrl** e **Shift** (ou a tecla **Command** em um Mac), pressione a tecla **Enter** para inserir a fórmula de sequência no intervalo de células **B4:B17**.
8. Ajuste a formatação da planilha conforme necessário.

As etapas de 1 a 8 constroem uma distribuição de frequências para os fundos de aposentadoria baseados no crescimento. Para construir uma distribuição de frequências para os fundos de aposentadoria baseados na valorização, repita as etapas de 1 a 8; na etapa 7, digite **=FREQUÊNCIA(DESEMPILHADOS! $B$1:$B$96, $A$4:$A$17)** como a fórmula para a sequência.

Tendo construído as duas distribuições de frequências, prossiga construindo os dois histogramas. Abra a planilha que contém a distribuição de frequências para os fundos baseados no crescimento, e:

1. Selecione o intervalo de células **B3:B17** (o intervalo de células para as frequências).
2. Selecione **Inserir → Coluna** e selecione o **primeiro** item da galeria **Coluna 2-D (Colunas Agrupadas)**.
3. Clique à direita no gráfico, e clique em **Selecionar Dados** no menu de atalhos.

Na caixa de diálogo Selecionar Fonte de Dados:

4. Clique em **Editar** no espaço abaixo do título **Rótulos do Eixo Horizontal (Categorias)**.
5. Na caixa de diálogo Rótulos do Eixo, arraste o mouse para *selecionar* o intervalo de células **C4:C17** (contendo os pontos médios) para inserir o intervalo de células. Não digite esse intervalo na caixa para intervalos de rótulos do eixo, como faria em outras situações, pelas razões explicitadas na Seção B.7 do Apêndice B. Clique em **OK** nessa caixa de diálogo, e, depois disso, clique em **OK** (na caixa de diálogo Selecionar Dados).

No gráfico:

6. Clique à direita dentro de uma barra e clique em **Formatar Séries de Dados** no menu de atalhos.

Na caixa de diálogo Formatar Séries de Dados:

7. Clique em **Opções de Série** no painel à esquerda. No painel direito de Opções de Série, deslize o botão com ponteiro em **Largura do Espaçamento** até chegar em **Sem Intervalo**. Clique em **Fechar**.
8. Reposicione o gráfico para uma planilha de gráfico, desative a legenda e as linhas de grade do gráfico, acrescente títulos para os eixos e modifique o título do gráfico utilizando as instruções na Seção B.6 do Apêndice B.

100 Capítulo 2

Este exemplo utiliza o caminho alternativo discutido na Seção 2.2, "Classes e Blocos do Excel", na Seção 2.2, logo depois do Exemplo 2.2. Quando você utiliza esse caminho alternativo, a barra do histograma com -- *sempre* corresponderá à barra zero. A Seção B.8 do Apêndice B explica o modo pelo qual você exclui do histograma essa barra desnecessária, conforme foi feito nos exemplos ilustrados ao longo da Seção 2.4.

Ferramentas de Análise Utilize **Histograma**.

Para o exemplo, abra a **planilha DESEMPILHADOS** da **pasta de trabalho Fundos de Aposentadoria** e:

1. Selecione **Dados → Análise de Dados**. Na caixa de diálogo Análise de Dados, selecione **Histograma** a partir da lista de **Ferramentas de Análise** e, depois disso, clique em **OK**.

Na caixa de diálogo para Histograma:

2. **Digite A1:A224** como sendo o **Intervalo de Entrada** e digite **D1:D15** como o **Intervalo do Bloco**.
3. Marque as opções **Rótulos**, clique em **Nova Planilha** e marque a opção **Resultado do Gráfico**.
4. Clique em **OK** para criar, em uma nova planilha, a distribuição de frequências e o histograma.

Na nova planilha:

5. Siga as etapas de 5 a 9 das instruções para *Ferramentas de Análise* na Seção GE2.2, "A Distribuição de Frequências".

Essas etapas constroem a distribuição de frequências e o histograma para os fundos baseados no crescimento. Para construir uma distribuição de frequências e um histograma para os fundos baseados na valorização, repita as nove etapas; na Etapa 2, digite **B1:B96** como **Intervalo de Entrada**. Você precisará corrigir vários erros de formatação que o Excel comete nos histogramas que constrói. Para cada um dos histogramas:

1. Clique à direita dentro de uma barra e clique em **Formatar Série de Dados** no menu de atalhos.

Na caixa de diálogo Formatar Séries de Dados:

2. Clique em **Opções de Série** no painel à esquerda. No painel direito de Opções de Série, deslize o botão com ponteiro em **Largura do Espaçamento** até chegar em **Sem Intervalo**. Clique em **Fechar**.

As barras de histogramas têm suas legendas baseadas nos números correspondentes aos blocos. Para alterar as legendas para pontos médios, abra cada uma das novas planilhas e:

3. Digite **Pontos Médios** na célula **C3** e '-- na célula **C4**. Copie o intervalo de células **E2:E14** da **planilha DESEMPILHADOS** e cole essa lista na célula **C5** da nova planilha:
4. Clique à direita no histograma e clique em **Selecionar Dados**.
5. Na caixa de diálogo Selecionar Fonte de Dados, clique em **Editar** no espaço abaixo do título **Rótulos do Eixo Horizontal (Categorias)**.
6. Na caixa de diálogo Rótulos do Eixo, arraste o mouse de modo a selecionar o intervalo de células **C4:C17** para inserir o intervalo de células. Não digite esse intervalo na caixa para os intervalos de rótulos do eixo, como faria em outras situações, pelas razões explicitadas na Seção B.7 do Apêndice B. Clique em **OK** nessa caixa de diálogo, e, depois disso, clique em **OK** (na caixa de diálogo Selecionar Dados).
7. Reposicione o gráfico para uma planilha de gráfico, desative a legenda para o gráfico, e modifique o título do gráfico utilizando as instruções na Seção B.6 do Apêndice B.

Este exemplo faz uso do caminho alternativo discutido na Seção 2.2, "Classes e Blocos do Excel", na Seção 2.2, logo depois do Exemplo 2.2. A Seção B.8 do Apêndice B explica o modo pelo qual você exclui do histograma essa barra desnecessária, conforme demonstrado nos exemplos ilustrados ao longo da Seção 2.4.

O Polígono de Percentagens e o Polígono de Percentagens Acumuladas (Ogiva)

Técnica Principal Modifique um gráfico de linha do Excel que tenha se baseado em uma distribuição de frequências.

Exemplo Construa polígonos de percentagens e polígonos de percentagens acumuladas para o percentual de retorno de três anos para os fundos de aposentadoria baseados no crescimento e na valorização, de modo semelhante às Figuras 2.11 e 2.12, no Exemplo 2.10 e subseção subsequente.

PHStat Utilize o procedimento **Histogram & Polygons (Histogramas & Polígonos)**.

Para o exemplo, utilize as instruções do *PHStat* para criar um histograma; na etapa 3 dessas instruções, marque também a opção **Percentage Polygon (Polígono de Percentagens)** e **Cumulative Percentage Polygon (Polígono de Percentagens Acumuladas)** antes de clicar em **OK**.

Excel Avançado Utilize a **pasta de trabalho Polígonos** como modelo.

Para o exemplo, abra a **planilha DESEMPILHADOS** da **pasta de trabalho Fundos de Aposentadoria** e siga as etapas de 1 a 8 para construir uma distribuição de frequências para os fundos de aposentadoria baseados no crescimento. Repita as etapas de 1 a 8, e, na etapa 7, digite a fórmula **=FREQUÊNCIA(DESEMPILHADOS!$B$1:$B$96, $A$4:$A$17)** para construir uma distribuição de frequências para os fundos de aposentadoria baseados na valorização. Abra a planilha que contém a distribuição de frequências para os fundos de aposentadoria baseados no crescimento. E então

1. Selecione a coluna **C**. Clique à direita e clique em **Inserir** no menu de atalhos. Clique à direita e clique em **Inserir** no menu de atalhos uma segunda vez. (A planilha contém novas colunas em branco C e D e a coluna de pontos médios é agora a coluna E.)
2. Insira **Percentagem** na célula **C3** e **Percentagem Acumulada** na célula **D3**.
3. Insira **=B4/SOMA($B$4:$B$17)** na célula **C4** e copie essa fórmula para baixo até a linha **17**.
4. Insira **=C4** na célula **D4**.
5. Insira **=C5 + D4** na célula **D5** e copie essa fórmula para baixo até a linha **17**.
6. Selecione o intervalo de células **C4:D17**, clique à direita, e clique em **Formatar Células** no menu de atalhos.
7. Na guia **Número** da caixa da caixa de diálogo Formatar Células, clique em **Porcentagem** na lista **Categoria** e clique em **OK**.

Abra a planilha que contém a distribuição de frequências para os fundos baseados na valorização, e repita as etapas de 1 a 7. Para construir os polígonos de percentagem, abra a planilha que contém a distribuição correspondente aos fundos baseados no crescimento e:

1. Selecione o intervalo de células **C4:C17**.
2. Selecione **Inserir → Linha** e selecionar o **quarto** item na galeria **Linha 2-D (Linha com Marcadores)**.
3. Clique à direita no gráfico e clique em **Selecionar Dados** no menu de atalhos.

Na caixa de diálogo Selecionar Fonte de Dados:

4. Clique em **Editar** em baixo do título **Entrada de Legenda (Série)**. Na caixa de diálogo Editar Série, insira a *fórmula* **="Fundos de Crescimento"** como **Nome da série** e clique em **OK**.
5. Clique em **Editar** em baixo do título **Rótulos do Eixo Horizontal (Categorias)**. Na caixa de diálogo Rótulos do Eixo, arraste o mouse de modo a selecionar o intervalo de células **E4:E17** para inserir o referido intervalo de células. Não digite o intervalo de células na caixa intervalo do rótulo do eixo, conforme faria em outras situações, pelas razões explicadas na Seção B.7 do Apêndice B.
6. Clique em **OK** nessa caixa de diálogo, e, depois disso, clique em **OK** na caixa de diálogo original.

De volta no gráfico:

7. Reposicione o gráfico para uma planilha de gráfico, desative as linhas de grade do gráfico, acrescente títulos aos eixos e modifique o título do gráfico utilizando as instruções na Seção B.6 do Apêndice B.

Na nova planilha de gráfico:

8. Clique à direita no gráfico e clique em **Selecionar Dados** no menu de atalhos.
9. Na caixa de diálogo Selecionar Fonte de Dados, clique à direita no gráfico e clique em **Selecionar Dados** no menu de atalhos.

Na caixa de diálogo Editar Série:

10. Digite a fórmula **="Fundos de Valorização"** como **Nome da série** e pressione **Tab**.
11. Com o valor atual realçado em **Valores de série**, clique na aba da planilha correspondente à planilha que contém a distribuição dos fundos baseados na valorização.
12. Arraste o mouse para selecionar o intervalo de células **C4:C17** para inserir o intervalo de células na caixa para **Valores da série**. Não digite o intervalo de células na caixa Valores de série, conforme você faria em outras situações, pelas razões explicadas na Seção B.7 do Apêndice B.
13. Clique em **OK**. De volta na caixa de diálogo Selecionar Fonte de Dados, clique em **OK**.

Para construir polígonos de percentagens acumuladas, abra a planilha que contém a distribuição dos fundos baseados no crescimento e repita as etapas de 1 a 13 e substitua as etapas 1, 5 e 12 pelas seguintes etapas:

1. Selecione o intervalo de células **D4:D17**.
5. Clique em **Editar** abaixo do título para **Rótulos do Eixo Horizontal (Categorias)**. Na caixa de diálogo para Rótulos do Eixo, arraste o mouse para selecionar o intervalo de células **A4:A17** para inserir o referido intervalo de células.
12. Arraste o mouse para selecionar o intervalo de células **D4:D17** para inserir o referido intervalo de células na caixa para **Valores da série**.

Caso o eixo Y do polígono de percentagens acumuladas totalize mais de 100 %, clique à direita no eixo e clique em **Formatar Eixo** no menu de atalhos. Na caixa de diálogo Formatar Eixo, clique em **Opções de Eixo** no painel esquerdo e, no painel direito de **Opções de Eixo**, clique no botão com a opção **Fixo** para Máximo e insira **1** em sua respectiva caixa. Clique em **Fechar**.

GE2.5 VISUALIZANDO DUAS VARIÁVEIS NUMÉRICAS

O Gráfico de Dispersão

Técnica Principal Utilize a função de gráfico de dispersão do Excel.

Exemplo Construa um gráfico de dispersão para receita e valor da equipe, para times da NBA, semelhante à Figura 2.14, Seção 2.5.

PHStat Utilize o procedimento **Scatter Plot (Gráfico de Dispersão)**.

Para o exemplo, abra a **planilha DADOS** da **pasta de trabalho ValoresNBA**. Selecione **PHStat → Descriptive Statistics → Scatter Plot (PHStat → Estatística Descritiva → Gráfico de Dispersão)**. Na caixa de diálogo do procedimento (ilustrada a seguir):

1. Insira **D1:D31** como **Y Variable Cell Range (Intervalo de Células da Variável Y)**.
2. Insira **C1:C31** como **X Variable Cell Range (Intervalo de Células da Variável X)**.
3. Marque a opção **First cells in each range contain label (Primeiras células em cada intervalo contêm rótulos)**.
4. Insira um título em **Title** e clique em **OK**.

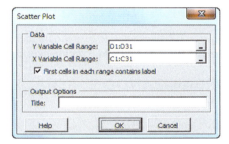

Para acrescentar uma linha superposta como aquela ilustrada na Figura 2.14, clique no gráfico e selecione **Layout → Linha de Tendência → Linha de Tendência Linear**.

Excel Avançado Utilize a **planilha Gráfico de Dispersão** como modelo.

Para o exemplo, abra a **planilha DADOS** da **pasta de trabalho ValoresNBA** e:

1. Selecione o intervalo de dados **C1:D31**.
2. Selecione **Inserir → Dispersão** e selecione o **primeiro** item da galeria **Dispersão (Dispersão Somente com Marcadores)**.
3. Selecione **Layout → Linha de Tendência → Linha de Tendência Linear**.
4. Reposicione o gráfico em uma planilha de gráfico, desative a legenda e as linhas de grade do gráfico, acrescente títulos para os eixos e modifique o título do gráfico utilizando as instruções na Seção B.6 do Apêndice B.

Ao construir os diagramas de dispersão do Excel com outros dados, tenha certeza de que a coluna da variável X precede (está à esquerda de) a coluna correspondente à variável Y. (Caso a planilha esteja organizada na forma Y e depois X, recorte e cole de modo tal que a coluna da variável Y apareça à direita da coluna correspondente à variável X.)

O Gráfico de Séries Temporais

Técnica Principal Utilize a função de gráfico de dispersão, do Excel.

Exemplo Construa um gráfico de séries temporais para receitas geradas por filmes de cinema, a cada ano, de 1995 a 2011, semelhante à Figura 2.15, no Exemplo 2.13.

Excel Avançado Utilize a **pasta de trabalho Séries Temporais** como modelo.

Para o exemplo, abra a **planilha DADOS**, da **pasta de trabalho Receitas Cinema** e:

1. Selecione o intervalo de células **A1:B18**.
2. Selecione **Inserir → Dispersão**, e selecione o **quarto** item na galeria **Dispersão (Dispersão com Linhas Retas e Marcadores)**.
3. Reposicione o gráfico em uma planilha de gráfico, desative a legenda e as linhas de grade do gráfico, acrescente títulos para os eixos e modifique o título do gráfico utilizando as instruções na Seção B.6 do Apêndice B.

Ao construir os diagramas de dispersão do Excel com outros dados, tenha certeza de que a coluna da variável *X* precede (está à esquerda de) a coluna correspondente à variável *Y*. (Caso a planilha esteja organizada na forma *Y* e depois *X*, recorte e cole de modo tal que a coluna da variável *Y* apareça à direita da coluna correspondente à variável *X*.)

GE2.6 DESAFIOS NA VISUALIZAÇÃO DE DADOS

Não existem instruções do Guia do Excel para esta seção.

GE2.7 ORGANIZANDO E VISUALIZANDO MUITAS VARIÁVEIS

Tabelas de Contingência Multidimensionais

Técnica Principal Utilize a função de Tabela Dinâmica do Excel.

Exemplo Construa uma Tabela Dinâmica demonstrando percentagens do total geral, para tipo de fundo, risco e capitalização de mercado, correspondentes à amostra composta por fundos de aposentadoria, semelhante à tabela ilustrada na Figura 2.21, na Seção 2.7.

Excel Avançado Utilize a **pasta de trabalho TCM** como modelo.

Para o exemplo, abra a **planilha DADOS** da **pasta de trabalho Fundos de Aposentadoria**.

1. Selecione **Inserir → Tabela Dinâmica**.

Na caixa de diálogo Criar Tabela Dinâmica:

2. Clique em **Selecionar uma tabela ou intervalo** e insira **A1:N319** no intervalo de células para **Tabela/Intervalo**.
3. Clique em **Nova Planilha** e, depois disso, clique em **OK**.

O Excel insere uma nova planilha e exibe o painel Lista de Campos da Tabela Dinâmica. A planilha contém uma representação gráfica de uma Tabela Dinâmica que se modificará à medida que você passa a trabalhar dentro do painel de tarefas da Lista de Campos da Tabela Dinâmica (ou Campos da Tabela Dinâmica). Naquele painel (parcialmente ilustrado a seguir):

4. Arraste **Tipo** na caixa **Escolha os campos para adicionar ao relatório** e libere na caixa **Rótulos de Linha** (ou **LINHAS**).
5. Arraste **Cap Mercado** na caixa **Escolha os campos para adicionar ao relatório** e libere na caixa **Rótulos de Linha** (ou **LINHAS**).
6. Arraste **Risco** na caixa **Escolha os campos para adicionar ao relatório** e libere na caixa **Rótulos de Coluna** (ou **COLUNAS**).
7. Arraste **Tipo** na caixa **Escolha os campos para adicionar ao relatório**, uma segunda vez, e libere na caixa Σ **Valores**. Essa legenda liberada se modifica para **Soma do Tipo**.
8. Clique (não clique à direita) em **Soma do Tipo** e clique em **Configurações do Campo de Valor** no menu de atalhos.

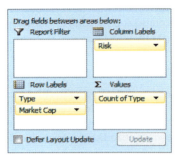

Na caixa de diálogo para Configurações do Campo de Valor:

9. Clique na aba **Mostrar Valores Como** e selecione **% do Total Geral** na lista de opções com barra de rolagem em **Mostrar Valores Como** (ilustrada a seguir).
10. Clique **OK**.

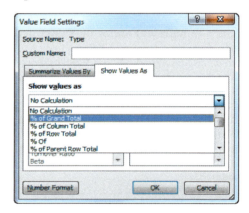

Na Tabela Dinâmica:

11. Insira um título na célula **A1**.
12. Insira um **caractere de espaço** na célula A3 e substitua o valor "Soma do Tipo". Em razão de uma configuração do Excel, você deve inserir um caractere de espaço, uma vez que você não consegue excluir "Soma do Tipo" diretamente, como poderia fazer em condições normais.
13. Siga as etapas 6 e 7 das instruções do *Excel Avançado* para "A Tabela de Contingência", na Seção GE2.1, para reposicionar a coluna Baixo da coluna D para a coluna B.

Caso a Tabela Dinâmica que você construir não contenha uma linha e uma coluna para os totais gerais conforme contêm as Tabelas Dinâmicas na Figura 2.21, siga as etapas de 9 a 13 das instruções para "A Tabela de Contingência" no *Excel Avançado* para incluir os totais gerais.

Acrescentando Variáveis Numéricas

Técnica Principal Altere o conteúdo da caixa Σ Valores no painel da Lista de Campos da Tabela Dinâmica.

Exemplo Construa uma Tabela Dinâmica para tipo de fundo, risco, capitalização de mercado, mostrando a média aritmética do percentual de retorno para 10 anos, para a amostra de fundos de aposentadoria, semelhante àquela ilustrada na Figura 2.22, na Seção 2.7.

Excel Avançado Utilize a **pasta de trabalho TCM** como modelo.

Para o exemplo, inicialmente construa a Tabela Dinâmica mostrando percentuais do total geral para tipo de fundo, risco e capitalização de mercado para a amostra de fundos de aposentadoria utilizando as instruções da seção anterior. Depois disso, continue com estas etapas:

14. Caso o painel correspondente a Lista de Campos da Tabela Dinâmica não esteja visível, clique à direita na Célula **A3** e clique em **Mostrar Lista de Campos** no menu de atalhos.

No painel da Lista de Campos da Tabela Dinâmica:

15. Arraste a **legenda em branco** (inicialmente com o título **Soma do Tipo**, depois da etapa 7) dentro da caixa Σ **Valores** e libere a mesma fora do painel, de modo a excluir esse título. A Tabela Dinâmica se modifica e todos os percentuais desaparecem.
16. Arraste **%Retorno10Anos** na caixa **Escolha os campos para adicionar ao relatório** e libere na caixa Σ **Valores**. Essa legenda liberada se modifica para **Soma do %Retorno10Anos**.
17. Clique em **Soma de %Retorno10Anos** e clique em **Configurações do Campo de Valor** no menu de atalhos.

Na caixa de diálogo para Configurações do Campo de Valor (ilustrada a seguir):

18. Clique na aba **Resumir por**, e selecione **Média** a partir da lista. O **Nome Personalizado** se modifica para **Média de %Retorno10Anos**.
19. Clique em **OK**.

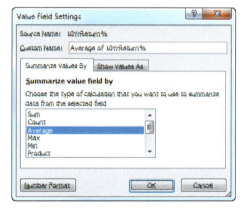

Na Tabela Dinâmica:

20. Selecione o intervalo de células **B5:E13**, clique à direita, e clique em **Formatar Células** dentro do menu de atalhos. Na guia Número da caixa de diálogo Formatar Células, clique em **Número**, ajuste o número de **Casas decimais** para **2** e clique em **OK**.

GE2.8 TABELAS DINÂMICAS e ANÁLISES DE NEGÓCIOS

Técnica Principal Utilize a função de segmentação de dados do Excel com uma Tabela Dinâmica já definida.

Exemplo Construa segmentações para tipo, capitalização de mercado, classificação por estrelas e proporção de despesas para utilizar com uma Tabela Dinâmica para tipo de fundo e risco, semelhantes às segmentações ilustradas na Figura 2.24, no início da Seção 2.8.

Excel Avançado Utilize a **pasta de trabalho Segmentações** como modelo.

Por exemplo, inicialmente construa uma Tabela Dinâmica utilizando as instruções do *Excel Avançado* para "A Tabela de Contingência" na Seção GE2.1. Clique na célula **A3** na Tabela Dinâmica e:

1. Selecione **Inserir → Segmentação de Dados**.

Na caixa de diálogo Inserir Segmentação de Dados (ilustrada a seguir):

2. Marque as opções **Cap Mercado**, **Tipo**, **Proporção de Despesas** e **Classificação por Estrelas**.
3. Clique em **OK**.

4. Na planilha, arraste as segmentações de dados de modo a reposicioná-los. Caso necessário, redimensione os painéis de segmentação, do mesmo modo que você redimensionaria uma janela.

Clique nos botões de valor nas segmentações de modo a explorar os dados. Por exemplo, para criar a visualização mostrada na ilustração esquerda da Figura 2.25, na Seção 2.8, que responde à primeira pergunta apresentada nessa mesma Seção 2.8, clique em **0,59** na segmentação para **Proporção de Despesas**.

Quando você clica em um botão de valor, o ícone no canto superior direito da segmentação se modifica de modo a incluir um X vermelho (como pode ser visto nas segmentações para Proporção de Despesas na Figura 2.25). Clique nesse ícone para reconfigurar a segmentação. Quando você clica em um botão de valor, os botões de valor em *outras* segmentações podem ficar esmaecidos (como ocorreu com os botões Valor, Média-Cap, Baixa, Um, Três e Duas na Figura 2.25). Botões de valores esmaecidos representam valores que não são encontrados nos dados atualmente "segmentados", e caso você clique em um botão com valor esmaecido, a Tabela Dinâmica será vazia e não mostrará nenhum valor.

CAPÍTULO 3

Medidas Numéricas Descritivas

UTILIZANDO A ESTATÍSTICA: Mais Escolhas Descritivas

3.1 Medidas de Tendência Central
A Média Aritmética
A Mediana
A Moda
A Média Geométrica

3.2 Variação e Formato
A Amplitude
A Variância e o Desvio-Padrão
O Coeficiente de Variação
Escores Z
Formato: Assimetria e Curtose

EXPLORAÇÕES VISUAIS: Explorando Estatísticas Descritivas

3.3 Explorando Dados Numéricos
Quartis
A Amplitude Interquartil
O Resumo de Cinco Números
O Box-Plot

3.4 Medidas Numéricas Descritivas para uma População
A Média Aritmética da População
A Variância da População e o Desvio-Padrão da População
A Regra Empírica
A Regra de Chebyshev

3.5 A Covariância e o Coeficiente de Correlação
A Covariância
O Coeficiente de Correlação

3.6 Estatísticas Descritivas: Armadilhas e Questões Éticas

UTILIZANDO A ESTATÍSTICA: Mais Escolhas Descritivas, Revisitado

GUIA DO EXCEL PARA O CAPÍTULO 3

Objetivos do Aprendizado

Neste capítulo, você aprenderá:

- A descrever as propriedades de tendência central, variação e formato, em dados numéricos
- A construir e interpretar um box-plot
- A calcular medidas descritivas resumidas para uma população
- A calcular a covariância e o coeficiente de correlação

UTILIZANDO A ESTATÍSTICA

Mais Escolhas Descritivas

Como membro de uma força-tarefa na empresa prestadora de serviços financeiros Choice *Is* Yours, você ajudou a organizar e visualizar os dados a partir de uma amostra de 318 fundos de aposentadoria. Agora, várias semanas depois, clientes prospectivos, tais como Tom Sanchez, estão examinando esse trabalho, mas querem conhecer mais.

Em particular, clientes prospectivos gostariam de ser capazes de comparar os resultados de um determinado fundo de aposentadoria individual com os resultados de fundos semelhantes. Por exemplo, embora o trabalho anterior que sua equipe fez mostre o modo como estão distribuídas as porcentagens para os retornos correspondentes a três anos, os clientes gostariam de saber como o valor correspondente a um determinado fundo baseado no crescimento com média capitalização se compara com os retornos correspondentes a três anos para todos os fundos baseados no crescimento com média capitalização de mercado. Clientes prospectivos também buscam compreender o modo como variam os valores para as variáveis coletadas. Os valores são todos relativamente semelhantes? E ainda, alguma das variáveis apresenta algum valor extremo (outlier) que seja extremamente pequeno ou extremamente grande?

Embora realizar uma pesquisa completa dos dados sobre fundos de aposentadoria possa levar a respostas para as perguntas que acabamos de formular, você pondera se existem meios mais fáceis do que uma extensa pesquisa para descobrir as respostas. Você também pondera se existem outros meios de ser mais *descritivo* com relação à amostra de fundos — proporcionando respostas para perguntas ainda não levantadas pelos clientes prospectivos. Caso você possa ajudar a empresa prestadora de serviços de investimentos Choice *Is* Yours a proporcionar essas respostas, os clientes prospectivos terão mais capacidade de avaliar os fundos de aposentadoria que a sua empresa apresenta.

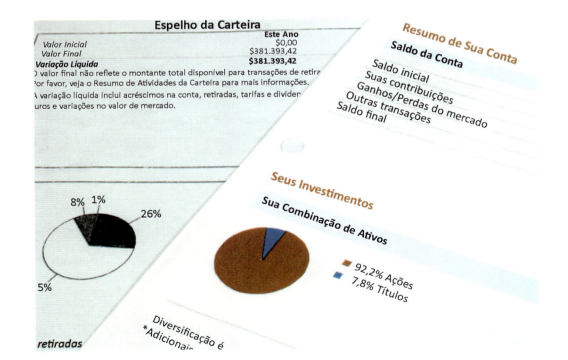

105

Os clientes prospectivos no cenário Mais Escolhas Descritivas começaram a fazer perguntas relacionadas a variáveis numéricas, tais como o percentual de retorno para três anos. Ao resumir e descrever variáveis numéricas, os métodos de organização e visualização discutidos no Capítulo 2 são apenas um ponto de partida. Você também precisa descrever essas variáveis em termos de sua tendência central e sua variação e seu respectivo formato.

Tendência central corresponde à extensão na qual os valores de uma variável numérica se agrupam em torno de um valor típico ou central. **Variação** corresponde ao montante de dispersão, ou difusão, relativamente a um valor central, demonstrados pelos valores de uma variável numérica. O *formato* de uma variável corresponde ao padrão da distribuição de valores, partindo do valor mais baixo para o valor mais alto.

Este capítulo discorre sobre as maneiras pelas quais você pode calcular essas medidas descritivas numéricas, à medida que começa a analisar seus dados dentro da estrutura DCOVA. O capítulo fala também sobre a covariância e o coeficiente de correlação, medidas que podem ajudar a mostrar a força da associação entre duas variáveis numéricas. Calcular as medidas descritivas discutidas neste capítulo seria um meio de ajudar clientes prospectivos dos serviços da Choice *Is* Yours a encontrar as respostas que almejam.

3.1 Medidas de Tendência Central

A maior parte dos conjuntos de dados demonstra uma tendência distinta de se agrupar em torno de um valor central. Quando as pessoas conversam sobre um "valor médio" ou o "valor do meio" ou o "valor mais frequente", elas estão falando, de modo informal, sobre a média aritmética, a mediana e a moda — três medidas de tendência central.

A Média Aritmética

A **média aritmética** (geralmente conhecida como **média**) é a medida de tendência central mais comum. A média aritmética pode sugerir um valor típico ou central, e serve como um "ponto de equilíbrio" para um conjunto de dados, semelhantemente a um pivô ou a uma gangorra. A média aritmética é a única medida comum na qual todos os valores desempenham igual papel. Você calcula a média aritmética por meio da soma de todos os valores existentes em um conjunto de dados, seguida pela divisão do total dessa soma pela quantidade de valores existentes no conjunto de dados.

O símbolo $\overline{X}$, conhecido como *X-barra*, é utilizado para representar a média aritmética de uma amostra. Para uma amostra contendo n valores, a equação para a média aritmética de uma amostra é escrita sob a forma

$$\overline{X} = \frac{\text{soma dos valores}}{\text{quantidade de valores}}$$

Utilizando a série $X_1, X_2, \ldots, X_n$, para representar o conjunto de n valores, e n para representar a quantidade de valores na amostra, a equação passa a ser

$$\overline{X} = \frac{X_1 + X_2 + \cdots + X_n}{n}$$

Ao utilizar a notação de somatório (discutida integralmente no Apêndice A), você substitui o numerador $X_1 + X_2 + \ldots + X_n$ pelo termo $\sum_{i=1}^{n} X_i$ que significa o somatório de todos os valores correspondentes a X_i, partindo do primeiro valor para X, X_1, até o último valor para X, X_n, de modo a formar a Equação (3.1), uma definição formal para a média aritmética da amostra.

MÉDIA ARITMÉTICA DA AMOSTRA

A **média aritmética da amostra** corresponde à soma dos valores em uma amostra dividida pela quantidade de valores.

$$\overline{X} = \frac{\sum_{i=1}^{n} X_i}{n} \tag{3.1}$$

em que

$$\overline{X} = \text{média aritmética da amostra}$$
$$n = \text{número de valores ou tamanho da amostra}$$
$$X_i = i\text{-ésimo valor da variável } X$$

$$\sum_{i=1}^{n} X_i = \text{somatório de todos os valores } X_i \text{ na amostra}$$

Uma vez que todos os valores desempenham igual papel, uma média aritmética é fortemente afetada por qualquer valor que seja significativamente diferente dos outros. Ao se deparar com esses valores extremos, você deve evitar o uso da média aritmética como uma medida de tendência central.

Por exemplo, se você conhecesse o tempo típico necessário para se aprontar na parte da manhã, você seria capaz de chegar ao seu primeiro destino, todos os dias, de uma maneira mais pontual. Utilizando a estrutura DCOVA, você inicialmente define o tempo necessário para se aprontar como o intervalo de tempo desde o momento em que você se levanta da cama de manhã, até o momento em que sai de sua casa, arredondado para o minuto mais próximo. Depois disso, você coleta os tempos em relação a 10 dias de trabalho consecutivos, organiza e armazena esses dados no arquivo **Tempos**.

Utilizando os dados coletados, você calcula a média aritmética para descobrir o tempo "típico" necessário para se aprontar. No que se refere a esses dados:

Dia:	1	2	3	4	5	6	7	8	9	10
Tempo (minutos):	39	29	43	52	39	44	40	31	44	35

a média aritmética do tempo corresponde a 39,6 minutos, e é calculada do seguinte modo:

$$\overline{X} = \frac{\text{soma dos valores}}{\text{quantidade de valores}}$$

$$\overline{X} = \frac{\sum_{i=1}^{n} X_i}{n}$$

$$\overline{X} = \frac{39 + 29 + 43 + 52 + 39 + 44 + 40 + 31 + 44 + 35}{10}$$

$$= \frac{396}{10} = 39,6$$

Embora nenhum dia individual na amostra tenha efetivamente apresentado o valor correspondente a 39,6 minutos, atribuir aproximadamente essa quantidade de tempo para se aprontar seria uma decisão sensata a ser tomada. A média aritmética é uma boa medida de tendência central nesse caso, uma vez que o conjunto de dados não contém quaisquer valores excepcionalmente pequenos ou grandes.

Para ilustrar o modo como a média aritmética pode ser consideravelmente afetada por qualquer valor que seja muito diferente dos outros, imagine que, no dia 3, um conjunto de circunstâncias não habituais tenha atrasado você em se aprontar, em uma hora a mais, de modo tal que o tempo correspondente àquele dia tenha sido de 103 minutos. Esse valor extremo faz com que a média aritmética se eleve para 45,6 minutos, como segue:

$$\overline{X} = \frac{\text{soma dos valores}}{\text{quantidade de valores}}$$

$$\overline{X} = \frac{\sum_{i=1}^{n} X_i}{n}$$

$$\overline{X} = \frac{39 + 29 + 103 + 52 + 39 + 44 + 40 + 31 + 44 + 35}{10}$$

$$\overline{X} = \frac{456}{10} = 45,6$$

108   Capítulo 3

Esse único valor extremo fez com que a média aritmética crescesse em 6 minutos. O valor extremo também modifica a posição da média aritmética em relação a todos os valores. A média aritmética original, correspondente a 39,6 minutos, ocupava uma posição no meio, ou *central*, entre os valores de dados: 5 entre os tempos necessários para se aprontar eram menores do que a média aritmética, e 5 tempos eram maiores do que a média aritmética. Em contrapartida, a média aritmética que utiliza o valor extremo é maior do que 9 entre os 10 tempos medidos para se aprontar, fazendo com que a nova média aritmética passe a ser uma medida pouco eficaz de tendência central.

EXEMPLO 3.1

A Média Aritmética de Calorias em Cereais

Dados nutricionais correspondentes à amostra contendo sete cereais para o café da manhã (armazenados em **Cereais**) incluem a quantidade de calorias existentes, por porção:

Cereal	Calorias
All Bran da Kellog's	80
Corn Flakes da Kellog's	100
Wheaties	100
Organic Multigrain Flakes da Nature's Path	110
Rice Krispies da Kellog's	130
Cereal de Trigo Desfiado com Amêndoa e Baunilha	190
Mini Wheats da Kellog's	200

Calcule a média aritmética da quantidade de calorias contidas nesses cereais para o café da manhã.

SOLUÇÃO   A média aritmética para a quantidade de calorias é 130, calculada do seguinte modo:

$$\overline{X} = \frac{\text{soma dos valores}}{\text{quantidade de valores}}$$

$$\overline{X} = \frac{\sum_{i=1}^{n} X_i}{n}$$

$$= \frac{910}{7} = 130$$

A Mediana

A **mediana** corresponde ao valor do meio em uma disposição ordenada de dados que tenham sido colocados em ordem de classificação, partindo-se do menor para o maior. Metade dos valores é menor ou igual à mediana, e metade dos valores é maior ou igual ao valor da mediana. A mediana não é afetada por valores extremos, de modo tal que você pode utilizar a mediana, mesmo quando estão presentes valores extremos.

Para calcular a mediana correspondente a um conjunto de dados, você inicialmente ordena os valores, partindo do menor para o maior, e, depois disso, utiliza a Equação (3.2) para calcular a classificação do valor que corresponde à mediana.

MEDIANA

$$\text{Mediana} = \frac{n + 1}{2} \text{ valor na ordem de classificação} \tag{3.2}$$

Você calcula o valor da mediana seguindo uma entre duas regras:

- **Regra 1**   Caso o conjunto de dados contenha uma quantidade *ímpar* de valores, a mediana corresponde à medição associada ao valor que se encontra no meio, na ordem de classificação.
- **Regra 2**   Caso o conjunto de dados contenha uma quantidade *par* de valores, a mediana corresponde à medição associada à *média* entre os dois valores que estão no meio, na ordem de classificação.

> **Dica para o Leitor**
> Tenha sempre em mente que você precisa organizar os valores, na ordem do menor para o maior, para poder calcular a mediana.

Para aprofundar a análise da amostra com 10 tempos para se aprontar na parte da manhã, você pode calcular a mediana. Para fazer isso, você ordena os tempos correspondentes a cada um dos dias, da seguinte maneira:

Valores em ordem
de classificação: 29   31   35   39   39   40   43   44   44   52

Classificação: 1   2   3   4   5   6   7   8   9   10

$\uparrow$

Mediana $= 39,5$

Uma vez que o resultado da divisão de $n + 1$ por 2 é $(10 + 1)/2 = 5,5$ para essa amostra de 10 valores, você deve utilizar a Regra 2 e extrair a média das medições associadas ao quinto valor e ao sexto valor na ordem de classificação, 39 e 40. Por conseguinte, a mediana é 39,5. A mediana de 39,5 significa que, no que se refere à metade dos dias, o tempo necessário para se aprontar é menor ou igual a 39,5 minutos, e para metade dos dias, o tempo para se aprontar é maior ou igual a 39,5 minutos. Nesse caso, a mediana de 39,5, correspondente ao tempo necessário para se aprontar, está bastante próxima da média aritmética de 39,6 minutos, relativa ao tempo necessário para se aprontar.

EXEMPLO 3.2

Calculando a Mediana a partir de uma Amostra com Tamanho Ímpar

Dados nutricionais sobre a amostra contendo sete cereais para o café da manhã (armazenados em **Cereais**) incluem a quantidade de calorias por porção (veja o Exemplo 3.1). Calcule a mediana para a quantidade de calorias contidas nesses cereais para o café da manhã.

SOLUÇÃO   Uma vez que o resultado de dividir $n + 1$ por 2, para esta amostra de tamanho sete, é $(7 + 1)/2 = 4$, utilizando a Regra 1, a mediana corresponde à medição associada ao quarto valor na ordem de classificação. As quantidades de calorias, por porção, encontram-se na respectiva ordem de classificação, partindo da menor para a maior:

Valores em ordem
de classificação: 80   100   100   110   130   190   200

Classificação: 1   2   3   4   5   6   7

$\uparrow$

Mediana $= 110$

A mediana correspondente à quantidade de calorias é 110. Metade dos cereais para o café da manhã apresenta valor menor ou igual a 110 calorias por porção, e metade dos cereais para o café da manhã apresenta valor maior ou igual a 110 calorias por porção.

A Moda

A **moda** é o valor que aparece com mais frequência em um conjunto de dados. Assim como a mediana e diferentemente da média aritmética, valores extremos não afetam a moda. Para um determinado conjunto de dados, podem existir várias modas, ou nenhuma moda em absoluto. Por exemplo, no que se refere à amostra de 10 tempos para se aprontar na parte da manhã:

29   31   35   39   39   40   43   44   44   52

existem duas modas, 39 minutos e 44 minutos, pelo fato de cada um desses valores ocorrer duas vezes. Nesta amostra de 8 preços para *tablets* (contida no arquivo **Tablets-Sete-Polegadas**[1]):

270   290   300   350   400   430   500   600

não existe uma moda. Nenhum dos valores é "mais típico", uma vez que cada um dos valores aparece o mesmo número de vezes (uma vez) no conjunto de dados.

---

[1]Dados sobre preços extraídos de "Tablets and e-Book Readers", *Consumer Reports*, setembro de 2011, p. 46.

110 Capítulo 3

EXEMPLO 3.3

Determinando a Moda

Um gerente de sistemas encarregado por uma rede de comunicações da empresa acompanha o número de falhas no servidor de rede, que ocorrem em um determinado dia. Determine a moda para os dados a seguir, que representam o número de falhas do servidor por dia, no que se refere a duas semanas anteriores:

$$1 \quad 3 \quad 0 \quad 3 \quad 26 \quad 2 \quad 7 \quad 4 \quad 0 \quad 2 \quad 3 \quad 3 \quad 6 \quad 3$$

SOLUÇÃO A disposição ordenada para esses dados é

$$0 \quad 0 \quad 1 \quad 2 \quad 2 \quad 3 \quad 3 \quad 3 \quad 3 \quad 3 \quad 4 \quad 6 \quad 7 \quad 26$$

Uma vez que 3 ocorre cinco vezes, mais vezes do que qualquer outro valor, a moda é 3. Por conseguinte, o gerente de sistemas pode afirmar que a ocorrência mais comum é haver três falhas do servidor em um dia. Para esse conjunto de dados, a mediana é também igual a 3, e a média aritmética é igual a 4,5. O valor correspondente a 26 é um valor extremo. Para esses dados, a mediana e a moda são medidas mais eficazes de tendência central do que a média aritmética.

A Média Geométrica

Quando deseja mensurar a taxa de variação de uma variável ao longo do tempo, você precisa utilizar a média geométrica, em vez da média aritmética. A Equação (3.3) define a média geométrica.

MÉDIA GEOMÉTRICA

A **média geométrica** corresponde à n-ésima raiz do produto de n valores.

$$\overline{X}_G = (X_1 \times X_2 \times \cdots \times X_n)^{1/n} \tag{3.3}$$

A média geométrica para a taxa de retorno mede o percentual médio de retorno de um determinado investimento, ao longo do tempo. A Equação (3.4) define a média geométrica para a taxa de retorno.

MÉDIA GEOMÉTRICA DA TAXA DE RETORNO

$$\overline{R}_G = [(1 + R_1) \times (1 + R_2) \times \cdots \times (1 + R_n)]^{1/n} - 1 \tag{3.4}$$

em que

$$R_i = \text{taxa de retorno no período de tempo } i$$

Para ilustrar essas medidas, considere um investimento de \$100.000 que tenha declinado para um valor de \$50.000 ao final do Ano 1 e, depois disso, tenha retornado a seu valor original de \$100.000 ao final do Ano 2. A taxa de retorno desse investimento, por ano, no que se refere ao período de dois anos, corresponde a 0 (zero), uma vez que o valor inicial e o valor final do investimento permaneceram inalterados. Entretanto, a média aritmética das taxas anuais de retorno para esse investimento corresponde a

$$\overline{X} = \frac{(-0,50) + (1,00)}{2} = 0,25 \text{ ou } 25\ \%$$

uma vez que a taxa de retorno para o Ano 1 é

$$R_1 = \left(\frac{50.000 - 100.000}{100.000} \right) = -0,50 \text{ ou} -50\ \%$$

e a taxa de retorno para o Ano 2 é

$$R_2 = \left(\frac{100.000 - 50.000}{50.000} \right) = 1,00 \text{ ou} 100\ \%$$

Utilizando a Equação (3.4), a média geométrica para a taxa de retorno, por ano, correspondente aos dois anos, é

$$
\begin{aligned}
\overline{R}_G &= [(1 + R_1) \times (1 + R_2)]^{1/n} - 1 \\
&= [(1 + (-0{,}50)) \times (1 + (1{,}0))]^{1/2} - 1 \\
&= [(0{,}50) \times (2{,}0)]^{1/2} - 1 \\
&= [1{,}0]^{1/2} - 1 \\
&= 1 - 1 = 0
\end{aligned}
$$

O uso da média geométrica da taxa de retorno reflete, de maneira mais precisa do que a média aritmética, a variação (zero) no valor do investimento para o período de dois anos.

EXEMPLO 3.4

Calculando a Média Geométrica para a Taxa de Retorno

A variação percentual no Índice Russell 2000, para os preços das ações de 2.000 pequenas empresas, correspondeu a 25,3 % em 2010 e −5,5 % em 2011. Calcule a média geométrica para a taxa de retorno.

SOLUÇÃO Utilizando a Equação (3.4), a média geométrica da taxa de retorno para o Índice Russell 2000 em relação aos dois anos corresponde a

$$
\begin{aligned}
\overline{R}_G &= [(1 + R_1) \times (1 + R_2)]^{1/n} - 1 \\
&= [(1 + (0{,}253)) \times (1 + (-0{,}055))]^{1/2} - 1 \\
&= [(1{,}253) \times (0{,}945)]^{1/2} - 1 \\
&= (1{,}184085)^{1/2} - 1 \\
&= 1{,}0882 - 1 = 0{,}0882
\end{aligned}
$$

A média geométrica correspondente à taxa de retorno para o Índice Russell 2000, em relação aos dois anos, corresponde a 8,82 % por ano.

3.2 Variação e Formato

Além da tendência central, todo conjunto de dados pode ser caracterizado por meio de sua variação e seu formato. A variação mede a **difusão**, ou **dispersão**, dos valores em um determinado conjunto de dados. Uma medida simples de variação corresponde à amplitude: a diferença entre o maior valor e o menor valor. As medidas mais habitualmente utilizadas na estatística são o desvio-padrão e a variância, duas medidas explicadas posteriormente nesta seção. O formato de um conjunto de dados representa um padrão correspondente a todos os valores, partindo do menor valor para o maior valor. Conforme você aprenderá posteriormente nesta seção, muitos conjuntos de dados apresentam um padrão que se assemelha aproximadamente a um sino, com um pico de valores posicionado em algum lugar no centro.

A Amplitude

A **amplitude** é a diferença entre o maior valor e o menor valor, e é a medida descritiva numérica mais simples para a variação em um conjunto de dados.

> **AMPLITUDE**
> A amplitude é igual ao maior valor menos o menor valor.
>
> $$\text{Amplitude} = X_{\text{maior}} - X_{\text{menor}} \tag{3.5}$$

Para analisar ainda mais minuciosamente a amostra de 10 tempos necessários para se aprontar na parte da manhã, você pode calcular a amplitude. Para fazer isso, você ordena os dados partindo do menor para o maior:

29 31 35 39 39 40 43 44 44 52

112 Capítulo 3

Utilizando a Equação (3.5), a amplitude corresponde a $52 - 29 = 23$ minutos. A amplitude correspondente a 23 minutos indica que a maior diferença entre quaisquer dois dias, no que diz respeito ao tempo necessário para se aprontar na parte da manhã, corresponde a 23 minutos.

EXEMPLO 3.5

Calculando a Amplitude para as Calorias Encontradas nos Cereais

Dados nutricionais sobre a amostra contendo sete cereais para o café da manhã (armazenados em `Cereais`) incluem a quantidade de calorias por porção (veja o Exemplo 3.1 na Seção 3.1). Calcule a amplitude para a quantidade de calorias nos cereais.

SOLUÇÃO Ordenadas partindo-se da menor para a maior, as quantidades de calorias para os sete cereais são

$$80 \quad 100 \quad 100 \quad 110 \quad 130 \quad 190 \quad 200$$

Portanto, utilizando a Equação (3.5), a amplitude $= 200 - 80 = 120$. A maior diferença entre quaisquer dois cereais, em termos da quantidade de calorias, corresponde a 120.

A amplitude mede a *dispersão total* no conjunto de dados. Embora a amplitude seja uma medida simples para a variação total nos dados, ela não leva em consideração *o modo como* os dados estão distribuídos entre o menor valor e o maior valor. Em outras palavras, a amplitude não indica se os valores estão distribuídos de maneira uniforme ao longo de todo o conjunto de dados; se estão concentrados perto da parte central; ou se estão concentrados perto de um dos dois extremos ou de ambos os extremos. Por conseguinte, a utilização da amplitude como uma medida de variação pode induzir a erros quando pelo menos um dos valores corresponde a um valor extremo.

A Variância e o Desvio-Padrão

Pelo fato de se tratar de uma medida simples de variação, a amplitude não leva em consideração o modo como os valores se distribuem ou se concentram por entre os extremos. Duas medidas de variação habitualmente utilizadas, que levam em consideração o modo como todos os valores de dados estão distribuídos, são a **variância** e o **desvio-padrão**. Essas estatísticas medem a dispersão "média" em torno da média aritmética — o modo como os valores mais elevados oscilam acima dela e o modo como os dados mais baixos se distribuem abaixo dela.

Uma medida de variação simples em torno da média aritmética poderia lançar mão da diferença entre cada um dos valores e a média aritmética e, a partir daí, somar essas diferenças. No entanto, caso viesse a fazer isso, você descobriria que, uma vez que a média aritmética é o ponto de equilíbrio em um conjunto de dados, para *todos* os conjuntos de dados essas diferenças somariam zero. Uma medida de variação que *difere* de um conjunto de dados para outro conjunto de dados *eleva ao quadrado* a diferença entre cada um dos valores e a média aritmética e, depois, soma essas diferenças elevadas ao quadrado. A soma dessas diferenças elevadas ao quadrado, conhecida como a **soma dos quadrados (SQ)**, é, então, *utilizada* para a variância da amostra (S^2), e o desvio-padrão da amostra (S).

A **variância da amostra** (S^2) corresponde à soma dos quadrados divididos pelo tamanho da amostra menos 1. O **desvio-padrão da amostra** (S) corresponde à raiz quadrada da variância da amostra. Uma vez que a soma dos quadrados será sempre um valor não negativo, de acordo com as regras da álgebra, *nem a variância nem o desvio-padrão podem, jamais, ser negativos*. No que se refere a praticamente todos os conjuntos de dados, a variância e o desvio-padrão apresentarão como resultado um valor positivo. Essas duas estatísticas somente poderão apresentar valores iguais a zero caso todos os valores na amostra sejam os mesmos (ou seja, os valores não apresentam qualquer variação).

Para uma amostra contendo n valores $X_1, X_2, X_3, ..., X_n$, a variância da amostra (S^2) é

$$S^2 = \frac{(X_1 - \overline{X})^2 + (X_2 - \overline{X})^2 + \cdots + (X_n - \overline{X})^2}{n - 1}$$

As Equações (3.6) e (3.7) expressam a variância da amostra e o desvio-padrão da amostra, utilizando a notação de somatório. O termo $\sum_{i=1}^{n}(X_i - \overline{X})^2$ representa a soma dos quadrados.

VARIÂNCIA DA AMOSTRA

A variância da amostra corresponde ao somatório de todas as diferenças em torno da média aritmética, elevadas ao quadrado, dividido pelo tamanho da amostra menos 1.

$$S^2 = \frac{\sum_{i=1}^{n}(X_i - \overline{X})^2}{n-1} \qquad (3.6)$$

em que

$$\overline{X} = \text{média aritmética da amostra}$$
$$n = \text{número de valores ou tamanho da amostra}$$
$$X_i = i\text{-ésimo valor da variável } X$$
$$\sum_{i=1}^{n}(X_i - \overline{X})^2 = \text{somatório de todos os valores } X_i \text{ na amostra } \overline{X}$$

DESVIO-PADRÃO DA AMOSTRA

O desvio-padrão da amostra é a raiz quadrada do somatório de todas as diferenças em torno da média aritmética elevadas ao quadrado, dividido pelo tamanho da amostra menos 1.

$$S = \sqrt{S^2} = \sqrt{\frac{\sum_{i=1}^{n}(X_i - \overline{X})^2}{n-1}} \qquad (3.7)$$

Observe que, em ambas as equações, a soma dos quadrados é dividida pelo tamanho da amostra menos 1, $n - 1$. O valor é utilizado por motivos que têm a ver com a inferência estatística e as propriedades de distribuições de amostragens, um tópico discutido na Seção 7.2 do Capítulo 7. Por agora, observe que a diferença entre dividir por n e por $n - 1$ vai ficando cada vez menor à medida que o tamanho da amostra passa a crescer.

Na prática, é bastante provável que você venha a utilizar o desvio-padrão da amostra como uma medida de variação. Diferentemente da variância da amostra, que corresponde a um valor elevado ao quadrado, o desvio-padrão será sempre um valor que estará expresso na mesma unidade dos dados originais da amostra. No que se refere a quase todos os conjuntos de dados, a maioria dos valores na amostra estará contida dentro de um intervalo que tem como limites mais um desvio-padrão e menos um desvio-padrão, para cima e para baixo da média aritmética. Por conseguinte, o fato de conhecer a média aritmética e o desvio-padrão, de modo geral ajuda a definir o espaço em que pelo menos a maioria dos valores de dados está se concentrando.

Para calcular manualmente a variância da amostra, S^2, e o desvio-padrão da amostra, S:

- Calcule a diferença entre cada um dos valores e a média aritmética.
- Eleve ao quadrado cada uma das diferenças.
- Some todas as diferenças elevadas ao quadrado.
- Divida esse total por $n - 1$ de modo a obter a variância da amostra.
- Extraia a raiz quadrada da variância da amostra de modo a obter o desvio-padrão da amostra.

Para analisar ainda mais minuciosamente a amostra com os 10 intervalos de tempo necessários para você se aprontar na parte da manhã, a Tabela 3.1 ilustra as quatro primeiras etapas para calcular a variância e o desvio-padrão com uma média aritmética ($\overline{X}$) igual a 39,6. (O cálculo da média aritmética é explicado na Seção 3.1.) A segunda coluna da Tabela 3.1 ilustra a etapa 1. A terceira coluna da Tabela 3.1 ilustra a etapa 2. A soma das diferenças elevadas ao quadrado (etapa 3) está ilustrada na parte inferior da Tabela 3.1. Esse total é, então, dividido por $10 - 1 = 9$ para que seja calculada a variância (etapa 4).

> **Dica para o Leitor**
> Tenha sempre em mente que nem a variância, nem o desvio-padrão, podem, jamais, ser negativos.

114 Capítulo 3

TABELA 3.1 Calculando a Variância dos Tempos para se Aprontar

$\overline{X} = 39,6$

Tempo (X)	Etapa 1: $(X_i - \overline{X})$	Etapa 2: $(X_i - \overline{X})^2$
39	−0,60	0,36
29	−10,60	112,36
43	3,40	11,56
52	12,40	153,76
39	−0,60	0,36
44	4,40	19,36
40	0,40	0,16
31	−8,60	73,96
44	4,40	19,36
35	−4,60	21,16
Etapa 3: Soma:		412,40
Etapa 4: Dividir por $(n - 1)$:		45,82

Você pode, também, calcular a variância substituindo por valores os termos da Equação (3.6):

$$S^2 = \frac{\sum_{i=1}^{n}(X_i - \overline{X})^2}{n - 1}$$

$$= \frac{(39 - 39,6)^2 + (29 - 39,6)^2 + \cdots + (35 - 39,6)^2}{10 - 1}$$

$$= \frac{412,4}{9}$$

$$= 45,82$$

Como a variância é expressa em unidades elevadas ao quadrado (em minutos elevados ao quadrado, para esses dados), para calcular o desvio-padrão você calcula a raiz quadrada da variância. Utilizando a Equação (3.7) no boxe, o desvio-padrão da amostra, S, é

$$S = \sqrt{S^2} = \sqrt{\frac{\sum_{i=1}^{n}(X_i - \overline{X})^2}{n - 1}} = \sqrt{45,82} = 6,77$$

Isso indica que os tempos necessários para se aprontar, nessa amostra, estão se concentrando dentro dos limites de 6,77 minutos em torno da média aritmética que corresponde a 39,6 minutos (ou seja, se concentrando entre $\overline{X} - 1S = 32,83$ e $\overline{X} + 1S = 46,37$). De fato, 7 entre 10 tempos para se aprontar se posicionam dentro dos limites desse intervalo.

Utilizando a segunda coluna da Tabela 3.1, você pode também calcular o somatório das diferenças entre cada um dos valores e a média aritmética como igual a zero. Para qualquer conjunto de dados, esse somatório será sempre igual a zero:

$$\sum_{i=1}^{n}(X_i - \overline{X}) = 0 \text{ para todos os conjuntos de dados}$$

Essa propriedade é uma das razões pelas quais a média aritmética é utilizada como a medida mais comum de tendência central.

EXEMPLO 3.6

Calculando a Variância e o Desvio-Padrão para a Quantidade de Calorias em Cereais

Dados nutricionais sobre a amostra contendo sete cereais para o café da manhã (armazenados em `Cereais`) incluem a quantidade de calorias por porção (veja o Exemplo 3.1 na Seção 3.1). Calcule a variância e o desvio-padrão para a quantidade de calorias nos cereais.

SOLUÇÃO A Tabela 3.2 ilustra o cálculo para a variância e o desvio-padrão correspondentes à quantidade de calorias nos cereais.

TABELA 3.2 Calculando a Variância das Calorias nos Cereais

$\overline{X} = 130$

Calorias	Etapa 1: $(X_i - \overline{X})$	Etapa 2: $(X_i - \overline{X})^2$
80	−50	2.500
100	−30	900
100	−30	900
110	−20	400
130	0	0
190	60	3.600
200	70	4.900
Etapa 3: Soma:		13.200
Etapa 4: Dividir por $(n-1)$:		2.220

Utilizando a Equação (3.6), no boxe para a variância da amostra,

$$
\begin{aligned}
S^2 &= \frac{\sum_{i=1}^{n}(X_i - \overline{X})^2}{n-1} \\
&= \frac{(80-130)^2 + (100-130)^2 + \cdots + (200-130)^2}{7-1} \\
&= \frac{13.200}{6} \\
&= 2.200
\end{aligned}
$$

Utilizando a Equação (3.7) no boxe que define o desvio-padrão para a amostra, S,

$$
S = \sqrt{S^2} = \sqrt{\frac{\sum_{i=1}^{n}(X_i - \overline{X})^2}{n-1}} = \sqrt{2.200} = 46,9042
$$

O desvio-padrão de 46,9042 indica que as quantidades de calorias nos cereais estão concentradas dentro dos limites de ±46,9042 em torno da média aritmética que corresponde a 130 (ou seja, estão se concentrando entre $\overline{X} - 1S = 83,0958$ e $\overline{X} + 1S = 176,9042$). De fato, 57,1 % (quatro entre sete) das quantidades de calorias estão contidas dentro dos limites desse intervalo.

116 Capítulo 3

> **APRENDA MAIS**
>
> A proporção de Sharpe, outra medida relativa de variação, é frequentemente utilizada na análise financeira. Leia os Breves Destaques para o Capítulo 3, para aprender mais sobre essa proporção.

O Coeficiente de Variação

O coeficiente de variação é igual ao desvio-padrão dividido pela média aritmética e multiplicado por 100 %. Diferentemente das medidas de variação apresentadas anteriormente, o **coeficiente de variação (CV)** mede a dispersão nos dados em relação à média aritmética. O coeficiente de variação é uma *medida relativa* de variação, que é sempre expressa sob a forma de percentagens, e não em termos das unidades dos dados propriamente ditos. A Equação (3.8) define o coeficiente de variação.

COEFICIENTE DE VARIAÇÃO

O coeficiente de variação é igual ao desvio-padrão dividido pela média aritmética, multiplicado por 100 %.

$$CV = \left(\frac{S}{\overline{X}} \right) 100 \% \tag{3.8}$$

em que

$$S = \text{desvio-padrão da amostra}$$
$$\overline{X} = \text{média aritmética da amostra}$$

Para a amostra de 10 tempos necessários para se aprontar, uma vez que $\overline{X} = 39,6$ e $S = 6,77$, o coeficiente de variação é

$$CV = \left(\frac{S}{\overline{X}} \right) 100 \% = \left(\frac{6,77}{39,6} \right) 100 \% = 17,10 \%$$

> 👉 **Dica para o Leitor**
> O coeficiente de variação é sempre expresso como percentagem, e não nas unidades das variáveis.

No que diz respeito aos tempos para se aprontar, o desvio-padrão corresponde a 17,1 % do tamanho da média aritmética.

O coeficiente de variação é bastante útil quando estão sendo comparados dois ou mais conjuntos de dados que são mensurados em unidades diferentes, conforme ilustra o Exemplo 3.7.

EXEMPLO 3.7

Comparando Dois Coeficientes de Variação Quando as Duas Variáveis Apresentam Diferentes Unidades de Medida

O que varia mais de cereal para cereal — a quantidade de calorias ou a quantidade de açúcar (em gramas)?

SOLUÇÃO Uma vez que calorias e a quantidade de açúcar apresentam diferentes unidades de medida, você precisa comparar a variabilidade relativa nas duas mensurações.

No que se refere a calorias, utilizar a média aritmética e a variância calculadas no Exemplo 3.1 na Seção 3.1, e no Exemplo 3.6 na Seção 3.2, o coeficiente de variação é igual a

$$CV_{Calorias} = \left(\frac{46,9042}{130} \right) 100 \% = 36,08 \%$$

No que se refere à quantidade de açúcar, em gramas, os valores correspondentes aos sete cereais são

$$6 \quad 2 \quad 4 \quad 4 \quad 4 \quad 11 \quad 10$$

Para esses dados, $\overline{X} = 5,8571$ e $S = 3,3877$. Por conseguinte, o coeficiente de variação é

$$CV_{Açúcar} = \left(\frac{3,3877}{5,8571} \right) 100 \% = 57,84 \%$$

Você conclui que, com relação à média aritmética, a quantidade de açúcar é muito mais variável do que as calorias.

Medidas Numéricas Descritivas **117**

Escores Z

O **escore Z** de um valor de dado corresponde à diferença entre o valor e a média aritmética, dividida pelo desvio-padrão. Escores Z podem ajudar a identificar **valores extremos (*outliers*)**, definidos na Seção 1.3 como valores que parecem excessivamente diferentes do restante dos valores. Valores que são muito diferentes da média aritmética terão escores Z muito pequenos (negativos) ou escores Z grandes (positivos). Como regra geral, um escore Z que seja menor do que $-3,0$ ou maior do que $+3,0$ indica um valor extremo.

ESCORE Z

O escore Z de um determinado valor corresponde à diferença entre o valor e a média aritmética, dividida pelo desvio-padrão,

$$Z = \frac{X - \overline{X}}{S} \tag{3.9}$$

Para analisar ainda mais minuciosamente a amostra com os 10 intervalos de tempo para se aprontar, você pode calcular os escores Z. Uma vez que a média aritmética corresponde a 39,6 minutos, o desvio-padrão é 6,77 minutos, e o tempo para se aprontar no primeiro dia corresponde a 39,0 minutos, você calcula o escore Z para o Dia 1, utilizando a Equação (3.9):

$$Z = \frac{X - \overline{X}}{S}$$
$$= \frac{39,0 - 39,6}{6,77}$$
$$= -0,09$$

A Tabela 3.3 mostra os escores Z para todos os 10 dias.

Tabela 3.3 Escores Z para os 10 Tempos Necessários para se Aprontar

	Tempo (X)	Escore Z
	39	-0,09
	29	-1,57
	43	0,50
	52	1,83
	39	-0,09
	44	0,65
	40	0,06
	31	-1,27
	44	0,65
	35	-0,68
Média aritmética	39,6	
Desvio-padrão	6,77	

O escore Z mais alto é igual a 1,83 para o Dia 4, no qual o tempo necessário para ficar pronto correspondeu a 52 minutos. O escore Z mais baixo foi de $-1,57$ para o Dia 2, no qual o tempo necessário para ficar pronto correspondeu a 29 minutos. Uma vez que nenhum dos escores Z é menor do que $-3,0$ ou maior do que $+3,0$, você conclui que os tempos necessários para se aprontar não incluem nenhum valor extremo aparente.

EXEMPLO 3.8

Calculando os Escores Z para o Número de Calorias em Cereais

Dados nutricionais sobre uma amostra contendo sete cereais para o café da manhã (armazenados em **Cereais**) incluem a quantidade de calorias por porção (veja o Exemplo 3.1 na Seção 3.1). Calcule os Escores Z para a quantidade de calorias nos cereais.

SOLUÇÃO A Tabela 3.4 ilustra os Escores Z para a quantidade de calorias nos cereais. O maior escore Z é 1,49, para um cereal com 200 calorias. O menor escore Z é −1,07 para um cereal com 80 calorias. Não existem valores extremos aparentes nesses dados, uma vez que nenhum dos escores Z é menor do que −3,0 ou maior do que +3,0.

TABELA 3.4
Escores Z para a Quantidade de Calorias em Cereais

	Calorias	Escores Z
	80	−1,07
	100	−0,64
	100	−0,64
	110	−0,43
	130	0,00
	190	1,28
	200	1,49
Média Aritmética	130	
Desvio-padrão	46,9042	

Formato: Assimetria e Curtose

O padrão da distribuição dos valores de dados ao longo do intervalo inteiro onde está contida a totalidade de valores é chamada de **formato**. O formato de uma distribuição de valores de dados pode ser descrita por meio de duas estatísticas: assimetria e curtose.

Assimetria mede a dimensão pela qual os valores de dados não são **simétricos** em torno da média aritmética. Em uma distribuição simétrica, os valores abaixo da média aritmética estão distribuídos exatamente do mesmo modo que os valores acima da média aritmética, e a assimetria é igual a zero. Em uma distribuição **assimétrica**, existe um desequilíbrio entre os valores abaixo e os valores acima da média aritmética, e a assimetria é um valor diferente de zero. A Figura 3.1 ilustra o formato da distribuição de valores de dados para os três conjuntos de dados, com a média aritmética para cada um dos conjuntos desenhada na forma de uma linha vertical tracejada.

No Painel A, a distribuição dos valores de dados é **assimétrica à esquerda**. Nesse painel, a maior parte dos valores se encontra na parcela superior da distribuição. Uma longa cauda e uma distorção para a esquerda são causadas por alguns valores extremamente pequenos. Uma vez que a estatística da assimetria para esse tipo de distribuição será sempre menor do que zero, o termo *assimétrica negativa* é também utilizado para descrever essa distribuição. Esses valores extremamente pequenos puxam a média aritmética para baixo, de modo tal que a média aritmética passa a ser menor do que a mediana.

No Painel B, a distribuição dos valores de dados é simétrica. A parcela da curva abaixo da média aritmética é a imagem espelhada da parcela da curva acima da média aritmética. Não existe assimetria entre os valores de dados abaixo e acima da média aritmética, a média aritmética é igual à mediana, e, como observamos anteriormente, a assimetria é zero.

No Painel C, a distribuição dos valores de dados é **assimétrica à direita**. Nesse painel, a maior parte dos valores está posicionada na parcela inferior da distribuição. Uma longa cauda é causada por alguns valores extremamente grandes. Uma vez que a estatística da assimetria para esse tipo de distribuição será sempre maior do que zero, o termo *assimétrica positiva* é também utilizado para descrever esse tipo de distribuição. Esses valores extremamente pequenos puxam a média aritmética para cima, de modo tal que a média aritmética passa a ser maior do que a mediana.

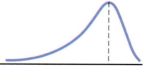
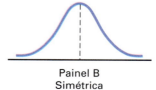

FIGURA 3.1
Os formatos de três distribuições de dados

Painel A
Negativa, ou assimétrica à esquerda

Painel B
Simétrica

Painel C
Positiva, ou assimétrica à direita

As observações com relação à média aritmética e à mediana, feitas quando examinamos a Figura 3.1, geralmente se mantêm verdadeiras no que se refere à maior parte das distribuições de uma variável numérica contínua. Em resumo, essas observações são:

- **Média aritmética** < **mediana**: negativa, ou assimétrica à esquerda
- **Média aritmética** = **mediana**: simétrica, ou zero de assimetria
- **Média aritmética** > **mediana**: positiva, ou assimétrica à direita

A **curtose** mede a extensão na qual valores que sejam muito diferentes da mediana afetam o formato da distribuição de um determinado conjunto de dados. A curtose afeta a acentuação do pico da curva da distribuição — ou seja, o quão ingremente a curva cresce se aproximando do centro da distribuição. A curtose compara o formato do pico com o formato do pico de uma distribuição normal (discutido no Capítulo 6), que, por definição, tem uma curtose igual a zero.[2] Uma distribuição que tenha um pico no centro crescendo de maneira mais íngreme do que o pico de uma distribuição normal tem uma curtose *positiva,* um valor de curtose que é maior do que zero, e é chamada de **leptocúrtica**. Uma distribuição que tenha um pico no centro crescendo de maneira mais lenta (mais achatada) do que o pico correspondente a uma distribuição normal tem uma curtose *negativa,* um valor de curtose que é menor do que zero, e é chamada de **platicúrtica**. Uma distribuição leptocúrtica apresenta maior concentração de valores nas proximidades da média aritmética, em comparação com a distribuição normal, enquanto uma distribuição platicúrtica apresenta menor concentração, ao se comparar com a distribuição normal.

Pelo fato de afetar o formato do pico central, a concentração relativa de valores próximos à média aritmética também afeta as extremidades, ou *caudas,* da curva de uma distribuição. Uma distribuição leptocúrtica apresenta caudas *mais gordas*, uma quantidade muito maior de valores nas caudas, do que uma distribuição normal. Caso a tomada de decisão com relação a um determinado conjunto de dados equivocadamente pressuponha uma distribuição normal, quando, de fato, os dados formam uma distribuição leptocúrtica, então a tomada de decisão estará subestimando a ocorrência de valores extremos (valores que são muito diferentes da média aritmética). Esse tipo de observação tem constituído uma base para várias explicações sobre os revezes e colapsos não previstos, que os mercados financeiros vivenciaram no passado recente. (Veja a Referência 4 para um exemplo para esse tipo de explicação.)

EXEMPLO 3.9

Estatísticas Descritivas para Fundos Baseados no Crescimento e Fundos Baseados na Valorização

No cenário Mais Escolhas Descritivas, você está interessado em comparar o desempenho passado dos fundos baseados no crescimento com o desempenho dos fundos baseados na valorização, a partir de uma amostra com 318 fundos. Uma medida para o desempenho do passado é a variável do percentual de retorno para três anos. Calcule estatísticas descritivas para os fundos baseados no crescimento e para os fundos baseados na valorização.

SOLUÇÃO A Figura 3.2 apresenta uma planilha que calcula as medidas descritivas resumidas correspondentes aos dois tipos de fundos. Os resultados incluem a média aritmética, a mediana, a moda, o mínimo, o máximo, o intervalo (amplitude), a variância, o desvio-padrão, o coeficiente de variação, a assimetria, a curtose, a contagem (o tamanho da amostra) e o erro-padrão.

*A Figura 3.2 mostra uma planilha semelhante à **planilha EstatísticasCompletas** da **pasta de trabalho Descritivas** e a planilha criada pelo procedimento Resumidas Descritivas do PHStat. O procedimento Estatísticas Descritivas, do pacote Ferramentas de Análise, cria uma planilha que pode ser usada para fins de comparação.*

	A	B	C
1	Estatísticas Descritivas para a Variável %Retorno3Anos		
2			
3		Crescimento	Valorização
4	Média Aritmética	22,44	20,42
5	Mediana	22,32	19,46
6	Modo	21,65	31,25
7	Mínimo	3,39	9,82
8	Máximo	62,91	37,19
9	Intervalo	59,52	27,37
10	Variância da Amostra	44,1004	32,2427
11	Desvio-Padrão	6,6408	5,6783
12	Coef. de Variação	29,60%	27,8%
13	Assimetria	1,9175	0,8166
14	Curtose	10,0648	0,3180
15	Contagem	223	95
16	Erro-Padrão	0,4447	0,5828

FIGURA 3.2 Estatísticas descritivas relativas ao percentual de retorno para três anos para os fundos baseados no crescimento e nos fundos baseados na valorização

---

[2]Existem várias definições operacionais diferentes para a curtose. A definição, neste caso, que é também utilizada pelo Microsoft Excel, é, algumas vezes, conhecida como *curtose excessiva* para diferenciá-la de outras definições. Leia os BREVES DESTAQUES para o Capítulo 3, para saber mais sobre como a assimetria (e a curtose) são calculadas no Excel.

O erro-padrão, discutido na Seção 7.2, corresponde ao desvio-padrão dividido pela raiz quadrada do tamanho da amostra.

Ao examinar os resultados, você verifica que existem diferenças entre os fundos baseados no crescimento e os fundos baseados na valorização, no que se refere ao percentual de retorno para três anos. Os fundos baseados no crescimento apresentaram uma média aritmética igual a 22,44 e uma mediana igual a 22,32 para o percentual de retorno correspondente a três anos. Isso se compara a uma média aritmética de 20,42 e uma mediana de 19,46 para os fundos baseados na valorização. As medianas indicam que metade dos fundos baseados no crescimento apresentou retornos para três anos, anualizados, de 22,32 ou ainda melhores, e metade dos fundos baseados na valorização teve um retorno mais alto do que os fundos baseados na valorização.

Os fundos baseados no crescimento apresentaram um desvio-padrão mais elevado do que os fundos baseados na valorização (6,6408 comparados a 5,6783). Embora tanto os fundos baseados no crescimento quanto os fundos baseados na valorização tenham demonstrado uma assimetria à direita, ou positiva, os fundos baseados no crescimento apresentaram uma assimetria bem mais acentuada. A curtose correspondente aos fundos baseados no crescimento se mostrou significativamente positiva, indicando uma distribuição com um pico bem mais acentuado do que uma distribuição normal.

EXPLORAÇÕES VISUAIS Explorando Estatísticas Descritivas

Abra a pasta de trabalho **VE-Estatísticas Descritivas** para explorar os efeitos decorrentes de variações em valores de dados sobre as medidas de tendência central, variação e formato. Modifique os valores de dados no intervalo de células **A2:A11** e, depois disso, observe as alterações que ocorrem nas estatísticas apresentadas no gráfico.

Clique em **View the Suggested Activity Page (Visualizar a Página com a Atividade Sugerida)** para visualizar uma alteração específica que você poderia fazer em relação aos valores de dados na coluna A. Clique em **View the More About Descriptive Statistics Page (Visualizar a Página Mais Sobre Estatísticas Descritivas)** para visualizar definições resumidas sobre as estatísticas descritivas ilustradas no gráfico. (Veja o Apêndice C para aprender a baixar uma cópia desta pasta de trabalho.)

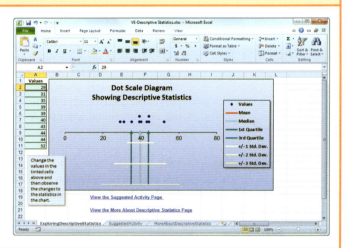

Problemas para as Seções 3.1 e 3.2

APRENDENDO O BÁSICO

3.1 O conjunto de dados apresentado a seguir é oriundo de uma amostra de tamanho $n = 5$:

$$7\ 4\ 9\ 8\ 2$$

a. Calcule a média aritmética, a mediana e a moda.
b. Calcule a amplitude, a variância, o desvio-padrão e o coeficiente de variação.
c. Calcule os escores Z. Existe algum valor extremo (*outlier*)?
d. Descreva o formato do conjunto de dados.

3.2 O conjunto de dados apresentado a seguir é oriundo de uma amostra de tamanho $n = 6$:

$$7\ 4\ 9\ 7\ 3\ 12$$

a. Calcule a média aritmética, a mediana e a moda.
b. Calcule a amplitude, a variância, o desvio-padrão e o coeficiente de variação.
c. Calcule os escores Z. Existe algum valor extremo (*outlier*)?
d. Descreva o formato do conjunto de dados.

3.3 O conjunto de dados apresentado a seguir é oriundo de uma amostra de tamanho $n = 7$:

$$12\ 7\ 4\ 9\ 0\ 7\ 3$$

a. Calcule a média aritmética, a mediana e a moda.
b. Calcule a amplitude, a variância, o desvio-padrão e o coeficiente de variação.
c. Calcule os escores Z. Existe algum valor extremo (*outlier*)?
d. Descreva o formato do conjunto de dados.

3.4 O conjunto de dados apresentado a seguir é oriundo de uma amostra de tamanho $n = 5$:

$$7\ -5\ -8\ 7\ 9$$

a. Calcule a média aritmética, a mediana e a moda.
b. Calcule a amplitude, a variância, o desvio-padrão e o coeficiente de variação.

c. Calcule os escores Z. Existe algum valor extremo (*outlier*)?
d. Descreva o formato do conjunto de dados.

3.5 Suponha que a taxa de retorno de uma determinada ação negociada em bolsa, durante os dois últimos anos, tenha sido igual a 10 % em relação a um dos anos e 30 % para o outro ano. Calcule a média geométrica para a taxa de retorno, por ano. (*Observação*: Uma taxa de retorno de 10 % é registrada como 0,10, e uma taxa de retorno de 30 % é registrada como 0,30.)

3.6 Suponha que a taxa de retorno para uma determinada ação negociada em bolsa, durante os dois últimos anos, tenha sido igual a 20 % em relação a um dos anos e −30 % para o outro ano. Calcule a média geométrica para a taxa de retorno, por ano.

APLICANDO OS CONCEITOS

3.7 Uma pesquisa conduzida pela American Statistical Association relatou os seguintes resultados para os salários de professores que ensinam estatística em universidades de pesquisa com quatro a cinco anos na posição de professor-associado e professor pleno:

Títulação	Mediana
Professor-Associado	90.200
Professor Pleno	112.000

Fonte: Dados extraídos de **magazine.amstat.org/blog /2011/12/01/academicsurvey2012/**.

Interprete a mediana do salário para os professores-associados e professores plenos.

3.8 O gerente de operações de uma indústria que fabrica pneus deseja comparar o diâmetro interno real correspondente a dois tipos de pneus, cada um dos quais se espera que corresponda a 575 milímetros. Uma amostra com cinco pneus de cada um desses tipos foi selecionada, e os resultados, representando os diâmetros internos desses pneus, ordenados partindo do menor para o maior, são os seguintes:

Tipo *X*	Tipo *Y*
568 570 575 578 584	573 574 575 577 578

a. Para cada um dos tipos de pneus, calcule a média aritmética, a mediana e o desvio-padrão.
b. Qual tipo de pneu está proporcionando melhor qualidade? Explique.
c. Qual seria o efeito em relação a suas respostas em (a) e (b), caso o último valor para o tipo *Y* fosse 588 em vez de 578? Explique.

3.9 De acordo com o U.S. Census Bureau, em 2011, a mediana para os preços de vendas de casas novas correspondia a $227.200, enquanto a média aritmética para os preços de vendas correspondia a $267.900 (extraído de www.census.gov, 25 de junho de 2012).
a. Interprete a mediana dos preços de vendas.
b. Interprete a média aritmética dos preços de vendas.
c. Discorra sobre o formato da distribuição para o preço de casas novas.

✓AUTO-teste 3.10 Os dados no arquivo **Lanchonete** contêm o montante em dinheiro que uma amostra de 15 clientes gasta para o almoço ($) em uma lanchonete que serve alimentos do tipo *fastfood*.

7,42	6,29	5,83	6,50	8,34	9,51	7,10	6,80
5,90	4,89	6,50	5,52	7,90	8,30	9,60	

a. Calcule a média aritmética e a mediana.
b. Calcule a variância, o desvio-padrão, a amplitude e o coeficiente de variação.
c. Os dados são assimétricos? Em caso afirmativo, qual a direção da assimetria?
d. Com base nos resultados de (a) até (c), a que conclusões você consegue chegar com relação ao montante que os clientes gastam no almoço?

3.11 O arquivo **Sedans** contém os dados gerais relativos a consumo em milhas por galão (MPG) para automóveis do tipo sedan, fabricados em 2012:

38 24 26 21 25 22 24 34 23 20 37 22 20 33 22 21

Fonte: Dados extraídos de "Ratings", *Consumer Reports*, abril de 2012, pp. 31.

a. Calcule a média aritmética, a mediana e a moda.
b. Calcule a variância, o desvio-padrão, a amplitude, o coeficiente de variação e os escores Z.
c. Os dados são assimétricos? Em caso afirmativo, qual a direção da assimetria?
d. Compare os resultados de (a) até (c) com os resultados do Problema 3.12, de (a) até (c), que se refere ao consumo em milhas por galão de veículos utilitários esportivos (SUV) de pequeno porte.

3.12 O arquivo **SUV** contém os dados gerais relativos a consumo em milhas por galão (MPG) para veículos utilitários esportivos (SUV) de pequeno porte, fabricados em 2012:

20	22	23	22	23	22	22	21	19
22	22	26	23	24	19	21	22	16

Fonte: Dados extraídos de "Ratings", *Consumer Reports*, abril de 2012, pp. 35-36.

a. Calcule a média aritmética, a mediana e a moda.
b. Calcule a variância, o desvio-padrão, a amplitude, o coeficiente de variação e os escores Z.
c. Os dados são assimétricos? Em caso afirmativo, qual a direção da assimetria?
d. Compare os resultados de (a) a (c) com os resultados do Problema 3.11, de (a) a (c), que se referem ao consumo, em milhas por galão, de automóveis do tipo sedan familiar.

3.13 O arquivo **ParceirosContabilidade** contém o número de parceiros em um consórcio de empresas contábeis ainda em fase de crescimento, com menos de 225 empregados, que tenham sido identificadas como "empresas a se observar". As empresas possuem os seguintes números de parceiros:

24	32	12	13	29	30	26	17	15	21	16	23
21	19	30	14	9	30	17					

Fonte: Dados extraídos de **www.accountingtoday.com/gallery/ Top-100-Accounting-Firms-Data-62569-1.html**.

a. Calcule a média aritmética, a mediana e a moda.
b. Calcule a variância, o desvio-padrão, a amplitude, o coeficiente de variação e os escores Z. Existe algum valor extremo (*outlier*)? Explique.

122 Capítulo 3

c. Os dados são assimétricos? Em caso afirmativo, qual a direção da assimetria?

d. Com base nos resultados de (a) até (c), a que conclusões você consegue chegar com relação ao número de parceiros em empresas de contabilidade em fase de crescimento?

3.14 O arquivo `Penetração de Mercado` contém o valor correspondente à penetração de mercado (ou seja, a percentagem da população do país que é usuária) no que se refere aos 15 países que lideram o mundo em termos do número total de usuários do Facebook:

50,19	25,45	4,25	18,04	31,66	49,14	39,99	28,29
37,52	28,87	37,73	46,04	52,24	38,06	34,91	

Fonte: Dados extraídos de **www.socialbakers.com/facebook-statistics/**.

a. Calcule a média aritmética, a mediana e a moda.

b. Calcule a variância, o desvio-padrão, a amplitude, o coeficiente de variação e os escores Z. Existe algum valor extremo (*outlier*)? Explique.

c. Os dados são assimétricos? Em caso afirmativo, qual a direção da assimetria?

d. Com base nos resultados de (a) até (c), a que conclusões você consegue chegar com relação à penetração de mercado do Facebook?

3.15 Existe alguma diferença em termos da variação dos rendimentos decorrentes de diferentes tipos de investimento? Os dados no arquivo `TaxaCD` contêm os rendimentos de certificados de depósito (CD) com vencimento em um ano e certificados de depósito (CD) com vencimento em cinco anos, para 24 bancos nos Estados Unidos, com posição em 21 de junho de 2012:

Fonte: Dados extraídos de **www.Bankrate.com**, 21 de junho de 2012.

a. Para certificados de depósito (CD) de um e de cinco anos, calcule, separadamente, a variância, o desvio-padrão, a amplitude e o coeficiente de variação.

b. Com base nos resultados para (a), os certificados de depósito (CD) para um ano ou para cinco anos apresentam maior variação no que se refere aos rendimentos ofertados? Explique.

3.16 O arquivo de dados `HotelFora` contém a média do preço para quartos de hotel (em dólares norte-americanos) pagos em 2011 por pessoas de várias nacionalidades, quando estavam viajando fora de seu país de origem:

171	166	159	157	150	148	147	146

Fonte: Dados extraídos de **www.hotel-price-index.com/2012/spring/pdf/Hotel-Price-Index-2011-US.pdf**.

a. Calcule a média aritmética, a mediana e a moda.

b. Calcule a amplitude, a variância e o desvio-padrão.

c. Com base nos resultados de (a) e (b), a que conclusões você consegue chegar, no que se refere ao preço cobrado por um quarto de hotel (em dólares norte-americanos) em 2011?

d. Suponha que o primeiro valor fosse 200, em vez de 171. Repita os itens de (a) até (c), utilizando esse valor. Comente sobre a diferença nos resultados.

3.17 Uma agência bancária, localizada no bairro comercial de uma cidade, tem o objetivo estratégico de desenvolver um processo de melhoria para o atendimento de clientes no horário de pico do almoço, das 12h às 13h. O tempo de espera, em minutos, é definido como o intervalo entre o momento em que o cliente entra na fila até o momento em que chega ao guichê do caixa do banco. Os dados coletados a partir de uma amostra de 15 clientes durante esse horário estão contidos no arquivo `Banco1`:

4,21	5,55	3,02	5,13	4,77	2,34	3,54	3,20
4,50	6,10	0,38	5,12	6,46	6,19	3,79	

a. Calcule a média aritmética e a mediana.

b. Calcule a variância, o desvio-padrão, a amplitude, o coeficiente de variação e os escores Z. Existe algum valor extremo (*outlier*)? Explique.

c. Os dados são assimétricos? Em caso afirmativo, qual o tipo de assimetria?

d. Assim que uma cliente entra na agência bancária, durante o período do almoço, ela pergunta ao gerente quanto tempo deverá esperar até que venha a ser atendida. O gerente responde: "Quase certamente, menos de cinco minutos." Com base nos resultados de (a) até (c), avalie a exatidão dessa afirmativa.

3.18 Suponha que uma outra agência bancária, localizada em uma área residencial, também esteja preocupada com o horário de pico do almoço, das 12h às 13h. O tempo de espera, em minutos, coletado a partir de uma amostra de 15 clientes durante esse horário, está contido no arquivo `Banco2`:

9,66	5,90	8,02	5,79	8,73	3,82	8,01	8,35
10,49	6,68	5,64	4,08	6,17	9,91	5,47	

a. Calcule a média aritmética e a mediana.

b. Calcule a variância, o desvio-padrão, a amplitude, o coeficiente de variação e os escores Z. Existe algum valor extremo (*outlier*)? Explique.

c. Os dados são assimétricos? Em caso afirmativo, qual o tipo de assimetria?

d. Assim que um cliente entra na agência bancária, durante o horário de almoço, ele pergunta ao gerente da agência quanto tempo deverá esperar até que venha a ser tendido. O gerente responde: "Quase certamente, menos de cinco minutos." Com base nos resultados de (a) até (c), avalie a exatidão dessa afirmativa.

3.19 A General Electric (GE) é uma das maiores empresas do mundo; ela desenvolve, fabrica e comercializa uma ampla gama de produtos, incluindo dispositivos de imagem para diagnóstico médico, motores de aeronaves, produtos para iluminação e produtos químicos. Em 2010, o preço das ações da GE negociadas em bolsa subiu 17,73 %, enquanto em 2011 o preço subiu 1,38 %.

Fonte: Dados extraídos de **finance.yahoo.com**, 24 de junho de 2012.

a. Calcule a média geométrica correspondente à taxa de retorno por ano, para o período de dois anos, 2010-2011. (*Dica:* Represente um crescimento de 1,38 % como $R_2 = 0,0138$.)

b. Caso você tivesse adquirido $1.000 em ações da GE no início de 2010, qual seria o valor dessas ações ao final de 2011?

c. Compare o resultado para o item (b) com o resultado do Problema 3.20(b).

✓ **AUTO-teste** **3.20** A TASER International, Inc., desenvolve, fabrica e vende dispositivos não letais de defesa pessoal, conhecidos como Tasers, e comercializa esses produtos principalmente para forças policiais, instituições penitenciárias e para o setor militar, O preço das ações da Taser negociadas em bolsa cresceu 1,08 % em 2010, e em 2011 cresceu 2,4 %.

Fonte: Dados extraídos de finance@yahoo.com, 24 de junho de 2012.

a. Calcule a média geométrica correspondente à taxa de retorno por ano, para o período de dois anos, 2010-2011. (*Dica*: Represente um crescimento de 1,08 % como $R_1 = 0,0108$.)

b. Caso você tivesse adquirido $1.000 em ações da TASER no início de 2010, qual seria o valor dessas ações ao final de 2011?

c. Compare o resultado de (b) com o resultado do Problema 3.19(b).

3.21 O arquivo de dados **Índices** contém os dados que representam a taxa de retorno anual (em percentuais) para a Média Industrial Dow Jones (DJIA), para o Standard & Poor's 500 (S&P 500) e para o Índice NASDAQ Composto, alavancado em empresas de alta tecnologia (NASDAQ), desde 2008 até 2011. Esses dados se apresentam como:

Ano	DJIA	S&P 500	NASDAQ
2011	5,5	−0,0	−1,8
2010	11,0	12,8	16,9
2009	18,8	23,5	43,9
2008	−33,8	−38,5	−40,5

Fonte: Dados extraídos de **finance.yahoo.com**, *24 de junho de 2012*.

a. Calcule a média geométrica correspondente à taxa de retorno, por ano, para os índices DJIA, S&P 500 e NASDAQ, desde 2008 até 2011.

b. A que conclusões você consegue chegar, no tocante à média geométrica correspondente às taxas de retorno, por ano, no que se refere a esses três índices de mercado?

c. Compare os resultados de (b) com os resultados do Problema 3.22(b).

3.22 No período de 2008 a 2011, o valor correspondente aos metais preciosos oscilou drasticamente. Os dados na tabela a seguir (contidos no arquivo **Metais**) representam a taxa de retorno anual (em percentuais) para platina, ouro e prata, desde 2008 até 2011.

Ano	Platina	Ouro	Prata
2011	−21,1	10,2	−9,8
2010	21,5	29,8	83,7
2009	55,9	23,9	49,3
2008	−41,3	4,3	−26,9

Fonte: Dados extraídos de A. Shell, "Is Market Poised to Heat Up for a Bull Run in 2012?", *USA Today*, 3 de janeiro de 2012, pp. 1B, 2B.

a. Calcule a média geométrica correspondente à taxa de retorno, por ano, para platina, ouro e prata, desde 2008 até 2011.

b. A que conclusões você consegue chegar com relação à média geométrica das taxas de retorno para esses três metais preciosos?

c. Compare os resultados de (b) com os resultados do Problema 3.21(b).

3.23 Utilizando a variável percentual de retorno para três anos, no arquivo **Fundos de Aposentadoria**:

a. Construa uma tabela que calcule a média aritmética para cada um dos tipos de fundos, tipos de capitalização de mercado e tipos de risco.

b. Construa uma tabela que calcule o desvio-padrão para cada um dos tipos de fundos, tipos de capitalização de mercado e tipos de risco.

c. A que conclusões você consegue chegar, no que se refere às diferenças entre os tipos de fundos de aposentadoria (crescimento e valorização) com base na capitalização de mercado (baixa, média e alta) e nos tipos de risco (baixo, médio e alto)?

3.24 Utilizando a variável percentual de retorno para três anos, no arquivo **Fundos de Aposentadoria**:

a. Construa uma tabela que calcule a média aritmética para cada um dos tipos de fundos, tipos de capitalização de mercado e tipos de classificação.

b. Construa uma tabela que calcule o desvio-padrão para cada um dos tipos de fundos, tipos de capitalização de mercado e tipos de classificação.

c. A que conclusões você consegue chegar, no que se refere às diferenças entre os tipos de fundos de aposentadoria (crescimento e valorização) com base na capitalização de mercado (baixa, média e alta) e na classificação (uma, duas, três, quatro ou cinco)?

3.25 Utilizando a variável percentual de retorno para três anos, no arquivo **Fundos de Aposentadoria**:

a. Construa uma tabela que calcule a média aritmética para cada um dos tipos de capitalização de mercado, tipos de risco e tipos de classificação.

b. Construa uma tabela que calcule o desvio-padrão para cada um dos tipos de capitalização de mercado, tipos de risco e tipos de classificação.

c. A que conclusões você consegue chegar, no que se refere às diferenças com base nos tipos de capitalização de mercado (baixa, média e alta) no tipo de risco (baixo, médio e alto) e na classificação (uma, duas, três, quatro ou cinco)?

3.26 Utilizando a variável percentual de retorno para três anos, no arquivo **Fundos de Aposentadoria**:

a. Construa uma tabela que calcule a média aritmética para cada um dos tipos de fundo, tipos de risco e tipos de classificação.

b. Construa uma tabela que calcule o desvio-padrão para cada um dos tipos de fundo, tipos de risco e tipos de classificação.

c. A que conclusões você consegue chegar, no que se refere às diferenças entre os tipos de fundos de aposentadoria (crescimento e valorização) com base no tipo de risco (baixo, médio e alto) e no tipo de classificação (uma, duas, três, quatro ou cinco)?

124   Capítulo 3

3.3 Explorando Dados Numéricos

As Seções 3.1 e 3.2 discorrem sobre medidas de tendência central, variação e formato. Um outro meio de descrever dados numéricos é por intermédio de uma análise exploratória de dados, que calcule os quartis e o resumo de cinco números e que construa um box-plot.

Quartis

Quartis dividem um conjunto de dados em quatro partes iguais — o **primeiro quartil (Q_1)** divide os valores que correspondem aos 25,0 % mais baixos entre os valores, dos 75,0 % remanescentes que são maiores do que eles. O **segundo quartil, (Q_2),** é a mediana; 50 % dos valores são menores do que a mediana e 50 % são maiores do que a mediana. O **terceiro quartil, (Q_3),** divide os valores que correspondem aos 75,0 % mais baixos entre os valores, dos 25,0 % remanescentes, que são maiores do que eles. As Equações (3.10) e (3.11) definem o primeiro quartil e o terceiro quartil.[3]

PRIMEIRO QUARTIL, Q_1

25,0 % dos valores são menores ou iguais a Q_1, o primeiro quartil, e 75,0 % são maiores ou iguais ao primeiro quartil, Q_1.

$$Q_1 = \frac{n + 1}{4} \text{ valor na ordem de classificação} \qquad (3.10)$$

TERCEIRO QUARTIL, Q_3

75,0 % dos valores são menores ou iguais ao terceiro quartil, Q_3, e 25,0 % são maiores ou iguais ao terceiro quartil, Q_3.

$$Q_3 = \frac{3(n + 1)}{4} \text{ valor na ordem de classificação} \qquad (3.11)$$

> **Dica para o Leitor**
>
> Do mesmo modo que ocorre quando você calcula a mediana, você deve colocar os valores em ordem de classificação, partindo do menor para o maior, antes de calcular os quartis.

Utilize as seguintes regras para calcular os quartis, a partir de um conjunto de valores colocados em ordem de classificação:

- **Regra 1**   Se o valor na ordem de classificação corresponde a um número inteiro, então o quartil é igual à medição que corresponde àquele valor na ordem de classificação. Se, por exemplo, o tamanho da amostra é $n = 7$, o primeiro quartil, Q_1, é igual à medição associada ao $(7 + 1)/4 =$ segundo valor na ordem de classificação.
- **Regra 2**   Se o valor na ordem de classificação corresponde a um número que seja uma metade fracionada (2,5; 4,5 etc.), o quartil é igual à medição que corresponde à média entre as medições referentes aos dois valores envolvidos na ordem de classificação. Se, por exemplo, o tamanho da amostra é $n = 9$, o primeiro quartil, Q_1, é igual a $(9 + 1)/4 = 2,5$ valor na ordem de classificação, a meio caminho entre o segundo valor e o terceiro valor na ordem de classificação.
- **Regra 3**   Se o valor na ordem de classificação não corresponde a um número inteiro, nem a uma metade fracionada, você arredonda o resultado até o número inteiro mais próximo e seleciona a medição correspondente àquele valor na ordem de classificação. Por exemplo, se o tamanho da amostra é $n = 10$, o primeiro quartil, Q_1, é igual a $(10 + 1)/4 = 2,75$ valor na ordem de classificação. Arredonde 2,75 para 3 e utilize o terceiro valor na ordem de classificação.

Para analisar ainda mais minuciosamente a amostra dos 10 intervalos de tempo necessários para se aprontar na parte da manhã, você pode calcular os quartis. Para isso, você coloca os dados na ordem de classificação, partindo do menor para o maior:

Valores em ordem
de classificação: 29   31   35   39   39   40   43   44   44   52
Classificação: 1   2   3   4   5   6   7   8   9   10

---

[3] Q_1, a mediana, e Q_3 correspondem, também, a 25º, 50º e 75º percentis, respectivamente. As Equações (3.2), (3.10) e (3.11) podem ser expressas, de um modo geral, em termos de encontrar os percentis: $(p \times 100)$-ésimo percentil $= p \times (n + 1)$ valor na ordem de classificação, em que $p =$ proporção.

Medidas Numéricas Descritivas **125**

O primeiro quartil corresponde ao $(n + 1)/4 = (10 + 1)/4 = 2,75$ valor na ordem de classificação. Utilizando a Regra 3, você arredonda para cima até o terceiro valor na ordem de classificação. O terceiro valor na ordem de classificação, para os dados relacionados ao intervalo de tempo para se aprontar, corresponde a 35 minutos. Você interpreta o primeiro quartil de 35 como significando que, em 25 % dos dias, o tempo necessário para se aprontar é menor ou igual a 35 minutos, enquanto em 75 % dos dias o tempo necessário para se aprontar é maior ou igual a 35 minutos.

O terceiro quartil corresponde ao $3(n + 1)/4 = 3(10 + 1)/4 = 8,25$ valor na ordem de classificação. Utilizando a Regra 3 para quartis, você arredonda esse valor para baixo, até o oitavo valor na ordem de classificação. O oitavo valor na ordem de classificação corresponde a 44 minutos. Por conseguinte, em 75 % dos dias, o tempo necessário para se aprontar é menor ou igual a 44 minutos, enquanto em 25 % dos dias o tempo necessário para se aprontar é maior ou igual a 44 minutos.

EXEMPLO 3.10

Calculando os Quartis

Dados nutricionais sobre uma amostra de sete cereais para o café da manhã (contidos no arquivo `Cereais`) incluem a quantidade de calorias por porção (veja o Exemplo 3,1, na Seção 3.1). Calcule o primeiro quartil (Q_1) e o terceiro quartil (Q_3) para a quantidade de calorias correspondentes aos cereais.

SOLUÇÃO Na ordem de classificação, partindo da menor para a maior, a quantidade de calorias para os cereais se apresenta do seguinte modo:

Valores na ordem de classificação:	80	100	100	110	130	190	200
Ordem de classificação:	1	2	3	4	5	6	7

Para esses dados

$$Q_1 = \frac{(n + 1)}{4} \text{ valor na ordem de classificação}$$

$$= \frac{7 + 1}{4} \text{ valor na ordem de classificação} = 2° \text{ valor na ordem de classificação}$$

Por conseguinte, fazendo uso da Regra 1, Q_1 corresponde ao segundo valor na ordem de classificação. Uma vez que o sexto valor na ordem de classificação corresponde a 100, o primeiro quartil, Q_1, é igual a 100.

Para calcular o terceiro quartil, Q_3,

$$Q_3 = \frac{3(n + 1)}{4} \text{ valor na ordem de classificação}$$

$$= \frac{3(7 + 1)}{4} \text{ valor na ordem de classificação} = 6° \text{ valor na ordem de classificação}$$

Por conseguinte, fazendo uso da Regra 1, Q_3 corresponde ao sexto valor na ordem de classificação. Uma vez que o sexto valor na ordem de classificação corresponde a 190, Q_3 é igual a 190.

O primeiro quartil com valor igual a 100 indica que 25 % dos cereais contêm 100 calorias, ou menos, por porção, enquanto 75 % dos cereais contêm 100 calorias, ou mais, por porção. O terceiro quartil com valor igual a 190 indica que 75 % dos cereais contêm 190 calorias, ou menos, por porção, enquanto 25 % dos cereais contêm 190 calorias, ou mais, por porção.

A Amplitude Interquartil

A **amplitude interquartil** (também conhecida como **dispersão média**) corresponde à diferença, no centro de uma distribuição, entre o terceiro quartil e o primeiro quartil.

AMPLITUDE INTERQUARTIL

A amplitude interquartil corresponde à diferença entre o terceiro quartil e o primeiro quartil.

$$\text{Amplitude interquartil} = Q_3 - Q_1 \qquad \textbf{(3.12)}$$

126 Capítulo 3

A amplitude interquartil mede a dispersão nos dados que estão entre 50 % das observações centrais. Por conseguinte, ela não é influenciada por valores extremos. Para analisar ainda mais minuciosamente a amostra com os 10 intervalos de tempo necessários para se aprontar na parte da manhã, você pode calcular a amplitude interquartil. Inicialmente, você coloca os dados na ordem de classificação, da seguinte maneira:

$$29 \quad 31 \quad 35 \quad 39 \quad 39 \quad 40 \quad 43 \quad 44 \quad 44 \quad 52$$

Você utiliza a Equação (3.12) e os resultados apresentados no Exemplo 3.10, $Q_1 = 35$ e $Q_3 = 44$:

$$\text{Amplitude interquartil} = 44 - 35 = 9 \text{ minutos}$$

Por conseguinte, a amplitude interquartil referente ao tempo necessário para se aprontar corresponde a 9 minutos. A amplitude desde 35 até 44 é geralmente conhecida como os *cinquenta do meio*.

EXEMPLO 3.11

Calculando a Amplitude Interquartil para a Quantidade de Calorias em Cereais

Dados nutricionais sobre uma amostra de sete cereais para o café da manhã (contidos no arquivo **Cereais**) incluem a quantidade de calorias por porção (veja o Exemplo 3.1, na Seção 3.1). Calcule a amplitude interquartil para a quantidade de calorias nos cereais.

SOLUÇÃO Colocadas em ordem de classificação, partindo da menor para a maior, as quantidades de calorias correspondentes aos sete cereais, se apresentam do seguinte modo:

$$80 \quad 100 \quad 100 \quad 110 \quad 130 \quad 190 \quad 200$$

Utilizando a Equação (3.12) e os resultados anteriores apresentados no Exemplo 3.10, $Q_1 = 100$ e $Q_3 = 190$:

$$\text{Amplitude interquartil} = 190 - 100 = 90$$

Por conseguinte, a amplitude interquartil para a quantidade de calorias correspondente aos cereais é 90 calorias.

Uma vez que a amplitude interquartil não leva em consideração nenhum valor inferior a Q_1 ou superior a Q_3, ela não pode ser afetada por valores extremos. Estatísticas descritivas, tais como a mediana, Q_1, Q_3 e a amplitude interquartil, que não são influenciadas por valores extremos, são conhecidas como **medidas resistentes**.

O Resumo de Cinco Números

O **resumo de cinco números**, para um determinado conjunto de dados, consiste no menor valor (X_{menor}), do primeiro quartil, da mediana, do terceiro quartil e do maior valor (X_{maior}).

RESUMO DE CINCO NÚMEROS

$$X_{menor} \quad Q_1 \quad \text{Mediana} \quad Q_3 \quad X_{maior}$$

O resumo de cinco números proporciona um método para determinar o formato de uma distribuição, para um determinado conjunto de dados. A Tabela 3.5, a seguir, explica como as relações entre essas cinco estatísticas ajudam a identificar o formato da distribuição.

Medidas Numéricas Descritivas **127**

TABELA 3.5 Relações dentro do Resumo de Cinco Números e o Formato da Distribuição

	Tipo de Distribuição		
Comparação	**Assimétrica à Esquerda**	**Simétrica**	**Assimétrica à Direita**
A distância desde X_{menor} até a mediana *versus* a distância desde a mediana até X_{maior}.	A distância desde X_{menor} até a mediana é maior do que a distância desde a mediana até X_{maior}	Ambas as distâncias são iguais.	A distância desde X_{menor} até a mediana é menor do que a distância desde a mediana até X_{maior}.
A distância desde X_{menor} até Q_1 *versus* a distância desde Q_3 até X_{maior}	A distância desde X_{menor} até Q_1 é maior do que a distância desde Q_3 até X_{maior}.	Ambas as distâncias são iguais.	A distância de X_{menor} até Q_1 é menor do que a distância desde Q_3 até X_{maior}.
A distância desde Q_1 até a mediana *versus* a distância desde a mediana até Q_3.	A distância desde Q_1 até a mediana é maior do que a distância desde a mediana até Q_3.	Ambas as distâncias são iguais.	A distância desde Q_1 até a mediana é menor do que a distância desde a mediana até Q_3.

Para analisar ainda mais minuciosamente a amostra que corresponde aos 10 tempos necessários para se aprontar de manhã, você pode calcular o resumo de cinco números. Para esses dados, o menor valor corresponde a 29 minutos, e o maior valor corresponde a 52 minutos (veja os dados ordenados apresentados na seção sobre amplitude interquartil). Os cálculos realizados nas Seções 3.1 e 3.3 demonstram que a mediana = 39,5, $Q_1 = 35$, e $Q_3 = 44$. Por conseguinte, o resumo de cinco números se apresenta do seguinte modo:

$$29 \quad 35 \quad 39,5 \quad 44 \quad 52$$

A distância desde X_{menor} até a mediana ($39,5 - 29 = 10,5$) é ligeiramente menor do que a distância desde a mediana até X_{maior} ($52 - 39,5 = 12,5$). A distância desde X_{menor} até Q_1 ($35 - 29 = 6$) é ligeiramente menor do que a distância desde Q_3 até X_{maior} ($52 - 44 = 8$). A distância desde Q_1 até a mediana ($39,5 - 35 = 4,5$) é igual à distância desde a mediana até Q_3 ($44 - 39,5 = 4,5$). Portanto, os tempos necessários para se aprontar são ligeiramente assimétricos à direita.

EXEMPLO 3.12

Calculando o Resumo de Cinco Números para a Quantidade de Calorias em Cereais

Dados nutricionais sobre uma amostra contendo sete cereais para o café da manhã (armazenados em **Cereais**) incluem a quantidade de calorias por porção (veja o Exemplo 3.1, na Seção 3.1). Calcule o resumo de cinco números para a quantidade de calorias nos cereais.

SOLUÇÃO Com base em cálculos anteriores para a quantidade de calorias nos cereais (veja os Exemplos 3.2 e 3.10) você sabe que a mediana = 110, $Q1 = 100$ e $Q_3 = 190$.

Além disso, o menor valor no conjunto de dados é 80, e o maior valor é 200. Portanto, o resumo de cinco números se apresenta como segue:

$$80 \quad 100 \quad 110 \quad 190 \quad 200$$

As três comparações apresentadas na Tabela 3.5 são utilizadas para avaliar a assimetria. A distância desde X_{menor} até a mediana ($110 - 80 = 30$) é menor do que a distância ($200 - 110 = 90$) desde a mediana até X_{maior}. A distância desde X_{menor} até Q_1 ($100 - 80 = 20$) é maior do que a distância desde Q_3 até X_{maior} ($200 - 190 = 10$). A distância desde Q_1 até a mediana ($110 - 100 = 10$) é menor do que a distância desde a mediana até Q_3 ($190 - 110 = 80$). Duas comparações indicam uma distribuição assimétrica à direita, enquanto a outra indica uma distribuição assimétrica à esquerda. Por conseguinte, considerando-se o pequeno tamanho da amostra e os resultados conflitantes, o formato não fica claramente determinado.

O Box-Plot

O **box-plot** proporciona uma visualização para um resumo de cinco números, ajudando, com isso, a identificar o formato da distribuição associado ao resumo de cinco números. A Figura 3.3 contém um box-plot para a amostra com os 10 tempos necessários para se aprontar na parte da manhã.

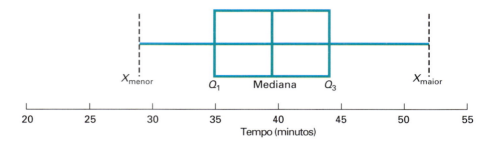

FIGURA 3.3
Box-plot para os tempos necessários para se aprontar

A linha vertical desenhada dentro da caixa (*box*, em inglês) representa a mediana. A linha vertical ao lado esquerdo da caixa representa a localização de Q_1, enquanto a linha vertical ao lado direito da caixa representa a localização de Q_3. Por conseguinte, a caixa (box) contém os 50 % dos valores centrais. Os dados que correspondem aos 25 % inferiores estão representados por uma linha (o bigode, ou *whisker*, em inglês) que liga o lado esquerdo da caixa (box) à localização do menor valor, X_{menor}. De modo semelhante, os dados que correspondem aos 25 % superiores estão representados por uma linha (o bigode, ou *whisker*), que liga o lado direito da caixa (box) a X_{maior}.

O box-plot correspondente aos tempos necessários para se aprontar, na Figura 3.3, indica uma assimetria muito sutil: A distância entre a mediana e o valor mais alto é ligeiramente maior do que a distância entre o valor mais baixo e a mediana; a cauda, ou bigode (*whisker*), à direita é ligeiramente mais longa do que a cauda, ou bigode (*whisker*), à esquerda.

EXEMPLO 3.13

Box-Plot para os Retornos de Três Anos para Fundos Baseados no Crescimento e Fundos Baseados na Valorização

No cenário Mais Escolhas Descritivas, você está interessado em comparar o desempenho passado dos fundos baseados no crescimento e dos fundos baseados na valorização, a partir de uma amostra composta por 318 fundos. Um dos indicadores para o desempenho passado diz respeito à variável percentual de retorno para três anos. Construa os box-plot para esta variável, no que se refere aos fundos baseados no crescimento e aos fundos baseados na valorização.

SOLUÇÃO A Figura 3.4 apresenta os resumos de cinco números e os box-plots para os percentuais de retorno para três anos, no que se refere aos fundos baseados no crescimento e aos fundos baseados na valorização.

FIGURA 3.4
Resumos de cinco números para fundos baseados no crescimento e fundos baseados na valorização

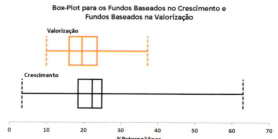

A mediana do retorno, os quartis e o retorno máximo são mais elevados para os fundos baseados no crescimento do que para os fundos baseados na valorização. Tanto os fundos baseados no crescimento quanto os fundos baseados na valorização são assimétricos à direita; os fundos baseados no crescimento apresentam uma cauda bastante longa na parcela superior do intervalo (amplitude). Esses resultados são consistentes com as estatísticas calculadas na Figura 3.2. (Exemplo 3.9, Seção 3.2.)

A Figura 3.5 demonstra a relação entre o box-plot e a curva de densidade, para quatro diferentes tipos de distribuição. A área abaixo de cada uma das curvas de densidade está subdividida em quartis, correspondendo ao resumo de cinco números para o box-plot.

 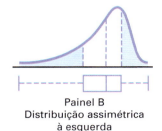 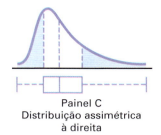 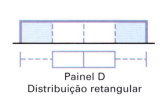

Painel A — Distribuição em formato de sino
Painel B — Distribuição assimétrica à esquerda
Painel C — Distribuição assimétrica à direita
Painel D — Distribuição retangular

FIGURA 3.5 Box-plots e as curvas de densidade correspondentes, para quatro distribuições

As distribuições nos Painéis A e D da Figura 3.5 são simétricas. Nessas distribuições, a média aritmética e a mediana são iguais. Somando-se a isso, o comprimento da cauda esquerda é igual ao comprimento da cauda direita, e a linha mediana divide a caixa pela metade.

A distribuição no Painel B da Figura 3.5 é assimétrica à esquerda. A pequena quantidade de valores pequenos distorce a média aritmética em direção à cauda esquerda. No que se refere a essa distribuição assimétrica à esquerda, existe uma forte concentração de valores na extremidade superior da escala (ou seja, o lado direito); 75 % de todos os valores são encontrados entre a extremidade esquerda da caixa (Q_1) e a extremidade da cauda direita (X_{maior}). Existe uma longa cauda esquerda que contém 25 % dos valores mais baixos, demonstrando a ausência de simetria nesse conjunto de dados.

A distribuição no Painel C da Figura 3.5 é assimétrica à direita. A concentração de valores se posiciona na extremidade inferior da escala (ou seja, no lado esquerdo do box-plot). Nesse caso, 75 % de todos os valores de dados são encontrados entre o início da cauda esquerda e a extremidade direita da caixa (Q_3). Existe uma longa cauda direita que contém 25 % dos valores mais elevados, demonstrando a ausência de simetria nesse conjunto de dados.

Problemas para a Seção 3.3

APRENDENDO O BÁSICO

3.27 Apresenta-se, a seguir, um conjunto de dados a partir de uma amostra de tamanho $n = 7$:

12   7   4   9   0   7   3

a. Calcule o primeiro quartil (Q_1), o terceiro quartil (Q_3) e a amplitude interquartil.
b. Faça a lista com o resumo de cinco números.
c. Construa um box-plot e descreva o respectivo formato.
d. Compare sua resposta em (c) com a resposta para o Problema 3.3(d), ao final da Seção 3.2. Argumente.

3.28 Apresenta-se, a seguir, um conjunto de dados a partir de uma amostra de tamanho $n = 6$:

7   4   9   7   3   12

a. Calcule o primeiro quartil (Q_1), o terceiro quartil (Q_3) e a amplitude interquartil.
b. Faça a lista com o resumo de cinco números.
c. Construa um box-plot e descreva o respectivo formato.
d. Compare sua resposta em (c) com a resposta do Problema 3.2(d), ao final da Seção 3.2. Argumente.

3.29 Apresenta-se a seguir um conjunto de dados a partir de uma amostra de tamanho $n = 5$:

7   4   9   8   2

a. Calcule o primeiro quartil (Q_1), o terceiro quartil (Q_3) e a amplitude interquartil.
b. Faça a lista com o resumo de cinco números.
c. Construa um box-plot e descreva o respectivo formato.
d. Compare sua resposta em (c) com a resposta para o Problema 3.1(d), ao final da Seção 3.2. Argumente.

3.30 Apresenta-se a seguir um conjunto de dados a partir de uma amostra de tamanho $n = 5$:

7   −5   −8   7   9

a. Calcule o primeiro quartil (Q_1), o terceiro quartil (Q_3) e a amplitude interquartil.
b. Faça a lista com o resumo de cinco números.
c. Construa um box-plot e descreva o respectivo formato.
d. Compare sua resposta em (c) com a resposta do Problema 3.4(d), ao final da Seção 3.2. Argumente.

APLICANDO OS CONCEITOS

3.31 O arquivo **ParceirosContabilidade** contém o número de parceiros em um consórcio de empresas contábeis ainda em fase de crescimento, com menos de 225 empregados, que tenham sido identificadas como "empresas a se observar". As empresas possuem os seguintes números de parceiros:

24   32   12   13   29   30   26   17   15   21   16   23
21   19   30   14   9   30   17

Fonte: Dados extraídos de **www.accountingtoday.com/gallery/Top-100-Accounting-Firms-Data-62569-1.html**.

a. Calcule o primeiro quartil (Q_1), o terceiro quartil (Q_3) e a amplitude interquartil.
b. Faça a lista para o resumo de cinco números.
c. Construa um box-plot e descreva o respectivo formato.

130 Capítulo 3

3.32 O arquivo Penetração de Mercado contém o valor correspondente à penetração de mercado (ou seja, a percentagem da população do país que é usuária) no que se refere aos 15 países que lideram o mundo em termos do número total de usuários do Facebook:

50,19 25,45 4,25 18,04 31,66 49,14 39,99 28,29
37,52 28,87 37,73 46,04 52,24 38,06 34,91

Fonte: Dados extraídos de **www.socialbakers.com/facebook-statistics/**.

a. Calcule o primeiro quartil (Q_1), o terceiro quartil (Q_3) e a amplitude interquartil.
b. Faça a lista para o resumo de cinco números.
c. Construa um box-plot e descreva o respectivo formato.

3.33 O arquivo de dados HotelFora contém a média do preço para quartos de hotel (em dólares norte-americanos) pagos por pessoas de várias nacionalidades, quando estavam viajando fora de seu país de origem:

171 166 159 157 150 148 147 146

Fonte: Dados extraídos de **www.hotel-price-index.com/2012/spring/pdf/Hotel-Price-Index-2011-US.pdf**.

a. Calcule o primeiro quartil (Q_1), o terceiro quartil (Q_3) e a amplitude interquartil.
b. Faça a lista para o resumo de cinco números.
c. Construa um box-plot e descreva o respectivo formato.

3.34 O arquivo SUV contém os dados gerais relativos a consumo em milhas por galão (MPG) para veículos utilitários esportivos (SUV) de pequeno porte, fabricados em 2012.

20 22 23 22 23 22 22 21 19
22 22 26 23 24 19 21 22 16

Fonte: Dados extraídos de "Ratings", *Consumer Reports*, abril de 2012, pp. 35-36.

a. Calcule o primeiro quartil (Q_1), o terceiro quartil (Q_3) e a amplitude interquartil.
b. Faça a lista com o resumo de cinco números.

c. Construa um box-plot e descreva o respectivo formato.

3.35 O arquivo TaxaCD contém os rendimentos para certificados de depósito (CD) com vencimento em 1 ano e certificados de depósito com vencimento em cinco anos, em 24 bancos nos Estados Unidos, com posição de 21 de junho de 2012.

Fonte: Dados extraídos de **www.Bankrate.com**, 21 de junho de 2012.

Para cada um dos tipos de conta:
a. Calcule o primeiro quartil (Q_1), o terceiro quartil (Q_3) e a amplitude interquartil.
b. Faça a lista com o resumo de cinco números.
c. Construa um box-plot e descreva o respectivo formato.

3.36 Uma agência bancária localizada no bairro comercial de uma cidade tem o objetivo estratégico de desenvolver um processo de melhoria para o atendimento de clientes no horário de pico do almoço, das 12h às 13h. O tempo de espera, em minutos, é definido como o intervalo entre o momento em que o cliente entra na fila até o momento em que ele chega à janela do guichê do caixa. Foram coletados dados a partir de uma amostra de 15 clientes durante esse horário. O arquivo Banco1 contém os resultados, que são apresentados a seguir:

4,21 5,55 3,02 5,13 4,77 2,34 3,54 3,20
4,50 6,10 0,38 5,12 6,46 6,19 3,79

Outra agência bancária, localizada em uma área residencial, também está preocupada com o horário de pico do almoço, das 12h às 13h. Os tempos de espera, em minutos, coletados a partir de uma amostra de 15 clientes durante esse horário, estão contidos no arquivo Banco2 e são apresentados a seguir:

9,66 5,90 8,02 5,79 8,73 3,82 8,01 8,35
10,49 6,68 5,64 4,08 6,17 9,91 5,47

a. Faça a lista com os resumos de cinco números, no que se refere aos tempos de espera nas duas agências bancárias.
b. Construa box-plots e descreva os formatos das distribuições para as duas agências bancárias.
c. Que semelhanças e diferenças existem nas distribuições correspondentes aos tempos de espera nas duas agências bancárias?

3.4 Medidas Numéricas Descritivas para uma População

As Seções 3.1 e 3.2 abordaram as estatísticas que podem ser calculadas para descrever as propriedades de tendência central e variação para uma amostra. Quando coleta dados para uma população inteira (veja a Seção 1.3), você calcula e analisa *parâmetros* dessas propriedades, incluindo a média aritmética da população, a variância da população e o desvio-padrão da população.

Para ajudar a ilustrar esses parâmetros, considere a população correspondente às ações negociadas em bolsa, das 10 empresas integrantes da Média Industrial Dow Jones — DJIA — que compõem as assim chamadas "Dogs of the Dow", definidas como as 10 ações, entre as 30 que compõem a Média Industrial Dow Jones, cujo dividendo corresponde à fração mais alta do seu respectivo preço no ano anterior. (Essas ações são utilizadas em um esquema de investimento alternativo, popularizado por Michael O'Higgins.) A Tabela 3.6 contém os retornos correspondentes a um ano (excluindo-se os dividendos) para as 10 ações negociadas em bolsa, reconhecidas como as "Dow Dogs" em 2011. Esses dados, armazenados no arquivo de dados DowDogs, serão utilizados para ilustrar os parâmetros da população discutidos nesta seção.

Medidas Numéricas Descritivas **131**

TABELA 3.6   Retorno de Um Ano para as "Dogs of the Dow" em 2011

Ações Negociadas em Bolsa	Retorno para 1 (Um) Ano	Ações Negociadas em Bolsa	Retorno para 1 (Um) Ano
AT&T	2,93	DuPont	−8,22
Verizon	12,13	Johnson & Johnson	6,03
Merck	4,61	Intel	15,31
Pfizer	23,59	Procter & Gamble	3,70
GE	−2,08	Kraft Foods	18,57

Fonte: Dados extraídos de S. Russolillo e B. Conway, "Dogs' Strategy Paid Dividends for Second Year in a Row", *The Wall Street Journal*, 3 de janeiro de 2012, p. R24.

A Média Aritmética da População

A **média aritmética da população** é a soma dos valores na população, dividida pelo tamanho da população, N. O parâmetro, representado pela letra grega minúscula *mi*, μ, serve como uma medida de tendência central. A Equação (3.13) define a média aritmética da população.

MÉDIA ARITMÉTICA DA POPULAÇÃO

A média aritmética da população é a soma dos valores na população, dividida pelo tamanho da população, N.

$$\mu = \frac{\sum_{i=1}^{N} X_i}{N} \tag{3.13}$$

em que

$$\mu = \text{média aritmética da população}$$

$$X_i = i\text{-ésimo valor da variável } X$$

$$\sum_{i=1}^{N} X_i = \text{somatório de todos os valores } X_i \text{ na população}$$

$$N = \text{número de valores na população}$$

Para calcular a média aritmética correspondente ao retorno de um ano para a população das ações consideradas como as "Dow Dogs" na Tabela 3.6, utilize a Equação (3.13):

$$\mu = \frac{\sum_{i=1}^{N} X_i}{N}$$

$$= \frac{2,93 + 12,13 + 4,61 + 23,59 + (-2,08) + (-8,22) + 6,03 + 15,31 + 3,70 + 18,57}{10}$$

$$= \frac{76,57}{10} = 7,657$$

Por conseguinte, a média aritmética referente ao retorno correspondente a 1 ano, para as ações negociadas em bolsa consideradas como as "Dow Dogs", é de 7,657.

A Variância da População e o Desvio-Padrão da População

Os parâmetros **variância da população** e o **desvio-padrão da população** medem a variação em uma população. A variância da população corresponde ao somatório entre as diferenças em torno da média aritmética da população, elevadas ao quadrado, dividido pelo tamanho da população, N, enquanto o desvio-padrão da população corresponde à raiz quadrada da variância da população. Na prática, você possivelmente utilizará bem mais o desvio-padrão, uma vez que, diferentemente da variância da população, o desvio-padrão será sempre um número expresso nas mesmas unidades dos dados originais da população original.

A letra grega minúscula sigma, σ, representa o desvio-padrão da população, enquanto a letra sigma elevada ao quadrado, σ^2, representa a variância da população. As Equações (3.14) e (3.15) definem esses parâmetros. Os denominadores para os termos ao lado direito nessas equações utilizam o termo N, e não o termo $(n-1)$, que é utilizado nas Equações (3.6) e (3.7), na Seção 3.2, que definem a variância da amostra e o desvio-padrão da amostra.

VARIÂNCIA DA POPULAÇÃO

A variância da população corresponde ao somatório das diferenças em torno da média aritmética da população, elevadas ao quadrado, dividido pelo tamanho da população, N.

$$\sigma^2 = \frac{\sum_{i=1}^{N}(X_i - \mu)^2}{N} \tag{3.14}$$

em que

$$\mu = \text{média aritmética da população}$$

$$X_i = i\text{-ésimo valor da variável } X$$

$$\sum_{i=1}^{N}(X_i - \mu)^2 = \text{somatório de todas as diferenças elevadas ao quadrado,}$$
$$\text{entre os valores } X_i \text{ e } \mu$$

DESVIO-PADRÃO DA POPULAÇÃO

$$\sigma = \sqrt{\frac{\sum_{i=1}^{N}(X_i - \mu)^2}{N}} \tag{3.15}$$

Para calcular a variância da população, para os dados da Tabela 3.6, você utiliza a Equação (3.14):

$$\sigma^2 = \frac{\sum_{i=1}^{N}(X_i - \mu)^2}{N}$$

$$\frac{22,3445 + 20,0077 + 9,2842 + 253,8605 + 94,8092 +}{252,0791 + 2,6471 + 58,5684 + 15,6579 + 119,0936}$$
$$\overline{10}$$

$$= \frac{848,3522}{10} = 84,8352$$

Com base na Equação (3.15), o desvio-padrão da população é

$$\sigma = \sqrt{\sigma^2} = \sqrt{\frac{\sum_{i=1}^{N}(X_i - \mu)^2}{N}} = \sqrt{\frac{848,3522}{10}} = 9,2106$$

Por conseguinte, o retorno percentual típico difere da média aritmética de 7,657 em cerca de 9,21. Esse grande volume de variação sugere que as ações que compõem as "Dow Dogs" produzem resultados que diferem consideravelmente entre si.

A Regra Empírica

Na maioria dos conjuntos de dados, uma grande parcela dos valores tende a se concentrar em algum lugar nas proximidades da mediana. Em conjuntos de dados assimétricos à direita, essa concentração ocorre à esquerda da média aritmética — ou seja, em um valor menor do que a média aritmética. Em conjuntos de dados assimétricos à esquerda, as observações tendem a se concentrar à direita da média aritmética — ou seja, em um valor maior do que a média aritmética. Em conjuntos de dados simétricos, nos quais a mediana e a média aritmética são iguais, os valores habitualmente tendem a se distribuir em torno da mediana e da média aritmética, produzindo uma distribuição normal (discutida no Capítulo 6).

A **regra empírica** afirma que, para dados de uma população que formam uma distribuição normal, as seguintes afirmativas são verdadeiras:

- Aproximadamente 68 % dos valores estão contidos dentro dos limites de ± 1 desvio-padrão de distância em relação à média aritmética.
- Aproximadamente 95 % dos valores estão contidos dentro dos limites de ± 2 desvios-padrão de distância em relação à média aritmética.
- Aproximadamente 99,7 % dos valores estão contidos dentro dos limites de ± 3 desvios-padrão de distância em relação à média aritmética.

A regra empírica ajuda você a examinar a variabilidade em uma população, e também a identificar valores extremos (*outliers*). A regra empírica implica que, no que se refere a distribuições normais, apenas aproximadamente 1 em cada 20 valores estará a uma distância maior do que 2 desvios-padrão em relação à média aritmética, em qualquer uma das direções. Como regra geral, você pode considerar valores não posicionados dentro do intervalo $\mu \pm 2\sigma$ como potenciais valores extremos. A regra implica também que somente algo em torno de 3 em 1.000 valores estará a uma distância superior a 3 desvios-padrão em relação à média aritmética. Por conseguinte, valores não posicionados no intervalo $\mu \pm 3\sigma$ serão, quase sempre, considerados valores extremos.

EXEMPLO 3.14

Utilizando a Regra Empírica

É conhecido que uma população de garrafas com 2 litros de refrigerante do tipo cola apresenta uma média aritmética de peso de abastecimento de 2,06 litros e um desvio-padrão de 0,02 litro. Sabe-se que a população apresenta uma distribuição com formato de sino. Descreva a distribuição para pesos de abastecimento. Existe grande possibilidade de que uma determinada garrafa venha a conter menos de 2 litros de refrigerante?

SOLUÇÃO

$$\mu \pm \sigma = 2,06 \pm 0,02 = (2,04, 2,08)$$
$$\mu \pm 2\sigma = 2,06 \pm 2(0,02) = (2,02, 2,10)$$
$$\mu \pm 3\sigma = 2,06 \pm 3(0,02) = (2,00, 2,12)$$

Utilizando a regra empírica, você consegue verificar que aproximadamente 68 % das garrafas conterão entre 2,04 e 2,8 litros; aproximadamente 95 % conterão entre 2,02 e 2,10 litros; e aproximadamente 99,7 % conterão entre 2,00 e 2,12 litros. Por conseguinte, é fortemente improvável que uma garrafa possa vir a conter menos de 2 litros.

A Regra de Chebyshev

Para conjuntos de dados com forte assimetria, e conjuntos de dados que não aparentem estar distribuídos nos moldes de uma distribuição normal, você deve utilizar a regra de Chebyshev, em vez da regra empírica. A **regra de Chebyshev** (veja a Referência 2) enuncia que, para qualquer conjunto de dados, independentemente de seu formato, a percentagem de valores que estão contidos dentro dos limites das distâncias correspondentes a k desvios-padrão em relação à média aritmética deve ser pelo menos

$$\left(1 - \frac{1}{k^2}\right) \times 100\ \%$$

Você pode utilizar essa regra para qualquer valor de k maior do que 1. Por exemplo, considere $k = 2$. A regra de Chebyshev declara que pelo menos $[1 - (1/2)^2] \times 100\ \% = 75\ \%$ dos valores devem necessariamente estar contidos dentro dos limites de uma distância de ± 2 desvios-padrão em relação à média aritmética.

A regra de Chebyshev é bastante generalista e se aplica a qualquer tipo de distribuição. A regra indica a percentagem *mínima* de valores que certamente se posicionam dentro dos limites de uma determinada distância em relação à média aritmética. No entanto, se o conjunto de dados for aproximadamente distribuído nos moldes de uma distribuição normal, a regra empírica refletirá de modo mais preciso a maior concentração de dados próximos à média aritmética. A Tabela 3.7 compara a regra de Chebyshev e a regra empírica.

TABELA 3.7 Como os Dados Variam em Torno da Média Aritmética

*Veja a Seção GE3.4 no Guia do Excel para uma descrição da **pasta de trabalho VE-Variabilidade** que permite que você explore a regra empírica e a regra de Chebyshev.*

	% de Valores Encontrados nos Intervalos em Torno da Média Aritmética	
Intervalo	**Chebyshev (qualquer distribuição)**	**Regra Empírica (distribuição normal)**
$(\mu - \sigma, \mu + \sigma)$	Pelo menos 0 %	Aproximadamente 68 %
$(\mu - 2\sigma, \mu + 2\sigma)$	Pelo menos 75 %	Aproximadamente 95 %
$(\mu - 3\sigma, \mu + 3\sigma)$	Pelo menos 88,89 %	Aproximadamente 99,7 %

EXEMPLO 3.15

Utilizando a Regra de Chebyshev

Do mesmo modo que no Exemplo 3.14, é conhecido que uma população de garrafas de 2 litros de refrigerante do tipo cola apresenta uma média aritmética de conteúdo abastecido correspondente a 2,06 litros e um desvio-padrão de 0,02 litro. No entanto, o formato da população não é conhecido, e você não pode pressupor que ela apresente um formato de sino. Descreva a distribuição correspondente aos conteúdos abastecidos. Haveria possibilidade bastante significativa de que uma determinada garrafa viesse a conter menos de 2 litros de refrigerante?

SOLUÇÃO

$$\mu \pm \sigma = 2{,}06 \pm 0{,}02 = (2{,}04, 2{,}08)$$
$$\mu \pm 2\sigma = 2{,}06 \pm 2(0{,}02) = (2{,}02, 2{,}10)$$
$$\mu \pm 3\sigma = 2{,}06 \pm 3(0{,}02) = (2{,}00, 2{,}12)$$

Uma vez que a distribuição pode ser assimétrica, você não pode utilizar a regra empírica. Utilizando a regra de Chebyshev, você não consegue afirmar nada sobre a percentagem de latas que contenham entre 2,04 e 2,08 litros. Você consegue afirmar que pelo menos 75 % das garrafas conterão entre 2,02 e 2,10 litros, e pelo menos 88,89 % conterão entre 2,00 e 2,12 litros. Portanto, entre 0 (zero) e 11,11 % das garrafas conterão menos de 2 litros.

Você pode utilizar essas duas regras para compreender o modo como os dados estão distribuídos em torno de média aritmética, quando você tem em mãos dados originários de amostras. No que se refere a cada uma das regras, você utiliza o valor que calculou para $\bar{X}$ no lugar de μ, e o valor que calculou para S no lugar de σ. Os resultados que você calcula utilizando estatísticas de amostras são aproximações, uma vez que você utilizou estatísticas de amostras ($\bar{X}$, S) e não parâmetros da população (μ, σ).

Problemas para a Seção 3.4

APRENDENDO O BÁSICO

3.37 Apresenta-se, a seguir, um conjunto de dados para uma população de tamanho $N = 10$:

$$7 \quad 5 \quad 11 \quad 8 \quad 3 \quad 6 \quad 2 \quad 1 \quad 9 \quad 8$$

a. Calcule a média aritmética da população.
b. Calcule o desvio-padrão da população.

3.38 Apresenta-se, a seguir, um conjunto de dados para uma população de tamanho $N = 10$:

$$7 \quad 5 \quad 6 \quad 6 \quad 6 \quad 4 \quad 8 \quad 6 \quad 9 \quad 3$$

a. Calcule a média aritmética da população.
b. Calcule o desvio-padrão da população.

APLICANDO OS CONCEITOS

3.39 O arquivo `Imposto` contém os recibos de recolhimento de impostos sobre vendas no trimestre (em milhares de dólares) apresentados ao fiscal do Village of Fair Lake, para o período encerrado em março de 2011, de todos os 50 estabelecimentos comerciais dessa localidade:

10,3	11,1	9,6	9,0	14,5	13,0	6,7	11,0	8,4	10,3
8,0	11,2	7,3	5,3	12,5	8,0	11,8	8,7	10,6	9,5
11,1	10,2	11,1	9,9	9,8	11,6	15,1	12,5	6,5	7,5
10,0	12,9	9,2	10,0	12,8	12,5	9,3	10,4	12,7	10,5
9,3	11,5	10,7	11,6	7,8	10,5	7,6	10,1	8,9	8,6

a. Calcule a média aritmética, a variância e o desvio-padrão referentes a essa população.
b. Que percentagem desses estabelecimentos comerciais possui recibos de recolhimento de impostos sobre vendas no trimestre com valores entre ± 1, ± 2 ou ± 3 desvios-padrão em relação à média aritmética?
c. Compare suas descobertas com aquilo que seria esperado com base na regra empírica. Você está surpreso com os resultados em (b)?

3.40 Considere uma população de 1024 fundos mútuos que investiram principalmente em empresas de grande porte. Você determinou que μ, a média aritmética de retorno percentual total para um ano, alcançada por todos os fundos, é igual a 8,20, e que σ, o desvio-padrão, é igual a 2,75.

a. De acordo com a regra empírica, que percentual desses fundos se espera que esteja contido nos limites entre ± 1 desvio-padrão de distância em relação à média aritmética?
b. De acordo com a regra empírica, que percentual desses fundos se espera que esteja contido nos limites entre ± 2 desvios-padrão de distância em relação à média aritmética?

c. De acordo com a regra de Chebyshev, que percentual desses fundos se espera que esteja contido nos limites entre ± 1, ± 2 ou ± 3 desvios-padrão em relação à média aritmética?
d. De acordo com a regra de Chebyshev, espera-se que pelo menos 93,75 % desses fundos apresentem retornos totais para 1 ano entre quais dois valores?

3.41 O arquivo `ImpostoCigarro` contém o imposto estadual cobrado sobre cigarros (em dólares), para cada um dos 50 estados que compõem os Estados Unidos, com posição em 1º de janeiro de 2012.
a. Calcule a média aritmética da população e o desvio-padrão da população para o imposto estadual sobre cigarros.
b. Interprete os parâmetros em (a).

✓ **AUTO-teste** **3.42** O arquivo `Energia` contém o consumo *per capita* de energia, em quilowatts/hora, para cada um dos 50 estados integrantes dos EUA e o Distrito de Columbia, durante um ano recente.
a. Calcule a média aritmética, a variância e o desvio-padrão referentes a essa população.
b. Que proporção desses estados apresenta um consumo *per capita* de energia dentro dos limites de ± 1 desvio-padrão em relação à média aritmética, dentro dos limites de ± 2 desvios-padrão em relação à média aritmética e dentro dos limites de ± 3 desvios-padrão em relação à média aritmética?
c. Compare suas descobertas com aquilo que seria esperado com base na regra empírica. Você está surpreso com os resultados em (b)?
d. Repita os procedimentos de (a) a (c), excluindo o Distrito de Columbia. De que modo os resultados se alteraram?

3.43 Trinta empresas compõem a DJIA (Dow Jones Industrial Average — Média Industrial Dow Jones). Exatamente, qual é o porte dessas empresas? Um método habitual para mensurar o porte de uma empresa corresponde a utilizar a sua capitalização de mercado, que é calculada multiplicando-se o número de quotas de ações pelo preço de uma quota de ações. Em 27 de junho de 2012, a capitalização de mercado correspondente a essas empresas se estendeu desde 8,9 bilhões de dólares para a Alcoa até 379,9 bilhões de dólares para a ExxonMobil. A população inteira de valores correspondentes a capitalização de mercado está registrada no arquivo `DowCapMercado`.

Fonte: Dados extraídos de **money.cnn.com**, 27 de junho de 2012.

a. Calcule a média aritmética e o desvio-padrão da capitalização de mercado, para essa população de 30 empresas.
b. Interprete os parâmetros calculados em (a).

136 Capítulo 3

3.5 A Covariância e o Coeficiente de Correlação

Na Seção 2.5, você utilizou gráficos de dispersão para examinar visualmente a relação entre duas variáveis numéricas. Esta seção apresenta duas medidas para avaliar a relação entre duas variáveis numéricas: a covariância e o coeficiente de correlação.

A Covariância

A **covariância** mede a força de uma relação linear entre duas variáveis numéricas (X e Y). A Equação (3.16) define a **covariância da amostra**, enquanto o Exemplo 3.16 ilustra o seu respectivo uso.

COVARIÂNCIA DA AMOSTRA

$$\text{cov}(X, Y) = \frac{\displaystyle\sum_{i=1}^{n}(X_i - \bar{X})(Y_i - \bar{Y})}{n - 1} \tag{3.16}$$

EXEMPLO 3.16

Calculando a Covariância da Amostra

Na Figura 2.14, no Exemplo 2.12 da Seção 2.5 do Capítulo 2, você construiu um gráfico de dispersão que ilustrava a relação entre a avaliação e a receita anual para as 30 equipes de basquete profissional que compõem a NBA (National Basketball Association) (dados contidos em **ValoresNBA**). Agora, você deseja mensurar a associação entre a receita anual e o valor de uma determinada equipe, calculando a covariância da amostra.

SOLUÇÃO A Tabela 3.8 fornece a receita anual e o valor correspondentes às 30 equipes.

TABELA 3.8 Receitas e Valores para Equipes da NBA

Código da Equipe	Receita (milhões de dólares)	Valor (milhões de dólares)	Código da Equipe	Receita (milhões de dólares)	Valor (milhões de dólares)
ATL	105	295	MIL	92	258
BOS	151	452	MIN	95	264
CHA	98	281	NJN	89	312
CHI	169	511	NOH	100	280
CLE	161	355	NYK	226	655
DAL	146	438	OKC	118	329
DEN	113	316	ORL	108	385
DET	147	360	PHI	110	330
GSW	119	363	PHX	147	411
HOU	153	443	POR	127	356
IND	95	269	SAC	103	293
LAC	102	305	SAS	135	404
LAL	214	643	TOR	138	399
MEM	92	266	UTA	121	343
MIA	124	425	WAS	107	322

A Figura 3.6 contém duas planilhas que, conjuntamente, calculam a covariância para esses dados. Com base no resultado na célula B9 da planilha da covariância, ou utilizando a Equação (3.16) diretamente (ilustrada a seguir), você determina que a covariância é igual a 3.199,8563:

$$\text{cov}(X, Y) = \frac{92.795,8333}{30 - 1}$$

$$= 3.199,8563$$

Na Figura 3.6, a ilustração da planilha para a covariância inclui uma lista de fórmulas à direita das células em que elas ocorrem, um estilo utilizado ao longo de todo o restante do livro.

	A	B	C	D
1	Receita	Valor	X − XBarra	Y − YBarra
2	105	295	−21,8333	−73,7667
3	151	452	24,1667	83,2333
4	98	281	−28,8333	−87,7667
5	169	511	42,1667	142,2333
6	161	355	34,1667	−13,7667
7	146	438	19,1667	69,2333
8	113	316	−13,8333	−52,7667
9	147	360	20,1667	−8,7667
10	119	363	−7,8333	−5,7667
11	153	443	26,1667	74,2333
12	95	269	−31,8333	−99,7667
13	102	305	−24,8333	−63,7667
14	214	643	87,1667	274,2333
15	92	266	−34,8333	−102,7667
16	124	425	−2,8333	56,2333
17	92	258	−34,8333	−110,7667
18	95	264	−31,8333	−104,7667
19	89	312	−37,8333	−56,7667
20	100	280	−26,8333	−88,7667
21	226	655	99,1667	286,2333
22	118	329	−8,8333	−39,7667
23	108	385	−18,8333	16,2333
24	110	330	−16,8333	−38,7667
25	147	411	20,1667	42,2333
26	127	356	0,1667	−12,7667
27	103	293	−23,8333	−75,7667
28	135	404	8,1667	35,2333
29	138	399	11,1667	30,2333
30	121	343	−5,8333	−25,7667
31	107	322	−19,8333	−46,7667

	A	B	
1	Análise da Covariância para Receita e Valor		
2			
3	Cálculos Intermediários		
4	XBarra	126,8333	=MÉDIA(DADOS!A:A)
5	YBarra	368,7667	=MÉDIA(DADOS!B:B)
6	Σ(X − XBarra)(Y − YBarra)	92795,8333	=SOMARPRODUTO(DADOS!C:C,Dados!D:D)
7	n − 1	29	=CONT.NÚM(DADOS!A:A) − 1
8			
9	Covariância		=COVARIAÇÃO.S(DADOS!A:A,Dados!B:B)

FIGURA 3.6 Planilha dados e planilha covariância para receita e valor correspondentes a 30 equipes da NBA

A covariância apresenta um ponto fraco significativo como medida para a relação linear entre duas variáveis numéricas. Uma vez que a covariância pode assumir qualquer valor, você não consegue utilizá-la para determinar a força relativa da relação. No Exemplo 3.16, você não consegue afirmar se o valor 3.199,8563 indica uma relação forte ou uma relação fraca entre receita e valor. Para melhor determinar a força relativa da relação, você precisa calcular o coeficiente de correlação.

O Coeficiente de Correlação

O **coeficiente de correlação** mede a força relativa de uma relação linear entre duas variáveis numéricas. Os valores para o coeficiente de correlação se estendem desde −1, para uma correlação negativa perfeita, até +1, para uma correlação positiva perfeita. *Perfeita*, nesse caso, significa dizer que, se os pontos fossem desenhados em um gráfico de dispersão, todos esses pontos poderiam ser interligados por meio de uma linha reta.

Ao lidar com dados oriundos de populações, para duas variáveis numéricas, a letra grega ρ(rô) é utilizada como o símbolo para o coeficiente de correlação. A Figura 3.7 ilustra três diferentes tipos de associação entre duas variáveis.

No Painel A da Figura 3.7, existe uma relação linear negativa perfeita entre X e Y. Por conseguinte, o coeficiente de correlação, ρ, é igual a −1, e, quando X cresce, Y decresce de uma maneira perfeitamente previsível. O Painel B mostra uma situação na qual não existe nenhuma relação em

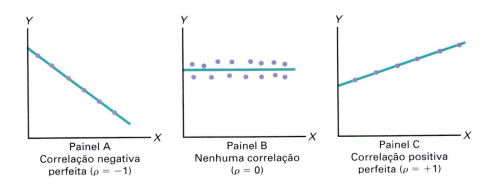

FIGURA 3.7
Tipos de associação entre variáveis

Painel A
Correlação negativa perfeita ($\rho = -1$)

Painel B
Nenhuma correlação ($\rho = 0$)

Painel C
Correlação positiva perfeita ($\rho = +1$)

absoluto entre X e Y. Nesse caso, o coeficiente de correlação, ρ, é igual a 0, e, à medida que X cresce, não existe nenhuma tendência em absoluto para que Y cresça ou decresça. O Painel C ilustra uma relação positiva perfeita, na qual ρ é igual a $+1$. Nesse caso, Y cresce de uma maneira perfeitamente previsível quando X cresce.

A correlação, por si só, não consegue provar que existe um efeito de causalidade — ou seja, que a variação no valor de uma variável tenha causado a variação na outra variável. Uma correlação forte pode ser produzida simplesmente pelo acaso, pelo efeito de uma terceira variável não considerada no cálculo da correlação, ou por uma relação do tipo causa e efeito. Você precisaria aprofundar sua análise de modo a determinar qual dessas situações efetivamente produziu a correlação. Portanto, você pode afirmar que *causalidade implica correlação, mas correlação, por si só, não implica causalidade.*

A Equação (3.17) define o **coeficiente de correlação da amostra (r)**.

COEFICIENTE DE CORRELAÇÃO DA AMOSTRA

$$r = \frac{\operatorname{cov}(X, Y)}{S_X S_Y} \tag{3.17}$$

em que

$$\operatorname{cov}(X, Y) = \frac{\sum_{i=1}^{n} (X_i - \overline{X})(Y_i - \overline{Y})}{n - 1}$$

$$S_X = \sqrt{\frac{\sum_{i=1}^{n} (X_i - \overline{X})^2}{n - 1}}$$

$$S_Y = \sqrt{\frac{\sum_{i=1}^{n} (Y_i - \overline{Y})^2}{n - 1}}$$

Quando você tem em mãos dados oriundos de amostras, você pode calcular o coeficiente de correlação da amostra, r. Ao utilizar dados oriundos de amostras, é improvável que você venha a ter um coeficiente de correlação da amostra com valores exatos de $+1$, 0, ou -1. A Figura 3.8 apresenta gráficos de dispersão, juntamente com seus respectivos coeficientes de correlação de amostras, r, correspondentes a seis conjuntos de dados, cada um dos quais contendo 100 valores para X e Y.

No Painel A, o coeficiente de correlação, r, corresponde a $-0,9$. Você consegue verificar que, no que se refere a pequenos valores de X, existe uma tendência muito forte para que Y seja grande. Por analogia, os grandes valores de X tendem a fazer par com pequenos valores de Y. Os dados não se posicionam todos em uma linha reta, de modo tal que a associação entre X e Y não pode ser descrita como perfeita. Os dados no Painel B apresentam um coeficiente de correlação igual a $-0,6$, e os pequenos valores de X tendem a fazer par com grandes valores de Y. A relação linear entre X e Y, no Painel B, não é tão forte quanto a relação no Painel A. Por conseguinte, o coeficiente de correlação no Painel B não é tão negativo quanto no Painel A. No Painel C, a relação linear entre X e Y é muito fraca, $r = -0,3$, e existe somente uma tendência sutil para que os valores pequenos de X façam par com os valores mais altos de Y. Os Painéis D a F ilustram conjuntos de dados que apresentam coeficientes de correlação positivos, uma vez que os valores pequenos de X tendem a fazer par com pequenos valores de Y, enquanto os grandes valores de X tendem a estar associados aos grandes valores de Y. O Painel D mostra uma correlação positiva fraca, com $r = 0,3$. O Painel E demonstra uma correlação positiva mais forte, com $r = 0,6$. O Painel F mostra uma correlação positiva bastante forte, com $r = 0,9$.

Medidas Numéricas Descritivas 139

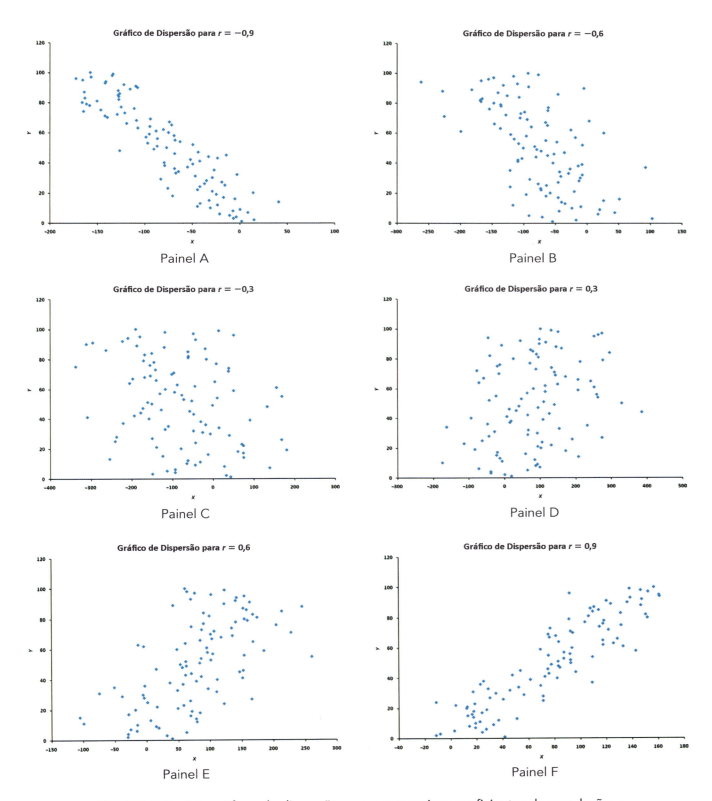

FIGURA 3.8 Seis gráficos de dispersão e seus respectivos coeficientes de correlação, *r*

140 Capítulo 3

EXEMPLO 3.17

Calculando o Coeficiente de Correlação da Amostra

No Exemplo 3.16, no início desta Seção, você calculou a covariância para a receita e o valor correspondentes às 30 equipes de basquete da NBA. Agora, você deseja medir a força relativa de uma relação linear entre a receita e o valor, determinando o coeficiente de correlação da amostra.

SOLUÇÃO Ao utilizar diretamente a Equação (3.17), ilustrada a seguir, ou com base na célula B14, na planilha relativa ao coeficiente de correlação (ilustrada na Figura 3.9), você determina que o coeficiente de correlação para a amostra é igual a 0,9429:

$$r = \frac{\text{cov}(X, Y)}{S_X S_Y}$$

$$= \frac{3.199,8563}{(33,9981)(99,8197)}$$

$$= 0,9429$$

A planilha da FIGURA 3.9 utiliza a planilha de dados ilustrada na Figura 3.6 do Exemplo 3.16.

	A	B	
1	**Análise do Coeficiente de Correlação**		
2			
3	Cálculos Intermediários		
4	*XBarra*	126,8333	=MÉDIA(DADOS!A:A)
5	*YBarra*	368,7667	=MÉDIA(DADOS!B:B)
6	$\Sigma(X - XBarra)^2$	33520,1667	=DESVQ(DADOS!A:A)
7	$\Sigma(Y - YBarra)^2$	288955,3667	=DESVQ(DADOS!B:B)
8	$\Sigma(X - XBarra)(Y - YBarra)$	92795,8333	=SOMARPRODUTO(DADOS!C:C,DADOS!D:D)
9	$n - 1$	29	=CONT.NÚM(DADOS!A:A) - 1
10	Covariância	3199,8563	=COVARIAÇÃO.S(DADOS!A:A,DADOS!B:B)
11	S_x	33,9981	=RAIZ(B6/B9)
12	S_y	99,8197	=RAIZ(B7/B9)
13			
14	*r*	0,9429	=CORREL(DADOS!A:A,DADOS!B:B)

FIGURA 3.9 Planilha para calcular o coeficiente de correlação da amostra, entre receita e valor

O valor e as receitas das equipes da NBA estão muito fortemente correlacionados. As equipes com as receitas mais baixas apresentam os valores mais baixos. As equipes com as receitas mais altas apresentam os valores mais altos. Essa relação é muito forte, conforme indicado por meio do coeficiente de correlação, $r = 0,9429$.

De modo geral, você não pode pressupor que, simplesmente porque duas variáveis estão correlacionadas, variações em uma variável tenham causado variações na outra variável. No entanto, no que se refere a esse exemplo, faz sentido concluir que variações na receita tenderiam a causar variações no valor de uma determinada equipe.

Em resumo, o coeficiente de correlação indica a relação, ou associação, linear entre duas variáveis numéricas. Quando o coeficiente de correlação vai se aproximando de $+1$ ou de -1, a relação linear entre as duas variáveis numéricas vai se tornando mais forte. Quando o coeficiente de correlação vai se aproximando de 0, existe pouca, ou nenhuma, relação linear. O sinal do coeficiente de correlação indica se os dados estão positivamente correlacionados (ou seja, os valores mais altos de X geralmente fazem par com os valores mais altos de Y), ou negativamente correlacionados (ou seja, os valores mais altos de X geralmente fazem par com os valores mais baixos de Y). A existência de uma forte correlação não implica necessariamente um efeito de causalidade. Indica tão somente as tendências presentes nos dados.

Medidas Numéricas Descritivas **141**

Problemas para a Seção 3.5

APRENDENDO O BÁSICO

3.44 Apresenta-se, a seguir, um conjunto de dados, a partir de uma amostra com $n = 11$ itens:

X	7	5	8	3	6	10	12	4	9	15	18
Y	21	15	24	9	18	30	36	12	27	45	54

a. Calcule a covariância.
b. Calcule o coeficiente de correlação.
c. Qual é a intensidade da força da relação entre X e Y? Explique.

APLICANDO OS CONCEITOS

3.45 Um estudo realizado junto a 218 alunos da Ohio State University sugere uma ligação entre o tempo gasto no portal eletrônico de relacionamento social Facebook e a média geral de notas do aluno. Alunos que raramente ou jamais utilizaram o Facebook apresentaram médias gerais mais altas do que alunos que fazem uso do Facebook.

Fonte: Dados extraídos de M. B. Marklein, "Facebook Use Linked to Less Textbook Time", www.usatoday.com, 14 de abril de 2009.

a. O estudo sugere que o tempo gasto no Facebook e a média geral de notas do aluno estão positivamente relacionados ou negativamente correlacionados?
b. Você acredita que possa existir uma relação de causa e efeito entre o tempo gasto no Facebook e a média geral de notas do aluno? Explique.

√ AUTO-teste **3.46** O arquivo **Cereais** contém a quantidade de calorias e o açúcar, em gramas, em uma porção para sete cereais para o café da manhã:

Cereal	Calorias	Açúcar
All Bran da Kellog's	80	6
Corn Flakes da Kellog's	100	2
Wheaties	100	4
Organic Multigrain Flakes da Nature's Path	110	4
Rice Krispies da Kellog's	130	4
Cereal de Trigo Desfiado com Amêndoa e Baunilha	190	11
Mini Wheats da Kellog's	200	10

a. Calcule a covariância.
b. Calcule o coeficiente de correlação.
c. Qual deles você acredita que tenha mais valor no que diz respeito a expressar a relação entre calorias e açúcar — a covariância ou o coeficiente de correlação? Explique.
d. Com base em (a) e (b), a que conclusões você chega quanto à relação entre calorias e açúcar?

3.47 Empresas produtoras de filmes de cinema precisam prever as receitas brutas de filmes individuais, uma vez que o filme tenha sido lançado. Os resultados a seguir, contidos no arquivo **FilmesPotter**, correspondem à receita bruta para o primeiro final de semana, a receita bruta nos EUA e a receita bruta mundial (em milhões de dólares) para os oito filmes da série Harry Potter:

Título	Primeiro Final de Semana	Receita Bruta dos EUA	Receita Bruta Mundial
Pedra Filosofal	90,295	317,558	976,458
Câmara Secreta	88,357	261,988	878,988
Prisioneiro de Azkaban	93,687	249,539	795,539
Cálice de Fogo	102,335	290,013	896,013
Ordem da Fênix	77,108	292,005	938,469
Enigma do Príncipe	77,836	301,460	934,601
Relíquias da Morte — Parte 1	125,017	295,001	955,417
Relíquias da Morte — Parte 2	169,189	381,011	1.328,111

Fonte: Dados extraídos de **www.the-numbers.com/interactive/comp-HarryPotter.php**

a. Calcule a covariância entre a receita bruta relativa ao primeiro final de semana e a receita bruta nos EUA; entre a receita bruta relativa ao primeiro final de semana e a receita bruta mundial; e entre a receita bruta nos EUA e a receita bruta mundial.
b. Calcule o coeficiente de correlação entre a receita bruta relativa ao primeiro final de semana e a receita bruta nos EUA; entre a receita bruta relativa ao primeiro final de semana e a receita bruta mundial; e entre a receita bruta nos EUA e a receita bruta mundial.
c. Qual deles você acredita que tenha mais valor, no que se refere a expressar a relação entre a receita bruta relativa ao primeiro final de semana, a receita bruta nos EUA e a receita bruta mundial — a covariância ou o coeficiente de correlação? Explique.
d. Com base em (a) e (b), a que conclusões você consegue chegar, no que diz respeito à relação entre a receita bruta para o primeiro final de semana, a receita bruta nos EUA e a receita bruta mundial?

3.48 O basquete nas faculdades é um grande negócio, com salários de treinadores, receitas e despesas, na casa dos milhões de dólares. O arquivo **Basquete-Faculdades** contém os salários de treinadores e a receita gerada pelo basquete de faculdades, em 60 das 65 faculdades que participaram do torneio de basquete masculino da NCAA, em 2009.

Fonte: Dados extraídos de "Compensation for Division I Men's Basketball Coaches", *USA Today*, 2 de abril de 2010, p. 8C, e C. Isadore, "Nothing but Net: Basketball Dollars by School", **money.cnn.com/2010/03/18/news/companies/basketball_profits/**.

a. Calcule a covariância.
b. Calcule o coeficiente de correlação.
c. Com base em (a) e (b), a que conclusões você consegue chegar quanto à relação entre salários de treinadores e receitas?

3.49 Uma pesquisa realizada pelo Pew Research Center descobriu que a comunicação por meio de portais de redes sociais é popular em muitas nações em todo o mundo. O arquivo MídiaSocialGlobal contém o nível de comunicação em portais de redes sociais (medido como a percentagem dos indivíduos entrevistados que utilizam portais de redes sociais) e o PIB na paridade do poder de compra (PPP) *per capita*, para cada um entre 25 países selecionados. (Dados extraídos a partir do Pew Research Center, "Global Digital Communication Texting, Social Networking Popular Worldwide", atualizado em 29 de fevereiro de 2012, através do link **bit.ly/sNjsmq**.)

a. Calcule a covariância.
b. Calcule o coeficiente de correlação.
c. Com base em (a) e (b), a que conclusões você consegue chegar, no que se refere à relação entre o PIB e o uso de meios de comunicação em redes sociais?

3.6 Estatísticas Descritivas: Armadilhas e Questões Éticas

Este capítulo descreve o modo como um conjunto de dados numéricos pode ser caracterizado por meio das estatísticas que medem as propriedades de tendência central, variação e formato. No mundo dos negócios, estatísticas descritivas, tais como aquelas que foram abordadas neste capítulo, estão frequentemente incluídas nos relatórios analíticos que são preparados periodicamente.

O volume de informações disponíveis nos portais da Grande Rede, nas redes de televisão, ou na mídia impressa, tem produzido grande ceticismo nas mentes de muitas pessoas no que se refere à objetividade dos dados. Quando estiver lendo informações que contenham estatísticas descritivas, você deve ter em mente o dito popular frequentemente atribuído ao famoso estadista britânico do século XIX, Benjamin Disraeli: "Existem três tipos de mentiras: as mentiras, as grandes mentiras e a estatística."

Por exemplo, ao examinar estatísticas, você precisa comparar a média aritmética e a mediana. Elas são semelhantes ou são significativamente diferentes? Ou, ainda, somente a média aritmética está sendo apresentada? As respostas para essas perguntas farão com que você seja capaz de determinar se os dados são assimétricos ou simétricos, e se a mediana poderia ser uma medida mais eficaz de tendência central do que a média aritmética. Além disso, você deve tentar verificar se o desvio-padrão, ou a amplitude interquartil para um conjunto de dados muito assimétrico, foi incluído nas estatísticas apresentadas. Sem isso, é impossível determinar o montante de variação que existe nos dados.

Considerações éticas surgem quando você está decidindo sobre quais resultados deve incluir em um relatório. Você deve necessariamente documentar tanto os resultados favoráveis quanto os desfavoráveis. Além disso, ao fazer apresentações orais e ao apresentar relatórios por escrito, você precisa apresentar os resultados de maneira correta, objetiva e imparcial. Um comportamento fora dos padrões da ética ocorre quando você, deliberadamente, deixa de relatar descobertas pertinentes, que venham a ser prejudiciais à defesa de um determinado ponto de vista.

UTILIZANDO A ESTATÍSTICA

Mais Escolhas Descritivas, Revisitado

No cenário Mais Escolhas Descritivas, você foi contratado pela empresa prestadora de serviços de investimentos Choice *Is* Yours, para assessorar investidores interessados em fundos mútuos compostos por ações negociadas em bolsa. Uma amostra constituída por 318 fundos mútuos compostos por ações incluía 223 fundos baseados no crescimento e 95 fundos baseados na valorização. Ao comparar essas duas categorias, você conseguiu proporcionar valiosas linhas de raciocínio aos investidores.

Os retornos anuais, para três anos, no que se refere tanto aos fundos baseados no crescimento quanto aos fundos baseados na valorização, se mostraram, ambos, assimétricos à direita, conforme indicado por meio dos box-plots (veja a Figura 3.4, na Seção 3.3, Exemplo 3.13). As estatísticas descritivas (veja a Figura 3.2 do Exemplo 3.9, Seção 3.2) permitiu que você comparasse a tendência central, a variabilidade e o formato dos retornos para os fundos baseados no crescimento e os fundos baseados na valorização. A média aritmética indicou que os fundos baseados no crescimento apresentaram um retorno médio de 22,44, enquanto a mediana indicou que metade dos fundos baseados no crescimento apresentou retornos de 22,32 ou mais. As tendências centrais dos fundos baseados na valorização se mostraram mais baixas do que as tendências centrais para os fundos baseados no crescimento — elas apresentaram uma média de 20,42, e metade dos fundos apresentou retornos anuais para três anos superiores a 19,46. Os fundos baseados no crescimento mostraram variabilidade ligeiramente maior do que os fundos baseados na valorização, com um desvio-padrão de 6,6408, comparado a 5,6783. Embora tanto os fundos baseados no crescimento quanto os fundos baseados na valorização tenham mostrado assimetria à direita — ou positiva, os fundos baseados no crescimento se mostraram bem mais assimétricos. A curtose correspondente aos fundos baseados no crescimento foi bastante positiva, indicando uma distribuição com um pico bem mais acentuado do que uma distribuição normal. Embora o desempenho do passado não seja garantia de desempenho futuro, os fundos baseados no crescimento desempenharam melhor do que os fundos baseados na valorização, desde 2009 até 2011. (Você pode examinar outras variáveis no arquivo Fundos de Aposentadoria, para verificar se os fundos baseados no crescimento desempenharam melhor do que os fundos baseados na valorização em 2011, no período de 5 anos desde 2007 até 2011 e no período de 10 anos desde 2002 até 2011.)

RESUMO

Neste capítulo, e no capítulo anterior, você estudou estatísticas descritivas — como você consegue organizar dados por meio de tabelas, visualizar dados por meio de gráficos, e como você pode utilizar várias estatísticas para ajudar a analisar os dados e chegar a conclusões. No Capítulo 2, você organizou dados construindo tabelas resumidas e visualizou dados construindo gráficos de barra e de pizza, histogramas e outros métodos gráficos. Neste capítulo, você aprendeu como estatísticas descritivas, tais como a média aritmética, a mediana, o quartis, a amplitude e o desvio-padrão, descrevem as características de tendência central, variabilidade e formato. Além disso, você construiu box-plots para visualizar a distribuição dos dados. Você também aprendeu como o coeficiente de correlação descreve a relação entre duas variáveis numéricas. Todos os métodos apresentados neste capítulo estão resumidos na Tabela 3.9.

Você também aprendeu uma série de conceitos sobre variação nos dados, que se mostrarão úteis em capítulos posteriores. Esses conceitos são:

- Quanto maior a dispersão ou difusão entre os dados, maior a amplitude, a variância e o desvio-padrão.
- Quanto menor a dispersão ou difusão por entre os dados, menor a amplitude, a variância e o desvio-padrão.
- Caso os valores sejam todos iguais (de modo tal que não exista nenhuma variação entre os dados), a amplitude, a variância e o desvio-padrão serão, todos, iguais a zero.
- Nenhuma das medidas de variação (a amplitude, a variância e o desvio-padrão) pode, em qualquer hipótese, ser negativa.

No próximo capítulo, serão apresentados os princípios básicos da probabilidade, com o objetivo de estabelecer uma ponte entre o objeto da estatística descritiva e o objeto da estatística inferencial.

TABELA 3.9
Métodos da Estatística Descritiva no Capítulo 3

Tipo de Análise	Métodos
Tendência central	Média aritmética, mediana, moda (Seção 3.1)
Variação e formato	Quartis, amplitude, amplitude interquartil, variância, desvio-padrão, coeficiente de variação, escores Z, box-plot (Seções 3.2 a 3.4)
Descrever a relação entre duas variáveis numéricas	Covariância, coeficiente de correlação (Seção 3.5)

REFERÊNCIAS

1. Booker, J., e L. Ticknor. "A Brief Overview of Kurtosis", **www.osti.gov/bridge/purl.cover.jsp?purl=/677174-zdulqk/webviewable/677174.pdf**.
2. Kendall, M. G., A. Stuart, and J. K. Ord, *Kendall's Advanced Theory of Statistics*, *Volume 1*: *Distribution Theory*, 6th ed. New York: Oxford University Press, 1994.
3. *Microsoft Excel 2010*. Redmond, WA: Microsoft Corporation, 2010.
4. Taleb, N. *The Black Swan*, 2nd ed. New York: Random House, 2010.

EQUAÇÕES-CHAVE

Média Aritmética da Amostra

$$\overline{X} = \frac{\sum_{i=1}^{n} X_i}{n} \tag{3.1}$$

Mediana

$$\text{Mediana} = \frac{n+1}{2} \text{ valor na ordem de classificação} \tag{3.2}$$

Média Geométrica

$$\overline{X}_G = (X_1 \times X_2 \times \cdots \times X_n)^{1/n} \tag{3.3}$$

Média Geométrica da Taxa de Retorno

$$\overline{R}_G = [(1 + R_1) \times (1 + R_2) \times \cdots \\ \times (1 + R_n)]^{1/n} - 1 \tag{3.4}$$

Amplitude

$$\text{Mediana} = X_{\text{maior}} - X_{\text{menor}} \tag{3.5}$$

Variância da Amostra

$$S^2 = \frac{\sum_{i=1}^{n} (X_i - \overline{X})^2}{n-1} \tag{3.6}$$

Desvio-Padrão da Amostra

$$S = \sqrt{S^2} = \sqrt{\frac{\sum_{i=1}^{n} (X_i - \overline{X})^2}{n-1}} \tag{3.7}$$

Coeficiente de Variação

$$CV = \left(\frac{S}{\overline{X}}\right) 100\% \tag{3.8}$$

Escore Z

$$Z = \frac{X - \overline{X}}{S} \tag{3.9}$$

Primeiro Quartil, Q_1

$$Q_1 = \frac{n+1}{4} \text{ valor na ordem de classificação} \tag{3.10}$$

Terceiro Quartil, Q_3

$$Q_3 = \frac{3(n+1)}{4} \text{ valor na ordem de classificação} \tag{3.11}$$

Amplitude Interquartil

$$\text{Amplitude interquartil} = Q_3 - Q_1 \tag{3.12}$$

Média Aritmética da População

$$\mu = \frac{\sum_{i=1}^{N} X_i}{N} \tag{3.13}$$

Variância da População

$$\sigma^2 = \frac{\sum_{i=1}^{N} (X_i - \mu)^2}{N} \tag{3.14}$$

Desvio-Padrão da População

$$\sigma = \sqrt{\frac{\sum_{i=1}^{N} (X_i - \mu)^2}{N}} \tag{3.15}$$

Covariância da Amostra

$$\text{cov}(X, Y) = \frac{\sum_{i=1}^{n} (X_i - \overline{X})(Y_i - \overline{Y})}{n-1} \tag{3.16}$$

Coeficiente de Correlação da Amostra

$$r = \frac{\text{cov}(X, Y)}{S_X S_Y} \tag{3.17}$$

TERMOS-CHAVE

amplitude
amplitude interquartil
  (dispersão média)
assimetria
assimetria à direita
assimetria à esquerda
assimétrico
box-plot
coeficiente de correlação
coeficiente de correlação da amostra
coeficiente de variação (CV)
covariância
covariância da amostra
curtose
desvio-padrão
desvio-padrão da amostra (S)

desvio-padrão da população
difusão (dispersão)
dispersão (difusão)
dispersão média
  (amplitude interquartil)
escore Z
formato
leptocúrtica
média (média aritmética)
média aritmética
média aritmética da amostra
média aritmética da população
média geométrica
mediana
medida resistente
moda

platicúrtica
Q_1: primeiro quartil
Q_2: segundo quartil
Q_3: terceiro quartil
quartis
regra de Chebyshev
regra empírica
resumo de cinco números
simétrica
soma dos quadrados (SQ)
tendência central
valores extremos
variação
variância
variância da amostra (S^2)
variância da população

Medidas Numéricas Descritivas 145

AVALIANDO O SEU ENTENDIMENTO

3.50 Quais são as propriedades de um conjunto de dados numéricos?

3.51 Qual é o significado de *propriedade de tendência central*?

3.52 Quais são as diferenças entre a média aritmética, a mediana e a moda, e quais são as vantagens e desvantagens de cada uma delas?

3.53 De que modo você interpreta o primeiro quartil, a mediana e o terceiro quartil?

3.54 Qual é o significado de propriedade da variação?

3.55 O que mede o escore Z?

3.56 Quais são as diferenças entre as diversas medidas de variação, tais como a amplitude, a amplitude interquartil, a variância, o desvio-padrão e o coeficiente de variação, e quais são as vantagens e desvantagens de cada uma delas?

3.57 De que modo a regra empírica ajuda a explicar os meios pelos quais se concentram e se distribuem os valores em um conjunto de dados numéricos?

3.58 De que modo a regra empírica e a regra de Chebyshev diferem uma da outra?

3.59 Qual é o significado da propriedade do formato?

3.60 Qual é a diferença entre a média aritmética e a média geométrica?

3.61 Qual é a diferença entre assimetria e curtose?

3.62 De que modo a covariância e o coeficiente de correlação diferem entre si?

PROBLEMAS DE REVISÃO DO CAPÍTULO

3.63 A American Society for Quality (ASQ) conduziu uma pesquisa salarial junto a todos os seus membros. Os membros da ASQ atuam em todas as áreas de instituições de manufatura e de prestação de serviços, com um tema comum que diz respeito a um interesse na qualidade. Para a pesquisa nos Estados Unidos, foram encaminhadas mensagens de correio eletrônico a 57.029 membros, e foram recebidas 7.036 respostas válidas. Os dois títulos mais comuns para funções foram gerente e engenheiros de qualidade. Um outro título é o Mestre Cinturão Preto (Master Black Belt), que é a pessoa que assume uma função de liderança como o guardião do processo Seis Sigma (veja a Seção 18.6). Um título adicional é o Cinturão Verde (Green Belt), alguém que trabalha nos projetos Seis Sigma em tempo parcial. Estatísticas descritivas relativas a salários para essas quatro funções são apresentadas na tabela a seguir.

Título	Tamanho da Amostra	Mínimo	Máximo	Desvio-Padrão	Média Aritmética	Mediana
Cinturão Verde	26	34.000	135.525	25.911	64.794	59.700
Gerente	1.710	10.400	700.000	30.004	90.950	89.500
Engenheiro de Qualidade	947	10.400	690.008	33.191	78.819	75.000
Mestre Cinturão Negro	105	10.000	216.000	31.064	116.706	117.078

Fonte: Dados extraídos de M. Hansen, N. Wilde e E. Kinch, "Slow and Steady", *Quality Progress*, dezembro de 2011, pp. 33.

Compare os salários dos Cinturões Verdes, dos gerentes, dos engenheiros de qualidade e dos Mestres Cinturão Preto.

3.64 Em determinados estados, instituições de poupança e investimentos são autorizadas a comercializar seguros de vida. O processo de aprovação consiste na subscrição, que inclui a revisão da proposta; uma verificação das informações médicas; possíveis pedidos de outras informações médicas ou exames adicionais; e o estágio de compilação da apólice, durante o qual as páginas da apólice são geradas e encaminhadas ao banco para que sejam então remetidas. A capacidade de entregar as apólices aprovadas ao cliente em tempo hábil é crítica no que se refere à rentabilidade desse serviço para o banco. Utilizando as etapas Definir, Coletar, Organizar, Visualizar e Analisar, inicialmente discutidas no Capítulo 2, você define a variável de interesse como o tempo total de processamento, em dias. Você coleta os dados, selecionando uma amostra aleatória de 27 apólices aprovadas durante um período de um mês. Você organiza os dados coletados em uma planilha, e guarda esses dados no arquivo **Seguro**.

73	19	16	64	28	28	31	90	60	56	31	56	22	18
45	48	17	17	17	91	92	63	50	51	69	16	17	

a. Calcule a média aritmética, a mediana, o primeiro quartil e o terceiro quartil.

b. Calcule a amplitude, a amplitude interquartil, a variância, o desvio-padrão e o coeficiente de variação.

c. Construa um box-plot. Os dados são assimétricos? Em caso afirmativo, qual a direção da assimetria?

d. O que você diria a um cliente que entrasse no banco com o objetivo de adquirir esse tipo de apólice de seguro, e perguntasse quanto tempo leva o processo de aprovação?

3.65 Um dos mais importantes indicadores da qualidade de serviços prestados por qualquer organização é a velocidade com que ela responde às reclamações dos clientes. Uma grande loja de departamentos, de propriedade familiar, que vende mobiliário e pisos, incluindo carpetes, passou por uma grande expansão ao longo dos últimos anos. Particularmente, o departamento de pisos se expandiu, partindo de apenas dois especialistas em instalação para um supervisor de instalações, um medidor e 15 especialistas em instalação. O objetivo estratégico da empresa era reduzir o intervalo de tempo entre o momento em que a reclamação é recebida e o momento em que ela é solucionada. Durante um ano recente, a empresa obteve 50 reclamações referentes à instalação de carpetes. Os dados oriundos das 50

146 Capítulo 3

reclamações, organizados no arquivo Mobiliário, representam o número de dias entre o recebimento de uma reclamação e a solução do problema relacionado a essa reclamação:

54	5	35	137	31	27	152	2	123	81	74	27	11
19	126	110	110	29	61	35	94	31	26	5	12	4
165	32	29	28	29	26	25	1	14	13	13	10	5
27	4	52	30	22	36	26	20	23	33	68		

a. Calcule a média aritmética, a mediana, o primeiro quartil e o terceiro quartil.
b. Calcule a amplitude, a amplitude interquartil, a variância, o desvio-padrão e o coeficiente de variação.
c. Construa um box-plot. Os dados são assimétricos? Em caso afirmativo, qual a direção da assimetria?
d. Com base nos resultados de (a) até (c), se você tivesse que informar ao presidente da empresa quanto tempo o cliente deveria supostamente esperar para ter uma reclamação solucionada, o que você diria? Explique.

3.66 Uma indústria produz suportes de aço para equipamentos elétricos. O principal componente do suporte é uma placa de aço, em baixo-relevo, feita de uma bobina de aço de calibre 14. Ela é produzida utilizando uma punção progressiva de uma prensa de 250 toneladas, com uma operação de limpeza que coloca duas formas de 90 graus posicionadas no aço plano no intuito de fabricar o baixo-relevo. A distância de um lado da forma até o outro é crítica em razão da necessidade de o suporte ser à prova d'água quando utilizado em ambientes externos. A empresa exige que a largura do baixo-relevo esteja entre 8,31 polegadas e 8,61 polegadas. Os dados são coletados a partir de uma amostra contendo 49 baixos-relevos e armazenados no arquivo Baixo-Relevo, que contém as amplitudes dos baixos-relevos, em polegadas, apresentadas a seguir:

8,312	8,343	8,317	8,383	8,348	8,410	8,351	8,373	8,481	8,422
8,476	8,382	8,484	8,403	8,414	8,419	8,385	8,465	8,498	8,447
8,436	8,413	8,489	8,414	8,481	8,415	8,479	8,429	8,458	8,462
8,460	8,444	8,429	8,460	8,412	8,420	8,410	8,405	8,323	8,420
8,396	8,447	8,405	8,439	8,411	8,427	8,420	8,498	8,409	

a. Calcule a média aritmética, a mediana, a amplitude e o desvio-padrão para a amplitude. Interprete essas medidas de tendência central e variabilidade.
b. Faça a lista com o resumo de cinco números.
c. Construa um box-plot e descreva o respectivo formato.
d. O que você consegue concluir em relação ao número de baixos-relevos que atenderão aos pré-requisitos da empresa no sentido de que esses baixos-relevos tenham uma largura entre 8,31 e 8,61 polegadas?

3.67 A indústria citada no Problema 3.66 também produz isolantes elétricos. Se os isolantes se rompem durante sua utilização, existe a possibilidade da ocorrência de um curto-circuito. Para testar a resistência desses isolantes, são realizados testes de destruição com o objetivo de determinar o volume de força necessário para que os isolantes venham a se romper. A força é medida por meio da observação da quantidade de libras que podem ser aplicadas no isolante antes que ele venha a se romper. São coletados dados oriundos de uma amostra de 30 isolantes. O arquivo Força contém as respectivas forças, como segue:

1.870	1.728	1.656	1.610	1.634	1.784	1.522	1.696	1.592	1.662
1.866	1.764	1.734	1.662	1.734	1.774	1.550	1.756	1.762	1.866
1.820	1.744	1.788	1.688	1.810	1.752	1.680	1.810	1.652	1.736

a. Calcule a média aritmética, a mediana, a amplitude e o desvio-padrão para a força necessária para romper o isolante.
b. Interprete as medidas de tendência central e variabilidade em (a).
c. Construa um box-plot e descreva o respectivo formato.
d. O que você pode concluir sobre a resistência dos isolantes se a empresa requer uma medida de força correspondente a pelo menos 1.500 libras, antes que o isolante venha a se romper?

3.68 Foram coletados dados sobre o custo típico inerente a jantar em restaurantes de cozinha norte-americana, dentro do perímetro de 1 milha de distância a pé, de um hotel localizado em uma grande cidade. O arquivo Cotação contém o custo típico (o custo para cada transação, em $), bem como um resultado para Cotação, uma medida para a popularidade geral e fidelidade dos clientes, para cada um dos 40 restaurantes selecionados. (Dados extraídos de **www.bundle.com** através do link **on-msn.com/MnlBxo**.)

a. Para cada uma das variáveis, calcule a média aritmética, a mediana, o primeiro quartil e o terceiro quartil.
b. Para cada uma das variáveis, calcule a amplitude, a amplitude interquartil, a variância, o desvio-padrão e o coeficiente de variação.
c. Para cada uma das variáveis, construa um box-plot. Os dados são assimétricos? Em caso afirmativo, qual a direção da assimetria?
d. Calcule o coeficiente de correlação entre o resultado para a Cotação e o custo típico.
e. A que conclusões você consegue chegar no que diz respeito ao resultado para a Cotação e o custo típico?

3.69 Uma característica de interesse relativa à qualidade em um processo de abastecimento de saquinhos de chá é o peso do chá em cada um dos saquinhos individuais. Se os saquinhos estiverem subabastecidos, surgem dois problemas. Em primeiro lugar, os clientes podem não conseguir fazer com que o chá fique tão forte quanto desejam. Em segundo lugar, a empresa pode estar violando a legislação pertinente aos pesos e medidas apresentados nas embalagens. No que se refere a esse produto, o peso descrito na embalagem indica que, em média, existem 5,5 gramas de chá em um saquinho. Se a média aritmética da quantidade de chá em cada saquinho exceder a descrição na embalagem, a empresa estará desperdiçando produto. Conseguir uma medida exata de chá em cada saquinho é problemático, em razão da variação de temperatura e umidade no interior da fábrica, diferenças na densidade do chá, e da operação de abastecimento extremamente rápida da máquina (aproximadamente 170 saquinhos por minuto). O arquivo SaquinhosChá, apresentado a seguir, contém os pesos, em gramas, correspondentes a uma amostra com 50 saquinhos de chá, produzidos no intervalo de uma hora por uma única máquina.

5,65	5,44	5,42	5,40	5,53	5,34	5,54	5,45	5,52	5,41
5,57	5,40	5,53	5,54	5,55	5,62	5,56	5,46	5,44	5,51
5,47	5,40	5,47	5,61	5,53	5,32	5,67	5,29	5 49	5,55
5,77	5.57	5,42	5,58	5,58	5,50	5,32	5,50	5,53	5,58
5,61	5,45	5,44	5,25	5,56	5,63	5,50	5,57	5,67	5,36

a. Calcule a média aritmética, a mediana, o primeiro quartil e o terceiro quartil.
b. Calcule a amplitude, a amplitude interquartil, a variância, o desvio-padrão e o coeficiente de variação.

c. Interprete as medidas de tendência central e a variação dentro do contexto deste problema. Por que razão a empresa que produz os saquinhos de chá deve estar atenta para a tendência central e a variação?

d. Construa um box-plot. Os dados são assimétricos? Em caso afirmativo, qual a direção da assimetria?

e. A empresa está atendendo às exigências estabelecidas na embalagem, no que se refere a, em média, existirem 5,5 gramas de chá em um saquinho? Caso você fosse o encarregado desse processo, quais modificações, se é que há alguma, você tentaria fazer realizar, no que concerne à distribuição dos pesos em cada um dos saquinhos individuais?

3.70 O produtor das placas de asfalto das marcas Boston e Vermont fornece a seus clientes uma garantia de 20 anos para a maior parte de seus produtos. Para determinar se uma placa durará todo o período estabelecido na garantia, são conduzidos, na área de produção, testes de aceleração de vida útil. O teste de aceleração de vida útil expõe a placa, em um laboratório, às condições de desgaste às quais ela estaria sujeita ao longo de uma vida útil de utilização normal, por meio de um experimento de laboratório, que precisa apenas de alguns poucos minutos para ser conduzido. Nesse teste, uma placa é repetidamente esfregada com uma escova por um curto período de tempo, e os grãos da placa removidos por meio da escovação são pesados (em gramas). Espera-se que as placas que sofrem a perda de pequenas quantidades de grãos durem mais, sob condições de utilização normal, do que as placas que sofrem a perda de grandes quantidades de grãos. Nesse tipo de situação, uma placa deve sofrer a perda de uma quantidade de grãos não superior a 0,8 grama, caso seja esperado que ela dure toda a extensão do período da garantia. O arquivo `Grão` contém uma amostra com 170 medições realizadas nas placas Boston e 140 medições realizadas nas placas Vermont da empresa.

a. Faça uma lista com o resumo de cinco números para as placas Boston e para as placas Vermont.

b. Construa box-plots paralelos para as duas marcas de placas e descreva os formatos das distribuições.

c. Comente sobre a capacidade de cada um dos tipos de placas no que concerne a alcançar uma perda de grãos de 0,8 grama ou menos.

3.71 O arquivo `Restaurantes` contém o custo, por refeição, e a avaliação correspondentes a 50 restaurantes do centro da cidade e a 50 restaurantes do subúrbio, no que se refere à sua comida, decoração e serviços (e a soma total das avaliações). Complete os seguintes itens no tocante aos 50 restaurantes do centro da cidade e aos 50 restaurantes do subúrbio.

Fonte: Dados extraídos de *Zagat Survey, 2012. New York City Restaurants* e *Zagat Survey, 2011-2012. Long Island Restaurants.*

a. Construa o resumo de cinco números para o custo de uma refeição.

b. Construa um box-plot para o custo de uma refeição. Qual é o formato da distribuição?

c. Calcule e interprete o coeficiente de correlação para a soma total da classificação e o custo de uma refeição.

3.72 O arquivo `Proteína` contém as calorias, proteínas e colesterol para alimentos populares ricos em proteínas (carnes vermelhas frescas, aves e peixes).

Fonte: U.S. Department of Agriculture.

a. Calcule o coeficiente de correlação entre calorias e proteínas.

b. Calcule o coeficiente de correlação entre calorias e colesterol.

c. Calcule o coeficiente de correlação entre proteínas e colesterol.

d. Com base nos resultados de (a) a (c), a que conclusões você consegue chegar, no que se refere a calorias, proteínas e colesterol?

3.73 O arquivo `PreçosHotel` contém os preços, em libras esterlinas (aproximadamente 1,56 dólar norte-americano na cotação de janeiro de 2012), para hotéis com duas estrelas, com três estrelas e com quatro estrelas em cidades de todo o mundo, em 2011. (Dados extraídos de **press.hotels.com/en-gb/files/2012/03/HPI_2011_UK.pdf.**) Complete os seguintes itens, no que se refere a hotéis com duas estrelas, com três estrelas e com quatro estrelas:

a. Calcule a média aritmética, a mediana, o primeiro quartil e o terceiro quartil.

b. Calcule a amplitude, a amplitude interquartil, a variância, o desvio-padrão e o coeficiente de variação.

c. Interprete as medidas de tendência central e a variação dentro do contexto deste problema.

d. Construa um box-plot. Os dados são assimétricos? Em caso afirmativo, qual a direção da assimetria?

e. Calcule a covariância entre o preço médio de um quarto em hotéis com duas estrelas e com três estrelas, entre hotéis com duas estrelas e com quatro estrelas, e entre hotéis com três estrelas e com quatro estrelas.

f. Calcule o coeficiente de correlação entre o preço médio de um quarto em hotéis com duas estrelas e com três estrelas, entre hotéis com duas estrelas e com quatro estrelas, e entre hotéis com três estrelas e com quatro estrelas.

g. Qual deles você acredita que seja mais valioso no que se refere a expressar a relação entre o preço médio de um quarto em hotéis com duas estrelas, três estrelas e quatro estrelas — a covariância ou o coeficiente de correlação? Explique.

h. Com base em (f), a que conclusões você consegue chegar, no que se refere à relação entre o preço médio em hotéis com duas estrelas, três estrelas e quatro estrelas?

3.74 O arquivo `ImpostosPropriedade` contém os impostos cobrados sobre propriedades, *per capita*, no que se refere aos 50 estados dos EUA e o Distrito de Columbia.

a. Calcule a média aritmética, a mediana, o primeiro quartil e o terceiro quartil.

b. Calcule a amplitude, a amplitude interquartil, a variância, o desvio-padrão e o coeficiente de correlação.

c. Construa um box-plot. Os dados são assimétricos? Em caso afirmativo, qual a direção da assimetria?

d. Com base nos resultados de (a) até (c), a que conclusões você consegue chegar, no que se refere aos impostos cobrados sobre propriedades, *per capita* (em milhares de dólares), no tocante a cada um dos 50 estados dos EUA e o Distrito de Columbia?

3.75 Os dados no arquivo `Remuneração` incluem a remuneração total (em milhões de dólares) dos executivos-chefes (CEO) de grandes empresas do setor público nos EUA, bem como o retorno para os investimentos, em 2011.

Fonte: Dados extraídos de **nytimes.com/2012/06/17/business/executive-pay-still-climbing-despite-a-shareholder-din.html.**

a. Calcule a média aritmética, a mediana, o primeiro quartil e o terceiro quartil.

b. Calcule a amplitude, a amplitude interquartil, a variância, o desvio-padrão e o coeficiente de variação.

c. Construa um box-plot. Os dados são assimétricos? Em caso afirmativo, qual a direção da assimetria?

148   Capítulo 3

d. Com base nos resultados de (a) a (c), a que conclusões você consegue chegar, no que concerne ao total da remuneração (em milhões de dólares) dos executivos-chefes (CEO)?

e. Calcule o coeficiente de correlação entre a remuneração e o retorno para os investimentos em 2011.

f. A que conclusões você consegue chegar, a partir dos resultados relativos a (e)?

3.76 Você está planejando estudar, para sua prova de estatística, com um grupo de colegas de classe, um dos quais você particularmente deseja impressionar. Essa pessoa se ofereceu como voluntária para utilizar o Microsoft Excel no intuito de obter as informações resumidas, tabelas e gráficos para um conjunto de dados contendo diversas variáveis numéricas e categóricas atribuídas pelo professor para propósitos de estudo. Essa pessoa se dirige a você com o material impresso e exclama: "Já tenho tudo — as médias aritméticas, as medianas, os desvios-padrão, os box-plots e os gráficos de pizza — para todas as nossas variáveis. O problema é que parte do resultado parece estranha — como é o caso dos box-plots para gênero, para disciplina de especialização e os gráficos de pizza para a média geral de avaliação dos alunos

e estatura. E ainda, não consigo entender a razão pela qual o Professor Krehbiel afirmou que não podemos obter as estatísticas descritivas para algumas das variáveis: consegui essas estatísticas para todas elas! Veja: a média aritmética para a estatura é 68,23, a média aritmética para o índice médio de avaliação é 2,76, a média aritmética para o gênero é 1,50, a média aritmética para disciplina de especialização é 4,33." Qual é a sua resposta para isso?

EXERCÍCIOS DE REDAÇÃO DE RELATÓRIOS

3.77 O arquivo Cerveja Artesanal contém a percentagem de álcool, a quantidade de calorias para 12 onças e a quantidade de carboidratos (em gramas) para 12 onças correspondentes a 150 entre as cervejas artesanais com maior índice de vendas nos Estados Unidos. (Dados extraídos de **www.beer100.com/beercalories.htm**, 1 de junho de 2012.) Redija um relatório que inclua uma avaliação descritiva completa de cada uma das variáveis numéricas — percentagem de álcool, quantidade de calorias para 12 onças e quantidade de carboidratos (em gramas) para 12 onças. Em anexo a seu relatório devem estar todas as tabelas, gráficos e as medidas numéricas descritivas apropriadas.

CASOS PARA O CAPÍTULO 3

Administrando a Ashland Multicomm Services

Para qual variável no caso "Administrando a Ashland Multicomm Services", do Capítulo 2 (veja o final do Capítulo 2), são necessárias medidas numéricas descritivas?

1. Para a variável que você identifica, calcule as medidas numéricas descritivas apropriadas e construa um box-plot.

2. Para a variável que você identifica, construa uma outra apresentação gráfica. Que conclusões você pode formar a partir desse outro gráfico, que não podem ser formadas a partir do box-plot?

3. Faça um resumo de suas descobertas em um relatório que possa ser incluído junto ao estudo da força-tarefa.

Caso de Internet

Aplique os seus conhecimentos sobre o uso apropriado de medidas numéricas descritivas nesta continuação do Caso Digital do Capítulo 2.

Abra o arquivo **EndRunGuide.pdf**, o "Guia para Investimentos" da EndRun Financial Services. Reexamine os dados que dão respaldo para as declarações "Mais Vencedores do que Perdedores" e "A Diferença das Oito Grandes" e, depois disso, responda ao seguinte:

1. Medidas descritivas podem ser calculadas para qualquer tipo de variável? De que modo essas estatísticas resumidas dão respaldo para as declarações feitas pela EndRun? De que

modo essas estatísticas resumidas afetam a sua percepção sobre os registros da EndRun?

2. Avalie os métodos que a EndRun utilizou para sintetizar os resultados apresentados na página "Resultados da Pesquisa de Satisfação do Consumidor". Existe alguma coisa que você faria de algum modo diferente, no intuito de sintetizar esses resultados?

3. Observe que a última pergunta da pesquisa apresenta um menor número de respostas do que as outras perguntas. Que fatores podem ter limitado o número de respostas para essa pergunta?

CardioGood Fitness

Retorne ao caso da CardioGood Fitness inicialmente apresentado ao final do Capítulo 1. Utilizando os dados contidos no arquivo `CardioGood Fitness`:

1. Calcule estatísticas descritivas para criar um perfil de cliente para cada uma das linhas de produtos ergométricos da CardioGood Fitness.

2. Escreva um relatório a ser apresentado ao administrador da CardioGood Fitness, detalhando suas descobertas.

Mais Escolhas Descritivas, Continuação

Dê continuidade ao cenário Utilizando a Estatística, Mais Escolhas Descritivas, Revisitado, ao final do Capítulo 3, calculando estatísticas descritivas para analisar as diferenças nos percentuais de retorno para 1 ano, os percentuais de retorno para 5 anos e os percentuais de retorno para 10 anos, correspondentes à amostra de 318 fundos de aposentadoria armazenados no arquivo `Fundos de Aposentadoria`. Em sua análise, examine diferenças entre os fundos baseados no crescimento e os fundos baseados na valorização, assim como as diferenças entre fundos com baixa, média e alta capitalização de mercado.

Pesquisas Realizadas Junto a Estudantes de Clear Mountain State

1. O Serviço de Noticiário para Estudantes na Universidade do Estado de Clear Mountain (CMSU — Clear Mountain State University) decidiu coletar dados sobre os alunos no nível de graduação que frequentam a CMSU. Eles criam e distribuem uma pesquisa com 14 perguntas e recebem respostas de 62 alunos do nível de graduação (contidas no arquivo `PesquisaGrad`). Para cada uma das variáveis numéricas indagadas na pesquisa, calcule todas as estatísticas descritivas apropriadas e redija um relatório sintetizando as suas conclusões.

2. A decana dos alunos na CMSU tomou conhecimento sobre a pesquisa conduzida junto aos alunos da graduação e decidiu conduzir uma pesquisa semelhante para alunos da pós-graduação na CMSU. Ela cria e distribui uma pesquisa contendo 14 perguntas e recebe respostas de 44 alunos da pós-graduação (contidas no arquivo `PesquisaPósGrad`). Para cada uma das variáveis numéricas indagadas na pesquisa, calcule todas as estatísticas descritivas apropriadas e redija um relatório sintetizando as suas conclusões.

GUIA DO EXCEL PARA O CAPÍTULO 3

GE3.1 MEDIDAS DE TENDÊNCIA CENTRAL

Média Aritmética, Mediana e Moda

Técnica Principal Utilize as seguintes funções do Excel, para calcular essas medidas.

MÉDIA(*intervalo de células da variável*)
MED(*intervalo de células da variável*)
MODO(*intervalo de células da variável*)

Exemplo Calcule a média aritmética, a mediana e a moda para a amostra dos tempos necessários para se aprontar, introduzida na Seção 3.1.

PHStat Utilize o procedimento **Descriptive Summary (Resumidas Descritivas)**

Para o exemplo, abra a **planilha DADOS** da **pasta de trabalho Tempos**. Selecione **PHStat → Descriptive Statistics → Descriptive Summary (PHStat → Estatísticas Descritivas → Resumidas Descritivas)**. Na caixa de diálogo do procedimento (ilustrada a seguir):

1. Digite **A1:A11** na célula para **Raw Data Cell Range (Intervalo de Células para Dados Brutos)**.
2. Clique em **Single Group Variable (Variável de Grupo Único)**.
3. Insira um título na caixa correspondente a **Title** e clique em **OK**.

O PHStat insere uma nova planilha que contém várias medidas de tendência central, variação e formato, discutidas ao longo das Seções 3.1 e 3.2. Essa planilha é semelhante à planilha EstatísticasCompletas da pasta de trabalho Descritivas.

Excel Avançado Utilize a **planilha TendênciaCentral** da **pasta de trabalho Descritivas** como modelo.

Para o exemplo, abra a **planilha DADOS** da **pasta de trabalho Tempos**. Insira uma nova planilha (veja a Seção GE.7 no Guia do Excel para o Capítulo Mãos à Obra — MAO). Insira um título na célula **A1, Tempos Necessários para Se Aprontar** na célula **B3**, **Média aritmética** na célula **A4**, **Mediana** na célula **A5** e **Moda** na célula **A6**. Insira a fórmula **=MÉDIA(DADOS!A:A)** na célula **B4**; a fórmula **=MED(DADOS!A:A)** na célula **B5**; e fórmula **=MODO(DADOS!A:A)** na célula **B6**. Observe que, para essas funções, o *intervalo de células da variável* inclui o nome da planilha DADOS, uma vez que os dados que estão sendo resumidos aparecem na planilha DADOS que está em separado.

Ferramentas de Análise Utilize o procedimento **Estatística Descritiva**.

Para o exemplo, abra a **planilha DADOS** da **pasta de trabalho Tempos**, e

1. Selecione **Dados → Análise de dados**.
2. Na caixa de diálogo Análise de Dados, selecione **Estatística Descritiva** a partir da lista **Ferramentas de Análise** e, em seguida, clique em **OK**.

Na caixa de diálogo Estatística Descritiva (apresentada a seguir):

3. Insira **A1:A11** como o **Intervalo de Entrada**. Clique na opção **Colunas** e marque a opção **Rótulos na Primeira Linha**.
4. Clique na opção **Nova Planilha**, marque a opção **Resumo estatístico**, **Enésimo Maior** e **Enésimo Menor**.
5. Clique em **OK**.

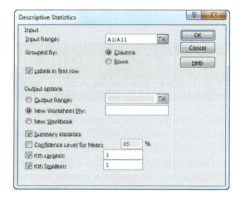

O procedimento Ferramentas de Análise insere uma nova planilha que contém várias medidas de tendência central, variação e formato, discutidas nas Seções 3.1 e 3.2. Essa planilha pode ser comparada com a planilha EstatísticasCompletas da pasta de trabalho Descritivas (utilizada ao longo das instruções do *Excel Avançado* deste Guia do Excel) e a planilha gerada pelo procedimento Descriptive Summary (Resumidas Descritivas) do PHStat.

A Média Geométrica

Técnica Principal Utilize a função **MÉDIA.GEOMÉTRICA((1 + (R1)), (1 + (R2)), … (1 + (Rn)) – 1** para calcular a média geométrica correspondente à taxa de retorno.

Exemplo Calcule a média geométrica correspondente à taxa de retorno para o Índice Russel 2000, para os dois anos, conforme ilustrado no Exemplo 3.4 no final da Seção 3.1 do Capítulo 3.

Excel Avançado Insira a fórmula **MÉDIA.GEOMÉTRICA((1 + (0,253)), (1 + (–0,055)) – 1**, em qualquer célula.

GE3.2 VARIAÇÃO e FORMATO

A Amplitude

Técnica Principal Utilize as funções **MÍNIMO**(intervalo de células da variável) e **MÁXIMO**(intervalo de células da variável) para calcular a amplitude.

Medidas Numéricas Descritivas **151**

Exemplo Calcule a amplitude correspondente à amostra dos tempos para se aprontar, inicialmente apresentada na Seção 3.1.

PHStat Utilize o procedimento **Descriptive Summary (Resumidas Descritivas)** (veja a Seção GE3.1).

Excel Avançado Utilize a **planilha Amplitude** da **pasta de trabalho Descritivas**, como modelo.
Para o exemplo, abra a planilha implementada nas instruções do *Excel Avançado* para "Média Aritmética, Mediana e Moda" (ou abra a **planilha DADOS** da **pasta de trabalho Tempos** e insira uma nova planilha).

Insira **Mínimo** na célula **A7**; **Máximo** na célula A8 e **Amplitude** na célula **A9**. Digite a fórmula =**MÍNIMO(DADOS!A:A)** na célula **B7**, a fórmula =**MÁXIMO(DADOS!A:A)** na célula **B8**, e a fórmula =**B8-B7** na célula **B9**.

Variância, Desvio-Padrão, Coeficiente de Variação e Escores Z

Técnica Principal Utilize as seguintes funções do Excel para calcular as medidas a seguir:

VAR.S(*intervalo de células da variável*) para variância da amostra
DESVPAD.S(*intervalo de células da variável*) para o desvio-padrão da amostra
MÉDIA(veja a Seção GE3.1) e **DESVPAD** para o coeficiente de variação
PADRONIZAR(*valor, média aritmética, desvio-padrão)* para os Escores Z.

Exemplo Calcule a variância, o desvio-padrão, o coeficiente de variação e os escores Z correspondentes à amostra dos tempos para se aprontar, inicialmente apresentada na Seção 3.1.

PHStat Utilize o procedimento **Descriptive Summary (Resumidas Descritivas)** (veja a Seção GE3.1).

Excel Avançado Utilize as **planilhas Variação** e **EscoresZ** da **pasta de trabalho Descritivas**, como modelos.
Para o exemplo, abra a planilha implementada nos exemplos anteriores (ou abra a **planilha DADOS** da **pasta de trabalho Tempos** e insira uma nova planilha). Insira **Variância** na célula **A10**, **Desvio-Padrão** na célula **A11**, e **Coef. de Variação** na célula **A12**. Digite a fórmula =**VAR(DADOS!A:A)** na célula **B10**, a fórmula =**DESVPAD(DADOS!A:A)** na célula **B11**, e a fórmula =**B11/MÉDIA(DADOS!A:A)** na célula **B12**. Caso você tenha anteriormente inserido a fórmula para a média aritmética na célula A4 utilizando as instruções do *Excel Avançado* na Seção GE3.1, insira a fórmula mais simples =**B11/B4** na célula **B12**. Clique à direita na célula **B12** e clique em **Formatar Células** no menu de atalhos. Na aba **Número** da caixa de diálogo Formatar Células, clique em **Porcentagem** na lista **Categoria**, insira **2** na caixa ao lado de **Casas Decimais**, e clique em **OK**. (A fim de enfatizar a formatação de outros valores da coluna B, veja a Seção F.1 do Apêndice F.)

Para calcular os Escores Z, copie a planilha DADOS. Na nova planilha copiada, digite **Escore Z** na célula **B1**. Digite a fórmula =**PADRONIZAR(A2,Variação!$B$4, Variação!$B$11)** na célula **B2** e copie a fórmula para baixo até a linha **11**.

Ferramentas de Análise Utilize o procedimento **Estatística Descritiva** (veja a Seção GE3.1). Este procedimento não calcula os Escores Z.

Formato: Assimetria e Curtose

Técnica Principal Utilize as seguintes funções do Excel, para calcular as medidas a seguir:

DISTORÇÃO(*intervalo de células da variável*) para a assimetria
CURT(*intervalo de células da variável*) para a curtose

Exemplo Calcule a assimetria e a curtose para a amostra correspondente aos tempos necessários para se aprontar, inicialmente apresentados na Seção 3.1.

PHStat Utilize o procedimento **Descriptive Summary (Resumidas Descritivas)** (veja a Seção GE3.1).

Excel Avançado Utilize a **planilha Formato** da **pasta de trabalho Descritivas**, como modelo.
Para o exemplo, abra a planilha implementada nos exemplos anteriores (ou abra a **planilha DADOS** da **pasta de trabalho Tempos** e insira uma nova planilha). Insira **Assimetria** na célula **A13** e **Curtose** na célula **A14**. Digite a fórmula =**DISTORÇÃO (DADOS!A:A)** na célula **B13** e a fórmula =**CURT(DADOS!A:A)** na célula **B14**. Depois disso, formate as células B13 e B14, para quatro casas decimais.

Ferramentas de Análise Utilize o procedimento **Estatística Descritiva** (veja a Seção GE3.1).

GE3.3 EXPLORANDO DADOS NUMÉRICOS

Quartis

Técnica Principal Utilize as funções MEDIANA, CONTAGEM, MENOR, INT, ARREDMULTB e TETO em combinação com a função de tomada de decisão SE, para calcular os quartis. Para aplicar as regras da Seção 3.3, evite utilizar a função QUARTIL (ou a função mais nova QUARTIL.EXC discutida na Seção F.3 do Apêndice F para calcular o primeiro e o terceiro quartis.

Exemplo Calcule os quartis para a amostra correspondente aos tempos para se aprontar, inicialmente apresentada na Seção 3.1.

PHStat Utilize o procedimento **Box-plot** (discutido nas duas seções a seguir).

Excel Avançado Utilize a **planilha CÁLCULO** da **pasta de trabalho Quartis** como modelo.
Para o exemplo, a planilha CÁLCULO já calcula os quartis correspondentes ao tempo para se aprontar. Para calcular os quartis correspondentes a outro conjunto de dados, cole os dados na **coluna A** da **planilha DADOS**, sobrescrevendo os tempos necessários para ficar pronto o já existente.

Abra a planilha **CÁLCULO_FÓRMULAS** para examinar as fórmulas e ler os BREVES DESTAQUES para o Capítulo 3, para uma discussão estendida sobre as fórmulas na planilha.

A pasta de trabalho utiliza a função **QUARTIL(*intervalo de células da variável, número do quartil*)** e evita o uso da função mais nova QUARTIL.EXC pelas razões explicadas na Seção F.3 do Apêndice F. Tanto as funções de quartis mais antigas quanto as mais novas utilizam regras que diferem das regras da Seção 3.3 para calcular quartis. Para comparar os resultados utilizando essas funções mais novas, abra a **planilha COMPARE**.

A Amplitude Interquartil

Técnica Principal Utilize a fórmula para subtrair o primeiro quartil do terceiro quartil.

Exemplo Calcule a amplitude interquartil para a amostra correspondente aos tempos para se aprontar, inicialmente apresentada na Seção 3.1.

Excel Avançado Utilize a **planilha CÁLCULO** da **pasta de trabalho Quartis** (apresentada na seção anterior) como modelo. Para o exemplo, a amplitude interquartil já está calculada na célula B19 utilizando a fórmula =B18 – B16.

O Resumo de Cinco Números e o Box-Plot

Técnica Principal Desenhe uma série de segmentos de linhas no mesmo gráfico, de modo a criar um box-plot. (Os tipos de gráfico apresentados no Excel não incluem box-plots.)

Exemplo Calcule o resumo de cinco números e o box-plot correspondentes aos fundos baseados no crescimento e aos fundos baseados na valorização, a partir da amostra de 318 fundos de aposentadoria ilustrados no Exemplo 3.13 no final da Seção 3.3.

PHStat Utilize o procedimento **BoxPlot**.
Para o exemplo, abra a **planilha DADOS** da **pasta de trabalho Fundos de Aposentadoria**. Selecione PHStat → Descriptive Statistics → Boxplot (PHStat → Estatística Descritiva → Box-Plot). Na caixa de diálogo do procedimento (apresentada a seguir):

1. Insira **J1:J319** na caixa para **Raw Data Cell Range (Intervalo de Células de Dados Brutos)** e marque a opção **First cell contains label (Primeira célula contém rótulo)**.
2. Clique em **Multiple Groups — Stacked (Múltiplos Grupos-Empilhados)** e insira **C1:C319** como **Grouping Variable Cell Range (Intervalo de Células de Agrupamento da Variável)**
3. Insira um título em **Title**, marque a opção **Five-Number Summary (Resumo de Cinco Números)** e clique em **OK**.

O box-plot aparece em sua respectiva planilha de gráfico, em separado da planilha que contém o resumo de cinco números.

Excel Avançado Utilize as planilhas da **pasta de trabalho Boxplot**.
Para o exemplo, utilize a **planilha DADOS_GRÁFICO**, que já apresenta o resumo de cinco números e o box-plot correspondentes aos fundos baseados na valorização. Para calcular o resumo de cinco números e construir um Box-plot para os fundos baseados no crescimento, copie os fundos baseados no crescimento que estão na **coluna A** da **planilha DESEMPI-LHADOS** da **pasta de trabalho Fundos de Aposentadoria** e cole na **coluna A** da **planilha DADOS** da **pasta de trabalho Boxplot**.

Para outros problemas, utilize a **planilha RESUMO_GRÁFICO** como modelo, caso o resumo de cinco números já tenha sido determinado; caso contrário, cole seus dados não resumidos na coluna A da planilha DADOS da pasta de trabalho DADOS_GRÁFICO, como foi feito para o exemplo.

As planilhas utilizadas como modelo criativamente "fazem um uso indevido" das funções de gráfico de Linha do Excel para construir um box-plot. Leia os BREVES DESTAQUES para o Capítulo 3 para uma discussão estendida sobre esse "uso indevido", incluindo uma discussão sobre as fórmulas que você pode examinar abrindo a **planilha FÓRMULAS_GRÁFICO**.

GE3.4 MEDIDAS NUMÉRICAS DESCRITIVAS para uma POPULAÇÃO

Média Aritmética da População, Variância da População e Desvio-Padrão da População

Técnica Principal Utilize as funções **MÉDIA**(*intervalo de células da variável*), **VARP**(*intervalo de células da variável*) e **DESVPADP**(*intervalo de células da variável*), para calcular essas medidas.

Exemplo Calcule a média aritmética da população, a variância da população e o desvio-padrão da população para os dados da população das 10 ações do índice Dow Jones com maior relação dividendo/preço, conhecidas como "Dow Dogs", apresentadas na Tabela 3.6, no início da Seção 3.4.

Excel Avançado Utilize a **pasta de trabalho Parâmetros** como modelo.
Para o exemplo, a **planilha CÁLCULO da pasta de trabalho Parâmetros** já calcula os três parâmetros da população correspondente às ações que são consideradas como "Dow Dogs". (Caso você esteja utilizando uma versão do Excel mais antiga do que o Excel 2010, utilize a planilha CÁLCULO_ANTIGO, em vez da planilha CÁLCULO.)

A Regra Empírica e a Regra de Chebyshev

Utilize a **planilha CÁLCULOS** da **pasta de trabalho VE-Variabilidade** para explorar os efeitos decorrentes de modificar a média aritmética e o desvio-padrão nos intervalos associados a ±1 desvio-padrão, ±2 desvios-padrão e ±3 desvios-padrão relativamente à média aritmética. Modifique a média aritmética na célula **B4**, e o desvio-padrão na célula **B5** e, depois disso, observe os resultados atualizados nas linhas 9 a 11.

GE3.5 A COVARIÂNCIA e o COEFICIENTE de CORRELAÇÃO

A Covariância

Técnica Principal Utilize a função **COVARIAÇÃO.S**(*intervalo de células da variável 1, intervalo de células da variável 2*) para calcular essa medida.

Exemplo Calcule a covariância da amostra para os dados correspondentes a receita e valor das equipes que compõem a NBA, apresentados no Exemplo 3.16, na Seção 3.5.

Excel Avançado Utilize a **pasta de trabalho Covariância** como modelo.

Para o exemplo, a receita e o valor já foram colocados nas colunas A e B da planilha DADOS e a planilha CÁLCULO exibe a covariância calculada na célula B9. Para outros problemas, cole os dados correspondentes às duas variáveis nas colunas A e B da planilha DADOS, sobrescrevendo os dados correspondentes e os dados correspondentes a receita e valor.

Leia os BREVES DESTAQUES para o Capítulo 3 para uma explicação sobre as fórmulas encontradas nas planilhas DADOS e CÁLCULO.

Caso você esteja utilizando uma versão do Excel mais antiga do que o Excel 2010, utilize a planilha CÁLCULO_ANTIGO em vez da planilha CÁLCULO. A Seção F.3 do Apêndice F explica a necessidade do uso de alternativas tais como a planilha CÁLCULO_ANTIGO.

O Coeficiente de Correlação

Técnica Principal Utilize a função **CORREL(*intervalo de células da variável 1, intervalo de células da variável 2*)** para calcular essa medida.

Exemplo Calcule o coeficiente de correlação correspondente a receita e valor para as equipes integrantes da NBA, apresentadas no Exemplo 3.16, no início da Seção 3.5.

Excel Avançado Utilize a **pasta de trabalho Correlação** como modelo.

Para o exemplo, a receita e o valor já foram posicionados nas colunas A e B da planilha DADOS, enquanto a planilha CÁLCULO exibe a covariância calculada na célula B14. Para outros problemas, cole os dados correspondentes às duas variáveis nas colunas A e B da planilha DADOS, sobrescrevendo os dados correspondentes a receita e valor.

A planilha CÁLCULO, que utiliza a função COVARIAÇÃO.S para calcular a covariância (veja a seção anterior), também utiliza as funções DESVQ, CONT.NÚM e SOMARPRODUTO, discutidas na Seção F.4 do Apêndice F. Abra a **planilha CÁLCULO-FÓRMULAS** para uma análise sobre a utilização de todas essas funções.

CAPÍTULO

4 Probabilidade Básica

UTILIZANDO A ESTATÍSTICA:
Possibilidades na M&R Electronics World

4.1 Conceitos Básicos de Probabilidade
Eventos e Espaços Amostrais
Tabelas de Contingência
Probabilidade Simples
Probabilidade Combinada
Probabilidade Marginal
Regra Geral de Adição

4.2 Probabilidade Condicional
Calculando Probabilidades
  Condicionais
Árvores de Decisão
Independência
Regras de Multiplicação
Probabilidade Marginal Utilizando a
  Regra Geral de Multiplicação

4.3 Teorema de Bayes

PENSE NISSO: Divina Providência e Spam

4.4 Questões Éticas e Probabilidade

4.5 Regras de Contagem (on-line)

UTILIZANDO A ESTATÍSTICA:
Possibilidades na M&R Electronics World,
Revisitado

GUIA DO EXCEL PARA O CAPÍTULO 4

Objetivos do Aprendizado

Neste capítulo, você aprenderá:

- Conceitos básicos da probabilidade
- Probabilidade condicional
- Teorema de Bayes para reexaminar probabilidades

UTILIZANDO A ESTATÍSTICA

Possibilidades na M&R Electronics World

Yuri Arcurs / Shutterstock

Na função de gerente de marketing da empresa de produtos eletrônicos M&R Electronics World, você está analisando os resultados levantados por meio de um estudo sobre intenções de compra. Esse estudo questionou 1.000 chefes de domicílio sobre suas intenções de adquirir um aparelho de televisão com alta definição HDTV (um aparelho de alta definição com um tamanho de tela de pelo menos 50 polegadas) em algum momento ao longo dos próximos 12 meses. Dando prosseguimento ao estudo desenvolvido, você planeja realizar um levantamento junto a essas mesmas pessoas, 12 meses mais tarde, com o objetivo de verificar se, de fato, essas pessoas adquiriram os referidos aparelhos de televisão. Além disso, no que se refere aos domicílios que efetivamente adquiriram aparelhos de televisão com tela grande e HD, você gostaria de saber se a TV que eles adquiriram possui uma taxa de atualização de imagens mais rápida (240 Hz ou mais alta) ou uma taxa de atualização de imagens normal (60 ou 120 Hz); se eles também adquiriram caixas de reprodução de mídia com conexão de rede ativa, ao longo dos últimos 12 meses; e se eles ficaram satisfeitos com a compra do aparelho de TV com HD e tela grande.

Espera-se que você utilize os resultados da pesquisa no intuito de planejar uma nova estratégia de marketing que venha a incrementar as vendas, e que seja capaz de alcançar, com mais eficácia, aqueles domicílios que estejam propensos a adquirir maior quantidade de produtos, ou produtos ainda mais caros. Que tipos de perguntas você pode fazer nessa pesquisa? De que modo você consegue expressar as relações entre as várias respostas sobre a intenção de compra de cada um dos domicílios?

Em capítulos anteriores, você aprendeu sobre métodos descritivos de modo a resumir variáveis categóricas e variáveis numéricas. Neste capítulo, você aprenderá sobre probabilidade, com o objetivo de responder a perguntas, tais como as seguintes:

- Qual é a probabilidade de que um domicílio esteja planejando adquirir um aparelho de televisão de alta definição (HD) e com tela grande, ao longo do próximo ano?
- Qual é a probabilidade de que um domicílio venha efetivamente a adquirir um aparelho de televisão de alta definição (HD) e com tela grande?
- Qual é a probabilidade de que um domicílio esteja planejando adquirir um aparelho de televisão de alta definição (HD) e com tela grande e efetivamente venha a adquirir esse aparelho?
- Sabendo-se que o domicílio está planejando adquirir um aparelho de televisão de alta definição (HD) e com tela grande, qual a probabilidade de que a compra venha a ser realizada?
- Será que o fato de se saber que o domicílio *planeja* adquirir o aparelho de televisão altera a probabilidade de prever se o domicílio *irá* adquirir o aparelho de televisão?
- Qual é a probabilidade de que um domicílio que adquire um aparelho de televisão de alta definição (HD) e com tela grande venha a adquirir um aparelho de televisão com taxa de atualização de imagens mais rápida?
- Qual é a probabilidade de que um domicílio que adquire um aparelho de televisão de alta definição (HD), com tela grande e taxa de atualização de imagens mais rápida venha a adquirir também um transmissor de mídia com conexão de rede ativa?
- Qual é a probabilidade de que um domicílio que adquira um aparelho de televisão de alta definição (HD) e com tela grande venha a estar satisfeito com a compra?

Com respostas para perguntas como essas, você pode começar a tomar decisões relacionadas com sua estratégia de marketing. Será que sua estratégia de marketing para vender maior quantidade de aparelhos de televisão de alta definição (HD) com tela grande deveria estar direcionada para aquelas pessoas que indicaram uma intenção de compra? Será que você deveria se concentrar na venda de aparelhos de televisão com taxa de atualização de imagens mais rápida? Existe a possibilidade de que os domicílios que adquirem aparelhos de televisão de alta definição (HD) com tela grande e taxa de atualização de imagens mais rápida possam vir a ser facilmente persuadidos a também adquirir um transmissor de mídia com conexão de rede ativa?

Ljupco Smokovski /Shutterstock

155

156 Capítulo 4

Os princípios da probabilidade ajudam a traçar uma ponte entre o mundo da estatística descritiva e o mundo da estatística inferencial. A leitura deste capítulo irá ajudá-lo a aprender sobre os diferentes tipos de probabilidade, o modo de calcular valores para probabilidades, e como analisar esses valores à luz de novas informações. Os princípios da probabilidade constituem os fundamentos para a distribuição de probabilidades, para o conceito de expectativa matemática e para as distribuições binomial, hipergeométrica e de Poisson, tópicos que serão discutidos no Capítulo 5.

4.1 Conceitos Básicos de Probabilidade

> **Dica para o Leitor**
> Tenha sempre em mente que uma probabilidade não pode ser negativa, nem maior do que 1.

Qual é o significado da palavra *probabilidade*? Uma **probabilidade** é o valor numérico que representa a chance, a eventualidade ou a possibilidade de que um determinado evento venha a ocorrer, como é o caso do aumento do preço de uma determinada ação negociada em bolsa, um dia de chuva, um produto defeituoso, ou, ainda, um resultado igual a cinco para um único lançamento de um dado de jogo. Em cada um desses exemplos, a probabilidade envolvida corresponde a uma proporção ou fração cujo valor se estende entre 0 e 1, inclusive. Um evento que não apresente nenhuma chance, em absoluto, de vir a ocorrer (o **evento impossível**) apresenta uma probabilidade igual a 0 (zero). Um evento cuja ocorrência seja garantida (ou seja, o **evento certo**) apresenta uma probabilidade igual a 1.

Existem três tipos de probabilidade:

- *A priori*
- Empírica
- Subjetiva

No caso mais simples, em que cada um dos resultados mostra-se igualmente propenso a vir a ocorrer, a chance de ocorrência do referido evento encontra-se definida na Equação (4.1).

PROBABILIDADE DE OCORRÊNCIA

$$\text{Probabilidade de ocorrência} = \frac{X}{T} \tag{4.1}$$

em que

X = número de maneiras por meio das quais o evento ocorre

T = número total de resultados possíveis

Em uma **probabilidade *a priori***, a probabilidade de uma determinada ocorrência é baseada no conhecimento prévio do processo envolvido. Considere um baralho de cartas normal, que possui 26 cartas vermelhas e 26 cartas pretas. A probabilidade de vir a selecionar uma carta preta corresponde a 26/52 = 0,50, uma vez que existem X = 26 cartas pretas e T = 52 cartas no total. Qual é o significado dessa probabilidade? Se cada uma das cartas for recolocada no baralho depois de ser retirada, isso significa que 1 entre as 2 próximas cartas selecionadas necessariamente será preta? Não, uma vez que não é possível afirmar, com certeza, o que acontecerá ao longo das diversas seleções subsequentes. No entanto, é possível afirmar que, a longo prazo, caso esse processo de seleção venha a ser continuamente repetido, a proporção de cartas pretas selecionadas se aproximará de 0,50. O Exemplo 4.1 ilustra outro exemplo de cálculo para uma probabilidade *a priori*.

EXEMPLO 4.1

Encontrando Probabilidades *a Priori*

Um dado de jogo padronizado possui seis lados. Cada um dos lados do dado contém um, dois, três, quatro, cinco ou seis pontos marcados. Caso você role um dado, qual é a probabilidade de que você venha a conseguir como resultado o lado com cinco pontos?

SOLUÇÃO Cada um dos lados tem igual possibilidade de ocorrência. Uma vez que existem seis lados, a probabilidade de que o resultado venha a ser a face com cinco pontos é igual a 1/6.

Os exemplos ora apresentados utilizam a metodologia da probabilidade *a priori*, pelo fato de serem conhecidos o número de maneiras pelas quais o evento ocorre e o número total de resultados possíveis, com base na composição do baralho de cartas ou nos lados de um dado de jogo.

Na abordagem da **probabilidade empírica**, as probabilidades são baseadas em dados observados, e não no conhecimento prévio sobre um determinado processo. Pesquisas ou levantamentos são geralmente utilizados para gerar probabilidades empíricas. Exemplos desse tipo de probabilidade são: a proporção de indivíduos, no cenário Utilizando a Estatística, que efetivamente compram aparelhos de televisão de alta definição (HD) com tela grande; a proporção de eleitores cadastrados que têm preferência por um determinado candidato político; e a proporção de estudantes que possuem algum tipo de emprego em regime de meio expediente. Por exemplo, se você conduzir um levantamento junto aos estudantes, e 60 % deles declararem que possuem empregos de meio expediente, existe, então, uma probabilidade de 0,60 de que um determinado estudante individual venha a ter um emprego em regime de meio expediente.

A terceira abordagem para a probabilidade, a **probabilidade subjetiva**, difere das outras duas abordagens pelo fato de que a probabilidade subjetiva varia de pessoa para pessoa. Por exemplo, a equipe responsável pelo desenvolvimento de um novo produto pode atribuir uma probabilidade de 0,60 à chance de sucesso para o produto, ao passo que o presidente da empresa pode ser menos otimista e atribuir uma probabilidade de 0,30. A atribuição de probabilidades subjetivas a vários resultados é geralmente baseada em uma combinação entre a experiência do passado, a opinião pessoal e a análise de uma determinada situação, por parte de um determinado indivíduo. A probabilidade subjetiva é especialmente útil na tomada de decisões em situações nas quais você não consegue utilizar a probabilidade *a priori* ou a probabilidade empírica.

Eventos e Espaços Amostrais

Os elementos básicos da teoria da probabilidade correspondem aos resultados individuais de uma variável que esteja sendo estudada. Você precisa das seguintes definições para entender probabilidades.

> **Dica para o Leitor**
> Eventos são representados por letras do alfabeto.

EVENTO

Cada um dos resultados possíveis para uma determinada variável é conhecido como um **evento**.
Um **evento simples** é descrito com base em uma única característica.

Por exemplo, quando você joga uma moeda para cima, os dois resultados possíveis são cara e coroa. Cada um desses resultados representa um evento simples. Quando você faz rolar um dado de jogo padrão, com seis lados, cujas seis faces contêm um, dois, três, quatro, cinco ou seis pontos, existem seis eventos possíveis. Um evento pode corresponder a qualquer um entre esses eventos simples, a um conjunto deles, ou a um subconjunto de todos eles. Por exemplo, o evento correspondente a um *número par de pontos* consiste em três eventos simples (ou seja, dois, quatro ou seis pontos).

> **Dica para o Leitor**
> A palavra-chave ao descrever um evento combinado é *e*.

EVENTO COMBINADO

Um **evento combinado** é um evento que apresenta duas ou mais características.

Obter dois resultados correspondentes a cara, quando você lança duas vezes uma moeda, é um exemplo de um evento combinado, uma vez que consiste no resultado cara no primeiro lançamento e cara no segundo lançamento.

COMPLEMENTO

O **complemento** do evento A (representado pelo símbolo A') inclui todos os eventos que não fazem parte de A.

O complemento de um resultado correspondente a cara é um resultado correspondente a coroa, uma vez que se trata do único evento que não se refere a cara. O complemento do lado com cinco pontos no dado é não ter como resultado o lado com cinco pontos. Não ter como resultado o lado com cinco pontos consiste em ter como resultado um, dois, três, quatro ou seis pontos.

ESPAÇO AMOSTRAL

A coletânea de todos os eventos possíveis é chamada de **espaço amostral**.

158 Capítulo 4

O espaço amostral correspondente ao lançamento de uma moeda consiste em cara ou coroa. O espaço amostral correspondente à rolagem de um dado consiste em um, dois, três, quatro, cinco e seis pontos. O Exemplo 4.2 demonstra eventos e espaços amostrais.

EXEMPLO 4.2
Eventos e Espaços Amostrais

TABELA 4.1
Comportamento de Compra em Relação a Aparelhos de Televisão com Alta Definição e Tela Grande

O cenário Utilizando a Estatística, no início do capítulo, trata da empresa de produtos eletrônicos, M&R Electronics World. A Tabela 4.1 apresenta os resultados para a amostra de 1.000 domicílios, em termos do comportamento de compra em relação a aparelhos de televisão de alta definição e com tela grande.

PLANEJAVA COMPRAR	EFETIVAMENTE COMPROU		
	Sim	Não	Total
Sim	200	50	250
Não	100	650	750
Total	300	700	1.000

Qual é o espaço amostral? Proporcione exemplos de eventos simples e de eventos combinados.

SOLUÇÃO O espaço amostral consiste em 1.000 respondentes. Os eventos simples são "planejava comprar", "não planejava comprar", "comprou" e "não comprou". O complemento para o evento "planejava comprar" é "não planejava comprar". O evento "planejava comprar e efetivamente comprou" é um evento combinado, uma vez que, nesse evento combinado, o respondente deve necessariamente planejar comprar o aparelho de televisão *e* efetivamente comprá-lo.

Tabelas de Contingência

Existem várias maneiras pelas quais você consegue visualizar um determinado espaço amostral. O método utilizado neste livro envolve o uso de uma **tabela de contingência** (veja a Seção 2.1) tal como a que se apresenta na Tabela 4.1. Você obtém os valores para as células da tabela por meio da subdivisão do espaço amostral de 1.000 domicílios, de acordo com o fato de alguém ter planejado comprar e efetivamente ter comprado o aparelho de televisão de alta definição com tela grande. Por exemplo, 200 entre os respondentes planejaram comprar um aparelho de televisão de alta definição com tela grande e, subsequentemente, de fato compraram esse tipo de aparelho.

Probabilidade Simples

Agora, você já é capaz de responder a algumas das perguntas apresentadas no cenário Utilizando a Estatística. Uma vez que os resultados são baseados em dados coletados em uma pesquisa (reporte-se à Tabela 4.1), você pode utilizar a abordagem da probabilidade empírica.

Conforme afirmamos anteriormente, a regra mais fundamental para as probabilidades diz respeito ao fato de elas se estenderem, em termos de valor, desde 0 (zero) até 1. Um evento impossível apresenta uma probabilidade de ocorrer igual a 0 (zero), enquanto um evento que é certo ocorrer apresenta uma probabilidade igual a 1.

Probabilidade simples refere-se à probabilidade de ocorrência de um evento simples, $P(A)$. Uma probabilidade simples, no cenário Utilizando a Estatística, corresponde à probabilidade de planejar a compra de um aparelho de televisão de alta definição com tela grande. De que modo você consegue determinar a probabilidade de vir a selecionar um domicílio que tenha planejado comprar um aparelho de televisão de alta definição com tela grande? Utilizando a Equação 4.1, no início da Seção 4.1:

$$\text{Probabilidade de ocorrência} = \frac{X}{T}$$

$$P(\text{Planejava comprar}) = \frac{\text{Número de domicílios que planejaram comprar}}{\text{Número total de domicílios}}$$

$$= \frac{250}{1.000} = 0{,}25$$

Por conseguinte, existe uma chance de 0,25 (ou 25 %) de que um determinado domicílio tenha planejado comprar um aparelho de televisão de alta definição, com tela grande.

O Exemplo 4.3 ilustra outra aplicação para a probabilidade simples.

EXEMPLO 4.3

Calculando a Probabilidade de que o Aparelho de Televisão com Tela Grande e Alta Definição Comprado Tenha uma Taxa de Atualização de Imagens Mais Rápida

Na pesquisa de continuidade relacionada com o cenário Utilizando a Estatística, outras perguntas foram feitas a 300 domicílios que efetivamente compraram aparelhos de televisão com tela grande e alta definição. A Tabela 4.2 indica as respostas dos consumidores em relação ao fato de o aparelho de televisão adquirido ser com uma taxa de atualização de imagens mais rápida, e de eles também terem adquirido uma caixa de reprodução de mídia com conexão de rede ativa, ao longo dos últimos 12 meses.

Encontre a probabilidade de que, caso venha a ser selecionado um domicílio que tenha adquirido um aparelho de televisão com tela grande e alta definição, o aparelho de televisão adquirido tenha uma taxa de atualização de imagens mais rápida.

TABELA 4.2 Comportamento de Compra com Relação a Comprar Aparelhos de Televisão com Taxa de Atualização de Imagens Mais Rápida e uma Caixa de Reprodução de Mídia com Conexão de Rede Ativa

TAXA DE ATUALIZAÇÃO DE IMAGENS DO APARELHO DE TV COMPRADO	CAIXA DE REPRODUÇÃO DE MÍDIA COM CONEXÃO DE REDE ATIVA		
	Sim	Não	Total
Mais rápida	38	42	80
Normal	70	150	220
Total	108	192	300

SOLUÇÃO Utilizando as definições seguintes,

A = comprou um aparelho com taxa de atualização de imagens mais rápida

A' = comprou um aparelho com taxa de atualização de imagens normal

B = comprou uma caixa de reprodução de mídia com conexão de rede ativa

B' = não comprou uma caixa de reprodução de mídia com conexão de rede ativa

$$P(\text{Taxa de atualização de imagens mais rápida}) = \frac{\text{Quantidade de aparelhos com taxa de atualização de imagens mais rápida}}{\text{Número total de aparelhos de TV}}$$

$$= \frac{80}{300} = 0,267$$

Existe uma chance de 26,7 % de que uma compra aleatoriamente selecionada de um aparelho de televisão com tela grande e alta definição seja a compra de um aparelho de televisão com taxa de atualização de imagens mais rápida.

Probabilidade Combinada

Enquanto a probabilidade simples ou probabilidade marginal refere-se à ocorrência de eventos simples, a **probabilidade combinada** refere-se à probabilidade de uma ocorrência envolvendo dois ou mais eventos. Um exemplo de probabilidade combinada é a probabilidade de que você venha a obter cara como resultado no primeiro lançamento de uma moeda e cara como resultado no segundo lançamento da moeda.

Na Tabela 4.1, no Exemplo 4.2, o grupo de indivíduos que planejaram comprar, e efetivamente compraram, um aparelho de televisão com tela grande e alta definição consiste somente nos resultados na célula individual "sim — planejaram comprar *e* sim — efetivamente compraram". Uma vez que esse grupo consiste em 200 domicílios, a probabilidade de vir a selecionar um domicílio que tenha planejado comprar *e* efetivamente tenha comprado um aparelho de televisão com tela grande e alta definição é igual a

$$P(\text{Planejava comprar } e \text{ efetivamente comprou}) = \frac{\text{Planejava comprar } e \text{ efetivamente comprou}}{\text{Número total de respondentes}}$$

$$= \frac{200}{1.000} = 0,20$$

O Exemplo 4.4 demonstra, também, como determinar a probabilidade combinada.

160 Capítulo 4

EXEMPLO 4.4

Determinando a Probabilidade Combinada de que um Domicílio Tenha Adquirido um Aparelho de Televisão com Tela Grande e Alta Definição com Taxa de Atualização de Imagens Mais Rápida e Tenha Adquirido uma Caixa de Reprodução de Mídia com Conexão de Rede Ativa

Na Tabela 4.2, as compras foram classificadas de forma cruzada, considerando os eventos com taxa de atualização de imagens mais rápida ou com taxa de atualização de imagens normal, e se o domicílio comprou, ou não, uma caixa de reprodução de mídia com conexão de rede ativa. Encontre a probabilidade de que um domicílio aleatoriamente selecionado, que tenha comprado um aparelho de televisão com tela grande e alta definição, tenha também comprado um aparelho de televisão com taxa de atualização de imagens mais rápida e uma caixa de reprodução de mídia com conexão de rede ativa.

SOLUÇÃO Utilizando a Equação (4.1), Exemplo 4.1,

$$P(\text{Televisor com taxa de atualização de imagens mais rápida } e \text{ uma caixa de reprodução de mídia com conexão de rede ativa}) = \frac{\text{Número de respondentes que compraram um televisor com uma taxa de atualização de imagens mais rápida } e \text{ compraram uma caixa de reprodução de mídia com conexão de rede ativa}}{\text{Número total de compras de televisores com tela grande e alta definição}}$$

$$= \frac{38}{300} = 0{,}127$$

Portanto, existe uma chance de 12,7 % de que um domicílio aleatoriamente selecionado, que tenha comprado um aparelho de televisão com tela grande e alta definição, tenha comprado um aparelho com taxa de atualização de imagens mais rápida e tenha comprado uma caixa de reprodução de mídia com conexão de rede ativa.

Probabilidade Marginal

A **probabilidade marginal** de um evento consiste em um conjunto de probabilidades combinadas. Você consegue determinar a probabilidade marginal de um determinado evento utilizando o conceito de probabilidade combinada que acaba de ser abordado. Por exemplo, se B consiste em dois eventos, B_1 e B_2, então $P(A)$, a probabilidade para o evento A, consiste na probabilidade combinada de o evento A ocorrer conjuntamente com o evento B_1 e na probabilidade combinada de o evento A ocorrer conjuntamente com o evento B_2. Você utiliza a Equação (4.2) para calcular probabilidades marginais.

PROBABILIDADE MARGINAL

$$P(A) = P(A \ e \ B_1) + P(A \ e \ B_2) + \cdots + P(A \ e \ B_k) \qquad \textbf{(4.2)}$$

em que $B_1, B_2, \ldots, B_k$ correspondem a k eventos mutuamente exclusivos e coletivamente exaustivos, definidos como segue:

Dois eventos são **mutuamente excludentes** se ambos os eventos não podem ocorrer simultaneamente.
Um conjunto de eventos é **coletivamente exaustivo** se um dos eventos deve necessariamente ocorrer.

Cara ou coroa, em um lançamento de uma moeda, são eventos mutuamente excludentes. O resultado do lançamento de uma moeda não pode ser, simultaneamente, cara e coroa. Cara e coroa, em um lançamento de uma moeda, são, também, eventos coletivamente exaustivos. Um deles deve, obrigatoriamente, ocorrer. Caso não ocorra cara, coroa deve obrigatoriamente ocorrer. Caso não ocorra coroa, cara deve obrigatoriamente ocorrer. Ser homem e ser mulher são eventos mutuamente excludentes e coletivamente exaustivos. Nenhuma pessoa consegue ser ambos (os dois são mutuamente excludentes), e todas as pessoas são uma coisa ou outra (os dois são coletivamente exaustivos).

Você pode utilizar a Equação (4.2) para calcular a probabilidade marginal correspondente a "planejava comprar" um aparelho de televisão com tela grande e alta definição.

$$P(\text{Planejava comprar}) = P(\text{Planejava comprar } e \text{ comprou})$$
$$+ P(\text{planejava comprar } e \text{ não comprou})$$
$$= \frac{200}{1.000} + \frac{50}{1.000}$$
$$= \frac{250}{1.000} = 0{,}25$$

Probabilidade Básica **161**

Você chega ao mesmo resultado, caso some a quantidade de resultados que compõem o evento simples "planejava comprar".

Dica para o Leitor
A palavra-chave, ao utilizar a regra de adição, é *ou*.

Regra Geral de Adição

De que modo você encontra a probabilidade correspondente ao evento "*A ou B*"? Você precisa considerar a ocorrência do evento *A* ou do evento *B*, separadamente, ou de ambos os eventos conjuntamente, *A* e *B*. Por exemplo, de que modo você consegue determinar a probabilidade de que um determinado domicílio tenha planejado comprar *ou* tenha efetivamente comprado um aparelho de televisão com tela grande e alta definição?

O evento "planejava comprar *ou* efetivamente comprou" inclui a totalidade dos domicílios que planejaram comprar e a totalidade dos domicílios que efetivamente compraram o aparelho de televisão com tela grande e alta definição. Você examina cada uma das células da tabela de contingência (Tabela 4.1, no Exemplo 4.2) para determinar se a célula faz parte do evento em questão. Com base na Tabela 4.1, a célula "planejava comprar *e* efetivamente não comprou" faz parte do evento, uma vez que inclui os respondentes que planejaram comprar. A célula "não planejava comprar *e* efetivamente comprou" está incluída, uma vez que contém respondentes que efetivamente compraram. Por fim, a célula "planejava comprar *e* efetivamente comprou" apresenta ambas as características de interesse. Por conseguinte, uma maneira de calcular a probabilidade correspondente a "planejava comprar *ou* efetivamente comprou" é

$$
\begin{aligned}
P(\text{Planejava comprar } ou \text{ efetivamente comprou}) &= P(\text{Planejava comprar } e \text{ efetivamente não comprou}) \\
&\quad + P(\text{Não planejava comprar } e \text{ efetivamente comprou}) \\
&\quad + P(\text{Planejava comprar } e \text{ efetivamente comprou}) \\
&= \frac{50}{1.000} + \frac{100}{1.000} + \frac{200}{1.000} \\
&= \frac{350}{1.000} = 0{,}35
\end{aligned}
$$

De modo geral, é mais fácil determinar $P(A \text{ ou } B)$, a probabilidade do evento *A ou B*, utilizando a **regra geral de adição**, definida na Equação (4.3).

REGRA GERAL DE ADIÇÃO

A probabilidade de *A ou B* é igual à probabilidade de *A* somada à probabilidade de *B*, subtraindo-se a probabilidade de *A e B*.

$$P(A \text{ ou } B) = P(A) + P(B) - P(A \text{ e } B) \tag{4.3}$$

A aplicação da Equação (4.3) ao exemplo ora apresentado produz o resultado a seguir:

$$
\begin{aligned}
P(\text{Planejava comprar } ou \text{ efetivamente comprou}) &= P(\text{Planejava comprar}) \\
&\quad + P(\text{Efetivamente comprou}) - P(\text{Planejava comprar } e \text{ efetivamente comprou}) \\
&= \frac{250}{1.000} + \frac{300}{1.000} - \frac{200}{1.000} \\
&= \frac{350}{1.000} = 0{,}35
\end{aligned}
$$

A regra geral de adição consiste em tomar a probabilidade de *A* e adicioná-la à probabilidade de *B* e, em seguida, subtrair desse total a probabilidade do evento combinado, *A e B*, uma vez que o evento combinado já foi incluído, tanto no cálculo da probabilidade de *A* quanto no cálculo da probabilidade de *B*. Com referência à Tabela 4.1, no Exemplo 4.2, se os resultados do evento "planejava comprar" forem acrescentados aos resultados para o evento "efetivamente comprou", o evento combinado "planejava comprar *e* efetivamente comprou" foi incluído em cada um desses eventos simples. Por conseguinte, uma vez que esse evento combinado foi incluído duas vezes, você deve subtraí-lo de modo tal que seja apresentado o resultado correto. O Exemplo 4.5 ilustra outra aplicação para a regra geral de adição.

162 Capítulo 4

EXEMPLO 4.5
Utilizando a Regra de Adição para os Domicílios que Adquiriram Aparelhos de Televisão com Tela Grande e Alta Definição

No Exemplo 4.3, as compras foram classificadas de forma cruzada na Tabela 4.2, considerando os aparelhos de TV que tinham taxa de atualização de imagens mais rápida ou aparelhos de TV que tinham taxa de atualização de imagens normal, assim como o fato de o domicílio ter comprado, ou não, uma caixa de reprodução de mídia com conexão de rede ativa. Encontre a probabilidade de que, entre os domicílios que compraram um aparelho de televisão com tela grande e alta definição, tenha sido comprado um aparelho de televisão com taxa de atualização de imagens mais rápida ou tenha sido comprada uma caixa de reprodução de mídia com conexão de rede ativa.

SOLUÇÃO Utilizando a Equação (4.3),

P(O aparelho de TV tinha uma taxa de atualização de imagens mais rápida *ou* comprou uma caixa de reprodução de mídia com conexão de rede ativa) $= P$(O aparelho de TV tinha uma taxa de atualização de imagens mais rápida) $+ P$(comprou uma caixa de reprodução de mídia com conexão de rede ativa) $- P$(O aparelho de TV tinha uma taxa de atualização de imagens mais rápida *e* comprou uma caixa de reprodução de mídia com conexão de rede ativa)

$$= \frac{80}{300} + \frac{108}{300} - \frac{38}{300}$$

$$= \frac{150}{300} = 0{,}50$$

Por conseguinte, entre os domicílios que compraram um aparelho de televisão com tela grande e alta definição, existe uma chance de 50 % de que um domicílio aleatoriamente selecionado tenha comprado um aparelho de televisão com taxa de atualização de imagens mais rápida ou tenha comprado uma caixa de reprodução de mídia com conexão de rede ativa.

Problemas para a Seção 4.1

APRENDENDO O BÁSICO

4.1 Duas moedas foram lançadas.
a. Forneça um exemplo de um evento simples.
b. Forneça um exemplo de um evento combinado.
c. Qual é o complemento de um resultado correspondente a cara no primeiro lançamento?
d. Em que consiste o espaço amostral?

4.2 Uma urna contém 12 bolas vermelhas e 8 bolas brancas. Uma bola está para ser selecionada de dentro da urna.
a. Forneça um exemplo de um evento simples.
b. Qual é o complemento de uma bola vermelha?
c. Em que consiste o espaço amostral?

4.3 Dada a seguinte tabela de contingência:

	B	B'
A	10	20
A'	20	40

Qual é a probabilidade do evento
a. A?
b. A'?
c. A e B?
d. A ou B?

4.4 Dada a tabela de contingência a seguir:

	B	B'
A	10	30
A'	25	35

Qual é a probabilidade do evento
a. A'?
b. A e B?
c. A' e B'?
d. A' ou B'?

APLICANDO OS CONCEITOS

4.5 Para cada um dos itens a seguir, indique se o tipo de probabilidade envolvida corresponde a um exemplo de uma probabilidade *a priori*, uma probabilidade clássica empírica, ou uma probabilidade subjetiva.
a. O resultado do próximo lançamento de uma moeda será cara.
b. A Itália vencerá a Copa do Mundo na próxima vez em que a competição for realizada.
c. A soma dos lados de dois dados será sete.
d. O trem que leva um passageiro de casa até o trabalho estará com mais 10 minutos de atraso.

4.6 Para cada um dos itens a seguir, declare se os eventos criados são mutuamente excludentes e se eles são coletivamente exaustivos.

a. Foi perguntado aos alunos de graduação em Administração de Empresa se estavam cursando o segundo ano ou o terceiro ano.

b. Cada um dos respondentes foi classificado, tomando-se como base o tipo de automóvel que essa pessoa dirigia: sedan, SUV, norte-americano, europeu, asiático, ou nenhum carro.

c. Foi perguntado às pessoas: "Você atualmente reside em (i) um apartamento ou em (ii) uma casa?"

d. Um produto foi classificado como defeituoso ou não defeituoso.

4.7 Qual, entre os eventos a seguir, ocorre com uma probabilidade igual a zero? Para cada um deles, declare o porquê de ela ser, ou não, zero.

a. Uma empresa está listada na Bolsa de Nova York e na NASDAQ.

b. Um consumidor possui um *smartphone* e um *tablet*.

c. Um aparelho de telefonia celular é um Motorola ou um Samsung.

d. Um automóvel é da marca Toyota e foi registrado nos Estados Unidos.

4.8 Será que leva mais tempo para algo ser retirado de uma lista de correio eletrônico do que costumava levar? Um estudo realizado junto a 100 grandes vendedores na Internet revelou o seguinte:

	SÃO NECESSÁRIOS TRÊS OU MAIS CLIQUES PARA SER RETIRADO	
ANO	**Sim**	**Não**
2009	39	61
2008	7	93

Fonte: Dados extraídos de "More Clicks to Escape an Email List", *The New York Times*, 29 de março de 2010, p. B2.

a. Forneça um exemplo de um evento simples.

b. Forneça um exemplo de um evento combinado.

c. Qual o complemento de "São necessários três cliques, ou mais, para ser retirado de uma lista de correio eletrônico"?

d. Por que "São necessários três cliques, ou mais, para ser retirado de uma lista de correio eletrônico" constitui um evento combinado?

4.9 Com referência à tabela de contingência no Problema 4.8, caso seja aleatoriamente selecionado um grande vendedor na Internet, qual é a probabilidade de que

a. você tenha precisado de três cliques, ou mais, para ser retirado de uma lista de correio eletrônico?

b. você tenha precisado de três cliques, ou mais, para ser retirado de uma lista de correio eletrônico em 2009?

c. você tenha precisado de três cliques, ou mais, para ser retirado de uma lista de correio eletrônico ou seja um grande vendedor entrevistado em 2009?

d. Explique a diferença entre os resultados de (b) e (c).

4.10 De que maneira os profissionais de marketing modificarão o uso das redes de comunicação social no futuro próximo? Uma pesquisa científica, realizada pelo Social Media Examiner, relatou que 76 % dos profissionais de marketing B2B (profissionais de marketing que focam primordialmente em atrair empresas) planejam fazer crescer o seu uso do LinkedIn, comparados a 55 % dos profissionais de marketing B2C (profissionais de marketing que focam primordialmente em atrair consumidores). A pesquisa foi baseada em 1.945 profissionais de marketing do tipo B2B e 1.868 profissionais de marketing do tipo B2C. A tabela a seguir sintetiza os resultados:

FAZER CRESCER O USO DO LINKEDIN?	FOCO DE NEGÓCIO		
	B2B	**B2C**	**Total**
Sim	1.478	1.027	2.505
Não	467	841	1.308
Total	1.945	1.868	3.813

Fonte: Dados extraídos de "2012 Social Media Marketing Industry Report", abril de 2012, p. 27, **bit.ly/HaWwDu**.

a. Forneça um exemplo de um evento simples.

b. Forneça um exemplo de um evento combinado.

c. Qual o complemento para um profissional de marketing que planeje fazer crescer o uso do LinkedIn?

d. Por que um profissional de marketing que planeje fazer crescer o uso do LinkedIn e seja um profissional de marketing B2C constitui um evento combinado?

4.11 Com referência à tabela de contingência apresentada no Problema 4.10, se um profissional de marketing for selecionado aleatoriamente, qual é a probabilidade de que

a. essa pessoa planeje fazer crescer o uso do LinkedIn?

b. essa pessoa seja um profissional de marketing B2C?

c. essa pessoa planeje fazer crescer o uso do LinkedIn *b* seja um profissional de marketing B2C?

d. Explique a diferença entre os resultados de (b) e (c).

✓AUTO teste **4.12** Que tipos de habilidades empresariais e técnicas são críticas para os profissionais de hoje em dia no setor de inteligência/análise empresarial e de gestão de informações? Como parte da pesquisa salarial do setor de Tecnologia da Informação nos EUA em 2012 (U.S. IT Salary Survey) realizada pela InformationWeek, profissionais dos setores de inteligência/análise empresarial e de gestão de informações, tanto do quadro de funcionários comuns quanto gerentes, foram instados a indicar quais habilidades empresariais e técnicas são críticas para o desempenho de suas respectivas funções. A lista de habilidades empresariais e técnicas incluíram *Analisar Dados*. A tabela a seguir sintetiza as respostas para esse tipo de competência:

	POSIÇÃO PROFISSIONAL		
	Funcionário		
ANALISAR DADOS	**Comum**	**Gerente**	**Total**
Crítica	296	216	512
Não crítica	83	65	148
Total	379	281	660

Fonte: Dados extraídos de "Big Data Widens Analytic Talent Gap", *InformationWeek Reports*, abril de 2012, p. 24, **bit.ly/GSIdDL**.

Caso um profissional seja aleatoriamente selecionado, qual é a probabilidade de que essa pessoa

a. indique analisar dados como crítica para o desempenho de suas funções?

b. seja um gerente?

c. indique analisar dados como crítica para o desempenho de suas funções *ou* seja um gerente?

d. Explique a diferença entre os resultados em (b) e (c).

4.13 Qual é o meio preferido para que as pessoas encomendem refeições rápidas? Uma pesquisa foi conduzida em 2009, mas os tamanhos de amostras não foram relatados. Suponha que os resultados, com base em uma amostra com 100 homens e 100 mulheres, tenham sido da seguinte maneira:

164 Capítulo 4

PREFERÊNCIA EM TERMOS DE REFEIÇÃO	GÊNERO		
	Homem	Mulher	Total
Comer dentro da lanchonete	21	12	33
Fazer o pedido dentro da lanchonete e levar para viagem	19	10	29
Fazer o pedido no *drive-thru*	60	78	138
Total	100	100	200

Fonte: Dados extraídos de **bit.ly/JDB1s**.

Caso um entrevistado seja selecionado ao acaso, qual é a probabilidade de que essa pessoa

a. prefira fazer o pedido diretamente do *drive-thru*?

b. seja um homem *e* prefira fazer o pedido diretamente do *drive-thru*?

c. seja um homem *ou* prefira fazer o pedido diretamente do *drive-thru*?

d. Explique a diferença entre os resultados em (b) e (c).

4.14 Uma pesquisa realizada junto a 1.085 adultos perguntou: "Você gosta de comprar roupas para si mesmo?" Os resultados (dados extraídos de "Split Decision on Clothes Shopping", *USA Today*, 28 de janeiro de 2011, p. 1B) indicaram que 51 % das mulheres gostam de comprar roupas para si mesmas, em comparação com 44 % dos homens. Os tamanhos das amostras para homens e mulheres não foram fornecidos. Suponha que os resultados tenham indicado que, de 542 homens, 238 responderam que sim. De 543 mulheres, 276 responderam que sim. Construa uma tabela de contingência para avaliar as probabili-

dades. Qual é a probabilidade de que um respondente escolhido de modo aleatório

a. goste de comprar roupas para si mesmo?

b. seja uma mulher *e* goste de comprar roupas para si mesma?

c. seja uma mulher *ou* goste de comprar roupas para si mesma?

d. seja um homem *ou* uma mulher?

4.15 A cada ano, são compiladas avaliações relativas ao desempenho de carros novos durante os primeiros 90 dias de uso. Suponha que os veículos tenham sido categorizados de acordo com o fato de o carro precisar de um conserto relacionado com os termos da garantia (sim ou não) e com o país onde está situada a matriz da montadora (Estados Unidos ou não Estados Unidos). Com base nos dados coletados, a probabilidade de que um carro novo precise de um conserto relacionado com os termos da garantia corresponde a 0,04; a probabilidade de que o carro tenha sido fabricado em uma montadora sediada nos EUA corresponde a 0,60; e a probabilidade de que um carro novo precise de um conserto relacionado com os termos da garantia *e* tenha sido fabricado em uma montadora sediada nos EUA corresponde a 0,025. Construa uma tabela de contingência para avaliar a probabilidade de um conserto relacionado com os termos da garantia. Qual é a probabilidade de que um carro novo, aleatoriamente selecionado,

a. precise de um conserto relacionado com os termos da garantia?

b. precise de um conserto relacionado com os termos da garantia *e* tenha sido fabricado por uma montadora sediada nos EUA?

c. precise de um conserto relacionado com os termos da garantia *ou* tenha sido fabricado por uma montadora sediada nos EUA?

d. precise de um conserto relacionado com os termos da garantia *ou* não tenha sido fabricado por uma montadora sediada nos EUA?

4.2 Probabilidade Condicional

Cada um dos exemplos na Seção 4.1 envolve encontrar a probabilidade de um determinado evento, pelo fato de realizar amostragens a partir do espaço amostral como um todo. De que maneira você determina a probabilidade de um evento, caso conheça, antecipadamente, determinadas informações relacionadas com os eventos envolvidos?

Calculando Probabilidades Condicionais

Probabilidade condicional refere-se a probabilidade do evento A, conhecidas as informações sobre a ocorrência de outro evento B.

PROBABILIDADE CONDICIONAL

A probabilidade do evento A, sendo B conhecido, é igual à probabilidade de A e B dividida pela probabilidade de B.

$$P(A|B) = \frac{P(A \ e \ B)}{P(B)} \tag{4.4a}$$

A probabilidade de B, sendo A conhecido, é igual à probabilidade de A e B dividida pela probabilidade de A.

$$P(B|A) = \frac{P(A \ e \ B)}{P(A)} \tag{4.4b}$$

em que

$$P(A \ e \ B) = \text{probabilidade combinada de } A \ e \ B$$
$$P(A) = \text{probabilidade marginal de } A$$
$$P(B) = \text{probabilidade marginal de } B$$

> **Dica para o Leitor**
>
> A variável que é *conhecida* vai para o denominador da Equação (4.4). Uma vez que é conhecida a variável "planejava comprar", "planejava comprar" encontra-se no denominador.

No que se refere ao cenário Utilizando a Estatística, envolvendo a compra de aparelhos de televisão com tela grande e alta definição, suponha que você fosse informado de que um determinado domicílio planejava comprar um aparelho de televisão com tela grande e alta definição. Agora, qual é a probabilidade de que o domicílio tenha efetivamente comprado a televisão?

Nesse exemplo, o objetivo é encontrar P(Efetivamente comprou | Planejava comprar). Nesse caso, você conta com informações de que o domicílio planejava comprar o aparelho de televisão com tela grande e alta definição. Portanto, o espaço amostral não consiste em todos os 1.000 domicílios existentes na pesquisa. Consiste somente naqueles domicílios que planejaram comprar o aparelho de televisão com tela grande e alta definição. Desses 250 domicílios, 200 efetivamente compraram o aparelho de televisão com tela grande e alta definição. Por conseguinte, tendo como base a Tabela 4.1, mostrada no Exemplo 4.2, a probabilidade de que um determinado domicílio tenha efetivamente comprado o aparelho de televisão com tela grande e alta definição, sendo conhecido que esse domicílio tenha planejado comprar, é

$$P(\text{Efetivamente comprou | Planejava comprar}) = \frac{\text{Planejava comprar } e \text{ efetivamente comprou}}{\text{Planejava comprar}}$$

$$= \frac{200}{250} = 0,80$$

Você pode, também, utilizar a Equação (4.4b) para calcular esse resultado:

$$P(B|A) = \frac{P(A \ e \ B)}{P(A)}$$

em que

$A =$ planejava comprar

$B =$ efetivamente comprou

então

$$P(\text{Efetivamente comprou | Planejava comprar}) = \frac{200/1.000}{250/1.000}$$

$$= \frac{200}{250} = 0,80$$

O Exemplo 4.6 ilustra ainda mais a probabilidade condicional.

EXEMPLO 4.6

Encontrando a Probabilidade Condicional de Comprar uma Caixa de Reprodução de Mídia com Conexão de Rede Ativa

A Tabela 4.2, no Exemplo 4.3, é uma tabela de contingência para o cruzamento da hipótese de o domicílio ter comprado, ou não, um aparelho de televisão com taxa de atualização de imagens mais rápida com a hipótese de o domicílio ter comprado, ou não, uma caixa de reprodução de mídia com conexão de rede ativa. Caso um determinado domicílio tenha comprado um aparelho de televisão com taxa de atualização de imagens mais rápida, qual é a probabilidade de que esse mesmo domicílio tenha também comprado uma caixa de reprodução de mídia com conexão de rede ativa?

SOLUÇÃO Uma vez que você sabe que o domicílio comprou um aparelho de televisão com taxa de atualização de imagens mais rápida, o espaço amostral passa a ser reduzido para 80 domicílios. Desses 80 domicílios, 38 também compraram uma caixa de reprodução de mídia com conexão de rede ativa. Portanto, a probabilidade de que um determinado domicílio tenha comprado uma caixa de reprodução de mídia com conexão de rede ativa, sendo conhecido que o domicílio comprou um aparelho de televisão com taxa de atualização de imagens mais rápida, é

$$P\left(\begin{array}{l}\text{Comprou uma caixa de reprodução} \\ \text{de mídia com conexão de rede ativa |} \\ \text{Comprou aparelho de TV com uma taxa} \\ \text{de atualização de imagens mais rápida}\end{array}\right) = \frac{\begin{array}{c}\text{Número de domicílios que compraram} \\ \text{um televisor com uma taxa de atualização de} \\ \text{imagens mais rápida } e \text{ uma caixa de reprodução} \\ \text{de mídia com conexão de rede ativa}\end{array}}{\begin{array}{c}\text{Número de domicílios que compraram} \\ \text{um televisor com uma taxa de atualização} \\ \text{de imagens mais rápida}\end{array}}$$

$$= \frac{38}{80} = 0,475$$

Se você utilizar a Equação (4.4b):

A = Comprou um aparelho de TV com taxa de atualização de imagens mais rápida
B = Comprou uma caixa de reprodução de mídia com conexão de rede ativa

então

$$P(B|A) = \frac{P(A \text{ e } B)}{P(A)} = \frac{38/300}{80/300} = 0{,}475$$

Portanto, sendo conhecido que o domicílio comprou um aparelho de televisão com taxa de atualização de imagens mais rápida, existe uma chance de 47,5 % de que o domicílio também tenha comprado uma caixa de reprodução de mídia com conexão de rede ativa. Você pode comparar essa probabilidade condicional com a probabilidade marginal da compra de uma caixa de reprodução de mídia com conexão de rede ativa, que corresponde a 108/300 = 0,36 ou 36 %. Esses resultados revelam que os domicílios que compraram um aparelho de televisão com taxa de atualização de imagens mais rápida estão mais propensos a comprar uma caixa de reprodução de mídia com conexão de rede ativa do que os domicílios que compraram aparelhos de televisão com tela grande e alta definição com taxa de atualização de imagens normal.

Árvores de Decisão

Na Tabela 4.1, do Exemplo 4.2, os domicílios são classificados de acordo com o fato de terem, ou não, planejado comprar e terem, ou não, efetivamente comprado aparelhos de televisão com tela grande e alta definição. Uma **árvore de decisão** constitui uma alternativa para a tabela de contingência. A Figura 4.1 representa a árvore de decisão para esse exemplo.

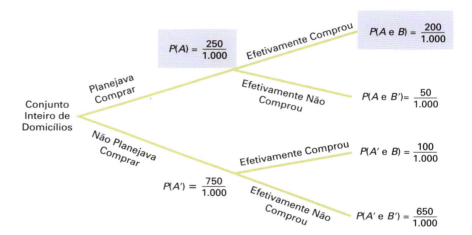

FIGURA 4.1
Árvore de decisão planejava comprar e efetivamente comprou

Na Figura 4.1, iniciando à esquerda com o conjunto inteiro de domicílios, existem duas "ramificações" para a hipótese de o domicílio ter, ou não, planejado comprar um aparelho de televisão com tela grande e alta definição. Cada uma dessas ramificações possui duas sub-ramificações, correspondentes à hipótese de o domicílio ter efetivamente comprado, ou não ter efetivamente comprado, um aparelho de televisão com tela grande e alta definição. As probabilidades ao final das ramificações iniciais representam as probabilidades marginais correspondentes a A e A'. As probabilidades ao final de cada uma das quatro sub-ramificações representam a probabilidade combinada para cada uma das combinações entre os eventos A e B. Você calcula a probabilidade condicional por meio da divisão da probabilidade combinada pela probabilidade marginal apropriada.

Por exemplo, para calcular a probabilidade de que o domicílio tenha efetivamente comprado, sendo conhecido que o domicílio planejava comprar o aparelho de televisão com tela grande e alta definição, você seleciona P(Planejava comprar e efetivamente comprou) e divide por P(Planejava comprar). Com base na Figura 4.1,

$$P(\text{Efetivamente comprou} \mid \text{Planejava comprar}) = \frac{200/1.000}{250/1.000}$$

$$= \frac{200}{250} = 0{,}80$$

O Exemplo 4.7 ilustra como construir uma árvore de decisão.

EXEMPLO 4.7

Construindo a Árvore de Decisão para os Domicílios que Compraram Aparelhos de Televisão com Tela Grande e Alta Definição

Utilizando os dados classificados de forma cruzada na Tabela 4.2, apresentada no Exemplo 4.3, construa a árvore de decisão. Utilize a árvore de decisão para encontrar a probabilidade de que um determinado domicílio tenha comprado uma caixa de reprodução de mídia com conexão de rede ativa, sendo conhecido que esse mesmo domicílio comprou um aparelho de televisão com taxa de atualização de imagens mais rápida.

SOLUÇÃO A árvore de decisão correspondente à compra de uma caixa de reprodução de mídia com conexão de rede ativa e um aparelho de televisão com taxa de atualização de imagens mais rápida é exibida na Figura 4.2.

Utilizando a Equação (4.4b), apresentada no boxe no início da seção, e as definições a seguir,

A = comprou uma TV com taxa de atualização de imagens mais rápida
B = comprou uma caixa de reprodução de mídia com conexão de rede ativa

$$P(B|A) = \frac{P(A \text{ e } B)}{P(A)} = \frac{38/300}{80/300} = 0{,}475$$

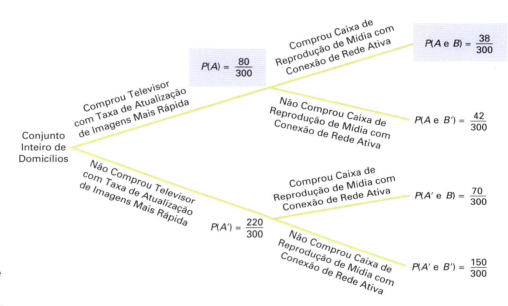

FIGURA 4.2
Árvore de decisão para ter comprado um aparelho de televisão com taxa de atualização de imagens mais rápida e de uma caixa de reprodução de mídia com conexão de rede ativa

Independência

No exemplo que diz respeito à compra de aparelhos de televisão com tela grande e alta definição, a probabilidade condicional de que o domicílio selecionado tenha efetivamente comprado um aparelho de televisão com tela grande e alta definição, dado que esse domicílio tenha planejado a compra, é 200/250 = 0,80. A probabilidade simples de vir a selecionar um domicílio que tenha efetivamente comprado é 300/1.000 = 0,30. Esse resultado revela que o conhecimento prévio de que o domicílio planejava comprar afetou a probabilidade de que o domicílio efetivamente tenha comprado o aparelho de televisão. Em outras palavras, o resultado de um evento é *dependente* do resultado de um segundo evento.

Quando o resultado de um evento *não* afeta a probabilidade de ocorrência de um outro evento, afirma-se que os eventos são independentes. A **independência** pode ser determinada utilizando-se a Equação (4.5).

> **INDEPENDÊNCIA**
>
> Dois eventos, A e B, são independentes se, e somente se,
>
> $$P(A|B) = P(A) \tag{4.5}$$
>
> em que
>
> $P(A|B)$ = probabilidade condicional de A, sendo conhecido B
> $P(A)$ = probabilidade marginal de A

O Exemplo 4.8 demonstra o uso da Equação (4.5).

168 Capítulo 4

EXEMPLO 4.8
Determinando a Independência

Na pesquisa que deu continuidade ao estudo realizado junto aos 300 domicílios que efetivamente compraram aparelhos de televisão com tela grande e alta definição, foi perguntado aos domicílios se eles estavam satisfeitos com a compra. A Tabela 4.3 classifica, de forma cruzada, as respostas correspondentes à pergunta relacionada com o nível de satisfação e com as respostas para a hipótese de o aparelho de televisão ter sido, ou não, um aparelho de televisão com uma taxa de atualização de imagens mais rápida.

TABELA 4.3
Satisfação com a Compra de Aparelhos de Televisão com Tela Grande e Alta Definição

TAXA DE ATUALIZAÇÃO DE IMAGENS DO APARELHO DE TV	SATISFEITO COM A COMPRA?		
	Sim	Não	Total
Mais rápida	64	16	80
Normal	176	44	220
Total	240	60	300

Determine se "estar satisfeito com a compra" e "a taxa de atualização de imagens do aparelho de TV comprado" são independentes.

SOLUÇÃO Para esses dados,

$$P(\text{Satisfeito} \mid \text{Taxa de atualização de imagens mais rápida}) = \frac{64/300}{80/300} = \frac{64}{80} = 0,80$$

que é igual a

$$P(\text{Satisfeito}) = \frac{240}{300} = 0,80$$

Por conseguinte, estar satisfeito com a compra e a taxa de atualização de imagens do aparelho de TV comprado são independentes. O conhecimento de um dos eventos não afeta a probabilidade do outro evento.

Regras de Multiplicação

A **regra geral de multiplicação** é derivada utilizando-se a Equação (4.4a), apresentada no boxe para probabilidade condicional.

$$P(A \mid B) = \frac{P(A \ e \ B)}{P(B)}$$

e fazendo o cálculo para a probabilidade combinada, $P(A \ e \ B)$.

> **REGRA GERAL DE MULTIPLICAÇÃO**
>
> A probabilidade de A e B é igual à probabilidade de A, dado que B é conhecido, multiplicada pela probabilidade de B.
>
> $$P(A \ e \ B) = P(A \mid B)P(B) \tag{4.6}$$

O Exemplo 4.9 demonstra a utilização da regra geral de multiplicação.

EXEMPLO 4.9
Utilizando a Regra Geral de Multiplicação

Considere os 80 domicílios que compraram aparelhos de televisão com uma taxa de atualização de imagens mais rápida. Na Tabela 4.3, Exemplo 4.8, você observa que 64 domicílios ficaram satisfeitos com a compra, enquanto 16 domicílios ficaram insatisfeitos. Suponha que dois domicílios sejam aleatoriamente selecionados a partir dos 80 domicílios. Encontre a probabilidade de que ambos os domicílios estejam satisfeitos com suas compras.

SOLUÇÃO Nesse caso, você pode utilizar a regra de multiplicação, do modo a seguir. Se

$$A = \text{segundo domicílio selecionado está satisfeito}$$
$$B = \text{primeiro domicílio selecionado está satisfeito}$$

Probabilidade Básica **169**

então, utilizando a Equação (4.6),

$$P(A \ e \ B) = P(A|B)P(B)$$

A probabilidade de que o primeiro domicílio esteja satisfeito com a compra corresponde a 64/80. No entanto, a probabilidade de que o segundo domicílio também esteja satisfeito com a compra depende do resultado da primeira seleção. Se o primeiro domicílio não for recolocado na amostra depois que o nível de satisfação estiver determinado (ou seja, amostragem sem reposição), o número de domicílios remanescentes será 79. Se o primeiro domicílio estiver satisfeito, a probabilidade de que o segundo domicílio também esteja satisfeito é 63/79, uma vez que 63 domicílios satisfeitos permanecem na amostra. Portanto,

$$P(A \ e \ B) = \left(\frac{63}{79}\right)\left(\frac{64}{80}\right) = 0{,}6380$$

Existe uma chance de 63,80 % de que ambos os domicílios selecionados na amostra estarão satisfeitos com suas compras.

A **regra de multiplicação para eventos independentes** é derivada por meio da substituição de $P(A \mid B)$ por $P(A)$ na Equação (4.6).

> ### REGRA DE MULTIPLICAÇÃO PARA EVENTOS INDEPENDENTES
> Se A e B forem independentes, a probabilidade de $A \ e \ B$ é igual à probabilidade de A multiplicada pela probabilidade de B.
>
> $$P(A \ e \ B) = P(A)P(B) \qquad \textbf{(4.7)}$$

Se essa regra se mantém verdadeira para dois eventos, A e B, então A e B são independentes. Por conseguinte, existem duas maneiras para determinar a independência:

1. Os eventos A e B são estatisticamente independentes se, e somente se, $P(A \mid B) = P(A)$.
2. Os eventos A e B são estatisticamente independentes se, e somente se, $P(A \ e \ B) = P(A)P(B)$.

Probabilidade Marginal Utilizando a Regra Geral de Multiplicação

Na Seção 4.1, foi definida a probabilidade marginal com o uso da Equação (4.2). Você pode enunciar a fórmula para a probabilidade marginal utilizando a regra geral da multiplicação. Se

$$P(A) = P(A \ e \ B_1) + P(A \ e \ B_2) + \cdots + P(A \ e \ B_k)$$

então, utilizando a regra geral de multiplicação, a Equação (4.8) define a probabilidade marginal.

> ### PROBABILIDADE MARGINAL UTILIZANDO A REGRA GERAL DE MULTIPLICAÇÃO
>
> $$P(A) = P(A|B_1)P(B_1) + P(A|B_2)P(B_2) + \cdots + P(A|B_k)P(B_k) \qquad \textbf{(4.8)}$$
>
> em que B_1, B_2, ..., B_k correspondem a k eventos mutuamente excludentes e coletivamente exaustivos.

Para ilustrar a Equação (4.8), reporte-se à Tabela 4.1, no Exemplo 4.2, Seção 4.1. Faça com que

$$P(A) = \text{probabilidade de “planejava comprar”}$$
$$P(B_1) = \text{probabilidade de “efetivamente comprou”}$$
$$P(B_2) = \text{probabilidade de “efetivamente não comprou”}$$

Depois disso, utilizando a Equação (4.8), a probabilidade correspondente a "planejava comprar" é

$$P(A) = P(A|B_1)P(B_1) + P(A|B_2)P(B_2)$$
$$= \left(\frac{200}{300}\right)\left(\frac{300}{1.000}\right) + \left(\frac{50}{700}\right)\left(\frac{700}{1.000}\right)$$
$$= \frac{200}{1.000} + \frac{50}{1.000} = \frac{250}{1.000} = 0{,}25$$

170 Capítulo 4

Problemas para a Seção 4.2

APRENDENDO O BÁSICO

4.16 Considerando a seguinte tabela de contingência,

	B	B'
A	10	20
A'	20	40

Qual é a probabilidade de
a. $A \mid B$?
b. $A \mid B'$?
c. $A' \mid B'$?
d. Os eventos A e B são independentes?

4.17 Considerando a seguinte tabela de contingência,

	B	B'
A	10	30
A'	25	35

Qual é a probabilidade de
a. $A \mid B$?
b. $A' \mid B'$?
c. $A \mid B'$?
d. Os eventos A e B são independentes?

4.18 Se $P(A\ e\ B) = 0,4$ e $P(B) = 0,8$, encontre $P(A \mid B)$.

4.19 Se $P(A) = 0,7$, $P(B) = 0,6$, e A e B são independentes, encontre $P(A\ e\ B)$.

4.20 Se $P(A) = 0,3$, $P(B) = 0,4$ e $P(A\ e\ B) = 0,2$, A e B são independentes?

APLICANDO OS CONCEITOS

4.21 Será que leva mais tempo para algo ser retirado de uma lista de correio eletrônico do que costumava levar? Um estudo realizado junto a 100 grandes vendedores na Internet revelou o seguinte:

	SÃO NECESSÁRIOS TRÊS OU MAIS CLIQUES PARA SER RETIRADO	
ANO	**Sim**	**Não**
2009	39	61
2008	7	93

Fonte: Dados extraídos de "More Clicks to Escape an Email List", *The New York Times*, 29 de março de 2010, p. B2.

a. Sendo conhecido que são necessários três ou mais cliques para algo ser retirado de uma lista de correio eletrônico, qual é a probabilidade de que isso tenha ocorrido em 2009?
b. Considerando que esteja envolvido o ano de 2009, qual é a probabilidade de que sejam necessários três ou mais cliques para algo ser retirado de uma lista de correio eletrônico?
c. Explique a diferença entre os resultados em (a) e (b).

d. Os dois eventos, o fato de serem necessários três ou mais cliques para algo ser retirado de uma lista de correio eletrônico e o ano, são independentes?

4.22 De que maneira os profissionais de marketing modificarão o uso da mídia social no futuro próximo? Uma pesquisa científica, realizada pelo Social Media Examiner, relatou que 76 % dos profissionais de marketing B2B (profissionais de marketing que focam primordialmente em atrair empresas) planejam fazer crescer o seu uso do LinkedIn, comparados a 55 % dos profissionais de marketing B2C (profissionais de marketing que focam primordialmente em atrair consumidores). A pesquisa foi baseada em 1.945 profissionais de marketing B2B e 1.868 profissionais de marketing B2C. A tabela a seguir sintetiza os resultados:

FAZER CRESCER O USO DO LINKEDIN?	FOCO DE NEGÓCIO		
	B2B	**B2C**	**Total**
Sim	1.478	1.027	2.505
Não	467	841	1.308
Total	1.945	1.868	3.813

Fonte: Dados extraídos de "2012 Social Media Marketing Industry Report", abril de 2012, p. 27, **bit.ly/HaWwDu**.

a. Suponha que você saiba que o profissional de marketing seja um especialista em B2B. Qual é a probabilidade de que essa pessoa planeje fazer crescer o seu uso do LinkedIn?
b. Suponha que você saiba que o profissional de marketing seja um especialista em B2C. Qual é a probabilidade de que essa pessoa planeje fazer crescer o seu uso do LinkedIn?
c. Os dois eventos, fazer crescer o seu uso do LinkedIn e foco de negócio, são independentes? Explique.

4.23 Qual é o meio preferido para que as pessoas encomendem refeições rápidas? Uma pesquisa foi conduzida em 2009, mas os tamanhos de amostras não foram relatados. Suponha que os resultados, com base em uma amostra com 100 homens e 100 mulheres, tenham sido da seguinte maneira:

PREFERÊNCIA EM TERMOS DE REFEIÇÃO	GÊNERO		
	Homem	**Mulher**	**Total**
Comer dentro da lanchonete	21	12	33
Fazer o pedido dentro da lanchonete e levar para viagem	19	10	29
Fazer o pedido no *drive-thru*	60	78	138
Total	100	100	200

Fonte: Dados extraídos de **bit.ly/JDB1s**.

a. Sendo conhecido que um determinado entrevistado é um homem, qual é a probabilidade de que essa pessoa prefira encomendar o lanche em uma lanchonete do tipo *drive-thru*?
b. Sendo conhecido que um determinado entrevistado é uma mulher, qual é a probabilidade de que essa pessoa prefira encomendar o lanche em uma lanchonete do tipo *drive-thru*?
c. A preferência em termos de opção para encomendar o lanche é independente do gênero? Explique.

4.24 Que tipos de habilidades empresariais e técnicas são críticas para os profissionais de hoje em dia no setor de inteligência/análise empresarial e de gestão de informações? Como parte da pesquisa salarial do setor de Tecnologia da Informação nos EUA em 2012 (U.S. IT Salary Survey) realizada pela InformationWeek, profissionais dos setores de inteligência/análise empresarial e de gestão de informações, tanto do corpo de funcionários quanto gerentes, foram instados a indicar quais habilidades empresariais e técnicas são críticas para o desempenho de suas respectivas funções. A lista de habilidades empresariais e técnicas incluíram *Analisar Dados*. A tabela a seguir sintetiza as respostas para esse tipo de competência:

ANALISAR DADOS	POSIÇÃO PROFISSIONAL Funcionário Comum	Gerente	Total
Crítica	296	216	512
Não crítica	83	65	148
Total	379	281	660

Fonte: Dados extraídos de "Big Data Widens Analytic Talent Gap", *InformationWeek Reports*, abril de 2012, p. 24, **bit.ly/GSIdDL**.

a. Sendo conhecido que um determinado profissional pertence ao corpo de funcionários, qual é a probabilidade de que essa pessoa indique que analisar dados é crítico para o desempenho de suas funções?
b. Sendo conhecido que um determinado profissional pertence ao corpo de funcionários, qual é a probabilidade de que essa pessoa não indique que analisar dados é crítico para o desempenho de suas funções?
c. Sendo conhecido que um determinado profissional é um gerente, qual é a probabilidade de que essa pessoa indique que analisar dados é crítico para o desempenho de suas funções?
d. Sendo conhecido que um determinado profissional é um gerente, qual é a probabilidade de que essa pessoa não indique que analisar dados é crítico para o desempenho de suas funções?

4.25 Uma pesquisa realizada junto a 1.085 adultos perguntou: "Você gosta de comprar roupas para si mesmo?" Os resultados (dados extraídos de "Split Decision on Clothes Shopping", *USA Today*, 28 de janeiro de 2011, p. 1B) indicaram que 51% das mulheres gostam de comprar roupas para si mesmas, em comparação com 44% dos homens. Os tamanhos das amostras correspondentes a homens e mulheres não foram fornecidos. Suponha que os resultados tenham se mostrado conforme ilustra a tabela a seguir:

GOSTA DE COMPRAR ROUPAS	GÊNERO Masculino	Feminino	Total
Sim	238	276	514
Não	304	267	571
Total	542	543	1.085

a. Suponha que o respondente escolhido seja uma mulher. Qual é, então, a probabilidade de que essa pessoa não goste de comprar roupas para si mesma?
b. Suponha que o respondente escolhido goste de comprar roupas para si mesmo. Qual é, então, a probabilidade de que o indivíduo seja um homem?
c. Gostar de comprar roupas para si mesmo e o gênero do indivíduo são eventos independentes? Explique.

4.26 A cada ano, são compiladas avaliações relativas ao desempenho de carros novos durante os primeiros 90 dias de uso. Suponha que os veículos tenham sido categorizados de acordo com o fato de o carro precisar, ou não, de consertos relacionados com os termos da garantia (sim ou não) e com o país onde se situa a montadora (Estados Unidos ou não Estados Unidos). Com base nos dados coletados, a probabilidade de que um carro novo venha a precisar de um conserto relacionado com os termos da garantia é 0,04; a probabilidade de que o carro seja fabricado em uma montadora sediada nos EUA é 0,60; e a probabilidade de que um carro novo precise de um conserto relacionado com os termos da garantia *e* tenha sido fabricado em uma montadora sediada nos EUA é 0,025.

a. Suponha que você saiba que uma empresa sediada nos EUA tenha fabricado um determinado carro. Qual é, então, a probabilidade de que o carro venha a necessitar de um conserto relacionado com os termos da garantia?
b. Suponha que você saiba que uma empresa sediada nos EUA não fabricou um determinado carro. Qual é, então, a probabilidade de que o carro venha a necessitar de um conserto relacionado com os termos da garantia?
c. A necessidade de um conserto dentro da garantia e a localização da montadora são estatisticamente independentes?

4.27 Em 39 dos 61 anos desde 1950 até 2010 (em 2011 não houve praticamente nenhuma alteração), o S&P 500 fechou mais alto depois dos cinco primeiros dias de operações. Em 34 desses 39 anos, o S&P 500 fechou mais alto, no que diz respeito ao desempenho anual. Será que uma boa primeira semana, em termos de negócios, representa um bom indício para o ano vindouro? A tabela a seguir apresenta o desempenho da primeira semana e o desempenho anual, ao longo desse período de 61 anos:

PRIMEIRA SEMANA	DESEMPENHO ANUAL DO S&P 500 Mais Alto	Mais Baixo
Mais Alto	34	5
Mais Baixo	11	11

a. Caso um determinado ano venha a ser aleatoriamente selecionado, qual é a probabilidade de que o S&P 500 tenha fechado mais alto, no que diz respeito ao desempenho anual?
b. Considerando que o S&P 500 tenha encerrado mais alto depois dos primeiros cinco dias de operação, qual é a probabilidade de que ele tenha encerrado mais alto no que diz respeito ao ano em questão?
c. Os dois eventos "desempenho da primeira semana" e "desempenho anual" são estatisticamente independentes? Explique.
d. Analise o desempenho depois dos cinco primeiros dias de 2012 e o desempenho anual referente a 2012 do S&P 500 no endereço **finance.yahoo.com**. Comente sobre os resultados.

4.28 Um baralho convencional está sendo utilizado para um determinado jogo. Existem quatro naipes (copas, ouros, paus e espadas), cada um deles contendo 13 cartas (ás, 2, 3, 4, 5, 6, 7, 8, 9, 10, valete, dama e rei), perfazendo um total de 52 cartas. Esse baralho completo é exaustivamente embaralhado, e você receberá as duas primeiras cartas do baralho, sem que haja reposição (a primeira carta não é retornada ao baralho depois de ser selecionada).
a. Qual é a probabilidade de que ambas as cartas sejam damas?

b. Qual é a probabilidade de que a primeira carta seja um 10 *e* a segunda carta seja um 5 ou um 6?

c. Caso você estivesse realizando amostragem *com* reposição (a primeira carta é retornada ao baralho depois de ser selecionada), qual seria a sua resposta para o item (a)?

d. No jogo chamado "vinte e um", as cartas com figuras (valete, dama e rei) contam 10 pontos, e o ás é contado como 1 ou como 11 pontos. Todas as outras cartas são contadas com base em seus valores de face. O "vinte e um" é obtido quando duas cartas totalizam 21 pontos. Qual é a probabilidade de que seja obtido um "vinte e um" neste problema?

4.29 Uma caixa com nove luvas de golfe contém duas luvas para a mão esquerda e sete luvas para a mão direita.

a. Caso duas luvas sejam aleatoriamente selecionadas de dentro da caixa, sem reposição (a primeira luva não é retornada para a caixa depois de ser selecionada), qual é a probabilidade de que ambas as luvas selecionadas sejam luvas para a mão direita?

b. Caso duas luvas sejam aleatoriamente selecionadas de dentro da caixa, sem reposição (a primeira luva não é retornada para a caixa depois de ser selecionada), qual é a probabilidade de que haverá a seleção de uma luva para a mão direita e uma luva para a mão esquerda?

c. Se três luvas forem selecionadas, com reposição (as luvas são retornadas para a caixa depois de serem selecionadas), qual é a probabilidade de que todas as três venham a ser luvas para a mão esquerda?

d. Se você estivesse realizando uma amostragem com reposição (a primeira luva é retornada para a caixa depois de ser selecionada), quais seriam suas respostas para (a) e (b)?

4.3 Teorema de Bayes

O **teorema de Bayes** é utilizado para reexaminar, à luz de novas informações, probabilidades anteriormente calculadas. Desenvolvido por Thomas Bayes, no século 18 (veja as Referências 1, 2 e 6), o teorema de Bayes é uma extensão daquilo que você aprendeu anteriormente sobre probabilidade condicional.

Você pode aplicar o teorema de Bayes para a situação em que a M&R Electronics World está ponderando sobre a comercialização de um novo modelo de aparelho de televisão. No passado, 40 % dos novos modelos de aparelhos de televisão foram bem-sucedidos, enquanto 60 % não foram bem-sucedidos. Antes de lançar no mercado o novo modelo de aparelho de televisão, o departamento de pesquisas de mercado realiza um amplo estudo e divulga um relatório, favorável ou desfavorável. No passado, 80 % dos aparelhos de televisão bem-sucedidos haviam recebido um relatório favorável na pesquisa de mercado, enquanto 30 % dos aparelhos de televisão que não foram bem-sucedidos haviam recebido relatórios favoráveis. Para o novo modelo de televisor que está sendo avaliado, o departamento de pesquisa de mercado emitiu um relatório favorável. Qual é a probabilidade de que o televisor venha a ser bem-sucedido?

O teorema de Bayes é desenvolvido a partir da definição de probabilidade condicional. Para encontrar a probabilidade condicional de *B*, sendo *A* conhecido, considere a Equação (4.4b) (originalmente apresentada no início da Seção 4.2 e apresentada novamente a seguir):

$$P(B|A) = \frac{P(A\ e\ B)}{P(A)} = \frac{P(A|B)P(B)}{P(A)}$$

O teorema de Bayes é derivado substituindo-se o denominador da Equação (4.8) pelo valor de $P(A)$ na Equação (4.4b).

TEOREMA DE BAYES

$$P(B_i|A) = \frac{P(A|B_i)P(B_i)}{P(A|B_1)P(B_1) + P(A|B_2)P(B_2) + \cdots + P(A|B_k)P(B_k)} \quad \textbf{(4.9)}$$

em que B_i é o *i*ésimo evento entre *k* eventos mutuamente excludentes e coletivamente exaustivos.

Para utilizar a Equação (4.9) no exemplo da comercialização do aparelho de televisão, faça com que

evento S = televisor bem-sucedido   evento F = relatório favorável
evento S' = televisor malsucedido   evento F' = relatório desfavorável

e

$$P(S) = 0,40 \quad P(F|S) = 0,80$$
$$P(S') = 0,60 \quad P(F|S') = 0,30$$

Então, utilizando a Equação (4.9),

$$P(S|F) = \frac{P(F|S)P(S)}{P(F|S)P(S) + P(F|S')P(S')}$$

$$= \frac{(0,80)(0,40)}{(0,80)(0,40) + (0,30)(0,60)}$$

$$= \frac{0,32}{0,32 + 0,18} = \frac{0,32}{0,50}$$

$$= 0,64$$

A probabilidade correspondente a um modelo de televisor bem-sucedido, sendo conhecido que foi recebido um relatório favorável, corresponde a 0,64. Desse modo, a probabilidade correspondente a um modelo de televisor malsucedido, sendo conhecido que um relatório favorável foi recebido, corresponde a 1 − 0,64 = 0,36.

A Tabela 4.4 apresenta o resumo do cálculo das probabilidades, e a Figura 4.3 apresenta a árvore de decisão. O Exemplo 4.10 aplica o teorema de Bayes a um problema sobre diagnósticos médicos.

TABELA 4.4
Cálculos do Teorema de Bayes para o Exemplo da Comercialização de Aparelhos de Televisão

Evento S_i	Probabilidade a Priori $P(S_i)$	Probabilidade Condicional $P(F\|S_i)$	Probabilidade Combinada $P(F\|S_i)P(S_i)$	Probabilidade Revisada $P(S_i\|F)$
S = televisor bem-sucedido	0,40	0,80	0,32	$P(S\|F) = 0,32/0,50 = 0,64$
S' = televisor malsucedido	0,60	0,30	$\underline{0,18}$ 0,50	$P(S'\|F) = 0,18/0,50 = 0,36$

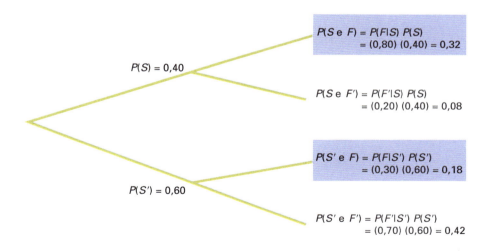

FIGURA 4.3
Árvore de decisão para a comercialização de um novo aparelho de televisão

---

EXEMPLO 4.10

Utilizando o Teorema de Bayes em um Problema sobre Diagnósticos Médicos

A probabilidade de que uma pessoa seja portadora de uma determinada enfermidade é 0,03. Testes para diagnósticos médicos encontram-se disponíveis para determinar se a pessoa efetivamente é portadora da enfermidade. Se a enfermidade estiver realmente presente, a probabilidade de que o teste de diagnóstico médico venha a apresentar um resultado positivo (indicando que a enfermidade está presente) é igual a 0,90. Se a enfermidade não estiver efetivamente presente, a probabilidade de um resultado positivo para o teste (indicando que a enfermidade está presente) é igual a 0,02. Suponha que o teste para diagnóstico médico tenha apresentado um resultado positivo (indicando que a enfermidade está presente). Qual é a probabilidade de que a enfermidade esteja efetivamente presente? Qual é a probabilidade de um resultado positivo para o teste?

SOLUÇÃO Faça com que

evento D = é portador da enfermidade
evento D' = não é portador da enfermidade
evento T = o teste é positivo
evento T' = o teste é negativo

e

$$P(D) = 0{,}03 \quad P(T|D) = 0{,}90$$
$$P(D') = 0{,}97 \quad P(T|D') = 0{,}02$$

Utilizando a Equação (4.9) apresentada no início desta seção,

$$P(D|T) = \frac{P(T|D)P(D)}{P(T|D)P(D) + P(T|D')P(D')}$$
$$= \frac{(0{,}90)(0{,}03)}{(0{,}90)(0{,}03) + (0{,}02)(0{,}97)}$$
$$= \frac{0{,}0270}{0{,}0270 + 0{,}0194} = \frac{0{,}0270}{0{,}0464}$$
$$= 0{,}582$$

A probabilidade de que a enfermidade esteja efetivamente presente, sabendo-se que ocorreu um resultado positivo (indicando que a enfermidade está presente), é 0,582. A Tabela 4.5 apresenta um resumo do cálculo das probabilidades, e a Figura 4.4 apresenta a árvore de decisão. O denominador no teorema de Bayes representa $P(T)$, a probabilidade de um teste com resultado positivo, que, nesse caso, é 0,0464, ou 4,64 %.

TABELA 4.5 Cálculos do Teorema de Bayes para o Problema sobre Diagnósticos Médicos

Evento D_i	Probabilidade a Priori $P(D_i)$	Probabilidade Condicional $P(T|D_i)$	Probabilidade Combinada $P(T|D_i)P(D_i)$	Probabilidade Revisada $P(D_i|T)$
D = é portador da enfermidade	0,03	0,90	0,0270	$P(D|T) = 0{,}0270/0{,}0464$ = 0,582
D' = não é portador da enfermidade	0,97	0,02	0,0194 / 0,0464	$P(D'|T) = 0{,}0194/0{,}0464$ = 0,418

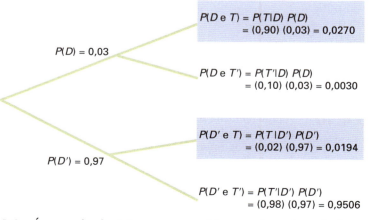

FIGURA 4.4 Árvore de decisão para o problema sobre diagnósticos médicos

PENSE NISSO — Divina Providência e Spam

Você poderia imaginar que os artigos *Divine Benevolence: Or, An Attempt to Prove That the Principal End of the Divine Providence and Government Is the Happiness of His Creatures* (*Divina Providência Ou Uma Tentativa de Provar que a Principal Finalidade da Divina Providência e do Governo É a Felicidade de Suas Criaturas*) e *An Essay Towards Solving a Problem in the Doctrine of Chances* (*Um Ensaio Visando a Solução de um Problema na Doutrina do Acaso*) teriam sido escritos pela mesma pessoa? Provavelmente não, e, ao fazer isso, você ilustra uma aplicação dos tempos modernos para a estatística bayesiana: filtros para spam ou mensagens de correio eletrônico indesejadas.

Pelo fato de não deduzir corretamente a questão da autoria, você provavelmente analisou as palavras nos títulos dos ensaios e concluiu que eles estariam versando sobre duas coisas diferentes. Uma regra implícita por você utilizada foi que a frequência das palavras varia de acordo com o tema abordado. Um texto sobre estatística muito possivelmente conteria a palavra *estatística*, do mesmo modo que vocábulos como *acaso*, *problema* e *resolução*. Um livro do século XVIII sobre teologia e religião teria maior probabilidade de conter vocábulos iniciados com letras maiúsculas, tais como *Divina* e *Providência*.

Do mesmo modo, existem vocábulos que você imaginaria serem bastante improváveis de aparecer em qualquer um desses livros, como os termos técnicos de finanças, assim como palavras que muito provavelmente apareceriam em ambos — vocábulos comuns tais como *um*, *e*, *uma* ou *a*. O fato de as palavras serem prováveis ou improváveis sugere uma aplicação para a teoria da probabilidade. Evidentemente, provável e improvável são conceitos bastante amplos, e poderíamos, ocasionalmente, classificar equivocamente um determinado texto, caso mantivéssemos as coisas demasiadamente simples, baseando-nos tão somente na ocorrência das palavras *Divina* e *Providência*.

Por exemplo, um texto do finado Harris Milstead, mais conhecido como *Divine*, a estrela do musical *Hairspray* e outros filmes, visitando Providence (Rhode Island), quase que seguramente não se trataria de um ensaio sobre teologia. No entanto, caso ampliássemos a quantidade de palavras que estamos examinando e encontrássemos palavras, tais como *cinema* ou o nome John Waters (diretor de Divine em muitos filmes), provavelmente perceberíamos, rapidamente, que o texto teria algo a ver com o cinema do Século XIX e pouco a ver com teologia e religião.

Podemos utilizar um processo semelhante para tentar classificar uma mensagem de correio eletrônico recebida em um dado momento em sua caixa de correio como um spam (lixo eletrônico ou mensagens indesejadas) ou uma mensagem eletrônica legítima (chamada, nesse contexto, de "mensagem desejada")? Precisaríamos, inicialmente, acrescentar a seu programa de correio eletrônico alguma coisa ao programa de correio eletrônico um "filtro de spam" que tenha a capacidade de rastrear frequências de palavras associadas a mensagens indesejadas (spams) e mensagens desejadas (legítimas), à medida que você passasse a identificá-las em uma base diária. Isso permitiria que o filtro constantemente atualizasse as probabilidades *a priori* necessárias para a utilização do teorema de Bayes. Com essas probabilidades, o filtro pode perguntar: "Qual é a probabilidade de que uma determinada mensagem de correio eletrônico seja um spam (indesejada), dada a presença de uma determinada palavra?".

Aplicando os termos da Equação (4.9), apresentada na Seção 4.3, esse tipo de filtro de spam bayesiano multiplicaria a probabilidade de encontrar a palavra em uma mensagem de correio eletrônico do tipo spam, $P(A|B)$, pela probabilidade de que a mensagem de correio eletrônico seja um spam, $P(B)$, e, depois disso, dividiria esse total pela probabilidade de encontrar a palavra em uma mensagem de correio eletrônico, o denominador da Equação (4.9). Os filtros de spam bayesianos também se utilizam de atalhos, ao se concentrarem em um pequeno conjunto de palavras que apresentam uma alta probabilidade de virem a ser encontradas em uma mensagem de correio do tipo spam, bem como em um pequeno conjunto de outras palavras que apresentam uma baixa probabilidade de virem a ser encontradas em uma mensagem do tipo spam.

À medida que as pessoas que encaminham mensagens do tipo spam, ou lixo eletrônico, passaram a conhecer mais a respeito desses novos filtros, elas tentaram burlá-los. Tendo detectado que os filtros de Bayes poderiam estar atribuindo um alto valor de $P(A|B)$ a palavras habitualmente encontradas em mensagens do tipo spam, tais como Viagra, essas pessoas imaginaram que poderiam enganar o filtro escrevendo errado a palavra, nas formas Vi@gr@ ou V1agra. O que elas deixaram de perceber foi que as variantes com erro ortográfico tinham uma *probabilidade ainda maior* de serem encontradas em uma mensagem de spam do que a palavra original. Consequentemente, as variantes com erro ortográfico tornaram a tarefa *ainda mais fácil* para os filtros bayesianos.

Outros encaminhadores de mensagens indesejáveis (spams) tentaram enganar os filtros acrescentando palavras "boas", ou seja, palavras que teriam um baixo valor para $P(A|B)$; ou palavras "raras", palavras não frequentemente encontradas em qualquer tipo de mensagem de correio eletrônico. No entanto, esses responsáveis por spams negligenciaram o fato de que probabilidades condicionais são constantemente atualizadas, e que palavras anteriormente consideradas "boas" seriam logo descartadas da lista de boas palavras do filtro, à medida que seus respectivos valores de $P(A|B)$ passassem a aumentar. Do mesmo modo, à medida que palavras "raras" passaram a ser mais habituais em mensagens de spam, e ainda assim permaneceram raras em mensagens consideradas boas (legítimas), essas palavras passaram a atuar do mesmo modo que as variantes com erros ortográficos que outros mensageiros de spams haviam tentado anteriormente.

Mesmo assim, e talvez depois de ter lido sobre estatísticas bayesianas, os encaminhadores de mensagens com spams imaginaram que poderiam "romper" os filtros de Bayes pelo fato de inserir palavras aleatórias em suas mensagens. Essas palavras aleatórias afetariam o filtro, fazendo com que ele visualizasse muitas palavras cujo valor para $P(A|B)$ seria baixo. O filtro de Bayes passaria então a rotular muitas mensagens de spam como mensagens legítimas e terminaria não tendo nenhuma utilização prática. Uma vez mais os encaminhadores de mensagens indesejadas negligenciaram o fato de que probabilidades são constantemente atualizadas.

Outros encaminhadores de mensagens indesejadas decidiram eliminar todas as palavras, ou a maior parte delas, em suas mensagens e substituí-las por gráficos, de modo tal que os filtros de Bayes viessem a ter uma quantidade muito pequena de palavras com as quais poderiam formar probabilidades condicionais. No entanto, essa abordagem foi também infrutífera, à medida que os filtros de Bayes passaram a ser reprogramados de modo a considerar outras coisas que não somente palavras em uma mensagem. Afinal de contas, o teorema de Bayes trata de *eventos*, e "gráficos presentes sem nenhum texto" constituem um evento tão válido quanto "alguma palavra, X, presente em uma mensagem". Outros truques futuros falharão, em última instância, pela mesma razão. (A propósito, filtros de spam se utilizam também de técnicas não bayesianas, que tornam ainda mais difícil a vida dos encaminhadores de spam.)

Os filtros de spam bayesianos representam um exemplo do modo inesperado pelo qual aplicações da estatística podem se mostrar presentes no dia a dia de nossas vidas. Você descobrirá mais exemplos, à medida que passar a ler o restante deste livro. A propósito, o autor dos dois ensaios mencionados anteriormente é Thomas Bayes, que passou a ser muito mais famoso em razão do segundo ensaio do que do primeiro, uma tentativa infrutífera de utilizar a matemática e a lógica para provar a existência de Deus.

Problemas para a Seção 4.3

APRENDENDO O BÁSICO

4.30 Se $P(B) = 0{,}05$, $P(A|B) = 0{,}80$, $P(B') = 0{,}95$, e $P(A|B') = 0{,}40$, então encontre $P(B|A)$.

4.31 Se $P(B) = 0{,}30$, $P(A|B) = 0{,}60$, $P(B') = 0{,}70$, e $P(A|B') = 0{,}50$, então encontre $P(B|A)$.

APLICANDO OS CONCEITOS

4.32 No Exemplo 4.10, suponha que seja reduzida de 0,02 para 0,01 a probabilidade de que um determinado teste para diagnóstico médico venha a apresentar um resultado positivo, caso a enfermidade não esteja presente.
a. Caso o teste para diagnóstico médico tenha apresentado um resultado positivo (indicando que a enfermidade está presente), qual é a probabilidade de que a enfermidade esteja efetivamente presente?
b. Caso o teste para diagnóstico médico tenha apresentado um resultado negativo (indicando que a enfermidade não está presente), qual é a probabilidade de que a enfermidade não esteja presente?

4.33 Um executivo especializado em propaganda está estudando os hábitos de homens e mulheres casados no que diz respeito a assistir à televisão durante o horário considerado nobre. Com base em registros do passado sobre esse tipo de audiência, o executivo determinou que, ao longo do horário nobre, os maridos estão assistindo à televisão durante 60 % do tempo. Quando o marido está assistindo à televisão, durante 40 % do tempo a esposa também está assistindo. Quando o marido não está assistindo à televisão, durante 30 % do tempo a esposa está assistindo à televisão.
a. Encontre a probabilidade de que, se a esposa estiver assistindo à televisão, o marido também estará.
b. Encontre a probabilidade de que a esposa esteja assistindo à televisão no horário nobre.

 4.34 A Olive Construction Company está determinando se deveria, ou não, participar de uma concorrência para um novo *shopping center*. No passado, o principal concorrente da Olive, a Base Construction Company, tem participado de concorrências durante 70 % do total de licitações ocorridas. Se a Base Construction Company não participa de uma determinada concorrência, a probabilidade de que a Olive Construction Company venha a ser a vencedora dessa concorrência é de 0,50. Se a Base Construction Company participa de uma determinada concorrência, a probabilidade de que a Olive Construction Company venha a ser a vencedora dessa concorrência é de 0,25.
a. Se a Olive Construction Company vence a concorrência, qual é a probabilidade de a Base Construction Company não ter participado da concorrência?
b. Qual é a probabilidade de que a Olive Construction Company venha a vencer a concorrência?

4.35 Trabalhadores dispensados de seus empregos que passam a ter seu próprio negócio por não conseguirem um emprego significativo em uma outra empresa são conhecidos como *empreendedores por necessidade*. O *The Wall Street Journal* relatou que esses empreendedores por necessidade estão menos propensos a crescer e se tornar grandes empresários do que os *empreendedores por opção* (J. Bailey, "Desire — More Than Need — Builds a Business" (Desejo — Mais do que Necessidade — Constrói uma Empresa"), *The Wall Street Journal*, 21 de maio de 2001, p. B4). O artigo declara que 89 % dos empreendedores nos Estados Unidos são empreendedores por opção e 11 % são empreendedores por necessidade. Somente 2 % dos empreendedores por necessidade têm a expectativa de que suas novas empresas empreguem 20 ou mais pessoas no prazo de cinco anos, enquanto 14 % dos empreendedores por opção esperam empregar pelo menos 20 pessoas no prazo de cinco anos.
a. Caso um empreendedor seja selecionado ao acaso, e esse indivíduo espere que seu novo negócio venha a empregar 20 ou mais pessoas no prazo de cinco anos, qual é a probabilidade de que esse indivíduo seja um empreendedor por opção?
b. Argumente sobre várias razões possíveis pelas quais os empreendedores por opção possam estar mais propensos, do que os empreendedores por necessidade, a acreditar que farão crescer suas empresas.

4.36 O editor de uma editora da área didática está tentando decidir se deve publicar um livro de estatística empresarial que foi submetido a ela. Informações sobre livros anteriores publicados indicam que 10 % são grandes sucessos, 20 % são sucessos moderados, 40 % equilibram receitas e despesas e 30 % são fracassos. No entanto, antes de ser tomada uma decisão sobre a publicação, o livro passará por uma crítica. No passado, 99 % dos grandes sucessos receberam críticas favoráveis; 70 % dos sucessos moderados receberam críticas favoráveis; 40 % daqueles que equilibram receitas e despesas receberam críticas favoráveis; e 20 % dos fracassos receberam críticas favoráveis.
a. Se o livro proposto recebe uma crítica favorável, de que modo o editor deve reexaminar as probabilidades dos vários resultados, de modo a levar em conta essa informação?
b. Que proporção dos livros didáticos recebe críticas favoráveis?

4.37 Um serviço de emissão de títulos municipais possui três categorias (A, B e C). Suponha que no ano anterior, entre os títulos municipais emitidos no âmbito dos Estados Unidos, 70 % tenham sido classificados como A; 20 % tenham sido classificados como B; e 10 % tenham sido classificados como C. Entre os títulos municipais classificados como A, 50 % foram emitidos por cidades, 40 % por subúrbios e 10 % por áreas rurais. Entre os títulos municipais classificados como B, 60 % foram emitidos por cidades, 20 % por subúrbios e 20 % por áreas rurais. Entre os títulos municipais classificados como C, 90 % foram emitidos por cidades, 5 % por subúrbios e 5 % por áreas rurais.
a. Se um novo título municipal estiver para ser emitido por uma cidade, qual é a probabilidade de que ele venha a receber uma classificação A?
b. Que proporção de títulos municipais é emitida por cidades?
c. Que proporção de títulos municipais é emitida por subúrbios?

4.4 Questões Éticas e Probabilidade

Questões éticas podem surgir quando quaisquer declarações relacionadas com probabilidade estão sendo apresentadas ao público, particularmente quando fazem parte de uma campanha publicitária para um determinado produto ou serviço. Infelizmente, muitas pessoas não se sentem à vontade com relação a conceitos numéricos (veja a Referência 4) e tendem a interpretar equivocadamente o significado da probabilidade. Em algumas situações, essa interpretação equivocada não é intencional, embora em outros casos alguns tipos de propaganda possam, de maneira não ética, tentar enganar potenciais consumidores.

Um exemplo de uma aplicação da probabilidade, potencialmente fora dos padrões da ética, está relacionado com propagandas para venda de bilhetes de loteria. Ao adquirir um bilhete de loteria, o consumidor seleciona um conjunto de números (como, por exemplo, 6), a partir de uma lista maior de números (como, por exemplo, 54). Embora praticamente todos os participantes saibam que é improvável que eles venham a ganhar na loteria, eles também têm muito pouca ideia sobre o quão improvável é, para eles, selecionar todos os 6 números ganhadores a partir da lista com 54 números. Eles têm ainda menos ideia do que diz respeito à probabilidade de não selecionar nenhum dos números ganhadores.

Dado esse panorama, você pode vir a considerar decepcionante e, possivelmente, fora dos padrões da ética um comercial de uma loteria nos Estados Unidos que afirmava: "Não descansaremos até que tenhamos transformado todas as pessoas em milionárias." Você realmente acredita que o Estado norte-americano tenha qualquer intenção de algum dia vir a deixar de promover a loteria, ao considerar o fato de que o Estado se baseia nela para trazer milhões de dólares para os cofres públicos? É mesmo possível que a loteria possa transformar todas as pessoas em milionárias? É ético sugerir que o propósito da loteria é transformar todas as pessoas em milionárias?

Outro exemplo de uma aplicação potencialmente fora dos padrões da ética para a probabilidade está relacionada com uma proposta de investimento que promete uma probabilidade de 90 % para um retorno anual de 20 % sobre o investimento. Para fazer com que a declaração contida na proposta esteja dentro dos padrões da ética, a empresa de serviços de investimentos precisa (a) explicitar as bases sobre as quais se fundamenta essa estimativa de probabilidade; (b) expressar a declaração de probabilidade sob um outro formato, tal como 9 chances em 10; e (c) explicar o que ocorre com o investimento naqueles 10 % dos casos em que um retorno de 20 % não é alcançado (por exemplo, o total do investimento é perdido?).

Estas são questões éticas sérias. Caso você estivesse em vias de redigir uma propaganda para a loteria, que descrevesse de modo ético a probabilidade de vir a ganhar um determinado prêmio, o que você diria? Caso estivesse em vias de redigir uma propaganda para a proposta de investimento, que expressasse de modo ético a probabilidade de um retorno de 20 % sobre um determinado investimento, o que você diria?

APRENDA MAIS

Aprenda mais sobre regras de contagem em uma seção oferecida como bônus no material suplementar, disponível no *site* da LTC Editora. (Veja o Apêndice C para aprender a acessar essa seção oferecida como bônus.)

4.5 Regras de Contagem (*on-line*)

Em muitos casos, existe uma grande quantidade de resultados possíveis, e determinar o número exato de resultados pode ser difícil. Para essas situações, foram desenvolvidas regras para contar exatamente o número de resultados possíveis.

Yuri Arcurs / Shutterstock

UTILIZANDO A ESTATÍSTICA

Possibilidades na M&R Electronics World, Revisitado

No papel de gerente de marketing da M&R Electronics World, você analisou os resultados da pesquisa envolvendo um estudo sobre intenção de compra. O estudo em questão perguntava aos chefes de 1.000 domicílios sobre suas respectivas intenções de comprar aparelhos de televisão com tela grande e alta definição, em algum momento ao longo dos 12 meses subsequentes, e, com o propósito de dar continuidade ao estudo, a M&R entrevistou as mesmas pessoas, 12 meses depois, para saber se o aparelho de televisão em questão teria sido adquirido. Além disso, no que se refere aos domicílios que adquiriram aparelhos de televisão com tela grande e alta definição, a pesquisa perguntou se o aparelho comprado era com taxa de atualização de imagens mais rápida, se eles também haviam adquirido uma caixa de reprodução de mídia com conexão de rede ativa nos últimos 12 meses, e se eles estavam satisfeitos com a compra do aparelho de televisão com tela grande e alta definição.

Ao analisar os resultados dessa pesquisa, você foi capaz de desvendar inúmeras peças de informação valiosas, que o ajudarão a planejar uma estratégia de marketing para incrementar vendas e focar com mais eficácia os domicílios propensos a comprar grandes quantidades de produtos ou produtos de valor aquisitivo mais elevado. Ao mesmo tempo em que somente 30 % dos domicílios efetivamente adquiriram um aparelho de televisão com tela grande e alta definição, se um determinado domicílio indicou que planejava comprar um aparelho de televisão com tela grande e alta definição, ao longo dos 12 meses subsequentes, houve uma chance de 80 % de que o domicílio em pauta tenha efetivamente realizado a compra. Por conseguinte, a estratégia de marketing deve abordar diretamente os domicílios que sinalizaram com uma intenção de compra.

Você determinou que, para domicílios que compraram um aparelho de televisão com taxa de atualização de imagens mais rápida, houve uma chance de 47,5 % de que esse domicílio tenha também adquirido uma caixa de reprodução de mídia com conexão de rede ativa. Você comparou, então, essa probabilidade condicional com a probabilidade marginal de compra de uma caixa de reprodução de mídia com conexão de rede ativa, que correspondeu a 36 %. Consequentemente, domicílios que compraram aparelhos de televisão com taxa de atualização de imagens mais rápida se mostraram mais propensos a comprar caixas de reprodução de mídia com conexão de rede ativa do que os domicílios que compraram aparelhos de televisão com tela grande e alta definição, que tinham uma taxa de atualização de imagens normal.

Você foi também capaz de aplicar o teorema de Bayes aos relatórios que tratam da pesquisa de mercado da M&R Electronics World. Os relatórios investigam um potencial modelo novo de aparelho de televisão, antes de seu lançamento programado. Caso tenha sido recebido um relatório favorável, há, então, uma chance de 64 % de que o novo modelo de aparelho de televisão venha a ser bem-sucedido. Entretanto, caso tenha sido recebido um relatório desfavorável, há chance de somente 16 % de que o novo modelo de aparelho de televisão venha a ser bem-sucedido. Por conseguinte, a estratégia de marketing da M&R precisa prestar uma atenção minuciosa ao fato de a conclusão de um relatório ser favorável ou desfavorável.

RESUMO

Este capítulo começou desenvolvendo os conceitos básicos da probabilidade. Você aprendeu que probabilidade é um valor numérico que se estende desde 0 (zero) até 1 e que representa uma chance, plausibilidade ou possibilidade de que um determinado evento venha a ocorrer. Além da probabilidade simples, você aprendeu sobre probabilidade condicional e eventos independentes. O teorema de Bayes foi utilizado para reexaminar probabilidades previamente calculadas, à luz de novas informações. Ao longo de todo o capítulo, foram utilizadas tabelas de contingência e árvores de decisão, para exibir informações. No próximo capítulo, serão desenvolvidas importantes distribuições de probabilidades discretas, tais como as distribuições binomial, de Poisson e hipergeométrica.

REFERÊNCIAS

1. Bellhouse, D. R., "The Reverend Thomas Bayes, FRS: A Biography to Celebrate the Tercentenary of His Birth", *Statistical Science*, 19 (2004), 3-43.
2. Lowd, D., and C. Meek, "Good Word Attacks on Statistical Spam Filters", apresentado at the Second Conference on Email and Anti-Spam, CEAS, 2005.
3. Microsoft Excel 2010. Redmond, WA: Microsoft Corp., 2010.
4. Paulos, J. A., *Innumeracy*. New York: Hill and Wang, 1988.
5. Silberman, S., "The Quest for Meaning", *Wired 8.02*, February 2000.
6. Zeller, T. "The Fight Against V1@gra (and Other Spam)", *The New York Times,* 21 de maio de 2006, pp. B1, B6.

EQUAÇÕES-CHAVE

Probabilidade de Ocorrência

$$\text{Probabilidade de ocorrência} = \frac{X}{T} \qquad (4.1)$$

Probabilidade Marginal

$$P(A) = P(A \ e \ B_1) + P(A \ e \ B_2)$$
$$+ \cdots + P(A \ e \ B_k) \qquad (4.2)$$

Regra Geral de Adição

$$P(A \ ou \ B) = P(A) + P(B) - P(A \ e \ B) \qquad (4.3)$$

Probabilidade Condicional

$$P(A|B) = \frac{P(A \ e \ B)}{P(B)} \qquad (4.4a)$$

$$P(B|A) = \frac{P(A \ e \ B)}{P(A)} \qquad (4.4b)$$

Independência

$$P(A|B) = P(A) \qquad (4.5)$$

Regra Geral de Multiplicação

$$P(A \ e \ B) = P(A|B)P(B) \qquad (4.6)$$

Regra de Multiplicação para Eventos Independentes

$$P(A \ e \ B) = P(A)P(B) \qquad (4.7)$$

Probabilidade Marginal Utilizando a Regra Geral de Multiplicação

$$P(A) = P(A|B_1)P(B_1) + P(A|B_2)P(B_2)$$
$$+ \cdots + P(A|B_k)P(B_k) \qquad (4.8)$$

Teorema de Bayes

$$P(B_i|A) = \frac{P(A|B_i)P(B_i)}{P(A|B_1)P(B_1) + P(A|B_2)P(B_2) + \cdots + P(A|B_k)P(B_k)} \qquad (4.9)$$

TERMOS-CHAVE

árvore de decisão
coletivamente exaustivos
complemento
espaço amostral
evento
evento certo
evento combinado
evento impossível
evento simples

independência
mutuamente excludentes
probabilidade
probabilidade *a priori*
probabilidade combinada
probabilidade condicional
probabilidade empírica
probabilidade marginal

probabilidade simples
probabilidade subjetiva
regra de multiplicação para eventos
    independentes
regra geral de adição
regra geral de multiplicação
tabela de contingência
teorema de Bayes

AVALIANDO O SEU ENTENDIMENTO

4.38 Quais são as diferenças entre probabilidade *a priori*, probabilidade empírica e probabilidade subjetiva?

4.39 Qual é a diferença entre um evento simples e um evento combinado?

4.40 De que modo você pode utilizar a regra de adição para encontrar a probabilidade de ocorrência do evento A ou B?

4.41 Qual é a diferença entre eventos mutuamente excludentes e eventos coletivamente exaustivos?

4.42 De que modo a probabilidade condicional se relaciona com o conceito de independência estatística?

4.43 De que modo a regra de multiplicação difere para eventos que são e que não são independentes?

4.44 De que modo você utiliza o teorema de Bayes para reexaminar probabilidades à luz de novas informações?

4.45 No teorema de Bayes, de que modo a probabilidade *a priori* difere da probabilidade revisada?

PROBLEMAS DE REVISÃO DO CAPÍTULO

4.46 Uma pesquisa realizada pelo Health Research Institute na Price WaterhouseCoopers LLP indicou que 80 % dos "jovens invencíveis" (pessoas com idade entre 18 e 24 anos) estão propensos a compartilhar informações sobre saúde por meio de redes de comunicação social, comparados a 45 % da geração dos "*baby boomers*" (pessoas com idade entre 45 e 64 anos).

Fonte: Dados extraídos de "Social Media 'Likes' Healthcare: From Marketing to Social Business", Health Research Institute, abril de 2012, p. 8, **pwchealth.com/cgi-local/hregister.cgi/reg/health-care-social-media-report.pdf**.

Suponha que a pesquisa tenha se baseado em 500 respondentes a partir de cada uma das duas faixas etárias.
a. Forme uma tabela de contingência.
b. Forneça um exemplo de um evento simples e de um evento combinado.
c. Qual é a probabilidade de que um respondente aleatoriamente selecionado esteja propenso a compartilhar informações sobre saúde por meio de redes de comunicação social?
d. Qual é a probabilidade de que um respondente aleatoriamente selecionado esteja propenso a compartilhar informações sobre saúde por meio de redes de comunicação social e esteja na faixa etária entre 45 e 64 anos?
e. Os eventos "faixa etária" e "estar propenso a compartilhar informações sobre saúde por meio de redes de comunicação social" são independentes? Explique.

4.47 A proprietária de um restaurante especializado em refeições leves no estilo Continental estava interessada em estudar padrões de demanda de clientes para o período de final de semana, de sexta-feira a domingo. Registros foram sendo mantidos, de maneira a indicar a demanda por sobremesa em relação ao mesmo período. A proprietária decidiu estudar duas outras variáveis, juntamente com o fato de uma sobremesa ser, ou não, demandada: o gênero do indivíduo e o fato de um prato à base de carne ter sido, ou não, solicitado. Os resultados se deram do seguinte modo:

SOBREMESA PEDIDA	GÊNERO		
	Masculino	Feminino	Total
Sim	96	40	136
Não	224	240	464
Total	320	280	600

SOBREMESA PEDIDA	PRATO À BASE DE CARNE		
	Sim	Não	Total
Sim	71	65	136
Não	116	348	464
Total	187	413	600

Um garçom se aproxima de uma mesa com o objetivo de anotar o pedido de sobremesa. Qual é a probabilidade de que o primeiro cliente a fazer o pedido na mesa,
a. peça uma sobremesa?
b. peça uma sobremesa *ou* tenha pedido um prato à base de carne?
c. seja do sexo feminino *e* não peça uma sobremesa?

d. seja do sexo feminino *ou* não peça uma sobremesa?
e. Suponha que a primeira pessoa de quem o garçom anota o pedido de sobremesa seja do sexo feminino. Qual é a probabilidade de que essa pessoa não peça uma sobremesa?
f. O gênero do indivíduo e pedir uma sobremesa são independentes?
g. Pedir um prato à base de carne é independente de a pessoa pedir, ou não, uma sobremesa?

4.48 O Relatório do Setor de Restaurantes de 2012 (2012 Restaurant Industry Forecast) está prestando mais atenção nos consumidores da atualidade. Com base em uma pesquisa realizada em 2011 pelo National Restaurant Association survey, os consumidores estão divididos em três segmentos (otimistas, cautelosos e retraídos), de acordo com a respectiva situação financeira, conduta atual em termos de gastos, e visão geral da economia. Suponha que os resultados, com base em uma amostra de 100 homens e 100 mulheres, se deram como segue:

SEGMENTO DO CONSUMIDOR	GÊNERO		
	Masculino	Feminino	Total
Otimista	26	16	42
Cauteloso	41	43	84
Retraído	33	41	74
Total	100	100	200

Fonte: Dados extraídos de "The 2012 Restaurant Industry Forecast", National Restaurant Association, 2012, p.12. **restaurant.org/research/forecast.**

Caso um consumidor seja aleatoriamente selecionado, qual é a probabilidade de que essa pessoa
a. seja classificada como cautelosa?
b. seja classificada como otimista ou cautelosa?
c. seja um homem *ou* seja classificado como retraído?
d. seja um homem *e* seja classificado como retraído?
e. Dado que o consumidor escolhido seja uma mulher, qual é a probabilidade de que ela venha a ser classificada como otimista?

4.49 De acordo com uma pesquisa de opinião realizada pelo Gallup poll, empresas com empregados que estão comprometidos com seus respectivos empregos acabam por ter maior potencial de inovação, produtividade e rentabilidade, bem como uma redução na taxa de rotatividade de pessoal. Uma pesquisa realizada junto a 1.895 trabalhadores, na Alemanha, descobriu que 13 % deles estavam comprometidos, 67 % não estavam comprometidos, e 20 % se mostravam fortemente descomprometidos com o trabalho. A pesquisa também observou que 48 % dos trabalhadores comprometidos concordavam veementemente com a afirmativa: "Meu emprego atual me faz trazer à tona minhas ideias mais criativas." Somente 20 % dos trabalhadores não comprometidos e 3 % dos trabalhadores fortemente descomprometidos concordavam com essa afirmativa [dados extraídos de M. Nink, "Employee Disengagement Plagues Germany" (Falta de Comprometimento dos Trabalhadores Contamina a Alemanha"), *Gallup Management Journal*, gmj.gallup.com, 9 de abril de 2009]. Caso seja conhecido que um determinado trabalhador concorda veementemente com a afirmativa "Meu emprego atual me faz trazer à tona minhas ideias mais criativas", qual é a probabilidade de que o trabalhador em questão esteja comprometido com o emprego?

4.50 Veículos utilitários esportivos (SUV), vans e picapes são geralmente considerados mais propensos a capotar do que outros carros. Em 1997, 24,0 % de todos os acidentes fatais em estradas envolveram capotagens; 15,8 % de todos os acidentes fatais em 1997 envolveram SUV, vans e picapes, sabendo-se que o acidente fatal envolveu uma capotagem. Sendo conhecido que uma capotagem não tenha sido envolvida, 5,6 % de todos os acidentes fatais envolveram SUV, vans e picapes (dados extraídos de A. Wilde Mathews, "Ford Ranger: Chevy Tracker Tilt in Test", *The Wall Street Journal*, 14 de julho de 1999, p. A2). Considere as definições apresentadas a seguir:

A = o acidente fatal envolveu um SUV, uma van, ou uma picape
B = o acidente fatal envolveu uma capotagem

a. Utilize o teorema de Bayes para encontrar a probabilidade de que um acidente fatal tenha envolvido uma capotagem, sendo conhecido que o acidente fatal envolveu um SUV, uma van, ou uma picape.

b. Compare o resultado em (a) com a probabilidade de que o acidente fatal tenha envolvido uma capotagem, e comente sobre o fato de SUVs, vans e picapes se mostrarem, de modo geral, mais propensos a acidentes envolvendo capotagens, do que outros veículos.

4.51 ELISA (*enzyme-linked immunosorbent assay* — análise imunossorvente relacionada com enzimas) é o tipo mais comum de teste de triagem para detecção do vírus HIV. Um resultado positivo em ELISA indica que o vírus HIV está presente. Para a maior parte das populações, ELISA apresenta um elevado grau de sensibilidade (para detectar a infecção) e de especificidade (para detectar a não infecção). (Veja "HIV InSite Gateway to HIV and AIDS Knowledge", no endereço **HIVInsite.ucsf.edu**.) Suponha que a probabilidade de uma pessoa estar infectada com o vírus HIV, para uma determinada população, seja 0,015. Se o vírus HIV estiver efetivamente presente, a probabilidade de que o teste ELISA venha a apresentar um resultado positivo é de 0,995. Caso o vírus HIV não esteja efetivamente presente, a probabilidade de um resultado positivo, com base no teste ELISA, é 0,01. Caso o teste ELISA tenha apresentado um resultado positivo, utilize o teorema de Bayes para encontrar a probabilidade de que o vírus HIV esteja efetivamente presente.

CASOS PARA O CAPÍTULO 4

Caso Digital

Aplique seus conhecimentos sobre tabelas de contingência e a aplicação apropriada de probabilidades simples e probabilidades combinadas, nesta continuação do Caso da Internet apresentado no Capítulo 3.

Abra o arquivo **EndRunGuide.pdf**, o "Guia para Investir" da EndRun Financial Services, e leia as informações sobre o Pacote de Investimentos Garantidos (GIP). Leia as declarações e examine os dados que fundamentam essas afirmativas. Depois disso, responda às seguintes perguntas:

1. Qual o grau de exatidão para a declaração sobre a probabilidade de sucesso do GIP (Pacote de Investimentos Garantidos)

da EndRun? Em que sentido a declaração é enganosa? De que maneira você seria capaz de calcular e declarar a probabilidade de vir a ter uma taxa anual de retorno não inferior a 15 %?

2. Utilizando a tabela encontrada abaixo do título "Mostre-me as Probabilidades de Ganho!", calcule as probabilidades apropriadas para o grupo de investidores. Que tipo de equívoco foi cometido em relatar a probabilidade de 7 %?

3. Existem cálculos de probabilidade que seriam apropriados para pontuar a prestação de serviços de investimentos? Por que sim ou por que não?

CardioGood Fitness

1. No que se refere a cada uma das linhas de produtos ergométricos da CardioGood Fitness (veja o arquivo `CardioGood Fitness`), construa tabelas de contingência de dois fatores para gênero, nível educacional (em anos), estado civil e auto-avaliação para condição física. (Haverá um total de 8 tabelas para cada um dos produtos ergométricos.)

2. Para cada uma das tabelas que você construir, calcule todas as probabilidades condicionais e marginais.

3. Redija um relatório, a ser apresentado à administração da CardioGood Fitness, detalhando suas descobertas.

182 Capítulo 4

Cenário The Choice *Is* Yours, Continuação

1. Dê continuidade ao cenário "Utilizando a Estatística: The Choice *Is* Yours, Revisitado", Revisitado, no final do Capítulo 2, construindo tabelas de contingência para capitalização de mercado e tipo, capitalização de mercado e risco, capitalização de mercado e classificação, tipo e risco, tipo e classificação, e risco e classificação, para a amostra de 318 fundos de aposentadoria, dados contidos no arquivo **Fundos de Aposentadoria**.

2. Para cada uma das tabelas que você construir, calcule todas as probabilidades condicionais e marginais.

3. Redija um relatório, sintetizando suas conclusões.

Pesquisas Realizadas Junto a Estudantes de Clear Mountain State

O Serviço de Noticiário para Estudantes na Universidade do Estado de Clear Mountain (CMSU — Clear Mountain State University) decidiu coletar dados sobre os alunos no nível de graduação que frequentam a CMSU. A CMSU cria e distribui uma pesquisa com 14 perguntas e recebem respostas de 62 alunos do nível de graduação (contidas no arquivo **PesquisaGrad**).

1. Para esses dados, constrúa tabelas de contingência para gênero e especialização, gênero e intenção de escola para pós-graduação, gênero e situação em termos de emprego, gênero e preferência em termos de computador, classe e intenção de escola para pós-graduação, classe e situação em termos de emprego, especialização e intenção de escola para pós-graduação, especialização e situação em termos de emprego e especialização e preferência em termos de computador.
   a. Para cada uma dessas tabelas, calcule todas as probabilidades condicionais e marginais.
   b. Redija um relatório, sintetizando suas conclusões.

2. A decana dos alunos na CMSU tomou conhecimento sobre a pesquisa conduzida junto aos alunos da graduação e decidiu conduzir uma pesquisa semelhante para alunos da pós-graduação na CMSU. Ela cria e distribui uma pesquisa contendo 14 perguntas e recebe respostas de 44 alunos da pós-graduação (contidas no arquivo **PesquisaPósGrad**). Construa tabelas de contingência para gênero e especialização na pós-graduação, gênero e especialização na graduação, gênero e situação em termos de emprego, gênero e preferência em termos de computador, especialização na pós-graduação e especialização na graduação, especialização na pós-graduação e situação em termos de emprego, e especialização na pós-graduação e preferência em termos de computador.
   a. Para cada uma dessas tabelas, calcule todas as probabilidades condicionais e marginais.
   b. Redija um relatório, sintetizando suas conclusões.

Probabilidade Básica **183**

GUIA DO EXCEL PARA O CAPÍTULO 4

GE4.1 CONCEITOS BÁSICOS DE PROBABILIDADE

Probabilidade Simples e Probabilidade Combinada e a Regra Geral de Adição

Técnica Principal Utilize as fórmulas aritméticas do Excel.

Exemplo Calcule probabilidades simples e probabilidades combinadas para os dados relacionados com o comportamento de compra apresentados na Tabela 4.1, no Exemplo 4.2.

PHStat2 Utilize o procedimento **Simple & Joint Probabilities (Probabilidades Simples & Probabilidades Combinadas)**. Para o exemplo, selecione **PHStat → Probability & Prob. Distributions → Simple & Joint Probabilities (PHStat → Probabilidade & Distribuições de Probabilidade → Probabilidades Simples & Probabilidades Combinadas)**. Na nova planilha que é gerada, semelhante à Figura GE4.1 a seguir, preencha a área **Sample Space (Espaço Amostral)** com os seus dados.

Excel Avançado Utilize a **planilha CÁLCULO** da **pasta de trabalho Probabilidades** como modelo.
A planilha (ilustrada na Figura GE4.1) já contém os dados correspondentes ao comportamento de compra, apresentados na Tabela 4.1. Para outros problemas, modifique as entradas na tabela para o espaço amostral, nos intervalos de células **C3:D4** e **A5:D6**.

Leia os BREVES DESTAQUES para o Capítulo 4, para uma explicação sobre as fórmulas encontradas na planilha CÁLCULO (ilustradas na **planilha CÁLCULO _FÓRMULAS**).

GE4.2 PROBABILIDADE CONDICIONAL
Não existe um material específico do Excel para esta seção.

FIGURA GE4.1
Planilha CÁLCULO
da pasta de trabalho
Probabilidades

	A	B	C	D	E
1	Probabilidades				
2					
3	Espaço Amostral		EFETIVAMENTE COMPROU		
4			Sim	Não	Totais
5	PLANEJAVA COMPRAR	Sim	200	50	250
6		Não	100	650	750
7		Totais	300	700	1000
8					
9	Probabilidades Simples		Probabilidades Simples		
10	P(Sim)	0,25	="P(" & B5 & ")"	=E5/E7	
11	P(Não)	0,75	="P(" & B6 & ")"	=E6/E7	
12	P(Sim)	0,30	="P(" & C4 & ")"	=C7/E7	
13	P(Não)	0,70	="P(" & D4 & ")"	=D7/E7	
14					
15	Probabilidades Combinadas		Probabilidades Combinadas		
16	P(Sim e Sim)	0,20	="P(" & B5 & " e " & C4 & ")"	=C5/E7	
17	P(Sim e Não)	0,05	="P(" & B5 & " e " & D4 & ")"	=D5/E7	
18	P(Não e Sim)	0,10	="P(" & B6 & " e " & C4 & ")"	=C6/E7	
19	P(Não e Não)	0,65	="P(" & B6 & " e " & D4 & ")"	=D6/E7	
20					
21	Regra de Adição		Regra de Adição		
22	P(Sim ou Sim)	0,35	="P(" & B5 & " e " & C4 & ")"	=H16 + H18 - H22	
23	P(Sim ou Não)	0,90	="P(" & B5 & " e " & D4 & ")"	=H16 + H19 - H23	
24	P(Não ou Sim)	0,95	="P(" & B6 & " e " & C4 & ")"	=H17 + H18 - H24	
25	P(Não ou Não)	0,80	="P(" & B6 & " e " & D4 & ")"	=H17 + H19 - H25	

GE4.3 TEOREMA DE BAYES

Técnica Principal Utilize as fórmulas aritméticas do Excel.

Exemplo Aplique o teorema de Bayes no exemplo que trata da comercialização de aparelhos de TV, apresentado na Seção 4.3.

Excel Avançado Utilize a **planilha CÁLCULO** da **pasta de trabalho Bayes** como modelo.

A planilha (ilustrada a seguir) já contém as probabilidades para o exemplo da Seção 4.3. Para outros problemas, modifique essas probabilidades no intervalo de células **B5:C6**.

Abra a **planilha CÁLCULO_FÓRMULAS**, para examinar as fórmulas aritméticas que calculam as probabilidades, e que estão também ilustradas como uma inserção na planilha

	A	B	C	D	E
1	Cálculos do Teorema de Bayes				
2					
3			Probabilidades		
4	Evento	A Priori	Condicional	Combinada	Revisada
5	S	0,4	0,8	0,32	0,64
6	S'	0,6	0,3	0,18	0,36
7			Total:	0,5	

Combinada	Revisada
=B5 * C5	=D5/$D$7
=B6 * C6	=D6/$D$7
=D5 * D6	

CAPÍTULO

5 Distribuições de Probabilidades Discretas

UTILIZANDO A ESTATÍSTICA: Eventos de Interesse na Ricknel Home Centers

5.1 A Distribuição de Probabilidades para uma Variável Discreta
Valor Esperado de uma Variável Aleatória Discreta
Variância e Desvio-Padrão de uma Variável Discreta

5.2 Covariância de uma Distribuição de Probabilidades e Suas Aplicações nas Finanças
Covariância
Valor Esperado, Variância e Desvio-Padrão da Soma entre Duas Variáveis
Retorno Esperado para a Carteira de Títulos e o Risco da Carteira de Títulos

5.3 Distribuição Binomial

5.4 Distribuição de Poisson

5.5 Distribuição Hipergeométrica

UTILIZANDO A ESTATÍSTICA: Eventos de Interesse na Ricknel Home Centers, Revisitado

GUIA DO EXCEL PARA O CAPÍTULO 5

Objetivos do Aprendizado

Neste capítulo, você aprenderá:

- As propriedades de uma distribuição de probabilidades
- A calcular o valor esperado e a variância de uma distribuição de probabilidades
- A calcular a covariância e compreender o uso dela nas finanças
- A calcular probabilidades a partir de distribuições binomial, de Poisson e hipergeométrica
- Como distribuições binomiais, hipergeométricas e de Poisson podem ser utilizadas para solucionar problemas ligados aos negócios

UTILIZANDO A ESTATÍSTICA

Eventos de Interesse na Ricknel Home Centers

Tal como a maioria das outras grandes empresas, a Ricknel Home Centers, LLC, uma cadeia de lojas de materiais para reformas de imóveis residenciais, utiliza um sistema de informações contábeis (SIC), com o objetivo de gerenciar seus dados contábeis e financeiros. O SIC da Ricknel coleta, organiza, armazena, analisa e distribui informações financeiras para os responsáveis pela tomada de decisões, tanto de dentro quanto de fora da empresa.

Uma importante função do SIC da Ricknel diz respeito a auditar continuamente informações contábeis, procurando erros ou informações incompletas ou inconsistentes. Por exemplo, quando clientes submetem pedidos de compras virtuais por meio da Grande Rede, o SIC da Ricknel faz uma revisão nos formulários de pedidos de compra, em busca de possíveis equívocos. Qualquer fatura passível de questionamento é etiquetada e incluída em um *relatório de exceções* diário. Dados recentes, coletados pela empresa, demonstram que a probabilidade de que um formulário de pedido de compra venha a ser etiquetado é de 0,10.

Como membro do SIC, a administração da Ricknel solicitou a você que determinasse a probabilidade de que venha a ser encontrado certo número de formulários de pedido de compra etiquetados, em uma amostra de um tamanho específico. Por exemplo, qual seria a probabilidade de que nenhum dos formulários de pedido de compra venha a ser etiquetado, em uma amostra composta por quatro formulários? E de que um entre os formulários de pedido de compra seja etiquetado para fins de análise?

De que modo você poderia determinar a solução para esse tipo de problema relacionado com a probabilidade? Uma das maneiras é utilizar um modelo, ou uma representação em escala reduzida, que corresponda a uma aproximação para o processo. Pelo fato de utilizar esse tipo de aproximação, você poderia realizar inferências em relação ao verdadeiro processo para realização de pedidos de compras. Neste caso, você pode fazer uso de uma *distribuição de probabilidades*, de um modelo matemático adequado para solucionar o tipo de problema relacionado com a probabilidade que os gerentes da Ricknel estão propondo.

5.1 A Distribuição de Probabilidades para uma Variável Discreta

Lembre-se, com base na Seção 1.1, de que *variáveis numéricas* são variáveis que representam valores quantitativos, tais como o percentual de retorno para três anos de um fundo de aposentadoria ou o número de portais de redes sociais aos quais você pertence. Algumas variáveis numéricas são *discretas*, apresentando valores numéricos que advêm de um processo de contagem, enquanto outras são *contínuas*, apresentando valores que advêm de um processo de medição (por exemplo, os retornos para três anos de fundos baseados no crescimento e fundos baseados na valorização, que foram objeto do cenário Utilizando a Estatística, nos Capítulos 2 e 3). Este capítulo trata de distribuições de probabilidades que representam uma variável numérica discreta, tal como o número de portais de redes sociais aos quais você pertence.

> **DISTRIBUIÇÃO DE PROBABILIDADES PARA UMA VARIÁVEL DISCRETA**
>
> Uma **distribuição de probabilidades para uma variável discreta** é uma lista mutuamente excludente de todos os resultados numéricos possíveis, juntamente com a probabilidade de ocorrência de cada um dos resultados.

Por exemplo, a Tabela 5.1 apresenta a distribuição para o número de interrupções, por dia, em uma grande rede de computadores. A lista na Tabela 5.1 é coletivamente exaustiva, uma vez que estão incluídos todos os resultados possíveis. Por conseguinte, a soma das probabilidades deve totalizar 1. A Figura 5.1 é uma representação gráfica da Tabela 5.1.

TABELA 5.1 Distribuição de Probabilidades para o Número de Interrupções por Dia

Interrupções por Dia	Probabilidade
0	0,35
1	0,25
2	0,20
3	0,10
4	0,05
5	0,05

FIGURA 5.1 Distribuição de probabilidades para o número de interrupções por dia

> **Dica para o Leitor**
> Lembre-se de que *valor esperado* é simplesmente uma outra palavra para *média aritmética*.

Valor Esperado de uma Variável Aleatória Discreta

A média aritmética, μ, de uma distribuição de probabilidades é o **valor esperado** da sua respectiva variável. Para calcular o valor esperado, você multiplica cada um dos resultados possíveis, x, por sua probabilidade correspondente, $P(X = x_i)$ e, depois disso, soma esses produtos.

VALOR ESPERADO, μ, DE UMA VARIÁVEL DISCRETA

$$\mu = E(X) = \sum_{i=1}^{N} x_i P(X = x_i) \tag{5.1}$$

em que

x_i = o i-ésimo resultado para a variável discreta, X

$P(X = x_i)$ = probabilidade de ocorrência do i-ésimo resultado de X

Para a distribuição de probabilidades do número de interrupções por dia, em uma grande rede de computadores (Tabela 5.1), o valor esperado é calculado da maneira a seguir, utilizando a Equação (5.1); também está ilustrado na Tabela 5.2.

$$
\begin{aligned}
\mu = E(X) &= \sum_{i=1}^{N} x_i P(X = x_i) \\
&= (0)(0,35) + (1)(0,25) + (2)(0,20) + (3)(0,10) + (4)(0,05) + (5)(0,05) \\
&= 0 + 0,25 + 0,40 + 0,30 + 0,20 + 0,25 \\
&= 1,40
\end{aligned}
$$

TABELA 5.2
Calculando o
Valor Esperado
para o Número de
Interrupções por Dia

Interrupções por Dia (x_i)	$P(X = x_i)$	$x_i P(X = x_i)$
0	0,35	$(0)(0,35) = 0,00$
1	0,25	$(1)(0,25) = 0,25$
2	0,20	$(2)(0,20) = 0,40$
3	0,10	$(3)(0,10) = 0,30$
4	0,05	$(4)(0,05) = 0,20$
5	0,05	$(5)(0,05) = 0,25$
	1,00	$\mu = E(X) = 1,40$

O valor esperado é 1,40. O valor esperado de 1,40 para o número de interrupções por dia não é um resultado possível, uma vez que o número efetivo de interrupções, em um determinado dia, deve corresponder a um número inteiro. O valor esperado representa a *média aritmética* referente ao número de interrupções em um determinado dia.

Variância e Desvio-Padrão de uma Variável Discreta

Você calcula a variância de uma distribuição de probabilidades multiplicando cada diferença possível elevada ao quadrado $[X_i - E(X)]^2$ por sua probabilidade correspondente, $P(X = x_i)$, e, em seguida, somando os produtos resultantes. A Equação (5.2) define a **variância de uma variável discreta**, e a Equação (5.3) define o **desvio-padrão de uma variável discreta**.

VARIÂNCIA DE UMA VARIÁVEL DISCRETA

$$\sigma^2 = \sum_{i=1}^{N} [x_i - E(X)]^2 P(X = x_i) \tag{5.2}$$

em que

x_i = o i-ésimo resultado da variável discreta X

$P(X = x_i)$ = probabilidade de ocorrência do i-ésimo resultado de X

188 Capítulo 5

Utilize as instruções da Seção GE5.1 para calcular a variância e o desvio-padrão de uma variável discreta.

DESVIO-PADRÃO DE UMA VARIÁVEL DISCRETA

$$\sigma = \sqrt{\sigma^2} = \sqrt{\sum_{i=1}^{N} [x_i - E(X)]^2 P(X = x_i)} \qquad (5.3)$$

A variância e o desvio-padrão para o número de interrupções por dia são calculados utilizando as Equações (5.2) e (5.3):

$$\sigma^2 = \sum_{i=1}^{N} [x_i - E(X)]^2 P(X = x_i)$$

$$= (0 - 1{,}4)^2(0{,}35) + (1 - 1{,}4)^2(0{,}25) + (2 - 1{,}4)^2(0{,}20) + (3 - 1{,}4)^2(0{,}10)$$
$$+ (4 - 1{,}4)^2(0{,}05) + (5 - 1{,}4)^2(0{,}05)$$
$$= 0{,}686 + 0{,}040 + 0{,}072 + 0{,}256 + 0{,}338 + 0{,}648$$
$$= 2{,}04$$

e

$$\sigma = \sqrt{\sigma^2} = \sqrt{2{,}04} = 1{,}4283$$

TABELA 5.3
Calculando a Variância e o Desvio-Padrão para o Número de Interrupções por Dia

Interrupções por Dia (x_i)	$P(X = x_i)$	$x_i P(X = x_i)$	$[x_i - E(X)]^2$	$[x_i - E(X)]^2 P(X = x_i)$
0	0,35	0,00	$(0 - 1{,}4)^2 = 1{,}96$	$(1{,}96)(0{,}35) = 0{,}686$
1	0,25	0,25	$(1 - 1{,}4)^2 = 0{,}96$	$(0{,}96)(0{,}25) = 0{,}040$
2	0,20	0,40	$(2 - 1{,}4)^2 = 0{,}36$	$(0{,}36)(0{,}20) = 0{,}072$
3	0,10	0,30	$(3 - 1{,}4)^2 = 2{,}56$	$(2{,}56)(0{,}10) = 0{,}256$
4	0,05	0,20	$(4 - 1{,}4)^2 = 6{,}76$	$(6{,}76)(0{,}05) = 0{,}338$
5	0,05	0,25	$(5 - 1{,}4)^2 = 12{,}96$	$(12{,}96)(0{,}05) = 0{,}648$
	1,00	$\mu = E(X) = 1{,}40$		$\sigma^2 = 2{,}04$

$$\text{e } \sigma = \sqrt{\sigma^2} = \sqrt{2{,}04} = 1{,}4283$$

Por conseguinte, a média aritmética para o número de interrupções por dia é 1,4; a variância é 2,04, e o desvio-padrão corresponde a aproximadamente 1,43 interrupção por dia.

Problemas para a Seção 5.1

APRENDENDO O BÁSICO

5.1 Dadas as seguintes distribuições de probabilidades:

Distribuição A		Distribuição B	
X	$P(X = x_i)$	X	$P(X = x_i)$
0	0,50	0	0,05
1	0,20	1	0,10
2	0,15	2	0,15
3	0,10	3	0,20
4	0,05	4	0,50

a. Calcule o valor esperado para cada distribuição.
b. Calcule o desvio-padrão para cada distribuição.
c. Compare os resultados das distribuições *A* e *B*.

APLICANDO OS CONCEITOS

AUTO-teste **5.2** A tabela a seguir contém as distribuições de probabilidades correspondentes ao número de acidentes de trânsito, a cada dia, em uma pequena cidade.

Número de Acidentes por Dia (X)	$P(X = x_i)$
0	0,10
1	0,20
2	0,45
3	0,15
4	0,05
5	0,05

a. Calcule a média aritmética correspondente ao número de acidentes de trânsito, a cada dia.
b. Calcule o desvio-padrão.

Distribuições de Probabilidades Discretas **189**

5.3 Recentemente, uma concessionária de veículos, de âmbito regional, encaminhou panfletos para consumidores prospectivos, indicando que eles já teriam ganhado um entre três diferentes prêmios: um Kia Optima 2008 avaliado em $15.000; um cartão para abastecimento de veículos, no valor de $500, ou um cartão de compras da rede WalMart, no valor de $5. Para reivindicar o seu prêmio, o consumidor prospectivo precisaria apresentar o panfleto no showroom da concessionária. Um texto impresso com tinta bastante clara, na parte posterior do panfleto, apresentava as probabilidades de vir a ganhar os prêmios. A chance de ganhar o carro era de 1 entre 31.478; a chance de ganhar o cartão de abastecimento era de 1 entre 31.478; a chance de ganhar o cartão de compras era de 31.476 entre 31.478.

a. Quantos panfletos você imagina que a concessionária tenha expedido?

b. Utilizando a sua resposta para (a) e as probabilidades apresentadas no panfleto, qual é o valor esperado para o prêmio ganho por um consumidor prospectivo que tenha recebido um panfleto?

c. Utilizando a sua resposta para (a), e as probabilidades apresentadas no panfleto, qual é o desvio-padrão para o valor do prêmio ganho por um consumidor prospectivo que tenha recebido um panfleto?

d. Você acredita que essa promoção seja totalmente fidedigna? Por que sim ou por que não?

5.4 Em um determinado jogo de apostas conhecido como Jogo de Dois Dados, um par de dados é jogado uma vez, e a soma resultante determina se o jogador ganha ou perde a aposta. Por exemplo, o jogador pode apostar $1 que a soma será inferior a 7 — ou seja, 2, 3, 4, 5 ou 6. Para esse tipo de aposta, o jogador ganha $1 se o resultado for inferior a 7, e perde $1 se o resultado for igual ou maior do que 7. De modo semelhante, o jogador pode apostar $1 que a soma será superior a 7 — ou seja, 8, 9, 10, 11 ou 12. Nesse caso, o jogador ganha $1 caso o resultado seja superior a 7, mas perde $1 se o resultado for igual ou menor do que 7. Um terceiro método de jogar consiste em apostar $1 no resultado 7. Para esse tipo de aposta, o jogador ganha $4 se o resultado da jogada for igual a 7 e perde $1 caso o resultado seja diferente desse valor.

a. Construa a distribuição de probabilidades representando os diferentes resultados que são possíveis para uma aposta de $1 na soma inferior a 7.

b. Construa a distribuição de probabilidades representando os diferentes resultados que são possíveis para uma aposta de $1 na soma superior a 7.

c. Construa a distribuição de probabilidades representando os diferentes resultados possíveis para uma aposta de $1 na soma igual a 7.

d. Demonstre que o lucro (ou prejuízo) esperado de longo prazo para o jogador é igual, independentemente de qual método de jogo seja utilizado.

5.5 O número de chegadas, por minuto, a um banco localizado em um distrito central de negócios de uma grande cidade foi registrado ao longo de um período de 200 minutos, com os seguintes resultados:

Chegadas	Frequência
0	14
1	31
2	47
3	41
4	29
5	21
6	10
7	5
8	2

a. Calcule o número esperado de chegadas por minuto.
b. Calcule o desvio-padrão.

5.6 O gerente de um departamento de hipotecas comerciais de um grande banco coletou dados ao longo dos últimos dois anos com relação ao número de hipotecas comerciais aprovadas por semana. Os resultados extraídos desses dois anos (104 semanas) são os seguintes:

Número de Hipotecas Comerciais Aprovadas	Frequência
0	13
1	25
2	32
3	17
4	9
5	6
6	1
7	1

a. Calcule o número esperado de hipotecas aprovadas por semana.
b. Calcule o desvio-padrão.

5.2 Covariância de uma Distribuição de Probabilidades e Suas Aplicações nas Finanças

A Seção 5.1 definiu o valor esperado, a variância e o desvio-padrão para uma única variável discreta. Nesta seção, a covariância entre duas variáveis é apresentada e aplicada à gestão de carteiras de títulos (portfólios), um tópico de grande interesse para analistas financeiros.

Covariância

A **covariância de uma distribuição** (σ_{XY}) mede a força da relação entre duas variáveis aleatórias numéricas, X e Y. Uma covariância positiva indica uma relação positiva. Uma covariância negativa

190 Capítulo 5

indica uma relação negativa. Uma covariância correspondente a 0 (zero) indica que as duas variáveis são independentes. A Equação (5.4) define a covariância correspondente a uma distribuição de probabilidade discreta.

COVARIÂNCIA

$$\sigma_{XY} = \sum_{i=1}^{N}[x_i - E(X)][y_i - E(Y)]P(x_iy_i) \qquad (5.4)$$

em que

X = variável aleatória discreta X

x_i = i-ésimo resultado de X

Y = variável aleatória discreta Y

y_i = i-ésimo resultado de Y

$P(x_iy_i)$ = probabilidade de ocorrência do i-ésimo resultado de X e do i-ésimo resultado de Y

i = 1, 2, ..., N, para X e Y

Para ilustrar a covariância, suponha que você esteja decidindo entre dois investimentos alternativos para o ano vindouro. O primeiro investimento é um fundo mútuo que consiste nas ações que compõem a Média Industrial Dow Jones. O segundo investimento consiste em um fundo mútuo do qual se espera um desempenho melhor quando as condições econômicas estão desfavoráveis. A Tabela 5.4 sintetiza a sua estimativa de retornos (para cada $1.000 em investimentos) sob três condições econômicas, cada qual com uma determinada probabilidade de ocorrência.

TABELA 5.4
Retornos Estimados para Cada um dos Investimentos, Sob Três Condições Econômicas

		Investimento	
$P(x_iy_i)$	Condição Econômica	Fundo Dow Jones	Fundo para Condições Econômicas Desfavoráveis
0,2	Recessão	−$300	+$200
0,5	Economia estável	+100	+50
0,3	Economia em expansão	+250	−100

O valor esperado e o desvio-padrão para cada um dos investimentos, e a covariância entre os dois investimentos são calculados da seguinte maneira:

Seja X = Fundo Dow Jones e Y = Fundo para condições econômicas desfavoráveis

$$E(X) = \mu_X = (-300)(0,2) + (100)(0,5) + (250)(0,3) = \$65$$

$$E(Y) = \mu_Y = (+200)(0,2) + (50)(0,5) + (-100)(0,3) = \$35$$

$$Var(X) = \sigma_X^2 = (-300 - 65)^2(0,2) + (100 - 65)^2(0,5) + (250 - 65)^2(0,3)$$

$$= 37.525$$

$$\sigma_X = \$193,71$$

$$Var(Y) = \sigma_Y^2 = (200 - 35)^2(0,2) + (50 - 35)^2(0,5) + (-100 - 35)^2(0,3)$$

$$= 11.025$$

$$\sigma_Y = \$105,00$$

$$\sigma_{XY} = (-300 - 65)(200 - 35)(0,2) + (100 - 65)(50 - 35)(0,5)$$

$$+ (250 - 65)(-100 - 35)(0,3)$$

$$= -12.045 + 262,5 - 7.492,5$$

$$= -19.275$$

> 👉 **Dica para o Leitor**
> A covariância discutida nesta seção mede a força da relação linear entre as *distribuições de probabilidades* de duas variáveis, enquanto a covariância da *amostra*, discutida no Capítulo 3, mede a força da relação linear entre duas variáveis numéricas.

Por conseguinte, o fundo integrante da Média Dow Jones apresenta um valor esperado mais elevado (ou seja, um maior retorno esperado) do que o fundo com perfil para condições econômicas desfavoráveis, embora também apresente um maior desvio-padrão (ou seja, maior risco). A covariância de -19.275, entre os dois investimentos, indica uma relação negativa na qual os dois investimentos estão variando na direção *oposta* um do outro. Portanto, quando o retorno em relação a um dos investimentos está alto, de um modo geral, o retorno no outro investimento está baixo.

Valor Esperado, Variância e Desvio-Padrão da Soma entre Duas Variáveis

As Equações (5.1) a (5.3) definem o valor esperado, a variância e o desvio-padrão para uma distribuição de probabilidades, enquanto a Equação (5.4) define a covariância entre duas variáveis, X e Y. O **valor esperado para a soma entre duas variáveis aleatórias** é igual ao somatório dos valores esperados. A **variância da soma entre duas variáveis aleatórias** é igual à soma entre as variâncias, acrescida de duas vezes a covariância. O **desvio-padrão da soma entre duas variáveis aleatórias** é igual à raiz quadrada da variância correspondente à soma entre duas variáveis.

VALOR ESPERADO DA SOMA ENTRE DUAS VARIÁVEIS

$$E(X + Y) = E(X) + E(Y) \tag{5.5}$$

VARIÂNCIA DA SOMA ENTRE DUAS VARIÁVEIS

$$Var(X + Y) = \sigma^2_{X+Y} = \sigma^2_X + \sigma^2_Y + 2\sigma_{XY} \tag{5.6}$$

DESVIO-PADRÃO DA SOMA ENTRE DUAS VARIÁVEIS

$$\sigma_{X+Y} = \sqrt{\sigma^2_{X+Y}} \tag{5.7}$$

Para ilustrar o valor esperado, a variância e o desvio-padrão da soma entre duas variáveis aleatórias, considere os dois investimentos discutidos anteriormente. Se X = fundo Dow Jones e Y = fundo com perfil para condições econômicas desfavoráveis, utilizando as Equações (5.5), (5.6) e (5.7),

$$E(X + Y) = E(X) + E(Y) = 65 + 35 = \$100$$

$$\sigma^2_{X+Y} = \sigma^2_X + \sigma^2_Y + 2\sigma_{XY}$$

$$= 37.525 + 11.025 + (2)(-19.275)$$

$$= 10.000$$

$$\sigma_{X+Y} = \$100$$

O valor esperado da soma entre o fundo Dow Jones e o fundo com perfil para condições econômicas desfavoráveis é $\$100$, com um desvio-padrão de $\$100$. O desvio-padrão da soma entre os dois investimentos é menor do que o desvio-padrão de qualquer um dos investimentos individuais, uma vez que existe uma grande covariância negativa entre os investimentos.

Retorno Esperado para a Carteira de Títulos e o Risco da Carteira de Títulos

A covariância e o valor esperado e o desvio-padrão para a soma entre duas variáveis aleatórias podem ser aplicados na análise de **carteiras de títulos** (**portfólios**) ou grupos de ativos compostos para propósitos de investimentos. Os investidores combinam ativos em carteiras de títulos no intuito de reduzir os seus respectivos riscos (veja as Referências 1 e 2). Na maioria das vezes, o objetivo corresponde a maximizar o retorno, minimizando, ao mesmo tempo, o risco. No que se refere a esses tipos de carteiras de títulos, em vez de estudar a soma entre duas variáveis aleatórias, o investidor atribui um peso a cada um dos investimentos, com base na proporção dos ativos designados para aquele investimento. As Equações (5.8) e (5.9) definem o **retorno esperado para a carteira de títulos** e o **risco da carteira de títulos**.

RETORNO ESPERADO PARA A CARTEIRA DE TÍTULOS

O retorno esperado para a carteira de títulos (portfólio) para um investimento com dois ativos é igual ao peso atribuído ao ativo X, multiplicado pelo retorno esperado para o ativo X, somado ao peso atribuído ao ativo Y, multiplicado pelo retorno esperado para o ativo Y.

$$E(P) = wE(X) + (1 - w)E(Y) \qquad (5.8)$$

em que

$$E(P) = \text{retorno esperado para a carteira de títulos}$$
$$w = \text{parcela do valor da carteira de títulos atribuído ao ativo } X$$
$$(1 - w) = \text{parcela do valor da carteira de títulos atribuído ao ativo } Y$$
$$E(X) = \text{retorno esperado para o ativo } X$$
$$E(Y) = \text{retorno esperado para o ativo } Y$$

RISCO DA CARTEIRA DE TÍTULOS

O retorno da carteira de títulos para um investimento com dois ativos é igual à raiz quadrada entre a soma destes três produtos: w^2 multiplicado pela variância de X, $(1 - w)^2$ multiplicado pela variância de X, e 2 multiplicado por w multiplicado por $(1 - w)$ multiplicado pela covariância.

$$\sigma_p = \sqrt{w^2\sigma_X^2 + (1 - w)^2\sigma_Y^2 + 2w(1 - w)\sigma_{XY}} \qquad (5.9)$$

Na seção anterior, você avaliou o retorno esperado e o risco para dois tipos de investimentos diferentes: um fundo indexado ao Dow Jones e um fundo parametrizado para condições econômicas desfavoráveis. Você calculou também a covariância para os dois investimentos. Suponha, agora, que você deseje constituir uma carteira de títulos composta por esses dois investimentos, a qual consiste em um investimento equivalente em cada um desses dois fundos. Para calcular o retorno esperado para a carteira de títulos e o risco da carteira de títulos, utilizando as Equações (5.8) e (5.9), com $w = 0{,}50$; $E(X) = \$65$; $E(Y) = \$35$; $\sigma^2_X = 37{.}525$; $\sigma^2_Y = 11{.}025$; e $\sigma_{XY} = -19{.}275$,

$$E(P) = (0{,}5)(65) + (1 - 0{,}5)(35) = \$50$$
$$\sigma_p = \sqrt{(0{,}5)^2(37{.}525) + (1 - 0{,}5)^2(11{.}025) + 2(0{,}5)(1 - 0{,}5)(-19{.}275)}$$
$$= \sqrt{2{.}500} = \$50$$

Consequentemente, a carteira de títulos apresenta um retorno esperado de $50 para cada $1.000 investidos (um retorno de 5 %) e um risco de carteira de títulos correspondente a $50. O risco da carteira de títulos, nesse caso, é menor do que o desvio-padrão correspondente a qualquer um dos investimentos, uma vez que existe uma grande covariância negativa entre os dois investimentos. O fato de que cada um dos investimentos apresenta um melhor desempenho, sob diferentes circunstâncias, reduz o risco geral da carteira de títulos.

Colapsos no mercado financeiro, que têm ocorrido no passado recente, vêm fazendo com que alguns investidores passem a considerar o efeito decorrente de resultados que tenham somente uma pequena chance de vir a ocorrer, mas que possam produzir resultados extremamente negativos. (Alguns desses investidores, incluindo o autor da Referência 5, deram a esses resultados o nome de "cisnes negros".) O Exemplo 5.1 considera esse tipo de resultado ao examinar o retorno esperado, o desvio-padrão para o retorno e a covariância entre duas estratégias de investimento — uma que investe em um fundo que desempenha bem quando existe uma recessão extrema e o outro que investe em um fundo que desempenha bem sob condições econômicas positivas.

EXEMPLO 5.1

Calculando o Retorno Esperado, o Desvio-Padrão para o Retorno e a Covariância entre Duas Estratégias de Investimento

Você planeja investir $1.000 em um entre dois fundos. A Tabela 5.5 mostra o retorno anual (para cada $1.000) correspondente a cada um desses investimentos, sob condições econômicas diferentes, juntamente com a probabilidade de que cada uma dessas condições econômicas venha a ocorrer.

TABELA 5.5 Retornos Estimados para Dois Fundos

Probabilidade	Condição Econômica	Fundo "Cisne Negro"	Fundo "Bons Tempos"
0,01	Recessão extrema	400	−200
0,09	Recessão	−30	−100
0,15	Recessão	30	50
0,35	Crescimento lento	50	90
0,30	Crescimento moderado	100	250
0,10	Crescimento acelerado	100	225

No que se refere ao fundo Cisne Negro e ao fundo Bons Tempos, calcule o retorno esperado e o desvio-padrão correspondentes ao retorno para cada um dos fundos, e a covariância entre os dois fundos. Você investiria no fundo Cisne Negro, ou no fundo Bons Tempos? Explique.

SOLUÇÃO Seja X = Fundo Cisne Negro, e seja Y = Fundo Bons Tempos

$$E(X) = \mu_X = (400)(0{,}01) + (-30)(0{,}09) + (30)(0{,}15) + (50)(0{,}35)$$
$$+ (100)(0{,}30) + (100)(0{,}1) = \$63{,}30$$

$$E(Y) = \mu_Y = (-200)(0{,}01) + (-100)(0{,}09) + (50)(0{,}15) + (90)(0{,}35)$$
$$(250)(0{,}30) + (225)(0{,}10) = \$125{,}50$$

$$Var(X) = \sigma_X^2 = (400 - 63{,}30)^2(0{,}01) + (-30 - 63{,}30)^2(0{,}09) + (30 - 63{,}30)^2(0{,}15)$$
$$(50 - 63{,}30)^2(0{,}35) + (100 - 63{,}30)^2(0{,}3) + (100 - 63{,}30)^2(0{,}1) = 2.684{,}11$$

$$\sigma_X = \$51{,}81$$

$$Var(Y) = \sigma_Y^2 = (-200 - 125{,}50)^2(0{,}01) + (-100 - 125{,}50)^2(0{,}09) + (50 - 125{,}50)^2(0{,}15)$$
$$+ (90 - 125{,}50)^2(0{,}35) + (250 - 125{,}50)^2(0{,}3) + (225 - 125{,}50)^2(0{,}1) = 12.572{,}25$$

$$\sigma_Y = \$112{,}13$$

$$\sigma_{XY} = (400 - 63{,}30)(-200 - 125{,}50)(0{,}01) + (-30 - 63{,}30)(-100 - 125{,}50)(0{,}09)$$
$$+ (30 - 63{,}30)(50 - 125{,}50)(0{,}15) + (50 - 63{,}30)(90 - 125{,}50)(0{,}35)$$
$$+ (100 - 63{,}30)(250 - 125{,}50)(0{,}3) + (100 - 63{,}30)(225 - 125{,}50)(0{,}1)$$

$$\sigma_{xy} = \$3.075{,}85$$

Por conseguinte, o fundo Bons Tempos apresenta um valor esperado mais elevado (ou seja, maior valor esperado) do que o fundo Cisne Negro ($125,50 comparados com $63,30 para cada $1.000); também apresenta um desvio-padrão bem mais elevado ($112,13 *versus* $51,81). A decisão sobre em qual fundo investir é uma questão de quanto risco você esteja disposto a tolerar. Embora o fundo Bons Tempos apresente um retorno esperado bem mais elevado, muitas pessoas sentir-se-iam relutantes em investir em um fundo no qual existe chance de uma perda substancial.

A covariância de $3.075,85 entre os dois investimentos indica uma relação positiva na qual os dois investimentos estão variando na *mesma* direção. Portanto, quando o retorno em um dos investimentos é alto, de modo geral o retorno correspondente ao outro fundo é também alto. No entanto, com base na Tabela 5.5, você pode verificar que a magnitude do retorno varia, dependendo da condição econômica que sempre ocorre. Por conseguinte, você pode decidir incluir ambos os fundos em sua carteira de títulos. O percentual alocado a cada um dos fundos se basearia em sua tolerância ao risco contrabalançada com o seu anseio por um retorno máximo (veja o Problema 5.15).

194 Capítulo 5

Problemas para a Seção 5.2

APRENDENDO O BÁSICO

5.7 Dadas as seguintes distribuições de probabilidade correspondentes às variáveis X e Y,

$P(X_iY_i)$	X	Y
0,4	100	200
0,6	200	100

Calcule:
a. $E(X)$ e $E(Y)$.
b. σ_X e σ_Y.
c. σ_{XY}.
d. $E(X + Y)$.

5.8 Dadas as seguintes distribuições de probabilidade correspondentes às variáveis X e Y,

$P(X_iY_i)$	X	Y
0,2	−100	50
0,4	50	30
0,3	200	20
0,1	300	20

Calcule:
a. $E(X)$ e $E(Y)$.
b. σ_X e σ_Y.
c. σ_{XY}.
d. $E(X + Y)$.

5.9 Dois investimentos, X e Y, apresentam as seguintes características:

$$E(X) = \$50, E(Y) = \$100, \sigma_X^2 = 9.000,$$

$$\sigma_Y^2 = 15.000 \quad e \quad \sigma_{XY} = 7.500.$$

Caso o peso de ativo atribuído ao investimento X na carteira de títulos seja 0,4, calcule
a. o retorno esperado para a carteira de títulos.
b. o risco da carteira de títulos.

APLICANDO OS CONCEITOS

5.10 O processo de ser atendido em um banco consiste em duas partes independentes — o tempo de espera na fila e o tempo necessário para ser atendido no caixa do banco. Suponha que o tempo de espera na fila tenha um valor esperado de 4 minutos, com um desvio-padrão de 1,2 minuto, enquanto o tempo necessário para ser atendido no caixa tenha um valor esperado de 5,5 minutos, com um desvio-padrão de 1,5 minuto. Calcule
a. o valor esperado para o total do tempo necessário para ser atendido pelo caixa do banco.
b. o desvio-padrão para o total do tempo necessário para ser atendido pelo caixa do banco.

5.11 No exemplo que trata da carteira de títulos, apresentado nesta seção (veja o texto anterior ao Exemplo 5.1), metade dos ativos da carteira de títulos é investida no fundo Dow Jones, e metade em um fundo parametrizado para condições econômicas desfavoráveis. Recalcule o retorno esperado da carteira de títulos e o risco da carteira de títulos, caso
a. 30 % dos ativos integrantes da carteira de títulos sejam investidos no fundo Dow Jones, e 70 % em um fundo parametrizado para condições econômicas desfavoráveis.
b. 70 % dos ativos integrantes da carteira de títulos sejam investidos no fundo Dow Jones e 30 % em um fundo parametrizado para condições econômicas desfavoráveis.
c. Qual das três estratégias de investimento (30 %, 50 % ou 70 % no fundo Dow Jones) você recomendaria. Por quê?

✓AUTO-teste **5.12** Você está tentando desenvolver uma estratégia para investir em duas ações distintas. O retorno anual previsto para um investimento de $1.000 em cada uma das ações, sob quatro condições econômicas diferentes, apresenta a seguinte distribuição de probabilidades:

Probabilidade	Condição Econômica	Retornos	
		Ação X	Ação Y
0,1	Recessão	−100	50
0,3	Crescimento lento	0	150
0,3	Crescimento moderado	80	−20
0,3	Crescimento acelerado	150	−100

Calcule
a. o retorno esperado para a ação X e para a ação Y.
b. o desvio-padrão para a ação X e para a ação Y.
c. a covariância para a ação X e a ação Y.
d. Você investiria na ação X ou na ação Y? Explique.

5.13 Suponha que, no Problema 5.12, você desejasse criar uma carteira de títulos composta pela ação X e pela ação Y. Calcule o retorno esperado para a carteira de títulos e o risco para a carteira de títulos, em relação a cada uma das seguintes percentagens investidas na ação X:
a. 30 %
b. 50 %
c. 70 %
d. Com base nos resultados de (a) a (c), qual carteira de títulos você recomendaria? Explique.

5.14 Você está tentando desenvolver uma estratégia para investir em duas ações diferentes. O retorno anual previsto para um investimento de $1.000 em cada uma das ações, sob quatro condições econômicas diferentes, apresenta a seguinte distribuição de probabilidades:

Probabilidade	Condição Econômica	Retornos	
		Ação X	Ação Y
0,1	Recessão	−50	−100
0,3	Crescimento lento	20	50
0,4	Crescimento moderado	100	130
0,2	Crescimento acelerado	150	200

Calcule
a. o retorno esperado para a ação X e para a ação Y.
b. o desvio-padrão para a ação X e para a ação Y.

Distribuições de Probabilidades Discretas **195**

c. a covariância para a ação X e para a ação Y.

d. Você investiria na ação X ou na ação Y? Explique.

5.15 Suponha que, no Exemplo 5.1, você desejasse criar uma carteira de títulos que fosse composta pelo fundo Cisne Negro e pelo fundo Bons Tempos. Calcule o retorno esperado para a carteira de títulos e o risco para a carteira de títulos, em relação a cada uma das seguintes percentagens, a serem investidas no fundo Cisne Negro:

a. 30 %

b. 50 %

c. 70 %

d. Com base nos resultados de (a) a (c), qual carteira de títulos você recomendaria? Explique.

5.16 Você planeja investir $1.000 em um fundo composto por títulos corporativos ou em um fundo composto por ações ordinárias. A tabela a seguir apresenta o retorno anual (para cada $1.000) correspondente a cada um desses investimentos, sob várias condições econômicas, juntamente com a probabilidade de que cada uma dessas condições econômicas venha a efetivamente ocorrer.

Probabilidade	Condição Econômica	Fundo de Títulos Corporativos	Fundo de Ações Ordinárias
0,01	Recessão extrema	−200	−999
0,09	Recessão	−70	−300
0,15	Estagnação	30	−100
0,35	Crescimento lento	80	100
0,30	Crescimento moderado	100	150
0,10	Crescimento acelerado	120	350

Calcule

a. o retorno esperado para o fundo de bônus corporativos e para o fundo de ações ordinárias.

b. o desvio-padrão para o fundo de bônus corporativos e para o fundo de ações ordinárias.

c. a covariância para o fundo de bônus corporativos e para o fundo de ações ordinárias.

d. Você investiria no fundo de bônus corporativos ou no fundo de ações ordinárias? Explique.

e. Caso opte por investir no fundo de ações ordinárias em (d), o que você pensa sobre a possibilidade de perder $999 para cada $1.000 investidos, caso haja uma recessão extrema?

5.17 Suponha que, no Problema 5.16, você desejasse criar uma carteira de títulos que consistisse em um fundo composto por títulos corporativos e um fundo composto por ações ordinárias. Calcule o retorno esperado para a carteira de títulos e o risco para a carteira de títulos, em relação a cada uma das seguintes situações:

a. $300 no fundo composto por títulos corporativos e $700 no fundo composto por ações ordinárias.

b. $500 em cada um dos fundos.

c. $700 no fundo composto por títulos corporativos e $300 no fundo composto por ações ordinárias.

d. Com base nos resultados de (a) a (c), qual carteira de títulos você recomendaria? Explique.

5.3 Distribuição Binomial

Esta é a primeira de três seções que consideram modelos matemáticos. Um **modelo matemático** é uma expressão matemática que representa uma variável de interesse. Quando existe um modelo matemático, você consegue calcular a probabilidade exata de ocorrência de qualquer resultado específico para a variável em questão. No que se refere a variáveis discretas, o modelo matemático é uma **função da probabilidade discreta**.

A **distribuição binomial** é um modelo matemático importante, utilizado em muitas situações relacionadas com o mundo dos negócios. Você utiliza a distribuição binomial quando a variável discreta de interesse corresponde ao número de eventos de interesse em uma amostra composta por n observações. A distribuição binomial possui quatro propriedades importantes.

> **Dica para o Leitor**
>
> Não confunda o uso dessa letra grega pi, π, para representar a probabilidade de um evento de interesse, com a constante matemática que corresponde à proporção entre o perímetro de uma circunferência e o seu respectivo diâmetro — aproximadamente 3,14159 — que é também conhecida pela mesma letra grega.

PROPRIEDADES DA DISTRIBUIÇÃO BINOMIAL

- A amostra consiste em um número fixo de observações, n.
- Cada observação é classificada como uma entre duas categorias mutuamente excludentes e coletivamente exaustivas.
- A probabilidade de uma observação ser classificada como o evento de interesse, π, é constante, de observação para observação. Por conseguinte, a probabilidade de uma observação ser classificada como não sendo o evento de interesse, $1 - \pi$, é constante em relação a todas as observações.
- O resultado de qualquer observação é independente do resultado de qualquer outra observação.

Retornando ao cenário da Ricknel Home Improvement, apresentado no início deste capítulo, que trata do sistema de informações contábeis, suponha que o evento de interesse seja definido como um formulário de pedido de compra etiquetado para fins de análise. Você está interessado na quantidade de formulários de pedidos etiquetados em uma determinada amostra de pedidos de compra.

Quais resultados poderiam ocorrer? Caso a amostra contenha quatro pedidos de compra, poderia haver nenhum, um, dois, três ou quatro formulários com pedidos de compra etiquetados. Não é possível que ocorra qualquer outro valor, uma vez que o número de formulários de pedidos de compra etiquetados não pode ser maior do que o tamanho da amostra, n, e não pode ser inferior a zero. Portanto, a amplitude correspondente ao intervalo para a variável aleatória binomial se estende desde 0 (zero) até n.

Suponha que você observe o seguinte resultado, em uma amostra com quatro pedidos de compra:

Primeiro Pedido	Segundo Pedido	Terceiro Pedido	Quarto Pedido
Etiquetado	Etiquetado	Não etiquetado	Etiquetado

Qual é a probabilidade de haver três formulários de pedidos de compra etiquetados, em uma amostra composta por quatro pedidos, nessa sequência específica? Uma vez que a probabilidade histórica de um formulário de pedido de compra etiquetado é 0,10, a probabilidade de que cada pedido de compra venha a ocorrer na sequência é

Primeiro Pedido	Segundo Pedido	Terceiro Pedido	Quarto Pedido
$\pi = 0,10$	$\pi = 0,10$	$1 - \pi = 0,90$	$\pi = 0,10$

Cada um dos resultados é independente dos demais, uma vez que os formulários de pedidos de compra foram selecionados a partir de uma população extremamente grande ou praticamente infinita, e cada um dos formulários poderia ser selecionado somente uma única vez. Portanto, a probabilidade de haver essa sequência específica é

$$\pi\pi(1 - \pi)\pi = \pi^3(1 - \pi)^1$$
$$= (0,10)^3(0,90)^1$$
$$= (0,10)(0,10)(0,10)(0,90)$$
$$= 0,0009$$

Esse resultado indica somente a probabilidade correspondente a três pedidos de compra etiquetados (eventos de interesse), a partir de uma amostra composta por quatro pedidos de compra, em uma *sequência específica*. Para encontrar o número de maneiras para que sejam selecionados x objetos a partir de n objetos, *independentemente da sequência*, você utiliza a **regra de combinações**[1] apresentada na Equação (5.10).

COMBINAÇÕES

O número de combinações para selecionar X objetos,[2] entre n objetos, é fornecido por

$$_nC_x = \frac{n!}{x!\,(n - x)!} \tag{5.10}$$

em que

$$n! = (n)(n - 1) \cdots (1)$$ é chamado de n fatorial. Por definição, $0! = 1$.

Com $n = 4$ e $x = 3$, existem

$$_nC_x = \frac{n!}{x!(n - x)!} = \frac{4!}{3!(4 - 3)!} = \frac{4 \times 3 \times 2 \times 1}{(3 \times 2 \times 1)(1)} = 4$$

de tais sequências. As quatro sequências possíveis são

---

[1] Reporte-se à Seção 4.5, no material suplementar para o Capítulo 4, disponível no site da LTC Editora, para uma discussão mais profunda sobre regras de contagem.

[2] Em muitas calculadoras científicas, existe um botão com a legenda $_nC_r$ que permite que você calcule o número de combinações. Nesses cálculos, o símbolo r é utilizado no lugar de x.

Sequência 1 = *etiquetada*, *etiquetada*, *etiquetada*, *não etiquetada*, com probabilidade de

$$\pi\pi\pi(1 - \pi) = \pi^3(1 - \pi)^1 = 0{,}0009$$

Sequência 2 = *etiquetada*, *etiquetada*, *não etiquetada*, *etiquetada*, com probabilidade de

$$\pi\pi(1 - \pi)\pi = \pi^3(1 - \pi)^1 = 0{,}0009$$

Sequência 3 = *etiquetada*, *não etiquetada*, *etiquetada*, *etiquetada*, com probabilidade de

$$\pi(1 - \pi)\pi\pi = \pi^3(1 - \pi)^1 = 0{,}0009$$

Sequência 4 = *não etiquetada*, *etiquetada*, *etiquetada*, *etiquetada*, com probabilidade de

$$(1 - \pi)\pi\pi\pi = \pi^3(1 - \pi)^1 = 0{,}0009$$

Portanto, a probabilidade de três formulários de pedidos de compra etiquetados é igual a

(número de sequências possíveis) $\times$ (probabilidade de uma determinada sequência)

$$= (4) \times (0{,}0009) = 0{,}0036$$

Você pode fazer uma derivação intuitiva semelhante, para os outros resultados possíveis da variável aleatória — zero, um, dois e quatro formulários de pedidos etiquetados. No entanto, à medida que n, o número de observações, vai se tornando grande, os cálculos envolvidos na utilização da abordagem intuitiva passam a demandar mais tempo. A Equação (5.11) é o modelo matemático que proporciona uma fórmula geral para calcular qualquer probabilidade binomial a partir da distribuição binomial com o número de eventos de interesse, x, sendo conhecidos os valores de n e π.

DISTRIBUIÇÃO BINOMIAL

$$P(X = x \mid n, \pi) = \frac{n!}{x!(n - x)!}\pi^x(1 - \pi)^{n-x} \tag{5.11}$$

em que

$P(X = x \mid n, \pi)$ = probabilidade de que $X = x$ eventos de interesse, dados os parâmetros n e π

n = número de observações da amostra

π = probabilidade de um evento de interesse

$1 - \pi$ = probabilidade de não haver um evento de interesse

x = número de eventos de interesse na amostra ($X = 0, 1, 2, ..., n$)

$\dfrac{n!}{x!(n - x)!}$ = número de combinações de x eventos de interesse entre n observações

A Equação (5.11) reafirma aquilo que havia sido intuitivamente deduzido anteriormente. A variável binomial X pode assumir qualquer valor inteiro x, desde 0 (zero) até n. Na Equação (5.11), o produto

$$\pi^x(1 - \pi)^{n-x}$$

representa a probabilidade de exatamente x eventos de interesse a partir de n observações em uma *determinada sequência*.

O termo

$$\frac{n!}{x!(n - x)!}$$

corresponde ao número de *combinações* dos x eventos de interesse, a partir das n observações possíveis. Por conseguinte, sendo conhecidos o número de observações, n, e a probabilidade de um evento de interesse, π, a probabilidade de x eventos de interesse é

$P(X = x \mid n, \pi)$ = (número de combinações) $\times$ (probabilidade de uma determinada combinação)

$$= \frac{n!}{x!(n - x)!}\pi^x(1 - \pi)^{n-x}$$

198 Capítulo 5

O Exemplo 5.2 ilustra a utilização da Equação (5.11). Os Exemplos 5.3 e 5.4 mostram os cálculos para outros valores de X.

EXEMPLO 5.2

Determinando $P(X = 3)$, Sendo $n = 4$ e $\pi = 0,1$

Se a probabilidade de um formulário de pedidos etiquetado for 0,1, qual é a probabilidade de que existam três formulários de pedidos de compra etiquetados na amostra de quatro pedidos?

SOLUÇÃO Utilizando a Equação (5.11), a probabilidade de três formulários etiquetados a partir de uma amostra de quatro pedidos é

$$P(X = 3 \mid n = 4, \pi = 0,1) = \frac{4!}{3!(4-3)!}(0,1)^3(1-0,1)^{4-3}$$

$$= \frac{4!}{3!(1)!}(0,1)^3(0,9)^1$$

$$= 4(0,1)(0,1)(0,1)(0,9) = 0,0036$$

EXEMPLO 5.3

Determinando $P(X \geq 3)$, Sendo $n = 4$ e $\pi = 0,1$

Se a probabilidade de um formulário com pedido de compras etiquetado for igual a 0,1, qual é a probabilidade de que existam três ou mais (ou seja, pelo menos três) formulários de pedidos de compra etiquetados na amostra composta por quatro formulários?

SOLUÇÃO No Exemplo 5.2, você descobriu que a probabilidade de *exatamente* três formulários de pedidos de compra etiquetados, a partir de uma amostra de quatro formulários, é 0,0036. Para calcular a probabilidade de *pelo menos* três formulários de pedidos etiquetados, você precisa somar a probabilidade de três formulários de pedidos de compra etiquetados à probabilidade de quatro formulários de pedidos de compra etiquetados. A probabilidade de quatro formulários de pedidos de compra etiquetados é

> ☛ **Dica para o Leitor**
> Outra maneira de dizer "três ou mais" é "pelo menos três".

$$P(X = 4 \mid n = 4, \pi = 0,1) = \frac{4!}{4!(4-4)!}(0,1)^4(1-0,1)^{4-4}$$

$$= \frac{4!}{4!(0)!}(0,1)^4(0,9)^0$$

$$= 1(0,1)(0,1)(0,1)(0,1)(1) = 0,0001$$

Por conseguinte, a probabilidade de pelo menos três formulários de pedidos etiquetados é

$$P(X \geq 3) = P(X = 3) + P(X = 4)$$

$$= 0,0036 + 0,0001$$

$$= 0,0037$$

Existe 0,37 % de chance de que existirão pelo menos três formulários de pedidos etiquetados em uma amostra de quatro pedidos.

EXEMPLO 5.4

Determinando $P(X < 3)$, Sendo $n = 4$ e $\pi = 0,1$

Se a probabilidade de um formulário de pedido de compra etiquetado corresponde a 0,1, qual é a probabilidade de que existam menos de três formulários de pedidos de compra etiquetados, na amostra de quatro formulários?

SOLUÇÃO A probabilidade de que existam menos de três formulários de pedidos etiquetados é

$$P(X < 3) = P(X = 0) + P(X = 1) + P(X = 2)$$

Utilizando a Equação (5.11), essas probabilidades são

$$P(X = 0 \mid n = 4, \pi = 0,1) = \frac{4!}{0!(4-0)!}(0,1)^0(1-0,1)^{4-0} = 0,6561$$

$$P(X = 1 \mid n = 4, \pi = 0,1) = \frac{4!}{1!(4-1)!}(0,1)^1(1-0,1)^{4-1} = 0,2916$$

$$P(X = 2 \mid n = 4, \pi = 0,1) = \frac{4!}{2!(4-2)!}(0,1)^2(1-0,1)^{4-2} = 0,0486$$

Distribuições de Probabilidades Discretas 199

Por conseguinte, $P(X < 3) = 0,6561 + 0,2916 + 0,0486 = 0,9963$. $P(X < 3)$ poderia também ser calculado a partir de seu respectivo complemento, $P(X \geq 3)$, do seguinte modo:

$$P(X < 3) = 1 - P(X \geq 3)$$
$$= 1 - 0,0037 = 0,9963$$

APRENDA MAIS

Uma tabela de probabilidades binomiais, bem como as instruções para seu respectivo uso, aparecem em uma seção oferecida como bônus para o Capítulo 5, no material suplementar, disponível no *site* da LTC Editora.

O cálculo de probabilidades binomiais pode se tornar enfadonho, à medida que *n* vai se tornando grande. A Figura 5.2 mostra como a função de planilha DISTRBINOM consegue calcular probabilidades binomiais para você. Você pode também procurar probabilidades binomiais em uma tabela de probabilidades.

FIGURA 5.2
Planilha para calcular probabilidades binomiais, com *n* = 4 e $\pi = 0,1$

A Figura 5.2 exibe a planilha CÁLCULO da pasta de trabalho Binomial que é utilizada nas instruções para a Seção GE5.3.

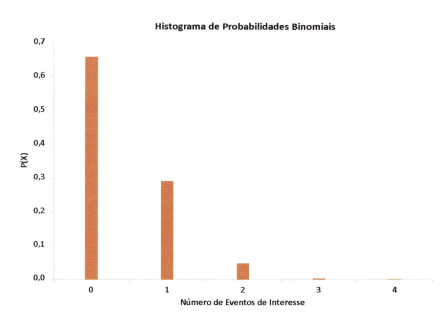

O formato de uma distribuição de probabilidades binomiais depende dos valores de *n* e π. Sempre que $\pi = 0,5$, a distribuição binomial será simétrica, independentemente de quão grande ou quão pequeno seja o valor de *n*. Quando $\pi \neq 0,5$, a distribuição é assimétrica. Quanto mais próximo estiver π de 0,5, e quanto maior o número de observações, *n*, menos assimétrica passará a ser a distribuição. Por exemplo, a distribuição correspondente ao número de formulários de pedidos de compra etiquetados é fortemente assimétrica à direita, uma vez que $\pi = 0,1$ e $n = 4$ (veja a Figura 5.3).

FIGURA 5.3
Histograma para a distribuição de probabilidades binomiais com *n* = 4 e $\pi = 0,1$

Utilize as instruções da Seção B.9 do Apêndice B para construir histogramas de probabilidades binomiais.

Observe, com base na Figura 5.3, que, diferentemente do histograma para variáveis contínuas apresentado na Seção 2.4, as barras correspondentes aos valores são bastante finas, e existe uma grande distância entre cada um dos pares de valores. Isto ocorre porque o histograma representa uma variável discreta. (Teoricamente, as barras não deveriam ter nenhuma amplitude, em absoluto; deveriam ser linhas verticais.)

200 Capítulo 5

A média aritmética (ou valor esperado) da distribuição binomial é igual ao produto entre n e π. Em vez de utilizar a Equação (5.1), no início da Seção 5.1, para calcular a média aritmética da distribuição de probabilidades, você pode utilizar a Equação (5.12) para calcular a média aritmética para as variáveis que seguem a distribuição binomial.

MÉDIA ARITMÉTICA DA DISTRIBUIÇÃO BINOMIAL

A média aritmética, μ, da distribuição binomial é igual ao tamanho da amostra, n, multiplicado pela probabilidade de um evento de interesse, π.

$$\mu = E(X) = n\pi \tag{5.12}$$

Em média, no longo prazo, você espera, teoricamente, $\mu = E(X) = n\pi = (4)(0,1) = 0,4$ formulários de pedidos de compra etiquetados, em uma amostra com quatro pedidos de compra.

O desvio-padrão para a distribuição binomial é calculado utilizando a Equação (5.13).

DESVIO-PADRÃO PARA A DISTRIBUIÇÃO BINOMIAL

$$\sigma = \sqrt{\sigma^2} = \sqrt{Var(X)} = \sqrt{n\pi(1 - \pi)} \tag{5.13}$$

O desvio-padrão para o número de formulários de pedidos de compra etiquetados é

$$\sigma = \sqrt{4(0,1)(0,9)} = 0,60$$

Você chega ao mesmo resultado se utilizar a Equação (5.3), apresentada no final da Seção 5.1.

O Exemplo 5.5 aplica a distribuição binomial aos serviços prestados em uma lanchonete.

EXEMPLO 5.5

Calculando Probabilidades Binomiais para Serviços Prestados em uma Lanchonete

A precisão no preenchimento de pedidos em um guichê de uma lanchonete tipo *drive-thru* é importante para cadeias de lanchonetes. Periodicamente, a *QSR Magazine* publica os resultados de uma pesquisa que mede a precisão, definida como a porcentagem de pedidos que são preenchidos corretamente. Em um ano recente, a porcentagem de pedidos preenchidos corretamente na lanchonete Wendy's foi de aproximadamente 87,6 % (**bit.ly/NELUyi**). Suponha que você se dirija a um guichê de uma lanchonete Wendy's do tipo *drive-thru* e faça um pedido. Dois amigos seus, independentemente, fazem seus pedidos no mesmo guichê do *drive-thru* da lanchonete Wendy's. Quais são as probabilidades de que todos três, que nenhum dos três e que pelo menos dois entre os três pedidos venham a ser preenchidos corretamente? Quais são os valores correspondentes à média aritmética e qual o desvio-padrão para a distribuição binomial referente ao número de pedidos preenchidos corretamente?

SOLUÇÃO Tendo em vista que existem três pedidos e a probabilidade correspondente a um pedido correto é 0,876, $n = 3$ e $\pi = 0,876$, utilizando a Equação (5.11), no boxe para Distribuição Binomial.

$$P(X = 3 \mid n = 3, \pi = 0,876) = \frac{3!}{3!(3 - 3)!}(0,876)^3(1 - 0,876)^{3-3}$$

$$= \frac{3!}{3!(3 - 3)!}(0,876)^3(0,124)^0$$

$$= 1(0,876)(0,876)(0,876)(1) = 0,6722$$

$$P(X = 0 \mid n = 3, \pi = 0,876) = \frac{3!}{0!(3 - 0)!}(0,876)^0(1 - 0,876)^{3-0}$$

$$= \frac{3!}{0!(3 - 0)!}(0,876)^0(0,124)^3$$

$$= 1(1)(0,124)(0,124)(0,124) = 0,0019$$

Distribuições de Probabilidades Discretas   **201**

$$P(X = 2 \mid n = 3, \pi = 0,876) = \frac{3!}{2!(3-2)!}(0,876)^2(1-0,876)^{3-2}$$

$$= \frac{3!}{2!(3-2)!}(0,876)^2(0,124)^1$$

$$= 3(0,876)(0,876)(0,124) = 0,2855$$

$$P(X \geq 2) = P(X = 2) + P(X = 3)$$

$$= 0,2855 + 0,6722$$

$$= 0,9577$$

Utilizando as Equações (5.12) e (5.13),

$$\mu = E(X) = n\pi = 3(0,876) = 2,628$$

$$\sigma = \sqrt{\sigma^2} = \sqrt{Var(X)} = \sqrt{n\pi(1-\pi)}$$

$$= \sqrt{3(0,876)(0,124)}$$

$$= \sqrt{0,3259} = 0,5709$$

A média aritmética para o número de pedidos anotados corretamente, em uma amostra composta por três pedidos, é 2,628, e o desvio-padrão é 0,5709. A probabilidade de que todos os três pedidos sejam anotados corretamente é 0,6722, ou 67,22 %. A probabilidade de que nenhum dos pedidos seja anotado corretamente é 0,0019, ou 0,19 %. A probabilidade de que pelo menos dois pedidos sejam anotados corretamente é 0,9577, ou 95,77 %.

Problemas para a Seção 5.3

APRENDENDO O BÁSICO

5.18 Determine o seguinte:
a. Para $n = 4$ e $\pi = 0,12$, qual é o valor para $P(X = 0)$?
b. Para $n = 10$ e $\pi = 0,40$, qual é o valor para $P(X = 9)$?
c. Para $n = 10$ e $\pi = 0,50$, qual é o valor para $P(X = 8)$?
d. Para $n = 6$ e $\pi = 0,83$, qual é o valor para $P(X = 5)$?

5.19 Se $n = 5$ e $\pi = 0,40$, qual é a probabilidade de que
a. $X = 4$?
b. $X \leq 3$?
c. $X < 2$?
d. $X > 1$?

5.20 Determine a média aritmética e o desvio-padrão para a variável aleatória X, em cada uma das distribuições binomiais a seguir:
a. $n = 4$ e $\pi = 0,10$
b. $n = 4$ e $\pi = 0,40$
c. $n = 5$ e $\pi = 0,80$
d. $n = 3$ e $\pi = 0,50$

APLICANDO OS CONCEITOS

5.21 Pressupõe-se que o aumento ou a diminuição do preço de uma ação cotada em Bolsa, entre o início e o final de um dia de transações são eventos com iguais possibilidades de ocorrência. Qual é a probabilidade de que uma ação cotada em Bolsa venha a apresentar um aumento em seu preço de fechamento em cinco dias consecutivos?

5.22 Uma pesquisa recente relatou que 22 % dos adultos com 55 anos de idade, ou mais, possuem um *smartphone*. (Dados extraídos de "Who Owns a Smartphone?" *USA Today*, 5 de março de 2012, p. 1A.) Utilizando a distribuição binomial, qual é a probabilidade de que nos próximos seis adultos com 55 anos de idade, ou mais, entrevistados
a. quatro terão um *smartphone*?
b. todos seis terão um *smartphone*?
c. pelo menos quatro terão um *smartphone*?
d. Quais são os valores para a média aritmética e o desvio-padrão correspondentes ao número de adultos com 55 anos de idade, ou mais, que terão um *smartphone* em uma pesquisa realizada junto a seis adultos?
e. Que pressupostos você precisa adotar nos itens (a) a (c)?

5.23 Uma aluna está fazendo uma prova de múltipla escolha na qual cada pergunta apresenta quatro opções de resposta. Considere que, partindo da premissa de que ela não tem nenhum conhecimento em relação à resposta correta para qualquer uma das perguntas, a aluna tenha optado pela estratégia de colocar quatro bolas (marcadas *A*, *B*, *C* e *D*) dentro de uma caixa. Ela seleciona, aleatoriamente, uma bola para cada uma das perguntas e recoloca a bola na caixa. A marcação na bola determinará a resposta que ela dará à pergunta. Existem cinco perguntas de múltipla escolha na prova. Qual é a probabilidade de que ela venha a ter
a. cinco respostas corretas?
b. pelo menos quatro respostas corretas?
c. nenhuma resposta correta?
d. não mais do que duas respostas corretas?

5.24 Uma indústria manufatureira conduz, regularmente, verificações no controle da qualidade, em períodos específicos, do produto que fabrica. Historicamente, a taxa de mau funcionamento para lâmpadas de LED que a empresa fabrica é de 5 %. Suponha que seja selecionada uma amostra aleatória de 10 lâmpadas de LED. Qual é a probabilidade de que
a. nenhuma das lâmpadas de LED apresente defeito?
b. exatamente uma das lâmpadas de LED apresente defeito?
c. duas ou menos lâmpadas de LED apresentem defeito?
d. três ou mais lâmpadas de LED apresentem defeito?

5.25 Quando um cliente dá entrada em um pedido virtual de compra de material de escritório na Rudy's On-Line Office Supplies, um sistema informatizado de informações contábeis (SIC) realiza uma verificação automática no sentido de verificar se o consumidor extrapolou o seu limite de crédito. Registros do passado indicam que a probabilidade de clientes extrapolarem seu limite de crédito é 0,05. Suponha que, em um determinado dia, 20 clientes deem entrada em pedidos de compra. Considere que o número de clientes que o SIC detecta como tendo extrapolado seus limites de crédito seja distribuído sob a forma de uma variável aleatória binomial.
a. Quais são os valores para a média aritmética e o desvio-padrão correspondentes ao número de clientes que extrapolam os seus limites de crédito?
b. Qual é a probabilidade de que zero cliente venha a extrapolar o seu limite de crédito?
c. Qual é a probabilidade de que 1 cliente venha a extrapolar o seu limite de crédito?
d. Qual é a probabilidade de que 2 ou mais clientes venham a extrapolar os seus limites de crédito?

5.26 No Exemplo 5.5, apresentado ao final desta seção, você e dois amigos decidiram se dirigir à lanchonete Wendy's. Agora, suponha que, em vez disso, você se dirija à lanchonete Burger King que, no ano passado, preencheu aproximadamente 89,7 % dos pedidos corretamente. Qual é a probabilidade de que
a. todos os três pedidos venham a ser anotados corretamente?
b. nenhum dos três pedidos venha a ser anotado corretamente?
c. pelo menos dois entre os três pedidos venham a ser anotados corretamente?
d. Quais são os valores para a média aritmética e o desvio-padrão da distribuição binomial utilizada em (a) até (c)? Interprete esses valores.

5.27 No Exemplo 5.5, apresentado ao final desta seção, você e dois amigos decidiram se dirigir à lanchonete Wendy's. Agora, suponha que, em vez disso, você se dirija ao McDonald's que, no mês passado, preencheu aproximadamente 89 % dos pedidos corretamente. Qual é a probabilidade de que
a. todos os três pedidos venham a ser anotados corretamente?
b. nenhum dos três pedidos venha a ser anotado corretamente?
c. pelo menos dois entre os três pedidos venham a ser anotados corretamente?
d. Quais são os valores para a média aritmética e o desvio-padrão da distribuição binomial utilizada em (a) até (c)? Interprete esses valores.
e. Compare o resultado de (a) até (d) com os resultados correspondentes ao Burger King no Problema 5.26 e à Wendy's no Exemplo 5.5, apresentado no final desta seção.

5.4 Distribuição de Poisson

Muitos estudos são baseados na contagem das vezes em que um evento específico ocorre, em uma determinada *área de oportunidades*. Uma **área de oportunidades** corresponde a uma unidade contínua ou um intervalo de tempo, volume ou qualquer área física na qual possa haver mais de uma ocorrência de um determinado evento. A distribuição de Poisson pode ser utilizada para calcular probabilidades nesses tipos de situação. Exemplos de variáveis que seguem a distribuição de Poisson são: os defeitos na superfície de uma geladeira nova; o número de falhas na rede informatizada em um determinado dia; o número de pessoas que chegam a um banco e o número de pulgas no corpo de um cachorro. Você pode utilizar a **distribuição de Poisson** para calcular probabilidades em situações como essas, contanto que sejam verificadas as seguintes propriedades:

- Você está interessado em contar o número de vezes em que um evento específico ocorre em uma determinada área de oportunidades. A área de oportunidades é definida por meio do tempo, da extensão, da área de superfície, e assim sucessivamente.
- A probabilidade de que um evento específico ocorra em uma determinada área de oportunidades é a mesma para todas as áreas de oportunidades.
- O número de eventos que ocorrem em uma determinada área de oportunidades é independente do número de eventos que ocorrem em qualquer outra área de oportunidades.
- A probabilidade de que dois ou mais eventos venham a ocorrer em uma determinada área de oportunidades se aproxima de zero à medida que a área de oportunidades vai se tornando menor.

Considere o número de clientes que chegam, durante o horário de almoço, a uma agência bancária localizada em uma região comercial central de uma grande cidade. Você está interessado no número de clientes que chegam a cada minuto. Será que essa situação se adapta às quatro propriedades da distribuição de Poisson apresentadas anteriormente?

Distribuições de Probabilidades Discretas **203**

Em primeiro lugar, o *evento* de interesse é um cliente chegando, e a *área de oportunidade fornecida* é definida como um intervalo de 1 minuto. Chegarão 0 (zero) cliente, 1 (um) cliente, dois clientes, e assim sucessivamente? Em segundo lugar, seria razoável pressupor que a probabilidade de que um cliente chegue durante um intervalo específico de 1 minuto é igual à probabilidade correspondente a todos os outros intervalos de 1 minuto. Em terceiro lugar, a chegada de um cliente em qualquer intervalo de 1 minuto não exerce nenhum efeito (ou seja, é independente) em relação à chegada de qualquer outro cliente em qualquer outro intervalo correspondente a 1 minuto. Por fim, a probabilidade de que dois ou mais clientes cheguem a um determinado período de tempo se aproxima de zero, à medida que o intervalo de tempo vai se tornando menor. Por exemplo, a probabilidade de que dois clientes chegarão dentro de um intervalo de tempo de 0,01 segundo é praticamente zero. Consequentemente, você pode utilizar a distribuição de Poisson para determinar probabilidades que envolvam o número de clientes que chegam ao banco em um intervalo de tempo de 1 minuto durante o horário de almoço.

A distribuição de Poisson possui uma característica, conhecida como λ (a letra grega minúscula *lambda*), que corresponde à média aritmética ou o número esperado de eventos por unidade. A variância de uma distribuição de Poisson é também igual a λ, e o desvio-padrão é igual a $\sqrt{\lambda}$. O número de eventos, X, da variável aleatória de Poisson, se estende desde 0 (zero) até infinito (∞).

A Equação (5.14) representa a expressão matemática correspondente à distribuição de Poisson para calcular a probabilidade de $X = x$ eventos, sabendo-se que são esperados λ eventos.

DISTRIBUIÇÃO DE POISSON

$$P(X = x \,|\, \lambda) = \frac{e^{-\lambda}\lambda^x}{x!} \tag{5.14}$$

em que

$P(X = x \,|\, \lambda)$ = a probabilidade de que $X = x$ eventos em uma área de oportunidades, sendo λ conhecido

λ = número esperado de eventos

e = constante matemática aproximada por 2,71828

x = número de eventos ($x = 0, 1, 2, ..., \infty$)

Para ilustrar uma aplicação da distribuição de Poisson, suponha que a média aritmética correspondente ao número de clientes que chegam ao banco, por minuto, durante o intervalo entre meio-dia e 1 hora da tarde, seja igual a 3,0. Qual é a probabilidade de que, em um determinado minuto, chegarão exatamente dois clientes? E qual é a probabilidade de que, em um determinado minuto, chegarão mais de dois clientes?

Utilizando a Equação (5.14) e $\lambda = 3$, a probabilidade de que, em um determinado minuto, cheguem exatamente dois clientes é

$$P(X = 2 \,|\, \lambda = 3) = \frac{e^{-3,0}(3,0)^2}{2!} = \frac{9}{(2,71828)^3(2)} = 0,2240$$

Para determinar a probabilidade de que, em qualquer minuto determinado, cheguem mais de dois clientes,

$$P(X > 2) = P(X = 3) + P(X = 4) + \cdots + P(X = \infty)$$

Uma vez que, em uma distribuição de probabilidades, a soma de todas as probabilidades deve totalizar 1, os termos ao lado direito da equação $P(X > 2)$ também representam o complemento da probabilidade de que X seja menor ou igual a 2 [ou seja, $1 - P(X \leq 2)$]. Por conseguinte,

$$P(X > 2) = 1 - P(X \leq 2) = 1 - [P(X = 0) + P(X = 1) + P(X = 2)]$$

204 Capítulo 5

Agora, utilizando a Equação (5.14),

$$P(X > 2) = 1 - \left[\frac{e^{-3,0}(3,0)^0}{0!} + \frac{e^{-3,0}(3,0)^1}{1!} + \frac{e^{-3,0}(3,0)^2}{2!} \right]$$

$$= 1 - [0,0498 + 0,1494 + 0,2240]$$

$$= 1 - 0,4232 = 0,5768$$

Portanto, existe uma chance de 57,68 % de que mais de dois clientes cheguem ao banco no mesmo minuto.

Os cálculos para probabilidades de Poisson podem se tornar maçantes. A Figura 5.4 mostra como a função de planilha **POISSON** consegue realizar o cálculo das probabilidades de Poisson para você. Você também pode procurar probabilidades de Poisson em uma tabela de probabilidades.

FIGURA 5.4
Planilha para calcular probabilidades de Poisson, com λ = 3

> **APRENDA MAIS**
>
> Uma tabela de probabilidades de Poisson e as instruções para o seu respectivo uso aparecem na seção oferecida como bônus para o Capítulo 5, no material suplementar, disponível no *site* da LTC Editora.

A Figura 5.4 exibe a **planilha CÁLCULO** *da* **pasta de trabalho Poisson** *utilizada pelas instruções para a Seção GE5.4.*

	A	B	C D E
1	Probabilidades de Poisson		
2			
3		**Dados**	
4	Média/Número esperado de eventos de interesse		3
5			
6	**Tabela de Probabilidades de Poisson**		
7	**X**	**P(X)**	
8	0	0,0498	=POISSON(A8, $E$4, FALSO)
9	1	0,1494	=POISSON(A9, $E$4, FALSO)
10	2	0,2240	=POISSON(A10, $E$4, FALSO)
11	3	0,2240	=POISSON(A11, $E$4, FALSO)
12	4	0,1680	=POISSON(A12, $E$4, FALSO)
13	5	0,1008	=POISSON(A13, $E$4, FALSO)
14	6	0,0504	=POISSON(A14, $E$4, FALSO)
15	7	0,0216	=POISSON(A15, $E$4, FALSO)
16	8	0,0081	=POISSON(A16, $E$4, FALSO)
17	9	0,0027	=POISSON(A17, $E$4, FALSO)
18	10	0,0008	=POISSON(A18, $E$4, FALSO)
19	11	0,0002	=POISSON(A19, $E$4, FALSO)
20	12	0,0001	=POISSON(A20, $E$4, FALSO)
21	13	0,0000	=POISSON(A21, $E$4, FALSO)
22	14	0,0000	=POISSON(A22, $E$4, FALSO)
23	15	0,0000	=POISSON(A23, $E$4, FALSO)

EXEMPLO 5.6

Calculando Probabilidades de Poisson

Sabe-se que o número de acidentes de trabalho, por mês, em uma unidade de produção, segue uma distribuição de Poisson, com uma média aritmética de 2,5 acidentes de trabalho por mês. Qual é a probabilidade de que, em um determinado mês, nenhum acidente de trabalho venha a ocorrer? E de que pelo menos um acidente de trabalho venha a ocorrer?

SOLUÇÃO Utilizando a Equação (5.14), com λ = 2,5 (ou Excel ou busca em uma Tabela de Poisson), a probabilidade de que, em um determinado mês, nenhum acidente de trabalho venha a ocorrer é

$$P(X = 0 | \lambda = 2,5) = \frac{e^{-2,5}(2,5)^0}{0!} = \frac{1}{(2,71828)^{2,5}(1)} = 0,0821$$

A probabilidade de que, em um determinado mês, nenhum acidente de trabalho venha a ocorrer é 0,0821, ou 8,21 %. Por conseguinte,

$$P(X \geq 1) = 1 - P(X = 0)$$

$$= 1 - 0,0821$$

$$= 0,9179$$

A probabilidade de que, em um determinado mês, venha a ocorrer pelo menos um acidente de trabalho é 0,9179, ou 91,79 %.

Problemas para a Seção 5.4

APRENDENDO O BÁSICO

5.28 Suponha uma distribuição de Poisson.
a. Se $\lambda = 2,5$, encontre $P(X = 2)$.
b. Se $\lambda = 8,0$, encontre $P(X = 8)$.
c. Se $\lambda = 0,5$, encontre $P(X = 1)$.
d. Se $\lambda = 3,7$, encontre $P(X = 0)$.

5.29 Suponha uma distribuição de Poisson.
a. Se $\lambda = 2,0$, encontre $P(X \geq 2)$.
b. Se $\lambda = 8,0$, encontre $P(X \geq 3)$.
c. Se $\lambda = 0,5$, encontre $P(X \leq 1)$.
d. Se $\lambda = 4,0$, encontre $P(X \geq 1)$.
e. Se $\lambda = 5,0$, encontre $P(X \leq 3)$.

5.30 Suponha uma distribuição de Poisson com $\lambda = 5,0$. Qual é a probabilidade de que
a. $X = 1$?   **c.** $X > 1$?
b. $X < 1$?   **d.** $X \leq 1$?

APLICANDO OS CONCEITOS

5.31 Considere que o número de erros de rede, ocorridos em um determinado dia, em um sistema de rede local (LAN — *local area network*) seja distribuído nos moldes de uma variável de Poisson. A média aritmética correspondente ao número de erros de rede ocorridos em um dia é 2,4. Qual é a probabilidade de que em qualquer determinado dia,
a. ocorrerá zero erro de rede?
b. ocorrerá exatamente 1 erro de rede?
c. ocorrerão dois ou mais erros de rede?
d. ocorrerão menos de três erros de rede?

AUTO-teste **5.32** O gerente de controle de qualidade da Marilyn's Cookies está inspecionando um lote de biscoitos com pedaços inteiros de chocolate, que acabou de ser assado no forno. Se o processo de produção está sob controle, a média aritmética correspondente ao número de pedaços inteiros de chocolate, para cada biscoito, corresponde a 6,0. Qual é a probabilidade de que, em qualquer biscoito específico que esteja sendo inspecionado,
a. sejam encontrados menos de cinco pedaços inteiros de chocolate?
b. sejam encontrados exatamente cinco pedaços inteiros de chocolate?
c. sejam encontrados cinco ou mais pedaços inteiros de chocolate?
d. sejam encontrados quatro ou cinco pedaços inteiros de chocolate?

5.33 Reporte-se ao Problema 5.32. Quantos biscoitos, em um lote de 100 unidades, o gerente deve esperar descartar, se a política da empresa exige que todos os biscoitos com pedaços inteiros de chocolate vendidos devam ter pelo menos quatro pedaços inteiros de chocolate?

5.34 O Departamento de Transportes dos EUA mantém estatísticas sobre reclamações relacionadas a malas danificadas, para cada 1.000 passageiros de companhias aéreas. Em maio de 2012, a companhia aérea Delta danificou 1,93 mala para cada 1.000 passageiros. Qual é a probabilidade de que, para os próximos 1.000 passageiros, a Delta venha a ter
a. nenhuma bagagem danificada?
b. pelo menos uma bagagem danificada?
c. pelo menos duas bagagens danificadas?

5.35 O Departamento de Transportes dos EUA mantém estatísticas sobre reclamações relacionadas a recusa de embarque involuntária. Em maio de 2012, a taxa de recusa de embarque involuntária da American Airlines correspondeu 0,81 para cada 10.000 passageiros. Qual é a probabilidade de que, para os próximos 10.000 passageiros,
a. não ocorra nenhuma recusa de embarque involuntária?
b. ocorra pelo menos uma recusa de embarque involuntária?
c. pelo menos duas pessoas tenham recusa de embarque involuntária?

5.36 Com base em experiências do passado, pressupõe-se que o número de imperfeições, por metro, em rolos de papel de parede do tipo 2 segue uma distribuição de Poisson, com uma média aritmética correspondente a 1 imperfeição para cada 5 metros de papel de parede (ou seja, 0,2 imperfeição por metro). Qual é a probabilidade de que
a. em um rolo de papel com 1 metro, haverá pelo menos 2 imperfeições?
b. em um rolo de papel com 12 metros, haverá pelo menos 1 imperfeição?
c. em um rolo de papel com 50 metros, haverá 5 ou mais imperfeições e 15 ou menos imperfeições?

5.37 A J.D. Power and Associates calcula e publica várias estatísticas relacionadas à qualidade de automóveis. A pontuação inicial em termos de qualidade mede o número de problemas relacionados a cada automóvel novo vendido. No que se refere aos automóveis com modelo 2012, a Ford apresentou 1,18 problema por automóvel, e a Toyota apresentou 0,88 problema por automóvel. (Dados extraídos do Estudo de Qualidade Inicial de 2012 da J.D. Power and Associates, 27 de junho de 2012, **autos.jdpower.com/ratings/quality-press-release.htm**.) Faça com que X seja igual ao número de problemas com um automóvel da Ford modelo 2012 recentemente adquirido.
a. Quais pressupostos devem ser necessariamente adotados de modo que X seja distribuída nos moldes de uma variável de Poisson? Esses pressupostos são razoáveis?
Adotando os pressupostos previstos em (a), caso você adquirisse um Ford 2012, qual seria a probabilidade de que o carro novo viesse a apresentar
b. zero problema?
c. dois ou menos problemas?
d. Forneça uma definição operacional para *problema*. Por que a definição operacional é importante no sentido de interpretar a pontuação inicial em termos de qualidade?

5.38 Reporte-se ao Problema 5.37. Caso você adquirisse um Toyota 2012, qual seria a probabilidade de que o automóvel novo viesse a apresentar
a. zero problema?
b. dois ou menos problemas?
c. Compare suas respostas em (a) e (b) com as respostas para o Ford 2012 no Problema 5.37 (b) e (c).

5.39 Reporte-se ao Problema 5.37. Outro artigo relatou que, em 2011, a Ford apresentou 1,16 problema por automóvel, enquanto a Toyota apresentou 1,01 problema por automóvel. (Dados extraídos de M. Ramsey, "Ford Drops in Quality Survey", *The Wall Street Journal*, 24 de junho de 2011, p. B4.) Caso você tivesse adquirido um Ford 2011, qual seria a probabilidade de que o automóvel novo viesse a apresentar

206 Capítulo 5

a. zero problema?

b. dois ou menos problemas?

c. Compare suas respostas em (a) e (b) com as respostas para o Ford 2012 no Problema 5.37 (b) e (c).

5.40 Reporte-se ao Problema 5.39. Se você tivesse adquirido um Toyota 2011, qual seria a probabilidade de que o carro novo viesse a apresentar

a. zero problema?

b. dois ou menos problemas?

c. Compare suas respostas em (a) e (b) com as respostas para o Toyota 2012 no Problema 5.38 (a) e (b).

5.41 Um número de telefone com discagem gratuita está disponível das 9 horas da manhã às 9 horas da noite, para que seus clientes registrem reclamações sobre algum produto adquirido de sua empresa. Um histórico do passado indica que uma média de 0,8 chamada é recebida por minuto.

a. Quais propriedades devem necessariamente ser verdadeiras, no que concerne à situação aqui descrita, para que possa ser utilizada a distribuição de Poisson para calcular probabilidades relacionadas com o número de chamadas telefônicas recebidas em um período de 1 minuto?

Partindo do pressuposto de que a situação atende às propriedades discutidas no item (a), qual é a probabilidade de que, durante um período de 1 minuto,

b. zero chamada telefônica será recebida?

c. três ou mais chamadas telefônicas serão recebidas?

d. Qual é o número máximo de chamadas telefônicas que serão recebidas, em um período de 1 minuto, 99,99 % do tempo?

5.5 Distribuição Hipergeométrica

Tanto a distribuição binomial quanto a **distribuição hipergeométrica** utilizam o número de eventos de interesse em uma amostra contendo n observações. Uma das diferenças nessas duas distribuições de probabilidade está no modo pelo qual as amostras são selecionadas. No que diz respeito à distribuição binomial, os dados da amostra são selecionados *com* reposição, a partir de uma população *finita*, ou *sem* reposição, a partir de uma população *infinita*. Consequentemente, a probabilidade de um evento de interesse, π, é constante ao longo de todas as observações, e o resultado de qualquer observação específica é independente de qualquer outro resultado. No que diz respeito à distribuição hipergeométrica, os dados da amostra são selecionados *sem* reposição, a partir de uma população *finita*. Por conseguinte, o resultado correspondente a uma observação é dependente dos resultados das observações anteriores.

Considere uma população de tamanho N. Faça com que A represente o número total de eventos de interesse na população. A distribuição hipergeométrica é então utilizada para encontrar a probabilidade de X eventos de interesse em uma amostra de tamanho n, selecionada sem reposição. A Equação (5.15) representa a expressão matemática da distribuição hipergeométrica para encontrar x eventos de interesse, conhecendo-se n, N e A.

DISTRIBUIÇÃO HIPERGEOMÉTRICA

$$P(X = x \mid n, N, A) = \frac{\binom{A}{x}\binom{N-A}{n-x}}{\binom{N}{n}} \tag{5.15}$$

em que

$P(X = x \mid n, N, A)$ = probabilidade de x eventos de interesse, dado o conhecimento de n, N e A

n = tamanho da amostra

N = tamanho da população

A = número de eventos de interesse na população

$N - A$ = número de eventos que não são de interesse na população

x = número de eventos de interesse na amostra

$\binom{A}{x} = {}_AC_x$ = número de combinações [veja a Equação (5.10) na Seção 5.3]

$x \leq A$

$x \leq n$

Uma vez que o número de eventos de interesse na amostra, representado por x, não pode ser maior do que o número de eventos de interesse na população, A, nem pode x ser maior do que o tamanho da amostra, n, a amplitude da variável aleatória hipergeométrica é limitada ao tamanho da amostra ou ao número de eventos de interesse na população, seja qual for o menor entre eles.

Distribuições de Probabilidades Discretas **207**

A Equação (5.16) define a média aritmética da distribuição hipergeométrica, e a Equação (5.17) define o desvio-padrão.

MÉDIA ARITMÉTICA DA DISTRIBUIÇÃO HIPERGEOMÉTRICA

$$\mu = E(X) = \frac{nA}{N} \tag{5.16}$$

DESVIO-PADRÃO DA DISTRIBUIÇÃO HIPERGEOMÉTRICA

$$\sigma = \sqrt{\frac{nA(N-A)}{N^2}}\sqrt{\frac{N-n}{N-1}} \tag{5.17}$$

Na Equação (5.17), a expressão $\sqrt{\dfrac{N-n}{N-1}}$ é um **fator de correção de população finita** que resulta da amostragem feita sem reposição, a partir de uma população finita.

Para ilustrar a distribuição hipergeométrica, suponha que você esteja formando uma equipe de 8 executivos de diferentes departamentos de sua empresa. Sua empresa tem um total de 30 executivos, e 10 deles são do departamento financeiro. Se você vai selecionar aleatoriamente os membros da equipe, qual é a probabilidade de que a equipe venha a conter 2 executivos do departamento financeiro? Nesse caso, a população de $N = 30$ executivos de dentro da organização é finita. Além disso, $A = 10$ são oriundos do departamento financeiro. Uma equipe de $n = 8$ membros está para ser selecionada.

Utilizando a Equação (5.15),

$$
P(X = 2 \,|\, n = 8, N = 30, A = 10) = \frac{\binom{10}{2}\binom{20}{6}}{\binom{30}{8}}
$$

$$
= \frac{\left(\dfrac{10!}{2!(8)!}\right)\left(\dfrac{(20)!}{(6)!(14)!}\right)}{\left(\dfrac{30!}{8!(22)!}\right)}
$$

$$
= 0{,}298
$$

Por conseguinte, a probabilidade de que a equipe venha a conter dois membros originários do departamento financeiro é 0,298, ou 29,8 %.

O cálculo de probabilidades hipergeométricas pode se tornar enfadonho, especialmente à medida que N vai ficando maior. A Figura 5.5 ilustra o modo como a função de planilha **DIST.HIPERGEOM** consegue realizar os cálculos de probabilidades hipergeométricas para o exemplo que trata da formação de equipes.

FIGURA 5.5
Planilha para o cálculo de probabilidades hipergeométricas para o exemplo da formação da equipe

*A Figura 5.5 exibe a **planilha CÁLCULO** da **pasta de trabalho Hipergeométrica** e revela as fórmulas que a planilha utiliza. Veja a Seção GE5.5 que são utilizadas pelas instruções da Seção GE.5.*

	A	B	
1	**Probabilidades Hipergeométricas**		
2			
3	**Dados**		
4	Tamanho da amostra	8	
5	No de eventos de interesse na população	10	
6	Tamanho da população	30	
7			
8	**Tabela de Probabilidades Hipergeométricas**		
9	**X**	**P(X)**	
10	0	0,0215	=DIST.HIPERGEOM(A10, $B$4, $B$5, $B$6, FALSO)
11	1	0,1324	=DIST.HIPERGEOM(A11, $B$4, $B$5, $B$6, FALSO)
12	2	0,2980	=DIST.HIPERGEOM(A12, $B$4, $B$5, $B$6, FALSO)
13	3	0,3179	=DIST.HIPERGEOM(A13, $B$4, $B$5, $B$6, FALSO)
14	4	0,1738	=DIST.HIPERGEOM(A14, $B$4, $B$5, $B$6, FALSO)
15	5	0,0491	=DIST.HIPERGEOM(A15, $B$4, $B$5, $B$6, FALSO)
16	6	0,0068	=DIST.HIPERGEOM(A16, $B$4, $B$5, $B$6, FALSO)
17	7	0,0004	=DIST.HIPERGEOM(A17, $B$4, $B$5, $B$6, FALSO)
18	8	0,0000	=DIST.HIPERGEOM(A18, $B$4, $B$5, $B$6, FALSO)

208 Capítulo 5

O Exemplo 5.7 mostra uma aplicação para a distribuição hipergeométrica na seleção de carteiras de ações.

EXEMPLO 5.7

Calculando Probabilidades Hipergeométricas

Você é um analista financeiro que está enfrentando a tarefa de selecionar fundos mútuos para serem adquiridos e incorporados à carteira de títulos de um cliente. Você conseguiu reduzir para 10 fundos diferentes a quantidade de fundos a serem selecionados. No intuito de diversificar a carteira de títulos de seu cliente, você recomendará a compra de 4 fundos diferentes. Seis desses fundos são fundos baseados no crescimento. Qual é a probabilidade de que, entre os 4 fundos selecionados, 3 sejam fundos baseados no crescimento?

SOLUÇÃO Utilizando a Equação (5.15), com $X = 3$, $n = 4$, $N = 10$ e $A = 6$,

$$P(X = 3 \mid n = 4, N = 10, A = 6) = \frac{\binom{6}{3}\binom{4}{1}}{\binom{10}{4}}$$

$$= \frac{\left(\dfrac{6!}{3!(3)!}\right)\left(\dfrac{(4)!}{(1)!(3)!}\right)}{\left(\dfrac{10!}{4!(6)!}\right)}$$

$$= 0{,}3810$$

A probabilidade de que, entre os 4 fundos selecionados, 3 sejam fundos baseados no crescimento é 0,3810 ou 38,10 %.

Problemas para a Seção 5.5

APRENDENDO O BÁSICO

5.42 Determine o seguinte:
a. Se $n = 4$, $N = 10$ e $A = 5$, encontre $P(X = 3)$.
b. Se $n = 4$, $N = 6$ e $A = 3$, encontre $P(X = 1)$.
c. Se $n = 5$, $N = 12$ e $A = 3$, encontre $P(X = 0)$.
d. Se $n = 3$, $N = 10$ e $A = 3$, encontre $P(X = 3)$.

5.43 Com referência ao Problema 5.42, calcule a média aritmética e o desvio-padrão para as distribuições hipergeométricas descritas em (a) até (d).

APLICANDO OS CONCEITOS

AUTO-teste **5.44** Um auditor da Receita Federal dos EUA está selecionando, para fins de auditoria, uma amostra com 6 restituições de imposto de renda. Caso duas ou mais dessas restituições sejam "indevidas", a população inteira de 100 restituições será auditada. Qual é a probabilidade de que a população inteira venha a ser auditada, se o número verdadeiro de restituições indevidas na população for
a. 25?
b. 30?
c. 5?
d. 10?
e. Argumente sobre as diferenças em seus resultados, dependendo do número verdadeiro de restituições indevidas na população.

5.45 A KSDLDS-Pros, uma empresa de consultoria em administração de projetos de TI, está formando uma equipe de administração de projetos composta por 5 profissionais. Na em-

presa composta por 50 profissionais, 8 são considerados como especialistas em análise de dados. Caso os profissionais sejam aleatoriamente escolhidos, qual é a probabilidade de que a equipe venha a incluir
a. nenhum especialista em análise de dados?
b. pelo menos 1 especialista em análise de dados?
c. não mais do que dois especialistas em análise de dados?
d. Qual seria sua resposta para (a) se a equipe consistisse em 7 membros?

5.46 Com base em um estoque de 30 automóveis que estão sendo transportados para uma concessionária local, 4 deles são veículos utilitários esportivos (SUV). Qual é a probabilidade de que, caso 4 veículos cheguem a uma determinada concessionária,
a. todos 4 sejam SUV?
b. nenhum deles seja um SUV?
c. pelo menos 1 seja um SUV?
d. Quais seriam suas respostas para (a) até (c), caso 6 veículos que estejam sendo transportados sejam SUV?

5.47 Como gerente de controle da qualidade, você é responsável por verificar o nível da qualidade de adaptadores de corrente alternada AC para computadores do tipo *tablet*, que a sua empresa fabrica. Você deve rejeitar uma remessa, caso descubra pelo menos 4 unidades defeituosas. Suponha que uma remessa de 40 adaptadores de corrente alternada AC tenha 8 unidades defeituosas e 32 unidades não defeituosas. Caso você extraia uma amostra de 12 adaptadores de corrente alternada AC, qual é a probabilidade de que
a. haverá nenhuma unidade defeituosa na remessa?
b. haverá pelo menos uma unidade defeituosa na remessa?

Distribuições de Probabilidades Discretas **209**

c. haverá 4 unidades defeituosas na remessa?
d. a remessa venha a ser aceita?

5.48 No Exemplo 5.7, ao final desta Seção, um analista financeiro estava enfrentando a tarefa de selecionar fundos mútuos para compra e incorporação na carteira de títulos de um cliente. Suponha que o número de fundos tenha diminuído para 12 fundos em

vez de 10 fundos (ainda com 6 fundos baseados no crescimento). Qual é a probabilidade de que, entre os 4 fundos selecionados,
a. exatamente 1 seja um fundo baseado no crescimento?
b. pelo menos 1 seja um fundo baseado no crescimento?
c. 3 sejam fundos baseados no crescimento?
d. Compare o resultado de (c) com o resultado do Exemplo 5.7.

UTILIZANDO A ESTATÍSTICA

Eventos de Interesse na Ricknel Home Centers, Revisitado

Monkey Business Images / Shutterstock

No cenário da Ricknel Home Improvement, no início deste capítulo, você era um contabilista da Ricknel Home Improvement Company. O sistema de informações contábeis da empresa automaticamente examina formulários com pedidos de compra virtuais realizados por clientes na Grande Rede, no sentido de investigar possíveis erros de inconsistência. Quaisquer faturas passíveis de questionamento são etiquetadas e incluídas em um relatório diário de exceções. Sabendo que a probabilidade de que um pedido de compra venha a ser etiquetado é de 0,10, você pôde utilizar a distribuição binomial para determinar a chance de vir a encontrar um determinado número de formulários de compra etiquetados em uma amostra de tamanho 4. Foi encontrada uma chance de 65,6 % de que nenhum dos formulários seria etiquetado; uma chance de 29,2 % de que um formulário seria etiquetado; e uma chance de 5,2 % de que dois ou mais formulários seriam etiquetados. Você conseguiu determinar que, em média, poder-se-ia esperar que 0,4 formulário fosse etiquetado, e o desvio-padrão correspondente ao número de formulários de compra etiquetados seria 0,6. Agora que você aprendeu a mecânica do uso da distribuição binomial para uma probabilidade conhecida de 0,10 e um tamanho de amostra igual a quatro, você será capaz de aplicar o mesmo método para qualquer probabilidade e qualquer tamanho de amostra. Por conseguinte, você será capaz de fazer inferências sobre o processo de pedidos de compra feitos por intermédio da Grande Rede e, ainda mais importante, avaliar quaisquer mudanças ou mudanças propostas para o processo.

RESUMO

Neste capítulo, você estudou a distribuição de probabilidades para uma variável discreta, a covariância e a sua aplicação nas finanças, além de três importantes distribuições de probabilidades discretas: as distribuições binomial, de Poisson e hipergeométrica. No próximo capítulo, você estudará várias distribuições contínuas importantes, incluindo a distribuição normal.

Para ajudar a decidir sobre qual distribuição de probabilidades utilizar para uma determinada situação, você precisa fazer as seguintes perguntas:

- Existe um número fixo de observações, *n*, cada uma das quais classificada como um evento de interesse ou não sendo um evento de interesse? Existe uma área de opor-

tunidades? Caso exista um número fixo de observações, *n*, cada uma delas classificada como um evento de interesse ou não sendo um evento de interesse, você utiliza a distribuição binomial ou a distribuição hipergeométrica. Caso exista uma área de oportunidades, você utiliza a distribuição de Poisson.

- Ao decidir se deve utilizar a distribuição binomial ou a distribuição hipergeométrica, a probabilidade de um evento de interesse é constante em relação a todas as tentativas? Em caso afirmativo, você pode utilizar a distribuição binomial. Em caso negativo, você pode utilizar a distribuição hipergeométrica.

REFERÊNCIAS

1. Bernstein, P. L., *Against the Gods: The Remarkable Story of Risk*. New York: Wiley, 1996.
2. Emery, D. R., J. D. Finnerty, and J. D. Stowe, *Corporate Financial Management*, 3rd ed. Upper Saddle River, NJ: Prentice Hall, 2007.
3. Levine, D. M., P. Ramsey, and R. Smidt, *Applied Statistics for Engineers and Scientists Using Microsoft Excel and Minitab*. Upper Saddle River, NJ: Prentice Hall, 2001.
4. *Microsoft Excel 2010*. Redmond, WA: Microsoft Corp., 2010.
5. Taleb, N. *The Black Swan*, 2nd. ed. New York: Random House, 2010.

EQUAÇÕES-CHAVE

Valor Esperado, μ, de uma Variável Discreta

$$\mu = E(X) = \sum_{i=1}^{N} x_i P(X = x_i) \tag{5.1}$$

Variância de uma Variável Discreta

$$\sigma^2 = \sum_{i=1}^{N} [x_i - E(X)]^2 P(X = x_i) \tag{5.2}$$

Desvio-Padrão de uma Aleatória Discreta

$$\sigma = \sqrt{\sigma^2} = \sqrt{\sum_{i=1}^{N} [x_i - E(X)]^2 P(X = x_i)} \tag{5.3}$$

Covariância

$$\sigma_{XY} = \sum_{i=1}^{N} [x_i - E(X)][y_i - E(Y)] P(x_i y_i) \tag{5.4}$$

Valor Esperado da Soma entre Duas Variáveis

$$E(X + Y) = E(X) + E(Y) \tag{5.5}$$

Variância da Soma entre Duas Variáveis

$$Var(X + Y) = \sigma^2_{X+Y} = \sigma^2_X + \sigma^2_Y + 2\sigma_{XY} \tag{5.6}$$

Desvio-Padrão da Soma entre Duas Variáveis

$$\sigma_{X+Y} = \sqrt{\sigma^2_{X+Y}} \tag{5.7}$$

Retorno Esperado para a Carteira de Títulos

$$E(P) = wE(X) + (1 - w)E(Y) \tag{5.8}$$

Risco para a Carteira de Títulos

$$\sigma_p = \sqrt{w^2 \sigma^2_X + (1 - w)^2 \sigma^2_Y + 2w(1 - w)\sigma_{XY}} \tag{5.9}$$

Combinações

$$_nC_x = \frac{n!}{x!(n - x)!} \tag{5.10}$$

Distribuição Binomial

$$P(X = x \mid n, \pi) = \frac{n!}{x!(n - x)!} \pi^x (1 - \pi)^{n-x} \tag{5.11}$$

Média Aritmética da Distribuição Binomial

$$\mu = E(X) = n\pi \tag{5.12}$$

Desvio-Padrão da Distribuição Binomial

$$\sigma = \sqrt{\sigma^2} = \sqrt{Var(X)} = \sqrt{n\pi(1 - \pi)} \tag{5.13}$$

Distribuição de Poisson

$$P(X = x \mid \lambda) = \frac{e^{-\lambda} \lambda^x}{x!} \tag{5.14}$$

Distribuição Hipergeométrica

$$P(X = x \mid n, N, A) = \frac{\binom{A}{x}\binom{N - A}{n - x}}{\binom{N}{n}} \tag{5.15}$$

Média Aritmética da Distribuição Hipergeométrica

$$\mu = E(X) = \frac{nA}{N} \tag{5.16}$$

Desvio-Padrão da Distribuição Hipergeométrica

$$\sigma = \sqrt{\frac{nA(N - A)}{N^2}} \sqrt{\frac{N - n}{N - 1}} \tag{5.17}$$

TERMOS-CHAVE

área de oportunidades
carteiras de títulos (portfólios)
covariância de uma distribuição de probabilidades (σ_{XY})
desvio-padrão da soma entre duas variáveis aleatórias
desvio-padrão de uma variável discreta
distribuição binomial

distribuição de Poisson
distribuição de probabilidades para uma variável discreta
distribuição hipergeométrica
fator de correção de população finita
função de distribuição de probabilidades
modelo matemático
regra de combinações

retorno esperado para a carteira de títulos
risco para a carteira de títulos
valor esperado
valor esperado da soma entre duas variáveis aleatórias
variância da soma entre duas variáveis
variância de uma variável discreta

AVALIANDO O SEU ENTENDIMENTO

5.49 Qual é o significado para o valor esperado de uma distribuição de probabilidades?

5.50 Quais são as quatro propriedades que devem estar presentes para que seja utilizada a distribuição binomial?

5.51 Quais são as quatro propriedades que devem estar presentes para que seja utilizada a distribuição de Poisson?

5.52 Em que situações você utiliza a distribuição hipergeométrica em vez da distribuição binomial?

PROBLEMAS DE REVISÃO DO CAPÍTULO

5.53 Darwin Head, operário de uma serraria, com 35 anos de idade, ganhou 1 milhão de dólares e um Chevrolet Malibu Hybrid ao fazer 15 gols em 24 segundos na partida da Vancouver Canucks National Hockey League (B. Ziemer, "Darwin Evolves into an Instant Millionaire", *Vancouver Sun*, 28 de fevereiro de 2008, p. 1). Darwin Head afirmou que utilizaria o dinheiro parar quitar sua hipoteca e prover o sustento de seus filhos, e não tinha nenhum plano de abandonar seu emprego. A competição fazia parte do Chevrolet Malibu Million Dollar Shootout, patrocinada pela Divisão Canadense da Chevrolet Motors. A GM-Canada arriscou esse 1 milhão de dólares? Não! A GM-Canadá adquiriu uma apólice de seguro, para o evento, de uma empresa especializada em promoções em eventos esportivos, tais como o *half-court basketball shot* (cesta com lance na linha do meio da quadra), ou o *hole-in-one giveaway* (prêmio para acerto da bola de golfe no buraco com apenas uma tacada) no torneio local beneficente de golfe. A empresa de seguros para eventos estima a probabilidade de que um concorrente venha a ganhar a competição e, por meio da cobrança de uma modesta tarifa, faz a cobertura do seguro para o evento. Os promotores pagam pelos prêmios do seguro, mas não assumem nenhum tipo de risco adicional, uma vez que a seguradora fará o pagamento do vultoso prêmio, na improvável eventualidade de que um concorrente venha a fazer jus a ele. Para verificar como isso funciona, suponha que a seguradora estime que a probabilidade de um concorrente vir a ganhar o Million Dollar Shootout é 0,001, e cobre $4.000 pelo seguro.

a. Calcule o valor esperado para o lucro a ser auferido pela seguradora.

b. Muitas pessoas dão a esse tipo de situação o nome de oportunidade de ganhar ou ganhar, para a seguradora e o promotor. Você concorda? Explique.

5.54 Entre 1896, quando foi criado o Índice Dow Jones, e 2009, o índice cresceu em 64 % dos anos. (Dados extraídos de M. Hulbert, "What the Past Can't Tell Investors", *The New York Times*, 3 de janeiro de 2010, p. BU2.) Com base nessas informações, e pressupondo uma distribuição binomial, qual você acredita que seja a probabilidade de que o mercado de ações venha a crescer

a. no próximo ano?

b. no ano depois do próximo?

c. em quatro dos cinco próximos anos?

d. em nenhum dos cinco próximos anos?

e. Para essa situação, qual pressuposto da distribuição binomial poderia não ser válido?

5.55 No início de 2012, foi relatado que 38 % dos adultos norte-americanos que possuíam um aparelho de telefone celular ligavam para um amigo para pedir conselhos sobre uma determinada compra, enquanto estavam dentro de uma loja. (Dados extraídos de "Mobile Advice, Sunday Stats", *The Palm Beach Post*, 19 de fevereiro de 2012, p. 1F.) No caso de ser selecionada uma amostra de 10 adultos norte-americanos que possuem um aparelho de telefone celular, qual é a probabilidade de que

a. seis pessoas telefonassem para um amigo pedindo conselho sobre uma determinada compra, enquanto estavam dentro de uma loja?

b. pelo menos seis pessoas telefonassem para um amigo pedindo conselho sobre uma determinada compra, enquanto estavam dentro de uma loja?

c. todas as 10 pessoas telefonassem para um amigo pedindo conselho sobre uma determinada compra, enquanto estavam dentro de uma loja?

d. Se você selecionasse a amostra em uma determinada área geográfica, e descobrisse que nenhum dos 10 entrevistados tivesse telefonado para um amigo pedindo conselho sobre uma determinada compra, enquanto estavam dentro de uma loja, a que conclusão você chegaria, em relação ao fato de a porcentagem de adultos que possuem telefones celulares e que telefonaram para um amigo pedindo conselho sobre uma determinada compra, enquanto estavam dentro de uma loja nessa área, ser ou não 38 %?

5.56 Uma teoria relacionada com a Média Industrial Dow Jones é que ela está propensa a crescer em anos de eleição presidencial nos EUA. De 1964 a 2008, a Média Industrial Dow Jones cresceu em 9 dos 12 anos de eleições presidenciais norte-americanas. Considerando que esse indicador seja um evento aleatório, sem nenhum valor em termos de previsão, você esperaria que o indicador estivesse correto durante 50 % do tempo.

a. Qual é a probabilidade de a Média Industrial Dow Jones crescer em 9 ou mais dos 12 anos de eleição presidencial norte-americana, se a probabilidade de um crescimento na Média Industrial Dow Jones for igual a 0,50?

b. Qual é a probabilidade de que a Média Industrial Dow Jones venha a crescer em 9 ou mais dos 12 anos de eleição presidencial norte-americana, se a probabilidade de um crescimento na Média Industrial Dow Jones, em qualquer ano específico, for igual a 0,75?

5.57 Erros e fraudes no sistema de faturamento da área médica estão cada vez mais em alta. De acordo com os Medical Billing Advocates of America (Advogados da América para Assuntos de Faturamento na Área Médica), 8 em cada 10 vezes, as faturas da área médica que você obtém não estão

212 Capítulo 5

corretas. (Dados extraídos de "Services Diagnose, Treat Medical Billing Errors", *USA Today*, 20 de junho de 2012.) Caso seja selecionada uma amostra com 10 faturas médicas, qual é a probabilidade de que

a. 0 (zero) fatura médica venha a conter algum tipo de erro?

b. exatamente 5 faturas médicas venham a conter algum tipo de erro?

c. mais de 5 faturas médicas venham a conter algum tipo de erro?

d. Quais são os valores para a média aritmética e o desvio-padrão da distribuição de probabilidades?

5.58 Reporte-se ao Problema 5.57. Suponha que uma iniciativa de melhoria da qualidade tenha reduzido a porcentagem de faturas médicas contendo erros para 40 %. Caso seja selecionada uma amostra de 10 faturas médicas, qual é a probabilidade de que

a. 0 (zero) fatura médica venha a conter algum tipo de erro?

b. exatamente 5 faturas médicas venham a conter algum tipo de erro?

c. mais de 5 faturas médicas venham a conter algum tipo de erro?

d. Quais são os valores para a média aritmética e o desvio-padrão da distribuição de probabilidades?

e. Compare os resultados de (a) a (c) com os resultados de (a) a (c) do Problema 5.57.

5.59 Os acessos a redes sociais envolvem a recomendação ou o compartilhamento de um artigo que você lê quando está acessando a Rede. De acordo com Janrain ("T. Wayne, One Log-In Catches on for Many Sites", *The New York Times*, 2 de maio de 2011, p. B2), no primeiro trimestre de 2011, 35 % se inscreveram através do Facebook, comparados a 31 % para o Google.

Se for selecionada uma amostra aleatória composta por 10 pessoas que acessaram redes sociais, qual é a probabilidade de que

a. mais de 4 pessoas tenham se inscrito através do Facebook?

b. mais de 4 pessoas tenham se inscrito através do Google?

c. ninguém tenha se inscrito através do Facebook?

d. Que pressupostos você precisou adotar para poder responder os itens de (a) a (c)?

5.60 Uma das maiores frustrações do setor varejista de produtos eletrônicos norte-americanos é o fato de que os consumidores estão acostumados a devolver mercadorias por qualquer razão (C. Lawton, "The War on Returns", *The Wall Street Journal*, 8 de maio de 2008, pp. D1, D6). Recentemente, foi relatado que devoluções "sem nenhum problema detectado" representaram 68 % de todas as devoluções. Considere uma amostra de 20 consumidores que tenham feito devoluções relacionadas a compras de produtos eletrônicos. Utilize o modelo binomial para responder às seguintes perguntas:

a. Qual é o valor esperado, ou média aritmética, correspondente à distribuição binomial?

b. Qual é o desvio-padrão para a distribuição binomial?

c. Qual é a probabilidade de que 15 entre os 20 consumidores tenham feito devoluções "sem nenhum problema detectado"?

d. Qual é a probabilidade de que não mais de 10 entre os consumidores tenham feito devoluções "sem nenhum problema detectado"?

e. Qual é a probabilidade de que 10 ou mais entre os consumidores tenham feito uma devolução de mercadoria sem nenhum problema detectado?

5.61 Reporte-se ao Problema 5.60. No mesmo período de tempo, 27 % das devoluções se deram por "arrependimento do comprador".

a. Qual é o valor esperado, ou média aritmética, correspondente à distribuição binomial?

b. Qual é o desvio-padrão para a distribuição binomial?

c. Qual é a probabilidade de que nenhum dos 20 consumidores tenha feito uma devolução por "arrependimento do comprador"?

d. Qual é a probabilidade de que não mais de 2 entre os consumidores tenham feito uma devolução por "arrependimento do comprador"?

e. Qual é a probabilidade de que 3 ou mais dos consumidores tenham feito uma devolução por "arrependimento do comprador"?

5.62 Uma teoria relacionada com o Índice S&P 500 é que, caso ele aumente durante os cinco primeiros dias de negociação do ano, ele está propenso a crescer ao longo de todo o ano. De 1950 a 2010, o Índice S&P 500 teve esse tipo de crescimento inicial em 39 anos. Em 34 desses 39 anos, o Índice S&P 500 apresentou crescimento ao longo de todo o ano. Partindo do pressuposto de que esse indicador seja um evento aleatório, sem nenhum valor em termos de previsão, você esperaria que ele estivesse correto durante 50 % do tempo. Qual é a probabilidade de que o Índice S&P 500 cresça em 34 anos ou mais, se a verdadeira probabilidade de um crescimento no Índice S&P 500 for

a. 0,50?

b. 0,70?

c. 0,90?

d. Com base nos resultados de (a) a (c), qual você imagina que seja a probabilidade de que o Índice S&P 500 venha a crescer, caso haja um ganho inicial nos cinco primeiros dias de negociação do ano? Explique.

5.63 *Correlação espúria* refere-se à aparente relação entre variáveis que tenham ou não tenham nenhuma relação verdadeira entre si, ou que sejam relacionadas a outras variáveis que não tenham sido mensuradas. Um indicador amplamente disseminado no mercado de ações nos Estados Unidos, que constitui um exemplo de correlação espúria, é a relação entre o vencedor do campeonato Super Bowl da National Football League e o desempenho da Média Industrial Dow Jones naquele mesmo ano. O "indicador" afirma que, quando um time, que já existia antes de a National Football League fazer uma fusão com a American Football League, vence o Super Bowl, a Média Industrial Dow Jones crescerá naquele mesmo ano. (Evidentemente, qualquer correlação entre essas duas variáveis é espúria, tendo em vista que uma coisa não tem absolutamente nada a ver com a outra!) Uma vez que o Super Bowl foi realizado desde 1967 até 2011, o indicador se mostrou correto em 36 entre as 45 ocasiões. Partindo do pressuposto de que esse indicador seja um evento aleatório, sem nenhum valor em termos de previsão, você esperaria que o indicador estivesse correto 50 % do tempo.

a. Qual é a probabilidade de que o indicador esteja correto 36, ou mais, vezes em 45 anos?

b. O que isso lhe diz em termos da utilidade desse indicador?

5.64 Em um ano recente, foi relatado que aproximadamente 300 milhões de bolas de golfe foram perdidas nos Estados Unidos. Considere que o número de bolas de golfe perdidas durante uma rodada composta por 18 buracos seja distribuído nos moldes de uma variável aleatória de Poisson, com uma média aritmética igual a 5 bolas.

a. Quais pressupostos precisam ser adotados, de modo tal que o número de bolas de golfe perdidas durante uma rodada de 18 buracos seja distribuído nos moldes de uma variável aleatória de Poisson?

Partindo dos pressupostos apresentados em (a), qual é a probabilidade de que

b. 0 (zero) bola venha a ser perdida em uma rodada de 18 buracos?

c. 5 bolas ou menos venham a ser perdidas em uma rodada de 18 buracos?

d. 6 bolas ou mais venham a ser perdidas em uma rodada de 18 buracos?

5.65 Em um jogo de loteria realizado na Flórida, você seleciona seis números a partir de um grupo de números de 1 a 53 (veja **flalottery.com**). Cada aposta custa $1. Você ganha o primeiro prêmio caso sejam sorteados todos os seis números que você selecionou.

Encontre a probabilidade de

a. ganhar o primeiro prêmio.

b. acertar cinco números.

c. acertar quatro números.

d. acertar três números.

e. acertar dois números.

f. acertar 1 número.

g. não acertar nenhum número.

h. Caso você acerte zero, um ou dois números, você não ganha nenhum prêmio. Qual é a probabilidade de que você não venha a ganhar nenhum prêmio?

i. O bilhete da loteria fornece as regras completas do jogo e as probabilidades de acertar de zero a seis números. O bilhete da loteria tem o slogan "Uma Vitória para a Educação" na parte posterior do bilhete. Você acredita que o slogan da Flórida, assim como as regras completas e as probabilidades de ganhar, constituem uma abordagem ética para que se conduza esse jogo de loteria?

CASOS PARA O CAPÍTULO 5

Administrando a Ashland MultiComm Services

O departamento de marketing da Ashland MultiComm Services (AMS) deseja fazer crescer as assinaturas para seu serviço combinado *3-Para-Tudo*, com telefone, TV a cabo e Internet. O departamento de marketing da (AMS) vem conduzindo uma ostensiva campanha de marketing direto, que incluiu mala direta postal e eletrônica e propostas de assinatura feitas por telefone. A resposta para esses esforços indica que incluir os canais "premium" nesse serviço combinado é um fator muito importante, tanto para os potenciais assinantes quanto para os já assinantes. Depois de várias sessões de discussão em grupo, o departamento de marketing decidiu acrescentar os canais *premium* de TV a cabo como um benefício isento de custo adicional, para a assinatura do serviço *3-Para-Tudo*.

A diretora de pesquisas, Mona Fields, está planejando conduzir uma pesquisa junto a potenciais clientes, no intuito de determinar quantos canais *premium* precisam ser adicionados ao serviço *3-Para-Tudo*, para que possa ser gerada uma assinatura para o serviço. Com base em campanhas do passado e dados oriundos de todo o setor, ela estima o seguinte:

Número de Canais Premium Gratuitos	Probabilidade de Assinatura
0	0,02
1	0,04
2	0,06
3	0,07
4	0,08
5	0,085

1. Se for selecionada uma amostra composta por 50 potenciais clientes, e nenhum canal *premium* for incluído na oferta do serviço *3-Para-Tudo*, considerando-se os resultados do passado, qual é a probabilidade de que

a. menos de 3 consumidores venham a fazer uma assinatura para a oferta do serviço *3-Para-Tudo*?

b. zero consumidor ou 1 consumidor venha a fazer uma assinatura para a oferta do serviço *3-Para-Tudo*?

c. mais de 4 consumidores venham a fazer uma assinatura para a oferta do serviço *3-Para-Tudo*?

d. Suponha que, na atual pesquisa realizada junto a 50 clientes potenciais, 4 clientes venham a fazer uma assinatura para a oferta do serviço *3-Para-Tudo*. O que isso diz a você no que se refere à estimativa anterior para a proporção de clientes que fariam uma assinatura para a oferta do serviço *3-Para-Tudo*?

2. Em vez de não oferecer nenhum canal gratuito, conforme foi o caso no Problema 1, suponha que dois canais *premium* sejam incluídos na oferta do serviço *3-Para-Tudo*. Considerando-se os resultados do passado, qual é a probabilidade de que

a. menos de três assinantes venham a fazer uma assinatura para a oferta do serviço *3-Para-Tudo*?

b. zero consumidor ou 1 consumidor venha a fazer uma assinatura para a oferta do serviço *3-Para-Tudo*?

c. mais de 4 consumidores venham a fazer uma assinatura para a oferta do serviço *3-Para-Tudo*?

d. Compare os resultados de (a) a (c) com os mesmos itens correspondentes ao Problema 1.

e. Suponha que, na atual pesquisa realizada junto a 50 clientes potenciais, 6 clientes venham a fazer uma assinatura para a oferta do serviço *3-Para-Tudo*. O que isso diz a

214 Capítulo 5

você no que se refere à estimativa anterior para a proporção de clientes que fariam uma assinatura para a oferta do serviço *3-Para-Tudo*?

f. O que os resultados em (e) dizem a você, no que concerne ao efeito de oferecer canais *premium* em relação à possibilidade de obter assinaturas para o serviço *3-Para-Tudo*?

3. Suponha que tenham sido conduzidas pesquisas adicionais junto a 50 consumidores potenciais, nas quais o número de canais *premium* isentos de custo fosse variado. Os resultados se deram como segue:

Número de Canais Premium Gratuitos	Número de Assinaturas
1	5
3	6
4	6
5	7

Quantos canais *premium* deveria o diretor de pesquisas recomendar, para que sejam incluídos no serviço *3-Para-Tudo*? Explique.

Caso Digital

Aplique seus conhecimentos sobre valor esperado e covariância, nesta continuação do Caso da Internet apresentado nos Capítulos 3 e 4.

Abra o arquivo **ER.BullsAndBears.pdf**, um panfleto de marketing da EndRun Financial Services. Leia as declarações e examine os dados que respaldam as declarações. Depois disso, responda ao seguinte:

1. Existe algum tipo de "armadilha" em relação às declarações que o panfleto apresenta, no que se refere à taxa de retorno dos Fundos Touro Feliz e Urso Preocupado?

2. Que dados subjetivos influenciam a análise das taxas de retorno para esses fundos? A EndRun poderia ser acusada de fazer declarações falsas e enganosas? Por que sim ou por que não?

3. A análise do retorno esperado aparenta demonstrar que o Fundo Urso Preocupado tem um retorno esperado mais elevado do que o Fundo Touro Feliz. Sendo assim, será que um investidor racional jamais deveria investir no Fundo Touro Feliz? Por que sim ou por que não?

GUIA DO EXCEL PARA O CAPÍTULO 5

GE5.1 A DISTRIBUIÇÃO DE PROBABILIDADES para uma VARIÁVEL DISCRETA

Técnica Principal Utilize a função **SOMARPRODUTO** (*intervalo de células 1, intervalo de células 2*) (veja a Seção F.4 do Apêndice F) para calcular o valor esperado e a variância.

Exemplo Calcule o valor esperado, a variância e o desvio-padrão para os dados correspondentes ao número de interrupções por dia, apresentados na Tabela 5.1, Seção 5.1.

Excel Avançado Utilize a **pasta de trabalho Variável Discreta** como modelo.
Para o exemplo, abra a **planilha DADOS** da **pasta de trabalho Variável Discreta**. A planilha já contém as entradas necessárias para calcular o valor esperado, a variância e o desvio-padrão (ilustrados na planilha CÁLCULO) para o exemplo.

Para outros problemas, modifique a planilha DADOS. Insira os dados correspondentes à distribuição de probabilidades nas colunas **A** e **B** e, caso necessário, estenda as colunas **C** até **E**, selecionando, em primeiro lugar, o intervalo de células **C7:E7** e, depois disso, copiando o intervalo de células para baixo ao longo de quantas linhas forem necessárias. Caso a distribuição de probabilidades tenha menos de seis resultados, selecione as linhas que contêm os resultados excedentes, não desejados, clique à direita e, depois disso, clique em **Excluir** no menu de atalhos.

Leia os BREVES DESTAQUES para o Capítulo 5, para uma explicação sobre as fórmulas encontradas nas planilhas DADOS e CÁLCULO e para ver ilustrações dessas planilhas.

GE5.2 COVARIÂNCIA de uma DISTRIBUIÇÃO de PROBABILIDADES e SUAS APLICAÇÕES em FINANÇAS

Técnica Principal Utilize as funções **RAIZ** e **SOMARPRODUTO** (veja a Seção F.4 do Apêndice F) para calcular a estatística da análise da carteira de ações.

Exemplo Realize a análise da carteira de ações para o exemplo que trata dos investimentos, na Seção 5.2.

PHStat2 Utilize o procedimento **Covariance and Portfolio Analysis (Covariância e Análise da Carteira de Títulos)**
Para o exemplo, selecione PHStat → Decision-Making → Covariance and Portfolio Analysis (PHStat2 → Tomada de Decisão → Covariância e Análise da Carteira de Títulos). Na caixa de diálogo para o procedimento (apresentada a seguir):

1. Digite **5** como valor para **Number of Outcomes** (Número de Resultados).

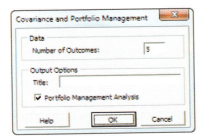

2. Insira um título na caixa correspondente a **Title,** marque a opção **Portfolio Management Analysis (Análise da Administração da Carteira de Títulos)**, e clique em **OK**.

Na nova planilha (ilustrada na Figura GE5.1):

3. Insira as probabilidades e os resultados na tabela que começa na célula **B3** (veja a Figura GE.51 a seguir).
4. Digite **0,5** como **Peso atribuído a** *X*.

Excel Avançado Utilize a **planilha CÁLCULO** da **pasta de trabalho Portfólio** como modelo.
A planilha (apresentada na Figura GE.5.1) já contém os dados correspondentes ao exemplo. Sobrescreva os valores correspondentes a *X* e *P*(*X*) e o valor para o peso atribuído a *X*, quando inserir os dados para outros problemas. Caso um determinado problema tenha mais ou menos do que três resultados, selecione inicialmente a linha **5**, clique à direita e clique em **Inserir** (ou **Excluir**) no menu de atalhos para inserir (ou excluir) linhas, uma de cada vez. Se você inserir linhas, selecione o intervalo de células **B4:J4** e copie o conteúdo desse intervalo para baixo, ao longo das novas linhas na tabela.

	A	B	C	D
1	Retorno Esperado e Risco para a Carteira de Títulos			
2				
3	Probabilidades & Resultados:	P	X	Y
4		0,2	-300	200
5		0,5	100	50
6		0,3	250	-100
7				
8	Peso Atribuído a X	0,5		
9				
10	Estatísticas			
11	E(X)	65	=SOMARPRODUTO(B4:B6, C4:C6)	
12	E(Y)	35	=SOMARPRODUTO(B4:B6, D4:D6)	
13	Variância(X)	37525	=SOMARPRODUTO(B4:B6, H4:H6)	
14	Desvio-Padrão(X)	193,71	=RAIZ(B13)	
15	Variância(Y)	11025	=SOMARPRODUTO(B4:B6, I4:I6)	
16	Desvio-Padrão(Y)	105	=RAIZ(B15)	
17	Covariância(YX)	-19275	=SOMARPRODUTO(B4:B6, J4:J6)	
18	Variância (X+Y)	10000	=B13 + B15 + 2 * B17	
19	Desvio-Padrão(X+Y)	100	=RAIZ(B18)	
20				
21	Administração da Carteira de Títulos			
22	Peso Atribuído a X	0,5	=B8	
23	Peso Atribuído a Y	0,5	=1-B22	
24	Retorno Esperado para a Carteira de Títulos	50	=B22 * B11 + B23 * B12	
25	Risco para a Carteira de Títulos	50	=RAIZ(B22^2 * B13 + B23^2 * B15 + 2 * B22 * B23 * B17)	

FIGURA GE5.1 Planilha análise da carteira de títulos

A planilha também contém uma Área de Cálculos que contém vários cálculos intermediários. Abra a **planilha CÁLCULO_FÓRMULAS** para examinar as fórmulas utilizadas nessa área.

GE5.3 DISTRIBUIÇÃO BINOMIAL

Técnica Principal Utilize a função **DISTRBINOM**(*número de eventos de interesse, tamanho da amostra, probabilidade de um evento de interesse,* **FALSO**).

Exemplo Calcule as probabilidades binomiais para $n = 4$ e $\pi = 0{,}01$, como foi feito na Figura 5.2, na Seção 5.3.

PHStat2 Utilize o Procedimento **Binomial**.
Para o exemplo, selecione **PHStat → Probability & Prob. Distributions → Binomial** (**PHStat2 → Probabilidade & Distribuições de Probabilidades → Binomial**). Na caixa de diálogo correspondente ao procedimento (ilustrada a seguir):

1. Digite **4** na caixa **Sample Size (Tamanho da Amostra)**.
2. Digite **0,1** na caixa **Prob. of an Event of Interest (Probabilidade de um Evento de Interesse)**.
3. Digite **0** como valor para a caixa **Outcomes From:** (**Resultados a partir de**) e digite **4** como valor para a caixa (**Outcomes) To (Resultados) (Até)**.
4. Insira um título na caixa **Title**, marque a opção **Histogram (Histograma)** e clique em **OK**.

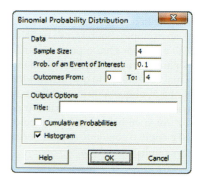

Marque a opção **Cumulative Probabilities (Probabilidades Acumuladas)** antes de clicar em **OK** na etapa 4 para fazer com que o procedimento inclua colunas para $P(\leq X)$, $P(< X)$, $P(> X)$ e $P(\geq X)$, na tabela de probabilidades binomiais.

Excel Avançado Utilize a **pasta de trabalho Binomial** como um gabarito e modelo.
Para o exemplo, abra a **planilha CÁLCULO** da **pasta de trabalho Binomial**, ilustrada na Figura 5.2, na Seção 5.3. A planilha já contém as entradas necessárias para o exemplo. Para outros problemas, modifique o tamanho da amostra na célula **B4**, e a probabilidade de um evento de interesse na célula **B5**. Caso necessário, estenda a tabela de probabilidades binomiais, inicialmente selecionando o intervalo de células **A18:B18**, e, depois disso, copiando esse intervalo de células para baixo, por tantas linhas quantas forem necessárias. Para construir um histograma correspondente à distribuição de probabilidades, utilize as instruções apresentadas na Seção B.9 do Apêndice B.
Leia os BREVES DESTAQUES para o Capítulo 5, para uma explicação sobre as fórmulas encontradas na planilha ACUMULADA, que demonstra o uso da função DISTRBINOM para calcular probabilidades acumuladas. Caso esteja utilizando uma versão mais antiga do que o Excel 2010, utilize a planilha ACUMULADA_ANTIGO, em vez das planilhas CÁLCULO ou ACUMULADA.

GE5.4 DISTRIBUIÇÃO DE POISSON

Técnica Principal Utilize a função **POISSON.DIST**(*número de eventos de interesse, a média ou número esperado de eventos de interesse,* **FALSO**).

Exemplo Calcule as probabilidades de Poisson para o problema correspondente à chegada de clientes, em que $\lambda = 3$, como foi feito na Figura 5.4, na Seção 5.4.

PHStat2 Utilize o procedimento **Poisson**.

Para o exemplo, selecione **PHStat → Probability & Prob. Distributions → Poisson** (**PHStat2 → Probabilidade & Distribuições de Probabilidades → Poisson**). Na caixa de diálogo do procedimento (ilustrada a seguir):

1. Digite **3** como valor para **Mean/Expected No. of Events of Interest (Média/No. Esperado de Eventos de Interesse)**.
2. Insira um título na caixa **Title**; e clique em **OK**.

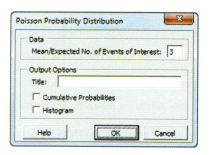

Marque a opção **Cumulative Probabilities (Probabilidades Acumuladas)** antes de clicar em **OK** na etapa 2, para fazer com que o procedimento inclua colunas para $P(\leq X)$, $P(< X)$, $P(> X)$ e $P(\geq X)$ na tabela de probabilidades de Poisson. Você pode, também, marcar a opção **Histogram (Histograma)** para produzir um histograma para a distribuição de probabilidades.

Excel Avançado Utilize a função **POISSON** como um modelo.
Para o exemplo, abra a **planilha CÁLCULO** da **pasta de trabalho Poisson**, ilustrada na Figura 5.4, ao final da Seção 5.4. A planilha já contém as entradas necessárias para o exemplo. Para outros problemas, modifique a média aritmética ou o número esperado de eventos de interesse na célula **E4**. Para construir um histograma correspondente à distribuição de probabilidades, utilize as instruções da Seção B.9 no Apêndice B.
Leia os BREVES DESTAQUES para o Capítulo 5, para uma explicação sobre as fórmulas encontradas na planilha ACUMULADA, que demonstra o uso da função POISSON para calcular probabilidades acumuladas. Caso você esteja utilizando uma versão mais antiga do que o Excel 2010, utilize a planilha ACUMULADA_ANTIGO, em vez das planilhas CÁLCULO ou ACUMULADA.

GE5.5 DISTRIBUIÇÃO HIPERGEOMÉTRICA

Técnica Principal Utilize a função **DIST.HIPGEOM** (*X, tamanho da amostra, número de eventos de interesse na população, tamanho da população,* **FALSO**).

Exemplo Calcule as probabilidades hipergeométricas para o problema que trata da formação de equipes, conforme foi feito na Figura 5.5, no final da Seção 5.5.

PHStat2 Utilizando o procedimento **Hypergeometric (Hipergeométrica)**.

Para o exemplo, selecione **PHStat → Probability & Prob. Distributions → Hypergeometric** (**PHStat2 → Probabilidade & Distribuições de Probabilidades → Hipergeométrica**). Na caixa de diálogo para esse procedimento (ilustrada a seguir):

1. Insira **8** como valor para **Sample Size (Tamanho da Amostra)**.
2. Insira **10** para **No. of Events of Interest in Pop. (Número de Eventos de Interesse na População)**.

3. Insira **30** para **Population Size (Tamanho da População)**.
4. Insira um título na caixa **Title** e, em seguida, clique em **OK**.

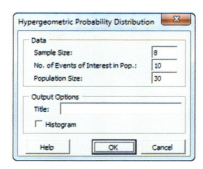

Marque a opção **Histogram (Histograma)** para produzir um histograma para a distribuição de probabilidades.

Excel Avançado Utilize a **pasta de trabalho Hipergeométrica** como modelo.

Para o exemplo, abra a **planilha CÁLCULO** da **pasta de trabalho Hipergeométrica**, ilustrada na Figura 5.5, no final da Seção 5.5. A planilha já contém as entradas correspondentes ao exemplo. Para outros problemas, modifique o tamanho na célula **B4**, o número de eventos de interesse na população na célula **B5**, e o tamanho da população na célula **B6**. Para construir um histograma correspondente à distribuição de probabilidades, utilize as instruções da Seção B.9, contidas no Apêndice B.

Leia os Breves Destaques para o Capítulo 5, para uma explicação sobre as fórmulas encontradas na planilha ACUMULADA, que demonstra o uso da função DIST.HIPGEOM para calcular probabilidades acumuladas. Caso você esteja utilizando uma versão mais antiga do que o Excel 2010, utilize a planilha ACUMULADA_ANTIGO em vez das planilhas CÁLCULO ou ACUMULADA.

CAPÍTULO 6

A Distribuição Normal e Outras Distribuições Contínuas

UTILIZANDO A ESTATÍSTICA: Baixando Arquivos Normalmente na MyTVLab

6.1 Distribuições de Probabilidades Contínuas

6.2 A Distribuição Normal
Calculando Probabilidades Normais
Encontrando Valores de X

EXPLORAÇÕES VISUAIS: Explorando a Distribuição Normal

PENSE NISSO: O que É Normal?

6.3 Avaliando a Normalidade
Comparando Características dos Dados com Propriedades Teóricas
Construindo o Gráfico da Probabilidade Normal

6.4 A Distribuição Uniforme

6.5 A Distribuição Exponencial

6.6 A Aproximação da Normal para a Distribuição Binomial (*on-line*)

UTILIZANDO A ESTATÍSTICA: Baixando Arquivos Normalmente na MyTVLab, Revisitada

GUIA DO EXCEL PARA O CAPÍTULO 6

Objetivos do Aprendizado

Neste capítulo, você aprenderá:

- A calcular probabilidades a partir da distribuição normal
- A utilizar a distribuição normal para solucionar problemas relacionados aos negócios
- A utilizar o gráfico da probabilidade normal para determinar se um conjunto de dados está distribuído aproximadamente nos moldes da distribuição normal
- A calcular probabilidades a partir da distribuição uniforme
- A calcular probabilidades a partir da distribuição exponencial

Angela Waye/Shutterstock

UTILIZANDO A ESTATÍSTICA

Baixando Arquivos Normalmente na MyTVLab

Você é um gerente de projetos para um portal na Grande Rede chamado MyTVLab, um serviço virtual que rastreia filmes e episódios da TV aberta e da TV a cabo, e permite que seus usuários carreguem e compartilhem vídeos originais. Para atrair e reter visitantes para o portal, você precisa garantir que os usuários sejam capazes de rapidamente baixar os vídeos diários com conteúdo exclusivo.

Para verificar a velocidade com que um vídeo pode ser baixado, você abre um navegador da Grande Rede nos escritórios corporativos da MyTVLab, carrega a página inicial da MyTVLab, baixa o primeiro vídeo exclusivo do portal, e mede o tempo necessário para baixar o arquivo. O Tempo para baixar o arquivo — a quantidade de tempo (em segundos) que transcorre desde o primeiro clique no comando de abertura de arquivo da página inicial até o momento em que o primeiro vídeo esteja pronto para ser executado — é uma função tanto da tecnologia usada como meio de rastreamento quanto do número de usuários simultâneos que estão acessando o portal. Dados do passado indicam que a média aritmética do tempo necessário para abertura corresponde a 7 segundos e que o desvio-padrão corresponde a 2 segundos. Aproximadamente dois terços dos tempos de abertura estão entre 5 e 9 segundos, e cerca de 95 % dos tempos de abertura estão entre 3 e 11 segundos. Em outras palavras, os tempos de abertura estão distribuídos nos moldes de uma curva em formato de sino, com uma concentração em torno da média aritmética de 7 segundos. De que maneira você poderia utilizar essas informações para responder a perguntas sobre os tempos de abertura para o primeiro vídeo?

cloki/Shutterstock

No Capítulo 5, os gerentes de contas da Ricknel Home Centers desejavam ser capazes de responder a perguntas relacionadas ao número de itens identificados como estando fora dos padrões de conformidade, em um determinado tamanho de amostra. No papel de gerente de projetos na MyTVLab, você se depara com uma tarefa diferente, que envolve uma mensuração contínua, uma vez que um tempo de abertura pode corresponder a qualquer valor, e não simplesmente um número inteiro. De que modo você é capaz de responder a perguntas sobre essa *variável numérica contínua*, tais como:

- Que proporção das aberturas de vídeos demora mais de 9 segundos?
- Quantos segundos se passam antes que 10 % das aberturas estejam completadas?
- Quantos segundos se passam antes que 99 % das aberturas estejam completadas?
- De que modo o aperfeiçoamento da tecnologia de meios de rastreamento utilizada afeta as respostas para essas perguntas?

Do mesmo modo que no Capítulo 5, você pode utilizar uma distribuição de probabilidades a título de modelo. A leitura deste capítulo ajudará você a aprender sobre as características de distribuições de probabilidades contínuas e a utilizar a distribuição normal, com o objetivo de solucionar problemas relacionados ao mundo dos negócios.

6.1 Distribuições de Probabilidades Contínuas

Uma **função de densidade da probabilidade** é a expressão matemática que define a distribuição dos valores para uma variável contínua. A Figura 6.1 exibe graficamente as três funções de densidade da probabilidade.

O Painel A ilustra uma *distribuição normal*. A distribuição normal é simétrica e tem formato de sino, implicando que a maior parte dos valores tende a se concentrar em torno da média aritmética, que, devido ao formato simétrico da distribuição, é igual à mediana. Embora os valores em uma distribuição normal possam se estender desde o infinito negativo até o infinito positivo, o formato da distribuição faz com que seja bastante improvável que ocorram valores extremamente grandes ou extremamente pequenos.

FIGURA 6.1
Três distribuições de probabilidades contínuas

Valores de X
Painel A
Distribuição Normal

Valores de X
Painel B
Distribuição Uniforme

Valores de X
Painel C
Distribuição Exponencial

O Painel B ilustra uma *distribuição uniforme* na qual cada um dos valores apresenta igual probabilidade de ocorrência, em qualquer posição no intervalo entre o menor valor e o maior valor. Algumas vezes chamada de *distribuição retangular*, a distribuição uniforme é simétrica e, portanto, a média aritmética é igual à mediana.

O Painel C ilustra uma *distribuição exponencial*. Essa distribuição é assimétrica à direita, fazendo com que a média aritmética seja maior do que a mediana. A amplitude de uma distribuição exponencial se estende desde zero até o infinito positivo, embora o formato da distribuição faça com que seja improvável a ocorrência de valores extremamente grandes.

6.2 A Distribuição Normal

A **distribuição normal** (algumas vezes chamada de *distribuição de Gauss*) é a distribuição contínua mais habitualmente utilizada no campo da estatística. A distribuição normal é de vital importância na estatística, por três razões principais:

- Inúmeras variáveis contínuas comuns no mundo dos negócios possuem distribuições que se assemelham estreitamente à distribuição normal.
- A distribuição normal pode ser utilizada para fazer aproximações para várias distribuições de probabilidades discretas.
- A distribuição normal proporciona a base para a *inferência estatística clássica*, em razão de sua relação com o *Teorema do Limite Central* (que é discutido na Seção 7.2).

TABELA 6.1 Quantidade Abastecida em 10.000 Garrafas de um Refrigerante

Quantidade Abastecida (litros)	Frequência Relativa
< 1,025	48/10.000 = 0,0048
1,025 < 1,030	122/10.000 = 0,0122
1,030 < 1,035	325/10.000 = 0,0325
1,035 < 1,040	695/10.000 = 0,0695
1,040 < 1,045	1.198/10.000 = 0,1198
1,045 < 1,050	1.664/10.000 = 0,1664
1,050 < 1,055	1.896/10.000 = 0,1896
1,055 < 1,060	1.664/10.000 = 0,1664
1,060 < 1,065	1.198/10.000 = 0,1198
1,065 < 1,070	695/10.000 = 0,0695
1,070 < 1,075	325/10.000 = 0,0325
1,075 < 1,080	122/10.000 = 0,0122
1,080 ou mais	48/10.000 = 0,0048
Total	1,0000

A distribuição normal é representada pelo clássico formato de sino, ilustrado no Painel A da Figura 6.1. Na distribuição normal, você pode calcular a probabilidade de que venham a ocorrer valores dentro dos limites de determinadas amplitudes ou intervalos. No entanto, uma vez que a probabilidade para variáveis contínuas é mensurada como uma área abaixo da curva, a probabilidade *exata* de um *valor específico*, a partir de uma distribuição contínua tal como a distribuição normal, é zero. Como um exemplo, o tempo (em segundos) é mensurado, e não contado. Consequentemente, você pode determinar a probabilidade de que o tempo de abertura de um determinado vídeo em um navegador da Grande Rede esteja entre 7 e 10 segundos; ou a probabilidade de que o tempo de abertura esteja entre 8 e 9 segundos; ou a probabilidade de que o tempo de abertura esteja entre 7,99 e 8,01 segundos. Entretanto, a probabilidade de que o tempo de abertura seja *exatamente* 8 segundos é igual a zero.

A distribuição normal possui várias propriedades teóricas importantes:

- Ela é simétrica, e sua média aritmética e sua mediana são, consequentemente, iguais.
- Em sua aparência, ela tem o formato de um sino.
- Sua amplitude interquartil é igual a 1,33 desvio-padrão. Consequentemente, os 50 % valores centrais estão contidos dentro dos limites de um intervalo que tem como valores fronteiriços dois terços de um desvio-padrão abaixo da média aritmética e dois terços de um desvio-padrão acima da média aritmética.
- Possui uma amplitude infinita ($-\infty < X < +\infty$).

Na prática, muitas variáveis possuem distribuições que se assemelham estreitamente às propriedades da distribuição normal. Os dados na Tabela 6.1 apresentam a quantidade de refrigerante encontrada em 10.000 garrafas de 1 litro, abastecidas durante um dia recente. A variável contínua de interesse, a quantidade de refrigerante abastecida, pode ser aproximada por intermédio da distribuição normal. As medições correspondentes à quantidade de refrigerante nas 10.000 garrafas de 1 litro se concentram no intervalo compreendido entre 1,05 a 1,055 litro, e se distribuem simetricamente em torno desse agrupamento, formando um padrão em formato de sino.

A Figura 6.2 ilustra o polígono e o histograma de frequências relativas para a distribuição correspondente à quantidade de refrigerante abastecida nas 10.000 garrafas.

Para esses dados, as três primeiras propriedades teóricas da distribuição normal estão aproximadamente atendidas. No entanto, a quarta propriedade, ter uma

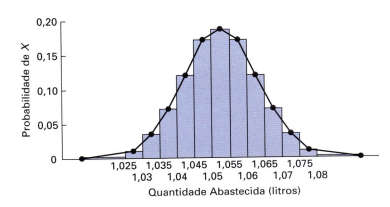

FIGURA 6.2 Polígono e histograma de frequências relativas para a quantidade de refrigerante abastecida em 10.000 garrafas de um refrigerante

Fonte: Os dados são extraídos da Tabela 6.1.

amplitude infinita, não pode ser satisfeita. A quantidade abastecida em uma garrafa não pode, de modo algum, ser zero ou menos do que zero, nem tampouco pode uma garrafa ser abastecida com mais do que permite o limite de sua capacidade. Com base na Tabela 6.1, você verifica que é esperado que somente 48 em cada 10.000 garrafas contenham 1,08 litro ou mais, ao mesmo tempo em que é esperado que um número igual a esse contenha menos do que 1,025 litro.

O símbolo $f(X)$ é utilizado para representar a função de densidade para a probabilidade. A **função de densidade para a probabilidade normal** é fornecida na Equação (6.1).

FUNÇÃO DE DENSIDADE PARA A PROBABILIDADE NORMAL

$$f(X) = \frac{1}{\sqrt{2\pi}\sigma} e^{-(1/2)[(X-\mu)/\sigma]^2} \tag{6.1}$$

em que

e = a constante matemática aproximada por 2,71828

π = a constante matemática aproximada por 3,14159

μ = a média aritmética

σ = o desvio-padrão

X = qualquer valor correspondente à variável contínua, para o qual $-\infty < X < \infty$

Embora a Equação (6.1) possa parecer complicada, uma vez que e e π correspondem a constantes matemáticas, as probabilidades da variável aleatória X dependem somente de dois parâmetros da distribuição normal — a média aritmética, μ, e o desvio-padrão, σ. Todas as vezes que você determina valores específicos para μ e σ, é gerada uma distribuição de probabilidades normais *diferente*. A Figura 6.3 ilustra esse princípio. As distribuições com as legendas A e B apresentam a mesma média aritmética (μ); porém, elas possuem diferentes desvios-padrão. As distribuições A e C apresentam o mesmo desvio-padrão (σ); porém, elas possuem diferentes médias aritméticas. As distribuições B e C apresentam valores diferentes, no que diz respeito tanto a μ quanto a σ.

> **Dica para o Leitor**
> Existe uma distribuição normal diferente para cada combinação entre a média aritmética, μ, e o desvio-padrão, σ.

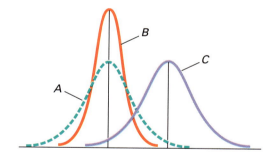

FIGURA 6.3
Três distribuições normais

Calculando Probabilidades Normais

Para calcular probabilidades normais, você primeiramente converte uma variável distribuída nos moldes de uma distribuição normal, X, em uma **variável aleatória normal padronizada**, Z, utilizando a **fórmula de transformação**, apresentada na Equação (6.2). Aplicar essa fórmula permite que você visualize valores em uma tabela da probabilidade normal e evite os cansativos e complexos cálculos que a Equação (6.1) exigiria, na situação inversa.

FÓRMULA DE TRANSFORMAÇÃO

O valor de Z é igual à diferença entre X e a média aritmética, μ, dividida pelo desvio-padrão, σ:

$$Z = \frac{X - \mu}{\sigma} \tag{6.2}$$

A fórmula de transformação calcula um valor de Z que expressa a diferença do valor de X em relação à média aritmética, μ, em unidades de desvio-padrão (veja a Seção 3.2) chamadas de *unida-*

des padronizadas. Embora uma variável aleatória, X, tenha média aritmética μ e desvio-padrão σ, a variável aleatória padronizada, Z, terá sempre média aritmética μ = 0 (zero) e desvio-padrão σ = 1.

Assim, você pode determinar as probabilidades utilizando a Tabela E.2 (Apêndice E), a **distribuição normal padronizada acumulada**. Por exemplo, lembre-se, com base no cenário Utilizando a Estatística, do início deste capítulo, de que dados do passado indicam que o tempo necessário para abertura de um vídeo é distribuído nos moldes da distribuição normal, com uma média aritmética, μ = 7 segundos, e um desvio-padrão σ = 2 segundos. Tendo como base a Figura 6.4, você verifica que toda medição, X, possui uma medição padronizada correspondente, Z, calculada a partir da Equação (6.2), a fórmula de transformação.

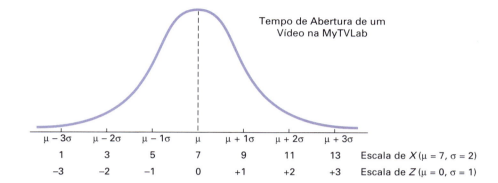

FIGURA 6.4
Transformação de escalas

Por conseguinte, um tempo de abertura correspondente a 9 segundos é equivalente a 1 unidade padronizada (1 desvio-padrão) acima da média aritmética, tendo em vista que

$$Z = \frac{9-7}{2} = +1$$

Um tempo de abertura correspondente a 1 segundo é equivalente a −3 unidades padronizadas (3 desvios-padrão) abaixo da média aritmética, porque

$$Z = \frac{1-7}{2} = -3$$

Na Figura 6.4, o desvio-padrão é a unidade de medição. Em outras palavras, um tempo correspondente a 9 segundos está 2 segundos (1 desvio-padrão) mais alto, ou *mais devagar*, do que a média aritmética para o tempo, que corresponde a 7 segundos. Analogamente, um tempo correspondente a 1 segundo está 6 segundos (ou seja, 3 desvios-padrão) mais baixo, ou *mais rápido*, do que a média aritmética do tempo.

Para ilustrar ainda mais a fórmula de transformação, suponha que algum outro portal na Grande Rede apresente um tempo de abertura para um determinado vídeo, que seja distribuído nos moldes da distribuição normal, com uma média aritmética μ = 4 segundos e um desvio-padrão σ = 1 segundo. A Figura 6.5 demonstra essa distribuição.

Comparando esses resultados com aqueles para o portal de MyTVLab na Grande Rede, você verifica que um tempo de abertura correspondente a 5 segundos está 1 desvio-padrão acima da média aritmética correspondente ao tempo de abertura porque

$$Z = \frac{5-4}{1} = +1$$

Um tempo correspondente a 1 segundo está 3 desvios-padrão abaixo da média aritmética correspondente ao tempo de abertura, uma vez que

$$Z = \frac{1-4}{1} = -3$$

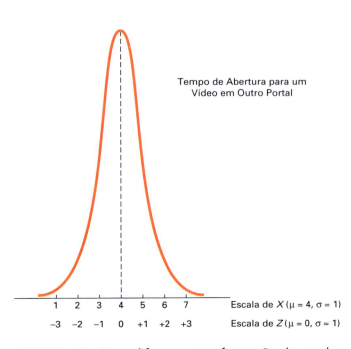

FIGURA 6.5 Uma diferente transformação de escalas

Com o valor de Z calculado, você procura a probabilidade normal utilizando uma tabela de valores a partir da distribuição normal padronizada acumulada, tal como a Tabela E.2

> **Dica para o Leitor**
> Tenha sempre em mente que, quando se está lidando com uma distribuição contínua, como é o caso da normal, a palavra *área* possui o mesmo significado de *probabilidade*.

no Apêndice E. Suponha que você desejasse encontrar a probabilidade de que o tempo necessário para abertura no portal da MyTVLab fosse menor do que 9 segundos. Lembre-se, com base na discussão que acabamos de apresentar, de que transformar $X = 9$ em unidades padronizadas de Z, sendo dados uma média aritmética $\mu = 7$ segundos e um desvio-padrão, $\sigma = 2$ segundos, resulta em um valor de Z correspondente a $+1,00$.

De posse desse valor, você utiliza a Tabela E.2, para encontrar a área acumulada abaixo da curva normal que corresponde a menos do que (ou seja, à esquerda de) $Z = +1,00$. Para ler a probabilidade ou a área abaixo da curva, que corresponde a menos do que $Z = +1,00$, você percorre, em sentido descendente, a coluna Z na Tabela E.2, até localizar o valor de Z que seja de interesse (em decimais), na linha Z correspondente a 1,0. Em seguida, você lê ao longo dessa linha até encontrar a interseção da coluna que contém a casa de centésimos para o valor de Z. Portanto, no corpo da tabela, a probabilidade tabulada para $Z = 1,00$ corresponde à interseção entre a linha $Z = 1,0$ e a coluna $Z = 0,00$. A Tabela 6.2, que reproduz uma parte da Tabela E.2, mostra essa interseção. A probabilidade listada na interseção corresponde a 0,8413, que significa que existe uma chance de que 84,13 % do tempo de abertura venha a ser menor do que 9 segundos. A Figura 6.6 ilustra graficamente essa probabilidade.

TABELA 6.2 Encontrando uma Área Acumulada Sob a Curva Normal

				Probabilidades Acumuladas						
Z	0,00	0,01	0,02	0,03	0,04	0,05	0,06	0,07	0,08	0,09
0,0	0,5000	0,5040	0,5080	0,5120	0,5160	0,5199	0,5239	0,5279	0,5319	0,5359
0,1	0,5398	0,5438	0,5478	0,5517	0,5557	0,5596	0,5636	0,5675	0,5714	0,5753
0,2	0,5793	0,5832	0,5871	0,5910	0,5948	0,5987	0,6026	0,6064	0,6103	0,6141
0,3	0,6179	0,6217	0,6255	0,6293	0,6331	0,6368	0,6406	0,6443	0,6480	0,6517
0,4	0,6554	0,6591	0,6628	0,6664	0,6700	0,6736	0,6772	0,6808	0,6844	0,6879
0,5	0,6915	0,6950	0,6985	0,7019	0,7054	0,7088	0,7123	0,7157	0,7190	0,7224
0,6	0,7257	0,7291	0,7324	0,7357	0,7389	0,7422	0,7454	0,7486	0,7518	0,7549
0,7	0,7580	0,7612	0,7642	0,7673	0,7704	0,7734	0,7764	0,7794	0,7823	0,7852
0,8	0,7881	0,7910	0,7939	0,7967	0,7995	0,8023	0,8051	0,8078	0,8106	0,8133
0,9	0,8159	0,8186	0,8212	0,8238	0,8264	0,8289	0,8315	0,8340	0,8365	0,8389
1,0	0,8413	0,8438	0,8461	0,8485	0,8508	0,8531	0,8554	0,8577	0,8599	0,8621

Fonte: Extraída da Tabela E.2.

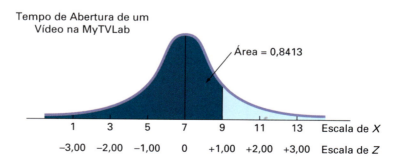

FIGURA 6.6
Determinando a área que corresponde a menos do que Z, a partir de uma distribuição normal padronizada acumulada

Entretanto, no que se refere ao outro portal, você verifica que um tempo equivalente a 5 segundos está 1 unidade padronizada acima da média aritmética de 4 segundos. Por conseguinte, a probabilidade de que o tempo de abertura venha a ser menor do que 5 segundos é também igual a 0,8413. A Figura 6.7 demonstra que, independentemente do valor da média aritmética, μ, e do desvio-padrão, σ, para uma variável distribuída nos moldes da distribuição normal, a Equação (6.2) pode transformar o valor de X em um valor de Z.

> **Dica para o Leitor**
> Você achará bastante útil, quando estiver calculando probabilidades abaixo da curva da normal, desenhar uma curva da normal e, depois disso, inserir os valores para a média aritmética e para X abaixo da curva e sombrear a área desejada a ser determinada abaixo da curva.

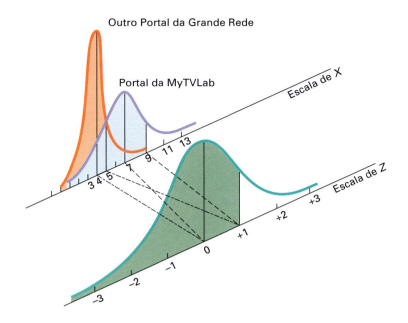

FIGURA 6.7 Demonstrando uma transformação de escalas para parcelas acumuladas correspondentes, abaixo de duas curvas normais

Agora que já aprendeu a utilizar a Tabela E.2 juntamente com a Equação (6.2), você pode responder a muitas perguntas relacionadas à abertura de vídeos do portal MyTVLab, utilizando a distribuição normal.

EXEMPLO 6.1

Encontrando $P(X > 9)$

Qual é a probabilidade de que o tempo necessário para abertura do vídeo no portal de MyTVLab venha a ser maior do que 9 segundos?

SOLUÇÃO A probabilidade de que o tempo de abertura venha a ser menor do que 9 segundos é 0,8413 (veja a Figura 6.6). Por conseguinte, a probabilidade de que o tempo de abertura venha a ser mais do que 9 segundos corresponde ao *complemento* para menos do que 9 segundos, 1 − 0,8413 = 0,1587. A Figura 6.8 ilustra esse resultado.

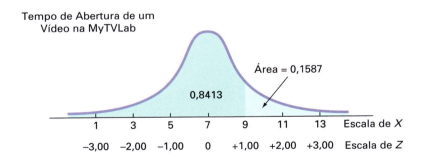

FIGURA 6.8 Encontrando $P(X > 9)$

EXEMPLO 6.2

Encontrando $P(X < 7$ ou $X > 9)$

Qual é a probabilidade de que o tempo necessário para abertura do vídeo no portal de MyTVLab venha a estar abaixo de 7 ou acima de 9 segundos?

SOLUÇÃO Para encontrar essa probabilidade, você calcula separadamente a probabilidade de um tempo de abertura inferior a 7 segundos e a probabilidade de um tempo de abertura superior a 9 segundos e, depois disso, soma essas duas probabilidades. A Figura 6.9 ilustra esse resultado.

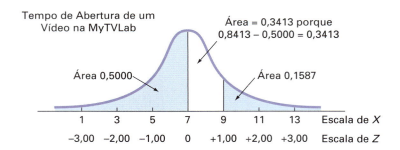

FIGURA 6.9
Encontrando $P(X < 7$ ou $X > 9)$

Uma vez que a média aritmética corresponde a 7 segundos, e uma vez que a média aritmética é igual à mediana em uma distribuição normal, 50 % dos tempos de abertura estão abaixo de 7 segundos. Com base no Exemplo 6.1, você sabe que a probabilidade de que o tempo de abertura seja superior a 9 segundos corresponde a 0,1587. Consequentemente, a probabilidade de que um determinado tempo de abertura esteja abaixo de 7 ou acima de 9 segundos, $P(X < 7$ ou $X > 9)$, é 0,5000 + 0,1587 = 0,6587.

EXEMPLO 6.3

Encontrando $P(5 < X < 9)$

Qual é a probabilidade de que o tempo necessário para abertura do vídeo no portal de MyTVLab venha a estar entre 5 e 9 segundos — ou seja, $P(5 < X < 9)$?

SOLUÇÃO Na Figura 6.10, você pode verificar que a área de interesse está localizada entre dois valores, 5 e 9.

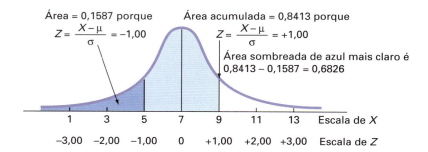

FIGURA 6.10
Encontrando $P(5 < X < 9)$

No Exemplo 6.1, você já descobriu que a área abaixo da curva da normal, que corresponde a menos do que 9 segundos, é igual a 0,8413. Para encontrar a área sob a curva normal que corresponde a menos de 5 segundos,

$$Z = \frac{5 - 7}{2} = -1,00$$

Utilizando a Tabela E.2, você pesquisa o valor para $Z = -1,00$ e encontra 0,1587. Consequentemente, a probabilidade de que o tempo de abertura venha a estar entre 5 e 9 segundos corresponde a 0,8413 − 0,1587 = 0,6826, conforme ilustrado na Figura 6.10.

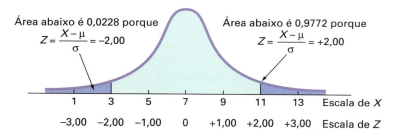

FIGURA 6.11 Encontrando $P(3 < X < 11)$

O resultado do Exemplo 6.3 possibilita que você afirme que, para qualquer distribuição normal, 68,26 % dos resultados se posicionarão dentro dos limites de ±1 desvio-padrão em relação à média aritmética. Com base na Figura 6.11, você pode verificar que 95,44 % dos valores estarão posicionados dentro dos limites de ±2 desvios-padrão em relação à média aritmética. Consequentemente, 95,44 % dos tempos de abertura estão entre 3 e 11 segundos. Com base na Figura 6.12, você pode ver que 99,73 % dos valores estarão posicionados dentro dos limites de ±3 desvios-padrão para cima ou para baixo da média aritmética.

A Distribuição Normal e Outras Distribuições Contínuas   **227**

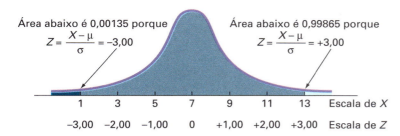

FIGURA 6.12 Encontrando $P(1 < X < 13)$

Consequentemente, 99,73 % dos tempos de abertura se encontram entre 1 e 13 segundos. Portanto, é improvável (0,0027, ou somente 27 em 10.000) que determinado tempo de abertura venha a ser tão rápido ou tão lento de modo tal que demande menos do que 1 segundo ou mais do que 13 segundos. De modo geral, você pode utilizar 6σ (ou seja, desde 3 desvios-padrão abaixo da média aritmética até 3 desvios-padrão acima da média aritmética) como uma aproximação prática para a amplitude de dados distribuídos nos moldes da distribuição normal.

As Figuras 6.10, 6.11 e 6.12 ilustram que, para qualquer distribuição normal,

- Aproximadamente 68,26 % dos valores se posicionam dentro dos limites de ±1 desvio-padrão de distância em relação à média aritmética.
- Aproximadamente 95,44 % dos valores se posicionam dentro dos limites de ±2 desvios-padrão de distância em relação à média aritmética.
- Aproximadamente 99,73 % dos valores se posicionam dentro dos limites de ±3 desvios-padrão de distância em relação à média aritmética.

Esse resultado representa a fundamentação para a regra empírica apresentada no Capítulo 3, Seção 3.4. A precisão da regra empírica vai aumentando à medida que um determinado conjunto de dados passa a se aproximar mais de uma distribuição normal.

Encontrando Valores de X

Os Exemplos 6.1 a 6.3 requerem que você utilize a Tabela E.2 da distribuição normal, para encontrar uma área abaixo da curva da normal, que corresponda a um valor específico para X. Para outras situações, pode ser que você precise fazer o procedimento inverso: Encontrar o valor de X que corresponda a uma área específica. De modo geral, você usa a Equação (6.3) para encontrar um determinado valor de X.

ENCONTRANDO UM VALOR DE X ASSOCIADO A UMA PROBABILIDADE CONHECIDA

O valor de X é igual à média aritmética, μ, somada ao produto entre o valor de Z e o desvio-padrão, σ.

$$X = \mu + Z\sigma \tag{6.3}$$

Para encontrar um valor *específico* associado a uma probabilidade conhecida, siga estas etapas:

- Faça um esboço da curva da normal e, depois disso, posicione os valores para a média aritmética e X nas escalas de X e Z.
- Encontre a área acumulada que corresponde a menos do que X.
- Faça um sombreado na área de interesse.
- Utilizando a Tabela E.2, determine o valor de Z correspondente à área abaixo da curva da normal que corresponde a menos do que X.
- Utilizando a Equação (6.3), encontre o valor de X.

$$X = \mu + Z\sigma$$

Os Exemplos 6.4 e 6.5 ilustram essa técnica.

EXEMPLO 6.4

Encontrando o Valor de X para uma Probabilidade Acumulada de 0,10

Quanto tempo (em segundos) terá decorrido antes que 10 % das aberturas mais rápidas de um vídeo da MyTVLab tenham sido completadas?

SOLUÇÃO Uma vez que é esperado que 10 % dos vídeos venham a ser abertos em menos de X segundos, a área abaixo da curva da normal, que corresponde a menos do que esse valor, é igual a 0,1000. Utilizando o corpo da Tabela E.2, você procura pela área, ou pela probabilidade, correspondente a 0,1000. O resultado mais próximo corresponde a 0,1003, conforme está ilustrado na Tabela 6.3 (que é extraída da Tabela E.2).

TABELA 6.3
Encontrando um Valor de Z Correspondente a uma Área Acumulada Específica (0,10) Abaixo da Curva da Normal

					Probabilidades Acumuladas					
Z	0,00	0,01	0,02	0,03	0,04	0,05	0,06	0,07	0,08	0,09
⋮	⋮	⋮	⋮	⋮	⋮	⋮	⋮	⋮	⋮	⋮
−1,5	0,0668	0,0655	0,0643	0,0630	0,0618	0,0606	0,0594	0,0582	0,0571	0,0559
−1,4	0,0808	0,0793	0,0778	0,0764	0,0749	0,0735	0,0721	0,0708	0,0694	0,0681
−1,3	0,0968	0,0951	0,0934	0,0918	0,0901	0,0885	0,0869	0,0853	0,0838	0,0823
−1,2	0,1151	0,1131	0,1112	0,1093	0,1075	0,0156	0,0138	0,1020	0,1003	0,0985

Fonte: Extraída da Tabela E.2.

Trabalhando a partir dessa área em direção às margens da tabela, você descobre que o valor de Z correspondente à linha de Z (−1,2) e à coluna de Z (0,08) específicas é −1,28 (veja a Figura 6.13).

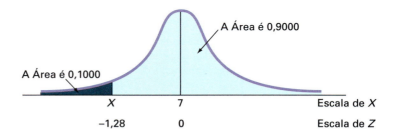

FIGURA 6.13 Encontrando Z para determinar X

Uma vez tendo encontrado Z, você utiliza a Equação (6.3) para determinar o valor de X. Fazendo $\mu = 7$, $\sigma = 2$ e $Z = -1{,}28$,

$$X = \mu + Z\sigma$$
$$X = 7 + (-1{,}28)(2) = 4{,}44 \text{ segundos}$$

Por conseguinte, 10 % dos tempos de abertura correspondem a 4,44 segundos ou menos.

EXEMPLO 6.5
Encontrando os Valores de X que Incluem 95 % dos Tempos de Abertura

Quais são os valores, superior e inferior, de X, distribuídos simetricamente em torno da média aritmética, que incluem 95 % dos tempos de abertura para um determinado vídeo no portal da MyTVLab na Grande Rede?

SOLUÇÃO Em primeiro lugar, você precisa encontrar o valor inferior de X (chamado de X_I). Depois disso, você encontra o valor superior de X (chamado de X_S). Uma vez que 95 % dos valores estão entre X_I e X_S, e tendo em vista que X_I e X_S estão equidistantes em relação à média aritmética, 2,5 % dos valores estão posicionados abaixo de X_I (veja a Figura 6.14).

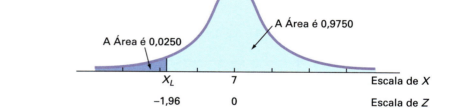

FIGURA 6.14 Encontrando Z para determinar X_I

Embora X_I não seja conhecido, você pode encontrar o valor de Z correspondente, uma vez que a área abaixo da curva da normal, que corresponde a menos do que Z, é igual a 0,0250. Utilizando o corpo da Tabela 6.4, você procura a probabilidade correspondente a 0,0250.

TABELA 6.4
Encontrando um Valor de Z Correspondente a uma Área Acumulada de 0,025 Abaixo da Curva da Normal

Z	\multicolumn{10}{c}{Área Acumulada}
	0,00	0,01	0,02	0,03	0,04	0,05	**0,06**	0,07	0,08	0,09
⋮	⋮	⋮	⋮	⋮	⋮	⋮	⋮	⋮	⋮	⋮
−2,0	0,0228	0,0222	0,0217	0,0212	0,0207	0,0202	0,0197	0,0192	0,0188	0,0183
−1,9	0,0287	0,0281	0,0274	0,0268	0,0262	0,0256	**0,0250**	0,0244	0,0239	0,0233
−1,8	0,0359	0,0351	0,0344	0,0336	0,0329	0,0232	0,0314	0,0307	0,0301	0,0294

Fonte: Extraída da Tabela E.2.

Percorrendo o caminho a partir do corpo da tabela em direção às margens da tabela, você verifica que o valor de Z correspondente à linha específica de Z (−1,9) e à coluna específica de Z (0,06) é igual a −1,96.

Uma vez encontrado Z, a etapa final é utilizar a Equação (6.3), da seguinte maneira:

$$X = \mu + Z\sigma$$
$$= 7 + (-1,96)(2)$$
$$= 7 - 3,92$$
$$= 3,08 \text{ segundos}$$

Você utiliza um processo semelhante para encontrar X_S. Como somente 2,5 % dos tempos de abertura para os vídeos demoram mais do que X_S segundos, 97,5 % dos tempos de abertura para os vídeos demoram menos do que X_S segundos. Com base na simetria da distribuição normal, você descobre que o valor de Z desejado, conforme ilustrado na Figura 6.15, é +1,96 [uma vez que Z está posicionado à direita da média aritmética padronizada que corresponde a 0 (zero)]. Você pode, também, extrair da Tabela 6.5 esse valor de Z. Você pode verificar que 0,975 é a área abaixo da curva da normal que corresponde a menos do que o valor de Z igual a +1,96.

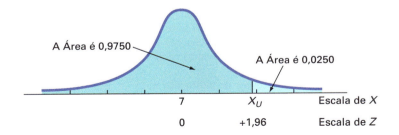

FIGURA 6.15
Encontrando Z para determinar X_S

TABELA 6.5
Encontrando um Valor de Z Correspondente a uma Área Acumulada de 0,975 Abaixo da Curva da Normal

Z	\multicolumn{10}{c}{Área Acumulada}
	0,00	0,01	0,02	0,03	0,04	0,05	**0,06**	0,07	0,08	0,09
⋮	⋮	⋮	⋮	⋮	⋮	⋮	⋮	⋮	⋮	⋮
+1,8	0,9641	0,9649	0,9656	0,9664	0,9671	0,9678	0,9686	0,9693	0,9699	0,9706
+1,9	0,9713	0,9719	0,9726	0,9732	0,9738	0,9744	**0,9750**	0,9756	0,9761	0,9767
+2,0	0,9772	0,9778	0,9783	0,9788	0,9793	0,9798	0,9803	0,9808	0,9812	0,9817

Fonte: Extraída da Tabela E.2.

Utilizando a Equação (6.3),

$$X = \mu + Z\sigma$$
$$= 7 + (+1,96)(2)$$
$$= 7 + 3,92$$
$$= 10,92 \text{ segundos}$$

Por conseguinte, 95 % dos tempos de abertura estão posicionados entre 3,08 e 10,92 segundos.

*A Figura 6.16 exibe a **planilha CÁLCULO** da **pasta de trabalho Normal** que é utilizada pelas instruções da Seção GE2.6.*

Em vez de procurar probabilidades acumuladas em uma tabela, você pode utilizar o Excel para calcular probabilidades normais. A Figura 6.16 ilustra uma planilha que calcula probabilidades normais e encontra valores de X para problemas semelhantes aos Exemplos 6.1 a 6.5.

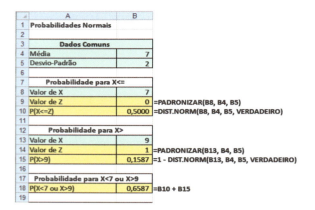

FIGURA 6.16 Planilha para calcular probabilidades normais e encontrar valores de X (mostrada em duas partes)

EXPLORAÇÕES VISUAIS — Explorando a Distribuição Normal

Abra a pasta de trabalho do **suplemento VE-Distribuição Normal** para explorar a distribuição normal. (Veja o Apêndice C para aprender como você pode baixar uma cópia dessa pasta de trabalho e a Seção D.5 do Apêndice D antes de utilizar esta pasta de trabalho.) Quando esta pasta de trabalho se abre de maneira apropriada, ela acrescenta um menu Normal Distribution (Distribuição Normal) na aba para Suplementos.

Para explorar os efeitos decorrentes de alterações na média aritmética e no desvio-padrão, na área abaixo da curva da distribuição normal, selecione **Suplementos → Normal Distribution → Probability Density Function** (**Suplementos → Distribuição Normal → Função de Densidade para a Probabilidade**). O suplemento exibe uma curva normal correspondente ao exemplo do tempo para abertura de arquivos no portal da MyTVLab e um painel de controle flutuante (ilustrado no canto superior direito). Utilize os botões giratórios no painel de controle para modificar os valores correspondentes à média aritmética (*arithmetic mean*), desvio-padrão (*standard deviation*) e o valor de X (X value) e observe os efeitos dessas alterações sobre a probabilidade para valor de X <= e a área sombreada correspondente abaixo da curva (veja a ilustração). Para visualizar a curva da normal com a legenda para Valores de Z, clique em **Z Values** (Valores para Z). Clique no botão **Reset (Limpar)** para retornar aos valores originais do painel de controle. Clique em **Finish (Concluir)** quando tiver terminado a exploração.

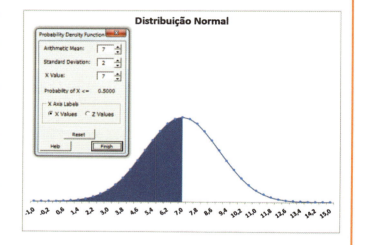

Para criar áreas sombreadas abaixo da curva para problemas semelhantes aos Exemplos 6.2 e 6.3, selecione **Suplementos → Normal Distribution → Areas (Suplementos → Distribuição Normal → Áreas)**. Na caixa de diálogo Areas (ilustrada no canto inferior direito), insira valores, selecione uma opção de área em Area Options e clique em **OK**. O suplemento cria uma curva da distribuição normal com áreas que estão sombreadas de acordo com os valores que você inseriu.

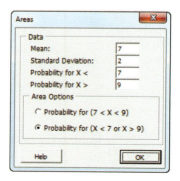

PENSE NISSO — O que É Normal?

Ironicamente, o estatístico que popularizou o uso de "normal" para descrever a distribuição discutida na Seção 6.2 foi alguém que enxergou a distribuição como algo significando tudo, menos a ocorrência prevista para o dia a dia que o adjetivo *normal* geralmente sugere.

Iniciando com um ensaio escrito em 1894, Karl Pearson argumentou que medições de fenômenos não se coadunam naturalmente, ou "normalmente", com o formato clássico de um sino. Embora esse princípio esteja subjacente à estatística dos dias de hoje, o ponto de vista de Pearson foi considerado radical por seus contemporâneos, que enxergavam o mundo como padronizado e normal. Pearson modificou as mentes ao demonstrar que algumas populações são naturalmente *assimétricas* (colocando esse termo de um modo apenas passageiro), e ajudou a banir totalmente a noção de que a distribuição normal permeia todos os fenômenos.

Hoje em dia, infelizmente, as pessoas ainda cometem o tipo de equívoco que Pearson refutava. No papel de aluno, você provavelmente está familiarizado com discussões em torno da inflação de notas, indubitavelmente um fenô-meno em muitas escolas. No entanto, você já percebeu que uma "prova" dessa inflação — de que existe uma quantidade demasiadamen-te pequena de notas baixas, uma vez que elas são assimétricas em direção às notas A e B — equivocadamente implica que as notas devam ser distribuídas nos moldes da "normal". Na ocasião em que você estiver terminando de ler este livro, pode ser que você perceba que, pelo fato de alunos de faculdades representarem pequenas amostras não aleatórias, existe uma quantidade suficientemente grande de razões para suspeitar que a distribuição de notas não seja "normal".

Mal-entendidos com relação à distribuição normal têm ocorrido tanto na iniciativa privada quanto no setor público, ao longo dos anos. Esses mal-entendidos têm causado uma série de erros graves nos negócios e têm despertado alguns famosos debates em termos de políticas públicas, incluindo as causas para o colapso de grandes instituições financeiras em 2008. De acordo com uma determinada teoria, a aplicação, por parte do setor bancário de investimentos, da distribuição normal para avaliar o risco, pode ter contribuído para o colapso global (veja "A Finer Formula for Assessing Risks" (Uma Fórmula Mais Eficiente para Avaliar Riscos), *The New York Times*, 11 de maio de 2010, p. B2, e a Referência 7). O uso da distribuição normal fez com que esses bancos superestimassem a probabilidade de haver condições estáveis de mercado e subestimaram a chance de prejuízos excepcionalmente grandes no mercado. De acordo com essa teoria, o uso de outras distribuições que apresentam uma área menor no meio de suas curvas, e, consequentemente, maior área nas "caudas" que representam resultados não corriqueiros no mercado, poderia ter causado prejuízos menores.

À medida que você estuda este capítulo, certifique-se de que você compreendeu os pressupostos que devem se mostrar verdadeiros para o uso apropriado da distribuição "normal", pressupostos esses que não foram explicitamente verificados pelos banqueiros no setor de investimentos. E, ainda mais importante, lembre-se sempre de que o nome *distribuição normal* não tem como objetivo sugerir normal no sentido da palavra, usado no dia a dia.

Problemas para a Seção 6.2

APRENDENDO O BÁSICO

6.1 Dada uma distribuição normal padronizada (com uma média aritmética igual a 0 e um desvio-padrão igual a 1, como ocorre na Tabela E.2), qual é a probabilidade de que
a. Z seja menor que 1,57?
b. Z seja maior que 1,84?
c. Z esteja entre 1,57 e 1,84?
d. Z seja menor que 1,57 ou maior que 1,84?

6.2 Dada uma distribuição normal padronizada (com uma média aritmética igual a 0 e um desvio-padrão igual a 1, como ocorre na Tabela E.2), qual é a probabilidade de que
a. Z esteja entre −1,57 e 1,84?
b. Z seja menor que −1,57 ou maior que 1,84?
c. Qual é o valor de Z se somente 2,5 % de todos os valores possíveis de Z forem maiores do que ele próprio?
d. Entre quais dois valores de Z (simetricamente distribuídos em torno da média aritmética) estarão contidos 68,26 % de todos os valores possíveis de Z?

6.3 Dada uma distribuição normal padronizada (com uma média aritmética igual a 0 e um desvio-padrão igual a 1, como ocorre na Tabela E.2), qual é a probabilidade de que
a. Z seja menor que 1,08?
b. Z seja maior que −0,21?
c. Z seja menor que −0,21 ou maior que a média aritmética?
d. Z seja menor que −0,21 ou maior que 1,08?

6.4 Dada uma distribuição normal padronizada (com uma média aritmética igual a 0 e um desvio-padrão igual a 1, como ocorre na Tabela E.2), determine as seguintes probabilidades:
a. $P(Z > 1,08)$
b. $P(Z < -0,21)$
c. $P(-1,96 < Z < -0,21)$
d. Qual é o valor de Z, caso somente 15,87 % de todos os valores possíveis de Z sejam maiores do que ele próprio?

6.5 Dada uma distribuição normal padronizada com $\mu = 100$ e $\sigma = 10$, qual é a probabilidade de que
a. $X > 75$?
b. $X < 70$?
c. $X < 80$ ou $X > 110$?
d. Entre quais dois valores de X (simetricamente distribuídos em torno da média aritmética) estarão contidos 80 % dos valores?

6.6 Dada uma distribuição normal, com $\mu = 50$ e $\sigma = 4$, qual é a probabilidade de que
a. $X > 43$?
b. $X < 42$?
c. 5 % dos valores sejam menores do que qual valor de X?
d. Entre quais dois valores de X (simetricamente distribuídos em torno da média aritmética) estarão contidos 60 % dos valores?

APLICANDO OS CONCEITOS

6.7 Em 2011, o consumo *per capita* de café nos Estados Unidos foi relatado como 4,16 kg, ou 9,152 libras. (Dados extraídos de **www.ico.org**.) Considere que o consumo *per capita* de café nos Estados Unidos esteja distribuído aproximadamente nos moldes de uma distribuição normal, com uma média aritmética correspondente a 9,152 libras e um desvio-padrão correspondente a 3 libras.

a. Qual é a probabilidade de que uma pessoa nos Estados Unidos tenha consumido mais de 10 libras de café, em 2011?

b. Qual é a probabilidade de que uma pessoa nos Estados Unidos tenha consumido entre 3 e 5 libras de café, em 2011?

c. Qual é a probabilidade de que uma pessoa nos Estados Unidos tenha consumido menos de 5 libras de café, em 2011?

d. 99 % das pessoas nos Estados Unidos consumiram menos do que quantas libras de café?

√**AUTO-teste** **6.8** A Toby's Trucking Company determinou que a distância percorrida por cada caminhão, a cada ano, é distribuída nos moldes da distribuição normal, com uma média aritmética igual a 50 mil milhas e um desvio-padrão igual a 12 mil milhas.

a. Que proporção desses caminhões se pode esperar que percorra entre 34 e 50 mil milhas em um ano?

b. Que percentagem de caminhões pode ser esperada que viaje abaixo de 30,0 ou acima de 60,0 mil milhas em um ano?

c. Quantas milhas serão percorridas por pelo menos 80 % dos caminhões?

d. Quais seriam as suas respostas de (a) até (c) se o desvio-padrão fosse igual a 10 mil milhas?

6.9 Os consumidores utilizam uma média de $21 por semana, sem saber direito para onde vai esse dinheiro. (Dados extraídos de "A Hole in Our Pockets", *USA Today*, 18 de janeiro de 2010, p. 1A.) Considere que a quantia em dinheiro gasta sem que se saiba direito para onde vai seja distribuída nos moldes de uma distribuição normal, e que o desvio-padrão seja $5.

a. Qual é a probabilidade de que uma pessoa aleatoriamente selecionada venha a gastar mais de $25?

b. Qual é a probabilidade de que uma pessoa aleatoriamente selecionada venha a gastar entre $10 e $20?

c. Entre quais dois valores estarão posicionados os 95 % centrais das quantias em dinheiro gastas?

6.10 Um conjunto de notas finais de provas em um curso de Introdução à Estatística é distribuído nos moldes da distribuição normal, com uma média aritmética igual a 73 e um desvio-padrão igual a 8.

a. Qual é a probabilidade de que um determinado aluno tenha obtido uma nota abaixo de 91 nessa prova?

b. Qual é a probabilidade de que um determinado aluno tenha obtido uma nota entre 65 e 89 nessa prova?

c. A probabilidade é de 5 % de que um determinado aluno que tenha feito a prova tenha um resultado mais alto do que qual nota?

d. Caso o professor conceda as notas tomando como base uma "curva" (ou seja, conceda o conceito A para os 10 % melhores alunos da classe, independentemente da nota obtida na prova), você se sairia melhor com uma nota 81 nessa

prova, ou com uma nota 68 em uma outra prova, na qual a média aritmética fosse igual a 62 e o desvio-padrão fosse igual a 3? Demonstre estatisticamente essa sua resposta, e explique.

6.11 Um estudo realizado pela Nielsen indica que os assinantes de dispositivos móveis de comunicação, com idade entre 18 e 24 anos, gastam uma quantidade substancial de tempo assistindo a vídeos em seus dispositivos, reportando uma média aritmética de 325 minutos por mês. (Dados extraídos de **bit.ly/NfLzE9**.) Considere que a quantidade de tempo gasta em dispositivos móveis de comunicação, por mês, seja distribuída nos moldes da distribuição normal, e que o desvio-padrão seja de 50 minutos.

a. Qual é a probabilidade de que um determinado assinante de dispositivo móvel de comunicação, com idade entre 18 e 24 anos, gaste menos de 250 minutos assistindo a vídeos em seu respectivo dispositivo, por mês?

b. Qual é a probabilidade de que um determinado assinante de dispositivo móvel de comunicação, com idade entre 18 e 24 anos, gaste entre 250 e 400 minutos assistindo a vídeos em seu respectivo dispositivo, por mês?

c. Qual é a probabilidade de que um determinado assinante de dispositivo móvel de comunicação, com idade entre 18 e 24 anos, gaste mais de 400 minutos assistindo a vídeos em seu respectivo dispositivo, por mês?

d. 1 % de todos assinantes de dispositivos móveis de comunicação, com idade entre 18 e 24 anos, gastarão menos do que quantos minutos assistindo a vídeos em seus respectivos dispositivos, por mês?

6.12 Em 2011, o consumo *per capita* de café na Suécia foi relatado como 7,27 kg, ou 15,994 libras. (Dados extraídos de **www.ico.org**.) Considere que o consumo *per capita* de café na Suécia esteja distribuído aproximadamente nos moldes de uma distribuição normal, com uma média aritmética correspondente a 15,994 libras e um desvio-padrão correspondente a 5 libras.

a. Qual é a probabilidade de que uma pessoa na Suécia tenha consumido mais de 10 libras de café, em 2011?

b. Qual é a probabilidade de que uma pessoa na Suécia tenha consumido entre 3 e 5 libras de café, em 2011?

c. Qual é a probabilidade de que uma pessoa na Suécia tenha consumido menos de 5 libras de café, em 2011?

d. 99 % das pessoas na Suécia consumiram menos do que quantas libras de café?

6.13 Muitos problemas relacionados ao setor de produção envolvem a precisão nas junções de peças dos equipamentos, como é o caso de hastes que se ajustam a um orifício existente em válvulas. Um projeto específico exige uma haste com um diâmetro de 22,000 mm, embora hastes com diâmetro entre 21,990 mm e 22,010 mm sejam aceitáveis. Suponha que o processo de fabricação produza hastes com diâmetros distribuídos nos moldes da distribuição normal, com uma média aritmética igual a 22,002 mm e um desvio-padrão igual a 0,005 mm. Em relação a esse processo, qual é

a. a proporção de hastes com um diâmetro entre 21,99 mm e 22,00 mm?

b. a probabilidade de que uma haste seja aceitável?

c. o diâmetro que será excedido em somente 2 % das hastes?

d. Quais seriam suas respostas em (a) até (c) se o desvio-padrão dos diâmetros das hastes fosse igual a 0,004 mm?

6.3 Avaliando a Normalidade

Conforme discutido inicialmente na Seção 6.2, a distribuição normal apresenta várias propriedades teóricas importantes:

- É simétrica; consequentemente, a média aritmética e a mediana são iguais.
- Tem formato de sino; consequentemente, a regra empírica pode ser aplicada.
- A amplitude interquartil é igual a 1,33 desvio-padrão.
- A amplitude é aproximadamente igual a 6 desvios-padrão.

Conforme ressalta a Seção 6.2, muitas variáveis contínuas utilizadas nos negócios seguem muito de perto uma distribuição normal. Para determinar se um conjunto de dados pode ser aproximado por meio da distribuição normal, você compara as características dos dados com as propriedades teóricas da distribuição normal, ou constrói um gráfico da probabilidade normal.

Comparando Características dos Dados com Propriedades Teóricas

Muitas variáveis contínuas apresentam características que se aproximam dessas propriedades teóricas. Entretanto, outras variáveis contínuas frequentemente não são distribuídas nem nos moldes da distribuição normal nem sequer aproximadamente nos moldes da distribuição normal. Para esses tipos de variável, as estatísticas descritivas dos dados não se coadunam com as propriedades de uma distribuição normal. Um método que você pode utilizar para determinar se um conjunto de dados segue uma distribuição normal diz respeito a comparar as características observadas da variável com o que seria esperado, caso a variável seguisse uma distribuição normal. Para fazer isso, você pode

- Construir gráficos e observar a aparência desses gráficos. Para conjuntos de dados de tamanho pequeno ou moderado, criar uma disposição ramo e folha ou um box-plot. Para conjuntos de dados de tamanho grande, além disso, elaborar um histograma ou um polígono.
- Calcular estatísticas descritivas e comparar essas estatísticas com as propriedades teóricas da distribuição normal. Comparar a média aritmética e a mediana. A amplitude interquartil é equivalente a aproximadamente 1,33 vez o desvio-padrão? A amplitude é equivalente a aproximadamente seis vezes o desvio-padrão?
- Avaliar o modo como se distribuem os valores. Determinar se aproximadamente dois terços dos valores se posicionam entre a média aritmética e ± 1 desvio-padrão. Determinar se aproximadamente quatro quintos dos valores se posicionam entre a média aritmética e $\pm 1,28$ desvio-padrão. Determinar se aproximadamente 19 em cada 20 valores se posicionam entre a média aritmética e ± 2 desvios-padrão.

Por exemplo, você pode utilizar essas técnicas para determinar se os retornos para três anos, discutidos nos Capítulos 2 e 3 (contidos no arquivo **Fundos de Aposentadoria**), seguem uma distribuição normal. A Figura 6.17 exibe os resultados relevantes do Excel para esses dados, utilizando técnicas discutidas no Guia do Excel para o Capítulo 2.

Utilize as instruções das Seções GE3.1 a GE3.3, para calcular estatísticas descritivas, um resumo de cinco números, e para construir um box-plot.

	%Retorno3Anos
Média	21,84
Mediana	21,65
Moda	21,74
Mínimo	3,39
Máximo	62,91
Amplitude	59,52
Variância	41,2968
Desvio-Padrão	6,4263
Coef. de variação	29,43%
Assimetria	1,6976
Curtose	8,4670
Contagem	318
Erro-Padrão	0,3604

Resumo de Cinco Números	
Mínimo	3,39
Primeiro Quartil	17,76
Mediana	21,65
Terceiro Quartil	24,74
Máximo	62,91

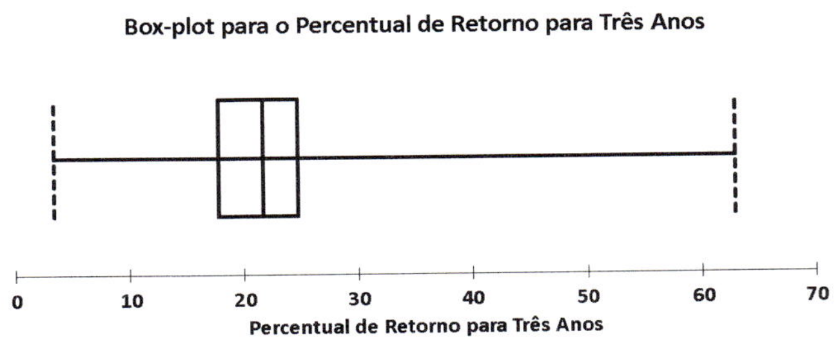

Box-plot para o Percentual de Retorno para Três Anos

FIGURA 6.17
Estatísticas descritivas, resumo de cinco números e box-plot para os percentuais de retorno para três anos

Com base na Figura 6.17, e partindo de uma disposição ordenada para os retornos (não ilustrada aqui), você pode fazer as seguintes afirmativas sobre os retornos para três anos:

- A média aritmética de 21,84 tem aproximadamente o mesmo valor da mediana, de 21,65. (Em uma distribuição normal, a média aritmética e a mediana são iguais.)
- O box-plot é bastante assimétrico à direita, com uma longa cauda em sua direita. (A distribuição normal é simétrica.)
- A amplitude interquartil de 6,98 corresponde a cerca de 1,09 desvio-padrão. (Em uma distribuição normal, a amplitude interquartil corresponde a 1,33 desvio-padrão.)
- A amplitude de 59,52 equivale a 9,26 desvios-padrão. (Em uma distribuição normal, a amplitude corresponde a aproximadamente 6 desvios-padrão.)
- 77,04 % dos retornos estão nos limites de um intervalo de ± 1 desvio-padrão de distância em relação à média aritmética. (Em uma distribuição normal, 68,26 % dos valores estão contidos nos limites de um intervalo de ± 1 desvio-padrão de distância em relação à média aritmética.)
- 86,79 % dos retornos estão contidos nos limites de um intervalo de $\pm 1,28$ desvio-padrão de distância em relação à média aritmética. (Em uma distribuição normal, 80 % dos valores estão contidos nos limites de um intervalo de $\pm 1,28$ desvio-padrão de distância em relação à média aritmética.)
- 96,86 % dos retornos estão nos limites de um intervalo de ± 2 desvios-padrão de distância em relação à média aritmética. (Em uma distribuição normal, 95,44 % dos valores estão contidos nos limites de um intervalo de ± 2 desvios-padrão de distância em relação à média aritmética.)
- A estatística de assimetria é igual a 1,698, e a estatística para a curtose corresponde a 8,467. (Em uma distribuição normal, cada uma dessas estatísticas é igual a zero.)

Com base nessas afirmativas e nos critérios apresentados no início desta seção, você pode concluir que os retornos para três anos são fortemente assimétricos à direita, e apresentam, até certo ponto, mais valores dentro dos limites de ± 1 desvio-padrão de distância em relação à média aritmética do que seria de se esperar. A amplitude é maior do que aquilo que seria esperado em uma distribuição normal, mas isso ocorre fundamentalmente em decorrência de um único valor extremo, em 62,91. A assimetria é fortemente positiva, e a curtose indica uma distribuição que apresenta um pico bem mais acentuado do que uma distribuição normal. Por conseguinte, você pode concluir que as características dos dados relativos aos retornos para três anos diferem das propriedades teóricas de uma distribuição normal.

Construindo o Gráfico da Probabilidade Normal

Um **gráfico da probabilidade normal** é uma representação visual que ajuda você a avaliar se os dados estão distribuídos nos moldes de uma distribuição normal. Um gráfico bastante comum é conhecido como **gráfico quantil-quantil**. Para criar esse gráfico, você inicialmente transforma cada um dos valores ordenados em um valor de Z. Por exemplo, se você tem uma amostra de tamanho $n = 19$, o valor de Z relativo ao menor valor corresponde a uma área acumulada de

$$\frac{1}{n+1} = \frac{1}{19+1} = \frac{1}{20} = 0,05$$

O valor de Z relativo a uma área acumulada de 0,05 (com base na Tabela E.2) corresponde a $-1,65$. A Tabela 6.6 ilustra o conjunto inteiro de valores de Z para uma amostra de tamanho $n = 19$.

Em um gráfico do tipo quantil-quantil, os valores de Z são inseridos no eixo X, enquanto os valores correspondentes da variável são inseridos no eixo Y. Se os dados estiverem distribuídos nos moldes de uma distribuição normal, os valores se posicionarão ao longo de uma linha aproximadamente reta no gráfico. A Figura 6.18 ilustra o formato típico do gráfico da probabilidade normal tipo quantil-quantil, para uma distribuição assimétrica à esquerda (Painel A), para uma distribuição normal (Painel B) e para uma distribuição assimétrica à direita (Painel C). Se os dados forem assimétricos à esquerda, a curva crescerá mais rapidamente a princípio e, depois disso, começará a se nivelar. Se os dados forem distribuídos nos moldes da distribuição normal, os pontos se posicionarão ao longo de uma linha aproximadamente reta no gráfico.

TABELA 6.6 Valores Ordenados e Valores de Z Correspondentes para uma Amostra com $n = 19$

Valor Ordenado	Valor de Z	Valor Ordenado	Valor de Z	Valor Ordenado	Valor de Z
1	$-1,65$	8	$-0,25$	14	0,52
2	$-1,28$	9	$-0,13$	15	0,67
3	$-1,04$	10	$-0,00$	16	0,84
4	$-0,84$	11	0,13	17	1,04
5	$-0,67$	12	0,25	18	1,28
6	$-0,52$	13	0,39	19	1,65
7	$-0,39$				

FIGURA 6.18
Gráficos da probabilidade normal para uma distribuição assimétrica à esquerda, uma distribuição normal e uma distribuição assimétrica à direita

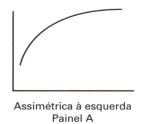
Assimétrica à esquerda
Painel A

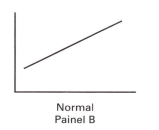
Normal
Painel B

Assimétrica à direita
Painel C

Se os dados forem assimétricos à direita, os dados crescerão mais lentamente a princípio e, depois disso, passarão a crescer a uma taxa mais rápida no que diz respeito a valores mais altos da variável para a qual o gráfico está sendo desenhado.

A Figura 6.19 mostra um gráfico da probabilidade normal do retorno para três anos, na forma criada com o uso do Excel. O gráfico quantil-quantil do Excel mostra que os retornos para três anos crescem lentamente a princípio, e, depois disso, passam a crescer mais rapidamente. Portanto, você pode concluir que os retornos para três anos são assimétricos à direita.

FIGURA 6.19
Gráficos da probabilidade normal do Excel (quantil-quantil) dos retornos para três anos

Utilize as instruções da Seção GE6.3 para construir um gráfico da probabilidade normal.

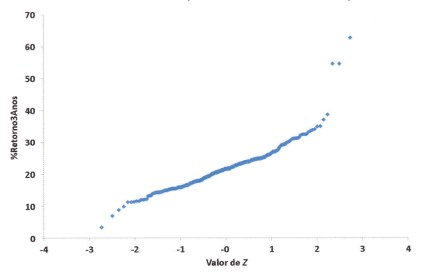

Problemas para a Seção 6.3

APRENDENDO O BÁSICO

6.14 Demonstre que, para uma amostra de $n = 39$, o menor valor e o maior valor de Z são, respectivamente, $-1,96$ e $+1,96$, e o valor de Z para o meio (ou seja, o 20º valor) é igual a 0,00.

6.15 Para uma amostra de $n = 6$, faça uma lista com os seis valores de Z.

APLICANDO OS CONCEITOS

6.16 O arquivo **SUV** contém o total geral de milhas por galão (MPG) para veículos utilitários esportivos (SUV) de pequeno porte ($n = 18$):

20 22 23 22 23 22 22 21 19 22 22 26
23 24 19 21 22 16

Fonte: Dados extraídos de "Ratings", *Consumer Reports*, abril de 2012, pp. 35-36.

Decida se os dados aparentam estar distribuídos aproximadamente nos moldes da distribuição normal
a. comparando as características dos dados com as propriedades teóricas.
b. construindo um gráfico para a probabilidade normal.

6.17 À medida que passaram a aumentar os salários dos jogadores, o custo inerente a frequentar partidas de beisebol tem aumentado consideravelmente. O arquivo **CustoBB2011** contém o custo relativo a quatro ingressos, duas cervejas, quatro refrigerantes, quatro cachorros-quentes, dois programas de jogo, dois bonés de beisebol e a taxa de estacionamento para um veículo, para cada uma das 30 equipes de beisebol que faziam parte da Major League Baseball em 2011.

174, 339, 259, 171, 207, 160, 130, 213, 338, 178, 184, 140, 159, 212, 121, 169, 306, 162, 161, 160, 221, 226, 160, 242, 241, 128, 223, 126, 208, 196

Fonte: Dados extraídos de **seamheads.com/2012/01/29/mlb-fan-cost-index/**.

236 Capítulo 6

Decida se os dados aparentam estar distribuídos aproximadamente nos moldes da distribuição normal

a. comparando as características dos dados com as propriedades teóricas.

b. construindo um gráfico para a probabilidade normal.

6.18 O arquivo `ImpostosPropriedade` contém os impostos cobrados sobre propriedades, *per capita*, relativos aos 50 estados norte-americanos e o Distrito de Columbia. Decida se os dados aparentam estar distribuídos aproximadamente nos moldes da distribuição normal

a. comparando as características dos dados com as propriedades teóricas.

b. construindo um gráfico para a probabilidade normal.

6.19 Trinta empresas compõem a DJIA (Dow Jones Industrial Average — Média Industrial Dow Jones). Qual é exatamente o porte dessas empresas? Um método habitual para mensurar o porte de uma empresa corresponde a utilizar a capitalização de mercado, que é calculada por meio da multiplicação do número de quotas de ações pelo preço de uma quota de ações. Em 27 de junho de 2012, a capitalização de mercado relativa a essas empresas variou de 8,9 bilhões de dólares, para a Alcoa, até 379,9 bilhões de dólares para a ExxonMobil. A população inteira dos valores correspondentes à capitalização de mercado está contida no arquivo `DowCapMercado`. (Os dados foram extraídos de **money.cnn.com**, 27 de junho de 2012.) Decida se a capitalização de mercado para as empresas que compõem o índice DJIA aparenta estar distribuída aproximadamente nos moldes de uma distribuição normal

a. comparando as características dos dados com as propriedades teóricas.

b. construindo um gráfico para a probabilidade normal.

c. construindo um histograma.

6.20 Uma operação de uma usina corresponde a cortar fragmentos de aço em pedaços que serão posteriormente utilizados como estrutura para assentos dianteiros em uma montadora de automóveis. O aço é cortado com uma serra de diamantes, e os pedaços resultantes devem necessariamente estar contidos no intervalo de $\pm 0,005$ polegada em relação ao comprimento especificado pela montadora de automóveis. Os dados são ex-

traídos de uma amostra de 100 pedaços de aço e estão armazenados no arquivo `Aço`. A medição apresentada corresponde à diferença, em polegadas, entre o comprimento real do pedaço de aço, conforme medição feita por um dispositivo de mensuração a laser, e o comprimento especificado para o pedaço de aço. Determine se os dados aparentam estar distribuídos aproximadamente nos moldes da distribuição normal,

a. comparando as características dos dados com as propriedades teóricas.

b. construindo um gráfico para a probabilidade normal.

6.21 O arquivo `TaxaCD` contém os rendimentos para um certificado de depósito (CD) com vencimento em um ano e para um CD com vencimento em cinco anos, para 24 bancos nos Estados Unidos, com posição em 21 de junho de 2012. (Dados extraídos de **www.Bankrate.com**, 21 de junho de 2012.) Para cada um desses tipos de investimento, decida se os dados aparentam estar distribuídos aproximadamente nos moldes de uma distribuição normal,

a. comparando as características dos dados com as propriedades teóricas.

b. construindo um gráfico para a probabilidade normal.

6.22 O arquivo `Serviços` contém os custos com energia elétrica, em dólares, durante o mês de julho de 2012, para uma amostra aleatória de 50 apartamentos de dois quartos, em uma cidade grande:

96	171	202	178	147	102	153	197	127	82
157	185	90	116	172	111	148	213	130	165
141	149	206	175	123	128	144	168	109	167
95	163	150	154	130	143	187	166	139	149
108	119	183	151	114	135	191	137	129	158

Decida se os dados aparentam estar distribuídos aproximadamente nos moldes de uma distribuição normal,

a. comparando as características dos dados com as propriedades teóricas.

b. construindo um gráfico para a probabilidade normal.

6.4   A Distribuição Uniforme

Na **distribuição uniforme**, um determinado valor apresenta a mesma probabilidade de ocorrência em qualquer posição no intervalo entre o menor valor, a, e o maior valor, b. Em decorrência de seu formato, a distribuição uniforme é algumas vezes chamada de **distribuição retangular** (veja o Painel B da Figura 6.1 no início da Seção 6.1). A Equação (6.4) define a função de densidade da probabilidade para a distribuição uniforme.

FUNÇÃO DE DENSIDADE DA PROBABILIDADE UNIFORME

$$f(X) = \frac{1}{b - a} \text{ se } a \leq X \leq b \text{ e } 0 \text{ (zero) em outras situações} \qquad \textbf{(6.4)}$$

em que

$$a = \text{o valor mínimo de } X$$

$$b = \text{o valor máximo de } X$$

A Equação (6.5) define a média aritmética para a distribuição uniforme, enquanto a Equação (6.6) define a variância e o desvio-padrão correspondentes à distribuição uniforme.

MÉDIA ARITMÉTICA DA DISTRIBUIÇÃO UNIFORME

$$\mu = \frac{a + b}{2} \quad (6.5)$$

VARIÂNCIA E DESVIO-PADRÃO DA DISTRIBUIÇÃO UNIFORME

$$\sigma^2 = \frac{(b - a)^2}{12} \quad (6.6a)$$

$$\sigma = \sqrt{\frac{(b - a)^2}{12}} \quad (6.6b)$$

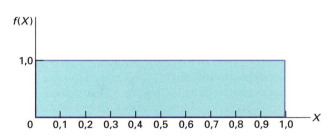

FIGURA 6.20 Função de densidade de probabilidade para uma distribuição uniforme com $a = 0$ e $b = 1$

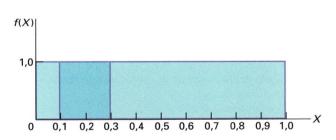

FIGURA 6.21 Encontrando $P(0{,}10 < X < 0{,}30)$ para uma distribuição uniforme com $a = 0$ e $b = 1$

Um dos usos mais comuns da distribuição uniforme é na seleção de números aleatórios. Quando utiliza a amostragem aleatória simples (veja a Seção 1.4), você pressupõe que cada um dos valores é oriundo de uma distribuição uniforme, que possui um valor mínimo de 0 (zero) e um valor máximo de 1.

A Figura 6.20 ilustra a distribuição uniforme com $a = 0$ e $b = 1$. A área total dentro do retângulo é igual à base (1,0) vezes a altura (1,0). Consequentemente, a área resultante de 1,0 satisfaz os requisitos de que a área abaixo de qualquer função de densidade da probabilidade é igual a 1,0.

Nessa distribuição uniforme, qual é a probabilidade de que se venha a obter um número aleatório entre 0,10 e 0,30? A área entre 0,10 e 0,30, ilustrada na Figura 6.21, é igual à base (que corresponde a $0{,}30 - 0{,}10 = 0{,}20$) multiplicada pela altura (1,0). Portanto,

$$P(0{,}10 < X < 0{,}30) = (\text{Base})(\text{Altura})$$
$$= (0{,}20)(1{,}0) = 0{,}20$$

Com base nas Equações (6.5) e (6.6), a média aritmética e o desvio-padrão correspondentes à distribuição uniforme, para $a = 0$ e $b = 1$, são calculados do seguinte modo:

$$\mu = \frac{a + b}{2}$$
$$= \frac{0 + 1}{2} = 0{,}5$$

e

$$\sigma^2 = \frac{(b - a)^2}{12}$$
$$= \frac{(1 - 0)^2}{12}$$
$$= \frac{1}{12} = 0{,}0833$$
$$\sigma = \sqrt{0{,}0833} = 0{,}2887$$

Por conseguinte, a média aritmética é igual a 0,5, enquanto o desvio-padrão é 0,2887.

O Exemplo 6.6 proporciona outra aplicação para a distribuição uniforme.

EXEMPLO 6.6

Calculando Probabilidades Uniformes

No cenário Baixando Arquivos Normalmente na MyTVLab, no início deste capítulo, o tempo de abertura para vídeos foi pressuposto como distribuído nos moldes de uma distribuição normal, com uma média aritmética correspondente a 7 segundos. Suponha que o tempo de abertura siga uma distribuição uniforme (em vez de normal) entre 4,5 e 9,5 segundos. Qual é a probabilidade de que um tempo de abertura venha a levar mais de 9 segundos?

238 Capítulo 6

SOLUÇÃO O tempo de abertura é distribuído de maneira uniforme, de 4,5 até 9,5 segundos. A área entre 9 e 9,5 segundos é igual a 0,5 segundo, enquanto a área total na distribuição corresponde a 9,5 – 4,5 = 5 segundos. Portanto, a probabilidade de um tempo de abertura entre 9 e 9,5 segundos corresponde à parcela da área que representa maior do que 9, que é igual a 0,5/5,0 = 0,10. Uma vez que 9,5 é o valor máximo nessa distribuição, a probabilidade de um tempo de abertura acima de 9 segundos é 0,10. A título de comparação, caso o tempo de abertura seja distribuído nos moldes de uma distribuição normal, com uma média aritmética correspondente a 7 segundos e um desvio-padrão igual a 2 segundos (veja o Exemplo 6.1 na Seção 6.2) a probabilidade de um tempo de abertura acima de 9 segundos é igual a 0,1587.

Problemas para a Seção 6.4

APRENDENDO O BÁSICO

6.23 Suponha que você selecione um valor a partir de uma distribuição uniforme, com $a = 0$ e $b = 10$. Qual é a probabilidade de que o valor venha a estar
a. entre 5 e 7?
b. entre 2 e 3?
c. Qual é a média aritmética?
d. Qual é o desvio-padrão?

APLICANDO OS CONCEITOS

√ AUTO-teste **6.24** O tempo entre chegadas de clientes em um banco, durante o horário entre meio-dia e uma hora da tarde, apresenta uma distribuição uniforme entre 0 e 120 segundos. Qual é a probabilidade de que o tempo entre a chegada de dois clientes venha a ser
a. menor que 20 segundos?
b. entre 10 e 30 segundos?
c. maior que 35 segundos?
d. Quais são os valores para a média aritmética e o desvio-padrão para o tempo entre as chegadas?

6.25 Um estudo sobre o tempo gasto fazendo compras em um supermercado, para uma cesta de mercadorias com 20 itens específicos, mostrou uma distribuição aproximadamente uniforme entre 20 minutos e 40 minutos. Qual é a probabilidade de que o tempo gasto fazendo compras venha a ser
a. entre 25 e 30 minutos?
b. menor que 35 minutos?
c. Quais são os valores para a média aritmética e o desvio-padrão do tempo para fazer compras?

6.26 Quanto tempo é necessário para que você baixe um jogo em seu iPod? De acordo com o portal de suporte técnico da Apple, **support.apple.com/kbt/ht1577**, baixar um jogo no iPod utilizando uma conexão de banda larga de 5 Mbit/segundo deve levar de 30 a 70 segundos. Suponha que os tempos necessários para baixar jogos estejam distribuídos de maneira uniforme, entre 30 e 70 segundos. Caso você baixe um determinado jogo, qual é a probabilidade de que o tempo necessário para isso venha a ser
a. menor que 34 segundos?
b. menor que 40 segundos?
c. entre 40 e 50 segundos?
d. Quais são os valores para a média aritmética e o desvio-padrão dos tempos necessários para baixar jogos?

6.27 O tempo de deslocamento programado, na Long Island Railroad, de Glen Cove até a cidade de Nova York, é de 65 minutos. Suponha que o tempo real de deslocamento seja distribuído de maneira uniforme, entre 64 e 74 minutos. Qual é a probabilidade de que o tempo de deslocamento venha a ser
a. menor que 70 minutos?
b. entre 65 e 70 minutos?
c. maior que 65 minutos?
d. Quais são os valores para a média aritmética e o desvio-padrão para o tempo de deslocamento?

6.5 A Distribuição Exponencial

A **distribuição exponencial** é uma distribuição contínua que é assimétrica à direita e se estende desde zero até o infinito positivo (veja o Painel C da Figura 6.1 no início da Seção 6.1). A distribuição exponencial é disseminadamente utilizada na teoria das filas (tempo de espera em filas) para modelar a extensão do tempo decorrido entre chegadas em processos, tais como clientes em caixas eletrônicos em bancos, pacientes dando entrada em uma unidade de emergência de um hospital, e pesquisas em um portal de busca da Grande Rede.

A distribuição exponencial é definida por um único parâmetro, λ, a média aritmética correspondente ao número de chegadas por unidade de tempo. A função de densidade de probabilidade para a extensão de tempo entre chegadas é fornecida pela Equação (6.7).

FUNÇÃO DE DENSIDADE DA DISTRIBUIÇÃO EXPONENCIAL

$$f(X) = \lambda e^{-\lambda x} \text{ para } X > 0 \tag{6.7}$$

em que

e = a constante matemática aproximada por 2,71828

λ = a média aritmética para o número de chegadas por unidade

X = qualquer valor correspondente à variável contínua, em que $0 < X < \infty$

A média aritmética correspondente ao tempo entre chegadas, μ, é fornecida pela Equação (6.8), e o desvio-padrão correspondente ao tempo entre chegadas, σ, é fornecido pela Equação (6.9).

MÉDIA ARITMÉTICA PARA O TEMPO ENTRE CHEGADAS

$$\mu = \frac{1}{\lambda} \qquad (6.8)$$

DESVIO-PADRÃO PARA O TEMPO ENTRE CHEGADAS

$$\sigma = \frac{1}{\lambda} \qquad (6.9)$$

O valor $1/\lambda$ é igual à média aritmética referente ao tempo entre chegadas. Por exemplo, caso a média aritmética correspondente ao número de chegadas em um minuto seja $\lambda = 4$, então a média aritmética correspondente ao tempo entre chegadas é $1/\lambda = 0,25$ minuto, ou 15 segundos. A Equação (6.10) define a probabilidade acumulada de que a extensão de tempo antes da próxima chegada venha a ser menor ou igual a X.

A Figura 6.22 exibe a planilha CÁLCULO da pasta de trabalho Exponencial que é utilizada nas instruções da Seção GE6.5.

PROBABILIDADE EXPONENCIAL ACUMULADA

$$P(\text{tempo antes da próxima chegada} \leq X) = 1 - e^{-\lambda x} \qquad (6.10)$$

Para ilustrar a distribuição exponencial, suponha que clientes cheguem a um caixa eletrônico de um banco a uma taxa de 20 por hora. Caso um cliente tenha acabado de chegar, qual é a probabilidade de que o próximo cliente chegue dentro de um intervalo de 6 minutos (ou seja, 0,1 hora)? Para este exemplo, $\lambda = 20$ e $X = 0,1$. Utilizando a Equação (6.10):

$$P(\text{tempo antes da próxima chegada} \leq 0,1) = 1 - e^{-20(0,1)}$$
$$= 1 - e^{-2}$$
$$= 1 - 0,1353 = 0,8647$$

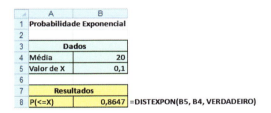

FIGURA 6.22 Planilha para calcular a probabilidade exponencial de que um cliente chegue dentro do limite de um intervalo de seis minutos

Por conseguinte, a probabilidade de que um cliente venha a chegar dentro do limite do intervalo de 6 minutos é igual a 0,8647, ou 86,47 %. A Figura 6.22 mostra essa probabilidade, na forma calculada pelo Excel.

O Exemplo 6.7 ilustra o efeito causado na probabilidade exponencial em razão da alteração do tempo entre chegadas.

EXEMPLO 6.7

Calculando Probabilidades Exponenciais

No exemplo que trata do caixa eletrônico dos bancos, qual é a probabilidade de que o próximo cliente chegue dentro do limite de um intervalo de 3 minutos (ou seja, 0,05 hora)?

SOLUÇÃO No que se refere a este exemplo, $\lambda = 20$ e $X = 0,05$. Utilizando a Equação (6.10),

$$P(\text{tempo antes da próxima chegada} \leq 0,05) = 1 - e^{-20(0,05)}$$
$$= 1 - e^{-1}$$
$$= 1 - 0,3679 = 0,6321$$

Consequentemente, a probabilidade de que um cliente venha a chegar dentro do limite de um intervalo de 3 minutos é 0,6321, ou 63,21 %.

240 Capítulo 6

Problemas para a Seção 6.5

APRENDENDO O BÁSICO

6.28 Dada uma distribuição exponencial com $\lambda = 10$, qual é a probabilidade de que o tempo de chegada seja
a. menor que $X = 0,1$?
b. maior que $X = 0,1$?
c. entre $X = 0,1$ e $X = 0,2$?
d. menor que $X = 0,1$ ou maior que $X = 0,2$?

6.29 Dada uma distribuição exponencial com $\lambda = 30$, qual é a probabilidade de que o tempo de chegada seja
a. menor que $X = 0,1$?
b. maior que $X = 0,1$?
c. entre $X = 0,1$ e $X = 0,2$?
d. menor do que $X = 0,1$ ou maior do que $X = 0,2$?

6.30 Dada uma distribuição exponencial com $\lambda = 5$, qual é a probabilidade de que o tempo de chegada seja
a. menor do que $X = 0,3$?
b. maior do que $X = 0,3$?
c. entre $X = 0,3$ e $X = 0,5$?
d. menor do que $X = 0,3$ ou maior do que $X = 0,5$?

APLICANDO OS CONCEITOS

6.31 Automóveis chegam a uma cabine de pedágio, localizada na entrada de uma ponte, a uma taxa de 50 por minuto, ao longo do intervalo de tempo entre 5 e 6 horas da tarde. Se um automóvel acabou de chegar,
a. qual é a probabilidade de que o próximo automóvel chegue dentro de 3 segundos (0,05 minuto)?
b. qual é a probabilidade de que o próximo automóvel chegue dentro de 1 segundo (0,0167 minuto)?
c. Quais seriam suas respostas para (a) e (b) se a taxa de chegada de automóveis fosse de 60 por minuto?
d. Quais seriam suas respostas para (a) e (b) se a taxa de chegada de automóveis fosse de 30 por minuto?

√AUTO- 6.32 Os clientes chegam a uma cabine de atendi-
teste mento de uma lanchonete, do tipo *drive-thru*, a uma taxa de 2 por minuto, durante o período do horário do almoço.
a. Qual é a probabilidade de que o próximo cliente chegue dentro do intervalo de 1 minuto?
b. Qual é a probabilidade de que o próximo cliente chegue dentro do intervalo de 5 minutos?
c. Durante o período correspondente ao horário do jantar, a taxa de chegada é de 1 por minuto. Quais seriam as suas respostas para (a) e (b) no que concerne a esse período?

6.33 Chamadas telefônicas chegam à central de informações de uma grande empresa de *software* a uma taxa de 15 por hora.
a. Qual é a probabilidade de que a próxima chamada chegue dentro do intervalo de 3 minutos (0,05 hora)?

b. Qual é a probabilidade de que a próxima chamada chegue dentro do intervalo de 15 minutos (0,25 hora)?
c. Suponha que a empresa tenha acabado de lançar uma versão atualizada de um de seus programas de *software*, e que as chamadas telefônicas estejam chegando atualmente a uma taxa de 25 por hora. Dadas essas informações, quais seriam suas respostas para (a) e (b)?

6.34 Um acidente no ambiente de trabalho ocorre uma vez a cada 10 dias, em média, em uma montadora de automóveis. Qual é a probabilidade de que o próximo acidente de trabalho venha a ocorrer dentro de um intervalo de
a. 10 dias?
b. 5 dias?
c. 1 dia?

6.35 O tempo entre paralisações não programadas, em uma usina de energia elétrica, tem uma distribuição exponencial, com uma média aritmética igual a 20 dias. Encontre a probabilidade de que o tempo entre duas paralisações não programadas seja
a. menor que 14 dias.
b. maior que 21 dias.
c. menor que 7 dias.

6.36 Jogadores de golfe chegam ao guichê da secretaria de um clube para um curso de golfe para principiantes, aberto ao público, a uma taxa de 8 por hora, durante o período de meio de semana, de segunda a sexta-feira. Se um jogador de golfe acabou de chegar,
a. qual é a probabilidade de que o próximo jogador de golfe chegue dentro do intervalo de 15 minutos (0,25 hora)?
b. qual é a probabilidade de que o próximo jogador de golfe chegue dentro do intervalo de 3 minutos (0,05 hora)?
c. A taxa real de chegada nas sextas-feiras é de 15 por hora. Quais seriam suas respostas para (a) e (b) para as sextas-feiras?

6.37 Algumas empresas baseadas na Internet vendem um determinado serviço que incrementará o tráfego de um determinado portal, pelo fato de direcionar visitantes singulares adicionais. Considere que uma empresa desse tipo declare que é capaz de direcionar 1.000 visitantes por dia. Caso esse volume de tráfego venha a efetivamente ocorrer, então o tempo entre visitantes possui uma média aritmética de 1,44 minuto (ou 0,6944 por minuto). Considere que o portal que você tem na Grande Rede efetivamente obtenha 10.000 visitantes por dia, e que o tempo entre visitantes tenha uma distribuição exponencial. Qual é a probabilidade de que o tempo entre dois visitantes seja
a. menor que 1 minuto?
b. menor que 2 minutos?
c. maior que 35 minutos?
d. Você acredita que seja razoável pressupor que o tempo entre visitantes apresenta uma distribuição exponencial?

6.6 A Aproximação da Normal para a Distribuição Binomial (*on-line*)

APRENDA MAIS

Aprenda sobre esta aplicação da distribuição normal em uma seção oferecida como bônus para o Capítulo 6, no material suplementar disponível no *site* da LTC Editora.

Em inúmeras circunstâncias, você pode fazer uso da distribuição normal, com o objetivo de fazer uma aproximação para a distribuição binomial, que é discutida na Seção 5.3.

UTILIZANDO A ESTATÍSTICA

Angela Waye/Shutterstock

Baixando Arquivos Normalmente na MyTVLab, Revisitada

No cenário Baixando Arquivos Normalmente na MyTVLab, você era o gerente de projetos de um portal na Grande Rede destinado a uma rede de relacionamentos e disponibilização de vídeos. Você tinha como meta garantir que um vídeo poderia ser baixado rapidamente da Grande Rede pelos visitantes do Portal. Ao realizar experimentos no âmbito dos escritórios da corporação, você determinou que a quantidade de tempo, em segundos, que se passa desde o momento em que primeiro se dá o clique no link para a abertura até o momento em que um vídeo esteja totalmente aberto é representada por uma distribuição em formato de sino, com uma média aritmética de 7 segundos e um desvio-padrão de 2 segundos para o tempo de abertura. Utilizando a distribuição normal, você foi capaz de calcular que aproximadamente 84 % dos tempos de abertura corresponderiam a 9 segundos ou menos, enquanto 95 % dos tempos de abertura estariam entre 3,08 e 10,92 segundos.

Agora que você compreende como calcular probabilidades a partir da distribuição normal, você pode avaliar os tempos de abertura de um vídeo utilizando diferentes projetos de portais disponíveis na Grande Rede. Por exemplo, caso o desvio-padrão permanecesse em 2 segundos, baixar a média aritmética para 6 segundos deslocaria a distribuição inteira para baixo em 1 segundo. Portanto, aproximadamente 84 % dos tempos de abertura seriam de 8 segundos ou menos, e 95 % dos tempos de abertura estariam entre 2,08 e 9,92 segundos. Outra modificação que poderia reduzir tempos longos para abertura corresponderia a reduzir a variação. Por exemplo, considere o caso em que a média aritmética permanecesse nos originais 7 segundos, mas o desvio-padrão fosse reduzido para 1 segundo. Uma vez mais, aproximadamente 84 % dos tempos de abertura corresponderiam a 8 segundos ou menos, enquanto 95 % dos tempos de abertura estariam entre 5,04 e 8,96 segundos.

RESUMO

Neste capítulo e no capítulo anterior, você aprendeu sobre modelos matemáticos conhecidos como distribuições de probabilidades e o modo como eles podem ser utilizados para solucionar problemas relacionados ao mundo dos negócios. No Capítulo 5, você utilizou distribuições de probabilidades discretas em situações em que os resultados se originam de um processo de contagem, como, por exemplo, o número de cursos em que você se matriculou ou o número de pedidos de compra identificados como não conformes em um relatório gerado por um sistema de informações contábeis. Neste capítulo, você aprendeu sobre distribuições de probabilidades contínuas nas quais os resultados se originam de um processo de medição, como, por exemplo, a sua estatura ou o tempo necessário para a abertura de um vídeo.

Distribuições de probabilidades contínuas aparecem em diversos formatos, sendo o mais habitual e mais importante, no âmbito do mundo dos negócios, a distribuição normal. A distribuição normal é simétrica; consequentemente, sua média aritmética e sua mediana são iguais. Ela também apresenta formato de sino, e aproximadamente 68,26 % das suas observações estão contidas nos limites do intervalo de ±1 desvio-padrão de distância em relação à média aritmética; 95,44 % das suas observações estão contidas nos limites do intervalo de ±2 desvios-padrão de distância em relação à média aritmética; 99,73 % das suas observações estão contidas nos limites do intervalo de ±3 desvios-padrão de distância em relação à média aritmética. Embora muitos conjuntos de dados no mundo dos negócios possam ser aproximados bem de perto por meio da distribuição normal, não imagine, com isso, que todos os conjuntos de dados podem ser aproximados utilizando-se a distribuição normal.

Na Seção 6.3, você aprendeu sobre os vários métodos para avaliar a normalidade, no intuito de determinar se a distribuição normal é um modelo matemático aceitável para ser utilizado em situações específicas. Nas Seções 6.4 e 6.5, você estudou distribuições contínuas que não eram distribuídas nos moldes de uma distribuição normal — em particular, a distribuição uniforme e a distribuição exponencial. O Capítulo 7 utiliza a distribuição normal para desenvolver o tema que trata da inferência estatística.

REFERÊNCIAS

1. Gunter, B., "Q-Q Plots," *Quality Progress* (February 1994), 81-86.
2. Levine, D. M., P. Ramsey, and R. Smidt, *Applied Statistics for Engineers and Scientists Using Microsoft Excel and Minitab*. Upper Saddle River, NJ: Prentice Hall, 2001.
3. *Microsoft Excel 2010*. Redmond, WA: Microsoft Corp., 2010.
4. Miller, J., "Earliest Know Uses of Some of the Words of Mathematics". **jeff560.tripod.com/mathword.html**.
5. Pearl, R., "Karl Pearson, 1857-1936", *Journal of the American Statistical Associaton*, 31 (1936), 653-664.
6. Pearson, E. S., "Some Incidents in the Early History of Biometry and Statistics, 1890-94", *Biometrika*, 52 (1965), 3-18.
7. Taleb, N. *The Black Swan*, 2nd ed. New York: Random House, 2010.
8. Walker, H., "The Contributions of Karl Pearson", *Journal of the American Statistical Associaton*, 53 (1958), 11-22.

242 Capítulo 6

EQUAÇÕES-CHAVE

Função de Densidade da Probabilidade Normal

$$f(X) = \frac{1}{\sqrt{2\pi}\sigma}e^{-(1/2)[(X-\mu)/\sigma]^2} \tag{6.1}$$

Fórmula de Transformação

$$Z = \frac{X - \mu}{\sigma} \tag{6.2}$$

Encontrando um Valor de X Associado a uma Probabilidade Conhecida

$$X = \mu + Z\sigma \tag{6.3}$$

Função de Densidade da Probabilidade Uniforme

$$f(X) = \frac{1}{b - a} \tag{6.4}$$

Média Aritmética da Distribuição Uniforme

$$\mu = \frac{a + b}{2} \tag{6.5}$$

Variância e Desvio-Padrão da Distribuição Uniforme

$$\sigma^2 = \frac{(b - a)^2}{12} \tag{6.6a}$$

$$\sigma = \sqrt{\frac{(b - a)^2}{12}} \tag{6.6b}$$

Função de Densidade da Probabilidade Exponencial

$$f(X) = \lambda e^{-\lambda x} \text{ para } X > 0 \tag{6.7}$$

Média Aritmética do Tempo Entre Chegadas

$$\mu = \frac{1}{\lambda} \tag{6.8}$$

Desvio-Padrão do Tempo Entre Chegadas

$$\sigma = \frac{1}{\lambda} \tag{6.9}$$

Probabilidade Exponencial Acumulada

$$P(\text{tempo antes da próxima chegada} \leq X) = 1 - e^{-\lambda x} \tag{6.10}$$

TERMOS-CHAVE

distribuição exponencial
distribuição normal
distribuição normal padronizada acumulada
distribuição retangular

distribuição uniforme
fórmula de transformação
função de densidade da probabilidade para a distribuição normal

função de densidade para a probabilidade
gráfico da probabilidade normal
gráfico quantil-quantil
variável normal padronizada

AVALIANDO O SEU ENTENDIMENTO

6.38 Por que razão somente uma tabela da distribuição normal, tal como a Tabela E.2, é necessária para que seja encontrada qualquer probabilidade abaixo da curva da normal?

6.39 De que modo você encontra a área entre dois valores, abaixo da curva da normal?

6.40 De que modo você encontra o valor de X que corresponde a um determinado percentil da distribuição normal?

6.41 Quais são algumas das propriedades que identificam uma distribuição normal?

6.42 De que modo o formato da distribuição normal difere dos formatos para as distribuições uniforme e exponencial?

6.43 De que modo você pode utilizar o gráfico da probabilidade normal para avaliar se um determinado conjunto de dados está distribuído nos moldes da distribuição normal?

6.44 Sob quais circunstâncias você pode utilizar a distribuição exponencial?

PROBLEMAS DE REVISÃO DO CAPÍTULO

6.45 Uma máquina de costura industrial utiliza rolamentos de esferas que são projetados de modo tal que tenham um diâmetro correspondente a 0,75 polegada. Os limites de especificação inferior e superior, sob os quais os rolamentos de esferas conseguem operar, correspondem a 0,74 polegada e 0,76 polegada, respectivamente. Experiências do passado têm indicado que o diâmetro ver-

dadeiro dos rolamentos de esferas é distribuído aproximadamente nos moldes da distribuição normal, com uma média aritmética igual a 0,753 polegada e um desvio-padrão de 0,004 polegada. Qual é a probabilidade de que um rolamento de esferas esteja

a. entre a média aritmética estabelecida como meta e a média aritmética real?

b. entre o limite inferior da especificação e o limite estabelecido como meta?

c. acima do limite superior da especificação?

d. abaixo do limite inferior da especificação?

e. De todos os rolamentos de esfera, 93 % dos diâmetros são superiores a qual valor?

6.46 O conteúdo abastecido em garrafas de refrigerantes é distribuído nos moldes da distribuição normal, com uma média aritmética de 2,0 litros e um desvio-padrão de 0,05 litro. Se as garrafas contiverem menos de 95 % do conteúdo líquido especificado (1,90 litro, neste caso), o fabricante pode estar sujeito a uma penalidade por parte do órgão de defesa do consumidor. Garrafas que apresentem um conteúdo líquido acima de 2,10 litros podem, quando são abertas, fazer com que o excedente seja espirrado para fora. Que proporção das garrafas conterá

a. entre 1,90 e 2,0 litros?

b. entre 1,90 e 2,10 litros?

c. menos de 1,90 litro ou mais de 2,10 litros?

d. Qual é a quantidade mínima de refrigerante que está contida em 99 % das garrafas?

e. 99 % das garrafas contêm uma quantidade que está entre quais dois valores (simetricamente distribuídos) em torno da média aritmética?

6.47 Em um esforço para reduzir o número de garrafas que contenham menos de 1,90 litro, a empresa que engarrafa refrigerantes, apresentada no Problema 6.46, ajusta a máquina de abastecimento de modo tal que a média aritmética passe a ser 2,02 litros. Sob essas circunstâncias, quais seriam suas respostas no Problema 6.46, nos itens (a) até (e)?

6.48 Um produtor de suco de laranja compra todas as suas laranjas de uma grande área de plantio de laranjas. A quantidade de suco extraído de cada uma dessas laranjas é distribuída aproximadamente nos moldes de uma distribuição normal, com uma média aritmética igual a 4,70 onças (140 ml) e um desvio-padrão igual a 0,40 onça (12 ml).

a. Qual é a probabilidade de que uma laranja aleatoriamente selecionada venha a conter entre 4,70 e 5,00 onças (140 e 150 ml) de suco?

b. Qual é a probabilidade de que uma laranja aleatoriamente selecionada venha a conter entre 5,00 e 5,50 onças (150 e 165 ml) de suco?

c. 77 % das laranjas conterão pelo menos quantas onças de suco?

d. 80 % das laranjas conterão entre quais dois valores (em onças de suco), simetricamente distribuídos, em torno da média aritmética da população?

6.49 O arquivo `CervejaArtesanal` contém o teor alcoólico, a quantidade de calorias para cada 12 onças e a quantidade de carboidratos (em gramas) para cada 12 onças, no que se refere a 150 entre as cervejas de fabricação artesanal com maior índice de vendas nos Estados Unidos. No que se refere a cada uma das três variáveis, decida se os dados aparentam estar distribuídos aproximadamente nos moldes de uma distribuição normal. Respalde a sua decisão utilizando estatísticas e gráficos apropriados. (Dados extraídos de **www.Beer100.com**, 1 de junho de 2012.)

6.50 A gerente do turno da noite em um determinado restaurante estava muito preocupada com a extensão de tempo que alguns clientes estavam esperando na fila até que viessem a conseguir um lugar à mesa. Ela tinha, também, algumas preocupações no que concerne ao tempo de mesa — ou seja, a extensão de tempo entre o momento em que o cliente senta à mesa e o momento em que esse mesmo cliente deixa o restaurante. Ao longo do decurso de uma semana, 100 clientes (não mais do que 1 por mesa ocupada) foram aleatoriamente selecionados, e os seus respectivos tempos de espera e de mesa (em minutos) foram registrados no arquivo `Espera`.

a. Raciocine em termos de seu restaurante favorito. Você imagina que os tempos de espera se assemelham mais a uma distribuição uniforme, a uma distribuição exponencial ou a uma distribuição normal?

b. Raciocine novamente em termos de seu restaurante favorito. Você imagina que os tempos de mesa se assemelham mais a uma distribuição uniforme, a uma distribuição exponencial ou a uma distribuição normal?

c. Construa um histograma e um gráfico para a probabilidade normal em relação aos tempos de espera. Você acredita que esses tempos de espera se assemelham mais de perto a uma distribuição uniforme, a uma distribuição exponencial ou a uma distribuição normal?

d. Construa um histograma e um gráfico para a probabilidade normal em relação aos tempos de mesa. Você acredita que esses tempos de mesa se assemelham mais de perto a uma distribuição uniforme, a uma distribuição exponencial ou a uma distribuição normal?

6.51 Todos os principais índices do mercado de ações em bolsa apresentaram resultados variados em 2011. A média aritmética do retorno de um ano, para ações integrantes do S&P 500, um grupo de 500 empresas de muito grande porte, correspondeu a 0,00 %. A média aritmética do retorno de um ano, para a NASDAQ, um grupo de 3.200 empresas de pequeno e médio porte, foi −1,8 %. Historicamente, os retornos de um ano costumam ter uma distribuição aproximadamente normal; o desvio-padrão no S&P 500 é de aproximadamente 20 %; e o desvio-padrão para a NASDAQ é de aproximadamente 30 %.

a. Qual é a probabilidade de que determinada ação integrante do S&P 500 tenha auferido ganhos em 2011?

b. Qual é a probabilidade de que determinada ação integrante do S&P 500 tenha auferido ganho de 10 % ou mais em 2011?

c. Qual é a probabilidade de que determinada ação integrante do S&P 500 tenha auferido perda de 20 % ou mais em 2011?

d. Qual é a probabilidade de que determinada ação integrante do S&P 500 tenha auferido perda de 40 % ou mais em 2011?

e. Repita os itens de (a) a (d) para uma ação integrante da NASDAQ.

f. Escreva um pequeno resumo sobre suas descobertas. Não deixe de incluir uma discussão sobre os riscos associados a um grande desvio-padrão.

6.52 A velocidade com a qual você consegue entrar como usuário em um portal da Grande Rede utilizando um *smartphone* é uma importante característica de qualidade para o referido portal. Em um teste recente, a média aritmética correspondente ao tempo necessário para entrar como usuário em um portal da JetBlue Airways, utilizando um *smartphone*, foi de 4,237 segundos. (Dados extraídos de N. Trejos, "Travelers Have No Patience for Slow Mobile Sites", *USA Today*, 4 de abril de 2012, p. 3B.) Suponha que o tempo necessário para entrar como usuário seja distribuído nos moldes de uma distribuição normal, com um desvio-padrão igual a 1,3 segundo. Qual é a probabilidade de que um determinado tempo necessário para entrar como usuário venha a ser

a. inferior a 2 segundos?

b. entre 1,5 e 2,5 segundos?

244 Capítulo 6

c. superior a 1,8 segundo?

d. 99 % dos tempos para entrar como usuário são mais lentos (mais altos) do que quantos segundos?

e. 95 % dos tempos para entrar como usuário estão entre quais dois valores, distribuídos simetricamente em torno da média aritmética?

f. Suponha que os tempos necessários para entrar como usuário sejam distribuídos de maneira uniforme entre 1 e 9 segundos. Quais seriam as suas respostas para os itens (a) a (c)?

6.53 A velocidade com a qual você consegue entrar como usuário em um portal da Grande Rede utilizando um *smartphone* é uma importante característica de qualidade para o referido portal. Em um teste recente, a média aritmética correspondente ao tempo necessário para entrar como usuário em um portal da Hertz, utilizando um *smartphone*, foi de 7,524 segundos. (Dados extraídos de N. Trejos, "Travelers Have No Patience for Slow Mobile Sites", *USA Today*, 4 de abril de 2012, p. 3B.) Suponha que o tempo necessário para entrar como usuário seja distribuído nos moldes de uma distribuição normal, com um desvio-padrão igual a 1,7 segundo. Qual é a probabilidade de que um determinado tempo necessário para entrar como usuário venha a ser

a. inferior a 2 segundos?

b. entre 1,5 e 2,5 segundos?

c. superior a 1,8 segundo?

d. 99 % dos tempos para entrar como usuário são mais lentos (mais altos) do que quantos segundos?

e. 95 % dos tempos para entrar como usuário estão entre quais dois valores, distribuídos simetricamente em torno da média aritmética?

f. Suponha que os tempos necessários para entrar como usuário sejam distribuídos de maneira uniforme entre 1 e 14 segundos. Quais seriam as suas respostas para os itens (a) a (d)?

g. Compare os resultados correspondentes ao portal da JetBlue Airways, calculados no Problema 6.52, com os resultados obtidos para o portal da Hertz.

6.54 (Projeto de Classe) Uma das teorias que abordam as variações diárias nos preços de fechamento das ações em bolsa é que essas variações seguem um *caminho aleatório* — ou seja, esses eventos diários são independentes entre si e se deslocam para cima e para baixo de maneira aleatória — e podem ser aproximados por uma distribuição normal. Para testar essa teoria, use um jornal, ou então a Internet, para selecionar uma empresa que tenha ações negociadas na Bolsa de Valores de Nova York; uma empresa que tenha ações negociadas na Bolsa de Valores Norte-Americana; e uma empresa que tenha ações negociadas na NASDAQ. Depois disso, faça o seguinte:

1. Registre os preços diários de fechamento das ações para cada uma dessas empresas, ao longo de seis semanas consecutivas (de modo tal que você tenha 30 valores por empresa).

2. Calcule as variações diárias nos preços de fechamento das ações para cada uma dessas empresas, ao longo de seis semanas consecutivas (de modo tal que você tenha 30 valores por empresa).

Observação: *A teoria do caminho aleatório é pertinente no que concerne às variações diárias nos preços de fechamento das ações e não aos preços diários de fechamento das ações.*

Para cada um de seus seis conjuntos de dados, decida se os dados são distribuídos aproximadamente nos moldes da distribuição normal

a. construindo uma disposição ramo e folha, um histograma, um polígono e um box-plot.

b. comparando as características dos dados com as propriedades teóricas.

c. construindo um gráfico para a probabilidade normal.

d. Discuta sobre os resultados para os itens (a) a (c). O que você consegue afirmar sobre as suas três ações negociadas em bolsa, no que diz respeito aos preços diários de fechamento e às variações diárias nos preços de fechamento? Qual, entre os conjuntos de dados, se é que há algum, é distribuído aproximadamente nos moldes da distribuição normal?

CASOS PARA O CAPÍTULO 6

Administrando a Ashland MultiComm Services

O departamento de serviços técnicos da AMS aderiu a um esforço de melhoria da qualidade. Seu primeiro projeto está relacionado a manter a velocidade de carregamento de arquivos estipulada como meta para seus assinantes de serviços de Internet. As velocidades correspondentes ao carregamento de arquivos são medidas em uma escala padronizada, na qual o valor estabelecido como meta é 1,0. Dados coletados ao longo do ano passado indicam que a velocidade referente ao carregamento de arquivos é distribuída aproximadamente nos moldes de uma distribuição normal, com uma média aritmética de 1,005 segundo e um desvio-padrão de 0,10. A cada dia, é medida uma velocidade de carregamento de arquivos. A velocidade de carregamento é considerada aceitável, caso a medição na escala padronizada esteja entre 0,95 e 1,05.

1. Considerando que a distribuição não tenha se modificado em relação ao que era no ano passado, qual é a probabilidade de que o tempo para carregamento de arquivos seja

   a. inferior a 1,0?

   b. entre 0,95 e 1,0?

   c. entre 1,0 e 1,05?

   d. inferior a 0,95 ou superior a 1,05?

2. O objetivo da equipe de operações diz respeito a reduzir a probabilidade de que a velocidade de carregamento venha a ser inferior a 1,0. Deveria, então, a equipe focar no processo de melhoria que faz com que cresça para 1,05 a média aritmética correspondente ao tempo de carregamento de arquivos, ou focar no processo de melhoria que reduz para 0,075 o desvio-padrão correspondente ao tempo de carregamento? Explique.

A Distribuição Normal e Outras Distribuições Contínuas **245**

Caso Digital

Aplique os seus conhecimentos sobre a distribuição normal neste Caso Digital, que faz uma extensão para o cenário Utilizando a Estatística correspondente a este capítulo.

Para satisfazer as preocupações dos potenciais clientes, a administração da MyTVLab conduziu um projeto de pesquisas para conhecer quanto tempo é necessário para que usuários carreguem uma página contendo vídeos complexos. A equipe de pesquisas coletou dados e fez algumas declarações com base na assertiva de que os dados seguem uma distribuição normal.

Abra o arquivo **MTL_QRTStudy.pdf**, que documenta o trabalho de uma equipe da MyTVLab responsável por respostas em termos de qualidade. Leia o relatório interno que documenta o trabalho da equipe e suas conclusões. Depois disso, responda ao seguinte:

1. Os dados coletados podem ser aproximados pela distribuição normal?
2. Examine e avalie as conclusões tiradas pela equipe de pesquisas da MyTVLab. Quais conclusões estão corretas? Quais são incorretas?
3. Caso a MyTVLab pudesse melhorar a média aritmética em cinco segundos, de que modo se modificariam as probabilidades?

CardioGood Fitness

Retorne ao caso da CardioGood Fitness (contido no arquivo CardioGood Fitness) inicialmente apresentado ao final do Capítulo 1.

1. Para cada uma das linhas de produtos ergométricos da CardioGood Fitness, determine se idade, renda, número de vezes que pretende utilizar e o número de milhas que o consumidor espera andar/correr a cada semana podem ser aproximados pela distribuição normal.
2. Escreva um relatório a ser apresentado ao administrador da CardioGood Fitness, detalhando suas descobertas.

Mais Escolhas Descritivas, Continuação

Dê continuidade ao cenário Utilizando a Estatística, Mais Escolhas Descritivas, Revisitado, ao final do Capítulo 3, construindo gráficos da probabilidade normal para os percentuais de retorno para 1 ano, os percentuais de retorno para 5 anos e os percentuais de retorno para 10 anos, correspondentes à amostra de 318 fundos de aposentadoria armazenados no arquivo Fundos de Aposentadoria . Em sua análise, examine diferenças entre os fundos baseados no crescimento e os fundos baseados na valorização, assim como as diferenças entre fundos com baixa, média e alta capitalização de mercado.

Pesquisas Realizadas Junto a Estudantes de Clear Mountain State

1. O Serviço de Noticiário para Estudantes na Universidade do Estado de Clear Mountain (CMSU — Clear Mountain State University) decidiu coletar dados sobre os alunos no nível de graduação que frequentam a CMSU. Foi criada e distribuída uma pesquisa com 14 perguntas, as quais receberam respostas de 62 alunos do nível de graduação (contidas no arquivo PesquisaGrad).Para cada uma das variáveis numéricas contidas na pesquisa, decida se a variável é aproximadamente distribuída nos moldes de uma distribuição normal,
   a. comparando as características dos dados com as propriedades teóricas.
   b. construindo um gráfico para a probabilidade normal.
   c. redigindo um relatório sintetizando as suas conclusões.

2. A decana dos alunos na CMSU tomou conhecimento sobre a pesquisa conduzida junto aos alunos da graduação e decidiu conduzir uma pesquisa semelhante para alunos da pós-graduação na CMSU. Ela cria e distribui uma pesquisa contendo 14 perguntas e recebe respostas de 44 alunos da pós-graduação (contidas no arquivo PesquisaPósGrad). Para cada uma das variáveis numéricas contidas na pesquisa, decida se a variável é aproximadamente distribuída nos moldes de uma distribuição normal
   a. comparando as características dos dados com as propriedades teóricas.
   b. construindo um gráfico para a probabilidade normal.
   c. redigindo um relatório sintetizando as suas conclusões.

GUIA DO EXCEL PARA O CAPÍTULO 6

GE6.1 DISTRIBUIÇÕES DE PROBABILIDADES CONTÍNUAS

Não existem instruções no Guia do Excel para esta seção.

GE6.2 A DISTRIBUIÇÃO NORMAL

Técnica Principal Utilize a função **DIST.NORM** (*valor de X, média aritmética, desvio-padrão, Verdadeiro*) para calcular probabilidades normais e utilize a função **INV. NORMP**(*percentagem*) e a função PADRONIZAR (veja a Seção GE3.2) para calcular o valor de Z.

Exemplo Calcule as probabilidades normais correspondentes aos Exemplos 6.1 a 6.3, na Seção 6.2, e os valores de *X* e *Z* referentes aos Exemplos 6.4 e 6.5, também na Seção 6.2.

PHStat2 Utilize o procedimento **Normal**.
Para o exemplo, selecione **PHStat → Probability & Prob. Distributions → Normal** (**PHStat → Probabilidade & Distribuições de Probabilidade → Normal**). Na caixa do procedimento (ilustrada a seguir):

1. Insira **7** na caixa para **Mean** (**Média Aritmética**) e **2** em **Standard Deviation** (**Desvio-Padrão**).
2. Marque a opção **Probability for: X <=** (**Probabilidade para: X <=**) e insira **7** nessa caixa de edição.
3. Marque a opção **Probability for: X >** (**Probabilidade para: X >**) e insira **9** nessa caixa de edição.
4. Marque a opção **Probability for range** (**Probabilidade para o intervalo**) e insira **5** na primeira caixa de edição e **9** na segunda caixa de edição.
5. Marque a opção **X for Cumulative Percentage** (**X para Percentagem Acumulada**) e insira **10** nessa caixa de edição.
6. Marque a opção **X Values for Percentage** (**Valores de X para Percentagem**) e insira **95** nessa caixa de edição.
7. Insira um título na caixa **Title** e clique em **OK**.

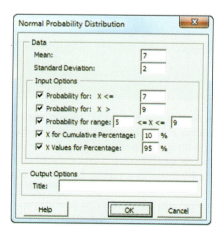

Excel Avançado Utilize a **planilha CÁLCULO** da **pasta de trabalho Normal**, como modelo.
A planilha já contém os dados para solução dos problemas nos Exemplos 6.1 a 6.5. Para outros problemas, modifique os valores correspondentes a **Média, Desvio-Padrão, Valor de X,** **Do Valor de X, Para o Valor de X, Porcentagem Cumulativa** e/ou **Porcentagem.**
Leia os BREVES DESTAQUES correspondentes ao Capítulo 6, para uma explicação sobre as fórmulas encontradas na planilha CÁLCULO (ilustrada na **planilha CÁLCULO_FÓRMULAS**). Caso você esteja utilizando uma versão do Excel mais antiga do que o Excel 2010, utilize a planilha CÁLCULO_ANTIGO, em vez da planilha CÁLCULO.

GE6.3 AVALIANDO A NORMALIDADE

Comparando Características dos Dados com Propriedades Teóricas

Utilize as instruções contidas nas Seções GE3.1 a GE3.3 para comparar características dos dados com propriedades teóricas.

Construindo o Gráfico da Probabilidade Normal

Técnica Principal Utilize um gráfico (de dispersão) XY com valores de Z calculados utilizando a função INV.NORMP.

Exemplo Construa o gráfico da probabilidade normal para os percentuais de retorno para três anos, no que se refere à amostra de 318 fundos de aposentadoria, que está ilustrada na Figura 6.19, ao final da Seção 6.3.

PHStat2 Utilize o Procedimento **Normal Probability Plot (Gráfico da Probabilidade Normal)**.
Para o exemplo, abra a **planilha DADOS** da **pasta de trabalho Fundos de Aposentadoria**. Selecione **PHStat → Probability & Prob. Distributions → Normal Probability Plot** (**PHStat → Probabilidade & Distribuições de Probabilidade → Gráfico da Probabilidade Normal**). Na caixa de diálogo para o procedimento (ilustrada a seguir):

1. Insira **J1:J319** na caixa para **Variable Cell Range** (**Intervalo de Células da Variável**).
2. Marque a opção **First cell contains label** (**Primeira célula contém legenda**).
3. Insira um título na célula **Title** e clique em **OK**.

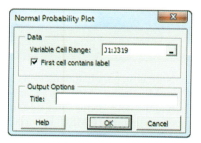

Além da planilha de gráfico que contém o gráfico da probabilidade normal, o procedimento cria uma planilha de dados para o gráfico, idêntica à planilha DadosGráfico discutida nas instruções para o *Excel Avançado*.

Excel Avançado Utilize as planilhas da **pasta de trabalho GPN** como modelos.
A **planilha de gráfico GRÁFICO_NORMAL** exibe um gráfico para a probabilidade normal, utilizando a classifica-

ção, a proporção, o valor de Z e os dados da variável encontrados na **pasta de trabalho DADOS_GRÁFICO**. A planilha DADOS_GRÁFICO já contém os percentuais de retorno para três anos, correspondentes ao exemplo. Para construir gráficos para outras variáveis, cole os dados da variável *classificada* na **coluna D** da **planilha DADOS_GRÁFICO** e ajuste o número de classificações na **coluna A** e as fórmulas nas **colunas B** e **C** daquela planilha. As fórmulas da Coluna B dividem a célula da coluna A pelo valor $n + 1$ (319 para o exemplo) para calcular porcentagens acumuladas, e as fórmulas da Coluna C utilizam a função INV.NORMP para calcular os valores de Z para essas porcentagens acumuladas.

Caso você tenha menos de 318 valores, exclua linhas de baixo para cima. Caso tenha mais de 318 valores, insira linhas de algum lugar dentro do corpo da tabela para garantir que o gráfico da probabilidade normal esteja apropriadamente atualizado. Para criar o seu próprio gráfico da probabilidade normal para a variável %Retorno3Anos, abra a planilha DADOS_GRÁFICO e selecione o intervalo de células **C1:C319**. Depois disso, selecione **Inserir → Dispersão** e selecione o *primeiro* item na galeria para **Dispersão** (**Dispersão Somente com Marcadores**). Reposicione o seu gráfico em uma planilha de gráfico, desative a legenda de gráfico e as linhas de grade, acrescente títulos para os eixos e modifique o gráfico utilizando as instruções na Seção B.6 do Apêndice B.

Abra a **planilha GRÁFICO_FÓRMULAS** na mesma pasta de trabalho e examine essas fórmulas. Caso você esteja utilizando uma versão mais antiga do que o Excel 2010, utilize a planilha GRÁFICO_ANTIGO e a planilha de gráfico GRÁFICO_NORMAL_ANTIGO em vez das planilhas GRÁFICO_DADOS e GRÁFICO_NORMAL.

GE6.4 A DISTRIBUIÇÃO UNIFORME

Não existem instruções do Guia do Excel para esta seção.

GE6.5 A DISTRIBUIÇÃO EXPONENCIAL

Técnica Principal Utilize a função **DISTEXPON**(*valor de X, média aritmética*, **Verdadeiro**).

Exemplo Calcule a probabilidade exponencial para o exemplo da chegada de clientes aos caixas eletrônicos dos bancos, no início da Seção 6.5.

PHStat2 Utilize o procedimento **Exponential (Exponencial)**. Para o exemplo, selecione **PHStat → Probability & Prob. Distributions → Exponential** (**PHStat → Probabilidade & Distribuições de Probabilidade → Exponencial**). Na caixa de diálogo do procedimento (ilustrada a seguir):

1. Digite **20** na caixa **Mean per unit (Lambda)** [**Média aritmética por unidade (Lambda)**] e **0,1** para **X Value** (**Valor de X**).
2. Insira um título em **Title** e clique em **OK**.

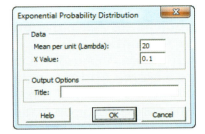

Excel Avançado Utilize a **planilha CÁLCULO** da **pasta de trabalho Exponencial** como um modelo.

A planilha já contém os dados correspondentes ao exemplo. Para outros problemas, modifique os valores para **Média Aritmética** e para **Valor de X** nas células **B4** e **B5**. Caso você esteja utilizando uma versão mais antiga do que o Excel 2010, utilize a planilha CÁLCULO_ANTIGO em vez da planilha CÁLCULO.

CAPÍTULO

7 Distribuições de Amostragens

UTILIZANDO A ESTATÍSTICA:
Amostragem na Oxford Cereals

7.1 Distribuições de Amostragens

7.2 Distribuição de Amostragens da Média Aritmética
A Propriedade da Ausência de Viés para a Média Aritmética da Amostra
Erro-Padrão da Média Aritmética
Amostragem a Partir de Populações Distribuídas nos Moldes da Distribuição Normal
Amostragem a Partir de Populações Cuja Distribuição Não É Normal — O Teorema do Limite Central

EXPLORAÇÕES VISUAIS: Explorando Distribuições de Amostragem

7.3 Distribuição de Amostragens da Proporção

7.4 Amostragem a Partir de Populações Finitas (*on-line*)

UTILIZANDO A ESTATÍSTICA:
Amostragem na Oxford Cereals, Revisitado

GUIA DO EXCEL PARA O CAPÍTULO 7

Objetivos do Aprendizado

Neste capítulo, você aprenderá:

- O conceito de distribuição de amostragens
- A calcular probabilidades relacionadas à média aritmética da amostra e à proporção da amostra
- A importância do Teorema do Limite Central

UTILIZANDO A ESTATÍSTICA

Amostragem na Oxford Cereals

A linha de produção automatizada na principal unidade de produção da Oxford Cereals abastece milhares de caixas de cereais durante cada turno. No papel de gerente de operações da unidade de produção, você é responsável por monitorar a quantidade de cereal abastecida em cada uma das caixas. Para manter coerência com o conteúdo especificado na embalagem, as caixas devem conter uma média aritmética de 368 gramas de cereal. Em razão da velocidade do processo, o peso do cereal varia de caixa para caixa, fazendo com que algumas caixas fiquem mal abastecidas enquanto outras ficam hiper-rabastecidas. Se o processo automatizado não estiver funcionando de maneira apropriada, o peso médio das caixas pode se desviar demasiadamente do peso especificado na embalagem, 368 gramas, e se tornar inaceitável.

Uma vez que a pesagem correspondente a cada uma das caixas individuais consome uma quantidade demasiadamente grande de tempo, é dispendiosa e pouco eficiente, você deve extrair uma amostra das caixas. Para cada uma das amostras que você seleciona, você planeja pesar as caixas individualmente, e calcular uma média aritmética para a amostra. É preciso determinar a probabilidade de que essa média aritmética da amostra tenha sido aleatoriamente extraída de uma população cuja média aritmética seja igual a 368 gramas. Com base em sua análise, você terá que decidir entre manter, alterar ou interromper o processo de abastecimento de cereais.

7.1 Distribuições de Amostragens

Em muitas aplicações, você deseja fazer inferências que são baseadas em estatísticas calculadas a partir de amostras para estimar os valores correspondentes aos parâmetros da população. Nas duas próximas seções, você aprenderá sobre como a média aritmética da amostra (uma estatística) é utilizada para estimar a média aritmética da população (um parâmetro) e como a proporção da amostra (uma estatística) é utilizada para estimar a proporção da população (um parâmetro). Seu principal interesse ao realizar uma inferência estatística é tirar conclusões sobre uma população, e *não* sobre uma amostra. Por exemplo, uma pesquisa sobre intenções de voto está interessada nos resultados da amostra tão somente como um meio de estimar a verdadeira proporção de votos que cada um dos candidatos receberá a partir de uma população de eleitores. Da mesma maneira, no papel de gerente de operações da unidade de produção da Oxford Cereals, você está interessado em utilizar a média aritmética do peso da amostra, calculada a partir de uma amostra de caixas de cereais, exclusivamente para estimar a média aritmética do peso contido em uma população de caixas.

Na prática, você seleciona uma única amostra aleatória, com um tamanho predeterminado, a partir da população. Hipoteticamente, para utilizar a estatística da amostra no intuito de estimar o parâmetro da população, você pode examinar *todas* as amostras possíveis, de um determinado tamanho, que poderiam ocorrer. Uma **distribuição de amostragens** é a distribuição correspondente aos resultados, caso você tenha efetivamente selecionado todas as amostras possíveis. O único resultado que você obtém na prática é tão somente um dos resultados na distribuição de amostragens.

7.2 Distribuição de Amostragens da Média Aritmética

No Capítulo 3, foram discutidas diversas medidas de tendência central, incluindo a média aritmética, a mediana e a moda. Por inúmeras razões, a média aritmética é a medida de tendência central mais amplamente utilizada e a média aritmética da amostra é, de modo geral, utilizada para estimar a média aritmética da população. A **distribuição de amostragens da média aritmética** corresponde à distribuição de todas as médias aritméticas de amostras possíveis, caso você selecionasse todas as amostras possíveis de um determinado tamanho.

A Propriedade da Ausência de Viés para a Média Aritmética da Amostra

A média aritmética é **isenta de viés**, porque a média aritmética de todas as possíveis médias aritméticas de amostras (com um determinado tamanho de amostra, n) é igual à média aritmética da população, μ. Um exemplo simples, que diz respeito a uma população com quatro assistentes administrativos, demonstra essa propriedade. É solicitado a cada um dos quatro assistentes que aplique o mesmo conjunto de atualizações a um banco de dados de recursos humanos. A Tabela 7.1 apresenta o número de erros cometidos por cada um dos assistentes administrativos. Essa distribuição da população é ilustrada na Figura 7.1.

TABELA 7.1 Número de Erros Cometidos por Cada um dos Quatro Assistentes Administrativos

Assistente Administrativo	Número de Erros
Ann	$X_1 = 3$
Bob	$X_2 = 2$
Carla	$X_3 = 1$
Dave	$X_4 = 4$

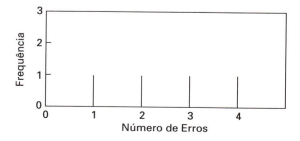

FIGURA 7.1 Número de erros cometidos por uma população de quatro assistentes administrativos

Quando você tem em mãos dados oriundos de uma população, você calcula a média aritmética utilizando a Equação (7.1) e calcula o desvio-padrão da população, σ, utilizando a Equação (7.2):

MÉDIA ARITMÉTICA DA POPULAÇÃO

A média aritmética da população é igual ao somatório dos valores na população dividido pelo tamanho da população, N.

$$\mu = \frac{\sum_{i=1}^{N} X_i}{N} \tag{7.1}$$

DESVIO-PADRÃO DA POPULAÇÃO

$$\sigma = \sqrt{\frac{\sum_{i=1}^{N}(X_i - \mu)^2}{N}} \tag{7.2}$$

Para os dados da Tabela 7.1,

$$\mu = \frac{3 + 2 + 1 + 4}{4} = 2,5 \text{ erros}$$

e

$$\sigma = \sqrt{\frac{(3 - 2,5)^2 + (2 - 2,5)^2 + (1 - 2,5)^2 + (4 - 2,5)^2}{4}} = 1,12 \text{ erro}$$

Caso você selecione amostras de dois assistentes administrativos, *com* reposição, a partir dessa população, existem 16 amostras possíveis ($N^n = 4^2 = 16$). A Tabela 7.2 apresenta a lista dos 16 resultados de amostras possíveis. Se você extrai a média de todas essas 16 médias aritméticas de amostras, a média aritmética para esses valores, $\mu_{\bar{X}}$, é igual a 2,5, que corresponde também à média aritmética da população, μ.

TABELA 7.2 Todas as 16 Amostras com $n = 2$ Assistentes Administrativos, a Partir de uma População com $N = 4$ Assistentes Administrativos, Quando a Amostragem É com Reposição

Amostra	Assistentes Administrativos	Resultados da Amostra	Média Aritmética da Amostra
1	Ann, Ann	3, 3	$\bar{X}_1 = 3$
2	Ann, Bob	3, 2	$\bar{X}_2 = 2,5$
3	Ann, Carla	3, 1	$\bar{X}_3 = 2$
4	Ann, Dave	3, 4	$\bar{X}_4 = 3,5$
5	Bob, Ann	2, 3	$\bar{X}_5 = 2,5$
6	Bob, Bob	2, 2	$\bar{X}_6 = 2$
7	Bob, Carla	2, 1	$\bar{X}_7 = 1,5$
8	Bob, Dave	2, 4	$\bar{X}_8 = 3$
9	Carla, Ann	1, 3	$\bar{X}_9 = 2$
10	Carla, Bob	1, 2	$\bar{X}_{10} = 1,5$
11	Carla, Carla	1, 1	$\bar{X}_{11} = 1$
12	Carla, Dave	1, 4	$\bar{X}_{12} = 2,5$
13	Dave, Ann	4, 3	$\bar{X}_{13} = 3,5$
14	Dave, Bob	4, 2	$\bar{X}_{14} = 3$
15	Dave, Carla	4, 1	$\bar{X}_{15} = 2,5$
16	Dave, Dave	4, 4	$\bar{X}_{16} = 4$
			$\mu_{\bar{X}} = 2,5$

APRENDA MAIS

Leia os Breves Destaques para o Capítulo 7, para aprender mais sobre a propriedade de ausência de viés.

Uma vez que a média aritmética das 16 médias aritméticas de amostras é igual à média aritmética da população, a média aritmética da amostra é um estimador isento de viés para a média aritmética da população. Portanto, embora você não saiba o quão próxima estará a média aritmética da amostra de qualquer amostra específica selecionada em relação à média aritmética da população, você estará pelo menos seguro de que a média aritmética de todas as médias aritméticas de amostras possíveis, que poderiam ter sido selecionadas, é igual à média aritmética da população.

Erro-Padrão da Média Aritmética

A Figura 7.2 ilustra a variação nas médias aritméticas de amostras ao selecionar todas as 16 amostras possíveis.

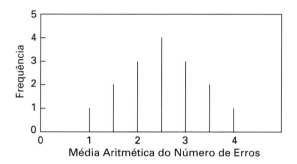

FIGURA 7.2
Distribuição de amostragens da média aritmética, com base em todas as amostras possíveis que contenham dois assistentes administrativos

Fonte: Os dados são oriundos da Tabela 7.2.

Nesse pequeno exemplo, embora as médias aritméticas de amostras variem de amostra para amostra, dependendo de quais dois assistentes administrativos sejam selecionados, as médias aritméticas das amostras não variam tanto quanto os valores individuais na população. O fato de que as médias aritméticas das amostras são menos variáveis do que os valores individuais na população decorre diretamente de que cada uma das médias aritméticas de amostras traz consigo a média de todos os valores na amostra. Uma população consiste em resultados individuais que podem assumir uma grande amplitude de valores, desde valores extremamente pequenos até valores extremamente grandes. No entanto, se uma amostra contém um valor extremo, embora esse valor venha a exercer um efeito sobre a média aritmética da amostra, o efeito será reduzido, pois esse valor é inserido no cálculo da média juntamente com todos os outros valores na amostra. À medida que vai crescendo o tamanho da amostra, o efeito de um único valor extremo vai se tornando menor, uma vez que ele é inserido no cálculo da média juntamente com outros valores adicionais.

Dica para o Leitor

Lembre-se, o erro-padrão da média aritmética mede a variação entre as médias aritméticas e não entre os valores individuais.

O valor para o desvio-padrão correspondente a todas as médias aritméticas de amostras possíveis, conhecido como **erro-padrão da média aritmética**, expressa o modo como as médias aritméticas de amostras variam de amostra para amostra. À medida que passa a crescer o tamanho da amostra, o erro-padrão da média aritmética passa a decrescer em um fator igual à raiz quadrada do tamanho da amostra. A Equação (7.3) define o erro-padrão da média aritmética quando a amostragem se dá *com* reposição ou quando ela é *sem* reposição, a partir de populações grandes ou infinitas.

ERRO-PADRÃO DA MÉDIA ARITMÉTICA

O erro-padrão da média aritmética, $\sigma_{\bar{X}}$, é igual ao desvio-padrão na população, σ, dividido pela raiz quadrada do tamanho da amostra, n.

$$\sigma_{\bar{X}} = \frac{\sigma}{\sqrt{n}} \qquad (7.3)$$

O Exemplo 7.1 calcula o erro-padrão da média aritmética quando a amostra é selecionada sem reposição e contém menos de 5% da população como um todo.

Você pode utilizar também a Equação (7.3) como uma aproximação do erro-padrão da média aritmética.

EXEMPLO 7.1

Calculando o Erro-Padrão da Média Aritmética

Retornando ao processo de abastecimento de cereais descrito no cenário Utilizando a Estatística, no início deste capítulo, se você selecionar aleatoriamente uma amostra de 25 caixas, sem reposição, entre os milhares de caixas abastecidas durante um determinado turno, a amostra contém muito menos de 5% da população. Considerando que o desvio-padrão do processo de abastecimento de cereais seja de 15 gramas, calcule o erro-padrão da média aritmética.

SOLUÇÃO Utilizando a Equação (7.3) com $n = 25$ e $\sigma = 15$, o erro-padrão da média aritmética é

$$\sigma_{\overline{X}} = \frac{\sigma}{\sqrt{n}} = \frac{15}{\sqrt{25}} = \frac{15}{5} = 3$$

A variação nas médias aritméticas de amostras com tamanho $n = 25$ é bem menor do que a variação nas caixas individuais de cereais (ou seja, $\sigma_{\overline{X}} = 3$, enquanto $\sigma = 15$).

Amostragem a Partir de Populações Distribuídas nos Moldes da Distribuição Normal

Agora que foi introduzido o conceito de uma distribuição de amostragens, e definido o erro-padrão da média aritmética, que tipo de distribuição seguirá a média aritmética da amostra, $\overline{X}$? Se você estiver realizando uma amostragem a partir de uma população que seja distribuída nos moldes da distribuição normal, com média aritmética, μ, e desvio-padrão, σ, então, independentemente do tamanho da amostra, n, a distribuição de amostragens da média aritmética será distribuída nos moldes da distribuição normal, com média aritmética, $\mu_{\overline{X}} = \mu$, e erro-padrão da média aritmética, $\sigma_{\overline{X}} = \sigma/\sqrt{n}$.

No caso mais elementar, se você extrai amostras de tamanho $n = 1$, cada média aritmética de amostra possível corresponde a um único valor a partir da população, uma vez que

$$\overline{X} = \frac{\sum_{i=1}^{n} X_i}{n} = \frac{X_1}{1} = X_1$$

Portanto, se a população for distribuída nos moldes da distribuição normal, com média aritmética μ, e desvio-padrão σ, a distribuição de amostragens de $\overline{X}$, para amostras de $n = 1$ deve também, necessariamente, seguir a distribuição normal, com média aritmética $\mu_{\overline{X}} = \mu$, e erro-padrão da média aritmética, $\sigma_{\overline{X}} = \sigma/\sqrt{1} = \sigma$. Além disso, à medida que cresce o tamanho da amostra, a distribuição de amostragens da média aritmética continua a seguir uma distribuição normal, com $\mu_{\overline{X}} = \mu$; o erro-padrão da média aritmética decresce, de modo tal que uma maior proporção das médias aritméticas de amostras fica mais próxima da média aritmética da população. A Figura 7.3 ilustra essa redução na variabilidade. Observe que 500 amostras com tamanhos 1, 2, 4, 8, 16 e 32 foram aleatoriamente selecionadas a partir de uma população distribuída nos moldes da distribuição normal. Com base nos polígonos na Figura 7.3, você pode verificar que, embora a distribuição de

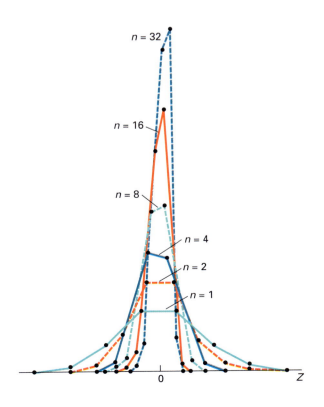

FIGURA 7.3
Distribuições de amostragens para a média aritmética, a partir de 500 amostras de tamanhos $n = $ 1, 2, 4, 8, 16 e 32, selecionadas a partir de uma população normal

amostragens da média aritmética seja aproximadamente[1] normal para cada tamanho de amostra, as médias aritméticas das amostras estão distribuídas de forma mais concentrada em torno da média aritmética da população, à medida que cresce o tamanho da amostra.

Para um exame mais minucioso sobre o conceito de distribuição de amostragens da média aritmética, considere o cenário Utilizando a Estatística, descrito no início deste capítulo. O equipamento de empacotamento que está abastecendo as caixas de cereais com 368 gramas está ajustado de maneira tal que a quantidade de cereal em uma caixa seja distribuída nos moldes de uma distribuição normal, com uma média aritmética de 368 gramas. Com base em experiências do passado, você sabe que o desvio-padrão da população para esse processo de abastecimento corresponde a 15 gramas.

Se você selecionar aleatoriamente uma amostra de 25 caixas, entre os muitos milhares de caixas que são abastecidos em um dia, e a média aritmética do peso for calculada para essa amostra, que tipo de resultado você poderia esperar? Por exemplo, você imagina que a média aritmética da amostra poderia ser 368 gramas? 200 gramas? 365 gramas?

A amostra age como uma representação em miniatura da população, de modo que, se os valores na população forem distribuídos nos moldes da distribuição normal, os valores na amostra devem ser distribuídos aproximadamente nos moldes da distribuição normal. Por conseguinte, se a média aritmética da população for 368 gramas, a média aritmética da amostra possui uma boa chance de estar próxima de 368 gramas.

De que modo você consegue determinar a probabilidade de que a amostra contendo 25 caixas venha a apresentar uma média aritmética inferior a 365 gramas? Com base na distribuição normal (Seção 6.2), você sabe que pode encontrar a área abaixo de qualquer valor para X, realizando a conversão para valores de Z padronizados:

$$Z = \frac{X - \mu}{\sigma}$$

Nos exemplos da Seção 6.2, você estudou o modo como qualquer valor individual, X, difere da média aritmética da população. Agora, neste exemplo, você deseja estudar o quanto a média aritmética de amostra, $\overline{X}$, difere da média aritmética da população. A substituição de X por $\overline{X}$, μ por $\mu_{\overline{X}}$ e σ por $\sigma_{\overline{X}}$ na equação ora apresentada resulta na Equação (7.4).

ENCONTRANDO Z PARA A DISTRIBUIÇÃO DE AMOSTRAGENS DA MÉDIA ARITMÉTICA

O valor correspondente a Z é igual à diferença entre a média aritmética da amostra, $\overline{X}$, e a média aritmética da população, μ, dividida pelo erro-padrão da média aritmética, $\sigma_{\overline{X}}$.

$$Z = \frac{\overline{X} - \mu_{\overline{X}}}{\sigma_{\overline{X}}} = \frac{\overline{X} - \mu}{\dfrac{\sigma}{\sqrt{n}}} \tag{7.4}$$

Para encontrar a área que corresponde a menos de 365 gramas, a partir da Equação (7.4),

$$Z = \frac{\overline{X} - \mu_{\overline{X}}}{\sigma_{\overline{X}}} = \frac{365 - 368}{\dfrac{15}{\sqrt{25}}} = \frac{-3}{3} = -1,00$$

A área correspondente a $Z = -1,00$ na Tabela E.2 é igual a 0,1587. Por conseguinte, 15,87 % de todas as amostras possíveis de 25 caixas apresentam uma média aritmética de amostra inferior a 365 gramas.

A afirmativa anterior não corresponde ao mesmo que dizer que certa porcentagem de caixas *individuais* terá menos de 365 gramas de cereal. Você calcula essa porcentagem da seguinte maneira:

$$Z = \frac{X - \mu}{\sigma} = \frac{365 - 368}{15} = \frac{-3}{15} = -0,20$$

A área correspondente a $Z = -0,20$ na Tabela E.2, é 0,4207. Portanto, espera-se que 42,07 % das caixas *individuais* contenham menos de 365 gramas. Comparando esses resultados, você verifica que uma quantidade bem maior de *caixas individuais* estará abaixo de 365 gramas, ao comparar com as *médias aritméticas de amostras*. Esse resultado é explicado pelo fato de que cada uma

---

[1]Lembre-se de que foram selecionadas "somente" 500 amostras, entre um número infinito de amostras, de modo tal que as distribuições de amostragens ilustradas neste exemplo correspondem tão somente a aproximações para as distribuições da população.

Distribuições de Amostragens **255**

das amostras consiste em 25 valores diferentes, alguns pequenos e alguns grandes. O processo de obtenção da média aritmética dilui a importância de qualquer valor individual, particularmente quando o tamanho da amostra é grande. Por conseguinte, a chance de que a média aritmética da amostra com 25 caixas venha a estar bem distante da média aritmética da população é menor do que a chance de que uma *única* caixa venha a estar distante da média aritmética.

Os Exemplos 7.2 e 7.3 demonstram como esses resultados são afetados pela utilização de diferentes tamanhos de amostras.

EXEMPLO 7.2

O Efeito do Tamanho da Amostra, *n*, no Cálculo de $\sigma_{\bar{X}}$

De que modo o erro-padrão da média aritmética é afetado pelo crescimento do tamanho da amostra, de 25 para 100 caixas?

SOLUÇÃO Se $n = 100$ caixas, então, utilizando a Equação (7.3) para a definição do erro-padrão da média aritmética,

$$\sigma_{\bar{X}} = \frac{\sigma}{\sqrt{n}} = \frac{15}{\sqrt{100}} = \frac{15}{10} = 1,5$$

O crescimento de quatro vezes no tamanho da amostra, de 25 para 100, diminui o erro-padrão da média aritmética pela metade — de 3 gramas para 1,5 grama. Isso demonstra que adotar uma amostra de maior tamanho resulta em menor variabilidade nas médias aritméticas das amostras, de uma amostra para outra.

EXEMPLO 7.3

O Efeito do Tamanho da Amostra, *n*, sobre a Concentração de Médias Aritméticas na Distribuição de Amostragens

Caso você selecione uma amostra composta por 100 caixas, qual é a probabilidade de que a média aritmética da amostra venha a ser inferior a 365 gramas?

SOLUÇÃO Utilizando a Equação (7.4),

$$Z = \frac{\bar{X} - \mu_{\bar{X}}}{\sigma_{\bar{X}}} = \frac{365 - 368}{\dfrac{15}{\sqrt{100}}} = \frac{-3}{1,5} = -2,00$$

Com base na Tabela E.2, a área que corresponde a menos de $Z = -2,00$ é igual a 0,0228. Por conseguinte, 2,28 % das amostras de 100 caixas apresentam médias aritméticas inferiores a 365 gramas, comparadas a 15,87 % para amostras de 25 caixas.

Em algumas situações, você precisa encontrar o intervalo que contém uma proporção específica de médias aritméticas de amostras. Para fazer isso, você precisa determinar uma distância abaixo e uma distância acima da média aritmética da população, que contenha uma área específica da curva da normal. Com base na Equação (7.4),

$$Z = \frac{\bar{X} - \mu}{\dfrac{\sigma}{\sqrt{n}}}$$

Fazendo o cálculo para os resultados de $\bar{X}$ na Equação (7.5):

ENCONTRANDO $\bar{X}$ PARA A DISTRIBUIÇÃO DE AMOSTRAGENS DA MÉDIA ARITMÉTICA

$$\bar{X} = \mu + Z\frac{\sigma}{\sqrt{n}} \tag{7.5}$$

O Exemplo 7.4 ilustra a utilização da Equação (7.5).

256 Capítulo 7

EXEMPLO 7.4

Determinando o Intervalo que Inclui uma Proporção Estabelecida das Médias Aritméticas de Amostras

No exemplo que trata do abastecimento de cereais, encontre um intervalo simetricamente distribuído em torno da média aritmética da população, que inclua 95 % das médias aritméticas das amostras, tendo como base amostras compostas por 25 caixas.

SOLUÇÃO Se 95 % das médias aritméticas de amostras estão contidas no intervalo, então 5 % estão fora do intervalo. Divida os 5 % em duas partes iguais de 2,5 %. O valor de Z, na Tabela E.2, correspondente a uma área de 0,0250 na cauda inferior da curva da normal, é –1,96, e o valor de Z correspondente a uma área acumulada de 0,975 (ou seja, 0,025 na cauda superior da curva da normal) é +1,96. O valor inferior de $\overline{X}$ (chamado de $\overline{X}_I$) e o valor superior de $\overline{X}$ (chamado de $\overline{X}_S$) são encontrados utilizando-se a Equação (7.5):

$$\overline{X}_L = 368 + (-1,96)\frac{15}{\sqrt{25}} = 368 - 5,88 = 362,12$$

$$\overline{X}_U = 368 + (1,96)\frac{15}{\sqrt{25}} = 368 + 5,88 = 373,88$$

Por conseguinte, 95 % de todas as médias aritméticas de amostras, baseadas nas amostras de 25 caixas, estão entre 362,12 e 373,88 gramas.

Amostragem a Partir de Populações Cuja Distribuição Não É Normal — O Teorema do Limite Central

Até agora, nesta seção, foi considerada tão somente a distribuição de amostragens da média aritmética para uma população distribuída nos moldes da distribuição normal. No entanto, para muitas análises, ou você será capaz de saber que a população não é distribuída nos moldes da distribuição normal, ou concluirá que não seria realista pressupor que a população seja distribuída nos moldes da distribuição normal. Um teorema importante na estatística, o **Teorema do Limite Central**, lida com esse tipo de situação.

O TEOREMA DO LIMITE CENTRAL

À medida que o tamanho da amostra (ou seja, o número de valores em cada uma das amostras) vai se tornando *grande o suficiente*, a distribuição de amostragens da média aritmética passa a ser distribuída aproximadamente nos moldes da distribuição normal. Isso é verdadeiro, independentemente do formato da distribuição dos valores individuais dentro da população.

Que tamanho de amostra é *grande o suficiente*? Uma considerável parte dos estudos estatísticos tem abordado essa questão. Como regra geral, os estatísticos descobriram que, no que se refere a muitas distribuições de população, quando o tamanho da amostra é pelo menos igual a 30, a distribuição de amostragens da média aritmética estará próxima da normal. No entanto, você pode aplicar o Teorema do Limite Central quando se trata de tamanhos de população ainda menores, se a distribuição da população tiver o formato aproximado de um sino. No caso em que a distribuição de uma determinada variável seja extremamente assimétrica, ou possua mais de uma moda, pode ser que você precise de tamanhos de amostras maiores do que 30 para assegurar a normalidade na distribuição de amostragens da média aritmética.

A Figura 7.4 apresenta as distribuições de amostragens para três diferentes distribuições contínuas (normal, uniforme e exponencial), para tamanhos de amostra variados ($n = 2$, 5 e 30) e ilustra a aplicação do Teorema do Limite Central para essas diferentes populações. Em cada um dos painéis, pelo fato de a média aritmética da amostra ser um estimador isento de viés para a média aritmética da população, a média aritmética de qualquer distribuição de amostragens é sempre igual à média aritmética da população.

O Painel A da Figura 7.4 ilustra a distribuição de amostragens para a média aritmética, selecionada a partir de uma população normal. Conforme mencionado anteriormente, quando a população for distribuída nos moldes da distribuição normal, a distribuição de amostragens da média aritmética será distribuída nos moldes da distribuição normal, para *qualquer* tamanho de amostra. [Você pode medir a variabilidade utilizando o erro-padrão da média aritmética apresentado na Equação 7.3.]

O Painel B da Figura 7.4 ilustra a distribuição de amostragens a partir de uma população com uma distribuição uniforme (ou retangular) (veja a Seção 6.4). Quando são selecionadas amostras de tamanho $n = 2$, existe um efeito de pico, ou *limitação central*, já em andamento. Para $n = 5$, a

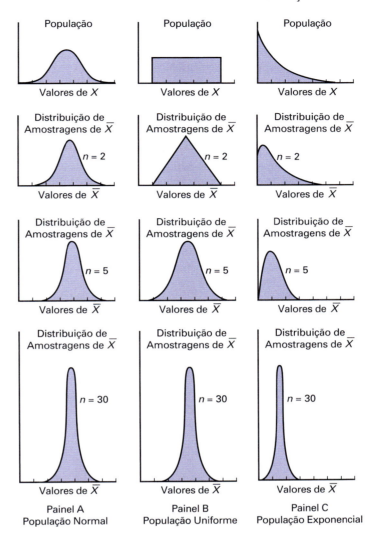

FIGURA 7.4
Distribuição de amostragens da média aritmética referente a diferentes populações, para amostras com tamanhos ($n = 2$, 5, 30) e 30

distribuição de amostragens tem formato de sino e é aproximadamente normal. Quando $n = 30$, a distribuição de amostragens se assemelha bastante a uma distribuição normal. De modo geral, quanto maior o tamanho da amostra, mais próxima de uma distribuição normal estará a distribuição de amostragens. Assim como ocorre em todos os outros casos, a média aritmética correspondente a cada distribuição de amostragens é igual à média aritmética da população, e a variabilidade decresce à medida que o tamanho da amostra passa a crescer.

O Painel C da Figura 7.4 apresenta uma distribuição exponencial (veja a Seção 6.5). Essa população é extremamente assimétrica à direita. Quando $n = 2$, a distribuição de amostragens é ainda fortemente assimétrica à direita, porém menos assimétrica à direita do que a distribuição da população. Para $n = 5$, a distribuição de amostragens é ligeiramente assimétrica à direita. Quando $n = 30$, a distribuição de amostragens aparenta ser aproximadamente normal. Uma vez mais, a média aritmética correspondente a cada uma das distribuições de amostragens é igual à média aritmética da população, e a variabilidade decresce à medida que cresce o tamanho da amostra.

Utilizando os resultados obtidos a partir das distribuições normal, uniforme e exponencial, você pode chegar às seguintes conclusões referentes ao Teorema do Limite Central:

- Para a maior parte das distribuições de população, independentemente do formato, a distribuição de amostragens da média aritmética será distribuída aproximadamente nos moldes da distribuição normal, se forem selecionadas amostras com tamanho pelo menos igual a 30.
- Se a distribuição da população for relativamente simétrica, a distribuição de amostragens da média aritmética será aproximadamente normal para amostras de tamanho tão pequeno quanto 5.
- Se a população for distribuída nos moldes da distribuição normal, a distribuição de amostragens da média será distribuída nos moldes da distribuição normal, independentemente do tamanho da amostra.

O Teorema do Limite Central é de importância fundamental na utilização da inferência estatística para extrair conclusões relacionadas a uma determinada população. Ele permite que você realize inferências sobre a média aritmética da população, sem que seja necessário conhecer o formato específico da distribuição da população.

EXPLORAÇÕES VISUAIS — Explorando Distribuições de Amostragem

Abra a pasta de trabalho do **suplemento VE-Sampling Distribution (VE-Distribuição de Amostragens)** para observar os efeitos de lançamentos simulados de dados de jogo, em relação à distribuição de frequências da soma dos resultados do lançamento de dois dados. (Veja o Apêndice C para aprender como você pode baixar uma cópia dessa pasta de trabalho, e leia a Seção D.5 do Apêndice D antes de utilizar essa pasta de trabalho.) Quando essa pasta de trabalho é aberta de modo apropriado, ela acrescenta um menu de Distribuição de Amostragens na aba Suplementos.

Para observar os efeitos de lançamentos simulados de dados de jogo, em relação à distribuição de frequências da soma dos resultados do lançamento de dois dados, selecione **Suplementos → VisualExplorations (Explorações Visuais) → Two Dice Simulation (Simulação de Dois Dados)**. Na caixa de diálogo Two Dice Simulation (Simulação de Dois Dados), insira um valor na caixa **Number of rolls per tally (Número de lançamentos por rodada)** e clique no botão **Tally (Rodada)**. Clique em **Finish (Concluir)** quando tiver terminado.

A ilustração a seguir mostra o histograma correspondente ao lançamento de dois dados, depois que o botão Tally (Rodada) tenha sido pressionado 5 vezes, no sentido de ajustar o número de lançamentos por rodada (**Number of throws per tally**) para **50**.

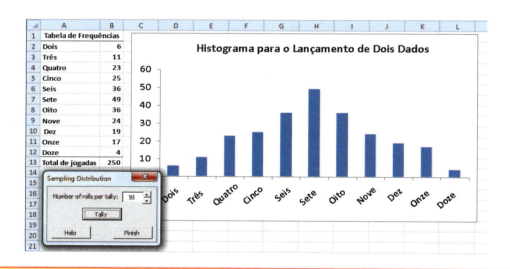

Problemas para a Seção 7.2

APRENDENDO O BÁSICO

7.1 Dada uma distribuição normal, com $\mu = 100$ e $\sigma = 10$, caso você selecione uma amostra com $n = 25$, qual é a probabilidade de que $\bar{X}$ esteja
a. abaixo de 95?
b. entre 95 e 97,5?
c. acima de 102,2?
d. Existe uma chance de 65 % de que $\bar{X}$ esteja acima de qual valor?

7.2 Dada uma distribuição normal com $\mu = 50$ e $\sigma = 5$, se você selecionar uma amostra de $n = 100$, qual é a probabilidade de que $\bar{X}$ esteja
a. abaixo de 47?
b. entre 47 e 49,5?
c. acima de 51,1?
d. Existe uma chance de 35 % de que $\bar{X}$ esteja acima de qual valor?

APLICANDO OS CONCEITOS

7.3 Para cada uma das três populações a seguir, indique em que consistiria a distribuição de amostragens para amostras de tamanho igual a 25.
a. Bilhetes de vale-transporte para uma universidade, em um determinado ano acadêmico.
b. Registros sobre absenteísmo (dias de ausência por ano) em 2012, para empregados em uma grande indústria.
c. Vendas anuais (em galões) de gasolina comum, em postos localizados em uma determinada cidade.

Distribuições de Amostragens **259**

7.4 Os dados a seguir representam o número de dias de absenteísmo por ano, em uma população de seis empregados de uma pequena empresa:

$$1 \quad 3 \quad 6 \quad 7 \quad 9 \quad 10$$

a. Pressupondo que você esteja realizando uma amostragem sem reposição, selecione todas as amostras possíveis com $n = 2$, e construa uma distribuição de amostragens para a média aritmética. Calcule a média aritmética correspondente a todas as médias aritméticas das amostras e calcule também a média aritmética da população. Elas são iguais? Qual é o nome que se dá a essa propriedade?

b. Repita o item (a) para todas as amostras possíveis de tamanho $n = 3$.

c. Compare o formato das distribuições de amostragem da média aritmética obtidas nos itens (a) e (b). Qual dessas distribuições de amostragem apresenta a menor variabilidade? Por quê?

d. Pressupondo que você faça a amostragem com reposição, repita (a) até (c) e compare os resultados. Quais distribuições de amostragem apresentam a menor variabilidade — aquelas em (a) ou aquelas em (b)? Por quê?

7.5 O diâmetro de uma marca de bolas de tênis é distribuído aproximadamente nos moldes da distribuição normal, com uma média aritmética igual a 2,63 polegadas e um desvio-padrão de 0,03 polegada. Se você seleciona uma amostra aleatória de 9 bolas de tênis,

a. qual é a distribuição de amostragens da média aritmética?

b. qual é a probabilidade de que a média aritmética da amostra seja menor do que 2,61 polegadas?

c. qual é a probabilidade de que a média aritmética da amostra esteja entre 2,62 e 2,64 polegadas?

d. A probabilidade é 60 % de que a média aritmética da amostra venha a estar entre quais dois valores, simetricamente distribuídos em torno da média aritmética da população?

7.6 O U.S. Census Bureau anunciou que a mediana para o preço de venda de novas residências vendidas em 2011 correspondia a US\$227.200, enquanto a média aritmética do preço de venda era de US\$267.900 (**www.census.gov/newhomesales**, 1º de abril de 2012). Considere que o desvio-padrão dos preços seja igual a US\$90.000.

a. Se você selecionar amostras de tamanho $n = 2$, descreva o formato da distribuição de amostragens de $\overline{X}$.

b. Se você selecionar amostras de tamanho $n = 100$, descreva o formato da distribuição de amostragens de $\overline{X}$.

c. Se você selecionar uma amostra aleatória de tamanho $n = 100$, qual é a probabilidade de que a média aritmética da amostra venha a ser menor do que US\$300.000?

d. Se você selecionar uma amostra aleatória de tamanho $n = 100$, qual é a probabilidade de que a média aritmética da amostra venha a se posicionar entre US\$275.000 e US\$290.000?

7.7 O tempo gasto utilizando o correio eletrônico, por sessão, é distribuído nos moldes da distribuição normal, com $\mu = 8$ minutos e $\sigma = 2$ minutos. Se você selecionar uma amostra aleatória de 25 sessões,

a. qual é a probabilidade de que a média aritmética da amostra esteja entre 7,8 e 8,2 minutos?

b. qual é a probabilidade de que a média aritmética da amostra esteja entre 7,5 e 8 minutos?

c. Se você seleciona uma amostra aleatória de 100 sessões, qual é a probabilidade de que a média aritmética da amostra esteja entre 7,8 e 8,2 minutos?

d. Explique a diferença nos resultados de (a) e (c).

✓ AUTO-teste **7.8** A quantidade de tempo que um caixa, em uma agência bancária, gasta com cada cliente apresenta uma média aritmética da população, $\mu = 3,10$ minutos e um desvio-padrão, $\sigma = 0,40$ minuto. Se você selecionar uma amostra aleatória de 16 clientes,

a. qual é a probabilidade de que a média aritmética do tempo gasto por cliente seja de pelo menos 3 minutos?

b. existe uma chance de 85 % de que a média aritmética da amostra seja menor do que quantos minutos?

c. De que pressuposto você deve partir a fim de solucionar (a) e (b)?

d. Se você selecionar uma amostra aleatória de 64 clientes, existe uma chance de 85 % de que a média aritmética da amostra venha a ser menor do que quantos minutos?

7.3 Distribuição de Amostragens da Proporção

Considere uma variável categórica que possua somente duas categorias, tais como o cliente prefere a sua marca ou o cliente prefere a marca do seu concorrente. Você está interessado em saber a proporção de itens que pertencem a uma das categorias — por exemplo, a proporção de clientes que preferem a sua marca. A proporção da população, representada por π, corresponde à proporção de itens em toda a população, contendo a característica de interesse. A proporção da amostra, representada por p, é a proporção de itens na amostra, com a característica de interesse. A proporção da amostra, uma estatística, é utilizada para estimar a proporção da população, um parâmetro. Para calcular a proporção da amostra, você atribui um entre dois valores possíveis, 1 ou 0, para representar a presença ou a ausência da característica. Você soma, então, todos os resultados correspondentes a 1 e todos os resultados correspondentes a 0 (zero), e divide esse total por n, o tamanho da amostra. Por exemplo, se, em uma amostra de cinco consumidores, três preferissem a sua marca e dois não preferissem a sua marca, você teria três números 1 e dois números 0. A soma entre os três números 1 e os dois números 0, e a subsequente divisão pelo tamanho da amostra, 5, resultam na proporção da amostra, que corresponde a 0,60.

> **Dica para o Leitor**
>
> Não confunda o uso dessa letra grega pi, π, para representar a proporção da população, com a constante matemática que corresponde à proporção entre o perímetro de uma circunferência e seu respectivo diâmetro — aproximadamente 3,14159 —, que é também conhecida pela mesma letra grega.

PROPORÇÃO DA AMOSTRA

$$p = \frac{X}{n} = \frac{\text{Número de itens que apresentam a característica de interesse}}{\text{Tamanho da amostra}} \qquad \textbf{(7.6)}$$

Dica para o Leitor
Tenha sempre em mente que a proporção da amostra não pode ser negativa e também não pode ser maior do que 1,0.

A proporção da amostra, p, estará posicionada entre 0 e 1. Se todos os itens apresentam a característica, você atribui a cada um deles um resultado de 1, e p é igual a 1. Se metade dos indivíduos apresenta a característica, você atribui o resultado de 1 a uma das metades e atribui um resultado de 0 à outra metade, e p é igual a 0,5. Se nenhum dos indivíduos possui a característica, você atribui a cada um deles o resultado de 0, e p é igual a 0.

Na Seção 7.2, você aprendeu que a média aritmética da amostra, $\bar{X}$, é um estimador isento de viés para a média aritmética da população, μ. Similarmente, a estatística p é um estimador isento de viés da proporção da população, π. Por analogia com a distribuição de amostragens para a média aritmética, cujo erro-padrão é $\sigma_{\bar{X}} = \dfrac{\sigma}{\sqrt{n}}$, o **erro-padrão da proporção**, σ_p, é apresentado na Equação (7.7).

ERRO-PADRÃO DA PROPORÇÃO

$$\sigma_p = \sqrt{\dfrac{\pi(1-\pi)}{n}} \qquad (7.7)$$

A **distribuição de amostragens da proporção** segue o padrão da distribuição binomial, conforme discutido na Seção 5.3, quando a amostragem é com reposição (ou sem reposição, a partir de populações extremamente grandes). No entanto, você pode utilizar a distribuição normal para fazer uma aproximação da distribuição binomial, quando $n\pi$ e $n(1-\pi)$ são, cada um deles, pelo menos iguais a 5. Na maioria dos casos em que estão sendo feitas inferências sobre a proporção da população, o tamanho da amostra é suficientemente substancial para atender às condições necessárias para utilização da aproximação da normal (veja a Referência 1). Portanto, em muitos casos, você pode utilizar a distribuição normal para estimar a distribuição de amostragens da proporção.

A substituição de $\bar{X}$ por p, de μ por π e de $\dfrac{\sigma}{\sqrt{n}}$ por $\sqrt{\dfrac{\pi(1-\pi)}{n}}$ na Equação (7.4) resulta na Equação (7.8).

ENCONTRANDO Z PARA A DISTRIBUIÇÃO DE AMOSTRAGENS DA PROPORÇÃO

$$Z = \dfrac{p - \pi}{\sqrt{\dfrac{\pi(1-\pi)}{n}}} \qquad (7.8)$$

Para ilustrar a distribuição de amostragens da proporção, uma pesquisa recente ("Wired Vacationers", *USA Today Snapshots*, 4 de junho de 2010, p. 1A) relatou que 77 % dos adultos desejam ter acesso à Internet enquanto estão em férias, para que possam acessar seus correios eletrônicos pessoais. Suponha que você selecione uma amostra aleatória de 200 viajantes que tenham agendado viagens com certa agência de viagens, e esteja buscando determinar a probabilidade de que mais de 80 % dos viajantes desejem ter acesso à Internet enquanto estão em férias, para que possam acessar seus correios eletrônicos pessoais. Uma vez que $n\pi = 200(0,77) = 154 > 5$ e $n(1-\pi) = 200(1 - 0,77) = 46 > 5$, o tamanho da amostra é grande o suficiente para que se possa pressupor que a distribuição de amostragens da proporção seja distribuída aproximadamente nos moldes da distribuição normal. Depois disso, utilizando a porcentagem de 77 %, resultante da pesquisa, como a proporção da população, você pode calcular a probabilidade de que mais de 80 % dos viajantes desejem ter acesso à Internet enquanto estão em férias, para poderem acessar seus correios eletrônicos pessoais, utilizando a Equação (7.8):

$$Z = \dfrac{p - \pi}{\sqrt{\dfrac{\pi(1-\pi)}{n}}}$$

$$= \dfrac{0,80 - 0,77}{\sqrt{\dfrac{(0,77)(0,23)}{200}}} = \dfrac{0,03}{\sqrt{\dfrac{0,1771}{200}}} = \dfrac{0,03}{0,0298}$$

$$= 1,01$$

Utilizando a Tabela E.2, a área abaixo da curva normal, que corresponde a mais de 1,01, é 0,1562. Por conseguinte, se a proporção da população é igual a 0,77, a probabilidade de que mais de 80 % dos 200 viajantes na amostra desejem ter acesso à Internet enquanto estão em férias, para poderem acessar seus correios eletrônicos pessoais, é 15,62 %.

Problemas para a Seção 7.3

APRENDENDO O BÁSICO

7.9 Em uma amostra aleatória com 64 pessoas, 48 delas são classificadas como "bem-sucedidas".
a. Determine a proporção da amostra, p, de pessoas "bem-sucedidas".
b. Caso a proporção da amostra seja igual a 0,70, determine o erro-padrão da proporção.

7.10 Uma amostra aleatória de 50 domicílios foi selecionada para uma pesquisa relacionada a aparelhos de telefones (fixos e celulares). A pergunta-chave indagada foi: "Você, ou qualquer membro de seu domicílio, possui um produto da Apple (iPhone, iPod, ou computador Mac)?" Dos 50 respondentes, 20 afirmaram que sim e 30 afirmaram que não.
a. Determine a proporção da amostra, p, para os domicílios que possuem um produto da Apple.
b. Caso a proporção da amostra seja igual a 0,45, determine o erro-padrão da proporção.

7.11 Os dados a seguir representam as respostas (S para sim e N para não) de uma amostra de 40 alunos universitários para a pergunta: "Você atualmente possui participação acionária em algum fundo?"

```
N N S N S N S N S N N S N S S N N N S
N S N N N N S N N S S N N N S N N S N N
```

a. Determine a proporção da amostra, p, para alunos universitários que possuem participação acionária em algum fundo.
b. Caso a proporção da amostra seja igual a 0,30, encontre o erro-padrão da proporção.

APLICANDO OS CONCEITOS

√ AUTO-teste **7.12** Um instituto de pesquisas sobre intenções de votos está conduzindo uma análise sobre resultados de amostras, com o objetivo de realizar prognósticos para a noite das eleições. Pressupondo uma eleição entre duas candidatas, se uma candidata específica receber pelo menos 55 % dos votos na amostra, essa candidata terá o prognóstico de vencedora da eleição. Se você seleciona uma amostra aleatória de 100 eleitores, qual é a probabilidade de que uma candidata venha a ter o prognóstico de vencedora quando
a. o percentual da população para os votos dela for 50,1 %?
b. o percentual da população para os votos dela for 60 %?
c. o percentual da população para os votos dela for 49 % (e ela, na realidade, venha a efetivamente perder a eleição)?
d. Se o tamanho da amostra for aumentado para 400, quais serão suas respostas para (a) até (c)? Discuta.

7.13 Você planeja conduzir uma experiência de marketing na qual estudantes devem experimentar uma entre duas marcas diferentes de refrigerantes. A tarefa deles é identificar corretamente a marca degustada. Você seleciona uma amostra aleatória de 200 estudantes e pressupõe que eles não têm nenhuma capacidade para distinguir entre as duas marcas. (*Dica*: Se um indivíduo não possui nenhuma capacidade de distinguir entre os dois refrigerantes, então cada uma das marcas apresenta a mesma probabilidade de vir a ser selecionada.)
a. Qual é a probabilidade de que a amostra venha a ter entre 50 % e 60 % de identificações corretas?
b. A probabilidade é 90 % de que a porcentagem da amostra esteja contida dentro de quais limites simétricos da porcentagem da população?
c. Qual é a probabilidade de que a porcentagem da amostra de identificações corretas seja superior a 65 %?
d. O que é mais provável ocorrer — mais de 60 % de identificações corretas na amostra com tamanho igual a 200, ou mais de 55 % de identificações corretas em uma amostra de tamanho igual a 1.000? Explique.

7.14 Em uma pesquisa recente, conduzida junto a trabalhadoras do sexo feminino, com idade entre 22 e 35 anos, 46 % delas afirmaram que prefeririam abrir mão de parte de seus salários em favor de mais tempo para sua vida pessoal. (Dados extraídos de "I'd Rather Give Up", *USA Today*, 4 de março de 2010, p. 1B.) Suponha que você selecione uma amostra de 100 trabalhadoras do sexo feminino, com idade entre 22 e 35 anos.
a. Qual é a probabilidade de que, na amostra, menos de 50 % prefeririam abrir mão de parte de seus salários em favor de mais tempo para sua vida pessoal?
b. Qual é a probabilidade de que, na amostra, entre 40 e 50 % prefeririam abrir mão de parte de seus salários em favor de mais tempo para sua vida pessoal?
c. Qual é a probabilidade de que, na amostra, mais de 40 % prefeririam abrir mão de parte de seus salários em favor de mais tempo para sua vida pessoal?
d. Caso seja extraída uma amostra de tamanho 400, como isso modifica as suas respostas de (a) a (c)?

7.15 Uma pesquisa chamada Global Corporate Citizenship (Cidadania Corporativa Global) realizada pelo Instituto Nielsen de Pesquisas indica que 35 % dos consumidores norte-americanos estão dispostos a gastar mais com produtos e serviços de empresas socialmente responsáveis. (Dados extraídos de **bit.ly/HdfOHL**.) O Instituto Nielsen define esses consumidores como consumidores socialmente conscientes. De acordo com o vice-presidente do Nielsen Cares, o programa de responsabilidade social corporativo global do Instituto Nielsen, os especialistas de marketing precisam saber quem são esses consumidores, caso desejem maximizar o retorno social e empresarial de seus esforços de marketing direcionados à causa. Suponha que você selecione uma amostra de 100 consumidores norte-americanos.
a. Qual é a probabilidade de que, na amostra, menos de 35 % norte-americanos estejam dispostos a gastar mais com produtos e serviços de empresas socialmente responsáveis?
b. Qual é a probabilidade de que, na amostra, entre 30 % e 40 % dos norte-americanos estejam dispostos a gastar mais com produtos e serviços de empresas socialmente responsáveis?
c. Qual é a probabilidade de que, na amostra, mais de 30 % dos norte-americanos estejam dispostos a gastar mais com produtos e serviços de empresas socialmente responsáveis?

d. Caso seja extraída uma amostra aleatória de tamanho 400, como isso modifica suas respostas para (a) a (c)?

7.16 De acordo com o relatório Women on Boards da GMI Ratings 2012, a porcentagem de mulheres nos Conselhos norte-americanos cresceu apenas marginalmente de 2009 a 2011, e está atualmente em 12,6 %, bem abaixo dos números correspondentes aos países nórdicos, Canadá, Austrália e França. Uma série de iniciativas está sendo encaminhada no intuito de fazer crescer a representação feminina nos Conselhos. Por exemplo, uma rede de investidores, líderes de empresas, e outros defensores da causa, conhecidos como a Coalizão dos 30 %, estão tentando fazer com que cresça a proporção de Conselheiras do sexo feminino para esse percentual (30 %) até 2015. Esse estudo também relata que somente 10 % das empresas norte-americanas possuem três ou mais mulheres como membros de seus Conselhos. (Dados extraídos de **bit.ly/zBAnYv**.) Se você selecionar uma amostra aleatória de 200 empresas norte-americanas,

a. qual é a probabilidade de que a amostra venha a ter entre 8 % e 12 % de empresas norte-americanas que possuem três ou mais mulheres como membros de seus Conselhos?

b. a probabilidade é de 90 % de que a porcentagem da amostra venha a estar contida dentro de quais limites simétricos em relação à porcentagem da população?

c. a probabilidade é de 95 % de que a porcentagem da amostra venha a estar contida dentro de quais limites simétricos em relação à porcentagem da população?

7.17 O Instituto de Desenvolvimento Profissional para Contabilistas da Área Administrativa (CIMA — Chartered Institute of Management Accountants), com sede no Reino Unido, relata que 57 % das organizações integrantes do Instituto oferecem treinamento em padrões éticos no ambiente de trabalho. (Dados extraídos de **bit.ly/M1t08H**.) Suponha que você selecione uma amostra de 100 organizações integrantes do CIMA.

a. Qual é a probabilidade de que o percentual da amostra de organizações que oferecem treinamento em padrões éticos no ambiente de trabalho venha a estar entre 55 % e 60 %?

b. A probabilidade é de 90 % de que a porcentagem da amostra venha a estar contida dentro de quais limites simétricos em relação ao percentual da população?

c. A probabilidade é de 95 % de que a porcentagem da amostra venha a estar contida dentro de quais limites simétricos em relação ao percentual da população?

d. Suponha que você tivesse selecionado uma amostra de 400 organizações integrantes do CIMA. De que maneira isso modificaria as suas respostas nos itens (a) a (c)?

7.18 Uma pesquisa realizada junto a 2.250 adultos norte-americanos relatou que 59 % deles obtinham notícias, tanto através da Internet como de fora dela, em um dia típico. (Dados extraídos de "How Americans Get News in a Typical Day", *USA Today*, 10 de março de 2010, p. 1A.)

a. Suponha que você extraia uma amostra de 100 adultos norte-americanos. Se a verdadeira proporção da população de 100 adultos norte-americanos que obtinham notícias, tanto através da Internet como de fora dela, em um dia típico, corresponde a 0,59, qual é a probabilidade de que menos da metade de sua amostra venha a obter notícias, tanto através da Internet como de fora dela?

b. Suponha que você extraia uma amostra de 500 adultos norte-americanos. Se a verdadeira proporção da população de 100 adultos norte-americanos que obtinham notícias, tanto através da Internet como de fora dela, em um dia típico, corresponde a 0,59, qual é a probabilidade de que menos da metade de sua amostra venha a obter notícias, tanto através da Internet como de fora dela?

c. Argumente sobre o efeito decorrente do tamanho da amostra sobre a distribuição de amostragens da proporção em geral e também o efeito sobre as probabilidades em (a) e (b).

7.4 Amostragem a Partir de Populações Finitas (*on-line*)

Aprenda mais sobre amostragem a partir de populações finitas em uma seção oferecida como bônus para o Capítulo 7, no material suplementar, disponível no *site* da LTC Editora. (Veja o Apêndice C para aprender como acessar essa seção de bônus.)

© Corbis / Corbis Images

UTILIZANDO A ESTATÍSTICA

Amostragem na Oxford Cereals, Revisitado

No papel de gerente de operações da unidade de produção da Oxford Cereals, você era responsável por monitorar a quantidade de cereal abastecida em cada caixa. Para manter coerência com o conteúdo especificado na embalagem, as caixas devem conter uma média aritmética de 368 gramas de cereal. Milhares de caixas foram produzidas durante um certo turno, e foi determinado que seria demasiadamente demorada, onerosa e ineficiente a pesagem de cada uma das caixas individuais. Em vez disso, foi selecionada uma amostra de caixas. Com base em sua análise da amostra, você teve que decidir entre manter, alterar ou interromper o processo.

Utilizando o conceito de distribuição de amostragens para a média aritmética, você foi capaz de determinar probabilidades de que esse tipo de média aritmética da amostra pudesse ter sido aleatoriamente selecionado a partir de uma população com uma média aritmética correspondente a 368 gramas. Especificamente, se for selecionada uma amostra de tamanho $n = 25$, a partir de uma população com uma média aritmética de 368 e um desvio-padrão de 15, você calculou como igual a 15,87 % a probabilidade de vir a selecionar uma amostra com uma média aritmética de 365 gramas, ou menos. Caso seja selecionado um tamanho de amostra maior, a média aritmética da amostra deve estar mais próxima da média aritmética da população. Esse resultado foi ilustrado quando você calculou a probabilidade, caso o tamanho da amostra fosse aumentado para $n = 100$. Utilizando o maior tamanho de amostra, você determinou como igual a 2,28 % a probabilidade de vir a selecionar uma amostra com uma média aritmética igual a 365 gramas, ou menos.

RESUMO

Você estudou a distribuição de amostragens da média aritmética da amostra e a distribuição de amostragens da proporção da amostra, bem como a relação entre essas distribuições e o Teorema do Limite Central. Você aprendeu que a média aritmética da amostra é um estimador isento de viés para a média aritmética da população, e que a proporção da amostra é um estimador isento de viés para a proporção da população. Ao longo dos próximos cinco capítulos, serão discutidas as técnicas de intervalos de confiança e de testes de hipóteses, habitualmente utilizadas para fins de inferência estatística.

REFERÊNCIAS

1. Cochran, W. G., *Sampling Techniques*, 3rd ed. New York: Wiley, 1977.

2. *Microsoft Excel 2010*. Redmond, WA: Microsoft Corp., 2010.

EQUAÇÕES-CHAVE

Média Aritmética da População

$$\mu = \frac{\sum_{i=1}^{N} X_i}{N} \tag{7.1}$$

Desvio-Padrão da População

$$\sigma = \sqrt{\frac{\sum_{i=1}^{N}(X_i - \mu)^2}{N}} \tag{7.2}$$

Erro-Padrão da Média Aritmética

$$\sigma_{\overline{X}} = \frac{\sigma}{\sqrt{n}} \tag{7.3}$$

Encontrando Z para a Distribuição de Amostragens da Média Aritmética

$$Z = \frac{\overline{X} - \mu_{\overline{X}}}{\sigma_{\overline{X}}} = \frac{\overline{X} - \mu}{\dfrac{\sigma}{\sqrt{n}}} \tag{7.4}$$

Encontrando $\overline{X}$ para a Distribuição de Amostragens da Média Aritmética

$$\overline{X} = \mu + Z\frac{\sigma}{\sqrt{n}} \tag{7.5}$$

Proporção da Amostra

$$p = \frac{X}{n} \tag{7.6}$$

Erro-Padrão da Proporção

$$\sigma_p = \sqrt{\frac{\pi(1 - \pi)}{n}} \tag{7.7}$$

Encontrando Z para a Distribuição de Amostragens da Proporção

$$Z = \frac{p - \pi}{\sqrt{\dfrac{\pi(1 - \pi)}{n}}} \tag{7.8}$$

TERMOS-CHAVE

distribuição de amostragens
distribuição de amostragens da média aritmética
distribuição de amostragens da proporção
erro-padrão da média aritmética

erro-padrão da proporção
isenta de viés
Teorema do Limite Central

264 Capítulo 7

AVALIANDO O SEU ENTENDIMENTO

7.19 Por que razão a média aritmética da amostra é um estimador isento de viés para a média aritmética da população?

7.20 Por que razão o erro-padrão da média aritmética decresce à medida que aumenta o tamanho da amostra, n?

7.21 Por que razão a distribuição de amostragens da média aritmética segue o padrão de uma distribuição normal, para um tamanho de amostra que seja grande o suficiente, ainda que a população possa não ser distribuída nos moldes da distribuição normal?

7.22 Qual é a diferença entre a distribuição de uma população e uma distribuição de amostragens?

7.23 Sob quais circunstâncias a distribuição de amostragens da proporção segue aproximadamente o padrão de uma distribuição normal?

PROBLEMAS DE REVISÃO DO CAPÍTULO

7.24 Uma máquina de costura industrial utiliza rolamentos de esferas que são projetados de modo a que tenham um diâmetro igual a 0,75 polegada. Os limites de especificação, inferior e superior, sob os quais os rolamentos de esferas conseguem operar, correspondem a 0,74 polegada (inferior) e 0,76 polegada (superior). Experiências do passado indicam que o diâmetro verdadeiro dos rolamentos de esferas é distribuído aproximadamente nos moldes da distribuição normal, com uma média aritmética correspondente a 0,753 polegada e um desvio-padrão equivalente a 0,004 polegada. Caso você selecione uma amostra aleatória com 25 rolamentos de esferas, qual é a probabilidade de que a média aritmética correspondente à amostra venha a estar

a. entre a média aritmética estabelecida para o projeto e a média aritmética da população, igual a 0,753?

b. entre o limite inferior determinado na especificação e a especificação estabelecida no projeto?

c. maior do que o limite da especificação superior?

d. menor do que o limite da especificação inferior?

e. A probabilidade é de 93 % de que a média aritmética para o diâmetro da amostra venha a ser maior do que qual valor?

7.25 A quantidade de líquido abastecido em garrafas de um determinado refrigerante é distribuída nos moldes da distribuição normal com uma média aritmética de 2,0 litros e um desvio-padrão de 0,05 litro. Se você seleciona uma amostra aleatória de 25 garrafas, qual é a probabilidade de que a média aritmética da amostra venha a estar

a. entre 1,99 e 2,0 litros?

b. abaixo de 1,98 litro?

c. acima de 2,01 litros?

d. A probabilidade é de 99 % de que a média aritmética da amostra contenha pelo menos que quantidade de refrigerante?

e. A probabilidade é de 99 % de que a média aritmética da amostra para a quantidade de refrigerante venha a estar entre quais dois valores (simetricamente distribuídos em torno da média aritmética)?

7.26 Um produtor de suco de laranja compra as laranjas de uma grande plantação que possui somente uma variedade de laranja. A quantidade de suco extraído de cada uma dessas laranjas é distribuída aproximadamente nos moldes da distribuição normal, com uma média aritmética de 4,70 onças (140 ml) e um desvio-padrão de 0,40 onça (12 ml). Suponha que você selecione uma amostra de 25 laranjas.

a. Qual é a probabilidade de que a média aritmética da amostra para a quantidade de suco venha a ser pelo menos 4,60 onças (138 ml)?

b. A probabilidade é de 70 % de que a média aritmética da amostra para a quantidade de suco esteja contida entre quais dois valores simetricamente distribuídos em torno da média aritmética da população?

c. A probabilidade é de 77 % de que a média aritmética da amostra para a quantidade de suco seja maior do que qual valor?

7.27 No Problema 7.26, suponha que a média aritmética correspondente à quantidade de suco espremida seja de 5,0 onças (147,87 ml).

a. Qual é a probabilidade de que a média aritmética da amostra para a quantidade de suco venha a ser pelo menos 4,60 onças (138 ml)?

b. A probabilidade é de 70 % de que a média aritmética da amostra para a quantidade de suco esteja contida entre quais dois valores simetricamente distribuídos em torno da média aritmética da população?

c. A probabilidade é de 77 % de que a média aritmética da amostra para a quantidade de suco seja maior do que qual valor?

7.28 O mercado de ações no México relatou retornos fracos em 2011. A população de ações negociadas em bolsa auferiu uma média aritmética de retorno correspondente a −3,8 % em 2011. (Dados extraídos do *USA Today*, 3 de janeiro de 2012, p. 2B.) Considere que os retornos correspondentes a ações negociadas em bolsa, no mercado de ações do México, sejam distribuídos como uma variável aleatória normal, com uma média aritmética de −3,8 e um desvio-padrão de 20. Se você selecionasse uma amostra aleatória composta por 16 ações extraídas dessa população, qual seria a probabilidade de que a amostra apresentasse uma média aritmética correspondente a um retorno

a. inferior a 0?

b. entre −10 e 10?

c. superior a 10?

7.29 O artigo mencionado no Problema 7.28 relatou que o mercado de ações negociadas em bolsa na França apresentou uma média aritmética de retorno correspondente a −17,0 % em 2011. Suponha que os retornos correspondentes ao mercado de ações negociadas em bolsa na França sejam distribuídos nos moldes de uma variável aleatória normal, com uma média aritmética correspondente a −17,0 e um desvio-padrão igual a 10. Se você selecionasse uma ação individual a partir dessa população, qual seria a probabilidade de que ela apresentasse um retorno

a. inferior a 0 (ou seja, um prejuízo)?

b. entre −10 e −20?

c. superior a −5?

Caso você selecionasse uma amostra aleatória de 4 ações negociadas em bolsa, a partir dessa população, qual seria a probabilidade de que a amostra apresentasse uma média aritmética de retorno

d. inferior a 0 — ou seja, um prejuízo?

e. entre -10 e -20?

f. superior a -5?

g. Compare seus resultados nos itens (d) a (f) com os resultados obtidos em (a) a (c).

7.30 (Projeto de Classe) A tabela de números aleatórios é um exemplo de uma distribuição uniforme, uma vez que cada um dos dígitos apresenta igual possibilidade de vir a ocorrer. Iniciando na linha correspondente ao dia do mês em que você nasceu, utilize a tabela de números aleatórios (Tabela E.1), para selecionar um dígito de cada vez.

Selecione cinco amostras diferentes, cada uma delas com $n = 2$, $n = 5$ e $n = 10$. Calcule a média aritmética da amostra, no que se refere a cada uma das amostras. Desenvolva uma distribuição de frequências para as médias aritméticas das amostras, no que se refere aos resultados da classe inteira, com base em amostras com tamanhos $n = 2$, $n = 5$ e $n = 10$.

O que pode ser dito sobre o formato da distribuição de amostragens para cada um desses tamanhos de amostra?

7.31 (Projeto de Classe) Jogue para cima uma moeda, 10 vezes, e registre o número de quedas no lado correspondente a cara. Se cada um dos alunos realizar esse experimento cinco vezes, poderá ser desenvolvida uma distribuição de frequências correspondente ao número de resultados em caras, a partir dos resultados correspondentes à classe inteira. Essa distribuição aparenta se aproximar da distribuição normal?

7.32 (Projeto de Classe) O número de carros aguardando na fila de em um posto de lavagem de automóveis está distribuído do seguinte modo:

Número de Carros	Probabilidade
0	0,25
1	0,40
2	0,20
3	0,10
4	0,04
5	0,01

Você pode utilizar a tabela de números aleatórios (Tabela E.1) para selecionar amostras a partir dessa distribuição, atribuindo números, conforme as instruções a seguir:

1. Inicie na linha correspondente ao dia do mês no qual você nasceu.

2. Selecione um número aleatório com dois dígitos.

3. Se você selecionar um número aleatório de 00 a 24, registre um comprimento igual a 0; se ele estiver entre 25 e 64, registre um comprimento correspondente a 1; se ele estiver entre 65 e 84, registre um comprimento igual a 2; se ele estiver entre 85 e 94, registre um comprimento igual a 3; se ele estiver entre 95 e 98, registre um comprimento igual a 4; se ele for igual a 99, registre um comprimento correspondente a 5.

Selecione amostras com tamanhos $n = 2$, $n = 5$ e $n = 10$. Calcule a média aritmética para cada uma das amostras. Por exemplo, se uma amostra de tamanho 2 resulta nos números aleatórios 18 e 46, esses números corresponderiam a comprimentos de 0 e 1, respectivamente, produzindo uma média aritmética da amostra correspondente a 0,5. Se cada um dos alunos seleciona cinco amostras diferentes para cada tamanho de amostra, pode ser desenvolvida uma distribuição de frequências para as médias aritméticas das amostras (no que se refere a cada um dos tamanhos de amostra), a partir dos resultados da classe inteira. A que conclusões você chegaria, no que diz respeito à distribuição de amostragens da média aritmética, à medida que o tamanho da amostra é aumentado?

7.33 (Projeto de Classe) Utilizando uma tabela de números aleatórios (a Tabela E.1), simule a seleção de bolas com diferentes cores, a partir de um cesto, do seguinte modo:

1. Inicie com a linha correspondente ao dia do mês em que você nasceu.

2. Selecione números com um único dígito.

3. Caso seja selecionado um dígito aleatório entre 0 e 6, considere que a bola seja branca; caso o dígito aleatório seja 7, 8 ou 9, considere que a bola seja da cor vermelha.

Selecione amostras com $n = 10$, $n = 25$ e $n = 50$ dígitos. Em cada uma das amostras, conte o número de bolas brancas e calcule a proporção de bolas brancas na amostra. Se cada um dos alunos na classe seleciona cinco amostras diferentes para cada um dos tamanhos de amostra, poderá ser desenvolvida uma distribuição de frequências para a proporção de bolas brancas (para cada um dos tamanhos de amostra), a partir dos resultados da classe inteira. A que conclusões você consegue chegar, no que diz respeito à distribuição de amostragens da proporção, à medida que o tamanho da amostra passa a crescer?

7.34 (Projeto de Classe) Suponha que a etapa 3 do Problema 7.33 utilize a seguinte regra: "Se for selecionado um dígito aleatório entre 0 e 8, considere que a bola é branca; se for selecionado um dígito aleatório 9, considere que a bola seja da cor vermelha." Compare e contraponha os resultados obtidos neste problema com os resultados do Problema 7.33.

CASOS PARA O CAPÍTULO 7

Administrando a Ashland MultiComm Services

Dando continuidade ao esforço de melhoria da qualidade, inicialmente descrito no caso "Administrando a Ashland MultiComm Services" do Capítulo 6, foi monitorada a velocidade de abertura estabelecida como meta para os assinantes do serviço de Internet da AMS. Do mesmo modo que antes, as velocidades de abertura são mensuradas em uma escala padronizada, na qual o valor especificado como meta corresponde a 1,0. Os dados coletados ao longo do ano passado indicam que as velocidades de abertura são distribuídas aproximadamente nos moldes da distribuição normal com uma média aritmética de 1,005 e um desvio-padrão de 0,10.

1. A cada dia, em 25 horários aleatórios, é medida a velocidade de abertura. Considerando que a distribuição não se modificou em relação ao que era no ano passado, qual a probabilidade de que a média aritmética da velocidade de abertura seja:

   a. menor que 1,0?
   b. entre 0,95 e 1,0?
   c. entre 1,0 e 1,05?
   d. menor que 0,95 ou maior que 1,05?
   e. Suponha que a média aritmética correspondente à velocidade de abertura para a amostra de hoje, de 25 horários diferentes, seja 0,952. A que conclusões você consegue chegar, no que se refere à velocidade de abertura no dia de hoje, com base nesse resultado? Explique.

2. Compare os resultados para o Problema 1, itens (a) a (d), da AMS, com os resultados para o Problema 1, também da AMS, no Capítulo 6, em CASOS PARA O CAPÍTULO 6. A que conclusões você consegue chegar, no que se refere às diferenças?

Caso Digital

Aplique os seus conhecimentos sobre distribuições de amostragens, neste Caso Digital, que submete a novo estudo o cenário Utilizando a Estatística, que trata da Oxford Cereals.

O grupo de Defesa do Consumidor, CCACC — Consumers Concerned About Cereal Cheaters (Consumidores Preocupados com Fraudadores no Setor de Cereais), suspeita que as empresas fabricantes de cereais, incluindo a Oxford Cereals, estão enganando os consumidores, pelo fato de colocar na embalagem uma quantidade de produto menor do que o peso especificado na embalagem. Abra o arquivo **ConsumidoresPreocupados.htm** e examine as alegações feitas pelo grupo e os dados que respaldam essas declarações e, em seguida, responda às seguintes perguntas:

1. Os procedimentos de coleta de dados que a CCACC utiliza para formar suas conclusões são passíveis de questionamento? Quais procedimentos o grupo poderia seguir de modo a tornar mais rigorosa a análise feita por eles?

2. Considere que as duas amostras de cinco caixas de cereais (uma amostra para cada uma das duas variedades de cereais), apresentadas no portal da CCACC, tenham sido coletadas aleatoriamente pelos membros da organização. Para cada uma das amostras,

   a. calcule a média aritmética da amostra.
   b. considerando que o desvio-padrão do processo seja de 15 gramas e que a média aritmética da amostra seja de 368 gramas, calcule a porcentagem de todas as amostras, para cada um dos processos que tenham uma média aritmética de amostra menor do que o valor que você calculou em (a).
   c. pressupondo que o desvio-padrão corresponda a 15 gramas, calcule a porcentagem de caixas individuais de cereais que teriam um peso inferior ao valor que você calculou em (a).

3. A que conclusões, se é que há alguma, você consegue chegar utilizando seus cálculos sobre os processos de abastecimento correspondentes aos dois diferentes tipos de cereais?

4. Um representante da Oxford Cereals solicitou que o CCACC retirasse da Internet a sua página na qual argumenta sobre a quantidade a menor de produto nas caixas de cereais da Oxford Cereals. Essa solicitação tem argumento razoável? Por que sim ou por que não?

5. As técnicas discutidas neste capítulo podem ser utilizadas com o objetivo de provar que está havendo fraude, nos moldes alegados pela CCACC? Por que sim ou por que não?

GUIA DO EXCEL PARA O CAPÍTULO 7

GE7.1 DISTRIBUIÇÃO DE AMOSTRAGENS
Não existem instruções do Guia do Excel para esta seção.

GE7.2 DISTRIBUIÇÃO DE AMOSTRAGENS da MÉDIA ARITMÉTICA

Técnica Principal Utilize um procedimento do suplemento Ferramentas de Análise do Excel para criar uma distribuição de amostragens e utilize a função **ALEATÓRIO( )** para criar listas de números aleatórios.

Exemplo Crie uma distribuição de amostragens simulada que consiste em 100 amostras com tamanho $n = 30$, a partir de uma população uniformemente distribuída.

PHStat Utilize o procedimento **Sampling Distributions Simulation (Simulação de Distribuições de Amostragem).**
Para o exemplo, selecione PHStat → Sampling → Sampling Distributions Simulation (PHStat → Amostragem → Simulação de Distribuições de Amostragens). Na caixa de diálogo do procedimento (ilustrada a seguir):

1. Digite **100** na caixa **Number of Samples (Número de Amostras).**
2. Digite **30** na caixa **Sample Size (Tamanho da Amostra)**.
3. Clique em **Uniform (Uniforme)**.
4. Insira um título em **Title** e clique em **OK**.

O procedimento insere uma nova planilha na qual as médias aritméticas de amostras, a média aritmética geral e o erro-padrão da média aritmética podem ser encontrados iniciando-se na linha 34.

Excel Avançado Utilize a **planilha SDA** da **pasta de trabalho SDA** como um modelo.
Para o exemplo, em uma nova planilha, inicialmente insira um título na célula A1. Depois disso, insira a fórmula =**ALEATÓRIO( )** na célula **A2** e, em seguida, copie a fórmula para baixo por **30 linhas** e na horizontal por **100 colunas** (até a **coluna CV**). Depois disso, selecione esse intervalo de células (**A2:CV31**) e utilize **copiar e colar valores**, conforme discutido na Seção B.4.

Utilize as fórmulas que aparecem nas linhas 33 a 37, na **planilha SDA_FÓRMULAS** da **pasta de trabalho SDA** como modelos, caso você deseje calcular médias aritméticas de amostras, a média aritmética geral e o erro-padrão da média aritmética.

Ferramentas de Análise Utilize o procedimento **Geração de Número Aleatório**.
Para o exemplo, selecione **Dados → Análise de Dados**. Na caixa de diálogo Análise de Dados, selecione **Geração de Número Aleatório**, a partir da lista de Ferramentas de Análise e, em seguida, clique em **OK**. Na caixa de diálogo do procedimento (ilustrada a seguir):

1. Digite **100** na caixa **Número de Variáveis**.
2. Digite **30** na caixa **Número de Números Aleatórios**.
3. Selecione **Uniforme** a partir da lista de opções com barra de rolagem para **Distribuição**.
4. Mantenha os valores correspondentes a **Parâmetros** como se apresentam.
5. Clique em **Nova Planilha** e, em seguida, clique em **OK**.

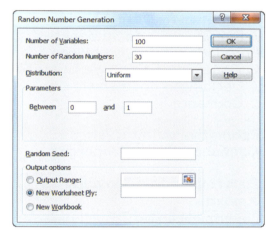

Se, para outros problemas, você selecionar **Discreta** na etapa 3, você deve necessariamente abrir uma planilha que contenha um intervalo de células para valores de X e $P(X)$. Insira esse intervalo como **Intervalo de Entrada de Probabilidade e Valor** (não ilustrado quando **Uniforme** tiver sido selecionado) na seção da caixa de diálogo com o título **Parâmetros**.

Utilize as fórmulas que aparecem nas linhas 33 a 37 na **planilha SDA_FÓRMULAS** da **pasta de trabalho SDA** como modelos, caso você deseje calcular médias aritméticas, a média aritmética geral e o erro-padrão da média aritmética.

GE7.3 DISTRIBUIÇÃO DE AMOSTRAGENS da PROPORÇÃO
Não existem instruções do Guia o Excel para esta seção.

CAPÍTULO

8 Estimativa do Intervalo de Confiança

UTILIZANDO A ESTATÍSTICA: Obtendo Estimativas na Ricknel Home Centers

8.1 Estimativa do Intervalo de Confiança da Média Aritmética (σ Conhecido)
Será que É Possível Conhecer o Desvio-Padrão da População?

8.2 Estimativa do Intervalo de Confiança para a Média Aritmética (σ Desconhecido)
A Distribuição t de Student
Propriedades da Distribuição t
O Conceito de Graus de Liberdade
A Declaração do Intervalo de Confiança

8.3 Estimativa do Intervalo de Confiança para a Proporção

8.4 Determinando o Tamanho da Amostra
Determinação do Tamanho da Amostra para a Média Aritmética
Determinação do Tamanho da Amostra para a Proporção

8.5 Estimativa do Intervalo de Confiança e Questões Éticas

8.6 Aplicação da Estimativa para o Intervalo de Confiança em Auditoria (*on-line*)

8.7 Estimativa e Determinação de Tamanhos de Amostras para Populações Finitas (*on-line*)

UTILIZANDO A ESTATÍSTICA: Obtendo Estimativas na Ricknel Home Centers, Revisitado

GUIA DO EXCEL PARA O CAPÍTULO 8

Objetivos do Aprendizado

Neste capítulo, você aprenderá:

- A construir e interpretar estimativas de intervalos de confiança para a média aritmética e para a proporção
- A determinar o tamanho de amostra necessário para desenvolver uma estimativa do intervalo de confiança para a média aritmética ou para a proporção

UTILIZANDO A ESTATÍSTICA

Obtendo Estimativas na Ricknel Home Centers

Na função de membro da equipe do SIC da Ricknel Home Centers (veja o início do Capítulo 5), você já examinou a probabilidade de vir a encontrar faturas passíveis de questionamento, ou "etiquetadas". Agora, foi designada a você a tarefa de auditar a precisão do sistema integrado de estoques e o componente do ponto de venda do sistema de gerenciamento de vendas no varejo da empresa.

Você poderia analisar o conteúdo de cada um entre todos os registros de estoque e transações, para avaliar a exatidão desse sistema. Esse tipo de análise seria oneroso e demandaria uma quantidade muito grande de tempo. Você seria capaz de utilizar técnicas de inferência estatística para tirar conclusões sobre a população correspondente a todos os registros, a partir de uma amostra relativamente pequena, coletada durante uma auditoria? No final de cada mês, você poderia selecionar uma amostra das faturas de vendas, com vistas a estimar parâmetros da população, tais como

- A média aritmética da quantia, em dólares, relacionada nas faturas de vendas correspondentes ao mês em questão.
- A proporção de faturas que contêm erros que violam a política de controle interno da empresa.

Caso você utilizasse a técnica de amostragem, quão precisos seriam os resultados da amostra? De que modo você utilizaria os resultados que você gerou? Como você poderia ter certeza de que o tamanho da amostra é suficientemente grande para fornecer a você as informações de que necessita?

N a Seção 7.2, você utilizou o Teorema do Limite Central e o conhecimento sobre a distribuição da população para determinar o percentual de médias aritméticas de amostras que estão contidas nos limites de certas distâncias em relação à média aritmética da população. No exemplo que trata do abastecimento de cereais, utilizado ao longo de todo o Capítulo 7 (veja o Exemplo 7.4 na Seção 7.2), você pode concluir que 95 % de todas as médias aritméticas de amostras estão entre 362,12 e 373,88 gramas. Este é um exemplo de raciocínio *dedutivo*, uma vez que a conclusão é baseada no fato de lançar mão de algo que é verdadeiro em termos gerais (para a população) e aplicar isso em alguma coisa específica (as médias aritméticas de amostras).

Obter os resultados que a Ricknel Home Centers precisa requer o raciocínio *indutivo*. O raciocínio indutivo permite a você utilizar algumas especificidades no intuito de realizar generalizações mais abrangentes. Você não consegue assegurar que as generalizações mais abrangentes sejam absolutamente corretas, mas, com uma criteriosa escolha das especificidades e uma rigorosa metodologia, você é capaz de chegar a conclusões bastante úteis. Na função de contador da Ricknel, você precisa utilizar a inferência estatística, que faz uso de resultados de amostras (a "parte específica") para *estimar* (a elaboração da "generalização mais abrangente") parâmetros desconhecidos da população, tais como a média aritmética da população ou a proporção da população. Observe que os estatísticos utilizam a palavra *estimar* no mesmo sentido do uso cotidiano: algo sobre o que você tem razoável certeza, mas não pode afirmar seguramente que esteja absolutamente correta.

Você estima parâmetros da população utilizando estimativas de ponto ou estimativas de intervalo. Uma **estimativa de ponto** é o valor de uma única estatística de amostra. Uma **estimativa de intervalo de confiança** corresponde a uma extensão de valores, conhecida como *intervalo*, construída em torno da estimativa de ponto. O intervalo de confiança é construído de modo tal que seja conhecida a probabilidade de que o intervalo venha a incluir o parâmetro da população.

Suponha que você deseje estimar a média àritmética da GPA[1] correspondente a todos os alunos da universidade em que você estuda. A média aritmética do GPA correspondente a todos os alunos é uma média aritmética de população desconhecida, representada por μ. Você seleciona uma amostra de alunos e calcula a média aritmética da amostra, representada por $\overline{X}$, como de 2,80. Em se tratando de uma *estimativa de ponto* para a média aritmética da população, μ, você se pergunta: Até que ponto o valor de 2,80 é preciso como uma estimativa para a média aritmética da população, μ? Ao levar em conta a variabilidade conhecida de amostra para amostra (veja a Seção 7.2, que trata da distribuição de amostragens para a média aritmética), você consegue construir uma estimativa para o intervalo de confiança no intuito de responder a essa pergunta.

Quando você constrói uma estimativa para o intervalo de confiança, você indica o grau de confiança de estar corretamente estimando o valor do parâmetro da população, μ. Isso permite que você afirme se existe uma confiança especificada de que μ esteja posicionado em algum lugar dentro da extensão de números definida pelo intervalo.

Depois de estudar este capítulo, você vai descobrir que um intervalo de confiança de 95 % para a média aritmética do GPA em sua universidade é $2,75 \leq \mu \leq 2,85$. Você pode interpretar essa estimativa de intervalo afirmando que você está 95 % confiante de que a média aritmética do GPA em sua universidade está entre 2,75 e 2,85.

Neste capítulo, você aprende a construir um intervalo de confiança tanto para a média aritmética da população quanto para a proporção de população. Você também aprende a determinar o tamanho da amostra que é necessário para construir um intervalo de confiança de uma amplitude desejada.

8.1 Estimativa do Intervalo de Confiança da Média Aritmética (σ Conhecido)

Na Seção 7.2, você utilizou o Teorema do Limite Central e o conhecimento sobre a distribuição da população para determinar a porcentagem de médias aritméticas de amostras que estarão contidas dentro dos limites de certas distâncias em relação à média aritmética da população. Suponha que no exemplo que trata do abastecimento de caixas de cereais você desejasse estimar a média aritmética da população utilizando informações oriundas de uma única amostra. Por conseguinte, em vez de tomar $\mu \pm (1,96)(\sigma/\sqrt{n})$ para encontrar os limites superior e inferior em torno de μ, como no caso da Seção 7.2, você substitui μ desconhecido pela média aritmética da amostra, $\overline{X}$, e utiliza $\overline{X} \pm (1,96)(\sigma/\sqrt{n})$ como um intervalo para estimar μ desconhecido. Embora, na prática, você selecione uma única amostra de n valores e calcule a média aritmética, $\overline{X}$, para compreender o pleno significado da estimativa de intervalo, você precisa examinar um conjunto hipotético de todas as amostras possíveis de n valores.

> **Dica para o Leitor**
> Lembre-se: O intervalo de confiança é para a média aritmética da população e não para a média aritmética da amostra.

---

[1] GPA — Grade Point Average — Média Acumulada das Notas na Graduação. Um dos sistemas de avaliação utilizados por empregadores para comparar candidatos a emprego, tendo também outras finalidades (N.T.)

Suponha que uma amostra de tamanho $n = 25$ caixas de cereais apresente uma média aritmética correspondente a 362,3 gramas e desvio-padrão de 15 gramas. O intervalo desenvolvido para estimar μ é igual a $362,3 \pm (1,96)(15)/(\sqrt{25})$ ou $362,3 \pm 5,88$. A estimativa de μ é

$$356,42 \leq \mu \leq 368,18$$

Uma vez que a média aritmética da população, μ (igual a 368), está incluída nos limites do intervalo, essa amostra resulta em uma afirmativa correta sobre μ (veja a Figura 8.1).

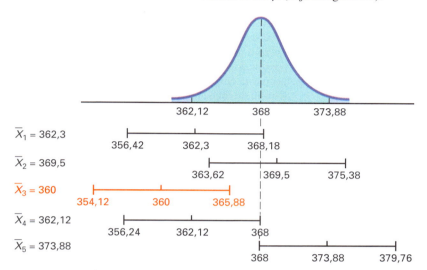

FIGURA 8.1
Estimativas do intervalo de confiança para cinco diferentes amostras de $n = 25$ extraídas de uma população em que $\mu = 368$ e $\sigma = 15$

Para dar continuidade a este exemplo hipotético, suponha que, para uma amostra diferente de $n = 25$ caixas, a média aritmética seja de 369,5. O intervalo desenvolvido a partir dessa amostra é

$$369,5 \pm (1,96)(15)/(\sqrt{25})$$

ou $369,5 \pm 5,88$. A estimativa é

$$363,62 \leq \mu \leq 375,38$$

Uma vez que a média aritmética da população, μ (igual a 368), também está incluída nos limites desse intervalo, a declaração sobre μ está correta.

Agora, antes de começar a supor que afirmativas corretas sobre μ serão sempre realizadas por meio do desenvolvimento de uma estimativa para o intervalo de confiança, suponha que uma terceira amostra hipotética, de tamanho $n = 25$ caixas, venha a ser selecionada, e que a média aritmética dessa amostra seja igual a 360 gramas. O intervalo desenvolvido nesse caso corresponde a $360 \pm (1,96)(15)/(\sqrt{25})$, ou $360 \pm 5,88$. Nesse caso, a estimativa para μ é

$$354,12 \leq \mu \leq 365,88$$

Essa estimativa *não* é uma afirmativa correta, uma vez que a média aritmética da população, μ, não está incluída nos limites do intervalo desenvolvido a partir da amostra (veja a Figura 8.1). Por conseguinte, no que diz respeito a algumas amostras, a estimativa do intervalo para μ estará correta, e para outras amostras estará incorreta. Na prática, somente uma única amostra é selecionada, e, tendo em vista que a média aritmética da população é desconhecida, você não consegue determinar se a estimativa para o intervalo está correta. Para solucionar esse dilema, você precisa determinar a proporção de amostras que produzem intervalos que resultem em afirmativas corretas sobre a média aritmética da população, μ. Para fazer isso, considere duas outras amostras hipotéticas: o caso em que $\bar{X} = 362,12$ gramas e o caso em que $\bar{X} = 373,88$ gramas. Se $\bar{X} = 362,12$ gramas, o intervalo corresponde a $362,12 \pm (1,96)(15)/(\sqrt{25})$, ou $362,12 \pm 5,88$. Isso faz com que se chegue ao seguinte intervalo:

$$356,24 \leq \mu \leq 368,00$$

Uma vez que a média aritmética da população, correspondente a 368, encontra-se no limite superior do intervalo, a afirmativa é correta (veja a Figura 8.1).

Quando $\bar{X} = 373,88$ gramas, o intervalo é $373,88 \pm (1,96)(15)/(\sqrt{25})$, ou $373,88 \pm 5,88$. O intervalo para a média aritmética da amostra é

$$368,00 \leq \mu \leq 379,76$$

Nesse caso, uma vez que a média aritmética da população, igual a 368, está incluída no limite inferior do intervalo, a afirmativa está correta.

272 Capítulo 8

Na Figura 8.1 você verifica que, quando a média aritmética da amostra se posiciona em qualquer lugar entre 362,12 e 373,88 gramas, a média aritmética da população está incluída *em algum lugar* dentro dos limites do intervalo. No Exemplo 7.4 (Seção 7.2 do Capítulo 7), você descobriu que 95 % das médias aritméticas correspondentes às amostras se posicionavam entre 362,12 e 373,88 gramas. Por conseguinte, 95 % de todas as amostras de tamanho $n = 25$ caixas possuem médias aritméticas de amostras que resultarão em intervalos que incluem a média aritmética da população.

Uma vez que, na prática, você seleciona somente uma única amostra de tamanho n, e μ é desconhecida, você jamais consegue saber, ao certo, se o seu intervalo específico inclui, ou não, a média aritmética da população. Entretanto, se você extrair todas as amostras possíveis de tamanho n e calcular seus respectivos intervalos de confiança de 95 %, isso significa que 95 % dos intervalos incluirão a média aritmética da população, e somente 5 % deles não incluirão a média aritmética da população. Em outras palavras, você tem 95 % de confiança de que a média aritmética da população está em algum lugar dentro dos limites do seu intervalo.

Considere, mais uma vez, a primeira amostra discutida nesta seção. Uma amostra de tamanho $n = 25$ caixas apresentava uma média aritmética da amostra correspondente a 362,3 gramas. O intervalo construído para estimar μ é

$$362,3 \pm (1,96)(15)/(\sqrt{25})$$

$$362,3 \pm 5,88$$

$$356,42 \leq \mu \leq 368,18$$

O intervalo de 356,42 a 368,18 é conhecido como um *intervalo de confiança de 95 %*. A frase a seguir contém uma interpretação do intervalo, que a maior parte dos profissionais ligados ao mundo dos negócios compreenderá. (Para uma discussão técnica sobre diferentes modos de interpretar intervalos de confiança, veja a Referência 4.)

> "Estou 95 % confiante de que a média aritmética da quantidade de cereal existente na população de caixas está posicionada em algum lugar entre 356,42 e 368,18 gramas."

Para auxiliar você a compreender o significado do intervalo de confiança, considere o processo de preenchimento de formulários com pedidos de compra em um portal de vendas pela Grande Rede. O preenchimento de formulários com pedidos de compra consiste em várias etapas, incluindo o recebimento de um pedido de compra, o levantamento dos componentes do pedido, a verificação do pedido, o empacotamento e a remessa do pedido. O arquivo de dados **Pedido de Compra** contém o tempo, em minutos, necessário para preencher formulários com pedidos de compra, para uma população de $N = 200$ pedidos, em um dia recente. Embora, na prática, as características da população raramente sejam conhecidas, no que se refere a essa população de pedidos de compras, a média aritmética, μ, é conhecida como sendo igual a 69,637 minutos; o desvio-padrão, σ, é conhecido como sendo igual a 10,411 minutos; e a população é distribuída nos moldes de uma distribuição normal. Para ilustrar o modo como a média aritmética da amostra e o desvio-padrão da amostra podem variar de uma amostra para outra, foram selecionadas 20 diferentes amostras de tamanho $n = 10$, a partir de uma população de 200 pedidos de compras, e foi calculada a média aritmética da amostra, bem como o desvio-padrão da amostra (e outras estatísticas) para cada uma das amostras. A Figura 8.2 apresenta esses resultados.

FIGURA 8.2
Estatísticas da amostra e intervalos de confiança de 95 % para 20 amostras de tamanho $n = 10$, selecionadas a partir de uma população com $N = 200$ pedidos de compra

Variável	Soma	Média Aritmética	Desvio-Padrão	Mínimo	Mediana	Máximo	Amplitude	IC de 95 %
Amostra 1	10	74,15	13,39	56,10	76,85	97,70	41,60	(67,6973, 80,6027)
Amostra 2	10	61,10	10,60	46,80	61,35	79,50	32,70	(54,6473, 67,5527)
Amostra 3	10	74,36	6,50	62,50	74,50	84,00	21,50	(67,9073, 80,8127)
Amostra 4	10	70,40	12,80	47,20	70,95	84,00	36,80	(63,9473, 76,8527)
Amostra 5	10	62,18	10,85	47,10	59,70	84,00	36,90	(55,7273, 68,6327)
Amostra 6	10	67,03	9,68	51,10	69,60	83,30	32,20	(60,5773, 73,4827)
Amostra 7	10	69,03	8,81	56,60	68,85	83,70	27,10	(62,5773, 75,4827)
Amostra 8	10	72,30	11,52	54,20	71,35	87,00	32,80	(65,8473, 78,7527)
Amostra 9	10	68,18	14,10	50,10	69,95	86,20	36,10	(61,7273, 74,6327)
Amostra 10	10	66,67	9,08	57,10	64,65	86,10	29,00	(60,2173, 73,1227)
Amostra 11	10	72,42	9,76	59,60	74,65	86,10	26,50	(65,9673, 78,8727)
Amostra 12	10	76,26	11,69	50,10	80,60	87,00	36,90	(69,8073, 82,7127)
Amostra 13	10	65,74	12,11	47,10	62,15	86,10	39,00	(59,2873, 72,1927)
Amostra 14	10	69,99	10,97	51,00	73,40	84,60	33,60	(63,5373, 76,4427)
Amostra 15	10	75,76	8,60	61,10	75,05	87,80	26,70	(69,3073, 82,2127)
Amostra 16	10	67,94	9,19	56,70	67,70	87,80	31,10	(61,4873, 74,3927)
Amostra 17	10	71,05	10,48	50,10	71,15	86,20	36,10	(64,5973, 77,5027)
Amostra 18	10	71,68	7,96	55,60	72,35	82,60	27,00	(65,2273, 78,1327)
Amostra 19	10	70,97	9,83	54,40	70,05	84,60	30,20	(64,5173, 77,4227)
Amostra 20	10	74,48	8,80	62,00	76,25	85,70	23,70	(68,0273, 80,9327)

Com base na Figura 8.2, você pode verificar o seguinte:

- As estatísticas da amostra diferem de amostra para amostra. As médias aritméticas das amostras variam de 61,10 até 76,26 minutos; os desvios-padrão das amostras variam de 6,50 até 14,10 minutos; as medianas das amostras variam desde 59,70 até 80,60; e as amplitudes das amostras variam de 21,50 até 41,60 minutos.
- Algumas entre as médias aritméticas das amostras são maiores do que a média aritmética correspondente à população, que é igual a 69,637 minutos, e algumas das médias aritméticas das amostras são menores do que a média aritmética da população.
- Alguns dos desvios-padrão das amostras são maiores do que o desvio-padrão da população, que corresponde a 10,411 minutos, enquanto alguns entre os desvios-padrão das amostras são menores do que o desvio-padrão da população.
- A variação em termos das amplitudes das amostras é bem maior do que a variação nos desvios-padrão das amostras.

A variação nas estatísticas das amostras, de amostra para amostra, é conhecida como *erro de amostragem*. **Erro de amostragem** é a variação que ocorre em razão de selecionar uma única amostra a partir da população. O tamanho do erro de amostragem é baseado principalmente no montante de variação na população e no tamanho da amostra. Amostras grandes apresentam menor erro de amostragem do que amostras pequenas, e amostras grandes custam mais caro para serem selecionadas.

A última coluna da Figura 8.2 contém estimativas para o intervalo de confiança de 95 % para a média aritmética da população correspondente aos tempos necessários para preenchimento de pedidos de compra, com base nos resultados das 20 amostras de tamanho $n = 10$. Comece examinando a primeira amostra selecionada. A média aritmética da amostra é 74,15 minutos, e a estimativa do intervalo para a média aritmética da população é de 67,6973 até 80,6027 minutos. Em um estudo típico, você não saberia ao certo se essa estimativa de intervalo está correta, uma vez que raramente se conhece o valor correspondente à média aritmética da população. No entanto, no que se refere a este exemplo *que trata dos tempos necessários para preenchimento de pedidos de compra*, sabe-se que a média aritmética da população é igual a 69.637 minutos. Se você examinar o intervalo de 67,6973 até 80,6027 minutos, você vai ver que a média aritmética da população, de 69,637 minutos, está localizada *entre* esses limites superior e inferior. Por conseguinte, a primeira amostra proporciona uma estimativa correta para a média aritmética da população sob a forma de uma estimativa de intervalo. Examinando as outras 19 amostras, você verifica que resultados similares ocorrem para todas as outras amostras, *exceto* para as amostras 2, 5 e 12. Para cada um dos intervalos gerados (outros que não as amostras 2, 5 e 12), a média aritmética da população de 69,637 minutos, está localizada em *algum lugar* dentro dos limites do intervalo.

No que diz respeito à amostra 2, a média aritmética da amostra corresponde a 61,10 minutos, e o intervalo é de 54,6473 até 67,5527 minutos; no que se refere à amostra 5, a média aritmética da amostra é 62,18 minutos, e o intervalo está entre 55,7273 e 68,6327 minutos; para a amostra 12, a média aritmética da amostra corresponde a 76,26 minutos, e o intervalo está entre 69,8073 e 82,7127 minutos. A média aritmética da população, correspondente a 69,637 minutos, *não* está localizada dentro dos limites de qualquer um desses intervalos, e a estimativa para a média aritmética da população feita utilizando esses intervalos está incorreta. Embora três dos 20 intervalos não tenham incluído a média aritmética da população, se você tivesse selecionado todas as amostras possíveis de tamanho $n = 10$, a partir de uma população de tamanho $N = 200$, então 95 % dos intervalos incluiriam a média aritmética da população.

Em algumas situações, pode ser que você deseje um nível mais alto de confiança (como, por exemplo, 99 %) de que esteja incluindo a média aritmética da população dentro dos limites do intervalo. Em outros casos, pode ser que você aceite um nível de confiança mais baixo (como, por exemplo, 90 %) de estar estimando corretamente a média aritmética da população. De modo geral, o **nível de confiança** é simbolizado por meio de $(1 - \alpha) \times 100 \%$, em que α corresponde à proporção, nas caudas da distribuição, que se encontra fora do intervalo de confiança. A proporção na cauda superior da distribuição é igual a $\alpha/2$, e a proporção na cauda inferior da distribuição é igual a $\alpha/2$. Você utiliza a Equação (8.1) para construir uma estimativa para o intervalo de confiança de $(1 - \alpha) \times 100 \%$ para a média aritmética, com σ conhecido.

INTERVALO DE CONFIANÇA PARA A MÉDIA ARITMÉTICA (σ CONHECIDO)

$$\bar{X} \pm Z_{\alpha/2}\frac{\sigma}{\sqrt{n}}$$

ou

$$\bar{X} - Z_{\alpha/2}\frac{\sigma}{\sqrt{n}} \leq \mu \leq \bar{X} + Z_{\alpha/2}\frac{\sigma}{\sqrt{n}} \qquad (8.1)$$

em que $Z_{\alpha/2}$ é igual ao valor correspondente a uma probabilidade da cauda superior equivalente a $\alpha/2$, a partir da distribuição normal padronizada (ou seja, uma área acumulada de $1 - \alpha/2$).

O valor de $Z_{\alpha/2}$ necessário para construir um intervalo de confiança é chamado de **valor crítico** para a distribuição. Noventa e cinco por cento de confiança correspondem a um valor de α igual a 0,05. O valor crítico de Z, correspondente a uma área acumulada de 0,975, é igual a 1,96, uma vez que existe 0,025 na cauda superior da distribuição, e a área acumulada, que corresponde a menos de $Z = 1,96$, é 0,975.

Existe um valor crítico diferente para cada um dos níveis de confiança, $1 - \alpha$. Um nível de confiança de 95 % acarreta um valor de Z correspondente a 1,96 (veja a Figura 8.3). Noventa e nove por cento de confiança correspondem a um valor de α equivalente a 0,01. O valor de Z é aproximadamente igual a 2,58, uma vez que a área da cauda superior corresponde a 0,005 e a área acumulada que corresponde a menos de $Z = 2,58$ é 0,995 (veja a Figura 8.4).

Agora que os vários níveis de confiança foram considerados, por que não tornar o intervalo de confiança o mais próximo possível de 100 %? Antes de fazer isso, você precisa perceber que qualquer crescimento no nível de confiança pode ser alcançado somente por meio da ampliação (e a consequente diminuição da precisão) do intervalo de confiança. Não existe "benefício isento de ônus" nesse caso. Você teria um maior nível de confiança de que a média aritmética da população estaria contida dentro dos limites de uma extensão mais ampla de valores; mas isso, entretanto, poderia tornar menos útil a interpretação do intervalo de confiança. A relação do tipo perde-ganha entre a amplitude do intervalo de confiança e o nível de confiança é argumentada com maior profundidade no contexto da determinação do tamanho para a amostra, na Seção 8.4. O Exemplo 8.1 ilustra a aplicação da estimativa do intervalo de confiança.

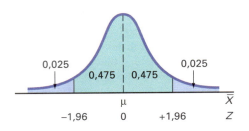

FIGURA 8.3 Curva da normal para determinar o valor de Z necessário para 95 % de confiança

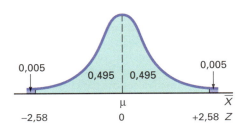

FIGURA 8.4 Curva da normal para determinar o valor de Z necessário para 99 % de confiança

---

EXEMPLO 8.1

Estimando a Média Aritmética para o Comprimento do Papel, com 95 % de Confiança

Um fabricante de papel utiliza um processo de produção que opera continuamente ao longo de todo um turno de produção. Espera-se que o papel apresente uma média aritmética de comprimento igual a 11 polegadas, e que o desvio-padrão do comprimento seja igual a 0,02 polegada. Em intervalos periódicos, é selecionada uma amostra no intuito de determinar se a média aritmética do comprimento do papel permanece, ainda, igual a 11 polegadas, ou se ocorreu algo de errado no processo de produção, que possa ter modificado o comprimento do papel produzido. Você seleciona uma amostra aleatória com 100 folhas, e a média aritmética do comprimento do papel é igual a 10,998 polegadas. Construa uma estimativa para o intervalo de confiança de 95 % para a média aritmética da população correspondente ao comprimento do papel.

SOLUÇÃO Utilizando a Equação (8.1), com $Z_{\alpha/2} = 1,96$ para obter 95 % de confiança,

$$\bar{X} \pm Z_{\alpha/2}\frac{\alpha}{\sqrt{n}} = 10,998 \pm (1,96)\frac{0,02}{\sqrt{100}}$$

$$= 10,998 \pm 0,0039$$

$$10,9941 \leq \mu \leq 11,0019$$

Por conseguinte, com 95 % de confiança, você conclui que a média aritmética da população está entre 10,9941 e 11,0019 polegadas. Uma vez que o intervalo inclui 11, o valor que indica que o processo de produção está operando de maneira apropriada, você não tem qualquer razão para acreditar que esteja ocorrendo algo de errado com o processo de produção.

Estimativa do Intervalo de Confiança **275**

O Exemplo 8.2 ilustra o efeito decorrente de utilizar um intervalo de confiança de 99 %.

EXEMPLO 8.2

Estimando a Média Aritmética para o Comprimento do Papel, com 99 % de Confiança

Construa uma estimativa para o intervalo de confiança de 99 % para a média aritmética do comprimento do papel.

SOLUÇÃO Utilizando a Equação (8.1), com $Z_{\alpha/2} = 2{,}58$ para obter 99 % de confiança,

$$\bar{X} \pm Z_{\alpha/2}\frac{\sigma}{\sqrt{n}} = 10{,}998 \pm (2{,}58)\frac{0{,}02}{\sqrt{100}}$$

$$= 10{,}998 \pm 0{,}00516$$

$$10{,}9928 \le \mu \le 11{,}0032$$

Mais uma vez, tendo em vista que o valor 11 está incluído dentro dos limites desse intervalo mais amplo, não existe qualquer razão para acreditar que exista qualquer coisa de errado com o processo de produção.

Conforme discutimos na Seção 7.2, a distribuição de amostragens da média aritmética da amostra $\bar{X}$ está distribuída nos moldes da distribuição normal, se a população para sua característica de interesse, X, segue uma distribuição normal. E, ainda, se a população de X não segue uma distribuição normal, o Teorema do Limite Central quase sempre garante que $\bar{X}$ é distribuída aproximadamente nos moldes da distribuição normal, quando n é grande. No entanto, ao lidar com um tamanho de amostra pequeno e com uma população de X que não siga os padrões de uma distribuição normal, a distribuição de amostragens de $\bar{X}$ não é distribuída nos moldes da distribuição normal, e, por conseguinte, o intervalo de confiança discutido nesta seção não será apropriado. Na prática, entretanto, enquanto o tamanho da amostra for grande o suficiente e a população não for demasiadamente assimétrica, você pode utilizar o intervalo de confiança definido na Equação (8.1) no sentido de estimar a média aritmética da população quando σ é conhecido. Para analisar a premissa da normalidade, você pode avaliar o formato dos dados da amostra construindo um histograma, uma disposição ramo e folha, um box-plot, ou um gráfico da probabilidade normal.

☞ Dica para o Leitor

Uma vez que o entendimento sobre o conceito de intervalo de confiança é bastante importante, ao ler a parte remanescente deste livro, reexamine esta seção criteriosamente de modo a compreender o conceito subjacente — ainda que você jamais venha a ter uma razão prática para utilizar o método da estimativa do intervalo de confiança para a média aritmética (σ conhecido).

Será que É Possível Conhecer o Desvio-Padrão da População?

Para solucionar a Equação 8.1, você precisa conhecer o valor correspondente a σ, o desvio-padrão da população. Conhecer o valor de σ implica que você conheça todos os valores no âmbito da população como um todo. (De que outra maneira você conheceria o valor do parâmetro correspondente a essa população?) Se você conhecesse todos os valores na população inteira, você seria capaz de calcular diretamente a média aritmética da população. Não haveria qualquer necessidade em absoluto de utilizar o raciocínio *indutivo* da estatística inferencial no intuito de *estimar* a média aritmética da população. Em outras palavras, se você conhecesse o valor de σ, você realmente não teria necessidade de utilizar a Equação (8.1) para construir uma estimativa do intervalo de confiança para a média aritmética (σ desconhecido).

De maneira mais significativa, em praticamente todas as situações do mundo real dos negócios, você jamais saberia o valor do desvio-padrão da população. Nas situações reais do mundo dos negócios, as populações são, de modo geral, demasiadamente grandes para que seja possível examinar todos os valores. Sendo assim, por que razão, seja ela qual for, se deve então estudar a estimativa para o intervalo de confiança da média aritmética (σ conhecido)? Esse método serve como uma introdução eficaz para o conceito de intervalo de confiança, uma vez que utiliza uma distribuição normal, que já foi exaustivamente abordada ao longo dos Capítulos 6 e 7. Na próxima seção, você verificará que a construção de uma estimativa para o intervalo de confiança, quando σ não é conhecido, requer o uso de outra distribuição (a distribuição t), que não foi mencionada anteriormente neste livro.

▌ Problemas para a Seção 8.1

APRENDENDO O BÁSICO

8.1 Se $\bar{X} = 85$, $\sigma = 8$ e $n = 64$, construa uma estimativa para o intervalo de confiança de 95 %, para a média aritmética da população, μ.

8.2 Se $\bar{X} = 125$, $\sigma = 24$ e $n = 36$, construa uma estimativa para o intervalo de confiança de 99 % para a média aritmética da população, μ.

8.3 Por que razão não é possível, no Exemplo 8.1, nesta seção, encontrar 100 % de confiança? Explique.

276 Capítulo 8

8.4 É verdadeiro, no Exemplo 8.1, que você não sabe, com certeza, se a média aritmética da população está posicionada entre 10,9941 e 11,0019 polegadas? Explique.

APLICANDO OS CONCEITOS

8.5 Uma pesquisadora de mercado seleciona uma amostra aleatória simples com $n = 100$ usuários do Twitter, a partir de uma população de 100 milhões de usuários registrados do Twitter. Depois de analisar a amostra, ela afirma ter 95 % de confiança de que a média aritmética correspondente ao tempo gasto por dia, naquele site, está entre 15 e 57 minutos. Explique o significado dessa afirmativa.

8.6 Suponha que você esteja em vias de coletar um conjunto de dados, seja a partir de uma população inteira, seja a partir de uma amostra aleatória extraída dessa mesma população.

a. Que medida estatística você calcularia em primeiro lugar: a média aritmética ou o desvio-padrão? Explique.

b. O que a sua resposta para o item (a) afirma para você sobre a "praticidade" de utilizar a fórmula para a estimativa do intervalo de confiança, apresentada na Equação (8.1)?

8.7 Considere a estimativa para o intervalo de confiança mostrada no Problema 8.5. Suponha que a média aritmética da população correspondente ao tempo gasto por dia, no site, seja de 36 minutos por dia. A estimativa para o intervalo de confiança, apresentada no Problema 8.5, está correta? Explique.

8.8 Você está trabalhando como assistente da reitora da área de pesquisa institucional em sua universidade. A reitora deseja realizar pesquisas junto aos membros da associação de ex-alunos que tenham obtido seus graus de bacharelado há cinco anos, de modo a saber qual foi o salário inicial dessas pessoas em seu primeiro emprego em regime de horário integral, logo depois de eles terem colado grau. Uma amostra de 100 ex-alunos está para ser selecionada, aleatoriamente, a partir da lista de 2.500 graduados na turma em questão. Se o objetivo da reitora é construir uma estimativa de intervalo de confiança de 95 % para a média aritmética da população de salários iniciais, por que razão

não é possível que você venha a ser capaz de utilizar a Equação (8.1) para essa finalidade? Explique.

8.9 O gerente de uma loja de suprimento de tintas deseja estimar a verdadeira quantidade de tinta contida em latas de 1 galão, adquiridas de um fabricante nacionalmente conhecido. As especificações do fabricante declaram que o desvio-padrão da quantidade de tinta é igual a 0,02 galão. Uma amostra aleatória de 50 latas é selecionada, e a média aritmética da amostra para a quantidade de tinta, por lata de 1 galão, é igual a 0,995 galão.

a. Construa uma estimativa para o intervalo de confiança de 99 % para a média aritmética da população correspondente à quantidade de tinta contida em uma lata de 1 galão.

b. Com base nesses resultados, você acredita que o gerente tem o direito de reclamar com o fabricante. Por quê?

c. Você deveria pressupor que, neste caso, a média aritmética da população correspondente à quantidade de tinta por lata é distribuída nos moldes da distribuição normal? Explique.

d. Construa uma estimativa para o intervalo de confiança de 95 %. De que maneira isso modifica a sua resposta para o item (b)?

AUTO-teste **8.10** O gerente de controle da qualidade de uma fábrica de lâmpadas precisa estimar a média aritmética da vida útil de uma grande remessa de lâmpadas. As especificações do fabricante afirmam que o desvio-padrão corresponde a 100 horas. Uma amostra aleatória contendo 64 lâmpadas indicou uma média aritmética de 350 horas para a vida útil da amostra.

a. Construa uma estimativa para o intervalo de confiança de 95 % para a média aritmética da população relativa à vida útil das lâmpadas nessa remessa.

b. Você acredita que o fabricante tem direito de declarar que as lâmpadas apresentam uma média aritmética de vida útil que corresponde a 400 horas? Explique.

c. Será que você deve necessariamente pressupor que a população correspondente à vida útil das lâmpadas é distribuída nos moldes de uma distribuição normal? Explique.

d. Suponha que o desvio-padrão seja alterado para 80 horas. Quais são suas respostas em (a) e (b)?

8.2 Estimativa do Intervalo de Confiança para a Média Aritmética (σ Desconhecido)

Na seção anterior, você aprendeu que, na maioria das situações relacionadas ao mundo dos negócios, você não conhece o desvio-padrão da população. Esta seção discute sobre um método para construir uma estimativa de intervalo de confiança para μ, que utiliza a estatística da amostra S como uma estimativa para o parâmetro da população, σ.

A Distribuição *t* de Student

No início do século XX, William S. Gosset estava trabalhando para a Cervejaria Guinness, na Irlanda, tentando ajudar os fabricantes de cerveja a fabricar uma cerveja de maneira menos dispendiosa (veja a Referência 5). Uma vez que contava apenas com pequenas amostras para estudar, ele precisava encontrar um meio de realizar inferências sobre a média aritmética sem que fosse necessário conhecer σ. Escrevendo sob o pseudônimo "Student",[2] Gosset solucionou o problema desenvolvendo o que atualmente é conhecido como **distribuição *t* de Student**, ou a distribuição *t*.

---

[2] A Cervejaria Guinness considerou toda a pesquisa conduzida como propriedade sua e um segredo comercial. A empresa proibiu seus empregados de publicar os resultados da pesquisa. Gosset subverteu essa proibição utilizando o pseudônimo "Student" para publicar suas descobertas.

Se a variável aleatória X for distribuída nos moldes da distribuição normal, então a estatística a seguir

$$t = \frac{\overline{X} - \mu}{\frac{S}{\sqrt{n}}}$$

tem uma distribuição t, com $n - 1$ **grau de liberdade**. Essa expressão apresenta a mesma fórmula da estatística Z na Equação (7.4) na Seção 7.2, exceto pelo fato de que S é utilizado para estimar σ desconhecido.

Propriedades da Distribuição t

Em termos de aparência, a distribuição t é bastante semelhante à distribuição normal padronizada. Ambas as distribuições são simétricas e têm formato de sino, com a média aritmética e a mediana iguais a zero. No entanto, uma vez que S é utilizado para estimar σ desconhecido, os valores para t apresentam maior variabilidade do que os valores correspondentes a Z. Portanto, a distribuição t possui maior área nas caudas e menor área no centro do que a distribuição normal padronizada (veja a Figura 8.5).

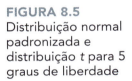

FIGURA 8.5
Distribuição normal padronizada e distribuição t para 5 graus de liberdade

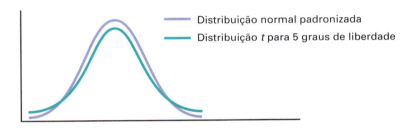

Os graus de liberdade, $n - 1$, estão diretamente relacionados ao tamanho da amostra, n. O conceito de *graus de liberdade* será discutido posteriormente nesta seção. À medida que passam a crescer o tamanho da amostra e os graus de liberdade, S passa a ser uma melhor estimativa para σ, e a distribuição t vai gradualmente se aproximando da distribuição normal padronizada, até que as duas passem a ser literalmente idênticas. Com um tamanho de amostra de aproximadamente 120, ou mais, S estima σ com uma precisão suficiente para que exista pouca diferença entre as distribuições t e Z.

Conforme afirmamos anteriormente, a distribuição t pressupõe que a variável aleatória X seja distribuída nos moldes de uma distribuição normal. Na prática, entretanto, quando o tamanho da amostra é grande o suficiente e a população não seja demasiadamente assimétrica, na maioria dos casos você pode utilizar a distribuição t para estimar a média aritmética da população quando σ é desconhecido. Quando se trata de um tamanho de amostra pequeno e de uma distribuição de população assimétrica, a estimativa do intervalo de confiança pode não proporcionar uma estimativa válida para a média aritmética da população. Para avaliar a premissa da normalidade, você pode analisar o formato dos dados da amostra por meio da construção de um histograma, uma disposição ramo e folha, um box-plot ou um gráfico da probabilidade normal. No entanto, a capacidade de qualquer um desses gráficos de ajudar a avaliar a normalidade é limitada quando você tem um tamanho de amostra pequeno.

Você encontra os valores críticos de t para os graus de liberdade apropriados a partir da tabela para a distribuição t (veja a Tabela E.3). As colunas da tabela apresentam as probabilidades acumuladas mais habitualmente utilizadas e suas correspondentes áreas na cauda superior. As linhas da tabela representam os graus de liberdade. Os valores críticos de t são encontrados nas células da tabela. Por exemplo, com 99 graus de liberdade, se você deseja 95 % de confiança, você encontra o valor apropriado de t, conforme ilustrado na Tabela 8.1. O nível de confiança correspondente a 95 % significa que 2,5 % dos valores (uma área de 0,025) encontram-se em cada uma das caudas da distribuição. A busca, na coluna, por uma probabilidade correspondente a 0,975 e uma área na cauda superior correspondente a 0,025 na linha correspondente a 99 graus de liberdade fornece a você um valor crítico de t correspondente a 1,9842 (veja a Figura 8.6). Uma vez que t é uma distribuição simétrica, com média aritmética igual a 0, se o valor da cauda superior for +1,9842, o valor correspondente à área da cauda inferior (0,0025 inferior) será igual a −1,9842. Um valor de t correspondente a −1,9842 significa que a probabilidade de que t seja menor do que −1,9842 é igual a 0,025, ou 2,5 %.

TABELA 8.1
Determinando o Valor Crítico da Tabela t, para uma Área de 0,025 em Cada Cauda, com 99 Graus de Liberdade

	\multicolumn{6}{c}{Probabilidades Acumuladas}
	0,75	0,90	0,95	**0,975**	0,99	0,995
	\multicolumn{6}{c}{Áreas da Cauda Superior}
Graus de Liberdade	0,25	0,10	0,05	0,025	0,01	0,005
1	1,0000	3,0777	6,3138	12,7062	31,8207	63,6574
2	0,8165	1,8856	2,9200	4,3027	6,9646	9,9248
3	0,7649	1,6377	2,3534	3,1824	4,5407	5,8409
4	0,7407	1,5332	2,1318	2,7764	3,7469	4,6041
5	0,7267	1,4759	2,0150	2,5706	3,3649	4,0322
⋮	⋮	⋮	⋮	⋮	⋮	⋮
96	0,6771	1,2904	1,6609	1,9850	2,3658	2,6280
97	0,6770	1,2903	1,6607	1,9847	2,3654	2,6275
98	0,6770	1,2902	1,6606	1,9845	2,3650	2,6269
99	0,6770	1,2902	1,6604	**1,9842**	2,3646	2,6264
100	0,6770	1,2901	1,6602	1,9840	2,3642	2,6259

Fonte: Extraída da Tabela E.3.

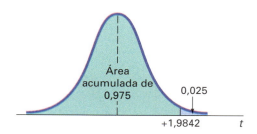

FIGURA 8.6 Distribuição t com 99 graus de liberdade

Observe que, no que se refere a um intervalo de confiança de 95 %, você terá sempre uma probabilidade acumulada de 0,975 e uma área de cauda superior correspondente a 0,025. Por analogia, para um intervalo de confiança de 99 %, você terá 0,995 e 0,005; e para um intervalo de confiança de 90 %, você terá 0,95 e 0,05, respectivamente.

O Conceito de Graus de Liberdade

No Capítulo 3, você aprendeu que o numerador da variância da amostra, S^2 [veja a Equação (3.6) na Seção 3.2], requer o cálculo da soma dos quadrados em torno da média aritmética da amostra:

$$\sum_{i=1}^{n}(X_i - \overline{X})^2$$

Para calcular S^2, você precisa, inicialmente, conhecer $\overline{X}$. Por conseguinte, somente $n - 1$ entre os valores da amostra estão livres para variar. Isso significa que você tem $n - 1$ graus de liberdade. Por exemplo, suponha que uma amostra de cinco valores tenha uma média aritmética igual a 20. Que quantidade de valores você precisa conhecer antes de poder determinar o restante dos valores? O fato de que $n = 5$ e $\overline{X} = 20$ também informa que

$$\sum_{i=1}^{n} X_i = 100$$

uma vez que

$$\frac{\sum_{i=1}^{n} X_i}{n} = \overline{X}$$

Por conseguinte, quando você conhece quatro dos valores, o quinto *não* é livre para variar, uma vez que a soma deve totalizar 100. Por exemplo, se quatro dos valores forem 18, 24, 19 e 16, o quinto valor deve ser igual a 23, de modo tal que a soma totalize 100.

A Declaração do Intervalo de Confiança

A Equação (8.2) define a estimativa para o intervalo de confiança de $(1 - \alpha) \times 100\,\%$ para a média aritmética, com σ desconhecido.

> **INTERVALO DE CONFIANÇA PARA A MÉDIA ARITMÉTICA (σ DESCONHECIDO)**
>
> $$\overline{X} \pm t_{\alpha/2}\frac{S}{\sqrt{n}}$$
>
> ou
>
> $$\overline{X} - t_{\alpha/2}\frac{S}{\sqrt{n}} \leq \mu \leq \overline{X} + t_{\alpha/2}\frac{S}{\sqrt{n}} \tag{8.2}$$
>
> em que $t_{\alpha/2}$ representa o valor crítico correspondente a uma probabilidade de cauda superior de $\alpha/2$ (ou seja, uma área acumulada de $1 - \alpha/2$) a partir da distribuição t, com $n - 1$ grau de liberdade.

Para ilustrar a aplicação da estimativa do intervalo de confiança para a média aritmética quando o desvio-padrão é desconhecido, retorne ao cenário que trata da Ricknel Home Centers, apresentado no início do capítulo. Utilizando as etapas DCOVA, inicialmente discutidas no Capítulo 1, você define a variável de interesse como sendo a quantia, em dólares, relacionada em faturas de vendas correspondentes ao mês. Seu objetivo estratégico é estimar a média aritmética da quantia em dólares. Depois disso, você coleta os dados selecionando uma amostra de 100 faturas de vendas, a partir da população de faturas de vendas correspondentes ao mês. Uma vez tendo coletado os dados, você organiza os dados em uma planilha. Você pode construir vários gráficos (não ilustrados aqui) para visualizar melhor a distribuição das quantias em dólares. Para analisar os dados, você calcula a média aritmética da amostra de 100 faturas de vendas como sendo igual a $110,27, e o desvio-padrão da amostra como sendo igual a $28,95. Para 95 % de confiança, o valor crítico gerado pela distribuição t (conforme apresentado na Tabela 8.1 no início desta seção) é igual a 1,9842. Utilizando a Equação (8.2),

$$\overline{X} \pm t_{\alpha/2}\frac{S}{\sqrt{n}}$$
$$= 110,27 \pm (1,9842)\frac{28,95}{\sqrt{100}}$$
$$= 110,27 \pm 5,74$$
$$104,53 \leq \mu \leq 116,01$$

	A	B	
1	**Estimativa para a Média Aritmética da Quantia em Faturas de Vendas**		
2			
3	**Dados**		
4	Desvio-Padrão da Amostra	28,95	
5	Média Aritmética da Amostra	110,27	
6	Tamanho da Amostra	100	
7	Nível de Confiança	95 %	
8			
9	**Cálculos Intermediários**		
10	Erro-Padrão da Média Aritmética	2,8950	=B4/RAIZ(B6)
11	Graus de Liberdade	99	=B6-1
12	Valor de t	1,9842	=INVT2T(1 - B7, B11)
13	Metade da Amplitude do Intervalo	5,7443	=B12 * B10
14			
15	**Intervalo de Confiança**		
16	Limite Inferior do Intervalo	104,53	=B5 - B13
17	Limite Superior do Intervalo	116,01	=B5 + B13

FIGURA 8.7 Planilha para a estimativa do intervalo de confiança para a média aritmética da quantia relacionada nas faturas de vendas da Ricknel Home Centers

*A Figura 8.7 ilustra a **planilha CÁLCULO** da **pasta de trabalho EIC sigma desconhecido** que é utilizada nas instruções da Seção GE8.2.*

A Figura 8.7 mostra uma planilha que calcula essa estimativa do intervalo de confiança para a média aritmética da quantia em dólares.

Por conseguinte, com 95 % de confiança, você conclui que a média aritmética da quantia relacionada em todas as faturas de vendas encontra-se entre $104,53 e $116,01. O nível de confiança de 95 % indica que, caso você viesse a selecionar todas as amostras possíveis de tamanho 100 (algo que jamais é realizado na prática), 95 % dos intervalos desenvolvidos incluiriam a média aritmética da população em algum lugar dentro do intervalo. A validade dessa estimativa de intervalo de confiança depende da premissa da normalidade para a distribuição da quantia relacionada nas faturas de vendas. Com uma amostra de tamanho igual a 100, a premissa da normalidade não é demasiadamente restritiva (veja o Teorema do Limite Central na Seção 7.2), e a utilização da distribuição t é plausivelmente apropriada. O Exemplo 8.3 ilustra ainda mais detalhadamente o modo como você constrói o intervalo de confiança para uma média aritmética, quando o desvio-padrão da população é desconhecido.

EXEMPLO 8.3

Estimando a Média Aritmética do Tempo de Processamento de Propostas para Seguro de Vida

Uma companhia de seguros tem o objetivo estratégico de reduzir a quantidade de tempo necessário para aprovar propostas de seguro de vida. O processo de aprovação consiste na subscrição, que inclui a revisão da proposta; verificação das informações médicas do segurado; possíveis pedidos de outras informações médicas ou exames adicionais; e o estágio de compilação da apólice, durante o qual as páginas da apólice são geradas e encaminhadas ao banco para que sejam remetidas. Utilizando as etapas DCOVA, inicialmente discutidas no Capítulo 1, você define a variável de interesse como sendo o tempo total de processamento, em dias. Você coleta os dados, selecionando uma amostra aleatória de 27 apólices aprovadas durante um período de um mês. Você organiza os dados coletados em uma planilha. A Tabela 8.2 lista o total do tempo de processamento, em dias, que estão contidos no arquivo **Seguro**. Para analisar os dados, você precisa construir uma estimativa para o intervalo de confiança de 95 %, para a média aritmética da população correspondente ao tempo de processamento.

TABELA 8.2 Tempo de Processamento para Propostas de Seguro de Vida

73	19	16	64	28	28	31	90	60	56	31	56	22	18
45	48	17	17	17	91	92	63	50	51	69	16	17	

SOLUÇÃO Para visualizar os dados, você constrói um box-plot correspondente ao tempo de processamento, conforme ilustrado na Figura 8.8, e um gráfico da probabilidade normal, conforme ilustrado na Figura 8.9. Para analisar os dados, você constrói a estimativa para o intervalo de confiança como mostra a Figura 8.10.

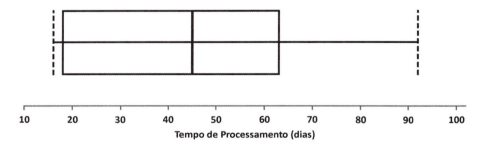

FIGURA 8.8 Box-plot correspondente ao tempo de processamento para propostas de seguro de vida

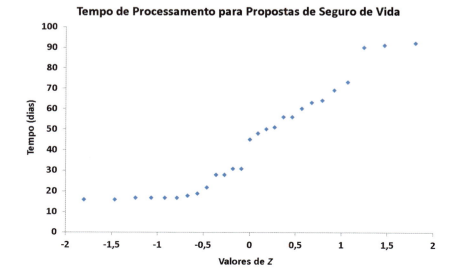

FIGURA 8.9 Gráfico da probabilidade normal, para o tempo de processamento para propostas de seguro de vida

FIGURA 8.10

Planilha para a construção de uma estimativa para o intervalo de confiança correspondente à média aritmética do tempo de processamento para propostas de seguro de vida

Utilize as instruções da Seção GE8.2 para construir esta planilha.

⊿	A	B
1	**Tempo de Processamento para Propostas de Seguro de Vida**	
2		
3	**Dados**	
4	Desvio-Padrão da Amostra	25,28
5	Média Aritmética da Amostra	43,89
6	Tamanho da Amostra	27
7	Nível de Confiança	95 %
8		
9	Cálculos Intermediários	
10	Erro-Padrão da Média Aritmética	4,8651 =B4/RAIZ(B6)
11	Graus de Liberdade	26 =B6-1
12	Valor de *t*	2,0555 =INVT2T(1 - B7, B11)
13	Metade da Amplitude do Intervalo	10,0004 =B12 * B10
14		
15	**Intervalo de Confiança**	
16	Limite Inferior do Intervalo	33,89 =B5 - B13
17	Limite Superior do Intervalo	53,89 =B5 + B13

A Figura 8.10 demonstra que a média aritmética da amostra é $\overline{X} = 43,89$ dias, e que o desvio-padrão da amostra é $S = 25,28$ dias. Utilizando a Equação (8.2) para construir o intervalo de confiança, você precisa determinar o valor crítico, a partir da tabela *t*, utilizando a linha correspondente a 26 graus de liberdade. Para 95 % de confiança, você utiliza a coluna correspondente a uma área de cauda superior de 0,025 e uma probabilidade acumulada de 0,975. Com base na Tabela E.3, você verifica que $t_{\alpha/2} = 2,0555$. Por conseguinte, utilizando $\overline{X} = 43,89$; $S = 25,28$; $n = 27$; e $t_{\alpha/2} = 2,0555$,

$$\overline{X} \pm t_{\alpha/2}\frac{S}{\sqrt{n}}$$

$$= 43,89 \pm (2,0555)\frac{25,28}{\sqrt{27}}$$

$$= 43,89 \pm 10,00$$

$$33,89 \leq \mu \leq 53,89$$

Você conclui, com 95 % de confiança, que a média aritmética correspondente ao tempo de processamento, para a população de propostas de seguro de vida, está entre 33,89 e 53,89 dias. A validade dessa estimativa de intervalo de confiança depende do pressuposto de que o tempo de processamento seja distribuído nos moldes de uma distribuição normal. Com base no box-plot ilustrado na Figura 8.8 e no gráfico para a probabilidade normal ilustrado na Figura 8.9, o tempo de processamento aparenta ser assimétrico à direita. Por conseguinte, embora o tamanho da amostra esteja próximo de 30, você deve se preocupar um pouco com a validade desse intervalo de confiança no que se refere a estimar a média aritmética da população correspondente ao tempo de processamento. O ponto de preocupação é o fato de que um intervalo de confiança de 95 % baseado em uma amostra de pequeno tamanho, extraída de uma distribuição assimétrica, conterá a média aritmética correspondente à população em menos de 95 % das vezes ao realizar amostragens repetidas. No caso de tamanhos pequenos de amostras e distribuições assimétricas, você deve considerar a mediana da amostra como uma estimativa de tendência central e construir um intervalo de confiança para a mediana da população (veja a Referência 2).

A interpretação do intervalo de confiança quando σ é desconhecido é a mesma de quando σ é conhecido. Para ilustrar o fato de que o intervalo de confiança para a média aritmética varia mais quando σ é desconhecido, retorne ao exemplo que trata do tempo necessário para o preenchimento de formulários com pedidos de compra, discutido na Seção 8.1. Suponha que, nesse caso, você *não* conhece o desvio-padrão da população e, em vez disso, utilize o desvio-padrão da amostra para construir a estimativa para o intervalo de confiança da média aritmética. A Figura 8.11 ilustra os resultados correspondentes a cada uma das 20 amostras de $n = 10$ formulários de pedidos de compra.

Na Figura 8.11, observe que o desvio-padrão das amostras varia de 6,25 (amostra 17) até 14,83 (amostra 3). Por conseguinte, a amplitude do intervalo de confiança desenvolvido varia de 8,94 na amostra 17 até 21,22 na amostra 3. Uma vez que você sabe que a média aritmética da população para o tempo de preenchimento de formulários com pedidos de compra é $\mu = 69,637$ minutos, você pode verificar que o intervalo correspondente à amostra 8 (69,68 – 85,48) e o intervalo

282 Capítulo 8

Variável	n	Média Aritmética	Desvio-Padrão	Estimativa da Amostra – Média Aritmética	IC de 95 %
Amostra 1	10	71,64	7,58	2,40	(66,22, 77,06)
Amostra 2	10	67,22	10,95	3,46	(59,39, 75,05)
Amostra 3	10	67,97	14,83	4,69	(57,36, 78,58)
Amostra 4	10	73,90	10,59	3,35	(66,33, 81,47)
Amostra 5	10	67,11	11,12	3,52	(59,15, 75,07)
Amostra 6	10	68,12	10,83	3,43	(60,37, 75,87)
Amostra 7	10	65,80	10,85	3,43	(58,03, 73,57)
Amostra 8	10	77,58	11,04	3,49	(69,68, 85,48)
Amostra 9	10	66,69	11,45	3,62	(58,50, 74,88)
Amostra 10	10	62,55	8,58	2,71	(56,41, 68,69)
Amostra 11	10	71,12	12,82	4,05	(61,95, 80,29)
Amostra 12	10	70,55	10,52	3,33	(63,02, 78,08)
Amostra 13	10	65,51	8,16	2,58	(59,67, 71,35)
Amostra 14	10	64,90	7,55	2,39	(59,50, 70,30)
Amostra 15	10	66,22	11,21	3,54	(58,20, 74,24)
Amostra 16	10	70,43	10,21	3,23	(63,12, 77,74)
Amostra 17	10	72,04	6,25	1,96	(67,57, 76,51)
Amostra 18	10	73,91	11,29	3,57	(65,83, 81,99)
Amostra 19	10	71,49	9,76	3,09	(64,51, 78,47)
Amostra 20	10	70,15	10,84	3,43	(62,39, 77,91)

FIGURA 8.11
Estimativas do intervalo de confiança da média aritmética para 20 amostras de tamanho $n = 10$, selecionadas de uma população de $N = 200$ pedidos de compra, com σ desconhecido

correspondente à amostra 10 (56,41 – 68,69) não estimam corretamente a média aritmética da população. Todos os outros intervalos estimam corretamente a média aritmética da população. Uma vez mais, lembre-se de que, na prática, você seleciona somente uma única amostra, e não tem a capacidade de saber ao certo se a sua única amostra individual proporciona um intervalo de confiança que venha a incluir a média aritmética da população.

Problemas para a Seção 8.2

APRENDENDO O BÁSICO

8.11 Se $\bar{X} = 75$, $S = 24$ e $n = 36$, e supondo que a população seja distribuída nos moldes da distribuição normal, construa uma estimativa para o intervalo de confiança de 95 % da média aritmética da população, μ.

8.12 Determine o valor crítico de t em cada uma das circunstâncias a seguir:
a. $1 - \alpha = 0,95$, $n = 10$
b. $1 - \alpha = 0,99$, $n = 10$
c. $1 - \alpha = 0,95$, $n = 32$
d. $1 - \alpha = 0,95$, $n = 65$
e. $1 - \alpha = 0,90$, $n = 16$

8.13 Partindo do pressuposto de que a população seja distribuída nos moldes da distribuição normal, construa uma estimativa para o intervalo de confiança de 95 % para a média aritmética da população, para cada uma das amostras apresentadas a seguir:

Amostra A: 1 1 1 1 8 8 8 8
Amostra B: 1 2 3 4 5 6 7 8

Explique a razão pela qual essas duas amostras produzem diferentes intervalos de confiança, não obstante o fato de possuírem a mesma média aritmética e a mesma amplitude.

8.14 Partindo do pressuposto de que a população seja distribuída nos moldes da distribuição normal, construa uma estimativa para o intervalo de confiança de 95 % para a média aritmética da população, com base na seguinte amostra de tamanho $n = 7$:

1 2 3 4 5 6 20

Altere o número 20 para 7, e recalcule o intervalo de confiança. Utilizando esses resultados, descreva o efeito decorrente de um *outlier* (ou seja, um valor extremo) sobre o intervalo de confiança.

APLICANDO OS CONCEITOS

8.15 Uma papelaria deseja estimar a média aritmética do preço de varejo para cartões de felicitações que ela possui em seu estoque. Uma amostra aleatória de 100 cartões de cumprimentos indica uma média aritmética de $2,55 para o valor dos cartões, e um desvio-padrão de $0,44.

a. Pressupondo uma distribuição normal, construa uma estimativa para o intervalo de confiança de 95 % para a média aritmética do valor de todos os cartões de cumprimentos existentes no estoque da papelaria.

b. Suponha que existissem 2.500 cartões de cumprimentos no estoque da papelaria. De que modo os resultados em (a) poderiam ser úteis para ajudar a proprietária da loja a estimar o valor total de seu estoque?

AUTO-teste **8.16** Uma pesquisa realizada junto a organizações sem fins lucrativos mostrou que o levantamento de fundos realizados por meio da Grande Rede cresceu no ano passado. Com base em uma amostra aleatória de 60 organizações sem fins lucrativos, a média aritmética correspondente a doações feitas em uma única contribuição individual, no ano passado, era de $62, com um desvio-padrão correspondente a $9.

a. Construa uma estimativa para o intervalo de confiança de 95 % para a média aritmética da população correspondente a doações feitas em uma única contribuição individual.

b. Interprete o intervalo construído em (a).

8.17 O Departamento de Transportes dos EUA exige que fabricantes de pneus apresentem informações sobre o desempenho dos pneus na banda lateral, de modo tal que os potenciais consumidores possam ser mais bem informados ao tomar uma decisão de compra. Uma medida de grande importância do desempenho do pneu é o índice de desgaste da banda de rodagem, que indica a resistência do pneu em relação ao desgaste da banda de rodagem, comparada a um pneu graduado com uma base 100. Isso significa que um pneu com graduação de 200 deve durar duas vezes mais, em média, do que um pneu graduado com uma base de 100. Uma organização de defesa do consumidor deseja estimar o verdadeiro índice de desgaste da banda de rodagem de uma determinada marca de pneus, que declara "graduação 200" na banda lateral de seu pneu. Uma amostra aleatória, de tamanho $n = 18$, indica uma média aritmética de 195,3 para o índice de desgaste da banda de rodagem, com um desvio-padrão da amostra igual a 21,4.

a. Pressupondo que a população dos índices de desgaste da banda de rodagem seja distribuída nos moldes de uma distribuição normal, construa uma estimativa para o intervalo de confiança de 95 % para a média aritmética da população do índice de desgaste das bandas de rodagem de pneus dessa marca, produzidos por esse fabricante.

b. Você acredita que a organização de defesa do consumidor deveria acusar o fabricante de produzir pneus que não atendem às informações de desempenho apresentadas na banda lateral do pneu? Explique.

c. Explique a razão pela qual um índice de 210 de desgaste da banda de rodagem de um determinado pneu não é incomum, apesar de estar fora do intervalo de confiança desenvolvido em (a).

8.18 O arquivo **Lanchonete** contém o montante em dinheiro que uma amostra de quinze consumidores gastaram no almoço ($) em um restaurante que serve alimentos do tipo *fastfood*.

> 7,42 6,29 5,83 6,50 8,34 9,51 7,10 6,80 5,90
> 4,89 6,50 5,52 7,90 8,30 9,60

a. Construa uma estimativa para o intervalo de confiança de 95 % para a média aritmética da população do montante em dinheiro gasto para o almoço ($) em um restaurante que serve alimentos do tipo *fastfood*, pressupondo tratar-se de uma distribuição normal.

b. Interprete o intervalo construído em (a).

8.19 O arquivo **Sedans** contém os dados gerais correspondentes a consumo, em milhas por galão (MPG) para automóveis, do tipo sedan familiar, fabricados em 2012:

> 38 24 26 21 25 22 24 34 23 20 37 22 20 33 22 21

Fonte: Dados extraídos de "Ratings", *Consumer Reports*, abril de 2012, pp. 31.

a. Construa uma estimativa para o intervalo de confiança de 95 % correspondente à média aritmética da população do consumo, em milhas por galão (MPG), para automóveis, do tipo sedan (4 cilindros), fabricados em 2009, com preço inferior a US$20.000, pressupondo uma distribuição normal.

b. Interprete o intervalo construído em (a).

c. Compare os resultados em (a) com os resultados do Problema 8.20(a).

8.20 O arquivo **SUV** contém os dados gerais correspondentes a consumo, em milhas por galão (MPG), para veículos utilitários esportivos (SUV) de pequeno porte, fabricados em 2012:

> 20 22 23 22 23 22 22 21 19
> 22 22 26 23 24 19 21 22 16

Fonte: Dados extraídos de "Ratings", *Consumer Reports*, abril de 2012, pp. 35-36.

a. Construa uma estimativa para o intervalo de confiança de 95 % para a média aritmética da população do consumo, em milhas por galão (MPG), para automóveis do tipo SUV, de pequeno porte, fabricados em 2012, pressupondo tratar-se de uma distribuição normal.

b. Interprete o intervalo construído em (a).

c. Compare os resultados em (a) com os resultados do Problema 8.19(a).

8.21 Existe uma diferença em termos dos rendimentos gerados por diferentes tipos de investimentos? O arquivo **TaxaCD** contém os rendimentos correspondentes a um certificado de depósito (CD) com vencimento em um ano e a um certificado de depósito (CD) com vencimento em cinco anos, para 24 bancos nos Estados Unidos, com posição em 21 de junho de 2011. (Dados extraídos de **www.Bankrate.com**, 21 de junho de 2011.)

a. Construa uma estimativa para o intervalo de confiança de 95 % para a média aritmética do rendimento gerado por certificados de depósito (CD) com vencimento em um ano.

b. Construa uma estimativa para o intervalo de confiança de 95 % para a média aritmética do rendimento gerado por certificados de depósito (CD) com vencimento em cinco anos.

c. Compare os resultados de (a) e (b).

8.22 Um dos principais indicadores de qualidade dos serviços oferecidos por qualquer organização é a velocidade com que ela responde às reclamações dos clientes. Uma grande loja de departamentos, de propriedade familiar, que vende mobiliário e pisos, incluindo carpetes, passou por uma grande expansão ao longo dos últimos anos. Em particular, o departamento de pisos se expandiu partindo de dois especialistas em instalação para um supervisor de instalação, um medidor e 15 especialistas em instalação. A loja tinha como objetivo estratégico melhorar a resposta para reclamações. A variável de interesse foi definida como o número de dias entre o momento em que foi feita a reclamação e o momento da solução do problema relacionado à reclamação. Foram coletados dados extraídos de 50 reclamações que foram realizadas

284 Capítulo 8

no ano passado. Os dados, contidos no arquivo **Mobiliário**, são os seguintes:

54	5	35	137	31	27	152	2	123	81	74	27
11	19	126	110	110	29	61	35	94	31	26	5
12	4	165	32	29	28	29	26	25	1	14	13
13	10	5	27	4	52	30	22	36	26	20	23
33	68										

a. Construa uma estimativa do intervalo de confiança de 95 % correspondente à média aritmética da população correspondente ao número de dias entre o momento em que foi feita a reclamação e o momento da solução do problema relacionado à reclamação.

b. Que pressuposto você precisa adotar, no que se refere à distribuição da população, no sentido de construir a estimativa do intervalo de confiança em (a)?

c. Você acredita que o pressuposto necessário no sentido de construir a estimativa do intervalo de confiança em (a) é válido? Explique.

d. Que efeito sua conclusão em (c) pode ter sobre a validade dos resultados em (a)?

8.23 Uma indústria manufatureira produz isoladores elétricos. Você define a variável de interesse como sendo a força dos isoladores. Caso os isoladores se rompam quando em uso, existe a possibilidade de ocorrência de um curto-circuito. Para testar a resistência dos isoladores, você conduz testes de destruição no intuito de determinar o montante de força necessário para quebrar os isoladores. Você mede a força observando a quantidade de libras que são aplicadas sobre o isolador antes que ele venha a se romper. Você coleta os dados correspondentes a força, para os 30 isoladores selecionados para o experimento, organiza e guarda esses dados no arquivo **Força**:

1.870	1.728	1.656	1.610	1.634	1.784	1.522	1.696
1.592	1.662	1.866	1.764	1.734	1.662	1.734	1.774
1.550	1.756	1.762	1.866	1.820	1.744	1.788	1.688
1.810	1.752	1.680	1.810	1.652	1.736		

a. Construa uma estimativa para o intervalo de confiança de 95 % correspondente à média aritmética da população relativa à força.

b. Que pressupostos você precisa adotar sobre a distribuição da população no sentido de construir a estimativa do intervalo de confiança em (a)?

c. Você acredita que o pressuposto necessário no sentido de construir a estimativa do intervalo de confiança em (a) é válido? Explique.

8.24 O arquivo **Penetração de Mercado** contém os valores correspondentes à penetração de mercado do Facebook (ou seja, a porcentagem da população de um país, que é usuária do Facebook) no que se refere a 15 países:

50,19	25,45	4,25	18,04	31,66	49,14	39,99	28,29
37,52	28,87	37,73	46,04	52,24	38,06	34,91	

Fonte: Dados extraídos de **www.socialbakers.com/facebook-statistics/**.

a. Construa uma estimativa para o intervalo de confiança de 95 % para a média aritmética da população correspondente à penetração de mercado do Facebook.

b. Que pressupostos você precisa adotar sobre a distribuição da população no sentido de construir o intervalo em (a)?

c. Considerando os dados apresentados, você acredita que o pressuposto necessário em (a) é válido? Explique.

8.25 Uma das operações de uma usina corresponde a cortar fragmentos de aço em pedaços que serão utilizados posteriormente como estrutura para assentos dianteiros de automóveis. O aço é cortado com uma serra de diamantes e requer que os pedaços resultantes estejam dentro dos limites de $\pm 0,005$ polegada em relação ao comprimento especificado pela montadora de automóveis. A medição relatada a partir de uma amostra composta de 100 pedaços de aço (dados armazenados no arquivo **Aço**) corresponde à diferença, em polegadas, entre o comprimento verdadeiro para o pedaço de aço, conforme medição realizada por meio de um dispositivo de mensuração a *laser*, e o comprimento especificado para aquele mesmo pedaço de aço. Por exemplo, a primeira observação, –0,002, representa um pedaço de aço que é 0,002 polegada mais curto do que o comprimento especificado.

a. Construa uma estimativa para o intervalo de confiança de 95 % para a média aritmética da população correspondente à diferença entre o comprimento verdadeiro do pedaço de aço e o comprimento especificado para o pedaço de aço.

b. Qual pressuposto você precisa adotar sobre a distribuição da população de modo a construir a estimativa do intervalo de confiança em (a)?

c. Você acredita que o pressuposto necessário para construir a estimativa do intervalo de confiança em (a) é válido? Explique.

d. Compare as conclusões alcançadas no item (a) com as conclusões alcançadas no Problema 2.39, nos Problemas para a Seção 2.4 do Capítulo 2.

8.3 Estimativa do Intervalo de Confiança para a Proporção

O conceito de intervalo de confiança também se aplica a dados categóricos. Quando se trata de dados categóricos, você deseja estimar a proporção de itens em uma população que apresentam uma certa característica de interesse. A proporção desconhecida da população é representada pela letra grega π. A estimativa de ponto para π é a proporção da amostra, $p = X/n$, em que n corresponde ao tamanho da amostra e X corresponde ao número de itens na amostra que possuem a característica de interesse. A Equação (8.3) define a estimativa do intervalo de confiança para a proporção da população.

ESTIMATIVA DO INTERVALO DE CONFIANÇA PARA A PROPORÇÃO

$$p \pm Z_{\alpha/2}\sqrt{\frac{p(1-p)}{n}}$$

Dica para o Leitor

Conforme observamos no Capítulo 7, não confundir o uso dessa letra grega pi, π, para representar a proporção da população, com a constante matemática que corresponde à proporção entre o perímetro de uma circunferência e seu respectivo diâmetro — aproximadamente 3,14159 — que é também conhecida pela mesma letra grega.

Dica para o Leitor

Lembre-se de que a proporção da amostra, p, deve necessariamente se posicionar entre 0 (zero) e 1.

ou

$$p - Z_{\alpha/2}\sqrt{\frac{p(1-p)}{n}} \leq \pi \leq p + Z_{\alpha/2}\sqrt{\frac{p(1-p)}{n}} \quad (8.3)$$

em que

p = proporção da amostra = $\dfrac{X}{n}$ = $\dfrac{\text{Número de itens que apresentam a característica}}{\text{tamanho da amostra}}$

π = proporção da população

$Z_{\alpha/2}$ = valor crítico oriundo da distribuição normal padronizada

n = tamanho da amostra

Observação: Para utilizar esta equação para o intervalo de confiança, o tamanho da amostra, n, deve necessariamente ser grande o suficiente de maneira a garantir que tanto X quanto $n - X$ sejam maiores do que 5.

Você pode utilizar a estimativa do intervalo de confiança para a proporção definida na Equação (8.3) para estimar a proporção de faturas de vendas que contêm erros (veja o cenário da Ricknel Home Centers no início deste capítulo). Utilizando as etapas DCOVA, você define a variável de interesse como sendo o fato de a fatura conter, ou não, erros (sim ou não). Depois disso, você coleta dados a partir de uma amostra com 100 faturas de vendas, Os resultados, que você pode organizar e armazenar em uma planilha, demonstram que 10 faturas contêm erros. Para analisar os dados, você calcula, para esses dados, $p = X/n = 10/100 = 0{,}10$. Uma vez que tanto X quanto $n - X$ são > 5, utilizando a Equação (8.3) e $Z_{\alpha/2} = 1{,}96$ para 95 % de confiança,

$$p \pm Z_{\alpha/2}\sqrt{\frac{p(1-p)}{n}}$$

$$= 0{,}10 \pm (1{,}96)\sqrt{\frac{(0{,}10)(0{,}90)}{100}}$$

$$= 0{,}10 \pm (1{,}96)(0{,}03)$$

$$= 0{,}10 \pm 0{,}0588$$

$$0{,}0412 \leq \pi \leq 0{,}1588$$

Por conseguinte, você tem 95 % de confiança de que a proporção da população correspondente a todas as faturas de vendas está entre 0,0412 e 0,1588. Isso significa que entre 4,12 % e 15,88 % de todas as faturas de vendas contêm erros. A Figura 8.12 mostra uma estimativa do intervalo de confiança para este exemplo.

FIGURA 8.12
Planilha para a estimativa de intervalo de confiança para a proporção de faturas de vendas que contêm erros

A Figura 8.12 exibe a **planilha CÁLCULO** da **pasta de trabalho EIC Proporção** que é utilizada nas instruções da Seção GE8.3.

	A	B	
1	Proporção de Faturas de Vendas com Erros		
2			
3	Dados		
4	Tamanho da Amostra	100	
5	Número de Sucessos	10	
6	Nível de Confiança	95 %	
7			
8	Cálculos Intermediários		
9	Proporção da Amostra	0,1	=B5/B4
10	Valor de Z	-1,9600	=INV.NORMP((1 - B6)/2)
11	Erro-Padrão da Proporção	0,03	=RAIZ(B9 * (1 - B9)/B4)
12	Metade da Amplitude do Intervalo	0,0588	=ABS(B10 * B11)
13			
14	Intervalo de Confiança		
15	Limite Inferior do Intervalo	0,0412	=B9 - B12
16	Limite Superior do Intervalo	0,1588	=B9 + B12

O Exemplo 8.4 ilustra outra aplicação de uma estimativa de intervalo de confiança para a proporção.

286 Capítulo 8

EXEMPLO 8.4

Estimando a Proporção de Jornais Impressos Fora dos Padrões de Conformidade

O gerente de operações de um grande jornal deseja estimar a proporção de jornais impressos que possuem um atributo de não conformidade. Utilizando as etapas DCOVA, você define a variável de interesse como sendo o fato de o jornal apresentar, ou não, excesso de tinta, montagem inadequada de páginas, páginas faltando ou páginas duplicadas. Você coleta os dados selecionando uma amostra aleatória de $n = 200$ jornais, entre todos os jornais impressos durante um único dia. Você organiza, em uma planilha, os resultados que demonstram que 35 jornais contêm algum tipo de não conformidade. Para analisar os dados, você precisa construir e interpretar uma estimativa de intervalo de confiança de 90 % para a proporção de jornais impressos durante aquele determinado dia e que apresentam algum atributo de não conformidade.

SOLUÇÃO Utilizando a Equação (8.3),

$$p = \frac{X}{n} = \frac{35}{200} = 0,175, \text{ e com um nível de confiança de 90 \%}, Z_{\alpha/2} = 1,645$$

$$p \pm Z_{\alpha/2}\sqrt{\frac{p(1-p)}{n}}$$
$$= 0,175 \pm (1,645)\sqrt{\frac{(0,175)(0,825)}{200}}$$
$$= 0,175 \pm (1,645)(0,0269)$$
$$= 0,175 \pm 0,0442$$
$$0,1308 \leq \pi \leq 0,2192$$

Você conclui, com 90 % de confiança, que a proporção da população que corresponde a todos o jornais impressos naquele dia, que apresentam algum tipo de não conformidade, está entre 0,1308 e 0,1292. Isso significa que entre 13,08 % e 21,92 % dos jornais impressos naquele dia apresentam algum tipo de não conformidade.

A Equação (8.3) contém uma estatística Z, uma vez que você pode utilizar a distribuição normal para fazer uma aproximação da distribuição binomial quando o tamanho da amostra é suficientemente grande. No Exemplo 8.4, o intervalo de confiança que utiliza Z proporciona uma excelente aproximação para a proporção da população, uma vez que tanto X quanto $n - X$ são maiores que 5. No entanto, caso você não tenha um tamanho de amostra suficientemente grande, você deve então utilizar a distribuição binomial em vez da Equação (8.3) (veja as Referências 1, 3 e 8). Os intervalos de confiança exatos para vários tamanhos de amostras e proporções de sucessos foram tabulados por Fisher e Yates (Referência 3).

Problemas para a Seção 8.3

APRENDENDO O BÁSICO

8.26 Se $n = 200$ e $X = 50$, construa uma estimativa do intervalo de confiança de 95 % para a proporção da população.

8.27 Se $n = 400$ e $X = 25$, construa uma estimativa do intervalo de confiança de 99 % para a proporção da população.

APLICANDO OS CONCEITOS

✓ AUTO-teste **8.28** Uma empresa de telefonia celular tem como estimar a proporção dos assinantes que fariam a troca de seu aparelho celular atual por um modelo mais novo com mais funcionalidades, caso ele fosse disponibilizado a um custo substancialmente reduzido. Foram coletados dados a partir de uma amostra aleatória de 500 assinantes. Os resultados indicam que 135 entre os assinantes trocariam seus aparelhos celulares atuais por um modelo mais novo a um custo substancialmente reduzido.

a. Construa uma estimativa para o intervalo de confiança de 99 % para a proporção da população de assinantes que trocariam seus aparelhos celulares atuais por um modelo mais novo a um custo substancialmente reduzido.

b. De que modo o gerente encarregado dos programas promocionais direcionados a clientes residenciais utilizaria os resultados em (a)?

8.29 Em uma pesquisa realizada junto a 1.200 usuários de mídias sociais, 76 % afirmaram que era bom aceitar colegas de trabalho como amigos no Facebook, enquanto 56 % afirmaram que não era bom aceitar seus chefes como amigos no Facebook. (Dados extraídos de "Facebook Etiquette at Work", *USA Today*, 24 de março de 2010, p. 1B.)

a. Construa um intervalo de confiança de 95 % para a proporção da população de usuários de mídias sociais que afirmaram ser bom aceitar colegas de trabalho como amigos no Facebook.

b. Construa um intervalo de confiança de 95 % para a proporção da população de usuários de mídias sociais que afirmaram não ser bom aceitar seus chefes como amigos no Facebook.

c. Escreva uma breve síntese das informações derivadas de (a) e (b).

8.30 Você está mais propenso a adquirir um produto de uma marca mencionada por um atleta em um portal de uma rede de comunicação social? De acordo com uma pesquisa realizada pela Catalyst Digital Fan Engagement", 53 % dos fãs de esportes nas redes de comunicação social fariam esse tipo de compra. (Dados extraídos de "Survey: Social Media Continues to Fuel Fans", *Sports Business Journal*, 16 de julho de 2012, p. 24.)

a. Suponha que a pesquisa tenha se baseado em uma amostra de tamanho $n = 500$. Construa uma estimativa do intervalo de confiança de 95 % para a proporção da população de fãs de esportes nas redes de comunicação social que estariam mais propensos a adquirir um produto de uma marca mencionada por um atleta em um portal de uma rede de comunicação social.

b. Com base em (a), você seria capaz de declarar que mais da metade de todos os fãs de esportes nas redes de comunicação social estariam mais propensos a adquirir um produto de uma marca mencionada por um atleta em um portal de uma rede de comunicação social?

c. Repita os itens (a) e (b), supondo que a pesquisa tenha tido um tamanho de amostra de $n = 5.000$.

d. Discuta sobre o efeito do tamanho da amostra sobre a estimativa do intervalo de confiança.

8.31 Em uma pesquisa realizada junto a 280 leitores qualificados de *Logistics Management*, 62 responderam que a "nuvem" e *Software as a Service* (SaaS) não é uma opção para suas empresas, citando questões relacionadas a segurança e privacidade, confiabilidade e desempenho do sistema, integridade dos dados e falta de controle como principais pontos de preocupação. (Dados extraídos de "2012 Supply Chain Software Users Survey: Spending Stabilizers", *Logistics Management*, maio de 2012, p. 38.) Construa uma estimativa do intervalo de confiança de 95 % para a proporção da população das empresas de logística para as quais a nuvem e *Software as a Service* (SaaS) não é uma opção.

8.32 Em uma pesquisa realizada junto a 1.954 usuários de telefonia celular, com 18 anos de idade ou mais, 743 deles relataram que utilizam seus telefones celulares para se manter ocupados durante intervalos comerciais ou outros intervalos em algum programa a que estejam assistindo na televisão, enquanto

430 utilizam para verificar se algo que escutaram na televisão é verdadeiro. (Dados extraídos de "The Rise of the Connected Viewer", Pew Research Center's Internet & American Life Project, 17 de julho de 2012, **pewinternet.org/ /media//Files/ Reports/2012/PIP_Connected_Viewers.pdf.**)

a. Construa uma estimativa do intervalo de confiança de 95 % para a proporção da população de adultos que possuem aparelhos de telefonia celular e que relataram que utilizam seus telefones celulares para se manter ocupados durante intervalos comerciais ou outros intervalos em algum programa a que estejam assistindo na televisão.

b. Construa uma estimativa do intervalo de confiança de 95 % para a proporção da população de adultos que possuem aparelhos de telefonia celular e que relataram que utilizam seus telefones celulares para verificar se algo que escutaram na televisão é verdadeiro.

c. Compare os resultados de (a) e (b).

8.33 Quais são os fatores que influenciam a necessidade premente de que os executivos-chefes do setor de tecnologia modifiquem suas estratégias? Em uma pesquisa realizada pela PricewaterhouseCoopers (PwC) com 115 executivos-chefes do setor de tecnologia em todo o planeta, 94 responderam que a demanda dos consumidores é uma das razões pelas quais eles estão fazendo mudanças estratégicas em suas organizações, enquanto 40 responderam que a disponibilidade de talentos é uma das razões. (Dados extraídos de "Delivering Results: Key Findings in the Technology Sector", 15th Annual PwC Global CEO Survey, 2012.)

a. Construa uma estimativa do intervalo de confiança de 95 % para a proporção de executivos-chefes que indicam a demanda dos consumidores como uma das razões para eles fazerem mudanças estratégicas.

b. Construa uma estimativa do intervalo de confiança de 95 % para a proporção de executivos-chefes que indicam a disponibilidade de talentos como uma das razões para eles fazerem mudanças estratégicas.

c. Interprete os intervalos em (a) e (b).

8.4 Determinando o Tamanho da Amostra

Em cada um dos intervalos de confiança desenvolvidos até agora neste capítulo, o tamanho da amostra foi informado juntamente com os resultados, havendo pouca argumentação em torno da amplitude do intervalo de confiança resultante. No mundo dos negócios, os tamanhos das amostras são determinados anteriormente à coleta de dados para assegurar que o intervalo de confiança seja estreito o suficiente para que venha a ser útil na tomada de decisões. A determinação do tamanho de amostra apropriado é um procedimento complicado, sujeito a restrições em termos de orçamento e tempo e da dimensão admissível para o erro de amostragem. No cenário da Ricknel Home Centers, se você deseja estimar a média aritmética da quantia, em dólares, relacionada a faturas de vendas, você precisa determinar antecipadamente a dimensão do erro de amostragem a ser admitido para que possa estimar a média aritmética da população. Você precisa, também, determinar antecipadamente o nível de confiança (ou seja, 90 %, 95 % ou 99 %) a ser utilizado para estimar o parâmetro da população.

Determinação do Tamanho da Amostra para a Média Aritmética

Para desenvolver uma equação visando determinar o tamanho de amostra apropriado necessário para construir uma estimativa para o intervalo de confiança da média aritmética, lembre-se da Equação (8.1), na Seção 8.1:

$$\overline{X} \pm Z_{\alpha/2}\frac{\sigma}{\sqrt{n}}$$

O valor adicionado ou subtraído de $\bar{X}$ é igual à metade da amplitude do intervalo. Esse valor representa a quantidade de imprecisão na estimativa que resulta do erro de amostragem.[3] O erro de amostragem, e, é definido como

$$e = Z_{\alpha/2}\frac{\sigma}{\sqrt{n}}$$

O resultado do cálculo de n fornece o tamanho de amostra necessário para construir a estimativa de intervalo de confiança apropriada para a média aritmética. "Apropriada" significa que o intervalo resultante terá uma quantidade aceitável de erro de amostragem.

DETERMINAÇÃO DO TAMANHO DA AMOSTRA PARA A MÉDIA ARITMÉTICA

O tamanho da amostra, n, é igual ao produto entre o valor de $Z_{\alpha/2}$ elevado ao quadrado e o desvio-padrão, σ, ao quadrado, dividido pelo quadrado do erro de amostragem, e.

$$n = \frac{Z_{\alpha/2}^2 \, \sigma^2}{e^2} \qquad (8.4)$$

Para calcular o tamanho da amostra, você deve, necessariamente, conhecer três fatores:

- O nível de confiança desejado, que determina o valor de $Z_{\alpha/2}$, que é o valor crítico extraído da distribuição normal padronizada[4]
- O erro de amostragem aceitável, e
- O desvio-padrão, σ.

Em algumas relações interorganizacionais (B2B) que requerem a estimativa de parâmetros importantes, os contratos de cunho legal especificam níveis aceitáveis de erro de amostragem, bem como o nível de confiança exigido. Para empresas nos setores de alimentos e de medicamentos, a regulamentação governamental geralmente especifica erros de amostragem e níveis de confiança. De modo geral, entretanto, frequentemente não é fácil especificar os três fatores necessários para determinar o tamanho da amostra. De que maneira você consegue determinar o nível de confiança e o erro de amostragem? Habitualmente, essas questões são respondidas exclusivamente pelo especialista sobre o tema em questão (ou seja, o indivíduo que está mais familiarizado com as variáveis que estão sendo estudadas). Embora o intervalo de confiança mais frequentemente utilizado seja de 95 %, se for necessário um maior nível de confiança, utilizar 99 % poderá ser mais apropriado; caso um menor nível de confiança seja considerado aceitável, utilizar então 90 %. No que diz respeito ao erro de amostragem, você não deve se preocupar com o volume de erro de amostragem que gostaria de ter (na realidade, você não deseja nenhum tipo de erro), mas sim preocupar-se com o volume de erro que é capaz de tolerar ao extrair conclusões com base no intervalo de confiança.

Além de especificar o nível de confiança e o erro de amostragem, você precisa de uma estimativa para o desvio-padrão. Infelizmente, você raramente conhece o desvio-padrão da população, σ. Em algumas situações, você consegue estimar o desvio-padrão a partir de dados oriundos do passado. Em outras situações, você consegue fazer uma suposição bem fundamentada ao levar em consideração a amplitude e a distribuição da variável. Por exemplo, se você partir do pressuposto de que se trata de uma distribuição normal, a amplitude é aproximadamente igual a 6σ (ou seja, $\pm\, 3\sigma$ em torno da média aritmética), de modo tal que você estima σ como representando a amplitude dividida por 6. Caso não consiga estimar σ dessa maneira, você pode conduzir um estudo em pequena escala, e estimar o desvio-padrão a partir dos dados resultantes.

Para explorar o modo de determinar o tamanho da amostra necessário para estimar a média aritmética da população, considere, novamente, a auditoria a ser realizada na Ricknel Home Centers. Na Seção 8.2, você selecionou uma amostra com 100 faturas de vendas e construiu uma estimativa para o intervalo de confiança de 95 % para a média aritmética da população correspondente à quantia apresentada nas faturas de vendas. De que maneira foi determinado esse tamanho de amostra? Você deveria ter selecionado um tamanho de amostra diferente?

Suponha que, depois de realizar consultas junto a funcionários da empresa, você determina que se deseje um erro de amostragem não superior a $\pm\$5$, juntamente com 95 % de confiança. Dados do passado indicam que o desvio-padrão correspondente às quantias relacionadas a vendas

---

[3]Neste contexto, alguns estatísticos se referem a e como a **margem de erro**.
[4]Você utiliza Z em vez de t porque, para determinar o valor crítico de t, você precisa conhecer o tamanho da amostra, e você ainda não o conhece. Para a maior parte dos estudos, o tamanho da amostra necessário é grande o suficiente, de modo tal que a distribuição normal, padronizada, represente uma boa aproximação para a distribuição t.

FIGURA 8.13
Planilha para determinar o tamanho da amostra para estimar a média aritmética para a quantia apresentada em faturas de vendas no exemplo da Ricknel Home Centers

*A Figura 8.13 exibe a **planilha CÁLCULO** da **pasta de trabalho Tamanho da Amostra para Média Aritmética** que é utilizada nas instruções da Seção GE8.4.*

	A	B	
1	Para a Média Aritmética da Quantia Apresentada em Faturas de Vendas		
2			
3	**Dados**		
4	Desvio-Padrão da População	25	
5	Erro de Amostragem	5	
6	Nível de Confiança	95 %	
7			
8	Cálculos Intermediários		
9	Valor de Z	-1,9600	=INV.NORMP((1 - B6)/2)
10	Tamanho de Amostra Calculado	96,0365	=((B9 * B4)/B5)^2
11			
12	**Resultado**		
13	Tamanho de Amostra Necessário	97	=ARREDONDAR.PARA.CIMA(B10, 0)

é aproximadamente igual a \$25. Por conseguinte, $e = \$5$, $\sigma = \$25$, e $Z_{\alpha/2} = 1,96$ (para 95 % de confiança). Utilizando a Equação (8.4),

$$n = \frac{Z_{\alpha/2}^2 \sigma^2}{e^2} = \frac{(1,96)^2(25)^2}{(5)^2}$$
$$= 96,04$$

Uma vez que a regra geral determina que sejam ligeiramente supersatisfeitos os critérios por meio do arredondamento, para cima, do tamanho da amostra, até o valor inteiro subsequente, você deve selecionar uma amostra com tamanho igual a 97. Portanto, o tamanho da amostra $n = 100$ utilizado a seguir é ligeiramente superior àquele que é necessário para satisfazer às necessidades da empresa, com base no desvio-padrão estimado, no nível de confiança desejado e no erro de amostragem. Uma vez que o desvio-padrão calculado para a amostra é ligeiramente maior do que o esperado, \$28,95 comparados a \$25,00, o intervalo de confiança é ligeiramente mais amplo do que o desejado. A Figura 8.13 ilustra uma solução com base em planilha para determinar o tamanho da amostra.

O Exemplo 8.5 ilustra outra aplicação para determinar o tamanho de amostra necessário para desenvolver uma estimativa para o intervalo de confiança da média aritmética.

EXEMPLO 8.5

Determinando o Tamanho da Amostra para Estimar a Média Aritmética

Retornando ao Exemplo 8.3, suponha que você deseje estimar, com 95 % de confiança, a média aritmética da população correspondente ao tempo de processamento, dentro dos limites de um intervalo de ± 4 dias. Com base em um estudo realizado no ano anterior, você acredita que o desvio-padrão seja igual a 25 dias. Encontre o tamanho de amostra necessário.

SOLUÇÃO Utilizando a Equação (8.4), e $e = 25$, $\sigma = 25$ e $Z_{\alpha/2} = 1,96$ para 95 % de confiança,

$$n = \frac{Z_{\alpha/2}^2 \sigma^2}{e^2} = \frac{(1,96)^2(25)^2}{(4)^2}$$
$$= 150,06$$

Portanto, você deve selecionar uma amostra de 151 formulários de proposta, uma vez que a regra geral para determinar o tamanho de amostra é sempre arredondar para o valor inteiro superior subsequente, com o objetivo de supersatisfazer ligeiramente os critérios desejados. Um erro de amostragem verdadeiro, ligeiramente superior a 4, acontecerá, se o desvio-padrão calculado nessa amostra de tamanho 151 for superior a 25, e ligeiramente menor, se o desvio-padrão da amostra for inferior a 25.

Determinação do Tamanho da Amostra para a Proporção

Até este ponto nesta seção, você aprendeu a determinar o tamanho da amostra necessário para estimar a média aritmética da população. Suponha, agora, que você queira determinar o tamanho de amostra necessário para estimar a proporção da população.

Para determinar o tamanho de amostra necessário para estimar a proporção da população, π, você utiliza um método semelhante ao método para a média aritmética de uma população. Lembre-se de que, ao desenvolver um tamanho de amostra para um intervalo de confiança para a média aritmética, o erro de amostragem é definido por

$$e = Z_{\alpha/2}\frac{\sigma}{\sqrt{n}}$$

Ao estimar uma proporção, você substitui σ por $\sqrt{\pi(1-\pi)}$. Por conseguinte, o erro de amostragem é

$$e = Z_{\alpha/2}\sqrt{\frac{\pi(1-\pi)}{n}}$$

Fazendo o cálculo de n, você obtém o tamanho de amostra necessário para desenvolver uma estimativa do intervalo de confiança para uma proporção.

DETERMINAÇÃO DO TAMANHO DA AMOSTRA PARA UMA PROPORÇÃO

O tamanho da amostra, n, é igual ao produto entre o valor de $Z_{\alpha/2}$ elevado ao quadrado, a proporção da população, π, e 1 menos a proporção da população, π, dividido pelo quadrado do erro de amostragem, e.

$$n = \frac{Z_{\alpha/2}^2\pi(1-\pi)}{e^2} \tag{8.5}$$

Para determinar o tamanho da amostra, você precisa conhecer três incógnitas:

- O nível desejado de confiança, que determina o valor de $Z_{\alpha/2}$, o valor crítico a partir da distribuição normal padronizada
- O erro de amostragem (ou margem de erro) aceitável, e
- A proporção da população, π

Na prática, a seleção desses valores requer algum planejamento. Uma vez que tenha determinado o nível desejado de confiança, você consegue encontrar o valor apropriado de $Z_{\alpha/2}$ a partir da distribuição normal padronizada. O erro de amostragem, e, indica a dimensão de erro que você está disposto a tolerar ao estimar a proporção da população. A terceira incógnita, π, é efetivamente o parâmetro da população que você deseja estimar! Por conseguinte, de que maneira você declara um valor para aquilo que está tentando determinar?

Nesse caso, você tem duas alternativas. Em muitas situações, pode ser que você tenha informações do passado ou experiências relevantes que proporcionem uma estimativa bem fundamentada para π. Caso você não tenha informações do passado ou experiências relevantes, você pode tentar fornecer um valor para π tal que jamais viria a *subestimar* o tamanho de amostra necessário. Fazendo referência à Equação (8.5), você pode verificar que o valor $\pi(1-\pi)$ aparece no numerador. Por conseguinte, você precisa determinar o valor de π que tornará o valor $\pi(1-\pi)$ o maior possível. Quando $\pi = 0,5$, o produto $\pi(1-\pi)$ alcança o seu valor máximo. Para demonstrar esse resultado, considere os seguintes valores de π, juntamente com os produtos de $\pi(1-\pi)$ que os acompanham:

$$\text{Quando } \pi = 0,9, \text{ então } \pi(1-\pi) = (0,9)(0,1) = 0,09.$$

$$\text{Quando } \pi = 0,7, \text{ então } \pi(1-\pi) = (0,7)(0,3) = 0,21.$$

$$\text{Quando } \pi = 0,5, \text{ então } \pi(1-\pi) = (0,5)(0,5) = 0,25.$$

$$\text{Quando } \pi = 0,3, \text{ então } \pi(1-\pi) = (0,3)(0,7) = 0,21.$$

$$\text{Quando } \pi = 0,1, \text{ então } \pi(1-\pi) = (0,1)(0,9) = 0,09.$$

Portanto, quando você não tem nenhum conhecimento prévio ou estimativa para a proporção da população, π, você deve utilizar $\pi = 0,5$ para determinar o tamanho da amostra. O uso de $\pi = 0,5$ produz o maior tamanho de amostra possível e resulta no mais estreito e mais preciso intervalo de confiança. Essa maior precisão se dá ao custo de se gastar mais em termos de tempo e dinheiro, para um maior tamanho de amostra. Do mesmo modo, observe que caso utilize $\pi = 0,5$ e a proporção seja diferente de 0,5, você superestimará o tamanho de amostra necessário, uma vez que obterá um intervalo de confiança mais estreito do que aquele pretendido originalmente.

Retornando ao cenário da Ricknel Home Centers, apresentado no início deste capítulo, suponha que os procedimentos de auditoria requeiram que você tenha 95 % de confiança de estar estimando a proporção da população correspondente a faturas de vendas com erros, dentro dos

Estimativa do Intervalo de Confiança **291**

limites de $\pm 0,07$. Os resultados de meses anteriores indicam que a maior proporção não foi maior do que 0,15. Por conseguinte, utilizando a Equação (8.5) com $e = 0,07$, $\pi = 0,15$ e $Z_{\alpha/2} = 1,96$ para 95 % de confiança,

$$
\begin{aligned}
n &= \frac{Z_{\alpha/2}^2 \pi(1 - \pi)}{e^2} \\[2mm]
&= \frac{(1,96)^2(0,15)(0,85)}{(0,07)^2} \\[2mm]
&= 99,96
\end{aligned}
$$

Uma vez que a regra geral é arredondar o tamanho da amostra para o número inteiro superior subsequente, de modo a supersatisfazer ligeiramente os critérios, é necessário um tamanho de amostra igual a 100. Por conseguinte, o tamanho de amostra necessário para satisfazer os requisitos da empresa, com base na proporção estimada, no nível de confiança desejado e no erro de amostragem, é igual ao tamanho de amostra adotado no exemplo apresentado na Seção 8.2, após a Equação (8.2). O verdadeiro intervalo de confiança é mais estreito do que o desejado, já que a proporção da amostra é igual a 0,10, embora 0,15 tenha sido utilizado para π na Equação (8.5). A Figura 8.14 mostra uma planilha para determinar o tamanho da amostra.

FIGURA 8.14
Planilha para determinar o tamanho da amostra para estimar a proporção de faturas de vendas da Ricknel Home Centers contendo erros

A Figura 8.14 exibe a planilha CÁLCULO da pasta de trabalho Tamanho da Amostra para Proporção que é utilizada pelas instruções da Seção GE8.4.

	A	B	
1	**Para a Proporção de Faturas de Vendas com Erros**		
2			
3	**Dados**		
4	Estimativa da Verdadeira Proporção	0,15	
5	Erro de Amostragem	0,07	
6	Nível de Confiança	95 %	
7			
8	Cálculos Intermediários		
9	Valor de Z	-1,9600	=INV.NORMP((1 - B6)/2)
10	Tamanho de Amostra Calculado	99,9563	=(B9^2 * B4 * (1 - B4))/B5^2
11			
12	**Resultado**		
13	Tamanho de Amostra Necessário	100	=ARREDONDAR.PARA.CIMA(B10, 0)

O Exemplo 8.6 proporciona a outra aplicação para determinar o tamanho da amostra necessário para estimar a proporção da população.

EXEMPLO 8.6

Determinando o Tamanho da Amostra para a Proporção da População

Você deseja ter 90 % de confiança de estimar, dentro de um intervalo de $\pm 0,05$, a proporção de trabalhadores administrativos que respondem a mensagens de correio eletrônico dentro de uma hora no máximo. Uma vez que você jamais realizou anteriormente uma pesquisa desse tipo, não existe absolutamente qualquer tipo de informação disponível a partir de dados do passado. Determine o tamanho de amostra necessário.

SOLUÇÃO Uma vez que nenhum tipo de informação está disponível a partir de dados do passado, pressuponha que $\pi = 0,50$. Utilizando a Equação (8.5), e $e = 0,05$, $\pi = 0,50$ e $Z_{\alpha/2} = 1,645$ para 90 % de confiança,

$$
\begin{aligned}
n &= \frac{Z_{\alpha/2}^2 \pi(1 - \pi)}{e^2} \\[2mm]
&= \frac{(1,645)^2(0,50)(0,50)}{(0,05)^2} \\[2mm]
&= 270,6
\end{aligned}
$$

Portanto, você precisa de uma amostra de 271 trabalhadores administrativos para estimar a proporção da população, para um intervalo de $\pm 0,05$, com 90 % de confiança.

292 Capítulo 8

Problemas para a Seção 8.4

APRENDENDO O BÁSICO

8.34 Se você deseja estar 95 % confiante de estimar a média aritmética da população, dentro dos limites de um erro de amostragem igual a ±5, e se caso o desvio-padrão seja considerado igual a 15, que tamanho de amostra se faz necessário?

8.35 Caso você deseje estar 99 % confiante de estimar a média aritmética correspondente à população, dentro dos limites de um erro de amostragem de ±20 e se o desvio-padrão for considerado como sendo 100, que tamanho de amostra é necessário?

8.36 Caso você deseje estar 99 % confiante de estimar a proporção correspondente à população, dentro dos limites de um erro de amostragem de ±0,04, que tamanho de amostra é necessário?

8.37 Caso você deseje estar 95 % confiante de estimar a proporção da população dentro dos limites de um erro de amostragem de ±0,02, e existirem evidências históricas de que a proporção da população é aproximadamente igual a 0,40, que tamanho de amostra é necessário?

APLICANDO OS CONCEITOS

AUTO-teste **8.38** Uma pesquisa é planejada com o objetivo de determinar a média aritmética das despesas médicas familiares anuais por parte dos empregados de uma empresa de grande porte. A administração da empresa deseja estar 95 % confiante de que a média aritmética da amostra está correta, dentro dos limites de ±$50 em relação à média aritmética da população correspondente a despesas médicas familiares anuais. Um estudo anterior indica que o desvio-padrão corresponde a aproximadamente $400.
a. De que tamanho precisa ser a amostra?
b. Se a administração deseja estar correta dentro dos limites de ±$25, quantos empregados precisam ser selecionados?

8.39 Se o gerente de uma loja de material para pintura deseja estimar, com 95 % de confiança, a média aritmética da quantidade de tinta contida em uma lata de 1 galão, dentro dos limites de ±0,004 galão, e também pressupõe que o desvio-padrão seja 0,02 galão, que tamanho de amostra é necessário?

8.40 Se o gerente de controle da qualidade deseja estimar, com 95 % de confiança, a média aritmética da vida útil de lâmpadas, dentro dos limites de ±20 horas, e também pressupõe que o desvio-padrão da população seja igual a 100 horas, quantas lâmpadas precisariam ser selecionadas?

8.41 Se a divisão de inspeção de um departamento de pesos e medidas de um município deseja estimar a média aritmética da quantidade de refrigerante contida em garrafas de 2 litros, dentro dos limites de ±0,01 litro, com 95 % de confiança, e também pressupõe que o desvio-padrão seja 0,05 litro, que tamanho de amostra é necessário?

8.42 Um grupo de consumidores deseja estimar a média aritmética das contas de luz referentes ao mês de julho, para residências unifamiliares, em uma grande cidade. Com base em estudos conduzidos em outras cidades, supõe-se o desvio-padrão como sendo de $25. O grupo deseja estimar, com 99 % de confiança, a média aritmética correspondente às contas de luz referentes ao mês de julho, dentro dos limites de ±$5.
a. Que tamanho de amostra é necessário?
b. Caso seja desejado 95 % de confiança, quantas residências precisam ser selecionadas?

8.43 Uma agência de propaganda que presta serviços para uma importante estação de rádio deseja estimar a média aritmética da quantidade de tempo que os ouvintes da estação gastam escutando rádio diariamente. Com base em estudos do passado, o desvio-padrão é estimado como 45 minutos.
a. Que tamanho de amostra se faz necessário, se a agência deseja estar 90 % confiante de estar correta, dentro dos limites de ±5 minutos?
b. Se fosse desejado 99 % de confiança, quantos ouvintes precisariam ser selecionados?

8.44 Um nicho cada vez maior no ramo de restaurantes é o setor de cafés da manhã, lanches e almoços informais. As cadeias desse ramo incluem EggSpectation e Panera Bread. A média aritmética da despesa, por pessoa, para a EggSpectation é de aproximadamente $14,50, enquanto a média aritmética da despesa, por pessoa, para a Panera Bread é de $8,50.
a. Pressupondo um desvio-padrão de $2,00, que tamanho de amostra é necessário para estimar, com 95 % de confiança, a média aritmética da despesa por pessoa para a EggSpectation, dentro dos limites de ±$0,25?
b. Pressupondo um desvio-padrão de $2,50, que tamanho de amostra é necessário para estimar com 95 % de confiança, a média aritmética da despesa por pessoa para a EggSpectation, dentro dos limites de ±$0,25?
c. Pressupondo um desvio-padrão de $3,00, que tamanho de amostra é necessário para estimar, com 95 % de confiança, a média aritmética da despesa por pessoa para a EggSpectation, dentro dos limites de ±$0,25?
d. Discuta o efeito decorrente da variação sobre a seleção do tamanho de amostra necessário.

8.45 Qual meio de propaganda exerce maior influência no que se refere à tomada de decisão em relação a uma compra? De acordo com uma pesquisa conduzida pela TVB, 37,2 % dos adultos norte-americanos indicaram ser a TV. (Dados extraídos de "TV Seen Most Influential Ad Medium for Purchase Decisions", *MC Marketing Charts*, 18 de junho de 2012.)
a. Para conduzir um estudo de acompanhamento que proporcionaria 95 % de confiança de que a estimativa de ponto está correta, dentro dos limites de ±0,04 em relação à proporção da população, que tamanho de amostra se faria necessário?
b. Para conduzir um estudo de acompanhamento que proporcionaria 99 % de confiança de que a estimativa de ponto está correta, dentro dos limites de ±0,04 em relação à proporção da população, quantas pessoas precisariam ser selecionadas para fins de amostragem?
c. Para conduzir um estudo de acompanhamento que proporcionaria 95 % de confiança de que a estimativa de ponto está correta, dentro dos limites de ±0,02 em relação à proporção da população, que tamanho de amostra se faria necessário?
d. Para conduzir um estudo de acompanhamento que proporcionaria 99 % de confiança de que a estimativa de ponto está correta, dentro dos limites de ±0,02 em relação à proporção da população, quantas pessoas precisariam ser selecionadas para fins de amostragem?
e. Discuta os efeitos sobre as exigências para determinar o tamanho da amostra decorrentes da alteração no nível de confiança desejado e no erro de amostragem aceitável.

8.46 Uma pesquisa foi realizada junto a 300 pessoas que fazem compras pela Grande Rede. Em resposta à pergunta sobre o que influenciaria o comprador a gastar mais dinheiro na Grande Rede durante 2012, 18 % indicaram frete grátis; 13 % indicaram descontos oferecidos durante a compra; e 9 % afirmaram ser a avaliação do produto feita por outros compradores. (Dados extraídos de "2012 Consumer Shopping Trends and Insights", Steelhouse, Inc., 2012.) Construa uma estimativa de intervalo de confiança de 95 % para a proporção da população de pessoas que fazem compras pela Grande Rede que afirmaram que seriam influenciadas a gastar mais dinheiro com compras na Grande Rede em 2012, em razão de

a. frete grátis.

b. descontos oferecidos durante a compra.

c. avaliação do produto feita por outros compradores.

d. Foi solicitado a você que atualizasse os resultados desse estudo. Determine o tamanho de amostra necessário para estimar, com 95 % de confiança, as proporções das populações em (a) a (c) dentro dos limites de $\pm 0,02$.

8.47 Em um estudo realizado junto a 368 entidades filantrópicas da Área da Baía de São Francisco, 224 delas afirmaram que estão colaborando com outras organizações no que se refere à prestação de serviços, uma necessidade na medida em que as entidades filantrópicas estão compelidas a fazer mais com menos. (Dados extraídos de "2012 Nonprofit Pulse Survey", United Way of the Bay Area, 2012, **bit.ly/MkGINA**.)

a. Construa um intervalo de confiança de 95 % para a proporção das entidades filantrópicas da Área da Baía de São Francisco que colaboraram com outras organizações no que se refere à prestação de serviços.

b. Interprete o intervalo construído em (a).

c. Se você desejasse conduzir um estudo de acompanhamento para estimar a proporção de população das entidades filantrópicas da Área da Baía de São Francisco, que colaboraram com outras organizações no que se refere à prestação de serviços, dentro dos limites de $\pm 0,01$ e com 95 % de confiança, quantas entidades filantrópicas da Área da Baía de São Francisco você entrevistaria?

8.48 De acordo com um novo estudo divulgado pela Infosys, uma empresa líder global em consultoria, terceirização e tecnologia, mais de três quartos (77 %) entre os consumidores norte-americanos afirmaram que é conveniente realizar transações bancárias em seus dispositivos móveis pessoais de comunicação. (Dados extraídos de "Infosys Survey Finds Mobile Banking Customers Love Ease and Conveninece, Yet Reliability and Security Concerns Remain", *PR Newswire*, 2012, **bit.ly/Ip9RUF**.)

a. Caso você viesse a conduzir um estudo de acompanhamento para estimar a proporção de população dos consumidores norte-americanos que afirmaram que realizar transações bancárias em seus dispositivos móveis de comunicação é conveniente, você utilizaria um π de 0,77 ou de 0,50 na fórmula para o tamanho da amostra?

b. Utilizando a sua resposta em (a), encontre o tamanho de amostra necessário para poder estimar, com 95 % de certeza, a proporção da população, dentro dos limites de $\pm 0,03$.

8.49 Você utiliza a mesma senha para todos os seus portais de rede de comunicação social? Uma pesquisa recente (*USA Today*, 22 de julho de 2010, p. 1B) descobriu que 32 % dos usuários de portais de rede de comunicação social utilizavam a mesma senha para acesso a todos os seus portais de rede de comunicação social.

a. Para conduzir um estudo de acompanhamento que proporcionaria 99 % de confiança de que a estimativa de ponto estaria correta, dentro dos limites de $\pm 0,03$ em relação à proporção da população, quantas pessoas precisariam ser selecionadas para fins de amostragem?

b. Para conduzir um estudo de acompanhamento que proporcionaria 99 % de confiança de que a estimativa de ponto estaria correta, dentro dos limites de $\pm 0,05$ em relação à proporção da população, quantas pessoas precisariam ser selecionadas para fins de amostragem?

c. Compare os resultados de (a) e (b).

8.5 Estimativa do Intervalo de Confiança e Questões Éticas

A seleção de amostras e as inferências que as acompanham fazem surgir várias questões éticas. A principal questão ética diz respeito ao fato de as estimativas de intervalo de confiança serem fornecidas juntamente com as estimativas de ponto. Deixar de incluir uma estimativa para o intervalo de confiança pode induzir o usuário a resultados equivocados, levando-o a imaginar que a estimativa de ponto é tudo o que é necessário para prever, com exatidão, as características da população. Limites de intervalos de confiança (geralmente estabelecidos em 95 %), o tamanho da amostra utilizada e uma interpretação para o significado do intervalo de confiança, em termos que possam ser entendidos por uma pessoa pouco versada em estatística, devem sempre acompanhar as estimativas de ponto.

Quando os canais de divulgação dos meios de comunicação publicam os resultados de uma pesquisa de opinião sobre intenção de votos, eles geralmente negligenciam a necessidade de incluir esse tipo de informação. Algumas vezes, os resultados das pesquisas de intenções de votos políticos incluem o erro de amostragem, sendo o erro de amostragem geralmente apresentado com uma escrita mais fina ou como um comentário posterior ao artigo que está sendo noticiado. Uma apresentação integralmente ética de resultados estatísticos para pesquisas sobre intenção de votos deveria dar igual destaque aos níveis de confiança, ao tamanho da amostra, ao erro de amostragem e aos limites de confiança das pesquisas sobre intenção de votos.

Quando preparar suas próprias estimativas de pontos, declare sempre a estimativa do intervalo em um lugar *de destaque*, e inclua uma sucinta explanação sobre o significado do intervalo de confiança. Além disso, não deixe de realçar o tamanho da amostra e o erro de amostragem.

294 Capítulo 8

8.6 Aplicação da Estimativa para o Intervalo de Confiança em Auditoria (*on-line*)

APRENDA MAIS

Aprenda mais sobre este tópico em uma seção oferecida como bônus para o Capítulo 8 do material suplementar, disponível no *site* da LTC Editora.

A auditoria é uma das áreas dos negócios que faz um uso abrangente dos métodos de amostragem probabilística, com o objetivo de construir estimativas para intervalos de confiança.

8.7 Estimativa e Determinação de Tamanhos de Amostras para Populações Finitas (*on-line*)

APRENDA MAIS

Aprenda mais sobre este tópico em uma seção oferecida como bônus para o Capítulo 8 do material suplementar, disponível no *site* da LTC Editora

Em algumas situações, intervalos de confiança precisam ser construídos e tamanhos de amostras precisam ser determinados ao realizar amostragem sem reposição, a partir de uma população finita.

UTILIZANDO A ESTATÍSTICA

mangostock / Shutterstock

Obtendo Estimativas na Ricknel Home Centers, Revisitado

No cenário da Ricknel Home Centers, você era o contabilista de uma distribuidora de materiais para reforma de imóveis, no nordeste dos Estados Unidos. Você era o responsável pela precisão do sistema integrado de gerenciamento de informações e informações sobre vendas. Você utilizou técnicas para estimativas de intervalos de confiança com o objetivo de tirar conclusões sobre a população correspondente a todos os registros, a partir de uma amostra relativamente pequena coletada durante uma auditoria.

No final do mês, você coletou uma amostra aleatória com 100 faturas de vendas e realizou as seguintes inferências:

- Com 95 % de confiança, você concluiu que a média aritmética correspondente à quantia apresentada em todas as faturas de vendas está entre $104,53 e $116,01.
- Com 95 % de confiança, você concluiu que entre 4,12 % e 15,88 % de todas as faturas de vendas contêm erros.

Essas estimativas proporcionam um intervalo de valores que você acredita que contenha os verdadeiros parâmetros da população. Se esses intervalos forem demasiadamente amplos (ou seja, se o erro de amostragem for demasiadamente grande), para os tipos de decisão que a Ricknel Home Centers precisa tomar, você precisará adotar uma amostra de maior tamanho. Você pode utilizar as fórmulas para tamanhos de amostra, na Seção 8.4, para determinar o número de faturas de vendas a selecionar para fins de amostra, de modo a garantir que o tamanho do erro de amostragem seja aceitável.

Estimativa do Intervalo de Confiança **295**

RESUMO

Este capítulo discute intervalos de confiança para estimar as características de uma população, juntamente com o modo como você pode determinar o tamanho necessário de uma amostra. Você aprendeu como aplicar esses métodos para dados numéricos e para dados categóricos. A Tabela 8.3 apresenta uma lista com os tópicos abordados neste capítulo.

Para determinar a equação a ser utilizada em uma determinada situação, você precisa responder a estas perguntas:

- Você está desenvolvendo um intervalo de confiança ou está determinando o tamanho da amostra?
- Você tem em mãos uma variável numérica ou você está lidando com uma variável categórica?

Os próximos quatro capítulos desenvolvem uma abordagem de testes de hipóteses para que sejam tomadas decisões sobre parâmetros da população.

TABELA 8.3
Resumo dos Tópicos no Capítulo 8

Tipo de Análise	Tipo de Dados	
	Numérico	**Categórico**
Intervalo de confiança para um parâmetro da população	Estimativa do intervalo de confiança para a média aritmética (Seções 8.1 e 8.2)	Estimativa do intervalo de confiança para a proporção (Seção 8.3)
Determinando o tamanho da amostra	Determinação do tamanho da amostra para a média aritmética (Seção 8.4)	Determinação do tamanho da amostra para a proporção (Seção 8.4)

REFERÊNCIAS

1. Cochran, W. G. *Sampling Techniques*, 3rd ed. New York: Wiley, 1977.
2. Daniel, W. W. *Applied Nonparametric Statistics*, 2nd ed. Boston: PWS Kent, 1990.
3. Fisher, R. A., e F. Yates. *Statistical Tables for Biological, Agricultural and Medical Research*, 5th ed. Edinburgh: Oliver & Boyd, 1957.
4. Hahn, G.; e W. Meeker. *Statistical Intervals: A Guide for Practitioners.* Nova York: John Wiley and Sons, Inc., 1991.
5. Kirk, R. E., ed. *Statistical Issues*: *A Reader for the Behavioral Sciences.* Belmont, CA: Wadsworth, 1972.
6. Larsen, R. L., and M. L. Marx. *An Introduction to Mathematical Statistics and Its Applications*, 4th ed. Upper Saddle River, NJ: Prentice Hall, 2006.
7. *Microsoft Excel 2010.* Redmond, WA: Microsoft Corp., 2010.
8. Snedecor, G. W., and W. G. Cochran, *Statistical Methods*, 7th ed. Ames, IA: Iowa State University Press, 1980.

EQUAÇÕES-CHAVE

Intervalo de Confiança para a Média Aritmética (σ Conhecido)

$$\overline{X} \pm Z_{\alpha/2}\frac{\sigma}{\sqrt{n}}$$

ou

$$\overline{X} - Z_{\alpha/2}\frac{\sigma}{\sqrt{n}} \leq \mu \leq \overline{X} + Z_{\alpha/2}\frac{\sigma}{\sqrt{n}} \tag{8.1}$$

Intervalo de Confiança para a Média Aritmética (σ Desconhecido)

$$\overline{X} \pm t_{\alpha/2}\frac{S}{\sqrt{n}}$$

ou

$$\overline{X} - t_{\alpha/2}\frac{S}{\sqrt{n}} \leq \mu \leq \overline{X} + t_{\alpha/2}\frac{S}{\sqrt{n}} \tag{8.2}$$

Estimativa do Intervalo de Confiança para a Proporção

$$p \pm Z_{\alpha/2}\sqrt{\frac{p(1-p)}{n}}$$

ou

$$p - Z_{\alpha/2}\sqrt{\frac{p(1-p)}{n}} \leq \pi \leq p + Z_{\alpha/2}\sqrt{\frac{p(1-p)}{n}} \tag{8.3}$$

Determinação do Tamanho da Amostra para a Média Aritmética

$$n = \frac{Z_{\alpha/2}^2\,\sigma^2}{e^2} \tag{8.4}$$

Determinação do Tamanho da Amostra para a Proporção

$$n = \frac{Z_{\alpha/2}^2\,\pi(1-\pi)}{e^2} \tag{8.5}$$

296 Capítulo 8

TERMOS-CHAVE

distribuição t de Student
erro de amostragem
estimativa de intervalo de confiança

estimativa de ponto
graus de liberdade
margem de erro

nível de confiança
valor crítico

AVALIANDO O SEU ENTENDIMENTO

8.50 Por que razão você jamais consegue ter 100 % de confiança de estar estimando corretamente a característica de interesse da população?

8.51 Em que situação você consegue utilizar a distribuição t para desenvolver a estimativa do intervalo de confiança para a média aritmética?

8.52 Por que razão é verdadeiro que, para um determinado tamanho de amostra, n, um crescimento na confiança é alcançado por meio da ampliação (e a consequente diminuição da precisão) do intervalo de confiança?

8.53 Por que razão o tamanho de amostra necessário para determinar a proporção é menor quando a proporção da população é igual a 0,20 do que quando a proporção da população é igual a 0,50?

PROBLEMAS DE REVISÃO DO CAPÍTULO

8.54 A pesquisa integrante do Pew Internet Project realizada junto a 2.253 adultos norte-americanos (dados extraídos de **pewinternet.org/Commentary/2012/February/Pew-Internet-Mobile**) descobriu o seguinte:

1.983 possuem um telefone celular
1.307 possuem um computador
1.374 possuem um computador do tipo *laptop*
406 possuem um leitor de livros eletrônicos
406 possuem um computador do tipo *tablet*

a. Construa estimativas do intervalo de confiança de 95 % para a proporção da população correspondente aos dispositivos eletrônicos que os adultos possuem.

b. A que conclusões você consegue chegar no que se refere a quais dispositivos eletrônicos os adultos possuem?

8.55 O que os norte-americanos fazem no sentido de economizar energia? O Associated Press-NORC Center for Public Affairs Research conduziu uma pesquisa junto a 897 adultos que tinham feito pessoalmente alguma coisa para economizar energia no ano passado (dados extraídos de "Energy Efficiency and Independence: How the Public Understands, Learns, and Acts", **bit.ly/Maw5hd**) e descobriu os seguintes percentuais:

Desligam luzes: 39 %
Desligam a calefação: 26 %
Instalam mais eletrodomésticos que poupam energia: 23 %
Dirigem menos/andam mais/andam mais de bicicleta: 18 %
Desligam da tomada os equipamentos: 16 %

a. Construa uma estimativa do intervalo de confiança de 95 % para a proporção da população de o que os adultos fazem para economizar energia.

b. A que conclusões você consegue chegar sobre o que os adultos fazem para economizar energia?

8.56 Um pesquisador de mercado, que trabalha para uma empresa que trata de vendas de produtos eletrônicos, deseja estudar os hábitos relacionados a assistir televisão no que se refere aos residentes de uma determinada área. É selecionada uma amostra aleatória com 40 respondentes, e cada um desses respondentes é instruído no sentido de manter um registro detalhado quanto a todas as vezes que assistiu à televisão em

uma determinada semana. Os resultados se mostraram da seguinte maneira:

- Tempo gasto assistindo à televisão, por semana: $\bar{X} = 15,3$ horas, $S = 3,8$ horas.
- 27 respondentes assistem ao noticiário noturno pelo menos três noites, de segunda a sexta-feira.

a. Construa uma estimativa para o intervalo de confiança de 95 % para a média aritmética da quantidade de horas gastas assistindo à televisão, por semana, nessa área.

b. Construa uma estimativa para o intervalo de confiança de 95 % para a proporção da população correspondente às pessoas que assistem ao noticiário noturno pelo menos três noites, por semana, de segunda a sexta-feira.

Suponha que o pesquisador de mercado deseja realizar uma outra pesquisa, em uma localidade diferente. Responda a estas perguntas:

c. Que tamanho de amostra é necessário para que se esteja 95 % confiante de estimar a média aritmética dentro dos limites de ±2 horas, pressupondo ser o desvio-padrão da população igual a cinco horas?

d. Quantos respondentes precisam ser selecionados para que se esteja 95 % confiante de estar dentro dos limites de ±0,035 em relação à proporção da população que assiste ao noticiário noturno pelo menos três noites, de segunda a sexta-feira, caso nenhuma estimativa anterior esteja disponível?

e. Com base em (c) e (d), que quantidade de respondentes deve o pesquisador de mercado selecionar, caso uma única pesquisa esteja sendo conduzida?

8.57 Um assessor para assuntos imobiliários de um governo municipal deseja estudar várias características de residências unifamiliares, naquele município. Uma amostra aleatória de 70 residências revela o seguinte:

- Área aquecida das residências (em pés quadrados): $\bar{X} = 1.759$, $S = 380$.
- 42 residências possuem sistema de ar condicionado central.

a. Construa uma estimativa para o intervalo de confiança de 99 % para a média aritmética da população correspondente à área aquecida nas residências.

b. Construa uma estimativa do intervalo de confiança de 95 % para a proporção da população correspondente às residências que possuem sistema de ar condicionado central.

8.58 O diretor de pessoal de uma grande empresa deseja estudar a taxa de absenteísmo, ao longo do ano, no que se refere a funcionários administrativos do escritório central da empresa. Uma amostra aleatória de 25 funcionários revela o seguinte:

- Absenteísmo: $\bar{X} = 9{,}7$ dias, $S = 4{,}0$ dias.
- 12 funcionários administrativos estiveram ausentes por mais de 10 dias.

a. Construa uma estimativa para o intervalo de confiança de 95 % para a média aritmética do número de faltas ao trabalho de funcionários administrativos, durante o ano.

b. Construa uma estimativa do intervalo de confiança de 95 % para a proporção da população relativa a trabalhadores administrativos que faltaram ao trabalho por mais de 10 dias durante o ano.

Suponha que o diretor de pessoal também desejasse realizar uma pesquisa em uma filial do escritório. Responda a estas perguntas:

c. Que tamanho de amostra seria necessário, caso ele desejasse ter 95 % de confiança de estar estimando a média aritmética da população dentro dos limites de $\pm 1{,}5$ dia, se o desvio-padrão da população fosse de 4,5 dias?

d. Quantos funcionários administrativos precisam ser selecionados para se obter 90 % de confiança de estimar a proporção da população dentro dos limites de $\pm 0{,}075$, caso nenhuma estimativa anterior esteja disponível?

e. Com base em (c) e (d), que tamanho de amostra seria necessário se uma única pesquisa estivesse sendo conduzida?

8.59 Uma associação de âmbito nacional nos EUA, dedicada a programas, práticas e treinamento de Recursos Humanos, realizados no próprio ambiente de trabalho, deseja estudar práticas do departamento e rotatividade de empregados nas organizações que integram a associação. Profissionais de RH e executivos das organizações se concentram na rotatividade de pessoal não somente porque ela tem implicações significativas em termos de custos, mas também porque afeta o desempenho geral da empresa. É projetada uma pesquisa para estimar a proporção de organizações integrantes da associação que tenham em vigor programas tanto de talentos quanto de desenvolvimento no intuito de impulsionar a gestão do capital humano, e para estimar também a média aritmética anual da taxa de rotatividade dos empregados das organizações integrantes (a proporção do número de empregados que deixaram uma organização em um determinado período de tempo em relação à média do número de empregados na organização durante esse mesmo período de tempo). Uma pesquisa anterior descobriu que o desvio-padrão das taxas de rotatividade anuais dos empregados das organizações integrantes da associação é de aproximadamente 5 %.

a. Que tamanho de amostra é necessário para se obter 99 % de confiança de estimar a média aritmética da população correspondente à taxa de rotatividade anual de empregados, dentro dos limites de $\pm 1{,}5$ %?

b. Quantas organizações integrantes da associação precisam ser selecionados para se obter 90 % de confiança de estimar a proporção da população correspondente às organizações que tenham em vigor programas tanto de talentos quanto de desenvolvimento no intuito de impulsionar a gestão do capital humano, dentro dos limites de $\pm 0{,}045$ %?

8.60 O impacto financeiro decorrente do tempo de inatividade por interrupção nos sistemas de TI é um ponto de preocupação na administração das operações de uma unidade de produção,

nos dias de hoje. Uma pesquisa realizada junto a produtores examinou o nível de satisfação com respeito à confiabilidade e à disponibilidade de suas aplicações de TI na produção. As variáveis são: o fato de o produtor ter, ou não, sofrido interrupções no sistema, no ano passado, que tenham afetado uma ou mais de suas aplicações de TI na produção, o número de incidentes de interrupção no sistema que ocorreram no ano passado, e o custo aproximado de um incidente típico de interrupção no sistema. Os resultados extraídos de uma amostra de 200 produtores se apresentam do seguinte modo:

- 62 sofreram interrupções no sistema este ano, que afetaram uma ou mais de suas aplicações de TI na produção.
- Número de incidentes de interrupção no sistema: $\bar{X} = 3{,}5$; $S = 2{,}0$.
- Custo decorrente dos incidentes de interrupção no sistema: $\bar{X} = \$18.000$; $\$ = \$3.000$.

a. Construa uma estimativa para o intervalo de confiança de 90 % para a proporção da população de produtores que sofreram interrupções no sistema este ano, que afetaram uma ou mais de suas aplicações de TI na produção.

b. Construa uma estimativa para o intervalo de confiança de 95 % para a média aritmética da população correspondente ao número de incidentes de interrupção de sistema sofridos por produtores no ano passado.

c. Construa uma estimativa para o intervalo de confiança de 95 % para a média aritmética da população correspondente ao custo decorrente dos incidentes de interrupção no sistema.

8.61 A gerente de uma filial (Loja 1) de uma grande cadeia nacional de lojas de artigos para animais domésticos deseja estudar características dos clientes de sua loja. Em particular, ela decide se concentrar em duas variáveis: a quantia, em dinheiro, gasta pelos clientes, e a hipótese de os clientes possuírem somente um único cachorro, somente um único gato, ou mais de um cachorro e/ou gato. Os resultados gerados a partir de uma amostra composta de 70 clientes se apresentaram da seguinte forma:

- Quantia, em dinheiro, gasta: $\bar{X} = \$21{,}34$; $S = \$9{,}22$.
- 37 clientes possuem somente um único cachorro.
- 26 clientes possuem somente um único gato.
- 7 clientes possuem mais de um cachorro e/ou gato.

a. Construa uma estimativa para o intervalo de confiança de 95 % para a média aritmética da população relativa à quantia gasta na loja de artigos para animais domésticos.

b. Construa uma estimativa para o intervalo de confiança de 90 % para a proporção da população relativa a clientes que possuem somente um único gato.

O gerente de uma outra filial (Loja 2) da mesma cadeia deseja conduzir uma pesquisa semelhante em sua loja. Esse gerente não tem acesso às informações geradas pela gerente da Loja 1. Responda às seguintes perguntas:

c. Que tamanho de amostra é necessário para que o gerente tenha 95 % de confiança de estimar a média aritmética da população correspondente à quantia gasta em sua loja, dentro dos limites de $\pm\$1{,}50$, caso o desvio-padrão seja estimado em \$10?

d. Quantos clientes precisam ser selecionados para se obter 90 % de confiança de estimar a proporção da população de clientes que possuem somente um único gato, dentro dos limites de $\pm\$0{,}045$?

e. Com base em suas respostas para (c) e (d), que tamanho de amostra o gerente deve adotar?

8.62 Scarlett e Heather, proprietárias de um restaurante de alto nível em Dayton, Ohio, estão interessadas em estudar características de seus clientes no que diz respeito a jantar. Elas decidem

298 Capítulo 8

se concentrar em duas variáveis: a quantia, em dinheiro, gasta pelos clientes e se eles pedem, ou não, sobremesa. Os resultados gerados por uma amostra de 60 clientes são os seguintes:

- Quantia, em dinheiro, gasta: $\bar{X} = \$38,54$, $S = \$7,26$.
- 18 clientes pediriam sobremesa.

a. Construa uma estimativa para o intervalo de confiança de 95 % para a média aritmética da população da quantia gasta por cliente no restaurante.

b. Construa uma estimativa para o intervalo de confiança de 90 % para a proporção da população de clientes que pedem sobremesa.

Jeanine, a proprietária de um restaurante concorrente, deseja realizar uma pesquisa semelhante em seu restaurante. Jeanine não tem acesso às informações obtidas por Scarlett e Heather a partir da pesquisa por elas conduzida. Responda às seguintes perguntas:

c. Que tamanho de amostra é necessário para que essa proprietária tenha 95 % de confiança de estimar a média aritmética da população relativa à quantia gasta em seu restaurante, dentro dos limites de $\pm\$1,50$, pressupondo que o desvio-padrão seja estimado como \$8?

d. Quantos clientes precisam ser selecionados para se obter 90 % de confiança de estimar a proporção da população relativa a clientes que pedem sobremesa, dentro dos limites de $\pm 0,04$?

e. Com base em suas respostas para (c) e (d), que tamanho de amostra Jeanine deveria adotar?

8.63 O fabricante do Ice Melt declara que seu produto é capaz de derreter neve e gelo a temperaturas extremamente baixas, como 0° Fahrenheit (aproximadamente -18°C). O representante de uma grande cadeia de lojas de ferramentas está interessado em testar essa declaração. A cadeia adquire uma grande remessa de embalagens com peso de 5 libras, para fins de distribuição. O representante deseja saber, com 95 % de confiança, e dentro dos limites de $\pm 0,05$, qual a proporção de embalagens de Ice Melt desempenha a função declarada pelo fabricante.

a. Quantas embalagens o representante necessita testar? Que premissas devem ser adotadas com relação à proporção da população? (Isso é conhecido como *teste destrutivo*; ou seja, o produto que está sendo testado é destruído pelo teste e passa a ser, então, inutilizado para fins de venda.)

b. Suponha que o representante testa 50 embalagens, e 42 delas desempenham a função conforme declarado. Construa uma estimativa para o intervalo de confiança de 95 % para a proporção da população que desempenhará a função conforme declarado.

c. De que modo o representante utiliza os resultados de (b) para determinar se deve vender o Ice Melt?

8.64 Fraudes em pedidos de indenização por sinistros (declarações de sinistro ilegítimas) assim como supervalorização de indenização (quantias exageradas nas declarações de prejuízos) continuam a constituir questões de grande preocupação entre as companhias seguradoras de automóveis. Defini-se fraude como uma representação enganosa dos fatos relativos a um determinado dano ou prejuízo; supervalorização é definida como a inflação do valor em um pedido de indenização por sinistro supostamente legítimo. Um estudo recente examinou pedidos de indenização de seguros por danos em automóveis fechados com pagamento correspondente a coberturas de passageiros (pessoas físicas). Foram coletados dados detalhados sobre o tipo de dano, tratamento médico, declaração de perdas e danos e total de pagamentos, assim como técnicas para supervalorizar o pedido de indenização. Além disso, foi solicitado a auditores que examinassem os arquivos correspondentes a pedidos de indenização,

para indicar se elementos específicos de fraude ou supervalorização apareciam, ou não, no pedido de indenização, e, no caso de supervalorização, especificassem a quantia correspondente ao pagamento excessivo. O arquivo **IndenizaçãoSeguro** contém dados correspondentes a 90 pedidos de indenização de seguro aleatoriamente selecionados. Estão incluídas variáveis a seguir: PEDIDO DE INDENIZAÇÃO — ID do Pedido de Indenização; SUPERVALORIZAÇÃO — 1 se for constatada uma supervalorização, 0 se não for constatada; e PAGAMENTOEXCESSIVO — quantia correspondente ao pagamento excessivo, em dólares.

a. Construa uma estimativa para o intervalo de confiança de 95 % referente à proporção da população correspondente a todos os arquivos de pedidos de indenização por perdas e danos causados em automóveis, que tiveram quantias excessivas declaradas para fins de indenização.

b. Construa uma estimativa para o intervalo de confiança de 95 % referente à média aritmética da população correspondente às quantias referentes ao pagamento excessivo, em dólares.

8.65 Uma característica importante de interesse para a qualidade em um processo de abastecimento de saquinhos de chá é o peso do chá em cada um dos saquinhos. Neste exemplo, o peso especificado no rótulo da embalagem indica que a média aritmética da quantidade corresponde a 5,5 gramas de chá em um saquinho. Se os saquinhos forem abastecidos com um peso inferior ao especificado, surgem dois problemas. Em primeiro lugar, os consumidores podem não conseguir que o chá fique tão forte quanto desejam. Em segundo lugar, a empresa pode estar violando as normas e a legislação relativas a pesos e medidas. Por outro lado, se a média aritmética da quantidade de chá em um determinado saquinho exceder o peso especificado no rótulo, a empresa estará desperdiçando produto. Conseguir uma quantidade exata de chá em cada saquinho é uma questão problemática, em razão da variação da temperatura e da umidade dentro da fábrica, de diferenças na densidade do chá e da operação extremamente rápida de abastecimento por parte da máquina (aproximadamente 170 saquinhos por minuto). Os dados a seguir (armazenados no arquivo **SaquinhoChá**) correspondem aos pesos, em gramas, referentes a uma amostra de 50 saquinhos de chá produzidos ao longo de uma hora, por uma única máquina:

5,65	5,44	5,42	5,40	5,53	5,34	5,54	5,45	5,52	5,41
5,57	5,40	5,53	5,54	5,55	5,62	5,56	5,46	5,44	5,51
5,47	5,40	5,47	5,61	5,53	5,32	5,67	5,29	5,49	5,55
5,77	5,57	5,42	5,58	5,58	5,50	5,32	5,50	5,53	5,58
5,61	5,45	5,44	5,25	5,56	5,63	5,50	5,57	5,67	5,36

a. Construa uma estimativa para o intervalo de confiança de 99 % para a média aritmética da população relativa ao peso dos saquinhos de chá.

b. A empresa está atendendo às especificações estabelecidas no rótulo, no sentido de que a média aritmética da quantidade de chá em um saquinho corresponde a 5,5 gramas?

c. Você acredita que seja válido o pressuposto necessário para construir a estimativa de intervalo de confiança em (a)?

8.66 Uma indústria produz suportes de aço para equipamentos elétricos. O principal componente do suporte é uma placa de aço, em baixo-relevo, obtida de uma bobina de aço de calibre 14. A placa é produzida por meio de uma punção progressiva de uma prensa de 250 toneladas, com uma operação de limpeza que posiciona duas fôrmas de 90 graus no aço plano, para que seja fabricado o baixo-relevo. A distância de um dos lados da fôrma até o outro é crítica, em razão de o suporte precisar

Estimativa do Intervalo de Confiança **299**

ser à prova d'água, ao ser utilizado em ambientes externos. As larguras dos baixos-relevos (em polegadas) ilustradas a seguir e armazenadas no arquivo **Baixo-Relevo** são extraídas de uma amostra de 49 baixos-relevos:

8,312 8,343 8,317 8,383 8,348 8,410 8,351 8,373 8,481
8,422 8,476 8,382 8,484 8,403 8,414 8,419 8,385 8,465
8,498 8,447 8,436 8,413 8,489 8,414 8,481 8,415 8,479
8,429 8,458 8,462 8,460 8,444 8,429 8,460 8,412 8,420
8,410 8,405 8,323 8,420 8,396 8,447 8,405 8,439 8,411
8,427 8,420 8,498 8,409

a. Construa uma estimativa para o intervalo de confiança de 95 % para a média aritmética da largura dos baixos-relevos.
b. Interprete o intervalo desenvolvido em (a).
c. Você imagina que seja válido o pressuposto necessário para construir a estimativa para o intervalo de confiança em (a)?

8.67 O fabricante das placas de asfalto das marcas Boston e Vermont sabe que o peso é um fator importante na percepção de qualidade por parte do cliente. O último estágio da linha de montagem embala as placas antes que elas sejam colocadas em paletes de madeira. Uma vez que o palete seja preenchido (um palete, no que se refere à maior parte das marcas, tem capacidade para 16 medidas de placas), ele é pesado, e a medida é registrada. O arquivo de dados **Palete** contém os pesos (em libras) correspondentes a uma amostra de 368 paletes das placas da marca Boston e 330 paletes das placas da marca Vermont.

a. No que diz respeito às placas da marca Boston, construa uma estimativa para o intervalo de confiança de 95 % para a média aritmética do peso.
b. No que diz respeito às placas da marca Vermont, construa uma estimativa para o intervalo de confiança de 95 % para a média aritmética do peso.
c. Você acredita ser válido o pressuposto necessário para construir as estimativas de intervalo de confiança em (a) e (b)?
d. Com base nos resultados para (a) e (b), a que conclusões você consegue chegar com relação à média aritmética para o peso das placas da marca Boston e das placas da marca Vermont?

8.68 O fabricante das placas de asfalto das marcas Boston e Vermont oferece a seus clientes uma garantia de 20 anos para a maioria de seus produtos. Para determinar se uma placa durará toda a extensão do período da garantia, são conduzidos, na área de produção, testes de aceleração da vida útil. O teste de aceleração da vida útil expõe a placa, em um laboratório, às condições de desgaste às quais ela estaria sujeita ao longo de uma vida útil de utilização normal, por meio de um experimento realizado em laboratório que leva apenas alguns poucos minutos para ser conduzido. Nesse teste, uma placa é repetidamente esfregada com uma escova, por um curto período de tempo, e os grãos da placa removidos com a escovação são pesados (em gramas). Espera-se que as placas que sofrem a perda de poucas quantidades de grãos durem mais, com utilização normal, do que as placas que sofrem a perda de grandes quantidades de grãos. Nesse tipo de situação, uma placa deve sofrer a perda de uma quantidade de grãos não superior a 0,8 grama, caso seja esperado que ela dure toda a extensão do período da garantia. O arquivo de dados **Grão** contém uma amostra com 170 medições realizadas pela empresa nas placas Boston e 140 medições realizadas nas placas Vermont.

a. No que se refere às placas Boston, construa uma estimativa para o intervalo de confiança de 95 % para a média aritmética da perda de grãos.
b. No que se refere às placas Vermont, construa uma estimativa para o intervalo de confiança de 95 % para a média aritmética da perda de grãos.
c. Você imagina que o pressuposto necessário para construir as estimativas dos intervalos de confiança em (a) e (b) seja válido?
d. Com base nos resultados para (a) e (b), a que conclusões você consegue chegar, no que diz respeito à média aritmética da perda de grãos das placas das marcas Boston e Vermont?

EXERCÍCIOS DE REDAÇÃO DE RELATÓRIOS

8.69 No que se refere aos resultados para o Problema 8.66, com relação à largura dos baixos-relevos de aço, escreva um relatório que sintetize suas conclusões.

CASOS PARA O CAPÍTULO 8

Administrando a Ashland MultiComm Services

O departamento de marketing vem considerando meios de fazer crescer o número de assinaturas para o pacote de serviços *3-Para-Tudo*, com TV a cabo, telefone, e Internet. Seguindo a sugestão da Gerente-Assistente Lauren Adler, a equipe do departamento projetou uma pesquisa para ajudar a determinar várias características de domicílios que assinam o serviço de TV a cabo da Ashland. A pesquisa consiste nas 10 perguntas a seguir:

1. O seu domicílio assina o serviço de telefonia da Ashland?
   (1) Sim
   (2) Não

2. O seu domicílio assina o serviço de Internet da Ashland?
   (1) Sim
   (2) Não

3. Que tipo de serviço de televisão a cabo você tem?
   (1) Básico
   (2) Diferenciado
   (Caso a resposta seja Básico, pule para a pergunta 5.)

4. Com que frequência você assiste aos canais de televisão a cabo que estão disponíveis apenas mediante contratação de serviço diferenciado?
   (1) Todos os dias

300 Capítulo 8

(2) A maior parte dos dias
(3) Ocasionalmente ou nunca

5. Com que frequência você assiste aos serviços do tipo *premium* ou mediante demanda específica, *on-demand*, que requerem uma tarifa adicional?
   (1) Quase todos os dias
   (2) Várias vezes por semana
   (3) Raramente
   (4) Nunca

6. Que método você utilizou para obter sua assinatura atual da AMS?
   (1) Número de telefone da AMS com chamada gratuita
   (2) Portal da AMS
   (3) Cartão-resposta por mala direta
   (4) Promoção da Good Tunes & More
   (5) Outro

7. Você consideraria a hipótese de assinar o pacote de serviços *3-Para-Tudo*, com TV a cabo, telefone e Internet, por um período de experiência, caso fosse oferecido um desconto?
   (1) Sim
   (2) Não
   (Se tiver respondido Não, pule para a pergunta 9.)

8. Caso adquiridos separadamente, os serviços de TV a cabo, Internet e telefone custariam, atualmente, $24,99 por semana. Que valor você estaria disposto a pagar, por semana, para o pacote de serviços *3-Para-Tudo*, com TV a cabo, telefone e Internet?

9. O seu domicílio utiliza algum outro provedor de serviços de telefonia?
   (1) Sim
   (2) Não

10. A AMS pode distribuir Ashland Gold Cards que proporcionariam descontos em restaurantes da área de Ashland, para assinantes que concordassem em contratar uma assinatura de dois anos para o pacote de serviços *3-Para-Tudo*. O fato de fazer jus ao Gold Card faria com que você concordasse com os termos do contrato com vigência de dois anos?
    (1) Sim
    (2) Não

Entre os 500 domicílios selecionados que assinam o serviço de TV a cabo da Ashland, 82 deles ou se recusaram a participar, não puderam ser contatados depois de repetidas tentativas, ou possuíam números de telefone que não estavam em serviço. Os resultados resumidos para os 418 domicílios que foram contatados se deram do seguinte modo:

Domicílio Tem Serviço de Telefonia da AMS	Frequência
Sim	83
Não	335

Domicílio Tem Serviço de Internet da AMS	Frequência
Sim	262
Não	156

Tipo de Serviço de Cabo	Frequência
Básico	164
Diferenciado	254

Assiste à Programação Diferenciada	Frequência
Todos os dias	50
A maior parte dos dias	144
Ocasionalmente ou nunca	60

Assiste à Programação Tipo Premium ou Serviços Mediante Demanda	Frequência
Quase todos os dias	14
Várias vezes por semana	35
Quase nunca	313
Nunca	56

Método Utilizado para Obter Assinatura Atual da AMS	Frequência
Número de telefone da AMS com chamada gratuita	230
Portal da AMS	106
Cartão-resposta por mala direta	46
Promoção da Good Tunes & More	10
Outro	26

Consideraria a Oferta do Pacote com Desconto por um Período de Experiência	Frequência
Sim	40
Não	378

Tarifa ($) Semanal que Estaria Disposto a Pagar por Período de Experiência (dados em AMS8)

23,00	20,00	22,75	20,00	20,00	24,50	17,50	22,25	18,00	21,00
18,25	21,00	18,50	20,75	21,25	22,25	22,75	21,75	19,50	20,75
16,75	19,00	22,25	21,00	16,75	19,00	22,25	21,00	19,50	22,75
23,50	19,50	21,75	22,00	24,00	23,25	19,50	20,75	18,25	21,50

Utiliza Algum outro Provedor de Serviços de Telefonia	Frequência
Sim	354
Não	64

Gold Card Gera Contrato com Vigência de Dois Anos	Frequência
Sim	38
Não	380

11. Analise os resultados da pesquisa que trata dos domicílios de Ashland que recebem o serviço de televisão a cabo. Redija um relatório que aborde as implicações dos resultados da pesquisa com relação ao marketing para a Ashland MultiComm Services.

Caso Digital

Aplique os seus conhecimentos sobre estimativas de intervalos de confiança neste Caso Digital, que estende o Caso Digital MyTVLab, apresentado no Capítulo 6.

Entre suas outras funcionalidades, o portal da MyTVLab na Grande Rede permite que os consumidores adquiram mercadorias da MyTVLab LifeStyles por meio da Grande Rede. Para lidar com o processamento de pagamentos, a administração da MyTVLab contratou as seguintes empresas:

- **PayAFriend (PAF)** – Este é um sistema de pagamento virtual com o qual consumidores e empresas, tais como a MyTVLab, se inscrevem para fazer o intercâmbio de pagamentos de maneira segura e conveniente, sem a necessidade de um cartão de crédito.
- **Continental Banking Company (Conbanco)** – Esse provedor de serviços de processamento permite que os consumidores da MyTVLab paguem por mercadorias utilizando cartões de crédito de aceitação nacional emitidos por uma instituição financeira.

Para reduzir custos, a administração está avaliando a possibilidade de eliminar um desses dois sistemas de pagamento. Entretanto, Lorraine Hildick, do departamento de vendas, suspeita que os consumidores utilizam essas duas formas de pagamento, em números desiguais, e exibem diferentes comportamentos de compra quando utilizam as duas formas de pagamento. Portanto, ela gostaria inicialmente de determinar o seguinte:

- A proporção de consumidores que utilizam o PAF e a proporção de consumidores que utilizam um cartão de crédito para pagar suas compras.
- A média aritmética da quantia gasta em compras quando está sendo utilizado o PAF e a média aritmética da quantia gasta em compras quando está sendo utilizado um cartão de crédito.

Auxilie a Sra. Hildick, preparando uma análise apropriada, com base em uma amostra aleatória de 50 transações que ela preparou. Abra o arquivo **AmostraPagamentos.pdf**, leia os comentários da Sra. Hildick e utilize a amostra aleatória de 50 transações, por ela coletada, como base para sua análise. Sintetize suas descobertas para determinar se estão corretas as conjecturas da Sra. Hildick sobre o comportamento de compra dos consumidores da MyTVLab. Se você deseja que o erro de amostragem não seja superior a $3 ao estimar a média aritmética da quantia gasta em compras, a amostra da Sra. Hildick é grande o suficiente para realizar uma análise válida?

Lojas de Conveniência Valor Certo

Você trabalha no escritório de uma franquia de lojas de conveniência que opera aproximadamente 10.000 lojas. A média da quantidade de consumidores diários, por loja, tem se mostrado estável, em 900, por algum tempo (ou seja, a média aritmética do número de consumidores em uma loja, em um dia, é 900). Para fazer crescer a quantidade de consumidores, a franquia está avaliando a hipótese de reduzir o preço dos diversos tamanhos de café. O tamanho de 12 onças custará, agora, $0,59 em vez de $0,99, e o tamanho de 16 onças custará, agora, $0,69 em vez de $1,19. Mesmo com esta redução no preço, a franquia terá uma margem bruta de lucro de 40 % no café. Para testar esta iniciativa, a franquia reduziu os preços do café em uma amostra de 34 lojas, nas quais a quantidade de consumidores tem se apresentado quase que exatamente na média nacional de 900. Depois de quatro semanas, as lojas utilizadas como amostra se estabilizaram em uma média aritmética de 974 e um desvio-padrão de 96 para a quantidade de clientes. Esse crescimento pode parecer um número substancial para você, mas também parece ser uma amostra bastante pequena. Existe alguma maneira pela qual se possa ter algum sentimento em relação a qual será a média aritmética da quantidade de clientes em todas as lojas, caso você reduza os preços do café em âmbito nacional? Você acredita que reduzir os preços do café é uma boa estratégia para fazer crescer a média aritmética da quantidade de clientes?

CardioGood Fitness

Retorne ao caso da CardioGood Fitness, inicialmente apresentado no final do Capítulo 1. Utilizando os dados contidos no arquivo `CardioGood Fitness`:

1. Construa estimativas para o intervalo de confiança de 95 %, de modo a criar um perfil de consumidor para cada uma das linhas de produtos ergométricos da CardioGood Fitness.

2. Escreva um relatório a ser apresentado ao administrador da CardioGood Fitness, detalhando suas descobertas.

Mais Escolhas Descritivas, Continuação

Dê continuidade ao cenário Utilizando a Estatística, Mais Escolhas Descritivas, Revisitado, no final do Capítulo 3, construindo estimativas para intervalos de confiança de 95 % para os percentuais de retorno para 1 ano, os percentuais de retorno para 5 anos e os percentuais de retorno para 10 anos, correspondentes à amostra de fundos baseados na valorização, assim como as

diferenças entre fundos com baixa, média e alta capitalização de mercado (contidos no arquivo Fundos de Aposentadoria). Em sua análise, examine diferenças entre os fundos baseados no crescimento e os fundos baseados na valorização, assim como as diferenças entre fundos com baixa, média e alta capitalização de mercado.

Pesquisas Realizadas Junto a Estudantes de Clear Mountain State

1. O Serviço de Noticiário para Estudantes na Universidade do Estado de Clear Mountain (CMSU — Clear Mountain State University) decidiu coletar dados sobre os alunos no nível de graduação que frequentam a CMSU. Eles criam e distribuem uma pesquisa com 14 perguntas e recebem respostas de 62 alunos do nível de graduação (contidas no arquivo Pesquisa-Grad). No que se refere a cada uma das variáveis numéricas contidas na pesquisa, construa uma estimativa para o intervalo de confiança de 95 % para a característica da população e redija um relatório sintetizando as suas conclusões.

2. A decana dos alunos na CMSU tomou conhecimento da pesquisa conduzida junto aos alunos da graduação e decidiu conduzir uma pesquisa semelhante para alunos da pós-graduação na CMSU. Ela cria e distribui uma pesquisa contendo 14 perguntas e recebe respostas de 44 alunos da pós-graduação (contidas no arquivo PesquisaPósGrad). No que se refere a cada uma das variáveis numéricas contidas na pesquisa, construa uma estimativa para o intervalo de confiança de 95 % para a característica da população e redija um relatório sintetizando as suas conclusões.

GUIA DO EXCEL PARA O CAPÍTULO 8

GE8.1 ESTIMATIVA DO INTERVALO DE CONFIANÇA para a MÉDIA ARITMÉTICA (σ CONHECIDO)

Técnica Principal Utilize a função **INV.NORMP** (*porcentagem acumulada*) para calcular o valor de Z para metade do valor de $(1 - \alpha)$ e utilize a função **INT.CONFIANÇA** (**1 − nível de confiança, desvio-padrão da população, tamanho da amostra**) para calcular a metade da amplitude de um intervalo de confiança.

Exemplo Calcule a estimativa do intervalo de confiança para a média aritmética do primeiro exemplo referente ao abastecimento de cereais, apresentado na Seção 8.1.

PHStat Utilize o procedimento **Estimate for the Mean, sigma known** (**Estimativa para a Média Aritmética, sigma conhecido**).
Para o exemplo, selecione **PHStat → Confidence Intervals → Estimate for the Mean, sigma known** (**PHStat → Intervalos de Confiança → Estimativa para a Média Aritmética, sigma conhecido**). Na caixa de diálogo do procedimento (ilustrada a seguir):

1. Insira **15** na caixa para **Population Standard Deviation** (**Desvio-Padrão da População**)
2. Insira **95** como o valor na caixa correspondente a **Confidence Level** (**Nível de Confiança**).
3. Clique em **Sample Statistics Known** (**Estatísticas da Amostra Conhecidas**) e insira **25** como o valor para **Sample Size** (**Tamanho da Amostra**) e **362,3** como valor para **Sample Mean** (**Média Aritmética da Amostra**).
4. Insira um título em **Title** e clique em **OK**.

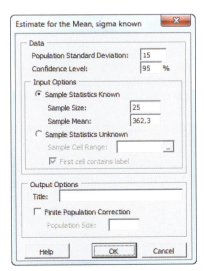

Para problemas que utilizam dados não resumidos, clique em **Sample Statistics Unknown** (**Estatísticas da Amostra Desconhecidas**) e insira o intervalo de células de sua amostra no campo **Sample Cell Range** (**Intervalo de Células da Amostra**), na etapa 3.

Excel Avançado Utilize a **planilha CÁLCULO**, da **pasta de trabalho EIC sigma conhecido**, como modelo.

A planilha já contém os dados para o exemplo. Para outros problemas, modifique os valores correspondentes a **Desvio-Padrão da População**, **Média Aritmética da Amostra**, **Tamanho da Amostra** e **Nível de Confiança** nas células B4 a B7, respectivamente. Abra a **planilha CÁLCULO_FÓRMULAS** para examinar todas as fórmulas na planilha.

GE8.2 ESTIMATIVA DO INTERVALO DE CONFIANÇA para a MÉDIA ARITMÉTICA (σ DESCONHECIDO)

Técnica Principal Utilize a função **INV.T.BC** (**1 — nível de confiança, graus de liberdade**) para determinar o valor crítico a partir da distribuição *t*.

Exemplo Calcule a estimativa do intervalo de confiança para a média aritmética da quantia apresentada nas faturas de compras, que está apresentada na Figura 8.7 da Seção 8.2.

PHStat Utilize o procedimento **Estimate for the Mean, sigma unknown** (**Estimativa para a Média Aritmética, sigma desconhecido**)
Para o exemplo, selecione **PHStat → Confidence Intervals → Estimate for the Mean, sigma unknown** (**PHStat → Intervalos de Confiança → Estimativa para a Média Aritmética, sigma desconhecido**). Na caixa de diálogo do procedimento (ilustrada a seguir):

1. Digite **95** como o valor para o percentual do nível de confiança na caixa **Confidence Level.**
2. Clique em **Sample Statistics Known** (**Estatísticas da Amostra Conhecidas**) e insira **100** em **Sample Size** (**Tamanho da Amostra**), **110,27** como **Sample Mean** (**Média Aritmética da Amostra**), e **28,95** como **Sample Std Deviation** (**Desvio-Padrão da Amostra**).
3. Insira um título em **Title** e clique em **OK**.

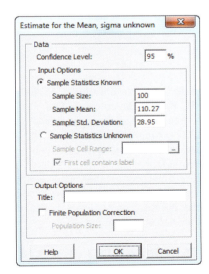

Para problemas que utilizem dados não resumidos, na etapa 3, clique em **Sample Statistics Unknown** (**Estatísticas da Amostra Desconhecidas**) e insira o intervalo de células de sua amostra no campo **Sample Cell Range** (**Intervalo de Células da Amostra**).

Excel Avançado Utilize a **planilha CÁLCULO**, da **pasta de trabalho EIC sigma desconhecido** como modelo.
A planilha já contém os dados para solucionar o exemplo. Para outros problemas, modifique os valores correspondentes a **Desvio-Padrão da População**, **Média Aritmética da Amostra**, **Tamanho da Amostra** e **Nível de Confiança** nas células B4 a B7, respectivamente.

GE8.3 ESTIMATIVA DO INTERVALO DE CONFIANÇA para a PROPORÇÃO

Técnica Principal Utilize a função **INV.NORMP** ([1 — *nível de confiança, graus de liberdade*]/2) para calcular o valor de Z.

Exemplo Calcule a estimativa do intervalo de confiança para a proporção de faturas de vendas com erros, que está apresentada na Figura 8.12 da Seção 8.3.

PHStat Utilize o procedimento **Estimate for the Proportion (Estimativa para a Proporção)**.
Para o exemplo, selecione **PHStat → Confidence Intervals → Estimate for the Proportion** (**PHStat → Intervalos de Confiança → Estimativa para a Proporção**). Na caixa de diálogo do procedimento (ilustrada a seguir):

1. Insira **100** para **Sample Size (Tamanho da Amostra)**.
2. Insira **10** para **Number of Successes (Número de Sucessos)**.
3. Insira **95** para representar o percentual em **Confidence Level (Nível de Confiança)**.
4. Insira um título em **Title** e clique em **OK**.

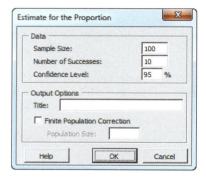

Excel Avançado Utilize a **planilha CÁLCULO**, da **pasta de trabalho EIC Proporção** como modelo.
A planilha contém os dados para o exemplo. Observe que a fórmula =**RAIZ**(*proporção da amostra * [1 — proporção da amostra]/tamanho da amostra*) calcula o erro-padrão da proporção na célula B11.
Para calcular estimativas do intervalo de confiança para outros problemas, modifique os valores correspondentes a **Tamanho da Amostra**, **Número de Sucessos** e **Nível de Confiança** nas células B4 a B6, respectivamente.

GE8.4 DETERMINANDO O TAMANHO DA AMOSTRA

Determinação do Tamanho da Amostra para a Média Aritmética

Técnica Principal Utilize a função **INV.NORMP** ([1 — *intervalo de confiança*]/2) para calcular o valor de Z e utilize a função **ARREDONDAR.PARA.CIMA** (*tamanho de amostra calculado, 0*) para arredondar para o número inteiro imediatamente superior ao tamanho de amostra calculado.

Exemplo Determine o tamanho da amostra para a média aritmética para o exemplo das quantias especificadas nas faturas de vendas, que estão ilustradas na Figura 8.13, na Seção 8.4.

PHStat Utilize o procedimento **Determination for the Mean (Determinação para a Média Aritmética)**.
Para o exemplo, selecione **PHStat → Sample Size → Determination for the Mean** (**PHStat → Tamanho da Amostra → Determinação da Média Aritmética**). Na caixa de diálogo do procedimento (ilustrada a seguir):

1. Insira **25** na caixa correspondente a **Population Standard Deviation (Desvio-Padrão da População)**.
2. Insira **5** na caixa correspondente a **Sampling Error (Erro de Amostragem)**.
3. Insira **95** para representar o percentual em **Confidence Level (Nível de Confiança)**.
4. Insira um título em **Title** e clique em **OK**.

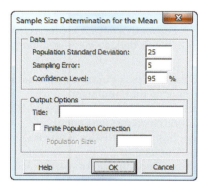

Excel Avançado Utilize a **planilha CÁLCULO**, da **pasta de trabalho Tamanho de Amostra para Média Aritmética** como modelo.
A planilha já contém os dados para o exemplo.
Para outros problemas, modifique os valores correspondentes a **Desvio-Padrão da População**, **Erro de Amostragem** e **Nível de Confiança** nas células B4 a B6, respectivamente.

Determinação do Tamanho da Amostra para a Proporção

Técnica Principal Utilize as funções **INV.NORMP** e **ARREDONDAR.PARA.CIMA** (veja a seção anterior) para ajudar a determinar o tamanho de amostra necessário para estimar a proporção.

Exemplo Determine o tamanho da amostra para a proporção no exemplo que trata das quantias especificadas nas faturas de vendas, que estão ilustradas na Figura 8.14, na Seção 8.4.

PHStat Utilize o procedimento **Determination for the Proportion (Determinação para a Proporção)**.
Para o exemplo, selecione **PHStat → Sample Size → Determination for the Proportion** (**PHStat → Tamanho da Amostra → Determinação para a Proporção**). Na caixa de diálogo do procedimento (ilustrada a seguir):

1. Insira **0,15** como valor para **Estimate of True Proportion (Estimativa da Verdadeira Proporção)**.

2. Insira **0,07** como valor para a caixa correspondente a **Sampling Error (Erro de Amostragem)**.
3. Insira **95** como valor para o percentual em **Confidence Level (Nível de Confiança)**.
4. Insira um título na caixa **Title** e clique em **OK**.

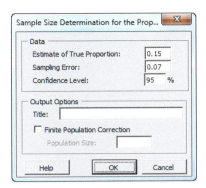

Excel Avançado Utilize a **planilha CÁLCULO**, da **pasta de trabalho Tamanho de Amostra para Proporção** como modelo.

A planilha já contém os dados correspondentes ao exemplo. Para calcular estimativas do intervalo de confiança para outros problemas, modifique os valores correspondentes a **Estimativa da Verdadeira Proporção**, **Erro de Amostragem** e **Nível de Confiança** nas células B4 a B6, respectivamente.

CAPÍTULO 9

Fundamentos dos Testes de Hipóteses: Testes para Uma Amostra

UTILIZANDO A ESTATÍSTICA: Testes Significativos na Oxford Cereals

9.1 Fundamentos da Metodologia para Testes de Hipóteses
A Hipótese Nula e a Hipótese Alternativa
O Valor Crítico da Estatística do Teste
Regiões de Rejeição e Regiões de Não Rejeição
Riscos na Tomada de Decisão ao Utilizar a Metodologia para Testes de Hipóteses
Teste Z para a Média Aritmética (σ Conhecido)
Testes de Hipóteses Utilizando a Abordagem do Valor Crítico
Testes de Hipóteses Utilizando a Abordagem do Valor-p
Uma Ligação entre a Estimativa do Intervalo de Confiança e o Teste de Hipóteses
É Realmente Possível Conhecer o Desvio-Padrão da População?

9.2 Teste t de Hipóteses para a Média Aritmética (α Desconhecido)
A Abordagem do Valor Crítico
A Abordagem do Valor-p

Verificando o Pressuposto da Normalidade

9.3 Testes Unicaudais
A Abordagem do Valor Crítico
A Abordagem do Valor-p

9.4 Teste Z de Hipóteses para a Proporção
A Abordagem do Valor Crítico
A Abordagem do Valor-p

9.5 Armadilhas Potenciais dos Testes de Hipóteses e Questões Éticas
Significância Estatística *versus* Significância Prática
Insignificância Estatística *versus* Importância
Informando as Descobertas
Questões Éticas

9.6 A Eficácia de um Teste (*on-line*)

UTILIZANDO A ESTATÍSTICA: Testes Significativos na Oxford Cereals, Revisitado

GUIA DO EXCEL PARA O CAPÍTULO 9

Objetivos do Aprendizado

Neste capítulo, você aprenderá:

- Os princípios básicos do teste de hipóteses
- A utilizar os testes de hipóteses para testar uma média aritmética ou uma proporção
- Os pressupostos correspondentes a cada um dos procedimentos de testes de hipóteses, como avaliá-los, e as consequências caso eles sejam seriamente violados
- Armadilhas e questões éticas envolvidas nos testes de hipóteses
- A evitar as armadilhas envolvidas em testes de hipóteses

UTILIZANDO A ESTATÍSTICA

Testes Significativos na Oxford Cereals

Assim como ocorreu no Capítulo 7, você se encontra novamente no papel de gerente da unidade de operações da Oxford Cereals. Entre outras responsabilidades, você é o responsável pelo monitoramento da quantidade contida em cada uma das caixas de cereal. As especificações da empresa exigem uma média aritmética de 368 gramas no que se refere ao peso por caixa. Você deve necessariamente ajustar o processo de abastecimento de cereais quando a média aritmética do peso abastecido na população de caixas for diferente de 368 gramas. Uma vez que ajustar o processo requer paralisar temporariamente a linha de produção de cereais, você não desejará fazer ajustes desnecessários.

Qual método de tomada de decisão você pode utilizar para decidir se o processo de abastecimento de cereais precisa ser ajustado? Você decide começar pela seleção de uma amostra aleatória de 25 caixas de cereais e a pesagem de cada uma dessas caixas. Com base nos pesos coletados, você calcula a média aritmética para a amostra. De que modo essa média aritmética da amostra pode ser utilizada para ajudar a decidir se são necessários ajustes?

308 Capítulo 9

No Capítulo 7, você aprendeu métodos para determinar se o valor da média aritmética de uma amostra é consistente com a média aritmética conhecida de uma população. Nesse cenário da Oxford Cereals, você deseja utilizar a média aritmética de uma amostra para validar uma afirmativa sobre a média aritmética da população, um problema um tanto quanto diferente. Para esse tipo de problema, você utiliza um método inferencial conhecido como **teste de hipóteses**. O teste de hipóteses exige que você faça uma afirmativa de maneira não ambígua. Nesse cenário, a afirmativa é de que a média aritmética da população é igual a 368 gramas. Você examina uma estatística da amostra com o objetivo de verificar se ela fornece melhor respaldo para a afirmativa declarada, chamada de *hipótese nula*, ou para a alternativa mutuamente excludente (no que se refere ao cenário em questão, a hipótese de que a média aritmética correspondente à população não é igual a 368 gramas).

Neste capítulo, você aprenderá várias aplicações para testes de hipóteses. Você aprenderá a fazer inferências sobre um determinado parâmetro da população, por meio da *análise das diferenças* entre os resultados observados, a estatística da amostra e os resultados que você esperaria obter, caso alguma hipótese subjacente fosse efetivamente verdadeira. No que se refere ao cenário da Oxford Cereals, o teste de hipóteses permitirá que você realize inferências com relação a uma entre as seguintes afirmativas:

- A média aritmética correspondente ao peso das caixas de cereais na amostra é um valor consistente com o que você esperaria, caso a média aritmética correspondente a toda a população das caixas de cereais fosse igual a 368 gramas.
- A média aritmética da população não é igual a 368 gramas, tendo em vista que a média aritmética correspondente à amostra é significativamente diferente de 368 gramas.

9.1 Fundamentos da Metodologia para Testes de Hipóteses

Testes de hipóteses, de modo geral, se iniciam com algum tipo de teoria, declaração ou assertiva sobre um determinado parâmetro de uma população. Por exemplo, a sua hipótese inicial no exemplo que trata do abastecimento de cereais é que o processo está operando de maneira apropriada, de modo tal que a média aritmética do peso abastecido corresponde a 368 gramas, e nenhuma ação corretiva é necessária.

A Hipótese Nula e a Hipótese Alternativa

A hipótese de que o parâmetro da população é igual à especificação da empresa é conhecida como a hipótese nula. Uma **hipótese nula** é sempre aquela que corresponde à situação atual (*status quo*), e é identificada pelo símbolo H_0. Neste caso, a hipótese nula é de que o processo de abastecimento está operando adequadamente, e, consequentemente, a média aritmética correspondente à quantidade abastecida é igual à especificação apresentada pela Oxford Cereals. Isso é declarado como

$$H_0 : \mu = 368$$

> **Dica para o Leitor**
> Lembre-se de que testes de hipóteses permitem tirar conclusões sobre parâmetros, e não sobre estatísticas.

Embora estejam disponíveis apenas informações originadas pela amostra, a hipótese nula é declarada em termos do parâmetro da população, em razão de você estar centrando seu foco na população correspondente a todas as caixas de cereais. Você utiliza a estatística da amostra para realizar inferências sobre o processo de abastecimento como um todo. Uma das inferências pode ser aquela de que os resultados observados com base nos dados da amostra indicam que a hipótese nula é falsa. Caso a hipótese nula seja considerada falsa, alguma outra afirmativa deve necessariamente ser verdadeira.

Sempre que uma hipótese nula é enunciada, uma hipótese alternativa é também especificada, e ela deve necessariamente ser verdadeira, caso a hipótese nula seja falsa. A **hipótese alternativa**, H_1, corresponde ao oposto da hipótese nula, H_0. Isso é declarado no exemplo dos cereais como

$$H_1 : \mu \neq 368$$

A hipótese alternativa representa a conclusão à qual se chega pelo fato de ser rejeitada a hipótese nula. A hipótese nula é rejeitada quando existem evidências suficientes, com base nos dados extraídos da amostra, de que a hipótese nula é falsa. No exemplo que trata dos cereais, caso os pesos das caixas selecionadas para fins de amostra estejam suficientemente acima ou abaixo da média aritmética esperada de 368 gramas, especificada pela Oxford Cereals, você rejeita a hipótese nula em favor da hipótese alternativa de que a média aritmética da quantidade abastecida é diferente de 368 gramas. Você interrompe a produção e adota qualquer que seja a ação necessária para corrigir o problema. Caso a hipótese nula não seja rejeitada, você deve continuar a acreditar no *status quo*, de que o processo está operando corretamente e que, por conseguinte, nenhuma ação corretiva é necessária. Nessa segunda circunstância, você não comprovou que o processo está operando cor-

Fundamentos dos Testes de Hipóteses: Testes para Uma Amostra **309**

retamente. Em vez disso, você não conseguiu comprovar que ele está operando incorretamente, e, desse modo, você continua a acreditar (embora não comprovadamente) na hipótese nula.

Na metodologia do teste de hipóteses, você rejeita a hipótese nula quando as evidências geradas pela amostra sugerem que é muito mais provável que a hipótese alternativa seja verdadeira. No entanto, o fato de não ser capaz de rejeitar a hipótese nula não constitui prova de que ela seja verdadeira. Você jamais consegue provar que a hipótese nula está correta em razão de a decisão estar baseada somente em informações relacionadas à amostra, e não à população como um todo. Por conseguinte, caso você não consiga rejeitar a hipótese nula, consegue tão somente concluir que não existem evidências suficientes para assegurar a rejeição dela. Os pontos-chave, apresentados a seguir, sintetizam a hipótese nula e a hipótese alternativa:

- A hipótese nula, H_0, representa aquilo em que se acredita naquele momento, em relação a determinada situação.
- A hipótese alternativa, H_1, é o oposto da hipótese nula, e representa uma declaração a ser investigada, ou uma inferência específica que você gostaria de comprovar.
- Se você rejeita a hipótese nula, você tem comprovação estatística de que a hipótese alternativa está correta.
- Se você não rejeita a hipótese nula, você não conseguiu comprovar a hipótese alternativa. O fato de não conseguir comprovar a hipótese alternativa, entretanto, não significa que você tenha comprovado a hipótese nula.
- A hipótese nula, H_0, sempre se refere a um valor especificado para o parâmetro da população (tal como μ), e não a uma estatística da amostra (tal como $\overline{X}$).
- A declaração correspondente à hipótese nula sempre contém um sinal de igualdade com relação ao valor especificado para o parâmetro da população (por exemplo, $H_0 : \mu = 368$ gramas).
- A declaração correspondente à hipótese alternativa jamais contém um sinal de igualdade com relação ao valor especificado para o parâmetro da população (por exemplo, $H_1 : \mu \neq 368$ gramas).

EXEMPLO 9.1

A Hipótese Nula e a Hipótese Alternativa

Você é o gerente de uma lanchonete e deseja determinar se o tempo de espera necessário para atender a um pedido se modificou, no mês anterior, em relação ao valor anterior de 4,5 minutos, correspondente à média aritmética da população. Declare a hipótese nula e a hipótese alternativa.

SOLUÇÃO A hipótese nula é de que a média aritmética da população não se modificou em relação a seu valor anterior, correspondente a 4,5 minutos. Isso é declarado como

$$H_0 : \mu = 4,5$$

A hipótese alternativa corresponde ao oposto da hipótese nula. Tendo em vista que a hipótese nula afirma que a média aritmética da população é igual a 4,5 minutos, a hipótese alternativa é de que a média aritmética da população não é igual a 4,5 minutos. Isso é declarado sob a forma

$$H_1 : \mu \neq 4,5$$

O Valor Crítico da Estatística do Teste

A lógica em que se baseia a metodologia de testes de hipóteses envolve determinar quão provável é que a hipótese nula seja verdadeira, ao serem considerados os dados coletados em uma amostra. No cenário que trata da Oxford Cereal Company, a hipótese nula é de que a média aritmética da quantidade de cereal, por caixa, ao longo de todo o processo de abastecimento, é igual a 368 gramas (o parâmetro da população especificado pela empresa). Você seleciona uma amostra de caixas, a partir do processo de abastecimento, pesa cada uma das caixas, e calcula a média aritmética correspondente à amostra. Essa estatística é uma estimativa para o parâmetro correspondente (a média aritmética da população, μ). Ainda que a hipótese nula venha a ser verdadeira, a estatística (a média aritmética da amostra, $\overline{X}$) pode vir a ser diferente do valor correspondente ao parâmetro (a média aritmética da população, μ), devido à variação decorrente do processo de amostragem. No entanto, você espera que a estatística da amostra esteja próxima do parâmetro da população, caso a hipótese nula seja verdadeira. Se a estatística da amostra estiver próxima do parâmetro da população, você não possui evidências suficientes para rejeitar a hipótese nula. Se, por exemplo, a média aritmética da amostra viesse a ser igual a 367,9 gramas, você poderia concluir que a média aritmética da população não se modificou (ou seja, $\mu = 368$), tendo em vista que a média aritmética de uma amostra, correspondente a 367,9 gramas, está bastante próxima do valor de 368 gramas, correspondente à hipótese nula. Intuitivamente, você imagina que é provável que você venha a obter uma média aritmética de amostra equivalente a 367,9 gramas, a partir de uma população cuja média aritmética seja igual a 368.

Não obstante, se existe uma grande diferença entre o valor da estatística e o valor da hipótese para o parâmetro da população, você pode concluir que a hipótese nula é falsa. Por exemplo, se a média aritmética da amostra for igual a 320 gramas, você poderá concluir que a média aritmética da população não é 368 gramas (ou seja, $\mu \neq 368$), uma vez que a média aritmética da amostra está bastante distante do valor de 368 gramas, estipulado pela hipótese. Nesse tipo de situação, você conclui que é bastante improvável obter uma média aritmética de amostra igual a 320 gramas, caso a média aritmética da população seja realmente 368 gramas. Portanto, é mais lógico concluir que a média aritmética da população não é igual a 368 gramas. Nesse caso, você rejeita a hipótese nula.

No entanto, o processo de tomada de decisão não é sempre tão simples e claro. A determinação sobre o que significa "muito próximo" e o que significa "bem diferente" é arbitrária, sem definições claras. A metodologia para os testes de hipóteses proporciona definições claras para avaliar diferenças. Além disso, ela possibilita que você quantifique o processo de tomada de decisão calculando a probabilidade de vir a obter um determinado resultado para a amostra, caso a hipótese nula seja verdadeira. Você calcula essa probabilidade determinando a distribuição de amostragens para a estatística de interesse na amostra (por exemplo, a média aritmética da amostra) e, em seguida, calculando a **estatística do teste** específica, com base no resultado conhecido para a amostra. Uma vez que a distribuição de amostragens para a estatística do teste frequentemente segue uma distribuição estatística bastante conhecida, como a distribuição normal padronizada ou a distribuição t, você pode utilizar essas distribuições para ajudar a determinar se a hipótese nula é verdadeira.

Regiões de Rejeição e Regiões de Não Rejeição

A distribuição de amostragens da estatística do teste está dividida em duas regiões: uma **região de rejeição** (algumas vezes conhecida como região crítica) e uma **região de não rejeição** (veja a Figura 9.1). Caso a estatística do teste se posicione dentro da região de não rejeição, você não rejeita a hipótese nula. No cenário que trata da Oxford Cereals, você conclui que existem evidências insuficientes de que a média aritmética da população correspondente à quantidade abastecida seja diferente de 368 gramas. Caso a estatística do teste se posicione na região de rejeição, você rejeita a hipótese nula. Nesse caso, você conclui que a média aritmética da população não corresponde a 368 gramas.

A região de rejeição consiste nos valores relativos à estatística do teste, que são improváveis de vir a ocorrer caso a hipótese nula seja verdadeira. Esses valores estão bem mais propensos a vir a ocorrer caso a hipótese nula seja falsa. Por conseguinte, se um determinado valor da estatística do teste se posiciona nessa região de rejeição, você rejeita a hipótese nula, tendo em vista que esse valor é improvável caso a hipótese nula seja verdadeira.

Para tomar uma decisão com relação à hipótese nula, você primeiramente determina o **valor crítico** para a estatística do teste. O valor crítico faz a divisão entre a região de não rejeição e a região de rejeição. A determinação desse valor crítico depende do tamanho da região de rejeição. O tamanho da região de rejeição está diretamente relacionado aos riscos envolvidos pelo fato de serem utilizadas somente evidências decorrentes de amostras para tomar decisões sobre um parâmetro da população.

FIGURA 9.1 Regiões de rejeição e de não rejeição no teste de hipóteses

Riscos na Tomada de Decisão ao Utilizar a Metodologia para Testes de Hipóteses

A utilização de testes de hipóteses envolve o risco de se chegar a uma conclusão incorreta. Você pode equivocadamente vir a rejeitar uma hipótese nula verdadeira, H_0, ou, inversamente, você pode vir a, equivocadamente, *não* rejeitar uma hipótese nula falsa, H_0. Esses tipos de risco são conhecidos como erro do Tipo I e erro do Tipo II.

> **ERRO DO TIPO I E ERRO DO TIPO II**
>
> Um **erro do Tipo I** ocorre no caso em que você rejeita a hipótese nula, H_0, quando ela é verdadeira e não deveria ser rejeitada. Um erro do Tipo I corresponde a um "falso alarme". A probabilidade de ocorrência de um erro do Tipo II é representada por α.
>
> Um **erro do Tipo II** ocorre no caso em que você não rejeita a hipótese nula, H_0, quando ela é falsa e deveria ser rejeitada. Um erro do Tipo II representa uma "oportunidade perdida". A probabilidade de ocorrência de um erro do Tipo II é representada por β.

No cenário da Oxford Cereals, você cometeria um erro do Tipo I caso concluísse que a média aritmética da população que corresponde à quantidade abastecida *não* é igual a 368, quando ela efetivamente *é* igual a 368. Esse erro faz com que você desnecessariamente ajuste o processo de abastecimento (o "falso alarme"), não obstante o fato de o processo estar operando apropriadamente. No mesmo cenário, você cometeria um erro do Tipo II caso concluísse que a média aritmética da população correspondente à quantidade abastecida *é* igual a 368, quando ela *não* é igual a 368. Nesse caso, você permitiria que o processo tivesse continuidade, sem ajustes, ainda que eles se fizessem necessários (a "oportunidade perdida").

Tradicionalmente, você controla o erro do Tipo I quando determina o nível de risco, α, (a letra minúscula grega, *alfa*) que você está disposto a correr ao rejeitar a hipótese nula quando ela é verdadeira. Esse risco, ou probabilidade, de cometer um erro Tipo I é chamado de *nível de significância* (α). Uma vez que você especifica o nível de significância antes de realizar o teste de hipóteses, você controla diretamente o risco de vir a cometer um erro do Tipo I. Tradicionalmente, você seleciona um nível de 0,01; 0,05 ou 0,10. Depois que especifica o valor para α, você pode, então, determinar os valores críticos que dividem as regiões de rejeição e de não rejeição. Você conhece o tamanho da região de rejeição, tendo em vista que α representa a probabilidade de rejeição quando a hipótese nula é verdadeira. Com base nisso, você pode, então, determinar o valor crítico ou os valores críticos que dividem as regiões de rejeição e de não rejeição.

A probabilidade de vir a cometer um erro do Tipo II é conhecida como risco β. Diferentemente de um erro do Tipo I, que você controla por meio da seleção de α, a probabilidade de vir a cometer um erro do Tipo II depende da diferença entre o valor identificado na hipótese e o verdadeiro valor do parâmetro da população. Uma vez que grandes diferenças são mais fáceis de vir a ser encontradas do que pequenas diferenças, caso seja grande a diferença entre o valor identificado na hipótese e o verdadeiro valor para o parâmetro da população, β será pequeno. Por exemplo, se a média aritmética da população é igual a 330 gramas, existe uma pequena chance (β) de que você venha a concluir que a média aritmética não se modificou em relação a 368 gramas. Entretanto, caso venha a ser pequena a diferença entre o valor identificado na hipótese e o verdadeiro valor para o parâmetro, β será grande. Por exemplo, no caso de a média aritmética da população ser verdadeiramente igual a 367 gramas, existe uma chance considerável (β) de que você venha a concluir que a média aritmética permanece ainda igual a 368 gramas.

PROBABILIDADE DO ERRO DO TIPO I E DO ERRO DO TIPO II

O **nível de significância** (α) de um teste estatístico é a probabilidade de vir a cometer um erro do Tipo I.

O **risco β** é a probabilidade de vir a cometer um erro do Tipo II.

O complemento da probabilidade de um erro do Tipo I, $(1 - \alpha)$, é conhecido como *coeficiente de confiança*. O coeficiente de confiança corresponde à probabilidade de que você não rejeitará a hipótese nula, H_0, quando ela é verdadeira e não deveria ser rejeitada. No cenário que trata da Oxford Cereals, o coeficiente de confiança mede a probabilidade de concluir que a média aritmética da população referente ao abastecimento corresponde a 368 gramas, quando ela é efetivamente igual a 368 gramas.

O complemento da probabilidade de um erro do Tipo II, $(1 - \beta)$ é chamado de *eficácia de um teste estatístico*. A eficácia de um teste estatístico corresponde à probabilidade de que você venha a rejeitar a hipótese nula quando ela é falsa, e deveria ser rejeitada. No cenário que trata da Oxford Cereals, a eficácia do teste corresponde à probabilidade de que você venha a corretamente concluir que a média aritmética da população referente ao abastecimento corresponde a 368 gramas, quando ela efetivamente não é igual a 368 gramas.

COMPLEMENTOS DOS ERROS DO TIPO I E DO TIPO II

O **coeficiente de confiança**, $(1 - \alpha)$, corresponde à probabilidade de que você venha a não rejeitar a hipótese nula, H_0, quando ela é efetivamente verdadeira e não deve ser rejeitada.

A **eficácia de um teste estatístico**, $(1 - \beta)$, é a probabilidade de que você venha a rejeitar a hipótese nula quando ela é falsa e deveria, efetivamente, ser rejeitada.

A Tabela 9.1 ilustra os resultados correspondentes a duas decisões possíveis (não rejeitar H_0 ou rejeitar H_0), que você pode vir a tomar em qualquer teste de hipóteses. Você pode tomar uma decisão correta, ou cometer um entre dois tipos de erros.

TABELA 9.1
Testes de Hipóteses e
Tomada de Decisão

Decisão Estatística	Situação Real	
	H_0 Verdadeira	H_0 Falsa
Não rejeitar H_0	Decisão correta Confiança $= (1 - \alpha)$	Erro do Tipo II $P(\text{Erro do Tipo II}) = \beta$
Rejeitar H_0	Erro do Tipo I $P(\text{Erro do Tipo I}) = \alpha$	Decisão correta Eficácia $= (1 - \beta)$

Um modo de reduzir a probabilidade de vir a cometer um erro do Tipo II é pelo aumento do tamanho da amostra. Amostras com grande tamanho geralmente permitem que você detecte diferenças, até mesmo bastante pequenas, entre os valores apresentados na hipótese e os parâmetros verdadeiros da população. Para um determinado nível de α, aumentar o tamanho da amostra faz com que β diminua e, por conseguinte, faz com que cresça a eficácia do teste estatístico para detectar que a hipótese nula, H_0, é falsa.

No entanto, existe sempre uma limitação no tocante a seus recursos, e isso afeta a decisão em relação ao tamanho máximo de amostra que você pode vir a selecionar. No que se refere a qualquer tamanho de amostra específico, você deve levar em consideração a relação do tipo perde e ganha entre os dois possíveis tipos de erro. Uma vez que você consegue diretamente controlar o risco do erro do Tipo I, você pode reduzir esse risco selecionando um valor menor para α. Por exemplo, caso as consequências negativas associadas a vir a cometer um erro do Tipo I sejam substanciais, você pode selecionar $\alpha = 0,01$, em vez de $\alpha = 0,05$. No entanto, quando você diminui α, você faz com que β cresça, o que significa que a redução do risco de um erro do Tipo I resulta em um maior risco para um erro do Tipo II. No entanto, para reduzir β, você poderia selecionar um valor mais alto para α. Portanto, se for importante tentar evitar um erro do Tipo II, você pode selecionar α igual a 0,05 ou 0,10, em vez de 0,01.

No cenário que trata da Oxford Cereals, o risco de ocorrência de um erro do Tipo I envolve concluir que a média aritmética da quantidade abastecida se modificou em relação aos 368 gramas identificados na hipótese, quando, na realidade, a média aritmética *não* se modificou. O risco de ocorrência de um erro do Tipo II envolve concluir que a média aritmética correspondente à quantidade abastecida não se modificou em relação aos 368 gramas identificados na hipótese quando, na realidade, ela se modificou. A escolha de valores razoáveis para α e β depende dos custos inerentes a cada um dos tipos de erro. Por exemplo, caso seja demasiadamente oneroso modificar o processo de abastecimento de cereais, seria aconselhável que você estivesse bastante confiante de que uma modificação seria necessária antes de vir a fazer qualquer tipo de mudança. Nesse caso, o risco de que venha a ser cometido um erro do Tipo I é mais importante, e você optaria por um α pequeno. Entretanto, caso você desejasse estar bastante confiante de ser capaz de detectar variações em relação à média aritmética de 368 gramas, o risco de vir a cometer um erro do Tipo II seria mais importante, e você optaria por um nível de α mais elevado.

Agora que você passou a conhecer a metodologia para o teste de hipóteses, tenha sempre em mente que, no cenário que trata da Oxford Cereals, no início deste capítulo, o problema estratégico enfrentado pela Oxford Cereals é determinar se a média aritmética correspondente ao peso abastecido, na população de caixas no processo de abastecimento, difere de 368 gramas. Para fazer essa determinação, você seleciona uma amostra aleatória de 25 caixas, pesa cada uma das caixas, calcula a média aritmética da amostra, $\bar{X}$), e, depois disso, avalia a diferença entre essa estatística da amostra e o parâmetro da população especificado na hipótese, comparando a média aritmética do peso (em gramas) da amostra com a média aritmética esperada para a população, 368 gramas, especificada pela empresa. A hipótese nula e a hipótese alternativa são:

$$H_0 : \mu = 368$$
$$H_1 : \mu \neq 368$$

Teste Z para a Média Aritmética (α Conhecido)

Quando o desvio-padrão, σ, é conhecido (o que raramente ocorre), você utiliza o **teste Z para a média aritmética**, caso a população seja distribuída nos moldes da distribuição normal. Se a população não for distribuída nos moldes de uma distribuição normal, você pode, ainda assim, fazer uso do teste Z, caso o tamanho da amostra seja grande o suficiente para que o Teorema do Limite Central possa vir a exercer seus efeitos (veja a Seção 7.2). A Equação (9.1) define Z_{ESTAT}, a estatística do teste para determinar a diferença entre a média aritmética da amostra, $\bar{X}$), e a média aritmética da população, μ, quando o desvio-padrão, σ, é conhecido.

TESTE Z PARA A MÉDIA ARITMÉTICA (σ CONHECIDO)

$$Z_{ESTAT} = \frac{\overline{X} - \mu}{\frac{\sigma}{\sqrt{n}}} \quad (9.1)$$

> **Dica para o Leitor**
> Você utiliza o teste Z, uma vez que **σ** é conhecido.

Na Equação (9.1), o numerador mede a diferença entre a média aritmética observada para a amostra, $\overline{X}$, e a média aritmética identificada na hipótese nula, μ. O denominador representa o erro-padrão da média aritmética, de modo tal que Z_{ESTAT} representa a diferença entre $\overline{X}$ e μ, em termos de unidades do erro-padrão.

Testes de Hipóteses Utilizando a Abordagem do Valor Crítico

A abordagem do valor crítico se compara ao valor calculado para a estatística do teste Z_{ESTAT}, extraído da Equação (9.1) aos valores críticos que dividem a distribuição normal em regiões de rejeição e de não região. Os valores críticos são expressos sob a forma de valores Z padronizados que são determinados pelo nível de significância.

> **Dica para o Leitor**
> Lembre-se de que você primeiramente determina o nível de significância. Isso possibilita que você determine, então, o valor crítico. Um nível diferente de significância acarreta um valor crítico diferente.

Por exemplo, se você utiliza um nível de significância de 0,05, o tamanho da região de rejeição é 0,05. Uma vez que a hipótese nula contém um sinal de igualdade e a hipótese alternativa contém um sinal de desigualdade, você tem um **teste bicaudal**, no qual a região de rejeição é dividida entre as duas caudas da distribuição, com duas partes iguais equivalentes a 0,025 em cada uma das caudas. No que se refere a este teste bicaudal, uma região de rejeição de 0,025 em cada uma das caudas da distribuição normal resulta em uma área acumulada de 0,025 abaixo do valor crítico inferior e em uma área acumulada de 0,975 (1 − 0,025) abaixo do valor crítico superior (que deixa uma área de 0,025 na cauda superior). De acordo com a tabela de distribuição normal padronizada acumulada (Tabela E.2), os valores críticos que dividem as regiões de rejeição e de não rejeição são −1,96 e +1,96. A Figura 9.2 ilustra o fato de que, se a média aritmética for efetivamente 368 gramas, conforme declara H_0, os valores para a estatística do teste Z_{ESTAT} terão uma distribuição normal padronizada centralizada em Z = 0 (que corresponde a um valor de $\overline{X}$ de 368 gramas). Valores de Z_{ESTAT} maiores que +1,96 ou menores que −1,96 indicam que $\overline{X}$ é suficientemente diferente de μ = 368 declarado na hipótese nula, e que é improvável que tal valor para $\overline{X}$ venha a ocorrer, caso H_0 seja verdadeira.

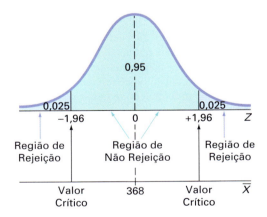

FIGURA 9.2
Testando uma hipótese sobre a média aritmética (σ conhecido) no nível de significância de 0,05

Portanto, a regra de decisão é

Rejeitar H_0 se $Z_{ESTAT} > +1,96$

ou se $Z_{ESTAT} < -1,96$;

caso contrário, não rejeitar H_0.

> **Dica para o Leitor**
> Em um teste bicaudal, existe uma região de rejeição em cada uma das caudas da distribuição.

Suponha que a amostra de 25 caixas de cereais indique uma média aritmética de amostra, $\overline{X}$, igual a 372,5 gramas, e o desvio-padrão da população, σ, seja de 15 gramas. Utilizando a Equação (9.1),

$$Z_{ESTAT} = \frac{\overline{X} - \mu}{\frac{\sigma}{\sqrt{n}}} = \frac{372,5 - 368}{\frac{15}{\sqrt{25}}} = +1,50$$

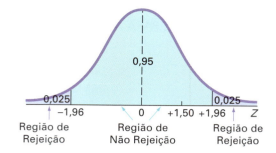

FIGURA 9.3
Testando uma hipótese sobre a média aritmética do peso do cereal (σ conhecido) no nível de significância de 0,05

> **Dica para o Leitor**
> Lembre-se de que a decisão sempre diz respeito a H_0. Ou você rejeita H_0, ou não rejeita H_0.

Uma vez que $Z_{ESTAT} = +1,50$ é maior do que $-1,96$ e menor do que $+1,96$, você não rejeita H_0 (veja a Figura 9.3).

Você continua a acreditar que a média aritmética da quantidade abastecida corresponde a 368 gramas. Para levar em conta a possibilidade de vir a cometer um erro do Tipo II, você declara a conclusão sob a forma "existem evidências insuficientes de que a média aritmética da quantidade abastecida seja diferente de 368 gramas".

A Apresentação 9.1, adiante, fornece um resumo da abordagem do valor crítico para o teste de hipóteses. As Etapas 1 e 2 correspondem à parte da tarefa Definir; a Etapa 5 combina as tarefas Coletar e Organizar; e as Etapas 3, 4 e 6 correspondem às tarefas Visualizar e Analisar da metodologia de resolução de problemas inicialmente discutida na Seção MAO.1, no início deste livro. Os Exemplos 9.2 e 9.3 aplicam a abordagem do valor crítico para testes de hipóteses, ao caso da Oxford Cereals e ao caso do restaurante especializado em refeições rápidas.

APRESENTAÇÃO 9.1 A ABORDAGEM DO VALOR CRÍTICO PARA O TESTE DE HIPÓTESES

1. Declare a hipótese nula, H_0, e a hipótese alternativa, H_1.
2. Escolha o nível de significância, α, e o tamanho da amostra, n. O nível de significância é baseado na importância relativa dos riscos de serem cometidos erros do Tipo I e do Tipo II no problema.
3. Determine a estatística apropriada do teste e a distribuição de amostragens.
4. Determine os valores críticos que dividem as regiões de rejeição e as regiões de não rejeição.
5. Colete os dados da amostra, organize os resultados e calcule o valor da estatística do teste.
6. Tome a decisão estatística, determine se os pressupostos são válidos e expresse a conclusão gerencial. Se a estatística do teste vier a se posicionar na região de não rejeição, você não rejeita a hipótese nula, H_0. Caso a estatística de teste se posicione na região de rejeição, você rejeita a hipótese nula. A conclusão gerencial é expressa no contexto do problema do mundo real.

EXEMPLO 9.2

Aplicando a Abordagem do Valor Crítico para o Teste de Hipóteses na Oxford Cereals

Expresse a abordagem do valor crítico para o teste de hipóteses no caso da Oxford Cereals.

SOLUÇÃO

Etapa 1 Declare a hipótese nula e a hipótese alternativa. A hipótese nula, H_0, é sempre declarada sob a forma de uma expressão matemática, utilizando parâmetros da população. Ao testar se a média aritmética da quantidade abastecida de cereais corresponde a 368 gramas, a hipótese nula declara que μ é igual a 368. A hipótese alternativa, H_1, é também declarada sob a forma de uma expressão matemática, utilizando parâmetros da população. Por conseguinte, a hipótese alternativa declara que μ não é igual a 368 gramas.

Etapa 2 Escolha o nível de significância e o tamanho da amostra. Você escolhe o nível de significância, α, de acordo com a importância relativa dos riscos de virem a ser cometidos erros do Tipo I e erros do Tipo II no problema. Quanto menor o valor de α, menor o risco de vir a ser cometido um erro do Tipo I. Neste exemplo, cometer um erro do Tipo I significa que você conclui que a média aritmética da população não corresponde a 368 gramas, quando ela é efetivamente igual a 368 gramas. Consequentemente, você adotará ações corretivas em relação ao processo de abastecimento, não obstante o fato de que ele esteja operando adequadamente. Nesse caso, $\alpha = 0,05$ é selecionado. O tamanho da amostra, n, é igual a 25.

Fundamentos dos Testes de Hipóteses: Testes para Uma Amostra **315**

Etapa 3 Selecione a estatística do teste apropriada. Uma vez que σ é conhecido a partir de informações sobre o processo de abastecimento, você utiliza a distribuição normal e a estatística do teste Z_{ESTAT}.

Etapa 4 Determine a região de rejeição. São selecionados valores críticos para a estatística do teste apropriada, de modo tal que a região de rejeição contenha uma área total de α quando H_0 for verdadeira e a região de não rejeição contenha uma área total de $1 - \alpha$ quando H_0 for verdadeira. Uma vez que $\alpha = 0,05$ no exemplo que trata dos cereais, os valores críticos da estatística do teste Z_{ESTAT} são $-1,96$ e $+1,96$. A região de rejeição é, por conseguinte, $Z_{ESTAT} < -1,96$, ou $Z_{ESTAT} > +1,96$. A região de não rejeição é $-1,96 \leq Z \leq +1,96$.

Etapa 5 Colete os dados da amostra e calcule o valor para a estatística do teste. No exemplo que trata dos cereais, $\bar{X} = 372,5$, e o valor da estatística do teste é $Z_{ESTAT} = +1,50$.

Etapa 6 Expresse a decisão estatística e a conclusão gerencial. Em primeiro lugar, determine se a estatística do teste está contida na região de rejeição ou na região de não rejeição. No que se refere ao exemplo dos cereais, $Z_{ESTAT} = +1,50$ está na região de não rejeição, uma vez que $-1,96 \leq Z_{ESTAT} = +1,50 \leq +1,96$. Uma vez que a estatística do teste está contida na região de não rejeição, a decisão estatística corresponde a não rejeitar a hipótese nula, H_0. A conclusão gerencial é de que existem evidências insuficientes para provar que a média aritmética da quantidade abastecida é diferente de 368 gramas. Nenhuma ação corretiva é necessária em relação ao processo de abastecimento.

EXEMPLO 9.3

Testando e Rejeitando uma Hipótese Nula

Você é o gerente de uma lanchonete especializada em refeições rápidas. O problema estratégico diz respeito a determinar se a média aritmética da população correspondente ao tempo de espera para que um pedido venha a ser atendido se modificou, no mês anterior, em relação a seu valor anterior de 4,5 minutos. Com base em experiências passadas, você consegue pressupor que a população é distribuída nos moldes da distribuição normal, com um desvio-padrão de 1,2 minuto para a população. Você seleciona uma amostra de 25 pedidos durante um período de uma hora. A média aritmética da amostra é 5,1 minutos. Utilize a abordagem das seis etapas, listada na Apresentação 9.1, para determinar se existem evidências, no nível de significância de 0,05, de que a média aritmética da população do tempo de espera para o atendimento de um pedido se modificou, ao longo do mês passado, em relação a seu valor anterior para a média aritmética da população, que correspondia a 4,5 minutos.

SOLUÇÃO

Etapa 1 A hipótese nula é de que a média aritmética da população não se modificou em relação ao seu valor anterior, de 4,5 minutos:

$$H_0 : \mu = 4,5$$

A hipótese alternativa corresponde ao oposto da hipótese nula. Tendo em vista que a hipótese nula é de que a média aritmética da população corresponde a 4,5 minutos, a hipótese alternativa é de que a média aritmética da população não corresponde a 4,5 minutos:

$$H_1 : \mu \neq 4,5$$

Etapa 2 Você selecionou uma amostra com $n = 25$. O nível de significância é 0,05 (ou seja, $\alpha = 0,05$).

Etapa 3 Uma vez que σ é considerado conhecido, você utiliza a distribuição normal e a estatística do teste Z_{ESTAT}.

Etapa 4 Uma vez que $\alpha = 0,05$, os valores críticos da estatística do teste Z_{ESTAT} são $-1,96$ e $+1,96$. A região de rejeição é $Z_{ESTAT} < -1,96$ ou $Z_{ESTAT} > +1,96$. A região de não rejeição corresponde a $-1,96 \leq Z_{ESTAT} \leq +1,96$.

Etapa 5 Você coleta os dados da amostra e calcula $\bar{X} = 5,1$. Utilizando a Equação (9.1), você calcula a estatística do teste:

$$Z_{ESTAT} = \frac{\bar{X} - \mu}{\dfrac{\sigma}{\sqrt{n}}} = \frac{5,1 - 4,5}{\dfrac{1,2}{\sqrt{25}}} = +2,50$$

Etapa 6 Uma vez que $Z_{ESTAT} = +2,50 > 1,96$, você rejeita a hipótese nula. Você conclui que existem evidências de que a média aritmética da população correspondente ao tempo de espera para que um pedido seja atendido se modificou em relação a seu valor anterior de 4,5 minutos. A média aritmética do tempo de espera para os clientes é maior agora do que no mês passado. No papel de gerente, seria desejável que você determinasse um modo de reduzir o tempo de espera para melhorar o serviço.

Testes de Hipóteses Utilizando a Abordagem do Valor-p

O **valor-p** é a probabilidade de que venha a ser obtida uma estatística de teste igual ou mais extrema do que o resultado da amostra, considerando-se que a hipótese nula, H_0, seja verdadeira. O valor-p é também conhecido como o *nível observado de significância*. O uso do valor-p para determinar regiões de rejeição e de não rejeição é outra abordagem para testes de hipóteses.

As regras de decisão para rejeitar H_0 na abordagem do valor-p são:

- Caso o valor-p seja maior ou igual a α, não rejeitar a hipótese nula.
- Caso o valor-p seja menor do que α, rejeitar a hipótese nula.

> **Dica para o Leitor**
> Um valor-p pequeno (ou baixo) significa uma pequena probabilidade de que H_0 seja verdadeira. Um valor-p grande (ou alto) significa uma grande probabilidade de que H_0 seja verdadeira.

Muitas pessoas confundem essas regras, acreditando, equivocadamente, que um valor-p alto é uma razão para a rejeição. Você pode evitar essa confusão lembrando do seguinte:

Se o valor-p for pequeno, então H_0 eu condeno.

Para compreender a abordagem do valor-p, considere o cenário que trata da Oxford Cereals. Você testou se a média aritmética da quantidade de cereal abastecido era, ou não, igual a 368 gramas. A estatística do teste resultou em um valor de Z_{ESTAT} igual a $+1,50$, e você não rejeitou a hipótese nula, tendo em vista que $+1,50$ era menor que o valor crítico superior, correspondente a $+1,96$, e maior que o valor crítico inferior, correspondente a $-1,96$.

Para utilizar a abordagem do valor-p em relação ao *teste bicaudal*, você encontra a probabilidade de que a estatística de teste Z_{ESTAT} seja igual ou *mais extrema* do que 1,50 unidade de erro-padrão em relação ao centro de uma distribuição normal padronizada. Em outras palavras, você precisa calcular a probabilidade de que um valor de Z_{ESTAT} seja maior do que $+1,50$, juntamente com a probabilidade de que o valor de Z_{ESTAT} seja menor do que $-1,50$. A Tabela E.2 demonstra que a probabilidade de um valor de Z_{ESTAT} menor do que $-1,50$ é igual a 0,0668. A probabilidade de um valor inferior a $+1,50$ corresponde a 0,9332, e a probabilidade de um valor superior a $+1,50$ corresponde a $1 - 0,9332 = 0,0668$. Por conseguinte, o valor-p correspondente a esse teste bicaudal é igual a $0,0668 + 0,0668 = 0,1336$ (veja a Figura 9.4). Consequentemente, a probabilidade de uma estatística de teste igual ou mais extrema do que o resultado da amostra é igual a 0,1336. Uma vez que 0,1336 é maior do que $\alpha = 0,05$, você não rejeita a hipótese nula.

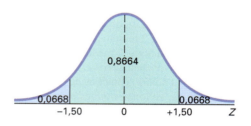

FIGURA 9.4 Encontrando um valor-p para um teste bicaudal

Neste exemplo, a média aritmética da amostra observada é igual a 372,5 gramas, 4,5 gramas acima do valor especificado na hipótese, e o valor-p é igual a 0,1336. Por conseguinte, se a média aritmética da população é 368 gramas, existe uma chance de 13,36 % de que a média aritmética da amostra venha a diferir de 368 gramas, em pelo menos 4,5 gramas (ou seja, que venha a ser $\geq 372,5$ gramas ou $\leq 363,5$ gramas). Portanto, ainda que o valor de 372,5 gramas esteja acima do valor de 368 gramas especificado na hipótese nula, um resultado tão extremo quanto, ou mais extremo que 372,5 gramas não é significativamente improvável quando a média aritmética da população é igual a 368 gramas.

A não ser que você esteja lidando com uma estatística de teste que siga o padrão da distribuição normal, você somente será capaz de fazer uma aproximação do valor-p com base nas tabelas da distribuição. No entanto, o Excel consegue calcular o valor-p para qualquer teste de hipóteses, e isso permite que você substitua a abordagem do valor crítico pela abordagem do valor-p quando estiver conduzindo testes de hipóteses.

FIGURA 9.5 Planilha do teste Z para a média aritmética (σ conhecido) para o exemplo do abastecimento de cereais

A Figura 9.5 exibe a planilha CÁLCULO da pasta de trabalho Z para Média Aritmética que é utilizada nas instruções da Seção GE9.1.

A Figura 9.5 exibe uma solução, obtida por meio de planilha, para o exemplo que trata do abastecimento de cereais, discutido nesta seção. Embora a planilha faça uso da abordagem do valor-p na célula A18 para determinar rejeição ou não rejeição, a planilha também inclui a estatística do teste Z_{ESTAT} e os valores críticos.

A Apresentação 9.2 sintetiza a abordagem do valor-p para o teste de hipóteses. O Exemplo 9.4 aplica a abordagem do valor-p para o exemplo que trata da lanchonete especializada em refeições rápidas.

APRESENTAÇÃO 9.2 A ABORDAGEM DO VALOR-p PARA O TESTE DE HIPÓTESES

1. Especifique a hipótese nula, H_0, e a hipótese alternativa, H_1.

2. Escolha o nível de significância, α, e o tamanho da amostra, n. O nível de significância é baseado na importância relativa dos riscos de cometer um erro do Tipo I e um erro do Tipo II no problema.

3. Determine a estatística do teste e a distribuição de amostragens apropriadas.

4. Colete os dados da amostra, calcule o valor da estatística do teste e o valor-p.

5. Tome a decisão estatística e expresse a conclusão gerencial. Se o valor-p for maior ou igual a α, você não rejeita a hipótese nula. Se o valor-p for menor do que α, você rejeita a hipótese nula. Lembre-se do mantra: Se o valor-p for pequeno, a hipótese nula vai para o dreno. A conclusão gerencial é expressa no contexto do problema relacionado ao mundo real.

EXEMPLO 9.4

Testando e Rejeitando uma Hipótese Nula Utilizando a Abordagem do Valor-p

Você é o gerente de uma lanchonete especializada em refeições rápidas. O problema estratégico da empresa diz respeito a determinar se a média aritmética da população correspondente ao tempo de espera para que um pedido seja atendido se modificou, no mês anterior, em relação a seu valor anterior de 4,5 minutos. Com base em experiências do passado, você consegue pressupor que o desvio-padrão da população corresponde a 1,2 minuto. Você seleciona uma amostra de 25 pedidos, durante um período de uma hora. A média aritmética da amostra é igual a 5,1 minutos. Utilize a abordagem de cinco etapas para o valor-p, listada na Apresentação 9.2, para determinar se existem evidências de que a média aritmética da população correspondente ao tempo de espera para o atendimento de um pedido se modificou, no mês passado, em relação a seu valor anterior, de 4,5 minutos, para a média aritmética da população.

SOLUÇÃO

Etapa 1 A hipótese nula é de que a média aritmética da população não se modificou em relação a seu valor anterior de 4,5 minutos:

$$H_0 : \mu = 4,5$$

A hipótese alternativa é o oposto da hipótese nula. Uma vez que a hipótese nula afirma que a média aritmética da população corresponde a 4,5 minutos, a hipótese alternativa afirma que a média aritmética da população não corresponde a 4,5 minutos:

$$H_1 : \mu \neq 4,5$$

Etapa 2 Você selecionou uma amostra com $n = 25$ e escolheu um nível de significância de 0,05 (ou seja, $\alpha = 0,05$).

Etapa 3 Selecione a estatística de teste apropriada. Uma vez que σ é pressupostamente conhecido, você utiliza a distribuição normal e a estatística do teste Z_{ESTAT}.

Etapa 4 Você coleta os dados e calcula $\overline{X} = 5,1$. Utilizando a Equação (9.1), você calcula a estatística do teste da seguinte maneira:

$$Z_{ESTAT} = \frac{\overline{X} - \mu}{\dfrac{\sigma}{\sqrt{n}}} = \frac{5,1 - 4,5}{\dfrac{1,2}{\sqrt{25}}} = +2,50$$

Para encontrar a probabilidade de obter uma estatística do teste Z_{ESTAT} que seja igual ou mais extrema do que 2,50 unidades de erro-padrão em relação ao centro da distribuição normal padronizada, você calcula a probabilidade de um valor de Z_{ESTAT} maior do que $+2,50$, juntamente com a probabilidade de um valor de Z_{ESTAT} abaixo de $-2,50$. Com base na Tabela E.2, a probabilidade de um valor de Z_{ESTAT} inferior a $-2,50$ é 0,0062. A probabilidade de um valor abaixo de $+2,50$ é 0,9938. Logo, a probabilidade de um valor acima de $+2,50$ é igual a $1 - 0,9938 = 0,0062$. Por conseguinte, o valor-p correspondente a esse teste bicaudal é $0,0062 + 0,0062 = 0,0124$.

Etapa 5 Uma vez que o valor-$p = 0,0124 < \alpha = 0,05$, você rejeita a hipótese nula. Você conclui que existem evidências de que a média aritmética da população correspondente ao tempo de espera para que um pedido seja atendido se modificou em relação a seu valor de 4,5 minutos, correspondente à média aritmética da população. A média aritmética do tempo de espera para os clientes é mais longo agora do que no mês passado.

Uma Ligação entre a Estimativa do Intervalo de Confiança e o Teste de Hipóteses

Este capítulo e o Capítulo 8 examinam a estimativa para intervalos de confiança e testes de hipóteses, os dois principais componentes da inferência estatística. Embora compartilhem a mesma fundamentação conceitual, a estimativa do intervalo de confiança e o teste de hipóteses são utilizados para diferentes finalidades. No Capítulo 8, os intervalos de confiança estimaram parâmetros. Neste capítulo, os testes de hipóteses elaboram decisões sobre valores especificados de parâmetros da população. Testes de hipóteses são utilizados quando estamos tentando provar que um determinado parâmetro é menor, maior ou não igual a um valor especificado. A interpretação apropriada de um intervalo de confiança, no entanto, pode também indicar se um determinado parâmetro é menor, maior ou não igual a um valor especificado. Por exemplo, nesta seção você testou se a média aritmética da população correspondente à quantidade abastecida era diferente de 368 gramas utilizando a Equação (9.1):

$$Z_{ESTAT} = \frac{\overline{X} - \mu}{\dfrac{\sigma}{\sqrt{n}}}$$

Em vez de testar a hipótese nula de que $\mu = 368$ gramas, você pode chegar à mesma conclusão construindo uma estimativa para o intervalo de confiança de μ. Se o valor especificado na hipótese para $\mu = 368$ estiver contido dentro do intervalo, você não rejeita a hipótese nula, uma vez que 368 não seria considerado um valor incomum. Entretanto, se o valor especificado na hipótese não se posiciona dentro do intervalo, você rejeita a hipótese nula, porque "$\mu = 368$ gramas" é então considerado um valor incomum. Utilizando a Equação (8.1), na Seção 8.1 do Capítulo 8, e os dados a seguir:

$$n = 25, \ \overline{X} = 372,5 \text{ gramas}, \ \sigma = 15 \text{ gramas}$$

para um nível de confiança de 95 % (ou seja, $\alpha = 0,05$),

$$\overline{X} \pm Z_{\alpha/2}\frac{\sigma}{\sqrt{n}}$$

$$372,5 \pm (1,96)\frac{15}{\sqrt{25}}$$

$$372,5 \pm 5,88$$

de modo que

$$366,62 \leq \mu \leq 378,38$$

Uma vez que o intervalo inclui o valor especificado na hipótese nula, que corresponde a 368 gramas, você não rejeita a hipótese nula. Existem evidências insuficientes de que a média aritmética da quantidade abastecida, ao longo de todo o processo, não seja igual a 368 gramas. Você chegou a essa mesma decisão ao utilizar um teste de hipóteses bicaudal.

É Realmente Possível Conhecer o Desvio-Padrão da População?

O final da Seção 8.1 abordou a questão de como o aprendizado do método para estimativas de intervalos de confiança que exigiam o conhecimento prévio de σ, o desvio-padrão da população, servia como uma introdução eficaz para o conceito de um intervalo de confiança. O texto em referência revelou, então, que seria improvável que você viesse a utilizar o citado procedimento no que se refere à maior parte das aplicações práticas, por diversas razões.

Por analogia, no que diz respeito à maior parte das aplicações práticas, é improvável que você venha a utilizar um método de teste de hipóteses que exija o conhecimento prévio de σ. Se você conhecesse previamente o desvio-padrão da população, você conheceria também a média aritmética da população e não precisaria formular uma hipótese sobre a média aritmética e então testar a referida hipótese. Sendo assim, por que estudar um teste de hipóteses para a média aritmética que exija que σ seja conhecido? O uso desse tipo de teste torna muito mais fácil explicar os fundamentos de testes de hipóteses. Com um desvio-padrão de população conhecido, você pode utilizar a distribuição normal e calcular valores-p utilizando as tabelas da distribuição normal.

Uma vez que é importante que você compreenda o conceito de teste de hipóteses quando estiver lendo o restante deste livro, reexamine esta seção criteriosamente de modo a compreender o conceito subjacente — ainda que você saiba, de antemão, que jamais terá uma razão prática para utilizar o teste representado pela Equação (9.1).

Fundamentos dos Testes de Hipóteses: Testes para Uma Amostra **319**

Problemas para a Seção 9.1

APRENDENDO O BÁSICO

9.1 Se você utilizasse um nível de significância correspondente a 0,05 em um teste de hipóteses bicaudal, que decisão você tomaria, caso $Z_{ESTAT} = -0,76$?

9.2 Se você utilizasse um nível de significância correspondente a 0,05 em um teste de hipóteses bicaudal, que decisão você tomaria, caso $Z_{ESTAT} = +2,21$?

9.3 Se você utilizar um nível de significância de 0,10 em um teste de hipóteses bicaudal, qual será a sua regra de decisão para rejeitar uma hipótese nula de que a média aritmética da população corresponde a 500, caso você estivesse utilizando o teste Z?

9.4 Se você utilizasse um nível de significância de 0,01 em um teste de hipóteses bicaudal, qual seria a sua regra de decisão para rejeitar $H_0 : \mu = 12,5$, se estivesse utilizando o teste Z?

9.5 Qual seria a sua decisão para o Problema 9.4 se $Z_{ESTAT} = -2,61$?

9.6 Qual o valor-p, se, em um determinado teste de hipóteses bicaudal, $Z_{ESTAT} = +2,00$?

9.7 No Problema 9.6, qual seria a sua decisão estatística caso você estivesse testando a hipótese nula no nível de significância de 0,10?

9.8 Qual o valor-p, se, em um determinado teste de hipóteses bicaudal, $Z_{ESTAT} = -1,38$?

APLICANDO OS CONCEITOS

9.9 No sistema judiciário dos EUA, o acusado é presumido inocente até que seja comprovadamente culpado. Considere uma hipótese nula, H_0, de que o acusado seja inocente, e uma hipótese alternativa, H_1, de que o acusado seja culpado. Um júri tem duas decisões possíveis: Condenar o acusado (ou seja, rejeitar a hipótese nula) ou não condenar o acusado (ou seja, não rejeitar a hipótese nula). Explique o significado dos riscos de que venha a ser cometido um erro do Tipo I ou um erro do Tipo II, nesse exemplo.

9.10 Suponha que o acusado apresentado no Problema 9.9 fosse presumido culpado até que fosse provado inocente. De que maneira a hipótese nula e a hipótese alternativa divergiriam em relação àquelas apresentadas no Problema 9.9? Quais seriam os significados para os riscos de vir a cometer um erro do Tipo I ou um erro do Tipo II, nesse caso?

9.11 Muitos grupos de defesa do consumidor sentem que o processo de aprovação de medicamentos pela Food and Drug Administration (FDA) é demasiadamente fácil e, como resultado disso, é aprovada uma quantidade demasiadamente grande de medicamentos que posteriormente se revelam prejudiciais à saúde. Por outro lado, uma quantidade de lobistas desse setor está realizando esforços para tornar o processo de aprovação mais flexível, de modo a que as empresas do setor farmacêutico possam ter novos medicamentos aprovados com mais facilidade e maior rapidez. Considere uma hipótese nula de que um novo medicamento, ainda não aprovado, seja prejudicial para a saúde e uma hipótese alternativa de que um novo medicamento, ainda não aprovado, seja seguro.

a. Explique os riscos inerentes ao fato de cometer um erro do Tipo I ou um erro do Tipo II.

b. Que tipo de erro os grupos de defesa dos consumidores estão tentando evitar? Explique.

c. Que tipo de erro os lobistas do setor estão tentando evitar? Explique.

d. De que maneira seria possível diminuir a chance de ocorrência tanto de erros do Tipo I quanto de erros do Tipo II?

9.12 Como um resultado de reclamações relacionadas a atrasos tanto de professores quanto de alunos, o secretário-geral de uma universidade de grande porte está pronto para conduzir um estudo para determinar se o intervalo entre as aulas deveria ser modificado. Até o momento, o secretário-geral acreditava que deveria haver 20 minutos de intervalo entre os horários das aulas. Especifique a hipótese nula, H_0, e a hipótese alternativa, H_1.

9.13 Os alunos que estão cursando marketing em sua faculdade estudam mais, menos, ou aproximadamente o mesmo que os alunos que estão cursando marketing em outras faculdades? O *The Washington Post* relatou os resultados da National Survey of Student Engagement (Pesquisa Nacional sobre Engajamento de Alunos) que descobriu que os alunos do curso de marketing estudavam uma média de 12,1 horas por semana. (Dados extraídos de "Is College Too Easy? As Study Time Falls, Debate Rises", *The Washington Post*, 21 de maio de 2012.) Construa um teste de hipóteses para tentar provar que a média aritmética do número de horas que os alunos estudam em sua faculdade é diferente da marca de referência de 12,1 horas por semana apresentada pelo *The Washington Post*.

a. Elabore a hipótese nula e a hipótese alternativa.

b. Qual seria um erro do Tipo I para seu teste?

c. Qual seria um erro do Tipo II para seu teste?

AUTO-teste **9.14** O gerente de controle da qualidade de uma fábrica de lâmpadas precisa determinar se a média aritmética da vida útil de uma grande remessa de lâmpadas é igual a 375 horas. O desvio-padrão da população corresponde a 100 horas. Uma amostra aleatória de 64 lâmpadas indica uma média aritmética de vida útil, para a amostra, de 350 horas.

a. No nível de significância de 0,05, existem evidências de que a média aritmética da vida útil seja diferente de 375 horas?

b. Calcule o valor-p e interprete seu significado.

c. Construa a estimativa para o intervalo de confiança de 95 % para a média aritmética da população correspondente à vida útil das lâmpadas.

d. Compare os resultados de (a) e (c). A que conclusões você chega?

9.15 Suponha que, no Problema 9.14, o desvio-padrão seja de 120 horas.

a. Repita os itens de (a) a (d) do Problema 9.14, pressupondo um desvio-padrão de 120 horas.

b. Compare os resultados de (a) com os resultados do Problema 9.14.

9.16 O gerente de uma loja de material de suprimento para pintura deseja determinar se a média aritmética da quantidade de tinta contida em latas de 1 galão, adquiridas de um fabricante nacionalmente conhecido, corresponde a, efetivamente, 1 galão. Você sabe, com base nas especificações do fabricante, que o desvio-padrão da quantidade de tinta é 0,02 galão. Você seleciona uma amostra aleatória de 50 latas, e a média aritmética da quantidade de tinta, por lata de 1 galão, corresponde a 0,995 galão.

a. Existem evidências de que a média aritmética da quantidade seja diferente de 1,0 galão? (Use $\alpha = 0,01$.)

320 Capítulo 9

b. Calcule o valor-p e interprete seu significado.
c. Construa a estimativa para o intervalo de confiança de 99 % para a média aritmética da população correspondente à quantidade de tinta.
d. Compare os resultados de (a) e (c). A que conclusões você chega?

9.17 Suponha que, no Problema 9.16, o desvio-padrão seja de 0,012 galão.
a. Repita os itens de (a) a (d) do Problema 9.16, pressupondo um desvio-padrão de 0,012 galão.
b. Compare os resultados de (a) com os resultados do Problema 9.16.

9.2 Teste t de Hipóteses para a Média Aritmética (σ Desconhecido)

Em praticamente todas as situações que tratam de testes de hipóteses relacionados à média aritmética da população, μ, você não conhece o desvio-padrão da população, σ. Em vez disso, você utiliza o desvio-padrão da amostra, S. Se você parte do pressuposto de que a população é distribuída nos moldes de uma distribuição normal, a distribuição de amostragens da média aritmética segue uma distribuição t com $n - 1$ grau de liberdade, e você utiliza o **teste t para a média aritmética**. Se a população não for distribuída nos moldes da distribuição normal, você pode, ainda assim, utilizar o teste t, se o tamanho da amostra for suficientemente grande para que o Teorema do Limite Central possa ser aplicado (veja a Seção 7.2). A Equação (9.2) define a estatística do teste t para determinar a diferença entre a média aritmética da amostra, $\overline{X}$, e a média aritmética da população, μ, ao utilizar o desvio-padrão da amostra, S.

TESTE t PARA A MÉDIA ARITMÉTICA (σ DESCONHECIDO)

$$t_{ESTAT} = \frac{\overline{X} - \mu}{\dfrac{S}{\sqrt{n}}} \qquad (9.2)$$

em que a estatística do teste t_{ESTAT} segue uma distribuição t que possui $n - 1$ grau de liberdade.

Para ilustrar a utilização do teste t para a média aritmética, retorne ao cenário que trata da Ricknel Home Centers, no início do Capítulo 8. O objetivo da empresa é determinar se a média aritmética correspondente ao montante por fatura de vendas permanece inalterada em relação aos $120 apresentados nos últimos cinco anos. Como um dos contabilistas da empresa, você precisa informar se esse valor se modificou, ou não. Em outras palavras, o teste de hipóteses é utilizado com o objetivo de tentar determinar se a média aritmética do montante por fatura de vendas está aumentando ou diminuindo.

A Abordagem do Valor Crítico

Para realizar esse teste de hipóteses bicaudal, você utiliza o método das seis etapas, listadas na Apresentação 9.1, na Seção 9.1.

Etapa 1 Você define as seguintes hipóteses:

$$H_0 : \mu = 120$$
$$H_1 : \mu \neq 120$$

> **☞ Dica para o Leitor**
> Lembre-se de que a hipótese nula *sempre* utiliza um sinal de igualdade, enquanto a hipótese alternativa *jamais* utiliza um sinal de igualdade.

A hipótese alternativa contém a declaração que você está tentando provar. Se a hipótese nula for rejeitada, existe, então, evidência estatística de que a média aritmética da população correspondente ao montante por fatura de vendas não mais corresponde a $120. Caso a conclusão estatística seja "não rejeitar H_0", você concluirá, então, que existem evidências insuficientes para provar que a média aritmética das quantias difere da média aritmética de longo prazo, que corresponde a $120.

Etapa 2 Você coleta os dados a partir de uma amostra com $n = 12$ faturas de vendas. Você decide utilizar $\alpha = 0,05$.

Etapa 3 Uma vez que σ é desconhecido, você utiliza a distribuição t e a estatística do teste t_{ESTAT}. Você deve necessariamente pressupor que a população correspondente a faturas de vendas seja distribuída nos moldes da distribuição normal, uma vez que um tamanho de amostra igual a 12 é demasiadamente pequeno para que o Teorema do Limite Central possa ser aplicado. Esse pressuposto é examinado mais adiante nesta seção.

Fundamentos dos Testes de Hipóteses: Testes para Uma Amostra **321**

> **Dica para o Leitor**
> Uma vez que se trata de um teste bicaudal, o nível de significância, $\alpha = 0{,}05$, está dividido em duas partes iguais correspondentes a 0,025, em cada uma das duas caudas da distribuição.

Etapa 4 Para um determinado tamanho de amostra, n, a estatística do teste t_{ESTAT} segue uma distribuição t com $n - 1$ grau de liberdade. Os valores críticos da distribuição t com $12 - 1 = 11$ graus de liberdade são encontrados na Tabela E.3, conforme ilustrado na Tabela 9.2 e na Figura 9.6. A hipótese alternativa, $H_1: \mu \neq \$120$, possui duas caudas. A área na região de rejeição da cauda esquerda (inferior) da distribuição t é igual a 0,025, e a área na região de rejeição da cauda direita (superior) da distribuição t é também igual a 0,025.

Tomando como base a tabela t, em conformidade com a Tabela E.3, da qual uma parte está ilustrada na Tabela 9.2, os valores críticos correspondem a $\pm 2{,}010$. A regra de decisão é

Rejeitar H_0 se $t_{ESTAT} < -2{,}010$

ou se $t_{ESTAT} > +2{,}010$;

caso contrário, não rejeitar H_0.

TABELA 9.2
Determinando o Valor Crítico a Partir da Tabela t para uma Área de 0,025 em Cada Cauda, com 11 Graus de Liberdade

	\multicolumn{6}{c}{Probabilidades Acumuladas}
	0,75	0,90	0,95	**0,975**	0,99	0,995
	\multicolumn{6}{c}{Áreas da Cauda Superior}
Graus de Liberdade	0,25	0,10	0,05	**0,025**	0,01	0,005
1	1,0000	3,0777	6,3138	12,7062	31,8207	63,6574
2	0,8165	1,8856	2,9200	4,3027	6,9646	9,9248
3	0,7649	1,6377	2,3534	3,1824	4,5407	5,8409
4	0,7407	1,5332	2,1318	2,7764	3,7469	4,6041
5	0,7267	1,4759	2,0150	2,5706	3,3649	4,0322
6	0,7176	1,4398	1,9432	2,4469	3,1427	3,7074
7	0,7111	1,4149	1,8946	2,3646	2,9980	3,4995
8	0,7064	1,3968	1,8595	2,3060	2,8965	3,3554
9	0,7027	1,3830	1,8331	2,2622	2,8214	3,2498
10	0,6998	1,3722	1,8125	2,2281	2,7638	3,1693
11	0,6974	1,3634	1,7959	**2,2010**	2,7181	3,1058

Fonte: Extraída da Tabela E.3.

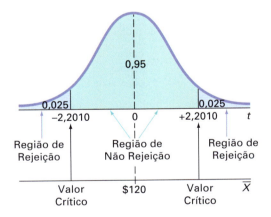

FIGURA 9.6
Testando uma hipótese sobre a média aritmética (σ desconhecido) no nível de significância de 0,05, com 11 graus de liberdade

Etapa 5 Você organiza e armazena os dados a partir de uma amostra aleatória de 12 faturas de vendas em Faturas:

108,98   152,22   111,45   110,59   127,46   107,26
93,32   91,97   111,56   75,71   128,58   135,11

Utilizando as Equações (3.1) e (3.7), nas Seções 3.1 e 3.2 do Capítulo 3, respectivamente,

$$\bar{X} = \$112{,}85 \quad \text{e} \quad S = \$20{,}80$$

Com base na Equação (9.2),

$$t_{ESTAT} = \frac{\bar{X} - \mu}{\dfrac{S}{\sqrt{n}}} = \frac{112{,}85 - 120}{\dfrac{20{,}80}{\sqrt{12}}} = -1{,}1908$$

322 Capítulo 9

A Figura 9.7 mostra uma solução, por meio de uma planilha, para esse teste de hipóteses.

FIGURA 9.7
Resultados do Excel para o teste *t* de faturas de vendas

*A Figura 9.7 exibe a **planilha CÁLCULO** da **pasta de trabalho T para Média Aritmética**, que é utilizada pelas instruções da Seção GE9.2.*

	A	B	
1	Teste *t* para a Hipótese da Média Aritmética		
2			
3	**Dados**		
4	Hipótese Nula $\mu=$	120	
5	Nível de Significância	0,05	
6	Tamanho da Amostra	12	
7	Média Aritmética da Amostra	112,85	
8	Desvio-Padrão da Amostra	20,8	
9			
10	Cálculos Intermediários		
11	Erro-Padrão da Média Aritmética	6,0044	=B8/RAIZ(B6)
12	Graus de Liberdade	11	=B6 - 1
13	Estatística do Teste *t*	-1,1908	=(B7 - B4)/B11
14			
15	**Teste Bicaudal**		
16	Valor Crítico Inferior	-2,2010	=-INVT(B5, B12)
17	Valor Crítico Superior	2,2010	=INVT(B5, B12)
18	Valor-*p*	0,2588	=DISTT(ABS(B13), B12)
19	Não rejeitar a hipótese nula		=SE(B18< B5, "Rejeitar a hipótese nula", "Não rejeitar a hipótese nula")

Etapa 6 Uma vez que $-2{,}2010 < t_{ESTAT} = -1{,}1908 < 2{,}2010$, você não rejeita H_0. Você tem evidências insuficientes para concluir que a média aritmética correspondente ao montante por fatura de vendas difere de \$120. A auditoria sugere que a média aritmética correspondente ao montante, por fatura, não sofreu nenhuma alteração.

A Abordagem do Valor-*p*

Para realizar um teste de hipóteses bicaudal, você utiliza o método de cinco etapas exibido na Apresentação 9.2, antes do Exemplo 9.4.

Etapas 1-3 Essas etapas são as mesmas que foram utilizadas na abordagem do valor crítico.

Etapa 4 Com base nos resultados do Excel na Figura 9.7, $t_{ESTAT} = -1{,}19$ e o valor-*p* = 0,2588

Etapa 5 Uma vez que o valor-*p* correspondente a 0,2588 é maior do que $\alpha = 0{,}05$, você não rejeita H_0. Os dados fornecem evidências insuficientes para se concluir que a média aritmética correspondente ao montante por fatura de vendas difere de \$120. A auditoria sugere que a média aritmética correspondente ao montante por fatura de vendas não se modificou. O valor-*p* indica que, caso a hipótese nula seja verdadeira, a probabilidade de que uma amostra de 12 faturas possa vir a ter uma média aritmética mensal que difira em \$7,15, ou mais, em relação aos \$120 declarados na hipótese, é 0,2588. Em outras palavras, caso a média aritmética correspondente ao montante por fatura de vendas seja verdadeiramente \$120, existe, então, uma chance de 25,88 % de que seja observada uma média aritmética de amostra abaixo de \$112,85 ou acima de \$127,15.

No exemplo que acabamos de apresentar, seria incorreto afirmar que existe uma chance de 25,88 % de que a hipótese nula seja verdadeira. Lembre-se de que o valor-*p* corresponde a uma probabilidade condicional, calculada com base no *pressuposto* de que a hipótese nula seja verdadeira. De modo geral, é apropriado afirmar o seguinte:

Caso a hipótese nula seja verdadeira, existe uma chance de (valor-*p*) × 100 % de observar uma estatística de teste pelo menos tão contraditória em relação à hipótese nula quanto o resultado da amostra.

Verificando o Pressuposto da Normalidade

Você utiliza o teste *t* de uma amostra quando o desvio-padrão da população, σ, não é conhecido, e é estimado pelo uso do desvio-padrão da amostra, *S*. Para utilizar o teste *t*, você pressupõe que os dados representam uma amostra aleatória extraída de uma população que seja distribuída nos moldes da distribuição normal. Na prática, contanto que o tamanho da amostra não seja demasiadamente pequeno e a população não seja demasiadamente assimétrica, a distribuição *t* proporciona uma boa aproximação para a distribuição de amostragens da média aritmética quando σ é desconhecido.

Existem várias maneiras de avaliar o pressuposto da normalidade, necessário para que possa ser utilizado o teste *t*. Você pode observar quão estreitamente as estatísticas da amostra estão relacionadas com as propriedades teóricas da distribuição normal. Você pode, também, construir um histograma, uma disposição ramo e folha, um box-plot, ou um gráfico da probabilidade normal com o objetivo de visualizar a distribuição correspondente aos montantes relacionados às faturas de vendas. Para detalhes sobre a avaliação da normalidade, veja a Seção 6.3 do Capítulo 6.

As Figuras 9.8 e 9.9 ilustram as estatísticas descritivas, um box-plot, e um gráfico da probabilidade normal para os dados correspondentes aos valores nas faturas de vendas.

FIGURA 9.8
Planilha com as estatísticas descritivas e box-plot para os dados sobre faturas de vendas

Utilize as instruções nas Seções GE3.2 e GE3.3 para calcular estatísticas descritivas e construir um box-plot.

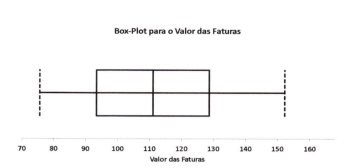

FIGURA 9.9
Gráfico da probabilidade normal para os dados sobre faturas de vendas

Utilize as instruções na Seção GE6.3 para construir um gráfico da probabilidade normal.

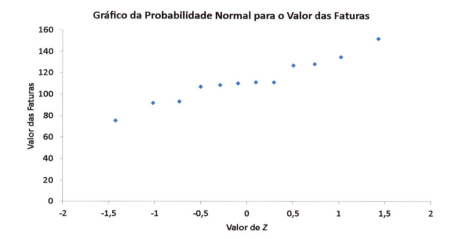

A média aritmética se encontra bastante próxima da mediana, e os pontos no gráfico da probabilidade normal aparentam estar crescendo aproximadamente no formato de uma linha reta. O box-plot aparenta ser aproximadamente simétrico. Por conseguinte, você pode pressupor que a população de faturas de vendas é distribuída aproximadamente nos moldes de uma distribuição normal. O pressuposto da normalidade é válido, e, por conseguinte, os resultados obtidos pelo auditor são válidos.

O teste t é um teste **robusto**. Ele não perde a sua eficácia, caso o formato da população se afaste um pouco do formato de uma distribuição normal, particularmente quando o tamanho da amostra é grande o suficiente para possibilitar que a estatística do teste t seja influenciada pelo Teorema do Limite Central (veja a Seção 7.2). No entanto, você pode chegar a conclusões equivocadas e perder a eficácia estatística se utilizar incorretamente o teste t. Caso o tamanho da amostra, n, seja pequeno (isto é, menor do que 30) e você não seja capaz de adotar, com facilidade, o pressuposto de que a população subjacente seja pelo menos aproximadamente distribuída nos moldes da distribuição normal, outros procedimentos de testes *não paramétricos* serão mais apropriados (veja as Referências 2 e 3).

Problemas para a Seção 9.2

APRENDENDO O BÁSICO

9.18 Se, em uma amostra de tamanho $n = 16$, selecionada a partir de uma população normal, $\bar{X} = 56$ e $S = 12$, qual é o valor de t_{ESTAT}, caso você esteja testando a hipótese nula, $H_0: \mu = 50$?

9.19 No Problema 9.18, quantos graus de liberdade existem, em relação ao teste t?

9.20 Nos Problemas 9.18 e 9.19, quais são os valores críticos de t, se o nível de significância, α, for 0,05 e a hipótese alternativa, H_1, for $\mu \neq 50$?

9.21 Nos Problemas 9.18, 9.19 e 9.20, qual é a sua decisão estatística se a hipótese alternativa, H_1, for $\mu \neq 50$?

9.22 Se, em uma amostra de tamanho $n = 16$, selecionada de uma população assimétrica à esquerda, $\bar{X} = 65$ e $S = 21$, você utilizaria o teste t para testar a hipótese nula, $H_0: \mu = 60$? Discuta.

9.23 Se, em uma amostra de tamanho $n = 160$, selecionada de uma população assimétrica à esquerda, $\bar{X} = 65$ e $S = 21$, você utilizaria o teste t para testar a hipótese nula, $H_0: \mu = 60$? Discuta.

APLICANDO OS CONCEITOS

AUTO-teste **9.24** Você é o gerente de uma franquia de uma lanchonete especializada em refeições rápidas. No mês passado, a média aritmética correspondente ao tempo de espera no guichê de atendimento a automóveis, no que se refere às lojas em sua região geográfica, medido desde o tempo em que um cliente faz um pedido até o momento em que ele recebe o seu lanche, foi de 3,7 minutos. Você seleciona uma amostra aleatória de 64 pedidos. A média aritmética da amostra, no que se refere ao tempo de espera, é igual a 3,57 minutos, com um desvio-padrão correspondente a 0,8 minuto.

a. No nível de significância de 0,05, existem evidências de que a média aritmética da população correspondente ao tempo de espera seja diferente de 3,7 minutos?

b. Uma vez que o tamanho da amostra é 64, existem razões para que você se preocupe com o formato da distribuição da população, ao conduzir o teste t em (a)? Explique.

9.25 Um fabricante de barras de chocolate utiliza máquinas para embalar as barras à medida que elas se movimentam ao longo de uma linha de produção. Embora as embalagens apresentem no rótulo o peso de 8 onças, a empresa deseja que as embalagens contenham uma média aritmética de 8,17 onças, de modo tal que efetivamente nenhuma das embalagens contenha menos de 8 onças. Uma amostra de 50 embalagens é selecionada periodicamente, e o processo de embalagem é interrompido, caso existam evidências de que a média aritmética da quantidade embalada seja diferente de 8,17 onças. Suponha que, em uma determinada amostra com 50 embalagens, a média aritmética correspondente à quantidade contida na embalagem seja de 8,159 onças, com um desvio-padrão de amostra correspondente a 0,051 onça.

a. Existem evidências de que a média aritmética da população seja diferente de 8,17 onças? (Utilize um nível de significância de 0,05.)

b. Determine o valor-p e interprete o seu significado.

9.26 Uma loja de artigos de papelaria deseja estimar a média aritmética do valor de varejo dos cartões de felicitações que possui em seu estoque. Uma amostra aleatória de 100 cartões de felicitações indica uma média aritmética de valor correspondente a $2,55 e um desvio-padrão de amostra de $0,44.

a. Existem evidências de que a média aritmética da população correspondente ao valor de varejo de cartões de felicitações seja diferente de $2,50? (Utilize um nível de significância de 0,05.)

b. Determine o valor-p e interprete o seu significado.

9.27 O Departamento de Transportes dos EUA exige que os fabricantes de pneus apresentem informações sobre o desempenho dos pneus na banda lateral, de modo a ajudar potenciais consumidores a tomarem suas decisões sobre uma possível compra. Uma informação de grande importância é o índice de desgaste da banda de rodagem, que indica a resistência do pneu em relação ao desgaste da banda de rodagem, comparada a um pneu graduado com uma base 100. Um pneu com graduação de 200 deve supostamente durar duas vezes mais, em média, do que um pneu graduado com uma base de 100.

Uma organização de defesa do consumidor deseja estimar o verdadeiro índice de desgaste da banda de rodagem de uma determinada marca bastante conhecida de pneus, que declara "graduação 200" na banda lateral de seu pneu. Uma amostra aleatória, de tamanho $n = 18$, indica uma média aritmética correspondente a 195,3 para o índice de desgaste de banda de rodagem, com um desvio-padrão da amostra igual a 21,4.

a. Existem evidências de que a média aritmética da população correspondente ao índice de desgaste da banda de rodagem seja diferente de 200? (Utilize um nível de significância de 0,05.)

b. Determine o valor-p e interprete o seu significado.

9.28 O arquivo **Lanchonete** contém a quantia em dinheiro que uma amostra de 15 consumidores gastou no almoço ($) em uma lanchonete especializada em refeições rápidas:

7,42	6,29	5,83	6,50	8,34	9,51	7,10	6,80	5,90
4,89	6,50	5,52	7,90	8,30	9,60			

a. No nível de significância de 0,05, existem evidências de que a média aritmética correspondente à quantia em dinheiro gasta para o almoço seja diferente de $6,50?

b. Determine o valor-p e interprete o seu significado.

c. Qual pressuposto você deve adotar sobre a distribuição da população para conduzir o teste t em (a) e (b)?

d. Uma vez que o tamanho da amostra é 15, você precisa se preocupar com o formato da distribuição da população ao conduzir o teste t em (a)? Explique.

9.29 Uma companhia de seguros tem como objetivo estratégico reduzir a quantidade de tempo necessária para que sejam aprovadas as apólices de seguro de vida. O processo de aprovação consiste na subscrição, que inclui uma revisão da proposta, uma verificação para fins de confirmação das informações médicas, possíveis pedidos de informações ou exames médicos complementares, e o estágio de compilação da apólice, durante o qual as páginas da apólice são geradas e encaminhadas para fins de remessa ao beneficiário. A capacidade de entregar as apólices aprovadas em tempo hábil para o cliente é crítica para a lucratividade desse serviço. Durante o período de um mês, foi selecionada uma amostra aleatória composta por 27 apólices aprovadas, e foram registrados os tempos totais de processamento, em dias. Esses dados, contidos no arquivo **Seguro**, são:

73	19	16	64	28	28	31	90	60	56	31	56	22	18	45	48
17	17	17	91	92	63	50	51	69	16	17					

a. No passado, a média aritmética correspondente ao tempo necessário para o processamento correspondia a 45 dias. No nível de significância de 0,05, existem evidências de que a média aritmética do tempo de processamento tenha se modificado em relação a 45 dias?

b. Qual pressuposto, quanto à distribuição da população, é necessário para conduzir o teste t em (a)?

c. Construa um box-plot e um gráfico da probabilidade normal para avaliar o pressuposto adotado em (b).

d. Você acredita que o pressuposto necessário para conduzir o teste t em (a) é válido? Explique.

9.30 Os dados a seguir (contidos em **Refrigerante**) representam a quantidade de refrigerante abastecido em uma amostra de 50 garrafas de dois litros consecutivas. Os resultados, apresentados horizontalmente na ordem em que as garrafas estão sendo abastecidas, foram:

2,109	2,086	2,066	2,075	2,065	2,057	2,052	2,044
2,036	2,038	2,031	2,029	2,025	2,029	2,023	2,020
2,015	2,014	2,013	2,014	2,012	2,012	2,012	2,010
2,005	2,003	1,999	1,996	1,997	1,992	1,994	1,986
1,984	1,981	1,973	1,975	1,971	1,969	1,966	1,967
1,963	1,957	1,951	1,951	1,947	1,941	1,941	1,938
1,908	1,894						

Fundamentos dos Testes de Hipóteses: Testes para Uma Amostra **325**

a. No nível de significância de 0,05, existem evidências de que a média aritmética da quantidade de refrigerante abastecida seja diferente de 2,0 litros?

b. Determine o valor-p em (a) e interprete o seu significado.

c. Em (a), você pressupôs que a distribuição correspondente à quantidade de refrigerante abastecida era distribuída nos moldes de uma distribuição normal. Avalie esse pressuposto por meio da construção de um box-plot ou um gráfico da probabilidade normal.

d. Você acredita que o pressuposto necessário para conduzir o teste t em (a) é válido? Explique.

e. Examine os valores relativos às 50 garrafas, em sua respectiva ordem sequencial, conforme apresentado no problema. Parece existir um padrão em relação aos resultados? Em caso afirmativo, que impacto esse padrão exerce sobre a validade dos resultados em (a)?

9.31 Um dos principais indicadores da qualidade de serviços oferecidos por qualquer organização é a velocidade com que ela responde às reclamações por parte dos clientes. Uma grande loja de departamentos, de propriedade familiar, que vende mobiliário e cobertura para pisos, incluindo carpetes, passou por uma grande expansão ao longo dos últimos anos. Em particular, o departamento de coberturas para pisos expandiu de 2 especialistas em instalação para um supervisor de instalações, um responsável pela medição e 15 especialistas em instalação. A loja tinha como objetivo estratégico melhorar sua resposta a reclamações. A variável de interesse foi definida como o número de dias entre o momento em que a reclamação era feita e o momento em que era solucionado o problema. Foram coletados dados oriundos de 50 reclamações que foram feitas ao longo do ano passado. Esses dados, armazenados em **Mobiliário**, são os seguintes:

54	5	35	137	31	27	152	2	123	81	74	27
11	19	126	110	110	29	61	35	94	31	26	5
12	4	165	32	29	28	29	26	25	1	14	13
13	10	5	27	4	52	30	22	36	26	20	23
33	68										

a. O supervisor de instalações declara que a média aritmética correspondente ao número de dias entre o recebimento de uma reclamação e a resolução do problema relacionado à reclamação corresponde a 20 dias. No nível de significância de 0,05, existem evidências de que a declaração não seja verdadeira (ou seja, que a média aritmética do número de dias seja diferente de 20)?

b. Qual pressuposto sobre a distribuição da população é necessário para construir o teste t em (a)?

c. Construa um box-plot e um gráfico da distribuição normal para avaliar o pressuposto adotado em (b).

d. Você acredita que o pressuposto necessário para construir o teste t em (a) seja válido? Explique.

9.32 Uma indústria produz suportes de aço para equipamentos elétricos. O principal componente do suporte é uma placa de aço em baixo-relevo que é produzida a partir de uma bobina de aço com calibre 14. Ela é produzida utilizando-se uma punção progressiva de uma prensa de 250 toneladas, com uma operação de limpeza que coloca duas fôrmas de 90 graus no aço plano, para fabricar o baixo-relevo. A distância de um lado da fôrma até o outro é crítica em razão da necessidade de o suporte ser à prova d'água quando utilizado em ambientes externos. A empresa exige que a largura do baixo-relevo esteja entre 8,31 polegadas e 8,61 polegadas. O arquivo de dados **Baixo-Relevo**

contém as larguras dos baixos-relevos, em polegadas, para uma amostra de tamanho $n = 49$.

8,312	8,343	8,317	8,383	8,348	8,410	8,351	8,373	8,481	8,422
8,476	8,382	8,484	8,403	8,414	8,419	8,385	8,465	8,498	8,447
8,436	8,413	8,489	8,414	8,481	8,415	8,479	8,429	8,458	8,462
8,460	8,444	8,429	8,460	8,412	8,420	8,410	8,405	8,323	8,420
8,396	8,447	8,405	8,439	8,411	8,427	8,420	8,498	8,409	

a. No nível de significância de 0,05, existem evidências de que a média aritmética da largura dos baixos-relevos seja diferente de 8,46 polegadas?

b. Qual pressuposto sobre a distribuição da população é necessário para conduzir o teste t em (a)?

c. Avalie o pressuposto adotado em (b).

d. Você acredita que o pressuposto necessário para construir o teste t em (a) seja válido? Explique.

9.33 Uma operação de uma usina corresponde a cortar fragmentos de aço em pedaços que são utilizados na estrutura de assentos dianteiros em automóveis. O aço é cortado com uma serra de diamantes e requer que os pedaços resultantes estejam contidos no intervalo entre $\pm 0,005$ polegada em relação ao comprimento especificado pela montadora de automóveis. O arquivo **Aço** contém uma amostra de 100 peças de aço. A medição apresentada corresponde à diferença, em polegadas, entre o comprimento efetivo do pedaço de aço, medido por um dispositivo de mensuração a laser, e o comprimento especificado para o pedaço de aço. Por exemplo, um valor de –0,002 representa um pedaço de aço que é 0,002 polegada mais curto do que o comprimento especificado.

a. No nível de significância de 0,05, existem evidências de que a média aritmética da diferença não seja igual a 0,0 polegada?

b. Construa uma estimativa para o intervalo de confiança de 95 %, para a média aritmética da população. Interprete esse intervalo.

c. Compare as conclusões tiradas em (a) e (b).

d. Uma vez que $n = 100$, você precisa se preocupar com o pressuposto da normalidade necessário para o teste t e o intervalo de t?

9.34 No Problema 3.69, em Problemas de Revisão do Capítulo 3, você passou a conhecer a operação de abastecimento de saquinhos de chá. Uma importante característica de interesse relacionada à qualidade desse processo corresponde ao peso do chá nos saquinhos individuais. O arquivo **SaquinhosChá** contém uma disposição ordenada para o peso, em gramas, de uma amostra de 50 saquinhos de chá, produzidos durante um turno de oito horas.

a. Existem evidências de que a média aritmética da quantidade de chá, por saquinho, seja diferente de 5,5 gramas? (Utilize $\alpha = 0,01$.)

b. Construa uma estimativa para o intervalo de confiança de 99 % para a média aritmética da população correspondente à quantidade de chá por saquinho. Interprete esse intervalo.

c. Compare as conclusões tiradas em (a) e (b).

9.35 Um artigo apresentado no *The Exponent*, um jornal universitário independente publicado pela Purdue Student Publishing Foundation, relatou que o estudante universitário mediano gasta uma hora (60 minutos) no Facebook, diariamente. (Dados extraídos de **bit.ly/QqQHow**.) Para testar a validade dessa afirmativa, você seleciona uma amostra de 30 usuários do Facebook, na universidade em que você estuda. Os resultados correspondentes ao tempo gasto no Facebook, por dia (em minutos), estão armazenados em **TempoFacebook**.

326 Capítulo 9

a. Existem evidências de que a média aritmética da população correspondente ao tempo gasto no Facebook seja diferente de 60 minutos? Utilize a abordagem do valor-p e um nível de significância de 0,05.

b. Que pressuposto sobre a distribuição da população é necessário para conduzir o teste t em (a)?

c. Faça uma lista com os vários modos pelos quais você poderia avaliar o pressuposto observado em (b).

d. Avalie o pressuposto observado em (b), e determine se o teste t utilizado em (a) é válido.

9.3 Testes Unicaudais

Na Seção 9.1, foi utilizada a metodologia do teste de hipóteses para examinar a questão de a média aritmética da população correspondente à quantidade de cereal abastecido ser, ou não, igual a 368 gramas. A hipótese alternativa ($H_1 : \mu \neq 368$) contém duas possibilidades: A média aritmética é inferior a 368 gramas ou a média aritmética é superior a 368 gramas. Por essa razão, a região de rejeição é dividida entre as duas caudas da distribuição de amostragens para a média aritmética. Na Seção 9.2, foi utilizado um teste bicaudal para determinar se a média aritmética do valor por fatura se modificou em relação a $120.

Em contraposição a esses dois exemplos, muitas situações requerem uma hipótese alternativa que se concentre em uma *determinada direção*. Por exemplo, a média aritmética da população é *menor do que* um valor especificado. Uma situação desse tipo envolve o problema de uma empresa com relação ao tempo de atendimento em um guichê para atendimento de automóveis em uma lanchonete especializada em refeições rápidas. A velocidade com que os clientes são atendidos é de importância crucial para o sucesso do serviço (veja **www.qsrmagazine.com/reports/drive-thru-performance-study**). Em um estudo realizado no passado, uma auditoria feita nos serviços de atendimento a clientes em automóveis do McDonald's apontou uma média aritmética de 184,2 segundos no que se refere ao tempo necessário para o atendimento, que era mais lento do que os serviços de atendimento a automóveis de seis outras cadeias de lanchonetes especializadas em refeições rápidas. Suponha que o McDonald's tenha dado início a um esforço de melhoria de qualidade de modo a reduzir o tempo de atendimento, desenvolvendo mecanismos de aperfeiçoamento no processo de atendimento nos guichês de atendimento a automóveis em uma amostra de 25 lojas. Uma vez que o McDonald's teria interesse em instituir o novo processo em todas as suas lojas somente se ele resultasse em uma *redução* no tempo de atendimento nos guichês destinados a automóveis, toda a região de rejeição está localizada na cauda inferior da distribuição.

A Abordagem do Valor Crítico

Você deseja determinar se um novo processo de atendimento em guichês de atendimento a automóveis apresenta uma média aritmética que seja inferior a 184,2 segundos. Para realizar esse teste de hipóteses unicaudal, você utiliza o método de seis etapas ilustrado na Apresentação 9.1, na Seção 9.1.

Etapa 1 Você define a hipótese nula e a hipótese alternativa:

$$H_0 : \mu \geq 184,2$$

$$H_1 : \mu < 184,2$$

> **⟨☞⟩ Dica para o Leitor**
>
> A região de rejeição é sempre igual à direção da hipótese alternativa. Caso a hipótese alternativa contenha um sinal de $<$, a região de rejeição está na cauda inferior. Caso a hipótese alternativa contenha um sinal de $>$, a região de rejeição está na cauda superior.

A hipótese alternativa contém a afirmativa para a qual você está tentando encontrar evidências. Caso a conclusão do teste seja "rejeitar H_0", existem evidências estatísticas de que a média aritmética correspondente ao tempo de atendimento nos guichês destinados a automóveis é menor do que o tempo de atendimento nos guichês destinados a automóveis no processo antigo. Isso constituiria razão para modificar o processo de atendimento nos guichês destinados a automóveis no que se refere a toda a população de lojas. Caso a conclusão do teste seja "não rejeitar H_0", existem então evidências insuficientes de que a média aritmética correspondente ao tempo de atendimento nos guichês destinados a automóveis no novo processo é significativamente menor do que no processo antigo. Caso isso ocorra, não haveria razão suficiente para que seja instituído o novo processo de atendimento nos guichês destinados a automóveis na população das lojas.

Etapa 2 Você coleta os dados selecionando uma amostra de $n = 25$ lojas. Você decide utilizar $\alpha = 0,05$.

Etapa 3 Uma vez que σ é desconhecido, você utiliza a distribuição t e a estatística do teste t_{ESTAT}. Você deve pressupor que o tempo de atendimento é distribuído nos moldes de uma distribuição normal.

Etapa 4 A região de rejeição está inteiramente contida na cauda inferior da distribuição de amostragens da média aritmética, tendo em vista que você deseja rejeitar H_0 somente quando a média aritmética da amostra for significativamente inferior a 184,2 segundos. Quando toda a região de rejeição está contida em uma das caudas da distribuição de amostragens da estatística do teste, o teste é chamado de **teste unicaudal** ou **teste direcional**. Se a hipótese alternativa inclui o sinal que corresponde a *menor que*, o valor crítico de *t* é negativo. Conforme ilustrado na Tabela 9.3 e na Figura 9.10, tendo em vista que toda a região de rejeição está contida na cauda inferior da distribuição *t* e contém uma área de 0,05, em razão da simetria da distribuição *t*, o valor crítico da estatística do teste *t* com 25 − 1 = 24 graus de liberdade, é igual a −1,7109.

A regra de decisão é

$$\text{Rejeitar } H_0 \text{ se } t_{ESTAT} < -1{,}7109;$$

$$\text{caso contrário, não rejeitar } H_0.$$

TABELA 9.3
Determinando o Valor Crítico, a Partir da Tabela *t*, para uma Área de 0,05 na Cauda Inferior, com 24 Graus de Liberdade

	\multicolumn{6}{c	}{Probabilidades Acumuladas}
	0,75	0,90	**0,95**	0,975	0,99	0,995
	\multicolumn{6}{c	}{Áreas da Cauda Superior}
Graus de Liberdade	0,25	0,10	**0,05**	0,025	0,01	0,005
1	1,0000	3,0777	6,3138	12,7062	31,8207	63,6574
2	0,8165	1,8856	2,9200	4,3027	6,9646	9,9248
3	0,7649	1,6377	2,3534	3,1824	4,5407	5,8409
⋮	⋮	⋮	⋮	⋮	⋮	⋮
23	0,6853	1,3195	1,7139	2,0687	2,4999	2,8073
24	0,6848	1,3178	**1,7109**	2,0639	2,4922	2,7969
25	0,6844	1,3163	1,7081	2,0595	2,4851	2,7874

Fonte: Extraída da Tabela E.3.

FIGURA 9.10
Teste de hipóteses unicaudal para a média aritmética (σ desconhecido) no nível de significância de 0,05

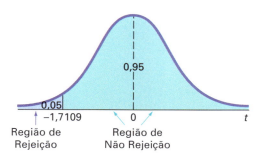

Etapa 5 Com base na amostra de 25 lojas que você selecionou, você descobre que a média aritmética correspondente ao tempo de atendimento nos guichês destinados a automóveis é igual a 170,8 segundos e que o desvio-padrão da amostra é igual a 21,3 segundos. Utilizando $n = 25$, $\overline{X} = 170{,}8$, $S = 21{,}3$, e a Equação (9.2) no início da Seção 9.2,

$$t_{ESTAT} = \frac{\overline{X} - \mu}{\dfrac{S}{\sqrt{n}}} = \frac{170{,}8 - 184{,}2}{\dfrac{21{,}3}{\sqrt{25}}} = -3{,}1455$$

Etapa 6 Tendo em vista que $t_{ESTAT} = -3{,}1455 < -1{,}7109$, você rejeita a hipótese nula (veja a Figura 9.10). Você conclui que a média aritmética correspondente ao tempo de atendimento nos guichês destinados a automóveis é menor do que 184,2 segundos. Existem evidências suficientes para que se modifique o processo de atendimento nos guichês destinados a pessoas em automóveis, no que se refere a toda a população de lojas.

A Abordagem do Valor-*p*

Utilize as cinco etapas listadas na Apresentação 9.2, na Seção 9.1, para realizar o teste *t* para o estudo sobre o tempo de atendimento nos guichês destinados a automóveis, utilizando agora a abordagem do valor-*p*.

Etapas 1-3 Essas etapas são as mesmas que foram utilizadas na abordagem do valor crítico.

Etapa 4 $t_{ESTAT} = -3{,}1455$ (veja a Etapa 5 para a abordagem do valor crítico). Uma vez que a hipótese alternativa indica uma região de rejeição inteiramente contida na cauda inferior da distribuição de amostragens, para calcular o valor-p você precisa encontrar a probabilidade de que a estatística do teste t_{ESTAT} venha a ser menor do que –3,1455. A Figura 9.11 demonstra que o valor-p é 0,0022.

FIGURA 9.11
Planilha do teste t para o estudo sobre o tempo de atendimento nos guichês destinados a automóveis

*A Figura 9.11 exibe a **planilha CÁLCULO_INFERIOR** da **pasta de trabalho T Média Aritmética** Crie essa planilha utilizando as instruções apresentadas na Seção GE9.3.*

	A		B	
1	Teste *t* para a Hipótese da Média Aritmética			
2				
3	Dados			
4	Hipótese Nula	μ=	184,2	
5	Nível de Significância		0,05	
6	Tamanho da Amostra		25	
7	Média Aritmética da Amostra		170,8	
8	Desvio-Padrão da Amostra		21,3	
9				
10	Cálculos Intermediários			
11	Erro-Padrão da Média Aritmética		4,2600	=B8/RAIZ(B6)
12	Graus de Liberdade		24	=B6 - 1
13	Estatística do Teste *t*		-3,1455	=(B7 - B4)/B11
14				
15	Teste da Cauda Inferior			
16	Valor Crítico Inferior		-1,7109	=-INVT(2 * B5, B12)
17	Valor-*p*		0,0022	=SE(B13< 0, E11, E12)
18	Rejeitar a hipótese nula			=SE(B17< B5, "Rejeitar a hipótese nula", "Não rejeitar a hipótese nula")

	D	E	
10	Cálculos para Unicaudal		
11	Valor de DIST.T.CD	0,0022	=DIST.T.CD(ABS(B13), B12)
12	Valor de 1 – DIST.T.CD	0,9978	=1 - E11

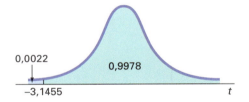

Etapa 5 O valor-p de 0,0022 é menor que $\alpha = 0{,}05$ (veja a Figura 9.12). Você rejeita H_0 e conclui que a média aritmética correspondente ao tempo de atendimento nos guichês destinados a automóveis é menor do que 184,2 segundos. Existem evidências suficientes para que se modifique o processo de atendimento nos guichês destinados a automóveis, no que se refere à população inteira de lojas.

FIGURA 9.12
Determinando o valor-p para um teste unicaudal

O Exemplo 9.5 ilustra um teste unicaudal no qual a região de rejeição encontra-se na cauda superior.

EXEMPLO 9.5
Um Teste Unicaudal para a Média Aritmética

Uma empresa que fabrica barras de chocolate está particularmente preocupada com o fato de a média aritmética do peso de uma barra de chocolate não ser superior a 6,03 onças. É selecionada uma amostra com 50 barras de chocolate; a média aritmética para a amostra é 6,034 onças, e o desvio-padrão da amostra é 0,02 onça. Utilizando o nível de significância $\alpha = 0{,}01$, existem evidências de que a média aritmética da população correspondente ao peso das barras de chocolate seja maior do que 6,03 onças?

SOLUÇÃO Utilizando a abordagem do valor crítico, listada na Apresentação 9.1, Seção 9.1,

Etapa 1 Inicialmente, você define as suas hipóteses:

$$H_0 : \mu \leq 6{,}03$$
$$H_1 : \mu > 6{,}03$$

Etapa 2 Você coleta os dados de uma amostra com tamanho $n = 50$. Você decide utilizar $\alpha = 0{,}01$.
Etapa 3 Uma vez que σ é desconhecido, você utiliza a distribuição t e a estatística do teste t_{ESTAT}.
Etapa 4 A região de rejeição está inteiramente contida na cauda superior da distribuição de amostragens para a média aritmética, uma vez que você deseja rejeitar H_0 exclusivamente quando a média aritmética da amostra for significativamente maior do que 6,03 onças. Tendo em vista que toda a região de rejeição está contida na cauda superior da distribuição t, e contém uma área correspondente a 0,01, o valor crítico para a distribuição t, com $50 - 1 = 49$ graus de liberdade, é 2,4049 (veja a Tabela E.3).

Fundamentos dos Testes de Hipóteses: Testes para Uma Amostra   **329**

A regra de decisão é

$$\text{Rejeitar } H_0 \text{ se } t_{ESTAT} > 2,4049;$$

$$\text{caso contrário, não rejeitar } H_0.$$

Etapa 5 Tomando como base a sua amostra de 50 barras de chocolate, você descobre que a média aritmética correspondente ao peso da amostra é igual a 6,034 onças, enquanto o desvio-padrão correspondente à amostra é igual a 0,02 onça. Utilizando $n = 50$, $\overline{X} = 6,034$, $S = 0,02$ e a Equação (9.2), apresentada no início da Seção 9.2,

$$t_{ESTAT} = \frac{\overline{X} - \mu}{\dfrac{S}{\sqrt{n}}} = \frac{6,034 - 6,03}{\dfrac{0,02}{\sqrt{50}}} = 1,414$$

Etapa 6 Uma vez que $t_{ESTAT} = 1,414 < 2,4049$, ou o valor-$p$ é igual a $0,0818 > 0,01$, você não rejeita a hipótese nula. Existem evidências insuficientes para concluir que a média aritmética correspondente à população dos pesos, seja maior do que 6,03 onças.

Para realizar um teste de hipóteses unicaudal, você deve necessariamente formular apropriadamente H_0 e H_1. Um resumo da hipótese nula e da hipótese alternativa para testes unicaudais se apresenta do seguinte modo:

- A hipótese nula, H_0, representa a situação atual (o *status quo*) ou aquilo em que se acredita, no presente momento, sobre uma determinada situação.
- A hipótese alternativa, H_1, corresponde ao oposto da hipótese nula, e representa uma declaração a ser investigada, ou uma inferência específica que você gostaria de provar.
- Se você rejeita a hipótese nula, você tem comprovação estatística de que a hipótese alternativa está correta.
- Se você não rejeita a hipótese nula, você não conseguiu então comprovar a hipótese alternativa. O fato de não conseguir comprovar a hipótese alternativa, entretanto, não significa que você tenha comprovado a veracidade da hipótese nula.
- A hipótese nula sempre se refere a um valor especificado para o *parâmetro da população* (como é o caso de μ), e não a uma *estatística da amostra* (como é o caso de $\overline{X}$).
- A declaração da hipótese nula *sempre* contém um sinal de igualdade, no que se refere ao valor especificado para o parâmetro em questão (por exemplo, $H_0: \mu \geq 184,2$).
- A declaração da hipótese alternativa *jamais* contém um sinal de igualdade, no que se refere ao valor especificado para o parâmetro em questão (por exemplo, $H_1: \mu < 184,2$).

Problemas para a Seção 9.3

APRENDENDO O BÁSICO

9.36 Em um teste de hipóteses unicaudal, no qual você rejeita H_0 somente na cauda *superior*, qual é o valor-p se $Z_{ESTAT} = +2,00$?

9.37 No Problema 9.36, qual seria a sua decisão estatística se você testasse a hipótese nula no nível de significância de 0,05?

9.38 Em um teste de hipóteses unicaudal no qual você rejeita H_0 somente na cauda *inferior*, qual é o valor-p se $Z_{ESTAT} = -1,38$?

9.39 No Problema 9.38, qual seria sua decisão estatística se você testasse a hipótese nula no nível de significância de 0,01?

9.40 Em um teste de hipóteses unicaudal no qual você rejeita H_0 somente na cauda *inferior*, qual é o valor-p se $Z_{ESTAT} = +1,38$?

9.41 No Problema 9.40, qual seria sua decisão estatística se você testasse a hipótese nula no nível de significância de 0,01?

9.42 Em um teste de hipóteses unicaudal no qual você rejeita H_0 somente na cauda *superior*, qual é o valor crítico para a estatística do teste t, com 10 graus de liberdade, no nível de significância de 0,01?

9.43 No Problema 9.42, qual seria a sua decisão estatística se $t_{ESTAT} = +2,39$?

9.44 Em um teste de hipóteses unicaudal no qual você rejeita H_0 somente na cauda *inferior*, qual é o valor crítico para a estatística do teste t_{ESTAT}, com 20 graus de liberdade, no nível de significância de 0,01?

9.45 No Problema 9.44, qual seria a sua decisão estatística se $t_{ESTAT} = -1,15$?

APLICANDO OS CONCEITOS

9.46 Em um ano recente, a Federal Communications Commission (Comissão Federal de Comunicações) relatou que a média aritmética correspondente ao tempo de espera por reparos, para os clientes da Verizon, correspondia a 36,5 horas. Em um esforço para melhorar essa prestação de serviços, suponha que tenha sido desenvolvido um novo processo para serviços de reparo. Esse novo processo, quando utilizado para uma amostra de 100 reparos, resultou em uma média aritmética de amostra correspondente a 34,5 horas e um desvio-padrão de amostra correspondente a 11,7 horas.

330 Capítulo 9

a. Há evidências de que a média aritmética correspondente à população do número de horas seja menor do que 36,5 horas? (Utilize um nível de significância de 0,05.)

b. Determine o valor-p e interprete o seu significado.

9.47 Em um ano recente, a Federal Communications Commission (Comissão Federal de Comunicações) relatou que a média aritmética correspondente ao tempo de espera por reparos, para os clientes da AT&T, correspondia a 25,3 horas. Em um esforço para melhorar essa prestação de serviços, suponha que tenha sido desenvolvido um novo processo para serviços de reparo. Esse novo processo, quando utilizado para uma amostra de 100 reparos, resultou em uma média aritmética de amostra correspondente a 22,3 horas e um desvio-padrão de amostra correspondente a 8,3 horas.

a. Há evidências de que a média aritmética correspondente à população do número de horas seja menor do que 25,3 horas? (Utilize um nível de significância de 0,05.)

b. Determine o valor-p e interprete o seu significado.

AUTO-teste 9.48 O Southside Hospital, em Bay Shore, Nova York, habitualmente conduz testes de estresse para estudar o músculo do coração depois de uma pessoa ter sofrido um ataque cardíaco. Membros do departamento de imagens de diagnóstico conduziram um projeto para melhoria da qualidade, com o objetivo de reduzir o tempo de tramitação para testes de estresse. Tempo de tramitação é definido como o tempo desde o momento em que um teste é solicitado, até o momento em que o radiologista coloca sua assinatura nos resultados do teste. Inicialmente, a média aritmética correspondente ao tempo de tramitação para um teste de estresse era de 68 horas. Depois de terem sido incorporadas as mudanças no processo de testes de estresse, a equipe de melhoria da qualidade coletou uma amostra de 50 tempos de tramitação. Nessa amostra, a média aritmética correspondente ao tempo de tramitação foi de 32 horas, com um desvio-padrão de 9 horas. (Dados extraídos de E. Godin, D. Raven, C. Sweetapple e F. R. Del Guidice, "Faster Test Results", *Quality Progress*, janeiro de 2004, 37(1), pp. 33-39.)

a. Caso você teste a hipótese nula, no nível de significância de 0,01, existem evidências de que o novo processo tenha efetivamente reduzido o tempo de tramitação?

b. Interprete o significado do valor-p neste problema.

9.49 Você é o gerente de um restaurante que entrega pizzas em dormitórios de faculdades. Você acabou de modificar o seu processo de entregas, em um esforço para reduzir a média aritmética correspondente ao tempo entre o pedido e a entrega, em comparação com os atuais 25 minutos. Uma amostra de 36 pedidos, utilizando o novo processo de entrega, resulta em uma média aritmética de amostra correspondente a 22,4 minutos e um desvio-padrão de amostra correspondente a 6 minutos.

a. Utilizando a abordagem de seis etapas para o valor crítico, no nível de significância de 0,05, existem evidências de que a média aritmética da população correspondente ao tempo de entrega tenha sido reduzida para menos do que a média aritmética anterior para a população, que correspondia a 25 minutos?

b. No nível de significância de 0,05, utilize a abordagem de cinco etapas para o valor-p.

c. Interprete o significado do valor-p em (b).

d. Compare suas conclusões em (a) e (b).

9.50 Uma pesquisa realizada junto a organizações sem fins lucrativos demonstrou que o levantamento de fundos realizados por meio da Grande Rede cresceu no ano passado. Com base em uma amostra aleatória com 50 organizações sem fins lucrativos, a média aritmética correspondente a doações feitas em uma única contribuição individual, no ano passado, era de $62, com um desvio-padrão correspondente a $9.

a. Se você testar a hipótese nula, no nível de significância de 0,01, existem evidências de que a média aritmética correspondente a doações feitas em uma única contribuição individual seja maior do que $60?

b. Interprete o significado do valor-p neste problema.

9.51 A média aritmética relativa ao tempo de espera para pagar as compras no caixa de um supermercado tem sido de 10,73 minutos. Recentemente, em um esforço para reduzir o tempo de espera, o supermercado realizou experiências com um sistema no qual existe uma única fila de espera com inúmeros caixas para pagamento. Foi selecionada uma amostra de 100 consumidores, e a média aritmética relativa ao tempo de espera para eles pagarem as compras no caixa correspondeu a 9,52 minutos, com um desvio-padrão de amostra correspondente a 5,8 minutos.

a. No nível de significância de 0,05, utilizando a abordagem do valor crítico para o teste de hipóteses, existem evidências de que a média aritmética da população correspondente ao tempo de espera para pagar as compras no caixa seja menor do que 10,73 minutos?

b. No nível de significância de 0,05, utilizando a abordagem do valor-p para o teste de hipóteses, existem evidências de que a média aritmética da população correspondente ao tempo de espera para pagar as compras no caixa seja menor do que 10,73 minutos?

c. Interprete o significado do valor-p neste problema.

d. Compare suas conclusões em (a) e (b).

9.4 Teste Z de Hipóteses para a Proporção

Em algumas situações, você deseja testar uma hipótese relacionada à proporção de eventos de interesse na população, π, em vez de testar a média aritmética da população. Para começar, você seleciona uma amostra aleatória e calcula a **proporção da amostra**, $p = X / n$. Você compara, então, o valor dessa estatística com o valor do parâmetro especificado na hipótese nula, π, para decidir se deve, ou não, rejeitar a hipótese nula.

Caso o número de eventos de interesse (X) e o número de eventos que não são de interesse ($n - X$) sejam, cada um deles, pelo menos iguais a cinco, a distribuição de amostragens correspondente a uma proporção segue, aproximadamente, uma distribuição normal, e você pode utilizar o **teste Z para a proporção.** A Equação (9.3) define esse teste de hipóteses para a diferença entre a proporção da amostra, p, e a proporção da população especificada na hipótese, π.

> **Dica para o Leitor**
> Não confundir o presente uso dessa letra grega pi, π, para representar a proporção da população, com a constante matemática que corresponde à proporção entre o perímetro de uma circunferência e seu respectivo diâmetro — aproximadamente 3,14159 — que é também conhecida pela mesma letra grega.

TESTE Z PARA A PROPORÇÃO

$$Z_{ESTAT} = \frac{p - \pi}{\sqrt{\dfrac{\pi(1-\pi)}{n}}} \quad (9.3)$$

em que

$p =$ proporção da amostra $= \dfrac{X}{n} = \dfrac{\text{número de eventos de interesse na amostra}}{\text{tamanho da amostra}}$

$\pi =$ proporção especificada na hipótese nula, para os eventos de interesse na população

A estatística do teste Z_{ESTAT} segue aproximadamente uma distribuição normal padronizada quando X e $(n - X)$ são, cada um deles, pelo menos iguais a 5.

De maneira alternativa, ao multiplicar o numerador e o denominador por n, você consegue escrever a estatística do teste Z_{ESTAT} em termos do número de eventos de interesse, X, conforme demonstrado na Equação (9.4).

TESTE Z PARA A PROPORÇÃO EM TERMOS DO NÚMERO DE EVENTOS DE INTERESSE

$$Z_{ESTAT} = \frac{X - n\pi}{\sqrt{n\pi(1-\pi)}} \quad (9.4)$$

A Abordagem do Valor Crítico

Para ilustrar o teste Z para uma proporção, considere uma pesquisa conduzida para o American Express, que buscou determinar as razões pelas quais os adultos desejavam ter acesso à Internet enquanto estão em férias. (Dados extraídos de "Wired Vacationers", *USA Today*, 4 de junho de 2010, p.1A.) Entre 2.000 adultos, 1.540 declararam que desejam ter acesso à Internet para poderem acessar seus correios eletrônicos pessoais enquanto estão em férias. Uma pesquisa realizada no ano anterior indicou que 75 % dos adultos desejavam ter acesso à Internet para poderem acessar seus correios eletrônicos pessoais enquanto estivessem em férias. Existem evidências de que o percentual de adultos que desejam ter acesso à Internet para que possam acessar seus correios eletrônicos pessoais enquanto estão em férias tenha se modificado em relação ao ano anterior? Para investigar essa questão, a hipótese nula e a hipótese alternativa se apresentam como segue:

H_0: $\pi = 0,75$ (ou seja, a proporção de adultos que desejam ter acesso à Internet para poderem acessar seus correios eletrônicos pessoais enquanto estão em férias não se modificou em relação ao ano anterior)

H_1: $\pi \neq 0,75$ (ou seja, a proporção de adultos que desejam ter acesso à Internet para poderem acessar seus correios eletrônicos pessoais enquanto estão em férias se modificou em relação ao ano anterior)

Uma vez que você está interessado em determinar se a proporção da população de adultos que desejam ter acesso à Internet para poderem acessar seus correios eletrônicos pessoais enquanto estão em férias se modificou em relação ao ano anterior, você utiliza um teste bicaudal. Caso selecione o nível de significância $\alpha = 0,05$, as regiões de rejeição e de não rejeição são construídas na forma apresentada na Figura 9.13, e a regra de decisão é

Rejeitar H_0 se $Z_{ESTAT} < -1,96$ ou se $Z_{ESTAT} > +1,96$;

caso contrário, não rejeitar H_0.

Tendo em vista que 1.540 entre os 2.000 adultos afirmaram que desejam ter acesso à Internet para poderem acessar seus correios eletrônicos pessoais enquanto estão em férias,

$$p = \frac{1.540}{2.000} = 0,77$$

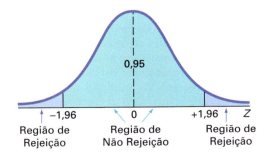

FIGURA 9.13 Teste de hipóteses bicaudal para a proporção, no nível de significância de 0,05

332 Capítulo 9

Uma vez que $X = 1.540$ e $n - X = 460$, cada um deles sendo > 5, utilizando a Equação (9.3),

$$Z_{ESTAT} = \frac{p - \pi}{\sqrt{\dfrac{\pi(1 - \pi)}{n}}} = \frac{0,77 - 0,75}{\sqrt{\dfrac{0,75(1 - 0,75)}{2.000}}} = \frac{0,02}{0,0097} = 2,0656$$

ou, utilizando a Equação (9.4),

$$Z_{ESTAT} = \frac{X - n\pi}{\sqrt{n\pi(1 - \pi)}} = \frac{1.540 - (2.000)(0,75)}{\sqrt{2.000(0,75)(0,25)}} = \frac{40}{19,3649} = 2,0656$$

Tendo em vista que $Z_{ESTAT} = 2,0656 > 1,96$, você rejeita H_0. Existem evidências de que a proporção da população correspondente a todos os adultos que desejam ter acesso à Internet para poderem acessar seus correios eletrônicos pessoais enquanto estão em férias se modificou em relação ao percentual de 0,75 do ano anterior. A Figura 9.14 apresenta os resultados correspondentes a esses dados, sob o formato de uma planilha.

FIGURA 9.14
Planilha para o teste Z para verificar se a proporção da população correspondente a todos os adultos que desejam ter acesso à Internet para poderem acessar seus correios eletrônicos pessoais enquanto estão em férias se modificou, ou não, em relação ao ano anterior

A Figura 9.14 exibe a planilha CÁLCULO da pasta de trabalho Z para Proporção que é utilizada nas instruções da Seção GE9.4.

⊿	A	B	
1	Teste Z de Hipóteses para a Proporção		
2			
3	**Dados**		
4	Hipótese Nula $\pi=$	0,75	
5	Nível de Significância	0,05	
6	Número de Itens de Interesse	1540	
7	Tamanho da Amostra	2000	
8			
9	**Cálculos Intermediários**		
10	Proporção da Amostra	0,7700	=B6/B7
11	Erro-Padrão	0,0097	=RAIZ(B4 * (1 - B4/B7)
12	Estatística do Teste Z	2,0656	=(B10 - B4)/B11
13			
14	**Teste Bicaudal**		
15	Valor Crítico Inferior	-1,9600	=INV.NORMP(B5/2)
16	Valor Crítico Superior	1,9600	=INV.NORMP(1 - B5/2)
17	Valor-p	0,0389	=2 * (1 - DIST.NORMP(ABS(B12), VERDADEIRO))
18	**Rejeitar a hipótese nula**		=SE(B17< B5, "Rejeitar a hipótese nula", "Não rejeitar a hipótese nula")

A Abordagem do Valor-p

Como alternativa para a abordagem do valor crítico, você pode calcular o valor-p. No que se refere a esse teste bicaudal, no qual a região de rejeição está localizada na cauda inferior e na cauda superior, você precisa encontrar a área abaixo de um valor Z correspondente a $-2,0656$ e acima de um valor Z correspondente a $+2,0656$. A Figura 9.14 apresenta um valor-p correspondente a 0,0389. Uma vez que esse valor é menor do que o nível de significância selecionado ($\alpha = 0,05$), você rejeita a hipótese nula.

O Exemplo 9.6 ilustra um teste unicaudal para uma proporção.

EXEMPLO 9.6

Testando uma Hipótese para uma Proporção

Além do problema estratégico que trata da velocidade do serviço nos guichês de atendimento a automóveis, as cadeias de lanchonetes especializadas em refeições rápidas desejam que seus pedidos sejam preenchidos corretamente. A mesma auditoria que relatou que o McDonald's tinha apresentado 184,2 segundos como o tempo correspondente ao atendimento nos guichês para automóveis também relatou que o McDonald's preenchia corretamente 89 % de seus pedidos nos guichês de atendimento a automóveis (veja **www.qsrmagazine.com/reports/drive-thru_time_study-order-accuracy**). Suponha que o McDonald's dê início a um esforço de melhoria da qualidade, com o objetivo de garantir que os pedidos nos guichês de atendimento a automóveis sejam preenchidos corretamente. O problema da empresa é definido como determinar se o novo processo pode fazer com que cresça a percentagem de pedidos processados corretamente. São coletados dados a partir de uma amostra de 400 pedidos, utilizando o novo processo. Os resultados indicam que 374 pedidos foram preenchidos corretamente. No nível de significância de 0,01, você seria capaz de concluir que o novo processo fez crescer a proporção de pedidos preenchidos corretamente?

SOLUÇÃO A hipótese nula e a hipótese alternativa são

H_0: $\pi \leq 0,89$ (ou seja, a proporção de pedidos preenchidos corretamente, com o uso do novo processo, é menor ou igual a 0,89)

H_1: $\pi > 0,89$ (ou seja, a proporção de pedidos preenchidos corretamente, com o uso do novo processo, é maior que 0,89)

Fundamentos dos Testes de Hipóteses: Testes para Uma Amostra **333**

Uma vez que $X = 374$ e $n - X = 26$, ambos > 5, utilizando a Equação (9.3), no início desta seção,

$$p = \frac{X}{n} = \frac{374}{400} = 0{,}935$$

$$Z_{ESTAT} = \frac{p - \pi}{\sqrt{\dfrac{\pi(1 - \pi)}{n}}} = \frac{0{,}935 - 0{,}89}{\sqrt{\dfrac{0{,}89(1 - 0{,}89)}{400}}} = \frac{0{,}045}{0{,}0156} = 2{,}88$$

O valor-p para $Z_{ESTAT} > 2{,}88$ é 0,0020.

Utilizando a abordagem do valor crítico, você rejeita H_0, caso $Z_{ESTAT} > 2{,}33$. Utilizando a abordagem do valor-p, você rejeita H_0, caso o valor-$p < 0{,}01$. Uma vez que $Z_{ESTAT} = 2{,}88 > 2{,}33$ ou o valor-$p = 0{,}0020 < 0{,}01$, você rejeita H_0. Você tem evidências de que o novo processo fez com que a proporção de pedidos preenchidos corretamente crescesse para mais de 0,89, ou 89 %.

Problemas para a Seção 9.4

APRENDENDO O BÁSICO

9.52 Se, em uma amostra aleatória de 400 itens, 88 forem defeituosos, qual é a proporção da amostra para os itens defeituosos?

9.53 No Problema 9.52, caso a hipótese nula seja de que 20 % dos itens na população são defeituosos, qual é o valor de Z_{ESTAT}?

9.54 Nos Problemas 9.52 e 9.53, suponha que você esteja testando a hipótese nula, $H_0: \pi = 0{,}20$ contra a hipótese alternativa bicaudal, $H_1: \pi \neq 0{,}20$, e escolha o nível de significância $\alpha = 0{,}05$. Qual seria a sua decisão estatística?

APLICANDO OS CONCEITOS

9.55 O Departamento Norte-Americano de Educação relata que 40 % dos alunos de faculdade que estudam em regime integral estão empregados, ao mesmo tempo em que cursam a faculdade. (Dados extraídos de National Center for Education Statistics, "*The Condition of Education 2012*", **nces.ed.gov/pubs2012/2012045.pdf**.) Uma pesquisa recente, realizada junto a 60 alunos em regime integral em uma determinada universidade, descobriu que 25 deles estavam empregados.
a. Utilize a abordagem das cinco etapas para o valor-p, para realizar o teste de hipóteses, e um nível de significância de 0,05 para determinar se a proporção de alunos que estão cursando em regime integral na Universidade de Miami, e que estão empregados, é diferente da média nacional de 0,40.
b. Suponha que o estudo tivesse encontrado que 36 entre os 60 alunos que estão cursando em regime integral estivessem empregados, e repita (a). As conclusões são as mesmas?

9.56 A parcela de participação no mercado mundial, no que se refere ao navegador Mozilla Firefox, correspondeu a 18,35 em um mês recente. (Dados extraídos de **bit.ly/NXxolv**.) Suponha que você decida selecionar uma amostra de 100 estudantes na universidade em que está estudando, e descubra que 24 deles utilizam o navegador Mozilla Firefox.
a. Utilize a abordagem de cinco etapas do valor-p para tentar determinar se existem evidências de que a parcela de participação no mercado, no que se refere ao navegador Mozilla Firefox, na universidade em que você estuda, é maior do que 18,35 %, a parcela de participação no mercado mundial. (Utilize o nível de significância de 0,05.)

b. Suponha que o tamanho da amostra seja $n = 400$, e você descubra que 24 % da amostra de estudantes na universidade em que você estuda (96 entre 400) utilizam o navegador Mozilla Firefox. Utilize a abordagem de cinco etapas do valor-p para tentar determinar se existem evidências de que a parcela de participação no mercado, no que se refere ao navegador Mozilla Firefox, na universidade em que você estuda, é maior do que 18,35 %, a parcela de participação no mercado mundial. (Utilize o nível de significância de 0,05.)
c. Discuta os efeitos que o tamanho da amostra exerce sobre o teste de hipóteses.
d. Quais você acredita que sejam as suas chances de vir a rejeitar qualquer hipótese nula no que diz respeito à proporção da população, caso venha a ser utilizado um tamanho de amostra $n = 20$?

9.57 Uma das questões com que se deparam as organizações diz respeito a fazer crescer a diversidade ao longo de toda a organização. Uma das maneiras de avaliar o sucesso de uma organização no que se refere ao crescimento da diversidade é por meio da comparação da porcentagem de trabalhadores na organização em uma determinada posição e com um perfil específico, com a porcentagem de trabalhadores em uma posição específica e com aquele perfil específico na força de trabalho geral. Recentemente, um grande centro médico acadêmico determinou que 9 entre 17 empregados em uma determinada posição eram do sexo feminino, enquanto 55 % dos empregados nessa posição, na força de trabalho geral, eram do sexo feminino. No nível de significância de 0,05, existem evidências de que a proporção de pessoas do sexo feminino ocupando essa posição nesse centro médico seja diferente daquilo que se esperaria na força de trabalho geral?

9.58 Dos 801 membros ativos do LinkedIn entrevistados, 328 relataram que estão planejando gastar pelo menos $1.000 em bens de consumo eletrônicos, no próximo ano. (Dados extraídos de **bit.ly/RITfFU**.) No nível de significância de 0,05, existem evidências de que a proporção de todos os membros do LinkedIn que planejam gastar pelo menos $1.000 em bens de consumo eletrônicos, no próximo ano, seja diferente de 35 %?

9.59 Uma empresa de telefonia celular tem como objetivo estratégico o desejo de estimar a proporção dos assinantes que fariam a troca de seu aparelho celular atual por um modelo mais novo com mais funcionalidades, caso o aparelho fosse disponibilizado a um custo substancialmente reduzido. Foram coletados dados a partir de uma amostra aleatória de 500 assinantes. Os resultados indicam que 135 entre os assinantes trocariam seus aparelhos celulares atuais por um modelo mais novo a um custo substancialmente reduzido.

a. No nível de significância de 0,05, existem evidências de que mais de 20 % dos assinantes fariam a troca de seus aparelhos celulares atuais por um modelo mais novo com mais funcionalidades, caso ele fosse disponibilizado a um custo substancialmente reduzido?

b. De que maneira o gerente encarregado dos programas promocionais com relação a consumidores residenciais utilizaria os resultados em (a)?

9.60 A Actuation Consulting and Enterprise Agility conduziu, recentemente, uma pesquisa globalizada sobre equipes de produtos com o objetivo de compreender melhor a dinâmica do desempenho de equipes de produtos e descobrir práticas que fazem com que essas equipes venham a ser bem-sucedidas.

Uma das perguntas apresentadas era "De qual, entre as seguintes maneiras, sua organização dá suporte a membros integrantes da equipe de um produto de grande importância para a empresa?" Respondentes em âmbito global ofereceram cinco opções. (Dados extraídos de **www.actuationconsultingllc.com/blog/?p=285**.) A resposta mais comum (31 %) foi "compartilhar metas e objetivos organizacionais interligando os membros da equipe". Suponha que outro estudo tenha sido conduzido para verificar a validade desse resultado, com o objetivo de provar que o referido percentual é inferior a 31 %.

a. Expresse a hipótese nula e a hipótese alternativa.

b. É selecionada uma amostra de 28 organizações, e os resultados indicam que 28 organizações respondem que "compartilhar metas e objetivos organizacionais interligando os membros da equipe" é o mecanismo de suporte impulsionador do alinhamento da equipe. Utilize a abordagem das seis etapas para o teste de hipóteses do valor crítico ou a abordagem das cinco etapas para o valor-p, para determinar, no nível de significância de 0,05, se existem evidências de que o percentual seja inferior a 31 %.

9.5 Armadilhas Potenciais dos Testes de Hipóteses e Questões Éticas

Até este ponto, você estudou os conceitos fundamentais para os testes de hipóteses. Você utilizou a abordagem de testes de hipóteses para analisar diferenças entre estatísticas de amostras e parâmetros da população formulados em hipóteses, com o objetivo de tomar decisões estratégicas em relação às características da população subjacente. Você aprendeu também a avaliar os riscos envolvidos na tomada dessas decisões.

Ao planejar a realização de um teste de hipóteses baseado em uma pesquisa estatística, um estudo investigatório, ou um experimento projetado, você precisa realizar diversas perguntas no intuito de ter certeza de que esteja utilizando a metodologia apropriada. Você precisa realizar um levantamento e responder a diversas perguntas, como as que são apresentadas a seguir, ainda no estágio de planejamento:

- Qual é o objetivo da pesquisa, do estudo ou do experimento? De que modo você poderia traduzir o objetivo em termos de uma hipótese nula e uma hipótese alternativa?
- O teste de hipóteses é um teste bicaudal ou um teste unicaudal?
- Você seria capaz de selecionar uma amostra aleatória a partir da população subjacente de interesse?
- Que tipos de dados você coletará a partir da amostra? As variáveis são numéricas ou categóricas?
- Em qual nível de significância você deve conduzir o teste de hipóteses?
- O tamanho de amostra pretendido é grande o suficiente para atingir a eficácia desejada para o teste, no nível de significância escolhido?
- Que procedimento de teste estatístico você deve utilizar, e por quê?
- A que tipo de conclusões e interpretações você consegue chegar a partir dos resultados do teste de hipóteses?

O fato de deixar de considerar essas questões logo nos primeiros estágios do processo de planejamento pode acarretar resultados com viés ou incompletos. O planejamento apropriado pode ajudar a assegurar que o estudo estatístico venha a proporcionar as informações objetivas necessárias para que sejam tomadas decisões estratégicas bem fundamentadas.

Significância Estatística *versus* Significância Prática

Você precisa fazer a distinção entre a existência de um resultado estatisticamente significativo e o seu respectivo significado prático no contexto de um determinado campo de aplicação. Algumas vezes, em decorrência de um tamanho de amostra demasiadamente grande, você pode vir a obter um resultado estatisticamente significativo, mas que tem pouco significado prático. Por exemplo, suponha que antes de uma campanha de marketing de âmbito nacional, que se concentre em uma série de comerciais de televisão com alto custo, você acredite que a proporção de pessoas que reconhecem a qualidade de sua marca seja 0,30. Ao final da campanha, uma pesquisa realizada junto a 20.000 pessoas indica que 6.168 reconheceram a qualidade de sua marca. Um teste unicaudal tentando provar que a proporção é, agora, maior do que 0,30 resulta em um valor-p igual a 0,0047, e a conclusão estatística correta é de que a proporção de consumidores que reconhecem a qualidade de sua marca é, agora, maior. A campanha foi bem-sucedida? O resultado do teste de hipóteses indica um crescimento estatisticamente significativo em relação ao reconhecimento da qualidade da marca, mas esse crescimento é importante em termos práticos? A proporção da população é agora estimada em 6.128/20.000 = 0,3084, ou 30,84 %. Esse crescimento é menos de 1 % a mais do que o valor de 30 % especificado na hipótese. Será que o grande volume de despesas associado à campanha de marketing produziu um resultado com um crescimento significativo em termos do reconhecimento da qualidade da marca? Em razão do impacto mínimo, em termos do mundo real, que um crescimento correspondente a menos de 1 % exerce sobre a estratégia de marketing em termos gerais, e do gigantesco volume de despesas associado à campanha de marketing, você deve concluir que a campanha não foi bem-sucedida. Por outro lado, se a campanha tivesse feito crescer em 20 % o reconhecimento da qualidade da marca, você ficaria inclinado a concluir que a campanha foi bem-sucedida.

Insignificância Estatística *versus* Importância

Em contraposição à questão que trata do significado prático de um resultado estatisticamente significativo, está a situação em que um resultado importante pode não ser estatisticamente significativo. Em um caso recente (veja a Referência 1), a Suprema Corte dos EUA estabeleceu que as empresas não podem se basear exclusivamente no fato de o resultado de um determinado estudo ser, ou não, significativo, ao determinar aquilo que elas comunicam aos investidores. Em algumas situações (veja a Referência 5), a falta de um tamanho de amostra suficientemente grande pode ocasionar um resultado não significativo quando, na realidade, efetivamente existe uma diferença importante. Um estudo que comparava taxas de empreendedorismo por parte de homens e mulheres, em termos globais e no âmbito de Massachusetts, descobriu uma diferença significativa em termos globais, mas não no âmbito de Massachusetts, muito embora as taxas de empreendedorismo para mulheres e para homens, nas duas áreas geográficas fossem semelhantes (8,8 % para homens em Massachusetts, comparados a 8,4 % em termos globais; 5,5 % para mulheres em ambas as áreas geográficas). A diferença foi devida ao fato de que o tamanho da amostra em termos globais era 20 vezes maior do que o tamanho da amostra para Massachusetts.

Informando as Descobertas

Ao conduzir uma pesquisa, você deve documentar tanto os bons resultados quanto os maus resultados. Você não deve relatar simplesmente aqueles resultados do teste de hipóteses que demonstrem ter significado estatístico, mas omitir aqueles para os quais existam evidências insuficientes nas descobertas. Em situações nas quais existam evidências insuficientes para rejeitar H_0, você deve deixar claro que isso não prova que a hipótese nula seja verdadeira. O que o resultado efetivamente indica é que, com o tamanho de amostra utilizado, não existem informações suficientes para *reprovar* a hipótese nula.

Questões Éticas

Você precisa, também, fazer a distinção entre uma metodologia de pesquisas precária e um comportamento fora dos padrões da ética. Considerações éticas surgem quando o processo relativo ao teste de hipóteses é manipulado. Algumas das áreas nas quais podem surgir questões éticas incluem o uso de sujeitos humanos em experimentos, o método de coleta de dados, o tipo de teste (unicaudal ou bicaudal), a escolha do nível de significância, a limpeza e o descarte dos dados, bem como o fato de deixar de divulgar descobertas pertinentes.

9.6 A Eficácia de um Teste (*on-line*)

A eficácia de um teste é afetada pelo nível de significância, pelo tamanho da amostra e pelo fato de o teste ser unicaudal ou bicaudal. Aprenda mais sobre esses conceitos na seção oferecida como bônus para o Capítulo 9, no material suplementar disponível no *site* da LTC Editora.

UTILIZANDO A ESTATÍSTICA

Testes Significativos na Oxford Cereals, Revisitado

Maja Schon / Shutterstock

No papel de gerente de operações da unidade de produção da Oxford Cereals, você era responsável pelo processo de abastecimento de cereais nas caixas. Era de sua responsabilidade ajustar o processo quando a média aritmética correspondente ao peso abastecido, na população de caixas, se desviava das especificações estabelecidas pela empresa, correspondendo a 368 gramas. Você optou por conduzir um teste de hipóteses.

Você determinou que a hipótese nula deveria ser de que a média aritmética para a população correspondente à quantidade abastecida nas caixas correspondia a 368 gramas. Caso a média aritmética para o peso das caixas selecionadas na amostra estivesse suficientemente acima ou abaixo da média aritmética esperada de 368 gramas, especificada pela Oxford Cereals, você rejeitaria a hipótese nula em favor da hipótese alternativa de que a média aritmética correspondente ao abastecimento era diferente de 368 gramas. Caso isso acontecesse, você interromperia o processo de produção e adotaria qualquer medida que se fizesse necessária para corrigir o problema. Caso a hipótese nula não fosse rejeitada, você continuaria a acreditar no *status quo*, de que o processo estava operando corretamente e, portanto, não adotaria nenhuma ação corretiva.

Antes de prosseguir, você considerou os riscos envolvidos nos testes de hipóteses. Caso rejeitasse uma hipótese nula verdadeira, você cometeria um erro do Tipo I e concluiria que a média aritmética da população correspondente à quantidade abastecida nas caixas não correspondia a 368 gramas, quando ela efetivamente correspondia a 368 gramas. Esse erro resultaria em ajustar o processo de abastecimento, ainda que o processo estivesse funcionando adequadamente. Caso não rejeitasse a falsa hipótese nula, você cometeria então um erro do Tipo II, e concluiria que a média aritmética da população correspondente à quantidade abastecida nas caixas correspondia a 368 gramas quando, na realidade, ela não era igual a 368 gramas. Nesse caso, você permitiria que o processo tivesse continuidade sem quaisquer ajustes, não obstante o fato de o processo não estar operando de maneira apropriada.

Depois de coletar uma amostra aleatória de 25 caixas de cereal, você utilizou a abordagem de seis etapas para o valor crítico, para testar hipóteses. Uma vez que a estatística do teste se posicionou na região de não rejeição, você não rejeitou a hipótese nula. Você concluiu que existiam evidências insuficientes para comprovar que a média aritmética correspondente à quantidade abastecida era diferente de 368 gramas. Nenhuma ação corretiva era necessária em relação ao processo de abastecimento.

RESUMO

Este capítulo apresentou os fundamentos para testes de hipóteses. Você aprendeu a realizar testes em relação à média aritmética da população e à proporção da população. O capítulo desenvolveu tanto a abordagem do valor crítico quanto a abordagem do valor-p para testes de hipóteses.

Ao decidir sobre qual teste deve utilizar, você precisa fazer a seguinte pergunta: O teste envolve uma variável numérica ou uma variável categórica? Se o teste envolve uma variável numérica, você deve utilizar o teste t para a média aritmética. Se o teste envolve uma variável categórica, você utiliza o teste Z para a proporção. A Tabela 9.4 apresenta uma lista dos testes de hipóteses abordados neste capítulo.

TABELA 9.4
Resumo dos Tópicos no Capítulo 9

Tipo de Análise	Tipo de Dados	
	Numéricos	**Categóricos**
Teste de hipóteses com relação a um único parâmetro	Teste Z de hipóteses para a média aritmética (Seção 9.1) Teste t de hipóteses para a média aritmética (Seção 9.2)	Teste Z de hipóteses para a proporção (Seção 9.4)

REFERÊNCIAS

1. Bialik, C. "Making a Stat Less Significant". *The Wall Street Journal*, 2 de abril de 2011, A5.
2. Bradley, J. V. *Distribution-Free Statistical Tests*. Upper Saddle River, NJ: Prentice Hall, 1968.
3. Daniel, W. *Applied Nonparametric Statistics*, 2nd ed. Boston: Houghton Mifflin, 1990.
4. *Microsoft Excel 2010*. Redmond, WA: Microsoft Corp., 2007.
5. Seaman, J. e E. Allen. "Not Significant, But Important?" *Quality Progress*, agosto de 2011, 57-59.

EQUAÇÕES-CHAVE

Teste Z de Hipóteses para a Média Aritmética (σ Conhecido)

$$Z_{ESTAT} = \frac{\overline{X} - \mu}{\frac{\sigma}{\sqrt{n}}} \tag{9.1}$$

Teste t para a Média Aritmética (σ Desconhecido)

$$t_{ESTAT} = \frac{\overline{X} - \mu}{\frac{S}{\sqrt{n}}} \tag{9.2}$$

Teste Z para a Proporção

$$Z_{ESTAT} = \frac{p - \pi}{\sqrt{\frac{\pi(1 - \pi)}{n}}} \tag{9.3}$$

Teste Z para a Proporção em Termos do Número de Eventos de Interesse

$$Z_{ESTAT} = \frac{X - n\pi}{\sqrt{n\pi(1 - \pi)}} \tag{9.4}$$

TERMOS-CHAVE

coeficiente de confiança
eficácia de um teste estatístico
erro do Tipo I
erro do Tipo II
estatística do teste
hipótese alternativa (H_1)
hipótese nula (H_0)
nível de significância (α)

proporção da amostra
região de não rejeição
região de rejeição
risco β
robusto
teste bicaudal
teste de hipóteses
teste direcional

teste t para a média aritmética
teste unicaudal
teste Z para a média aritmética
teste Z para a proporção
valor crítico
valor-p

AVALIANDO O SEU ENTENDIMENTO

9.61 Qual é a diferença entre uma hipótese nula, H_0, e uma hipótese alternativa, H_1?

9.62 Qual é a diferença entre um erro do Tipo I e um erro do Tipo II?

9.63 Qual o significado da eficácia de um teste?

9.64 Qual é a diferença entre um teste unicaudal e um teste bicaudal?

9.65 O que significa um valor-p?

9.66 De que modo uma estimativa de intervalo de confiança para a média aritmética da população pode fornecer conclusões em relação ao correspondente teste de hipóteses bicaudal para a média aritmética da população?

9.67 O que representa a abordagem das seis etapas do valor crítico para testes de hipóteses?

9.68 O que representa a abordagem das cinco etapas para o valor-p para testes de hipóteses?

PROBLEMAS DE REVISÃO DO CAPÍTULO

9.69 Em testes de hipóteses, o nível de significância habitual é $\alpha = 0,05$. Algumas pessoas podem argumentar em favor de um nível de significância superior a 0,05. Suponha que especialistas no desenho de páginas para portais na Grande Rede

(*web designers*) tenham testado a proporção de potenciais visitantes de páginas que prefeririam um novo desenho de página em relação ao modelo de página existente. A hipótese nula era de que a proporção da população correspondente a potenciais

338 Capítulo 9

consumidores que prefeririam o novo desenho era 0,50, e a hipótese alternativa era de que a proporção não seria igual a 0,50. O valor-p para o teste era de 0,20.

a. Especifique, em termos estatísticos, a hipótese nula e a hipótese alternativa para esse exemplo.

b. Explique os riscos associados ao erro do Tipo I e ao erro do Tipo II, no caso presente.

c. Quais seriam as consequências, se você rejeitasse a hipótese nula para um valor-p de 0,20?

d. O que poderia ser um possível argumento para aumentar o valor de α?

e. O que você faria nessa situação?

f. Qual seria sua resposta para (e), se o valor-p fosse igual a 0,12? E se ele fosse igual a 0,06?

9.70 Instituições financeiras utilizam um modelo de previsão para antever falência de empresas. Um desses modelos é o modelo Altman para o escore-Z, que utiliza inúmeros valores correspondentes a rendimentos da empresa e valores constantes do balanço da empresa de modo a medir a saúde financeira de uma empresa. Caso o modelo aponte como previsão um valor baixo para o escore-Z, a empresa está em situação de desgaste financeiro e é previsto que ela irá à falência dentro dos próximos dois anos. Caso o modelo aponte como previsão um valor moderado ou alto para o escore-Z, a empresa está financeiramente saudável e é previsto que ela não está propensa à falência (veja **pages.stern.nyu.edu/~ealtman/Zscores.pdf**). O procedimento correspondente à tomada de decisão pode ser expresso em termos de uma estrutura de teste de hipóteses. A hipótese nula é de que a empresa não tem previsão de falência. A hipótese alternativa é de que a empresa tem previsão de falência.

a. Explique os riscos associados a cometer um erro do Tipo I nesse caso.

b. Explique os riscos associados a cometer um erro do Tipo II nesse caso.

c. Qual entre os tipos de erro você imagina que os executivos desejariam evitar? Explique.

d. De que modo alterações no critério de rejeição afetam as probabilidades de virem a ser cometidos erros do Tipo I e do Tipo II?

9.71 O Pew Research Center conduziu uma pesquisa junto a adultos com 18 anos de idade, ou mais, que incluiu 1.954 proprietários de aparelhos de telefonia celular. A pesquisa descobriu que 1.016 adultos proprietários de aparelhos de telefonia celular utilizam seus respectivos aparelhos enquanto assistem à TV. (Dados extraídos de "The Rise of the Connected Viewer", *Pew Internet & American Life Project Report*, 17 de julho de 2012, **bit.ly/Q27WND**.) Os autores do artigo concluem que a pesquisa comprova que mais da metade dos adultos usuários da telefonia celular utilizam seus respectivos aparelhos de telefone enquanto estão assistindo à TV.

a. Utilize a abordagem de cinco etapas do valor-p para o teste de hipóteses, e um nível de significância de 0,05, para tentar provar que mais da metade de todos os usuários de aparelhos de telefonia celular utilizam seus respectivos aparelhos de telefone enquanto estão assistindo à TV.

b. Com base na sua resposta para (a), a afirmativa deduzida pelos autores seria válida?

c. Suponha que a pesquisa tivesse descoberto que 1.000 entre os adultos proprietários de aparelhos de telefonia celular utilizam seus respectivos aparelhos de telefone enquanto estão assistindo à TV. Repita os itens (a) e (b).

d. Compare os resultados de (b) e (c).

9.72 O proprietário de um posto de gasolina deseja estudar os hábitos relacionados à compra de gasolina por parte dos motoristas em seu posto. Ele seleciona uma amostra aleatória de 60 motoristas, durante uma determinada semana, com os seguintes resultados:

- A quantidade adquirida era $\overline{X} = 11{,}3$ galões, $S = 3{,}1$ galões.
- Onze motoristas adquiriram gasolina do tipo Premium aditivada.

a. No nível de significância de 0,05, existem evidências de que a média aritmética da população correspondente à compra de gasolina seja diferente de 10 galões?

b. Determine o valor-p em (a).

c. No nível de significância de 0,05, existem evidências de que menos de 20 % de todos os motoristas adquirem gasolina do tipo Premium aditivada?

d. Qual seria sua resposta em (a) se a média aritmética da amostra correspondesse a 10,3 galões?

e. Qual seria sua resposta em (c), caso 7 motoristas tivessem adquirido gasolina do tipo Premium aditivada?

9.73 É atribuída a uma auditora de uma agência governamental a tarefa de avaliar os reembolsos pagos aos médicos pela Medicare, por consultas médicas realizadas em consultório. A auditoria foi conduzida em uma amostra de 75 entre os reembolsos, com os seguintes resultados:

- Em 12 das consultas em consultório, uma quantia incorreta foi fornecida a título de reembolso.
- A quantia correspondente a reembolso foi $\overline{X} = \$93{,}70$, $S = \$34{,}55$.

a. Em um nível de significância de 0,05, existem evidências de que a média aritmética da população correspondente à quantia de reembolso seja menor do que $100?

b. No nível de significância de 0,05, existem evidências de que a proporção de reembolsos incorretos na população seja maior do que 0,10?

c. Discuta sobre os pressupostos subjacentes para o teste utilizado em (a).

d. Qual seria a sua resposta em (a), caso a média aritmética da amostra fosse igual a $90?

e. Qual seria a sua resposta em (b), caso 15 consultas em consultórios tivessem apresentado reembolsos incorretos?

9.74 Uma agência bancária, localizada em um bairro comercial de uma cidade, tem como objetivo estratégico aperfeiçoar o processo para atendimento aos clientes durante o horário de pico do almoço, do meio-dia às 13 horas. Foi coletado o tempo de espera (definido como o intervalo de tempo entre o momento em que o cliente entra na fila até que chegue ao guichê do caixa) correspondente a uma amostra aleatória de 15 clientes, e os resultados foram organizados e arquivados em **Banco1**. Os dados são:

| 4,21 | 5,55 | 3,02 | 5,13 | 4,77 | 2,34 | 3,54 | 3,20 |
| 4,50 | 6,10 | 0,38 | 5,12 | 6,46 | 6,19 | 3,79 | |

a. No nível de significância de 0,05, existem evidências de que a média aritmética correspondente ao tempo de espera seja menor do que 5 minutos?

b. Que pressuposto em relação à distribuição da população precisa ser adotado para que se possa conduzir o teste t em (a)?

c. Construa um box-plot ou um gráfico da distribuição normal para avaliar o pressuposto adotado em (b).

d. Você acredita que o pressuposto necessário para conduzir o teste t em (a) é válido? Explique.

Fundamentos dos Testes de Hipóteses: Testes para Uma Amostra **339**

e. Tão logo uma cliente entra na agência durante o horário do almoço, ela pergunta ao gerente da agência quanto tempo deverá esperar até que venha a ser atendida. O gerente responde: "Quase certamente não mais do que 5 minutos." Com base nos resultados de (a), avalie essa afirmativa.

9.75 Uma empresa de produção industrial fabrica isoladores elétricos. Se os isoladores quebram durante o uso, existe a possibilidade de que um curto-circuito venha a ocorrer. Para testar a resistência dos isoladores, é realizado um teste de destruição para determinar a quantidade de força necessária para quebrar os isoladores. A força é medida observando-se a quantidade de libras de força que pode ser aplicada ao isolador, antes que ele venha a quebrar. Os dados a seguir (armazenados no arquivo **Força**) são resultantes de 30 isoladores que foram submetidos a esse teste.

1.870 1.728 1.656 1.610 1.634 1.784 1.522 1.696 1.592 1.662
1.866 1.764 1.734 1.662 1.734 1.774 1.550 1.756 1.762 1.866
1.820 1.744 1.788 1.688 1.810 1.752 1.680 1.810 1.652 1.736

a. Em um nível de significância de 0,05, existem evidências de que a média aritmética da população correspondente à força necessária para quebrar o isolador seja maior do que 1.500 libras?

b. Que pressuposto em relação à distribuição da população precisa ser adotado para realizar o teste t em (a)?

c. Construa um histograma, um box-plot ou um gráfico da distribuição normal para avaliar o pressuposto adotado em (b).

d. Você acredita que o pressuposto necessário para conduzir o teste t em (a) é válido? Explique.

9.76 Uma importante característica da qualidade utilizada pelo fabricante de placas de asfalto das marcas Boston e Vermont corresponde à taxa de umidade que as placas contêm quando estão embaladas. Os clientes podem perceber que adquiriram um produto de baixa qualidade, caso encontrem umidade e placas ainda úmidas dentro da embalagem. Em alguns casos, a umidade excessiva pode causar a queda de grãos fixados à placa, que servem para lhe dar coloração e textura, resultando em problemas em termos de aparência. Para monitorar a quantidade de umidade presente, a empresa conduz testes de umidade. Uma placa é pesada e depois seca. A placa é novamente pesada, e, tomando-se como base a quantidade de umidade extraída do produto, são calculadas as libras de umidade para cada 100 pés quadrados. A empresa gostaria de demonstrar que a média aritmética correspondente ao teor de umidade é menor do que 0,35 libra para cada 100 pés quadrados. O arquivo de dados **Umidade** inclui 36 medições (em libras para cada 100 pés quadrados) para as placas Boston e 31 medições para as placas Vermont.

a. No que se refere às placas Boston, existem evidências de que, em um nível de significância de 0,05, a média aritmética correspondente ao teor de umidade seja menor do que 0,35 libra para cada 100 pés quadrados?

b. Interprete o significado do valor-p em (a).

c. No que se refere às placas Vermont, existem evidências de que, em um nível de significância de 0,05, a média aritmética correspondente ao teor de umidade seja menor do que 0,35 libra para cada 100 pés quadrados?

d. Interprete o significado do valor-p em (c).

e. Que pressuposto em relação à distribuição da população precisa ser adotado para realizar os testes t em (a) e (c)?

f. Construa histogramas, box-plots ou gráficos da probabilidade normal para avaliar o pressuposto adotado em (a) e (c).

g. Você acredita que o pressuposto necessário para conduzir o teste t em (a) e (c) é válido? Explique.

9.77 Estudos conduzidos pelo fabricante das placas de asfalto Boston e Vermont demonstraram que o peso das placas é um fator importante na percepção da qualidade pelos consumidores. Além disso, o peso corresponde à quantidade de matéria-prima que está sendo utilizada e é, por conseguinte, muito importante para a empresa, do ponto de vista de custos. O último estágio da linha de produção embala as placas antes de as embalagens serem colocadas em paletes de madeira. Uma vez preenchido um palete (um palete, no que se refere à maioria das marcas, contém 16 pés quadrados de placas), ele é pesado, e a medição é registrada. O arquivo de dados **Palete** contém o peso (em libras) de uma amostra com 368 paletes de placas Boston e 330 paletes de placas Vermont.

a. No que se refere às placas Boston, no nível de significância de 0,05, existem evidências de que a média aritmética para a população correspondente ao peso seja diferente de 3.150 libras?

b. Interprete o significado do valor-p em (a).

c. No que se refere às placas Vermont, no nível de significância de 0,05, existem evidências de que a média aritmética da população correspondente ao peso seja diferente de 3.700 libras?

d. Interprete o significado do valor-p em (c).

e. Nos itens de (a) a (d), você precisa se preocupar com o pressuposto da normalidade? Explique.

9.78 O fabricante das placas de asfalto Boston e Vermont concede a seus clientes uma garantia de 20 anos para a maior parte de seus produtos. Para determinar se uma placa durará todo o período da garantia, são conduzidos, na área de produção da empresa, testes de aceleração de vida útil. O teste de aceleração de vida útil expõe a placa, em um laboratório, às condições de desgaste às quais ela estaria sujeita ao longo de uma vida útil de utilização normal, por meio de um experimento que leva apenas alguns poucos minutos para ser realizado. Nesse teste, uma placa é repetidamente esfregada com uma escova, por um curto período de tempo, e os grãos da placa removidos por meio da escovação são pesados (em gramas). Espera-se que as placas que sofrem a perda de pouca quantidade de grãos durem mais, com a utilização normal, do que as placas que sofrem a perda de grande quantidade de grãos. O arquivo de dados **Grão** contém uma amostra contendo 170 medições realizadas nas placas Boston da empresa e 140 medições realizadas nas placas Vermont.

a. No que diz respeito às placas Boston, existem evidências de que a média aritmética correspondente à perda de grãos seja diferente de 0,30 grama?

b. Interprete o significado do valor-p em (a).

c. No que diz respeito às placas Vermont, existem evidências de que a média aritmética da perda de grãos seja diferente de 0,30 grama?

d. Interprete o significado do valor-p em (c).

e. Nos itens de (a) a (d), você precisa se preocupar com o pressuposto da normalidade? Explique.

EXERCÍCIO DE REDAÇÃO DE RELATÓRIO

9.79 Com referência aos resultados dos Problemas 9.76 a 9.78, que tratam das placas Boston e Vermont, redija um relatório que avalie o teor de umidade, o peso e a perda de grãos nos dois tipos de placas.

CASOS PARA O CAPÍTULO 9

Administrando a Ashland MultiComm Services

Dando continuidade ao monitoramento da velocidade de carregamento de arquivos estipulada como meta, inicialmente descrita no caso Administrando a Ashland MultiComm Services do Capítulo 6, o departamento de operações técnicas deseja garantir que a média aritmética correspondente à velocidade de carregamento de arquivos, estipulada como meta para todos os assinantes de seus serviços de Internet, seja igual a pelo menos 0,97, em uma escala padronizada na qual o valor buscado como meta corresponde a 1,0. A cada dia, foi mensurada 50 vezes a velocidade de carregamento de arquivos, com os seguintes resultados (dados contidos no arquivo AMS9).

0,854	1,023	1,005	1,030	1,219	0,977	1,044	0,778	1,122	1,114
1,091	1,086	1,141	0,931	0,723	0,934	1,060	1,047	0,800	0,889
1,012	0,695	0,869	0,734	1,131	0,993	0,762	0,814	1,108	0,805
1,223	1,024	0,884	0,799	0,870	0,898	0,621	0,818	1,113	1,286
1,052	0,678	1,162	0,808	1,012	0,859	0,951	1,112	1,003	0,972

1. Calcule as estatísticas da amostra e determine se existem evidências de que a média aritmética da população correspondente à velocidade de carregamento de arquivos é menor do que 0,97.
2. Redija um memorando para a administração da empresa, sintetizando as suas conclusões.

Caso Digital

Aplique seus conhecimentos sobre testes e hipóteses neste Caso da Internet, que dá continuidade à controvérsia sobre o abastecimento e empacotamento de cereais, apresentado no Caso Digital para o Capítulo 7.

Em resposta às declarações negativas realizadas pelo grupo de defesa do consumidor CCACC — Consumers Concerned About Cereal Cheaters (Consumidores Preocupados com Fraudadores no Abastecimento de Cereais), no Caso Digital correspondente ao Capítulo 7, a Oxford Cereals conduziu, recentemente, um experimento com relação ao processo de empacotamento de cereais. A empresa declara que os resultados do experimento refutam as alegações feitas pela CCACC no sentido de que a Oxford Cereals vem fraudando os consumidores pelo ato de colocar nas embalagens de cereais uma quantidade inferior ao peso especificado na embalagem.

Abra o arquivo **OxfordCurrentNews.pdf**, uma seleção dos comunicados mais recentes da Oxford Cereals. Examine os artigos relevantes divulgados pela Oxford Cereals e os documentos que dão respaldo a esses artigos. Depois disso, responda às seguintes perguntas:

1. Os resultados para o experimento são válidos? Por que sim ou por que não? Se você estivesse conduzindo esse experimento, existe alguma coisa que você modificaria?
2. Os resultados respaldam a declaração de que a Oxford Cereals não está enganando seus consumidores?
3. A declaração da alta direção da Oxford Cereals, de que muitas caixas de cereal contêm *mais* de 368 gramas, é surpreendente? Ela é verdadeira?
4. Poderia existir alguma circunstância em que os resultados do experimento realizado pela Oxford Cereals *e* os resultados do grupo CCACC estejam ambos corretos? Explique.

Lojas de Conveniência Valor Certo

Você trabalha no escritório de uma franquia de lojas de conveniência, de âmbito nacional, que opera aproximadamente 10.000 lojas. A quantidade de consumidores diários, por loja (ou seja, a média aritmética correspondente ao número de consumidores em uma loja, em um dia), tem se mostrado estável, em 900, por algum tempo. Para fazer com que cresça a quantidade de consumidores, a franquia está avaliando a hipótese de reduzir o preço dos diversos tipos de café. O tamanho pequeno custará, agora, $0,59 em vez de $0,99, e o tamanho médio custará, agora, $0,69 em vez de $1,19. Mesmo com esta redução no preço, a franquia terá uma margem de lucro bruta de 40 % no café. Para testar a nova iniciativa, a franquia reduziu os preços do café em uma amostra de 34 lojas, nas quais a quantidade de consumidores tem se apresentado quase que exatamente na média nacional de 900. Depois de quatro semanas, as lojas utilizadas como amostra estabilizaram em uma média aritmética de 974 e um desvio-padrão de 96 no que se refere à quantidade de clientes. Esse crescimento pode parecer um número substancial para você, mas também parece ser uma amostra bastante pequena. Existem evidências estatísticas de que a redução nos preços do café é uma boa estratégia para fazer crescer a média aritmética da quantidade de clientes? Esteja preparado para explicar as suas conclusões.

GUIA DO EXCEL PARA O CAPÍTULO 9

GE9.1 FUNDAMENTOS DA METODOLOGIA PARA TESTES DE HIPÓTESES

Técnica Principal Utilize a função **INV.NORMP** para calcular o valor crítico inferior e o valor crítico superior e utilize a função **DIST.NORMP** (*valor absoluto da estatística do teste Z*, **Verdadeiro**) como parte de uma fórmula para calcular o valor-*p*. Utilize a função **SE** (veja a Seção F.4 do Apêndice F) para determinar se deve exibir uma mensagem de rejeição ou de não rejeição.

Exemplo Realize um teste Z bicaudal para a média aritmética correspondente ao exemplo que trata do abastecimento de cereais que está ilustrado na Figura 9.5 na Seção 9.1.

PHStat Utilize o procedimento **Z Test for the Mean, sigma known (Teste Z para a Média Aritmética, sigma conhecido)**. Para o exemplo, selecione **PHStat → One-Sample Tests → Z Test for the Mean, sigma known (PHStat → Testes para Uma Amostra → Teste Z para a Média Aritmética, sigma conhecido)**. Na caixa de diálogo correspondente ao procedimento (ilustrada a seguir):

1. Insira **368** na caixa correspondente a **Null Hypothesis (Hipótese Nula)**.
2. Insira **0,05** na caixa correspondente a **Level of Significance (Nível de Significância)**.
3. Insira **15** na caixa correspondente a **Population Standard Deviation (Desvio-Padrão da População)**.
4. Clique em **Sample Statistics Known (Estatísticas da Amostra Conhecidas)** e insira **25** na caixa correspondente a **Sample Size (Tamanho da Amostra)** e **372,5** na caixa correspondente a **Sample Mean (Média Aritmética da Amostra)**.
5. Clique em **Two-Tail Test (Teste Bicaudal)**.
6. Insira um título na caixa correspondente a **Title** e clique em **OK**.

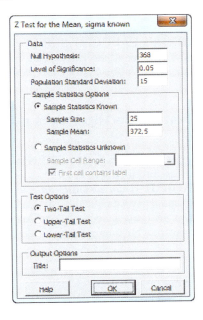

Para problemas que utilizem dados não resumidos, clique em **Sample Statistics Unknown (Estatísticas da Amostra Desconhecidas)** na etapa 4 e insira o intervalo de células correspondente aos dados não resumidos na caixa correspondente a **Sample Cell Range (Intervalo de Células da Amostra)**.

Excel Avançado Utilize a **planilha CÁLCULO** da **pasta de trabalho Z para Média Aritmética** como um modelo. A planilha já contém os dados correspondentes ao exemplo. Para outros problemas, modifique os valores correspondentes a hipótese nula, nível de significância, desvio-padrão da população, tamanho da amostra e média aritmética da amostra, nas células B4 a B8, conforme necessário.

Leia os BREVES DESTAQUES para o Capítulo 9, para uma explicação das fórmulas encontradas na planilha CÁLCULO (ilustrada na **planilha CÁLCULO_TODAS_FÓRMULAS**). Caso você esteja utilizando uma versão do Excel mais antiga do que o Excel 2010, utilize a planilha CÁLCULO_ANTIGO em vez da planilha CÁLCULO.)

GE9.2 TESTE *t* DE HIPÓTESES para a MÉDIA ARITMÉTICA (σ DESCONHECIDO)

Técnica Principal Utilize a função **INV.T.BC** (*nível de significância, graus de liberdade*) para calcular o valor crítico inferior e o valor crítico superior, e utilize **DIST.T.BC** (*valor absoluto da estatística do teste t, graus de liberdade*) para calcular o valor-*p*. Utilize a função SE (veja o Apêndice F.4) para determinar se deve exibir uma mensagem de rejeição ou de não rejeição.

Exemplo Realize um teste *t* bicaudal para a média aritmética correspondente ao exemplo que trata das faturas de vendas que está ilustrado na Figura 9.7, na Seção 9.2.

PHStat Utilize o procedimento *t* **Test for the Mean, sigma unknown (Teste *t* para a Média Aritmética, sigma desconhecido)**.
Para o exemplo, selecione **PHStat → One-Sample Tests → *t* Test for the Mean, sigma unknown (PHStat → Testes para Uma Amostra → Teste *t* para a Média Aritmética, sigma desconhecido)**. Na caixa de diálogo para o procedimento (ilustrada a seguir):

1. Insira **120** na caixa correspondente a **Null Hypothesis (Hipótese Nula)**.
2. Insira **0,05** na caixa correspondente a **Level of Significance (Nível de Significância)**.
3. Clique em **Sample Statistics Known (Estatísticas da Amostra Conhecidas)** e insira **12** na caixa correspondente a **Sample Size (Tamanho da Amostra)**, **112,85** na caixa correspondente a **Sample Mean (Média Aritmética da Amostra)** e **20,8** na caixa correspondente a **Sample Standard Deviation (Desvio-Padrão da Amostra)**.
4. Clique em **Two-Tail Test (Teste Bicaudal)**.
5. Insira um título na caixa correspondente a **Title** e clique em **OK**.

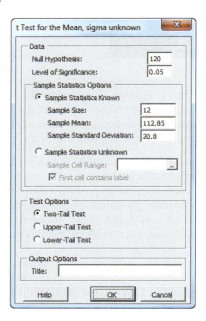

Para problemas que utilizem dados não resumidos, clique em **Sample Statistics Unknown (Estatísticas da Amostra Desconhecidas)** na etapa 3 e insira o intervalo de células correspondente aos dados não resumidos na caixa correspondente a **Sample Cell Range (Intervalo de Células da Amostra)**.

Excel Avançado Utilize a **planilha CÁLCULO** da **pasta de trabalho T para Média Aritmética**, como um modelo.
A planilha já contém os dados correspondentes ao exemplo. Para outros problemas, modifique os campos correspondentes a **Dados** nas células B4 a B8, conforme necessário.

Leia os Breves Destaques para o Capítulo 9, para uma explicação das fórmulas encontradas na planilha CÁLCULO (ilustrada na **planilha CÁLCULO_TODAS_FÓRMULAS**). Caso você esteja utilizando uma versão do Excel mais antiga do que o Excel 2010, utilize a planilha CÁLCULO_ANTIGO em vez da planilha CÁLCULO.

GE9.3 TESTES UNICAUDAIS

Técnica Principal Utilize as funções discutidas nas Seções GE9.1 e GE9.2, para realizar testes unicaudais. No que se refere ao teste *t* para a média aritmética, utilize a função **DIST.T.CD**(*valor absoluto da estatística do teste t, graus de liberdade*) para ajudar a calcular os valores-*p*. (Veja a Seção F.4 do Apêndice F.)

Exemplo Realize o teste *t* da cauda inferior para a média aritmética correspondente ao estudo sobre os tempos para atendimento nos guichês para automóveis, que está ilustrado na Figura 9.11 da Seção 9.3.

PHStat Clique em **Lower–Tail Test (Teste da Cauda Inferior)** ou em **Upper-Tail Test (Teste da Cauda Superior)** nas caixas de diálogo correspondentes aos procedimentos discutidos nas Seções GE9.1 e GE9.2, para realizar um teste unicaudal. Para o exemplo, selecione **PHStat → One-Sample Tests → *t* Test for the Mean, sigma unknown (PHStat → Testes para Uma Amostra → Teste *t* para a Média Aritmética, sigma desconhecido)**. Na caixa de diálogo correspondente ao procedimento (ilustrada a seguir):

1. Insira **184,2** na caixa correspondente a **Null Hypothesis (Hipótese Nula)**.

2. Insira **0,05** na caixa correspondente a **Level of Significance (Nível de Significância)**.
3. Clique em **Sample Statistics Known (Estatísticas da Amostra Conhecidas)** e insira **25** na caixa correspondente a **Sample Size (Tamanho da Amostra)**, **170,8** na caixa correspondente a **Sample Mean (Média Aritmética da Amostra)** e **21,3** na caixa correspondente a **Sample Standard Deviation (Desvio-Padrão da Amostra)**.
4. Clique em **Lower-Tail Test (Teste da Cauda Inferior)**.
5. Insira um título na caixa correspondente a **Title** e clique em **OK**.

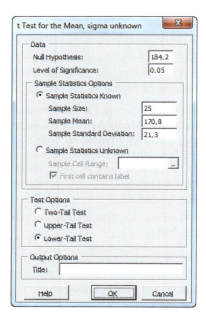

Excel Avançado Utilize a **planilha CÁLCULO_INFERIOR** ou a **planilha CÁLCULO_SUPERIOR** da **pasta de trabalho Z para Média Aritmética** ou da **pasta de trabalho T para Média Aritmética** como modelos.
Para o exemplo, abra a **planilha CÁLCULO_INFERIOR** da **pasta de trabalho T para Média Aritmética**.

Leia os Breves Destaques para o Capítulo 9, para uma explicação sobre as fórmulas encontradas nas planilhas **CÁLCULO_INFERIOR** e **CÁLCULO_SUPERIOR**. Caso você esteja utilizando uma versão do Excel mais antiga do que o Excel 2010, utilize a planilha CÁLCULO_ANTIGO em vez dessas planilhas.

GE9.4 O Teste Z de Hipóteses para a Proporção

Técnica Principal Utilize as funções **INV.NORMP** para calcular o valor crítico inferior e o valor crítico superior e utilize a função **DIST.NORMP** (*valor absoluto da estatística do teste Z*, **Verdadeiro**) como parte da fórmula para calcular o valor-*p*. Utilize a função **SE** (veja a Seção F.4 do Apêndice F) para determinar se deve exibir uma mensagem de rejeição ou de não rejeição.

Exemplo Realize o teste *Z* bicaudal para a proporção, em relação ao exemplo que trata do acesso à Internet durante as férias, que está ilustrado na Figura 9.14, da Seção 9.4.

PHStat Utilize o procedimento **Z Test for the Proportion (Teste Z para a Proporção)**.

Para o exemplo, selecione **PHStat → One-Sample Tests → Z Test for the Proportion** (**PHStat → Testes para Uma Amostra → Teste Z para a Proporção**). Na caixa de diálogo correspondente ao procedimento (ilustrada a seguir):

1. Insira **0,75** na caixa correspondente a **Null Hypothesis (Hipótese Nula)**.
2. Insira **0,05** na caixa correspondente a **Level of Significance (Nível de Significância)**.
3. Insira **1540** na caixa correspondente a **Number of Items of Interest (Número de Itens de Interesse)**.
4. Insira **2000** na caixa correspondente a **Sample Size (Tamanho da Amostra)**.
5. Clique em **Two-Tail Test (Teste Bicaudal)**.
6. Insira um título na caixa correspondente a **Title** e clique em **OK**.

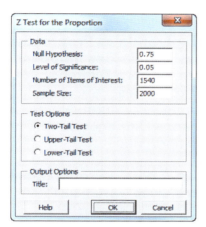

Excel Avançado Utilize a **planilha CÁLCULO** da **pasta de trabalho Z para Proporção** como um modelo.

A planilha já contém os dados correspondentes ao exemplo. Para outros problemas, modifique os valores correspondentes a hipótese nula, nível de significância, desvio-padrão da população, tamanho da amostra e média aritmética da amostra, nas células B4 a B7, conforme necessário.

Leia os BREVES DESTAQUES para o Capítulo 9, para uma explicação das fórmulas encontradas na planilha CÁLCULO (ilustrada na **planilha CÁLCULO_TODAS_FÓRMULAS**). Utilize as **planilhas CÁLCULO_INFERIOR** ou **CÁLCULO_INFERIOR** como modelos para realizar testes unicaudais. Caso você esteja utilizando uma versão do Excel mais antiga do que o Excel 2010, utilize a planilha CÁLCULO_ANTIGO como modelo, tanto para testes bicaudais quanto para testes unicaudais.

CAPÍTULO

10 Testes para Duas Amostras

UTILIZANDO A ESTATÍSTICA: Para a North Fork, Existem Diferentes Médias para as Pontas?

10.1 Comparando as Médias Aritméticas de Duas Populações Independentes
Teste t de Variâncias Agrupadas para a Diferença entre Duas Médias Aritméticas
Estimativa do Intervalo de Confiança para a Diferença entre Duas Médias Aritméticas
Teste t para a Diferença entre Duas Médias Aritméticas, Pressupondo Variâncias Diferentes

PENSE NISSO: "Essa Chamada Pode Ser Monitorada..."

10.2 Comparando as Médias Aritméticas de Duas Populações Relacionadas entre Si
Teste t em Pares

Estimativa do Intervalo de Confiança para a Média Aritmética da Diferença

10.3 Comparando as Proporções de Duas Populações Independentes
Teste Z para a Diferença entre Duas Proporções
Estimativa do Intervalo de Confiança para a Diferença entre Duas Proporções

10.4 Teste F para a Proporcionalidade entre Duas Variâncias

UTILIZANDO A ESTATÍSTICA: Para a North Fork, Existem Diferentes Médias para as Pontas? Revisitado

GUIA DO EXCEL PARA O CAPÍTULO 10

Objetivos do Aprendizado

Neste capítulo, você aprenderá a utilizar testes de hipóteses para comparar a diferença entre:

- As médias aritméticas de duas populações independentes
- As médias aritméticas de duas populações relacionadas entre si
- As proporções de duas populações independentes
- As variâncias de duas populações independentes

UTILIZANDO A ESTATÍSTICA

Para a North Fork, Existem Diferentes Médias para as Pontas?

Até que ponto a localização de produtos afeta as vendas em um supermercado? Na função de gerente regional de vendas da North Fork Beverages, você está negociando com o gerente da FoodPlace Supermarkets o local para exposição do seu novo produto, a All-Natural Brain-Boost Cola. A rede FoodPlace Supermarkets ofereceu a você diferentes áreas de ponta de corredor para exibir o seu mais novo refrigerante: uma delas perto da área específica para exposição de novos lançamentos, e a outra à frente do corredor que contém outros produtos do gênero de bebidas gasosas. Essas pontas ou extremidades de corredor possuem diferentes custos, e você gostaria de comparar a eficácia correspondente à ponta de corretor destinada à exposição de lançamentos e promoções com a ponta destinada à exposição de refrigerantes em geral.

Para testar a eficácia comparativa dessas duas pontas de corredor, a FoodPlace concorda em realizar um estudo piloto. Você terá a possibilidade de selecionar 20 lojas filiais da rede de supermercados que apresentem volumes semelhantes de vendas no âmbito de toda a loja. Depois, então, você designa 10 entre as 20 filiais para a amostra 1, e as 10 outras filiais para a amostra 2. Nas filiais da amostra 1, você colocará o novo refrigerante na ponta destinada a refrigerantes em geral, enquanto nas filiais da amostra 2, você coloca o novo refrigerante na ponta destinada a promoções e novos lançamentos. Ao final de uma semana, serão registradas as vendas do novo refrigerante. De que modo você consegue determinar se as vendas do novo refrigerante, com a exposição na ponta destinada a refrigerantes em geral, são as mesmas ao comparar com as vendas do novo refrigerante utilizando-se as pontas destinadas a lançamentos e promoções? De que modo você seria capaz de decidir se a variabilidade em termos das vendas dos novos refrigerantes, de loja para loja, é a mesma, no que diz respeito aos dois tipos de exposição para o produto? De que modo você poderia utilizar as respostas para essas perguntas de modo a incrementar as vendas do seu novo All-Natural Brain-Boost Cola?

346 Capítulo 10

Os testes de hipóteses proporcionam uma abordagem *confirmatória* para a análise de dados. No Capítulo 9, você aprendeu uma variedade de procedimentos de testes de hipóteses habitualmente utilizados, que se relacionam a uma única amostra de dados extraída de uma única população. Neste capítulo, você aprenderá a estender o teste de hipóteses para procedimentos que comparam estatísticas oriundas de amostras de dados extraídas de duas populações. Um desses tipos de teste no que se refere ao cenário da North Fork Beverages seria: "A média aritmética correspondente às vendas semanais do novo refrigerante, quando é utilizada a exposição em ponta de corredor destinada a refrigerantes em geral (uma população), é igual à média aritmética das vendas semanais do novo refrigerante quando é utilizada a exposição especial na ponta de corredor destinada a lançamentos e promoções (uma segunda população)?"

10.1 Comparando as Médias Aritméticas de Duas Populações Independentes

Nas Seções 8.1 e 9.1, você aprendeu que, em quase todos os casos, você não conheceria o desvio-padrão da população no que diz respeito à população que está sendo estudada. Do mesmo modo, quando você extrai uma amostra aleatória de cada uma das duas populações independentes, você quase sempre não conhece o desvio-padrão de nenhuma dessas populações. Não obstante tal fato, você também precisa saber se pode pressupor que as variâncias nas duas populações são iguais, uma vez que o método que você utiliza para comparar as médias aritméticas de cada uma das populações depende do fato de você poder, ou não, pressupor que as variâncias das duas populações sejam iguais.

Teste *t* de Variâncias Agrupadas para a Diferença entre Duas Médias Aritméticas

Se você pressupõe que as amostras aleatórias são independentemente selecionadas a partir de duas populações, e que as populações são distribuídas nos moldes de uma distribuição normal e possuem variâncias iguais, você pode utilizar o **teste *t* de variâncias agrupadas** para determinar se existe uma diferença significativa entre as médias aritméticas das duas populações. Se as populações não forem distribuídas nos moldes de uma distribuição normal, o teste *t* de variâncias agrupadas pode, ainda assim, ser utilizado se os tamanhos de amostras forem grandes o suficiente (geralmente $\geq$ 30 para cada uma das amostras).[1]

Utilizando subscritos para diferenciar entre a média aritmética da primeira população, μ_1, e a média aritmética da segunda população, μ_2, a hipótese nula de nenhuma diferença entre as médias aritméticas de duas populações independentes pode ser expressa na forma

$$H_0: \mu_1 = \mu_2 \quad \text{ou} \quad \mu_1 - \mu_2 = 0$$

e a hipótese alternativa, de que as médias aritméticas não são iguais, pode ser expressa na forma

$$H_1: \mu_1 \neq \mu_2 \quad \text{ou} \quad \mu_1 - \mu_2 \neq 0$$

Para testar a hipótese nula, utilize a estatística do teste t_{ESTAT} para variâncias agrupadas, ilustrada na Equação (10.1). O teste *t* de variâncias agrupadas herdou seu nome com base no fato de que a estatística do teste agrupa, ou combina, as variâncias das duas amostras, S_1^2 e S_2^2, de modo a calcular S_p^2, a melhor estimativa da variância comum a ambas as populações, com base no pressuposto de que as variâncias das duas populações são iguais.[2]

> **Dica para o Leitor**
> Qualquer que seja a população definida como população 1 na hipótese nula e na hipótese alternativa, ela deve também ser definida como população 1 na Equação (10.1). Qualquer que seja a população definida como população 2 na hipótese nula e na hipótese alternativa, ela deve também ser definida como população 2 na Equação (10.1).

TESTE *t* DE VARIÂNCIAS AGRUPADAS PARA A DIFERENÇA ENTRE DUAS MÉDIAS ARITMÉTICAS

$$t_{ESTAT} = \frac{(\overline{X}_1 - \overline{X}_2) - (\mu_1 - \mu_2)}{\sqrt{S_p^2 \left(\dfrac{1}{n_1} + \dfrac{1}{n_2} \right)}} \tag{10.1}$$

---

[1] Reveja a discussão apresentada na Seção 7.2 sobre o Teorema do Limite Central, para compreender melhor o que são tamanhos de amostras "grandes o suficiente".

[2] Quando os dois tamanhos de amostra são iguais (ou seja, $n_1 = n_2$), a equação para as variâncias agrupadas pode ser simplificada para

$$S_p^2 = \frac{S_1^2 + S_2^2}{2}$$

em que
$$S_p^2 = \frac{(n_1 - 1)S_1^2 + (n_2 - 1)S_2^2}{(n_1 - 1) + (n_2 - 1)}$$

e
- S_p^2 = variâncias agrupadas
- $\bar{X}_1$ = média aritmética da amostra extraída da população 1
- S_1^2 = variância da amostra extraída da população 1
- n_1 = tamanho da amostra extraída da população 1
- $\bar{X}_2$ = média aritmética da amostra extraída da população 2
- S_2^2 = variância da amostra extraída da população 2
- n_2 = tamanho da amostra extraída da população 2

A estatística do teste t_{ESTAT} segue uma distribuição t com $n_1 + n_2 - 2$ graus de liberdade.

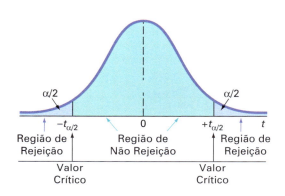

FIGURA 10.1 Regiões de rejeição e de não rejeição correspondentes ao teste t de variâncias agrupadas para a diferença entre as médias aritméticas (teste bicaudal)

Para determinado nível de significância, α, em um teste bicaudal, você rejeita a hipótese nula, caso a estatística do teste t_{ESTAT} calculada seja maior do que o valor crítico da cauda superior da distribuição t, ou caso a estatística do teste t_{ESTAT} calculada seja menor do que o valor crítico da cauda inferior da distribuição t. A Figura 10.1 apresenta as regiões de rejeição.

Em um teste unicaudal, no qual a região de rejeição esteja posicionada na cauda inferior, você rejeita a hipótese nula, caso a estatística do teste t_{ESTAT} calculada seja menor do que o valor crítico da cauda inferior da distribuição t. Em um teste unicaudal no qual a região de rejeição esteja posicionada na cauda superior, você rejeita a hipótese nula, caso a estatística do teste t_{ESTAT} calculada seja maior do que o valor crítico da cauda superior da distribuição t.

Para demonstrar a utilização do teste t de variâncias agrupadas, retorne ao cenário da North Fork Beverages apresentado no início deste capítulo. Utilizando a abordagem DCOVA para resolução de problemas, você define o objetivo da empresa como a necessidade de determinar se a média aritmética das vendas semanais do novo refrigerante é a mesma quando é utilizada a exposição na ponta do corredor destinado a refrigerantes em geral e quando é utilizada a exposição na ponta do corredor destinado a lançamentos e promoções. Existem duas populações de interesse. A primeira população corresponde ao conjunto de todas as vendas semanais possíveis do novo refrigerante, caso todos os supermercados da rede FoodPlace utilizem a ponta do corredor destinado a refrigerantes em geral. A segunda população corresponde ao conjunto de todas as vendas semanais possíveis de refrigerantes do novo refrigerante, caso todos os Supermercados FoodPlace utilizem a modalidade de exposição nas pontas de corredor para lançamentos e promoções. Você coleta os dados extraídos de uma amostra de 10 Supermercados FoodPlace aos quais tenha sido designada a exposição de produtos em pontas de corredor para refrigerantes em geral e uma segunda amostra de 10 Supermercados FoodPlace aos quais tenha sido designada a exposição de produtos em pontas de corredor destinadas a lançamentos e promoções. Você organiza e guarda os resultados no arquivo **Cola**. A Tabela 10.1 contém as vendas do novo refrigerante (em número de embalagens) correspondentes às duas amostras.

> **Dica para o Leitor**
> Quando os termos *inferior* ou *menor que* são utilizados em um determinado exemplo, você tem um teste da cauda inferior. Quando os termos *superior* ou *maior que* são utilizados em um determinado exemplo, você tem um teste da cauda superior. Quando os termos *diferente* ou *igual a* são utilizados em um determinado exemplo, você tem um teste bicaudal.

TABELA 10.1 Comparando as Vendas Semanais Correspondentes ao Novo Refrigerante, a Partir de Duas Diferentes Localizações em Ponta de Corredor (em número de embalagens)

Local de Exposição do Produto	
Ponta de Corredor Destinada a Refrigerantes em Geral	**Ponta de Corredor Destinada a Lançamentos e Promoções**
22 34 52 62 30	52 71 76 54 67
40 64 84 56 59	83 66 90 77 84

A hipótese nula e a hipótese alternativa são

$$H_0: \mu_1 = \mu_2 \quad \text{ou} \quad \mu_1 - \mu_2 = 0$$
$$H_1: \mu_1 \neq \mu_2 \quad \text{ou} \quad \mu_1 - \mu_2 \neq 0$$

Considerando que as amostras sejam extraídas de populações normais, apresentando variâncias iguais, você pode utilizar o teste t de variâncias agrupadas. A estatística do teste t_{ESTAT} segue uma distribuição t com $10 + 10 - 2 = 18$ graus de liberdade. Utilizando o nível de significância $\alpha = 0{,}05$, você divide a região de rejeição entre as duas caudas para esse teste bicaudal (ou seja, duas partes iguais, com 0,025 cada uma delas). A Tabela E.3 demonstra que os valores críticos para esse teste bicaudal correspondem a $+2{,}1009$ e $-2{,}1009$. Conforme ilustrado na Figura 10.2, a regra de decisão é

$$\text{Rejeitar } H_0 \text{ se } t_{ESTAT} > +2{,}1009$$
$$\text{ou se } t_{ESTAT} < -2{,}1009;$$
$$\text{caso contrário, não rejeitar } H_0.$$

FIGURA 10.2
Teste de hipóteses bicaudal para a diferença entre as médias aritméticas, no nível de significância de 0,05, com 18 graus de liberdade

Com base na Figura 10.3, a estatística t_{ESTAT} calculada para esse teste é $-3{,}0446$, e o valor-p é 0,0070.

FIGURA 10.3
Planilha para o teste t de variâncias agrupadas, para os dois locais de exposição em ponta de corredor

A Figura 10.3 exibe a ***planilha CÁLCULO*** *da* ***pasta de trabalho T para Variâncias Agrupadas****, que é utilizada pelas instruções da Seção GE10.1. (O suplemento Ferramentas de Análise cria uma planilha diferente, porém equivalente.)*

	A	B	
1	**Teste *t* de Variâncias Agrupadas para a Diferença entre Duas Médias Aritméticas**		
2	(pressupõe iguais variâncias de população)		
3	**Dados**		
4	Hipótese da Diferença	0	
5	Nível de Significância	0,5	
6	**Amostra da População 1**		
7	Tamanho da Amostra	10	=CONT.NÚM(CÓPIADADOS!$A:$A)
8	Média Aritmética da Amostra	50,3	=MÉDIA(CÓPIADADOS!$A:$A)
9	Desvio-Padrão da Amostra	18,7264	=DESVPAD(CÓPIADADOS!$A:$AB)
10	**Amostra da População 2**		
11	Tamanho da Amostra	10	=CONT.NÚM(CÓPIADADOS!$A:$A)
12	Média Aritmética da Amostra	72	=MÉDIA(CÓPIADADOS!$A:$A)
13	Desvio-Padrão da Amostra	12,5433	=DESVPAD(CÓPIADADOS!$A:$AB)
14			
15	Cálculos Intermediários		
16	Graus de Liberdade da Amostra da População 1	9	=B7 - 1
17	Graus de Liberdade da Amostra da População 2	9	=B11 - 1
18	Total dos Graus de Liberdade	18	=B16 + B17
19	Variâncias Agrupadas	254,0056	=((B16 * B9^2) + (B17 * B13^2))/B18
20	Erro-Padrão	7,1275	=RAIZ(B19 * (1/B7 + 1/B11))
21	Diferença entre Médias das Amostras	-21,7	=B8 - B12
22	Estatística do teste *t*	-3,0446	=(B21 - B4)/B20
23			
24	**Teste Bicaudal**		
25	Valor Crítico Inferior	-2,1009	=-(INVT.2T(B5, B18))
26	Valor Crítico Superior	2,1009	=INVT.2T(B5, B18)
27	Valor-*p*	0,0070	=DIST.T.BC(ABS(B22), B18)
28	Rejeitar a hipótese nula		=SE(B27< B5, "Rejeitar a hipótese nula", "Não rejeitar a hipótese nula")

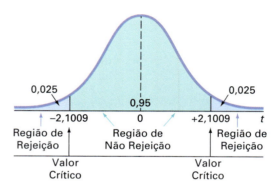

Com a utilização da Equação (10.1) e das estatísticas descritivas apresentadas na Figura 10.3,

$$t_{ESTAT} = \frac{(\bar{X}_1 - \bar{X}_2) - (\mu_1 - \mu_2)}{\sqrt{S_p^2\left(\dfrac{1}{n_1} + \dfrac{1}{n_2}\right)}}$$

em que

$$S_p^2 = \frac{(n_1 - 1)S_1^2 + (n_2 - 1)S_2^2}{(n_1 - 1) + (n_2 - 1)}$$

$$= \frac{9(18{,}7264)^2 + 9(12{,}5433)^2}{9 + 9} = 254{,}0056$$

Portanto,

$$t_{ESTAT} = \frac{(50{,}3 - 72{,}0) - 0{,}0}{\sqrt{254{,}0056\left(\frac{1}{10} + \frac{1}{10}\right)}} = \frac{-21{,}7}{\sqrt{50{,}801}} = -3{,}0446$$

Você rejeita a hipótese nula, porque $t_{ESTAT} = -3{,}0446 < -2{,}1009$ e o valor-p é 0,0070. Ou seja, a probabilidade de que $t_{ESTAT} > 3{,}0446$ ou de que $t_{ESTAT} < -3{,}0446$ é igual a 0,0070. Esse valor-p indica que, caso as médias aritméticas das populações sejam iguais, a probabilidade de se observar uma diferença assim tão grande, ou ainda maior, entre as médias aritméticas das duas amostras corresponde a apenas 0,0070. Uma vez que o valor-p é menor do que $\alpha = 0{,}05$, existem evidências suficientes para rejeitar a hipótese nula. Você pode concluir que as médias aritméticas correspondentes às vendas são diferentes no que se refere à localização em pontas de corredor destinadas a refrigerantes em geral e a localização em pontas de corredor destinadas a lançamentos e promoções. Com base nesses resultados, as vendas são mais baixas para a localização em pontas de corredor destinadas a refrigerantes em geral (em comparação com a localização em pontas de corredor destinadas a lançamentos e promoções).

Ao testar a diferença entre as médias aritméticas, você pressupõe que as populações são distribuídas nos moldes de uma distribuição normal, com variâncias iguais. Para situações em que as duas populações apresentem iguais variâncias, o teste t de variâncias agrupadas é **robusto** (ou seja, não sensível) em relação a afastamentos moderados da premissa da normalidade, contanto que os tamanhos das amostras sejam grandes. Nesse tipo de situações, você pode utilizar o teste t de variâncias agrupadas sem que haja sérios efeitos sobre a sua eficácia. Por outro lado, caso você não consiga adotar o pressuposto de que ambas as populações sejam distribuídas nos moldes de uma distribuição normal, você tem duas opções: Você pode utilizar um procedimento não paramétrico, tal como o teste da soma de classificações de Wilcoxon (abordado na Seção 12.4), que não depende do pressuposto da normalidade para as duas populações, ou pode utilizar uma transformação normalizadora (veja a Referência 5) em cada um dos resultados e, depois disso, utilizar o teste t de variâncias agrupadas.

Para verificar o pressuposto da normalidade em cada uma das duas populações, você pode construir o box-plot ilustrado na Figura 10.4, correspondente às vendas nas duas localizações para fins de exposição do produto. No tocante a essas duas pequenas amostras, parece existir um afastamento apenas moderado em relação à normalidade, de modo que o pressuposto da normalidade necessário para o teste t não está seriamente violado.

O Exemplo 10.1 apresenta outra aplicação para o teste t para variâncias agrupadas.

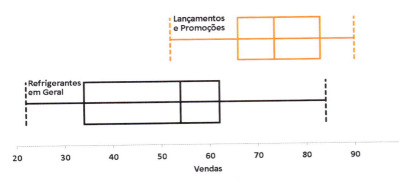

FIGURA 10.4 Box-plot para vendas do refrigerante nas pontas de corredor para refrigerantes em geral e pontas de corredor para lançamentos e promoções

Utilize as instruções na Seção GE3.3 para construir box-plots.

EXEMPLO 10.1

Testando a Diferença entre as Médias Aritméticas Correspondentes aos Tempos de Entrega

Você e alguns amigos decidiram testar a validade de um anúncio feito por uma pizzaria local, que afirma entregar pizza, nos dormitórios, mais rápido do que uma filial de uma cadeia nacional de pizzarias. Tanto a pizzaria local quanto a pizzaria da cadeia nacional estão localizadas no outro lado da rua do *campus* da universidade em que você estuda. Você define a variável de interesse como o tempo de entrega, em minutos, desde o tempo em que a pizza é encomendada até o momento em que ela é entregue. Você coleta os dados encomendando 10 pizzas da pizzaria local e 10 pizzas da filial da cadeia nacional, em diferentes horários. Você organiza e armazena os dados no arquivo TempoPizza. A Tabela 10.2 mostra os tempos correspondentes às entregas.

350 Capítulo 10

TABELA 10.2
Tempos de Entrega (em minutos) para a Pizzaria Local e para a Filial da Cadeia Nacional de Pizzarias

Local		Cadeia Nacional	
16,8	18,1	22,0	19,5
11,7	14,1	15,2	17,0
15,6	21,8	18,7	19,5
16,7	13,9	15,6	16,5
17,5	20,8	20,8	24,0

No nível de significância de 0,05, existem evidências de que a média aritmética correspondente ao tempo de entrega para a pizzaria local seja menor do que o tempo de entrega para a filial da cadeia nacional de pizzarias?

SOLUÇÃO Tendo em vista que você deseja saber se a média aritmética é *mais baixa* no que se refere à pizzaria local do que para a filial da cadeia nacional de pizzarias, você se depara com um teste unicaudal com a hipótese nula e a hipótese alternativa, a seguir.

$H_0 : \mu_1 \geq \mu_2$ (A média aritmética do tempo de entrega para a pizzaria local é igual ou maior do que a média aritmética do tempo de entrega para a filial da cadeia nacional de pizzarias.)
$H_1 : \mu_1 < \mu_2$ (A média aritmética do tempo de entrega para a pizzaria local é menor do que a média aritmética do tempo de entrega para a filial da cadeia nacional de pizzarias.)

A Figura 10.5 ilustra os resultados para o teste t de variâncias agrupadas para esses dados.

FIGURA 10.5
Planilha do teste t de variâncias agrupadas para os dados relativos aos tempos de entrega de pizzas

	A	B
1	Teste t de Variâncias Agrupadas para a Diferença entre Duas Médias Aritméticas	
2	(pressupõe iguais variâncias de população)	
3	**Dados**	
4	Hipótese da Diferença	0
5	Nível de Significância	0,05
6	**Amostra da População 1**	
7	Tamanho da Amostra	10
8	Média Aritmética da Amostra	16,7
9	Desvio-Padrão da Amostra	3,0955
10	**Amostra da População 2**	
11	Tamanho da Amostra	10
12	Média Aritmética da Amostra	18,88
13	Desvio-Padrão da Amostra	2,8662
14		
15	**Cálculos Intermediários**	
16	Graus de Liberdade da Amostra da População 1	9
17	Graus de Liberdade da Amostra da População 2	9
18	Total dos Graus de Liberdade	18
19	Variâncias Agrupadas	8,8986
20	Erro-Padrão	1,3341
21	Diferença entre Médias das Amostras	-2,18
22	Estatística do teste t	-1,6341
23		
24	**Teste da Cauda Inferior**	
25	Valor Crítico Inferior	-1,7341
26	Valor-p	0,0598
27	**Não rejeitar a hipótese nula**	

Para ilustrar os cálculos, utilizando a Equação (10.1), apresentada no início desta seção,

$$t_{ESTAT} = \frac{(\overline{X}_1 - \overline{X}_2) - (\mu_1 - \mu_2)}{\sqrt{S_p^2\left(\dfrac{1}{n_1} + \dfrac{1}{n_2}\right)}}$$

em que

$$S_p^2 = \frac{(n_1 - 1)S_1^2 + (n_2 - 1)S_2^2}{(n_1 - 1) + (n_2 - 1)}$$

$$= \frac{9(3,0955)^2 + 9(2,8662)^2}{9 + 9} = 8,8986$$

Portanto,

$$t_{ESTAT} = \frac{(16{,}7 - 18{,}88) - 0{,}0}{\sqrt{8{,}8986\left(\dfrac{1}{10} + \dfrac{1}{10}\right)}} = \frac{-2{,}18}{\sqrt{1{,}7797}} = -1{,}6341$$

Você não rejeita a hipótese nula porque $t_{ESTAT} = -1{,}6341 > -1{,}7341$. O valor-$p$ (conforme calculado na planilha da Figura 10.5) é igual a 0,0598. Esse valor-p indica que a probabilidade de que $t_{ESTAT} < -1{,}6341$ é igual a 0,0598. Em outras palavras, se as médias aritméticas correspondentes às populações forem iguais, será de 0,0598 a probabilidade de que a média aritmética da amostra, no que se refere ao tempo de entrega na pizzaria local, seja pelo menos 2,18 minutos mais rápido do que o tempo de entrega correspondente à filial da cadeia nacional de pizzarias. Uma vez que o valor-p é maior do que $\alpha = 0{,}05$, existem evidências insuficientes para rejeitar a hipótese nula. Com base nesses resultados, existem evidências insuficientes para que a pizzaria local faça a propaganda declarando que tem um tempo de entrega mais rápido.

Estimativa do Intervalo de Confiança para a Diferença entre Duas Médias Aritméticas

Em vez de, ou além de, testar a diferença entre as médias aritméticas de duas populações independentes, você pode utilizar a Equação (10.2) para desenvolver uma estimativa de intervalo de confiança para a diferença entre duas médias aritméticas.

ESTIMATIVA DO INTERVALO DE CONFIANÇA PARA A DIFERENÇA ENTRE AS MÉDIAS ARITMÉTICAS DE DUAS POPULAÇÕES DIFERENTES

$$(\overline{X}_1 - \overline{X}_2) \pm t_{\alpha/2}\sqrt{S_p^2\left(\frac{1}{n_1} + \frac{1}{n_2}\right)}$$

ou

$$(\overline{X}_1 - \overline{X}_2) - t_{\alpha/2}\sqrt{S_p^2\left(\frac{1}{n_1} + \frac{1}{n_2}\right)} \le \mu_1 - \mu_2 \le (\overline{X}_1 - \overline{X})_2 + t_{\alpha/2}\sqrt{S_p^2\left(\frac{1}{n_1} + \frac{1}{n_2}\right)} \quad \textbf{(10.2)}$$

em que $t_{\alpha/2}$ corresponde ao valor crítico da distribuição t, com $n_1 + n_2 - 2$ graus de liberdade, para uma área de $\alpha/2$ na cauda superior.

Para as estatísticas das amostras pertinentes às duas localizações em ponta de corredor, apresentadas na Figura 10.3, quando são utilizados 95 % de confiança, e na Equação (10.2),

$$\overline{X}_1 = 50{,}3,\, n_1 = 10,\, \overline{X}_2 = 72{,}0,\, n_2 = 10,\, S_p^2 = 254{,}0056,\, \text{e com } 10 + 10 - 2$$

$$= 18 \text{ graus de liberdade, } t_{0{,}025} = 2{,}1009$$

$$(50{,}3 - 72{,}0) \pm (2{,}1009)\sqrt{254{,}0056\left(\frac{1}{10} + \frac{1}{10}\right)}$$

$$-21{,}7 \pm (2{,}1009)(7{,}1275)$$

$$-21{,}7 \pm 14{,}97$$

$$-36{,}67 \le \mu_1 - \mu_2 \le -6{,}73$$

Por conseguinte, você está 95 % confiante de que a diferença, em termos da média aritmética correspondente às vendas, entre as pontas de corredor destinadas a refrigerantes em geral e as pontas de corredor destinadas a lançamentos e promoções encontra-se entre $-36{,}67$ embalagens de refrigerante e $-6{,}73$ embalagens de refrigerante. Em outras palavras, a localização em pontas de corredor destinadas a lançamentos e promoções vende, em média, 6,73 a 36,67 embalagens a mais do que a localização em pontas de corredor destinadas a refrigerantes em

352 Capítulo 10

geral. Partindo de uma perspectiva de teste de hipóteses, uma vez que o intervalo não inclui o zero, você rejeita a hipótese nula de que não existe nenhuma diferença entre as médias aritméticas das duas populações.

Teste t para a Diferença entre Duas Médias Aritméticas, Pressupondo Variâncias Diferentes

Caso você não consiga adotar o pressuposto de que as duas populações independentes apresentam variâncias iguais, você não consegue agrupar as variâncias das duas amostras em um estimador comum, S_p^2, e, com isso, não pode utilizar o teste t de variâncias agrupadas. Em vez disso, você utiliza o **teste t de variâncias separadas**, desenvolvido por Satterthwaite (veja a Referência 4). A Equação (10.3) define a estatística do teste para o teste t de variâncias separadas.

TESTE T DE VARIÂNCIAS SEPARADAS PARA A DIFERENÇA ENTRE DUAS MÉDIAS ARITMÉTICAS

$$t_{ESTAT} = \frac{(\overline{X}_1 - \overline{X}_2) - (\mu_1 - \mu_2)}{\sqrt{\dfrac{S_1^2}{n_1} + \dfrac{S_2^2}{n_2}}} \qquad \textbf{(10.3)}$$

em que

$\overline{X}_1$ = média aritmética da amostra extraída da população 1

S_1^2 = variância da amostra extraída da população 1

n_1 = tamanho da amostra extraída da população 1

$\overline{X}_2$ = média aritmética da amostra extraída da população 2

S_2^2 = variância da amostra extraída da população 2

n_2 = tamanho da amostra extraída da população 2

O teste t de variâncias separadas segue aproximadamente uma distribuição t com graus de liberdade V iguais à parcela inteira do cálculo a seguir.

CALCULANDO GRAUS DE LIBERDADE NO TESTE t DE VARIÂNCIAS SEPARADAS

$$V = \frac{\left(\dfrac{S_1^2}{n_1} + \dfrac{S_2^2}{n_2}\right)^2}{\dfrac{\left(\dfrac{S_1^2}{n_1}\right)^2}{n_1 - 1} + \dfrac{\left(\dfrac{S_2^2}{n_2}\right)^2}{n_2 - 1}} \qquad \textbf{(10.4)}$$

Para um determinado nível de significância α, você rejeita a hipótese nula, caso a estatística do teste t calculada seja maior do que o valor crítico correspondente à cauda superior, $t_{\alpha/2}$, a partir da distribuição t com V graus de liberdade, ou caso a estatística do teste t calculada seja menor do que o valor crítico correspondente à cauda inferior, $-t_{\alpha/2}$ a partir da distribuição t com V graus de liberdade. Por conseguinte, a regra de decisão é

$$\text{Rejeitar } H_0 \text{ se } t > t_{a/2}$$

$$\text{ou se } t < -t_{a/2};$$

$$\text{caso contrário, não rejeitar } H_0.$$

Retorne ao cenário que trata da North Fork Beverages com respeito às duas localizações em ponta de corredor. Utilizando a Equação (10.4), a estatística do teste t de variâncias separadas, t_{ESTAT}, é aproximada por uma distribuição t com $V = 15$ graus de liberdade, a parcela inteira do cálculo:

$$V = \frac{\left(\frac{S_1^2}{n_1} + \frac{S_2^2}{n_2}\right)^2}{\frac{\left(\frac{S_1^2}{n_1}\right)^2}{n_1 - 1} + \frac{\left(\frac{S_2^2}{n_2}\right)^2}{n_2 - 1}}$$

$$= \frac{\left(\frac{350{,}6778}{10} + \frac{157{,}3333}{10}\right)^2}{\frac{\left(\frac{350{,}6778}{10}\right)^2}{9} + \frac{\left(\frac{157{,}3333}{10}\right)^2}{9}} = 15{,}72$$

Utilizando $\alpha = 0{,}05$, os valores críticos superior e inferior, para esse teste bicaudal encontrado na Tabela E.3, são, $+2{,}1315$ e $-2{,}1315$, respectivamente. Conforme ilustrado na Figura 10.6, a regra de decisão é

$$\text{Rejeitar } H_0 \text{ se } t_{ESTAT} > +2{,}1315$$

$$\text{ou se } t_{ESTAT} < -2{,}1315;$$

caso contrário, não rejeitar H_0.

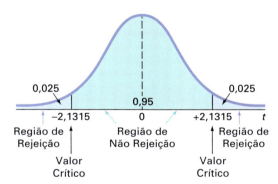

FIGURA 10.6 Teste bicaudal de hipóteses para a diferença entre médias aritméticas, no nível de significância de 0,05, com 15 graus de liberdade

Utilizando a Equação (10.3), e as estatísticas descritivas fornecidas na Figura 10.3,

$$t_{ESTAT} = \frac{(\overline{X}_1 - \overline{X}_2) - (\mu_1 - \mu_2)}{\sqrt{\frac{S_1^2}{n_1} + \frac{S_2^2}{n_2}}}$$

$$= \frac{50{,}3 - 72}{\sqrt{\left(\frac{350{,}6778}{10} + \frac{157{,}3333}{10}\right)}} = \frac{-21{,}7}{\sqrt{50{,}801}} = -3{,}04$$

Utilizando um nível de significância de 0,05, você rejeita a hipótese nula, uma vez que $t = -3{,}04 < -2{,}1315$.

A Figura 10.7 apresenta os resultados do teste t de variâncias separadas para os dados correspondentes aos locais para exposição de produtos nas pontas de corredor.

Com base na Figura 10.7, observe que a estatística do teste $t_{ESTAT} = -3{,}0446$ e o valor-p é $0{,}0082 < 0{,}05$. Por conseguinte, os resultados para o teste t de variâncias separadas são quase exatamente os mesmos que os resultados do teste t de variâncias agrupadas. O pressuposto da igualdade entre as variâncias das populações não teve nenhum efeito observável sobre os resultados. Algumas vezes, no entanto, os resultados correspondentes aos testes t de variâncias agrupadas e aos testes t

354 Capítulo 10

FIGURA 10.7 Planilha do teste *t* de variâncias separadas (mostrada em duas partes) para os dados sobre vendas correspondentes às localizações para exposição de produtos em pontas de corredor

	A	B
1	Teste *t* de Variâncias Separadas para a Diferença entre Duas Médias Aritméticas	
2	(pressupõe diferentes variâncias de população)	
3	**Dados**	
4	Hipótese da Diferença	0
5	Nível de Significância	0,05
6	**Amostra da População 1**	
7	Tamanho da Amostra	10
8	Média Aritmética da Amostra	50,3
9	Desvio-Padrão da Amostra	18,7264
10	**Amostra da População 2**	
11	Tamanho da Amostra	10
12	Média Aritmética da Amostra	72
13	Desvio-Padrão da Amostra	12,5433
14		

Coluna C (fórmulas):
- 7: =CONT.NÚM(CÓPIADADOS!$A:$A)
- 8: =MÉDIA(CÓPIADADOS!$A:$A)
- 9: =DESVPAD(CÓPIADADOS!$A:$A)
- 11: =CONT.NÚM(CÓPIADADOS!$B:$B)
- 12: =MÉDIA(CÓPIADADOS!$B:$B)
- 13: =DESVPAD(CÓPIADADOS!$B:$B)

	A	B
15	**Cálculos Intermediários**	
16	Variância da Amostra da Pop. 1	350,6778
17	Variância da Amostra da Pop. 2	157,3333
18	Variância da Amostra/Tamanho da Amostra Pop. 1	35,0678
19	Variância da Amostra/Tamanho da Amostra Pop. 2	15,7333
20	Graus de Liberdade do Numerador	2580,7529
21	Graus de Liberdade do Denominador	164,1430
22	Total dos Graus de Liberdade	15,7226
23	Graus de Liberdade	15
24	Denominador das Variâncias Separadas	7,1275
25	Diferença entre Médias das Amostras	-21,7
26	Estatística do teste *t*	-3,0446
27		
28	**Teste Bicaudal**	
29	Valor Crítico Inferior	-2,1314
30	Valor Crítico Superior	2,1314
31	Valor-*p*	0,2282
32	**Rejeitar a hipótese nula**	

Coluna C (fórmulas):
- 16: =B9^2
- 17: =B13^2
- 18: =B16/B7
- 19: =B17/B11
- 20: =(B18 + B19)^2
- 21: =(B18^2)/(B7 - 1) + (B19^2)/(B11 - 1)
- 22: =B20/B21
- 23: =INT(B22)
- 24: =RAIZ(B18 + B19)
- 25: =B8 - B12
- 26: =(B25 - B4)/B24
- 29: =-(INV.T.BC.2T(B5, B23))
- 30: =INV.T.BC.2T(B5, B23)
- 31: =DIST.T.BC.2T(ABS(B26),B23) - B4
- 32: =SE(B31< B5,
  "Rejeitar a hipótese nula",
  "Não rejeitar a hipótese nula")

A Figura 10.7 ilustra a **planilha CÁLCULO da pasta de trabalho T de Variâncias Separadas** *que é utilizada pelas instruções na Seção GE10.1. (O suplemento Ferramentas de Análises cria uma planilha diferente, mas equivalente.)*

de variâncias separadas são conflitantes, pelo fato de ter sido violado o pressuposto da igualdade entre as variâncias. Portanto, é importante que você avalie os pressupostos e utilize esses resultados como uma diretriz para selecionar apropriadamente um procedimento de teste. Na Seção 10.4, o teste F para a proporcionalidade entre duas variâncias é utilizado para determinar se existem evidências de uma diferença entre as variâncias das duas populações. Os resultados desse teste podem ajudar você a determinar qual dos testes t — variâncias agrupadas ou variâncias separadas — é o mais apropriado.

PENSE NISSO   "Essa Chamada Pode Ser Monitorada…"

Ao conversar por telefone com um representante do serviço de atendimento ao cliente, você já deve ter escutado a mensagem: "Esta chamada pode ser monitorada…" Na maior parte das vezes, a mensagem explica que o monitoramento tem como objetivo "garantir o padrão de qualidade", mas será que as empresas realmente monitoram as chamadas dos clientes visando melhorar o padrão de qualidade?

De uma de nossas alunas, ficamos sabendo que uma determinada empresa de grande porte realmente monitora as ligações de modo a garantir o padrão de qualidade. Foi pedido a essa aluna que desenvolvesse um programa de treinamento para melhoria no atendimento para uma central de atendimento a clientes que estava contratando pessoas para responderem a chamadas telefônicas que os consumidores fazem sobre empréstimos pendentes de pagamento. Com o propósito de obter críticas e avaliações, ela planejou selecionar aleatoriamente chamadas telefônicas recebidas por cada um dos novos empregados em relação a 10 aspectos da chamada, incluindo o fato de o empregado ter mantido, ou não, um tom de voz agradável ao falar com o consumidor.

Para Quem Você Vai Telefonar?

Nossa aluna apresentou seu plano a seu patrão, para fins de aprovação, mas seu patrão, lembrando-se das palavras de um famoso estatístico, afirmou: "Confiamos em Deus; todos os demais devem apresentar dados." *Seu patrão desejava provas de que o novo programa de treinamento por ela apresentado melhoraria o serviço de atendimento aos clientes.* Ao se deparar com esse tipo de exigência, a quem você recorreria? Ela telefonou para o seu professor de estatística empresarial. "Alô, Professor, você nem pode adivinhar o porquê de eu ter ligado. Estou trabalhando para uma empresa de grande porte e, no projeto em que estou atualmente envolvida, tenho que colocar em prática um pouco da estatística que você nos ensinou! Você poderia me ajudar?" Em conjunto, eles formularam o seguinte teste:

- Atribua, aleatoriamente, as 60 contratações mais recentes a dois programas de treinamento. Designe metade para o programa de treinamento preexistente, e a outra metade ao novo programa de treinamento.
- Ao final do primeiro mês, compare a média aritmética correspondente ao resultado para os 30 empregados integrantes do novo programa de treinamento com a média aritmética correspondente ao resultado para os 30 empregados do programa de treinamento preexistente.

Ela escutava, à medida que seu professor ia explicando: "O que você está tentando provar é que a média aritmética correspondente ao resultado para o novo programa de treinamento é mais alta do que a média aritmética correspondente ao resultado para o programa atual. Você pode formular a hipótese nula de que as médias aritméticas são iguais, e verificar se você consegue rejeitá-la em favor da hipótese alternativa de que a média aritmética correspondente ao resultado para o novo programa é mais alta."

"Ou, como você costumava dizer, 'se o valor-*p* for pequeno, então H_0 eu condeno!' — sim, eu me lembro!", respondeu ela. Seu professor deu, então, uma boa risada e afirmou: "E, se conseguir rejeitar H_0, você terá as evidências para apresentar a seu patrão." Ela agradeceu ao professor pela ajuda e retornou para o trabalho, com a recém-conquistada confiança de que seria capaz de aplicar com sucesso o teste *t* que compara as médias aritméticas de duas populações independentes.

Problemas para Seção 10.1

APRENDENDO O BÁSICO

10.1 Se você tem amostras de tamanho $n_1 = 12$ e $n_2 = 15$, ao realizar o teste t de variâncias agrupadas, quantos graus de liberdade você tem?

10.2 Suponha que você tenha uma amostra de tamanho $n_1 = 8$, com a média aritmética da amostra $\overline{X}_1 = 42$ e um desvio-padrão de amostra $S_1 = 4$, e que tenha uma amostra independente, de tamanho $n_2 = 15$, extraída de outra população, com uma média aritmética de amostra $\overline{X}_2 = 34$ e um desvio-padrão de $S_2 = 5$ para a amostra.
a. Qual é o valor da estatística do teste t_{ESTAT} de variâncias agrupadas, para testar $H_0 : \mu_1 = \mu_2$?
b. Para encontrar o valor crítico, quantos graus de liberdade estão disponíveis?
c. Utilizando o nível de significância $\alpha = 0,01$, qual é o valor crítico para um teste unicaudal correspondente à hipótese $H_0 : \mu_1 \leq \mu_2$, contra a hipótese alternativa, $H_1 : \mu_1 > \mu_2$?
d. Qual é sua decisão estatística?

10.3 Quais premissas, em relação às duas populações, são necessárias para o Problema 10.2?

10.4 Com referência ao Problema 10.2, construa uma estimativa para o intervalo de confiança de 95 % para a diferença entre as médias aritméticas correspondentes às populações μ_1 e μ_2.

10.5 Com referência ao Problema 10.2, se $n_1 = 5$ e $n_2 = 4$, quantos graus de liberdade você tem?

10.6 Com referência ao Problema 10.2, se $n_1 = 5$ e $n_2 = 4$, no nível de significância de 0,01, existem evidências de que $\mu_1 > \mu_2$?

APLICANDO OS CONCEITOS

10.7 Quando as pessoas fazem estimativas, elas são influenciadas por ideias preconcebidas, ou âncoras, com relação às estimativas que estão por fazer. Foi conduzido um estudo no qual era solicitado a estudantes que estimassem a quantidade de calorias em um cheeseburger. A um dos grupos foi solicitado que fizesse isso depois de raciocinar em termos de uma torta de queijo recheada de calorias. Ao segundo grupo foi solicitado que fizesse isso depois de raciocinar em termos de uma salada de frutas orgânicas. A média aritmética correspondente à quantidade de calorias estimada em um cheeseburger foi de 780 para o grupo que raciocinou em termos da torta de queijo e de 1.041 para o grupo que raciocinou em termos da salada de frutas orgânicas. (Dados extraídos de "Drilling Down, Sizing Up a Cheeseburger's Calorie Heft", *The New York Times*, 4 de outubro de 2010, p. B2.) Suponha que o estudo tenha se baseado em uma amostra de 20 pessoas as quais raciocinaram primeiramente em termos da torta de queijo, e 20 pessoas que raciocinaram primeiramente em termos da salada de frutas orgânicas, e que o desvio-padrão correspondente à quantidade de calorias no cheeseburger tenha sido igual a 128 para as pessoas que raciocinaram primeiramente em termos da torta de queijo e 140 para as pessoas que raciocinaram primeiramente em termos da salada de frutas orgânicas.
a. Expresse a hipótese nula e a hipótese alternativa, se você deseja determinar se a média aritmética correspondente à quantidade estimada de calorias em um cheeseburger é mais baixa para as pessoas que raciocinaram primeiramente em termos da torta de queijo do que para as pessoas que ra-

ciocinaram primeiramente em termos da salada de frutas orgânicas.
b. No contexto deste estudo, qual é o significado do erro do Tipo I?
c. No contexto desse estudo, qual é o significado do erro do Tipo II?
d. No nível de significância de 0,01, existem evidências de que a média aritmética correspondente à quantidade estimada de calorias em um cheeseburger seja mais baixa para as pessoas que raciocinaram primeiramente em termos da torta de queijo do que para as pessoas que raciocinaram primeiramente em termos da salada de frutas orgânicas?

10.8 Um estudo recente ("Snack Ads Spur Children to Eat More", *The New York Times*, 20 de julho de 2009, p. B3) descobriu que crianças que assistiam a um desenho animado com propaganda de alimentos comiam, em média, 28,5 gramas de biscoitos da marca Goldfish, em comparação com uma média de 19,7 gramas de biscoitos da marca Goldfish para crianças que assistiam a um desenho animado sem propaganda de alimentos. Embora existissem 118 crianças no estudo, nem o tamanho da amostra em cada um dos grupos nem o desvio-padrão foram relatados. Suponha que existissem 59 crianças em cada um dos grupos, e que o desvio-padrão da amostra para as crianças que assistiam ao comercial de alimentos tenha sido de 8,6 gramas e o desvio-padrão da amostra para as crianças que não assistiam ao comercial de alimentos tenha sido de 7,9 gramas.
a. Pressupondo que as variâncias das populações sejam iguais e $\alpha = 0,05$, existem evidências de que a média aritmética da quantidade de biscoitos Goldfish ingeridos tenha sido significativamente maior para as crianças que assistiram ao comercial de alimentos?
b Pressupondo que as variâncias das populações sejam iguais, construa uma estimativa de intervalo de confiança de 95 % para a diferença entre a média aritmética da quantidade de biscoitos Goldfish ingeridos pelas crianças que assistiram ao comercial de alimentos e a média aritmética para as crianças que não assistiram ao comercial de alimentos.
c. Compare os resultados de (a) e (b) e argumente.

10.9 Um problema relacionado a uma linha telefônica, o qual impeça que o cliente receba ou faça ligações, é desagradável tanto para o cliente como para a companhia telefônica. O arquivo **Telefone** contém amostras relativas a 20 problemas informados para duas diferentes centrais telefônicas de uma mesma companhia telefônica, e o tempo necessário para solucionar esses problemas (em minutos) nas linhas dos clientes.

Tempo para Solucionar Problemas na Central Telefônica I (minutos)
1,48 1,75 0,78 2,85 0,52 1,60 4,15 3,97 1,48 3,10
1,02 0,53 0,93 1,60 0,80 1,05 6,32 3,93 5,45 0,97

Tempo para Solucionar Problemas na Central Telefônica II (minutos)
7,55 3,75 0,10 1,10 0,60 0,52 3,30 2,10 0,58 4,02
3,75 0,65 1,92 0,60 1,53 4,23 0,08 1,48 1,65 0,72

a. Supondo que as variâncias das populações de ambas as centrais sejam iguais, existem evidências de uma diferença entre as médias aritméticas dos tempos de espera para as duas centrais? (Utilize $\alpha = 0,05$.)

b. Determine o valor-*p* em (a) e interprete o seu significado.

c. Que outro pressuposto é necessário em (a)?

d. Supondo que as variâncias das populações oriundas de ambas as centrais sejam iguais, construa e interprete uma estimativa para o intervalo de confiança de 95 % para a diferença entre as médias aritméticas das populações nas duas centrais telefônicas.

AUTO-teste **10.10** A revista *Accounting Today* identificou as principais empresas de contabilidade em 10 regiões geográficas ao longo dos Estados Unidos. Embora todas as 10 regiões tenham relatado crescimento em 2011, as regiões Sudeste e da Costa do Golfo relataram os crescimentos combinados mais elevados, com 18 % e 19 %, respectivamente. Uma descrição característica das empresas de contabilidade nas regiões Sudeste e da Costa do Golfo incluíram o número de sócios proprietários na empresa. O arquivo SóciosContabilidade2 contém o número de sócios proprietários. (Dados extraídos de **www. accountingtoday.com/gallery/Top-100-Accounting-Firms-Data-62569-1.html**.)

a. No nível de significância de 0,05, existem evidências de uma diferença entre as empresas de contabilidade da região Sudeste e as empresas de contabilidade da região da Costa do Golfo, no que diz respeito à média aritmética do número de sócios proprietários?

b. Determine o valor-*p* em (a) e interprete o seu significado.

c. Que pressupostos você precisa adotar sobre as duas populações no sentido de justificar o uso do teste *t*?

10.11 Uma das características importantes de uma câmera digital é o tempo de vida útil da bateria — o número de fotos que podem ser tiradas até que a bateria venha a precisar ser recarregada. O arquivo Câmeras contém o tempo de vida útil correspondente a 11 câmeras subcompactas e 7 câmeras compactas. (Dados extraídos de "Cameras", *Consumer Reports*, julho de 2012, pp. 42-44.)

a. Considerando que as variâncias das populações de ambos os tipos de câmeras digitais são iguais, existem evidências de uma diferença na média aritmética da vida útil da bateria entre os dois tipos de câmeras digitais ($\alpha = 0,05$)?

b. Determine o valor-*p* em (a) e interprete o seu significado.

c. Supondo que as variâncias das populações correspondentes a ambos os tipos de câmeras digitais sejam iguais, construa e interprete uma estimativa para o intervalo de confiança de 95 % para a diferença entre as médias aritméticas correspondentes às populações de vidas úteis de baterias, no que se refere aos dois tipos de câmeras digitais.

10.12 Um banco com uma agência localizada em um distrito comercial de uma cidade tem como objetivo estratégico desenvolver um processo de aperfeiçoamento para atendimento aos clientes no horário de pico do almoço, do meio-dia até as 13 horas. A gerência decidiu primeiramente estudar o tempo de espera no atual processo. O tempo de espera é definido operacionalmente como número de minutos decorridos desde o momento em que o cliente entra na fila até que venha a ser atendido no caixa. São coletados dados a partir de uma amostra aleatória de 15 clientes e os resultados são armazenados em Banco1. Esses dados são:

| 4,21 | 5,55 | 3,02 | 5,13 | 4,77 | 2,34 | 3,54 | 3,20 |
| 4,50 | 6,10 | 0,38 | 5,12 | 6,46 | 6,19 | 3,79 | |

Suponha que outra agência bancária, localizada em uma área residencial, esteja também preocupada com o horário de pico do almoço, do meio-dia até as 13 horas. São coletados dados a partir de uma amostra aleatória de 15 clientes e os resultados são armazenados em Banco2. Esses dados são:

| 9,66 | 5,90 | 8,02 | 5,79 | 8,73 | 3,82 | 8,01 | 8,35 |
| 10,49 | 6,68 | 5,64 | 4,08 | 6,17 | 9,91 | 5,47 | |

a. Supondo que as variâncias das populações de ambas as agências bancárias sejam iguais, existem evidências de uma diferença no que se refere às médias aritméticas correspondentes aos tempos de espera entre as duas agências? (Utilize $\alpha = 0,05$.)

b. Determine o valor-*p* em (a) e interprete o seu significado.

c. Além da igualdade entre as variâncias, qual outro pressuposto é necessário para o item (a)?

d. Construa e interprete uma estimativa para o intervalo de confiança de 95 % para a diferença entre as médias aritméticas das populações nas duas agências.

10.13 Repita o Problema 10.12(a) considerando que as variâncias das populações nas duas agências não sejam iguais. Compare os resultados com aqueles do Problema 10.12(a).

10.14 Na gravação em entalhe, um desenho, ou figura, é entalhado na superfície de um metal resistente ou de uma pedra. O objetivo estratégico de uma empresa especializada em gravação em entalhe é determinar se existem diferenças em termos da média aritmética da solidez da superfície das placas de aço, com base em duas diferentes condições de superfície — não tratada e ligeiramente tratada por meio do polimento suave com uma folha de esmeril. É projetado um experimento, no qual 40 placas de aço são distribuídas aleatoriamente — 20 placas não são tratadas e 20 placas são tratadas. Os resultados para o experimento, armazenados em Entalhe, são os seguintes:

Não Tratadas		Tratadas	
164,368	177,135	158,239	150,226
159,018	163,903	138,216	155,620
153,871	167,802	168,006	151,233
165,096	160,818	149,654	158,653
157,184	167,433	145,456	151,204
154,496	163,538	168,178	150,869
160,920	164,525	154,321	161,657
164,917	171,230	162,763	157,016
169,091	174,964	161,020	156,670
175,276	166,311	167,706	147,920

a. Pressupondo que as variâncias das populações para ambas as condições sejam iguais, existem evidências de uma diferença em termos das médias aritméticas correspondentes à solidez da superfície entre placas de aço não tratadas e placas de aço tratadas? (Utilize $\alpha = 0,05$.)

b. Determine o valor-*p* em (a) e interprete o seu significado.

c. Além da igualdade entre as variâncias, qual outro pressuposto é necessário em (a)?

d. Construa e interprete uma estimativa para o intervalo de confiança de 95 % para a diferença entre as médias aritméticas das populações de placas de aço tratadas e placas de aço não tratadas.

10.15 Repita o Problema 10.14(a), pressupondo que as variâncias das populações extraídas de placas de aço não tratadas e de placas de aço tratadas não sejam iguais. Compare os resultados com os resultados do Problema 10.14(a).

10.16 Um artigo apresentado no *The Exponent*, um jornal universitário independente, publicado pela Purdue Student Publishing Foundation, relatou que o estudante universitário mediano nos EUA gasta uma hora (60 minutos) no Facebook, todos os dias. (Dados extraídos de **bit.ly/NQRCJQ**.) Entretanto, você se questiona se existe uma diferença entre pessoas do sexo masculino e pessoas do sexo feminino. Você seleciona uma amostra de 60 usuários do Facebook (30 do sexo masculino e 30 do sexo feminino) na faculdade em que você estuda. O tempo gasto no Facebook, por dia (em minutos) no que se refere a esses 60 usuários, está armazenado no arquivo TempoFacebook2 .

a. Supondo que as variâncias correspondentes às populações do tempo gasto com o Facebook, por dia, sejam iguais, existem evidências de diferença, em termos da média aritmética do tempo gasto no Facebook, por dia, entre os usuários do sexo masculino e os usuários do sexo feminino? (Utilize um nível de significância de 0,05.)

b. Além da igualdade entre as variâncias, qual outro pressuposto é necessário em (a)?

10.17 Avaliações de marcas são cruciais para executivos-chefes, executivos do setor financeiro e executivos da área de marketing, analistas de segurança, investidores institucionais, e outros executivos que dependem de informações confiáveis e bem investigadas necessárias para avaliações e comparações na tomada de decisões. A Millward Brown Optimor desenvolveu o BrandZ Top 100 Most Valuable Global Brands para o WPP, o maior grupo de serviços de comunicação em todo o mundo. Diferentemente de outros estudos, o BrandZ Top 100 Most Valuable Global Brands faz uma fusão entre resultados de indicadores de avaliação de marcas por parte dos consumidores e resultados de indicadores de avaliação financeira, no intuito de atribuir um valor financeiro às marcas. O arquivo BrandZTechFin contém os valores de marcas para dois setores no BrandZ Top 100 Most Valuable Global Brands, para 2011: o setor de tecnologia e o setor de instituições financeiras. (Dados extraídos de **bit.ly/kNL8rx**.)

a. Supondo que as variâncias das populações sejam iguais, existem evidências de uma diferença entre o setor de tecnologia e o setor de instituições financeiras, no que diz respeito à média aritmética do valor de marcas? (Utilize $\alpha = 0,05$.)

b. Repita (a), pressupondo que as variâncias correspondentes às populações não sejam iguais.

c. Compare os resultados de (a) e (b).

10.2 Comparando as Médias Aritméticas de Duas Populações Relacionadas entre Si

Os procedimentos de testes de hipóteses examinados na Seção 10.1 possibilitam que você examine diferenças entre as médias aritméticas de duas populações *independentes*. Nesta seção, você aprenderá um procedimento para analisar a diferença entre as médias aritméticas de duas populações quando você coleta dados de amostras extraídas de populações que são relacionadas uma à outra — ou seja, quando os resultados da primeira população *não* são independentes dos resultados da segunda população.

Existem duas situações que envolvem dados correlacionados entre populações. Você pode adotar medições repetidas a partir do mesmo conjunto de itens ou indivíduos, ou você pode combinar itens ou indivíduos de acordo com alguma característica. Em qualquer uma dessas duas situações, você está interessado na *diferença entre os dois valores relacionados entre si*, e não nos *valores individuais* propriamente ditos.

Quando você realiza **medições repetidas** nos mesmos itens ou indivíduos, você considera que os mesmos itens ou indivíduos se comportarão de modo semelhante, caso venham a ser tratados de modo semelhante. Seu objetivo é demonstrar que quaisquer diferenças entre duas medições dos mesmos itens ou indivíduos são decorrentes de diferentes tratamentos que tenham sido aplicados aos itens ou indivíduos. Por exemplo, ao realizar um experimento relacionado com um teste de degustação, comparando duas bebidas, você pode utilizar cada uma das pessoas na amostra como próprio controle de si mesma, de modo tal que você possa ter *medições repetidas* em relação ao mesmo indivíduo.

Outro exemplo de medições repetidas envolve a atribuição de preços das mesmas mercadorias a partir de duas unidades de vendas diferentes. Por exemplo, você alguma vez já parou para ponderar se os preços correspondentes a livros didáticos novos, em uma livraria de uma faculdade local, são diferentes dos preços oferecidos em uma importante livraria que vende pela Internet? Você poderia lançar mão de duas amostras independentes — ou seja, selecionar dois conjuntos diferentes de livros didáticos — e, depois disso, utilizar os testes de hipóteses discutidos na Seção 10.1.

No entanto, por um simples acaso aleatório, a primeira amostra pode vir a ter muitos livros didáticos de capa dura e de formato grande, enquanto a segunda amostra pode vir a ter muitos livros comerciais com encadernação tipo brochura, de formato pequeno. Isto implicaria que o primeiro conjunto de livros didáticos sempre será mais caro do que o segundo conjunto de livros, independentemente de onde eles tenham sido comprados. Esta observação significa que a utilização dos testes da Seção 10.1 não seria uma boa opção. A melhor opção seria utilizar duas amostras relacionadas entre si — ou seja, determinar o preço correspondente à *mesma* amostra de livros didáticos, tanto na livraria local quanto na livraria que realiza vendas pela Internet.

A segunda situação que envolve dados correlacionados entre populações é quando você tem **amostras combinadas**. Nesse caso, os itens ou indivíduos são colocados em pares, conjuntamente,

358 Capítulo 10

de acordo com alguma característica de interesse. Por exemplo, ao fazer um teste de comercialização para um determinado produto, em duas diferentes campanhas de publicidade, uma amostra de testes de mercado pode ser *combinada* com base no tamanho da população referente ao teste de mercado e/ou variáveis demográficas. Pelo fato de levar em conta as diferenças em relação ao tamanho da população referente ao teste de mercado e/ou variáveis demográficas, você passa a estar mais bem capacitado para mensurar os efeitos decorrentes de duas diferentes campanhas de publicidade.

Independentemente do fato de você ter amostras combinadas ou medições repetidas, o objetivo é estudar a diferença entre duas medições, reduzindo o efeito da variabilidade que seja decorrente dos itens ou indivíduos propriamente ditos. A Tabela 10.3 mostra as diferenças entre os valores individuais para duas populações relacionadas entre si. Para ler essa tabela, faça com que X_{11}, X_{12}, ..., X_{1n} representem os n valores extraídos de uma amostra. Além disso, faça com que X_{21}, X_{22}, ..., X_{2n} representem os n valores combinados correspondentes, extraídos de uma segunda amostra, ou as n medições repetidas correspondentes extraídas da amostra inicial. Depois disso, D_1, D_2, ..., D_n representarão o conjunto correspondente de n *resultados* de diferenças, de modo tal que

$$D_1 = X_{11} - X_{21}, D_2 = X_{12} - X_{22}, \ldots, \text{ e } D_n = X_{1n} - X_{2n}.$$

Para testar a diferença entre as médias aritméticas de duas populações relacionadas entre si, você trata os resultados das diferenças, cada D_i, como valores extraídos de uma única amostra.

TABELA 10.3
Determinando a Diferença entre Duas Amostras Relacionadas entre Si

	Amostra		
Valor	**1**	**2**	**Diferença**
1	X_{11}	X_{21}	$D_1 = X_{11} - X_{21}$
2	X_{12}	X_{22}	$D_2 = X_{12} - X_{22}$
$\vdots$	$\vdots$	$\vdots$	$\vdots$
i	X_{1i}	X_{2i}	$D_i = X_{1i} - X_{2i}$
$\vdots$	$\vdots$	$\vdots$	$\vdots$
n	X_{1n}	X_{2n}	$D_n = X_{1n} - X_{2n}$

> **☞ Dica para o Leitor**
>
> A amostra que você define como grupo 1 determinará se você estará conduzindo um teste da cauda inferior ou um teste da cauda superior, caso esteja conduzindo um teste unicaudal.

Teste *t* em Pares

Caso você adote o pressuposto de que os resultados das diferenças tenham sido selecionados de maneira aleatória e independente a partir de uma população que seja distribuída nos moldes da distribuição normal, você pode utilizar o **teste *t* em pares para a média aritmética da diferença** em populações relacionadas entre si, no sentido de determinar se existe alguma diferença significativa em termos das médias aritméticas das populações. Assim como ocorre com o teste *t* para uma amostra, desenvolvido na Seção 9.2 [veja a Equação (9.2) na Seção 9.2], a estatística do teste *t* em pares segue a distribuição *t*, com $n - 1$ grau de liberdade. Embora o teste *t* em pares pressuponha que a população seja distribuída nos moldes de uma distribuição normal, você pode utilizar esse teste, contanto que o tamanho da amostra não seja demasiadamente pequeno e a população não seja extremamente assimétrica.

Para testar a hipótese nula de que não existe nenhuma diferença em termos das médias aritméticas de duas populações relacionadas entre si:

$$H_0: \mu_D = 0 \text{ (em que } \mu_D = \mu_1 - \mu_2)$$

contra a hipótese alternativa de que as médias aritméticas não são iguais:

$$H_1: \mu_D \neq 0$$

você calcula a estatística do teste t_{ESTAT} utilizando a Equação (10.5).

TESTE *t* EM PARES PARA A MÉDIA ARITMÉTICA DA DIFERENÇA

$$t_{ESTAT} = \frac{\overline{D} - \mu_D}{\dfrac{S_D}{\sqrt{n}}} \tag{10.5}$$

em que

$$\mu_D = \text{média aritmética da diferença formulada na hipótese}$$

$$\overline{D} = \frac{\sum_{i=1}^{n} D_i}{n}$$

$$S_D = \sqrt{\frac{\sum_{i=1}^{n} (D_i - \overline{D})^2}{n - 1}}$$

A estatística do teste t_{ESTAT} segue uma distribuição t, com $n - 1$ grau de liberdade.

Para um teste bicaudal com determinado nível de significância, α, você rejeita a hipótese nula, caso a estatística do teste t_{ESTAT} calculada seja maior do que o valor crítico da cauda superior, $t_{\alpha/2}$, a partir da distribuição t, ou caso a estatística do teste t_{ESTAT} calculada seja menor do que o valor crítico da cauda inferior, $-t_{\alpha/2}$, da distribuição t. A regra de decisão é

$$\text{Rejeitar } H_0 \text{ se } t_{ESTAT} > t_{\alpha/2}$$

$$\text{ou se } t_{ESTAT} < -t_{\alpha/2};$$

$$\text{caso contrário, não rejeitar } H_0.$$

Você pode utilizar o teste t em pares, para a média aritmética da diferença, no intuito de investigar uma questão levantada anteriormente nesta seção: Será que os preços dos livros didáticos novos, em uma livraria de uma faculdade local, são diferentes dos preços oferecidos em uma importante livraria que realiza vendas pela Internet?

Neste experimento que trata de medições repetidas, você utiliza um conjunto de livros didáticos. Para cada um dos livros didáticos, você determina o preço em uma livraria local e o preço em uma importante livraria que realiza vendas pela Internet. Pelo fato de determinar os dois preços para os mesmos livros didáticos, você consegue reduzir a variabilidade nos preços comparados com o que ocorreria caso tivesse utilizado dois conjuntos independentes de livros didáticos. Essa abordagem se concentra nas diferenças entre os preços dos mesmos livros didáticos oferecidos pelos dois vendedores.

Você coleta dados conduzindo um experimento a partir de uma amostra de 16 livros didáticos utilizados principalmente em cursos de escolas de administração durante o primeiro semestre cursado no verão norte-americano de 2012 em uma faculdade local. Você determina o preço do livro didático na livraria da faculdade e o preço na livraria que realiza vendas pela Internet (que inclui custos de frete, caso haja). Você organiza e armazena os dados em **PreçosLivros**. A Tabela 10.4 mostra os resultados.

TABELA 10.4
Preços de Livros Didáticos na Livraria da Faculdade e na Livraria que Vende pela Internet

Autor	Título	Livraria da Faculdade	Venda pela Internet
Bade	*Fundamentos de Microeconomia* 5/e	136,25	160,86
Baumol	*Macroeconomia* 12/e	223,25	195,80
Brigham	*Administração Financeira* 13/e	295,50	203,24
Foner	*Give Me Liberty!* Vol. 2 3/e	111,75	89,30
Grewal	*Marketing* 3/e	184,00	133,71
Landy	*Trabalho no Século XXI,* 3/e	102,25	111,05
Mankiw	*Princípios de Macroeconomia,* 6/e	223,25	219,80
Meyer	*Análise Matricial*	100,00	71,14
Mitchell	*Questões Públicas na Nação e em Nova York*	55,95	102,99
Nickels	*Compreendendo o Negócio* 10/e	227,75	157,46
Parsons	*Microsoft Excel 2010: Completo*	150,00	102,69
Pindyck	*Microeconomia,* 8/e	221,25	197,30
Robbins	*Comportamento Organizacional,* 15/e	225,25	184,30
Ross	*Fundamentos de Finanças Corporativas* 9/e	251,25	200,01
Spiceland	*Contabilidade Intermediária* 6/e	230,50	234,58
Wilson	*Governo Norte-Americano: Fundamentos Essenciais* 12/e	160,50	133,26

Seu objetivo é determinar se existe alguma diferença entre a média aritmética correspondente ao preço dos livros didáticos vendidos na livraria da faculdade e na livraria que realiza vendas pela Internet. Em outras palavras, existem evidências de que a média aritmética correspondente ao preço seja diferente entre os dois vendedores de livros didáticos? Consequentemente, a hipótese nula e a hipótese alternativa são

$H_0 : \mu_D = 0$. (Não existe nenhuma diferença entre a média aritmética correspondente ao preço na livraria da faculdade e a média aritmética do preço na livraria que vende pela Internet.)

$H_1 : \mu_D \neq 0$. (Existe uma diferença entre a média aritmética do preço na livraria da faculdade e a média aritmética do preço na livraria que vende pela Internet.)

Escolhendo um nível de significância $\alpha = 0{,}05$ e pressupondo que as diferenças sejam distribuídas nos moldes de uma distribuição normal, você utiliza o teste t em pares [(Equação 10.5)]. Quando se trata de uma amostra com $n = 16$ livros didáticos, existem $n - 1 = 15$ graus de liberdade. Utilizando a Tabela E.3, a regra de decisão passa a ser

$$\text{Rejeitar } H_0 \text{ se } t_{ESTAT} > 2{,}1314$$
$$\text{ou se } t_{ESTAT} < -2{,}1314;$$
$$\text{caso contrário, não rejeitar } H_0.$$

Para as $n = 16$ diferenças (veja a Tabela 10.4), a média aritmética das diferenças na amostra é

$$\overline{D} = \frac{\sum_{i=1}^{n} D_i}{n} = \frac{401{,}21}{16} = 25{,}0756$$

e

$$S_D = \sqrt{\frac{\sum_{i=1}^{n}(D_i - \overline{D})^2}{n-1}} = 35{,}3951$$

Com base na Equação (10.5),

$$t_{ESTAT} = \frac{\overline{D} - \mu_D}{\frac{S_D}{\sqrt{n}}} = \frac{25{,}0756 - 0}{\frac{35{,}3951}{\sqrt{16}}} = 2{,}8338$$

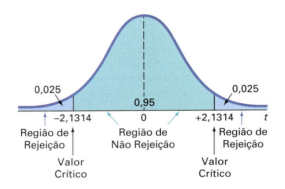

FIGURA 10.8 Teste t bicaudal, em pares, no nível de significância de 0,05, com 15 graus de liberdade

Uma vez que $t_{ESTAT} = -2{,}8338 > 2{,}1314$, você rejeita a hipótese nula, H_0 (veja a Figura 10.8). Existem evidências de uma diferença, em termos da média aritmética correspondente ao preço de livros didáticos comprados na livraria da faculdade e na livraria que vende pela Internet. Você pode concluir que a média aritmética correspondente ao preço é mais alta na livraria da faculdade do que na livraria que vende pela Internet.

A Figura 10.9 apresenta os resultados para este exemplo, calculando tanto a estatística do teste t quanto o valor-p. Uma vez que o valor-$p = 0{,}0126 < \alpha = 0{,}05$, você rejeita H_0. O valor-p indica que, se os dois fornecedores de

FIGURA 10.9 Planilha para o teste t em pares, para os dados relacionados com o preço de livros didáticos

A Figura 10.9 exibe a planilha CÁLCULO (à esquerda) e a planilha T em Pares (à direita) da pasta de trabalho T em Pares, que é utilizada pelas instruções da Seção GE10.2. (O pacote de Ferramentas de Análise cria uma planilha diferente, porém equivalente.)

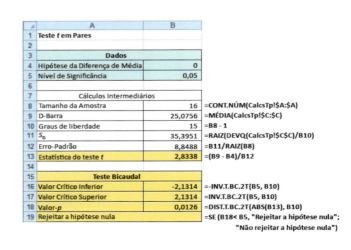

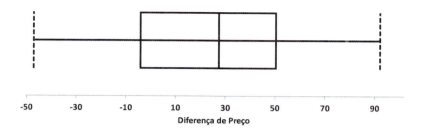

FIGURA 10.10
Box-plot para as diferenças de preços de livros didáticos entre a livraria da faculdade e a livraria que vende pela Internet

livros didáticos apresentarem a mesma média aritmética para a população de preços, a probabilidade de que um dos fornecedores venha a ter uma média aritmética de amostra $25,08 a mais do que o outro fornecedor é igual a 0,0126. Uma vez que essa probabilidade é menor do que $\alpha = 0,05$, você conclui que há evidências para rejeitar a hipótese nula.

A fim de avaliar a validade do pressuposto da normalidade, você constrói um box-plot para as diferenças, conforme ilustrado na Figura 10.10.

O box-plot da Figura 10.10 apresenta uma simetria aproximada e parece semelhante ao box-plot para a distribuição normal exibido na Figura 3.5, ao final da Seção 3.3 no Capítulo 3. Por conseguinte, os dados correspondentes às diferenças de preços para os livros didáticos não contradizem em muito o pressuposto subjacente da normalidade. Caso um box-plot, um histograma ou gráfico da probabilidade normal revelem que o pressuposto de normalidade subjacente na população está sendo seriamente violado, então o teste *t* pode não ser apropriado, especialmente se o tamanho da amostra for pequeno. Se você acreditar que o teste *t* não é apropriado, poderá utilizar um procedimento *não paramétrico*, que não tenha como pré-requisito o pressuposto restritivo de normalidade subjacente (veja as Referências 1 e 2), ou realizar uma transformação de dados (veja a Referência 5) e, a partir de então, verificar novamente os pressupostos que determinam se você deve, ou não, utilizar o teste *t*.

EXEMPLO 10.2

Teste *T* em Pares para os Tempos de Entrega de Pizzas

Lembre-se, com base no Exemplo 10.1, da Seção 10.1, no qual uma pizzaria local, localizada do outro lado da rua do campus universitário onde você estuda, faz propaganda de que entrega pizzas, nos dormitórios, mais rápido do que a filial local de uma cadeia nacional de pizzarias. Para determinar se essa propaganda é válida, você e alguns amigos decidiram encomendar 10 pizzas da pizzaria local e 10 pizzas da filial da cadeia nacional. Na realidade, cada vez que você encomendou uma pizza da pizzaria local, seus amigos, ao mesmo tempo, encomendaram uma pizza da filial da cadeia nacional. Consequentemente, você tem amostras combinadas. Para cada uma das 10 vezes em que foram encomendadas pizzas, você tem uma medição para a pizzaria local e uma para a cadeia nacional de pizzarias. No nível de significância de 0,05, a média aritmética correspondente ao tempo de entrega da pizzaria local é menor do que a média aritmética do tempo de entrega para a filial da cadeia nacional de pizzarias?

SOLUÇÃO Utilize o teste *t* em pares para analisar os dados na Tabela 10.5 (guardados em **Tempo-Pizza**). A Figura 10.11 ilustra os resultados do teste *t* em pares para os dados sobre entrega de pizzas.

TABELA 10.5
Tempos de Entrega para a Pizzaria Local e para a Pizzaria da Cadeia Nacional

Tempo	Local	Cadeia Nacional	Diferença
1	16,8	22,0	−5,2
2	11,7	15,2	−3,5
3	15,6	18,7	−3,1
4	16,7	15,6	1,1
5	17,5	20,8	−3,3
6	18,1	19,5	−1,4
7	14,1	17,0	−2,9
8	21,8	19,5	2,3
9	13,9	16,5	−2,6
10	20,8	24,0	−3,2
			−21,8

362 Capítulo 10

FIGURA 10.11
Planilha do teste *t* em pares para os dados sobre entrega de pizzas

A Figura 10.11 contém uma planilha baseada na planilha CÁLCULO_INFERIOR da pasta de trabalho T em Pares que é utilizada pelas instruções da Seção GE10.2. Para esta figura, os tempos de entrega de pizza foram colados na planilha de suporte CalcsTp. (Veja as instruções correspondentes ao Excel Avançado para a Seção GE10.2.)

	A	B	C	D	E
1	Teste *t* em Pares				
2					
3	**Dados**				
4	Hipótese da Diferença de Média	0			
5	Nível de Significância	0,05			
6					
7	Cálculos Intermediários				
8	Tamanho da Amostra	10			
9	D-Barra	-2,1800			
10	graus de liberdade	9			
11	S_D	2,2641			
12	Erro-Padrão	0,7160			
13	Estatística do Teste *t*	-3,0448			
14					
15	**Teste da Cauda Inferior**			Cálculos para Unicaudal	
16	Valor Crítico Inferior	-1,8331		DIST.T.CD	0,0070
17	Valor-*p*	0,0070		1 – DIST.T.CD	0,9930
18	Rejeitar a hipótese nula				

A hipótese nula e a hipótese alternativa são:

$H_0 : \mu_D \geq 0$ (A média aritmética do tempo de entrega para a pizzaria local é maior ou igual à média aritmética para o tempo de entrega da filial da cadeia nacional de pizzarias.)

$H_1 : \mu_D < 0$ (A média aritmética do tempo de entrega da pizzaria local é menor do que a média aritmética para o tempo de entrega da filial da cadeia nacional de pizzarias.)

Ao escolher um nível de significância de $\alpha = 0,05$, e pressupor que as diferenças são distribuídas nos moldes de uma distribuição normal, você utiliza o teste *t* em pares [Equação (10.5) no início desta seção]. Para uma amostra de $n = 10$ tempos de entrega, existem $n - 1 = 9$ graus de liberdade. Utilizando a Tabela E.3, a regra de decisão é

$$\text{Rejeitar } H_0 \text{ se } t_{ESTAT} < -t_{0,05} = -1,8331;$$

$$\text{caso contrário, não rejeitar } H_0.$$

Para ilustrar os cálculos, para $n = 10$ diferenças (veja a Tabela 10.5), a média aritmética das diferenças na amostra é

$$\overline{D} = \frac{\sum_{i=1}^{n} D_i}{n} = \frac{-21,8}{10} = -2,18$$

e o desvio-padrão das diferenças na amostra é

$$S_D = \sqrt{\frac{\sum_{i=1}^{n} (D_i - \overline{D})^2}{n - 1}} = 2,2641$$

Com base na Equação (10.5),

$$t_{ESTAT} = \frac{\overline{D} - \mu_D}{\dfrac{S_D}{\sqrt{n}}} = \frac{-2,18 - 0}{\dfrac{2,2641}{\sqrt{10}}} = -3,0448$$

Uma vez que $t_{ESTAT} = -3,0448$ é menor do que $-1,8331$, você rejeita a hipótese nula H_0 (o valor-*p* é 0,0070 < 0,05). Existem evidências de que a média aritmética do tempo de entrega é mais baixa para a pizzaria local do que para a filial da cadeia nacional de pizzarias.

Essa conclusão é diferente daquela à qual você chegou no Exemplo 10.1, da Seção 10.1, quando utilizou o teste *t* de variâncias agrupadas para esses mesmos dados. Pelo fato de colocar em pares os tempos de entrega, você passa a ser capaz de se concentrar nas diferenças entre os dois serviços de entrega de pizzas, e não na variabilidade criada pelo fato de encomendar pizzas em diferentes horários ao longo do dia. O teste *t* em pares é um procedimento estatístico mais eficaz, e que tem maior capacidade de detectar uma diferença entre os dois serviços de entrega de pizzas, uma vez que você está controlando o horário do dia em que elas foram encomendadas.

Estimativa do Intervalo de Confiança para a Média Aritmética da Diferença

Em vez de, ou além de, testar a diferença entre as médias aritméticas de duas populações relacionadas entre si, você pode utilizar a Equação (10.6) com o objetivo de construir uma estimativa do intervalo de confiança para a média aritmética da diferença.

> **ESTIMATIVA DO INTERVALO DE CONFIANÇA PARA A MÉDIA ARITMÉTICA DA DIFERENÇA**
>
> $$\overline{D} \pm t_{\alpha/2} \frac{S_D}{\sqrt{n}}$$
>
> ou
>
> $$\overline{D} - t_{\alpha/2} \frac{S_D}{\sqrt{n}} \leq \mu_D \leq \overline{D} + t_{\alpha/2} \frac{S_D}{\sqrt{n}} \tag{10.6}$$
>
> em que $t_{\alpha/2}$ corresponde ao valor crítico da distribuição t, com $n - 1$ grau de liberdade, para uma área de $\alpha/2$ na cauda superior.

Retorne ao exemplo que compara preços de livros didáticos, no início desta seção. Utilizando a Equação (10.6), $\overline{D} = 25{,}0756$; $S_D = 35{,}3951$; $n = 16$ e $t_{\alpha/2} = 2{,}1314$ (para 95 % de confiança e $n - 1 = 15$ graus de liberdade),

$$25{,}0756 \pm (2{,}1314) \frac{35{,}3951}{\sqrt{16}}$$

$$25{,}0756 \pm 18{,}8603$$

$$6{,}2153 \leq \mu_D \leq 43{,}9359$$

Por conseguinte, com 95 % de confiança, a média aritmética da diferença em termos dos preços dos livros didáticos, entre a livraria da faculdade e a livraria que vende pela Internet, está entre $6,22 e $43,94. Uma vez que a estimativa do intervalo não contém o zero, você pode concluir que existem evidências de uma diferença nas médias aritméticas das populações. Existem evidências de uma diferença nas médias aritméticas dos preços dos livros didáticos entre a livraria da faculdade e a livraria que vende pela Internet. Uma vez que tanto o limite inferior quanto o limite superior do intervalo de confiança estão, ambos, acima de 0 (zero), você pode concluir que a média aritmética correspondente ao preço é mais alta na livraria da faculdade do que na livraria que vende pela Internet.

Problemas para a Seção 10.2

APRENDENDO O BÁSICO

10.18 Um projeto experimental para um teste t em pares apresenta 20 pares de gêmeos idênticos. Quantos graus de liberdade existem nesse teste t?

10.19 Quinze voluntários são recrutados para participar de um experimento. É feita uma medição (tal como a medição da pressão sanguínea) antes de ser solicitado a cada um dos voluntários que leia uma passagem particularmente desagradável de um livro e depois de cada um dos voluntários ter lido a passagem do livro. Na análise dos dados coletados a partir desse experimento, quantos graus de liberdade existem no teste?

APLICANDO OS CONCEITOS

✓ AUTO-teste **10.20** Nove especialistas classificaram duas marcas de café colombiano em um experimento sobre testes de degustação. Uma classificação em uma escala de sete pontos (1 = extremamente desagradável, 7 = extremamente agradável) é atribuída a cada uma das quatro características: gosto, aroma, intensidade e acidez. Os dados a seguir, armazenados em **Café**, apresentam as classificações acumuladas no que se refere a todas as quatro características:

Especialista	Marca A	Marca B
C.C.	24	26
S.E.	27	27
E.G.	19	22
B.L.	24	27
C.M.	22	25
C.N.	26	27
G.N.	27	26
R.M.	25	27
P.V.	22	23

364 Capítulo 10

a. No nível de significância de 0,05, existem evidências de alguma diferença, em termos da média aritmética correspondente às classificações, entre as duas marcas?

b. Que pressuposto é necessário, em relação à distribuição da população, para realizar esse teste?

c. Determine o valor-p em (a) e interprete seu respectivo significado.

d. Construa e interprete uma estimativa para o intervalo de confiança de 95 %, para a diferença em termos da média aritmética correspondente às classificações, entre as duas marcas.

10.21 Como se compara a prestação de serviços de telefonia celular, entre diferentes cidades? Os dados contidos no arquivo ServiçoCelular representam as avaliações feitas em relação à Verizon e à AT&T, em 22 cidades diferentes. (Dados extraídos de "Best Phones and Service", *Consumer Reports*, janeiro de 2012, p. 28, 37.)

a. No nível de significância de 0,05, existem evidências de uma diferença em termos das médias aritméticas para as avaliações sobre a prestação de serviços de telefonia celular entre a Verizon e a AT&T?

b. Qual pressuposto em relação à distribuição da população é necessário para que esse teste seja realizado?

c. Utilize um método gráfico de modo a avaliar a validade do pressuposto adotado em (a).

d. Construa e interprete uma estimativa para o intervalo de confiança de 95 % para a diferença em termos das médias aritméticas correspondentes às avaliações feitas para a prestação de serviços da Verizon e da AT&T.

10.22 Target *versus* Walmart: Quem tem os preços mais baixos? Ao levar em conta o slogan do Walmart "Economize Dinheiro — Viva Melhor", você suspeita que é o Walmart. Para testar a sua suspeita, você identifica 20 itens (todos eles itens de marca) atualmente na sua lista de compras domiciliares. Você visita tanto o Target quanto o Walmart, coloca o preço de cada um dos produtos na lista, organiza e guarda esses dados no arquivo TargetWalmart.

a. No nível de significância de 0,05, existem evidências de que a média aritmética correspondente ao preço dos itens seja mais elevada no Target do que no Walmart?

b. Qual pressuposto em relação à distribuição da população é necessário para que esse teste seja realizado?

c. Encontre o valor-p em (a) e interprete o seu significado.

10.23 O que motiva os empregados? O Great Place to Work Institute (Instituto Lugar Fantástico para se Trabalhar) avaliou fatores não financeiros, tanto em termos globais quanto nos Estados Unidos. (Dados extraídos de L. Petrecca, "Tech Companies Top List of 'Great Places'", *USA Today*, 31 de outubro de 2011, p. 7B.) Os resultados, que indicam a classificação em termos de importância para cada um dos fatores, estão armazenados em Motivação.

a. No nível de significância de 0,05, existem evidências de uma diferença, em termos da média aritmética da classificação em termos de importância, entre empregados no nível global e no âmbito dos EUA?

b. Qual pressuposto em relação à distribuição da população é necessário para que esse teste seja realizado?

c. Utilize um método gráfico de modo a avaliar a validade do pressuposto adotado em (b).

10.24 O mieloma múltiplo, ou câncer do plasma sanguíneo, é caracterizado pelo aumento da formação de artérias (angiogêne-se) na medula óssea, que constitui um fator prognóstico decisivo para a sobrevivência. Um dos métodos de tratamento utilizado no mieloma múltiplo é o transplante de células-tronco, com o uso de células-tronco do próprio paciente. Os dados armazenados no arquivo Mieloma e apresentados a seguir representam a densidade das microartérias na medula óssea de pacientes que apresentaram resposta completa ao transplante de células-tronco (medida por meio de exames de sangue e de urina). As medições foram feitas imediatamente antes do transplante das células-tronco e no momento em que foi determinada a resposta completa.

Paciente	Antes	Depois
1	158	284
2	189	214
3	202	101
4	353	227
5	416	290
6	426	176
7	441	290

Dados extraídos de S. V. Rajkumar, R. Fonseca, T. E. Witzig, M. A. Gertz, and P. R. Greipp, "Bone Marrow Angiogenesis in Patients Achieving Complete Response After Stem Cell Transplantation for Multiple Myeloma", *Leukemia* 13 (1999), pp. 469-472.

a. No nível de significância de 0,05, existem evidências de que a média aritmética da densidade das microartérias na medula óssea seja mais alta antes do transplante de células-tronco do que depois do transplante?

b. Interprete o significado do valor-p em (a).

c. Construa e interprete a estimativa do intervalo de confiança de 95 % para a média aritmética da diferença em termos da densidade das microartérias, antes e depois do transplante de células-tronco.

d. Qual pressuposto em relação à distribuição da população é necessário para que o teste em (a) seja realizado?

10.25 Ao longo do ano passado, a vice-presidente de recursos humanos de um grande centro médico conduziu uma série de seminários com duração de três meses, visando fazer crescer a motivação e o desempenho dos empregados. Para verificar a eficácia dos seminários, ela selecionou uma amostra aleatória de 35 empregados, a partir dos arquivos de pessoal da empresa. Ela coletou os resultados correspondentes às avaliações de desempenho, antes e depois de os empregados terem frequentado o referido seminário, e armazenou os resultados em pares no arquivo Desempenho. Calcule estatísticas descritivas e realize um teste t em pares. Expresse suas descobertas e conclusões em um relatório para a vice-presidente de recursos humanos.

10.26 Os dados no arquivo Concreto1 representam a força de compressão, em milhares de libras por polegada quadrada (psi), de 40 amostras de concreto, extraídas dois e sete dias depois da aplicação. (Dados extraídos de O. Carrillo-Gamboa and R. F. Gunst, "Measurement-Error-Model Collinearities", *Technometrics*, 34 (1992), p. 454-464.)

a. No nível de significância de 0,01, existem evidências de que a média aritmética da resistência seja mais baixa em dois dias do que em sete dias?

b. Qual pressuposto em relação à distribuição da população é necessário para que esse teste seja realizado?

c. Encontre o valor-p em (a) e interprete seu significado.

10.3 Comparando as Proporções de Duas Populações Independentes

Frequentemente, você precisa realizar comparações e analisar diferenças entre as proporções de duas populações. Você pode realizar um teste para a diferença entre duas proporções selecionadas a partir de amostras independentes, utilizando dois métodos diferentes. Esta seção apresenta um procedimento cuja estatística do teste, Z_{ESTAT}, é aproximada por uma distribuição normal padronizada. Na Seção 12.1, é desenvolvido um procedimento cuja estatística do teste, X^2_{ESTAT}, é aproximada por uma distribuição qui-quadrada. Como você poderá verificar ao ler a citada seção, os resultados desses dois testes são equivalentes.

Teste Z para a Diferença entre Duas Proporções

Ao avaliar as diferenças entre as proporções de duas populações, você pode utilizar um **teste** Z **para a diferença entre duas proporções**. A estatística para o teste Z_{ESTAT} está baseada na diferença entre as proporções de duas amostras $(p_1 - p_2)$. Essa estatística de teste, apresentada na Equação (10.7), segue, aproximadamente, uma distribuição normal padronizada, para tamanhos de amostras que sejam suficientemente grandes.

TESTE Z PARA A DIFERENÇA ENTRE DUAS PROPORÇÕES

$$Z_{ESTAT} = \frac{(p_1 - p_2) - (\pi_1 - \pi_2)}{\sqrt{\bar{p}(1 - \bar{p})\left(\frac{1}{n_1} + \frac{1}{n_2}\right)}} \tag{10.7}$$

com

$$\bar{p} = \frac{X_1 + X_2}{n_1 + n_2} \quad p_1 = \frac{X_1}{n_1} \quad p_2 = \frac{X_2}{n_2}$$

em que

p_1 = proporção de itens de interesse na amostra 1

X_1 = número de itens de interesse na amostra 1

n_1 = tamanho da amostra para a amostra 1

π_1 = proporção de itens de interesse na população 1

p_2 = proporção de itens de interesse na amostra 2

X_2 = número de itens de interesse na amostra 2

n_2 = tamanho da amostra para a amostra 2

π_2 = proporção de itens de interesse na população 2

$\bar{p}$ = estimativa agrupada para a proporção de itens de interesse na população

A estatística do teste Z_{ESTAT} segue aproximadamente uma distribuição normal padronizada.

> **Dica para o Leitor**
> Não confunda este uso da letra grega pi, π, para representar a proporção da população, com a constante matemática que corresponde à divisão entre a circunferência e o diâmetro de um círculo — aproximadamente 3,14159 — que é também conhecida pela mesma letra grega.

Sob a égide da hipótese nula, no teste Z para a diferença entre duas proporções, você pressupõe que as proporções das duas populações são iguais ($\pi_1 = \pi_2$). Uma vez que a estimativa agrupada para a proporção da população é baseada na hipótese nula, você combina, ou agrupa, as proporções correspondentes às duas amostras, a fim de calcular $\bar{p}$, uma estimativa geral para a proporção comum da população. Essa estimativa é igual ao número de itens de interesse nas duas amostras combinadas ($X_1 + X_2$), dividido pelo tamanho total da amostra a partir dos dois grupos de amostras ($n_1 + n_2$).

Conforme demonstrado na tabela a seguir, você pode utilizar esse teste Z para a diferença entre proporções de populações para determinar se existe alguma diferença na proporção de itens de interesse nas duas populações (teste bicaudal) ou se uma das populações apresenta uma proporção mais elevada de itens de interesse do que a outra população (teste unicaudal):

Teste Bicaudal	Teste Unicaudal	Teste Unicaudal
$H_0: \pi_1 = \pi_2$	$H_0: \pi_1 \geq \pi_2$	$H_0: \pi_1 \leq \pi_2$
$H_1: \pi_1 \neq \pi_2$	$H_1: \pi_1 < \pi_2$	$H_1: \pi_1 > \pi_2$

em que

π_1 = proporção de itens de interesse na população 1
π_2 = proporção de itens de interesse na população 2

Para testar a hipótese nula de que não existe nenhuma diferença entre as proporções de duas populações independentes:

$$H_0: \pi_1 = \pi_2$$

contra a hipótese alternativa de que as proporções para as duas populações não são iguais:

$$H_1: \pi_1 \neq \pi_2$$

você utiliza a estatística do teste Z_{ESTAT}, fornecida pela Equação (10.7). Para um determinado nível de significância, α, você rejeita a hipótese nula, caso a estatística do teste Z_{ESTAT} calculada seja maior do que o valor crítico da cauda superior oriundo da distribuição normal padronizada, ou se a estatística do teste Z_{ESTAT} calculada for menor do que o valor crítico da cauda inferior, a partir da distribuição normal padronizada.

Para ilustrar a utilização do teste Z para a igualdade entre duas proporções, suponha que você seja o gerente da T.C. Resort Properties, um grupo de hotéis tipo *resort*, da categoria de cinco estrelas, localizados em duas ilhas balneárias. Em uma das ilhas, a T.C. Resort Properties possui dois hotéis, o Beachcomber e o Windsurfer. Utilizando a abordagem de resolução de problemas DCOVA, você definiu o objetivo estratégico como de melhorar a taxa de retorno de hóspedes nos hotéis Beachcomber e Windsurfer. No questionário preenchido por hóspedes do hotel no momento em que deixam o hotel, ou depois, uma das perguntas feitas era se o hóspede estaria propenso a retornar ao hotel. Respostas para essa e outras perguntas foram coletadas de 227 hóspedes no Beachcomber e 262 hóspedes no Windsurfer. Os resultados para a pergunta em questão indicaram que 163 entre 227 hóspedes do Beachcomber responderam que sim, estariam propensos a retornar ao hotel, enquanto 154 entre 262 hóspedes do Windsurfer responderam que sim, estariam propensos a retornar ao hotel. No nível de significância de 0,05, existem evidências de uma diferença significativa em termos da satisfação dos hóspedes (medida com base na probabilidade de retorno ao hotel) entre os dois hotéis?

A hipótese nula e a hipótese alternativa são

$$H_0: \pi_1 = \pi_2 \quad \text{ou} \quad \pi_1 - \pi_2 = 0$$
$$H_1: \pi_1 \neq \pi_2 \quad \text{ou} \quad \pi_1 - \pi_2 \neq 0$$

Utilizando o nível de significância de 0,05, os valores críticos são $-1,96$ e $+1,96$ (veja a Figura 10.12), e a regra de decisão é

Rejeitar H_0 se $Z_{ESTAT} < -1,96$

ou se $Z_{ESTAT} > +1,96$;

caso contrário, não rejeitar H_0.

FIGURA 10.12
Regiões de rejeição e de não rejeição, ao ser testada a hipótese para a diferença entre duas proporções, no nível de significância de 0,05

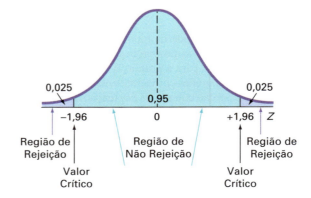

Utilizando a Equação (10.7),

$$Z_{ESTAT} = \frac{(p_1 - p_2) - (\pi_1 - \pi_2)}{\sqrt{\bar{p}(1 - \bar{p})\left(\dfrac{1}{n_1} + \dfrac{1}{n_2}\right)}}$$

em que

$$p_1 = \frac{X_1}{n_1} = \frac{163}{227} = 0,7181 \quad p_2 = \frac{X_2}{n_2} = \frac{154}{262} = 0,5878$$

e

$$\bar{p} = \frac{X_1 + X_2}{n_1 + n_2} = \frac{163 + 154}{227 + 262} = \frac{317}{489} = 0,6483$$

de modo que

$$Z_{ESTAT} = \frac{(0,7181 - 0,5878) - (0)}{\sqrt{0,6483(1 - 0,6483)\left(\dfrac{1}{227} + \dfrac{1}{262}\right)}}$$

$$= \frac{0,1303}{\sqrt{(0,228)(0,0082)}}$$

$$= \frac{0,1303}{\sqrt{0,00187}}$$

$$= \frac{0,1303}{0,0432} = +3,0088$$

Utilizando o nível de significância de 0,05, você rejeita a hipótese nula, tendo em vista que $Z_{ESTAT} = +3,0088 > +1,96$. O valor-$p$ é 0,0026 (calculado utilizando-se a Tabela E.2 ou com base na planilha da Figura 10.13) e indica que, se a hipótese nula for verdadeira, a probabilidade de que uma estatística de teste Z_{ESTAT} venha a ser menor do que $-3,0088$ corresponde a 0,0013 e, de modo semelhante, a probabilidade de que uma estatística de teste Z_{ESTAT} venha a ser maior do que $+3,0088$ corresponde a 0,0013. Por conseguinte, no que diz respeito a esse teste bicaudal, o valor-p corresponde a $0,0013 + 0,0013 = 0,0026$. Tendo em vista que $0,0026 < \alpha = 0,05$, você rejeita a hipótese nula. Existem evidências para concluir que os dois hotéis são significativamente diferentes no que diz respeito à satisfação de seus hóspedes; uma maior proporção de hóspedes está propensa a retornar ao Beachcomber do que ao Windsurfer.

FIGURA 10.13
Planilha do teste Z para a diferença entre duas proporções, para o problema que trata da satisfação de hóspedes de hotéis

*A Figura 10.13 apresenta a **planilha CÁLCULO** da **pasta de trabalho Z Duas Proporções**, que é utilizada nas instruções da Seção GE10.3.*

	A	B	
1	**Teste Z para Diferenças entre Duas Proporções**		
2			
3	**Dados**		
4	Hipótese da Diferença	0	
5	Nível de Significância	0,05	
6	**Grupo 1**		
7	Número de Sucessos	163	
8	Tamanho da Amostra	227	
9	**Grupo 2**		
10	Número de Sucessos	154	
11	Tamanho da Amostra	262	
12			
13	**Cálculos Intermediários**		
14	Proporção do Grupo 1	0,7181	=B7/B8
15	Proporção do Grupo 2	0,5878	=B10/B11
16	Diferenças nas Duas Proporções	0,1303	=B14 - B15
17	Média da Proporção	0,6483	=(B7 + B10)/(B8 + B11)
18	Estatística do Teste Z	3,0088	=(B16 - B4)/RAIZ(B17 * (1 - B17) * (1/B8 +1/B11))
19			
20	**Teste Bicaudal**		
21	Valor Crítico Inferior	-1,9600	=INV.NORMP(B5/2)
22	Valor Crítico Superior	1,9600	=INV.NORMP(1 - B5/2)
23	Valor-p	0,0026	=2 * (1 - DIST.NORMP(ABS(B18), VERDADEIRO))
24	**Rejeitar a hipótese nula**		=SE(B23< B5, "Rejeitar a hipótese nula",) "Não rejeitar a hipótese nula")

368 Capítulo 10

EXEMPLO 10.3

Testando a
Diferença entre
Duas Proporções

Os homens são menos propensos do que as mulheres a ir às compras em busca de grandes promoções? Uma pesquisa relatou que, ao sair para as compras, 24 % dos homens (181 dos 756 entrevistados) e 34 % das mulheres (275 das 809 entrevistadas) vão atrás de grandes promoções. (Dados extraídos de "Brands More Critical for Dads", *USA Today*, 21 de julho de 2011, p. 1C.) No nível de significância de 0,05, a proporção de homens que vão às compras em busca de grandes promoções é menor do que a proporção de mulheres que vão às compras em busca de grandes promoções?

SOLUÇÃO Tendo em vista que você deseja saber se existem evidências de que a proporção de homens que vão às compras em busca de grandes promoções é *menor* do que a proporção de mulheres que vão às compras em busca de grandes promoções, você está lidando com um teste unicaudal. A hipótese nula e a hipótese alternativa são

$H_0 : \pi_1 \geq \pi_2$ (A proporção de homens que vão às compras em busca de grandes promoções é maior ou igual à proporção de mulheres que vão às compras em busca de grandes promoções.)
$H_1 : \pi_1 < \pi_2$ (A proporção de homens que vão às compras em busca de grandes promoções é menor do que a proporção de mulheres que vão às compras em busca de grandes promoções.)

Utilizando o nível de significância de 0,05, para o teste unicaudal na cauda superior, o valor crítico é $+1,645$. A regra de decisão é

$$\text{Rejeitar } H_0 \text{ se } Z_{ESTAT} < -1,645;$$

$$\text{caso contrário, não rejeitar } H_0.$$

Utilizando a Equação (10.7),

$$Z_{ESTAT} = \frac{(p_1 - p_2) - (\pi_1 - \pi_2)}{\sqrt{\bar{p}(1 - \bar{p})\left(\frac{1}{n_1} + \frac{1}{n_2}\right)}}$$

em que

$$p_1 = \frac{X_1}{n_1} = \frac{181}{756} = 0,2394 \quad p_2 = \frac{X_2}{n_2} = \frac{275}{809} = 0,3399$$

e

$$\bar{p} = \frac{X_1 + X_2}{n_1 + n_2} = \frac{181 + 275}{756 + 809} = \frac{456}{1565} = 0,2914$$

de modo que

$$Z_{ESTAT} = \frac{(0,2394 - 0,3399) - (0)}{\sqrt{0,2914(1 - 0,2914)\left(\frac{1}{756} + \frac{1}{809}\right)}}$$

$$= \frac{-0,1005}{\sqrt{(0,2065)(0,00256)}}$$

$$= \frac{-0,1005}{\sqrt{0,00053}}$$

$$= \frac{-0,1005}{0,0230} = -4,37$$

Utilizando o nível de significância de 0,05, você rejeita a hipótese nula, tendo em vista que $Z_{ESTAT} = -4,37 < -1,645$. O valor-$p$ é aproximadamente 0,0000. Por conseguinte, caso a hipótese nula seja verdadeira, a probabilidade de que uma estatística de teste Z_{ESTAT} venha a ser menor do que $-4,37$ é aproximadamente de 0,0000 (que é menor do que $\alpha = 0,05$). Você conclui que existem evidências de que a proporção dos homens que vão às compras em busca de grandes promoções é menor do que a proporção das mulheres que vão às compras em busca de grandes promoções.

Estimativa do Intervalo de Confiança para a Diferença entre Duas Proporções

Em vez de, ou além de, testar a diferença entre as proporções de duas populações independentes, você pode construir uma estimativa para o intervalo de confiança da diferença entre duas proporções, utilizando a Equação (10.8).

ESTIMATIVA DO INTERVALO DE CONFIANÇA PARA A DIFERENÇA ENTRE DUAS PROPORÇÕES

$$(p_1 - p_2) \pm Z_{\alpha/2}\sqrt{\frac{p_1(1 - p_1)}{n_1} + \frac{p_2(1 - p_2)}{n_2}}$$

ou

$$(p_1 - p_2) - Z_{\alpha/2}\sqrt{\frac{p_1(1 - p_1)}{n_1} + \frac{p_2(1 - p_2)}{n_2}} \leq (\pi_1 - \pi_2)$$

$$\leq (p_1 - p_2) + Z_{\alpha/2}\sqrt{\frac{p_1(1 - p_1)}{n_1} + \frac{p_2(1 - p_2)}{n_2}} \tag{10.8}$$

Para construir uma estimativa do intervalo de confiança de 95 % para a diferença da população entre a proporção de hóspedes que retornariam ao Beachcomber e que retornariam ao Windsurfer, você utiliza os resultados apresentados na Figura 10.13 ou no texto próximo a ela:

$$p_1 = \frac{X_1}{n_1} = \frac{163}{227} = 0{,}7181 \quad p_2 = \frac{X_2}{n_2} = \frac{154}{262} = 0{,}5878$$

Utilizando a Equação (10.8),

$$(0{,}7181 - 0{,}5878) \pm (1{,}96)\sqrt{\frac{0{,}7181(1 - 0{,}7181)}{227} + \frac{0{,}5878(1 - 0{,}5878)}{262}}$$

$$0{,}1303 \pm (1{,}96)(0{,}0426)$$

$$0{,}1303 \pm 0{,}0835$$

$$0{,}0468 \leq (\pi_1 - \pi_2) \leq 0{,}2138$$

Consequentemente, você tem 95 % de confiança de que a diferença entre a proporção da população de hóspedes que retornariam ao Beachcomber e ao Windsurfer está entre 0,0468 e 0,2138. Em termos percentuais, a diferença está entre 4,68 % e 21,38 %. A satisfação dos hóspedes é mais alta no Beachcomber do que no Windsurfer.

Problemas para a Seção 10.3

APRENDENDO O BÁSICO

10.27 Faça com que $n_1 = 100$, $X_1 = 50$, $n_2 = 100$ e $X_2 = 30$.

a. No nível de significância de 0,05, existem evidências de uma diferença significativa entre as proporções das duas populações?

b. Construa uma estimativa do intervalo de confiança de 95 % para a diferença entre as proporções das duas populações.

10.28 Faça com que $n_1 = 100$, $X_1 = 45$, $n_2 = 50$ e $X_2 = 25$.

a. No nível de significância de 0,01, existem evidências de uma diferença significativa entre as proporções das duas populações?

b. Construa uma estimativa do intervalo de confiança de 99 % da diferença entre as proporções das duas populações.

APLICANDO OS CONCEITOS

10.29 Uma pesquisa realizada junto a 1.085 adultos perguntou: "Você gosta de comprar roupas para si mesmo?" Os resultados indicaram que 51 % das mulheres gostavam de comprar roupas para si mesmas, em comparação com 44 % dos homens. (Dados extraídos de "Split Decision on Clothes Shopping", *USA Today*, 28 de janeiro de 2011, p. 1B.) Os tamanhos de amostras para homens e mulheres não foram fornecidos. Suponha que, entre 542 homens, 238 tenham afirmado que gostavam de comprar roupas para si mesmos, enquanto entre 543 mulheres, 276 tenham afirmado que gostavam de comprar roupas para si mesmas.

a. Existem evidências de uma diferença entre homens e mulheres, no que diz respeito à proporção de pessoas que

370 Capítulo 10

gostam de comprar roupas para si mesmas, no nível de significância de 0,01?

b. Encontre o valor-*p* em (a) e interprete seu significado.

c. Construa e interprete uma estimativa para o intervalo de confiança de 99 % referente à diferença entre as proporções de homens e mulheres que gostam de comprar roupas para si mesmos.

d. Quais seriam suas respostas de (a) a (c) se 218 homens gostassem de comprar roupas para si mesmos?

10.30 Recomendações feitas em redes sociais fazem com que cresça a eficácia? Um estudo realizado junto a pessoas que assistem a vídeos na Grande Rede comparou pessoas que chegaram a um vídeo de propaganda de determinada marca depois de uma recomendação feita por um meio de comunicação em rede social com pessoas que chegam ao mesmo vídeo por meio de pesquisas e buscas na Grande Rede. Os dados foram coletados com base no fato de a pessoa ser, ou não, capaz de lembrar corretamente a marca que estava sendo anunciada, depois de assistir ao vídeo. Os resultados foram:

Método de Chegada	Lembrou Corretamente da Marca	
	Sim	**Não**
Recomendação	407	150
Busca	193	91

Fonte: Dados extraídos de "Social Ad Effectiveness: Um Unruly White Paper", **www.unrulymedia.com**, janeiro de 2012, p. 3.

a. Estabeleça a hipótese nula e a hipótese alternativa para tentar determinar se a lembrança da marca é mais alta depois de uma recomendação feita por um meio de comunicação em rede social do que somente com base em busca e pesquisas feitas na Grande Rede.

b. Conduza o teste de hipóteses definido em (a) e utilize 0,05 como o nível de significância.

c. O resultado para o seu teste em (b) torna apropriada a declaração de que a lembrança da marca é mais alta depois de uma recomendação feita por um meio de comunicação em rede social do que somente com base em busca e pesquisas feitas na Grande Rede?

10.31 Testes A/B é um método de teste que as empresas utilizam para testar diferentes desenhos e formatos de uma página na Grande Rede, de modo a determinar se uma nova página na Internet é mais efetiva do que a página atual. Os *web designers* da TravelTips.com testaram um novo botão de acionamento (CTA — call to action) em sua página na Internet. A cada visitante da página era aleatoriamente apresentado o botão de acionamento original (controle) ou o novo botão de acionamento. A unidade de medida utilizada para mensurar o sucesso era a taxa de descarregamento de arquivos: o número de pessoas que descarregavam o arquivo dividido pelo número de pessoas que visualizaram o botão de acionamento específico. O experimento produziu os seguintes resultados:

a. Qual é a proporção (taxa de descarregamento) de visitantes que visualizaram o botão de acionamento original e descarregaram o arquivo?

b. Qual é a proporção (taxa de descarregamento) de visitantes que visualizaram o novo botão de acionamento original e descarregaram o arquivo?

c. No nível de significância de 0,05, existem evidências de que o novo botão de acionamento é mais efetivo do que o original?

Variações	Taxa de Descarregamento	Visitantes
Botão original de acionamento	351	3,642
Novo botão de acionamento	485	3,556

10.32 Scarborough, uma empresa que realiza pesquisas junto a consumidores, analisou a parcela dos 10 % entre os adultos norte-americanos que são considerados "Superbancados" ou "Desbancados". Consumidores Superbancados são definidos como os adultos norte-americanos que residem em um domicílio que tenha mais de uma conta bancária com aplicação de ativos em instituições financeiras; consumidores Desbancados são adultos norte-americanos que residem em um domicílio que não faça uso de uma instituição bancária ou de crédito. Ao encontrar a parcela dos 5 % norte-americanos que são Superbancados, a Scarborough identifica consumidores com amplo conhecimento financeiro, que poderiam estar abertos à diversificação de suas carteiras de aplicações financeiras; ao encontrar a parcela dos Desbancados, a Scarborough apresenta a clientes prospectivos ideias e sugestões no que se refere a bancos e instituições financeiras. Como parte de sua análise, a Scarborough relatou que 93 % dos consumidores Superbancados fizeram uso de cartões de crédito nos últimos três meses, comparados a 23 % dos consumidores Desbancados. (Dados extraídos de **bit.ly/QIABwO**.) Suponha que esses resultados tenham se baseado em 1.000 consumidores Superbancados e 1.000 consumidores Desbancados.

a. No nível de significância de 0,05, existem evidências de uma diferença significativa entre os consumidores Superbancados e Desbancados, no que diz respeito à proporção deles que fazem uso de cartões de crédito?

b. Encontre o valor-*p* em (a) e interprete o seu significado.

c. Construa e interprete uma estimativa para o intervalo de confiança de 99 % para a diferença entre os consumidores Superbancados e os Desbancados, no que diz respeito à proporção deles que fazem uso de cartões de crédito.

10.33 Foi conduzida uma pesquisa, junto a 665 revistas de grande circulação, sobre as práticas em seus respectivos portais na Grande Rede. Entre elas, 273 revistas relataram que o conteúdo a ser inserido na edição virtual é copiado e editado com o mesmo rigor do conteúdo da edição impressa; 379 relataram que o conteúdo a ser inserido na edição virtual passa por uma verificação dos fatos com o mesmo rigor do conteúdo da edição impressa. (Dados extraídos de S. Clifford, "Columbia Survey Finds a Slack Editing Process of Magazine Web Sites", *The New York Times*, 1º de março de 2010, p. B6.) Suponha que uma amostra de 500 jornais revelasse que 252 deles relataram que o conteúdo a ser inserido na edição virtual é copiado e editado com o mesmo rigor do conteúdo na edição impressa e 296 relataram que o conteúdo a ser inserido na edição virtual passa por uma verificação dos fatos com o mesmo rigor do conteúdo da edição impressa.

a. No nível de significância de 0,05, existem evidências de uma diferença entre revistas e jornais, no que se refere à proporção deles cujo conteúdo da edição virtual é copiado e editado com o mesmo rigor do conteúdo impresso?

b. Encontre o valor-*p* em (a) e interprete seu significado.

c. No nível de significância de 0,05, existem evidências de uma diferença entre revistas e jornais, no que se refere à proporção deles cujo conteúdo da edição virtual passa por uma verificação dos fatos com o mesmo rigor do conteúdo da edição impressa?

10.34 Como se sentem os norte-americanos com relação à publicidade nos portais da Grande Rede? Uma pesquisa realizada junto a 1.000 usuários adultos da Internet descobriu que 670 deles eram contra a publicidade nos portais da Grande Rede. (Dados extraídos de S. Clifford, "Tacked for Ads? Many Americans Say No Thanks", *The New York Times*, 30 de setembro de 2009, p. B3.) Suponha que uma pesquisa realizada junto a 1.000 usuários da Internet, com idade entre 12-17 anos, tenha descoberto que 510 desses usuários eram contra a publicidade nos portais da Grande Rede.

a. No nível de significância de 0,05, existem evidências de uma diferença entre os usuários adultos da Internet e os usuários da Internet com idade entre 12-17 anos, no que diz respeito à proporção deles que é contra a publicidade nos portais da Grande Rede?

b. Encontre o valor-*p* em (a) e interprete seu significado.

10.35 As fontes às quais as pessoas recorrem com o objetivo de buscar notícias variam de acordo com as diversas faixas etárias. (Dados extraídos de "Cellphone Users Who Access News on Their Phones", *USA Today*, 1º de março de 2010, p. 1A.) Foi conduzido um estudo com relação ao uso de aparelhos de telefonia celular para acessar notícias. O estudo relatou que 47 % dos usuários com menos de 50 anos de idade e 15 % dos usuários com 50 anos de idade, ou mais, acessavam as notícias por meio de seus aparelhos de telefonia celular. Suponha que a pesquisa tenha consistido em 1.000 usuários com idade abaixo de 50 anos, dos quais 470 acessavam as notícias por meio de seus aparelhos de telefonia celular, e 891 usuários com 50 anos de idade, ou mais, dos quais 134 acessavam as notícias por meio de seus aparelhos de telefonia celular.

a. Existem evidências de alguma diferença significativa, em termos da proporção de usuários com idade inferior a 50 anos e usuários com 50 anos de idade, ou mais, que acessavam as notícias por meio de seus aparelhos de telefonia celular? (Utilize $\alpha = 0{,}05$.)

b. Determine o valor-*p* em (a) e interprete seu significado.

c. Construa e interprete uma estimativa para o intervalo de confiança de 95 % para a diferença em termos da proporção da população dos usuários com idade inferior a 50 anos e usuários com 50 anos de idade, ou mais, que acessam as notícias por meio de seus aparelhos de telefonia celular.

10.4 Teste *F* para a Proporcionalidade entre Duas Variâncias

Com frequência, você precisa testar se duas populações independentes apresentam a mesma variabilidade. Ao testar variâncias, você consegue detectar diferenças em termos da variabilidade em duas populações independentes. Uma importante razão para que seja testada a diferença entre as variâncias de duas populações é determinar se deve ser utilizado o teste *t* para variâncias agrupadas (que pressupõe variâncias iguais) ou o teste *t* de variâncias separadas (que não pressupõe variâncias iguais), quando se trata de comparar médias aritméticas correspondentes a duas populações independentes.

O teste para a diferença entre as variâncias de duas populações independentes é baseado na proporcionalidade entre as variâncias das duas amostras. Se você considerar que cada uma das populações é distribuída nos moldes de uma distribuição normal, então a fração S_1^2/S_2^2 segue a distribuição *F* (veja a Tabela E.5). Os valores críticos da **distribuição *F*** na Tabela E.5 dependem dos graus de liberdade nas duas amostras. Os graus de liberdade no numerador da fração correspondem à primeira amostra, e os graus de liberdade no denominador correspondem à segunda amostra. A primeira amostra, extraída da primeira população, é definida como a amostra que apresenta a *maior* variância de amostra. A segunda amostra, extraída da segunda população, é definida como a amostra com a *menor* variância de amostra. A Equação (10.9) define a **estatística do teste *F* para a proporcionalidade entre duas variâncias**.

ESTATÍSTICA DO TESTE *F* PARA TESTAR A PROPORCIONALIDADE ENTRE DUAS VARIÂNCIAS

A estatística do teste F_{ESTAT} é igual à variância da amostra 1 (a maior variância de amostra) dividida pela variância da amostra 2 (a menor variância de amostra).

$$F_{ESTAT} = \frac{S_1^2}{S_2^2} \tag{10.9}$$

em que

S_1^2 = variância da amostra 1 (a maior variância de amostra)

S_2^2 = variância da amostra 2 (a menor variância de amostra)

372 Capítulo 10

> ☞ **Dica para o Leitor**
> Uma vez que o numerador da Equação (10.9) contém a maior variância, a estatística do teste F_{ESTAT} é sempre maior ou igual a 1,0.

n_1 = tamanho da amostra selecionada da população 1

n_2 = tamanho da amostra selecionada da população 2

$n_1 - 1$ = graus de liberdade da amostra 1 (ou seja, os graus de liberdade do numerador)

$n_2 - 1$ = graus de liberdade da amostra 2 (ou seja, os graus de liberdade do denominador)

A estatística do teste F_{ESTAT} segue uma distribuição F, com $n_1 - 1$ e $n_2 - 1$ grau de liberdade.

Para um determinado nível de significância, α, para testar a hipótese nula de igualdade entre variâncias de populações:

$$H_0: \sigma_1^2 = \sigma_2^2$$

contra a hipótese alternativa de que as variâncias para as duas populações não são iguais:

$$H_1: \sigma_1^2 \neq \sigma_2^2$$

você rejeita a hipótese nula, caso a estatística do teste F_{ESTAT} calculada seja maior do que o valor crítico da cauda superior, $F_{\alpha/2}$, a partir da distribuição F, com $n_1 - 1$ grau de liberdade no numerador e $n_2 - 1$ grau de liberdade no denominador. Portanto, a regra de decisão é

$$\text{Rejeitar } H_0 \text{ se } F_{ESTAT} > F_{\alpha/2};$$

$$\text{caso contrário, não rejeitar } H_0.$$

Para ilustrar o modo de utilizar o teste F para determinar se as duas variâncias são iguais, retorne ao cenário da North Fork Beverages, no início do capítulo, que trata das vendas de refrigerantes da marca BLK em duas diferentes localizações em pontas de corredor. Para determinar se deve ser utilizado o teste t de variâncias agrupadas ou o teste t de variâncias separadas, na Seção 10.1, você pode testar a igualdade entre as variâncias das duas populações. A hipótese nula e a hipótese alternativa são

$$H_0: \sigma_1^2 = \sigma_2^2$$

$$H_1: \sigma_1^2 \neq \sigma_2^2$$

Uma vez que você está definindo a amostra 1 como o grupo que apresenta a maior variância de amostra, a região de rejeição na cauda superior da distribuição F contém $\alpha/2$. Utilizando o nível de significância $\alpha = 0,05$, a região de rejeição na cauda superior da distribuição F contém 0,025 da distribuição.

Pelo fato de existirem amostras de 10 lojas para cada uma das duas localizações para exposição do produto em ponta de corredor, existem $10 - 1 = 9$ graus de liberdade no numerador (a amostra com a maior variância) e também no denominador (a amostra com a menor variância). $F_{\alpha/2}$, o valor crítico da cauda superior da distribuição F, é encontrado diretamente na Tabela E.5, uma parcela da qual é apresentada na Tabela 10.6. Uma vez que existem 9 graus de liberdade no numerador e 9 graus de liberdade no denominador, você encontra o valor crítico da cauda superior, $F_{\alpha/2}$, procurando na coluna com a legenda 9 e a linha com a legenda 9. Consequentemente, o valor crítico da cauda superior para essa distribuição F é igual a 4,03. Portanto, a regra de decisão é

$$\text{Rejeitar } H_0 \text{ se } F_{ESTAT} > F_{0,025} = 4,03;$$

$$\text{caso contrário, não rejeitar } H_0.$$

Utilizando a Equação (10.9) e os dados sobre vendas de refrigerantes (veja a Tabela 10.1 da Seção 10.1),

$$S_1^2 = (18,7264)^2 = 350,6778 \quad S_2^2 = (12,5433)^2 = 157,3333$$

de modo que

$$F_{ESTAT} = \frac{S_1^2}{S_2^2}$$

$$= \frac{350,6778}{157,3333} = 2,2289$$

TABELA 10.6 Encontrando o Valor Crítico da Cauda Superior de F com 9 e 9 Graus de Liberdade para uma Área da Cauda Superior de 0,025

	Probabilidades Acumuladas = 0,975 Área da Cauda Superior = 0,025 Numerador gl_1						
Denominador gl_2	**1**	**2**	**3**	. . .	**7**	**8**	**[9]**
1	647,80	799,50	864,20	. . .	948,20	956,70	963,30
2	38,51	39,00	39,17	. . .	39,36	39,37	39,39
3	17,44	16,04	15,44	. . .	14,62	14,54	14,47
⋮	⋮	⋮	⋮	⋮	⋮	⋮	⋮
7	8,07	6,54	5,89	. . .	4,99	4,90	4,82
8	7,57	6,06	5,42	. . .	4,53	4,43	4,36
[9]	7,21	5,71	5,08	. . .	4,20	4,10	[4,03]

Fonte: Extraída da Tabela E.5.

Uma vez que $F_{ESTAT} = 2{,}2289 < 4{,}03$, você não rejeita H_0. A Figura 10.14 mostra os resultados para esse teste, incluindo o valor-p, 0,2482. Uma vez que $0{,}2482 > 0{,}05$, você conclui que não existe nenhuma evidência de uma diferença significativa em termos da variabilidade das vendas de refrigerantes nas duas localizações para exposição do produto em pontas de corredor.

FIGURA 10.14
Planilha para os resultados do teste F para os dados sobre exposição do produto em pontas de corredor

*A Figura 10.14 exibe a **planilha CÁLCULO** da **pasta de trabalho F de Duas Variâncias**, que é utilizada pelas instruções da Seção GE10.4. (O suplemento Ferramentas de Análise cria uma planilha diferente, porém equivalente.)*

	A	B	
1	Teste F para Diferenças entre Duas Variâncias		
2			
3	Dados		
4	Nível de Significância	0,05	
5	Amostra com Maior Variância		
6	Tamanho da Amostra	10	=CONT.NÚM(CÓPIADADOS!$A:$A)
7	Variância da Amostra	350,6778	=VAR(CÓPIADADOS!$A:$A)
8	Amostra com Menor Variância		
9	Tamanho da Amostra	10	=CONT.NÚM(CÓPIADADOS!$A:$A)
10	Variância da Amostra	157,3333	=VAR(CÓPIADADOS!$A:$A)
11			
12	Cálculos Intermediários		
13	Estatística do Teste *F*	2,2289	=B7/B10
14	Graus de Liberdade da Amostra da População 1	9	=B6 - 1
15	Graus de Liberdade da Amostra da População 2	9	=B9 - 1
16			
17	Teste Bicaudal		
18	Valor Crítico Superior	4,0260	=INV.F.CD(B4/2, B14, B15)
19	Valor-*p*	0,2482	=2 * DIST.F.CD(B13, B14, B15)
20	Não rejeitar a hipótese nula		=SE(B19< B4, "Rejeitar a hipótese nula", "Não rejeitar a hipótese nula")

Ao testar a diferença entre duas variâncias, utilizando o teste F descrito nesta seção, você pressupõe que cada uma das duas populações é distribuída nos moldes de uma distribuição normal. O teste F é bastante sensível ao pressuposto da normalidade. Caso box-plots ou gráficos da probabilidade normal sugiram até mesmo um leve distanciamento da normalidade, no que se refere a qualquer uma das duas populações, você não deve utilizar o teste F. Caso isso venha a ocorrer, você deve utilizar o teste de Levene (veja a Seção 11.1) ou uma abordagem não paramétrica (veja as Referências 1 e 2).

Ao testar a igualdade entre variâncias como parte da avaliação sobre a validade do procedimento do teste t para variâncias agrupadas, o teste F representa um teste bicaudal com $\alpha/2$ na cauda superior. No entanto, quando você está interessado na variabilidade em situações outras que não se refiram ao teste t de variâncias agrupadas, o teste F é geralmente um teste unicaudal. O Exemplo 10.4 ilustra um teste unicaudal.

374 Capítulo 10

EXEMPLO 10.4

Um Teste Unicaudal para a Diferença entre Duas Variâncias

O tempo de espera é uma questão crucial em cadeias de lanchonetes especializadas em refeições rápidas, que não somente desejam minimizar a média aritmética do tempo de serviço, mas desejam também minimizar a variação do tempo de serviço, de consumidor para consumidor. Uma cadeia de lanchonetes de refeições rápidas conduziu um estudo no intuito de mensurar a variabilidade no tempo de espera (definido como o tempo, em minutos, desde o momento em que o pedido foi completado até o momento em que é entregue ao consumidor), no horário do almoço e no horário do café da manhã, em uma das lojas da cadeia. Os resultados se apresentaram do seguinte modo:

$$\text{Almoço: } n_1 = 25 \ S_1^2 = 4,4$$

$$\text{Café da manhã: } n_2 = 21 \ S_2^2 = 1,9$$

No nível de significância de 0,05, existem evidências de haver maior variabilidade no tempo para o atendimento, no horário do almoço do que no café da manhã? Suponha que a população dos tempos para o atendimento seja distribuída nos moldes de uma distribuição normal.

SOLUÇÃO A hipótese nula e a hipótese alternativa são

$$H_0: \sigma_L^2 \leq \sigma_B^2$$

$$H_1: \sigma_L^2 > \sigma_B^2$$

A estatística do teste F_{ESTAT} é fornecida pela Equação (10.9):

$$F_{ESTAT} = \frac{S_1^2}{S_2^2}$$

Você utiliza a Tabela E.5 para encontrar o valor crítico superior da distribuição F. Com $n_1 - 1 = 25 - 1 = 24$ graus de liberdade no numerador, $n_2 - 1 = 21 - 1 = 20$ graus de liberdade no denominador, e $\alpha = 0,05$, o valor crítico da cauda superior, $F_{0,05}$, é igual a 2,08. A regra de decisão é

$$\text{Rejeitar } H_0 \text{ se } F_{ESTAT} > 2,08;$$

$$\text{caso contrário, não rejeitar } H_0.$$

Com base na Equação (10.9),

$$F_{ESTAT} = \frac{S_1^2}{S_2^2}$$

$$= \frac{4,4}{1,9} = 2,3158$$

Uma vez que $F_{ESTAT} = 2,3138 > 2,08$, você rejeita H_0. Utilizando um nível de significância de 0,05, você conclui que existem evidências de haver maior variabilidade, em termos do tempo para atendimento, no horário do almoço do que no horário do café da manhã.

Problemas para a Seção 10.4

APRENDENDO O BÁSICO

10.36 Determine os valores críticos da cauda superior de F em cada um dos seguintes testes bicaudais:
a. $\alpha = 0,10, n_1 = 16, n_2 = 21$
b. $\alpha = 0,05, n_1 = 16, n_2 = 21$
c. $\alpha = 0,01, n_1 = 16, n_2 = 21$

10.37 Determine o valor crítico da cauda superior de F em cada um dos seguintes testes unicaudais:
a. $\alpha = 0,05, n_1 = 16, n_2 = 21$
b. $\alpha = 0,01, n_1 = 16, n_2 = 21$

10.38 As informações a seguir estão disponíveis para duas amostras selecionadas a partir de populações independentes distribuídas nos moldes de uma distribuição normal:

$$\text{População A: } n_1 = 25 \ S_1^2 = 16$$

$$\text{População B: } n_2 = 25 \ S_2^2 = 25$$

a. Que variância de amostra você coloca no numerador de F_{ESTAT}?
b. Qual é o valor de F_{ESTAT}?

10.39 As informações a seguir estão disponíveis para duas amostras selecionadas a partir de populações independentes distribuídas nos moldes de uma distribuição normal:

$$\text{População A: } n_1 = 25 \quad S_1^2 = 161,9$$

$$\text{População B: } n_2 = 25 \quad S_2^2 = 133,7$$

Qual o valor para F_{ESTAT}, caso você esteja testando a hipótese nula de $H_0: \sigma_1^2 = \sigma_2^2$?

10.40 No Problema 10.39, quantos graus de liberdade existem no numerador e no denominador do teste F_{ESTAT}?

10.41 Nos Problemas 10.39 e 10.40, qual é o valor crítico superior de F, caso o nível de significância, α, seja 0,05 e a hipótese alternativa seja $H_1: \sigma_1^2 \neq \sigma_2^2$?

10.42 Nos Problemas 10.39 a 10.41, qual é a sua decisão estatística?

10.43 As informações a seguir estão disponíveis para duas amostras selecionadas a partir de populações independentes, e bastante assimétricas à direita:

$$\text{População A: } n_1 = 16 \quad S_1^2 = 47,3$$
$$\text{População B: } n_2 = 13 \quad S_2^2 = 36,4$$

Você deveria utilizar o teste F para testar a hipótese nula de igualdade entre variâncias? Discuta.

10.44 No Problema 10.43, considere que as duas amostras tenham sido selecionadas a partir de populações independentes e distribuídas nos moldes de uma distribuição normal.
a. No nível de significância de 0,05, existem evidências de diferença entre σ_1^2 e σ_2^2?
b. Suponha que você deseje realizar um teste unicaudal. No nível de significância de 0,05, qual seria o valor crítico para a cauda superior de F para determinar se existem evidências de que $\sigma_1^2 > \sigma_2^2$? Qual é a sua decisão estatística?

APLICANDO OS CONCEITOS

10.45 Um problema relacionado a uma linha telefônica, o qual impeça que o cliente receba ou faça ligações, é desagradável tanto para o cliente como para a companhia telefônica. O arquivo `Telefone` contém amostras relativas a 20 problemas informados para duas diferentes centrais telefônicas de uma mesma companhia telefônica, e o tempo necessário para solucionar esses problemas (em minutos) nas linhas dos clientes.
a. No nível de significância de 0,05, existem evidências de uma diferença em termos da variabilidade do tempo para solucionar problemas entre as duas centrais telefônicas?
b. Interprete o valor-p.
c. Qual pressuposto você precisa adotar em (a), no que concerne às duas populações, que venha a justificar a sua utilização do teste F?
d. Com base nos resultados para (a) e (b), qual teste t definido na Seção 10.1 você deve utilizar para comparar a média aritmética do tempo para solucionar problemas nas duas centrais telefônicas?

AUTO-teste **10.46** A *Accounting Today* identificou as principais empresas de contabilidade em 10 regiões geográficas ao longo dos Estados Unidos. Embora todas as 10 regiões tenham relatado crescimento em 2011, as regiões do Sudeste e da Costa do Golfo relataram os mais altos crescimentos combinados, com 18 % e 19 %, respectivamente. Uma descrição característica das empresas de contabilidade para as regiões do Sudeste e da Costa do Golfo incluíram o número de sócios proprietários na empresa. O arquivo `SóciosContabilidade2` contém o número de sócios proprietários. (Dados extraídos de **bit.ly/KKeokV**.)
a. No nível de significância de 0,05, existem evidências de alguma diferença em termos da variabilidade do número de sócios proprietários das empresas de contabilidade da região Sudeste e das empresas de contabilidade da região da Costa do Golfo?
b. Interprete o valor-p.

c. Qual pressuposto você precisa adotar, para as duas populações, no sentido de justificar o uso do teste F?
d. Com base em (a) e (b), qual dos testes t definidos na Seção 10.1 você deve utilizar para testar se existe alguma diferença significativa em termos da média aritmética do número de sócios proprietários das empresas de contabilidade da região Sudeste e das empresas de contabilidade da região da Costa do Golfo?

10.47 Um banco com uma agência em um bairro comercial de uma cidade tem como objetivo estratégico da empresa a melhoria no processo de atendimento aos clientes no horário de pico do almoço, do meio-dia até as 13 horas. Para fazer isso, o tempo de espera (definido operacionalmente como o tempo decorrido desde o momento em que o cliente entra na fila até o momento em que é atendido no caixa), para todos os clientes, ao longo desse intervalo de tempo, precisa ser diminuído de modo a fazer com que cresça a satisfação dos clientes. É selecionada uma amostra aleatória de 15 clientes e os tempos de espera são coletados e armazenados em `Banco1`. Esses dados são:

4,21	5,55	3,02	5,13	4,77	2,34	3,54	3,20
4,50	6,10	0,38	5,12	6,46	6,19	3,79	

Suponha que outra agência bancária, localizada em uma área residencial, esteja também preocupada com o horário de pico do almoço, do meio-dia até as 13 horas. É selecionada uma amostra aleatória de 15 clientes e os tempos de espera são coletados e armazenados em `Banco2`. Esses dados são:

9,66	5,90	8,02	5,79	8,73	3,82	8,01	8,35
10,49	6,68	5,64	4,08	6,17	9,91	5,47	

a. Existem evidências de alguma diferença em termos da variabilidade do tempo de espera, entre as duas agências? (Utilize $\alpha = 0,05$.)
b. Determine o valor-p em (a) e interprete seu significado.
c. Qual pressuposto em relação à distribuição da população é necessário em (a)? O pressuposto é válido para esses dados?
d. Com base nos resultados de (a), é apropriado utilizar o teste t de variâncias agrupadas para comparar as médias aritméticas das duas agências?

10.48 Uma das características importantes de uma câmera digital é o tempo de vida útil da bateria — o número de fotos que podem ser tiradas até que a bateria venha a precisar ser recarregada. O arquivo `Câmeras` contém o tempo de vida útil correspondente a 11 câmeras subcompactas e 7 câmeras compactas. (Dados extraídos de "Cameras", *Consumer Reports*, julho de 2012, pp. 42-44.)
a. Existem evidências de alguma diferença em termos da variabilidade do tempo de vida útil entre os dois tipos de câmeras digitais? (Utilize $\alpha = 0,05$.)
b. Determine o valor-p em (a) e interprete seu significado.
c. Qual pressuposto em relação à distribuição da população, no que se refere aos dois tipos de câmera, é necessário em (a)? O pressuposto é válido no que se refere a esses dados?
d. Com base nos resultados de (a), qual dos testes t definidos na Seção 10.1 você deve utilizar para comparar as médias aritméticas da vida útil dos dois tipos de câmeras?

10.49 Um artigo apresentado no *The Exponent*, um jornal universitário independente, publicado pela Purdue Student Publishing Foundation, relatou que o estudante universitário mediano nos EUA gasta uma hora (60 minutos) no Facebook, todos os dias. (Dados extraídos de **bit.ly/NQRCJQ**.) Entretanto, você se questiona se existe uma diferença entre pessoas do sexo masculino e pessoas do sexo feminino. Você seleciona uma amostra de 60 usuários do Facebook (30 do sexo masculino e 30 do sexo feminino) na faculdade em que você estuda e coleta dados sobre o tempo gasto no Facebook, por dia (em minutos), e armazena esses dados no arquivo `TempoFacebook2`.

a. Utilizando um nível de significância de 0,05, existem evidências de uma diferença em termos da variância do tempo gasto no Facebook, por dia, entre pessoas do sexo masculino e pessoas do sexo feminino?

b. Com base nos resultados em (a), qual dos testes t definidos na Seção 10.1 você deve utilizar para comparar as médias aritméticas correspondentes a pessoas do sexo masculino e pessoas do sexo feminino? Discuta.

10.50 Existe alguma diferença em termos da variação dos rendimentos para certificados de depósito (CD) de cinco anos, em diferentes cidades? O arquivo `TaxaCDCincoAnos` contém os rendimentos para um CD de cinco anos para nove bancos em Nova York e nove bancos em Los Angeles, com posição em 6 de agosto de 2012. (Dados extraídos de **www.Bankrate.com**, 6 de agosto de 2012.) No nível de significância de 0,05, existem evidências de uma diferença em termos da variância nos rendimentos dos CDs para cinco anos, nas duas cidades? Considere que os rendimentos das populações sejam distribuídos nos moldes de uma distribuição normal.

UTILIZANDO A ESTATÍSTICA

Para a North Fork, Existem Diferentes Médias para as Pontas? Revisitado

Michael Bradley / Staff / Getty Images

No cenário Utilizando a Estatística, você era o gerente regional de vendas da North Fork Beverages. Você comparou o volume de vendas de seu novo All-Natural Brain-Boost Cola, quando o produto foi exposto na ponta do corredor que contém outros produtos do gênero de bebidas gasosas e quando foi exposto perto da área específica para exposição de promoções e novos lançamentos. Foi realizado um experimento no qual 10 lojas utilizaram a ponta de corredor que contém outros produtos do gênero de bebidas gasosas e 10 lojas utilizaram a ponta de corredor destinada à exposição de promoções e novos lançamentos. Utilizando um teste t para a diferença entre duas médias aritméticas, você conseguiu concluir que a média aritmética das vendas utilizando a exposição em pontas de corredor destinadas à exposição de promoções e novos lançamentos é mais altas do que a média aritmética das vendas na ponta de corredor que contém outros produtos do gênero de bebidas gasosas. Um intervalo de confiança permitiu que você inferisse, com 95 % de confiança, que a exposição em pontas de corredor destinadas à exposição de promoções e novos lançamentos vende, em média, 6,73 a 36,67 caixas a mais do que a localização em pontas de corredor que contêm outros produtos do gênero de bebidas gasosas. Você realizou também o teste F para a diferença entre duas variâncias, para verificar se a variabilidade de loja para loja, nas vendas das lojas que utilizam a exposição em pontas de corredor destinadas à exposição de promoções e novos lançamentos, diferia da variabilidade de loja para loja, nas vendas das lojas que utilizam a localização em pontas de corredor que contêm outros produtos do gênero de bebidas gasosas. Você concluiu que não existia diferença significativa em termos da variabilidade das vendas de refrigerante em relação aos dois tipos de localização para exposição do produto. Como gerente regional de vendas, você decide arrendar pontas de corredor destinadas à exposição de promoções e novos lançamentos, os Supermercados da rede FoodPlace, durante a sua próxima temporada de promoções.

RESUMO

Neste capítulo, você passou a conhecer uma variedade de testes para duas amostras. Para situações nas quais as amostras são independentes, você aprendeu procedimentos de testes estatísticos para analisar possíveis diferenças entre médias aritméticas, variâncias e proporções. Além disso, você aprendeu um procedimento de teste que é frequentemente utilizado quando são analisadas diferenças entre as médias aritméticas de duas amostras relacionadas entre si. Tenha sempre em mente que você precisa selecionar o teste que venha a ser mais apropriado para um determinado conjunto de condições, e investigar criteriosamente a validade dos pressupostos que estão subjacentes a cada um dos procedimentos relacionados a testes de hipóteses.

A Tabela 10.7 apresenta uma lista de tópicos abordados neste capítulo. O roteiro na Figura 10.15 ilustra as etapas necessárias para determinar qual dos testes de hipóteses para duas amostras utilizar. São apresentadas, a seguir, as perguntas que você precisa levar em consideração.

1. Que tipo de dados você tem em mãos? Caso você esteja lidando com variáveis categóricas, utilize o teste Z para a diferença entre duas proporções. (Esse teste pressupõe amostras independentes.)
2. Caso você tenha em mãos uma variável numérica, determine se você está lidando com amostras independentes ou com amostras relacionadas entre si. Caso esteja lidando com amostras relacionadas uma à outra, e você possa pressupor uma normalidade aproximada, utilize o teste t em pares.
3. Se você tem em mãos amostras independentes, seu foco está na variabilidade ou na tendência central? Caso o foco esteja na variabilidade, e você possa pressupor uma normalidade aproximada, utilize o teste F.
4. Caso o seu foco esteja na tendência central, e você possa pressupor uma normalidade aproximada, determine se você pode pressupor que as variâncias das duas populações sejam iguais. (Esse pressuposto pode ser testado com o uso do teste F.)
5. Caso você seja capaz de pressupor que as duas populações apresentam variâncias iguais, utilize o teste t para variâncias agrupadas. Caso você não consiga pressupor que os dois grupos apresentem variâncias iguais, utilize o teste t para variâncias separadas.

TABELA 10.7 Resumo dos Tópicos do Capítulo 10

Tipo de Análise	Tipos de Dados — Numérico	Categórico
Comparando duas populações	Testes t para a diferença entre as médias aritméticas de duas populações independentes (Seção 10.1)	Teste Z para a diferença entre duas proporções (Seção 10.3)
	Testes t em pares (Seção 10.2)	
	Teste F para a proporcionalidade entre duas variâncias (Seção 10.4)	

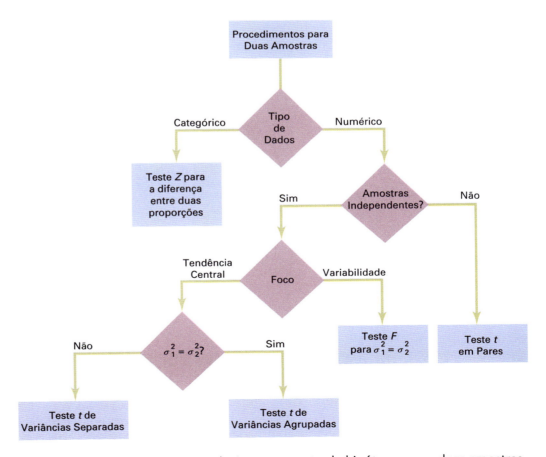

FIGURA 10.15 Roteiro para selecionar um teste de hipóteses para duas amostras

REFERÊNCIAS

1. Conover, W. J. *Practical Nonparametric Statistics*, 3rd ed. New York: Wiley, 2000.
2. Daniel, W. *Applied Nonparametric Statistics*, 2nd ed. Boston: Houghton Mifflin, 1990.
3. *Microsoft Excel 2010*. Redmond, WA: Microsoft Corp., 2010.
4. Satterthwaite, F. E. "An Approximate Distribution of Estimates of Variance Components". *Biometrics Bulletin*, 2(1946): 110-114.
5. Snedecor, G. W., and W. G. Cochran. *Statistical Methods*, 8th ed. Ames, IA: Iowa State University Press, 1989.

EQUAÇÕES-CHAVE

Teste t de Variâncias Agrupadas para a Diferença entre Duas Médias Aritméticas

$$t_{ESTAT} = \frac{(\overline{X}_1 - \overline{X}_2) - (\mu_1 - \mu_2)}{\sqrt{S_p^2\left(\frac{1}{n_1} + \frac{1}{n_2}\right)}} \tag{10.1}$$

Estimativa do Intervalo de Confiança para a Diferença entre as Médias Aritméticas de Duas Populações Independentes

$$(\overline{X}_1 - \overline{X}_2) \pm t_{\alpha/2}\sqrt{S_p^2\left(\frac{1}{n_1} + \frac{1}{n_2}\right)} \tag{10.2}$$

ou

$$(\overline{X}_1 - \overline{X}_2) - t_{\alpha/2}\sqrt{S_p^2\left(\frac{1}{n_1} + \frac{1}{n_2}\right)} \leq \mu_1 - \mu_2$$

$$\leq (\overline{X}_1 - \overline{X}_2) + t_{\alpha/2}\sqrt{S_p^2\left(\frac{1}{n_1} + \frac{1}{n_2}\right)}$$

Teste t de Variâncias Separadas para a Diferença entre Duas Médias Aritméticas

$$t_{ESTAT} = \frac{(\overline{X}_1 - \overline{X}_2) - (\mu_1 - \mu_2)}{\sqrt{\frac{S_1^2}{n_1} + \frac{S_2^2}{n_2}}} \tag{10.3}$$

Calculando Graus de Liberdade no Teste t de Variâncias Separadas

$$V = \frac{\left(\frac{S_1^2}{n_1} + \frac{S_2^2}{n_2}\right)^2}{\frac{\left(\frac{S_1^2}{n_1}\right)^2}{n_1 - 1} + \frac{\left(\frac{S_2^2}{n_2}\right)^2}{n_2 - 1}} \tag{10.4}$$

Teste t em Pares para a Média Aritmética da Diferença

$$t_{ESTAT} = \frac{\overline{D} - \mu_D}{\frac{S_D}{\sqrt{n}}} \tag{10.5}$$

Estimativa do Intervalo de Confiança para a Média Aritmética da Diferença

$$\overline{D} \pm t_{\alpha/2}\frac{S_D}{\sqrt{n}} \tag{10.6}$$

ou

$$\overline{D} - t_{\alpha/2}\frac{S_D}{\sqrt{n}} \leq \mu_D \leq \overline{D} + t_{\alpha/2}\frac{S_D}{\sqrt{n}}$$

Teste Z para a Diferença entre Duas Proporções

$$Z_{ESTAT} = \frac{(p_1 - p_2) - (\pi_1 - \pi_2)}{\sqrt{\overline{p}(1 - \overline{p})\left(\frac{1}{n_1} + \frac{1}{n_2}\right)}} \tag{10.7}$$

Estimativa do Intervalo de Confiança para a Diferença entre Duas Proporções

$$(p_1 - p_2) \pm Z_{\alpha/2}\sqrt{\left(\frac{p_1(1 - p_1)}{n_1} + \frac{p_2(1 - p_2)}{n_2}\right)} \tag{10.8}$$

ou

$$(p_1 - p_2) - Z_{\alpha/2}\sqrt{\frac{p_1(1 - p_1)}{n_1} + \frac{p_2(1 - p_2)}{n_2}} \leq (\pi_1 - \pi_2)$$

$$\leq (p_1 - p_2) + Z_{\alpha/2}\sqrt{\frac{p_1(1 - p_1)}{n_1} + \frac{p_2(1 - p_2)}{n_2}}$$

Teste F para a Proporcionalidade entre Duas Variâncias

$$F_{ESTAT} = \frac{S_1^2}{S_2^2} \tag{10.9}$$

TERMOS-CHAVE

amostras combinadas
distribuição F
medições repetidas
robusto
teste F para a proporcionalidade entre duas variâncias

teste para duas amostras
teste t em pares para a média aritmética da diferença
teste t para variâncias agrupadas
teste t para variâncias separadas
teste Z para a diferença entre duas proporções

Testes para Duas Amostras **379**

AVALIANDO O SEU ENTENDIMENTO

10.51 Quais são alguns dos critérios utilizados na seleção de um determinado procedimento de teste de hipóteses?

10.52 Sob quais condições você utiliza o teste t de variâncias agrupadas para examinar as possíveis diferenças entre as médias aritméticas de duas populações independentes?

10.53 Sob quais condições você deve utilizar o teste F para examinar as possíveis diferenças entre as variâncias de duas populações independentes?

10.54 Qual é a diferença entre duas populações independentes e duas populações relacionadas entre si?

10.55 Qual é a diferença entre medições repetidas e itens combinados?

10.56 Quando você tem em mãos duas populações independentes, explique as semelhanças e as diferenças entre o teste de hipóteses para a diferença entre as médias aritméticas e a estimativa do intervalo de confiança para a diferença entre as médias aritméticas.

10.57 Sob quais condições você deve utilizar o teste t em pares para a média aritmética da diferença entre duas populações relacionadas entre si?

PROBLEMAS DE REVISÃO DO CAPÍTULO

10.58 A ASQ (American Society for Quality — Sociedade Norte-Americana de Qualidade) conduziu uma pesquisa salarial junto a todos os seus membros. Os membros da ASQ atuam em todas as áreas de instituições de manufatura e de serviços, com um tema comum que diz respeito a um interesse na qualidade. Dois títulos para funções associados a elevados salários são Mestre Faixa Preta (Master Black Belt) e Mestre Faixa Verde (Master Green Belt). (Veja a Seção 18.6, para uma descrição sobre esses títulos em um processo de melhoria da qualidade Seis Sigma.) Estatísticas descritivas com relação aos salários correspondentes a esses dois títulos de função são apresentadas na tabela a seguir:

Título da Função	Tamanho da Amostra	Média Aritmética	Desvio-Padrão
Mestre Faixa Preta	141	88,945	21,791
Mestre Faixa Verde	26	64,794	25,911

Fonte: Dados extraídos de "QP Salary Survey", *Quality Progress*, dezembro de 2011, p. 33.

a. Utilizando um nível de significância de 0,05, existe uma diferença em termos da variabilidade de salários entre mestres faixa preta e mestres faixa verde?

b. Com base nos resultados em (a), qual teste t definido na Seção 10.1 é apropriado para comparar a média aritmética dos salários?

c. Utilizando um nível de significância de 0,05, a média aritmética do salário dos mestres faixa preta é maior do que a média aritmética do salário dos mestres faixa verde?

10.59 Será que pessoas do sexo masculino e do sexo feminino estudam durante a mesma quantidade de tempo, a cada semana? Em um ano recente, 58 alunos do segundo ano do curso de administração de empresas foram entrevistados em uma grande universidade, que conta com mais de 1.000 alunos do segundo ano do curso de administração de empresas, por ano. O arquivo **TempoEstudo** contém o gênero e o número de horas gastas estudando em uma semana típica, para os alunos entrevistados.

a. Em um nível de significância de 0,05, existe uma diferença em termos da variância do tempo de estudo para estudantes do sexo masculino e estudantes do sexo feminino?

b. Utilizando os resultados em (a), qual teste t é apropriado para comparar a média aritmética do tempo de estudo para estudantes do sexo masculino e estudantes do sexo feminino?

c. No nível de significância de 0,05, conduza o teste selecionado em (b).

d. Escreva um resumo sucinto de suas descobertas.

10.60 Será que pessoas do sexo masculino e do sexo feminino diferem em termos da quantidade de tempo que passam falando ao telefone e do número de mensagens de texto que enviam? Um estudo relatou que mulheres passam uma média aritmética de 818 minutos por mês falando ao telefone, comparadas a 716 minutos por mês para os homens. (Dados extraídos de "Women Talk and Text More", *USA Today*, 1º de fevereiro de 2011, p. 1A.) Os tamanhos das amostras não foram relatados. Suponha que os tamanhos das amostras fossem 100 cada, para mulheres e homens, e que o desvio-padrão para as mulheres fosse 125 minutos por mês, comparado com 100 minutos por mês para os homens.

a. Utilizando o nível de significância de 0,01, existem evidências de uma diferença em termos da variância do tempo gasto falando ao telefone, entre mulheres e homens?

b. Para testar a diferença em termos da média aritmética correspondente ao tempo gasto falando ao telefone, no que se refere a mulheres e homens, seria mais apropriado utilizar o teste t de variâncias agrupadas ou o teste t de variâncias separadas? Utilize o teste mais apropriado para determinar se existe uma diferença, em termos da quantidade de tempo gasto falando ao telefone, entre mulheres e homens.

O artigo também relatou que mulheres enviavam uma quantidade de 716 mensagens de texto por mês, comparadas a 555 por mês no que se refere aos homens. Suponha que o desvio-padrão correspondente às mulheres tenha sido de 150 mensagens de texto por mês, comparadas com 150 mensagens de texto por mês para os homens.

c. Utilizando o nível de significância de 0,01, existem evidências de uma diferença, em termos da variância correspondente à quantidade de mensagens de texto enviadas por mês, entre mulheres e homens?

d. Com base nos resultados de (c), utilize o teste mais apropriado para determinar, no nível de significância de 0,01, se existem evidências de uma diferença, em termos da média aritmética correspondente à quantidade de mensagens de texto enviadas por mês, entre mulheres e homens.

10.61 O arquivo `Restaurantes` contém as cotações para comida, decoração, serviço e preço, por pessoa, correspondentes a uma amostra de 50 restaurantes localizados no centro da cidade e 50 localizados em uma localidade de subúrbio dos Estados Unidos. Analise integralmente as diferenças entre restaurantes no centro da cidade e restaurantes nos subúrbios, no que diz respeito às variáveis referentes à cotação para comida, cotação para decoração, cotação para serviços, e custo por pessoa, utilizando $\alpha = 0,05$.

Fonte: Dados extraídos de *Zagat Survey 2012: New York City Restaurants* e *Zagat Survey 2011-2012: Long Island Restaurants*.

10.62 Uma professora de informática está interessada em estudar a quantidade de tempo necessária para que alunos inscritos no curso de Introdução à Informática sejam capazes de escrever e executar um programa em Visual Basic. A professora contrata você para analisar os resultados a seguir (em minutos), armazenados no arquivo `VB`, extraídos de uma amostra aleatória de nove alunos:

$$10 \quad 13 \quad 9 \quad 15 \quad 12 \quad 13 \quad 11 \quad 13 \quad 12$$

a. No nível de significância de 0,05, existem evidências de que a média aritmética da população correspondente à quantidade de tempo seja maior do que 10 minutos? O que você irá informar à professora?
b. Suponha que a professora de informática, ao verificar seus resultados, perceba que o quarto aluno precisou de 51 minutos, em vez dos 15 minutos registrados, para escrever e executar o programa em Visual Basic. No nível de significância de 0,05, analise novamente a pergunta apresentada em (a), utilizando os dados revisados. O que você dirá agora à professora?
c. A professora está perplexa diante desses resultados paradoxais, e solicita a você uma explicação com relação à justificativa para a diferença em suas descobertas em (a) e (b). Discuta.
d. Alguns dias mais tarde, a professora telefona para dizer a você que o dilema está completamente solucionado. O número original de 15 (o quarto valor de dados) estava correto; por conseguinte, as suas descobertas em (a) estão sendo utilizadas no artigo que ela está escrevendo para uma revista de informática. Agora, ela deseja contratar você para comparar os resultados daquele grupo de alunos do curso de Introdução à Informática com os resultados de uma amostra de 11 alunos graduados em informática, para determinar se existem evidências de que os alunos graduados em informática são capazes de escrever um programa em Visual Basic em menos tempo do que os alunos do curso introdutório. Para os alunos já formados, a média aritmética da amostra é de 8,5 minutos, e o desvio-padrão da amostra é de 2,0 minutos. No nível de significância de 0,05, analise integralmente esses dados. O que você informará à professora?
e. Alguns dias depois, a professora telefona novamente para dizer a você que um revisor de seu artigo deseja que ela inclua o valor-p para o resultado "correto" em (a). Além disso, a professora questiona você sobre o problema relacionado com variâncias diferentes, sobre o qual o revisor quer que ela discuta no artigo. Com suas próprias palavras, discuta o conceito do valor-p e descreva o problema relacionado com variâncias diferentes. Depois disso, determine o valor-p em (a) e argumente se o problema relacionado com variâncias diferentes teve algum significado em relação ao estudo realizado pela professora.

10.63 Homens e mulheres diferem em termos do número de amigos que possuem na Grande Rede? Um estudo realizado junto a 3.011 pessoas relatou que os homens possuíam uma média aritmética de 180 amigos, enquanto as mulheres possuíam uma média aritmética de 140 amigos. Suponha que o estudo consistiu em 1.511 homens e 1.500 mulheres e que o desvio-padrão correspondente ao número de amigos tenha sido 130 para os homens e 120 para as mulheres. Pressuponha um nível de significância de 0,05.

a. Existem evidências de uma diferença entre homens e mulheres, no que se refere à variância para o número de amigos na Grande Rede?
b. Existem evidências de uma diferença entre homens e mulheres, no que se refere à média aritmética correspondente ao número de amigos na Grande Rede?
c. Construa e interprete uma estimativa de intervalo de confiança de 95 % para a diferença, em termos da média aritmética, correspondente ao número de amigos na Grande Rede.

10.64 Os dados sobre extensão da vida útil (em horas) para uma amostra de 40 lâmpadas incandescentes de 100 watts produzidas pelo fabricante A e para uma amostra de 40 lâmpadas incandescentes de 100 watts produzidas pelo fabricante B estão registrados no arquivo `Lâmpadas`. Analise de forma completa as diferenças entre a extensão da vida útil das lâmpadas produzidas pelos dois fabricantes. (Utilize $\alpha = 0,05$.)

10.65 O gerente de um hotel está preocupado em fazer com que melhore a primeira impressão que os hóspedes do hotel têm ao registrar a entrada no hotel. Contribuindo para as impressões iniciais está o tempo necessário para entregar a bagagem do hóspede no quarto depois que o hóspede registra sua entrada no hotel. Em determinado dia, foi selecionada uma amostra aleatória de 20 entregas na Ala A do hotel; também foi selecionada uma amostra aleatória de 20 entregas na Ala B do hotel. Os resultados estão armazenados no arquivo `Bagagem`. Analise os dados e determine se existe alguma diferença em termos da média aritmética correspondente ao tempo de entrega nas duas alas do hotel. (Utilize $\alpha = 0,05$.)

10.66 A proprietária de um restaurante especializado em refeições leves, no estilo Continental, estava interessada em aprender mais sobre padrões de demanda de clientes para o período de final de semana, de sexta-feira a domingo. Ela decidiu estudar as demandas no que se refere a sobremesas, durante esse período. Além de estudar se era solicitada uma sobremesa, ela estudará o gênero do indivíduo e o fato de um prato à base de carne ter sido, ou não, solicitado. Foram coletados dados relativos a 600 clientes, e esses dados foram organizados nas seguintes tabelas de contingência:

Sobremesa Solicitada	Gênero		
	Homens	Mulheres	Total
Sim	40	96	136
Não	240	224	464
Total	280	320	600

Sobremesa Solicitada	Prato à Base de Carne		
	Sim	Não	Total
Sim	71	65	136
Não	116	348	464
Total	187	413	600

a. No nível de significância de 0,05, existem evidências de uma diferença entre homens e mulheres, no que se refere à proporção de pessoas que solicitaram uma sobremesa?
b. No nível de significância de 0,05, existem evidências de uma diferença em termos da proporção de pessoas que solicitaram uma sobremesa, com base no fato de ter sido solicitado um prato à base de carne?

10.67 O produtor das placas de asfalto das marcas Boston e Vermont sabe que o peso do produto é um fator importante na percepção de qualidade do consumidor. Mais do que isso, o peso representa o montante de matéria-prima que está sendo utilizada e, consequentemente, é muito importante para a empresa, sob o ponto de vista de custos. O último estágio da linha de produção embala as placas antes que elas sejam colocadas em paletes de madeira. Uma vez preenchido (um palete, para a maioria das marcas, contém 16 pés de placas), o palete é pesado, e a medição é registrada. O arquivo **Palete** contém o peso (em libras) gerado por uma amostra com 368 paletes de placas da marca Boston e 330 paletes de placas da marca Vermont. Analise, de forma completa, as diferenças encontradas nos pesos das placas Boston e Vermont, utilizando $\alpha = 0,05$.

10.68 O produtor das placas de asfalto das marcas Boston e Vermont fornece a seus clientes uma garantia de 20 anos para a maior parte de seus produtos. Para determinar se uma placa durará todo o período da garantia, são conduzidos, na área de produção, testes de aceleração de vida útil. O teste de aceleração de vida útil expõe a placa, em um ambiente de laboratório, às condições de desgaste às quais ela estaria sujeita ao longo de uma vida útil de utilização normal, por meio de um experimento que precisa apenas de alguns poucos minutos para ser conduzido. Nesse teste, uma placa é repetidamente esfregada com uma escova, por um curto período de tempo, e os grãos da placa removidos por meio da escovação são pesados (em gramas). Espera-se que as placas que sofrem a perda de poucas quantidades de grãos durem mais, mediante utilização normal, do que as placas que sofrem a perda de grandes quantidades de grãos. Nesse tipo de situação, uma placa deve sofrer a perda de uma quantidade de grãos não superior a 0,8 grama, caso seja esperado que ela dure toda a extensão do período da garantia. O arquivo **Grão** contém uma amostra com 170 medições realizadas nas placas Boston e 140 medições realizadas nas placas Vermont. Analise completamente as diferenças na perda de grãos das placas Boston e Vermont, utilizando $\alpha = 0,05$.

10.69 Existe um número consideravelmente grande de fundos mútuos a partir dos quais um investidor pode escolher. Cada um dos fundos mútuos apresenta sua própria combinação de tipos diferentes de investimentos. Os dados no arquivo **MelhoresFundos1** apresentam o retorno correspondente a 1 ano e o retorno anual correspondente a 3 anos, para os 10 melhores fundos mútuos, de acordo com o resultado apresentado no *U.S. News & World Report* para os fundos de títulos de curto prazo e fundos de títulos de longo prazo. (Dados extraídos de **money.usnews. com/mutual-funds/rankings**.) Analise os dados e determine se existem diferenças entre os fundos de títulos de curto prazo e de longo prazo. (Utilize o nível de significância de 0,05.)

EXERCÍCIO DE REDAÇÃO DE RELATÓRIO

10.70 Com referência aos resultados dos Problemas 10.67 e 10.68, relativos ao peso e à perda de grãos das placas Boston e Vermont, escreva um relatório que sintetize as suas conclusões.

CASOS PARA O CAPÍTULO 10

Administrando a Ashland MultiComm Services

A AMS se comunica com clientes que assinam serviços de TV a cabo por meio de um sistema especial de correio eletrônico seguro, que envia mensagens sobre alterações nos serviços, novas funcionalidades e informações sobre faturamento, para caixas digitais internas reservadas, para fins de posterior exibição. Para melhorar o serviço de atendimento aos clientes, o departamento de operações estabeleceu o objetivo estratégico de reduzir o montante de tempo necessário para atualizar completamente o conjunto de mensagens de cada um dos assinantes. O departamento selecionou dois sistemas candidatos para a entrega de mensagens de correio eletrônico, e conduziu um experimento no qual 30 assinantes de serviços de TV a cabo, aleatoriamente selecionados, foram designados a um entre dois sistemas (15 designados a cada um dos sistemas). Foram mensurados tempos necessários para atualização, e os resultados estão organizados na Tabela AMS10.1 e armazenados no arquivo **AMS10**.

TABELA AMS10.1
Tempos Necessários para Atualização (em segundos) para Duas Diferentes Interfaces de Correio Eletrônico

Interface de Correio Eletrônico 1	Interface de Correio Eletrônico 2
4,13	3,71
3,75	3,89
3,93	4,22
3,74	4,57
3,36	4,24
3,85	3,90
3,26	4,09
3,73	4,05
4,06	4,07
3,33	3,80
3,96	4,36
3,57	4,38
3,13	3,49
3,68	3,57
3,63	4,74

382 Capítulo 10

1. Analise os dados contidos na Tabela AMS10.1 e redija um relatório a ser encaminhado à equipe do departamento de informática, que indique as suas descobertas. Inclua um apêndice como anexo, no qual você argumenta sobre as razões pelas quais você selecionou um determinado teste estatístico para comparar os dois grupos independentes de assinantes.

2. Suponha que, em vez do modelo de pesquisa aqui descrito, existissem somente 15 assinantes selecionados para fins de amostra, e que o processo de atualização para cada um dos assinantes tenha sido medido para cada um dos dois sistemas de envio de mensagens de correio eletrônico. Suponha que os resultados tenham sido organizados na Tabela AMS10.1 — fazendo com que cada uma das linhas da tabela represente um par de valores para um assinante individual. Utilizando essas suposições, analise novamente esses dados e redija um relatório para a equipe, indicando suas descobertas.

Caso Digital

Aplique seus conhecimentos sobre testes de hipóteses neste Caso Digital, que dá continuidade ao Caso da Internet dos Capítulos 7 e 9, que tratam da contenda sobre a quantidade abastecida de cereais.

Mesmo depois do recente experimento de domínio público sobre os pesos das caixas de cereais, a CCACC — Consumers Concerned About Cereal Cheaters (Consumidores Preocupados com Fraudadores de Cereais) permanece convicta de que a Oxford Cereals enganou o público. O grupo criou e colocou em circulação o **Mais-Fraude.htm**, um documento no qual afirma que as caixas de cereais produzidas na Unidade de Produção 2, em Springville, pesam menos do que a média aritmética declarada, de 368 gramas. Examine esse documento e, depois, responda às seguintes questões:

1. Os resultados da CCACC comprovam que existe uma diferença estatisticamente significativa em termos das médias aritméticas dos pesos das caixas de cereais produzidas nas Unidades de Produção 1 e 2?

2. Realize a análise apropriada para testar a hipótese da CCACC. A que conclusões você consegue chegar com base nos dados?

Lojas de Conveniência Valor Certo

Você trabalha no escritório central de uma franquia de lojas de conveniência, de âmbito nacional, que opera aproximadamente 10.000 lojas. A quantidade de consumidores diários, por loja (ou seja, a média aritmética correspondente ao número de consumidores em uma loja, em um dia), tem permanecido estável, em 900, por algum tempo. Para fazer com que cresça a quantidade de consumidores, a franquia está avaliando a hipótese de reduzir o preço dos diversos tipos de café. O tamanho pequeno custará, agora, $0,59 ou $0,79 em vez de $0,99. Mesmo com esta redução no preço, a franquia terá uma margem de lucro bruta de 40 % no café.

A questão a ser determinada é qual o valor a ser reduzido nos preços, de modo a fazer com que cresça a quantidade diária de consumidores, sem que se reduza a margem de lucro bruta de 40 % no café. A franquia decide conduzir um experimento em uma amostra de 30 lojas em que as quantidades tenham se mantido quase exatamente na média nacional de 900. Em 15 das lojas, o preço de um café pequeno será agora $0,59, em vez de $0,99, enquanto nas outras 15 lojas, o preço de um café pequeno será agora $0,79. Depois de quatro semanas, as 15 lojas que colocaram o preço do café pequeno em $0,59 apresentaram uma média aritmética de 964 para a quantidade diária de consumidores e um desvio-padrão de 88, enquanto as 15 lojas que colocaram o preço do café pequeno em $0,79 apresentaram uma média aritmética de 941 para a quantidade diária de consumidores e um desvio-padrão de 76. Analise esses dados (utilizando o nível de significância de 0,05), e responda às seguintes perguntas:

a. A redução no preço de um café pequeno, seja para $0,59, seja para $0,79, faz com que cresça a média aritmética correspondente à quantidade de consumidores diários, por loja?

b. Caso a redução no preço de um café pequeno, seja para $0,59, seja para $0,79, faça com que cresça a média aritmética correspondente à quantidade de consumidores diários, por loja, existe qualquer diferença em termos da média aritmética, por loja, correspondente à quantidade diária de consumidores, entre as lojas em que um café pequeno teve como preço $0,59 e as lojas em que um café pequeno teve como preço $0,79?

c. Qual preço você recomenda para um café pequeno?

CardioGood Fitness

Retorne ao caso da CardioGood Fitness, inicialmente apresentado no final do Capítulo 1. Utilizando os dados contidos no arquivo `CardioGood Fitness`:

1. Determine se existem diferenças, entre homens e mulheres, no que se refere às suas respectivas idades, em anos, renda domiciliar anual ($), média aritmética correspondente ao número de vezes em que o consumidor planeja utilizar a esteira a cada semana, e a média aritmética do número de milhas que o consumidor espera andar/correr a cada semana.

2. Redija um relatório, a ser apresentado ao administrador da CardioGood Fitness, detalhando suas descobertas.

Mais Escolhas Descritivas, Continuação

Dê continuidade ao cenário Utilizando a Estatística, "Mais Escolhas Descritivas, Revisitado", apresentado no final do Capítulo 3, determinando se existe diferença, em termos de percentuais de retorno para 1 ano, percentuais de retorno para 5 anos e percentuais de retorno para 10 anos, entre os fundos baseados no crescimento e os fundos baseados na valorização (armazenados no arquivo **Fundos de Aposentadoria**).

Pesquisas Realizadas Junto a Estudantes de Clear Mountain State

1. O Serviço de Noticiário para Estudantes na Universidade do Estado de Clear Mountain (CMSU — Clear Mountain State University) decidiu coletar dados sobre os alunos no nível de graduação que frequentam a CMSU. Eles criam e distribuem uma pesquisa com 14 perguntas e recebem respostas de 62 alunos do nível de graduação (contidas no arquivo **PesquisaGrad**).
   a. No nível de significância de 0,05, existem evidências de uma diferença, entre homens e mulheres, no que se refere a média geral acumulada, salário inicial esperado, número de portais de redes sociais em que se esteja registrado, gastos com livros didáticos e material escolar, mensagens de texto enviadas em uma semana e grau de riqueza necessário para se sentir rico?
   b. No nível de significância de 0,05, existem evidências de uma diferença entre estudantes que planejam cursar pós-graduação e aqueles não planejam cursar pós-graduação, no que se refere a média geral acumulada, salário inicial esperado, número de portais de redes sociais no qual esteja registrado, gastos com livros didáticos e material escolar, mensagens de texto enviadas em uma semana e grau de riqueza necessário para se sentir rico?

2. A decana dos alunos na Clear Mountain State University tomou conhecimento sobre a pesquisa conduzida junto aos alunos da graduação e decidiu conduzir uma pesquisa semelhante para alunos da pós-graduação na Clear Mountain State. Ela cria e distribui uma pesquisa contendo 14 perguntas e recebe respostas de 44 alunos da pós-graduação (contidas no arquivo **PesquisaPósGrad**). No que se refere a esses dados, no nível de significância de 0,05, existem evidências de uma diferença entre homens e mulheres, no que se refere a idade, média geral acumulada na graduação, média geral acumulada na pós-graduação, salário esperado depois da graduação, gastos com livros didáticos e material escolar, mensagens de texto enviadas em uma semana e grau de riqueza necessário para se sentir rico?

GUIA DO EXCEL PARA O CAPÍTULO 10

GE10.1 COMPARANDO as MÉDIAS ARITMÉTICAS de DUAS POPULAÇÕES INDEPENDENTES

Teste *t* de Variâncias Agrupadas para a Diferença entre Duas Médias Aritméticas

Técnica Principal Utilize a função **INV.T.BC**(*nível de significância, graus de liberdade*) para calcular os valores críticos inferior e superior, e utilize a função **DIST.T.BC**(*valor absoluto da estatística do teste t, graus de liberdade*) para calcular o valor-*p*.

Exemplo Realize o teste *t* de variâncias agrupadas para os dados correspondentes à exposição de produtos em pontas de corredor, que está ilustrado na Figura 10.3, no Exemplo 2.1.

PHStat Utilize o procedimento **Pooled-Variance *t* Test (Teste *t* de Variâncias Agrupadas)**.
Para o exemplo, abra a **planilha DADOS** da **pasta de trabalho Cola**. Selecione PHStat → Two-Sample Tests (Unsummarized Data) → Pooled-Variance *t* Test [PHStat → Testes para Duas Amostras (Dados Não Resumidos) → Teste *t* de Variâncias Agrupadas]. Na caixa de diálogo correspondente ao procedimento (ilustrada a seguir):

1. Insira **0 (zero)** na caixa correspondente a **Hypothesized Difference (Diferença Enunciada na Hipótese)**.
2. Insira **0,05** na caixa correspondente a **Level of Significance (Nível de Significância)**.
3. Insira **A1:A11** na caixa correspondente a **Population 1 Sample Cell Range (Intervalo de Células da Amostra da População 1)**.
4. Insira **B1:B11** na caixa correspondente a **Population 2 Sample Cell Range (Intervalo de Células da Amostra da População 2)**.
5. Marque a opção **First cells in both ranges contain label (Primeiras células em ambos os intervalos contêm rótulo)**.
6. Clique em **Two-Tailed Test (Teste Bicaudal)**.
7. Insira um título na caixa correspondente a **Title** e clique em **OK**.

Para problemas que utilizem dados resumidos, selecione **PHStat → Two-Sample Tests (Summarized Data) → Pooled-Variance *t* Test [PHStat → Testes para Duas Amostras (Dados Resumidos) → Teste *t* de Variâncias agrupadas]**. Na caixa de diálogo para o procedimento, insira a diferença enunciada na hipótese e o nível de significância, assim como o tamanho da amostra, a média aritmética da amostra e o desvio-padrão correspondente a cada uma das amostras.

Excel Avançado Utilize a **planilha CÁLCULO** da **pasta de trabalho *T* de Variâncias Agrupadas** como modelo.
A planilha já contém os dados e as fórmulas para que sejam utilizados os dados não resumidos referentes ao exemplo. Para outros problemas, utilize a planilha CÁLCULO com dados não resumidos ou com dados resumidos, conforme o caso. Para dados não resumidos, cole os dados nas colunas A e B na **planilha CÓPIADADOS** e mantenha as fórmulas da planilha CÁLCULO que fazem os cálculos para o tamanho da amostra, a média aritmética da amostra, e o desvio-padrão da amostra nos intervalos de células B7:B13. Para dados resumidos, substitua as fórmulas nos intervalos de células B7:B13 pelas estatísticas da amostra e ignore a planilha CÓPIADADOS.

Utilize as **planilhas CÁLCULO_INFERIOR** ou **CÁLCULO_SUPERIOR** semelhantes, na mesma pasta de trabalho, como modelos para realizar testes *t* unicaudais de variâncias agrupadas, seja com dados não resumidos, seja com dados resumidos. Caso esteja utilizando uma versão do Excel mais antiga do que o Excel 2010, utilize a planilha CÁLCULO_ANTIGO como modelo, tanto para testes bicaudais quanto para testes unicaudais.

Ferramentas de Análise Utilize o procedimento **Teste-*t*: Duas Amostras Presumindo Variâncias Equivalentes**.
Para o exemplo, abra a **planilha DADOS** da **pasta de trabalho Cola** e faça o seguinte:

1. Selecione **Dados → Análise de Dados**.
2. Na caixa de diálogo Análise de Dados, selecione **Teste-*t*: Duas Amostras Presumindo Variâncias Equivalentes** a partir da lista **Ferramentas de Análise** e, em seguida, clique em **OK**.

Na caixa de diálogo do procedimento (apresentada a seguir):

3. Insira **A1:A11** como o **Intervalo da Variável 1**.
4. Insira **B1:B11** como o **Intervalo da Variável 2**.
5. Insira **0 (zero)** na caixa para **Hipótese da diferença de média**.
6. Marque a opção **Rótulos** e insira **0,05** na caixa para **Alfa**.
7. Clique em **Nova Planilha**.
8. Clique em **OK**.

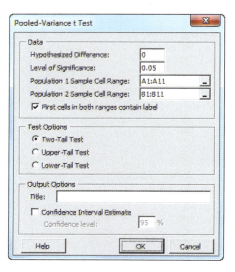

Os resultados (ilustrados a seguir) aparecem em uma nova planilha que contém valores críticos de testes bicaudais e unicaudais, e valores-*p*. Diferentemente dos resultados ilustrados na Figura 10.3, somente o valor crítico positivo (superior) está listado para o teste bicaudal.

	A	B	C
1	Teste-t: Duas Amostras Presumindo Variâncias Equivalentes		
2			
3		Bebidas em Geral	Lançamentos e Promoções
4	Média Aritmética	50,3	72
5	Variância	350,6778	157,3333
6	Observações	10	10
7	Variâncias Agrupadas	254,0056	
8	Hipótese da Diferença de Média	0	
9	gl	18	
10	Stat t	-3,0446	
11	P(T<=t)unicaudal	0,0035	
12	t Crítico unicaudal	1,7341	
13	P(T<=t)bicaudal	0,0070	
14	t Crítico bicaudal	2,1009	

Estimativa do Intervalo de Confiança para a Diferença entre Duas Médias Aritméticas

PHStat Modifique as instruções do *PHStat* para o teste *t* de variâncias agrupadas. Na etapa 7, marque também a opção **Confidence Interval Estimate (Estimativa do Intervalo de Confiança)** e insira um valor na caixa ao lado de **Confidence Interval (Intervalo de Confiança)**, além de inserir um título na caixa para **Title** e clicar em **OK**.

Excel Avançado Utilize as instruções do *Excel Avançado* para os testes *t* de variâncias agrupadas. As planilhas na **pasta de trabalho T de Variâncias Agrupadas** incluem uma estimativa de intervalo de confiança para a diferença entre duas médias aritméticas no intervalo de células D3:D16.

Teste *t* para a Diferença entre Duas Médias Aritméticas, Pressupondo Variâncias Diferentes

Técnica Principal Utilize a função **INV.T.BC**(*nível de significância, graus de liberdade*) para calcular os valores críticos inferior e superior, e utilize a função **DIST.T.BC**(*valor absoluto da estatística do teste t, graus de liberdade*) para calcular o valor-*p*.

Exemplo Realize o teste *t* de variâncias separadas para os dados correspondentes à exposição de produtos em pontas de corredor, que está ilustrado na Figura 10.7, no final da Seção 10.1.

PHStat Utilize o procedimento **Separate Variance *t* Test (Teste *t* de Variâncias Separadas)**.
Para o exemplo, abra a **planilha DADOS** da **pasta de trabalho Cola**. Selecione PHStat → Two–Sample Tests (Unsummarized Data) → Separate-Variance *t* Test [PHStat → Testes para Duas Amostras (Dados Não Resumidos) → Teste *t* de Variâncias Separadas]. Na caixa de diálogo para o procedimento (ilustrada a seguir):

1. Insira **0 (zero)** na caixa correspondente a **Hypothesized Difference (Diferença Enunciada na Hipótese)**.
2. Insira **0,05** na caixa correspondente a **Level of Significance (Nível de Significância)**.
3. Insira **A1:A11** na caixa correspondente a **Population 1 Sample Cell Range (Intervalo de Células da Amostra da População 1)**.
4. Insira **B1:B11** na caixa correspondente a **Population 2 Sample Cell Range (Intervalo de Células da Amostra da População 2)**.
5. Marque a opção **First cells in both ranges contain label (Primeiras células em ambos os intervalos contêm rótulo)**.
6. Clique em **Two-Tailed Test (Teste Bicaudal)**.
7. Insira um título na caixa correspondente a **Title** e clique em **OK**.

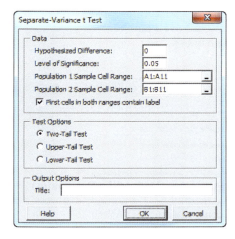

Para problemas que utilizem dados resumidos, selecione PHStat → Two-Sample Tests (Summarized Data) → Separate-Variance *t* Test [PHStat → Testes para Duas Amostras (Dados Resumidos) → Teste *t* de Variâncias Separadas]. Na caixa de diálogo para o procedimento, insira a diferença enunciada na hipótese e o nível de significância, bem como o tamanho da amostra, a média aritmética da amostra e o desvio-padrão para cada um dos grupos.

Excel Avançado Utilize a **planilha CÁLCULO** da **pasta de trabalho T de Variâncias Separadas**, como um modelo. A planilha já contém os dados e as fórmulas para que sejam utilizados os dados não resumidos correspondentes ao exemplo. Para outros problemas, utilize a planilha CÁLCULO com dados não resumidos ou com dados resumidos, conforme o caso. Para dados não resumidos, cole os dados nas colunas A e B da **planilha CÓPIADADOS** e mantenha as fórmulas da planilha CÁLCULO que calculam o tamanho da amostra, a média aritmética da amostra, e o desvio-padrão da amostra no intervalo de células B7:B13. Para dados resumidos, substitua as fórmulas no intervalo de células B7:B13 pelas estatísticas correspondentes à amostra, e ignore a planilha CÓPIADADOS.

Utilize as **planilhas CÁLCULO_INFERIOR** ou **CÁLCULO_SUPERIOR** semelhantes, na mesma pasta de trabalho, como modelos para realizar testes *t* unicaudais de variâncias agrupadas, tanto com dados não resumidos quanto com dados resumidos. Caso esteja utilizando uma versão do Excel mais antiga do que o Excel 2010, utilize a planilha CÁLCULO_ANTIGO como modelo, tanto para testes bicaudais quanto para testes unicaudais.

Ferramentas de Análise Utilize o procedimento **Teste-*t*: Duas Amostras Presumindo Variâncias Diferentes**.

Para o exemplo em questão, abra a **planilha DADOS** da **pasta de trabalho Cola**, e:

1. Selecione **Dados → Análise de Dados**.
2. Na caixa de diálogo Análise de Dados, selecione **Teste-t: Duas Amostras Presumindo Variâncias Diferentes** a partir da lista **Ferramentas de Análise** e, em seguida, clique em **OK**.

Na caixa de diálogo do procedimento (ilustrada a seguir):

3. Insira **A1:A11** como o **Intervalo da Variável 1**.
4. Insira **B1:B11** como o **Intervalo da Variável 2**.
5. Insira **0 (zero)** na caixa para **Hipótese da Diferença de Média**.
6. Marque a opção **Rótulos** e insira **0,05** na caixa para **Alfa**.
7. Clique em **Nova Planilha**.
8. Clique em **OK**.

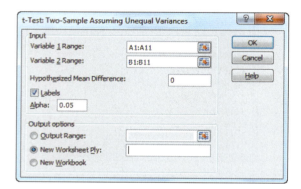

Os resultados (ilustrados a seguir) aparecem em uma nova planilha que contém os valores críticos, tanto para testes bicaudais quanto para testes unicaudais, e os valores-p. Diferentemente da planilha ilustrada na Figura 10.7, somente o valor crítico positivo (superior) é apresentado quando se trata do teste bicaudal. Uma vez que o suplemento Ferramentas de Análise faz uso de visualizações de tabela no intuito de aproximar os valores críticos e o valor-p, os resultados serão ligeiramente diferentes dos valores apresentados na Figura 10.7.

	A	B	C
1	Teste-t: Duas Amostras Presumindo Variâncias Diferentes		
2			
3		Bebidas em Geral	Lançamentos e Promoções
4	Média Aritmética	50,3	72
5	Variância	350,6778	157,3333
6	Observações	10	10
7	Hipótese da Diferença de Média	0	
8	gl	16	
9	Stat t	-3,04455	
10	P(T<=t)unicaudal	0,003863	
11	t crítico unicaudal	1,745884	
12	P(T<=t)bicaudal	0,007726	
13	t Crítico bicaudal	2,119905	

GE10.2 COMPARANDO as MÉDIAS ARITMÉTICAS de DUAS POPULAÇÕES RELACIONADAS ENTRE SI

Teste t em Pares

Técnica Principal Utilize a função **INV.T.BC**(*nível de significância, graus de liberdade*) para calcular os valores críticos

inferior e superior, e utilize a função **DIST.T.BC**(*valor absoluto da estatística do teste t, graus de liberdade*) para calcular o valor-*p*.

Exemplo Realize o teste *t* em pares para os dados correspondentes ao preço de livros didáticos; esses dados estão ilustrados na Figura 10.9, Seção 10.2.

PHStat Utilize o procedimento **Paired *t* Test (Teste *t* em Pares)**.

Para o exemplo, abra a **planilha DADOS** da **pasta de trabalho PreçosLivros**. Selecione **PHStat → Two-Sample Tests (Unsummarized Data) → Paired *t* Test [PHStat → Testes para Duas Amostras (Dados Não Resumidos) → Teste *t* em Pares]**. Na caixa de diálogo para o procedimento (ilustrada a seguir):

1. Insira **0 (zero)** na caixa correspondente a **Hypothesized Mean Difference (Diferença Enunciada na Hipótese)**.
2. Insira **0,05** na caixa correspondente a **Level of Significance (Nível de Significância)**.
3. Insira **C1:C17** na caixa correspondente a **Population 1 Sample Cell Range (Intervalo de Células da Amostra da População 1)**.
4. Insira **D1:D17** na caixa correspondente a **Population 2 Sample Cell Range (Intervalo de Células da Amostra da População 2)**.
5. Marque a opção **First cells in both ranges contain label (Primeiras células em ambos os intervalos contêm rótulo)**.
6. Clique em **Two-Tailed Test (Teste Bicaudal)**.
7. Insira um título na caixa correspondente a **Title** e clique em **OK**.

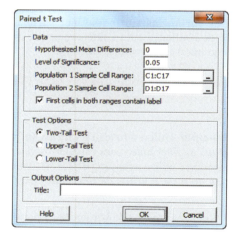

O procedimento cria duas planilhas, uma das quais semelhante à planilha *CalcsTp*, discutida na seção *Excel Avançado*, apresentada a seguir. Para problemas que utilizem dados resumidos, selecione **PHStat → Two-Sample Tests (Summarized Data) → Paired *t* Test [PHStat → Testes para Duas Amostras (Dados Resumidos) → Teste *t* em Pares]**. Na caixa de diálogo para o referido procedimento, insira a diferença da média aritmética enunciada na hipótese, o nível de significância, bem como o tamanho da amostra, a média aritmética da amostra e o desvio-padrão para cada uma das amostras.

Excel Avançado Utilize as **planilhas CÁLCULO** e **CalcsTp** da **pasta de trabalho T em Pares**, ilustrada na Figura 10.8 da Seção 10.2, como um modelo.

A planilha CÁLCULO e a planilha de apoio CalcsTp já contêm os dados sobre os preços dos livros didáticos para o exemplo. A planilha CalcsTp também calcula as diferenças que permitem que a planilha CÁLCULO calcule S_D na célula B11.

Para outros problemas, cole os dados não resumidos nas colunas A e B da planilha CalcsTp. Para tamanhos de amostras maiores do que 16, selecione a célula C17 e copie a fórmula contida naquela célula para baixo até a última linha que contenha dados. Para tamanhos de amostras menores do que 16, exclua as fórmulas contidas na coluna C para as quais não existam valores correspondentes às colunas A e B. Caso você conheça os valores correspondentes ao tamanho da amostra, $\bar{D}$ e S_D, você pode ignorar as planilhas PtCalcs e inserir esses valores em B8, B9 e B11 da planilha CÁLCULO, sobrescrevendo as fórmulas que estão contidas nas referidas células.

Utilize as **planilhas CÁLCULO_INFERIOR** ou **CÁLCULO_SUPERIOR** semelhantes, na mesma pasta de trabalho, como modelos para realizar testes unicaudais. Caso você esteja utilizando uma versão do Excel mais antiga do que o Excel 2010, utilize a planilha CÁLCULO_ANTIGO como modelo, tanto para testes bicaudais quanto para testes unicaudais.

Ferramentas de Análise Utilize o procedimento **Teste-*t*: Duas Amostras em Par para Médias**.

Para o exemplo em questão, abra a **planilha DADOS** da **pasta de trabalho PreçosLivros** e:

1. Selecione **Dados** → **Análise de Dados**.
2. Na caixa de diálogo Análise de Dados, selecione **Teste-*t*: Duas Amostras em Par para Médias** a partir da lista com as **Ferramentas de Análise** e, em seguida, clique em **OK**.

Na caixa de diálogo do procedimento (apresentada a seguir):

3. Insira **C1:C17** como o **Intervalo da Variável 1**.
4. Insira **D1:D17** como o **Intervalo da Variável 2**.
5. Insira **0 (zero)** na caixa para **Hipótese da Diferença de Média**.
6. Marque a opção **Rótulos** e insira **0,05** na caixa para **Alfa**.
7. Clique em **Nova Planilha**.
8. Clique em **OK**.

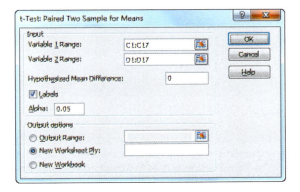

Os resultados (ilustrados a seguir) aparecem em uma nova planilha que contém valores críticos, tanto para testes bicaudais quanto para testes unicaudais, e os valores-*p*. Diferentemente da Figura 10.9, somente o valor crítico positivo (superior) é apresentado quando se trata do teste bicaudal.

	A	B	C
1	Teste *t*: Duas Amostras em Par para Médias		
2			
3		Livraria da Faculdade	Venda pela Internet
4	Média	181,1688	156,0931
5	Variância	4427,8240	2591,1044
6	Observações	16	16
7	Correlação de Pearson	0,8512	
8	Hipótese da Diferença de Média	0	
9	gl	15	
10	Stat t	2,8338	
11	P(T<=t) unicaudal	0,0063	
12	t Crítico unicaudal	1,7531	
13	P(T<=t) bicaudal	0,0126	
14	t Crítico bicaudal	2,1314	

GE10.3 COMPARANDO as PROPORÇÕES de DUAS POPULAÇÕES INDEPENDENTES

Teste Z para a Diferença entre Duas Proporções

Técnica Principal Utilize as funções **INV.NORMP** para calcular os valores críticos e utilize a função **DIST.NORMP** para calcular o valor-*p*. (Veja a Seção F.4 do Apêndice F.)

Exemplo Realize um teste Z para a pesquisa que trata da satisfação dos hóspedes nos hotéis; essa pesquisa está ilustrada na Figura 10.13 da Seção 10.3.

PHStat Utilize o procedimento **Z Test for Differences in Two Proportions (Teste Z para Diferenças entre Duas Proporções)**.

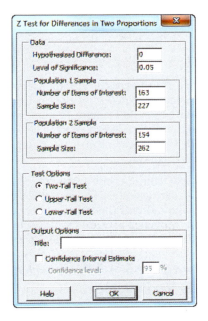

388 Capítulo 10

Para o exemplo em questão, selecione **PHStat → Two-Sample Tests (Unsummarized Data) → Z Test for Differences in Two Proportions [PHStat → Testes para Duas Amostras (Dados Não Resumidos) → Teste Z para as Diferenças entre Duas Proporções]**. Na caixa de diálogo do procedimento (ilustrada anteriormente):

1. Insira **0 (zero)** na caixa correspondente a **Hypothesized Difference (Diferença Enunciada na Hipótese)**.
2. Insira **0,05** na caixa correspondente a **Level of Significance (Nível de Significância)**.
3. Para o grupo Population 1 Sample (Amostra da População 1) insira **163** na caixa correspondente a **Number of Itens of Interest (Número de Itens de Interesse)** e **227** na caixa correspondente a **Sample Size (Tamanho da Amostra)**.
4. Para o grupo Population 2 Sample (Amostra da População 2) insira **154** na caixa correspondente a **Number of Itens of Interest (Número de Itens de Interesse)** e **262** na caixa correspondente a **Sample Size (Tamanho da Amostra)**.
5. Clique em **Two-Tail Test (Teste Bicaudal)**.
6. Insira um título na caixa correspondente a **Title** e clique em **OK**.

Excel Avançado Utilize a **planilha CÁLCULO** da **pasta de trabalho Z Duas Proporções** como modelo.
A planilha já contém os dados relacionados à pesquisa sobre satisfação de hóspedes no hotel. Para outros problemas, modifique a diferença enunciada na hipótese, o nível de significância, e o número de sucessos e tamanho da amostra para cada um dos grupos no intervalo de células B4:B11.

Utilize as **planilhas CÁLCULO_INFERIOR** ou **CÁLCULO_SUPERIOR** semelhantes, na mesma pasta de trabalho, como modelos para realizar testes *t* unicaudais para variâncias separadas. Caso você esteja utilizando uma versão do Excel mais antiga do que o Excel 2010, utilize a planilha CÁLCULO_ANTIGO como um modelo, tanto para testes bicaudais quanto para testes unicaudais.

Estimativa do Intervalo de Confiança para a Diferença entre Duas Proporções

PHStat Utilize as instruções do *PHStat* para o teste Z para a diferença entre duas proporções. Na etapa 6, marque também a opção **Confidence Interval Estimate (Estimativa do Intervalo de Confiança)** e insira um valor na caixa ao lado de **Confidence Level (Nível de Confiança)**, além de inserir um título na caixa para **Title** e clicar em **OK**.

Excel Avançado Utilize as instruções do *Excel Avançado* para o teste Z para a diferença entre duas proporções. As planilhas na **pasta de trabalho Z Duas Proporções** incluem uma estimativa de intervalo de confiança para a diferença entre duas médias aritméticas no intervalo de células D3:E16.

GE10.4 Teste *F* para a Proporcionalidade entre Duas Variâncias

Técnica Principal Utilize a função **INV.F.CD**(*nível de significância/2, graus de liberdade da amostra da população 1, graus de liberdade da amostra da população 2*) para calcular o valor crítico superior, e utilize a função **DIST.F.CD**(*estatística do teste F, graus de liberdade da amostra da população 1, graus de liberdade da amostra da população 2*) para calcular os valores-p.

Exemplo Realize o teste *F* para a proporcionalidade entre duas variâncias, para os dados correspondentes à exposição de produtos em duas pontas de corredor, que estão ilustrados na Figura 10.14, da Seção 10.4.

PHStat Utilize o procedimento **Test *F* for Differences in Two Variances (Teste *F* para Diferenças entre Duas Variâncias)**. Para o exemplo, abra a **planilha DADOS** da **pasta de trabalho Cola**. Selecione **PHStat → Two-Sample Tests (Unsummarized Data) → F Test for Differences in Two Variances [[PHStat → Testes para Duas Amostras (Dados Não Resumidos) → Teste *F* para Diferenças entre Duas Variâncias]**. Na caixa de diálogo para o procedimento (ilustrada a seguir):

1. Insira **0,05** na caixa correspondente a **Level of Significance (Nível de Significância)**.
2. Insira **A1:A11** na caixa correspondente a **Population 1 Sample Cell Range (Intervalo de Células da Amostra da População 1)**.
3. Insira **B1:B11** na caixa correspondente a **Population 2 Sample Cell Range (Intervalo de Células da Amostra da População 2)**.
4. Marque a opção **First cells in both ranges contain label (Primeiras células em ambos os intervalos contêm rótulo)**.
5. Clique em **Two-Tailed Test (Teste Bicaudal)**.
6. Insira um título na caixa correspondente a **Title** e clique em **OK**.

Para problemas que utilizem dados resumidos, selecione (**PHStat → Two-Sample Tests (Summarized Tests) → F Test for Differences in Two Variances Test [PHStat → Testes para Duas Amostras (Dados Resumidos) → Teste *F* para Diferenças entre Duas Variâncias]**. Na caixa de diálogo para o procedimento, insira o nível de significância, o tamanho da amostra e a variância da amostra, no que se refere a cada uma das amostras.

Excel Avançado Utilize a **planilha CÁLCULO** da **pasta de trabalho F de Duas Variâncias**, como um modelo.
A planilha já contém os dados e as fórmulas para que sejam utilizados os dados não resumidos para o exemplo. Para dados

não resumidos, cole os dados nas colunas A e B na **planilha CÓPIADADOS** e mantenha as fórmulas da planilha CÁLCULO que calculam o tamanho da amostra e a variância da amostra para as duas amostras no intervalo de células B4:B10. Para dados resumidos, substitua as fórmulas da planilha CÁLCULO nos intervalos de células B4:B10 pelas estatísticas da amostra e ignore a planilha CÓPIADADOS.

Utilize a **planilha CÁLCULO_SUPERIOR** semelhante, na mesma pasta de trabalho como um modelo para realizar o teste para a cauda superior. Caso você esteja utilizando uma versão do Excel mais antiga do que o Excel 2010, utilize a planilha CÁLCULO_ANTIGO como modelo, tanto para testes bicaudais quanto para testes unicaudais.

Ferramentas de Análise Utilize o procedimento **Teste-F: Duas Amostras para Variâncias**.

Para o exemplo, abra a **planilha DADOS** da **pasta de trabalho Cola** e faça o seguinte:

1. Selecione **Dados → Análise de Dados**.
2. Na caixa de diálogo Análise de dados, selecione **Teste-F: Duas Amostras para Variâncias** a partir da lista com as **Ferramentas de Análise** e, em seguida, clique em **OK**.

Na caixa de diálogo do procedimento (ilustrada a seguir):

3. Insira **A1:A11** como o **Intervalo da Variável 1** e insira **B1:B11** como o **Intervalo da Variável 2**.
4. Marque a opção **Rótulos** e insira **0,05** na caixa para **Alfa**.
5. Clique em **Nova Planilha**.
6. Clique em **OK**.

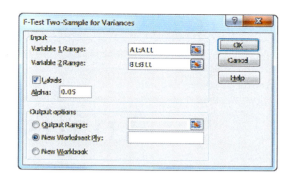

Os resultados (ilustrados a seguir) aparecem em uma nova planilha e incluem somente o valor-p correspondente ao teste unicaudal (0,1241), que deve, necessariamente, ser dobrado para o teste bicaudal ilustrado na Figura 10.14 da Seção 10.4.

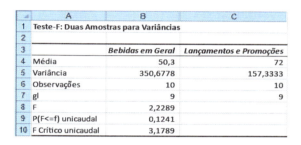

CAPÍTULO 11

Análise da Variância

UTILIZANDO A ESTATÍSTICA: Existem Diferenças de Resistência nos Teares da Perfect Parachutes?

11.1 O Modelo Completamente Aleatório: Análise da Variância de Fator Único
Teste F de ANOVA de Fator Único para Diferenças entre Mais de Duas Médias Aritméticas
Múltiplas Comparações: O Procedimento de Tukey-Kramer
A Análise das Médias Aritméticas (ANOM) (*on-line*)
Pressupostos para ANOVA
O Teste de Levene para Homogeneidade de Variância

11.2 O Modelo Fatorial: Análise da Variância de Dois Fatores
Efeitos dos Fatores e Efeitos da Interação

Testando os Efeitos dos Fatores e os Efeitos da Interação
Múltiplas Comparações: O Procedimento de Tukey
Visualizando Efeitos da Interação: O Gráfico para Médias Aritméticas das Células
Interpretando Efeitos da Interação

11.3 O Modelo do Bloco Aleatório (*on-line*)

11.4 O Modelo dos Efeitos Fixos, o Modelo dos Efeitos Aleatórios e o Modelo dos Efeitos Mistos (*on-line*)

UTILIZANDO A ESTATÍSTICA: Existem Diferenças de Resistência nos Teares da Perfect Parachutes? Revisitado

GUIA DO EXCEL PARA O CAPÍTULO 11

Objetivos do Aprendizado

Neste capítulo, você aprenderá:

- Os conceitos básicos de modelagem para experimentos
- A utilizar a análise da variância de fator único para testar diferenças entre as médias aritméticas de diversos grupos
- A utilizar a análise da variância de dois fatores e interpretar o efeito decorrente da interação
- A realizar comparações múltiplas em uma análise da variância de fator único e uma análise da variância de dois fatores

UTILIZANDO A ESTATÍSTICA

Existem Diferenças de Resistência nos Teares da Perfect Parachutes?

Você é o gerente da unidade de produção da Perfect Parachutes Company. Os paraquedas são tecidos dentro da sua fábrica, com o uso de uma fibra sintética adquirida de um entre quatro diferentes fornecedores. A resistência dessas fibras é uma característica importante que garante paraquedas de qualidade. Você precisa decidir se as fibras sintéticas oriundas de cada um de seus quatro fornecedores resultam em paraquedas de igual resistência. Além disso, para produzir os paraquedas, a sua unidade de produção utiliza dois tipos de teares: o *Jetta* e o *Turk*. Você precisa estabelecer que os paraquedas tecidos em ambos os tipos de teares sejam igualmente resistentes. Você também deseja saber se quaisquer diferenças, em termos da resistência dos paraquedas, que possam vir a ser atribuídas aos quatro fornecedores, são dependentes do tipo de tear utilizado. De que maneira você pode ir à busca dessas informações?

No Capítulo 10, você utilizou a metodologia de testes de hipóteses para chegar a conclusões sobre possíveis diferenças entre duas populações. No papel de gerente da Perfect Parachutes, você precisa projetar um experimento de modo a testar a resistência de paraquedas tecidos com as fibras sintéticas fabricadas por *quatro* fornecedores. Ou seja, você precisa avaliar diferenças entre *mais de duas* populações, ou grupos. (Ao longo deste capítulo, as populações serão chamadas de *grupos*.)

Este capítulo inicia com o exame de um *modelo completamente aleatório*, que possui somente um único *fator* (qual fornecedor utilizar) e vários grupos (os quatro fornecedores). O modelo completamente aleatório é então estendido para o *modelo fatorial*, no qual mais de um fator é estudado simultaneamente em um único experimento. Por exemplo, um experimento que incorporasse os quatro fornecedores, e os dois tipos de teares ajudaria você a determinar o fornecedor e o tipo de tear a ser utilizado no intuito de fabricar os paraquedas mais resistentes. Ao longo de todo o capítulo, a ênfase é concentrada nos pressupostos que permeiam a utilização dos vários procedimentos de teste.

11.1 O Modelo Completamente Aleatório: Análise da Variância de Fator Único

Em muitas situações, você precisa examinar diferenças entre mais de dois **grupos**. Os grupos envolvidos são classificados de acordo com **níveis** de um **fator** de interesse. Por exemplo, um fator tal como o preço pelo qual um determinado produto é vendido pode possuir vários grupos definidos por *níveis numéricos*, como, por exemplo, $0,59, $0,79 e $0,99, enquanto um fator tal como o fornecedor preferido para um fabricante de paraquedas pode possuir vários grupos definidos por *níveis categóricos*, como, por exemplo, Fornecedor 1, Fornecedor 2, Fornecedor 3 e Fornecedor 4. Quando existe somente um único fator, o modelo do experimento é conhecido como **modelo completamente aleatório**.

Teste *F* de ANOVA de Fator Único para Diferenças entre Mais de Duas Médias Aritméticas

Organize dados de múltiplas amostras sob a forma de dados não empilhados, uma coluna para cada grupo, para que seja possível utilizar as instruções do Guia do Excel para este capítulo. Para mais informações sobre dados não empilhados (e empilhados), veja a Seção 2.2.

Quando você está analisando uma variável numérica e determinados pressupostos são atendidos, você utiliza a **análise da variância** (**ANOVA**) para comparar as médias aritméticas dos grupos. O procedimento de ANOVA, utilizado para o modelo completamente aleatório, é conhecido como **ANOVA de fator único**, e é uma extensão do teste *t* de variância agrupada, discutido na Seção 10.1. Embora ANOVA seja um acrônimo para *análise da variância*, o termo pode induzir a equívoco, uma vez que o objetivo é analisar diferenças entre as médias aritméticas dos grupos, e *não* as variâncias dos grupos. No entanto, pelo ato de analisar a variação entre os grupos e dentro dos grupos, você pode chegar a conclusões sobre possíveis diferenças em termos das médias aritméticas dos grupos. Em ANOVA, a variação total é subdividida entre variações que são atribuídas a diferenças *entre* os grupos e variações que são atribuídas a diferenças *dentro* dos grupos (veja a Figura 11.1). A **variação dentro dos grupos** mede a variação aleatória. A **variação entre os grupos** mede as diferenças de grupo para grupo. O símbolo *c* é utilizado para indicar o número de grupos.

Pressupondo que os *c* grupos representam populações cujos valores são selecionados de maneira aleatória e independente, seguem uma distribuição normal e possuem variâncias iguais, a hipótese nula de nenhuma diferença em termos das médias aritméticas das populações:

$$H_0: \mu_1 = \mu_2 = \cdots = \mu_c$$

> **Dica para o Leitor**
> Outra maneira de expressar a hipótese alternativa, H_1, é que pelo menos uma média aritmética de população é diferente das outras.

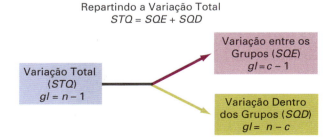

FIGURA 11.1 Dividindo a variação total em um modelo completamente aleatório

é testada contra a hipótese alternativa de que nem todas as c médias aritméticas das populações são iguais:

$$H_1: \text{Nem todas as } \mu_j \text{ são iguais (em que } j = 1, 2, \ldots, c).$$

Para realizar um teste de ANOVA para a igualdade entre médias aritméticas de populações, você subdivide a variação total nos valores em duas partes — aquela que é decorrente de diferenças entre os grupos e aquela que é decorrente de variação dentro dos grupos. A **variação total** é representada pela **soma do total dos quadrados (STQ)**. Uma vez que se pressupõe que as médias aritméticas de população para os c grupos são iguais sob a égide da hipótese nula, você calcula a variação total entre todos os valores, por meio da soma das diferenças elevadas ao quadrado entre cada um dos valores individuais e a **grande média aritmética**, $\overline{\overline{X}}$. A grande média aritmética é a média aritmética correspondente a todos os valores em todos os grupos combinados. A Equação (11.1) demonstra o cálculo para a variação total.

> **Dica para o Leitor**
> Lembre-se de que a soma dos quadrados (SQ) jamais pode ser negativa.

VARIAÇÃO TOTAL EM ANOVA DE FATOR ÚNICO

$$STQ = \sum_{j=1}^{c} \sum_{i=1}^{n_j} (X_{ij} - \overline{\overline{X}})^2 \tag{11.1}$$

em que

$$\overline{\overline{X}} = \frac{\displaystyle\sum_{j=1}^{c} \sum_{i=1}^{n_j} X_{ij}}{n} = \text{Grande média}$$

$X_{ij} = i$-ésimo valor no grupo j

$n_j = $ número de valores no grupo j

$n = $ número total de valores em todos os grupos combinados (ou seja, $n = n_1 + n_2 + \cdots + n_c$)

$c = $ número de grupos

Você calcula a variação entre os grupos, geralmente conhecida como a **soma dos quadrados entre os grupos (SQE)**, por meio da soma das diferenças (elevadas ao quadrado) entre a média aritmética da amostra para cada um dos grupos, $\overline{X}_j$, e a grande média aritmética, $\overline{\overline{X}}$, ponderada com base no tamanho da amostra, n_j, em cada um dos grupos. A Equação (11.2) demonstra o cálculo para a variação entre os grupos.

VARIAÇÃO ENTRE OS GRUPOS EM ANOVA DE FATOR ÚNICO

$$SQE = \sum_{j=1}^{c} n_j (\overline{X}_j - \overline{\overline{X}})^2 \tag{11.2}$$

em que

$c = $ número de grupos

$n_j = $ número de valores no grupo j

$\overline{X}_j = $ média aritmética da amostra do grupo j

$\overline{\overline{X}} = $ grande média

A variação dentro do grupo, geralmente chamada de **soma dos quadrados dentro dos grupos (SQD)**, mede a diferença entre cada um dos valores e a média aritmética de seu próprio grupo, e soma os quadrados dessas diferenças ao longo de todos os grupos. A Equação (11.3) demonstra os cálculos da variação dentro do grupo.

VARIAÇÃO DENTRO DO GRUPO EM ANOVA DE FATOR ÚNICO

$$SQD = \sum_{j=1}^{c} \sum_{i=1}^{n_j} (X_{ij} - \overline{X}_j)^2 \tag{11.3}$$

em que

$$X_{ij} = i\text{-ésimo valor no grupo } j$$

$$\overline{X}_j = \text{média aritmética da amostra do grupo } j$$

Uma vez que você está comparando c grupos, existem $c - 1$ graus de liberdade associados à soma dos quadrados entre os grupos. Tendo em vista que cada um dos c grupos contribui com $n_j - 1$ graus de liberdade, existem $n - c$ graus de liberdade associados à soma dos quadrados dentro dos grupos. Além disso, existem $n - 1$ graus de liberdade associados à soma total dos quadrados, em razão de você estar comparando cada um dos valores, X_{ij}, com a grande média, $\overline{\overline{X}}$, baseada em todos os n valores.

Se você dividir cada uma dessas somas dos quadrados pelos seus respectivos graus de liberdade, você terá três variâncias, que no procedimento de ANOVA são conhecidas como os termos das **médias dos quadrados** — MQE (média dos quadrados entre grupos), MQD (média dos quadrados dentro dos grupos) e MTQ (média total dos quadrados).

> ### 👉 Dica para o Leitor
> Lembre-se de que *média dos quadrados* é simplesmente outro termo para *variância*, que é utilizado em Análise da Variância. Do mesmo modo, uma vez que a média dos quadrados é igual à soma dos quadrados dividida pelos graus de liberdade, uma média de quadrados jamais pode ser negativa.

MÉDIA DOS QUADRADOS EM ANOVA DE FATOR ÚNICO

$$MQE = \frac{SQE}{c - 1} \tag{11.4a}$$

$$MQD = \frac{SRD}{n - c} \tag{11.4b}$$

$$MTQ = \frac{STQ}{n - 1} \tag{11.4c}$$

Embora você deseje comparar as médias aritméticas de c grupos no sentido de determinar se existe alguma diferença entre elas, o nome ANOVA se origina do fato de você estar comparando variâncias. Se a hipótese nula for verdadeira, e não existirem quaisquer diferenças em termos das médias aritméticas para os c grupos, todas as três médias de quadrados (ou *variâncias*) — MQE, MQD e MTQ — fornecem estimativas para a variância geral nos dados. Por conseguinte, para testar a hipótese nula:

$$H_0: \mu_1 = \mu_2 = \cdots = \mu_c$$

contra a hipótese alternativa:

$$H_1: \text{Nem todas as } \mu_j \text{ são iguais (em que } j = 1, 2, \ldots, c)$$

você calcula a estatística do teste F_{ESTAT}, em ANOVA de fator único, como igual à proporcionalidade entre MQE e MQD, conforme se apresenta na Equação (11.5).

ESTATÍSTICA DO TESTE F_{ESTAT} EM ANOVA DE FATOR ÚNICO

$$F_{ESTAT} = \frac{MQE}{MQD} \tag{11.5}$$

A estatística do teste F_{ESTAT} segue uma **distribuição F**, com $c - 1$ graus de liberdade no numerador e $n - c$ graus de liberdade no denominador.

Para um determinado nível de significância, α, você rejeita a hipótese nula, caso a estatística do teste F_{ESTAT} calculada na Equação (11.5) venha a ser maior do que o valor crítico da cauda supe-

FIGURA 11.2
Regiões de rejeição e de não rejeição ao utilizar ANOVA

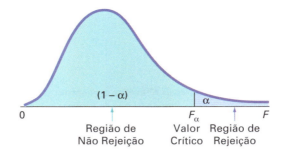

Dica para o Leitor
Uma vez que a estatística F corresponde à proporcionalidade entre duas médias de quadrados, ela jamais pode ser negativa.

rior, F_α, a partir da distribuição F, possuindo $c-1$ graus de liberdade no numerador e $n-c$ graus de liberdade no denominador (veja a Tabela E.5). Consequentemente, conforme apresentado na Figura 11.2, a regra de decisão é

$$\text{Rejeitar } H_0 \text{ se } F_{ESTAT} > F_\alpha;$$

caso contrário, não rejeitar H_0.

Se a hipótese nula for verdadeira, espera-se que a estatística do teste F_{ESTAT} calculada seja aproximadamente igual a 1, uma vez que os termos referentes a médias de quadrados tanto do numerador quanto do denominador estão estimando a variância geral nos dados. Se H_0 for falsa (e existirem diferenças em termos das médias aritméticas dos grupos), espera-se que a estatística do teste F_{ESTAT} calculada seja maior do que 1, tendo em vista que o numerador, MQE, está estimando as diferenças entre os grupos, além da variabilidade geral entre os valores, ao passo que o denominador, MQD, está mensurando exclusivamente a variabilidade geral entre os valores. Consequentemente, quando você utiliza o procedimento de ANOVA, você rejeita a hipótese nula em um nível de significância selecionado, α, unicamente se a estatística para o teste F_{ESTAT} calculada for *maior* do que F_α, o valor crítico para a cauda superior da distribuição F, que apresenta $c-1$ e $n-c$ graus de liberdade, conforme ilustrado na Figura 11.2.

Os resultados de uma análise da variância são geralmente apresentados em uma **tabela resumida de ANOVA**, de acordo com o mostrado na Tabela 11.1. As entradas para essa tabela incluem as fontes da variação (ou seja, entre grupos, dentro do grupo e total), os graus de liberdade, as somas dos quadrados, a média dos quadrados (ou seja, as variâncias) e a estatística do teste F_{ESTAT} calculada. O valor-p, a probabilidade de que venha a ser obtido um valor para a estatística F_{ESTAT} tão grande quanto, ou maior do que aquele calculado, sendo conhecido que a hipótese nula é verdadeira, geralmente aparece também. O valor-p permite que você tire conclusões em relação à hipótese nula, sem que seja necessário recorrer a uma tabela de valores críticos da distribuição F. Caso o valor-p seja menor do que o nível de significância escolhido, α, você rejeita a hipótese nula.

TABELA 11.1
Tabela Resumida da Análise da Variância

Fonte	Graus de Liberdade	Soma dos Quadrados	Média dos Quadrados (Variância)	F
Entre grupos	$c-1$	SQE	$MQE = \dfrac{SQE}{c-1}$	$F_{ESTAT} = \dfrac{MQE}{MQD}$
Dentro dos grupos	$n-c$	SQD	$MQD = \dfrac{SQD}{n-c}$	
Total	$n-1$	STQ		

Para ilustrar o teste F em ANOVA de fator único, retorne ao cenário que trata da Perfect Parachutes (veja o início deste capítulo). Você define o problema estratégico da empresa como a necessidade de definir se existem quaisquer diferenças significativas em termos da resistência dos paraquedas tecidos com o uso de fibras sintéticas adquiridas de cada um dos quatro fornecedores. A resistência dos paraquedas é medida colocando-os em um dispositivo de teste, que vai puxando para fora ambas as extremidades de um paraquedas até que ele venha a se rasgar. A quantidade de força necessária para que o paraquedas venha a rasgar é medida em uma escala de resistência à tensão na qual quanto maior o valor, mais forte o paraquedas.

Cinco paraquedas foram tecidos utilizando a fibra fornecida por cada um dos grupos — Fornecedor 1, Fornecedor 2, Fornecedor 3 e Fornecedor 4. Você realiza o experimento de teste para a resistência correspondente a cada um dos 20 paraquedas coletando a medição correspondente à

	Fornecedor 1	Fornecedor 2	Fornecedor 3	Fornecedor 4
	18,5	26,3	20,6	25,4
	24,0	25,3	25,2	19,9
	17,2	24,0	20,8	22,6
	19,9	21,2	24,7	17,5
	18,0	24,5	22,9	20,4
Média Aritmética da Amostra	19,52	24,26	22,84	21,16
Desvio-Padrão da Amostra	2,69	1,92	2,13	2,98

FIGURA 11.3 Resistência à tensão correspondente a paraquedas tecidos com fibras sintéticas advindas de quatro fornecedores diferentes, juntamente com a média aritmética da amostra e o desvio-padrão da amostra

resistência à tensão para cada um dos paraquedas. Os resultados são organizados por grupo e armazenados no arquivo Paraquedas. Esses resultados, juntamente com a média aritmética da amostra e o desvio-padrão da amostra, no que se refere a cada um dos grupos, estão ilustrados na Figura 11.3.

Na Figura 11.3, observe que existem diferenças em termos das médias aritméticas de amostras para os quatro fornecedores. No que se refere ao Fornecedor 1, a média aritmética da resistência à tensão é 19,52. Para o Fornecedor 2, a média aritmética da resistência à tensão é 24,26. Para o Fornecedor 3, a média aritmética da resistência à tensão é 22,84, e para o Fornecedor 4, a média aritmética da resistência à tensão é 21,16. O que você precisa determinar é se os resultados dessas amostras são suficientemente diferentes para concluir que as médias aritméticas das *populações* não são todas iguais.

A Figura 11.4 ilustra um diagrama de dispersão para os quatro fornecedores. Um diagrama de dispersão possibilita que você visualize os dados e verifique como se distribuem as medições relativas à resistência à tensão. Você pode também observar diferenças entre os grupos, bem como dentro dos grupos. Se os tamanhos das amostras em cada um dos grupos fossem maiores, você poderia desenvolver disposições ramo e folha, box-plots e gráficos para a probabilidade normal.

A hipótese nula afirma que não existe nenhuma diferença em absoluto, em termos das médias aritméticas para a resistência à tensão, entre os quatro fornecedores:

$$H_0: \mu_1 = \mu_2 = \mu_3 = \mu_4$$

A hipótese alternativa afirma que pelo menos um dos fornecedores difere no que diz respeito à média aritmética da resistência à tensão:

H_1: Nem todas as médias aritméticas são iguais.

Para construir uma tabela resumida de ANOVA, você primeiramente calcula as médias aritméticas para as amostras em cada um dos grupos (veja a Figura 11.3). Em seguida, você calcula a grande média aritmética por intermédio do somatório entre todos os 20 valores, e a subsequente divisão desse resultado pela quantidade total de valores:

$$\overline{\overline{X}} = \frac{\sum_{j=1}^{c}\sum_{i=1}^{n_j} X_{ij}}{n} = \frac{438,9}{20} = 21,945$$

FIGURA 11.4
Gráfico de dispersão do Microsoft Excel para a resistência à tensão, para quatro fornecedores diferentes

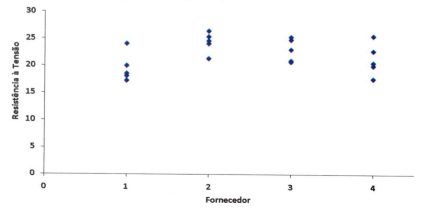

Utilize as instruções na Seção GE2.5 para construir diagramas de dispersão.

Depois disso, utilizando as Equações (11.1) a (11.3) desta seção, você calcula a soma dos quadrados:

$$SQE = \sum_{j=1}^{c} n_j (\overline{X}_j - \overline{\overline{X}})^2 = (5)(19{,}52 - 21{,}945)^2 + (5)(24{,}26 - 21{,}945)^2$$

$$+ (5)(22{,}84 - 21{,}945)^2 + (5)(21{,}16 - 21{,}945)^2$$

$$= 63{,}2855$$

$$SQD = \sum_{j=1}^{c} \sum_{i=1}^{n_j} (X_{ij} - \overline{X}_j)^2$$

$$= (18{,}5 - 19{,}52)^2 + \cdots + (18 - 19{,}52)^2 + (26{,}3 - 24{,}26)^2 + \cdots + (24{,}5 - 24{,}26)^2$$

$$+ (20{,}6 - 22{,}84)^2 + \cdots + (22{,}9 - 22{,}84)^2 + (25{,}4 - 21{,}16)^2 + \cdots + (20{,}4 - 21{,}16)^2$$

$$= 97{,}5040$$

$$STQ = \sum_{j=1}^{c} \sum_{i=1}^{n_j} (X_{ij} - \overline{\overline{X}})^2$$

$$= (18{,}5 - 21{,}945)^2 + (24 - 21{,}945)^2 + \cdots + (20{,}4 - 21{,}945)^2$$

$$= 160{,}7895$$

Você calcula os termos correspondentes às médias dos quadrados dividindo a soma dos quadrados pelos graus de liberdade correspondentes [veja a Equação (11.4)]. Uma vez que $c = 4$ e $n = 20$,

$$MQE = \frac{SQE}{c - 1} = \frac{63{,}2855}{4 - 1} = 21{,}0952$$

$$MQD = \frac{SQD}{n - c} = \frac{97{,}5040}{20 - 4} = 6{,}0940$$

de modo tal que, utilizando-se a Equação (11.5),

$$F_{ESTAT} = \frac{MQE}{MQD} = \frac{21{,}0952}{6{,}0940} = 3{,}4616$$

Para um nível de significância, α, selecionado, você encontra o valor crítico da cauda superior, F_α, a partir da distribuição F, utilizando a Tabela E.5. Uma parcela da Tabela E.5 é apresentada na Tabela 11.2. No exemplo que trata do fornecedor de paraquedas, existem 3 graus de liberdade no numerador e 16 graus de liberdade no denominador. F_α, o valor crítico da cauda superior, no nível de significância de 0,05, é 3,24.

TABELA 11.2
Encontrando o Valor Crítico de F, com 3 e 16 Graus de Liberdade, no Nível de Significância de 0,05

	Probabilidades Acumuladas = 0,95 Área da Cauda Superior = 0,05 gl_1, Numerador								
gl_2, Denominador	1	2	3	4	5	6	7	8	9
⋮	⋮	⋮	⋮	⋮	⋮	⋮	⋮	⋮	⋮
11	4,84	3,98	3,59	3,36	3,20	3,09	3,01	2,95	2,90
12	4,75	3,89	3,49	3,26	3,11	3,00	2,91	2,85	2,80
13	4,67	3,81	3,41	3,18	3,03	2,92	2,83	2,77	2,71
14	4,60	3,74	3,34	3,11	2,96	2,85	2,76	2,70	2,65
15	4,54	3,68	3,29	3,06	2,90	2,79	2,71	2,64	2,59
16	4,49	3,63	3,24	3,01	2,85	2,74	2,66	2,59	2,54

Fonte: Extraída da Tabela E.5.

Uma vez que $F_{ESTAT} = 3{,}4616$ é maior que $F_\alpha = 3{,}24$, você rejeita a hipótese nula (veja a Figura 11.5). Você conclui que existe uma diferença significativa em termos da média aritmética da resistência à tensão, no que diz respeito aos quatro fornecedores.

FIGURA 11.5
Regiões de rejeição e de não rejeição para uma ANOVA de fator único, no nível de significância de 0,05, com 3 e 16 graus de liberdade

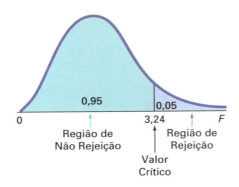

A Figura 11.6 ilustra a planilha com os resultados de ANOVA para o experimento dos paraquedas, incluindo o valor-*p*. Na Figura 11.6, o que a Tabela 11.1 apresenta como Variação entre Grupos é apresentada na planilha com o mesmo título.

FIGURA 11.6 Planilha de ANOVA, para o experimento sobre os paraquedas (as fórmulas para as linhas 13 a 16 estão ilustradas no quadro inserido na planilha)

	A	B	C	D	E	F	G	H	I	J
1	ANOVA: Fator Único								Cálculos	
2									c	4
3	RESUMO								n	20
4	Grupos	Contagem	Soma	Média	Variância					
5	Fornecedor 1	5	97,6	19,52	7,237					
6	Fornecedor 2	5	121,3	24,26	3,683					
7	Fornecedor 3	5	114,2	22,84	4,553					
8	Fornecedor 4	5	105,8	21,16	8,903					
9										
10										
11	ANOVA									
12	Fonte da Variação	SQ	gl	MQ	F	Valor-P	F crítico			
13	Entre Grupos	63,2855	3	21,0952	3,4616	0,0414	3,2389			
14	Dentro dos Grupos	97,504	16	6,0940						
15										
16	Total	160,7895	19							
17						Nível de Significância	0,05			

ANOVA
Fonte de Variação	SQ	gl	MQ	F	Valor-P	F crítico
Entre Grupos	=B16 − DESVQ(DadosAFU!A:A) DESVQ(DadosAFU!B:B) DESVQ(DadosAFU!C:C) DESVQ(Dados AFU!D:D)	=J2 − 1	=B13/C13	=D13/D14	=DIST.F.CD(E13, C13, C14)	=INV.F.CD(G17, C13, C14)
Dentro dos Grupos	=B16 − B13	=J3 − J2	=B14/C14			
Total	=DESVQ(DadosAFU!A1:D16) = C13 + C14					

A Figura 11.6 exibe a **planilha CÁLCULO** da pasta de trabalho **ANOVA de Fator Único**, que é utilizada nas instruções da Seção GE11.1. (O pacote de Ferramentas de Análise cria uma planilha que não exibe fórmulas.)

O valor-*p*, ou a probabilidade de vir a obter uma estatística F_{ESTAT} igual ou superior a 3,4616, quando a hipótese nula é verdadeira, corresponde a 0,0414. Uma vez que esse valor-*p* é menor do que o valor de 0,05 especificado para α, você rejeita a hipótese nula. O valor-*p* de 0,0414 indica que existe uma chance de 4,14 % de que venham a ser observadas diferenças dessa dimensão, ou ainda maiores, caso as médias aritméticas das populações correspondentes aos quatro fornecedores venham a ser, todas elas, iguais. Depois de ter realizado o teste ANOVA de fator único e ter encontrado uma diferença significativa entre os fornecedores, você, ainda assim, não tem como saber *quais* dos fornecedores diferem entre si. Tudo que você sabe é que há evidências suficientes para afirmar que as médias aritméticas para populações não são todas iguais. Em outras palavras, pelo menos uma, ou mais, entre as médias aritméticas correspondentes às populações, são significativamente diferentes. Para determinar quais fornecedores diferem dos demais, você pode utilizar um procedimento de comparações múltiplas, tal como o procedimento de Tukey-Kramer.

Múltiplas Comparações: O Procedimento de Tukey-Kramer

No cenário que trata da Perfect Parachutes, no início deste capítulo, você utilizou o teste *F* de ANOVA de fator único para determinar se existia alguma diferença entre os fornecedores. A próxima etapa é realizar **múltiplas comparações** para determinar quais fornecedores são diferentes dos demais.

Mesmo que inúmeros procedimentos estejam disponíveis (veja as Referências 5, 6 e 9), utilizamos, neste livro, o **procedimento de múltiplas comparações de Tukey-Kramer para ANOVA de Fator Único** com o objetivo de determinar quais, entre as *c* médias aritméticas, são significativamente diferentes das demais. O procedimento de Tukey-Kramer possibilita que você, simul-

> **Dica para o Leitor**
> Você tem um nível de risco, α, no conjunto inteiro de comparações, e não apenas uma única comparação.

Análise da Variância **399**

taneamente, realize comparações entre *todos* os pares de grupos. O procedimento consiste nas quatro etapas, a seguir apresentadas:

1. Calcule as diferenças absolutas entre as médias aritméticas $|\bar{X}_j - \bar{X}_{j'}|$ (em que $j \neq j'$) ao longo de todos os $c(c-1)/2$ pares de médias aritméticas.
2. Calcule o **intervalo crítico** para o procedimento de Tukey-Kramer utilizando a Equação (11.6). Caso os tamanhos das amostras sejam diferentes, você calcula um intervalo crítico para cada uma das comparações feitas entre pares para as médias aritméticas das amostras.

INTERVALO CRÍTICO PARA O PROCEDIMENTO DE TUKEY-KRAMER

$$\text{Intervalo crítico} = Q_\alpha \sqrt{\frac{MQD}{2}\left(\frac{1}{n_j} + \frac{1}{n_{j'}}\right)} \qquad (11.6)$$

em que Q_α representa o valor crítico da cauda superior, a partir da **distribuição de intervalos de Student**, contendo c graus de liberdade no numerador e $n - c$ graus de liberdade no denominador. (Os valores para a distribuição de intervalos de Student são encontrados na Tabela E.7.)

3. Compare cada um dos $c(c-1)/2$ pares de médias aritméticas com seu intervalo crítico correspondente. Você declara um par específico como significativamente diferente, caso a diferença absoluta nas médias aritméticas das amostras $|\bar{X}_j - \bar{X}_{j'}|$ seja maior do que o intervalo crítico.
4. Interprete os resultados.

No exemplo dos paraquedas, existem quatro fornecedores. Consequentemente, existem $4(4-1)/2 = 6$ comparações a serem realizadas entre pares. Para aplicar o procedimento de múltiplas comparações de Tukey-Kramer, você inicialmente calcula as diferenças absolutas entre as médias aritméticas, para todas as seis comparações realizadas entre pares.

1. $|\bar{X}_1 - \bar{X}_2| = |19{,}52 - 24{,}26| = 4{,}74$
2. $|\bar{X}_1 - \bar{X}_3| = |19{,}52 - 22{,}84| = 3{,}32$
3. $|\bar{X}_1 - \bar{X}_4| = |19{,}52 - 21{,}16| = 1{,}64$
4. $|\bar{X}_2 - \bar{X}_3| = |24{,}26 - 22{,}84| = 1{,}42$
5. $|\bar{X}_2 - \bar{X}_4| = |24{,}26 - 21{,}16| = 3{,}10$
6. $|\bar{X}_3 - \bar{X}_4| = |22{,}84 - 21{,}16| = 1{,}68$

Você precisa calcular somente um único intervalo crítico, já que os tamanhos de amostras nos quatro grupos são iguais. Com base na tabela resumida de ANOVA (Figura 11.6), $MQD = 6{,}094$ e $n_j = n_{j'} = 5$. Com base na Tabela E.7, para $\alpha = 0{,}05$, $c = 4$ e $n - c = 20 - 4 = 16$, Q_α, o valor crítico da cauda superior da estatística do teste, é 4,05 (veja a Tabela 11.3).

A partir da Equação (11.6),

$$\text{Intervalo crítico} = 4{,}05 \sqrt{\left(\frac{6{,}094}{2}\right)\left(\frac{1}{5} + \frac{1}{5}\right)} = 4{,}4712$$

TABELA 11.3
Encontrando a Estatística Q_α do Intervalo de Student, para $\alpha = 0{,}05$, com 4 e 16 Graus de Liberdade

	Probabilidades Acumuladas = 0,95							
	Área da Cauda Superior = 0,05							
	gl_1, Numerador							
gl_2, Denominador	2	3	4	5	6	7	8	9
⋮	⋮	⋮	⋮	⋮	⋮	⋮	⋮	⋮
11	3,11	3,82	4,26	4,57	4,82	5,03	5,20	5,35
12	3,08	3,77	4,20	4,51	4,75	4,95	5,12	5,27
13	3,06	3,73	4,15	4,45	4,69	4,88	5,05	5,19
14	3,03	3,70	4,11	4,41	4,64	4,83	4,99	5,13
15	3,01	3,67	4,08	4,37	4,60	4,78	4,94	5,08
16	3,00	3,65	4,05	4,33	4,56	4,74	4,90	5,03

Fonte: Extraída da Tabela E.7.

400 Capítulo 11

Uma vez que $4,74 > 4,4712$, existe uma diferença significativa entre as médias aritméticas correspondentes aos Fornecedores 1 e 2. Todas as outras diferenças entre os pares são menores do que 4.4712. Com 95 % de confiança, você é capaz de concluir que os paraquedas tecidos com a fibra fabricada pelo Fornecedor 1 apresentam média aritmética mais baixa, no que se refere à resistência a tensão, do que os paraquedas tecidos com a fibra fabricada pelo Fornecedor 2, porém não existem diferenças estatisticamente significativas entre os Fornecedores 1 e 3, entre os Fornecedores 1 e 4, entre os Fornecedores 2 e 3, entre os Fornecedores 2 e 4 e entre os Fornecedores 3 e 4. Observe que, pelo fato de estar utilizando $\alpha = 0,05$, você é capaz de realizar todas as seis comparações, com uma taxa de erro geral correspondente a somente 5 %. Os referidos resultados se encontram na Figura 11.7.

FIGURA 11.7
Planilha para o procedimento de Tukey-Kramer correspondente ao exemplo dos paraquedas

*A Figura 11.7 exibe a **planilha TK4** da **pasta de trabalho ANOVA de Fator Único**, que é utilizada pelas instruções na Seção GE11.1.*

	A	B	C	D	E	F	G	H	I
1	Comparações Múltiplas de Tukey-Kramer								
2									
3		Média da	Tamanho da			Diferença	Erro-Padrão	Intervalo	
4	Grupo	Amostra	Amostra		Comparação	Absoluta	da Diferença	Crítico	Resultados
5	1: Fornecedor 1	19,52	5		Grupo 1 com Grupo 2	4,74	1,103992754	4,4712	Médias aritméticas são diferentes
6	2: Fornecedor 2	24,26	5		Grupo 1 com Grupo 3	3,32	1,103992754	4,4712	Médias aritméticas não são diferentes
7	3: Fornecedor 3	22,84	5		Grupo 1 com Grupo 4	1,64	1,103992754	4,4712	Médias aritméticas não são diferentes
8	4: Fornecedor 4	21,16	5		Grupo 2 com Grupo 3	1,42	1,103992754	4,4712	Médias aritméticas não são diferentes
9					Grupo 2 com Grupo 4	3,1	1,103992754	4,4712	Médias aritméticas não são diferentes
10	Outros Dados				Grupo 3 com Grupo 4	1,68	1,103992754	4,4712	Médias aritméticas não são diferentes
11	Nível de significância	0,05							
12	g.l. do numerador	4							
13	g.l. do denominador	16							
14	MQD	6,094							
15	Estatística Q	4,05							

Os resultados para a planilha apresentada na Figura 11.7 seguem as etapas utilizadas na seção Múltiplas Comparações: O Procedimento de Tukey-Kramer, para a avaliação dessas comparações. Cada uma das médias aritméticas é calculada, e as diferenças absolutas são determinadas; o intervalo crítico é calculado e, a partir de então, cada uma das comparações é declarada significativa (as médias aritméticas são diferentes) ou não significativas (as médias aritméticas não são diferentes).

APRENDA MAIS

Aprenda mais sobre isso em uma seção apresentada como bônus para o Capítulo 11, no material suplementar, disponível no *site* da LTC Editora.

A Análise das Médias Aritméticas (ANOM) (*on-line*)

A análise das médias aritméticas (ANOM) oferece uma abordagem alternativa que permite que você determine qual, se é que há algum, dos c grupos possui uma média aritmética significativamente diferente da média aritmética geral de todas as médias aritméticas de grupos combinadas.

Pressupostos para ANOVA

Nos Capítulos 9 e 10, você aprendeu sobre os pressupostos necessários para utilizar cada um dos procedimentos de teste de hipóteses, bem como as consequências decorrentes de não levar em consideração esses pressupostos. Para utilizar o teste F de ANOVA de fator único, você deve também, necessariamente, adotar os seguintes pressupostos em relação às populações:

- Aleatoriedade e independência
- Normalidade
- Homogeneidade de variâncias

O primeiro pressuposto, **aleatoriedade e independência**, é crucialmente importante. A validação de qualquer experimento depende da aleatoriedade da amostragem e/ou do processo para a amostragem aleatória. Para evitar a presença de vieses nos resultados, você precisa selecionar amostras aleatórias, a partir das c populações, ou utilizar o processo para amostragem aleatória, com o intuito de designar aleatoriamente os itens aos c níveis do fator. A seleção de uma amostra aleatória ou a atribuição aleatória aos níveis assegura que um dado valor de um determinado grupo seja independente de qualquer outro valor no âmbito do experimento. O fato de deixar de levar em consideração esse pressuposto pode afetar seriamente as inferências feitas a partir da ANOVA. Esses problemas são discutidos com mais detalhes nas Referências 5 e 9.

O segundo pressuposto, **normalidade**, afirma que os valores da amostra em cada um dos grupos selecionados são extraídos de uma população distribuída nos moldes da distribuição normal.

Exatamente como ocorre no caso do teste t, o teste F de ANOVA de fator único é relativamente robusto no que se refere a distanciamentos da distribuição normal. Contanto que as distribuições não sejam extremamente diferentes de uma distribuição normal, o nível de significância para o teste F de ANOVA não é, de modo geral, fortemente afetado, particularmente no que diz respeito a grandes tamanhos de amostras. Você pode avaliar a normalidade de cada uma das c amostras por meio da construção de um gráfico para a probabilidade normal ou um box-plot.

O terceiro pressuposto, **homogeneidade de variâncias**, afirma que as variâncias dos c grupos são iguais (ou seja, $\sigma_1^2 = \sigma_2^2 = \cdots = \sigma_c^2$). Caso você tenha amostras de iguais tamanhos, em cada um dos grupos, as inferências baseadas na distribuição F não são seriamente afetadas por variâncias diferentes. No entanto, caso você tenha diferentes tamanhos de amostras, variâncias desiguais podem vir a exercer sérios efeitos em relação a quaisquer inferências desenvolvidas a partir do procedimento de ANOVA. Por conseguinte, sempre que possível, você deve ter amostras de igual tamanho em todos os grupos. Você pode utilizar o teste de Levene para homogeneidade da variância, apresentado adiante, para testar se as variâncias dos c grupos são iguais.

Quando somente o pressuposto da normalidade é violado, você pode utilizar o teste de classificações de Kruskal-Wallis, um procedimento não paramétrico discutido na Seção 12.5. Quando somente o pressuposto da homogeneidade da variância é violado, você pode utilizar procedimentos similares àqueles utilizados no teste t de variâncias separadas, descrito na Seção 10.1 (veja as Referências 1 e 2). Quando tanto o pressuposto da normalidade quanto o pressuposto da homogeneidade de variâncias tenham sido violados, você precisa utilizar uma transformação de dados apropriada que, ao mesmo tempo, normalize os dados e reduza as diferenças nas variâncias (veja a Referência 6) ou utilizar um procedimento não paramétrico de natureza mais abrangente (veja as Referências 2 e 3).

O Teste de Levene para Homogeneidade de Variâncias

Embora o teste F de ANOVA de fator único seja relativamente robusto no que diz respeito ao pressuposto de iguais variâncias entre os grupos, grandes diferenças nas variâncias dos grupos podem afetar seriamente o nível de significância e a eficácia do teste F. Um procedimento robusto, embora simples, para testar a igualdade entre variâncias é o **teste de Levene** modificado (veja as Referências 1 e 7). Para testar a homogeneidade de variâncias, você utiliza a hipótese nula apresentada a seguir:

$$H_0: \sigma_1^2 = \sigma_2^2 = \cdots = \sigma_c^2$$

contra a hipótese alternativa:

$$H_1: \text{Nem todas as } \sigma_j^2 \text{ são iguais } (j = 1, 2, 3, \ldots, c)$$

Para testar a hipótese nula de iguais variâncias, você calcula inicialmente o valor absoluto da diferença entre cada um dos valores e a mediana correspondente ao grupo. Depois disso, você realiza uma ANOVA de fator único para essas *diferenças absolutas*. A maior parte dos estatísticos sugere o uso de um nível de significância de 0,05 ao realizar uma ANOVA. Para ilustrar o teste de Levene modificado, retorne ao cenário da Perfect Parachutes, que trata da resistência a tensão dos paraquedas, apresentado pela primeira vez na Figura 11.3 nesta seção. A Tabela 11.4 apresenta um resumo para as diferenças absolutas em relação à mediana de cada um dos fornecedores.

> **Dica para o Leitor**
> Lembre-se, quando realizar o teste de Levene, de que você está conduzindo uma ANOVA de fator único nas diferenças absolutas em relação à mediana em cada um dos grupos, e não nos verdadeiros valores propriamente ditos.

TABELA 11.4 Diferenças Absolutas em Relação à Mediana da Resistência à Tensão para Quatro Fornecedores

Fornecedor 1 (Mediana = 18,5)	Fornecedor 2 (Mediana = 24,5)	Fornecedor 3 (Mediana = 22,9)	Fornecedor 4 (Mediana = 20,4)
$\lvert 18,5 - 18,5 \rvert = 0,0$	$\lvert 26,3 - 24,5 \rvert = 1,8$	$\lvert 20,6 - 22,9 \rvert = 2,3$	$\lvert 25,4 - 20,4 \rvert = 5,0$
$\lvert 24,0 - 18,5 \rvert = 5,5$	$\lvert 25,3 - 24,5 \rvert = 0,8$	$\lvert 25,2 - 22,9 \rvert = 2,3$	$\lvert 19,9 - 20,4 \rvert = 0,5$
$\lvert 17,2 - 18,5 \rvert = 1,3$	$\lvert 24,0 - 24,5 \rvert = 0,5$	$\lvert 20,8 - 22,9 \rvert = 2,1$	$\lvert 22,6 - 20,4 \rvert = 2,2$
$\lvert 19,9 - 18,5 \rvert = 1,4$	$\lvert 21,2 - 24,5 \rvert = 3,3$	$\lvert 24,7 - 22,9 \rvert = 1,8$	$\lvert 17,5 - 20,4 \rvert = 2,9$
$\lvert 18,0 - 18,5 \rvert = 0,5$	$\lvert 24,5 - 24,5 \rvert = 0,0$	$\lvert 22,9 - 22,9 \rvert = 0,0$	$\lvert 20,4 - 20,4 \rvert = 0,0$

Utilizando as diferenças absolutas apresentadas na Tabela 11.4, você realiza uma ANOVA de fator único (veja a Figura 11.8).

402 Capítulo 11

FIGURA 11.8
Planilha relativa ao teste de Levene para as diferenças absolutas correspondentes ao experimento dos paraquedas

A Figura 11.8 apresenta a planilha CÁLCULO da pasta de trabalho LEVENE, que é utilizada pelas instruções da Seção GE11.1. Essa planilha CÁLCULO compartilha um modelo idêntico à planilha CÁLCULO na pasta de trabalho ANOVA de Fator Único.

	A	B	C	D	E	F	G	H	I	J
1	ANOVA: Teste de Levene								Cálculos	
2									c	4
3	RESUMO								n	20
4	Grupos	Contagem	Soma	Média	Variância					
5	Fornecedor 1	5	8,7	1,74	4,753					
6	Fornecedor 2	5	6,4	1,28	1,707					
7	Fornecedor 3	5	8,5	1,7	0,945					
8	Fornecedor 4	5	10,6	2,12	4,007					
9										
10										
11	ANOVA									
12	Fonte da Variação	SQ	gl	MQ	F	Valor-P	F crítico			
13	Entre Grupos	1,77	3	0,5900	0,2068	0,8902	3,2389			
14	Dentro dos Grupos	45,648	16	2,8530						
15										
16	Total	47,418	19							
17						Nível de significância	0,05			

Com base nos resultados apresentados na Figura 11.8, observe que $F_{ESTAT} = 0,2068$. (O Excel dá a esse valor a legenda F.) Uma vez que $F_{ESTAT} = 0,2068 < 3,2389$ (ou o valor-$p = 0,8902 > 0,05$), você não rejeita H_0. Não existem quaisquer evidências de uma diferença significativa entre as quatro variâncias. Em outras palavras, é razoável pressupor que as matérias-primas dos quatro fornecedores produzem paraquedas com igual quantidade de variabilidade. Por conseguinte, o pressuposto de homogeneidade de variâncias para o procedimento ANOVA fica justificado.

O Exemplo 11.1 ilustra outro exemplo para o procedimento ANOVA de fator único.

EXEMPLO 11.1

ANOVA para a Velocidade do Serviço de Atendimento a Automóveis (*Drive-Thru*) em Cadeias de Lanchonetes

Para lanchonetes especializadas em refeições rápidas, o guichê de atendimento direto a automóveis (*drive-thru*) está se transformando em uma fonte de receita cada vez maior. A cadeia de lanchonetes que oferece o serviço mais rápido tem maior possibilidade de atrair novos consumidores. A cada mês, a *QSR Magazine*, **www.qsrmagazine.com**, publica os resultados de suas pesquisas relacionadas com os tempos de espera nos serviços de atendimento direto a automóveis — *drive-thru* (desde a chegada do automóvel ao guichê para a escolha do lanche, até o momento da partida) em cadeias de lanchonetes especializadas em refeições rápidas. Em um ano recente, a média aritmética para o tempo foi de 145,5 segundos para a Wendy's; 146,7 segundos para a Taco Bell; 171,1 segundos para o Burger King; 184,2 segundos para o McDonald's; e 178,9 segundos para a Chick-fil-A. Suponha que o estudo tenha se baseado em 20 consumidores para cada uma das cadeias de lanchonetes especializadas em refeições rápidas. No nível de significância de 0,05, existem evidências de uma diferença na média aritmética dos tempos de espera nos guichês de atendimento para automóveis, do tipo *drive-thru*, no que se refere às cinco cadeias de lanchonetes?

A Tabela 11.5 contém a tabela de ANOVA para este problema.

TABELA 11.5 Tabela Resumida de ANOVA para o Tempo Necessário para Atendimento em Cadeias de Lanchonetes com Guichês de Atendimento a Automóveis (*Drive-Thru*)

Fonte	Graus de Liberdade	Soma dos Quadrados	Média dos Quadrados	F	Valor-*p*
Entre cadeias	4	26.276,16	6.569,04	50,2989	0,0000
Dentro das cadeias	95	12.407,00	130,60		

SOLUÇÃO

$H_0: \mu_1 = \mu_2 = \mu_3 = \mu_4 = \mu_5$, em que 1 = Wendy's; 2 = Taco Bell; 3 = Burger King; 4 = McDonald's; 5 = Chick-fil-A

H_1: Nem todas as μ_j são iguais, em que $j = 1, 2, 3, 4, 5$

Regra de decisão: Se o valor-$p < 0,05$, rejeitar H_0. Uma vez que o valor-p é praticamente igual a 0, o que corresponde a um valor mais baixo do que $\alpha = 0,05$, rejeitar H_0. Você tem evidências suficientes para concluir que as médias aritméticas dos tempos de espera nos guichês de atendimento do tipo *drive-thru*, para as cinco cadeias de lanchonetes, não são todas iguais.

Para determinar quais das médias aritméticas são significativamente diferentes das outras, utilize o procedimento de Tukey-Kramer [Equação (11.6)] para estabelecer o intervalo crítico:

Valor crítico de Q com 5 e 95 graus de liberdade $\approx 3,92$

$$\text{Intervalo crítico} = Q_\alpha \sqrt{\left(\frac{MQD}{2}\right)\left(\frac{1}{n_j} + \frac{1}{n_{j'}}\right)} = (3,92)\sqrt{\left(\frac{130,6}{2}\right)\left(\frac{1}{20} + \frac{1}{20}\right)}$$

$$= 10,02$$

Qualquer diferença observada superior a 10,02 é considerada significativa. As médias aritméticas correspondentes aos tempos de espera nos guichês de atendimento a automóveis do tipo *drive-thru* são diferentes entre a Wendy's (média aritmética de 145,5 segundos) e o Burger King, o McDonald's e a Chick-fil-A, e também entre a Taco Bell (média aritmética de 146,7) e o Burger King, o McDonald's e a Chick-fil-A. Além disso, a média aritmética correspondente ao tempo de espera nos guichês de atendimento a automóveis é diferente entre o Burger King e o McDonald's. Por conseguinte, com 95 % de confiança, você pode concluir que a média aritmética correspondente aos tempos de espera nos guichês de atendimento a automóveis para a Wendy's e para a Taco Bell é menor (mais rápida) do que para Burger King, McDonald's e Chick-fil-A. Além disso, a média aritmética correspondente ao tempo de espera nos guichês do McDonald's é mais lenta (maior) do que para o Burger King.

Problemas para a Seção 11.1

APRENDENDO O BÁSICO

11.1 Um experimento possui um único fator, com cinco grupos e sete valores em cada grupo.
a. Quantos graus de liberdade estão disponíveis para determinar a variação entre os grupos?
b. Quantos graus de liberdade estão disponíveis para determinar a variação dentro dos grupos?
c. Quantos graus de liberdade estão disponíveis para determinar a variação total?

11.2 Você está trabalhando com o mesmo experimento apresentado no Problema 11.1.
a. Caso $SQE = 60$ e $STQ = 210$, qual o valor de SQD?
b. Qual o valor de MQE?
c. Qual o valor de MQD?
d. Qual é o valor para F_{ESTAT}?

11.3 Você está trabalhando com o mesmo experimento apresentado nos Problemas 11.1 e 11.2.
a. Construa uma tabela resumida de ANOVA e preencha todos os valores no corpo da tabela.
b. No nível de significância de 0,05, qual é o valor crítico da cauda superior, a partir da distribuição F?
c. Defina a regra de decisão para testar a hipótese nula de que todos os cinco grupos possuem iguais médias aritméticas de população.
d. Qual é a sua decisão estatística?

11.4 Considere um experimento contendo três grupos, com sete valores em cada um deles.
a. Quantos graus de liberdade estão disponíveis para determinar a variação entre os grupos?
b. Quantos graus de liberdade estão disponíveis para determinar a variação dentro dos grupos?
c. Quantos graus de liberdade estão disponíveis para determinar a variação total?

11.5 Considere um experimento contendo quatro grupos, com oito valores em cada grupo. Para a tabela resumida de ANOVA apresentada a seguir, preencha todos os resultados que estão faltando:

Fonte	Graus de Liberdade	Soma dos Quadrados	Média dos Quadrados (Variância)	F
Entre grupos	$c - 1 = ?$	$SQE = ?$	$MQE = 80$	$F_{ESTAT} = ?$
Dentro dos grupos	$n - c = ?$	$SQD = 560$	$MQD = ?$	
Total	$n - 1 = ?$	$STQ = ?$		

11.6 Você está trabalhando com o mesmo experimento encontrado no Problema 11.5.
a. No nível de significância de 0,05, expresse a regra de decisão para testar a hipótese nula de que todos os quatro grupos apresentam iguais médias aritméticas de população.
b. Qual é a sua decisão estatística?
c. No nível de significância de 0,05, qual é o valor crítico para a cauda superior, a partir da distribuição do intervalo de Student?
d. Para realizar o procedimento de Tukey-Kramer, qual seria o intervalo crítico?

APLICANDO OS CONCEITOS

11.7 A *Accounting Today* identificou as principais empresas de contabilidade em 10 regiões geográficas ao longo dos Estados Unidos. Embora todas as 10 regiões tenham relatado crescimento em 2011, as regiões da Capital, Grandes Lagos, Meio Atlântico e Nordeste dos EUA relataram crescimentos combinados relativamente semelhantes de 4,97 %. 6,04 %, 6,55 % e 5,20 %, respectivamente. Uma descrição característica das empresas de contabilidade para as regiões da Capital, Grandes Lagos, Meio Atlântico e Nordeste dos EUA incluiu o número de sócios proprietários na empresa. O arquivo **SóciosContabilidade4** contém o número de sócios proprietários. (Dados extraídos de **bit.ly/KKeokV**.)

404 Capítulo 11

a. No nível de significância de 0,05, existem evidências de uma diferença entre as empresas de contabilidade nas regiões geográficas da Capital, Grandes Lagos, Meio Atlântico e Nordeste dos EUA, com respeito à média aritmética correspondente ao número de sócios proprietários?

b. Se os resultados em (a) indicarem ser apropriado fazê-lo, utilize o procedimento de Tukey-Kramer de modo a determinar quais regiões diferem em termos da média aritmética correspondente ao número de sócios proprietários. Argumente sobre as suas descobertas.

✓ AUTO-teste **11.8** Alunos de um curso de estatística para executivos realizaram um projeto completamente aleatório para testar a resistência de quatro marcas de sacos de lixo. Pesos correspondentes a uma libra (aproximadamente 454 gramas) foram colocados em um dos sacos de lixo, um de cada vez, até que o saco se rompesse. Foi utilizado um total de 40 sacos, 10 para cada uma das marcas. Os dados no arquivo **SacosLixo** fornecem o peso (em libras) necessário para que os sacos de lixo venham a se romper.

a. No nível de significância de 0,05, existem evidências de alguma diferença em termos da média aritmética correspondente à resistência das quatro marcas de sacos de lixo?

b. Caso seja apropriado, determine quais marcas diferem em termos da média aritmética da resistência.

c. No nível de significância de 0,05, existem evidências de alguma diferença, em termos da variação correspondente à resistência, para as quatro marcas de sacos de lixo?

d. Que marca(s) você deveria comprar, e que marca(s) você deveria evitar comprar? Explique.

11.9 Um hospital conduziu um estudo sobre o tempo de espera em sua sala de emergência. O hospital possui uma unidade de atendimento central e três unidades descentralizadas. A administração tem como objetivo estratégico reduzir o tempo de espera para casos na sala de emergência que não requeiram atenção imediata. Para estudar essa estratégia, foi selecionada, em um determinado dia, uma amostra aleatória de 15 casos na sala de emergência, que não exigiam atenção imediata, em cada uma das unidades, e foi mensurado o tempo de espera (medido desde o momento em que o paciente dá entrada no hospital, até o momento em que é chamado para a área clínica). Os resultados estão armazenados no arquivo **EsperaEmerg**.

a. No nível de significância de 0,05, existem evidências de alguma diferença em termos da média aritmética correspondente aos tempos de espera entre as quatro localizações?

b. Caso seja apropriado, determine quais localizações diferem em termos da média aritmética para o tempo de espera.

c. No nível de significância de 0,05, existem evidências de alguma diferença em termos da variação correspondente aos tempos de espera entre as quatro localizações?

11.10 Um fabricante de canetas contratou uma agência de propaganda para desenvolver uma campanha publicitária para a próxima temporada de férias. Para se preparar para esse projeto, o diretor da área de pesquisas decide iniciar um estudo sobre o efeito da propaganda na percepção do produto. Um experimento é projetado no sentido de comparar cinco propagandas diferentes. A propaganda *A* subestima consideravelmente as características da caneta. A propaganda *B* subestima sutilmente as características da caneta. A propaganda *C* superestima sutilmente as características da caneta. A propaganda *D* superestima consideravelmente as características da caneta. A propaganda *E* tenta expressar corretamente as características da caneta. Uma amostra de 30 respondentes adultos, extraída a partir de um grupo de foco mais amplo,

é designada aleatoriamente para as cinco propagandas (de modo tal que existam seis respondentes em cada um dos grupos). Depois de ler a propaganda e desenvolver um senso de "expectativa para o produto", todos os respondentes, incognitamente, recebem a mesma caneta para ser avaliada. É permitido que os respondentes testem a caneta e a veracidade do anúncio. É solicitado então aos respondentes que classifiquem a caneta, de 1 a 7 (partindo da menor para a maior), em termos das escalas correspondentes às características do produto relacionadas a aparência, durabilidade e desempenho de escrita. As classificações *combinadas* para essas três características (aparência, durabilidade e desempenho de escrita), no que se refere aos 30 respondentes, armazenadas no arquivo **Caneta**, se apresentam como se segue:

A	B	C	D	E
15	16	8	5	12
18	17	7	6	19
17	21	10	13	18
19	16	15	11	12
19	19	14	9	17
20	17	14	10	14

a. No nível de significância de 0,05, existem evidências de alguma diferença em termos da média aritmética para a classificação das canetas, depois de serem apresentadas as cinco propagandas?

b. Caso seja apropriado, determine quais propagandas diferem em termos da média aritmética da classificação.

c. No nível de significância de 0,05, existem evidências de alguma diferença em termos da variação entre as classificações correspondentes às cinco propagandas?

d. Que propaganda(s) você deve utilizar e que propaganda(s) você deve evitar? Explique.

11.11 A revista *QSR* (**Quick-Service** and Fast Casual **Restaurant** News) tem apresentado relatórios que tratam das principais marcas com atendimento imediato e refeições rápidas e informais nos Estados Unidos, ao longo de aproximadamente 15 anos. O arquivo **QSR** contém o segmento de alimentos (hambúrguer, frango, pizza, ou sanduíche), e a média de vendas nos EUA por unidade (em milhares de dólares norte-americanos) para cada uma das 58 marcas de atendimento imediato. (Dados extraídos de **bit.ly/Oj6EcY**.)

a. No nível de significância de 0,05, existem evidências de alguma diferença em termos da média aritmética correspondente às médias de vendas nos EUA, por unidade (em milhares de dólares norte-americanos), entre os segmentos de alimentos?

b. No nível de significância de 0,05, existe alguma diferença, em termos da variação na média de vendas nos Estados Unidos, por unidade (em milhares de dólares norte-americanos), entre os segmentos de alimentos?

c. Que efeito o resultado que você encontrou em (b) exerce sobre a validade dos resultados em (a)?

11.12 Pesquisadores conduziram um estudo para determinar se pessoas graduadas, com um histórico acadêmico direcionado para a disciplina de estudos sobre liderança, estavam mais bem capacitadas com competências inatas (*soft skills*) essenciais necessárias para serem bem-sucedidas em organizações contemporâneas do que estudantes com qualquer formação em liderança e/ou estudantes com um diploma de algum curso em liderança. Foi utilizado o Teams Skills Questionnaire (Questionário sobre Competências em

Liderança) para capturar as classificações relatadas pelas próprias pessoas, no que se refere às suas respectivas competências inatas (*soft skills*). Os pesquisadores descobriram o seguinte:

Fonte	Graus de Liberdade	Soma dos Quadrados	Média dos Quadrados	F
Entre grupos	2	1,879		
Dentro dos grupos	297	31,865		
Total	299	33,744		

Grupo	N	Média Aritmética
Nenhuma formação em liderança	109	3,290
Diploma de curso em liderança	90	3,362
Graduação em liderança	102	3,471

Fonte: Dados extraídos de C. Brungardt, "The Intersection Between Soft Skill Development and Leadership Education", *Journal of Leadership Education*, 10 (Inverno de 2011): 1-22.

a. Complete a tabela resumida de ANOVA.
b. No nível de significância de 0,05, existem evidências de uma diferença em termos da média aritmética correspondente ao resultado da avaliação sobre competências inatas, relatado por diferentes grupos?
c. Caso os resultados em (b) indiquem ser apropriado, utilize o procedimento de Tukey-Kramer para determinar quais grupos diferem em termos da média aritmética correspondente ao resultado da avaliação sobre competências inatas. Argumente sobre suas descobertas.

11.13 Uma empresa que fabrica alimentos para gatos tem como objetivo expandir sua linha de produtos para algo mais do que os atuais alimentos enlatados para gatos, feitos à base de rins bovinos e camarões. A empresa desenvolveu dois novos produtos, um à base de fígado de frango e outro feito à base de salmão. A empresa conduziu um experimento para comparar os dois novos produtos com os dois produtos já existentes, e também com um produto genérico, feito à base de carne, vendido em uma cadeia de supermercados.

Para o experimento, foi selecionada uma amostra de 50 gatos, a partir de uma população em um abrigo de animais local. Dez gatos foram designados aleatoriamente a cada um dos cinco produtos que estavam sendo testados. Foi então oferecido a cada um dos gatos o alimento selecionado, aproximadamente 100 gramas, em uma tigela, na hora da alimentação. Os pesquisadores definiram a variável a ser mensurada como o número de gramas de alimento que o gato consumia dentro de um intervalo de tempo de 10 minutos, que começava quando a tigela era abastecida e oferecida. Os resultados para esse experimento estão resumidos na tabela a seguir e armazenados em **RaçãoGato**.

a. No nível de significância de 0,05, existem evidências de alguma diferença em termos da média aritmética correspondente à quantidade de alimento ingerido entre os vários produtos?
b. Caso seja apropriado, determine quais produtos aparentam diferir significativamente em termos da média aritmética correspondente à quantidade de alimento ingerido.
c. No nível de significância de 0,05, existem evidências de alguma diferença significativa em termos da variação na quantidade de alimento ingerido entre os vários produtos?

d. O que a empresa que fabrica alimentos para gatos deve concluir? Descreva integralmente as opções da empresa fabricante de alimentos para gatos com relação aos produtos.

Rim	Camarão	Fígado de Frango	Salmão	Carne
2,37	2,26	2,29	1,79	2,09
2,62	2,69	2,23	2,33	1,87
2,31	2,25	2,41	1,96	1,67
2,47	2,45	2,68	2,05	1,64
2,59	2,34	2,25	2,26	2,16
2,62	2,37	2,17	2,24	1,75
2,34	2,22	2,37	1,96	1,18
2,47	2,56	2,26	1,58	1,92
2,45	2,36	2,45	2,18	1,32
2,32	2,59	2,57	1,93	1,94

11.14 Uma empresa que fabrica material esportivo tinha o desejo de comparar a distância percorrida por bolas de golfe produzidas com cada um dos quatro diferentes modelos. Dez bolas foram fabricadas com cada um dos modelos, e foram levadas ao campo de golfe local, para serem testadas pelo especialista em tacos de golfe. A ordem em que as bolas foram lançadas pelo mesmo taco, a partir da primeira baliza, foi aleatória, de modo tal que o especialista não tivesse como saber qual tipo de bola iria ser lançado. Todas as 40 bolas foram lançadas em um curto período de tempo, durante o qual as condições ambientais eram essencialmente as mesmas. Os resultados (distância percorrida, em jardas), no que se refere aos quatro modelos, estão armazenados no arquivo **BolaGolfe** e estão ilustrados na tabela a seguir:

Modelo 1	Modelo 2	Modelo 3	Modelo 4
206,32	217,08	226,77	230,55
207,94	221,43	224,79	227,95
206,19	218,04	229,75	231,84
204,45	224,13	228,51	224,87
209,65	211,82	221,44	229,49
203,81	213,90	223,85	231,10
206,75	221,28	223,97	221,53
205,68	229,43	234,30	235,45
204,49	213,54	219,50	228,35
210,86	214,51	233,00	225,09

a. No nível de significância de 0,05, existem evidências de alguma diferença em termos da média aritmética das distâncias percorridas pelas bolas de golfe com os diferentes modelos?
b. Caso os resultados em (a) indiquem ser apropriado, utilize o procedimento de Tukey-Kramer para determinar quais modelos diferem em termos da média aritmética da distância percorrida.
c. Quais pressupostos são necessários em (a)?
d. No nível de significância de 0,05, existem evidências de alguma diferença em termos da variação das distâncias percorridas pelas bolas de golfe com os diferentes modelos?
e. Qual dos modelos para bola de golfe o gerente de produção deveria escolher? Explique.

406 Capítulo 11

11.2 O Modelo Fatorial: Análise da Variância de Dois Fatores

Na Seção 11.1, você aprendeu sobre o modelo completamente aleatório. Nesta seção, o modelo completamente aleatório com um único fator é estendido para o **modelo fatorial de dois fatores**, no qual dois fatores são simultaneamente avaliados. Cada um dos fatores é avaliado em dois ou mais níveis. Por exemplo, no cenário da Perfect Parachutes, apresentado no início do capítulo, a empresa se depara com o problema empresarial de avaliar simultaneamente quatro fornecedores e dois tipos de teares, no intuito de determinar qual fornecedor e qual tear produzem os paraquedas mais fortes. Embora esta seção utilize somente dois fatores, você pode estender modelos fatoriais para três ou mais fatores (veja as Referências 4, 5, 6, 7 e 9).

Para analisar dados oriundos de um modelo fatorial de dois fatores, você utiliza **ANOVA de dois fatores**. As definições a seguir são necessárias para o desenvolvimento do procedimento ANOVA de dois fatores.

r = número de níveis do fator A

c = número de níveis do fator B

n' = número de valores (repetições) para cada célula (combinação de um determinado nível do fator A com um determinado nível do fator B)

n = número de valores em todo o experimento (em que $n = rcn'$)

X_{ijk} = valor da k-ésima observação para o nível i do fator A e para o nível j do fator B

$$\overline{\overline{X}} = \frac{\sum_{i=1}^{r}\sum_{j=1}^{c}\sum_{k=1}^{n'}X_{ijk}}{rcn'} = \text{grande média}$$

$$\overline{X}_{i..} = \frac{\sum_{j=1}^{c}\sum_{k=1}^{n'}X_{ijk}}{cn'} = \text{média aritmética do } i\text{-ésimo nível do fator } A \text{ (em que } i = 1, 2, \ldots, r)$$

$$\overline{X}_{.j.} = \frac{\sum_{i=1}^{r}\sum_{k=1}^{n'}X_{ijk}}{rn'} = \text{média aritmética do } j\text{-ésimo nível do fator } B \text{ (em que } i = 1, 2, \ldots, c)$$

$$\overline{X}_{ij.} = \frac{\sum_{k=1}^{n'}X_{ijk}}{n'} = \text{média aritmética da célula } ij, \text{ a combinação entre o } i\text{-ésimo nível do fator } A \text{ com o } j\text{-ésimo nível do fator } B$$

Devido à complexidade destes cálculos, você deve utilizar somente métodos informatizados ao realizar essa análise. Entretanto, para ajudar a explicar ANOVA de dois fatores, é ilustrada a decomposição da variação total calculada com o uso desse método. Nessa discussão, serão considerados somente casos em que existe um número igual de **repetições** (tamanhos de amostras n') para cada uma das combinações entre os níveis do fator A e os níveis do fator B. (Veja as Referências 1 e 6 para uma discussão sobre modelos fatoriais de dois fatores com diferentes tamanhos de amostras.)

Efeitos dos Fatores e Efeitos da Interação

Existe uma **interação** entre os fatores A e B se o efeito do fator A for dependente do nível do fator B. Consequentemente, ao dividir a variação total em diferentes fontes de variação, você precisa levar em consideração um possível efeito para interação, assim como para o fator A, o fator B e o erro aleatório. Para realizar isso, a variação total (STQ) é subdividida entre a soma dos quadrados decorrente do fator A (ou SQA), a soma dos quadrados decorrente do fator B (ou SQB), a soma dos quadrados decorrente do efeito da interação do fator A com o fator B (ou $SQAB$), e a soma dos quadrados decorrente da variação aleatória (ou SQR). Essa decomposição da variação total (STQ) é apresentada na Figura 11.9.

A **soma total dos quadrados (STQ)** representa a variação total entre todos os valores em torno da grande média. A Equação (11.7) apresenta o cálculo para a variação total.

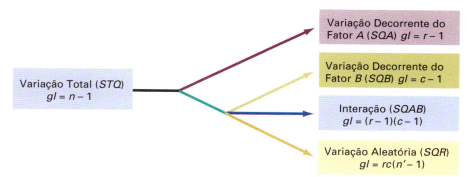

FIGURA 11.9
Repartindo a variação total em um modelo fatorial de dois fatores

VARIAÇÃO TOTAL EM ANOVA DE DOIS FATORES

$$STQ = \sum_{i=1}^{r}\sum_{j=1}^{c}\sum_{k=1}^{n'}(X_{ijk} - \overline{\overline{X}})^2 \qquad (11.7)$$

A **soma dos quadrados decorrente do fator A (SQA)** representa as diferenças entre os vários níveis do fator A e a grande média. A Equação (11.8) mostra o cálculo para a variação decorrente do fator A.

VARIAÇÃO DECORRENTE DO FATOR A

$$SQA = cn'\sum_{i=1}^{r}(\overline{X}_{i..} - \overline{\overline{X}})^2 \qquad (11.8)$$

A **soma dos quadrados decorrente do fator B (SQB)** representa as diferenças entre os vários níveis do fator B e a grande média. A Equação (11.9) mostra o cálculo para a variação decorrente do fator B.

VARIAÇÃO DECORRENTE DO FATOR B

$$SQB = rn'\sum_{j=1}^{c}(\overline{X}_{.j.} - \overline{\overline{X}})^2 \qquad (11.9)$$

A **soma dos quadrados decorrente da interação (SQAB)** representa o efeito decorrente da interação entre combinações específicas do fator A com o fator B. A Equação (11.10) demonstra o cálculo correspondente à variação decorrente da interação.

VARIAÇÃO DECORRENTE DA INTERAÇÃO

$$SQAB = n'\sum_{i=1}^{r}\sum_{j=1}^{c}(\overline{X}_{ij.} - \overline{X}_{i..} - \overline{X}_{.j.} + \overline{\overline{X}})^2 \qquad (11.10)$$

A **soma dos quadrados dos erros**, (**SQR**), representa a variação aleatória — ou seja, as diferenças entre os valores dentro de cada uma das células e a correspondente média aritmética da célula. A Equação (11.11) mostra o cálculo para a variação aleatória.

VARIAÇÃO ALEATÓRIA EM ANOVA DE DOIS FATORES

$$SQR = \sum_{i=1}^{r} \sum_{j=1}^{c} \sum_{k=1}^{n'} (X_{ijk} - \overline{X}_{ij.})^2 \qquad \textbf{(11.11)}$$

Uma vez que existem r níveis do fator A, existem $r - 1$ graus de liberdade associados a SQA. Por analogia, uma vez que existem c níveis do fator B, existem $c - 1$ graus de liberdade associados a SQB. Uma vez que existem n' repetições em cada uma das rc células, existem $rc(n' - 1)$ graus de liberdade associados ao termo SQR. Levando isso ainda mais adiante, existem $n - 1$ graus de liberdade associados à soma total dos quadrados (STQ), uma vez que você está comparando cada um dos valores X_{ijk} com a grande média, $\overline{\overline{X}}$, baseada em todos os n valores. Por conseguinte, uma vez que a soma dos graus de liberdade correspondentes a cada uma das fontes de variação deve ser igual ao número de graus de liberdade correspondentes à variação total (STQ), você pode calcular os graus de liberdade para o componente de interação ($SQAB$) por meio de uma subtração. Os graus de liberdade para a interação correspondem a $(r - 1)(c - 1)$.

Se você dividir cada uma das somas dos quadrados por seus respectivos graus de liberdade associados, você terá as quatro variâncias ou termos correspondentes à média dos quadrados (ou seja, MQA, MQB, $MQAB$ e MQR). As Equações (11.12a) a (11.12d) fornecem os termos de média dos quadrados necessários para a tabela ANOVA de dois fatores.

> **Dica para o Leitor**
> Lembre-se, a média dos quadrados representa um outro termo para variância.

MÉDIA DOS QUADRADOS EM ANOVA DE DOIS FATORES

$$MQA = \frac{SQA}{r - 1} \qquad \textbf{(11.12a)}$$

$$MQB = \frac{SQB}{c - 1} \qquad \textbf{(11.12b)}$$

$$MQAB = \frac{SQAB}{(r - 1)(c - 1)} \qquad \textbf{(11.12c)}$$

$$MQR = \frac{SQR}{rc(n' - 1)} \qquad \textbf{(11.12d)}$$

Testando os Efeitos dos Fatores e os Efeitos da Interação

Existem três testes diferentes para serem realizados em uma ANOVA com dois fatores:

- Um teste de hipóteses para nenhuma diferença decorrente do fator A
- Um teste de hipóteses para nenhuma diferença decorrente do fator B
- Um teste de hipóteses para nenhuma interação entre os fatores A e B

Para testar a hipótese de nenhuma diferença decorrente do fator A:

$$H_0: \mu_{1..} = \mu_{2..} = \cdots = \mu_{r..}$$

contra a hipótese alternativa:

$$H_1: \text{Nem todas as } \mu_{i..} \text{ são iguais.}$$

você utiliza a estatística do teste F_{ESTAT} na Equação (11.13).

TESTE F PARA O EFEITO DECORRENTE DO FATOR A

$$F_{ESTAT} = \frac{MQA}{MQR} \qquad \textbf{(11.13)}$$

Você rejeita a hipótese nula no nível α de significância, se

$$F_{ESTAT} = \frac{MQA}{MQR} > F_\alpha$$

em que F_α representa o valor crítico da cauda superior, a partir de uma distribuição F, com $r - 1$ e $rc(n' - 1)$ graus de liberdade.

Para testar a hipótese de nenhuma diferença decorrente do fator B:

$$H_0: \mu_{.1.} = \mu_{.2.} = \cdots = \mu_{.c.}$$

contra a hipótese alternativa:

$$H_1: \text{Nem todas as } \mu_{.j.} \text{ são iguais.}$$

você utiliza a estatística do teste F_{ESTAT} na Equação (11.14).

TESTE F PARA O EFEITO DECORRENTE DO FATOR B

$$F_{ESTAT} = \frac{MQB}{MQR} \qquad\qquad \textbf{(11.14)}$$

Você rejeita a hipótese nula, no nível α de significância, se

$$F_{ESTAT} = \frac{MQB}{MQR} > F_\alpha$$

em que F_α representa o valor crítico da cauda superior de uma distribuição F, com $c - 1$ e $rc(n' - 1)$ graus de liberdade.

Para testar a hipótese de nenhuma interação entre os fatores A e B:

$$H_0: \text{A interação entre } A \text{ e } B \text{ é igual a zero.}$$

contra a hipótese alternativa:

$$H_1: \text{A interação entre } A \text{ e } B \text{ não é igual a zero.}$$

você utiliza a estatística do teste F_{ESTAT} na Equação (11.15).

TESTE F PARA O EFEITO DECORRENTE DA INTERAÇÃO

$$F_{ESTAT} = \frac{MQAB}{MQR} \qquad\qquad \textbf{(11.15)}$$

Você rejeita a hipótese nula, no nível α de significância, se

$$F_{ESTAT} = \frac{MQAB}{MQR} > F_\alpha$$

> **Dica para o Leitor**
> Em cada um dos testes F, o denominador da estatística F_{ESTAT} é MQR.

em que F_α representa o valor crítico da cauda superior de uma distribuição F, com $(r - 1)(c - 1)$ e $rc(n' - 1)$ graus de liberdade.

A Tabela 11.6 apresenta a tabela inteira para o procedimento ANOVA de dois fatores.

TABELA 11.6
Tabela de Análise da Variância para o Modelo Fatorial de Dois Fatores

Fonte	Graus de Liberdade	Soma dos Quadrados	Média dos Quadrados (Variância)	F
A	$r - 1$	SQA	$MQA = \dfrac{SQA}{r - 1}$	$F_{ESTAT} = \dfrac{MQA}{MQR}$
B	$c - 1$	SQB	$MQB = \dfrac{SQB}{c - 1}$	$F_{ESTAT} = \dfrac{MQB}{MQR}$
AB	$(r - 1)(c - 1)$	$SQAB$	$MQAB = \dfrac{SQAB}{(r - 1)(c - 1)}$	$F_{ESTAT} = \dfrac{MQAB}{MQR}$
Erro	$rc(n' - 1)$	SQR	$MQR = \dfrac{SQR}{rc(n' - 1)}$	
Total	$n - 1$	STQ		

Para ilustrar uma ANOVA de dois fatores, retorne ao cenário da Perfect Parachutes no início deste capítulo. Como gerente de produção da Perfect Parachutes, o problema empresarial estratégico que você decidiu examinar envolvia não somente avaliar os diferentes fornecedores, mas também determinar se os paraquedas tecidos com os teares da marca Jetta seriam tão resistentes quanto aqueles tecidos com os teares da marca Turk. Além disso, você precisa determinar se quaisquer diferenças entre os quatro fornecedores, em termos da resistência dos paraquedas, são dependentes do tipo de tear que está sendo utilizado. Sendo assim, você decidiu coletar os dados realizando um experimento no qual cinco diferentes paraquedas oriundos de cada um dos fornecedores são fabricados com cada um dos dois diferentes teares. Os resultados estão apresentados na Tabela 11.7 e estão armazenados no arquivo **Paraquedas2**.

TABELA 11.7
Resistência à Tensão dos Paraquedas Tecidos em Dois Tipos de Teares, com o Uso de Fibras Sintéticas Oriundas de Quatro Fornecedores

	Fornecedor			
Tear	**1**	**2**	**3**	**4**
Jetta	20,6	22,6	27,7	21,5
Jetta	18,0	24,6	18,6	20,0
Jetta	19,0	19,6	20,8	21,1
Jetta	21,3	23,8	25,1	23,9
Jetta	13,2	27,1	17,7	16,0
Turk	18,5	26,3	20,6	25,4
Turk	24,0	25,3	25,2	19,9
Turk	17,2	24,0	20,8	22,6
Turk	19,9	21,2	24,7	17,5
Turk	18,0	24,5	22,9	20,4

FIGURA 11.10
Planilha para ANOVA de dois fatores, para o experimento que trata do fornecedor e do tear para os paraquedas (As fórmulas correspondentes à tabela de ANOVA para as colunas B e C estão ilustradas na tela inserida na planilha)

A Figura 11.10 apresenta a ***planilha CÁLCULO*** *da* ***pasta de trabalho ANOVA de Dois Fatores****, que é utilizada pelas instruções na Seção GE11.2. (O pacote de Ferramentas de Análise de Dados cria uma planilha que não contém fórmulas e na qual falta o nível de significância apresentado na linha 31.)*

	A	B	C	D	E	F	G
1	ANOVA: Fator Duplo com Repetição						
2							
3	RESUMO	Fornecedor 1	Fornecedor 2	Fornecedor 3	Fornecedor 4	Total	
4	*Jetta*						
5	Contagem	5	5	5	5	20	
6	Soma	92,1	117,7	109,9	102,5	422,2	
7	Média	18,42	23,54	21,98	20,5	21,11	
8	Variância	10,2020	7,5680	18,3970	8,3550	13,1283	
9							
10	*Turk*						
11	Contagem	5	5	5	5	20	
12	Soma	97,6	121,3	114,2	105,8	438,9	
13	Média	19,52	24,26	22,84	21,16	21,945	
14	Variância	7,2370	3,6830	4,5530	8,9030	8,4626	
15							
16	*Total*						
17	Contagem	10	10	10	10		
18	Soma	189,7	239	224,1	208,3		
19	Média	18,97	23,9	22,41	20,83		
20	Variância	8,0868	5,1444	10,4054	7,7912		
21							
22							
23	ANOVA						
24	*Fonte da Variação*	*SQ*	*gl*	*MQ*		*valor-P*	*F crítico*
25	Amostra	6,9722	1	6,9722	0,8096	0,3750	4,1491
26	Colunas	134,3488	3	44,7829	5,1999	0,0049	2,9011
27	Interação	0,2868	3	0,0956	0,0111	0,9984	2,9011
28	Dentro	275,5920	32	8,6123			
29							
30	Total	417,1998	39				
31					Nível de significância		0,05

ANOVA		
Fonte da Variação	*SQ*	*gl*
Amostra	=B30 - DESVQ(DadosADF!B2:E6) DESVQ(DadosADF!B7:E11)	=INT(CONT.VALORES(DadosADF!A:A/ CONT.SE(DadosADF!A:A, DadosADF!A2)) - 1
Colunas	=B30 - DESVQ(DadosADF!B:B) - DESVQ(DadosADF!C:C) - DESVQ(DadosADF!D:D) - DESVQ(DadosADF!E:E)	=CONT.VALORES(3:3) - 3
Interação	=B30 - B25 - B26 - B28	=C25 * C26
Dentro	=DESVQ(DadosADF!B2:B6) + DESVQ(DadosADF!B7:B11) + DESVQ(DadosADF!C2:C6) + DESVQ(DadosADF!C7:C11) + DESVQ(DadosADF!D2:D6) + DESVQ(DadosADF!D7:D11) + DESVQ(DadosADF!E2:E6) + DESVQ(DadosADF!E7:E11)	=(C25 + 1) * (C26 + 1) * (B5 - 1)
Total	=DESVQ(DadosADF!B2:E11)	=SOMA(C25:C28)

A Figura 11.10 apresenta os resultados para esse exemplo, sob a forma de uma planilha. Nessa planilha, as fontes de variação A, B e Erro, apresentadas na Tabela 11.6, se apresentam com as legendas Amostra, Colunas e Dentro, respectivamente, na tabela de ANOVA.

Para interpretar os resultados, você inicia testando se existe um efeito de interação entre o fator A (tear) e o fator B (fornecedor). Se o efeito da interação for significativo, análises posteriores se concentrarão nessa interação. Se o efeito da interação não for significativo, você pode se concentrar nos **efeitos principais** — potenciais diferenças nos teares (fator A) e potenciais diferenças nos fornecedores (fator B).

Ao utilizar o nível de significância de 0,05 para determinar se existem evidências de um efeito de interação, você rejeita a hipótese nula de nenhuma interação entre tear e fornecedor, caso o valor da estatística F_{ESTAT} calculada seja maior do que 2,9011, o valor crítico da cauda superior da distribuição F, com 3 e 32 graus de liberdade (veja as Figuras 11.10 e 11.11).[1]

FIGURA 11.11
Região de rejeição e região de não rejeição, no nível de significância de 0,05, com 3 e 32 graus de liberdade

Uma vez que $F_{ESTAT} = 0{,}0111 < 2{,}9011$, ou o valor-$p = 0{,}9984 > 0{,}05$, você não rejeita H_0. Você conclui que existem evidências insuficientes de um efeito de interação entre tear e fornecedor. Você pode agora se concentrar nos efeitos principais.

Ao utilizar o nível de significância de 0,05 e testar em relação a uma diferença entre os dois teares (fator A), você rejeita a hipótese nula se a estatística do teste F_{ESTAT} calculada for maior do que 4,1491, o valor crítico da cauda superior a partir da distribuição F, com 1 e 32 graus de liberdade (veja as Figuras 11.10 e 11.12). Uma vez que $F_{ESTAT} = 0{,}8096 < 4{,}1491$, ou o valor-$p = 0{,}3750 > 0{,}05$, você não rejeita H_0. Você conclui que existem evidências insuficientes de uma diferença entre os dois teares, no que se refere à média aritmética correspondente à resistência à tensão dos paraquedas fabricados.

FIGURA 11.12
Região de rejeição e região de não rejeição, no nível de significância de 0,05, com 1 e 32 graus de liberdade

Ao utilizar o nível de significância de 0,05 e testar em relação a uma diferença entre os fornecedores (fator B), você rejeita a hipótese nula de nenhuma diferença, caso a estatística do teste F_{ESTAT} calculada venha a ser maior do que 2,9011, o valor crítico correspondente à cauda superior da distribuição F, com 3 graus de liberdade no numerador e 32 graus de liberdade no denominador (veja as Figuras 11.10 e 11.11). Tendo em vista que $F_{ESTAT} = 5{,}1999 > 2{,}9011$, ou o valor-$p = 0{,}0049 < 0{,}05$, você rejeita H_0. Você conclui que existem evidências de uma diferença entre os fornecedores, no que se refere à média aritmética correspondente à resistência à tensão dos paraquedas.

Múltiplas Comparações: O Procedimento de Tukey

Caso um ou ambos os efeitos decorrentes dos fatores sejam significativos, e não exista nenhum efeito significativo de interação, quando houver mais de dois níveis de um determinado fator, você pode determinar os níveis específicos que sejam significativamente diferentes utilizando o **procedimento de múltiplas comparações de Tukey para ANOVA de dois fatores** (veja as Referências 6 e 9). A Equação (11.16) fornece o intervalo crítico para o fator A.

---

[1] A Tabela E.5 não apresenta os valores críticos da cauda superior a partir da distribuição F com 32 graus de liberdade no denominador. Quando os graus de liberdade desejados não forem apresentados na tabela, utilize o valor-p calculado pelo Excel.

> ### INTERVALO CRÍTICO PARA O FATOR *A*
>
> $$\text{Intervalo crítico} = Q_\alpha \sqrt{\frac{MQR}{cn'}} \qquad \textbf{(11.16)}$$
>
> em que Q_α corresponde ao valor crítico da cauda superior, a partir de uma distribuição de intervalos de Student, com r e $rc(n' - 1)$ graus de liberdade. (Os valores relativos à distribuição de intervalos de Student estão na Tabela E.7.)

A Equação (11.17) apresenta o intervalo crítico para o fator *B*.

> ### INTERVALO CRÍTICO PARA O FATOR *B*
>
> $$\text{Intervalo crítico} = Q_\alpha \sqrt{\frac{MQR}{rn'}} \qquad \textbf{(11.17)}$$
>
> em que Q_α corresponde ao valor crítico da cauda superior, a partir de uma distribuição de intervalos de Student, com c e $rc(n' - 1)$ graus de liberdade. (Os valores relativos à distribuição de intervalos de Student estão na Tabela E.7.)

Para utilizar o procedimento de Tukey, retorne aos dados apresentados na Tabela 11.7, que tratam da fabricação dos paraquedas. Na tabela resumida de ANOVA, na Figura 11.10, o efeito decorrente da interação não é significativo. Utilizando $\alpha = 0,05$, não existe nenhuma evidência de uma diferença significativa entre os dois teares (Jetta e Turk) que compõem o fator *A*, mas existem evidências de uma diferença significativa entre os quatro fornecedores que compõem o fator *B*. Consequentemente, você pode utilizar o procedimento de múltiplas comparações de Tukey, para determinar quais dos quatro fornecedores diferem dos demais.

Uma vez que existem quatro fornecedores, existem $4(4 - 1)/2 = 6$ comparações em pares. Utilizando os cálculos apresentados na Figura 11.10, as diferenças absolutas entre as médias aritméticas são as seguintes:

1. $|\overline{X}_{.1.} - \overline{X}_{.2.}| = |18,97 - 23,90| = 4,93$
2. $|\overline{X}_{.1.} - \overline{X}_{.3.}| = |18,97 - 22,41| = 3,44$
3. $|\overline{X}_{.1.} - \overline{X}_{.4.}| = |18,97 - 20,83| = 1,86$
4. $|\overline{X}_{.2.} - \overline{X}_{.3.}| = |23,90 - 22,41| = 1,49$
5. $|\overline{X}_{.2.} - \overline{X}_{.4.}| = |23,90 - 20,83| = 3,07$
6. $|\overline{X}_{.3.} - \overline{X}_{.4.}| = |22,41 - 20,83| = 1,58$

Para determinar o intervalo crítico, reporte-se à Figura 11.10 para encontrar $MQR = 8,6123$, $r = 2$, $c = 4$ e $n' = 5$. Com base na Tabela E.7 [para $\alpha = 0,05$, $c = 4$ e $rc(n' - 1) = 32$], Q_α, o valor crítico da cauda superior para a distribuição de intervalos de Student, com 4 e 32 graus de liberdade, é aproximadamente 3,84. Utilizando a Equação (11.17),

$$\text{Intervalo crítico} = 3,84 \sqrt{\frac{8,6123}{10}} = 3,56$$

Tendo em vista que $4,93 > 3,56$, somente as médias aritméticas correspondentes aos Fornecedores 1 e 2 são diferentes. Você pode concluir que a média aritmética para a resistência à tensão é mais baixa, no que se refere ao Fornecedor 1, do que no tocante ao Fornecedor 2, mas não existem diferenças estatisticamente significativas entre os Fornecedores 1 e 3, os Fornecedores 1 e 4, os Fornecedores 2 e 3, os Fornecedores 2 e 4 e os Fornecedores 3 e 4. Observe que, ao utilizar $\alpha = 0,05$, você é capaz de realizar todas as seis comparações com uma taxa geral de erro de somente 5 %.

Visualizando Efeitos da Interação: O Gráfico para Médias Aritméticas das Células

Você consegue obter um melhor entendimento sobre o efeito da interação ao inserir em um gráfico as **médias aritméticas das células**, as médias aritméticas relativas a todas as combinações possíveis entre níveis de fatores. A Figura 11.13 apresenta um gráfico para médias aritméticas de células utilizando as médias aritméticas das células correspondentes às combinações entre tear e fornecedor, ilustradas na Figura 11.10. Com base no gráfico para a média aritmética da resistência à tensão, em relação a cada uma das combinações entre tear e fornecedor, observe que as duas linhas (representando os dois teares) são aproximadamente paralelas. Isso indica que a *diferença* entre as médias aritméticas correspondentes às resistências à tensão dos dois teares é praticamente igual no que se refere aos quatro fornecedores. Em outras palavras, não existe nenhum tipo de *interação* entre esses dois fatores, conforme indicado pelo teste *F*.

FIGURA 11.13
Gráfico para as médias aritméticas das células, para a resistência à tensão, tendo como base tear e fornecedor

Utilize as instruções na Seção GE11.2 para construir um gráfico para médias aritméticas das células.

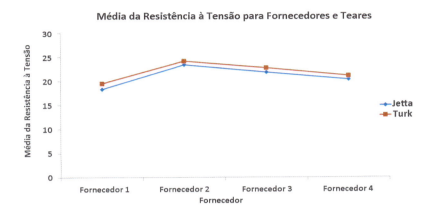

Interpretando Efeitos da Interação

De que modo você interpreta uma interação? Quando existe uma interação, alguns níveis do fator *A* reagem melhor a certos níveis do fator *B*. Por exemplo, no que diz respeito à resistência à tensão, suponha que alguns fornecedores fossem melhores para o tear da marca Jetta, enquanto outros fornecedores fossem melhores para o tear da marca Turk. Caso isso fosse verdadeiro, as linhas da Figura 11.13 não seriam, nem de perto, tão paralelas, e o efeito decorrente da interação poderia vir a ser estatisticamente significativo. Nesse tipo de situação, as diferenças entre os teares passam a não ser mais as mesmas no que se refere a todos os fornecedores. Esse tipo de resultado também complicaria a interpretação para os *efeitos principais*, uma vez que as diferenças em um dos fatores (o tear) não seriam consistentes com o outro fator (o fornecedor).

O Exemplo 11.2 ilustra uma situação em que o efeito de interação é significativo.

EXEMPLO 11.2

Interpretando Efeitos de Interação Significativos

Uma empresa de âmbito nacional nos EUA, especializada em preparar alunos para exames de ingresso nas faculdades norte-americanas, tais como o SAT, o ACT e o LSAT, tinha como objetivo estratégico aperfeiçoar o seu Curso Preparatório para o ACT. Dois fatores de interesse para a empresa são a duração do curso (um período condensado de 10 dias ou um período regular de 30 dias) e o tipo de curso (aprendizado tradicional em sala de aula ou ensino a distância). A empresa coletou dados designando, aleatoriamente, 10 clientes a cada uma das quatro células que representam uma combinação entre a duração do curso e o tipo de curso. Os resultados, organizados no arquivo de dados ACT, são apresentados na Tabela 11.8.

TABELA 11.8
Resultados do ACT para Diferentes Tipos e Durações dos Cursos

Tipo de Curso	Duração do Curso			
	Condensado		Regular	
Tradicional	26	18	34	28
Tradicional	27	24	24	21
Tradicional	25	19	35	23
Tradicional	21	20	31	29
Tradicional	21	18	28	26
Virtual	27	21	24	21
Virtual	29	32	16	19
Virtual	30	20	22	19
Virtual	24	28	20	24
Virtual	30	29	23	25

Quais são os efeitos decorrentes do tipo de curso e da duração do curso sobre os resultados do ACT?

SOLUÇÃO O gráfico para as médias aritméticas das células, apresentado na Figura 11.14, ilustra uma forte interação entre o tipo de curso e a duração do curso. As linhas não paralelas indicam que o efeito decorrente de condensar o curso depende de o curso ser administrado pelo método tradicional, em sala de aula, ou virtualmente, pelo método de ensino a distância. A média aritmética correspondente aos resultados para o método virtual é mais alta quando o curso é condensado para um período correspondente a 10 dias, enquanto a média aritmética correspondente ao resultado para o método tradicional é mais alta quando o curso ocorre ao longo do período regular de 30 dias.

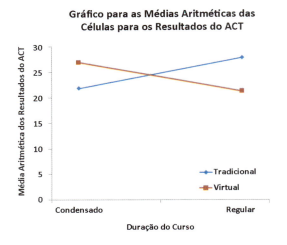

FIGURA 11.14 Gráfico das médias aritméticas das células para os resultados do ACT

Para verificar a análise visual proporcionada pela interpretação do gráfico para as médias aritméticas das células, você inicia testando se existe uma interação estatisticamente significativa entre o fator A (duração do curso) e o fator B (tipo de curso). Utilizando um nível de significância de 0,05, você rejeita a hipótese nula, uma vez que $F_{ESTAT} = 24,2569 > 4,1132$ ou o valor-p é igual a $0,0000 < 0,05$ (veja a Figura 11.15). Por conseguinte, o teste de hipóteses confirma a interação evidente no gráfico para as médias aritméticas das células.

	A	B	C	D
1	ANOVA: Fator Duplo com Repetição			
2				
3	RESUMO	Condensado	Regular	Total
4	*tradicional*			
5	Contagem	10	10	20
6	Soma	219	279	498
7	Média	21,9	27,9	24,9
8	Variância	11,2111	20,9889	24,7263
9				
10	*virtual*			
11	Contagem	10	10	20
12	Soma	270	213	483
13	Média	27	21,3	24,15
14	Variância	16,2222	8,0111	20,0289
15				
16	*Total*			
17	Contagem	20	20	
18	Soma	489	492	
19	Média	24,45	24,6	
20	Variância	19,8395	28,2000	

	A	B	C	D	E	F	G
23	ANOVA						
24	Fonte da Variação	SQ	gl	MQ	F	valor-P	F crítico
25	Amostra	5,6250	1	5,6250	0,3987	0,5318	4,1132
26	Colunas	0,2250	1	0,2250	0,0159	0,9002	4,1132
27	Interação	342,2250	1	342,2250	24,2569	0,0000	4,1132
28	Dentro	507,9000	36	14,1083			
29							
30	Total	855,9750	39				
31					Nível de significância		0,05

FIGURA 11.15 Planilha para ANOVA de dois fatores (em duas partes), relativa aos resultados para o ACT

A existência desse efeito de interação significativo complica a interpretação dos testes de hipóteses correspondentes aos dois efeitos principais. Você não consegue concluir diretamente que não existe nenhum efeito, em absoluto, no que se refere à duração do curso e ao tipo de curso, não obstante o fato de ambos apresentarem valores-$p > 0{,}05$.

Considerando que a interação seja significativa, você pode analisar novamente os dados, com os dois fatores desmembrados em quatro grupos de um único fator, em vez de uma ANOVA de dois fatores com dois níveis para cada um dos dois fatores. Você pode reorganizar os dados do seguinte modo: O Grupo 1 é tradicional condensado. O Grupo 2 é tradicional regular. O Grupo 3 é virtual condensado. O Grupo 4 é virtual regular. A Figura 11.6 mostra os resultados para esses dados, guardados no arquivo **ACT-FatorÚnico**.

ANOVA: Fator Único

RESUMO

Grupos	Contagem	Soma	Média	Variância
Fornecedor 1	10	219	21,9	11,21111
Fornecedor 2	10	279	27,9	20,98889
Fornecedor 3	10	270	27	16,22222
Fornecedor 4	10	213	21,3	8,011111

ANOVA

Fonte de Variação	SQ	gl	MQ	F	valor-P	F crítico
Entre Grupos	348,075	3	116,0250	8,2239	0,0003	2,8663
Dentro dos Grupos	507,9	36	14,1083			
Total	855,975	39				
				Nível de significância		0,05

Comparações Múltiplas de Tukey-Kramer

Grupo	Média da Amostra	Tamanho da Amostra
1: Fornecedor 1	21,9	10
2: Fornecedor 2	27,9	10
3: Fornecedor 3	27	10
4: Fornecedor 4	21,3	10

Outros Dados	
Nível de significância	0,05
g. l. Numerador	4
g. l. Denominador	36
MQD	14,10833
Estatística Q	4,05

Comparação	Diferença Absoluta	Erro-Padrão da Diferença	Intervalo Crítico	Resultados
Grupo 1 com Grupo 2	6	1,1878	4,8105	Médias aritméticas são diferentes
Grupo 1 com Grupo 3	5,1	1,1878	4,8105	Médias aritméticas são diferentes
Grupo 1 com Grupo 4	0,6	1,1878	4,8105	Médias aritméticas não são diferentes
Grupo 2 com Grupo 3	0,9	1,1878	4,8105	Médias aritméticas não são diferentes
Grupo 2 com Grupo 4	6,6	1,1878	4,8105	Médias aritméticas são diferentes
Grupo 3 com Grupo 4	5,7	1,1878	4,8105	Médias aritméticas são diferentes

FIGURA 11.16 Planilhas com os resultados de ANOVA de fator único e Tukey-Kramer, para os resultados do ACT

Com base na Figura 11.16, uma vez que $F_{ESTAT} = 8{,}2239 > 2{,}8663$ ou o valor-$p = 0{,}0003 < 0{,}05$, existem evidências de uma diferença significativa entre os quatro grupos (tradicional condensado, tradicional regular, virtual condensado e virtual regular). Tradicional condensado é diferente de tradicional regular e de virtual condensado. Tradicional regular é também diferente de virtual regular, e virtual condensado é também diferente de virtual regular. Consequentemente, o fato de condensar um curso ser, ou não, uma boa ideia depende de o curso ser oferecido em uma sala de aula tradicional ou na modalidade de um curso virtual com ensino a distância. Para assegurar as médias aritméticas mais elevadas para os resultados do teste ACT, a empresa deve utilizar o método tradicional para os cursos que sejam administrados ao longo de um período de 30 dias, devendo, no entanto, utilizar uma metodologia virtual (a distância) para cursos que sejam condensados em um período de 10 dias.

Problemas para a Seção 11.2

APRENDENDO O BÁSICO

11.15 Considere um modelo fatorial de dois fatores, com três níveis no fator A, três níveis no fator B e quatro repetições em cada uma das nove células.

a. Quantos graus de liberdade existem na determinação da variação do fator A e na determinação da variação do fator B?

b. Quantos graus de liberdade existem na determinação da variação decorrente da interação?

c. Quantos graus de liberdade existem na determinação da variação decorrente do erro aleatório?

d. Quantos graus de liberdade existem na determinação da variação total?

11.16 Considere que você esteja trabalhando com os resultados para o Problema 11.15, e $SQA = 120$, $SQB = 110$, $SQR = 270$ e $STQ = 540$.

a. Qual é o valor para $SQAB$?

b. Quais são os valores para MQA e MQB?

c. Qual é o valor para $MQAB$?

d. Qual é o valor para MQR?

11.17 Considere que você esteja trabalhando com os resultados dos Problemas 11.15 e 11.16.

a. Qual é o valor para a estatística do teste F_{ESTAT} para o efeito decorrente da interação?

b. Qual é o valor da estatística do teste F_{ESTAT} para o efeito decorrente do fator A?

c. Qual é o valor da estatística do teste F_{ESTAT} para o efeito decorrente do fator B?

d. Construa a tabela resumida de ANOVA e preencha todos os valores no corpo da tabela.

11.18 Considerados os resultados dos Problemas 11.15 a 11.17,

a. no nível de significância de 0,05, existe um efeito decorrente do fator A?

b. no nível de significância de 0,05, existe um efeito decorrente do fator B?

c. no nível de significância de 0,05, existe algum efeito decorrente da interação?

416 Capítulo 11

11.19 Considerando uma tabela ANOVA de dois fatores com dois níveis para o fator A, cinco níveis para o fator B e quatro repetições em cada uma das 10 células, com $SQA = 18$, $SQB = 64$, $SQR = 60$ e $STQ = 150$,

a. construa a tabela resumida de ANOVA e preencha todos os valores no corpo da tabela.

b. no nível de significância de 0,05, existe um efeito decorrente do fator A?

c. no nível de significância de 0,05, existe um efeito decorrente do fator B?

d. no nível de significância de 0,05, existe um efeito decorrente da interação?

11.20 Considerando um experimento fatorial de dois fatores, e a tabela resumida de ANOVA que é apresentada a seguir, preencha todos os resultados que estejam faltando:

Fonte	Graus de Liberdade	Soma dos Quadrados	Média dos Quadrados (Variância)	F
A	$r - 1 = 2$	$SQA = ?$	$MQA = 80$	$F_{ESTAT} = ?$
B	$c - 1 = ?$	$SQB = 220$	$MQB = ?$	$F_{ESTAT} = 11,0$
AB	$(r - 1)(c - 1) = 8$	$SQAB = ?$	$MQAB = 10$	$F_{ESTAT} = ?$
Erro	$rc(n' - 1) = 30$	$SQR = ?$	$MQR = ?$	
Total	$n - 1 = ?$	$STQ = ?$		

11.21 Com base nos resultados do Problema 11.20,

a. no nível de significância de 0,05, existe algum efeito decorrente do fator A?

b. no nível de significância de 0,05, existe algum efeito decorrente do fator B?

c. no nível de significância de 0,05, existe algum efeito decorrente da interação?

APLICANDO OS CONCEITOS

11.22 Os efeitos da potência do revelador (fator A) e do tempo de revelação (fator B) em relação à densidade de chapas de revelação fotográfica estavam sendo estudados. Duas potências e dois tempos de revelação foram utilizados, e foram avaliadas quatro repetições para cada uma das quatro células. Os resultados (com o maior sendo considerado o melhor) estão armazenados no arquivo **Foto** e são apresentados na tabela a seguir:

Potência do Revelador	Tempo para Revelação (minutos)	
	10	14
1	0	1
1	5	4
1	2	3
1	4	2
2	4	6
2	7	7
2	6	8
2	5	7

No nível de significância de 0,05,

a. existe alguma interação entre a potência do revelador e o tempo de revelação?

b. existe algum efeito decorrente da potência do revelador?

c. existe algum efeito decorrente do tempo de revelação?

d. Desenhe um gráfico da média aritmética da densidade, no que se refere a cada uma das potências do revelador em relação ao tempo de revelação para cada um dos reveladores.

e. O que você consegue concluir em relação ao efeito da potência do revelador e do tempo de revelação sobre a densidade?

11.23 Uma chefe de cozinha de um restaurante especializado em massas estava tendo dificuldades em encontrar marcas de massas especiais para pratos *al dente* — ou seja, massas cozidas apenas o suficiente para não ficarem pegajosas ou duras mas com uma consistência firme ao serem mordidas. Ela decidiu conduzir um experimento no qual duas marcas de massa, uma americana e uma italiana, passaram pelo processo de cozimento de 4 ou de 8 minutos. A variável de interesse era o peso da massa, uma vez que o seu respectivo cozimento faz com que ela absorva água. Uma massa com uma taxa mais rápida de absorção de água pode fornecer um intervalo de tempo mais curto para que se torne *al dente*, aumentando, com isso, a chance de vir a ultrapassar o ponto de cozimento. O experimento foi realizado com o uso de 150 gramas de massa crua. Cada tentativa teve início levando uma panela com 6 litros de água fria sem sal, em fogo médio até o ponto de fervura moderada. Foram então adicionados os 150 gramas de massa crua e, em seguida, pesados depois de um determinado período de tempo, com a sua retirada da panela por meio de um escorredor embutido apropriado. Os resultados (em termos de peso em gramas) de duas repetições para cada uma das marcas de massa, e o tempo de cozimento, estão armazenados no arquivo **Massa**, e são os seguintes:

Tipo de Massa	Tempo de Cozimento (minutos)	
	4	8
Americana	265	310
Americana	270	320
Italiana	250	300
Italiana	245	305

No nível de significância de 0,05,

a. existe alguma interação entre o tipo de massa e o tempo de cozimento?

b. existe algum efeito decorrente do tipo de massa?

c. existe algum efeito decorrente do tempo de cozimento?

d. Desenhe um gráfico para a média aritmética do peso, para cada um dos tipos de massa em relação a cada um dos tempos de cozimento.

e. A que conclusões você consegue chegar, no que se refere à importância de cada um desses dois fatores em relação ao peso da massa?

AUTO-teste **11.24** Uma equipe de alunos em um curso de estatística para executivos realizou um experimento fatorial com o objetivo de investigar o tempo necessário para que comprimidos analgésicos se dissolvessem em um copo com água. Os dois fatores de interesse eram a marca (Equate, Kroger ou Alka-Seltzer) e a temperatura da água (quente ou fria). O experimento consistiu em quatro repetições para cada uma das seis combinações entre os fatores. Os dados a seguir (armazenados no arquivo **Comprimido**) mostram o tempo necessário para que um comprimido se dissolvesse (em segundos) no que se refere aos 24 comprimidos utilizados no experimento:

	Marca do Comprimido Analgésico		
Água	**Equate**	**Kroger**	**Alka-Seltzer**
Fria	85,87	75,98	100,11
Fria	78,69	87,66	99,65
Fria	76,42	85,71	100,83
Fria	74,43	86,31	94,16
Quente	21,53	24,10	23,80
Quente	26,26	25,83	21,29
Quente	24,95	26,32	20,82
Quente	21,52	22,91	23,21

No nível de significância de 0,05,
a. existe alguma interação entre a marca do comprimido analgésico e a temperatura da água?
b. existe algum efeito decorrente da marca?
c. existe algum efeito decorrente da temperatura da água?
d. Desenhe um gráfico para a média aritmética do tempo necessário para dissolver o comprimido de cada uma das marcas em relação a cada uma das temperaturas da água.
e. Discuta os resultados de (a) a (d).

11.25 Uma companhia metalúrgica desejava investigar o efeito da percentagem de amônia e a taxa de agitação sobre a densidade do pó produzido. Os resultados (armazenados em **Densidade**) foram os seguintes:

	Taxa de Agitação	
Amônia (%)	**100**	**150**
2	10,95	7,54
2	14,68	6,66
2	17,68	8,03
2	15,18	8,84
30	12,65	12,46
30	15,12	14,96
30	17,48	14,96
30	15,96	12,62

Fonte: Extraída de L. Johnson and K. McNeilly, "Results May Not Vary", *Quality Progress*, maio de 2011, pp. 41-48.

No nível de significância de 0,05,
a. existe alguma interação entre a percentagem de amônia e a taxa de agitação?
b. existe algum efeito decorrente da percentagem de amônia?
c. existe algum efeito decorrente da taxa de agitação?
d. Desenhe um gráfico para a média aritmética correspondente a cada percentagem de amônia e a taxa de agitação.
e. Discuta os resultados de (a) a (d).

11.26 Foi conduzido um experimento com o objetivo de tentar solucionar um problema de superaquecimento dos discos de freio em alta velocidade nos equipamentos de construção. Cinco diferentes discos de freio foram medidos por meio de dois diferentes calibres de temperatura. A temperatura correspondente a cada uma das combinações entre disco de freio e calibre foi medida oito vezes diferentes, e os resultados foram arquivados em **Freios**.
Fonte: Dados extraídos de M. Awad, T. P. Erdmann, V. Shansal e B. Barth, "A Measurement System Analysis Approach for Hard-to-Repeat Events", *Quality Engineering* 21 (2009): 300-305.
No nível de significância de 0,05,
a. existe alguma interação entre os discos de freio e o calibre?
b. existe algum efeito decorrente dos discos de freio?
c. existe algum efeito decorrente dos calibres?
d. Desenhe um gráfico para a média aritmética da temperatura correspondente a cada um dos discos de freio em relação a cada um dos calibres.
e. Discuta os resultados de (a) a (d).

11.3 O Modelo do Bloco Aleatório (*on-line*)

APRENDA MAIS

Aprenda mais sobre o modelo do bloco aleatório em uma seção oferecida como bônus para o Capítulo 11 no material suplementar, disponível no *site* da LTC Editora.

A Seção 11.1 discutiu o modo de utilizar o teste F de ANOVA de fator único para avaliar diferenças entre as médias aritméticas de mais de dois grupos independentes. A Seção 10.2 discutiu sobre como utilizar o teste t em pares para avaliar a diferença entre a média aritmética de dois grupos, quando você tem repetidas medições de amostras combinadas. O modelo do bloco aleatório avalia diferenças entre mais de dois grupos que contenham amostras combinadas ou medições repetidas que tenham sido colocadas em blocos.

11.4 O Modelo dos Efeitos Fixos, o Modelo dos Efeitos Aleatórios e o Modelo dos Efeitos Mistos (*on-line*)

APRENDA MAIS

Aprenda mais sobre esta questão em uma seção oferecida como bônus para o Capítulo 11 no material suplementar, disponível no *site* da LTC Editora.

As Seções 11.1 a 11.3 não consideram a diferença entre o modo como foram selecionados os níveis de um determinado fator. A equação correspondente ao teste F depende de os níveis de um determinado fator terem sido especificamente selecionados ou terem sido aleatoriamente selecionados, a partir de uma determinada população.

Joggie Botma / Shutterstock

UTILIZANDO A ESTATÍSTICA

Existem Diferenças de Resistência nos Teares da Perfect Parachutes? Revisitado

No cenário que trata da Perfect Parachutes, você era o gerente de produção que precisava decidir se existiam diferenças entre as fibras sintéticas oriundas de quatro diferentes fornecedores, bem como estabelecer que os paraquedas tecidos com dois tipos de teares eram igualmente resistentes.

Utilizando o procedimento de ANOVA de fator único, você foi capaz de determinar se existia uma diferença em termos da média aritmética correspondente à resistência dos paraquedas dos diferentes fornecedores. Depois disso, você conseguiu concluir que a média aritmética correspondente à resistência dos paraquedas tecidos com fibras sintéticas do Fornecedor 1 era menor do que a média aritmética correspondente ao Fornecedor 2. Utilizando o procedimento de ANOVA de dois fatores, você determinou que não existia nenhuma interação entre o fornecedor e o tear, e que não existia nenhuma diferença entre os teares, no que se refere à média aritmética da resistência. Sua próxima etapa, como gerente de produção, é investigar as razões pelas quais a média aritmética correspondente à resistência dos paraquedas tecidos com as fibras sintéticas advindas do Fornecedor 1 era menor do que a média aritmética correspondente ao Fornecedor 2 e, possivelmente, reduzir o número de fornecedores.

RESUMO

Neste capítulo, foram utilizados vários procedimentos estatísticos para analisar o efeito de um ou dois fatores de interesse. Foram discutidos em detalhes os pressupostos necessários para utilizar esses procedimentos. Tenha em mente que você precisa investigar criteriosamente a validade dos pressupostos subjacentes aos procedimentos do teste de hipóteses. A Tabela 11.9 apresenta um resumo dos tópicos abordados neste capítulo.

TABELA 11.9 Resumo dos Tópicos do Capítulo 11

Tipo de Análise (somente dados numéricos)	Número de Fatores
Comparando mais de dois grupos	Análise da variância de fator único (Seção 11.1)
	Análise da variância de dois fatores (Seção 11.2)

REFERÊNCIAS

1. Berenson, M. L., D. M. Levine, and M. Goldstein. *Intermediate Statistical Methods and Applications*: *A Computer Package Approach*. Upper Saddle River, NJ: Prentice Hall, 1983.
2. Conover, W. J. *Practical Nonparametric Statistics*, 3rd ed. New York: Wiley, 2000.
3. Daniel, W. W. *Applied Nonparametric Statistics*, 2nd ed. Boston: PWS Kent, 1990.
4. Gitlow, H. S., and D. M. Levine. *Six Sigma for Green Belts and Champions*: *Foundations*, *DMAIC*, *Tools*, *Cases*, *and Certification*. Upper Saddle River, NJ: Financial Times/ Prentice Hall, 2005.
5. Hicks, C. R., and K. V. Turner, *Fundamental Concepts in the Design of Experiments*, 5th ed. New York: Oxford University Press, 1999.
6. Kutner, M. H., J. Neter, C. Nachtsheim, and W. Li. *Applied Linear Statistical Models*, 5th ed. New York: McGraw-Hill-Irwin, 2005.
7. Levine, D. M., *Statistics for Six Sigma Green Belt*. Upper Saddle River, NJ: Financial Times/Prentice Hall, 2006.
8. *Microsoft Excel 2010*. Redmond, WA: Microsoft Corp., 2010.
9. Montgomery, D. M., *Design and Analysis of Experiments*, 6th ed. New York: Wiley, 2005.

EQUAÇÕES-CHAVE

Variação Total em ANOVA de Fator Único

$$STQ = \sum_{j=1}^{c} \sum_{i=1}^{n_j} (X_{ij} - \overline{\overline{X}})^2 \tag{11.1}$$

Variação entre Grupos em ANOVA de Fator Único

$$SQE = \sum_{j=1}^{c} n_j (\overline{X}_j - \overline{\overline{X}})^2 \tag{11.2}$$

Variação Dentro do Grupo em ANOVA de Fator Único

$$SQD = \sum_{j=1}^{c} \sum_{i=1}^{n_j} (X_{ij} - \overline{X}_j)^2 \tag{11.3}$$

Média dos Quadrados em ANOVA de Fator Único

$$MQE = \frac{SQE}{c-1} \tag{11.4a}$$

$$MQD = \frac{SQD}{n-c} \tag{11.4b}$$

$$MTQ = \frac{STQ}{n-1} \tag{11.4c}$$

Estatística do Teste F_{ESTAT} em ANOVA de Fator Único

$$F_{ESTAT} = \frac{MQE}{MQD} \tag{11.5}$$

Intervalo Crítico para o Procedimento de Tukey-Kramer

$$\text{Intervalo crítico} = Q_\alpha \sqrt{\frac{MQD}{2}\left(\frac{1}{n_j} + \frac{1}{n_{j'}}\right)} \tag{11.6}$$

Variação Total em ANOVA de Dois Fatores

$$STQ = \sum_{i=1}^{r} \sum_{j=1}^{c} \sum_{k=1}^{n'} (X_{ijk} - \overline{\overline{X}})^2 \tag{11.7}$$

Variação Decorrente do Fator A

$$SQA = cn' \sum_{i=1}^{r} (\overline{X}_{i..} - \overline{\overline{X}})^2 \tag{11.8}$$

Variação Decorrente do Fator B

$$SQB = rn' \sum_{j=1}^{c} (\overline{X}_{.j.} - \overline{\overline{X}})^2 \tag{11.9}$$

Variação Decorrente da Interação

$$SQAB = n' \sum_{i=1}^{r} \sum_{j=1}^{c} (\overline{X}_{ij.} - \overline{X}_{i..} - \overline{X}_{.j.} + \overline{\overline{X}})^2 \tag{11.10}$$

Variação (Erro) Aleatória(o) em ANOVA de Dois Fatores

$$SQR = \sum_{i=1}^{r} \sum_{j=1}^{c} \sum_{k=1}^{n'} (X_{ijk} - \overline{X}_{ij.})^2 \tag{11.11}$$

Média dos Quadrados em ANOVA de Dois Fatores

$$MQA = \frac{SQA}{r-1} \tag{11.12a}$$

$$MQB = \frac{SQB}{c-1} \tag{11.12b}$$

$$MQAB = \frac{SQAB}{(r-1)(c-1)} \tag{11.12c}$$

$$MQR = \frac{SQR}{rc(n'-1)} \tag{11.12d}$$

Teste F para o Efeito do Fator A

$$F_{ESTAT} = \frac{MQA}{MQR} \tag{11.13}$$

420 Capítulo 11

Teste F para o Efeito do Fator B

$$F_{ESTAT} = \frac{MQB}{MQR} \qquad (11.14)$$

Teste F para o Efeito da Interação

$$F_{ESTAT} = \frac{MQAB}{MQR} \qquad (11.15)$$

Intervalo Crítico para o Fator A

$$\text{Intervalo crítico} = Q_\alpha \sqrt{\frac{MQR}{cn'}} \qquad (11.16)$$

Intervalo Crítico para o Fator B

$$\text{Intervalo crítico} = Q_\alpha \sqrt{\frac{MQR}{rn'}} \qquad (11.17)$$

TERMOS-CHAVE

aleatoriedade e independência
análise da variância (ANOVA)
ANOVA de dois fatores
ANOVA de fator único
distribuição de intervalos de Student
distribuição F
efeito principal
fator
grande média, $\overline{\overline{X}}$
grupos
homogeneidade de variâncias
interação
intervalo crítico
média dos quadrados
médias aritméticas de células

modelo completamente aleatório
modelo fatorial de dois fatores
múltiplas comparações
níveis
normalidade
procedimento de múltiplas comparações de Tukey para ANOVA de dois fatores
procedimento de múltiplas comparações de Tukey-Kramer para ANOVA de fator único
repetições
soma dos quadrados decorrente da interação ($SQAB$)

soma dos quadrados decorrente do fator A (SQA)
soma dos quadrados decorrente do fator B (SQB)
soma dos quadrados dentro dos grupos (SQD)
soma dos quadrados dos erros (SQR)
soma dos quadrados entre grupos (SQE)
soma total dos quadrados (STQ)
tabela resumida de ANOVA
teste de Levene
variação dentro dos grupos
variação entre grupos
variação total

AVALIANDO O SEU ENTENDIMENTO

11.27 Em uma ANOVA de fator único, qual é a diferença entre a variação entre grupos, MQE, e a variância dentro dos grupos, MQD?

11.28 Quais são as características que distinguem o modelo completamente aleatório do modelo fatorial de dois fatores?

11.29 Quais são os pressupostos para ANOVA?

11.30 Sob que condições você deve selecionar o teste F de ANOVA de fator único para examinar possíveis diferenças entre as médias aritméticas de c grupos independentes?

11.31 Quando, e de que modo, você deve utilizar procedimentos de múltiplas comparações, para avaliar combinações em pares entre médias aritméticas de grupos?

11.32 Qual é a diferença entre o teste F de ANOVA de fator único e o teste de Levene?

11.33 Sob que condições você deve utilizar o teste F de ANOVA de dois fatores para examinar possíveis diferenças entre as médias aritméticas de cada um dos fatores, em um modelo fatorial?

11.34 Qual é o significado do conceito de interação, em um modelo fatorial de dois fatores?

11.35 De que modo você consegue determinar se existe alguma interação no modelo fatorial de dois fatores?

PROBLEMAS DE REVISÃO DO CAPÍTULO

11.36 O gerente de operações de um fabricante de produtos eletrônicos deseja determinar a extensão ideal de tempo para um ciclo de lavagem em uma máquina de lavar roupas de uso doméstico. Foi projetado um experimento para medir o efeito da marca do sabão em pó e do tempo do ciclo de lavagem sobre o volume de sujeira removido de um cesto padronizado de roupas

sujas de uso doméstico. Quatro marcas de sabão em pó (A, B, C e D) e quatro níveis de ciclos de lavagem (18, 20, 22 e 24 minutos) são selecionados especificamente para fins de análise. Para realizar o experimento, 32 cestos padronizados com roupas de uso doméstico com iguais pesos e índices de sujeira são designados aleatoriamente, 2 de cada, para as 16 combinações entre sabão em pó e tempo do ciclo de lavagem. Os resultados, em termos do peso, em libras, de sujeira removida são coletados e armazenados em `Lavadora`. Esses dados são:

Marca do Sabão em Pó	Tempo de Duração do Ciclo de Lavagem (minutos)			
	18	20	22	24
A	0,11	0,13	0,17	0,17
A	0,09	0,13	0,19	0,18
B	0,12	0,14	0,17	0,19
B	0,10	0,15	0,18	0,17
C	0,08	0,16	0,18	0,20
C	0,09	0,13	0,17	0,16
D	0,11	0,12	0,16	0,15
D	0,13	0,13	0,17	0,17

No nível de significância de 0,05,

a. existe uma interação entre a marca do sabão em pó e o tempo de duração do ciclo de lavagem?

b. existe um efeito decorrente da marca do sabão em pó?

c. existe um efeito decorrente do tempo de duração do ciclo de lavagem?

d. Desenhe um gráfico para a média aritmética da quantidade de sujeira removida (em libras), para cada uma das marcas de sabão em pó em relação a cada um dos tempos do ciclo de lavagem.

e. Se julgar apropriado, utilize o procedimento de Tukey para determinar diferenças entre as marcas de sabão em pó e entre os tempos de duração para o ciclo de lavagem.

f. Que tempo de duração para o ciclo de lavagem deve ser utilizado para esse tipo de máquina de lavar roupas de uso doméstico?

g. Repita a análise, utilizando o tempo do ciclo de lavagem como único fator. Compare os seus resultados com os de (c), (e) e (f).

11.37 O diretor de controle da qualidade de uma fábrica de tecidos deseja estudar o efeito decorrente de operadores e equipamentos sobre a resistência ao rompimento (em libras) de tecidos fabricados com lã. A peça do tecido é cortada em pedaços de uma jarda quadrada, e esses pedaços são designados aleatoriamente, 3 de cada, para todas as 12 combinações de 4 operadores e 3 equipamentos, escolhidos especificamente para o experimento. Os resultados, armazenados em `Resistla`, são os seguintes:

Operador	Equipamento		
	I	II	III
A	115	111	109
A	115	108	110
A	119	114	107
B	117	105	110
B	114	102	113
B	114	106	114
C	109	100	103
C	110	103	102
C	106	101	105
D	112	105	108
D	115	107	111
D	111	107	110

No nível de significância de 0,05,

a. existe uma interação entre operador e equipamento?

b. existe algum efeito decorrente do operador?

c. existe algum efeito decorrente do equipamento?

d. Elabore um gráfico correspondente à média aritmética relativa à resistência ao rompimento, para cada um dos operadores no que se refere a cada um dos equipamentos.

e. Caso julgue apropriado, utilize o procedimento de Tukey para examinar as diferenças entre os operadores e entre os equipamentos.

f. O que você consegue concluir quanto aos efeitos dos operadores e dos equipamentos sobre a resistência ao rompimento? Explique.

g. Repita a análise, utilizando equipamentos como o único fator. Compare os seus resultados com aqueles encontrados em (c), (e) e (f).

11.38 Um gerente de produção deseja examinar o efeito decorrente da pressão do jato de ar [em psi — *pounds per square inch* (libras por polegada ao quadrado)] sobre a resistência ao rompimento de linhas de tecer. Três diferentes níveis de pressão do jato de ar devem ser considerados: 30 psi, 40 psi e 50 psi. É selecionada uma amostra aleatória contendo 18 linhas de algodão, extraídas do mesmo lote, e as linhas são designadas aleatoriamente, 6 de cada, para cada um dos 3 níveis de pressão do jato de ar. Os resultados em relação à resistência ao rompimento estão contidos no arquivo `Linha`.

a. Existem evidências de uma diferença significativa em termos das variâncias para as resistências ao rompimento, em relação às três pressões do jato de ar? (Utilize $\alpha = 0,05$.)

b. No nível de significância de 0,05, existem evidências de alguma diferença entre as médias aritméticas das resistências ao rompimento, para as três pressões do jato de ar?

c. Caso julgue apropriado, utilize o procedimento de Tukey-Kramer para determinar quais das pressões do jato de ar diferem significativamente com respeito à média aritmética das resistências ao rompimento. (Utilize $\alpha = 0,05$.)

d. O que o gerente de produção deve concluir?

11.39 Suponha que, ao elaborar seu experimento no Problema 11.38, o gerente de produção seja capaz de estudar os efeitos dos aspectos paralelos além da pressão do jato de ar. Por conseguinte, em vez do modelo completamente aleatório de um único fator, apresentado no Problema 11.38, foi utilizado um modelo fatorial de dois fatores, com o primeiro fator, aspectos paralelos, possuindo dois níveis (bocal e oposto) e o segundo fator, pressão do jato de ar, possuindo três níveis (30 psi, 40 psi e 50 psi). Uma amostra com 18 linhas é designada aleatoriamente, 3 para cada uma das 6 combinações entre aspectos paralelos e níveis de pressão do jato de ar. Os resultados correspondentes à resistência ao rompimento, armazenados em `Linha`, são os seguintes:

Aspecto Paralelo	Pressão do Jato de Ar		
	30 psi	40 psi	50 psi
Bocal	25,5	24,8	23,2
Bocal	24,9	23,7	23,7
Bocal	26,1	24,4	22,7
Oposto	24,7	23,6	22,6
Oposto	24,2	23,3	22,8
Oposto	23,6	21,4	**24,9**

No nível de significância de 0,05,

422 Capítulo 11

a. existe uma interação entre os aspectos paralelos e a pressão do jato de ar?

b. existe algum efeito decorrente dos aspectos paralelos?

c. existe algum efeito decorrente da pressão do jato de ar?

d. Desenhe um gráfico para a média aritmética da resistência ao rompimento da linha, para os dois níveis de aspectos paralelos em relação a cada um dos níveis de pressão do jato de ar.

e. Se julgar apropriado, utilize o procedimento de Tukey, para estudar as diferenças entre as pressões do jato de ar.

f. Com base nos resultados de (a) a (e), a que conclusões você pode chegar, no que concerne à resistência ao rompimento da linha? Discuta.

g. Compare os seus resultados para (a) a (f) com os resultados correspondentes ao modelo completamente aleatório no Problema 11.38 (a) a (d). Discuta minuciosamente.

11.40 Um hotel queria desenvolver um novo sistema para serviço de entrega de café da manhã no quarto. No sistema atual, um formulário de pedido é deixado em cima da cama em cada um dos quartos. Caso o hóspede deseje receber o serviço de café da manhã no quarto, ele coloca esse formulário na maçaneta da porta antes das 11 horas da noite. O sistema atual requer que o hóspede selecione um intervalo de 15 minutos em relação ao horário de entrega solicitado (6h30-6h45, 6h45-7h, e assim sucessivamente). O novo sistema é projetado de modo a permitir que o hóspede solicite um horário específico para o serviço. O hotel deseja mensurar a diferença (em minutos) entre o horário real correspondente à entrega e o horário solicitado para a entrega do serviço de café da manhã no quarto. (Um horário negativo significa que o pedido foi atendido antes do horário solicitado. Um horário positivo significa que o pedido foi atendido depois do horário solicitado.) Os fatores incluídos foram opção de menu (americano ou continental) e o horário desejado para que o pedido fosse entregue (Primeiro Período [6h30-8h] ou Segundo Período [8h-9h30]). Foram estudados 10 pedidos para cada uma das combinações entre opção de menu e período desejado, em um determinado dia. Os dados, armazenados em `CafédaManhã`, são os seguintes:

Tipo de Café da Manhã	Horário Desejado	
	Primeiro Período Mais Cedo	Segundo Período Mais Tarde
Continental	1,2	−2,5
Continental	2,1	3,0
Continental	3,3	−0,2
Continental	4,4	1,2
Continental	3,4	1,2
Continental	5,3	0,7
Continental	2,2	−1,3
Continental	1,0	0,2
Continental	5,4	−0,5
Continental	1,4	3,8
Americano	4,4	6,0
Americano	1,1	2,3
Americano	4,8	4,2
Americano	7,1	3,8
Americano	6,7	5,5
Americano	5,6	1,8
Americano	9,5	5,1
Americano	4,1	4,2
Americano	7,9	4,9
Americano	9,4	4,0

No nível de significância de 0,05,

a. existe alguma interação entre o tipo de café da manhã e o período desejado para o serviço?

b. existe algum efeito decorrente do tipo de café da manhã?

c. existe algum efeito decorrente do período desejado para o serviço?

d. Desenhe um gráfico para a média aritmética da diferença correspondente ao tempo de entrega para cada um dos períodos desejados em relação a cada um dos tipos de café da manhã.

e. Com base nos resultados de (a) a (d), a que conclusões você chega, no que diz respeito à diferença entre os tempos de entrega? Discuta.

11.41 Reporte-se ao experimento que trata do serviço de entrega de café da manhã nos quartos do hotel. Suponha, agora, que os resultados se apresentem conforme a tabela a seguir e armazenados em `CafédaManhã2`. Repita (a) a (e), utilizando esses dados, e compare os resultados com os resultados dos itens (a) a (e) do Problema 11.40.

Tipo de Café da Manhã	Horário Desejado	
	Mais Cedo	Mais Tarde
Continental	1,2	−0,5
Continental	2,1	5,0
Continental	3,3	1,8
Continental	4,4	3,2
Continental	3,4	3,2
Continental	5,3	2,7
Continental	2,2	0,7
Continental	1,0	2,2
Continental	5,4	1,5
Continental	1,4	5,8
Americano	4,4	6,0
Americano	1,1	2,3
Americano	4,8	4,2
Americano	7,1	3,8
Americano	6,7	5,5
Americano	5,6	1,8
Americano	9,5	5,1
Americano	4,1	4,2
Americano	7,9	4,9
Americano	9,4	4,0

11.42 Uma empresa fabricante de alimentos para animais domésticos tem como objetivo estratégico empresarial fazer com que o peso de uma lata de alimento para gatos chegue o mais próximo possível do peso especificado. Percebendo que o tamanho dos pedaços de carne contidos em uma lata e a altura do conteúdo abastecido na lata poderiam impactar o peso de uma lata, uma equipe que estava estudando o peso do alimento enlatado para gatos ponderou se o maior tamanho atual para o pedaço de carne produzia um peso mais alto para a lata e maior variabilidade. A equipe decidiu estudar o efeito causado no peso, decorrente de um tamanho de corte que fosse mais fino do que o tamanho atual. Além disso, a equipe baixou ligeiramente a meta para esse mecanismo-sensor que determina a altura do conteúdo abastecido, no intuito de determinar o efeito da altura do conteúdo abastecido sobre o peso da lata.

Vinte latas foram abastecidas, para cada uma das quatro combinações entre tamanho do pedaço (fino e atual) e altura do conteúdo abastecido (baixo e atual). Foram pesados os conteúdos correspondentes a cada uma das latas, e a quantidade acima ou abaixo do peso de 3 onças, especificado no rótulo, foi registrada para representar a variável codificada, peso. Por exemplo, a uma lata contendo 2,90 onças foi atribuído um peso codificado de –0,10. Os resultados estão armazenados em `RaçãoGatos2`.

Analise esses dados e redija um relatório para fins de apresentação à equipe. Indique a importância do tamanho do pedaço e a altura do conteúdo abastecido sobre o peso do alimento para gatos contido na lata. Não deixe de incluir uma recomendação para o nível de cada fator que venha a se aproximar mais da meta, juntamente com recomendações para experimentos futuros que possam vir a ser realizados.

11.43 A valorização de marcas é crucial para executivos-chefes (CEO), executivos financeiros e executivos de marketing, analistas de seguridade, investidores institucionais, e outras pessoas que dependem de informações confiáveis e coletadas com fidedignidade, necessárias para avaliações e comparações na tomada de decisões. A Millward Brown Optimor desenvolveu o relatório BrandZ Top 100 Most Valuable Global Brands (As 100 Marcas Mais Valorizadas em todo o Mundo) para o WPP, o maior grupo de serviços de comunicação de todo o mundo. Diferentemente de outros estudos, o relatório BrandZ Top 100 Most Valuable Global Brands faz uma fusão entre indicadores baseados em avaliações por parte de consumidores, no que se refere ao valor contábil das marcas, com indicadores de natureza financeira, para atribuir um valor financeiro para as marcas. O arquivo `BrandZTechFinTele` contém os valores de marcas para três setores no relatório BrandZ Top 100 Most Valuable Global Brands de 2011: o setor de tecnologia, o setor de instituições financeiras e o setor de telecomunicações. (Dados extraídos de **bit.ly/kNL8rx**.)

a. No nível de significância de 0,01, existem evidências de uma diferença em termos da média aritmética do valor da marca entre os setores?

b. Que pressupostos são necessários no intuito de responder ao item (a)? Comente sobre a validade desses pressupostos.

c. Caso seja apropriado, utilize o procedimento de Tukey para determinar os setores que diferem, em termos da média aritmética para a avaliação. (Utilize $\alpha = 0,01$.)

11.44 Um investidor pode escolher entre um número bastante grande de fundos mútuos. Cada um dos fundos mútuos apresenta sua própria combinação entre diferentes tipos de investimentos. Os dados em `MelhoresFundos2` apresentam o retorno correspondente a um ano, e o retorno anual para três anos, no que se refere aos 10 melhores fundos mútuos, de acordo com o resultado para o *U.S. News & World Report* para fundos de títulos de curto prazo, fundos de títulos de longo prazo e fundos de títulos de âmbito internacional. (Os dados foram extraídos de **money.usnews.com/mutual-funds/rankings**.) Analise os dados e determine se existem diferenças entre fundos de títulos de curto prazo, fundos de títulos de longo prazo e fundos de títulos de âmbito internacional. (Utilize o nível de significância de 0,05.)

11.45 Um investidor pode escolher entre um número bastante grande de fundos mútuos. Cada um dos fundos mútuos apresenta sua própria combinação entre diferentes tipos de investimentos. Os dados contidos em `MelhoresFundos3` apresentam o retorno correspondente a um ano, e o retorno anual para três anos, no que se refere aos 10 melhores fundos mútuos, de acordo com o resultado apresentado pelo *U.S. News & World Report* para fundos de crescimento com baixa capitalização, fundos de crescimento com média capitalização e fundos de crescimento com alta capitalização. (Dados extraídos de **money.usnews.com/mutual-funds/rankings**.) Analise os dados e determine se há diferenças entre os fundos de crescimento com baixa capitalização, os fundos de crescimento com média capitalização e os fundos de crescimento com alta capitalização. (Utilize o nível de significância de 0,05.)

CASOS PARA O CAPÍTULO 11

Administrando a Ashland MultiComm Services

FASE 1

O departamento de operações informatizadas tinha como objetivo estratégico reduzir a quantidade de tempo necessária para atualizar integralmente o conjunto de mensagens de cada um dos assinantes em um sistema seguro para mensagens de correio eletrônico. Foi conduzido um experimento no qual foram selecionados 24 assinantes e foram utilizados três diferentes sistemas de envio e recebimento de mensagens. Oito assinantes foram designados a cada um dos sistemas, e foram mensurados os tempos correspondentes à atualização. Os resultados, armazenados em `AMS11-1`, estão apresentados na Tabela AMS11-1.

1. Analise os dados na Tabela AMS11.1 e redija um relatório para o departamento de operações informatizadas, que indique as suas descobertas. Inclua um apêndice no qual você

TABELA AMS11.1
Tempos de Atualização (em segundos) para Três Sistemas Diferentes

Sistema 1	Sistema 2	Sistema 3
38,8	41,8	32,9
42,1	36,4	36,1
45,2	39,1	39,2
34,8	28,7	29,3
48,3	36,4	41,9
37,8	36,1	31,7
41,1	35,8	35,2
43,6	33,7	38,1

424 Capítulo 11

discuta as razões pelas quais selecionou um determinado teste estatístico para comparar os três sistemas de envio e recebimento de mensagens de correio eletrônico.

NÃO CONTINUE, ATÉ VOCÊ TER CONCLUÍDO O EXERCÍCIO DA FASE 1.

FASE 2

Ao analisar os dados da Tabela AMS11.1, o departamento de operações informatizadas decidiu também estudar o efeito dos meios de conexão utilizados (cabo ou fibra).

A equipe projetou um estudo no qual um total de 30 assinantes foram escolhidos. Os assinantes foram designados aleatoriamente a um dos três sistemas de envio e recebimento de mensagens, de modo tal que houvesse cinco assinantes em cada uma das seis combinações entre dois fatores — sistema de envio e recebimento de mensagens e meio de conexão utilizado. As medições foram feitas com relação ao tempo necessário para atualização. A Tabela AMS11.2 sintetiza os resultados que estão armazenados em **AMS11-2**.

2. Analise integralmente esses dados e escreva um relatório para a equipe, que indique a importância de cada um dos dois fatores e/ou a interação entre eles, em relação à duração da chamada telefônica. Inclua recomendações para futuros experimentos que possam vir a ser realizados.

TABELA AMS11.2
Tempos de Atualização (em segundos), com base em Sistema de Envio e Recebimento de Mensagens e Meio de Conexão Utilizado

Meio de Conexão	Interface		
	Sistema 1	Sistema 2	Sistema 3
Cabo	4,56	4,17	3,53
	4,90	4,28	3,77
	4,18	4,00	4,10
	3,56	3,96	2,87
	4,34	3,60	3,18
Fibra	4,41	3,79	4,33
	4,08	4,11	4,00
	4,69	3,58	4,31
	5,18	4,53	3,96
	4,85	4,02	3,32

Caso Digital

Aplique os seus conhecimentos sobre ANOVA neste Caso Digital, que dá continuidade ao Caso da Internet dos Capítulos 7, 9 e 10, que tratam do litígio em relação ao processo de abastecimento de cereais nas embalagens.

Depois de rever o mais recente pronunciamento da CCACC (veja o Caso Digital para o Capítulo 10), a Oxford Cereals divulgou o artigo **SegundaAnálise.pdf**, um dossiê impresso que a Oxford Cereals montou com o objetivo de refutar do fato a declaração de que é culpada por utilizar dados seletivos. Examine o dossiê impresso da Oxford Cereals e, depois, responda às seguintes perguntas:

1. A Oxford Cereals está apresentando um argumento legítimo? Por que sim ou por que não?
2. Pressupondo que as amostras que a empresa utilizou tenham sido selecionadas aleatoriamente, realize a análise apropriada para solucionar a questão do litígio em relação ao peso.
3. A que conclusões você consegue chegar a partir de seus resultados? Caso você fosse chamado como perito para fins de testemunho, você defenderia as declarações da CCACC ou as da Oxford Cereals? Explique.

Lojas de Conveniência Valor Certo

Você trabalha para o escritório corporativo de uma franquia de lojas de conveniência de âmbito nacional nos EUA, que opera aproximadamente 10.000 lojas. A quantidade diária de consumidores por loja (ou seja, a média aritmética correspondente ao número de clientes em uma loja, em um dia) tem se mantido estável, em 900, por algum tempo. Para fazer com que cresça a quantidade de consumidores, a cadeia de lojas está considerando a hipótese de reduzir os preços correspondentes às bebidas a base de café. A questão a ser determinada diz respeito ao montante de redução a ser aplicado nos preços, de modo a fazer com que cresça a quantidade de consumidores por dia, sem que se reduza demasiadamente a margem bruta de lucros nas vendas de café. Você decide conduzir um experimento em uma amostra de 24 lojas nas quais a quantidade de consumidores tem se

dado quase exatamente no nível da média nacional, de 900 consumidores. Em 6 das lojas, o preço de um café pequeno será agora $0,59; em outras 6 lojas, o preço de um café pequeno será agora $0,69; em outras 6 lojas, o preço de um café pequeno será agora $0,79; e em outras 6 lojas, o preço de um café pequeno será agora $0,89. Depois de quatro semanas da venda de café pelo preço novo, a quantidade de consumidores, por dia, nas lojas, foi registrado e armazenado em **VendasCafé**.

1. Analise os dados e determine se existem evidências de uma diferença em termos da quantidade diária de consumidores, tomando como base o preço de um café pequeno.
2. Caso seja apropriado, determine quais preços diferem em termos da quantidade diária de consumidores.
3. Qual preço você recomendaria para um café pequeno?

CardioGood Fitness

Retorne ao caso da CardioGood Fitness (contido no arquivo **CardioGood Fitness**) inicialmente apresentado no final do Capítulo 1.

1. Determine se existem diferenças entre os consumidores, com base no produto comprado (TM195, TM498, TM798) em termos de suas respectivas idades, em anos, formação educacional, em anos, renda domiciliar anual ($), média aritmética correspondente ao número de vezes que o consumidor planeja utilizar a esteira a cada semana, e a média aritmética do número de milhas que o consumidor espera andar/correr a cada semana.

2. Redija um relatório a ser apresentado à administração da CardioGood Fitness detalhando as suas descobertas.

Mais Escolhas Descritivas, Continuação

Dê continuidade ao cenário Utilizando a Estatística, Mais Escolhas Descritivas, Revisitado, no final do Capítulo 3, determinando se existe alguma diferença entre os fundos com baixa, com média e com alta capitalização de mercado, no que se refere aos percentuais de retorno para 1 ano, os percentuais de retorno para 5 anos e os percentuais de retorno para 10 anos (armazenados no arquivo **Fundos de Aposentadoria**).

Pesquisas Realizadas Junto a Estudantes de Clear Mountain State

1. O Serviço de Noticiário para Estudantes na Universidade do Estado de Clear Mountain (CMSU — Clear Mountain State University) decidiu coletar dados sobre os alunos no nível de graduação que frequentam a CMSU. Eles criam e distribuem uma pesquisa com 14 perguntas e recebem respostas de 62 alunos do nível de graduação (contidas no arquivo **PesquisaGrad**).

- **a.** No nível de significância de 0,05, existem evidências de uma diferença baseada na especialização acadêmica, em termos do salário inicial esperado, número de portais de redes sociais em que o aluno está registrado, idade, gasto com livros didáticos e material escolar, mensagens de texto enviadas em uma semana e o grau de riqueza necessário para se sentir rico?

- **b.** No nível de significância de 0,05, existem evidências de uma diferença baseada na intenção de graduação, em termos da média final acumulada, salário inicial esperado, número de portais de redes sociais em que o aluno está registrado, idade, gasto com livros didáticos e material escolar, mensagens de texto enviadas em uma semana e o grau de riqueza necessário para se sentir rico?

2. A decana dos alunos na CMSU tomou conhecimento sobre a pesquisa conduzida junto aos alunos da graduação e decidiu conduzir uma pesquisa semelhante para alunos da pós-graduação da Clear Mountain State. Ela cria e distribui uma pesquisa contendo 14 perguntas e recebe respostas de 44 alunos da pós-graduação (contidas no arquivo **Pesquisa PósGrad**). No que se refere a esses dados, no nível de significância de 0,05,

- **a.** existem evidências de alguma diferença baseada na área de especialização na graduação, em termos da idade, da média final acumulada na graduação, da média final acumulada na pós-graduação, salário esperado depois a graduação, gasto com livros didáticos e material escolar, mensagens de texto enviadas em uma semana e o grau de riqueza necessário para se sentir rico?

- **b.** existem evidências de alguma diferença com base na área de especialização na pós-graduação, em termos da idade, da média final acumulada na graduação, da média final acumulada na pós-graduação, salário esperado depois da graduação, gasto com livros didáticos e material escolar, mensagens de texto enviadas em uma semana e o grau de riqueza necessário para se sentir rico?

- **c.** existem evidências de alguma diferença baseada na situação de emprego, em termos da idade, da média final acumulada na graduação, da média final acumulada na pós-graduação, salário esperado depois da graduação, gasto com livros didáticos e material escolar, mensagens de texto enviadas em uma semana e o grau de riqueza necessário para se sentir rico?

GUIA DO EXCEL PARA O CAPÍTULO 11

GE11.1 O MODELO COMPLETAMENTE ALEATÓRIO: ANÁLISE da VARIÂNCIA de FATOR ÚNICO

ANOVA de Fator Único para Diferenças entre Mais de Duas Médias Aritméticas

Técnica Principal Utilize a função **DESVQ** (*intervalo de células de dados de todos os grupos*) para calcular *STQ*; utilize também uma função no formato **STQ – DESVQ**(*intervalo de células de dados do grupo 1*) **– DESVQ**(*intervalo de células de dados do grupo 2*) ... **– DESVQ**(*intervalo de células de dados do grupo n*) para calcular *SQE*.

Exemplo Realize o teste ANOVA de fator único para o experimento que trata dos paraquedas, e que está ilustrado na Figura 11.6, na Seção 11.1.

PHStat Utilize o procedimento **One-Way ANOVA (ANOVA de Fator Único)**.

Para o exemplo, abra a **planilha DADOS** da **pasta de trabalho Paraquedas**. Selecione **PHStat → Multiple-Sample Tests → One-Way ANOVA (PHStat → Testes para Múltiplas Amostras → ANOVA de Fator Único)**. Na caixa de diálogo correspondente ao procedimento (ilustrada a seguir):

1. Insira **0,05** na caixa correspondente a **Level of Significance (Nível de Significância)**.
2. Insira **A1:D6** na caixa correspondente a **Group Data Cell Range (Intervalo de Células dos Dados do Grupo)**.
3. Marque a caixa com a opção **First cells contain label (Primeiras células contêm rótulo)**.
4. Insira um título na caixa correspondente a **Title**, desmarque a caixa de verificação ao lado de **Tukey-Kramer Procedure (Procedimento de Tukey-Kramer)** e clique em **OK**.

Além da planilha ilustrada na Figura 11.6, esse procedimento cria uma **planilha DadosAFU** para manter os dados utilizados para o teste. Veja a seção *Excel Avançado*, a seguir, para uma descrição completa para essas planilhas.

Excel Avançado Utilize a **planilha CÁLCULO** da pasta de trabalho **Anova de Fator Único** como um modelo.
A planilha CÁLCULO e a planilha de suporte DadosAFU já contêm os dados correspondentes ao exemplo. Modificar a pasta de trabalho de ANOVA de Fator Único para que seja utilizada com outros problemas é um pouco mais difícil do que as modificações discutidas no Guia do Excel de capítulos anteriores, mas pode ser feita cumprindo-se as seguintes etapas:

1. Cole os dados do problema na **planilha DadosAFU**, sobrescrevendo os dados para o experimento dos paraquedas.

Na planilha CÁLCULO (veja a Figura 11.6):

2. Edite a fórmula =**DESVQ(DadosAFU!A1:D6)** de *STQ* na célula B16 para utilizar o intervalo de células dos novos dados que acabaram de ser copiados para a planilha DadosAFU.
3. Edite a fórmula de *SQE* da célula B13 de modo tal que exista a mesma quantidade de termos **DESVQ**(*intervalo de células de dados do grupo n*) que corresponda aos *n* grupos.
4. Modifique o nível de significância na célula G17, caso venha a ser necessário.
5. Se o problema contiver três grupos, selecione a **linha 8**, clique à direita, e clique e selecione **Excluir** a partir do menu de atalhos.
6. Se o problema contiver mais de quatro grupos, selecione a **linha 8**, clique à direita, e selecione **Inserir** a partir do menu de atalhos. Repita esta etapa por quantas vezes for necessário.
7. Se o problema contiver mais de quatro grupos, recorte e cole as fórmulas nas colunas B até E da nova última linha da tabela resumida para o intervalo de células **B8:E8**. (Essas fórmulas estavam na coluna 8 antes de você ter inserido as novas linhas.) Para cada nova linha inserida, insira fórmulas nas colunas B até E, que se refiram à próxima coluna subsequente na planilha DadosAFU.
8. Ajuste a formatação da tabela, conforme necessário.

Leia os BREVES DESTAQUES para o Capítulo 11, para uma explicação sobre as fórmulas encontradas na planilha CÁLCULO (ilustradas na **planilha CÁLCULO_FÓRMULAS**). Caso você esteja utilizando uma versão mais antiga do Excel, utilize a planilha CÁLCULO_ANTIGO, em vez da planilha CÁLCULO.

Ferramentas de Análise Utilize o procedimento **Anova: Fator Único**.
Para o exemplo em referência, abra a **planilha DADOS** da **pasta de trabalho ParaQuedas** e

1. Selecione **Dados → Análise de Dados**.
2. Na caixa de diálogo Análise de Dados, selecione **Anova: Fator Único** a partir da lista **Ferramentas de Análise** e, em seguida, clique em **OK**.

Na caixa de diálogo do procedimento (apresentada a seguir):

3. Insira **A1:D6** como o **Intervalo de Entrada**.
4. Clique em **Colunas**, marque a opção **Rótulos na Primeira Linha** e insira **0,05** na caixa para **Alfa**.
5. Clique em **Nova Planilha**.
6. Clique em **OK**.

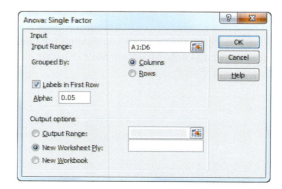

O suplemento Ferramentas de Análise cria uma planilha que não utiliza fórmulas, mas é visualmente semelhante à planilha ilustrada na Figura 11.6, da Seção 11.1.

Múltiplas Comparações: O Procedimento de Tukey-Kramer

Técnica Principal Utilize fórmulas para calcular as diferenças absolutas em termos das médias aritméticas e utilize a função SE para comparar pares de médias aritméticas.

Exemplo Realize o procedimento de Tukey-Kramer para o experimento que trata dos paraquedas, e que está ilustrado na Figura 11.7, Seção 11.1.

PHStat Utilize as instruções do *PHStat* para o teste F de ANOVA de fator único, a fim de realizar o procedimento de Tukey-Kramer; na etapa 4, marque a opção **Tukey-Kramer Procedure (Procedimento de Tukey-Kramer)** em vez de desfazer a marcação para essa caixa de verificação. O procedimento cria uma planilha idêntica àquela ilustrada na Figura 11.7, na Seção 11.1, e discutida na próxima seção correspondente ao *Excel Avançado*. Para completar essa planilha, insira o valor que corresponde à **estatística do Intervalo Q de Student** (verifique o valor, utilizando a Tabela E.7 do Apêndice E para este livro) para o nível de significância e os graus de liberdade do numerador e do denominador que estão apresentados na referida planilha.

Excel Avançado Para realizar o procedimento de Tukey-Kramer, primeiramente utilize as instruções correspondentes ao *Excel Avançado* para o teste F de ANOVA de fator único. Depois disso, abra a **planilha "TK"** apropriada na **pasta de trabalho ANOVA de Fator Único** e insira a **estatística do Intervalo Q de Student** (utilize a Tabela E.7 apresentada no Apêndice E deste livro) para o nível de significância e os graus de liberdade do numerador e do denominador que estão apresentados na planilha.

Para o exemplo, abra a **planilha TK4**. Insira a **estatística do Intervalo Q de Student** (verifique o valor utilizando a Tabela E.7 do Apêndice E deste livro) na célula B15 para o nível de significância e os graus de liberdade do numerador e do denominador que são apresentados nas células B11 a B13.

Outras planilhas TK podem ser utilizadas para problemas que utilizam três (**TK3**), quatro (**TK4**), cinco (**TK5**), seis (**TK6**), ou sete (**TK7**) grupos. Quando você utiliza as planilhas **TK5**, **TK6** ou **TK7**, deve também inserir o nome, a média aritmética da amostra e o tamanho da amostra para o quinto e, caso seja aplicável, para o sexto e o sétimo grupos.

Leia os BREVES DESTAQUES para o Capítulo 11, para uma explicação sobre as fórmulas encontradas na planilha CÁLCULO (ilustradas na **planilha CÁLCULO_FÓRMULAS**). Caso você esteja utilizando uma versão do Excel mais antiga do que o Excel 2010, utilize a planilha TK4_ANTIGO, em vez da planilha TK4 para o exemplo.

Ferramentas de Análise Modifique as instruções anteriores do *Excel Avançado* para realizar o procedimento de Tukey-Kramer em conjunto com o uso do procedimento **Anova: Fator Único**. Transfira os valores selecionados a partir da planilha dos resultados de Ferramentas de Análise para uma das planilhas TK da **pasta de trabalho ANOVA de Fator Único**. Por exemplo, para realizar o procedimento de Tukey-Kramer da Figura 11.7 da Seção 11.1, que trata do experimento dos paraquedas:

1. Utilize o procedimento **Anova: Fator Único**, conforme descrito anteriormente nesta seção, para criar uma planilha que contenha os resultados de ANOVA para o experimento dos paraquedas.
2. Registre o nome, **tamanho da amostra** (na coluna **Contagem**) e **média aritmética da amostra** (na coluna **Média**) em relação a cada um dos grupos. Registre, também, o valor para *MQD*, encontrado na célula que corresponde à interseção entre a coluna **MQ** e a linha **Dentro dos Grupos**, e os **graus de liberdade do denominador**, encontrados na célula que corresponde à interseção entre a coluna **gl** e a linha **Dentro dos Grupos**.
3. Abra a **planilha TK4** da **pasta de trabalho ANOVA de Fator Único**.

Na planilha TK4:

4. Sobrescreva as fórmulas no intervalo de células A5:C8 inserindo o nome, a média aritmética da amostra e o tamanho da amostra para cada um dos grupos naquele intervalo.
5. Insira **0,05** na célula B11 (o nível de significância utilizado no procedimento Anova: Fator Único).
6. Insira **4** na célula B12 para corresponder a **g.l. do Numerador** (igual ao número de grupos).
7. Insira **16** na célula B13 para corresponder a **g.l. do Denominador**.
8. Insira **6,094** na célula B14 para corresponder a **MQD**.
9. Insira **4,05** na célula B15 para representar a **Estatística Q**. (Verifique o valor da **estatística do Intervalo Q de Student** utilizando a Tabela E.7 do Apêndice E deste livro.)

Teste de Levene para Homogeneidade da Variância

Técnica Principal Utilize as técnicas para realizar um procedimento de ANOVA de fator único.

Exemplo Realize o teste de Levene para o experimento que trata dos paraquedas, e que está ilustrado na Figura 11.8, Seção 11.1.

PHStat Utilize o procedimento **Levene Test (Teste de Levene)**. Para o exemplo, abra a **planilha DADOS** da **pasta de trabalho Paraquedas**. Selecione **PHStat → Multiple-Sample Tests → Levene Test (PHStat → Testes para Múltiplas Amostras → Teste de Levene)**. Na caixa de diálogo do procedimento (ilustrada a seguir):

1. Insira **0,05** na caixa correspondente a **Level of Significance (Nível de Significância)**.
2. Insira **A1:D6** na caixa correspondente a **Sample Data Cell Range (Intervalo de Células dos Dados da Amostra)**.
3. Marque a caixa de verificação **First cells contain label (Primeiras células contêm rótulo)**.
4. Insira um título na caixa correspondente a **Title** e clique em **OK**.

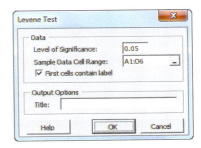

Esse procedimento cria uma planilha que realiza os cálculos das diferenças absolutas apresentadas na Tabela 11.4 (Seção 11.1) bem como a planilha ilustrada na Figura 11.8 (Seção 11.1). (Veja a seção *Excel Avançado*, a seguir, para uma descrição completa para essas planilhas.)

Excel Avançado Utilize a **planilha CÁLCULO** da **pasta de trabalho Levene** como modelo.

A planilha CÁLCULO com a planilha de suporte DifsAbs, bem como a planilha DADOS já contêm os dados para o exemplo.

Para outros problemas, nos quais as diferenças absolutas já sejam conhecidas, cole as diferenças absolutas na planilha DifsAbs. Caso contrário, cole os dados do problema na planilha DADOS, acrescente fórmulas para calcular a mediana correspondente a cada um dos grupos, e ajuste a planilha DifsAbs conforme seja necessário. Por exemplo, no que se refere aos dados do experimento que trata dos paraquedas, foram realizadas as etapas de 1 a 7 a seguir, com a pasta de trabalho aberta na planilha DADOS:

1. Insira a legenda **Mediana** na célula A7, a primeira célula vazia da coluna A,
2. Insira a fórmula =**MEDIANA(A2:A6)** na célula **A8**. (O intervalo de células A2:A6 contém os dados para o primeiro grupo, Fornecedor 1.)
3. Copie a **fórmula da célula A8** longitudinalmente até a coluna **D**.
4. Abra a **planilha DifsAbs**.

Na planilha DifsAbs:

5. Insira os cabeçalhos de colunas na linha 1 (**DifsAbs1, DifsAbs2, DifsAbs3** e **DifsAbs4** nas colunas de A a D.
6. Insira a fórmula =**ABS(DADOS!A2 – DADOS!A$8)** na célula A2. Copie essa fórmula para baixo até a linha 6. Essa fórmula calcula a diferença absoluta do primeiro valor de dados (DADOS!A2) e a mediana para o dados do grupo do Fornecedor 1 (DADOS!A8).
7. Copie as fórmulas que estão agora no intervalo de células A2:A6 longitudinalmente até a coluna D. As diferenças absolutas aparecem agora no intervalo de células A2:D6.

Caso você esteja utilizando uma versão do Excel mais antiga do que o Excel 2010, utilize a planilha CÁLCULO_ANTIGO, em vez da planilha CÁLCULO.

Ferramentas de Análise Utilize o procedimento **Anova: Fator Único**, com os dados correspondentes às diferenças absolutas, para realizar o teste de Levene. Caso as diferenças absolutas não tenham sido calculadas, utilize as etapas de 1 a 7 das instruções do *Excel Avançado* que acabaram de ser apresentadas, para fazer o cálculo para elas.

GE11.2 O MODELO FATORIAL: ANÁLISE da VARIÂNCIA de DOIS FATORES

Técnica Principal Utilize a função **DESVQ** a fim de calcular *SQA, SQA, SQAB, SQR* e *STQ*.

Exemplo Realize o procedimento de ANOVA de dois fatores, para o exemplo que trata do tear e do fornecedor para os paraquedas, e que está ilustrado na Figura 11.10, Seção 11.1.

PHStat Utilize o procedimento **Two-Way ANOVA with replication (ANOVA de Dois Fatores com repetição)**.

Para o exemplo, abra a **planilha DADOS** da **pasta de trabalho Paraquedas2**. Selecione **PHStat → Multiple Sample Tests →Two-Way ANOVA (PHStat → Testes para Múltiplas-**

Amostras → ANOVA de Dois Fatores). Na caixa de diálogo que corresponde ao procedimento (ilustrada a seguir):

1. Insira **0,05** na caixa correspondente a **Level of Significance (Nível de Significância)**.
2. Insira **A1:E11** na caixa correspondente **Sample Data Cell Range (Intervalo de Células dos Dados da Amostra)**.
3. Marque a caixa de verificação para **First cells contain label (Primeiras células contêm rótulo)**.
4. Insira um título na caixa correspondente a **Title** e clique em **OK**.

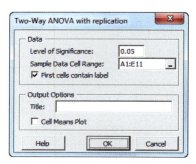

Este procedimento requer que as legendas que identificam o fator A apareçam dispostas uma sobre a outra, na coluna A, seguidas pelas colunas correspondentes ao Fator *B*.

Excel Avançado Utilize a **planilha CÁLCULO** da **pasta de trabalho ANOVA Dois Fatores**, como um modelo.

No que se refere ao exemplo, a planilha já utiliza o conteúdo da planilha DADOS para realizar o teste para o exemplo.

Em razão da complexidade da planilha CÁLCULO, considere o uso do PHStat ou do suplemento Ferramentas de Análise para outros problemas, especialmente aqueles que tenham uma diferente combinação de fatores e níveis. Para problemas semelhantes ao exemplo do fornecedor e do tear para os paraquedas, apresentado na Seção 11.2, utilize as etapas a seguir, para modificar a pasta de trabalho ANOVA de Dois Fatores:

1. Cole os dados do problema na **pasta de trabalho DadosAFU**, sobrescrevendo os dados correspondentes ao experimento dos paraquedas.

Na planilha CÁLCULO (veja a Figura 11.10 da Seção 11.2):

2. Selecione o intervalo de células **E1:E20** (a coluna atual para Fornecedor 4).
3. Para problemas em que $c > 4$, clique à direita e selecione **Inserir**, a partir do menu de atalhos. Na caixa de diálogo Inserir, clique em **Deslocar células para direita** e clique em **OK**. Repita essa etapa tantas vezes quanto necessário.

Para problemas em que $c < 4$, clique à direita e selecione **Excluir**, a partir do menu de atalhos. Na caixa de diálogo Excluir, clique em **Deslocar células para esquerda** e clique em **OK**.

Para problemas em que $c = 2$, selecione o intervalo de células **D1:D20**, clique à direita e selecione **Excluir**, a partir do menu com atalhos. Na caixa de diálogo referente a Excluir, clique novamente em **Deslocar células para esquerda** e clique em **OK**.

4. Para problemas em que $r > 2$, selecione o intervalo de células **A10:G15** (que inclui as atuais linhas para Turk). Clique à direita e selecione **Inserir**, a partir do menu

de atalhos. Na caixa de diálogo para Inserir, clique em **Deslocar células para baixo** e clique em **OK**. Repita o comando anterior tantas vezes quanto necessário. Insira legendas para as novas linhas nas novas células para a coluna A, caso necessário.

5. Edite as fórmulas na área do topo da tabela. Tenha em mente que cada um dos intervalos de células, em cada uma das fórmulas nessa área, se refere a um intervalo de células na planilha DadosADF que contém o intervalo que contempla a quantidade n' de células para uma única combinação de um nível do Fator A e um nível do Fator B.
6. Edite as fórmulas da coluna B, para SQA, SQB, SQR e STQ, que aparecem na tabela resumida de ANOVA na parte inferior da planilha. (A fórmula relativa a $SQAB$ não precisa ser editada.) Conforme observado anteriormente, esta etapa vai se tornando mais difícil, à medida que vai crescendo o resultado da multiplicação entre r e c.

Leia os BREVES DESTAQUES para o Capítulo 11, para uma explicação sobre as fórmulas encontradas na planilha CÁLCULO (ilustradas na **planilha CÁLCULO_FÓRMULAS**). Caso você esteja utilizando uma versão mais antiga do Excel, utilize a planilha CÁLCULO_ANTIGO, em vez da planilha CÁLCULO.

Ferramentas de Análise Utilize o procedimento **Anova: Fator Duplo com Repetição**.

Para o exemplo, abra a **planilha DADOS** da **pasta de trabalho Paraquedas2** e:

1. Selecione **Dados → Análise de Dados**.
2. Na caixa de diálogo Análise de dados, selecione **Anova: Fator Duplo com Repetição** a partir da lista com as **Ferramentas de Análise** e, em seguida, clique em **OK**.

Na caixa de diálogo do procedimento (apresentada a seguir):

3. Insira **A1:E11** como **Intervalo de Entrada**.
4. Insira **5** na caixa para **Linhas por Amostra**.
5. Insira **0,05** na caixa para **Alfa**.
6. Clique em **Nova Planilha**.
7. Clique em **OK**.

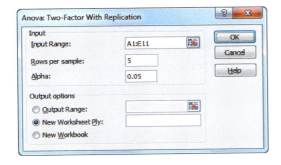

Este procedimento requer que as legendas que identificam o fator A apareçam dispostas uma sobre a outra, na coluna A, seguidas pelas colunas correspondentes ao Fator B. O suplemento Ferramentas de Análise cria uma planilha que não utiliza quaisquer fórmulas, mas é visualmente semelhante à Figura 11.10.

Visualizando Efeitos da Interação: O Gráfico para Médias Aritméticas de Células

Técnica Principal Utilize a função **SOMARPRODUTO** (*intervalo de células 1*, *intervalo de células 2*) para calcular o valor esperado e a variância.

Exemplo Construa um gráfico para a média aritmética das células, correspondente à média aritmética da resistência à tensão, para fornecedores e teares ilustrados na Figura 11.13, Seção 11.2.

PHStat Modifique as instruções do *PHStat* para ANOVA de dois fatores. Na etapa 4, marque a opção **Cell Means Plot (Gráfico para Médias Aritméticas de Células)** antes de clicar em **OK**.

Excel Avançado Crie um gráfico para médias aritméticas de células a partir de uma planilha de ANOVA de dois fatores. Para o exemplo, abra a **planilha CÁLCULO** da **pasta de trabalho ANOVA Dois fatores** e

1. Insira uma nova planilha.
2. Copie e cole o intervalo de células **B3:E3** da planilha CÁLCULO (os nomes para os níveis do Fator B) para a célula **B1** da nova planilha.
3. Copie o intervalo de células **B7:E7** da planilha CÁLCULO (a linha correspondente a MÉDIA para o nível *Jetta* do Fator A) e cole na célula **B2** de uma nova planilha, utilizando o recurso Colar Especial na opção **Valores**.
4. Copie o intervalo de células **B13:E13** da planilha CÁLCULO (a linha correspondente a MÉDIA para o nível *Turk* do Fator A) e cole na célula **B3** da nova planilha, utilizando o recurso Colar Especial na opção **Valores**.
5. Insira **Jetta** na célula **B3** e **Turk** na célula **A3** da nova planilha para serem as legendas para os níveis do Fator A.
6. Selecione o intervalo de células **A1:E3**.
7. Selecione **Inserir → Linha** e clique na **quarta opção para Linha 2D na galeria de opções (Linha com Marcadores)**.
8. Reposicione o gráfico em uma nova planilha de gráfico, acrescente os títulos para os eixos, e modifique o título do gráfico utilizando as instruções na Seção B.6 do Apêndice B deste livro.

Para outros problemas, insira uma nova planilha e, inicialmente, copie e cole os nomes para os níveis do Fator B para a linha 1 da nova planilha e, depois, copie e cole utilizando Colar Especial para transferir para uma nova planilha os valores nos dados para as linhas correspondentes a **Média**, para cada um dos níveis do Fator B. (Veja a Seção B.4 do Apêndice B para aprender mais sobre o comando Colar Especial.)

Ferramentas de Análise Utilize as instruções do *Excel Avançado*.

CAPÍTULO 12

Testes Qui-Quadrados e Testes Não Paramétricos

UTILIZANDO A ESTATÍSTICA: Não Aposte na Sorte com os Hóspedes em Resortes

12.1 Teste Qui-Quadrado para a Diferença entre Duas Proporções

12.2 Teste Qui-Quadrado para Diferenças entre Mais de Duas Proporções
O Procedimento de Marascuilo
A Análise de Proporções (ANOP) (*on-line*)

12.3 Teste Qui-Quadrado para Independência

12.4 Teste da Soma das Classificações de Wilcoxon: Um Método Não Paramétrico para Duas Populações Independentes

12.5 Teste das Classificações de Kruskal-Wallis: Um Método Não Paramétrico para ANOVA de Fator Único
Pressupostos

12.6 Teste de McNemar para a Diferença entre Duas Proporções (Amostras Relacionadas entre Si) (*on-line*)

12.7 Teste Qui-Quadrado para Variância ou Desvio-Padrão (*on-line*)

UTILIZANDO A ESTATÍSTICA: Não Aposte na Sorte com os Hóspedes em Resortes, Revisitado

GUIA DO EXCEL PARA O CAPÍTULO 12

Objetivos do Aprendizado

Neste capítulo, você aprenderá:

- Como e quando utilizar o teste qui-quadrado para tabelas de contingência
- Como utilizar o procedimento de Marascuilo para determinar diferenças em pares, ao avaliar mais de duas proporções
- Como e quando utilizar testes não paramétricos

UTILIZANDO A ESTATÍSTICA

Não Aposte na Sorte com os Hóspedes em Resortes

Você é o gerente da T.C. Resort Properties, um grupo de cinco hotéis cinco estrelas, tipo resorte, localizados em duas ilhas tropicais. Os hóspedes que se sentem satisfeitos com a qualidade dos serviços durante o período de permanência no hotel estão mais propensos a retornar em férias futuras e a recomendar o hotel para amigos e parentes. Você definiu como objetivo estratégico da empresa fazer crescer o percentual de hóspedes que optam por retornar ao hotel em um período posterior. Para avaliar a qualidade dos serviços que estão sendo fornecidos pelos hotéis que você gerencia, a sua equipe incentiva os hóspedes a preencher um formulário de pesquisa de satisfação no momento em que estão deixando o hotel, ou por correio eletrônico, depois de deixarem o hotel.

Você precisa analisar os dados extraídos dessas pesquisas, de modo a determinar o nível de satisfação geral em relação aos serviços fornecidos, a possibilidade de que os hóspedes venham a retornar ao hotel e as razões pelas quais alguns dos hóspedes indicam que não retornarão ao hotel. Por exemplo, em uma das ilhas, a T.C. Resort Properties opera os hotéis Beachcomber e Windsurfer. Será que a qualidade percebida no Beachcomber Hotel é a mesma para o Windsurfer Hotel? Caso haja uma diferença, de que modo você consegue utilizar essas informações no sentido de fazer com que melhore o nível geral da qualidade dos serviços da T.C. Resort Properties? Além disso, caso os hóspedes indiquem que não estariam planejando retornar ao hotel, quais seriam as razões mais habitualmente mencionadas para esse tipo de decisão? As razões apresentadas são específicas para um determinado hotel ou seriam comuns a todos os hotéis operados pela T.C. Resort Properties?

432 Capítulo 12

Nos três capítulos anteriores, você utilizou procedimentos de testes de hipóteses para analisar dados numéricos e dados categóricos. O Capítulo 9 apresentou uma variedade de testes para uma única amostra. O Capítulo 10 desenvolveu vários testes para duas amostras, e o Capítulo 11 discutiu sobre a análise da variância (ANOVA) de um fator e de dois fatores. Este capítulo estende os testes de hipóteses para analisar diferenças entre proporções de populações, com base em duas ou mais amostras, e para testar a hipótese de *independência* nas respostas combinadas para duas variáveis categóricas. O capítulo é concluído com testes não paramétricos servindo de alternativas para diversos testes de hipóteses considerados ao longo dos Capítulos 10 e 11.

12.1 Teste Qui-Quadrado para a Diferença entre Duas Proporções

Na Seção 10.3, você estudou o teste Z para a diferença entre duas proporções. Nesta seção, os dados são examinados a partir de uma perspectiva diferente. O procedimento de teste de hipóteses utiliza uma estatística de teste que é aproximada por uma distribuição qui-quadrada (χ^2). Os resultados desse teste χ^2 são equivalentes aos resultados do teste Z, descrito na Seção 10.3.

Caso esteja interessado em comparar a contagem para respostas categóricas, entre dois grupos independentes, você pode desenvolver uma **tabela de contingência de dois fatores** para exibir a frequência de ocorrência de itens de interesse e itens que não sejam de interesse para cada um dos grupos. (Tabelas de contingência foram primeiramente abordadas na Seção 2.1 e, no Capítulo 4, foram utilizadas para definir e estudar probabilidades.)

Para ilustrar o uso de uma tabela de contingência, retorne ao cenário Utilizando a Estatística, que trata da T.C. Resort Properties. Em uma das ilhas, a T.C. Resort Properties possui dois hotéis (o Beachcomber e o Windsurfer). Você coleta dados extraídos das pesquisas de satisfação realizadas junto aos hóspedes, e se concentra nas respostas para a única pergunta: "Você estaria propenso a escolher novamente este hotel?" Você organiza os resultados da pesquisa e determina que 163 entre 227 hóspedes no Beachcomber responderam que sim para "Você estaria propenso a escolher novamente este hotel?", enquanto 154 dos 262 hóspedes no Windsurfer responderam que sim para "Você estaria propenso a escolher novamente este hotel?" Você deseja analisar os resultados para determinar se, no nível de significância de 0,05, existem evidências de alguma diferença significativa entre os dois hotéis, no que se refere à satisfação dos hóspedes (mensurada com base na propensão a retornar ao hotel).

A tabela de contingência exibida na Tabela 12.1 possui duas linhas e duas colunas, e é conhecida como **tabela de contingência 2 $\times$ 2**. As células na tabela indicam a frequência correspondente a cada uma das combinações entre linha e coluna.

TABELA 12.1
Modelo de uma Tabela de Contingência 2 $\times$ 2

VARIÁVEL DA LINHA	VARIÁVEL DA COLUNA (GRUPO)		
	1	2	Totais
Itens de interesse	X_1	X_2	X
Itens que não são de interesse	$n_1 - X_1$	$n_2 - X_2$	$n - X$
Totais	n_1	n_2	n

em que

$$X_1 = \text{número de itens de interesse no grupo 1}$$
$$X_2 = \text{número de itens de interesse no grupo 2}$$
$$n_1 - X_1 = \text{número de itens que não são de interesse no grupo 1}$$
$$n_2 - X_2 = \text{número de itens que não são de interesse no grupo 2}$$
$$X = X_1 + X_2, \text{ o número total de itens de interesse}$$
$$n - X = (n_1 - X_1) + (n_2 - X_2), \text{ o número total de itens que não são de interesse}$$
$$n_1 = \text{tamanho da amostra no grupo 1}$$
$$n_2 = \text{tamanho da amostra no grupo 2}$$
$$n = n_1 + n_2 = \text{tamanho total da amostra}$$

A Tabela 12.2 contém a tabela de contingência para o estudo que trata da satisfação dos hóspedes do hotel. A tabela de contingência apresenta duas linhas, indicando se os hóspedes retornariam ao hotel, ou não retornariam ao hotel, e duas colunas, uma para cada um dos hotéis. As células na tabela indicam a frequência de cada uma das combinações entre linha e coluna. Os totais referentes a linhas indicam o número de hóspedes que retornariam ao hotel e o número de hóspedes que não retornariam ao hotel. Os totais referentes a colunas correspondem aos tamanhos de amostra para cada uma das localizações de hotel.

TABELA 12.2
Tabela de Contingência 2×2 para a Pesquisa sobre a Satisfação dos Hóspedes de Hotéis

ESCOLHERIA O HOTEL NOVAMENTE?	HOTEL		
	Beachcomber	**Windsurfer**	**Total**
Sim	163	154	317
Não	64	108	172
Total	227	262	489

> **Dica para o Leitor**
> Não confunda este uso da letra grega pi, π, para representar a proporção da população, com a constante matemática que corresponde à divisão entre circunferência de um círculo e seu respectivo diâmetro — aproximadamente 3,14159 — que é também conhecida pela mesma letra grega.

Para testar se a proporção da população de hóspedes que retornariam ao Beachcomber, π_1, é igual à proporção da população de hóspedes que retornariam ao Windsurfer, π_2, você pode utilizar o **teste χ^2 para a diferença entre duas proporções**. Para testar a hipótese nula de que não existe nenhuma diferença entre as duas proporções de população:

$$H_0: \pi_1 = \pi_2$$

contra a hipótese alternativa de que as proporções das duas populações não são as mesmas:

$$H_1: \pi_1 \neq \pi_2$$

você utiliza a estatística do teste χ^2_{ESTAT}, apresentada na Equação (12.1).

TESTE χ^2 PARA A DIFERENÇA ENTRE DUAS PROPORÇÕES

A estatística do teste χ^2_{ESTAT} é igual à diferença, elevada ao quadrado, entre a frequência observada e a frequência esperada, dividida pela frequência esperada em cada uma das células da tabela, calculadas pelo somatório para todas as células da tabela.

$$\chi^2_{ESTAT} = \sum_{\substack{todas\ as \\ célula}} \frac{(f_o - f_e)^2}{f_e} \qquad (12.1)$$

em que

f_o = **frequência observada** em determinada célula de uma tabela de contingência

f_e = **frequência esperada** em determinada célula, se a hipótese nula for verdadeira

A estatística do teste χ^2_{ESTAT} segue aproximadamente uma distribuição qui-quadrada, com 1 grau de liberdade.[1]

> **Dica para o Leitor**
> Você está calculando a diferença elevada ao quadrado entre f_o e f_e. Portanto, diferentemente das estatísticas Z_{ESTAT} e t_{ESTAT}, a estatística do teste χ^2_{ESTAT} jamais pode ser negativa.

> **Dica para o Leitor**
> Lembre-se de que a proporção da amostra, p, deve sempre estar entre 0 (zero) e 1.

Para calcular a frequência esperada, f_e, em qualquer uma das células, você precisa compreender que, caso a hipótese nula seja verdadeira, a proporção de itens de interesse nas duas populações será igual. Sendo assim, as proporções das amostras que você calcula a partir de cada um dos dois grupos somente poderiam ser diferentes uma da outra em razão do acaso. Cada uma delas proporcionaria uma estimativa para o parâmetro comum da população, π. Uma estatística que combina essas duas estimativas separadas em uma única estimativa geral para o parâmetro da população proporciona mais informações do que qualquer uma dessas duas estimativas em separado poderia proporcionar por si só. Essa estatística, fornecida pelo símbolo $\bar{p}$, representa a proporção geral estimada de itens de interesse para os dois grupos combinados (ou seja, o número total de itens de interesse dividido pelo tamanho total da amostra). O complemento de $\bar{p}$, $1 - \bar{p}$, representa a proporção geral estimada de itens que não são de interesse, nos dois grupos. Utilizando a notação apresentada na Tabela 12.1, a Equação (12.2) define $\bar{p}$.

---

[1] De modo geral, a quantidade de graus de liberdade em uma tabela de contingência corresponde a (número de linhas − 1) multiplicado por (número de colunas − 1).

CALCULANDO A PROPORÇÃO GERAL ESTIMADA PARA DOIS GRUPOS

$$\bar{p} = \frac{X_1 + X_2}{n_1 + n_2} = \frac{X}{n} \quad (12.2)$$

Para calcular a frequência esperada, f_e, no que se refere a células que envolvam itens de interesse (ou seja, as células na primeira linha da tabela de contingência), você multiplica por $\bar{p}$ o tamanho da amostra (ou total da coluna) de um determinado grupo. Para calcular a frequência esperada, f_e, no que se refere a células que envolvam itens que não são de interesse (ou seja, as células na segunda linha da tabela de contingência), você multiplica o tamanho da amostra (ou o total da coluna) de um grupo por $1 - \bar{p}$.

A estatística do teste χ^2_{ESTAT} apresentada na Equação (12.1) segue aproximadamente uma **distribuição (χ^2) qui-quadrada** (veja a Tabela E.4) com 1 grau de liberdade. Utilizando um nível de significância igual a α, você rejeita a hipótese nula, caso a estatística do teste χ^2_{ESTAT} calculada seja maior do que χ^2_α, o valor crítico da cauda superior da distribuição χ^2 com 1 grau de liberdade. Por conseguinte, a regra de decisão é

> Rejeitar H_0 se $\chi^2_{ESTAT} > \chi^2_\alpha$;
>
> caso contrário, não rejeitar H_0.

A Figura 12.1 ilustra a regra de decisão.

> **Dica para o Leitor**
> Lembre-se de que a região de rejeição para este teste está posicionada somente na cauda superior da distribuição qui-quadrada.

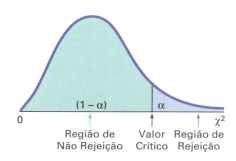

FIGURA 12.1
Regiões de rejeição e de não rejeição, quando é utilizado o teste qui-quadrado para a diferença entre duas proporções, com nível de significância α

Caso a hipótese nula seja verdadeira, a estatística do teste χ^2_{ESTAT} calculada deve estar próxima de zero, uma vez que a diferença, elevada ao quadrado, entre aquilo que é efetivamente observado em cada uma das células, f_o, e aquilo que é teoricamente esperado, f_e, deve ser significativamente reduzida. Caso H_0 seja falsa, existem então diferenças entre as proporções das populações, e espera-se que a estatística para o teste χ^2_{ESTAT} seja grande. Entretanto, aquilo que se caracteriza como uma grande diferença em uma célula é relativo. A mesma diferença real entre f_o e f_e a partir de uma célula com um pequeno número de frequências esperadas contribui mais para a estatística do teste χ^2_{ESTAT} do que uma célula com um grande número de frequências esperadas.

Para ilustrar o uso prático do teste qui-quadrado para a diferença entre duas proporções, retorne ao cenário Utilizando a Estatística, que trata da T.C. Resort Properties, apresentado no início deste capítulo, e à tabela de contingência correspondente, exibida na Tabela 12.2. A hipótese nula ($H_0: \pi_1 = \pi_2$) expressa que não existe nenhuma diferença, em absoluto, no que se refere à proporção dos hóspedes que estão propensos a escolher novamente qualquer um desses hotéis. Para começar,

$$\bar{p} = \frac{X_1 + X_2}{n_1 + n_2} = \frac{163 + 154}{227 + 262} = \frac{317}{489} = 0{,}6483$$

$\bar{p}$ é a estimativa para o parâmetro comum, π, a proporção da população de hóspedes que estão propensos a escolher novamente qualquer um desses hotéis, caso a hipótese nula seja verdadeira. A proporção estimada de hóspedes que *não* estão propensos a escolher novamente esses hotéis é o complemento de $\bar{p}$, $1 - 0{,}6483 = 0{,}3517$. A multiplicação dessas duas proporções pelo tamanho da amostra para o Beachcomber Hotel resulta no número de hóspedes que se espera que venham a escolher novamente o Beachcomber e no número de hóspedes que se espera que *não* venham a escolher novamente esse hotel. De maneira semelhante, a multiplicação das duas respectivas proporções pelo tamanho da amostra para o Windsurfer Hotel resulta nas correspondentes frequências esperadas para esse grupo.

Testes Qui-Quadrados e Testes Não Paramétricos **435**

EXEMPLO 12.1
Calculando as Frequências Esperadas

Calcule as frequências esperadas relativamente a cada uma das quatro células da Tabela 12.2.

SOLUÇÃO

Sim — Beachcomber: $\bar{p} = 0,6483$ e $n_1 = 227$, de modo tal que $f_e = 147,16$
Sim — Windsurfer: $\bar{p} = 0,6483$ e $n_2 = 262$, de modo tal que $f_e = 169,84$
Não — Beachcomber: $1 - \bar{p} = 0,3517$ e $n_1 = 227$, de modo tal que $f_e = 79,84$
Não — Windsurfer: $1 - \bar{p} = 0,3517$ e $n_2 = 262$, de modo tal que $f_e = 92,16$

A Tabela 12.3 apresenta essas frequências esperadas próximas às correspondentes frequências observadas.

TABELA 12.3
Comparando as Frequências Observadas (f_o) e as Frequências Esperadas (f_e)

	HOTEL				
ESCOLHERIA O HOTEL NOVAMENTE?	**Beachcomber**		**Windsurfer**		
	Observada	**Esperada**	**Observada**	**Esperada**	**Total**
Sim	163	147,16	154	169,84	317
Não	64	79,84	108	92,16	172
Total	227	227,00	262	262,00	489

Para testar a hipótese nula de que as proporções correspondentes às populações são iguais:

$$H_0: \pi_1 = \pi_2$$

contra a hipótese alternativa de que as proporções correspondentes às populações não são iguais:

$$H_1: \pi_1 \neq \pi_2$$

você utiliza a frequência observada e a frequência esperada, a partir da Tabela 12.3, para calcular a estatística do teste χ^2_{ESTAT}, fornecida pela Equação (12.1). A Tabela 12.4 apresenta os cálculos.

TABELA 12.4
Calculando a Estatística do Teste χ^2_{ESTAT} para a Pesquisa sobre a Satisfação dos Hóspedes de Hotéis

f_o	f_e	$(f_o - f_e)$	$(f_o - f_e)^2$	$(f_o - f_e)^2/f_e$
163	147,16	15,84	250,91	1,71
154	169,84	−15,84	250,91	1,48
64	79,84	−15,84	250,91	3,14
108	92,16	15,84	250,91	2,72
				9,05

A distribuição qui-quadrada (χ^2) é uma distribuição assimétrica à direita cujo formato depende exclusivamente do número de graus de liberdade. Você encontra o valor crítico da estatística do teste χ^2 a partir da Tabela E.4, uma parte da qual é apresentada na Tabela 12.5.

TABELA 12.5
Encontrando o Valor Crítico a Partir da Distribuição Qui-Quadrada, com 1 Grau de Liberdade, Utilizando o Nível de Significância de 0,05

	Probabilidades Acumuladas						
	0,005	**0,01**	**. . .**	**0,95**	**0,975**	**0,99**	**0,995**
	Área da Cauda Superior						
Graus de Liberdade	**0,995**	**0,99**	**. . .**	**0,05**	**0,025**	**0,01**	**0,005**
1			. . .	3,841	5,024	6,635	7,879
2	0,010	0,020	. . .	5,991	7,378	9,210	10,597
3	0,072	0,115	. . .	7,815	9,348	11,345	12,838
4	0,207	0,297	. . .	9,488	11,143	13,277	14,860
5	0,412	0,554	. . .	11,071	12,833	15,086	16,750

Os valores na Tabela 12.5 referem-se às áreas selecionadas da cauda superior da distribuição χ^2. Uma tabela de contingência tem 1 grau de liberdade, uma vez que existem duas linhas e duas colunas. [Os graus de liberdade correspondem a (número de linhas – 1) (número de colunas – 1).] Utilizando $\alpha = 0{,}05$, com 1 grau de liberdade, o valor crítico de χ^2, a partir da Tabela 12.5, corresponde a 3,841. Você rejeita H_0, caso a estatística do teste χ^2_{ESTAT} seja maior do que 3,841 (veja a Figura 12.2). Uma vez que $\chi^2_{ESTAT} = 9{,}05 > 3{,}841$, você rejeita H_0. Você conclui que a proporção de hóspedes que retornariam ao Beachcomber é diferente da proporção de hóspedes que retornariam ao Windsurfer.

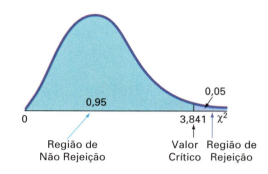

FIGURA 12.2
Regiões de rejeição e de não rejeição quando se encontra o valor crítico de χ^2_{ESTAT}, com 1 grau de liberdade, no nível de significância de 0,05

A Figura 12.3 apresenta os resultados correspondentes à Tabela 12.2, a tabela de contingência que contém os dados que tratam da satisfação dos hóspedes nos hotéis.

FIGURA 12.3
Planilha para o teste qui-quadrado correspondente aos dados sobre satisfação de hóspedes

A Figura 12.3 exibe a planilha CÁLCULO da pasta de trabalho Qui-Quadrada, que é utilizada pelas instruções na Seção GE12.1.

	A	B	C	D	E	F	G
1	Teste Qui-Quadrado						
2							
3		Frequências Observadas					
4		Hotel				Cálculos	
5	Escolheria Novamente?	Beachcomber	Windsurfer	Total		fo-fe	
6	Sim	163	154	317		15,8446	-15,8446
7	Não	64	108	172		-15,8446	15,8446
8	Total	227	262	489			
9							
10		Frequências Esperadas					
11		Hotel					
12	Escolheria Novamente?	Beachcomber	Windsurfer	Total		(fo-fe)^2/fe	
13	Sim	147,1554	169,8446	317		1,7060	1,4781
14	Não	79,8446	92,1554	172		3,1442	2,7242
15	Total	227	262	489			
16							
17	Dados						
18	Nível de Significância	0,05					
19	Número de Linhas	2					
20	Número de Colunas	2					
21	Graus de Liberdade	1	=(B19 - 1) * (B20 - 1)				
22							
23	Resultados						
24	Valor Crítico	3,8415	=INV.QUIQUA.RT(B18, B21)				
25	Estatística do Teste Qui-Quadrado	9,0526	=SOMA(F13:G14)				
26	Valor-p	0,0026	=DIST.QUIQUA.RT(B25, B21)				
27	Rejeitar a Hipótese Nula	=SE(B26 < B18, "Rejeitar a hipótese nula", "Não rejeitar a hipótese nula")					
28							
29	A premissa da frequência esperada						
30	foi atendida.	=SE(OU(B13 < 5, C13 < 5, B14 < 5, C14 < 5), " foi violada.", " foi atendida.")					

Esses resultados incluem as frequências esperadas, χ^2_{ESTAT}, os graus de liberdade e o valor-p. A estatística do teste χ^2_{ESTAT} calculada é igual a 9,0526, que é maior do que o valor crítico de 3,8415 (ou o valor-p = 0,0026 < 0,05), de modo tal que você rejeita a hipótese nula de que não existe nenhuma diferença em absoluto entre os dois hotéis, no que diz respeito à satisfação dos hóspedes. O valor-p de 0,0026 representa a probabilidade de observar proporções de amostras tão diferentes quanto ou mais diferentes do que a verdadeira diferença entre o Beachcomber e o Windsurfer ($0{,}718 - 0{,}588 = 0{,}13$) observada nos dados da amostra, se as proporções da população correspondente aos hotéis Beachcomber e Windsurfer forem iguais. Por conseguinte, existem fortes evidências para concluir que os dois hotéis são significativamente diferentes, no que diz respeito à satisfação dos hóspedes, conforme medido pelo fato de os hóspedes estarem, ou não, propensos a retornar novamente ao hotel. Com base na Tabela 12.3, você pode verificar que uma maior proporção de hóspedes está propensa a retornar ao Beachcomber do que ao Windsurfer.

Testes Qui-Quadrados e Testes Não Paramétricos **437**

Para que o teste χ^2 forneça resultados precisos para uma tabela 2×2, você deve necessariamente pressupor que cada uma das frequências esperadas seja pelo menos igual a 5. Se essa premissa não for satisfeita, você pode utilizar procedimentos alternativos, tais como o teste exato de Fisher (veja as Referências 1, 2 e 4).

Na pesquisa sobre satisfação de hóspedes no hotel, tanto o teste Z, baseado na distribuição normal padronizada (veja a Seção 10.3), quanto o teste χ^2, baseado na distribuição qui-quadrada, levam à mesma conclusão. Você consegue explicar esse resultado por meio do inter-relacionamento entre a distribuição normal padronizada e uma distribuição qui-quadrada, com 1 grau de liberdade. Para esse tipo de situação, a estatística do teste χ^2_{ESTAT} corresponde ao quadrado da estatística do teste Z_{ESTAT}. Por exemplo, no estudo sobre satisfação de hóspedes, a estatística do teste Z_{ESTAT} calculada é igual a $+3{,}0088$, enquanto a estatística do teste χ^2_{ESTAT} calculada corresponde a $9{,}0526$. Exceto por erro decorrente de arredondamento, esse valor de $9{,}0526$ corresponde ao quadrado de $+3{,}0088$ [ou seja, $(+3{,}0088)^2 \cong 9{,}0526$]. Do mesmo modo, se você comparar os valores críticos das estatísticas de teste a partir das duas distribuições, no nível de significância de 0,05, o valor de 3,841 para χ^2, com 1 grau de liberdade, corresponde ao quadrado do valor de Z, igual a $\pm 1{,}96$. Além disso, os valores-p correspondentes a ambos os testes são iguais. Portanto, ao testar a hipótese nula para igualdade entre proporções:

$$H_0: \pi_1 = \pi_2$$

contra a hipótese alternativa de que as proporções correspondentes às populações não são iguais:

$$H_1: \pi_1 \neq \pi_2$$

o teste Z e o teste χ^2 são equivalentes.

Caso você esteja interessado em determinar se existem evidências de uma diferença *direcional*, como, por exemplo, $\pi_1 > \pi_2$, você deve então utilizar o teste Z, com toda a região de rejeição localizada em uma das caudas da distribuição normal padronizada.

Na Seção 12.2, o teste χ^2 é estendido de modo que sejam realizadas as comparações e avaliadas as diferenças entre as proporções, no que se refere a mais de dois grupos. Entretanto, você não pode utilizar o teste Z, caso existam mais de dois grupos.

Problemas para a Seção 12.1

APRENDENDO O BÁSICO

12.1 Determine o valor crítico de χ^2 com 1 grau de liberdade em cada uma das seguintes circunstâncias:
a. $\alpha = 0{,}01$
b. $\alpha = 0{,}005$
c. $\alpha = 0{,}10$

12.2 Determine o valor crítico de χ^2 com 1 grau de liberdade em cada uma das seguintes circunstâncias:
a. $\alpha = 0{,}05$
b. $\alpha = 0{,}025$
c. $\alpha = 0{,}01$

12.3 Utilize a seguinte tabela de contingência:

	A	B	Total
1	20	30	50
2	30	45	75
Total	50	75	125

a. Calcule a frequência esperada para cada uma das células.
b. Compare a frequência observada e a frequência esperada para cada uma das células.
c. Calcule a estatística χ^2_{ESTAT}. Ela é significativa no nível $\alpha = 0{,}05$?

12.4 Utilize a seguinte tabela de contingência:

	A	B	Total
1	20	30	50
2	30	20	50
Total	50	50	100

a. Calcule a frequência esperada para cada uma das células.
b. Calcule χ^2_{ESTAT}. Ela é significativa no nível $\alpha = 0{,}05$?

APLICANDO OS CONCEITOS

12.5 Uma pesquisa realizada junto a 1.085 adultos perguntou: "Você gosta de comprar roupas para si mesmo?" Os resultados indicaram que 51 % dos adultos do sexo feminino gostam de comprar roupas para si mesmas, em comparação com 44 % dos adultos do sexo masculino. (Dados extraídos de "Split Decision on Clothes Shopping", *USA Today*, 28 de janeiro de 2011, p. 1B.) O tamanho de amostras para homens e mulheres não foi fornecido. Suponha que os resultados tenham se dado conforme demonstra a tabela a seguir:

Gosta de Comprar Roupas	Gênero		
	Masculino	Feminino	Total
Sim	238	276	514
Não	304	267	571
Total	542	543	1.085

438 Capítulo 12

a. Existem evidências de alguma diferença significativa, no que diz respeito à proporção de homens e de mulheres que gostam de comprar roupas para si mesmos, no nível de significância de 0,01?

b. Determine o valor-p em (a) e interprete o seu significado.

c. Quais seriam suas respostas para (a) e (b), caso 218 pessoas do sexo masculino gostassem de comprar roupas e 324 não gostassem?

d. Compare os resultados de (a) a (c) com os resultados do Problema 10.29, (a), (b), (c), e (d) nos Problemas para a Seção 10.3.

12.6 Será que recomendações nas redes sociais fazem com que cresça a eficácia de propagandas? Um estudo realizado junto a pessoas que assistem a vídeos na Internet comparou pessoas que assistem a vídeos e que chegaram a um vídeo de propaganda de uma determinada marca, seguindo um link de recomendação de uma mídia social, com pessoas que assistem a vídeos e que chegaram a esse mesmo vídeo de propaganda por meio de buscas e pesquisas na Grande Rede. Foram coletados dados com relação ao fato de o espectador ser, ou não, capaz de se lembrar corretamente da marca que estava sendo anunciada, depois de ter assistido ao vídeo. Os resultados foram:

Método de Chegada	Lembrava Corretamente da Marca	
	Sim	**Não**
Recomendação	407	150
Busca e Pesquisa	193	91

Fonte: Dados extraídos de "Social Ad Effectiveness: An Unruly White Paper", **www.unrulymedia.com**, janeiro de 2012, p. 3.

a. Construa a hipótese nula e a hipótese alternativa para determinar se existe alguma diferença, em termos da lembrança da marca, entre pessoas que assistem a vídeos e que chegaram a ele seguindo recomendações em mídias sociais e pessoas que chegaram ao vídeo por meio de buscas na Grande Rede.

b. Conduza o teste de hipóteses definido em (a), com a utilização do nível de significância 0,05.

c. Compare os resultados de (a) e (b) com aqueles do Problema 10.30, (a) e (b) em Problemas para a Seção 10.3.

12.7 Foi conduzida uma pesquisa junto a 665 revistas de grande circulação sobre as práticas em seus respectivos portais na Grande Rede. Entre as revistas, 273 relataram que o conteúdo a ser inserido na edição virtual é copiado e editado com o mesmo rigor do conteúdo da edição impressa; 379 relataram que o conteúdo a ser inserido na edição virtual passa por uma verificação dos fatos com o mesmo rigor do conteúdo da edição impressa. (Dados extraídos de S. Clifford, "Columbia Survey Finds a Slack Editing Process of Magazine Web Sites", *The New York Times*, 1º de março de 2010, p. B6.) Suponha que uma amostra de 500 jornais revelasse que 252 deles relataram que o conteúdo a ser inserido na edição virtual é copiado e editado com o mesmo rigor do conteúdo na edição impressa e 296 relataram que o conteúdo a ser inserido na edição virtual passa por uma verificação dos fatos com o mesmo rigor do conteúdo da edição impressa.

a. Utilizando o nível de significância de 0,05, existem evidências de uma diferença entre revistas e jornais, no que se refere à proporção cujo conteúdo referente à edição virtual

é copiado e editado com o mesmo rigor do conteúdo para a edição que é impressa?

b Determine o valor-p em (a) e interprete o seu significado.

c. Utilizando o nível de significância de 0,05, existem evidências de uma diferença entre revistas e jornais, no que se refere à proporção cujo conteúdo referente à edição virtual passa por uma verificação dos fatos com o mesmo rigor do conteúdo da edição impressa?

d. Determine o valor-p em (c) e interprete o seu significado.

✓ AUTO-teste **12.8** Scarborough, uma empresa que realiza pesquisas junto a consumidores, analisou a parcela dos 10 % dos adultos norte-americanos que são considerados "Superbancados" ou "Desbancados". Consumidores Superbancados são definidos como os adultos norte-americanos que residem em um domicílio que tenha mais de uma conta bancária com aplicação de ativos em instituições financeiras, assim como algum outro tipo de investimento; consumidores Desbancados são adultos norte-americanos que residem em um domicílio que não faça uso de uma instituição bancária ou de crédito. Ao encontrar a parcela correspondente aos 5 % norte-americanos que são Superbancados, a Scarborough identifica consumidores com amplo conhecimento financeiro, que poderiam estar abertos à diversificação de suas carteiras de aplicações financeiras; ao encontrar a parcela dos Desbancados, a Scarborough apresenta a clientes prospectivos ideias e sugestões no que se refere a bancos e instituições financeiras. Como parte de sua análise, a Scarborough relatou que 93 % dos consumidores Superbancados fizeram uso de cartões de crédito nos últimos três meses, comparados a 23 % dos consumidores Desbancados. (Dados extraídos de **bit.ly/Syi9kN**.) Suponha que esses resultados tenham se baseado em 1.000 consumidores Superbancados e 1.000 consumidores Desbancados.

a. No nível de significância de 0,01, existem evidências de uma diferença significativa por entre os Superbancados e os Desbancados, no que diz respeito à proporção deles fazendo uso de cartões de crédito?

b. Determine o valor-p em (a) e interprete o seu significado.

c. Compare os resultados de (a) e (b) com os resultados do Problema 10.32, em Problemas para a Seção 10.3.

12.9 Diferentes faixas etárias utilizam diferentes meios de comunicação para buscar notícias. Um estudo com relação a essa questão explorou o uso de aparelhos de telefonia celular para acessar notícias. O estudo relatou que 47 % dos usuários com menos de 50 anos de idade e 15 % dos usuários com 50 anos de idade, ou mais, acessavam as notícias por meio de seus aparelhos de telefonia celular. (Dados extraídos de "Cellphone Users Who Access News on Their Phones", *USA Today*, 1º de março de 2010, p. 1A.) Suponha que a pesquisa tenha consistido em 1.000 usuários com idade abaixo de 50 anos, dos quais 470 acessavam as notícias por meio de seus aparelhos de telefonia celular, e 891 usuários com 50 anos de idade, ou mais, dos quais 134 acessavam as notícias por meio de seus aparelhos de telefonia celular.

a. Construa uma tabela de contingência 2×2.

b. Existem evidências de alguma diferença significativa, em termos da proporção de pessoas que acessam notícias por meio de seus aparelhos de telefonia celular, entre usuários com menos de 50 anos de idade e usuários com 50 anos de idade ou mais? (Utilize $\alpha = 0,05$.)

c. Determine o valor-p em (b) e interprete o seu significado.

d. Compare os resultados de (b) e (c) com os resultados do Problema 10.35 (a) e (b), em Problemas para a Seção 10.3.

12.10 Como se sentem os norte-americanos com relação à publicidade nos portais da Grande Rede? Uma pesquisa realizada junto a 1.000 usuários adultos da Internet descobriu que 670 deles eram contra a publicidade nos portais da Grande Rede. (Dados extraídos de S. Clifford, "Tracked for Ads? Many Americans Say No Thanks", *The New York Times*, 30 de setembro de 2009, p. B3.) Suponha que uma pesquisa realizada junto a 1.000 usuários da Internet, com idade entre 12 e 17 anos, tenha descoberto que 510 desses usuários eram contra a publicidade nos portais da Grande Rede.

a. No nível de significância de 0,05, existem evidências de alguma diferença entre os usuários adultos da Internet e os usuários com idade entre 12 e 17 anos, no que diz respeito à proporção deles afirmar ser contra a publicidade nos portais da Grande Rede?

b. Determine o valor-p em (a) e interprete o seu significado.

12.2 Teste Qui-Quadrado para Diferenças entre Mais de Duas Proporções

Nesta seção, o teste χ^2 é estendido com o objetivo de comparar mais de duas populações independentes. A letra c é utilizada para representar o número de populações independentes que estão sendo consideradas. Consequentemente, a tabela de contingência possui agora duas linhas e c colunas. Para testar a hipótese nula de que não existem nenhumas diferenças entre as proporções correspondentes às c populações:

$$H_0: \pi_1 = \pi_2 = \cdots = \pi_c$$

contra a hipótese alternativa de que nem todas as proporções das c populações são iguais:

$$H_1: \text{Nem todas as } \pi_j \text{ são iguais (em que } j = 1, 2, \ldots, c)$$

você utiliza a Equação (12.1), na Seção 12.1:

$$\chi^2_{ESTAT} = \sum_{\substack{todas\ as \\ células}} \frac{(f_o - f_e)^2}{f_e}$$

em que

f_o = frequência observada em determinada célula de uma tabela de contingência $2 \times c$
f_e = frequência esperada em determinada célula, caso a hipótese nula seja verdadeira

Se a hipótese nula for verdadeira e as proporções forem iguais ao longo de todas as c populações, as proporções das c amostras deverão diferir unicamente em decorrência do acaso. Nesse tipo de situação, uma estatística que combine essas c estimativas separadas em uma única estimativa geral para a proporção da população, π, proporciona mais informações do que qualquer uma das c estimativas separadas, individualmente. Para expandir a Equação (12.2), apresentada na Seção 12.1, a estatística $\bar{p}$ na Equação (12.3) representa a proporção geral estimada para todos os c grupos combinados.

CALCULANDO A PROPORÇÃO GERAL ESTIMADA PARA c GRUPOS

$$\bar{p} = \frac{X_1 + X_2 + \cdots + X_c}{n_1 + n_2 + \cdots + n_c} = \frac{X}{n} \tag{12.3}$$

Para calcular a frequência esperada, f_e, em relação a cada uma das células na primeira linha da tabela de contingência, multiplique por $\bar{p}$ cada um dos tamanhos de amostra (ou total relativo a coluna). Para calcular a frequência esperada, f_e, em relação a cada uma das células na segunda linha da tabela de contingência, multiplique $(1 -$ por $\bar{p})$ cada um dos tamanhos de amostra (ou totais de coluna). A estatística do teste apresentada na Equação (12.1), na Seção 12.1, segue aproximadamente uma distribuição qui-quadrada, com o número de graus de liberdade equivalente ao número de linhas na tabela de contingência subtraindo-se 1, multiplicado pelo número de colunas na tabela subtraindo-se 1. Para uma **tabela de contingência 2 $\times$ c**, existem $c - 1$ graus de liberdade:

$$\text{Graus de liberdade} = (2 - 1)(c - 1) = c - 1$$

Utilizando o nível de significância α, você rejeita a hipótese nula, caso a estatística calculada do teste χ^2_{ESTAT} seja maior que χ^2_α, o valor crítico da cauda superior, a partir de uma distribuição qui-quadrada, com $c - 1$ graus de liberdade. Portanto, a regra de decisão é

$$\text{Rejeitar } H_0 \text{ se } \chi^2_{ESTAT} > \chi^2_\alpha;$$

caso contrário, não rejeitar H_0.

A Figura 12.4 ilustra a regra de decisão.

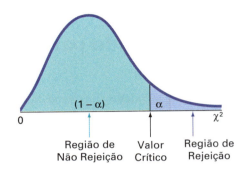

FIGURA 12.4 Regiões de rejeição e de não rejeição, quando se testam diferenças entre c proporções utilizando o teste χ^2

Para ilustrar o teste χ^2 para a igualdade entre proporções, quando existem mais de dois grupos, retorne ao cenário Utilizando a Estatística, apresentado no início deste capítulo, que trata da T.C. Resort Properties. Uma vez mais, você define o objetivo estratégico da empresa em termos de aperfeiçoar a qualidade dos serviços; dessa vez, são estudados três hotéis localizados em uma ilha diferente. Os dados são coletados a partir de pesquisas de satisfação junto aos hóspedes, nesses três hotéis. Você organiza as respostas na tabela de contingência apresentada na Tabela 12.6.

TABELA 12.6
Tabela de Contingência 2 × 3 para a Pesquisa que Trata da Satisfação dos Hóspedes

ESCOLHERIA O HOTEL NOVAMENTE?	Golden Palm	Palm Royale	Palm Princess	Total
Sim	128	199	186	513
Não	88	33	66	187
Total	216	232	252	700

Uma vez que a hipótese nula afirma que não existem nenhumas diferenças entre os três hotéis, no que se refere à proporção de hóspedes que estariam propensos a retornar novamente, você utiliza a Equação (12.3) para calcular uma estimativa de π, a proporção da população de hóspedes que estariam propensos a retornar novamente ao hotel:

$$\bar{p} = \frac{X_1 + X_2 + \cdots + X_c}{n_1 + n_2 + \cdots + n_c} = \frac{X}{n}$$
$$= \frac{(128 + 199 + 186)}{(216 + 232 + 252)} = \frac{513}{700}$$
$$= 0{,}733$$

A proporção geral estimada de hóspedes que *não* estariam propensos a retornar ao hotel novamente é igual ao complemento $(1 - \bar{p})$, ou 0,267. A multiplicação dessas duas proporções pelo tamanho da amostra correspondente a cada um dos hotéis resulta no número esperado de hóspedes que estariam e que não estariam propensos a retornar ao hotel.

EXEMPLO 12.2
Calculando as Frequências Esperadas

Calcule as frequências esperadas correspondentes a cada uma das seis células da Tabela 12.6.

SOLUÇÃO

Sim — Golden Palm: $\bar{p} = 0{,}733$ e $n_1 = 216$, de modo que $f_e = 158{,}30$
Sim — Palm Royale: $\bar{p} = 0{,}733$ e $n_2 = 232$, de modo que $f_e = 170{,}02$
Sim — Palm Princess: $\bar{p} = 0{,}733$ e $n_3 = 252$, de modo que $f_e = 184{,}68$
Não — Golden Palm: $1 - \bar{p} = 0{,}267$ e $n_1 = 216$, de modo que $f_e = 57{,}70$
Não — Palm Royale: $1 - \bar{p} = 0{,}267$ e $n_2 = 232$, de modo que $f_e = 61{,}98$
Não — Palm Princess: $1 - \bar{p} = 0{,}267$ e $n_3 = 252$, de modo que $f_e = 67{,}32$

A Tabela 12.7 apresenta essas frequências esperadas.

TABELA 12.7 Tabela de Contingência para as Frequências Esperadas a Partir de uma Pesquisa sobre Satisfação de Hóspedes em Três Hotéis

ESCOLHERIA O HOTEL NOVAMENTE?	Golden Palm	Palm Royale	Palm Princess	Total
Sim	158,30	170,02	184,68	513
Não	57,70	61,98	67,32	187
Total	216,00	232,00	252,00	700

Para testar a hipótese nula de que as proporções são iguais:

$$H_0: \pi_1 = \pi_2 = \pi_3$$

contra a hipótese alternativa de que nem todas as três proporções são iguais:

$$H_1: \text{Nem todas as } \pi_j \text{ são iguais (em que } j = 1, 2, 3)$$

você utiliza as frequências observadas extraídas da Tabela 12.6 e as frequências esperadas extraídas da Tabela 12.7 para calcular a estatística do teste χ^2_{ESTAT} [fornecida pela Equação (12.1), no início deste capítulo]. A Tabela 12.8 apresenta os cálculos.

TABELA 12.8 Calculando a Estatística do Teste χ^2_{ESTAT} para a Pesquisa sobre Satisfação de Hóspedes em Três Hotéis

f_o	f_e	$(f_o - f_e)$	$(f_o - f_e)^2$	$(f_o - f_e)^2/f_e$
128	158,30	−30,30	918,09	5,80
199	170,02	28,98	839,84	4,94
186	184,68	1,32	1,74	0,01
88	57,70	30,30	918,09	15,91
33	61,98	−28,98	839,84	13,55
66	67,32	−1,32	1,74	0,02
				40,23

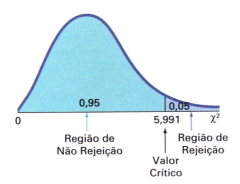

FIGURA 12.5 Regiões de rejeição e de não rejeição, quando se testam diferenças em três proporções, no nível de significância de 0,05, com 2 graus de liberdade

Você utiliza a Tabela E.4 para encontrar o valor crítico correspondente à estatística do teste χ^2. Na pesquisa que trata da satisfação dos hóspedes, uma vez que existem três hotéis, haverá $(2 - 1)(3 - 1) = 2$ graus de liberdade. Utilizando $\alpha = 0{,}05$, o valor crítico para χ^2, com 2 graus de liberdade, corresponde a 5,991 (Figura 12.5).

Uma vez que a estatística calculada para o teste, χ^2_{ESTAT}, é 40,23, que é maior do que esse valor crítico, você rejeita a hipótese nula. A Figura 12.6 mostra a solução, por meio de planilha, para esse problema. Os resultados da planilha também informam o valor-p. Uma vez que o valor-p é (aproximadamente) 0,0000, que é menor do que $\alpha = 0{,}05$, você rejeita a hipótese nula. Além disso, esse valor-p indica que não existe praticamente nenhuma chance de que venham a ser verificadas diferenças dessa dimensão, ou ainda maiores, entre as três proporções de amostras, se as proporções das populações para os três hotéis forem iguais. Por conseguinte, existem evidências suficientes para concluir que as propriedades do hotel são diferentes, no que diz respeito à proporção de hóspedes que estão propensos a retornar.

442 Capítulo 12

FIGURA 12.6
Planilha do teste qui-quadrado para os dados da Tabela 12.6 sobre a satisfação de hóspedes

*A Figura 12.6 exibe a **planilha Qui-Quadrado2x3** da **pasta de trabalho Planilhas Qui-Quadradas**, que é utilizada pelas instruções na Seção GE12.2.*

	A	B	C	D	E	F	G	H	I
1	Teste Qui-Quadrado								
2									
3			Frequências Observadas						
4			Hotel				Cálculos		
5	Escolheria Novamente?	Golden Palm	Palm Royale	Palm Princess	Total			fo - fe	
6	Sim	128	199	186	513		-30,2971	28,9771	1,32
7	Não	88	33	66	187		30,2971	-28,9771	-1,32
8	Total	216	232	252	700				
9									
10			Frequências Esperadas						
11			Hotel						
12	Escolheria Novamente?	Golden Palm	Palm Royale	Palm Princess	Total			(fo - fe)^2/fe	
13	Sim	158,2971	170,0229	184,68	513		5,7987	4,9386	0,0094
14	Não	57,7029	61,9771	67,32	187		15,9077	13,5481	0,0259
15	Total	216	232	252	700				
16									
17	Dados								
18	Nível de Significância	0,05							
19	Número de Linhas	2							
20	Número de Colunas	3							
21	Graus de Liberdade	2	=(B19 - 1) * (B20 - 1)						
22									
23	Resultados								
24	Valor Crítico	5,9915	=INV.QUIQUA.RT(B18, B21)						
25	Estatística do Teste Qui-Quadrado	40,2284	=SOMA(G13:I14)						
26	Valor-p	0,0000	=DIST.QUIQUA.RT(B25, B21)						
27	Rejeitar a Hipótese Nula		=SE(B26 < B18, "Rejeitar a hipótese nula",						
28			"Não rejeitar a hipótese nula")						
29	*A premissa da frequência esperada*								
30	*foi atendida.*		=SE(OU(B13 < 1, C13 < 1, D13 < 1, B14 < 1, C14 < 1, D14 < 1),						
			" foi violada."," foi atendida.")						

Para que o teste χ^2 proporcione resultados precisos quando se lida com tabelas de contingência $2 \times c$, todas as frequências esperadas devem ser grandes. A definição sobre o que significa "grande" tem acarretado muitos estudos e pesquisas entre os estatísticos. Alguns estatísticos (veja a Referência 5) descobriram que o teste fornece resultados precisos desde que todas as frequências esperadas sejam iguais a pelo menos 0,5. Outros estatísticos, mais conservadores em suas abordagens, acreditam que não mais de 20 % das células devam conter frequências esperadas inferiores a 5, e que nenhuma célula deva possuir frequência esperada inferior a 1 (consulte a Referência 3). Como solução conciliatória razoável entre esses dois pontos de vista, de modo a assegurar a validade do teste, você deveria ter certeza de que cada uma das frequências esperadas seja pelo menos igual a 1. Para conseguir isso, é necessário que você consolide, em uma única categoria para a tabela de contingência, duas ou mais categorias com frequências esperadas mais baixas, antes de realizar o teste. Se não for desejada a combinação entre categorias, você poderá utilizar um dos procedimentos alternativos disponíveis (veja as Referências 1, 2 e 7).

O Procedimento de Marascuilo

A rejeição da hipótese nula em um teste χ^2 para a igualdade entre proporções, em uma tabela $2 \times c$, permite apenas que você chegue à conclusão de que nem todas as c proporções de população são iguais. Para determinar qual, ou quais, das proporções difere(m) entre si, você utiliza um procedimento de múltiplas comparações, tal como o procedimento de Marascuilo.

O **procedimento de Marascuilo** permite que você faça comparações entre todos os pares de grupos. Em primeiro lugar, você calcula as proporções da amostra. Depois disso, você utiliza a Equação (12.4) para calcular os intervalos críticos correspondentes ao procedimento de Marascuilo. Você calcula um intervalo crítico diferente para cada uma das comparações em pares referentes a proporções de amostras.

> ☞ **Dica para o Leitor**
> Você tem um nível de risco α em conjunto inteiro de comparações, e não simplesmente uma única comparação.

INTERVALO CRÍTICO PARA O PROCEDIMENTO DE MARASCUILO

$$\text{Intervalo crítico} = \sqrt{\chi_\alpha^2}\sqrt{\frac{p_j(1 - p_j)}{n_j} + \frac{p_{j'}(1 - p_{j'})}{n_{j'}}} \qquad (12.4)$$

Testes Qui-Quadrados e Testes Não Paramétricos **443**

Depois disso, você compara cada um dos $c(c-1)/2$ pares de proporções de amostras com o seu intervalo crítico correspondente. Você declara que um par específico é significativamente diferente, caso a diferença absoluta, em termos das proporções das amostras $|p_j - p_{j'}|$, venha a ser maior do que o seu respectivo intervalo crítico.

Para aplicar o procedimento de Marascuilo, retorne à pesquisa que trata da satisfação dos hóspedes nos hotéis. Utilizando o teste χ^2, você concluiu que existiam evidências de uma diferença significativa entre as proporções das populações. Com base na Tabela 12.6, apresentada nesta seção, as três proporções de amostras são

$$p_1 = \frac{X_1}{n_1} = \frac{128}{216} = 0,5926$$

$$p_2 = \frac{X_2}{n_2} = \frac{199}{232} = 0,8578$$

$$p_3 = \frac{X_3}{n_3} = \frac{186}{252} = 0,7381$$

Depois você calcula as diferenças absolutas nas proporções de amostras e seus respectivos intervalos críticos. Uma vez que existem três hotéis, há $(3)(3-1)/2 = 3$ comparações feitas em pares. Utilizando a Tabela E.4 e um nível geral de significância de 0,05, o valor crítico da cauda superior, para uma distribuição qui-quadrada que tenha $(c-1) = 2$ graus de liberdade, é igual a 5,991. Consequentemente,

$$\sqrt{\chi_\alpha^2} = \sqrt{5,991} = 2,4477$$

A tabela a seguir mostra as diferenças absolutas e os intervalos críticos para cada uma das comparações.

Diferença Absoluta nas Proporções	Intervalo Crítico
$|p_j - p_{j'}|$	$2,4477\sqrt{\dfrac{p_j(1-p_j)}{n_j} + \dfrac{p_{j'}(1-p_{j'})}{n_{j'}}}$
$|p_1 - p_2| = |0,5926 - 0,8578| = 0,2652$	$2,4477\sqrt{\dfrac{(0,5926)(0,4074)}{216} + \dfrac{(0,8578)(0,1422)}{232}} = 0,0992$
$|p_1 - p_3| = |0,5926 - 0,7381| = 0,1455$	$2,4477\sqrt{\dfrac{(0,5926)(0,4074)}{216} + \dfrac{(0,7381)(0,2619)}{252}} = 0,1063$
$|p_2 - p_3| = |0,8578 - 0,7381| = 0,1197$	$2,4477\sqrt{\dfrac{(0,8578)(0,1422)}{232} + \dfrac{(0,7381)(0,2619)}{252}} = 0,0880$

A Figura 12.7 apresenta uma solução, com o formato de uma planilha, para esse exemplo.

FIGURA 12.7
Planilha do procedimento de Marascuilo para a pesquisa sobre satisfação dos hóspedes

*A Figura 12.7 apresenta a **planilha Marascuilo2x3** da **pasta de trabalho Planilhas Qui-Quadradas**, que é utilizada pelas instruções da Seção GE12.2.*

Como etapa final, você compara as diferenças absolutas com os intervalos críticos. Caso a diferença absoluta seja maior do que o intervalo crítico, as proporções serão significativamente diferentes. No nível de significância de 0,05, você pode concluir que a satisfação dos hóspedes é mais alta no Palm Royale ($p_2 = 0,858$) do que tanto no Golden Palm ($p_1 = 0,593$) quanto no Palm Princess ($p_3 = 0,738$) e que a satisfação dos hóspedes é também mais alta no Palm Princess do que

444 Capítulo 12

APRENDA MAIS

Aprenda mais sobre este método em uma seção apresentada como bônus para o Capítulo 12, no material suplementar disponível no *site* da LTC Editora.

---

no Golden Palm. Esses resultados sugerem claramente que você deve investigar as possíveis razões para essas diferenças. Em particular, você deve tentar determinar a razão pela qual a satisfação é significativamente mais baixa no Golden Palm do que nos outros dois hotéis.

A Análise de Proporções (ANOP) (*on-line*)

O método ANOP proporciona uma metodologia de intervalo de confiança que permite você determinar qual, ou quais, se é que há algum, dos c grupos apresenta(m) uma proporção significativamente diferente da média aritmética geral de todas as proporções de grupos combinadas.

| Problemas para a Seção 12.2

APRENDENDO O BÁSICO

12.11 Considere uma tabela de contingência com duas linhas e cinco colunas.
a. Quantos graus de liberdade existem na tabela de contingência?
b. Determine o valor crítico para $\alpha = 0,05$.
c. Determine o valor crítico para $\alpha = 0,01$.

12.12 Utilize a seguinte tabela de contingência:

	A	B	C	Total
1	10	30	50	90
2	40	45	50	135
Total	50	75	100	225

a. Calcule as frequências esperadas para cada uma das células.
b. Calcule χ^2_{ESTAT}. Ela é significativa em $\alpha = 0,05$?

12.13 Utilize a seguinte tabela de contingência:

	A	B	C	Total
1	20	30	25	75
2	30	20	25	75
Total	50	50	50	150

a. Calcule as frequências esperadas para cada uma das células.
b. Calcule χ^2_{ESTAT}. Ela é significativa em $\alpha = 0,05$?

APLICANDO OS CONCEITOS

12.14 Os trabalhadores preferem comprar seu próprio almoço ou preferem levar de sua própria casa? Uma pesquisa de empregados norte-americanos descobriu que 75 % dos trabalhadores entre 18 e 24 anos de idade, 77 % dos trabalhadores entre 25 e 34 anos de idade, 72 % dos trabalhadores entre 35 e 44 anos de idade, 58 % dos trabalhadores entre 45 e 54 anos de idade, 57 % dos trabalhadores entre 55 e 64 anos de idade, e 55 % das pessoas com 65 anos de idade, ou mais, compram seu almoço, ao longo da semana de trabalho. (Dados extraídos de **bit.ly/z99CeN**.) Suponha que a pesquisa tenha se baseado em 200 norte-americanos empregados, em cada uma das seis faixas etárias: 18 a 24 anos de idade, 25 a 34, 35 a 44, 45 a 54, 55 a 64, e 65+.

a. No nível de significância de 0,05, existem evidências de uma diferença entre as faixas etárias, no que se refere à preferência com relação ao almoço?
b. Determine o valor-p em (a) e interprete o seu significado.
c. Caso seja apropriado, utilize o procedimento de Marascuilo e $\alpha = 0,05$ para determinar quais faixas etárias são diferentes das demais.

12.15 Quais são as tecnologias de preferência dos viajantes e passageiros de transportes públicos? Os tablets são responsáveis por uma parcela cada vez maior dos dispositivos de múltiplo uso que os viajantes estão utilizando. Um estudo observacional de passageiros de avião, ônibus e trens descobriu que 8,4 % dos passageiros de companhias aéreas, 5,9 % dos passageiros de trens interestaduais e 4,9 % dos passageiros que viajam de trem no trajeto de casa para o trabalho, e vice-versa, e 3,7 % dos passageiros de ônibus alternativos foram observados utilizando um tablet em algum ponto durante suas respectivas viagens. (Dados extraídos de **afterhours.e-strategy.com/passenger-tablet-use-by-transportation-mode-c**.) Suponha que esses resultados tenham se baseado em 500 passageiros em cada um dos quatro meios de transporte: avião, trens interestaduais, trens locais e ônibus alternativos.

a. No nível de significância de 0,05, existem evidências de alguma diferença entre os meios de transporte, no que se refere ao uso de tablets?
b. Calcule o valor-p e interprete o seu significado.
c. Caso seja apropriado, utilize o procedimento de Marascuilo e $\alpha = 0,05$ para determinar quais meios de transporte diferem dos demais.

✓ AUTO-teste **12.16** Usuários de mídias sociais utilizam uma variedade de dispositivos para acessar redes sociais; telefones móveis são cada vez mais populares. No entanto, será que existe diferença entre as várias faixas etárias, no que se refere à proporção de usuários de mídias sociais que utilizam seus telefones móveis para acessar redes sociais? Um estudo mostrou os seguintes resultados para as diferentes faixas etárias:

UTILIZA O TELEFONE CELULAR PARA ACESSAR REDES SOCIAIS?	IDADE		
	18-34	**35-64**	**65+**
Sim	59%	36%	13%
Não	41%	64%	87%

Fonte: Dados extraídos de "State of the Media: U.S. Digital Consumer Report Q3-Q4 2011", The Nielsen Company, 2012, p. 9.

Considere que tenham sido entrevistados 200 usuários de mídias sociais para cada uma das faixas etárias.
a. Existem evidências de alguma diferença significativa, por entre as faixas etárias, no que diz respeito ao uso de telefones móveis para acessar redes sociais? (Utilize $\alpha = 0,05$.)
b. Determine o valor-p em (a) e interprete o seu significado.
c. Caso seja apropriado, utilize o procedimento de Marascuilo e $\alpha = 0,05$ para determinar quais faixas etárias diferem com relação ao uso de telefones móveis para acessar redes sociais.
d. Discuta as implicações gerenciais de (a) e (c). De que modo os especialistas em marketing podem utilizar essas informações para fazer com que cresça o retorno sobre o investimento, em termos de vendas?

12.17 Repita (a) e (b) do Problema 12.16, pressupondo que tenham sido entrevistados somente 50 usuários de mídias sociais para cada uma das faixas etárias. Discuta as implicações do tamanho da amostra em relação ao teste χ^2 para diferenças entre mais de duas populações.

12.18 Quem utiliza os seus aparelhos de telefonia celular ao mesmo tempo em que assistem à TV? O Internet and American Life Project conduzido pelo The Pew Research Center mediu a prevalência de experiência de pessoas que assistem a mais de uma "tela" ao mesmo tempo, perguntando a pessoas que possuem aparelhos de telefonia celular se elas teriam utilizado seus aparelhos de telefonia celular para se engajar em atividades diversas, ao mesmo tempo em que assistiam à TV. O estudo relatou que 171 dos 316 (54 %) proprietários norte-americanos de telefonia celular da região urbana entrevistados, 516 dos 993 (52 %) proprietários norte-americanos de telefonia celular, da região dos subúrbios, entrevistados e 251 dos 557 (45 %) proprietários norte-americanos de telefonia celular, da região rural, entrevistados utilizaram seus aparelhos de telefonia celular para se engajar em atividades diversas, ao mesmo tempo em que assistiam à TV. (Dados extraídos de "The Rise of the Connected Viewer", Pew Research Center's Internet & American Life Project, 17 de julho de 2012.)
a. Existem evidências de uma diferença significativa entre os norte-americanos que possuem telefone celular na região urbana, na região dos subúrbios e na região rural dos EUA, no que se refere à proporção deles utilizar seus aparelhos de telefonia celular para se engajar em atividades diversas, ao mesmo tempo em que assistiam à TV? (Utilize $\alpha = 0,05$.)
b. Determine o valor-p em (a) e interprete o seu significado.
c. Caso seja apropriado, utilize o procedimento de Marascuilo e $\alpha = 0,05$ para determinar quais grupos diferem dos demais.

12.19 A pesquisa que investiga a ocupação feminina nos Conselhos Administrativos "GMI Rating's 2012 Women on Boards Survey" mostrou melhorias incrementais na maior parte dos indicadores que tratam da representação feminina, no ano passado. O estudo relatou que 90 das 101 (89 %) companhias francesas, 136 das 197 (69 %) companhias australianas, 26 das 28 (93 %) companhias norueguesas, 27 das 53 (51 %) companhias cingapurianas, e 95 das 134 (71 %) companhias canadenses investigadas possuem pelo menos uma pessoa do sexo feminino ocupando o cargo de Diretoria em seus respectivos Conselhos Administrativos. (Dados extraídos de **bit.ly/zBAnYv**.)
a. Existem evidências de uma diferença significativa, entre os países, no que diz respeito à proporção de empresas que possuem pelo menos uma pessoa do sexo feminino ocupando o cargo de Diretoria em seus respectivos Conselhos Administrativos? (Utilize $\alpha = 0,05$.)
b. Determine o valor-p e interprete o seu significado.
c. Caso seja apropriado, utilize o procedimento de Marascuilo e $\alpha = 0,05$ para determinar quais países diferem dos demais.

12.3 Teste Qui-Quadrado para Independência

Nas Seções 12.1 e 12.2, você utilizou o teste χ^2 para avaliar diferenças potenciais entre proporções de populações. Para uma tabela de contingência que possui r linhas e c colunas, você pode generalizar o teste χ^2 como um *teste de independência* para duas variáveis categóricas.

Para um teste de independência, a hipótese nula e a hipótese alternativa são apresentadas a seguir:

H_0: As duas variáveis categóricas são independentes (ou seja, não existe qualquer relação entre elas).
H_1: As duas variáveis categóricas são dependentes (ou seja, existe uma relação entre elas).

Mais uma vez, você utiliza a Equação (12.1) da Seção 12.1, para calcular a estatística do teste:

$$\chi^2_{ESTAT} = \sum_{\substack{\text{todas as} \\ \text{células}}} \frac{(f_o - f_e)^2}{f_e}$$

Você rejeita a hipótese nula no nível de significância α, caso o valor calculado para a estatística do teste χ^2_{ESTAT} venha a ser maior que χ^2_α, o valor crítico da cauda superior, a partir de uma distribuição qui-quadrada com $(r-1)(c-1)$ graus de liberdade (veja a Figura 12.8).

Assim, a regra de decisão é

Rejeitar H_0, se $\chi^2_{ESTAT} > \chi^2_\alpha$;
caso contrário, não rejeitar H_0.

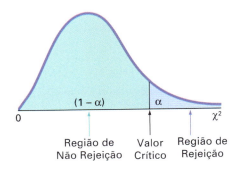

FIGURA 12.8 Regiões de rejeição e de não rejeição, quando se testa a independência em uma tabela de contingência $r \times c$ utilizando o teste χ^2

O **teste qui-quadrado (χ^2) para independência** é semelhante ao teste χ^2 para a igualdade entre proporções. As estatísticas de teste e as regras de decisão são as mesmas, porém a hipótese nula e a hipótese alternativa e as conclusões

446 Capítulo 12

> **Dica para o Leitor**
> Lembre-se de que *independência* significa nenhuma relação, de modo que você não rejeita a hipótese nula. *Dependência* significa que existe uma relação, de modo que você rejeita a hipótese nula.

são diferentes. Por exemplo, na pesquisa que trata da satisfação dos hóspedes, descrita nas Seções 12.1 e 12.2, existem evidências de uma diferença significativa entre os hotéis, no que diz respeito à proporção dos hóspedes que estariam propensos a retornar ao hotel. Sob um ponto de vista diferente, você poderia concluir que existe uma relação significativa entre os hotéis e a probabilidade de que um determinado hóspede venha a retornar ao hotel em questão. Entretanto, os dois tipos de testes diferem no que diz respeito ao modo como as amostras são selecionadas.

Em um teste para igualdade entre proporções, existe um único fator de interesse, com dois ou mais níveis. Esses níveis representam amostras extraídas de populações independentes. As respostas categóricas em cada um dos grupos ou níveis de amostra são classificadas em duas categorias, tais como *item de interesse* e *item que não é de interesse*. O objetivo é realizar comparações e avaliar diferenças nas proporções de *itens de interesse* entre os vários níveis. No entanto, em um teste de independência, existem dois fatores de interesse, cada um dos quais contendo dois ou mais níveis. Você seleciona uma amostra e tabula as respostas combinadas para as duas variáveis categóricas nas células de uma tabela de contingência.

Para ilustrar o teste χ^2 para independência, suponha que, na pesquisa que trata da satisfação dos hóspedes nos hotéis, os entrevistados que afirmaram não estar propensos a retornar também tenham indicado a principal razão para essa intenção de não retornar ao hotel. A Tabela 12.9 apresenta a tabela de contingência 4×3 resultante.

TABELA 12.9
Tabela de Contingência para a Principal Razão para Não Retornar e Hotel

PRINCIPAL RAZÃO PARA NÃO RETORNAR	HOTEL			
	Golden Palm	Palm Royale	Palm Princess	Total
Preço	23	7	37	67
Localização	39	13	8	60
Acomodações nos quartos	13	5	13	31
Outras	13	8	8	29
Total	88	33	66	187

Na Tabela 12.9, observe que, entre as principais razões para não planejar retornar ao hotel, 67 eram decorrentes do preço, 60 eram decorrentes da localização, 31 eram decorrentes da acomodação nos quartos e 29 eram decorrentes de outras razões. Na Tabela 12.6, apresentada na Seção 12.2, havia 88 hóspedes no Golden Palm, 33 hóspedes no Palm Royale e 66 hóspedes no Palm Princess que não estariam planejando retornar ao hotel em que se hospedaram. As frequências observadas nas células da tabela de contingência 4×3 representam as tabulações combinadas correspondentes aos hóspedes entrevistados, com relação à principal razão para não retornarem ao hotel em que se hospedaram. A hipótese nula e a hipótese alternativa são

H_0: Não existe nenhuma relação entre a principal razão para não retornar e o hotel específico.
H_1: Existe uma relação entre a principal razão para não retornar e o hotel específico.

Para testar essa hipótese nula de independência contra a hipótese alternativa de que existe uma relação entre as duas variáveis categóricas, você utiliza a Equação (12.1) da Seção 12.1, para calcular a estatística do teste:

$$\chi^2_{ESTAT} = \sum_{\substack{todas\ as \\ células}} \frac{(f_o - f_e)^2}{f_e}$$

em que

f_o = frequência observada em uma determinada célula da tabela de contingência $r \times c$
f_e = frequência esperada em uma determinada célula, caso a hipótese nula de independência seja verdadeira

Para calcular a frequência esperada, f_e, em qualquer uma das células, utilize a regra da multiplicação para eventos independentes, discutida no final da Seção 4.2 do Capítulo 4 [veja a Equação (4.7)]. Por exemplo, segundo a hipótese nula de independência, a probabilidade de respostas esperadas na célula do canto esquerdo superior, que representa o preço como a principal razão para não retorno ao Golden Palm, corresponde ao produto entre duas probabilidades separadas: $P(Preço)$ e $P(Golden\ Palm)$. Nesse caso, a proporção de razões que são decorrentes de preço, $P(preço)$, é $67/187 = 0,3583$, enquanto a proporção de todas as respostas para o Golden Palm, $P(Golden\ Palm)$,

Testes Qui-Quadrados e Testes Não Paramétricos **447**

é 88/187, ou 0,4706. Caso a hipótese nula seja verdadeira, a principal razão para não retornar e o hotel específico são, consequentemente, independentes:

$$P(\text{Preço } e \text{ Golden Palm}) = P(\text{Preço}) \times P(\text{Golden Palm})$$
$$= (0,3583) \times (0,4706)$$
$$= 0,1686$$

A frequência esperada corresponde ao produto entre o tamanho da amostra geral, n, e esta probabilidade, $187 \times 0,1686 = 31,53$. Os valores de f_e para as células remanescentes estão ilustrados na Tabela 12.10.

TABELA 12.10
Tabela de Contingência de Frequências Esperadas, para Principal Razão para Não Retornar e o Hotel Específico

PRINCIPAL RAZÃO PARA NÃO RETORNAR	HOTEL			
	Golden Palm	**Palm Royale**	**Palm Princess**	**Total**
Preço	31,53	11,82	23,65	67
Localização	28,24	10,59	21,18	60
Acomodações nos quartos	14,59	5,47	10,94	31
Outras	13,65	5,12	10,24	29
Total	88,00	33,00	66,00	187

Você pode, também, calcular a frequência esperada tomando o produto entre o total da linha e o total da coluna para uma célula e dividindo esse produto pelo tamanho geral da amostra, como na Equação (12.5).

CALCULANDO A FREQUÊNCIA ESPERADA

A frequência esperada em uma determinada célula corresponde ao produto entre o total de sua respectiva linha e o total de sua respectiva coluna, dividido pelo tamanho geral da amostra:

$$f_e = \frac{\text{total da linha} \times \text{total da coluna}}{n} \tag{12.5}$$

em que

$$\text{Total da linha} = \text{soma de todas as frequências na linha}$$
$$\text{Total da coluna} = \text{soma de todas as frequências na coluna}$$
$$n = \text{tamanho geral da amostra}$$

Este método alternativo resulta em cálculos mais simples. Por exemplo, utilizando a Equação (12.5), para a célula do canto esquerdo superior (preço para o Golden Palm),

$$f_e = \frac{\text{Total da linha} \times \text{Total da coluna}}{n} = \frac{(67)(88)}{187} = 31,53$$

e para a célula do canto direito inferior (outra razão correspondente ao Palm Princess),

$$f_e = \frac{\text{Total da linha} \times \text{Total da coluna}}{n} = \frac{(29)(66)}{187} = 10,24$$

Para realizar o teste de independência, você utiliza a estatística do teste χ^2_{ESTAT} apresentada na Equação (12.1), da Seção 12.1. A estatística do teste χ^2_{ESTAT} segue, aproximadamente, uma distribuição qui-quadrada, com o número de graus de liberdade equivalentes ao número de linhas na tabela de contingência menos 1, multiplicado pelo número de colunas na tabela menos 1:

$$\text{Graus de liberdade} = (r - 1)(c - 1)$$
$$= (4 - 1)(3 - 1) = 6$$

A Tabela 12.11 apresenta os cálculos para a estatística do teste χ^2_{ESTAT}.

TABELA 12.11
Calculando a Estatística do Teste χ^2_{ESTAT} referente ao Teste para Independência

Célula	f_o	f_e	$(f_o - f_e)$	$(f_o - f_e)^2$	$(f_o - f_e)^2/f_e$
Preço/Golden Palm	23	31,53	−8,53	72,76	2,31
Preço/Palm Royale	7	11,82	−4,82	23,23	1,97
Preço/Palm Princess	37	23,65	13,35	178,22	7,54
Localização/Golden Palm	39	28,24	10,76	115,78	4,10
Localização/Palm Royale	13	10,59	2,41	5,81	0,55
Localização/Palm Princess	8	21,18	−13,18	173,71	8,20
Quarto/Golden Palm	13	14,59	−1,59	2,53	0,17
Quarto/Palm Royale	5	5,47	−0,47	0,22	0,04
Quarto/Palm Princess	13	10,94	2,06	4,24	0,39
Outra/Golden Palm	13	13,65	−0,65	0,42	0,03
Outra/Palm Royale	8	5,12	2,88	8,29	1,62
Outra/Palm Princess	8	10,24	−2,24	5,02	0,49
					27,41

Utilizando um nível de significância $\alpha = 0,05$, o valor crítico da cauda superior, a partir da distribuição qui-quadrada com 6 graus de liberdade, é igual a 12,592 (veja a Tabela E.4). Uma vez que $\chi^2_{ESTAT} = 27,41 > 12,592$, você rejeita a hipótese nula de independência (veja a Figura 12.9).

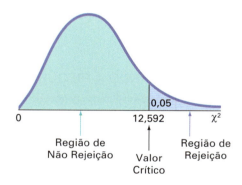

FIGURA 12.9 Regiões de rejeição e de não rejeição, quando se testam a independência no exemplo da pesquisa sobre satisfação de hóspedes em hotéis, no nível de significância de 0,05, com 6 graus de liberdade

Os resultados da planilha para esse teste, ilustrados na Figura 12.10, incluem o valor-$p = 0,0001$. Uma vez que $\chi^2_{ESTAT} = 27,4104 > 12,592$, você rejeita a hipótese nula de independência. Utilizando a abordagem do valor-p, você rejeita a hipótese nula de independência porque o valor-$p = 0,0001 < 0,05$. O valor-p indica que não existe praticamente nenhuma chance de haver, em uma amostra, uma relação tão forte como essa, ou ainda mais forte, entre o hotel específico e as principais razões para não retornar, caso as principais razões para não retornar sejam independentes dos hotéis específicos em toda a população. Por conseguinte, existem fortes evidências de uma relação significativa entre a principal razão para não retornar e o hotel específico.

O exame das frequências observadas e das frequências esperadas (veja a Tabela 12.11) revela que o preço está sub-representado como uma razão para não retornar ao Golden Palm (ou seja, $f_o = 23$ e $f_e = 31,53$), mas está super-representado no que se refere ao Palm Princess. Os hóspedes estão mais satisfeitos com relação ao preço do Golden Palm do que com o preço do Palm Princess. A localização está super-representada como uma razão para não retornar ao Golden Palm, mas está demasiadamente sub-representada no caso do Palm Princess. Por conseguinte, os hóspedes estão muito mais satisfeitos com a localização do Palm Princess do que com a localização do Golden Palm.

FIGURA 12.10

Planilha do teste qui-quadrado para os dados da Tabela 12.9 sobre a principal razão para não retornar e sobre o hotel

*A Figura 12.10 exibe a **planilha QuiQuadrado4x3** da **pasta de trabalho Planilhas Qui-Quadrado**, que é utilizada pelas instruções da Seção GE12.3.*

	A	B	C	D	E	F	G	H	I
1	Teste Qui-Quadrado para Independência								
2									
3			Frequências Observadas						
4			Hotel					Cálculos	
5	Razão para Não Retornar	Golden Palm	Palm Royale	Palm Princess	Total			fo - fe	
6	Preço	23	7	37	67		-8,5294	-4,8235	13,3529
7	Localização	39	13	8	60		10,7647	2,4118	-13,1765
8	Acomodações nos quartos	13	5	13	31		-1,5882	-0,4706	2,0588
9	Outra	13	8	8	29		-0,6471	2,8824	-2,2353
10	Total	88	33	66	187				
11									
12			Frequências Esperadas						
13			Hotel						
14	Razão para Não Retornar	Golden Palm	Palm Royale	Palm Princess	Total			(fo - fe)^2/fe	
15	Preço	31,5294	11,8235	23,6471	67		2,3074	1,9678	7,5401
16	Localização	28,2353	10,5882	21,1765	60		4,1040	0,5493	8,1987
17	Acomodações nos quartos	14,5882	5,4706	10,9412	31		0,1729	0,0405	0,3874
18	Outra	13,6471	5,1176	10,2353	29		0,0307	1,6234	0,4882
19	Total	88	33	66	187				
20									
21	Dados								
22	Nível de Significância	0,05							
23	Número de Linhas	4							
24	Número de Colunas	3							
25	Graus de Liberdade	6	=(B23 - 1) * (B24 - 1)						
26									
27	Resultados								
28	Valor Crítico	12,5916	=INV.QUIQUA.RT(B22, B25)						
29	Estatística do Teste Qui-Quadrado	27,4104	=SOMA(G15:I18)						
30	Valor-p	0,0001	=DIST.QUIQUA.RT(B29, B25)						
31	Rejeitar a Hipótese Nula		=SE(B30 < B22, "Rejeitar a hipótese nula",						
32			"Não rejeitar a hipótese nula")						
33	*A premissa da frequência esperada*								
34	*foi atendida.*		=SE(OU(B15 < 1, C15 < 1, D15 < 1, B16 < 1, C16 < 1, D16 < 1, B17 < 1, C17 < 1, D17 < 1, B18 < 1, C18 < 1, D18 < 1), " foi violada.", " foi atendida.")						

Para garantir resultados precisos, todas as frequências esperadas precisam ser grandes para que se possa utilizar o teste χ^2, ao lidar com tabelas de contingência $r \times c$. Do mesmo modo que no caso das tabelas de contingência $2 \times c$ na Seção 12.2, todas as frequências esperadas devem ser pelo menos iguais a 1. Para tabelas de contingência em que uma ou mais frequências esperadas são menores que 1, você pode utilizar o teste qui-quadrado depois de consolidar duas ou mais linhas com frequência baixa em uma única linha (ou consolidando duas ou mais colunas com frequência baixa em uma única coluna). A fusão entre linhas ou colunas geralmente resulta em frequências esperadas suficientemente grandes para garantir a exatidão do teste χ^2.

Problemas para a Seção 12.3

APRENDENDO O BÁSICO

12.20 Se uma tabela de contingência possui três linhas e quatro colunas, quantos graus de liberdade existem em relação ao teste χ^2 para independência?

12.21 Ao realizar um teste χ^2 para independência em uma tabela de contingência com r linhas e c colunas, determine o valor crítico da cauda superior para a estatística do teste, em cada uma das seguintes circunstâncias:
a. $\alpha = 0,05$, $r = 4$ linhas, $c = 5$ colunas
b. $\alpha = 0,01$, $r = 4$ linhas, $c = 5$ colunas
c. $\alpha = 0,01$, $r = 4$ linhas, $c = 6$ colunas
d. $\alpha = 0,01$, $r = 3$ linhas, $c = 6$ colunas
e. $\alpha = 0,01$, $r = 6$ linhas, $c = 3$ colunas

APLICANDO OS CONCEITOS

12.22 A proprietária de um restaurante especializado em refeições leves, no estilo Continental, estava interessada em aprender mais sobre os padrões de demanda dos clientes, no que se refere ao período de final de semana, de sexta-feira a domingo. Foram coletados dados correspondentes a 630 clientes, sobre o tipo de prato principal pedido e o tipo de sobremesa pedido, e esses dados foram organizados na seguinte tabela:

TIPO DE SOBREMESA	TIPO DE PRATO PRINCIPAL				
	Carne	Frango	Peixe	Massa	Total
Sorvete	13	8	12	14	47
Torta	98	12	29	6	145
Fruta	8	10	6	2	26
Nenhuma	124	98	149	41	412
Total	243	128	196	63	630

No nível de significância de 0,05, existem evidências de uma relação entre o tipo de sobremesa e o tipo de prato principal?

12.23 Será que existe um abismo entre gerações, no que se refere ao tipo de música que as pessoas ouvem? A tabela a se-

450 Capítulo 12

guir representa o tipo de música favorita, para uma amostra de 1.000 entrevistados classificados de acordo com suas respectivas faixas etárias:

TIPO FAVORITO	IDADE				
	16–29	30–49	50–64	65 e mais	Total
Rock	71	62	51	27	211
Rap ou hip-hop	40	21	7	3	71
Rhythm & Blues	48	46	46	40	180
Country	43	53	59	79	234
Clássico	22	28	33	46	129
Jazz	18	26	36	43	123
Salsa	8	14	18	12	52
Total	250	250	250	250	1.000

No nível de significância de 0,05, existem evidências de uma relação entre o tipo preferido de música e a faixa etária?

✓ AUTO- teste **12.24** Uma grande corporação está interessada em determinar se existe uma relação entre o tempo que seus empregados gastam com o deslocamento de casa para o trabalho, e vice-versa, e o nível de problemas relacionados com o estresse observado no ambiente de trabalho. Um estudo realizado junto a 116 trabalhadores revela o seguinte:

TEMPO DE DESLOCAMENTO	NÍVEL DE ESTRESSE			
	Alto	Moderado	Baixo	Total
Menos de 15 minutos	9	5	18	32
De 15 a 45 minutos	17	8	28	53
Mais de 45 minutos	18	6	7	31
Total	44	19	53	116

a. No nível de significância de 0,01, existem evidências de uma relação significativa entre o tempo gasto com deslocamento de casa para o trabalho, e vice-versa, e o nível de estresse?
b. Qual seria sua resposta para (a), se você utilizasse o nível de significância de 0,05?

12.25 As fontes às quais as pessoas recorrem para obter notícias é diferente, no que se refere às várias faixas etárias. Um estudo indicou as principais fontes às quais as diferentes faixas etárias recorrem para obter notícias:

MEIO DE COMUNICAÇÃO	FAIXA ETÁRIA		
	Menos de 36	36–50	50+
TV local	107	119	133
TV nacional	73	102	127
Rádio	75	97	109
Jornal local	52	79	107
Internet	95	83	76

No nível de significância de 0,05, existem evidências de uma relação significativa entre a faixa etária e as principais fontes às quais as pessoas recorrem para obter notícias? Em caso afirmativo, explique a relação.

12.26 O 2012 Restaurant Industry Forecast olha com mais atenção para o consumidor de hoje em dia. Com base na pesquisa da National Restaurant Association, realizada em 2011, os adultos norte-americanos estão categorizados em um dos três segmentos para consumidores (otimista, cauteloso e retraído) com base em sua respectiva situação financeira, seu comportamento em termos de gastos e perfil econômico, assim como a região geográfica em que residem. Suponha que os resultados, com base em uma amostra de 1.000 adultos norte-americanos, sejam os seguintes:

SEGMENTO DO CONSUMIDOR	REGIÃO GEOGRÁFICA				
	Meio-Oeste	Nordeste	Sul	Oeste	Total
Otimista	67	23	60	63	213
Cauteloso	101	57	127	133	418
Retraído	83	46	115	125	369
Total	251	126	302	321	1.000

Fonte: Dados extraídos de "The 2012 Restaurant Industry Forecast", National Restaurant Association, 2012, p. 12.

No nível de significância de 0,05, existem evidências de uma relação significativa entre o segmento ao qual pertence o consumidor e a região geográfica em que ele reside?

12.4 Teste da Soma das Classificações de Wilcoxon: Um Método Não Paramétrico para Duas Populações Independentes

Na Seção 10.1, você utilizou o teste t para a diferença entre as médias aritméticas de duas populações independentes. Caso os tamanhos de amostras sejam pequenos e você não consiga pressupor que os dados em cada uma das amostras são extraídos de populações distribuídas nos moldes de uma distribuição normal, você tem duas opções:

- Utilizar um método *não paramétrico* que não dependa do pressuposto de normalidade para as duas populações.
- Utilizar o teste t de variância agrupada, seguindo alguma *transformação normalizadora* nos dados (veja a Referência 9).

Testes Qui-Quadrados e Testes Não Paramétricos **451**

Métodos não paramétricos requerem poucos pressupostos, ou até mesmo nenhum pressuposto, sobre a população a partir da qual os dados estejam sendo obtidos (veja a Referência 4). Um desses métodos é o teste da soma de classificações de Wilcoxon para testar se existe uma diferença entre duas *medianas*. O **teste da soma de classificações de Wilcoxon** é quase tão eficaz quanto os testes *t* para variâncias agrupadas e para variâncias separadas, discutidos na Seção 10.1, sob condições apropriadas para esses testes, e é provavelmente ainda mais eficaz quando os pressupostos restritivos do teste *t* não conseguem ser atendidos. Além disso, você pode utilizar o teste da soma de classificações de Wilcoxon quando tiver em mãos apenas dados ordinais, como ocorre frequentemente no caso de estudos sobre comportamento do consumidor e pesquisas de mercado.

Para realizar o teste de soma de classificações de Wilcoxon, você substitui os valores nas duas amostras de tamanhos n_1 e n_2 por suas respectivas classificações combinadas (a não ser que os dados já contenham classificações desde o início). Você começa pela definição de $n = n_1 + n_2$ como o tamanho total da amostra. Depois disso, você atribui as classificações de maneira tal que a classificação 1 seja atribuída ao menor entre os n valores combinados, a classificação 2 seja atribuída ao segundo menor valor combinado, e assim sucessivamente, até que a classificação n seja atribuída ao maior entre eles. Caso diversos valores sejam repetidos, você atribui a cada um deles a média das classificações que teriam sido atribuídas a cada um deles, se não tivessem ocorrido valores repetidos.

Sempre que dois tamanhos de amostras são diferentes, n_1 representa a amostra de menor tamanho e n_2 representa a amostra de maior tamanho. A estatística do teste da soma de classificações de Wilcoxon, T_1, é definida como a soma das classificações atribuídas aos n_1 valores na amostra de menor tamanho. (Para amostras de tamanhos iguais, qualquer uma das amostras pode ser utilizada para determinar T_1.) Para qualquer valor inteiro n, a soma dos n primeiros números inteiros consecutivos é igual a $n(n + 1)/2$. Portanto, T_1 somado a T_2, a soma das classificações atribuídas aos n_2 itens na segunda amostra, deve necessariamente ser igual a $n(n + 1)/2$. Você pode utilizar a Equação (12.6) para verificar a precisão de suas classificações.

> **☞ Dica para o Leitor**
> Lembre-se de que você combina os dois grupos antes de colocar os valores em ordem de classificação.

VERIFICANDO AS CLASSIFICAÇÕES

$$T_1 + T_2 = \frac{n(n + 1)}{2} \tag{12.6}$$

Quando n_1 e n_2 são ambas ≤ 10, você utiliza a Tabela E.6 para encontrar os valores críticos da estatística do teste T_1. Para um teste bicaudal, você rejeita a hipótese nula (veja o Painel A da Figura 12.11) se o valor calculado de T_1 for igual ou maior do que o valor crítico superior, ou se T_1 for menor ou igual ao valor crítico inferior. Para testes unicaudais que tenham como hipótese alternativa $H_1: M_1 < M_2$ [ou seja, a mediana da população 1 (M_1) é menor do que a mediana da população 2 (M_2)], você rejeita a hipótese nula se o valor observado de T_1 for menor ou igual ao valor crítico inferior (veja o Painel B da Figura 12.11). Para testes unicaudais que tenham como hipótese alternativa $H_1: M_1 > M_2$, você rejeita a hipótese nula caso o valor observado de T_1 seja igual ou maior do que o valor crítico superior (veja o Painel C da Figura 12.11).

> **☞ Dica para o Leitor**
> Lembre-se de que o grupo que é definido como grupo 1, ao calcular a estatística do teste T_1, deve também necessariamente ser definido como grupo 1 na hipótese nula e na hipótese alternativa.

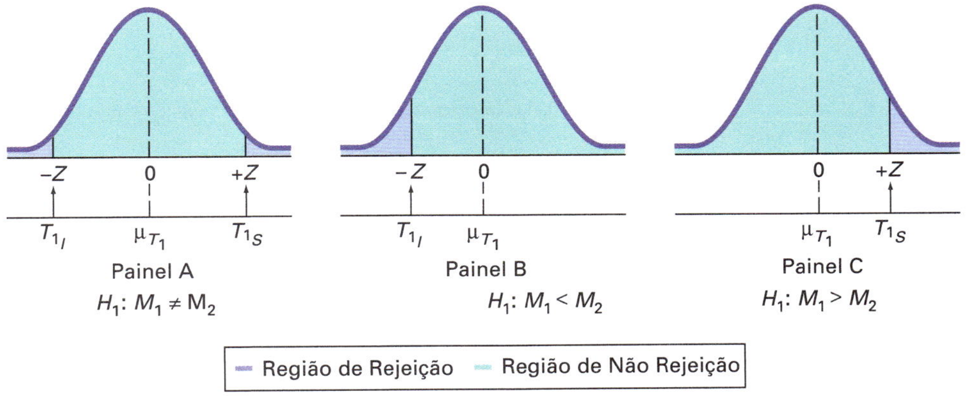

Painel A
$H_1: M_1 \neq M_2$

Painel B
$H_1: M_1 < M_2$

Painel C
$H_1: M_1 > M_2$

▬ Região de Rejeição ▬ Região de Não Rejeição

FIGURA 12.11 Regiões de rejeição e de não rejeição, quando se utiliza o teste da soma das classificações de Wilcoxon

Para grandes tamanhos de amostras, a estatística do teste T_1 é distribuída aproximadamente nos moldes de uma distribuição normal, com a média aritmética μ_{T_1} igual a

$$\mu_{T_1} = \frac{n_1(n + 1)}{2}$$

e desvio-padrão σ_{T_1} igual a

$$\sigma_{T_1} = \sqrt{\frac{n_1 n_2(n + 1)}{12}}$$

Portanto, a Equação (12.7) define a estatística do teste Z padronizada.

TESTE DA SOMA DE CLASSIFICAÇÕES DE WILCOXON PARA GRANDES AMOSTRAS

$$Z_{ESTAT} = \frac{T_1 - \dfrac{n_1(n + 1)}{2}}{\sqrt{\dfrac{n_1 n_2(n + 1)}{12}}} \tag{12.7}$$

em que a estatística do teste Z_{ESTAT} segue aproximadamente uma distribuição normal padronizada.

Você utiliza a Equação (12.7), quando os tamanhos da amostras estiverem fora do escopo da Tabela E.6. Com base em α, o nível de significância selecionado, você rejeita a hipótese nula se a estatística do teste Z_{ESTAT} se posicionar na região de rejeição.

Para estudar uma aplicação para o teste da soma de classificações de Wilcoxon, retorne ao cenário Utilizando a Estatística do Capítulo 10, que trata da venda de refrigerantes do tipo cola, tendo como local de exposição duas diferentes pontas de corredor (dados no arquivo Cola). Se você não for capaz de adotar o pressuposto de que as populações são distribuídas nos moldes de uma distribuição normal, você pode utilizar o teste da soma de classificações de Wilcoxon para avaliar possíveis diferenças em termos da mediana correspondente às vendas relativamente aos dois locais de exposição para a mercadoria.[2] Os dados que tratam das vendas de refrigerantes, assim como as classificações combinadas, são apresentados na Tabela 12.12.

TABELA 12.12
Formando as Classificações Combinadas

Ponta de Corredor para Refrigerantes em Geral ($n_1 = 10$)	Classificação Combinada	Ponta de Corredor para Lançamentos e Promoções ($n_2 = 10$)	Classificação Combinada
22	1,0	52	5,5
34	3,0	71	14,0
52	5,5	76	15,0
62	10,0	54	7,0
30	2,0	67	13,0
40	4,0	83	17,0
64	11,0	66	12,0
84	18,5	90	20,0
56	8,0	77	16,0
59	9,0	84	18,5

Fonte: Os dados são extraídos da Tabela 10.1, no início do Capítulo 10.

Tendo em vista que você não especificou antecipadamente qual localização para exposição do produto provavelmente virá a apresentar a mediana mais alta, você utiliza um teste bicaudal, com as seguintes hipóteses nula e alternativa:

$$H_0: M_1 = M_2 \text{ (as medianas das vendas são iguais)}$$
$$H_1: M_1 \neq M_2 \text{ (as medianas das vendas não são iguais)}$$

---

[2]Para testar diferenças na mediana das vendas entre os dois locais de exposição para o produto, você precisa pressupor que as distribuições das vendas em ambas as populações sejam idênticas, exceto pelas diferenças em termos de tendência central (ou seja, as medianas).

Em seguida, você calcula T_1, a soma das classificações atribuídas à amostra com *menor* tamanho. Quando os tamanhos de amostras são iguais, como é o caso no presente exemplo, você pode definir qualquer uma das amostras para que corresponda ao grupo a partir do qual deve calcular T_1. Escolhendo a localização em ponta de corredor destinada a refrigerantes em geral para corresponder ao primeiro grupo,

$$T_1 = 1 + 3 + 5,5 + 10 + 2 + 4 + 11 + 18,5 + 8 + 9 = 72$$

A título de verificação para o procedimento de classificação, você calcula T_2 a partir de

$$T_2 = 5,5 + 14 + 15 + 7 + 13 + 17 + 12 + 20 + 16 + 18,5 = 138$$

e, então, utiliza a Equação (12.6), no início desta seção, para demonstrar que a soma correspondente aos $n = 20$ primeiros números inteiros na classificação combinada é igual a $T_1 + T_2$:

$$T_1 + T_2 = \frac{n(n + 1)}{2}$$

$$72 + 138 = \frac{20(21)}{2} = 210$$

$$210 = 210$$

Em prosseguimento, você utiliza a Tabela E.6 para determinar os valores críticos correspondentes à cauda inferior e à cauda superior para a estatística do teste T_1. Com base na Tabela 12.13, uma parte da Tabela E.6, observe que, para um nível de significância de 0,05, os valores críticos são, respectivamente, 78 e 132. A regra de decisão é

Rejeitar H_0 se $T_1 \leq 78$ ou se $T_1 \geq 132$;

caso contrário, não rejeitar H_0.

TABELA 12.13
Encontrando os Valores Críticos da Cauda Inferior e da Cauda Superior para Estatística do Teste da Soma de Classificações de Wilcoxon, T_1, em que $n_1 = 10$, $n_2 = 10$ e $\alpha = 0,05$

n_2	Uni-caudal	Bi-caudal	4	5	6	7	8	9	10
	α						(Superior, Inferior)		
9	0,05	0,10	16,40	24,51	33,63	43,76	54,90	66,105	
	0,025	0,05	14,42	22,53	31,65	40,79	51,93	62,109	
	0,01	0,02	13,43	20,55	28,68	37,82	47,97	59,112	
	0,005	0,01	11,45	18,57	26,70	35,84	45,99	56,115	
10	0,05	0,10	17,43	26,54	35,67	45,81	56,96	69,111	82,128
	0,025	0,05	15,45	23,57	32,70	42,84	53,99	65,115	78,132
	0,01	0,02	13,47	21,59	29,73	39,87	49,103	61,119	74,136
	0,005	0,01	12,48	19,61	27,75	37,89	47,105	58,122	71,139

Fonte: Dados extraídos da Tabela E.6.

Uma vez que a estatística do teste $T_1 = 72 < 78$, você rejeita H_0. Existem evidências de uma diferença significativa em termos da mediana correspondente às vendas, no que se refere aos dois locais de exposição da mercadoria. Uma vez que a soma das classificações é mais baixa para a ponta de corredor destinada a refrigerantes em geral, você conclui que a mediana correspondente às vendas é mais baixa para a exposição do produto em pontas de corredor destinadas a refrigerantes em geral.

A Figura 12.12 mostra os resultados da planilha para o teste das classificações de Wilcoxon, para os dados sobre vendas de refrigerantes. Com base nesses resultados, você rejeita a hipótese nula porque o valor-p corresponde a 0,0126, que é inferior a $\alpha = 0,05$. Esse valor-p indica que, se as medianas das duas populações forem iguais, a chance de ser encontrada nas amostras uma diferença com pelo menos essa dimensão é apenas de 0,0126.

A Tabela E.6 apresenta os valores críticos inferior e superior da estatística do teste da soma de classificações de Wilcoxon, T_1, mas somente para situações nas quais tanto n_1 quanto n_2 sejam menores ou iguais a 10. Caso qualquer um ou ambos os tamanhos de amostras sejam maiores do que 10, você *deve necessariamente* utilizar uma fórmula de aproximação de Z para grandes tamanhos de amostras (Equação 12.7). Entretanto, você pode também utilizar essa fórmula de aproximação quando se tratar de pequenos tamanhos de amostras. Para demonstrar a fórmula

454 Capítulo 12

FIGURA 12.12
Resultados para o teste da soma das classificações de Wilcoxon, para as vendas de refrigerantes correspondentes aos dois locais de exposição de produtos em pontas de corredor

*A Figura 12.12 exibe a planilha **CÁLCULO** da **pasta de trabalho Wilcoxon**. A planilha CÁLCULO é utilizada nas instruções da Seção GE12.4. A planilha CÁLCULO utiliza as classificações ordenadas da planilha ClassificaçõesOrdenadas, conforme explicado na Seção GE12.4.*

	A	B	
1	Teste da Soma das Classificações de Wilcoxon		
2			
3	**Dados**		
4	Nível de Significância	0,05	
5			
6	**Amostra da População 1**		
7	Tamanho da Amostra	10	=CONTA.SE(ClassificaçõesOrdenadas!A2:A21, "Refrigerantes")
8	Soma das Classificações	72	=SOMA.SE(ClassificaçõesOrdenadas!A2:A21, "Refrigerantes", ClassificaçõesOrdenadas!C2:C21)
9	**Amostra da População 2**		
10	Tamanho da Amostra	10	=CONTA.SE(ClassificaçõesOrdenadas!A2:A21, "Lançamentos e Promoções")
11	Soma das Classificações	138	=SOMA.SE(ClassificaçõesOrdenadas!A2:A21, "Lançamentos e Promoções", ClassificaçõesOrdenadas!C2:C21)
12			
13	**Cálculos Intermediários**		
14	Tamanho Total da Amostra	20	=B7 + B10
15	Estatística do Teste T_1	72	=SE(B7<= B10, B8, B11)
16	Média Aritmética de T_1	105	=SE(B7 <= B10, B7 * (B14 + 1)/2, B10 * (B14 + 1)/2)
17	Erro-Padrão de T_1	13,2288	=RAIZ(B7 * B10 * (B14 + 1)/12)
18	Estatística do Teste Z	-2,4946	=(B15 - B16)/B17
19			
20	**Teste Bicaudal**		
21	Valor Crítico Inferior	-1,9600	=INV.NORMP.N(B4/2)
22	Valor Crítico Superior	1,9600	=INV.NORMP.N(1 - B4/2)
23	Valor-p	0,0126	=2 * (1 - DIST.NORMP.N(ABS(B18)VERDADEIRO))
24	Rejeitar a hipótese nula		=SE(B23 < B4, "Rejeitar a hipótese nula", "Não rejeitar a hipótese nula")

de aproximação de Z para grandes tamanhos de amostras, considere os dados que tratam das vendas dos refrigerantes. Utilizando a Equação (12.7),

$$Z_{ESTAT} = \frac{T_1 - \dfrac{n_1(n + 1)}{2}}{\sqrt{\dfrac{n_1 n_2 (n + 1)}{12}}}$$

$$= \frac{72 - \dfrac{(10)(21)}{2}}{\sqrt{\dfrac{(10)(10)(21)}{12}}}$$

$$= \frac{72 - 105}{13,2288} = -2,4946$$

Tendo em vista que $Z_{ESTAT} = -2,4946 < -1,96$, o valor crítico de Z, no nível de significância de 0,05 (ou valor-p = 0,0126 < 0,05), você rejeita H_0.

Problemas para a Seção 12.4

APRENDENDO O BÁSICO

12.27 Utilizando a Tabela E.6, determine os valores críticos das caudas inferior e superior para a estatística do teste da soma de classificações de Wilcoxon, T_1, em cada um dos seguintes testes bicaudais:
a. $\alpha = 0,10, n_1 = 6, n_2 = 8$
b. $\alpha = 0,05, n_1 = 6, n_2 = 8$
c. $\alpha = 0,01, n_1 = 6, n_2 = 8$
d. Sendo conhecidos os resultados em (a) a (c), o que você conclui com relação à amplitude da região de não rejeição, à medida que o nível de significância selecionado, α, vai se tornando menor?

12.28 Utilizando a Tabela E.6, determine o valor crítico da cauda inferior para a estatística do teste da soma de classificações de Wilcoxon, T_1, em cada um dos seguintes testes unicaudais:
a. $\alpha = 0,05, n_1 = 6, n_2 = 8$
b. $\alpha = 0,025, n_1 = 6, n_2 = 8$
c. $\alpha = 0,01, n_1 = 6, n_2 = 8$
d. $\alpha = 0,005, n_1 = 6, n_2 = 8$

12.29 As informações a seguir encontram-se disponíveis para duas amostras selecionadas de populações independentes:

Amostra 1: $n_1 = 7$ Classificações atribuídas: 4 1 8 2 5 10 11
Amostra 2: $n_2 = 9$ Classificações atribuídas: 7 16 12 9 3 14 13 6 15

Qual é o valor referente a T_1, se você estiver testando a hipótese nula de H_0: $M_I = M_2$?

12.30 No Problema 12.29, quais os valores críticos para a cauda inferior e para a cauda superior, em relação à estatística do teste T_1, com base na Tabela E.6, se você utilizar um nível de significância de 0,05, e a hipótese alternativa for de H_1: $M_1 \neq M_2$?

12.31 Nos Problemas 12.29 e 12.30, qual é a sua decisão estatística?

12.32 As seguintes informações encontram-se disponíveis para duas amostras selecionadas de populações assimétricas à direita, com formato semelhante e independentes:

Amostra 1: $n_1 = 5$ 1,1 2,3 2,9 3,6 14,7
Amostra 2: $n_2 = 6$ 2,8 4,4 4,4 5,2 6,0 18,5

a. Substitua os valores observados pelas classificações correspondentes (em que 1 = menor valor; $n = n_1 + n_2 = 11$ = maior valor) nas amostras combinadas.

b. Qual é o valor da estatística para o teste, T_1?

c. Calcule o valor para T_2, a soma das classificações para a amostra de maior tamanho.

d. Para verificar a precisão de suas classificações, utilize a Equação (12.7) para demonstrar que

$$T_1 + T_2 = \frac{n(n + 1)}{2}$$

12.33 Com base no Problema 12.32, no nível de significância de 0,05, determine o valor crítico para a cauda inferior para a estatística do teste da soma de classificações de Wilcoxon, T_1, se você deseja testar a hipótese nula, $H_0: M_1 \geq M_2$, contra a hipótese alternativa unicaudal $H_1: M_1 < M_2$.

12.34 Nos Problemas 12.32 e 12.33, qual é a sua decisão estatística?

APLICANDO OS CONCEITOS

12.35 Um vice-presidente de marketing recrutou 20 alunos de faculdades para um treinamento em administração. Cada um dos 20 indivíduos é designado aleatoriamente, 10 para cada um dos dois grupos. Um método "tradicional" de treinamento (T) é utilizado em um dos grupos, e um método "experimental" (E) é utilizado no outro grupo. Depois de os alunos terem passado seis meses no emprego, o vice-presidente classifica cada um deles com base em seus respectivos desempenhos, partindo de 1 (o pior) até 20 (o melhor), com os seguintes resultados (armazenados no arquivo TestClass):

T: 1 2 3 5 9 10 12 13 14 15
E: 4 6 7 8 11 16 17 18 19 20

Existem evidências de alguma diferença, em termos da mediana do desempenho, entre os dois métodos? (Utilize $\alpha = 0,05$.)

12.36 Os especialistas em vinho Gaiter e Brecher utilizam uma escala com seis categorias para a classificação de vinhos: Intragável, OK, Bom, Muito Bom, Delicioso e Delicioso! Suponha que Gaiter e Brecher tenham degustado uma amostra aleatória de oito vinhos baratos, do tipo Cabernet, da Califórnia, e uma amostra aleatória de oito vinhos baratos, do tipo Cabernet, de Washington, em que *barato* significa vinhos com um preço de venda no varejo sugerido, nos Estados Unidos, inferior a $20, e foram atribuídas as seguintes classificações:

Califórnia — Bom, Delicioso, Intragável, OK, OK, Muito Bom, Intragável, OK
Washington — Muito Bom, OK, Delicioso!, Muito Bom, Delicioso, Bom, Delicioso, Delicioso!

As avaliações foram, então, classificadas e essas avaliações e classificações foram armazenadas no arquivo Cabernet . (Dados extraídos de D. Gaiter e J. Brecher, "A Good U.S. Cabernet Is Hard to Find", *The Wall Street Journal*, 19 de maio de 2006, p. W7.)

a. Os dados coletados na classificação dos vinhos estão utilizando uma escala nominal, ordinal, intervalar ou de proporcionalidade (razão)?

b. Por que razão o teste *t* para duas amostras, definido na Seção 10.1, não é apropriado para testar a média aritmética da classificação dos vinhos Cabernet da Califórnia em contraposição aos vinhos Cabernet de Washington?

c. Existem evidências de alguma diferença significativa, em termos da mediana correspondente à classificação, entre os vinhos Cabernet da Califórnia e Cabernet de Washington? (Utilize $\alpha = 0,05$.)

12.37 Um problema relacionado a uma linha telefônica, o qual impeça que o cliente receba ou faça ligações, é desagradável tanto para o cliente como para a companhia telefônica. O arquivo Telefone contém amostras relativas a 20 problemas informados para duas diferentes centrais telefônicas de uma mesma companhia telefônica, e o tempo necessário para solucionar esses problemas (em minutos) nas linhas dos clientes.

Tempo Necessário para Solucionar Problemas na Central I (Minutos)

1,48 1,75 0,78 2,85 0,52 1,60 4,15 3,97 1,48 3,10
1,02 0,53 0,93 1,60 0,80 1,05 6,32 3,93 5,45 0,97

Tempo Necessário para Solucionar Problemas na Central II (Minutos)

7,55 3,75 0,10 1,10 0,60 0,52 3,30 2,10 0,58 4,02
3,75 0,65 1,92 0,60 1,53 4,23 0,08 1,48 1,65 0,72

a. Existem evidências de alguma diferença, em termos da mediana correspondente à quantidade de tempo necessária para solucionar os problemas, entre as duas centrais telefônicas? (Utilize $\alpha = 0,05$.)

b. Quais pressupostos você deve adotar em (a)?

c. Compare os resultados de (a) com os resultados do Problema 10.9(a), em Problemas para a Seção 10.1.

AUTO-teste **12.38** A gerência de um hotel tem como objetivo estratégico fazer com que cresça a taxa de retorno dos hóspedes ao hotel. Um dos aspectos que causa a primeira impressão nos hóspedes é o tempo necessário para que a bagagem seja entregue no quarto, depois dos procedimentos de entrada e registro dos hóspedes no hotel. Foi selecionada uma amostra aleatória de 20 entregas na Ala A do hotel, e outra amostra aleatória de 20 entregas foi selecionada na Ala B. Os tempos necessários até a entrega de bagagem foram coletados e estão armazenados em Bagagem .

a. Existem evidências de alguma diferença, em termos da mediana do tempo de entrega, entre as duas alas do hotel? (Utilize $\alpha = 0,05$.)

b. Compare os resultados de (a) com os resultados do Problema 10.65, nos Problemas de Revisão do Capítulo 10.

12.39 A extensão da vida útil (em horas) correspondente a uma amostra de 40 lâmpadas de 100 watts produzidas pelo fabricante A e de uma amostra de 40 lâmpadas de 100 watts produzidas pelo fabricante B estão armazenadas no arquivo Lâmpadas .

a. Utilizando um nível de significância de 0,05, existem evidências de alguma diferença em termos de mediana correspondente ao tempo de vida útil de lâmpadas produzidas pelos dois fabricantes?

b. Que pressupostos você deve adotar em (a)?

c. Compare os resultados de (a) com os resultados do Problema 10.64, em Problemas de Revisão do Capítulo 10. Discuta.

12.40 A valorização de marcas é crucial para executivos-chefes (CEO), executivos financeiros e executivos de marketing, analistas de seguridade, investidores institucionais e outras pessoas que dependem de informações confiáveis e coletadas com fidedignidade, necessárias para avaliações e comparações no processo de tomada de decisões. A Millward Brown, Inc., vem compilando anualmente, desde 1996, o relatório BrandZ Top 100 Most Valuable Global Brands. (As 100 Marcas Mais Valorizadas em Todo o Mundo.) Diferentemente de outros estudos,

456 Capítulo 12

o relatório BrandZ Top 100 Most Valuable Global Brands faz uma fusão entre indicadores baseados em avaliações por parte de consumidores, no que se refere ao valor contábil das marcas, com indicadores de natureza financeira, no intuito de estabelecer um *valor financeiro* para as marcas. O arquivo **BrandZTechFin** contém os valores de marcas para dois setores no relatório BrandZ Top 100 Most Valuable Global Brands de 2011: o setor de tecnologia e o setor de instituições financeiras. (Dados extraídos de "BrandZ Top 100 Most Valuable Global Brands 2011", Millward Brown, Inc., recuperados de **bit.ly/kNL8rx**.)

a. Utilizando um nível de significância de 0,05, existem evidências de alguma diferença em termos da mediana correspondente ao valor financeiro da marca, entre os dois setores?

b. Que pressupostos você deve adotar em (a)?

c. Compare os resultados de (a) com os resultados dos Problemas 10.17 da Seção 10.1. Discuta.

12.41 Um banco com uma agência localizada em um bairro comercial de uma cidade desenvolveu um processo de aperfeiçoamento para atendimento aos clientes no horário de pico do almoço, do meio-dia até as 13 horas. O banco tem como objetivo estratégico reduzir o tempo de espera (definido operacionalmente como o tempo decorrido desde o momento em que o cliente entra na fila até que ele chegue ao caixa para ser atendido) de modo a fazer com que cresça a satisfação dos clientes. É selecionada uma amostra aleatória de 15 clientes e os respectivos tempos de espera são coletados e armazenados em **Banco1**. Esses tempos de espera (em minutos) são os seguintes:

4,21 5,55 3,02 5,13 4,77 2,34 3,54 3,20
4,50 6,10 0,38 5,12 6,46 6,19 3,79

Outra agência, localizada em uma área residencial, também está preocupada com o horário de pico do almoço, de meio-dia até as 13 horas. É selecionada uma amostra aleatória de 15 clientes, e os respectivos tempos de espera são coletados e armazenados em **Banco2**. Esses tempos de espera (em minutos) são:

9,66 5,90 8,02 5,79 8,73 3,82 8,01 8,35
10,49 6,68 5,64 4,08 6,17 9,91 5,47

a. Existem evidências de alguma diferença, em termos da mediana correspondente ao tempo de espera, entre as duas agências? (Utilize $\alpha = 0,05$.)

b. Que pressupostos você deve adotar em (a)?

c. Compare os resultados de (a) com os resultados do Problema 10.12 (a), em Problemas para a Seção 10.1. Discuta.

12.42 Uma das características importantes de uma câmera digital é o tempo de vida útil da bateria — o número de fotos que podem ser tiradas até que a bateria venha a precisar ser recarregada. O arquivo **Câmeras** contém o tempo de vida útil correspondente a 11 câmeras subcompactas e 7 câmeras compactas. (Dados extraídos de "Cameras", *Consumer Reports*, julho de 2012, pp. 42-44.)

a. Existem evidências de alguma diferença, em termos da mediana correspondente ao tempo de vida útil de baterias, entre câmeras subcompactas e câmeras compactas? (Utilize $\alpha = 0,05$.)

b. Que pressupostos você deve adotar em (a)?

c. Compare os resultados de (a) com os resultados do Problema 10.11 (a), em Problemas para a Seção 10.11. Discuta.

12.5 Teste das Classificações de Kruskal-Wallis: Um Método Não Paramétrico para ANOVA de Fator Único

Caso seja violado o pressuposto da normalidade referente ao teste F em ANOVA de fator único, você pode utilizar o teste das classificações de Kruskal-Wallis. O **teste das classificações de Kruskal-Wallis** para diferenças entre c medianas (em que $c > 2$) é uma extensão para o teste da soma de classificações de Wilcoxon para duas populações independentes, discutido na Seção 12.4. Por conseguinte, o teste de Kruskal-Wallis possui a mesma eficácia em relação ao teste F de ANOVA de fator único em comparação com o teste da soma das classificações de Wilcoxon em relação ao teste t.

Você utiliza o teste das classificações de Kruskal-Wallis para testar se c grupos apresentam iguais medianas. A hipótese nula é

$$H_0: M_1 = M_2 = \cdots = M_c$$

e a hipótese alternativa é

$$H_1: \text{Nem todos os } M_j \text{ são iguais (em que } j = 1, 2, \ldots, c).$$

> 👉 **Dica para o Leitor**
> Não esqueça que você combina os grupos antes de colocar os valores em ordem de classificação.

Para utilizar o teste das classificações de Kruskal-Wallis, em primeiro lugar você substitui os valores nas c amostras por suas respectivas classificações combinadas (caso necessário). A classificação 1 é atribuída ao menor dos valores combinados, e a classificação n é atribuída ao maior dos valores combinados (em que $n = n_1 + n_2 + \cdots + n_c$). Caso existam valores idênticos, você atribui a eles a média aritmética correspondente às classificações que lhes seriam originalmente atribuídas, caso não houvesse a presença de valores idênticos nos dados.

O teste de Kruskal-Wallis é uma alternativa para o teste F de ANOVA de fator único. Em vez de comparar cada uma das médias aritméticas dos c grupos em relação à grande média, o teste de Kruskal-Wallis compara a média aritmética das classificações em cada um dos c grupos em relação à média aritmética geral das classificações, com base em todos os n valores combinados. A Equação (12.8) define a estatística do teste de Kruskal-Wallis, H.

TESTE DAS CLASSIFICAÇÕES DE KRUSKAL-WALLIS PARA DIFERENÇAS ENTRE c MEDIANAS

$$H = \left[\frac{12}{n(n+1)} \sum_{j=1}^{c} \frac{T_j^2}{n_j}\right] - 3(n+1) \quad (12.8)$$

em que

n = número total de valores ao longo das amostras combinadas

n_j = número de valores na j-ésima amostra ($j = 1, 2, ..., c$)

T_j = soma das classificações atribuídas à j-ésima amostra

T_j^2 = quadrado da soma das classificações designadas à j-ésima amostra

c = número de grupos

FIGURA 12.13 Determinando a região de rejeição para o teste de Kruskal-Wallis

Se houver uma diferença significativa entre os c grupos, a média aritmética das classificações difere consideravelmente de grupo para grupo. No processo de elevação ao quadrado dessas diferenças, a estatística do teste H passa a ser grande. Caso não esteja presente qualquer diferença, a estatística do teste H será pequena, uma vez que as médias aritméticas das classificações atribuídas em cada um dos grupos devem ser bastante similares de grupo para grupo.

À medida que os tamanhos das amostras em cada um dos grupos vão se tornando grandes (ou seja, pelo menos 5), você pode aproximar a estatística do teste, H, utilizando a distribuição qui-quadrada com $c - 1$ graus de liberdade. Por conseguinte, você rejeita a hipótese nula, caso o valor calculado de H seja maior do que o valor crítico da cauda superior (veja a Figura 12.13). Portanto, a regra de decisão é

Rejeitar H_0 se $H > \chi_\alpha^2$;

caso contrário, não rejeitar H_0.

Para ilustrar o teste das classificações de Kruskal-Wallis, para diferenças entre c medianas, retorne ao cenário Utilizando a Estatística no início do Capítulo 11, que trata da resistência dos paraquedas. Se não for possível pressupor que a resistência à tensão dos paraquedas seja distribuída nos moldes de uma distribuição normal, em relação a todos os c grupos, você pode utilizar então o teste das classificações de Kruskal-Wallis.

A hipótese nula afirma que a mediana da resistência à tensão dos paraquedas é igual para os quatro fornecedores. A hipótese alternativa afirma que pelo menos um dos fornecedores difere dos demais:

H_0: $M_1 = M_2 = M_3 = M_4$
H_1: Nem todas as M_j são iguais (em que $j = 1, 2, 3, 4$).

A Tabela 12.14 apresenta os dados (armazenados no arquivo **Paraquedas**) juntamente com as classificações correspondentes.

TABELA 12.14 Resistência à Tensão e Classificações de Paraquedas Tecidos com Fibras Sintéticas de Quatro Fornecedores

Fornecedor 1		Fornecedor 2		Fornecedor 3		Fornecedor 4	
Medida da Resistência	Classificação	Medida da Resistência	Classificação	Medida da Resistência	Classificação	Medida da Resistência	Classificação
18,5	4	26,3	20	20,6	8	25,4	19
24,0	13,5	25,3	18	25,2	17	19,9	5,5
17,2	1	24,0	13,5	20,8	9	22,6	11
19,9	5,5	21,2	10	24,7	16	17,5	2
18,0	3	24,5	15	22,9	12	20,4	7

Ao converter em classificações as 20 resistências à tensão, observe, na Tabela 12.14, que o terceiro paraquedas correspondente ao Fornecedor 1 apresenta a mais baixa resistência à tensão, 17,2. É atribuída a ele a classificação 1. O quarto valor para o Fornecedor 1 e o segundo valor para o Fornecedor 4 apresentam, cada um separadamente, o valor de 19,9. Uma vez que esses valores são idênticos para as classificações 5 e 6, é atribuída a eles a classificação de 5,5. Por fim, o primeiro valor para o Fornecedor 2 apresenta o valor mais alto, 26,3, e é atribuída a ele uma classificação correspondente a 20.

Depois de serem atribuídas todas as classificações, você calcula a soma das classificações para cada um dos grupos:

$$\text{Somas das Classificações: } T_1 = 27 \quad T_2 = 76,5 \quad T_3 = 62 \quad T_4 = 44,5$$

Como um mecanismo de verificação para as classificações, lembre-se, com base na Equação (12.6), na Seção 12.4, de que, para qualquer número inteiro, n, a soma correspondente aos n primeiros números inteiros consecutivos é igual a $n(n+1)/2$. Portanto,

$$T_1 + T_2 + T_3 + T_4 = \frac{n(n+1)}{2}$$

$$27 + 76,5 + 62 + 44,5 = \frac{(20)(21)}{2}$$

$$210 = 210$$

Para testar a hipótese nula de iguais medianas de população, você calcula a estatística H utilizando a Equação (12.8):

$$H = \left[\frac{12}{n(n+1)} \sum_{j=1}^{c} \frac{T_j^2}{n_j} \right] - 3(n+1)$$

$$= \left\{ \frac{12}{(20)(21)} \left[\frac{(27)^2}{5} + \frac{(76,5)^2}{5} + \frac{(62)^2}{5} + \frac{(44,5)^2}{5} \right] \right\} - 3(21)$$

$$= \left(\frac{12}{420} \right)(2,481,1) - 63 = 7,8886$$

A estatística do teste H segue aproximadamente uma distribuição qui-quadrada, com $c - 1$ graus de liberdade. Utilizando um nível de significância de 0,05, χ_α^2, o valor crítico da cauda superior para a distribuição qui-quadrada com $c - 1 = 3$ graus de liberdade, é 7,815 (veja a Tabela 12.15).

TABELA 12.15 Encontrando χ_α^2, o Valor Crítico da Cauda Superior, para o Teste das Classificações de Kruskal-Wallis, no Nível de Significância de 0,05, com 3 Graus de Liberdade

	Área Acumulada									
	0,005	0,01	0,025	0,05	0,10	0,25	0,75	0,90	0,95	0,975
	Área da Cauda Superior									
Graus de Liberdade	0,995	0,99	0,975	0,95	0,90	0,75	0,25	0,10	0,05	0,025
1	—	—	0,001	0,004	0,016	0,102	1,323	2,706	3,841	5,024
2	0,010	0,020	0,051	0,103	0,211	0,575	2,773	4,605	5,991	7,378
3	0,072	0,115	0,216	0,352	0,584	1,213	4,108	6,251	7,815	9,348
4	0,207	0,297	0,484	0,711	1,064	1,923	5,385	7,779	9,488	11,143
5	0,412	0,554	0,831	1,145	1,610	2,675	6,626	9,236	11,071	12,833

Fonte: Extraída da Tabela E.4.

Uma vez que o valor calculado da estatística do teste, $H = 7,8886$, é maior do que o valor crítico de 7,815, você rejeita a hipótese nula e conclui que a mediana correspondente à resistência à tensão não é a mesma no que se refere a todos os fornecedores. Você deve chegar a essa mesma conclusão utilizando a abordagem do valor-p, tendo em vista que, conforme ilustramos na Figura 12.14, o valor-$p = 0,0484 < 0,05$. Neste ponto, você poderia simultaneamente comparar todos os pares de fornecedores, de modo a determinar quais deles diferem dos demais (veja a Referência 2).

Testes Qui-Quadrados e Testes Não Paramétricos **459**

FIGURA 12.14 Planilha do teste das classificações de Kruskal-Wallis, para diferenças entre as medianas das resistências à tensão dos paraquedas, a partir de quatro fornecedores (ilustrada em duas partes)

*A Figura 12.14 apresenta a **planilha KruskalWallis4** da **pasta de trabalho Kruskal-Wallis**, que é utilizada nas instruções da Seção GE12.5.*

	A	B	
1	Teste das Classificações de Kruskal-Wallis		
2			
3	**Dados**		
4	Nível de Significância	0,05	
5			
6	Cálculos Intermediários		
7	Soma das Classificações ao Quadrado/Tamanho da Amostra	2481,1	=(G5 * F5) + (G6 * F6) + (G7 * F7) + (G8 * F8)
8	Soma de Tamanhos de Amostras	20	=SOMA(E5:E8)
9	Número de Grupos	4	
10			
11	**Resultado do Teste**		
12	Estatística do Teste *H*	7,8886	=(12/(B8* (B8 + 1))) * B7 - (3 * (B8 + 1))
13	Valor Crítico	7,8147	=INV.QUIQUA.RT(B4, B9 - 1)
14	Valor-*p*	0,0484	=INV.QUIQUA.RT(B12, B9 - 1)
15	Rejeitar a hipótese nula		=SE(B14 < B4, "Rejeitar a hipótese nula", "Não rejeitar a hipótese nula")

	D	E	F	G		Cálculos		Média das
1					Grupo	Tamanho da Amostra	Soma das Classificações	Classificações
2					=ClassificaçõesOrdenadas!E1	=Conta.SE(ClassificaçõesOrdenadas!A2:A21, D5)	=SOMASE(ClassificaçõesOrdenadas!A2:A21, D5, SortedRanks!C2:C21)	=F5/E5
3			Cálculos					
4			Tamanho	Soma das	Média das	=ClassificaçõesOrdenadas!F1	=Conta.SE(ClassificaçõesOrdenadas!A2:A21, D6)	=SOMASE(ClassificaçõesOrdenadas!A2:A21, D6, SortedRanks!C2:C21)	=F6/E6
		Grupo	da Amostra	Classificações	Classificações			
5		Fornecedor 1	5	27	5,4	=ClassificaçõesOrdenadas!G1	=Conta.SE(ClassificaçõesOrdenadas!A2:A21, D7)	=SOMASE(ClassificaçõesOrdenadas!A2:A21, D7, SortedRanks!C2:C21)	=F7/E7
6		Fornecedor 2	5	76,5	15,3				
7		Fornecedor 3	5	62	12,4	=ClassificaçõesOrdenadas!H1	=Conta.SE(ClassificaçõesOrdenadas!A2:A21, D8)	=SOMASE(ClassificaçõesOrdenadas!A2:A21, D8, SortedRanks!C2:C21)	=F8/E8
8		Fornecedor 4	5	44,5	8,9				

Pressupostos

Para que seja utilizado o teste das classificações de Kruskal-Wallis, os pressupostos a seguir devem ser atendidos:

- As c amostras são selecionadas aleatoriamente e independentemente, a partir de suas respectivas populações.
- A variável subjacente é contínua.
- Os dados constituem, pelo menos, um conjunto de classificações, tanto dentro quanto entre as c amostras.
- As c populações apresentam a mesma variabilidade.
- As c populações apresentam o mesmo formato.

O procedimento de Kruskal-Wallis adota premissas ainda menos restritivas do que o teste F. Caso você ignore as duas últimas premissas (variabilidade e formato), você pode, ainda assim, utilizar o teste das classificações de Kruskal-Wallis para determinar se pelo menos uma entre as populações difere das outras populações, no que se refere a alguma característica — tal como tendência central, variação ou formato.

Para que seja utilizado o teste F, você deve pressupor que as c amostras são extraídas de populações normais que possuem iguais variâncias. Quando são atendidas as premissas mais restritivas do teste F, você deve utilizar o teste F, em vez do teste de Kruskal-Wallis, tendo em vista que o teste F é ligeiramente mais eficaz em termos da capacidade de detectar diferenças significativas entre os grupos. No entanto, caso as premissas do teste F não sejam atendidas, você deve utilizar o teste de Kruskal-Wallis.

Problemas para a Seção 12.5

APRENDENDO O BÁSICO

12.43 Qual será o valor crítico correspondente à cauda superior da distribuição qui-quadrada, se você utilizar o teste das classificações de Kruskal-Wallis para comparar as medianas em seis populações, no nível de significância de 0,01?

12.44 Para este problema, utilize os resultados do Problema 12.43.

a. Expresse a regra de decisão para testar a hipótese nula de que todos os seis grupos possuem iguais medianas de população.
b. Qual seria a sua decisão estatística se o valor calculado da estatística do teste H fosse 13,77?

APLICANDO OS CONCEITOS

12.45 Uma empresa que fabrica alimentos para animais domésticos tem buscado expandir sua linha de produtos para algo

460 Capítulo 12

mais do que os atuais alimentos enlatados feitos à base de rins bovinos e camarões. A empresa desenvolveu dois novos produtos — um baseado em fígado de frango e outro feito à base de salmão. A empresa conduziu um experimento para comparar os dois novos produtos com os dois produtos já existentes, e também com o produto genérico, feito à base de carne, vendido em uma cadeia de supermercados.

Para o experimento, foi selecionada uma amostra de 50 gatos, a partir de uma população em um abrigo de animais local. Dez gatos foram designados aleatoriamente a cada um dos cinco produtos que estavam sendo testados. Foi então oferecido a cada um dos gatos o alimento selecionado, aproximadamente 100 gramas, em uma tigela na hora da alimentação. Os pesquisadores definiram a variável a ser mensurada como o número de gramas de alimento que o gato consumia dentro de um intervalo de tempo de 10 minutos, começando quando a tigela era abastecida e oferecida. Os resultados para esse experimento estão resumidos na tabela a seguir e armazenados em **RaçãoGato**.

Rins Bovinos	Camarão	Fígado de Frango	Salmão	Carne
2,37	2,26	2,29	1,79	2,09
2,62	2,69	2,23	2,33	1,87
2,31	2,25	2,41	1,96	1,67
2,47	2,45	2,68	2,05	1,64
2,59	2,34	2,25	2,26	2,16
2,62	2,37	2,17	2,24	1,75
2,34	2,22	2,37	1,96	1,18
2,47	2,56	2,26	1,58	1,92
2,45	2,36	2,45	2,18	1,32
2,32	2,59	2,57	1,93	1,94

a. No nível de significância de 0,05, existem evidências de uma diferença significativa entre os vários produtos, no que se refere à mediana para a quantidade de alimento ingerido?
b. Compare os resultados de (a) com os resultados do Problema 11.13 (a) em Problemas para a Seção 11.1.
c. Qual dos testes é o mais apropriado para os dados em questão: o teste das classificações de Kruskal-Wallis, ou o teste F para ANOVA de fator único? Explique.

✓AUTO-teste 12.46 Um hospital conduziu um estudo sobre o tempo de espera em sua sala de emergências. O hospital possui um edifício central, juntamente com três unidades de atendimento descentralizadas. A administração do hospital tinha como objetivo estratégico reduzir o tempo de espera para casos relacionados com as salas de emergência, os quais não requeiram atenção imediata. Para estudar essa estratégia, foi selecionada uma amostra aleatória de 15 casos relacionados com salas de emergência, em cada uma das unidades, em um determinado dia, e foi mensurado o tempo de espera (registrado com base no horário do registro de entrada no hospital até o momento em que o paciente foi chamado para a área clínica). Os resultados estão armazenados no arquivo **EsperaEmerg**.

a. No nível de significância de 0,05, existem evidências de alguma diferença, no que se refere à mediana correspondente ao tempo de espera, nas quatro unidades do hospital?
b. Compare os resultados de (a) com os resultados do Problema 11.9 (a), em Problemas para a Seção 11.1.

12.47 A revista *QSR* tem apresentado relatórios sobre as maiores marcas nos segmentos de alimentação de rápido atendimento

e de atendimento rápido e casual, nos Estados Unidos, por aproximadamente 15 anos. O arquivo **QSR** contém as vendas no segmento de alimentação e as médias de vendas nos EUA por unidade (milhares de $) para cada uma das 58 marcas de rápido atendimento. (Dados extraídos de **bit.ly/Oj6EcY**.)

a. No nível de significância de 0,05, existem evidências de alguma diferença em termos da mediana correspondente às vendas anuais nos EUA, por unidade (milhares de $) entre os segmentos de alimentação?
b. Compare os resultados de (a) com os resultados do Problema 11.11 (a), em Problemas para a Seção 11.1.

12.48 Uma agência de propaganda foi contratada por um fabricante de canetas para desenvolver uma campanha publicitária para a próxima temporada de férias. Para se preparar para esse projeto, o diretor de pesquisas decide dar início a um estudo sobre o efeito que a propaganda exerce sobre a percepção do produto. Um experimento é projetado com o objetivo de comparar cinco propagandas diferentes. A propaganda A subestima consideravelmente as características da caneta. A propaganda B subestima sutilmente as características da caneta. A propaganda C superestima sutilmente as características da caneta. A propaganda D superestima consideravelmente as características da caneta. A propaganda E tenta expressar corretamente as características da caneta.

Uma amostra de 30 respondentes adultos, extraída a partir de um grupo de foco mais amplo, é designada aleatoriamente para as cinco propagandas (de modo tal que existam seis respondente em cada um dos grupos). Depois de ler a propaganda e desenvolver um senso de expectativa para o produto, todos os respondentes, incognitamente, recebem a mesma caneta para que seja avaliada. É permitido que os respondentes testem a caneta e a veracidade da propaganda. É solicitado então aos respondentes que classifiquem a caneta de 1 a 7, em termos das escalas correspondentes às características do produto relacionadas com a aparência, durabilidade e desempenho de escrita. As classificações *combinadas* relativas a essas três características (aparência, durabilidade e desempenho de escrita), no que se refere aos 30 respondentes, estão armazenadas no arquivo **Caneta**. Esses dados se apresentam como:

A	B	C	D	E
15	16	8	5	12
18	17	7	6	19
17	21	10	13	18
19	16	15	11	12
19	19	14	9	17
20	17	14	10	14

a. No nível de significância de 0,05, existem evidências de alguma diferença, em termos da mediana correspondente às classificações, no que se refere às cinco propagandas?
b. Compare os resultados de (a) com os resultados do Problema 11.10 (a), em Problemas para a Seção 11.1.
c. Qual o teste mais apropriado para estes dados: o teste de classificações Kruskal-Wallis ou o ANOVA de fator único? Explique.

12.49 Uma empresa que fabrica material esportivo desejava comparar a distância percorrida por bolas de golfe produzidas com o uso de quatro diferentes modelos. Dez bolas foram fabricadas para cada um dos modelos, e levadas ao campo de golfe local para serem testadas por um especialista em tacos de golfe. A ordem em que as bolas foram lançadas pelo mesmo taco, a partir da primeira baliza, foi aleatória, de modo tal que o especialista não soubesse qual o tipo de bola que estava sendo lançado. Todas as 40 bolas foram lançadas em um curto período de tempo, durante o qual as condições ambientais eram essencialmente as mesmas. Os resultados (distância percorrida, em jardas) para os quatro modelos estão armazenados no arquivo **BolaGolfe**.

a. No nível de significância de 0,05, existem evidências de alguma diferença em termos da mediana das distâncias percorridas pelas bolas de golfe com diferentes modelos?

b. Compare os resultados de (a) com os resultados do Problema 11.14 (a), em Problemas para a Seção 11.1.

12.50 Alunos de um curso de estatística para executivos realizaram um experimento com o objetivo de testar a resistência de quatro marcas de sacos de lixo. Pesos correspondentes a uma libra (aproximadamente 454 gramas) foram colocados em um dos sacos de lixo, um de cada vez, até que o saco viesse a se romper. Foi utilizado um total correspondente a 40 sacos (10 para cada uma das marcas). O arquivo **SacosLixo** fornece o peso (em libras) necessário para que os sacos de lixo venham a se romper.

a. No nível de significância de 0,05, existem evidências de alguma diferença em termos da mediana correspondente à resistência para as quatro marcas de sacos de lixo?

b. Compare os resultados de (a) com os resultados do Problema 11.8 (a), em Problemas para a Seção 11.1.

12.6 Teste de McNemar para a Diferença entre Duas Proporções (Amostras Relacionadas entre Si) (*on-line*)

> **APRENDA MAIS**
>
> Aprenda mais sobre este teste em uma seção oferecida como bônus para o Capítulo 12, no material suplementar disponível no *site* da LTC Editora.

Testes, tais como o teste qui-quadrado para examinar diferenças entre duas proporções, discutido na Seção 12.1, requerem amostras independentes para cada uma das populações. No entanto, algumas vezes, quando você está testando diferenças entre a proporção de itens de interesse, os dados são coletados a partir de medições repetidas ou amostras combinadas.

Para testar se existem evidências de uma diferença entre as proporções quando os dados foram coletados a partir de duas amostras relacionadas, você pode utilizar o teste de McNemar.

12.7 Teste Qui-Quadrado para Variância ou Desvio-Padrão (*on-line*)

> **APRENDA MAIS**
>
> Aprenda mais sobre este teste em uma seção oferecida como bônus para o Capítulo 12, no material suplementar disponível no *site* da LTC Editora.

Ao analisar dados numéricos, em algumas situações, você precisa testar uma hipótese sobre a variância da população ou sobre o desvio-padrão da população. Partindo da premissa de que os dados sejam distribuídos nos moldes de uma distribuição normal, você utiliza o teste χ^2 para a variância ou para o desvio-padrão, para testar se a variância da população ou o desvio-padrão da população são iguais a um valor especificado.

UTILIZANDO A ESTATÍSTICA Não Aposte na Sorte com os Hóspedes em Resortes, Revisitado

ziggysofi/Shutterstock

No cenário Utilizando a Estatística, você era o gerente da T.C. Resort Properties, um grupo de cinco hotéis de padrão cinco estrelas, localizados em duas ilhas tropicais. Para avaliar a qualidade dos serviços que estão sendo fornecidos pelos hotéis que você gerencia, os hóspedes são incentivados, no momento em que estão fazendo o registro de saída do hotel, a preencher um formulário de pesquisa de satisfação. Você analisou os dados extraídos dessas pesquisas, para determinar o nível geral de satisfação em relação aos serviços fornecidos, a possibilidade de que os hóspedes venham a retornar ao hotel e as razões apresentadas por alguns hóspedes para não desejar retornar ao hotel.

Em uma das ilhas, a T.C. Resort Properties opera os hotéis Beachcomber e Windsurfer. Você realizou um teste qui-quadrado para a diferença entre as duas proporções e concluiu que uma maior proporção de hóspedes estaria disposta a retornar ao Beachcomber Hotel do que ao Windsurfer. Na outra ilha, a T.C. Resort Properties opera o Golden Palm, o Palm Royale e o Palm Princess. Para verificar se a satisfação dos hóspedes era a mesma no que se refere aos três hotéis, você realizou um teste qui-quadrado para as diferenças entre mais de duas proporções. O teste confirmou que as três proporções não são iguais, e os hóspedes estão mais propensos a retornar ao Palm Royale e menos propensos a retornar ao Golden Palm.

Além disso, você investigou se as razões apresentadas para não retornar ao Golden Palm, ao Palm Royale e ao Palm Princess eram específicas com referência a determinado hotel, ou comuns aos três hotéis. Ao realizar um teste qui-quadrado para independência, você determinou que as razões apresentadas para desejar retornar, ou não, dependiam do hotel em que os hóspedes estiveram hospedados. Ao examinar as frequências observadas e esperadas, você concluiu que os hóspedes estão mais satisfeitos com o preço no Golden Palm e estavam bem mais satisfeitos com a localização do Palm Princess. A satisfação dos hóspedes com as acomodações nos quartos não foi significativamente diferente entre os três hotéis.

RESUMO

A Figura 12.15 apresenta um roteiro para este capítulo. Inicialmente, você utilizou testes de hipóteses para analisar dados categóricos oriundos de duas amostras independentes e de mais de duas amostras independentes. Além disso, as regras de probabilidade apresentadas na Seção 4.2 foram estendidas para a hipótese de independência nas respostas combinadas para duas variáveis categóricas. Você também estudou dois testes não paramétricos. Você utilizou o teste da soma das classificações de Wilcoxon, quando foram violados os pressupostos do teste t para duas amostras independentes, e o teste de Kruskal-Wallis quando foram violados os pressupostos do teste F para ANOVA de fator único.

FIGURA 12.15
Roteiro do Capítulo 12

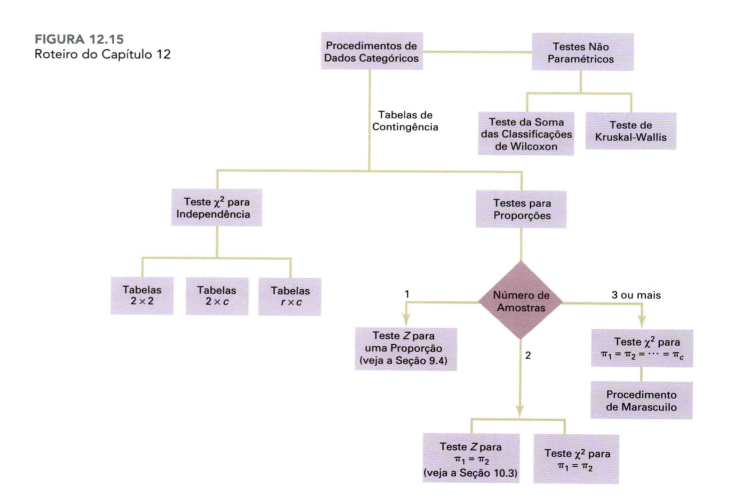

REFERÊNCIAS

1. Conover, W. J., *Practical Nonparametric Statistics*, 3rd ed. New York: Wiley, 2000.
2. Daniel, W. W., *Applied Nonparametric Statistics*, 2nd ed. Boston: PWS Kent, 1990.
3. Dixon, W. J., and F. J. Massey, Jr., *Introduction to Statistical Analysis*, 4th ed. New York: McGraw-Hill, 1983.
4. Hollander, M., and D. A. Wolfe, *Nonparametric Statistical Methods*, 2nd ed. New York: Wiley, 1999.
5. Lewontin, R. C., and J. Felsenstein, "Robustness of Homogeneity Tests in $2 \times n$ Tables", *Biometrics*, 21 (March 1965): 19-33.
6. Marascuilo, L. A., "Large-Sample Multiple Comparisons", *Psychological Bulletin*, 65 (1966): 280-290.
7. Marascuilo, L. A., and M. McSweeney, *Nonparametric and Distribution-Free Methods for the Social Sciences*. Monterey, CA: Brooks/Cole, 1977.
8. *Microsoft Excel 2010*. Redmond, WA: Microsoft Corp., 2010.
9. Winer, B. J., D. R. Brown, and K. M. Michels, *Statistical Principles in Experimental Design*, 3rd ed. New York: McGraw-Hill, 1989.

EQUAÇÕES-CHAVE

Teste χ^2 para a Diferença entre Duas Proporções

$$\chi^2_{ESTAT} = \sum_{\substack{todas\ as \\ células}} \frac{(f_o - f_e)^2}{f_e} \qquad (12.1)$$

Calculando a Proporção Geral Estimada para Dois Grupos

$$\bar{p} = \frac{X_1 + X_2}{n_1 + n_2} = \frac{X}{n} \qquad (12.2)$$

Calculando a Proporção Geral Estimada para c Grupos

$$\bar{p} = \frac{X_1 + X_2 + \cdots + X_c}{n_1 + n_2 + \cdots + n_c} = \frac{X}{n} \qquad (12.3)$$

Intervalo Crítico para o Procedimento de Marascuilo

$$\text{Intervalo crítico} = \sqrt{\chi^2_\alpha} \sqrt{\frac{p_j(1 - p_j)}{n_j} + \frac{p_{j'}(1 - p_{j'})}{n_{j'}}} \qquad (12.4)$$

Calculando a Frequência Esperada

$$f_e = \frac{\text{Total da linha} \times \text{Total da coluna}}{n} \qquad (12.5)$$

Verificando as Classificações

$$T_1 + T_2 = \frac{n(n + 1)}{2} \qquad (12.6)$$

Teste da Soma das Classificações de Wilcoxon para Grandes Amostras

$$Z_{ESTAT} = \frac{T_1 - \dfrac{n_1(n + 1)}{2}}{\sqrt{\dfrac{n_1 n_2(n + 1)}{12}}} \qquad (12.7)$$

Teste das Classificações de Kruskal-Wallis para Diferenças entre c Medianas

$$H = \left[\frac{12}{n(n + 1)} \sum_{j=1}^{c} \frac{T_j^2}{n_j} \right] - 3(n + 1) \qquad (12.8)$$

TERMOS-CHAVE

distribuição qui-quadrada (χ^2)
frequência esperada (f_e)
frequência observada (f_o)
métodos não paramétricos
procedimento de Marascuilo
tabela de contingência 2×2

tabela de contingência $2 \times c$
tabela de contingência de dois fatores
teste da soma das classificações de Wilcoxon
teste das classificações de Kruskal-Wallis

teste de McNemar
teste qui-quadrado (χ^2) para a diferença entre duas proporções
teste qui-quadrado (χ^2) para independência

AVALIANDO O SEU ENTENDIMENTO

12.51 Sob quais condições você deve utilizar o teste χ^2 para determinar se existe alguma diferença entre as proporções correspondentes a duas populações independentes?

12.52 Sob quais condições você deve utilizar o teste χ^2 para determinar se existe alguma diferença entre as proporções correspondentes a mais de duas populações independentes?

12.53 Sob quais condições você deve utilizar o teste χ^2 para independência?

12.54 Sob quais condições você deve utilizar o teste da soma das classificações de Wilcoxon em vez do teste t para a diferença entre as médias aritméticas?

12.55 Sob quais condições você deve utilizar o teste das classificações de Kruskal-Wallis em vez do teste de ANOVA de fator único?

PROBLEMAS DE REVISÃO DO CAPÍTULO

12.56 Alunos de uma faculdade na Universidade de Miami em Oxford, Ohio, foram entrevistados para se avaliar o efeito do gênero e do preço em relação à compra de uma pizza na Pizza Hut. Foi dito aos alunos que supusessem que estariam planejando a entrega de uma pizza grande, com dupla cobertura, em suas respectivas residências, naquela noite. Os alunos tinham que decidir entre encomendar a Pizza Hut ao preço reduzido de $8,49 (o preço regular de uma pizza grande, com dupla cobertura, na Pizza Hut de Oxford custava, na ocasião, $11,49) e encomendar uma pizza de uma pizzaria diferente. Os resultados para essa pergunta estão resumidos na seguinte tabela de contingência:

	PIZZARIA		
GÊNERO	**Pizza Hut**	**Outra**	**Total**
Feminino	4	13	17
Masculino	6	12	18
Total	10	25	35

a. Utilizando o nível de significância de 0,05, existem evidências de alguma diferença entre homens e mulheres, no que se refere à seleção da pizzaria?

b. Qual será a sua resposta para (a), se nove dos alunos do sexo masculino tiverem selecionado a Pizza Hut e nove tiverem selecionado outra pizzaria?

Uma pesquisa subsequente avaliou as decisões em termos de compra, diante de outros preços. Esses resultados estão resumidos na tabela de contingência apresentada a seguir:

	PREÇO			
PIZZARIA	**$8,49**	**$11,49**	**$14,49**	**Total**
Pizza Hut	10	5	2	17
Outra	25	23	27	75
Total	35	28	29	92

c. Utilizando o nível de significância de 0,05 e os dados da segunda tabela de contingência, existem evidências de alguma diferença em termos da seleção da pizzaria, com base no preço?

d. Determine o valor-p em (c) e interprete o seu significado.

12.57 Que tipo de ferramenta de mídia social os profissionais de marketing habitualmente utilizam? O "2012 Social Media Marketing Industry Report" (Relatório de Mídias Sociais do Setor de Marketing para 2012) realizado pelo Social Media Examiner (socialmediaexaminer.com) entrevistou um percentual de profissionais de marketing que habitualmente utilizam uma ferramenta indicada de mídia social. Os entrevistados eram tanto profissionais de marketing com foco B2B, profissionais que se concentram principalmente em atrair empresas, como profissionais de marketing com foco B2C, profissionais que se concentram principalmente em atrair consumidores. Suponha que a pesquisa tenha se baseado em 500 profissionais de marketing com foco B2B e 500 profissionais de marketing com foco B2C e tenha produzido os resultados na tabela a seguir. (Dados extraídos de **bit.ly/QmMxPa**.)

	FOCO DE NEGÓCIO	
FERRAMENTA DE MÍDIA SOCIAL	**B2B**	**B2C**
Facebook	87%	96%
Twitter	84%	80%
LinkedIn	87%	59%
YouTube ou outros vídeos	56%	59%

Para *cada um dos tipos de ferramenta de mídia social*, no nível de significância de 0,05, determine se existe alguma diferença entre profissionais de marketing com foco B2B e profissionais de marketing com foco B2C.

12.58 Uma empresa está avaliando a possibilidade de uma mudança organizacional envolvendo a adoção de equipes de trabalho autogerenciadas. Para avaliar o posicionamento dos empregados da empresa em relação a essa mudança, é selecionada uma amostra de 400 empregados, e lhes é perguntado se eles são a favor da instituição de equipes de trabalho autogerenciadas na organização. Três respostas são permitidas: a favor, neutro, ou contra. Os resultados da pesquisa, classificados por meio de tabulação cruzada entre tipo de emprego e posicionamento em relação a equipes autogerenciadas, estão resumidos a seguir:

	EQUIPES DE TRABALHO AUTOGERENCIADAS			
TIPO DE EMPREGO	**A Favor**	**Neutro**	**Contra**	**Total**
Empregado horista	108	46	71	225
Supervisor	18	12	30	60
Gerente de nível intermediário	35	14	26	75
Alta administração	24	7	9	40
Total	185	79	136	400

a. No nível de significância de 0,05, existem evidências de uma relação entre o posicionamento no que diz respeito a equipes de trabalho autogerenciadas e o tipo de trabalho?

A pesquisa perguntou também aos entrevistados sobre o posicionamento deles em relação à instituição de uma política segundo a qual um empregado poderia fazer jus a um dia a mais de folga por mês, sem direito a remuneração. Os resultados, classificados de modo cruzado com base no tipo de emprego, são apresentados a seguir:

	PERÍODO DE FOLGA SEM REMUNERAÇÃO			
TIPO DE EMPREGO	**A Favor**	**Neutro**	**Contra**	**Total**
Empregado horista	135	23	67	225
Supervisor	39	7	14	60
Gerente de nível intermediário	47	6	22	75
Alta administração	26	6	8	40
Total	247	42	111	400

b. No nível de significância de 0,05, existem evidências de alguma relação entre o posicionamento quanto ao período de folga sem direito a remuneração e o tipo de trabalho?

12.59 Uma empresa que produz e comercializa programas de educação continuada em DVD para o setor de testes educacionais tradicionalmente envia publicidade promocional a potenciais clientes. Foi conduzido um estudo de pesquisa de mercado com o objetivo de comparar duas abordagens: o envio de um DVD como amostra promocional mediante solicitação, contendo destaques do DVD completo, e o envio de uma mensagem de correio eletrônico contendo um link para o portal na Grande Rede, podendo o material ser baixado a partir do link. Entre as pessoas que responderam positivamente ao envio do material ou à mensagem de correio eletrônico, os resultados se apresentaram do seguinte modo, em termos da compra do DVD completo:

	TIPO DE MEIO DE COMUNICAÇÃO UTILIZADO		
COMPROU	**Envio do Material**	**Mensagem de Correio Eletrônico**	**Total**
Sim	26	11	37
Não	227	247	474
Total	253	258	511

a. No nível de significância de 0,05, existem evidências de alguma diferença em termos da proporção de DVDs comprados com base no tipo de meio de comunicação utilizado?

b. Com base nos resultados de (a), que tipo de meio de comunicação você imagina que a empresa deva utilizar no futuro? Explique o raciocínio que fundamenta a sua decisão.

A empresa desejava, também, determinar qual, entre três abordagens para vendas, deveria ser utilizada de modo a gerar vendas entre aquelas pessoas que tivessem solicitado o DVD promocional como amostra, ou baixado o DVD de amostra por correio, mas que não chegaram a comprar o DVD completo: (1) uma mensagem de correio eletrônico com informações sobre vendas; (2) um DVD contendo funcionalidades adicionais; ou (3) uma chamada telefônica para consumidores prospectivos. Os 474 respondentes que não compraram inicialmente o DVD foram aleatoriamente designados a cada uma das três abordagens de vendas. Os resultados, em termos de compras do DVD com o programa completo, se apresentaram como se segue:

	ABORDAGEM DE VENDAS			
AÇÃO	**Mensagem de Correio Eletrônico com Informações sobre Vendas**	**DVD Mais Completo**	**Chamada Telefônica**	**Total**
Comprou	5	17	18	40
Não comprou	153	141	140	434
Total	158	158	158	474

c. No nível de significância de 0,05, existem evidências de alguma diferença, em termos da proporção de DVDs comprados, tomando-se como base a estratégia de vendas utilizada?

d. Com base nos resultados de (c), que abordagem de vendas você acredita que empresa deveria utilizar no futuro? Explique o raciocínio que fundamenta a sua decisão.

CASOS PARA O CAPÍTULO 12

Administrando a Ashland MultiComm Services

FASE 1

Reexaminando os resultados de sua pesquisa, a equipe do departamento de marketing concluiu que um segmento dos domicílios de Ashland poderia estar interessado em uma assinatura, com desconto, por um período experimental, para o serviço AMS *3-Para-Tudo* com TV a cabo, telefone e serviços de Internet. A equipe decidiu testar vários descontos antes de determinar o tipo de desconto a oferecer durante o período de teste. A equipe decidiu conduzir um experimento utilizando três tipos de descontos, além de um plano que não oferecia nenhum tipo de desconto durante o período de teste:

1. Nenhum desconto para o serviço *3-Para-Tudo* com TV a cabo/telefone/serviços de Internet. Os assinantes pagariam $24,99 por semana para o pacote *3-Para-Tudo* com TV a cabo/telefone/serviços de Internet durante o período de teste correspondente a 90 dias.
2. Desconto moderado para o serviço *3-Para-Tudo* com TV a cabo/telefone/serviços de Internet. Os assinantes pagariam

$19,99 por semana para o *3-Para-Tudo* com TV a cabo/telefone/serviços de Internet durante o período de teste correspondente a 90 dias.

3. Desconto substancial para o serviço *3-Para-Tudo* com TV a cabo/telefone/serviços de Internet. Os assinantes pagariam $14,99 por semana para o *3-Para-Tudo* com TV a cabo/telefone/serviços de Internet durante o período de teste correspondente a 90 dias.
4. Cartão de desconto em restaurantes. Seria concedido aos assinantes um cartão Ouro oferecendo um desconto de 15 % em restaurantes selecionados em Ashland, durante o período de teste.

Cada um dos participantes no experimento foi designado a um determinado plano de desconto. Uma amostra de 100 assinantes para cada um dos planos, durante o período de teste, foi acompanhada no intuito de determinar quantos deles continuariam a assinar o serviço *3-Para-Tudo* com TV a cabo/telefone/serviços de Internet. A Tabela AMS12.1 sintetiza os resultados.

466 Capítulo 12

Tabela AMS12.1 Número de Assinantes que Continuam com as Assinaturas Depois do Período de Teste com Quatro Planos de Desconto

CONTINUAM COM AS ASSINATURAS DEPOIS DO PERÍODO DE TESTE	PLANOS DE DESCONTO				
	Nenhum Desconto	Desconto Moderado	Desconto Substancial	Cartão de Desconto em Restaurantes	Total
Sim	24	30	38	51	143
Não	76	70	62	49	257
Total	100	100	100	100	400

1. Analise os resultados do experimento. Redija um relatório para a equipe, tal que inclua sua recomendação com relação a qual plano utilizar. Esteja preparado para discutir as limitações e premissas do experimento.

FASE 2

A equipe do departamento de marketing discutiu os resultados da pesquisa apresentados nos Casos para o Capítulo 8. A equipe percebeu que a avaliação das questões individuais estava fornecendo apenas informações limitadas. Para compreender melhor o mercado para o serviço *3-Para-Tudo* com TV a cabo/telefone/serviços de Internet, os dados foram organizados nas seguintes tabelas de contingência:

POSSUI SERVIÇO DE INTERNET DA AMS	POSSUI SERVIÇO DE INTERNET DA AMS		
	Sim	Não	Total
Sim	55	28	83
Não	207	128	335
Total	262	156	418

TIPO DE SERVIÇO	DESCONTO EXPERIMENTAL		
	Sim	Não	Total
Básico	8	156	164
Especial	32	222	254
Total	40	378	418

TIPO DE SERVIÇO	ASSISTE A SERVIÇOS PREMIUM OU ON DEMAND				
	Quase Todos os Dias	Várias Vezes por Semana	Quase Nunca	Nunca	Total
Básico	2	5	127	30	164
Especial	12	30	186	26	254
Total	14	35	313	56	418

DESCONTO	ASSISTE A SERVIÇOS PREMIUM OU ON DEMAND				
	Quase Todos os Dias	Várias Vezes por Semana	Quase Nunca	Nunca	Total
Sim	4	5	27	4	40
Não	10	30	286	52	378
Total	14	35	313	56	418

DESCONTO	MÉTODO PARA A ATUAL ASSINATURA				
	Número de Telefone Gratuito	Portal da AMS	Cartão de Resposta Direta pelo Correio	Good Tunes & More	Outro	Total
Sim	11	21	5	1	2	40
Não	219	85	41	9	24	378
Total	230	106	46	10	26	418

CARTÃO GOLD	MÉTODO PARA A ATUAL ASSINATURA				
	Número de Telefone Gratuito	Portal da AMS	Cartão de Resposta Direta pelo Correio	Good Tunes & More	Outro	Total
Sim	10	20	5	1	2	38
Não	220	86	41	9	24	380
Total	230	106	46	10	26	418

2. Analise os resultados correspondentes às tabelas de contingência. Redija um relatório destinado à equipe do departamento de marketing, discorrendo sobre as implicações dos resultados, em termos de marketing, para a Ashland Multi-Comm Services.

Caso Digital

Aplique os seus conhecimentos sobre testes para a diferença entre duas proporções, neste Caso Digital, que é uma extensão do cenário Utilizando a Estatística deste capítulo, que trata da T.C. Resort Properties.

Ao mesmo tempo em que está buscando melhorar o atendimento a seus clientes, a T.C. Resort Properties enfrenta uma nova concorrência da SunLow Resorts. A SunLow abriu re-centemente hotéis de alto luxo nas ilhas em que a T.C. Resort Properties possui seus cinco hotéis. A SunLow está, atualmente, divulgando que uma pesquisa aleatória realizada junto a 300 clientes revelou que aproximadamente 60 % deles prefeririam o seu programa de recompensas por acumulação de pontos para troca por prêmios de viagens "Concierge Class" ao programa "TCPass Plus" da T.C. Resorts.

Abra e examine o arquivo **ConciergeClass.pdf**, um folheto eletrônico que descreve o programa ConciergeClass e compara o mesmo com o programa T.C. Resorts. Depois, responda ao seguinte:

1. As declarações feitas pela SunLow são válidas?
2. Quais tipos de análise dos dados da pesquisa acarretariam uma impressão mais favorável sobre a T.C. Resort Properties?

3. Realize uma das análises identificadas em sua resposta para a etapa 2.
4. Faça uma revisão nos dados apresentados neste capítulo sobre os clientes da T.C. Resort Properties. Existem quaisquer outras questões que você poderia vir a incluir em uma pesquisa futura sobre os programas de recompensa por pontuação para prêmios de viagens? Explique.

Lojas de Conveniência Valor Certo

Você trabalha para o escritório corporativo de uma franquia de lojas de conveniência de âmbito nacional nos EUA, que opera aproximadamente 10.000 lojas. A quantidade diária de consumidores por loja (ou seja, a média aritmética correspondente ao número de clientes em uma loja, em um dia) tem se mantido estável, em 900, por algum tempo. Para fazer com que cresça a quantidade de consumidores, a cadeia de lojas está considerando a hipótese de vir a reduzir os preços correspondentes às bebidas à base de café. A administração da empresa precisa determinar o montante de redução a ser aplicado nos preços, de modo a fazer com que cresça a quantidade de consumidores por dia, sem que se reduza demasiadamente a margem bruta de lucros nas vendas de café. Você decide conduzir um experimento em uma amostra de 24 lojas nas quais a quantidade de consumidores tem se apresentado quase que exatamente no nível correspondente à média nacional, de 900 consumidores. Em 6 das lojas, o preço para um café pequeno será $0,59; em outras 6 lojas, o preço será $0,69; em um terceiro grupo de 6 lojas, o preço será $0,79; e em um quarto grupo de 6 lojas, o preço será agora $0,89. Depois de quatro semanas, a quantidade de consumidores, por dia, nas lojas, foi registrado e armazenado no arquivo **VendasCafé**.

No nível de significância de 0,05, existem evidências de alguma diferença em termos da mediana correspondente à quantidade de diária de consumidores, tomando-se como base o preço para um café pequeno? A que preço as lojas deveriam vender o café?

CardioGood Fitness

Retorne ao estudo de caso da CardioGood Fitness, inicialmente apresentado no final do Capítulo 1. Os dados correspondentes a este caso estão contidos no arquivo **CardioGood Fitness**.

1. Determine se existe alguma diferença, com base no produto comprado (TM195, TM498, TM798), em termos da mediana correspondente a idade, em anos, formação educacional, em anos, renda domiciliar anual ($), número de vezes que o consumidor planeja utilizar a esteira a cada semana, e o número de milhas que o consumidor espera andar/correr a cada semana.
2. Determine se existe alguma diferença, com base no produto comprado (TM195, TM498, TM798), em termos do estado marital (solteiro ou com companheiro/a), e autoavaliação em relação ao condicionamento físico pessoal.
3. Redija um relatório a ser apresentado à administração da CardioGood Fitness detalhando as suas descobertas.

Mais Escolhas Descritivas, Continuação

Dê continuidade ao cenário Utilizando a Estatística, Mais Escolhas Descritivas, Revisitado, no final do Capítulo 3, utilizando os dados que estão armazenados no arquivo **Fundos de Aposentadoria** para:

1. Determine se existe alguma diferença entre os fundos baseados no crescimento e os fundos baseados na valorização, no que se refere à mediana correspondente aos percentuais de retorno para 1 ano, os percentuais de retorno para 5 anos, e os percentuais de retorno para 10 anos.
2. Determine se existe alguma diferença entre os fundos com baixa, com média e com alta capitalização de mercado, no que se refere à mediana correspondente aos percentuais de retorno para 1 ano, os percentuais de retorno para 5 anos, e os percentuais de retorno para 10 anos.
3. Determine se existe alguma diferença em termos de risco baseado na capitalização de mercado, uma diferença na classificação com base na capitalização de mercado, uma diferença no risco baseado no tipo de fundo e uma diferença na classificação baseada no tipo de fundo.
4. Redija um relatório detalhando as suas descobertas.

Pesquisas Realizadas Junto a Estudantes de Clear Mountain State

1. O Serviço de Noticiário para Estudantes na Universidade do Estado de Clear Mountain (CMSU — Clear Mountain State University) decidiu coletar dados sobre os alunos no nível de graduação que frequentam a CMSU. Eles criam e distribuem uma pesquisa com 14 perguntas e recebem respostas de 62 alunos do nível de graduação (contidas no arquivo **PesquisaGrad**).

   a. Construa tabelas de contingência utilizando gênero, especialização, planos de frequentar uma escola de pós-graduação e situação de emprego. (Você precisa construir seis tabelas, tomando duas variáveis de cada vez.) Analise os dados, no nível de significância de 0,05, de modo a determinar se existem quaisquer relações significativas entre essas variáveis.

   b. No nível de significância de 0,05, existem evidências de alguma diferença entre homens e mulheres, no que se refere à mediana correspondente a média final acumulada, salário inicial esperado, número de portais de redes sociais em que a pessoa está registrada, idade, gasto com livros didáticos e material escolar, mensagens de texto enviadas em uma semana e o grau de riqueza necessário para se sentir rico?

   c. No nível de significância de 0,05, existem evidências de alguma diferença entre os alunos que planejam frequentar escola de pós-graduação e os alunos que não planejam frequentar escola de pós-graduação, em termos da mediana correspondente a média final acumulada, salário inicial esperado, número de portais de redes sociais em que o aluno está registrado, idade, gasto com livros didáticos e material escolar, mensagens de texto enviadas em uma semana e o grau de riqueza necessário para se sentir rico?

   d. No nível de significância de 0,05, existem evidências de alguma diferença com base na especialização na graduação, em termos da mediana correspondente a salário inicial esperado, número de portais de redes sociais em que a pessoa está registrada, idade, gasto com livros didáticos e material escolar, mensagens de texto enviadas em uma semana e o grau de riqueza necessário para se sentir rico?

   e. No nível de significância de 0,05, existem evidências de alguma diferença com base na intenção de frequentar escola de pós-graduação, em termos da mediana correspondente a média final acumulada, salário inicial esperado, número de portais de redes sociais no qual está registrada a pessoa, idade, gasto com livros didáticos e material escolar, mensagens de texto enviadas em uma semana e o grau de riqueza necessário para se sentir rico?

2. A decana dos alunos na CMSU tomou conhecimento sobre a pesquisa conduzida junto aos alunos da graduação e decidiu conduzir uma pesquisa semelhante para alunos da pós-graduação da CMSU. Ela cria e distribui uma pesquisa contendo 14 perguntas e recebe respostas de 44 alunos da pós-graduação, as quais armazena no arquivo **PesquisaPósGrad**). No que se refere a esses dados, no nível de significância de 0,05:

   a. Construa tabelas de contingência utilizando gênero, especialização na graduação, especialização na pós-graduação, e situação de emprego. (Você precisa construir seis tabelas, tomando duas variáveis de cada vez.) Analise os dados, de modo a determinar se existem quaisquer relações significativas entre essas variáveis.

   b. Existem evidências de uma diferença entre homens e mulheres, em termos da mediana correspondente a idade, média final acumulada na graduação, média final acumulada na pós-graduação, salário logo depois da graduação, gasto com livros didáticos e material escolar, mensagens de texto enviadas em uma semana e o grau de riqueza necessário para se sentir rico?

   c. Existem evidências de uma diferença baseada na especialização na graduação em termos de idade, média final acumulada na graduação, média final acumulada na pós-graduação, salário esperado depois da graduação, gasto com livros didáticos e material escolar, mensagens de texto enviadas em uma semana e o grau de riqueza necessário para se sentir rico?

   d. Existem evidências de alguma diferença com base na especialização na graduação, em termos da idade, média final acumulada na graduação, média final acumulada na pós-graduação, salário esperado depois da graduação, gasto com livros didáticos e material escolar, mensagens de texto enviadas em uma semana e o grau de riqueza necessário para se sentir rico?

   e. Existem evidências de alguma diferença com base na situação de emprego, em termos da idade, média final acumulada na graduação, média final acumulada na pós-graduação, salário esperado depois da graduação, gasto com livros didáticos e material escolar, mensagens de texto enviadas em uma semana e o grau de riqueza necessário para se sentir rico?

GUIA DO EXCEL PARA O CAPÍTULO 12

GE12.1 TESTE QUI-QUADRADO para a DIFERENÇA ENTRE DUAS PROPORÇÕES

Técnica Principal Utilize a função **INV.QUIQUA.CD** (*nível de significância, graus de liberdade*) para calcular o valor crítico e utilize a função **DIST.QUIQUA.CD** (*estatística do teste qui-quadrado, graus de liberdade*) para calcular o valor-p.

Exemplo Realize o teste qui-quadrado para os dados sobre satisfação dos hóspedes nos dois hotéis, ilustrados na Figura 12.3, Seção 12.1.

PHStat Utilize o procedimento **Chi-Square Test for Differences in Two Proportions (Teste Qui-Quadrado para Diferenças entre Duas Proporções)**.
Para o exemplo, selecione **PHStat → Two Sample Tests (Summarized Data) → Chi-Square Test for Differences in Two Proportions (PHStat → Testes para Duas Amostras (Dados Resumidos) → Teste Qui-Quadrado para Diferenças entre Duas Proporções)**. Na caixa de diálogo do procedimento, insira **0,05** como o valor para **Level of Significance (Nível de Significância)**, insira um título na caixa para **Title**, e clique em **OK**. Na nova planilha:

1. Leia a observação em amarelo sobre a inserção de valores e, depois disso, pressione a tela **Delete** para excluir a nota.
2. Insira **Hotel** na célula **B4** e **Escolheria Novamente?** na célula **A5**.
3. Insira **Beachcomber** na célula **B5** e **Windsurfer** na célula **C5**.
4. Insira **Sim** na célula **A6** e **Não** na célula **A7**.
5. Insira **163**, **64**, **154** e **108** nas células **B6**, **B7**, **C6** e **C7**, respectivamente.

Excel Avançado Use a **planilha CÁLCULO** da **pasta de trabalho Qui-Quadrado**, como um modelo.
A planilha já contém os dados da Tabela 12.2 que tratam da satisfação dos hóspedes em dois hotéis. Para outros problemas, modifique os valores nas células **Frequências Observadas** e as legendas de linhas e colunas nas linhas 4 a 7.
Leia os BREVES DESTAQUES para o Capítulo 12, para uma explicação sobre as fórmulas encontradas na planilha CÁLCULO (ilustradas na **planilha CÁLCULO_FÓRMULAS**). Caso você esteja utilizando uma versão mais antiga do Excel, utilize a planilha CÁLCULO_ANTIGO, em vez da planilha CÁLCULO.

GE12.2 TESTE QUI-QUADRADO para DIFERENÇAS ENTRE MAIS DE DUAS PROPORÇÕES

Técnica Principal Utilize as funções **INV.QUIQUA.CD** e **DIST.QUIQUA.CD** para calcular o valor crítico e o valor-p, respectivamente.

Exemplo Realize este teste qui-quadrado para os dados sobre satisfação dos hóspedes nos três hotéis, ilustrados na Figura 12.6, Seção 12.2.

PHStat Utilize o procedimento **Chi-Square Test (Teste Qui-Quadrado)**.

Para o exemplo, selecione **PHStat → Multiple-Sample Tests → Chi-Square Test (PHStat → Testes para Múltiplas Amostras → Teste Qui-Quadrado)**. Na caixa de diálogo para o procedimento (ilustrada a seguir):

1. Insira **0,05** na caixa correspondente a **Level of Significance (Nível de Significância)**.
2. Insira **2** na caixa correspondente a **Number of Rows (Número de Linhas)**.
3. Insira **3** na caixa correspondente a **Number of Columns (Número de Colunas)**.
4. Insira um título na caixa para **Title**, e clique em **OK**.

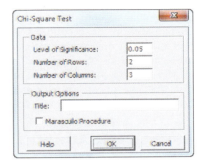

Na nova planilha:

5. Leia a observação em amarelo sobre a inserção de valores e, depois disso, pressione a tela **Delete** para excluir a nota.
6. Insira os dados da Tabela 12.6, na Seção 12.2, incluindo legendas de linhas e colunas, nas linhas 4 a 7. A mensagem de erro **#DIV/0!** desaparecerá quando você terminar de inserir todos os dados da tabela.

Excel Avançado Utilize a **planilha QuiQuadrado2×3** da **pasta de trabalho Planilhas Qui-Quadrados**, como um modelo. A planilha já contém os dados da Tabela 12.6, que tratam da satisfação dos hóspedes (veja a Seção 12.2). Para outros problemas do tipo 2 × 3, modifique os valores das células de **Frequências Observadas** e as legendas para linhas e colunas nas linhas 4 a 7. Para problemas do tipo 2 × 4, utilize a **planilha QuiQuadrado2×4** e modifique os valores das células de **Frequências Observadas** e as legendas para linhas e colunas naquela planilha. Para problemas do tipo 2 × 5, utilize a **planilha QuiQuadrado2×5** e modifique os valores das células de **Frequências Observadas** e as legendas para linhas e colunas naquela planilha.

As fórmulas que são encontradas na pasta de trabalho Qui-Quadrado2x3 (ilustradas na **planilha QuiQuadrado2x3_FÓRMULAS**) são semelhantes às fórmulas encontradas na planilha CÁLCULO da pasta de trabalho Qui-Quadrada (veja a seção anterior). Caso você esteja utilizando uma versão mais antiga do que o Excel 2010, utilize a planilha QuiQuadrado2x3_ANTIGO, em vez da planilha QuiQuadrado2x3. (Os BREVES DESTAQUES para o Capítulo 12 também explicam como modificar as outras planilhas QuiQuadrado para uso com versões mais antigas do Excel.)

O Procedimento de Marascuilo

Técnica Principal Utilize fórmulas para calcular as diferenças absolutas e o intervalo crítico.

Exemplo Realize o **Procedimento de Marascuilo** para os dados que tratam da satisfação dos hóspedes, e que estão ilustrados na Figura 12.7, na seção para este procedimento, no final da Seção 12.2.

PHStat Modifique as instruções do *PHStat* correspondentes à seção anterior. Na etapa 4, marque a opção **Marascuilo Procedure (Procedimento de Marascuilo)**, além de inserir um título na caixa **Title**, e clique em **OK**.

Excel Avançado Utilize a planilha **planilha Marascuilo2×3**, da **pasta de trabalho Qui-Quadrado**, como um modelo. A planilha não requer nenhum tipo de entrada ou alterações para ser utilizada. Para problemas do tipo 2 × 4, utilize a **planilha Marascuilo2x4**, e para problemas do tipo 2 × 5, utilize a **planilha Marascuilo2x5**.

Leia os BREVES DESTAQUES para o Capítulo 12, para uma explicação sobre as fórmulas encontradas na planilha Marascuilo 2 × 3 (ilustrada na **planilha Marascuilo2x3_FÓRMULAS**). Caso você esteja utilizando uma versão mais antiga do que o Excel 2010, utilize a planilha Marascuilo2x3_ANTIGO, em vez da planilha Marascuilo2x3. (Os BREVES DESTAQUES para o Capítulo 12 também explicam como modificar as outras planilhas Marascuilo para uso com versões mais antigas do Excel.)

GE12.3 TESTE QUI-QUADRADO para INDEPENDÊNCIA

Técnica Principal Utilize as funções **INV.QUIQUA.CD** e **DIST.QUIQUA.CD** para calcular o valor crítico e o valor-*p*, respectivamente.

Exemplo Realize este teste qui-quadrado para os dados correspondentes à principal razão para não retornar ao hotel, que estão ilustrados na Figura 12.10, no final da Seção 12.3.

PHStat Utilize o **procedimento Chi-Square Test (Teste Qui-Quadrado)**.
Para o exemplo, selecione **PHStat → Multiple-Sample Tests → Chi-Square Test (PHStat → Testes para Múltiplas Amostras → Teste Qui-Quadrado)**. Na caixa de diálogo para o procedimento:

1. Insira **0,05** na caixa correspondente a **Level of Significance (Nível de Significância)**.
2. Insira **4** na caixa correspondente a **Number of Rows (Número de Linhas)**.
3. Insira **3** na caixa correspondente a **Number of Columns (Número de Colunas)**.
4. Insira um título na caixa correspondente a **Title**, e clique em **OK**.

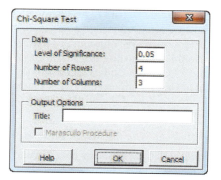

Na nova planilha:

5. Leia a nota em amarelo sobre a inserção de valores e, depois disso, pressione a tela **Delete** para excluir a nota.
6. Insira os dados da Tabela 12.9, na Seção 12.3, incluindo legendas de linhas e colunas, nas linhas 4 a 9. A mensagem de erro **#DIV/0!** desaparecerá quando você terminar de inserir todos os dados da tabela.

Excel Avançado Utilize a **planilha QuiQuadrado4x3** da **pasta de trabalho planilhas QuiQuadrado** como um modelo. A planilha já contém os dados da Tabela 12.9, sobre a principal razão para não retornar ao hotel (veja a Seção 12.3). Para outros problemas do tipo 4 × 3, modifique os valores das células de **Frequências Observadas** e as legendas para linhas e colunas nas linhas 4 a 9. Para problemas do tipo 3 × 4, utilize a **planilha QuiQuadrado3x4**. Para problemas do tipo 4 × 3, utilize a **planilha QuiQuadrado4x3**. Para problemas do tipo 7 × 3, utilize a **planilha QuiQuadrado7x3**. Para problemas do tipo 8 × 3, utilize a **planilha QuiQuadrado8x3**. Para cada uma dessas outras planilhas, insira na área de Frequências Observadas os dados da tabela de contingência correspondente ao problema.

Caso você esteja utilizando uma versão mais antiga do que o Excel 2010, utilize a planilha QuiQuadrado4x3_ANTIGO, em vez da planilha QuiQuadrado4x3. As fórmulas utilizadas nessas planilhas são semelhantes às das planilhas qui-quadrado discutidas neste Guia do Excel.

GE12.4 TESTE DA SOMA DAS CLASSIFICAÇÕES DE WILCOXON: UM MÉTODO NÃO PARAMÉTRICO PARA DUAS POPULAÇÕES INDEPENDENTES

Técnica Principal Utilize a função **INV.NORMP.N** (*nível de significância*) para calcular o valor crítico superior e o valor crítico inferior; e utilize também a função **DIST.NORMP.N** (*valor absoluto da estatística do teste Z*) como parte de uma fórmula para calcular o valor-*p*. Para dados não resumidos, utilize as funções **CONTSE** e **SOMASE** (veja a Seção F.4 do Apêndice F) para calcular os tamanhos de amostras e a soma das classificações para uma amostra, respectivamente.

PHStat Utilize o procedimento **Wilcoxon Rank Sum Test (Teste da Soma das Classificações de Wilcoxon)**.
Para o exemplo, abra a **planilha DADOS** da **pasta de trabalho Cola**. Selecione **PHStat → Two-Sample Tests (Unsummarized Data) → Wilcoxon Rank Sum Test [PHStat → Testes para Duas Amostras (Dados Não Resumidos) → Teste da Soma das Classificações de Wilcoxon]**. Na caixa de diálogo para o procedimento (ilustrada a seguir):

1. Insira **0,05** na caixa correspondente a **Level of Significance (Nível de Significância)**.
2. Insira **A1:A11** na caixa correspondente a **Population 1 Sample Cell Range (Intervalo de Células da Amostra da População 1)**.
3. Insira **B1:B11** na caixa correspondente a **Population 2 Sample Cell Range (Intervalo de Células da Amostra da População 2)**.
4. Marque a opção **First cells in both ranges contain label (Primeiras células em ambos os intervalos contêm rótulo)**.
5. Clique em **Two-Tail Test (Teste Bicaudal)**.
6. Insira um título na caixa para **Title**, e clique em **OK**.

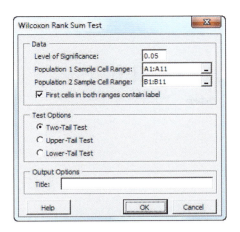

O procedimento cria uma planilha ClassificaçõesOrdenadas que contém as classificações ordenadas, bem como a planilha ilustrada na Figura 12.12. Ambas as planilhas são discutidas nas instruções da seção *Excel Avançado*, apresentadas a seguir.

Excel Avançado Utilize a **planilha CÁLCULO** da **pasta de trabalho Wilcoxon**, como um modelo.

A planilha já contém os dados e as fórmulas para que sejam utilizados os dados não resumidos para o exemplo. Para outros problemas que utilizem dados não resumidos, primeiramente abra a **planilha ClassificaçõesOrdenadas** e insira os valores ordenados para ambos os grupos, em formato empilhado. Utilize a Coluna A para os nomes das amostras e a coluna B para os valores ordenados. Atribua uma classificação a cada um dos valores e insira as classificações na coluna C dessa mesma planilha. Depois disso, abra a planilha CÁLCULO (ou a planilha semelhante CÁLCULO_TODOS, se estiver realizando um teste unicaudal) e edite as fórmulas nas células B7, B8, B10 e B11.

Para problemas com dados resumidos, sobrescreva as fórmulas que calculam o **Tamanho da Amostra** e a **Soma das Classificações**, no intervalo de células **B7:B11**, com os valores dessas estatísticas.

Abra a **planilha CÁLCULO_TODOS_FÓRMULAS** para visualizar todas as fórmulas na planilha CÁLCULO_TODOS. Caso você esteja utilizando uma versão do Excel mais antiga do que o Excel 2010, utilize a planilha CÁLCULO_TODOS_ANTIGO, para todos os testes.

GE12.5 TESTE DAS CLASSIFICAÇÕES DE KRUSKAL-WALLIS: um MÉTODO NÃO PARAMÉTRICO para ANOVA DE FATOR ÚNICO

Técnica Principal Utilize a função **INV.QUIQUA.CD** (*nível de significância*, *número de grupos* – 1) para calcular o valor crítico e utilize a função **DIST.QUIQUA.CD** (*estatística do teste H*, *número de grupos* – 1) para calcular o valor-*p*. Para dados não resumidos, utilize as funções **CONTSE** e **SOMASE** (veja a Seção F.4 do Apêndice F) para calcular os tamanhos de amostras e a soma das classificações para uma amostra, respectivamente.

Exemplo Realize o teste das classificações de Kruskal-Wallis para diferenças entre as quatro medianas da resistência à tensão de paraquedas, conforme ilustrado na Figura 12.14, Seção 12.5.

PHStat Utilize o procedimento **Kruskal-Wallis Rank Test** (**Teste das Classificações de Kruskal-Wallis**).

Para o exemplo, abra a **planilha DADOS** da **pasta de trabalho Paraquedas**. Selecione PHStat → Multiple-Sample Tests → Kruskal-Wallis Rank Test (PHStat → Testes para Múltiplas Amostras → Teste das Classificações de Kruskal-Wallis). Na caixa de diálogo correspondente ao procedimento (ilustrada a seguir):

1. Insira **0,05** na caixa correspondente a **Level of Significance** (**Nível de Significância**).
2. Insira **A1:D6** na caixa correspondente a **Sample Data Cell Range** (**Intervalo de Células dos Dados da Amostra**).
3. Marque a opção **First cells contain label** (**Primeiras células contêm rótulo**).
4. Insira um título na caixa para **Title**, e clique em **OK**.

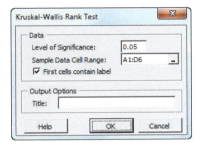

O procedimento cria uma planilha ClassificaçõesOrdenadas, que contém as classificações ordenadas, além da planilha ilustrada na Figura 12.14. Ambas as planilhas são abordadas nas instruções da seção *Excel Avançado* a seguir apresentada.

Excel Avançado Utilize a **planilha KruskalWallis4** da **pasta de trabalho Planilhas Kruskal-Wallis** como um modelo.

A planilha já contém os dados e as fórmulas para que sejam utilizados os dados não resumidos correspondentes ao exemplo. Para outros problemas com quatro grupos e dados não resumidos, primeiramente abra a **planilha ClassificaçõesOrdenadas** e insira os valores ordenados para ambos os grupos, em formato empilhado. Utilize a coluna A para os nomes das amostras e a coluna B para os valores ordenados. Atribua uma classificação a cada um dos valores e insira as classificações na coluna C dessa mesma planilha. Cole, também, seus dados empilhados não resumidos nas colunas, iniciando com a coluna E. (As células da linha 1, iniciando com a célula E1, são utilizadas para identificar cada um dos grupos.) Depois disso, abra a planilha KruskalWallis4 e edite as fórmulas nas colunas E e F.

Para outros problemas com quatro grupos e dados resumidos, abra a planilha KruskalWallis4 e edite as fórmulas nas colunas E e F e sobrescreva as fórmulas que exibem os nomes dos grupos e calcule **Tamanho da Amostra** e **Soma das Classificações**, nas colunas D, E, e F, com o valor correspondente a essas estatísticas. Para outros problemas com três grupos utilize a **planilha KruskalWallis3** semelhante.

Abra a **planilha KruskalWallis4_FÓRMULAS** para visualizar todas as fórmulas na planilha KruskalWallis4. Caso você esteja utilizando uma versão do Excel mais antiga do que o Excel 2010, utilize a planilha KruskalWallis4_ANTIGO, ou a planilha KruskalWallis3_ANTIGO.

CAPÍTULO

13 Regressão Linear Simples

UTILIZANDO A ESTATÍSTICA: Conhecendo os Consumidores na Sunflowers Roupas

13.1 Tipos de Modelos de Regressão

13.2 Determinando a Equação da Regressão Linear Simples
O Método dos Mínimos Quadrados
Previsões na Análise da Regressão: Interpolação *versus* Extrapolação
Calculando o Intercepto de Y, b_0, e a Inclinação, b_1

EXPLORAÇÕES VISUAIS: Explorando Coeficientes da Regressão Linear Simples

13.3 Medidas de Variação
Calculando a Soma dos Quadrados
O Coeficiente de Determinação
Erro-Padrão da Estimativa

13.4 Pressupostos da Regressão

13.5 Análise de Resíduos
Avaliando os Pressupostos

13.6 Medindo a Autocorrelação: A Estatística de Durbin-Watson
Gráficos de Resíduos para Detectar Autocorrelação
A Estatística de Durbin-Watson

13.7 Inferências sobre a Inclinação e o Coeficiente de Correlação
Teste t para a Inclinação
Teste F para a Inclinação
Estimativa do Intervalo de Confiança para a Inclinação
Teste t para o Coeficiente de Correlação

13.8 Estimativa da Média Aritmética dos Valores e Previsão de Valores Individuais
A Estimativa do Intervalo de Confiança para a Média Aritmética da Resposta
O Intervalo de Previsão para uma Resposta Individual

13.9 Armadilhas na Regressão
Estratégia para Evitar as Armadilhas

PENSE NISSO: Com Qualquer Outro Nome

UTILIZANDO A ESTATÍSTICA: Conhecendo os Consumidores na Sunflowers Roupas, Revisitado

GUIA DO EXCEL PARA O CAPÍTULO 13

Objetivos do Aprendizado

Neste capítulo, você aprenderá:

- A utilizar a análise da regressão para prever o valor de uma variável dependente com base em uma variável independente
- O significado dos coeficientes da regressão b_0 e b_1
- A avaliar o pressuposto da análise da regressão e saber o que fazer, caso os pressupostos sejam violados
- A fazer inferências sobre a inclinação e sobre o coeficiente de inclinação
- A estimar a média aritmética dos valores e prever valores individuais

Dmitriy Shironosov / Shutterstock

UTILIZANDO A ESTATÍSTICA

Conhecendo os Consumidores na Sunflowers Roupas

Tendo sobrevivido aos recentes eventos de desaceleração na economia, que prejudicaram seus concorrentes, a Sunflowers Roupas, uma cadeia de lojas de roupas femininas de primeira linha, está no meio de um exame no âmbito de toda a empresa, buscando os fatores que fazem com que suas lojas sejam bem-sucedidas. Até recentemente, os gerentes da Sunflowers não contavam com qualquer tipo de análise de dados para respaldar suas decisões sobre locais para instalar lojas, baseando-se tão somente em fatores subjetivos, tais como a disponibilidade de um ponto com bom preço ou a percepção de que um determinado local possa parecer ideal para uma de suas lojas.

No papel de novo diretor de planejamento, você já consultou empresas que fornecem dados sobre marketing e que se especializam no uso de análises de negócios (veja a Seção MAO.3 no início deste livro) para identificar e classificar grupos de consumidores. Com base nessas análises preliminares, você já descobriu, por um método improvisado, que o perfil dos consumidores da Sunflowers pode não ser exclusivamente a classe média alta, desde longa data definida como a principal clientela da empresa, mas também as famílias mais jovens, ascendentes com filhos jovens, e, surpreendentemente, pessoas arrojadas e modernas que estabelecem tendências e que são, em sua maior parte, solteiras.

Você está buscando desenvolver uma abordagem sistemática que venha a fazer com que sejam tomadas decisões mais eficazes durante o processo de seleção de locais para instalação. Como ponto de partida, você solicitou a uma empresa que fornece dados de marketing que coletasse e organizasse dados sobre a quantidade de pessoas nas categorias identificadas que habitam dentro dos limites de um perímetro fixo em relação a cada uma das lojas da Sunflowers. Você acredita que um maior número de consumidores identificados com base em cada um dos perfis contribuirá para as vendas das lojas, e você deseja explorar o possível uso dessa relação no processo de tomada de decisões. De que maneira você pode utilizar a estatística para que você seja capaz de realizar prognósticos sobre as vendas anuais de uma loja sugerida, com base no número de clientes que integram um determinado perfil, e que residem dentro dos limites de um perímetro estabelecido com relação a uma determinada loja da Sunflowers?

crystalfoto / Shutterstock

Neste capítulo e nos próximos dois capítulos, você aprende como a análise da regressão possibilita que você desenvolva um modelo para prever os valores de uma variável numérica com base no valor de outras variáveis.

Na análise da regressão, a variável que você deseja prever é chamada de **variável dependente**. As variáveis utilizadas para fazer a previsão são chamadas de **variáveis independentes**. Por exemplo, como diretor de planejamento, pode ser que você deseje prever as vendas anuais para uma determinada loja da Sunflowers, com base no número de consumidores identificados dentro dos diversos perfis. Outros exemplos incluem a previsão do aluguel mensal de um apartamento com base em seu respectivo tamanho e a previsão das vendas mensais de um determinado produto em um supermercado, com base na quantidade de espaço na prateleira dedicado a esse produto.

Além de prever valores para a variável dependente, a análise da regressão permite também que você identifique o tipo de relação matemática que existe entre uma variável dependente e uma variável independente, quantifique o efeito que alterações na variável independente exercem sobre a variável dependente, e identifique observações fora do comum. Este capítulo discorre sobre a **regressão linear simples**, na qual uma *única* variável independente numérica, X, é utilizada para prever a variável dependente numérica, Y, como é o caso na utilização da quantidade de clientes identificados dentro de um determinado perfil, para prever as vendas anuais dessa loja. Os Capítulos 14 e 15 discorrem sobre *modelos de regressão múltipla*, que utilizam *diversas* variáveis independentes para prever uma única variável dependente numérica, Y. Por exemplo, você pode utilizar o montante de gastos com propaganda, o preço e a quantidade de espaço disponibilizado na prateleira para um determinado produto, com o objetivo de prever as suas respectivas vendas mensais.

13.1 Tipos de Modelos de Regressão

A Seção 2.5 discorreu sobre o uso de um **gráfico de dispersão** (também chamado de **diagrama de dispersão**) para examinar a relação entre uma variável X no eixo horizontal e uma variável Y no eixo vertical. A natureza da relação entre duas variáveis pode assumir inúmeras formas, abrangendo desde funções matemáticas simples até funções matemáticas extremamente complicadas. A relação mais simples consiste em uma relação em forma de linha reta, ou **relação linear**. A Figura 13.1 ilustra uma relação em forma de linha reta.

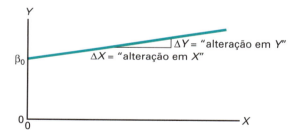

FIGURA 13.1
Uma relação em forma de linha reta

A Equação (13.1) representa o modelo da linha reta (linear).

MODELO DE REGRESSÃO LINEAR SIMPLES

$$Y_i = \beta_0 + \beta_1 X_i + \varepsilon_i \qquad (13.1)$$

em que

β_0 = intercepto de Y para a população

β_1 = inclinação da população

ε_i = erro aleatório em Y para a observação i

Y_i = variável dependente (algumas vezes conhecida como a **variável de resposta**) para a observação i

X_i = variável independente (algumas vezes conhecida como variável de previsão ou **variável explanatória**) para a observação i

A parcela $Y_i = \beta_0 + \beta_1 X_i$ para o modelo de regressão linear simples, expressa na Equação (13.1), corresponde a uma linha reta. A **inclinação** da linha, β_1, representa a variação esperada em Y por uma unidade de variação em X. Representa a média aritmética da quantidade em que Y varia (positiva ou negativamente) para uma unidade de alteração em X. O **intercepto de Y**, β_0, representa a média aritmética do valor de Y quando X é igual a 0. O último componente do modelo, ε_i, representa o erro aleatório em Y para cada observação, i. Em outras palavras, ε_i corresponde à distância vertical do valor verdadeiro de Y_i acima ou abaixo do valor esperado para Y_i, na linha.

A seleção do modelo matemático apropriado depende da distribuição dos valores de X e de Y no gráfico de dispersão. A Figura 13.2 ilustra seis diferentes tipos de relação.

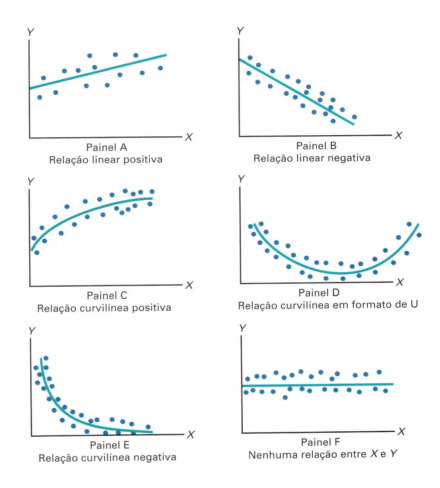

FIGURA 13.2
Seis tipos de relações encontradas em gráficos de dispersão

No Painel A, os valores de Y estão, de modo geral, crescendo linearmente, à medida que X passa a crescer. Esse painel é semelhante à Figura 13.3, que ilustra a relação positiva entre a quantidade de consumidores da loja identificados em cada um dos perfis e as vendas anuais dessa mesma loja, no que se refere à cadeia de lojas de roupas femininas, Sunflowers Roupas.

O Painel B é um exemplo de relação linear negativa. À medida que X passa a crescer, os valores de Y estão, de modo geral, decrescendo. Um exemplo desse tipo de relação poderia ser o preço de um determinado produto e o montante de vendas. À medida que cresce o preço cobrado pelo produto, a quantidade de vendas pode tender a decrescer.

O Painel C mostra uma relação curvilínea positiva entre X e Y. Os valores de Y crescem à medida que X passa a crescer, e esse crescimento vai se estabilizando quando são ultrapassados determinados valores de X. Um exemplo de relação curvilínea positiva poderia ser a idade (tempo de uso) e o custo de manutenção de um determinado equipamento. À medida que o equipamento vai se tornando mais antigo, o custo de sua manutenção pode crescer rapidamente em um primeiro momento, mas passa a se estabilizar depois de uma determinada quantidade de anos.

O Painel D mostra uma relação em formato de U entre X e Y. À medida que X passa a crescer, Y geralmente diminui em um primeiro momento, mas, à medida que X continua a crescer, Y não somente para de decrescer como, na realidade, cresce além de seu valor mínimo. Um exemplo desse tipo de relação poderia ser a quantidade de atividade de empreendedorismo e os níveis de desenvolvimento econômico, conforme medido pelo PIB *per capita*. As atividades de empreendedorismo ocorrem em maior volume nos países menos desenvolvidos e nos países mais desenvolvidos.

O Painel E indica uma relação exponencial entre X e Y. Nesse caso, Y decresce muito rapidamente à medida que X começa a crescer, embora, depois disso, passe a decrescer muito menos rapidamente à medida que X continua a crescer. Um exemplo de relação exponencial poderia ser o valor de revenda de um automóvel e a respectiva idade desse bem. No primeiro ano, o valor de revenda cai drasticamente em relação ao seu preço, mas decresce muito menos rapidamente nos anos subsequentes.

Por fim, o Painel F mostra um conjunto de dados nos quais existe muito pouca, ou nenhuma, relação entre X e Y. Valores altos e valores baixos de Y aparecem a cada valor de X.

Embora gráficos de dispersão sejam úteis para apresentar visualmente a fórmula matemática de uma relação, procedimentos estatísticos mais sofisticados se encontram disponíveis para determinar o modelo mais apropriado para um conjunto de variáveis. O restante deste capítulo discute o modelo utilizado quando existe uma relação *linear* entre variáveis.

13.2 Determinando a Equação da Regressão Linear Simples

No cenário que trata da Sunflowers Roupas, apresentado no início deste capítulo, o objetivo estratégico do diretor de planejamento é prever as vendas anuais para todas as novas lojas, com base na quantidade de consumidores identificados por perfil, e que habitam há não mais do que 30 minutos de distância de uma determinada loja da Sunflowers. Para examinar a relação entre a quantidade de consumidores identificados com base no perfil (em milhões) que habitam dentro dos limites de um perímetro fixo de distância de uma determinada loja da Sunflowers e as vendas anuais dessa loja, foram coletados os dados a partir de uma amostra com 14 lojas. A Tabela 13.1 apresenta os dados organizados, que estão armazenados no arquivo SeleçãoLocal.

A Figura 13.3 ilustra o gráfico de dispersão para os dados apresentados na Tabela 13.1. Observe a relação crescente entre a quantidade de consumidores identificados com base nos perfis (X) e as vendas anuais (Y). À medida que passa a aumentar a quantidade de consumidores identificados

TABELA 13.1
Número de Consumidores Identificados nos Perfis (em milhões) e Vendas Anuais (em milhões de dólares) para uma Amostra de 14 Lojas da Sunflowers Roupas

Loja	Consumidores Identificados pelo Perfil (milhões)	Vendas Anuais (milhões de dólares)	Loja	Consumidores Identificados pelo Perfil (milhões)	Vendas Anuais (milhões de dólares)
1	3,7	5,7	8	3,1	4,7
2	3,6	5,9	9	3,2	6,1
3	2,8	6,7	10	3,5	4,9
4	5,6	9,5	11	5,2	10,7
5	3,3	5,4	12	4,6	7,6
6	2,2	3,5	13	5,8	11,8
7	3,3	6,2	14	3,0	4,1

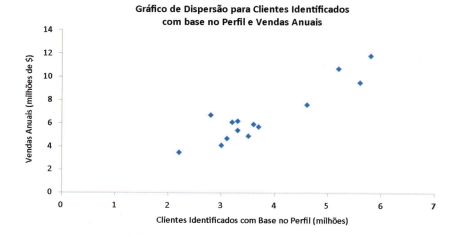

FIGURA 13.3
Gráfico de dispersão para os dados relacionados com a Sunflowers Roupas

com base nos respectivos perfis, as vendas anuais passam a crescer aproximadamente no formato de uma linha reta. Sendo assim, você pode pressupor que uma linha reta proporciona um modelo matemático adequado para essa relação. Agora, você precisa determinar a linha reta específica que representa o *melhor* ajuste para esses dados.

O Método dos Mínimos Quadrados

Na seção anterior, um modelo estatístico foi colocado, a título de hipótese, para representar a relação entre duas variáveis — a quantidade de consumidores identificados com base nos perfis e as vendas — no que se refere a toda a população de lojas da Sunflowers Roupas. No entanto, conforme ilustrado na Tabela 13.1, os dados são coletados a partir de uma amostra aleatória de lojas. Caso determinados pressupostos sejam válidos (veja a Seção 13.4), você pode utilizar o intercepto de Y correspondente à amostra, b_0, e a inclinação da amostra, b_1, como estimativas para os respectivos parâmetros da população, β_0 e β_1. A Equação (13.2) utiliza essas estimativas para formar a **equação da regressão linear simples**. Essa linha reta é frequentemente conhecida como a **linha de previsão**.

> **Dica para o Leitor**
> Em matemática, o símbolo b é frequentemente utilizado para o intercepto de Y em vez de b_0, enquanto o símbolo m é frequentemente utilizado para a inclinação, em vez de b_1.

EQUAÇÃO DA REGRESSÃO LINEAR SIMPLES: A LINHA DE PREVISÃO

O valor previsto de Y é igual ao intercepto de Y somado à inclinação, multiplicado pelo valor de X.

$$\hat{Y}_i = b_0 + b_1 X_i \qquad (13.2)$$

em que

$\hat{Y}_i$ = valor previsto de Y para a observação i

X_i = valor de X para a observação i

b_0 = intercepto da amostra, Y

b_1 = inclinação da amostra

A Equação (13.2) requer que você determine dois **coeficientes da regressão** — b_0 (o intercepto de Y para a amostra) e b_1 (a inclinação da amostra). A abordagem mais comum para encontrar b_0 e b_1 é pela utilização do método dos mínimos quadrados. Esse método minimiza a soma das diferenças, elevadas ao quadrado, entre os valores verdadeiros (Y_i) e os valores previstos $\left(\hat{Y}_i\right)$ sendo utilizada a equação da regressão linear simples [ou seja, a linha de previsão; veja a Equação (13.2)]. Essa soma das diferenças elevadas ao quadrado é igual a

$$\sum_{i=1}^{n}(Y_i - \hat{Y}_i)^2$$

Uma vez que $\hat{Y}_i = b_0 + b_1 X_i$,

$$\sum_{i=1}^{n}(Y_i - \hat{Y}_i)^2 = \sum_{i=1}^{n}[Y_i - (b_0 + b_1 X_i)]^2$$

Como essa equação possui duas incógnitas, b_0 e b_1, a soma das diferenças elevadas ao quadrado depende do intercepto de Y da amostra, b_0, e da inclinação da amostra, b_1. O **método dos mínimos quadrados** determina os valores de b_0 e b_1 que minimizam a soma das diferenças elevadas ao quadrado em torno da linha de previsão. Quaisquer valores para b_0 e b_1 outros que não sejam aqueles determinados com base no método dos mínimos quadrados resultam em uma maior soma para as diferenças elevadas ao quadrado entre os valores reais (Y_i) e os valores previstos, ($\hat{Y}_i$). A Figura 13.4 apresenta a planilha correspondente ao modelo de regressão linear simples para os dados sobre a Sunflowers Roupas, mostrados na Tabela 13.1.

> **Dica para o Leitor**
> As equações utilizadas para calcular esses resultados estão ilustradas nos Exemplos 13.3 (final desta seção) e 13.4 (final da Seção 13.3). Você deve utilizar *software* para fazer esses cálculos para grandes conjuntos de dados, em vista da natureza complexa dos cálculos.

FIGURA 13.4
Planilha do modelo de regressão linear simples para os dados da Sunflowers Roupas

A Figura 13.4 ilustra a planilha CÁLCULO da pasta de trabalho Regressão Linear Simples que é utilizada pelas instruções na Seção GE13.2. (O pacote de Ferramentas de Análise do Excel cria uma planilha de aparência semelhante, que não contém as fórmulas encontradas na planilha CÁLCULO.)

Caso você esteja utilizando uma versão do Excel mais antiga do que o Excel 2010, utilize a pasta de trabalho Regressão Linear Simples 2007 para todos os exemplos de regressão linear simples, conforme indicado na Seção GE13.2.

	A	B	C	D	E	F	G
1	Regressão Linear Simples						
2							
3	*Estatísticas de Regressão*						
4	R Múltiplo	0,9208					
5	R-Quadrado	0,8479					
6	R-Quadrado Ajustado	0,8352					
7	Erro-Padrão	0,9993					
8	Observações	14					
9							
10	ANOVA						
11		gl	SQ	MQ	F	F de significação	
12	Regressão	1	66,7854	66,7854	66,8792	0,0000	
13	Resíduos	12	11,9832	0,9986			
14	Total	13	78,7686				
15							
16		Coeficientes	Erro-Padrão	Stat t	Valor-P	95 % inferiores	95 % superiores
17	Interseção	-1,2088	0,9949	-1,2151	0,2477	-3,3765	0,9588
18	Clientes Identificados com Base no Perfil	2,0742	0,2536	8,1780	0,0000	1,5216	2,6268

Na Figura 13.4, observe que $b_0 = -1,2088$ e $b_1 = 2,0742$. Utilizando a Equação (13.2), a linha de previsão para esses dados é

$$\hat{Y}_i = -1,2088 + 2,0742X_i$$

A inclinação, b_1, é igual a $+2,0742$. Isso significa que, para cada crescimento equivalente a uma unidade em X, estima-se que o valor previsto para Y cresça em 2,0742 unidades. Em outras palavras, para cada crescimento de 1,0 milhão de consumidores identificados em cada um dos perfis que habitam há menos de 30 minutos da loja, estima-se que a previsão das vendas anuais cresça em 2,0742 milhões de dólares. Por conseguinte, a inclinação representa a parcela das vendas anuais que se estima variar de acordo com a quantidade de consumidores identificados com base no perfil.

O intercepto de Y, b_0, é igual a $-1,2088$. O intercepto de Y representa o valor previsto para Y, quando X é igual a 0. Uma vez que a quantidade de consumidores identificados com base no perfil não pode ser igual a 0 (zero), esse intercepto de Y apresenta pouca ou nenhuma interpretação prática. Do mesmo modo, o intercepto de Y para este exemplo encontra-se fora do intervalo dos valores observados para a variável X, e, por conseguinte, as interpretações para o valor de b_0 devem ser realizadas com bastante cautela. A Figura 13.5 ilustra as observações reais e a linha de previsão.

Para ilustrar uma situação na qual existe uma interpretação direta para o intercepto de Y, b_0, examine o Exemplo 13.1.

> **Dica para o Leitor**
> Lembre-se de que uma inclinação positiva significa que, à medida que X cresce, é previsto que Y cresça. Uma inclinação negativa significa que, à medida que X cresce, é previsto que Y decresça.

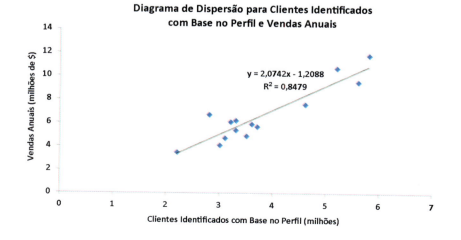

FIGURA 13.5
Gráfico de dispersão e linha de regressão para os dados relacionados com a Sunflowers Roupas

Regressão Linear Simples **479**

EXEMPLO 13.1

Interpretando o Intercepto de Y, b_0, e a Inclinação, b_1

Um professor de estatística deseja utilizar a quantidade de horas que um determinado aluno estuda para uma prova final de estatística (X) com o objetivo de prever a nota para a prova final (Y). Foi ajustado um modelo de regressão, com base nos dados coletados a partir de uma classe, durante o semestre anterior, com os seguintes resultados:

$$\hat{Y}_i = 35,0 + 3X_i$$

Qual é a interpretação para o intercepto de Y, b_0, e para a inclinação, b_1?

SOLUÇÃO O intercepto de Y, $b_0 = 35,0$, indica que, quando o aluno não estuda para a prova final, o resultado previsto para essa prova final é igual a 35,0. A inclinação, $b_1 = 3$, indica que, para cada crescimento correspondente a uma hora no tempo dedicado ao estudo, a alteração prevista para o resultado da prova final é igual a $+3,0$. Em outras palavras, é previsto que o resultado relativo à prova final cresça em uma média aritmética de 3 pontos para cada unidade de hora de crescimento no tempo dedicado ao estudo.

Retorne ao cenário que trata da Sunflowers Roupas, no início deste capítulo. O Exemplo 13.2 ilustra o modo como você utiliza a linha de previsão para prever as vendas anuais.

EXEMPLO 13.2

Prevendo as Vendas Anuais, com Base na Quantidade de Consumidores Identificados pelo Perfil

Utilize a linha de previsão para prever a média aritmética das vendas anuais para uma loja com 4 milhões de consumidores identificados pelo perfil.

SOLUÇÃO Você pode determinar o valor previsto para vendas anuais, substituindo X por 4 (milhões de consumidores identificados pelo perfil), na equação para a regressão linear simples:

$$\hat{Y}_i = -1,2088 + 2,0742X_i$$
$$\hat{Y}_i = -1,2088 + 2,0742(4) = 7,0879 \text{ ou } \$7.087.900$$

Por conseguinte, uma loja com área de 4 milhões de consumidores identificados pelo perfil tem uma previsão anual de vendas de $7.087.900.

Previsões na Análise da Regressão: Interpolação *versus* Extrapolação

Ao utilizar um modelo de regressão para fins de previsão, você precisa considerar somente o **intervalo relevante** da variável independente ao fazer previsões. Esse intervalo relevante inclui todos os valores, desde o menor X até o maior X, utilizados no desenvolvimento do modelo de regressão. Portanto, ao prever Y para um determinado valor de X, você pode interpolar dentro dos limites desse intervalo relevante de valores de X, mas não deve extrapolar além do intervalo dos valores de X. Quando você utiliza a quantidade de consumidores identificados com base no perfil, para prever as vendas anuais, a quantidade de consumidores identificados com base no perfil (em milhões) varia desde 2,2 até 5,8 (veja a Tabela 13.1, no início da Seção 13.2). Por conseguinte, você deve prever as vendas anuais *somente* para lojas que possuam entre 2,2 e 5,8 milhões de consumidores identificados com base no perfil. Qualquer previsão de vendas anuais para lojas fora desse intervalo pressupõe que a relação observada entre as vendas e a quantidade de consumidores identificados com base no perfil para lojas que tenham entre 2,2 e 5,8 milhões de consumidores identificados com base no perfil é a mesma para lojas que estejam fora desse intervalo. Por exemplo, você não pode extrapolar a relação linear para além de 5,8 milhões de consumidores identificados com base no perfil, no Exemplo 13.2. Seria impróprio utilizar a linha de previsão para fazer prognósticos para vendas de uma nova loja que tenha 8 milhões de consumidores identificados com base no perfil, uma vez que a relação entre as vendas e a quantidade de consumidores identificados com base no perfil apresenta um ponto de retornos decrescentes. Caso isso seja verdadeiro, à medida que a quantidade de consumidores identificados com base no perfil cresce além de 5,8 milhões, o efeito sobre as vendas vai se tornando cada vez menor.

480 Capítulo 13

Calculando o Intercepto de Y, b_0, e a Inclinação, b_1

Para pequenos conjuntos de dados, você pode utilizar uma calculadora de mão para calcular os coeficientes da regressão dos mínimos quadrados. As Equações (13.3) e (13.4) fornecem os valores de b_1 e b_0 que minimizam

$$\sum_{i=1}^{n}(Y_i - \hat{Y}_i)^2 = \sum_{i=1}^{n}[Y_i - (b_0 + b_1 X_i)]^2$$

FÓRMULA DE CÁLCULO PARA A INCLINAÇÃO, b_1

$$b_1 = \frac{SQXY}{SQX} \tag{13.3}$$

em que

$$SQXY = \sum_{i=1}^{n}(X_i - \overline{X})(Y_i - \overline{Y}) = \sum_{i=1}^{n}X_i Y_i - \frac{\left(\sum_{i=1}^{n}X_i\right)\left(\sum_{i=1}^{n}Y_i\right)}{n}$$

$$SQX = \sum_{i=1}^{n}(X_i - \overline{X})^2 = \sum_{i=1}^{n}X_i^2 - \frac{\left(\sum_{i=1}^{n}X_i\right)^2}{n}$$

FÓRMULA DE CÁLCULO PARA O INTERCEPTO DE Y, b_0

$$b_0 = \overline{Y} - b_1\overline{X} \tag{13.4}$$

em que

$$\overline{Y} = \frac{\sum_{i=1}^{n}Y_i}{n}$$

$$\overline{X} = \frac{\sum_{i=1}^{n}X_i}{n}$$

EXEMPLO 13.3

Calculando o Intercepto de Y, b_0, e a Inclinação, b_1

Calcule o intercepto de Y, b_0, e a inclinação, b_1, para os dados relativos à Sunflowers Roupas.

SOLUÇÃO Nas Equações (13.3) e (13.4), cinco valores precisam ser calculados para determinar b_1 e b_0. Esses valores são n, o tamanho da amostra; $\sum_{i=1}^{n}X_i$, o somatório dos valores de X; $\sum_{i=1}^{n}Y_i$, o somatório dos valores de Y; $\sum_{i=1}^{n}X_i^2$, o somatório dos valores de X elevados ao quadrado; e $\sum_{i=1}^{n}X_i Y_i$, o somatório do produto entre os valores de X e Y. No que se refere aos dados da Sunflowers Roupas, a quantidade de consumidores identificados pelo perfil (X) é utilizada para prever as vendas anuais em uma loja (Y). A Tabela 13.2 apresenta os cálculos dos somatórios necessários para o problema que trata da seleção de locais para lojas. A tabela inclui, ainda, $\sum_{i=1}^{n}Y_i^2$, a soma dos valores de Y elevados ao quadrado que serão utilizados para calcular STQ, na Seção 13.3.

Regressão Linear Simples **481**

TABELA 13.2
Cálculos para os Dados da Sunflowers Roupas

Loja	Consumidores Identificados pelo Perfil (X)	Vendas Anuais (Y)	X^2	Y^2	XY
1	3,7	5,7	13,69	32,49	21,09
2	3,6	5,9	12,96	34,81	21,24
3	2,8	6,7	7,84	44,89	18,76
4	5,6	9,5	31,36	90,25	53,20
5	3,3	5,4	10,89	29,16	17,82
6	2,2	3,5	4,84	12,25	7,70
7	3,3	6,2	10,89	38,44	20,46
8	3,1	4,7	9,61	22,09	14,57
9	3,2	6,1	10,24	37,21	19,52
10	3,5	4,9	12,25	24,01	17,15
11	5,2	10,7	27,04	114,49	55,64
12	4,6	7,6	21,16	57,76	34,96
13	5,8	11,8	33,64	139,24	68,44
14	3,0	4,1	9,00	16,81	12,30
Totais	52,9	92,8	215,41	693,90	382,85

Com a utilização das Equações (13.3) e (13.4), você consegue calcular os valores para b_0 e b_1:

> **Dica para o Leitor**
> Caso você venha a utilizar uma calculadora de mão para calcular os valores correspondentes a b_0 e b_1, os resultados de sua calculadora podem não ser exatamente iguais aos resultados calculados pelo Microsoft Excel, em razão de erros de arredondamento causados pelo número limitado de casas decimais que sua calculadora pode utilizar.

$$SQXY = \sum_{i=1}^{n}(X_i - \overline{X})(Y_i - \overline{Y}) = \sum_{i=1}^{n}X_iY_i - \frac{\left(\sum_{i=1}^{n}X_i\right)\left(\sum_{i=1}^{n}Y_i\right)}{n}$$

$$SQXY = 382,85 - \frac{(52,9)(92,8)}{14}$$

$$= 382,85 - 350,65142$$

$$= 32,19858$$

$$SQX = \sum_{i=1}^{n}(X_i - \overline{X})^2 = \sum_{i=1}^{n}X_i^2 - \frac{\left(\sum_{i=1}^{n}X_i\right)^2}{n}$$

$$= 215,41 - \frac{(52,9)^2}{14}$$

$$= 215,41 - 199,88642$$

$$= 15,52358$$

Com esses valores, calcule b_1:

$$b_1 = \frac{SQXY}{SQX}$$

$$= \frac{32,19858}{15,52358}$$

$$= 2,07417$$

e

$$\overline{Y} = \frac{\sum_{i=1}^{n}Y_i}{n} = \frac{92,8}{14} = 6,62857$$

$$\overline{X} = \frac{\sum_{i=1}^{n}X_i}{n} = \frac{52,9}{14} = 3,77857$$

Com esses valores, calcule b_0:

$$b_0 = \overline{Y} - b_1\overline{X}$$
$$= 6{,}62857 - 2{,}07417(3{,}77857)$$
$$= -1{,}2088265$$

EXPLORAÇÕES VISUAIS — Explorando Coeficientes da Regressão Linear Simples

Abra a **pasta de trabalho do suplemento VE-Simple Linear Regression** para explorar os coeficientes. (Veja o Apêndice C para aprender como você pode baixar uma cópia desta pasta de trabalho e a Seção D.5 do Apêndice D, antes de utilizar esta pasta de trabalho.) Quando a pasta de trabalho for aberta apropriadamente, ela acrescenta um menu com o nome de **Simple Linear Regression (Regressão Linear Simples)** tanto na aba de suplementos (Microsoft Windows) quanto na barra do menu para o sistema Apple (OS X).

Para explorar os efeitos decorrentes de modificar os coeficientes da regressão linear simples, selecione **Simple Linear Regression (Regressão Linear Simples) → Explore Coefficients (Explorar Coeficientes)**. No painel flutuante com o título Explore Coefficients (Explorar Coeficientes) (ilustrado como uma inserção na figura a seguir), clique nos botões giratórios correspondentes a **b_1 slope** (a inclinação da linha de previsão) e **b_0 intercept** (o intercepto de Y para a linha de previsão) para modificar a linha de previsão. Utilizando a resposta visual do gráfico, tente criar uma linha de previsão que seja a mais próxima possível da linha de previsão definida pelas estimativas dos mínimos quadrados. Em outras palavras, tente fazer com que o valor para **Difference from the Target SSE (Diferença em relação a SQR Desejado)** seja o menor possível. (Veja a Seção 13.3 para uma explicação sobre SQR.)

A qualquer momento, clique no botão **Reset (Limpar)** para limpar os valores de b_0 e b_1 ou em **Solution (Solução)** para revelar a linha de previsão definida pelo método dos mínimos quadrados. Clique em **Finish (Concluir)**, assim que tiver terminado de fazer esse exercício.

Utilizando Seus Próprios Dados da Regressão

Selecione **Simple Linear Regression using your worksheet data (Regressão Linear Simples utilizando os dados de sua planilha)** a partir do menu para **Simple Linear Regression (Regressão Linear Simples)** para explorar os coeficientes da regressão linear simples utilizando dados que você forneça a partir de uma planilha. Na caixa de diálogo do procedimento, insira um intervalo de células para a sua variável Y na caixa de edição **Y Variable Cell Range (Intervalo de Células da Variável Y)** e o seu intervalo de células da variável X na caixa de edição **X Variable Cell Range (Intervalo de Células da Variável X)**. Clique em **First cell in both ranges contain a label (Primeira célula em ambos os intervalos contém uma legenda)**, insira um título na caixa **Title** e clique em **OK**. Tão logo apareça um gráfico de dispersão com uma linha de previsão inicial, continue utilizando o painel de controle flutuante Explore Coefficients (Explorando Coeficientes), conforme descrito no início desta subseção.

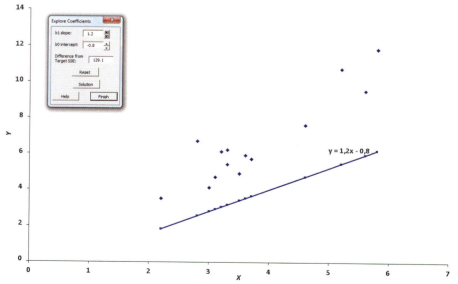

Regressão Linear Simples **483**

Problemas para a Seção 13.2

APRENDENDO O BÁSICO

13.1 O ajuste de uma linha reta a um conjunto de dados produz a seguinte linha de previsão:

$$\hat{Y}_i = 2 + 5X_i$$

a. Interprete o significado do intercepto de Y, b_0.
b. Interprete o significado da inclinação, b_1.
c. Faça a previsão do valor de Y para $X = 3$.

13.2 Se os valores de X no Problema 13.1 se estenderem de 2 até 25, você deverá utilizar esse modelo para prever a média aritmética para o valor de Y, quando X for igual a
a. 3?
b. −3?
c. 0?
d. 24?

13.3 O ajuste de uma linha reta a um conjunto de dados produz a seguinte linha de previsão:

$$\hat{Y}_i = 16 - 0,5X_i$$

a. Interprete o significado do intercepto de Y, b_0.
b. Interprete o significado da inclinação, b_1.
c. Faça a previsão do valor de Y para $X = 6$.

APLICANDO OS CONCEITOS

✓ AUTO-teste **13.4** O gerente de marketing de uma grande cadeia de supermercados tem como objetivo estratégico utilizar de maneira mais eficaz o espaço disponível em prateleiras de supermercado. Para essa finalidade, ele gostaria de utilizar o espaço disponível em prateleiras de supermercado para prever as vendas de uma ração especial para animais de estimação. São coletados dados a partir de uma amostra aleatória de 12 lojas de igual tamanho, com os seguintes resultados (armazenados no arquivo **Ração**):

Loja	Espaço na Prateleira (X) (pés quadrados)	Vendas Semanais (Y)($)
1	5	160
2	5	220
3	5	140
4	10	190
5	10	240
6	10	260
7	15	230
8	15	270
9	15	280
10	20	260
11	20	290
12	20	310

a. Construa um gráfico de dispersão.
    Para esses dados, $b_0 = 145$ e $b_1 = 7,4$.
b. Interprete o significado da inclinação, b_1, neste problema.
c. Faça a previsão das vendas semanais correspondentes a rações para animais de estimação, para lojas com 8 pés quadrados de espaço na prateleira destinado a rações para animais.

13.5 A Zagat's publica avaliações sobre restaurantes em relação a várias localidades nos Estados Unidos. O arquivo **Restaurantes** contém as avaliações correspondentes a comida, decoração, serviço, e custo, por pessoa, para uma amostra de 100 restaurantes localizados na cidade de Nova York e em um subúrbio de Nova York. Desenvolva um modelo de regressão de modo a prever o custo por pessoa, baseado em uma variável que represente a soma das avaliações para comida, decoração, e serviço.

Fontes: Extraído de *Zagat Survey 2012*: *New York City Restaurants*; e *Zagat Survey 2011-2012*: *Long Island Restaurants*.

a. Construa um gráfico de dispersão.
    Para esses dados, $b_0 = -43,1118$ e $b_1 = 1,4689$.
b. Pressupondo uma relação linear, utilize o método dos mínimos quadrados para calcular os coeficientes da regressão, b_0 e b_1.
c. Interprete o significado para o intercepto de Y, b_0, e para a inclinação, b_1, neste problema.
d. Faça a previsão do custo, por pessoa, para um restaurante com um somatório de avaliação correspondente a 50.

13.6 O proprietário de uma empresa de mudanças geralmente faz com que o seu gerente mais experiente faça a previsão do número de horas de trabalho que serão necessárias para realizar uma mudança que esteja por ocorrer. Esse método se mostrou útil no passado, mas o proprietário tem como objetivo estratégico da empresa desenvolver um método mais preciso para prever a quantidade de horas de trabalho necessárias. Em um esforço preliminar para proporcionar um método mais preciso, o proprietário decidiu utilizar a quantidade de pés cúbicos a serem transportados na mudança como a variável independente, e coletou dados gerados por 36 mudanças, nas quais a origem e o destino estavam dentro dos limites de Manhattan, na cidade de Nova York, e nas quais o tempo de transporte representava uma parcela insignificante em relação à quantidade de horas trabalhadas. Os dados estão armazenados no arquivo **Mudança** .
a. Construa um gráfico de dispersão.
b. Pressupondo uma relação linear, utilize o método dos mínimos quadrados para determinar os coeficientes da regressão, b_0 e b_1.
c. Interprete o significado da inclinação, b_1, neste problema.
d. Faça a previsão para a quantidade de horas de trabalho necessárias para uma mudança com um volume de 500 pés cúbicos.

13.7 A Starbucks Coffee Co. utiliza uma abordagem baseada em dados com o objetivo de melhorar a qualidade e a satisfação dos clientes em relação a seus produtos. Quando dados da pesquisa indicaram que a Starbucks precisava melhorar o processo de vedação de embalagens, um experimento foi conduzido para determinar os fatores em um equipamento de vedação de embalagens que poderiam estar afetando a facilidade de abertura da embalagem sem que seja rasgado o revestimento interno da embalagem. (Dados extraídos de L. Johnson e S. Burrows, "For Starbucks, It's in the Bag", *Quality Progress*, março de 2011, pp. 17-23.) Um fator que poderia estar afetando a avaliação correspondente à capacidade de a embalagem resistir a rompimentos seria a distância entre as placas no equipamento de vedação de embalagens. Foram coletados dados correspondentes a 19 embalagens nas quais a distância entre as placas era variada. Os resultados estão armazenados no arquivo **Starbucks** .

484 Capítulo 13

a. Construa um gráfico de dispersão.
b. Pressupondo uma relação linear, utilize o método dos mínimos quadrados para determinar os coeficientes da regressão, b_0 e b_1.
c. Interprete o significado da inclinação, b_1, neste problema.
d. Faça uma previsão para a avaliação em termos da capacidade de evitar rompimentos, quando a distância entre as placas é igual a 0 (zero).

13.8 O valor correspondente a uma franquia no setor de esportes está diretamente relacionado com o volume de receitas que essa franquia pode vir a gerar. Os dados no arquivo BBReceita2012 representam o valor relativo a 2012 (em milhões de dólares) e a receita anual (em milhões de dólares) correspondentes a 30 franquias da principal liga de beisebol nos EUA. (Dados extraídos de **www.forbes.com/mlb-valuation/list**.) Suponha que você deseje desenvolver um modelo de regressão linear simples com o objetivo de prever o valor da franquia, com base na receita anual gerada.
a. Construa um gráfico de dispersão.
b. Utilize o método dos mínimos quadrados para determinar os coeficientes da regressão, b_0 e b_1.
c. Interprete o significado de b_0 e b_1 neste problema.
d. Faça a previsão para o valor de uma franquia de beisebol que gere $150 milhões em termos de receitas anuais.

13.9 Um corretor de uma imobiliária em uma grande cidade tem como objetivo estratégico desenvolver estimativas mais precisas para o custo mensal para aluguéis de apartamentos. Buscando alcançar esse objetivo, o agente deseja utilizar o tamanho do apartamento, definido com base na área medida em pés quadrados, para prever o custo mensal do aluguel. O corretor seleciona uma amostra com 25 apartamentos em um determinado bairro residencial, e coleta os dados a seguir (armazenados em Aluguel).

Tamanho (pés quadrados)	Aluguel ($)
850	1.950
1.450	2.600
1.085	2.200
1.232	2.500
718	1.950
1.485	2.700
1.136	2.650
726	1.935
700	1.875
956	2.150
1.100	2.400
1.285	2.650
1.985	3.300
1.369	2.800
1.175	2.400
1.225	2.450
1.245	2.100
1.259	2.700
1.150	2.200
896	2.150
1.361	2.600
1.040	2.650
755	2.200
1.000	1.800
1.200	2.750

a. Construa um gráfico de dispersão.
b. Utilize o método dos mínimos quadrados para determinar os coeficientes da regressão, b_0 e b_1.
c. Interprete o significado de b_0 e b_1 neste problema.

d. Faça a previsão para o custo mensal do aluguel para um apartamento que tenha uma área de 1.000 pés quadrados.
e. Por que não seria apropriado utilizar o modelo para prever o aluguel mensal para apartamentos de 500 pés quadrados?
f. Seus amigos Jim e Jennifer estão avaliando a possibilidade de assinar um contrato de aluguel para um apartamento nesse mesmo bairro residencial. Eles estão tentando decidir entre dois apartamentos, um deles com área de 1.000 pés quadrados e aluguel mensal de $2.275 e outro com área de 1.200 pés quadrados e aluguel mensal de $2.425. Com base nos itens (a) a (d), qual apartamento você acredita que seria um melhor negócio?

13.10 Uma empresa que administra os direitos de distribuição de DVD para filmes anteriormente liberados para exibição exclusivamente em salas de cinema tem como objetivo estratégico desenvolver estimativas para as receitas geradas pelas vendas de DVDs. Para alcançar esse objetivo, o analista da empresa planeja utilizar a receita bruta de bilheteria para prever a receita de venda de DVD. Para 22 filmes, o analista coleta a receita bruta de bilheteria (em milhões de dólares) correspondente ao ano em que eles foram lançados no cinema, assim como a receita gerada pela venda dos respectivos DVDs (em milhões de dólares) no ano subsequente. Esses dados estão armazenados no arquivo Cinema e são ilustrados na tabela a seguir:

Título	Receita Bruta	Receita do DVD
Enrolados	167,82	96,71
O Vencedor	46,39	21,49
A Rede Social	93,22	21,85
Cisne Negro	47,81	18,40
Comer, Rezar, Amar	80,57	8,68
Toy Story 3	415,00	23,64
Saga Crepúsculo: Eclipse	300,53	33,71
O Discurso do Rei	22,93	31,57
O Turista	54,63	16,91
A Origem	292,57	32,19
Esquadrão Classe A	77,22	10,99
Os Mercenários	103,07	10,70
Harry Potter & as Relíquias da Morte: Parte 1	283,50	85,93
Meu Malvado Favorito	251,20	49,89
Entrando numa Fria Maior Ainda com a Família	102,58	20,19
Incontrolável	79,47	27,02
Um Jantar para Idiotas	73,03	13,44
Atração Perigosa	92,17	15,17
Cartas para Julieta	53,03	7,19
Como Treinar o Seu Dragão	217,58	15,76
Salt	118,31	20,65
Tron: O Legado	131,30	24,42

Fontes: Dados extraídos de **www.the-numbers.com/market/movies2010.php** e **www.the-numbers.com/dvd/charts/annual2011.php**.

Para esses dados,
a. Construa um gráfico de dispersão.
b. Pressupondo uma relação linear, utilize o método dos mínimos quadrados para determinar os coeficientes da regressão, b_0 e b_1.
c. Interprete o significado da inclinação, b_1, neste problema.
d. Faça a previsão para as vendas do DVD de um filme que tenha conquistado uma receita bruta de bilheteria de $75 milhões.

13.3 Medidas de Variação

Ao utilizar o método dos mínimos quadrados para determinar os coeficientes da regressão para um conjunto de dados, você precisa calcular três importantes medidas de variação. A primeira medida, a **soma total dos quadrados (*STQ*)**, é uma medida de variação para os valores de Y_i em torno de sua média aritmética, $\bar{Y}$. A **variação total**, ou soma total dos quadrados, é subdividida entre **variação explicada** e **variação não explicada**. A variação explicada, ou **soma dos quadrados da regressão (*SQReg*)**, representa a variação que é explicada pela relação entre X e Y, enquanto a variação não explicada, ou **soma dos quadrados dos resíduos (erros) (*SQR*)**, representa a variação decorrente de fatores outros que não a relação entre X e Y. A Figura 13.6 demonstra as diferentes medidas de variação para um único valor de Y_i.

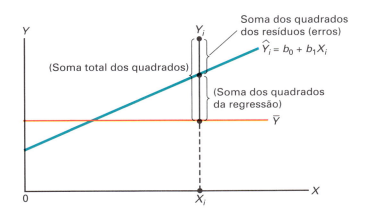

FIGURA 13.6 Medidas de variação

Calculando a Soma dos Quadrados

A soma dos quadrados da regressão (*SQReg*) é baseada na diferença entre $\hat{Y}_i$ (o valor previsto de Y com base na linha de previsão) e $\bar{Y}$ (a média aritmética para o valor de Y). A soma dos quadrados dos resíduos (erros) (*SQR*) representa a parcela da variação em Y que não é explicada pela regressão. Ela está baseada na diferença entre Y_i e $\hat{Y}_i$. A soma total dos quadrados (*STQ*) é igual à soma dos quadrados da regressão (*SQReg*) acrescida da soma dos quadrados dos resíduos (erros) (*SQR*). As Equações (13.5), (13.6), (13.7) e (13.8) definem essas medidas de variação e a soma total dos quadrados (*STQ*).

MEDIDAS DE VARIAÇÃO NA REGRESSÃO

A soma total dos quadrados (*STQ*) é igual à soma dos quadrados da regressão (*SQReg*) acrescida da soma dos quadrados dos resíduos ou erros (*SQR*).

$$STQ = SQReg + SQR \qquad (13.5)$$

SOMA TOTAL DOS QUADRADOS (*STQ*)

A soma total dos quadrados (*STQ*) é igual ao somatório das diferenças elevadas ao quadrado entre cada um dos valores observados de Y e a média aritmética para o valor de Y.

$$STQ = \text{Soma total dos quadrados}$$
$$= \sum_{i=1}^{n}(Y_i - \bar{Y})^2 \qquad (13.6)$$

486 Capítulo 13

SOMA DOS QUADRADOS DA REGRESSÃO (*SQReg*)

A soma dos quadrados da regressão (*SQReg*) é igual ao somatório das diferenças elevadas ao quadrado entre cada um dos valores previstos para *Y* e a média aritmética para o valor de *Y*.

$$SQReg = \text{Variação explicada ou soma dos quadrados da regressão}$$

$$= \sum_{i=1}^{n} (\hat{Y}_i - \overline{Y})^2 \tag{13.7}$$

SOMA DOS QUADRADOS DOS RESÍDUOS OU ERROS (*SQR*)

A soma dos quadrados dos resíduos, ou erros (*SQR*), é igual ao somatório das diferenças elevadas ao quadrado entre o valor observado de *Y* e o valor previsto para *Y*.

$$SQR = \text{Variação não explicada ou soma dos quadrados dos resíduos (erros)}$$

$$= \sum_{i=1}^{n} (Y_i - \hat{Y}_i)^2 \tag{13.8}$$

A Figura 13.7 apresenta a parte correspondente à área da soma dos quadrados para os resultados da Figura 13.4, que trata dos dados relacionados com a Sunflowers Roupas. A variação total, *STQ*, é igual a 78,7686. Esse valor é subdividido entre a soma dos quadrados explicada pela regressão (*SQReg*), igual a 66,7854, e a soma dos quadrados que não é explicada pela regressão (*SQR*), igual a 11,9832. Com base na Equação (13.5),

$$STQ = SQReg + SQR$$
$$78,7686 = 66,7854 + 11,9832$$

	A	B	C	D	E	F
10	**ANOVA**					
11		*gl*	*SQ*	*MQ*	*F*	*F de significação*
12	Regressão	1	66,7854	66,7854	66,8792	0,0000
13	Resíduo	12	11,9832	0,9986		
14	Total	13	78,7686			

FIGURA 13.7   Parte da planilha com a soma dos quadrados, para os dados relacionados com a Sunflowers Roupas

O Coeficiente de Determinação

Por si sós, *SQReg*, *SQR* e *STQ* oferecem poucas informações. No entanto, o quociente entre a soma dos quadrados da regressão (*SQReg*) e a soma total dos quadrados (*STQ*) mede a proporção da variação em *Y* que é explicada pela variável independente *X* no modelo de regressão. Esse quociente, conhecido como coeficiente de determinação, r^2, é definido na Equação (13.9).

COEFICIENTE DE DETERMINAÇÃO

O coeficiente de determinação é igual à soma dos quadrados da regressão (ou seja, a variação que é explicada) dividida pela soma total dos quadrados (ou seja, a variação total).

$$r^2 = \frac{\text{soma dos quadrados da regressão}}{\text{soma total dos quadrados}} = \frac{SQReg}{STQ} \tag{13.9}$$

> **Dica para o Leitor**
> r^2 deve necessariamente ser um valor entre 0 e 1. Não pode jamais ser um valor negativo.

O **coeficiente de determinação** mede a proporção da variação em *Y* que é explicada pela variável independente *X*, no modelo de regressão.

Para os dados relacionados com a Sunflowers Roupas, com *SQReg* = 66,7854, *SQR* = 11,9832 e *STQ* = 78,7686,

$$r^2 = \frac{66,7854}{78,7686} = 0,8479$$

Por conseguinte, 84,79 % da variação nas vendas anuais é explicada pela variabilidade no número de consumidores identificados dentro de um determinado perfil. Esse alto valor para r^2 indica uma forte relação linear positiva entre duas variáveis, uma vez que o modelo de regressão explicou 84,79 % da variabilidade em termos da previsão para as vendas anuais. Somente 15,21 % da variabilidade da amostra, em termos de vendas anuais, é decorrente de fatores outros que não aqueles que são levados em conta pelo modelo de regressão linear que utiliza o número de consumidores identificados dentro de um determinado perfil.

A Figura 13.8 apresenta a parte da Figura 13.4 com os resultados que correspondem às estatísticas da regressão para os dados da Sunflowers Roupas. Essa tabela contém o coeficiente de determinação.

	A	B
3	*Estatística de Regressão*	
4	R Múltiplo	0,9208
5	R-Quadrado	0,8479
6	R-Quadrado Ajustado	0,8352
7	Erro-Padrão	0,9993
8	Observações	14

FIGURA 13.8 Estatísticas da regressão para os dados relacionados com a Sunflowers Roupas

---

EXEMPLO 13.4

Calculando o Coeficiente de Determinação

Calcule o coeficiente de determinação, r^2, para os dados relacionados com a Sunflowers Roupas.

SOLUÇÃO Você pode calcular *STQ*, *SQReg* e *SQR*, que estão definidos nas Equações (13.6), (13.7) e (13.8), nesta seção, fazendo uso das Equações (13.10), (13.11) e (13.12).

FÓRMULA DE CÁLCULO PARA *STQ*

$$STQ = \sum_{i=1}^{n}(Y_i - \overline{Y})^2 = \sum_{i=1}^{n}Y_i^2 - \frac{\left(\sum_{i=1}^{n}Y_i\right)^2}{n} \tag{13.10}$$

FÓRMULA DE CÁLCULO PARA *SQReg*

$$SQReg = \sum_{i=1}^{n}(\hat{Y}_i - \overline{Y})^2$$

$$= b_0\sum_{i=1}^{n}Y_i + b_1\sum_{i=1}^{n}X_iY_i - \frac{\left(\sum_{i=1}^{n}Y_i\right)^2}{n} \tag{13.11}$$

FÓRMULA DE CÁLCULO PARA *SQR*

$$SQR = \sum_{i=1}^{n}(Y_i - \hat{Y}_i)^2 = \sum_{i=1}^{n}Y_i^2 - b_0\sum_{i=1}^{n}Y_i - b_1\sum_{i=1}^{n}X_iY_i \tag{13.12}$$

Utilizando os resultados resumidos da Tabela 13.2, na Seção 13.2,

$$STQ = \sum_{i=1}^{n}(Y_i - \overline{Y})^2 = \sum_{i=1}^{n}Y_i^2 - \frac{\left(\sum_{i=1}^{n}Y_i\right)^2}{n}$$

$$= 693,9 - \frac{(92,8)^2}{14}$$

$$= 693,9 - 615,13142$$

$$= 78,76858$$

488 Capítulo 13

> **Dica para o Leitor**
> Quaisquer diferenças sutis entre a solução apresentada pela calculadora e os resultados do Excel são decorrentes da precisão limitada da solução apresentada pela calculadora.

$$SQReg = \sum_{i=1}^{n}(\hat{Y}_i - \overline{Y})^2$$

$$= b_0\sum_{i=1}^{n}Y_i + b_1\sum_{i=1}^{n}X_iY_i - \frac{\left(\sum_{i=1}^{n}Y_i\right)^2}{n}$$

$$= (-1,2088265)(92,8) + (2,07417)(382,85) - \frac{(92,8)^2}{14}$$

$$= 66,7854$$

$$SQR = \sum_{i=1}^{n}(Y_i - \hat{Y}_i)^2$$

$$= \sum_{i=1}^{n}Y_i^2 - b_0\sum_{i=1}^{n}Y_i - b_1\sum_{i=1}^{n}X_iY_i$$

$$= 693,9 - (-1,2088265)(92,8) - (2,07417)(382,85)$$

$$= 11,9832$$

Portanto,

$$r^2 = \frac{66,7854}{78,7686} = 0,8479$$

Erro-Padrão da Estimativa

Embora o método dos mínimos quadrados resulte na linha que ajusta os dados com a quantidade mínima de erro previsto, a menos que todos os pontos de dados observados se posicionem em uma linha reta, a linha de previsão não se configura como um mecanismo perfeito de previsão. Assim como não se pode esperar que todos os valores dos dados sejam exatamente iguais à sua respectiva média aritmética, tampouco se pode esperar que todos os valores em uma análise da regressão se posicionem exatamente na linha de previsão. A Figura 13.5, na Seção 13.2, ilustra a variabilidade em torno da linha de previsão para os dados relativos à Sunflowers Roupas. Observe que, embora muitos dos valores verdadeiros de Y se posicionem próximos à linha de previsão, nenhum desses valores se posiciona exatamente sobre a linha.

O **erro-padrão da estimativa** mede a variabilidade dos valores verdadeiros de Y, a partir dos valores previstos para Y, do mesmo modo que o desvio-padrão, desenvolvido no Capítulo 3, mede a variabilidade correspondente a cada um dos valores em torno da média aritmética da amostra. Em outras palavras, o erro-padrão da estimativa corresponde ao desvio-padrão *em torno* da linha de previsão, enquanto o desvio-padrão, apresentado no Capítulo 3, corresponde ao desvio-padrão *em torno* da média aritmética da amostra. A Equação (13.13) define o erro-padrão da estimativa, representado pelo símbolo S_{YX}.

ERRO-PADRÃO DA ESTIMATIVA

$$S_{YX} = \sqrt{\frac{SQR}{n-2}} = \sqrt{\frac{\sum_{i=1}^{n}(Y_i - \hat{Y}_i)^2}{n-2}} \tag{13.13}$$

em que

$$Y_i = \text{valor real de } Y \text{ para um determinado } X_i$$
$$\hat{Y}_i = \text{valor previsto de } Y \text{ para um determinado } X_i$$
$$SQR = \text{soma dos quadrados dos resíduos (erros)}$$

Com base na Equação (13.8) e na Figura 13.4 ou na Figura 13.7, nas Seções 13.2 ou 13.3, $SQR = 11,9832$. Consequentemente,

$$S_{YX} = \sqrt{\frac{11,9832}{14-2}} = 0,9993$$

Regressão Linear Simples **489**

Esse erro-padrão da estimativa, igual a 0,9983 milhão de dólares (ou seja, $999.300), tem como título Erro-Padrão, nos resultados apresentados na planilha da Figura 13.8. O erro-padrão da estimativa representa um indicador para a mensuração da variação em torno da linha de previsão. Ele é medido nas mesmas unidades utilizadas pela variável dependente Y. A interpretação do erro-padrão da estimativa é semelhante à interpretação para o desvio-padrão. Assim como o desvio-padrão mede a variabilidade em torno da média aritmética, o erro-padrão da estimativa mede a variabilidade em torno da linha de previsão. No que diz respeito à Sunflowers Roupas, a diferença típica entre as vendas anuais verdadeiras de uma loja e as vendas anuais previstas, utilizando-se a equação da regressão, é de aproximadamente $999.300.

Problemas para a Seção 13.3

APRENDENDO O BÁSICO

13.11 De que modo você interpreta um coeficiente de determinação, r^2, igual a 0,80?

13.12 Se $SQReg = 36$ e $SQR = 4$, determine STQ e, então, calcule o coeficiente de determinação, r^2, e interprete o seu respectivo significado.

13.13 Se $SQReg = 66$ e $STQ = 88$, calcule o coeficiente de determinação, r^2, e interprete o seu respectivo significado.

13.14 Se $SQR = 10$ e $SQReg = 30$, calcule o coeficiente de determinação, r^2, e interprete o seu respectivo significado.

13.15 Se $SQReg = 120$, por que é impossível que STQ seja igual a 110?

APLICANDO OS CONCEITOS

AUTO-teste **13.16** No Problema 13.4, em Problemas para a Seção 13.2, o gerente de marketing utilizou o espaço em prateleiras disponibilizado a rações para animais de estimação para prever as vendas semanais (dados armazenados em **Ração**). Para esses dados, $SQReg = 20,535$ e $STQ = 30,025$.
a. Determine o coeficiente de determinação, r^2, e interprete o seu respectivo significado.
b. Determine o erro-padrão da estimativa.
c. Qual o grau de utilidade desse modelo de regressão para fins de previsão sobre vendas?

13.17 No Problema 13.5, em Problemas para a Seção 13.2, você utilizou o somatório das avaliações para prever o custo de uma refeição em um restaurante (dados armazenados no arquivo **Restaurantes**). Para esses dados, $SQReg = 8.126,7714$ e $STQ = 18.810,75$.
a. Determine o coeficiente de determinação, r^2, e interprete o seu respectivo significado.
b. Determine o erro-padrão da estimativa.
c. Qual a utilidade desse modelo de regressão para fins de previsão das vendas auditadas?

13.18 No Problema 13.6, em Problemas para a Seção 13.2, o proprietário de uma empresa de mudanças desejava prever as horas de trabalho necessárias, com base no volume, em pés cúbicos, de material transportado (dados armazenados em **Mudança**). Utilizando os resultados para aquele problema,
a. determine o coeficiente de determinação, r^2, e interprete o seu respectivo significado.
b. determine o erro-padrão da estimativa.
c. Qual o grau de utilidade desse modelo de regressão para fins de previsão de horas de trabalho?

13.19 No Problema 13.7, em Problemas para a Seção 13.2, você utilizou a distância entre as placas existentes no equipamento destinado a vedação de embalagens para prever a taxa de resistência a rompimentos de uma embalagem de café (dados armazenados em **Starbucks**). Utilizando os resultados correspondentes àquele problema,
a. determine o coeficiente de determinação, r^2, e interprete o seu respectivo significado.
b. determine o erro-padrão da estimativa.
c. Qual o grau de utilidade desse modelo de regressão para fins de previsão para a taxa de resistência a rompimentos de uma embalagem de café, tomando-se como base a distância entre as placas existentes no equipamento destinado a vedação de embalagens?

13.20 No Problema 13.8, em Problemas para a Seção 13.2, você utilizou as receitas anuais para prever o valor correspondente a uma franquia de beisebol (dados armazenados no arquivo **BBReceita2012**). Utilizando os resultados daquele problema,
a. determine o coeficiente de determinação, r^2, e interprete o seu respectivo significado.
b. determine o erro-padrão da estimativa.
c. Qual o grau de utilidade desse modelo de regressão para fins de previsão do valor de uma franquia de beisebol?

13.21 No Problema 13.9, em Problemas para a Seção 13.2, um corretor de uma imobiliária desejava prever o aluguel mensal para os apartamentos, com base no tamanho do apartamento (dados armazenados no arquivo **Aluguel**). Utilizando os resultados daquele problema,
a. determine o coeficiente de determinação, r^2, e interprete o seu respectivo significado.
b. determine o erro-padrão da estimativa.
c. Qual é o grau de utilidade desse modelo de regressão para fins de previsão do aluguel mensal?
d. Você consegue imaginar outras variáveis que poderiam explicar a variação no aluguel mensal?

13.22 No Problema 13.10, em Problemas para a Seção 13.2, você utilizou a receita bruta de bilheteria para prever as vendas de DVD (dados armazenados no arquivo **Cinema**). Utilizando os resultados daquele problema,
a. determine o coeficiente de determinação, r^2, e interprete o seu respectivo significado.
b. determine o erro-padrão da estimativa.
c. Qual é o grau de utilidade desse modelo de regressão para fins de previsão para a venda de DVD?
d. Você consegue imaginar outras variáveis que poderiam explicar a variação nas receitas geradas pelas vendas de DVD?

13.4 Pressupostos da Regressão

Quando testes de hipóteses e análise da variância foram discutidos ao longo dos Capítulos 9 a 12, foi enfatizada a importância dos pressupostos para a validação de quaisquer conclusões que venham a ser tiradas. Os pressupostos necessários para a regressão são semelhantes àqueles correspondentes à análise da variância, uma vez que ambos os tópicos fazem parte da categoria geral de *modelos lineares* (veja a Referência 4).

Os quatro **pressupostos da regressão** (conhecidos como LINI) são os seguintes:

- **L**inearidade
- **I**ndependência de erros
- **N**ormalidade de erros
- **I**gualdade de variâncias

O primeiro pressuposto, **linearidade**, afirma que a relação entre as variáveis é linear. As relações entre variáveis, que não sejam lineares, serão discutidas ao longo do Capítulo 15.

O segundo pressuposto, **independência de erros**, requer que os erros (ε_i) sejam independentes entre si. Esse pressuposto é particularmente importante quando os dados são coletados ao longo de um período de tempo. Em tais tipos de situação, os erros para determinado período de tempo são, algumas vezes, correlacionados com os erros do período de tempo anterior.

O terceiro pressuposto, **normalidade**, requer que os erros (ε_i) sejam distribuídos nos moldes de uma distribuição normal, para cada um dos valores de X. Do mesmo modo que o teste t e o teste F de ANOVA, a análise da regressão é relativamente robusta no que se refere a afastamentos do pressuposto da normalidade. Contanto que a distribuição dos erros em cada um dos níveis de X não seja extremamente diferente de uma distribuição normal, inferências em relação a β_0 e β_1 não serão seriamente afetadas.

O quarto pressuposto, **igualdade de variâncias** ou **homoscedasticidade**, requer que a variância dos erros (ε_i) seja constante em relação a todos os valores de X. Em outras palavras, a variabilidade dos valores de Y é a mesma quando X é um valor baixo ou quando X é um valor elevado. O pressuposto da igualdade de variâncias é importante para realizar inferências em relação a β_0 e β_1. Caso existam sérios afastamentos em relação a esse pressuposto, você pode utilizar tanto as transformações de dados quanto os métodos dos mínimos quadrados ponderados (veja a Referência 4).

13.5 Análise de Resíduos

As Seções 13.2 e 13.3 desenvolveram um modelo de regressão utilizando o método dos mínimos quadrados para os dados correspondentes à Sunflowers Roupas. Seria esse o modelo correto para os dados em questão? São válidos os pressupostos introduzidos na Seção 13.4? A **análise de resíduos** avalia visualmente esses pressupostos e ajuda você a determinar se o modelo de regressão que está sendo selecionado é apropriado.

O **resíduo**, ou valor do erro estimado, e_i, corresponde à diferença entre os valores observados (Y_i) e os valores previstos ($\hat{Y}_i$) de sua variável dependente para um determinado valor de X_i. Um resíduo aparece em um gráfico de dispersão como a distância vertical entre um valor observado de Y e a linha de previsão. A Equação (13.14) define o resíduo.

> **Dica para o Leitor**
> Não enxergar nenhum padrão aparente no gráfico de resíduos significa que, quando você olha para o gráfico de resíduos, ele se parece apenas como uma dispersão aleatória de pontos. Caso exista um padrão, geralmente ele pode ser facilmente visualizado.

> **RESÍDUO**
>
> O resíduo corresponde à diferença entre o valor observado para Y e o valor previsto para Y.
>
> $$e_i = Y_i - \hat{Y}_i \tag{13.14}$$

Avaliando os Pressupostos

Lembre-se, com base na Seção 13.4, de que os quatro pressupostos da regressão (conhecidos pelo acrônimo LINI) são linearidade, independência, normalidade e igualdade de variâncias.

Linearidade Para avaliar a linearidade, você insere os resíduos no eixo vertical de um gráfico em contraposição aos valores correspondentes da variável independente, X_i, no eixo horizontal. Se o modelo linear for apropriado para os dados, você não enxergará nenhum padrão aparente nesse gráfico. No entanto, se o modelo linear não for apropriado, existirá, no gráfico de resíduos, uma relação entre os valores de X_i e os resíduos, e_i.

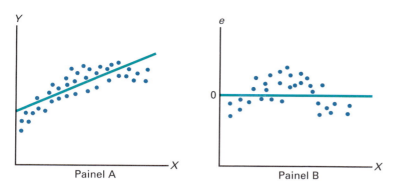

FIGURA 13.9 Estudando a conveniência do modelo de regressão linear simples

Você consegue observar esse tipo de padrão na Figura 13.9. O Painel A ilustra uma situação na qual, embora exista uma tendência crescente em Y à medida que X passa a crescer, a relação aparenta ser curvilínea, uma vez que a tendência ascendente diminui para valores crescentes de X. Esse efeito quadrático torna-se ainda mais aparente no Painel B, no qual existe uma relação clara entre X_i e e_i. Quando se removeu a tendência linear de X com Y, o gráfico de resíduos evidenciou a falta do ajuste ao modelo linear simples mais claramente do que o gráfico de dispersão apresentado no Painel A. No que se refere a esses dados, um modelo quadrático (veja a Seção 15.1) representa um melhor ajuste, e deveria ser utilizado no lugar do modelo linear simples.

Para determinar se o modelo de regressão linear simples, para os dados relacionados à Sunflowers Roupas, é apropriado, você precisa determinar os resíduos. A Figura 13.10 apresenta os valores previstos para as vendas anuais e os resíduos para os dados da Sunflowers Roupas.

FIGURA 13.10
Tabela de resíduos para os dados relacionados com a Sunflowers Roupas

*A Figura 13.10 ilustra uma versão ligeiramente modificada para a **planilha RESÍDUOS** da **pasta de trabalho Regressão Linear Simples**, que é utilizada pelas instruções na Seção GE13.5. (O suplemento com o pacote de Ferramentas de Análise acrescenta um conjunto semelhante de colunas às planilhas de resultados da regressão.)*

	A	B	C	D	E
1	Observação	Consumidores Identificados com Base no Perfil	Vendas Anuais Previstas	Vendas Anuais	Resíduos
2	1	3,7	6,4656	5,7	-0,7656
3	2	3,6	6,2582	5,9	-0,3582
4	3	2,8	4,5988	6,7	2,1012
5	4	5,6	10,4056	9,5	-0,9065
6	5	3,3	5,6359	5,4	-0,2359
7	6	2,2	3,3543	3,5	0,1457
8	7	3,3	5,6359	6,2	0,5641
9	8	3,1	5,2211	4,7	-0,5211
10	9	3,2	5,4285	6,1	0,6715
11	10	3,5	6,0508	4,9	-1,1808
12	11	5,2	9,5769	10,7	1,1231
13	12	4,6	8,3324	7,6	-0,7324
14	13	5,8	10,8214	11,8	0,9786
15	14	3	5,0137	4,1	-0,9137

Para avaliar a linearidade, você insere os resíduos em um gráfico, em contraposição com a variável independente (quantidade de consumidores identificados com base no perfil, em milhões), na Figura 13.11. Embora exista uma ampla dispersão no gráfico de resíduos, não existe qualquer padrão ou relação aparente entre os resíduos e X_i. Os resíduos aparentam estar uniformemente dispersos acima e abaixo de 0 (zero) para os diferentes valores de X. Você pode concluir que o modelo linear é apropriado para os dados relativos à Sunflowers Roupas.

Independência Você pode avaliar o pressuposto da independência de erros desenhando um gráfico de resíduos na ordem ou na sequência em que foram coletados os dados. Caso os valores de Y façam parte de uma série temporal (veja a Seção 2.5), pode ser que um resíduo,

FIGURA 13.11
Gráfico dos resíduos em contraposição à quantidade de consumidores identificados com base no perfil, para os dados relacionados com a Sunflowers Roupas

Utilize as instruções encontradas na Seção GE2.5 para construir um gráfico de resíduos.

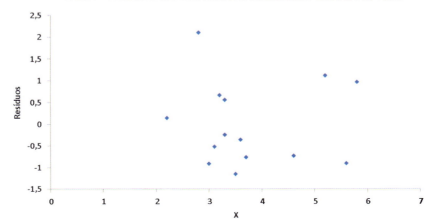

FIGURA 13.12
Gráfico da probabilidade normal para os resíduos dos dados relacionados com a Sunflowers Roupas

Utilize as instruções na Seção GE6.3 para construir gráficos da probabilidade normal.

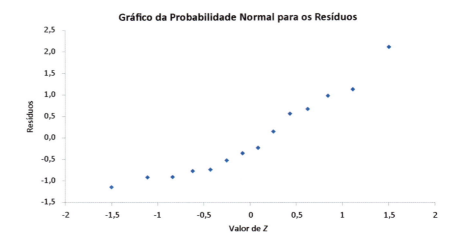

TABELA 13.3 Distribuição de Frequências de 14 Valores de Resíduos para os Dados da Sunflowers Roupas

Resíduos	Frequência
−1,25 porém menos que −0,75	4
−0,75 porém menos que −0,25	3
−0,25 porém menos que +0,25	2
+0,25 porém menos que +0,75	2
+0,75 porém menos que +1,25	2
+1,25 porém menos que +1,75	0
+1,75 porém menos que +2,25	1
	14

APRENDA MAIS

Você pode também testar o pressuposto de igualdade de variâncias realizando o teste de White (veja a Referência 6). Aprenda mais sobre este teste em uma seção oferecida como bônus para o Capítulo 13, no material suplementar disponível no *site* da LTC Editora.

algumas vezes, esteja relacionado com o resíduo que o precede. Caso exista esse tipo de relação entre resíduos consecutivos (o que viola o pressuposto da independência), o gráfico dos resíduos em contraposição ao período de tempo no qual foram coletados os dados geralmente exibirá um padrão cíclico. Uma vez que os dados da Sunflowers Roupas foram coletados durante o mesmo período de tempo, você não precisa avaliar o pressuposto da independência para esses dados.

Normalidade Você consegue avaliar o pressuposto da normalidade nos erros construindo um histograma (veja a Seção 2.2), utilizando uma disposição ramo e folha (veja a Seção 2.4), um box-plot (veja a Seção 3.3), ou um gráfico da probabilidade normal (veja a Seção 6.3). Para avaliar o pressuposto da normalidade no que se refere aos dados relacionados com a Sunflowers Roupas, a Tabela 13.3 organiza os resíduos em uma distribuição de frequências e a Figura 13.12 é um gráfico para a probabilidade normal.

Embora o pequeno tamanho de amostra faça com que seja difícil avaliar a normalidade, a partir do gráfico a probabilidade normal correspondente aos resíduos na Figura 13.12, os dados não aparentam se distanciar substancialmente de uma distribuição normal. A robustez da análise de regressão, no que diz respeito a afastamentos moderados em relação à normalidade, possibilita que você conclua que não há necessidade de se preocupar demasiadamente com afastamentos do pressuposto da normalidade no que concerne aos dados relacionados com a Sunflowers Roupas.

Igualdade de Variâncias Você pode avaliar o pressuposto da igualdade de variâncias a partir de um gráfico de resíduos em relação a X_i. Você examina o gráfico para verificar se existe aproximadamente o mesmo volume de variação nos resíduos em relação a cada um dos valores de X. Para os dados da Sunflowers Roupas, na Figura 13.11, não parece haver diferenças significativas em termos da variabilidade nos resíduos para diferentes valores de X_i. Consequentemente, você consegue concluir que não existe nenhuma violação aparente no pressuposto da igualdade de variâncias em relação a cada um dos níveis de X.

Para examinar um caso em que o pressuposto da igualdade de variâncias tenha sido violado, observe a Figura 13.13, que corresponde a um gráfico de resíduos em relação a X_i para um conjunto hipotético de dados. Esse gráfico apresenta um formato de leque, uma vez que a variabilidade dos resíduos cresce drasticamente à medida que X passa a crescer. Tendo em vista que esse gráfico mostra variâncias desiguais dos resíduos em diferentes níveis de X_i, o pressuposto de igualdade de variâncias é inválido.

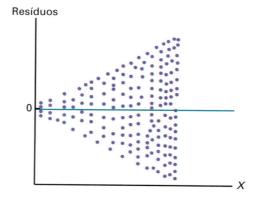

FIGURA 13.13
Violação do pressuposto da igualdade de variâncias

Problemas para a Seção 13.5

APRENDENDO O BÁSICO

13.23 Os resultados a seguir apresentam os valores de *X*, os resíduos e um gráfico de resíduos, a partir de uma análise de regressão:

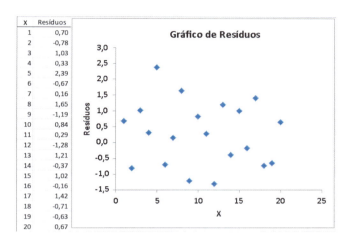

Existe alguma evidência de um padrão nos resíduos? Explique.

13.24 Os resultados a seguir apresentam os valores de *X*, os resíduos e um gráfico de resíduos a partir de uma análise de regressão:

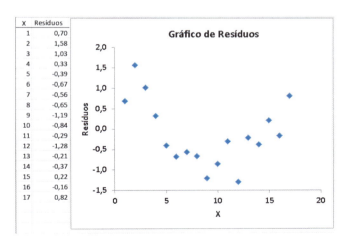

Existe alguma evidência de um padrão nos resíduos? Explique.

APLICANDO OS CONCEITOS

13.25 No Problema 13.5, em Problemas para a Seção 13.2, você utilizou o somatório das avaliações no intuito de prever o custo de uma refeição em restaurantes. Realize uma análise dos resíduos em relação a esses dados (armazenados no arquivo **Restaurantes**). Avalie se os pressupostos para a regressão foram, ou não, seriamente violados.

13.26 No Problema 13.4, em Problemas para a Seção 13.2, o gerente de marketing utilizou o espaço na prateleira destinado a rações para animais domésticos para prever as vendas semanais. Realize uma análise dos resíduos em relação a esses dados (armazenados no arquivo **Ração**). Avalie se os pressupostos para a regressão foram, ou não, seriamente violados.

13.27 No Problema 13.7, em Problemas para a Seção 13.2, você utilizou a distância entre as placas no equipamento de vedação de embalagens para prever a taxa de resistência ao rompimento de uma embalagem de café. Realize uma análise dos resíduos para esses dados (armazenados no arquivo **Starbucks**). Com base nesses resultados, avalie se os pressupostos para a regressão foram, ou não, seriamente violados.

13.28 No Problema 13.6, em Problemas para a Seção 13.2, o proprietário de uma empresa de mudanças desejava prever as horas de trabalho necessárias, com base no volume de pés cúbicos a serem transportados em uma mudança. Realize uma análise dos resíduos para esses dados (armazenados no arquivo **Mudança**). Com base nesses resultados, avalie se os pressupostos para a regressão foram, ou não, seriamente violados.

13.29 No Problema 13.9, em Problemas para a Seção 13.2, um corretor de uma imobiliária desejava prever o aluguel mensal correspondente a apartamentos, com base no tamanho dos respectivos apartamentos. Realize uma análise de resíduos em relação a esses dados (armazenados no arquivo **Aluguel**). Com base nesses resultados, avalie se os pressupostos para a regressão foram, ou não, seriamente violados.

13.30 No Problema 13.8, em Problemas para a Seção 13.2, você utilizou as receitas anuais para prever o valor de uma franquia de beisebol. Realize uma análise de resíduos para esses dados (armazenados no arquivo **BBReceita2012**). Com base nesses resultados, avalie se os pressupostos para a regressão foram, ou não, seriamente violados.

13.31 No Problema 13.10, em Problemas para a Seção 13.2, você utilizou a receita bruta conquistada na bilheteria dos cinemas para prever as vendas de DVDs. Realize uma análise de resíduos para esses dados (armazenados no arquivo **Cinema**). Com base nesses resultados, avalie se os pressupostos para a regressão foram, ou não, seriamente violados.

13.6 Medindo a Autocorrelação: A Estatística de Durbin-Watson

Um dos pressupostos básicos do modelo de regressão é a independência dos erros. Esse pressuposto é geralmente violado quando os dados são coletados ao longo de períodos sequenciais de tempo, uma vez que um resíduo, em qualquer ponto individual no tempo, pode tender a ser semelhante a resíduos em pontos adjacentes no tempo. Esse tipo de padrão nos resíduos é conhecido como **autocorrelação**. Quando um determinado conjunto de dados apresenta um volume substancial de autocorrelação, a validação de um modelo de regressão ajustado passa a ficar sob sérias dúvidas.

Gráficos de Resíduos para Detectar Autocorrelação

Conforme mencionado na Seção 13.5, um dos meios de detectar a autocorrelação é colocar os resíduos em um gráfico na ordem sequencial do tempo. Se estiver presente o efeito de uma autocorrelação positiva, existirão concentrações de resíduos com o mesmo sinal, e você prontamente detectará um padrão aparente. Se existir autocorrelação negativa, os resíduos tenderão a pular para a frente e para trás, de positivo para negativo, e novamente para positivo, e assim sucessivamente. Uma vez que a autocorrelação negativa é tão raramente observada na análise da regressão, o exemplo nesta seção ilustra a autocorrelação positiva.

Para ilustrar a autocorrelação positiva, considere o caso de uma gerente de uma loja de remessas de encomendas que deseja ser capaz de prever as vendas semanais. Ao abordar esse problema, essa gerente decidiu desenvolver um modelo de regressão para utilizar como variável independente o número de consumidores que estão fazendo compras. Ela coleta dados ao longo de um período de 15 semanas e, depois disso, organiza e armazena os dados no arquivo `QuinzeSemanas`. A Tabela 13.4 apresenta esses dados.

TABELA 13.4
Clientes e Vendas para um Período de 15 Semanas Consecutivas

Semana	Consumidores	Vendas (milhares de dólares)	Semana	Consumidores	Vendas (milhares de dólares)
1	794	9,33	9	880	12,07
2	799	8,26	10	905	12,55
3	837	7,48	11	886	11,92
4	855	9,08	12	843	10,27
5	845	9,83	13	904	11,80
6	844	10,09	14	950	12,15
7	863	11,01	15	841	9,64
8	875	11,49			

Uma vez que os dados foram coletados ao longo de um período correspondente a 15 semanas consecutivas, na mesma loja, você precisa determinar se está, ou não, presente uma autocorrelação. Em primeiro lugar, você pode desenvolver o modelo de regressão linear simples que poderá utilizar no intuito de prever as vendas com base no número de consumidores, pressupondo que não exista nenhum tipo de autocorrelação nos resultados. A Figura 13.14 apresenta os resultados para esses dados.

Com base na Figura 13.14, observe que r^2 é igual a 0,6574, indicando que 65,74 % da variação nas vendas podem ser explicados pela variação no número de consumidores. Além disso, o intercepto de Y, b_0, é $-16,0322$, e a inclinação, b_1, é 0,0308. No entanto, antes de utilizar esse modelo para fins de previsão, você deve realizar uma análise dos resíduos. Uma vez que os dados foram coletados ao longo de um período consecutivo de 15 semanas, além de verificar os pressupostos de linearidade, normalidade e igualdade de variâncias, você deve necessariamente investigar o pressuposto da independência de erros. Para fazer isso, você insere em um gráfico os resíduos em relação ao tempo, como na Figura 13.15, para examinar se existe um padrão nos resíduos. Na Figura 13.15, você consegue verificar que os resíduos tendem a flutuar para cima e para baixo, em um padrão cíclico. Esse padrão cíclico proporciona uma forte causa de preocupação no que concerne à existência de autocorrelação nos resíduos e, consequentemente, uma violação do pressuposto da independência dos erros.

	A	B	C	D	E	F	G
1	Análise das Vendas da Loja de Remessa de Encomendas						
2							
3	Estatística de Regressão						
4	R Múltiplo	0,8108					
5	R-Quadrado	0,6574					
6	R-Quadrado Ajustado	0,6311					
7	Erro-Padrão	0,9360					
8	Observações	15					
9							
10	ANOVA						
11		gl	SQ	MQ	F	F de significação	
12	Regressão	1	21,8604	21,8604	24,9501	0,0002	
13	Resíduo	13	11,3901	0,8762			
14	Total	14	33,2506				
15							
16		Coeficientes	Erro-Padrão	Stat t	Valor-P	95 % inferiores	95 % superiores
17	Interseção	-16,0322	5,3102	-3,0192	0,0099	-27,5041	-4,5603
18	Consumidores	0,0308	0,0062	4,9950	0,0002	0,0175	0,0441

FIGURA 13.14 Planilha de resultados da regressão para os dados da Tabela 13.4 sobre a loja de remessa de encomendas

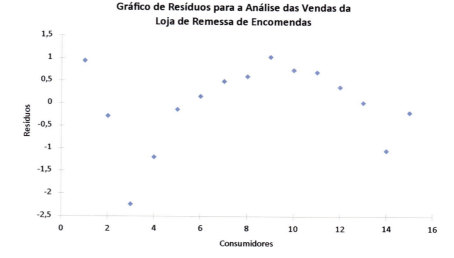

FIGURA 13.15 Gráfico de resíduos para os dados da Tabela 13.4 sobre a loja de remessa de encomendas

A Estatística de Durbin-Watson

A **estatística de Durbin-Watson** é utilizada para medir a autocorrelação. Essa estatística mede a correlação entre cada um dos resíduos e o resíduo correspondente ao período de tempo imediatamente anterior. A Equação (13.15) define a estatística de Durbin-Watson.

ESTATÍSTICA DE DURBIN-WATSON

$$D = \frac{\sum_{i=2}^{n}(e_i - e_{i-1})^2}{\sum_{i=1}^{n}e_i^2} \qquad (13.15)$$

em que

e_i = resíduo no período de tempo i

Na Equação (13.15), o numerador, $\sum_{i=2}^{n}(e_i - e_{i-1})^2$, representa a diferença, elevada ao quadrado, entre dois resíduos sucessivos, somados a partir do segundo valor até o n-ésimo valor, enquanto o denominador, $\sum_{i=1}^{n}e_i^2$, representa o somatório dos resíduos (erros) elevados ao quadrado. Isso significa que o valor correspondente à estatística de Durbin-Watson, D, se aproximará de 0 (zero), caso resíduos sucessivos sejam positivamente autocorrelacionados. Se os resíduos não forem correlacionados, o valor de D estará próximo de 2. (Caso os resíduos sejam negativamente autocorrelacionados, D será maior do que 2 e poderá, até mesmo, se aproximar de seu valor máximo, que é 4.) Para os dados sobre a loja de remessa de encomendas, a estatística de Durbin-Watson, D, é igual a 0,8830. (Veja os resultados do Excel na Figura 13.16.)

Você precisa determinar as situações em que a autocorrelação é grande o suficiente para concluir que existe uma correlação positiva. Depois de calcular D, você compara esse valor aos valores críticos da estatística de Durbin-Watson encontrados na Tabela E.8. Parte dessa tabela é apresentada na Tabela 13.15. Os valores críticos dependem de α, o nível de significância escolhido, de n, o tamanho da amostra, e de k, o número de variáveis independentes no modelo (na regressão linear simples, $k = 1$).

Na Tabela 13.5, dois valores são exibidos para cada uma das combinações entre α (nível de significância), n (tamanho da amostra) e k (número de variáveis independentes no modelo). O primeiro valor, d_l, representa o valor crítico inferior. Caso D esteja abaixo de d_l, você conclui que existem evidências de autocorrelação positiva entre os resíduos. Caso isso venha a ocorrer, o método dos mínimos quadrados, utilizado neste capítulo, não é apropriado, e você deve utilizar

496 Capítulo 13

FIGURA 13.16
Planilha da estatística de Durbin-Watson, para os dados sobre a loja de remessa de encomendas

	A	B
1	Estatísticas de Durbin-Watson	
2		
3	Soma das Diferenças ao Quadrado dos Resíduos	10,0575 =SOMAXMY2(RESÍDUOS!E3:E16,RESÍDUOS!E2:E15)
4	Soma dos Quadrados dos Resíduos	11,3901 =SOMAQUAD(RESÍDUOS!E2:E16)
5		
6	Estatística de Durbin-Watson	0,8830 =B3/B4

A Figura 13.16 ilustra a **planilha DURBIN_WATSON** *da* **pasta de trabalho Remessa Encomendas** *que é utilizada nas instruções da Seção GE13.6. (A planilha DURBIN-WATSON é uma das planilhas utilizadas como modelo na pasta de trabalho Regressão Linear Simples.)*

métodos alternativos (veja a Referência 4). O segundo valor, d_S, representa o valor crítico superior de D, acima do qual você concluiria que não existe nenhuma evidência de autocorrelação positiva entre os resíduos. Caso D se posicione entre d_I e d_S, você fica impossibilitado de chegar a uma conclusão definitiva.

No que diz respeito aos dados relacionados com a loja de remessa de encomendas, com uma variável independente ($k = 1$) e 15 valores ($n = 15$), $d_I = 1,08$ e $d_S = 1,36$. Uma vez que $D = 0,8830 < 1,08$, você conclui que existe autocorrelação positiva entre os resíduos. A análise de regressão dos mínimos quadrados correspondente a esses dados, ilustrada na Figura 13.14, não é apropriada, em razão da presença de uma autocorrelação positiva significativa entre os resíduos. Em outras palavras, o pressuposto da independência de erros não é válido. Você precisa utilizar as abordagens alternativas discutidas na Referência 4.

TABELA 13.5 Encontrando Valores Críticos da Estatística de Durbin-Watson

						$\alpha = 0,05$					
		$k = 1$		$k = 2$		$k = 3$		$k = 4$		$k = 5$	
n		d_I	d_S	d_I	d_S	d_I	d_S	d_I	d_S	d_I	d_S
15		1,08	1,36	0,95	1,54	0,82	1,75	0,69	1,97	0,56	2,21
16		1,10	1,37	0,98	1,54	0,86	1,73	0,74	1,93	0,62	2,15
17		1,13	1,38	1,02	1,54	0,90	1,71	0,78	1,90	0,67	2,10
18		1,16	1,39	1,05	1,53	0,93	1,69	0,82	1,87	0,71	2,06

Problemas para a Seção 13.6

APRENDENDO O BÁSICO

13.32 Os resíduos correspondentes a 10 períodos de tempo consecutivos são os seguintes:

Período de Tempo	Resíduo	Período de Tempo	Resíduo
1	−5	6	+1
2	−4	7	+2
3	−3	8	+3
4	−2	9	+4
5	−1	10	+5

a. Elabore um gráfico para os resíduos em relação ao tempo. A que conclusões você consegue chegar, no que diz respeito ao padrão para os resíduos em relação ao tempo?

b. Com base em (a), a que conclusões você consegue chegar sobre a autocorrelação dos resíduos?

13.33 Os resíduos correspondentes a 15 períodos de tempo consecutivos são os seguintes:

Período de Tempo	Resíduo	Período de Tempo	Resíduo
1	+4	9	+6
2	−6	10	−3
3	−1	11	+1
4	−5	12	+3
5	+2	13	0
6	+5	14	−4
7	−2	15	−7
8	+7		

a. Elabore um gráfico para os resíduos em relação ao tempo. A que conclusão você consegue chegar, no que diz respeito ao padrão para os resíduos em relação ao tempo?

b. Calcule a estatística de Durbin-Watson. No nível de significância de 0,05, existem evidências de autocorrelação positiva entre os resíduos?

c. Com base em (a) e (b), a que conclusão você consegue chegar sobre a autocorrelação dos resíduos?

APLICANDO OS CONCEITOS

13.34 No Problema 13.4, em Problemas para a Seção 13.2, que trata da venda de ração para animais de estimação, o gerente de marketing utilizou o espaço na prateleira destinado a rações para animais de estimação com o objetivo de prever as vendas semanais.

a. Faz-se necessário calcular a estatística de Durbin-Watson no presente caso? Explique.

b. Sob quais circunstâncias seria necessário calcular a estatística de Durbin-Watson antes de dar prosseguimento ao método dos mínimos quadrados da análise da regressão?

13.35 Qual é a relação entre o preço do petróleo bruto e o preço que você paga pela gasolina na bomba? O arquivo **Petróleo & Gasolina** contém o preço ($) de um barril de petróleo bruto (Cushing, Oklahoma, preço à vista) e de um galão de gasolina (média para o preço à vista convencional nos EUA) correspondente a 189 semanas, encerrando em 13 de agosto de 2012. (Dados extraídos de Energy Information & Administration, U.S. Department of Energy, **www.eia.doe.gov**.)

a. Construa um gráfico de dispersão com o preço do petróleo no eixo horizontal e o preço da gasolina no eixo vertical.

b. Utilize o método dos mínimos quadrados para desenvolver uma equação para a regressão linear simples, de modo a prever o preço de um galão de gasolina, utilizando o preço de um barril de petróleo bruto para representar a variável independente.

c. Interprete o significado da inclinação, b_1, neste problema.

d. Desenhe o gráfico dos resíduos em relação ao período de tempo.

e. Calcule a estatística de Durbin-Watson.

f. No nível de significância de 0,05, existem evidências de autocorrelação positiva entre os resíduos?

g. Com base nos resultados de (d) a (f), existe alguma razão para questionar a validade desse modelo?

AUTO-teste 13.36 Uma empresa que envia mercadorias, pelo correio, para pedidos de compra realizados por meio de catálogos, e que vende componentes de informática, *software* e *hardware*, mantém um depósito centralizado para a distribuição dos produtos encomendados. A administração da empresa está atualmente examinando o processo de distribuição que se origina do depósito, e tem como objetivo estratégico estudar os fatores que afetam os custos de distribuição correspondentes ao depósito. Atualmente, uma pequena tarifa de frete está sendo acrescentada ao pedido, independentemente do montante em dinheiro correspondente ao pedido de compra. Foram coletados, ao longo dos últimos 24 meses, dados que indicam os custos de distribuição relativos ao depósito e o número de pedidos de compra recebidos; esses dados estão armazenados no arquivo **CustoDepósito**. Os resultados são:

Meses	Custo de Distribuição (milhares de dólares)	Número de Pedidos de Compra
1	52,95	4,015
2	71,66	3,806
3	85,58	5,309
4	63,69	4,262
5	72,81	4,296
6	68,44	4,097
7	52,46	3,213
8	70,77	4,809
9	82,03	5,237
10	74,39	4,732
11	70,84	4,413
12	54,08	2,921
13	62,98	3,977
14	72,30	4,428
15	58,99	3,964
16	79,38	4,582
17	94,44	5,582
18	59,74	3,450
19	90,50	5,079
20	93,24	5,735
21	69,33	4,269
22	53,71	3,708
23	89,18	5,387
24	66,80	4,161

a. Pressupondo uma relação linear, utilize o método dos mínimos quadrados para encontrar os coeficientes da regressão, b_0 e b_1.

b. Faça a previsão dos custos mensais de distribuição para o depósito quando o número de pedidos é 4.500.

c. Faça o gráfico dos resíduos em relação ao período de tempo.

d. Calcule a estatística de Durbin-Watson. No nível de significância de 0,05, existem evidências de autocorrelação positiva entre os resíduos?

e. Com base nos resultados de (c) e (d), existe alguma razão para questionar a validade do modelo?

13.37 Uma dose de café expresso recentemente preparado possui três componentes distintos: o núcleo, o corpo e a espuma. A separação desses três componentes geralmente dura somente de 10 a 20 segundos. Para utilizar a dose de expresso para fazer um café com leite, um *cappuccino* ou alguma outra bebida, a dose deve ser despejada na bebida durante o processo de separação do núcleo, do corpo e da espuma. Caso a dose seja utilizada depois de ocorrida a separação, a bebida torna-se excessivamente amarga e ácida, estragando o sabor final. Consequentemente, um maior tempo de separação proporciona à pessoa que está preparando a bebida uma maior quantidade de tempo para despejar a dose e garantir que a bebida atenderá às expectativas. O empregado de uma cafeteria levantou a hipótese de que quanto maior a pressão com que os grãos do café expresso fossem comprimidos no porta-filtro antes de serem fervidos, maior seria o tempo correspondente à separação. Foi conduzido um experimento utilizando 24 observações para

498 Capítulo 13

testar essa relação. A variável independente, Compressão, mede a distância, em polegadas, entre os grãos do café expresso e o topo do porta-filtro (ou seja, quanto maior a compressão, maior a distância). A variável dependente, Tempo, corresponde ao número de segundos em que o núcleo, o corpo e a espuma são separados (ou seja, a quantidade de tempo depois que a dose é despejada antes de ser utilizada para a bebida do cliente). Os dados estão armazenados no arquivo **Expresso**.

a. Utilize o método dos mínimos quadrados para desenvolver uma equação para a regressão linear simples, utilizando Tempo como a variável dependente e Compressão como a variável independente.

b. Faça a previsão para o tempo de separação, para uma distância de Compressão de 0,50 polegada.

c. Faça o gráfico dos resíduos em relação à ordem de tempo do experimento. Existe algum padrão que possa ser observado?

d. Calcule a estatística de Durbin-Watson. No nível de significância de 0,05, existem evidências de autocorrelação positiva entre os resíduos?

e. Com base nos resultados de (c) e (d), existe alguma razão para questionar a validade do modelo?

13.38 Os proprietários de uma cadeia de sorveterias têm como objetivo estratégico da empresa aperfeiçoar o mecanismo de previsão de vendas diárias, de modo tal que possa vir a ser minimizada a escassez de mão de obra durante a temporada do verão. Como ponto de partida, os proprietários decidiram desenvolver um modelo de regressão linear simples para prever as vendas com base na temperatura atmosférica. Eles selecionam uma amostra de 21 dias consecutivos, e armazenam os resultados no arquivo **Sorvete**. (Dica: Determine quais são as variáveis independente e dependente.)

a. Pressupondo uma relação linear, utilize o método dos mínimos quadrados para encontrar os coeficientes da regressão, b_0 e b_1.

b. Faça a previsão para as vendas em um dia no qual a temperatura corresponda a 83ºF.

c. Faça o gráfico dos resíduos em relação ao período de tempo.

d. Calcule a estatística de Durbin-Watson. No nível de significância de 0,05, existem evidências de autocorrelação positiva entre os resíduos?

e. Com base nos resultados de (c) e (d), existe alguma razão para questionar a validade desse modelo?

13.7 Inferências sobre a Inclinação e o Coeficiente de Correlação

Nas Seções 13.1 a 13.3, a regressão foi utilizada exclusivamente para propósitos de descrição. Você aprendeu a determinar os coeficientes da regressão utilizando o método dos mínimos quadrados e a prever o valor de Y para um determinado valor de X. Além disso, você aprendeu a calcular e interpretar o erro-padrão da estimativa e o coeficiente de determinação.

Quando a análise dos resíduos, nos moldes discutidos na Seção 13.5, indica que os pressupostos de um modelo de regressão dos mínimos quadrados não estão sendo seriamente violados, e que o modelo correspondente à linha reta é apropriado, você consegue realizar inferências sobre a relação linear entre as variáveis na população.

Teste *t* para a Inclinação

Para determinar a existência de uma relação linear significativa entre as variáveis X e Y, você testa se β_1 (a inclinação da população) é igual a 0. A hipótese nula e a hipótese alternativa se apresentam como:

H_0: $\beta_1 = 0$ [Não existe nenhuma relação linear (a inclinação é igual a zero).]
H_1: $\beta_1 \neq 0$ [Existe uma relação linear (a inclinação não é igual a zero).]

Caso você venha a rejeitar a hipótese nula, você concluirá que existem evidências de uma relação linear. A Equação (13.16) define a estatística do teste para a inclinação.

> **TESTANDO UMA HIPÓTESE PARA A INCLINAÇÃO DE UMA POPULAÇÃO, β_1, UTILIZANDO O TESTE *t***
>
> A estatística do teste t_{ESTAT} é igual à diferença entre a inclinação da amostra e o valor citado na hipótese para a inclinação da população, dividida pelo erro-padrão da inclinação.
>
> $$t_{ESTAT} = \frac{b_1 - \beta_1}{S_{b_1}}$$
>
> **(13.16)**

em que

$$S_{b_1} = \frac{S_{YX}}{\sqrt{SQX}}$$

$$SQX = \sum_{i=1}^{n}(X_i - \overline{X})^2$$

A estatística do teste t_{ESTAT} segue uma distribuição t com $n - 2$ graus de liberdade.

Retorne ao cenário que trata da Sunflowers Roupas, apresentado no início deste capítulo. Para testar se existe uma relação linear significativa entre a quantidade de consumidores identificados com base no perfil e as vendas anuais, no nível de significância de 0,05, reporte-se aos resultados para o teste t, apresentados na planilha da Figura 13.17.

FIGURA 13.17 Resultados relativos ao teste t, para a inclinação dos dados relativos à Sunflowers Roupas

	A	B	C	D	E	F	G	H	I
16		Coeficientes	Erro-Padrão	Estat t	Valor-P	95 % Inferiores	95 % Superiores	95 % Inferiores	95 % Superiores
17	Interseção	-1,2088	0,9949	-1,2151	0,2477	-3,3765	0,9588	-3,3765	0,95881
18	Clientes Identificados com Base no Perfil	2,0742	0,2536	8,1780	0,0000	1,5216	2,6268	1,5216	2,62678

Com base na Figura 13.14 ou na Figura 13.17,

$$b_1 = +2,0742 \quad n = 14 \quad S_{b_1} = 0,2536$$

e

$$t_{ESTAT} = \frac{b_1 - \beta_1}{S_{b_1}}$$

$$= \frac{2,0742 - 0}{0,2536} = 8,178$$

Utilizando o nível de significância de 0,05, o valor crítico de t, com $n - 2 = 12$ graus de liberdade, é igual a 2,1788. Uma vez que $t_{ESTAT} = 8,178 > 2,1788$, ou uma vez que o valor-p é aproximadamente igual a 0 (zero), que é menor do que $\alpha = 0,05$, você rejeita H_0 (veja a Figura 13.18). Consequentemente, você pode concluir que existe uma relação linear significativa entre a média aritmética correspondente às vendas anuais e a quantidade de consumidores identificados com base no perfil.

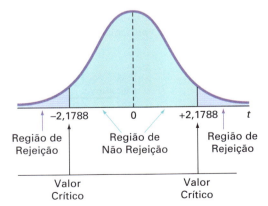

FIGURA 13.18
Testando uma hipótese sobre a inclinação da população, no nível de significância de 0,05, com 12 graus de liberdade

Teste *F* para a Inclinação

Como uma alternativa para o teste t, na regressão linear simples, você pode utilizar um teste F para determinar se a inclinação é estatisticamente significativa. Na Seção 10.4, você utilizou a distribuição F para testar a proporcionalidade entre duas variâncias. A Equação (13.17) define o teste F para a inclinação como a proporcionalidade entre a variância que é decorrente da regressão ($MQReg$) dividida pela variância do erro ($MQR = S^2_{YX}$).

500 Capítulo 13

TESTANDO UMA HIPÓTESE PARA A INCLINAÇÃO DE UMA POPULAÇÃO, β_1, UTILIZANDO O TESTE F

A estatística do teste F_{ESTAT} é igual à média dos quadrados da regressão ($MQReg$) dividida pela média dos quadrados dos resíduos (ou erros) (MQR).

$$F_{ESTAT} = \frac{MQReg}{MQR} \qquad (13.17)$$

em que

$$MQReg = \frac{SQReg}{1} = SQReg$$

$$MQR = \frac{SQR}{n-2}$$

A estatística do teste F_{ESTAT} segue uma distribuição F, com 1 e $n - 2$ graus de liberdade.

Utilizando o nível de significância α, a regra de decisão é

Rejeitar H_0 se $F_{ESTAT} > F_\alpha$;

caso contrário, não rejeitar H_0.

A Tabela 13.6 organiza o conjunto completo de resultados em uma tabela de análise da variância (ANOVA).

TABELA 13.6
Tabela de ANOVA para Testar a Significância de um Coeficiente da Regressão

Fonte	gl	Soma dos Quadrados	Média dos Quadrados (variância)	F
Regressão	1	$SQReg$	$MQReg = \dfrac{SQReg}{1} = SQReg$	$F_{ESTAT} = \dfrac{MQReg}{MQR}$
Erro	$n-2$	SQR	$MQR = \dfrac{SQR}{n-2}$	
Total	$n-1$	STQ		

A Figura 13.19, uma tabela completa de ANOVA para os dados relacionados com as vendas da Sunflowers (extraídos da Figura 13.4), mostra que a estatística do teste F_{ESTAT} calculada é 66,8792, e o valor-p é aproximadamente igual a 0.

	A	B	C	D	E	F
10	**ANOVA**					
11		gl	SQ	MQ	F	F de significação
12	Regressão	1	66,7854	66,7854	66,8792	0,0000
13	Resíduos	12	11,9832	0,9986		
14	Total	13	78,7686			

FIGURA 13.19 Resultados do teste F para os dados relacionados com a Sunflowers Roupas

Utilizando um nível de significância de 0,05, com base na Tabela E.5, o valor crítico para a distribuição F, com 1 e 12 graus de liberdade, é igual a 4,75 (veja a Figura 13.20). Porque $F_{ESTAT} = 66,8792 > 4,75$, ou porque o valor-$p = 0,0000 < 0,05$, você rejeita H_0 e conclui que existe uma relação linear significativa entre a quantidade de consumidores identificados com base no perfil e as vendas anuais. Tendo em vista que o teste F apresentado na Equação (13.17) é equivalente ao teste t na Equação (13.16) apresentada no início desta seção, você chega à mesma conclusão.

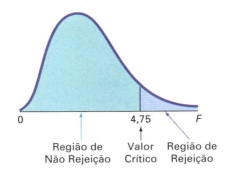

FIGURA 13.20 Regiões de rejeição e de não rejeição, ao testar a significância da inclinação, no nível de significância de 0,05, com 1 e 12 graus de liberdade

Estimativa do Intervalo de Confiança para a Inclinação

Como uma alternativa para testar a existência de uma relação linear entre as variáveis, você pode construir uma estimativa do intervalo de confiança para β_1, utilizando a Equação (13.18).

ESTIMATIVA DO INTERVALO DE CONFIANÇA PARA A INCLINAÇÃO, β_1

A estimativa do intervalo de confiança para a inclinação da população pode ser construída tomando-se a inclinação da amostra, b_1, e adicionando e subtraindo o valor crítico de t, multiplicado pelo erro-padrão da inclinação.

$$b_1 \pm t_{\alpha/2} S_{b_1}$$

$$b_1 - t_{\alpha/2} S_{b_1} \leq \beta_1 \leq b_1 + t_{\alpha/2} S_{b_1} \quad (13.18)$$

em que

$t_{\alpha/2}$ é o valor crítico correspondente a uma probabilidade de cauda superior igual a $\alpha/2$ a partir da distribuição t, com $n - 2$ graus de liberdade (ou seja, uma área acumulada de $1 - \alpha/2$).

Com base nos resultados da planilha apresentada na Figura 13.17,

$$b_1 = 2{,}0742 \quad n = 14 \quad S_{b_1} = 0{,}2536$$

Para construir uma estimativa do intervalo de confiança de 95 %, $\alpha/2 = 0{,}025$, e, com base na Tabela E.3, $t_{\alpha/2} = 2{,}1788$. Portanto,

$$b_1 \pm t_{\alpha/2} S_{b_1} = 2{,}0742 \pm (2{,}1788)(0{,}2536)$$
$$= 2{,}0742 \pm 0{,}5526$$
$$1{,}5216 \leq \beta_1 \leq 2{,}6268$$

Por conseguinte, você estima, com 95 % de confiança, que a inclinação da população se posiciona entre 1,5216 e 2,6268. Uma vez que esses dois valores estão acima de 0 (zero), você conclui que existe uma relação linear significativa entre as vendas anuais e a quantidade de consumidores identificados com base no perfil. Caso o intervalo tivesse incluído o valor de 0 (zero), você teria concluído que não existe nenhuma relação significativa entre as variáveis. O intervalo de confiança indica que, para cada crescimento equivalente a 1 milhão de consumidores identificados com base no perfil, estima-se que as vendas anuais previstas cresçam em pelo menos $1.521.600, porém não mais do que $2.626.800.

Teste t para o Coeficiente de Correlação

Na Seção 3.5, no Capítulo 3, foi medida a força da relação entre duas variáveis numéricas utilizando-se o **coeficiente de correlação**, r. Os valores para o coeficiente de correlação se estendem desde -1 para uma correlação negativa perfeita até $+1$ para uma correlação positiva perfeita. Você pode utilizar o coeficiente de correlação para determinar se existe uma relação linear es-

502 Capítulo 13

tatisticamente significativa entre X e Y. Para que isso seja feito, você formula a hipótese de que o coeficiente de correlação da população, ρ, é igual a 0. Consequentemente, a hipótese nula e a hipótese alternativa são:

$$H_0: \rho = 0 \ (\text{nenhuma correlação})$$

$$H_1: \rho \neq 0 \ (\text{correlação})$$

A Equação (13.19) define a estatística de teste para determinar a existência de uma correlação significativa.

TESTANDO A EXISTÊNCIA DE CORRELAÇÃO

$$t_{ESTAT} = \frac{r - \rho}{\sqrt{\dfrac{1 - r^2}{n - 2}}} \tag{13.19a}$$

em que

$$r = +\sqrt{r^2} \quad \text{se} \quad b_1 > 0$$
$$r = -\sqrt{r^2} \quad \text{se} \quad b_1 < 0$$

A estatística do teste t_{ESTAT} segue uma distribuição t com $n - 2$ graus de liberdade. r é calculado na forma da Equação (3.17) na Seção 3.5 do Capítulo 3:

$$r = \frac{\text{cov}(X, Y)}{S_X S_Y} \tag{13.19b}$$

em que

$$\text{cov}(X, Y) = \frac{\displaystyle\sum_{i=1}^{n} (X_i - \overline{X})(Y_i - \overline{Y})}{n - 1}$$

$$S_X = \sqrt{\frac{\displaystyle\sum_{i=1}^{n} (X_i - \overline{X})^2}{n - 1}}$$

$$S_Y = \sqrt{\frac{\displaystyle\sum_{i=1}^{n} (Y_i - \overline{Y})^2}{n - 1}}$$

No problema que trata da Sunflowers Roupas, $r^2 = 0,8479$ e $b_1 = +2,0742$ (veja a Figura 13.4, na Seção 13.2). Uma vez que $b_1 > 0$, o coeficiente de correlação para vendas anuais e quantidade de consumidores identificados com base no perfil corresponde à raiz quadrada positiva de r^2 — ou seja, $+\sqrt{0,8479} = +0,9208$. Você utiliza a Equação (13.19a), para testar a hipótese nula de que não existe nenhuma correlação em absoluto entre essas duas variáveis. Isso resulta na seguinte estatística t observada:

$$t_{ESTAT} = \frac{r - 0}{\sqrt{\dfrac{1 - r^2}{n - 2}}}$$

$$= \frac{0,9208 - 0}{\sqrt{\dfrac{1 - (0,9208)^2}{14 - 2}}} = 8,178$$

Utilizando um nível de significância de 0,05, uma vez que $t_{ESTAT} = 8,178 > 2,1788$, você rejeita a hipótese nula. Você conclui que existe uma associação significativa entre as vendas anuais e a quantidade de consumidores identificados com base no perfil. Essa estatística do teste t_{ESTAT} é equivalente à estatística do teste t_{ESTAT} encontrada quando testamos se a inclinação da população, β_1, é, ou não, igual a zero.

Regressão Linear Simples **503**

Problemas para a Seção 13.7

APRENDENDO O BÁSICO

13.39 Você está testando a hipótese nula de que não existe nenhuma relação linear entre duas variáveis, X e Y. Com base em sua amostra de $n = 10$, você determina que $r = 0,80$.
a. Qual é o valor da estatística do teste t, t_{ESTAT}?
b. No nível de significância $\alpha = 0,05$, quais são os valores críticos?
c. Com base em suas respostas para (a) e (b), qual decisão estatística você deve tomar?

13.40 Você está testando a hipótese nula de que não existe nenhuma relação linear entre duas variáveis, X e Y. Com base em sua amostra de $n = 18$, você determina que $b_1 = +4,5$ e $S_{b_1} = 1,5$.
a. Qual é o valor de t_{ESTAT}?
b. No nível de significância $\alpha = 0,05$, quais são os valores críticos?
c. Com base em suas respostas para (a) e (b), qual decisão estatística você deve tomar?
d. Construa uma estimativa para o intervalo de confiança de 95 % para a inclinação da população, β_1.

13.41 Você está testando a hipótese nula de que não existe nenhuma relação linear entre duas variáveis, X e Y. Com base em sua amostra de $n = 20$, você determina que $SQReg = 60$ e $SQR = 40$.
a. Qual é o valor de F_{ESTAT}?
b. No nível de significância $\alpha = 0,05$, qual é o valor crítico?
c. Com base em suas respostas para (a) e (b), qual decisão estatística você deve tomar?
d. Calcule o coeficiente de correlação calculando, inicialmente, r^2 e pressupondo que b_1 seja negativa.
e. No nível de significância de 0,05, existe uma correlação significativa entre X e Y?

APLICANDO OS CONCEITOS

AUTO-teste **13.42** No Problema 13.4, em Problemas para a Seção 13.2, o gerente de marketing utilizou o espaço em prateleiras de supermercado, destinado a rações para animais de estimação, para prever as vendas semanais. Os dados estão armazenados no arquivo Ração . Com base nos resultados para o problema, $b_1 = 7,4$ e $S_{b_1} = 1,59$.
a. No nível de significância de 0,05, existem evidências de uma relação linear entre o espaço na prateleira e as vendas?
b. Construa uma estimativa do intervalo de confiança de 95 % para a inclinação da população, β_1.

13.43 No Problema 13.5, em Problemas para a Seção 13.2, você utilizou o somatório das avaliações de um restaurante para prever o custo de uma refeição. Os dados estão armazenados no arquivo Restaurantes . Utilizando os resultados para aquele problema, $b_1 = 1,4689$ e $S_{b_1} = 0,1701$.
a. No nível de significância de 0,05, existem evidências de uma relação linear entre o somatório das avaliações referentes a um determinado restaurante e o custo de uma refeição?
b. Construa uma estimativa para o intervalo de confiança de 95 % para a inclinação da população, β_1.

13.44 No Problema 13.6, em Problemas para a Seção 13.2, o proprietário de uma empresa de mudanças queria prever as horas de trabalho necessárias, com base no número de pés cúbicos a serem transportados na mudança. Os dados estão armazenados no arquivo Mudança . Utilize os resultados correspondentes àquele problema.

a. No nível de significância de 0,05, existem evidências de uma relação linear entre o número de pés cúbicos transportados em uma mudança e as horas de trabalho necessárias?
b. Construa uma estimativa para o intervalo de confiança de 95 % para a inclinação da população, β_1.

13.45 No Problema 13.7, em Problemas para a Seção 13.2, você utilizou a distância entre as placas no equipamento de vedação para embalagens, para prever a taxa de resistência ao rompimento, para uma embalagem de café. Os dados estão armazenados no arquivo Starbucks . Utilize os resultados correspondentes àquele problema.
a. No nível de significância de 0,05, existem evidências de uma relação linear entre a distância entre as placas no equipamento de vedação e a taxa de resistência ao rompimento, para uma embalagem de café?
b. Construa uma estimativa para o intervalo de confiança de 95 % para a inclinação da população, β_1.

13.46 No Problema 13.8, em Problemas para a Seção 13.2, você utilizou as receitas anuais para prever o valor correspondente a uma franquia de beisebol. Os dados estão armazenados no arquivo BBReceita2012 . Utilize os resultados relativos àquele problema.
a. No nível de significância de 0,05, existem evidências de uma relação linear entre receita anual e valor da franquia?
b. Construa uma estimativa para o intervalo de confiança de 95 % para a inclinação da população, β_1.

13.47 No Problema 13.9, em Problemas para a Seção 13.2, um corretor de uma imobiliária desejava prever o aluguel mensal para apartamentos com base no tamanho do imóvel. Os dados estão armazenados no arquivo Aluguel . Utilize os resultados para aquele problema.
a. No nível de significância de 0,05, existem evidências de uma relação linear entre o tamanho do apartamento e o aluguel mensal?
b. Construa uma estimativa para o intervalo de confiança de 95 % para a inclinação da população, β_1.

13.48 No Problema 13.10, em Problemas para a Seção 13.2, você utilizou a receita bruta conquistada em bilheterias de cinemas para prever as vendas de DVD. Os dados estão armazenados no arquivo Cinema . Utilize os resultados relativos àquele problema.
a. No nível de significância de 0,05, existem evidências de uma relação linear entre a receita bruta conquistada em bilheterias de cinemas e as vendas de DVD?
b. Construa uma estimativa para o intervalo de confiança de 95 % para a inclinação da população, β_1.

13.49 A volatilidade de uma ação negociada em bolsa é frequentemente medida com base em seu respectivo valor de beta. Você consegue estimar o valor de beta correspondente a uma ação negociada em bolsa desenvolvendo um modelo de regressão linear simples, utilizando a variação percentual semanal do valor da ação como a variável dependente e a variação percentual semanal em um índice de mercado como a variável independente. O Índice S&P 500 é um índice habitualmente empregado. Por exemplo, caso você desejasse estimar o valor de beta para a Disney, você poderia utilizar o modelo a seguir que, algumas vezes, é conhecido como *modelo de mercado*:

(variação % semanal na Disney) = β_0
  + β_1 (variação % semanal no Índice S&P 500) + ε

504 Capítulo 13

A estimativa da regressão dos mínimos quadrados para a inclinação, b_1, é a estimativa do valor de beta para a Disney. Uma ação com um valor de beta igual a 1,0 tende a variar na mesma intensidade e na mesma direção do mercado global. Uma ação com um valor de beta igual a 1,5 tende a variar 50 % a mais do que o mercado global, e uma ação com um valor de beta igual a 0,6 tende a variar somente 60 % em comparação com o mercado global. Ações com valores de beta negativos tendem a variar de maneira oposta à do mercado global. A tabela a seguir fornece alguns valores de beta para algumas ações amplamente negociadas, tomando como base a data de 12 de agosto de 2012:

Empresa	Sigla na Bolsa	Beta
Procter & Gamble	PG	0,27
AT&T	T	0,44
Disney	DIS	1,15
Apple	AAPL	0,87
eBay	EBAY	0,97
Ford	F	1,64

Fonte: Dados extraídos de finance.yahoo.com, 12 de agosto de 2012.

a. Para cada uma das seis empresas, interprete o valor de beta.
b. De que modo os investidores utilizam o valor de beta como um guia para investimentos?

13.50 Fundos indexados são fundos mútuos que tentam imitar o movimento dos principais índices, tais como o Índice S&P 500 ou o Índice Russel 2000. Os valores de beta para esses fundos (conforme descrito no Problema 13.49) são, por conseguinte, aproximadamente iguais a 1,0, e os modelos de mercado estimados para esses fundos correspondem a, aproximadamente,

(variação % semanal no fundo indexado) = 0,0 + 1,0
(variação % semanal no índice)

Fundos indexados alavancados são projetados com o objetivo de ampliar a movimentação dos principais índices. A Direxion Funds é um dos principais provedores de índices alavancados e outros produtos relacionados a fundos mútuos de uma classe alternativa, destinados a consultores de investimentos e investidores sofisticados. Dois entre os fundos mais populares da empresa estão ilustrados na tabela a seguir:

Nome	Sigla na Bolsa	Descrição
Fundo Daily Small Cap 3x	TNA	300 % do Índice Russel 2000
Fundo Daily India Bull 2x	INDL	200 % do Índice Indus India 25

Fonte: Dados extraídos de **www.direxionfunds.com.**

Os modelos de mercado estimados correspondentes a esses fundos são, aproximadamente,

(variação % semanal no TNA) = 0,0 + 3,0
(variação % semanal no Russell 2000)
(variação % semanal no INDL) = 0,0 + 2
(variação % semanal no Indus China Index)

Por conseguinte, se o Índice Russell 2000 obtiver um ganho de 10 % ao longo de um determinado período de tempo, o fundo

mútuo alavancado TNA obtém um ganho aproximado de 30 %. No entanto, como fato negativo, se o mesmo índice tiver uma perda de 20 %, o TNA perde aproximadamente 60 %.

a. O objetivo do fundo Direxion Funds Large Cap Bull 3x, BGU, corresponde a 300 % do desempenho do Índice Russell 1000. Qual é o modelo de mercado aproximado?
b. Se o Índice Russell 1000 obtiver um ganho de 10 % em um ano, que retorno você esperaria que o BGU tivesse?
c. Se o Índice Russell 1000 tiver uma perda de 20 % em um ano, que retorno você esperaria que o BGU tivesse?
d. Que tipo de investidores seriam atraídos para os fundos indexados alavancados? Que tipo de investidores devem se manter afastados desses fundos?

13.51 O arquivo `Cereais` contém as calorias e teor de açúcar, em gramas, em uma porção de sete cereais para o café da manhã:

Cereal	Calorias	Açúcar
All Bran da Kellogg's	80	6
Corn Flakes da Kellogg's	100	2
Wheaties	100	4
Organic Multigrain Flakes da Nature's Path	110	4
Rice Krispies da Kellogg's	130	4
Cereal de Trigo Desfiado com Amêndoa e Baunilha	190	11
Mini Wheats da Kellogg's	200	10

a. Calcule e interprete o coeficiente de correlação, r.
b. No nível de significância de 0,05, existe uma relação linear significativa entre calorias e açúcar?

13.52 Empresas produtoras de filmes de cinema precisam prever as receitas brutas de filmes individuais, uma vez que o filme tenha sido lançado no cinema. Os resultados a seguir (contidos no arquivo `FilmesPotter`) correspondem à receita bruta do primeiro final de semana, à receita bruta nos EUA e à receita bruta mundial (em milhões de dólares) para os oito filmes da série Harry Potter que foram lançados no cinema, de 2001 a 2011:

Título	Primeiro Final de Semana	Receita Bruta dos EUA	Receita Bruta Mundial
Harry Potter e a Pedra Filosofal	90,295	317,558	976,458
Harry Potter e a Câmara Secreta	88,357	261,988	878,988
Harry Potter e o Prisioneiro de Azkaban	93,687	249,539	795,539
Harry Potter e o Cálice de Fogo	102,335	290,013	896,013
Harry Potter e a Ordem da Fênix	77,108	292,005	938,469
Harry Potter e o Enigma do Príncipe	77,836	301,460	934,601
Harry Potter e as Relíquias da Morte: Parte I	125,017	295,001	955,417
Harry Potter e as Relíquias da Morte: Parte II	169,189	381,001	1.328,11

Fonte: Dados extraídos de **www.the-numbers.com/interactive/comp-HarryPotter.php.**

a. Calcule o coeficiente de correlação entre receita bruta correspondente ao primeiro final de semana e receita bruta nos EUA; receita bruta correspondente ao primeiro final de semana e receita bruta mundial; receita bruta nos EUA e receita bruta mundial.

b. No nível de significância de 0,05, existe uma relação linear significativa entre receita bruta correspondente ao primeiro final de semana e receita bruta nos EUA; receita bruta correspondente ao primeiro final de semana e receita bruta mundial; receita bruta nos EUA e receita bruta mundial?

13.53 O basquete em faculdades é um grande negócio, com salários de treinadores, receitas e despesas na casa dos milhões de dólares. O arquivo Basquete Faculdades contém os salários dos treinadores e as receitas correspondentes ao basquete de faculdades, em 60 das 65 escolas que participaram do torneio de basquete masculino da NCAA em 2009. (Dados extraídos de "Compensation for Division I Men's Basketball Coaches", *USA Today*, 2 de abril de 2010, p. 8C; e C. Isadore, "Nothing but Net: Basketball Dollars by School", **money.cnn.com/2010/03/18/news/companies/basketball_profits**.)

a. Calcule e interprete o coeficiente de correlação, *r*.

b. No nível de significância de 0,05, existe uma relação linear significativa entre o salário de um treinador e as receitas?

13.54 Uma pesquisa realizada pelo Pew Research Center descobriu que a comunicação por meio de portais de redes sociais é popular em muitas nações em todo o mundo. O arquivo MídiaSocialGlobal contém o nível de comunicação em portais de redes sociais (medido como a percentagem dos indivíduos entrevistados que utilizam portais de redes sociais) e o PIB *per capita* baseado na paridade do poder de compra (PPP), para cada um dos 25 países selecionados. (Dados extraídos de "Global Digital Communication: Texting, Social Networking Popular Worldwide", The Pew Research Center, atualizado em 29 de fevereiro de 2012, p. 5.)

a. Calcule e interprete o coeficiente de correlação, *r*.

b. No nível de significância de 0,05, existe uma relação linear significativa entre o PIB e a taxa de utilização de mídias sociais?

c. A que conclusões você consegue chegar sobre a relação entre o PIB e a taxa de utilização de mídias sociais?

13.8 Estimativa da Média Aritmética dos Valores e Previsão de Valores Individuais

No Capítulo 8, você estudou o conceito de estimativa de intervalo de confiança para a média aritmética da população. No Exemplo 13.2, na Seção 13.2, você utilizou a linha de previsão para prever a média aritmética correspondente ao valor de Y para um determinado X. As vendas anuais para lojas que tinham 4 milhões de consumidores identificados com base no perfil, dentro dos limites de um determinado perímetro, foram previstas como de 7,0879 milhões de dólares ($7.087.900). Essa estimativa, no entanto, é uma *estimativa de ponto* para a média aritmética da população. Esta seção apresenta métodos para desenvolver uma estimativa de intervalo de confiança para a média aritmética da resposta para um determinado X e para desenvolver um intervalo de previsão para uma resposta individual, Y, para um determinado valor de X.

A Estimativa do Intervalo de Confiança para a Média Aritmética da Resposta

A Equação (13.20) define a **estimativa do intervalo de confiança para a média aritmética da resposta** para um determinado valor de X.

ESTIMATIVA DO INTERVALO DE CONFIANÇA PARA A MÉDIA ARITMÉTICA DE Y

$$\hat{Y}_i \pm t_{\alpha/2} S_{YX} \sqrt{h_i}$$
$$\hat{Y}_i - t_{\alpha/2} S_{YX} \sqrt{h_i} \leq \mu_{Y|X=X_i} \leq \hat{Y}_i + t_{\alpha/2} S_{YX} \sqrt{h_i} \qquad \textbf{(13.20)}$$

em que

$$h_i = \frac{1}{n} + \frac{(X_i - \overline{X})^2}{SQX}$$

$$\hat{Y}_i = \text{valor previsto de } Y; \ \hat{Y}_i = b_0 + b_1 X_i$$

$$S_{YX} = \text{erro-padrão da estimativa}$$

$$n = \text{tamanho da amostra}$$

$$X_i = \text{valor determinado de } X$$

$$\mu_{Y|X=X_i} = \text{média aritmética do valor de } Y \text{ quando } X = X_i$$

$$SQX = \sum_{i=1}^{n}(X_i - \overline{X})^2$$

$t_{\alpha/2}$ = valor crítico correspondente a uma probabilidade de cauda superior de $\alpha/2$, a partir da distribuição t, com $n - 2$ graus de liberdade (ou seja, uma área acumulada de $1 - \alpha/2$).

A amplitude do intervalo de confiança na Equação (13.20) depende de vários fatores. Variações crescentes em torno da linha de previsão, medidas com base no erro-padrão para a estimativa, resultam em um intervalo mais amplo. Como você poderia esperar, um tamanho crescente de amostra reduz a amplitude do intervalo. Além disso, a amplitude do intervalo também varia em relação a valores diferentes de X. Quando você prevê Y para valores de X próximos a $\overline{X}$, o intervalo é mais estreito do que quando se trata de previsões para valores de X que estejam mais distantes de $\overline{X}$.

No exemplo da Sunflowers Roupas, suponha que você deseje construir uma estimativa para o intervalo de confiança de 95 % para a média aritmética das vendas anuais, para a população inteira de lojas que possuam 4 milhões de consumidores identificados com base no perfil ($X = 4$). Utilizando a equação da regressão linear simples,

$$\hat{Y}_i = -1{,}2088 + 2{,}0742 X_i$$
$$= -1{,}2088 + 2{,}0742(4) = 7{,}0879 \ (\text{milhões de dólares})$$

Do mesmo modo, considerando o seguinte:

$$\overline{X} = 3{,}7786 \quad S_{YX} = 0{,}9993$$

$$SQX = \sum_{i=1}^{n}(X_i - \overline{X})^2 = 15{,}5236$$

A partir da Tabela E.3, $t_{\alpha/2} = 2{,}1788$. Portanto,

$$\hat{Y}_i \pm t_{\alpha/2} S_{YX} \sqrt{h_i}$$

em que

$$h_i = \frac{1}{n} + \frac{(X_i - \overline{X})^2}{SQX}$$

de modo que

$$\hat{Y}_i \pm t_{\alpha/2} S_{YX} \sqrt{\frac{1}{n} + \frac{(X_i - \overline{X})^2}{SQX}}$$

$$= 7{,}0879 \pm (2{,}1788)(0{,}9993) \sqrt{\frac{1}{14} + \frac{(4 - 3{,}7786)^2}{15{,}5236}}$$

$$= 7{,}0879 \pm 0{,}5946$$

então

$$6{,}4932 \leq \mu_{Y/X=4} \leq 7{,}6825$$

Por conseguinte, a estimativa para o intervalo de confiança de 95 % é de que a média aritmética correspondente às vendas anuais venha a se posicionar entre \$6.493.200 e \$7.682.500 para a população de lojas com 4 milhões de consumidores identificados com base no perfil.

O Intervalo de Previsão para uma Resposta Individual

Além de construir um intervalo de confiança para a média aritmética do valor de Y, você pode também construir um intervalo de previsão para um valor individual de Y. Embora a fórmula para o intervalo de previsão seja semelhante à fórmula para a estimativa do intervalo de confiança apresentada na Equação (13.20), o intervalo de previsão está prevendo um valor individual, e não estimando uma média aritmética. A Equação (13.21) define o **intervalo de previsão para uma resposta individual,** Y, em determinado valor, X_i, representado por $Y_{X=X_i}$.

INTERVALO DE PREVISÃO PARA UMA RESPOSTA INDIVIDUAL, Y

$$\hat{Y}_i \pm t_{\alpha/2}S_{YX}\sqrt{1+h_i} \qquad (13.21)$$

$$\hat{Y}_i - t_{\alpha/2}S_{YX}\sqrt{1+h_i} \le Y_{X=X_i} \le \hat{Y}_i + t_{\alpha/2}S_{YX}\sqrt{1+h_i}$$

em que

$Y_{X=X_i}$ = valor futuro de Y quando $X = X_i$.

$t_{\alpha/2}$ = valor crítico correspondente a uma probabilidade de cauda superior de $\alpha/2$, a partir da distribuição t, com $n-2$ graus de liberdade (ou seja, uma área acumulada de $1 = \alpha/2$).

Além disso, h_i, $\hat{Y}_i$, S_{YX}, n e X_i são definidos na forma da Equação (13.20).

Para construir um intervalo de previsão de 95 % para as vendas anuais de uma loja individual que possua 4 milhões de consumidores identificados com base no perfil ($X = 4$), você calcula, inicialmente, $\hat{Y}_i$. Utilizando a linha de previsão:

$$\hat{Y}_i = -1,2088 + 2,0742X_i$$
$$= -1,2088 + 2,0742(4)$$
$$= 7,0879 \,(\text{milhões de dólares})$$

Do mesmo modo, conhecendo o seguinte:

$$\overline{X} = 3,7786 \quad S_{YX} = 0,9993$$

$$SQX = \sum_{i=1}^{n}(X_i - \overline{X})^2 = 15,5236$$

A partir da Tabela E.3, $t_{\alpha/2} = 2,1788$. Consequentemente,

$$\hat{Y}_i \pm t_{\alpha/2}S_{YX}\sqrt{1+h_i}$$

em que

$$h_i = \frac{1}{n} + \frac{(X_i - \overline{X})^2}{\sum_{i=1}^{n}(X_i - \overline{X})^2}$$

de modo tal que

$$\hat{Y}_i \pm t_{\alpha/2}S_{YX}\sqrt{1 + \frac{1}{n} + \frac{(X_i - \overline{X})^2}{SQX}}$$

$$= 7,0879 \pm (2,1788)(0,9993)\sqrt{1 + \frac{1}{14} + \frac{(4 - 3,7786)^2}{15,5236}}$$

$$= 7,0879 \pm 2,2570$$

então

$$4,8308 \le Y_{X=4} \le 9,3449$$

Por conseguinte, com 95 % de confiança, você prevê que as vendas anuais para uma loja individual com 4 milhões de consumidores identificados com base no perfil estão entre \$4.830.800 e \$9.344.900.

508   Capítulo 13

A Figura 13.21 apresenta os resultados da estimativa do intervalo de confiança e do intervalo de previsão para os dados relacionados com a Sunflowers Roupas. Se você comparar os resultados da estimativa do intervalo de confiança com o intervalo de previsão, você verifica que a amplitude do intervalo de previsão para uma loja individual é muito maior do que a amplitude da estimativa do intervalo de confiança para a média aritmética. Lembre-se de que existe uma quantidade bem maior de variação ao prever um valor individual do que ao estimar a média aritmética de um valor.

FIGURA 13.21
Planilha com a estimativa do intervalo de confiança e o intervalo de previsão para os dados da Sunflowers Roupas

A Figura 13.21 ilustra a planilha EICeIP da pasta de trabalho Regressão Linear Simples, que é utilizada pelas instruções na Seção GE13.8.

	A	B	
1	Estimativa do Intervalo de Confiança e Intervalo de Previsão		
2			
3	**Dados**		
4	Valor de X	4	
5	Nível de Confiança	95%	
6			
7	Cálculos Intermediários		
8	Tamanho da Amostra	14	=CONT.NÚM(DadosRLS!A:A)
9	Graus de Liberdade	12	=B8 - 2
10	Valor de t	2,1788	=INVT.BC(1 – B5, B9)
11	Média da Amostra	3,7786	=MÉDIA(DadosRLS!A:A)
12	Soma dos Quadrados das Diferenças	15,5236	=DESVQ(DadosRLS!A:A)
13	Erro-Padrão da Estimativa	0,9993	=CÁLCULO!B7
14	Estatística h	0,0746	=1/B8 + (B4 - B11)^2/B12
15	Média de Y Previsto (YChapéu)	7,0879	=TENDÊNCIA(DadosRLS!B2:B15, DadosRLS!A2:A15,B4)
16			
17	**Para a Média de Y**		
18	Metade da Amplitude do Intervalo	0,5946	=B10 * B13 * RAIZ(B14)
19	Limite Inferior do Intervalo de Confiança	6,4932	=B15 - B18
20	Limite Superior do Intervalo de Confiança	7,6825	=B15 + B18
21			
22	**Para Y de Resposta Individual**		
23	Metade da Amplitude do Intervalo	2,2570	=B10 * B13 * RAIZ(1 + B14)
24	Limite Inferior do Intervalo de Previsão	4,8308	=B15 - B23
25	Limite Superior do Intervalo de Previsão	9,3449	=B15 + B23

Problemas para a Seção 13.8

APRENDENDO O BÁSICO

13.55 Com base em uma amostra de tamanho $n = 20$, o método dos mínimos quadrados foi utilizado para desenvolver a seguinte linha de previsão: $\hat{Y}_i = 5 + 3X_i$. Além disso,

$$S_{YX} = 1,0 \quad \overline{X} = 2 \sum_{i=1}^{n}(X_i - \overline{X})^2 = 20$$

a. Construa uma estimativa do intervalo de confiança de 95 % para a média aritmética da resposta da população para $X = 2$.
b. Construa um intervalo de previsão de 95 % para uma resposta individual para $X = 2$.

13.56 Com base em uma amostra de tamanho $n = 20$, o método dos mínimos quadrados foi utilizado para desenvolver a seguinte linha de previsão: $\hat{Y}_i = 5 + 3X_i$. Além disso,

$$S_{YX} = 1,0 \quad \overline{X} = 2 \sum_{i=1}^{n}(X_i - \overline{X})^2 = 20$$

a. Construa uma estimativa do intervalo de confiança de 95 % para a média aritmética da resposta da população para $X = 4$.
b. Construa um intervalo de previsão de 95 % para uma resposta individual para $X = 4$.

c. Compare os resultados de (a) e (b) com os resultados de (a) e (b) do Problema 13.55. Qual dos intervalos é o mais amplo? Por quê?

APLICANDO OS CONCEITOS

13.57 No Problema 13.5, em Problemas para a Seção 13.2, você utilizou o somatório das avaliações de um restaurante para prever o custo de uma refeição. Os dados estão armazenados no arquivo **Restaurantes**. Para esses dados, $S_{YX} = 10,4413$ e $h_i = 0,046904$, quando $X = 50$.
a. Construa uma estimativa para o intervalo de confiança de 95 % para a média aritmética do custo de uma refeição para restaurantes que tenham um somatório de avaliações correspondente a 50.
b. Construa um intervalo de previsão de 95 % para o custo de uma refeição correspondente a um restaurante individual que tenha um somatório de avaliações correspondente a 50.
c. Explique a diferença nos resultados em (a) e (b).

✓ AUTO-teste **13.58** No Problema 13.4, em Problemas para a Seção 13.2, o gerente de marketing utilizou o espaço em prateleiras de supermercado, destinado a rações para animais de estimação, com o objetivo de prever as vendas semanais. Os dados estão armazenados no arquivo **Ração**. Para esses dados, $S_{YX} = 30,81$, e $h_i = 0,1373$, quando $X = 8$.

a. Construa uma estimativa de intervalo de confiança de 95 % para a média aritmética das vendas semanais de todas as lojas que possuem 8 pés quadrados de espaço de prateleira destinado a rações para animais de estimação.

b. Construa um intervalo de previsão de 95 % para as vendas semanais de uma loja que possui 8 pés quadrados de espaço de prateleira destinado a rações para animais de estimação.

c. Explique a diferença nos resultados em (a) e (b).

13.59 No Problema 13.7, em Problemas para a Seção 13.2, você utilizou a distância entre as placas de um equipamento para vedação de embalagens para prever a taxa de resistência ao rompimento de embalagens de uma embalagem de café. Os dados estão armazenados no arquivo **Starbucks**.

a. Construa uma estimativa do intervalo de confiança de 95 % para a média aritmética correspondente à taxa de resistência ao rompimento, para todas as embalagens de café, quando a distância entre as placas é 0 (zero).

b. Construa um intervalo de previsão de 95 % para a taxa de resistência ao rompimento para uma embalagem individual de café, quando a distância entre as placas é 0 (zero).

c. Por que o intervalo em (a) é mais estreito do que o intervalo em (b)?

13.60 No Problema 13.6, em Problemas para a Seção 13.2, o proprietário de uma empresa de mudanças desejava prever as horas de trabalho necessárias, com base no número de pés cúbicos a serem transportados em mudanças. Os dados estão armazenados no arquivo **Mudança**.

a. Construa uma estimativa do intervalo de confiança de 95 % para a média aritmética das horas trabalhadas necessárias, para todas as mudanças com 500 pés cúbicos.

b. Construa um intervalo de previsão de 95 % para as horas trabalhadas, para uma mudança individual com 500 pés cúbicos.

c. Por que o intervalo em (a) é mais estreito do que o intervalo em (b)?

13.61 No Problema 13.9, em Problemas para a Seção 13.2, um corretor de uma imobiliária desejava prever o aluguel mensal correspondente a apartamentos com base no tamanho de um apartamento. Os dados estão armazenados no arquivo **Aluguel**.

a. Construa uma estimativa para o intervalo de confiança de 95 % para a média aritmética do aluguel mensal para todos os apartamentos que tenham 1.000 pés quadrados como tamanho.

b. Construa um intervalo de previsão de 95 % para o aluguel mensal de um apartamento individual que tenha 1.000 pés quadrados de tamanho.

c. Explique a diferença nos resultados obtidos em (a) e (b).

13.62 No Problema 13.8, em Problemas para a Seção 13.2, você previu o valor de uma franquia de beisebol com base na receita corrente. Os dados estão armazenados no arquivo **BBReceita2012**.

a. Construa uma estimativa para o intervalo de confiança de 95 % para a média aritmética do valor de todas as franquias que geram $150 milhões em termos de receitas anuais.

b. Construa um intervalo de previsão de 95 % para o valor de uma franquia individual de beisebol que gere $150 milhões em termos de receitas anuais.

c. Explique a diferença nos resultados obtidos em (a) e (b).

13.63 No Problema 13.10, em Problemas para a Seção 13.2, você utilizou a receita bruta conquistada em bilheterias de cinema para prever a quantidade de DVDs vendidos. Os dados estão armazenados no arquivo **Cinema**. A empresa está em vias de lançar um filme em DVD que obteve uma receita bruta de bilheteria correspondente a $75 milhões.

a. Qual é a receita prevista para o DVD?

b. Qual intervalo é mais útil no presente caso: a estimativa para o intervalo de confiança da média aritmética ou o intervalo de previsão para uma resposta individual? Explique.

c. Construa e interprete o intervalo que você selecionou em (b).

13.9 Armadilhas na Regressão

Algumas das armadilhas envolvidas na utilização da análise de regressão são as seguintes:

- A falta de conhecimento sobre os pressupostos da regressão dos mínimos quadrados
- Não saber como avaliar os pressupostos da regressão dos mínimos quadrados
- Não saber quais são as alternativas para a regressão dos mínimos quadrados, caso um determinado pressuposto seja violado
- Utilizar um modelo de regressão sem conhecimento do assunto
- Extrapolar além do intervalo relevante
- Concluir que uma relação significativa identificada em um estudo observacional é decorrente de uma relação do tipo causa e efeito

A disseminada disponibilização de aplicações estatísticas e de planilhas eletrônicas tornou bem mais fácil a análise da regressão hoje, em comparação ao que era antes. Entretanto, muitos usuários que têm acesso a essas aplicações não possuem um entendimento de como utilizar a análise de regressão de maneira apropriada. Não se pode esperar que alguém que não esteja familiarizado com os pressupostos da regressão ou com o modo de avaliar esses pressupostos conheça quais são as alternativas para a regressão dos mínimos quadrados, caso um determinado pressuposto seja violado.

Os dados na Tabela 13.7 (armazenados no arquivo **Anscombe**) ilustram a importância da utilização de gráficos de dispersão e análises de resíduos para ir além da simples manipulação de números envolvida no cálculo do intercepto de Y, da inclinação e de r^2.

510 Capítulo 13

TABELA 13.7 Quatro Conjuntos de Dados Artificiais

Conjunto de Dados A		Conjunto de Dados B		Conjunto de Dados C		Conjunto de Dados D	
X_i	Y_i	X_i	Y_i	X_i	Y_i	X_i	Y_i
10	8,04	10	9,14	10	7,46	8	6,58
14	9,96	14	8,10	14	8,84	8	5,76
5	5,68	5	4,74	5	5,73	8	7,71
8	6,95	8	8,14	8	6,77	8	8,84
9	8,81	9	8,77	9	7,11	8	8,47
12	10,84	12	9,13	12	8,15	8	7,04
4	4,26	4	3,10	4	5,39	8	5,25
7	4,82	7	7,26	7	6,42	19	12,50
11	8,33	11	9,26	11	7,81	8	5,56
13	7,58	13	8,74	13	12,74	8	7,91
6	7,24	6	6,13	6	6,08	8	6,89

Fonte: Dados extraídos de F. J. Anscombe, "Graphs in Statistical Analysis", *The American Statistician*, 27 (1973), 17-21.

Anscombe (Referência 1) mostrou que todos os quatro conjuntos de dados ilustrados na Tabela 13.7 apresentam os seguintes resultados idênticos:

$$\hat{Y}_i = 3,0 + 0,5X_i$$

$$S_{YX} = 1,237$$

$$S_{b_1} = 0,118$$

$$r^2 = 0,667$$

$$SQReg = \text{Variação explicada} = \sum_{i=1}^{n}(\hat{Y}_i - \overline{Y})^2 = 27,51$$

$$SQR = \text{Variação não explicada} = \sum_{i=1}^{n}(Y_i - \hat{Y}_i)^2 = 13,76$$

$$STQ = \text{Variação total} = \sum_{i=1}^{n}(Y_i - \overline{Y})^2 = 41,27$$

Se você tivesse que interromper a análise neste ponto, você deixaria de observar as importantes diferenças entre os quatro conjuntos de dados que gráficos de dispersão e gráficos de resíduos são capazes de revelar.

Com base nos gráficos de dispersão apresentados na Figura 13.22, você verifica o quão diferentes são os conjuntos de dados. Cada um deles tem uma relação diferente entre X e Y. O único conjunto de dados que aparenta seguir aproximadamente uma linha reta é o conjunto de dados A. O gráfico de resíduos para o conjunto de dados A não demonstra nenhum padrão óbvio ou resíduo extremo (*outlier*). Isso certamente não é verdadeiro para os conjuntos de dados B, C e D. O gráfico de dispersão para o conjunto de dados B mostra que um modelo curvilíneo de regressão é mais apropriado. Essa conclusão é reforçada pelo gráfico de resíduos correspondente ao conjunto de dados B. O diagrama de dispersão e o gráfico de resíduos correspondentes ao conjunto de dados C demonstram claramente uma observação extrema (*outlier*). Nesse caso, é utilizado um método para remover o valor extremo e estimar novamente o modelo de regressão (veja a Referência 4). O diagrama de dispersão para o conjunto de dados D representa uma situação em que o modelo é fortemente dependente do resultado de um único ponto de dados ($X_8 = 19$ e $Y_8 = 12,50$). Qualquer modelo de regressão com essa característica deve ser utilizado com cautela.

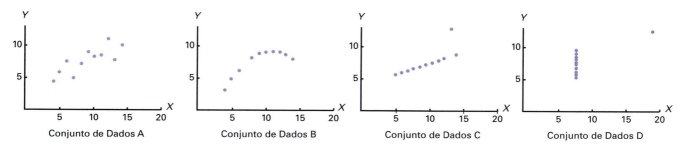

Gráficos de resíduos para quatro conjuntos de dados

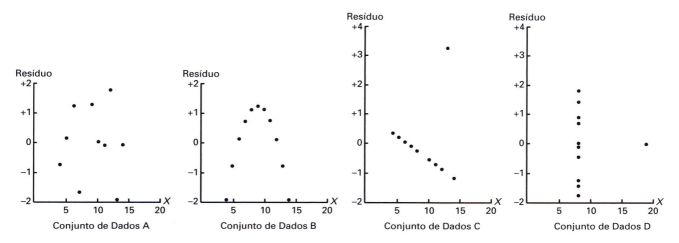

FIGURA 13.22 Gráficos de dispersão e gráficos de resíduos para quatro conjuntos de dados

Estratégia para Evitar as Armadilhas

Gráficos de dispersão e gráficos de resíduos desempenham um papel importante no que se refere a ajudar você a evitar as armadilhas da regressão. Eles constituem parte de uma estratégia que você pode utilizar cada vez que conduzir uma análise da regressão. A estratégia completa para evitar as armadilhas da regressão se apresenta como se segue:

1. Construa um gráfico de dispersão, para observar a possível relação entre X e Y.
2. Verifique os pressupostos para a regressão (linearidade, independência, normalidade, igualdade de variâncias) realizando uma análise de resíduos que inclua o seguinte:
   a. Faça o gráfico dos resíduos em relação à variável independente para determinar se o modelo linear é apropriado e verificar o pressuposto da igualdade entre variâncias.
   b. Construa um histograma, uma disposição ramo e folha, um box-plot, ou um gráfico da probabilidade normal para os resíduos, com o objetivo de verificar o pressuposto da normalidade.
   c. Construa um gráfico para os resíduos em relação ao tempo e verifique o pressuposto da independência. (Esta etapa é necessária somente se os dados forem coletados ao longo do tempo.)
3. Caso existam violações em relação aos pressupostos, utilize métodos alternativos para a regressão dos mínimos quadrados ou modelos alternativos para os mínimos quadrados (veja a Referência 4).
4. Caso não existam violações em relação aos pressupostos, realize os testes para a significância dos coeficientes da regressão e desenvolva intervalos de confiança e de previsão.
5. Evite fazer previsões e prognósticos que extrapolem o intervalo relevante da variável independente.
6. Tenha em mente que as relações identificadas em estudos observacionais podem ou não ser decorrentes de relações do tipo causa e efeito. E, ainda, embora causa implique correlação, correlação não implica causa.

PENSE NISSO — Com Qualquer Outro Nome

Pode ser que você não tenha escutado com frequência a expressão "modelo de regressão" fora de uma sala de aula, embora os conceitos básicos da regressão possam ser encontrados com uma variedade de nomes em muitos setores da economia.

- **Propaganda e marketing** — Gerentes dessas áreas utilizam modelos econométricos (em outras palavras, modelos de regressão) para determinar o efeito de uma propaganda sobre as vendas, com base em um conjunto de fatores. Em um exemplo recente, a quantidade de *tweets* que mencionam produtos específicos foi utilizada para fazer previsões precisas sobre tendências de vendas. (Veja H. Rui, A. Whinston e E. Winkler, "Follow the Tweets", *The Wall Street Journal*, 30 de novembro de 2009, p. R4.) Do mesmo modo, gerentes utilizam a mineração de dados (*data mining*) para prever padrões de comportamento com relação àquilo que os clientes virão a comprar no futuro, com base em informações históricas sobre o consumidor.
- **Finanças** — A qualquer momento que você leia sobre um "modelo" financeiro, você deve pressupor que algum tipo de modelo de regressão está sendo utilizado. Por exemplo, um artigo do *New York Times* de 18 de junho de 2006, intitulado "An Old Formula That Points to New Worry (Uma Antiga Fórmula que Aponta para Novas Preocupações), de Mark Hulbert (p. BU8), discorre sobre um modelo de oportunidades de marketing, que prevê o rendimento de ações negociadas em bolsa nos próximos três a cinco anos, com base na geração de dividendos do mercado de ações e da taxa de juros de 90 dias para os títulos do Tesouro norte-americano.
- **Alimentos e bebidas** — A Enologix, uma empresa de consultoria da Califórnia, desenvolveu uma "fórmula" (um modelo de regressão) que prevê o índice da qualidade de um vinho com base em um conjunto de componentes químicos encontrados nessa bebida. (Veja D. Darlington, "The Chemistry of a 90 + Wine", *The New York Times Magazine*, 7 de agosto de 2005, pp. 36-39.)
- **Governo** — O Departamento de Estatísticas do Trabalho dos EUA (Bureau of Labor Statistics) utiliza modelos hedônicos, um tipo de modelo de regressão, para ajustar e gerenciar seu índice de preços ao consumidor. (Veja "Hedonic Quality Adjustment in the CPI", **stat.bls.gov/cpi/cpihqaitem.htm**.)
- **Transportes** — A Bing Travel utiliza a mineração de dados (*data mining*) e tecnologias de previsão para prever, objetivamente, o preço de passagens aéreas. (Veja "Bing Travel's Crean: 'We save the average couple $50 per trip'", **www.elliott.org/first-person/bing-travel-we-save-the-average-couple-50-per-trip/**.)
- **Imóveis** — A Zillow.com utiliza informações sobre as características e funcionalidades contidas em um imóvel, assim como a sua localização, para desenvolver estimativas sobre o valor de mercado do imóvel, utilizando uma "fórmula" elaborada com um modelo proprietário.

Em um famoso artigo de capa em 2006, a *BusinessWeek* previu que a estatística e a probabilidade passariam a ser competências essenciais para empresários e consumidores. (Veja S. Baker, "Why Math Will Rock Your World: More Math Geeks Are Calling the Shots in Business. Is Your Industry Next?", *BusinessWeek*, 23 de janeiro de 2006, pp. 54-62.) Pessoas bem-sucedidas, afirma o artigo, saberiam como utilizar a estatística, seja para construir modelos financeiros, seja para elaborar planos de marketing. Artigos mais recentes, incluindo o artigo de S. Lohr, "For Today's Graduate, Just One Word: Statistics" (*The New York Times*, 6 de agosto de 2009, pp. A1, A3), confirmam essa previsão e discorrem sobre coisas tais como a estatística sendo utilizada para "minerar" grandes conjuntos de dados para descobrir padrões, frequentemente utilizando modelos de regressão. Hal Varian, o economista-chefe da Google, é citado naquele artigo, afirmando: "Continuo afirmando que o emprego mais sedutor nos próximos dez anos será dos estatísticos."

UTILIZANDO A ESTATÍSTICA — Conhecendo os Consumidores na Sunflowers Roupas, Revisitado

Dmitriy Shironosov / Shutterstock

No cenário Conhecendo os Consumidores na Sunflowers Roupas, você era o diretor de planejamento de uma cadeia de lojas de roupas femininas de primeira linha. Até agora, os gerentes da Sunflowers selecionavam locais para instalação de lojas com base em fatores, tais como a disponibilidade de um bom contrato de arrendamento ou uma opinião subjetiva de que um determinado local poderia parecer ideal para uma loja de roupas. Para tomar decisões mais objetivas, você utilizou uma abordagem DCOVA mais sistemática para identificar e classificar grupos de consumidores, e desenvolveu um modelo de regressão para analisar a relação entre a quantidade de consumidores identificados com base nos diversos perfis, que residem dentro dos limites de um determinado perímetro em relação à loja da Sunflowers, e as vendas anuais dessa loja. O modelo indicou que aproximadamente 84,8 % da variação nas vendas foram explicados pela quantidade de consumidores identificados com base no perfil, que residem dentro dos limites de um determinado perímetro em relação à loja da Sunflowers. Além disso, para cada crescimento de 1 milhão na quantidade de consumidores identificados com base no perfil, foi estimado que a média aritmética das vendas anuais cresceria em $2,0742 milhões. Você pode agora utilizar seu modelo para ajudar a tomar decisões mais bem fundamentadas ao selecionar novos locais para instalação de lojas, e também para prever vendas para as lojas já existentes.

RESUMO

Como você pode verificar no roteiro do capítulo apresentado na Figura 13.23, este capítulo desenvolve o modelo de regressão linear simples e discorre sobre os pressupostos do modelo e mostra como avaliá-los. Uma vez seguro de que o modelo é apropriado, você consegue prever valores utilizando a linha de previsão e testar a significância da inclinação. Nos Capítulos 14 e 15, a análise da regressão é estendida para situações em que mais de uma variável numérica é utilizada para prever o valor de uma variável dependente.

FIGURA 13.23
Roteiro para a regressão linear simples

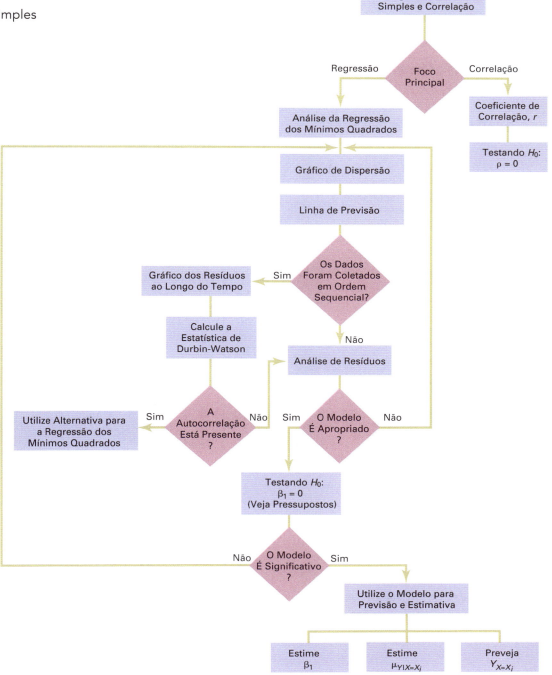

514 Capítulo 13

REFERÊNCIAS

1. Anscombe, F. J., "Graphs in Statistical Analysis", *The American Statistician*, 27 (1973): 17-21.
2. Hoaglin, D. C., and R. Welsch, "The Hat Matrix in Regression and ANOVA", *The American Statistician* 32 (1978): 17-22.
3. Hocking, R. R., "Developments in Linear Regression Methodology: 1959-1982", *Technometrics*, 25 (1983): 219-250.
4. Kutner, M. H., C. J. Nachtsheim, J. Neter, and W. Li, *Applied Linear Statistical Models*, 5th ed. New York: McGraw-Hill/Irwin, 2005.
5. *Microsoft Excel 2010.* Redmond, WA: Microsoft Corp., 2010.
6. White, H. "A Heteroscedasticity-Consistent Covariance Matrix Estimator and a Direct Test for Heteroscedasticity", *Econometrica*, 48(1980): 817-838.

EQUAÇÕES-CHAVE

Modelo de Regressão Linear Simples

$$Y_i = \beta_0 + \beta_1 X_i + \varepsilon_i \tag{13.1}$$

Equação da Regressão Linear Simples: A Linha de Previsão

$$\hat{Y}_i = b_0 + b_1 X_i \tag{13.2}$$

Fórmula de Cálculo para a Inclinação, b_1

$$b_1 = \frac{SQXY}{SQX} \tag{13.3}$$

Fórmula de Cálculo para o Intercepto de Y, b_0

$$b_0 = \overline{Y} - b_1 \overline{X} \tag{13.4}$$

Medidas de Variação na Regressão

$$STQ = SQReg + SQR \tag{13.5}$$

Soma Total dos Quadrados (STQ)

$$STQ = \text{Soma total dos quadrados} = \sum_{i=1}^{n}(Y_i - \overline{Y})^2 \tag{13.6}$$

Soma dos Quadrados da Regressão ($SQReg$)

$$SQReg = \text{Variação explicada ou soma dos quadrados da regressão}$$
$$= \sum_{i=1}^{n}(\hat{Y}_i - \overline{Y})^2 \tag{13.7}$$

Soma dos Quadrados dos Resíduos (erros) (SQR)

$$SQR = \text{Variação não explicada ou soma dos quadrados dos resíduos (erros)}$$
$$= \sum_{i=1}^{n}(Y_i - \hat{Y}_i)^2 \tag{13.8}$$

Coeficiente de Determinação

$$r^2 = \frac{\text{Soma dos quadrados da regressão}}{\text{Soma total dos quadrados}} = \frac{SQReg}{STQ} \tag{13.9}$$

Fórmula de Cálculo para STQ

$$STQ = \sum_{i=1}^{n}(Y_i - \overline{Y})^2 = \sum_{i=1}^{n} Y_i^2 - \frac{\left(\sum_{i=1}^{n} Y_i\right)^2}{n} \tag{13.10}$$

Fórmula de Cálculo para $SQReg$

$$SQReg = \sum_{i=1}^{n}(\hat{Y}_i - \overline{Y})^2$$
$$= b_0 \sum_{i=1}^{n} Y_i + b_1 \sum_{i=1}^{n} X_i Y_i - \frac{\left(\sum_{i=1}^{n} Y_i\right)^2}{n} \tag{13.11}$$

Fórmula de Cálculo para SQR

$$SQR = \sum_{i=1}^{n}(Y_i - \hat{Y}_i)^2 = \sum_{i=1}^{n} Y_i^2 - b_0 \sum_{i=1}^{n} Y_i - b_1 \sum_{i=1}^{n} X_i Y_i \tag{13.12}$$

Erro-Padrão da Estimativa

$$S_{YX} = \sqrt{\frac{SQR}{n-2}} = \sqrt{\frac{\sum_{i=1}^{n}(Y_i - \hat{Y}_i)^2}{n-2}} \tag{13.13}$$

Resíduos

$$e_i = Y_i - \hat{Y}_i \tag{13.14}$$

Estatística de Durbin-Watson

$$D = \frac{\sum_{i=2}^{n}(e_i - e_{i-1})^2}{\sum_{i=1}^{n} e_i^2} \tag{13.15}$$

Testando uma Hipótese para a Inclinação da População, β_1, Utilizando o Teste t

$$t_{ESTAT} = \frac{b_1 - \beta_1}{S_{b_1}} \tag{13.16}$$

Testando uma Hipótese para a Inclinação da População, β_1, Utilizando o Teste F

$$F_{ESTAT} = \frac{MQReg}{MQE} \tag{13.17}$$

Regressão Linear Simples **515**

Estimativa do Intervalo de Confiança para a Inclinação, β_1

$$b_1 \pm t_{\alpha/2} S_{b_1}$$

$$b_1 - t_{\alpha/2} S_{b_1} \leq \beta_1 \leq b_1 + t_{\alpha/2} S_{b_1} \qquad \text{(13.18)}$$

Testando a Existência de Correlação

$$t_{ESTAT} = \frac{r - \rho}{\sqrt{\dfrac{1 - r^2}{n - 2}}} \qquad \text{(13.19a)}$$

$$r = \frac{\text{cov}(X, Y)}{S_X S_Y} \qquad \text{(13.19b)}$$

Estimativa do Intervalo de Confiança para a Média Aritmética de Y

$$\hat{Y}_i \pm t_{\alpha/2} S_{YX} \sqrt{h_i}$$

$$\hat{Y}_i - t_{\alpha/2} S_{YX} \sqrt{h_i} \leq \mu_{Y|X=X_i} \leq \hat{Y}_i + t_{\alpha/2} S_{YX} \sqrt{h_i} \qquad \text{(13.20)}$$

Intervalo de Previsão para uma Resposta Individual, Y

$$\hat{Y}_i \pm t_{\alpha/2} S_{YX} \sqrt{1 + h_i}$$

$$\hat{Y}_i - t_{\alpha/2} S_{YX} \sqrt{1 + h_i} \leq Y_{X=X_i} \leq \hat{Y}_i + t_{\alpha/2} S_{YX} \sqrt{1 + h_i} \qquad \text{(13.21)}$$

TERMOS-CHAVE

análise da regressão
análise de resíduos
autocorrelação
coeficiente de correlação
coeficiente de determinação
coeficiente de regressão
diagrama de dispersão
equação da regressão linear simples
erro-padrão da estimativa
estatística de Durbin-Watson
estimativa do intervalo de confiança
   para a média aritmética da resposta
gráfico de dispersão
homoscedasticidade

igualdade de variâncias
inclinação
independência de erros
intercepto de Y
intervalo de previsão para uma resposta
   individual, Y
intervalo relevante
linearidade
linha de previsão
método dos mínimos quadrados
normalidade
pressupostos da regressão
regressão linear simples
relação linear

resíduos
soma dos quadrados da regressão
   (*SQReg*)
soma dos quadrados dos erros ou
   resíduos (*SQR*)
soma total dos quadrados (*STQ*)
variação explicada
variação não explicada
variação total
variável de resposta
variável dependente
variável explanatória
variável independente

AVALIANDO O SEU ENTENDIMENTO

13.64 Qual é a interpretação para o intercepto de Y e para a inclinação na equação da regressão linear simples?

13.65 Qual é a interpretação para o coeficiente de determinação?

13.66 Em que situação a variação não explicada (ou seja, a soma dos quadrados dos resíduos) será igual a 0?

13.67 Em que situação a variação explicada (ou seja, a soma dos quadrados da regressão) será igual a 0?

13.68 Por que você deve sempre realizar uma análise de resíduos como parte de um modelo de regressão?

13.69 Quais são os pressupostos da análise da regressão?

13.70 De que modo você avalia os pressupostos da análise da regressão?

13.71 Quando e como você utiliza a estatística de Durbin-Watson?

13.72 Qual é a diferença entre a estimativa de um intervalo de confiança para a média aritmética da resposta, $\mu_{Y|X=X_i}$, e o intervalo de previsão de $Y_{X=X_i}$?

516 Capítulo 13

PROBLEMAS DE REVISÃO DO CAPÍTULO

13.73 Você consegue utilizar atividades do Twitter para prever receitas de bilheteria no final de semana de estreia do filme? Os dados a seguir (armazenados em **TwitterFilmes**) indicam a atividade do Twitter ("quero ver") e as receitas ($) por sala de cinema, no final de semana em que um determinado filme foi lançado em sete cinemas:

Filme	Atividade no Twitter	Receitas ($)
Filha do Mal	219.509	14.763
O Ditador	6405	5.796
Atividade Paranormal 3	165.128	15.829
Jogos Vorazes	579.288	36.871
Missão Madrinha de Casamento	6.564	8.995
Esquadrão Red Tails	11.104	7.477
Ato de Coragem	9.152	8.054

Fonte: R. Dodes, "Twitter Goes to the Movies", *The Wall Street Journal*, 3 de agosto de 2012, pp. D1-D12.

a. Utilize o método dos mínimos quadrados para calcular os coeficientes da regressão, b_0 e b_1.
b. Interprete o significado de b_0 e b_1 neste problema.
c. Faça a previsão das receitas para um filme que tenha 100.000 de atividade no Twitter.
d. Você deveria utilizar o modelo para prever as receitas correspondentes a um filme que tenha 1.000.000 de atividade no Twitter?
e. Encontre o coeficiente de determinação, r^2, e explique seu respectivo significado neste problema.
f. Realize uma análise dos resíduos. Existe alguma evidência de um padrão nos resíduos? Explique.
g. No nível de significância de 0,05, existem evidências de uma relação linear entre a atividade no Twitter e as receitas?
h. Construa uma estimativa para o intervalo de confiança de 95 % para a média aritmética das receitas correspondentes a um filme que tenha uma atividade no Twitter correspondente a 100.000 e um intervalo de previsão de 95 % para as receitas relativas a um único filme que tenha uma atividade no Twitter correspondente a 100.000.
i. Com base nos resultados de (a)-(h), você acredita que a atividade no Twitter é útil como um mecanismo de previsão para as receitas no primeiro final de semana de estreia de um filme? Que tipo de questão, no que se refere a estes dados, poderia fazer com que você hesitasse em utilizar a atividade do Twitter a fim de prever receitas?

13.74 A gerência de uma empresa de envasamento de refrigerantes tem como objetivo estratégico desenvolver um método para transferir para os clientes os custos de entrega. Embora um dos custos esteja claramente relacionado com o tempo de transporte dentro de um determinado roteiro, outro custo variável reflete o tempo necessário para descarregar as caixas de refrigerante no ponto de entrega. Para começar, a gerência decidiu desenvolver um modelo de regressão para prever o tempo de entrega com base no número de caixas entregues. Foi selecionada uma amostra de 20 entregas dentro de um determinado roteiro. O tempo de entrega e o número de caixas entregues foram organizados na tabela a seguir (e armazenados no arquivo **Entrega**):

Cliente	Número de Caixas	Tempo de Entrega	Cliente	Número de Caixas	Tempo de Entrega
1	52	32,1	11	161	43,0
2	64	34,8	12	184	49,4
3	73	36,2	13	202	57,2
4	85	37,8	14	218	56,8
5	95	37,8	15	243	60,6
6	103	39,7	16	254	61,2
7	116	38,5	17	267	58,2
8	121	41,9	18	275	63,1
9	143	44,2	19	287	65,6
10	157	47,1	20	298	67,3

a. Utilize o método dos mínimos quadrados para calcular os coeficientes da regressão, b_0 e b_1.
b. Interprete o significado de b_0 e b_1 neste problema.
c. Faça a previsão para o tempo de entrega correspondente a 150 caixas de refrigerantes.
d. Será que você deveria utilizar o modelo para prever o tempo de entrega em relação a um cliente que esteja recebendo 500 caixas de refrigerantes? Por que sim ou por que não?
e. Calcule o coeficiente de determinação, r^2, e explique seu respectivo significado neste problema.
f. Realize uma análise dos resíduos. Existe alguma evidência de um padrão nos resíduos? Explique.
g. No nível de significância de 0,05, existem evidências de alguma relação linear entre o tempo de entrega e o número de caixas entregues?
h. Construa uma estimativa para o intervalo de confiança de 95 % para a média aritmética correspondente ao tempo de entrega de 150 caixas de refrigerantes e um intervalo de previsão de 95 % para o tempo de entrega correspondente a uma única entrega de 150 caixas de refrigerantes.

13.75 Medir a altura de uma árvore do tipo sequoia da Califórnia é um empreendimento bastante difícil, uma vez que essas árvores crescem a alturas superiores a 300 pés. As pessoas familiarizadas com essas árvores entendem que a altura de uma sequoia da Califórnia está relacionada com outras características da árvore, incluindo o diâmetro da árvore na altura do peito de uma pessoa. O arquivo **Sequoia** contém a altura e o diâmetro na altura do peito de uma pessoa, para uma amostra de 21 árvores do tipo sequoia da Califórnia.
a. Pressupondo uma relação linear, utilize o método dos mínimos quadrados para calcular os coeficientes da regressão, b_0 e b_1. Expresse a equação da regressão que preveja a altura de uma árvore com base no diâmetro da árvore na altura do peito de uma pessoa.
b. Interprete o significado da inclinação nesta equação.
c. Faça a previsão para a altura de uma árvore que tenha um diâmetro de 25 polegadas na altura do peito de uma pessoa.
d. Interprete o significado do coeficiente de determinação neste problema.

e. Realize uma análise dos resíduos nos resultados e determine a adequação do modelo.

f. Determine, no nível de significância de 0,05, se existe alguma relação significativa entre a altura de uma árvore do tipo sequoia e o diâmetro dessa árvore na altura do peito de uma pessoa.

g. Construa uma estimativa para o intervalo de confiança de 95 % para a inclinação da população entre a altura de uma árvore do tipo sequoia e o diâmetro dessa árvore na altura do peito de uma pessoa.

13.76 Você deseja desenvolver um modelo para prever o preço para a venda de casas com base no valor de avaliação. É selecionada uma amostra aleatória de 30 residências unifamiliares vendidas recentemente em uma pequena cidade, para estudar a relação entre o preço de venda (em milhares de dólares) e o valor de avaliação (em milhares de dólares). As casas na cidade haviam sido reavaliadas com base em seu valor máximo, um ano antes desse estudo. Os resultados estão no arquivo **Casa1**. (Dica: Primeiramente, determine qual é a variável independente e qual é a variável dependente.)

a. Construa um gráfico de dispersão e, pressupondo uma relação linear, utilize o método dos mínimos quadrados para calcular os coeficientes da regressão, b_0 e b_1.

b. Interprete o significado para o intercepto de Y, b_0, e para a inclinação, b_1, neste problema.

c. Utilize a linha de previsão desenvolvida em (a) para prever o preço de venda de uma casa cujo valor de avaliação seja $170.000.

d. Determine o coeficiente de determinação, r^2, e interprete o seu respectivo significado neste problema.

e. Realize uma análise de resíduos em seus resultados e avalie os pressupostos da regressão.

f. No nível de significância de 0,05, existem evidências de alguma relação linear entre o preço de venda e o valor de avaliação?

g. Construa uma estimativa do intervalo de confiança de 95 % para a inclinação da população.

13.77 Você deseja desenvolver um modelo para prever o valor de avaliação de casas, com base na área aquecida. Foi selecionada uma amostra de 15 residências unifamiliares em uma determinada cidade. O valor de avaliação (em milhares de dólares) e a área aquecida das casas (em milhares de pés quadrados) estão registrados e armazenados no arquivo **Casa2**. (Dica: Primeiramente, determine qual é a variável independente e qual é a variável dependente.)

a. Construa um gráfico de dispersão e, pressupondo que haja uma relação linear, utilize o método dos mínimos quadrados para calcular os coeficientes da regressão, b_0 e b_1.

b. Interprete o significado para o intercepto de Y, b_0, e para a inclinação, b_1, neste problema.

c. Utilize a linha de previsão desenvolvida em (a) para prever o valor de avaliação para uma casa cuja área aquecida seja igual a 1.750 pés quadrados.

d. Determine o coeficiente de determinação, r^2, e interprete o seu respectivo significado neste problema.

e. Realize uma análise de resíduos em seus resultados e avalie os pressupostos da regressão.

f. No nível de significância de 0,05, existem evidências de alguma relação linear entre o valor de avaliação e a área aquecida?

13.78 O diretor da graduação de uma grande faculdade de administração de empresas tem como objetivo prever a média geral acumulada (GPA — Grade Point Average) de alunos matriculados em um programa de MBA. O diretor começa utilizando o resultado do GMAT (Graduate Management Admission Test). Foi selecionada uma amostra de 20 alunos que haviam completado dois anos no programa, e os resultados estão armazenados no arquivo **GPIGMAT**.

a. Construa um gráfico de dispersão e, pressupondo uma relação linear, utilize o método dos mínimos quadrados para realizar o cálculo dos coeficientes da regressão, b_0 e b_1.

b. Interprete o significado para o intercepto de Y, b_0, e para a inclinação, b_1, neste problema.

c. Utilize a linha de previsão desenvolvida em (a) para prever o GPA para um aluno com um resultado de GMAT igual a 600.

d. Determine o coeficiente de determinação, r^2, e interprete o seu significado neste problema.

e. Realize uma análise de resíduos em seus resultados e avalie os pressupostos da regressão.

f. No nível de significância de 0,05, existem evidências de alguma relação linear entre o resultado do GMAT e do GPA?

g. Construa uma estimativa para o intervalo de confiança de 95 % para a média aritmética correspondente ao GPA de alunos com um resultado de GMAT igual a 600 e um intervalo de previsão de 95 % para o GPA de um determinado aluno com um resultado de GMAT igual a 600.

h. Construa uma estimativa do intervalo de confiança de 95 % para a inclinação da população.

13.79 O chefe da contabilidade de uma grande loja de departamentos gostaria de desenvolver um modelo para prever a quantidade de tempo necessária para processar faturas. Os dados foram coletados a partir dos últimos 32 dias de trabalho, e o número de faturas processadas e o tempo para seu respectivo preenchimento (em horas) estão armazenados no arquivo **Fatura**. (Dica: Determine, inicialmente, qual é a variável independente e qual é a variável dependente.)

a. Pressupondo uma relação linear, utilize o método dos mínimos quadrados para calcular os coeficientes da regressão, b_0 e b_1.

b. Interprete o significado para o intercepto de Y, b_0, e para a inclinação, b_1, neste problema.

c. Utilize a linha de previsão desenvolvida em (a) para prever a quantidade de tempo necessária para processar 150 faturas.

d. Determine o coeficiente de determinação, r^2, e interprete o seu respectivo significado.

e. Elabore um gráfico dos resíduos em relação ao número de faturas processadas e também em relação ao tempo.

f. Tomando como base os gráficos elaborados em (e), o modelo aparenta ser apropriado?

g. Tomando como base os resultados de (e) a (f), a que conclusões você consegue chegar sobre a previsão feita em (c)?

13.80 Em 28 de janeiro de 1986, o ônibus espacial *Challenger* explodiu, matando os sete astronautas a bordo. Antes do lançamento, a temperatura atmosférica prevista para o local de lançamento indicava congelamento. Engenheiros da Morton Thiokol (fabricante do motor do foguete) prepararam gráficos com o objetivo de defender que o lançamento não fosse realizado devido ao tempo frio. Esses argumentos foram rejeitados, e o lançamento tragicamente veio a ocorrer. Diante de investigações posteriores à tragédia, especialistas concordaram que o desastre ocorrera em razão de um vazamento nos anéis retentores de borracha que não teriam realizado a vedação apropriadamente em virtude da baixa temperatura. Os dados que indicam a temperatura atmosférica no momento de 23 lançamentos anteriores e o

518 Capítulo 13

índice correspondente a danos nos anéis retentores encontram-se armazenados no arquivo **Retentor**.

Observação: Os dados do voo 4 foram omitidos devido ao desconhecimento das condições do retentor.

Fontes: Dados extraídos de *Report of the Presidential Commission on the Space Shuttle Challenger Accident*, Washington, DC, 1986, Vol. II (H1-H3) e Vol. IV (664), e *Post-Challenger Evaluation of Space Shuttle Risk Assessment and Management*, Washington, DC, 1988, pp. 135-136.

a. Construa um gráfico de dispersão para os sete voos nos quais havia um dano no retentor (índice de dano no retentor $\neq$ 0). A que conclusões, se houver alguma, você consegue chegar sobre a relação entre a temperatura atmosférica e os danos nos retentores?

b. Construa um diagrama de dispersão para todos os 23 voos.

c. Explique quaisquer diferenças na interpretação da relação entre temperatura atmosférica e danos no retentor em (a) e (b).

d. Com base no gráfico de dispersão em (b), apresente razões pelas quais não deveria ser feita previsão para uma temperatura atmosférica de 31°F, a temperatura na manhã do lançamento da *Challenger*.

e. Embora o pressuposto de uma relação linear com a temperatura atmosférica possa não ser válido para o conjunto de 23 voos, ajuste um modelo de regressão linear simples de modo a prever os danos nos retentores, com base na temperatura atmosférica.

f. Inclua a linha de previsão encontrada em (e) no gráfico de dispersão desenvolvido em (b).

g. Com base nos resultados de (f), você acredita que um modelo linear é apropriado para esses dados? Explique.

h. Realize uma análise nos resíduos. A que conclusões você chega?

13.81 Um analista de beisebol bastante conhecido gostaria de estudar várias estatísticas de times para a temporada de beisebol de 2011, no intuito de determinar quais variáveis poderiam ser úteis para prever o número de vitórias alcançadas pelos times durante a temporada. Ele decidiu começar utilizando a média de voltas percorridas (ERA — *earned run average*), um indicador para o desempenho relativo a respostas para arremessos, com o objetivo de prever o número de vitórias. O analista coleta a ERA do time e as vitórias desse mesmo time, para cada um dos 30 times da Major League Baseball e armazena esses dados no arquivo **BB2011**. (Dica: Primeiramente, determine qual é a variável independente e qual é a variável dependente.)

a. Pressupondo uma relação linear, utilize o método dos mínimos quadrados para calcular os coeficientes da regressão, b_0 e b_1.

b. Interprete o significado para o intercepto de Y, b_0, e para a inclinação, b_1, neste problema.

c. Utilize a linha de previsão desenvolvida em (a) para prever o número de vitórias para um time com uma média de voltas percorridas igual a 4,50.

d. Calcule o coeficiente de determinação, r^2, e interprete o seu respectivo significado.

e. Realize uma análise nos resíduos de seus resultados e determine a adequação do ajuste do modelo.

f. No nível de significância de 0,05, existem evidências de alguma relação linear entre o número de vitórias e a média de voltas percorridas?

g. Construa uma estimativa do intervalo de confiança de 95 % para a média aritmética correspondente ao número de vitórias esperadas para times com ERA igual a 4,50.

h. Construa um intervalo de previsão de 95 % para o número de vitórias de um time individual com ERA igual a 4,50.

i. Construa uma estimativa do intervalo de confiança de 95 % para a inclinação da população.

j. Os 30 times constituem uma população. Para que se possa utilizar a inferência estatística, como é o caso em (f) até (i), deve-se pressupor que os dados representam uma amostra aleatória. Sobre qual "população" essa amostra levaria a tirar conclusões?

k. Que outras variáveis independentes você deveria considerar para fins de inclusão no modelo?

13.82 Você seria capaz de utilizar as receitas anuais geradas pelas franquias da NBA (National Basketball Association) para prever o valor das franquias? A Figura 2.14, na Seção 2.5, mostra um gráfico de dispersão para receitas em relação ao valor da franquia, e a Figura 3.9, na Seção 3.5, mostra o coeficiente de correlação. Agora, você deseja desenvolver um modelo de regressão linear simples para prever valores de franquias com base em receitas. (Valores de franquias e receitas estão armazenados em **ValoresNBA**.)

a. Pressupondo uma relação linear, utilize o método dos mínimos quadrados para encontrar os coeficientes da regressão, b_0 e b_1.

b. Interprete o significado para o intercepto de Y, b_0, e para a inclinação, b_1, neste problema.

c. Faça a previsão do valor de uma franquia da NBA que gere $150 milhões em termos de receitas anuais.

d. Calcule o coeficiente de determinação, r^2, e interprete o seu respectivo significado.

e. Realize uma análise nos resíduos de seus resultados e avalie os pressupostos da regressão.

f. No nível de significância de 0,05, existem evidências de alguma relação linear entre as receitas geradas e o valor de uma franquia da NBA?

g. Construa uma estimativa para o intervalo de confiança de 95 % para a média aritmética do valor de todas as franquias da NBA que geraram $150 milhões em termos de receitas anuais.

h. Construa um intervalo de previsão de 95 % para o valor de uma franquia individual da NBA que gere $150 milhões em termos de receitas anuais.

i. Compare os resultados de (a) a (h) com os resultados das franquias de beisebol nos Problemas 13.8, 13.20, 13.30, 13.46 e 13.62 e das franquias dos times de futebol europeu no Problema 13.83.

13.83 No Problema 13.82, você utilizou receitas anuais para desenvolver um modelo para prever o valor de franquias de times da National Basketball Association (NBA). Você seria também capaz de utilizar as receitas anuais geradas pelas franquias do futebol europeu para prever os valores para as franquias? (Os valores das franquias dos times de futebol europeu e as respectivas receitas estão armazenados no arquivo **ValoresFutebol2012**.)

a. Repita o Problema 13.82 de (a) a (h) para as franquias dos times do futebol europeu.

b. Compare os resultados de (a) com os resultados das franquias de beisebol nos Problemas 13.8, 13.20, 13.30, 13.46 e 13.62 e das franquias da NBA no Problema 13.82.

13.84 Durante a safra de outono nos Estados Unidos, abóboras são vendidas em grande quantidade em barracas nas fazendas. Frequentemente, em vez de pesar as abóboras antes da venda, o fazendeiro responsável pelas vendas na barraca simplesmente coloca a abóbora no cortador circular apropriado em cima do balcão. Ao ser indagado sobre o porquê de fazer isso, um fazendeiro respondeu: "Eu consigo afirmar o peso da abóbora com base em sua respectiva circunferência." Para determinar se isso era realmente verdadeiro, foram coletadas as circunferências e os pesos correspondentes a cada uma das abóboras em uma amostra com 23 abóboras, e os resultados foram armazenados no arquivo **Abóbora** .

a. Pressupondo uma relação linear, utilize o método dos mínimos quadrados para encontrar os coeficientes da regressão, b_0 e b_1.

b. Interprete o significado para a inclinação, b_1, neste problema.

c. Faça uma previsão para o peso de uma abóbora que tenha 60 centímetros de circunferência.

d. Você acredita que seja uma boa ideia para o fazendeiro vender as abóboras com base na circunferência e não no peso? Explique.

e. Defina o coeficiente de determinação, r^2, e interprete seu respectivo significado.

f. Realize uma análise dos resíduos para esses dados e avalie os pressupostos da regressão.

g. No nível de significância de 0,05, existem evidências de alguma relação linear entre a circunferência e o peso de uma abóbora?

h. Construa uma estimativa do intervalo de confiança de 95 % para a inclinação da população, β_1.

13.85 Informações demográficos podem ser úteis para prever as vendas de lojas de artigos esportivos? O arquivo **Esportes** contém os totais de vendas mensais relativos a uma amostra aleatória de 38 lojas de uma grande cadeia nacional de lojas de artigos esportivos. Todas as lojas na franquia e, consequentemente, dentro da amostra são aproximadamente do mesmo tamanho e têm as mesmas mercadorias. O município ou, em alguns casos, as cidades onde as lojas possuem a maioria de seus clientes são aqui definidas como a base da clientela. São disponibilizadas as informações demográficas correspondentes à base da clientela no que se refere a cada uma das 38 lojas. Os dados são verdadeiros, mas o nome da franquia não é utilizado, por solicitação da referida empresa. O conjunto de dados contém as variáveis a seguir apresentadas:

Vendas — Total de vendas no último mês (dólares)

Idade — Mediana da idade para a base da clientela (anos)

SG — Percentual da base da clientela com um diploma de segundo grau

Faculdade — Percentagem da base da clientela com um diploma de terceiro grau

Crescimento — Taxa de crescimento populacional anual da base da clientela ao longo dos últimos 10 anos

Renda — Mediana da renda familiar da base da clientela (dólares)

a. Construa um gráfico de dispersão, utilizando vendas como a variável dependente e a mediana da renda familiar como a variável independente. Discorra sobre o diagrama de dispersão.

b. Pressupondo uma relação linear, utilize o método dos mínimos quadrados para calcular os coeficientes da regressão, b_0 e b_1.

c. Interprete o significado para o intercepto de Y, b_0, e para a inclinação, b_1, neste problema.

d. Calcule o coeficiente de determinação, r^2, e interprete seu respectivo significado.

e. Faça uma análise dos resíduos nos seus resultados e determine a adequação do ajuste do modelo.

f. No nível de significância de 0,05, existem evidências de alguma relação linear entre a variável dependente e a variável independente?

g. Construa uma estimativa do intervalo de confiança de 95 % para a inclinação da população e interprete seu respectivo significado.

13.86 Para os dados do Problema 13.85, repita (a) até (g), utilizando Idade como a variável independente.

13.87 Para os dados do Problema 13.85, repita (a) até (g), utilizando SG como a variável independente.

13.88 Para os dados do Problema 13.85, repita (a) até (g), utilizando Faculdade como a variável independente.

13.89 Para os dados do Problema 13.85, repita (a) até (g), utilizando Crescimento como a variável independente.

13.90 Os dados no arquivo **Remuneração CEO** incluem a remuneração total (em milhões de dólares) correspondente aos executivos-chefes (CEO) de 194 grandes empresas do setor público e o retorno para o investimento em 2011. (Dados extraídos de **nytimes.com/2012/06/17/business/executive-pay-still-climbing-despite-a-shareholder-din.html**.)

a. Calcule o coeficiente de correlação entre a remuneração e o retorno para o investimento em 2011.

b. No nível de significância de 0,05, a correlação entre remuneração e o retorno para o investimento em 2011 é estatisticamente significativa?

c. Redija um relatório sucinto contemplando as suas descobertas em (a) e (b). Os resultados surpreendem você?

13.91 Reporte-se à discussão sobre valores de beta e modelos de mercado do Problema 13.49, apresentado em Problemas para a Seção 13.7. O Índice S&P 500 acompanha o movimento geral do mercado de ações pelo fato de considerar os preços de ações correspondentes a 500 grandes corporações. O arquivo **PreçosAções2011** contém os dados semanais correspondentes a 2011, para o S&P 500 e ações de três empresas. Estão incluídas as seguintes variáveis:

SEMANA — Semana encerrando na data especificada

S&P — Valor do fechamento semanal para o Índice S&P 500

GE — Preço da ação no fechamento semanal para a General Electric

DISCA — Preço da ação no fechamento semanal para a Discovery Communications

GOOG — Preço da ação no fechamento semanal para a Google

Fonte: Dados extraídos de **finance.yahoo.com**, 21 de agosto de 2012.

a. Faça a estimativa para o modelo de mercado da GE. (Dica: Utilize a variação percentual no Índice S&P 500 como a variável independente e a variação percentual no preço das ações da GE como a variável dependente.)

b. Interprete o valor de beta para a GE.

c. Repita (a) e (b) para a Discovery Communication.

d. Repita (a) e (b) para a Google.

e. Redija um relatório sucinto sobre suas descobertas.

EXERCÍCIO DE REDAÇÃO DE RELATÓRIO

13.92 Nos Problemas 13.85 a 13.89, você desenvolveu modelos de regressão para prever vendas mensais de uma loja de artigos esportivos. Agora, redija um relatório baseado nos modelos que você desenvolveu. Anexe ao seu relatório todos os gráficos e informações estatísticas apropriados.

520 Capítulo 13

CASOS PARA O CAPÍTULO 13

Administrando a Ashland MultiComm Services

Para garantir que o máximo possível de assinaturas a título de promoção para o pacote de serviços *3-Para-Tudo* seja convertido em assinaturas regulares, o departamento de marketing trabalha estreitamente interligado com o departamento de suporte ao cliente, no sentido de conseguir um processo inicial tranquilo para os clientes que estão no período de assinatura promocional. Para auxiliar nesse esforço, o departamento de marketing precisa ser capaz de prever precisamente o total mensal de novas assinaturas regulares.

Uma equipe constituída pelos gerentes dos departamentos de marketing e de suporte ao cliente foi convocada para desenvolver um método mais eficiente para prever o número de novas assinaturas. Antes disso, depois de examinar os dados correspondentes a novas assinaturas em relação a três meses anteriores, um grupo de três gerentes ficaria encarregado de realizar um prognóstico subjetivo para o número de novas assinaturas. Livia Salvador, contratada recentemente pela empresa para aplicar suas aptidões especiais em métodos quantitativos de previsão, sugeriu que o departamento buscasse fatores que pudessem ajudar a prever o número de novas assinaturas.

Os membros da equipe descobriram que as previsões para o ano anterior haviam sido particularmente imprecisas, uma vez que, em alguns meses, foi gasto um montante de tempo bem maior com telemarketing do que em outros meses. Livia coletou dados (armazenados em **AMS13**) correspondentes ao número de novas assinaturas e às horas gastas em telemarketing, para cada um dos meses, ao longo dos últimos dois anos.

1. Que tipo de crítica você pode fazer em relação ao método de previsão que envolvia a adoção de dados de novas assinaturas correspondentes aos três meses anteriores como a base para projeções futuras?
2. Que fatores outros que não o número de horas gastas com telemarketing poderiam ser úteis para a previsão do número de novas assinaturas? Explique.
3. **a.** Analise os dados e desenvolva um modelo de regressão para prever o número de novas assinaturas para um mês, com base no número de horas gastas com telemarketing em busca de novas assinaturas.
   b. Se você espera gastar 1.200 horas por mês com telemarketing, faça a estimativa para o número de novas assinaturas para o mês. Indique os pressupostos nos quais essa previsão se baseou. Você acredita que esses pressupostos sejam válidos? Explique.
   c. Qual seria o perigo inerente ao fato de prever o número de novas assinaturas para um mês no qual 2.000 horas tenham sido gastas com telemarketing?

Caso Digital

Aplique os seus conhecimentos sobre regressão linear simples neste Caso Digital, que estende o cenário Utilizando a Estatística deste capítulo, que trata da Sunflowers Roupas.

Corretores imobiliários da Triangle Mall Management Corporation sugeriram que a Sunflowers considerasse várias locações em alguns centros comerciais de conveniência recentemente reformados que apelam para consumidores com uma renda disponível acima da média. Embora os imóveis sejam menores do que o tipo de imóvel habitual da Sunflowers Roupas, os corretores argumentam que a renda disponível acima da média na comunidade da vizinhança é um melhor prognóstico para um maior volume de vendas do que o tamanho do imóvel. Os corretores imobiliários defendem que dados de amostras oriundos de 14 lojas da Sunflowers provam que isso é verdadeiro.

Abra o arquivo **Triangle_Sunflower.pdf** e examine a proposta dos corretores imobiliários e os documentos que respaldam essas afirmativas. Depois disso, responda às seguintes perguntas:

1. A média aritmética da renda disponível deve ser utilizada para prever vendas com base em uma amostra de 14 lojas da rede Sunflowers?
2. A administração da Sunflowers deveria aceitar as declarações dos corretores imobiliários da Triangle? Por que sim ou por que não?
3. É possível que a média aritmética da renda disponível da área vizinha não seja um fator importante para fins de locação de novos imóveis para instalação de lojas? Explique.
4. Existem outros fatores, não mencionados pelos corretores imobiliários, que possam ser relevantes para a decisão da loja em relação à locação?

Brynne Packaging

Brynne Packaging é uma grande empresa especializada em embalagens, que oferece a seus clientes os mais altos padrões em termos de soluções inovadoras para embalagens e um serviço de alto nível de confiabilidade. Aproximadamente 25 % dos empregados da Brynne Packaging são operadores de máquinas. O departamento de recursos humanos da empresa sugeriu que a empresa considerasse o uso do teste de classificação de pessoal WPCT (Wesman Personnel Classification Test), um indicador da capacidade de raciocínio, para selecionar candidatos para a função de operador de máquinas. Com o objetivo de avaliar o WPCT como indicador para o desempenho futuro na função, 25 candidatos recentes foram testados com o uso do WPCT; todos foram contratados, independentemente de seus respectivos resultados no WPCT. Em um período de tempo posterior, foi solicitado aos supervisores que pontuassem a qualidade do desempenho no trabalho para esses 25 empregados, utilizando uma escala de pontuação de 1 a 10 (em que 1 = muito baixa e 10 = muito alta). Os fatores considerados nas notas incluíram a produção do empregado, a taxa de itens defeituosos fabricados pelo empregado, a capacidade de implementar procedimentos de qualidade continuada e contribuições para os esforços de resolução de problemas da equipe. O arquivo **BrynnePackaging** contém os resultados do WPCT (WPCT) e as notas correspondentes ao desempenho da função (Notas) para 25 empregados.

1. Avalie a significância e a importância do resultado do WPCT como mecanismo de previsão para o desempenho na função. Defenda a sua resposta.
2. Faça a previsão para a média aritmética das notas correspondentes ao desempenho na função, para todos os empregados com resultado de WPCT igual a 6. Apresente uma estimativa de ponto, assim como um intervalo de confiança de 95 %. Você teria alguma preocupação em termos de utilizar o modelo de regressão para prever a média aritmética das notas correspondentes ao desempenho na função, considerando-se o resultado de 6 para o WPCT?
3. Avalie se os pressupostos da regressão foram seriamente violados.

GUIA DO EXCEL PARA O CAPÍTULO 13

GE13.1 TIPOS de MODELOS de REGRESSÃO

Não existem instruções no Guia do Excel para esta seção.

GE13.2 DETERMINANDO a EQUAÇÃO da REGRESSÃO LINEAR SIMPLES

Técnica Principal Utilize a função para disposição de valores **PROJ.LIN** (*intervalo de células da variável Y, intervalo de células da variável X,* **Verdadeiro, Verdadeiro**) para calcular os coeficientes b_0 e b_1, os erros-padrão de b_0 e b_1, r^2 e o erro-padrão da estimativa, a estatística do teste F e os gl dos erros, bem como $SQReg$ e SQR.

Exemplo Realize a análise da Figura 13.4 para os dados da Sunflowers Roupas, na Seção 13.2.

PHStat Utilize o procedimento **Simple Linear Regression (Regressão Linear Simples)**.

Para o exemplo, abra a **planilha DADOS** da **pasta de trabalho SeleçãoLocal**. Selecione **PHStat → Regression → Simple Linear Regression** (**PHStat → Regressão → Regressão Linear Simples**). Na caixa de diálogo do procedimento (ilustrada a seguir):

1. Insira **C1:C15** na caixa correspondente a **Y Variable Cell Range (Intervalo de Células da Variável Y)**.
2. Insira **B1:B15** na caixa correspondente a **X Variable Cell Range (Intervalo de Células da Variável X)**.
3. Marque a opção **First cells in both ranges contain label (Primeiras células em ambos os intervalos contêm rótulos)**.
4. Insira **95** na caixa correspondente a **Confidence level for regression coefficients (Nível de confiança para coeficientes da regressão)**.
5. Marque as opções nas caixas para **Regression Statistics Table (Tabela de Estatísticas da Regressão)** e **ANOVA and Coefficients Table (ANOVA e Tabela de Coeficientes)**.
6. Insira um título na caixa ao lado de **Title** e clique em **OK**.

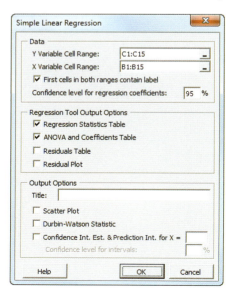

O procedimento cria uma planilha que contém uma cópia de seus dados, bem como a planilha ilustrada na Figura 13.4. Para mais informações sobre essas planilhas, leia as instruções na seção correspondente ao *Excel Avançado* apresentada a seguir.

Para criar um gráfico de dispersão que contenha uma linha de previsão e uma equação da regressão semelhantes à Figura 13.5, apresentada na Seção 13.2, modifique a etapa 6, marcando a opção **Scatter Plot (Gráfico de Dispersão)** antes de clicar em **OK**.

Excel Avançado Utilize a **planilha CÁLCULO** da **pasta de trabalho Regressão Linear Simples** como modelo. (Utilize a **pasta de trabalho Regressão Linear Simples 2007**, caso esteja utilizando uma versão do Excel mais antiga do que o Excel 2010.)

A planilha utiliza os dados da regressão já existentes na **pasta de trabalho DADOSRLS** para realizar a análise da regressão correspondente ao exemplo.

A área de Cálculos das colunas de K a M não se encontra ilustrada na Figura 13.4. Essa área contém uma fórmula para séries de valores no intervalo de células L2:M6 que contém a expressão **PROJ.LIN** (*intervalo de células da variável Y, intervalo de células da variável X,* **Verdadeiro, Verdadeiro**) para calcular os coeficientes b_1 e b_0 nas células L2 e M2; os erros-padrão para b_1 e b_0 nas células L3 e M3; r^2 e o erro-padrão da estimativa nas células L4 e M4; a estatística do teste F e os gl para o erro nas células L5 e M5; e $SQReg$ e SQR nas células L6 e M6. A expressão da célula L9, no formato =**INVT.BC(1 —** *nível de confiança, graus de liberdade para o erro*), determina o valor crítico para o teste t. Abra a planilha CÁLCULO_FÓRMULAS para examinar todas as fórmulas na planilha, algumas das quais discutidas em seções posteriores deste Guia do Excel.

Para realizar regressão linear simples para outros dados, cole os dados da regressão na planilha DADOSRLS. Cole os valores da variável X na coluna A e os valores da variável Y na coluna B. Depois disso, abra a planilha CÁLCULO. Insira o intervalo de confiança na célula L8 e edite a fórmula para a série de valores no intervalo de células L2:M6: Para editar a fórmula para séries de valores, primeiramente selecione L2:M6, faça as alterações necessárias na fórmula para séries de valores e, mantendo pressionadas as teclas **Control** e **Shift** (ou a tecla **Command** em um Mac), pressione a tecla **Enter**.

Para criar um gráfico de dispersão que contenha uma linha de previsão e uma equação para a regressão, semelhantes à Figura 13.5, na Seção 13.2, utilize primeiramente as instruções para o gráfico de dispersão no *Excel Avançado* da Seção GE2.5, juntamente com os dados da Tabela 13.1 para a Sunflowers Roupas, para criar um gráfico de dispersão. Depois disso selecione o gráfico e:

1. Selecione **Layout → Linha de Tendência → Mais Opções de Linha de Tendência**.

Na caixa de diálogo Formatar Linha de Tendência (ilustrada a seguir):

2. Clique em **Opções de Linha de Tendência** no painel esquerdo. No painel de Opções de Linha de Tendência no lado direito, clique em **Linear**, marque a opção **Exibir Equação no gráfico** e marque a opção **Exibir valor de R-Quadrado no gráfico** e, então, clique em **OK**.

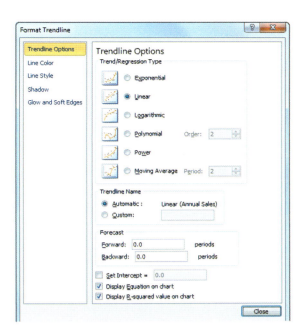
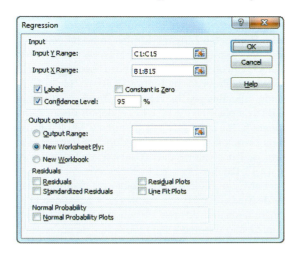

Caso você esteja utilizando o Excel 2013, depois de selecionar o gráfico:

1. Selecione **Design → Adicionar Elemento de Gráfico → Linha de Tendência → Mais Opções de Linha de Tendência**.

No painel Formatar Linha de Tendência (semelhante à caixa de diálogo Formatar Linha de Tendência):

2. Clique em **Linear**, marque as opções **Exibir Equação no gráfico** e **Exibir valor R-quadrado no gráfico**.

Para gráficos de dispersão correspondentes aos outros dados, caso o eixo X não apareça na parte inferior do gráfico, clique à direita no **eixo Y** e clique em **Formatar Eixo** a partir do menu de atalhos. Na caixa de diálogo Formatar Eixo, clique em **Opções de Eixo** no painel esquerdo. No painel **Opções de Eixo** que aparece à direita, clique na opção **Valor do eixo** e, em sua respectiva caixa, insira o valor ilustrado na caixa sombreada para **Mínimo**, na parte superior do painel. Depois clique em **Fechar**.

Ferramentas de Análise Utilize o procedimento **Regressão**. Para o exemplo, abra a **planilha DADOS** da **pasta de trabalho SeleçãoLocal** e:

1. Selecione **Dados → Análise de Dados**.
2. Na caixa de diálogo de Análise de dados, selecione **Regressão** a partir da lista de **Ferramentas de Análise** e clique em **OK**.

Na caixa de diálogo do procedimento (ilustrada a seguir):

3. Insira **C1:C15** como **Intervalo Y de entrada** e insira **B1:B15** como **Intervalo X de entrada**.
4. Marque a opção para **Rótulos**, marque a opção **Nível de Confiança** e insira **95** como valor na caixa respectiva.
5. Clique em **Nova planilha** e, depois, clique em **OK**.

GE13.3 MEDIDAS de VARIAÇÃO

As medidas de variação são calculadas como parte da criação da planilha da regressão linear simples utilizando as instruções da Seção GE13.2.

Caso você utilize as instruções para o *PHStat* ou para o *Excel Avançado* referentes à Seção GE13.2, as fórmulas utilizadas para calcular essas medidas estão na **planilha CÁLCULO** que é criada. As fórmulas nas células B5, B7, B13, C12, C13, D12 e E12 copiam valores calculados pela fórmula de valores em série no intervalo de células L2:M6. Na célula F12, a função **DISTF.CD** (*estatística do teste F, graus de liberdade da regressão, graus de liberdade do erro*) calcula o valor-*p* para o teste *F* para a inclinação, discutido na Seção 13.7. (A função DISTF semelhante calcula o valor-*p* na planilha CÁLCULO da pasta de trabalho Regressão Linear Simples 2007.)

GE13.4 PRESSUPOSTOS da REGRESSÃO

Não existem instruções do Guia do Excel para esta seção.

GE13.5 ANÁLISE de RESÍDUOS

Técnica Principal Utilize fórmulas aritméticas para calcular os resíduos. Para avaliar os pressupostos, utilize as instruções para o gráfico de dispersão na Seção GE2.5 para construir gráficos de resíduos e as instruções da Seção GE6.3 para construir gráficos da probabilidade normal.

Exemplo Calcule os resíduos correspondentes aos dados da Sunflowers Roupas, na Seção 13.2.

PHStat Utilize as instruções do *PHStat* da Seção GE13.2. Modifique a etapa 5 marcando as opções **Residuals Table (Tabela de Resíduos)** e **Residual Plot (Gráfico de Resíduos)**, além de marcar as opções **Regression Statistics Table (Tabela de Estatísticas da Regressão)** e **ANOVA and Coefficients Table (ANOVA e Tabela de Coeficientes)**. Para construir um gráfico para a probabilidade normal, siga as instruções do *PHStat* para a Seção GE6.3, utilizando o intervalo de células dos resíduos como **Variable Cell Range (Intervalo de Células da Variável)** na etapa 1.

524 Capítulo 13

Excel Avançado Utilize a **planilha Resíduos** da **pasta de trabalho Regressão Linear Simples** como modelo.
Essa planilha já calcula os resíduos para o exemplo. As fórmulas na Coluna C calculam os valores previstos para Y (com a legenda Vendas Anuais Previstas na Figura 13.10, na Seção 13.5) multiplicando, inicialmente, os valores de X pelo coeficiente b_1 na célula B18 da planilha CÁLCULO e, depois disso, somando o coeficiente b_0 (na célula B17 da planilha CÁLCULO). As fórmulas na coluna E calculam os resíduos subtraindo os valores previstos de Y dos valores de Y (com a legenda Vendas Anuais, na Figura 13.10).

Para outros problemas, modifique essa planilha colando os valores de X na coluna B e os valores de Y na coluna D. Depois disso, para tamanhos de amostra menores do que 14, exclua as linhas que estão sobrando. Para tamanhos de amostra maiores do que 14, copie as fórmulas das colunas C e E para baixo até a linha que contenha o último par de valores de X e Y, e acrescente os novos números de observações na coluna A.

Para construir um gráfico de resíduos semelhante à Figura 13.11, apresentado na Seção 13.5, utilize a variável original X e os resíduos (inseridos no gráfico como a variável Y) como os dados para o gráfico e siga as instruções da Seção GE2.5 para gráficos de dispersão. Para construir um gráfico para a probabilidade normal, siga as instruções da Seção GE6.3 do *Excel Avançado*, utilizando os resíduos como os "dados da variável".

Ferramentas de Análise Utilize as instruções apresentadas em *Ferramentas de Análise* para a Seção GE13.2. Modifique a etapa 5, marcando as opções **Resíduos** e **Plotar resíduos**, antes de marcar a opção **Nova Planilha** e, então, clique em **OK**.

Para criar um gráfico de dispersão ou um gráfico para a probabilidade normal, utilize as instruções do *Excel Avançado*.

GE13.6 MEDINDO a AUTOCORRELAÇÃO: a ESTATÍSTICA de DURBIN-WATSON

Técnica Principal Utilize as funções **SOMAXMY2(***intervalo de células desde o segundo até o último resíduo, intervalo de células desde o primeiro até penúltimo resíduo***)** para calcular a soma das diferenças entre os resíduos elevadas ao quadrado, o numerador da Equação (13.15), apresentada na Seção 13.6, e utilize a função **SOMAQUAD(***intervalo de células dos resíduos***)** para calcular a soma dos resíduos elevados ao quadrado, o denominador da Equação (13.15).

Exemplo Calcule a estatística de Durbin-Watson para os dados que tratam da Sunflowers Roupas, no início da Seção 13.2.

PHStat Utilize as instruções do *PHStat*, no início da Seção GE13.2. Modifique a etapa 6 marcando a opção de resultado **Durbin-Watson Statistics** (**Estatística de Durbin-Watson**) antes de clicar em **OK**.

Excel Avançado Utilize a **planilha Durbin_Watson** da **pasta de trabalho Regressão Linear Simples** como um modelo. Essa planilha utiliza a função SOMAXMY2 na célula B3 e a função SOMAQUAD na célula B4.

A **planilha DURBIN_WATSON** da **pasta de trabalho Remessa de Encomendas** calcula a estatística para o exemplo.

(Esta pasta de trabalho utiliza os modelos das planilhas CÁLCULO e RESÍDUOS a partir da pasta de trabalho Regressão Linear Simples.)

Para calcular a estatística de Durbin-Watson para outros problemas, crie inicialmente um modelo de regressão linear simples e os resíduos para o problema, utilizando as instruções das Seções GE13.2 e GE13.5 do *Excel Avançado*. Depois disso, abra a planilha DURBIN_WATSON e edite as fórmulas nas células B3 e B4, de modo a apontar para os intervalos de células apropriados referentes aos novos resíduos.

GE13.7 INFERÊNCIAS SOBRE INCLINAÇÃO e COEFICIENTE de CORRELAÇÃO

O teste t para a inclinação e o teste F para a inclinação estão incluídos na planilha criada utilizando-se as instruções na Seção GE13.2. Os cálculos para o teste t nas planilhas criadas pelo uso das instruções do *PHStat2* e do *Excel Avançado* são discutidos na Seção GE13.2. Os cálculos para o teste F são discutidos na Seção GE13.3.

GE13.8 ESTIMATIVA da MÉDIA ARITMÉTICA dos VALORES e PREVISÃO de VALORES INDIVIDUAIS

Técnica Principal Utilize a função **TENDÊNCIA(***intervalo de células da variável Y, intervalo de células da variável X, valor de X***)** para calcular o valor previsto de Y para o valor de X e utilize a função **DESVQ(***intervalo de células da variável X***)** para calcular o valor de SQX.

Exemplo Construa uma estimativa para o intervalo de confiança e o intervalo de previsão para os dados da Sunflowers Roupas que estão ilustrados na Figura 13.21 na Seção 13.8.

PHStat Utilize as instruções do *PHStat* na Seção GE13.2, mas substitua a etapa 6 pelas seguintes etapas 6 e 7.

   6. Marque a opção **Confidence Int. Est. & Prediction Int. for X =** (**Estimativa do Intervalo de Confiança e Intervalo de Previsão para X =**) e insira **4** na caixa correspondente. Insira **95** como percentual para **Confidence level for intervals estimates** (**Nível de confiança para estimativas de intervalos**).
   7. Insira um título em **Title** e clique em **OK**.

A planilha adicional criada é explicada na seção *Excel Avançado* a seguir.

Excel Avançado Utilize a **planilha EICeIP** da **pasta de trabalho Regressão Linear Simples**, como um modelo.
A planilha já contém os dados e as fórmulas para o exemplo. A planilha utiliza a função **INVT.BC(1 —** *nível de confiança, graus de liberdade***)** para calcular o valor de t na célula B10 e a função TENDÊNCIA para calcular o valor previsto de Y para o valor de X na célula B15. Na célula B12, a função **DESVQ(DadosRLS!A:A)** calcula o valor de SQX que é utilizado, por sua vez, para ajudar a calcular a estatística h na célula B14.

Para calcular a estimativa do intervalo de confiança e o intervalo de previsão para outros problemas:

1. Cole os dados da regressão na **planilha DadosRLS**. Utilize a coluna A para os dados da variável X e a coluna B para os dados da variável Y.
2. Abra a **planilha EICeIP**.

Na planilha EICeIP:

3. Modifique os valores para **Valor de X** e **Nível de Confiança**, conforme se faça necessário.
4. Edite os intervalos de células utilizados na fórmula da célula B15 que utiliza a função TENDÊNCIA para fazer referência aos novos intervalos de células para as variáveis Y e X.

CAPÍTULO

14 Introdução à Regressão Múltipla

UTILIZANDO A ESTATÍSTICA: Os Múltiplos Efeitos das Barras OmniPower

14.1 Desenvolvendo um Modelo de Regressão Múltipla
Interpretando os Coeficientes da Regressão
Prevendo a Variável Dependente Y

14.2 r^2, r^2 Ajustado e o Teste F Geral
Coeficiente de Determinação Múltipla
r^2 Ajustado
Teste para a Significância do Modelo de Regressão Múltipla Geral

14.3 Análise de Resíduos para o Modelo de Regressão Múltipla

14.4 Inferências Relacionadas com os Coeficientes da Regressão para a População
Testes de Hipóteses
Estimativa do Intervalo de Confiança

14.5 Testando Partes do Modelo de Regressão Múltipla
Coeficientes de Determinação Parcial

14.6 Utilizando Variáveis Binárias (*Dummy*) e Termos de Interação em Modelos de Regressão
Variáveis Binárias (*Dummy*)
Interações

14.7 Regressão Logística

UTILIZANDO A ESTATÍSTICA: Os Múltiplos Efeitos das Barras OmniPower, Revisitado

GUIA DO EXCEL PARA O CAPÍTULO 14

Objetivos do Aprendizado

Neste capítulo, você aprenderá:

- A desenvolver um modelo de regressão múltipla
- A interpretar os coeficientes da regressão
- A determinar quais as variáveis independentes que devem ser incluídas no modelo de regressão
- A determinar quais variáveis independentes são mais importantes para prever uma variável dependente
- A utilizar variáveis independentes categóricas em um modelo de regressão
- A prever uma variável dependente categórica utilizando a regressão logística

UTILIZANDO A ESTATÍSTICA

Os Múltiplos Efeitos das Barras OmniPower

Você é o gerente de marketing da OmniFoods, encarregado pelo setor de barras nutricionais e itens similares para lanches e refeições leves. A empresa está tentando revigorar as vendas da OmniPower, o principal produto nessa categoria. Originalmente comercializada para maratonistas, alpinistas e outros atletas, a OmniPower alcançou seu mais alto ponto de vendas em um período de tempo anterior, quando as barras energéticas estavam mais populares junto aos consumidores. Agora, você busca comercializar novamente o produto como uma barra nutricional, aproveitando o hiperaquecimento do mercado para esse tipo de barras.

Uma vez que o mercado já contém diversas barras energéticas de sucesso, você precisa desenvolver uma estratégia eficaz para a comercialização do produto. Particularmente, você precisa determinar o efeito que o preço e as promoções internas da loja terão sobre as vendas de OmniPower. Antes de comercializar a barra em âmbito nacional, você planeja conduzir um estudo baseado em um teste de mercado para as vendas de OmniPower, utilizando uma amostra de 34 lojas em uma cadeia de supermercados. De que modo você consegue estender os métodos da regressão linear, discutidos no Capítulo 13, no sentido de incorporar os efeitos decorrentes de preço *e* promoções, dentro do mesmo modelo? De que maneira você pode utilizar esse modelo para incrementar o sucesso do lançamento da OmniPower em âmbito nacional?

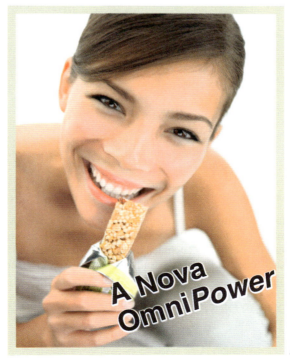

528 Capítulo 14

O Capítulo 13 se concentrou em modelos de regressão linear simples que utilizam *uma única* variável numérica independente, *X*, para prever o valor de uma variável dependente, *Y*. De modo geral, você consegue fazer previsões mais precisas utilizando *mais de uma* variável independente. Este capítulo apresenta modelos de regressão múltipla que utilizam duas ou mais variáveis independentes para prever o valor de uma variável dependente.

14.1 Desenvolvendo um Modelo de Regressão Múltipla

O objetivo estratégico com o qual você se depara com o cenário Utilizando a Estatística é desenvolver um modelo para prever o volume de vendas mensais, por loja, para barras OmniPower, e determinar quais variáveis influenciam as vendas. Como ponto de partida, você considera as duas variáveis independentes a seguir: o preço de uma barra de OmniPower, medido em centavos de dólar (X_1), e o orçamento mensal para despesas com promoções internas da loja, medido em dólares (X_2). (As despesas com promoções internas da loja geralmente incluem letreiros e cartazes, cupons de desconto distribuídos dentro da loja, além de amostras gratuitas.)

Para desenvolver um **modelo de regressão múltipla** que utilize essas duas variáveis independentes com a variável dependente, o número de barras OmniPower vendidas ao longo de um mês (*Y*), você coleta dados a partir de uma amostra de 34 lojas integrantes de uma cadeia de supermercados selecionada para fins de estudos sobre testes de mercado para as barras OmniPower. Você escolhe as lojas de maneira tal que fique garantido que elas tenham aproximadamente o mesmo volume de vendas mensais. Você organiza e armazena os dados no arquivo **OmniPower**. A Tabela 14.1 apresenta esses dados.

TABELA 14.1
Vendas Mensais, Preço e Despesas com Promoções para OmniPower

Loja	Vendas	Preço	Promoção	Loja	Vendas	Preço	Promoção
1	4.141	59	200	18	2.730	79	400
2	3.842	59	200	19	2.618	79	400
3	3.056	59	200	20	4.421	79	400
4	3.519	59	200	21	4.113	79	600
5	4.226	59	400	22	3.746	79	600
6	4.630	59	400	23	3.532	79	600
7	3.507	59	400	24	3.825	79	600
8	3.754	59	400	25	1.096	99	200
9	5.000	59	600	26	761	99	200
10	5.120	59	600	27	2.088	99	200
11	4.011	59	600	28	820	99	200
12	5.015	59	600	29	2.114	99	400
13	1.916	79	200	30	1.882	99	400
14	675	79	200	31	2.159	99	400
15	3.636	79	200	32	1.602	99	400
16	3.224	79	200	33	3.354	99	600
17	2.295	79	400	34	2.927	99	600

Interpretando os Coeficientes da Regressão

Quando existem diversas variáveis independentes, você pode estender o modelo de regressão linear simples da Equação (13.1), no início do Capítulo 13, pressupondo uma relação linear entre cada uma das variáveis independentes e a variável dependente. Por exemplo, com *k* variáveis independentes, o modelo de regressão múltipla é expresso na Equação (14.1).

MODELO DE REGRESSÃO MÚLTIPLA COM *k* VARIÁVEIS INDEPENDENTES

$$Y_i = \beta_0 + \beta_1 X_{1i} + \beta_2 X_{2i} + \beta_3 X_{3i} + \cdots + \beta_k X_{ki} + \varepsilon_i \qquad \textbf{(14.1)}$$

em que

β_0 = intercepto de Y

β_1 = inclinação de Y em relação à variável X_1, mantendo-se constantes as variáveis X_2, X_3, ..., X_k

β_2 = inclinação de Y em relação à variável X_2, mantendo-se constantes as variáveis X_1, X_3, ..., X_k

β_3 = inclinação de Y em relação à variável X_3, mantendo-se constantes as variáveis X_1, X_2, X_4, ..., X_k

.
.
.

β_k = inclinação de Y em relação à variável X_k, mantendo-se constantes as variáveis X_1, X_2, X_3, ..., X_{k-1}

ε_i = erro aleatório em Y, para a observação i

A Equação (14.2) define o modelo de regressão múltipla com duas variáveis independentes.

MODELO DE REGRESSÃO MÚLTIPLA COM DUAS VARIÁVEIS INDEPENDENTES

$$Y_i = \beta_0 + \beta_1 X_{1i} + \beta_2 X_{2i} + \varepsilon_i \qquad \textbf{(14.2)}$$

em que

β_0 = intercepto

β_1 = inclinação de Y no que se refere à variável X_1, mantendo-se constante a variável X_2

β_2 = inclinação de Y no que se refere à variável X_2, mantendo-se constante a variável X_1

ε_i = erro aleatório em Y para a observação i

Compare o modelo de regressão múltipla com o modelo de regressão linear simples [Equação (13.1), no início do Capítulo 13]:

$$Y_i = \beta_0 + \beta_1 X_i + \varepsilon_i$$

No modelo de regressão linear simples, a inclinação, β_1, representa a alteração na média aritmética correspondente de Y para cada unidade de alteração em X, e não leva em consideração quaisquer outras variáveis. No modelo de regressão múltipla com duas variáveis independentes [Equação (14.2)], a inclinação, β_1, representa a alteração na média aritmética de Y para cada unidade de alteração em X_1, levando-se em consideração o efeito de X_2.

Tal qual ocorre no caso da regressão linear simples, você utiliza o método dos mínimos quadrados para calcular os coeficientes da regressão da amostra (b_0, b_1 e b_2) como estimadores para os parâmetros da população (β_0, β_1 e β_2). A Equação (14.3) define a equação para a regressão para um modelo de regressão múltipla com duas variáveis independentes.

> **Dica para o Leitor**
> Uma vez que os cálculos da regressão múltipla são mais complexos do que os cálculos da regressão linear simples, sempre utilize um método informatizado para obter resultados para a regressão múltipla.

EQUAÇÃO PARA A REGRESSÃO MÚLTIPLA COM DUAS VARIÁVEIS INDEPENDENTES

$$\hat{Y}_i = b_0 + b_1 X_{1i} + b_2 X_{2i} \qquad \textbf{(14.3)}$$

A Figura 14.1 ilustra a planilha com os resultados da regressão para os dados sobre vendas de OmniPower. Os valores para os três coeficientes da regressão estão contidos nas células B17 a B19.

Com base na Figura 14.1, os valores calculados para os coeficientes da regressão são

$$b_0 = 5.837{,}5208 \quad b_1 = -53{,}2173 \quad b_2 = 3{,}6131$$

FIGURA 14.1
Planilha com resultados parciais da regressão múltipla para os dados sobre vendas de OmniPower

	A	B	C	D	E	F	G
1	**Regressão Múltipla**						
2							
3	*Estatística de Regressão*						
4	R Múltiplo	0,8705					
5	R-Quadrado	0,7577					
6	R-Quadrado Ajustado	0,7421					
7	Erro-Padrão	638,0653					
8	Observações	34					
9							
10	**ANOVA**						
11		*gl*	*SQ*	*MQ*	*F*	*F de significação*	
12	Regressão	2	39472730,7730	19736365,3865	48,4771	0,0000	
13	Resíduo	31	12620946,6682	407127,3191			
14	Total	33	52093677,4412				
15							
16		*Coeficientes*	*Erro-Padrão*	*Estat t*	*valor-P*	*95 % inferiores*	*95 % superiores*
17	Interseção	5837,5208	628,1502	9,2932	0,0000	4556,3999	7118,6416
18	Preço	-53,2173	6,8522	-7,7664	0,0000	-67,1925	-39,2421
19	Promoção	3,6131	0,6852	5,2728	0,0000	2,2155	5,0106

A Figura 14.1 exibe a ***planilha CÁLCULO*** *da* ***pasta de trabalho Regressão Múltipla****, que é utilizada nas instruções da Seção GE14.1. Para aprender mais sobre as fórmulas utilizadas ao longo de toda a planilha, veja as instruções da Seção GE14.1 do Excel Avançado. (O suplemento Ferramentas de Análise cria uma planilha de aparência semelhante que não contém fórmulas.)*

Portanto, a equação para a regressão múltipla é

$$\hat{Y}_i = 5.837{,}5208 - 53{,}2173X_{1i} + 3{,}6131X_{2i}$$

em que

$\hat{Y}_i$ = vendas mensais previstas das barras OmniPower para a loja i
X_{1i} = preço (em centavos de dólares) da barra OmniPower para a loja i
X_{2i} = gastos mensais (em dólares) com promoções internas nas lojas para a loja i

O intercepto de Y (b_0 = 5.837,5208) para a amostra estima o número de barras OmniPower vendidas durante um mês, se o preço for $0,00 e o montante total gasto com promoções for também igual a $0,00. Uma vez que esses valores correspondentes a preço e promoções se encontram fora do intervalo de preço e promoções utilizados no estudo de teste de mercado, e porque não fazem sentido no contexto do problema, o valor de b_0 apresenta pouca ou nenhuma interpretação em termos práticos.

A inclinação do preço em relação às vendas de OmniPower (b_1 = –53,2173) indica que, para um determinado montante correspondente a gastos mensais com promoções, estima-se que as vendas mensais previstas para OmniPower decresçam em 53,2173 barras por mês, para cada 1 centavo de dólar de crescimento no preço. A inclinação para gastos mensais com relação a promoções para as vendas de OmniPower (b_2 = 3,6131) indica que, para um determinado preço, é previsto que as vendas estimadas de OmniPower cresçam em 3,6131 barras para cada $1 adicional gasto com promoções. Essas estimativas permitem que você compreenda melhor o efeito provável que decisões relacionadas a preços e promoções terão no posicionamento de mercado. Por exemplo, estima-se que um decréscimo correspondente a 10 centavos no preço faça com que cresçam as vendas em 532,173 barras, com um montante fixo de gastos mensais com promoções. Estima-se que um crescimento de $100 nos gastos com promoções faça com que cresçam as vendas em 361,31 barras, para um determinado preço.

Dica para o Leitor
Lembre-se de que, na regressão múltipla, os coeficientes da regressão são condicionais em relação ao fato de manter constantes as outras variáveis independentes. A inclinação de b_1 mantém constante o efeito da variável X_2. A inclinação de b_2 mantém constante o efeito da variável X_1.

Os coeficientes da regressão na regressão múltipla são conhecidos como **coeficientes líquidos da regressão**; eles estimam a variação prevista em Y, para cada unidade de variação em um determinado X, *mantendo-se constante o efeito decorrente das outras variáveis X*. Por exemplo, no estudo sobre as vendas das barras OmniPower, para uma loja com um determinado montante de despesas a título de promoções, é previsto que as vendas estimadas decresçam em 53,2173 barras por mês para cada 1 centavo de dólar de aumento no preço de uma barra OmniPower. Outro modo de interpretar esse "efeito líquido" seria raciocinar em termos de duas lojas com igual montante, no que se refere a despesas com promoções. Se a primeira loja cobra 1 centavo a mais do que a outra loja, o efeito líquido dessa diferença é que passa a ser previsto que a primeira loja venda 53,2173 barras a menos por mês do que a outra loja. Para interpretar o efeito líquido de despesas com promoções, você pode considerar duas lojas que estejam cobrando o mesmo preço. Se a primeira loja gasta $1 a mais, a título de despesas com promoções, o efeito líquido dessa diferença é a previsão de que a primeira loja venda 3,6131 barras a mais, por mês, do que a segunda loja.

Prevendo a Variável Dependente *Y*

Você pode utilizar a equação para a regressão múltipla para prever os valores para a variável dependente. Por exemplo, qual seria o valor previsto para as vendas correspondentes a uma loja que esteja cobrando 79 centavos de dólar durante um mês em que as despesas a título de promoções sejam de $400? Utilizando a equação para a regressão múltipla,

$$\hat{Y}_i = 5.837{,}5208 - 53{,}2173X_{1i} + 3{,}6131X_{2i}$$

com $X_{1i} = 79$ e $X_{2i} = 400$,

$$\hat{Y}_i = 5.837{,}5208 - 53{,}2173(79) + 3{,}6131(400)$$
$$= 3.078{,}57$$

Por conseguinte, você prevê que as lojas que estejam cobrando 79 centavos de dólar e gastando $400 em despesas com promoções vão vender a 3.078,57 barras OmniPower por mês.

Depois de ter desenvolvido a equação para a regressão, de ter feito a análise de resíduos (veja a Seção 14.3), e determinado a significância do modelo geral ajustado (veja a Seção 14.2), você pode construir uma estimativa do intervalo de confiança para a média aritmética do valor e um intervalo de previsão para um valor individual. A Figura 14.2 apresenta uma planilha com a estimativa para o intervalo de confiança e o intervalo de previsão correspondentes aos dados sobre vendas de barras OmniPower.

A estimativa do intervalo de confiança de 95 % para a média aritmética das vendas de barras OmniPower, no que se refere a todas as lojas que estejam cobrando 79 centavos de dólar e gastando $400 com despesas a título de promoções, é de 2.854,07 a 3.303,08 barras. O intervalo de previsão para uma loja individual é de 1.758,01 a 4.399,14 barras.

Dica para o Leitor

A regra que determina que você deve realizar previsões exclusivamente dentro dos limites do intervalo para os valores de todas as variáveis independentes, inicialmente mencionado na discussão sobre regressão linear simples, se aplica igualmente à regressão múltipla.

	A	B	C	D	
1	Estimativa do Intervalo de Confiança e Intervalo de Previsão				
2					
3	Dados				
4	Nível de Confiança	95 %			
5		1			
6	Valor conhecido do preço	79			
7	Valor conhecido da promoção	400			
8					
9	X'X	34	2646	13200	Fórmula para Sequências:
10		2646	214674	1018800	{=MATRIZ.MULT(TRANSPOR(RMDisposição!A2:C35);
11		13200	1018800	6000000	RMDisposição!A2:C35)}
12					
13	Inverso de X'X	0,9692	-0,0094	-0,0005	Fórmula para Sequências:
14		-0,0094	0,0001	0,0000	{=MATRIZ.INVERSO(B9:D11)}
15		-0,0005	0,0000	0,0000	
16					Fórmula para Sequências:
17	X'G vezes o Inverso de X'X	0,0121	0,0001	0,0000	=MATRIZ.MULT(TRANSPOR(B5:B7),B13:B15)}
18					
19	[X'G vezes o Inverso de X'X] vezes XG	0,0298	=MATRIZ.MULT(B17:D17,B5:B7)		
20	Estatística *t*	2,0395	=INVT.BC(1 – B4, CÁLCULO!B13)		
21	Y Previsto (YChapéu)	3078,57	{=MATRIZ.MULT(TRANSPOR(B5:B7),CÁLCULO!B17:B19)}		
22					
23	Para Previsão da Média de Y(YChapéu)				
24	Metade da Amplitude do Intervalo	224,50	=B20 * RAIZ(B19) * CÁLCULO!B7		
25	Limite Inferior do Intervalo de Confiança	2854,07	=B21 - B24		
26	Limite Superior do Intervalo de Confiança	3303,08	=B21 + B24		
27					
28	Para Y de Resposta Individual				
29	Metade da Amplitude do Intervalo	1320,57	=B20 * RAIZ(1 + B19) * CÁLCULO!B7		
30	Limite Inferior do Intervalo de Previsão	1758,01	=B21 - B29		
31	Limite Superior do Intervalo de Previsão	4399,14	=B21 + B29		

FIGURA 14.2 Planilha com a estimativa do intervalo de confiança e o intervalo de previsão para os dados sobre vendas de OmniPower

*A Figura exibe a **planilha EICeIP** da **pasta de trabalho Regressão Múltipla** que é utilizada nas instruções para a Seção GE14.1. Fórmulas para sequências (veja a Seção B.3 do Apêndice B) nos intervalos de células B8:D11, B13:D15 e B17:D17 e na célula B21 ajudam a calcular os resultados.*

Problemas para a Seção 14.1

APRENDENDO O BÁSICO

14.1 Para este problema, utilize a seguinte equação para a regressão múltipla:

$$\hat{Y}_i = 10 + 5X_{1i} + 3X_{2i}$$

a. Interprete o significado das inclinações.
b. Interprete o significado do intercepto de *Y*.

14.2 Para este problema, utilize a seguinte equação para a regressão múltipla:

$$\hat{Y}_i = 50 - 2X_{1i} + 7X_{2i}$$

a. Interprete o significado das inclinações.
b. Interprete o significado do intercepto de *Y*.

532 Capítulo 14

APLICANDO OS CONCEITOS

14.3 Um fabricante de calçados está considerando a hipótese de que seja desenvolvida uma nova marca de tênis para corrida. O problema estratégico com o qual se depara o analista de mercado da empresa diz respeito a determinar quais variáveis devem ser utilizadas para prever a durabilidade (ou seja, o efeito decorrente do impacto no longo prazo). Duas variáveis independentes a serem consideradas são: X_1 (IMPDIANT), uma unidade de medida para a capacidade de absorção de choque na parte anterior do pé, e X_2 (MEIOSOLA), uma unidade de medida para a alteração nas propriedades de impacto ao longo do tempo. A variável dependente Y é IMPLP, uma unidade de medida para a durabilidade do calçado depois de um teste de impacto feito com repetição. Os dados são coletados a partir de uma amostra aleatória contendo 15 tipos de tênis de corrida fabricados atualmente, com os seguintes resultados:

Variável	Coeficientes	Erro-Padrão	Estatística t	Valor-p
Interseção	−0,02686	0,06905	−0,39	0,7034
IMPDIANT	0,79116	0,06295	12,57	0,0000
MEIOSOLA	0,60484	0,07174	8,43	0,0000

a. Expresse a equação para a regressão múltipla.
b. Interprete o significado das inclinações, b_1 e b_2, neste problema.

✓AUTO-teste **14.4** Uma empresa que recebe pedidos de compra por meio de catálogos e vende componentes de informática, *software* e *hardware* mantém um depósito centralizado. A direção da empresa está atualmente examinando o processo de distribuição que se origina do depósito. O problema estratégico da empresa com o qual se depara a administração da empresa está relacionado aos fatores que afetam os custos de distribuição para o depósito. Atualmente, uma tarifa de frete está sendo acrescentada ao pedido, independentemente do valor do pedido de compra. Ao longo dos últimos 24 meses, foram coletados dados (armazenados em **CustoDepósito**) que indicam os custos de distribuição do depósito (em milhares de dólares), as vendas (em milhares de dólares) e a quantidade de pedidos de compra recebidos.
a. Expresse a equação para a regressão múltipla.
b. Interprete o significado das inclinações, b_1 e b_2, neste problema.
c. Explique a razão pela qual o coeficiente da regressão, b_0, não apresenta nenhum significado prático no contexto deste problema.
d. Faça a previsão para o custo de distribuição mensal do depósito, quando as vendas são iguais a $400.000 e a quantidade de pedidos é de 4.500.
e. Construa uma estimativa para o intervalo de confiança de 95 % para a média aritmética do custo de distribuição mensal do depósito, quando as vendas são iguais a $400.000 e a quantidade de pedidos é de 4.500.
f. Construa um intervalo de previsão de 95 % para o custo mensal de distribuição do depósito para um determinado mês em que as vendas sejam iguais a $400.000 e a quantidade de pedidos seja de 4.500.
g. Explique por que o intervalo em (e) é mais estreito do que o intervalo em (f).

14.5 De que modo a potência, em cavalos, e o peso afetam a milhagem correspondente aos automóveis considerados de uso fa-

miliar? Dados extraídos de uma amostra contendo 16 automóveis de uso familiar com modelo 2012 foram coletados, organizados e armazenados no arquivo **Auto2012**. (Dados extraídos de "Top 2012 Cars", *Consumer Reports*, abril de 2012, pp. 40-73.) Desenvolva um modelo de regressão para prever a milhagem (medida por meio de milhas por galão) baseada na potência, em cavalos, do motor do automóvel e no peso do automóvel (em libras).
a. Expresse a equação para a regressão múltipla.
b. Interprete o significado das inclinações, b_1 e b_2, neste problema.
c. Explique a razão pela qual o coeficiente da equação, b_0, não apresenta nenhum significado prático no contexto deste problema.
d. Faça a previsão para o consumo em milhas por galão, para automóveis que possuam 190 cavalos de força e pesem 3.500 libras.
e. Construa uma estimativa do intervalo de confiança de 95 % para a média aritmética do consumo em milhas por galão, para automóveis que possuam 190 cavalos de força e pesem 3.500 libras.
f. Construa um intervalo de previsão de 95 % correspondente ao consumo em milhas por galão, para um automóvel individual que tenha 190 cavalos de força e pese 3.500 libras.

14.6 O problema estratégico enfrentado pela empresa de venda de produtos para consumo no varejo é medir a eficácia de diferentes tipos de meios de propaganda na promoção de seus produtos. Especificamente, a empresa está interessada na eficácia da propaganda no rádio e em jornais (incluindo o custo dos cupons de desconto). Durante um período de teste correspondente a um mês, são coletados dados a partir de uma amostra de 22 cidades, com populações aproximadamente iguais. É alocado a cada cidade um patamar específico de despesas, tanto para propaganda em rádio quanto para propaganda em jornais. As vendas do produto (em milhares de dólares), bem como os patamares de despesas com os meios de propaganda, durante o mês de teste, foram registrados, com os resultados apresentados a seguir, e armazenados no arquivo **Propaganda**.

Cidade	Vendas ($1.000)	Propaganda em Rádio ($1.000)	Propaganda em Jornais ($1.000)
1	973	0	40
2	1.119	0	40
3	875	25	25
4	625	25	25
5	910	30	30
6	971	30	30
7	931	35	35
8	1.177	35	35
9	882	40	25
10	982	40	25
11	1.628	45	45
12	1.577	45	45
13	1.044	50	0
14	914	50	0
15	1.329	55	25
16	1.330	55	25
17	1.405	60	30
18	1.436	60	30
19	1.521	65	35
20	1.741	65	35
21	1.866	70	40
22	1.717	70	40

Introdução à Regressão Múltipla **533**

a. Expresse a equação para a regressão múltipla.
b. Interprete o significado das inclinações, b_1 e b_2, neste problema.
c. Interprete o significado do coeficiente de regressão, b_0.
d. Qual tipo de propaganda é mais eficaz? Explique.

14.7 O problema estratégico com que se depara o diretor de operações de radiodifusão de uma emissora de televisão diz respeito a avaliar a questão referente às "horas de sobreaviso" (ou seja, as horas em que os artistas gráficos sindicalizados da emissora estão sendo remunerados, embora não estejam efetivamente envolvidos em nenhum tipo de atividade) e quais fatores estariam relacionados a essas horas de sobreaviso. O estudo inclui as seguintes variáveis:

Horas de sobreaviso (Y) — Número total de horas de sobreaviso em uma semana

Total de dias da equipe presente (X_1) — Total semanal correspondente aos dias de presença das pessoas

Horas remotas (X_2) — Número total de horas trabalhadas por empregados, em locais fora do escritório central

Os dados foram coletados durante 26 semanas; esses dados estão organizados e armazenados em **Sobreaviso**.
a. Expresse a equação para a regressão múltipla.
b. Interprete o significado das inclinações, b_1 e b_2, neste problema.
c. Explique a razão pela qual o coeficiente de regressão, b_0, não apresenta nenhum significado prático no contexto deste problema.
d. Faça a previsão para que as horas de sobreaviso relativas a uma determinada semana em que o total da equipe esteve presente correspondam a 310 dias e as horas remotas totalizem 400.
e. Construa uma estimativa para o intervalo de confiança de 95 % para a média aritmética das horas de sobreaviso para semanas nas quais o total da equipe presente corresponda a 310 dias e as horas remotas totalizem 400.
f. Construa um intervalo de previsão de 95 % para que as horas de sobreaviso, no que se refere a uma única semana na qual o total da equipe esteve presente, correspondam a 310 dias e as horas remotas totalizem 400.

14.8 O município de Nassau está localizado aproximadamente 25 milhas a leste da cidade de Nova York. Os dados organizados e armazenados em **GlenCove** incluem o valor de avaliação, a área do terreno correspondente à propriedade, em acres (1 acre = 4.046,84 m²), e a idade (tempo de construção), em anos, para uma amostra contendo 30 residências unifamiliares localizadas em Glen Cove, uma pequena cidade do município de Nassau. Desenvolva um modelo de regressão linear múltipla para prever o valor de avaliação, com base na área do terreno correspondente à propriedade e à idade (tempo de construção), em anos.
a. Expresse a equação para a regressão múltipla.
b. Interprete o significado das inclinações, b_1 e b_2, neste problema.
c. Explique a razão pela qual o coeficiente da regressão, b_0, não apresenta nenhum significado prático no contexto deste problema.
d. Faça a previsão do valor de avaliação para uma residência que possua uma área de terreno correspondente a 0,25 acre e 45 anos de construção (idade).
e. Construa uma estimativa do intervalo de confiança de 95 % para a média aritmética do valor de avaliação para residências que possuam uma área de terreno de 0,25 acre e 45 anos de construção (idade).
f. Construa uma estimativa para um intervalo de previsão de 95 % do valor de avaliação para uma residência individual que possua uma área de terreno igual a 0,25 acre e 45 anos de construção (idade).

14.2 r^2, r^2 Ajustado e o Teste F Geral

Esta seção discute três métodos que você pode utilizar para avaliar o modelo de regressão múltipla geral: o coeficiente de determinação múltipla, r^2, o r^2 ajustado e o teste F geral.

Coeficiente de Determinação Múltipla

Lembre-se, com base na Seção 13.3, de que o coeficiente de determinação, r^2, mede a variação em Y que é explicada pela variável independente, X, no modelo de regressão múltipla. Na regressão múltipla, o **coeficiente de determinação múltipla** representa a proporção da variação em Y que é explicada pelo conjunto de variáveis independentes. A Equação (14.4) define o coeficiente de determinação múltipla relativo a um modelo de regressão múltipla com duas ou mais variáveis independentes.

COEFICIENTE DE DETERMINAÇÃO MÚLTIPLA

O coeficiente de determinação múltipla é igual à soma dos quadrados da regressão ($SQReg$) dividida pela soma total dos quadrados (STQ).

$$r^2 = \frac{\text{Soma dos quadrados da regressão}}{\text{Soma total dos quadrados}} = \frac{SQReg}{STQ} \qquad \textbf{(14.4)}$$

534 Capítulo 14

> **☞ Dica para o Leitor**
> Lembre-se de que r^2, na regressão múltipla, representa a proporção da variação na variável dependente Y que é explicada por todas as variáveis independentes X incluídas no modelo.

No exemplo da OmniPower, com base na Figura 14.1, $SQReg = 39.472.730,77$ e $STQ = 52.093.677,44$. Consequentemente,

$$r^2 = \frac{SQReg}{STQ} = \frac{39.472.730,77}{52.093.677,44} = 0,7577$$

O coeficiente de determinação múltipla ($r^2 = 0,7577$) indica que 75,77 % da variação nas vendas são explicados pela variação no preço e nas despesas efetuadas a título de promoções. O coeficiente de determinação múltipla também aparece nos resultados para a célula B5, na Figura 14.1, no final da Seção 14.1, ao lado da legenda R Quadrado.

r^2 Ajustado

Ao considerar modelos de regressão múltipla, alguns estatísticos sugerem que você deve utilizar o **r^2 ajustado** de modo a refletir tanto o número de variáveis independentes no modelo quanto o tamanho da amostra. Informar o r^2 ajustado é extremamente importante quando você está comparando dois ou mais modelos de regressão que estejam prevendo a mesma variável dependente, embora apresentem um número diferente de variáveis independentes. A Equação (14.5) define o r^2 ajustado.

---

r^2 AJUSTADO

$$r_{\text{aj}}^2 = 1 - \left[(1 - r^2)\frac{n-1}{n-k-1} \right] \tag{14.5}$$

em que k corresponde ao número de variáveis independentes na equação para a regressão.

Por conseguinte, para os dados sobre OmniPower, uma vez que $r^2 = 0,7577$, $n = 34$ e $k = 2$,

$$
\begin{aligned}
r_{\text{aj}}^2 &= 1 - \left[(1 - 0,7577)\frac{34-1}{34-2-1} \right] \\
&= 1 - \left[(0,2423)\frac{33}{31} \right] \\
&= 1 - 0,2579 \\
&= 0,7421
\end{aligned}
$$

Portanto, 74,21 % da variação nas vendas são explicados pelo modelo de regressão múltipla — ajustado em decorrência do número de variáveis independentes e do tamanho da amostra. O r^2 ajustado também aparece na célula B6 para os resultados apresentados na Figura 14.1, no final da Seção 14.1, ao lado da legenda R Quadrado Ajustado.

Teste para a Significância do Modelo de Regressão Múltipla Geral

Você utiliza o **teste F geral** para determinar se existe alguma relação significativa entre a variável dependente e o conjunto inteiro de variáveis independentes (o modelo de regressão múltipla geral). Tendo em vista que existe mais de uma variável independente, você utiliza a hipótese nula e a hipótese alternativa apresentadas a seguir:

H_0: $\beta_1 = \beta_2 = \cdots = \beta_k = 0$ (Não existe nenhuma relação linear em absoluto entre a variável dependente e as variáveis independentes.)

H_1: Pelo menos um $\beta_j \neq 0, j = 1, 2, \ldots, k$ (Existe uma relação linear entre a variável dependente e pelo menos uma das variáveis independentes.)

A Equação (14.6) define a estatística para o teste *F* geral. A Tabela 14.2 apresenta a tabela resumida de ANOVA.

TESTE *F* GERAL

A estatística do teste F_{ESTAT} é igual à média dos quadrados da regressão (*MQReg*) dividida pela média dos quadrados dos resíduos ou erros (*MQR*).

$$F_{ESTAT} = \frac{MQReg}{MQR} \tag{14.6}$$

em que

$k =$ número de variáveis independentes no modelo de regressão

A estatística do teste F_{ESTAT} segue uma distribuição *F* com *k* e $n - k - 1$ graus de liberdade.

TABELA 14.2
Tabela Resumida de ANOVA para o Teste *F* Geral

Fonte	Graus de Liberdade	Soma dos Quadrados	Média dos Quadrados (Variância)	F
Regressão	k	SQReg	$MQReg = \dfrac{SQReg}{k}$	$F_{ESTAT} = \dfrac{MQReg}{MQR}$
Erro	$n - k - 1$	SQR	$MQR = \dfrac{SQR}{n - k - 1}$	
Total	$n - 1$	STQ		

> **Dica para o Leitor**
> Tenha em mente que você está testando se pelo menos uma variável independente apresenta uma relação linear com a variável dependente. Caso você venha a rejeitar H_0, você *não está concluindo* que todas as variáveis independentes apresentam uma relação linear com a variável dependente; apenas que *pelo menos uma* variável independente apresenta uma relação linear.

A regra de decisão é

Rejeitar H_0, no nível de significância α, se $F_{ESTAT} > F_α$; caso contrário, não rejeitar H_0.

Utilizando um nível de significância de 0,05, o valor crítico da distribuição *F*, com 2 e 31 graus de liberdade, encontrado na Tabela E.5, é aproximadamente 3,32 (veja a Figura 14.3 a seguir). Com base na Figura 14.1, na Seção 12.1, a estatística do teste F_{ESTAT}, apresentada na tabela resumida de ANOVA, é 48,4771. Uma vez que 48,4771 > 3,32, ou uma vez que o valor-*p* = 0,000 < 0,05, você rejeita H_0 e conclui que pelo menos uma das variáveis independentes (preço e/ou despesas com promoções) está relacionada a vendas.

FIGURA 14.3 Testando a significância de um conjunto de coeficientes de regressão, no nível de significância de 0,05, com 2 e 31 graus de liberdade

536 Capítulo 14

Problemas para a Seção 14.2

APRENDENDO O BÁSICO

14.9 A seguinte tabela resumida de ANOVA corresponde a um modelo de regressão múltipla com duas variáveis independentes:

Fonte	Graus de Liberdade	Soma dos Quadrados	Média dos Quadrados	F
Regressão	2	60		
Erro	18	120		
Total	20	180		

a. Determine a média dos quadrados da regressão ($MQReg$) e a média dos quadrados dos resíduos ou erros (MQR).
b. Calcule a estatística do teste geral, F_{ESTAT}.
c. Determine se existe uma relação significativa entre Y e as duas variáveis independentes, no nível de significância de 0,05.
d. Calcule o coeficiente de determinação múltipla, r^2, e interprete o seu respectivo significado.
e. Calcule o r^2 ajustado.

14.10 A seguinte tabela resumida de ANOVA corresponde a um modelo de regressão múltipla com duas variáveis independentes:

Fonte	Graus de Liberdade	Soma dos Quadrados	Média dos Quadrados	F
Regressão	2	30		
Erro	10	120		
Total	12	150		

a. Determine a média dos quadrados da regressão ($MQReg$) e a média dos quadrados dos resíduos ou erros (MQR).
b. Calcule a estatística do teste F_{ESTAT} geral.
c. Determine se existe uma relação significativa entre Y e as duas variáveis independentes, no nível de significância de 0,05.
d. Calcule o coeficiente de determinação múltipla, r^2, e interprete o seu respectivo significado.
e. Calcule o r^2 ajustado.

APLICANDO OS CONCEITOS

14.11 Um analista financeiro engajado na avaliação de empresas obteve dados financeiros correspondentes a 71 empresas fabricantes de medicamentos (Grupo de Classificação do Setor SIC 3 código: 283). O arquivo **AvaliaçãoEmpresas** contém as seguintes variáveis:

EMPRESA — Nome da empresa fabricante de medicamentos
PB fye — Razão entre valor de mercado e valor escritural (encerramento do ano fiscal)
RSP — Retorno sobre o Patrimônio
CRESCIMENTO — Crescimento (GS5)

a. Desenvolva um modelo de regressão para prever a proporção entre o valor de mercado e o valor escritural, com base no retorno sobre o patrimônio.

b. Desenvolva um modelo de regressão para prever a proporção entre o valor de mercado e o valor escritural, com base no crescimento.
c. Desenvolva um modelo de regressão para prever a proporção entre o valor de mercado e o valor escritural, com base no retorno sobre o patrimônio e no crescimento.
d. Calcule e interprete o r^2 ajustado para cada um dos três modelos.
e. Qual desses três modelos você acredita que seja o melhor estimador para a proporção entre o valor de mercado e o valor escritural?

14.12 No Problema 14.3, em Problemas para a Seção 14.1, você previu a durabilidade de uma marca de tênis para corridas, com base na capacidade de absorção de choques na parte dianteira do pé e na alteração nas propriedades de impacto ao longo do tempo. A análise da regressão resultou na seguinte tabela resumida de ANOVA:

Fonte	Graus de Liberdade	Soma dos Quadrados	Média dos Quadrados	F	Valor-p
Regressão	2	12,61020	6,30510	97,69	0,0001
Erro	12	0,77453	0,06454		
Total	14	13,38473			

a. Determine se existe uma relação significativa entre a durabilidade e as duas variáveis independentes, no nível de significância de 0,05.
b. Interprete o significado do valor-p.
c. Calcule o coeficiente de determinação múltipla, r^2, e interprete o seu respectivo significado.
d. Calcule o r^2 ajustado.

14.13 No Problema 14.5, em Problemas para a Seção 14.1, você utilizou a potência, em cavalos, e o peso do automóvel, para prever o consumo de gasolina em milhas por galão. (Dados arquivados em **Auto2012.**) Utilizando os resultados daquele problema, faça o seguinte:
a. Determine se existe uma relação significativa entre a milhagem de gasolina e as duas variáveis independentes (potência, em cavalos, e peso), no nível de significância de 0,05.
b. Interprete o significado do valor-p.
c. Calcule o coeficiente de determinação múltipla, r^2, e interprete o seu respectivo significado.
d. Calcule o r^2 ajustado.

14.14 No Problema 14.4, em Problemas para a Seção 14.1, você utilizou as vendas e a quantidade de pedidos para prever os custos de distribuição em uma empresa que recebe pedidos de compra por meio de catálogos. (Dados armazenados no arquivo **CustoDepósito.**) Utilizando os resultados daquele problema,
a. determine se existe uma relação significativa entre custos de distribuição e as duas variáveis independentes (vendas e quantidade de pedidos), no nível de significância de 0,05.
b. interprete o significado do valor-p.
c. calcule o coeficiente de determinação múltipla, r^2, e interprete o seu respectivo significado.
d. calcule o r^2 ajustado.

Introdução à Regressão Múltipla **537**

14.15 No Problema 14.7, em Problemas para a Seção 14.1, você utilizou o total semanal de dias da equipe presente e as horas remotas para prever as horas de sobreaviso. (Dados armazenados no arquivo **Sobreaviso.**) Utilizando os resultados daquele problema,

a. determine se existe uma relação significativa entre as horas de sobreaviso e as duas variáveis independentes (total de dias da equipe presente e horas remotas), no nível de significância de 0,05.

b. interprete o significado do valor-p.

c. calcule o coeficiente de determinação múltipla, r^2, e interprete o seu respectivo significado.

d. calcule o r^2 ajustado.

14.16 No Problema 14.6, em Problemas para a Seção 14.1, você utilizou as despesas com propaganda no rádio e com propaganda em jornais para prever o total de vendas. (Dados armazenados no arquivo **Propaganda.**) Utilizando os resultados daquele problema,

a. determine se existe uma relação significativa entre vendas e as duas variáveis independentes (propaganda em rádio e propaganda em jornais), no nível de significância de 0,05.

b. interprete o significado do valor-p.

c. calcule o coeficiente de determinação múltipla, r^2, e interprete o seu respectivo significado.

d. calcule o r^2 ajustado.

14.17 No Problema 14.8, em Problemas para a Seção 14.1, você utilizou a área do terreno de uma propriedade residencial e a idade de um imóvel para prever o valor de avaliação. (Dados armazenados no arquivo **GlenCove.**) Utilizando os resultados para aquele problema,

a. determine se existe uma relação significativa entre o valor de avaliação e as duas variáveis independentes [área correspondente ao terreno de uma propriedade residencial e a idade (tempo de construção) do imóvel], no nível de significância de 0,05.

b. interprete o significado do valor-p.

c. calcule o coeficiente de determinação, r^2, e interprete o seu significado.

d. calcule o r^2 ajustado.

14.3 Análise de Resíduos para o Modelo de Regressão Múltipla

Na Seção 13.5, você utilizou a análise de resíduos para avaliar o ajuste do modelo de regressão linear simples. Para o modelo de regressão múltipla, com duas variáveis independentes, você precisa construir e analisar os gráficos de resíduos citados a seguir:

- Resíduos *versus* $\hat{Y}_i$
- Resíduos *versus* X_{1i}
- Resíduos *versus* X_{2i}
- Resíduos *versus* tempo

O primeiro gráfico de resíduos examina o padrão dos resíduos em relação aos valores previstos para Y. Caso os resíduos demonstrem um padrão para diferentes valores previstos de Y, existem evidências de um possível efeito curvilíneo (veja a Seção 15.1) em pelo menos uma variável independente, uma possível violação do pressuposto de igualdade de variâncias (veja a Figura 13.13, no final da Seção 13.5), e/ou a necessidade de transformar a variável Y.

O segundo e o terceiro gráficos de resíduos envolvem as variáveis independentes. Padrões no gráfico de resíduos em relação a uma variável independente podem indicar a existência de um efeito curvilíneo e, por conseguinte, indicar a necessidade de que seja acrescentada ao modelo de regressão múltipla uma variável independente curvilínea (veja a Seção 15.1).

O quarto gráfico é utilizado para investigar padrões nos resíduos, com o objetivo de validar o pressuposto da independência, quando os dados são coletados em ordem cronológica. Em associação a esse gráfico de resíduos, do mesmo modo que na Seção 13.6, você pode calcular a estatística de Durbin-Watson para determinar a existência de uma autocorrelação positiva entre os resíduos.

A Figura 14.4 apresenta os gráficos de resíduos para o exemplo das vendas de OmniPower. Existe muito pouco, ou nenhum, padrão na relação entre os resíduos e o valor previsto de Y, o valor de X_1 (preço), ou o valor de X_2 (despesas a título de promoções). Desse modo, você pode concluir que o modelo de regressão linear múltipla é apropriado para prever as vendas. Não há necessidade de fazer o gráfico dos resíduos em relação ao tempo, uma vez que os dados não foram coletados em ordem cronológica.

> **Dica para o Leitor**
> Assim como ocorre com a regressão linear simples, um gráfico de resíduos que não contenha nenhum padrão aparente se assemelhará a uma dispersão aleatória de pontos.

FIGURA 14.4
Gráficos de resíduos para os dados relativos a vendas de OmniPower: resíduos *versus* Y previsto, resíduos *versus* preço, e resíduos *versus* despesas com promoções

Construa gráficos de resíduos utilizando as instruções na Seção GE13.5.

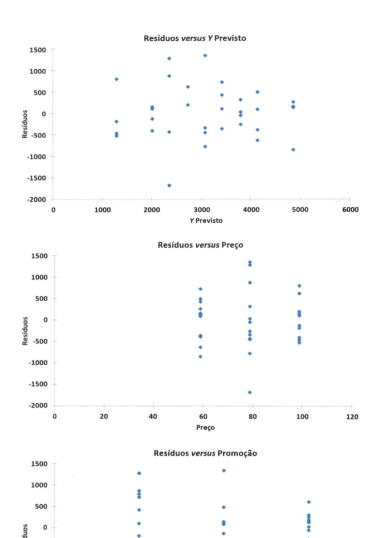

Problemas para a Seção 14.3

APLICANDO OS CONCEITOS

14.18 No Problema 14.4, em Problemas para a Seção 14.1, você utilizou vendas e a quantidade de pedidos no intuito de prever os custos de distribuição em uma empresa que recebe pedidos de compra por meio de catálogos. (Dados armazenados no arquivo **CustoDepósito.**)
a. Faça um gráfico para os resíduos em relação a $\hat{Y}_i$.
b. Faça um gráfico para os resíduos em relação a X_{1i}.
c. Faça um gráfico para os resíduos em relação a X_{2i}.
d. Faça um gráfico para os resíduos em relação ao tempo.
e. No gráfico de resíduos criado em (a) a (d), existem evidências de uma violação do pressuposto da regressão? Explique.
f. Determine a estatística de Durbin-Watson.
g. No nível de significância de 0,05, existem evidências de uma autocorrelação positiva nos resíduos?

14.19 No Problema 14.5, em Problemas para a Seção 14.1, você utilizou a potência, em cavalos, e o peso para prever a milhagem do consumo de combustível. (Dados armazenados no arquivo **Auto2012.**)
a. Faça um gráfico para os resíduos em relação a $\hat{Y}_i$.
b. Faça um gráfico para os resíduos em relação a X_{1i}.
c. Faça um gráfico para os resíduos em relação a X_{2i}.
d. No gráfico de resíduos criado em (a) a (c), existem evidências de uma violação do pressuposto da regressão? Explique.
e. Você deveria calcular a estatística de Durbin-Watson no tocante a esses dados? Explique.

14.20 No Problema 14.6, em Problemas para a Seção 14.1, você utilizou a verba gasta com propaganda em rádio e propaganda em jornais para prever vendas. (Dados armazenados no arquivo **Propaganda.**)

a. Realize uma análise de resíduos em seus resultados.

b. Caso seja apropriado, realize o teste de Durbin-Watson utilizando $\alpha = 0,05$.

c. Os pressupostos da regressão são válidos para esses dados?

14.21 No Problema 14.7, em Problemas para a Seção 14.1, você utilizou o total de dias da equipe presente e as horas remotas para prever as horas de sobreaviso. (Dados armazenados no arquivo **Sobreaviso.**)

a. Realize uma análise de resíduos em seus resultados.

b. Caso seja apropriado, realize o teste de Durbin-Watson, utilizando $\alpha = 0,05$.

c. Os pressupostos da regressão são válidos para esses dados?

14.22 No Problema 14.8, em Problemas para a Seção 14.1, você utilizou a área correspondente ao terreno de uma propriedade e a idade (tempo de construção) de um imóvel residencial para prever o valor referente à avaliação. (Dados contidos no arquivo **GlenCove.**)

a. Realize uma análise de resíduos em seus resultados.

b. Caso seja apropriado, realize o teste de Durbin-Watson utilizando $\alpha = 0,05$.

c. Os pressupostos da regressão são válidos para esses dados?

14.4 Inferências Relacionadas com os Coeficientes da Regressão para a População

Na Seção 13.7, você testou a inclinação em um modelo de regressão linear simples com o objetivo de determinar a significância da relação entre X e Y. Além disso, você construiu uma estimativa para o intervalo de confiança correspondente à inclinação da população. Esta seção estende os referidos procedimentos para a regressão múltipla.

Testes de Hipóteses

Em um modelo de regressão linear simples, para testar uma determinada hipótese com referência à inclinação da população, β_1, você utilizou a Equação (13.16), no início da Seção 13.7:

$$t_{ESTAT} = \frac{b_1 - \beta_1}{S_{b_1}}$$

A Equação (14.7) generaliza essa equação para a regressão múltipla.

TESTANDO A INCLINAÇÃO NA REGRESSÃO MÚLTIPLA

$$t_{ESTAT} = \frac{b_j - \beta_j}{S_{b_j}} \tag{14.7}$$

em que

b_j = inclinação da variável j com Y, mantendo-se constantes os efeitos de todas as outras variáveis independentes

S_{b_j} = erro-padrão do coeficiente de regressão, b_j

k = número de variáveis independentes na equação para a regressão

β_j = valor citado na hipótese para a inclinação da população em relação à variável j, mantendo-se constantes os efeitos de todas as outras variáveis independentes

t_{ESTAT} = estatística do teste para uma distribuição t, com $n - k - 1$ graus de liberdade

Para determinar se a variável X_2 (o montante de despesas com promoções) exerce um efeito significativo sobre vendas, levando-se em consideração os preços de barras *OmniPower*, a hipótese nula e a hipótese alternativa são

$$H_0: \beta_2 = 0$$
$$H_1: \beta_2 \neq 0$$

Partindo da Equação (14.7) e da Figura 14.1 na Seção 14.1,

$$t_{ESTAT} = \frac{b_2 - \beta_2}{S_{b_2}}$$

$$= \frac{3,6131 - 0}{0,6852} = 5,2728$$

Caso você selecione um nível de significância de 0,05, os valores críticos de t, para 31 graus de liberdade, a partir da Tabela E.3, são $-2,0395$ e $+2,0395$ (Figura 14.5).

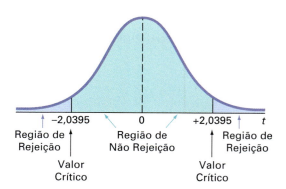

FIGURA 14.5
Testando a significância de um coeficiente de regressão, no nível de significância de 0,05, com 31 graus de liberdade

Com base na Figura 14.1, na Seção 14.1, observe que a estatística do teste t_{ESTAT} calculada é igual a 5,2728. Uma vez que $t_{ESTAT} = 5,2728 > 2,0395$, ou tendo em vista que o valor-p é aproximadamente igual a zero, você rejeita H_0 e conclui que existe uma relação significativa entre a variável X_2 (despesas com promoções) e as vendas, ao levar em consideração o preço, X_1. Esse valor-p extremamente pequeno permite que você rejeite veementemente a hipótese nula de que não existe nenhuma relação linear entre vendas e despesas realizadas com promoções. O Exemplo 14.1 apresenta o teste para a significância de β_1, a inclinação de vendas em relação a preço.

EXEMPLO 14.1
Testando a Significância da Inclinação de Vendas em relação a Preço

No nível de significância de 0,05, existem evidências de que a inclinação de vendas em relação a preço seja diferente de zero?

SOLUÇÃO Com base na Figura 14.1 da Seção 14.1, $t_{ESTAT} = -7,7664 < -2,0395$ (o valor crítico para $\alpha = 0,05$), ou o valor-p = 0,0000 < 0,05. Portanto, existe uma relação significativa entre preço, X_1, e vendas, levando em consideração as despesas com promoções, X_2.

Conforme observado em relação a cada uma dessas duas variáveis X, o teste de significância para um determinado coeficiente de regressão, na regressão múltipla, é um teste para a significância de ser acrescentada uma determinada variável em um modelo de regressão, sabendo-se que outra variável está incluída. Em outras palavras, o teste t para o coeficiente da regressão é, na realidade, um teste para a contribuição de cada uma das variáveis independentes.

Estimativa do Intervalo de Confiança

Em vez de testar a significância da inclinação de uma população, pode ser que você deseje estimar o valor da inclinação para uma população. A Equação (14.8) define a estimativa do intervalo de confiança para a inclinação de uma população na regressão múltipla.

ESTIMATIVA DO INTERVALO DE CONFIANÇA PARA A INCLINAÇÃO

$$b_j \pm t_{\alpha/2} S_{b_j} \tag{14.8}$$

em que

$t_{\alpha/2}$ = o valor crítico correspondente a uma probabilidade de cauda superior de $\alpha/2$ a partir da distribuição t com $n - k - 1$ graus de liberdade (ou seja, uma área acumulada igual a $1 - \alpha/2$)

k = a quantidade de variáveis independentes.

Introdução à Regressão Múltipla **541**

Para construir uma estimativa do intervalo de confiança de 95 % para a inclinação da população, β_1 (o efeito decorrente do preço, X_1, sobre vendas, Y, mantendo-se constante o efeito das despesas com promoções, X_2), o valor crítico de t, no nível de confiança de 95 %, com 31 graus de liberdade, é igual a 2,0395 (veja a Tabela E.3). Assim, utilizando-se a Equação (14.8) e a Figura 14.1 na Seção 14.1,

$$b_1 \pm t_{\alpha/2}S_{b_1}$$

$$-53{,}2173 \pm (2{,}0395)(6{,}8522)$$

$$-53{,}2173 \pm 13{,}9752$$

$$-67{,}1925 \le \beta_1 \le -39{,}2421$$

Levando-se em consideração o efeito decorrente das despesas com promoções, o efeito estimado de um aumento de 1 centavo de dólar no preço é a redução da média aritmética das vendas em aproximadamente 39,2 a 67,2 barras. Você tem 95 % de confiança de que esse intervalo estima corretamente a relação entre essas variáveis. Partindo-se do ponto de vista de um teste de hipóteses, uma vez que esse intervalo de confiança não inclui o 0 (zero), você conclui que o coeficiente de regressão, β_1, possui um efeito significativo.

O Exemplo 14.2 constrói e interpreta uma estimativa do intervalo de confiança para a inclinação de vendas com despesas a título de promoções.

EXEMPLO 14.2

Construindo uma Estimativa do Intervalo de Confiança para a Inclinação de Vendas em Relação a Despesas com Promoções

Construa uma estimativa do intervalo de confiança de 95 % para a inclinação da população de vendas em relação a despesas com promoções.

SOLUÇÃO O valor crítico de t, no nível de confiança de 95 %, com 31 graus de liberdade, é 2,0395 (veja a Tabela E.3). Utilizando a Equação (14.8) e a Figura 14.1, na Seção 14.1,

$$b_2 \pm t_{\alpha/2}S_{b_2}$$

$$3{,}6131 \pm (2{,}0395)(0{,}6852)$$

$$3{,}6131 \pm 1{,}3975$$

$$2{,}2156 \le \beta_2 \le 5{,}0106$$

Por conseguinte, levando-se em consideração o efeito do preço, o efeito estimado de cada dólar adicional de despesas com promoções é o aumento da média aritmética das vendas em aproximadamente 2,22 a 5,01 barras. Você tem 95 % de confiança de que esse intervalo estima corretamente a relação entre essas variáveis. Partindo do ponto de vista de um teste de hipóteses, uma vez que esse intervalo de confiança não inclui o 0 (zero), você pode concluir que o coeficiente de regressão, β_2, exerce um efeito significativo.

Problemas para a Seção 14.4

APRENDENDO O BÁSICO

14.23 Utilize as seguintes informações, extraídas de uma análise de regressão múltipla:

$$n = 25 \quad b_1 = 5 \quad b_2 = 10 \quad S_{b_1} = 2 \quad S_{b_2} = 8$$

a. Qual das variáveis apresenta a maior inclinação, em unidades de uma estatística t?

b. Construa uma estimativa do intervalo de confiança de 95 % para a inclinação da população, β_1.

c. No nível de significância de 0,05, determine se cada uma das variáveis independentes oferece uma contribuição significativa em relação ao modelo de regressão. Com base nesses resultados, indique as variáveis independentes que devem ser incluídas nesse modelo.

14.24 Utilize as seguintes informações, extraídas de uma análise de regressão múltipla:

$$n = 20 \quad b_1 = 4 \quad b_2 = 3 \quad S_{b_1} = 1{,}2 \quad S_{b_2} = 0{,}8$$

a. Qual das variáveis apresenta a maior inclinação, em unidades de uma estatística t?

b. Construa uma estimativa do intervalo de confiança de 95 % para a inclinação da população, β_1.

c. No nível de significância de 0,05, determine se cada uma das variáveis independentes oferece uma contribuição significativa em relação ao modelo de regressão. Com base nesses resultados, indique as variáveis independentes que devem ser incluídas nesse modelo.

542 Capítulo 14

APLICANDO OS CONCEITOS

14.25 No Problema 14.3, em Problemas para a Seção 14.1, você previu a durabilidade de uma marca de tênis para corridas, com base na capacidade de absorção de choques da parte dianteira do pé (IMPDIANT) e na alteração nas propriedades de impacto ao longo do tempo (MEIOSOLA), para uma amostra de 15 pares de calçados. Utilize os seguintes resultados:

Variável	Coeficiente	Erro-Padrão	Estatística t	Valor-p
Interseção	$-0,02686$	$0,06905$	$-0,39$	$0,7034$
IMPDIANT	$0,79116$	$0,06295$	$12,57$	$0,0000$
MEIOSOLA	$0,60484$	$0,07174$	$8,43$	$0,0000$

a. Construa uma estimativa do intervalo de confiança de 95 % para a inclinação da população entre durabilidade e capacidade de absorção de impacto na parte dianteira do pé.
b. No nível de significância de 0,05, determine se cada uma das variáveis independentes oferece uma contribuição significativa ao modelo de regressão. Com base nesses resultados, indique as variáveis independentes que devem ser incluídas nesse modelo.

✓AUTO-teste **14.26** No Problema 14.4, em Problemas para a Seção 14.1, você utilizou as vendas e a quantidade de pedidos para prever os custos de distribuição em uma empresa que recebe pedidos de compra por meio de catálogos. (Dados armazenados no arquivo **CustoDepósito.**) Utilizando os resultados correspondentes àquele problema,
a. construa uma estimativa para o intervalo de confiança de 95 % para a inclinação da população entre custo de distribuição e vendas.
b. no nível de significância de 0,05, determine se cada uma das variáveis independentes oferece alguma contribuição significativa em relação ao modelo de regressão. Com base nesses resultados, indique as variáveis independentes que devem ser incluídas nesse modelo.

14.27 No Problema 14.5, em Problemas para a Seção 14.1, você utilizou a potência, em cavalos, e o peso, para prever a milhagem do consumo de gasolina. (Dados contidos no arquivo **Auto2012.**) Utilizando os resultados correspondentes àquele problema,
a. construa uma estimativa para o intervalo de confiança de 95 % para a inclinação da população entre milhagem do consumo de gasolina e potência, em cavalos.

b. no nível de significância de 0,05, determine se cada uma das variáveis independentes oferece uma contribuição significativa ao modelo de regressão. Com base nesses resultados, indique as variáveis independentes que devem ser incluídas nesse modelo.

14.28 No Problema 14.6, em Problemas para a Seção 14.1, você utilizou as despesas realizadas com propaganda no rádio e propaganda em jornais para prever vendas. (Dados armazenados no arquivo **Propaganda.**) Utilizando os resultados correspondentes àquele problema,
a. construa uma estimativa do intervalo de confiança de 95 % para a inclinação da população entre vendas e a propaganda em rádio.
b. no nível de significância de 0,05, determine se cada uma das variáveis independentes oferece uma contribuição significativa ao modelo de regressão. Com base nesses resultados, indique as variáveis independentes que devem ser incluídas nesse modelo.

14.29 No Problema 14.7, em Problemas para a Seção 14.1, você utilizou a quantidade total de dias da equipe presente e as horas remotas para prever as horas de sobreaviso. (Dados armazenados no arquivo **Sobreaviso.**) Utilizando os resultados no que se refere àquele problema,
a. construa uma estimativa do intervalo de confiança de 95 % para a inclinação da população entre as horas de sobreaviso e a quantidade total de dias da equipe presente.
b. no nível de significância de 0,05, determine se cada uma das variáveis independentes oferece uma contribuição significativa ao modelo de regressão. Com base nesses resultados, indique as variáveis independentes que devem ser incluídas nesse modelo.

14.30 No Problema 14.8, em Problemas para a Seção 14.1, você utilizou a área correspondente ao terreno de uma propriedade residencial e a idade (tempo de construção) do imóvel para prever o valor de avaliação. (Dados contidos no arquivo **GlenCove.**) Utilizando os resultados correspondentes àquele problema,
a. construa uma estimativa do intervalo de confiança de 95 % para a inclinação da população entre o valor de avaliação e a área correspondente ao terreno de uma propriedade residencial.
b. no nível de significância de 0,05, determine se cada uma das variáveis independentes oferece uma contribuição significativa ao modelo de regressão. Com base nesses resultados, indique as variáveis independentes que devem ser incluídas nesse modelo.

14.5 Testando Partes do Modelo de Regressão Múltipla

Ao desenvolver um modelo de regressão múltipla, você deseja utilizar somente aquelas variáveis independentes que reduzam significativamente o erro no que se refere à previsão do valor para uma variável dependente. Se uma variável independente não melhorar essa previsão, você pode excluí-la do modelo de regressão múltipla e utilizar um modelo com um menor número de variáveis independentes.

O **teste F parcial** é um método alternativo ao teste t discutido na Seção 14.4, para determinar a contribuição de uma variável independente. Utilizando esse método, você determina a contribuição oferecida por cada uma das variáveis independentes em relação à soma dos quadrados da regressão, depois que todas as outras variáveis independentes tenham sido incluídas no modelo. A nova variável independente é incluída unicamente se ela vier a tornar o modelo significativamente melhor.

Introdução à Regressão Múltipla **543**

Para conduzir testes F parciais para o exemplo que trata das vendas de OmniPower, você precisa avaliar a contribuição de despesas com promoções (X_2) depois que preço (X_1) tenha sido incluído no modelo, e também avaliar a contribuição de preço (X_1) depois que despesas com promoções (X_2) tiverem sido incluídas no modelo.

Em geral, se existem diversas variáveis independentes, você determina a contribuição de cada uma das variáveis independentes, levando em conta a soma dos quadrados da regressão de um modelo que inclua todas as variáveis independentes, exceto a variável de interesse, j. Essa soma dos quadrados da regressão é representada por $SQReg$ (todas as variáveis X, exceto j). A Equação (14.9) determina a contribuição da variável j, pressupondo que todas as outras variáveis já estejam incluídas.

DETERMINANDO A CONTRIBUIÇÃO DE UMA VARIÁVEL INDEPENDENTE PARA O MODELO DE REGRESSÃO

$$SQReg\,(X_j\,|\,\text{Todas as variáveis } X, \text{exceto } j\,) =$$
$$SQReg\,(\text{Todas as variáveis } X\,) -$$
$$SQReg(\text{Todas as variáveis de } X, \text{exceto } j) \qquad \textbf{(14.9)}$$

Caso existam duas variáveis independentes, você utiliza as Equações (14.10a) e (14.10b) para determinar a contribuição de cada uma das variáveis.

CONTRIBUIÇÃO DA VARIÁVEL X_1, SABENDO-SE QUE X_2 FOI INCLUÍDA

$$SQReg(X_1\,|\,X_2) = SQReg(X_1 \text{ e } X_2) - SQReg(X_2) \qquad \textbf{(14.10a)}$$

CONTRIBUIÇÃO DA VARIÁVEL X_2, SABENDO-SE QUE X_1 FOI INCLUÍDA

$$SQReg(X_2\,|\,X_1) = SQReg(X_1 \text{ e } X_2) - SQReg(X_1) \qquad \textbf{(14.10b)}$$

O termo $SQReg(X_2)$ representa a soma dos quadrados que é decorrente da regressão para um modelo que inclui somente a variável independente X_2 (despesas com promoções). De maneira análoga, $SQReg(X_1)$ representa a soma dos quadrados que é decorrente da regressão para um modelo que inclui somente a variável independente X_1 (preço). As Figuras 14.6 e 14.7 apresentam os resultados, sob forma de planilha, para esses dois modelos.

Com base na Figura 14.6, $SQReg(X_2) = 14.915.814,10$, e com base na Figura 14.1, na Seção 14.1, $SQReg\,(X_1 \text{ e } X_2) = 39.472.730,77$. Depois disso, utilizando a Equação (14.10a),

$$SQReg(X_1\,|\,X_2) = SQReg(X_1 \text{ e } X_2) - SQReg(X_2)$$
$$= 39.472.730,77 - 14.915.814,10$$
$$= 24.556.916,67$$

FIGURA 14.6
Resultados da regressão para um modelo de regressão linear simples para vendas com despesas com promoções, $SQReg(X_2)$

Veja a Seção GE13.2 para uma discussão sobre as planilhas da regressão linear simples.

	A	B	C	D	E	F	G
1	Análise de Vendas & Despesas com Promoções						
2							
3	*Estatística de Regressão*						
4	R Múltiplo	0,5351					
5	R-Quadrado	0,2863					
6	R-Quadrado Ajustado	0,2640					
7	Erro-Padrão	1077,8721					
8	Observações	34					
9							
10	ANOVA						
11		*gl*	*SQ*	*MQ*	*F*	*F de Significação*	
12	Regressão	1	14915814,1025	14975814,1025	12,8384	0,0011	
13	Resíduo	32	37177863,3387	1161808,2293			
14	Total	33	52093677,4412				
15							
16		*Coeficientes*	*Erro-Padrão*	*Estat t*	*Valor-P*	*95 % inferiores*	*95 % superiores*
17	Interseção	1496,0161	483,9789	3,0911	0,0041	510,1843	2481,8480
18	Promoção	4,1281	1,1521	3,5831	0,0011	1,7813	6,4748

FIGURA 14.7

	A	B	C	D	E	F	G
1	Análise para Vendas & Preço						
2							
3	*Estatística de Regressão*						
4	R Múltiplo	0,7351					
5	R-Quadrado	0,5404					
6	R-Quadrado Ajustado	0,5261					
7	Erro-Padrão	864,9457					
8	Observações	34					
9							
10	ANOVA						
11		*gl*	*SQ*	*MQ*	*F*	*F de significação*	
12	Regressão	1	28153486,1482	28153486,1482	37,6318	0,0000	
13	Resíduo	32	23940191,2930	748130,9779			
14	Total	33	52093677,4412				
15							
16		*Coeficientes*	*Erro-Padrão*	*Estat t*	*Valor-P*	*95 % inferiores*	*95 % superiores*
17	Interseção	7512,3480	734,6189	10,2262	0,0000	6015,9796	9008,7164
18	Preço	-56,7138	9,2451	-6,1345	0,0000	-75,5455	-37,8822

FIGURA 14.7 Resultados da regressão para um modelo de regressão linear simples para vendas com preço, $SQReg(X_1)$

Para determinar se X_1 aperfeiçoa significativamente um modelo, depois que X_2 tenha sido incluída, você divide a soma dos quadrados da regressão em duas partes componentes, conforme ilustrado na Tabela 14.3.

TABELA 14.3
Tabela de ANOVA Dividindo a Soma dos Quadrados da Regressão em Componentes para Determinar a Contribuição da Variável X_1

Fonte	Graus de Liberdade	Soma dos Quadrados	Média dos Quadrados (Variância)	F
Regressão	2	39.472.730,77	19.736.365,39	
$\begin{cases} X_2 \\ X_1 \mid X_2 \end{cases}$	$\begin{cases} 1 \\ 1 \end{cases}$	$\begin{cases} 14.915.814,10 \\ 24.556.916,67 \end{cases}$	24.556.916,67	60,32
Erro	31	12.620.946,67	407.127,31	
Total	33	52.093.677,44		

A hipótese nula e a hipótese alternativa para testar a contribuição de X_1 para o modelo são:

H_0: A variável X_1 não aperfeiçoa significativamente o modelo depois de a variável X_2 ter sido incluída.
H_1: A variável X_1 aperfeiçoa significativamente o modelo depois de a variável X_2 ter sido incluída.

A Equação (14.11) define o teste F parcial para testar a contribuição de uma variável independente.

ESTATÍSTICA DO TESTE F PARCIAL

$$F_{ESTAT} = \frac{SQReg(X_j \mid \text{Todas as variáveis } X \text{ exceto } j)}{MQR} \tag{14.11}$$

A estatística do teste F parcial segue uma distribuição F, com 1 e $n - k - 1$ graus de liberdade.

Com base na Tabela 14.3,

$$F_{ESTAT} = \frac{24.556.916,67}{407.127,31} = 60,32$$

A estatística do teste F_{ESTAT} parcial possui 1 e $n - k - 1 = 34 - 2 - 1 = 31$ graus de liberdade. Utilizando um nível de significância de 0,05, o valor crítico, com base na Tabela E.5, é aproximadamente 4,17 (veja a Figura 14.8).

FIGURA 14.8
Testando a contribuição de um coeficiente da regressão para um modelo de regressão múltipla, no nível de significância de 0,05, com 1 e 31 graus de liberdade

Uma vez que a estatística do teste F_{ESTAT} parcial calculada (60,32) é maior do que esse valor crítico de F (4,17), você rejeita H_0. Você conclui que o acréscimo da variável X_1 (preço) melhora significativamente um modelo de regressão que já contenha a variável X_2 (despesas com promoções).

Para avaliar a contribuição da variável X_2 (despesas com promoções) para um modelo no qual a variável X_1 (preço) tenha sido incluída, você precisa utilizar a Equação (14.10b). Em primeiro lugar, com base na Figura 14.7, observe que $SQReg(X_1) = 28.153.486,15$. Em segundo lugar, com base na Tabela 14.3, observe que $SQReg(X_1 \text{ e } X_2) = 39.472.730,77$. Depois disso, utilizando a Equação (14.10b), apresentada no início desta seção,

$$SQReg(X_2|X_1) = 39.472.730,77 - 28.153.486,15 = 11.319.244,62$$

Para determinar se X_2 melhora significativamente um modelo depois que X_1 tenha sido incluída, você pode dividir a soma dos quadrados da regressão em duas partes componentes, conforme mostrado na Tabela 14.4.

TABELA 14.4
Tabela de ANOVA Dividindo a Soma dos Quadrados da Regressão em Componentes para Determinar a Contribuição da Variável X_2

Fonte	Graus de Liberdade	Soma dos Quadrados	Média dos Quadrados (Variância)	F
Regressão	2	39.472.730,77	19.736.365,39	
X_1	1	28.153.486,15		
$X_2\|X_1$	1	11.319.244,62	11.319.244,62	27,80
Erro	31	12.620.946,67	407.127,31	
Total	33	52.093.677,44		

A hipótese nula e a hipótese alternativa para testar a contribuição de X_2 para o modelo são

H_0: A variável X_2 não melhora significativamente o modelo depois que a variável X_1 tenha sido incluída.
H_1: A variável X_2 melhora significativamente o modelo depois que a variável X_1 tenha sido incluída.

Utilizando a Equação (14.11) e a Tabela 14.4,

$$F_{ESTAT} = \frac{11.319.244,62}{407.127,31} = 27,80$$

Na Figura 14.8, você pode verificar que, utilizando um nível de significância de 0,05, o valor crítico para F, com 1 e 31 graus de liberdade, corresponde a aproximadamente 4,17. Uma vez que a estatística do teste F_{ESTAT} parcial calculada (27,80) é maior do que esse valor crítico (4,17), você rejeita H_0. Você consegue concluir que o acréscimo da variável X_2 (despesas com promoções) melhora significativamente o modelo de regressão múltipla que já contém a variável X_1 (preço).

Por conseguinte, pelo fato de testar a contribuição de cada uma das variáveis independentes, depois que a outra variável independente tenha sido incluída no modelo, você determina que cada uma das duas variáveis independentes melhora significativamente o modelo. Portanto, o modelo de regressão múltipla deve incluir tanto o preço, X_1, quanto as despesas com promoções, X_2.

A estatística do teste F parcial desenvolvida nesta seção e a estatística do teste t relativo à Equação (14.7) no início da Seção 14.4 são, ambas, utilizadas para determinar a contribuição de uma variável independente para um modelo de regressão múltipla. Os testes de hipóteses associados a

546 Capítulo 14

essas duas estatísticas sempre resultam na mesma decisão (ou seja, os valores-p são idênticos). A estatística do teste t_{ESTAT} para o modelo de regressão da OmniPower são –7,7664 e +5,2728, e as estatísticas do teste F_{ESTAT} são 60,32 e 27,80. A Equação (14.12) expressa essa relação entre t e F.[1]

RELAÇÃO ENTRE UMA ESTATÍSTICA t E UMA ESTATÍSTICA F

$$t^2_{ESTAT} = F_{ESTAT} \tag{14.12}$$

> **Dica para o Leitor**
>
> Os coeficientes de determinação parcial medem a proporção da variação na variável dependente que é explicada por uma variável independente específica, mantendo-se constantes todas as outras variáveis independentes. Eles são diferentes do *coeficiente de determinação múltipla*, que mede a proporção da variação na variável dependente que é explicada pelo conjunto inteiro das variáveis independentes incluídas no modelo.

Coeficientes de Determinação Parcial

Lembre-se, com base na Seção 14.2, de que o coeficiente de determinação múltipla, r^2, mede a proporção da variação em Y que é explicada pela variação nas variáveis independentes. Os **coeficientes de determinação parcial** ($r^2_{Y1,2}$ e $r^2_{Y2,1}$) medem a proporção da variação na variável dependente que é explicada por cada uma das variáveis independentes, ao mesmo tempo em que a outra variável independente é controlada ou mantida constante. A Equação (14.13) define os coeficientes de determinação parcial para um modelo de regressão múltipla com duas variáveis independentes.

COEFICIENTES DE DETERMINAÇÃO PARCIAL PARA UM MODELO DE REGRESSÃO MÚLTIPLA QUE CONTÉM DUAS VARIÁVEIS INDEPENDENTES

$$r^2_{Y1,2} = \frac{SQRegX_1|X_2)}{STQ - SQReg(X_1 \text{ e } X_2) + SQReg(X_1|X_2)} \tag{14.13a}$$

e

$$r^2_{Y2,1} = \frac{SQReg(X_2|X_1)}{STQ - SQReg(X_1 \text{ e } X_2) + SQReg(X_2|X_1)} \tag{14.13b}$$

em que

$SQReg(X_1 \mid X_2) = $ soma dos quadrados da contribuição da variável X_1 para o modelo de regressão, considerando-se que a variável X_2 tenha sido incluída no modelo

$STQ = $ soma total dos quadrados para Y

$SQReg(X_1 \text{ e } X_2) = $ soma dos quadrados da regressão, quando as variáveis X_1 e X_2 estão, ambas, incluídas no modelo de regressão múltipla

$SQReg(X_2 \mid X_1) = $ soma dos quadrados da contribuição da variável X_2 para o modelo de regressão, considerando-se que a variável X_1 tenha sido incluída no modelo

---

Para o exemplo de vendas de OmniPower,

$$r^2_{Y1,2} = \frac{24.556.916,67}{52.093.677,44 - 39.472.730,77 + 24.556.916,67}$$
$$= 0,6605$$

$$r^2_{Y2,1} = \frac{11.319.244,62}{52.093.677,44 - 39.472.730,77 + 11.319.244,62}$$
$$= 0,4728$$

O coeficiente de determinação parcial, $r^2_{Y1,2}$, da variável Y com X_1, mantendo-se X_2 constante, é 0,6605. Por conseguinte, para um determinado montante (constante) de despesas com promoções, 66,05 % da variação nas vendas de OmniPower são explicados pela variação no preço. O coeficiente de determinação parcial, $r^2_{Y2,1}$, da variável Y com X_2, mantendo-se X_1 constante, é 0,4728. Por conseguinte, para um determinado preço (constante), 47,28 % da variação nas vendas das barras OmniPower podem ser explicados pela variação no montante de despesas com promoções.

---

[1] Essa relação se mantém, somente quando a estatística F_{ESTAT} possui 1 grau de liberdade no numerador.

Introdução à Regressão Múltipla **547**

A Equação (14.4) define o coeficiente de determinação parcial para a j-ésima variável em um modelo de regressão múltipla que contenha diversas variáveis independentes (k).

*As **planilhas CDP** da **pasta de trabalho Regressão Múltipla** calculam os coeficientes de determinação parcial. Veja a Seção GE14.5.*

COEFICIENTE DE DETERMINAÇÃO PARCIAL PARA UM MODELO DE REGRESSÃO MÚLTIPLA QUE CONTÉM k VARIÁVEIS INDEPENDENTES

$$r^2_{Y_{j.(\text{Todas as variáveis } exceto\, j)}} = \frac{SQReg(X_j | \text{Todos os } X\; exceto\, j)}{STQ - SQReg(\text{Todos os } X) + SQReg(X_j | \text{Todos os } X\; exceto\, j)} \tag{14.14}$$

Problemas para a Seção 14.5

APRENDENDO O BÁSICO

14.31 É apresentada, a seguir, a tabela resumida de ANOVA para um modelo de regressão múltipla com duas variáveis independentes:

Fonte	Graus de Liberdade	Soma dos Quadrados	Média dos Quadrados	F
Regressão	2	60		
Erro	18	120		
Total	20	180		

Se $SQReg(X_1) = 45$ e $SQReg(X_2) = 25$,
a. determine se existe uma relação significativa entre Y e cada uma das variáveis independentes, no nível de significância de 0,05.
b. calcule os coeficientes de determinação parcial, $r^2_{Y1.2}$ e $r^2_{Y2.1}$, e interprete seus respectivos significados.

14.32 É apresentada, a seguir, a tabela resumida de ANOVA para um modelo de regressão múltipla com duas variáveis independentes:

Fonte	Graus de Liberdade	Soma dos Quadrados	Média dos Quadrados	F
Regressão	2	30		
Erro	10	120		
Total	12	150		

Se $SQReg(X_1) = 20$ e $SQReg(X_2) = 15$,
a. determine se existe uma relação significativa entre Y e cada uma das variáveis independentes, no nível de significância de 0,05.
b. calcule os coeficientes de determinação parcial, $r^2_{Y1.2}$ e $r^2_{Y2.1}$, e interprete seus respectivos significados.

APLICANDO OS CONCEITOS

14.33 No Problema 14.5, em Problemas para a Seção 14.1, você utilizou a potência, em cavalos, e o peso do automóvel no intuito de prever a milhagem em relação ao consumo de combustível. (Dados armazenados no arquivo **Auto2012** .) Utilizando os resultados daquele problema,

a. no nível de significância de 0,05, determine se cada uma das variáveis independentes oferece uma contribuição significativa em relação ao modelo de regressão. Com base nesses resultados, indique o modelo de regressão mais apropriado para o conjunto de dados em referência.
b. calcule os coeficientes de determinação parcial, $r^2_{Y1.2}$ e $r^2_{Y2.1}$, e interprete seus respectivos significados.

✓AUTO-teste 14.34 No Problema 14.4, em Problemas para a Seção 14.1, você utilizou as vendas e a quantidade de pedidos, com o objetivo de prever os custos de distribuição, em uma empresa que recebe pedidos de compra por meio de catálogos. (Dados armazenados no arquivo **CustoDepósito** .) Utilizando os resultados correspondentes àquele problema,
a. no nível de significância de 0,05, determine se cada uma das variáveis independentes oferece uma contribuição significativa ao modelo de regressão. Com base nesses resultados, indique o modelo de regressão mais apropriado para o conjunto de dados em referência.
b. calcule os coeficientes de determinação parcial, $r^2_{Y1.2}$ e $r^2_{Y2.1}$, e interprete seus respectivos significados.

14.35 No Problema 14.7, em Problemas para a Seção 14.1, você utilizou o total de dias da equipe presente e as horas remotas, de modo a prever as horas de sobreaviso. (Dados armazenados no arquivo **Sobreaviso.**) Utilizando os resultados correspondentes àquele problema,
a. no nível de significância de 0,05, determine se cada uma das variáveis independentes oferece uma contribuição significativa ao modelo de regressão. Com base nesses resultados, indique o modelo de regressão mais apropriado para o conjunto de dados em referência.
b. calcule os coeficientes de determinação parcial, $r^2_{Y1.2}$ e $r^2_{Y2.1}$, e interprete seus respectivos significados.

14.36 No Problema 14.6, em Problemas para a Seção 14.1, você utilizou as despesas gastas com propaganda no rádio e propaganda em jornais para prever as vendas. (Dados armazenados no arquivo **Propaganda.**) Utilizando os resultados correspondentes àquele problema,
a. no nível de significância de 0,05, determine se cada uma das variáveis independentes oferece uma contribuição significativa ao modelo de regressão. Com base nesses resultados, indique o modelo de regressão mais apropriado para o conjunto de dados em referência.
b. calcule os coeficientes de determinação parcial, $r^2_{Y1.2}$ e $r^2_{Y2.1}$, e interprete seus respectivos significados.

548 Capítulo 14

14.37 No Problema 14.8, em Problemas para a Seção 14.1, você utilizou a área correspondente ao terreno de uma propriedade residencial e a idade (tempo de construção) de um imóvel residencial com o objetivo de prever o valor de avaliação. (Dados armazenados no arquivo GlenCove.) Utilizando os resultados correspondentes àquele problema,

a. no nível de significância de 0,05, determine se cada uma das variáveis independentes oferece uma contribuição signifi-

cativa ao modelo de regressão. Com base nesses resultados, indique o modelo de regressão mais apropriado para o conjunto de dados em referência.

b. calcule os coeficientes de determinação parcial, $r_{Y1,2}^2$ e $r_{Y2,1}^2$, e interprete seus respectivos significados.

14.6 Utilizando Variáveis Binárias (*Dummy*) e Termos de Interação em Modelos de Regressão

Os modelos de regressão múltipla, discutidos nas Seções 14.1 a 14.5, adotam o pressuposto de que cada uma das variáveis independentes é uma variável numérica. Por exemplo, na Seção 14.1, você utilizou preço e despesas com promoções para prever as vendas mensais de barras nutricionais OmniPower. No entanto, no que se refere a alguns modelos, você precisa incluir o efeito de uma variável categórica independente. Por exemplo, para prever as vendas mensais de barras OmniPower, você deve incluir no modelo a variável categórica exposição em ponta de corredor para explorar o possível efeito causado nas vendas pela exposição das barras OmniPower em duas diferentes posições em ponta de corredor: as pontas destinadas a lançamentos e promoções e as pontas destinadas a refrigerantes em geral. (Veja o cenário Utilizando a Estatística do Capítulo 10, que envolve as vendas do refrigerante All-Natural Brain-Boost Cola.)

Variáveis Binárias (*Dummy*)

Para incluir uma variável independente categórica em um modelo de regressão, você utiliza uma **variável binária (*dummy*)**. Uma variável binária (*dummy*) recodifica as categorias de uma variável categórica utilizando os valores numéricos 0 e 1 para representar a ausência (valor 0) ou a presença da característica (valor 1). Se uma determinada variável independente categórica possui somente duas categorias, você pode definir uma variável binária (*dummy*), X_d, para representar as duas categorias. Por exemplo, para a variável categórica exposição em ponta de corredor, você pode definir a variável binária (*dummy*), X_d, do seguinte modo:

$X_d = 0$, se a observação estiver na primeira categoria (ponta de corredor destinada a lançamentos e promoções)

$X_d = 1$, se a observação estiver na categoria 2 (ponta de corredor destinada a lançamentos e promoções)

TABELA 14.5 Prevendo o Valor de Avaliação, com Base no Tamanho da Casa e na Presença de uma Lareira

Valor de Avaliação	Tamanho	Lareira	Lareira Codificada
234,4	2,00	Sim	1
227,4	1,71	Não	0
225,7	1,45	Não	0
235,9	1,76	Sim	1
229,1	1,93	Não	0
220,4	1,20	Sim	1
225,8	1,55	Sim	1
235,9	1,93	Sim	1
228,5	1,59	Sim	1
229,2	1,50	Sim	1
236,7	1,90	Sim	1
229,3	1,39	Sim	1
224,5	1,54	Não	0
233,8	1,89	Sim	1
226,8	1,59	Não	0

Para ilustrar a aplicação de variáveis binárias (*dummy*) na regressão, considere o problema estratégico que envolve o desenvolvimento de um modelo para prever o valor de avaliação de casas (em $1.000) com base no tamanho do imóvel (em milhares de pés quadrados) e no fato de a casa possuir, ou não, uma lareira. Para incluir a variável categórica que se refere à presença de uma lareira, a variável binária (*dummy*), X_2, é definida como

$X_2 = 0$, se a casa não possui uma lareira
$X_2 = 1$, se a casa possui uma lareira

Dados coletados a partir de uma amostra de 15 casas são organizados e armazenados no arquivo Casa3. A Tabela 14.5 apresenta os dados. Na última coluna da Tabela 14.5, você pode verificar o modo como os dados categóricos são convertidos em valores numéricos.

Pressupondo que a inclinação do valor de avaliação em relação ao tamanho do imóvel seja a mesma, para as casas que possuem e para as que não possuem uma lareira, o modelo de regressão múltipla é

$$Y_i = \beta_0 + \beta_1 X_{1i} + \beta_2 X_{2i} + \varepsilon_i$$

em que

Y_i = valor de avaliação, em milhares de dólares, para a casa i
β_0 = intercepto de Y

Introdução à Regressão Múltipla **549**

X_{1i} = tamanho do imóvel, em milhares de pés quadrados, para a casa

β_1 = inclinação do valor de avaliação em relação ao tamanho do imóvel, mantendo-se constante a presença ou a ausência de uma lareira

X_{2i} = variável binária, representando a presença ou a ausência de uma lareira para a casa i

β_2 = efeito incremental líquido decorrente da presença de uma lareira em relação ao valor de avaliação, mantendo-se constante o tamanho do imóvel

ε_i = erro aleatório em Y para a casa i

A Figura 14.9 apresenta a planilha com os resultados da regressão para esse modelo, em que LareiraCodificada corresponde à variável que representa a ausência ou a presença de uma lareira em uma casa.

FIGURA 14.9

Planilha com os resultados da regressão para o modelo de regressão que inclui tamanho da casa e presença de lareira

Crie variáveis binárias (dummy) utilizando as instruções na Seção GE14.6.

	A	B	C	D	E	F	G
1	Análise do Valor de Avaliação						
2							
3	*Estatística de Regressão*						
4	R Múltiplo	0,9006					
5	R-Quadrado	0,8111					
6	R-Quadrado Ajustado	0,7796					
7	Erro-Padrão	2,2626					
8	Observações	15					
9							
10	ANOVA						
11		*gl*	*SQ*	*MQ*	*F*	*F de significação*	
12	Regressão	2	263,7039	131,8520	25,7557	0,0000	
13	Resíduo	12	61,4321	5,1193			
14	Total	14	325,1360				
15							
16		*Coeficientes*	*Erro-Padrão*	*Estat t*	*Valor-P*	*95 % inferiores*	*95 % superiores*
17	Interseção	200,0905	4,3517	45,9803	0,0000	190,6090	209,5719
18	Tamanho	16,1858	2,5744	6,2871	0,0000	10,5766	21,7951
19	LareiraCodificada	3,8530	1,2412	3,1042	0,0091	1,1486	6,5574

Com base na Figura 14.9, a equação para a regressão é

$$\hat{Y}_i = 200{,}0905 + 16{,}1858X_{1i} + 3{,}8530X_{2i}$$

Para casas sem lareira, você substitui X_2 por 0 na equação para a regressão:

$$\hat{Y}_i = 200{,}0905 + 16{,}1858X_{1i} + 3{,}8530X_{2i}$$
$$= 200{,}0905 + 16{,}1858X_{1i} + 3{,}8530(0)$$
$$= 200{,}0905 + 16{,}1858X_{1i}$$

Para casas com lareira, você substitui X_2 por 1 na equação para a regressão:

$$\hat{Y}_i = 200{,}0905 + 16{,}1858X_{1i} + 3{,}8530X_{2i}$$
$$= 200{,}0905 + 16{,}1858X_{1i} + 3{,}8530(1)$$
$$= 203{,}9435 + 16{,}1858X_{1i}$$

No presente modelo, os coeficientes da regressão são interpretados da seguinte maneira:

- Mantendo-se constante o fato de uma casa ter ou não uma lareira, para cada acréscimo correspondente a 1.000 pés quadrados no tamanho do imóvel, estima-se que o valor de avaliação previsto aumente em 16,1858 milhares de dólares (ou seja, $16.185,80).
- Mantendo-se constante o tamanho do imóvel, estima-se que a presença de uma lareira faça crescer em 3,8530 mil dólares (ou seja, $3.853) o valor de avaliação previsto para o imóvel.

Na Figura 14.9, a estatística do teste t_{ESTAT} para a inclinação do tamanho do imóvel em relação ao valor de avaliação é igual a 6,2871, e o valor-p é aproximadamente 0,000; a estatística do teste t_{ESTAT} para a presença de uma lareira é igual a 3,1042, e o valor-p é 0,0091. Por conseguinte, cada uma das duas variáveis oferece uma contribuição significativa para o modelo, em um nível de significância de 0,01. Além disso, o coeficiente de determinação múltipla indica que 81,11 % da variação no valor de avaliação são explicados pela variação no tamanho do imóvel e pelo fato de a casa ter ou não uma lareira.

Em algumas situações, a variável categórica tem mais de duas categorias. Quando isso ocorre, são necessárias mais duas variáveis binárias. O exemplo 14.3 ilustra tal situação.

EXEMPLO 14.3

Modelando uma Variável Categórica de Três Níveis

Defina um modelo de regressão múltipla, utilizando vendas como a variável dependente, e modelo da embalagem e preço como variáveis independentes. Modelo da embalagem é uma variável categórica que contém três níveis, sendo os modelos A, B ou C.

SOLUÇÃO Para modelar uma variável categórica de três níveis, modelo de embalagem, são necessárias duas variáveis binárias (*dummy*), X_1 e X_2:

$X_{1i} = 1$, se for utilizado o modelo de embalagem A na observação i; caso contrário, 0.
$X_{2i} = 1$, se for utilizado o modelo de embalagem B na observação i; caso contrário, 0.

Por conseguinte, caso a observação i utilize o modelo de embalagem A, então $X_{1i} = 1$ e $X_{2i} = 0$; se a observação i utilizar o modelo de embalagem B, então $X_{1i} = 0$ e $X_{2i} = 1$; e se a observação i utilizar o modelo de embalagem C, então $X_{1i} = X_{2i} = 0$. Por conseguinte, o modelo de embalagem C passa a ser uma categoria básica com relação à qual são comparados o efeito do modelo de embalagem A e o efeito do modelo de embalagem B. Uma terceira variável independente é utilizada no que se refere ao preço:

$$X_{3i} = \text{preço para a observação } i$$

Portanto, o modelo de regressão para este exemplo é

$$Y_i = \beta_0 + \beta_1 X_{1i} + \beta_2 X_{2i} + \beta_3 X_{3i} + \varepsilon_i$$

em que

Y_i = vendas, para a observação i
β_0 = intercepto de Y
β_1 = diferença entre as vendas previstas para o modelo A e as vendas previstas para o modelo C, mantendo-se constante o preço
β_2 = diferença entre as vendas previstas para o modelo B e as vendas previstas para o modelo C, mantendo-se constante o preço
β_3 = inclinação de vendas em relação a preço, mantendo-se constante o modelo da embalagem
ε_i = erro aleatório em Y para a observação i

Interações

Em todos os modelos de regressão discutidos até agora, foi pressuposto que o efeito que uma variável independente exerce sobre a variável dependente é estatisticamente independente das outras variáveis independentes no modelo. Ocorre uma **interação** no caso em que o efeito de uma variável independente sobre a variável dependente se modifica de acordo com o *valor* de uma segunda variável independente. Por exemplo, é possível que a propaganda exerça um efeito significativo sobre as vendas de um produto quando o preço desse produto é baixo. Entretanto, se o preço do produto for demasiadamente alto, incrementos na propaganda não modificarão radicalmente as vendas. Nesse caso, afirma-se que preço e propaganda interagem. Em outras palavras, você não pode fazer afirmações generalizadas no tocante ao efeito da propaganda sobre as vendas. O efeito que a propaganda exerce sobre as vendas é *dependente* do preço. Você utiliza um **termo de interação** (algumas vezes conhecido como um **termo de multiplicação**) para modelar um efeito de interação em um modelo de regressão.

Para ilustrar o conceito de interação e o uso de um termo de interação, retorne ao exemplo que trata dos valores de avaliação de imóveis residenciais, no início desta seção. No modelo de regressão, você adotou o pressuposto de que o efeito que o tamanho do imóvel exerce sobre o valor de avaliação é independente do fato de a casa ter ou não uma lareira. Em outras palavras, você partiu do pressuposto de que a inclinação do valor de avaliação em relação ao tamanho do imóvel era a mesma para casas com lareira e para casas sem lareira. Caso essas duas inclinações sejam diferentes, existe uma interação entre o tamanho do imóvel e a existência de uma lareira.

Para avaliar a possibilidade de existir alguma interação, você define, inicialmente, um termo de interação que corresponda ao produto entre a variável independente X_1 (tamanho da casa) e a variável binária (*dummy*) X_2 (LareiraCodificada). Depois disso, você testa se essa variável de interação oferece uma contribuição significativa para o modelo de regressão. Caso a interação seja significativa, você não pode utilizar o modelo original para fins de previsão. Para os dados da Tabela 14.5, você define o seguinte:

$$X_3 = X_1 \times X_2$$

Introdução à Regressão Múltipla **551**

A Figura 14.10 apresenta a planilha com os resultados da regressão para esse modelo de regressão que inclui o tamanho do imóvel, X_1, a presença de uma lareira, X_2, e a interação entre X_1 e X_2 (definida como X_3 e com a legenda Tamanho * LareiraCodificada na planilha).

	A	B	C	D	E	F	G
1	**Análise do Valor de Avaliação**						
2							
3	*Estatística de Regressão*						
4	R Múltiplo	0,9179					
5	R-Quadrado	0,8426					
6	R-Quadrado Ajustado	0,7996					
7	Erro-Padrão	2,1573					
8	Observações	15					
9							
10	**ANOVA**						
11		*gl*	*SQ*	*MQ*	*F*	*F de significação*	
12	Regressão	3	273,9441	91,3147	19,6215	0,0001	
13	Resíduo	11	51,1919	4,6538			
14	Total	14	325,1360				
15							
16		*Coeficientes*	*Erro-Padrão*	*Estat t*	*Valor-P*	*95 % inferiores*	*95 % superiores*
17	Interseção	212,9522	9,6122	22,1544	0,0000	191,7959	234,1084
18	Tamanho	8,3624	5,8173	1,4375	0,1784	-4,4414	21,1662
19	LareiraCodificada	-11,8404	10,6455	-1,1122	0,2898	-35,2710	11,5902
20	Tamanho * LareiraCodificada	9,5180	6,4165	1,4834	0,1661	-4,6046	23,6406

FIGURA 14.10 Resultados da regressão para um modelo que inclui tamanho da casa, presença de lareira e interação entre tamanho e lareira

Para testar a existência de uma interação, você utiliza a hipótese nula:

$$H_0: \beta_3 = 0$$

contra a hipótese alternativa:

$$H_1: \beta_3 \neq 0.$$

Na Figura 14.10, a estatística do teste t_{ESTAT} para a interação entre tamanho do imóvel e presença de uma lareira é 1,4834. Uma vez que $t_{ESTAT} = 1,4834 < 2,201$ ou valor-$p = 0,1661 > 0,05$, você não rejeita a hipótese nula. Portanto, a interação não oferece uma contribuição significativa para o modelo, dado que tamanho do imóvel e presença de uma lareira já estão incluídos. Você pode concluir que a inclinação do valor de avaliação em relação ao tamanho do imóvel é a mesma para casas com lareiras e sem lareiras.

Modelos de regressão podem conter diversas variáveis numéricas independentes. O Exemplo 14.4 ilustra um modelo de regressão no qual existem duas variáveis numéricas independentes, assim como uma variável categórica independente.

EXEMPLO 14.4

Estudando um Modelo de Regressão que Contém uma Variável Binária (*Dummy*)

O problema estratégico com o qual se depara um corretor imobiliário envolve a previsão do consumo de óleo para calefação em residências unifamiliares. As variáveis independentes consideradas são a temperatura atmosférica (°F), X_1, e a quantidade de isolamento no sótão, X_2. São coletados dados a partir de uma amostra de 15 residências unifamiliares. Entre as 15 casas selecionadas, as casas 1, 4, 6, 7, 8, 10 e 12 são casas no estilo colonial. Os dados estão organizados e armazenados no arquivo **Calefação**. Desenvolva e analise um modelo de regressão apropriado, utilizando essas três variáveis independentes, X_1, X_2 e X_3 (em que X_3 é a variável binária para casas em estilo colonial).

SOLUÇÃO Defina X_3, uma variável binária para casa em estilo colonial, do seguinte modo:

$$X_3 = 0, \text{ se o estilo não for colonial}$$
$$X_3 = 1, \text{ se o estilo for colonial}$$

Pressupondo que a inclinação entre consumo de óleo para calefação residencial e temperatura atmosférica, X_1, e entre consumo de óleo para calefação residencial e quantidade de isolamento térmico no sótão, X_2, seja a mesma para ambos os estilos de casas, o modelo de regressão é

$$Y_i = \beta_0 + \beta_1 X_{1i} + \beta_2 X_{2i} + \beta_3 X_{3i} + \varepsilon_i$$

em que

Y_i = consumo mensal de óleo para calefação, em galões, para a casa i
β_0 = intercepto de Y
β_1 = inclinação do consumo de óleo para calefação residencial com temperatura atmosférica, mantendo-se constantes o efeito do isolamento no sótão e o estilo da casa
β_2 = inclinação do consumo de óleo para calefação residencial com isolamento no sótão, mantendo-se constantes o efeito da temperatura atmosférica e o estilo da casa
β_3 = efeito incremental da presença de uma casa em estilo colonial, mantendo-se constante o efeito decorrente da temperatura atmosférica e do isolamento no sótão
ε_i = erro aleatório em Y para a casa i

A Figura 14.11 ilustra os resultados para esse modelo de regressão.

	A	B	C	D	E	F	G
1	Análise do Consumo de Óleo para Calefação						
2							
3	*Estatística de Regressão*						
4	R Múltiplo	0,9942					
5	R-Quadrado	0,9884					
6	R-Quadrado Ajustado	0,9853					
7	Erro-Padrão	15,7489					
8	Observações	15					
9							
10	ANOVA						
11		*gl*	*SQ*	*MQ*	*F*	*F de significação*	
12	Regressão	3	233406,9094	77802,3031	313,6822	0,0000	
13	Resíduo	11	2728,3200	248,0291			
14	Total	14	236135,2293				
15							
16		*Coeficientes*	*Erro-Padrão*	*Estat t*	*Valor-P*	*95 % inferiores*	*95 % superiores*
17	Interseção	592,5401	14,3370	41,3295	0,0000	560,9846	624,0956
18	Temperatura	-5,5251	0,2044	-27,0267	0,0000	-5,9751	-5,0752
19	Isolamento	-21,3761	1,4480	-14,7623	0,0000	-24,5632	-18,1891
20	Estilo colonial	-38,9727	8,3584	-4,6627	0,0007	-57,3695	-20,5759

FIGURA 14.11 Resultados da regressão para um modelo que inclui temperatura, isolamento e estilo da casa para os dados sobre consumo de óleo para calefação

Partindo dos resultados na Figura 14.11, a equação para a regressão é

$$\hat{Y}_i = 592{,}5401 - 5{,}5251 X_{1i} - 21{,}3761 X_{2i} - 38{,}9727 X_{3i}$$

Para casas que não são em estilo colonial, uma vez que $X_3 = 0$, a equação para a regressão se reduz a

$$\hat{Y}_i = 592{,}5401 - 5{,}5251 X_{1i} - 21{,}3761 X_{2i}$$

Para casas que são em estilo colonial, uma vez que $X_3 = 0$, a equação para a regressão se reduz a

$$\hat{Y}_i = 553{,}5674 - 5{,}5251 X_{1i} - 21{,}3761 X_{2i}$$

Neste modelo, os coeficientes da regressão são interpretados do seguinte modo:

- Mantendo-se constantes o isolamento no sótão e o estilo da casa, para cada 1°F (um grau Fahrenheit) adicional de aumento na temperatura atmosférica você estima que o consumo previsto de óleo para calefação residencial decresça em 5,5251 galões.
- Mantendo-se constantes a temperatura atmosférica e o estilo da casa, para cada 1 polegada adicional de aumento no isolamento do sótão você estima que o consumo previsto correspondente ao óleo para calefação residencial decresça em 21,3761 galões.

- b_3 mede o efeito no consumo de óleo decorrente de haver uma casa no estilo colonial ($X_3 = 1$), comparado com o efeito de haver uma casa que não seja em estilo colonial ($X_3 = 0$). Por conseguinte, mantendo-se constantes a temperatura atmosférica e o isolamento no sótão, você estima que o consumo previsto de óleo para calefação seja de 38,9727 galões a menos para uma casa em estilo colonial do que para uma casa que não seja em estilo colonial.

As três estatísticas de teste t_{ESTAT} que representam as inclinações para temperatura, isolamento e estilo colonial são $-27,0267$, $-14,7623$ e $-4,6627$. Cada um dos valores-p correspondentes é extremamente pequeno (inferiores a 0,001). Nesse sentido, cada uma das três variáveis fornece uma contribuição significativa para o modelo. Além disso, o coeficiente de determinação múltipla indica que 98,84 % da variação no consumo de óleo para calefação são explicados pela variação na temperatura, pelo isolamento no sótão e pelo fato de a casa ser ou não em estilo colonial.

Antes que você possa utilizar o modelo no Exemplo 14.4, você precisa determinar se as variáveis independentes interagem umas com as outras. No Exemplo 14.5, são acrescentados ao modelo três termos de interação.

EXEMPLO 14.5

Avaliando um Modelo de Regressão com Diversas Interações

Para os dados do Exemplo 14.4, determine se o acréscimo de termos de interação oferece uma contribuição significativa para o modelo de regressão.

SOLUÇÃO Para avaliar possíveis interações entre as variáveis independentes, são construídos três termos de interação, do seguinte modo: $X_4 = X_1 \times X_2$, $X_5 = X_1 \times X_3$, e $X_6 = X_2 \times X_3$. O modelo de regressão é, agora,

$$Y_i = \beta_0 + \beta_1 X_{1i} + \beta_2 X_{2i} + \beta_3 X_{3i} + \beta_4 X_{4i} + \beta_5 X_{5i} + \beta_6 X_{6i} + \varepsilon_i$$

em que X_1 é a temperatura, X_2 é o isolamento, X_3 é a variável binária para estilo colonial, X_4 é a interação entre temperatura e isolamento, X_5 é a interação entre temperatura e estilo colonial, e X_6 é a interação entre isolamento e estilo colonial. A Figura 14.12 apresenta a planilha com os resultados correspondentes ao modelo de regressão.

	A	B	C	D	E	F	G
1	Análise do Consumo de Óleo para Calefação						
2							
3	*Estatística de Regressão*						
4	R Múltiplo	0,9966					
5	R-Quadrado	0,9931					
6	R-Quadrado Ajustado	0,9880					
7	Erro-Padrão	14,2506					
8	Observações	15					
9							
10	ANOVA						
11		*gl*	*SQ*	*MQ*	*F*	*F de significação*	
12	Regressão	6	234510,5818	39085,0970	192,4607	0,0000	
13	Resíduo	8	1624,6475	203,0809			
14	Total	14	236135,2293				
15							
16		*Coeficientes*	*Erro-Padrão*	*Estat t*	*Valor-P*	*95 % inferiores*	*95 % superiores*
17	Interseção	642,8867	26,7059	24,0728	0,0000	581,3027	704,4707
18	Temperatura	-6,9263	0,7531	-9,1969	0,0000	-8,6629	-5,1896
19	Isolamento	-27,8825	3,5801	,7,7882	0,0001	-36,1383	-19,6268
20	Estilo	-84,6088	29,9956	-2,8207	0,0225	-153,7788	-15,4389
21	Temperatura * Isolamento	0,1702	0,0886	1,9204	0,0911	-0,0342	0,3746
22	Temperatura * Estilo colonial	0,6596	0,4617	1,4286	0,1910	-0,4051	1,7242
23	Isolamento * Estilo colonial	4,9870	3,5137	1,4193	0,1936	-3,1156	13,0895

FIGURA 14.12 Planilha com os resultados da regressão para um modelo de regressão que inclui temperatura, X_1; isolamento, X_2; a variável binária (dummy) estilo colonial, X_3; a interação entre temperatura e isolamento, X_4; a interação entre temperatura e estilo colonial, X_5; e a interação entre isolamento e estilo colonial, X_6

554 Capítulo 14

Para testar se as três interações melhoram significativamente, ou não, o modelo de regressão, você utiliza o teste F parcial. A hipótese nula e a hipótese alternativa são

$$H_0: \beta_4 = \beta_5 = \beta_6 = 0 \, (\text{Não existe nenhum tipo de interação entre } X_1, X_2 \text{ e } X_3.)$$

$$H_1: \beta_4 \neq 0 \text{ e/ou } \beta_5 \neq 0 \text{ e/ou } \beta_6 \neq 0 \, (X_1 \text{ interage com } X_2, \text{ e/ou } X_1 \text{ interage}$$
$$\text{com } X_3, \text{ e/ou } X_2 \text{ interage com } X_3.)$$

Com base na Figura 14.12,

$$SQReg(X_1, X_2, X_3, X_4, X_5, X_6) = 234.510,5818 \text{ com 6 graus de liberdade}$$

e com base na Figura 14.11, $SQReg(X_1, X_2, X_3) = 233.406,9094$ com 3 graus de liberdade. Por conseguinte,

$$SQReg(X_1, X_2, X_3, X_4, X_5, X_6) - SQReg(X_1, X_2, X_3) = 234.510,5818 - 233.406,9094 =$$
$$= 1.103,6724$$

A diferença, em graus de liberdade, é $6 - 3 = 3$.

Para utilizar o teste F parcial para a contribuição simultânea de três variáveis para um modelo, você utiliza uma extensão da Equação (14.11) no início da Seção 14.5.[2] A estatística do teste F_{ESTAT} parcial é

$$F_{ESTAT} = \frac{[SQRegX_1, X_2, X_3, X_4, X_5, X_6) - SQReg(X_1, X_2, X_3)]/3}{MQR(X_1, X_2, X_3, X_4, X_5, X_6)}$$

$$= \frac{1.103,6724/3}{203,0809} = 1,8115$$

Você compara a estatística calculada do teste, F_{ESTAT}, com o valor crítico de F para 3 e 8 graus de liberdade. Utilizando um nível de significância de 0,05, o valor crítico de F, com base na Tabela E.5, é 4,07. Uma vez que $F_{ESTAT} = 1,8115 < 4,07$, você conclui que as interações não oferecem uma contribuição significativa ao modelo, sabendo-se que o modelo já inclui temperatura, X_1; isolamento, X_2; e o fato de a casa ser ou não em estilo colonial, X_3. Portanto, o modelo de regressão múltipla que utiliza X_1, X_2 e X_3, mas nenhum termo de interação, é o melhor modelo. Caso viesse a rejeitar essa hipótese nula, você testaria, então, a contribuição de cada uma das interações, separadamente, para determinar quais termos de interação deveriam ser incluídos no modelo.

Problemas para a Seção 14.6

APRENDENDO O BÁSICO

14.38 Suponha que X_1 seja uma variável numérica, X_2 seja uma variável binária, e a equação para a regressão para uma amostra de $n = 20$ seja

$$\hat{Y}_i = 6 + 4X_{1i} + 2X_{2i}$$

a. Interprete o coeficiente da regressão associado à variável X_1.
b. Interprete o coeficiente da regressão associado à variável X_2.
c. Suponha que a estatística t_{ESTAT} para testar a contribuição da variável X_2 seja 3,27. No nível de significância de 0,05, existem evidências de que a variável X_2 oferece uma contribuição significativa para o modelo?

APLICANDO OS CONCEITOS

14.39 O decano do departamento de contabilidade de uma universidade deseja desenvolver um modelo de regressão para prever a média acumulada geral de pontos para conceito em contabilidade, para alunos que estão se graduando e tenham completado a especialização em contabilidade, com base no total dos resultados do SAT (*Scholastic Aptitude Test* — Teste de Aptidão Escolar) do aluno e no fato de o aluno ter recebido, ou não, um conceito B ou maior que B no curso de introdução à estatística (0 = não e 1 = sim).

a. Explique as etapas envolvidas no desenvolvimento de um modelo de regressão para esses dados. Não deixe de indicar os modelos específicos que você precisa avaliar e comparar.
b. Suponha que o coeficiente de regressão para a variável que se refere ao aluno ter, ou não, recebido um conceito B, ou maior que B, no curso de introdução à estatística, seja +0,30. De que modo você interpreta esse resultado?

14.40 Uma associação de administradoras de imóveis em uma comunidade no subúrbio dos Estados Unidos gostaria de estudar a relação entre o tamanho de um imóvel unifamiliar (medido em termos do número de cômodos) e o preço de venda do imóvel (em milhares de dólares). Dois diferentes bairros vizinhos estão incluídos no estudo: um deles está na região leste da comunidade (= 0) e o outro na região oeste (= 1). Foi selecionada uma

---

[2] Em geral, se um modelo possui diversas variáveis independentes e você deseja testar se um conjunto adicional de variáveis independentes contribui para o modelo, o numerador do teste F é $SQReg$ (para todas as variáveis independentes) menos $SQReg$ (para o conjunto inicial de variáveis), dividido pelo número de variáveis independentes cuja contribuição está sendo testada.

amostra aleatória de 20 imóveis, com os resultados fornecidos no arquivo **Vizinhança**. Para os itens de (a) a (k), não inclua um termo de interação.

a. Expresse a equação para a regressão múltipla que preveja o preço de venda, com base no número de cômodos e no bairro.

b. Interprete os coeficientes da regressão em (a).

c. Faça a previsão para o preço de venda de uma casa com nove cômodos, que esteja localizada em um bairro na região leste. Construa uma estimativa do intervalo de confiança de 95 % e um intervalo de previsão de 95 %.

d. Realize uma análise de resíduos nos resultados e determine se os pressupostos da regressão são válidos.

e. Existe uma relação significativa entre o preço de venda e as duas variáveis independentes (cômodos e bairro), no nível de significância de 0,05?

f. No nível de significância de 0,05, determine se cada uma das variáveis independentes oferece uma contribuição ao modelo de regressão. Indique o modelo de regressão mais apropriado para o conjunto de dados em referência.

g. Construa e interprete uma estimativa para o intervalo de confiança de 95 % correspondente à inclinação da população para a relação entre preço de venda e o número de cômodos.

h. Construa e interprete uma estimativa para o intervalo de confiança de 95 % correspondente à inclinação da população para a relação entre preço de venda e bairro.

i. Calcule e interprete o r^2 ajustado.

j. Calcule os coeficientes de determinação parcial e interprete os seus respectivos significados.

k. Que pressuposto você precisa adotar em relação à inclinação do preço de venda com o número de cômodos?

l. Acrescente um termo de interação ao modelo e, no nível de significância de 0,05, determine se ele oferece uma contribuição significativa ao modelo.

m. Com base nos resultados para (f) e (l), qual dos modelo é o mais apropriado? Explique.

14.41 O gerente de marketing de uma grande cadeia de supermercados se deparou com o problema estratégico de determinar o efeito sobre as vendas de rações especiais para animais de estimação exercido pelo espaço disponível em prateleiras e pelo fato de o produto estar posicionado na parte da frente ($= 1$) ou no fundo ($= 0$) do corredor. Foram coletados dados a partir de uma amostra aleatória de 12 lojas de iguais dimensões, e os resultados estão organizados e armazenados no arquivo **Ração**. Esses dados são:

Loja	Espaço na Prateleira (área em pés)	Localização	Vendas Semanais ($)
1	5	Fundo	160
2	5	Frente	220
3	5	Fundo	140
4	10	Fundo	190
5	10	Fundo	240
6	10	Frente	260
7	15	Fundo	230
8	15	Fundo	270
9	15	Frente	280
10	20	Fundo	260
11	20	Fundo	290
12	20	Frente	310

Para os itens de (a) a (m), não inclua um termo de interação.

a. Expresse a equação para a regressão múltipla que seja capaz de prever vendas semanais com base no espaço disponível na prateleira e localização.

b. Interprete os coeficientes da regressão em (a).

c. Faça a previsão para as vendas semanais da ração especial para animais domésticos, para uma loja com uma área de 8 pés quadrados de espaço disponível na prateleira e localização do produto no final do corretor. Construa uma estimativa do intervalo de confiança de 95 % e um intervalo de previsão de 95 %.

d. Realize uma análise de resíduos nos resultados e determine se os pressupostos da regressão são válidos.

e. Existe uma relação significativa entre vendas e as duas variáveis independentes (espaço disponível na prateleira e localização no corredor), no nível de significância de 0,05?

f. No nível de significância de 0,05, determine se cada uma das variáveis independentes oferece uma contribuição ao modelo de regressão. Indique o modelo de regressão mais apropriado para o conjunto de dados em referência.

g. Construa e interprete estimativas de intervalos de confiança de 95 % para a inclinação da população correspondente à relação entre vendas e espaço disponível na prateleira e entre vendas e localização no corredor.

h. Compare a inclinação em (b) com a inclinação para o modelo de regressão linear simples no Problema 13.4, em Problemas para a Seção 13.2. Explique a diferença nos resultados.

i. Calcule e interprete o significado do coeficiente de determinação múltipla, r^2.

j. Calcule e interprete o r^2 ajustado.

k. Compare r^2 com o valor de r^2 calculado no Problema 13.16 (a), em Problemas para a Seção 13.3.

l. Calcule os coeficientes de determinação parcial e interprete os seus respectivos significados.

m. Qual pressuposto sobre a inclinação do espaço na prateleira com relação a vendas você precisa adotar neste problema?

n. Acrescente um termo de interação ao modelo e, no nível de significância de 0,05, determine se ele oferece uma contribuição significativa ao modelo.

o. Com base nos resultados de (f) e (n), qual dos modelos é o mais apropriado? Explique.

14.42 Na engenharia de mineração, perfurações são feitas geralmente através das pedras, com o uso de sondas. À medida que a perfuração vai se tornando mais profunda, outros tubos são acrescentados à sonda, de modo a permitir a continuidade da perfuração. Espera-se que o tempo de perfuração aumente em função da profundidade. Esse aumento no tempo de perfuração pode ser causado por diversos fatores, incluindo o peso da coluna dos tubos que estão conectados. O problema estratégico está relacionado ao fato de a perfuração ser mais rápida com o uso de brocas secas ou de brocas úmidas. O uso de brocas secas envolve a injeção de ar comprimido através dos tubos, com o intuito de remover os fragmentos de solo e movimentar a broca. O uso de brocas úmidas envolve a injeção de água, em vez de ar, através da coluna de tubos. Foram coletados dados a partir de uma amostra de 50 orifícios, a qual contém medições correspondentes ao tempo necessário para perfurar cada 5 pés adicionais (em minutos), à profundidade (em pés), e ao fato de a perfuração ser seca ou úmida. Os dados estão organizados e armazenados em **Sonda**. (Dados extraídos de R. Penner e D. G. Watts, "Mining Information", *The American Statistician* 45, 1991, pp. 4-9.) Desenvolva um modelo para prever o tempo adicional de perfuração, com base na profundidade e no tipo de perfuração (seca ou úmida). Para os itens de (a) a (k), não inclua um termo de interação.

556 Capítulo 14

a. Expresse a equação para a regressão múltipla.

b. Interprete os coeficientes da regressão em (a).

c. Faça a previsão para o tempo adicional de perfuração em relação a um orifício a uma profundidade de 100 pés. Construa uma estimativa para o intervalo de confiança de 95 % e um intervalo de previsão de 95 %.

d. Realize uma análise de resíduos nos resultados e determine se os pressupostos da regressão são válidos.

e. Existe uma relação significativa entre o tempo adicional de perfuração e as duas variáveis independentes (profundidade e tipo de perfuração), no nível de significância de 0,05?

f. No nível de significância de 0,05, determine se cada uma das variáveis independentes oferece uma contribuição ao modelo de regressão. Indique o modelo de regressão mais apropriado para o conjunto de dados em referência.

g. Construa uma estimativa do intervalo de confiança de 95 %, para a inclinação da população correspondente à relação entre o tempo adicional de perfuração e a profundidade.

h. Construa uma estimativa do intervalo de confiança de 95 %, para a inclinação da população correspondente à relação entre o tempo adicional de perfuração e o tipo de perfuração.

i. Calcule e interprete o r^2 ajustado.

j. Calcule os coeficientes de determinação parcial e interprete os seus respectivos significados.

k. Qual pressuposto você precisa adotar no que diz respeito à inclinação do tempo adicional de perfuração com relação à profundidade?

l. Acrescente um termo de interação ao modelo e, no nível de significância de 0,05, determine se ele oferece uma contribuição significativa ao modelo.

m. Com base nos resultados para (f) e (l), qual modelo é o mais apropriado? Explique.

14.43 O proprietário de uma empresa de mudanças geralmente faz com que o seu gerente mais experiente faça a previsão do número total de horas de trabalho que serão necessárias para realizar uma mudança que esteja por ocorrer. Esse método se mostrou útil no passado, mas o proprietário tem como objetivo estratégico desenvolver um método mais preciso para prever a quantidade de horas de trabalho necessárias. Em um esforço preliminar para fornecer um método mais preciso, o proprietário decidiu utilizar a quantidade de pés cúbicos a serem transportados na mudança e o fato de existir, ou não, um elevador no prédio de apartamentos, para representarem as variáveis independentes, e coletou dados correspondentes a 36 mudanças, nas quais origem e destino estavam dentro dos limites de Manhattan, em Nova York, e cujo tempo de transporte representou uma parcela insignificante da quantidade de horas trabalhadas. Os dados estão organizados e armazenados no arquivo Mudança. No que se refere aos itens de (a) a (k), não inclua um termo de interação.

a. Expresse a equação para a regressão múltipla para prever o total de horas de trabalho necessárias, utilizando a quantidade de pés cúbicos a serem transportados na mudança e o fato de existir, ou não, um elevador.

b. Interprete os coeficientes da regressão em (a).

c. Faça a previsão da média aritmética para as horas de trabalho necessárias para uma mudança com 500 pés cúbicos em um prédio de apartamentos que tenha um elevador, e construa uma estimativa para o intervalo de confiança de 95 % e um intervalo de previsão de 95 %.

d. Realize uma análise de resíduos nos resultados e determine se os pressupostos da regressão são válidos.

e. Existe uma relação significativa entre o total de horas de trabalho necessárias e as duas variáveis independentes (quan-

tidade de pés cúbicos transportados na mudança e o fato de existir, ou não, um elevador no prédio de apartamentos), no nível de significância de 0,05?

f. No nível de significância de 0,05, determine se cada uma das variáveis independentes oferece uma contribuição ao modelo de regressão. Indique o modelo de regressão mais apropriado para o conjunto de dados em referência.

g. Construa uma estimativa para o intervalo de confiança de 95 % correspondente à inclinação da população para a relação entre horas trabalhadas e quantidade de pés cúbicos transportados na mudança.

h. Construa uma estimativa do intervalo de confiança de 95 % para a inclinação da população correspondente à relação entre horas de trabalho necessárias e a presença de um elevador.

i. Calcule e interprete o r^2 ajustado.

j. Calcule os coeficientes de determinação parcial e interprete os seus respectivos significados.

k. Qual pressuposto você precisa adotar no que diz respeito à inclinação das horas de trabalho necessárias com relação à quantidade de pés cúbicos transportados na mudança?

l. Acrescente um termo de interação ao modelo e, no nível de significância de 0,05, determine se ele oferece uma contribuição significativa ao modelo.

m. Com base nos resultados para (f) e (l), qual modelo é o mais apropriado? Explique.

✓ AUTO-teste 14.44 No Problema 14.4, em Problemas para a Seção 14.1, você utilizou vendas e pedidos de compra para prever o custo de distribuição (dados contidos no arquivo CustoDepósito). Desenvolva um modelo de regressão para prever o custo de distribuição que inclua vendas, pedidos de compra, e a interação entre vendas e pedidos de compra.

a. No nível de significância de 0,05, existem evidências de que o termo de interação ofereça uma contribuição significativa ao modelo?

b. Qual modelo de regressão é o mais apropriado: o modelo utilizado no item (a) ou aquele utilizado no Problema 14.4? Explique.

14.45 A Zagat's publica avaliações para restaurantes de várias localidades dos Estados Unidos. O arquivo Restaurantes contém a classificação feita pela Zagat para comida, decoração, serviço, e custo por pessoa, para uma amostra de 50 restaurantes localizados em uma área do centro da cidade e 50 restaurantes localizados em uma área do subúrbio dos Estados Unidos. (Dados extraídos de *Zagat Survey 2012, New York City Restaurants*, e *Zagat Survey 2011-2012, Long Island Restaurants*.) Desenvolva um modelo de regressão no intuito de prever o custo, por pessoa, com base em uma variável que represente a soma das avaliações para comida, decoração e serviço, e uma variável binária (*dummy*) que represente a localização (centro da cidade *versus* subúrbio). Para os itens de (a) a (m), não inclua um termo de interação.

a. Expresse a equação para a regressão múltipla.

b. Interprete os coeficientes da regressão em (a).

c. Faça a previsão para o custo correspondente a um restaurante com um somatório de avaliações totalizando 60, que esteja localizado na área do centro da cidade, e construa uma estimativa para o intervalo de confiança de 95 % e um intervalo de previsão de 95 %.

d. Realize uma análise de resíduos nos resultados e determine se os pressupostos da regressão foram satisfeitos.

e. Existe uma relação significativa entre preço e as duas variáveis independentes (soma das avaliações e localização), no nível de significância de 0,05?

f. No nível de significância de 0,05, determine se cada uma das variáveis independentes oferece uma contribuição ao modelo de regressão. Indique o modelo de regressão mais apropriado para o conjunto de dados em referência.

g. Construa uma estimativa para o intervalo de confiança de 95 % correspondente à inclinação da população relativa à relação entre o custo e o somatório para as avaliações.

h. Compare a inclinação em (b) com a inclinação para o modelo de regressão linear simples do Problema 13.5 em Problemas para a Seção 13.2. Explique a diferença nos resultados.

i. Calcule e interprete o significado para o coeficiente de determinação múltipla.

j. Calcule e interprete o r^2 ajustado.

k. Compare r^2 com o valor de r^2 calculado no Problema 13.17 (b), em Problemas para a Seção 13.3.

l. Calcule os coeficientes de determinação parcial e interprete os seus respectivos significados.

m. Qual pressuposto sobre a inclinação do custo com o somatório das avaliações você precisa adotar neste problema?

n. Acrescente um termo de interação ao modelo e, no nível de significância de 0,05, determine se ele oferece uma contribuição significativa ao modelo.

o. Com base nos resultados para (f) e (n), qual dos modelos é o mais apropriado? Explique.

14.46 No Problema 14.6, em Problemas para a Seção 14.1, você utilizou a propaganda no rádio e a propaganda em jornais para prever vendas (dados contidos no arquivo `Propaganda`). Desenvolva um modelo de regressão para prever vendas, que inclua a propaganda em rádio, a propaganda em jornais e a interação entre propaganda em rádio e propaganda em jornais.

a. No nível de significância de 0,05, existem evidências de que o termo de interação ofereça uma contribuição significativa ao modelo?

b. Qual modelo de regressão é o mais apropriado: o modelo utilizado neste problema ou aquele utilizado no Problema 14.6? Explique.

14.47 No Problema 14.5, em Problemas para a Seção 14.1, foram utilizados a potência, em cavalos, e o peso, para prever consumo de combustível, em milhas por galão. (Dados contidos no arquivo `Auto2012`.) Desenvolva um modelo de regressão que inclua a potência, em cavalos, o peso, e a interação entre potência, em cavalos, e peso, para prever o consumo, em milhas por galão.

a. No nível de significância de 0,05, existem evidências de que o termo de interação ofereça uma contribuição significativa ao modelo?

b. Qual modelo de regressão é o mais apropriado: o modelo utilizado neste problema ou aquele utilizado no Problema 14.5? Explique.

14.48 No Problema 14.7, em Problemas para a Seção 14.1, você utilizou o total da equipe presente e as horas remotas para prever as horas de sobreaviso. (Dados contidos no arquivo `Sobreaviso`.) Desenvolva um modelo de regressão para prever as horas de sobreaviso, que inclua o total da equipe presente, horas remotas, e a interação entre total da equipe presente e horas remotas.

a. No nível de significância de 0,05, existem evidências de que o termo de interação ofereça uma contribuição significativa ao modelo?

b. Qual modelo de regressão é o mais apropriado: o modelo utilizado neste problema ou aquele utilizado no Problema 14.7? Explique.

14.49 A diretora de um programa de treinamento de uma grande companhia de seguros tem o objetivo estratégico de determinar qual método de treinamento é o melhor para treinar seus corretores. Os três métodos a serem avaliados são: tradicional em sala de aula, *on-line* e com uso de aplicativo específico para o curso. Os 30 treinandos são divididos em três grupos de 10 designados aleatoriamente. Antes do início do treinamento, é aplicada a cada um dos treinandos uma prova de proficiência, que mede competências em matemática e em ciências da computação. No final do treinamento, todos os alunos são submetidos à mesma prova para o final do treinamento. Os resultados estão organizados e armazenados no arquivo `Corretores`:

Desenvolva um modelo de regressão múltipla para prever o resultado da prova para encerramento do treinamento, com base no resultado da prova de proficiência e do método de treinamento utilizado. No que se refere aos itens de (a) a (k), não inclua um termo de interação.

a. Expresse a equação para a regressão múltipla.

b. Interprete os coeficientes da regressão em (a).

c. Faça a previsão para o resultado da prova para final de treinamento, para um aluno com um resultado de prova de proficiência igual a 100 e cujo treinamento tenha sido baseado em um aplicativo específico para o curso.

d. Realize uma análise de resíduos nos resultados e determine se os pressupostos da regressão são válidos.

e. Existe uma relação significativa entre o resultado da prova de final de treinamento e as variáveis independentes (resultado da prova de proficiência e método de treinamento), no nível de significância de 0,05?

f. No nível de significância de 0,05, determine se cada uma das variáveis independentes oferece uma contribuição ao modelo de regressão. Indique o modelo de regressão mais apropriado para o conjunto de dados em referência.

g. Construa e interprete uma estimativa do intervalo de confiança de 95 % correspondente à inclinação da população para a relação entre o resultado da prova de final de treinamento e o resultado da prova de proficiência.

h. Construa e interprete uma estimativa do intervalo de confiança de 95 % para a inclinação da população correspondente à relação entre o resultado da prova de final de treinamento e o tipo de método de treinamento.

i. Calcule e interprete o r^2 ajustado.

j. Calcule os coeficientes de determinação parcial e interprete os seus respectivos significados.

k. Qual pressuposto sobre a inclinação do resultado da prova de proficiência com relação ao resultado da prova de final de treinamento você precisa adotar neste problema?

l. Acrescente termos de interação ao modelo e, no nível de significância de 0,05, determine se qualquer um dos termos oferece uma contribuição significativa ao modelo.

m. Com base nos resultados para (f) e (l), qual dos modelos é o mais apropriado? Explique.

558 Capítulo 14

14.7 Regressão Logística

A discussão sobre o modelo de regressão linear simples, apresentada no Capítulo 13, e os modelos de regressão múltipla, nas Seções 14.1 a 14.6, consideraram somente variáveis dependentes *numéricas*. No entanto, em muitas aplicações, a variável dependente é uma variável *categórica* que assume exclusivamente dois valores possíveis, tais como um consumidor compra um determinado produto ou um consumidor não compra um determinado produto. O uso de uma variável dependente categórica viola o pressuposto da normalidade correspondente ao método dos mínimos quadrados e pode também resultar em valores para Y previsto que sejam impossíveis.

Um método alternativo para a regressão dos mínimos quadrados originalmente aplicado aos dados que correspondem à sobrevivência, nas ciências relacionadas ao campo da saúde (veja a Referência 1), a **regressão logística**, possibilita que você utilize modelos de regressão com o objetivo de prever a probabilidade de uma determinada resposta categórica para um determinado conjunto de variáveis independentes. O modelo para a regressão logística utiliza a **razão de possibilidades**, que representa a probabilidade de um determinado evento de interesse comparado com a probabilidade de não haver um evento de interesse. A Equação (14.15) define a razão de possibilidades.

RAZÃO DE POSSIBILIDADES

$$\text{razão de possibilidades} = \frac{\text{probabilidade de um evento de interesse}}{1 - \text{probabilidade de um evento de interesse}} \qquad \textbf{(14.15)}$$

Utilizando a Equação 14.15, se a probabilidade de um evento de interesse é 0,50, a razão de possibilidades é

$$\text{razão de possibilidades} = \frac{0,50}{1 - 0,50} = 1,0, \text{ ou } 1 \text{ para } 1$$

Caso a probabilidade de um evento de interesse seja 0,75, a razão de possibilidades é igual a

$$\text{razão de possibilidades} = \frac{0,75}{1 - 0,75} = 3,0, \text{ ou } 3 \text{ para } 1$$

O modelo da regressão logística é baseado no logaritmo natural da razão de possibilidades, ln(razão de possibilidades).

A Equação (14.16) define o modelo de regressão logística para k variáveis independentes.

> **Dica para o Leitor**
>
> ln é o símbolo utilizado para logaritmos naturais, também conhecidos como logaritmos de base e. ln(x) é o logaritmo de X tendo como base e, em que $e = 2,718282$.

MODELO DA REGRESSÃO LOGÍSTICA

$$\ln(\text{razão de possibilidades}) = \beta_0 + \beta_1 X_{1i} + \beta_2 X_{2i} + \cdots + \beta_k X_{ki} + \varepsilon_i \qquad \textbf{(14.16)}$$

em que

$$k = \text{número de variáveis independentes no modelo}$$
$$\varepsilon_i = \text{erro aleatório na observação } i$$

Nas Seções 13.2 e 14.1, o método dos mínimos quadrados foi utilizado para desenvolver uma equação para a regressão. Na regressão logística, um método matemático conhecido como *estimativa por máxima verossimilhança* é habitualmente utilizado para desenvolver uma equação para a regressão de modo a prever o logaritmo natural para essa razão de possibilidades. A Equação (14.17) define a equação para a regressão logística.

EQUAÇÃO PARA A REGRESSÃO LOGÍSTICA

$$\ln(\text{razão de possibilidades estimada}) = b_0 + b_1 X_{1i} + b_2 X_{2i} + \cdots + b_k X_{ki} \qquad \textbf{(14.17)}$$

Introdução à Regressão Múltipla **559**

Uma vez tendo determinado a equação para a regressão logística, você utiliza a Equação (14.18) para calcular a razão de possibilidades estimada.

RAZÃO DE POSSIBILIDADES ESTIMADA

$$\text{Razão de possibilidades estimada} = e^{\ln(\text{razão de possibilidades estimada})} \tag{14.18}$$

Uma vez tendo determinado a razão de possibilidades estimada, você utiliza a Equação (14.19) para calcular a probabilidade estimada de um evento de interesse.

PROBABILIDADE ESTIMADA DE UM EVENTO DE INTERESSE

$$\begin{array}{c}\text{Probabilidade estimada de} \\ \text{um evento de interesse}\end{array} = \frac{\text{razão de possibilidades estimada}}{1 + \text{razão de possibilidades estimada}} \tag{14.19}$$

Para ilustrar o uso da regressão logística, considere o caso das vendas e do gerente de marketing da divisão de cartões de crédito de uma importante empresa financeira. O gerente deseja conduzir uma campanha para persuadir os mantenedores existentes de cartões de crédito básicos do banco a elevarem seus patamares, por uma tarifa nominal anual, para o cartão platina do banco. O gerente imagina: "Qual dos mantenedores de cartões de crédito existentes deveríamos ter como público-alvo para essa campanha?"

O gerente tem acesso aos resultados oriundos de uma amostra de 30 mantenedores de cartões, que foram designados como público-alvo, durante uma campanha piloto no ano anterior. Esses resultados foram organizados sob a forma de três variáveis, e arquivados em **EstudoCartão**. As três variáveis são o mantenedor do cartão foi elevado para a categoria de cartão *premium* (0 = não, 1 = sim), Y; e duas variáveis independentes: compras realizadas no ano anterior com o cartão de crédito (em milhares de dólares), X_1; e o mantenedor do cartão solicitou cartões de crédito adicionais para outros usuários autorizados (0 = não, 1 = sim), X_2. A Figura 14.13 é uma planilha de resultados da regressão para o modelo da regressão logística que utiliza esses dados.

FIGURA 14.13
Planilha de resultados da regressão para os dados do estudo piloto sobre cartões de crédito

A Figura 14.13 apresenta a planilha CÁLCULO na pasta de trabalho Regressão Logística que é utilizada nas instruções da Seção GE14.7.

▲	A	B	C	D	E
1	**Regressão Logística**				
2			Erro-Padrão		
3	Preditor	Coeficientes	dos Coeficientes	Z	Valor–p
4	Interseção	-6,9394	2,9471	-2,3547	0,0185
5	Compras	0,1395	0,0681	2,0490	0,0405
6	Cartões Adicionais	2,7743	1,1927	2,3261	0,0200
7					
8	Desvio	20,0769			

Neste modelo, os coeficientes da regressão são interpretados do seguinte modo:

- A constante da regressão, b_0, corresponde a $-6,9394$. Isto significa que, para um mantenedor de cartão de crédito que não tenha realizado qualquer compra no ano anterior, e que não possua cartões adicionais, o logaritmo natural estimado para a razão de possibilidades correspondente à aquisição do cartão *premium* é igual a $-6,9394$.
- O coeficiente da regressão, b_1, corresponde a 0,1395. Isto significa que, mantendo-se constante o efeito decorrente do fato de o mantenedor do cartão de crédito possuir, ou não, cartões adicionais para membros de seus respectivos domicílios, para cada crescimento correspondente a \$1.000, em termos de gastos realizados com o cartão de crédito utilizando o cartão da instituição, o logaritmo natural estimado para a razão de possibilidades correspondente à aquisição do cartão *premium* cresce em 0,1395. Portanto, os mantenedores que compraram mais no ano anterior estão mais propensos a elevar o seu patamar de cartão para um cartão *premium*.
- O coeficiente da regressão, b_2, corresponde a 2,7743. Isto significa que, mantendo-se constantes os gastos anuais com cartão de crédito, o logaritmo natural estimado para a razão de possibilidades correspondente à aquisição do cartão *premium* cresce em 2,7743 para um mantenedor de cartão de crédito que possua cartões adicionais para membros de seus respectivos domicílios, comparados a um mantenedor que não possua cartões adicionais. Portanto, os mantenedores que possuem cartões adicionais para outros membros de seus respectivos domicílios estão mais propensos a elevar os seus patamares de cartão para um cartão *premium*.

560 Capítulo 14

Os coeficientes da regressão sugerem que a empresa instituidora do cartão de crédito deve desenvolver uma campanha de marketing que tenha como público-alvo os mantenedores de cartões de crédito que tendam a realizar elevadas quantias de despesas em seus respectivos cartões de crédito, e também os domicílios que possuam mais de um cartão de crédito.

Assim como ocorre com os modelos da regressão dos mínimos quadrados, uma finalidade importante de realizar análises da regressão logística diz respeito a proporcionar predições para uma variável dependente. Por exemplo, considere um mantenedor de cartão de crédito que tenha gasto $36.000 no ano anterior e possua cartões adicionais para membros de seu domicílio. Qual é a probabilidade de que o mantenedor do cartão venha a elevar seu patamar de cartão para um cartão *premium* durante a campanha de marketing? Utilizando $X_1 = 36$, $X_2 = 1$, a Equação (14.17) no início desta seção, e os resultados exibidos na Figura 14.13,

$$\ln(\text{possibilidade estimada de vir a adquirir } versus \text{ não adquirir}) =$$
$$-6,9394 + (0,1395)(36) + (2,7743)(1) = 0,8569$$

Depois disso, utilizando a Equação (14.18),

$$\text{razão de possibilidades estimada} = e^{0,8569} = 2,3558$$

Portanto, as possibilidades são 2,3558 até 1, de que um mantenedor de cartão que tenha gasto $36.000 no ano anterior e possua cartões adicionais venha a adquirir o cartão *premium* durante a campanha. Utilizando a Equação (14.19), você pode converter essa razão de possibilidades em uma probabilidade:

$$\text{probabilidade estimada de vir a adquirir um cartão do tipo premium} = \frac{2,3558}{1 + 2,3558}$$
$$= 0,702$$

Por conseguinte, a probabilidade estimada de que um mantenedor de cartão que tenha gasto $36.000 no ano anterior e possua cartões adicionais venha a adquirir o cartão *premium* durante a campanha é de 0,702. Em outras palavras, você prevê que 70,2 % desses indivíduos venham a adquirir o cartão *premium*.

Agora que você utilizou o modelo de regressão logística para fins de predição, você precisa determinar se o modelo é, ou não, um modelo com um bom ajuste. A **estatística da desviância** é frequentemente utilizada para determinar se o modelo atual proporciona um bom ajuste em relação aos dados. Essa estatística mede o ajuste do modelo atual comparado com o modelo que não possui a mesma quantidade de parâmetros correspondentes aos pontos de dados (o que é conhecido como modelo *saturado*). A estatística da desviância segue uma distribuição qui-quadrada, com $n - k - 1$ graus de liberdade. A hipótese nula e a hipótese alternativa são

H_0: O modelo é um modelo com bom ajuste.
H_1: O modelo não é um modelo com bom ajuste.

Ao utilizar a estatística da desviância para a regressão logística, a hipótese nula representa um modelo com bom ajuste, que é o oposto da hipótese nula quando se utiliza o teste F geral para o modelo de regressão múltipla (veja a Seção 14.2). Com o uso do nível de significância, α, a regra de decisão é

Rejeitar H_0, caso a desviância $> \chi_\alpha^2$;
caso contrário, não rejeitar H_0.

O valor crítico para uma estatística χ^2 com $n - k - 1 = 30 - 2 - 1 = 27$ graus de liberdade é 40,113 (veja a Tabela E.4). Com base na Figura 14.13, a desviância $= 20,0769 < 40,113$. Por conseguinte, você não rejeita H_0, e conclui que o modelo possui um bom ajuste.

Agora que você concluiu que o modelo é um modelo com um bom ajuste, você precisa avaliar se cada uma das variáveis independentes apresenta uma contribuição significativa para o modelo, diante da presença das outras. Como é o caso na regressão linear, nas Seções 13.7 e 14.4, a estatística do teste é baseada na proporção entre o coeficiente da regressão e o erro-padrão do coeficiente da regressão. Na regressão logística, essa proporção é definida como **estatística de Wald**, que segue aproximadamente a distribuição normal. Com base na Figura 14.13, a estatística de Wald (com a legenda Z) é 2,049 para X_1 e 2,3261 para X_2. Cada um desses valores é maior do que o valor crítico de $+1,96$ da distribuição normal, no nível de significância de 0,05 (os valores-p são 0,0405 e 0,02). Você pode concluir que cada uma das duas variáveis independentes oferece uma contribuição para o modelo, diante da presença da outra. Portanto, você deve incluir essas duas variáveis independentes no modelo.

Introdução à Regressão Múltipla **561**

Problemas para a Seção 14.7

APRENDENDO O BÁSICO

14.50 Interprete o significado de um coeficiente de inclinação igual a 2,2 na regressão logística.

14.51 Dada uma razão de possibilidades estimada de 2,5, calcule a probabilidade estimada de um evento de interesse.

14.52 Dada uma razão de possibilidades estimada de 0,75, calcule a probabilidade estimada de um evento de interesse.

14.53 Considere a seguinte equação para a regressão logística:

$$\ln(\text{razão de possibilidades estimada}) = 0,1 + 0,5X_{1i} + 0,2\,X_{2i}$$

a. Interprete o significado dos coeficientes da regressão logística.
b. Se $X_1 = 2$ e $X_2 = 1,5$, calcule a razão de possibilidades estimada e interprete seu respectivo significado.
c. Com base nos resultados para (b), calcule a probabilidade estimada de um evento de interesse.

APLICANDO OS CONCEITOS

14.54 Reporte-se à Figura 14.13, no final desta seção.
a. Faça a previsão para a probabilidade de que um mantenedor de cartão de crédito que tenha gasto $36.000 no ano anterior e não tenha nenhum cartão de crédito adicional para membros de seu domicílio venha a adquirir o cartão *platinum* durante a campanha de marketing.
b. Compare os resultados em (a) com os resultados para uma pessoa com cartões de crédito adicionais.
c. Faça a previsão para a probabilidade de que um mantenedor de cartão de crédito que tenha gasto $18.000 no ano anterior e não tenha nenhum cartão de crédito adicional para outros usuários autorizados venha a adquirir o cartão *platinum* durante a campanha de marketing.
d. Compare os resultados em (a) e (c) e indique quais implicações esses resultados poderiam ter com relação a uma estratégia para a campanha de marketing.

14.55 Estudantes do curso de graduação na Universidade de Miami em Oxford, Ohio, foram entrevistados com o objetivo de ser avaliado o efeito decorrente do preço na compra de uma pizza na Pizza Hut. Foi solicitado aos estudantes que supusessem que teriam uma grande pizza com dupla cobertura entregue em seus respectivos dormitórios. Depois disso, foi solicitado a eles que fizessem a seleção entre a Pizza Hut ou alguma outra pizzaria de sua escolha. O preço que teriam que pagar para adquirir a pizza da Pizza Hut diferiu de pesquisa para pesquisa. Por exemplo, algumas pesquisas utilizaram o preço de $11,49. Outros preços investigados foram $8,49, $9,49, $10,49, $12,49, $13,49 e $14,49. A variável dependente para este estudo é o fato de que um estudante venha a selecionar, ou não, a Pizza Hut. Variáveis independentes possíveis seriam o preço de uma pizza na Pizza Hut e o gênero do estudante. O arquivo **PizzaHut** contém respostas correspondentes a 200 estudantes e inclui estas três variáveis:

Gênero—1 = masculino, 0 = feminino
Preço—8,49; 9,49; 10,49; 11,49; 12,49; 13,49; ou 14,49
Compra—1 = o estudante selecionou a Pizza Hut, 0 = o estudante selecionou alguma outra pizzaria.

a. Desenvolva um modelo de regressão logística para prever a probabilidade de que um estudante selecione a Pizza Hut com base no preço da pizza. O preço é um indicador importante para a seleção da compra?

b. Desenvolva um modelo de regressão logística para prever a probabilidade de que um estudante selecione a Pizza Hut com base no preço da pizza e no gênero do estudante. O preço é um indicador importante para a seleção da compra? O gênero é um indicador importante para a seleção da compra?
c. Compare os resultados para (a) e (b). Qual dos modelos você escolheria? Argumente.
d. Utilizando o modelo selecionado em (c), faça a previsão para a probabilidade de que um estudante venha a selecionar a Pizza Hut, caso o preço seja $8,49.
e. Utilizando o modelo selecionado em (c), faça a previsão para a probabilidade de que um estudante venha a selecionar a Pizza Hut, caso o preço seja $11,49.
f. Utilizando o modelo selecionado em (c), faça a previsão para a probabilidade de que um estudante venha a selecionar a Pizza Hut, caso o preço seja $13,49.

14.56 O decano de estudos de pós-graduação de uma faculdade de administração de empresas deseja prever o sucesso de estudantes em um programa de MBA utilizando duas variáveis independentes: média geral acumulada na graduação (GPA Grade Point Average) e os resultados para o GMAT. Dados extraídos de uma amostra aleatória de 30 estudantes, organizados e arquivados em **MBA**, mostram que 20 deles completaram com sucesso o programa (codificado como 1) e 10 não completaram (codificado como 0).
a. Desenvolva um modelo de regressão logística para prever a probabilidade de vir a completar com sucesso o programa de MBA, com base na média geral acumulada e no resultado para o GMAT. O preço é um indicador importante para a seleção da compra?

Sucesso no Programa de MBA	Média Geral Acumulada na Graduação	Resultado do GMAT	Sucesso no Programa de MBA	Média Geral Acumulada na Graduação	Resultado do GMAT
0	2,93	617	1	3,17	639
0	3,05	557	1	3,24	632
0	3,11	599	1	3,41	639
0	3,24	616	1	3,37	619
0	3,36	594	1	3,46	665
0	3,41	567	1	3,57	694
0	3,45	542	1	3,62	641
0	3,60	551	1	3,66	594
0	3,64	573	1	3,69	678
0	3,57	536	1	3,70	624
1	2,75	688	1	3,78	654
1	2,81	647	1	3,84	718
1	3,03	652	1	3,77	692
1	3,10	608	1	3,79	632
1	3,06	680	1	3,97	784

b. Explique o significado dos coeficientes de regressão para o modelo em (a).
c. Faça a previsão da probabilidade de que seja completado com sucesso o programa, para um estudante com uma média geral acumulada na graduação correspondente a 3,25 e um resultado de GMAT de 600.
d. No nível de significância de 0,05, existem evidências de que um modelo de regressão logística que utilize a média geral acumulada na graduação e o resultado para o GMAT para prever a probabilidade de sucesso no programa de MBA seja um modelo com um bom ajuste?

e. No nível de significância de 0,05, existem evidências de que a média geral acumulada na graduação e o resultado para o GMAT ofereçam uma contribuição significativa para o modelo?

f. Desenvolva um modelo de regressão logística que inclua somente a média geral acumulada na graduação para prever a probabilidade de sucesso no programa de MBA.

g. Desenvolva um modelo de regressão logística que inclua somente o resultado do GMAT para prever a probabilidade de sucesso no programa de MBA.

h. Compare os modelos em (a), (f) e (g). Avalie as diferenças entre os modelos.

14.57 Um hotel projetou um novo sistema para entrega de café da manhã como serviço de quarto, que permite que o hóspede selecione um período específico para a entrega. A diferença entre o horário de entrega real e o horário solicitado foi registrada para 30 serviços de entrega em um determinado dia, juntamente com o fato de o cliente já ter se hospedado anteriormente no hotel. (Um tempo negativo significa que o café da manhã foi entregue antes do horário solicitado.) Esses dados estão armazenados no arquivo **Satisfação**.

a. Desenvolva um modelo de regressão logística para prever a probabilidade de que um determinado hóspede venha a ficar satisfeito (0 = desfavorável, 1 = favorável), com base na diferença em termos do tempo de entrega e o fato de o hóspede já ter, ou não, se hospedado anteriormente no hotel.

b. Explique o significado dos coeficientes da regressão no que se refere ao modelo em (a).

c. Faça a previsão para a probabilidade de que o hóspede ficará satisfeito, caso a diferença em termos do tempo de entrega seja + 3 minutos e essa pessoa não tenha se hospedado anteriormente no hotel.

d. No nível de significância de 0,05, existem evidências de que um modelo de regressão logística que utilize a diferença em termos do tempo de entrega e o fato de o hóspede já ter, ou não, se hospedado anteriormente no hotel seja um modelo com um bom ajuste?

e. No nível de significância de 0,05, existem evidências de que ambas as variáveis independentes (a diferença em termos do tempo de entrega e o fato de o hóspede já ter, ou não, se hospedado anteriormente no hotel) façam uma contribuição significativa para o modelo de regressão logística?

Igor Dutina / Shutterstock

UTILIZANDO A ESTATÍSTICA

Os Múltiplos Efeitos das Barras OmniPower, Revisitado

No cenário Utilizando a Estatística, você era o gerente de marketing da OmniFoods, responsável pelo setor de barras nutricionais e itens similares para lanches e refeições leves. Você precisa determinar o efeito que o preço e as promoções dentro da loja teriam nas vendas das barras nutricionais OmniPower no intuito de desenvolver uma estratégia de marketing eficaz. Foi selecionada uma amostra aleatória de 34 lojas em uma cadeia de supermercados para fins de um estudo de teste de mercado. As lojas cobravam entre 59 e 99 centavos de dólar por barra, e foi concedida a elas uma verba para promoções internas, nas lojas, da ordem de $200 a $600.

No final do estudo de teste de mercado com duração de um mês, você realizou uma análise de regressão múltpla nos dados. Duas variáveis independentes foram consideradas: o preço de uma barra OmniPower e o orçamento mensal destinado a gastos com promoções internas na loja. A variável dependente era o número de barras OmniPower vendidas em um mês. O coeficiente de determinação indicou que 75,8 % da variação nas vendas eram explicados pelo conhecimento do preço cobrado e pelo montante em dinheiro gasto com promoções internas da loja. O modelo indicou que se pode estimar que as vendas previstas de OmniPower decresçam em 532 barras por mês, para cada 10 centavos de dólar de aumento no preço, e que pode ser estimado que as vendas previstas de OmniPower cresçam em 361 barras por mês, para cada $100 a mais, gastos com promoções.

Depois de estudar os efeitos relativos de preço e promoção, a OmniFoods precisa estabelecer padrões para preço e promoções, para um lançamento em âmbito nacional (obviamente, preços mais baixos e verbas maiores para promoções acarretam maior volume de vendas, e isso ocorre ao custo de uma margem de lucro mais baixa). Você determinou que, se as lojas gastarem $400 por mês com promoções internas e cobrarem 79 centavos de dólar por barra, a estimativa para o intervalo de confiança de 95 % correspondente à média aritmética das vendas mensais está entre 2.854 e 3.303 barras. A OmniFoods pode multiplicar o limite inferior e o limite superior desse intervalo de confiança pelo número de lojas incluídas em um lançamento de âmbito nacional para estimar o total de vendas mensais. Por exemplo, se 1.000 lojas fizessem parte do lançamento em âmbito nacional, então o total de vendas mensais deveria estar entre 2.854 milhões e 3.308 milhões de barras.

RESUMO

Neste capítulo, você aprendeu como os modelos de regressão múltipla permitem que você utilize duas ou mais variáveis independentes para prever o valor de uma variável dependente. Você aprendeu, também, a incluir variáveis categóricas independentes e termos de interação em modelos de regressão. Além disso, você utilizou o modelo de regressão logística para prever a variável categórica dependente. A Figura 14.14 apresenta um roteiro do capítulo.

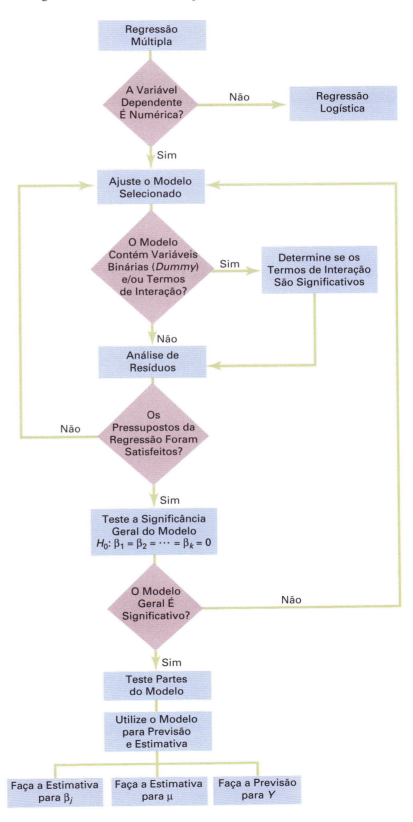

FIGURA 14.14
Roteiro para a regressão múltipla

564 Capítulo 14

REFERÊNCIAS

1. Hosmer, D. W., and S. Lemeshow, *Applied Logistic Regression*, 2nd ed. New York: Wiley, 2001.
2. Kutner, M., C. Nachtsheim, J. Neter, and W. Li, *Applied Linear Statistical Models*, 5th ed. New York: McGraw-Hill/Irwin, 2005.
3. *Microsoft Excel 2010*, Redmond, WA: Microsoft Corp., 2010.

EQUAÇÕES-CHAVE

Modelo de Regressão Múltipla com k Variáveis Independentes

$$Y_i = \beta_0 + \beta_1 X_{1i} + \beta_2 X_{2i} + \beta_3 X_{3i} + \cdots + \beta_k X_{ki} + \varepsilon_i$$
(14.1)

Modelo de Regressão Múltipla com Duas Variáveis Independentes

$$Y_i = \beta_0 + \beta_1 X_{1i} + \beta_2 X_{2i} + \varepsilon_i$$
(14.2)

Equação para Regressão Múltipla com Duas Variáveis Independentes

$$\hat{Y}_i = b_0 + b_1 X_{1i} + b_2 X_{2i}$$
(14.3)

Coeficiente de Determinação Múltipla

$$r^2 = \frac{\text{Soma dos quadrados da regressão}}{\text{Soma total dos quadrados}} = \frac{SQReg}{STQ}$$
(14.4)

r^2 Ajustado

$$r_{\text{aj}}^2 = 1 - \left[(1 - r^2)\frac{n-1}{n-k-1} \right]$$
(14.5)

Teste F Geral

$$F_{ESTAT} = \frac{MQReg}{MQR}$$
(14.6)

Testando a Inclinação na Regressão Múltipla

$$t_{ESTAT} = \frac{b_j - \beta_j}{S_{b_j}}$$
(14.7)

Estimativa do Intervalo de Confiança para a Inclinação

$$b_j \pm t_{\alpha/2} S_{b_j}$$
(14.8)

Determinando a Contribuição de uma Variável Independente para o Modelo de Regressão

$$SQReg(X_j | \text{Todas as variáveis } X, \text{ exceto } j) =$$
(14.9)
$$= SQReg(\text{Todas as variáveis } X) -$$
$$- SQReg(\text{Todas as variáveis } X \text{ exceto } j)$$

Contribuição da Variável X_1, Sabendo-se que X_2 Foi Incluída

$$SQReg(X_1 | X_2) = SQReg(X_1 \text{ e } X_2) - SQReg(X_2)$$
(14.10a)

Contribuição da Variável X_2, Sabendo-se que X_1 Foi Incluída

$$SQReg(X_2 | X_1) = SQReg(X_1 \text{ e } X_2) - SQReg(X_1)$$
(14.10b)

Estatística do Teste F Parcial

$$F_{ESTAT} = \frac{SQReg(X_j | \text{Todas as variáveis } X \text{ exceto } j)}{MQR}$$
(14.11)

Relação entre uma Estatística t e uma Estatística F

$$t_{ESTAT}^2 = F_{ESTAT}$$
(14.12)

Coeficiente de Determinação Parcial para um Modelo de Regressão Múltipla Contendo Duas Variáveis Independentes

$$r_{Y1,2}^2 = \frac{SQReg(X_1 | X_2)}{STQ - SQReg(X_1 \text{ e } X_2) + SQReg(X_1 | X_2)}$$
(14.13a)

e

$$r_{Y2,1}^2 = \frac{SQReg(X_2 | X_1)}{STQ - SQReg(X_1 \text{ e } X_2) + SQReg(X_2 | X_1)}$$
(14.13b)

Coeficientes de Determinação Parcial para um Modelo de Regressão Múltipla Contendo k Variáveis Independentes

$$r_{Y_j.(\text{Todas as variáveis exceto } j)}^2 = \frac{SQReg(X_j | \text{Todos os } X \text{ exceto } j)}{STQ - SQReg(\text{Todos os } Xj) + SQReg(X_j | \text{Todos os } X \text{ exceto } j)}$$
(14.14)

Razão de Possibilidades

$$\frac{\text{Razão de}}{\text{possibilidades}} = \frac{\text{probabilidade de um evento de interesse}}{1 - \text{probabilidade de um evento de interesse}}$$
(14.15)

Introdução à Regressão Múltipla **565**

Modelo para Regressão Logística

$$\ln\binom{\text{razão de}}{\text{possibilidades}} = \beta_0 + \beta_1 X_{1i} + \beta_2 X_{2i} + \cdots + \beta_k X_{ki} + \varepsilon_i$$

(14.16)

Equação para a Regressão Logística

$$\ln\binom{\text{razão de}}{\text{possibilidades estimada}} = b_0 + b_1 X_{1i} + b_2 X_{2i} + \cdots + b_k X_{ki}$$

(14.17)

Razão de Possibilidades Estimada

$$\binom{\text{Razão de}}{\text{possibilidades estimada}} = e^{\ln(\text{razão de possibilidade estimada})}$$

(14.18)

Probabilidade Estimada de um Evento de Interesse

Probabilidade estimada de um evento de interesse

$$= \frac{\text{razão de possibilidades estimada}}{1 + \text{razão de possibilidades estimada}}$$

(14.19)

TERMOS-CHAVE

coeficiente de determinação múltipla
coeficiente de determinação parcial
coeficiente líquido da regressão
estatística de desviância
estatística de Wald

interação
modelo de regressão múltipla
r^2 ajustado
razão de possibilidades
regressão logística

termo de interação
termo de multiplicação
teste F geral
teste F parcial
variável binária (*dummy*)

AVALIANDO O SEU ENTENDIMENTO

14.58 Qual é a diferença entre r^2 e r^2 ajustado?

14.59 De que modo a interpretação dos coeficientes de regressão difere entre a regressão múltipla e a regressão linear simples?

14.60 De que modo o teste para a significância do modelo de regressão múltipla completo difere do teste para a contribuição de cada uma das variáveis independentes?

14.61 De que modo os coeficientes de determinação parcial diferem do coeficiente de determinação múltipla?

14.62 Por que, e de que modo, são utilizadas as variáveis binárias (*dummy*)?

14.63 De que modo você consegue avaliar se a inclinação da variável dependente com uma variável independente é a mesma para cada um dos níveis da variável binária (*dummy*)?

14.64 Sob quais circunstâncias você inclui um termo de interação em um modelo de regressão?

14.65 Quando uma variável binária (*dummy*) é incluída em um modelo de regressão que tem uma variável numérica independente, qual pressuposto você precisa adotar no que diz respeito à inclinação entre a variável de resposta, Y, e a variável independente numérica, X?

14.66 Em que situações você utiliza a regressão logística?

PROBLEMAS DE REVISÃO DO CAPÍTULO

14.67 Um crescimento no grau de satisfação do consumidor geralmente resulta em um comportamento direcionado para maior tendência a compras. No que se refere a muitos produtos, existe mais de um indicador para a satisfação do consumidor. Em muitos desses casos, o comportamento de tendência para compras pode crescer drasticamente em razão de um crescimento em simplesmente um dos indicadores de satisfação do consumidor. Gunst e Barry ("One Way to Moderate Ceiling Effects", *Quality Progress*, outubro de 2003, pp. 83-85) consideram um produto com dois indicadores de satisfação, X_1 e X_2, que se estendem desde o nível mais baixo de satisfação, 1, até o mais alto nível de satisfação, 7. A variável dependente, Y, é um indicador do comportamento de tendência para compras, com o valor mais alto gerando a maior quantidade de vendas. É apresentada a seguinte equação para a regressão:

$$\hat{Y}_i = -3{,}888 + 1{,}449 X_{1i} + 1{,}462 X_{2i} - 0{,}190 X_{1i} X_{2i}$$

Suponha que X_1 seja a qualidade percebida para o produto e X_2 seja o valor percebido para o produto. (Observação: Se o consumidor imagina que o produto está acima do preço, esse consumidor percebe o produto como sendo de baixo valor, e vice-versa.)

a. Qual o comportamento previsto para tendência para compras, quando $X_1 = 2$ e $X_2 = 2$?

b. Qual o comportamento previsto para tendência para compras, quando $X_1 = 2$ e $X_2 = 7$?

c. Qual o comportamento previsto para tendência para compras, quando $X_1 = 7$ e $X_2 = 2$?

d. Qual o comportamento previsto para tendência para compras, quando $X_1 = 7$ e $X_2 = 7$?

e. Qual a equação para regressão, quando $X_2 = 2$? Qual é, agora, a inclinação para X_1?

f. Qual a equação para regressão quando $X_2 = 7$? Qual é, agora, a inclinação para X_1?

566 Capítulo 14

g. Qual a equação para regressão quando $X_1 = 2$? Qual é, agora, a inclinação para X_2?

h. Qual a equação para regressão quando $X_1 = 7$? Qual é, agora, a inclinação para X_2?

i. Discuta as implicações dos itens (a) a (h), no âmbito do contexto de fazer com que cresçam as vendas para esse produto, com dois indicadores de satisfação do consumidor.

14.68 O proprietário de uma empresa de mudanças geralmente faz com que seu gerente mais experiente faça a previsão para o número de horas de trabalho que serão necessárias para realizar uma determinada mudança que esteja por ocorrer. Esse método se mostrou útil no passado, porém o proprietário tem como objetivo estratégico da empresa desenvolver um método mais preciso para prever a quantidade de horas de trabalho necessárias. Em um esforço preliminar para oferecer um método mais preciso, o proprietário decidiu utilizar a quantidade de pés cúbicos a serem transportados na mudança e o número de peças de mobiliário de grande porte para corresponder às variáveis independentes, e coletou dados oriundos de 36 mudanças cuja origem e destino estavam dentro dos limites do distrito de Manhattan, em Nova York, e cujo tempo de transporte representava uma parcela insignificante da quantidade de horas trabalhadas. Os dados estão organizados e armazenados no arquivo **Mudança**.

a. Expresse a equação para a regressão múltipla.

b. Interprete o significado das inclinações nessa equação.

c. Faça a previsão para o total de horas de trabalho necessárias para 500 pés cúbicos transportados, com duas peças de mobiliário de grande porte.

d. Realize uma análise de resíduos em seus resultados e determine se os pressupostos da regressão são válidos.

e. Determine se existe uma relação significativa entre as horas de trabalho necessárias e as duas variáveis independentes (a quantidade de pés cúbicos transportados na mudança e o número de peças de mobiliário de grande porte), no nível de significância de 0,05.

f. Determine o valor-p em (e) e interprete o seu significado.

g. Interprete o significado do coeficiente de determinação múltipla no âmbito deste problema.

h. Determine o r^2 ajustado.

i. No nível de significância de 0,05, determine se cada uma das variáveis independentes oferece uma contribuição significativa para o modelo de regressão. Indique o modelo de regressão mais apropriado para o conjunto de dados em referência.

j. Determine os valores-p em (i) e interprete os seus respectivos significados.

k. Construa uma estimativa para o intervalo de confiança de 95 % correspondente à inclinação da população entre horas de trabalho necessárias e a quantidade de pés cúbicos transportados na mudança. De que modo a interpretação da inclinação, no presente problema, difere da interpretação do Problema 13.44, em Problemas para a Seção 13.7?

l. Calcule e interprete os coeficientes de determinação parcial.

14.69 O basquete profissional tem verdadeiramente se tornado um esporte que gera interesse entre os fãs em todo o mundo. Um número cada vez maior de jogadores vem de fora dos Estados Unidos para jogar na National Basketball Association (NBA). Você deseja desenvolver um modelo de regressão para prever o número de vitórias conquistadas por cada time da NBA, com base na percentagem de cestas de campo (arremessos feitos) para o time e para o time adversário. Os dados estão armazenados em **NBA2011**.

a. Expresse a equação para a regressão múltipla.

b. Interprete o significado das inclinações nessa equação.

c. Faça a previsão do número de vitórias para um time que tenha uma percentagem de cestas de campo igual a 45 % e uma percentagem de cestas de campo do time oponente igual a 44 %.

d. Realize uma análise de resíduos em seus resultados e determine se os pressupostos da regressão são válidos.

e. Existe uma relação significativa entre o número de vitórias e as duas variáveis independentes (percentagem de cestas de campo para o time e para o time adversário), no nível de significância de 0,05?

f. Determine o valor-p em (e) e interprete o seu significado.

g. Interprete o significado do coeficiente de determinação múltipla no âmbito deste problema.

h. Determine o r^2 ajustado.

i. No nível de significância de 0,05, determine se cada uma das variáveis independentes oferece uma contribuição significativa ao modelo de regressão. Indique o modelo de regressão mais apropriado para o conjunto de dados em referência.

j. Determine os valores-p em (i) e interprete os seus respectivos significados.

k. Calcule e interprete os coeficientes de determinação parcial.

14.70 Foi selecionada uma amostra de 30 casas unifamiliares recentemente vendidas em uma pequena cidade. Desenvolva um modelo para prever o preço de venda (em milhares de dólares), utilizando o valor de avaliação (em milhares de dólares), bem como o período de tempo (em meses desde a reavaliação). As casas na cidade haviam sido reavaliadas, com base em seus respectivos valores plenos, um ano antes do estudo. Os resultados estão armazenados no arquivo **Casa1**.

a. Expresse a equação para a regressão múltipla.

b. Interprete o significado das inclinações nessa equação.

c. Faça a previsão para o preço de venda de uma casa que tenha um valor de avaliação correspondente a $170.000 e tenha sido vendida 12 meses após a reavaliação.

d. Realize uma análise de resíduos em seus resultados e determine se os pressupostos da regressão são válidos.

e. Determine se existe uma relação significativa entre o preço de venda e as duas variáveis independentes (valor de avaliação e período de tempo), no nível de significância de 0,05.

f. Determine o valor-p em (e) e interprete o seu significado.

g. Interprete o significado do coeficiente de determinação múltipla no contexto deste problema.

h. Determine o r^2 ajustado.

i. No nível de significância de 0,05, determine se cada uma das variáveis independentes oferece uma contribuição significativa ao modelo de regressão. Indique o modelo de regressão mais apropriado para o conjunto de dados em referência.

j. Determine os valores-p em (i) e interprete os seus respectivos significados.

k. Construa uma estimativa para o intervalo de confiança de 95 % correspondente à inclinação da população entre preço de venda e valor de avaliação. De que modo a interpretação da inclinação, no presente problema, difere da interpretação para o Problema 13.76, em Problemas de Revisão do Capítulo 13?

l. Calcule e interprete os coeficientes de determinação parcial.

14.71 Medir a altura de uma árvore do tipo sequoia da Califórnia é um empreendimento bastante difícil, uma vez que essas árvores crescem a alturas superiores a 300 pés. As pessoas familiarizadas com essas árvores entendem que a altura de uma sequoia da Califórnia está relacionada a outras características da árvore, incluindo o diâmetro da árvore na altura do peito de uma pessoa (em polegadas) e a espessura do córtex da árvore (em polegadas). O arquivo **Sequoia** contém a altura, o diâmetro na altura do peito de uma pessoa e a espessura do córtex, para uma amostra de 21 árvores do tipo sequoia da Califórnia.

a. Expresse a equação para a regressão múltipla que preveja a altura de uma árvore, com base no diâmetro dessa árvore na altura do peito de uma pessoa e a espessura do córtex.

b. Interprete o significado das inclinações nessa equação.

c. Faça a previsão da altura para uma árvore que apresente um diâmetro de 25 polegadas na altura do peito de uma pessoa e uma espessura de córtex de 2 polegadas.

d. Interprete o significado do coeficiente de determinação múltipla no contexto deste problema.

e. Realize uma análise de resíduos nos resultados e determine se os pressupostos da regressão são válidos.

f. Determine se existe uma relação significativa entre a altura das sequoias e as duas variáveis independentes (diâmetro da árvore na altura do peito e espessura do córtex), no nível de significância de 0,05.

g. Construa uma estimativa do intervalo de confiança de 95 % correspondente à inclinação da população entre a altura das sequoias e o diâmetro na altura do peito de uma pessoa e entre a altura das sequoias e a espessura do córtex.

h. No nível de significância de 0,05, determine se cada uma das variáveis independentes oferece uma contribuição significativa ao modelo de regressão. Indique as variáveis independentes que devem ser incluídas nesse modelo.

i. Construa uma estimativa do intervalo de confiança de 95 % para a média aritmética da altura das árvores que tenham 25 polegadas como diâmetro na altura do peito de uma pessoa e uma espessura de córtex de 2 polegadas, juntamente com um intervalo de previsão para uma árvore individual.

j. Calcule e interprete os coeficientes de determinação parcial.

14.72 Desenvolva um modelo para prever o valor de avaliação de casas (em milhares de dólares), utilizando o tamanho de imóveis (em milhares de pés quadrados) e a idade ou tempo de construção dessas casas (em anos), com base na tabela a seguir (dados armazenados no arquivo **Casa2**):

Casa	Valor de Avaliação (milhares de dólares)	Tamanho da Casa (milhares de pés quadrados)	Idade (anos)
1	184,4	2,00	3,42
2	177,4	1,71	11,50
3	175,7	1,45	8,33
4	185,9	1,76	0,00
5	179,1	1,93	7,42
6	170,4	1,20	32,00
7	175,8	1,55	16,00
8	185,9	1,93	2,00
9	178,5	1,59	1,75
10	179,2	1,50	2,75
11	186,7	1,90	0,00
12	179,3	1,39	0,00
13	174,5	1,54	12,58
14	183,8	1,89	2,75
15	176,8	1,59	7,17

a. Expresse a equação para a regressão múltipla.

b. Interprete o significado das inclinações nessa equação.

c. Faça a previsão do valor de avaliação para uma casa que tenha como tamanho 1.750 pés quadrados e 10 anos de construída.

d. Realize uma análise de resíduos nos resultados e determine se os pressupostos da regressão são válidos.

e. Determine se existe uma relação significativa entre o valor de avaliação e as duas variáveis independentes (tamanho e tempo de construção), no nível de significância de 0,05.

f. Determine o valor-p em (e) e interprete o seu respectivo significado.

g. Interprete o significado do coeficiente de determinação múltipla no contexto deste problema.

h. Determine o r^2 ajustado.

i. No nível de significância de 0,05, determine se cada uma das variáveis independentes oferece uma contribuição significativa ao modelo de regressão. Indique o modelo de regressão mais apropriado para o conjunto de dados em referência.

j. Determine os valores-p em (i) e interprete seus respectivos significados.

k. Construa uma estimativa para o intervalo de confiança de 95 % correspondente à inclinação da população entre valor de avaliação e tamanho. De que modo a interpretação da inclinação, nesse caso, difere daquela correspondente ao Problema 13.77, em Problemas de Revisão do Capítulo 13?

l. Calcule e interprete os coeficientes de determinação parcial.

m. A assessoria da imobiliária declarou publicamente que a idade do imóvel não exerce nenhum tipo de influência em absoluto sobre o valor de avaliação. Com base em suas respostas para os itens de (a) a (l), você concorda com essa afirmativa? Explique.

14.73 Um especialista sobre análise de beisebol deseja determinar quais variáveis são importantes na previsão de vitórias para um time em uma determinada temporada. Ele coletou dados relacionados a vitórias, à média conquistada de voltas (ERA — *earned run average*) e ao número de voltas percorridas para a temporada de 2011. (Dados no arquivo **BB2011**.) Desenvolva um modelo para prever o número de vitórias, com base na média conquistada de voltas (ERA) e no número de voltas percorridas.

a. Expresse a equação para a regressão múltipla.

b. Interprete o significado das inclinações nessa equação.

c. Faça a previsão para o número de vitórias para um time com uma ERA igual a 4,50 e que tenha pontuado 750 voltas.

d. Realize uma análise de resíduos nos resultados e determine se os pressupostos da regressão são válidos.

e. Existe uma relação significativa entre o número de vitórias e as duas variáveis independentes (ERA e quantidade de voltas percorridas), no nível de significância de 0,05?

f. Determine o valor-p em (e) e interprete o seu significado.

g. Interprete o significado do coeficiente de determinação múltipla no contexto deste problema.

h. Determine o r^2 ajustado.

i. No nível de significância de 0,05, determine se cada uma das variáveis independentes oferece uma contribuição significativa ao modelo de regressão. Indique o modelo de regressão mais apropriado para o conjunto de dados em referência.

j. Determine os valores-p em (i) e interprete seus respectivos significados.

k. Construa uma estimativa para o intervalo de confiança de 95 % para a inclinação da população entre vitórias e ERA.

l. Calcule e interprete os coeficientes de determinação parcial.

568 Capítulo 14

m. O que é mais importante no que se refere à previsão de vitórias: arremessos, medidos com base na ERA, ou ataques, medidos com base nas voltas pontuadas? Explique.

14.74 Fazendo referência ao Problema 14.73, suponha que, além de utilizar a ERA para prever o número de vitórias, o especialista em análises deseje incluir também a Liga (0 = Americana, 1 = Nacional) como uma variável independente. Desenvolva um modelo para prever vitórias com base na ERA e na Liga. Para os itens de (a) a (k), não inclua um termo de interação.

a. Expresse a equação para a regressão múltipla.
b. Interprete o significado das inclinações em (a).
c. Faça uma previsão da média aritmética do número de vitórias para um time com uma ERA igual a 4,50 na Liga Americana. Construa uma estimativa para o intervalo de confiança de 95 % para todos os times e um intervalo de previsão de 95 % para um time individual.
d. Realize uma análise de resíduos nos resultados e determine se os pressupostos da regressão são válidos.
e. Existe uma relação significativa entre vitórias e as duas variáveis independentes (ERA e Liga), no nível de significância de 0,05?
f. No nível de significância de 0,05, determine se cada uma das variáveis independentes oferece uma contribuição significativa ao modelo de regressão. Indique o modelo de regressão mais apropriado para o conjunto de dados em referência.
g. Construa uma estimativa para o intervalo de confiança de 95 % correspondente à inclinação da população para a relação entre vitórias e ERA.
h. Construa uma estimativa para o intervalo de confiança de 95 % da inclinação da população correspondente à relação entre as vitórias e a Liga.
i. Calcule e interprete o r^2 ajustado.
j. Calcule e interprete os coeficientes de determinação parcial.
k. Que pressuposto você precisa adotar em relação à inclinação das vitórias com a ERA?
l. Acrescente um termo de interação ao modelo e, no nível de significância de 0,05, determine se o termo em questão oferece uma contribuição significativa para o modelo.
m. Com base nos resultados para os itens (f) e (l), qual modelo é mais apropriado? Explique.

14.75 Você é um corretor imobiliário que deseja comparar valores de propriedades em Glen Cove e Roslyn (que estão localizadas a aproximadamente 8 milhas de distância uma da outra). Para poder fazer isso, você analisará os dados em **GCRoslyn**, um arquivo que inclui amostras para residências em Glen Cove e Roslyn. Não se esquecendo de incluir a variável binária (*dummy*) para localização (Glen Cove ou Roslyn), desenvolva um modelo de regressão para prever o valor de avaliação, com base na área correspondente ao terreno de uma propriedade, a idade (tempo de construção) do imóvel e a localização. Não deixe de determinar se precisam ser incluídos no modelo quaisquer termos de interação.

14.76 Um artigo recente abordou um processo de decomposição de metais, por meio do qual um pedaço de metal é posicionado em um banho de ácido, e uma camada de liga é colocada em cima dessa camada de ácido. O objetivo estratégico dos engenheiros que trabalham nesse processo era reduzir a variação da espessura da camada de liga. Para começar, a temperatura e a pressão no tanque que retém o banho de ácido deverão ser estudadas como variáveis independentes. São coletados dados oriundos de 50 amostras. Os resultados estão organizados e armazenados no arquivo **Espessura**. (Dados extraídos de J. Conklin, "It's a Marathon, Not a Sprint". *Quality Progress*, junho 2009, pp. 46-49.)

Desenvolva um modelo de regressão múltipla que utilize a temperatura e a pressão no tanque que retém o banho de ácido para prever a espessura da camada correspondente à liga. Não deixe de realizar uma análise minuciosa nos resíduos. O artigo sugere que existe uma interação entre a pressão e a temperatura no tanque. Você concorda?

14.77 A Starbuck's Coffee Co. utiliza um método baseado em dados para melhorar a qualidade e a satisfação dos consumidores de seus produtos. Quando dados oriundos da pesquisa indicaram que a Starbucks precisava melhorar seu processo de vedação de embalagens, foi conduzido um experimento para determinar os fatores no equipamento de vedação de embalagens que poderiam estar afetando a facilidade de abertura de uma embalagem sem romper a linha interna da embalagem. (Dados extraídos de L. Johnson e S. Burrows, "For Starbucks, It's in the Bag", *Quality Progress*, março de 2011, pp. 17-23.) Entre os fatores que poderiam afetar a avaliação da capacidade de a embalagem resistir a rompimentos estavam a viscosidade, a pressão e a distância entre as placas no equipamento de vedação de embalagens. Foram coletados dados oriundos de 19 embalagens nas quais a distância entre as placas era variada. Os resultados estão armazenados em **Starbucks**. Desenvolva um modelo de regressão múltipla que utilize a viscosidade, a pressão e distância entre as placas no processo de vedação de embalagem de modo a prever a taxa de rompimento da embalagem. Não deixe de realizar uma minuciosa análise nos resíduos. Você acredita que precisa utilizar todas as três variáveis independentes no modelo? Explique.

CASOS PARA O CAPÍTULO 14

Administrando a Ashland MultiComm Services

Em seu estudo contínuo sobre processo de solicitação de assinaturas para o pacote de serviços *3-Para-Tudo*, a equipe do departamento de marketing deseja testar os efeitos de dois tipos de apresentações estruturadas de vendas (pessoal formal e pessoal informal) e o número de horas gastas com telemarketing com relação ao número de novas assinaturas. A equipe registrou esses dados no arquivo **AMS14**, ao longo das últimas 24 semanas.

Analise esses dados e desenvolva um modelo de regressão múltipla para prever o número de novas assinaturas, por um período de uma semana, com base no número de horas gastas com telemarketing e no tipo de apresentação para as vendas. Redija um relatório, fornecendo descobertas detalhadas em relação ao modelo de regressão utilizado.

Caso Digital

Aplique seus conhecimentos sobre modelos de regressão múltipla neste Caso Digital, que estende o cenário Utilizando a Estatística deste capítulo, que trata da OmniFoods.

Para garantir um teste de mercado bem-sucedido para suas barras energéticas OmniPower, o departamento de marketing da OmniFoods contratou, junto a uma empresa especialista em escolha de local de exposição para produtos, a In-Store Placements Group (ISPG), uma empresa de consultoria em estudos de mercado. A ISPG trabalhará junto à cadeia de supermercados que está conduzindo o estudo de teste de mercado. Utilizando a mesma amostra de 34 lojas de supermercado utilizada no estudo de teste de mercado, a ISPG afirma que tanto a escolha da localização na prateleira do supermercado, como a presença de pessoas dentro da loja distribuindo cupons de desconto para OmniPower farão crescer as vendas das barras energéticas.

Abra o arquivo **Omni_ISPGMemo.pdf** para examinar as declarações apresentadas pela ISPG e os dados que respaldam essas afirmativas. Depois disso, responda às seguintes perguntas:

1. Os dados que respaldam as afirmativas são coerentes com as declarações da ISPG? Realize uma análise estatística apropriada para confirmar (ou refutar) a relação declarada entre vendas e as duas variáveis independentes que tratam da localização do produto na prateleira do supermercado e a distribuição de cupons de desconto para barras OmniPower, dentro da loja.
2. Caso você estivesse prestando consultoria à OmniFoods, você recomendaria uma localização específica na prateleira do supermercado, bem como a colocação de pessoas dentro da loja para a distribuição de cupons de desconto para a venda de barras OmniPower?
3. Que tipo de dados adicionais você aconselharia que fossem coletados, no sentido de determinar a eficácia das técnicas para promoção de vendas utilizadas pela ISPG?

GUIA DO EXCEL PARA O CAPÍTULO 14

GE14.1 DESENVOLVENDO um MODELO de REGRESSÃO MÚLTIPLA

Interpretando os Coeficientes da Regressão

Técnica Principal Utilize a função **PROJ.LIN** *(intervalo de células da variável Y, intervalo de células da variável X, Verdadeiro, Verdadeiro)* para calcular os coeficientes da regressão e outros valores relacionados com a análise da regressão múltipla.

Exemplo Desenvolva um modelo de regressão múltipla para os dados correspondentes às vendas de barras OmniPower que estão ilustrados na Figura 14.1 na Seção 14.1.

PHStat Utilize o procedimento **Multiple Regression (Regressão Múltipla)**.
Para o exemplo, abra a **planilha DADOS** da **pasta de trabalho OmniPower**. Selecione PHStat → Regression → Multiple Regression (PHStat → Regressão → Regressão Múltipla), e, na caixa de diálogo relativa ao procedimento (ilustrada a seguir):

1. Insira **A1:A35** na caixa **Y Variable Cell Range (Intervalo de Células da Variável Y)**.
2. Insira **B1:C35** na caixa **X Variables Cell Range (Intervalo de Células das Variáveis X)**.
3. Marque a opção **First cells in both ranges contain label (Primeiras células em ambos os intervalos contêm rótulos)**.
4. Insira **95** na caixa para **Confidence level for regression coefficients (Nível de confiança para coeficientes da regressão)**.
5. Marque a opção **Regression Statistics Table (Tabela de Estatísticas da Regressão)** e a opção **ANOVA and Coefficients Table (ANOVA e Tabela de Coeficientes)**.
6. Insira um título na caixa correspondente a **Title** e clique em **OK**.

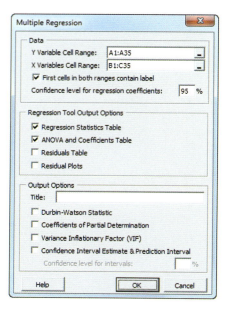

O procedimento cria uma planilha que contém uma cópia de seus dados, além da planilha com os resultados da regressão ilustrados na Figura 14.1. Para mais informações sobre essas planilhas, leia a seção do *Excel Avançado* apresentada a seguir.

Excel Avançado Utilize a **planilha CÁLCULO** da **pasta de trabalho Regressão Múltipla** como um modelo. (Utilize a **pasta de trabalho Regressão Múltipla 2007,** caso você esteja utilizando uma versão do Excel que seja mais antiga do que o Excel 2010.)
A **planilha DadosRM**, que é utilizada pela planilha CÁLCULO para realizar a análise da regressão, já contém os dados sobre vendas de OmniPower. Para realizar análises da regressão múltipla para outros dados, cole os dados da regressão na planilha DadosRM. Cole os valores da variável Y na coluna A. Cole os valores da variável X nas colunas consecutivas, iniciando com a coluna B. Depois disso, abra a planilha CÁLCULO. Insira o nível de confiança na célula L8 e edite a fórmula para sequências de 5 linhas por 3 colunas, que tem início com a célula L2 (o intervalo de células L2:N6). Primeiramente, ajuste o intervalo de células na fórmula para sequências, acrescentando uma coluna para cada uma das variáveis independentes que excedam duas. Em seguida, edite os intervalos de células na fórmula para sequências, de modo a refletir os dados que você colou na planilha DadosRM.

Os intervalos de células editados por você devem ter início com a linha 2, de maneira que sejam excluídos os nomes das variáveis na linha 1 (uma exceção à prática habitual neste livro). Não se esqueça de pressionar a tecla **Enter**, ao mesmo tempo mantendo pressionadas as teclas **Control** e **Shift** (ou a tecla **Command** em um Mac) para inserir a fórmula para sequências, conforme abordamos na Seção B.3 do Apêndice B.

As colunas A a I da planilha CÁLCULO duplicam o desenho visual da planilha de regressão do suplemento Ferramentas de Análise. A Figura 14.1 não mostra as colunas K a N, a área que contém a fórmula para sequências, no intervalo de células L2:N6, e os cálculos para o teste t para a inclinação (veja a Seção 13.7) no intervalo de células K8:L12.

Leia os BREVES DESTAQUES para o Capítulo 14, para uma explanação sobre as fórmulas encontradas nessas áreas e no restante da planilha CÁLCULO (ilustrada na **planilha CÁLCULO_FÓRMULAS**).

Ferramentas de Análise Utilize o procedimento **Regressão**. Para o exemplo, abra a **planilha DADOS** da **pasta de trabalho OmniPower** e:

1. Selecione **Dados → Análise de Dados**.
2. Na caixa de diálogo Análise de Dados, selecione **Regressão** a partir da lista de **Ferramentas de Análise** e, depois disso, clique em **OK**.

Na caixa de diálogo Regressão (ilustrada a seguir):

3. Insira **A1:A35** na caixa para **Intervalo Y de entrada** e insira **B1:C35** como **Intervalo X de entrada**.
4. Marque a opção **Rótulos** e a opção **Nível de Confiança** e insira **95** como valor para a caixa respectiva.

5. Clique em **Nova planilha**.
6. Clique em **OK**.

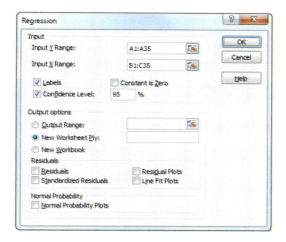

Prevendo a Variável Dependente Y

Técnica Principal Utilize a função para sequências **MATRIZ.MULT** e a função **INVT.BC** para ajudar a calcular valores intermediários que determinam a estimativa para o intervalo de confiança e o intervalo de previsão.

Exemplo Calcule a estimativa para o intervalo de confiança e o intervalo de previsão para os dados correspondentes às vendas de barras OmniPower, ilustrados na Figura 14.2 na Seção 14.1.

PHStat Utilize as instruções do *PHStat* na Seção GE14.1 "Interpretando os Coeficientes da Regressão", mas substitua a etapa 6 pelas etapas 6 a 8 apresentadas a seguir:

6. Marque a opção **Confidence Interval Estimate & Prediction Interval (Estimativa do Intervalo de Confiança & Intervalo de Previsão)** e digite **95** como o percentual para a caixa **Confidence level for intervals (Nível de confiança para os intervalos)**.
7. Insira um título em **Title** e clique em **OK**.
8. Na nova planilha, insira **79** na célula **B6** e insira **400** na célula **B7**.

Essas etapas criam uma nova planilha que é discutida nas instruções da seção *Excel Avançado* apresentada a seguir:

Excel Avançado Utilize a planilha **EICeIP** da **pasta de trabalho Regressão Múltipla** como um modelo.
A planilha já contém os dados e as fórmulas para o exemplo que trata das vendas de OmniPower, ilustrados na Figura 14.2. A planilha utiliza a função **MATRIZ.MULT** (veja a Seção F.4 do Apêndice F) em várias fórmulas para sequências que realizam operações matriciais para calcular o produto da matriz X′ X (no intervalo de células B9:D11), o inverso da matriz X′ X (no intervalo de células B13:D15), o produto de X′ X′ G multiplicado pelo inverso de X′X (no intervalo de células B17:D17) e o Y previsto (na célula B21).

A modificação desta planilha para outros modelos com mais de duas variáveis independentes requer conhecimentos que estão fora do escopo deste livro. Para outros modelos com duas variáveis independentes, cole os dados correspondentes àquela variável nas colunas B e C da **planilha SequênciaRM** e ajuste o número de entradas na coluna A (todas elas iguais a **1**). Ajuste a planilha CÁLCULO de modo a refletir os novos dados da regressão, utilizando as instruções em "Interpretando os Coeficientes da Regressão" na seção *Excel Avançado*. Depois disso, abra a planilha EICeIP e edite a fórmula para sequências no intervalo de células B9:D11; edite também as legendas nas células A6 e A7.

GE14.2 r^2, r^2 AJUSTADO e o TESTE F GERAL

O coeficiente de determinação múltipla, r^2, o r^2 ajustado e o teste F geral são, todos eles, calculados como parte da criação da planilha de resultados da regressão múltipla utilizando-se as instruções da Seção GE14.1. Caso você utilize as instruções para o *PHStat* ou para o *Excel Avançado*, são utilizadas fórmulas para calcular esses resultados na **planilha CÁLCULO**. As fórmulas nas células B5, B7, B13, C12, C13, D12 e E12 copiam valores calculados por uma fórmula de sequências no intervalo de células L2:N6 e, na célula F12, a expressão **DISTF.CD**(*estatística do teste F*, **1**, *graus de liberdade do erro*) calcula o valor-p para o teste F geral.

GE14.3 ANÁLISE de RESÍDUOS para o MODELO de REGRESSÃO MÚLTIPLA

Técnica Principal Utilize fórmulas aritméticas e alguns resultados a partir da planilha CÁLCULO da regressão múltipla para calcular os resíduos.

Exemplo Desenvolva uma análise de resíduos para os dados correspondentes às vendas de barras OmniPower, discutidos na Seção 14.3.

PHStat Utilize as instruções para o *PHStat* da Seção GE14.1 "Interpretando os Coeficientes da Regressão". Modifique a etapa 5 marcando as opções **Residuals Table (Tabela de Resíduos)** e **Residuals Plots (Gráficos de Resíduos)**, além de marcar a opção **Regression Statistics Table (Tabela de Estatísticas da Regressão)** e **ANOVA and Coefficients Table (ANOVA e Tabela de Coeficientes)**.

Excel Avançado Utilize a **planilha RESÍDUOS** da **pasta de trabalho Regressão Múltipla** como um modelo. Depois construa gráficos de resíduos para os resíduos e o valor previsto de Y e para os resíduos e cada uma das variáveis independentes.

A **planilha DADOSRM**, que é utilizada pela planilha RESÍDUOS para calcular os resíduos, já contém os dados sobre vendas de OmniPower correspondentes ao exemplo. Para outros problemas, modifique essa planilha conforme as instruções a seguir:

1. Caso o número de variáveis independentes seja maior do que 2, selecione a coluna D, clique à direita, e clique em **Inserir** a partir do menu de atalhos. Repita essa etapa tantas vezes quanto necessário para criar as colunas adicionais para alocar todas as variáveis X.
2. Cole os dados correspondentes às variáveis X em colunas, iniciando pela coluna B.
3. Cole os valores de Y na coluna E (ou na antepenúltima coluna, caso existam mais de duas variáveis X).
4. Para tamanhos de amostra menores do que 34, exclua as linhas adicionais. Para tamanhos de amostra maiores do que 34, copie as fórmulas correspondentes a Y previsto e aos resíduos, para baixo, até a linha que contém o último par de valores relativos a X e Y. Além disso, acrescente os novos números para as observações na coluna A.

Para construir os gráficos de resíduos, abra a planilha RESÍDUOS e selecione pares de colunas e aplique as instruções

572 Capítulo 14

do *Excel Avançado* da Seção GE2.5, "O Gráfico de Resíduos". (Caso você tenha se esquecido de selecionar as colunas, o Excel construirá um gráfico sem nenhum significado, relativo a todos os dados contidos na planilha RESÍDUOS.) Por exemplo, para construir o gráfico de resíduos para os resíduos e para o valor previsto de Y, selecione as colunas D e F. (Veja a Seção B.7 do Apêndice B para auxiliar você na seleção de um intervalo de células não contíguo.)

Leia os BREVES DESTAQUES para o Capítulo 14 para uma explanação sobre as fórmulas encontradas na planilha RESÍDUOS (ilustradas **na planilha RESÍDUOS_FÓRMULAS**).

Ferramentas de Análise Utilize as instruções correspondentes a *Ferramentas de Análise* para a Seção GE14.1. Modifique a etapa 5 marcando as opções **Resíduos** e **Plotar Resíduos** antes de clicar em **Nova Planilha;** depois disso, clique em **OK**. A opção **Plotar Resíduos** constrói gráficos de resíduos somente para cada uma das variáveis independentes. Para construir gráficos de resíduos para os resíduos e o valor previsto de Y, selecione as células para Y previsto e para os resíduos (na área RESULTADO DE RESÍDUOS da planilha com os resultados da regressão). Em seguida, aplique as instruções para o *Excel Avançado* contidas na Seção GE2.5, "O Gráfico de Resíduos".

GE14.4 INFERÊNCIAS RELACIONADAS aos COEFICIENTES da REGRESSÃO para a POPULAÇÃO

As planilhas com os resultados da regressão criadas com o uso das instruções da Seção GE14.1 incluem as informações necessárias para realizar as inferências discutidas na Seção 14.4.

GE14.5 TESTANDO PARTES do MODELO de REGRESSÃO MÚLTIPLA

Técnica Principal Adapte as instruções na Seção GE14.1 "Interpretando os Coeficientes da Regressão" e as instruções da Seção GE13.2 para desenvolver as análises da regressão necessárias.

Exemplo Teste partes do modelo de regressão múltipla para os dados correspondentes às vendas de barras OmniPower, conforme apresentado na Seção 14.5.

PHStat Utilize as instruções do *PHStat* na Seção GE14.1 "Interpretando os Coeficientes da Regressão", mas substitua a etapa 6 marcando a opção **Coefficients of Partial Determination (Coeficientes de Determinação Parcial)** antes de clicar em **OK**.

Excel Avançado Utilize uma das **planilhas CPD** da **pasta de trabalho Regressão Múltipla** como modelo. A **planilha CPD_2** já contém os dados para calcular os coeficientes de determinação parcial para o exemplo. Para outros exemplos, você utiliza um processo de duas etapas para calcular os coeficientes de determinação parcial. Você utiliza, inicialmente, as instruções do *Excel Avançado* na Seção GE14.1 e na Seção GE13.2 para criar todas as planilhas possíveis de resultados da regressão em uma cópia da **pasta de trabalho Regressão Múltipla**. Por exemplo, se você tem duas variáveis independentes, você realiza três análises de regressão: Y com X_1 e X_2, Y com X_1, e Y com X_2, para criar três planilhas de resultados da regressão. Depois disso, você abre a **planilha CPD** para o número de va-

riáveis independentes (as **planilhas CPD_2**, **CPD_3** e **CPD_4** estão incluídas) e segue as instruções em itálico para copiar e **Colar Especial** os valores (veja a Seção B.4 do Apêndice B) a partir das planilhas com os resultados da regressão.

GE14.6 UTILIZANDO VARIÁVEIS BINÁRIAS (*DUMMY*) e TERMOS de INTERAÇÃO em MODELOS de REGRESSÃO

Variáveis Binárias (*Dummy*)

Técnica Principal Utilize o recurso **Localizar e Substituir** para criar uma variável binária a partir de uma variável categórica de dois níveis. Antes de utilizar **Localizar e Substituir**, copie e cole os valores categóricos em outra coluna de modo a preservar os valores originais.

Exemplo Crie uma variável binária com o nome LareiraCodificada a partir da variável categórica de dois níveis Lareira, conforme ilustrado na Tabela 14.5, na Seção 14.6.

Excel Avançado Para o exemplo, abra a **planilha DADOS** da **pasta de trabalho Casa3**, e:

1. Copie e cole os valores correspondentes a **Lareira** na coluna C para a coluna D (a primeira coluna vazia).
2. Selecione a coluna **D**.
3. Pressione **Ctrl + H**, (as teclas de atalho para **Localizar e Substituir**).

Na caixa de diálogo Localizar e Substituir:

4. Digite **Sim** na caixa ao lado de **Localizar** e digite **1** na caixa ao lado de **Substituir por**.
5. Clique em **Substituir Tudo**. Caso apareça uma mensagem para confirmar a substituição, clique em **OK** para continuar.
6. Digite **Não** na caixa ao lado de **Localizar** e digite **0** na caixa ao lado de **Substituir por**.
7. Clique em **Substituir Tudo**. Caso apareça uma mensagem para confirmar a substituição, clique em **OK** para continuar.
8. Clique em **Fechar**.

Variáveis categóricas que tenham mais de dois níveis requerem o uso de fórmulas em colunas múltiplas. Por exemplo, para criar as variáveis binárias para o Exemplo 14.3, na Seção 14.6, são necessárias duas colunas. Suponha que a variável categórica de três níveis mencionada no exemplo esteja na Coluna D da planilha aberta. Uma primeira coluna nova que contenha fórmulas no formato =**SE(*célula da coluna D = primeiro nível*, 1, 0)** e uma segunda coluna nova que contenha fórmulas no formato =**SE(*célula da coluna D = segundo nível*, 1, 0)** criariam apropriadamente as duas variáveis binárias que o exemplo requer.

Interações

Para criar um termo de interação, acrescente uma coluna de fórmulas que multipliquem uma variável independente pela outra. Por exemplo, se a primeira variável independente tiver aparecido na coluna B, e a segunda variável independente tiver aparecido na coluna C, insira a fórmula =**B2 * C2** na célula da linha 2 de uma coluna em branco e depois copie a fórmula para baixo ao longo de todas as linhas de dados para criar a interação.

GE14.7 Regressão Logística

Técnica Principal Utilize um processo automatizado que incorpore o uso do suplemento Solver de modo a desenvolver um modelo de análise de regressão logística.

Exemplo Desenvolva um modelo de regressão logística para os dados correspondentes ao estudo piloto sobre cartões de crédito, que estão ilustrados na Figura 14.13 na Seção 14.7.

PHStat Utilize o procedimento **Logistic Regression (Regressão Logística)**.

Para o exemplo, abra a **planilha DADOS** da **pasta de trabalho EstudoCartão**. Selecione **PHStat → Regression → Logistic Regression (PHStat → Regressão → Regressão Logística)**, e, na caixa de diálogo relativa ao procedimento (ilustrada a seguir):

1. Insira **A1:A31** na caixa **Y Variable Cell Range (Intervalo de Células da Variável Y)**.
2. Insira **B1:C31** na caixa **X Variables Cell Range (Intervalo de Células das Variáveis X)**.
3. Marque a opção **First cells in both ranges contain label (Primeiras células em ambos os intervalos contêm rótulos)**.
4. Insira um título na caixa correspondente a **Title** e clique em **OK**.

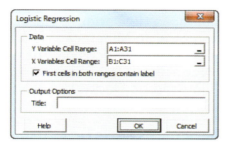

Caso o suplemento Solver não esteja instalado (veja a Seção D.6 no Apêndice D), o PHStat procedimento exibirá uma mensagem de erro, em vez da caixa de diálogo Regressão Logística. A planilha CÁLCULO criada contém um número de colunas não ilustradas na Figura 14.13 que contém os dados que dão suporte à regressão logística em questão.

Excel Avançado Utilize a **pasta de trabalho suplemento Regressão Logística**. Essa pasta de trabalho requer que o suplemento Solver esteja instalado (veja a Seção D.6 no Apêndice D). Para o exemplo, abra a **planilha DADOS** da **pasta de trabalho EstudoCartão**. Depois disso, abra a **pasta de trabalho suplemento Regressão Logística**. Quando essa pasta de trabalho se abre apropriadamente, ela acrescenta um menu para o **Suplemento Logística** na guia Suplementos (Windows da Microsoft) ou na barra do menu Apple (OS X).

Selecione **Suplemento Logística → Regressão Logística** na guia Suplementos (Windows da Microsoft) ou na barra do menu Apple (OS X). Na caixa de diálogo Regressão Logística (ilustrada a seguir):

1. Insira **A1:A31** na caixa **Y Variable Cell Range (Intervalo de Células da Variável Y)**.
2. Insira **B1:C31** na caixa **X Variables Cell Range (Intervalo de Células das Variáveis X)**.
3. Marque a opção **First cells in both ranges contain label (Primeiras células em ambos os intervalos contêm rótulos)**.
4. Insira um título na caixa correspondente a **Title** e clique em **OK**.

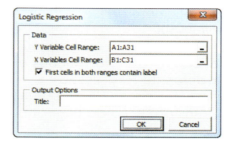

Caso o suplemento Solver não esteja instalado, você verá uma mensagem de erro, em vez da caixa de diálogo Regressão Logística. Essa pasta de trabalho do suplemento requer que as pastas de trabalho de dados estejam no formato **.xlsx** e não no formato antigo **.xls**.

CAPÍTULO
15 Construção do Modelo de Regressão Múltipla

UTILIZANDO A ESTATÍSTICA: Valorizando a Parcimônia na WHIT-DT

15.1 O Modelo de Regressão Quadrático
Encontrando os Coeficientes da Regressão e Prevendo Y
Testando a Significância do Modelo Quadrático
Testando o Efeito Quadrático
O Coeficiente de Determinação Múltipla

15.2 Utilizando Transformações em Modelos de Regressão
A Transformação da Raiz Quadrada
A Transformação do Logaritmo

15.3 Colinearidade

15.4 Construção de Modelos
O Método da Regressão Passo a Passo para a Construção de Modelos

O Método dos Melhores Subconjuntos para a Construção de Modelos
Validação do Modelo

15.5 Armadilhas na Regressão Múltipla e Questões Éticas
Armadilhas na Regressão Múltipla
Questões Éticas

15.6 Análise Preditiva e Mineração de Dados (Data Mining)
Mineração de Dados (Data Mining)
Exemplos de Mineração de Dados
Métodos Estatísticos na Análise de Negócios
Mineração de Dados Utilizando Suplementos do Excel

UTILIZANDO A ESTATÍSTICA: Valorizando a Parcimônia na WHIT-DT, Revisitada

GUIA DO EXCEL PARA O CAPÍTULO 15

Objetivos do Aprendizado

Neste capítulo, você aprenderá:

- A utilizar termos quadráticos em um modelo de regressão
- A utilizar variáveis transformadas em um modelo de regressão
- A medir a correlação entre variáveis independentes
- A construir um modelo de regressão, utilizando o método passo a passo ou o método dos melhores subconjuntos
- A evitar as armadilhas envolvidas no desenvolvimento de um modelo de regressão múltipla
- A conhecer os métodos de mineração de dados na análise de negócios

UTILIZANDO A ESTATÍSTICA

Valorizando a Parcimônia na WHIT-DT

Suas atribuições como gerente de operações na emissora local de radiodifusão WHIT-DT têm se mostrado mais desafiadoras nos últimos tempos, na medida em que você vai se adaptando às mudanças causadas pela recente aquisição da emissora pelo Berg Broadcasting Group. Atualmente, o novo gerente geral anunciou o objetivo estratégico de reduzir despesas em 8 % durante o ano fiscal vindouro, e pediu que você investigasse meios de reduzir despesas desnecessárias de mão de obra associadas à equipe de artistas gráficos empregados pela emissora. Atualmente, esses artistas gráficos são remunerados com base em horas trabalhadas, e estão recebendo por uma quantidade excessiva de *horas de sobreaviso*, horas nas quais eles estão presentes na emissora, mas não lhes é atribuída nenhuma tarefa específica.

Você acredita que um modelo apropriado ajudaria você a prever o número de horas de sobreaviso no futuro, identificar as causas primordiais para o número excessivo de horas de sobreaviso, e permitir que você reduza o número total de horas de sobreaviso no futuro. Você planeja inicialmente coletar dados semanais para o número de horas de sobreaviso e para estas quatro variáveis: o número de artistas gráficos presentes, o número de horas remotas, o número de horas de Dubner e o total de horas de mão de obra empregada. Depois disso, você busca construir um modelo de regressão múltipla que irá ajudá-lo a determinar quais variáveis afetam mais significativamente as horas de sobreaviso.

De que maneira você constrói o modelo que apresente a combinação mais apropriada entre as variáveis independentes? Existem técnicas estatísticas que podem ajudá-lo no sentido de identificar o "melhor" modelo, sem ter que considerar todos os modelos possíveis?

576 Capítulo 15

O Capítulo 14 tratou de modelos de regressão múltipla com duas variáveis independentes. Este capítulo estende a análise da regressão para modelos que contenham mais de duas variáveis independentes, e discorre sobre conceitos de construção de modelos que irão ajudar você a desenvolver o melhor modelo, quando se deparar com um grande conjunto de dados que contenha muitas variáveis independentes, como é o caso no que se refere aos dados a serem coletados na WHIT-DT. Esses conceitos incluem variáveis independentes quadráticas, transformações de variáveis independentes ou de variáveis dependentes, regressão passo a passo e regressão dos melhores subconjuntos. O capítulo termina com uma discussão sobre os métodos de mineração de dados (*data mining*) que são utilizados na análise de negócios, ao lidar com bancos de dados de tamanho muito grande.

15.1 O Modelo de Regressão Quadrático

O modelo de regressão simples, discutido no Capítulo 13, e o modelo de regressão múltipla, abordado no Capítulo 14, partiam do pressuposto de que a relação entre Y e cada uma das variáveis independentes seria linear. No entanto, na Seção 13.1, foram introduzidos vários tipos diferentes de relações não lineares entre variáveis. Uma das relações não lineares mais comuns é a relação quadrática ou curvilínea entre duas variáveis, na qual Y cresce (ou decresce) a uma taxa variável para diversos valores de X (veja a Figura 13.2, Painéis C a E, no final da Seção 13.1). Você pode utilizar o modelo de regressão quadrático, definido na Equação (15.1), para analisar esse tipo de relação entre X e Y.

MODELO DE REGRESSÃO QUADRÁTICO

$$Y_i = \beta_0 + \beta_1 X_{1i} + \beta_2 X_{1i}^2 + \varepsilon_i \qquad \textbf{(15.1)}$$

em que

β_0 = intercepto de Y

β_1 = coeficiente do efeito linear em Y

β_2 = coeficiente do efeito quadrático em Y

ε_i = erro aleatório em Y para a observação i

Este **modelo de regressão quadrático** é semelhante ao modelo de regressão múltipla com duas variáveis independentes [veja a Equação (14.2) na Seção 14.1], exceto pelo fato de que a segunda variável independente, o **termo quadrático**, corresponde ao quadrado da primeira variável independente. Mais uma vez, você usa o método dos mínimos quadrados para calcular os coeficientes da regressão da amostra (b_0, b_1 e b_2) como estimadores para os parâmetros da população (β_0, β_1 e β_2). A Equação (15.2) define a equação da regressão para o modelo quadrático com uma variável independente (X_1) e uma variável dependente (Y).

EQUAÇÃO DA REGRESSÃO QUADRÁTICA

$$\hat{Y}_i = b_0 + b_1 X_{1i} + b_2 X_{1i}^2 \qquad \textbf{(15.2)}$$

> **👉 Dica para o Leitor**
> Um modelo de regressão quadrático é um modelo curvilíneo que possui um termo X e um termo X elevado ao quadrado. Outros modelos curvilíneos podem ter X termos adicionais que podem envolver X elevado ao cubo, X elevado à quarta potência, e assim sucessivamente.

Na Equação (15.2), o primeiro coeficiente da regressão, b_0, representa o intercepto de Y; o segundo coeficiente da regressão, b_1, representa o efeito linear; e o terceiro coeficiente da regressão, b_2, representa o efeito quadrático.

Encontrando os Coeficientes da Regressão e Prevendo Y

Para ilustrar o modelo de regressão quadrático, considere um estudo que tenha examinado o problema estratégico enfrentado pelo fornecedor de concreto com relação a como o acréscimo de cinzas volantes afeta a resistência do concreto. (Cinzas volantes são subprodutos de baixo custo na indústria, que podem ser utilizados como um substituto para o cimento da marca Portland, um ingrediente mais caro para a fabricação de concreto.) Foram preparados pequenos pedaços de concreto, nos quais o percentual de cinzas volantes no concreto variava de 0 % a 60 %. Foram coletados dados a partir de uma amostra de 18 espécimes, sendo organizados e armazenados no arquivo CinzaVolante. A Tabela 15.1 sintetiza os resultados.

TABELA 15.1
Percentagem de Cinzas Volantes e a Resistência de 18 Amostras de Concreto com 28 Dias de Aplicação

Cinzas Volantes (%)	Resistência (psi)	Cinzas Volantes (%)	Resistência (psi)
0	4.779	40	5.995
0	4.706	40	5.628
0	4.350	40	5.897
20	5.189	50	5.746
20	5.140	50	5.719
20	4.976	50	5.782
30	5.110	60	4.895
30	5.685	60	5.030
30	5.618	60	4.648

Pelo fato de criar o gráfico de dispersão apresentado na Figura 15.1 para visualizar esses dados, você será capaz de selecionar com mais precisão o modelo apropriado para expressar a relação entre a percentagem de cinzas volantes e a resistência.

FIGURA 15.1
Gráfico de dispersão para percentual de cinzas volantes (X) e resistência (Y)

Utilize as instruções da Seção GE2.5 para construir gráficos de dispersão.

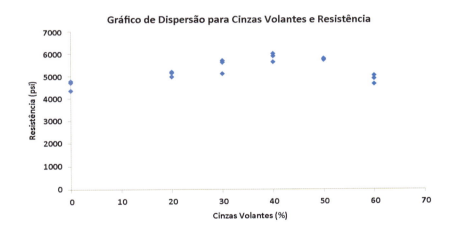

A Figura 15.1 indica um crescimento inicial na resistência do concreto, à medida que passa a crescer a percentagem de cinzas volantes. A resistência parece se estabilizar e, em seguida, decresce, depois de alcançar a resistência máxima, em aproximadamente 40 % de cinzas volantes. A resistência para 50 % de cinzas volantes está ligeiramente abaixo da resistência para 40 % de cinzas volantes; a resistência para 60 % está substancialmente abaixo da resistência para 50 %. Por conseguinte, você deve optar por um modelo quadrático, em vez de um modelo linear, para estimar a resistência tomando como base a percentagem de cinzas volantes.

A Figura 15.2 ilustra a planilha com os resultados da regressão para esses dados.
Com base na Figura 15.2,

$$b_0 = 4.486{,}3611 \quad b_1 = 63{,}0052 \quad b_2 = -0{,}8765$$

Portanto, a equação da regressão quadrática é

$$\hat{Y}_i = 4.486{,}3611 + 63{,}0052 X_{1i} - 0{,}8765 X_{1i}^2$$

em que

$\hat{Y}_i$ = resistência prevista para a amostra i
X_{1i} = percentagem de cinzas volantes para a amostra i

	A	B	C	D	E	F	G
1	**Análise da Resistência do Concreto**						
2							
3	*Estatística de Regressão*						
4	R Múltiplo	0,8053					
5	R-Quadrado	0,6485					
6	R-Quadrado Ajustado	0,6016					
7	Erro-Padrão	312,1129					
8	Observações	18					
9							
10	**ANOVA**						
11		*gl*	*SQ*	*MQ*	*F*	*F de Significação*	
12	Regressão	2	2695473,4897	1347736,745	13,8351	0,0004	
13	Resíduo	15	1461217,0103	97414,4674			
14	Total	17	4156690,5000				
15							
16		*Coeficientes*	*Erro-Padrão*	*Stat t*	*Valor-P*	*95 % inferiores*	*95 % superiores*
17	Interseção	4486,3611	174,7531	25,6726	0,0000	4113,8834	4858,8389
18	Cinzas Volantes%	63,0052	12,3725	5,0923	0,0001	36,6338	89,3767
19	Cinzas Volantes%^2	-0,8765	0,1966	-4,4578	0,0005	-1,2955	-0,4574

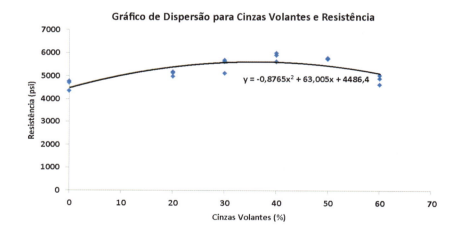

FIGURA 15.2 Planilha com os resultados para a regressão com os dados sobre a resistência do concreto

A Figura 15.3 representa um gráfico de dispersão para essa equação da regressão quadrática, que mostra o ajuste do modelo de regressão quadrático para os dados originais.

FIGURA 15.3 Gráfico de dispersão expressando a relação quadrática entre percentagem de cinzas volantes e resistência para os dados sobre concreto

Utilize as instruções da Seção GE15.1 para acrescentar uma linha de tendência quadrática. Observe que o Excel arredonda alguns dos coeficientes quando exibe a equação da regressão.

Com base na equação da regressão quadrática e na Figura 15.3, o intercepto de Y ($b_0 = 4.486{,}3611$) corresponde à resistência prevista quando a percentagem de cinzas volantes é igual a 0. Para interpretar os coeficientes b_1 e b_2, observe que, depois de um crescimento inicial, a resistência passa a diminuir, à medida que vai aumentando a percentagem de cinzas volantes. Essa relação não linear é demonstrada com mais ênfase quando está sendo prevista a resistência em relação a percentagens de cinzas volantes correspondentes a 20, 40 e 60. Utilizando a equação da regressão quadrática,

$$\hat{Y}_i = 4.486{,}3611 + 63{,}0052X_{1i} - 0{,}8765X_{1i}^2$$

para $X_{1i} = 20$,

$$\hat{Y}_i = 4.486{,}3611 + 63{,}0052(20) - 0{,}8765(20)^2 = 5.395{,}865$$

para $X_{1i} = 40$,

$$\hat{Y}_i = 4.486{,}3611 + 63{,}0052(40) - 0{,}8765(40)^2 = 5.604{,}169$$

e para $X_{1i} = 60$,

$$\hat{Y}_i = 4.486{,}3611 + 63{,}0052(60) - 0{,}8765(60)^2 = 5.111{,}273$$

Por conseguinte, a resistência do concreto prevista para 40 % de cinzas volantes está 208,304 psi acima da resistência prevista para 20 % de cinzas volantes, mas a resistência prevista para 60 % de cinzas volantes está 492,896 psi abaixo da resistência prevista para 40 % de cinzas volantes. O fornecedor de concreto deve considerar o uso de um percentual de 40 % de cinzas volantes e não utilizar os percentuais de 20 % ou 60 %, uma vez que esses percentuais acarretam uma redução na resistência do concreto.

Testando a Significância do Modelo Quadrático

> **Dica para o Leitor**
> Lembre-se de que você está testando se pelo menos uma variável independente tem alguma relação linear com a variável dependente. Caso rejeite H_0, você *não* está concluindo que todas as variáveis independentes têm uma relação linear com a variável dependente, mas somente que *pelo menos uma* variável independente tem uma relação linear com a variável dependente.

Depois de ter calculado a equação para a regressão quadrática, você pode testar se existe uma relação geral significativa entre a resistência, Y, e a percentagem de cinzas volantes, X_1. A hipótese nula e a hipótese alternativa se apresentam da seguinte maneira:

H_0: $\beta_1 = \beta_2 = 0$ (Não existe nenhuma relação geral entre X_1 e Y.)
H_1: β_1 e/ou $\beta_2 \neq 0$ (Existe uma relação geral entre X_1 e Y.)

A Equação (14.6), na Seção 14.2, define a estatística do teste F_{ESTAT} geral utilizada para esse teste.

$$F_{ESTAT} = \frac{MQReg}{MQR}$$

A partir dos resultados do Excel na Figura 15.2,

$$F_{ESTAT} = \frac{MQReg}{MQR} = \frac{1.347.736,745}{97.414,4674} = 13,8351$$

Caso você venha a escolher um nível de significância de 0,05, com base na Tabela E.5, o valor crítico da distribuição F, com 2 e 18 – 2 – 1 graus de liberdade, é igual a 3,68 (veja a Figura 15.4). Uma vez que $F_{ESTAT} = 13,8351 > 3,68$, ou uma vez que o valor-$p = 0,0004 < 0,05$, você rejeita a hipótese nula (H_0) e conclui que efetivamente existe uma relação geral significativa entre a resistência e a percentagem de cinzas volantes.

FIGURA 15.4 Testando a existência de uma relação geral, no nível de significância de 0,05, com 2 e 15 graus de liberdade

Testando o Efeito Quadrático

Quando você utiliza um modelo de regressão para examinar a existência de uma relação entre duas variáveis, você deseja encontrar não somente o modelo mais preciso, mas também o modelo mais simples, que possa expressar essa relação. Por conseguinte, você precisa examinar se efetivamente existe uma diferença significativa entre o modelo quadrático:

$$Y_i = \beta_0 + \beta_1 X_{1i} + \beta_2 X_{1i}^2 + \varepsilon_i$$

e o modelo linear:

$$Y_i = \beta_0 + \beta_1 X_{1i} + \varepsilon_i$$

Na Seção 14.4, você utilizou o teste t para determinar se cada uma das variáveis independentes oferece uma contribuição significativa ao modelo da regressão. Para testar a significância da contribuição do efeito quadrático, você utiliza a hipótese nula e a hipótese alternativa a seguir:

H_0: A inclusão do efeito quadrático não melhora significativamente o modelo ($\beta_2 = 0$).
H_1: A inclusão do efeito quadrático melhora significativamente o modelo ($\beta_2 \neq 0$).

O erro-padrão de cada um dos coeficientes da regressão e suas estatísticas de teste correspondente, t_{ESTAT}, fazem parte da planilha de resultados da regressão (veja a Figura 15.2). A Equação (14.7), no início da Seção 14.4, define a estatística do teste t_{ESTAT}:

$$t_{ESTAT} = \frac{b_2 - \beta_2}{S_{b_2}}$$

$$= \frac{-0,8765 - 0}{0,1966} = -4,4578$$

Se você selecionar o nível de significância de 0,05, então, a partir da Tabela E.3, os valores críticos para a distribuição t com 15 graus de liberdade são $-2,1315$ e $+2,1315$ (veja a Figura 15.5).

FIGURA 15.5
Testando a contribuição do efeito quadrático em relação a um modelo de regressão, no nível de significância de 0,05, com 15 graus de liberdade

Tendo em vista que $t_{ESTAT} = -4,4578 < -2,1315$, ou uma vez que o valor-$p = 0,0005 < 0,05$, você rejeita H_0 e conclui que o modelo quadrático é significativamente melhor do que o modelo linear, no que se refere a representar a relação entre resistência e percentagem de cinzas volantes.

O Exemplo 15.1 apresenta outra ilustração para um possível efeito quadrático.

EXEMPLO 15.1

Estudando o Efeito Quadrático em um Modelo de Regressão Múltipla

Um consultor de projetos de uma imobiliária que está estudando um problema estratégico que trata da estimação para o consumo de óleo para calefação decidiu examinar o efeito da temperatura atmosférica e da quantidade de isolamento no sótão sobre o consumo de óleo para calefação. São coletados dados a partir de uma amostra de 15 residências unifamiliares. Os dados estão organizados e armazenados em Calefação. A Figura 15.6 ilustra os resultados da regressão para um modelo de regressão múltipla que utiliza as duas variáveis independentes: temperatura atmosférica e isolamento no sótão.

FIGURA 15.6
Planilha com os resultados da regressão para o modelo de regressão linear múltipla com a previsão do consumo mensal de óleo para calefação

	A	B	C	D	E	F	G
1	Análise do Consumo de Óleo para Calefação						
2							
3		Estatística de Regressão					
4	R Múltiplo	0,9827					
5	R-Quadrado	0,9656					
6	R-Quadrado Ajustado	0,9599					
7	Erro-Padrão	26,0138					
8	Observações	15					
9							
10	ANOVA						
11		gl	SQ	MQ	F	F de Significação	
12	Regressão	2	228014,6263	114007,3132	168,4712	0,0000	
13	Resíduo	12	8120,6030	676,7169			
14	Total	14	236135,2293				
15							
16		Coeficientes	Erro-Padrão	Stat t	Valor-P	95 % inferiores	95 % superiores
17	Interseção	562,1510	21,0931	26,6509	0,0000	516,1931	608,1089
18	Temperatura	-5,4366	0,8362	-16,1699	0,0000	-6,1691	-4,7040
19	Isolamento	-20,0123	2,3425	-8,5431	0,0000	-25,1162	-14,9084

O gráfico de resíduos para isolamento do sótão (não ilustrado aqui) continha algumas evidências de um efeito quadrático. Por conseguinte, o consultor da imobiliária analisou novamente os dados, acrescentando ao modelo da regressão múltipla um termo quadrático para isolamento no sótão. No nível de significância de 0,05, existem evidências de um efeito quadrático significativo no que se refere ao isolamento no sótão?

Construção do Modelo de Regressão Múltipla **581**

SOLUÇÃO A Figura 15.7 apresenta os resultados para o referido modelo de regressão.

	A	B	C	D	E	F	G
1	Efeito Quadrático para a Variável Isolamento?						
2							
3	*Estatística de Regressão*						
4	R Múltiplo	0,9862					
5	R-Quadrado	0,9725					
6	R-Quadrado Ajustado	0,9650					
7	Erro-Padrão	24,2938					
8	Observações	15					
9							
10	ANOVA						
11		*gl*	*SQ*	*MQ*	*F*	*F de Significação*	
12	Regressão	3	229643,1645	76547,7215	129,7006	0,0000	
13	Resíduo	11	6492,0649	590,1877			
14	Total	14	236135,2293				
15							
16		*Coeficientes*	*Erro-Padrão*	*Stat t*	*Valor-P*	*95 % inferiores*	*95 % superiores*
17	Interseção	624,5864	42,4352	14,7186	0,0000	531,1872	717,9856
18	Temperatura	-5,3626	0,3171	-16.9099	0,0000	-6,0606	-4,6646
19	Isolamento	-44,5868	14,9547	-2,9815	0,0125	-77,5019	-11,6717
20	Isolamento^2	1,8667	1,1238	1,6611	0,1249	-0,6067	4,3401

FIGURA 15.7 Planilha com os resultados da regressão para o modelo de regressão múltipla, com um termo quadrático para isolamento no sótão

A equação da regressão múltipla é

$$\hat{Y}_i = 624{,}5864 - 5{,}3626X_{1i} - 44{,}5868X_{2i} + 1{,}8667X_{2i}^2$$

Para testar a significância do efeito quadrático:

H_0: A inclusão do efeito quadrático não melhora significativamente o modelo ($\beta_3 = 0$).
H_1: A inclusão do efeito quadrático melhora significativamente o modelo ($\beta_3 \neq 0$).

Com base na Figura 15.7 e na Tabela E.3, com $15 - 3 - 1 = 11$ graus de liberdade, $-2{,}2010 < t_{ESTAT} = 1{,}6611 < 2{,}2010$ (ou o valor-$p = 0{,}1249 > 0{,}05$). Portanto, você não rejeita a hipótese nula. Você conclui que existem evidências insuficientes de que o efeito quadrático correspondente ao isolamento no sótão seja diferente de zero. Diante do interesse de manter o modelo o mais simplificado possível, você deve utilizar a equação para a regressão múltipla, apresentada na Figura 15.6.

$$\hat{Y}_i = 562{,}1510 - 5{,}4366X_{1i} - 20{,}0123X_{2i}$$

O Coeficiente de Determinação Múltipla

No modelo da regressão múltipla, o coeficiente de determinação múltipla, r^2 (veja a Seção 14.2), representa a proporção da variação em Y que é explicada pela variação nas variáveis independentes. Considere o modelo de regressão quadrático que você usou para prever a resistência do concreto, utilizando cinzas volantes e cinzas volantes ao quadrado. Você calcula r^2 pela Equação (14.4), no início da Seção 14.2:

$$r^2 = \frac{SQReg}{STQ}$$

Com base na Figura 15.2,

$$SQReg = 2.695.473{,}897 \qquad STQ = 4.156.690{,}5$$

Por conseguinte,

$$r^2 = \frac{SQReg}{STQ} = \frac{2.695.473{,}897}{4.156.690{,}5} = 0{,}6485$$

582 Capítulo 15

> ### Dica para o Leitor
> Lembre-se de que r^2 na regressão múltipla representa a proporção da variação na variável dependente Y que é explicada por *todas* as variáveis independentes X incluídas no modelo. Portanto, neste caso de regressão quadrática, r^2 representa a proporção da variação na variável dependente Y que é explicada pelo termo linear e pelo termo quadrático.

Esse coeficiente de determinação múltipla indica que 64,85 % da variação na resistência são explicados pela relação quadrática entre a resistência e a percentagem de cinzas volantes. Você precisa, também, calcular o r_{aj}^2 para poder levar em conta o número de variáveis independentes e o tamanho da amostra. No modelo quadrático de regressão, $k = 2$, porque existem duas variáveis independentes: X_1 e X_1^2. Por conseguinte, utilizando a Equação (14.5), apresentada no início da Seção 14.2,

$$
\begin{aligned}
r_{aj}^2 &= 1 - \left[(1 - r^2)\frac{(n - 1)}{(n - k - 1)}\right] \\
&= 1 - \left[(1 - 0{,}6485)\frac{17}{15}\right] \\
&= 1 - 0{,}3984 \\
&= 0{,}6016
\end{aligned}
$$

Problemas para a Seção 15.1

APRENDENDO O BÁSICO

15.1 A equação para a regressão quadrática a seguir se refere a uma amostra de tamanho $n = 25$:

$$\hat{Y}_i = 5 + 3X_{1i} + 1{,}5X_{1i}^2$$

a. Faça a previsão de Y para $X_1 = 2$.
b. Suponha que a estatística do teste t_{ESTAT} calculada para o coeficiente da regressão quadrática seja 2,35. No nível de significância de 0,05, existem evidências de que o modelo quadrático seja melhor do que o modelo linear?
c. Suponha que a estatística do teste t_{ESTAT} calculada para o coeficiente da regressão quadrática seja 1,17. No nível de significância de 0,05, existem evidências de que o modelo quadrático seja melhor do que o modelo linear?
d. Suponha que o coeficiente da regressão para o efeito linear seja $-3{,}0$. Faça a previsão de Y para $X_1 = 2$.

APLICANDO OS CONCEITOS

15.2 As empresas habitualmente recrutam alunos do curso de administração de empresas com um bom desenvolvimento de habilidades cognitivas do mais alto nível (HOCS — Higher-Order Cognitive Skills), tais como identificação de problemas, raciocínio analítico e capacidade de integração de conteúdo. Pesquisadores conduziram um estudo para verificar se um progresso em termos das HOCS dos alunos estaria relacionado com a média geral acumulada na graduação (GPA — Grade Point Average) para esses mesmos alunos. (Dados extraídos de R. V. Bradley, C. S. Sankar, H. R. Clayton. V. W. Mbarika e P. K. Raju, "A Study on the Impact of GPA on Perceived Improvement of Higher-Order Cognitive Skills", *Decision Sciences Journal of Innovative Education*, janeiro de 2007, 5(1), pp. 151-168.) Os pesquisadores conduziram um estudo no qual o ensino dos alunos de administração de empresas se dava com base no método de estudo de casos. Utilizando dados coletados a partir de 300 alunos do curso de administração, foi derivada a seguinte equação de regressão quadrática:

$$\text{HOCS} = -3{,}48 + 4{,}53(\text{GPA}) - 0{,}68(\text{GPA})^2$$

em que a variável dependente, HOCS, mediu o progresso nas HOCS, com 1 representando o menor progresso nas HOCS e 5 representando o maior progresso nas HOCS.
a. Construa uma tabela para as HOCS que foram previstas, utilizando GPA igual a 2,0; 2,1; 2,2; ...; 4,0.
b. Construa um gráfico para os valores da tabela construída em (a), com GPA no eixo horizontal e HOCS previstas no eixo vertical.
c. Discorra sobre a relação curvilínea entre GPA dos alunos e seus respectivos progressos previstos nas HOCS.
d. Os pesquisadores defendem que o modelo apresenta um r^2 de 0,07 e um r^2 ajustado de 0,06. O que isso diz a você sobre a dispersão de valores individuais das HOCS em torno da relação curvilínea desenhada no gráfico em (b) e discutida em (c)?

15.3 Uma cadeia nacional de lojas de comércio de produtos eletrônicos tinha o objetivo estratégico de determinar a eficácia da publicidade feita em jornais. No intuito de promover as vendas, a cadeia de lojas se baseia fundamentalmente na publicidade feita em jornais locais, de modo a reforçar a sua modesta exposição em comerciais de televisão em âmbito nacional. Foram atribuídos diferentes patamares de verbas para publicidade em jornais, durante um mês, a uma amostra de 20 cidades com totais de população e vendas mensais similares. A tabela apresentada a seguir (armazenada no arquivo **Publicidade**) sintetiza as vendas (em milhões de dólares) e as verbas com publicidade em jornais (em milhares de dólares) observadas durante o estudo:
a. Construa um gráfico de dispersão para publicidade e vendas.
b. Ajuste um modelo de regressão quadrático e expresse a equação da regressão quadrática.
c. Faça a previsão das vendas mensais para uma cidade com publicidade em jornais no montante de $20.000.
d. Realize uma análise de resíduos para os resultados e determine se os pressupostos da regressão são válidos.
e. No nível de significância de 0,05, existe uma relação quadrática significativa entre vendas semanais e publicidade em jornais?

Vendas (milhões de dólares)	Publicidade em Jornais (milhões de dólares)	Vendas (milhões de dólares)	Publicidade em Jornais (milhões de dólares)
6,14	5	6,84	15
6,04	5	6,66	15
6,21	5	6,95	20
6,32	5	6,65	20
6,42	10	6,83	20
6,56	10	6,81	20
6,67	10	7,03	25
6,35	10	6,88	25
6,76	15	6,84	25
6,79	15	6,99	25

f. No nível de significância de 0,05, determine se o modelo quadrático representa um ajuste melhor do que o modelo linear.

g. Interprete o significado do coeficiente de determinação múltipla.

h. Calcule o r^2 ajustado.

15.4 A quantidade de calorias em uma cerveja está relacionada com a quantidade de carboidratos e/ou ao teor alcoólico na cerveja? Dados correspondentes a 150 entre as cervejas artesanais mais vendidas nos Estados Unidos estão localizados no arquivo CervejaArtesanal. Os valores correspondentes a três variáveis incluem: a quantidade de calorias para cada 12 onças ($\pm$ 360 mL), o teor alcoólico e a quantidade de carboidratos (em gramas) para cada 12 onças. (Dados extraídos de **www.beer100. com/beercalories.htm**, 1º de junho de 2012.)

a. Realize uma análise de regressão linear múltipla, utilizando calorias como a variável dependente e o teor alcoólico e a quantidade de carboidratos como as variáveis independentes.

b. Acrescente termos quadráticos para teor alcoólico e para a quantidade de carboidratos.

c. Qual modelo é o melhor: o modelo em (a) ou o modelo em (b)?

d. Redija um resumo sucinto que aborde a relação entre a quantidade de calorias em uma determinada cerveja e seus respectivos teor alcoólico e quantidade de carboidratos.

15.5 Na produção de placas de circuitos impressos, erros no alinhamento de conexões elétricas são uma fonte para descarte. Os dados no arquivo ErroRegistro-AltoCusto contêm o erro de registro e a temperatura na produção de placas de circuitos em um experimento no qual foi utilizado material de custo mais elevado. (Dados extraídos de C. Nachtsheim e B. Jones, "A Powerful Analytical Tool", *Six Sigma Forum Magazine*, agosto de 2003, pp. 30-33.)

a. Construa um gráfico de dispersão para temperatura e erro de registro.

b. Faça o ajuste de um modelo de regressão quadrático e expresse a equação para a regressão quadrática.

c. Realize uma análise de resíduos para os resultados e determine se o modelo da regressão é válido.

d. No nível de significância de 0,05, existe uma relação quadrática significativa entre temperatura e erro de registro?

e. No nível de significância de 0,05, determine se o modelo quadrático representa um melhor ajuste do que o modelo linear.

f. Interprete o significado do coeficiente de determinação múltipla.

h. Calcule o r^2 ajustado.

✓ AUTO-teste **15.6** Um gerente de produção deseja examinar a relação entre a produção de unidades de um determinado produto (número de unidades produzidas) e os custos associados (custo total). O arquivo EstimativaCusto contém dados correspondentes a 10 meses de produção.

a. Construa um gráfico de dispersão para a produção de unidades e os custos associados.

b. Faça o ajuste de um modelo de regressão quadrático e expresse a equação para a regressão quadrática.

c. Faça uma previsão para o custo total, quando a produção corresponder a 145 unidades.

d. Realize uma análise de resíduos nos resultados e determine se o modelo da regressão é válido.

e. No nível de significância de 0,05, existe uma relação geral significativa entre a produção de unidades do produto e o custo total?

f. Qual é o valor-p em (e)? Interprete o seu significado.

g. No nível de significância de 0,05, determine se existe um efeito quadrático significativo.

h. Qual é o valor-p em (g)? Interprete o seu significado.

i. Interprete o significado do coeficiente de determinação múltipla.

j. Calcule o r^2 ajustado.

15.7 Uma auditora do governo municipal gostaria de desenvolver um modelo para prever os impostos municipais, com base na idade (tempo de construção) de imóveis unifamiliares. Ela seleciona uma amostra aleatória de 19 imóveis unifamiliares, e os resultados estão no arquivo Impostos.

a. Construa um gráfico de dispersão para idade (tempo de construção) do imóvel e impostos municipais.

b. Faça o ajuste de um modelo de regressão quadrático e expresse a equação para a regressão quadrática.

c. Faça a previsão para os impostos municipais correspondentes a um imóvel que tenha 20 anos de construção.

d. Realize uma análise de resíduos dos resultados e determine se o modelo da regressão é válido.

e. No nível de significância de 0,05, existe uma relação geral significativa entre a idade do imóvel e os impostos municipais?

f. Qual é o valor-p em (e)? Interprete o seu significado.

g. No nível de significância de 0,05, determine se o modelo quadrático é superior ao modelo linear.

h. Qual é o valor-p em (g)? Interprete o seu significado.

i. Interprete o significado do coeficiente de determinação múltipla.

j. Calcule o r^2 ajustado.

15.2 Utilizando Transformações em Modelos de Regressão

Dica para o Leitor
Log é o símbolo utilizado para logaritmos de base 10. O log de um número corresponde à potência à qual 10 precisa ser elevado para que seja igual àquele número. *ln* é o símbolo utilizado para logaritmos de base *e*, geralmente conhecidos como *logaritmos naturais*. *e* representa o número de Euler, e $e \cong 2{,}718282$. O log natural de um número corresponde à potência à qual *e* precisa ser elevado para que seja igual àquele número.

Esta seção introduz modelos de regressão nos quais a variável independente, a variável dependente, ou ambas, são transformadas, com o objetivo de superar violações aos pressupostos da regressão, ou fazer com que um determinado modelo cuja forma não seja linear passe a ser um modelo linear. Entre as muitas transformações disponíveis (veja a Referência 3), estão a transformação da raiz quadrada e as transformações envolvendo o logaritmo comum (base 10) e o logaritmo natural (base *e*).[1]

A Transformação da Raiz Quadrada

A **transformação da raiz quadrada** é geralmente utilizada para superar violações ao pressuposto da igualdade de variâncias e também para transformar um modelo que não seja linear em sua forma em um modelo que seja linear. A Equação (15.3) mostra um modelo de regressão que utiliza a transformação da raiz quadrada para a variável independente.

MODELO DE REGRESSÃO COM UMA TRANSFORMAÇÃO DA RAIZ QUADRADA

$$Y_i = \beta_0 + \beta_1 \sqrt{X_{1i}} + \varepsilon_i \qquad (15.3)$$

O Exemplo 15.2 ilustra o uso da transformação da raiz quadrada.

EXEMPLO 15.2
Utilizando a Transformação da Raiz Quadrada

Dados os seguintes valores para *Y* e *X*, utilize uma transformação da raiz quadrada para a variável *X*:

Y	X	Y	X
42,7	1	100,4	3
50,4	1	104,7	4
69,1	2	112,3	4
79,8	2	113,6	5
90,0	3	123,9	5

Construa um gráfico de dispersão para *X* e *Y* e para a raiz quadrada de *X* e *Y*.

SOLUÇÃO A Figura 15.8 ilustra ambos os gráfico de dispersão.

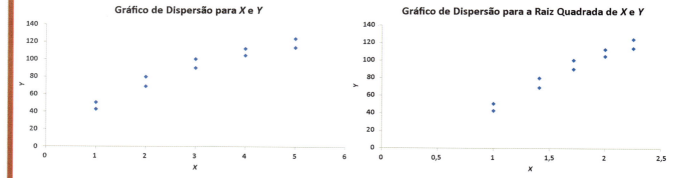

FIGURA 15.8 Gráfico de dispersão para *X* e *Y* e gráfico de dispersão para a raiz quadrada de *X* e *Y*, para o Exemplo 15.2

Você pode verificar que a transformação da raiz quadrada transformou uma relação não linear em uma relação linear.

---

[1] Para mais informações sobre logaritmos, veja a Seção A.3 do Apêndice A.

Construção do Modelo de Regressão Múltipla **585**

A Transformação do Logaritmo

A **transformação do logaritmo** é geralmente utilizada para superar violações ao pressuposto da igualdade de variâncias. Você pode também utilizar a transformação do logaritmo para transformar um modelo não linear em um modelo linear. A Equação (15.4) mostra um modelo multiplicativo.

MODELO MULTIPLICATIVO ORIGINAL

$$Y_i = \beta_0 X_{1i}^{\beta_1} X_{2i}^{\beta_2} \varepsilon_i \qquad \textbf{(15.4)}$$

Ao adotar os logaritmos da base 10 para ambas as variáveis, dependente e independente, você consegue transformar a Equação (15.4) no modelo ilustrado na Equação (15.5).

MODELO MULTIPLICATIVO TRANSFORMADO

$$
\begin{aligned}
\log Y_i &= \log(\beta_0 X_{1i}^{\beta_1} X_{2i}^{\beta_2} \varepsilon_i) \\
&= \log \beta_0 + \log(X_{1i}^{\beta_1}) + \log(X_{2i}^{\beta_2}) + \log \varepsilon_i \\
&= \log \beta_0 + \beta_1 \log X_{1i} + \beta_2 \log X_{2i} + \log \varepsilon_i
\end{aligned}
\qquad \textbf{(15.5)}
$$

Consequentemente, a Equação (15.5) é linear nos logaritmos. De modo semelhante, você pode transformar o modelo exponencial ilustrado na Equação (15.6) em uma forma linear, adotando o logaritmo natural de ambos os lados da equação. A Equação (15.7) corresponde ao modelo transformado.

MODELO EXPONENCIAL ORIGINAL

$$Y_i = e^{\beta_0 + \beta_1 X_{1i} + \beta_2 X_{2i}} \varepsilon_i \qquad \textbf{(15.6)}$$

MODELO EXPONENCIAL TRANSFORMADO

$$
\begin{aligned}
\ln Y_i &= \ln(e^{\beta_0 + \beta_1 X_{1i} + \beta_2 X_{2i}} \varepsilon_i) \\
&= \ln(e^{\beta_0 + \beta_1 X_{1i} + \beta_2 X_{2i}}) + \ln \varepsilon_i \\
&= \beta_0 + \beta_1 X_{1i} + \beta_2 X_{2i} + \ln \varepsilon_i
\end{aligned}
\qquad \textbf{(15.7)}
$$

O Exemplo 15.3 ilustra a utilização de uma transformação para o logaritmo natural.

EXEMPLO 15.3

Utilizando a Transformação do Logaritmo Natural

Dados os seguintes valores para Y e X, utilize uma transformação do logaritmo natural para a variável Y:

Y	X	Y	X
0,7	1	4,8	3
0,5	1	12,9	4
1,6	2	11,5	4
1,8	2	32,1	5
4,2	3	33,9	5

Construa um gráfico de dispersão para X e Y e o logaritmo natural correspondente a Y.

SOLUÇÃO A Figura 15.9 ilustra ambos os gráficos de dispersão. Os gráficos mostram que a transformação do logaritmo natural mudou uma relação não linear para uma relação linear.

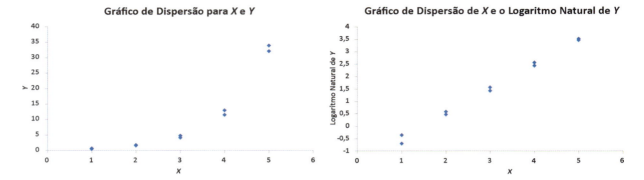

FIGURA 15.9 Diagrama de dispersão para X e Y e diagrama de dispersão para X e o logaritmo natural de Y, para o Exemplo 15.3

Problemas para a Seção 15.2

APRENDENDO O BÁSICO

15.8 Considere a seguinte equação para a regressão:

$$\log \hat{Y}_i = \log 3{,}07 + 0{,}9 \log X_{1i} + 1{,}41 \log X_{2i}$$

a. Faça a previsão para o valor de Y quando $X_1 = 8{,}5$ e $X_2 = 5{,}2$.
b. Interprete o significado dos coeficientes da regressão, b_0, b_1 e b_2.

15.9 Considere a seguinte equação para a regressão:

$$\ln \hat{Y}_i = 4{,}62 + 0{,}5 X_{1i} + 0{,}7 X_{2i}$$

a. Faça a previsão para o valor de Y quando $X_1 = 8{,}5$ e $X_2 = 5{,}2$.
b. Interprete o significado dos coeficientes da regressão, b_0, b_1 e b_2.

APLICANDO OS CONCEITOS

15.10 Utilizando os dados correspondentes ao Problema 15.4, em Problemas para a Seção 15.1, armazenados no arquivo **CervejaArtesanal**, realize uma transformação da raiz quadrada em cada uma das variáveis independentes (teor alcoólico e quantidade de carboidratos). Utilizando calorias como a variável dependente e as variáveis independentes transformadas, realize uma análise de regressão múltipla.
a. Expresse a equação para a regressão.
b. Realize uma análise de resíduos dos resultados e determine se o modelo da regressão é válido.
c. No nível de significância de 0,05, existe uma relação significativa entre calorias e a raiz quadrada para o teor alcoólico e a raiz quadrada para a quantidade de carboidratos?
d. Interprete o significado do coeficiente de determinação, r^2, no âmbito deste problema.
e. Calcule o r^2 ajustado.
f. Compare seus resultados com os resultados obtidos no Problema 15.4. Qual modelo é melhor? Por quê?

15.11 Utilizando os dados correspondentes ao Problema 15.4, em Problemas para a Seção 15.1, armazenados no arquivo **CervejaArtesanal**, realize uma transformação do logaritmo natural correspondente à variável dependente (calorias). Utilizando a variável dependente transformada, bem como o teor alcoólico e a quantidade de carboidratos como variáveis independentes, realize uma análise de regressão múltipla.
a. Expresse a equação para a regressão.
b. Realize uma análise de resíduos dos resultados e determine se os pressupostos da regressão são válidos.
c. No nível de significância de 0,05, existe uma relação significativa entre o logaritmo natural para calorias e o teor alcoólico e a quantidade de carboidratos?
d. Interprete o significado do coeficiente de determinação, r^2, no âmbito deste problema.
e. Calcule o r^2 ajustado.
f. Compare seus resultados com os resultados obtidos nos Problemas 15.4 e 15.10. Qual modelo é o melhor? Por quê?

15.12 Utilizando os dados do Problema 15.6, em Problemas para a Seção 15.1, e armazenados no arquivo **EstimativaCusto**, realize uma transformação do logaritmo natural para a variável dependente (custo total). Utilizando a variável dependente transformada e a produção de unidades como a variável independente, realize uma análise da regressão.
a. Expresse a equação para a regressão.
b. Faça a previsão para o custo total quando a produção corresponder a 145 unidades.
c. Realize uma análise de resíduos dos resultados e determine se os pressupostos da regressão são válidos.
d. No nível de significância de 0,05, existe uma relação significativa entre o logaritmo natural para custo total e produção de unidades?

Construção do Modelo de Regressão Múltipla **587**

e. Interprete o significado do coeficiente de determinação, r^2, no âmbito deste problema.

f. Calcule o r^2 ajustado.

g. Compare seus resultados com os resultados obtidos no Problema 15.6. Qual modelo é o melhor? Por quê?

15.13 Utilizando os dados do Problema 15.6, em Problemas para a Seção 15.1, armazenados em **EstimativaCusto**, realize uma transformação da raiz quadrada para a variável independente (produção de unidades). Utilizando o custo total como a variável dependente e a variável independente transformada, realize uma análise da regressão.

a. Expresse a equação de regressão.

b. Faça a previsão para o custo total quando a produção corresponder a 145 unidades.

c. Realize uma análise de resíduos dos resultados e determine se o modelo da regressão é válido.

d. No nível de significância de 0,05, existe uma relação significativa entre o custo total e a raiz quadrada da produção de unidades?

e. Interprete o significado do coeficiente de determinação, r^2, no âmbito deste problema.

f. Calcule o r^2 ajustado.

g. Compare seus resultados com os resultados obtidos nos Problemas 15.6 e 15.12. Qual modelo é o melhor? Por quê?

15.3 Colinearidade

Um problema importante no que se refere ao desenvolvimento de modelos para regressão múltipla envolve a possível **colinearidade** entre as variáveis independentes. Essa condição se refere a situações nas quais duas, ou mais, entre as variáveis independentes, estão fortemente correlacionadas uma com as outras. Nesse tipo de situação, variáveis colineares não fornecem informações individualizadas (isentas de influências), e passa a ser difícil separar o efeito decorrente dessas variáveis sobre a variável dependente. Quando existe a colinearidade, os valores dos coeficientes da regressão para as variáveis correlacionadas podem flutuar drasticamente, dependendo de quais variáveis independentes estejam incluídas no modelo.

Um método para medir a colinearidade é o **fator inflacionário da variância (*FIV*)** para cada uma das variáveis independentes. A Equação (15.8) define FIV_j, o fator inflacionário da variância para a variável j.

FATOR INFLACIONÁRIO DA VARIÂNCIA

$$FIV_j = \frac{1}{1 - R_j^2} \tag{15.8}$$

em que R_j^2 representa o coeficiente de determinação múltipla para um modelo de regressão, utilizando X_j como a variável dependente e todas as outras variáveis X como variáveis independentes.

Caso existam somente duas variáveis independentes, R_1^2 é o coeficiente de determinação entre X_1 e X_2. Ele é idêntico a R_2^2 que é o coeficiente de determinação entre X_2 e X_1. Se existem três variáveis independentes, então R_1^2 é o coeficiente de determinação múltipla de X_1 com X_2 e X_3; R_2^2 é o coeficiente de determinação múltipla de X_2 com X_1 e X_3; e R_3^2 é o coeficiente de determinação múltipla de X_3 com X_1 e X_2.

Se um conjunto de variáveis independentes não estiver correlacionado, cada um dos FIV_j será igual a 1. Caso o conjunto seja fortemente correlacionado, então um FIV_j pode até mesmo exceder 10. Marquardt (veja a Referência 4) sugere que, se o FIV_j for maior do que 10, existe uma correlação demasiadamente grande entre a variável X_j e as outras variáveis independentes. No entanto, outros estatísticos sugerem um critério mais conservador. Snee (veja a Referência 8) recomenda que sejam utilizadas alternativas para a regressão dos mínimos quadrados, caso o FIV_j máximo exceda 5.

Você precisa proceder com extrema cautela ao utilizar um modelo de regressão múltipla que apresente um ou mais valores elevados para o *FIV*. Você pode utilizar o modelo para prever valores para a variável dependente *somente* no caso em que os valores das variáveis independentes utilizadas na previsão estejam contidos no intervalo relevante dos valores no conjunto de dados. Entretanto, você não pode extrapolar para valores das variáveis independentes não observados no âmbito dos dados da amostra. E, ainda, uma vez que as variáveis independentes contêm informações que se sobrepõem umas às outras, você deve sempre evitar a interpretação de estimativas do coeficiente da regressão em separado, tendo em vista que não existe um meio de estimar precisamente os efeitos individuais das variáveis independentes. Uma solução para o problema é excluir a variável com o valor de *FIV* mais elevado. O modelo reduzido (ou seja, o modelo com a exclusão da variável

588 Capítulo 15

independente que apresenta o maior valor de *FIV*) é geralmente isento de problemas relacionados com a colinearidade. Caso você venha a determinar que todas as variáveis independentes são necessárias para o modelo, você pode utilizar os métodos discutidos na Referência 3.

Nos dados sobre vendas das barras OmniPower (veja a Seção 14.1), a correlação entre as duas variáveis independentes, preço e despesas com promoções, é –0,0968. Uma vez que existem somente duas variáveis independentes no modelo, tendo como base a Equação (15.8):

$$FIV_1 = FIV_2 = \frac{1}{1 - (-0,0968)^2}$$
$$= 1,009$$

Por conseguinte, você pode concluir que não existe razão para se preocupar com a colinearidade, no que se refere aos dados correspondentes a vendas de barras OmniPower.

Em modelos que contenham termos quadráticos e termos de interação, a colinearidade geralmente está presente. Os termos lineares e quadráticos de uma variável independente estão, de modo geral, fortemente correlacionados entre si, enquanto um termo de interação está geralmente correlacionado com uma ou com ambas as variáveis independentes que perfazem a interação. Por conseguinte, você não consegue interpretar separadamente os coeficientes de regressão individuais. Você precisa interpretar conjuntamente os coeficientes da regressão linear e quadrática, para que seja capaz de compreender a relação não linear. Por analogia, você precisa interpretar um coeficiente de regressão de interação em conjunto com os dois coeficientes da regressão associados às variáveis que perfazem a interação. Em resumo, *FIV*s com valor elevado, em modelos quadráticos ou modelos de interação, não necessariamente significam que o modelo não seja bom. No entanto, eles efetivamente requerem que você interprete com cautela os coeficientes para a regressão.

Problemas para a Seção 15.3

APRENDENDO O BÁSICO

15.14 Se o coeficiente de determinação entre duas variáveis independentes é 0,20, qual é o *FIV*?

15.15 Se o coeficiente de determinação entre duas variáveis independentes é 0,50, qual é o *FIV*?

APLICANDO OS CONCEITOS

AUTO-teste **15.16** Reporte-se ao Problema 14.4, em Problemas para a Seção 14.1. Realize uma análise de regressão múltipla utilizando os dados contidos em **CustoDepósito** e determine o *FIV* correspondente a cada uma das variáveis independentes no modelo. Existe alguma razão para suspeitar da existência de colinearidade?

15.17 Reporte-se ao Problema 14.5, em Problemas para a Seção 14.1. Realize uma análise de regressão múltipla utilizando os dados contidos em **Auto2012** e determine o *FIV* correspondente a cada uma das variáveis independentes no modelo. Existe alguma razão para suspeitar da existência de colinearidade?

15.18 Reporte-se ao Problema 14.6, em Problemas para a Seção 14.1. Realize uma análise de regressão múltipla utilizando os dados contidos em **Propaganda** e determine o *FIV* correspondente a cada uma das variáveis independentes no modelo. Existe alguma razão para suspeitar da existência de colinearidade?

15.19 Reporte-se ao Problema 14.7, em Problemas para a Seção 14.1. Realize uma análise de regressão múltipla utilizando os dados contidos em **Sobreaviso** e determine o *FIV* correspondente a cada uma das variáveis independentes no modelo. Existe alguma razão para suspeitar da existência de colinearidade?

15.20 Reporte-se ao Problema 14.8, em Problemas para a Seção 14.1. Realize uma análise de regressão múltipla utilizando os dados contidos em **GlenCove** e determine o *FIV* correspondente a cada uma das variáveis independentes no modelo. Existe alguma razão para suspeitar da existência de colinearidade?

15.4 Construção de Modelos

Este capítulo e o Capítulo 14 apresentaram a você muitos tópicos diferentes na análise da regressão, incluindo termos quadráticos, variáveis binárias (*dummy*) e termos de interação. Nesta seção, você aprenderá um método estruturado para a construção do modelo de regressão mais apropriado. Como você verificará, a construção bem-sucedida de modelos incorpora muitos dos tópicos que você já estudou até agora.

Para começar, reporte-se ao cenário da WHIT-DT, apresentado no início deste capítulo, no qual são consideradas quatro variáveis explanatórias (total da equipe presente, horas remotas, horas de Dubner e total de horas de trabalho) no problema estratégico que envolve o desenvolvimento

Construção do Modelo de Regressão Múltipla **589**

de um modelo de regressão para prever as horas de sobreaviso de artistas gráficos sindicalizados. Dados são coletados ao longo de um período de 26 semanas e organizados e armazenados em **Sobreaviso**. A Tabela 15.2 sintetiza os dados.

TABELA 15.2
Prevendo as Horas de Sobreaviso com Base no Total da Equipe Presente, Horas Remotas, Horas de Dubner e Total de Horas de Trabalho

Semana	Horas de Sobreaviso	Total da Equipe Presente	Horas Remotas	Horas de Dubner	Total de Horas de Trabalho
1	245	338	414	323	2.001
2	177	333	598	340	2.030
3	271	358	656	340	2.226
4	211	372	631	352	2.154
5	196	339	528	380	2.078
6	135	289	409	339	2.080
7	195	334	382	331	2.073
8	118	293	399	311	1.758
9	116	325	343	328	1.624
10	147	311	338	353	1.889
11	154	304	353	518	1.988
12	146	312	289	440	2.049
13	115	283	388	276	1.796
14	161	307	402	207	1.720
15	274	322	151	287	2.056
16	245	335	228	290	1.890
17	201	350	271	355	2.187
18	183	339	440	300	2.032
19	237	327	475	284	1.856
20	175	328	347	337	2.068
21	152	319	449	279	1.813
22	188	325	336	244	1.808
23	188	322	267	253	1.834
24	197	317	235	272	1.973
25	261	315	164	223	1.839
26	232	331	270	272	1.935

Para desenvolver um modelo com o objetivo de prever a variável dependente, horas de sobreaviso, no cenário que trata da WHIT-DT, você precisa estar orientado por uma estratégia de resolução de problemas, ou *heurística*. Uma heurística apropriada para a construção de modelos de regressão utiliza o princípio da parcimônia.

A **parcimônia** orienta você na seleção do modelo de regressão com a menor quantidade de variáveis independentes que sejam capazes de prever adequadamente a variável dependente. Modelos de regressão com menor quantidade de variáveis independentes são mais fáceis de ser interpretados, particularmente porque apresentam menor probabilidade de serem afetados por problemas relacionados com a colinearidade (descritos na Seção 15.3).

Desenvolver um modelo apropriado, quando muitas variáveis independentes estão sendo consideradas, envolve complexidades que não estão presentes em um modelo que contenha somente duas variáveis independentes. A avaliação de todos os modelos de regressão possíveis é mais complexa em termos de cálculos. E ainda, embora você consiga avaliar, em termos quantitativos, os modelos concorrentes, pode não existir um modelo que seja *exclusivamente* o melhor, mas, em vez disso, podem existir vários modelos *igualmente apropriados*.

Para iniciar a análise dos dados sobre as horas de sobreaviso, você calcula os fatores inflacionários da variância [veja a Equação (15.8) no início da Seção 15.3] para medir a quantidade de colinearidade entre as variáveis independentes. Os valores dos quatro *FIV*s correspondentes a este modelo aparecem na Figura 15.10, juntamente com os resultados para o modelo que utiliza as quatro variáveis independentes.

Observe que todos os valores para o *FIV* são relativamente pequenos, estendendo-se desde o mais alto, 1,9993, para o total de horas de trabalho, até o mais baixo, 1,2333 para as horas remotas. Consequentemente, com base nos critérios desenvolvidos por Snee, de que todos os valores correspondentes ao *FIV* devem ser menores do que 5,0 (veja a Referência 8), existem poucas evidências de colinearidade entre o conjunto de variáveis independentes.

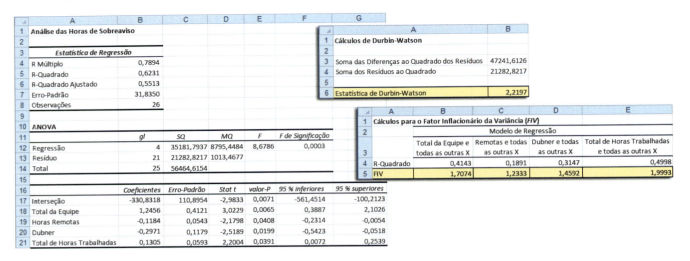

FIGURA 15.10 Planilha com os resultados da regressão para a previsão de horas de sobreaviso, com base em quatro variáveis independentes (com a inserção das planilhas para a estatística de Durbin-Watson e para o FIV)

O Método da Regressão Passo a Passo para a Construção de Modelos

Você continua sua análise sobre os dados relacionados a horas de sobreaviso tentando determinar se um subconjunto de todas as variáveis independentes produz um modelo adequado e apropriado. O primeiro método aqui descrito é a **regressão passo a passo**, que tenta encontrar o "melhor" modelo de regressão sem examinar todos os modelos possíveis.

A primeira etapa da regressão passo a passo é encontrar o melhor modelo que utilize uma variável independente. O passo seguinte é encontrar a melhor entre as variáveis independentes remanescentes a ser acrescentada ao modelo selecionado na primeira etapa. Uma característica importante desse processo passo a passo é que uma variável independente que tenha sido inserida no modelo em um estágio anterior pode, subsequentemente, vir a ser removida, depois que outras variáveis independentes tenham sido consideradas. Por conseguinte, na regressão passo a passo, as variáveis são acrescentadas ao modelo de regressão ou excluídas do modelo de regressão, a cada uma das etapas do processo de construção do modelo. O teste t para a inclinação (veja a Seção 14.4), ou a estatística do teste F_{ESTAT} parcial (veja a Seção 14.5), é utilizada para determinar se variáveis são acrescentadas ou excluídas. O procedimento passo a passo é concluído com a seleção de um modelo que tenha o melhor ajuste, quando nenhuma outra variável pode ser incluída ou excluída do último modelo avaliado. A Figura 15.11, apresentada adiante, ilustra a planilha com os resultados da regressão passo a passo para os dados correspondentes às horas de sobreaviso.

Para esse exemplo, é utilizado um nível de significância de 0,05, para que seja inserida uma variável no modelo, ou para que seja excluída uma variável do modelo. A primeira variável inserida no modelo corresponde ao total da equipe presente, a variável que está mais fortemente correlacionada com a variável dependente, horas de sobreaviso. Uma vez que o valor-p de 0,0011 é menor que 0,05, a variável total da equipe é incluída no modelo de regressão.

O passo seguinte envolve a seleção da segunda variável independente para o modelo. A segunda variável escolhida é aquela que oferece a maior contribuição em relação ao modelo, considerando-se que a primeira variável tenha sido selecionada. Para esse modelo, a segunda variável corresponde a horas remotas. Uma vez que o valor-p de 0,0269 para horas remotas é inferior a 0,05, a variável horas remotas é incluída no modelo de regressão.

Depois que horas remotas são inseridas no modelo, o procedimento passo a passo determina se o total da equipe presente continua, ainda, sendo uma variável de importante contribuição ou se ela pode ser eliminada do modelo. Uma vez que o valor-p de 0,0001 para o total da equipe é inferior a 0,05, o total da equipe permanece no modelo de regressão.

A etapa subsequente envolve a seleção de uma terceira variável independente para o modelo. Tendo em vista que nenhuma das outras variáveis atende ao critério de 0,05 para que seja incluída no modelo, o procedimento passo a passo é encerrado com um modelo que inclui o total da equipe presente e o número de horas remotas.

Esse método da regressão passo a passo para a construção de modelos foi originalmente desenvolvido há mais de quatro décadas, em uma época em que os cálculos para a regressão em computadores de grande porte envolviam uma quantidade demasiada de tempo e eram bastante

FIGURA 15.11
Planilha de resultados da regressão passo a passo para os dados sobre horas de sobreaviso

A Figura 15.11 exibe uma planilha que é utilizada pela Seção GE15.4. Essa planilha pode ser criada somente com o uso do PHStat.

		gl	SQ	MQ	F	F de significação	
Análise Passo a Passo para Horas de Sobreaviso							
Tabela de Resultados para Passo a Passo Geral							
Total da Equipe inserido							
		gl	SQ	MQ	F	F de significação	
Regressão		1	20667,3980	20667,3980	13,8563	0,0011	
Resíduo		24	35797,2174	1491,5507			
Total		25	56464,6154				
		Coeficientes	Erro-Padrão	Stat t	Valor-P	95% inferiores	95% superiores
Interseção		-272,3816	124,2402	-2,1924	0,0383	-528,8008	-15,9625
Total da Equipe		1,4241	0,3826	3,7224	0,0011	0,6345	2,2136
Horas Remotas inseridas							
		gl	SQ	MQ	F	F de significação	
Regressão		2	27662,5429	13831,2714	11,0450	0,0004	
Resíduo		23	28802,0725	1252,2640			
Total		25	56464,6154				
		Coeficientes	Erro-Padrão	Stat t	Valor-P	95% inferiores	95% superiores
Interseção		-330,6748	116,4802	-2,8389	0,0093	-571,6322	-89,7175
Total da Equipe		1,7649	0,3790	4,6562	0,0001	0,9808	2,5490
Horas Remotas		-0,1390	0,0588	-2,3635	0,0269	-0,2606	-0,0173
Nenhuma outra variável pode ser inserida no modelo. A Regressão passo a passo é finalizada.							

onerosos em termos de custos. Embora a regressão passo a passo limitasse a avaliação de modelos alternativos, o método foi considerado uma boa opção ao considerar a relação entre ganhos e perdas inerentes a avaliação e custos.

Considerando a capacidade dos computadores modernos de realizar cálculos para a regressão a custos bastante baixos e com alta velocidade, a regressão passo a passo foi superada, até certo ponto, pelo método dos melhores subconjuntos, que avalia um conjunto mais amplo de modelos alternativos. No entanto, a regressão passo a passo não está obsoleta. Atualmente, muitas empresas utilizam a regressão passo a passo como parte da técnica de *data mining* — mineração de dados (veja a Seção 15.6) que tenta identificar relações estatísticas significativas entre conjuntos de dados bastante grandes que contenham quantidades extremamente grandes de variáveis.

O Método dos Melhores Subconjuntos para a Construção de Modelos

O **método dos melhores subconjuntos** avalia todos os modelos de regressão possíveis para um determinado conjunto de variáveis independentes. A Figura 15.12 apresenta uma planilha de resultados da regressão dos melhores subconjuntos para todos os modelos de regressão possíveis, para os dados relacionados com horas de sobreaviso.

FIGURA 15.12
Planilha de resultados da regressão dos melhores subconjuntos para os dados sobre horas de sobreaviso

A Figura 15.12 apresenta uma planilha que é utilizada pelas instruções contidas na Seção GE15.4. Essa planilha pode ser criada exclusivamente com a utilização do PHStat.

Modelo	Cp	k+1	R-Quadrado	R-Quadrado Ajustado	Erro-Padrão
Análise dos Melhores Subconjuntos para Horas de Sobreaviso					
Cálculos Intermediários					
R2T	0,6231				
1 - R2T	0,3769				
n	26				
T	5				
n - T	21				
X1	13,3215	2	0,3660	0,3396	38,6206
X1X2	8,4193	3	0,4899	0,4456	35,3873
X1X2X3	7,8418	4	0,5362	0,4729	34,5029
X1X2X3X4	5,0000	5	0,6231	0,5513	31,8350
X1X2X4	9,3449	4	0,5092	0,4423	35,4921
X1X3	10,6486	3	0,4499	0,4021	36,7490
X1X3X4	7,7517	4	0,5378	0,4748	34,4426
X1X4	14,7982	3	0,3754	0,3211	39,1579
X2	33,2078	2	0,0091	-0,0322	48,2836
X2X3	32,3067	3	0,0612	-0,0205	48,0087
X2X3X4	12,1381	4	0,4591	0,3853	37,2608
X2X4	23,2481	3	0,2238	0,1563	43,6540
X3	30,3884	2	0,0597	0,0205	47,0345
X3X4	11,8231	3	0,4288	0,3791	37,4466
X4	24,1846	2	0,1710	0,1365	44,1619

Um critério geralmente utilizado na construção de modelos é o r^2 ajustado, que ajusta o r^2 de cada um dos modelos, de modo a refletir o número de variáveis independentes no modelo, bem como o tamanho da amostra (veja a Seção 14.2). Uma vez que a construção de modelos requer que você compare modelos com diferentes números de variáveis independentes, o r^2 ajustado passa a ser mais apropriado do que r^2. Ao se reportar à Figura 15.12, você verifica que o r^2 ajustado atinge o seu valor máximo de 0,5513 quando todas as quatro variáveis independentes, acrescidas do termo relativo ao intercepto (para um total de cinco parâmetros estimados), estão incluídas no modelo.

Um segundo critério frequentemente utilizado na avaliação de modelos concorrentes corresponde à **estatística C_p**, desenvolvida por Mallows (veja a Referência 3). A estatística C_p, definida na Equação (15.9), mede as diferenças entre um modelo de regressão ajustado e um modelo *verdadeiro*, juntamente com o erro aleatório.

ESTATÍSTICA C_p

$$C_p = \frac{(1 - R_k^2)(n - T)}{1 - R_T^2} - [n - 2(k + 1)] \qquad \textbf{(15.9)}$$

em que

k = número de variáveis independentes incluídas em um modelo de regressão

T = número total de parâmetros (incluindo o intercepto) a serem estimados no modelo de regressão completo

R_k^2 = coeficiente de determinação múltipla para um modelo de regressão que tem k variáveis independentes

R_T^2 = coeficiente de determinação múltipla para um modelo de regressão completo que contém todos os T parâmetros estimados

Utilizando a Equação (15.9) para calcular C_p para o modelo que contém o total da equipe presente e horas remotas,

$$n = 26 \qquad k = 2 \qquad T = 4 + 1 = 5 \qquad R_k^2 = 0,4899 \qquad R_T^2 = 0,6231$$

de modo tal que

$$C_p = \frac{(1 - 0,4899)(26 - 5)}{1 - 0,6231} - [26 - 2(2 + 1)]$$
$$= 8,4193$$

Quando um modelo de regressão com k variáveis independentes contém somente diferenças aleatórias em relação a um modelo *verdadeiro*, a média aritmética do valor de C_p é $k + 1$, o número de parâmetros. Por conseguinte, ao avaliar muitos modelos de regressão alternativos, o objetivo é encontrar modelos cuja C_p seja próxima ou inferior a $k + 1$. Na Figura 15.12, você verifica que somente o modelo com todas as quatro variáveis independentes consideradas contém um valor de C_p próximo ou inferior a $k + 1$. Portanto, utilizando o critério da C_p, você deve escolher o modelo em questão.

Embora não tenha sido o caso no presente exemplo, a estatística C_p frequentemente fornece vários modelos alternativos para que você avalie com maior profundidade. Além disso, o melhor modelo, ou melhores modelos, utilizando-se o critério da C_p pode vir a diferir do modelo selecionado utilizando-se o r^2 ajustado e/ou o modelo selecionado utilizando-se o procedimento passo a passo. (Observe, neste caso, que o modelo selecionado, ao ser utilizada a regressão passo a passo, possui um valor de C_p igual a 8,4193, que está substancialmente acima do critério sugerido de $k + 1 = 3$ para esse modelo.) Lembre-se de que pode não existir um único modelo singularmente melhor, mas podem existir vários modelos igualmente apropriados. A seleção do modelo final geralmente envolve o uso de critérios objetivos, tais como parcimônia, facilidade de interpretação e afastamentos em relação aos pressupostos do modelo (conforme avaliação feita com base na análise dos resíduos).

Quando tiver terminado de selecionar as variáveis independentes a serem incluídas no modelo, você deve realizar uma análise de resíduos para avaliar os pressupostos da regressão; e, tendo em vista que os dados foram coletados em ordem cronológica, você precisa também calcular a estatística de Durbin-Watson para determinar se existe autocorrelação nos resíduos (veja a Seção 13.6).

Com base na Figura 15.10, você verifica que a estatística de Durbin-Watson, D, é 2,2197. Como D é maior do que 2,0, não existe nenhuma indicação de uma correlação positiva nos resíduos. A Figura 15.13 apresenta os gráficos de resíduos utilizados na análise dos resíduos.

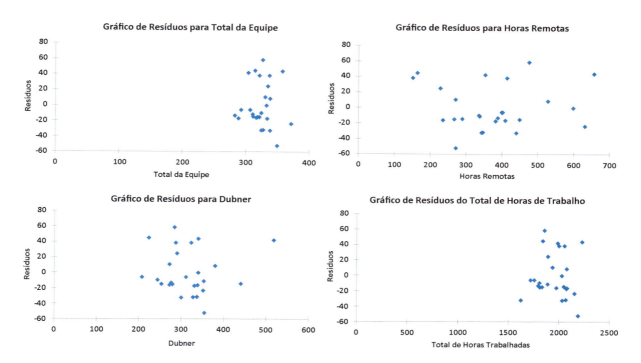

FIGURA 15.13 Gráficos de resíduos para os dados sobre horas de sobreaviso

Nenhum dos gráficos de resíduos em relação a total da equipe, horas remotas, horas de Dubner e total de horas trabalhadas revela padrões aparentes. Além disso, um histograma dos resíduos (não ilustrado aqui) indica um desvio somente moderado em relação à normalidade, e um gráfico para os resíduos em relação aos valores previstos para Y (também não ilustrado aqui) não demonstra evidências de variâncias desiguais. Por conseguinte, com base na Figura 15.10, nesta seção, a equação da regressão é

$$\hat{Y}_i = -330{,}8318 + 1{,}2456X_{1i} - 0{,}1184X_{2i} - 0{,}2971X_{3i} + 0{,}1305X_{4i}$$

O Exemplo 15.4 apresenta uma situação na qual existem vários modelos alternativos em que a estatística C_p é próxima ou inferior a $k + 1$.

EXEMPLO 15.4
Escolhendo entre Modelos de Regressão Alternativos

A Tabela 15.3 ilustra resultados gerados por meio da análise da regressão dos melhores subconjuntos para um modelo de regressão com sete variáveis independentes. Determine qual modelo de regressão você escolheria como o *melhor* modelo.

SOLUÇÃO Com base na Tabela 15.3, você precisa determinar quais modelos apresentam valores para C_p que sejam próximos ou inferiores a $k + 1$. Dois modelos atendem a esse critério. O modelo com seis variáveis independentes ($X_1, X_2, X_3, X_4, X_5, X_6$) possui um valor para C_p igual a 6,8, que é inferior a $k + 1 = 6 + 1 = 7$, e o modelo completo com sete variáveis independentes ($X_1, X_2, X_3, X_4, X_5, X_6, X_7$) possui um valor para C_p igual a 8,0. Um meio pelo qual você pode escolher entre os dois modelos é selecionando o modelo com o mais alto r^2 ajustado — ou seja, o modelo com seis variáveis independentes. Outro meio de selecionar um modelo final é determinar qual dos modelos contém um subconjunto de variáveis que sejam comuns a todos. Depois disso, você testa se a contribuição das variáveis acrescentadas é significativa. Nesse caso, tendo em vista que os modelos diferem somente em razão da inclusão da variável X_7 no modelo completo, você testa se a variável X_7 oferece uma contribuição significativa para o modelo de regressão, sendo conhecido que as variáveis X_1, X_2, X_3, X_4, X_5 e X_6 já estão incluídas no modelo. Caso a contribuição seja estatisticamente significativa, você deve, então, incluir a variável X_7 no modelo da regressão. Caso a variável X_7 não ofereça uma contribuição significativa ao modelo, você não deve incluir essa variável no modelo.

TABELA 15.3 Resultados Parciais da Regressão dos Melhores Subconjuntos

Número de Variáveis	r^2	r^2 Ajustado	C_p	Variáveis Incluídas
1	0,121	0,119	113,9	X_4
1	0,093	0,090	130,4	X_1
1	0,083	0,080	136,2	X_3
2	0,214	0,210	62,1	X_3, X_4
2	0,191	0,186	75,6	X_1, X_3
2	0,181	0,177	81,0	X_1, X_4
3	0,285	0,280	22,6	X_1, X_3, X_4
3	0,268	0,263	32,4	X_3, X_4, X_5
3	0,240	0,234	49,0	X_2, X_3, X_4
4	0,308	0,301	11,3	X_1, X_2, X_3, X_4
4	0,304	0,297	14,0	X_1, X_3, X_4, X_6
4	0,296	0,289	18,3	X_1, X_3, X_4, X_5
5	0,317	0,308	8,2	X_1, X_2, X_3, X_4, X_5
5	0,315	0,306	9,6	X_1, X_2, X_3, X_4, X_6
5	0,313	0,304	10,7	X_1, X_3, X_4, X_5, X_6
6	0,323	0,313	6,8	$X_1, X_2, X_3, X_4, X_5, X_6$
6	0,319	0,309	9,0	$X_1, X_2, X_3, X_4, X_5, X_7$
6	0,317	0,306	10,4	$X_1, X_2, X_3, X_4, X_6, X_7$
7	0,324	0,312	8,0	$X_1, X_2, X_3, X_4, X_5, X_6, X_7$

A Apresentação 15.1 faz um resumo das etapas envolvidas na construção de modelos.

APRESENTAÇÃO 15.1

Etapas Envolvidas na Construção de Modelos

1. Compile uma lista de todas as variáveis independentes a serem consideradas para inclusão no modelo de regressão.
2. Ajuste um modelo de regressão completo que inclua todas as variáveis independentes que estão sendo consideradas e determine o *FIV* correspondente a cada uma das variáveis independentes. Três resultados possíveis podem ocorrer:
    a. Nenhuma das variáveis independentes apresenta um *FIV* > 5; se for esse o caso, prossiga para a etapa 3.
    b. Uma das variáveis independentes possui um *FIV* > 5; se for esse o caso, elimine essa variável independente e prossiga para a etapa 3.
    c. Mais de uma das variáveis independentes possui um *FIV* > 5; se for esse o caso, elimine a variável independente que apresenta o *FIV* mais alto e repita a etapa 2.
3. Realize uma regressão dos melhores subconjuntos com as variáveis independentes remanescentes e determine a estatística C_p e/ou o r^2 ajustado para cada um dos modelos.
4. Faça uma lista com todos os modelos que tenham C_p próxima ou inferior a $k + 1$ e/ou um alto r^2 ajustado.
5. Com base nos modelos apresentados na etapa 4, escolha o modelo que seja o melhor.
6. Realize uma análise completa do modelo escolhido, incluindo uma análise de resíduos.
7. Dependendo dos resultados para a análise dos resíduos, acrescente termos quadráticos e/ou termos de interação, transforme as variáveis e analise novamente os dados.
8. Utilize o modelo selecionado para fins de previsões e inferências.

Construção do Modelo de Regressão Múltipla 595

A Figura 15.14 apresenta um roteiro para as etapas envolvidas na construção de modelos.

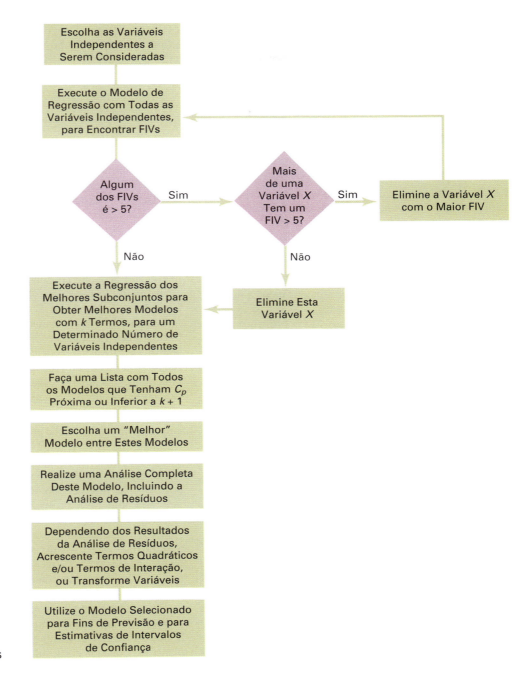

FIGURA 15.14
Roteiro para a construção de modelos

Validação do Modelo

A etapa final no processo de construção de modelos é a validação do modelo de regressão selecionado. Essa etapa envolve a verificação do modelo em relação aos dados que não fizeram parte da amostra analisada. São apresentados a seguir os vários meios de validar um modelo de regressão:

- Coletar novos dados e comparar os resultados.
- Comparar os resultados do modelo da regressão com resultados anteriores.
- Se o conjunto de dados for grande, dividi-los em duas partes e fazer a validação cruzada dos resultados.

Talvez a melhor maneira de validar um modelo de regressão seja por meio da coleta de dados novos. Caso os resultados com novos dados se mostrem consistentes com o modelo de regressão selecionado, você passa a ter fortes razões para acreditar que o modelo de regressão ajustado pode ser aplicado a um amplo conjunto de circunstâncias.

596 Capítulo 15

Caso não seja possível coletar dados novos, você pode utilizar um dos outros dois métodos. Em um desses métodos, você compara seus coeficientes e previsões da regressão com resultados anteriores. Caso o conjunto de dados seja grande, você pode utilizar a **validação cruzada**. Em primeiro lugar, você divide os dados em duas partes. Depois disso, você utiliza a primeira parte dos dados para desenvolver o modelo de regressão. Em prosseguimento, você utiliza a segunda parte dos dados para avaliar a capacidade preditiva do modelo de regressão.

Problemas para a Seção 15.4

APRENDENDO O BÁSICO

15.21 Você está considerando quatro variáveis independentes para fins de inclusão em um modelo de regressão. Você seleciona uma amostra com $n = 30$, com os seguintes resultados:

1. O modelo que inclui as variáveis independentes A e B apresenta um valor de C_p igual a 4,6.
2. O modelo que inclui as variáveis independentes A e C apresenta um valor de C_p igual a 2,4.
3. O modelo que inclui as variáveis independentes A, B e C apresenta um valor de C_p igual a 2,7.

a. Quais dos modelos atendem aos critérios para que possam continuar a ser analisados? Explique.
b. De que modo você compararia o modelo que contém as variáveis independentes A, B e C ao modelo que contém as variáveis independentes A e B? Explique.

15.22 Você está considerando seis variáveis independentes para fins de inclusão em um modelo de regressão. Você seleciona uma amostra com $n = 40$, com os seguintes resultados:

$$k = 2 \quad T = 6 + 1 = 7 \quad R_k^2 = 0{,}274 \quad R_T^2 = 0{,}653$$

a. Calcule o valor de C_p para o presente modelo contendo duas variáveis independentes.
b. Com base em sua resposta para (a), esse modelo atende aos critérios para que possa continuar a ser avaliado no sentido de vir a ser considerado o melhor modelo? Explique.

APLICANDO OS CONCEITOS

15.23 Nos Problemas 13.85 a 13.89, em Problemas de Revisão do Capítulo 13, você construiu modelos de regressão para investigar a relação entre informações demográficas e as vendas mensais de uma cadeia de lojas de material esportivo, utilizando os dados no arquivo **Esportes**. Desenvolva o modelo de regressão múltipla mais apropriado para a previsão das vendas mensais

de uma determinada loja. Não deixe de realizar uma minuciosa análise de resíduos. Somando-se a isso, forneça uma explicação detalhada em relação aos resultados, incluindo uma comparação entre o modelo de regressão múltipla mais apropriado e o melhor modelo de regressão linear simples.

AUTO-teste **15.24** Você precisa desenvolver um modelo para prever o preço de venda de imóveis residenciais em uma cidade pequena, com base no valor de avaliação, no tempo em meses desde que a casa foi reavaliada, e no fato de a casa ser nova (0 = não, 1 = sim). Foi selecionada uma amostra de 30 imóveis residenciais reavaliados com base em seu valor pleno, um ano antes do estudo, e os resultados foram armazenados em **Casa1**. Desenvolva o modelo de regressão múltipla mais apropriado para fins de previsão para o preço. Não deixe de incluir uma minuciosa análise de resíduos. Além disso, forneça uma explanação detalhada com relação aos resultados.

15.25 A revista *Accounting Today* identificou as principais empresas de contabilidade pública em dez regiões geográficas, ao longo dos EUA. O arquivo **SóciosContabilidade6** contém dados correspondentes a empresas de contabilidade pública na região Sudeste, na Costa do Golfo e nas Regiões das Capitais dos EUA. As variáveis são: receita ($M), número de sócios na empresa, número de profissionais na empresa, proporção de empresas dedicadas a serviços de administração e consultoria (%SAC), o fato de a empresa ser localizada, ou não, na Região Sudeste (0 = não, 1 = sim), o fato de a empresa ser localizada, ou não, na Região da Costa do Golfo (0 = não, 1 = sim). (Dados extraídos de **www.accountingtoday.com/gallery/Top-100-Accounting-Firms-Data-62569-1.html**.)

Desenvolva o modelo de regressão múltipla mais apropriado para prever a receita da empresa. Não deixe de realizar uma minuciosa análise de resíduos. Além disso, apresente uma explanação detalhada dos resultados.

15.5 Armadilhas na Regressão Múltipla e Questões Éticas

Armadilhas na Regressão Múltipla

A construção de modelos é, ao mesmo tempo, uma arte e uma ciência. Indivíduos diferentes podem nem sempre concordar em termos da escolha do melhor modelo de regressão múltipla. Para construir um bom modelo de regressão, você deve utilizar o processo descrito na Apresentação 15.1, na seção anterior. Ao proceder desse modo, você deve evitar certas armadilhas que podem interferir no desenvolvimento de um modelo que seja útil. A Seção 13.9 abordou as armadilhas na regressão

Construção do Modelo de Regressão Múltipla **597**

linear simples e as estratégias para evitá-las. Agora que você estudou uma variedade de modelos de regressão múltipla, você precisa ter alguns outros cuidados. Para evitar armadilhas na regressão múltipla, você precisa também:

- Interpretar o coeficiente da regressão para uma determinada variável independente, partindo de uma perspectiva na qual os valores das outras variáveis independentes são mantidos constantes.
- Avaliar gráficos de resíduos para cada uma das variáveis independentes.
- Avaliar termos de interação e termos quadráticos.
- Calcular o *FIV* para cada uma das variáveis independentes antes de determinar quais variáveis independentes devem ser incluídas no modelo.
- Examinar vários modelos alternativos, utilizando a regressão dos melhores subconjuntos.
- Validar o modelo antes de implementá-lo.

Questões Éticas

Questões éticas surgem quando um usuário que deseja realizar previsões manipula o processo de desenvolvimento do modelo de regressão múltipla. A questão-chave, nesse caso, é a intenção. Além das situações discutidas na Seção 13.9, um comportamento fora dos padrões éticos ocorre quando alguém utiliza a análise da regressão múltipla e *intencionalmente deixa* de remover, da avaliação, variáveis que apresentam uma elevada colinearidade com outras variáveis independentes, ou *intencionalmente deixa* de utilizar métodos outros que não a regressão dos mínimos quadrados quando os pressupostos necessários para a regressão dos mínimos quadrados são seriamente violados.

15.6 Análise Preditiva e Mineração de Dados (*Data Mining*)

A Seção MAO.3 (veja o início do livro) trouxe até você a análise de negócios, o conjunto de técnicas mais recentes, interdisciplinares, que combinam métodos estatísticos "tradicionais" com métodos oriundos da ciência da administração e de sistemas de informação para fornecer melhor suporte à tomada de decisão fundamentada em fatos. A Seção 2.8, no Capítulo 2, discutiu como o Microsoft Excel pode ser utilizado para fins de *análise descritiva*, as técnicas que podem resumir grande quantidade de dados do passado e atuais. **Painéis de instrumentos (Dashboards)**, assim chamados em razão de sua semelhança com um painel de instrumentos em automóveis, são exemplos desse tipo de análise de negócios. Por exemplo, a organização futebolista The New York Jets utiliza sua aplicação de "Centro de Comando" para ajudar a administrar todas as atividades em seu estádio, à medida que elas vão ocorrendo em um dia de partida. Utilizando o Centro de Comando, os administradores do time podem instantaneamente rastrear o público pagante e a concessão e venda de mercadorias, e comparar essas estatísticas com médias históricas ou valores correspondentes à última partida, ao mesmo tempo em que determinam coisas, tais como o tempo decorrido entre o momento em que um torcedor acaba de entrar em um local de estacionamento e o momento em que acaba de entrar no estádio (veja a Referência 7).

Outras técnicas de análise de negócios estendem os métodos de modelagem preditiva discutidos neste capítulo e nos Capítulos 13 e 14. Não surpreende o fato de que essas técnicas sejam consideradas exemplos de **análise preditiva**. Um desses tipos de técnica que conquistou utilização disseminada é a *mineração de dados* (*data mining*).

Mineração de Dados (*Data Mining*)

Mineração de dados (*Data mining*) combina tecnologias de bancos de dados e métodos estatísticos para possibilitar a exploração e a análise de conjuntos de dados bastante grandes que contenham muitas e muitas variáveis, cada uma delas com muitos e muitos valores. Embora os métodos de regressão discutidos neste livro sejam também de natureza preditiva, a mineração de dados difere deles nos seguintes aspectos:

- A mineração de dados examina um número bem maior de variáveis, todas elas ao mesmo tempo, do que são capazes de examinar as técnicas de regressão.
- A mineração de dados é um processo semiautomatizado, que busca possíveis variáveis independentes, a partir de um conjunto bem mais amplo de possíveis variáveis independentes. Métodos de regressão utilizam uma lista fixa de variáveis independentes previamente identificadas.
- A mineração de dados faz uso intensificado de conjuntos de dados históricos.
- A mineração de dados pode fazer com que cresça a chance de encontrar uma armadilha na regressão (veja as Seções 13.9 e 15.5) quando utilizada de maneira não tecnicamente conhecida.

Assim como ocorre com a modelagem de regressão, para poder validar qualquer análise de mineração de dados, sempre que possível você deve dividir os dados de uma amostra para fins de experimentação, que é utilizada para desenvolver modelos de análise, e uma amostra de validação, que é utilizada para determinar a validade dos modelos desenvolvidos na amostra de experimentação.

Exemplos de Mineração de Dados

Uma aplicação recente da mineração de dados para a modelagem preditiva foi a pesquisa realizada junto a consumidores, no intuito de desvendar uma correlação entre o número de buscas realizadas na Grande Rede no que se refere ao lançamento de um novo filme, um novo videogame, ou uma nova música, e a receita de abertura no primeiro final de semana para um novo filme, as vendas no primeiro mês para um novo videogame e a classificação da nova música na parada Billboard Hot 100 (veja a Referência 1). Essa pesquisa não teria sido possível sem a tecnologia de banco de dados que mantém os logaritmos de consultas e buscas do (Yahoo!) EUA, que foram utilizados como fonte de dados para a análise.

Aplicações de modelagem preditiva de mineração de dados são também utilizadas em uma ampla variedade de processos de tomada de decisão nas empresas. Algumas dessas aplicações, por campo de negócios, são:

- **Serviços bancários e financeiros.** Para prever quais candidatos se qualificarão para um tipo específico de hipoteca ou financiamento, e quais solicitantes podem não cumprir a hipoteca (aceitação e inadimplência da hipoteca), para prever quais consumidores não mudarão de empresa de prestação de serviços financeiros (retenção e fidelização)
- **Vendas no varejo e marketing.** Para prever quais consumidores responderão melhor a promoções (planejamento de promoções), para prever quais consumidores permanecerão fiéis a um determinado produto ou serviço (fidelização da marca), para prever quais consumidores estão prontos a adquirir um produto em um determinado momento (sequência de compras), para prever qual produto um determinado consumidor comprará, sendo conhecida a compra anterior de outro produto (associação de compras)
- **Qualidade e administração de garantias.** Para prever o tipo de produto que apresentará algum tipo de defeito durante um período correspondente à garantia (análise de falhas no produto), para detectar o tipo de indivíduo que pode estar envolvido em atividades fraudulentas com relação à garantia do produto (fraude em garantia)
- **Seguros.** Para prever as características de uma reivindicação de indenização e um indivíduo que indique uma reivindicação de indenização fraudulenta (detecção de fraude), para prever as características de um indivíduo que apresentará um tipo específico de reivindicação de indenização (submissão de reivindicação de indenização)

Métodos Estatísticos na Análise de Negócios

Além dos métodos de regressão dos Capítulos 13 e 14 neste capítulo, a análise de negócios utiliza os seguintes métodos que são discutidos neste livro:

- Gráficos de barras
- Diagramas de Pareto
- Tabelas de contingência multidimensionais
- Estatísticas descritivas, tais como média aritmética, mediana e desvio-padrão
- Box-plots

A mineração de dados também utiliza métodos estatísticos que estão além do escopo deste livro para serem plenamente discutidos. Esses métodos incluem árvores de classificação e regressão (CART), detector automático de interação baseado em qui-quadrado (CHAID), redes neurais, análises de agrupamento (*cluster analysis*) e escalas multidimensionais.

Árvores de classificação e regressão (CART) são um exemplo de algoritmo de árvore de decisão (veja a Seção 4.2) que divide o conjunto de dados em grupos baseados nos valores de variáveis independentes ou explanatórias (X). O algoritmo CART é submetido a um processo de busca para otimizar a divisão correspondente a cada uma das variáveis independentes ou explanatórias (X) escolhidas. De modo geral, a árvore apresenta inúmeros estágios ou nós, e uma decisão precisa ser tomada no que se refere a como podar (cortar as arestas) a árvore.

O detector automático de interação baseado em qui-quadrado (CHAID) também utiliza um algoritmo de árvore de decisão (veja a Seção 4.2) que divide o conjunto de dados em grupos baseados nos valores de variáveis independentes ou explanatórias (X). Diferentemente do CART, o CHAID permite que uma variável seja dividida em mais de duas categorias, no âmbito de cada um dos nós da árvore.

Construção do Modelo de Regressão Múltipla 599

Redes neurais têm a vantagem de utilizar funções complexas de regressão não linear para prever uma variável de resposta. Infelizmente, o uso de uma função não linear complexa deste método pode tornar difícil a interpretação dos resultados de uma rede neural.

Análise de agrupamento (*cluster analysis*) é um procedimento isento de dimensão, que tenta subdividir ou repartir um conjunto de objetos em grupos relativamente homogêneos. Esses grupos homogêneos são desenvolvidos de modo tal que os objetos dentro de um determinado grupo sejam mais semelhantes a outros objetos no grupo do que a objetos fora do grupo.

Escalas multidimensionais utilizam uma medida de distância para desenvolver um mapeamento de objetos geralmente no âmbito de um espaço bidimensional, de modo tal que as características que separam os objetos possam ser interpretadas. Habitualmente, escalas multidimensionais tentam maximizar a qualidade do ajuste de uma distância verdadeira entre objetos com a distância ajustada.

Para uma discussão mais detalhada sobre os métodos estatísticos que são utilizados pela análise de negócios, veja as Referências 2, 6 e 9.

Mineração de Dados Utilizando Suplementos do Excel

Você pode estender o Microsoft Excel para ajudar a realizar métodos de análise preditiva utilizando uma das várias pastas de trabalho de suplementos (veja a Seção G.2 do Apêndice G). A Microsoft oferece sob a forma de livre acesso e para ser gratuitamente baixado para certas versões do Excel, os Suplementos de Mineração de Dados, que permitem acesso e análises aos dados armazenados com o uso de tecnologias de Servidores de SQL da Microsoft. Outros suplementos disponíveis a partir de outras empresas podem trazer análises preditivas de pequena escala para dentro do Excel, e não requerem o uso de tecnologias de bancos de dados. Um desses suplementos é o suplemento JMP para Excel, do SAS Institute, Inc., que vincula o Excel ao programa de análise de dados JMP.

Para ilustrar o uso do JMP para análises de árvores de classificação e regressão (CART), retorne ao exemplo da Seção 14.7, no qual um modelo de regressão logística foi utilizado para prever a proporção de mantenedores de cartões de crédito que estariam dispostos a elevar seus respectivos patamares para um cartão do tipo premium. Utilizando o JMP, é possível criar os resultados para o CART ilustrados na Figura 15.15.

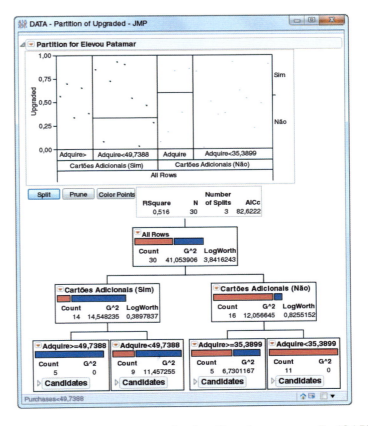

FIGURA 15.15 Resultados da árvore de classificação e regressão (CART) para prever a proporção de mantenedores de cartões de crédito que elevariam seus patamares para um cartão do tipo premium

Observe, com base na Figura 15.15, que a primeira divisão de dados é baseada no fato de um mantenedor de cartão de crédito possuir, ou não, cartões adicionais. Depois disso, na linha subsequente, as duas categorias "Cartões Adicionais (Sim)" e "Cartões Adicionais (Não)" são divididas uma vez mais, utilizando o montante anual de compras como a base para essa segunda divisão. Na categoria "Cartões Adicionais (Sim)", a divisão está entre os mantenedores de cartões de crédito que gastam mais de $49.738,80 por ano e aqueles que gastam menos de $49.738,80 por ano. Na categoria "Cartões Adicionais (Não)", a divisão está entre aqueles que gastam mais de $35.389,90 por ano e aqueles que gastam menos de $35.389,90 por ano.

Esses resultados mostram que consumidores que possuem cartões adicionais e que tenham gasto mais de $49.738,80 por ano estão mais propensos a mudar de patamar para um cartão do tipo premium. (Menos propensos a mudar de patamar para um cartão do tipo premium estão os consumidores que possuem um único cartão de crédito e que tenham gasto menos de $35.389,90.) Portanto, é aconselhável que a empresa concessionária de cartões de crédito concentre seus esforços de marketing futuro, para elevação de patamar para cartões do tipo premium, em consumidores que já tenham cartões adicionais e gastem mais de $49.738,80 por ano. O r^2 de 0,516 ilustrado na caixa de resumo abaixo do gráfico mostra que 51,6 % da variação em relação ao fato de o mantenedor do cartão de crédito elevar seu patamar podem ser explicados com base na variação no que se refere ao fato de um mantenedor de cartão de crédito ter, ou não, cartões adicionais e no montante que o mantenedor do cartão gasta por ano.

Glyn Allan / Alamy

UTILIZANDO A ESTATÍSTICA

Valorizando a Parcimônia na WHIT-DT, Revisitada

No cenário Utilizando a Estatística, você era o gerente de operações de radiodifusão da WHIT-DT, a quem havia sido solicitado que reduzisse as despesas com mão de obra. Você precisava determinar quais variáveis exerciam algum tipo de efeito sobre as horas de sobreaviso, o tempo durante o qual os artistas gráficos empregados pela emissora estão ociosos, mas estão sendo remunerados. Você coletou dados com relação às horas de sobreaviso, bem como o número total de membros da equipe presentes, horas remotas, horas de Dubner e o total de horas trabalhadas ao longo de um período de 26 semanas.

Você realizou uma análise de regressão múltipla em relação aos dados. O coeficiente de determinação múltipla indicou que 62,31 % da variação nas horas de sobreaviso podem ser explicados com base na variação no número total de membros da equipe presentes, nas horas remotas, nas horas de Dubner e no total de horas trabalhadas. O modelo indicou ser estimado que as horas de sobreaviso cresçam em 1,2456 hora para cada hora adicional de equipe presente, mantendo-se constantes as outras variáveis independentes; que decresçam em 0,1184 hora para cada hora remota adicional, mantendo-se constantes as outras variáveis independentes; que decresçam em 0,2974 hora para cada hora de Dubner adicional, mantendo-se constantes as outras variáveis independentes; e que cresçam em 0,1305 hora para cada hora a mais trabalhada, mantendo-se constantes as outras variáveis independentes. Cada uma das quatro variáveis independentes exerceu um efeito significativo sobre as horas de sobreaviso, ao manter constantes as outras variáveis independentes. Esse modelo de regressão possibilita que você faça uma previsão para as horas de sobreaviso com base no número total de artistas gráficos presentes, nas horas remotas, nas horas de Dubner e no total de horas trabalhadas. Quaisquer previsões desenvolvidas com base no modelo podem, então, ser criteriosamente monitoradas, novos dados podem ser coletados, e outras variáveis podem ser consideradas.

RESUMO

Neste capítulo, foram considerados vários tópicos da regressão múltipla (veja a Figura 15.16), incluindo modelos de regressão quadráticos, transformações, colinearidade e construção de modelos. Além disso, foi introduzido o método de análise preditiva de mineração de dados, comparado com os métodos de regressão preditiva.

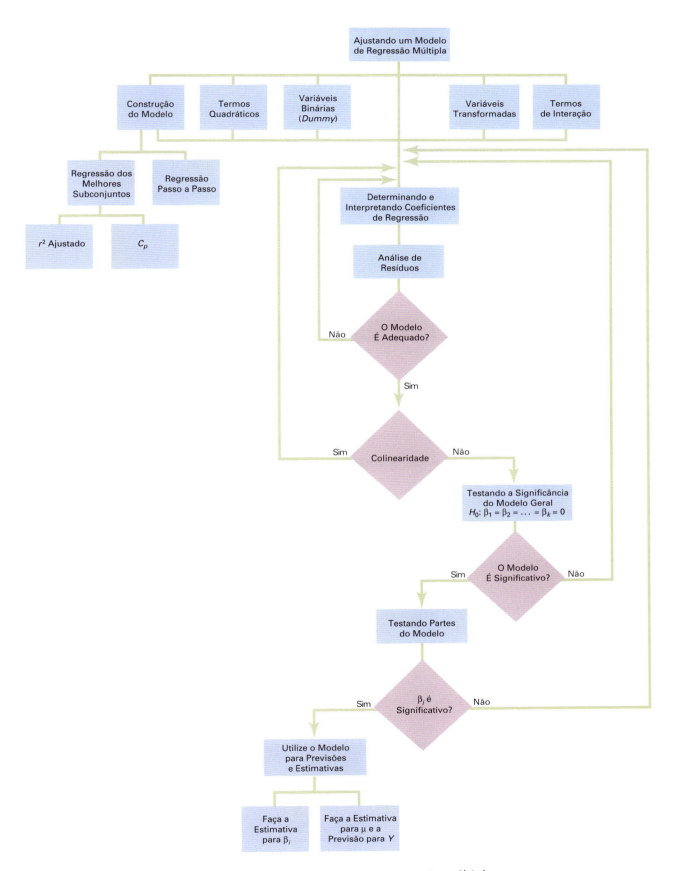

FIGURA 15.16 Roteiro para a regressão múltipla

REFERÊNCIAS

1. Goel, S., J. Hofman, et al. "Predicting Consumer Behavior with Web Search". *Proceedings of the National Academy of Sciences* 107 (2010):17486-17490.
2. *JMP Version 10*. Cary, NC: SAS Institute, Inc., 2012.
3. Kutner, M., C. Nachtsheim, J. Neter, and W. Li, *Applied Linear Statistical Models*, 5th ed. New York: McGraw-Hill/Irwin, 2005.
4. Marquardt, D. W., "You Should Standardize the Predictor Variables in Your Regression Models", discussion of "A Critique of Some Ridge Regression Methods", por G. Smith and F. Campbell, *Journal of the American Statistical Association*, 75 (1980): 87-91.
5. *Microsoft Excel 2010*. Redmond, WA: Microsoft Corp., 2010.
6. Nisbet, R, J. Elder, and G. Miner. *Statistical Analysis and Data Mining Applications*. Burlington, MA: Academic Press, 2009.
7. Serignese, K. "Business Intelligence Hits the Gridiron". *Software Development Times*, 1º de outubro de 2010, p. 3.
8. Snee, R. D., "Some Aspects of Nonorthogonal Data Analysis, Part I. Developing Prediction Equations", *Journal of Quality Technology* 5 (1973): 67-79.
9. Tan, P.-N., M. Steinbach, e V. Kumar. *Introduction to Data Mining*. Boston, MA: Addison-Wesley, 2006.

EQUAÇÕES-CHAVE

Modelo de Regressão Quadrático

$$Y_i = \beta_0 + \beta_1 X_{1i} + \beta_2 X_{1i}^2 + \varepsilon_i \qquad (15.1)$$

Equação de Regressão Quadrática

$$\hat{Y}_i = b_0 + b_1 X_{1i} + b_2 X_{1i}^2 \qquad (15.2)$$

Modelo de Regressão com Transformação da Raiz Quadrada

$$Y_i = \beta_0 + \beta_1 \sqrt{X_{1i}} + \varepsilon_i \qquad (15.3)$$

Modelo Multiplicativo Original

$$Y_i = \beta_0 X_{1i}^{\beta_1} X_{2i}^{\beta_2} \varepsilon_i \qquad (15.4)$$

Modelo Multiplicativo Transformado

$$\begin{aligned} \log Y_i &= \log(\beta_0 X_{1i}^{\beta_1} X_{2i}^{\beta_2} \varepsilon_i) \\ &= \log \beta_0 + \log(X_{1i}^{\beta_1}) + \log(X_{2i}^{\beta_2}) + \log \varepsilon_i \\ &= \log \beta_0 + \beta_1 \log X_{1i} + \beta_2 \log X_{2i} + \log \varepsilon_i \end{aligned} \qquad (15.5)$$

Modelo Exponencial Original

$$Y_i = e^{\beta_0 + \beta_1 X_{1i} + \beta_2 X_{2i}} \varepsilon_i \qquad (15.6)$$

Modelo Exponencial Transformado

$$\begin{aligned} \ln Y_i &= \ln(e^{\beta_0 + \beta_1 X_{1i} + \beta_2 X_{2i}} \varepsilon_i) \\ &= \ln(e^{\beta_0 + \beta_1 X_{1i} + \beta_2 X_{2i}}) + \ln \varepsilon_i \\ &= \beta_0 + \beta_1 X_{1i} + \beta_2 X_{2i} + \ln \varepsilon_i \end{aligned} \qquad (15.7)$$

Fator Inflacionário da Variância

$$FIV_j = \frac{1}{1 - R_j^2} \qquad (15.8)$$

Estatística C_p

$$C_p = \frac{(1 - R_k^2)(n - T)}{1 - R_T^2} - [n - 2(k + 1)] \qquad (15.9)$$

TERMOS-CHAVE

análise preditiva
análises de agrupamento (*cluster analysis*)
árvores de classificação e regressão (CART)
colinearidade
detector automático de interação baseado em qui-quadrado (CHAID)

escalas multidimensionais
estatística C_p
fator inflacionário da variância (*FIV*)
método dos melhores subconjuntos
mineração de dados (*data mining*)
modelo de regressão quadrática
painéis de controle
parcimônia

redes neurais
regressão passo a passo
termo quadrático
transformação da raiz quadrada
transformação do logaritmo
validação cruzada

Construção do Modelo de Regressão Múltipla **603**

AVALIANDO O SEU ENTENDIMENTO

15.26 De que modo você consegue avaliar se existe colinearidade em um modelo de regressão múltipla?

15.27 Qual é a diferença entre a regressão passo a passo e a regressão dos melhores subconjuntos?

15.28 Como você escolhe entre modelos, de acordo com a estatística C_p, na regressão dos melhores subconjuntos?

PROBLEMAS DE REVISÃO DO CAPÍTULO

15.29 Um especialista em análises do beisebol expandiu sua análise apresentada no Problema 14.73, em Problemas de Revisão do Capítulo 14, com relação a quais variáveis são importantes para a previsão das vitórias de um time em uma determinada temporada de beisebol. Ele coletou dados no arquivo **BB2011** relacionados a vitórias, ERA, defesas, voltas pontuadas, rebatidas válidas, avanços de base e erros, para a temporada de 2011.
a. Desenvolva o modelo de regressão múltipla mais apropriado para prever as vitórias de um determinado time. Não deixe de incluir uma minuciosa análise dos resíduos. Além disso, forneça uma explanação detalhada dos resultados.
b. Desenvolva o modelo de regressão múltipla mais apropriado para prever a ERA de um time, com base em rebatidas válidas, avanços de base, erros e defesas. Não deixe de incluir uma minuciosa análise de resíduos. Além disso, forneça uma explanação detalhada dos resultados.

15.30 Na produção de placas de circuitos impressos, erros no alinhamento de conexões elétricas são uma fonte para descarte. Os dados no arquivo **ErroRegistro** contêm o erro de registro, a temperatura, a pressão e o custo do material (baixo *versus* alto) utilizados na produção de placas de circuitos em um experimento no qual foi utilizado material de custo mais elevado. (Dados extraídos de C. Nachtsheim e B. Jones, "A Powerful Analytical Tool", *Six Sigma Forum Magazine*, agosto de 2003, pp. 30-33.) Desenvolva o modelo de regressão múltipla mais apropriado para prever erros de registros.

15.31 Hemlock Farms é uma comunidade localizada na área de Pocono Mountains, no leste da Pennsylvania. O arquivo **HemlockFarms** contém informações correspondentes a casas que estiveram recentemente à venda. As variáveis incluídas no modelo eram

  Preço da Lista — Preço pedido pelo imóvel
  Banheira — O fato de a casa possuir, ou não, uma banheira, com 0 = Não e 1 = Sim
  Vista para o Lago — O fato de a casa ter, ou não, vista para o lago, com 0 = Não e 1 = Sim
  Banheiros — Número de banheiros
  Quartos — Número de quartos
  Sótão/Escritório — O fato de a casa ter, ou não, um sótão ou um escritório, com 0 = Não e 1 = Sim
  Porão Acabado — O fato de a casa ter, ou não, um porão acabado, com 0 = Não e 1 = Sim
  Acres — Número de acres na propriedade

Desenvolva o modelo de regressão múltipla mais apropriado para prever o preço solicitado para a venda do imóvel. Não deixe de realizar uma minuciosa análise nos resíduos. Além

disso, apresente uma explanação detalhada em relação aos seus resultados.

15.32 O município de Nassau está localizado aproximadamente 25 milhas a leste da cidade de Nova York. O arquivo **GlenCove** contém uma amostra contendo 30 residências unifamiliares localizadas em Glen Cove. As variáveis incluídas são: o valor de avaliação, a área de terreno da propriedade (acres), o espaço interno da casa (pés quadrados), a idade (tempo de construção, em anos), o número de cômodos, o número de banheiros e o número de automóveis que podem ser estacionados na garagem.
a. Desenvolva o modelo de regressão múltipla mais apropriado para prever o valor de avaliação.
b. Compare os resultados em (a) com os resultados dos Problemas 15.33 (a) e 15.34 (a).

15.33 Dados semelhantes aos do Problema 15.32 estão disponíveis para residências localizadas em Roslyn (aproximadamente 8 milhas distante de Glen Cove), e estão armazenados no arquivo **Roslyn**.
a. Realize uma análise semelhante à análise do Problema 15.32.
b. Compare agora os resultados em (a) com os resultados dos Problemas 15.32 (a) e 15.34 (a).

15.34 Dados semelhantes aos do Problema 15.32 estão disponíveis para residências localizadas em Freeport (aproximadamente 20 milhas distante de Roslyn), e estão armazenados em **Freeport**.
a. Realize uma análise semelhante à análise do Problema 15.32.
b. Compare agora os resultados em (a) com os resultados dos Problemas 15.32 (a) e 15.33 (a).

15.35 Você é um corretor de imóveis que deseja comparar valores de propriedades em Glen Cove e Roslyn (que estão localizadas a 8 milhas de distância uma em relação à outra). Utilize os dados no arquivo **GCRoslyn**. Não deixe de incluir no modelo de regressão a variável binária (*dummy*) para localização (Glen Cove ou Roslyn).
a. Desenvolva o modelo de regressão múltipla mais apropriado para prever o valor de avaliação.
b. A que conclusões você consegue chegar, no que diz respeito à diferença no valor de avaliação entre Glen Cove e Roslyn?

15.36 Você é um corretor de imóveis que deseja comparar valores de propriedades em Glen Cove, Freeport e Roslyn. Utilize os dados em **GCFreeRoslyn**.
a. Desenvolva o modelo de regressão múltipla mais apropriado para prever o valor de avaliação.
b. A que conclusões você consegue chegar no que diz respeito à diferença no valor de avaliação entre Glen Cove, Freeport e Roslyn?

604 Capítulo 15

15.37 Analistas financeiros se aprofundam no estudo da avaliação de empresas para determinar o valor de uma empresa. Um método padronizado utiliza o método de avaliação com base no múltiplo de lucros. Você multiplica os lucros de uma empresa por um determinado valor (média ou mediana) para chegar a um valor final. Mais recentemente, foi demonstrado que a análise da regressão oferece diligentemente previsões mais precisas. Foi designada a uma avaliadora de empresas a atribuição de determinar o valor para uma empresa do setor farmacêutico. Ela obteve dados financeiros correspondentes a 71 empresas do setor farmacêutico (Industry Group Standard Industrial Classification [SIC] 3 código 283) que incluíam empresas fabricantes de medicamentos (SIC 4 código 2834), empresas de substâncias diagnósticas *in vitro* e *in vivo* (SIC 4 código 2835), e empresas fabricantes de produtos biológicos (SIC 4 código 2836). O arquivo **AvaliaçãoEmpresas2** contém as seguintes variáveis:

EMPRESA – Nome da empresa fabricante de medicamentos
TS – Símbolo da Empresa
SIC 3 – Código no Standard Industrial Classification 3 (identificador do grupo do setor)
SIC 4 – Código no Standard Industrial Classification 4 (identificador do grupo do setor)
PB fye – Razão entre valor de mercado e valor escritural (encerramento do ano fiscal)
PE fye – Razão entre valor de mercado e lucro (encerramento do ano fiscal)
Ativos LN – Logaritmo natural de ativos (como uma medida de tamanho)
RSP – Retorno sobre o Patrimônio
CRESCIMENTO – Crescimento (GS5)
DÉBITO/EBITDA – Razão entre o endividamento e lucro antes dos juros, impostos, depreciação e amortização
D2834 – Indicador da variável binária (*dummy*) para o SIC 4 código 2834 (1 se 2834, 0 em caso negativo)
D2835 – Indicador da variável binária (*dummy*) para o SIC 4 código 2835 (1 se 2835, 0 em caso negativo)

Desenvolva o modelo de regressão múltipla mais apropriado para a previsão da razão entre valor de mercado e valor escritural. Não deixe de realizar uma minuciosa análise de resíduos. Além disso, forneça uma explanação detalhada para os seus resultados.

15.38 Um artigo recente (J. Conklin, "It's a Marathon, Not a Sprint", *Quality Progress,* junho de 2009, pp. 46-49) discorreu sobre um processo de deposição de metais nos quais um pedaço de metal é colocado em uma banheira com ácido e é colocada uma camada de liga de metais sobre o pedaço de metal. A característica essencial de qualidade é a espessura da camada da liga. O arquivo **Espessura** contém as seguintes variáveis:

Espessura — Espessura da camada da liga de metais
Catalisador — Concentração de catalisador na banheira com ácido

pH — nível de pH da banheira com ácido
Pressão — Pressão do tanque que mantém a banheira com ácido
Temp — Temperatura no tanque que mantém a banheira com ácido
Voltagem — Voltagem aplicada ao tanque que contempla a banheira com o ácido

Desenvolva o modelo de regressão múltipla mais apropriado para a previsão da espessura da camada de liga. Não deixe de realizar uma minuciosa análise de resíduos. O artigo sugere que existe uma interação significativa entre a pressão e a temperatura no tanque. Você concorda?

15.39 Um equipamento de moldagem que contém diferentes cavidades é utilizado na produção de peças de plástico. As características do produto de interesse são o comprimento do produto (polegadas) e o peso (gramas). As cavidades do molde foram preenchidas com um pó, a título de matéria-prima, e, então, postas para vibrar durante o experimento. Os fatores que foram variados foram o tempo de vibração (segundos), a pressão da vibração (psi), a amplitude da vibração (%), a densidade da vibração (g/mL), e a quantidade de matéria-prima (colheres). O experimento foi conduzido em duas diferentes cavidades no equipamento de moldagem. Os dados estão armazenados em **Moldagem**. (Os dados foram extraídos de M. Lopez e M. McShane-Vaughn, "Maximizing Product, Minimizing Costs", *Six Sigma Forum Magazine*, fevereiro de 2008, pp. 18-23.)

a. Desenvolva o modelo de regressão múltipla mais apropriado para a previsão do comprimento do produto na cavidade 1. Não deixe de realizar uma minuciosa análise de resíduos. Além disso, apresente uma explanação detalhada com relação a seus resultados.
b. Repita (a) com relação à cavidade 2.
c. Compare os resultados correspondentes ao comprimento, no que se refere às duas cavidades.
d. Desenvolva o modelo de regressão múltipla mais apropriado para a previsão do peso do produto na cavidade 1. Não deixe de realizar uma minuciosa análise de resíduos. Além disso, apresente uma explanação detalhada com relação a seus resultados.
e. Repita (d) com relação à cavidade 2.
f. Compare os resultados correspondentes ao comprimento, no que se refere às duas cavidades.

EXERCÍCIO DE REDAÇÃO DE RELATÓRIO

15.40 No Problema 15.23, em Problemas para a Seção 15.4, você desenvolveu um modelo de regressão múltipla para prever as vendas mensais em uma loja de artigos esportivos, para os dados armazenados em **Esportes**. Agora redija um relatório com base no modelo que você desenvolveu. Anexe ao seu relatório gráficos e informações estatísticas.

CASOS PARA O CAPÍTULO 15

A Mountain States Potato Company

A Mountain States Potato Company vende um subproduto de sua operação de processamento de batatas, chamado de resíduo sólido, para pastos de engorda de gado sob a forma de ração. O problema estratégico com que se deparam os proprietários de pastos de engorda é que o gado não está ganhando peso tão rapidamente quanto costumava ganhar no passado. Eles acreditam que a causa fundamental para o problema é o fato de que a percentagem de sólidos na ração está demasiadamente baixa.

Historicamente, a percentagem de sólidos na ração ficava ligeiramente acima de 12 %. Ultimamente, entretanto, os sólidos estão circulando na faixa de 11 %. O que estaria efetivamente afetando os sólidos constitui um mistério, mas alguma coisa precisa ser feita rapidamente. Foi solicitado a algumas pessoas envolvidas no processo que identificassem variáveis que pudessem vir a afetar os percentuais de sólidos no resíduo. Esse estudo fez surgir seis variáveis (além do percentual de sólidos no resíduo), apresentadas na tabela ao lado. Os dados foram coletados por meio do monitoramento do processo, várias vezes durante o dia, ao longo de 20 dias, e estão armazenados no arquivo **Batata**.

1. Analise minuciosamente os dados e desenvolva um modelo de regressão para prever o percentual de sólidos.
2. Escreva um resumo executivo de suas descobertas para o presidente da Mountain States Potato Company. Inclua recomendações específicas sobre como fazer com que a porcentagem de sólidos volte a ficar acima de 12 %.

Variável	Comentários
SÓLIDOS	Percentagem de sólidos na centrífuga.
PH	Acidez. Esse índice de acidez indica a ação bactericida no clarificador e é controlado pela quantidade de tempo de assentamento no sistema. À medida que a ação bactericida vai progredindo, são produzidos ácidos orgânicos que podem ser medidos com a utilização do pH.
INFERIOR	Pressão da linha de vácuo abaixo da linha correspondente ao fluido no cilindro rotativo.
SUPERIOR	Pressão da linha de vácuo acima da linha correspondente ao fluido no cilindro rotativo.
DENSIDADE	Densidade do resíduo sólido medido no cilindro.
VARIDIR	Ajuste utilizado para controlar a velocidade do cilindro. Pode divergir de VELOCILIND em decorrência de falhas mecânicas.
VELOCILIND	Velocidade na qual o cilindro está girando ao coletar o resíduo sólido da centrífuga. Medido com um conta-giros

Lojas de Conveniência Valor Certo

Você trabalha para o escritório corporativo de uma franquia de lojas de conveniência de âmbito nacional nos EUA, que opera aproximadamente 10.000 lojas. A quantidade diária de consumidores por loja (ou seja, a média aritmética correspondente ao número de clientes em uma loja, em um dia) tem se mantido estável, em 900, por algum tempo. Para fazer com que cresça a quantidade de consumidores, a cadeia de lojas está considerando a hipótese de vir a reduzir os preços correspondentes às bebidas à base de café. A questão a ser determinada é o montante de redução a ser aplicado nos preços, de modo a fazer com que cresça a quantidade de consumidores por dia, sem que se reduza demasiadamente a margem bruta de lucros nas vendas de café. Você decide conduzir um experimento em uma amostra de 24 lojas nas quais a quantidade de consumidores tem se apresentado quase exatamente no nível correspondente à média nacional, de 900 consumidores. Em 6 das lojas, o preço para um café pequeno passará a ser agora $0,59; em outras 6 lojas, o preço de um café pequeno passará a ser $0,69; em um terceiro grupo de 6 lojas, o preço de um café pequeno passará a ser $0,79; e em um quarto grupo de 6 lojas, o preço de um café pequeno

passará a ser $0,89. Depois de quatro semanas, a quantidade de consumidores, por dia, nas lojas, foi registrada e armazenada no arquivo **VendasCafé2**.

a. Construa um gráfico de dispersão para preços e vendas.
b. Faça a adequação de um modelo de regressão quadrática e expresse a equação para a regressão quadrática.
c. Faça a previsão de vendas semanais para um café pequeno com preço de 79 centavos de dólar.
d. Realize uma análise de resíduos nos resultados e determine se o modelo de regressão é válido.
e. No nível de significância de 0,05, existe uma relação quadrática significativa entre vendas semanais e preço?
f. No nível de significância de 0,05, determine se o modelo quadrático tem um melhor ajuste do que o modelo linear.
g. Interprete o significado do coeficiente de determinação múltipla.
h. Calcule o r^2 ajustado.
i. Por qual preço você recomenda que o café pequeno seja vendido?

Caso Digital

Aplique o seu conhecimento sobre a construção de modelos de regressão múltipla nesse Caso Digital, que estende o cenário Utilizando a Estatística que trata das Barras OmniPower.

Ainda preocupado em garantir um teste de mercado bem-sucedido para as barras energéticas OmniPower, o departamento de marketing da OmniFoods entrou em contato com a empresa Connect2Coupons (C2C), outra empresa de consultoria de estudos de mercado. A C2C sugere que a análise anteriormente realizada pela In-Store Placements Group (ISPG) tenha sido equivocada em razão de não ter utilizado o tipo de dados correto. A C2C declara que seu marketing intensivo baseado na Internet terá um efeito ainda maior sobre as vendas das barras energéticas OmniPower, conforme demonstrarão os novos dados oriundos da mesma amostra de 34 lojas. Em resposta, a ISPG afirma que suas declarações anteriores são válidas, e informou ao departamento de marketing da OmniFoods que não consegue identificar nenhum tipo de relação simples entre o marketing intensivo da C2C e um crescimento na vendas de OmniPower.

Abra o arquivo **OmniPowerForum15.pdf** para examinar todas as afirmativas apresentadas em um fórum virtual de conversação privado, no portal corporativo da OmniFoods na Grande Rede. Depois disso, responda às seguintes questões:

1. Quais das afirmativas são verdadeiras? Quais são falsas? Verdadeiras, porém enganosas? Respalde a sua resposta realizando uma análise apropriada das estatísticas.
2. Se a cadeia de lojas de supermercado permitisse que a OmniFoods utilizasse uma quantidade ilimitada de técnicas de vendas, quais técnicas ela deveria utilizar? Explique.
3. Se a cadeia de lojas de supermercado permitisse que a OmniFoods utilizasse exclusivamente uma única técnica para vendas, qual técnica ela deveria utilizar? Explique.

O Caso da Craybill Instrumentation Company

A Craybill Instrumentation Company produz dispositivos altamente técnicos para instrumentação industrial. O diretor de recursos humanos (RH) tem o objetivo estratégico de aperfeiçoar as decisões com relação ao recrutamento para gerentes de vendas. A empresa tem 45 regiões de vendas, cada uma delas chefiada por um gerente de vendas. Muitos dos gerentes de vendas são graduados em engenharia elétrica e, em razão da natureza técnica da linha de produção, muitos funcionários da empresa acreditam que somente candidatos com diploma em engenharia elétrica devam ser considerados.

No momento em que se inscrevem, é solicitado aos candidatos que se submetam ao Strong-Campbell Interest Inventory Test e ao Wonderlic Personnel Test. Em razão do tempo e do dinheiro envolvidos no processo de testes, alguma discussão tem ocorrido com relação à hipótese de vir a abrir mão de um ou de ambos os testes. Para começar, o diretor de RH coletou informações com relação a cada um dos 45 atuais gerentes de vendas, incluindo anos de experiência em vendas, formação em engenharia elétrica e os resultados obtidos tanto no teste Wonderlic quanto no Strong-Campbell Test. O diretor de RH decidiu utilizar modelos de regressão para prever uma variável dependente correspondente ao resultado para "índice de vendas", que corresponde à razão entre as vendas reais das regiões divididas pelas vendas apontadas como meta. Os valores indicados como meta são construídos a cada ano pela administração superior da empresa, a partir de consultas realizadas junto aos gerentes de vendas, e são baseadas no desempenho do passado e no potencial de mercado no âmbito de cada uma das regiões. O arquivo Gerentes contém informações correspondentes aos 45 gerentes de vendas atuais. Estão incluídas as variáveis a seguir:

Vendas – Razão entre vendas anuais divididas pelo valor estipulado como meta para aquela região; os valores estipulados como meta foram mutuamente acordados com base em "expectativas realistas".

Wonder – Resultado obtido no Wonderlic Personnel Test; quanto mais alto o resultado obtido, mais alta a capacidade de administrar percebida com relação ao candidato.

SC – Resultado obtido no Strong-Campbell Interest Inventory Test; quanto mais alto o resultado obtido, mais alto o interesse nas vendas percebido com relação ao candidato.

Experiência – Número de anos de experiência em vendas, antes de se tornar um gerente de vendas.

Engenheiro — Variável binária (*dummy*) que é igual a 1, caso o gerente de vendas tenha um diploma de graduação em engenharia elétrica, e 0, no caso contrário.

a. Desenvolva o modelo de regressão mais apropriado para prever as vendas.
b. Você acredita que a empresa deve continuar a administrar tanto o teste Wonderlic quanto o Strong-Campbell?
c. Os dados dão suporte ao argumento de que engenheiros eletricistas apresentam melhor desempenho do que outros gerentes de vendas? Você apoiaria a ideia de contratar exclusivamente engenheiros eletricistas? Explique.
d. Qual é o grau de importância de haver experiência anterior em vendas, no presente caso? Explique.
e. Discuta, com detalhes, como o diretor de RH deve incorporar ao processo de recrutamento o modelo de regressão que você desenvolveu.

Mais Escolhas Descritivas, Continuação

Dê continuidade ao cenário Utilizando a Estatística: "Mais Escolhas Descritivas, Revisitado", no final do Capítulo 3, desenvolvendo modelos de regressão para prever o retorno para 1 ano, o retorno para 3 anos, o retorno para 5 anos e o retorno para 10 anos, com base nos ativos, na taxa de rotatividade, na proporção de despesas, em beta, no desvio-padrão, no tipo de fundo (crescimento *versus* valorização) e no risco (dados armazenados no arquivo **Fundos de Aposentadoria**). (Para os propósitos desta análise, combine baixo e médio riscos em uma única categoria.) Não deixe de realizar uma minuciosa análise nos resíduos. Apresente um relatório resumido que explique com detalhes os seus resultados.

GUIA DO EXCEL PARA O CAPÍTULO 15

GE15.1 O MODELO de REGRESSÃO QUADRÁTICO

Técnica Principal Utilize o operador exponencial (^) em uma coluna de fórmulas para criar um termo quadrático.

Exemplo Crie um termo quadrático para a análise que trata do percentual de cinzas volantes, e construa o diagrama de dispersão que demonstre a relação quadrática entre percentual de cinzas volantes e a resistência, ilustrada na Figura 15.3, Seção 15.1.

PHStat/Excel Avançado Para o exemplo, abra a **planilha DADOS** da **pasta de trabalho CinzaVolante**. Essa planilha contém a variável independente **%CinzaVolante** na coluna A e a variável dependente **Resistência** na coluna B. Selecione inicialmente a coluna B (**Resistência**), clique à direita e clique em **Inserir**, a partir do menu de atalhos, para acrescentar uma nova coluna B. (Resistência passa a estar na coluna C.) Insira a legenda **%CinzaVolante^2** na célula B1 e, depois disso, insira a fórmula **=A2^2** na célula **B2**. Copie essa fórmula para baixo ao longo de todas as linhas de dados.

Realize uma análise da regressão utilizando essa nova variável e, fazendo uso das instruções apropriadas contidas na Seção GE14.1 do Guia do Excel para o Capítulo 14, construa um gráfico de dispersão. Selecione o gráfico em questão. Depois disso, selecione **Layout → Linha de Tendência → Mais Opções de Linha de Tendência**. Na caixa de diálogo Formatar Linha de Tendência (ilustrada a seguir), clique em **Opções de Linha de Tendência** no painel esquerdo e, no painel de Opções de Linha de Tendência no lado direito, clique em **Polinomial**, marque a opção **Exibir Equação no gráfico** e clique em **OK**. No Excel 2013, selecione **Design → Adicionar Elemento Gráfico → Linha de Tendência → Mais Opções de Linha de Tendência**, clique em **Polinomial** e marque a opção **Exibir Equação** no painel Formatar Linha de Tendência.

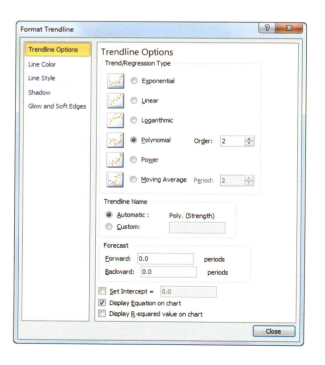

Embora o termo quadrático **%CinzaVolante^2** possa ser criado em qualquer coluna, colocar variáveis independentes em colunas contíguas é uma boa prática e passa a ser obrigatório se você estiver utilizando o procedimento Regressão no suplemento Ferramentas de Análise.

GE15.2 UTILIZANDO TRANSFORMAÇÕES em MODELOS de REGRESSÃO

A Transformação da Raiz Quadrada

Para criar uma transformação de raiz quadrada, acrescente, à planilha que contém os dados de sua regressão, uma nova coluna de fórmulas que calculem a raiz quadrada de uma das variáveis independentes. Por exemplo, para criar uma transformação de raiz quadrada em uma coluna D em branco, para uma variável independente em uma coluna C, insira a fórmula **=RAIZ(C2)** na célula D2 dessa mesma planilha e copie a fórmula para baixo ao longo de todas as linhas de dados. Se a última coluna à direita da planilha contiver a variável dependente, selecione primeiramente a coluna, clique à direita e clique em **Inserir** a partir do menu de atalhos e insira a transformação nessa mesma coluna.

A Transformação do Logaritmo

Para criar uma transformação de logaritmo, acrescente, à planilha que contém os dados de sua regressão, uma nova coluna de fórmulas que calcule o logaritmo de base comum (base 10) ou o logaritmo natural de uma das variáveis independentes. Por exemplo, para criar uma transformação de logaritmo comum em uma coluna D em branco, para uma variável independente em uma coluna C, insira a fórmula **=LOG(C2)** na célula D2 dessa mesma planilha e copie a fórmula para baixo ao longo de todas as linhas de dados. Para criar uma transformação de logaritmo natural em uma coluna D em branco, para uma variável independente em uma coluna C, insira a fórmula **=LN(C2)** na célula D2 dessa mesma planilha e copie a fórmula para baixo ao longo de todas as linhas de dados.

Se a variável dependente aparecer em uma coluna imediatamente à direita da variável independente que está sendo transformada, selecione, inicialmente, a coluna com a variável dependente, clique à direita, e clique em **Inserir**, a partir do menu de atalhos e, depois disso, posicione a transformação da variável independente nessa nova coluna.

GE15.3 COLINEARIDADE

PHStat Para calcular o fator inflacionário da variância (*FIV*), utilize as instruções do *PHStat2* em "Interpretando os Coeficientes da Regressão" na Seção GE14.1, no Guia do Excel para o Capítulo 14, mas modifique a etapa 6 marcando a opção **Variance Inflationary Factor (Fator Inflacionário da Variância)** antes de clicar em **OK**. O *FIV* aparecerá na célula B9 da planilha com os resultados da regressão, imediatamente em seguida à área com as Estatísticas da Regressão.

Excel Avançado Para calcular o fator inflacionário da variância, utilize primeiramente as instruções contidas na seção do *Excel Avançado* "Interpretando os Coeficientes da Regressão" apresentada na Seção GE14.1 do Guia do Excel para o Capítulo 14, para criar planilhas com resultados da regressão para cada uma das combinações entre variáveis independentes nas quais uma delas atue como a variável dependente. Depois disso, em cada uma das planilhas com os resultados da regressão, insira a legenda *FIV* na célula **A9** e insira a fórmula **=1/(1 − B5)** na célula **B9** para calcular o *FIV*.

GE15.4 CONSTRUÇÃO DE MODELOS

O Método da Regressão Passo a Passo para a Construção de Modelos

Técnica Principal Utilize o PHStat para realizar a análise passo a passo.

Exemplo Realize a análise da regressão passo a passo, para os dados correspondentes às horas de sobreaviso, que estão ilustrados na Figura 15.11, na Seção 15.4.

PHStat Utilize o procedimento **Stepwise Regression (Regressão Passo a Passo)**.

Para o exemplo, abra a **planilha DADOS** da **pasta de trabalho Sobreaviso**. Selecione **PHStat → Regression → Stepwise Regression (PHStat → Regressão → Regressão Passo a Passo)**. Na caixa de diálogo para o procedimento (ilustrada a seguir):

1. Insira **A1:A27** na caixa **Y Variable Cell Range (Intervalo de Células da Variável Y)**.
2. Insira **B1:E27** na caixa **X Variables Cell Range (Intervalo de Células das Variáveis X)**.
3. Marque a opção **First cells in both ranges contain label (Primeiras células em ambos os intervalos contêm rótulo)**.
4. Insira **95** na caixa para **Confidence level for regression coefficients (Nível de confiança para coeficientes da regressão)**.
5. Clique em **p values (valores-p)** na caixa para **Stepwise Criteria (Critérios para Passo a Passo)**.
6. Clique em **General Stepwise (Passo a Passo Geral)** e mantenha o par de valores **0,05** nas caixas para **p value to enter (valor-p a inserir)** e **p value to remove (valor-p a remover)**.
7. Insira um título na caixa para **Title** e clique em **OK**.

Esse procedimento pode demorar mais de alguns segundos para construir seus respectivos resultados. O procedimento está encerrado quando a afirmativa "Stepwise ends" ("Passo a passo está concluída") é acrescentada à planilha com os resultados da regressão passo a passo (visualizada na linha 29 da Figura 15.11 na Seção 15.4).

O Método dos Melhores Subconjuntos para a Construção de Modelos

Técnica Principal Utilize o PHStat para realizar uma análise dos melhores subconjuntos.

Exemplo Realize a análise dos melhores subconjuntos para os dados correspondentes às horas de sobreaviso, que estão ilustrados na Figura 15.12, na Seção 15.4.

PHStat Utilize o procedimento **Best Subsets (Melhores Subconjuntos)**.

Para o exemplo, abra a **planilha DADOS** da **pasta de trabalho Sobreaviso**. Selecione **PHStat → Regression → Best Subsets (PHStat → Regressão → Melhores Subconjuntos)**. Na caixa de diálogo para o procedimento (ilustrada a seguir):

1. Insira **A1:A27** na caixa **Y Variable Cell Range (Intervalo de Células da Variável Y)**.
2. Insira **B1:E27** na caixa **X Variables Cell Range (Intervalo de Células das Variáveis X)**.
3. Marque a opção **First cells in each range contains label (Primeiras células em cada intervalo contêm rótulo)**.
4. Insira **95** na caixa para **Confidence level for regression coefficients (Nível de confiança para coeficientes da regressão)**.
5. Insira um título na caixa para **Title** e clique em **OK**.

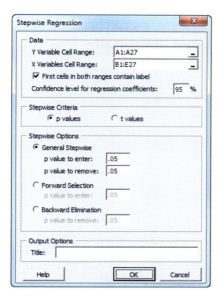

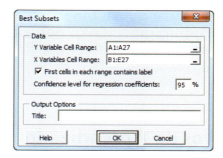

Esse procedimento constrói muitas planilhas de resultados da regressão (visualizadas de modo intermitente na janela do Excel) à medida que ele vai avaliando cada um dos subconjuntos de variáveis independentes.

CAPÍTULO

16 Previsão de Séries Temporais

UTILIZANDO A ESTATÍSTICA: Projeções na Principled

16.1 A Importância da Previsão nos Negócios

16.2 Fatores Componentes dos Modelos de Séries Temporais

16.3 Ajustando uma Série Temporal Anual
Médias Móveis
Ajuste Exponencial

16.4 Previsão e Ajuste da Tendência dos Mínimos Quadrados
O Modelo de Tendência Linear
O Modelo de Tendência Quadrática
O Modelo de Tendência Exponencial
Seleção de Modelos Utilizando a Primeira Diferença, a Segunda Diferença e Diferenças Percentuais

16.5 Modelagem Autorregressiva para Ajustes de Tendências e Previsões
Selecionando um Modelo Autorregressivo Apropriado
Determinando a Adequabilidade de um Modelo Selecionado

16.6 Escolhendo um Modelo de Previsão Apropriado
Realizando uma Análise de Resíduos
Medindo a Magnitude do Erro Residual por Meio das Diferenças ao Quadrado ou das Diferenças Absolutas
Utilizando o Princípio da Parcimônia
Uma Comparação entre Quatro Métodos de Previsão

16.7 Previsão de Séries Temporais para Dados Sazonais
Previsão dos Mínimos Quadrados com Dados Mensais ou Trimestrais

16.8 Números-Índice (*on-line*)

PENSE NISSO: Alertas para o Usuário de Modelos

UTILIZANDO A ESTATÍSTICA: Projeções na Principled, Revisitado

GUIA DO EXCEL PARA O CAPÍTULO 16

Objetivos do Aprendizado

Neste capítulo, você aprenderá:

- Sobre diferentes modelos de previsão de séries temporais — médias móveis, ajuste exponencial, a tendência linear, a tendência quadrática, a tendência exponencial — bem como os modelos autorregressivos e os modelos dos mínimos quadrados para dados sazonais
- A escolher o modelo mais apropriado para previsões de séries temporais

Walmart

UTILIZANDO A ESTATÍSTICA

Projeções na Principled

Você é analista financeiro da The Principled, uma empresa de grande porte que presta serviços financeiros. Você precisa avaliar com maior grau de precisão as oportunidades de investimentos para seus clientes. Para auxiliar nas previsões, você coletou dados originários de séries temporais, relativos à quantidade de pessoas que assistiram a um determinado filme ao longo de um ano e as receitas de duas empresas de grande porte bastante conhecidas: A Coca-Cola Company e a Wal-Mart Stores, Inc. Cada uma das séries temporais apresenta características singulares, em razão de diferenças em termos das atividades e dos padrões de crescimento vivenciados por essas empresas. Você compreende que pode utilizar vários tipos diferentes de modelos de previsão. De que maneira você decide sobre qual tipo de modelo de previsão é o melhor? De que maneira você utiliza as informações obtidas a partir dos modelos de previsão de modo a avaliar as oportunidades de investimentos para seus clientes?

612 Capítulo 16

Nos Capítulos 13 a 15, você utilizou a análise da regressão como uma ferramenta para a construção de modelos e para fins de previsão. Neste capítulo, a análise de regressão e outras metodologias estatísticas são aplicadas em dados de séries temporais. Uma **série temporal** é um conjunto de dados numéricos coletados ao longo do tempo. Devido a diferenças nas características dos dados correspondentes a vários investimentos descritos no cenário Utilizando a Estatística, você precisa considerar várias abordagens diferentes, para fins de previsão com dados de séries temporais.

Este capítulo começa com uma introdução para a importância da previsão no mundo dos negócios (veja a Seção 16.1) e uma descrição dos componentes de modelos de séries temporais (veja a Seção 16.2). A cobertura de modelos de previsão tem início com dados de séries temporais anuais. A Seção 16.3 apresenta os métodos de médias móveis e ajuste exponencial para o ajuste de séries. O tema prossegue com previsão e ajuste da tendência dos mínimos quadrados na Seção 16.4 e a modelagem autorregressiva na Seção 16.5. A Seção 16.6 discorre sobre o modo de escolher métodos alternativos para realizar previsões. A Seção 16.7 desenvolve modelos para séries temporais mensais e trimestrais.

16.1   A Importância da Previsão nos Negócios

Uma vez que as condições econômicas e das empresas variam ao longo do tempo, os gerentes devem encontrar meios de manter par e passo com os efeitos que essas mudanças exercem em suas organizações. Uma das técnicas que podem ajudar no planejamento para as necessidades futuras é a realização de projeções ou previsões. **Previsões** envolvem o monitoramento de alterações que ocorrem ao longo do tempo e a projeção dessas alterações no futuro. Por exemplo, executivos de marketing de uma grande empresa de comércio varejista podem realizar previsões sobre demanda de produtos, receitas decorrentes de vendas, preferências do consumidor e estoques, entre outras coisas, para tomar decisões com relação a promoções para o produto e planejamento estratégico. Executivos da esfera governamental fazem previsões sobre desemprego, inflação, produção industrial e receitas provenientes do imposto de renda para formular políticas econômicas. E, ainda, os administradores de uma faculdade ou universidade devem realizar previsões sobre o número de alunos matriculados para planejar a construção de dormitórios e outras instalações acadêmicas, e para planejar o recrutamento de alunos e membros do corpo docente.

Existem dois métodos comuns para fins de projeções: *qualitativos* e *quantitativos*. **Métodos qualitativos de previsão** são especialmente importantes quando os dados históricos não estão disponíveis. Métodos qualitativos de previsão são considerados altamente subjetivos e arbitrários. **Métodos quantitativos de previsão** fazem uso de dados históricos. O objetivo desses métodos é utilizar dados do passado para prever valores futuros.

Os métodos quantitativos de previsão são subdivididos em dois tipos: *séries temporais* e *causais*. **Métodos de previsão de séries temporais** envolvem a projeção de valores futuros com base inteiramente em valores do passado e do presente para uma determinada variável. Por exemplo, os preços diários de fechamento de uma determinada ação na Bolsa de Nova York constituem uma série temporal. Outros exemplos de séries temporais no âmbito dos negócios ou na economia são as publicações mensais do Índice de Preços ao Consumidor (IPC), as informações trimestrais sobre o Produto Interno Bruto (PIB) e as receitas anuais resultantes das vendas de uma determinada empresa. **Métodos causais de previsão** envolvem a determinação de fatores que estão relacionados à variável que você está tentando prever. Neles se incluem a análise de regressão múltipla, com variáveis observadas no passado, a modelagem econométrica, a análises dos principais indicadores, assim como outros barômetros econômicos que se encontram além do escopo deste livro (veja as Referências 2-4). A ênfase deste capítulo está centrada nos métodos de previsão com base em séries temporais.

16.2   Fatores Componentes dos Modelos de Séries Temporais

A previsão com base em séries temporais pressupõe que os fatores que influenciaram atividades no passado e no presente continuarão a fazê-lo, aproximadamente do mesmo modo, no futuro. A previsão com base em séries temporais busca identificar e isolar esses fatores componentes no intuito de realizar previsões (projeções). Tipicamente, os quatro fatores a seguir são examinados em modelos de séries temporais:

- Tendência
- Efeito cíclico
- Efeito irregular ou aleatório
- Efeito sazonal

Uma **tendência** é um movimento geral, ascendente ou descendente, de longo prazo, em uma determinada série temporal. A tendência não é o único fator componente que pode influenciar dados em uma série temporal. O **efeito cíclico** envolve oscilações ou movimentos ascendentes ou descendentes ao longo de toda a série. Movimentos cíclicos variam em termos de extensão; geralmente duram de 2 a 10 anos. Eles diferem em termos de intensidade e estão frequentemente correlacionados com um ciclo econômico. Em alguns períodos de tempo, os valores demonstram ser mais elevados do que seria previsto com base em uma linha de tendência (ou seja, eles estão no pico de um ciclo ou próximo dele). Em alguns períodos de tempo, os valores estão mais baixos do que seria previsto por uma linha de tendência (ou seja, eles estarão na parte mais baixa de um ciclo, ou próximo a ela). Quaisquer dados que não sigam a tendência modificada pelo componente cíclico são considerados parte do **efeito aleatório** ou **efeito irregular**. Quando você tem em mãos dados mensais ou dados trimestrais, um outro componente, conhecido como **efeito sazonal**, é considerado, juntamente com a tendência, o efeito cíclico e o efeito irregular.

Seu primeiro passo em uma análise de séries temporais é visualizar os dados e observar se existem quaisquer padrões ao longo do tempo. Você deve determinar se existe um movimento de longo prazo, de natureza ascendente ou descendente, na série (ou seja, uma tendência). Caso não exista nenhuma tendência evidente, no longo prazo, de natureza ascendente ou descendente, você pode, então, utilizar médias móveis ou o ajuste exponencial, para ajustar a série (veja a Seção 16.3). Caso esteja presente alguma tendência, você pode considerar diversos métodos de previsão de séries temporais. (Veja as Seções 16.4 e 16.5, para prognósticos relativos a dados anuais, e a Seção 16.7 para prognósticos sobre séries temporais mensais ou trimestrais.)

16.3 Ajustando uma Série Temporal Anual

Um dos investimentos considerados no cenário que trata da empresa The Principled diz respeito ao setor de entretenimento. A Tabela 16.1 apresenta o total de pessoas que frequentaram cinemas (em bilhões), de 2001 a 2011 (dados contidos no arquivo ). A Figura 16.1 apresenta o respectivo gráfico de séries temporais.

TABELA 16.1
Total do Público que Frequentou Cinemas, de 2001 a 2011

Ano	Frequência (bilhões)	Ano	Frequência (bilhões)	Ano	Frequência (bilhões)
2001	1,44	2005	1,38	2009	1,42
2002	1,60	2006	1,40	2010	1,35
2003	1,52	2007	1,40	2011	1,30
2004	1,48	2008	1,36		

Fonte: Dados extraídos de Motion Picture Association of America, www.mpaa.org, e S. Bowles, "Ticket Sales Slump at 2010 Box Office", *USA Today*, 3 de janeiro de 2011, p. 1D.

FIGURA 16.1
Gráfico de séries temporais para o total do público que frequentou cinemas, de 2001 a 2011

Utilize as instruções contidas na Seção GE2.5, para construir gráficos de séries temporais.

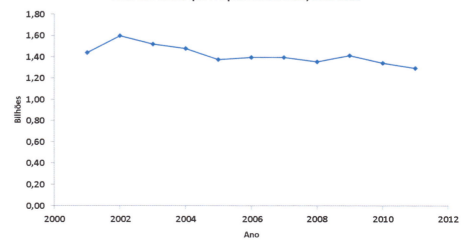

614 Capítulo 16

Quando você examina os dados anuais, como é o caso na Figura 16.1, a sua impressão visual sobre a tendência de longo prazo na série é algumas vezes ofuscada pela quantidade de variação de ano para ano. De modo geral, você não consegue avaliar se existe na série qualquer tendência de longo prazo, ascendente ou descendente. Para obter melhor impressão geral sobre o padrão de movimento nos dados ao longo do tempo, você pode utilizar o método das *médias móveis* ou o método do *ajuste exponencial*.

Médias Móveis

Médias móveis para um período escolhido de extensão L consistem em uma série de médias aritméticas, cada uma delas calculada ao longo do tempo, para uma sequência de L valores observados. Médias móveis, representadas pelo símbolo $MM(L)$, podem ser significativamente afetadas pelo valor escolhido para L, que deve ser um número inteiro que corresponda, ou seja, um múltiplo da duração média estimada para um ciclo na série temporal.

Para fins de ilustração, suponha que você deseje calcular médias móveis para cinco anos, a partir de uma série que contenha $n = 11$ anos. Uma vez que $L = 5$, as médias móveis para cinco anos consistem em uma série de médias aritméticas calculadas tirando a média para as sequências consecutivas de cinco valores. Você calcula a primeira média móvel correspondente a cinco anos somando os valores correspondentes aos cinco primeiros anos na série e dividindo esse valor por 5:

$$MM(5) = \frac{Y_1 + Y_2 + Y_3 + Y_4 + Y_5}{5}$$

Você calcula a segunda média móvel para cinco anos somando os valores referentes aos anos de 2 a 6 dentro da série e, em seguida, divide esse valor por 5:

$$MM(5) = \frac{Y_2 + Y_3 + Y_4 + Y_5 + Y_6}{5}$$

Você continua com esse processo até que tenha calculado a última dessas médias móveis para cinco anos por meio da soma dos valores correspondentes aos últimos 5 anos na série (ou seja, os anos de 7 a 11) e, depois disso, dividindo esse resultado por 5:

$$MM(5) = \frac{Y_7 + Y_8 + Y_9 + Y_{10} + Y_{11}}{5}$$

> **◀ Dica para o Leitor**
> Tenha sempre em mente que você não pode calcular médias móveis no início ou no final da série.

Quando você estiver lidando com dados de séries temporais anuais, L deve corresponder a um número *ímpar* de anos. Seguindo essa regra, você não consegue calcular qualquer média móvel para os primeiros $(L - 1)/2$ anos nem para os últimos $(L - 1)/2$ anos da série. Portanto, para uma média móvel de cinco anos, você não consegue realizar cálculos para os dois primeiros anos nem para os dois últimos anos da série.

Ao construir um gráfico para médias móveis, você insere no gráfico cada um dos valores calculados em relação ao ano, do meio para a sequência de anos utilizada para o referido cálculo. Se $n = 11$ e $L = 5$, a primeira média móvel é centralizada no terceiro ano; a segunda média móvel é centralizada no quarto ano; e a última média móvel é centralizada no nono ano. O Exemplo 16.1 ilustra o cálculo das médias móveis para cinco anos.

EXEMPLO 16.1

Calculando Médias Móveis para Cinco Anos

Os dados a seguir representam o total das receitas (em milhões de dólares) correspondentes a uma lanchonete, ao longo de um período de 11 anos, de 2002 a 2012:

$$4,0 \quad 5,0 \quad 7,0 \quad 6,0 \quad 8,0 \quad 9,0 \quad 5,0 \quad 7,0 \quad 7,5 \quad 5,5 \quad 6,5$$

Calcule as médias móveis correspondentes a cinco anos, para a série temporal anual apresentada.

SOLUÇÃO Para fazer o cálculo para médias móveis correspondentes a cinco anos, você calcula, inicialmente, o total referente aos cinco anos e, em seguida, divide esse total por 5. A primeira das médias móveis para cinco anos é

$$MM(5) = \frac{Y_1 + Y_2 + Y_3 + Y_4 + Y_5}{5} = \frac{4,0 + 5,0 + 7,0 + 6,0 + 8,0}{5} = \frac{30,0}{5} = 6,0$$

A média móvel está centralizada no valor do meio — o terceiro ano para essa série temporal. Para calcular a segunda das médias móveis para cinco anos, você calcula o total, partindo do segundo até o sexto ano, e divide esse total por 5:

$$MM(5) = \frac{Y_2 + Y_3 + Y_4 + Y_5 + Y_6}{5} = \frac{5,0 + 7,0 + 6,0 + 8,0 + 9,0}{5} = \frac{35,0}{5} = 7,0$$

Essa média móvel é centralizada no novo valor do meio — o quarto ano da série temporal. As médias móveis remanescentes são

$$MM(5) = \frac{Y_3 + Y_4 + Y_5 + Y_6 + Y_7}{5} = \frac{7,0 + 6,0 + 8,0 + 9,0 + 5,0}{5} = \frac{35,0}{5} = 7,0$$

$$MM(5) = \frac{Y_4 + Y_5 + Y_6 + Y_7 + Y_8}{5} = \frac{6,0 + 8,0 + 9,0 + 5,0 + 7,0}{5} = \frac{35,0}{5} = 7,0$$

$$MM(5) = \frac{Y_5 + Y_6 + Y_7 + Y_8 + Y_9}{5} = \frac{8,0 + 9,0 + 5,0 + 7,0 + 7,5}{5} = \frac{36,5}{5} = 7,3$$

$$MM(5) = \frac{Y_6 + Y_7 + Y_8 + Y_9 + Y_{10}}{5} = \frac{9,0 + 5,0 + 7,0 + 7,5 + 5,5}{5} = \frac{34,0}{5} = 6,8$$

$$MM(5) = \frac{Y_7 + Y_8 + Y_9 + Y_{10} + Y_{11}}{5} = \frac{5,0 + 7,0 + 7,5 + 5,5 + 6,5}{5} = \frac{31,5}{5} = 6,3$$

Essas médias móveis são centralizadas em seus respectivos valores do meio — o quinto, o sexto, o sétimo, o oitavo e o nono anos na série temporal. Quando você utiliza médias móveis correspondentes a cinco anos, você não consegue calcular uma média móvel para os dois primeiros ou para os dois últimos valores na série temporal.

Na prática, você deve evitar cálculos demasiadamente elaborados e cansativos utilizando o Excel para calcular médias móveis. A Figura 16.2 apresenta os dados correspondentes ao público que compareceu aos cinemas (em bilhões), de 2001 a 2011, os cálculos para as médias móveis de três e de sete anos, e um gráfico para os dados originais e as médias móveis.

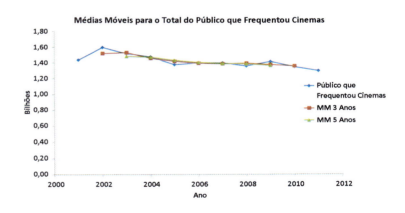

FIGURA 16.2 Planilha e gráfico para as médias móveis de três e sete anos relativas aos dados sobre o público que compareceu aos cinemas

A Figura 16.2 exibe a planilha CÁLCULO e a planilha de gráfico Gráfico Médias Móveis da pasta de trabalho Médias Móveis, que são utilizadas pelas instruções da Seção GE16.3.

Na Figura 16.2, não existe nenhuma média móvel de três anos para o primeiro e o último ano, e não existe nenhuma média móvel de cinco anos para os dois primeiros anos e para os dois últimos anos. Tanto a média móvel de três anos quanto a de cinco anos ajustaram a variação que existe em termos do público que compareceu aos cinemas. A média móvel para cinco anos ajusta bem melhor a série do que as médias móveis para três anos, uma vez que o período é mais extenso. No entanto, quanto mais extenso o período, menor o número de médias móveis que você consegue calcular. Portanto, a seleção de médias móveis com períodos superiores a cinco ou sete anos geralmente não é recomendável, uma vez que fica faltando uma quantidade demasiadamente grande de valores referentes a médias móveis no início e no final da série. A seleção de L, a extensão do período utilizado para fins de construção das médias, é extremamente subjetiva. Caso oscilações cíclicas estejam presentes nos dados, escolha um valor inteiro para L que corresponda (ou que seja um múltiplo em relação) à extensão estimada para um determinado ciclo na série. No que se refere a dados de séries temporais anuais que não apresentem oscilações cíclicas evidentes, a maioria das pessoas escolhe três anos, cinco anos ou sete anos como o valor para L, dependendo do montante de ajuste desejado e da quantidade de dados disponíveis.

Ajuste Exponencial

Ajuste exponencial consiste em uma série de médias móveis *exponencialmente ponderadas*. Os pesos atribuídos aos valores se modificam de modo tal que o valor mais recente recebe o maior peso, o valor anterior recebe o segundo maior peso, e assim sucessivamente, com o primeiro valor recebendo o menor peso. Ao longo de toda a série, cada um dos valores exponencialmente ajustados depende de todos os valores anteriores, o que representa uma vantagem do ajuste exponencial em relação ao método das médias móveis. O ajuste exponencial também permite que você calcule projeções de curto prazo (um período à frente no futuro) quando for difícil determinar a presença e o tipo de tendência de longo prazo em uma série temporal.

A equação desenvolvida para ajustar exponencialmente uma série em qualquer período de tempo, i, é baseada em exclusivamente três termos — o valor corrente na série temporal, Y_i; o valor exponencialmente ajustado calculado anteriormente, E_{i-1}; e um peso atribuído, ou coeficiente de ajuste, W. Você utiliza a Equação (16.1) para fazer o ajuste exponencial de uma série temporal.

CALCULANDO UM VALOR EXPONENCIALMENTE AJUSTADO NO PERÍODO DE TEMPO i

$$E_1 = Y_1$$
$$E_i = WY_i + (1 - W)E_{i-1} \quad i = 2, 3, 4, \ldots$$

(16.1)

em que

E_i = valor da série exponencialmente ajustada que está sendo calculado no período de tempo i

E_{i-1} = valor da série exponencialmente ajustada, já calculado no período de tempo $i - 1$

Y_i = valor observado da série temporal no período i

W = peso atribuído subjetivamente ou coeficiente de ajuste (em que $0 < W < 1$); embora W possa estar próximo de 1,0, praticamente em todas as aplicações de natureza econômica, $W \leq 0,5$

A Figura 16.3 exibe a planilha CÁLCULO e a planilha de gráfico GráficoAjusteExp da pasta de trabalho Ajuste Exponencial, que são utilizadas pelas instruções contidas na Seção GE16.3.

A escolha do peso ou coeficiente de ajuste (ou seja, W) que você atribui à série temporal é fator crítico. Infelizmente, essa seleção é relativamente subjetiva. Caso seu objetivo seja ajustar uma série, por meio da eliminação de variações cíclicas e irregulares não desejadas, você deve selecionar um valor pequeno para W (próximo de 0). Caso seu objetivo seja fazer projeções para direcionamentos futuros de curto prazo, você deve escolher um valor alto para W (próximo de 0,5). A Figura 16.3 ilustra uma planilha que apresenta os valores exponencialmente ajustados (com os coeficientes de ajuste $W = 0,50$ e $W = 0,25$), o público que frequentou cinemas de 2001 a 2011, juntamente com um gráfico para os dados originais e para as duas séries temporais exponencialmente ajustadas.

	A	B	C	D
1	Ano	Total do Público que Frequentou Cinemas	AE (W = 0,50)	AE (W = 0,25)
2	2001	1,44	1,44	1,44
3	2002	1,60	1,52	1,48
4	2003	1,52	1,52	1,49
5	2004	1,48	1,50	1,49
6	2005	1,38	1,44	1,46
7	2006	1,40	1,42	1,45
8	2007	1,40	1,41	1,43
9	2008	1,36	1,39	1,42
10	2009	1,42	1,40	1,42
11	2010	1,35	1,38	1,40
12	2011	1,30	1,34	1,38

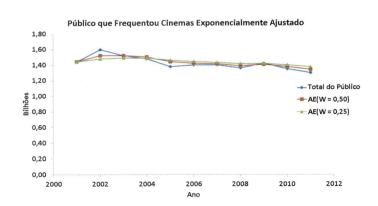

FIGURA 16.3 Planilha para a série exponencialmente ajustada ($W = 0,50$ e $W = 0,25$) e gráfico para os dados correspondentes ao público que frequentou cinemas

Previsão de Séries Temporais **617**

Para ilustrar esses cálculos para o ajuste exponencial para um coeficiente de ajuste de $W = 0,25$, você começa lançando mão do valor inicial $Y_{2001} = 1,44$ como primeiro valor ajustado ($E_{2001} = 1,44$). Depois disso, utilizando o valor da série temporal correspondente a 2002 ($Y_{2002} = 1,60$), você ajusta a série para 2002, calculando:

$$E_{2002} = WY_{2002} + (1 - W)E_{2001}$$
$$= (0,25)(1,60) + (0,75)(1,44) = 1,48$$

Para ajustar a série para 2003:

$$E_{2003} = WY_{2003} + (1 - W)E_{2002}$$
$$= (0,25)(1,52) + (0,75)(1,48) = 1,49$$

Para ajustar a série para 2004:

$$E_{2004} = WY_{2004} + (1 - W)E_{2003}$$
$$= (0,25)(1,48) + (0,75)(1,49) = 1,49$$

Você dá continuidade ao processo até que tenha calculado os valores exponencialmente ajustados para todos os 11 anos na série, conforme ilustrado na Figura 16.3.

De modo geral, você faz o cálculo do valor corrente ajustado, da seguinte maneira:

[Valor corrente ajustado $= (W)$(Valor corrente) $+ (1 - W)$(Valor ajustado anterior)]

Lembre-se de que o valor ajustado para o primeiro ano corresponde ao valor observado no primeiro ano.

Para utilizar o ajuste exponencial para propósitos de previsão, você adota o valor ajustado no período de tempo corrente como uma projeção para o valor no período de tempo seguinte $\left(\hat{Y}_{i+1}\right)$.

FAZENDO A PREVISÃO PARA O PERÍODO DE TEMPO $i + 1$

$$\hat{Y}_{i+1} = E_i \tag{16.2}$$

Para prever o público que irá frequentar cinemas em 2012, utilizando um coeficiente de ajuste $W = 0,25$, você utiliza o valor ajustado para 2011 como base para a sua estimativa. A Figura 16.3 mostra que esse valor corresponde a 1,38.

Problemas para a Seção 16.3

APRENDENDO O BÁSICO

16.1 Se você estiver utilizando o ajuste exponencial para prever uma série temporal anual para receitas, qual será a sua previsão para o ano subsequente se o valor ajustado para o ano corrente for $32,4 milhões?

16.2 Considere uma média móvel de nove anos utilizada para ajustar uma série temporal que tenha sido primeiramente registrada em 1984.

a. Que ano serve como o primeiro valor centralizado na série ajustada?

b. Quantos anos correspondentes a valores observados nas séries são perdidos quando se calculam todas as médias móveis para nove anos?

16.3 Você está utilizando o ajuste exponencial em uma série temporal anual que corresponde ao total de receitas (em milhões de dólares). Você decide utilizar um coeficiente de ajuste $W = 0,20$, e o valor exponencialmente ajustado para 2012 é $E_{2012} = (0,20)(12,1) + (0,80)(9,4)$.

a. Qual é o valor ajustado dessa série em 2012?

b. Qual é o valor ajustado dessa série em 2013, caso o valor observado da série para aquele ano seja $11,5 milhões?

APLICANDO OS CONCEITOS

✓AUTO-teste **16.4** Os dados a seguir (armazenados no arquivo **Velocidade Drive-Thru**) representam a média do tempo necessário para o atendimento em um guichê do Drive-Thru do McDonald's, de 1998 a 2009:

a. Elabore um gráfico para a série temporal.

b. Ajuste uma média móvel de três anos a seus dados e coloque os resultados em um gráfico.

c. Utilizando um coeficiente de ajuste $W = 0,50$, ajuste exponencialmente a série e faça um gráfico com os resultados.

d. Qual é a sua projeção exponencialmente ajustada para 2010?

e. Repita (c) e (d), utilizando $W = 0,25$.

f. Compare os resultados de (d) e (e).

618 Capítulo 16

Ano	Velocidade no Drive-Thru (segundos)
1998	177,59
1999	167,02
2000	169,88
2001	170,85
2002	162,72
2003	156,92
2004	152,52
2005	167,90
2006	163,90
2007	167,10
2008	158,77
2009	174,22

Fonte: Dados extraídos de **bit.ly/qhvP3Z.**

16.5 Os dados a seguir, contidos no arquivo Vazamentos, fornecem o número de vazamentos de petróleo no Golfo do México, de 1996 a 2011:

Ano	Número de Vazamentos
1996	4
1997	3
1998	9
1999	5
2000	7
2001	9
2002	12
2003	12
2004	22
2005	49
2006	14
2007	4
2008	33
2009	11
2010	5
2011	3

Fonte: Dados extraídos de **www.bsee.gov/ Inspection-and-Enforcement/Accidents-and-Incidents/Spills**

a. Elabore um gráfico para a série temporal.
b. Ajuste uma média móvel de três anos a seus dados e insira os resultados em um gráfico.
c. Utilizando um coeficiente de ajuste $W = 0,50$, ajuste exponencialmente a série e elabore um gráfico com os resultados.
d. Qual é a sua projeção exponencialmente ajustada para 2012?
e. Repita (c) e (d), utilizando $W = 0,25$.
f. Compare os resultados de (d) e (e).

16.6 Como foi o desempenho das ações do mercado de capitais no passado? A tabela a seguir apresenta os dados armazenados em Desempenho Ações que mostram o desempenho de um indicador amplo do desempenho das ações do mercado de capitais (com base em percentuais) para cada uma das décadas, desde a década de 1830 até a década de 2000.

Década	Desempenho (%)	Década	Desempenho (%)
1830	2,8	1920	13,3
1840	12,8	1930	−2,2
1850	6,6	1940	9,6
1860	12,5	1950	18,2
1870	7,5	1960	8,3
1880	6,0	1970	6,6
1890	5,5	1980	16,6
1900	10,9	1990	17,6
1910	2,2	2000*	−0,5

* Até 15 de dezembro de 2009.

Fonte: T. Lauricella, "Investors Hope the '10s Beat the '00s", *The Wall Street Journal*, 21 de dezembro de 2009, pp. C1, C2.

a. Elabore um gráfico para a série temporal.
b. Ajuste uma média móvel de três anos a seus dados e insira os resultados em um gráfico.
c. Utilizando um coeficiente de ajuste $W = 0,50$, ajuste exponencialmente a série e faça um gráfico com os resultados.
d. Qual é a sua projeção exponencialmente ajustada para a década de 2010?
e. Repita (c) e (d), utilizando $W = 0,25$.
f. Compare os resultados de (d) e (e).
g. A que conclusões você pode chegar, no que concerne ao desempenho das ações do mercado de capitais no passado?

16.7 Os dados a seguir (armazenados no arquivo PreçosCafé-Portugal) representam o preço de varejo para o café (em Euros por quilograma) em Portugal, de 2004 a 2011:

Ano	Preço de Varejo (€/kg)
2004	8,60
2005	8,53
2006	8,32
2007	8,23
2008	8,58
2009	8,45
2010	8,31
2011	8,60

Fonte: International Coffee Organization, **www.ico.org.**

a. Elabore um gráfico para os dados.

b. Faça a adequação de uma média móvel de três anos para os seus dados e elabore um gráfico com os resultados.

c. Utilizando o coeficiente de ajuste $W = 0{,}50$, ajuste exponencialmente a série e elabore um gráfico com os resultados.

d. Qual é a sua previsão exponencialmente ajustada para 2012?

e. Repita (c) e (d), utilizando um coeficiente de ajuste de $W = 0{,}25$.

f. Compare os resultados de (d) e (e).

16.8 O arquivo `Auditorias` contém o número de auditorias de empresas com ativos superiores a 250 milhões de dólares, conduzidas pelo Serviço da Receita Interna (Internal Revenue Service) dos EUA. (Dados extraídos de K. McCoy, "IRS Audits Big Firms Less Often", *USA Today*, 15 de abril de 2010, p. 1B, e Internal Revenue Service, www.irs.gov.)

a. Elabore um gráfico para os dados.

b. Faça a adequação de uma média móvel de três anos para os seus dados e elabore um gráfico com os resultados.

c. Utilizando o coeficiente de ajuste $W = 0{,}50$, ajuste exponencialmente a série e elabore um gráfico para os resultados.

d. Qual é a sua previsão exponencialmente ajustada para 2012?

e. Repita (c) e (d), utilizando um coeficiente de ajuste de $W = 0{,}25$.

f. Compare os resultados de (d) e (e).

16.4 Previsão e Ajuste da Tendência dos Mínimos Quadrados

Tendência é o fator componente de uma série temporal mais frequentemente utilizado para realizar projeções de médio prazo e de longo prazo. Para obter uma impressão visual das movimentações gerais de longo prazo em uma série temporal, você constrói um gráfico de séries temporais. Caso uma tendência de linha reta se ajuste adequadamente aos dados, você pode utilizar um modelo de tendência linear [veja a Equação (16.3) e a Seção 13.2]. Se os dados da série temporal indicarem algum movimento quadrático de longo prazo, ascendente ou descendente, você pode utilizar um modelo de tendência quadrática [veja a Equação (16.4) e a Seção 15.1]. Quando os dados da série temporal crescem a uma taxa tal que a diferença percentual, de valor para valor, seja constante, você pode utilizar um modelo de tendência exponencial [veja a Equação (16.5)].

O Modelo de Tendência Linear

O **modelo de tendência linear**

$$Y_i = \beta_0 + \beta_1 X_i + \varepsilon_i$$

é o modelo de previsão mais simples. A Equação (16.3) define a equação para previsão de tendência linear.

EQUAÇÃO PARA PREVISÃO DE TENDÊNCIA LINEAR

$$\hat{Y}_i = b_0 + b_1 X_i \qquad\qquad \textbf{(16.3)}$$

Lembre-se de que em uma análise de regressão linear você utiliza o método dos mínimos quadrados para calcular a inclinação da amostra, b_1, e o intercepto de Y, b_0. Depois disso, você faz a substituição dos valores correspondentes a X, na Equação (16.3), para prever Y.

Ao utilizar o método dos mínimos quadrados para ajustar tendências em uma série temporal, você pode simplificar a interpretação dos coeficientes atribuindo valores codificados para a variável X (tempo). Você atribui números inteiros consecutivos, iniciando com 0 (zero), para representar os valores codificados correspondentes aos períodos de tempo. Por exemplo, em dados de séries temporais que tenham sido registrados anualmente, ao longo de 17 anos, você atribui ao primeiro ano um valor codificado correspondente a 0; ao segundo ano um valor codificado correspondente a 1; ao terceiro ano um valor codificado correspondente a 2, e assim sucessivamente, concluindo com a atribuição de 16 para o décimo sétimo ano.

No cenário que trata da The Principled, apresentado no início deste capítulo, uma das empresas de interesse é a The Coca-Cola Company. Fundada em 1886 e com matriz em Atlanta, Georgia, a Coca-Cola fabrica, distribui e comercializa mais de 500 marcas de bebidas não alcoólicas, em mais de 200 países por todo o mundo. Essas marcas incluem Coca-Cola, Diet Coke, Fanta e Sprite, quatro entre as cinco principais bebidas gaseificadas sem teor alcoólico. De acordo com o portal da The Coca-Cola Company na Grande Rede, as receitas em 2011 ultrapassaram a casa dos 46 bilhões de dólares. A Tabela 16.2 apresenta a lista com as receitas brutas (em bilhões de dólares) da The Coca-Cola Company, no período de 1995 a 2011 (contidos no arquivo `Coca-Cola`).

620 Capítulo 16

TABELA 16.2
Receitas (em Bilhões de Dólares), Referentes a The Coca-Cola Company (período de 1995-2011)

Ano	Receita (bilhões de $)	Ano	Receita (bilhões de $)
1995	18,0	2004	21,9
1996	18,5	2005	23,1
1997	18,9	2006	24,1
1998	18,8	2007	28,9
1999	19,8	2008	31,9
2000	20,5	2009	31,0
2001	20,1	2010	35,1
2002	19,6	2011	46,5
2003	21,0		

Fonte: Dados extraídos de *Mergent's Handbook of Common Stocks*, 2006, e **www.thecoca-colacompany.com/investors/annual_other_reports.html.**

A Figura 16.4 apresenta os resultados da regressão para o modelo de regressão linear simples que utiliza valores codificados consecutivos de 0 a 16 como a variável X (ano codificado).

FIGURA 16.4
Planilha com os resultados da regressão referente ao modelo de tendência linear, para prever as receitas (em bilhões de dólares) relativas à The Coca-Cola Company

Utilize as instruções na Seção GE16.4 para construir esta planilha.

	A	B	C	D	E	F	G
1	Modelo de Tendência Linear para as Receitas da The Coca-Cola Company						
2							
3	Estatística de Regressão						
4	R Múltiplo	0,8605					
5	R-Quadrado	0,7405					
6	R-Quadrado Ajustado	0,7232					
7	Erro-Padrão	4,0697					
8	Observações	17					
9							
10							
11	ANOVA	gl	SQ	MQ	F	F de Significação	
12	Regressão	1	708,8942	708,8942	42,8005	0,0000	
13	Resíduo	15	248,4411	16,5627			
14	Total	16	957,3353				
15							
16		Coeficientes	Erro-Padrão	Stat t	Valor-P	95 % Inferiores	95 % Superiores
17	Interseção	14,0255	1,8901	7,4206	0,0000	9,9969	18,0541
18	Ano Codificado	1,3181	0,2015	6,5422	0,0000	0,8887	1,7476

Esses resultados produzem a seguinte equação para a previsão de uma tendência linear:

$$\hat{Y}_i = 14{,}0255 + 1{,}3181X_i$$

em que $X_1 = 0$ representa 1995.

Você interpreta os coeficientes da regressão da seguinte maneira:

- O intercepto de Y, $b_0 = 14{,}0255$, corresponde às receitas previstas (em bilhões de dólares) para The Coca-Cola Company durante o ano de origem, ou ano-base, 1995.
- A inclinação, $b_1 = 1{,}3181$, indica que é previsto que as receitas cresçam em 1,3181 bilhão de dólares por ano.

Para projetar a tendência nas receitas da Coca-Cola. para o ano de 2012, você substitui X_{18} por 17, o código correspondente a 2012, na equação para previsão de tendência linear:

$$\hat{Y}_i = 14{,}0255 + 1{,}3181(17) = 36{,}4332 \text{ bilhões de dólares}$$

A linha de tendência está desenhada em um gráfico na Figura 16.5, juntamente com os valores observados para a série temporal. Existe uma forte tendência linear crescente, e o r^2 ajustado corresponde a 0,7405, indicando que mais de 74 % da variação nas receitas são explicados com base na tendência linear ao longo da série temporal. No entanto, você pode observar que a receita correspondente ao ano mais recente, 2011, está substancialmente acima da linha de tendência; que os anos anteriores também estão ligeiramente acima da linha de tendência; os anos do meio estão abaixo da linha de tendência. Para investigar se um modelo de tendência diferente poderia proporcionar um melhor ajuste, um modelo de tendência *quadrática* e um modelo de tendência *exponencial* podem ser utilizados para fins de ajuste.

FIGURA 16.5
Gráfico da equação para a previsão de tendência linear, para os dados sobre receitas da The Coca-Cola Company

Utilize as instruções na Seção GE.2.5 para construir gráficos para a tendência linear.

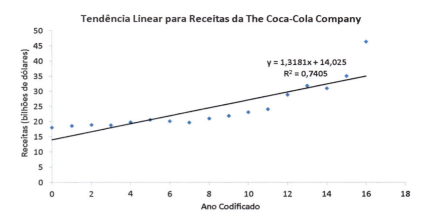

O Modelo de Tendência Quadrática

Um **modelo de tendência quadrática**

$$Y_i = \beta_0 + \beta_1 X_i + \beta_2 X_i^2 + \varepsilon_i$$

é um modelo não linear que contém um termo linear e um termo curvilíneo, acrescido de um intercepto para Y. Utilizando o método dos mínimos quadrados para um modelo quadrático descrito na Seção 15.1, você pode desenvolver uma equação para fins de previsão de tendências quadráticas, conforme apresentado na Equação (16.4).

EQUAÇÃO PARA PREVISÃO DE TENDÊNCIA QUADRÁTICA

$$\hat{Y}_i = b_0 + b_1 X_i + b_2 X_i^2 \qquad (16.4)$$

em que

b_0 = intercepto estimado de Y

b_1 = efeito *linear* estimado em Y

b_2 = efeito *quadrático* estimado em Y

A Figura 16.6 apresenta a planilha com os resultados da regressão para o modelo de tendência quadrática utilizado para prever receitas na The Coca-Cola Company.

Na Figura 16.6,

$$\hat{Y}_i = 20,1576 - 1,1347 X_i + 0,1533 X_i^2$$

em que o ano codificado como zero é 1995.

FIGURA 16.6
Planilha com os resultados da regressão para o modelo de tendência quadrática, para prever receitas para The Coca-Cola Company

Utilize as instruções na Seção GE16.4 para construir essa planilha.

	A	B	C	D	E	F	G
1	Modelo de Regressão Quadrática para as Receitas da The Coca-Cola Company						
2							
3	*Estatística de Regressão*						
4	R Múltiplo	0,9648					
5	R-Quadrado	0,9308					
6	R-Quadrado Ajustado	0,9209					
7	Erro-Padrão	2,1755					
8	Observações	17					
9							
10	ANOVA						
11		gl	SQ	MQ	F	F de Significação	
12	Regressão	2	891,0788	445,5394	94,1424	0,0000	
13	Resíduo	14	66,2565	4,7326			
14	Total	16	957,3353				
15							
16		Coeficientes	Erro-Padrão	Stat t	Valor-P	95 % Inferiores	95 % Superiores
17	Interseção	20,1576	1,4134	14,2623	0,0000	17,1262	23,1889
18	Ano Codificado	-1,1347	0,4097	-2,7693	0,0151	-2,0135	-0,2559
19	Ano Codificado ao Quadrado	0,1533	0,0247	6,2045	0,0000	0,1003	0,2063

Para calcular uma previsão utilizando a equação da tendência quadrática, você faz as substituições para os valores de X codificados apropriados dentro dessa equação. Por exemplo, para prever a tendência nas receitas brutas reais para 2012 (ou seja, $X = 17$),

$$\hat{Y}_i = 20,1576 - 1,1347(17) + 0,1533(17)^2 = 45,1714$$

A Figura 16.7 apresenta, sob a forma de gráfico, a equação para previsão de tendência quadrática, juntamente com a série temporal para os dados reais. Esse modelo de tendência quadrática proporciona um melhor ajuste (r^2 ajustado $= 0,9209$) para a série temporal do que o modelo de tendência linear. A estatística do teste t_{ESTAT} para a contribuição do termo quadrático em relação ao modelo é 6,2045 (valor-$p = 0,0000$).

FIGURA 16.7
Gráfico da equação para a previsão de tendência quadrática, para os dados sobre receitas da Coca-Cola Company

Utilize as instruções na Seção GE15.1 para construir gráficos de tendência quadrática.

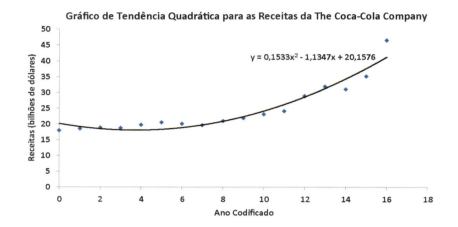

O Modelo de Tendência Exponencial

Quando uma série temporal cresce a uma taxa tal que a diferença percentual de um valor para outro seja constante, está presente uma tendência exponencial. A Equação (16.5) define o **modelo de tendência exponencial**.

MODELO DE TENDÊNCIA EXPONENCIAL

$$Y_i = \beta_0 \beta_1^{X_i} \varepsilon_i \tag{16.5}$$

em que

β_0 = intercepto de Y

$(\beta_1 - 1) \times 100\%$ é a taxa de crescimento anual composta (em %)

O modelo da Equação (16.5) não está no formato de um modelo de regressão linear. Para transformar esse modelo não linear em um modelo linear, você utiliza uma transformação logarítmica de base 10.[1] A adoção do logaritmo em cada um dos lados da Equação (16.5) resulta na Equação (16.6).

MODELO DE TENDÊNCIA EXPONENCIAL TRANSFORMADO

$$\begin{aligned}\log(Y_i) &= \log(\beta_0 \beta_1^{X_i} \varepsilon_i) \\ &= \log(\beta_0) + \log(\beta_1^{X_i}) + \log(\varepsilon_i) \\ &= \log(\beta_0) + X_i \log(\beta_1) + \log(\varepsilon_i)\end{aligned} \tag{16.6}$$

---

[1] Como alternativa, você pode utilizar logaritmos de base e. Para mais informações sobre logaritmos, veja a Seção A.3 no Apêndice A.

> ### Dica para o Leitor
> Log é o símbolo utilizado para logaritmos de base 10. O logaritmo de um número corresponde à potência à qual 10 precisa ser elevado para que venha a ser igual àquele número.

A Equação (16.6) é um modelo linear que você pode estimar utilizando o método dos mínimos quadrados, com $\log(Y_i)$ representando a variável dependente, e X_i representando a variável independente. Isso resulta na Equação (16.7).

EQUAÇÃO PARA PREVISÃO DE TENDÊNCIA EXPONENCIAL

$$\log(\hat{Y}_i) = b_0 + b_1 X_i \tag{16.7a}$$

em que

$$b_0 = \text{estimativa de } \log(\beta_0) \text{ e, por conseguinte,} 10^{b_0} = \hat{\beta}_0$$
$$b_1 = \text{estimativa de } \log(\beta_1) \text{ e, por conseguinte,} 10^{b_1} = \hat{\beta}_1$$

Portanto,

$$\hat{Y}_i = \hat{\beta}_0 \hat{\beta}_1^{X_i} \tag{16.7b}$$

em que

$(\hat{\beta}_1 - 1) \times 100\%$ corresponde à taxa de crescimento anual composta estimada (em %)

A Figura 16.8 ilustra uma planilha com os resultados da regressão para um modelo de tendência exponencial correspondente às receitas para The Coca-Cola Company.

FIGURA 16.8
Planilha com os resultados da regressão para o modelo de tendência exponencial, para a previsão das receitas (em bilhões de dólares) relativas à The Coca-Cola Company

Utilize as instruções da Seção GE16.4 para construir essa planilha.

	A	B	C	D	E	F	G
1	Modelo de Tendência Exponencial para as Receitas da The Coca-Cola Company						
2							
3	*Estatística de Regressão*						
4	R Múltiplo	0,9117					
5	R-Quadrado	0,8312					
6	R-Quadrado Ajustado	0,8199					
7	Erro-Padrão	0,0502					
8	Observações	17					
9							
10	ANOVA						
11			*gl*	*SQ*	*MQ*	*F*	*F de significação*
12	Regressão	1	0,1863	0,1863	73,8590	0,0000
13	Resíduo	15	0,0378	0,0025		
14	Total	16	0,2242			
15							
16		*Coeficientes*	*Erro-Padrão*	*Stat t*	*Valor-P*	*95% Inferiores*	*95% Superiores*
17	Interseção	1,2028	0,0233	51,5664	0,0000	1,1531	1,2525
18	Ano Codificado	0,0214	0,0025	8,5941	0,0000	0,0161	0,0267

Utilizando a Equação (16.7a) e os resultados gerados na Figura 16.8,

$$\log(\hat{Y}_i) = 1,2028 + 0,0214 X_i$$

em que o ano codificado como zero é 1995.

Você calcula os valores para $\hat{\beta}_0$ e $\hat{\beta}_1$ adotando o antilogaritmo dos coeficientes da regressão (b_0 e b_1):

$$\hat{\beta}_0 = \text{antilog}(b_0) = \text{antilog}(1,2028) = 10^{1,2028} = 15,9514$$
$$\hat{\beta}_1 = \text{antilog}(b_1) = \text{antilog}(0,0214) = 10^{0,0214} = 1,0505$$

Por conseguinte, utilizando a Equação (16.7b), a equação para previsão de tendência exponencial é

$$\hat{Y}_i = (15,9514)(1,0505)^{X_i}$$

em que o ano codificado como zero é 1995.

O intercepto de Y, $\hat{\beta}_0 = 15,9514$ bilhões de dólares, corresponde à previsão para as receitas correspondentes ao ano-base 1995. O valor $(\hat{\beta}_1 - 1) \times 100\% = 5,05\%$ representa a taxa composta de crescimento anual para as receitas na Coca-Cola Company.

Para fins de prognósticos, você faz as substituições referentes aos valores de X codificados apropriados dentro da Equação (16.7a) ou dentro da Equação (16.7b). Por exemplo, para prever as receitas para 2012 (ou seja, $X = 17$), utilizando a Equação (16.7a),

$$\log(\hat{Y}_i) = 1{,}2028 + 0{,}0214(17) = 1{,}5666$$
$$\hat{Y}_i = \text{antilog}(1{,}5666) = 10^{1{,}5666} = 36{,}8638 \text{ bilhões de dólares}$$

A Figura 16.9 corresponde a um gráfico da equação para a previsão de tendência exponencial, juntamente com os dados da série temporal. O r^2 ajustado correspondente ao modelo de tendência exponencial (0,8199) é mais alto do que o r^2 ajustado correspondente ao modelo de tendência linear (0,7232), embora mais baixo do que o modelo quadrático (0,9209).

FIGURA 16.9
Gráfico da equação para a previsão da tendência exponencial, para as receitas da The Coca-Cola Company

Utilize as instruções na Seção GE16.4 para construir gráficos de tendência exponencial.

Seleção de Modelos Utilizando a Primeira Diferença, a Segunda Diferença e Diferenças Percentuais

Você utilizou o modelo linear, o modelo quadrático e o modelo exponencial para prever as receitas para The Coca-Cola Company. De que modo você consegue determinar qual desses modelos é o mais apropriado? Além de analisar visualmente gráficos de séries temporais e comparar valores para r^2 ajustados, você pode calcular e examinar a primeira diferença, a segunda diferença e diferenças percentuais. Os elementos de identificação para os modelos de tendência linear, tendência quadrática e tendência exponencial são os seguintes:

- Se um modelo de tendência linear proporciona um ajuste perfeito em relação a uma série temporal, então as primeiras diferenças são constantes. Consequentemente,

$$(Y_2 - Y_1) = (Y_3 - Y_2) = \ldots = (Y_n - Y_{n-1})$$

- Se um modelo de tendência quadrática proporciona um ajuste perfeito em relação a uma série temporal, então as segundas diferenças são constantes. Consequentemente,

$$[(Y_3 - Y_2) - (Y_2 - Y_1)] = [(Y_4 - Y_3) - (Y_3 - Y_2)] = \ldots = [(Y_n - Y_{n-1}) - (Y_{n-1} - Y_{n-2})]$$

- Se um modelo de tendência exponencial proporciona um ajuste perfeito em relação a uma série temporal, então as diferenças percentuais entre valores consecutivos são constantes. Consequentemente,

$$\frac{Y_2 - Y_1}{Y_1} \times 100\% = \frac{Y_3 - Y_2}{Y_2} \times 100\% = \ldots = \frac{Y_n - Y_{n-1}}{Y_{n-1}} \times 100\%$$

Embora não deva esperar um modelo que se ajuste perfeitamente a qualquer conjunto de dados de séries temporais em particular, você pode considerar as primeiras diferenças, as segundas diferenças e as diferenças percentuais como norteadoras para fins de escolha de um modelo apropriado. Os Exemplos 16.2, 16.3 e 16.4 ilustram modelos de tendência linear, quadrática e exponencial que proporcionam ajustes perfeitos (ou praticamente perfeitos) em relação a seus respectivos conjuntos de dados.

Previsão de Séries Temporais **625**

EXEMPLO 16.2
Um Modelo de Tendência Linear com um Ajuste Perfeito

A série temporal a seguir representa o número de passageiros por ano (em milhões) para a ABC Airlines:

	Ano									
	2003	**2004**	**2005**	**2006**	**2007**	**2008**	**2009**	**2010**	**2011**	**2012**
Passageiros	30,0	33,0	36,0	39,0	42,0	45,0	48,0	51,0	54,0	57,0

Utilizando as primeiras diferenças, mostre que o modelo de tendência linear proporciona um ajuste perfeito em relação a esses dados.

SOLUÇÃO A tabela a seguir mostra a solução:

	Ano									
	2003	**2004**	**2005**	**2006**	**2007**	**2008**	**2009**	**2009**	**2010**	**2012**
Passageiros	30,0	33,0	36,0	39,0	42,0	45,0	48,0	51,0	54,0	57,0
Primeiras diferenças		3,0	3,0	3,0	3,0	3,0	3,0	3,0	3,0	3,0

As diferenças entre valores consecutivos na série são as mesmas ao longo de toda a série. Sendo assim, a ABC Airlines exibe um padrão de crescimento linear. O número de passageiros cresce 3 milhões a cada ano.

EXEMPLO 16.3
Um Modelo de Tendência Quadrática com um Ajuste Perfeito

A série temporal a seguir representa o número de passageiros por ano (em milhões) para a XYZ Airlines:

	Ano									
	2003	**2004**	**2005**	**2006**	**2007**	**2008**	**2009**	**2010**	**2011**	**2012**
Passageiros	30,0	31,0	33,5	37,5	43,0	50,0	58,5	68,5	80,0	93,0

Utilizando as segundas diferenças, mostre que o modelo de tendência quadrática proporciona um ajuste perfeito em relação a esses dados.

SOLUÇÃO A tabela a seguir mostra a solução:

	Ano									
	2003	**2004**	**2005**	**2006**	**2007**	**2008**	**2009**	**2010**	**2011**	**2012**
Passageiros	30,0	31,0	33,5	37,5	43,0	50,0	58,5	68,5	80,0	93,0
Primeiras diferenças		1,0	2,5	4,0	5,5	7,0	8,5	10,0	11,5	13,0
Segundas diferenças			1,5	1,5	1,5	1,5	1,5	1,5	1,5	1,5

As segundas diferenças entre pares consecutivos de valores dentro da série são as mesmas ao longo de toda a série. Sendo assim, a XYZ Airlines exibe um padrão de crescimento quadrático. A taxa de crescimento da empresa está acelerando ao longo do tempo.

626 Capítulo 16

EXEMPLO 16.4

Um Modelo de Tendência Exponencial com um Ajuste Quase Perfeito

A série temporal a seguir representa o número de passageiros por ano (em milhões) para a EXP Airlines:

	Ano									
	2003	2004	2005	2006	2007	2008	2009	2010	2011	2012
Passageiros	30,0	31,5	33,1	34,8	36,5	38,3	40,2	42,2	44,3	46,5

Utilizando as diferenças percentuais, mostre que o modelo de tendência exponencial proporciona um ajuste quase perfeito em relação a esses dados.

SOLUÇÃO A tabela a seguir mostra a solução:

	Ano									
	2003	2004	2005	2006	2007	2008	2009	2010	2011	2012
Passageiros	30,0	31,5	33,1	34,8	36,5	38,3	40,2	42,2	44,3	46,5
Primeiras diferenças		1,5	1,6	1,7	1,7	1,8	1,9	2,0	2,1	2,2
Diferenças percentuais		5,0	5,1	5,1	4,9	4,9	5,0	5,0	5,0	5,0

As diferenças percentuais entre valores consecutivos na série são aproximadamente as mesmas ao longo de toda a série. Sendo assim, a EXP Airlines exibe um padrão de crescimento exponencial. Sua respectiva taxa de crescimento corresponde a aproximadamente 5 % ao ano.

A Figura 16.10 apresenta as primeiras diferenças, as segundas diferenças e as diferenças percentuais para os dados referentes às receitas da The Coca-Cola Company. Nem as primeiras diferenças, nem as segundas diferenças, nem as diferenças percentuais são constantes ao longo de toda a série. Portanto, outros modelos (incluindo aqueles considerados na Seção 16.5) podem ser mais apropriados.

FIGURA 16.10

Planilha que compara as primeiras diferenças, as segundas diferenças e as diferenças percentuais, em relação às receitas (em bilhões de dólares) para The Coca-Cola Company

A Figura 16.10 exibe a planilha CÁLCULO da pasta de trabalho Diferenças que é discutida na Seção GE16.4.

	A	B	C	D	E
1	Ano	Receitas	Primeira Diferença	Segunda Diferença	Diferença Percentual
2	1995	18,0	#N/D	#N/D	#N/D
3	1996	18,5	0,5	#N/D	2,78%
4	1997	18,9	0,4	-0,1	2,16%
5	1998	18,8	-0,1	-0,5	-0,53%
6	1999	19,8	1,0	1,1	5,32%
7	2000	20,5	0,7	-0,3	3,54%
8	2001	20,1	-0,4	-1,1	-1,95%
9	2002	19,6	-0,5	-0,1	-2,49%
10	2003	21,0	1,4	1,9	7,14%
11	2004	21,9	0,9	-0,5	4,29%
12	2005	23,1	1,2	-0,3	5,48%
13	2006	24,1	1,0	-0,2	4,33%
14	2007	28,9	4,8	3,8	19,92%
15	2008	31,9	3,0	-1,8	10,38%
16	2009	31,0	-0,9	-3,9	-2,82%
17	2010	35,1	4,1	5,0	13,23%
18	2011	46,5	11,4	7,3	32,48%

Problemas para a Seção 16.4

APRENDENDO O BÁSICO

16.9 Caso você esteja utilizando o método dos mínimos quadrados para ajustar as tendências em uma série temporal anual, que contenha 25 valores anuais consecutivos,
a. qual valor de código você atribui a X para o primeiro ano na série?
b. qual valor de código você atribui a X para o quinto ano na série?
c. qual valor de código você atribui a X para o ano mais recente que tenha sido registrado na série?
d. qual valor de código você atribui a X, caso deseje projetar a tendência e fazer uma previsão de cinco anos à frente do último valor observado?

16.10 A equação para previsão de tendência linear referente a uma série temporal anual que contenha 22 valores (de 1991 a 2012) correspondentes ao total de receitas (em milhões de dólares) é

$$\hat{Y}_i = 4,0 + 1,5X_i$$

a. Interprete o intercepto de Y, b_0.
b. Interprete a inclinação, b_1.
c. Qual é o valor de tendência ajustado para o quinto ano?
d. Qual é o valor de tendência ajustado para o ano mais recente?
e. Qual é a previsão para a tendência projetada relativa a três anos depois do último valor?

16.11 A equação para previsão da tendência linear de uma série temporal anual que contém 42 valores (de 1971 a 2012) em vendas líquidas (em bilhões de dólares) é

$$\hat{Y}_i = 1,2 + 0,5X_i$$

a. Interprete o intercepto de Y, b_0.
b. Interprete a inclinação, b_1.
c. Qual é o valor de tendência ajustado para o décimo ano?
d. Qual é o valor de tendência ajustado para o ano mais recente?
e. Qual é a previsão para a tendência projetada relativa a dois anos depois do último valor?

APLICANDO OS CONCEITOS

AUTO-teste **16.12** A Bed Bath & Beyond Inc. é uma cadeia de âmbito nacional de lojas de vendas no varejo que comercializa uma ampla variedade de mercadorias, incluindo, principalmente, produtos domésticos e artigos de decoração, bem como alimentos, artigos para presentes e itens para cuidados com a saúde e beleza. O número de lojas abertas ao final do ano fiscal, de 1997 a 2012, está armazenado no arquivo **Bed & Bath** e ilustrado a seguir.
a. Elabore um gráfico com os dados.
b. Desenvolva uma equação para previsão de tendência linear e faça um gráfico com os resultados.
c. Desenvolva uma equação para previsão de tendência quadrática e faça um gráfico com os resultados.
d. Desenvolva uma equação para previsão de tendência exponencial e faça um gráfico com os resultados.
e. Utilizando as equações para previsão nos itens (b) a (d), quais são suas previsões anuais para o número de lojas abertas nos anos 2013 e 2014?
f. De que modo você explica as diferenças entre as três previsões em (e)? Qual das previsões você acredita que deveria utilizar? Por quê?

Ano	Lojas Abertas	Ano	Lojas Abertas
1997	108	2005	721
1998	141	2006	809
1999	186	2007	888
2000	241	2008	971
2001	311	2009	1,037
2002	396	2010	1,100
2003	519	2011	1,139
2004	629	2012	1,173

Fonte: Dados extraídos de *Bed Bath & Beyond Annual Report*, 2012.

16.13 O Produto Interno Bruto (PIB) é um dos principais indicadores para a atividade econômica geral de uma nação, e consiste nos gastos pessoais com consumo, investimentos brutos internos, exportações líquidas de bens e serviços e gastos governamentais com consumo. O arquivo **PIB** contém o PIB (em bilhões de dólares correntes) referente aos Estados Unidos, de 1980 a 2011. (Dados extraídos do Bureau of Economic Analysis, U.S. Department of Commerce, www.bea.gov.)
a. Elabore um gráfico com os dados.
b. Desenvolva uma equação de previsão de tendência linear e faça um gráfico para a linha de tendência.
c. Quais são as suas previsões para 2012 e 2013?
d. Que conclusões você consegue tirar no que diz respeito à tendência referente ao PIB?

16.14 Os dados encontrados no arquivo **RecFed** representam as receitas federais norte-americanas, de 1978 a 2011, em bilhões de dólares correntes, geradas pelo imposto de renda da pessoa física e da pessoa jurídica, pela seguridade social, pelo imposto sobre o consumo, pelo imposto sobre imóveis e doações, pelas tarifas aduaneiras e pelos depósitos junto ao banco central norte-americano (o Federal Reserve). (Dados extraídos de "Historical Federal Receipt and Outlay Summary", Tax Policy Center, **bit.ly/7dGCmz**.)
a. Elabore um gráfico com a série de dados.
b. Desenvolva uma equação para a previsão de tendência linear e faça um gráfico para a linha de tendência.
c. Quais são as suas previsões de receitas federais para 2012 e 2013?
d. Que conclusões você consegue tirar no que concerne à tendência nas receitas federais?

16.15 O arquivo **VendasComputadores** contém o total de vendas de computadores e *softwares* nos EUA (em milhões de dólares) de 1992 a 2011.
a. Elabore um gráfico com os dados.
b. Desenvolva uma equação para a previsão de tendência linear e faça um gráfico para a linha de tendência.
c. Desenvolva uma equação para previsão de tendência quadrática e faça um gráfico com os resultados.
d. Desenvolva uma equação para previsão de tendência exponencial e faça um gráfico com os resultados.
e. Qual modelo é o mais apropriado?
f. Utilizando o modelo mais apropriado, faça a previsão para o total correspondente a vendas de computadores e *softwares* nos EUA, em milhões de dólares, para o ano de 2012.

628 Capítulo 16

16.16 Os dados ilustrados na tabela a seguir e contidos no arquivo **Energia Solar** representam a quantidade anual de energia solar gerada pelas concessionárias (em milhões de quilowatts/hora) nos Estados Unidos, de 2002 a 2011.

Ano	Quantidade de Energia Solar Instalada (milhões de kWh)	Ano	Quantidade de Energia Solar Instalada (milhões de kWh)
2002	555	2007	612
2003	534	2008	864
2004	575	2009	891
2005	550	2010	1.212
2006	508	2011	1.814

Fonte: Dados extraídos de **en.wikipedia.org/wiki/Solar_power_in_the_United_States.**

a. Faça um gráfico com os dados.
b. Desenvolva uma equação para previsão de tendência linear e faça um gráfico para a linha de tendência.
c. Desenvolva uma equação para previsão de tendência quadrática e faça um gráfico com os resultados.
d. Desenvolva uma equação para previsão de tendência exponencial e faça um gráfico com os resultados.
e. Utilizando os modelos em (b) a (d), quais são as suas previsões para a quantidade de energia solar gerada pelas concessionárias (em milhões de quilowatts/hora) nos Estados Unidos, em 2012 e 2013?

16.17 O arquivo de dados **ProduçãoCarros** contém o número de carros de passeio produzidos nos Estados Unidos, de 1999 a 2011. (Dados extraídos de www.statistics.com.)
a. Elabore um gráfico com os dados.
b. Desenvolva uma equação para previsão de tendência linear e faça um gráfico para a linha de tendência.
c. Desenvolva uma equação para previsão de tendência quadrática e faça um gráfico com os resultados.
d. Desenvolva uma equação de previsão de tendência exponencial e faça um gráfico com os resultados.
e. Qual modelo é o mais apropriado?
f. Utilizando o modelo mais apropriado, faça a previsão para o número de carros de passeio produzidos nos EUA para 2012?

16.18 A média salarial para os jogadores da Major League Baseball, no dia de abertura, de 2000 a 2012, está contida no arquivo **SaláriosBB** e estão ilustrados a seguir.

Ano	Salário (milhões de dólares)	Ano	Salário (milhões de dólares)
2000	1,99	2007	2,92
2001	2,29	2008	3,13
2002	2,38	2009	3,26
2003	2,58	2010	3,27
2004	2,49	2011	3,32
2005	2,63	2012	3,38
2006	2,83		

Fonte: Dados extraídos de "Baseball Salaries", *USA Today*, 6 de abril de 2009, p. 6C; e mlb.com.

a. Elabore um gráfico com os dados.
b. Desenvolva uma equação para previsão de tendência linear e faça um gráfico para a linha de tendência.
c. Desenvolva uma equação para previsão de tendência quadrática e faça um gráfico com os resultados.
d. Desenvolva uma equação para previsão de tendência exponencial e faça um gráfico com os resultados.
e. Qual modelo é o mais apropriado?
f. Utilizando o modelo mais apropriado, faça a previsão para a média salarial correspondente a 2013.

16.19 O arquivo **Prata** contém os preços a seguir, em Londres, para o peso de uma onça de prata (em dólares norte-americanos) no último dia do ano, de 1999 a 2011:

Ano	Preço (onça por dólar norte-americano)	Ano	Preço (onça por dólar norte-americano)
1999	5,330	2006	12,900
2000	4,570	2007	14,760
2001	4,520	2008	10,790
2002	4,670	2009	16,990
2003	5,965	2010	30,630
2004	6,815	2011	28,180
2005	8,830		

Fonte: Dados extraídos de **bit.ly/1afifi.**

a. Elabore um gráfico com os dados.
b. Desenvolva uma equação para previsão de tendência linear e faça um gráfico para a linha de tendência.
c. Desenvolva uma equação para previsão de tendência quadrática e faça um gráfico com os resultados.
d. Desenvolva uma equação para previsão de tendência exponencial e faça um gráfico com os resultados.
e. Qual modelo é o mais apropriado?
f. Utilizando o modelo mais apropriado, faça a previsão para o preço da prata ao final de 2012.

16.20 Os dados no arquivo **IPC-U** refletem os valores anuais para o IPC (Consumer Price Index — Índice de Preços ao Consumidor), nos Estados Unidos, ao longo do período de 47 anos, de 1965 a 2011, utilizando 1982 a 1984 como período base. Esse índice mede a variação média nos preços, ao longo do tempo, para uma "cesta básica" fixa de bens e serviços adquiridos por todos os consumidores urbanos, incluindo assalariados urbanos (ou seja, os trabalhadores alocados em funções administrativas, profissionais especializados, gerentes e técnicos; profissionais autônomos e trabalhadores temporários), indivíduos desempregados e aposentados. (Dados extraídos de Bureau of Labor Statistics, U.S. Department of Labor, www.bls.gov.)
a. Coloque os dados em um gráfico.
b. Descreva a movimentação para essa série temporal, ao longo do período de 47 anos.
c. Desenvolva uma equação de previsão de tendência linear e faça um gráfico com os resultados.
d. Desenvolva uma equação de previsão de tendência quadrática e faça um gráfico com os resultados.
e. Desenvolva uma equação de previsão de tendência exponencial e faça um gráfico com os resultados.
f. Qual modelo é o mais apropriado?

g. Utilizando o modelo mais apropriado, faça a previsão para o IPC de 2012 e de 2013.

16.21 Embora não deva esperar um modelo perfeitamente ajustado em relação a um determinado conjunto de dados de séries temporais, você pode considerar as primeiras diferenças, as segundas diferenças e as diferenças percentuais, correspondentes a uma determinada série, como norteadores na escolha de um modelo apropriado.

Ano	Série Temporal I	Série Temporal II	Série Temporal III
2000	10,0	30,0	60,0
2001	15,1	33,1	67,9
2002	24,0	36,4	76,1
2003	36,7	39,9	84,0
2004	53,8	43,9	92,2
2005	74,8	48,2	100,0
2006	100,0	53,2	108,0
2007	129,2	58,2	115,8
2008	162,4	64,5	124,1
2009	199,0	70,7	132,0
2010	239,3	77,1	140,0
2011	283,5	83,9	147,8

Para este problema, utilize cada uma das séries temporais apresentadas na tabela e armazenadas no arquivo **Modelost1**:

a. Determine o modelo mais apropriado.

b. Desenvolva a equação para a previsão.

c. Faça a previsão do valor para o ano de 2012.

16.22 Um gráfico de séries temporais geralmente ajuda você a determinar o modelo apropriado a ser utilizado. No que se refere a este problema, utilize cada uma das séries temporais apresentadas na tabela a seguir, e armazenadas no arquivo **Modelost2**:

Ano	Série Temporal I	Série Temporal II	Ano	Série Temporal I	Série Temporal II
2000	100,0	100,0	2006	189,8	230,8
2001	115,2	115,2	2007	204,9	266,1
2002	130,1	131,7	2008	219,8	305,5
2003	144,9	150,8	2009	235,0	351,8
2004	160,0	174,1	2010	249,8	403
2005	175,0	200,0	2011	264,9	469,2

a. Elabore um gráfico para os dados observados (Y) em relação ao período de tempo (X) e elabore um gráfico para o logaritmo dos dados observados (log Y) em relação ao período de tempo (X), para determinar se é mais apropriado um modelo de tendência linear ou um modelo de tendência exponencial. (*Dica*: Caso o gráfico de log Y em relação a X aparente ser linear, um modelo de tendência exponencial proporciona um ajuste apropriado.)

b. Desenvolva a equação apropriada para previsão.

c. Faça a previsão do valor para o ano de 2012.

16.5 Modelagem Autorregressiva para Ajustes de Tendências e Previsões

Frequentemente, os valores de uma série temporal em pontos específicos no tempo estão fortemente correlacionados com os valores que os antecedem e com aqueles que os sucedem. Esse tipo de correlação é conhecido como *autocorrelação*. Quando existe autocorrelação entre valores que estejam em períodos consecutivos em uma série temporal, essa série temporal apresenta uma **autocorrelação de primeira ordem**. Quando existe autocorrelação entre valores que estejam separados por uma distância de dois períodos, a série temporal apresenta uma **autocorrelação de segunda ordem**. Para o caso geral, no qual existe autocorrelação entre valores que estejam separados por uma distância de p períodos, a série temporal apresenta uma **autocorrelação de p-ésima ordem**.

Modelagem autorregressiva é uma técnica utilizada para prever séries temporais que apresentem autocorrelação.[2] Esse tipo de modelagem utiliza um conjunto de *variáveis de previsão de períodos passados* para superar problemas que a autocorrelação causa com outros modelos. Uma **variável de previsão de períodos passados** deriva seu valor a partir do valor da variável de previsão correspondente a algum outro período no tempo. Para o caso geral da correlação de p-ésima ordem, você cria um conjunto de p variáveis de previsão com defasagem no tempo de modo tal que a primeira variável de previsão de períodos passados derive seu valor a partir do valor da variável de previsão que esteja um período de tempo distante, a *defasagem*; que a segunda variável de previsão de períodos passados derive seu valor a partir do valor da variável de previsão que esteja dois períodos de tempo distante; e assim sucessivamente, até que a última, ou p-ésima variável de previsão de períodos passados derive seu valor a partir do valor da variável de previsão que esteja p períodos de tempo distante.

---

[2] O modelo de ajuste exponencial, descrito na Seção 16.3, e os modelos autorregressivos descritos nesta seção são casos especiais de médias móveis autorregressivas integradas (ARIMA — *AutoRegressive Integrated Moving Average*), desenvolvidas por Box e Jenkins (veja a Referência 2).

A Equação (16.8) define o **modelo autorregressivo de _p_-ésima ordem**. Na equação, A_0, A_1, A_2, ..., A_p representam os parâmetros e a_0, a_1, a_2, ..., a_p representam os coeficientes da regressão correspondentes. Isto é semelhante ao modelo de regressão múltipla, apresentado na Equação (14.1), Seção 14.1, em que β_0, β_1, β_2, ..., β_k representam os parâmetros da regressão e b_0, b_1, ..., b_k representam os coeficientes da regressão correspondentes.

MODELOS AUTORREGRESSIVOS DE _p_-ÉSIMA ORDEM

$$Y_i = A_0 + A_1 Y_{i-1} + A_2 Y_{i-2} + \cdots + A_p Y_{i-p} + \delta_i \qquad (16.8)$$

em que

Y_i = valor observado da série no período i

Y_{i-1} = valor observado da série no período $i-1$

Y_{i-2} = valor observado da série no período $i-2$

Y_{i-p} = valor observado da série no período $i-p$

p = número de parâmetros autorregressivos (não incluindo um intercepto para Y) a serem estimados a partir da análise da regressão dos mínimos quadrados

$A_0, A_1, A_2, ..., A_p$ = parâmetros autorregressivos a serem estimados a partir da análise da regressão dos mínimos quadrados

δ_i = um componente de erro aleatório não autocorrelacionado (com média aritmética = 0 e variância constante)

As Equações (16.9) e (16.10) definem dois modelos autorregressivos específicos. A Equação (16.9) define o **modelo autorregressivo de primeira ordem**, e é semelhante, em seu formato, ao modelo de regressão linear simples, apresentado na Equação (13.1), na Seção 13.1. A Equação (16.10) define o **modelo autorregressivo de segunda ordem**, e é semelhante, em formato, ao modelo de regressão múltipla, com duas variáveis independentes, apresentado na Equação (14.2), na Seção 14.1.

MODELO AUTORREGRESSIVO DE PRIMEIRA ORDEM

$$Y_i = A_0 + A_1 Y_{i-1} + \delta_i \qquad (16.9)$$

MODELO AUTORREGRESSIVO DE SEGUNDA ORDEM

$$Y_i = A_0 + A_1 Y_{i-1} + A_2 Y_{i-2} + \delta_i \qquad (16.10)$$

Selecionando um Modelo Autorregressivo Apropriado

A seleção de um modelo autorregressivo apropriado pode ser complicada. Você precisa ponderar as vantagens decorrentes do uso de um modelo mais simples em contraposição à preocupação com o fato de deixar de levar em conta uma autocorrelação importante nos dados. Você deve, também, se preocupar com a seleção de um modelo de ordem mais elevada que requeira estimativas de inúmeros parâmetros, alguns dos quais desnecessários, especialmente no caso de n, o número de valores na série, ser pequeno. A razão para essa preocupação é que, ao calcular uma estimativa para A_p, você perde p entre n valores de dados ao comparar cada um dos valores de dados com outro valor de dado, p períodos anteriormente no tempo. Os Exemplos 16.5 e 16.6 ilustram essa perda de valores de dados.

Previsão de Séries Temporais **631**

EXEMPLO 16.5

Esquema de Comparação para um Modelo Autorregressivo de Primeira Ordem

Considere a série a seguir, com $n = 7$ valores anuais consecutivos:

		Ano					
	1	**2**	**3**	**4**	**5**	**6**	**7**
Série temporal	31	34	37	35	36	43	40

Mostre as comparações necessárias para um modelo autorregressivo de primeira ordem.

SOLUÇÃO

Ano i	Modelo Autorregressivo de Primeira Ordem (Y_i vs. Y_{i-1})
1	$31 \leftrightarrow \ldots$
2	$34 \leftrightarrow 31$
3	$37 \leftrightarrow 34$
4	$35 \leftrightarrow 37$
5	$36 \leftrightarrow 35$
6	$3 \leftrightarrow 36$
7	$40 \leftrightarrow 43$

Uma vez que Y_1 corresponde ao primeiro valor, e não existe qualquer valor registrado antes dele, Y_1 não é utilizado na análise da regressão. Por conseguinte, o modelo autorregressivo de primeira ordem estaria se baseando em seis pares de valores.

EXEMPLO 16.6

Esquema de Comparação para um Modelo Autorregressivo de Segunda Ordem

Considere a seguinte série com $n = 7$ valores anuais consecutivos:

		Ano					
	1	**2**	**3**	**4**	**5**	**6**	**7**
Série temporal	31	34	37	35	36	43	40

Mostre as comparações necessárias para um modelo autorregressivo de segunda ordem.

SOLUÇÃO

Ano i	Modelo Autorregressivo de Segunda Ordem (Y_i vs. Y_{i-1} e Y_i vs. Y_{i-2})
1	$31 \leftrightarrow \ldots$ e $31 \leftrightarrow \ldots$
2	$34 \leftrightarrow 31$ e $34 \leftrightarrow \ldots$
3	$37 \leftrightarrow 34$ e $37 \leftrightarrow 31$
4	$35 \leftrightarrow 37$ e $35 \leftrightarrow 34$
5	$36 \leftrightarrow 35$ e $36 \leftrightarrow 37$
6	$43 \leftrightarrow 36$ e $43 \leftrightarrow 35$
7	$40 \leftrightarrow 43$ e $40 \leftrightarrow 36$

Uma vez que não existe qualquer valor registrado antes de Y_1, as duas primeiras comparações, cada uma das quais requerendo um valor anterior a Y_1, não podem ser utilizadas quando se realiza uma análise da regressão. Por conseguinte, o modelo autorregressivo de segunda ordem estaria se baseando em cinco pares de valores.

Determinando a Adequabilidade de um Modelo Selecionado

Depois de selecionar um modelo e utilizar o método dos mínimos quadrados para calcular os coeficientes da regressão, você precisa determinar a adequabilidade do modelo. Você pode selecionar um determinado modelo autorregressivo de p-ésima ordem, baseado em experiências anteriores com dados semelhantes, ou começar com um modelo que contenha diversos parâmetros autorregressivos e, em seguida, eliminar os parâmetros de ordem mais elevada que não contribuam significativamente para o modelo. Nessa última abordagem, você usa um teste t para a significância de A_p, o parâmetro autorregressivo de ordem mais elevada, no modelo corrente que está sendo considerado. A hipótese nula e a hipótese alternativa são

$$H_0: A_p = 0$$
$$H_1: A_p \neq 0$$

A Equação (16.11) define a estatística do teste.

TESTE t PARA A SIGNIFICÂNCIA DO PARÂMETRO AUTORREGRESSIVO DE ORDEM MAIS ELEVADA, A_p

$$t_{ESTAT} = \frac{a_p - A_p}{S_{a_p}} \qquad (16.11)$$

em que

A_p = valor estipulado na hipótese para o parâmetro de ordem mais elevada, A_p, no modelo autorregressivo

a_p = coeficiente da regressão que estima o parâmetro de ordem mais elevada, A_p, no modelo autorregressivo

S_{a_p} = desvio-padrão de a_p

A estatística do teste t_{ESTAT} segue uma distribuição t com $n - 2p - 1$ grau de liberdade.[3]

Para um determinado nível de significância, α, você rejeita a hipótese nula, caso a estatística do teste t_{ESTAT} calculada seja maior do que o valor crítico da cauda superior a partir da distribuição t, ou caso a estatística do teste t_{ESTAT} calculada seja menor do que o valor crítico da cauda inferior a partir da distribuição t. Por conseguinte, a regra de decisão é

Rejeitar H_0 caso $t_{ESTAT} < -t_{\alpha/2}$ ou se $t_{ESTAT} > t_{\alpha/2}$;

caso contrário, não rejeitar H_0.

A Figura 16.11 ilustra a regra de decisão e as regiões de rejeição e de não rejeição.

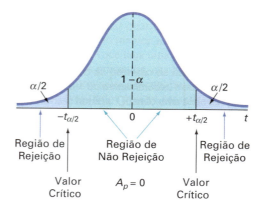

FIGURA 16.11 Regiões de rejeição de um teste bicaudal para a significância do parâmetro autorregressivo de ordem mais elevada, A_p

---

[3] Além dos graus de liberdade perdidos para cada um dos p parâmetros da população que você está estimando, p graus de liberdade adicionais são perdidos pelo fato de existirem p comparações a menos a serem feitas a partir dos n valores originais na série temporal.

Caso você não rejeite a hipótese nula de que $A_p = 0$, você conclui que o modelo selecionado contém uma quantidade demasiadamente grande de parâmetros autorregressivos estimados. Você descarta, então, o termo de ordem mais elevada e desenvolve um modelo autorregressivo de ordem $p - 1$, utilizando o método dos mínimos quadrados. Depois disso, você repete o teste que se refere à hipótese de que o novo parâmetro de ordem mais elevada é igual a 0. Esse procedimento de teste e modelagem prossegue até que você venha a rejeitar H_0. Quando isso ocorre, você consegue concluir que o parâmetro de ordem mais elevada remanescente é significativo, e pode utilizar esse modelo para fins de projeções e previsões.

A Equação (16.12) define a equação autorregressiva ajustada de p-ésima ordem.

EQUAÇÃO AUTORREGRESSIVA AJUSTADA DE p-ÉSIMA ORDEM

$$\hat{Y}_i = a_0 + a_1 Y_{i-1} + a_2 Y_{i-2} + \cdots + a_p Y_{i-p} \qquad \textbf{(16.12)}$$

em que

$$\hat{Y}_i = \text{valores ajustados da série no período } i$$
$$Y_{i-1} = \text{valor observado da série no período } i - 1$$
$$Y_{i-2} = \text{valor observado da série no período } i - 2$$
$$Y_{i-p} = \text{valor observado da série no período } i - p$$
$$p = \text{número de parâmetros da autorregressão (não incluindo um inter-cepto para } Y) \text{ a serem estimados, com base na análise da regressão dos mínimos quadrados}$$
$$a_0, a_1, a_2, \ldots, a_p = \text{coeficientes da regressão}$$

Você utiliza a Equação (16.13) para prever j anos no futuro, a partir do n-ésimo período de tempo corrente.

EQUAÇÃO PARA A PREVISÃO AUTORREGRESSIVA DE p-ÉSIMA ORDEM

$$\hat{Y}_{n+j} = a_0 + a_1 \hat{Y}_{n+j-1} + a_2 \hat{Y}_{n+j-2} + \cdots + a_p \hat{Y}_{n+j-p} \qquad \textbf{(16.13)}$$

em que

$$a_0, a_1, a_2, \ldots, a_p = \text{coeficientes da regressão que estimam os parâmetros}$$
$$p = \text{número de parâmetros da autorregressão (não incluindo um intercepto para } Y) \text{ a serem estimados com base na análise da regressão dos mínimos quadrados}$$
$$j = \text{número de anos no futuro}$$
$$\hat{Y}_{n+j-p} = \text{previsão para } Y_{n+j-p} \text{ a partir do ano corrente, para } j - p > 0$$
$$\hat{Y}_{n+j-p} = \text{valor observado de } Y_{n+j-p} \text{ para } j - p \leq 0$$

Portanto, para realizar previsões correspondentes a j anos no futuro, utilizando um modelo autorregressivo de terceira ordem, você precisa unicamente dos $p = 3$ valores mais recentes (Y_n, Y_{n-1} e Y_{n-2}) e das estimativas para a regressão a_0, a_1, a_2 e a_3.

Para realizar previsões relativas a um ano à frente no futuro, a Equação (16.13) passa a ser

$$\hat{Y}_{n+1} = a_0 + a_1 Y_n + a_2 Y_{n-1} + a_3 Y_{n-2}$$

Para realizar previsões relativas a dois anos à frente no futuro, a Equação (16.13) passa a ser

$$\hat{Y}_{n+2} = a_0 + a_1 \hat{Y}_{n+1} + a_2 Y_n + a_3 Y_{n-1}$$

Para fazer previsões três anos à frente, a Equação (16.13) passa a ser

$$\hat{Y}_{n+3} = a_0 + a_1 \hat{Y}_{n+2} + a_2 \hat{Y}_{n+1} + a_3 Y_n$$

e assim sucessivamente.

634 Capítulo 16

	A	B	C	D	E
1	Ano	Receita	Período Passado 1	Período Passado 2	Período Passado 3
2	1995	18,0	#N/D	#N/D	#N/D
3	1996	18,5	18,0	#N/D	#N/D
4	1997	18,9	18,5	18,0	#N/D
5	1998	18,8	18,9	18,5	18,0
6	1999	19,8	18,8	18,9	18,5
7	2000	20,5	19,8	18,8	18,9
8	2001	20,1	20,5	19,8	18,8
9	2002	19,6	20,1	20,5	19,8
10	2003	21,0	19,6	20,1	20,5
11	2004	21,9	21,0	19,6	20,1
12	2005	23,1	21,9	21,0	19,6
13	2006	24,1	23,1	21,9	21,0
14	2007	28,9	24,1	23,1	21,9
15	2008	31,9	28,9	24,1	23,1
16	2009	31,0	31,0	28,9	24,1
17	2010	35,1	31,0	31,9	28,9
18	2011	46,5	35,1	31,0	31,9

FIGURA 16.12 Dados da planilha para criar modelos autorregressivos de primeira ordem, de segunda ordem e de terceira ordem, para as receitas da The Coca-Cola Company (1995-2011)

Utilize as instruções contidas na Seção GE15.6, para construir modelos autorregressivos.

> 👉 **Dica para o Leitor**
> Tenha em mente que, em um modelo autorregressivo, a variável (ou as variáveis) independente(s) é (são) igual (iguais) à variável dependente defasada em termos de um certo número de períodos de tempo.

A modelagem autorregressiva é uma técnica de previsão bastante eficaz para séries temporais que apresentem autocorrelação. Para fins de conclusão, você constrói um modelo autorregressivo acompanhando as etapas que apresentamos a seguir:

1. Escolha um valor para p, o parâmetro de ordem mais elevada no modelo autorregressivo a ser avaliado, observando que o teste t para a significância está baseado em $n - 2p - 1$ grau de liberdade.
2. Crie um conjunto de p variáveis de previsão "de períodos passados". (Veja a Figura 16.12 para um exemplo.)
3. Realize uma análise dos mínimos quadrados para o modelo de regressão múltipla que contenha todas as p variáveis de previsão de períodos passados, utilizando o Excel.
4. Realize o teste para a significância de A_p, o parâmetro autorregressivo de ordem mais elevada no modelo.
5. Caso você não rejeite a hipótese nula, descarte a p-ésima variável e repita as etapas 3 e 4. O teste para a significância do novo parâmetro de ordem mais elevada é baseado em uma distribuição t cujos graus de liberdade são revisados de modo tal que correspondam ao número revisado de previsores.

Caso você rejeite a hipótese nula, selecione o modelo autorregressivo contendo todos os previsores p para fins de ajuste [veja a Equação (16.12)] e de previsão [veja a Equação (16.13)].

Para demonstrar a técnica de modelagem autorregressiva, retorne à série temporal que trata das receitas da The Coca-Cola Company, ao longo do período de 17 anos, de 1995 a 2011. A Figura 16.12 apresenta uma planilha que organiza os dados correspondentes aos modelos autorregressivos de primeira ordem, de segunda ordem e de terceira ordem. A planilha contém as variáveis de previsão de períodos passados, Período Passado 1, Período Passado 2 e Período Passado 3 nas colunas C, D e E. Utilize todas as variáveis de previsão indicadoras de períodos passados para ajustar o modelo autorregressivo de terceira ordem. Utilize somente Período Passado 1 e Período Passado 2 para ajustar o modelo autorregressivo de segunda ordem, e utilize somente Período Passado 1 para ajustar os modelos autorregressivos de primeira ordem. Por conseguinte, entre os $n = 17$ valores, $p = 1, 2$ ou 3 desses $n = 17$ valores são perdidos durante as comparações necessárias para que sejam desenvolvidos os modelos autorregressivos de primeira ordem, de segunda ordem e de terceira ordem.

A seleção de um modelo autorregressivo que melhor se ajuste a séries temporais anuais começa com o modelo autorregressivo de terceira ordem, ilustrado na Figura 16.13.

Com base na Figura 16.13, a equação autorregressiva ajustada de terceira ordem é

$$\hat{Y}_i = -12{,}0863 + 1{,}1338Y_{i-1} - 1{,}1364Y_{i-2} + 1{,}6830Y_{i-3}$$

em que o primeiro ano na série é 1998.

FIGURA 16.13
Planilha com os resultados da regressão para o modelo autorregressivo de terceira ordem, para receitas da The Coca-Cola Company

Utilize as instruções contidas na Seção GE16.5, para construir modelos autorregressivos.

	A	B	C	D	E	F	G
1	Modelo Autorregressivo de Terceira Ordem para as Receitas da The Coca-Cola Company						
2							
3	*Estatística de Regressão*						
4	R Múltiplo	0,9897					
5	R-Quadrado	0,9795					
6	R-Quadrado Ajustado	0,9734					
7	Erro-Padrão	1,2971					
8	Observações	14					
9							
10	ANOVA						
11		gl	SQ	MQ	F	F de Significação	
12	Regressão	3	804,3797	268,1266	159,3727	0,0000	
13	Resíduo	10	16,8239	1,6824			
14	Total	13	821,2036				
15							
16		Coeficientes	Erro-Padrão	Stat t	Valor-P	95 % Inferiores	95 % Superiores
17	Interseção	-12,0863	2,0603	-5,8662	0,0002	-16,6770	-7,4956
18	Variável X 1	1,1338	0,2354	4,8162	0,0007	0,6093	1,6584
19	Variável X 2	-1,1364	0,3321	-3,4222	0,0065	-1,8763	-0,3965
20	Variável X 3	1,6830	0,2858	5,8888	0,0002	1,0462	2,3198

Dica para o Leitor
Em muitos dos casos, o coeficiente autorregressivo de terceira ordem não será significativo. Para casos como esses, você precisa eliminar o termo de terceira ordem e ajustar um modelo autorregressivo de segunda ordem. Caso o coeficiente autorregressivo de segunda ordem não seja significativo, você elimina o termo de segunda ordem e ajusta um modelo autorregressivo de primeira ordem.

Em seguida, você testa a significância de A_3, o parâmetro de ordem mais elevada. O coeficiente da regressão de ordem mais elevada, a_3, para o modelo autorregressivo de terceira ordem ajustado é igual a 1,683, com um erro-padrão igual a 0,2858.

Para testar a hipótese nula:

$$H_0: A_3 = 0$$

contra a hipótese nula:

$$H_1: A_3 \neq 0$$

utilizando a Equação (16.11) e os resultados da planilha apresentados na Figura 16.13,

$$t_{ESTAT} = \frac{a_3 - A_3}{S_{a_3}} = \frac{1,683 - 0}{0,2858} = 5,8888$$

Utilizando um nível de significância de 0,05, o teste t bicaudal com $14 - 3 - 1 = 10$ graus de liberdade apresenta valores críticos de $\pm 2,2281$. Tendo em vista que $t_{ESTAT} = 5,8888 > +2,2281$, ou tendo em vista que o valor-$p = 0,0002 < 0,05$, você rejeita H_0. Você conclui que o parâmetro de terceira ordem do modelo autorregressivo é significativo, e deve permanecer no modelo.

A técnica de construção de modelos resultou na seleção do modelo autorregressivo de terceira ordem como sendo o mais apropriado para os dados em questão. Utilizando as estimativas $a_0 = -12,0863$, $a_1 = 1,1338$, $a_2 = -1,1364$ e $a_3 = 1,6830$, assim como o valor de dado mais recente, $Y_{16} = 46,5$, as projeções para receitas, com base na Equação (16.13), na The Coca-Cola Company, para 2012 e 2013, são

$$\hat{Y}_{n+j} = -12,0863 + 1,1338\,\hat{Y}_{n+j-1} - 1,1364\hat{Y}_{n+j-2} + 1,6830\hat{Y}_{n+j-3}$$

Portanto, para 2012, um ano à frente:

$$\hat{Y}_{17} = -12,0863 + 1,1338(46,5) - 1,1364(35,1) + 1,6830(31,0) = 52,9208 \text{ bilhões de dólares}$$

e, para 2013, dois anos à frente:

$$\hat{Y}_{17} = -12,0863 + 1,1338(52,9208) - 1,1364(46,5) + 1,6830(35,1) = 54,146 \text{ bilhões de dólares}$$

A Figura 16.14 ilustra os valores reais e os valores previstos para Y, oriundos do modelo autorregressivo de terceira ordem.

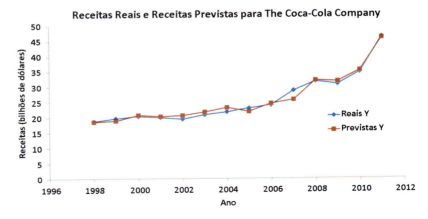

FIGURA 16.14 Gráfico para receitas reais e receitas previstas, a partir de um modelo autorregressivo de terceira ordem, para The Coca-Cola Company

Problemas para a Seção 16.5

APRENDENDO O BÁSICO

16.23 Foi apresentada a você uma série temporal anual com 40 observações consecutivas, e solicitado que você ajuste um modelo autorregressivo de quinta ordem.
a. Quantas comparações são perdidas no desenvolvimento do modelo autorregressivo?
b. Quantos parâmetros você precisa estimar?
c. De quais, entre os 40 valores originais, você precisa para realizar previsões?
d. Expresse o modelo autorregressivo de quinta ordem.
e. Escreva uma equação para indicar como você realizaria previsões para j anos no futuro.

16.24 Um modelo autorregressivo de terceira ordem é ajustado a uma série temporal anual contendo 17 valores e os seguintes parâmetros estimados e erros-padrão:

$$a_0 = 4{,}50 \quad a_1 = 1{,}80 \quad a_2 = 0{,}80 \quad a_3 = 0{,}24$$

$$S_{a_1} = 0{,}50 \quad S_{a_2} = 0{,}30 \quad S_{a_3} = 0{,}10$$

No nível de significância de 0,05, teste a adequabilidade do modelo ajustado.

16.25 Reporte-se ao Problema 16.24. Os três valores mais recentes são

$$Y_{15} = 23 \quad Y_{16} = 28 \quad Y_{17} = 34$$

Faça a previsão para os valores correspondentes ao ano subsequente e ao ano posterior a ele.

16.26 Reporte-se ao Problema 16.24. Suponha que, ao testar a adequabilidade do modelo ajustado, os erros-padrão sejam

$$S_{a_1} = 0{,}45 \quad S_{a_2} = 0{,}35 \quad S_{a_3} = 0{,}15$$

a. A que conclusões você pode consegue chegar?
b. Discuta sobre o modo de proceder, caso a previsão ainda seja o seu principal objetivo.

APLICANDO OS CONCEITOS

16.27 Utilizando os dados correspondentes ao total de vendas de computadores e *softwares* nos Estados Unidos (em bilhões de dólares), de 1992 a 2011, apresentados no Problema 16.15, em Problemas para a Seção 16.4 (dados contidos no arquivo **VendasComputadores**),
a. faça o ajuste de um modelo autorregressivo de terceira ordem em relação ao total de vendas e teste a significância do parâmetro autorregressivo de terceira ordem. (Utilize $\alpha = 0{,}05$.)
b. caso necessário, faça o ajuste de um modelo autorregressivo de segunda ordem em relação ao total de vendas, e teste a significância do parâmetro autorregressivo de segunda ordem. (Utilize $\alpha = 0{,}05$.)
c. caso necessário, faça o ajuste de um modelo autorregressivo de primeira ordem em relação ao total de vendas, e teste a significância do parâmetro autorregressivo de primeira ordem. (Utilize $\alpha = 0{,}05$.)
d. caso seja apropriado, apresente previsões para o total de vendas em 2012.

16.28 Utilizando os dados apresentados no Problema 16.12, em Problemas para a Seção 16.4, que correspondem à quantidade de lojas da rede Bed & Bath abertas no período entre 1997 e 2012 (dados armazenados no arquivo **Bed & Bath**),
a. faça o ajuste de um modelo autorregressivo de terceira ordem, em relação ao número de lojas abertas, e teste a significância do parâmetro autorregressivo de terceira ordem. (Utilize $\alpha = 0{,}05$.)
b. caso necessário, faça o ajuste de um modelo autorregressivo de segunda ordem, em relação ao número de lojas abertas, e teste a significância do parâmetro autorregressivo de segunda ordem. (Utilize $\alpha = 0{,}05$.)
c. caso necessário, faça o ajuste de um modelo autorregressivo de primeira ordem, em relação ao número de lojas abertas, e teste a significância do parâmetro autorregressivo de primeira ordem. (Utilize $\alpha = 0{,}05$.)
d. caso seja apropriado, apresente a previsão para o número de lojas abertas em 2013 e 2014.

16.29 Utilizando os dados apresentados no Problema 16.17, em Problemas para a Seção 16.4, que correspondem ao número de carros de passeio produzidos nos Estados Unidos, de 1999 a 2011 (dados armazenados no arquivo **ProduçãoCarros**),
a. faça o ajuste de um modelo autorregressivo de terceira ordem, quanto ao número de carros de passeio produzidos nos Estados Unidos, de 1999 a 2011, e teste a significância do parâmetro autorregressivo de terceira ordem. (Utilize $\alpha = 0{,}05$.)
b. caso necessário, faça o ajuste de um modelo autorregressivo de segunda ordem, com relação ao número de carros de passeio produzidos nos Estados Unidos, de 1999 a 2011, e teste a significância do parâmetro autorregressivo de segunda ordem. (Utilize $\alpha = 0{,}05$.)
c. caso necessário, faça o ajuste de um modelo autorregressivo de primeira ordem, com relação ao número de carros de passeio produzidos nos Estados Unidos, desde 1999 até 2011, e teste a significância do parâmetro autorregressivo de primeira ordem. (Utilize $\alpha = 0{,}05$.)
d. faça previsões para a produção de carros de passeio nos EUA, referentes ao ano de 2012.

16.30 Utilizando os dados correspondentes à média salarial do beisebol de 2000 a 2012, apresentados no Problema 16.18, em Problemas para a Seção 16.4 (dados no arquivo **SaláriosBB**),
a. faça o ajuste de um modelo autorregressivo de terceira ordem em relação à média salarial do beisebol e teste a significância do parâmetro autorregressivo de terceira ordem. (Utilize $\alpha = 0{,}05$.)
b. caso necessário, faça o ajuste de um modelo autorregressivo de segunda ordem com relação à média salarial do beisebol e teste a significância do parâmetro autorregressivo de segunda ordem. (Utilize $\alpha = 0{,}05$.)
c. caso necessário, faça o ajuste de um modelo autorregressivo de primeira ordem com relação à média salarial e teste a significância do parâmetro autorregressivo de primeira ordem. (Utilize $\alpha = 0{,}05$.)
d. faça a previsão para a média salarial do beisebol em 2013.

16.31 Utilizando os dados sobre a quantidade anual de energia solar gerada pelas concessionárias (em milhões de quilowatts/hora) nos Estados Unidos, de 2002 a 2011, apresentados no Problema 16.16, em Problemas para a Seção 16.4 (e contidos no arquivo **Energia Solar**),
a. faça o ajuste de um modelo autorregressivo de terceira ordem para a quantidade anual de energia solar instalada e teste a significância do parâmetro autorregressivo de terceira ordem. (Utilize $\alpha = 0{,}05$.)

b. caso necessário, faça o ajuste de um modelo autorregressivo de segunda ordem para a quantidade anual de energia solar instalada e teste a significância do parâmetro autorregressivo de segunda ordem. (Utilize $\alpha = 0{,}05$.)

c. caso necessário, faça o ajuste de um modelo autorregressivo de primeira ordem para a quantidade anual de energia solar instalada e teste a significância do parâmetro autorregressivo de primeira ordem. (Utilize $\alpha = 0{,}05$.)

d. faça a previsão para a quantidade anual de energia solar instalada (em milhões de quilowatts/hora) nos Estados Unidos, em 2012 e 2013.

16.6 Escolhendo um Modelo de Previsão Apropriado

Nas Seções 16.4 e 16.5, você estudou seis métodos de previsão de séries temporais: o modelo de tendência linear, o modelo de tendência quadrática e o modelo de tendência exponencial na Seção 16.4; e os modelos autorregressivos de primeira ordem, de segunda ordem e de *p*-ésima ordem na Seção 16.5. Existe um modelo que seja efetivamente o *melhor*? Entre esses modelos, qual deles você deveria selecionar para fins de previsão? As diretrizes a seguir são fornecidas para determinar a adequabilidade de um modelo de previsão específico. Essas diretrizes são baseadas no julgamento em relação a quão bem o modelo se ajusta aos dados e adotam o pressuposto de que você consegue utilizar dados do passado para prever valores futuros na série temporal:

- Realize uma análise nos resíduos.
- Meça a magnitude dos resíduos, por meio das diferenças elevadas ao quadrado.
- Meça a magnitude dos resíduos, por meio das diferenças absolutas.
- Utilize o princípio da parcimônia.

Segue uma discussão sobre essas diretrizes.

Realizando uma Análise de Resíduos

Lembre-se, com base nas Seções 13.5 e 14.3, de que resíduos são as diferenças entre os valores observados e os valores previstos. Depois de ajustar um determinado modelo a uma dada série temporal, você desenha um gráfico dos resíduos ao longo dos *n* períodos de tempo. Conforme ilustrado no Painel A da Figura 16.15, caso o modelo em questão se ajuste adequadamente, os resíduos representam o componente irregular da série temporal. Portanto, eles devem estar aleatoriamente distribuídos ao longo de toda a série. Entretanto, conforme ilustrado nos três painéis remanescentes da Figura 16.15, caso o modelo em questão não se ajuste adequadamente, os resíduos podem demonstrar um padrão sistemático, como, por exemplo, deixar de levar em conta alguma tendência (Painel B), deixar de levar em conta alguma variação cíclica (Painel C) ou, com relação a dados mensais ou trimestrais, deixar de levar em conta variações sazonais (Painel D).

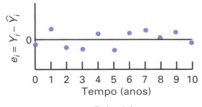
Painel A
Erros de previsão aleatoriamente distribuídos

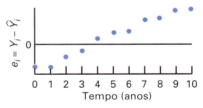
Painel B
Tendência não levada em conta

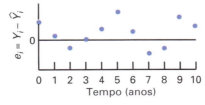
Painel C
Efeitos cíclicos não levados em conta

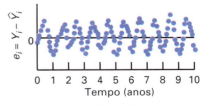
Painel D
Efeitos sazonais não levados em conta

FIGURA 16.15 Análise de resíduos para estudar padrões nos erros, em modelos de regressão

Medindo a Magnitude do Erro Residual por Meio das Diferenças ao Quadrado ou das Diferenças Absolutas

Se, depois de realizar uma análise nos resíduos, você ainda acreditar que dois ou mais modelos parecem ajustar adequadamente os dados, você pode utilizar outros métodos para a seleção do modelo. Inúmeras medidas baseadas no erro residual encontram-se disponíveis (veja as Referências 1 e 4).

Na análise da regressão (veja a Seção 13.3), você já utilizou o erro-padrão da estimativa (S_{YX}) como uma medida de variação em torno de valores previstos. Para um determinado modelo, essa medida é baseada na soma das diferenças ao quadrado entre os valores reais e os valores previstos em uma determinada série temporal. Caso um modelo ajuste perfeitamente os dados da série temporal, o erro-padrão da estimativa é, então, igual a zero. Caso um determinado modelo ajuste precariamente os dados da série temporal, o S_{YX} é, então, grande. Consequentemente, ao comparar a adequabilidade de dois ou mais modelos de previsão, você pode selecionar o modelo com o S_{YX} mais baixo como sendo o mais apropriado.

Entretanto, uma grande desvantagem em utilizar o S_{YX} quando são comparados modelos de previsão é que sempre que existe uma grande diferença entre até mesmo um único valor Y_i individual e $\hat{Y}_i$, o valor de S_{YX} fica demasiadamente inflacionado, uma vez que as diferenças entre $Y_i\,\hat{Y}_i$ são elevadas ao quadrado. Por essa razão, muitos estatísticos preferem o **desvio médio absoluto** (**DMA**). A Equação (16.14) define o *DMA* como a média aritmética das diferenças absolutas entre os valores reais e os valores previstos em uma série temporal.

DESVIO MÉDIO ABSOLUTO

$$DMA = \frac{\sum\limits_{i=1}^{n}|Y_i - \hat{Y}_i|}{n} \tag{16.14}$$

Caso um modelo ajuste perfeitamente os dados relativos à série temporal, o *DMA* é igual a zero. Caso um modelo ajuste precariamente os dados relativos à série temporal, o *DMA* é grande. Ao comparar dois ou mais modelos de previsão, você pode selecionar o modelo com o *DMA* mais baixo para corresponder ao mais apropriado.

Utilizando o Princípio da Parcimônia

Se, depois de realizar uma análise nos resíduos e comparar as medidas de S_{YX} e de *DMA* obtidas, você, ainda assim, acreditar que dois ou mais modelos parecem ajustar adequadamente os dados, você pode utilizar, então, o princípio da parcimônia para fins de seleção do modelo. Como inicialmente explicado na Seção 15.4, a **parcimônia** orienta você no sentido de selecionar o modelo com a menor quantidade de variáveis independentes que seja capaz de prever adequadamente a variável dependente. Em um sentido mais abrangente, o princípio da parcimônia orienta você para selecionar o modelo de regressão menos complexo. Entre os seis modelos de previsão estudados neste capítulo, a maior parte dos estatísticos considera os modelos dos mínimos quadrados linear e quadrático, bem como o modelo autorregressivo de primeira ordem como sendo mais simples do que os modelos autorregressivos de segunda ordem e de p-ésima ordem, assim como o modelo dos mínimos quadrados exponencial.

Uma Comparação entre Quatro Métodos de Previsão

Para ilustrar o processo para a seleção do modelo, você pode comparar quatro dos métodos para previsão utilizados nas Seções 16.4 e 16.5: o modelo linear, o modelo quadrático, o modelo exponencial e o modelo autorregressivo de terceira ordem. A Figura 16.16 ilustra os gráficos de resíduos relativos aos quatro modelos correspondentes às receitas da The Coca-Cola Company. Ao tirar conclusões com base nesses gráficos de resíduos, você deve tomar cuidado, uma vez que existem somente 17 valores no que se refere ao modelo linear, ao modelo quadrático e ao modelo exponencial, e somente 14 valores no que se refere ao modelo autorregressivo de terceira ordem.

Na Figura 16.16, observe que os resíduos no modelo linear, no modelo quadrático e no modelo exponencial são positivos para os primeiros anos, negativos para os anos intermediários e positivos novamente para os últimos anos. No que diz respeito ao modelo autorregressivo, os resíduos não apresentam qualquer tipo de padrão sistemático.

Resumindo, com base nas análises de resíduos de todos os quatro modelos de previsão, parece que o modelo autorregressivo de terceira ordem é o mais apropriado, enquanto os modelos linear, quadrático e exponencial não são apropriados. Para verificar ainda mais minuciosamente esse fato,

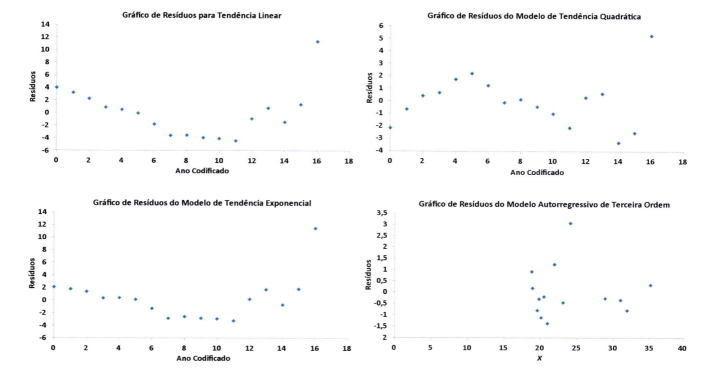

FIGURA 16.16 Gráficos de resíduos para quatro métodos de previsão

você pode comparar a magnitude dos resíduos nos quatro modelos. A Figura 16.17 apresenta os valores reais (Y_i), juntamente com os valores previstos ($\hat{Y}_i$), os resíduos (e_i), a soma dos quadrados dos resíduos (SQR), o erro-padrão da estimativa (S_{YX}) e o desvio médio absoluto (DMA) em relação a cada um dos quatro modelos.

No que se refere a essa série temporal, S_{YX} e DMA proporcionam resultados relativamente similares. Uma comparação entre S_{YX} e DMA indica claramente que o modelo linear proporciona o ajuste mais precário, seguido pelo modelo exponencial e, depois, pelo modelo quadrático. O modelo autorregressivo de terceira ordem proporciona o melhor ajuste. Consequentemente, você deve escolher o modelo autorregressivo de terceira ordem como o melhor modelo.

Depois de selecionar um modelo de previsão específico, você precisa monitorar continuamente as suas previsões. Caso ocorram erros de grande dimensão entre os valores previstos e os valores reais, a estrutura subjacente da série temporal pode ter se modificado. Lembre-se de que os métodos de previsão apresentados neste capítulo pressupõem que os padrões inerentes ao passado terão continuidade no futuro. Erros de previsão de grande porte são um indicativo de que esse pressuposto não mais é verdadeiro.

FIGURA 16.17
Comparação entre quatro métodos para fins de previsão, utilizando SQR, S_{YX} e DMA

Utilize as instruções na Seção GE16.6 para construir planilhas para comparações de modelos.

	A	B	C	D	E	F	G	H	I	J
1			Linear		Quadrático		Exponencial		Terceira Ordem	
2	Ano	Receitas	Prevista	Resíduo	Prevista	Resíduo	Prevista	Resíduo	Prevista	Resíduo
3	1995	18,0	14,0255	3,9745	20,1576	-2,1576	15,9519	2,0481	#N/D	#N/D
4	1996	18,5	15,3436	3,1564	19,1762	-0,6762	16,7564	1,7436	#N/D	#N/D
5	1997	18,9	16,6618	2,2382	18,5014	-0,3986	17,6015	1,2985	#N/D	#N/D
6	1998	18,8	17,9799	0,8201	18,1332	0,6668	18,4893	0,3107	18,6149	0,1851
7	1999	19,8	19,2980	0,5020	18,0716	1,7284	19,4218	0,3782	18,8885	0,9115
8	2000	20,5	20,6162	-0,1162	18,3166	2,1834	20,4013	0,0987	20,8092	-0,3092
9	2001	20,1	21,9343	-1,8343	18,8683	1,2317	21,4303	-1,3303	20,2982	-0,1982
10	2002	19,6	23,2525	-3,6525	19,7265	-0,1265	22,5111	-2,9111	20,7322	-1,1322
11	2003	21,0	24,5706	-3,5706	20,8913	-0,1087	23,6465	-2,6465	21,7980	-0,7980
12	2004	21,9	25,8887	-3,9887	22,3628	-0,4628	24,8391	-2,9391	23,2803	-1,3803
13	2005	23,1	27,2069	-4,1069	24,1408	-1,0408	26,0919	-2,9919	21,8683	1,2317
14	2006	24,1	28,5250	-4,4250	26,2255	-2,1255	27,4079	-3,3079	24,5624	-0,4624
15	2007	28,9	29,8431	-0,9431	28,6167	0,2833	28,7902	0,1098	25,8474	3,0526
16	2008	31,9	31,1613	0,7387	31,3146	0,5854	30,2422	1,6578	32,1731	-0,2731
17	2009	31,0	32,4794	-1,4794	34,3190	-3,3190	31,7675	-0,7675	31,8030	-0,8030
18	2010	35,1	33,7975	1,3025	37,6301	-2,5301	33,3697	1,7303	35,4519	-0,3519
19	2011	46,5	35,1157	11,3843	41,2478	5,2522	35,0527	11,4473	46,1726	0,3274
20			SQR	248,4411	SQR	66,2565	SQR	192,3338	SQR	16,8293
21			S_{YX}	4,0697	S_{YX}	2,1755	S_{YX}	3,5808	S_{YX}	1,2971
22			DMA	2,8373	DMA	1,4633	DMA	2,2187	DMA	0,8155

Problemas para a Seção 16.6

APRENDENDO O BÁSICO

16.32 Os resíduos a seguir são oriundos de um modelo de tendência linear utilizado para prever vendas:

2,0   −0,5   1,5   1,0   0,0   1,0   −3,0   1,5   −4,5   2,0   0,0   −1,0

a. Calcule S_{YX} e interprete suas descobertas.
b. Calcule o DMA e interprete suas descobertas.

16.33 Reporte-se ao Problema 16.32. Suponha que o primeiro resíduo seja igual a 12,0 (em vez de 2,0) e que o último valor seja igual a −11,0 (em vez de −1,0).
a. Calcule S_{YX} e interprete suas descobertas.
b. Calcule o DMA e interprete suas descobertas.

APLICANDO OS CONCEITOS

16.34 Utilizando os dados relativos ao Problema 16.16, em Problemas para a Seção 16.4, que correspondem à quantidade de energia solar gerada pelas concessionárias (em milhões de quilowatts/hora) nos Estados Unidos, de 2002 a 2011 (dados armazenados em Energia Solar),
a. realize uma análise nos resíduos.
b. calcule o erro-padrão da estimativa (S_{YX}).
c. calcule o DMA.
d. Com base em (a) a (c), e no princípio da parcimônia, qual modelo de previsão você selecionaria? Discuta.

16.35 Utilizando os dados correspondentes ao total de vendas de computadores e *softwares* nos Estados Unidos (em bilhões de dólares) apresentados no Problema 16.15, em Problemas para a Seção 16.4, e no Problema 16.27, em Problemas para a Seção 16.5 (dados contidos no arquivo VendasComputadores),
a. realize uma análise nos resíduos para cada um dos modelos.
b. calcule o erro-padrão da estimativa (S_{YX}) para cada um dos modelos.
c. calcule o DMA para cada um dos modelos.
d. Com base em (a) a (c) e no princípio da parcimônia, qual modelo de previsão você selecionaria? Discuta.

16.36 Utilizando os dados sobre o número de lojas da Bed Bath & Beyond abertas de 1997 a 2012 apresentados no Problema 16.12, em Problemas para a Seção 16.4, e no Problema 16.28, em Problemas para a Seção 16.5 (dados contidos no arquivo Bed & Bath),
a. realize uma análise nos resíduos para cada um dos modelos.
b. calcule o erro-padrão da estimativa, (S_{YX}), para cada um dos modelos.
c. calcule o DMA para cada um dos modelos.
d. Com base nos itens de (a) a (c) e no princípio da parcimônia, qual modelo de previsão você selecionaria? Discuta.

16.37 Utilizando os dados que correspondem ao número de carros de passeio produzidos nos Estados Unidos, de 1999 a 2011, apresentados no Problema 16.17, em Problemas para a Seção 16.4 (dados contidos no arquivo ProduçãoCarros),
a. realize uma análise nos resíduos para cada um dos modelos.
b. calcule o erro-padrão da estimativa (S_{YX}) para cada um dos modelos.
c. calcule o DMA para cada um dos modelos.
d. Com base nos itens (a) a (c) e no princípio da parcimônia, qual modelo de previsão você selecionaria? Discuta.

16.38 Utilizando os dados correspondentes à média salarial do beisebol de 2000 a 2012, apresentados no Problema 16.18, em Problemas para a Seção 16.4, e no Problema 16.30, em Problemas para a Seção 16.5 (dados contidos no arquivo SaláriosBB),
a. realize uma análise de resíduos para cada um dos modelos.
b. calcule o erro-padrão da estimativa (S_{YX}) para cada um dos modelos.
c. calcule o DMA para cada um dos modelos.
d. Com base nos itens de (a) a (c) e no princípio da parcimônia, qual modelo de previsão você selecionaria? Discuta.

16.39 Reporte-se aos resultados do Problema 16.13, em Problemas para a Seção 16.4 (utilizado o arquivo PIB),
a. realize uma análise de resíduos.
b. calcule o erro-padrão da estimativa (S_{YX}).
c. calcule o DMA.
d. Com base nos itens de (a) a (c) e no princípio da parcimônia, qual modelo de previsão você selecionaria? Discuta.

16.7 Previsão de Séries Temporais para Dados Sazonais

Até aqui, este capítulo centrou seu foco na previsão de dados anuais. Entretanto, inúmeras séries temporais são coletadas trimestralmente ou mensalmente, e outras, ainda, são obtidas semanalmente, diariamente e até mesmo em uma base horária. Quando uma série temporal é coletada trimestralmente ou mensalmente, você deve considerar o impacto decorrente dos efeitos sazonais. Nesta seção, a construção de modelos de regressão é utilizada no sentido de prever dados mensais ou trimestrais.

Uma das empresas de interesse no cenário Utilizando a Estatística é a Wal-Mart Stores, Inc. Em 2012, de acordo com o portal da empresa na Internet, a Wal-Mart Stores, Inc. operava mais de 10.000 unidades de vendas no varejo, em 27 países e tinha um patamar de receitas que excedia 400 bilhões de dólares. As receitas da Wal-Mart são fortemente sazonais; por conseguinte, você precisa analisar as receitas em uma base trimestral. O ano fiscal da empresa se encerra em 31 de janeiro. Consequentemente, o quarto trimestre de 2012 inclui os meses de novembro e dezembro de 2011, assim como as receitas de janeiro de 2012. A Tabela 16.3 apresenta uma lista com as receitas trimestrais, em bilhões de dólares, de 2007 a 2012, que estão contidas no arquivo Walmart . A Figura 16.18 apresenta a série temporal.

TABELA 16.3
Receitas trimestrais (em bilhões de dólares) para a Wal-Mart Stores, Inc., 2007-2012

Trimestre	\multicolumn{6}{c}{Ano}
	2007	2008	2009	2010	2011	2012
1	79,6	86,4	95,3	93,5	99,1	103,4
2	84,5	93,0	102,7	100,9	103,0	108,6
3	83,5	91,9	98,6	99,4	101,2	109,5
4	98,1	107,3	107,9	113,7	115,6	122,3

Fonte: Dados extraídos de Wal-Mart Stores, Inc., **walmartstores.com**.

FIGURA 16.18
Gráfico de receitas trimestrais (em bilhões de dólares) para a Wal-Mart Stores, Inc., 2007-2012

Utilize as instruções contidas na Seção GE2.5 para construir gráficos de séries temporais.

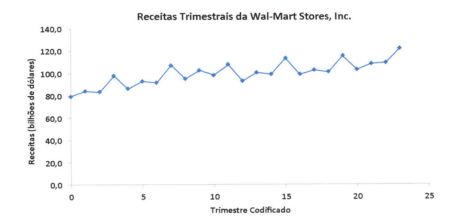

Previsão dos Mínimos Quadrados com Dados Mensais ou Trimestrais

Para desenvolver um modelo de regressão dos mínimos quadrados que inclua um componente sazonal, o método de ajuste de tendência exponencial dos mínimos quadrados, discutido na Seção 16.4, é combinada com variáveis binárias (*dummy*) (veja a Seção 14.6) para modelar o componente sazonal.

A Equação (16.15) define o modelo de tendência exponencial para dados trimestrais.

MODELO EXPONENCIAL COM DADOS TRIMESTRAIS

$$Y_i = \beta_0 \beta_1^{X_i} \beta_2^{Q_1} \beta_3^{Q_2} \beta_4^{Q_3} \varepsilon_i \qquad (16.15)$$

em que

X_i = valor trimestral codificado, $i = 0, 1, 2, \ldots$

Q_1 = 1 se for o primeiro trimestre, 0 se não for o primeiro trimestre

Q_2 = 1 se for o segundo trimestre, 0 se não for o segundo trimestre

Q_3 = 1 se for o terceiro trimestre, 0 se não for o terceiro trimestre

β_0 = intercepto de Y

$(\beta_1 - 1) \times 100\%$ = taxa de crescimento trimestral composta (em %)

β_2 = multiplicador referente ao primeiro trimestre em relação ao quarto trimestre

β_3 = multiplicador referente ao segundo trimestre em relação ao quarto trimestre

β_4 = multiplicador referente ao terceiro trimestre em relação ao quarto trimestre

ε_i = valor do componente irregular para o período de tempo i

O modelo na Equação (16.15) não está sob a forma de um modelo de regressão linear. Para transformar esse modelo não linear em um modelo linear, você utiliza uma transformação logarítmica de base 10.[4] A aplicação do logaritmo em cada um dos lados da Equação (16.15) resulta na Equação (16.16).

MODELO EXPONENCIAL TRANSFORMADO COM DADOS TRIMESTRAIS

$$\log(Y_i) = \log(\beta_0 \beta_1^{X_i} \beta_2^{Q_1} \beta_3^{Q_2} \beta_4^{Q_3} \varepsilon_i) \tag{16.16}$$

$$= \log(\beta_0) + \log(\beta_1^{X_i}) + \log(\beta_2^{Q_1}) + \log(\beta_3^{Q_2}) + \log(\beta_4^{Q_3}) + \log(\varepsilon_i)$$

$$= \log(\beta_0) + X_i \log(\beta_1) + Q_1 \log(\beta_2) + Q_2 \log(\beta_3) + Q_3 \log(\beta_4) + \log(\varepsilon_i)$$

A Equação (16.16) representa um modelo linear que você pode estimar utilizando a regressão dos mínimos quadrados. A realização da análise da regressão utilizando $\log(Y_i)$ como a variável dependente e X_i, Q_1, Q_2 e Q_3 como as variáveis independentes resulta na Equação (16.17).

EQUAÇÃO DE PREVISÃO DE CRESCIMENTO EXPONENCIAL COM DADOS TRIMESTRAIS

$$\log(\hat{Y}_i) = b_0 + b_1 X_i + b_2 Q_1 + b_3 Q_2 + b_4 Q_3 \tag{16.17}$$

em que

$$b_0 = \text{estimativa de } \log(\beta_0) \text{ e por conseguinte } 10^{b_0} = \hat{\beta}_0$$
$$b_1 = \text{estimativa de } \log(\beta_1) \text{ e por conseguinte } 10^{b_1} = \hat{\beta}_1$$
$$b_2 = \text{estimativa de } \log(\beta_2) \text{ e por conseguinte } 10^{b_2} = \hat{\beta}_2$$
$$b_3 = \text{estimativa de } \log(\beta_3) \text{ e por conseguinte } 10^{b_3} = \hat{\beta}_3$$
$$b_4 = \text{estimativa de } \log(\beta_4) \text{ e por conseguinte } 10^{b_4} = \hat{\beta}_4$$

A Equação (16.18) é utilizada para dados mensais.

MODELO EXPONENCIAL COM DADOS MENSAIS

$$Y_i = \beta_0 \beta_1^{X_i} \beta_2^{M_1} \beta_3^{M_2} \beta_4^{M_3} \beta_5^{M_4} \beta_6^{M_5} \beta_7^{M_6} \beta_8^{M_7} \beta_9^{M_8} \beta_{10}^{M_9} \beta_{11}^{M_{10}} \beta_{12}^{M_{11}} \varepsilon_i \tag{16.18}$$

em que

$$X_i = \text{valor mensal codificado, } i = 0, 1, 2, \ldots$$
$$M_1 = 1 \text{ se for janeiro, } 0 \text{ se não for janeiro}$$
$$M_2 = 1 \text{ se for fevereiro, } 0 \text{ se não for fevereiro}$$
$$M_3 = 1 \text{ se for março, } 0 \text{ se não for março}$$
$$\vdots$$
$$M_{11} = 1 \text{ se for novembro, } 0 \text{ se não for novembro}$$
$$\beta_0 = \text{intercepto de } Y$$
$$(\beta_1 - 1) \times 100\% = \text{taxa de crescimento mensal composta (em \%)}$$
$$\beta_2 = \text{multiplicador de janeiro em relação a dezembro}$$
$$\beta_3 = \text{multiplicador de fevereiro em relação a dezembro}$$
$$\beta_4 = \text{multiplicador de março em relação a dezembro}$$
$$\vdots$$
$$\beta_{12} = \text{multiplicador de novembro em relação a dezembro}$$
$$\varepsilon_i = \text{valor do componente irregular para o período de tempo } i$$

---

[4]Alternativamente, você pode utilizar logaritmos na base e. Para mais informações sobre logaritmos, veja a Seção A.3 do Apêndice A.

O modelo na Equação (16.18) não está no formato de um modelo de regressão linear. Para transformar esse modelo não linear em um modelo linear, você pode utilizar uma transformação logarítmica de base 10. A aplicação do logaritmo em cada um dos lados da Equação (16.18) resulta na Equação (16.19).

MODELO EXPONENCIAL TRANSFORMADO COM DADOS MENSAIS

$$\log(Y_i) = \log(\beta_0 \beta_1^{X_i} \beta_2^{M_1} \beta_3^{M_2} \beta_4^{M_3} \beta_5^{M_4} \beta_6^{M_5} \beta_7^{M_6} \beta_8^{M_7} \beta_9^{M_8} \beta_{10}^{M_9} \beta_{11}^{M_{10}} \beta_{12}^{M_{11}} \varepsilon_i) \tag{16.19}$$

$$= \log(\beta_0) + X_i \log(\beta_1) + M_1 \log(\beta_2) + M_2 \log(\beta_3)$$

$$+ M_3 \log(\beta_4) + M_4 \log(\beta_5) + M_5 \log(\beta_6) + M_6 \log(\beta_7)$$

$$+ M_7 \log(\beta_8) + M_8 \log(\beta_9) + M_9 \log(\beta_{10}) + M_{10} \log(\beta_{11})$$

$$+ M_{11} \log(\beta_{12}) + \log(\varepsilon_i)$$

A Equação (16.19) corresponde a um modelo linear que você consegue estimar utilizando o método dos mínimos quadrados. A realização da análise da regressão utilizando $\log(Y_i)$ como a variável dependente e X_i, M_1, M_2, ... e M_{11} como as variáveis independentes resulta na Equação (16.20).

EQUAÇÃO PARA PREVISÃO DE CRESCIMENTO EXPONENCIAL COM DADOS MENSAIS

$$\log(\hat{Y}_i) = b_0 + b_1 X_i + b_2 M_1 + b_3 M_2 + b_4 M_3 + b_5 M_4 + b_6 M_5 + b_7 M_6$$

$$+ b_8 M_7 + b_9 M_8 + b_{10} M_9 + b_{11} M_{10} + b_{12} M_{11} \tag{16.20}$$

em que

$$b_0 = \text{estimativa de } \log(\beta_0) \text{ e por conseguinte } 10^{b_0} = \hat{\beta}_0$$

$$b_1 = \text{estimativa de } \log(\beta_1) \text{ e por conseguinte } 10^{b_1} = \hat{\beta}_1$$

$$b_2 = \text{estimativa de } \log(\beta_2) \text{ e por conseguinte } 10^{b_2} = \hat{\beta}_2$$

$$b_3 = \text{estimativa de } \log(\beta_3) \text{ e por conseguinte } 10^{b_3} = \hat{\beta}_3$$

$$\vdots$$

$$b_{12} = \text{estimativa de } \log(\beta_{12}) \text{ e por conseguinte } 10^{b_{12}} = \hat{\beta}_{12}$$

Q_1, Q_2 e Q_3 são as três variáveis binárias (*dummy*) necessárias para representar os quatro períodos trimestrais, em uma série temporal trimestral. M_1, M_2, ... e M_{11} correspondem as 11 variáveis binárias (*dummy*) necessárias para representar os 12 meses em uma série temporal mensal. Na construção do modelo, você utiliza $\log(Y_i)$ no lugar dos valores de Y_i e, depois disso, encontra os coeficientes da regressão, pela aplicação do antilogaritmo dos coeficientes da regressão desenvolvidos a partir das Equações (16.17) e (16.20).

Embora, à primeira vista, esses modelos de regressão possam parecer complexos, ao serem efetuados os ajustes ou as previsões em qualquer período de tempo, os valores de todas ou o valor de todas, exceto uma das outras variáveis binárias (*dummy*) no modelo, são considerados iguais a zero, e as equações são drasticamente simplificadas. Ao estabelecer as variáveis binárias (*dummy*) para dados de séries temporais trimestrais, o quarto trimestre corresponde ao período base e tem zero como valor codificado para cada uma das variáveis binárias (*dummy*). Com uma série temporal trimestral, a Equação (16.17) fica reduzida do seguinte modo:

Para qualquer primeiro trimestre: $\log(\hat{Y}_i) = b_0 + b_1 X_i + b_2$

Para qualquer segundo trimestre: $\log(\hat{Y}_i) = b_0 + b_1 X_i + b_3$

Para qualquer terceiro trimestre: $\log(\hat{Y}_i) = b_0 + b_1 X_i + b_4$

Para qualquer quarto trimestre: $\log(\hat{Y}_i) = b_0 + b_1 X_i$

644 Capítulo 16

Quando se estabelecem as variáveis binárias (*dummy*) para cada um dos meses, dezembro serve como o período base e tem zero como valor codificado para cada uma das variáveis binárias (*dummy*). Por exemplo, com uma série temporal mensal, a Equação (16.20) é reduzida do seguinte modo:

Para qualquer janeiro: $\log(\hat{Y}_i) = b_0 + b_1 X_i + b_2$

Para qualquer fevereiro: $\log(\hat{Y}_i) = b_0 + b_1 X_i + b_3$

$$\vdots$$

Para qualquer novembro: $\log(\hat{Y}_i) = b_0 + b_1 X_i + b_{12}$

Para qualquer dezembro: $\log(\hat{Y}_i) = b_0 + b_1 X_i$

Para demonstrar o processo de construção de modelos e de previsão dos mínimos quadrados com uma série temporal trimestral, retorne aos dados sobre receitas da Wal-Mart Stores, Inc. (em bilhões de dólares), originalmente ilustrados na Tabela 16.3, no início desta seção. Os dados correspondem a cada um dos trimestres, desde o primeiro trimestre de 2007 até o último trimestre de 2012. A Figura 16.19 apresenta os resultados da regressão para o modelo de tendência exponencial trimestral.

FIGURA 16.19
Planilha com os resultados da regressão para os dados sobre receitas trimestrais da Wal-Mart Stores, Inc.

	A	B	C	D	E	F	G
1	Modelo de Regressão para as Receitas Trimestrais da Wal-Mart Stores						
2							
3	*Estatística de Regressão*						
4	R Múltiplo	0,9670					
5	R-Quadrado	0,9351					
6	R-Quadrado Ajustado	0,9214					
7	Erro-Padrão	0,0129					
8	Observações	24					
9							
10	ANOVA						
11		*gl*	*SQ*	*MQ*	*F*	*F de Significação*	
12	Regressão	4	0,0459	0,0115	68,4206	0,0000	
13	Resíduo	19	0,0032	0,0002			
14	Total	23	0,0491				
15							
16		*Coeficientes*	*Erro-Padrão*	*Stat t*	*valor-P*	*95 % Inferiores*	*95 % Superiores*
17	Interseção	1,9803	0,0073	271,4032	0,0000	1,9650	1,9956
18	Trimestre Codificado	0,0049	0,0004	12,5772	0,0000	0,0041	0,0057
19	Q1	-0,0627	0,0076	-8,2818	0,0000	-0,0785	-0,0468
20	Q2	-0,0406	0,0075	-5,4015	0,0000	-0,0563	-0,0249
21	Q3	-0,0519	0,0075	-6,9328	0,0000	-0,0676	-0,0362

Com base na Figura 16.19, o modelo ajusta os dados extremamente bem. O coeficiente de determinação $r^2 = 0,9351$ e o r^2 ajustado $= 0,9214$, assim como o teste F geral, resultam em uma estatística de teste F_{ESTAT} igual a 68,4206 (valor-$p = 0,000$). No nível de significância de 0,05, cada um dos coeficientes de regressão é extremamente significativo em termos estatísticos e contribui para o modelo. O resumo apresentado a seguir inclui os antilogaritmos correspondentes a todos os coeficientes da regressão:

Coeficientes da Regressão	$b_i = \log \hat{\beta}_i$	$\hat{\beta}_i = $ antilogaritmo $(b_i) = 10^{b_i}$
b_0 : intercepto de Y	1,9803	95,5652
b_1: trimestre codificado	0,0049	1,0113
b_2: primeiro trimestre	−0,0627	0,8656
b_3: segundo trimestre	−0,0406	0,9108
b_4: terceiro trimestre	−0,0519	0,8874

As interpretações para $\hat{\beta}_0$, $\hat{\beta}_1$, $\hat{\beta}_2$, $\hat{\beta}_3$ e $\hat{\beta}_4$ são as seguintes:

- O intercepto de Y, $\hat{\beta}_0 = 95,5652$ (em bilhões de dólares), corresponde à previsão *não ajustada* para as receitas trimestrais no primeiro trimestre de 2007, o trimestre inicial na série temporal. *Não ajustada* significa que o componente sazonal não está incorporado na previsão.

Previsão de Séries Temporais **645**

- O valor $(\hat{\beta}_1 - 1) \times 100\% = 0,0113$, ou 1,13 %, corresponde à *taxa de crescimento trimestral composta* estimada em termos de receitas, depois do ajuste em relação ao componente sazonal.
- $\hat{\beta}_2 = 0,8656$ corresponde ao multiplicador sazonal referente ao primeiro trimestre em relação ao quarto trimestre; ele indica que existem 13,44 % a menos, em termos de receitas correspondentes ao primeiro trimestre, em comparação com o quarto trimestre.
- $\hat{\beta}_3 = 0,9108$ corresponde ao multiplicador sazonal referente ao segundo trimestre em relação ao quarto trimestre; ele indica que existem 8,92 % a menos, em termos de receitas correspondentes ao segundo trimestre, em comparação com o quarto trimestre.
- $\hat{\beta}_4 = 0,8874$ corresponde ao multiplicador sazonal para o terceiro trimestre em relação ao quarto trimestre; ele indica que existem 11,26 % a menos, em termos de receitas correspondentes ao terceiro trimestre, em comparação com o quarto trimestre. Por conseguinte, o quarto trimestre, que inclui a temporada de compras de final de ano, apresenta o maior volume de vendas.

Utilizando os coeficientes de regressão, b_0, b_1, b_2, b_3 e b_4, bem como a Equação (16.17), você pode realizar previsões para trimestres selecionados. Como exemplo, para prever as receitas correspondentes ao quarto trimestre de 2012 ($X_i = 23$),

$$\log(\hat{Y}_i) = b_0 + b_1 X_i$$
$$= 1,9803 + (0,0049)(23)$$
$$= 2,093$$

Por conseguinte,

$$\log(\hat{Y}_i) = 10^{2,093} = 123,8797$$

As receitas previstas para o quarto trimestre do ano fiscal de 2012 são da ordem de 123,8797 bilhões de dólares. Para o fim de realizar um prognóstico em relação a um período de tempo no futuro, tal como o primeiro trimestre do ano fiscal de 2013 ($X_i = 24$, $Q_1 = 1$),

$$\log(\hat{Y}_i) = b_0 + b_1 X_i + b_2 Q_1$$
$$= 1,9803 + (0,0049)(24) + (-0,0627)(1)$$
$$= 2,0352$$

Por conseguinte,

$$\hat{Y}_i = 10^{2,0352} = 108,4426$$

As receitas previstas para o primeiro trimestre do ano fiscal de 2013 totalizam 108,4426 bilhões de dólares.

Problemas para a Seção 16.7

APRENDENDO O BÁSICO

16.40 Ao realizar uma previsão para uma série temporal mensal ao longo de um período de cinco anos, de janeiro de 2008 a dezembro de 2012, a equação de previsão de tendência exponencial para janeiro é

$$\log \hat{Y}_i = 2,0 + 0,01 X_i + 0,10 (\text{Janeiro})$$

Aplique o antilogaritmo para o coeficiente apropriado, a partir dessa equação, e interprete
a. o intercepto de Y, $\hat{b}_0$.
b. a taxa de crescimento mensal composta.
c. o multiplicador para janeiro.

16.41 Ao prever dados diários de séries temporais, quantas variáveis binárias (*dummy*) são necessárias para representar o componente sazonal dia da semana?

16.42 Ao prever uma série temporal trimestral ao longo do período de cinco anos, desde o primeiro trimestre de 2008 até o quarto trimestre de 2012, a equação de previsão de tendência exponencial é fornecida por

$$\log \hat{Y}_i = 3,0 + 0,10 X_i - 0,25 Q_1 + 0,20 Q_2 + 0,15 Q_3$$

em que o trimestre zero corresponde ao primeiro trimestre de 2008. Aplique o antilogaritmo para o coeficiente apropriado, a partir da equação apresentada, e interprete
a. o intercepto de Y, $\hat{b}_0$.
b. a taxa de crescimento trimestral composta.
c. o multiplicador para o segundo trimestre.

16.43 Reporte-se ao modelo exponencial apresentado no Problema 16.42.
a. Qual é o valor ajustado da série no quarto trimestre de 2010?

646 Capítulo 16

b. Qual é o valor ajustado da série no primeiro trimestre de 2010?

c. Qual é a previsão para o quarto trimestre de 2012?

d. Qual é a previsão para o primeiro trimestre de 2013?

APLICANDO OS CONCEITOS

AUTO-teste ✓ **16.44** Os dados no arquivo **Toys R Us** se referem às receitas trimestrais (em milhões de dólares) correspondentes à Toys R Us, de 1996-T1a 2012-T2. (Dados extraídos de *Standard & Poor's Stock Reports*, novembro de 1995, novembro de 1998 e abril de 2002. Nova York: McGraw-Hill, Inc., e Toys R Us Inc., **www.toysrus.com**.)

a. Você acredita que as receitas da Toys R Us estão sujeitas a variações sazonais? Explique.

b. Construa um gráfico com esses dados. O gráfico criado respalda sua resposta para o item (a)?

c. Desenvolva uma equação para previsão de tendência exponencial com componentes trimestrais.

d. Interprete a taxa de crescimento trimestral composta.

e. Interprete os multiplicadores para os trimestres.

f. Quais são as previsões para 2012-T3, 2012-T4 e todos os quatro trimestres de 2013?

16.45 Os preços da gasolina ficam mais altos durante a alta temporada das férias de verão do que em todos os demais períodos? O arquivo **PreçosGasolina** contém os preços médios mensais (em dólares por galão) da gasolina sem chumbo, não poluente, nos Estados Unidos, de janeiro de 2006 até julho de 2012. (Dados extraídos de U.S. Energy Information Administration, **www.eia.doe.gov/petroleum/data.ctm**.)

a. Construa um gráfico de séries temporais.

b. Desenvolva uma equação de previsão de tendência exponencial com componentes mensais.

c. Interprete a taxa de crescimento mensal composta.

d. Interprete os multiplicadores mensais.

e. Redija um resumo sucinto de suas descobertas.

16.46 Os dados no arquivo **Viagem** apresentam a média do tráfego no Google, registrado ao início de cada um dos meses, desde janeiro de 2004 até agosto de 2012, no que se refere a buscas originadas no âmbito dos Estados Unidos, com relação a viagens (dimensionado com relação ao tráfego médio correspondente ao período de tempo inteiro, com base em um ponto estabelecido no início do período de tempo). (Dados recuperados de Google Trends, **www.google.com/trends**, 13 de agosto de 2012.)

a. Elabore um gráfico com os dados da série temporal.

b. Desenvolva uma equação para previsão de tendência exponencial com componentes mensais.

c. Qual é o valor ajustado em agosto de 2012?

d. Quais são as previsões para todos os últimos quatro meses de 2012?

e. Interprete a taxa de crescimento mensal composta.

f. Interprete o multiplicador para julho.

16.47 O arquivo **CentralAtendimento** contém o volume de chamadas mensais para um produto existente. (Dados extraídos de S. Madadevan e J. Overstreet, "Use of Warranty and Reliability Data to Inform Call Center Staffing", *Quality Engineering* 24 (2012): 386-399.)

a. Construa o gráfico de séries temporais.

b. Descreva o padrão mensal que está evidente nos dados.

c. Em termos gerais, você afirmaria que o volume total de chamadas está aumentando ou diminuindo? Explique.

d. Desenvolva uma equação de previsão de tendência exponencial com componentes mensais.

e. Interprete a taxa de crescimento mensal composta.

f. Interprete o multiplicador para janeiro.

g. Qual é o volume de chamadas previsto para o mês 60?

h. Qual é o volume de chamadas previsto para o mês 61?

i. De que maneira esse tipo de previsão de séries temporais pode vir a beneficiar a central de atendimento?

16.48 O arquivo **Prata-T** contém o preço, em Londres, para uma onça de prata (em dólares norte-americanos) ao final de cada trimestre, de 2004 a 2011. (Dados extraídos de **bit.ly/1afifi**.)

a. Faça um gráfico com os dados.

b. Desenvolva uma equação para previsão de tendência exponencial, com componentes trimestrais.

c. Interprete a taxa de crescimento trimestral composta.

d. Interprete o multiplicador para o primeiro trimestre.

e. Qual é o valor ajustado para o último trimestre de 2011?

f. Quais são as previsões para todos os quatro trimestres de 2012?

g. As previsões em (f) foram precisas? Explique.

16.49 O arquivo **Ouro** contém o preço, em Londres, para uma onça de prata (em dólares norte-americanos) ao final de cada trimestre, de 2004 a 2011. (Dados extraídos de **bit.ly/1afifi**.)

a. Faça um gráfico com os dados.

b. Desenvolva uma equação para previsão de tendência exponencial, com componentes trimestrais.

c. Interprete a taxa de crescimento trimestral composta.

d. Interprete o multiplicador para o primeiro trimestre.

e. Qual é o valor ajustado para o último trimestre de 2011?

f. Quais são as previsões para todos os quatro trimestres de 2012?

g. As previsões em (f) foram precisas? Explique.

16.8 Números-Índice (*on-line*)

APRENDA MAIS

Aprenda mais sobre este tópico em uma seção oferecida como bônus para o Capítulo 16, no material suplementar disponível no *site* da LTC Editora.

Um número-índice mede o valor de um item (ou grupo de itens) em um ponto específico no tempo, sob a forma de uma percentagem do valor de um item (ou grupo de itens) em algum outro ponto no tempo.

PENSE NISSO Alertas para o Usuário de Modelos

Quando utiliza um modelo, você deve sempre examinar os pressupostos contidos no modelo e sempre deixar claro o modo como circunstâncias novas ou variáveis podem tornar o modelo menos útil. Nenhum modelo consegue remover completamente o risco envolvido na tomada de decisões.

Está implícito nos modelos de séries temporais desenvolvidos neste capítulo que dados do passado podem ser utilizados para ajudar a prever o futuro. Embora o uso de dados do passado dessa maneira seja uma aplicação legítima de modelos de séries temporais, com frequência bastante alta, uma crise nos mercados financeiros ilustra que o uso de modelos que se baseiam no passado para prever o futuro não se dá com isenção de riscos.

Por exemplo, durante agosto de 2007, muitos fundos alavancados sofreram prejuízos sem precedentes. Aparentemente, muitos administradores de fundos alavancados utilizaram modelos que basearam sua estratégia de investimentos em padrões de negociações de compra e venda ao longo de extensos períodos de tempos. Esses modelos não refletiram — e não poderiam refletir — padrões de negociações contrários a padrões históricos (G. Morgenson, "A Week When Risk Came Home to Roost", *The New York Times*, 12 de agosto de 2007, pp. B1, B7). Quando administradores de fundos, no início de agosto de 2007, precisaram vender ações em razão de prejuízos em suas carteiras de renda fixa, ações que anteriormente eram mais fortes se tornaram mais fracas, e ações mais fracas se tornaram mais fortes — o inverso do esperado com base nos modelos. O que tornou pior a questão foi o fato de que muitos administradores de fundos estavam utilizando modelos semelhantes e, de modo inflexível, tomaram decisões relacionadas a investimentos tomando como base exclusivamente aquilo que prescreviam os modelos. Essas ações semelhantes multiplicaram o efeito decorrente da pressão de vendas, um efeito que os modelos não haviam considerado e que, portanto, não poderia ser verificado nos resultados dos modelos.

Esse exemplo ilustra que o uso de modelos não exime seu usuário da responsabilidade de ser um tomador de decisão criterioso. Não hesite em utilizar modelos — quando utilizados de modo apropriado, eles reforçarão sua tomada de decisão — mas não faça uso deles indiscriminadamente porque, nas palavras de um famoso anúncio de serviços públicos, "uma mente é uma coisa terrível a desperdiçar".

UTILIZANDO A ESTATÍSTICA Projeções na Principled, Revisitado

© Picture Contact BV / Alamy

No cenário Utilizando a Estatística, você era o analista financeiro da The Principled, uma empresa de grande porte que presta serviços financeiros. Você precisava fazer previsões para o total de pessoas que frequentaram cinemas, para as receitas da The Coca-Cola Company e da Wal-Mart Stores, Inc., com o objetivo de ser capaz de avaliar melhor as oportunidades de investimentos de seus clientes. No que se refere ao total de pessoas que frequentaram cinemas, você utilizou os métodos de médias móveis e de ajuste exponencial para desenvolver prognósticos. Você previu que o total de pessoas que frequentaram cinemas, ao longo de 2012, corresponderia a 1,38 bilhão.

No que diz respeito a The Coca-Cola Company, você utilizou o método dos mínimos quadrados, bem como os modelos linear, quadrático e exponencial e autorregressivo para desenvolver prognósticos. Você avaliou esses modelos alternativos e determinou que o modelo autorregressivo de terceira ordem proporcionou a melhor previsão, de acordo com vários critérios. Você previu que a receita para The Coca-Cola Company seria de 52, 9208 bilhões de dólares em 2012 e 54,146 bilhões em 2013.

No que se refere à Wal-Mart Stores, Inc., você utilizou um modelo de regressão dos mínimos quadrados com componentes sazonais, no intuito de desenvolver prognósticos. Você fez a previsão de que a Wal-Mart Stores teria receitas da ordem de 108,4426 bilhões de dólares, no primeiro trimestre do ano fiscal de 2013.

Dadas essas previsões, você precisa, agora, determinar se seus clientes deveriam, ou não, investir; em caso afirmativo, o montante que eles deveriam investir na indústria do cinema ou na The Coca-Cola Company e na Wal-Mart Stores, Inc.

RESUMO

Neste capítulo, você estudou técnicas de ajuste, ajustes de tendência dos mínimos quadrados, modelos autorregressivos e previsões de dados sazonais. A Figura 16.20 proporciona um gráfico de resumo para os métodos de séries temporais discutidos neste capítulo.

Ao utilizar previsões para séries temporais, você precisa elaborar um gráfico com a série temporal e responder à seguinte pergunta: Existe uma tendência nos dados? Caso exista alguma tendência, você pode, então, utilizar o modelo autorregressivo ou os modelos de tendência linear, quadrática ou exponencial.

Caso não exista qualquer tendência evidente no gráfico de séries temporais, você deve então utilizar médias móveis ou o ajuste exponencial no intuito de amenizar as consequências decorrentes dos efeitos aleatórios e possíveis efeitos cíclicos. Depois de ajustar os dados, caso uma tendência ainda não se faça presente, você pode utilizar então o ajuste exponencial com o objetivo de prever valores futuros de curto prazo. Caso o ajuste nos dados revele alguma tendência, você poderá, então, utilizar o modelo autorregressivo, ou os modelos de tendência linear, quadrática ou exponencial.

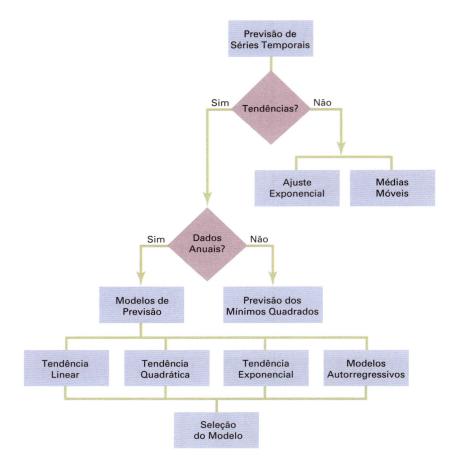

FIGURA 16.20
Gráfico de resumo dos métodos de previsão de séries temporais

REFERÊNCIAS

1. Bowerman, B. L., R. T. O'Connell, and A. Koehler. *Forecasting, Time Series, and Regression*, 4th ed. Belmont, CA: Duxbury Press, 2005.
2. Box, G. E. P., G. M. Jenkins, and G. C. Reinsel. *Time Series Analysis: Forecasting and Control*, 3rd ed. Upper Saddle River, NJ: Prentice Hall, 1994.
3. Frees, E. W., *Data Analysis Using Regression Models: The Business Perspective*. Upper Saddle River, NJ: Prentice Hall, 1996.
4. Hanke, J. E., D. W. Wichern, and A. G. Reitsch. *Business Forecasting*, 7th ed. Upper Saddle River, NJ: Prentice Hall, 2001.
5. *Microsoft Excel 2010*. Redmond, WA: Microsoft Corp., 2010.

EQUAÇÕES-CHAVE

Calculando um Valor Exponencialmente Ajustado no Período de Tempo i

$$E_1 = Y_1$$
$$E_i = WY_i + (1 - W)E_{i-1} \quad i = 2, 3, 4, \ldots \quad (16.1)$$

Fazendo a Previsão para o Período de Tempo $i + 1$

$$\hat{Y}_{i+1} = E_i \quad (16.2)$$

Equação para Previsão de Tendência Linear

$$\hat{Y}_i = b_0 + b_1 X_i \quad (16.3)$$

Equação para Previsão de Tendência Quadrática

$$\hat{Y}_i = b_0 + b_1 X_i + b_2 X_i^2 \quad (16.4)$$

Modelo de Tendência Exponencial

$$Y_i = \beta_0 \beta_1^{X_i} \varepsilon_i \quad (16.5)$$

Modelo de Tendência Exponencial Transformado

$$\begin{aligned} \log(Y_i) &= \log(\beta_0 \beta_1^{X_i} \varepsilon_i) \\ &= \log(\beta_0) + \log(\beta_1^{X_i}) + \log(\varepsilon_i) \\ &= \log(\beta_0) + X_i \log(\beta_1) + \log(\varepsilon_i) \end{aligned} \quad (16.6)$$

Equação para Previsão de Tendência Exponencial

$$\log(\hat{Y}_i) = b_0 + b_1 X_i \quad (16.7a)$$

$$\hat{Y}_i = \hat{\beta}_0 \hat{\beta}_1^{X_i} \quad (16.7b)$$

Modelo Autorregressivo de p-ésima Ordem

$$Y_i = A_0 + A_1Y_{i-1} + A_2Y_{i-2} + \cdots + A_pY_{i-p} + \delta_i \qquad (16.8)$$

Modelo Autorregressivo de Primeira Ordem

$$Y_i = A_0 + A_1Y_{i-1} + \delta_i \qquad (16.9)$$

Modelo Autorregressivo de Segunda Ordem

$$Y_i = A_0 + A_1Y_{i-1} + A_2Y_{i-2} + \delta_i \qquad (16.10)$$

Teste t para a Significância do Parâmetro Autorregressivo de Ordem Mais Elevada, A_P

$$t_{ESTAT} = \frac{a_p - A_p}{S_{a_p}} \qquad (16.11)$$

Equação Autorregressiva de p-ésima Ordem Ajustada

$$\hat{Y}_i = a_0 + a_1Y_{i-1} + a_2Y_{i-2} + \cdots + a_pY_{i-p} \qquad (16.12)$$

Equação para Previsão Autorregressiva de p-ésima Ordem

$$\hat{Y}_{n+j} = a_0 + a_1\hat{Y}_{n+j-1} + a_2\hat{Y}_{n+j-2} + \cdots + a_p\hat{Y}_{n+j-p} \qquad (16.13)$$

Desvio Médio Absoluto

$$DMA = \frac{\sum_{i=1}^{n}|Y_i - \hat{Y}_i|}{n} \qquad (16.14)$$

Modelo Exponencial com Dados Trimestrais

$$Y_i = \beta_0\beta_1^{X_i}\beta_2^{Q_1}\beta_3^{Q_2}\beta_4^{Q_3}\varepsilon_i \qquad (16.15)$$

Modelo Exponencial Transformado com Dados Trimestrais

$$
\begin{aligned}
\log(Y_i) &= \log(\beta_0\beta_1^{X_i}\beta_2^{Q_1}\beta_3^{Q_2}\beta_4^{Q_3}\varepsilon_i) \qquad (16.16)\\
&= \log(\beta_0) + \log(\beta_1^{X_i}) + \log(\beta_2^{Q_1}) + \log(\beta_3^{Q_2})\\
&\quad + \log(\beta_4^{Q_3}) + \log(\varepsilon_i)\\
&= \log(\beta_0) + X_i\log(\beta_1) + Q_1\log(\beta_2)\\
&\quad + Q_2\log(\beta_3) + Q_3\log(\beta_4) + \log(\varepsilon_i)
\end{aligned}
$$

Equação para a Previsão de Crescimento Exponencial com Dados Trimestrais

$$\log(\hat{Y}_i) = b_0 + b_1X_i + b_2Q_1 + b_3Q_2 + b_4Q_3 \qquad (16.17)$$

Modelo Exponencial com Dados Mensais

$$Y_i = \beta_0\beta_1^{X_i}\beta_2^{M_1}\beta_3^{M_2}\beta_4^{M_3}\beta_5^{M_4}\beta_6^{M_5}\beta_7^{M_6}\beta_8^{M_7}\beta_9^{M_8}\beta_{10}^{M_9}\beta_{11}^{M_{10}}\beta_{12}^{M_{11}}\varepsilon_i$$
$$(16.18)$$

Modelo Exponencial Transformado com Dados Mensais

$$
\begin{aligned}
\log(Y_i) &= \log(\beta_0\beta_1^{X_i}\beta_2^{M_1}\beta_3^{M_2}\beta_4^{M_3}\beta_5^{M_4}\beta_6^{M_5}\beta_7^{M_6}\beta_8^{M_7}\beta_9^{M_8}\beta_{10}^{M_9}\beta_{11}^{M_{10}}\beta_{12}^{M_{11}}\varepsilon_i)\\
&= \log(\beta_0) + X_i\log(\beta_1) + M_1\log(\beta_2) + M_2\log(\beta_3)\\
&\quad + M_3\log(\beta_4) + M_4\log(\beta_5) + M_5\log(\beta_6) + M_6\log(\beta_7)\\
&\quad + M_7\log(\beta_8) + M_8\log(\beta_9) + M_9\log(\beta_{10})\\
&\quad + M_{10}\log(\beta_{11}) + M_{11}\log(\beta_{12}) + \log(\varepsilon_i) \qquad (16.19)
\end{aligned}
$$

Equação para a Previsão de Crescimento Exponencial com Dados Mensais

$$
\begin{aligned}
\log(\hat{Y}_i) &= b_0 + b_1X_i + b_2M_1 + b_3M_2 + b_4M_3 + b_5M_4 + b_6M_5\\
&\quad + b_7M_6 + b_8M_7 + b_9M_8 + b_{10}M_9 + b_{11}M_{10} + b_{12}M_{11}
\end{aligned}
$$
$$(16.20)$$

TERMOS-CHAVE

- ajuste exponencial
- autocorrelação de p-ésima ordem
- autocorrelação de primeira ordem
- autocorrelação de segunda ordem
- desvio médio absoluto (DMA)
- efeito aleatório
- efeito cíclico
- efeito irregular
- efeito sazonal
- médias móveis
- método de previsão qualitativo
- método de previsão quantitativo
- métodos causais de previsão
- métodos de previsão de séries temporais
- modelagem autorregressiva
- modelo autorregressivo de p-ésima ordem
- modelo autorregressivo de primeira ordem
- modelo autorregressivo de segunda ordem
- modelo de tendência exponencial
- modelo de tendência linear
- modelo de tendência quadrática
- parcimônia
- previsão
- séries temporais
- tendência
- variável de previsão do passado

AVALIANDO O SEU ENTENDIMENTO

16.50 O que significa uma série temporal?

16.51 Quais são os diferentes componentes de um modelo de séries temporais?

16.52 Qual é a diferença entre médias móveis e ajuste exponencial?

16.53 Sob quais circunstâncias o modelo de tendência exponencial é o mais apropriado?

16.54 De que modo o modelo de previsão de tendência linear dos mínimos quadrados, desenvolvido neste capítulo, difere do modelo de regressão linear dos mínimos quadrados considerado no Capítulo 13?

16.55 De que modo a modelagem autorregressiva difere dos outros métodos de previsão?

16.56 Quais são os diferentes métodos para escolher um modelo de previsão apropriado?

16.57 Qual é a principal diferença entre a utilização de S_{YX} e do DMA para avaliar a qualidade do ajuste de um determinado modelo de dados?

16.58 De que modo a previsão para dados mensais ou trimestrais difere da previsão para dados anuais?

PROBLEMAS DE REVISÃO DO CAPÍTULO

16.59 Os dados na tabela a seguir (contida no arquivo `Pólio`) representam as taxas de incidência anuais (para cada 100.000 pessoas) referentes aos casos informados de poliomielite aguda, registrados ao longo de períodos de cinco anos, de 1915 a 1955:

Ano	1915	1920	1925	1930	1935	1940	1945	1950	1955
Taxa	3,1	2,2	5,3	7,5	8,5	7,4	10,3	22,1	*17,6*

Fonte: Dados extraídos de B. Wattenberg, ed., *The Statistical History of the United States: From Colonial Times to the Present*, sec. B303.

a. Faça um gráfico com os dados.
b. Desenvolva a equação para previsão de tendência linear e faça um gráfico para a linha de tendência.
c. Quais são as suas previsões para 1960, 1965 e 1970?
d. Utilizando uma biblioteca ou a Internet, encontre as taxas de incidência de poliomielite aguda efetivamente registradas para 1960, 1965 e 1970. Registre os seus resultados.
e. Por que as previsões realizadas por você no item (c) não são úteis? Argumente.

16.60 O U.S. Department of Labor coleta e publica estatísticas relacionadas com o mercado de trabalho norte-americano. O arquivo `Força de Trabalho` contém dados correspondentes ao tamanho da população civil não institucionalizada dos Estados Unidos, de pessoas com 16 anos de idade ou mais (em milhares) e a força de trabalho civil não institucionalizada dos EUA, de pessoas com 16 anos ou mais (em milhares) para o período 1984-2011. A variável força de trabalho relata o número de pessoas na população que têm algum emprego ou que estão efetivamente buscando um emprego. (Dados extraídos de Bureau of Labor Statistics, U.S. Department of Labor, **www.bls.gov**.)
a. Elabore um gráfico de séries temporais para a população civil não institucionalizada dos EUA para pessoas com 16 anos de idade, ou mais.
b. Desenvolva a equação para previsão de tendência linear.
c. Faça a previsão para a população civil não institucionalizada dos EUA para pessoas com 16 anos de idade, ou mais, para 2012 e 2013.
d. Repita (a) a (c) para a força de trabalho civil não institucionalizada dos EUA para pessoas com 16 anos de idade ou mais.

16.61 Os preços mensais diretamente na fonte (isentos de impostos) e o preço cobrado nas residências para o gás natural (dólares para cada mil metros cúbicos) nos Estados Unidos, de janeiro de 2008 até junho de 2012 estão contidos no arquivo `Gás Natural2`. (Dados extraídos de Energy Information Administration, U.S. Department of Energy, **www.eia.doe.gov**. *Natural Gas Monthly*, 3 de agosto de 2012.)

No que se refere ao preço diretamente na origem e o preço cobrado nas residências,
a. você acredita que o preço do gás natural apresenta um componente sazonal?
b. elabore um gráfico para a série temporal. O gráfico respalda sua resposta em (a)?
c. desenvolva a equação para a previsão de tendência exponencial para dados mensais.
d. interprete a taxa de crescimento mensal composta.
e. interprete os multiplicadores mensais. Os multiplicadores respaldam suas respostas para (a) e (b)?

f. compare os resultados para os preços cobrados diretamente na fonte e os preços cobrados nas residências.

16.62 Os dados na tabela a seguir (armazenados em `McDonalds`) representam as receitas brutas (em bilhões de dólares correntes) da McDonald's Corporation ao longo do período de 36 anos, de 1975 a 2011:

Ano	Receitas (bilhões de dólares)	Ano	Receitas (bilhões de dólares)	Ano	Receitas (bilhões de dólares)
1975	1,0	1988	5,6	2001	14,8
1976	1,2	1989	6,1	2002	15,2
1977	1,4	1990	6,8	2003	16,8
1978	1,7	1991	6,7	2004	18,6
1979	1,9	1992	7,1	2005	19,8
1980	2,2	1993	7,4	2006	20,9
1981	2,5	1994	8,3	2007	22,8
1982	2,8	1995	9,8	2008	23,5
1983	3,1	1996	10,7	2009	22,7
1984	3,4	1997	11,4	2010	24,1
1985	3,8	1998	12,4	2011	27,0
1986	4,2	1999	13,3		
1987	4,9	2000	14,2		

Fonte: Dados extraídos de *Moody's Handbook of Common Stocks*, 1980, 1989 e 1999, e de *Mergent's Handbook of Common Stocks*, Spring 2002, e "Investors: About McDonald's", **www.aboutmcdonalds.com/mcd/investors.html**.

a. Elabore um gráfico com os dados.
b. Desenvolva a equação para previsão de tendência linear.
c. Desenvolva a equação para previsão de tendência quadrática.
d. Desenvolva a equação para previsão de tendência exponencial.
e. Encontre o modelo autorregressivo com o melhor ajuste, utilizando $\alpha = 0,05$.
f. Realize uma análise de resíduos correspondente a cada um dos modelos nos itens (b) a (e).
g. Calcule o erro-padrão da estimativa (S_{YX}) e o *DMA* para cada um dos modelos correspondentes em (f).
h. Com base em seus resultados nos itens (f) e (g), juntamente com uma avaliação sobre o princípio da parcimônia, qual dos modelos você selecionaria para fins de previsão? Discuta.
i. Utilizando o modelo selecionado em (h), faça uma previsão das receitas brutas para 2012.

16.63 O Sistema de Aposentadoria de Professores da Cidade de Nova York oferece a seus membros vários tipos de investimentos. Entre as opções estão investimentos com taxas de retorno fixas e com taxas de retorno variáveis. Existem atualmente duas categorias de investimentos com retornos variáveis. O Diversified Equity Fund (Fundo com Patrimônio Diversificado) consiste em investimentos que são primordialmente compostos por ações negociadas em bolsa, enquanto o Stable-Value Fund (Fundo com Valor Estável) consiste em investimentos em títulos de empresas e outros tipos de instrumentos de mais baixo risco. Os dados contidos no arquivo `TRSNYC` representam o valor de uma unidade de cada um dos tipos de investimento com retorno variável ao início de cada ano, de 1984 a 2012. (Dados extraídos de "Historical Data-Unit Values, Teachers' Retirement System of the City of New York", **bit.ly/SESJF5**.)

Previsão de Séries Temporais **651**

Para cada uma das duas séries temporais,

a. elabore um gráfico com os dados.

b. desenvolva a equação para previsão de tendência linear.

c. desenvolva a equação para previsão de tendência quadrática.

d. desenvolva a equação para previsão de tendência exponencial.

e. encontre o modelo autorregressivo com o melhor ajuste, utilizando $\alpha = 0{,}05$.

f. Realize uma análise de resíduos correspondente a cada um dos modelos nos itens (b) a (e).

g. Calcule o erro-padrão da estimativa (S_{YX}) e o DMA para cada um dos modelos correspondentes em (f).

h. Com base em seus resultados nos itens (f) e (g), juntamente com uma avaliação sobre o princípio da parcimônia, qual modelo você selecionaria para fins de previsão? Discuta.

i. Utilizando o modelo selecionado em (h), faça uma previsão dos valores unitários para 2013.

j. Com base nos resultados de (a) a (i), qual estratégia de investimento você recomendaria a um membro do Sistema de Aposentadoria dos Professores da Cidade de Nova York? Explique.

EXERCÍCIO DE REDAÇÃO DE RELATÓRIOS

16.64 Como consultor de uma empresa de serviços de investimentos que realiza transações em várias moedas correntes, foi atribuída a você a tarefa de estudar as tendências de longo prazo nas taxas de câmbio do dólar canadense, do iene japonês e da libra inglesa. Os dados de 1980 a 2011 estão contidos no arquivo **Moeda**, em que o dólar canadense, o iene japonês e a libra inglesa estão expressos em unidades de dólares norte-americanos.

Desenvolva um modelo de previsão para a taxa de câmbio correspondente a cada uma dessas três moedas correntes e ofereça previsões para 2012 e 2013 no que se refere a cada uma delas. Escreva um resumo executivo para uma apresentação a ser realizada junto à empresa de serviços de investimentos. Apense a esse resumo executivo uma discussão sobre possíveis limitações que possam existir nesses modelos.

CASOS PARA O CAPÍTULO 16

Administrando a Ashland MultiComm Services

Como parte da iniciativa estratégica continuada de fazer crescer o número de assinantes para os serviços *3 Para Tudo*, TV a cabo/telefone/serviços de Internet, o departamento de marketing está monitorando de perto o número de assinantes nessa modalidade. Para realizar essa tarefa, deverão ser desenvolvidas previsões para o número de assinantes no futuro. Para concretizar essa tarefa, foi determinado o número de assinantes para o período mais recente de 24 meses, e os dados estão guardados no arquivo **AMS16**.

1. Analise esses dados e desenvolva um modelo para prever o número de assinantes. Apresente suas descobertas em um relatório que inclua os pressupostos do modelo e suas respectivas limitações. Faça a previsão para o número de assinantes para os próximos quatro meses.

2. Você estaria disposto a utilizar o modelo desenvolvido para prever o número de assinantes um ano à frente no futuro? Explique.

3. Compare a tendência no número de assinaturas com o número de novos assinantes por mês, cujos dados estão contidos no arquivo **AMS13**. Que explicação você pode dar no que diz respeito a eventuais diferenças?

Caso Digital

Aplique seus conhecimentos sobre previsões de séries temporais neste Caso Digital.

O *Ashland Herald* está disputando novos leitores, na área de Tri-Cities, com o mais novo concorrente, o *Oxford Glen Journal* (*OGJ*). Recentemente, a equipe de circulação do *OGJ* declarou que a circulação e a base de assinaturas de seu jornal estão crescendo mais rapidamente do que no *Herald* e que seria melhor os anunciantes locais transferir seus anúncios e propagandas do *Herald* para o *OGJ*. O departamento de circulação do *Herald* vem apresentando reclamações junto à Câmara de Comércio de Ashland, no que se refere às declarações feitas pelo *OGJ*, e solicitou que a Câmara conduzisse investigações, reivindicação que foi bem aceita pela equipe de circulação do *OGJ*.

Abra o arquivo **ACC_Mediation216.pdf** para examinar as informações que tratam da disputa entre os departamentos de circulação, coletadas pela Câmara de Comércio de Ashland. Depois disso, responda o seguinte:

1. Qual dos jornais você diria que tem o direito de declarar a circulação e a base de assinaturas com crescimento mais rápido? Respalde sua resposta realizando e sintetizando uma análise estatística apropriada.

2. Qual é o fato singular mais positivo em relação à circulação e à base de assinaturas do *Herald*? Qual é o fato singular mais positivo em relação à circulação e à base de assinaturas do *OGJ*? Explique suas respostas.

3. Que tipo de dados adicionais seriam úteis para investigar as declarações sobre circulação apresentadas pelas equipes de funcionários de cada um dos jornais?

GUIA DO EXCEL PARA O CAPÍTULO 16

GE16.1 A IMPORTÂNCIA da PREVISÃO nos NEGÓCIOS

Não existem instruções no Guia do Excel para esta seção.

GE16.2 FATORES COMPONENTES dos MODELOS de SÉRIES TEMPORAIS

Não existem instruções no Guia do Excel para esta seção.

GE16.3 AJUSTANDO uma SÉRIE TEMPORAL ANUAL

Médias Móveis

Técnica Principal Utilize a função **MÉDIA (***intervalo de células que contém a sequência de L valores observados***)** para calcular médias móveis; utilize também o valor especial para planilhas **#N/D** (não disponível) para períodos de tempo nos quais não se pode calcular uma média móvel.

Exemplo Calcule as médias móveis para três e para cinco anos, no que se refere aos dados para pessoas que frequentaram cinemas, que estão ilustrados na Figura 16.2, na Seção 16.3.

Excel Avançado Utilize a **planilha CÁLCULO** da **pasta de trabalho Médias Móveis** como modelo.

A planilha já contém os dados e as fórmulas para o exemplo. Para outros problemas, cole nas colunas A e B os dados sobre séries temporais e ajuste as entradas das médias móveis nas colunas C e D. (Abra a **planilha CÁLCULO_FÓRMULAS** para examinar todas as fórmulas que a planilha utiliza.) Para calcular médias móveis de cinco anos, insira **#N/D** na célula da segunda linha e na célula que seja a penúltima a contar da parte inferior da planilha.

Para construir um gráfico de médias móveis para outros problemas, abra a planilha CÁLCULO ajustada e:

1. Selecione o intervalo de células com os dados de séries temporais e de médias móveis. (Para o exemplo, o intervalo de células é **A1:D12**.)
2. Selecione **Inserir → Dispersão** e selecione a segunda opção na segunda linha de opções na galeria referente a **Dispersão** (**Dispersão com Linhas Retas e Marcadores**).
3. Reposicione o gráfico em uma planilha de gráfico, desative as linhas de grade, acrescente os títulos de eixos e modifique o título do gráfico utilizando as instruções na Seção B.67 do Apêndice B.

Ajuste Exponencial

Técnica Principal Utilize fórmulas aritméticas para calcular valores exponencialmente ajustados.

Exemplo Calcule as séries exponencialmente ajustadas ($W = 0,50$ e $W = 0,25$) para os dados correspondentes às pessoas que frequentaram cinemas, e que estão ilustrados na Figura 16.3, na Seção 16.3.

Excel Avançado Utilize a **planilha CÁLCULO** da **pasta de trabalho Ajuste Exponencial** como modelo.

A planilha já contém os dados e as fórmulas para o exemplo. Nessa planilha, as células C2 e D2 contêm a fórmula =**B2** que copia o valor inicial da série temporal. O ajuste exponencial começa na linha 3, com a fórmula da célula **C3**, =**0,5*B3 + 0,5*C2** e a fórmula da célula **D3**, =**0,25*B3 + 0,75*D2**. Observe que nessas fórmulas, a expressão $1 - W$ na Equação (16.1) apresentada na Seção 16.3, foi simplificada para os valores de 0,5 e 0,75, respectivamente. (Abra a **planilha CÁLCULO_FÓRMULAS** para examinar todas as fórmulas de ajuste exponencial que a planilha utiliza.)

Para outros problemas, cole os dados da série temporal nas colunas A e B e adapte as entradas exponencialmente ajustadas nas colunas C e D. Para problemas com quantidade inferior a 11 períodos de tempo, exclua as linhas excedentes. Para problemas com mais de 11 períodos de tempo, selecione a linha 12, clique à direita e clique em **Inserir** no menu de atalhos. Repita isso tantas vezes quantas forem as novas linhas a serem inseridas. Depois disso, selecione o intervalo de células **C11:D11** e copie o conteúdo desses intervalos para baixo, ao longo de todas as novas linhas da tabela.

Para construir um gráfico com valores exponencialmente ajustados para outros problemas, abra a planilha CÁLCULO e:

1. Selecione o intervalo de células com os dados da série temporal e os valores exponencialmente ajustados. (Para o exemplo, esse intervalo de células corresponde a **A1:D12**.)
2. Selecione **Inserir → Dispersão** e selecione a segunda opção da galeria referente a Dispersão, na segunda linha de opções (**Dispersão com Linhas Retas e Marcadores**).
3. Reposicione o gráfico em uma planilha de gráfico, desative as linhas de grade, acrescente os títulos de eixos e modifique o título do gráfico utilizando as instruções na Seção B.6 do Apêndice B.

Ferramentas de Análise Utilize o procedimento **Ajuste Exponencial**.

Para o exemplo, abra a **planilha DADOS** da **pasta de trabalho Frequência Cinemas** e:

1. Selecione **Dados → Análise de Dados**.
2. Na caixa de diálogo Análise de Dados, selecione **Ajuste Exponencial** a partir da lista de **Ferramentas de Análise** e, em seguida, clique em **OK**.

Na caixa de diálogo Ajuste Exponencial (ilustrada a seguir)

3. Insira **B1:B12** como **Intervalo de entrada**.
4. Insira **0,5** na caixa **Fator de amortecimento**. (O fator de amortecimento é igual a $1 - W$.)
5. Marque a opção **Rótulos**, insira **C1** na caixa para **Intervalo de Saída**, e clique **OK**.

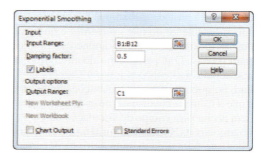

Na nova coluna C:

6. Copie a última fórmula na célula **C11** para a célula **C12**.
7. Insira o cabeçalho de coluna **AE(W = 0,50)** na célula **C1**, substituindo o valor **#N/D**.

Para criar os valores exponencialmente ajustados que utilizam um coeficiente de ajuste de $W = 0,25$, repita as etapas de 3 a 7, com as seguintes modificações: Insira **0,75** como **Fator de Amortecimento** na etapa 4, digite **D1** na caixa para **Intervalo de Saída** na etapa 5, e digite **AE(W = 0,25)** como cabeçalho de coluna na etapa 7.

GE16.4 PREVISÃO e AJUSTE da TENDÊNCIA dos MÍNIMOS QUADRADOS

O Modelo de Tendência Linear

Modifique as instruções da Seção GE13.2 (veja o Guia do Excel para o Capítulo 13) para criar um modelo de tendência linear. Utilize o intervalo de células da variável codificada como o intervalo de células da variável X (chamado de **X Variable Cell Range (Intervalo de Células da Variável X)** nas instruções para o *PHStat*, chamado de *intervalo de células da variável X* nas instruções para o *Excel Avançado* e chamado de **Intervalo X de Entrada** nas instruções para o suplemento *Ferramentas de Análise*). Caso você precise criar valores codificados, insira esses valores manualmente em uma coluna. No caso de haver muitos valores codificados, você pode utilizar **Início → Preencher** (no grupo Editar) → **Séries**. Na caixa de diálogo Séries, clique em **Colunas** e **Linear**, e selecione os valores apropriados nas caixas para **Incremento** e **Limite**.

O Modelo de Tendência Quadrática

Modifique as instruções da Seção GE15.1 (veja o Guia do Excel para o Capítulo 15) para criar um modelo de tendência quadrática. Utilize o intervalo de células da variável codificada e da variável codificada ao quadrado como o intervalo de células das variáveis X (chamado de **X Variables Cell Range (Intervalo de Células das Variáveis X)** nas instruções para o *PHStat*, chamado de *intervalo de células das variáveis X* nas instruções do *Excel Avançado*, e chamado de **Intervalo X de Entrada** nas instruções para o suplemento *Ferramentas de Análise*). Utilize as instruções da Seção GE15.1 para criar a variável codificada ao quadrado e construir o gráfico para a tendência quadrática.

O Modelo de Tendência Exponencial

Técnica Principal Utilize a função **POTÊNCIA(10, *log do valor previsto* [Y])** para calcular os valores previstos para Y a partir dos resultados para o log previstos para (Y).

PHStat/Excel Avançado/Ferramentas de Análise A criação de um modelo de tendência exponencial requer mais trabalho do que criar os outros modelos de tendência, uma vez que você precisa

1. Converter os valores da variável dependente Y para valores de log(Y).
2. Realizar uma análise da regressão linear simples com análises de resíduos utilizando os valores de log(Y).
3. Converter os resultados de log(Y) previstos para resultados de Y previstos, utilizando a função **POTÊNCIA**.
4. Calcular os resíduos utilizando os valores de Y previstos e os valores de Y originais.

Para completar a etapa 1, utilize as instruções da Seção GE 15.2, no Guia do Excel para o Capítulo 15, para criar os valores de log(Y). Para completar a etapa 2, modifique as instruções na Seção GE13.5 "Análise de Resíduos" no Guia do Excel para o Capítulo 13. As instruções da Seção 13.5 incorporam as instruções da Seção GE13.2 "Determinando a Equação da Regressão Linear Simples". Para as instruções da Seção GE13.2, utilize o intervalo de células dos valores de log Y como o intervalo de células da variável Y e o intervalo de células da variável codificada como o intervalo de células da variável X. (O intervalo de células da variável Y e o intervalo de células da variável X são chamados de **Y Variable Cell Range (Intervalo de Células da Variável Y)** e **X Variable Cell Range (Intervalo de Células da Variável X)** nas instruções para o *PHStat*, chamadas de *intervalo de células das variáveis Y* e *intervalo de células das variáveis X* nas instruções para o *Excel Avançado*, e chamadas de **Intervalo Y de Entrada** e **Intervalo X de Entrada** nas instruções para o suplemento *Ferramentas de Análise*.)

O uso das instruções modificadas da Seção GE13.5 criará uma planilha de resultados para um modelo de regressão linear simples e uma análise de resíduos, caso estejam sendo utilizadas as instruções do *PHStat* ou do *Excel Avançado*, ou na área RESULTADOS DE RESÍDUOS na planilha de resultados da regressão, caso estejam sendo utilizadas as instruções do suplemento *Ferramentas de Análise*. Uma vez que você está utilizando valores correspondentes a log (Y) para a regressão, o valor de Y previsto e os resíduos listados são valores de logaritmos que precisam ser convertidos. [O suplemento *Ferramentas de Análise* incorretamente apresenta a legenda Resíduos para a nova coluna referente aos logaritmos dos resíduos, e não a legenda LOG(Resíduos), como seria esperado.]

Para completar as etapas 3 e 4, utilize colunas em branco na planilha de resíduos (*PHStat* ou *Excel Avançado*) ou intervalos de colunas vazios à direita da área de RESULTADO DE RESÍDUOS (suplemento *Ferramentas de Análise*) para inicialmente acrescentar uma coluna que contenha fórmulas no formato POTÊNCIA para calcular os valores previstos para Y. Depois disso, acrescente uma segunda coluna que contenha os valores de Y originais. (Copie os valores originais de Y para essa coluna.) Por fim, acrescente uma terceira coluna nova que contenha fórmulas no formato =(***célula de receita – célula de receita prevista***) para calcular os resíduos reais.

Utilize as colunas G a I da **planilha RESÍDUOS** da **pasta de trabalho Tendência Exponencial** como um modelo. (Utilize a **pasta de trabalho Tendência Exponencial 2007**, caso você esteja utilizando uma versão do Excel que seja anterior ao Excel 2010.) A planilha já contém os valores e fórmulas necessários para criar o gráfico da Figura 16.9 que ajusta uma equação de previsão de tendência exponencial para as receitas da The Coca-Cola Company (veja a Seção 16.4).

A fim de construir um gráfico para tendência exponencial, primeiramente selecione o intervalo de células com os dados da série temporal. (Para o exemplo da The Coca-Cola Company, esse intervalo é **B1:B18** na **planilha Dados** da **pasta de trabalho Coca-Cola**.) Depois disso, utilize as instruções da Seção GE2.5 para construir um gráfico de dispersão. Selecione o gráfico. Selecione **Layout → Linha de Tendência → Mais Opções de Linha de Tendência** e, na caixa de diálogo Formatar Linha de Tendência,

1. Clique em **Opções de Linha de Tendência** no painel à esquerda.
2. No painel à direita, Opções de Linha de Tendência, clique em **Exponencial** e clique em **OK**.

654 Capítulo 16

Caso você esteja utilizando o Excel 2013, selecione **Design → Adicionar Elemento Gráfico → Mais Opções de Linha de Tendência**. No painel **Formatar Linha de Tendência**, clique em **Exponencial**.

Seleção de Modelos Utilizando a Primeira Diferença, a Segunda Diferença e Diferenças Percentuais

Utilize fórmulas aritméticas para calcular a primeira diferença, a segunda diferença e diferenças percentuais. Utilize fórmulas de divisão para calcular as diferenças percentuais e utilize fórmulas de subtração para calcular a primeira diferença e a segunda diferença. Utilize a **planilha CÁLCULO** da **pasta de trabalho Diferenças** ilustrada na Figura 16.10, na Seção 16.4, como um modelo para desenvolver uma planilha de diferenças. (Abra a **planilha CÁLCULO_FÓRMULAS** para visualizar todas as fórmulas utilizadas.)

GE16.5 MODELAGEM AUTORREGRESSIVA para AJUSTES de TENDÊNCIA e PREVISÕES

Criando Variáveis de Previsão do Passado

Crie variáveis de previsão do passado gerando uma coluna de fórmulas que se reportem a um valor de Y de uma linha anterior (do período de tempo anterior). Insira o valor especial de planilha **#N/D** (não disponível) para as células nas colunas às quais não se apliquem valores do passado.

Utilize a **planilha CÁLCULO** da **pasta de trabalho Variáveis de Previsão do Passado**, ilustrada na Figura 16.12, na Seção 16.5, como um modelo para desenvolver variáveis de previsão do passado para modelos autorregressivos de primeira ordem, segunda ordem e terceira ordem. (Abra a **planilha CÁLCULO_FÓRMULAS** para visualizar todas as fórmulas utilizadas.)

Ao especificar intervalos de células para uma variável de previsão do passado, você inclui somente linhas que contenham valores do passado. Diferentemente da prática habitual neste livro, não inclua linhas que contenham **#N/D**, nem tampouco inclua o cabeçalho de coluna na linha 1.

Modelagem Autorregressiva

Modifique as instruções da Seção GE14.1 (veja o Guia do Excel para o Capítulo 14) para criar um modelo autorregressivo de terceira ordem ou de segunda ordem. Utilize o intervalo de células das variáveis de previsão do passado de primeira ordem, de segunda ordem e de terceira ordem como o intervalo de células das variáveis X para o modelo de terceira ordem. Utilize o intervalo de células das variáveis de previsão do passado de primeira ordem e de segunda ordem como intervalo de células das variáveis X para o modelo de segunda ordem. [O intervalo de células das variáveis X é chamado de **X Variables Cell Range (Intervalo de Células das Variáveis X)** nas instruções para o *PHStat,* chamado de **Intervalo X de Entrada** nas instruções para o suplemento *Ferramentas de Análise.*] Caso você esteja

utilizando as instruções para o *PHStat*, omita a etapa 3 [limpe, *não* marque, a opção **First cells in both ranges contain label (Primeiras células em ambos os intervalos contêm rótulos]**. Se você estiver usando as instruções para o *Excel Avançado*, utilize a **planilha CÁLCULO3** no lugar da planilha CÁLCULO para o modelo de terceira ordem. Caso você esteja utilizando as instruções para o pacote de *Ferramentas de Análise*, *não* marque a opção **Rótulos** na etapa 4.

Modifique as instruções da Seção GE13.2 (veja o Guia do Excel para o Capítulo 13) para criar um modelo autorregressivo de primeira ordem. Utilize o intervalo de células da variável de previsão do passado de primeira ordem como o intervalo de células da variável X [chamado de **X Variable Cell Range (Intervalo de Células da Variável X)** nas instruções para o *PHStat*, chamado de *intervalo de células da variável X* nas instruções para o *Excel Avançado* e chamado de **Intervalo X de Entrada** nas instruções para o suplemento *Ferramentas de Análise*]. Caso você esteja utilizando as instruções para o *PHStat*, omita a etapa 3 [limpe, *não* marque, a opção **First cells in both ranges contain label (Primeiras células em ambos os intervalos contêm rótulos]**. Caso você esteja utilizando as instruções para o pacote de *Ferramentas de Análise*, *não* marque a opção **Rótulos** na etapa 4.

GE16.6 ESCOLHENDO UM MODELO DE PREVISÃO APROPRIADO

Realizando uma Análise de Resíduos

Para criar gráficos de resíduos para o modelo de tendência linear ou para o modelo autorregressivo de primeira ordem, utilize as instruções na Seção GE13.5 (veja o Guia do Excel para o Capítulo 13). Para criar gráficos de resíduos para o modelo de tendência quadrática ou para o modelo autorregressivo de segunda ordem, utilize as instruções na Seção GE14.3 (veja o Guia do Excel para o Capítulo 14). Para criar gráficos de resíduos para o modelo de tendência exponencial, utilize as instruções na Seção GE16.4 (veja o Guia do Excel para o Capítulo 16). Para criar gráficos de resíduos para o modelo autorregressivo de terceira ordem, utilize as instruções na Seção GE14.3 (veja o Guia do Excel para o Capítulo 13), mas utilize a planilha **RESÍDUOS3** em vez da planilha RESÍDUOS, caso você esteja usando as instruções para o *Excel Avançado*.

Medindo a Magnitude dos Resíduos por Meio das Diferenças ao Quadrado ou das Diferenças Absolutas

Para calcular o desvio médio absoluto (*DMA*), em primeiro lugar realize uma análise de resíduos. Depois disso, acrescente uma fórmula no formato =**SOMARPRODUTO(ABS(***intervalo de células de valores dos resíduos)***) / CONT.NÚM (***intervalo de células de valores dos resíduos***). No *intervalo de células de valores dos resíduos* não inclua o cabeçalho da coluna como é prática habitual neste livro. (Veja as instruções da Seção F.4 do Apêndice F para aprender mais sobre a aplicação da função **SOMARPRODUTO** nesta fórmula.)

A **planilha RESÍDUOS_FÓRMULAS** da **pasta de trabalho Tendência Exponencial** mostra um exemplo dessa fórmula na célula I19 para o exemplo que trata das receitas da The Coca-Cola Company.

Uma Comparação entre Quatro Modelos de Previsão

Construa uma planilha de comparação de modelos, semelhante à ilustrada na Figura 16.17, na Seção 16.6, utilizando **Colar Especial – Valores** (veja a Seção B.4 do Apêndice B) para transferir resultados das planilhas de resultados da regressão. Para os valores relativos a *SQR* (linha 20 na Figura 16.7), copie a célula C13 da planilha de resultados da regressão, o valor de *SQ* para os Resíduos na tabela de ANOVA. Para os valores de S_{YX} (linha), copie a célula B7 da planilha de resultados da regressão, com a legenda Erro-Padrão, para todos, exceto o modelo de tendência exponencial. Para os valores correspondentes ao *DMA*, acrescente fórmulas, conforme discutimos na seção anterior.

No que se refere ao valor de S_{YX}, para o modelo de tendência exponencial, insira uma fórmula no formato =**RAIZ(*célula da SQR exponencial* / (CONT.NÚM (*intervalo de células dos resíduos exponenciais*) – 2))**. Para a planilha da Figura 16.8, essa fórmula é =**RAIZ(H20 / (CONT.NÚM (H3:H19) – 2))**. Utilize a planilha **COMPARAR** da pasta de trabalho **Comparação de Previsões** como um modelo. Abra a planilha **COMPARAR_FÓRMULAS** para examinar todas as fórmulas. Essa planilha também mostra um modo alternativo que utiliza uma fórmula para exibir os valores para *SQR*.

GE16.7 PREVISÃO de SÉRIES TEMPORAIS para DADOS SAZONAIS

Previsão dos Mínimos Quadrados com Dados Mensais ou Dados Trimestrais

Para desenvolver um modelo de regressão dos mínimos quadrados para dados mensais ou trimestrais, acrescente colunas com fórmulas que utilizem a função **SE** (veja a Seção F.4 do Apêndice F) a fim de criar variáveis binárias (*dummy*) relativas aos dados trimestrais ou mensais. Insira todas as fórmulas no formato =**SE(*comparação*, 1, 0)**.

Estão ilustradas a seguir as primeiras cinco linhas das colunas F a K, de uma planilha de dados que contém variáveis binárias (*dummy*). Na primeira ilustração, as colunas F, G e H contêm as variáveis binárias trimestrais, Q1, Q2 e Q3, que se baseiam nos valores correspondentes aos trimestres codificados da coluna B (não ilustradas). Na segunda ilustração, as colunas J e K contêm as duas variáveis mensais, M1 e M6, que se baseiam nos valores mensais para a coluna C (também não ilustrada).

	F	G	H
1	Q1	Q2	Q3
2	=SE(B2 = 1, 1, 0)	=SE(B2 = 2, 1, 0)	=SE(B2 = 3, 1, 0)
3	=SE(B3 = 1, 1, 0)	=SE(B3 = 2, 1, 0)	=SE(B3 = 3, 1, 0)
4	=SE(B4 = 1, 1, 0)	=SE(B4 = 2, 1, 0)	=SE(B4 = 3, 1, 0)
5	=SE(B5 = 1, 1, 0)	=SE(B5 = 2, 1, 0)	=SE(B5 = 3, 1, 0)

	J	K
1	M1	M6
2	=SE(C2 ="Janeiro", 1, 0)	=SE(C2 ="Junho", 1, 0)
3	=SE(C3 ="Janeiro", 1, 0)	=SE(C3 ="Junho", 1, 0)
4	=SE(C4 ="Janeiro", 1, 0)	=SE(C4 ="Junho", 1, 0)
5	=SE(C5 ="Janeiro", 1, 0)	=SE(C5 ="Junho", 1, 0)

CAPÍTULO
17 Um Roteiro para Analisar Dados

UTILIZANDO A ESTATÍSTICA: Escalando Análises Futuras

17.1 Analisando Variáveis Numéricas
Descrevendo as Características de uma Variável Numérica
Tirando Conclusões sobre a Média Aritmética e/ou sobre o Desvio-Padrão da População
Determinando se a Média Aritmética e/ou o Desvio-Padrão Diferem Dependendo do Grupo
Determinando os Fatores que Afetam o Valor de uma Determinada Variável
Prevendo o Valor de uma Variável com Base no Valor de Outras Variáveis
Determinando se os Valores de uma Variável se Mantêm Estáveis ao Longo do Tempo

17.2 Analisando Variáveis Categóricas
Descrevendo a Proporção de Itens de Interesse em Cada uma das Categorias
Tirando Conclusões sobre a Proporção de Itens de Interesse
Determinando se a Proporção de Itens de Interesse Difere Dependendo do Grupo
Prevendo a Proporção de Itens de Interesse com Base no Valor de Outras Variáveis
Determinando se a Proporção de Itens de Interesse se Mantém Estável ao Longo do Tempo

UTILIZANDO A ESTATÍSTICA: Escalando Análises Futuras, Revisitado

Objetivo do Aprendizado

Neste capítulo, você aprenderá:

- As etapas envolvidas na escolha dos métodos estatísticos a utilizar para conduzir uma análise de dados

UTILIZANDO A ESTATÍSTICA

Escalando Análises Futuras

Aprender estatística aplicada ao mundo dos negócios se assemelha bastante a escalar uma montanha. No princípio, pode parecer intimidador, ou até mesmo assustador mas, com o passar do tempo, você aprende técnicas que ajudam a tornar a tarefa bem mais fácil de administrar. Na Seção MAO.1, você aprendeu como a estrutura DCOVA pode tornar mais agradável a grande tarefa de aplicar a estatística a problemas relacionados ao mundo dos negócios. Depois de aprender, em capítulos anteriores, os métodos para **D**efinir, **C**oletar e **O**rganizar dados, você passou a maior parte do seu tempo estudando meios de **V**isualizar e **A**nalisar dados.

Determinar quais métodos utilizar para analisar dados pode ter parecido simples e direto ao resolver os problemas apresentados como dever de casa, em um determinado capítulo do livro, mas o que fazer quando você se depara com situações novas da vida real, precisando analisar dados para algum outro objetivo ou para ajudar a solucionar um problema em um ambiente real do mundo dos negócios? Afinal de contas, quando você solucionou um problema em um capítulo sobre regressão múltipla, você "sabia" que os métodos da regressão múltipla seriam utilizados como parte de sua análise. Em situações novas, você pode ficar pensando se deve utilizar a regressão múltipla — ou se seria melhor utilizar a regressão linear simples — ou, até mesmo, se *algum* tipo de regressão seria apropriado. Pode ser, também, que você pondere se deve utilizar uma combinação de métodos, a partir de vários capítulos diferentes, para ajudar na resolução dos problemas com os quais você se depara.

A pergunta passa a ser: De que maneira você consegue aplicar a estatística que aprendeu, em situações novas que requeiram que você analise os dados?

658 Capítulo 17

Um reexame da Tabela 17.1, que contém um resumo do conteúdo deste livro, organizado com base no tipo de tarefa associado à análise de dados, seria um ponto de partida eficaz para responder a pergunta formulada no cenário Utilizando a Estatística.

TABELA 17.1
Tarefas Associadas à Análise de Dados, Habitualmente Utilizadas, Discutidas Neste Livro

DESCREVENDO UM GRUPO OU VÁRIOS GRUPOS

Variáveis Numéricas:

Disposição ordenada, disposição ramo e folha, distribuição de frequências, distribuição de frequências relativas, distribuição de percentagens, distribuição de percentagens acumuladas, histograma, polígono, polígono de percentagens acumuladas (**Seções 2.2 e 2.4**)

Box-Plot (**Seção 3.3**)

Gráfico da distribuição normal (**Seção 6.3**)

Média aritmética, mediana, moda, quartis, média geométrica, amplitude, amplitude interquartil, desvio-padrão, variância, coeficiente de variação, assimetria, curtose (**Seções 3.1, 3.2 e 3.3**)

Números-Índice (**Seção 16.8 oferecida como bônus no material suplementar disponível no site da LTC Editora**)

Para Variáveis Categóricas:

Tabela resumida, gráfico de barras, gráfico de pizza, diagrama de Pareto (**Seções 2.1 e 2.3**)

Tabelas de contingência e tabelas multidimensionais (**Seções 2.1 e 2.7**)

REALIZANDO INFERÊNCIAS EM RELAÇÃO A UM GRUPO

Para Variáveis Numéricas:

Estimativa do intervalo de confiança para a média aritmética (**Seção 8.1 e Seção 8.2**)

Teste t para a média aritmética (**Seção 9.2**)

Teste qui-quadrado para uma variância ou desvio-padrão (**Seção 12.7 oferecida como bônus no material suplementar disponível no site da LTC Editora**)

Para Variáveis Categóricas:

Estimativa do intervalo de confiança para a proporção (**Seção 8.3**)

Teste Z para a proporção (**Seção 9.4**)

COMPARANDO DOIS GRUPOS

Para Variáveis Numéricas:

Testes para a diferença entre as médias aritméticas de duas populações independentes (**Seção 10.1**)

Teste da soma das classificações de Wilcoxon (**Seção 12.4**)

Teste t em pares (**Seção 10.2**)

Teste F para a diferença entre duas variâncias (**Seção 10.4**)

Para Variáveis Categóricas:

Teste Z para a diferença entre duas proporções (**Seção 10.3**)

Teste qui-quadrado para a diferença entre duas proporções (**Seção 12.1**)

Teste de McNemar para duas amostras relacionadas (**Seção 12.6 oferecida como bônus no material suplementar disponível no site da LTC Editora**)

COMPARANDO MAIS DE DOIS GRUPOS

Para Variáveis Numéricas:

Análise da variância de fator único (**Seção 11.1**)

Teste das classificações de Kruskal-Wallis (**Seção 12.5**)

Análise da variância de dois fatores (**Seção 11.2**)

Modelo do bloco aleatório (**Seção 11.3 oferecida como bônus no material suplementar disponível no site da LTC Editora**)

Para Variáveis Categóricas:

Teste qui-quadrado para as diferenças entre mais de duas proporções (**Seção 12.2**)

TABELA 17.1

Tarefas Associadas à Análise de Dados, Habitualmente Utilizadas, Discutidas Neste Livro (*continuação*)

ANALISANDO A RELAÇÃO ENTRE DUAS VARIÁVEIS

Para Variáveis Numéricas:
Gráfico de dispersão, gráfico de séries temporais (**Seção 2.5**)
Covariância, coeficiente de correlação, teste *t* para a correlação (**Seções 3.5 e 13.7**)
Regressão linear simples (**Capítulo 13**)
Previsão de séries temporais (**Capítulo 16**)

Para Variáveis Categóricas:
Tabela de contingência, gráfico de barras paralelas (**Seções 2.1 e 2.3**)
Teste qui-quadrado para independência (**Seção 12.3**)

ANALISANDO A RELAÇÃO ENTRE DUAS OU MAIS VARIÁVEIS

Para Variáveis Numéricas Dependentes:
Regressão Múltipla (**Capítulos 14 e 15**)

Para Variáveis Categóricas Dependentes:
Regressão logística (**Seção 14.7**)
Análise preditiva e mineração de dados (*data mining*) (**Seção 15.6**)

ANALISANDO DADOS DE PROCESSOS

Para Variáveis Numéricas:
Gráficos de controle $\overline{X}$ e R (**Seção 18.5 oferecida como bônus no material suplementar disponível no site da LTC Editora**)

Para Variáveis Categóricas:
Gráfico p (**Seção 18.2 oferecida como bônus no material suplementar disponível no site da LTC Editora**)

Para Contagem de Itens Não Conformes:
Gráfico c (**Seção 18.4 oferecida como bônus no material suplementar disponível no site da LTC Editora**)

> **Dica para o Leitor**
>
> Tenha em mente que *variáveis numéricas* possuem valores que representam quantidades, enquanto *variáveis categóricas* possuem valores que podem unicamente ser posicionados em categorias, como é o caso para os valores "sim" e "não".

No método DCOVA, a primeira coisa que você deve fazer é *definir* as variáveis que você deseja estudar, no intuito de solucionar um problema relacionado com os negócios ou cumprir um objetivo associado aos negócios. Para fazer isso, você deve identificar o tipo de problema vinculado aos negócios (se está descrevendo um grupo ou fazendo inferências sobre um grupo, entre outras opções) e, depois disso, determinar o tipo da variável — numérica ou categórica — que você está analisando.

Na Tabela 17.1, todos os títulos apresentados com letras maiúsculas, no primeiro nível, identificam os tipos de problemas relacionados com os negócios, enquanto os títulos no segundo nível sempre incluem os dois tipos de variáveis. As entradas na Tabela 17.1 identificam os métodos estatísticos específicos apropriados para um tipo particular de problema vinculado aos negócios, e o tipo da variável.

Escolher métodos estatísticos apropriados para seus dados é a tarefa singularmente mais importante com a qual você se depara, e está no cerne de "fazer estatísticas". No entanto, esse processo de seleção é, ao mesmo tempo, a coisa singularmente mais difícil de fazer, ao aplicar a estatística! De que modo, então, você pode estar seguro de que fez a escolha apropriada? Fazendo uma série de questionamentos, você é capaz de se orientar em direção à escolha apropriada de métodos.

O restante deste capítulo apresenta as perguntas que ajudarão a orientar você ao fazer essa escolha. Duas listas de perguntas, uma para variáveis numéricas e a outra para variáveis categóricas, são apresentadas nas duas próximas seções. O fato de haver duas listas torna mais simples a escolha com a qual você se depara e, ao mesmo tempo, reforça a importância de identificar o tipo de variável que você busca analisar.

660 Capítulo 17

17.1 Analisando Variáveis Numéricas

A Apresentação 17.1 mostra a lista de perguntas a fazer, caso você planeje analisar uma variável numérica. Cada uma das perguntas é independente das demais, e você pode fazer uma quantidade grande ou uma quantidade pequena dessas perguntas, conforme seja apropriado para sua análise. O modo de conduzir as respostas para cada uma dessas perguntas se encontra em seguida à Apresentação 17.1.

APRESENTAÇÃO 17.1

Perguntas a Fazer ao Analisar Variáveis Numéricas

Ao analisar variáveis categóricas, pergunte a si mesmo:

- Você deseja descrever a proporção de itens de interesse em cada uma das categorias (possivelmente desmembradas em vários grupos)?
- Você deseja tirar conclusões sobre a proporção da variável em uma determinada população?
- Você deseja determinar se a média aritmética e/ou o desvio-padrão da variável diferem dependendo do grupo?
- Você deseja determinar quais fatores afetam o valor de uma determinada variável?
- Você deseja prever o valor para uma variável com base no valor de outras variáveis?
- Você deseja determinar se os valores da variável se mantêm estáveis ao longo do tempo?

Descrevendo as Características de uma Variável Numérica

Você desenvolve tabelas e gráficos e calcula estatísticas descritivas com o objetivo de descrever características, tais como tendência central, variação e formato. Especificamente, você pode criar disposições ramo e folha, distribuições de percentagens, histogramas, polígonos, box-plots e gráficos para a probabilidade normal (veja as Seções 2.2, 2.4, 3.3 e 6.3), e pode calcular estatísticas, tais como média aritmética, mediana, moda, quartis, amplitude, amplitude interquartil, variância, desvio-padrão e coeficiente de variação, assimetria e curtose (veja as Seções 3.1, 3.2 e 3.3).

Tirando Conclusões sobre a Média Aritmética ou sobre o Desvio-Padrão da População

Você tem várias opções diferentes, e pode utilizar qualquer combinação entre essas opções. Para estimar a média aritmética do valor da variável em uma população, você constrói uma estimativa do intervalo de confiança para a média aritmética (veja a Seção 8.2). Para determinar se a média aritmética da população é igual a um valor específico, você conduz um teste t de hipóteses para a média aritmética (veja a Seção 9.2). Para determinar se o desvio-padrão ou a variância da população são iguais a determinados valores específicos, você conduz um teste χ^2 de hipóteses para o desvio-padrão ou para a variância (veja a Seção 12.7 apresentada como bônus no material suplementar disponível no site da LTC Editora).

Determinando se a Média Aritmética e/ou o Desvio-Padrão Diferem Dependendo do Grupo

Ao examinar diferenças entre grupos, você precisa inicialmente estabelecer qual variável categórica você deve utilizar para dividir seus dados em grupos. Depois disso, você precisa saber se essa variável de grupamento divide seus dados em dois grupos (assim como os grupos masculino e feminino para uma variável de gênero), ou se a variável divide seus dados em mais de dois grupos (como é o caso dos quatro fornecedores de paraquedas discutidos na Seção 11.1). Por fim, você deve perguntar se o seu conjunto de dados contém grupos independentes, ou se o seu conjunto de dados contém medições combinadas ou repetidas.

Se a Variável de Grupamento Define Dois Grupos Independentes e Você Está Interessado em Tendência Central O teste de hipóteses que você utiliza depende do pressuposto que você adota em relação a seus dados.

Caso não consiga adotar o pressuposto de que a variável numérica é distribuída nos moldes de uma distribuição normal, você conduz um teste t de variâncias agrupadas para a diferença entre as médias aritméticas (veja a Seção 10.1). Caso não consiga adotar o pressuposto de que as variâncias são iguais, você conduz um teste t de variâncias separadas para a diferença entre as médias aritméticas (veja a Seção 10.1). Para testar se as variâncias são iguais, pressupondo que as populações sejam distribuídas nos moldes de uma distribuição normal, você pode conduzir um teste F para as diferenças entre as variâncias. Em qualquer um desses casos, se você acreditar que suas variáveis numéricas não são distribuídas nos moldes de uma distribuição normal, você pode realizar um teste da soma das classificações de Wilcoxon (veja a Seção 12.4) e comparar os resultados desse teste com os resultados para o teste t.

Para avaliar o pressuposto da normalidade que o teste t de variâncias agrupadas e o teste t de variâncias separadas contêm, você pode construir box-plots e gráficos da distribuição normal para cada um dos grupos.

Se a Variável de Grupamento Define Dois Grupos de Amostras Combinadas ou Medições Repetidas e Você Está Interessado na Tendência Central Se você consegue adotar o pressuposto de que as diferenças em pares são distribuídas nos moldes de uma distribuição normal, então você conduz um teste t em pares (veja a Seção 10.2).

Se a Variável de Grupamento Define Dois Grupos Independentes e Você Está Interessado na Variabilidade Se você consegue adotar o pressuposto de que a variável numérica que você está utilizando está distribuída nos moldes de uma distribuição normal, você conduz, então, um teste F para a diferença entre duas variâncias (veja a Seção 10.4).

Se a Variável de Grupamento Define Mais de Dois Grupos Independentes e Você Está Interessado na Tendência Central Se você conseguir adotar o pressuposto de que os valores da variável numérica estão distribuídos nos moldes de uma distribuição normal, você então conduz uma análise da variância de fator único (veja a Seção 11.1); caso contrário, você conduz um teste de classificações de Kruskal-Wallis (veja a Seção 12.5).

Se a Variável de Grupamento Define Mais de Dois Grupos de Amostras Combinadas ou Medições Repetidas e Você Está Interessado na Tendência Central Digamos que você tenha um modelo no qual as linhas representam os blocos, e as colunas representam os níveis de um determinado fator. Caso você consiga adotar o pressuposto de que os valores relativos à variável numérica estão distribuídos nos moldes de uma distribuição normal, você conduz um teste F para o modelo de bloco aleatório (veja a Seção 11.3 apresentada como bônus no material suplementar disponível no site da LTC Editora).

Determinando os Fatores que Afetam o Valor de uma Determinada Variável

Caso existam dois fatores a serem examinados para determinar seus respectivos efeitos sobre os valores de uma variável, você desenvolve um modelo fatorial de dois fatores (veja a Seção 11.2).

Prevendo o Valor de uma Variável com Base no Valor de Outras Variáveis

Ao prever os valores de uma variável dependente numérica, você conduz a análise da regressão dos mínimos quadrados. O modelo de regressão dos mínimos quadrados que você desenvolve depende do número de variáveis independentes em seu modelo. Caso exista somente uma única variável independente sendo utilizada para prever a variável dependente numérica de interesse, você desenvolve um modelo de regressão linear simples (veja o Capítulo 13); caso contrário, você desenvolve um modelo de regressão múltipla (veja os Capítulos 14 e 15).

Caso você tenha valores ao longo de um determinado período de tempo e deseje fazer a previsão da variável para períodos de tempo futuros, você pode utilizar médias móveis, ajuste exponencial, previsão dos mínimos quadrados e modelagem autorregressiva (veja o Capítulo 16).

Determinando se os Valores de uma Variável Se Mantêm Estáveis ao Longo do Tempo

Se você está estudando um determinado processo e coletou dados correspondentes aos valores de uma variável numérica ao longo de um período de tempo, você constrói gráficos R e $\bar{X}$ (veja a Seção 18.5, apresentada como bônus no material suplementar disponível no site da LTC Editora).

662 Capítulo 17

Caso tenha coletado dados nos quais os valores correspondam a contagens para o número de itens não conformes, você constrói um gráfico c (veja a Seção 18.4, apresentada como bônus no material suplementar disponível no site da LTC Editora).

17.2 Analisando Variáveis Categóricas

A Apresentação 17.2 apresenta uma lista de perguntas a serem feitas, caso você planeje analisar uma variável categórica. Cada uma das perguntas é independente das demais, e você pode fazer uma quantidade grande ou uma quantidade pequena dessas perguntas, dependendo do que seja apropriado para sua análise. O modo de conduzir as respostas para cada uma dessas perguntas se encontra em seguida à Apresentação 17.2.

APRESENTAÇÃO 17.2

Perguntas a Fazer ao Analisar Variáveis Numéricas

Ao analisar variáveis categóricas, pergunte a si mesmo:

- Você deseja descrever a proporção de itens de interesse em cada uma das categorias (possivelmente desmembradas em vários grupos)?
- Você deseja tirar conclusões sobre a proporção da variável em uma determinada população?
- Você deseja determinar se a média aritmética e/ou o desvio-padrão da variável diferem dependendo do grupo?
- Você deseja prever o valor para uma variável com base no valor de outras variáveis?
- Você deseja determinar se os valores da variável se mantêm estáveis ao longo do tempo?

Descrevendo a Proporção de Itens de Interesse em Cada uma das Categorias

Você cria tabelas resumidas e utiliza estes gráficos: gráfico de barras, gráfico de pizza, diagrama de Pareto, ou gráfico de barras paralelas (veja as Seções 2.1 e 2.3).

Tirando Conclusões sobre a Proporção de Itens de Interesse

Você tem duas opções diferentes. Você pode estimar a proporção de itens de interesse em uma população construindo uma estimativa do intervalo de confiança para a proporção (veja a Seção 8.3). Ou, ainda, você pode determinar se a proporção da população é igual a um valor específico, conduzindo um teste Z de hipóteses para a proporção (veja a Seção 9.4).

Determinando se a Proporção de Itens de Interesse Difere Dependendo do Grupo

Ao examinar essa diferença, você precisa inicialmente estabelecer o número de categorias associadas à sua variável categórica e o número de grupos em sua análise. Se seus dados contêm dois grupos, você deve também indagar se seus dados contêm grupos independentes ou se seu conjunto de dados contêm grupos independentes ou se seus dados contêm amostras combinadas ou medições repetidas.

Para Duas Categorias e Dois Grupos Independentes   Você conduz o teste Z para a diferença entre duas proporções (veja a Seção 10.3) ou o teste χ^2 para a diferença entre duas proporções (veja a Seção 12.1).

Para Duas Categorias e Dois Grupos de Medições Combinadas ou Repetidas   Você conduz o teste de McNemar (veja a Seção 12.6 apresentada como bônus no material suplementar disponível no site da LTC Editora).

Um Roteiro para Analisar Dados **663**

Para Duas Categorias e Mais de Dois Grupos Independentes   Você conduz um teste χ^2 para a diferença entre várias proporções (veja a Seção 12.2).

Para Mais de Duas Categorias e Mais de Dois Grupos   Você desenvolve tabelas de contingência e utiliza tabelas de contingência multidimensionais para exibir detalhes e examinar relações entre duas ou mais variáveis categóricas (veja as Seções 2.1 e 2.7). Quando você tem duas variáveis categóricas, você conduz um teste χ^2 para independência (veja a Seção 12.3).

Prevendo a Proporção de Itens de Interesse com Base no Valor de Outras Variáveis

Você desenvolve um modelo de regressão logística (veja a Seção 14.7).

Determinando se a Proporção de Itens de Interesse se Mantém Estável ao Longo do Tempo

Se você está estudando um determinado processo e coletou dados ao longo de um período de tempo específico, você pode criar o gráfico de controle apropriado. Se você coletou a proporção de itens de interesse ao longo de um período de tempo, você desenvolve um gráfico p (veja a Seção 18.2 apresentada como bônus no material suplementar disponível no site da LTC Editora).

UTILIZANDO A ESTATÍSTICA

Escalando Análises Futuras, Revisitado

Angela Waye / Shutterstock

Este capítulo sintetizou todos os métodos abordados nos primeiros 16 capítulos deste livro. Os métodos para análise de dados discutidos no livro estão organizados na Tabela 17.1, de acordo com o fato de cada um dos métodos ser utilizado para descrever um grupo, ou vários grupos, para realizar inferências em relação a um grupo ou comparar dois ou mais grupos, ou, ainda, para analisar relações entre duas ou mais variáveis. Depois disso, são estruturados conjuntos de perguntas nas Apresentações 17.1 e 17.2, para auxiliar você na determinação do método a utilizar em sua análise de dados.

Caso Digital

Enquanto outros Casos Digitais pediram que você aplicasse seus conhecimentos sobre o uso apropriado da estatística, este caso ajuda você a lembrar de como aplicar apropriadamente esse conhecimento.

Guadalupe Cooper e Gilbert Chandler trabalharam com afinco durante todo o semestre de seu curso de estatística empresarial. Eles se depararam agora com um projeto final no qual tiveram que criar um plano para analisar um conjunto de dados que havia sido atribuído a eles por seu professor. Enquanto percorriam o material oferecido por meio virtual no portal na Grande Rede dedicado ao livro de estatística por eles utilizado, Cooper e Chandler encontraram **GuiadeAnálisedeDados.pdf** no material correspondente aos Casos Digitais. "Nossa, isto é igual ao material do Capítulo 17, mas de forma interativa!" — observou um deles. Desde esse momento, eles passaram a saber as perguntas que precisavam fazer no intuito de dar início à tarefa de final de semestre a eles atribuída.

664 Capítulo 17

PROBLEMAS DE REVISÃO DO CAPÍTULO

17.1 Em muitos processos de produção, é utilizado o termo *"work in process"* (geralmente abreviado como WIP). Nas unidades de produção da LSS Publishing, WIP representa o tempo necessário para que as folhas que saem da impressão sejam dobradas, agrupadas e costuradas, intercalando as folhas finais, encadernadas para a formação de um livro, e o livro seja colocado em uma embalagem de cartolina. A definição operacional para a variável de interesse, tempo de processamento, corresponde ao número de dias (medido em centésimos) desde o momento em que as folhas saem da impressão até o momento em que o livro é colocado na embalagem de cartolina. A empresa tem como objetivo estratégico determinar se existem diferenças, em termos do WIP, entre as unidades de produção gráfica. Os dados, armazenados em **WIP**, são os seguintes:

Unidade de Produção A

5,62	5,29	16,25	10,92	11,46	21,62	8,45	8,58	5,41	11,42
11,62	7,29	7,50	7,96	4,42	10,50	7,58	9,29	7,54	8,92

Unidade de Produção B

9,54	11,46	16,62	12,62	25,75	15,41	14,29	13,13	13,71	10,04
5,75	12,46	9,17	13,21	6,00	2,33	14,25	5,37	6,25	9,71

Analise integralmente os dados.

17.2 Muitos fatores determinam a frequência do público pagante aos jogos da Major League Baseball. Esses fatores podem incluir a ocasião em que é jogada a partida, as condições climáticas, o adversário, o fato de o time estar fazendo ou não uma boa temporada, e se está sendo realizada ou não uma promoção de marketing. Promoções populares durante uma temporada recente incluíram os tradicionais "dias do boné" e os "dias do pôster" e o novo modismo dos balões com a estampa do rosto de astros do beisebol. (Dados extraídos de T. C. Boyd and T. C. Krehbiel, "An Analysis of the Effects of Specific Promotion Types on Attendance at Major League Baseball Games", *Mid-American Journal of Business*, 2006, 21, pp. 21-32.) O arquivo **Beisebol** inclui as seguintes variáveis para uma temporada recente da Major League Baseball:

TIME — Kansas City Royals, Philadelphia Phillies, Chicago Cubs, ou Cincinnati Reds
FREQUÊNCIA — Frequência do público pagante para a partida
TEMP — Temperatura máxima registrada no dia da partida
%VITÓRIAS — Percentagem de vitórias relativas ao time da casa, por ocasião da partida
VITORIAADV% — Percentagem de vitórias relativas ao time adversário, por ocasião da partida
FINAL DE SEMANA — 1, se a partida é realizada em uma sexta-feira, um sábado ou um domingo; 0, se foi realizada em outros dias
PROMOÇÃO — 1, se foi realizada uma promoção; 0, se não houve qualquer promoção

Você deseja prever a frequência do público pagante e determinar os fatores que influenciam essa frequência ao estádio. Analise integralmente os dados para o Kansas City Royals.

17.3 Repita o Problema 17.2 para o Philadelphia Phillies.

17.4 Repita o Problema 17.2 para o Chicago Cubs.

17.5 Repita o Problema 17.2 para o Cincinnati Reds.

17.6 O arquivo **Imóveis** contém dados correspondentes a uma amostra de 362 imóveis residenciais unifamiliares, localizados em cinco diferentes bairros em um município na região do subúrbio de uma grande cidade no nordeste dos Estados Unidos. Estão incluídas as variáveis a seguir:

Valor de avaliação — milhares de dólares
Tamanho do lote — milhares de pés ao quadrado
Número de quartos
Número de banheiros
Número de cômodos
Idade do imóvel, em anos
Impostos anuais do imóvel – $
Tipo de instalação interna para estacionamento — Nenhuma; Garagem para um carro; Garagem para dois carros
Localização – A; B; C; D; E
Estilo arquitetônico — Arquitetura americana (Cape Cod); Colonial; Rancho; Casa em Dois Níveis
Tipo de combustível utilizado para calefação — Gás; Óleo
Tipo de sistema para calefação — Ar quente; Água quente; Outro
Tipo de piscina — Nenhuma; Acima do nível do terreno da casa; No nível do terreno da casa
Cozinha ampla — Ausente; Presente
Ar condicionado central — Ausente; Presente
Lareira — Ausente; Presente
Ligação com o sistema de esgoto local — Ausente; Presente
Andar subterrâneo (Basement) — Ausente; Presente
Cozinha moderna — Ausente; Presente
Banheiros modernos — Ausente; Presente

Prepare um relatório com o objetivo de comparar as características de imóveis residenciais unifamiliares nos cinco bairros. Além disso, desenvolva modelos para prever o valor de avaliação para o imóvel e os impostos anuais cobrados sobre o imóvel.

17.7 O arquivo **Residências** contém informações relacionadas a todos os imóveis residenciais unifamiliares vendidos em uma pequena cidade na região Meio-Oeste dos Estados Unidos ao longo do período de um ano. Estão incluídas as variáveis a seguir:

Preço — Preço de venda do imóvel residencial, em dólares
Localização — Classificação da localização, de 1 a 5, com 1 sendo a pior e 5 a melhor
Condição — Classificação da condição do imóvel residencial, de 1 a 5, com 1 sendo a pior e 5 a melhor
Quartos — Número de quartos na residência
Banheiros — Número de banheiros na residência

Outros cômodos — Número de cômodos na residência, outros que não quartos e banheiros
Você quer ser capaz de prever o preço de venda das residências. Analise integralmente os dados.

17.8 A Zagat's publica cotações correspondentes a restaurantes para várias localidades nos Estados Unidos. O arquivo **Restaurantes2** contém a cotação apresentada pela Zagat para comida, decoração, serviço e custo, por pessoa, para uma amostra de 50 restaurantes localizados na Cidade de Nova York e 50 restaurantes localizados em áreas do subúrbio da Cidade de Nova York. (Dados extraídos de *Zagat Survey 2013, New York City Restaurants* e *Zagat Survey 2012-2013, Long Island Restaurants*.)

Você deseja estudar as diferenças em termos do custo de uma refeição, entre restaurantes de Nova York e nas áreas do subúrbio da cidade e deseja também ser capaz de prever o custo para uma refeição. Analise integralmente os dados.

17.9 Os dados em **AutosUsados** representam características de automóveis que atualmente fazem parte do estoque de uma concessionária que vende automóveis usados. As variáveis incluídas são carro, ano, idade, preço ($), milhas percorridas pelo veículo, potência (hp) e consumo de combustível (mpg — milhas por galão de combustível).

Você deseja descrever cada uma dessas variáveis na amostra de automóveis modelo 2008. Além disso, você gostaria de prever o preço para os carros usados. Analise os dados.

17.10 Foi conduzido um estudo no intuito de determinar se existia algum tipo de viés de gênero no ambiente científico acadêmico. Foi solicitado a vários membros do corpo docente de várias universidades que classificassem os candidatos ao cargo de gerente do laboratório da graduação com base nos respectivos formulários de inscrição dos candidatos. O gênero do candidato foi fornecido no material a ele correspondente. Os responsáveis pela avaliação pertenciam ao departamento de biologia, química ou física. Cada um dos avaliadores deveria fornecer uma classificação, em termos de competência, ao material do candidato, em uma escala de 7 pontos, com 1 sendo a nota mais baixa e 7 sendo a nota mais alta. Além disso, o avaliador forneceu um salário inicial que deveria ser oferecido ao candidato. Esses dados (que foram alterados em relação ao estudo real, de modo a preservar o anonimato dos entrevistados) estão armazenados no arquivo de dados **Avaliação de Candidatos**.

Analise os dados. Você acredita que existe qualquer tipo de viés em termos de gênero nas avaliações? Respalde o seu ponto de vista com referências específicas à sua análise de dados.

17.11 A Zagat's publica cotações correspondentes a restaurantes para várias localidades nos Estados Unidos. O arquivo **Restaurantes3** contém a cotação apresentada pela Zagat para comida, decoração, serviço, custo por pessoa e índice de popularidade (pontos atribuídos a popularidade recebidos pelo restaurante divididos pelo número de pessoas que votaram para o respectivo restaurante), para vários tipos de restaurantes na Cidade de Nova York.

Você deseja estudar as diferenças em termos do custo de uma refeição para os diferentes tipos de cozinhas; quer, também, ser capaz de prever o custo de uma refeição. Analise integralmente os dados. (Dados extraídos de *Zagat Survey 2012*, *New York City Restaurants*.)

17.12 Os dados no arquivo **MarketingBancos** são oriundos de uma campanha de marketing direto conduzida por uma instituição bancária portuguesa. (Dados extraídos de S. Moro, R. Laureano e P. Cortez, "Using Data Mining for Bank Direct Marketing: An Application of the CRISP-DM Methodology". In P. Novais et al. (Eds.), *Proceedings of the European Simulation and Modeling Conference — ESM'2011*, pp. 117-121.) As variáveis incluídas eram idade; tipo de emprego; estado civil; formação educacional; o fato de o crédito estar, ou não, em situação de inadimplência; saldo médio anual, em euros, existente na conta; o fato de existir, ou não, um financiamento imobiliário; o fato de existir, ou não, algum empréstimo pessoal; duração

do último contato, em segundos; número de contatos realizados durante essa campanha; e o fato de o cliente ter adquirido um certificado de depósito bancário com vencimento futuro.

Analise os dados e avalie a possibilidade de que o cliente venha a adquirir um certificado de depósito bancário com vencimento futuro.

17.13 Uma empresa de mineração opera uma grande mina de ouro, com processo de lixiviação, no oeste dos Estados Unidos. O ouro extraído da mina nesse local consiste em um minério que é de teor bastante baixo, apresentando cerca de 0,0032 onça de ouro para 1 tonelada de minério. O processo de lixiviação envolve mineração, trituração, empilhamento e lixiviação de milhões de toneladas de minério de ouro por ano. No processo, o minério é colocado em uma grande pilha em uma bandeja impermeável. Uma solução química suave é espalhada por sobre a pilha e é coletada na parte inferior, depois de ser coada através do minério. À medida que a solução é coada através do minério, o ouro é dissolvido e posteriormente recuperado na solução. Essa tecnologia, que vem sendo usada por mais de 30 anos, tornou rentável a operação. Devido à grande quantidade de minério que é manipulado, a empresa está continuamente explorando meios de aperfeiçoar o processo. Como parte de uma expansão ocorrida muitos anos antes, o processo de empilhamento foi automatizado com a construção de uma empilhadeira controlada por computadores. Essa empilhadeira foi projetada de modo a carregar 35.000 toneladas de minério por dia, a um custo que era mais baixo do que no processo anterior, que utilizava caminhões e escavadeiras manualmente operados. No entanto, desde a sua instalação, a empilhadeira não tem sido capaz de atingir esses resultados de maneira consistente. Dados relativos a um período recente de 35 dias, que indicam a quantidade empilhada (toneladas) e o tempo de inatividade (minutos), estão armazenados no arquivo **Mineração**. Outros dados que indicam as causas para o tempo de inatividade estão armazenados em **Mineração2**.

Analise os dados, não deixando de apresentar conclusões sobre a quantidade diária empilhada e as causas para o tempo de inatividade. Além disso, não deixe de desenvolver um modelo para prever a quantidade empilhada com base no tempo de inatividade.

17.14 Foi conduzida uma pesquisa sobre as características dos domicílios nos Estados Unidos. Os dados (que foram alterados em relação ao estudo real para preservar o anonimato de cada entrevistado) estão armazenados em **Domicílios**. As variáveis são gênero; idade; origem hispânica; tipo de residência; idade do imóvel, em anos; quantidade de anos em que habita nessa moradia; número de quartos; número de veículos mantidos na moradia; tipo de combustível utilizado na residência; custo mensal do combustível utilizado na residência ($); cidadania norte-americana; diploma na faculdade; estado civil; trabalho remunerado na semana anterior; modalidade do transporte utilizado para o trabalho; tempo necessário para o deslocamento de casa para o trabalho, em minutos; número de horas trabalhadas por semana; tipo de organização; rendimento anual auferido ($); e total dos rendimentos no ano ($).

Analise os dados ora apresentados e prepare um relatório descrevendo suas conclusões.

Apêndices

A. CONCEITOS BÁSICOS E SÍMBOLOS DA MATEMÁTICA

- A.1 Regras para Operações Aritméticas
- A.2 Regras para Álgebra: Expoentes e Raízes Quadradas
- A.3 Regras para Logaritmos
- A.4 Notação do Somatório
- A.5 Símbolos Estatísticos
- A.6 Alfabeto Grego

B. HABILIDADES NECESSÁRIAS PARA USO DO EXCEL

- B.1 Entradas e Referências em Planilhas
- B.2 Referências Absolutas e Referências Relativas a Células
- B.3 Inserindo Fórmulas em Planilhas
- B.4 Colando com Colar Especial
- B.5 Formatação Básica de Planilhas
- B.6 Formatação de Gráficos
- B.7 Selecionando Intervalos de Células para Gráficos
- B.8 Excluindo a Barra "Excedente" de um Histograma
- B.9 Criando Histogramas para Distribuições de Probabilidades Discretas

C. RECURSOS DISPONÍVEIS NO SITE DA LTC EDITORA PARA O MATERIAL ON-LINE DESTE LIVRO

- C.1 Sobre os Recursos Disponíveis no Site da LTC Editora para o Material On-line Deste Livro
- C.2 Detalhes dos Arquivos a Serem Baixados

D. CONFIGURANDO O *SOFTWARE*

- D.1 Tornando o Microsoft Excel Pronto para Ser Utilizado (TODOS)
- D.2 Tornando o PHStat Pronto para Ser Utilizado (TODOS)
- D.3 Configurando a Segurança do Excel para Uso de Suplementos (WIN)
- D.4 Abrindo o PHStat (TODOS)
- D.5 Utilizando a Pasta de Trabalho com o Suplemento Visual Explorations (Explorações Visuais)
- D.6 Verificando a Presença dos Suplementos do Pacote Ferramentas de Análise ou Solver (TODOS)

E. TABELAS

- E.1 Tabela de Números Aleatórios
- E.2 A Distribuição Normal Padronizada Acumulada
- E.3 Valores Críticos de t
- E.4 Valores Críticos de χ^2
- E.5 Valores Críticos de F
- E.6 Valores Críticos Inferior e Superior, T_1, do Teste da Soma das Classificações de Wilcoxon
- E.7 Valores Críticos da Amplitude de Student, Q
- E.8 Valores Críticos de d_l e d_S da Estatística de Durbin-Watson, D
- E.9 Fatores de Gráficos de Controle
- E.10 A Distribuição Normal Padronizada

F. CONHECIMENTOS ÚTEIS DO EXCEL

- F.1 Atalhos Úteis no Teclado
- F.2 Verificando Fórmulas e Planilhas
- F.3 Novos Nomes de Funções
- F.4 Compreendendo as Funções Não Estatísticas

G. PERGUNTAS FREQUENTES SOBRE O PHSTAT E O MICROSOFT EXCEL

- G.1 Perguntas Frequentes sobre o PHStat
- G.2 Perguntas Frequentes sobre o Microsoft Excel
- G.3 Perguntas Frequentes para Novos Usuários do Microsoft Excel 2013

SOLUÇÕES PARA TESTES DE AUTOAVALIAÇÃO E RESPOSTAS PARA PROBLEMAS SELECIONADOS COM NUMERAÇÃO PAR

APÊNDICE A — Conceitos Básicos e Símbolos da Matemática

A.1 Regras para Operações Aritméticas

REGRA	EXEMPLO
1. $a + b = c$ e $b + a = c$	$2 + 1 = 3$ e $1 + 2 = 3$
2. $a + (b + c) = (a + b) + c$	$5 + (7 + 4) = (5 + 7) + 4 = 16$
3. $a - b = c$ porém $b - a \neq c$	$9 - 7 = 2$ porém $7 - 9 \neq 2$
4. $(a)(b) = (b)(a)$	$(7)(6) = (6)(7) = 42$
5. $(a)(b + c) = ab + ac$	$(2)(3 + 5) = (2)(3) + (2)(5) = 16$
6. $a \div b \neq b \div a$	$12 \div 3 \neq 3 \div 12$
7. $\dfrac{a + b}{c} = \dfrac{a}{c} + \dfrac{b}{c}$	$\dfrac{7 + 3}{2} = \dfrac{7}{2} + \dfrac{3}{2} = 5$
8. $\dfrac{a}{b + c} \neq \dfrac{a}{b} + \dfrac{a}{c}$	$\dfrac{3}{4 + 5} \neq \dfrac{3}{4} + \dfrac{3}{5}$
9. $\dfrac{1}{a} + \dfrac{1}{b} = \dfrac{b + a}{ab}$	$\dfrac{1}{3} + \dfrac{1}{5} = \dfrac{5 + 3}{(3)(5)} = \dfrac{8}{15}$
10. $\left(\dfrac{a}{b}\right)\left(\dfrac{c}{d}\right) = \left(\dfrac{ac}{bd}\right)$	$\left(\dfrac{2}{3}\right)\left(\dfrac{6}{7}\right) = \left(\dfrac{(2)(6)}{(3)(7)}\right) = \dfrac{12}{21}$
11. $\dfrac{a}{b} \div \dfrac{c}{d} = \dfrac{ad}{bc}$	$\dfrac{5}{8} \div \dfrac{3}{7} = \left(\dfrac{(5)(7)}{(8)(3)}\right) = \dfrac{35}{24}$

A.2 Regras para Álgebra: Expoentes e Raízes Quadradas

REGRA	EXEMPLO
1. $(X^a)(X^b) = X^{a+b}$	$(4^2)(4^3) = 4^5$
2. $(X^a)^b = X^{ab}$	$(2^2)^3 = 2^6$
3. $(X^a / X^b) = X^{a-b}$	$\dfrac{3^5}{3^3} = 3^2$
4. $\dfrac{X^a}{X^a} = X^0 = 1$	$\dfrac{3^4}{3^4} = 3^0 = 1$
5. $\sqrt{XY} = \sqrt{X}\sqrt{Y}$	$\sqrt{(25)(4)} = \sqrt{25}\sqrt{4} = 10$
6. $\sqrt{\dfrac{X}{Y}} = \dfrac{\sqrt{X}}{\sqrt{Y}}$	$\sqrt{\dfrac{16}{100}} = \dfrac{\sqrt{16}}{\sqrt{100}} = 0{,}40$

A.3 Regras para Logaritmos

Base 10

Log é o símbolo utilizado para representar logaritmos de base 10:

REGRA	EXEMPLO
1. $\log(10^a) = a$	$\log(100) = \log(10^2) = 2$
2. Se $\log(a) = b$, então $a = 10^b$	Se $\log(a) = 2$, então $a = 10^2 = 100$
3. $\log(ab) = \log(a) + \log(b)$	$\log(100) = \log[(10)(10)] = \log(10) + \log(10)$
	$\qquad = 1 + 1 = 2$
4. $\log(a^b) = (b)\log(a)$	$\log(1.000) = \log(10^3) = (3)\log(10) = (3)(1) = 3$
5. $\log(a/b) = \log(a) - \log(b)$	$\log(100) = \log(1.000/10) = \log(1.000) - \log(10)$
	$\qquad = 3 - 1 = 2$

EXEMPLO

Aplique o logaritmo de base 10 a cada um dos lados da seguinte equação:

$$Y = \beta_0 \beta_1^X \varepsilon$$

SOLUÇÃO: Aplique as Regras 3 e 4:

$$\log(Y) = \log(\beta_0 \beta_1^X \varepsilon)$$
$$= \log(\beta_0) + \log(\beta_1^X) + \log(\varepsilon)$$
$$= \log(\beta_0) + X\log(\beta_1) + \log(\varepsilon)$$

Base e

ln corresponde ao símbolo utilizado para logaritmos de base e, habitualmente conhecidos como logaritmos naturais. O símbolo e representa o número de Euler, e $e \cong 2{,}718282$:

REGRA	EXEMPLO
1. $\ln(e^a) = a$	$\ln(7{,}389056) = \ln(e^2) = 2$
2. Se $\ln(a) = b$, então $a = e^b$	Se $\ln(a) = 2$, então $a = e^2 = 7{,}389056$
3. $\ln(ab) = \ln(a) + \ln(b)$	$\ln(100) = \ln[(10)(10)]$
	$= \ln(10) + \ln(10) = 2{,}302585 + 2{,}302585 = 4{,}605170$
4. $\ln(a^b) = (b)\ln(a)$	$\ln(1.000) = \ln(10^3) = 3\ln(10) = 3(2{,}302585) = 6{,}907755$
5. $\ln(a/b) = \ln(a) - \ln(b)$	$\ln(100) = \ln(1.000/10) = \ln(1.000) - \ln(10)$
	$\qquad = 6{,}907755 - 2{,}302585 = 4{,}605170$

EXEMPLO

Aplique o logaritmo de base e a cada um dos lados da seguinte equação:

$$Y = \beta_0 \beta_1^X \varepsilon$$

SOLUÇÃO: Aplique as Regras 3 e 4:

$$\ln(Y) = \ln(\beta_0 \beta_1^X \varepsilon)$$
$$= \ln(\beta_0) + \ln(\beta_1^X) + \ln(\varepsilon)$$
$$= \ln(\beta_0) + X\ln(\beta_1) + \ln(\varepsilon)$$

A.4 Notação do Somatório

O símbolo Σ, a letra grega maiúscula sigma, representa a expressão "realizar o somatório de". Considere um conjunto de n valores para uma variável X. A expressão $\sum_{i=1}^{n} X_i$ significa realizar o somatório dos n valores correspondentes à variável X. Por conseguinte,

$$\sum_{i=1}^{n} X_i = X_1 + X_2 + X_3 + \cdots + X_n$$

O problema a seguir ilustra o uso do símbolo Σ. Considere cinco valores para uma variável X: $X_1 = 2$, $X_2 = 0$, $X_3 = -1$, $X_4 = 5$ e $X_5 = 7$. Assim,

$$\sum_{i=1}^{5} X_i = X_1 + X_2 + X_3 + X_4 + X_5 = 2 + 0 + (-1) + 5 + 7 = 13$$

Na estatística, é frequentemente realizado o somatório dos valores de uma variável, elevados ao quadrado. Por conseguinte,

$$\sum_{i=1}^{n} X_i^2 = X_1^2 + X_2^2 + X_3^2 + \cdots + X_n^2$$

e, no exemplo apresentado,

$$\sum_{i=1}^{5} X_i^2 = X_1^2 + X_2^2 + X_3^2 + X_4^2 + X_5^2$$
$$= 2^2 + 0^2 + (-1)^2 + 5^2 + 7^2$$
$$= 4 + 0 + 1 + 25 + 49$$
$$= 79$$

$\sum_{i=1}^{n} X_i^2$, o somatório dos quadrados, *não* é o mesmo que $\left(\sum_{i=1}^{n} X_i \right)^2$, o quadrado do somatório:

$$\sum_{i=1}^{n} X_i^2 \neq \left(\sum_{i=1}^{n} X_i \right)^2$$

No exemplo apresentado anteriormente, o somatório dos quadrados é igual a 79. Isso não é igual ao quadrado da soma, que é igual a $13^2 = 169$.

Outra operação frequentemente utilizada envolve o somatório do produto. Considere duas variáveis, X e Y, cada uma delas possuindo n valores. Por conseguinte,

$$\sum_{i=1}^{n} X_i Y_i = X_1 Y_1 + X_2 Y_2 + X_3 Y_3 + \cdots + X_n Y_n$$

Em continuação do nosso exemplo anterior, suponha que exista uma segunda variável Y, cujos cinco valores sejam $Y_1 = 1$, $Y_2 = 3$, $Y_3 = -2$, $Y_4 = 4$ e $Y_5 = 3$. Sendo assim:

$$\sum_{i=1}^{n} X_i Y_i = X_1 Y_1 + X_2 Y_2 + X_3 Y_3 + X_4 Y_4 + X_5 Y_5$$
$$= (2)(1) + (0)(3) + (-1)(-2) + (5)(4) + (7)(3)$$
$$= 2 + 0 + 2 + 20 + 21$$
$$= 45$$

No cálculo para $\sum_{i=1}^{n} X_i Y_i$, você precisa perceber que o primeiro valor de X é multiplicado pelo primeiro valor para Y; o segundo valor de X é multiplicado pelo segundo valor para Y; e assim sucessivamente. É realizado, depois disso, o somatório correspondente a esses produtos, para que se possa calcular o resultado desejado. Entretanto, o somatório dos produtos *não* é igual ao produto entre as somas individuais.

$$\sum_{i=1}^{n} X_i Y_i \neq \left(\sum_{i=1}^{n} X_i \right) \left(\sum_{i=1}^{n} Y_i \right)$$

Neste exemplo,

$$\sum_{i=1}^{5} X_i = 13$$

e

$$\sum_{i=1}^{5} Y_i = 1 + 3 + (-2) + 4 + 3 = 9$$

de modo tal que

$$\left(\sum_{i=1}^{5} X_i \right) \left(\sum_{i=1}^{5} Y_i \right) = (13)(9) = 117$$

No entanto,

$$\sum_{i=1}^{5} X_i Y_i = 45$$

A tabela a seguir apresenta um resumo para esses resultados.

VALOR	X_i	Y_i	$X_i Y_i$
1	2	1	2
2	0	3	0
3	-1	-2	2
4	5	4	20
5	7	3	21
	$\sum_{i=1}^{5} X_i = 13$	$\sum_{i=1}^{5} Y_i = 9$	$\sum_{i=1}^{5} X_i Y_i = 45$

Regra 1 O somatório correspondente aos valores de duas variáveis é igual à soma dos valores relativos ao somatório correspondente a cada uma dessas duas variáveis.

$$\sum_{i=1}^{n} (X_i + Y_i) = \sum_{i=1}^{n} X_i + \sum_{i=1}^{n} Y_i$$

Consequentemente,

$$\sum_{i=1}^{5} (X_i + Y_i) = (2 + 1) + (0 + 3) + (-1 + (-2)) + (5 + 4) + (7 + 3)$$

$$= 3 + 3 + (-3) + 9 + 10$$

$$= 22$$

$$\sum_{i=1}^{5} X_i + \sum_{i=1}^{5} Y_i = 13 + 9 = 22$$

Regra 2 O somatório de uma diferença entre os valores correspondentes a duas variáveis é igual à diferença entre os valores correspondentes ao somatório dessas variáveis.

$$\sum_{i=1}^{n}(X_i - Y_i) = \sum_{i=1}^{n}X_i - \sum_{i=1}^{n}Y_i$$

Consequentemente,

$$\sum_{i=1}^{5}(X_i - Y_i) = (2-1) + (0-3) + (-1-(-2)) + (5-4) + (7-3)$$
$$= 1 + (-3) + 1 + 1 + 4$$
$$= 4$$
$$\sum_{i=1}^{5}X_i - \sum_{i=1}^{5}Y_i = 13 - 9 = 4$$

Regra 3 O somatório de uma constante multiplicada por uma variável é igual ao valor dessa constante multiplicado pelo somatório dos valores correspondentes à variável.

$$\sum_{i=1}^{n}cX_i = c\sum_{i=1}^{n}X_i$$

em que c é uma constante. Assim, se $c = 2$,

$$\sum_{i=1}^{5}cX_i = \sum_{i=1}^{5}2X_i = (2)(2) + (2)(0) + (2)(-1) + (2)(5) + (2)(7)$$
$$= 4 + 0 + (-2) + 10 + 14$$
$$= 26$$
$$c\sum_{i=1}^{5}X_i = 2\sum_{i=1}^{5}X_i = (2)(13) = 26$$

Regra 4 Uma constante somada n vezes será igual a n vezes o valor daquela constante.

$$\sum_{i=1}^{n}c = nc$$

em que c é uma constante. Por conseguinte, caso a constante $c = 2$ seja somada 5 vezes,

$$\sum_{i=1}^{5}c = 2 + 2 + 2 + 2 + 2 = 10$$
$$nc = (5)(2) = 10$$

EXEMPLO

Suponha haver seis valores para as variáveis X e Y, de modo que $X_1 = 2$, $X_2 = 1$, $X_3 = 5$, $X_4 = -3$, $X_5 = 1$, $X_6 = -2$ e $Y_1 = 4$, $Y_2 = 0$, $Y_3 = -1$, $Y_4 = 2$, $Y_5 = 7$ e $Y_6 = -3$. Calcule cada um dos seguintes itens:

(a) $\displaystyle\sum_{i=1}^{6}X_i$

(d) $\displaystyle\sum_{i=1}^{6}Y_i^2$

(b) $\displaystyle\sum_{i=1}^{6}Y_i$

(e) $\displaystyle\sum_{i=1}^{6}X_iY_i$

(c) $\displaystyle\sum_{i=1}^{6}X_i^2$

(f) $\displaystyle\sum_{i=1}^{6}(X_i + Y_i)$

Conceitos Básicos e Símbolos da Matemática **673**

(g) $\sum_{i=1}^{6} (X_i - Y_i)$ 　　　　　　　　　　(i) $\sum_{i=1}^{6} (cX_i)$, em que $c = -1$

(h) $\sum_{i=1}^{6} (X_i - 3Y_i + 2X_i^2)$ 　　　　　(j) $\sum_{i=1}^{6} (X_i - 3Y_i + c)$, em que $c = +3$

Respostas

(a) 4　(b) 9　(c) 44　(d) 79　(e) 10　(f) 13　(g) −5　(h) 65　(i) −4　(j) −5

Referências

1. Bashaw, W. L., *Mathematics for Statistics* (New York: Wiley, 1969).
2. Lanzer, P., *Basic Math*: *Fractions*, *Decimals*, *Percents* (Hicksville, NY: Video Aided Instruction, 2006).
3. Levine, D. e A. Brandwein, *The MBA Primer*: *Business Statistics*, 3rd ed. (Cincinnati, OH: Cengage Publishing, 2011).
4. Levine, D., *Statistics* (Hicksville, NY: Video Aided Instruction, 2006).
5. Shane, H., *Algebra 1* (Hicksville, NY: Video Aided Instruction, 2006).

A.5　Símbolos Estatísticos

$+$　soma 　　　　　　　　　　　　　$\times$　multiplicação
$-$　subtração 　　　　　　　　　　　$\div$　divisão
$=$　igual a 　　　　　　　　　　　　$\neq$　não igual a
$\cong$　aproximadamente igual a 　　　$<$　menor que
$>$　maior que 　　　　　　　　　　　$\leq$　menor que ou igual a
$\geq$　maior que ou igual a

A.6　Alfabeto Grego

LETRA GREGA		NOME DA LETRA	EQUIVALENTE EM PORTUGUÊS	LETRA GREGA		NOME DA LETRA	EQUIVALENTE EM PORTUGUÊS
A	α	Alfa	a	N	ν	Nu	n
B	β	Beta	b	Ξ	ξ	Xi	x
Γ	γ	Gama	g	O	o	Ômicron	ŏ
Δ	δ	Delta	d	Π	π	Pi	p
E	ε	Epsilon	ĕ	P	ρ	Rô	r
Z	ζ	Dzeta	z	Σ	σ	Sigma	s
H	η	Eta	ē	T	τ	Tau	t
Θ	θ	Teta	th	Y	υ	Upsilon	u
I	ι	Iota	i	Φ	ϕ	Fi	ph
K	κ	Capa	k	X	χ	Qui	ch
Λ	λ	Lambda	l	Ψ	ψ	Psi	ps
M	μ	Mi	m	Ω	ω	Ômega	ō

APÊNDICE B	Habilidades Necessárias para Uso do Excel

Este apêndice avalia as habilidades e as operações do Excel que você precisa conhecer para poder fazer uso eficaz do Microsoft Excel. Conforme afirmamos na Seção GE.3, no Guia do Excel para o Capítulo inicial Mãos à Obra, caso você planeje utilizar as instruções para o *Excel Avançado*, você precisará estar familiarizado com o conteúdo inteiro deste apêndice. O pleno conhecimento das competências e operações neste apêndice é menos necessário se você planejar utilizar o PHStat (ou o pacote com o suplemento Ferramentas de Análise), mas um conhecimento sobre eles se mostrará útil se você precisar personalizar as planilhas que o PHStat cria, ou se você planejar criar suas apresentações resumidas a partir desses resultados.

Caso você considere o nível deste apêndice demasiadamente desafiador, ou não esteja familiarizado com as habilidades listadas na Tabela GE.A no Guia do Excel para o capítulo inicial Mãos à Obra, leia então a seção oferecida como bônus no material suplementar disponível no *site* da LTC Editora, que é mencionado naquela Seção.

B.1 Entradas e Referências em Planilhas

Conforme discutido na Seção GE.1 no Guia do Excel para o capítulo inicial Mãos à Obra, o Microsoft Excel utiliza planilhas (algumas vezes chamadas de planilhas eletrônicas) para armazenar dados e, ao mesmo tempo, apresentar os resultados das análises. Uma **planilha** é um arranjo tabular de dados, em que as interseções entre linhas e colunas formam **células**, caixas nas quais você realiza entradas. Essas entradas podem ser números, textos que servem para dar legendas aos números ou títulos para uma planilha, ou *fórmulas*. **Fórmulas** são instruções que realizam um cálculo ou alguma outra tarefa relacionada a um cálculo, tal como uma tomada de decisão lógica. Fórmulas são geralmente encontradas em planilhas que você utiliza para apresentar cálculos intermediários ou os resultados relativos a uma análise. Em alguns casos, fórmulas podem ser utilizadas para preparar novos dados a serem analisados.

Fórmulas habitualmente utilizam valores encontrados em outras células para calcular um resultado que é exibido na célula que armazena a fórmula. Isso significa que quando você verifica se uma determinada célula de planilha está exibindo o valor, digamos 5, você não consegue determinar, com base em uma inspeção apenas superficial, se o criador da planilha digitou o número 5 na célula ou se o criador digitou uma fórmula que resulta na exibição do valor 5. Essa peculiaridade de planilhas significa que você deve sempre examinar criteriosamente o conteúdo de cada uma das planilhas que você utiliza. Neste livro, cada uma das planilhas com fórmulas que você pode vir a utilizar é acompanhada por uma planilha de "fórmulas", que apresenta a planilha de um modo tal que permite que você visualize as fórmulas que foram inseridas na planilha.

Referências de Células

A maior parte das fórmulas utiliza valores que foram inseridos em outras células. Para se referir a essas células, o Excel utiliza um sistema de correspondência, ou *referência*, que é baseado na natureza tabular de uma planilha. Colunas são desenhadas com letras, e linhas são desenhadas com números, de modo tal que a célula na primeira linha e na primeira coluna seja chamada de A1; a célula na terceira linha e primeira coluna seja chamada de A3; e a célula na terceira coluna e primeira linha seja chamada de C1. Para se referir a uma determinada célula em uma fórmula, você utiliza uma referência de célula no formato *NomedaPlanilha!ColunaLinha*. Por exemplo, DADOS!A2 se refere à célula na planilha Dados que está na coluna A e na linha 2.

Você pode também utilizar somente a parcela *ColunaLinha* de um endereço completo — por exemplo, A2 — como uma maneira abreviada de se referir a uma célula que esteja na mesma planilha em que você esteja inserindo uma fórmula. (O Excel chama de **planilha ativa** ou **planilha atualmente em uso** a planilha em que você está inserindo as entradas.) Caso o nome da planilha contenha espaços ou caracteres especiais, como é o caso de **DADOS CIDADES**, ou **Figura_1.2**, você deve colocar o nome da planilha entre aspas simples, como é o caso em 'DADOS CIDADES'!A2 ou 'Figura_1.2'!A2.

Para se reportar a um grupo de células, como é o caso das células de uma coluna que armazene os dados para uma determinada variável, você utiliza um intervalo de células. Um intervalo de células apresenta, como nome, a célula esquerda superior e a célula inferior direita do grupo, utilizando a forma *NomedaPlanilha!CélulaSuperiorEsquerda:CélulaInferior Direita*. Por exemplo, o intervalo de células DADOS!A1:A11 identifica as 11 primeiras células na primeira coluna da planilha DADOS. Intervalos de células podem se estender ao longo de inúmeras colunas; o intervalo de células DADOS!A1:D11 faria referência às 11 primeiras células nas 4 primeiras colunas da planilha. Intervalos de células no formato *Coluna:Coluna* (ou *Linha:Linha*) que se reportam a todas as células em uma determinada coluna (ou linha) também são permitidos. Neste livro, você ocasionalmente verificará intervalos de células no formato B:B, que se referem a todas as células existentes em uma determinada coluna B, para situações em que o número de entradas de células na coluna B seria desconhecido para o criador da planilha.

Assim como ocorre no caso de referência a uma única célula, você pode deixar de lado a parte *NomedaPlanilha!* da referência, caso você esteja inserindo um intervalo de células na planilha que está ativa. E se o nome da planilha contiver espaços ou caracteres especiais, o nome da planilha deve ser cercado por um par de aspas simples. Observe que, em algumas caixas de diálogo do Excel, você *deve* incluir o nome da planilha como parte de uma referência de célula, para poder obter os resultados apropriados. (Esses casos estão identificados nas instruções deste livro, à medida que vão surgindo.)

Embora não se utilizem, neste livro, referências de células podem incluir um nome de pasta de trabalho na forma '[*NomedaPastadeTrabalho*] *NomedaPlanilha*'!ColunaLinha ou '[*NomedaPastadeTrabalho*] *NomedaPlanilha*'!CélulaCanto SuperiorEsquerdo:CélulaCantoInferiorDireito. Você pode vir a se deparar com essas referências caso, inadvertidamente, você copie certos tipos de planilhas ou planilhas de gráficos de uma pasta de trabalho para outra.

Recálculo

Quando você utiliza fórmulas que se referem a outras células, o resultado exibido pelas fórmulas automaticamente se modifica na medida em que modificam os valores nas células às quais a fórmula se reporta. Esse processo, conhecido como **recálculo**, foi a característica original inovadora nos programas de planilhas eletrônicas de cálculo, e foi o que fez com que, pela primeira vez, esses programas viessem a ser disseminadamente utilizados no campo da contabilidade.

O recálculo forma a base para a construção de *gabaritos* (ou *templates*) e *modelos* para planilhas. **Gabaritos** (ou templates) são planilhas nas quais você precisa apenas inserir valores para obter resultados. Gabaritos podem ser reutilizados muitas e muitas vezes, quando se inserem nelas diferentes conjuntos de dados. Muitas das planilhas ilustradas neste livro são desenhadas na forma de gabaritos. No que se refere a essas planilhas, você precisa apenas inserir novos valores, em geral em células que estão coloridas com um tom de turquesa-claro, para poder obter os resultados de que você precisa. Outras planilhas ilustradas são **modelos**, que são semelhantes a gabaritos, mas requerem a edição de certas fórmulas, à medida que novos valores vão sendo inseridos em uma determinada planilha. Neste livro, modelos de planilhas foram desenhados com o intuito de simplificar essas tarefas de edição e para proporcionar a solução mais generalizada.

Planilhas que utilizam fórmulas capazes de realizar recálculos são algumas vezes chamadas de planilhas "vivas", para fazer a distinção entre elas e planilhas que contêm somente entradas de texto e entradas numéricas (planilhas "mortas"), bastante semelhantes ao que conteria uma simples tabela de processamento de palavras. Uma característica inovadora do suplemento PHStat, que você pode utilizar com este livro, é que praticamente todas as planilhas que o suplemento constrói para você são planilhas "vivas". Isso significa que, conforme observamos pela primeira vez na Seção GE.2, no Guia do Excel para o capítulo inicial Mãos à Obra, você obtém os mesmos resultados, as mesmas planilhas, esteja você utilizando as instruções para o *PHStat*, ou esteja você utilizando as instruções para o *Excel Avançado*, nos diversos Guias do Excel. Isto é diferente de muitos outros suplementos que produzem resultados na forma de planilhas mortas que não podem ser utilizadas de nenhum outro modo.

B.2 Referências Absolutas e Referências Relativas a Células

Muitas planilhas contêm colunas (ou linhas) com fórmulas de aparência semelhante. Por exemplo, a coluna C em uma planilha pode conter fórmulas que somem o conteúdo das linhas da coluna A e da coluna B. A fórmula para a célula C2 seria =**A2** + **B2**, a fórmula para a célula C3 seria =**A3** + **B3**, a fórmula para a célula C4 seria =**A4** + **B4**, e assim sucessivamente para baixo na coluna C. Para evitar o trabalho penoso de ter que digitar inúmeras fórmulas semelhantes, você pode copiar uma fórmula e, em seguida, colar essa fórmula em todas as células em um intervalo de células selecionado. Por exemplo, para copiar uma fórmula que tenha sido inserida na célula C2 para baixo na coluna, até a linha 12:

1. Clique à direita na célula C2 e pressione **Ctrl**+**C** para copiar a fórmula. Um destaque tracejado rotatório aparece em torno da célula C2.
2. Selecione o intervalo de células **C3:C12**.
3. Com o intervalo de células realçado, pressione **Ctrl**+**V** para colar a fórmula nas células daquele intervalo de células.

Quando você realiza essa operação de copiar-e-colar, o Excel ajusta essas **referências relativas de células** nas fórmulas, de modo tal que o ato de copiar a fórmula =**A2** + **B2** da célula C2 para a célula C3 resulta na fórmula =**A3** + **B3** sendo colada na célula C3; na fórmula =**A4** + **B4** sendo colada na célula C4; e assim sucessivamente.

Existem circunstâncias em que você não deseja que o Excel ajuste toda a fórmula ou parte de uma fórmula. Por exemplo, caso você estivesse copiando a fórmula da célula C2, =**(A2** + **B2)/B15**, e a célula B15 contivesse o divisor a ser utilizado em todas as fórmulas, você não desejaria ver colada na célula C3 a fórmula =**(A3** + **B3)/B16**. Para evitar que o Excel ajuste uma determinada referência de célula, você utiliza **referências absolutas para células** inserindo sinais de cifrão ($) antes das referências para coluna e linha de uma referência de célula relativa. Por exemplo, a referência absoluta para célula **$B$15** na fórmula da célula C2 copiada, =**(A2** + **B2)/$B$15**, faria com que o Excel copiasse a fórmula =**(A3** + **B3)/$B$15** na célula C3.

Para fins de facilidade de leitura, as fórmulas mostradas nas ilustrações de planilhas neste livro geralmente utilizam referências relativas para células, até mesmo nos casos em que a utilização de referências absolutas para células ajudaria na entrada física das fórmulas. Quando você estiver examinando referências absolutas de células, não confunda o uso do símbolo de cifrão, em uma referência absoluta, com a operação de formatação que exibe números sob a forma de valores na moeda corrente norte-americana. (Veja a Seção B.5 para aprender a formatar células de modo tal que exibam valores numéricos sob a forma de valores na moeda corrente norte-americana.)

B.3 Inserindo Fórmulas em Planilhas

Para inserir uma fórmula em uma determinada célula, primeiramente selecione a célula e, depois disso, inicie a entrada digitando o sinal de igualdade (=). Aquilo que segue o sinal de igualdade pode ser uma combinação de operações matemáticas e operações de processamento de dados com referências de células, que é encerrada quando é pressionada a tecla **Enter**. Para fórmulas simples, você utiliza os símbolos +, −, *, /, e ^ para as operações de soma, subtração, multiplicação, divisão e exponenciação (um número elevado a uma potência), respectivamente. Por exemplo, a fórmula =**A2** + **B2** soma o conteúdo das células A2 e B2 e exibe a soma como o valor na célula que contém a fórmula. Para revisar a fórmula, digite novamente a fórmula ou edite a mesma na barra de fórmulas.

Uma vez que fórmulas exibem seus respectivos resultados e não se mostram elas mesmas quando inseridas em uma célula, você deve sempre revisar e verificar qualquer fórmula que insira, antes de utilizar a planilha na qual ela está inserida para obter resultados. Uma maneira de revisar todas as fórmulas em uma planilha é pressionar **Ctrl**+**`** (acento grave). Depois de sua revisão de fórmulas, você pode pressionar **Ctrl**+**`** uma segunda vez para restaurar a exibição normal de valores. (As planilhas com "fórmulas" que aparecem ao lado das planilhas normais, mencionadas na Seção B.1, foram criadas pressionando **Ctrl+`** uma única vez, com uma cópia da planilha original.)

Funções

Você pode utilizar funções de planilhas em fórmulas, de modo a simplificar certas fórmulas matemáticas ou conquistar acesso a funções avançadas de processamento ou estatísticas. Por exemplo, em vez de digitar =**A2 + A3 + A4 + A5 + A6**, você poderia utilizar a função **SOMA** para inserir uma fórmula equivalente e mais curta =**SOMA(A2:A6)**. Funções são inseridas digitando-se seus respectivos nomes seguidos por um par de parênteses. Para quase todas as funções, você precisa fazer pelo menos uma entrada dentro do par de parênteses. Para funções que requerem duas ou mais entradas, você separa as entradas com vírgulas, como é o caso na função **QUARTIL (*intervalo de células da variável, número do quartil*)** que é discutida na Seção GE3.3.

Para usar uma função de planilha em uma fórmula, digite a função conforme ilustrado nas instruções deste livro, ou selecione uma função a partir das galerias no grupo Biblioteca de Funções na guia de Fórmulas. Por exemplo, para inserir a fórmula =**QUARTIL(A2:A20, 2)** na célula C2, você poderia digitar esses 20 caracteres diretamente na célula, ou selecionar a célula C2 e, depois disso, selecionar **Fórmulas → Mais Funções → Estatística** e clicar em **QUARTIL** na lista de opções com barra de rolagem e, em seguida, digitar **A2:A20** e **2** na caixa de diálogo Argumentos da Função, e clicar em **OK**. (No que se refere a algumas funções, o processo de seleção é bem mais curto, e, nas versões do Excel posteriores ao Excel 2007, você seleciona **Fórmulas → Inserir Função** e, depois disso, fazer as entradas e seleções necessárias em uma ou mais caixas de diálogo que se apresentam em seguida.)

Inserindo Fórmulas para Séries Ordenadas

Uma **fórmula para série ordenada** é uma fórmula que você insere apenas uma única vez, mas se aplica a todas as células em um intervalo de células selecionado (a "série ordenada"). Para inserir uma fórmula para série ordenada, primeiramente selecione o intervalo de células e, depois disso, digite a fórmula e, em seguida, mantendo pressionadas as teclas **Ctrl** e **Shift**, pressione **Enter** para inserir a fórmula para série ordenada em todas as células do intervalo de células. (No Excel para OS X, você pode também pressionar **Command+Enter** para inserir a fórmula para série ordenada.

Para editar uma fórmula para série ordenada, você deve primeiramente selecionar todo o intervalo de células que contém a fórmula para série ordenada; depois disso, editar a fórmula e, então, pressionar **Enter** enquanto mantém pressionadas as teclas **Ctrl+Shift** (ou pressionar **Command+Enter**). Quando você seleciona uma célula que contém uma fórmula para série ordenada, o Excel acrescenta um par de chaves { } para a exibição da fórmula na barra de fórmulas. Esses colchetes desaparecem quando você começa a editar a fórmula. Incluir um par de chaves em torno de uma fórmula ao documentar uma planilha é uma convenção para indicar que uma determinada fórmula é uma fórmula para disposição ordenada, mas em momento algum você deverá digitar as chaves ao inserir uma fórmula para série ordenada.

B.4 Colando com Colar Especial

Embora os atalhos de teclado **Ctrl+C** e **Ctrl+V** para copiar e colar conteúdos de células sejam o suficiente, colar dados de uma planilha para outras pode, algumas vezes, acarretar efeitos colaterais não esperados. Quando as duas planilhas estão em diferentes pastas de trabalho, uma operação de colagem simples cria um vínculo externo para a pasta de trabalho original. Isso pode causar erros posteriormente, caso a primeira pasta de trabalho não esteja disponível no momento em que a segunda esteja sendo usada. Até mesmo a colagem entre planilhas da mesma pasta de trabalho pode acarretar problemas, caso o que esteja sendo colado seja um intervalo de células com fórmulas.

Para evitar esses efeitos colaterais, utilize **Colar Especial** nessas situações especiais. Para usar essa operação, copie o intervalo de células de origem utilizando **Ctrl+C** e, depois disso, clique à direita na célula (ou intervalo de células) que será o local de destino para a colagem, e clique em **Colar Especial** a partir do menu de atalhos.

Na caixa de diálogo Colar Especial (ilustrada a seguir), clique em **Valores** e, depois disso, clique em **OK**. No que se refere ao primeiro caso, Colar Especial Valores cola os valores atuais efetivos correspondentes às células na primeira pasta de trabalho, e não fórmulas que utilizam referências de células para a primeira pasta de trabalho.

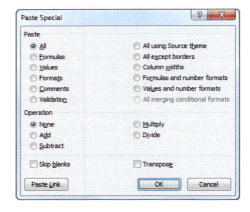

Colar Especial pode colar outros tipos de informação, incluindo informações sobre formatação de células. Em alguns contextos de cópia, posicionar o ponteiro do mouse sobre Colar Especial no menu de atalhos revelará uma galeria de atalhos para as opções apresentadas na caixa de diálogo Colar Especial. Para uma discussão completa sobre essas funcionalidades adicionais de Colar Especial, utilize o sistema de ajuda do Microsoft Excel.

Se você está utilizando o PHStat e possui dados correspondentes a um determinado procedimento no formato de fórmulas, copie seus dados e, depois disso, utilize a função Colar Especial para colar colunas de *valores* equivalentes. (Clique em **Valores**, na caixa de diálogo Colar Especial, para criar os valores.) Depois disso, utilize as colunas de valores para representar o intervalo de células dos dados correspondentes ao procedimento. O PHStat não funcionará de maneira apropriada se os dados referentes a um determinado procedimento estiverem no formato de fórmulas.

B.5 Formatação Básica de Planilhas

Você pode modificar muitos aspectos do modo como o Excel exibe o conteúdo de células de planilhas por meio da formatação de células. Você formata células, seja fazendo entradas na caixa de diálogo Formatar Células, seja clicando em botões de atalhos na guia Início na parte superior da janela do Excel. Caso você seja novato no uso do Excel, pode ser que você ache mais fácil utilizar o método da caixa de diálogo Formatar Células, pelo menos inicialmente. Depois disso, ao longo do tempo, pode ser que você deseje mudar para os atalhos da guia Início, discutidos nas seções apresentadas a seguir.

Para utilizar a caixa de diálogo ora mencionada, clique à direita em uma célula (ou em um intervalo de células) e clique em **Formatar Células** dentro do menu de atalhos. O Excel exibe a guia Número da caixa de diálogo (parcialmente ilustrada abaixo).

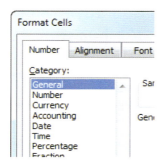

Clicar em uma **Categoria** faz com que altere o painel à direita da lista. Por exemplo, o ato de clicar em **Número** exibe um painel (ilustrado a seguir) no qual você pode ajustar o número de casas decimais. (Muitas células nas planilhas utilizadas ao longo deste livro foram ajustadas de modo a apresentar quatro casas decimais.)

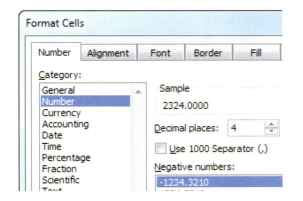

Você pode, também, modificar a formatação numérica das células, clicando nos vários botões existentes no grupo **Número** na guia com o título Início (ilustrada a seguir).

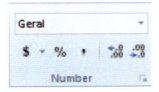

Quando você clica na guia **Alinhamento** da caixa de diálogo Formatar Células (ilustrada na parte superior da coluna da direita), você faz com que seja exibido um painel no qual você consegue controlar coisas, tais como o fato de o conteúdo da célula ser exibido de modo centralizado, ou ancorado na parte superior ou na parte inferior em uma determinada célula, e se o conteúdo da célula está horizontalmente centralizado ou justificado à esquerda ou à direita. Essas opções encontradas no painel ora mencionado estão duplicadas no grupo Alinhamento da guia Início (ilustrada a seguir).

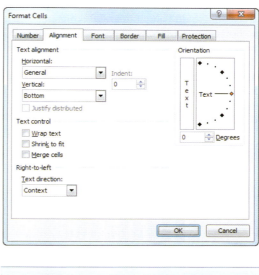

Na interface que apresenta Faixas de Opções, muitos botões, como é o caso de **Mesclar e Centralizar**, possuem uma lista de opções com barra de rolagem associada a eles, que você exibe quando clica na seta à direita, a qual permite a rolagem para baixo da lista de opções. No que se refere à opção Mesclar e Centralizar, essa barra de rolagem exibe uma galeria de opções semelhantes (veja a seguir).

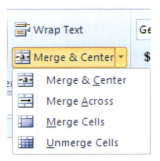

A guia **Fonte** da caixa de diálogo Formatar Células permite que você modifique os atributos de texto utilizados para exibir conteúdos de células, mas você descobrirá que o uso de opções equivalentes no grupo Fonte da guia Início (ilustrada a seguir) é um modo mais conveniente de fazer opções tais como a alteração do tipo da fonte ou do tamanho da fonte, assim como a alteração do estilo da fonte para ser negrito ou itálico.

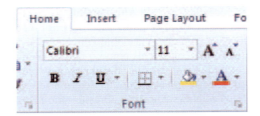

Para alterar a cor de plano de fundo de uma célula, clique no **ícone preenchimento** no grupo Fonte. O ato de clicar nesse ícone faz com que se altere a cor do plano de fundo para a cor que aparece abaixo do balde (amarelo na ilustração a seguir). Clicar no botão que abre o elenco de opções à esquerda do ícone de preenchimento faz com que seja exibida uma galeria de cores (ilustrada a seguir) a partir da qual você pode selecionar uma determinada cor ou clicar em **Mais Cores** para obter uma quantidade ainda maior de opções. (O ícone com a letra A e seu respectivo botão de opções oferece escolhas semelhantes para a cor do texto que está sendo exibido.)

Para ajustar a amplitude de uma coluna para um tamanho otimizado, selecione a coluna e, depois disso, selecione **Formatar → AutoAjuste da Largura da Coluna** (ilustrada a seguir) no grupo Células da guia Início. O Excel ajustará a largura da coluna de modo tal que acomode a exibição dos valores em todas as células da coluna.

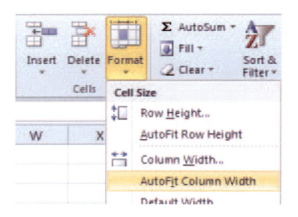

B.6 Formatação de Gráficos

De modo geral, o Microsoft Excel não opera com toda a sua eficácia quando cria e formata gráficos. Muitas das instruções para o *Excel Avançado* que envolvem gráficos fazem com que você se reporte a esta seção, de modo tal que você possa corrigir a formatação de um gráfico que você tenha acabado de construir.

Para aplicar qualquer uma das correções a seguir, você deve primeiramente selecionar o gráfico que está para ser corrigido. (Caso Ferramentas de Gráfico ou Ferramentas de Gráficos Dinâmicos apareçam acima das guias correspondentes às Faixas de Opções, você selecionou um gráfico.)

Se, ao abrir uma planilha de gráfico, o gráfico aparecer demasiadamente grande para poder ser integralmente visualizado, ou demasiadamente pequeno e envolto por uma moldura de gráfico que seja demasiadamente grande, clique nos botões de **Zoom** para mais ou para menos, localizados na parte inferior direita da moldura da janela do Excel, para ajustar a exibição do gráfico.

Nas seções a seguir, as instruções que aparecem posteriormente a **2007** muito provavelmente terão que ser feitas unicamente se você estiver utilizando o Excel 2007, enquanto as instruções apresentadas depois de **2013** se aplicam exclusivamente ao Excel 2013. Diferentemente das outras versões para o Excel, no Excel 2013, algumas das seleções, tais como as seleções de linhas de grade, correspondem a seleções alternativas que ativam (ou desativam) um determinado elemento gráfico.

Alterações que Você Muito Habitualmente Faz

Para reposicionar um gráfico para sua própria planilha de gráfico:

1. Clique na parte interior do gráfico e clique em **Mover Gráfico** a partir do menu de atalhos.
2. Na caixa de diálogo Mover Gráfico, clique em **Nova Planilha**, digite um nome para a nova planilha de gráfico, e clique em **OK**.

Para desativar as linhas de grade horizontais não apropriadas:

> **Layout → Linhas de Grade → Linhas de Grade Horizontais Principais → Nenhuma**
> **(2013) Design → Adicionar Elemento Gráfico → Linhas de Grade → Horizontal Principal**

Para desativar as linhas de grade verticais não apropriadas:

> **Layout → Linhas de Grade → Linhas de Grade Verticais Principais → Nenhuma**
> **(2013) Design → Adicionar Elemento Gráfico → Linhas de Grade → Vertical Principal**

Para desativar a legenda do gráfico:

> **Layout → Legenda → Nenhuma**.
> **(2013) Design → Adicionar Elemento Gráfico → Legenda → Nenhuma**

(2007) Para desativar a exibição de valores em pontos do gráfico ou barras nos gráficos:

> **Layout → Tabela de Dados → Nenhuma**

(2007) Para desativar a exibição de uma tabela resumida na planilha que contém o gráfico:

> **Layout → Tabela de Dados → Nenhuma**

Títulos de Gráficos e Títulos de Eixos

Para acrescentar um título de gráfico em um determinado gráfico no qual esteja faltando um título:

1. Clique no gráfico e, depois, selecione **Layout → Título do Gráfico → Acima do Gráfico**. (No Excel 2013, selecione **Design → Adicionar Elemento Gráfico → Título do Gráfico → Acima do Gráfico**.)

2. Na caixa que é acrescentada ao gráfico, selecione as palavras "Título do Gráfico" e insira um título apropriado.

Para acrescentar um título a um determinado eixo horizontal no qual esteja faltando um título:

1. Clique no gráfico e, depois, selecione **Layout ➜ Título dos Eixos ➜ Título do Eixo Horizontal Principal ➜ Título Abaixo do Eixo**. (No Excel 2013, selecione **Design ➜ Adicionar Elemento Gráfico ➜ Título dos Eixos ➜ Horizontal Principal**.)
2. Na caixa que é acrescentada ao gráfico, selecione as palavras "Título do Eixo" e insira um título apropriado.

Para acrescentar um título a um determinado eixo vertical no qual esteja faltando um título:

1. Clique no gráfico e, depois disso, selecione **Layout ➜ Título dos Eixos ➜ Título do Eixo Vertical Principal ➜ Título Girado**. (No Excel 2013, selecione **Design ➜ Adicionar Elemento Gráfico ➜ Título dos Eixos ➜ Vertical Principal.**)
2. Na caixa que é acrescentada ao gráfico, selecione as palavras "Título do Eixo" e insira um título apropriado.

Eixos de Gráficos

Para ativar a exibição do eixo X, caso já não esteja exibido:

Layout ➜ Eixos ➜ Eixo Horizontal Principal ➜ Mostrar Eixo da Esquerda para a Direita (ou **Mostrar Eixo-Padrão**, caso seja exibido)
(2013) Design ➜ Adicionar Elemento Gráfico ➜ Eixos ➜ Horizontal Principal

Para ativar a exibição do eixo Y, caso já não esteja exibido:

Layout ➜ Eixos ➜ Eixo Vertical Principal ➜ Mostrar Eixo Padrão
(2013) Design ➜ Adicionar Elemento Gráfico ➜ Eixos ➜ Vertical Primário

Para um gráfico que contenha eixos secundários, para desativar o título do eixo horizontal secundário:

Layout ➜ Títulos dos Eixos ➜ Título do Eixo Horizontal Secundário ➜ Nenhum
(2013) Design ➜ Adicionar Elemento Gráfico ➜ Títulos dos Eixos ➜ Horizontal Secundário

Para um gráfico que contenha eixos secundários, para ativar o título do eixo vertical secundário:

Layout ➜ Títulos dos Eixos ➜ Título do Eixo Vertical Secundário ➜ Título Girado
(2013) Design ➜ Adicionar Elemento Gráfico ➜ Títulos dos Eixos ➜ Vertical Secundário

Corrigindo a Exibição do Eixo X

Em gráficos de dispersão e gráficos de linhas correlatos, o Microsoft Excel exibe o eixo X na origem do eixo Y ($Y = 0$). No que se refere a gráficos que contêm valores negativos, isso faz com que o eixo X não apareça na parte inferior do gráfico. Para reposicionar o eixo X de modo tal que ele apareça na parte inferior de um gráfico de dispersão ou de um gráfico de linha, abra a planilha de gráfico que contém o gráfico em questão e

1. Clique à direita no **Eixo Y** e clique em **Formatar Eixo** dentro do menu de atalhos.

Na caixa de diálogo Formatar Eixo:

2. Clique em **Opções de Eixo** no painel esquerdo. No painel direito correspondente a Opções de Eixo, clique em **Valor do eixo** e, em sua respectiva caixa, insira o valor apresentado na **caixa Minimo** que aparece ligeiramente esmaecida (próxima à parte superior do painel).
3. Clique em **Fechar**.

Realçando Barras de Histogramas

Para melhor realçar cada uma das barras em um histograma, abra a planilha de gráfico que contém o histograma e

1. Clique à direita sobre uma das barras do histograma, e clique em **Formatar Série de Dados** no menu de atalhos.

Na caixa de diálogo Formatar Série de Dados:

2. Clique em **Cor da Borda** no painel esquerdo. No painel direito correspondente a Cor da Borda, clique em **Linha Sólida**. A partir da lista de opções com barra de rolagem Cor, clique na cor mais escura na mesma coluna referente à cor atualmente selecionada (em realce).
3. Clique em **Estilos de Borda** no painel esquerdo. No painel direito correspondente a Estilos da Borda, clique no botão giratório de modo a ajustar a **Largura** para **3 pt**.
4. Clique em **OK**.

B.7 Selecionando Intervalos de Células para Gráficos

Selecionando Intervalos de Células para Séries e Rótulos de Gráficos

Como regra geral, para inserir um intervalo de células em uma caixa de diálogo do Microsoft Excel, você pode digitar o intervalo de células em questão, ou então selecionar o intervalo de células utilizando o ponteiro do mouse. Você pode sentir-se livre para optar por inserir o intervalo de células, seja utilizando referências relativas, seja utilizando referências absolutas (veja a Seção B.2). As caixas de diálogo Rótulos dos Eixos e Editar Séries, associadas aos rótulos de gráficos e às séries de dados, são duas exceções. (Essas caixas de diálogo, bem como os seus respectivos conteúdos para a planilha de gráfico Pareto da pasta de trabalho Pareto, estão ilustradas a seguir.)

Para inserir um intervalo de células nessas duas caixas de diálogo, você deve inserir o intervalo de células no formato de uma fórmula que utilize referências absolutas de células no formato *NomedaPlanilha!CélulaSuperiorEsquerda:CélulaInferior Direita*. Você deve inserir esses intervalos de células utilizando o método que faz uso do ponteiro do mouse para inserir intervalos de células nas referidas caixas de diálogo, uma vez que se trata do modo mais fácil para inserir corretamente uma fórmula correspondente a um intervalo de células. Digitar manualmente o intervalo de células, como você poderia normalmente fazer, poderá ser muitas vezes frustrante, uma vez que teclas, tais como as teclas de cursor, não funcionarão do mesmo modo que o fazem em outras caixas de diálogo.

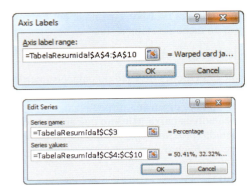

Selecionando um Intervalo de Células Não Contíguas

De modo geral, você insere um intervalo de células não contíguas, como, por exemplo, as células A1:A11 e C1:C11 digitando o intervalo de células de cada um dos grupos de células, separados por vírgulas — por exemplo, **A1:A11, C1:C11**. Em certos contextos, como é o caso do uso das caixas de diálogo discutidas na seção anterior, você precisará selecionar o tal intervalo de células não contíguas utilizando o método do ponteiro do mouse. Para utilizar o método do ponteiro do mouse com esses intervalos, primeiramente selecione o intervalo de células do primeiro grupo de células e, depois, enquanto mantém pressionada a tecla **Ctrl**, selecione o intervalo de células dos outros grupos de células que formam o intervalo de células não contíguas.

B.8 Excluindo a Barra "Excedente" de um Histograma

Conforme explicado em "Classes e Blocos do Excel", na Seção 2.2, você utiliza blocos para aproximar classes. Um resultado dessa aproximação é que você sempre criará um bloco "excedente" que terá uma frequência igual a zero. Uma vez que, por definição, esse bloco excedente considera valores que são menores do que o valor mais baixo que existe em seu conjunto de dados e, portanto, você sempre terá a frequência zero, você pode, seguramente e de modo apropriado, eliminar a barra "excedente" que representa esse bloco.

Para fazer isso, você precisa editar o intervalo de células que o Excel utiliza para construir o histograma. Clique à direita na parte interior do histograma e clique em **Selecionar Dados**. Na caixa de diálogo Selecionar Fonte de Dados, clique primeiramente em **Editar** abaixo do título **Entradas de Legenda (Série)**. Na caixa de diálogo Editar Série, edite a fórmula para o intervalo de células em **Valores da Série** para que comece com a segunda célula do intervalo de células original e clique em **OK**. Depois disso, clique em **Editar** abaixo do título **Rótulos do Eixo Horizontal (Categorias)**. Na caixa de diálogo Rótulos do Eixo, edite a fórmula para **Intervalo do Rótulo do Eixo** para que comece com a segunda célula do intervalo de células original e clique em **OK**.

No que se refere a essas edições, é possível digitar o conteúdo da edição, caso você consiga utilizar o ponteiro do mouse para posicionar o cursor de edição exatamente antes da referência da célula a ser modificada e utilizar **Del** para excluir a referência original para a primeira célula. No entanto, conforme discutimos na Seção B.7, você pode utilizar o método do ponteiro do mouse para inserir as novas fórmulas para intervalos de células nessas caixas de diálogo.

B.9 Criando Histogramas para Distribuições de Probabilidades Discretas

Você pode criar um histograma para uma distribuição de probabilidades discretas com base em uma tabela de distribuições discretas. Por exemplo, para criar um histograma com base na planilha de probabilidades binomiais da Figura 5.2, no início do Capítulo 5, abra a **planilha CÁLCULO** da **pasta de trabalho Binomial**. Selecione o intervalo de células **B14:B18**, as probabilidades na Tabela de Probabilidades Binomiais, e

1. Selecione **Inserir → Colunas** e selecione a primeira opção da galeria **2-D (Colunas Agrupadas)**.
2. Clique à direita na parte interior do gráfico e clique na opção **Selecionar Dados**.

Na caixa de diálogo Selecionar Fonte de Dados:

3. Clique em **Editar** abaixo do título **Rótulos do Eixo Horizontal (Categorias)**.
4. Na caixa de diálogo Rótulos do Eixo, insira a *fórmula* para o intervalo de células =**CÁLCULO!A14:A18** na caixa correspondente a **Intervalo do Rótulo do Eixo**. (Veja a Seção B.7 para aprender o melhor modo de inserir uma fórmula para intervalo de células.) Clique em **OK** para retornar à caixa de diálogo Selecionar Fonte de Dados.
5. De volta à caixa de diálogo Selecionar Fonte de Dados, clique em **OK**.

No gráfico:

6. Clique à direita no interior de uma das barras e clique em **Formatar Série de Dados** no menu de atalhos.

Na caixa de diálogo Formatar Série de Dados:

7. Clique em **Opções de Série** no painel esquerdo. No painel direito de Opções de Série, modifique o botão deslizante em **Largura do Espaçamento** para **Intervalo Grande**. Clique em **Fechar**.

Reposicione o gráfico para uma planilha de gráfico e ajuste as formatações do gráfico utilizando as instruções na Seção B.5 do Apêndice B.

APÊNDICE C — Recursos Disponíveis no Site da LTC Editora para o Material On-line Deste Livro

C.1 Sobre os Recursos Disponíveis no Site da LTC Editora para o Material On-line Deste Livro

Os recursos disponíveis no portal contendo o material suplementar para este livro dão suporte ao seu estudo de estatística empresarial e ao uso que você faz deste livro. Os recursos no portal dedicado a este livro estão disponíveis a partir de uma página especial na Grande Rede, de onde devem ser baixados. Na página onde está o material a ser baixado, esses recursos estão arquivados no formato de uma série de arquivos zipados, um arquivo zipado para cada uma das categorias apresentadas a seguir. As categorias correspondentes aos recursos disponíveis no Portal são:

- **Pastas de Trabalho com Dados do Excel** Os arquivos que contêm os dados utilizados nos exemplos apresentados nos capítulos ou mencionados em problemas. Essas pastas de trabalho estão disponíveis no formato **.xlsx** para pastas de trabalho do Excel. Uma lista completa das pastas de trabalho do Excel e de seus respectivos conteúdos aparece em *Pastas de Trabalho com Dados* na Seção C.2.
- **Pastas de Trabalho do Guia do Excel** Pastas de trabalho do Excel que contêm soluções no formato de moldes ou soluções-modelo para serem aplicadas no Excel com relação a um determinado método estatístico. Uma lista completa das Pastas de Trabalho do Guia do Excel aparece em *Pastas de Trabalho com Dados* na Seção C.2.
- **Pastas de Trabalho de Dados para os Casos de Final de Capítulo** As pastas de trabalho com dados utilizados nos vários casos de final do capítulo, incluindo o caso continuado Administrando a Ashland MultiComm Services. Essas pastas de trabalho com dados também estão incluídas no conjunto de Arquivos de Dados do Excel e estão apresentadas individualmente nas *Pastas de Trabalho com Dados* na Seção C.2.
- **Arquivos para os Casos Digitais** O conjunto de arquivos em formato PDF, que dão suporte aos Casos Digitais apresentados no final dos capítulos. Alguns dos arquivos Casos Digitais em PDF contêm pastas de trabalho do Excel anexadas ou inseridas neles, para uso com determinadas perguntas relacionadas aos casos.
- **Breves Destaques e Seções Oferecidas como Bônus no material suplementar** O conjunto de arquivos em formato PDF e Word da Microsoft, que expandem e estendem a discussão sobre conceitos estatísticos. Incluído neste conjunto está o texto completo contendo dois capítulos oferecidos como bônus, "Aplicações Estatísticas na Gestão pela Qualidade" e "Tomada de Decisões". (Esses conjuntos de arquivos estão organizados por capítulo.)

- **Pastas de Trabalho do Suplemento *Visual Explorations* (Explorações Visuais)** As pastas de trabalho que demonstram interativamente vários conceitos fundamentais da estatística. Três dessas pastas de trabalho são pastas de trabalho de suplementos, armazenadas no formato de suplemento do Excel **.xlam**, e que são apresentadas nas seções sob o título Visual Explorations em capítulos selecionados. Veja "Visual Explorations" na Seção C.3 para mais informações sobre essas pastas de trabalho, incluindo ajustes nas configurações de segurança que podem ser necessários, caso você esteja utilizando um computador com Windows da Microsoft.
- **Arquivos do PHStat** A pasta de trabalho que contém o suplemento do Excel para o Windows da Microsoft e para o OS X (Mac), bem como os arquivos de ajuda para suporte que constituem o PHStat, o suplemento que simplifica o uso do Microsoft Excel juntamente com este livro, conforme explicado na Seção GE.2.

C.2 Detalhes dos Arquivos a Serem Baixados

Pastas de Trabalho com Dados

As pastas de trabalho contêm os dados utilizados nos exemplos dos capítulos ou nomeados dentro dos problemas. Ao longo de todo este livro, os nomes das pastas de trabalho com dados aparecem em uma cor de fonte especial em negrito invertido — por exemplo, **Fundos de Aposentadoria**.

As pastas de trabalhos estão armazenadas no formato de pasta de trabalho do Excel **.xlsx**. Exceto quando informado, os dados estão armazenados na planilha DADOS na pasta de trabalho. As planilhas organizam os dados para cada uma das variáveis, por coluna, utilizando as regras discutidas na Seção GE.5. Na lista em ordem alfabética apresentada a seguir, as variáveis correspondentes a cada um dos arquivos de dados estão apresentadas na ordem respectiva em que aparecem no livro, começando com a coluna A. As referências feitas aos capítulos, entre parênteses, indicam o capítulo, ou capítulos, em que as pastas de trabalho são utilizadas em um exemplo ou problema.

ABÓBORA Circunferência e peso de abóboras (Capítulo 13)

AÇO Erros entre o comprimento real e o comprimento especificado (Capítulos 2, 6, 8 e 9)

ACT Método, Resultados do ACT para curso condensado, Resultados do ACT para curso regular (Capítulo 11)

ACT-FATOR ÚNICO Resultados do ACT para Grupo 1, Resultados do ACT para Grupo 2, Resultados do ACT para Grupo 3, Resultados do ACT para Grupo 4 (Capítulo 11)

ADMHOSP Dia, número de internações, média aritmética do tempo de processamento (em horas), amplitude dos tempos de processamento, proporção de retrabalho no laboratório (ao longo de um período correspondente a 30 dias) (Capítulo 18)

682 APÊNDICE C

ÁGUAMIN Número correspondente à amostra e quantidade de magnésio (Capítulo 18)

ALUGUEL Custo do aluguel mensal (em dólares) e tamanho do apartamento (em pés quadrados) (Capítulo 13)

AMS2-1 Tipos de erros e frequência, tipos de erros e custo, tipos de erros de preenchimento em faturas e custo (Capítulo 2)

AMS2-2 Dias e número de chamadas (Capítulo 2)

AMS8 Taxa de domicílios dispostos a pagar em $ (Capítulo 8)

AMS9 Velocidade para carregamento de arquivos (Capítulo 9)

AMS10 Tempo necessário para atualização (em segundos) para a interface de correio eletrônico 1 e para a interface de correio eletrônico 2 (Capítulo 10)

AMS11-1 Tempo necessário para atualização (em segundos) para o sistema 1, para o sistema 2 e para o sistema 3 (Capítulo 11)

AMS11-2 Meio de conexão utilizado (cabo ou fibra) e interface (para o sistema 1, para o sistema 2 e para o sistema 3) (Capítulo 11)

AMS13 Número de horas gastas com telemarketing e número de novas assinaturas (Capítulo 13)

AMS14 Semana, número de novas assinaturas, número de horas gastas com telemarketing e tipo de apresentação (formal ou informal) (Capítulo 14)

AMS16 Mês e número de assinaturas com entrega domiciliar (Capítulo 16)

AMS18 Dia e velocidade para carregamento de arquivos (Capítulo 18)

ÂNGULO Número do subgrupo e ângulo (Capítulo 18)

ANSCOMBE Conjunto de dados A, B, C e D, cada um deles com 11 pares de valores para X e Y (Capítulo 13)

ARREMESSO Número de arremessos bem-sucedidos e número de arremessos tentados (Capítulo 18)

ATADURA Dia, número de ataduras produzidas, número de ataduras não conformes e proporção de ataduras não conformes (Capítulo 18)

AUDITORIAS Ano e número de auditorias (Capítulos 2 e 16)

AUTO2012 Carro, milhas por galão, potência (em cavalos) e peso (em libras) (Capítulos 14 e 15)

AUTOSUSADOS Carro, ano, idade, preço ($), milhas percorridas pelo veículo, potência (HP), consumo de combustível (milhas percorridas por galão de combustível) (Capítulo 17)

AVALIAÇÃO CANDIDATOS Salário, classificação em termos de competência, gênero do candidato, gênero do avaliador, gênero do classificador/candidato (F para F, F para M, M para M, M para F), escola (particular, pública), departamento (Biologia, Química, Física), idade do avaliador (Capítulo 17)

AVALIAÇÃOEMPRESAS Nome da empresa fabricante do medicamento, razão entre valor de mercado e valor escritural, retorno sobre o patrimônio, %crescimento (Capítulo 14)

AVALIAÇÃOEMPRESAS 2 Nome da empresa fabricante do medicamento, Símbolo da Empresa, SIC3 —— Código 3 no *Standard Industrial Classification* (identificador do grupo no setor), SIC4 —— Código 4 no *Standard Industrial Classification* (identificador do grupo no setor), razão entre valor de mercado e valor escritural, razão entre valor de mercado e lucro, logaritmo natural de ativos (como uma medida de tamanho), retorno sobre o patrimônio, crescimento (GS5), razão entre o endividamento e lucro antes dos juros, impostos, depreciação e amortização, indicador da variável binária (*dummy*) para o SIC 4 código 2834 (1 se 2834, 0 em caso negativo) e indicador da variável binária (*dummy*) para o SIC 4 código 2835 (1 se 2835, 0 em caso negativo) (Capítulo 15)

BAGAGEM Tempo de entrega (em minutos) para bagagens na Ala A e na Ala B de um hotel (Capítulos 10 e 12)

BAIXORELEVO Largura do baixo-relevo (Capítulos 2, 3, 8 e 9)

BANCO1 Tempo de espera (em minutos) gasto por uma amostra contendo 15 clientes, em uma agência bancária localizada em um bairro comercial (Capítulos 3, 9, 10 e 12)

BANCO2 Tempo de espera (em minutos) gasto por uma amostra contendo 15 clientes em uma agência bancária localizada em um bairro residencial (Capítulos 3, 10 e 12)

BASQUETE FACULDADES Faculdade, salário total do treinador (em milhares de dólares), despesas e receitas (em milhares de dólares) (Capítulos 2, 3 e 13)

BATATA Percentagem do conteúdo sólido na centrífuga, acidez (em pH), pressão inferior, pressão superior, densidade do resíduo sólido, velocidade do *varidir varidrive*, e ajuste da velocidade do cilindro para 54 medições (Capítulo 15)

BB2011 Time, liga (0 = Americana, 1 = Nacional); vitórias; média de voltas percorridas; voltas marcadas; rebatidas válidas permitidas; caminhadas permitidas; defesas; erros (Capítulos 13, 14 e 15)

BBRECEITA2012 Time, receita (em milhões de dólares) e valor (em milhões de dólares) (Capítulo 13)

BED & BATH Ano, ano codificado e número de lojas abertas (Capítulo 16)

BEISEBOL Time, frequência do público pagante, temperatura máxima registrada no dia da partida, percentual de vitórias relativas ao time da casa, percentagem de vitórias relativas ao time adversário, se a partida é realizada em uma sexta-feira, sábado, ou domingo (0 = não; 1 = sim), promoção realizada

BOLAGOLFE Distância, no que se refere aos modelos 1, 2, 3 e 4 (Capítulos 11 e 12)

BRANDZTECHFIN Marca, valor da marca em 2011, em 2011 (em milhões de dólares), variação percentual no valor da marca em relação a 2010, região, setor (Capítulos 10 e 12)

BRANDZTECHFINTELE Marca, valor da marca em 2011 (em milhões de dólares), variação percentual no valor da marca em relação a 2010, região, setor (Capítulo 11)

BRYNNEPACKAGING Resultados para o WPCT e as notas correspondentes ao desempenho (Capítulo 13)

CABERNET Avaliação para os vinhos tipo Califórnia e tipo Washington, classificação para os vinhos tipo Califórnia e tipo Washington (Capítulo 12)

CAFÉ Especialista, classificação obtida para os cafés, por marca, A, B, C e D (Capítulo 10)

CAFÉDAMANHÃ Opções de menu, diferença entre os tempos de entrega para o período mais cedo e diferença entre os tempos de entrega para o período mais tarde (Capítulo 11)

CAFÉDAMANHÃ2 Opções de menu, diferença entre os tempos de entrega para o período mais cedo e diferença entre os tempos de entrega para o período mais tarde (Capítulo 11)

CAIXA Número de erros cometidos por cada atendente (Capítulo 18)

CALEFAÇÃO Consumo mensal de óleo para calefação (em galões), temperatura (em graus Fahrenheit), isolamento no sótão (em polegadas), estilo (0 = sem estilo não colôniacolonial, 1 = estilo for colonial (Capítulos 14 e 15)

CÂMERAS Vida útil da bateria de câmeras digitais (Capítulos 10 e 12)

CANETA Gênero, propaganda e classificações relativas ao produto (Capítulos 11, 12)

CARDIOGOODFITNESS Produto comprado (TM195, TM498, TM798), idade, em anos, gênero (Masculino, Feminino), formação educacional, em anos, estado civil (Solteiro, Compromissado), número médio de vezes em que o consumidor planeja utilizar a esteira a cada semana, forma física autoavaliada, em uma escala ordinal de 1 a 5 em que 1 = forma física precária, e 5 = excelente forma física, renda domiciliar anual ($) e número médio de milhas que o consumidor espera andar/correr a cada semana (Capítulos 2, 3, 6, 8, 10, 11 e 12)

CARTUCHO Dia e número de cartuchos de filme fora dos padrões de conformidade (Capítulo 18)

CASA1 Preço de venda (em milhares de dólares), valor referente à avaliação (em milhares de dólares), tipo (nova = 0, antiga = 1) e período de tempo necessário para venda, no tocante a 30 casas (Capítulos 13, 14 e 15)

CASA2 Valor referente à avaliação (em milhares de dólares), tamanho da área com aquecimento (em milhares de pés quadrados) e idade (em anos) para 15 casas (Capítulos 13 e 14)

CASA3 Valor referente à avaliação (em milhares de dólares), tamanho (em milhares de pés quadrados), e a presença de uma lareira, no que se refere a 15 casas (Capítulo 14)

CENTRALATENDIMENTO Mês e volume de chamadas (Capítulo 16)

CEREAIS Cereal, calorias, carboidratos e açúcar (Capítulos 3 e 13)

CERVEJAARTESANAL Marca, teor de álcool, calorias e carboidratos nas cervejas artesanais norte-americanas (Capítulos 2, 3, 6 e 15)

CHÁ3 Número correspondente à amostra e peso de cada saquinho de chá (Capítulo 18)

CINEMA Título, receita bruta arrecadada na bilheteria (em milhões de dólares) e receita decorrente da venda de DVD (em milhões de dólares) (Capítulo 13)

CINZA VOLANTE Percentagem de cinzas volantes e resistência (Capítulo 15)

COCACOLA Ano, ano codificado e receitas operacionais (em bilhões de dólares) (Capítulo 16)

COLA Vendas, para localização em ponta de corredor destinada a produtos do gênero de bebidas gasosas em geral e ponta de corredor destinada a lançamentos de produtos (Capítulos 10 e 12)

COMPRIMIDO Temperatura e tempo para que se dissolvam comprimidos das marcas Equate, Kroger e Alka-Seltzer (Capítulo 11)

CONCRETO1 Número da amostra e força de compressão depois de dois dias e depois de sete dias (Capítulo 10)

CORRETORES Resultados correspondentes ao exame de proficiência, resultado do exame realizado ao final do treinamento, método de treinamento (tradicional em sala de aula, baseado em portal da Internet e com aplicativo desenhado para o curso) (Capítulo 14).

COTAÇÃO Restaurante, resultado para cotação e custo (em dólares) (Capítulos 2 e 3)

CUSTOBB2011 Time e índice de custos para os fãs do time (Capítulos 2 e 6)

CUSTODEPÓSITO Custo correspondente à distribuição (em milhares de dólares), vendas (em milhares de dólares) e número de pedidos de compra (Capítulos 13, 14 e 15)

DENSIDADE Percentagem de amônia, densidade para taxa de agitação 100, densidade para taxa de agitação 150 (Capítulo 11)

DEPÓSITO Dias, número de unidades processadas e número de empregados (Capítulo 18)

DESEMPENHO Avaliações de desempenho antes e depois de treinamento motivacional (Capítulo 10)

DESEMPENHO AÇÕES Década e desempenho das ações do mercado de capitais (%) (Capítulos 2 e 16)

DOMICÍLIOS Gênero, idade, origem hispânica, tipo de imóvel, idade do imóvel, em anos, quantidade de anos em que habita nessa moradia, número de quartos, número de veículos mantidos no imóvel, tipo de combustível utilizado no imóvel, custo mensal do combustível utilizado no imóvel (em dólares), cidadania norte-americana, diploma na faculdade, estado civil, trabalho remunerado na semana anterior, modalidade de transporte utilizado para o trabalho, tempo necessário para o deslocamento de casa para o trabalho, em minutos, número de horas trabalhadas por semana, tipo de organização, rendimento anual auferido ($) e total dos rendimentos auferidos no ano ($) (Capítulo 17)

DOWCAPMERCADO Empresa e capitalização de mercado (bilhões de dólares) (Capítulos 3 e 6)

DOWDOGS Ações negociadas em bolsa, e retorno correspondente ao período de um ano (Capítulo 3)

ENERGIA Estado e consumo de energia, *per capita*, medido em quilowatts-hora (Capítulo 3)

ENERGIA SOLAR Ano e montante de energia solar instalada (em megawatts) (Capítulo 16)

ENTALHE Solidez da superfície de placas de aço não tratadas e placas de aço tratadas (Capítulos 10 e 12)

ENTREGA Número do consumidor, número de caixas e tempos de entrega (Capítulo 13)

ERROREGISTRO Erro de registro, temperatura, pressão e custo do material (baixo *versus* alto) (Capítulo 15)

ERROREGISTRO-ALTOCUSTO Erro de registro e temperatura, pressão (Capítulo 15)

ERROSIST Número de itens não conformes e número de contas processadas (Capítulo 18)

ESPERA Tempos de espera e tempo sentado à mesa (em minutos) em um restaurante (Capítulo 6)

ESPERAEMERG Tempo de espera em salas de emergência (em minutos) no edifício central e na unidade descentralizada 1, unidade descentralizada 2 e unidade descentralizada 3 (Capítulos 11, 12)

ESPESSURA Espessura, catalisador, pH, pressão, temperatura e voltagem (Capítulos 14 e 15)

ESPORTES Vendas ($), idade, crescimento populacional anual, renda ($), percentagem de desportistas com diploma de segundo grau e percentagem com diploma de terceiro grau (Capítulos 13 e 15)

ESTIMATIVACUSTO Unidades produzidas e custo total (Capítulo 15)

ESTUDOCARTÃO Clientes com elevação de Patamar (0 = não, 1 = sim), compras (milhares de dólares) e cartões adicionais (0 = não, 1 = sim) (Capítulo 14)

EXPRESSO Compressão (a distância, em polegadas, entre os grãos de café expresso e o topo do porta-filtro) e tempo (o número de segundos em que o núcleo, o corpo e o creme são separados) (Capítulo 13)

FATURA Número de faturas processadas e quantidade de tempo (em horas) para 30 dias (Capítulo 13)

FATURAS Quantia registrada (em dólares) a partir de uma amostra de faturas de vendas (Capítulo 9)

FILMESPOTTER Título, receita bruta (em milhões de dólares) correspondente ao primeiro final de semana, receita bruta nos EUA (em milhões de dólares), receita bruta mundial (em milhões de dólares) (Capítulos 2, 3 e 13)

FORÇA Força necessária para quebrar um isolante (Capítulos 2, 3, 8, 9)

FORÇADETRABALHO Ano, população e tamanho da força de trabalho (Capítulo 16)

FOTO Potência do revelador, densidade com 10 minutos, densidade com 14 minutos (Capítulo 11)

FREEPORT Endereço, valor de avaliação (em milhares de dólares), tamanho da propriedade (acres), tamanho da casa, idade (tempo de construção), número de cômodos, número de banheiros, número de automóveis que podem ser estacionados na garagem (Capítulo 15)

FREIOS Peça, calibre 1 e calibre 2 (Capítulo 11)

FREQUÊNCIA CINEMA Ano e quantidade de pessoas que frequentaram os cinemas (em bilhões) (Capítulos 2 e 16)

FUNDOS DE APOSENTADORIA Número do fundo, capitalização de mercado (baixa, média capitalização, alta), tipo (crescimento ou valorização), ativos (em milhões de dólares), taxa de rotatividade, beta (medida correspondente à volatilidade de uma determinada ação negociada em bolsa), desvio-padrão (medida correspondente aos retornos relativos à média de 36 meses)., retorno para 1 ano, retorno para 3 anos, retorno para 5 anos e retorno para 10 anos, proporção de despesas, cotação com base no número de estrelas (Capítulos 2, 3, 4, 6, 8, 10, 11, 12 e 15)

FUNDOSTRANSF Dia, número de novas investigações, e número de investigações encerradas (Capítulo 18)

GÁS NATURAL Mês, preço para o gás natural diretamente na fonte (isentos de impostos) e o preço cobrado nas residências (Capítulo 2)

GÁS NATURAL2 Trimestre codificado, preço para o gás natural na fonte e preço para o gás natural residencial (Capítulo 16)

GCFREEROSLYN Endereço, valor de avaliação, localização, tamanho da propriedade (acres), tamanho da casa, idade (tempo de construção), número de cômodos, número de banheiros e número de automóveis que podem ser estacionados na garagem, com localização em GlenCove, Freeport e Roslyn, Nova York (Capítulo 15)

GCROSLYN Endereço, valor referente à avaliação (em milhares de dólares), localização, tamanho da propriedade (acres), tamanho da casa, idade (tempo de construção), número de cômodos, número de banheiros e número de automóveis que podem ser estacionados na garagem, com localização em GlenCove e Roslyn, Nova York (Capítulos 14 e 15)

GERENTES Vendas (resultado da fração de vendas anuais divididas pelo valor estipulado como meta de vendas para aquela região), resultado do Wonderlic Personnel Test, resultado do Strong-Campbell Interest Inventory Test, número de anos de experiência em vendas antes de se tornar gerente de vendas, o fato de o gerente de vendas ter, ou não, formação em engenharia elétrica (0 = não, 1 = sim) (Capítulo 15)

GLENCOVE Endereço, valor referente à avaliação (em milhares de dólares), tamanho da propriedade (acres), tamanho da casa, idade (tempo de construção), número de cômodos, número de banheiros e número de automóveis que podem ser estacionados na garagem, com localização em GlenCove, Nova York (Capítulos 14 e 15)

GPIGMAT Resultado para o GMAT e o GPI correspondente a 20 alunos (Capítulo 13)

GRÃO Perda de grãos nas placas Boston e nas placas Vermont (Capítulos 3, 8, 9 e 10)

HARNSWELL Dia e diâmetro de rolamentos da engrenagem (em polegadas) (Capítulo 18)

HEMLOCKFARMS Preço da lista, banheira, cômodos, vista para o lago, banheiros, quartos de dormir, sótão/escritório, porão pronto para uso e número de acres (Capítulo 15)

HOTEL1 Dia, número de quartos estudados, número de quartos não conformes, por dia, ao longo de um período de 28 dias e proporção de itens não conformes (Capítulo 18)

HOTEL2 Dia e tempo de entrega para subgrupos de cinco entregas de bagagem por dia, ao longo de um período de 28 dias (Capítulo 18)

HOTELFORA Nacionalidade e custo em dólares norte-americanos (Capítulo 3)

IMÓVEIS valor de avaliação (milhares de dólares); tamanho do lote (pés quadrados); número de quartos; número de banheiros; idade do imóvel, em anos; impostos anuais do imóvel ($); tipo de instalação interna para estacionamento (nenhuma, garagem para um carro, garagem para dois carros); localização (A, B, C, D e E); estilo arquitetônico da casa [arquitetura americana (Cape Cod), rancho expandido, colonial, rancho e casa em dois níveis]; tipo de combustível utilizado para calefação (gás, óleo); sistema para calefação (ar quente, água quente, outro); piscina (nenhuma, acima do nível do terreno da casa, no nível do terreno da casa); cozinha ampla (ausente, presente); ar-condicionado central (ausente, presente); lareira (ausente, presente); ligação com o sistema de esgoto local (ausente, presente); andar subterrâneo (*basement*) (ausente, presente); cozinha moderna (ausente, presente); banheiros modernos (ausente, presente); (Capítulo 17)

IMPOSTO Recibos de recolhimento de impostos sobre vendas no trimestre (em milhares de dólares) (Capítulo 3)

IMPOSTOCIGARRO Estado e imposto cobrado sobre o cigarro ($) (Capítulos 2 e 3)

IMPOSTOS Impostos estaduais (em dólares) e idade do imóvel (em anos) para 19 imóveis unifamiliares (Capítulo 15)

IMPOSTOSPROPRIEDADE Estado e impostos *per capita* cobrados sobre propriedades (Capítulos 2, 3 e 6)

INDENIZAÇÃOSEGURO Pedidos de indenização, supervalorização (1 se for constatada uma supervalorização, 0 se não for constatada uma supervalorização), pagamento excessivo, em dólares (Capítulo 8)

ÍNDICES Ano, variação nos índices DJIA, S&P500 e NASDAQ (Capítulo 3)

IPC-U Ano, ano codificado, e valor do IPC-U (o Índice de Preços ao Consumidor nos EUA) (Capítulo 16)

LÂMPADAS Fabricante (1 = A, 2 = B) e tempo de vida útil, em horas (Capítulos 2, 10, 12)

LANCHONETE Quantia em dinheiro gasta em lanchonetes especializadas em refeições rápidas (em dólares) (Capítulos 2, 3, 8 e 9)

LASCACHOCOLATE Custo (centavos) de biscoitos com lascas de chocolate (Capítulo 2)

LATAREC Dia, número total de latas abastecidas e número de latas recusadas (Capítulo 18)

LAVADORA Marcas de sabão em pó e sujeira (em libras) retirada, no tocante aos ciclos de 18, 20, 22 e 24 minutos (Capítulo 11)

LAVAGEM A SECO Dias e número de itens retornados (Capítulo 18)

LINHA Aspecto paralelo e resultados para resistência ao rompimento para 30 psi, 40 psi e 50 psi (Capítulo 11)

MARKETINGBANCO Idade; tipo de emprego; estado civil (divorciado, casado ou solteiro); formação educacional (primeiro grau, secundo segundo grau, terceiro grau, ou desconhecido); o fato de o crédito estar, ou não, em situação de inadimplência; saldo médio anual, existente na conta; o fato de existir, ou não, um financiamento imobiliário; o fato de existir, ou não, um algum empréstimo pessoal; duração do último contato, em segundos; número de contatos realizados durante essa campanha; o fato de o cliente ter adquirido um certificado de depósito bancário com vencimento futuro (Capítulo 17)

MASSA Tipo de massa (A = Americanaamericana, I = Italianaitaliana) peso correspondente a 4 minutos de tempo de cozimento e peso correspondente a 8 minutos de tempo de cozimento (Capítulo 11)

MBA Sucesso (0 = não completou, 1 = completou), GPA, GMAT (Capítulo 14)

MCDONALDS Ano, ano codificado e receitas totais anuais (em bilhões de dólares) para McDonald's Corporation (Capítulo 16)

MELHORESFUNDOS1 Tipo de fundo (valorização com grande volume de capital, crescimento com grande volume de capital) retorno em 3 anos, retorno em 5 anos, retorno em 10 anos, proporção de gastos (Capítulo 10)

MELHORESFUNDOS2 Tipo de fundo (misto com grande volume de capital estrangeiro, misto com pequeno volume de capital, misto com volume médio de capital, misto com grande volume de capital, mercados emergentes diversificados), retorno em 3 anos, retorno em 5 anos, retorno em 10 anos, proporção de gastos (Capítulo 11)

MELHORESFUNDOS3 Tipo de fundo (títulos municipais de médio prazo, títulos de curto prazo, títulos de médio prazo), retorno em 3 anos, retorno em 5 anos, retorno em 10 anos, proporção de gastos (Capítulo 11)

METAIS Ano e a taxa total de retorno (em percentagens) para platina, ouro e prata (Capítulo 3)

MÍDIASOCIALGLOBAL País, PIB, percentagem dos indivíduos entrevistados que utilizam portais de redes sociais (Capítulos 2, 3 e 13)

MIELOMA Paciente, medição antes do transplante e medição depois do transplante (Capítulo 10)

MINERAÇÃO Dia, quantidade de minério empilhada, tempo de inatividade (Capítulo 17)

MINERAÇÃO2 Dia, quantidade de horas correspondentes ao tempo de inatividade em razão de falhas mecânicas, elétricas ou restrições em termos de tonelagem, problemas com o operador e problemas com provisões ou abastecimento (Capítulo 17)

MOBILIÁRIO Número de dias entre o recebimento e a solução de problemas referentes a reclamações com relação a peças de mobiliário compradas (Capítulos 2, 3, 8, 9)

MODELOST1 Ano, ano codificado e três séries temporais (I, II e III) (Capítulo 16)

MODELOST2 Ano, ano codificado e duas séries temporais (I e II) (Capítulo 16)

MOEDA Ano, ano codificado, e taxas de câmbio (no que se refere ao dólar norte-americano) para o dólar canadense, o iene japonês e a libra esterlina inglesa (Capítulos 2 e 16)

MOLDAGEM Tempo de vibração (segundos), pressão da vibração (psi), amplitude da vibração (%), densidade da matéria prima (g/mL), quantidade de matéria-prima (colheres), comprimento do produto (polegadas) na cavidade 1, comprimento do produto (polegadas) na cavidade 2, peso do produto (gramas) na cavidade 1 e peso do produto (gramas) na cavidade 2 (Capítulo 15)

MOTIVAÇÃO Fator motivacional, classificação global para o fator, classificação para o fator nos EUA (Capítulo 10)

MUDANÇA Horas de trabalho, pés cúbicos, número de itens grandes de mobiliário e disponibilidade de um elevador (Capítulos 13 e 14)

NBA2011 Time, número de vitórias, número de cestas de campo (arremessos feitos), percentagem (para o time da casa e para o adversário) (Capítulo 14)

OMNIPOWER Barras vendidas, preço (em centavos de dólar), despesas com promoções (em dólares) (Capítulo 14)

OPERAÇÃO Dias, número de operações não desejadas, número total de operações realizadas ao longo de um período de 30 dias (Capítulo 18)

OURO Trimestre, trimestre codificado e GPA (Capítulo 16).

PALETE Peso para as placas Boston e pesos para as placas Vermont (Capítulos 2, 8, 9 e 10)

PARAQUEDAS Resistência à tensão de paraquedas oriundos dos fornecedores 1, 2, 3 e 4 (Capítulos 11 e 12)

PARAQUEDAS2 Tear e resistência à tensão para teares oriundos dos fornecedores 1, 2, 3 e 4 (Capítulo 11)

PEDIDO DE COMPRA Tempo, em minutos, necessário para preencher pedidos de compra para uma população de 200 pedidos (Capítulo 8)

686 APÊNDICE C

PENETRAÇÃO DE MERCADO País e penetração de mercado do Facebook (em percentuais) (Capítulos 3 e 8)

PERÍODO DE FÉRIAS Demandas impostas e percentuais (Capítulo 2)

PESQUISAGRAD Número de identificação, gênero, idade (com base no último aniversário), ano que está cursando, principal área de estudo (contabilidade, sistemas de informação, economia e finanças, gestão internacional de negócios, administração, marketing, outra, não decidida), intenção em termos de graduação (sim, não, ainda não decidida), média acumulada geral, situação atual em termos de regime de emprego, expectativa de salário inicial (em milhares de dólares), número de portais de redes sociais em que está registrado, grau de satisfação com os serviços de informações aos alunos no campus universitário, quantia gasta com livros e materiais escolares nesse semestre, tipo de computador preferido (desktop, laptop, tablet/notebook/netbook), quantidade de mensagens de texto enviadas por semana, montante de riqueza acumulada para que se possa considerar rico (Capítulos 2, 3, 4, 6, 8, 10, 11 e 12)

PESQUISAPOSGRAD Número de identificação, gênero, idade (com base no último aniversário), principal área de estudo na pós-graduação (contabilidade, economia, finanças, administração, marketing/varejo, outra, não decidida), média acumulada geral atual (GPA) na pós-graduação, principal área de estudo na graduação (ciências biológicas, gestão de empresas, computação, engenharia, outra), média acumulada geral (GPA) na graduação, situação atual em termos de regime de emprego (expediente integral, parcial, desempregado), número de empregos em expediente integral nos últimos 10 anos, salário esperado após a conclusão do MBA (em milhares de dólares), montante gasto com livros didáticos e material escolar no presente semestre, grau de satisfação com os serviços de informações aos alunos no campus universitário, tipo de computador que possui, mensagens de texto enviadas em uma semana e grau de riqueza necessário para se sentir rico (Capítulos 2, 3, 4, 6, 8, 10, 11 e 12)

PETRÓLEO & GASOLINA Semana, preço do petróleo por barril e preço de um galão de gasolina (Capítulo 13)

PIB Ano e produto interno bruto real (Capítulo 16)

PIZZAHUT Gênero (0 = feminino, 1 = masculino), preço e compra (0 = o estudante escolheu outra pizzaria; 1 = o estudante escolheu a Pizza Hut) (Capítulo 14)

PÓLIO Ano e taxas anuais de incidência para 100.000 pessoas com poliomielite relatada (Capítulo 16)

PRATA Ano e preço da prata (em dólares norte-americanos) (Capítulo 16)

PRATA-T Trimestre, trimestre codificado, preço da prata (preço em dólares norte-americanos) (Capítulo 16)

PREÇOSAÇÕES2011 Semana, e preço de fechamento semanal das ações da GE, Discovery Communications e Apple (Capítulo 13)

PREÇOSCAFÉPORTUGAL Ano e preço no varejo do café em Portugal (Euro por kg) (Capítulo 16)

PREÇOSGASOLINA Mês e preço por galão (em dólares) (Capítulo 16)

PREÇOSHOTEL Cidade e custo (em libras esterlinas) correspondente a hotéis com duas estrelas, três estrelas e quatro estrelas (Capítulos 2 e 3)

PREÇOSLIVROS Autor, título, preço de compra na livraria, e preço de compra na livraria que realiza vendas na Internet (Capítulo 10)

PRODUÇÃOCARROS Ano, ano codificado, número de unidades produzidas (Capítulo 16)

PROPAGANDA Vendas (em milhões de dólares), propaganda em rádio (em milhares de dólares) e propaganda em jornais (em milhares de dólares) para 22 cidades (Capítulos 14, 15)

PROTEÍNA Tipo de alimento, calorias (em gramas), proteínas, percentagem de calorias derivadas de gorduras, percentagem de calorias derivadas de gorduras saturadas, e colesterol (em mg) (Capítulos 2 e 3)

PUBLICIDADE Vendas (em milhões de dólares) e propaganda em jornais (em milhares de dólares) para 22 cidades (Capítulo 15)

QSR Empresa (marca), média de vendas por unidade, segmento de mercado (Capítulos 11 e 12).

QUEDASPAC Mês e quedas de pacientes (Capítulo 18)

QUINZESEMANAS Número da semana, quantidade de consumidores e vendas (em milhares de dólares) ao longo de um período correspondente a 15 semanas consecutivas (Capítulo 13)

RAÇÃO Espaço na prateleira (em pés), vendas semanais (em dólares) e localização no corredor (0 = fundo, 1 = frente) (Capítulos 13 e 14)

RAÇÃOGATO Peso, em onças, correspondente à quantidade de ração para gatos ingerida, nos sabores rins bovinos, camarão, fígado de frango, salmão e carne (Capítulos 11 e 12)

RAÇÃOGATO2 Tamanho do pedaço (F = fino, G = grosso), peso codificado para baixa altura do abastecimento na lata, peso codificado para altura atual do abastecimento na lata (Capítulo 11)

RAÇÃOGATO3 Tipo (1 = rins bovinos, 2 = camarão), turno, intervalo de tempo, itens não conformes, volume (Capítulo 18)

RAÇÃOGATO4 Tipo (1 = rins bovinos, 2 = camarão), turno, intervalo de tempo, peso (Capítulo 18)

RECEITAS CINEMA Ano e receita em bilhões de dólares (Capítulo 2)

RECFED Ano, ano codificado e receitas federais (em bilhões de dólares correntes) (Capítulo 16)

RECLAMAÇÕES Dia e número de reclamações (Capítulo 18)

REFRIGERANTE Quantidade de refrigerante abastecida em garrafas de 2 litros (Capítulos 2 e 9)

REGISTROSMÉDICOS Dia, número de pacientes liberados com alta médica e número de registros não processados para um período correspondente a 30 dias (Capítulo 18)

REMUNERAÇÃO CEO Empresa, remuneração do executivo-chefe (CEO) (milhões de dólares), retorno em 2011 (Capítulos 2, 3 e 13)

RESIDÊNCIAS Preço, localização, condições, quartos, banheiros e outros cômodos (Capítulo 17)

RESISTLA Operador e resistência ao rompimento para máquinas I, II e III (Capítulo 11)

RESTAURANTE3 Nome do restaurante, cotações para a comida, cotações para a decoração, cotação para o serviço, somatório para cotação, custo correspondente a uma refeição, índice de popularidade, tipo de cozinha (pratos) adotado pelo restaurante (Capítulo 17)

RESTAURANTES Localização, cotações para a comida, cotações para a decoração, cotações para o serviço, somatório para a cotação, localização codificada (0 = área urbana, 1 = área de subúrbio) e o custo correspondente a uma refeição (Capítulos, 2, 3, 10, 13 e 14)

RESTAURANTES2 Localização, cotações para a comida, cotações para a decoração, cotações para o serviço, somatório para cotação, localização codificada (0 = área urbana, 1 = área de subúrbio) e o custo correspondente a uma refeição (Capítulo 17)

RETENTOR Número do voo, temperatura e índice de danos no retentor (Capítulo 13)

ROSLYN Endereço, valor de avaliação, localização, tamanho da propriedade (acres), tamanho da casa, idade (tempo de construção), número de cômodos, número de banheiros e número de automóveis que podem ser estacionados na garagem em Roslyn, Nova York (Capítulo 15)

RUDYBIRD Dia, total de caixas vendidas e caixas de Rudybird vendidas (Capítulo 18)

SACOSLIXO Peso necessário para romper quatro marcas de sacos de lixo (Kroger, Glad, Hefty, Tuff Stuff (Capítulos 11 e 12)

SALÁRIOSBB Ano e média salarial para os jogadores da Major League Baseball (em milhões de dólares) (Capítulo 16)

SAQUINHOCHÁ Peso correspondente aos saquinhos de chá, em onças (Capítulos 3, 8 e 9)

SATISFAÇÃO Satisfação (0 = insatisfeito, 1 = satisfeito) e diferença, em minutos, entre horário de entrega verdadeiro e horário solicitado (0 = não, 1 = sim) (Capítulo 14)

SEDANS Milhas por galão, para automóveis tipo sedan modelo 2012 (Capítulos 3 e 8)

SEGURANÇA Ronda e o número de atos que envolvem risco à segurança (Capítulo 18)

SEGURO Tempo de processamento referente a apólices de seguro (Capítulos 3, 8 e 9)

SELANTE Número da amostra, resistência da vedação para as placas Boston e resistência da vedação para as placas Vermont (Capítulo 18)

SELEÇÃOLOCAL Número da loja, tamanho em pés quadrados (milhares de pés quadrados) e vendas (em milhões de dólares) (Capítulo 13)

SEQUOIA Altura (pés), diâmetro na altura do peito de uma pessoa e a espessura do córtex (polegadas) (Capítulos 13 e 14)

SERVIÇOCELULAR Cidade, avaliações feitas em relação à Verizon, avaliações feitas em relação à AT&T (Capítulo 10)

SERVIÇOS Valores cobrados por concessionárias de serviços públicos (S$) para 50 apartamentos com um cômodo (Capítulos 2 e 6)

SOBREAVISO Horas de sobreaviso, total da equipe presente, horas remotas, horas Dubner e total de horas de trabalho (Capítulos 14 e 15)

SÓCIOSCONTABILIDADE Empresa e quantidade de sócios (Capítulo 3)

SÓCIOSCONTABILIDADE2 Região e quantidade de sócios (Capítulo 10)

SÓCIOSCONTABILIDADE4 Região e quantidade de sócios (Capítulo 11)

SÓCIOSCONTABILIDADE6 Região, receita, quantidade de sócios, quantidade de profissionais (%SAC), sudeste (0 = não, 1 = sim), Sudeste da costa do Golfo

SONDA Profundidade, tempo para perfurar 5 pés adicionais, tipo de perfuração (Capítulo 14)

SORVETE Temperatura diária (em graus Fahrenheit) e vendas (em milhares de dólares) para 21 dias (Capítulo 13)

STARBUCKS Capacidade de resistir a rompimentos, viscosidade, pressão e distância entre as placas no equipamento de vedação de embalagens (Capítulos 13 e 14)

SUPERMERCADO Dia, número total de clientes e os tempos de espera na hora de pagar pelas compras na saída do supermercado (Capítulo 13)

SUV Milhas percorridas por galão de combustível, no que se refere a veículos do tipo SUV (veículos utilitários esportivos) de pequeno porte, modelo 2012 (Capítulos 3, 6 e 8)

(0 = não, 1 = sim) (Capítulo 15)

(0 = não; 1 = sim) (Capítulo 17)

TABLETS-SETE-POLEGADAS Nome e preço (em dólares) (Capítulo 3)

TARGETWALMART Shopping Item de compra, preço no Target price, preço no Walmart price (Capítulo 10)

TAXACD Taxa de rendimento para um certificado de depósito (CD) com vencimento em um ano, e para um CD com vencimento em cinco anos (Capítulos 2, 3, 6 e 8)

TAXACDCINCOANOS Taxa de rendimentos para um CD com vencimento em cinco anos, em Nova York e Los Angeles (Capítulo 10).

TELECORR Número de solicitações e número de correções ao longo de 30 dias (Capítulo 18)

TELEFONE Tempo (em minutos) para a solução de problemas na linha telefônica e central (1 = I e 2 = II) (Capítulos 10 e 12)

TEMPOBANCO Dia, tempo de espera para quatro clientes de um banco (A, B, C e D) (Capítulo 18)

TEMPOESTUDO Gênero e tempo de estudo (Capítulo 10)

TEMPOFACEBOOK Gênero (F = feminino, M = masculino) e quantidade de tempo, em minutos, gasta no Facebook, por dia (Capítulo 9)

TEMPOFACEBOOK2 Gênero (F = feminino, M = masculino) e quantidade de tempo, em minutos, gasta no Facebook, por dia (Capítulo 10)

TEMPOPIZZA Período de tempo, tempo de entrega para restaurante local, tempo de entrega para pizzaria de cadeia nacional (Capítulo 10)

TEMPOS Tempos para se aprontar (Capítulo 3)

TENSÃO Número da amostra e resistência (Capítulo 18)

TESTECLASS Resultados correspondentes à classificação e método de treinamento utilizado (0 = tradicional, 1 = experimental) no que se refere a 10 pessoas (Capítulo 12)

TOYS R US Trimestre, trimestre codificado, receita, três variáveis binárias para trimestres (Capítulo 16)

TRANSAÇÕES TEA Causa, frequência e percentagem (Capítulo 2)

TRANSMISSÃO Dia e número de erros de transmissão (Capítulo 18)

TRANSPORTE Dias e tempos para transportar pacientes (em minutos) (Capítulo 18)

TRSNYC Ano, valor unitário para o Diversified Equity Fund (Fundo com Patrimônio Diversificado) e valor unitário para o Stable Value Fund (Fundo com Valor Estável) (Capítulo 16)

TWITTERFILMES Filme, atividade do Twitter e receitas (em dólares) (Capítulo 13)

UMIDADE Quantidade de umidade das placas Boston e das placas Vermont (Capítulo 9)

VALORESFUTEBOL2012 Time, país, receita (em milhões de dólares), valor (em milhões de dólares) (Capítulo 13b)

VALORESNBA Time, receita anual (milhões de dólares) e valor (milhões de dólares) para franquias da NBA (Capítulos 2, 3 e 13)

VAZAMENTOS Ano e quantidade de vazamentos no Golfo do México (Capítulo 16)

VB Tempo (em minutos) necessário para nove alunos escreverem e rodarem um programa em Visual Basic (Capítulo 10)

VELOCIDADE DRIVE-THRU Ano e tempo necessário para ser atendido em um guichê do Drive-Thru (Capítulo 16)

VENDASCAFÉ Vendas de café aos preços de $0,59, $0,69, $0,79 e $0,89 (Capítulos 11 e 12)

VENDASCAFÉ2 Vendas de café e preço (Capítulo 15)

VENDASCASASNOVAS Mês, vendas (em milhares de unidades) e média aritmética do preço (em milhares de dólares) (Capítulo 2)

VENDASCOMPUTADORES Ano, ano codificado e vendas de computadores e *softwares* (em milhões de dólares) (Capítulo 16)

VIAGEM Mês e média do tráfego no Google no que se refere a buscas originadas no âmbito dos Estados Unidos, com relação a viagens, dimensionado com relação ao tráfego médio correspondente ao período de tempo inteiro, com base em um ponto estabelecido no início do período de tempo (Capítulo 16)

VIZINHANÇA Preço de venda (em milhares de dólares), número de cômodos e localização em termos de vizinhança (0 = leste, 1 = oeste) (Capítulo 14)

WALMART Trimestre e receitas trimestrais correspondentes à Wal-Mart Stores (bilhões de dólares) (Capítulo 16)

WIP Tempos de processamento em cada uma de duas linhas de produção (1 = A, 2 = B) (Capítulo 17)

Pastas de Trabalho do Guia do Excel

As pastas de trabalho do Guia do Excel contêm moldes (gabaritos) ou soluções a título de modelo, para que o Excel possa ser aplicado a um determinado método estatístico. Os exemplos abordados nos capítulos, bem como as instruções para o *Excel Avançado* nos Guias do Excel no final de cada capítulo, apresentam planilhas extraídas dessas pastas de trabalho, e o PHStat constrói para você muitas das planilhas extraídas dessas pastas de trabalho.

As pastas de trabalho estão armazenadas no formato de pasta de trabalho **.xlsx**, compatível com o Excel. A maioria delas contém uma **planilha CÁLCULO** (geralmente ilustrada neste livro) que apresenta resultados, bem como uma **planilha CÁL-**

CULO_FÓRMULAS que permite que você examine todas as fórmulas utilizadas na planilha. As pastas de trabalho apresentadas no Guia do Excel (juntamente com o número do capítulo no qual cada uma é mencionada pela primeira vez) são:

Recodificadas (1)	**Tamanho da Amostra para a Proporção (8)**
Aleatório (1)	**Pasta de trabalho Z para Média Aritmética (9)**
Tabela Resumida (2)	**Pasta de trabalho T para Média Aritmética (9)**
Tabela de Contingência (2)	
Distribuições (2)	
Pareto (2)	**Z para Proporção (9)**
Ramo e Folha (2)	**T para Variâncias Agrupadas (10)**
Histograma (2)	
Polígonos (2)	**T de Variâncias Separadas (10)**
Gráfico de Dispersão (2)	
Séries Temporais (2)	**T em pares (10)**
TCM (2)	**F de duas Variâncias (10)**
Segmentações (2)	**Z Duas Proporções (10)**
Descritivas (3)	**ANOVA de Fator Único (11)**
Quartis (3)	**Levene (11)**
Box-Plot (3)	**Qui-Quadrado (12)**
Parâmetros (3)	**Planilhas Qui-Quadrado (12)**
VE-Variabilidade (3)	
Covariância (3)	**Wilcoxon (12)**
Probabilidades (4)	**Planilhas Kruskal-Wallis (12)**
Bayes (4)	
Variável Discreta (5)	**Regressão Linear Simples (13)**
Portfólio (5)	
Binomial (5)	**Regressão Múltipla (14)**
Poisson (5)	**Suplemento Regressão Logística (14)**
Hipergeométrica (5)	
Normal (6)	**Médias Móveis (16)**
GPN (6)	**Ajuste Exponencial (16)**
Exponencial (6)	**Tendência Exponencial (16)**
DAS (7)	**Diferenças (16)**
EIC sigma conhecido (8)	**Variáveis de Previsão do Passado (16)**
EIC sigma desconhecido (8)	
EIC Proporção (8)	**Comparação de Previsões (16)**
Tamanho da Amostra para a Média Aritmética (8)	

A **pasta de trabalho Segmentações** funciona apenas com as versões Excel 2010 e Excel 2013. A **pasta de trabalho de suplemento Regressão Logística** requer a instalação do suplemento Solver do Excel e, caso você esteja utilizando uma versão do Excel no sistema Windows da Microsoft, as configurações de segurança discutidas na Seção D.3 do Apêndice D. (A Seção D.6 do Apêndice D aborda o modo de verificar a presença do suplemento Solver.)

Além dessas pastas de trabalho, a pasta de trabalho **Limpeza de Dados**, mencionada nos Breves Destaques para o Capítulo 1, atua como uma pasta de trabalho do Guia do Excel correspondente à Seção 1.3, pelo fato de demonstrar o modo de implementar uma variedade de técnicas de limpeza de dados no Microsoft Excel.

Arquivos em PDF

Arquivos no formato PDF utilizam o Portable Document Format (Formato de Documento Portável) que podem ser visualizados na maior parte dos navegadores da Grande Rede e programas de gestão ou utilitários de arquivos PDF, tais como o Adobe Reader, um programa gratuito disponível para ser baixado no endereço **get.adobe.com/reader/**. Tanto os arquivos dos Casos

Digitais quanto os arquivos das seções oferecidas como bônus no material suplementar disponível no *site* da LTC Editora utilizam esse formato. O conjunto de arquivos das seções oferecidas como bônus no material suplementar inclui arquivos que contêm tabelas de referência associadas às distribuições de probabilidades discretas binomial e Poisson, discutidas no Capítulo 5, bem como o texto integral correspondente a dois capítulos intitulados "Aplicações Estatísticas na Gestão pela Qualidade" e "Tomada de Decisões".

Visual Explorations (Explorações Visuais)

Visual Explorations (Explorações Visuais) são pastas de trabalho que demonstram, interativamente, vários conceitos-chave da estatística. Três dessas pastas de trabalho são pastas de trabalho de suplementos armazenadas no formato de suplemento do Excel **.xlam**, que aparecem nas seções Visual Explorations (Explorações Visuais) em capítulos selecionados. O uso dessas pastas de trabalho de suplementos requer as configurações de segurança discutidas na Seção D.3 do Apêndice D, caso você esteja utilizando uma versão do Excel do Windows da Microsoft. As pastas de trabalho do suplemento Visual Explorations (Explorações Visuais) incluídas neste livro são:

VE – Normal Distribution (suplemento) – [EV – Distribuição Normal (suplemento)]
VE – Sampling Distribution (suplemento) – [EV – Distribuição de Amostragens (suplemento)]
VE – Simple Linear Regression (suplemento) – [EV – Regressão Linear Simples (suplemento)]
VE – Variability – [EV – Variabilidade]

Arquivos PHStat

PHStat é o suplemento estatístico da Pearson Education para o Microsoft Excel, que simplifica a tarefa de operacionalização do Excel. O PHStat cria planilhas *reais* do Excel que utilizam cálculos de planilhas. A versão do PHStat incluída neste livro não requer nenhum outro tipo de configuração que não seja descompactar as pastas extraídas depois de baixado um arquivo no formato *zip*. O PHStat consiste nos seguintes arquivos:

PHStat.xlam A pasta de trabalho propriamente dita para o suplemento, em sua versão atual. (Esse arquivo é compatível com as versões do Microsoft Excel para os sistemas Windows da Microsoft e OS X, conforme explicitado na Seção D.2 do Apêndice D.)

PHStat readme.pdf O arquivo leia-me, em formato PDF, que você deve baixar e ler antes de utilizar o PHStat.

PHStatHelp.chm O sistema de ajuda que proporciona ajuda vinculada diretamente ao contexto, para usuários do Excel do sistema Windows da Microsoft. (A ajuda vinculada diretamente ao texto não está disponível para os usuários do sistema OS X do Excel.) Os usuários do OS X podem utilizar esse arquivo como um sistema de ajuda independente, baixando um leitor CHM (Compiled HTML Help) gratuito a partir da loja virtual Mac Apps.

PHStatHelp.pdf O sistema de ajuda no formato de um arquivo PDF, que tanto os usuários da versão Windows da Microsoft quanto os usuários do sistema OS X do Excel podem utilizar.

Veja as Seções D.2 a D.4 do Apêndice D para informações técnicas para configurar o Microsoft Excel para uso junto com o PHStat. Veja a seção *Perguntas Frequentes sobre o PHStat*, no Apêndice G, para as respostas de perguntas frequentemente feitas sobre o PHStat.

| APÊNDICE D | Configurando o *Software* |

Este apêndice tem como objetivo tentar eliminar os tipos comuns de problemas técnicos que poderiam, de outro modo, complicar o seu uso do Microsoft Excel, à medida que você passa a aprender a estatística ligada ao mundo dos negócios, com a ajuda deste livro. É recomendável que você se familiarize com o conteúdo deste apêndice — e siga todas as suas respectivas diretrizes — caso a cópia do Microsoft Excel que você planeje utilizar seja executada em um sistema operacional que você mesmo controla e administra. Caso você esteja utilizando um sistema operacional que seja administrado por terceiros, como é o caso de sistemas informatizados nos laboratórios de informática de ambientes acadêmicos, este apêndice poderá ser um recurso útil para as pessoas encarregadas de solucionar questões técnicas que possam vir a aparecer.

Nem todas as seções deste apêndice se aplicam a todos os leitores. As seções com o código (WIN) se aplicam a você, caso esteja utilizando o Microsoft Excel, com o sistema Windows da Microsoft, ao passo que as seções com o código (OS X) se aplicam a você, caso esteja utilizando o Microsoft Excel, com o sistema OS X (antes conhecido como Mac OS X). Algumas seções se aplicam a todos os leitores (TODOS).

D.1 Tornando o Microsoft Excel Pronto para Ser Utilizado (TODOS)

Você deve ter uma cópia atualizada e apropriadamente licenciada do Microsoft Excel, para poder trabalhar com os exemplos e solucionar os problemas neste livro, bem como tirar proveito das pastas de trabalho e suplementos gratuitos relacionados ao Excel, no Apêndice C. Para fazer com que o Excel fique pronto para ser utilizado, siga esta lista de verificação:

- ❏ Caso necessário, instale o Microsoft Excel em seu sistema operacional.
- ❏ Verifique e aplique atualizações fornecidas pela Microsoft para o Microsoft Excel e o Microsoft Office.
- ❏ Depois de seu primeiro uso do Microsoft Excel, verifique novamente a existência de atualizações fornecidas pela Microsoft, pelo menos uma vez a cada duas semanas.

Se você precisar instalar uma nova cópia do Microsoft Excel em um sistema operacional Windows da Microsoft, escolha a versão de 32 bits e não a versão de 64 bits, *ainda que você tenha uma versão de 64 bits de um sistema operacional Windows da Microsoft.* Muitas pessoas equivocadamente acreditam que a versão de 64 bits é de algum modo "melhor", não percebendo que o Excel 2011 OS X é uma versão para 32 bits e que a Microsoft aconselha você a optar pela versão de 32 bits por motivos que a empresa detalha em seu portal da Grande Rede. (A versão WIN de 64 bits existe primordialmente para usuários que precisam trabalhar com pastas de trabalho do Excel que tenham tamanho maior que 2GB. O que poderia armazenar uma pasta de trabalho com 2GB? Com base em um cálculo informal, o conteúdo de mais de 60 cópias deste livro — em outras palavras, *megadados*, conforme definido na Seção MAO.3.)

Verificando a Existência de Atualizações e Aplicando Essas Atualizações

As atualizações do Microsoft Excel requerem acesso à Internet, e o processo para verificar e aplicar atualizações difere entre as versões do Excel. Caso você esteja utilizando uma versão do Excel para o sistema Windows da Microsoft, e utilize o Windows 7 ou 8, a verificação de atualizações é feita pelo serviço Windows Update. Caso esteja utilizando uma versão mais antiga do Windows da Microsoft, você pode ter que fazer uma atualização para essa versão gratuita, conforme explicado no item "Nota Especial para Usuários do Windows XP e Windows Vista da Microsoft", apresentado no final desta seção.

O Windows Update pode aplicar automaticamente quaisquer atualizações encontradas, embora muitos usuários prefiram ajustar o Windows Update de modo tal que ele *notifique* quando as atualizações estejam disponíveis, e, depois disso, selecionem e apliquem as atualizações manualmente.

Nas versões do Excel para o sistema OS X e algumas versões do Windows da Microsoft, você pode verificar manualmente a existência de atualizações. No Excel 2011 (OS X), selecione **Ajuda → Verificar Atualizações** e, na caixa de diálogo que aparece, clique em **Verificar Atualizações**. No Excel 2007 (WIN), clique inicialmente no **Botão do Office** e, depois, clique em **Opções do Excel** na parte inferior da janela do Botão do Office. Na caixa de diálogo Opções do Excel, clique em **Recursos** no painel esquerdo e, depois, no painel direito, clique em **Verificar se Há Atualizações**, e siga as instruções que aparecem na página da Grande Rede que é exibida.

Normalmente, você não verifica manualmente se há atualizações, seja no Excel 2010 (WIN), seja no Excel 2013 (WIN). No entanto, em algumas instalações dessas versões, você pode selecionar **Arquivo → Conta → Opções de Atualização** (Excel 2013) ou **Arquivo → Ajuda → Verificar Atualizações** (Excel 2010) e selecionar opções ou seguir as instruções para desativar atualizações ou forçar o início do processo de atualização.

Se tudo o mais falhar, você pode, ainda, abrir um navegador da Grande Rede e direcionar-se à seção Microsoft Office do Microsoft Download Center, no endereço **www.microsoft.com/pt-br/download/office.aspx** e, manualmente, selecionar e baixar as atualizações. Na página da Grande Rede que é exibida, filtre os arquivos a serem baixados especificando as versões do Excel que você utiliza. Descubra o número da versão e proceda à atualização, do seguinte modo:

- No Excel 2013 (WIN), selecione **Arquivo → Conta** e, depois, clique em **Sobre o Microsoft Excel**. Na caixa de diálogo que aparece, observe os números e códigos que seguem a frase "Microsoft Excel 2013".
- No Excel 2010 (WIN), selecione **Arquivo → Ajuda**. Abaixo do título "Sobre o Microsoft Excel", clique em **Adicionais Informações de Versão e Copyright** e, na caixa de diálogo que aparece, observe os números e códigos que seguem a frase "Microsoft Excel 2010".
- No Excel 2011 (OS X), clique em **Excel → Sobre o Excel**. A caixa de diálogo que aparece exibe a **Versão** e a **Última Atualização Instalada**.
- No Excel 2007 (WIN), selecione primeiramente o **Botão do Office** e, depois, clique em **Opções do Excel**. Na caixa de diálogo Opções do Excel, clique em **Recursos** no painel esquerdo. No painel direito, observe os números e códigos que seguem a frase Microsoft Office Excel 2007 abaixo do título "sobre o Microsoft Office Excel 2007".

Nota Especial para Usuários do Windows XP e Windows Vista da Microsoft

Caso você esteja utilizando um sistema Microsoft Windows XP ou Windows Vista, e tenha, anteriormente, ativado o serviço Windows Update, o seu sistema pode *não* necessariamente ter baixado e aplicado todas as atualizações do Excel. Se você utiliza o Windows Update para esses sistemas mais antigos, você pode migrar, gratuitamente, para o serviço Microsoft Update, que busca e baixa atualizações para o Microsoft Excel e o Microsoft Office.

D.2 Tornando o PHStat Pronto para Ser Utilizado (TODOS)

Caso você planeje utilizar o PHStat, a pasta de trabalho com o suplemento da Pearson Education, que simplifica o uso do Microsoft Excel, juntamente com este livro (veja a Seção GE.2 no início do capítulo MAO), você deve primeiramente baixar os arquivos do PHStat que estão descritos na Seção C.2, utilizando um dos métodos discutidos na Seção C.1. O PHStat é baixado como um pacote contendo um conjunto de arquivos em formato *zip*, que você deve descompactar. Você pode armazenar os arquivos extraídos na pasta de sua escolha, certificando-se de que os arquivos sejam copiados para a referida pasta.

O PHStat é completamente compatível com essas versões do Excel: Excel 2007 (WIN), Excel 2010 (WIN) e Excel 2011 (OS X). A maior parte dos procedimentos do PHStat é compatível com o Excel 2003 (WIN), embora o ato de abrir o PHStat nessa versão venha a fazer com que apareça uma caixa de diálogo de conversão de arquivo, na medida em que o Excel transforma o suplemento em um formato adequado para uso com o Excel 2003. O PHStat não é compatível com o Excel 2008 (OS X), uma versão do Excel que não incluiu a capacidade de executar pastas de trabalho de suplementos. Caso você esteja utilizando o Microsoft Excel com o Microsoft Windows (qualquer versão), você deve, então, configurar primeiramente os ajustes da Central de Confiabilidade do Microsoft Excel, conforme abordamos na Seção D.3. Caso você esteja utilizando o Microsoft Excel com o sistema OS X, nenhuma etapa adicional é necessária.

D.3 Configurando a Segurança do Excel para Uso de Suplementos (WIN)

Os ajustes das configurações de segurança do Microsoft Excel podem evitar que suplementos tais como as pastas de trabalho do PHStat e do Visual Explorations sejam abertas ou funcionem apropriadamente. Para configurar esses ajustes de configurações de segurança de modo tal que venham a permitir que o PHStat funcione adequadamente:

1. No Excel 2010 e no Excel 2013, selecione **Arquivo → Opções**. No Excel 2007, primeiramente clique no **Botão do Office** e, depois disso, clique em **Opções do Excel**.

Na caixa de diálogo Opções do Excel (veja a Figura D.1):

2. Clique em **Central de Confiabilidade** no painel à esquerda e, depois disso, clique em **Configurações da Central de Confiabilidade** no painel à direita.

Na caixa de diálogo Central de Confiabilidade (parcialmente ilustrada nas duas visões na parte inferior da Figura D.1):

3. Clique em **Suplementos** no painel seguinte à esquerda e, depois disso, no painel à direita com o título Suplementos, desmarque todas as caixas de verificação (veja a inserção inferior esquerda da Figura D.1).
4. Clique em **Configurações de Macro** no painel à esquerda e, depois disso, no painel à direita com o título Configurações de Macro, clique em **Desabilitar todas as macros com notificação** e marque a opção **Confiar no acesso ao modelo de objeto do projeto do VBA** (veja a inserção inferior direita da Figura D.1).
5. Clique em **OK** para fechar a caixa de diálogo Central de Confiabilidade.

De volta à caixa de diálogo Opções do Excel:

6. Clique em **OK** para concluir.

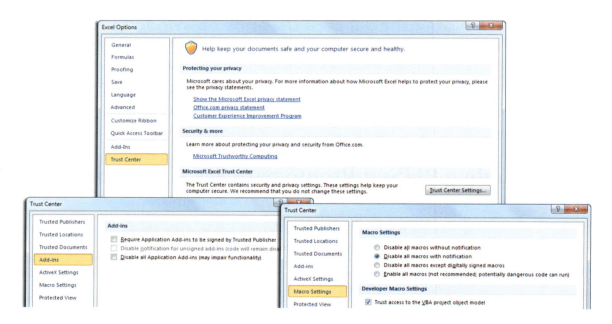

FIGURA D.1 Configurações de Segurança do Microsoft Excel (WIN)

Em alguns sistemas que apresentam configurações de segurança restritivas, pode ser que você precise modificar a Etapa 5. Para esses sistemas, na Etapa 5, clique em **Locais Confiáveis** no painel esquerdo e, depois disso, no painel direito com o título Locais Confiáveis, clique em **Adicionar Novo Local** para acrescentar o caminho da pasta na qual você venha a optar por armazenar os arquivos do PHStat e, então, clique em **OK**.

D.4 Abrindo o PHStat (TODOS)

Abra o arquivo **PHStat.xlam** para utilizar o PHStat. À medida que você começa a abrir o arquivo, por qualquer um dos meios discutidos na Seção GE.6 do Capítulo MAO no início deste livro, o Microsoft Excel exibe uma caixa de diálogo com um alerta de segurança. As caixas de diálogo para o Excel 2010 e o Excel 2011 estão ilustradas a seguir (o Caminho para o Arquivo muito possivelmente será diferente no seu sistema operacional). Clique em **Habilitar Macros**, que não é a opção que aparece como padrão no Excel, para fazer com que o PHStat funcione apropriadamente.

Depois de clicar em **Habilitar Macros**, você pode verificar se o PHStat foi aberto adequadamente, procurando um menu correspondente ao PHStat na guia Suplementos da Faixa de Opções do Office (WIN) ou no menu na parte superior da tela (OS X). (No Excel 2003, o menu do PHStat aparecerá na barra de menu do Excel.)

Se você deixou de adotar o procedimento que corresponde a verificar a existência e aplicar as atualizações necessárias para o Excel, ou caso algumas atualizações possam não ter sido aplicadas, quando você tentar utilizar o PHStat pela primeira vez, pode ser que você visualize uma mensagem "Erro de Compilação" que fale sobre um determinado "módulo oculto". Se isso ocorrer, repita o processo de verificação e aplicação de atualizações no Excel. Examine a Seção Perguntas Frequentes sobre o PHStat, no Apêndice G, para mais assistência, caso seja necessário.

D.5 Utilizando a Pasta de Trabalho com o Suplemento Visual Explorations (Explorações Visuais)

Para utilizar qualquer uma das pastas de trabalho do suplemento Visual Explorations, você deve, inicialmente, baixar o conjunto dessas pastas utilizando um dos métodos discutidos na Seção C.1 do Apêndice C. Caso o arquivo baixado esteja no formato de um arquivo em zip, você deve extrair o arquivo para utilizar a pasta de trabalho do suplemento. Guarde em uma pasta de sua escolha os arquivos correspondentes à pasta de trabalho do suplemento, conjuntamente. Em seguida, utilize as instruções apresentadas na Seção D.3, caso necessário. Quando abrir uma pasta de trabalho do suplemento Visual Explorations, você visualizará o mesmo tipo de caixa de diálogo de alerta de segurança que foi descrito na Seção D.4. Como afirmam essas instruções, clique em **Habilitar Macros** para fazer com que a pasta de trabalho funcione adequadamente.

D.6 Verificando a Presença dos Suplementos do Pacote Ferramentas de Análise ou Solver (TODOS)

Caso você opte por realizar a regressão logística utilizando as instruções do *PHStat* ou do *Excel Avançado* na Seção GE 14.7, você precisará ter certeza de que o suplemento Solver tenha sido instalado. Por analogia, caso opte por utilizar as instruções da Seção *Ferramentas de Análise* do Guia do Excel, você precisa estar seguro de que o suplemento do Pacote de Ferramentas de Análise tenha sido instalado. (Esse suplemento não estará disponível, caso você utilize o Microsoft Excel com o sistema OS X.)

Para verificar a presença do suplemento Solver (ou o Pacote de Ferramentas de Análise), caso você esteja utilizando o Microsoft Excel com o sistema Windows da Microsoft:

1. No Excel 2010 ou seus sucessores, selecione **Arquivo → Opções**. No Excel 2007, clique no **Botão do Office** e, depois, em **Opções do Excel** (na parte inferior da janela do menu do Botão do Office).

Na caixa de diálogo de Opções do Excel:

2. Clique em **Suplementos** no painel esquerdo e procure uma entrada com o nome **Suplemento Solver** (ou **Ferramentas de Análise**) no painel à direita, abaixo de **Suplementos de Aplicativo Ativos**.
3. Caso essa entrada apareça, clique em **OK**.

Se essa entrada não aparecer na lista **Suplementos de Aplicativo Inativos**, clique em **Ir**. Na caixa de diálogo de Suplementos, marque a opção **Suplemento Solver** (ou **Ferramentas de Análise**) na lista **Suplementos disponíveis**, e clique em **OK**. Caso a opção Ferramentas de Análise (ou Suplemento Solver) não apareça na lista, rode novamente o programa de instalação do Microsoft Office para instalar esse componente.

Para verificar a presença do suplemento Solver, caso você esteja utilizando o Microsoft Excel com o sistema OS X, selecione **Ferramentas → Opções**. Na caixa de diálogo de Suplementos que aparece, marque a opção **Solver.Xlam** na lista **Suplementos disponíveis** e clique em **OK**.

APÊNDICE E — Tabelas

TABELA E.1
Tabelas de Números Aleatórios

Linha	00000 12345	00001 67890	11111 12345	11112 67890	22222 12345	22223 67890	33333 12345	33334 67890
01	49280	88924	35779	00283	81163	07275	89863	02348
02	61870	41657	07468	08612	98083	97349	20775	45091
03	43898	65923	25078	86129	78496	97653	91550	08078
04	62993	93912	30454	84598	56095	20664	12872	64647
05	33850	58555	51438	85507	71865	79488	76783	31708
06	97340	03364	88472	04334	63919	36394	11095	92470
07	70543	29776	10087	10072	55980	64688	68239	20461
08	89382	93809	00796	95945	34101	81277	66090	88872
09	37818	72142	67140	50785	22380	16703	53362	44940
10	60430	22834	14130	96593	23298	56203	92671	15925
11	82975	66158	84731	19436	55790	69229	28661	13675
12	30987	71938	40355	54324	08401	26299	49420	59208
13	55700	24586	93247	32596	11865	63397	44251	43189
14	14756	23997	78643	75912	83832	32768	18928	57070
15	32166	53251	70654	92827	63491	04233	33825	69662
16	23236	73751	31888	81718	06546	83246	47651	04877
17	45794	26926	15130	82455	78305	55058	52551	47182
18	09893	20505	14225	68514	47427	56788	96297	78822
19	54382	74598	91499	14523	68479	27686	46162	83554
20	94750	89923	37089	20048	80336	94598	26940	36858
21	70297	34135	53140	33340	42050	82341	44104	82949
22	85157	47954	32979	26575	57600	40881	12250	73742
23	11100	02340	12860	74697	96644	89439	28707	25815
24	36871	50775	30592	57143	17381	68856	25853	35041
25	23913	48357	63308	16090	51690	54607	72407	55538
26	79348	36085	27973	65157	07456	22255	25626	57054
27	92074	54641	53673	54421	18130	60103	69593	49464
28	06873	21440	75593	41373	49502	17972	82578	16364
29	12478	37622	99659	31065	83613	69889	58869	29571
30	57175	55564	65411	42547	70457	03426	72937	83792
31	91616	11075	80103	07831	59309	13276	26710	73000
32	78025	73539	14621	39044	47450	03197	12787	47709
33	27587	67228	80145	10175	12822	86687	65530	49325
34	16690	20427	04251	64477	73709	73945	92396	68263
35	70183	58065	65489	31833	82093	16747	10386	59293
36	90730	35385	15679	99742	50866	78028	75573	67257
37	10934	93242	13431	24590	02770	48582	00906	58595
38	82462	30166	79613	47416	13389	80268	05085	96666
39	27463	10433	07606	16285	93699	60912	94532	95632
40	02979	52997	09079	92709	90110	47506	53693	49892
41	46888	69929	75233	52507	32097	37594	10067	67327
42	53638	83161	08289	12639	08141	12640	28437	09268
43	82433	61427	17239	89160	19666	08814	37841	12847
44	35766	31672	50082	22795	66948	65581	84393	15890
45	10853	42581	08792	13257	61973	24450	52351	16602
46	20341	27398	72906	63955	17276	10646	74692	48438
47	54458	90542	77563	51839	52901	53355	83281	19177
48	26337	66530	16687	35179	46560	00123	44546	79896
49	34314	23729	85264	05575	96855	23820	11091	79821
50	28603	10708	68933	34189	92166	15181	66628	58599

TABELA E.1
Tabelas de Números Aleatórios (*continuação*)

	Coluna							
Linha	**00000** **12345**	**00001** **67890**	**11111** **12345**	**11112** **67890**	**22222** **12345**	**22223** **67890**	**33333** **12345**	**33334** **67890**
51	66194	28926	99547	16625	45515	67953	12108	57846
52	78240	43195	24837	32511	70880	22070	52622	61881
53	00833	88000	67299	68215	11274	55624	32991	17436
54	12111	86683	61270	58036	64192	90611	15145	01748
55	47189	99951	05755	03834	43782	90599	40282	51417
56	76396	72486	62423	27618	84184	78922	73561	52818
57	46409	17469	32483	09083	76175	19985	26309	91536
58	74626	22111	87286	46772	42243	68046	44250	42439
59	34450	81974	93723	49023	58432	67083	36876	93391
60	36327	72135	33005	28701	34710	49359	50693	89311
61	74185	77536	84825	09934	99103	09325	67389	45869
62	12296	41623	62873	37943	25584	09609	63360	47270
63	90822	60280	88925	99610	42772	60561	76873	04117
64	72121	79152	96591	90305	10189	79778	68016	13747
65	95268	41377	25684	08151	61816	58555	54305	86189
66	92603	09091	75884	93424	72586	88903	30061	14457
67	18813	90291	05275	01223	79607	95426	34900	09778
68	38840	26903	28624	67157	51986	42865	14508	49315
69	05959	33836	53758	16562	41081	38012	41230	20528
70	85141	21155	99212	32685	51403	31926	69813	58781
71	75047	59643	31074	38172	03718	32119	69506	67143
72	30752	95260	68032	62871	58781	34143	68790	69766
73	22986	82575	42187	62295	84295	30634	66562	31442
74	99439	86692	90348	66036	48399	73451	26698	39437
75	20389	93029	11881	71685	65452	89047	63669	02656
76	39249	05173	68256	36359	20250	68686	05947	09335
77	96777	33605	29481	20063	09398	01843	35139	61344
78	04860	32918	10798	50492	52655	33359	94713	28393
79	41613	42375	00403	03656	77580	87772	86877	57085
80	17930	00794	53836	53692	67135	98102	61912	11246
81	24649	31845	25736	75231	83808	98917	93829	99430
82	79899	34061	54308	59358	56462	58166	97302	86828
83	76801	49594	81002	30397	52728	15101	72070	33706
84	36239	63636	38140	65731	39788	06872	38971	53363
85	07392	64449	17886	63632	53995	17574	22247	62607
86	67133	04181	33874	98835	67453	59734	76381	63455
87	77759	31504	32832	70861	15152	29733	75371	39174
88	85992	72268	42920	20810	29361	51423	90306	73574
89	79553	75952	54116	65553	47139	60579	09165	85490
90	41101	17336	48951	53674	17880	45260	08575	49321
91	36191	17095	32123	91576	84221	78902	82010	30847
92	62329	63898	23268	74283	26091	68409	69704	82267
93	14751	13151	93115	01437	56945	89661	67680	79790
94	48462	59278	44185	29616	76537	19589	83139	28454
95	29435	88105	59651	44391	74588	55114	80834	85686
96	28340	29285	12965	14821	80425	16602	44653	70467
97	02167	58940	27149	80242	10587	79786	34959	75339
98	17864	00991	39557	54981	23588	81914	37609	13128
99	79675	80605	60059	35862	00254	36546	21545	78179
100	72335	82037	92003	34100	29879	46613	89720	13274

Fonte: Parcialmente extraída de Rand Corporation, *A Million Random Digits with 100,000 Normal Deviates* (Glencoe, IL, The Free Press, 1955).

TABELA E.2
A Distribuição Normal Padronizada Acumulada

Uma entrada representa a área sob a distribuição normal padronizada acumulada, desde $-\infty$ até Z

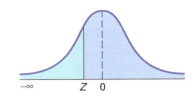

Z	\multicolumn{10}{c}{Probabilidades Acumuladas}
	0,00	0,01	0,02	0,03	0,04	0,05	0,06	0,07	0,08	0,09
−6,0	0,000000001									
−5,5	0,000000019									
−5,0	0,000000287									
−4,5	0,000003398									
−4,0	0,000031671									
−3,9	0,00005	0,00005	0,00004	0,00004	0,00004	0,00004	0,00004	0,00004	0,00003	0,00003
−3,8	0,00007	0,00007	0,00007	0,00006	0,00006	0,00006	0,00006	0,00005	0,00005	0,00005
−3,7	0,00011	0,00010	0,00010	0,00010	0,00009	0,00009	0,00008	0,00008	0,00008	0,00008
−3,6	0,00016	0,00015	0,00015	0,00014	0,00014	0,00013	0,00013	0,00012	0,00012	0,00011
−3,5	0,00023	0,00022	0,00022	0,00021	0,00020	0,00019	0,00019	0,00018	0,00017	0,00017
−3,4	0,00034	0,00032	0,00031	0,00030	0,00029	0,00028	0,00027	0,00026	0,00025	0,00024
−3,3	0,00048	0,00047	0,00045	0,00043	0,00042	0,00040	0,00039	0,00038	0,00036	0,00035
−3,2	0,00069	0,00066	0,00064	0,00062	0,00060	0,00058	0,00056	0,00054	0,00052	0,00050
−3,1	0,00097	0,00094	0,00090	0,00087	0,00084	0,00082	0,00079	0,00076	0,00074	0,00071
−3,0	0,00135	0,00131	0,00126	0,00122	0,00118	0,00114	0,00111	0,00107	0,00103	0,00100
−2,9	0,0019	0,0018	0,0018	0,0017	0,0016	0,0016	0,0015	0,0015	0,0014	0,0014
−2,8	0,0026	0,0025	0,0024	0,0023	0,0023	0,0022	0,0021	0,0021	0,0020	0,0019
−2,7	0,0035	0,0034	0,0033	0,0032	0,0031	0,0030	0,0029	0,0028	0,0027	0,0026
−2,6	0,0047	0,0045	0,0044	0,0043	0,0041	0,0040	0,0039	0,0038	0,0037	0,0036
−2,5	0,0062	0,0060	0,0059	0,0057	0,0055	0,0054	0,0052	0,0051	0,0049	0,0048
−2,4	0,0082	0,0080	0,0078	0,0075	0,0073	0,0071	0,0069	0,0068	0,0066	0,0064
−2,3	0,0107	0,0104	0,0102	0,0099	0,0096	0,0094	0,0091	0,0089	0,0087	0,0084
−2,2	0,0139	0,0136	0,0132	0,0129	0,0125	0,0122	0,0119	0,0116	0,0113	0,0110
−2,1	0,0179	0,0174	0,0170	0,0166	0,0162	0,0158	0,0154	0,0150	0,0146	0,0143
−2,0	0,0228	0,0222	0,0217	0,0212	0,0207	0,0202	0,0197	0,0192	0,0188	0,0183
−1,9	0,0287	0,0281	0,0274	0,0268	0,0262	0,0256	0,0250	0,0244	0,0239	0,0233
−1,8	0,0359	0,0351	0,0344	0,0336	0,0329	0,0322	0,0314	0,0307	0,0301	0,0294
−1,7	0,0446	0,0436	0,0427	0,0418	0,0409	0,0401	0,0392	0,0384	0,0375	0,0367
−1,6	0,0548	0,0537	0,0526	0,0516	0,0505	0,0495	0,0485	0,0475	0,0465	0,0455
−1,5	0,0668	0,0655	0,0643	0,0630	0,0618	0,0606	0,0594	0,0582	0,0571	0,0559
−1,4	0,0808	0,0793	0,0778	0,0764	0,0749	0,0735	0,0721	0,0708	0,0694	0,0681
−1,3	0,0968	0,0951	0,0934	0,0918	0,0901	0,0885	0,0869	0,0853	0,0838	0,0823
−1,2	0,1151	0,1131	0,1112	0,1093	0,1075	0,1056	0,1038	0,1020	0,1003	0,0985
−1,1	0,1357	0,1335	0,1314	0,1292	0,1271	0,1251	0,1230	0,1210	0,1190	0,1170
−1,0	0,1587	0,1562	0,1539	0,1515	0,1492	0,1469	0,1446	0,1423	0,1401	0,1379
−0,9	0,1841	0,1814	0,1788	0,1762	0,1736	0,1711	0,1685	0,1660	0,1635	0,1611
−0,8	0,2119	0,2090	0,2061	0,2033	0,2005	0,1977	0,1949	0,1922	0,1894	0,1867
−0,7	0,2420	0,2388	0,2358	0,2327	0,2296	0,2266	0,2236	0,2206	0,2177	0,2148
−0,6	0,2743	0,2709	0,2676	0,2643	0,2611	0,2578	0,2546	0,2514	0,2482	0,2451
−0,5	0,3085	0,3050	0,3015	0,2981	0,2946	0,2912	0,2877	0,2843	0,2810	0,2776
−0,4	0,3446	0,3409	0,3372	0,3336	0,3300	0,3264	0,3228	0,3192	0,3156	0,3121
−0,3	0,3821	0,3783	0,3745	0,3707	0,3669	0,3632	0,3594	0,3557	0,3520	0,3483
−0,2	0,4207	0,4168	0,4129	0,4090	0,4052	0,4013	0,3974	0,3936	0,3897	0,3859
−0,1	0,4602	0,4562	0,4522	0,4483	0,4443	0,4404	0,4364	0,4325	0,4286	0,4247
−0,0	0,5000	0,4960	0,4920	0,4880	0,4840	0,4801	0,4761	0,4721	0,4681	0,4641

TABELA E.2
A Distribuição Normal Padronizada Acumulada
(*continuação*)

Uma entrada representa a área sob a distribuição normal padronizada acumulada, desde $-\infty$ até Z

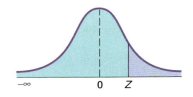

Probabilidades Acumuladas

Z	0,00	0,01	0,02	0,03	0,04	0,05	0,06	0,07	0,08	0,09
0,0	0,5000	0,5040	0,5080	0,5120	0,5160	0,5199	0,5239	0,5279	0,5319	0,5359
0,1	0,5398	0,5438	0,5478	0,5517	0,5557	0,5596	0,5636	0,5675	0,5714	0,5753
0,2	0,5793	0,5832	0,5871	0,5910	0,5948	0,5987	0,6026	0,6064	0,6103	0,6141
0,3	0,6179	0,6217	0,6255	0,6293	0,6331	0,6368	0,6406	0,6443	0,6480	0,6517
0,4	0,6554	0,6591	0,6628	0,6664	0,6700	0,6736	0,6772	0,6808	0,6844	0,6879
0,5	0,6915	0,6950	0,6985	0,7019	0,7054	0,7088	0,7123	0,7157	0,7190	0,7224
0,6	0,7257	0,7291	0,7324	0,7357	0,7389	0,7422	0,7454	0,7486	0,7518	0,7549
0,7	0,7580	0,7612	0,7642	0,7673	0,7704	0,7734	0,7764	0,7794	0,7823	0,7852
0,8	0,7881	0,7910	0,7939	0,7967	0,7995	0,8023	0,8051	0,8078	0,8106	0,8133
0,9	0,8159	0,8186	0,8212	0,8238	0,8264	0,8289	0,8315	0,8340	0,8365	0,8389
1,0	0,8413	0,8438	0,8461	0,8485	0,8508	0,8531	0,8554	0,8577	0,8599	0,8621
1,1	0,8643	0,8665	0,8686	0,8708	0,8729	0,8749	0,8770	0,8790	0,8810	0,8830
1,2	0,8849	0,8869	0,8888	0,8907	0,8925	0,8944	0,8962	0,8980	0,8997	0,9015
1,3	0,9032	0,9049	0,9066	0,9082	0,9099	0,9115	0,9131	0,9147	0,9162	0,9177
1,4	0,9192	0,9207	0,9222	0,9236	0,9251	0,9265	0,9279	0,9292	0,9306	0,9319
1,5	0,9332	0,9345	0,9357	0,9370	0,9382	0,9394	0,9406	0,9418	0,9429	0,9441
1,6	0,9452	0,9463	0,9474	0,9484	0,9495	0,9505	0,9515	0,9525	0,9535	0,9545
1,7	0,9554	0,9564	0,9573	0,9582	0,9591	0,9599	0,9608	0,9616	0,9625	0,9633
1,8	0,9641	0,9649	0,9656	0,9664	0,9671	0,9678	0,9686	0,9693	0,9699	0,9706
1,9	0,9713	0,9719	0,9726	0,9732	0,9738	0,9744	0,9750	0,9756	0,9761	0,9767
2,0	0,9772	0,9778	0,9783	0,9788	0,9793	0,9798	0,9803	0,9808	0,9812	0,9817
2,1	0,9821	0,9826	0,9830	0,9834	0,9838	0,9842	0,9846	0,9850	0,9854	0,9857
2,2	0,9861	0,9864	0,9868	0,9871	0,9875	0,9878	0,9881	0,9884	0,9887	0,9890
2,3	0,9893	0,9896	0,9898	0,9901	0,9904	0,9906	0,9909	0,9911	0,9913	0,9916
2,4	0,9918	0,9920	0,9922	0,9925	0,9927	0,9929	0,9931	0,9932	0,9934	0,9936
2,5	0,9938	0,9940	0,9941	0,9943	0,9945	0,9946	0,9948	0,9949	0,9951	0,9952
2,6	0,9953	0,9955	0,9956	0,9957	0,9959	0,9960	0,9961	0,9962	0,9963	0,9964
2,7	0,9965	0,9966	0,9967	0,9968	0,9969	0,9970	0,9971	0,9972	0,9973	0,9974
2,8	0,9974	0,9975	0,9976	0,9977	0,9977	0,9978	0,9979	0,9979	0,9980	0,9981
2,9	0,9981	0,9982	0,9982	0,9983	0,9984	0,9984	0,9985	0,9985	0,9986	0,9986
3,0	0,99865	0,99869	0,99874	0,99878	0,99882	0,99886	0,99889	0,99893	0,99897	0,99900
3,1	0,99903	0,99906	0,99910	0,99913	0,99916	0,99918	0,99921	0,99924	0,99926	0,99929
3,2	0,99931	0,99934	0,99936	0,99938	0,99940	0,99942	0,99944	0,99946	0,99948	0,99950
3,3	0,99952	0,99953	0,99955	0,99957	0,99958	0,99960	0,99961	0,99962	0,99964	0,99965
3,4	0,99966	0,99968	0,99969	0,99970	0,99971	0,99972	0,99973	0,99974	0,99975	0,99976
3,5	0,99977	0,99978	0,99978	0,99979	0,99980	0,99981	0,99981	0,99982	0,99983	0,99983
3,6	0,99984	0,99985	0,99985	0,99986	0,99986	0,99987	0,99987	0,99988	0,99988	0,99989
3,7	0,99989	0,99990	0,99990	0,99990	0,99991	0,99991	0,99992	0,99992	0,99992	0,99992
3,8	0,99993	0,99993	0,99993	0,99994	0,99994	0,99994	0,99994	0,99995	0,99995	0,99995
3,9	0,99995	0,99995	0,99996	0,99996	0,99996	0,99996	0,99996	0,99996	0,99997	0,99997
4,0	0,999968329									
4,5	0,999996602									
5,0	0,999999713									
5,5	0,999999981									
6,0	0,999999999									

TABELA E.3
Valores Críticos de t

Para um determinado número de graus de liberdade, uma entrada representa o valor crítico de t correspondente a uma probabilidade acumulada $(1 - \alpha)$ e uma área especificada da cauda superior (α).

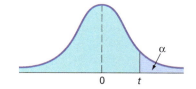

	Probabilidades Acumuladas					
	0,75	0,90	0,95	0,975	0,99	0,995
Graus de	Áreas da Cauda Superior					
Liberdade	0,25	0,10	0,05	0,025	0,01	0,005
1	1,0000	3,0777	6,3138	12,7062	31,8207	63,6574
2	0,8165	1,8856	2,9200	4,3027	6,9646	9,9248
3	0,7649	1,6377	2,3534	3,1824	4,5407	5,8409
4	0,7407	1,5332	2,1318	2,7764	3,7469	4,6041
5	0,7267	1,4759	2,0150	2,5706	3,3649	4,0322
6	0,7176	1,4398	1,9432	2,4469	3,1427	3,7074
7	0,7111	1,4149	1,8946	2,3646	2,9980	3,4995
8	0,7064	1,3968	1,8595	2,3060	2,8965	3,3554
9	0,7027	1,3830	1,8331	2,2622	2,8214	3,2498
10	0,6998	1,3722	1,8125	2,2281	2,7638	3,1693
11	0,6974	1,3634	1,7959	2,2010	2,7181	3,1058
12	0,6955	1,3562	1,7823	2,1788	2,6810	3,0545
13	0,6938	1,3502	1,7709	2,1604	2,6503	3,0123
14	0,6924	1,3450	1,7613	2,1448	2,6245	2,9768
15	0,6912	1,3406	1,7531	2,1315	2,6025	2,9467
16	0,6901	1,3368	1,7459	2,1199	2,5835	2,9208
17	0,6892	1,3334	1,7396	2,1098	2,5669	2,8982
18	0,6884	1,3304	1,7341	2,1009	2,5524	2,8784
19	0,6876	1,3277	1,7291	2,0930	2,5395	2,8609
20	0,6870	1,3253	1,7247	2,0860	2,5280	2,8453
21	0,6864	1,3232	1,7207	2,0796	2,5177	2,8314
22	0,6858	1,3212	1,7171	2,0739	2,5083	2,8188
23	0,6853	1,3195	1,7139	2,0687	2,4999	2,8073
24	0,6848	1,3178	1,7109	2,0639	2,4922	2,7969
25	0,6844	1,3163	1,7081	2,0595	2,4851	2,7874
26	0,6840	1,3150	1,7056	2,0555	2,4786	2,7787
27	0,6837	1,3137	1,7033	2,0518	2,4727	2,7707
28	0,6834	1,3125	1,7011	2,0484	2,4671	2,7633
29	0,6830	1,3114	1,6991	2,0452	2,4620	2,7564
30	0,6828	1,3104	1,6973	2,0423	2,4573	2,7500
31	0,6825	1,3095	1,6955	2,0395	2,4528	2,7440
32	0,6822	1,3086	1,6939	2,0369	2,4487	2,7385
33	0,6820	1,3077	1,6924	2,0345	2,4448	2,7333
34	0,6818	1,3070	1,6909	2,0322	2,4411	2,7284
35	0,6816	1,3062	1,6896	2,0301	2,4377	2,7238
36	0,6814	1,3055	1,6883	2,0281	2,4345	2,7195
37	0,6812	1,3049	1,6871	2,0262	2,4314	2,7154
38	0,6810	1,3042	1,6860	2,0244	2,4286	2,7116
39	0,6808	1,3036	1,6849	2,0227	2,4258	2,7079
40	0,6807	1,3031	1,6839	2,0211	2,4233	2,7045
41	0,6805	1,3025	1,6829	2,0195	2,4208	2,7012
42	0,6804	1,3020	1,6820	2,0181	2,4185	2,6981
43	0,6802	1,3016	1,6811	2,0167	2,4163	2,6951
44	0,6801	1,3011	1,6802	2,0154	2,4141	2,6923
45	0,6800	1,3006	1,6794	2,0141	2,4121	2,6896
46	0,6799	1,3002	1,6787	2,0129	2,4102	2,6870
47	0,6797	1,2998	1,6779	2,0117	2,4083	2,6846
48	0,6796	1,2994	1,6772	2,0106	2,4066	2,6822
49	0,6795	1,2991	1,6766	2,0096	2,4049	2,6800
50	0,6794	1,2987	1,6759	2,0086	2,4033	2,6778

TABELA E.3
Valores Críticos de *t*
(*continuação*)

Graus de Liberdade	Probabilidades Acumuladas					
	0,75	0,90	0,95	0,975	0,99	0,995
	Áreas da Cauda Superior					
	0,25	0,10	0,05	0,025	0,01	0,005
51	0,6793	1,2984	1,6753	2,0076	2,4017	2,6757
52	0,6792	1,2980	1,6747	2,0066	2,4002	2,6737
53	0,6791	1,2977	1,6741	2,0057	2,3988	2,6718
54	0,6791	1,2974	1,6736	2,0049	2,3974	2,6700
55	0,6790	1,2971	1,6730	2,0040	2,3961	2,6682
56	0,6789	1,2969	1,6725	2,0032	2,3948	2,6665
57	0,6788	1,2966	1,6720	2,0025	2,3936	2,6649
58	0,6787	1,2963	1,6716	2,0017	2,3924	2,6633
59	0,6787	1,2961	1,6711	2,0010	2,3912	2,6618
60	0,6786	1,2958	1,6706	2,0003	2,3901	2,6603
61	0,6785	1,2956	1,6702	1,9996	2,3890	2,6589
62	0,6785	1,2954	1,6698	1,9990	2,3880	2,6575
63	0,6784	1,2951	1,6694	1,9983	2,3870	2,6561
64	0,6783	1,2949	1,6690	1,9977	2,3860	2,6549
65	0,6783	1,2947	1,6686	1,9971	2,3851	2,6536
66	0,6782	1,2945	1,6683	1,9966	2,3842	2,6524
67	0,6782	1,2943	1,6679	1,9960	2,3833	2,6512
68	0,6781	1,2941	1,6676	1,9955	2,3824	2,6501
69	0,6781	1,2939	1,6672	1,9949	2,3816	2,6490
70	0,6780	1,2938	1,6669	1,9944	2,3808	2,6479
71	0,6780	1,2936	1,6666	1,9939	2,3800	2,6469
72	0,6779	1,2934	1,6663	1,9935	2,3793	2,6459
73	0,6779	1,2933	1,6660	1,9930	2,3785	2,6449
74	0,6778	1,2931	1,6657	1,9925	2,3778	2,6439
75	0,6778	1,2929	1,6654	1,9921	2,3771	2,6430
76	0,6777	1,2928	1,6652	1,9917	2,3764	2,6421
77	0,6777	1,2926	1,6649	1,9913	2,3758	2,6412
78	0,6776	1,2925	1,6646	1,9908	2,3751	2,6403
79	0,6776	1,2924	1,6644	1,9905	2,3745	2,6395
80	0,6776	1,2922	1,6641	1,9901	2,3739	2,6387
81	0,6775	1,2921	1,6639	1,9897	2,3733	2,6379
82	0,6775	1,2920	1,6636	1,9893	2,3727	2,6371
83	0,6775	1,2918	1,6634	1,9890	2,3721	2,6364
84	0,6774	1,2917	1,6632	1,9886	2,3716	2,6356
85	0,6774	1,2916	1,6630	1,9883	2,3710	2,6349
86	0,6774	1,2915	1,6628	1,9879	2,3705	2,6342
87	0,6773	1,2914	1,6626	1,9876	2,3700	2,6335
88	0,6773	1,2912	1,6624	1,9873	2,3695	2,6329
89	0,6773	1,2911	1,6622	1,9870	2,3690	2,6322
90	0,6772	1,2910	1,6620	1,9867	2,3685	2,6316
91	0,6772	1,2909	1,6618	1,9864	2,3680	2,6309
92	0,6772	1,2908	1,6616	1,9861	2,3676	2,6303
93	0,6771	1,2907	1,6614	1,9858	2,3671	2,6297
94	0,6771	1,2906	1,6612	1,9855	2,3667	2,6291
95	0,6771	1,2905	1,6611	1,9853	2,3662	2,6286
96	0,6771	1,2904	1,6609	1,9850	2,3658	2,6280
97	0,6770	1,2903	1,6607	1,9847	2,3654	2,6275
98	0,6770	1,2902	1,6606	1,9845	2,3650	2,6269
99	0,6770	1,2902	1,6604	1,9842	2,3646	2,6264
100	0,6770	1,2901	1,6602	1,9840	2,3642	2,6259
110	0,6767	1,2893	1,6588	1,9818	2,3607	2,6213
120	0,6765	1,2886	1,6577	1,9799	2,3578	2,6174
∞	0,6745	1,2816	1,6449	1,9600	2,3263	2,5758

TABELA E.4
Valores Críticos de χ^2

Para um determinado número de graus de liberdade, uma entrada representa o valor crítico de χ^2 correspondente a uma probabilidade acumulada $(1 - \alpha)$ e uma área especificada da cauda superior (α).

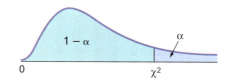

	\multicolumn{12}{c}{**Probabilidades Acumuladas**}
	0,005	0,01	0,025	0,05	0,10	0,25	0,75	0,90	0,95	0,975	0,99	0,995
Graus de Liberdade	\multicolumn{12}{c}{**Áreas da Cauda Superior (α)**}
	0,995	0,99	0,975	0,95	0,90	0,75	0,25	0,10	0,05	0,025	0,01	0,005
1			0,001	0,004	0,016	0,102	1,323	2,706	3,841	5,024	6,635	7,879
2	0,010	0,020	0,051	0,103	0,211	0,575	2,773	4,605	5,991	7,378	9,210	10,597
3	0,072	0,115	0,216	0,352	0,584	1,213	4,108	6,251	7,815	9,348	11,345	12,838
4	0,207	0,297	0,484	0,711	1,064	1,923	5,385	7,779	9,488	11,143	13,277	14,860
5	0,412	0,554	0,831	1,145	1,610	2,675	6,626	9,236	11,071	12,833	15,086	16,750
6	0,676	0,872	1,237	1,635	2,204	3,455	7,841	10,645	12,592	14,449	16,812	18,548
7	0,989	1,239	1,690	2,167	2,833	4,255	9,037	12,017	14,067	16,013	18,475	20,278
8	1,344	1,646	2,180	2,733	3,490	5,071	10,219	13,362	15,507	17,535	20,090	21,955
9	1,735	2,088	2,700	3,325	4,168	5,899	11,389	14,684	16,919	19,023	21,666	23,589
10	2,156	2,558	3,247	3,940	4,865	6,737	12,549	15,987	18,307	20,483	23,209	25,188
11	2,603	3,053	3,816	4,575	5,578	7,584	13,701	17,275	19,675	21,920	24,725	26,757
12	3,074	3,571	4,404	5,226	6,304	8,438	14,845	18,549	21,026	23,337	26,217	28,299
13	3,565	4,107	5,009	5,892	7,042	9,299	15,984	19,812	22,362	24,736	27,688	29,819
14	4,075	4,660	5,629	6,571	7,790	10,165	17,117	21,064	23,685	26,119	29,141	31,319
15	4,601	5,229	6,262	7,261	8,547	11,037	18,245	22,307	24,996	27,488	30,578	32,801
16	5,142	5,812	6,908	7,962	9,312	11,912	19,369	23,542	26,296	28,845	32,000	34,267
17	5,697	6,408	7,564	8,672	10,085	12,792	20,489	24,769	27,587	30,191	33,409	35,718
18	6,265	7,015	8,231	9,390	10,865	13,675	21,605	25,989	28,869	31,526	34,805	37,156
19	6,844	7,633	8,907	10,117	11,651	14,562	22,718	27,204	30,144	32,852	36,191	38,582
20	7,434	8,260	9,591	10,851	12,443	15,452	23,828	28,412	31,410	34,170	37,566	39,997
21	8,034	8,897	10,283	11,591	13,240	16,344	24,935	29,615	32,671	35,479	38,932	41,401
22	8,643	9,542	10,982	12,338	14,042	17,240	26,039	30,813	33,924	36,781	40,289	42,796
23	9,260	10,196	11,689	13,091	14,848	18,137	27,141	32,007	35,172	38,076	41,638	44,181
24	9,886	10,856	12,401	13,848	15,659	19,037	28,241	33,196	36,415	39,364	42,980	45,559
25	10,520	11,524	13,120	14,611	16,473	19,939	29,339	34,382	37,652	40,646	44,314	46,928
26	11,160	12,198	13,844	15,379	17,292	20,843	30,435	35,563	38,885	41,923	45,642	48,290
27	11,808	12,879	14,573	16,151	18,114	21,749	31,528	36,741	40,113	43,194	46,963	49,645
28	12,461	13,565	15,308	16,928	18,939	22,657	32,620	37,916	41,337	44,461	48,278	50,993
29	13,121	14,257	16,047	17,708	19,768	23,567	33,711	39,087	42,557	45,722	49,588	52,336
30	13,787	14,954	16,791	18,493	20,599	24,478	34,800	40,256	43,773	46,979	50,892	53,672

Para valores maiores de graus de liberdade (gl), a expressão $Z = \sqrt{2\chi^2} - \sqrt{2(gl) - 1}$ pode ser utilizada, e a área resultante da cauda superior pode ser obtida a partir da distribuição normal padronizada acumulada (Tabela E.2).

TABELA E.5
Valores Críticos de F

α = 0,05

Para uma determinada combinação entre graus de liberdade do numerador e graus de liberdade do denominador, uma entrada representa os valores críticos de F correspondentes à probabilidade acumulada $(1 - \alpha)$ e uma área especifica da cauda superior (α).

Probabilidades Acumuladas = 0,95

Áreas da Cauda Superior = 0,05

Numerador, gl_1

Denominador, gl_2	1	2	3	4	5	6	7	8	9	10	12	15	20	24	30	40	60	120	∞
1	161,40	199,50	215,70	224,60	230,20	234,00	236,80	238,90	240,50	241,90	243,90	245,90	248,00	249,10	250,10	251,10	252,20	253,30	254,30
2	18,51	19,00	19,16	19,25	19,30	19,33	19,35	19,37	19,38	19,40	19,41	19,43	19,45	19,45	19,46	19,47	19,48	19,49	19,50
3	10,13	9,55	9,28	9,12	9,01	8,94	8,89	8,85	8,81	8,79	8,74	8,70	8,66	8,64	8,62	8,59	8,57	8,55	8,53
4	7,71	6,94	6,59	6,39	6,26	6,16	6,09	6,04	6,00	5,96	5,91	5,86	5,80	5,77	5,75	5,72	5,69	5,66	5,63
5	6,61	5,79	5,41	5,19	5,05	4,95	4,88	4,82	4,77	4,74	4,68	4,62	4,56	4,53	4,50	4,46	4,43	4,40	4,36
6	5,99	5,14	4,76	4,53	4,39	4,28	4,21	4,15	4,10	4,06	4,00	3,94	3,87	3,84	3,81	3,77	3,74	3,70	3,67
7	5,59	4,74	4,35	4,12	3,97	3,87	3,79	3,73	3,68	3,64	3,57	3,51	3,44	3,41	3,38	3,34	3,30	3,27	3,23
8	5,32	4,46	4,07	3,84	3,69	3,58	3,50	3,44	3,39	3,35	3,28	3,22	3,15	3,12	3,08	3,04	3,01	2,97	2,93
9	5,12	4,26	3,86	3,63	3,48	3,37	3,29	3,23	3,18	3,14	3,07	3,01	2,94	2,90	2,86	2,83	2,79	2,75	2,71
10	4,96	4,10	3,71	3,48	3,33	3,22	3,14	3,07	3,02	2,98	2,91	2,85	2,77	2,74	2,70	2,66	2,62	2,58	2,54
11	4,84	3,98	3,59	3,36	3,20	3,09	3,01	2,95	2,90	2,85	2,79	2,72	2,65	2,61	2,57	2,53	2,49	2,45	2,40
12	4,75	3,89	3,49	3,26	3,11	3,00	2,91	2,85	2,80	2,75	2,69	2,62	2,54	2,51	2,47	2,43	2,38	2,34	2,30
13	4,67	3,81	3,41	3,18	3,03	2,92	2,83	2,77	2,71	2,67	2,60	2,53	2,46	2,42	2,38	2,34	2,30	2,25	2,21
14	4,60	3,74	3,34	3,11	2,96	2,85	2,76	2,70	2,65	2,60	2,53	2,46	2,39	2,35	2,31	2,27	2,22	2,18	2,13
15	4,54	3,68	3,29	3,06	2,90	2,79	2,71	2,64	2,59	2,54	2,48	2,40	2,33	2,29	2,25	2,20	2,16	2,11	2,07
16	4,49	3,63	3,24	3,01	2,85	2,74	2,66	2,59	2,54	2,49	2,42	2,35	2,28	2,24	2,19	2,15	2,11	2,06	2,01
17	4,45	3,59	3,20	2,96	2,81	2,70	2,61	2,55	2,49	2,45	2,38	2,31	2,23	2,19	2,15	2,10	2,06	2,01	1,96
18	4,41	3,55	3,16	2,93	2,77	2,66	2,58	2,51	2,46	2,41	2,34	2,27	2,19	2,15	2,11	2,06	2,02	1,97	1,92
19	4,38	3,52	3,13	2,90	2,74	2,63	2,54	2,48	2,42	2,38	2,31	2,23	2,16	2,11	2,07	2,03	1,98	1,93	1,88
20	4,35	3,49	3,10	2,87	2,71	2,60	2,51	2,45	2,39	2,35	2,28	2,20	2,12	2,08	2,04	1,99	1,95	1,90	1,84
21	4,32	3,47	3,07	2,84	2,68	2,57	2,49	2,42	2,37	2,32	2,25	2,18	2,10	2,05	2,01	1,96	1,92	1,87	1,81
22	4,30	3,44	3,05	2,82	2,66	2,55	2,46	2,40	2,34	2,30	2,23	2,15	2,07	2,03	1,98	1,91	1,89	1,84	1,78
23	4,28	3,42	3,03	2,80	2,64	2,53	2,44	2,37	2,32	2,27	2,20	2,13	2,05	2,01	1,96	1,91	1,86	1,81	1,76
24	4,26	3,40	3,01	2,78	2,62	2,51	2,42	2,36	2,30	2,25	2,18	2,11	2,03	1,98	1,94	1,89	1,84	1,79	1,73
25	4,24	3,39	2,99	2,76	2,60	2,49	2,40	2,34	2,28	2,24	2,16	2,09	2,01	1,96	1,92	1,87	1,82	1,77	1,71
26	4,23	3,37	2,98	2,74	2,59	2,47	2,39	2,32	2,27	2,22	2,15	2,07	1,99	1,95	1,90	1,85	1,80	1,75	1,69
27	4,21	3,35	2,96	2,73	2,57	2,46	2,37	2,31	2,25	2,20	2,13	2,06	1,97	1,93	1,88	1,84	1,79	1,73	1,67
28	4,20	3,34	2,95	2,71	2,56	2,45	2,36	2,29	2,24	2,19	2,12	2,04	1,96	1,91	1,87	1,82	1,77	1,71	1,65
29	4,18	3,33	2,93	2,70	2,55	2,43	2,35	2,28	2,22	2,18	2,10	2,03	1,94	1,90	1,85	1,81	1,75	1,70	1,64
30	4,17	3,32	2,92	2,69	2,53	2,42	2,33	2,27	2,21	2,16	2,09	2,01	1,93	1,89	1,84	1,79	1,74	1,68	1,62
40	4,08	3,23	2,84	2,61	2,45	2,34	2,25	2,18	2,12	2,08	2,00	1,92	1,84	1,79	1,74	1,69	1,64	1,58	1,51
60	4,00	3,15	2,76	2,53	2,37	2,25	2,17	2,10	2,04	1,99	1,92	1,84	1,75	1,70	1,65	1,59	1,53	1,47	1,39
120	3,92	3,07	2,68	2,45	2,29	2,17	2,09	2,02	1,96	1,91	1,83	1,75	1,66	1,61	1,55	1,50	1,43	1,35	1,25
∞	3,84	3,00	2,60	2,37	2,21	2,10	2,01	1,94	1,88	1,83	1,75	1,67	1,57	1,52	1,46	1,39	1,32	1,22	1,00

continua

TABELA E.5
Valores Críticos de F (continuação)

Probabilidades Acumuladas = 0,975

Áreas da Cauda Superior = 0,025

Numerador, gl_1

Denominador, gl_2	1	2	3	4	5	6	7	8	9	10	12	15	20	24	30	40	60	120	∞
1	647,80	799,50	864,20	899,60	921,80	937,10	948,20	956,70	963,30	968,60	976,70	984,90	993,10	997,20	1.001,00	1.006,00	1.010,00	1.014,00	1.018,00
2	38,51	39,00	39,17	39,25	39,30	39,33	39,36	39,39	39,39	39,40	39,41	39,43	39,45	39,46	39,46	39,47	39,48	39,49	39,50
3	17,44	16,04	15,44	15,10	14,88	14,73	14,62	14,54	14,47	14,42	14,34	14,25	14,17	14,12	14,08	14,04	13,99	13,95	13,90
4	12,22	10,65	9,98	9,60	9,36	9,20	9,07	8,98	8,90	8,84	8,75	8,66	8,56	8,51	8,46	8,41	8,36	8,31	8,26
5	10,01	8,43	7,76	7,39	7,15	6,98	6,85	6,76	6,68	6,62	6,52	6,43	6,33	6,28	6,23	6,18	6,12	6,07	6,02
6	8,81	7,26	6,60	6,23	5,99	5,82	5,70	5,60	5,52	5,46	5,37	5,27	5,17	5,12	5,07	5,01	4,96	4,90	4,85
7	8,07	6,54	5,89	5,52	5,29	5,12	4,99	4,90	4,82	4,76	4,67	4,57	4,47	4,42	4,36	4,31	4,25	4,20	4,14
8	7,57	6,06	5,42	5,05	4,82	4,65	4,53	4,43	4,36	4,30	4,20	4,10	4,00	3,95	3,89	3,84	3,78	3,73	3,67
9	7,21	5,71	5,08	4,72	4,48	4,32	4,20	4,10	4,03	3,96	3,87	3,77	3,67	3,61	3,56	3,51	3,45	3,39	3,33
10	6,94	5,46	4,83	4,47	4,24	4,07	3,95	3,85	3,78	3,72	3,62	3,52	3,42	3,37	3,31	3,26	3,20	3,14	3,08
11	6,72	5,26	4,63	4,28	4,04	3,88	3,76	3,66	3,59	3,53	3,43	3,33	3,23	3,17	3,12	3,06	3,00	2,94	2,88
12	6,55	5,10	4,47	4,12	3,89	3,73	3,61	3,51	3,44	3,37	3,28	3,18	3,07	3,02	2,96	2,91	2,85	2,79	2,72
13	6,41	4,97	4,35	4,00	3,77	3,60	3,48	3,39	3,31	3,25	3,15	3,05	2,95	2,89	2,84	2,78	2,72	2,66	2,60
14	6,30	4,86	4,24	3,89	3,66	3,50	3,38	3,29	3,21	3,15	3,05	2,95	2,84	2,79	2,73	2,67	2,61	2,55	2,49
15	6,20	4,77	4,15	3,80	3,58	3,41	3,29	3,20	3,12	3,06	2,96	2,86	2,76	2,70	2,64	2,59	2,52	2,46	2,40
16	6,12	4,69	4,08	3,73	3,50	3,34	3,22	3,12	3,05	2,99	2,89	2,79	2,68	2,63	2,57	2,51	2,45	2,38	2,32
17	6,04	4,62	4,01	3,66	3,44	3,28	3,16	3,06	2,98	2,92	2,82	2,72	2,62	2,56	2,50	2,44	2,38	2,32	2,25
18	5,98	4,56	3,95	3,61	3,38	3,22	3,10	3,01	2,93	2,87	2,77	2,67	2,56	2,50	2,44	2,38	2,32	2,26	2,19
19	5,92	4,51	3,90	3,56	3,33	3,17	3,05	2,96	2,88	2,82	2,72	2,62	2,51	2,45	2,39	2,33	2,27	2,20	2,13
20	5,87	4,46	3,86	3,51	3,29	3,13	3,01	2,91	2,84	2,77	2,68	2,57	2,46	2,41	2,35	2,29	2,22	2,16	2,09
21	5,83	4,42	3,82	3,48	3,25	3,09	2,97	2,87	2,80	2,73	2,64	2,53	2,42	2,37	2,31	2,25	2,18	2,11	2,04
22	5,79	4,38	3,78	3,44	3,22	3,05	2,93	2,84	2,76	2,70	2,60	2,50	2,39	2,33	2,27	2,21	2,14	2,08	2,00
23	5,75	4,35	3,75	3,41	3,18	3,02	2,90	2,81	2,73	2,67	2,57	2,47	2,36	2,30	2,24	2,18	2,11	2,04	1,97
24	5,72	4,32	3,72	3,38	3,15	2,99	2,87	2,78	2,70	2,64	2,54	2,44	2,33	2,27	2,21	2,15	2,08	2,01	1,94
25	5,69	4,29	3,69	3,35	3,13	2,97	2,85	2,75	2,68	2,61	2,51	2,41	2,30	2,24	2,18	2,12	2,05	1,98	1,91
26	5,66	4,27	3,67	3,33	3,10	2,94	2,82	2,73	2,65	2,59	2,49	2,39	2,28	2,22	2,16	2,09	2,03	1,95	1,88
27	5,63	4,24	3,65	3,31	3,08	2,92	2,80	2,71	2,63	2,57	2,47	2,36	2,25	2,19	2,13	2,07	2,00	1,93	1,85
28	5,61	4,22	3,63	3,29	3,06	2,90	2,78	2,69	2,61	2,55	2,45	2,34	2,23	2,17	2,11	2,05	1,98	1,91	1,83
29	5,59	4,20	3,61	3,27	3,04	2,88	2,76	2,67	2,59	2,53	2,43	2,32	2,21	2,15	2,09	2,03	1,96	1,89	1,81
30	5,57	4,18	3,59	3,25	3,03	2,87	2,75	2,65	2,57	2,51	2,41	2,31	2,20	2,14	2,07	2,01	1,94	1,87	1,79
40	5,42	4,05	3,46	3,13	2,90	2,74	2,62	2,53	2,45	2,39	2,29	2,18	2,07	2,01	1,94	1,88	1,80	1,72	1,64
60	5,29	3,93	3,34	3,01	2,79	2,63	2,51	2,41	2,33	2,27	2,17	2,06	1,94	1,88	1,82	1,74	1,67	1,58	1,48
120	5,15	3,80	3,23	2,89	2,67	2,52	2,39	2,30	2,22	2,16	2,05	1,94	1,82	1,76	1,69	1,61	1,53	1,43	1,31
∞	5,02	3,69	3,12	2,79	2,57	2,41	2,29	2,19	2,11	2,05	1,94	1,83	1,71	1,64	1,57	1,48	1,39	1,27	1,00

$\alpha = 0,025$

continua

TABELA E.5
Valores Críticos de F (continuação)

Probabilidaddes Acumuladas = 0,99

Áreas da Cauda Superior = 0,01

$\alpha = 0,01$

Numerador, gl_1

Denominador, gl_2	1	2	3	4	5	6	7	8	9	10	12	15	20	24	30	40	60	120	∞
1	4.052,00	4.999,50	5.403,00	5.625,00	5.764,00	5.859,00	5.928,00	5.982,00	6.022,00	6.056,00	6.106,00	6.157,00	6.209,00	6.235,00	6.261,00	6.287,00	6.313,00	6.339,00	6.366,00
2	98,50	99,00	99,17	99,25	99,30	99,33	99,36	99,37	99,39	99,40	99,42	99,43	44,45	99,46	99,47	99,47	99,48	99,49	99,50
3	34,12	30,82	29,46	28,71	28,24	27,91	27,67	27,49	27,35	27,23	27,05	26,87	26,69	26,60	26,50	26,41	26,32	26,22	26,13
4	21,20	18,00	16,69	15,98	15,52	15,21	14,98	14,80	14,66	14,55	14,37	14,20	14,02	13,93	13,84	13,75	13,65	13,56	13,46
5	16,26	13,27	12,06	11,39	10,97	10,67	10,46	10,29	10,16	10,05	9,89	9,72	9,55	9,47	9,38	9,29	9,20	9,11	9,02
6	13,75	10,92	9,78	9,15	8,75	8,47	8,26	8,10	7,98	7,87	7,72	7,56	7,40	7,31	7,23	7,14	7,06	6,97	6,88
7	12,25	9,55	8,45	7,85	7,46	7,19	6,99	6,84	6,72	6,62	6,47	6,31	6,16	6,07	5,99	5,91	5,82	5,74	5,65
8	11,26	8,65	7,59	7,01	6,63	6,37	6,18	6,03	5,91	5,81	5,67	5,52	5,36	5,28	5,20	5,12	5,03	4,95	4,86
9	10,56	8,02	6,99	6,42	6,06	5,80	5,61	5,47	5,35	5,26	5,11	4,96	4,81	4,73	4,65	4,57	4,48	4,40	4,31
10	10,04	7,56	6,55	5,99	5,64	5,39	5,20	5,06	4,94	4,85	4,71	4,56	4,41	4,33	4,25	4,17	4,08	4,00	3,91
11	9,65	7,21	6,22	5,67	5,32	5,07	4,89	4,74	4,63	4,54	4,40	4,25	4,10	4,02	3,94	3,86	3,78	3,69	3,60
12	9,33	6,93	5,95	5,41	5,06	4,82	4,64	4,50	4,39	4,30	4,16	4,01	3,86	3,78	3,70	3,62	3,54	3,45	3,36
13	9,07	6,70	5,74	5,21	4,86	4,62	4,44	4,30	4,19	4,10	3,96	3,82	3,66	3,59	3,51	3,43	3,34	3,25	3,17
14	8,86	6,51	5,56	5,04	4,69	4,46	4,28	4,14	4,03	3,94	3,80	3,66	3,51	3,43	3,35	3,27	3,18	3,09	3,00
15	8,68	6,36	5,42	4,89	4,56	4,32	4,14	4,00	3,89	3,80	3,67	3,52	3,37	3,29	3,21	3,13	3,05	2,96	2,87
16	8,53	6,23	5,29	4,77	4,44	4,20	4,03	3,89	3,78	3,69	3,55	3,41	3,26	3,18	3,10	3,02	2,93	2,84	2,75
17	8,40	6,11	5,18	4,67	4,34	4,10	3,93	3,79	3,68	3,59	3,46	3,31	3,16	3,08	3,00	2,92	2,83	2,75	2,65
18	8,29	6,01	5,09	4,58	4,25	4,01	3,84	3,71	3,60	3,51	3,37	3,23	3,08	3,00	2,92	2,84	2,75	2,66	2,57
19	8,18	5,93	5,01	4,50	4,17	3,94	3,77	3,63	3,52	3,43	3,30	3,15	3,00	2,92	2,84	2,76	2,67	2,58	2,49
20	8,10	5,85	4,94	4,43	4,10	3,87	3,70	3,56	3,46	3,37	3,23	3,09	2,94	2,86	2,78	2,69	2,61	2,52	2,42
21	8,02	5,78	4,87	4,37	4,04	3,81	3,64	3,51	3,40	3,31	3,17	3,03	2,88	2,80	2,72	2,64	2,55	2,46	2,36
22	7,95	5,72	4,82	4,31	3,99	3,76	3,59	3,45	3,35	3,26	3,12	2,98	2,83	2,75	2,67	2,58	2,50	2,40	2,31
23	7,88	5,66	4,76	4,26	3,94	3,71	3,54	3,41	3,30	3,21	3,07	2,93	2,78	2,70	2,62	2,54	2,45	2,35	2,26
24	7,82	5,61	4,72	4,22	3,90	3,67	3,50	3,36	3,26	3,17	3,03	2,89	2,74	2,66	2,58	2,49	2,40	2,31	2,21
25	7,77	5,57	4,68	4,18	3,85	3,63	3,46	3,32	3,22	3,13	2,99	2,85	2,70	2,62	2,54	2,45	2,36	2,27	2,17
26	7,72	5,53	4,64	4,14	3,82	3,59	3,42	3,29	3,18	3,09	2,96	2,81	2,66	2,58	2,50	2,42	2,33	2,23	2,13
27	7,68	5,49	4,60	4,11	3,78	3,56	3,39	3,26	3,15	3,06	2,93	2,78	2,63	2,55	2,47	2,38	2,29	2,20	2,10
28	7,64	5,45	4,57	4,07	3,75	3,53	3,36	3,23	3,12	3,03	2,90	2,75	2,60	2,52	2,44	2,35	2,26	2,17	2,06
29	7,60	5,42	4,54	4,04	3,73	3,50	3,33	3,20	3,09	3,00	2,87	2,73	2,57	2,49	2,41	2,33	2,23	2,14	2,03
30	7,56	5,39	4,51	4,02	3,70	3,47	3,30	3,17	3,07	2,98	2,84	2,70	2,55	2,47	2,39	2,30	2,21	2,11	2,01
40	7,31	5,18	4,31	3,83	3,51	3,29	3,12	2,99	2,89	2,80	2,66	2,52	2,37	2,29	2,20	2,11	2,02	1,92	1,80
60	7,08	4,98	4,13	3,65	3,34	3,12	2,95	2,82	2,72	2,63	2,50	2,35	2,20	2,12	2,03	1,94	1,84	1,73	1,60
120	6,85	4,79	3,95	3,48	3,17	2,96	2,79	2,66	2,56	2,47	2,34	2,19	2,03	1,95	1,86	1,76	1,66	1,53	1,38
∞	6,63	4,61	3,78	3,32	3,02	2,80	2,64	2,51	2,41	2,32	2,18	2,04	1,88	1,79	1,70	1,59	1,47	1,32	1,00

TABELA E.5
Valores Críticos de F (continuação)

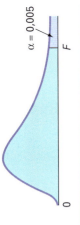

Probabilidades Acumuladas = 0,995
Áreas da Cauda Superior = 0,005

Numerador, gl_1

Denominador, gl_2	1	2	3	4	5	6	7	8	9	10	12	15	20	24	30	40	60	120	∞
1	16.211,00	20.000,00	21.615,00	22.500,00	23.056,00	23.437,00	23.715,00	23.925,00	24.091,00	24.224,00	24.426,00	24.630,00	24.836,00	24.910,00	25.044,00	25.148,00	25.253,00	25.359,00	25.465,00
2	198,50	199,00	199,20	199,20	199,30	199,30	199,40	199,40	199,40	199,40	199,40	199,40	199,40	199,50	199,50	199,50	199,50	199,50	199,50
3	55,55	49,80	47,47	46,19	45,39	44,84	44,43	44,13	43,88	43,69	43,39	43,08	42,78	42,62	42,47	42,31	42,15	41,99	41,83
4	31,33	26,28	24,26	23,15	22,46	21,97	21,62	21,35	21,14	20,97	20,70	20,44	20,17	20,03	19,89	19,75	19,61	19,47	19,32
5	22,78	18,31	16,53	15,56	14,94	14,51	14,20	13,96	13,77	13,62	13,38	13,15	12,90	12,78	12,66	12,53	12,40	12,27	12,11
6	18,63	14,54	12,92	12,03	11,46	11,07	10,79	10,57	10,39	10,25	10,03	9,81	9,59	9,47	9,36	9,24	9,12	9,00	8,88
7	16,24	12,40	10,88	10,05	9,52	9,16	8,89	8,68	8,51	8,38	8,18	7,97	7,75	7,65	7,53	7,42	7,31	7,19	7,08
8	14,69	11,04	9,60	8,81	8,30	7,95	7,69	7,50	7,34	7,21	7,01	6,81	6,61	6,50	6,40	6,29	6,18	6,06	5,95
9	13,61	10,11	8,72	7,96	7,47	7,13	6,88	6,69	6,54	6,42	6,23	6,03	5,83	5,73	5,62	5,52	5,41	5,30	5,19
10	12,83	9,43	8,08	7,34	6,87	6,54	6,30	6,12	5,97	5,85	5,66	5,47	5,27	5,17	5,07	4,97	4,86	4,75	4,61
11	12,23	8,91	7,60	6,88	6,42	6,10	5,86	5,68	5,54	5,42	5,24	5,05	4,86	4,75	4,65	4,55	4,44	4,34	4,23
12	11,75	8,51	7,23	6,52	6,07	5,76	5,52	5,35	5,20	5,09	4,91	4,72	4,53	4,43	4,33	4,23	4,12	4,01	3,90
13	11,37	8,19	6,93	6,23	5,79	5,48	5,25	5,08	4,94	4,82	4,64	4,46	4,27	4,17	4,07	3,97	3,87	3,76	3,65
14	11,06	7,92	6,68	6,00	5,56	5,26	5,03	4,86	4,72	4,60	4,43	4,25	4,06	3,96	3,86	3,76	3,66	3,55	3,41
15	10,80	7,70	6,48	5,80	5,37	5,07	4,85	4,67	4,54	4,42	4,25	4,07	3,88	3,79	3,69	3,58	3,48	3,37	3,26
16	10,58	7,51	6,30	5,64	5,21	4,91	4,69	4,52	4,38	4,27	4,10	3,92	3,73	3,64	3,54	3,44	3,33	3,22	3,11
17	10,38	7,35	6,16	5,50	5,07	4,78	4,56	4,39	4,25	4,14	3,97	3,79	3,61	3,51	3,41	3,31	3,21	3,10	2,98
18	10,22	7,21	6,03	5,37	4,96	4,66	4,44	4,28	4,14	4,03	3,86	3,68	3,50	3,40	3,30	3,20	3,10	2,99	2,87
19	10,07	7,09	5,92	5,27	4,85	4,56	4,34	4,18	4,04	3,93	3,76	3,59	3,40	3,31	3,21	3,11	3,00	2,89	2,78
20	9,94	6,99	5,82	5,17	4,76	4,47	4,26	4,09	3,96	3,85	3,68	3,50	3,32	3,22	3,12	3,02	2,92	2,81	2,69
21	9,83	6,89	5,73	5,09	4,68	4,39	4,18	4,02	3,88	3,77	3,60	3,43	3,24	3,15	3,05	2,95	2,84	2,73	2,61
22	9,73	6,81	5,65	5,02	4,61	4,32	4,11	3,94	3,81	3,70	3,54	3,36	3,18	3,08	2,98	2,88	2,77	2,66	2,55
23	9,63	6,73	5,58	4,95	4,54	4,26	4,05	3,88	3,75	3,64	3,47	3,30	3,12	3,02	2,92	2,82	2,71	2,60	2,48
24	9,55	6,66	5,52	4,89	4,49	4,20	3,99	3,83	3,69	3,59	3,42	3,25	3,06	2,97	2,87	2,77	2,66	2,55	2,43
25	9,48	6,60	5,46	4,84	4,43	4,15	3,94	3,78	3,64	3,54	3,37	3,20	3,01	2,92	2,82	2,72	2,61	2,50	2,38
26	9,41	6,54	5,41	4,79	4,38	4,10	3,89	3,73	3,60	3,49	3,33	3,15	2,97	2,87	2,77	2,67	2,56	2,45	2,33
27	9,34	6,49	5,36	4,74	4,34	4,06	3,85	3,69	3,56	3,45	3,28	3,11	2,93	2,83	2,73	2,63	2,52	2,41	2,29
28	9,28	6,44	5,32	4,70	4,30	4,02	3,81	3,65	3,52	3,41	3,25	3,07	2,89	2,79	2,69	2,59	2,48	2,37	2,25
29	9,23	6,40	5,28	4,66	4,26	3,98	3,77	3,61	3,48	3,38	3,21	3,04	2,86	2,76	2,66	2,56	2,45	2,33	2,21
30	9,18	6,35	5,24	4,62	4,23	3,95	3,74	3,58	3,45	3,34	3,18	3,01	2,82	2,73	2,63	2,52	2,42	2,30	2,18
40	8,83	6,07	4,98	4,37	3,99	3,71	3,51	3,35	3,22	3,12	2,95	2,78	2,60	2,50	2,40	2,30	2,18	2,06	1,93
60	8,49	5,79	4,73	4,14	3,76	3,49	3,29	3,13	3,01	2,90	2,74	2,57	2,39	2,29	2,19	2,08	1,96	1,83	1,69
120	8,18	5,54	4,50	3,92	3,55	3,28	3,09	2,93	2,81	2,71	2,54	2,37	2,19	2,09	1,98	1,87	1,75	1,61	1,43
∞	7,88	5,30	4,28	3,72	3,35	3,09	2,90	2,74	2,62	2,52	2,36	2,19	2,00	1,90	1,79	1,67	1,53	1,36	1,00

TABELA E.6
Valores Críticos Inferior e Superior, T_1, do Teste da Soma das Classificações de Wilcoxon

n_2	Unicaudal	Bicaudal	4	5	6	7	8	9	10
4	0,05	0,10	11,25						
	0,025	0,05	10,26						
	0,01	0,02	—,—						
	0,005	0,01	—,—						
5	0,05	0,10	12,28	19,36					
	0,025	0,05	11,29	17,38					
	0,01	0,02	10,30	16,39					
	0,005	0,01	—,—	15,40					
6	0,05	0,10	13,31	20,40	28,50				
	0,025	0,05	12,32	18,42	26,52				
	0,01	0,02	11,33	17,43	24,54				
	0,005	0,01	10,34	16,44	23,55				
7	0,05	0,10	14,34	21,44	29,55	39,66			
	0,025	0,05	13,35	20,45	27,57	36,69			
	0,01	0,02	11,37	18,47	25,59	34,71			
	0,005	0,01	10,38	16,49	24,60	32,73			
8	0,05	0,10	15,37	23,47	31,59	41,71	51,85		
	0,025	0,05	14,38	21,49	29,61	38,74	49,87		
	0,01	0,02	12,40	19,51	27,63	35,77	45,91		
	0,005	0,01	11,41	17,53	25,65	34,78	43,93		
9	0,05	0,10	16,40	24,51	33,63	43,76	54,90	66,105	
	0,025	0,05	14,42	22,53	31,65	40,79	51,93	62,109	
	0,01	0,02	13,43	20,55	28,68	37,82	47,97	59,112	
	0,005	0,01	11,45	18,57	26,70	35,84	45,99	56,115	
10	0,05	0,10	17,43	26,54	35,67	45,81	56,96	69,111	82,128
	0,025	0,05	15,45	23,57	32,70	42,84	53,99	65,115	78,132
	0,01	0,02	13,47	21,59	29,73	39,87	49,103	61,119	74,136
	0,005	0,01	12,48	19,61	27,75	37,89	47,105	58,122	71,139

Fonte: Adaptada da Tabela 1 de F. Wilcoxon and R. A. Wilcox, *Some Rapid Approximate Statistical Procedures* (Pearl River, NY: Lederle Laboratories, 1964), com permissão da American Cyanamid Company.

Denominador, gl	5 % Mais Altos entre os Pontos ($\alpha = 0,05$)																		
	Numerador, gl																		
	2	3	4	5	6	7	8	9	10	11	12	13	14	15	16	17	18	19	20
1	18,00	27,00	32,80	37,10	40,40	43,10	45,40	47,40	49,10	50,60	52,00	53,20	54,30	55,40	56,30	57,20	58,00	58,80	59,60
2	6,09	8,30	9,80	10,90	11,70	12,40	13,00	13,50	14,00	14,40	14,70	15,10	15,40	15,70	15,90	16,10	16,40	16,60	16,80
3	4,50	5,91	6,82	7,50	8,04	8,48	8,85	9,18	9,46	9,72	9,95	10,15	10,35	10,52	10,69	10,84	10,98	11,11	11,24
4	3,93	5,04	5,76	6,29	6,71	7,05	7,35	7,60	7,83	8,03	8,21	8,37	8,52	8,66	8,79	8,91	9,03	9,13	9,23
5	3,64	4,60	5,22	5,67	6,03	6,33	6,58	6,80	6,99	7,17	7,32	7,47	7,60	7,72	7,83	7,93	8,03	8,12	8,21
6	3,46	4,34	4,90	5,31	5,63	5,89	6,12	6,32	6,49	6,65	6,79	6,92	7,03	7,14	7,24	7,34	7,43	7,51	7,59
7	3,34	4,16	4,68	5,06	5,36	5,61	5,82	6,00	6,16	6,30	6,43	6,55	6,66	6,76	6,85	6,94	7,02	7,09	7,17
8	3,26	4,04	4,53	4,89	5,17	5,40	5,60	5,77	5,92	6,05	6,18	6,29	6,39	6,48	6,57	6,65	6,73	6,80	6,87
9	3,20	3,95	4,42	4,76	5,02	5,24	5,43	5,60	5,74	5,87	5,98	6,09	6,19	6,28	6,36	6,44	6,51	6,58	6,64
10	3,15	3,88	4,33	4,65	4,91	5,12	5,30	5,46	5,60	5,72	5,83	5,93	6,03	6,11	6,20	6,27	6,34	6,40	6,47
11	3,11	3,82	4,26	4,57	4,82	5,03	5,20	5,35	5,49	5,61	5,71	5,81	5,90	5,99	6,06	6,14	6,20	6,26	6,33
12	3,08	3,77	4,20	4,51	4,75	4,95	5,12	5,27	5,40	5,51	5,62	5,71	5,80	5,88	5,95	6,03	6,09	6,15	6,21
13	3,06	3,73	4,15	4,45	4,69	4,88	5,05	5,19	5,32	5,43	5,53	5,63	5,71	5,79	5,86	5,93	6,00	6,05	6,11
14	3,03	3,70	4,11	4,41	4,64	4,83	4,99	5,13	5,25	5,36	5,46	5,55	5,64	5,72	5,79	5,85	5,92	5,97	6,03
15	3,01	3,67	4,08	4,37	4,60	4,78	4,94	5,08	5,20	5,31	5,40	5,49	5,58	5,65	5,72	5,79	5,85	5,90	5,96
16	3,00	3,65	4,05	4,33	4,56	4,74	4,90	5,03	5,15	5,26	5,35	5,44	5,52	5,59	5,66	5,72	5,79	5,84	5,90
17	2,98	3,63	4,02	4,30	4,52	4,71	4,86	4,99	5,11	5,21	5,31	5,39	5,47	5,55	5,61	5,68	5,74	5,79	5,84
18	2,97	3,61	4,00	4,28	4,49	4,67	4,82	4,96	5,07	5,17	5,27	5,35	5,43	5,50	5,57	5,63	5,69	5,74	5,79
19	2,96	3,59	3,98	4,25	4,47	4,65	4,79	4,92	5,04	5,14	5,23	5,32	5,39	5,46	5,53	5,59	5,65	5,70	5,75
20	2,95	3,58	3,96	4,23	4,45	4,62	4,77	4,90	5,01	5,11	5,20	5,28	5,36	5,43	5,49	5,55	5,61	5,66	5,71
24	2,92	3,53	3,90	4,17	4,37	4,54	4,68	4,81	4,92	5,01	5,10	5,18	5,25	5,32	5,38	5,44	5,50	5,54	5,59
30	2,89	3,49	3,84	4,10	4,30	4,46	4,60	4,72	4,83	4,92	5,00	5,08	5,15	5,21	5,27	5,33	5,38	5,43	5,48
40	2,86	3,44	3,79	4,04	4,23	4,39	4,52	4,63	4,74	4,82	4,91	4,98	5,05	5,11	5,16	5,22	5,27	5,31	5,36
60	2,83	3,40	3,74	3,98	4,16	4,31	4,44	4,55	4,65	4,73	4,81	4,88	4,94	5,00	5,06	5,11	5,16	5,20	5,24
120	2,80	3,36	3,69	3,92	4,10	4,24	4,36	4,48	4,56	4,64	4,72	4,78	4,84	4,90	4,95	5,00	5,05	5,09	5,13
∞	2,77	3,31	3,63	3,86	4,03	4,17	4,29	4,39	4,47	4,55	4,62	4,68	4,74	4,80	4,85	4,89	4,93	4,97	5,01

continua

TABELA E.7
Valores Críticos da Amplitude de Student, Q (continuação)

Denominador, gl	1 % Mais Alto entre os Pontos ($\alpha = 0{,}01$) Numerador, gl																		
	2	3	4	5	6	7	8	9	10	11	12	13	14	15	16	17	18	19	20
1	90,03	135,00	164,30	185,60	202,20	215,80	227,20	237,00	245,60	253,20	260,00	266,20	271,80	277,00	281,80	286,30	290,40	294,30	298,00
2	14,04	19,02	22,29	24,72	26,63	28,20	29,53	30,68	31,69	32,59	33,40	34,13	34,81	35,43	36,00	36,53	37,03	37,50	37,95
3	8,26	10,62	12,17	13,33	14,24	15,00	15,64	16,20	16,69	17,13	17,53	17,89	18,22	18,52	18,81	19,07	19,32	19,55	19,77
4	6,51	8,12	9,17	9,96	10,58	11,10	11,55	11,93	12,27	12,57	12,84	13,09	13,32	13,53	13,73	13,91	14,08	14,24	14,40
5	5,70	6,98	7,80	8,42	8,91	9,32	9,67	9,97	10,24	10,48	10,70	10,89	11,08	11,24	11,40	11,55	11,68	11,81	11,93
6	5,24	6,33	7,03	7,56	7,97	8,32	8,61	8,87	9,10	9,30	9,49	9,65	9,81	9,95	10,08	10,21	10,32	10,43	10,54
7	4,95	5,92	6,54	7,01	7,37	7,68	7,94	8,17	8,37	8,55	8,71	8,86	9,00	9,12	9,24	9,35	9,46	9,55	9,65
8	4,75	5,64	6,20	6,63	6,96	7,24	7,47	7,68	7,86	8,03	8,18	8,31	8,44	8,55	8,66	8,76	8,85	8,94	9,03
9	4,60	5,43	5,96	6,35	6,66	6,92	7,13	7,32	7,50	7,65	7,78	7,91	8,03	8,13	8,23	8,33	8,41	8,50	8,57
10	4,48	5,27	5,77	6,14	6,43	6,67	6,87	7,06	7,21	7,36	7,49	7,60	7,71	7,81	7,91	7,99	8,08	8,15	8,23
11	4,39	5,15	5,62	5,97	6,25	6,48	6,67	6,84	6,99	7,13	7,25	7,36	7,47	7,56	7,65	7,73	7,81	7,88	7,95
12	4,32	5,04	5,50	5,84	6,10	6,32	6,51	6,67	6,81	6,94	7,06	7,17	7,26	7,36	7,44	7,52	7,59	7,66	7,73
13	4,26	4,96	5,40	5,73	5,98	6,19	6,37	6,53	6,67	6,79	6,90	7,01	7,10	7,19	7,27	7,35	7,42	7,49	7,55
14	4,21	4,90	5,32	5,63	5,88	6,09	6,26	6,41	6,54	6,66	6,77	6,87	6,96	7,05	7,13	7,20	7,27	7,33	7,40
15	4,17	4,84	5,25	5,56	5,80	5,99	6,16	6,31	6,44	6,56	6,66	6,76	6,85	6,93	7,00	7,07	7,14	7,20	7,26
16	4,13	4,79	5,19	5,49	5,72	5,92	6,08	6,22	6,35	6,46	6,56	6,66	6,74	6,82	6,90	6,97	7,03	7,09	7,15
17	4,10	4,74	5,14	5,43	5,66	5,85	6,01	6,15	6,27	6,38	6,48	6,57	6,66	6,73	6,81	6,87	6,94	7,00	7,05
18	4,07	4,70	5,09	5,38	5,60	5,79	5,94	6,08	6,20	6,31	6,41	6,50	6,58	6,66	6,73	6,79	6,85	6,91	6,97
19	4,05	4,67	5,05	5,33	5,55	5,74	5,89	6,02	6,14	6,25	6,34	6,43	6,51	6,59	6,65	6,72	6,78	6,84	6,89
20	4,02	4,64	5,02	5,29	5,51	5,69	5,84	5,97	6,09	6,19	6,29	6,37	6,45	6,52	6,59	6,65	6,71	6,77	6,82
24	3,96	4,55	4,91	5,17	5,37	5,54	5,69	5,81	5,92	6,02	6,11	6,19	6,26	6,33	6,39	6,45	6,51	6,56	6,61
30	3,89	4,46	4,80	5,05	5,24	5,40	5,54	5,65	5,76	5,85	5,93	6,01	6,08	6,14	6,20	6,26	6,31	6,36	6,41
40	3,83	4,37	4,70	4,93	5,11	5,27	5,39	5,50	5,60	5,69	5,76	5,84	5,90	5,96	6,02	6,07	6,12	6,17	6,21
60	3,76	4,28	4,60	4,82	4,99	5,13	5,25	5,36	5,45	5,53	5,60	5,67	5,73	5,79	5,84	5,89	5,93	5,97	6,02
120	3,70	4,20	4,50	4,71	4,87	5,01	5,12	5,21	5,30	5,38	5,44	5,51	5,56	5,61	5,66	5,71	5,75	5,79	5,83
∞	3,64	4,12	4,40	4,60	4,76	4,88	4,99	5,08	5,16	5,23	5,29	5,35	5,40	5,45	5,49	5,54	5,57	5,61	5,65

Fonte: Extraída de H. L. Harter e D. S. Clemm, "The Probability Integrals of the Range and of the Studentized Range — Probability Integral, Percentage Points, and Moments of the Range", *Wright Air Development Technical Report 58-484*, Vol. 1, 1959.

TABELA E.8
Valores Críticos d_l e d_s da Estatística de Durbin-Watson, D (Valores Críticos São Unilaterais)[a]

$\alpha = 0{,}05$

n	$k=1$ d_l	$k=1$ d_s	$k=2$ d_l	$k=2$ d_s	$k=3$ d_l	$k=3$ d_s	$k=4$ d_l	$k=4$ d_s	$k=5$ d_l	$k=5$ d_s
15	1,08	1,36	0,95	1,54	0,82	1,75	0,69	1,97	0,56	2,21
16	1,10	1,37	0,98	1,54	0,86	1,73	0,74	1,93	0,62	2,15
17	1,13	1,38	1,02	1,54	0,90	1,71	0,78	1,90	0,67	2,10
18	1,16	1,39	1,05	1,53	0,93	1,69	0,82	1,87	0,71	2,06
19	1,18	1,40	1,08	1,53	0,97	1,68	0,86	1,85	0,75	2,02
20	1,20	1,41	1,10	1,54	1,00	1,68	0,90	1,83	0,79	1,99
21	1,22	1,42	1,13	1,54	1,03	1,67	0,93	1,81	0,83	1,96
22	1,24	1,43	1,15	1,54	1,05	1,66	0,96	1,80	0,86	1,94
23	1,26	1,44	1,17	1,55	1,08	1,66	0,99	1,79	0,90	1,92
24	1,27	1,45	1,19	1,55	1,10	1,66	1,01	1,78	0,93	1,90
25	1,29	1,45	1,21	1,55	1,12	1,66	1,04	1,77	0,95	1,89
26	1,30	1,46	1,22	1,55	1,14	1,65	1,06	1,76	0,98	1,88
27	1,32	1,47	1,24	1,56	1,16	1,65	1,08	1,76	1,01	1,86
28	1,33	1,48	1,26	1,56	1,18	1,65	1,10	1,75	1,03	1,85
29	1,34	1,48	1,27	1,56	1,20	1,65	1,12	1,74	1,05	1,84
30	1,35	1,49	1,28	1,57	1,21	1,65	1,14	1,74	1,07	1,83
31	1,36	1,50	1,30	1,57	1,23	1,65	1,16	1,74	1,09	1,83
32	1,37	1,50	1,31	1,57	1,24	1,65	1,18	1,73	1,11	1,82
33	1,38	1,51	1,32	1,58	1,26	1,65	1,19	1,73	1,13	1,81
34	1,39	1,51	1,33	1,58	1,27	1,65	1,21	1,73	1,15	1,81
35	1,40	1,52	1,34	1,58	1,28	1,65	1,22	1,73	1,16	1,80
36	1,41	1,52	1,35	1,59	1,29	1,65	1,24	1,73	1,18	1,80
37	1,42	1,53	1,36	1,59	1,31	1,66	1,25	1,72	1,19	1,80
38	1,43	1,54	1,37	1,59	1,32	1,66	1,26	1,72	1,21	1,79
39	1,43	1,54	1,38	1,60	1,33	1,66	1,27	1,72	1,22	1,79
40	1,44	1,54	1,39	1,60	1,34	1,66	1,29	1,72	1,23	1,79
45	1,48	1,57	1,43	1,62	1,38	1,67	1,34	1,72	1,29	1,78
50	1,50	1,59	1,46	1,63	1,42	1,67	1,38	1,72	1,34	1,77
55	1,53	1,60	1,49	1,64	1,45	1,68	1,41	1,72	1,38	1,77
60	1,55	1,62	1,51	1,65	1,48	1,69	1,44	1,73	1,41	1,77
65	1,57	1,63	1,54	1,66	1,50	1,70	1,47	1,73	1,44	1,77
70	1,58	1,64	1,55	1,67	1,52	1,70	1,49	1,74	1,46	1,77
75	1,60	1,65	1,57	1,68	1,54	1,71	1,51	1,74	1,49	1,77
80	1,61	1,66	1,59	1,69	1,56	1,72	1,53	1,74	1,51	1,77
85	1,62	1,67	1,60	1,70	1,57	1,72	1,55	1,75	1,52	1,77
90	1,63	1,68	1,61	1,70	1,59	1,73	1,57	1,75	1,54	1,78
95	1,64	1,69	1,62	1,71	1,60	1,73	1,58	1,75	1,56	1,78
100	1,65	1,69	1,63	1,72	1,61	1,74	1,59	1,76	1,57	1,78

$\alpha = 0{,}01$

n	$k=1$ d_l	$k=1$ d_s	$k=2$ d_l	$k=2$ d_s	$k=3$ d_l	$k=3$ d_s	$k=4$ d_l	$k=4$ d_s	$k=5$ d_l	$k=5$ d_s
15	0,81	1,07	0,70	1,25	0,59	1,46	0,49	1,70	0,39	1,96
16	0,84	1,09	0,74	1,25	0,63	1,44	0,53	1,66	0,44	1,90
17	0,87	1,10	0,77	1,25	0,67	1,43	0,57	1,63	0,48	1,85
18	0,90	1,12	0,80	1,26	0,71	1,42	0,61	1,60	0,52	1,80
19	0,93	1,13	0,83	1,26	0,74	1,41	0,65	1,58	0,56	1,77
20	0,95	1,15	0,86	1,27	0,77	1,41	0,68	1,57	0,60	1,74
21	0,97	1,16	0,89	1,27	0,80	1,41	0,72	1,55	0,63	1,71
22	1,00	1,17	0,91	1,28	0,83	1,40	0,75	1,54	0,66	1,69
23	1,02	1,19	0,94	1,29	0,86	1,40	0,77	1,53	0,70	1,67
24	1,04	1,20	0,96	1,30	0,88	1,41	0,80	1,53	0,72	1,66
25	1,05	1,21	0,98	1,30	0,90	1,41	0,83	1,52	0,75	1,65
26	1,07	1,22	1,00	1,31	0,93	1,41	0,85	1,52	0,78	1,64
27	1,09	1,23	1,02	1,32	0,95	1,41	0,88	1,51	0,81	1,63
28	1,10	1,24	1,04	1,32	0,97	1,41	0,90	1,51	0,83	1,62
29	1,12	1,25	1,05	1,33	0,99	1,42	0,92	1,51	0,85	1,61
30	1,13	1,26	1,07	1,34	1,01	1,42	0,94	1,51	0,88	1,61
31	1,15	1,27	1,08	1,34	1,02	1,42	0,96	1,51	0,90	1,60
32	1,16	1,28	1,10	1,35	1,04	1,43	0,98	1,51	0,92	1,60
33	1,17	1,29	1,11	1,36	1,05	1,43	1,00	1,51	0,94	1,59
34	1,18	1,30	1,13	1,36	1,07	1,43	1,01	1,51	0,95	1,59
35	1,19	1,31	1,14	1,37	1,08	1,44	1,03	1,51	0,97	1,59
36	1,21	1,32	1,15	1,38	1,10	1,44	1,04	1,51	0,99	1,59
37	1,22	1,32	1,16	1,38	1,11	1,45	1,06	1,51	1,00	1,59
38	1,23	1,33	1,18	1,39	1,12	1,45	1,07	1,52	1,02	1,58
39	1,24	1,34	1,19	1,39	1,14	1,45	1,09	1,52	1,03	1,58
40	1,25	1,34	1,20	1,40	1,15	1,46	1,10	1,52	1,05	1,58
45	1,29	1,38	1,24	1,42	1,20	1,48	1,16	1,53	1,11	1,58
50	1,32	1,40	1,28	1,45	1,24	1,49	1,20	1,54	1,16	1,59
55	1,36	1,43	1,32	1,47	1,28	1,51	1,25	1,55	1,21	1,59
60	1,38	1,45	1,35	1,48	1,32	1,52	1,28	1,56	1,25	1,60
65	1,41	1,47	1,38	1,50	1,35	1,53	1,31	1,57	1,28	1,61
70	1,43	1,49	1,40	1,52	1,37	1,55	1,34	1,58	1,31	1,61
75	1,45	1,50	1,42	1,53	1,39	1,56	1,37	1,59	1,34	1,62
80	1,47	1,52	1,44	1,54	1,42	1,57	1,39	1,60	1,36	1,62
85	1,48	1,53	1,46	1,55	1,43	1,58	1,41	1,60	1,39	1,63
90	1,50	1,54	1,47	1,56	1,45	1,59	1,43	1,61	1,41	1,64
95	1,51	1,55	1,49	1,57	1,47	1,60	1,45	1,62	1,42	1,64
100	1,52	1,56	1,50	1,58	1,48	1,60	1,46	1,63	1,44	1,65

[a]n = número de observações; k = número de variáveis independentes.
Fonte: Calculada a partir de TSP 4.5, baseada em R. W. Farebrother, "A Remark on Algorithms AS106, AS153 e AS155: The Distribution of a Linear Combination of Chi-Square Random Variables", *Journal of the Royal Statistical Society*, Series C (Applied Statistics), 1984, 29, p. 323-333.

TABELA E.9
Fatores de Gráficos de Controle

Número de Observações na Amostra/Subgrupo (n)	d_2	d_3	D_3	D_4	A_2
2	1,128	0,853	0	3,267	1,880
3	1,693	0,888	0	2,575	1,023
4	2,059	0,880	0	2,282	0,729
5	2,326	0,864	0	2,114	0,577
6	2,534	0,848	0	2,004	0,483
7	2,704	0,833	0,076	1,924	0,419
8	2,847	0,820	0,136	1,864	0,373
9	2,970	0,808	0,184	1,816	0,337
10	3,078	0,797	0,223	1,777	0,308
11	3,173	0,787	0,256	1,744	0,285
12	3,258	0,778	0,283	1,717	0,266
13	3,336	0,770	0,307	1,693	0,249
14	3,407	0,763	0,328	1,672	0,235
15	3,472	0,756	0,347	1,653	0,223
16	3,532	0,750	0,363	1,637	0,212
17	3,588	0,744	0,378	1,622	0,203
18	3,640	0,739	0,391	1,609	0,194
19	3,689	0,733	0,404	1,596	0,187
20	3,735	0,729	0,415	1,585	0,180
21	3,778	0,724	0,425	1,575	0,173
22	3,819	0,720	0,435	1,565	0,167
23	3,858	0,716	0,443	1,557	0,162
24	3,895	0,712	0,452	1,548	0,157
25	3,931	0,708	0,459	1,541	0,153

Fonte: Reproduzida de *ASTM-STP 15D*, por gentil permissão da American Society for Testing and Materials. Copyright ASTM International, 100 Barr Harbor Drive, Conshohocken, PA 19428.

TABELA E.10
A Distribuição Normal Padronizada

Uma entrada representa a área sob a distribuição normal padronizada, desde a média aritmética até Z

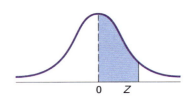

Z	0,00	0,01	0,02	0,03	0,04	0,05	0,06	0,07	0,08	0,09
0,0	0,0000	0,0040	0,0080	0,0120	0,0160	0,0199	0,0239	0,0279	0,0319	0,0359
0,1	0,0398	0,0438	0,0478	0,0517	0,0557	0,0596	0,0636	0,0675	0,0714	0,0753
0,2	0,0793	0,0832	0,0871	0,0910	0,0948	0,0987	0,1026	0,1064	0,1103	0,1141
0,3	0,1179	0,1217	0,1255	0,1293	0,1331	0,1368	0,1406	0,1443	0,1480	0,1517
0,4	0,1554	0,1591	0,1628	0,1664	0,1700	0,1736	0,1772	0,1808	0,1844	0,1879
0,5	0,1915	0,1950	0,1985	0,2019	0,2054	0,2088	0,2123	0,2157	0,2190	0,2224
0,6	0,2257	0,2291	0,2324	0,2357	0,2389	0,2422	0,2454	0,2486	0,2518	0,2549
0,7	0,2580	0,2612	0,2642	0,2673	0,2704	0,2734	0,2764	0,2794	0,2823	0,2852
0,8	0,2881	0,2910	0,2939	0,2967	0,2995	0,3023	0,3051	0,3078	0,3106	0,3133
0,9	0,3159	0,3186	0,3212	0,3238	0,3264	0,3289	0,3315	0,3340	0,3365	0,3389
1,0	0,3413	0,3438	0,3461	0,3485	0,3508	0,3531	0,3554	0,3577	0,3599	0,3621
1,1	0,3643	0,3665	0,3686	0,3708	0,3729	0,3749	0,3770	0,3790	0,3810	0,3830
1,2	0,3849	0,3869	0,3888	0,3907	0,3925	0,3944	0,3962	0,3980	0,3997	0,4015
1,3	0,4032	0,4049	0,4066	0,4082	0,4099	0,4115	0,4131	0,4147	0,4162	0,4177
1,4	0,4192	0,4207	0,4222	0,4236	0,4251	0,4265	0,4279	0,4292	0,4306	0,4319
1,5	0,4332	0,4345	0,4357	0,4370	0,4382	0,4394	0,4406	0,4418	0,4429	0,4441
1,6	0,4452	0,4463	0,4474	0,4484	0,4495	0,4505	0,4515	0,4525	0,4535	0,4545
1,7	0,4554	0,4564	0,4573	0,4582	0,4591	0,4599	0,4608	0,4616	0,4625	0,4633
1,8	0,4641	0,4649	0,4656	0,4664	0,4671	0,4678	0,4686	0,4693	0,4699	0,4706
1,9	0,4713	0,4719	0,4726	0,4732	0,4738	0,4744	0,4750	0,4756	0,4761	0,4767
2,0	0,4772	0,4778	0,4783	0,4788	0,4793	0,4798	0,4803	0,4808	0,4812	0,4817
2,1	0,4821	0,4826	0,4830	0,4834	0,4838	0,4842	0,4846	0,4850	0,4854	0,4857
2,2	0,4861	0,4864	0,4868	0,4871	0,4875	0,4878	0,4881	0,4884	0,4887	0,4890
2,3	0,4893	0,4896	0,4898	0,4901	0,4904	0,4906	0,4909	0,4911	0,4913	0,4916
2,4	0,4918	0,4920	0,4922	0,4925	0,4927	0,4929	0,4931	0,4932	0,4934	0,4936
2,5	0,4938	0,4940	0,4941	0,4943	0,4945	0,4946	0,4948	0,4949	0,4951	0,4952
2,6	0,4953	0,4955	0,4956	0,4957	0,4959	0,4960	0,4961	0,4962	0,4963	0,4964
2,7	0,4965	0,4966	0,4967	0,4968	0,4969	0,4970	0,4971	0,4972	0,4973	0,4974
2,8	0,4974	0,4975	0,4976	0,4977	0,4977	0,4978	0,4979	0,4979	0,4980	0,4981
2,9	0,4981	0,4982	0,4982	0,4983	0,4984	0,4984	0,4985	0,4985	0,4986	0,4986
3,0	0,49865	0,49869	0,49874	0,49878	0,49882	0,49886	0,49889	0,49893	0,49897	0,49900
3,1	0,49903	0,49906	0,49910	0,49913	0,49916	0,49918	0,49921	0,49924	0,49926	0,49929
3,2	0,49931	0,49934	0,49936	0,49938	0,49940	0,49942	0,49944	0,49946	0,49948	0,49950
3,3	0,49952	0,49953	0,49955	0,49957	0,49958	0,49960	0,49961	0,49962	0,49964	0,49965
3,4	0,49966	0,49968	0,49969	0,49970	0,49971	0,49972	0,49973	0,49974	0,49975	0,49976
3,5	0,49977	0,49978	0,49978	0,49979	0,49980	0,49981	0,49981	0,49982	0,49983	0,49983
3,6	0,49984	0,49985	0,49985	0,49986	0,49986	0,49987	0,49987	0,49988	0,49988	0,49989
3,7	0,49989	0,49990	0,49990	0,49990	0,49991	0,49991	0,49992	0,49992	0,49992	0,49992
3,8	0,49993	0,49993	0,49993	0,49994	0,49994	0,49994	0,49994	0,49995	0,49995	0,49995
3,9	0,49995	0,49995	0,49996	0,49996	0,49996	0,49996	0,49996	0,49996	0,49997	0,49997

APÊNDICE F   Conhecimentos Úteis do Excel

Este apêndice faz uma avaliação sobre o conhecimento que você considerará útil, caso esteja planejando ser mais do que um usuário casual do Excel da Microsoft. Embora nenhuma parte do conteúdo deste apêndice precise estar profundamente consolidada como conhecimento para que possam ser utilizadas as instruções nos Guias do Excel apresentados neste livro, examinar este apêndice, quando necessário, ajudará você a ter um melhor entendimento sobre os seus resultados no Excel. Caso você esteja utilizando uma versão do Excel que seja mais antiga do que o Excel 2010, você precisa estar familiarizado com a Seção F.3 para ser capaz de modificar os nomes das funções utilizadas nos formulários e modelos de planilhas, à medida que isso se faça necessário.

A Seção F.4 apresenta uma explicação aprimorada sobre algumas das funções de planilha que ocorrem em dois ou mais capítulos. Esta seção também discute funções que atendem a propósitos de programação ou são utilizadas de maneira inovadora para o cálculo de resultados intermediários. Caso você tenha um interesse específico em desenvolver soluções de aplicações, você precisará estar familiarizado com esse conjunto de funções.

Este apêndice parte do pressuposto de que você esteja familiarizado com o Excel e tem domínio sobre os conceitos apresentados no Apêndice B. Caso você seja um usuário de primeira viagem no Excel, não cometa o equívoco de tentar compreender o material neste apêndice antes de ganhar experiência no uso do Excel e estar familiarizado com o Apêndice B.

F.1   Atalhos Úteis no Teclado

No Microsoft Excel (e outros programas do Office da Microsoft), certas teclas individuais, ou combinação de teclas pressionadas conjuntamente, no mesmo momento em que você mantém pressionada alguma outra tecla, constituem atalhos de teclados que permitem que você execute operações comuns, sem ter que selecionar opções a partir de menus de opções, ou clicar na Faixa de Opções. Neste livro, combinações entre apertos de teclas são ilustradas utilizando sinais de adição; por exemplo, **Ctrl+C** significa "enquanto mantém pressionada a tecla **Ctrl**, pressione a tecla **C**".

Editando Atalhos

Pressionar a tecla **BackSpace** apaga os caracteres digitados à esquerda da posição atual, um caractere de cada vez. Pressionar **Delete** apaga caracteres à direita do cursor, um caractere de cada vez.

Ctrl+C copia uma entrada de planilha, enquanto **Ctrl+V** cola essa mesma entrada no lugar que o cursor de edição ou o destaque de célula de planilha indicam. Pressionar **Ctrl+X** recorta (elimina ou apaga) a entrada ou objeto selecionados naquele momento, de modo tal que você possa colar essa mesma entrada ou objeto em algum outro lugar. **Ctrl+C** e **Ctrl+V** (ou **Ctrl+X** e **Ctrl+V**) podem também ser utilizados para copiar (ou recortar) e colar certos objetos de planilhas, tais como gráficos. (O uso de copiar e colar para copiar fórmulas de uma célula de planilha para outra está sujeito aos ajustes discutidos na Seção B.2).

Pressionar **Ctrl+Z** desfaz a última operação, ao passo que **Ctrl+Y** refaz a última operação. Pressionar **Enter** ou **Tab** finaliza uma entrada digitada em uma célula de planilha. O ato de pressionar uma ou outra tecla está implícito no uso do verbo *inserir* ou *digitar* nos Guias do Excel.

Formatando Atalhos

Pressionar **Ctrl + N** ativa (ou desativa) o estilo de texto em negrito para o objeto selecionado naquele momento. Pressionar **Ctrl + I** ativa (ou desativa) o estilo de texto em itálico para o objeto selecionado naquele momento. Pressionar **Ctrl + Shift+%** formata valores numéricos para o estilo de um percentual sem casas decimais.

Atalhos Úteis

Pressionar **Ctrl + L** faz com que se abra a caixa para **Localizar e substituir**, com o separador **Localizar** selecionado, enquanto pressionar **Ctrl + H** abre a caixa de diálogo **Localizar e substituir**, com o separador **Localizar** selecionado. Pressionar **Esc** cancela uma ação ou uma caixa de diálogo. Pressionar **F1** exibe o sistema de ajuda do Microsoft Excel.

712

F.2 Verificando Fórmulas e Planilhas

Caso você utilize fórmulas em suas planilhas, você deve examinar e verificar fórmulas antes de usar os respectivos resultados. Para visualizar as fórmulas em uma planilha, pressione **Ctrl+`** (tecla do acento grave). Para restaurar a visão original, os resultados das fórmulas, pressione **Ctrl+`** uma segunda vez.

À medida que você vai criando e utilizando planilhas mais complicadas, pode ser que você deseje examinar visualmente as relações entre uma determinada fórmula e as células que ela utiliza (chamadas de *precedentes*) e as células que utilizam os resultados dessa fórmula (as *dependentes*). Selecione **Fórmulas → Rastrear Precedentes** (ou **Rastrear Dependentes**) para examinar as respectivas relações. Quando você tiver terminado, exclua todas as setas selecionando **Fórmulas → Remover Setas**.

Depois de verificar as fórmulas, você deve testar, utilizando números simples, qualquer planilha que você possa ter modificado ou construído desde o respectivo início.

F.3 Novos Nomes de Funções

Iniciando com o Excel 2010, a Microsoft renomeou muitas funções estatísticas e reprogramou uma série de funções com o intuito de aprimorar a precisão delas. De um modo geral, com exceções observadas, este livro utiliza os novos nomes de funções nas fórmulas para células de planilhas. Esses novos nomes de funções utilizados neste livro estão listados na Tabela F.1, juntamente com o lugar no qual foram citadas pela primeira vez neste livro, e o correspondente nome anterior para a função.

TABELA F.1 Novos Nomes de Funções Utilizadas Neste Livro e os Nomes Antigos ("Compatíveis")

Novo Nome	Primeira Menção	Nome Antigo
DISTR.BINOM	GE5.3	DISTRBINOM
DIST.QUIQUA.CD	GE12.1	DIST.QUI
INV.QUIQUA.CD	GE12.1	INV.QUI
NORMAL.CONFIANÇA	GE8.1	INT.CONFIANÇA
COVARIÂNCIA. S	GE3.5	nenhum*
DIST.EXPON	GE6.5	DISTEXPON
DIST.F. CD	GE10.4	DISTF
INV.F.CD	GE10.4	INVF
DIST.HIPERGEOM	GE5.5	DIST.HIPERGEOM
DIST.NORM.	GE6.2	DIST.NORM.N
INV.NORM	GE6.2	INVNORM
DIST.NORM.N	GE9.2	DIST.NORMP
INV.NORM.N	GE6.2	INV.NORMP
DIST.POISSON	GE5.4	POISSON
DESVPAD.P	GE3.2	DESVPAD
DESVPAD.P	GE3.2	DESVPADP
DIST.T.CD	GE9.3	DISTT
DIST.T.BC	GE9.2	DISTT
INV.T.BC	GE8.2	INVT
VAR.A	GE3.2	VAR
VAR.P	GE3.2	VARP

* COVARIÂNCIA.S é uma função que era nova no Excel 2010. A função COVARIÂNCIA.P (não utilizada neste livro) substitui a antiga função COVAR.

Tendo em vista que os novos nomes para as funções não são compatíveis com versões do Excel mais antigas do que o Excel 2010, foram incluídas planilhas alternativas nas pastas de trabalho relativas ao Guia do Excel, conforme explicitado na subseção "Planilhas Alternativas" apresentada posteriormente nesta seção. Caso seja importante para você a compatibilidade com as versões mais antigas do Excel, você deve utilizar os nomes anteriores para as respectivas funções (e as planilhas alternativas).

A Função Quartil

Neste livro, você verá a antiga função QUARTIL, e não a função mais nova QUARTIL.EXC. No texto elaborado pela Microsoft intitulado *Function Improvements in Microsoft Office Excel 2010* (disponível no idioma inglês no endereço **bit.ly/RkoFlf**), QUARTIL.EXC é explicada como sendo "consistente com as melhores práticas do setor, pressupondo que o percentil seja um valor entre 0 e 1, exclusive". Uma vez que existem vários meios estabelecidos, embora diferentes, para calcular quartis, não existe uma maneira de se saber exatamente como funciona essa nova função.

Em razão dessa falta de especificidade, este livro utiliza a função antiga QUARTIL, cuja programação e limitações são bastante conhecidas, e não a função mais recente QUARTIL.EXC ou a função QUARTIL.INC, que corresponde à função QUARTIL renomeada para fins de consistência com QUARTIS.EXC. Conforme argumentamos na Seção GE3.3, nenhuma das três funções calcula quartis utilizando as regras apresentadas na Seção 3.3, que estão apropriadamente calculadas na planilha CÁLCULO da pasta de trabalho Quartis que utiliza a função antiga QUARTIL. Caso você esteja utilizando o Excel 2010, ou uma versão mais recente para o Excel, a planilha COMPARE ilustra os resultados utilizando as três formas de funções QUARTIS correspondentes aos dados encontrados na coluna A da planilha DADOS.

Planilhas Alternativas

Caso uma planilha em uma determinada pasta de trabalho correspondente ao Guia do Excel utilize um ou mais entre os novos nomes para funções, essa pasta de trabalho conterá uma planilha alternativa para uso com versões do Excel que sejam mais antigas do que o Excel 2010. Três exceções à regra são as ***pastas de trabalho*** **Regressão Linear Simples 2007, Regressão Múltipla 2007** e **Tendência Exponencial 2007**. Conforme explicamos nos Capítulos 13, 14 e 16, respectivamente, essas pastas de trabalho servem como alternativas para as pastas de trabalho Regressão Linear Simples, Regressão Múltipla e Tendência Exponencial. Planilhas alternativas e pastas de trabalho alternativas funcionam melhor no Excel 2007.

As pastas de trabalho apresentadas a seguir, correspondentes ao Guia do Excel, contêm uma planilha alternativa com o nome CÁLCULO_ANTIGO. Os números que aparecem entre parênteses correspondem aos capítulos em que essas planilhas são mencionadas pela primeira vez.

Parâmetros (3)	**EIC sigma desconhecido (8)**	**Z Proporção (9)**
Covariância (3)	**EIC Proporção (8)**	**T Variâncias Agrupadas (10)**
Hipergeométrica (5)	**Pasta de trabalho Z**	**T Variâncias Separadas (10)**
Normal (6)	**Média Aritmética (9)**	**T em pares (10)**
Exponencial (6)	**Pasta de trabalho T**	**ANOVA de Fator Único (11)**
EIC sigma conhecido (8)	**Média Aritmética (9)**	**Qui-Quadrada (12)**

As pastas do Guia do Excel a seguir apresentadas possuem planilhas alternativas com vários nomes:

Descritiva (3)	EstatísticasCompletas_ANTIGO
Binomial (5)	ACUMULADA_ANTIGO
Poisson (5)	ACUMULADA_ANTIGO
GPN (6)	GRÁFICO_ANTIGO e GRÁFICO_NORMAL_ANTIGO
ANOVA Fator Único (11)	TK4_ANTIGO
Planilhas Qui-Quadradas (12)	Várias planilhas, incluindo QuiQuadrado2x3_ANTIGO e Marascuilo2x3_ANTIGO
Wilcoxon (12)	CÁLCULO_TODAS
Planilhas Kruskal-Wallis (12)	KruskalWallis3_ANTIGO e KruskalWallis4_ANTIGO

Conforme explicitado nos Capítulos 13, 14 e 16, respectivamente, as ***pastas de trabalho*** **Regressão Linear Simples 2007, Regressão Múltipla 2007** e **Tendência Exponencial 2007** contêm uma série de planilhas alternativas para versões do Excel mais antigas do que o Excel 2010. (Essas pastas de trabalho alternativas funcionam melhor com o Excel 2007.)

Conhecimentos Úteis do Excel **715**

F.4 Compreendendo as Funções Não Estatísticas

Embora este livro centre seu foco em funções estatísticas do Excel, planilhas selecionadas no Guia do Excel (e planilhas criadas pelo PHStat) utilizam uma série de funções não estatísticas que ora calculam um resultado intermediário, ora realizam uma operação matemática ou de programação. Essas funções são explicadas na lista alfabética apresentada a seguir:

TETO(*célula, valor para o qual arredondar***)** toma o valor numérico na ***célula*** e arredonda esse número para o inteiro mais próximo ou o múltiplo mais próximo de significância do ***valor para o qual arredondar***. Por exemplo, caso o ***valor para o qual arredondar*** seja **0,5**, uma vez que ele está em diversas fórmulas da coluna B na planilha CÁLCULO da pasta de trabalho Quartis, então o valor numérico será arredondado para um número inteiro ou para um número que contenha uma metade, tal como 1,5.

CONT.NÚM(*intervalo de células***)** conta o número de células em um intervalo de células que contenha um valor numérico. Essa função é frequentemente utilizada para calcular o tamanho da amostra, n, por exemplo, na célula B9 da planilha CÁLCULO da pasta de trabalho Correlação. Quando visto nas planilhas apresentadas neste livro, o ***intervalo de células*** será tipicamente o intervalo de células da coluna da variável, como é o caso em **DADOS!A:A**. Isto resultará em uma contagem apropriada do tamanho da amostra daquela variável, caso você siga as regras da Seção GE.5 para inserir dados, no Guia do Excel apresentado no final do capítulo introdutório Mãos à Obra.

CONT.SE (*intervalo de células para todos os valores, valor a ser equiparado***)** conta o número de ocorrências de um determinado valor em um intervalo de células. Por exemplo, a planilha CÁLCULO da pasta de trabalho Wilcoxon, utiliza **CONT.SE(ClassificaçõesOrdenadas!A2:A21, "Refrigerantes")** na célula B7 para calcular o tamanho da amostra para a Amostra da População 1, contando o número de ocorrências do nome da amostra Refrigerantes na coluna A da planilha ClassificaçõesOrdenadas. Na planilha KruskalWallis4 da pasta de trabalho Planilhas Kruskal-Wallis, a função conta o número de ocorrências na coluna A da planilha ClassificaçõesOrdenadas, para um nome de fornecedor que apareça em uma linha da coluna D.

DESVQ(*intervalo de células da variável***)** calcula a soma dos quadrados das diferenças entre um determinado valor da variável e a média aritmética correspondente àquela variável. Por exemplo, na Equação (3.6) na Seção 3.2 do Capítulo 3, que define a variância da amostra, **DESVQ(***intervalo de células da variável X***)** calcula o valor correspondente ao termo encontrado no numerador da fração.

ARREDMULTB(*célula***, 1)** toma o valor numérico na ***célula*** e arredonda o valor para baixo até o número inteiro mais próximo.

SE(*comparação lógica, o que exibir caso a comparação se sustente, o que exibir caso a comparação seja falsa***)** utiliza a ***comparação lógica*** para fazer uma escolha entre duas alternativas. Nas planilhas ilustradas neste livro, a função SE habitualmente escolhe entre dois valores de texto, tais como **Rejeitar a hipótese nula** e **Não rejeitar a hipótese nula**, para exibir; mas, no Capítulo 16, a função é utilizada para criar variáveis binárias (*dummy*) para dados trimestrais ou dados mensais.

MATRIZ.MULT(*intervalo de células 1, intervalo de células 2***)** trata tanto o ***intervalo de células 1*** quanto o ***intervalo de células 2*** como matrizes e calcula o produto matricial entre as duas matrizes. Quando cada um dos dois intervalos de células corresponde a uma única linha ou a uma única coluna, MATRIZ.MULT pode ser utilizada como parte de uma fórmula regular. Caso os intervalos de células representem, cada um deles, linhas e colunas, então MATRIZ.MULT deve necessariamente ser utilizada como parte de uma fórmula para uma série ordenada (veja a Seção B.3 do Apêndice B). Uma exceção para essas regras ocorre na célula B21 da planilha EICeIP da pasta de trabalho Regressão Múltipla, na qual **MATRIZ.MULT(TRANSPOR(B5:B7), CÁLCULO!B17:B19)** foi digitada como parte de uma fórmula correspondente a uma série ordenada, em razão do modo como o Excel trata os resultados da função TRANSPOR.

ARRED(*célula***, 0)** toma o valor numérico na ***célula*** e arredonda o valor para o número inteiro mais próximo.

MENOR(*intervalo de células***, *k*)** seleciona o k-ésimo menor valor no ***intervalo de células***.

RAIZ(*valor***)** calcula a raiz quadrada do ***valor***, em que ***valor*** corresponde a uma referência de célula ou a uma expressão aritmética.

SOMASE(*intervalo de células para todos os valores, valor a ser equiparado, intervalo de células no qual se devem selecionar células a serem somadas***)** soma exclusivamente aquelas linhas no ***intervalo de células no qual se deve selecionar células a serem somadas***, em que o valor no ***intervalo de células para todos os valores*** combina com o ***valor a ser equiparado***. SOMA-SE proporciona um modo conveniente de calcular a soma das classificações para uma amostra em uma planilha que contenha dados empilhados. Por exemplo, a planilha CÁLCULO da pasta de trabalho Wilcoxon utiliza (**SOMASE(ClassificaçõesOrdenadas!A2:A21, "Refrigerantes"**, **SOMASE(ClassificaçõesOrdenadas!C2:C21**) na célula B8 para calcular a soma das classificações para a amostra de Refrigerantes (Ponta de corredor) somando unicamente as linhas na coluna C da planilha ClassificaçõesOrdenadas cujo valor da coluna A corresponda a Refrigerantes. Na planilha KruskalWallis4, da pasta de trabalho Planilhas Kruskal-Wallis, SOMASE soma somente as linhas que estão na coluna C da planilha ClassificaçõesOrdenadas, cujo valor correspondente à coluna A se equipare ao valor que aparece em uma linha da coluna D.

SOMARPRODUTO(*intervalo de células* 1, *intervalo de células* 2) multiplica cada uma das células no ***intervalo de células* 1** pela célula correspondente em ***intervalo de células* 2**, e, depois, faz o somatório desses produtos. Caso ***intervalo de células* 1** contenha uma coluna de diferenças entre um determinado valor de X e a média aritmética relativa à variável X, e ***intervalo de células* 2** contenha uma coluna de diferenças entre um determinado valor de Y e a média aritmética da variável Y, essa função calcula, então, o valor correspondente ao numerador na Equação (3.16) que define a covariância da amostra. Na Seção GE16.6, **SOMARPRODUTO(ABS (*intervalo de células de valores de resíduos*))** utiliza a função de modo inusitado com somente um único intervalo de células para calcular de modo eficaz a soma dos valores absolutos para os valores encontrados no ***intervalo de células de valores de resíduos***.

TRANSPOR(*intervalo de células horizontal ou vertical*) toma o *intervalo de células*, que pode ser tanto um intervalo de células horizontal (todas as células em uma mesma linha) quanto um intervalo de células vertical (todas as células em uma mesma coluna), transpõe, ou reorganiza, a célula que esteja na outra orientação, de modo tal que um intervalo de células horizontal se transforme em um intervalo de células vertical, e vice-versa. Quando utilizada dentro de outra função, o Excel considera os resultados dessa função como sendo uma *série ordenada*, e não um intervalo de células.

PROCV(*célula do valor procurado, tabela de valores procurados, coluna da tabela a utilizar*) a função exibe um valor que foi procurado em uma ***tabela de valores procurados***, um intervalo de células retangular. Na planilha AVANÇADA da pasta de trabalho Recodificadas, a função utiliza os valores na segunda coluna da ***tabela de valores procurados*** (um exemplo que é ilustrado a seguir) para procurar os valores correspondentes a Menção Honrosa, com base na média acumulada – GPA – de um determinado aluno (a ***célula do valor a ser procurado***). Os números na primeira coluna de ***tabela de valores procurados*** são intervalos implícitos, de modo tal que Sem Menção Honrosa corresponda ao valor exibido caso a GPA seja pelo menos 0 (zero), porém menor do que 3; Lista com Menção Honrosa corresponda ao valor exibido caso a GPA seja pelo menos 3 porém menor do que 3,3; e assim sucessivamente:

0	Sem Menção Honrosa
3	Lista com Menção Honrosa
3,3	Lista da Decana
3,7	Lista do Presidente

APÊNDICE G — Perguntas Frequentes sobre o PHStat e o Microsoft Excel

G.1 Perguntas Frequentes sobre o PHStat

O que é PHStat?

PHStat é um *software* de suplemento para o Excel da Microsoft, elaborado pela Pearson Education, que proporciona o mínimo possível de efeitos ou transtornos em relação à operacionalização do Excel da Microsoft. No papel de leitor estudante de estatística, você pode se concentrar exclusivamente em aprender estatística, não tendo que se preocupar com o fato de primeiramente ter que se tornar um usuário especialista no Excel. Você pode considerar o PHStat como um assistente pessoal que recebe as suas solicitações e constrói para você as soluções baseadas em planilhas eletrônicas.

O PHStat executa para você a seleção de menu de mais baixo nível e tarefas de entradas em planilhas que estejam associadas à implementação de análises estatísticas no Microsoft Excel. O PHStat cria planilhas de dados e planilhas de gráficos que são idênticas às apresentadas neste livro. A partir dessas planilhas, você pode aprender técnicas reais do Excel, a seu bel-prazer, e proporcionar a si mesmo a capacidade de utilizar o Excel de modo eficaz fora do âmbito do seu curso de introdução à estatística. (Outros suplementos que aparentam ser semelhantes ao PHStat relatam resultados como uma série de legendas de texto, ocultando os detalhes do uso do Microsoft Excel, deixando você sem uma base para aprender a utilizar o Excel de modo eficaz.)

Quais versões do Excel são compatíveis com o PHStat?

O PHStat funciona melhor com o Excel 2010 para o Windows da Microsoft (WIN) e seus respectivos sucessores e com o Excel 2011 para o OS X e seus respectivos sucessores (OS X). O PHStat é também compatível com o Excel 2007 (WIN), embora a precisão de algumas das funções estatísticas do Excel que o PHStat utiliza varie com relação ao Excel 2010 e possa acarretar pequenas alterações nos resultados relatados.

O PHStat é parcialmente compatível com o Excel 2003 (WIN). Quando você abre o PHStat no Excel 2003, você verá uma caixa de diálogo de conversão de arquivos, na medida em que o Excel traduz o arquivo .xlam em um formato que pode ser utilizado no Excel 2003. Depois de completada essa conversão de arquivo, você será capaz de visualizar o menu do PHStat e utilizar muitos dos procedimentos do PHStat. Conforme documentado no sistema de ajuda do PHStat, alguns procedimentos avançados constroem planilhas que utilizam funções do Excel que foram acrescentadas depois de o Excel 2003 ter sido publicado. Nesses casos, as planilhas conterão células que exibirão a mensagem de erro #NOME? em vez de resultados.

O PHStat não é compatível com o Excel 2008 (OS X), que não incluiu a capacidade de serem executadas pastas de trabalho criadas com suplementos do Excel.

Como faço para que o PHStat fique pronto para ser usado?

A Seção D.2, no Apêndice D, explica como fazer com que o PHStat fique pronto para ser usado. Você deve, também, examinar o arquivo Leia-me, do PHStat (disponível para ser baixado conforme discutido no Apêndice C), para qualquer notícia de última hora ou modificações que possam afetar esse processo.

Quando abro o PHStat, me deparo com uma mensagem de erro do Excel que menciona um "erro de compilação" ou "pasta de trabalho oculta". O que está errado?

Muito possivelmente, você não aplicou as atualizações fornecidas gratuitamente pela Microsoft para a sua cópia do Excel da Microsoft (veja a Seção D.1 no Apêndice D). Caso você tenha absoluta certeza de que a sua cópia do Excel da Microsoft está totalmente atualizada, certifique-se de que sua cópia esteja apropriadamente licenciada e que não tenha sido danificada. (Se necessário, você pode executar novamente o programa de instalação do Office da Microsoft com o objetivo de reparar a instalação do Excel.)

Quando utilizo um determinado procedimento do PHStat, me deparo com uma mensagem de erro do Excel que inclui as palavras "erro inesperado". O que devo fazer?

Mensagens de "erro inesperado" são tipicamente causadas por dados preparados de maneira não apropriada. Reexamine os seus dados de modo a garantir que você tenha organizado seus dados de acordo com as convenções que o PHStat espera, conforme explicado na Seção GE.5 no capítulo Mãos à Obra no início deste livro e no sistema de ajuda do PHStat, e "limpe" os seus dados, conforme discutido na Seção 1.3, caso necessário.

Onde consigo obter notícias e informações sobre o PHStat? Onde consigo obter maior assistência sobre o uso do PHStat?

Vários portais na Grande Rede podem proporcionar a você notícias e informações ou fornecer a assistência que suplementa o arquivo Leia-me e o sistema de ajuda incluído no PHStat.

phstat.davidlevinestatistics.com é um portal mantido pelos autores deste livro, que contém notícias e informações gerais sobre o PHStat. Esse portal também contém notícias sobre as atualizações gratuitas para o PHStat, à medida que elas vão se tornando disponíveis; contém ligações (*links*) para os outros dois portais, e pode possuir conteúdo e *links* para dicas relacionadas ao uso do Microsoft Excel e/ou PHStat.

phstatcommunity.org é um portal novo, organizado por usuários do PHStat e endossado pelos desenvolvedores do PHStat. Você pode clicar em **News**, na página inicial, de modo a exibir as notícias e desenvolvimentos mais recentes sobre o PHStat. Outros conteúdos no portal explicam algumas das operações técnicas do PHStat que estão "por trás dos bastidores".

www.pearsonhighered.com/phstat é o portal oficial da Pearson Education para o PHStat, na Grande Rede. A partir da página inicial, você pode clicar em **Contact Pearson Technical Support** para entrar em contato com o suporte técnico – Pearson Education Customer Technical Support – diretamente, sobre qualquer questão técnica que você não seja capaz de solucionar. Observe que essas notícias atuais sobre o PHStat são postadas no portal em último lugar, e o portal contém informações sobre versões mais antigas do PHStat que não são aplicáveis para a versão fornecida para este livro.

718 APÊNDICE G

Como posso ter certeza de que minha versão do PHStat está atualizada? Como posso obter atualizações gratuitas para o PHStat quando elas se tornam disponíveis?

O PHStat está sujeito a aprimoramentos contínuos. Quando são feitas melhorias ou quando são abordadas novas questões que possam ter surgido, é produzida uma versão resumida de atualização. Quando isso ocorre, a atualização é anunciada nos portais listados nas perguntas anteriores, e arquivos de substituição são postados para que sejam baixados nos locais discutidos na Seção C.1 do Apêndice C. Você pode, então, baixar esses arquivos e sobrescrever os seus arquivos atuais. Para descobrir o número exato da versão do PHStat, selecione **About PHStat** a partir do menu do PHStat (**Sobre o PHStat** na tradução feita para o suplemento). (O número da versão para a versão do PHStat fornecida para uso com este livro será sempre um número que começa com 4.)

G.2 Perguntas Frequentes sobre o Microsoft Excel

Todas as versões do Microsoft Excel contêm as mesmas características e as mesmas funcionalidades? Qual, entre as versões do Excel da Microsoft, eu devo utilizar?

Infelizmente, características e funcionalidades variam entre as versões ainda em uso (incluindo versões que não contam mais com o suporte da Microsoft). Este livro funciona melhor com as versões do Excel 2010 e Excel 2013 do Windows da Microsoft e a versão do Excel 2011 para o sistema OS X. No entanto, mesmo entre essas versões correntes existem variações nas características. Por exemplo, a funcionalidade do segmentador, discutida na Seção 2.8, é encontrada somente no Excel 2010 e no Excel 2013, e está ausente no Excel 2011 do sistema OS X, e também em versões mais antigas do Windows da Microsoft. Tabelas dinâmicas apresentam diferenças sutis entre as versões, nenhuma das quais afetando as instruções e exemplos neste livro, e os Gráficos dinâmicos, não discutidos neste livro, não estão incluídos no Excel 2011 (veja Perguntas Frequentes relacionadas a Gráficos Dinâmicos).

Este livro identifica diferenças entre variáveis quando são significativas. Em particular, este livro fornece, quando necessário, instruções especiais e planilhas alternativas (discutidas na Seção F.3 do Apêndice F) desenhadas para o Excel 2007 e outras versões que sejam anteriores ao Excel 2010 e tenham suporte da Microsoft para que sejam tão abrangentes quanto possível. Dito isso, caso você planeje utilizar o Excel 2003 para Windows da Microsoft, você deve considerar o fato de fazer sempre as atualizações necessárias, de modo a tirar proveito das novas funcionalidades e aprimoramentos e tendo em vista que o suporte Oficial da Microsoft para esse produto está programado para terminar no início de 2014. Caso você planeje utilizar o Excel 2007 para Windows da Microsoft, uma atualização dará a você acesso às funcionalidades mais recentes e proporcionará uma versão com precisão estatística significativamente aumentada.

No caso de você estar utilizando o Excel 2008 do sistema OS X, você *deve necessariamente* fazer atualizações para poder utilizar o PHStat ou qualquer uma das outras pastas de trabalho mencionadas neste livro. Ainda que planeje evitar o uso de quaisquer suplementos, você deve considerar fazer uma mudança para o Excel 2011 do sistema OS X pelas mesmas razões que o Excel 2003 e o Excel 2007 enfrentam.

O que significa "Modo de Compatibilidade" na barra de títulos?

O Excel exibe "Modo de Compatibilidade" quando você abre e utiliza uma pasta de trabalho que tenha sido anteriormente salva com o uso do antigo formato de arquivo **.xls** para pastas de trabalho do Excel. O modo de compatibilidade não afeta a funcionalidade do Excel mas fará com que o Excel examine sua pasta de trabalho em razão de propriedades de formatação exclusivas para o formato xlsx, e o Excel questionará você com uma caixa de diálogo caso você venha a salvar a planilha nesse formato.

Para converter uma pasta de **.xls** para o formato **.xlsx**, selecione **Arquivo → Salvar Como**, e selecione **Pasta de Trabalho do Excel (*.xlsx)** a partir da lista de opções com barra de rolagem **Salvar como tipo:** (no Windows) ou **Formato** (no OS X) no Excel 2010 ou 2011 ou seus respectivos sucessores. Para fazer isso no Excel 2007, clique no **Botão do Office**, movimente o ponteiro do mouse sobre **Salvar Como**, e, na galeria para o grupo **Salvar Como**, clique em **Pasta de Trabalho do Excel** para salvar a pasta de trabalho no formato de arquivo **.xlsx**.

Uma deficiência no Microsoft Excel é o fato de que, quando você converte uma pasta de trabalho utilizando **Salvar Como**, uma pasta de trabalho com formato .xlsx, recentemente convertida, permanece temporariamente no Modo de Compatibilidade. Para evitar esse resultado, feche a pasta de trabalho recentemente convertida e, em seguida, reabra a mesma.

O uso do Modo de Compatibilidade pode causar diferenças pouco significativas nos objetos tais como gráficos e Tabelas Dinâmicas que o Excel cria, e pode causar problemas quando você busca transferir dados oriundos de outras pastas de trabalho. A não ser que você tenha necessidade de abrir uma pasta de trabalho em uma versão do Excel que seja mais antiga do que o Excel 2007, você deve evitar o uso do Modo de Compatibilidade.

Que configurações de segurança do Microsoft Excel permitirão que uma pasta de trabalho do suplemento PHStat2 ou Visual Explorations funcione de maneira apropriada ao utilizar uma determinada versão do Excel da Microsoft baseada no Windows da Microsoft?

As configurações de segurança estão explicadas na Seção D.3 no Apêndice D. (Essas configurações não se aplicam ao Excel para OS X.)

O que é um Gráfico Dinâmico? Por que razão este livro não aborda Gráficos Dinâmicos?

Gráficos Dinâmicos são gráficos que o Excel da Microsoft cria automaticamente a partir de uma Tabela Dinâmica. Esse tipo de gráfico não é abordado neste livro, uma vez que o Excel, via de regra, criará um gráfico "errado", que dará mais trabalho para ajeitar do que o esforço necessário para criar um gráfico apropriado, e também porque a funcionalidade do Gráfico Dinâmico varia de maneira bastante significativa entre as versões correntes para o Excel – e não está presente no Excel 2011 para o sistema OS X.

As instruções especiais para selecionar uma célula, ou um intervalo de células, a partir de uma Tabela Dinâmica, que aparecem nas instruções selecionadas para o tópico *Excel Avançado* correspondente à Seção GE2.3, ajudam você a evitar que seja criado um Gráfico Dinâmico não desejado. (O PHStat jamais cria um Gráfico Dinâmico.)

G.3 Perguntas Frequentes para Novos Usuários do Microsoft Excel 2013

Quando abro o Excel 2013, vejo uma tela que mostra painéis que representam diferentes pastas de trabalho e não a interface de Faixa de Opções. O que devo fazer?
Pressione **Esc**. Essa tela, chamada de **Tela inicial**, desaparecerá, e aparecerá uma tela que contém uma janela do Excel semelhante às janelas para o Excel 2010 e o Excel 2011. Para uma solução mais permanente, selecione **Arquivo ➔ Opções** e, então, no painel Geral da caixa de diálogo das Opções do Excel, que aparece, desmarque a opção **Mostrar a tela inicial quando este aplicativo for iniciado**; depois disso, clique em **OK**.

Existe algum tipo de diferença significativa entre o Excel 2013 e seu antecessor imediato, o Excel 2010?
Não existem diferenças significativas, mas diversos comandos da guia Arquivo apresentam painéis reestilizados (com as mesmas informações ou informações semelhantes), e abrir e salvar arquivos difere ligeiramente, conforme descrito no Guia do Excel para o capítulo Mãos à Obra.

A Faixa de Opções para o Excel 2013 parece ligeiramente diferente da Faixa de Opções para o Excel 2010 que é mostrada em uma série de ilustrações no Apêndice B. No entanto, essas diferenças são tão sutis que as ilustrações da Faixa de Opções para o Excel 2010 no Apêndice B serão facilmente identificáveis por você caso opte por utilizar o Excel 2013. A Faixa de Opções para o Excel 2013 também contém uma série de novos ícones e grupos em algumas de suas guias; esses acréscimos não afetam nenhuma das sequências de seleção apresentadas nos Guias do Excel.

Na guia Inserir, o que são Tabelas Dinâmicas Recomendadas e Gráficos Recomendados? Será que eu deveria utilizar essas funcionalidades?
Tabelas Dinâmicas Recomendadas e **Gráficos Recomendados** exibem uma ou mais Tabelas Dinâmicas ou gráficos, como atalhos. Infelizmente, as Tabelas Dinâmicas recomendadas podem incluir erros estatísticos, como, por exemplo, tratar as categorias de uma variável categórica como valores correspondentes a zero para uma variável numérica, e os gráficos recomendados frequentemente não são compatíveis com as melhores práticas (veja a Seção B.6 do Apêndice B).

Conforme programado no Excel 2013, você deve ignorar e não utilizar essas funcionalidades, uma vez que elas, muito provavelmente, farão com que você gaste mais tempo corrigindo erros e formatando coisas erradas, em comparação com a pouca quantidade de tempo que você poderia vir a economizar usando essas funcionalidades.

O que é o SkyDrive da Microsoft?
O SkyDrive da Microsoft é um serviço baseado na Internet, que oferece a você uma armazenagem virtual gratuita que possibilita que você acesse e compartilhe seus arquivos a qualquer momento e em qualquer lugar em que exista uma conexão de Internet disponível. No Excel 2013, você vai ver o **SkyDrive** apresentado na lista de opções, juntamente com **Computador**, nos painéis correspondentes a Abrir, Salvar e Salvar Como.

Você deve se cadastrar no serviço SkyDrive utilizando uma "Conta da Microsoft", anteriormente conhecida como uma "Windows Live ID". Caso você utilize o aplicativo Microsoft Office Web Excel, ou algumas outras versões especiais do Excel, *pode ser que* você precise se cadastrar no serviço SkyDrive para utilizar o próprio Excel.

Soluções para Testes de Autoavaliação e Respostas para Problemas Selecionados com Numeração Par

As seções a seguir apresentam soluções elaboradas para os Testes de Autoavaliação e respostas resumidas para a maior parte dos problemas com numeração par neste livro. Para soluções mais detalhadas, incluindo explicações, interpretações e resultados do Excel, veja o *Manual de Soluções para o Aluno*, disponível no material suplementar.

CAPÍTULO 1

1.2 Tamanhos pequeno, médio e grande implicam ordem, mas não especificam a quantidade a mais de refrigerante que é acrescentada, à medida que passam a crescer os níveis.

1.4 (a) A quantidade de aparelhos de telefonia celular é uma variável numérica que é discreta, uma vez que o resultado é uma contagem. Tem uma escala de proporcionalidade, uma vez que possui um verdadeiro ponto zero. **(b)** Consumo mensal é uma variável numérica que é contínua uma vez que qualquer valor contido dentro dos limites de um intervalo de valores pode vir a ocorrer. Tem uma escala de proporcionalidade, uma vez que possui um verdadeiro ponto zero. **(c)** Número de mensagens de texto trocadas por mês é uma variável numérica que é discreta, uma vez que o resultado é uma contagem. Tem uma escala de proporcionalidade, uma vez que possui um verdadeiro ponto zero. **(d)** Uso de mensagens por voz ao mês é uma variável numérica que é contínua, uma vez que qualquer valor contido dentro dos limites de um intervalo de valores pode vir a ocorrer. Tem uma escala de proporcionalidade, uma vez que possui um verdadeiro ponto zero. **(e)** O fato de o telefone celular ser, ou não, usado para troca de mensagens de correio eletrônico é uma variável categórica, uma vez que a resposta pode apenas ser sim ou não. Isso também faz com que seja uma variável com escala nominal.

1.6 (a) Categórica, escala nominal. **(b)** Numérica, contínua, escala de proporcionalidade. **(c)** Categórica, escala nominal. **(d)** Numérica, discreta, escala de proporcionalidade. **(e)** Categórica, escala nominal.

1.8 (a) Numérica, contínua, escala de proporcionalidade. **(b)** Numérica, discreta, escala de proporcionalidade. **(c)** Numérica, contínua, escala de proporcionalidade. **(d)** Categórica, escala nominal.

1.10 A variável subjacente, capacidade dos alunos, pode ser contínua, embora o dispositivo de medição, o teste, não apresente precisão suficiente para fazer a distinção entre os dois alunos.

1.18 Amostragem sem reposição: Ler da esquerda para a direita, em sequências de três dígitos, e dar continuidade às sequências inacabadas, desde o final da linha até o início da linha subsequente:

Linha 05: 338 505 855 551 438 855 077 186 579 488 767 833 170
Linhas 05-06: 897
Linha 06: 340 033 648 847 204 334 639 193 639 411 095 924
Linhas 06-07: 707
Linha 07: 054 329 776 100 871 007 255 980 646 886 823 920 461
Linha 08: 893 829 380 900 796 959 453 410 181 277 660 908 887
Linhas 08-09: 237

Linha 09: 818 721 426 714 050 785 223 801 670 353 362 449
Linhas 09-10: 406
Nota: Foram descartadas todas as sequências acima de 902 e as sequências duplicadas.

1.20 Uma amostra aleatória simples seria menos prática para entrevistas pessoais em razão dos custos de deslocamento (a não ser que os entrevistadores sejam pagos para ir até um local centralizado para as entrevistas).

1.22 Nesse caso, todos os membros da população estão igualmente propensos a serem selecionados, e o mecanismo de seleção de amostras é baseado no acaso. No entanto, a seleção de dois elementos não é independente; por exemplo, se A está na amostra, sabemos que B também está e que C e D não estão.

1.24 (a)

Linha 16: 2323 6737 5131 8888 1718 0654 6832 4647 6510 4877
Linha 17: 4579 4269 2615 1308 2455 7830 5550 5852 5514 7182
Linha 18: 0989 3205 0514 2256 8514 4642 7567 8896 2977 8822
Linha 19: 5438 2745 9891 4991 4523 6847 9276 8646 1628 3554
Linha 20: 9475 0899 2337 0892 0048 8033 6945 9826 9403 6858
Linha 21: 7029 7341 3553 1403 3340 4205 0823 4144 1048 2949
Linha 22: 8515 7479 5432 9792 6575 5760 0408 8112 2507 3742
Linha 23: 1110 0023 4012 8607 4697 9664 4894 3928 7072 5815
Linha 24: 3687 1507 7530 5925 7143 1738 1688 5625 8533 5041
Linha 25: 2391 3483 5763 3081 6090 5169 0546
Nota: Foram descartadas todas as sequências acima de 5000. Não existem sequências repetidas.

(b)

089	189	289	389	489	589	689	789	889	989
1089	1189	1289	1389	1489	1589	1689	1789	1889	1989
2089	2189	2289	2389	2489	2589	2689	2789	2889	2989
3089	3189	3289	3389	3489	3589	3689	3789	3889	3989
4089	4189	4289	4389	4489	4589	4689	4789	4889	4989

(c) Com uma única exceção correspondente à fatura 0989, as faturas selecionadas na amostra aleatória simples não são as mesmas quando comparadas com aquelas selecionadas na amostra sistemática. Seria fortemente improvável que uma amostra aleatória simples viesse a selecionar as mesmas unidades que uma amostra sistemática.

1.26 Antes de aceitar os resultados de uma pesquisa realizada junto a alunos de faculdades, você pode desejar saber, por exemplo: Quem estabeleceu a pesquisa? Por que razão ela foi conduzida? Qual foi a população a partir da qual a amostra foi selecionada? Que modelo de amostragem foi utilizado? Que modelo de resposta foi utilizado: uma entrevista pessoal, uma entrevista por telefone, ou uma pesquisa por correio? Os entrevista-

Soluções para Testes de Autoavaliação e Respostas para Problemas Selecionados com Numeração Par **721**

dores foram treinados? As perguntas da pesquisa foram testadas em uma pesquisa de campo? Que perguntas foram feitas? As perguntas foram claras, precisas, isentas de viés, e válidas? Que definição operacional de "vasta maioria" foi utilizada? Qual foi a taxa de resposta? Qual foi o tamanho da amostra?

1.28 Os resultados são baseados em uma pesquisa na Internet. Se a grade é constituída supostamente de proprietários de pequenas empresas, de que modo é definida a população? Esta é uma amostra com autosseleção das pessoas que responderam pela Internet, de modo que existe um erro não definido, por falta de resposta. O erro de amostragem não pode ser determinado, uma vez que não se trata de uma amostra aleatória.

1.30 Antes de aceitar os resultados da pesquisa, você pode desejar saber, por exemplo: Quem estabeleceu o estudo? Por que razão ele foi conduzido? Qual foi a população a partir da qual a amostra foi selecionada? Que modelo de amostragem foi utilizado? Que modelo de resposta foi utilizado: uma entrevista pessoal, uma entrevista por telefone, ou uma pesquisa por correio? Os entrevistadores foram treinados? As perguntas da pesquisa foram testadas em uma pesquisa de campo? Que outras perguntas foram feitas? As perguntas foram claras, precisas, isentas de viés, e válidas? Qual foi a taxa de resposta? Qual foi a margem de erro? Qual foi o tamanho da amostra? Qual foi a grade utilizada?

1.42 (a) Todos os empregados beneficiados na universidade. **(b)** Os 3.095 empregados que responderam à pesquisa. **(c)** Gênero e estado civil são categóricas. Idade (em anos), nível de formação educacional (anos completados) e renda domiciliar ($) são numéricas.

CAPÍTULO 2

2.2 (a) Tabela de frequências para as respostas de todos os alunos:

GÊNERO	CATEGORIAS DE ESPECIALIZAÇÃO DOS ALUNOS			
	A	C	M	Totais
Masculino	14	9	2	25
Feminino	6	6	3	15
Totais	20	15	5	40

(b) Tabela baseada nos percentuais totais:

GÊNERO	CATEGORIAS DE ESPECIALIZAÇÃO DOS ALUNOS			
	A	C	M	Totais
Masculino	35,0 %	22,5 %	5,0 %	62,5 %
Feminino	15,0	15,0	7,5	37,5
Totais	50,0	37,5	12,5	100,0

Tabela baseada nos percentuais por linha:

GÊNERO	CATEGORIAS DE ESPECIALIZAÇÃO DOS ALUNOS			
	A	C	M	Totais
Masculino	56,0 %	36,0 %	8,0 %	100,0 %
Feminino	40,0	40,0	20,0	100,0
Totais	50,0	37,5	12,5	100,0

Tabela baseada nos percentuais por coluna:

GÊNERO	CATEGORIAS DE ESPECIALIZAÇÃO DOS ALUNOS			
	A	C	M	Totais
Masculino	70,0 %	60,0 %	40,0 %	62,5 %
Feminino	30,0	40,0	60,0	37,5
Totais	100,0	100,0	100,0	100,0

2.4 (a) Uma vez que 29 % são baseados na amostra, trata-se de uma estatística. **(b)** Uma vez que 58 % são baseados na amostra, trata-se de uma estatística.

2.6 (a) Os percentuais são 4,00; 10,58; 25,91; 59,51. **(b)** Mais da metade do petróleo é produzido nos países da OPEP. Mais de 25 % da energia elétrica são gerados por países da OPEP outros que não o Irã ou a Arábia Saudita.

2.8 (a) Tabela de percentuais por linha:

GOSTA DE COMPRAR ROUPAS	GÊNERO		
	Masculino	Feminino	Total
Sim	46 %	54 %	100 %
Não	53	47	100
Total	50	50	100

Tabela de percentuais por coluna:

GOSTA DE COMPRAR ROUPAS	GÊNERO		
	Masculino	Feminino	Total
Sim	44 %	51 %	47 %
Não	56	49	53
Total	100	100	100

Tabela para percentuais totais:

GOSTA DE COMPRAR ROUPAS	GÊNERO		
	Masculino	Feminino	Total
Sim	22 %	25 %	47 %
Não	28	25	53
Total	50	50	100

(b) Um percentual mais elevado de pessoas do sexo feminino gosta de comprar roupas.

2.10 Recomendações em redes sociais tiveram impacto muito pequeno sobre o fato de o espectador ser capaz de lembrar corretamente a marca que estava sendo anunciada, depois de assistir ao vídeo. As pessoas que chegaram ao endereço com base em uma recomendação tiveram um percentual de 73,07 % em termos de lembrança correta comparados a 67,96 % que lembraram corretamente tendo chegado ao endereço com base em buscas em portais da Internet.

2.12 73 78 78 78 85 88 91.

2.14 (a) 0, porém menos de 5 milhões; 5 milhões, porém menos de 10 milhões; 10 milhões, porém menos de 15 milhões; 15 milhões, porém menos de 20 milhões; 20 milhões, porém menos de 25 milhões; 25 milhões, porém menos de 30 milhões. **(b)** 5 milhões. **(c)** 2,5 milhões, 7,5 milhões, 12,5 milhões, 17,5 milhões, 22,5 milhões e 27,5 milhões.

2.16 (a)

Custos de Energia Elétrica	Frequência	Porcentagem
$80 até $99	4	8 %
$100 até $119	7	14
$120 até $139	9	18
$140 até $159	13	26
$160 até $179	9	18
$180 até $199	5	10
$200 até $219	3	6

(b)

Custos de Energia Elétrica	Frequência	Porcentagem	% Acumulada
$ 99	4	8,00%	8,00 %
$119	7	14,00	22,00
$139	9	18,00	40,00
$159	13	26,00	66,00
$179	9	18,00	84,00
$199	5	10,00	94,00
$219	3	6,00	100,00

(c) A maioria das tarifas de serviços públicos cobradas estão concentradas entre \$120 e \$180.

2.18 (a)

Amplitude	Frequência	Porcentagem
8,310–8,329	3	6,12 %
8,330–8,349	2	4,08
8,350–8,369	1	2,04
8,370–8,389	4	8,16
8,390–8,409	5	10,20
8,410–8,429	16	32,65
8,430–8,449	5	10,20
8,450–8,469	5	10,20
8,470–8,489	6	12,24
8,490–8,509	2	4,08

(b)

Amplitude	Porcentagem Menor Que
8,310	0
8,330	6,12
8,350	10,20
8,370	12,24
8,390	20,40
8,410	30,60
8,430	63,25
8,450	73,45
8,470	83,65
8,490	95,89
8,51	100,00

(c) Todos os baixos-relevos atenderão às especificações da empresa, ou seja, entre 8,31 e 8,61 polegadas de largura.

2.20 (a)

Vida Útil de Lâmpadas (horas)	Porcentagem, Fabricante A	Porcentagem, Fabricante B
650–749	7,5 %	0,0 %
750–849	12,5	5,0
850–949	50,0	20,0
950–1.049	22,5	40,0
1.050–1.149	7,5	22,5
1.150–1.249	0,0	12,5

(b)

% para Menor Que	Porcentagem para Menor Que, Fabricante A	Porcentagem para Menor Que, Fabricante B
750	7,5 %	0,0 %
850	20,0	5,0
950	70,0	25,0
1.050	92,5	65,0
1.150	100,0	87,5
1.250	100,0	100,0

(c) O Fabricante B produz as lâmpadas com uma vida útil mais longa do que o Fabricante A. A percentagem acumulada relativa ao Fabricante B mostra que 65 % de suas lâmpadas duraram menos de 1.050 horas, em comparação com 92,5 % das lâmpadas do Fabricante A. Nenhuma das lâmpadas do Fabricante A durou pelo menos 1.150 horas, mas 12,5 % das lâmpadas do Fabricante B duraram pelo menos 1.150 horas. Ao mesmo tempo, 7,5 % das lâmpadas do Fabricante A duraram menos de 750 horas, enquanto nenhuma das lâmpadas do Fabricante B duraram menos de 750 horas.

2.22 (b) O diagrama de Pareto é melhor para retratar esses dados porque não somente classifica as frequências em ordem decrescente, mas proporciona também a linha acumulada no mesmo gráfico. **(c)** Você pode concluir que amigos/família são responsáveis pelo maior percentual,

45 %. Quando outros, noticiários nos meios de comunicação e avaliações de usuários na Internet são acrescentados a amigos/família, isso responde por 83 %.

2.24 (b) 86 %. **(d)** O diagrama de Pareto permite que você verifique quais fontes são responsáveis pela maior parcela da energia elétrica.

2.26 (b) Uma vez que o consumo de energia elétrica está disperso entre muitos tipos de eletrodomésticos, um gráfico de barras pode ser melhor para demonstrar quais tipos de eletrodomésticos consumiram mais energia elétrica. **(c)** Ar-condicionado, iluminação e máquinas de lavar/outros foram responsáveis por 58 % do consumo de energia elétrica nos Estados Unidos.

2.28 (b) Um percentual mais alto de mulheres gosta de comprar roupas.

2.30 (b) Recomendações em redes sociais tiveram um impacto muito pequeno sobre o fato de as pessoas se lembrarem corretamente da marca.

2.32 50 74 74 76 81 89 92.

2.34 (a)

Ramo	Unidade 10	Ramo	Unidade 10
12	168	23	
13	0	24	1 2
14	0	25	9
15	9	26	
16	0 0 0 1 2 9	27	
17	1 4 8	28	
18	4	29	
19	6	30	6
20	7 8	31	
21	2 3	32	
22	1 3 6	33	8 9

(b) Os resultados estão concentrados entre \$160 e \$178.

2.36 (c) A maioria das tarifas com serviços de energia elétrica está agrupada entre \$120 e \$180.

2.38 Os impostos cobrados sobre propriedades aparentam estar concentradas entre \$1.000 e \$1.400, e também entre \$600 e \$800 *per capita*. Verificou-se maior quantidade de estados com impostos sobre propriedades, *per capita*, abaixo de \$1.500 do que acima de \$1.500.

2.40 (c) Todos os baixos-relevos atenderão às especificações da empresa, ou seja, entre 8,31 e 8,61 polegadas de largura.

2.42 (c) O Fabricante B produz as lâmpadas com vida útil mais longa do que o Fabricante A.

2.44 (b) Sim, existe uma forte relação positiva entre X e Y. À medida que X passa a crescer, o mesmo acontece com Y.

2.46 (c) Parece existir uma relação linear entre a receita de bilheteria correspondente ao primeiro final de semana e tanto a receita bruta de bilheteria nos EUA quanto a receita em termos mundiais para os filmes da série Harry Potter. No entanto, essa relação é fortemente afetada pelos resultados do último filme, *Relíquias da Morte, Parte II*.

2.48 (a), **(c)** Parece existir uma relação positiva entre o salário do treinador e as receitas. Sim, isso é evidenciado por meio dos dados.

2.50 (b) Existe uma grande parcela de variação nos retornos, de década para década. A maior parte dos retornos estão entre 5 % e 15 %. As décadas de 1950, 1980 e 1990 tiveram retornos excepcionalmente altos, e somente as décadas de 1930 e 2000 tiveram retornos negativos.

2.52 (b) Houve um ligeiro declínio na frequência do público ao cinema entre 2001 e 2011. Durante esse período, a frequência do público ao cinema cresceu de 2002 a 2004, mas posteriormente decresceu para um patamar inferior àquele referente a 2001.

2.58 (a) A linha que mostra a taxa de desemprego. **(b)** A cor abaixo da linha é desnecessária.

2.64 (a) Tabela de contingência correspondente ao detalhamento em termos de contagens:

Contagem para %Retorno3Anos	Cotação em Número de Estrelas					
Tipo	Cinco	Quatro	Uma	Três	Duas	Total Geral
Crescimento	118	30	6	48	21	223
Alta Capitalização	51	14	3	25	10	103
Média Capitalização	37	9		13	7	66
Baixa Capitalização	30	7	3	10	4	54
Valorização	50	16	2	17	10	95
Alta Capitalização	31	31	1	8	5	55
Média Capitalização	10	4		3	2	19
Baixa Capitalização	9	2	1	6	3	21
Total Geral	167	46	8	65	31	318

Tabela de contingência para o detalhamento, em termos dos percentuais do total geral:

Contagem para %Retorno3Anos	Cotação em Número de Estrelas					
Tipo	Cinco	Quatro	Uma	Três	Duas	Total Geral
Crescimento	37,11 %	9,43 %	1,89 %	15,09 %	6,60 %	70,13 %
Alta Capitalização	16,04 %	4,40 %	0,94 %	7,86 %	3,14 %	32,39 %
Média Capitalização	11,64 %	2,83 %	0,00 %	4,09 %	2,20 %	20,75 %
Baixa Capitalização	9,43 %	2,20 %	0,94 %	3,14 %	1,26 %	16,98 %
Valorização	15,72 %	5,03 %	0,63 %	5,35 %	3,14 %	29,87 %
Alta Capitalização	9,75 %	3,14 %	0,31 %	2,52 %	1,57 %	17,30 %
Média Capitalização	3,14 %	1,26 %	0,00 %	0,94 %	0,63 %	5,97 %
Baixa Capitalização	2,83 %	0,63 %	0,31 %	1,89 %	0,94 %	6,60 %
Total Geral	52,83 %	14,47 %	2,52 %	20,44 %	9,75 %	100,00 %

(b) Padrões de classificações em termos de número de estrelas condicionado à capitalização de mercado. No que se refere aos fundos baseados no crescimento, considerados como um grupo, é concedida à maioria deles uma classificação de cinco estrelas, seguida por classificações de três estrelas, quatro estrelas, duas estrelas e uma estrela. O padrão de classificações, em termos do número de estrelas, é o mesmo entre as diferentes capitalizações de mercado dentro dos fundos baseados no crescimento, com a maior parte dos fundos recebendo uma classificação correspondente a cinco estrelas, seguida por três estrelas, quatro estrelas, duas estrelas e uma estrela.

O padrão para fundos baseados na valorização, como um grupo, é o mesmo que para os fundos baseados no crescimento, como um grupo. No entanto, o padrão entre as diferentes capitalizações de mercado é ligeiramente diferente, com a maior parte dos fundos com alta capitalização e média capitalização que receberam uma avaliação de cinco estrelas, seguida por quatro estrelas, três estrelas, duas estrelas e uma estrela, enquanto a maior parte dos fundos de baixa capitalização recebeu avaliações de cinco estrelas, seguidas por três estrelas, duas estrelas, quatro estrelas e uma estrela.

Padrões para capitalização de mercado condicionada à avaliação com base em estrelas: A maior parte dos fundos baseados no crescimento é de alta capitalização, seguidos por média capitalização e baixa capitalização. O padrão é semelhante entre os fundos baseados no crescimento com cinco estrelas, quatro estrelas, três estrelas e duas estrelas, mas entre os fundos de crescimento com uma estrela, metade é de alta capitalização e metade é de baixa capitalização, com nenhum de média capitalização.

A maior parcela dos fundos baseados na valorização é de alta capitalização, seguidos por baixa capitalização e média capitalização. O padrão é semelhante entre os fundos baseados na valorização com três estrelas e duas estrelas. Entre os fundos de crescimento com cinco estrelas, a maior parte é de alta capitalização, seguida por média capitalização e depois baixa capitalização, embora metade dos fundos baseados na valorização com uma estrela seja de alta capitalização e metade de baixa capitalização, com nenhum de média capitalização.

(c) Tabelas de contingência para a média do retorno para três anos para cada tipo, capitalização de mercado e classificação:

Média para %Retorno3Anos	Cotação em Número de Estrelas					
Tipo	Cinco	Quatro	Uma	Três	Duas	Total Geral
Crescimento	22,6507	24,3170	19,4017	22,5215	19,2314	22,4376
Alta Capitalização	21,0080	22,4357	15,4300	21,3636	20,1550	21,0431
Média Capitalização	23,1086	25,0600		22,5731	17,8143	22,7077
Baixa Capitalização	24,8783	27,1243	23,3733	25,3490	19,4025	24,7674
Valorização	19,8206	19,8369	23,5700	22,3324	20,5120	20,4245
Alta Capitalização	17,1623	16,1870	14,9300	18,9538	15,7680	17,0782
Média Capitalização	23,3370	23,7175		27,2100	22,2650	23,9158
Baixa Capitalização	25,0700	30,3250	32,2100	24,3983	27,2500	26,0300
Total Geral	21,8084	22,7587	20,4438	22,4720	19,6445	21,8362

(d) Existem 25 fundos baseados no crescimento com alta capitalização e com uma avaliação de três estrelas, e as estatísticas resumidas de seus respectivos retornos para três anos são apresentadas a seguir:

%Retorno3Anos	
Média Aritmética	21,3636
Erro-Padrão	1,9013
Mediana	19,23
Moda	#N/D
Desvio-Padrão	9,5065
Variância da Amostra	90,3734
Curtose	16,2970
Assimetria	3,7558
Amplitude	50,9700
Mínimo	11,9400
Máximo	62,9100
Soma	534,0900
Contagem	25

A média do retorno para três anos é 21,3636 %, com um desvio-padrão de 9,5065 %. A mediana é mais baixa do que a média aritmética de 19,23 %. O retorno mais baixo é 11,94 %, enquanto o mais alto é 62,91 %, o que resulta em uma amplitude de 50,97 %.

2.66 (a) Tabela de contingência correspondente ao detalhamento em termos de contagens:

Contagem para %Retorno3Anos	Cotação em Número de Estrelas					
Tipo	Cinco	Quatro	Uma	Três	Duas	Total Geral
Crescimento	118	30	6	48	21	223
Média Capitalização	60	15	3	24	11	113
Alta Capitalização	27	3	3	11	4	18
Baixa Capitalização	31	12		13	6	62
Valorização	50	16	2	17	10	95
Média Capitalização	19	2	1	6	4	32
Alta Capitalização	11	2	1	8	4	26
Baixa Capitalização	20	12		3	2	37
Total Geral	168	16	8	65	31	318

Tabela de contingência correspondente ao detalhamento, em termos dos percentuais do total geral:

Contagem para %Retorno3Anos	Cotação em Número de Estrelas					
Tipo	Cinco	Quatro	Uma	Três	Duas	Total Geral
Crescimento	37,11 %	9,43 %	1,89 %	15,09 %	6,60 %	70,13 %
Média Capitalização	18,87 %	4,72 %	0,94 %	7,55 %	3,46 %	35,53 %
Alta Capitalização	8,49 %	0,94 %	0,94 %	3,46 %	1,26 %	15,09 %
Baixa Capitalização	9,75 %	3,77 %	0,00 %	4,09 %	1,89 %	19,50 %
Valorização	15,72 %	5,03 %	0,63 %	5,35 %	3,14 %	29,87 %
Média Capitalização	5,97 %	0,63 %	0,31 %	1,89 %	1,26 %	10,06 %
Alta Capitalização	3,46 %	0,63 %	0,31 %	2,52 %	1,26 %	8,18 %
Baixa Capitalização	6,29 %	3,77 %	0,00 %	0,94 %	0,63 %	11,64 %
Total Geral	52,83 %	14,47 %	2,52 %	20,44 %	9,75 %	100,00 %

(b) Padrões de classificações em termos de número de estrelas condicionado ao risco: No que se refere aos fundos baseados no crescimento, como um grupo, é concedida à maioria deles uma classificação de cinco estrelas, seguida por classificações de três estrelas, quatro estrelas, duas estrelas e uma estrela. O padrão de classificações em termos de número de estrelas é o mesmo entre os fundos baseados no crescimento com médio risco e baixo risco. O padrão é diferente entre os fundos baseados no crescimento com alto risco, com a maioria deles recebendo classificações de cinco estrelas, seguidas por três estrelas, duas estrelas e, por fim, iguais parcelas de classificações de quatro e uma estrelas.

O padrão para os fundos baseados na valorização, considerados como um grupo, é o mesmo que para os fundos baseados no crescimento, como um grupo. No entanto, o padrão entre as diferentes capitalizações de mercado é diferente, com a maior parte dos fundos com médio risco e alto risco recebendo uma avaliação correspondente a cinco estrelas, seguida por três estrelas, duas estrelas, quatro estrelas e uma estrela, e a maior parte dos fundos com baixo risco recebendo avaliações de cinco estrelas, seguidas por quatro estrelas, três estrelas, duas estrelas e uma estrela.

Padrões para risco condicionado à avaliação com base no número de estrelas: A maior parte dos fundos baseados no crescimento é classificada como de médio risco, seguida por baixo risco e, posteriormente, por alto risco. O padrão é semelhante entre os fundos baseados no crescimento com cinco estrelas, quatro estrelas, três estrelas e duas estrelas, mas, entre os fundos de crescimento com uma estrela, metade é de médio risco e metade é de alto risco, com nenhum de baixo risco.

A maior parcela dos fundos baseados na valorização é classificada como de baixo risco, seguidos por médio risco e, depois, alto risco. O padrão é semelhante entre os fundos baseados na valorização com cinco estrelas. Entre os fundos de crescimento com quatro estrelas, a maior parte é de baixo risco, seguida por iguais parcelas de médio risco e alto risco. Entre os fundos de crescimento com três estrelas, a maior parte é de alto risco, seguida por iguais parcelas de médio risco e baixo risco. Entre os fundos de crescimento com duas estrelas, os fundos com baixo risco compõem a menor parcela, enquanto os fundos com médio risco e alto risco dividem a parcela remanescente; metade dos fundos baseados na valorização com uma estrela é de médio risco, e metade é de alto risco, com nenhum de baixo risco.

(c) Tabelas de contingência para a média do retorno para três anos para cada tipo, risco e classificação:

Média para %Retorno3Anos Tipo	Cotação em Número de Estrelas Cinco	Quatro	Uma	Três	Duas	Total Geral
Crescimento	22,6507	24,3170	19,4017	22,5215	19,2314	22,4376
Média Capitalização	23,4607	26,4473	15,4300	21,3446	18,8055	22,7413
Alta Capitalização	25,3019	26,2200	23,3733	31,4318	26,6150	26,7529
Baixa Capitalização	18,7739	21,1783		17,1546	15,0900	18,5432
Valorização	19,8206	19,8369	23,5700	22,3324	20,5120	20,4245
Média Capitalização	19,0800	19,0000	14,9300	20,7650	15,9650	18,8719
Alta Capitalização	25,7718	33,5100	32,2100	25,8000	26,4000	26,7200
Baixa Capitalização	17,2510	17,6975		16,2200	17,8300	17,3435
Total Geral	21,8084	22,7587	20,4438	22,4720	19,6445	21,8362

(d) Existem 11 fundos baseados no crescimento com alto risco e com uma avaliação de três estrelas, e as estatísticas resumidas de seus respectivos retornos para três anos são apresentadas a seguir:

	%Retorno3Anos
Média Aritmética	31,4318
Erro-Padrão	3,4091
Mediana	27,3300
Moda	#N/D
Desvio-Padrão	11,3068
Variância da Amostra	127,8431
Curtose	7,0378
Assimetria	2,4724
Amplitude	41,6800
Mínimo	21,2300
Máximo	62,9100
Soma	345,7500
Contagem	11

A média do retorno para três anos é 31,4318 %, com um desvio-padrão de 11,3068 %. A mediana é mais baixa do que a média aritmética de 27,33 %. O retorno mais baixo é 21,23 %, enquanto o mais alto é 62,91 %, o que resulta em uma amplitude de 41,68 %.

2.68

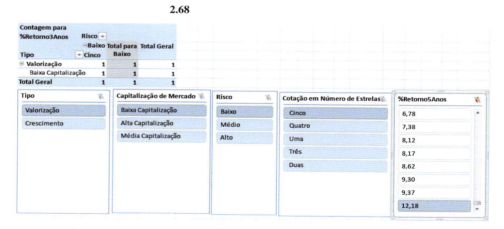

O fundo com o retorno mais alto para o período de cinco anos é um fundo baseado na valorização, com baixa capitalização, baixo risco e com uma classificação de cinco estrelas.

2.70

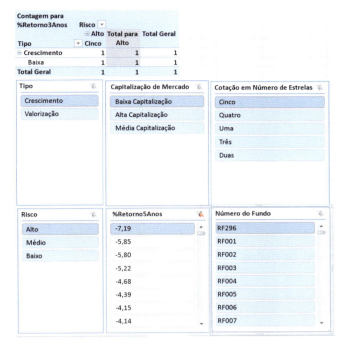

O número do fundo RF296 na amostra apresenta o retorno mais baixo para o período de cinco anos.

2.72

O fundo que apresenta o retorno mais baixo para o período de cinco anos é um fundo baseado no crescimento, com baixa capitalização, alto risco e classificado com cinco estrelas.

2.84 (c) O editor obtém a maior parcela (64,8 %) da receita. Cerca da metade (32,3 %) da receita recebida pelo editor cobre os custos de produção. O marketing e as promoções do editor são responsáveis pela segunda maior parcela da receita, de 15,4 %. Autor, salários e benefícios dos empregados da livraria, bem como custos administrativos do editor e impostos, são responsáveis, cada um deles, por cerca de 10 % da receita, enquanto o lucro do editor depois de deduzidos os impostos, as operações da livraria, o lucro da livraria anterior à dedução de tributos e o frete constituem as "poucas e triviais" alocações da receita. Sim, a livraria fica com o dobro da receita dos autores.

2.86 (b) O gráfico de pizza pode ser o melhor, uma vez que, com somente três categorias, ele possibilita que você verifique a parcela do todo em cada uma das categorias. **(d)** O gráfico de pizza pode ser o melhor, uma vez que, com somente quatro categorias, ele possibilita que você verifique a parcela do todo em cada uma das categorias. **(e)** O conteúdo virtual (*on-line*) não passa por edição de texto e verificação dos fatos tão criteriosos quanto o conteúdo impresso. Somente 41 % do conteúdo virtual passa por edição de texto tão criteriosa quanto o conteúdo impresso, e somente 57 % do conteúdo virtual passa por verificação de fatos tão criteriosa quanto o conteúdo impresso.

2.88 (a)

SOBREMESA PEDIDA	GÊNERO Masculino	Feminino	Total
Sim	71 %	29 %	100 %
Não	48	52	100
Total	53	47	100

SOBREMESA PEDIDA	GÊNERO Masculino	Feminino	Total
Sim	30 %	14 %	23 %
Não	70	86	77
Total	100	100	100

SOBREMESA PEDIDA	GÊNERO		
	Masculino	Feminino	Total
Sim	16 %	7 %	23 %
Não	37	40	77
Total	53	47	100

SOBREMESA PEDIDA	PRATO PRINCIPAL DE CARNE		
	Sim	Não	Total
Sim	52 %	48 %	100 %
Não	25	75	100
Total	31	69	100

SOBREMESA PEDIDA	PRATO PRINCIPAL DE CARNE		
	Sim	Não	Total
Sim	38 %	16 %	23 %
Não	62	84	77
Total	100	100	100

SOBREMESA PEDIDA	PRATO PRINCIPAL DE CARNE		
	Sim	Não	Total
Sim	12 %	11 %	23 %
Não	19	58	77
Total	31	69	100

(b) Caso o proprietário esteja interessado em encontrar a porcentagem de homens e mulheres que pedem sobremesa ou a porcentagem daqueles que pedem um prato principal à base de carne e uma sobremesa, entre todos os fregueses, a tabela de porcentagens totais é mais informativa. Caso o proprietário esteja interessado no efeito do gênero do indivíduo sobre o ato de pedir sobremesa ou no efeito de pedir um prato principal de carne sobre o ato de pedir uma sobremesa, a tabela de porcentagens de colunas será mais informativa. Uma vez que a sobremesa é geralmente encomendada depois do prato principal, e o proprietário não tem qualquer tipo de controle direto sobre o gênero dos fregueses, a tabela de porcentagens de linhas não é muito útil nesse caso. **(c)** 30 % dos homens pediram sobremesa, comparados a 14 % das mulheres; os homens estão mais de duas vezes mais propensos a pedir sobremesas do que as mulheres. Quase 38 % dos fregueses que pediram carne como prato principal pediram uma sobremesa, comparados a 16 % dos fregueses que pediram todos os outros tipos de pratos principais. Fregueses que pediram carne como prato principal apresentam uma propensão 2,3 vezes maior de vir a pedir uma sobremesa do que os fregueses que pediram qualquer outro tipo de prato principal.

2.90 (a) O pneu 23575R15 é o responsável por mais de 80 % das reclamações em termos de garantia. **(b)** 91,82 % das reclamações em termos de garantia correspondem ao modelo ATX. **(c)** O descolamento da banda de rodagem é responsável por 73,23 % das reclamações em termos de garantia entre os modelos ATX. **(d)** O número de reclamações é distribuído uniformemente entre os três incidentes; os incidentes do tipo outro/desconhecido são responsáveis por quase 40 % das reclamações; descolamento da banda de rodagem é responsável por aproximadamente 35 % das reclamações; enquanto explosão é responsável por aproximadamente 25 % das reclamações.

2.92 (c) A percentagem de álcool está concentrada entre 4 % e 6 %, com maior incidência entre 4 % e 5 %. As calorias estão concentradas entre 140 e 160. Os carboidratos estão concentrados entre 12 e 15. Existem valores extremos na percentagem de álcool, em ambas as caudas. O valor extremo na cauda inferior é decorrente da cerveja com baixo teor alcoólico, a O'Doul, com somente 0,4 % de conteúdo alcoólico. Existem poucas cervejas com teor alcoólico que chegue ao patamar de cerca de 11 %. Existem poucas cervejas com conteúdo calórico que chegue ao patamar de 302,5 e de carboidratos que chegue a 31,5. Existe uma forte relação positiva entre o teor alcoólico e calorias e entre calorias e carboidratos, e existe uma relação moderadamente positiva entre álcool e carboidratos.

2.94 (c) Parece existir uma relação positiva entre o rendimento do CD para um ano e o CD para cinco anos.

2.96 (a)

Frequência (Boston)		
Peso (Boston)	Frequência	Porcentagem
3.015 porém menos do que 3.050	2	0,54 %
3.050 porém menos do que 3.085	44	11,96
3.085 porém menos do que 3.120	122	33,15
3.120 porém menos do que 3.155	131	35,60
3.155 porém menos do que 3.190	58	15,76
3.190 porém menos do que 3.225	7	1,90
3.225 porém menos do que 3.260	3	0,82
3.260 porém menos do que 3.295	1	0,27

(b)

Frequências (Vermont)		
Peso (Vermont)	Frequência	Porcentagem
3.550 porém menos que 3.600	4	1,21 %
3.600 porém menos que 3.650	31	9,39
3.650 porém menos que 3.700	115	34,85
3.700 porém menos que 3.750	131	39,70
3.750 porém menos que 3.800	36	10,91
3.800 porém menos que 3.850	12	3,64
3.850 porém menos que 3.900	1	0,30

(d) 0,54 % dos paletes das placas Boston estão abaixo do peso, enquanto 0,27 % estão acima do peso. 1,21 % dos paletes das placas Vermont estão abaixo do peso, enquanto 3,94 % estão acima do peso.

2.98 (c)

Calorias	Frequência	Porcentagem	Limite	Porcentagem para Menos Que
50 porém menos que 100	3	12 %	100	12 %
100 porém menos que 150	3	12	150	24
150 porém menos que 200	9	36	200	60
200 porém menos que 250	6	24	250	84
250 porém menos que 300	3	12	300	96
300 porém menos que 350	0	0	350	96
350 porém menos que 400	1	4	400	100

Colesterol	Frequência	Porcentagem	Limite	Porcentagem para Menos Que
0 porém menos que 50	2	8 %	50	8 %
50 porém menos que 100	17	68	100	76
100 porém menos que 150	4	16	150	92
150 porém menos que 200	1	4	200	96
200 porém menos que 250	0	0	250	96
250 porém menos que 300	0	0	300	96
300 porém menos que 350	0	0	350	96
350 porém menos que 400	0	0	400	96
400 porém menos que 450	0	0	450	96
450 porém menos que 500	1	4	500	100

A carne vermelha fresca, as aves e os peixes selecionados para amostra variam desde 98 até 397 calorias por porção, com a maior concentração entre 150 e 200 calorias. Uma fonte de proteína, costeletas de porco, com 397 calorias, está mais de 100 calorias acima do alimento com o segundo maior número de calorias. O teor de proteína nos alimentos selecionados para amostra varia desde 16 até 33 gramas, com 68 % dos valores de dados se posicionando entre 24 e 32 gramas. Costeletas de porco e fígado bovino frito são, ambos, muito diferentes de outros alimentos selecionados — o primeiro em termos da quantidade de calorias e o segundo em termos de quantidade de colesterol.

2.100 (b) Existe uma tendência descendente em termos da quantidade abastecida. **(c)** A quantidade abastecida na garrafa seguinte apresentará uma grande propensão de se posicionar abaixo de 1,894 litro. **(d)** O gráfico de dispersão para a quantidade de refrigerante abastecida em relação ao tempo revela a tendência dos dados, enquanto um histograma proporciona, tão somente, informações relacionadas à distribuição dos dados.

Soluções para Testes de Autoavaliação e Respostas para Problemas Selecionados com Numeração Par **727**

CAPÍTULO 3

3.2 (a) Média aritmética = 7; mediana = 7; moda = 7. **(b)** Amplitude = 9; $S^2 = 10,8$; $S = 3,286$; $CV = 46,948\,\%$. **(c)** Escores Z: 0; $-0,913$; $0,609$; 0; $-1,217$; 1,522. Nenhum dos escores Z é maior do que 3,0 ou menor do que $-3,0$. Não existe nenhum valor extremo. **(d)** Simétrica, uma vez que média aritmética = mediana.

3.4 (a) Média aritmética = 2; mediana = 7; moda = 7. **(b)** Amplitude = 17; $S^2 = 62$; $S = 7,874$; $CV = 393,7\,\%$; **(c)** 0,635, $-0,889$, $-1,270$, 0,635, 0,889. Não existem valores extremos. **(d)** Assimétrica à esquerda, tendo em vista que média aritmética < mediana.

3.6 $-0,085$.

3.8 (a)

	Tipo X	Tipo Y
Média aritmética	575	575,4
Mediana	575	575
Desvio-padrão	6,40	2,07

(b) Se a qualidade é medida em termos da tendência central, os pneus do Tipo X proporcionam um nível de qualidade ligeiramente mais alto, uma vez que a média aritmética e a mediana de X são, ambas, iguais ao valor esperado, 575 mm. Se, no entanto, a qualidade for medida em termos da constância de valores, os pneus do Tipo Y proporcionam um nível de qualidade ligeiramente mais alto, uma vez que, embora a média aritmética de Y seja apenas um pouco maior do que a média aritmética para o Tipo X, o desvio-padrão de Y é bem menor. A amplitude nos valores para o Tipo Y é igual a 5 mm, comparada com a amplitude dos valores para o Tipo X, que é igual a 16 mm.

(c)

	Tipo X	Tipo Y Alterado
Média aritmética	575	577,4
Mediana	575	575
Desvio-padrão	6,40	6,11

Quando o quinto pneu do tipo Y mede 588 mm, em vez de 578 mm, a média aritmética do diâmetro interno de Y passa a ser 577,4, que é maior do que a média aritmética para o diâmetro interno de X, e o desvio-padrão de Y cresce de 2,07 mm para 6,11 mm. Nesse caso, os pneus do tipo X estão proporcionando um padrão de qualidade mais alto em termos da média aritmética para o diâmetro interno, com uma variação apenas um pouco maior entre os pneus, em comparação com os pneus do tipo Y.

3.10 (a), (b)

Custo ($)	
Média Aritmética	7,0933
Erro-Padrão	0,3630
Mediana	6,8
Moda	6,5
Desvio-Padrão	1,4060
Variância da Amostra	1,9769
Curtose	-0.5778
Assimetria	0,4403
Amplitude	4,71
Mínimo	4,89
Máximo	9,6
Soma	106,4
Contagem	15
Primeiro Quartil	5,9
Terceiro Quartil	8,3
CV	19,82 %

(c) A média aritmética é apenas ligeiramente maior do que a mediana, de modo que os dados são apenas ligeiramente assimétricos à direita.

(d) A média aritmética do montante gasto é de $7,09, e a mediana corresponde a $6,00. A dispersão média do montante gasto em torno da média aritmética é $1,41. A diferença entre o maior montante gasto e o menor montante gasto é $4,71.

3.12 (a), (b)

MPG	
Média Aritmética	21,6111
Erro-Padrão	0,5122
Mediana	22
Moda	22
Desvio-Padrão	2,1731
Variância da Amostra	4,7222
Curtose	2,0493
Assimetria	$-0,7112$
Amplitude	10
Mínimo	16
Máximo	26
Soma	389
Contagem	18
Primeiro Quartil	21
Terceiro Quartil	23
CV	10,06 %

MPG	Escore Z	MPG	Escore Z
20	$-0,7414$	22	0,1790
22	0,1790	22	0,1790
23	0,6391	26	2,0197
22	0,1790	23	0,6391
23	0,6391	24	1,0993
22	0,1790	19	$-1,2016$
22	0,1790	21	$-0,2812$
21	$-0,2812$	22	0,1790
19	$-1,2016$	16	$-2,5821$

(c) Uma vez que a média aritmética é aproximadamente igual à mediana, os dados são distribuídos de modo simétrico. **(d)** A distribuição de MPG para os sedans é ligeiramente assimétrica à direita, enquanto a distribuição de MPG para os SUV (VUE) é simétrica. A média aritmética para MPG para sedans é 4,14 mais alta do que para os SUV. A dispersão média para MPG correspondente aos sedans é quase 3 vezes maior do que para os SUV. A amplitude para os sedans é quase 2 vezes maior do que para os SUV.

3.14 (a), (b)

Penetração de Mercado do Facebook	
Média Aritmética	34,8253
Erro-Padrão	3,3206
Mediana	37,52
Moda	#N/D
Desvio-Padrão	12,8607
Variância da Amostra	165,3968
Curtose	0,9334
Assimetria	$-0,8211$
Amplitude	47,99
Mínimo	4,25
Máximo	52,24
Soma	522,38
Contagem	15
Primeiro Quartil	28,29
Terceiro Quartil	46,04
CV	36,93 %

País	Penetração de Mercado do Facebook	Escore Z
Estados Unidos	50,19	1,1947
Brasil	25,45	−0,7290
Índia	4,25	−2,3774
Indonésia	18,04	−1,3052
México	31,66	−0,2461
Reino Unido	49,14	1,1131
Turquia	39,99	0,4016
Filipinas	28,29	−0,5082
França	37,52	0,2095
Alemanha	28,87	−0,4631
Itália	37,73	0,2259
Argentina	46,04	0,8720
Canadá	52,24	1,3541
Colômbia	38,06	0,2515
Espanha	34,19	0,0066

Nenhum dos escores Z está mais de 3 desvios-padrão distante da média aritmética, de modo que não existe nenhum valor extremo. **(c)** A média aritmética é apenas ligeiramente menor do que a mediana, de modo que os dados são apenas ligeiramente assimétricos à esquerda. **(d)** A média aritmética do valor correspondente à penetração de mercado é 34,8253 e a mediana é 37,52. A dispersão média em torno da média aritmética é 12,8607. A diferença entre o valor mais alto e o valor mais baixo é 47,99.

3.16 (a), (b).

Custo (Dólares Norte-Americanos)

Média Aritmética	155,5
Erro-Padrão	3,3112
Mediana	153,5
Moda	#N/D
Desvio-Padrão	9,3656
Variância da Amostra	87,7143
Curtose	−1,0019
Assimetria	0,6650
Amplitude	25
Mínimo	146
Máximo	171
Soma	1244
Contagem	8
Primeiro Quartil	147
Terceiro Quartil	166

(c) A média aritmética do preço é $155,5 e a mediana é $153,5. A dispersão média em torno da média aritmética é $9,37. A diferença entre o valor mais alto e o valor mais baixo é $25.

(d) (a), (b)

Custo (Dólares Norte-Americanos)

Média Aritmética	159,125
Erro-Padrão	6,3371
Mediana	153,5
Moda	#N/D
Desvio-Padrão	17,9240
Variância da Amostra	321,2679
Curtose	4,6246
Assimetria	2,0650
Amplitude	54
Mínimo	146
Máximo	200
Soma	1273
Contagem	8
Primeiro Quartil	147
Terceiro Quartil	166

(c) A média aritmética do preço é $159,13 e a mediana é $153,5. A dispersão média em torno da média aritmética é $17,92. A diferença entre o valor mais alto e o valor mais baixo é $54. A média aritmética, o desvio-padrão e a amplitude são sensíveis a valores extremos. O preço mais alto em $200 faz com que cresça o valor correspondente à média aritmética, o desvio-padrão e a amplitude, mas não exerce nenhum impacto sobre a mediana.

3.18 (a) Média aritmética = 7,11; mediana = 6,68. **(b)** Variância = 4,336; desvio-padrão = 2,082; amplitude 6,67; CV = 29,27 %. **(c)** Uma vez que a média aritmética é maior do que a mediana, a distribuição é assimétrica à direita. **(d)** A média aritmética e a mediana são, ambas, maiores do que 5 minutos. A distribuição é assimétrica à direita, significando que existem alguns valores extraordinariamente altos. Além disso, 13 entre 15 clientes de bancos selecionados (ou 86,7 %) tiveram tempos de espera superiores a 5 minutos. Por conseguinte, o cliente está propenso a ter que passar por um tempo de espera superior a 5 minutos. O gerente superestimou os registros relativos aos tempos de espera no banco ao responder que o cliente "quase certamente" não esperaria mais de 5 minutos para ser atendido.

3.20 (a) $[(1 + 0,0108) \times (1 + 0,0240)]^{1/2} − 1 = 1,0174 − 1 = 1,74$ % por ano. **(b)** ($1.000) × (1 + 0,0174) × (1 + 0,0174) = $1.035,10. **(c)** O resultado para a Taser foi pior do que o resultado para a GE, que tinha como valor $1.193,56.

3.22 (a) Platina = −3,22 %; ouro = 16,6 %; prata = 16,0 % por ano. **(b)** O ouro apresentou um retorno ligeiramente mais alto do que a prata e um retorno consideravelmente mais alto do que a platina. **(c)** O ouro e a prata apresentaram um retorno bem mais alto do que a DJIA, o S&P 500 e a NASDAQ; porém, o retorno correspondente à platina foi pior do que a DJIA e o S&P 500 mas ligeiramente melhor do que a NASDAQ.

3.24 (a)

Média para %Retorno3Anos	Cotação em Número de Estrelas					
Tipo	Cinco	Quatro	Uma	Três	Duas	Total Geral
Crescimento	22,6507	24,3170	19.4017	22,5215	19,2314	22,4376
Alta Capitalização	21,0080	22,4357	15.4300	21,3636	20,1550	21,0431
Média Capitalização	23,1086	25,0600		22,5731	17,8143	22,7077
Baixa Capitalização	24,8783	27,1243	23.3733	25,3490	19,4025	24,7674
Valorização	19,8206	19,8369	23.5700	22,3324	20,5120	20,4245
Alta Capitalização	17,1623	16,1870	14.9300	18,9538	15,7680	17,0782
Média Capitalização	23,3370	23,7175		27,2100	22,2650	23,9158
Baixa Capitalização	25,0700	30,3250	32.2100	24,3983	27,2500	26,0300
Total Geral	21,8084	22,7587	20.4438	22,4720	19,6445	21,8362

(b)

Desvio-Padrão para %Retorno3Anos	Cotação em Número de Estrelas					
Tipo	Cinco	Quatro	Uma	Três	Duas	Total Geral
Crescimento	5,9833	3,6809		4,6102	7,8469	9,5545	6,6408
Alta Capitalização	7,2865	3,0474	2,0099	9,5065	12,4171	7,9658
Média Capitalização	4,7457	3,4045		5,7344	7,5697	5,3572
Baixa Capitalização	3,8454	3,4101	1,3312	4,9093	4,8856	4,2432
Valorização	5,1254	6,3287	12,2188	5,7936	6,2446	5,6783
Alta Capitalização	3,8638	1,9349	#DIV/0!	4,7559	1,5196	3,5969
Média Capitalização	2,8793	4,4491		6,9632	2,2415	3,9265
Baixa Capitalização	4,6636	9,7086	#DIV/0!	4,3233	6,3962	5,2314
Total Geral	5,8714	5,1707	6,3429	7,3224	8,5398	6,4263

(c) A média aritmética do retorno correspondente a três anos para fundos baseados na valorização com baixa capitalização é mais alta do que a média aritmética para fundos baseados no crescimento com baixa capitalização, entre as diferentes classificações baseadas em números de estrelas, com exceção dos fundos classificados com três estrelas. Por outro lado, a média aritmética do retorno correspondente a três anos para fundos baseados na valorização com média capitalização e alta capitalização é mais baixa do que para os fundos baseados no crescimento, entre as diferentes classificações baseadas em números de estrelas, com exceção

Soluções para Testes de Autoavaliação e Respostas para Problemas Selecionados com Numeração Par 729

dos fundos com média capitalização classificados com três estrelas e quatro estrelas. O desvio-padrão do retorno correspondente a três anos para fundos baseados no crescimento com alta capitalização é mais alta do que para os fundos baseados na valorização, entre todas as classificações baseadas em números de estrelas.

3.26 (a)

Média para %Retorno3Anos Tipo	Cotação em Número de Estrelas Cinco	Quatro	Uma	Três	Duas	Total Geral
− Crescimento	22,6507	24,3170	19,4017	22,5215	19,2314	22,4376
Média Capitalização	23,4607	26,4473	15,4300	21,3446	18,8055	22,7413
Alta Capitalização	25,3019	26,2200	23,3733	31,4318	26,6150	26,7529
Baixa Capitalização	18,7739	21,1783		17,1546	15,0900	18,5432
− Valorização	19,8206	19,8369	23,5700	22,3324	20,5120	20,4245
Média Capitalização	19,0800	19,0000	14,9300	20,7650	15,9650	18,8719
Alta Capitalização	25,7718	33,5100	32,2100	25,8000	26,4000	26,7200
Baixa Capitalização	17,2510	17,6975		16,2200	17,8300	17,3435
Total Geral	21,8084	22,7587	20,4438	22,4720	19,6445	21,8362

(b)

Desvio-Padrão para %Retorno3Anos Tipo	Cotação em Número de Estrelas Cinco	Quatro	Uma	Três	Duas	Total Geral
− Crescimento	5,9833	3,6809	4,6102	7,8469	9,5545	6,6408
Média Capitalização	4,8351	2,9753	2,0099	2,6636	6,1206	4,8769
Alta Capitalização	7,1662	2,5920	1,3312	11,3068	19,1304	9,2959
Baixa Capitalização	5,0955	2,3038		3,7787	2,4605	4,4731
− Valorização	5,1254	6,3287	12,2188	5,7936	6,2446	5,6783
Média Capitalização	4,0668	1,5839	#DIV/0!	3,6059	1,6793	3,7904
Alta Capitalização	4,2796	5,2043	#DIV/0!	5,2196	5,4922	5,0234
Baixa Capitalização	3,7995	3,5798		5,4001	4,0305	3,7109
Total Geral	5,8714	5,1707	6,3429	7,3224	8,5398	6,4263

(c) A média aritmética do retorno correspondente a três anos para fundos baseados no crescimento com médio risco ou baixo risco é geralmente mais alta do que a média aritmética para fundos baseados na valorização. A média aritmética correspondente aos fundos baseados no crescimento com alto risco é mais alta do que para fundos baseados na valorização somente para aqueles com classificações correspondentes a duas estrelas ou três estrelas. O desvio-padrão do retorno correspondente a três anos para fundos baseados no crescimento é geralmente mais alto do que o desvio-padrão para fundos baseados na valorização entre os vários níveis de risco e classificações baseadas no número de estrelas, com exceção para fundos de alto risco com quatro estrelas e fundos de baixo risco com duas estrelas, três estrelas ou quatro estrelas.

3.28 (a) 4, 9, 5. **(b)** 3, 4, 7, 9, 12. **(c)** As distâncias entre a mediana e os extremos estão próximas, 4 e 5, mas as diferenças em termos do tamanho para as caudas são diferentes (1 à esquerda e 3 à direita), de modo que essa distribuição é ligeiramente assimétrica à direita. **(d)** No Problema 3.2 (d), uma vez que média aritmética = mediana, a distribuição é simétrica. A parte do gráfico que corresponde à caixa (boxe) é simétrica, enquanto as caudas ou whiskers (bigodes) demonstram uma assimetria à direita.

3.30 (a) −6,5; 8; 14,5. **(b)** −8; −6,5; 7; 8; 9. **(c)** O formato é assimétrico à esquerda. **(d)** Isso é coerente com a resposta para o Problema 3.4 (d).

3.32 (a), (b).

Resumo de Cinco Números

Mínimo	4,25
Primeiro Quartil	28,29
Mediana	37,52
Terceiro Quartil	46,04
Máximo	52,24
Amplitude Interquartil	17,75

O valor correspondente à penetração de mercado é assimétrico à esquerda.

3.34 (a), (b)

Resumo de Cinco Números

Mínimo	16
Primeiro Quartil	21
Mediana	22
Terceiro Quartil	23
Máximo	26
Amplitude Interquartil	2

(c) A distribuição de MPG é assimétrica à esquerda.

3.36 (a) Resumo de cinco números para área comercial: 0,38 3,2 4,5 5,55 6,46. Resumo de cinco números para área residencial: 3,82 5,64 6,68 8,73 10,49. **(b)** Área comercial: A distribuição é assimétrica à esquerda. Área residencial: A distribuição é ligeiramente assimétrica à direita. **(c)** A tendência central para os tempos de espera correspondentes à agência bancária localizada na área comercial de uma cidade é mais baixa do que a tendência central para a agência bancária localizada na área residencial. Existem alguns poucos tempos de espera longos na agência bancária localizada na área residencial, ao passo que existem alguns poucos tempos de espera excepcionalmente curtos na agência bancária localizada na área comercial.

3.38 (a) Média aritmética da população, $\mu = 6$. **(b)** Desvio-padrão da população, $\sigma = 1,673$. **(c)** Variância da população, $\sigma^2 = 2,8$.

3.40 (a) 68 %. **(b)** 95 %. **(c)** Não calculável; 75 %; 88,89 %. **(d)** $\mu - 4\sigma$ até $\mu + 4\sigma$ ou −2,8 até 19,2.

3.42 (a) Média aritmética $= \dfrac{662.960}{51} = 12.999,22$; variância $= \dfrac{762.944.726,6}{51} = 14.959.700,52$; desvio-padrão $= \sqrt{14.959.700,52} = 3.867,78$. **(b)** 64,71 %, 98,04 % e 100 % desses estados apresentam média aritmética do consumo *per capita* de energia elétrica dentro dos limites de 1, 2 e 3 desvios-padrão em relação à média aritmética, respectivamente. **(c)** Isso é coerente com os 68 %, 95 % e 99,7 %, de acordo com a regra empírica. **(d) (a)** Média aritmética $= \dfrac{642.887}{50} = 12.857,74$; variância $= \dfrac{711.905.533,6}{50} = 14.238.110,67$; desvio-padrão $= \sqrt{14.238.110,67} = 3.773,34$. **(b)** 66 %, 98 % e 100 % desses estados apresentam média aritmética do consumo *per capita* de energia elétrica dentro de 1, 2 e 3 desvios-padrão em relação à média aritmética, respectivamente. **(c)** Isso é coerente com os 68 %, 95 % e 99,7 %, de acordo com a regra empírica.

3.44 Covariância $= 65,2909$; $r = +1,0$.

3.46 (a) $\text{cov}(X, Y) = \dfrac{\sum\limits_{i=1}^{n} (X_i - \overline{X})(Y_i - \overline{Y})}{n-1} = \dfrac{800}{6} = 133,3333$.

(b) $r = \dfrac{\text{cov}(X, Y)}{S_X S_Y} = \dfrac{133,3333}{(46,9042)(3,3877)} = 0,8391$.

(c) O coeficiente de correlação é de mais valor no que concerne a expressar a relação entre calorias e açúcar, uma vez que não depende das unidades utilizadas para medir calorias e açúcar. **(d)** Existe uma relação linear positiva forte entre calorias e açúcar.

3.48 (a) $\text{cov}(X, Y) = 4.473.270,3$. **(b)** $r = 0,7903$. **(c)** Existe uma relação linear positiva entre o salário do treinador e a receita.

3.64 (a) Média aritmética $= 43,89$; mediana $= 45$; 1º quartil $= 18$, 3º quartil $= 63$. **(b)** Amplitude $= 76$; amplitude interquartil $= 45$; variância: 639,2564, desvio-padrão $= 25,28$, $CV = 57,61 \%$. **(c)** A distribuição é assimétrica à direita, uma vez que existem algumas poucas apólices que demandam um período de tempo excepcionalmente longo para que sejam aprovadas. **(d)** A média aritmética do processo de aprovação demanda 43,89 dias, com 50 % das apólices sendo aprovadas em menos de 45 dias; 50 % das propostas são aprovadas entre 18 e 63 dias. Aproximadamente 67 % das propostas são aprovadas entre 18,6 e 69,2 dias.

3.66 (a) Média aritmética $= 8,421$; mediana $= 8,42$; amplitude $= 0,186$; $S = 0,0461$. A média aritmética e a mediana da largura correspondem, ambas, a 8,42 polegadas. A amplitude (distância) entre as larguras é 0,186 polegada, e a média da dispersão em torno da média aritmética é 0,0461 polegada. **(b)** 8,312; 8,404; 8,42; 8,459; 8,498. **(c)** Embora média

730 Soluções para Testes de Autoavaliação e Respostas para Problemas Selecionados com Numeração Par

aritmética = mediana, a cauda esquerda é ligeiramente mais longa, de modo que a distribuição é ligeiramente assimétrica à esquerda. (**d**) Na amostra, todos os baixos-relevos atendem às especificações.

3.68 (a), (b)

	Resultado da Cotação	Custo Típico ($)
Média Aritmética	54,775	24,175
Erro-Padrão	4,3673	2,8662
Mediana	62	20
Moda	75	8
Desvio-Padrão	27,6215	328,6096
Variância da Amostra	762,9481	18,1276
Curtose	−0,8454	2,7664
Assimetria	−0,4804	1,5412
Amplitude	98	83
Mínimo	2	5
Máximo	100	88
Soma	2191	967
Contagem	40	40
Primeiro Quartil	34	9
Terceiro Quartil	75	31
Amplitude Interquartil	41	22
CV	50,43 %	74,98 %

(**c**) O custo típico é assimétrico à direita, embora o resultado correspondente à cotação seja assimétrico à esquerda. (**d**) $r = 0,3465$. (**e**) A média aritmética correspondente ao custo típico é $24,18, com uma dispersão média em torno da média aritmética equivalente a $18,13. A dispersão entre os custos mais baixos e mais altos é $83. Os valores correspondentes aos 50 % centrais para o custo típico se estendem ao longo de uma amplitude de $22, entre $9 e $31, enquanto metade do custo típico está abaixo de $20. A média aritmética correspondente ao resultado da cotação é 54,775, com uma dispersão média em torno da média aritmética equivalente a 27,6215. A dispersão entre o valor mais baixo e o valor mais alto é 98. Os valores correspondentes aos 50 % centrais para o custo típico se estendem ao longo de uma amplitude de 41, entre 34 e 75, enquanto metade dos resultados está abaixo de 62. O custo típico é assimétrico à direita, ao passo que o resultado correspondente à cotação é assimétrico à esquerda. Existe uma relação linear positiva fraca entre custo típico e resultado correspondente à cotação.

3.70 (a) Boston: 0,04; 0,17; 0,23; 0,32; 0,98. Vermont: 0,02; 0,13; 0,20; 0,28; 0,83. (**b**) Ambas as distribuições são assimétricas à direita. (**c**) Ambos os conjuntos de placas tiveram um bom desempenho no que diz respeito a alcançar uma perda de grãos de 0,8 grama ou menos. Apenas duas placas Boston apresentaram uma perda de grãos maior do que 0,8 grama. A próxima perda mais alta em relação a essa foi 0,6 grama. Esses dois valores podem ser considerados valores extremos (*outliers*). Somente 1,176 % das placas não atenderam às especificações. Somente uma das placas Vermont apresentou uma perda de grãos maior do que 0,8 grama. A próxima perda mais alta em relação a essa foi 0,58 grama. Consequentemente, apenas 0,714 % das placas deixaram de atender às especificações.

3.72 (a) A correlação entre calorias e proteína é 0,4644. (**b**) A correlação entre calorias e colesterol é 0,1777. (**c**) A correlação entre proteína e colesterol é 0,1417. (**d**) Existe uma relação linear positiva fraca entre calorias e proteína, com um coeficiente de correlação de 0,46. As relações lineares positivas entre calorias e colesterol e entre proteína e colesterol são muito fracas.

3.74 (a), (b)

Impostos sobre Propriedade *per Capita* ($)	
Média aritmética	1.040,863
Mediana	981
Desvio-padrão	428,5385
Variância da amostra	183.645,2
Amplitude	1.732
Primeiro quartil	713
Terceiro quartil	1.306
Amplitude interquartil	593
Coeficiente de variação	41,17 %

(**c**), (**d**) A distribuição dos impostos *per capita* cobrados sobre propriedades é assimétrica à direita, com um valor de média aritmética de $1.040,83, uma mediana de $981, e $428,54 de dispersão média em torno da média aritmética. Existe um valor extremo (*outlier*) na cauda direita, em $2.099, embora o desvio-padrão esteja em torno de 41,17 % da média aritmética. 25 % dos estados apresentam impostos cobrados sobre propriedades que se posicionam abaixo de $713 *per capita*, e 25 % apresentam impostos cobrados sobre propriedades que estão acima de $1.306 *per capita*.

CAPÍTULO 4

4.2 (a) Eventos simples incluem a seleção de uma bola vermelha. (**b**) Selecionar uma bola branca. (**c**) O espaço amostral consiste em 12 bolas vermelhas e 8 bolas brancas.

4.4 (a) 60/100 = 3/5 = 0,6. (**b**) 10/100 = 1/10 = 0,1. (**c**) 35/100 = 7/20 = 0,35. (**d**) 9/10 = 0,9.

4.6 (a) Mutuamente excludentes, não coletivamente exaustivos. (**b**) Não mutuamente excludentes, não coletivamente exaustivos. (**c**) Mutuamente excludentes, não coletivamente exaustivos. (**d**) Mutuamente excludentes, coletivamente exaustivos.

4.8 (a) "São necessários três cliques, ou mais, para ser retirado de uma lista de correio eletrônico." (**b**) São necessários três cliques, ou mais, para ser retirado de uma lista de correio eletrônico em 2009. (**c**) Não são necessários três cliques, ou mais, para ser retirado de uma lista de correio eletrônico. (**d**) "São necessários três cliques, ou mais, para ser retirado de uma lista de correio eletrônico em 2009" é um evento combinado, uma vez que consiste em duas características.

4.10 (a) Um profissional de marketing que planeja fazer com que cresça o uso do LinkedIn. (**b**) Um profissional de marketing B2B que planeja fazer com que cresça o uso do LinkedIn. (**c**) Um profissional de marketing que não planeja fazer com que cresça o uso do LinkedIn. (**d**) Um profissional de marketing que planeja fazer com que cresça o uso do LinkedIn e que seja um profissional de marketing B2B é um evento combinado, uma vez que consiste em duas características, planeja fazer com que cresça o uso do LinkedIn e é um profissional de marketing B2B.

4.12 (a) 512/660 = 0,7758. (**b**) 281/660 = 0,4258. (**c**) 512/660 + 281/660 − 216/660 = 577/660 = 0,8742. (**d**) A probabilidade de indicar analisar dados como crítica para o desempenho de suas funções *ou* ser um gerente inclui a probabilidade correspondente a indicar analisar dados como crítica para o desempenho de suas funções acrescida da probabilidade correspondente a ser um gerente menos a probabilidade conjunta correspondente a indicar analisar dados como crítica para o desempenho de suas funções *e* ser um gerente.

4.14 (a) 514/1.085. (**b**) 76/1.085. (**c**) 781/1.085. (**d**) 1.085/1.085 = 1,00.

4.16 (a) 10/30 = 1/3 = 0,33. (**b**) 20/60 = 1/3 = 0,33.
(**c**) 40/60 = 2/3 = 0,67. (**d**) Uma vez que $P(A|B) = P(A) = 1/3$, os eventos A e B são independentes.

4.18 $\frac{1}{2} = 0,5$.

4.20 Uma vez que $P(A \text{ e } B) = 0,20$ e $P(A)P(B) = 0,12$, os eventos A e B não são independentes.

4.22 (a) 1.487/1.945 = 0,7599. (**b**) 1.027/1.868 = 0,5498. (**c**) P(Fazer crescer o uso do LinkedIn) = 2.505/3.813 = 0,6570, que não é igual a P(Fazer crescer o uso do LinkedIn | B2B) = 0,7599. Portanto, fazer crescer o uso do LinkedIn e foco nos negócios não são independentes.

4.24 (a) 296/379 = 0,7810. (**b**) 83/379 = 0,2190.
(**c**) 216/281 = 0,7687. (**d**) 65/281 = 0,2313.

4.26 (a) 0,025/0,6 = 0,0417. (**b**) 0,015/0,04 = 0,0375. (**c**) Uma vez que P(Precisa de um conserto relacionado aos termos da garantia | Fabricado em uma montadora sediada nos EUA) = 0,0417 e P(Precisa de um conserto relacionado aos termos da garantia) = 0,04, os dois eventos não são independentes.

4.28 (a) 0,0045. (**b**) 0,012. (**c**) 0,0059. (**d**) 0,0483.

4.30 0,095.

Soluções para Testes de Autoavaliação e Respostas para Problemas Selecionados com Numeração Par **731**

4.32 (a) 0,736. **(b)** 0,997.

4.34 (a) $P(B' \mid O) = \dfrac{(0,5)(0,3)}{(0,5)(0,3) + (0,25)(0,7)} = 0,4615.$
(b) $P(O) = 0,175 + 0,15 = 0,325.$

4.36 (a) P(Grande sucesso | Crítica favorável) = 0,099/0,459 = 0,2157; P(Sucesso moderado | Crítica favorável) = 0,14/0,459 = 0,3050; P(Equilíbrio entre receita e despesa | Crítica favorável) = 0,16/0,459 = 0,3486; P(Insucesso | Crítica favorável) = 0,06/0,459 = 0,1307.
(b) P(Crítica favorável) = 0,459.

4.46 (a)

COMPARTILHA INFORMAÇÕES SOBRE SAÚDE	IDADE		
	18–24	45–64	Total
Sim	400	225	625
Não	100	275	375
Total	500	500	1.000

(b) Evento simples: "Compartilha informações sobre saúde por meio de redes de comunicação social." Evento combinado: "Compartilha informações sobre saúde por meio de redes de comunicação social e está na faixa etária entre 18 e 24 anos de idade." **(c)** P(Compartilha informações sobre saúde por meio de redes de comunicação social) = 675/1.000 = 0,675. **(d)** P(Compartilha informações sobre saúde por meio de redes de comunicação social e está na faixa etária entre 45 e 64 anos de idade) = 225/1.000 = 0,225. **(e)** Não independentes.

4.48 (a) 84/200. **(b)** 126/200. **(c)** 141/200. **(d)** 33/200. **(f)** 16/100.

4.50 (a) 0,4712. **(b)** Uma vez que a probabilidade de que um acidente fatal tenha envolvido uma capotagem, considerando-se que o acidente fatal tenha envolvido um SUV, uma van ou uma picape, corresponde a 0,4712, que é quase duas vezes a probabilidade de que um acidente fatal tenha envolvido uma capotagem com qualquer tipo de veículo, que corresponde a 0,24. SUV, vans e picapes são, de modo geral, mais propensos a acidentes envolvendo capotagens.

CAPÍTULO 5

5.2 (a)
$\mu = 0(0,10) + 1(0,20) + 2(0,45) + 3(0,15) + 4(0,05) + 5(0,05) = 2,0.$
(b) $\sigma = \sqrt{\dfrac{(0-2)^2(0,10) + (1-2)^2(0,20) + (2-2)^2(0,45) +}{(3-2)^2(0,15) + (4-2)^2(0,05) + (5-2)^2(0,05)}} = 1,183.$

5.4 (a)

X	$P(X)$
$\$-1$	21/36
$\$+1$	15/36

(b)

X	$P(X)$
$\$-1$	21/36
$\$+1$	15/36

(c)

X	$P(X)$
$\$-1$	30/36
$\$+4$	6/36

(d) $-\$0,167$ para cada método de jogo.

5.6 (a) 2,1058. **(b)** 1,4671.

5.8 (a) 90; 30. **(b)** 126,10; 10,95. **(c)** -1.300. **(d)** 120.

5.10 (a) 9,5 minutos. **(b)** 1,9209 minuto.

5.12

$X \times P(X)$	$Y \times P(Y)$	$\dfrac{(X-\mu_X)^2}{P(X)}$	$\dfrac{(Y-\mu_Y)^2}{P(Y)}$	$\dfrac{(X-\mu_X)}{(Y-\mu_Y) \times P(XY)}$
-10	5	2.528,1	129,6	$-572,4$
0	45	1.044,3	5.548,8	$-2.407,2$
24	-6	132,3	346,8	$-214,2$
45	-30	2.484,3	3.898,8	$-3.112,2$

(a) $E(X) = \mu_X = \sum_{i-1}^{N} X_i P(X_i) = 59, E(Y) = \mu_Y = \sum_{i-1}^{N} Y_i P(Y_i) = 14.$

(b) $\sigma_X = \sqrt{\sum_{i-1}^{N}[X_i - E(X)]^2 P(X_i)} = 78,6702.$

$\sigma_Y = \sqrt{\sum_{i=1}^{N}[Y_i - E(Y)]^2 P(Y_i)} = 99,62.$

(c) $\sigma_{XY} = \sum_{i=1}^{N}[X_i - E(X)][Y_i - E(Y)]P(X_i Y_i) = -6.306.$

(d) A ação X proporciona ao investidor um menor desvio-padrão, ao mesmo tempo que proporciona um retorno esperado mais alto, de modo que o investidor deve selecionar a ação X.

5.14 (a) $71; $97. **(b)** 61,88; 84,27. **(c)** 5.113. **(d)** Investidores com aversão ao risco investiriam na ação X, enquanto investidores que buscam o risco deveriam investir na ação Y.

5.16 (a) $E(X) = \$66,20$; $E(Y) = \$63,01$. **(b)** $\sigma_X = \$57,22$, $\sigma_Y = \$195,22$. **(c)** $\sigma_{XY} = \$10.766,44$. **(d)** Com base no critério do valor esperado, você escolheria o fundo composto por ações ordinárias. No entanto, o fundo composto por ações ordinárias também apresenta um desvio-padrão mais de três vezes superior ao desvio-padrão para o fundo composto por títulos corporativos. Um investidor deveria ponderar criteriosamente esse maior risco envolvido. **(e)** Caso opte pelo fundo composto por ações ordinárias, você precisaria avaliar sua reação no tocante à pequena possibilidade de vir a perder praticamente tudo o que se refere ao total do seu investimento.

5.18 (a) 0,0768. **(b)** 0,9130. **(c)** 0,3370. **(d)** 0,6630.

5.20 (a) 0,40; 0,60. **(b)** 1,60; 0,98. **(c)** 4,0; 0,894. **(d)** 1,50; 0,866.

5.22 (a) 0,0214. **(b)** 0,001. **(c)** 0,0239. **(d)** $\mu = 1,32$, $\sigma = 1,01477$. **(e)** Cada um dos adultos com 55 anos de idade, ou mais, possui um *smartphone* ou não possui um *smartphone* e que cada uma das pessoas entrevistadas é independente de cada uma das outras pessoas.

5.24 (a) 0,5987. **(b)** 0,3151. **(c)** 0,9885. **(d)** 0,0115.

5.26 (a) 0,7217. **(b)** 0,0011. **(c)** 0,9704. **(d)** $\mu = 2,691$, $\sigma = 0,5265$.

5.28 (a) 0,2565. **(b)** 0,1396. **(c)** 0,3033. **(d)** 0,0247.

5.30 (a) 0,0337. **(b)** 0,0067. **(c)** 0,9596. **(d)** 0,0404.

5.32 (a) $P(X < 5) = P(X = 0) + P(X = 1) + P(x = 2) + P(X = 3)$
$\qquad + P(X = 4)$
$\quad = \dfrac{e^{-6}(6)^0}{0!} + \dfrac{e^{-6}(6)^1}{1!} + \dfrac{e^{-6}(6)^2}{2!} + \dfrac{e^{-6}(6)^3}{3!} + \dfrac{e^{-6}(6)^4}{4!}$
$\quad = 0,002479 + 0,014873 + 0,044618 + 0,089235$
$\qquad + 0,133853$
$\quad = 0,2851.$

(b) $P(X = 5) = \dfrac{e^{-6}(6)^5}{5!} = 0,1606.$

(c) $P(X \geq 5) = 1 - P(X < 5) = 1 - 0,2851 = 0,7149.$

(d) $P(X = 4 \text{ or } X = 5) = P(X = 4) + P(X = 5) = \dfrac{e^{-6}(6)^4}{4!} + \dfrac{e^{-6}(6)^5}{5!}$
$\qquad = 0,2945.$

5.34 (a) 0,1451. **(b)** 0,8549. **(c)** 0,5747.

5.36 (a) 0,0176. **(b)** 0,9093. **(c)** 0,9220.

5.38 (a) 0,4148. **(b)** 0,9404. **(c)** Uma vez que a Ford apresentou uma média aritmética mais alta no que se refere ao índice de problemas, por carro, em 2012, quando se compara com a Toyota, a probabilidade de um automóvel da Ford aleatoriamente selecionado vir a apresentar zero problema e a probabilidade de não mais do que dois problemas são, ambas, mais baixas do que para a Toyota.

5.40 (a) 0,3642. **(b)** 0,9179. **(c)** Uma vez que a Toyota apresentou uma média aritmética mais baixa no que se refere ao índice de problemas, por

732 Soluções para Testes de Autoavaliação e Respostas para Problemas Selecionados com Numeração Par

carro, em 2012, quando se compara com 2011, a probabilidade de um automóvel da marca Toyota aleatoriamente selecionado vir a apresentar zero problema e a probabilidade de não mais do que dois problemas são, ambas, mais baixas em 2011 do que em 2012.

5.42 (a) 0,238. **(b)** 0,2. **(c)** 0,1591. **(d)** 0,0083.

5.44 (a) Se $n = 6, A = 25$, e $N = 100$,

$$P(X \geq 2) = 1 - [P(X = 0) + P(X = 1)]$$

$$= 1 - \left[\frac{\binom{25}{0}\binom{100-25}{6-0}}{\binom{100}{6}} + \frac{\binom{25}{1}\binom{100-25}{6-1}}{\binom{100}{6}} \right]$$

$$= 1 - [0,1689 + 0,3620] = 0,4691.$$

(b) Se $n = 6, A = 30$, e $N = 100$,

$$P(X \geq 2) = 1 - [P(X = 0) + P(X = 1)]$$

$$= 1 - \left[\frac{\binom{30}{0}\binom{100-30}{6-0}}{\binom{100}{6}} + \frac{\binom{30}{1}\binom{100-30}{6-1}}{\binom{100}{6}} \right]$$

$$= 1 - [0,1100 + 0,3046] = 0,5854.$$

(c) Se $n = 6, A = 5$ e $N = 100$,

$$P(X \geq 2) = 1 - [P(X = 0) + P(X = 1)]$$

$$= 1 - \left[\frac{\binom{5}{0}\binom{100-5}{6-0}}{\binom{100}{6}} + \frac{\binom{5}{1}\binom{100-5}{6-1}}{\binom{100}{6}} \right]$$

$$= 1 - [0,7291 + 0,2430] = 0,0279,$$

(d) Se $n = 6, A = 10$, e $N = 100$,

$$P(X \geq 2) = 1 - [P(X = 0) + P(X = 1)]$$

$$= 1 - \left[\frac{\binom{10}{0}\binom{100-10}{-0 \quad 6}}{\binom{100}{6}} + \frac{\binom{10}{1}\binom{100-10}{6-1}}{\binom{100}{6}} \right]$$

$$= 1 - [0,5223 + 0,3687] = 0,1090.$$

(e) A probabilidade de que todo o grupo venha a ser auditado é muito sensível em relação ao número verdadeiro de restituições indevidas na população. Caso o número verdadeiro seja muito baixo ($A = 5$), a probabilidade será muito baixa (0,0279). Quando o número verdadeiro é aumentado por um fator de 6 ($A = 30$), a probabilidade de que o grupo venha a ser auditado cresce em um fator correspondente a quase 20 (0,5854).

5.46 (a) $P(X = 4) = 0,00003649$. **(b)** $P(X = 0) = 0,5455$. **(c)** $P(X \geq 1) = 0,4545$. **(d)** $X = 6$. **(a)** $P(X = 4) = 0,0005$. **(b)** $P(X = 0) = 0,3877$. **(c)** $P(X \geq 1) = 0,6123$.

5.48 (a) $P(X = 4) = 0,2424$. **(b)** $P(X \geq 1) = 0,9697$. **(c)** $P(X = 3) = 0,2424$. **(d)** Uma vez que havia agora 12 fundos a serem considerados, a probabilidade de que 3 viessem a ser fundos baseados no crescimento diminuiu de 0,3810 para 0,2424.

5.54 (a) 0,64. **(b)** 0,64. **(c)** 0,3020. **(d)** 0,0060. **(e)** O pressuposto de independência pode não ser verdadeiro.

5.56 (a) Se $\pi = 0,50$ e $n = 12$, $P(X \geq 9) = 0,0730$. **(b)** Se $\pi = 0,75$ e $n = 12$, $P(X \geq 9) = 0,6488$.

5.58 (a) 0,0060. **(b)** 0,2007. **(c)** 0,1662. **(d)** Média aritmética = 4,0; desvio-padrão = 1,5492. **(e)** Uma vez que a percentagem de faturas médicas contendo algum erro é mais baixa neste problema, a probabilidade é mais alta em (a) e (b) deste problema e mais baixa em (c).

5.60 (a) $\mu = n\pi = 13,6$ **(b)** $\sigma = \sqrt{n\pi(1-\rho)} = 2,0861$. **(c)** $P(X = 15) = 0,1599$. **(d)** $P(X \leq 10) = 0,0719$. **(e)** $P(X \geq 10) = 0,9721$.

5.62 (a) Se $\pi = 0,50$ e $n = 39$, $P(X \geq 34) = 0,00000121$. **(b)** Se $\pi = 0,70$ e $n = 39$, $P(X \geq 34) = 0,0109$. **(c)** Se $\pi = 0,90$ e $n = 39$, $P(X \geq 34) = 0,8097$. **(d)** Com base nos resultados em (a)-(c), a probabilidade de que

o índice Standard & Poor's 500 venha a crescer, caso haja um ganho inicial nos cinco primeiros dias de negociações do ano, muito provavelmente estará próxima de 0,90, porque isso acarreta uma probabilidade de 80,97 % de que em pelo menos 34 dos 39 anos, o índice Standard & Poor's 500 crescerá ao longo de todo o ano.

5.64 (a) Os pressupostos necessários são (i) a probabilidade de que um jogador de golfe venha a perder uma bola de golfe em um determinado intervalo é constante; (ii) a probabilidade de que um jogador de golfe venha a perder mais de uma bola de golfe vai se aproximando de 0, à medida que o intervalo vai se tornando menor; (iii) a probabilidade de que um jogador de golfe venha a perder uma bola de golfe é independente de intervalo para intervalo. **(b)** 0,0067. **(c)** 0,6160. **(d)** 0,3840.

CAPÍTULO 6

6.2 (a) 0,9089. **(b)** 0,0911. **(c)** $+1,96$. **(d)** $-1,00$ e $+1,00$.

6.4 (a) 0,1401. **(b)** 0,4168. **(c)** 0,3918. **(d)** $+1,00$.

6.6 (a) 0,9599. **(b)** 0,0228. **(c)** 43,42. **(d)** 46,64 e 53,36.

6.8 (a) $P(34 < X < 50) = P(-1,33 < Z < 0) = 0,4082$. **(b)** $P(X < 30) + P(X > 60) = P(Z < -1,67) + P(Z > 0,83) = 0,0475 + (1,0 - 0,7967) = 0,2508$. **(c)** $P(Z < -0,84) \cong 0,20$, $Z = -0,84 = \frac{X - 50}{12}$, $X = 50 - 0,84 (12) = 39,92$ mil milhas, ou 39.920 milhas. **(d)** O desvio-padrão mais baixo faz com que os valores absolutos de Z sejam maiores. **(a)** $P(34 < X < 50) = P(-1,60 < Z < 0) = 0,4452$. **(b)** $P(X < 30) + P(X > 60) = P(Z < -2,00) + P(Z > 1,00) = 0,0228 + (1,0 - 0,8413) = 0,1815$. **(c)** $X = 50 - 0,84(10) = 41,6$ mil milhas, ou 41.600 milhas.

6.10 (a) 0,9878. **(b)** 0,8185. **(c)** 86,16 %. **(d)** Opção 1: Uma vez que seu resultado de 81 % nessa prova representa um escore Z de 1,00, que está abaixo do escore Z mínimo, correspondente a 1,28, você não receberá uma nota A no exame, com base nessa opção de pontuação. Opção 2: Uma vez que seu resultado de 68 % nessa prova representa um escore Z de 2,00, que está bem acima do escore Z mínimo, correspondente a 1,28, você receberá uma nota A no exame, com base nessa opção de pontuação. Você deve preferir a Opção 2.

6.12 (a) 0,8847. **(b)** 0,0093. **(c)** 0,0139. **(d)** 27,63.

6.14 Com 39 valores, o menor dos valores de quantis da normal padronizada cobre uma área, sob a curva normal, equivalente a 0,025. O valor de Z correspondente é $-1,96$. O valor do meio (20º) apresenta uma área acumulada de 0,50 e um valor de Z correspondente de 0,0. O maior entre os valores de quantis da normal padronizada cobre uma área, sob a curva normal, de 0,975, e seu valor de Z correspondente é $+1,96$.

6.16 (a) Média aritmética = 21,61; mediana = 22; $S = 2,1731$, amplitude = 10, $6(S) = 6(2,1731) = 13,0386$; amplitude interquartil = 2,0; $1,33(2,1731) = 2,8861$. A média aritmética é ligeiramente menor do que a mediana. A amplitude é bem menor do que $6S$, e a amplitude interquartil é menor do que $1,33S$. **(b)** O gráfico da probabilidade normal aparenta ser assimétrico à esquerda. A curtose é 2,0493, indicando uma distribuição que tem um pico mais acentuado do que uma distribuição normal, com mais valores em suas caudas.

6.18 (a) Média aritmética = 1.323,784; mediana = 1.239; amplitude = 2.443; $6(S) = 3.378,1338$; amplitude interquartil = 712; $1,33(S) = 748,82$. Uma vez que a média aritmética é ligeiramente maior do que a mediana, a amplitude interquartil é ligeiramente maior do que 1,33 vez o desvio-padrão, e a amplitude é bem menor do que 6 vezes o desvio-padrão, os dados aparentam se desviar de uma distribuição normal. **(b)** O gráfico da probabilidade normal sugere que os dados aparentam ser assimétricos à direita. A curtose é 0,5151 indicando uma distribuição que tem um pico ligeiramente mais acentuado do que uma distribuição normal, com mais valores nas caudas.

6.20 (a) Amplitude interquartil = 0,0025; $S = 0,0017$; amplitude = 0,008; $1,33(S) = 0,0023$; $6(S) = 0,0102$. Uma vez que a amplitude interquartil está próxima de $1,33S$ e a amplitude também está próxima de $6S$, os dados aparentam estar distribuídos aproximadamente nos moldes de uma distribuição normal. **(b)** O gráfico da probabilidade normal sugere

Soluções para Testes de Autoavaliação e Respostas para Problemas Selecionados com Numeração Par 733

que os dados aparentam estar distribuídos aproximadamente nos moldes de uma distribuição normal.

6.22 (a) Resumo de cinco números: 82 127 148,5 168 213; média aritmética = 147,06; moda = 130; amplitude = 131, amplitude interquartil = 41, desvio-padrão = 31,69. A média aritmética está bastante próxima da mediana. O resumo de cinco números sugere que a distribuição é aproximadamente simétrica em torno da mediana. A amplitude interquartil está bastante próxima de $1,33S$. A amplitude está em torno de \$50 abaixo de $6S$. Em geral, a distribuição dos dados parece se assemelhar bastante a uma distribuição normal. **(b)** O gráfico da distribuição normal confirma que os dados parecem estar distribuídos aproximadamente nos moldes de uma distribuição normal.

6.24 (a) $(20{-}0)/120 = 0,1667$. **(b)** $(30{-}10)/120 = 0,1667$. **(c)** $(120{-}35)/120 = 0,7083$. **(d)** Média aritmética = 60, desvio-padrão = 34,641.

6.26 (a) 0,10. **(b)** 0,25. **(c)** 0,25. **(d)** Média aritmética = 50, desvio-padrão = 1,8257.

6.28 (a) 0,6321. **(b)** 0,3679. **(c)** 0,2326. **(d)** 0,7674.

6.30 (a) 0,7769. **(b)** 0,2231. **(c)** 0,1410. **(d)** 0,8590.

6.32 (a) Para $\lambda = 2$, $P(X \leq 1) = 0,8647$. **(b)** Para $\lambda = 2$, $P(X \leq 5) = 0,99996$. **(c)** Para $\lambda = 1$, $P(X \leq 1) = 0,6321$, para $\lambda = 1$, $P(X \leq 5) = 0,9933$.

6.34 (a) 0,6321. **(b)** 0,3935. **(c)** 0,0952.

6.36 (a) 0,8647. **(b)** 0,3297. **(c)(a)** 0,9765. **(b)** 0,5276.

6.46 (a) 0,4772. **(b)** 0,9544. **(c)** 0,0456. **(d)** 1,8835. **(e)** 1,8710 e 2,1290.

6.48 (a) 0,2734. **(b)** 0,2038. **(c)** 4,404 onças. **(d)** 4,188 onças e 5,212 onças.

6.50 (a) Os tempos de espera se assemelham mais a uma distribuição exponencial. **(b)** O tempo de mesa se assemelha mais a uma distribuição normal. **(c)** Tanto o histograma quanto o gráfico da distribuição normal sugerem que o tempo de espera se assemelha mais a uma distribuição exponencial. **(d)** Tanto o histograma quanto o gráfico da distribuição normal sugerem que o tempo de mesa se parece mais com uma distribuição normal.

6.52 (a) 0,0426. **(b)** 0,0731. **(c)** 0,9696. **(d)** 7,2613. **(e)** 1,6891 a 6,7850. **(f)** 0,125; 0,125; 0,90; 1,08; 1,2 a 8,8.

CAPÍTULO 7

7.2 (a) Praticamente zero. **(b)** 0,1587; **(c)** 0,0139. **(d)** 50,195.

7.4 (a) Ambas as médias aritméticas são iguais a 6. Essa propriedade é conhecida como ausência de viés. **(c)** A distribuição para $n = 3$ apresenta menor variabilidade. O maior tamanho de amostra resultou em médias aritméticas das amostras mais próximas de μ.

7.6 (a) Quando $n = 2$, uma vez que a média aritmética é maior do que a mediana, o formato da distribuição para preços de venda de novas residências é assimétrico à direita, do mesmo modo que a distribuição de amostragens de $\overline{X}$, embora esta última venha a ser menos assimétrica do que a população. **(b)** Se você seleciona amostras de $n = 100$, o formato da distribuição de amostragens da média aritmética da amostra deve ficar bem próxima de uma distribuição normal, com uma média aritmética de \$267.900 e um desvio-padrão de \$9.000. **(c)** 0,9998. **(d)** 0,2081.

7.8 (a) $P(\overline{X} > 3) = P(Z > -1,00) = 1,0 - 0,1587 = 0,8413$. **(b)** $P(Z < 1,04) = 0,85; \overline{X} = 3,10 + 1,04(0,1) = 3,204$.

(c) Para ser capaz de utilizar uma distribuição normal padronizada como uma aproximação para a área abaixo da curva, você deve necessariamente pressupor que a população seja aproximadamente simétrica. **(d)** $P(Z < 1,04) = 0,85; \overline{X} = 3,10 + 1,04(0,05) = 3,152$.

7.10 (a) 0,40. **(b)** 0,0704.

7.12 (a) $\pi = 0,501$, $\sigma_p = \sqrt{\dfrac{\pi(1-\pi)}{n}} = \sqrt{\dfrac{0,501(1-0,501)}{100}} = 0,05$

$P(p > 0,55) = P(Z > 0,98) = 1,0 - 0,8365 = 0,1635$.

(b) $\pi = 0,60$, $\sigma_p = \sqrt{\dfrac{\pi(1-\pi)}{n}} = \sqrt{\dfrac{0,6(1-0,6)}{100}} = 0,04899$

$P(p > 0,55) = P(Z > -1,021) = 1,0 - 0,1539 = 0,8461$.

(c) $\pi = 0,49$, $\sigma_p = \sqrt{\dfrac{\pi(1-\pi)}{n}} = \sqrt{\dfrac{0,49(1-0,49)}{100}} = 0,05$

$P(p > 0,55) = P(Z > 1,20) = 1,0 - 0,8849 = 0,1151$.

(d) O aumento do tamanho da amostra em um fator igual a 4 diminui o erro-padrão em um fator igual a 2.

(a) $P(p > 0,55) = P(Z > 1,96) = 1,0 - 0,9750 = 0,0250$.
(b) $P(p > 0,55) = P(Z > -2,04) = 1,0 - 0,0207 = 0,9793$.
(c) $P(p > 0,55) = P(Z > 2,40) = 1,0 - 0,9918 = 0,0082$.

7.14 (a) 0,7889. **(b)** 0,6746. **(c)** 0,8857. **(d) (a)** 0,9458. **(b)** 0,9377. **(c)** 0,9920.

7.16 (a) 0,3741. **(b)** A probabilidade é de 90 % de que a porcentagem da amostra venha a estar contida entre 0,0870 e 0,1646. **(c)** A probabilidade é de 95 % de que a porcentagem da amostra venha a estar contida dentro de um intervalo entre 0,08 e 0,172.

7.18 (a) 0,0336. **(b)** 0,0000. **(c)** O aumento do tamanho da amostra em um fator igual a 5 faz com que o erro-padrão diminua em um fator igual a $\sqrt{5}$. A distribuição de amostragens da proporção torna-se mais concentrada em torno da verdadeira proporção de 0,59 e, consequentemente, a probabilidade em (b) passa a ser menor do que em (a).

7.24 (a) 0,4999. **(b)** 0,00009. **(c)** 0. **(d)** 0. **(e)** 0,7518.

7.26 (a) 0,8944. **(b)** 4,617; 4,783. **(c)** 4,641.

7.28 (a) 0,7764. **(b)** 0,8896. **(c)** 0,0029.

CAPÍTULO 8

8.2 $114,68 \leq \mu \leq 135,32$.

8.4 Sim, é verdade, uma vez que 5 % dos intervalos não incluirão a verdadeira média aritmética.

8.6 (a) Você calcularia primeiramente a média aritmética porque você precisa da média aritmética para calcular o desvio-padrão. Se você tivesse uma amostra, você calcularia a média aritmética da amostra. Caso tivesse a média aritmética da população, você calcularia o desvio-padrão da população. **(b)** Caso você tenha uma amostra, você está calculando o desvio-padrão da amostra, e não o desvio-padrão da população necessário para a Equação (8.1). Caso você tenha uma amostra, e tenha calculado a média aritmética da população e o desvio-padrão da população, você não precisa de uma estimativa de intervalo de confiança para a média aritmética da população, uma vez que você já conhece a média aritmética.

8.8 A Equação (8.1) pressupõe que você conheça o desvio-padrão da população. Uma vez que está selecionando uma amostra com tamanho 100, a partir da população, você está calculando o desvio-padrão da amostra, e não o desvio-padrão da população.

8.10 (a) $\overline{X} \pm Z \cdot \dfrac{\sigma}{\sqrt{n}} = 350 \pm 1,96 \cdot \dfrac{100}{\sqrt{64}}$; $325,50 \leq \mu \leq 374,50$.

(b) Não, o fabricante não consegue respaldar a afirmativa de que as lâmpadas apresentam uma média aritmética de vida útil de 400 horas. Com base nos dados extraídos da amostra, uma média aritmética de 400 horas representaria uma distância de 4 desvios-padrão acima da média aritmética da amostra, correspondente a 350 horas. **(c)** Não. Uma vez que σ é conhecido e $n = 64$, com base no Teorema do Limite Central, você sabe que a distribuição de amostragens de $\overline{X}$ é aproximadamente normal. **(d)** O intervalo de confiança é mais estreito, com base em um desvio-padrão de população correspondente a 80 horas, e não no desvio-padrão original, correspondente a 100 horas. $\overline{X} \pm Z \times \dfrac{\sigma}{\sqrt{n}} = 350 \pm 1,96 \times \dfrac{80}{\sqrt{64}}$, $330,4 \leq \mu \leq 369,6$. Com base no menor desvio-padrão, uma média aritmética de 400 horas representaria uma distância de 5 desvios-padrão acima da média aritmética da amostra que corresponde a 350 horas. Não,

734 Soluções para Testes de Autoavaliação e Respostas para Problemas Selecionados com Numeração Par

o fabricante não consegue respaldar a afirmativa de que as lâmpadas apresentam uma média aritmética de vida útil correspondente a 400 horas.

8.12 (a) 2,2622. **(b)** 3,2498. **(c)** 2,0395. **(d)** 1,9977. **(e)** 1,7531.

8.14 $-0,12 \leq \mu \leq 11,84$; $2,00 \leq \mu \leq 6,00$. A presença de um valor extremo (*outlier*) faz com que cresça a média aritmética da amostra e inflaciona consideravelmente o desvio-padrão da amostra.

8.16 (a) $62 \pm (2,0010)(9)/\sqrt{60}$; $59,68 \leq \mu \leq 64,32$. **(b)** A equipe responsável pela melhoria da qualidade pode estar 95 % confiante de que a média aritmética da população do tempo para realização de um teste está entre 29,44 horas e 34,56 horas. **(c)** O projeto foi um sucesso, uma vez que o tempo necessário inicial, de 68 horas, não se insere nos limites do intervalo.

8.18 (a) $6,31 \leq \mu \leq 7,87$. **(b)** Você pode estar 95 % confiante de que a média aritmética da população correspondente à quantia gasta para o almoço em um restaurante especializado em servir alimentos do tipo *fastfood* está posicionada entre $6,31 e $7,87.

8.20 (a) $20,53 \leq \mu \leq 22,69$. **(b)** Você pode estar 95 % confiante de que a média aritmética da população do consumo, em milhas por galão, para automóveis do tipo SUV pequenos, fabricados em 2012, está entre 20,53 e 22,69. **(c)** Uma vez que o intervalo de confiança de 95 % para a média aritmética da população correspondente ao consumo, em milhas por galão, para automóveis do tipo SUV pequenos, fabricados em 2012, se sobrepõe ao intervalo para a média aritmética da população correspondente ao consumo, em milhas por galão, para automóveis do tipo sedan familiar, fabricados em 2012, você não consegue concluir que a média aritmética da população correspondente ao consumo, em milhas por galão, dos automóveis do tipo SUV pequenos, fabricados em 2012, é mais baixa do que a média aritmética correspondente do consumo referente aos automóveis do tipo sedan familiar, fabricados em 2012.

8.22 (a) $31,12 \leq \mu \leq 54,96$. **(b)** O número de dias está distribuído aproximadamente nos moldes de uma distribuição normal. **(c)** Não, os valores extremos (*outliers*) geram assimetria nos dados. **(d)** Uma vez que o tamanho da amostra é relativamente grande, em $n = 50$, o uso da distribuição t é apropriado.

8.24 (a) $27,70 \leq \mu \leq 41,95$. **(b)** Que a distribuição da população está distribuída nos moldes de uma distribuição normal. **(c)** Tanto o gráfico da distribuição normal quanto o box-plot mostram que a distribuição correspondente à penetração de mercado do Facebook é assimétrica à esquerda, de modo que, com o pequeno tamanho de amostra, a validade do intervalo de confiança está em questão.

8.26 $0,19 \leq \pi \leq 0,31$.

8.28 (a) $p = \dfrac{X}{n} = \dfrac{135}{500} = 0,27, p \pm Z\sqrt{\dfrac{p(1-p)}{n}} = 0,27 \pm$

$2,58\sqrt{\dfrac{0,27(0,73)}{500}}$; $0,2189 \leq \pi \leq 0,3211$. **(b)** O gerente encarregado

dos programas promocionais relacionados a clientes residenciais pode inferir que a proporção de assinantes que fariam a troca de seu aparelho celular atual por um modelo mais novo com mais funcionalidades, caso ele fosse disponibilizado a um custo substancialmente reduzido, está em algum lugar entre 0,22 e 0,32, com 99 % de confiança.

8.30 (a) $0,4863 \leq \pi \leq 0,5737$. **(b)** Não, você não pode, uma vez que a estimativa do intervalo inclui 0,50 (50 %). **(c)** $0,5162 \leq \pi \leq 0,5438$. Sim, você pode, uma vez que a estimativa para o intervalo encontra-se acima de 0,50 (50 %). **(d)** Quanto maior o tamanho da amostra, mais estreito o intervalo de confiança, mantendo constante tudo o mais.

8.32 (a) $0,3587 \leq \pi \leq 0,4018$. **(b)** $0,2017 \leq \pi \leq 0,2384$.
(c) Uma quantidade muito maior de pessoas utiliza seus aparelhos de telefonia celular para se manterem ocupados durante intervalos comerciais ou outros intervalos em algum programa a que estejam assistindo na televisão.

8.34 $n = 35$.

8.36 $n = 1.041$.

8.38 (a) $n = \dfrac{Z^2\sigma^2}{e^2} = \dfrac{(1,96)^2(400)^2}{50^2} = 245,86$. Utilize $n = 246$.

(b) $n = \dfrac{Z^2\sigma^2}{e^2} = \dfrac{(1,96)^2(400)^2}{25^2} = 983,41$. Utilize $n = 984$.

8.40 $n = 97$.

8.42 (a) $n = 167$, **(b)** $n = 97$.

8.44 (a) $n = 246$. **(b)** $n = 385$. **(c)** $n = 554$. **(d)** Quando existe maior variabilidade na população, uma amostra de maior tamanho é necessária para estimar precisamente a média aritmética.

8.46 (a) $p = 0,18$; $0,1365 \leq \pi \leq 0,2235$. **(b)** $p = 0,13$; $0,0919 \leq \pi \leq 0,1681$. **(c)** $p = 0,09$; $0,0576 \leq \pi \leq 0,1224$. **(d) (a)** $n = 1.418$. **(b)** $n = 1.087$. **(c)** $n = 787$.

8.48 (a) Caso você conduzisse um estudo de acompanhamento para estimar a proporção de população dos indivíduos que afirmaram ser conveniente realizar transações bancárias em seus dispositivos móveis pessoais de comunicação, você utilizaria $\pi = 0,77$ na fórmula para o tamanho da amostra porque se baseia em informações do passado sobre a proporção. **(b)** $n = 756$.

8.54 (a) $p = 0,88$; $0,8667 \leq \pi \leq 0,8936$
$p = 0,58$; $0,5597 \leq \pi \leq 0,6005$.
$p = 0,61$; $0,5897 \leq \pi \leq 0,6300$.
$p = 0,18$; $0,1643 \leq \pi \leq 0,1961$.
$p = 0,18$; $0,1643 \leq \pi \leq 0,1961$.

(b) A maioria dos adultos possui um aparelho de telefonia móvel celular. Muitos adultos possuem um computador de mesa de uso pessoal ou um computador do tipo *laptop*. Alguns adultos possuem um leitor de livros eletrônicos ou um computador do tipo *tablet*.

8.56 (a) $14,085 \leq \mu \leq 16,515$. **(b)** $0,530 \leq \pi \leq 0,820$. **(c)** $n = 25$. **(d)** $n = 784$. **(e)** Caso uma única amostra tenha que ser selecionada para ambos os propósitos, deve ser utilizado o maior entre os dois tamanhos de amostras ($n = 784$).

8.58 (a) $8,049 \leq \mu \leq 11,351$. **(b)** $0,284 \leq \pi \leq 0,676$. **(c)** $n = 35$. **(d)** $n = 121$. **(e)** Caso uma única amostra tenha que ser selecionada para ambos os propósitos, deve ser utilizado o maior entre os dois tamanhos de amostras ($n = 121$).

8.60 (a) $0,2459 \leq \pi \leq 0,3741$. **(b)** $3,22 \leq \mu \leq \$3,78$.
(c) $\$17.581,68 \leq \mu \leq \$18.418,32$.

8.62 (a) $\$36,66 \leq \mu \leq \$40,42$. **(b)** $0,2027 \leq \pi \leq 0,3973$. **(c)** $n = 110$. **(d)** $n = 423$. **(e)** Caso uma única amostra tenha que ser selecionada para ambos os propósitos, deve ser utilizado o maior entre os dois tamanhos de amostras ($n = 423$).

8.64 (a) $0,4643 \leq \pi \leq 0,6690$. **(b)** $\$136,28 \leq \mu \leq \$502,21$.

8.66 (a) $8,41 \leq \mu \leq 8,43$. **(b)** Com 95 % de confiança, a média aritmética da população correspondente à largura dos baixos-relevos está em algum lugar entre 8,41 e 8,43 polegadas. **(c)** O pressuposto é válido, uma vez que a largura dos baixos-relevos está distribuída aproximadamente nos moldes de uma distribuição normal.

8.68 (a) $0,2425 \leq \mu \leq 0,2856$. **(b)** $0,1975 \leq \mu \leq 0,2385$. **(c)** As quantidades, em termos da perda de grãos, correspondentes a ambas as marcas, são assimétricas à direita, mas os tamanhos das amostras são suficientemente grandes. **(d)** Uma vez que os dois intervalos de confiança não se sobrepõem, você pode concluir que a média aritmética, em termos da perda de grãos, correspondente às placas de Boston é mais alta do que a média aritmética para a perda de grãos correspondente às placas de Vermont.

CAPÍTULO 9

9.2 Uma vez que $Z_{ESTAT} = +2,21 > 1,96$, rejeitar H_0.

9.4 Rejeitar H_0, se $Z_{ESTAT} < -2,58$ ou se $Z_{ESTAT} > 2,58$.

9.6 Valor-p = 0,0456.

9.8 Valor-$p = 0,1676$.

9.10 H_0: O acusado é culpado. H_1: O acusado é inocente. Um erro do Tipo I seria não condenar uma pessoa culpada. Um erro do Tipo II seria condenar uma pessoa inocente.

9.12 H_0: $\mu = 20$ minutos. 20 minutos é um tempo adequado para deslocamento entre as salas de aula. H_1: $\mu \neq 20$ minutos. 20 minutos não é um tempo adequado para deslocamento entre as salas de aula.

9.14 (a) $Z_{ESTAT} = \dfrac{350 - 375}{\dfrac{100}{\sqrt{64}}} -2,0$. Uma vez que $Z_{ESTAT} = -2,00 < -1,96$, rejeitar H_0.

(b) valor-$p = 0,0456$. **(c)** $325,5 \leq \mu \leq 374,5$.

(d) As conclusões são as mesmas.

9.16 (a) Uma vez que $-2,58 < Z_{ESTAT} < -1,7678 < 2,58$, não rejeitar H_0. **(b)** Valor-$p = 0,0771$. **(c)** $0,9877 \leq \mu \leq 1,0023$. **(d)** As conclusões são as mesmas.

9.18 $t_{ESTAT} = 2,00$.

9.20 (a) $\pm 2,1315$.

9.22 Não, você não deve utilizar um teste t, uma vez que a população original é assimétrica à esquerda, e o tamanho da amostra não é suficientemente grande para que o teste t seja válido.

9.24 (a) $t_{ESTAT} = (3,57 - 370)/0,8/\sqrt{64} = -1,30$. Uma vez que $-1,9983 < t_{ESTAT} = -1,30 < 1,9983$ e o valor-$p = 0,1984 > 0,05$, não existe nenhuma evidência de que a média aritmética para a população correspondente aos tempos de espera venha a ser diferente de 3,7 minutos. **(b)** Uma vez que $n = 64$, o Teorema do Limite Central deve assegurar que a distribuição de amostragens da média aritmética seja aproximadamente normal. De modo geral, o teste t é apropriado para esse tamanho de amostra, exceto no que se refere ao caso em que a população seja extremamente assimétrica ou bimodal.

9.26 (a) $-1,9842 < t_{ESTAT} = -1,1364 < 1,9842$. Não existe nenhuma evidência de que a média aritmética para a população correspondente ao valor de varejo para cartões de felicitações seja diferente de $2,5. **(b)** Valor-$p = 0,2585 > 0,05$. A probabilidade de vir a obter uma estatística t_{ESTAT} maior do que $+1,1364$ ou menor do que $-1,1364$, dado que a hipótese nula seja verdadeira, é $0,2585$.

9.28 (a) Uma vez que $-2,1448 < t_{ESTAT} = 1,6344 < 2,1448$, não rejeitar H_0. Não existem evidências suficientes para concluir que a média aritmética correspondente à quantia em dinheiro gasta para o almoço em uma lanchonete especializada em refeições rápidas seja diferente de $6,50. **(b)** O valor-$p$ é $0,1245$. Caso a média aritmética da população seja $6,50, a probabilidade de observar uma amostra de nove consumidores que venha a resultar em uma média aritmética de amostra mais distante do valor formulado na hipótese do que essa amostra é $0,1245$. **(c)** A distribuição da quantia gasta está nos moldes de uma distribuição normal. **(d)** Com uma amostra de tamanho igual a 15 é difícil avaliar o pressuposto da normalidade. No entanto, a distribuição pode ser relativamente simétrica, uma vez que a média aritmética e a mediana estão próximas em termos de valor. E também, o box-plot aparenta ser apenas ligeiramente assimétrico, de modo que o pressuposto da normalidade não aparenta ter sido seriamente violado.

9.30 (a) Uma vez que $-2,0096 > t_{ESTAT} = 0,114 < 2,0096$, não rejeitar H_0. Não existe nenhuma evidência de que a média aritmética da quantidade seja diferente de 2 litros. **(b)** Valor-$p = 0,9095$. **(c)**, **(d)** Sim, os dados aparentam ter atendido ao pressuposto da normalidade. **(e)** A quantidade de refrigerante abastecido está diminuindo ao longo do tempo de modo que os valores não são independentes. Por conseguinte, o teste t é inválido.

9.32 (a) Uma vez que $t_{ESTAT} = -5,9355 < -2,0106$, rejeitar H_0. Existem evidências suficientes para concluir que a média aritmética da largura dos baixos-relevos é diferente de 8,46 polegadas. **(b)** A distribuição da população é normal. **(c)** Embora a distribuição das larguras seja assimétrica à esquerda, o grande tamanho da amostra significa que a validade do teste t não fica seriamente afetada. O grande tamanho da amostra permite que você utilize a distribuição t.

9.34 (a) Uma vez que $-2,68 < t_{ESTAT} = 0,094 < 2,68$, não rejeitar H_0. Não existe nenhuma evidência de que a média aritmética da quantidade

seja diferente de 5,5 gramas. **(b)** $5,462 \leq \mu \leq 5,542$. **(c)** As conclusões são as mesmas.

9.36 Valor-$p = 0,0228$.

9.38 Valor-$p = 0,0838$.

9.40 Valor-$p = 0,9162$.

9.42 $t_{ESTAT} = 2,7638$.

9.44 $t_{ESTAT} = -2,5280$.

9.46 (a) $t_{ESTAT} = -1,7094 < -1,6604$. Existem evidências de que a média aritmética da população correspondente ao tempo de espera seja inferior a 36,5 horas. **(b)** Valor-$p = 0,0453 < 0,05$. A probabilidade de virmos a obter uma estatística t_{ESTAT} menor do que $-1,7094$, considerando que a hipótese nula seja verdadeira, é $0,0453$.

9.48 (a) $t_{ESTAT} = (32 - 68)/9/\sqrt{50} = 28,2843$. Como $t_{ESTAT} = -28,2843 < -2,4049$, rejeitar H_0. Valor-$p = 0,0000 < 0,01$, rejeitar H_0. **(b)** A probabilidade de se obter uma média aritmética de amostra de 32 minutos, ou menos, caso a média aritmética da população corresponda a 68 minutos, é $0,0000$.

9.50 (a) $t_{ESTAT} = 1,5713 < 2,4049$. Existem evidências insuficientes de que a média aritmética da população correspondente a doações feitas em uma única contribuição individual seja maior do que $60. **(b)** A probabilidade de se obter uma média aritmética de amostra de $62, ou mais, caso a média aritmética da população corresponda a $60 é $0,0613$.

9.52 $p = 0,22$.

9.54 Não rejeitar H_0.

9.56 (a) $Z_{ESTAT} = 1,4597$, valor-$p = 0,0722$. Uma vez que $Z_{ESTAT} = 1,46 < 1,645$ ou $0,0722 > 0,05$, não rejeitar H_0. Não existe nenhuma evidência para demonstrar que mais de 18,35 % dos estudantes na universidade em que você estuda utilizam o navegador Mozilla Firefox. **(b)** $Z_{ESTAT} = 2,9193$, valor-$p = 0,0018$. Uma vez que $Z_{ESTAT} = 2,9193 > 1,645$, rejeitar H_0. Existem evidências suficientes para demonstrar que mais de 18,35 % dos estudantes na universidade em que você estuda utilizam o navegador Mozilla Firefox. **(c)** O tamanho da amostra teve um efeito significativo no que se refere a ser capaz de rejeitar a hipótese nula. **(d)** Você estaria muito pouco propenso a rejeitar a hipótese nula com uma amostra de tamanho 20.

9.58 (a) H_1: $\pi = 0,35$; H_1: $\pi \neq 0,35$. Regra de decisão. Se $Z_{ESTAT} > 1,96$ ou $Z_{ESTAT} < -1,96$, rejeitar H_0.

$$p = \frac{328}{801} = 0,4095$$

Estatística do teste:

$$Z_{ESTAT} = \frac{p - \pi}{\sqrt{\dfrac{\pi(1-\pi)}{n}}} = \frac{0,4095 - 0,35}{\sqrt{\dfrac{0,4095(1-0,4095)}{801}}} = 3,5298.$$

Uma vez que $Z_{ESTAT} = 3,5298 > 1,96$ ou valor-$p = 0,0004 < 0,05$, rejeitar H_0 e concluir que existem evidências de que a proporção de todos os membros do LinkedIn que planejam gastar pelo menos $1.000 em bens de consumo eletrônicos, no próximo ano, seja diferente de 35 %.

9.60 (a) H_0: $\pi \geq 0,31$. A proporção de organizações que responderam que compartilhar metas e objetivos organizacionais interligando os membros da equipe é o mecanismo de suporte impulsionador do alinhamento da equipe é maior ou igual a 0,31. H_1: $\pi < 0,31$. A proporção de organizações que responderam que compartilhar metas e objetivos organizacionais interligando os membros da equipe é o mecanismo de suporte impulsionador do alinhamento da equipe é menor do que 0,31. **(b)** $Z_{ESTAT} = -0,6487 > -1,645$; valor-$p = 0,2583$. Uma vez que $Z_{ESTAT} = -0,6487 > -1,645$ ou valor-$p = 0,2583 > 0,05$, não rejeitar H_0. Existem evidências insuficientes de que a proporção de organizações que responderam que compartilhar metas e objetivos organizacionais interligando os membros da equipe é o mecanismo de suporte impulsionador do alinhamento da equipe seja menor do que 0,31.

9.70 (a) Concluir que uma empresa tem previsão de falência quando na realidade não tem. **(b)** Concluir que a empresa não tem previsão de falência quando na realidade ela tem. **(c)** Tipo I. **(d)** Caso o modelo revisado resulte

736 Soluções para Testes de Autoavaliação e Respostas para Problemas Selecionados com Numeração Par

em escores Z mais moderados ou grandes, a probabilidade de vir a cometer um erro do Tipo I crescerá. Uma quantidade muito maior de empresas terá previsão de falência do que efetivamente virá a decretar falência. Por outro lado, o modelo revisado que resulta em escores Z mais moderados ou grandes fará com que decresça a probabilidade de vir a cometer um erro do Tipo II, uma vez que uma menor quantidade de empresas terá previsão de falência do que efetivamente virá a decretar falência.

9.72 (a) Uma vez que $t_{ESTAT} = 3,248 > 2,0010$, rejeitar H_0. **(b)** Valor-$p = 0,0019$. **(c)** Uma vez que $Z_{ESTAT} = -0,32 > -1,645$, não rejeitar H_0. **(d)** Uma vez que $-2,0010 < t_{ESTAT} = 0,75 < 2,0010$, não rejeitar H_0. **(e)** Uma vez que $Z_{ESTAT} = -1,61 > -1,645$, não rejeitar H_0.

9.74 (a) Uma vez que $t_{ESTAT} = -1,69 > -1,7613$, não rejeitar H_0. **(b)** Os dados são oriundos de uma população que é distribuída nos moldes de uma distribuição normal. **(d)** Com exceção de um único ponto extremo, os dados estão distribuídos aproximadamente nos moldes de uma distribuição normal. **(e)** Existem evidências insuficientes para afirmar que o tempo de espera seja menor do que cinco minutos.

9.76 (a) Uma vez que $t_{ESTAT} = -1,47 > -1,6896$, não rejeitar H_0. **(b)** Valor-$p = 0,0748$. Se a hipótese nula é verdadeira, a probabilidade de vir a obter uma t_{ESTAT} de $-1,47$ ou mais extrema é 0,0748. **(c)** Uma vez que $t_{ESTAT} = -3,10 < -1,6973$, rejeitar H_0. **(d)** Valor-$p = 0,0021$. Se a hipótese nula é verdadeira, a probabilidade de vir a obter uma t_{ESTAT} de $-3,10$ ou mais extrema é 0,0021. **(e)** Presume-se que os dados na população sejam distribuídos nos moldes de uma distribuição normal. **(g)** Ambos os box-plots sugerem que os dados são ligeiramente assimétricos à direita, ainda mais para as placas Boston. No entanto, os tamanhos de amostra muito grandes significam que os resultados do teste t são relativamente insensíveis em relação ao não cumprimento da premissa da normalidade.

9.78 (a) $t_{ESTAT} = -21,61$, rejeitar H_0. **(b)** Valor-$p = 0,0000$. **(c)** $t_{ESTAT} = -27,19$, rejeitar H_0. **(d)** Valor-$p = 0,0000$. **(e)** Em razão dos grandes tamanhos de amostras, você não precisa se preocupar com o pressuposto da normalidade.

CAPÍTULO 10

10.2 (a) $t = 3,8959$. **(b)** $gl = 21$. **(c)** $2,5177$. **(d)** Uma vez que $t_{ESTAT} = 3,8959 > 2,5177$, rejeitar H_0.

10.4 $3,73 \leq \mu_1 - \mu_2 \leq 12,27$.

10.6 (a) Uma vez que $t_{ESTAT} = 2,6762 < 2,9979$ ou valor-$p = 0,0158 > 0,01$, não rejeitar H_0. Não existe nenhuma evidência de uma diferença nas médias aritméticas das duas populações.

10.8 (a) Uma vez que $t_{ESTAT} = 5,7883 > 1,6581$ ou valor-$p = 0,0000 < 0,05$, rejeitar H_0. Existem evidências de que a média aritmética da quantidade de biscoitos Goldfish ingeridos por crianças é maior para aquelas que assistiram ao comercial de alimentos do que para aquelas que não assistiram ao comercial de alimentos. **(b)** $5,79 \leq \mu_1 - \mu_2 \leq 11,81$. **(c)** Os resultados não podem ser comparados porque (a) é um teste unicaudal e (b) é um intervalo de confiança que pode ser comparado tão somente aos resultados de um teste bicaudal.

10.10 (a) $H_0: \mu_1 = \mu_2$, em que Populações: $1 =$ Sudeste, $2 =$ Costa do Golfo. $H_1: \mu_1 \neq \mu_2$. Regra de decisão: $gl = 26$. Se $t_{ESTAT} < -2,0555$ ou $t_{ESTAT} > 2,0555$, rejeitar H_0.

Estatística do teste:

$$S_p^2 = \frac{(n_1-1)(S_1^2) + (n_2-1)(S_2^2)}{(n_1-1) + (n_2-1)}$$

$$= \frac{(12)(41,8895^2) + (14)(27,9864^2)}{99 + 71} = 1.231,619$$

$$t_{ESTAT} = \frac{(\overline{X}_1 - \overline{X}_2) - (\mu_1 - \mu_2)}{\sqrt{S_p^2\left(\frac{1}{n_1} + \frac{1}{n_2}\right)}}$$

$$= \frac{(40,6923 - 27,6667) - 0}{\sqrt{1231,619\left(\frac{1}{13} + \frac{1}{15}\right)}} = 0,9795.$$

Decisão: Uma vez que $-2,0555 < t_{ESTAT} = 0,9795 < 2,0555$, não rejeitar H_0. Não existem evidências suficientes para concluir que a média aritmética correspondente ao número de sócios entre Sudeste e Costa do Golfo seja diferente. **(b)** Valor-$p = 0,3364$. **(c)** Para utilizar o teste t de variância agrupada, você precisa pressupor que as populações são distribuídas nos moldes de uma distribuição normal, com variâncias iguais.

10.12 (a) Uma vez que $t_{ESTAT} = 4,1343 < -2,0484$, rejeitar H_0. **(b)** Valor-$p = 0,0003$. **(c)** As populações correspondentes aos tempos de espera são distribuídas aproximadamente nos moldes de uma distribuição normal. **(d)** $-4,2292 \leq \mu_1 - \mu_2 \leq -1,4268$.

10.14 (a) Uma vez que $t_{ESTAT} = 4,10 > 2,024$ rejeitar H_0. Existem evidências de uma diferença no que se refere à média aritmética da rigidez da superfície entre placas de alumínio não tratadas e placas de alumínio tratadas. **(b)** Valor-$p = 0,0002$. A probabilidade de que duas amostras tenham uma média aritmética de diferença de 9,3634, ou mais, é 0,0002 caso não haja nenhuma diferença no que se refere à média aritmética da rigidez da superfície entre placas de aço não tratadas e tratadas. **(c)** Você precisa pressupor que a distribuição da população correspondente a rigidez, tanto no que se refere a placas de aço não tratadas quanto no tocante a placas tratadas, é distribuída nos moldes de uma distribuição normal. **(d)** $4,7447 \leq \mu_1 - \mu_2 \leq 13,9821$.

10.16 (a) Uma vez que $t_{ESTAT} = -2,0036 < -2,0017$ ou valor-$p = 0,0498 < 0,05$, rejeitar H_0. Existem evidências de uma diferença em termos da média aritmética do tempo gasto no Facebook, por dia, para pessoas do sexo masculino e pessoas do sexo feminino. **(b)** Você deve pressupor que cada uma das duas populações independentes é distribuída nos moldes de uma distribuição normal.

10.18 $gl = 19$.

10.20 (a) $t_{ESTAT} = (-1,5566) / (1,424) / \sqrt{9} = -3,2772$. Uma vez que $t_{ESTAT} = -3,2772 < -2,306$ ou valor-$p = 0,0012 < 0,05$, rejeitar H_0. Existem evidências suficientes de uma diferença, em termos da média aritmética para as classificações acumuladas, entre as duas marcas. **(b)** Você deve pressupor que a distribuição das diferenças entre as duas classificações é aproximadamente normal. **(c)** Valor-$p = 0,0112$. A probabilidade de vir a obter uma média aritmética em termos da diferença nas classificações, que resulte em uma estatística de teste que se desvie de 0 em 3,2772 ou mais, em qualquer uma das direções, é 0,0112 caso não exista nenhuma diferença na média aritmética do somatório das classificações entre a duas marcas. **(d)** $-2,6501 \leq \mu_D \leq -0,4610$. Você está 95 % confiante de que a diferença em termos da média aritmética das classificações acumuladas para as duas marcas está em algum lugar entre $-2,6501$ e $-0,4610$.

10.22 (a) Uma vez que $t_{ESTAT} = 0,9826 < 1,7291$, não rejeitar H_0. Não existem evidências suficientes para concluir que a média aritmética no Target seja mais alta do que no Walmart. **(b)** Você deve pressupor que a distribuição das diferenças entre os preços é aproximadamente normal. **(c)** Valor-$p = 0,1691$. A possibilidade de que você venha a obter uma estatística t_{ESTAT} maior do que 0,9826, caso a média aritmética do preço no Target não seja maior do que no Walmart, é 0,1691.

10.24 (a) Uma vez que $t_{ESTAT} = 1,8425 < 1,943$, não rejeitar H_0. Não existem evidências suficientes para concluir que a média aritmética da densidade das microartérias na medula óssea é mais alta antes do transplante de células-tronco do que depois desse transplante. **(b)** Valor-$p = 0,0575$. A probabilidade de que a estatística t para a média aritmética da diferença em termos da densidade seja 1,8425, ou mais, é 5,75 %, caso a média aritmética da densidade não seja mais alta antes do transplante de células-tronco do que depois desse transplante. **(c)** $-28,26 \leq \mu_D \leq 200,55$. Você está 95 % confiante de que a média aritmética da diferença em termos da densidade das microartérias da medula óssea, antes e depois do transplante de células-tronco, está em algum lugar entre $-28,26$ e 200,55. **(d)** Que a distribuição da diferença, antes e depois do transplante de células-tronco, é distribuído nos moldes de uma distribuição normal.

10.26 (a) Uma vez que $t_{ESTAT} = -9,3721 < -2,4258$, rejeitar H_0. Existem evidências de que a média aritmética da resistência seja baixa mais baixa em dois dias do que em sete dias. **(b)** A população das diferenças em termos da resistência é distribuída aproximadamente nos moldes de uma distribuição normal. **(c)** $p = 0,000$.

Soluções para Testes de Autoavaliação e Respostas para Problemas Selecionados com Numeração Par **737**

10.28 (a) Uma vez que $-2,58 \leq Z_{ESTAT} = -0,58 \leq 2,58$, não rejeitar H_0.
(b) $-0,273 \leq \pi_1 - \pi_2 \leq 0,173$.

10.30 (a) $H_0: \pi_1 \leq \pi_2$. $H_1: \pi_1 > \pi_2$. População: 1 = recomendações feitas em redes sociais, 2 = pesquisas e buscas na Grande Rede. **(b)** Uma vez que $Z_{ESTAT} = 1,5507 < 1,6449$, ou valor-$p = 0,0605 > 0,05$, não rejeitar H_0. Existem evidências insuficientes para concluir que a proporção da população de pessoas que se lembraram da marca seja maior para aqueles que tiveram uma recomendação em redes sociais do que para aqueles que realizaram pesquisas e buscas na Grande Rede. **(c)** Não, o resultado em (b) faz com que não seja apropriado declarar que a proporção da população de pessoas que se lembraram da marca seja maior para aqueles que tiveram uma recomendação em redes sociais do que para aqueles que realizaram pesquisas e buscas na Grande Rede**.**

10.32 (a) $H_0: \pi_1 = \pi_2$. $H_1: \pi_1 \neq \pi_2$. Regra de decisão: Se $|Z_{ESTAT}| > 2,58$, rejeitar H_0.

Estatística do teste: $\bar{p} = \dfrac{X_1 + X_2}{n_1 + n_2} = \dfrac{930 + 230}{1.000 + 1.000} = 0,58$

$Z_{ESTAT} = \dfrac{(p_1 - p_2) - (\pi_2 - \pi_2)}{\sqrt{\bar{p}(1 - \bar{p})\left(\dfrac{1}{n_1} + \dfrac{1}{n_2}\right)}} = \dfrac{(0,93 - 0,23) - 0}{\sqrt{0,58(1 - 0,58)\left(\dfrac{1}{1.000} + \dfrac{1}{1.000}\right)}}$.

$Z_{ESTAT} = 31,7135 > 2,58$, rejeitar H_0. Existem evidências de uma diferença em termos da proporção de pessoas Superbancadas e Desbancadas, no que se refere à proporção delas que utilizam cartões de crédito. **(b)** Valor-$p = 0,0000$. A probabilidade de se obter uma diferença, em termos das proporções, que faça surgir uma estatística de teste inferior a $-31,7135$ ou acima de $+31,7135$ é 0,0000, caso não exista nenhuma diferença em termos da proporção de pessoas Superbancadas e Desbancadas que utilizam cartões de crédito. **(c)** $0,1570 \leq (\pi_1 - \pi_2) \leq 0,2630$. Você está 95 % confiante de que a diferença, em termos da proporção de pessoas Superbancadas e Desbancadas que utilizam cartões de crédito, está entre 0,1570 e 0,2630.

10.34 (a) Uma vez que $Z_{ESTAT} = 7,2742 > 1,96$, rejeitar H_0. Existem evidências de uma diferença em termos da proporção de usuários adultos e usuários com idade entre 12-17 anos, que são contra a publicidade nos portais da Grande Rede. **(b)** Valor-$p = 0,0000$. A probabilidade de vir a obter uma diferença nas proporções, que seja 0,16, ou mais, em qualquer uma das direções é 0,0000, no caso de não existir nenhuma diferença em termos da proporção de usuários adultos e usuários com idade entre 12-17 anos, que são contra a publicidade nos portais da Grande Rede.

10.36 (a) 2,20. **(b)** 2,57. **(c)** 3,50.

10.38 (a) População B. $S^2 = 25$. (b) 1,5625.

10.40 $gl_{numerador} = 24$; $gl_{denominador} = 24$.

10.42 Uma vez $F_{ESTAT} = 1,2109 < 2,27$, não rejeitar H_0.

10.44 (a) Uma vez que $F_{ESTAT} = 1,2995 < 3,18$, não rejeitar H_0. **(b)** Uma vez que $F_{ESTAT} = 1,2995 < 2,62$, não rejeitar H_0.

10.46 (a) $H_0: \sigma^2_1 = \sigma^2_2$. $H_1: \sigma^2_1 \neq \sigma^2_2$.

Regra de decisão: Se $F_{ESTAT} > 3,0502$, rejeitar H_0.

Estatística do teste: $F_{ESTAT} = \dfrac{S_1^2}{S_2^2} = \dfrac{(41,8895)^2}{(27,9864)^2} = 2,2404$.

Decisão: Uma vez que $F_{ESTAT} = 2,2404 < 3,0502$, não rejeitar H_0. Existem evidências insuficientes para concluir que as variâncias das duas populações são diferentes. **(b)** Valor-$p = 0,1520$. **(c)** O teste pressupõe que cada uma das duas populações é distribuída nos moldes de uma distribuição normal. **(d)** Com base em (a) e (b), deve ser utilizado um teste t de variâncias agrupadas.

10.48 (a) Uma vez que $F_{ESTAT} = 3,8179 < 4,0721$ ou valor-$p = 0,0609 < 0,05$, não rejeitar H_0. Não existem evidências de uma diferença em termos da variabilidade da vida útil das baterias entre os dois tipos de câmeras digitais. **(b)** valor-$p = 0,0609$. A probabilidade de se obter uma amostra que resulte em uma estatística de teste mais extrema do que 3,8179 é 0,0609, caso não exista nenhuma diferença nas variâncias das duas populações. **(c)** O teste pressupõe que as duas populações são distribuídas nos moldes de uma distribuição normal. Os box-plots aparentam ser relativamente

simétricos e as estatísticas de assimetria e curtose não diferem significativamente de 0 (zero). Por conseguinte, as distribuições não aparentam ser substancialmente diferentes de uma distribuição normal. **(d)** Com base em (a) e (b), deve ser utilizado um teste t de variâncias agrupadas.

10.50 (a) Uma vez que $F_{ESTAT} = 1,6418 < 4,4333$ ou valor-$p = 0,4988 > 0,05$, não rejeitar H_0. Não existem evidências suficientes de uma diferença na variância do rendimento entre as duas cidades.

10.58 (a) Uma vez que $F_{ESTAT} = 1,4139 < 1,7289$, ou valor-$p = 0,2150 > 0,05$, não rejeitar H_0. Não existem evidências suficientes de uma diferença em termos da variância no salário de Mestres Faixa Preta e Mestres Faixa Verde. **(b)** O teste t de variância agrupada. **(c)** Uma vez que $t_{ESTAT} = 5,0372 > 1,96$, ou valor-$p = 0,000 < 0,05$, rejeitar H_0. Existem evidências de uma diferença em termos da média aritmética do salário de Mestres Faixa Preta e Mestres Faixa Verde.

10.60 (a) Uma vez que $F_{ESTAT} = 1,5625 < F_\alpha = 1,6854$, não rejeitar H_0. Não existem evidências suficientes para concluir que existe uma diferença em termos da variância da quantidade de tempo que passam falando ao telefone, entre pessoas do sexo masculino e do sexo feminino. **(b)** É mais apropriado utilizar um teste t de variâncias agrupadas. Utilizando o teste t de variâncias agrupadas, uma vez que $t_{ESTAT} = 11,1196 > 2,6009$, rejeitar H_0. Existem evidências suficientes de uma diferença em termos da média aritmética da quantidade de tempo que passam falando ao telefone, entre pessoas do sexo masculino e do sexo feminino. **(c)** Uma vez que $F_{ESTAT} = 1,44 < 1,6854$, não rejeitar H_0. Não há evidências suficientes para concluir que existe uma diferença entre as variâncias, no que se refere ao número de mensagens de texto enviadas por mês, para pessoas do sexo feminino e do sexo masculino. **(d)** Utilizando o teste t de variâncias agrupadas, uma vez que $t_{ESTAT} = 8,2456 > 2,6009$, rejeitar H_0. Existem evidências suficientes de uma diferença em termos da média aritmética correspondente ao número de mensagens de texto enviadas por mês, entre pessoas do sexo feminino e do sexo masculino.

10.62 (a) Uma vez que $t_{ESTAT} = 3,3282 > 1,8595$, rejeitar H_0. Existem evidências suficientes para concluir que os alunos de iniciação à informática precisaram de mais do que uma média aritmética de 10 minutos para escrever e executar um programa em Visual Basic. **(b)** Uma vez que $t_{ESTAT} = 1,3636 < 1,8595$, não rejeitar H_0. Não existem evidências suficientes para concluir que os alunos de introdução à informática precisaram de mais do que uma média aritmética de 10 minutos para escrever e executar um programa em Visual Basic. **(c)** Embora a média aritmética do tempo necessário para completar a tarefa tenha aumentado de 12 para 16 minutos como resultado do crescimento em um valor de dado, o desvio-padrão foi de 1,8 até 13,2, o que reduziu o valor da estatística t. **(d)** Uma vez que $F_{ESTAT} = 1,2308 < 3,8549$, não rejeitar H_0. Não existem evidências suficientes para concluir que as variâncias das populações são diferentes para os alunos de Introdução à Informática e os alunos graduados em Informática. Sendo assim, o teste t de variâncias agrupadas é um teste válido para determinar se os alunos graduados em Informática conseguem escrever um programa em Visual Basic em menos tempo do que os alunos do curso de Introdução à Informática, pressupondo que as distribuições do tempo necessário para escrever um programa em Visual Basic, tanto para os alunos de Introdução à Informática quanto para os graduados em Informática, são distribuídos aproximadamente nos moldes de uma distribuição normal. Uma vez que $t_{ESTAT} = 4,0666 > 1,7341$, rejeitar H_0. Existem evidências suficientes de que a média aritmética de tempo é mais alta para os alunos de Introdução à Informática do que para os graduados em Informática. **(e)** Valor-$p = 0,000362$. Caso a verdadeira média aritmética da população correspondente à quantidade de tempo necessária para que alunos de Introdução à Informática escrevam um programa em Visual Basic não seja maior do que 10 minutos, a probabilidade de observar uma média aritmética de amostra maior do que 12 minutos, na presente amostra, é 0,0362 %. Por conseguinte, em um nível de 5 % de significância, você pode concluir que a média aritmética da população correspondente à quantidade de tempo necessária para que alunos de Introdução à Informática escrevam um programa em Visual Basic é mais do que de 10 minutos. Conforme ilustrado no item (d), no qual não existem evidências suficientes para concluir que as variâncias das populações sejam diferentes para os alunos de Introdução à Informática e para os graduados em Informática, o teste t de variâncias agrupadas realizado é um teste válido para determinar se os alunos graduados em Informática são capazes de escrever um programa em Visual Basic em

738 Soluções para Testes de Autoavaliação e Respostas para Problemas Selecionados com Numeração Par

menos tempo do que os alunos do Curso de Introdução à Informática, pressupondo que a distribuição correspondente ao tempo necessário para escrever um programa de Visual Basic, tanto para os alunos de Introdução à Informática quanto para os graduados em Informática, seja distribuída aproximadamente nos moldes de uma distribuição normal.

10.64 Com base no box-plot e nas estatísticas resumidas, ambas as distribuições são distribuídas aproximadamente nos moldes de uma distribuição normal. $F_{ESTAT} = 1,056 < 1,89$. Existem evidências insuficientes para concluir que as variâncias das duas populações são significativamente diferentes no nível de significância de 5 %. $t_{ESTAT} = -5,084 < -1,99$. No nível de significância de 5 %, existem evidências suficientes para rejeitar a hipótese nula de nenhuma diferença em termos da média aritmética correspondente à vida útil das lâmpadas, entre os dois fabricantes. Você pode concluir que existe uma diferença significativa em termos da média aritmética da vida útil das lâmpadas, entre os dois fabricantes.

10.66 (a) Uma vez que $Z_{ESTAT} = -4,5867 < -1,96$, rejeitar H_0. Existem evidências suficientes para concluir que há uma diferença em termos da proporção de homens e mulheres que pedem sobremesa. **(b)** Uma vez que $Z_{ESTAT} = 6,0238 > 1,96$, rejeitar H_0. Existem evidências suficientes para concluir que há uma diferença em termos da proporção de homens e mulheres que pedem sobremesa com base no fato de terem pedido um prato principal à base de carne.

10.68 Os gráficos da probabilidade normal sugerem que as duas populações não são distribuídas nos moldes de uma distribuição normal. Um teste F não é apropriado para testar a diferença nas duas variâncias. As variâncias de amostras para placas Boston e para placas Vermont são 0,0203 e 0,015, respectivamente. Uma vez que $t_{ESTAT} = 3,015 > 1,967$, ou o valor-$p = 0,0028 < \alpha = 0,05$, rejeitar H_0. Existem evidências suficientes para concluir que há uma diferença na média aritmética da perda de grãos para as placas Boston e Vermont.

CAPÍTULO 11

11.2 (a) $SQD = 150$. **(b)** $MQE = 15$. **(c)** $MQD = 5$. **(d)** $F_{ESTAT} = 3$.

11.4 (a) 2. **(b)** 18. **(c)** 20.

11.6 (a) Rejeitar H_0 se $F_{ESTAT} > 2,95$; caso contrário, não rejeitar H_0. **(b)** Uma vez que $F_{ESTAT} = 4 > 2,95$, rejeitar H_0. **(c)** A tabela não possui 28 graus de liberdade no denominador, de modo que você deve usar o segundo maior valor crítico, $Q_\alpha = 3,90$. **(d)** Intervalo crítico = 6,166.

11.8 (a) $H_0\colon = \mu_A = \mu_B = \mu_C = \mu_D$ e H_1: Pelo menos uma média aritmética é diferente.

$$MQE = \frac{SQE}{c-1} = \frac{1.986,475}{3} = 662,1583.$$

$$MQD = \frac{SQD}{n-c} = \frac{495,5}{36} = 13,76389.$$

$$F_{ESTAT} = \frac{MQE}{MQD} = \frac{662,1583}{13,76389} = 48,1084.$$

$$F_{0,05,3.36} = 2,8663.$$

Uma vez que o valor-p é aproximadamente 0 e $F_{ESTAT} = 48,1084 > 2,8663$, rejeitar H_0. Existem evidências suficientes de uma diferença na média aritmética da resistência entre as quatro marcas de sacos de lixo. **(b)** Intervalo crítico $= Q_\alpha \sqrt{\dfrac{MQD}{2}\left(\dfrac{1}{n_j} + \dfrac{1}{n_{j'}}\right)} = 3,79\sqrt{\dfrac{13,7639}{2}\left(\dfrac{1}{10}+\dfrac{1}{10}\right)} = 4,446.$

Com base no procedimento de Tukey-Kramer, existe uma diferença na média aritmética da resistência entre Kroger e Tuffstuff, Glad e Tuffstuff, e Hefty e Tuffstuff. **(c)** O resultado de ANOVA para o teste de Levene para a homogeneidade de variâncias:

$$MQE = \frac{SQE}{c-1} = \frac{24,075}{3} = 8,025$$

$$MQD = \frac{SQD}{n-c} = \frac{198,2}{36} = 5,5056$$

$$F_{ESTAT} = \frac{MQE}{MQD} = \frac{8,025}{5,5056} = 1,4576$$

$$F_{0,05,3.36} = 2,8663$$

Uma vez que o valor-$p = 0,2423 > 0,05$ e $F_{ESTAT} = 1,4576 < 2,866$, não rejeitar H_0. Existem evidências insuficientes para concluir que as variâncias na resistência, entre as quatro marcas de sacos de lixo, são diferentes. **(d)** Com base nos resultados em (a) e (b), Tuffstuff apresenta a média aritmética mais baixa para a resistência, e deve ser evitada.

11.10 (a) Uma vez que $F = 12,56 > 2,76$, rejeitar H_0. **(b)** Intervalo crítico = 4,67. As Propagandas A e B são diferentes das Propagandas C e D. A Propaganda E é somente diferente da Propaganda D. **(c)** Uma vez que $F_{ESTAT} = 1,927 < 2,76$, não rejeitar H_0. Não existe nenhuma evidência de uma diferença significativa, em termos da variação nas classificações, entre as cinco propagandas. **(d)** As propagandas que estão subestimando as características da caneta obtiveram a média aritmética mais alta em termos de classificações, enquanto as propagandas que estão superestimando as características da caneta obtiveram a média aritmética mais baixa em termos de classificações. Consequentemente, utilize uma propaganda que subestime as características da caneta, e evite propagandas que superestimem as características da caneta.

11.12 (a)

Fonte	Graus de Liberdade	Soma dos Quadrados	Média dos Quadrados	F
Entre grupos	2	1,879	0,9395	8,7558
Dentro dos grupos	297	31,865	0,1073	
Total	299	33,744		

(b) Uma vez que $F_{ESTAT} = 8,7558 > 3,00$, rejeitar H_0. Existem evidências de uma diferença em termos da média aritmética correspondente ao resultado da avaliação sobre competências inatas, relatado por diferentes grupos. **(c)** Grupo 1 *versus* grupo 2: $0,072 <$ Intervalo crítico $= 0,1092$; grupo 1 *versus* grupo 3: $0,181 > 0,1056$; grupo 2 *versus* grupo 3: $0,109 < 0,1108$. Existem evidências de uma diferença, em termos da média aritmética correspondente ao resultado da avaliação sobre competências inatas, entre pessoas sem histórico acadêmico direcionado para a disciplina de estudos sobre liderança e pessoas graduadas em disciplinas de estudos sobre liderança.

11.14 (a) Uma vez que $F = 53,03 > 2,92$, rejeitar H_0. **(b)** Intervalo crítico $= 5,27$ (utilizando 30 graus de liberdade). Os modelos 3 e 4 são diferentes dos modelos 1 e 2. Os modelos 1 e 2 são diferentes entre si. **(c)** Os pressupostos são de que as amostras são selecionadas aleatoriamente e independentemente (ou aleatoriamente designadas); as populações originais de distâncias são distribuídas aproximadamente nos moldes de uma distribuição normal; e as variâncias são iguais. **(d)** Uma vez que $F_{ESTAT} = 2,093 < 2,92$, não rejeitar H_0. Existem evidências insuficientes de uma diferença, em termos da variação na distância, entre os quatro modelos. **(e)** O gerente deve escolher o modelo 3 ou o modelo 4.

11.16 (a) 40. **(b)** 60 e 55. **(c)** 10. **(d)** 10.

11.18 (a) Uma vez que $F_{ESTAT} = 6,00 > 3,35$, rejeitar H_0. **(b)** Uma vez que $F_{ESTAT} = 5,50 > F = 3,35$, rejeitar H_0. **(c)** Uma vez que $F_{ESTAT} = 1,00 < 2,73$, não rejeitar H_0.

11.20 $gl_B = 4$, $gl_{total} = 44$, $SQA = 160$, $SQAB = 80$, $SQR = 150$, $STQ = 610$, $MQB = 55$, $MQR = 5$. Para A: $F_{ESTAT} = 16$. Para B: $F_{ESTAT} = 11$. Para AB: $F_{ESTAT} = 2$.

11.22 (a) Uma vez que $F_{ESTAT} = 1,37 < 4,75$, não rejeitar H_0. **(b)** Uma vez que $F_{ESTAT} = 23,58 > 4,75$, rejeitar H_0. **(c)** Uma vez que $F_{ESTAT} = 0,70 < 4,75$, não rejeitar H_0. **(e)** A potência do revelador exerce um efeito significativo sobre a densidade, mas o tempo de revelação não.

11.24 (a) H_0: Não existe nenhuma interação entre a marca do comprimido e a temperatura da água. H_1: Há uma interação entre a marca do comprimido e a temperatura da água. Uma vez que $F_{ESTAT} = \dfrac{253,1552}{12,2199} = 20,7167 > 3,55$ ou o valor-$p = 0,0000214 < 0,05$, rejeitar H_0. Existem evidências de interação entre a marca do comprimido analgésico e a temperatura da água. **(b)** Uma vez que existe uma interação entre a marca do comprimido analgésico e a temperatura da água, não é apropriado analisar o efeito principal decorrente da marca. **(c)** Uma vez que existe uma interação entre a marca do comprimido analgésico e a temperatura da água, não é apropriado analisar o principal efeito decorrente da temperatura da

Soluções para Testes de Autoavaliação e Respostas para Problemas Selecionados com Numeração Par · **739**

água. **(e)** A diferença em termos da média aritmética do tempo necessário para que um comprimido se dissolvesse na água fria e na água quente depende da marca do comprimido, com o Alka-Seltzer apresentando a maior diferença e o Equate com a menor diferença.

11.26 (a) $F_{ESTAT} = 0,1523$, valor-$p = 0,9614 > 0,05$; não rejeitar H_0. Não há evidências suficientes para concluir que existe alguma interação entre os discos de freio e o calibre. **(b)** $F_{ESTAT} = 7,7701$; valor-p é praticamente $0 < 0,05$. Rejeitar H_0. Existem evidências suficientes para concluir que há um efeito decorrente dos discos de freio. **(c)** $F_{ESTAT} = 0,1465$, valor-$p = 0,7031 > 0,05$, não rejeitar H_0. Existem evidências insuficientes para concluir que há um efeito decorrente do calibre. **(d)** A partir do gráfico, não existe uma interação evidente entre os discos de freio e o calibre. **(e)** Não existe uma interação evidente entre a média aritmética da temperatura entre os calibres. Parece que a Parte 1 apresenta a mais baixa. A Parte 3 a segunda mais baixa, e a Parte 2 apresenta a temperatura média mais elevada.

11.36 (a) Uma vez que $F_{ESTAT} = 1,485 < 2,54$, não rejeitar H_0. **(b)** Uma vez que $F_{ESTAT} = 0,79 < 3,24$, não rejeitar H_0. **(c)** Uma vez que $F_{ESTAT} = 52,07 > 3,24$, rejeitar H_0. **(e)** Intervalo crítico $= 0,0189$. Os ciclos de lavagem para 22 e 24 minutos não diferem com relação à remoção de sujeira, mas são ambos diferentes dos ciclos correspondentes a 18 e 20 minutos. **(f)** 22 minutos. (24 minutos não foi diferente, mas 22 minutos tem o mesmo efeito e utilizaria menos energia elétrica.) **(g)** Os resultados são os mesmos.

11.38 (a) Uma vez que $F_{ESTAT} = 0,075 < 3,68$, não rejeitar H_0. **(b)** Uma vez que $F_{ESTAT} = 4,09 > 3,68$, rejeitar H_0. **(c)** Intervalo crítico $= 1,489$. A resistência ao rompimento é significativamente diferente entre 30 e 50 psi.

11.40 (a) Uma vez que $F_{ESTAT} = 0,1899 < 4,1132$, não rejeitar H_0. Existem evidências insuficientes para concluir que há alguma interação entre o tipo de café da manhã e o período desejado. **(b)** Uma vez que $F_{ESTAT} = 30,4434 > 4,1132$, rejeitar H_0. Há evidências suficientes para concluir que existe um efeito decorrente do tipo de café da manhã. **(c)** Uma vez que $F_{ESTAT} = 12,4441 > 4,1132$, rejeitar H_0. Existem evidências suficientes para concluir que há um efeito decorrente do período desejado. **(e)** No nível de significância de 5 %, tanto o tipo de café da manhã solicitado quanto o período desejado exercem um efeito sob a diferença no tempo de entrega. Não existe nenhuma interação entre o tipo de café da manhã solicitado e o período desejado.

11.42 Interação: $F_{ESTAT} = 0,2169 < 3,9668$ ou valor-$p = 0,6428 > 0,05$. Existem evidências suficientes de uma interação entre o tamanho do pedaço de carne e a altura do preenchimento. Tamanho do pedaço: $F_{ESTAT} = 842,2242 > 3,9668$ ou valor-$p = 0,000 < 0,05$. Existem evidências de um efeito decorrente do tamanho do pedaço. O pedaço com tamanho fino apresenta uma diferença mais baixa em termos do peso codificado. Altura do preenchimento: $F_{ESTAT} = 217,0816 > 3,9668$ ou valor-$p = 0,000 < 0,05$. Existem evidências de um efeito decorrente da altura do preenchimento. A altura do preenchimento definida como baixa apresenta uma diferença mais baixa em termos do peso codificado.

11.44 População 1 = curto prazo, 2 = longo prazo, 3 = âmbito internacional. Retorno para um ano: Teste de Levene: $F_{ESTAT} = 50,1527$. Uma vez que o valor-$p = 0,000 < 0,05$, rejeitar H_0. Existem evidências suficientes para mostrar uma diferença em termos da variância do retorno entre os três diferentes tipos de fundos mútuos, em um nível de significância de 5 %. Portanto, a validade de ANOVA de fator único fica em séria dúvida. Uma transformação de dados é necessária, ou você pode utilizar um teste não paramétrico, tal como o teste de Kruskal-Wallis abordado na Seção 12.5. Retorno para três anos: Teste de Levene: $F_{ESTAT} = 1,4796$. Uma vez que o valor-$p = 0,2456 > 0,05$, não rejeitar H_0. Existem evidências insuficientes para mostrar uma diferença em termos da variância do retorno entre os três diferentes tipos de fundos mútuos, em um nível de significância de 5 %. $F_{ESTAT} = 34,5559$. Tendo em vista que o valor-p é praticamente zero, rejeitar H_0. Existem evidências suficientes para mostrar uma diferença, em termos da média aritmética correspondente ao retorno para três anos, entre os três diferentes tipos de fundos de títulos, em um nível de significância de 5 %. Intervalo crítico $= 2,1802$. No nível de significância de 5 %, existem evidências suficientes de que a média aritmética correspondente ao retorno para três anos, entre os três diferentes tipos de fundos de títulos é significativamente mais alta do que para os outros tipos de fundos. E também, a média aritmética correspondente aos retornos para três anos para os fundos de títulos de curto prazo é significativamente mais baixa do que para os fundos de títulos de âmbito internacional.

CAPÍTULO 12

12.2 (a) Para $gl = 1$ e $\alpha = 0,05$, $\chi_\alpha^2 = 3,841$. **(b)** Para $gl = 1$ e $\alpha = 0,025$, $\chi^2 = 5,024$. **(c)** Para $gl = 1$ e $\alpha = 0,01$, $\chi_\alpha^2 = 6,635$.

12.4 (a) Todos $f_e = 25$. **(b)** Uma vez que $\chi_{ESTAT}^2 = 4,00 > 3,841$, rejeitar H_0.

12.6 (a) H_0: $\pi_1 = \pi_2$; H_0: $\pi_1 \neq \pi_2$. **(b)** Uma vez que $\chi_{ESTAT}^2 = 2,4045 < 3,841$, não rejeitar H_0. Existem evidências insuficientes para concluir que a proporção das pessoas que se lembravam da marca seja diferente para as pessoas que tiveram uma recomendação em redes sociais do que para aquelas que realizaram pesquisas e buscas na Grande Rede. **(b)** Valor-$p = 0,1210$. A probabilidade de se obter uma estatística de teste correspondente a 2,4045, ou maior, quando a hipótese nula é verdadeira é 0,1210. **(c)** Você não deve comparar os resultados obtidos em (a) com os resultados obtidos no Problema 10.30 (b), uma vez que se tratava de um teste unicaudal.

12.8 (a) H_0: $\pi_1 = \pi_2$; H_0: $\pi_1 \neq \pi_2$. Uma vez que $\chi_{ESTAT}^2 = (930 - 580)^2/580 + (70 - 420)^2/420 (230 - 580)^2/580 + (770 - 420)^2 = 1.005,7471 > 6,635$, rejeitar H_0. Existem evidências de uma diferença na proporção de pessoas Superbancadas e Desbancadas, com respeito à proporção dessas pessoas que utilizam cartões de crédito. **(b)** Valor-$p = 0,0000$. A probabilidade de se obter uma diferença nas proporções que faça surgir uma estatística de teste acima de 1.005,7471 é 0,0000 caso não exista nenhuma diferença na proporção de pessoas Superbancadas e Desbancadas que utilizam cartões de crédito. **(c)** Os resultados são os mesmos do Problema 10.32. As estatísticas χ^2 em (a) e Z no Problema 10.32 (a) satisfazem a relação de que $\chi^2 = 1.005,7471 = Z^2 = (31,7135)^2$, e o valor-$p$ em (b) é exatamente o mesmo que o valor-p obtido no Problema 10.32 (a).

12.10 (a) Uma vez que $\chi_{ESTAT}^2 = 52,9144 > 3,841$, rejeitar H_0. Existem evidências de que há uma diferença significativa entre a proporção dos usuários adultos e dos usuários entre 12 e 17 anos de idade que são contra a publicidade nos portais da Grande Rede. **(b)** Valor-$p = 0,0000$. A probabilidade de se obter uma estatística de teste de 52,9144 ou mais, quando a hipótese nula é verdadeira, é 0,0000.

12.12 (a) As frequências esperadas para a primeira linha são 20, 30 e 40. As frequências esperadas para a segunda linha são 30, 45 e 60. **(b)** Uma vez que $\chi_{ESTAT}^2 = 12,5 > 5,991$, rejeitar H_0.

12.14 (a) Uma vez que a estatística do teste calculada, $\chi_{ESTAT}^2 = 44,6503 > 11,0705$, rejeitar H_0 e concluir que existe uma diferença, em termos da proporção de pessoas que preferem levar o almoço de sua própria casa, entre as faixas etárias. **(b)** O valor-p é praticamente igual a zero. A probabilidade de uma estatística de teste igual ou maior do que 44,6503 é aproximadamente zero caso não exista nenhuma diferença entre as faixas etárias, no que diz respeito à proporção de pessoas que preferem levar o almoço de sua própria casa. **(c)** As faixas etárias 18-24 e 25-34 são diferentes das faixas etárias 45-54 e 55-64 e 65+, ao passo que a faixa etária 35-44 é diferente do grupo 65+.

12.16 (a) H_0: $\pi_1 = \pi_2 = \pi_3$. H_1: Pelo menos uma proporção é diferente.

f_0	f_e	$(f_0 - f_e)$	$(f_0 - f_e)^2/f_e$
118	72	46	29,3889
82	128	-46	16,5313
72	72	0	0
128	128	0	0
26	72	-46	29,3889
174	128	46	16,5313
			91,8403

Regra de decisão: $gl = (c - 1) = (3 - 1) = 2$. Se $\chi_{ESTAT}^2 > 5,9915$, rejeitar H_0.

Estatística do teste: $\chi_{ESTAT}^2 = \sum_{\substack{\text{todas as} \\ \text{células}}} \frac{(f_0 - f_e)}{f_e} = 91,8403$.

740 Soluções para Testes de Autoavaliação e Respostas para Problemas Selecionados com Numeração Par

Regra de decisão: Uma vez que $\chi^2_{ESTAT} = 91,8403 > 5,9915$, rejeitar H_0. Existe uma diferença significativa, em termos das faixas etárias, no que diz respeito ao uso de telefones móveis celulares para acessar redes sociais. **(b)** Valor-$p = 0,0000$. A probabilidade de que a estatística do teste seja maior ou igual a 91,8403 é 0,0000, caso a hipótese nula seja verdadeira.

(c)

Comparações em Pares	Intervalo Crítico	$\lvert p_j - p_{j'} \rvert$
1 a 2	0,1189	0,23
1 a 3	0,1031	0,46
2 a 3	0,1014	0,23

Existe uma diferença significativa entre todos os grupos. **(d)** Os profissionais de marketing podem fazer uso dessas informações com o objetivo de direcionar suas estratégias para a faixa etária de 18 a 34 anos de idade, uma vez que essas pessoas estão mais propensas a utilizar seus telefones móveis celulares para acessar redes sociais.

12.18 (a) Uma vez que $\chi^2_{ESTAT} = 9,0485 > 5,9915$, rejeitar H_0. Existem evidências de uma diferença entre os grupos, no que se refere ao percentual de pessoas que utilizam seus aparelhos de telefonia celular enquanto assistem TV. **(b)** Valor-$p = 0,0108$. **(c)** Grupo 1 *versus* grupo 2: $0,0215 < 0,0788$. Não significativa. Grupo 1 *versus* grupo 3: $0,0905 > 0,0859$. Significativa. Grupo 2 *versus* grupo 3: $0,0691 > 0,06457$. Significativa. O grupo rural é diferente dos grupos urbano e suburbano.

12.20 $gl = (r - 1)(c - 1) = (3 - 1)(4 - 1) = 6$.

12.22 (b) $\chi^2_{ESTAT} = 92,1028 < 16,919$, rejeitar H_0 e concluir que existem evidências de uma relação entre o tipo de sobremesa pedido e o tipo de prato principal solicitado.

12.24 (a) H_0: Não existe nenhuma relação entre o tempo de deslocamento de casa para o trabalho, no que se refere aos empregados da empresa, e o nível de problemas relacionados ao estresse observados no desempenho das tarefas. H_1: Existe uma relação entre o tempo de deslocamento de casa para o trabalho, no que se refere aos empregados da empresa, e o nível de problemas relacionados com o estresse observados no desempenho das tarefas.

f_0	f_e	$(f_0 - f_e)$	$(f_0 - f_e)^2 / f_e$
9	12,1379	$-3,1379$	0,8112
17	20,1034	$-3,1034$	0,4791
18	11,7586	6,2414	3,3129
5	5,2414	$-0,2414$	0,0111
8	8,6810	$-0,6810$	0,0534
6	5,0776	0,9224	0,1676
18	14,6207	3,3793	0,7811
28	24,2155	3,7845	0,5915
7	14,1638	$-7,1638$	3,6233
			9,8311

Regra de decisão: Se $\chi^2_{ESTAT} > 13,277$, rejeitar H_0.

Estatística do teste: $\chi^2_{ESTAT} = \sum_{\substack{\text{todas as} \\ \text{células}}} \dfrac{(f_0 - f_e)^2}{f_e} = 9,8311$.

Decisão: Uma vez que $\chi^2_{ESTAT} = 9,8311 < 13,277$, não rejeitar H_0. Não existem evidências suficientes para concluir que há uma relação entre o tempo de deslocamento de casa para o trabalho, para os empregados da empresa, e o nível de problemas relacionados ao estresse observados no desempenho das tarefas.

(b) Uma vez que $\chi^2_{ESTAT} = 9,831 > 9,488$, rejeitar H_0. Existem evidências suficientes para concluir que há uma relação, no nível de significância de 0,05.

12.26 Uma vez que $\chi^2_{ESTAT} = 6,6876 < 12,5916$, não rejeitar H_0. Existem evidências insuficientes de uma relação entre o segmento ao qual pertence o consumidor e a região geográfica.

12.28 (a) 31. **(b)** 29. **(c)** 27. **(d)** 25.

12.30 40 e 79.

12.32 (a) As classificações para a Amostra 1 são 1, 2, 4, 5 e 10. As classificações para a Amostra 2 são 3, 6,5, 6,5, 8, 9 e 11. **(b)** 22. **(c)** 44.

12.34 Uma vez que $T_1 = 22 > 20$, não rejeitar H_0.

12.36 (a) Os dados são ordinais. **(b)** O teste t para duas amostras não é apropriado porque os dados somente podem ser colocados em ordem de classificação. **(c)** Uma vez que $Z_{ESTAT} = -2,2054 < -1,96$, rejeitar H_0. Existem evidências de uma diferença significativa em termos da mediana da classificação para os Cabernets da Califórnia e os Cabernets de Washington.

12.38 (a) H_0: $M_1 = M_2$, em que as Populações: $1 = $ Ala A; $2 = $ Ala B. H_1: $M_1 \neq M_2$.
Amostra da população 1: Tamanho de amostra 20, soma das classificações 561
Amostra da população 2: Tamanho de amostra 20, soma das classificações 259

$$\mu_{T_1} = \frac{n_1(n + 1)}{2} = \frac{20(40 + 1)}{2} = 410$$

$$\sigma_{T_1} = \sqrt{\frac{n_1 n_2(n + 1)}{12}} = \sqrt{\frac{20(20)(40 + 1)}{12}} = 36,9685$$

$$Z_{ESTAT} = \frac{T_1 - \mu_{T_1}}{S_{T_1}} = \frac{561 - 410}{36,9685} = 4,0846$$

Decisão: Uma vez que $Z_{ESTAT} = 4,0846 > 1,96$ (ou valor-$p = 0,0000 < 0,05$), rejeitar H_0. Existem evidências suficientes de uma diferença na mediana do tempo de entrega nas duas alas do hotel.
(b) Os resultados de (a) são condizentes com os resultados relativos ao Problema 10.65.

12.40 (a) Uma vez que $Z_{ESTAT} = 2,4441 > 1,96$, rejeitar H_0. Há evidências suficientes para concluir que existe uma diferença, em termos da mediana correspondente ao valor financeiro da marca, entre os dois setores. **(b)** Você deve pressupor uma variabilidade aproximadamente igual nas duas populações. **(c)** O uso do teste t para variâncias agrupadas e do teste t para variâncias separadas permitiu que você rejeitasse a hipótese nula e concluísse, no Problema 10.17, que a média aritmética correspondente ao valor financeiro da marca é diferente entre os dois setores. Neste teste, o uso do teste da soma das classificações de Wilcoxon com uma aproximação de Z para amostras grandes também permitiu que você rejeitasse a hipótese nula e concluísse que a mediana correspondente ao valor financeiro da marca difere entre os dois setores.

12.42 (a) Uma vez que $-1,96 < Z_{ESTAT} = 0,7245 < 1,96$ (ou o valor-$p = 0,4687 > 0,05$), não rejeitar H_0. Não há evidências suficientes para concluir que existe uma diferença em termos da mediana da vida útil de baterias, entre câmeras subcompactas e câmeras compactas. **(b)** Você deve pressupor uma variabilidade aproximadamente igual nas duas populações. **(c)** Utilizando o teste t para variâncias agrupadas, você não rejeita a hipótese nula ($t = -2,1199 \; -0,6181 < 2,1199$; valor-$p = 0,5452 > 0,05$) e conclui que existem evidências insuficientes de uma diferença, em termos da mediana correspondente à vida útil de baterias, entre os dois tipos de câmeras digitais no Problema 10.11 (a).

12.44 (a) Regras de decisão: Se $H > \chi^2_S = 15,086$, rejeitar H_0. **(b)** Uma vez que $H = 13,77 < 15,086$, não rejeitar H_0.

12.46 (a) $H = 13,517 > 7,815$, valor-$p = 0,0036 < 0,05$, rejeitar H_0. Existem evidências suficientes de uma diferença, em termos da mediana para o tempo de espera nas quatro localizações. **(b)** Os resultados são condizentes com os do Problema 11.9.

12.48 (a) $H = 19,3269 > 9,488$, rejeitar H_0. Existem evidências de uma diferença na mediana das classificações das propagandas. **(b)** Os resultados são condizentes com os resultados do Problema 11.10. **(c)** Uma vez que as classificações combinadas não são variáveis contínuas verdadeiras, o teste das classificações de Kruskal-Wallis não paramétrico é mais apropriado, uma vez que ele não requer que as classificações estejam distribuídas nos moldes de uma distribuição normal.

12.50 (a) Uma vez que $H = 22,26 > 7,815$, ou o valor-p é aproximadamente zero, rejeitar H_0. Existem evidências suficientes de uma diferença em termos da mediana correspondente à resistência das quatro marcas de saco de lixo. **(b)** Os resultados são os mesmos.

Soluções para Testes de Autoavaliação e Respostas para Problemas Selecionados com Numeração Par   **741**

12.56 (a) Uma vez que $\chi^2_{ESTAT} = 0,412 < 3,841$, não rejeitar H_0. Não existem evidências suficientes para concluir que há uma relação entre o gênero de um aluno e a seleção da pizzaria. **(b)** Uma vez que $\chi^2_{ESTAT} = 2,624 < 3,841$, não rejeitar H_0. Não existem evidências suficientes para concluir que há uma relação entre o gênero de um aluno e a seleção da pizzaria. **(c)** Uma vez que $\chi^2_{ESTAT} = 4,956 < 5,991$, não rejeitar H_0. Não existem evidências suficientes para concluir que há uma relação entre o preço e a seleção da pizzaria. **(d)** Valor-$p = 0,0839$. A probabilidade de uma amostra que forneça uma estatística de teste igual ou maior que 4,956 é 8,39 %, caso a hipótese nula de nenhuma relação entre preço e seleção da pizzaria seja verdadeira.

12.58 (a) Uma vez que $\chi^2_{ESTAT} = 11,895 < 12,592$, não rejeitar H_0. Não existem evidências suficientes para concluir que há uma relação entre as atitudes dos empregados no que diz respeito ao uso de equipes de trabalho autogerenciadas e o tipo de emprego. **(b)** Uma vez que $\chi^2_{ESTAT} = 3,294 < 12,592$, não rejeitar H_0. Não existem evidências suficientes para concluir que há uma relação entre o posicionamento dos empregados no que diz respeito ao período de folga não remunerado e o tipo de emprego.

CAPÍTULO 13

13.2 (a) Sim. **(b)** Não. **(c)** Não. **(d)** Sim.

13.4 (a) O diagrama de dispersão demonstra uma relação linear positiva. **(b)** Para cada aumento de espaço na prateleira correspondente a um pé quadrado a mais, estima-se que as vendas semanais previstas cresçam em \$7,40. **(c)** $\hat{Y} = 145 + 7,4X = 145 + 7,4(8) = 204,2$, ou \$204,20.

13.6 (b) $b_0 = -2,37$; $b_1 = 0,0501$. **(c)** Para cada pé cúbico de aumento na quantidade transportada, espera-se que a média aritmética das horas de trabalho cresça em 0,0501. **(d)** 22,67 horas de trabalho.

13.8 (b) $b_0 = -496,3022$; $b_1 = 5,1961$. **(c)** Para cada aumento correspondente a um milhão de dólares em termos de receita, é previsto que o valor anual cresça em estimados \$5,1961 milhões. A interpretação literal de b_0 não é significativa, uma vez que uma franquia em operação não pode apresentar zero como receita. **(d)** \$283,1143 milhões.

13.10 (b) $b_0 = 14,7756$; $b_1 = 0,0907$. **(c)** Para cada crescimento correspondente a \$1 milhão de dólares adicionais em termos de receita de bilheteria, estima-se que a receita prevista para a venda de DVD cresça em \$0,0907 milhão. **(d)** $\hat{Y} = b_0 + b_1X$. $\hat{Y} = 14,7756 + 0,0907(75) = $ \$21,5760 milhões.

13.12 $r^2 = 0,90$. 90 % da variação na variável dependente podem ser explicados pela variação na variável independente.

13.14 $r^2 = 0,75$. 75 % da variação na variável dependente podem ser explicados pela variação na variável independente.

13.16 (a) $r^2 = \dfrac{SQREg}{STQ} = \dfrac{20.535}{30.025} = 0,684$. 68,4 % da variação nas vendas podem ser explicados pela variação de espaço de prateleira.

(b) $S_{YX} = \sqrt{\dfrac{SQR}{n-2}} = \sqrt{\dfrac{\sum_{i=1}^{n}(Y_i - \hat{Y}_i)^2}{n-2}} = \sqrt{\dfrac{9.490}{10}} = 30,8058$.

(c) Com base em (a) e (b), o modelo deve ser útil para prever vendas.

13.18 (a) $r^2 = 0,8892$. 88,92 % da variação nas horas de trabalho podem ser explicados pela variação na quantidade de pés cúbicos transportados na mudança. **(b)** $S_{YX} = 5,0314$. **(c)** Com base em (a) e (b), o modelo deve ser bastante útil para prever as horas de trabalho.

13.20 (a) $r^2 = 0,7903$. 79,03 % da variação no valor de uma franquia de beisebol podem ser explicados pela variação em sua respectiva receita anual. **(b)** $S_{YX} = 150,9547$. **(c)** Com base em (a) e (b), o modelo deve ser bastante útil para prever o valor de uma franquia de beisebol.

13.22 (a) $r^2 = 0,1749$. 17,49 % da variação em termos de receitas geradas pela venda de DVD podem ser explicados pela variação na receita da bilheteria. **(b)** $S_{YX} = 21,2824$. **(c)** A variação em termos de receitas geradas pela venda de DVD em torno da linha de previsão é \$21,2824 milhões. A diferença típica entre a receita real gerada pela venda de DVD e a receita prevista pela venda de DVD, utilizando-se a equação da regressão, é aproximadamente \$21,2824 milhões. **(c)** Com base em (a) e (b), o modelo pode não ser útil para prever as receitas geradas pela venda de DVD. **(d)** Outras variáveis que poderiam explicar a variação em termos das receitas geradas pela venda de DVD poderiam ser a quantia gasta com propaganda, o intervalo de tempo até a liberação do DVD e o tipo de filme.

13.24 Uma análise de resíduos dos dados indica um padrão, com grupos dimensionáveis de resíduos consecutivos, que são todos positivos, ou todos negativos. Esse padrão indica uma violação do pressuposto da linearidade. Um modelo curvilíneo deve ser investigado.

13.26 Não parece existir um padrão no gráfico de resíduos. Os pressupostos da regressão não aparentam ter sido seriamente violados.

13.28 Com base no gráfico de resíduos, não parece existir um padrão curvilíneo nos resíduos. Os pressupostos de normalidade e igualdade de variâncias não aparentam ter sido seriamente violados.

13.30 Com base no gráfico de resíduos, parece haver um valor extremo (*outlier*) nos resíduos, mas nenhuma evidência de um padrão.

13.32 (a) Existe uma relação linear ascendente. **(b)** Existem evidências de uma forte autocorrelação positiva entre os resíduos.

13.34 (a) Não, uma vez que os dados não foram coletados ao longo do tempo. **(b)** Caso uma única loja tivesse sido selecionada e, depois, estudada ao longo de um período de tempo, você calcularia a estatística de Durbin-Watson.

13.36 (a)

$$b_1 = \frac{SQXY}{SQX} = \frac{201.399,05}{12.495,626} = 0,0161$$
$$b_0 = \overline{Y} - b_1\overline{X} = 71,2621 - 0,0161\,(4.393) = 0,458.$$

(b) $\hat{Y} = 0,458 + 0,0161X = 0,458 + 0,0161(4.500) = 72,908$, ou \$72.908. **(c)** Não existe nenhuma evidência de um padrão nos resíduos ao longo

do tempo. **(d)** $D = \dfrac{\sum_{i=2}^{n}(e_i - e_{i-1})^2}{\sum_{i=1}^{n}e_i^2} = \dfrac{1.243,2244}{599,0683} = 2,08 > 1,45$. Não

existe nenhuma evidência de autocorrelação positiva entre os resíduos. **(e)** Com base na análise de resíduos, o modelo aparenta ser adequado

13.38 (a) $b_0 = -2,535$, $b_1 = 0,06073$. **(b)** \$2.505,40. **(d)** $D = 1,64 > d_S = 1,42$, de modo que não existe nenhuma evidência de autocorrelação positiva entre os resíduos. **(e)** O gráfico mostra algum padrão não linear, sugerindo que um modelo não linear poderia ser melhor. A não ser por isso, o modelo aparenta ser adequado.

13.40 (a) 3,00. **(b)** $\pm 2,1199$. **(c)** Rejeitar H_0. Existem evidências de que o modelo de regressão linear ajustado é útil. **(d)** $1,32 \leq \beta_1 \leq 7,68$.

13.42 (a) $t_{ESTAT} = \dfrac{b_1 - \beta_1}{S_{b_1}} = \dfrac{7,4}{1,59} = 4,65 > 2,2281$. Rejeitar H_0. Existem evidências de uma relação linear entre espaço na prateleira e vendas. **(b)** $b_1 \pm t_{\alpha/2}\,S_{b_1} = 7,4 \pm 2,2281\,(1,59)\;3,86 \leq \beta_1 \leq 10,94$.

13.44 (a) $t_{ESTAT} = 16,52 > 2,0322$; rejeitar H_0. Existem evidências de uma relação linear entre a quantidade de pés cúbicos transportados na mudança e as horas trabalhadas. **(b)** $0,0439 \leq \beta_1 \leq 0,0562$.

13.46 (a) $t_{ESTAT} = 10,2714 > 2,0484$ ou porque o valor-p é aproximadamente zero, rejeitar H_0 no nível de significância de 5 %. Existem evidências de uma relação linear entre receita anual e valor da franquia. **(b)** $4,1599 \leq \beta_1 \leq 6,2324$.

13.48 (a) $t_{ESTAT} = 2,0592 > 2,086$ ou porque o valor-$p = 0 < 0,0527 > 0,05$; não rejeitar H_0. Existem evidências insuficientes de uma relação linear entre receita da bilheteria e vendas de DVD. **(b)** $-0,0012 \leq \beta_1 \leq 0,1825$.

13.50 (a) (variação % diária no BGU) $= b_0 + 3,0$ (variação % diária no Índice Russell 1000). **(b)** Se o índice Russell 1000 obtiver um ganho de 10 % em um ano, espera-se que o BGU obtenha um ganho estimado de 30%. **(c)** Caso o índice Russell 1000 obtenha uma perda de 20 % em

742 Soluções para Testes de Autoavaliação e Respostas para Problemas Selecionados com Numeração Par

um ano, espera-se que o BGU obtenha uma perda estimada de 60 %. **(d)** Investidores que buscam o risco serão atraídos para os fundos alavancados, enquanto investidores com aversão ao risco se manterão afastados desses fundos.

13.52 (a), **(b)** Receita bruta correspondente ao primeiro final de semana e receita bruta nos EUA: $r = 0{,}7264$; $t_{ESTAT} = 2{,}5893 > 2{,}4469$; valor-$p = 0{,}0413 < 0{,}05$, rejeitar H_0. No nível de significância de 0,05, existem evidências de uma relação linear significativa entre as receitas correspondentes ao primeiro final de semana e a receita bruta nos EUA. Receita bruta correspondente ao primeiro final de semana e receita bruta mundial: $r = 0{,}8234$; $t_{ESTAT} = 3{,}5549 > 2{,}4469$; valor-$p = 0{,}0120 < 0{,}05$, rejeitar H_0. No nível de significância de 0,05, existem evidências de uma relação linear significativa entre a receita bruta correspondente ao primeiro final de semana e a receita nos EUA. Receita bruta nos EUA e receita bruta em âmbito internacional: $r = 0{,}9629$, $t_{ESTAT} = 8{,}7456 > 2{,}4469$, valor-$p = 0{,}0001 < 0{,}05$. Rejeitar H_0. No nível de significância de 0,05, existem evidências de uma relação linear significativa entre a receita bruta nos EUA e a receita bruta mundial.

13.54 (a) $r = 0{,}7042$. Parece existir uma relação linear positiva moderada entre a taxa de utilização de mídias sociais e o PIB *per capita*. **(b)** $t_{ESTAT} = 4{,}3227$; valor-$p = 0{,}0004 < 0{,}05$. Rejeitar H_0. No nível de significância de 0,05, existe uma relação linear significativa entre a taxa de utilização de mídias sociais e o PIB *per capita*. **(c)** Parece existir uma relação forte.

13.56 (a) $15{,}95 \le \mu_{Y|X=4} \le 18{,}05$. **(b)** $14{,}651 \le Y_{X=4} \le 19{,}349$.

13.58 (a) $\hat{Y} = 145 + 7{,}4(8) = 204{,}2$ $\hat{Y} \pm t_{\alpha/2}S_{YX}\sqrt{h_i}$

$$= 204{,}2 \pm 2{,}2281(30{,}81)\sqrt{0{,}1373}$$
$$178{,}76 \le \mu_{Y|X=8} \le 229{,}64.$$

(b) $\hat{Y} \pm t_{\alpha/2}S_{YX}\sqrt{1 + h_i}$

$$= 204{,}2 \pm 2{,}2281(30{,}81)\sqrt{1 + 0{,}1373}$$
$$131{,}00 \le Y_{X=8} \le 277{,}40.$$

(c) O item (b) fornece um intervalo de previsão para a resposta individual, considerando-se um valor específico da variável independente, e o item (a) fornece uma estimativa de intervalo para a média aritmética do valor, dado um valor específico da variável independente. Uma vez que existe uma quantidade bem maior de variação ao prever um valor individual do que ao estimar a média aritmética de um valor, um intervalo de previsão é mais amplo do que uma estimativa de intervalo de confiança.

13.60 (a) $20{,}799 \le \mu_{Y|X=500} \le 24{,}542$. **(b)** $12{,}276 \le Y_{X=500} \le 33{,}065$. **(c)** Você consegue estimar uma média aritmética mais precisamente do que é capaz de prever uma única observação.

13.62 (a) $197{,}6132 \le \mu_{Y|X=150} \le 368{,}6155$. **(b)** $-37{,}7056 \le Y_{X=150} \le 603{,}9343$. **(c)** O item (b) fornece um intervalo de previsão para uma resposta individual, considerando-se um valor específico de X, e o item (a) fornece uma estimativa de intervalo para a média aritmética do valor, dado um valor específico de X. Uma vez que existe uma quantidade bem maior de variação ao prever um valor individual do que ao estimar uma média aritmética, o intervalo de previsão é mais amplo do que o intervalo de confiança.

13.74 (a) $b_0 = 24{,}84$, $b_1 = 0{,}14$. **(b)** Para cada caso adicional, estima-se que o tempo de entrega previsto cresça em 0,14 minuto. **(c)** 45,84. **(d)** Não, 500 está fora do intervalo relevante de dados utilizado para ajustar a equação da regressão. **(e)** $r^2 = 0{,}972$. **(f)** Não existe nenhum padrão evidente nos resíduos, de modo que os pressupostos da regressão estão atendidos. O modelo aparenta ser adequado. **(g)** $t_{ESTAT} = 24{,}88 > 2{,}1009$; rejeitar H_0. **(h)** $44{,}88 \le \mu_{Y|X=150} \le 46{,}80$. $41{,}56 \le Y_{X=150} \le 50{,}12$.

13.76 (a) $b_0 = -122{,}3439$, $b_1 = 1{,}7817$. **(b)** Para cada mil dólares adicionais no valor de avaliação, o preço de venda estimado de uma casa cresce em \$1,7817 mil. O preço de venda estimado de uma casa com um valor avaliado de 0 é \$ $-122{,}3439$ mil. Entretanto, essa interpretação não tem significado no presente exemplo, uma vez que um valor de avaliação não pode estar abaixo de 0. **(c)** $\hat{Y} = -122{,}3439 + 1{,}78171X = -122{,}3439 + 1{,}78171(170) = 180{,}5475$ mil dólares. **(d)** $r^2 = 0{,}9256$. Sendo assim,

92,56 % da variação no preço de venda podem ser explicados com base na variação no valor de avaliação. **(e)** Nem o gráfico de resíduos nem o gráfico da probabilidade normal revelam qualquer violação potencial nos pressupostos de linearidade, igualdade de variâncias e normalidade. **(f)** $t_{ESTAT} = 18{,}6648 > 2{,}0484$, o valor-$p$ é praticamente igual a zero. Uma vez que o valor-$p < 0{,}05$, rejeitar H_0. Existem evidências de uma relação linear entre o preço de venda e o valor de avaliação. **(g)** $1{,}5862 \le \beta_1 \le 1{,}9773$.

13.78 (a) $b_0 = 0{,}30$, $b_1 = 0{,}00487$. **(b)** Para cada ponto adicional no resultado correspondente ao GMAT, estima-se que a média aritmética prevista para o GPA cresça em 0,00487. Uma vez que um resultado de zero para o GMAT não é possível, o intercepto de Y não tem uma interpretação prática. **(c)** 3,222. **(d)** $r^2 = 0{,}798$. **(e)** Não existe nenhum padrão evidente nos resíduos, de modo que os pressupostos da regressão estão atendidos. O modelo aparenta ser adequado. **(f)** $t_{ESTAT} = 8{,}43 > 2{,}1009$; rejeitar H_0. **(g)** $3{,}144 \le \mu_{Y|X=600} \le 3{,}301$, $2{,}886 \le Y_{X=600} \le 3{,}559$. **(h)** $0{,}00366 \le \beta_1 \le 0{,}00608$.

13.80 (a) Não existe nenhuma relação evidente ilustrada no gráfico de dispersão. **(c)** Verificando-se todos os 23 voos, quando a temperatura está mais baixa, é provável que haja algum dano no retentor, particularmente se a temperatura estiver abaixo de 60 graus. **(d)** 31 graus está fora do intervalo relevante, de modo que não é recomendado que seja feita uma previsão. **(e)** Y previsto $= 18{,}036 - 0{,}240X$, em que X = temperatura e Y = dano no retentor. **(g)** Um modelo não linear seria mais apropriado. **(h)** A aparência de um padrão não linear no gráfico de resíduos indica que um modelo não linear seria melhor. Também parece que o pressuposto da normalidade é inválido.

13.82 (a) $b_0 = 17{,}6465$; $b_1 = 2{,}7684$. **(b)** Para cada crescimento de um milhão de dólares a mais em termos de receita, o valor da franquia crescerá em estimados \$2,7684 milhões. A interpretação literal de b_0 não tem significado, uma vez que uma franquia que esteja operando não pode ter zero como receita. **(c)** \$432,9003 milhões. **(d)** $r^2 = 0{,}889$. 88,9 % da variação no valor de uma franquia da NBA podem ser explicados com base na variação em sua respectiva receita anual. **(e)** Não parece haver um padrão no gráfico de resíduos. Os pressupostos da regressão não parecem ter sido seriamente violados. **(f)** $t_{ESTAT} = 14{,}9779 > 2{,}0484$, ou uma vez que o valor-p é aproximadamente igual a zero, rejeitar H_0 no nível de significância de 5 %. Existem evidências de uma relação linear entre a receita anual e o valor da franquia. **(g)** $417{,}5025 \le \mu_{Y|X=150} \le 448{,}2982$. **(h)** $408{,}8257 \le Y_{X=150} \le 465{,}9544$. **(i)** A força da relação entre receita e valor da franquia é bem maior para franquias de beisebol e NBA do que para franquias dos times de futebol europeu e times da Major League Baseball.

13.84 (a) $b_0 = -2{,}629{,}222$; $b_1 = 82{,}472$. **(b)** Para cada centímetro adicional na circunferência, estima-se que o peso cresça em 82,472 gramas. **(c)** 2.319,08 gramas. **(d)** Sim, uma vez que a circunferência é um indicador de previsão muito forte para o peso. **(e)** $r^2 = 0{,}937$. **(f)** Parece existir uma relação não linear entre circunferência e peso. **(g)** O valor-p é praticamente igual a $0 < 0{,}05$; rejeitar H_0. **(h)** $72{,}7875 \le \beta_1 \le 92{,}156$.

13.86 (b) $\hat{Y} = 931{.}626{,}16 + 21{.}782{,}76X$. **(c)** $b_1 = 21{.}782{,}76$. Para cada crescimento de um ano na mediana para a idade da base de clientes, estima-se que o total das vendas totais para o último período de um mês cresça em \$21.782,76. $b_0 = 931{.}626{,}16$. Uma vez que a idade não pode ser igual a 0 (zero), não existe uma interpretação direta para b_0. **(d)** $r^2 = 0{,}0017$. Somente 0,17 % do total da variação nas vendas totais relativas ao último período de um mês da franquia pode ser explicado pelo uso da mediana da idade da base de clientes. **(e)** Os resíduos estão dispersos de maneira bastante uniforme ao longo dos diferentes intervalos para a mediana da idade. **(f)** Uma vez que $-2{,}0281 < t_{ESTAT} = 0{,}2482 < 2{,}0281$, não rejeitar H_0. Não existem evidências suficientes para concluir que há uma relação linear entre o total de vendas para o período de um mês e a mediana da idade da base de clientes. **(g)** $-156{.}181{,}50 \le \beta_1 \le 199{.}747{,}02$.

13.88 (a) Existe uma relação linear positiva entre o total de vendas e a porcentagem da base de clientes que tenham um diploma de terceiro grau. **(b)** $\hat{Y} = 789{.}847{,}38 + 35{.}854{,}15X$. **(c)** $b_1 = 35{.}854{,}15$. Para cada aumento de 1 % na base de clientes que tenham conquistado um diploma de terceiro grau, estima-se que a média aritmética correspondente ao total de vendas para o último período de um mês cresça em \$35.854,15.

Soluções para Testes de Autoavaliação e Respostas para Problemas Selecionados com Numeração Par   **743**

$b_0 = 789.847,38$. Embora esses valores estejam fora do intervalo correspondente aos dados, isto significaria que as vendas estimadas, quando a porcentagem da base de clientes com um diploma de terceiro grau é igual a 0 (zero), seriam $789.847,38. **(d)** $r^2 = 0,1036$. 10,36 % do total da variação no total de vendas da franquia, relativas ao último período de um mês, podem ser explicados com base na porcentagem da base de clientes com um diploma de terceiro grau. **(e)** Os resíduos estão uniformemente dispersos em torno de zero. **(f)** Uma vez que $t_{ESTAT} = 2,0392 > 2.0281$, rejeitar H_0. Há evidências suficientes para concluir que existe uma relação linear entre o total de vendas correspondentes a um mês e a porcentagem da base de clientes com um diploma de terceiro grau. **(g)** $b_1 \pm t_{\alpha/2}$, $S_{b1} = 35.854,15 \pm 2,0281(17.582,269)$, $195,75 \le \beta_1 \le 71.512,60$.

13.90 (a) A correlação entre remuneração e o retorno para o investimento é $0,1457$. **(b)** $t_{ESTAT} = 2,0404 > 1,9724$; valor-$p = 0,0427 < 0,05$. A correlação entre remuneração e retorno para o investimento é significativa; somente 2,12 % da variação podem ser explicados pelo retorno. **(c)** A baixa correlação entre remuneração e o retorno para o investimento foi surpreendente (ou, talvez, não deveria ter sido!).

CAPÍTULO 14

14.2 (a) Para cada crescimento de uma unidade em X_1, você estima que Y decrescerá em 2 unidades, mantendo X_2 constante. Para cada crescimento de uma unidade em X_2, você estima que Y crescerá 7 unidades, mantendo X_1 constante. **(b)** O intercepto de Y, igual a 50, estima o valor previsto de Y quando tanto X_1 quanto X_2 são iguais a zero.

14.4 (a) $\hat{Y} = -2,72825 + 0,047114X_1 + 0,011947X_2$. **(b)** No que se refere a um determinado número de pedidos, para cada crescimento de $1.000 em vendas, estima-se que o custo de distribuição cresça em $47,114. No que se refere a um determinado montante de vendas, para cada crescimento relativo a um pedido, estima-se que o custo de distribuição cresça em $11,95. **(c)** A interpretação de b_0 não possui significado prático nesse caso, uma vez que representaria o custo estimado de distribuição, quando não existiram vendas nem pedidos. **(d)** $\hat{Y} = -2,72825 + 0,047114(400) + 0,011947(4500) = 69,878$ ou $69.878. **(e)** $66.419,93 \le \mu_{Y|X} \le $73.337,01. **(f)** $59.380,61 \le Y_X \le $80.376,33. **(g)** O intervalo em (c) é mais estreito porque está estimando a média aritmética do valor, e não um valor individual.

14.6 (a) $\hat{Y} = 156,4 + 13,081X_1 + 16,795X_2$. **(b)** Para uma determinada quantidade de propaganda em jornais, estima-se que cada aumento correspondente a $1.000 na propaganda em rádio resulte em um crescimento de $13.081 nas vendas. Para uma determinada quantidade de propaganda em rádio, estima-se que cada aumento de $1.000 na propaganda em jornais resulte em uma média aritmética de crescimento de $16.795 nas vendas. **(c)** Quando não existe nenhum montante em absoluto gasto na propaganda em rádio ou na propaganda em jornais, a média aritmética estimada para vendas é igual a $156.430,44. **(d)** Mantendo constante a outra variável independente, a propaganda em jornais parece ser mais eficaz, uma vez que a inclinação é maior.

14.8 (a) $\hat{Y} = 400,8057 + 456,4485X_1 - 2,4708X_2$, em que $X_1 = $ área do terreno; $X_2 = $ idade (tempo de construção). **(b)** Para uma determinada idade (tempo de construção), estima-se que cada aumento correspondente a um acre na área do terreno resulte em um crescimento de $456,45 mil no valor de avaliação. Para uma determinada área de terreno, em acres, estima-se que cada aumento correspondente a um ano na idade (tempo de construção) resulte em uma média aritmética de decréscimo de $2,47 mil no valor de avaliação. **(c)** A interpretação de b_0 não possui um significado prático neste problema, uma vez que representaria o valor de avaliação estimado de uma nova casa que não tem área de terreno. **(d)** $\hat{Y} = 400,8057 + 456,4485(0,25) - 2,4708(45) = $403,73$ mil. **(e)** $372,7370 \le \mu_{Y|X} \le 434,7243$. **(f)** $235,1964 \le Y_X \le 572,2649$.

14.10 (a) $MQReg = 15$; $MQR = 12$. **(b)** 1,25. **(c)** $F_{ESTAT} = 1,25 < 4,10$; não rejeitar H_0. **(d)** 0,20. **(e)** 0,04.

14.12 (a) $F_{ESTAT} = 97,69 > F_\alpha = 3,89$ com 2 e $15 - 2 - 1 = 12$ graus de liberdade. Rejeitar H_0. Existem evidências de uma relação linear significativa com pelo menos uma das variáveis independentes. **(b)** Valor-$p = 0,0001$. **(c)** $r^2 = 0,9421$. 94,21 % da variação na capacidade de longo

prazo em absorver o choque podem ser explicados pela variação no poder de absorção da parte dianteira do pé e pela variação no impacto no meio da sola. **(d)** $r^2_{aj} = 0,935$.

14.14 (a) $F_{ESTAT} = 74,13 > 3,467$; rejeitar H_0. **(b)** Valor-$p = 0$. **(c)** $r^2 = 0,8759$. 87,59 % da variação nos custos de distribuição podem ser explicados pela variação nas vendas e pela variação no número de pedidos. **(d)** $r^2_{aj} = 0,8641$.

14.16 (a) $F_{ESTAT} = 40,16 > 3,522$. Rejeitar H_0. Existem evidências de uma relação linear significativa. **(b)** Valor-$p < 0,001$. **(c)** $r^2 = 0,8087$. 80,87 % da variação nas vendas podem ser explicados pela variação na propaganda em rádio e pela variação na propaganda em jornais. **(d)** $r^2_{aj} = 0,7886$.

14.18 (a)-(e) Com base em uma análise de resíduos, não existem evidências de uma violação nos pressupostos da regressão. **(f)** $D = 2,26$. **(g)** $D = 2,26 > 1,55$. Não existe nenhuma evidência de autocorrelação positiva nos resíduos.

14.20 (a) Parece existir uma relação quadrática no gráfico dos resíduos em relação à propaganda em rádio e à propaganda em jornais. **(b)** Uma vez que os dados não foram coletados ao longo do tempo, o teste de Durbin-Watson não é apropriado. **(c)** Devem ser considerados termos curvilíneos para cada uma dessas variáveis explanatórias, para fins de inclusão no modelo.

14.22 (a) A análise de resíduos não revela nenhum padrão. **(b)** Uma vez que os dados não foram coletados ao longo do tempo, o teste Durbin-Watson não é apropriado. **(c)** Não existem violações aparentes nos pressupostos.

14.24 (a) A variável X_2 apresenta uma maior inclinação em termos da estatística t de 3,75 do que a variável X_1, que apresenta uma menor inclinação em termos da estatística t de 3,33. **(b)** $1,46824 \le \beta_1 \le 6,53176$. **(c)** Para X_1: $t_{ESTAT} = 4/1,2 = 3,33 > 2,1098$, com 17 graus de liberdade para $\alpha = 0,05$. Rejeitar H_0. Existem evidências de que X_1 contribui para um modelo que já contém X_2. Para X_2: $t_{ESTAT} = 3/0,8 = 3,75 > 2,1098$, com 17 graus de liberdade para $\alpha = 0,05$. Rejeitar H_0. Existem evidências de que X_2 contribui para um modelo que já contém X_1. Tanto X_1 quanto X_2 devem ser incluídas no modelo.

14.26 (a) Intervalo de confiança de 95 % em β_1: $b_1 \pm tS_{b1}$, $0,0471 \pm 2,0796 (0,0203)$, $0,0049 \le \beta_1 \le 0,0893$. **(b)** Para X_1: $t_{ESTAT} = b_1/S_{b1} = 0,0471/0,0203 = 2,32 > 2,0796$. Rejeitar H_0. Existem evidências de que X_1 contribui para um modelo que já contém X_2. Para X_2: $t_{ESTAT} = b_1 / S_{b1} = 0,0112/0,0023 = 5,31 > 2,0796$. Rejeitar H_0. Existem evidências de que X_2 contribui para um modelo que já contém X_1. Tanto X_1 (vendas) quanto X_2 (pedidos) devem ser incluídos no modelo.

14.28 (a) $9,398 \le \beta_1 \le 16,763$. **(b)** Para X_1: $t_{ESTAT} = 7,43 > 2,093$. Rejeitar H_0. Existem evidências de que X_1 contribui para o modelo que já contém X_2. Para X_2: $t = 5,67 > 2,093$. Rejeitar H_0. Existem evidências de que X_2 contribui para o modelo que já contém X_1. Tanto X_1 (vendas) quanto X_2 (propaganda em jornais) devem ser incluídas no modelo.

14.30 (a) $227,5865 \le \beta_1 \le 685,3104$. **(b)** Para X_1: $t_{ESTAT} = 4,0922$ e o valor-$p = 0,0003$. Uma vez que o valor-$p < 0,05$, rejeitar H_0. Existem evidências de que X_1 contribui para um modelo que já contém X_2. Para X_2: $t_{ESTAT} = -3,6295$ e valor-$p = 0,0012$. Uma vez que o valor-$p < 0,05$, rejeitar H_0. Existem evidências de que X_2 contribui para um modelo que já contém X_1. Tanto X_1 (área do terreno) quanto X_2 (idade/tempo de construção) devem ser incluídas no modelo.

14.32 (a) Para X_1: $F_{ESTAT} = 1,25 < 4,96$; não rejeitar H_0. Para X_2: $F_{ESTAT} = 0,833 < 4,96$; não rejeitar H_0. **(b)** $0,1111$; $0,0769$.

14.34 (a) Para X_1: $SQReg(X_1|X_2) = SQReg(X_1 \text{ e } X_2) - SQReg(X_2) = 3.368.087 - 3.246.062 = 122.025$, $F_{ESTAT} = \dfrac{SQReg(X_1|X_2)}{MQR} = \dfrac{122.025}{477.043/21} = 5,37 > 4,325$. Rejeitar H_0. Existem evidências de que X_1 contribui para um modelo que já contém X_2. Para X_2: $SQReg(X_2|X_1) = SQReg(X_1 \text{ e } X_2) - SQReg(X_1) = 3.368.087 - 2.726.822 = 641.265$, $F_{ESTAT} = \dfrac{SQReg(X_2|X_1)}{MQR} = \dfrac{641.265}{477.043/21} = 28,23 > 4,325$.

744 Soluções para Testes de Autoavaliação e Respostas para Problemas Selecionados com Numeração Par

Rejeitar H_0. Existem evidências de que X_2 contribui para um modelo que já contém X_1. Uma vez que tanto X_1 quanto X_2 oferecem uma contribuição significativa para o modelo na presença da outra variável, ambas as variáveis devem ser incluídas no modelo.

(b) $r_{Y1,2}^2 = \dfrac{SQReg(X_1|X_2)}{STQ - SQReg(X_1 \text{ e } X_2) + SQReg(X_1|X_2)}$

$= \dfrac{122{,}025}{3.845{,}13 - 3.368{,}087 + 122{,}025} = 0{,}2037.$

Mantendo constante o efeito decorrente do número de pedidos, 20,37 % da variação no custo de distribuição podem ser explicados com base na variação nas vendas.

$r_{Y2,1}^2 = \dfrac{SQReg(X_2|X_1)}{STQ - SQReg(X_1 \text{ e } X_2) + SQReg(X_2|X_1)}$

$= \dfrac{641{,}265}{3.845{,}13 - 3.368{,}087 + 641{,}265} = 0{,}5734$

Mantendo constante o efeito decorrente das vendas, 57,34 % da variação no custo de distribuição podem ser explicados pela variação no número de pedidos.

14.36 (a) Para X_1: $F_{ESTAT} = 55{,}28 > 4{,}381$. Rejeitar H_0. Existem evidências de que X_1 contribui para um modelo que já contém X_2. Para X_2: $F_{ESTAT} = 32{,}12 > 4{,}381$. Rejeitar H_0. Existem evidências de que X_2 contribui para um modelo que já contém X_1. Uma vez que tanto X_1 quanto X_2 oferecem uma contribuição significativa para o modelo na presença da outra variável, ambas as variáveis devem ser incluídas no modelo. **(b)** $r_{Y1,2}^2 = 0{,}7442$. Mantendo constante o efeito decorrente da propaganda em jornais, 74,42 % da variação nas vendas podem ser explicados com base na variação da propaganda em rádio. $r_{Y2,1}^2 = 0{,}6283$. Mantendo constante o efeito decorrente da propaganda em rádio, 62,83 % da variação nas vendas podem ser explicados com base na variação na propaganda em jornais.

14.38 (a) Mantendo constante o efeito decorrente de X_2, para cada crescimento de uma unidade de X_1, Y cresce em 4 unidades. **(b)** Mantendo constante o efeito decorrente de X_1, para cada crescimento de uma unidade de X_2, Y cresce em 2 unidades. **(c)** Uma vez que $t_{ESTAT} = 3{,}27 > 2{,}1098$, rejeitar H_0. A variável X_2 oferece uma contribuição significativa para o modelo.

14.40 (a) $\hat{Y} = 243{,}7371 + 9{,}2189X_1 + 12{,}6967X_2$, em que X_1 = número de cômodos e X_2 = vizinhança (leste = 0). **(b)** Mantendo constante o efeito decorrente da vizinhança, para cada cômodo adicional, estima-se que o preço de venda cresça em 9,2189 mil dólares, ou \$9.218,9. Para um determinado número de cômodos, estima-se que uma vizinhança no oeste faça crescer em 12,6967 mil dólares, ou \$12.696,7, o preço de venda, em comparação com uma vizinhança no leste. **(c)** $\hat{Y} = 243{,}7371 + 9{,}2189(9) + 12{,}6967(0) = 326{,}7076$ ou \$326.707,6. $\$309.560{,}04 \leq Y_X \leq \$343.855{,}1$. $\$321.471{,}44 \leq \mu_{YX} \leq \$331.943{,}71$. **(d)** Com base na análise de resíduos, o modelo parece ser adequado. **(e)** $F_{ESTAT} = 55{,}39$; o valor-p é praticamente igual a zero. Uma vez que o valor-$p < 0{,}05$, rejeitar H_0. Existem evidências de uma relação significativa entre preço de venda e as duas variáveis independentes (cômodos e vizinhança). **(f)** Para X_1: $t_{ESTAT} = 8{,}9537$; o valor-p é praticamente igual a 0. Rejeitar H_0. O número de cômodos oferece uma contribuição significativa e deve ser incluído no modelo. Para X_2: $t_{ESTAT} = 3{,}5913$; valor-$p = 0{,}0023 < 0{,}05$. Rejeitar H_0. Vizinhança oferece uma contribuição significativa e deve ser incluída no modelo. Com base nesses resultados, o modelo de regressão com duas variáveis independentes deve ser utilizado. **(g)** $7{,}0466 \leq \beta_1 \leq 11{,}3913$. **(h)** $5{,}2378 \leq \beta_2 \leq 20{,}1557$. **(i)** $r_{aj}^2 = 0{,}851$. **(j)** $r_{Y1,2}^2 = 0{,}825$. Mantendo constante o efeito decorrente da vizinhança, 82,5 % da variação no preço de venda podem ser explicados pela variação no número de cômodos. $r_{Y2,1}^2 = 0{,}431$. Mantendo constante o efeito decorrente do número de cômodos, 43,1 % da variação no preço de venda podem ser explicados por meio da variação no tipo de vizinhança. **(k)** A inclinação do preço de venda em relação ao número de cômodos é a mesma, independentemente do fato de a casa estar localizada na vizinhança leste ou na vizinhança oeste. **(l)** $\hat{Y} = 253{,}95 + 8{,}032X_1 - 5{,}90X_2 + 2{,}089X_1X_2$. Para X_1X_2, valor-$p = 0{,}330$. Não rejeitar H_0 Não existe nenhuma evidência de que o termo de interação ofereça uma contribuição para o modelo. **(m)** O modelo em (b) deve ser utilizado.

14.42 (a) Tempo previsto $= 8{,}01 + 0{,}00523$ Profundidade $- 2{,}105$ Seca. **(b)** Mantendo constante o efeito decorrente do tipo de perfuração, para cada unidade correspondente a um pé de aumento na profundidade do orifício, estima-se que a média aritmética do tempo para perfuração cresça em 0,00523 minuto. Para uma determinada profundidade, estima-se que uma perfuração a seco reduza em 2,1052 minutos o tempo de perfuração, em comparação com a perfuração úmida. **(c)** 6,428 minutos. $6{,}210 \leq \mu_{YIX} \leq 6{,}646$; $4{,}923 \leq Y_X \leq 7{,}932$. **(d)** O modelo aparenta ser adequado. **(e)** $F_{ESTAT} = 111{,}11 > 3{,}09$; rejeitar H_0. **(f)** $t_{ESTAT} = 5{,}03 > 1{,}9847$; rejeitar H_0. $t_{ESTAT} = -14{,}03 < -1{,}9847$; rejeitar H_0. Incluir ambas as variáveis. **(g)** $0{,}0032 \leq \beta_1 \leq 0{,}0073$. **(h)** $-2{,}403 \leq \beta_2 \leq -1{,}808$. **(i)** 69,0 %. **(j)** 0,207; 0,670. **(k)** A inclinação correspondente ao tempo adicional de perfuração em relação à profundidade do orifício é a mesma, independentemente do tipo de método de perfuração utilizado. **(l)** O valor-p para o termo de interação $= 0{,}462 > 0{,}05$, de modo que o termo não é significativo e não deve ser incluído no modelo. **(m)** O modelo no item (b) deve ser utilizado.

14.44 (a) $\hat{Y} = 31{,}5594 + 0{,}0296X_1 + 0{,}0041X_2 + 0{,}000017159X_1X_2$, em que X_1 = vendas; X_2 = pedidos; valor-$p = 0{,}3249 > 0{,}05$. Não rejeitar H_0. Não existem evidências suficientes de que o termo de interação oferece uma contribuição para o modelo. **(b)** Uma vez que não existem evidências suficientes em relação a nenhum efeito de interação entre vendas e pedidos, o modelo no Problema 14.4 deve ser utilizado.

14.46 (a) O valor-p do termo de interação $= 0{,}002 < 0{,}05$, de modo que o termo é significativo e deve ser incluído no modelo. **(b)** Utilize o modelo desenvolvido neste problema.

14.48 (a) Para X_1X_2, valor-$p = 0{,}2353 > 0{,}05$. Não rejeitar H_0. Não existem evidências suficientes de que o termo de interação oferece uma contribuição para o modelo. **(b)** Uma vez que não existem evidências suficientes de um efeito de interação entre o total da equipe presente e horas remotas, deve ser utilizado o modelo no Problema 14.7.

14.50 Mantendo constante o efeito decorrente de outras variáveis, o logaritmo natural da razão de possibilidades estimada para a resposta da variável dependente crescerá em 2,2 para cada unidade de crescimento na variável independente específica.

14.52 0,4286.

14.54 (a) ln(razão de possibilidades estimada) $= -6{,}9394 + 0{,}1395X_1 + 2{,}7743X_2 = -6{,}9394 + 0{,}1395(36) + 2{,}7743(0) = -1{,}91908$. Razão de possibilidades estimada $= e^{-1{,}91908} = 0{,}1470$. Probabilidade Estimada de Sucesso = Razão de Possibilidades / (1 + Razão de Possibilidades) $= 0{,}1470 / (1 + 0{,}1470) = 0{,}1260$. **(b)** Com base na discussão apresentada no livro para o exemplo, espera-se que 70,2 % dos indivíduos que têm uma cobrança de \$36.000 por ano e possuem cartões adicionais venham a adquirir um cartão platinum. Pode-se esperar que somente 12,60 % dos indivíduos que têm uma cobrança de \$36.000 por ano e não possuem cartões adicionais venham a adquirir um cartão platinum. Para uma determinada quantia em dinheiro a título de cobrança, a possibilidade de virem a adquirir um cartão platinum é substancialmente mais alta entre indivíduos que já possuem cartões adicionais do que para aqueles que não possuem cartões adicionais. **(c)** ln(razão de possibilidades estimada) $= -6{,}9394 + 0{,}1395X_1 + 2{,}7743X_2 = -6{,}9394 + 0{,}1395(18) + 2{,}7743(0) = -4{,}4298$. Razão de possibilidades estimada $= e^{-4{,}4298} = 0{,}0119$. Probabilidade Estimada de Sucesso = Razão de Possibilidades / (1 + Razão de Possibilidades) $= 0{,}0119 / (1 + 0{,}0119) = 0{,}01178$. **(d)** Entre os indivíduos que não possuem cartões adicionais, a possibilidade de vir a adquirir um cartão platinum diminui drasticamente mediante um decréscimo substancial na quantia anual a título de cobrança.

14.56 (a) ln(razão de possibilidades estimada) $= -121{,}95 + 8{,}053$ GPA $+ 0{,}1573$ GMAT. **(b)** Mantendo constante o efeito decorrente do resultado para o GMAT, para cada crescimento de um ponto no GPA, ln(razão de possibilidades) cresce com base em uma estimativa de 8,053. Mantendo constante o efeito decorrente do resultado para o GPA, para cada crescimento de um ponto no GMAT, ln(razão de possibilidades) cresce com base em uma estimativa de 0,1573. **(c)** 0,197. **(d)** Estatística para o desvio $= 8{,}112 < 40{,}133$, não rejeitar H_0, de modo que o modelo é adequado. **(e)** Para o GPA: $Z_{ESTAT} = 1{,}60 < 1{,}96$, não rejeitar H_0. Para o GMAT: $Z_{ESTAT} = 2{,}07 > 1{,}96$, rejeitar H_0. **(f)** ln(razão de possibilidades estimada) $= 2{,}765 + 1{,}02$ GPA. **(g)** ln(razão de possibilidades estimada) $= -60{,}15 + 0{,}099$ GMAT. **(h)** Utilize o modelo em (g).

Soluções para Testes de Autoavaliação e Respostas para Problemas Selecionados com Numeração Par

14.68 (a) $\hat{Y} = -3,9152 + 0,0319X_1 + 4,2228X_2$, em que $X_1 =$ quantidade de pés cúbicos transportados e $X_2 =$ número de peças de mobiliário de grande porte. **(b)** Mantendo constante o número de peças de mobiliário de grande porte, para cada pé cúbico adicional transportado, estima-se que as horas trabalhadas cresçam em 0,0319. Mantendo constante a quantidade de pés cúbicos transportada, para cada peça de mobiliário de grande porte transportada, estima-se que as horas trabalhadas cresçam em 4,2228. **(c)** $\hat{Y} = -3,9152 + 0,0319(500) + 4,2228(2) = 20,4926$. **(d)** Com base em uma análise de resíduos, os erros aparentam estar distribuídos nos moldes de uma distribuição normal. O pressuposto de igualdade de variâncias pode ter sido violado, uma vez que as variâncias parecem ser maiores em torno da região central de ambas as variáveis independentes. Pode também ter havido violação do pressuposto da linearidade. Um modelo com termos quadráticos para ambas as variáveis independentes poderia ser ajustado. **(e)** $F_{ESTAT} = 228,80$; o valor-p é praticamente 0. Uma vez que valor-$p < 0,05$, rejeitar H_0. Existem evidências de uma relação significativa entre as horas trabalhadas e as duas variáveis independentes (a quantidade de pés cúbicos transportados e o número de peças de mobiliário de grande porte). **(f)** O valor-p é praticamente 0. A probabilidade de se obter uma estatística de teste de 228,80 ou mais é praticamente 0, caso não exista nenhuma relação significativa entre horas trabalhadas e as duas variáveis independentes (a quantidade de pés cúbicos transportados e o número de peças de mobiliário de grande porte). **(g)** $r^2 = 0,9327$. 93,27 % da variação nas horas trabalhadas podem ser explicados pela variação na quantidade de pés cúbicos transportados e pelo número de peças de mobiliário de grande porte. **(h)** $r^2_{aj} = 0,9287$. **(i)** Para X_1: $t_{ESTAT} = 6,9339$, o valor-p é praticamente 0. Rejeitar H_0. A quantidade de pés cúbicos transportados oferece uma contribuição significativa e deve ser incluída no modelo. Para X_2: $t_{ESTAT} = 4,6192$, o valor-p é praticamente 0. Rejeitar H_0. O número de peças de mobiliário de grande porte oferece uma contribuição significativa e deve ser incluído no modelo. Com base nesses resultados, deve ser utilizado o modelo de regressão com as duas variáveis independentes. **(j)** Para X_1: $t_{ESTAT} = 6,9339$; o valor-p é praticamente 0. A probabilidade de se obter uma amostra que venha a resultar em uma estatística de teste mais distante do que 6,9339 é praticamente 0, caso a quantidade de pés cúbicos transportados não ofereça uma contribuição significativa, mantendo constante o efeito decorrente do número de peças de mobiliário de grande porte. Para X_2: $t_{ESTAT} = 4,6192$, o valor-p é praticamente 0. A probabilidade de se obter uma amostra que venha a resultar em uma estatística de teste mais distante do que 4,6192 é praticamente 0 se a quantidade de peças de mobiliário de grande porte não oferecer uma contribuição significativa, mantendo constante o efeito decorrente da quantidade de pés cúbicos transportados. **(k)** $0,0226 \leq \beta_1 \leq 0,0413$. Você está 95 % confiante de que a média aritmética das horas trabalhadas crescerá algo entre 0,0226 e 0,0413 para cada pé cúbico adicional transportado, mantendo constante o número de peças de mobiliário de grande porte. No Problema 13.44, você está 95 % confiante de que as horas trabalhadas crescerão algo entre 0,0439 e 0,0562 para cada pé cúbico adicional transportado, independentemente do número de peças de mobiliário de grande porte. **(l)** $r^2_{Y1.2} = 0,5930$. Mantendo constante o efeito decorrente do número de peças de mobiliário de grande porte, 59,3 % da variação nas horas trabalhadas podem ser explicados pela variação da quantidade de pés cúbicos transportados. $r^2_{Y2.1} = 0,3927$. Mantendo constante o efeito decorrente da quantidade de pés cúbicos transportados, 39,27 % da variação nas horas trabalhadas podem ser explicados pela variação no número de peças de mobiliário de grande porte.

14.70 (a) $\hat{Y} = -120,0483 + 1,7506X_1 + 0,3680X_2$, em que $X_1 =$ valor de avaliação e $X_2 =$ tempo desde a avaliação. **(b)** Mantendo constante o período de tempo, para cada um mil dólares adicionais no valor de avaliação, estima-se que a média aritmética do preço de venda cresça em 1,7506 mil dólares. Mantendo constante o valor de avaliação, para cada mês adicional desde a avaliação, estima-se que a média aritmética do preço de venda cresça em 0,3680 mil dólares. **(c)** $\hat{Y} = -120,0483 + 1,7506(170) + 0,3680(12) = 181,9692$ mil dólares. **(d)** Com base em uma análise de resíduos, o modelo aparenta ser adequado. **(e)** $F_{ESTAT} = 223,46$; o valor-p é praticamente 0. Uma vez que o valor-$p < 0,05$, rejeitar H_0. Existem evidências de uma relação significativa entre o preço de venda e as duas variáveis independentes (valor de avaliação e tempo desde a avaliação). **(f)** O valor-p é praticamente 0. A probabilidade de se obter uma estatística de teste de 223,46, ou mais, é praticamente 0, caso não exista nenhuma relação significativa entre o preço de venda e as duas variáveis independentes (valor de avaliação e tempo desde a avaliação).

(g) $r^2 = 0,9430$. 94,30 % da variação no preço de venda podem ser explicados pela variação no valor de avaliação e no tempo desde a avaliação. **(h)** $r^2_{aj} = 0,9388$. **(i)** Para X_1: $t_{ESTAT} = 20,4137$; o valor-p é praticamente 0. Rejeitar H_0. O valor de avaliação oferece uma contribuição significativa e deve ser incluído no modelo. Para X_2: $t_{ESTAT} = 2,8734$; valor-$p = 0,0078 < 0,05$. Rejeitar H_0. O tempo desde a avaliação oferece uma contribuição significativa e deve ser incluído no modelo. Com base nesses resultados, deve ser utilizado o modelo de regressão com as duas variáveis independentes. **(j)** Para X_1: $t_{ESTAT} = 20,4137$; o valor-p é praticamente 0. A probabilidade de se obter uma amostra que venha a resultar em uma estatística de teste mais distante do que 20,4137 é praticamente 0, caso o valor de avaliação não ofereça uma contribuição significativa, mantendo constante o tempo desde a avaliação. Para X_2: $t_{ESTAT} = 2,8734$; o valor-p é praticamente 0. A probabilidade de se obter uma amostra que venha a resultar em uma estatística de teste mais distante do que 2,8734 é praticamente 0, caso o tempo desde a avaliação não ofereça uma contribuição significativa, mantendo constante o efeito decorrente do valor de avaliação. **(k)** $1,5746 \leq \beta_1 \leq 1,9266$. Você está 95 % confiante de que o preço de venda crescerá em um montante entre \$1,5746 mil e \$1,9266 mil, para cada mil dólares adicionais de crescimento no valor de avaliação, mantendo constante o tempo desde a avaliação. No Problema 13.76, você está 95% confiante de que o preço de venda crescerá em um montante entre \$1,5862 mil e 1,9773 mil, para cada \$1.000 de crescimento no valor de avaliação, independentemente do tempo desde a avaliação. **(l)** $r^2_{Y1.2} = 0,9392$. Mantendo constante o efeito decorrente do tempo desde a avaliação, 93,92% da variação no preço de venda podem ser explicados pela variação no valor de avaliação. $r^2_{y2.1} = 0,2342$. Mantendo constante o efeito decorrente do valor de avaliação, 23,42 % da variação do preço de venda podem ser explicados pela variação no tempo desde a avaliação.

14.72 (a) $\hat{Y} = 163,7751 + 10,7252X_1 - 0,2843X_2$, em que $X_1 =$ tamanho e X_2 idade (tempo de construção). **(b)** Mantendo constante a idade (tempo de construção) para cada 1.000 pés quadrados adicionais, estima-se que o valor de avaliação cresça em \$10.7252 mil. Mantendo constante o tamanho, para cada ano adicional, estima-se que o valor de avaliação decresça em \$0,2843 mil. **(c)** $\hat{Y} = 163,7751 + 10,7252(1,75) - 0,2843(10) = 179,7017$ mil dólares. **(d)** Com base em uma análise de resíduos, os erros aparentam estar distribuídos nos moldes de uma distribuição normal. O pressuposto da igualdade entre variâncias aparenta estar válido. Pode ter havido uma violação no pressuposto da linearidade no que diz respeito à idade (tempo de construção). Pode ser desejável incluir no modelo um termo quadrático para idade. **(e)** $F_{ESTAT} = 28,58$; valor-$p = 0,0000272776$. Uma vez que o valor-$p = 0,0000 < 0,05$, rejeitar H_0. Existem evidências de uma relação significativa entre o valor de avaliação e as duas variáveis independentes (tamanho e idade/tempo de construção). **(f)** Valor-$p = 0,0000272776$. A probabilidade de se obter uma estatística de teste de 28,58 ou mais é praticamente 0, caso não exista nenhuma relação significativa entre o valor de avaliação e as duas variáveis independentes (tamanho e idade/tempo de construção). **(g)** $r^2 = 0,8265$. 82,65 % da variação no valor de avaliação podem ser explicados pela variação no tamanho e na idade (tempo de construção). **(h)** $r^2_{aj} = 0,7976$. **(i)** Para X_1: $t_{ESTAT} = 3,5581$; valor-$p = 0,0039 < 0,05$. Rejeitar H_0. O tamanho de uma casa oferece uma contribuição significativa e deve ser incluído no modelo. Para X_2: $t_{ESTAT} = -3,4002$; valor-$p = 0,0053 < 0,05$. Rejeitar H_0. A idade (tempo de construção) de uma casa oferece uma contribuição significativa e deve ser incluída no modelo. Com base nesses resultados, deve ser utilizado o modelo de regressão com as duas variáveis independentes. **(j)** Para X_1: valor-$p = 0,0039$. A probabilidade de se obter uma amostra que venha a produzir uma estatística de teste mais distante do que 3,5581 é 0,0039, caso o tamanho de uma casa não ofereça uma contribuição significativa, mantendo constante a idade (tempo de construção). Para X_2: valor-$p = 0,0053$. A probabilidade de se obter uma amostra que venha a produzir uma estatística de teste mais distante do que $-3,4002$ é 0,0053 caso a idade (tempo de construção) de uma casa não ofereça uma contribuição significativa, mantendo constante o efeito do tamanho. **(k)** $4,1575 \leq \beta_1 \leq 17,2928$. Você está 95 % confiante de que a média aritmética do valor de avaliação crescerá em um montante entre \$4,1575 mil e \$17,2928 mil, para cada aumento de 1.000 pés quadrados adicionais no tamanho de uma casa, mantendo constante a idade (tempo de construção). No Problema 13.77, você está 95 % confiante de que a média aritmética do valor de avaliação crescerá em um montante entre \$9,4695 mil e \$23,7972 mil para cada mil pés quadrados adicionais de aumento da área aquecida, independentemente da idade (tempo de construção). **(l)** $r^2_{Y1.2} = 0,5134$.

746 Soluções para Testes de Autoavaliação e Respostas para Problemas Selecionados com Numeração Par

Mantendo constante o efeito decorrente da idade (tempo de construção), 51,34 % da variação no valor de avaliação podem ser explicados pela variação no tamanho. $r^2_{Y2.1} = 0,4907$. Mantendo constante o efeito decorrente do tamanho, 49,07 % da variação no valor de avaliação podem ser explicados pela variação na idade (tempo de construção). **(m)** Com base em suas respostas para (b) até (k), a idade (tempo de construção) de uma casa exerce, de fato, um efeito sobre seu respectivo valor de avaliação.

14.74 (a) $\hat{Y} = 155,4323 - 18,1684X_1 - 5,5176X_2$, em que $X_1 = $ ERA e $X_2 = $ Liga (Americana $= 0$, Nacional $= 1$). **(b)** Mantendo constante o efeito da liga, para cada ERA adicional estima-se que o número de vitórias decresça em 18,1684. Para um determinado ERA, estima-se que um time na Liga Nacional tenha 5,05176 vitórias a menos do que um time na Liga Americana. **(c)** 73,6745 vitórias. **(d)** Com base em uma análise de resíduos, não existe padrão nos erros. Não existe violação aparente de outros pressupostos. **(e)** F_{ESTAT} 10,2272 > 3,35; valor-$p = 0,0005$. Uma vez que o valor-$p < 0,05$, rejeitar H_0. Existem evidências de uma relação significativa entre vitórias e as duas variáveis independentes (ERA e Liga). **(f)** Para X_1: $t_{ESTAT} = -4,5171 < -2,0518$, o valor-$p$ é 0,0001. Rejeitar H_0. ERA oferece uma contribuição significativa e deve ser incluída no modelo. Para X_2: $t_{ESTAT} = -1,6071 > -2,0518$, valor-$p = 0,1197 > 0,05$. Não rejeitar H_0. A Liga não oferece uma contribuição significativa e não deve ser incluída no modelo. Com base nesses resultados, deve ser utilizado o modelo de regressão tendo somente a ERA como variável independente. **(g)** $-26,4211 \le \beta_1 \le -9,9157$. **(h)** $-12,5621 \le \beta_2 \le 1,5270$. **(i)** $r^2_{aj} = 0,3889$. 38,89 % da variação no número de vitórias podem ser explicados pela variação na ERA e na Liga, depois de ajustados o número de variáveis independentes e o tamanho da amostra. **(j)** $r^2_{Y1.2} = 0,4304$. Mantendo constante o efeito decorrente da Liga, 43,04 % da variação do número de vitórias podem ser explicados pela variação na ERA. $r^2_{Y2.1} = 0,0873$. Mantendo constante o efeito decorrente da ERA, 8,73 % da variação no número de vitórias podem ser explicados pela variação na Liga. **(k)** A inclinação referente ao número de vitórias em relação à ERA é a mesma, independentemente do fato de a equipe pertencer à Liga Americana ou à Liga Nacional. **(l)** Para X_1X_2, $t_{ESTAT} = -0,2320 > -2,0555$; o valor-$p$ é 0,8184 > 0,05. Não rejeitar H_0. Não existe nenhuma evidência de que o termo de interação ofereça uma contribuição ao modelo. **(m)** Deve ser utilizado o modelo com uma única variável independente (ERA).

14.76 O r^2 na regressão múltipla é muito baixo, em 0,0645. Somente 6,45 % da variação na espessura podem ser explicados pela variação na pressão e na temperatura. A estatística do teste F para o modelo incluindo pressão e temperatura é 1,621, com valor-$p = 0,2085$. Sendo assim, em um nível de significância de 5 %, não existem evidências suficientes para concluir que pressão e/ou temperatura afetam a espessura. O valor-p do teste t para a significância de pressão é 0,8307 > 0,05. Portanto, existem evidências insuficientes para concluir que a pressão afeta a espessura, mantendo constante o efeito decorrente da temperatura. O valor-p do teste t para a significância de temperatura é 0,0820, que é também > 0,05. Não existem evidências suficientes para concluir que a temperatura afeta a espessura, no nível de significância de 5 %, mantendo constante o efeito decorrente da pressão. Portanto, nem pressão nem temperatura afetam individualmente a espessura.

O gráfico da probabilidade normal não sugere nenhuma violação potencial do pressuposto da normalidade. Os gráficos de resíduos não incluem nenhuma violação potencial do pressuposto da igualdade entre variâncias. O gráfico de resíduos para temperatura, no entanto, sugere que pode haver uma relação não linear entre temperatura e espessura.

O r^2 do modelo de regressão múltipla que inclui a interação entre pressão e temperatura é muito baixo, em 0,0734. Somente 7,34 % da variação na espessura podem ser explicados pela variação na pressão, na temperatura, e na interação entre as duas. A estatística do teste F para o modelo que inclui pressão, temperatura e a interação entre ambas é 1,214, com valor-$p = 0,3153$. Sendo assim, no nível de significância de 5 %, não existem evidências suficientes para concluir que pressão, temperatura, ou a interação entre as duas afetam a espessura. Os valores-p do teste t para pressão, temperatura, e a interação entre ambas são, respectivamente, 0,5074, 0,4053 e 0,5111, que são, todos, maiores do que 5 %. Sendo assim, existem evidências insuficientes para concluir que pressão, temperatura, ou a interação, individualmente, afetam a espessura, mantendo constante o efeito decorrente das outras variáveis.

O padrão no gráfico da probabilidade normal e nos gráficos de resíduos é similar aos padrões na regressão sem o termo de interação. Por conseguinte, a sugestão do artigo no sentido de que existe uma interação significativa entre a pressão e a temperatura no tanque não pode ser validada.

CAPÍTULO 15

15.2 (a) As HOCS previstas são: 2,8600; 3,0342; 3,1948; 3,3418; 3,4752; 3,5950; 3,7012; 3,7938; 3,8728; 3,9382; 3,99; 4,0282; 4,0528; 4,0638; 4,0612; 4,045; 4,0152; 3,9718; 3,9148, 3,8442 e 3,76. **(c)** A relação curvilínea sugere que HOCS cresce a uma taxa decrescente. Alcança seu valor máximo em 4,0638 no GPA = 3,3 e declina depois disso, à medida que o GPA continua a crescer. **(d)** Um r^2 de 0,07 e um r^2 ajustado de 0,06 dizem a você que o GPA tem uma força explanatória muito baixa em termos da identificação da variação nas HOCS. Você pode afirmar que os resultados individuais das HOCS estão amplamente dispersos em torno da relação curvilínea.

15.4 (a) $\hat{Y} = -3,7203 + 22,0215X_1 + 3,9812X_2$, em que $X_1 = \%$ de álcool e $X_2 = $ carboidratos. $F_{ESTAT} = 2.177,1912$, valor-$p = 0,0000 < 0,05$; então rejeitar H_0. No nível de significância de 5 %, os termos lineares são significativos conjuntamente. **(b)** $\hat{Y} = 11,5227 + 14,9628X_1 + 4,3599X_2 + 0,4817X_1^2 - 0,0134X_2^2$, em que $X_1 = \%$ de álcool e $X_2 = $ carboidratos. **(c)** $F_{ESTAT} = 1.144,1146$, valor-$p = 0,0000 < 0,05$; então rejeitar H_0. No nível de significância de 5 %, o modelo com os termos quadráticos é significativo. $t_{ESTAT} = 3,0310$ e o valor-$p = 0,0029$. Rejeitar H_0. Existem evidências suficientes de que o termo quadrático para percentual de álcool é significativo no nível de significância de 5 %. $t_{ESTAT} = -0,8236$, valor-$p = 0,4115$. Não rejeitar H_0. Não existem evidências suficientes de que o termo quadrático para carboidratos é significativo no nível de significância de 5 %. Por conseguinte, uma vez que o termo quadrático para álcool é significativo, o modelo em (b) que inclui esse termo é o melhor. O gráfico da probabilidade normal sugere alguma assimetria à esquerda nos erros. No entanto, em razão do grande tamanho de amostra, a validade dos resultados não fica seriamente impactada. Os gráficos de resíduos para o percentual de álcool e a quantidade de carboidratos no modelo quadrático não revelam nenhuma ausência de linearidade remanescente. **(d)** O número de calorias em uma cerveja depende quadraticamente do percentual de álcool, mas linearmente da quantidade de carboidratos. O percentual de álcool e a quantidade de carboidratos explicam aproximadamente 96,84 % da variação na quantidade de calorias em uma cerveja.

15.6 (b) Custo previsto $= 710,00 + 607,9773$ unidades $- 1,3693$ unidades^2. **(c)** Custo previsto $= 710,00 + 607,9773(145) - 1,3693(145)^2 = \$60.076,79$. **(d)** Parece existir um padrão curvilíneo no gráfico de resíduos de unidades contra unidades ao quadrado. **(e)** $F_{ESTAT} = 320,5955 > 4,74$; rejeitar H_0. **(f)** Valor-$p = 0,0000 < 0,05$, de modo que o modelo é significativo. **(g)** $t_{ESTAT} = -5,5790 < -2,3646$; rejeitar H_0. Existe efeito quadrático significativo. **(h)** Valor-$p = 0,0008 < 0,05$, de modo que o termo quadrático é significativo. **(i)** 98,92 % da variação na produção podem ser explicados pelo modelo quadrático. **(j)** 98,61 %.

15.8 (a) 215,37. **(b)** Para cada unidade adicional para o logaritmo de X_1, estima-se que o logaritmo de Y cresça em 0,9 unidade, mantendo constantes todas as outras variáveis. Para cada unidade adicional para o logaritmo de X_2, estima-se que o logaritmo de Y cresça em 1,41 unidade, mantendo constantes todas as outras variáveis.

15.10 (a) $\hat{Y} = -151,8524 + 94,1835\sqrt{X_1} + 27,3014\sqrt{X_2}$, em que $X_1 = \%$ de álcool e $X_2 = $ carboidratos. **(b)** O gráfico da probabilidade normal sugere que os erros são assimétricos à direita. No entanto, em razão do grande tamanho de amostra, a validade dos resultados não fica seriamente impactada. Os gráficos de resíduos a partir da transformação da raiz quadrada para porcentagem de álcool e quantidade de carboidratos não revelam nenhuma ausência de linearidade remanescente. **(c)** $F_{ESTAT} = 1.021,3978$. Uma vez que o valor-p é praticamente 0, rejeitar H_0 no nível de significância de 5 %. Existem evidências de uma relação linear significativa entre calorias e a raiz quadrada da porcentagem de álcool e a raiz quadrada da quantidade de carboidratos. **(d)** $r^2 = 0,9329$. Sendo assim, 93,29 % da variação no número de calorias podem ser explicados por meio da variação na porcentagem de álcool e na raiz quadrada da quantidade de carboidratos. **(e)** r^2ajustado $= 0,9320$. **(f)** O modelo no Problema 15.4 é ligeiramente melhor, uma vez que apresenta um r^2 ajustado mais alto.

15.12 (a) ln previsto (Custo) $= 9,7664 + 0,0080$ Unidades. **(b)** $\$55.471,75$. **(c)** Existe um padrão quadrático, de modo que o modelo não é adequado. **(d)** $t_{ESTAT} = 7,362 > 2,306$; rejeitar H_0. **(e)** 87,14 %. 87,14 % da variação no logaritmo natural do custo podem ser explicados

Soluções para Testes de Autoavaliação e Respostas para Problemas Selecionados com Numeração Par 747

com base no número de unidades. **(f)** 85,53 %. **(g)** Escolha o modelo correspondente ao Problema 15.6. Esse modelo apresenta um r^2 ajustado bem mais alto, de 98,61 %.

15.14 1,25.

15.16 $R_1^2 = 0,64$, $FIV_1 = \dfrac{1}{1 - 0,64} = 2,778$, $R_2^2 = 0,64$, $FIV_2 = \dfrac{1}{1 - 0,64} = 2,778$. Não existem evidências de colinearidade.

15.18 $FIV = 1,0 < 5$. Não existem evidências de colinearidade.

15.20 $FIV = 1,0428$. Não existem evidências de colinearidade.

15.22 (a) 35,04. **(b)** $C_p > 3$. Isso não atende aos critérios para consideração de um bom modelo.

15.24 Faça com que Y = preço de venda, X_1 = valor de avaliação, X_2 = tempo desde a reavaliação, e X_3 = se a casa era nova (0 = não, 1 = sim). Com base em um modelo completo de regressão envolvendo todas as variáveis, todos os valores correspondentes a FIV (1,32; 1,04 e 1,31, respectivamente) são menores do que 5. Não há razões para suspeitar da existência de colinearidade. Com base na regressão dos melhores subconjuntos e no exame dos valores C_p resultantes, o melhor modelo aparenta ser um modelo com as variáveis X_1 e X_2, que tem $C_p = 2,84$, e o modelo de regressão completo, que tem $C_p = 4,0$. Com base em uma análise de regressão com todas as variáveis originais, a variável X_3 deixa de oferecer uma contribuição significativa para o modelo, no nível de 0,05. Por conseguinte, o melhor modelo é o modelo que utiliza o valor de avaliação (X_1) e o tempo desde a avaliação (X_2) como as variáveis independentes. Uma análise de resíduos não mostra nenhum padrão significativo. O modelo final é $\hat{Y} = -120,0483 + 1,7506X_1 + 0,3680X_2$; $r^2 = 0,9430$, $r^2_{aj} = 0,9388$. Significância geral do modelo: $F_{ESTAT} = 223,4575$; $p < 0,001$. Cada variável independente é significativa no nível de 0,05.

15.30 (a) Uma análise do modelo de regressão linear com todas as três variáveis independentes possíveis revela que o FIV mais alto corresponde a somente 1,06. Um modelo de regressão passo a passo seleciona somente a variável binária (*dummy*) para fornecedor, para fins de inclusão no modelo. Uma regressão dos melhores subconjuntos produz somente um único modelo que possui valores de C_p menor ou igual a $k + 1$ que é o modelo que inclui pressão e a variável binária (*dummy*) para fornecedor. Esse modelo é $\hat{Y} = -31,5929 + 0,7879X_2 + 13,1029X_3$. Esse modelo tem $F = 5,1088$ (2 e 11 graus de liberdade) com um valor-$p = 0,027$. $r^2 = 0,4816$, $r^2_{aj} = 0,3873$. Uma análise nos resíduos não revela quaisquer padrões significativos. Os erros aparentam estar distribuídos nos padrões de uma distribuição normal.

15.32 (a) Melhor modelo: valor de avaliação previsto $= 136,794 + 276,0876$ terreno $+ 0,1288$ tamanho da casa (pés quadrados) $- 1,3989$ idade/tempo de construção. **(b)** O r^2 ajustado para o melhor modelo em 15.32 (a), 15.33 (a) e 15.34 (a) são, respectivamente, 0,81, 0,8117 e 0,8383. O modelo em 15.34 (a) apresenta a mais alta eficácia em termos explanatórios depois do ajuste com relação ao número de variáveis independentes e ao tamanho da amostra.

15.34 (a) Valor de avaliação previsto $= 110,27 + 0,0821$ tamanho da casa (pés quadrados). **(b)** O r^2 ajustado para o melhor modelo em 15.32 (a), 15.33 (a) e 15.34 (a) são, respectivamente, 0,81, 0,8117 e 0,8383. O modelo em 15.34 (a) apresenta a mais alta eficácia em termos explanatórios depois do ajuste com relação ao número de variáveis independentes e ao tamanho da amostra.

15.36 Faça com que Y = valor de avaliação; X_1 = área do terreno; X_2 = tamanho do interior da casa; X_3 = idade/tempo de construção; X_4 = número de cômodos; X_5 = número de banheiros; X_6 = tamanho da garagem; X_7 = 1 se Glen Cove e 0 em caso negativo; e X_8 = 1 se Roslyn e 0 em caso negativo. **(a)** Todos os $FIVs$ são menores que 5 em um modelo de regressão completo envolvendo todas as variáveis: Não existe nenhuma razão para suspeitar de colinearidade entre qualquer par de variáveis. É apresentado, a seguir, um modelo de regressão múltipla que apresenta o menor C_p (9,0) e o r^2 ajustado mais alto (0,891):

Valor de Avaliação $= 49,4 + 343$ Terreno $+ 0,115$ Tamanho da Casa $- 0,585$ Idade $- 8,24$ Cômodos $+ 26,9$ Banheiros $+ 5,0$ Garagem $+ 56,4$ Glen Cove $+ 210$ Roslyn

O teste t individual para a significância de cada variável independente, no nível de significância de 5 %, conclui que somente X_1, X_2, X_5, X_7 e X_8 são individualmente significativas. Esse subconjunto, no entanto, não é escolhido quando é utilizado o critério C_p. É apresentado, a seguir, o resultado da regressão múltipla para o modelo escolhido com base na regressão passo a passo:

Valor de Avaliação $= 23,4 + 347$ Terreno $+ 0,106$ Tamanho da Casa $- 0,792$ Idade $+ 26,4$ Banheiros $+ 57,7$ Glen Cove $+ 213$ Roslyn

Esse modelo apresenta um valor de C_p igual a 7,7, e um r^2 ajustado de 89,0. Todas as variáveis são individualmente significativas, no nível de significância de 5 %. Combinando os resultados para a regressão passo a passo com os resultados da regressão dos melhores subconjuntos, juntamente com os resultados para o teste t individual, o modelo de regressão múltipla mais apropriado para prever o valor de avaliação é

$$\hat{Y} = 23,40 + 347,02X_1 + 0,10614X_2 - 0,7921X_3 + 26,38X_5 + 57,74X_7 + 213,46X_8.$$

(b) O valor de avaliação estimado em Glen Cove está 57,74 mil dólares acima de Freeport para duas propriedades afora isso idênticas. O valor de avaliação estimado em Roslyn está 213,46 mil dólares acima de Freeport para duas propriedades afora isso idênticas.

15.38 No modelo de regressão múltipla com catalisador, pH, pressão, temperatura e voltagem como variáveis independentes, nenhuma das variáveis apresenta um valor de FIV igual ou maior do que 5. O modelo dos melhores subconjuntos demonstrou que apenas o modelo contendo X_1, X_2, X_3, X_4 e X_5 deve ser considerado, em que X_1 = catalisador; X_2 = pH; X_3 = pressão; X_4 = temp; X_5 = voltagem. O exame dos valores-p das estatísticas t para cada um dos coeficientes da inclinação do modelo que inclui desde X_1 até X_5 revela que o nível do pH não é significativo no nível de significância de 5 % (valor-$p = 0,2862$). O modelo de regressão múltipla com nível do pH excluída mostra que todos os coeficientes são significativos individualmente, no nível de significância de 5%. O melhor modelo linear é determinado como $\hat{Y} = 3,6833 + 0,1548X_1 - 0,04197X_3 - 0,4036X_4 + 0,4288X_5$. O modelo geral tem $F = 77,0793$ (4 e 45 graus de liberdade) com um valor-p que é praticamente igual a 0. $r^2 = 0,8726$, $r^2_{aj} = 0,8613$. O gráfico da probabilidade normal não sugere nenhuma possível violação do pressuposto da normalidade. Uma análise dos resíduos revela uma relação não linear potencial na temperatura. O valor-p para o termo elevado ao quadrado correspondente a temperatura (0,1273) na seguinte transformação quadrática para temperatura não respalda a necessidade de uma transformação quadrática no nível de significância de 5 %. O valor-p para o termo de interação entre pressão e temperatura (0,0780) indica que não existem evidências suficientes de uma interação, no nível de significância de 5 %. O melhor modelo é aquele que inclui catalisador, pressão, temperatura e voltagem, que explicam 87,26 % da variação na espessura.

CAPÍTULO 16

16.2 (a) 1988. **(b)** Os primeiros quatro anos e os últimos quatro anos.

16.4 (b), (c), (e).

Ano	Velocidade no Drive-Thru	MM(3)	AE (W = 0,5)	AE (W = 0,25)
1998	177,59		177,5900	177,5900
1999	167,02	171,4967	172,3050	174,9475
2000	169,88	169,2500	171,0925	173,6806
2001	170,85	167,8167	170,9713	172,9730
2002	162,72	163,4967	166,8456	170,4097
2003	156,92	157,3867	161,8828	167,0373
2004	152,52	159,1133	157,2014	163,4080
2005	167,90	161,4400	162,5507	164,5310
2006	163,90	166,3000	163,2254	165,0549
2007	167,10	163,2567	165,1627	164,3732
2008	158,77	166,6967	161,9663	163,4837
2009	174,22		168,0932	166,1678

(d) $W = 0,5$: $\hat{Y}_{2010} = E_{2009} = 168,0932$; $W = 0,25$: $\hat{Y}_{2010} = E_{2009} = 166,1678$. **(f)** A previsão exponencialmente ajustada para 2010, com $W = 0,5$ é mais elevada do que com $W = 0,25$. Um coeficiente de ajuste com $W = 0,25$ resulta em um melhor ajuste para a média do tempo do que $W = 0,50$. O ajuste exponencial com $W = 0,50$ atribui maior peso aos valores mais recentes e é melhor para propósitos de previsão, enquanto o ajuste exponencial com $W = 0,25$, que atribui maior peso aos valores mais distantes, é mais adequado para eliminar variações cíclicas e irregulares não desejadas.

16.6 (b), (c), (e)

Década	Desempenho (%)	MM(3)	AE($W = 0,5$)	AE($W = 0,25$)
1830	2,8		2,8000	2,8000
1840	12,8	7,4000	7,8000	5,3000
1850	6,6	10,6333	7,2000	5,6250
1860	12,5	8,8667	9,8500	7,3438
1870	7,5	8,6667	8,6750	7,3828
1880	6,0	6,3333	7,3375	7,0371
1890	5,5	7,4667	6,4188	6,6528
1900	10,9	6,2000	8,6594	7,7146
1910	2,2	8,8000	5,4297	6,3360
1920	13,3	4,4333	9,3648	8,0770
1930	−2,2	6,9000	3,5824	5,5077
1940	9,6	8,5333	6,5912	6,5308
1950	18,2	12,0333	12,3956	9,4481
1960	8,3	11,0333	10,3478	9,1611
1970	6,6	10,5000	8,4739	8,5208
1980	16,6	13,6000	12,5370	10,5406
1990	17,6	11,2333	15,0685	12,3055
2000	−0,5		7,2842	9,1041

(d) $\hat{Y}_{2010} = E_{2000} = 7,2842$. **(e)** $\hat{Y}_{2010} = E_{2000} = 9,1041$. **(f)** A previsão exponencialmente ajustada para a década de 2010, com $W = 0,5$, é mais baixa do que com $W = 0,25$. O ajuste exponencial com $W = 0,5$ atribui maior peso aos valores mais recentes e é melhor para propósitos de previsão, enquanto o ajuste exponencial com $W = 0,25$, que atribui maior peso aos valores mais distantes, é mais adequado para eliminar variações cíclicas e irregulares não desejadas. **(g)** De acordo com o ajuste exponencial com $W = 0,25$, parece existir uma tendência ascendente geral em termos do desempenho das ações negociadas em bolsa, no passado.

16.8 (b), (c), (e)

Ano	Auditoria	MM(3)	AE($W = 0,5$)	AE($W = 0,25$)
2001	3305		3305,00	3305,00
2002	3749	3461,33	3527,00	3416,00
2003	3330	3821,67	3428,50	3394,50
2004	4386	4191,67	3907,25	3642,38
2005	4859	4407,00	4383,13	3946,53
2006	4276	4186,33	4329,56	4028,90
2007	3424	3784,67	3876,78	3877,67
2008	3654	3616,33	3765,39	3821,76
2009	3771	3625,00	3768,20	3809,07
2010	3450	3630,00	3609,10	3719,30
2011	3669		3639,05	3706,72

(d) $W = 0,5$: $\hat{Y}_{2012} = E_{2011} = 3.639,05$; $W = 0,25$; $\hat{Y}_{2012} = E_{2011} = 3.706,728$. **(f)** A previsão exponencialmente ajustada para 2012, com $W = 0,5$, é mais baixa do que com $W = 0,25$. O ajuste exponencial com $W = 0,5$ atribui maior peso aos valores mais recentes e é melhor para propósitos de previsão, enquanto o ajuste exponencial com $W = 0,25$, que atribui maior peso aos valores mais distantes, é mais adequado para eliminar variações cíclicas e irregulares não desejadas.

16.10 (a) O intercepto de Y, $b_0 = 4,0$, é o valor da tendência ajustado que reflete o total de receitas reais (em milhões de dólares) durante o ano de origem ou ano-base, 1991. **(b)** A inclinação $b_1 = 1,5$ indica que as receitas totais reais estão crescendo a uma taxa estimada de $1,5 milhão

por ano. **(c)** O ano é 1995; $X = 1995 - 1991 = 4$; $\hat{Y}_5 = 4,0 + 1,5(4) = 10,0$ milhões de dólares. **(d)** O ano é 2012; $X = 2012 - 1991 = 21$; $\hat{Y}_{20} = 4,0 + 1,5(21) = 35,5$ milhões de dólares. **(e)** O ano é 2015; $X = 2015 - 1991 = 24$; $\hat{Y}_{23} = 4,0 + 1,5(24) = 40$ milhões de dólares.

16.12 (b) Tendência linear: $\hat{Y} = -50,1691 + 79,7191X$, em que X é relativo a 1997. **(c)** Tendência quadrática: $\hat{Y} = 35,6532 + 85,9402X - 0,4147X^2$, em que X é relativo a 1997. **(d)** Tendência exponencial:

$\log_{10}\hat{Y} = 2,1851 + 0,0697X$, em que X é relativo a 1997. **(e)** Tendência linear: $\hat{Y}_{2013} = 50,1691 + 79,7191(16) = 1.325,675 = 1.326$
$\hat{Y}_{2014} = 50,1691 + 79,7191(17) = 1.405,3941 = 1.405$

Tendência quadrática: $\hat{Y}_{2013} = 35,6532 + 85,9402(16) - 0,4147(16)^2$
$= 1.304,5232 = 1.305$
$\hat{Y}_{2014} = 50,1691 + 79,7191(17) = 1.405,3941$
$= 1.405$

Tendência exponencial: $\hat{Y}_{2013} = 10^{2,1851+0,0697(16)} = 1.994,9645$
$= 1.995$
$\hat{Y}_{2014} = 10^{2,1851+0,0697(17)} = 2.342,1337$
$= 2.342$.

(f) O modelo de tendência quadrática ajusta melhor os dados e, sendo assim, a sua respectiva previsão deve ser utilizada.

16.14 (b) $\hat{Y} = 310,8862 + 65,6611X$, em que $X = $ anos em relação a 1978. **(c)** $X = 2012 - 1978 = 34$, $\hat{Y} = 310,8862 + 65,6611(34) = \$2.543,3631$ bilhões. $X = 2013 - 1978 = 35$, $\hat{Y} = 310,8862 + 65,6611(35) = \$2609,0242$ bilhões.

(d) Existe uma tendência ascendente nas receitas federais entre 1978 e 2011. A tendência aparenta ser linear.

16.16 (b) Tendência linear: $\hat{Y} = 301,4182 + 113,3515X$, em que X é o número de anos em relação a 2002. **(c)** Tendência quadrática: $\hat{Y} = 643,1455 - 142,9439X + 28,4773X^2$, em que X é o número de anos em relação a 2002. **(d)** Tendência exponencial: $\log_{10}\hat{Y} = 2,6309 + 0,0530X$, em que X é o número de anos em relação a 2002. **(e)** Tendência linear:
$\hat{Y}_{2012} = 301,4182 + 113,3515(10) = 1.434,9333$ milhões de KWh
$\hat{Y}_{2013} = 301,4182 + 113,3515(11) = 1.548,2848$ milhões de KWh

Tendência quadrática: $\hat{Y}_{2012} = 643,1455 - 142,9439(10) + 28,4773(10)^2$
$= 2061,4333$ milhões de KWh

$\hat{Y}_{2013} = 643,1455 - 142,9439(11) + 28,4773(11)^2$
$= 2.516,5121$ milhões de KWh
Tendência exponencial: $\hat{Y}_{2012} = 10^{2,6309 + 0,0530(10)}$
$= 1.447,6883$ milhões de KWh.
$\hat{Y}_{2013} = 10^{2,6309 + 0,0530(11)}$
$= 1.635,5060$ milhões de KWh.

16.18 (b) Tendência linear: $\hat{Y} = 2,1243 + 0,1135X$, em que X é o número de anos em relação a 2000. **(c)** Tendência quadrática: $\hat{Y} = 2,0581 + 0,1496X - 0,0030X^2$, em que X é o número de anos em relação a 2000. **(d)** Tendência exponencial: $\log_{10}\hat{Y} = 0,3342 + 0,0181X$, em que X é o número de anos em relação a 2000.

(e)

Primeira Diferença	Segunda Diferença	Diferença %
0,30		15,08
0,09	−0,21	3,93
0,20	0,11	8,40
−0,09	−0,29	−3,49
0,14	0,23	5,62
0,20	0,06	7,60
0,09	−0,11	3,18
0,21	0,12	7,19
0,13	−0,08	4,15
0,01	−0,12	0,31
0,05	0,04	1,53
0,06	0,01	1,81

Soluções para Testes de Autoavaliação e Respostas para Problemas Selecionados com Numeração Par   **749**

Nem as primeiras diferenças, nem as segundas diferenças, nem as diferenças percentuais são constantes ao longo de toda a série. Por conseguinte, outros modelos (incluindo os modelos considerados na Seção 16.5) possivelmente serão mais apropriados. **(f)** As previsões, utilizando-se os três modelos, são:

Tendência linear: $\hat{Y}_{2013} = 2{,}1243 + 0{,}1135(13) = \$3{,}6$ milhões.

Tendência quadrática: $\hat{Y}_{2013}: = 2{,}05815 + 0{,}1496(13) - 0{,}0030(13)^2$
$= \$3{,}4948$ milhões.

Tendência exponencial: $\hat{Y}_{2013}: = 10^{0{,}3342 + 0{,}0181(13)} = \$3{,}7071$ milhões.

16.20 (b) Houve uma tendência ascendente no IPC nos Estados Unidos ao longo do período de 47 anos. A taxa de crescimento tornou-se mais rápida no final da década de 1970, mas se estabilizou no início da década de 1980. **(c)** Tendência linear: $\hat{Y} = 16{,}3487 + 4{,}4858X$. **(d)** Tendência quadrática: $\hat{Y} = 19{,}8135 + 4{,}0238X + 0{,}0100X^2$. **(e)** Tendência exponencial: $\log_{10}\hat{Y} = 1{,}5569 + 0{,}0195X$. **(f)** Nenhum dos modelos aparenta ser apropriado de acordo com as primeiras diferenças, segundas diferenças e diferenças percentuais; mas a segunda diferença apresenta a menor variação em termos gerais. Sendo assim, um modelo de tendência quadrática é ligeiramente preferido em comparação com os demais. **(g)** Tendência quadrática: Para 2012: $\hat{Y}_{2012} = 19{,}8135 + 4{,}0238(47) + 0{,}0100(47)^2 = 231{,}1165$. Para 2013: $\hat{Y}_{2013} = 19{,}8135 + 4{,}0238(48) + 0{,}0100(48)^2 = 236{,}0944$.

16.22 (a) No que se refere à Série Temporal I, o gráfico para *Y versus X* aparenta ser mais linear do que o gráfico para log *Y versus. X*, de modo que um modelo linear aparenta ser mais apropriado. No que se refere à Série Temporal II, o gráfico para log *Y versus X* aparenta ser mais linear do que o gráfico para *Y versus X*, de modo que o modelo exponencial aparenta ser mais apropriado.
(b) Série Temporal I: $\hat{Y} = 100{,}0731 + 14{,}9776X$, em que $X =$ quantidade de anos em relação a 2000.

Série Temporal II: $\hat{Y} = 10^{1{,}9982 + 0{,}0609X}$, em que $X =$ quantidade de anos em relação a 2000.

(c) $X = 12$ para o ano 2012 em todos os modelos. Prognósticos para o ano de 2012:

Série Temporal I: $\hat{Y} = 100{,}0731 + 14{,}9776(12) = 279{,}8045$
Série Temporal II: $\hat{Y} = 10^{1{,}9982 + 0{,}0609(12)} = 535{,}6886$.

16.24 $t_{ESTAT} = 2{,}40 > 2{,}2281$; rejeitar H_0.

16.26 (a) $t_{ESTAT} = 1{,}60 < 2{,}2281$; não rejeitar H_0.

16.28 (a)

	Coeficientes	Erro-Padrão	Estat t	Valor-p
Intercepto	39,9968	16,2961	2,4544	0,0365
YPassado1	1,6797	0,3213	5,2277	0,0005
YPassado2	−0,6393	0,6135	−1,0421	0,3246
YPassado3	−0,0764	0,3271	−0,2336	0,8205

Uma vez que o valor-$p = 0{,}8205 > 0{,}05$ (nível de significância), o termo de terceira ordem pode ser excluído.

(b)

	Coeficientes	Erro-Padrão	Estat t	Valor-p
Intercepto	30,8885	12,0824	2,5565	0,0267
YPassado1	1,8113	0,1397	12,9666	0,0000
YPassado2	−0,8407	0,1407	−5,9753	0,0001

Uma vez que o valor-p é praticamente = zero e é menor do que o nível de significância de 0,05, o termo de segunda ordem não pode ser excluído.
(c) Não é necessário ajustar uma regressão de primeira ordem.
(d) O modelo mais apropriado para fins de previsão é o modelo autorregressivo de segunda ordem.

$\hat{Y}_{2013} = 30{,}8885 + 1{,}8113Y_{2012} - 0{,}8407Y_{2011} = 1.197{,}985361 = 1.198$ lojas.
$\hat{Y}_{2014} = 30{,}8885 + 1{,}8113Y_{2012} - 0{,}8407Y_{2012} = 1.214{,}6576 = 1.215$ lojas.

16.30 (a)

	Coeficientes	Erro-Padrão	Estat t	Valor-p
Intercepto	0,3588	0,3237	1,1087	0,3100
YPassado1	0,7009	0,4091	1,7131	0,1375
YPassado2	0,2013	0,4578	0,4396	0,6756
YPassado3	0,0165	0,3456	0,0478	0,9635

Uma vez que o valor-$p = 0{,}9635 > 0{,}05$ (nível de significância), o termo de terceira ordem pode ser excluído.

(b)

	Coeficientes	Erro-Padrão	Estat t	Valor-p
Intercepto	0,3415	0,2413	1,4149	0,1948
YPassado1	0,6909	0,3124	2,2112	0,0580
YPassado2	0,2334	0,2843	0,8211	0,4354

Uma vez que o valor-$p = 0{,}4354 > 0{,}05$ (nível de significância), o termo de segunda ordem pode ser excluído.

(c)

	Coeficientes	Erro-Padrão	Estat t	Valor-p
Intercepto	0,4371	0,1858	2,3522	0,0405
YPassado1	0,8835	0,0666	13,2587	0,0000

Uma vez que o valor-p é praticamente 0, o termo de primeira ordem não pode ser excluído.

(d) O modelo mais apropriado para fins de previsão é o modelo autorregressivo de primeira ordem:

$$\hat{Y}_{2013} = 0{,}4371 + 0{,}8835Y_{2012} = \$3{,}4233 \text{ milhões.}$$

16.32 (a) 2,121. **(b)** 1,50.

16.34 (a) Os resíduos no modelo de tendência linear e no modelo de tendência exponencial mostram linhas de valores positivos e negativos consecutivos.

(b), (c)

	Linear	Quadrática	Exponencial	Autorregressiva de Primeira Ordem
SQR	513.501,8061	85.317,5333	393.163,2638	119.778,7515
S_{YX}	253,3530	110,4003	221,6876	130,8100
DMA	183,1758	87,5145	138,5403	95,8195

(d) Os resíduos no modelo de tendência linear e no modelo de tendência exponencial mostram linhas de valores positivos e negativos consecutivos. O modelo autorregressivo e o modelo de tendência quadrática têm um bom desempenho no que se refere a dados históricos e apresentam um padrão relativamente aleatório de resíduos. O modelo de tendência quadrática apresenta os menores valores para o DMA e S_{YX}. Com base no princípio da parcimônia, o modelo de tendência quadrática seria o melhor modelo para fins de previsão.

16.36 (b), (c).

	Linear	Quadrática	Exponencial	Autorregressiva de Primeira Ordem
SQR	26.580,1132	25.597,5921	512.088,5723	1.871,5077
S_{YX}	43,5727	44,3739	191,2531	13,0437
DMA	36,5526	35,4639	123,6300	8,6283

(d) Os resíduos nos três modelos de tendência mostram linhas de valores positivos e negativos consecutivos. O modelo autorregressivo tem um bom desempenho para os dados históricos e apresenta um padrão relativamente aleatório de resíduos. O modelo autorregressivo também apresenta os menores valores em DMA e S_{YX}. Com base no princípio da parcimônia, o modelo autorregressivo seria o melhor modelo para fins de previsão.

750 Soluções para Testes de Autoavaliação e Respostas para Problemas Selecionados com Numeração Par

16.38 (b), (c)

	Linear	Quadrática	Exponencial	Autorregressiva de Primeira Ordem
SQR	0,0571	0,05686	0,0670	0,0918
Syx	0,0797	0,08430	0,08630	0,1071
DMA	0,0645	0,0649	0,0675	0,0753

(d) Os resíduos nos modelos de tendência linear, quadrática e exponencial mostram linhas de valores positivos e negativos consecutivos. O modelo autorregressivo tem um bom desempenho para dados históricos e apresenta um padrão de resíduos relativamente aleatório. O modelo de tendência linear, no entanto, apresenta os menores valores em termos de DMA e S_{YX}. O modelo autorregressivo seria o melhor modelo para fins de previsão devido ao seu padrão relativamente aleatório de resíduos, não obstante o fato de que tenha DMA e S_{YX} ligeiramente maiores do que o modelo linear.

16.40 (a) $\log \hat{\beta}_0 = 2$; $\hat{\beta}_0 = 10^2 = 100$. Esse é o valor ajustado para janeiro de 2008, antes do ajuste com o multiplicador para janeiro. **(b)** $\log \hat{\beta}_1 = 0,01$; $\hat{\beta}_1 = 10^{0,01} = 1,0233$. A taxa de crescimento composta mensal estimada é de 2,33 %. **(c)** $\log \hat{\beta}_2 = 0,1$; $\hat{\beta}_2 = 10^{0,1} = 1,2589$. Estima-se que os valores para janeiro, na série temporal, apresentem uma média aritmética 25,89 % mais alta do que os valores relativos a dezembro.

16.42 (a) $\log \hat{\beta}_0 = 3,0$; $\hat{\beta}_0 = 10^{3,0} = 1.000$. Esse é o valor ajustado para o primeiro trimestre de 2008, antes do ajuste com base no multiplicador trimestral. **(b)** $\log \hat{\beta}_1 = 0,1$; $\hat{\beta}_1 = 10^{0,1} = 1,2589$. A taxa de crescimento trimestral composta estimada é $(\hat{\beta}_1 - 1)100 \% = 25,89 \%$. **(c)** $\log \hat{\beta}_3 = 0,2$; $\hat{\beta}_3 = 10^{0,2} = 1,5849$.

16.44 (a) O setor de varejo está fortemente sujeito a variações sazonais em razão da temporada de férias, o mesmo ocorrendo com as receitas da Toys R Us.
(b) Não existe um efeito sazonal evidente na série temporal.
(c) $\log_{10} \hat{Y} = 3,6255 + 0,0027X - 0,3660Q_1 - 0,3699Q_2 - 0,3437Q_3$.
(d) $\log_{10} \hat{\beta}_1 = 0,0027$. $\hat{\beta}_1 = 10^{0,0027} = 1,0062$. A taxa de crescimento trimestral composta estimada é $(\hat{\beta}_1 - 1)100 \% = 0,62 \%$.
(e) $\log_{10} \hat{\beta}_2 = -0,3660$. $\hat{\beta}_2 = 10^{-0,3660} = 0,4305$.
$(\hat{\beta}_2 - 1)100 \% = -56,95 \%$. Estima-se que os valores correspondentes ao primeiro trimestre na série temporal tenham uma média aritmética de 56,95 % abaixo dos valores para o quarto trimestre.

$\log_{10} \hat{\beta}_3 = -0,3699$. $\hat{\beta}_3 = 10^{-0,3699} = 0,4266$. $(\hat{\beta}_3 - 1)100\% = -57,34 \%$.

Estima-se que os valores correspondentes ao segundo trimestre na série temporal tenham uma média aritmética 57,34 % abaixo dos valores relativos ao quarto trimestre.

$\log_{10} \hat{\beta}_4 = -0,3437$. $\hat{\beta}_4 = 10^{-0,3437} = 0,4532$. $(\hat{\beta}_4 - 1)100\% = -54,68 \%$.

Estima-se que os valores correspondentes ao terceiro trimestre na série temporal tenham uma média aritmética 54,68 % abaixo dos valores relativos ao quarto trimestre. **(f)** Prognósticos para 2012: $\hat{Y}_{66} = \$2.882,0080$ milhões, $\hat{Y}_{67} = \$6.398,6588$ milhões.

16.46 (b)

	Coeficientes	Erro-Padrão	Estat t	Valor-p
Intercepto	−0,0916	0,0070	−13,1771	0,0000
Mês Codificado	−0,0037	0,0001	−64,4666	0,0000
M1	0,1245	0,0086	14,5072	0,0000
M2	0,0905	0,0086	10,5454	0,0000
M3	0,0806	0,0086	9,3975	0,0000
M4	0,0668	0,0086	7,7810	0,0000
M5	0,0793	0,0086	9,2457	0,0000
M6	0,1001	0,0086	11,6725	0,0000
M7	0,1321	0,0086	15,3949	0,0000
M8	0,1238	0,0086	14,4279	0,0000
M9	0,0577	0,0088	6,5372	0,0000
M10	0,0356	0,0088	4,0317	0,0001
M11	0,0103	0,0088	1,1646	0,2472

(c) $\hat{Y}_{103} = 0,4451$.
(d) As previsões para os últimos quatro meses de 2012 são: 0,3790; 0,3571; 0,3340 e 0,3234.
(e) $\log_{10} \hat{\beta}_1 = -0,0037$; $\hat{\beta}_1 = 10^{-0,0037} = 0,9915$. A taxa de crescimento composta mensal estimada é $(\hat{\beta}_1 - 1)100 \% = -0,8542 \%$.
(f) $\log_{10} \hat{\beta}_8 = 0,1321$; $\hat{\beta}_8 = 10^{0,1321} = 1,3554$.
$(\hat{\beta}_8 - 1)100 \% = 35,5382 \%$. Estima-se que os valores correspondentes a julho, na série temporal, tenham uma média aritmética 35,5382 % acima dos valores relativos a dezembro.

16.48 (b)

	Coeficientes	Erro-Padrão	Estat t	Valor-p
Intercepto	0,7827	0,0402	19,4847	0,0000
Trimestre Codificado	0,0220	0,0016	13,7152	0,0000
Q1	0,0513	0,0419	1,2228	0,2320
Q2	0,0066	0,0418	0,1580	0,8756
Q3	−0,0009	0,0417	−0,0205	0,9838

(c) $\log_{10} \hat{\beta}_1 = 0,0220$; $= \hat{\beta}_1 = 10^{0,0020} = 1,0521$; $(\hat{\beta}_1 - 1)100 \% = 5,2051 \%$.
A média aritmética da taxa de crescimento composta *trimestral* estimada para o preço da prata é 5,2051%, depois de se ajustar o componente sazonal.
(d) $\log_{10} \hat{\beta}_2 = 0,0513$; $\hat{\beta}_2 = 10^{0,0513} = 1,1253$; $(\hat{\beta}_2 - 1)100\% = 12,5311\%$. Estima-se que os valores correspondentes ao primeiro trimestre na série temporal tenham uma média aritmética 12,5311% acima dos valores relativos ao quarto trimestre.
(e) Último trimestre, 2011: $\hat{Y}_{31} = \$29,2292$.
(f) 2012: 34,6040; 32,8466; 33,9683; 35,8067.
(g) As previsões em (f) não foram precisas, uma vez que não existe um componente sazonal forte no preço da prata.

16.60 (b) Tendência linear: $\hat{Y} = 174.090,3005 + 2.428,0386X$, em que X corresponde à quantidade de anos em relação a 1984.

(c)
2012: $\hat{Y}_{2012} = 174.090,3005 + 2.428,0386(28) = 242.075,381$ mil.
2013: $\hat{Y}_{2013} = 174. 090,3005 + 2.428,0386(29) = 244.503,4195$ mil.

(d)

(b) Tendência linear: $\hat{Y} = 115.282,2734 + 1.585,6305X$, em que X corresponde à quantidade de anos em relação a 1984.

(c) 2012: $\hat{Y}_{2012} = 115.282,2734 + 1.585,6305(28) = 159.679,9286$ mil.
2013: $\hat{Y}_{2013} = 115.282,2734 + 1.585,6305(29) = 161.265,5591$ mil.

16.62 (b) Tendência linear: $\hat{Y} = -2,3932 + 0,7037X$, em que X é o número de anos em relação a 1975.

	Coeficientes	Erro-Padrão	Estat t	Valor-p
Intercepto	−2,3932	0,6080	−3,9358	0,0004
Ano Codificado	0,7037	0,0291	24,2199	0,0000

(c) Tendência quadrática: $\hat{Y} = 1,2452 + 0,0799X + 0,0173X^2$, em que X é o número de anos em relação a 1975.

	Coeficientes	Erro-Padrão	Estat t	Valor-p
Intercepto	1,2452	0,2458	5,0653	0,0000
Ano Codificado	0,0799	0,0316	2,5301	0,0162
Ano Codificado ao Quadrado	0,173	0,0008	20,4209	0,0000

Tendência exponencial: $\log_{10} \hat{Y} = 0,1678 + 0,0397X$, em que X é o número de anos em relação a 1975.

	Coeficientes	Erro-Padrão	Estat t	Valor-p
Intercepto	0,1678	0,0212	7,9231	0,0000
Ano Codificado	0,0379	0,0010	37,5036	0,0000

Soluções para Testes de Autoavaliação e Respostas para Problemas Selecionados com Numeração Par **751**

(e) AR(3): $\hat{Y}_i = 0,3823 + 1,3488Y_{i\text{-}1} - 1,0019Y_{i\text{-}2} + 0,7144Y_{i\text{-}3}$.

	Coeficientes	Erro-Padrão	Estat t	Valor-p
Intercepto	0,3823	0,1553	2,4611	0,0198
YPassado1	1,3488	0,1666	8,0940	0,0000
YPassado2	$-1,0019$	0,2579	$-3,8846$	0,0005
YPassado3	0,7144	0,1731	4,1273	0,0003

Teste de A_3: Valor-$p = 0,0003 < 0,05$. Rejeitar H_0 de que $A_3 = 0$. O termo de terceira ordem pode ser excluído. Um modelo autorregressivo de terceira ordem é apropriado.

	Linear	Quadrático	Exponencial	AR3
SQR	124,6160	9,3943	5.394,9442	6,7002
Syx	1,8869	0,5256	12,4154	0,4726
DMA	1,6072	0,3604	9,2832	0,3081

(h) Os resíduos nos três primeiros modelos mostram linhas de valores positivos e negativos consecutivos. O modelo autorregressivo desempenha bem para os dados históricos e apresenta um padrão relativamente aleatório de resíduos. Também apresenta os menores valores para o erro-padrão da estimativa, para o DMA e para a SQR. Com base no princípio da parcimônia, o modelo autorregressivo provavelmente seria o melhor modelo para fins de previsão.
(i) $\hat{Y}_{2012} = 0,3823 + 1,3488Y_{2011} - 1,0019Y_{2010} + 0,7144Y_{2009} = \$28,8718$ bilhões.

CAPÍTULO 18

18.2 (a) Dia 4, Dia 3. **(b)** LCI $= 0,0397$; LCS $= 0,2460$. **(c)** Não, as proporções estão dentro dos limites de controle.

18.4 (a) $n = 500$, $\bar{p} = 761/16.000 = 0,0476$.

$$\text{LCS} = \bar{p} + 3\sqrt{\frac{\bar{p}(1-\bar{p})}{n}}$$
$$= 0,0476 + 3\sqrt{\frac{0,0476(1-0,0476)}{500}} = 0,0761$$
$$\text{LCI} = \bar{p} - 3\sqrt{\frac{\bar{p}(1-\bar{p})}{n}}$$
$$= 0,0476 - 3\sqrt{\frac{0,0476(1-0,0476)}{500}} = 0,0190$$

(b) Uma vez que os pontos individuais estão distribuídos em torno de $\bar{p}$, sem nenhum padrão, e todos os pontos estão contidos nos limites de controle, o processo está em um estado de controle estatístico.

18.6 (a) LCS $= 0,0176$; LCI $= 0,0082$. A proporção de latas recusadas está abaixo do LCI no Dia 4. Existem evidências de um padrão ao longo do tempo, uma vez que os últimos oito pontos estão, todos eles, acima da média aritmética, e a maior parte dos pontos anteriores está abaixo da média aritmética. Por conseguinte, esse processo está fora de controle.

18.8 (a) LCS $= 0,1431$; LCI $= 0,0752$. Os Dias 9, 26 e 30 estão acima do LCS. Por conseguinte, esse processo está fora de controle.

18.12 (a) LCS $= 21,6735$; LCI $= 1,3265$. **(b)** Sim, o período de tempo 1 está acima do LCS.

18.14 (a) Os 12 erros cometidos por Gina aparentam estar bem acima de todos os outros, e Gina teria que se explicar no que se refere ao seu desempenho.
(b) $\bar{c} = 66/12 = 5,5$, LCS $= 12,5356$, LCI não existe. O número de erros está em estado de controle estatístico, uma vez que nenhum dos atendentes está fora do LCS. **(c)** Uma vez que Gina está dentro dos limites de controle, ela está operando dentro dos limites estabelecidos pelo sistema e não deve ser isolada para fins de exames mais minuciosos. **(d)** O processo precisa ser estudado e potencialmente alterado, utilizando-se os princípios da abordagem Seis Sigma ou da gestão pela qualidade total.

18.16 (a) $\bar{c} = 3,0566$. **(b)** LCI não existe; LCS $= 8,3015$. **(c)** Não existe nenhuma semana fora dos limites de controle. Portanto, esse processo está sob controle. Observe, no entanto, que as oito primeiras semanas

estão abaixo da média aritmética. **(d)** Uma vez que essas semanas estão dentro dos limites de controle, os resultados podem ser explicados por meio de causas comuns de variação.

18.18 (a) $d_2 = 2,059$. **(b)** $d_3 = 0,880$. **(c)** $D_3 = 0$. **(d)** $D_4 = 2,282$. **(e)** $A_2 = 0,729$.

18.20 (a) $\bar{R} = 0,247$; Gráfico R: LCS $= 0,636$; LCI não existe. **(b)** De acordo com o gráfico R, o processo aparenta estar sob controle, com todos os pontos se posicionando dentro dos limites de controle, sem nenhum padrão e nenhuma evidência de uma causa especial de variação. **(c)** $\bar{\bar{X}} = 47,998$; Gráfico $\bar{X}$: LCS $= 48,2507$; LCI $= 47,7453$. **(d)** De acordo com o gráfico $\bar{X}$, o processo aparenta estar sob controle, com todos os pontos se posicionando dentro dos limites de controle, sem demonstrar nenhum padrão ou nenhuma evidência de uma causa especial de variação.

18.22 (a) $\bar{R} = \dfrac{\sum_{i=1}^{k} R_i}{k} = 3,275$, $\bar{\bar{X}} = \dfrac{\sum_{i=1}^{k} \bar{X}_i}{k} = 5,941$. Gráfico R:

$LCS = D_4\bar{R} = 2,282(3,275) = 7,4736$. LCI não existe. Gráfico $\bar{X}$: $LCS = \bar{\bar{X}} + A_2\bar{R} = 5,9413 + 0,729(3,275) = 8,3287$. $LCS = \bar{\bar{X}} - A_2\bar{R} = 5,9413 - 0,729(3,275) = 3,5538$. **(b)** O processo aparenta estar sob controle, uma vez que não existem pontos fora dos limites de controle, não existe nenhuma evidência de um padrão no gráfico para a amplitude, não existem pontos fora dos limites de controle, e não existe nenhuma evidência de um padrão no gráfico $\bar{X}$.

18.24 (a) $\bar{R} = 0,8794$; LCI não existe; LCS $= 2,0068$.
(b) $\bar{\bar{X}} = 20,1065$; LCI $= 19,4654$; LCS $= 20,7475$. **(c)** O processo encontra-se sob controle.

18.26 (a) $\bar{R} = 8,145$; LCI não existe, LCS $= 18,5869$; $\bar{\bar{X}} = 18,12$, LCS $= 24,0577$, LCI $= 12,1823$. **(b)** Não existe nenhuma amplitude de amostras fora dos limites de controle, e não parece existir um padrão no gráfico para a amplitude. A média aritmética está acima do LCS no Dia 15 e abaixo do LCI no Dia 16. Portanto, o processo não está sob controle.

18.28 (a) $\bar{R} = 0,3022$, LCI não existe, LCS $= 0,6389$; $\bar{\bar{X}} = 90,1312$; LCS $= 90,3060$, LCI $= 89,9573$. **(b)** Nos Dias 5 e 6, as amplitudes das amostras estavam acima do LCS. O gráfico para a média aritmética pode induzir a erros, uma vez que a amplitude está fora de controle. O processo encontra-se fora de controle.

18.30 (a) $P(98 < X < 102) = P(-1 < Z < 1) = 0,6826$.
(b) $P(93 < X < 107,5) = P(-3,5 < Z < 3,75) = 0,99968$.
(c) $P(X > 93,8) = P(Z > -3,1) = 0,99903$.
(d) $P(X < 110) = P(Z < 5) = 0,999999713$.

18.32 (a) $P(18 < X < 22)\%$

$$= P\left(\frac{18-20,1065}{0,8794/2,059} < Z < \frac{22-20,1065}{0,8794/2,059}\right)$$
$$= P(-4,932 < Z < 4,4335) = 0,9999$$

(b) $C_p = \dfrac{(LCS-LCI)}{6(\bar{R}/d_2)} = \dfrac{(22-18)}{6(0,8794/2,059)}$
$\qquad = 1,56$

$CPI = \dfrac{(\bar{\bar{X}}-LCI)}{3(\bar{R}/d_2)} = \dfrac{(20,1065-18)}{3(0,8794/2,059)}$
$\qquad = 1,644$

$CPS = \dfrac{(LCS-\bar{\bar{X}})}{3(\bar{R}/d_2)} = \dfrac{22-20,1065}{3(0,8794/2,059)}$
$\qquad = 1,477$

$\quad C_{pk} = \min(CPI,\ CPS) = 1,477$

18.34 $\bar{R} = 0,2248$, $\bar{\bar{X}} = 5,509$, $n = 4$, $d_2 = 2,059$.

(a) $P(5,2 < X < 5,8) = P(-2,83 < Z < 2,67) = 0,9962 - 0,0023 = 0,9939$.

(b) Uma vez que somente 99,39 % dos saquinhos de chá estão dentro dos limites das especificações, esse processo não é eficaz no que se refere a cumprir a meta de 99,7 %.

18.46 (a) A principal razão pela qual a qualidade nos serviços é mais baixa do que a qualidade de produtos é o fato de que a primeira delas envolve a interação humana, que é propensa a variações. Do mesmo modo, os aspectos mais críticos de um serviço são, de modo geral, a pontualidade e o profissionalismo, e é possível, para os clientes, perceber que o serviço poderia ser feito mais rapidamente e com maior profissionalismo. No que diz respeito a produtos, os clientes, de modo geral, não conseguem perceber um produto melhor ou mais ideal do que aquele que eles estão adquirindo. Por exemplo, um *laptop* novo é melhor e contém funcionalidades mais interessantes do que qualquer *laptop* que o consumidor possa ter imaginado. **(b)** Tanto serviços quanto produtos são resultados de processos. No entanto, a mensuração de serviços é geralmente mais difícil, em razão da variação dinâmica decorrente da interação humana entre o provedor do serviço e o consumidor. A qualidade do produto é, de modo geral, uma medição simples e direta de uma característica física estática, como é o caso da quantidade de açúcar em uma lata de refrigerante. Dados categóricos são, também, mais habituais na qualidade dos serviços. **(c)** Sim. **(d)** Sim.

18.48 (a) $\bar{p} = 0,2702$; LCI $= 0,1700$; LCS $= 0,3703$. **(b)** Sim, a participação de mercado da RudyBird está sob controle antes da promoção realizada dentro da loja. **(c)** Todos os sete dias da promoção realizada dentro da loja estão acima do LCS. A promoção fez crescer a participação de mercado.

18.50 (a) $\bar{p} = 0,75175$; LCI $= 0,62215$; LCS $= 0,88135$. Embora nenhum dos pontos esteja fora dos limites de controle, existe um padrão evidente ao longo do tempo, com os últimos 13 pontos acima da linha do centro. Portanto, esse processo não está sob controle. **(b)** Uma vez que a tendência de crescimento começa em torno do Dia 20, essa modificação no método seria a causa à qual se atribuiria a variação. **(c)** O gráfico de controle teria sido desenvolvido utilizando-se os primeiros 20 dias, e, depois disso, um gráfico de controle diferente seria utilizado para os últimos 20 pontos, uma vez que eles representam um processo diferente.

18.52 (a) $\bar{p} = 0,1198$; LCI $= 0,0205$; LCS $= 0,2191$. **(b)** O Dia 24 está abaixo do LCI; portanto, o processo está fora de controle. **(c)** Causas especiais de variação devem ser investigadas de modo a aprimorar o processo. Depois disso, o processo deve ser aperfeiçoado no intuito de reduzir a proporção de operações não desejadas.

18.54 (a) Devem ser desenvolvidos gráficos p separados para cada um dos alimentos, em cada um dos turnos.

Rins Bovinos – Turno 1: $\bar{p} = 0,01395$; LCS $= 0,02678$; LCI $= 0,00112$.

Embora não se verifique nenhum ponto fora dos limites de controle, existe uma forte tendência ascendente no que diz respeito à não conformidades, ao longo do tempo.

Rins Bovinos – Turno 2: $\bar{p} = 0,01829$; LCS $= 0,03329$; LCI $= 0,00329$.

Embora não se verifique nenhum ponto fora dos limites de controle, existe uma forte tendência ascendente no que se refere a não conformidades, ao longo do tempo.

Camarão – Turno 1: $\bar{p} = 0,006995$; LCS $= 0,01569$; LCI $= 0$.

Não existe nenhum ponto fora dos limites de controle, e não existem padrões ao longo do tempo.

Camarão – Turno 2: $\bar{p} = 0,01023$; LCS $= 0,021$; LCI $= 0$.

Não existem pontos fora dos limites de controle, e não existem padrões ao longo do tempo.

A equipe precisa determinar as razões para o crescimento em termos de não conformidades, no que se refere ao produto à base de rins bovinos. O volume de produção para rins bovinos está claramente decrescendo, no que diz respeito a ambos os turnos. Isso pode ser observado a partir de um gráfico desenhado para o volume de produção ao longo do tempo. A equipe precisa investigar as razões para esse acontecimento.

Índice

A

α (nível de significância), 311
Abordagem do valor crítico, 314
Administrando a Ashland MultiComm Services, 33, 90, 148, 213, 244, 245, 266, 299, 340, 381, 382, 423, 424, 465, 466-520, 568, 651
Ajuste exponencial, 616, 617
Aleatoriedade e independência, 400
Alfabeto grego, 673
Amostra(s), 23
   aleatória simples, 25
   combinadas, 357
   desvio-padrão, 113
   determinação do tamanho
      para média, 287-289
      para proporção, 289-291
   estratificada, 26
   média, 106
   não probabilística, 24
   por conglomerados, 26
   por conveniência, 24
   por julgamento, 25
   probabilística, 24
   proporção, 259
   sistemática, 26
   variância, 113
Amostragem
   a partir de populações cuja distribuição
      é normal, 253-256
      não é normal, 256, 257
   com reposição, 25
   por conveniência, 24
   sem reposição, 25
Amplitude, 111, 112
   de intervalo de classe, 46, 47
   interquartil, 125, 126
Analisar, 18
Análise
   da variância, 392
      de fator único, 392
         estatística do teste F, 394
         interpretando efeitos da interação, 413, 414
         Microsoft Excel, 426-428
         pressupostos, 400, 401
         procedimento de Tukey-Kramer, 398, 399
         tabela resumida, 395
         teste de Levene para homogeneidade da variância, 401, 402
      dois fatores, 406
         gráfico para as médias aritméticas das células, 413
         interpretando efeitos da interação, 413-415
         Microsoft Excel, 428, 429
         modelo fatorial, 406
         múltiplas comparações, 411, 412
         testando os efeitos dos fatores e os efeitos da interação, 408, 409
      teste das classificações de Kruskal-Wallis para diferenças
        entre c medianas, 456-459
         pressuposto da, 456
   das medidas aritméticas, 400
   de agrupamento, 599

de negócios, 4, 6, 7
   métodos estatísticos, 598, 599
de proporções, 444
de regressão. *Ver* Modelos de regressão múltipla; Regressão linear simples, 492
preditiva, 597
   e mineração dos dados, 597-600
residual, 490
ANON, procedimento, 400
ANOP, procedimento, 444
ANOVA. *Ver* Análise da variância (ANOVA), 390, 392
Aproximação da normal para a distribuição binomial, 240
Área de oportunidade, 202
Aritmética, média. *Ver* Média, 306, 307
Árvores
   de classificação e regressão (cart), 598-600
   de decisão, 166
Assimetria, 118
Assimétrica
   à direita, 118
   à esquerda, 118
Autocorrelação, 494

B

Box-plot, 128, 129
Brynne packaging, 521

C

CardioGood Fitness, 34, 91, 149, 181, 245, 301, 382, 425, 467
Carteira de títulos, 191
   retorno esperado, 191, 192
   risco, 191, 192
Caso(s)
   da Craybill Instrumentation Company, 606
   digitais, 35, 91, 148, 181, 214, 245, 266, 301, 338, 424, 466, 520
Células, 10
Classes, 46
Coeficiente(s)
   de confiança, 311
   de correlação, 137-140
      inferências sobre, 501-503
   de determinação, 486, 487
      múltipla, 533, 534, 581, 582
      parcial, 546
   de regressão, 477
   de variação, 116
   líquidos da regressão, 530
Coletando dados, 22
Coletar, 4
Coletivamente exaustiva, 24
   eventos, 160
   média aritmética da resposta, 505
   para a proporção, 284-286
   para inclinação, 501, 539, 540
Colinearidade, 587, 588
Combinações, 196
Complemento, 157
Covariância, 136
   e uma distribuição de probabilidades, 189, 190

753

754   Índice

Crescimento exponencial com equação para dados
    mensais, 643
    trimestrais, 642
Curtose, 119

D

Dado(s), 5
    categóricos
        organizando, 41, 42
        testes qui-quadrados
            para a diferença entre duas proporções, 432-437
            para independência, 445-449
            para proporções, 439-442
        teste Z para a diferença entre duas proporções, 365-367
        visualizando, 55-60
    empilhados, 45
    fontes, 22
    numéricos
        organizando, 45-53
        visualizando, 62-67
DCOVA – definir, coletar, organizar, visualizar e analisar, 4, 18
Definições operacionais, 5
Definir, 4, 5, 18
Descritiva, estatística, 6
Desvio
    médio absoluto, 638
    -padrão, 112-115
        da soma entre duas variáveis, 191
        de distribuição
            binomial, 200
            hipergeométrica, 207
        população, 132
        variável discreta, 188
Detector automático de interação baseado em qui-quadrado (CHAID), 598, 599
Diagrama
    de dispersão, 474
    de Pareto, 57-58
Dica para o leitor, 6, 40, 42, 50, 63, 109, 113, 116, 124, 156, 157, 161, 165, 186, 190, 195, 198, 222, 224, 225, 270, 275, 284, 313, 314, 316, 320, 321, 326, 330, 346, 347, 358, 365, 372, 392-395, 398, 401, 408, 409, 433, 434, 442, 446, 451, 477, 478, 481, 486, 488, 490, 529-531, 534, 535, 537, 546, 576, 578, 582, 584, 614, 623, 634, 635, 639
Difusão, 111
Diretrizes para desenvolver visualizações, 76
Dispersão, 111
    média, 125
Disposição
    ordenada, 45, 46
    ramo e folha, 62, 63
Distribuição(ões)
    binomial, 195
        desvio-padrão, 200
        formato, 199
        média, 200
        propriedades, 195
    da frequência relativa, 49
    da probabilidade uniforme, 236
        desvio-padrão, 237
        média, 237
    de amostragens, 250
        da média, 250, 251
        da proporção, 259, 260
    de frequências, 46-48
    de Gauss, 220
    de intervalos de Student, 399
        tabelas, 706-709

de percentagens, 49
    acumuladas, 51, 52
de Poisson, 202
    cálculo de probabilidades, 203
    propriedades de, 202
de probabilidades
    contínuas, 227
    discretas
        covariância, 189, 190
        distribuição
            binominal, 195
            de Poisson, 202
            hipergeométrica, 206
        para uma variável discreta, 186
    exponencial, 238
        de desvio-padrão, 239
        média, 239
    F, 394
        tabelas, 701-703
    hipergeométrica, 206
        desvio-padrão, 207
        média aritmética, 207
    normal, 220
        padronizada acumulada, 223
            tabelas, 694, 695
    normal, propriedades de, 221
        qui-quadrada (χ^2), 434
    retangular, 236
    t
        de Student, 276
        propriedades, 277

E

Efeito(s)
    cíclico, 613
    irregular, 613
    principais, 411
    sazonal, 613
Eficácia de um teste, 311
Empilhados, dados, 45
Erro(s)
    de amostragem, 28, 273
    de cobertura, 28
    de média, 29
    em pesquisas, 28, 29
    -padrão
        da estimativa, 488
        da média, 252
        da proporção, 260
    por falta de respostas, 28
    tipo
        I, 310
        II, 310
Escala(s)
    de proporcionalidade, 20
    intervalar, 20, 21
        de proporcionalidade, 20
        nominal, 19
        ordinal, 20
    multidimensionais, 599
    nominal, 19, 20
Espaços amostrais, 157
Estatística, 5, 40
    da desviância, 560
    de Durbin-Watson, 495, 496
        tabelas, 708
    descritiva, 6
    do teste, 310

inferencial, 6
teste F parcial, 542
Estimativa
de ponto, 270
do intervalo de confiança, 270
Estratos, 26
Evento(s), 157, 160
certo, 156
combinado, 157
impossível, 156
simples, 157
Explorações visuais
coeficientes da regressão linear simples, 482
distribuição(ões)
de amostragem, 258
normal, 230
estatísticas descritivas, 120
Expoentes, regras, 668

F

Fator, 392
de correção de população finita, 207
inflacionário de variância (FIV), 587, 588
Ferramentas de análises
ajuste exponencial, 652, 653
amostra aleatória, 37
ANOVA
de dois fatores, 429
de fator único, 427
distribuição
de amostragens, 267
de frequência, 95, 96
estatísticas descritivas, 150
histograma, 100
regressão
linear simples, 522
múltipla, 570-572
teste
F para proporcionalidade entre duas variâncias, 388
t
de variância agrupada, 384, 385
em pares, 386
variância separada, 385
Firula no gráfico, 74, 75
Fonte de dados
primária, 22
secundária, 22
Formato, 118
Fórmula de transformação, 222
Frequência
esperada, 433
observada, 432
relativa, 49, 50
Função
de densidade para a probabilidade, 220
normal, 222
de distribuição de probabilidade, 195

G

Grade, 24
Gráfico(s)
da probabilidade normal, 234
construindo, 234, 235
de barras, 55, 56
lado a lado, 59
paralelas, 59
de dispersão, 69, 70, 474
de Pareto, 57-59

de pizza, 56, 57
de séries temporais, 70, 71
residuais
na avaliação
da normalidade, 492
de linearidade, 490, 491
na detecção de autocorrelação, 494, 495
na regressão múltipla, 537, 538
Grande média, 393
Grau de liberdade, 277, 279
Grupos, 392

H

Hipótese
alternativa, 308
nula, 308
Histograma, 63, 64
Homogeneidade de variâncias, 401
para teste de Levene, 401, 402
Homoscedasticidade, 490

I

Inclinação, 475
inferências sobre, 498, 499, 529, 530
interpretação na regressão múltipla, 528-530
Independência, 167
de erros, 490
teste de χ^2, 445-449
Inferência estatística, 6
Inferencial, estatística, 6
Interação, 406
Intervalo
crítico, 399
de classe, 46
de previsão, 507, 508
relevante, 479
Isenta de viés, 250

J

Junto a estudantes de Clear Mountain State, 34, 91, 149, 182, 245, 302, 383, 425, 468

K

Kruskal-Wallys, teste das classificações para diferenças entre c medianas, 456-459
pressupostos, 459

L

Leptocúrtica, 119
Levene, teste para homogeneidade de variâncias, 401, 402
Ligação entre a estimativa do intervalo de confiança, 318
da média aritmética
σ conhecido, 270-275
σ desconhecido, 276-282
diferença entre as proporções de duas populações independentes, 369
para a diferença entre as médias aritméticas entre duas populações diferentes, 351
para a média aritmética da diferença, 363
questões éticas, 293
Limites de classes, 47
Limpeza de dados, 23
Linearidade, 490
Linha de previsão, 477
Logaritmos, regras para, 679
Lojas de conveniência valor certo, 301, 340, 382, 424, 467, 605

756 Índice

M

Mais escolhas descritivas (Choice *Is* Yours), 91, 149, 182, 245, 302, 383, 425, 467, 607
Margem de erro, 28
McNemar, teste, 458
Média(s), 106-109
    aritmética da distribuição binomial, 200
    aritméticas das células, 413
    da distribuição hipergeométrica, 207
    determinação do tamanho da amostra, 287-289
    distribuição de amostragens, 250, 251
    dos quadrados, 394
        A (*MQA*), 408
        B (*MQB*), 408
        dentro dos grupos (*MQD*), 394
        entre grupos (*MQE*), 394
        interação (*MQAB*), 408
    erro-padrão, 252
    estimativa do intervalo de confiança, 270-282
    geométrica, 110, 111
        da taxa de retorno, 110
    móveis, 614, 615
    população, 131, 251
    propriedade da ausência, 250
    total dos quadrados (*MQT*), 394
Mediana, 108, 109
Medição
    nível de, 19, 20
    tipos de escalas, 19, 20
Medições repetidas, 357
Medidas
    de tendência central, 106-111
    descritivas numéricas
        coeficiente de correlação, 137-140
        medidas de tendência central, variação e formato, 106-120
        para uma população, 130-133
    resistentes, 126
Método(s)
    causais de previsão, 612
    de previsão de séries temporais
        ajuste exponencial, 616, 617
        dados sazonais, 641-645
        escolhendo uma modelagem autorregressiva apropriada, 629-635
        fatores componentes, 612, 613
        médias móveis, 614, 615
        modelagem autorregressiva, 629-635
        previsão e ajuste da tendência dos mínimos quadrados, 619-624
    de regressão passo a passo para construção de modelos, 590, 591
    dos melhores subconjuntos para a construção de modelos, 591-594
    dos mínimos quadrados de regressão linear simples, 477
    não paramétricos, 451
    qualitativos de previsão, 612
    quantitativos de previsão, 612
Microsoft Excel
    ajuste
        da tendência dos mínimos quadrados, 653, 654
        exponencial, 652
    amostra aleatória simples, 36
    amplitude, 150
        interquartil, 151, 152
    análise
        da variância
            de dois fatores, 428, 429

            de fator único, 426, 427
            de resíduos, 523, 524
    atalhos úteis do teclado, 711
    blocos para distribuições de frequências, 48, 49
    box-plot, 152
    caixas de diálogo, 13
    células, 10
    checando e aplicando atualizações no Excel, 690, 691
    coeficiente
        de correlação, 152
        de variação, 151
    colando com colar especial, 676
    compreendendo funções não estatísticas, 714, 715
    confiança estimativa de intervalo para a diferença entre os meios, 268
    convenções para computadores, 12
    copiando planilhas de cálculos, 14
    covariância, 152
        de uma distribuição de probabilidades, 215
    criando e copiando planilhas de cálculo, 14, 15
    dados sazonais, 655
    de dois grupos independentes, 385
    deletando uma barra extra de um histograma, 679
    desvio-padrão, 151
    determinação do tamanho da amostra, 304
    diagrama de Pareto, 97
    disposição ordenada, 94
    distribuição(ões)
        de amostragens, 267
        de frequências, 95
            relativas, 96
        de porcentagens, 96
            acumuladas, 96
        de probabilidades para uma variável discreta, 215
    escores Z, 151
    estabelecendo o tipo da variável, 36
    estatística descritiva, 150, 151
    estimativa de confiança para a média, 302, 303
    FAQs, 12
    fator inflacionário da variância (FIV), 608
    formatação de tabelas, 678, 679
    gráfico(s)
        de barras, 96, 97
            paralelas, 98
        de dispersão, 101
        de pizza, 96, 97
        de séries temporais, 101, 102
    histograma, 99
    imprimindo planilhas de trabalho, 15
    inserindo
        dados, 12, 13
        fórmulas
            de ensaio, 676
            em planilhas de trabalho, 675, 676
    intervalo de confiança para a proporção, 304
    média(s)
        aritméticas de células, 429
        geométrica, 150, 151
        móveis, 652
    medidas de tendência central, 150
    modelagem autorregressiva, 654
    modelos (templates), 10
    múltiplas comparações Tukey-Kramer, 427
    parâmetros da população, 152
    planilha
        de trabalho, 10
            entradas e referências, 674
            formatação, 676, 677
        probabilidade normal, 247

Índice **757**

polígono de porcentagens, 100, 101
    acumuladas, 100, 101
preparando
    e utilizando dados, 13
    para uso, 712, 713
previsão e intervalo, 524, 525
probabilidade(s), 183
    básicas, 183
    binomiais, 215
    de Poisson, 216
    exponencial, 247
    hipergeométricas, 216
    normal, 246
procedimento de Marascuilo, 469, 470
quartis, 151
recalculando, 674, 675
recodificada, 36
regressão
    linear simples, 522
    logística, 573
    múltipla, 570-572
    quadrático, 606
resumo de cinco números, 152
retorno esperado em carteira de títulos, 215
salvando planilhas de trabalho, 13, 14
segmentação de dados, 103
tabela(s)
    de contingência, 93, 94
        multidimensionais, 102, 103
    dinâmica, 92, 93, 102
    resumida, 92, 93
teorema de Bayes, 183
teste(s)
    da soma das classificações de Wilcoxon, 470
    de Levene, 428
    F para a proporcionalidade entre duas variâncias, 388
    Kruskal-Wallis, 471
    qui-quadrado para tabelas de contingência, 469, 470
    t
        de variâncias agrupadas, 384
        em pares, 386
        para a média aritmética (σ desconhecido), 341
    unicaudais, 342
    Z
        para a diferença entre duas proporções, 387
        para a média (σ conhecido), 341
        para a proporção, 342
    transformações, 608
    valor esperado, 215
    variância, 151
    verificando fórmulas e planilhas de trabalho, 712
Moda, 109, 110
Modelagem autorregressiva, 629
    para ajustes de tendências e previsões, 629-635
Modelo
    de regressão múltipla, 528
        análise de resíduos, 537, 538
        armadilhas, 596, 597
        coeficiente(s)
            de determinação
                múltipla, 533, 534
                parcial, 546
            líquidos da regressão, 530
        colinearidade, 587, 588
        com k variáveis independentes, 528
        considerações éticas, 597
        construção de modelos, 588, 589
        estimativa do intervalo de confiança para a
            inclinação, 540, 541

fator inflacionário da variância, 587, 588
interpretando inclinações, 528, 529
método
    da regressão passo a passo, 590, 591
    dos melhores subconjuntos, 591-594
prevendo a variável dependente y, 531
quadrática, 576-580
r ajustado, 534
termo de interação, 550, 551
testando
    a inclinação, 539, 540
    partes, 542-545
teste
    F parcial, 542
    para a significância, 534, 535
transformações, 584-586
validação do modelo, 595, 596
variáveis binárias, 548
de tendência
    exponencial, 622, 623
    linear, 619, 620
    quadrática, 621, 622
do bloco aleatório, 417
dos efeitos
    aleatórios, 418
    fixos, 418
    mistos, 418
fatorial de dois fatores, 406
matemático, 195
Mountain States Potato Company, 605
Múltiplas comparações, 398
Mutuamente excludente, 24

N

Nível(is), 392
    de confiança, 273
    de significância (α), 311
Normalidade, 400, 490
Números aleatórios, tabela, 694, 695

O

Ogiva, 66
Operações aritméticas, regras, 668
Organizar, 4
Outliers, 23

P

Painéis de instrumentos, 597
Parâmetro, 40
Parcimônia, 589
Pares, teste t, 358
Pense nisso, 29, 30, 175, 231, 354, 512, 647
PHStat
    abrindo, 692, 693
    amostras aleatórias simples, 37
    análise residual, 523
    ANOVA
        de dois fatores, 428
        de fator único, 426
    assimetria, 151
    autocorrelação, 524
    box-plot, 152
    Cell Means Plot (gráfico para médias aritméticas
      de células), 429
    configurando Excel para, 691
    covariância de uma distribuição de probabilidades, 215
    curtose, 151

758 Índice

dados
empilhados, 94
não empilhados, 94
desvio-padrão, 151
determinação do tamanho da amostra
para a média, 305
para a proporção, 305
disposição ramo e folha, 98
distribuição
de amostragens, 267
de porcentagens, 96
acumuladas, 96
FAQs, 12
Frequency Distributions (distribuição de frequências), 94, 95
gráfico
de barras, 96
lado a lado, 98
de dispersão, 101
de Pareto, 96
de pizza, 96
histogramas, 98, 99
instalação, 689-692
intervalo de confiança
para a diferença entre duas médias, 385
para a média (σ conhecido), 304
para a proporção, 306
marascuilo, 470
média, 150
mediana, 150
moda, 150
modelo de construção, 610
normal Probability Plot, 246
polígono de porcentagens, 100, 101
acumuladas, 100, 101
preparando para uso, 691
probabilidade(s)
básicas, 183
binomiais, 216
de Poisson, 216
exponenciais, 247
hipergeométricas, 217
normais, 246
simples, 183
procedimento de Tukey-Kramer, 427
regressão
linear simples, 522, 523
logística, 573
múltipla, 570, 571
passo a passo, 609
retorno esperado de carteira de títulos, 215
risco de carteira de títulos, 215
tabelas
de contingência, 93
de fator único, 92
resumidas, 92
teste(s)
da soma das classificações de Wilcoxon, 470, 471
de Kruskal-Wallis, 471
de Levene, 427
F para proporcionalidade entre duas variâncias, 388, 389
qui-quadrado (χ^2) para tabelas de contingência, 469, 470
t
de variâncias agrupadas, 384
em pares, 386
para a média (σ desconhecido), 341
unicaudais, 342
Z
para a diferença entre duas proporções, 388
para a média (σ conhecido), 341

para a proporção, 343
Variance Inflationary Factor (fator inflacionário da variância, FIV), 608
Platicúrtica, 119
Polígonos, 64, 65
de porcentagens, 64, 65
acumuladas, 66, 67
cumulativas, 66, 67
Pontos médios de classe, 47
População(ões), 23
desvio-padrão, 132, 251
média, 131, 251
variância, 132
Pressupostos
análise de variância (ANOVA), 400, 401
ao testar a diferença entre as médias aritméticas, 349
da regressão, 490
estimativa do intervalo de confiança, 277
para a proporção, 284
para a distribuição t, 320
para o teste de Kruskal-Wallis, 456
para uma tabela
2×2, 437
$2 \times c$, 442
$r \times c$, 445-449
teste
da soma de classificações de Wilcoxon, 451
F para proporcionalidade entre duas variâncias, 371, 372
t
em pares, 358
para a média, 322, 323
Z para a proporção, 331
Previsão, 612
dados sazonais, 640-644
e ajuste da tendência dos mínimos quadrados, 619-624
escolhendo modelo autorregressivo apropriado, 630, 631
modelagem autorregressiva, 629-635
na análise de regressão, 479
interpolação, 479
Primeira ordem, modelagem autorregressiva, 629
Primeiro quartil, 124
Princípio de Pareto, 57
Probabilidade(s), 156
a priori, 156
binomiais, cálculo, 199
combinada, 159
condicional, 164-166
empírica, 157
hipergeométricas, cálculo, 206
marginal, 160
normais, cálculo, 224-229
questões éticas e, 176, 177
simples, 158
subjetiva, 157
teorema de Bayes, 172
Probabilística, amostra, 24
Procedimento
de Marascuilo, 442, 443
de Tukey-Kramer, múltiplas comparações, 398-400
Proporções, 49, 50
abordagem do valor crítico, 316, 317
determinação do tamanho da amostra para uma, 289-291
distribuição de amostragens, 259, 260
intervalo de confiança para a proporção, 284-286
modelos autorregressivos de p-ésima ordem, 630
teste
qui-quadrado para a diferença entre dois grupos, 434-439

entre duas, 432-437

entre duas ou mais, 434-439

Z

de hipótese para, 384

para diferença entre duas, 365-367

valor p, 315

Q

Qualitativa, variável, 18

Quantil-quantil, gráfico, 234

Quantitativa, variável, 18

Quartis, 124, 125

Questões éticas

estimativa do intervalo de confiança e questões éticas, 293

medidas descritivas numéricas, 142

para a probabilidade, 177

regressão múltipla, 597

sobre pesquisas, 29

testes de hipóteses, 334, 335

R

r^2 ajustado, 534, 582

Raiz quadrada, regras, 668

Razão de possibilidades, 558

Redes neurais, 599

Região

de não rejeição, 310

de rejeição, 310

Regra

de adição, 161

de Chebyshev, 134

de multiplicação, 169

para eventos independentes, 169

empírica, 133

geral

de adição, 161, 162

de multiplicação , 168, 169

Regressão

linear simples, 476

análise residual, 490-493

armadilhas em, 509

cálculos, 480, 481

coeficiente(s), 477

de determinação, 486, 487

equações, 477

erro-padrão da estimativa, 488, 489

estatística de Durbin-Watson, 495, 496

evitando armadilhas, 511

inferências sobre a inclinação e o coeficiente de correlação, 498-502

método dos mínimos quadrados, 477

pressupostos, 490

soma dos quadrados, 485, 486

logística, 558-560

quadrática, 576-580

Relação linear, 474

Repetições, 406

Resíduo, 490

Resposta combinada, 42

Resumo de cinco números, 126

Revelando os registros de base, 79, 80

Risco β, 311

Robusto, 323, 349

S

Séries temporais, 612

Significância prática, 334, 335

Símbolos estatísticos, 673

Simétrica, 118

Soma

dos quadrados, 112

da regressão ($SQReg$), 485, 486

decorrente

da interação ($SQAB$), 407

do fator

A (SQA), 407

B (SQB), 407

dentro dos grupos (SQD), 393

dos resíduos ou erros (SQR), 407, 486

entre os grupos (SQE), 393

total dos quadrados (STQ), 393, 407, 485

T

Tabela(s)

de contingência, 42, 43, 158, 432

de dois fatores, 432

multidimensionais, 78, 79

de números aleatórios, 27

dinâmica, 78

e análise de negócios, 80-82

distribuição

F, 701-704

t, 698, 699

Durbin-Watson, 708

numéricas, 48-54

para dados

categóricos, 41-43

qui-quadrado (χ^2), 700

resumo, 41

Tendência, 613

Teorema

de Bayes, 172

do limite central, 256

Terceiro quartil, 124

Termo

de interação, 550, 551

de multiplicação, 550

Teste

bicaudal, 313

da soma de classificações de Wilcoxon para diferença em duas medianas, 450-454

de hipóteses

para duas amostras para dados numéricos, 346

teste F para proporcionalidade entre duas variâncias, 371-374

t em pares, 358-361

t para diferença entre duas médias, 346-354

para uma amostra

alternativa, 308

nula, 308

teste, 308

qui-quadrado (χ^2)

para diferenças entre

duas proporções, 432-437

proporções c, 439-442

para independência, 445-449

de Levene, 401, 402

de McNemar, 458

F

para a inclinação, 499, 500

para o modelo de regressão, 535

para proporcionalidade entre duas variâncias, 371-374

t

de variâncias agrupadas, 346-351

em pares, 358-361
para a média (σ desconhecido), 320-323
para coeficiente de correlação, 501-503
para inclinação, 498, 499, 539, 540
Z
para a média (σ conhecido), 312
para diferença entre duas proporções, 365-367
para proporção, 330-333
de White para homoscedasticidade, 491
direcional, 327
F
de fator único em ANOVA, 392
geral, 535
para a proporcionalidade entre duas variâncias, 371-374
para inclinação, 498, 499
para o efeito decorrente
da interação, 409
do fator B, 408, 409
para diferenças (χ^2) qui-quadradas
entre duas proporções, 432-437
entre proporções c, 437-440
qui-quadrado (χ^2)
para independência, 445-449
para variância ou desvio-padrão, 461
t
de variâncias
agrupadas, 346-350
separadas para diferenças em duas
médias, 352-354
para a média (σ desconhecido), 320-323
para inclinação, 498, 499, 539, 540
para o coeficiente de correlação, 501-503
unicaudais, 326
Transformação(ões)
da raiz quadrada, 584
do logaritmo, 585, 586
em modelos de regressão
logarítmica, 585, 586
raiz quadrada, 584

V

Validação cruzada, 596
Valor
crítico, 310
da estatística do teste, 309, 310
esperado, 186
da soma entre duas variáveis, 191
para variável discreta, 187

Variação, 106
dentro dos grupos, 392, 393
entre os grupos, 392, 393
não explicada da soma dos quadrados dos
resíduos (SQR), 485, 486
total, 392, 393, 485
Variância(s), 112
amostra, 112, 113
da soma entre duas variáveis, 191
de uma variável discreta, 187
população, 132
teste
de Levene para a homogeneidade de, 401, 402
F para proporcionalidade entre duas, 371-374
Variável(is), 5
aleatória normal padronizada, 222
binárias (dummy), 548
categóricas, 18
contínuas, 18
de previsão de períodos passados, 629
de resposta, 474
dependente, 474
discreta, 18
distribuição de probabilidades para, 186
valor esperado, 186, 187
variância e desvio-padrão de uma, 187, 188
explanatória, 474
independentes, 474
numérica, 18
recodificadas, 23
Viés
de seleção, 28
falta de resposta, 28
Visualizar, 4

W

Wald, estatística de, 560

Y

Y, intercepto de, 473

Z

Z
escores, 117
teste
para a diferença entre duas proporções, 365-367
para a média (σ conhecido), 310

A Distribuição Normal Padronizada Acumulada

Uma entrada representa a área abaixo da curva da distribuição normal padronizada acumulada, desde $-\infty$ até Z.

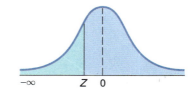

Probabilidades Acumuladas

Z	0,00	0,01	0,02	0,03	0,04	0,05	0,06	0,07	0,08	0,09
−6,0	0,000000001									
−5,5	0,000000019									
−5,0	0,000000287									
−4,5	0,000003398									
−4,0	0,000031671									
−3,9	0,00005	0,00005	0,00004	0,00004	0,00004	0,00004	0,00004	0,00004	0,00003	0,00003
−3,8	0,00007	0,00007	0,00007	0,00006	0,00006	0,00006	0,00006	0,00005	0,00005	0,00005
−3,7	0,00011	0,00010	0,00010	0,00010	0,00009	0,00009	0,00008	0,00008	0,00008	0,00008
−3,6	0,00016	0,00015	0,00015	0,00014	0,00014	0,00013	0,00013	0,00012	0,00012	0,00011
−3,5	0,00023	0,00022	0,00022	0,00021	0,00020	0,00019	0,00019	0,00018	0,00017	0,00017
−3,4	0,00034	0,00032	0,00031	0,00030	0,00029	0,00028	0,00027	0,00026	0,00025	0,00024
−3,3	0,00048	0,00047	0,00045	0,00043	0,00042	0,00040	0,00039	0,00038	0,00036	0,00035
−3,2	0,00069	0,00066	0,00064	0,00062	0,00060	0,00058	0,00056	0,00054	0,00052	0,00050
−3,1	0,00097	0,00094	0,00090	0,00087	0,00084	0,00082	0,00079	0,00076	0,00074	0,00071
−3,0	0,00135	0,00131	0,00126	0,00122	0,00118	0,00114	0,00111	0,00107	0,00103	0,00100
−2,9	0,0019	0,0018	0,0018	0,0017	0,0016	0,0016	0,0015	0,0015	0,0014	0,0014
−2,8	0,0026	0,0025	0,0024	0,0023	0,0023	0,0022	0,0021	0,0021	0,0020	0,0019
−2,7	0,0035	0,0034	0,0033	0,0032	0,0031	0,0030	0,0029	0,0028	0,0027	0,0026
−2,6	0,0047	0,0045	0,0044	0,0043	0,0041	0,0040	0,0039	0,0038	0,0037	0,0036
−2,5	0,0062	0,0060	0,0059	0,0057	0,0055	0,0054	0,0052	0,0051	0,0049	0,0048
−2,4	0,0082	0,0080	0,0078	0,0075	0,0073	0,0071	0,0069	0,0068	0,0066	0,0064
−2,3	0,0107	0,0104	0,0102	0,0099	0,0096	0,0094	0,0091	0,0089	0,0087	0,0084
−2,2	0,0139	0,0136	0,0132	0,0129	0,0125	0,0122	0,0119	0,0116	0,0113	0,0110
−2,1	0,0179	0,0174	0,0170	0,0166	0,0162	0,0158	0,0154	0,0150	0,0146	0,0143
−2,0	0,0228	0,0222	0,0217	0,0212	0,0207	0,0202	0,0197	0,0192	0,0188	0,0183
−1,9	0,0287	0,0281	0,0274	0,0268	0,0262	0,0256	0,0250	0,0244	0,0239	0,0233
−1,8	0,0359	0,0351	0,0344	0,0336	0,0329	0,0322	0,0314	0,0307	0,0301	0,0294
−1,7	0,0446	0,0436	0,0427	0,0418	0,0409	0,0401	0,0392	0,0384	0,0375	0,0367
−1,6	0,0548	0,0537	0,0526	0,0516	0,0505	0,0495	0,0485	0,0475	0,0465	0,0455
−1,5	0,0668	0,0655	0,0643	0,0630	0,0618	0,0606	0,0594	0,0582	0,0571	0,0559
−1,4	0,0808	0,0793	0,0778	0,0764	0,0749	0,0735	0,0721	0,0708	0,0694	0,0681
−1,3	0,0968	0,0951	0,0934	0,0918	0,0901	0,0885	0,0869	0,0853	0,0838	0,0823
−1,2	0,1151	0,1131	0,1112	0,1093	0,1075	0,1056	0,1038	0,1020	0,1003	0,0985
−1,1	0,1357	0,1335	0,1314	0,1292	0,1271	0,1251	0,1230	0,1210	0,1190	0,1170
−1,0	0,1587	0,1562	0,1539	0,1515	0,1492	0,1469	0,1446	0,1423	0,1401	0,1379
−0,9	0,1841	0,1814	0,1788	0,1762	0,1736	0,1711	0,1685	0,1660	0,1635	0,1611
−0,8	0,2119	0,2090	0,2061	0,2033	0,2005	0,1977	0,1949	0,1922	0,1894	0,1867
−0,7	0,2420	0,2388	0,2358	0,2327	0,2296	0,2266	0,2236	0,2206	0,2177	0,2148
−0,6	0,2743	0,2709	0,2676	0,2643	0,2611	0,2578	0,2546	0,2514	0,2482	0,2451
−0,5	0,3085	0,3050	0,3015	0,2981	0,2946	0,2912	0,2877	0,2843	0,2810	0,2776
−0,4	0,3446	0,3409	0,3372	0,3336	0,3300	0,3264	0,3228	0,3192	0,3156	0,3121
−0,3	0,3821	0,3783	0,3745	0,3707	0,3669	0,3632	0,3594	0,3557	0,3520	0,3483
−0,2	0,4207	0,4168	0,4129	0,4090	0,4052	0,4013	0,3974	0,3936	0,3897	0,3859
−0,1	0,4602	0,4562	0,4522	0,4483	0,4443	0,4404	0,4364	0,4325	0,4286	0,4247
−0,0	0,5000	0,4960	0,4920	0,4880	0,4840	0,4801	0,4761	0,4721	0,4681	0,4641